Michael D. Johnson

인간생물학

Human Biology Concepts and Current Issues

개념과 경향

역자 김윤택 나종길
이창호 이현숙

국립중앙도서관 출판시 도서목록(CIP)

인간생물학 : 개념과 경향 / 저자: Michael D. Johnson ;
역자: 김윤택, 나종길, 이창호, 이현숙.
— 서울 : 바이오사이언스, 2013
p. ; cm

원표제: Human biology : concepts and current issues
영어 원작을 한국어로 번역
ISBN 978-89-92709-93-4 93510 : ₩ 32000
인체[人體]
생물학[生物學]
511-KDC5
612-DDC21 CIP2013011916

인간생물학 Human Biology Concepts and Current Issues

초판 인쇄: 2013년 7월 20일
초판 발행: 2013년 7월 31일

저　자: MICHAEL D. JOHNSON
역　자: 김윤택, 나종길, 이창호, 이현숙
발행인: 문정구
발행처: (주)바이오사이언스출판
137-060 서울특별시 서초구 방배동 479-4 호산빌딩 201호
TEL: (02)581-4057~8
FAX: (02)581-4059
편집부 | edit@biobooks.co.kr
영업부 | sales@biosciencepub.com
주　문 | order@biosciencepub.com
홈페이지 | http://www.biobooks.co.kr
ISBN: 978-89-92709-93-4 93510

등록 번호: 제22-3079호
값 32,000원

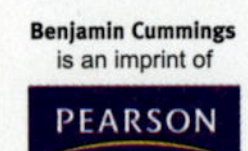

(주)바이오사이언스출판

저자 소개

마이클 D. 존슨 박사는 젊은 시절의 대부분을 워싱턴 주의 숲과 야외에서 자연을 관찰하며 보냈다. 그는 미국 워싱턴주립대학교 동물학과에서 학부 교육을 마치고, 미시간대학교(University of Michigan)에서 생리학으로 박사학위(Ph.D.)를 받았다. 하버드대학교 의과대학에서 박사후 과정 펠로우를 마친 후, 웨스트버지니아대학교 교수로 부임하여 그곳에서 경력의 대부분을 쌓았다.

존슨 박사는 웨스트버지니아대학교 재단우수교수상과 의과대학우수교수상 등 다수의 우수교육상을 수상하였으며, 미국생리학회, 인체해부학 및 생리학회, 국립생물교사협회, 미국과학진흥회의 회원이다.

2008년부터 존슨 박사는 아라비아반도의 카타르에 소재한 웨일코넬의과대학(Weill Cornell Medical College at Qatar)의 의학부학장직을 맡아 30여 개 국가에서 온 학생들의 의학교육을 담당하고 있다.

존슨 박사는, 학부학생이든 의과대학생이든, 학생들에게 과학에 대한 이해와 인식을 심어주는 일에 깊은 관심을 가지고 있다. 그는 학생들에게 과학지식의 발전이 때로는 우리 모두가 토의하고 해결해야 할 보이지 않는 윤리적, 정치적, 경제적, 사회적 문제점을 어떻게 제기하는지 보여주려고 노력한다. 자신의 강의와 이 책을 통해서 존슨 박사는 학생들에게 과학의 소비자로서 책임 있는 결정을 마음 편히 내릴 수 있으려면 과학적으로 깨우쳐야 한다고 독려한다.

이 책의 내용에 대해 문의하고 싶을 때에는 mdj2002@qatar.med.cornell.edu로 마이클 D. 존슨 박사에게 연락하면 된다.

차례 개요

차례

9 면역계와 방어 기전 186

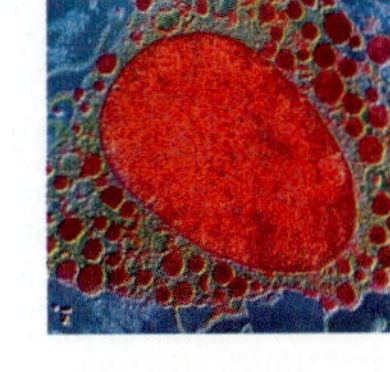

10 호흡계: 기체교환 218

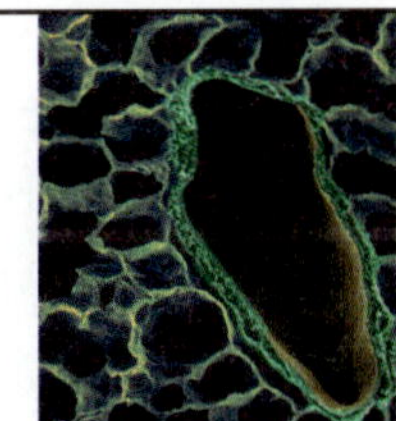

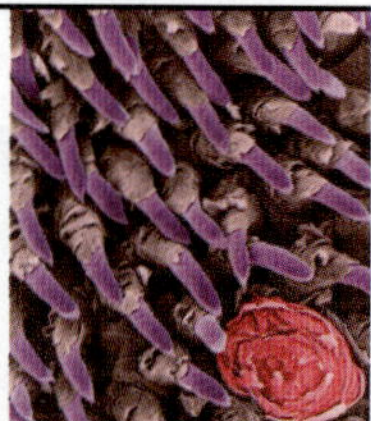

17 세포 생식과 분화 402

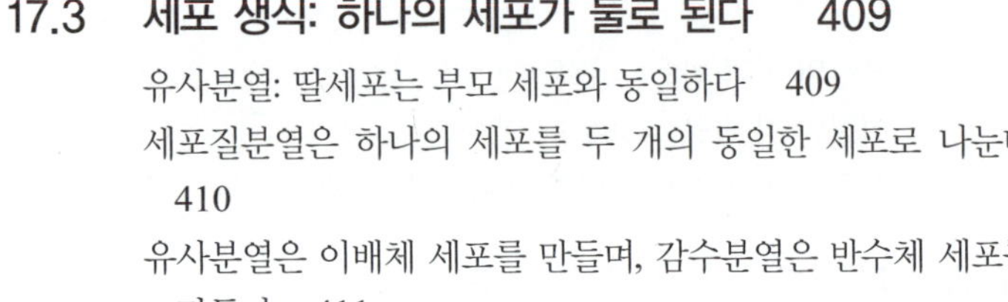

18 암: 통제되지 않는 세포분열과 분화 422

19 유전학과 유전 441

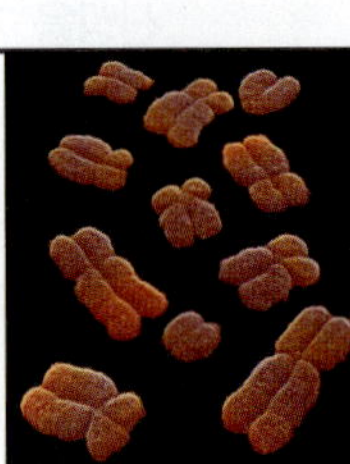

저자의 머리말

1997년에 과학자들은 최초로 성체 동물을 복제하는 데 성공하였다. 2003년에는 인간게놈프로젝트(Human Genome Project)를 연구한 과학자들이 계획보다 2년이나 앞서서 인간 유전체의 30억 염기쌍의 순서를 발표하였다. 일부 유전병에 대한 유전자 치료법도 분명해지고 있다. 그리고 이 모든 것들은 유전학 분야의 업적이다!

이러한 발견이 놀라운 일이라는 것을 알고 있는 우리는 우리 학생들이 자신의 인생에 미칠 과학의 영향을 이해할 수 있도록 도와줘야 할 의무가 있다. 과학은 과학자들에게만 맡겨두기에는 너무나 흥미롭고, 너무나 중요한 일이다.

중심은 학생에게 있다

이 책은 아직 과학에 대한 배경 지식이 약한 학생들을 위해 쓰였다. 따라서 이 책으로 공부하는 학생들은 과학의 경이와 기쁨을 함께 나눌 수 있게 될 것이다. 본 저자는 이 책을 친숙하고 쉽게 접할 수 있으며, 읽기 편하면서 동시에 정확하고, 최신 정보를 갖춘 책으로 만들기 위해 모든 노력을 경주하였다. 교재의 외양과 느낌은 시사잡지와 비슷하게 꾸몄으며 학생들의 흥미를 불러일으킬 수 있는 짧은 기사와 시각 효과를 강조하였다.

학생들은 원래 자신의 몸과 질병에 대해 호기심이 많다. 우리는 학생들의 이러한 호기심에 맞추어 시기적절한 보건 건강 지식으로 꾸민 "건강 파수꾼"을 마련하였다. 또한 기관계 관련 단원의 끝부분에서는 사람에게 일반적으로 흔한 질환과 장애를 다루었다.

이 책의 목적은 학생들이 일상생활에서 사용하는 과학을 충분히 편하게 접할 수 있도록 도움을 주는 것이다. 이 교재는 과학이란 지식의 본체이며, 지식을 얻는 과정이란 것을 사례를 통해 보여준다. "과학이 나아가는 방향"에서는 시간의 흐름과 함께 과학지식이 어떻게 변하는지를 보여준다. "스스로 해보기"에서는 강의에 대한 능동적인 학습 여건을 마련해준다. "시사 과학 문제"에서는 최근의 과학적 발견을 소개하고 그에 대해 과학이 제기하는 윤리적, 사회적, 정치적, 경제적 쟁점을 논의한다. 이러한 주요 주제에 대해 학생들이 이 교재의 웹사이트인 Human Biology Place의 "*Weighing the Issues*"에서 계속 찾아보고 공부하기를 바란다.

통일된 주제들로 단원의 내용을 연결한다

생물학의 몇몇 통일된 주제들이 단원들을 서로 연결시켜준다. 개체의 내부 환경을 매우 일정하게 유지하는 역동적인 평형 상태인 **항상성(homeostasis)**은 반복적으로 등장하는 주제들 중 하나이다. 항상성의 개념은 역시 반복적으로 등장하는 다른 주제인 "**구조와 기능의 상호 연관성(structure and function are related)**"과 연결된다. 구조와 기능의 관계는 해부학과 생리학 연구의 핵심 주제이며, 이 두 분야는 생물학 전체에서 가장 통일된 개념인 **진화(evolution)**에 의존한다. 해부학과 생리학은 오직 진화의 맥락에서 볼 때에만 완전히 이해할 수 있다. 진화의 개념 없이는 생물학을 거의 이해할 수 없다.

과학은 새로운 정보를 획득하는 과정(science is a process)이라는 주제는 이 책 전반에 걸쳐 스며 있다. "과학이 나아가는 방향", "스스로 해보기", 그리고 본문에 들어 있는 수없이 많은 보기들은 과학적 방법이 어떻게 작용하는지를 보여주고, 오랜 시간을 두고 이룩해온 과학의 발전을 강조하며, 가설을 설정하고 검증하는 과정을 나타낸다.

두 번째 과학적 주제는 **과학이 사회에 미치는 영향(science has an impact on society)**이다. 특히, "시사 과학 문제"는 새로운 과학지식이, 긍정적이든 부정적이든, 다양한 방식으로 사회에 어떻게 영향을 미치는지를 보여준다. 나는 이러한 흥미로우면서도 논란의 중심에 있는 주제에 대해 학생들이 나름대로 자신의 입장을 내세울 수 있기를 희망한다. 사실, "**개인적 선택과 사회적 선택(personal and social choice)**"이란 주제는 "시사 과학 문제" 전반에서 다루고 있다. 학생들은 우리가, 행동하거나 행동하지 않음으로써, 과학 정보의 사용에 관해 끊임없이 선택하고 있다는 것을 배우게 될 것이다. 최선의 선택은 가장 정보를 많이 받아들인 선택일 것이다.

체제는 강의에 맞게 구성하였다

이 책은 대학의 '인간생물학' 강의에 적합한 짜임새를 갖추었다. 과학과 화학을 소개하는 단원, 세포에서부터 사람의 기관계에 이르기까지 기본적인 인체생물학을 다룬 단원들, 그리고 마지막으로 진화, 생태계와 개체군 및 환경에 미치는 인간의 영향을 다룬 단원으로 구성하였다.

그러나 이처럼 넓은 범위를 다루면서, 한 학기 동안에 이 모든 주제를 인간생물학에 적절하게 연결하여 재미있고, 경이롭게 가르치기에는 결코 시간이 충분하지 못하다. 다행히, 각 단원들은 그 자체만으로도 완전한 이야기를 이룰 수 있도록 구성되었으므로 이 책은 강의 계획에 따라 어느 정도 진도에 융통성을 발휘할 수 있다. 인체의 해부학과 생리학을 강조하고 인간생물학 중에서 의학적인 면에 중점을 두는 교수들께서는 마지막 두 단원 정도는 생략하거나 강의를 간략히 해도 무방하다. 인체의 기관계를 다룬 단원들은 교수의 강의 방식에 따라 순서를 바꿔 진행해도 괜찮다. 단원 말미에 있는 "질환과 장애" 소단원은 생략하거나 선택적으로 진행할 수 있다. 세포학적, 분자생물학적 접근을 강조하고 싶을 때는 4단원과 17~21단원을 심도 깊게 다루고 기관계에 해당하는 단원들은 빠르게 진행할 수도 있다. 인간은 어디서 왔는지, 인간은 세상의 질서에 어떻게 맞춰 사는지에 관심이 있는 교수들은 마지막 세 단원에 좀 더 많은 시간을 할애하고 기관계를 다룬 단원들은 좀 더 빨리 진행하면 된다. 이 모든 강의 계획은 나름대로 다 동일한 가치를 지닌다.

무엇보다, 많이 배우고, 깊게 배우며, 강의를 즐기기 바란다.

마이클. D. 존슨

저자의 감사의 말

이 책 "인간생물학: 개념과 경향(*Human Biology: Concepts and Current Issues*)"은 벤저민 커밍 출판사의 **데어드리 에스피노자(Deirdre Espinoza)** 편집장과 여러분의 끊임없는 열의와 헌신으로 만들어졌다. 에스피노자 편집장은 어느 누구 못지않게 편집 팀을 기능적이고 부드럽게 이끌었다. 초판부터 함께 해온 에스피노자 편집장 덕분에 판을 거듭하면서 책이 놀랄 만큼 향상되었다. 매일매일의 편집 일은 기획편집자인 **마리 뷰거로(Marie Beaugureau)**가 전적으로 담당하였다. 그녀의 편성 기술, 폭넓은 시야, 지난 판들에 대한 포용력이 없었다면 오늘날의 이 책의 모습은 없었을 것이다. 나는 그녀의 조언과 지원을 받을 수 있는 혜택을 누렸다.

이번 판에서는 3개 단원이 주목할 만하다. 개발편집자인 **앨리스 퓨게이트(Alice Fugate)**는 내용 전문가이며 동료교수인 애슐랜드대학의 **앤드류 그린(Andrew Greene)** 교수와 19단원(유전학과 유전)을, 샌디에이고대학의 **로살린드 하셀벡(Rosalind Haselbeck)** 교수와는 23단원과 24단원(생태계와 개체군: 인간의 영향, 생물다양성 그리고 환경 문제)을 함께 작업하였다. 이 세 단원의 내용이 향상된 것은 모두 이 분들의 노력 덕분이다.

이 책에서 시각적으로 눈을 끄는 새로운 그림들은 삽화개발편집자 **켈리 머피(Kelly Murphy)**와 미술편집자 **도나 칼랄(Donna Kalal)**의 감각과 열성적인 작업의 결과이다. 사진연구원 **크리스틴 필제이(Kristin Piljay)**는 이 판에 처음 실린 새로운 사진들을 찾아주었다.

지난 십여 년 동안 미국 전역에 걸쳐 여러 대학의 수백 명 교수님들께서 본문의 정확성과 명확성을 검토해 주셨다. **에릭 슈바이처(Erik Schweitzer)** 교수는 확산의 개념을 어떻게 하면 시각적으로 잘 표현할 수 있는지 제언해주셨다. 슈바이처 교수와 대화를 통해 그림 3.6의 사진을 만들었는데, 지금까지 내가 본 것 중에서 확산을 가장 정확하게 시각적으로 나타낸 사진이 되었다. 펜실베이니아주립대학의 **마이크 트로얀(Mike Troyan)** 교수와 인디애나주립대학의 **켄트 코어너(Kent Koerner)** 교수는 "응용문제"를 만들고 모델 정답을 제작하는데 도움을 주었다.

피어슨/벤저민 커밍 출판사의 행정지원팀에게 감사를 드린다. 강의 관리시스템과 강의자료 DVD를 제작한 부편집장 **알렉스 스트레크진(Alex Streczyn)**, 실험 책자의 개정과 인간생물학 지원매뉴얼을 제작한 부편집장 **에밀리 포트우드(Emily Portwood)**, 교수지침서와 문제은행, 학습지침서, 교수도구모음을 관리하고 블로그 관리와 행정지원을 제공한 부편집장 **샤논 커트(Shannon Cutt)**에게 감사의 말씀을 전한다. 제작 감독 **베스 매시(Beth Masse)**와 제작 및 미술조정 담당 **샤론 몬투스(Sharon Montooth)**는 스케줄에 따라 전체 팀을 유기적으로 작업할 수 있게 이끌어주었다. 편집부원 **케빈 글리슨(Kevin Gleason)**은 오타 교정과 의미 확인 및 문법적 오류를 기술적으로 수정해주었다.

다시 한 번, 이 책은 훌륭한 보조 자료들로 지원을 받았다. 교수지침서를 저술해주고 파워포인트 강의 슬라이드를 개발해준 마리스트대학의 **로버트 설리번(Robert Sullivan)** 교수, 문제은행을 개정해준 메릴랜드 로욜라대학의 **데이비드 리버즈(David Rivers)** 교수, 학생들에게 큰 도움이 될 학습지침서를 저술해준 남네바다전문대학의 **쥬디스 스튜어트(Judith Stewart)** 교수, 실험 책자를 제작해준 유니온카운티대학의 **버트 아츠마(Bert Atsma)** 교수와 스카이라인대학의 **샌드라 슈(Sandra Hsu)** 교수, 강의 관리시스템의 내용을 제공해준 먼로전문대학의 **수잔 롱(Suzanne Long)** 교수에게도 감사의 말씀을 드린다.

마지막으로, 수년 동안 온 마음으로 지원해주고 이해해준 나의 아내 파멜라(Pamela Johnson)에게 감사의 말을 전하고 싶다.

Reviewers

Ellen Brisch
Minnesota State University, Moorhead

Andrew V. Greene
Ashland University

Rosalind Haselbeck
University of San Diego

Nickolas Kapp
Skyline College

Christopher P. Kemnitz
University of Wisconsin, Superior

Kent Koerner
Indiana State University

Dominic I. Lannutti
El Paso Community College

Marian Leal
Sacred Heart University

J. Mitchell Lockheart
Valdosta State University

Roberta M. Meehan
Rio Salado College

David Rivers
Loyola College in Maryland

Kent R. Thomas
Wichita State University

Michael Troyan
Pennsylvania State University

Sara Van Orden
Quinebaug Valley Community College

Wendy Vermillion
Columbus State Community College

역자의 말

마이클 D. 존슨 박사의 역저 Human Biology를 "인간생물학"이란 제목으로 번역하여 선보이게 되었다. 이 책은 인간의 몸에 관한 내용에 더하여 인간 개체군과 이를 포함하는 생태계와 환경, 지구 및 환경에 미치는 인간의 영향 그리고 인간의 진화까지를 포함하고 있다. 따라서 책의 내용이 광범위한 개념의 인간 중심 생물학으로 구성되어 있으므로 책의 우리말 이름을 "인간생물학"이라고 정하였다. 기존의 인체생물학 교재들이 대부분 인체의 생리학만을 다루었다는 사실과 비교하여 이 점에서 이 책은 차별성을 지닌다.

원저자인 존슨 박사의 생물학과 의학에 대한 오랜 경험이 만들어낸 이 책은 전공자뿐만 아니라 비전공자들에게도, 나아가서는 인간의 생물학적 배경에 관심을 가지는 일반인에게 이르기까지 누구라도 어렵지 않게 접할 수 있도록 마련된 책이라고 생각한다.

"인간생물학"은 우리 몸을 이루는 기본 물질의 화학에서부터 세포를 거쳐 기관과 기관계, 나아가서 우리 인간이 개체로서 이루는 생태계와 환경, 지구 그리고 인간이 환경에 미치는 영향까지 광범위하게 다루고 있기 때문에 인간을 종합적으로 이해하고 인간의 주변까지 개관적으로 공부하고자 하는 사람들에게 소중한 자료가 될 것이다.

실생활에서 접할 수 있는 여러 가지 사례들과 우리에게 직접적인 관심을 불러일으키는 질환과 장애를 본문의 요소요소에 등장시키거나, "건강 파수꾼", "시사 과학 문제", "과학이 나아가는 방향", "스스로 해보기" 등의 독립된 칼럼을 통해 제공함으로써 내용의 이해를 높이고 과학 지식의 의미와 사회적 역할을 깨닫게 해준다.

본서의 번역교수진은 학생들이 읽고 공부하는 데 필요한 정보와 내용을 제공함에 있어서 통일성과 일관성을 교재 전반에 걸쳐 유지하고자 노력하였다. 또한 읽기 수월하고, 접하기 쉬우며, 친숙한 내용으로 궁금할 때 언제나 찾아볼 수 있는 교재로 만들기 위해 노력하였다.

먼저 학생들의 입장에서 친숙하게 접할 수 있도록 용어를 통일하면서 중고등학교 검정 교과서와 대학의 일반생물학 교재[생명과학 8판(Campbell 외 지음/ 전상학 대표역자, (주)바이오사이언스 출판, 2012)]에서 공통으로 사용된 용어를 기준으로 번역하였다. 앞선 교과서에 등장하지 않은 용어들은 한국생물과학협회에서 편찬한 "생물학용어집(2판)"과 한국과학기술총연합회가 출간한 "과학기술용어집" 및 영한 · 한영 "의학사전"을 참고하였으며 가능한 한 학생들에게 이해되기 쉬운 용어를 선택하려고 노력하였다. 부득이 분야에 따라 이중으로 사용되는 용어는 본문에 처음 등장할 때 괄호 안에 이중으로 표기하였다[예: 골격근(뼈대근육)]. 교재에 등장하는 단위들은 국제단위협약에 의한 SI 단위로 통일하여 학생들에게 보다 친숙하도록 하였다.

원저자의 의도를 충분히 살리면서, 우리 학생들에게 친숙하며 쉬운 문체로 만들기 위해 주어진 상황이나 단위 등을 우리의 실정과 환경에 맞추어 번역하였다. 그러나 우리의 관련 통계자료가 부족하여 부득이 원저의 미국 통계 자료를 대부분 그대로 옮겨 쓸 수밖에 없었던 점들은 여전히 아쉬움으로 남는다.

이 책을 번역하고 수정하는 일에 참여하신 교수들은 전공 분야에 따라 다음과 같이 관련 단원들을 담당하였다.

김윤택 교수	대표역자. 총괄, 1, 2, 4, 7, 8, 10~12, 20, 22~24장.
나종길 교수	3, 17~19장.
이창호 교수	9, 13~15장.
이현숙 교수	5, 6, 16, 21장.

교육과 연구로 바쁘신 중에도 후학들에게 좋은 인간생물학 교재를 선보이기 위해 노고를 아끼지 않으신 역자 교수님들께 심심한 감사를 드린다. 또한 초벌 교정과 우리말 윤문에 수고한 김유진 군에게도 감사의 말을 전한다. (주)바이오사이언스출판의 문정구 대표이사님의 적극적인 후원과 이종률 팀장 및 편집진의 헌신적인 노력이 없었다면 인간생물학이란 교재는 출간되지 못했을 것이다.

아울러 우리 번역교수진은 이 책을 배우고 활용하면서 자그마한 오류나 미비점이라도 발견된다면 기꺼이 그것을 바로잡아 더 훌륭한 책이 되도록 성심으로 노력할 것이다.

원저자의 심오한 의도와 역자 교수들의 진정한 마음이 담긴 이 책이 인간생물학을 폭넓고 심도 깊게 공부하고 이해하고자 하는 학생들과 모든 사람들에게 좋은 지침서가 되기를 희망한다.

2013년 7월
대표역자 김윤택

역자 소개

김윤택 충북대학교 생화학과 초빙교수
Ph.D. University of Iowa, USA
neuroner@cbnu.ac.kr

나종길 군산대학교 생물학과 교수
Ph.D. Louisiana State University, USA
jgna@kunsan.ac.kr

이창호 강릉원주대학교 생물학과 교수
Ph.D. 서울대학교 대학원
chlee@kangnung.ac.kr

이현숙 건국대학교 의학전문대학원 해부학교실 교수
Ph.D. Texas Southwestern Medical School, USA
hyunsook.lee@kku.ac.kr

우주왕복선 아틀란티스호의 승무원. 2007년 11월 20일

1 인간생물학, 과학, 그리고 사회

1 **진실 혹은 거짓?** 과학의 유일한 목적은 **인간의 처지**를 향상시키는 것이다.

2 **진실 혹은 거짓?** 과학자에게 유용하려면 **가설**은 검증이 가능해야 한다.

3 다음 중 인간이라는 증거는 무엇인가?
a. 엄지손가락 끝이 다른 손가락 끝에 닿음. **b.** 양 다리로 걸을 수 있음. **c.** 복잡한 언어 능력과 독서 능력. **d.** 위 보기들 중 하나.

4 **일례적 증거**는 무엇이며, 일례적 증거는 어떤 점이 잘못인가?

5 **인간이 세균**과 유사한 점은 무엇인가?
a. 어떤 유형의 에너지를 필요로 한다. **b.** 번식할 수 있는 능력이 있다. **c.** 주변 환경에 대해 반응한다. **d.** 위의 보기 모두 해당됨.

우리는 인류 역사상 그 어느 때보다 과학적 발견이 빠르게 이루어지는 놀라운 시대에 태어났다. 오늘날의 과학적 혁신은 19세기의 산업혁명과 20세기의 DNA의 발견이 그랬던 것처럼 인류의 입장을 영원히 변화시킬 것이다.

우리 생전에 사람들은 자신들의 아이가 태어나기 전에 아이들의 모습과 특성을 바꾸거나 선택할 수 있게 될지도 모른다. 심지어 사람들은 자신들의 복제인간을 가지게 될 수 있을지도 모른다. 최소한, 지금 우리를 위협하고 있는 어떤 질병들은 치료가 가능해질 것이다. 어쩌면 AIDS가 이미 사라져버려서 우리의 자손들은 AIDS가 무엇인지조차 모르게 될 것이다.

여러분이 지금 보고 있는 것들이 과학의 힘이다. **과학(science)**은 **자연계(natural world)**를 공부하는 학문이며, 자연계는 모든 물질과 에너지를 포함한다. 살아 있는 모든 생물체들도 물질과 에너지로 만들어져 있으므로 자연계의 일부가 된다**(그림 1.1)**. 생물학은 과학의 여러 분야 중 하나이다. 좀 더 자세히 말하면, **생물학**(그리스어로 생명이라는 *bios*와 말이라는 *logos*로부터 유래함)은 생물체와 생명현상을 공부하는 학문이다. 생물학은 생명의 학문이다. 과학의 다른 가지에는 화학, 물리학, 지질학, 천문학, 그리고 의학과 같은 관련 분야가 있다.

이 책은 특별히 인간의 생물학에 관한 것이다. 우리는 살아있다는 것이 무엇을 의미하는지 탐구할 것이다. 우리는 우리 몸을 구성하는 분자들이 어떻게 공기와 음식물과 음료 속에 들어 있는 분자들로부터 만들어지는지를 알아볼 것이다. 우리는 세포들이 어떻게 성장하고 분열하는지, 그리고 약 35억 년 전에 무생물 화학원소로부터 생겨난 단세포생물로부터 사람이 어떻게 진화해왔는지를 배우게 될 것이다. 우리는 우리 몸이 어떻게 기능을 발휘하는지, 우리는 왜 병에 걸리는지, 그리고 우리가 어떻게 질병으로부터 살아남게 되는지를 탐구할 것이다. 우리는 어떻게 성인으로 발생하게 되는지, 어떻게 번식을 하는지, 그리고 지구에 사는 다른 생명체들에게 어떻게 영향을 미치는지를 살펴볼 것이다.

과학의 힘에는 엄청난 책임이 수반된다. 우리들 모두는, 개인적으로든 인류 집단으로든, 과학이 우리에게 가져다준 지식을 어떻게 사용할 것인지를 선택해야 한다. 인간복제는 받아들여질 것인가? 우리는 지구온난화를 막을 수 있을까? 당신의 보험회사는 앞으로 40년 후에 당신에게 암이 발병할 것이라는 유전적 검사를 근거로 당신의 보험계약을 취하할 수 있을까?

우리 모두는 우리 자신의 건강과 복지를 위해서뿐만 아니라 우리 인류의 항구적인 복지를 위해서 책임 있는 결정을 내려야 한다. 이 책은 인간과 자연계의 상호작용에 관한 많은 일면들을 다룬다. 우리는 환경 속에서의 인간의 활동과 인간이 환경에 미치는 영향을 자세히 살펴볼 것이다. 그 과정에서 우리는 다양한 사회적, 개인적 문제점들을 직면하게 될 것이고 그 문제점에 관해 우리가 결정해야 할 선택에 대해 논의할 것이다. 생물학은 생명을 공부하는 학문이므로, 바로 생명의 정의를 내림으로써 시작한다.

요점 정리

과학은 모든 물질과 에너지로 이루어진 자연계를 공부하는 학문이다. 생물학은 살아 있는 생명체를 공부하는 학문이다. ■

1.1 생명의 특성

생명이란 무엇인가? 한편으로 이 질문은 쉬워 보이지만, 다른 한편으로는 아주 추상적이어서 차라리 수수께끼 같다. 우리 모두는 생명의 정의를 쉽게 내리지 못하면서도 생명을 알 수 있다고 생각한다. 어린아이들은 생물과 무생물의 구별을 일찍이 배운다. "동물일까, 식물일까, 아니면 광물일까?" 하고 묻고 놀던 어릴 때의 스무고

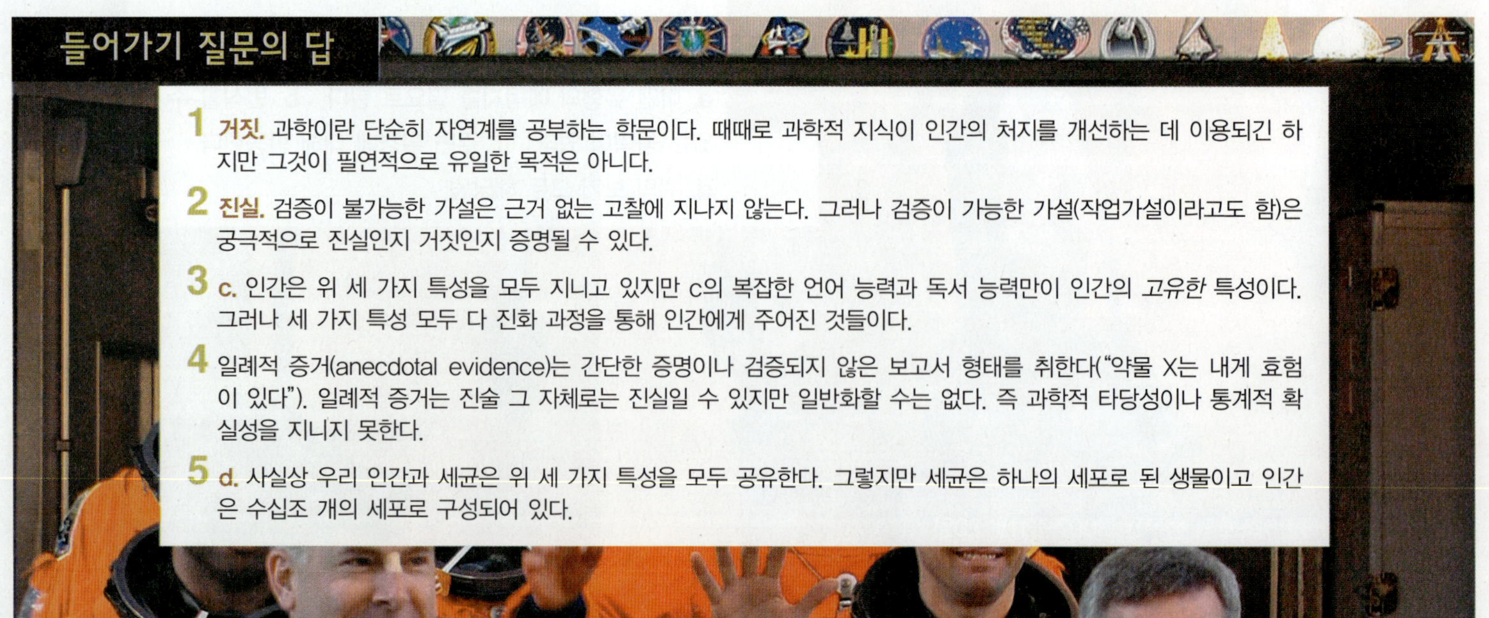

들어가기 질문의 답

1 **거짓.** 과학이란 단순히 자연계를 공부하는 학문이다. 때때로 과학적 지식이 인간의 처지를 개선하는 데 이용되긴 하지만 그것이 필연적으로 유일한 목적은 아니다.

2 **진실.** 검증이 불가능한 가설은 근거 없는 고찰에 지나지 않는다. 그러나 검증이 가능한 가설(작업가설이라고도 함)은 궁극적으로 진실인지 거짓인지 증명될 수 있다.

3 **c.** 인간은 위 세 가지 특성을 모두 지니고 있지만 c의 복잡한 언어 능력과 독서 능력만이 인간의 *고유한* 특성이다. 그러나 세 가지 특성 모두 다 진화 과정을 통해 인간에게 주어진 것들이다.

4 일례적 증거(anecdotal evidence)는 간단한 증명이나 검증되지 않은 보고서 형태를 취한다("약물 X는 내게 효험이 있다"). 일례적 증거는 진술 그 자체로는 진실일 수 있지만 일반화할 수는 없다. 즉 과학적 타당성이나 통계적 확실성을 지니지 못한다.

5 **d.** 사실상 우리 인간과 세균은 위 세 가지 특성을 모두 공유한다. 그렇지만 세균은 하나의 세포로 된 생물이고 인간은 수십조 개의 세포로 구성되어 있다.

우주의 지극히 작은 한 부분만을 보여주는 허블 우주망원경으로 찍은 사진.

자연계는 모든 물질과 에너지로 이루어져 있다. 화산 폭발이 분출하는 용암과 에너지는 46억 년 전에 지구가 생겨났을 때부터 남아 있던 에너지의 결과이다.

제인 구달(Jane Goodall)은 침팬지의 행동에 관한 연구에 일생을 바쳤다. 사람과 침팬지의 DNA는 거의 동일하지만 중요한 신체적, 행동적 차이는 명백하다. 진화학은 이러한 차이가 어떻게 생겨났는지를 연구한다.

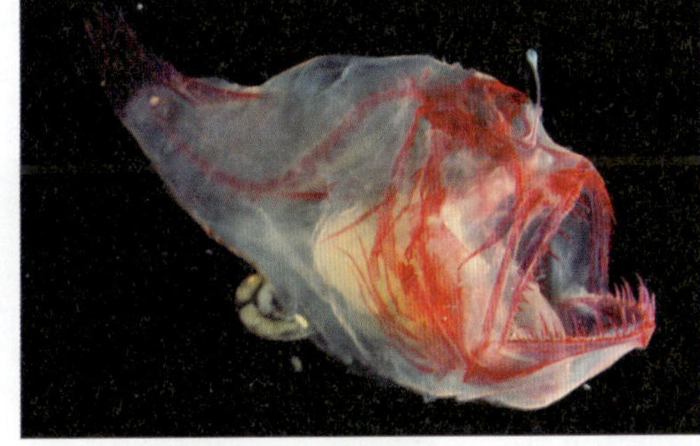

생물학자들은 미국 캘리포니아 근해의 깊은 바다에 사는 이 괴상한 물고기를 연구하여 생물이 성공적으로 생존하는 과정을 이해한다. 지구에는 다양한 다른 환경들이 존재하지만 그 환경들을 지배하는 것은 동일한 물리, 화학 법칙들이다.

그림 1.1 자연계의 연구.

개 놀이를 기억할 것이다. 이 놀이에서 아이들은 무엇이 살아 있는 것(동물과 식물)이고 무엇이 그렇지 않은 것(광물)인지를 구별한다.

대부분의 생물학자들이 생명의 신호로 받아들이고 있는 기준은 다음과 같다.

- **생물의 분자적 구성은 무생물의 분자적 구성과 다르다.** 자연계의 모든 것은, 살아 있는 것이나 그렇지 않은 것이나, 모두 다 100여 개의 서로 다른 화학 원소들로 구성되어 있다. 그렇지만 생물에는 오직 소수의 원소들만이 많은 양으로 존재한다. 더구나 생물은 독특한 방법으로 원소들을 모아서 무생물들은 만들 수 없는 특정 분자들을 만든다. 이 생명의 분자들(단백질, 탄수화물, 지질, 핵산)은 모든 생물에 들어 있으며 때로는 죽은 생물의 유체에도 남아 있을 때가 있다. 여러 생물들에서 다른 모습으로 나타나는 이 분자들이 곧 생명의 다양성을 말해준다.
- **생물은 에너지와 원료 물질을 요구한다.** 적어도 현재의 지구 조건에서, 생명의 분자는 우연히 만들어지지 않는다. 분자가 한 형태에서 다른 형태로 전환되는 데는 에너지를 필요로 한다. **대사(metabolism)**란 생명을 유지할 수 있도록 에너지와 분자를 전환하는 물리적, 화학적 과정을 이르는 용어이다. 모든 생물은 환경으로부터 에너지와 원료 물질을 얻어서 대사를 통해 생존에 필요한 분자와 에너지로 바꾼다. 식물은 태양에너지와 토양, 물, 공기로부터 얻은 화학물질을 이용한다. 동물과 다른 생물들은 궁극적으로 에너지와 원료 물질을 물, 공기, 식물, 또는 다른 동물로부터 얻는다.
- **생물은 세포로 이루어져 있다.** **세포(cell)**는 생명의 모든 특성을 지니고 있는 가장 작은 단위이다(그림 1.2). 모든 세포들은 원래 있던 세포로부터만 나온다. 어느 생물이던 적어도 한 개의 세포

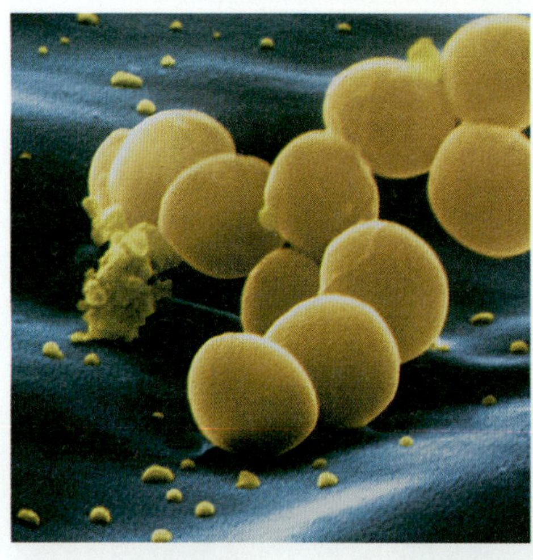

a) b)

그림 1.2 **세포는 가장 작은 생명 단위이다.** 어떤 생물들은 한 개의 세포로만 이뤄지고(단세포생물), 다른 생물들은 많은 세포들로 이뤄진다(다세포생물). (a) 식중독을 일으키는 세균, *Staphylococcus aureus*(주사전자현미경 × 50,000). (b) 사람의 위벽 안쪽 면에 분포하는 여러 세포들(주사전자현미경 ×500).

는 항상 있으며, 어떤 생물들(단세포생물이라고 부름)은 단지 한 개의 세포로만 된 것도 있다. 다세포생물들은 많은 세포나 여러 종류의 다른 세포들로 되어 있다.

- **생물은 항상성을 가진다.** 모든 생물은 생명에 적합한 내부 환경을 유지해야만 한다. 생명에 적합한 물리적, 화학적 조건의 범위는 매우 좁다. 비교적 일정한 내부 환경을 유지하는 것을 **항상성(homeostasis)**이라 한다. 생물은 때때로 일어나는 외부 환경의 엄청난 변화에도 불구하고 내부 환경을 조절할 수 있는 놀랄만한 방법을 발달시켜왔다. 단세포생물들은 세포막으로 둘러싸여 있는데, 세포막은 다양한 물질의 출입을 통제하는 선택적 장벽을 제공함으로써 세포(또는 생물)가 내부 항상성을 유지할 수 있도록 해준다. 다세포생물에서는 조직, 기관, 그리고 기관계가 함께 작용하여 모든 세포들을 둘러싸고 있는 체액의 항상성을 유지한다. 항상성의 중요성에 대해서는 4단원에서 심도 깊게 다룬다.
- **생물은 외부 환경에 대해 반응한다.** 추운 밖에 오래 나가 있으면 그에 대한 반응으로 따뜻한 방으로 들어가고 싶어진다. 식물은 빛이 쪼이는 쪽으로 잎을 돌리고 양분과 물이 있는 쪽으로 뿌리를 내림으로써 환경에 반응한다. 세균마저도 영양분이 있는 쪽으로 이동하고 (독성물질에 대해서는 멀리 떨어져서) 성장률을 증가시켜서 환경에 반응한다.
- **생물은 성장하고 번식한다.** 생물은 성장하고 궁극적으로는 자신과 닮은 생물체를 더 많이 만들어내는 능력이 있다(그림 1.3). 성장하고 번식하는 능력은 세포 안에 있는 DNA라고 부르는 유전물질에 의해 결정된다. 물론 빙하나 화산 같은 일부 무생물들도 크기가 커질 수 있다. 그러나 이들은 자신과 같은 복사본을 만들지 못한다.
- **생물의 개체군은 진화한다.** 다양한 형태의 생물들이 수 세대를 거치면서 진화라는 과정 안에서 변하게 된다. 진화는 왜 오늘날 지구상에 수많은 다른 종의 생물들이 있는지를 설명해준다.

이 모든 특징들이 생명을 충분히 설명하는데 필요한 것이지만, 모든 특징들이 모든 생물들에게 항상 적용되는 것은 아니다. 생물의 개체는 진화하지 않으며, 번식해야 하는 것도 아니고 환경에 대해 항상 반응하는 것도 아니다. 그러나 비슷한 생물들이 모인 개체군은 그런 일들을 할 수 있는 능력이 있다.

요점 정리

모든 생물은 세포로 이루어져 있다. 생물은 에너지와 원료물질을 필요로 하며, 항상성을 유지하고, 외부 환경에 반응하며, 성장하고 번식하며, 수 세대에 걸쳐 진화를 한다. ■

그림 1.3 **생물은 성장하고 번식한다.**

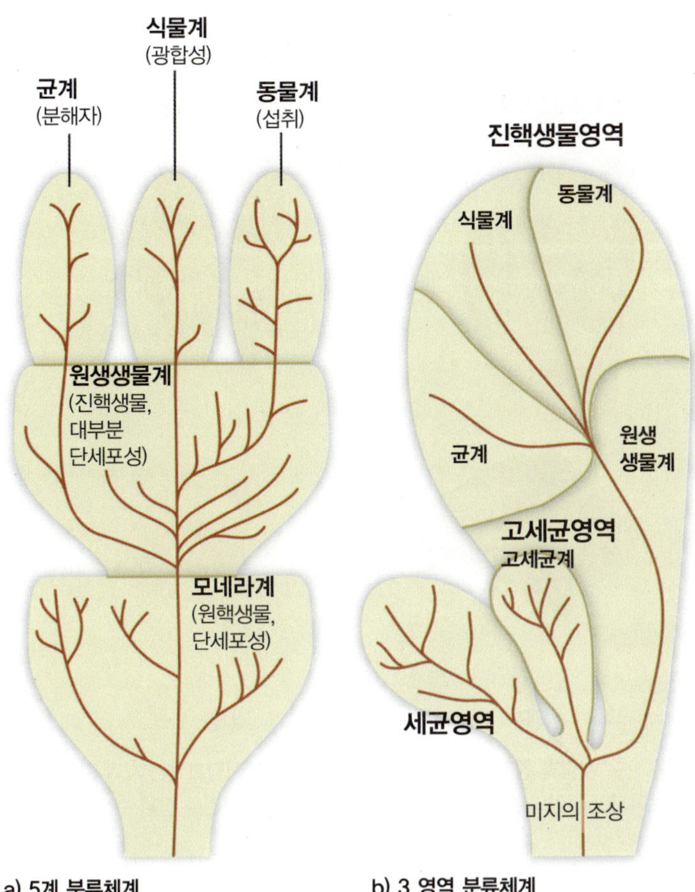

그림 1.4 생물의 분류. (a) 5계 분류체계는 세포핵의 존재 여부, 세포의 구조(단세포성, 다세포성), 특정 구조의 특성, 생활사, 영양 방식 등에 근거하여 생물을 분류한다. (b) 3 영역 분류체계에서 원핵생물은 생화학적, 분자생물학적 특성에 근거하여 3 영역 중에서 두 영역을 차지한다. 모든 진핵생물들은 나머지 한 개의 영역에 속한다.

1.2 인간은 자연계와 어떻게 어울리나

생물은 특징에 따라 무리로 나뉜다

생명의 다양성에서 질서를 찾기 위해 생물학자들은 오랫동안 생물을 분류하는 방법을 찾았었다. 1969년에 5계(five kingdoms) 분류체계가 제안되었다. 이 체계에서 생물을 분류하는 기본적 기준은 핵의 유무, 세포의 수, 그리고 대사의 유형이다. 한 계는 핵이 없는 생물들(원핵생물)로 구성되며, 나머지 네 계는 세포핵을 가진 생물들(진핵생물)로 이루어진다.

5계 분류체계(그림 1.4a)는 모든 단세포 원핵생물들을 **모네라계(Monera)**로 놓는데 여기에는 지구상에서 가장 오래되고, 작고, 단순하고, 가장 성공적인 생물인 세균이 들어 있다. 진핵생물의 네 계 중 셋(**동물계[Animalia], 식물계[Plantae], 균계[Fungi]**)은 다세포생물로 구성되어 있다. 동물, 식물, 균류를 분류하는 기준은 크게 생물의 생명주기, 구조, 영양 방식에 근거한다. 예를 들어, 식물은 햇빛에너지를 포획하게 하는 엽록체라 부르는 녹색 색소체를 가지고 있다. 식물은 **광합성(photosynthesis)** 과정을 통해 햇빛에너지를 사용할 수 있는 형태로 전환한다. 동물은 필요한 에너지를 식물이나 다른 동물을 잡아먹음으로써 얻는데, 여기에는 음식물을 소화하고 흡수하는 특수한 구조가 필요하다. 대부분의 동물들은 먹이를 구하기 위해 움직인다. 균류(효모, 곰팡이, 버섯 등)는 분해자(decomposer)이다. 이들은 필요한 에너지를 부패한 물질로부터 얻는다. 진핵생물의 네 번째 계는 원생동물, 조류, 진균류 등과 같은 단세포생물과 간단한 다세포생물을 포함하는 **원생생물계(Protista)**이다. 모든 동물, 식물, 균류는 단세포성인 원생생물 유형의 생물로부터 진화되어왔다고 생각된다.

최근에 분자생물학과 생화학의 새로운 기술들이 근본적으로 다른 두 유형의 원핵생물들을 구별해냈다. 이 때문에 이제 많은 생물학자들이 계를 포함하는 더 높은 단계의 분류 수준인 영역(domain)으로 시작하는 분류체계를 주장한다. 3 영역 체계(3-domain system, 그림 1.4b)에서는 모네라계의 생물들이 두 개의 영역(**세균영역[Bacteria]**과 **고세균영역[Archaea]**)으로 나뉘는데 각각은 하나의 계로 되어 있다. 한편, 세포에 핵을 가지고 있는 모든 생물들은 세 번째 영역인 **진핵생물영역(Eukarya)**에 놓인다. 따라서 진핵생물영역은 네 개의 진핵생물계를 모두 포함한다.

5계, 7계, 그리고 8계를 지닌 다른 분류체계들도 제안되었었다. 이 모든 분류체계는 새로운 정보가 발견되면 바뀌어야 한다. 그러나 동물계 안에서 인간의 분류에 관해서는 논란의 여지가 없다.

인간은 동물계의 아래 분류군인, 등뼈와 신경삭을 지닌 동물로 정의되는 **척추동물(vertebrates)**에 속한다. 척추동물 안에서 인간은 새끼를 젖먹이기 위한 젖샘을 가진 척추동물인 **포유류(mammals)**로 다시 분류된다. 포유류 중에서 인간은 유인원, 원숭이와 함께 **영장류(primates)**로 다시 분류된다.

어느 분류체계에서든지 가장 작은 분류 단위는 **종(species)**이다. 종은 자연 조건하에서 상호교배가 가능하고 생식력 있는 자손을 낳는 비슷한 신체적, 기능적 특징을 가진 생물들로 이루어진 한 개 또는 그 이상의 개체군을 말한다. 현존하는 모든 인간은 **호모 사피엔스(*Homo sapiens*)**라고 부르는 같은 **속(genus**: 두 번째로 작은 분류 단위), 같은 종에 속한다. 사람들은 지구상의 그 어떤 다른 종과도 구별되는 우리만의 특징을 공유하며, 상호교배도 가능하다.

지구상에 얼마나 많은 생물종이 존재하는지 아무도 알지 못한다. 추정되는 수는 300만 종에서 3,000만 종에 이르지만 현재까지 동정된 종의 수는 약 200만 종뿐이다.

요점 정리

분류체계는 생물을 점점 증가하는 무리 단위에 집어넣는다. 가장 큰 단위는 영역이고 가장 작은 단위는 종이다. 인간은 진핵생물영역의 동물계에 속한다. 인간의 속명과 종명은 호모 사피엔스(*Homo sapiens*)이다. ■

인간을 정의하는 특징

인간은 가장 큰 동물도, 가장 빠른 동물도, 가장 강한 동물도 아니다. 인간의 시력과 청력도 가장 좋은 것이 아니다. 우리는 날지 못하며, 겨우 헤엄치는 정도이고, 손으로는 땅속에 구멍도 잘 파지 못한다. 그런데도 어떻게 우리가 살아남을 수 있었을까? 우리는 우리가 어떻게 다른 생물들과 다른지 정의를 내릴 수 있는 몇 가지 특징을 가지고 있다.

- **두발보행.** 인간은 포유류 중에서 유일하게 직립하고 두 발로 걷는 종이다. 두발보행은 손을 자유롭게 해주며 팔을 써서 아기를 안거나 무기를 들 수 있게 해준다. 물론 새도 직립하지만 새들에게는 팔을 이용해서 물건을 들 수 있는 장점이 없다.
- **맞댈 수 있는 엄지손가락.** 인간과 몇몇 영장류는 엄지손가락을 다른 손가락들 끝에 맞댈 수가 있다. 그러나 오직 인간만이 엄지손가락과 다른 손가락들에게 특정한 유형의 정교한 조절을 할 수 있는 잘 발달된 근육을 가지고 있다. 예를 들면, 우리는 엄지손가락과 두 번째 혹은 세 번째 손가락 끝을 이용해서 작은 물체를 집거나 만지작거릴 수 있다(그림 1.5). 반면에 침팬지는 엄지손가락과 두 번째 손가락의 옆면을 이용해서 물건을 자연스럽게 쥔다. 바늘에 실을 꿰거나 상처를 꿰매는 것은 침팬지에게는 어려운 일이다.
- **큰 두뇌.** 인간은 몸 크기에 비해 상대적으로 큰 두뇌 용적을 가지고 있다. 큰 두뇌의 진화는 돌 도구의 등장과 일치하는 것 같다. 이 때문에 일부 과학자들은 도구를 사용하는 것과 관련된 복잡한 운동이 큰 두뇌를 필요로 했다고 주장한다. 다른 과학자들은 큰 두뇌가 언어에 필요했던 것이며 사람들 사이의 사회적 상호작용으로 발달된 언어가 더욱 중요해졌다고 믿는다.
- **복잡한 언어 능력.** 많은 동물들은 경고나 위협을 하기 위해, 또는 같은 종의 동료들을 알아보기 위해서 소리를 낸다. 그리고 돌고래와 같은 몇몇 동물들은 상당히 복잡한 형태의 통신수단을 발달시켰다. 그러나 인간은 감정과 개념을 전달하는 수단으로 복잡한 음성언어와 신호, 기호, 몸짓 체계를 발달시켰다. 전 세계에 걸쳐 모든 인류 집단들은 복잡한 음성언어를 가지고 있다. 인간은 또 언어를 문자의 형태로 발달시켰으며 이로써 굉장히 먼 거리와 오랜 시간 후까지 통신이 가능하게 되었다(그림 1.6).

그림 1.6 언어. 전 세계에 걸쳐 인간 사회는 복잡한 문자언어가 발달되어 왔다.

이러한 특징들 중 어느 것도 인간이 다른 종보다 더 우수하다고 할 수 있는 것은 없으며, 단지 다르다고 할 수 있을 뿐이다.

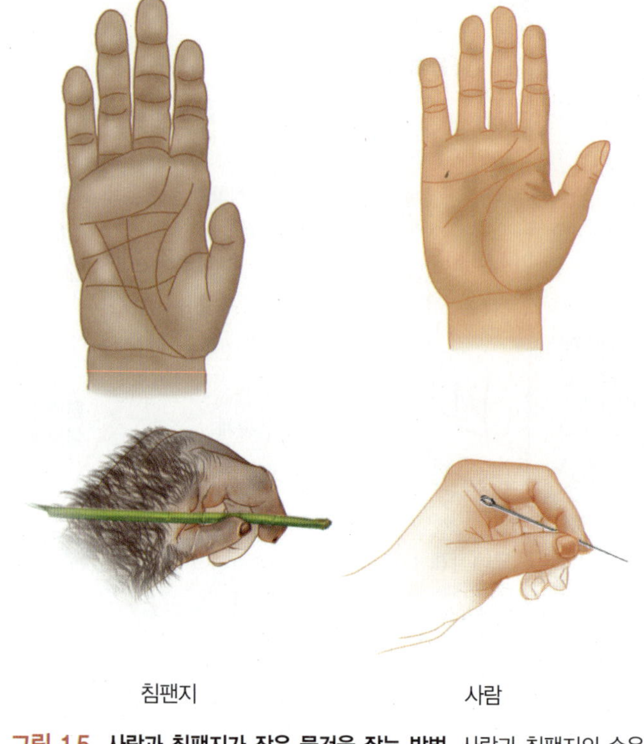

그림 1.5 사람과 침팬지가 작은 물건을 잡는 방법. 사람과 침팬지의 손은 비슷하게 보이지만 사람의 손만이 엄지와 검지의 끝을 써서 물건을 잡을 수 있다.

요점 정리

인간은 두 발로 걸으며 엄지와 검지의 끝으로 작은 물체를 잡을 수 있다. 인간은 또 몸에 비해 상대적으로 큰 두뇌와, 복잡한 음성언어 및 문자언어 능력을 가지고 있다. ■

인간생물학은 생물학적 구조의 어느 수준에서도 연구될 수 있다

그림 1.7은 인간이 자연계의 만물로 짜인 큰 조직에 어떻게 어울리는지를 보여준다. 그림에서 인간은(또는 어느 생물이든지) 생물학적 구조의 어느 수준에서도, 즉 원자 수준에서부터 생물권의 수준까지, 연구될 수 있다는 것을 알 수 있다. 이 책에서는 구성 규모가 점점 커지는 방식으로 인간생물학에 대해서 알아볼 것이다.

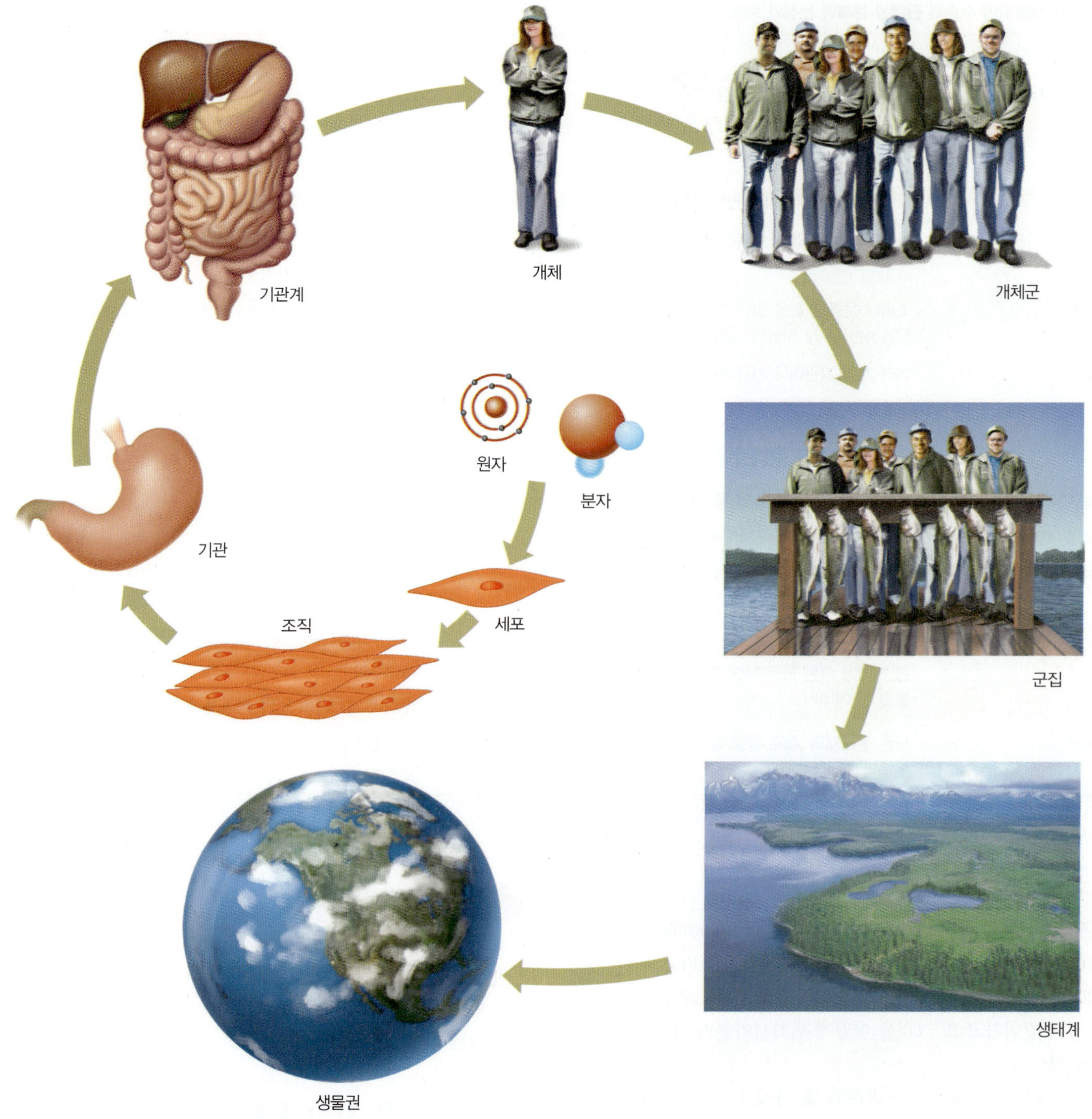

그림 1.7 인간생물학의 구성 수준. 인간생물학은 현재 우리 사회가 가지고 있는 많은 문제점의 중심에 있다.

인간생물학에 대한 우리의 공부는 생명의 가장 작은 단위들로부터 시작한다. 바위나 물, 공기와 마찬가지로 인간은 **원자(atom)**와 **분자(molecule)**라고 부르는 자연계의 작은 구성 단위들로 이루어져 있다. 생물체의 기본 화학에 대해서는 2단원에서 다룰 것이다. 3단원에서는 생물 원자나 분자가 생명의 가장 작은 단위인 **세포(cell)** 안에서 어떻게 배열을 이루는지 알아볼 것이다. 그 다음, 다세포생물에서 비슷한 세포의 무리들이 어떻게 **조직(tissue)**을 만들고, 특정한 기능을 수행하는 조직의 무리들이 어떻게 **기관(organ)**을 만들며, 기관들은 어떻게 **기관계(organ system)** 안에서 함께 작용하여 더 전반적인 기능을 수행하는지 배우게 될 것이다(4단원). 특정 인체 기관과 기관계의 구조 및 기능에 대해서는 5~16단원에서 다루게 된다. 예를 들면, 폐로 가는 혈류는 어떻게, 그리고 왜 다른 기관으로 가는 혈류보다 양이 많은지, 저녁에 먹은 음식물은 소화계를 지나면서 어떤 일을 겪게 되는지를 배울 것이다. 17~21단원에서는 인간을 완전한 **생물체(유기체, organism)**로서 다루게 된다. 즉, 세포가 어떻게 번식하는지, 우리가 부모로부터 형

표 1.1 인간생물학의 수준과 관련된 문제와 논쟁의 보기

구성 수준	정의	문제와 논쟁
원자와 분자	**원자:** 물질을 구성하는 가장 작은 단위. **분자:** 안정된 결합을 이루고 있는 한 개 이상의 원자	방사성폐기물 처리 암과 노화에서 자유 라디칼의 역할
세포	생명의 가장 작은 단위	단일 세포로부터 성체 동물, 식물 및 인간의 클로닝
조직	동일한 구조와 기능을 지닌 세포들의 연합	인간 태아 조직의 연구 목적 이용
기관	특정 기능을 수행하는 여러 조직의 연합	이식 목적의 인간 장기의 공급 증가 인간에게 동물 장기의 이식
기관계	소화나 운동과 같은 일반 기능을 수행하기 위해 함께 작동하는 두 개 이상의 기관	약물이나 유전공학 방법을 이용한 인간의 수행 능력 증진
개체	여러 개의 기관이나 기관계로 이루어진 개별 생명체	치료 방법이 없는 유전 질환 검사 낙태 흡연과 같은 인간 행동과 관련된 질병의 치료 경비를 누가 담당할지 결정
개체군	동일한 지역에 사는 동일 종 개체들의 무리	의료 보급 부족한 이식용 인간 장기를 누구에게 공급할 것인지 결정
군집	동일한 지역에 살며 서로 상호작용하는 다른 종으로 이루어진 여러 개체군	다른 종의 복지와 생존에 미치는 인간의 영향 인간을 위한 동식물의 유전공학 의학 연구와 미용 실험에 동물의 이용
생태계	한 지역에 사는 모든 생명체와 모든 무생물 물질 및 에너지	환경오염 인간의 남용으로 인한 생태계 파괴
생물권	모든 생태계의 총화. 생명체가 살고 있는 지구의 부분과 그 생명체들	지구온난화 오존층 파괴

질을 어떻게 물려받는지, 우리가 어떻게 발생하고, 노화해서 죽게 되는지를 다룬다. 마지막으로, 어떻게 생물 **군집(community)**이 진화하고, 어떻게 생명이 시작되었는지를(22단원), 그리고 우리가 사는 **생태계(ecosystem)**와 자연계 전체의 **생물권(biosphere)**에 우리가 어떻게 맞춰가고 또 그것을 어떻게 변화시키는지를(23, 24단원) 논의할 것이다.

표 1.1에는 인간생물학과 관련된 몇 가지 문제점, 논쟁, 그리고 뜨거운 주제들이 나열되어 있다. 이 토론과 논쟁의 주제들 중 많은 것들은 경제, 법, 정치, 윤리 등과 같이 과학 세계 밖의 영역에 관한 것들이다. 이 책에서 배우게 될 내용은 당신이 앞으로 인생에서 맞닥트리게 될 그러한 주제와 미래의 문제점에 대해 식견 있는 결정을 내리게 해 줄 것이다.

미래에 좋은 판단을 내릴 수 있는 능력과 자신의 결정에 마음 편할 수 있는 것은 당신의 비판적 사고 기술에 달려 있다. 이제 우리는 과학이 무엇인지, 비판적 사고 기술을 향상시키기 위해 과학적 방법론을 어떻게 사용할 것인지, 과학이 우리의 삶에 어떻게 영향을 미치는지에 대해 논의하기로 하겠다.

요점 정리

다른 모든 생물과 마찬가지로 인간은 고도로 조직화된 세계에 살고 있다. 원자에서부터 세포까지, 기관에서부터 개체까지, 그리고 군집으로부터 생물권에 이르기까지 구조의 각 단계는 점진적으로 총괄성이 증가한다. ■

1.3 과학은 지식과 과정의 본체이다

과학이란 자연계를 연구하는 학문이라고 했다. 좀 더 명백히 말하면, 과학은 두 요소로 구성되어 있다. 즉, 자연계에 대한 **지식(knowledge:** 체계화된 신뢰할만한 정보)과 지식을 얻기 위해 사용하는 **과정(process)**이다. **과학지식(scientific knowledge)**은 자연계에 관한 정보를 일컫는다. 과학의 과정 혹은 과학지식을 얻는 행동은, 실제로는 이 용어가 다양한 방법을 포함하긴 하지만, 일반적으로 **과학적 방법(scientific method)**이라 부른다. 이 책의 전반에 걸쳐 우리는 과학지식을 만나게 될 텐데 그 정보가 오랜 시간을 두고 과학적 방법에 의해 서서히 얻어진 것이라는 것을 기억해두자.

과학지식은 우리로 하여금 자연계를 설명할 수 있고 예측할 수 있게 해준다. 과학지식은 또한 경험적이다. 즉, 과학지식은 관찰과 실험에 의존한다는 것이다. 과학적 방법을 통해 과학자들은 편견과 꾸밈 또는 자의적 해석으로부터 가능한 한 자유로운 정보를 축적하려고 노력한다.

과학적 방법은 아이디어를 검증하는 과정이다

자연계에 관한 정보를 수집하는 데는 한 가지 이상의 방법이 있지만 과학적 방법은 예측을 전개하고 검증하는 체계적인 과정이다(그림 1.8). 우리는 우리들의 일상 문제를 해결하는 일에 이미 과학적 방법을, 혹은 적어도 그 요소의 일부를 사용하고 있을 것이다. 때로 우리는 의식적으로 생각하지 못한 가운데 과학적 방법의 단계를 밟아나간다. 이제 그 단계를 알아보도록 하자.

1단계: 관찰과 일반화 우리가 주변의 세계를 관찰하고 배운 내용에 근거하여 일반화를 하게 될 때 우리는 **귀납적 추론**(inductive reasoning: 특수한 사실로부터 추정하여 일반적 사실을 이끌어냄)을 이용한 것이다. 우리는 보통 이것을 전혀 생각하지 않으며 우리가 관찰하고 일반화한 것을 어떤 형태로든 공식적인 언어로 기록하지 않는다. 그러나 우리는 바로 그렇게 한다. 예를 들면, 과거에 매 겨울마다 우리는 여름보다 더 추운 날씨를 관찰했었기 때문에(특수한 사실의 관찰) 우리는 겨울이 여름보다 항상 더 추울 것이라고 확신한다(일반화). 평범한 경험과 확실한 과학과의 차이는 과학이 검증 가능한 예측을 전개하기 위해 일반화를 사용한다는 것이다. 생물학적 연구를 예로 들어 두 개의 관찰과 하나의 일반화를 살펴보도록 하자.

관찰 1: 특정 약물(X 약물이라 함)을 투여한 쥐는 그렇지 않은 쥐에 비해 혈압이 낮다.

관찰 2: 별도의 연구에서, 캐나다의 과학자는 X 약물이 개와 고양이에서 혈압을 낮춘다고 보고했다.

일반화: X 약물은 모든 포유류의 혈압을 낮춘다.

2단계: 가설 설정 가설을 만들기 위해서 관찰과 일반화가 사용된다. **가설(hypothesis)**은 자연계에 관한 임시 진술이다. 중요한 것은, 가설이 검증 가능한 연역적 추론으로 이끌 수 있는 진술이란 것이다.

가설: X 약물은 고혈압인 사람에게 안전하고 효과적인 치료법이 될 것이다.

3단계: 검증 가능한 예측 전개 검증할 수 없는 가설은 허풍이나 한가지로 쓸모없는 추측에 지나지 않는다. 그러나 많은 가설들은 매우 결정적이거나 포괄적이어서 다양한 조건 하에서 그들을 검증할 수 있는 방법들이 있게 마련이다. 예를 들면, 적어도 X 약물이 많은

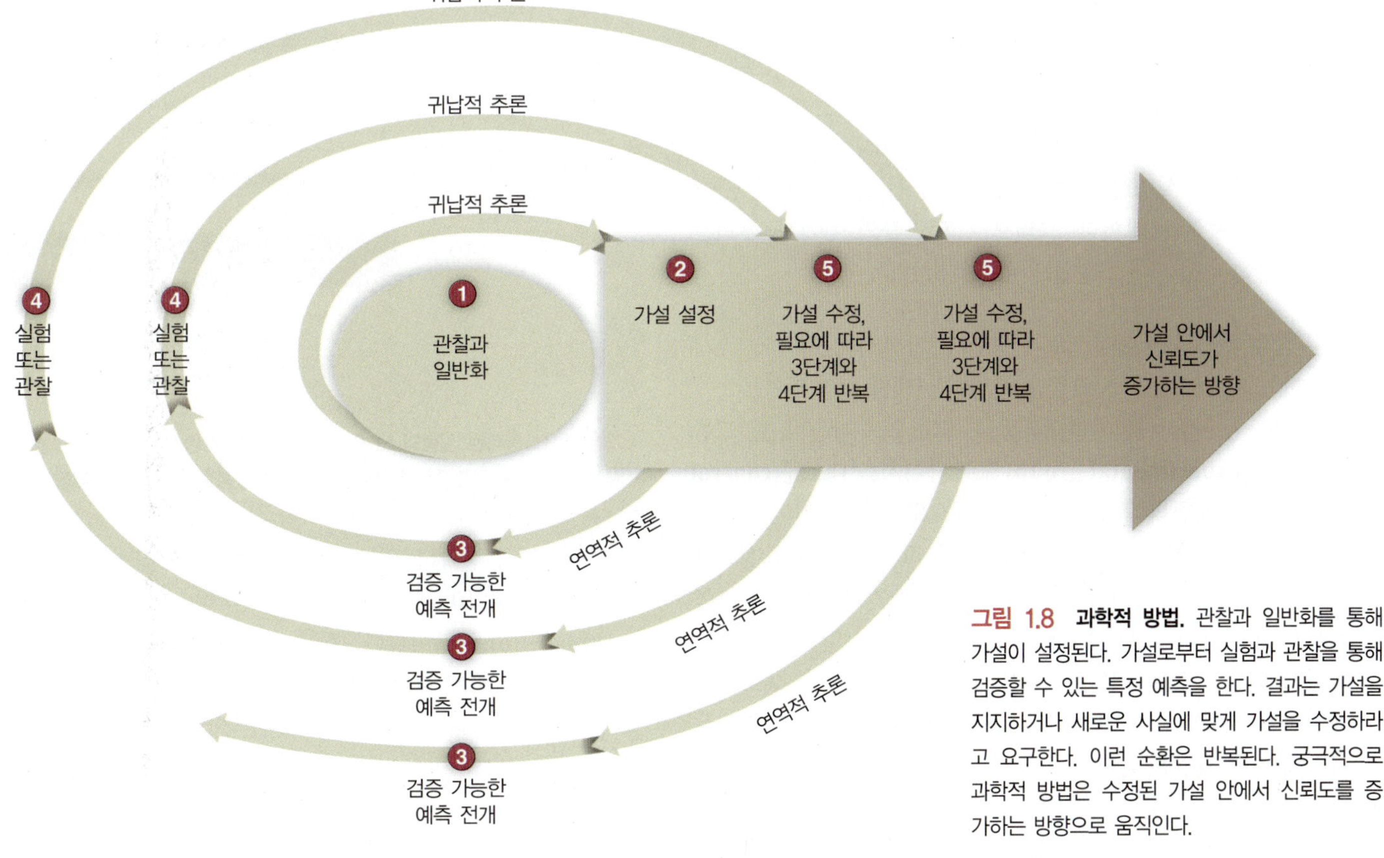

그림 1.8 **과학적 방법.** 관찰과 일반화를 통해 가설이 설정된다. 가설로부터 실험과 관찰을 통해 검증할 수 있는 특정 예측을 한다. 결과는 가설을 지지하거나 새로운 사실에 맞게 가설을 수정하라고 요구한다. 이런 순환은 반복된다. 궁극적으로 과학적 방법은 수정된 가설 안에서 신뢰도를 증가하는 방향으로 움직인다.

다른 조건 하에서 상당한 수의 사람들에게서 검증되기 전까지 우리는 X 약물이 모든 사람에게 모든 조건 하에서 안전하고 효과적이라고 확신할 수 없을 것이다. 가설에 확신을 가지기 위해서는 가설에 근거한 검증이 가능한 예측(작업가설[working hypothesis]이라고 함)을 전개해야 하며 그것들을 하나씩 검증해야 한다. 예측은 **연역적 추론**(deductive reasoning: 일반적인 경우를 특수한 사실에 적용함)을 사용한다. 예측은 종종 "만약에... 그렇다면" 식으로 진술되는데, 여기서 "만약"이란 부분이 가설이다. 예를 들면,

예측: 만약 X 약물이 고혈압인 사람에게 안전하고 효과적인 치료법이라면, 고혈압인 사람이 X 약물을 하루에 10mg씩 복용하면 1개월 안에 혈압이 떨어질 것이다.

이 예측은 아주 상세하다는 것에 주목하자. 이 보기에서 예측은 약물의 양, 검증하게 될 환자의 건강 상태, 예측이 맞을 경우 기대되는 약물의 효과, 검증에 소요되는 정확한 시간을 상세히 나타냈다. 이러한 특이성이 예측이 참인지 거짓인지, 긍정인지 부정인지를 검증할 수 있게 해준다.

4단계: 실험 또는 관찰 예측이 참인지 거짓인지는 관찰이나 실험을 통해 결정된다. **실험(experiment)**은 예측을 검증하기 위해 면밀히 계획되고 수행된 자연계에 대한 활동이다. 우리가 수행한 실험(또는 관찰)은 예측의 특정 성질에 따라 달라진다.

예측을 검증할 때 과학자들은 엄격히 통제된 조건 하에서 수행될 수 있는 실험을 설계하려 한다. 특정의 통제된 조건 하에서 수행되는 실험은 **통제된 실험**(controlled experiment)이라 부른다. 통제된 실험은 **통제변수**(controlled variable)라고 부르는 한 가지 관심 변수만을 제외하고 모든 가능한 **변수(variables:** 실험 과정 중에 변하는 요소)를 설명할 수 있는 뚜렷한 장점을 지니고 있다. 이 경우에 통제변수는 혈압이다. 그러므로 X 약물의 예에서, 우리는 통제된 실험에서 이 단계들을 밟을 수 있다(그림 1.9).

- 큰 그룹의 사람들을 대상으로 선정한다. 이때, 혈압이 정상인 사람보다는 혈압이 높은 사람들을 특별히 선택할 수 있다.
- 대상 그룹의 사람들을 임의적으로 두 그룹으로 나눈다. 한 그룹을 **실험군(experimental group)**으로 나머지를 **대조군(control group)**으로 정한다. 두 그룹을 임의적으로 정하는 것이 중요한 것은 결과에 영향을 미칠 수 있는 모든 요소들(나이나 성별에 따른 약물 반응의 차이나 예전의 건강 문제 등과 같은)이 자동적으로 평준화되기 때문이다. 사실상, 대조군이 알려지지 않은 모든 요인들을 모두 떠맡는다. 이 점에서 실험군이나 대조군을 동일하게 처리한다면, 또 두 그룹의 크기가 충분히 크다면, 두 그룹의 평균 혈압은 같다.
- 두 그룹 내의 대상들은, 실험군이 약물을 투여 받는다는 것만 제외하고는, 정확히 동일한 처리를 받는다. 실험군에게는 X 약물을 하루에 10mg씩, 1개월 동안 투여하고, 대조군에게는 **위약(placebo)**을 투여한다. 만일 X 약물을 알약으로 투여한다면 위약도 동일하게 보이는 알약으로 투여해야 한다. 만일 X 약물을 식염수에 넣어 주사한다면 위약도 같은 양의 식염수로 주사해야 한다.

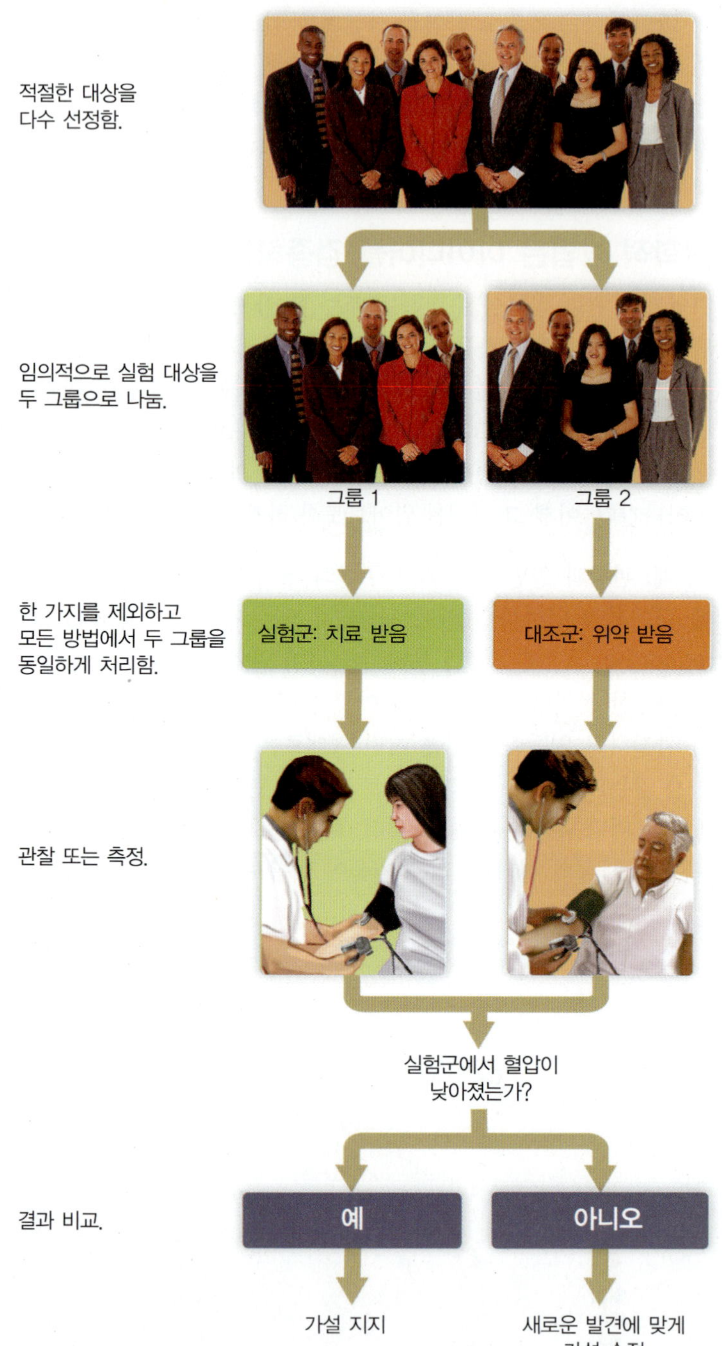

그림 1.9 통제된 실험의 단계. 이 경우에 실험 변수는 혈압이다. 실험이 설계된 방식 때문에 두 그룹 사이의 유일한 차이는 실험적 치료의 유무이다.

사람을 대상으로 일할 경우, 과학자들은 암시의 영향(power

of suggestion)을 고려해야 한다. 양쪽 그룹의 어느 누구도 어떤 그룹이 약물을 받는지 몰라야 하는 것은 중요하다. 만일 실험군의 일원이 자신들이 혈압을 낮추는 약물을 받고 있다는 사실을 알게 되면 우연찮게 이 실험의 결과에 영향을 미치게 된다. 변수로서의 암시의 영향을 제거하기 위해서 연구자들은 "맹목(blind)" 실험을 실시한다. 즉, 실험 대상들은 자신이 위약을 받는지 약물을 받는지 모른다. 때로는 실험이 "이중 맹목(double-blind)"으로 수행되어서 약물과 위약을 배포하는 사람마저도 실험이 끝날 때까지 어느 것이 어느 것인지 모른다.

- 1개월 후에 양 그룹의 혈압을 측정하고, 적절한 통계적(수학적) 방법을 이용하여 두 값을 비교한다. 만일 실험군의 혈압이 통계적으로 낮다면 우리의 예측은 검증된 것이며 가설은 지지를 받게 된다.

5단계: 필요에 따라 가설을 수정하고 3단계와 4단계를 되풀이한다 만일 예측이 틀린 것으로 밝혀지면, 새로운 사실에 맞추어 가설을 수정하고 3단계와 4단계를 다시 거쳐야 한다. 예를 들면, 약물의 양을 늘리거나 오랜 기간 투여하면 약물이 혈압을 낮추게 될 것이다.

만일 예측이 옳다고 밝혀진다 해도 끝난 것은 아니다. 왜냐하면 모든 가능성을 다 검증한 것이 아니라 이제 겨우 가설의 작은 일부분만(한 가지 특정 조건 하에서 약물의 영향)을 검증했기 때문이다. 그 약물이 안전한지, 그리고 얼마만큼 안전한 것이 "안전한" 것인지 어떻게 알 수 있는가? 그 약물이 정상 혈압을 가진 사람에게 위험할 정도로 혈압을 낮추는 것이 아닌가? 만일 임산부가 그 약물을 복용하면 신생아에 해를 끼치지는 않는가? 장기간 투여하면 신장에 이상을 가져오지는 않는가? 그 약물이 약국에서 팔리기 전에 상세한 예측을 내놓아야 하며 각각의 질문에 대해 검증을 해야 한다.

많은 과학자들은 반복해서 가설을 반증하려고 시도한 뒤에야 가설에 대해 더 신뢰를 갖기 시작한다. 가설은 진실로 확증될 수 없으며, 단지 지지를 받거나 반증될 수 있을 뿐이다. 이 예에서 보듯이, 과학적 방법이란 우리의 해결방법과 무엇을 검증할 것인지에 관한 생각에 의해 한정되는 제거 과정이다. 우리는 미래에 바뀔 수도 있다는 것을 이해하면서 현재로서는 최선인 설명을 향해 나아간다.

발견을 알리기

새로운 정보는 다른 사람들이 잘 알지 못하면 별 소용이 없는 것이다. 그렇기 때문에 과학자들은 자신의 발견을 다른 사람들에게 알려야 한다. 과학자들은 자세한 내용을 과학학술지에 발표해서 자신의 발견을 만천하에 알린다. 동료전문가 심사(peer-reviewed) 학술지에 실린 논문은 출판 전에 몇몇 전문가(동료 과학자)의 면밀한 심사를 받아 승인을 얻어야 한다. 동료전문가 심사 학술지들은 종종 가장 정확한 과학적 정보를 지니고 있다.

어떤 결론이든지 간에 말로 표현되지 않은 가정은 오직 실험이 수행된 조건 하에서만 결과가 유효하다는 것이다. 이것이 바로 과학 논문에서 실험이 어떻게 수행되었는지 상세히 기술하는 이유이다. 완벽하게 기록함으로써 다른 과학자들이 그 실험을 반복할 수 있고, 다른 과학자들의 발견을 근거로 그들 나름의 예측을 전개할 수 있게 해준다. 진화의 일면이나 암과 AIDS 같은 범세계적인 문제를 다루는 가설에 과학적 방법을 적용해보면 과학자들이 어떻게 과학의 발견에 온 생애를 바치는지(그리고 매순간 즐기면서!) 실감하게 된다. 때때로 과학의 진행은 3보 전진에 2보 후진하는 것처럼 보인다. 적어도 이 책에서 배운 내용 중 일부는 앞으로 10년 후에는 맞지 않을 수도 있다. 그렇지만 우리는 실수를 통해서도 중요한 새로운 관찰을 이뤄내며, 그들 중 일부는 과학과 기술에 신속한 발전을 가져올 수도 있다. 바로 지난 100여 년 동안에 인류는 항생제를 만들어냈으며, 인간을 달에 보냈고, 수천만 개의 책상 위에 컴퓨터를 올려놓았었다.

많은 사람들이 과학과 확실성을 연계한다. 그러나 사실상 과학자들은 끊임없이 불확실성과 상대하고 있다. 그것이 바로 일치된 의견을 내지 않는 과학자나 마음을 바꾼 과학자들을 볼 수 있는 이유이다. 가설을 설정하고 검증하는 일은 느리고 번잡한 일이며, 과학자로 하여금 끊임없이 질문하고 증명하는 일을 요구한다.

잘 검증된 가설은 이론이 된다

많은 사람들은 이론은 일종의 무익한 추측이나 추정이라고 생각한다. 과학자들은 이 용어를 아주 다르게 쓴다. 과학자에게 **이론**(학설, **theory**)은 광범위하게 검증되고 오랜 시간 동안 지지를 받은 것으로 고도의 신뢰성을 가지고 광범위한 과학적 사실을 설명해주는 폭넓은 가설이다.

이론은 가설이 도달할 수 있는 최고의 지위이다. 그렇지만 이론이라 할지라도 시간이 지나면서 새롭고 더 나은 정보가 나오면 수정되기도 한다. 생물학에서는 소수의 가설만이 이론으로 승격되었다. 그 중에는 진화론과 생명의 세포설(cell theory)이 있다.

요점 정리

과학적 방법은 관찰, 가설설정, 가설검증으로 이루어진 체계적인 과정이다. 이론은 수많은 검증을 거친 광범위한 가설이다. ■

1.4 과학 정보의 출처는 유형과 성질이 변한다

우리는 끊임없는 과학 정보의 홍수 속에 살고 있다. 그 중 일부는 정확하지만 일부는 정확하지 않다. 어떤 사실이 매우 빠르게 변하는 것처럼 보일 때 우리는 무엇을 믿을 수 있는가? 우리 모두는 어떻게 유효한 정보를 찾아 비판적으로 평가하는지 알 필요가 있다. 과학 정보의 다른 출처들은 매우 다른 목적을 가질 수 있기 때문에 우리가 원하는 수준의 이해와 관심에 가장 잘 맞는 정보를 제공할 수 있는 출처를 찾아야 한다.

어떤 과학지식은 고도로 전문적이다. 그 결과 과학자들은 주로 자기들끼리 전문적인 수준으로 말하는 경향이 있다. 앞에서 이미 언급하였듯이, 과학자들은 종종 네이처(*Nature*)나 사이언스(*Science*) 같은 전문 학술지에 실린 논문을 통해서 의견을 교환한다. 전문 학술지에 실린 논문은 간결하고 정확하며 완벽하게 기록되어서 다른 과학자들이 그 논문을 읽은 후에 그 실험을 재현할 수 있다. 일반적으로 과학자들은 그 주제에 관한 이전의 문헌을 광범위하게 참조한다. 전문 학술지에 실린 논문들은 공들여 읽어야 하며 보통은 매우 건조하다. 그러나 그들의 목적은 일차적으로 다른 전문가에게 알리는 것이다.

다른 유익한 출판물 출처는 교양인을 위한 과학 잡지와 논픽션 서적이다. 이들의 목적은 과학에 제한적인 배경 지식만 갖춘 관심 있는 독자에게 정보를 제공하는 것이다. 저자들은 보통 어려운 과학적 관점을 우리 모두가 이해할 수 있는 언어로 바꿔 써주는 과학저술가이거나 전문가이다. 때로 독자들이 일부 자세한 내용을 이해하지 못하기도 하지만 그 정보는 일반적으로 정확하고 읽기에 쉽다. 일반적으로 이런 기사와 서적들은 어떤 주제에 대해 좀 더 깊게 알고 싶어 하는 독자들에게 어디에서 더 많은 정보를 찾을 수 있는지를 알려준다.

일반인을 위한 뉴스 잡지와 일간지도 과학의 최신 토픽에 대한 정보를 알려준다. 그들의 목적은 많은 일반 독자들에게 가능한 한 빨리 정보를 내보내는 것이다. 기사는 시기적절하지만 과학 잡지에 비해 깊이가 없으며, 이야기의 타당성을 확인하는 데 필요한 자세한 내용이 들어 있지 않다. 분명한 플러스는 잡지와 일간지가 종종 과학적 발견의 사회적, 정치적, 경제적, 사법적, 그리고 윤리적 측면에 대해 토론을 한다는 것이다. 이런 점은 논문이나 과학 잡지, 논픽션 서적에서는 일반적으로 결여되어 있다. 과학 정보는 일반적으로 정확하지만 리포터가 주제를 완전히 이해하지 못해서 적절한 이야기를 전해주지 못하는 경우도 있다. 가장 좋은 기사는 독자들에게 원본 출처를 알려준다. 텔레비전(예를 들면, 디스커버리 채널이나 EBS 같은)도 과학 관련 소식을 대중에게 제공해준다.

1980년대 이후, 과학자와 연구자들은 의견교환과 정보공유에 인터넷을 이용하고 있다. 최근의 World Wide Web 확장으로 일반 대중도 인터넷에 접할 수 있게 되었으며 과학 정보의 흥미로운 새 출처를 알게 되었다. 모든 대학들은 웹 페이지를 가지고 있으며 "ac.kr"이나 ".edu"로 끝나는 사이트 주소를 가지고 있다. 수많은 과학기구나 전문조직들이 과학자와 일반 소비자들에게 유익한 정보를 제공해주는 웹 사이트를 만들었다. 웹 사이트가 있는 기구의 예는 국립보건원(National Institutes of Health), 미국암협회(the American Cancer Society), 미국심장협회(the American Heart Association) 등이 있다. 정부 기구와 비영리단체의 웹 주소는 일반적으로 ".gov"와 ".org"로 끝난다.

인터넷도 잘못된 정보의 출처가 될 수 있다는 것을 알아두어야 한다. 현재, 인터넷은 출판물이나 방송 매체보다 덜 규제를 받고 있어서 객관적 보고와 광고 사이의 차

스스로 해보기

과학적 주장에 대한 평가

일생을 통하여 우리는 매스컴에 등장한 과학적 주장의 타당성에 대해 평가해야 할 때가 있다. 대부분의 경우, 우리는 오직 주어진 정보에 근거해서만 판단을 내리게 된다. 연습으로, 신문, 잡지 혹은 인터넷에서 인간생물학과 관련된 주제 기사를 하나 선택하여 다음 일을 수행해보자.

- 기사의 가장 주된 주장을 이야기해보자. 그 주장을 글로 써보면 도움이 될 것이다.
- 그 주장을 지지하기 위해 제공된 증거를 나열해보자.
- 각각의 증거가 과학적 수용성의 기본적 기준에 맞는 것인지 조사해보자.

다음 세 가지 기준에 따라 그 증거가 받아들여질 수 있는 것인지 아닌지 결정된다.

1. 과학적 증거는 관찰에 근거해야 하며 수량화할 수 있어야 한다(보기: "1976년부터 2006년 사이에, 미국 오리건 국유림에서 등산객들에게 매년 관찰된 점박이올빼미의 수는 5,000마리에서 2,000마리로 감소하였다."). 이와는 대조적으로 추론적 증거(inferential evidence)는 단지 설명적일 뿐이다(보기: "1976년부터 2006년 사이에 점박이올빼미의 개체군 크기는 감소하였다.").
2. 증거의 출처와 질은 명확해야 한다. 다른 사람이 수행한 이전 연구를 인용한, 입증 가능한 참고문헌은 큰 플러스가 된다. 최소한, 실험 설계는 충분히 설명되어서 데이터는 어떤 방식으로 수집되었으며, 대조군의 존재 여부와, 표본의 크기는 얼마인지 등을 이해할 수 있어야 한다. 데이터는 정당하게 수집되어서 정확한 방법으로 제시되었다는 것이 확신되어야 한다.
3. 증거는 명백한 편견으로부터 자유로워야 한다. 데이터는 누가 발표했는가? 숨겨진 문제가 있다고 의심할만한 무슨 이유가 있는가?

만일 제시된 대부분의 증거가 이 세 가지 간단한 검증 기준에 합치하지 못하면 그 주장을 받아들일 이유가 없다. 그럴 경우엔 현명하게 판단을 차후로 보류해야 한다. 그 동안에, 그 주장에 대해 다른 과학자들은 어떻게 이야기하는지 주의를 기울여야 한다. 그리고 그들의 증거에 대해서도 동일한 기준을 확실히 적용해야 한다.

이를 말하기 어렵다. 더구나, 온라인 채팅 참여자나 특정 동호인 그룹들은 그들 자신의 의견을 마치 검증된 진실처럼 조장할 수 있다. 따라서 인터넷에 대해 회의적일 필요가 있다.

요점 정리

과학 정보의 가장 좋은 출처는 어렵고 복잡한 정보를 이해할 수 있는 용어로 정확히 바꿔 써주고, 원한다면 정보를 확인할 수 있도록 많은 참고문헌을 가지고 있는 것이다. ■

1.5 비판적으로 사고하는 사람이 되기 위한 학습

과학자는 인간이다. 많은 과학자들은 자연계가 어떻게 움직이는지에 관한 강한 호기심이나 경이감으로 동기유발이 된다. 지식의 미개척 영역을 탐험하는 데는 엄청난 창의력과 상상력을 필요로 한다. 그렇지만 과학자들도 많은 사람들처럼 결론으로 건너뛰기도 하고 새로운 생각에 저항하기도 한다. 소수의 과학자들은 자신의 이익을 위해 일하기도 한다. 이러한 자연스런 인간의 성향과 싸우기 위해 훌륭한 과학자들은 비판적 사고의 특정 도구를 사용한다. 우리가 과학 분야에서 일하는지 여부에 관계없이 우리도 이러한 도구를 사용하는 법을 배울 수 있다. 12쪽의 "스스로 해보기"의 글이 안내를 해 줄 것이다.

회의론자가 된다

좋은 과학자들은 독창성과 상상력을 **회의론(skepticism:** 질문하는 태도)과 화합시킨다. 만일 당신이 잘 작동된다는 주장을 믿고 어떤 물건을 샀는데 실망한 적이 있다면 당신은 회의론의 가치를 알게 된 것이다. 읽고 들은 일에 대해 믿기 전에 모든 일에 의문을 갖고 좀 더 깊게 파헤쳐 보자. 다음은 스스로에게 물어보아야 할 몇 가지 질문이다.

- 그 말이 진실이라고 말한 사람들은 누구인가?
- 무슨 증거가 있는가?
- 그 주제에 대해 이야기하고 있는 사람들이 관련 분야의 교육을 받은 사람이거나 권위 있게 이야기할 수 있는 사람들인가?
- 그 사람들이 돈을 받았는가? 그렇다면 그것이 그들의 발언에 어떤 영향을 미쳤을까?
- 그 주장을 뒷받침해줄 증거는 어디에 있는가?

회의론은 특히 다른 과학자들에 의해 아직 증명되지 않은 새로운 주장에 대해서 중요하다. 공공의 장에서 행해진 과학자들 사이의 토론을 주의 깊게 들어야 한다. 새로운 과학적 주장은 충분히 검증되는 데 몇 년이 걸릴 수도 있다.

통계의 가치를 인정한다

통계란 숫자로 나타낸 정보, 즉 **데이터(data)**를 체계화하고 해석하는 수학이다. 과학자들은 통계학을 이용하여 정보에 얼마만큼의 신뢰도를 부여해야 할지 결정한다. 대부분의 과학자들은, 만일 실험을 20번 반복해서 동일한 결과를 19번 얻었다면, 즉 95%의 경우라면, 그 실험 결과를 신뢰를 가지고 기꺼이 받아들인다. 평균값 뒤에 표기된 "±" 수치는 "표준오차"라고 하는 결과의 정확성에 대한 신뢰도를 나타낸 것이다. 그래프에서 표준오차는 평균값의 위아래로 튀어나온 작은 선분으로 표시한다.

통계는 여러 분야에서 중요하게 쓰인다. 선거 기간 동안에 우리는 여론조사기관의, 예를 들면, "52%의 응답자들이 대통령을 지지한다고 했으며, 조사 결과는 ±3%의 오차범위를 가진다"와 같은 발표를 듣는다. 이 말은 실제 선거에서 대통령을 지지할 사람들의 비율은 49~55% 사이일 것으로 판정을 내리기에는 아주 근소한 차이라고 여론조사기관이 비교적 확신한다는 것을 말해준다.

그래프 읽는 법을 배운다

그림과 마찬가지로 그래프 역시 천 마디 말의 가치가 있다. 그래프는 관찰과 실험 결과로부터 얻은 데이터를 실속 있고 파악하기 쉬운 방식으로 보여준다. 그래프는 실험 결과의 의미를 명확히 하는 데도 이용된다.

대부분의 그래프는 두 축을 기준으로 그린다. 바닥의 가로축은 x축이라 하고 세로축은 y축이라 한다. 관례적으로 시간, 거리, 나이와 같은 독립변수(independent variable)는 x축에 기입한다. 값이 독립변수에 따라 변하는 종속변수(dependent variable)는 y축에 그린다.

그래프에는 개별 데이터를 점으로 나타내는 그래프에서부터 평균치를 선분이나 막대로 나타내는 그래프까지 다양한 형태가 있다(그림 1.10). 그래프를 읽을 때에는 그래프가 나타내고자 하는 것이 무엇인지를 결정하기 위해 먼저 눈금 비율과 가로축과 세로축의 범례를 확인해야 한다. 눈금 비율이 바뀌는 "분할 축"이 있는지 주의해야 한다. 보기는 그림 1.11에 나와 있다. 분할 축은 한쪽 축의 영역이 넓게 퍼진 경우에 데이터를 나타낼 수 있는 편리한 방법이지만, 그래프 읽는 일에 익숙하지 못한 사람들을 의도적으로 판단을 그르치게 하는 데 이용될 수도 있다.

과학적 증거와 일례를 구별한다

일례적 증거(anecdotal evidence)는 증명서나 검증되지 않은 짧은 보고서 형식을 띤다. 한 일례가 말 그대로 진실일 수는 있으나 그것은 어떤 방식으로든지 과학적, 통계적 확실성을 가질 수 없다. 일례는 실험적 증거에 근거한 것이 아니기 때문에 더 큰 집단에서 일반화할 수가 없다. 광고회사들은 때때로 일례를 이용하여 우리에게

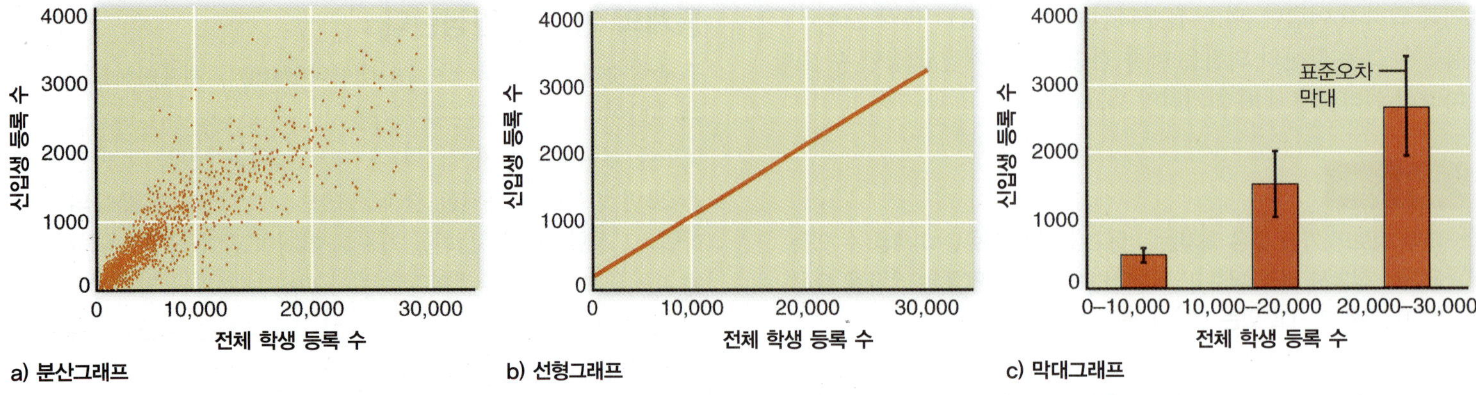

그림 1.10 그래프의 유형. 이 세 그래프는 미국 내 1,500개 대학에서 신입생 등록 수와 전체 학생 등록 수 사이의 관계를 나타낸 것이다. **(a)** 분산그래프는 각각의 개별 대학에서 등록생 수를 보여준다. 각 데이터 점이 관찰 결과이다. **(b)** 선형그래프는 (a)에서 표현된 데이터에 가장 잘 맞는 직선을 그린 것이다. **(c)** 막대그래프에서는 대학의 전체 등록생 수를 세 개의 크기 그룹으로 뭉쳐서 나누고, 신입생 등록 수는 평균값으로 구했다. 이 그래프에서는 전형적인 표준오차 막대를 보여주는데, 이는 데이터가 통계적으로 분석되었다는 것을 의미한다.

영향을 주려고 한다. TV에 나오는 배우가 진지한 얼굴로 "X라는 약품이 제게 효과가 있었습니다"라고 말하는 것은 어쩌면 진실을 말하는 것일 수 있다-그 약은 그 배우에게 효과가 있었을 것이다. 그러나 그 사실이 모든 사람들에게 그 약품이 효과가 있다거나 심지어는 전체 인구의 10%에게라도 효과가 있다는 것을 증명하는 것은 아니다.

일반인들은(심지어는 과학자들도) 종종 "우리 할머니께서 이 약을 분명히 알고 계신다"와 같은 말을 한다. 그 말은 진실일 수 있지만 과학적 증거는 아니다. 어떤 진술의 증거가 어떤 방식으로 제시되는지 주의해서 들어야 한다.

사실과 결론을 분리한다

사실(fact)은 입증할 수 있는 정보인 반면 결론(conclusion)은 사실에 근거한 판단이다. 매스컴에서는 때때로 사실과 결론을 어느 것이 어느 것인지 구별하지 않고 섞어서 말한다. 거의 매일 저녁 경제 뉴스 시간에 우리는, "소비자 물가지수에 대해 다시 일어난 우려로 인해 주가는 오늘 50포인트 떨어졌습니다"와 같은 소식을 듣는다. 문장의 반은(주가 하락에 관한) 입증할 수 있는 사실이다. 나머지 절반의 문장은 기자의 추측일 뿐이다.

혹은, 다음 내용을 생각해보자. "올해의 지구 평균 온도는 작년보다 0.1°C 높았습니다. 온도의 상승은 지구온난화가 일어나고 있

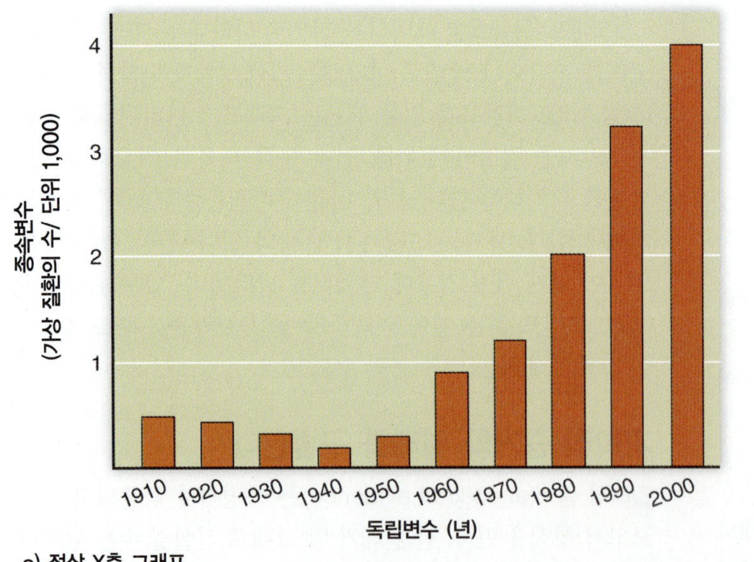

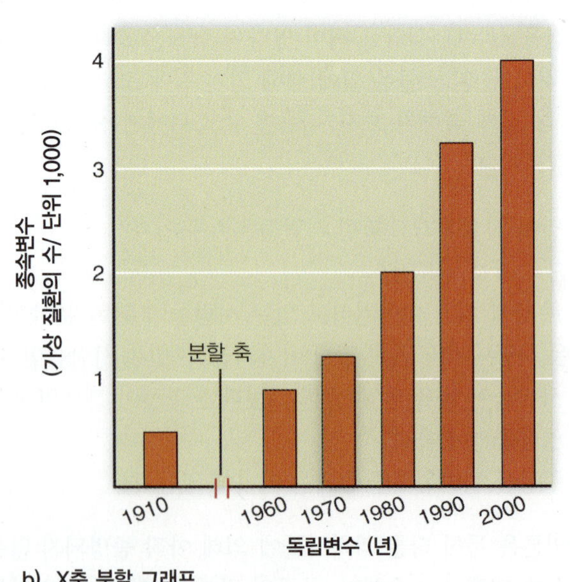

그림 1.11 분할 축이 그래프에 미치는 영향. **(b)** 그래프는 **(a)** 그래프에 담긴 데이터를 이용해서 다시 그린 것이다. 가로좌표를 분할하여 1920~1950년의 데이터를 생략했다. 결과는 적은 공간에 맞는 통합 그래프이지만, 이 그래프는 질병이 발생한 경우의 수가 1910년부터 꾸준히 상승해 온 것으로 잘못 이해될 수 있다. 실제로는 1960년대부터 꾸준히 증가하였다.

다는 증거입니다" 다시, 사실 뒤에는 결론이 뒤따른다. 만일 온도가 매년 0.3°C 정도 오르락내리락한다면 결론은 보장되지 않을 것이다.

상관관계와 인과관계의 차이점을 이해한다

두 변수 사이에 밀접한 관계나 방식(상관관계)이 있다고 해서 반드시 한 쪽이 다른 쪽의 원인이 된다는 말은 아니다. 알아두어야 할 경구는 "상관관계는 인과관계를 의미하지 않는다"이다. 인과관계가 없는 상관관계의 좋은 예는 아이스크림 판매량과 익사사고 사이의 밀접한 상관관계이다. 여름에 아이스크림 판매고가 올라가는 달에는 익사사고도 증가한다. 아이스크림을 먹는 것이 사람들의 익사사고를 일으킨다는 의미인가? 그럴 리가 없다. 아이스크림 판매량과 익사사고는 본래의 상관관계에서 언급되지 않은 제3 요인-여름 동안의 높은 기온-과 상관관계에 있다.

앞의 예가 너무 명백해 보인다면 다음의 예를 살펴보자. 1999년에 한 주요 대학에서 수행한 연구에서, 등불을 켜놓고 잠을 자는 어린이는 그렇지 않은 어린이보다 나중에 근시가 될 가능성이 더 높다는 사실이 발견되었다. 이 연구는 "야간 조명이 근시를 일으킬 수 있다"는 CNN 리포트와 같이 주요 매체로부터 많은 주목을 받았다. 그러나 정말 그럴까? 사실상, 2000년에 수행된 후속 연구에서는 조명을 켜둔 채 잠자는 것과 근시의 발달 사이에 직접적인 인과관계가 없다는 것이 밝혀졌다. 그 대신 후속 연구는 근시가 생긴 어린이는 근시인 부모를 둘 확률이 높다는 사실을 보여주면서 유전적 원인을 제기(증명이 아니고)하였다. 또한 연구는 근시인 부모는 조명을 켜 둘 확률이 높다는 사실도 보여주었다.

위 보기에서 원래의 과학적 관찰은 옳게 진술되었다(조명을 켜둔 것과 근시에는 상관관계가 있다). CNN 뉴스도 수면 중 조명이 근시를 일으킬 수도 있다는 가능성을 제기했을 뿐이기 때문에 뉴스 제목 역시 기술적으로는 옳다. 그러나 수면 중 조명이 근시를 일으킨다고 확신하게 된 사람은 누구든지 옳지 않다. 좋은 상관관계만을 근거로 한 인과관계적 진술에 대해서는 회의적이어야 한다. 왜냐하면 진정한 인과관계는 첫 눈에 명백하지 않을 수 있기 때문이다.

물론, 진정한 인과관계가 존재하는 경우에는 밀접한 상관관계가 성립될 가능성이 높다. 따라서 상관관계가 반드시 인과관계를 증명하는 것은 아니지만, 상관관계는 진정한 원인을 찾아냈을 수도 있다거나, 혹은 적어도 진정한 원인이 가까이 있으며 관찰된 두 변수에 연결되어 있을 수 있다는 강한 암시가 될 수 있다.

요점 정리

건전한 회의론과 통계학에 대한 기본적인 이해 및 그래프를 읽을 수 있는 능력은 비판적 사고를 키우는 중요한 도구이다. 일례적 증거를 보게 되면 일례적 증거의 성질을 이해하라, 그리고 사실과 결론 사이의 차이와 상관관계와 인과관계의 차이도 헤아려야 한다. ■

a) 오늘날의 농부는 유전학, 화학 심지어는 항공우주산업 같은 다양한 분야의 발전에 힘입어 과거보다 훨씬 효과적으로 작물을 재배한다. 전지구위치파악시스템(GPS)과 컴퓨터를 이용하여 농부들은 비료가 필요한 재배지를 정확히 파악하여 비료를 뿌릴 수 있게 되었다. 따라서 쓰레기를 줄이고, 환경 파괴를 감소시키며, 경작지를 개량할 수 있게 된다.

b) 파나마의 열대우림에서 우듬지(tree-top) 생태계를 연구하고 있는 두 과학자. 이와 같은 연구는 생태계 내의 생물체들 사이의 상호관계에 대한 우리의 이해의 폭을 넓혀주며, 사람과 동물의 약품에 유용하게 쓰일 희귀한 천연 화합물을 생산하게 한다.

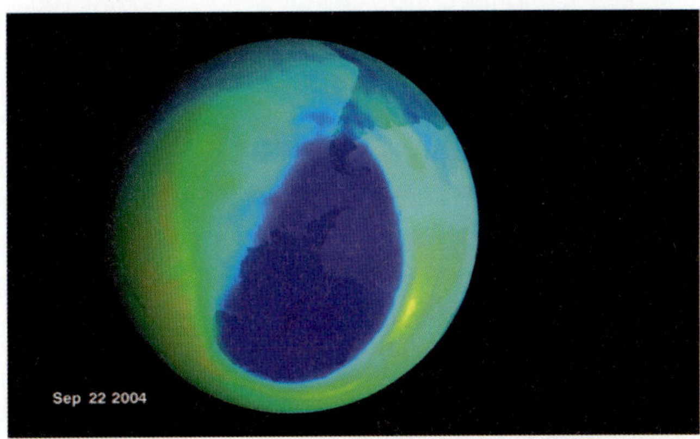

c) 2004년 남극 위의 오존층의 파괴를 기록한 위성지도 사진. 가장 크게 파괴된 지역은 진한 파란색으로 표시되었다. 이와 같은 연구는 과학자들이 언제 어디에서 오존층 파괴가 일어날지를 예측하게 해주며 그에 따라 원인과 대처법에 대한 이해도를 높여준다.

그림 1.12 과학의 혜택. 이 사진은 인간의 처지를 향상시키기 위해 일하는 전형적인 과학자와 과학의 응용(기술)을 보여준다.

기능성식품과 건강보조식품 –선택 그리고 또 선택

레드불 에너지음료(Red Bull: 오스트리아산 고카페인 에너지음료), 산소가 포화된 스포츠음료, 글루코사민과 콘드로이틴이 든 알약, 밀기울이 든 전곡 빵 – 이런 기능성식품과 보조식품에 대한 사람들의 관심이 많아진 것 같다.

기능성식품(functional foods)은 기본적인 영양분 외에 생리적 효과가 있거나 건강에 도움이 된다고 주장하는 식품이나 음료수 제품을 말한다. 어떤 것들은 천연식품이고, 다른 것들은 강화된 식품이거나 완전히 인공적으로 생산된 제품이다. 레드불은 에너지 수준을 증진시킨다고 제조사가 주장하므로 기능성식품으로 분류된다. 밀기울에 들어 있는 불용성 섬유가 건강한 소화관을 유지하는데 기여한다고 주장한다면, 밀기울을 제거하지 않은 빵도 기능성식품이다.

보통은 식품에 들어 있지 않은 비타민, 무기물, 아미노산, 식물 추출물 그리고 호르몬 제제들이 생리적 기능과 건강 향상을 위해 특정 식품에 첨가되는데 이를 **건강보조식품(보조식품, dietary supplements)**이라 부른다. 관절 건강을 위해 정제된 글루코사민과 콘드로이틴이 함유된 알약, 감염치료제인 드린국화(*Echinacea purpurea*)의 추출물, 혈액순환에 좋은 은행나무(*Ginko biloba*) 잎 추출물 등은 모두 보조식품이다.

기능성식품과 건강보조식품의 안전성과 효력(광고에서와 같이 효과가 있는가?)은 제품에 따라, 심지어는 동일한 제품도 제조사에 따라 천차만별이다. 한 가지 이유는, 수년 전 보조식품 산업계가 건강보조식품은 의약품과 동일한 규제를 받지 않아도 된다는 보장을 받으려고 투쟁했기 때문이다. 이 사태가 어떻게 일어났는가, 그리고 이것이 좋은 일인가? 이 문제를 이해하기 위해서는, 의약품이 어떤 규제를 받고 있는지(그리고 왜 의약품이 그렇게 비싼지!) 이해하는 것이 도움이 될 것이다.

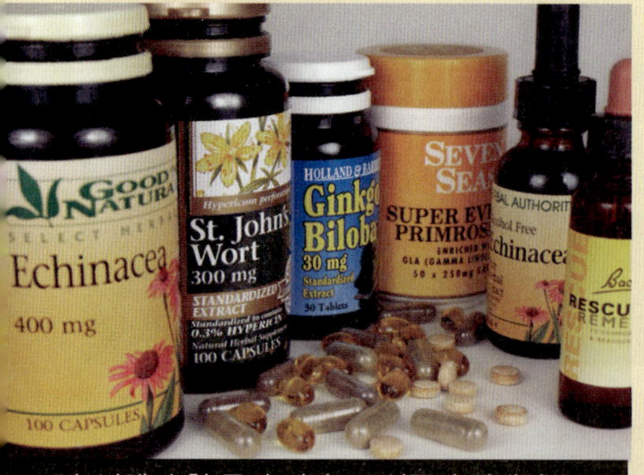

오늘날엔 수천 종의 건강보조식품이 판매되고 있다.

신약 발명과 규제에 대한 FDA의 역할

미국 식품의약국(FDA)은 의약품(특별히 질병의 예방과 치료 목적으로 개발된 약물)의 안전성과 효력을 감독하는 일을 담당한다. 의약품에는 강력하고 예측 불가능한 부작용이 있을 수 있으므로 안정성이 주된 관심사가 된다. 법에 따라 제약회사는 일반 대중에게 판매하기 전에 신약이 사람에게 안전하고 효과가 있다는 것을 온당한 의심을 넘어서는 수준에서 반드시 증명해야 한다. 사람을 대상으로 한 신약 검사는 3단계(3상)로 수행된다. 1단계에서는, 소그룹의 건강한 자원자(20~80명 정도)를 대상으로 안전성 검사를 실시한다. 2단계에서는, 수백 명의 사람을 대상으로, 질병의 특별한 증세 치료에 약품이 실제로 효과가 있는지 검사한다. 약품의 안전성과 효과가 모두 검증되면 광범위한 약품 사용의 영향을 조사하기 위해 3단계의 임상검사가 1,000~4,000명의 사람을 대상으로 수행된다.

신약이 시장에 등장하기까지는 평균적으로 12~15년의 기간이 걸리며 8억 달러(약 9,200억 원)의 비용이 든다. 제약회사는 신약의 독점적 소유권과 수년 동안의 판매권을 보장받는 특허를 얻을 수 있기 때문에 이 비용과 시간을 감당할 수 있다. 때로 환자들은 처방 약품의 높은 가격에 불만을 토로하지만, 제약회사들은 약품 가격에는 그들이 지불한 엄청난 개발비가 반영되었다고 답변한다.

기능성식품과 건강보조식품은 의약품과 같은 규제를 받지 않는다

기능성식품과 건강보조식품의 성분은 자연에서 얻은 것이다. 그들 중 많은 것들은 수백 년, 심지어는 수천 년 동안 사용되었던 것들이다. 따라서 누구든지 기능성식품과 건강보조식품을 만들 수 있기 때문에 아무도 이들 성분에 대해 독점적 권리를 가질 수 없으며 특허도 얻을 수 없다. 특허로 보호받는다는 보증이 안 되기 때문에 생산자와 제조사들은 제품 연구와 검사에 9,200억 원이나 되는 돈을 쓸 수가 없다. 이러한 현실을 인식하고, 1994년에 건강보조식품 제조사들은 FDA의 신약 승인 절차를 면제해달라고 요청하였다. 면제 요청은 1994년에, 건강보조식품(그리고 기능성식품)은 불안전성(unsafe)이 증명되기 전까지는 제조와 판매를 허용한다는 '건강보조식품과 교육에 관한 조례'로 승인을 받았다. 이 조치로 생산자와 제조사들은 안전성을 확인해야 하는 모든 부담(경비)으로부터 완전히 벗어나게 되었다. 어느 누가 어떤 제품이 안전하지 않다는 것을 증명하기 위해 시간과 돈과 관심을 쏟아붓겠는가? 원칙적으로 아무도 그렇게 하지 않을 것이다.

기능성식품과 건강보조식품의 생산자와 공급자들은 또한 자신들의 제품이 특정 의학적 조건이나 질병을 치료하거나 예방할 수 있다고 주장하지 않는 한 상당한 범위에서 그 제품을 광고할 수 있다. 예를 들면, 크랜베리 주스 제품 생산자는 "크랜베리 주스는 요도의 건강을 유지하는데 도움을 준다(아주 애매모호한 의학적 주장)"고 자유롭게 말할 수 있다. 그러나 그들은, "크랜베리 주스가 요도 감염의 재발을 예방한다"고 주장할 수는 없다. 그것은 이 말이 특정 의학적 주장을 담고 있기 때문이다. 그럼에도 불구하고, 많은 소비자들이 단순히 그럴 것이라고 믿기 때문에, 요도 감염에 대한 치료 목적으로 혹은 재

사실은....

- 기능성식품과 건강보조식품은 소비자들에게 인기가 높다. 미국인들은 건강보조식품에 매년 20조 7,000억 원 이상을 쓴다.
- 기능성식품과 건강보조식품은 신약에 요구되는 엄격한 승인 절차를 통과하지 않아도 된다.
- 몇몇 기능성식품과 건강보조식품은 과장 광고를 하며, 일부는 안전하지도 않다.

발 방지를 위해 크랜베리 주스를 사용한다. 그러나 실제로는, 크랜베리 주스는 의약품 기준에 맞춰 과학적으로 검사를 받은 적이 한 번도 없다.

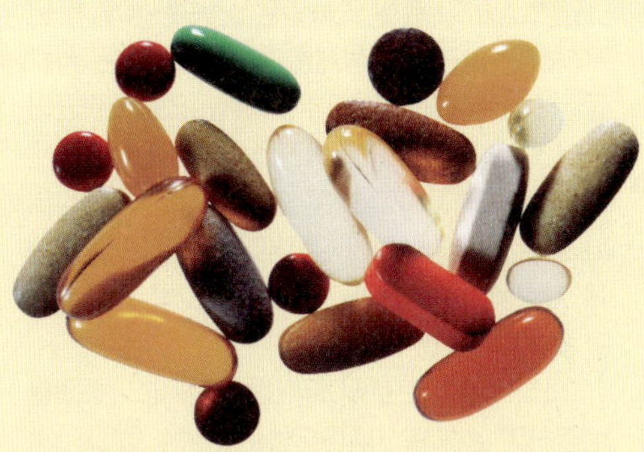

자신들의 제품을 만들고 판매하는 데 가능한 모든 관용을 누릴 수 있어서, 기능성식품과 건강보조식품 산업, 그리고 그들을 지원하는 광고 산업은 모두 다 급속하게 성장하였다. 현재 미국에서 건강보조식품의 판매 규모는 연간 180억 달러(약 20조 7,000억 원)에 이른다.

안전성과 효험에 대한 의문은 여전히 남아 있다

기능성식품과 건강보조식품의 성분들은 자연에서 볼 수 있는 것이며 수천 년 동안 사람들이 어떤 형태로든지 먹어왔던 것이어서, 많은 소비자들은 해로운 영향이 있었다면 어느 것이라도 지금쯤은 확실히 알려졌을 것이라고 주장한다. 그러나 신제품에서는 이것이 전적으로 옳은 것은 아니다. 예를 들면, 레드불의 특효 성분은 모두 다 합성된 것이어서 이들은 최종 단계에서 높은 농도로 첨가할 수가 있다. 더구나, 건강보조식품과 현대 의약품 사이의 상호작용은 거의 대부분 알려져 있지 않으며 위험할 수도 있다. 예를 들면, 최근의 연구에서 인기 있는 식물성 항우울제인 세인트존스 액즙은 피임약, 심장약, 천식, HIV 감염에 대한 다수의 처방 약품에 방해가 된다고 알려졌다.

안전성에 대한 다른 우려는 제품 표시가 부정확하다는 것과 제조 과정이 적절하지 못하다는 것이다. 제조사들은 품질관리 정보를 FDA에 보고해야 할 의무가 없기 때문에 소비자들은 어떤 건강보조식품이 특효 성분을 표시된 대로 함유하고 있는지 혹은 불순물이 들어 있지 않은지를 확신할 수가 없다. 사실상, 독자적인 연구에서는 동일한 양의 인삼 성분이 들어 있다고 표시된 제품들에서 실제 함량이 10배 만큼 차이가 나는 것(일부 제품은 전혀 들어 있지도 않았다)이 밝혀졌다. 그리고 캘리포니아 연구자들은 아시아에서 수입된 전체 약초의 3분의 1에서 납, 비소, 수은, 그리고 표시되지 않은 약물들을 발견했다.

심지어는 "잘못된 경우"마저도 FDA에 보고해야 할 의무가 없기 때문에(FDA는 소비자나 보건전문가들의 자발적인 정보 제공에 의존할 수밖에 없다) 실제로 건강보조식품이 얼마나 안전한지 말하기는 매우 어렵다. 5년의 기간 동안, FDA는 건강보조식품과 관련하여 겨우 500건의 잘못된 경우와, 매년 50건 이하의 사망 사고가 있었다고 보고하였다. 이와는 대조적으로, 미국 독물통제본부협회는 건강보조식품이 관련된 보고를 1년에만 거의 7,000건이나 받았다.

이 캔에는 무엇이 들어 있을까? 무엇이 들어 있는지도 모르면서 당신은 이 음료를 마시겠는가?

소비자들은 자신들이 사용하는 건강보조식품이나 천연식품 그리고 강화식품의 안전성을 보장받고자 한다. 소비자들은 이런 제품들이 주장하는 건강 관련 정보가 사실인지 알고 싶어 한다. 그런 목표를 달성하고, 그런 제품들이 여전히 판매되어야 하는지 확인하는 일은 진행되고 있는 문제이다. 이런 중에도, 우리가 선택하여 먹기로 한 제품 속에 어떤 성분이 들어 있는지를 알아야 하는 것은 전적으로 우리에게 달려 있다.

우리가 먹고 있는 건강보조식품이 안전한지 어떻게 알 수 있을까?

생각해볼 문제

1 건강보조식품과 기능성식품의 안전하다는 것을 보장하는 일은 누가 담당해야 한다고 생각하는가?

2 어떤 건강보조식품과 기능성식품을 사용하는가? 그 안에 어떤 성분이 들어 있는지 알고 있는가? 왜 그 제품을 사용하는지 이해하는가?

자주색 드린국화(*Echinacea purpurea*)

건강 파수꾼

항생제 저항 세균의 점증하는 위험

1940년대에 세균(박테리아)을 죽이는 항생제가 개발되자 항생제는 획기적인 발명으로 대환영을 받았다. 실제로 항생제는 수많은 사람들의 생명을 구했다.

그러나 여기에는 좋지 않은 이야기도 있다. 무분별한 항생제의 사용으로 몇몇 변종 세균에서 저항성이 증가하였다. 주의하지 않으면 머지않아 우리는 우리 신체의 선천적 면역계 외에는 전혀 보호 방법이 없는 치명적인 미생물과 직면하게 될지도 모른다. 지난 몇 년 동안에 우리는 거의 모든 항생제에 저항성을 지니고 있는 MRSA(메티실린 저항성 *Staphylococcus aureus*: 포도상구균의 변종)라고 부르는 항생제 저항 세균에 대해 들어왔다. 이 세균은 병원이나 장기요양소에서만 주로 발견이 되었는데 최근에는 탈의실이나 심지어는 더 널리 공공장소에서도 발견되기 시작했다. 매년 29만 2,000여 명의 미국인이 포도상구균 감염으로 병원 신세를 지는데, 이 중 12만 6,000여 명이 MRSA에 감염된다. 이 무서운 슈퍼박테리아는 뼈와 폐에 침투할 수 있으며, 감염이 심한 환자의 약 20%를 사망에 이르게 한다.

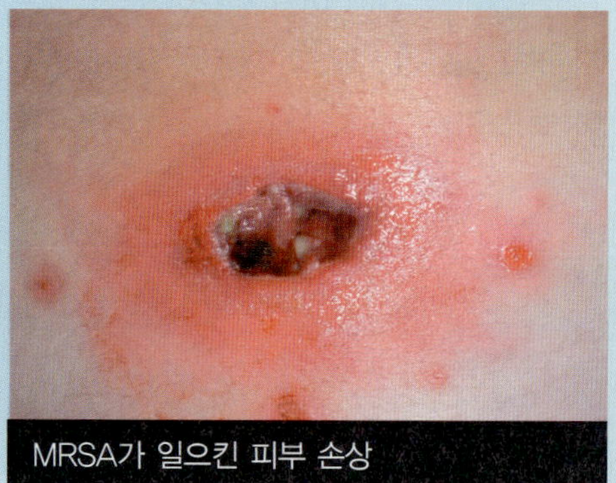

MRSA가 일으킨 피부 손상

항생제 저항성은 미국에만 위협이 되는 것이 아니라 전 세계적으로 빠르게 위협이 되고 있다. 항생제 반코마이신(Vancomycin)은 1972년에 처음 임상치료에 쓰이기 시작했으며, 세계보건기구(WHO)에 따르면, 반코마이신 저항 변종박테리아가 1987년에 전 세계에 나타났다. 최근의 연구에서, 소화관에 사는 장 구균에 감염된 중환자 중 거의 25%는 반코마이신에 저항성을 보였다.

우리 몸에(몸 안에) 있는 세균은, 동일한 생태적 공간을 차지할 때 모든 생물이 그런 것처럼, 우리 몸의 자원에 대해 경쟁한다. 좋은 세균은 이런 경쟁을 통해 해로운 세균의 성장을 제한한다. 그러나 우리가 항생제를 복용하면 좋은 세균도 역시 죽게 된다. 정의에 의하면, 어떤 약물이 대부분의 그러나 전부는 아닌 세균을 죽인다면, 살아남는 세균은 항생제 효과에 가장 저항성이 큰 세균들이다. 전체 세균의 수가 감소한 상태에서 살아남은 이 항생제-저항성 세균이 증식을 한다. 우리가 항생제를 복용하면 어느 때나, 남은 개체군 내에서 항생제-저항성 세균의 비율은 증가하게 되며, 다음 번에는 항생제의 효과가 더욱 떨어지게 된다.

항생제는 매우 효과가 좋은 것처럼 보이기 때문에 사람들은 항생제를 무분별하게 사용하는 경향이 있다. 미국 한 나라에서만 매년 2,268만 kg의 항생제가 만들어진다. 그 중 절반은 가축에게 먹이거나 과수에 살포된다. 연구자들은 미국에서 비입원환자에게 처방되는 모든 항생제의 3분의 1은 불필요한 것으로 추정한다.

또 다른 문제도 있다. 모든 세균을 없앴다는 것을 보장하기 위해 의사들은 보통 7~10일 동안 지속하는 일군의 항생제를 처방한다. 많은 사람들은 대부분의(결코 전부일 수는 없는) 세균이 죽게 되는 3일 안에 좋아진다. 그러면 사람들은 약 복용을 중지하고 남은 약은 나중에 사용하려고 보관해둔다. 사람들은 부주의하게 가장 항생제 저항성이 강한 세균을 생존하도록 선택해왔던 것이다.

사회의 일원으로서, 우리는 항생제의 효과를 보존하기 위해 몇 가지 과정을 밟을 수 있다.

- 감기나 독감 같은 바이러스성 질병에 항생제를 처방해달라고 의사에게 요구하지 마라. 항생제는 세균에만 효과가 있으며 바이러스에는 전혀 효과가 없다.
- 필요할 때만 처방대로 약을 복용한다. 정상으로 회복되었다고 느껴도 전 과정의 치료약을 끝까지 복용해야 한다.
- 항균성 핸드크림, 비누 및 세탁세제의 사용을 줄인다. 피부에 잔유물을 남기는 제품은 저항성 병균의 성장을 도와준다.
- 농부나 과수 재배자에게 사료나 과수에 항생제 사용을 줄이라고 권장한다. 이들은 합법적으로 항생제를 사용하는 사람들이라는 사실을 염두에 두자.
- 새로운 항생제를 찾는 연구를 지원한다.

항생제에 대한 저항성의 발달은 우리 모두에게 영향을 미치는 세계적인 문제이다. 그렇지만 적절하게 그리고 분별이 있게 사용하면 항생제는 항균 병기고에 수년 동안 (유효한 무기로) 머물 수 있다

1.6 과학의 사회적 역할

우리는 어떻게 적절한 전망을 가진 과학이 우리 사회의 한자리를 차지하게 할 수 있을까? 아직도 거리에 굶어죽는 사람들이 있는데도, 왜 우리는 과학연구에 수조 원이나 되는 돈을 쓰고 있는가? 이것은 우리 모두에게 매우 중요한 질문이다. 따라서 우리가 왜 자연계를 공부해야 하는지 먼저 살펴보도록 하자.

과학은 기술과 인간의 신체 조건을 향상시킨다

과학은 우리의 사회적 결정의 근거가 되는 자연계에 관한 정보를 우리에게 제공해준다. 역사적으로 보면, 인류의 향상을 위한 과학의 가장 위대한 혜택들은 **기술(technology)**이라고 부르는 과학의 응용(application)에서 나온 것들이다(그림 1.12). 오랜 시간을 두고, 과학지식은 생산성을 증가시키고 그로부터 국가와 산업을 번영시키는 기술의 진보로 이끌어왔다. 과학은 인류에게 곡물 수확량의 증가, 더욱 안정된 일기 예보, 개선된 건축 자재, 우수한 건강관리,

더욱 효과적이고 청정한 에너지 등 일부만 열거해도 이정도인 많은 혜택을 가져다주었다. 과학은 전 세계적인 운송과 통신이 가능하게 해주었다.

많은 사람들이 인간의 기술 역량 남용이 미래에 문제를 일으킬 것이라고 우려하고 있다. 이 점에서도 역시 과학은 우리가 문제를 조기에 파악할 수 있도록 하여 도움을 줄 수 있다. 우리는 과학의 조기 경보 역할을 항생제 저항성 세균에 관해 논의한 "건강 파수꾼"에서 볼 수 있다. 우리는 문제를 이해함으로써만 그 문제의 해결 방법을 배울 수 있다. 과학은 우리가 실수를 수정할 수 있도록 도움을 준다.

과학에는 한계가 있다

과학지식은 자연계에서 관찰된 사건에 대한 눈에 보이는 설명으로 한정된다. 과학지식은 신앙이나 영적 경험과 같이 자연계의 영역 밖에 떨어지는 일에 대해 그 존재 여부나 중요성을 우리에게 증명해주지 못한다. 많은 과학자들은 과학으로 검증할 수 없는 강한 신앙과 신념을 가지고 있다. 신앙은 논리적 증명이나 물질적인 증거에 의존하는 것이 아니기 때문이다. 그들은 의미를 찾는 것과 지식을 추구하는 것은 상반되는 일이 아니고 상보적인 일이라고 믿고 있다.

더구나, 과학 혼자로는 우리에게 정치적, 경제적, 사회적, 법적 혹은 윤리적 딜레마에 대해 "올바른" 답을 줄 수 없다. 인간에게는 마음, 도덕적 기준, 역사의식, 그리고 미래가 있다. 우리가 과학지식을 어떻게 사용할지는 과학자가 아니라 우리 모두에게 달려 있다. 예를 들면, 세포가 어떻게 자라고 분열하는지에 대한 현재의 지식을 기반으로, 과학자들은 결국에는 성인 인간을 복제할 수 있게 될 것이다. 어떤 경우든지, 클로닝(복제)을 허용할 것인지 아닌지는 공공토론의 중요한 주제이다. 과학자들 혼자서 결정할 문제가 아니다.

이것은 과학자들이 도덕적 책무가 없다는 의미는 아니다. 자신의 분야에서 전문가로서, 과학자들은 과학지식의 응용에 관해, 궁극적으로 선택은 우리 모두에게 해당되지만, 우리에게 조언해 줄 수 있는 고유한 위치에 있다. 일반 대중에게 조언을 하지 않는 것은 때때로 사회적 책임을 포기하는 것이 된다.

과학의 실제적 한계는 인류의 건강을 개선하는데 유용될 데이터를 포함한 일부 정보는 관찰이나 실험을 통해 얻을 수 있는 것이 아니라는 것이다. 우리 사회는 인간의 생명에 높은 가치를 부여한다. 그러므로 우리는 그 사람에게 실험이 직접적인 혜택이 되지 않는 한(실험적인 항암제 사용이 여기에 해당된다) 사람에게 실험을 할 수 없다. 이 때문에 코카인이나 동화성 스테로이드 같은 마약의 위험성을 연구하는 것이 어렵다. 장래엔 그 결과가 수많은 사람의 생명을 구할 수 있다 해도, 건강한 사람에게 의도적으로 상해나 죽음을 가져올 수 있는 약물을 투여할 좋은 과학자는 한 사람도 없다. 우리 사회는 현재 정부의 규제를 엄격히 따르는 경우에 한해서, 사람을 대신한 동물 실험을 허용하고 있다(그림 1.13).

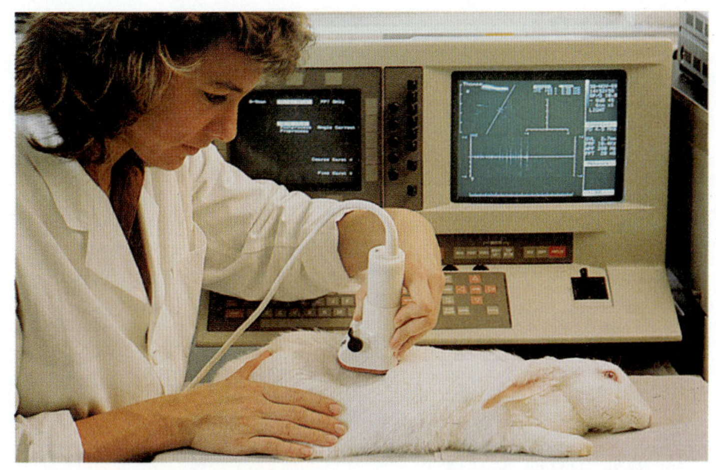

그림 1.13 **연구에 쓰이는 동물.** 우리 사회는 특정 조건에서 동물을 연구에 사용할 수 있게 허용하고 있다. 심혈관계 질환에 대한 연구의 일환으로 비침투 기술을 이용하여 피부의 혈류를 측정하는 과학자.

정보에 근거한 선택의 중요성

우리는 과학 지향적 사회에 살고 있다. 이 책 전반에 걸쳐 우리는 공통의 주제를 내세우고 있다. 우리는 사회와 우리가 과학이 우리에게 부여한 과학지식을 어떻게 사용해야 하는지 매일 결정한다. 우리가 그것을 의식하든지 그렇지 않든지 간에, 의도적인 행동을 취하든지 그렇지 않든지 간에, 우리는 매일 이런 결정을 내려야 한다.

올림픽 선수들에게는 보디빌딩 약물의 사용을 허용해야 하는가? 많은 사람들에게 식량을 공급하기 위해 살충제의 사용을 정당화할 수 있는가? 인간 복제에 대한 당신의 생각은 어떤가? 건강을 유지하기 위해 적절한 식사를 하겠는가? 그리고 적절한 식사란 무엇인가? 영세민을 위한 건강관리 비용은 누가 지불해야 하는가?

우리의 지식은 급속하게 발전하여 왔다. 이 책의 끝에 도달하면 당신은 유전학과 진화에 대해 원래 그 이론을 개발한 과학자들보다도 더 많이 알게 될 것이다. 지식을 갖추면 선택하는 데 책임이 따른다. 지구온난화에서부터 개인 건강에 대한 유전공학까지, 우리 모두는 인류의 복지와 우리가 살고 있는 생물계의 미래에 관한 문제를 다룰 수밖에 없다. 우리가 지적 결정을 내리는 데 필요한 지식과 기술을 갖추는 것은 개인으로서 그리고 사회로서의 우리 자신에게 달려 있다. 우리의 선택이 차이를 만들어낼 수 있다.

요점 정리

과학과 기술은 인간의 처지를 향상시켜 왔다. 그러나 과학은 도덕적 딜레마를 해결할 수 없다. 과학자들은 우리에게 과학 문제에 대해 조언을 해줄 수 있다. 그러나 우리는 사회의 일환으로서 이 과학지식을 어떻게 사용해야 하는지 결정해야 한다. ■

단원 요약

생명의 특성

- 모든 생명체는 물질과 에너지를 환경으로부터 얻어서 자신의 목적에 맞게 전환한다.
- 생명의 기본적인 단위는 하나의 단일 세포이다.
- 생명체는 항상성을 유지하며, 외부 환경에 대해 반응하고, 번식한다.

인간은 자연계와 어떻게 어울리나

- 생물의 세계는 계(kingdom)로 구성할 수 있다. 공통적인 분류 계획은 생명을 다음과 같이 다섯 개의 계로 나눈다. 모네라계, 원생생물계, 균계, 식물계, 동물계.
- 인간으로 정의하는 특징은, 두발보행, 잘 발달된 맞댈 수 있는 엄지손가락, 큰 두뇌, 복잡한 언어 능력 등이다.
- 인간은 다양한 생태계에서 함께 살아가는 서로 다른 생명체들로 이뤄진 군집의 일부분이다.

과학은 지식과 과정의 본체이다

- 과학지식은 우리로 하여금 자연계를 예측하고 설명할 수 있게 해준다.
- 과학적 방법은 사고의 방식이며, 자연계에 관한 진술(가설)을 반증하려고 시도함으로써 검증하는 방식이다.
- 이론은 광범위하게 검증된 것이며 고도의 신뢰성을 가지고 폭넓은 과학적 사실을 설명해주는 가설이다.

과학 정보의 출처는 유형과 성질이 변한다

- 동료전문가가 심사한 과학 학술지에 실린 논문은 일반적으로 다른 과학자들을 위해 쓴 것이다. 이런 논문은 읽기에는 어렵지만 매우 정확하다.
- 학술지, 책, 그리고 TV의 대중과학 쇼는 일반 대중들에게 과학지식을 효율적으로 제공해준다.
- 웹 사이트들은 취급하고 있는 정보의 질과 정확성에서 매우 다양한 차이를 보인다.

비판적으로 사고하는 사람이 되기 위한 학습

- 회의론은 질문하는 태도이다("내게 증명해줘"). 비판적 사고에는 회의론이 필요하다.
- 그래프 읽는 법을 배우고 기본적인 통계를 이해하면 당신이 수량 데이터를 평가하는 데 도움이 된다.
- 일례적 경우를 이해할 수 있다고 생각하고, 사실과 결론의 차이를 이야기하며, 상관관계와 인과관계 사이의 차이를 구별하면, 당신이 주장의 진실성을 평가하는데 도움이 된다.

과학의 사회적 역할

- 과학의 응용을 기술이라고 부른다.
- 과학은 관찰할 수 있는 사건에 대한 눈에 보이는 설명으로 제한된다.
- 과학을 어떻게 사용할 것인지는 우리에게 달려 있다.

알아야 할 용어

가설(hypothesis)
과학(science)
과학적 방법(scientific method)
대조군(control group)
데이터(data)
변수(variable)
생물학(biology)
실험(experiment)
실험군(experimental group)
이론(theory)
항상성(homeostasis)

개념 확인 문제

1. 생물체는 무생물과는 다른 분자 구성을 가지고 있다. 무엇이 이것을 가능하게 만들었나?
2. 항상성(homeostasis)이란 용어의 의미를 설명하시오.
3. 인간의 고유함과 인간을 정의하는 데 기여하는 네 가지 특성을 말하시오.
4. 가설과 예측(작업가설)의 차이를 설명하시오.
5. 우리가 경제적, 사회적 그리고 윤리적 딜레마를 해결하는데 도움을 주는 과학자의 역할에 대해 논의하시오.

학습 문제

연결 문제

_________1. 인간이 속한 생명의 영역
_________2. 핵을 가지고 있지 않은 단세포생물이 속한 생명의 계(kingdom)
_________3. 과학의 과정
_________4. 엄격히 통제된 조건 하에서 설계되고 수행된 실험
_________5. 반복된 실험 검증을 견뎌낸 주요 가설
_________6. 과학의 응용

a. 과학적 방법
b. 통제된 실험
c. 이론
d. 진핵생물영역
e. 기술
f. 모네라계

빈칸 채우기

7. 생명계의 어떤 분류체계에서든지 가장 작은 단위는 ___________ 이다.
8. 자연계는 모든 ___________과(와) 모든 ___________(으)로 구성되어 있다.
9. 관찰을 하고 난 후, 우리가 배운 것에 근거하여 일반화를 하는 것은 ___________추론의 한 보기이다.
10. 과학자들은 예측과 가설을 검증하기 위해 ___________을(를) 설계하고 수행한다.
11. 통제된 실험에서 ___________은(는) 치료를 받고, ___________ 은(는) 플라시보(위약)라고 부르는 가짜 치료를 받는다.
12. 그래프에서, 독립변수는 항상 ___________ 위에 그려 넣고 종속변수는 항상 세로좌표에 그려 넣는다.

OX 문제

13. 생명체의 개체군은 진화한다. ( )
14. 가장 좋은 과학적 증거의 일부는 일례적 증거이다. ( )
15. 두 변수 사이의 상관관계가 좋으면 항상 하나가 다른 것의 원인이 된다는 것을 의미한다. ( )

참고문헌

Brennan, Richard P. *Dictionary of Scientific Literacy*. New York: Wiley, 1999. 334 pp. (A handy quick reference guide to the vocabulary and core knowledge of science.)

Carey, Stephen S. *A Beginner's Guide to Scientific Method*. Belmont, CA: Wadsworth, 2003. 160 pp. (A description of the methods underlying scientific research. Designed for nonscience students.)

Parker, Sybil P. (ed.). *McGraw-Hill Dictionary of Scientific and Technical Terms*. New York: McGraw-Hill Professional, 2002. (A comprehensive dictionary of over 100,000 terms and definitions, classified into over 100 fields.)

Peirce, Andrea. *The American Pharmaceutical Association Practical Guide to Natural Medicines*. New York: Morrow, 1999. (An encyclopedia of dietary supplements and natural medicines.)

Sagan, Carl. *The Demon-Haunted World: Science as a Candle in the Dark*. New York: Ballantine, 1996. 457 pp. (A book that expresses the curiosity, amazement, and skepticism of science by a leading science author.)

응용 문제

1. 한 마술사가 양면이 모두 앞면인 동전을 가지고 있다고 말한다(가정한다). 그러나 그는 동전의 양면을 다 보여주지는 않는다. 마술사는 우리를 믿게 하려고 동전을 세 번 던져서 매번 앞면이 나온 것을 보여준다. 그 동전이 앞면만 있는 동전이라는 것을 믿는가? 만일 마술사가 동전 던지기에서 연속으로 10회 앞면만 보여준다면 어떻겠는가? 100회라면? 그 동전이 앞면만 두 개 있는 것이 아니라는 것을 증명하려면 동전을 몇 번 던져봐야 하는가? 이 보기를 가지고, 가설의 진실성에서 상대적 신뢰를 가지는 것과, 가설이 참이라는 것을 증명하는 것과, 가설이 거짓이라는 것을 증명하는 것의 차이를 설명하시오.

2. 당신의 친구는 코카인과 사람의 출생 결함에 관해 보고서를 쓰고 있는데, 이 주제에 관한 사람 대상의 통제된 실험보고서가 전혀 없으며 모든 연구는 쥐를 대상으로 한 것이라는 사실을 알고 의아하게 생각한다. 당신 친구에게, 통제된 실험은 어떻게 설계되고 수행되는지 설명해주시오. 그리고 어떤 책임 있는 당국자도 사람을 대상으로 하는 통제된 실험을 결코 허용하지 않을 것이라고 확신시켜주시오.

3. 귀신의 존재를 진짜로 믿고, 그에 대한 과학적 증거도 가지고 있다고 말하는 친구가 있다. 그 친구와 다른 두 사람도 귀신을 보았다고 한다. 과학적 증거를 가지고 있다는 것이 무엇을 의미하는 것인지 친구에게 설명하시오. 어떤 데이터인지, 어떻게 증거를 수집하였는지, 그리고 왜 개인적인 경험이 과학적 증거로 고려될 기준에 못 미치는지 생각해 보시오.

4. 오래된 TV 쇼에 숨 막힐 듯이 더운 열대 환경에서 살고 있는 의사들의 이야기가 나온다. 한 병사가 더위를 이기고 싶어 찾아왔고, 한 의사가 병사에게 설탕 알약을 주면서 더운 날씨에도 사람을 시원하게 해주는 신약이라고 말해주었다. 잘 속아 넘어가는 그 병사는 알약을 먹고 나서, 다른 사람들은 땀을 흘리는데도 자신은 땀도 흘리지 않고 더위 때문에 고생도 하지 않는다고 말했다. 나중에 그 병사는 약이 가짜라는 것을 알게 되자 즉시 너무 덥다고 불평을 했다.
   이것은 "위약(플라시보)효과"에 대한 가공의 이야기이다. 신약을 검증할 때 위약효과를 피할 수 있는 방법을 설명하시오.

5. 당신은 흡연자인 친구에게 담배를 끊어야 한다고 설득하려 한다. 당신은 친구에게 흡연과 폐암은 서로 밀접한 상관관계가 있다고 설명한다. 친구는 흡연이 폐암의 원인이라는 증거가 아니라고 말한다. 친구의 말이 옳은가? 그렇다면, 왜 친구가 옳은지 설명하시오. 친구에게 어떤 말을 해줄 수 있는가?

6. 라디오에서 기후학자가 지구온난화에 대해 이야기하는 것을 들었다. 사회자가 지구온난화와 그에 따른 해수면 상승의 책임이 인류에게 있다는 증거는 무엇이냐고 기후학자에게 물었다. 기후학자는 지구온난화가 인류의 탓이라고 증명할 수는 없지만, 인간의 활동이 온도 상승에 영향을 미친다는 증거는 많다고 답변했다. 사회자가, "아, 인류의 탓이라고 할 증거는 없군요. 이건 단지 이론일 뿐이군요. 이론이라면 견해와 비슷한 것 아닌가요?"라고 말했다. 과학적 이론과 견해의 차이는 무엇인가?

7. 종교적 해설은 왜 과학적 이론이 그릇되었다고, 반대로 과학적 이론은 왜 종교적 해설이 잘못되었다고 증명하지 못하는가? 과학은 왜 종교적 신앙을 증명하거나 반박하지 못하는가?

학습 문제 해답

1. d **2.** f **3.** a **4.** b **5.** c **6.** e **7.** 종 **8.** 물질, 에너지 **9.** 귀납적 **10.** 실험 **11.** 실험군, 대조군 **12.** 가로좌표 **13.** O **14.** X **15.** X

2 생명체의 화학

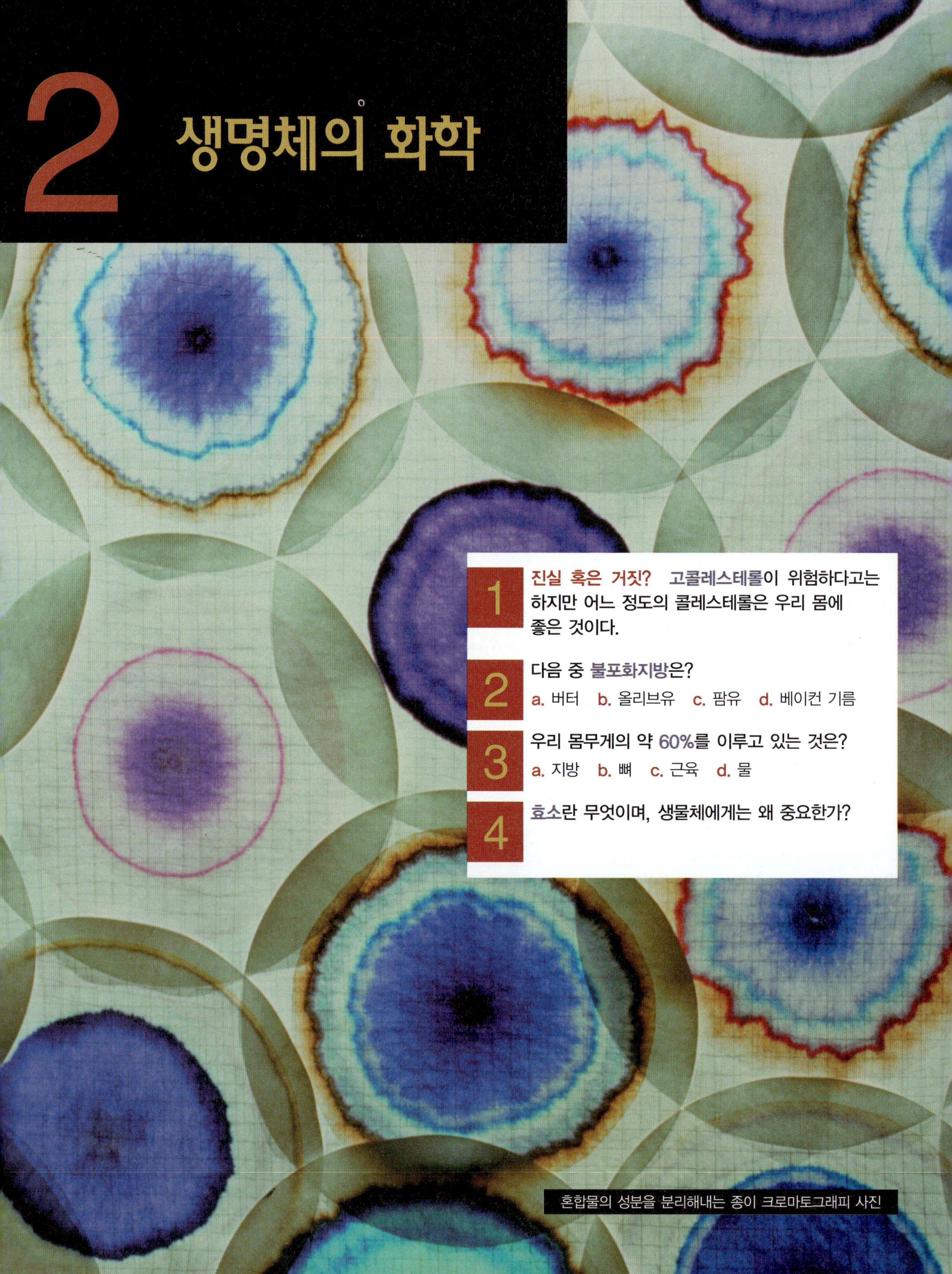

1 **진실 혹은 거짓?** 고콜레스테롤이 위험하다고는 하지만 어느 정도의 콜레스테롤은 우리 몸에 좋은 것이다.

2 다음 중 불포화지방은?
a. 버터 b. 올리브유 c. 팜유 d. 베이컨 기름

3 우리 몸무게의 약 60%를 이루고 있는 것은?
a. 지방 b. 뼈 c. 근육 d. 물

4 효소란 무엇이며, 생물체에게는 왜 중요한가?

혼합물의 성분을 분리해내는 종이 크로마토그래피 사진

a) 골격근 세포의 일부분(× 15,000)

b) 아스피린 결정(× 30)

그림 2.1 **모든 물질은 원자로 되어 있다.** 근육과 아스피린에서 가장 흔한 세 종류의 원자는 탄소, 수소 그리고 산소이다.

우리가 1단원에서 다룬 바와 같이, 자연계는 물질과 에너지로 이루어져 있다. 물질과, 그 물질을 결합시키기도 하고 분해시키기도 해서 자연계에 존재하는 생물과 무생물로 된 모든 물체로 재조합해주는 에너지를 공부하는 학문이 화학이다. 모든 물체는 물질을 이루는 동일한 기본 단위들과 동일한 유형의 에너지로 만들어진다(그림 2.1). 자연계에 있는 모든 것들은, 우리 인간을 포함해서, 화학 법칙을 따른다.

그러나 생명체의 화학에는 아주 특별한 점들이 있다. 생명체는 무생물과 달리 성장하고 번식하는 능력이 있다. 생명체는 자연계를 지배하는 화학의 법칙을 이용하도록 진화해왔다. 생명체는 무생물에서는 보통 볼 수 없는 물질들의 특별한 조합을 만들어낸다. 생명체는 에너지를 저장할 수 있는 능력을 발달시켜서 나중에 자신들이 필요로 할 때에 그 에너지를 사용한다.

이 단원에서는 화학 법칙이 어떻게 생명체에게 작용하는지를 배운다. 먼저 기초 화학부터 소개하도록 하겠다.

2.1 모든 물질은 원소로 되어 있다

물질(matter)은 질량을 가지며 공간을 차지하는 것이다. 모든 물질은 원소로 되어 있다. **원소(element)**는 더 이상 작은 형태로 쪼개지지 않는, 물질의 가장 근본적인 형태이다. 알루미늄과 철은 원소이며, 산소와 수소도 원소이다. 100여 개 이상의 원소가 알려져 있으며 이들이 함께 모여 지구상의 모든 물질을 이룬다. **원소의 주기율표(periodic table of elements)**는 알려진 모든 원소들을 비슷한 성질들을 가진 것끼리 그룹으로 배열해 놓은 것이다(그림 2.2).

원자는 원소의 가장 작은 기능적 단위이다

원소는 원자라는 입자들로 구성되어 있다. **원자(atom)**는 원소 자신의 물리적, 화학적 특성을 유지하고 있는 원소의 가장 작은 단위이다. 이제는 원자를 특수한 조건 아래(예를 들면 핵반응 같은)에서 쪼갤 수 있다는 것이 알려져 있지만, 원자는 화학반응에 참여하는 물질을 구성하는 가장 작은 단위이다. 따라서 모든 실제적인 면에서, 원자는 물질의 가장 작은 기능적 단위이다.

심지어 가장 큰 원자마저도 아주 작아서 아주 특수한 현미경으로만 관찰할 수 있다. 화학자들은 원자의 물리적 성질을 연구함으로써 원자가 어떻게 생겼는지 추론할 수 있다(그림 2.3).

원자의 중심은 **핵(nucleus)**이라고 부른다. 핵은 양전하를 띤 입자인 **양성자(proton)**와 거의 같은 수의 중성 입자인 **중성자(neutron)**로 되어 있는데 이들은 서로 단단히 결합되어 있다. 하나의 예외로 가장 작은 원자인 수소를 들 수 있는데, 수소의 핵에는 양성자만 한 개가 있다. 이들보다 훨씬 작은, 음전하를 띤 입자인 **전자(electron)**들이 핵 주위에 궤도를 이루고 있다. 전자들은 끊임없이 움직이고 있기 때문에 어느 한 시기에 전자들의 정확한 위치를 알 수는 없다. 즉 핵 주위에 만들어진 **껍질(shell)**이라고 부르는 공 모양의 음전하 구름을 하나 이상 차지하고 있는 입자가 전자라고 생각할 수 있다. 각 전자껍질은 특정한 수의 전자만을 수용할 수 있다. 핵에 가장 가까운 첫 번째 껍질은 두 개의 전자를 가질 수 있으며, 두 번째 껍질은 8개까지, 그리고 (만약에 있다면) 세 번째 껍

들어가기 질문의 답

1 **진실.** 고콜레스테롤은 심혈관 관련 질병에 위험한 요인이 되지만 우리 몸이 적절히 작용하기 위해서는 일정량의 콜레스테롤이 필요하다.

2 **b와 c.** 불포화지방이나 기름은 일반적으로 상온에서 액체이다. 불포화지방은 더 좋은 식품으로 여겨진다.

3 **d.** 물은 생명체가 살아가는데 필요한 고유한 성질을 지니고 있다. 이 단원에서 물의 고유한 성질을 배운다.

4 효소는 생물학적 촉매이다. 즉, 체내에서 일어나는 생화학 반응의 속도를 빠르게 해준다. 효소가 없다면 대부분의 생화학 반응이 너무 느리게 일어나서 생명현상을 유지하기 어렵게 된다.

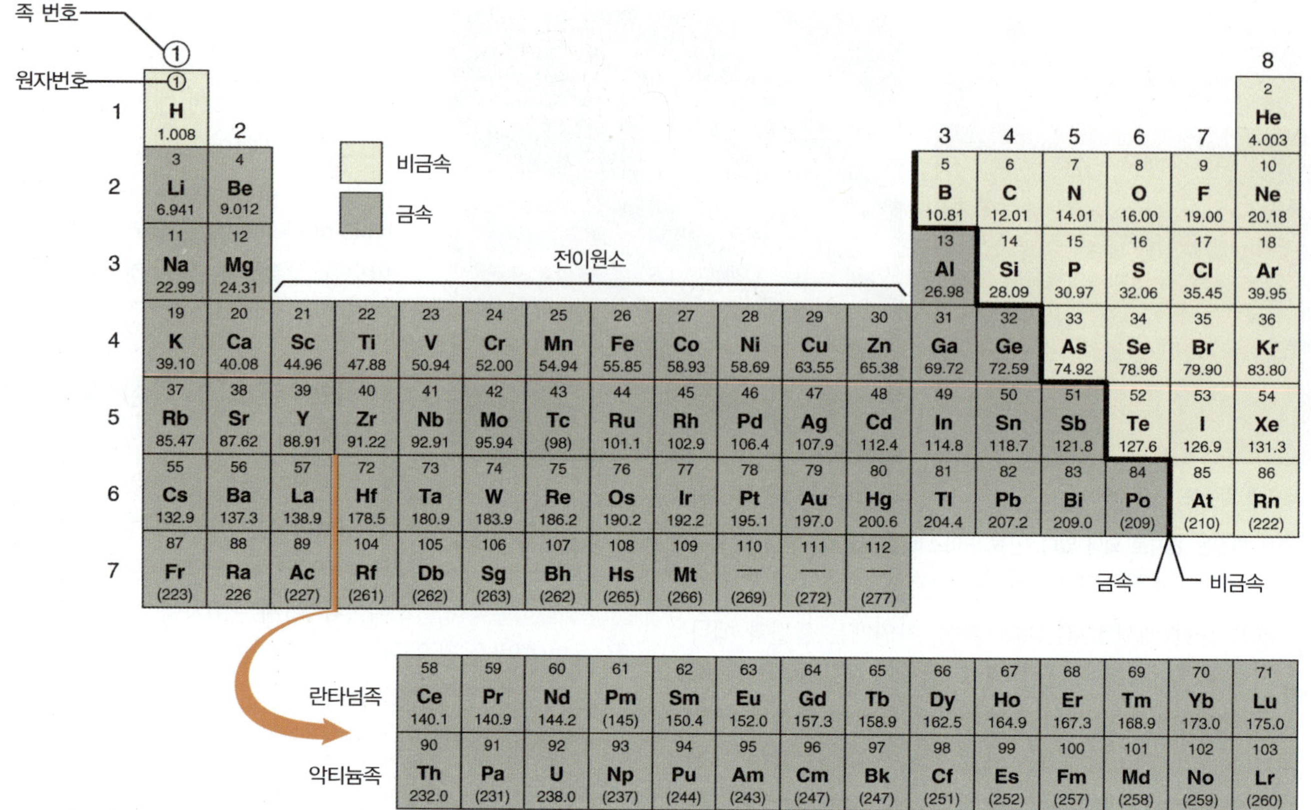

그림 2.2 **주기율표는 모든 원소를 원자번호 순으로 배열한다.** 예를 들면, 질소(N)는 7개의 양성자를 가지고 있으며, 따라서 원자번호는 7이다. 주기율표에서는 원소들이 바깥 껍질에 있는 전자의 수에 따라 족(group)으로 나뉜다(1족 원소들은 전자를 한 개 가지고 있으며 3족 원소들은 전자를 3개 가지고 있다). 과학자들은 바깥 껍질에 있는 전자의 수에 관심이 많은데 그것은 원자가 다른 원소들과 상호작용하는데 이 전자들이 영향을 미치기 때문이다.

질 역시 8개의 전자를 가질 수 있다. 각 원자들은 고유한 수의 전자를 가진다. 대부분의 경우 전자의 수는 양성자의 수와 같다. 그 결과 원자 자체는 전기적으로 중성이다.

양성자와 중성자는 질량이 거의 같은데 둘 다 전자보다는 질량이 엄청 크다. (질량[mass]은 화학적으로 측정된 값이며 중력에는 영향을 받지 않는다. 그렇지만 이 책에서는 질량과 무게[weight]를 거의 동일하게 취급한다. 원자의 핵에 있는 양성자와 중성자가 원자 질량의 99.9%를 차지한다.)

주기율표나 화학방정식에서 보면 원자는 영어나 라틴어에서 유래한 알파벳을 한 개 또는 두 개를 써서 표시한다. 예를 들면, 산소는 O로, 질소는 N으로, 소듐(라틴어로는 나트륨)은 Na로, 포타슘(라틴어로는 칼륨)은 K로 표시한다. 기호 뒤에 붙여 쓴 아래첨자 숫자는 그 원소의 원자 숫자를 나타낸다. 예를 들면 화학식 O_2는 서로 연결된 산소 원자 두 개를 나타내며 이것은 가장 안정된 형태의 산소 원소이다.

원소기호에 더해서 원자에는 핵 속의 고유한 양성자 수를 나타내는 **원자번호**(atomic number)와, 보통 중성자 수와 양성자 수를 합한 값과 거의 같은 **원자량**(atomic mass)이 있다.

동위원소들은 중성자의 수가 서로 다르다

특정 원소의 모든 원자들은 같은 수의 양성자를 가지고 있지만 중성자의 수는 약간씩 다를 수가 있다. 중성자의 수가 보통 원자보다 적거나 많은 원자를 그 원소의 **동위원소(isotope)**라고 부른다. 한 원소의 동위원소는 보통 원자와 같은 원자번호를 가지지만 원자량은 다르다. 예를 들면, 탄소 원소는 6개의 양성자와 6개의 중성자로 된 원자량이 12인 원자로 되어 있다. 탄소-14로 알려진 탄소의 동위원소는 중성자를 두 개 더 가지고 있어서 원자량이 14이다.

동위원소는 언제나 원자량 수를 원소 앞에 위첨자로 표시해서 나타낸다. 즉, 탄소-14 동위원소는 ^{14}C로 표기한다. 가장 흔한 보통 탄소 원소의 원자량 수는 12라고 알고 있으므로 일반적으로 표기하지 않는다.

많은 동위원소들은 불안정하다. 그러한 동위원소들은 안정한 상태에 이를 때까지 (방사선의 형태로) 에너지와 입자를 방출하기 때문에 **방사성동위원소**(radioisotope)라고 부른다. 방사성동위원소가 방출한 방사성 에너지는 조직을 손상시킬 수 있기 때문에 생물체에게 위해가 될 수 있다.

어떤 동위원소들은 여러 가지 과학적 의학적 목적에 중요하게 쓰인다. 각 동위원소가 안정된 에너지 상태로 붕괴되는 속도는 잘

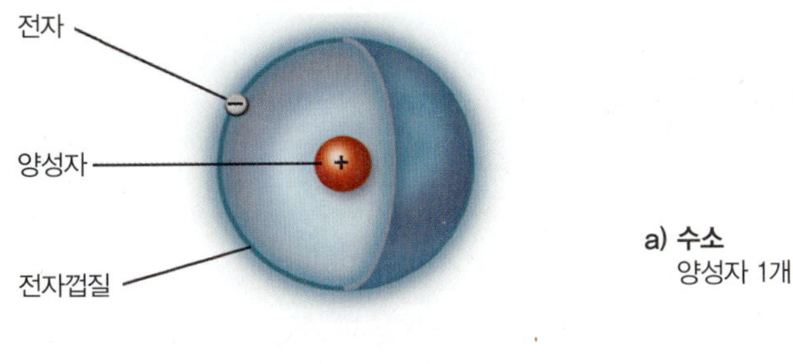

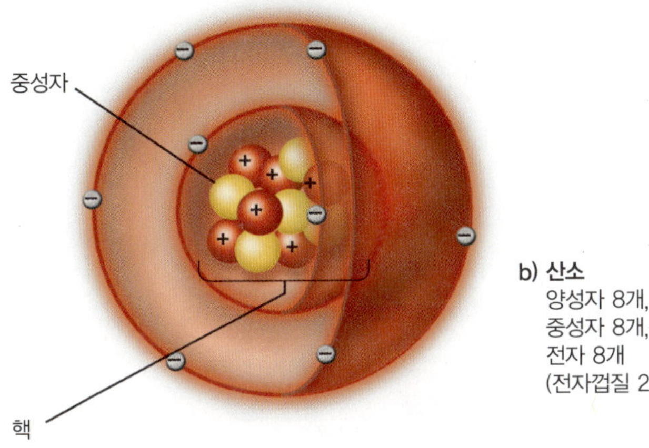

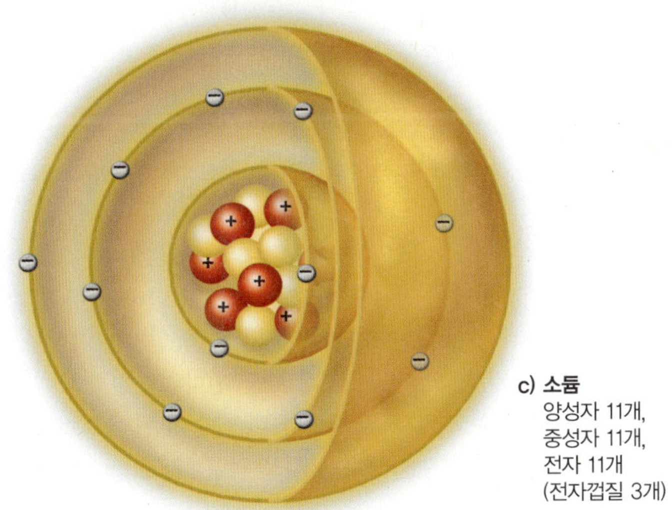

그림 2.3 **원자의 구조.** 원자는 양전하를 띤 양성자와 중성의 중성자로 이루어진 핵이 음전하를 띤 구형의 전자껍질로 둘러싸인 모양으로 되어 있다.

알려져 있어서 과학자들은 현존하는 방사성동위원소의 양을 측정함으로써 암석이나 화석이 언제 형성되었는지를 결정할 수 있다. 이런 목적에는 흔히 탄소-14 동위원소가 사용된다. 의학에서는 방사성동위원소로 분자에 "꼬리표"를 붙이는데, 그렇게 하면 몸속 분자의 위치를 방사성 감지기로 추적할 수 있다. 예를 들면, 의사들은 방사성동위원소를 사용하여 심장마비가 일어난 환자의 심장에서 손상된 조직을 찾아낸다. 방사성동위원소는 특정 종류의 암세포를 찾아내고 죽이는 데 사용되기도 한다. 장시간에 걸쳐 에너지를 방출하는 어떤 방사성동위원소는 심장박동기의 전원으로 사용된다.

요점 정리

원자는 양성자, 중성자 그리고 전자로 이루어져 있다. 방사성동위원소는 중성자의 수가 다른 불안정한 원자인데, 붕괴되어 안정된 상태로 되면서 에너지와 입자를 방출한다. ■

2.2 원자들이 모여 분자를 만든다

분자(molecule)는 두 개 이상의 원자들 사이의 안정된 결합으로 이루어진다. 예를 들면 물분자는 두 개의 수소 원자와 한 개의 산소 원자로 되어 있다(H_2O로 표기한다). 식용 소금 분자($NaCl$로 표기)는 한 개의 소듐(Na) 원자와 한 개의 염소(Cl) 원자로 되어 있다. 수소 기체(H_2로 표기)의 분자는 두 개의 수소 원자로 되어 있다. 원자들이 왜 서로 결합하여 분자를 만드는지 이해하기 위해서는 에너지에 관해 좀 더 알아볼 필요가 있다.

에너지는 생명 활동에 연료를 공급한다

에너지(energy)는 일을 할 수 있는 능력이며, 그 능력은 물질에 변화를 일으킨다. 원자를 결합하는 것은 한 유형의 일이며 분자를 쪼개는 것도 한 유형의 일이다. 그리고 둘 다 에너지를 필요로 한다. 어느 순간에 어떤 종류의 일도 하지 않는, 저장되어 있는 상태의 에너지를 **위치에너지(퍼텐셜에너지, potential energy)**라고 부른다. 위치에너지는 일을 할 수 있는 잠재력을 지니고 있다. 실제로 일을 하고 있는 에너지(즉, 운동 중인 에너지)는 **운동에너지(kinetic energy)**라고 부른다(그림 2.4).

위치에너지와 운동에너지의 차이는 댐에 담겨 있는 물을 보면

그림 2.4 **에너지.** (a) 위치에너지는 이 사람의 지방, 탄수화물 그리고 기타 에너지 저장분자의 화학결합 속에 들어 있다. (b) 운동에너지는 운동 중인 에너지이다.

알 수 있다: 댐 안의 물은 어마어마한 위치에너지를 지니고 있다. 물이 방류되면 위치에너지는 운동에너지로 전환이 된다. 즉 쏟아져 나온 물은 터빈을 돌리는 것과 같은 일을 할 수 있다. 이와 비슷하게, 장작에 불을 지피면 장작 속의 위치에너지는 열과 빛의 형태를 띤 운동에너지로 전환된다.

위치에너지는 모든 생물과 무생물에 있는 원자들을 서로 붙들어 두는 결합 속에 저장되어 있다. 생물은 이러한 일반적인 화학 원리를 이용하여 자신의 목적에 맞게 특정 분자들을 사용하여 에너지를 저장한다. 이 에너지-저장 분자들의 화학 결합이 깨지게 되면 위치에너지는 운동에너지로 변하게 된다. 우리는 이 에너지에 의존하여 호흡, 운동, 음식물 소화 등과 같은 많은 "일"에 힘을 넣어준다.

핵 안의 양성자는 양전하를 띠는 반면에 전자는 음전하를 띤다는 것을 되새겨보자. 전자는 양전하를 띤 핵에 끌어당겨지고 자기들끼리는 서로 반발한다. 서로 반대로 작용하는 이러한 인력과 반발력의 결과로 각 전자는 핵 주위의 특정 전자껍질을 차지하게 된다. 각 전자껍질은 전자 위치에너지의 특정 준위에 해당하며, 핵에서 더 멀리 있는 전자껍질은 더 가깝게 있는 전자껍질보다 위치에너지 준위가 더 높다. 전자가 핵에 가까운 전자껍질로 이동하면 에너지를 잃게 된다. 전자가 핵에서 더 멀리 떨어져 있는 전자껍질로 이동하면 전자는 에너지를 얻게 된다.

요점 정리

저장된 에너지는 위치에너지라 부르며 일을 하는 에너지는 운동에너지라 부른다. 핵에 가장 가까운 에너지 준위(혹은 전자껍질)에 있는 전자는 가장 낮은 위치에너지를 가지며 가장 바깥쪽 전자껍질에 있는 전자는 가장 높은 위치에너지를 가진다. ■

원자들을 화학결합으로 연결하여 분자를 만든다

화학의 중요한 개념 중 하나는 원자는 가장 바깥쪽(최외각) 전자껍질이 완전히 채워질 때 가장 안정하다는 것이다. 최외각 전자껍질이 채워지지 않은 원자는 하나 이상의 다른 원자와 상호작용하여 그 전자껍질을 채우려는 경향이 있다. 그러한 상호작용이 **화학결합(chemical bond)**이라고 부르는 서로 끌어당기는 힘으로 원자들을 결합하게 한다. 화학결합에는 세 종류의 기본형이 있는데, 그것은 공유결합, 이온결합, 그리고 수소결합이다.

공유결합은 전자를 공유한다 원자가 최외각 전자껍질을 채울 수 있는 한 가지 방법은 다른 원자와 한 쌍의 전자를 공유하는 것이다. 원자들 간에 전자를 공유하는 결합을 **공유결합(covalent bond)**이라고 한다(그림 2.5). 원자들 사이의 공유결합은 자연계에서 가장 강한 결합 중 하나인데 아주 강해서 거의 떨어지지 않는다. 화학 구조식에서 공유결합은 두 원자 사이에 선을 그어 나타낸다.

두 원자가 공유결합으로 최외각 전자껍질을 채우는 예는 수소

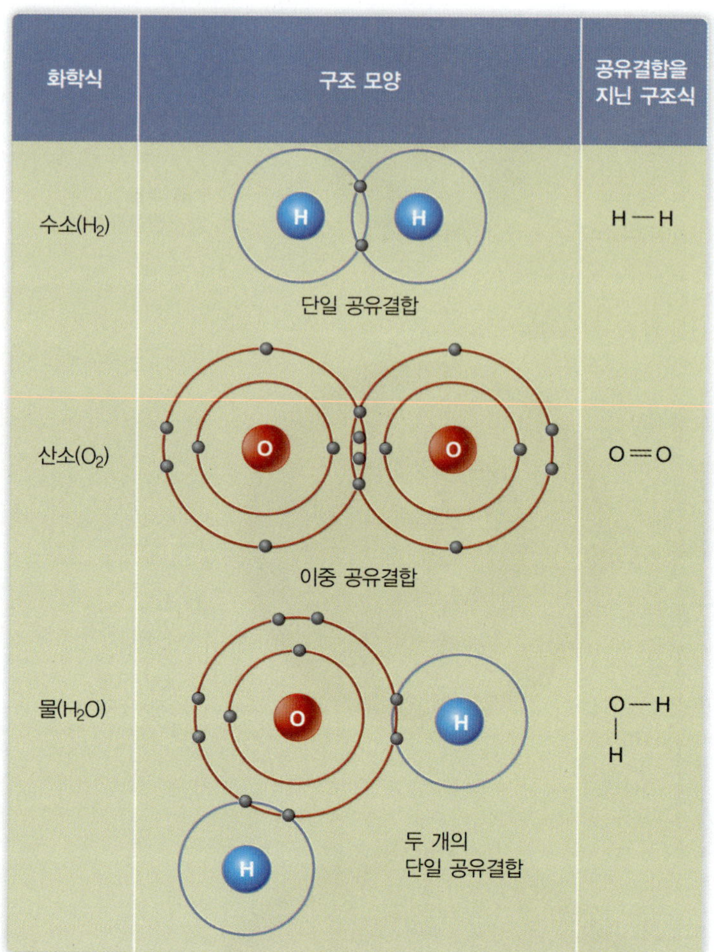

그림 2.5 **공유결합.** 전자쌍을 공유함으로써 원자는 최외각 전자껍질을 채운다.

기체에서 볼 수 있다. 각각의 수소 원자는 두 개의 전자를 가질 수 있는 첫 번째 전자껍질에 전자를 한 개만 가지고 있다. 공유결합으로 두 수소 원자가 붙게 되면(H_2 기체가 된다) 각 원자는 사실상 첫 번째 전자껍질을 두 개의 전자로 "채우게" 된다. 그 결과 H_2 기체는 각각 존재하는 수소 원자 두 개보다 더 안정이 된다. 수소 기체에서와 같이 한 쌍의 전자를 공유는 것을 단일결합(single bond)라고 부른다.

산소 기체는 공유결합의 다른 예를 보여준다. 산소 원자는 전자를 8개 가지고 있다. 이들 중 두 개가 첫 번째 전자껍질을 채우고 나머지 6개가 두 번째 전자껍질(8개까지 가질 수 있는)에 들어간다. 산소 원자 두 개가 합해져서 산소 분자 한 개를 만드는데, 이때 두 쌍의 전자를 공유함으로써 두 원자는 최외각 전자껍질을 완전히 채우게 된다. 두 쌍의 전자를 공유하게 되는 경우의 결합은 이중결합(double bond)이라고 부른다.

물분자는 산소 원자 한 개와 수소 원자 두 개가 모여 만들어지는데 이 조합은 산소와 수소 원자 모두의 최외각 전자껍질을 완전히 채운다. 지구상에 물이 널리 존재하는 것은 물질은 위치에너지가 가장 작을 때 가장 안정하다는 간단한 법칙에 따른 것이다. 즉,

수소와 산소는 둘 다 독립된 원자로 있을 때보다 결합되어 있을 때(H_2O로) 더 안정하다.

이온결합은 반대 전하를 가진 이온들 사이에서 생긴다 원자가 최외각 전자껍질을 채울 수 있는 두 번째 방법은 전자를 완전히 버리거나(만일 최외각 전자껍질에 전자를 한 개나 두 개만 가지고 있다면) 다른 원자로부터 전자를 받는 것이다(만일 최외각 전자껍질을 채우는 데 전자가 한 개나 두 개 부족하다면). 이러한 전자의 손실과 획득으로 원자는 순전하를 갖게 된다. 왜냐하면 이제 전자의 수가 양성자보다 적거나 많아졌기 때문이다. 순전하는 하나의 전자를 잃게 되면 양성(+)이, 하나의 전자를 얻게 되면 음성(−)이 된다.

전하를 가진 원자나 분자를 **이온(ion)**이라고 부른다. 이온의 보기로는 소듐이온(Na^+), 염소이온(Cl^-), 칼슘이온(Ca^{2+}), 인산수소이온(HPO_4^-) 등이 있다. 이온은 전자가 하나 이상 적거나 많다. 칼슘이온(Ca^{2+})은 전자 두 개를 잃은 것이다.

"상반 인력(opposites attract)"이란 표현을 들어본 적이 있는가? 반대 전하를 가진 이온들이 서로 끌어당긴다는 것은 전혀 놀랄 일이 아니다. 반대 전하를 띤 두 이온이 만나면 **이온결합(ionic bond)**이 만들어진다(그림 2.6). 수용액에서 이온결합은 공유결합보다 훨씬 약해서 아주 쉽게 결합이 깨지는 경향이 있다. 예를 들면, 사람의 몸 안에서는 거의 모든 소듐이 Na^+의 형태로 존재하며 모든 염소는 이온화된 형태인 염소이온(Cl^-)으로 존재한다. 아주 적은 양만이 NaCl로 존재한다.

이온이 들어 있는 수용액은 좋은 전도체가 되기 때문에 수용액에 들어 있는 이온들을 때로는 전해질(electrolyte)이라고 부른다. 곧 배우게 되겠지만, 세포는 신경, 근육 및 다른 조직의 기능에 필수적인 기전력을 만들어내서 특정 이온의 이동을 통제한다.

극성 분자들 사이에는 약한 수소결합이 형성된다 세 번째 유형의 인력은 순전하를 가지지 않은 분자들 사이에서 일어난다. 그림 2.5에 나타낸 물분자를 보면 두 개의 수소 원자가 물분자에서 정반대에 위치하는 것이 아니라 서로 상당히 가깝게 위치하는 것을 알 수 있다. 비록 산소 원자와 수소 원자 두 개가 전자를 공유한다고 해도 공유는 비대칭적이다. 물분자에서 산소 원자가 수소 원자보다 전자를 더 강하게 이끌기 때문에 공유된 전자는 실제로 수소 원자보다 산소 원자 주변에서 더 많은 시간을 보낸다. 불균등한 공유 때문에 물분자 자체는 전기적으로 중성이지만 물분자의 산소 지역은 부분적으로 음전하를 띠게 되고 두 개의 수소 지역은 부분적으로 양전하를 띠게 된다.

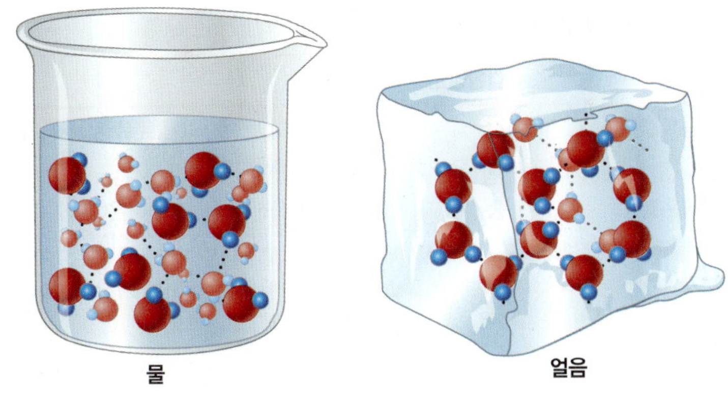

그림 2.7 수소결합. 물속에서 서로 인접한 물분자들의 수소와 산소 원자들 사이에서 약한 수소결합들은 끊임없이 생기고, 끊어지고, 다시 생기는 과정을 반복한다. 얼음은 고체 상태를 갖는데, 이는 각 물분자가 다른 분자 네 개와 안정한 수소결합을 형성하기 때문이다.

전체적으로는 전기적으로 중성이지만 부분적으로는 전하를 띤 지역 혹은 극(ploe)이 있는 물과 같은 분자들을 극성 분자(polar molecule)라 한다. 반대 극끼리 이끈다는 원리에 따라, 극성 분자들은 부분적으로 음성인 한 분자의 끝이 부분적으로 양성인 다른 분자의 끝을 이끄는 방식으로 스스로 배열한다. 공유결합된 수소 원자를 가지고 있는 극성 분자의 반대 전하를 띤 부분들 사이에 생긴 약한 인력을 **수소결합(hydrogen bond)**이라고 부른다(그림 2.7). 물분자들 간의 수소결합은 너무나 약하기 때문에 끊임없이 깨지고 다시 생성되는 과정을 되풀이하여, 액체 상태의 물이 흐를 수 있게 해준다. 물이 얼 정도로 차가워지면, 각 물분자는 옆의 분자와 네 개의 안정적인, 변하지 않는 수소결합을 형성하게 된다. 물이 증

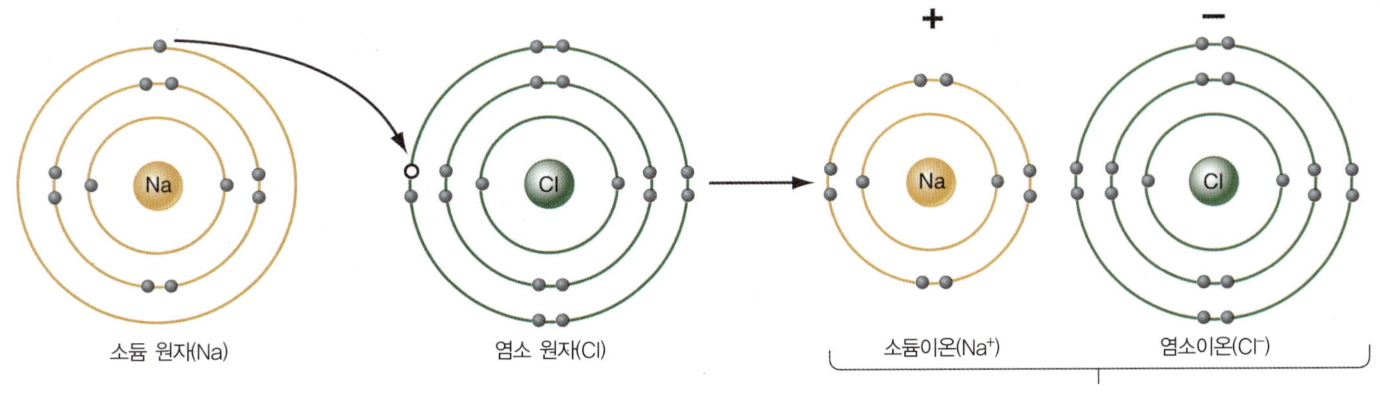

그림 2.6 이온결합. 원자가 전자를 잃거나 얻게 되면 전하를 띤 이온이 만들어진다. 반대로 하전된 이온들은 서로 끌어당겨서 이온결합을 이룬다.

표 2.1 화학결합의 3종류-요약

종류	결합강도	설명	보기
공유결합	강	원자 사이의 전자의 공유로 각 원자가 최외각 전자껍질을 최대로 채울 수 있는 결합	물분자에서 산소와 수소 사이의 결합
이온결합	중	반대로 하전된 두 개의 이온(한 개 이상의 전자가 영구히 옮겨감으로써 만들어진 원자나 분자) 사이에 형성되는 결합	소금에서 Na^+와 Cl^- 사이의 결합
수소결합	약	공유결합된 수소 원자를 가진 분자에서 반대로 하전된 지역 사이에 형성된 결합	물분자들 사이의 결합

발(기체가 됨)하게 되면, 수소결합들은 깨지고 물이 기체 상태에 머무르는 한 계속해서 깨진 상태를 유지하게 된다.

수소결합은 생체 분자에서 중요한 역할을 한다. 이들은 단백질들이 3차원적 모양을 유지할 수 있는 힘을 제공하고, DNA 분자의 두 가닥들이 함께 붙어 있을 수 있도록 해준다. 단백질과 DNA 분자의 구조는 이 단원의 뒷부분에서 다루도록 할 것이다.

표 2.1은 공유결합, 이온결합, 그리고 수소결합의 특징들을 요약해서 보여준다.

요점 정리

원자들이 전자쌍을 공유하게 되면 강한 공유결합이 형성되고, 서로 반대의 전하를 가진 이온들 사이에는 이온결합이 형성된다. 서로 반대의 전하를 띤 부위를 가진 극성 분자들 사이에는 약한 수소결합들이 발생한다. ■

살아 있는 생물에는 특정 원소들만 들어 있다

비록 자연에는 거의 100가지 다른 원소들이 존재하지만, 생물들은 그 중 제한된 수의 원소들로만 몸이 구성되어 있다. 사실, 사람 체중의 약 99%는 단 6가지 원소(산소, 탄소, 수소, 질소, 칼슘, 그리고 인)로 구성되어 있다(표 2.2). 하지만 덜 흔한 원소들도 여전히 중요하며, 우리가 아는 지구의 생명은 이들 없이는 존속하지 못할 것이다.

가장 큰 원자도 생물체 내의 구조들에 비하면 작기 그지없다. 원자, 세포, 그리고 인체의 장기 사이의 엄청난 크기의 차이를 이해하기 위해서, 소듐 원자가 50원짜리 동전만하다고 상상해보자. 이 척도에 따른다면, 여러분의 적혈구 한 개는 지름이 800미터에 육박할 것이고, 심장의 크기는 지구 전체보다도 더 클 것이다!

다음에는 생물계에서 가장 중요한 물질인 물, 수소 이온, 그리고 탄소 원자를 뼈대로 가지는 일련의 분자들을 들여다보도록 하겠다.

표 2.2 생물체*에서 가장 흔하고 가장 중요한 원소

원소	원자기호	원자번호	원자량	사람 체중 비율(%)	생명체 내 역할
산소	O	8	16.0	65	물의 일부분, 대부분의 유기분자, 산소 분자
탄소	C	6	12.0	18	모든 유기분자의 골격
수소	H	1	1.0	10	모든 유기분자와 물의 일부분
질소	N	7	14.0	3	단백질과 핵산의 성분
칼슘	Ca	20	40.1	2	뼈의 구성 성분, 신경과 근육의 활동에 필수적
인	P	15	31.0	1	세포막과 에너지 저장 분자의 일부분, 뼈의 성분
포타슘	K	19	39.1	0.3	신경 활동에 중요 역할
황	S	16	32.1	0.2	대부분의 단백질의 구조적 성분
소듐	Na	11	23.0	0.1	체액의 기본적 이온, 신경 활동에 중요 역할
염소	Cl	17	35.5	0.1	위산의 주요 성분, 체액의 주요 이온
마그네슘	Mg	12	24.3	미량	특정 효소의 활성과 근육 수축에 중요 역할
철	Fe	26	55.8	미량	산소 운반 분자인 헤모글로빈의 성분

* 원소들은 체중을 이루는 비율 순으로 나열하였다. 원자번호는 핵 안의 양성자 수와 같다. 원자량은 양성자 수와 중성자 수를 합한 것과 대략 같다. 전자의 무게는 아주 적다. 우리 몸의 99%는 단 6개의 원소로 이루어졌다는 사실에 주목하자.

2.3 생명은 물에 의존한다

물보다 생명에 더 필수적인 분자는 없다. 과연, 이 물질은 인체의 무게의 60%를 차지한다. 물의 다음 성질들은 생물에게 특히 중요하다.

- 물은 극성 분자이다.
- 물은 체온에서 액체 상태이다.
- 물은 열에너지를 흡수하고 유지할 수 있다.

이 성질들은 물을 이상적인 용매로 만들면서 온도 조절 과정에서 중요한 요인으로 작용한다.

물은 생물학적 용매이다

용매(solvent)란 다른 물질들을 녹이는 액체를 말하고, **용질(solute)**은 녹은 물질을 일컫는다. 물은 생체 내에서 특히 이상적인 용매로 작용하는데, 그 이유는 체온에서 극성 액체 상태로 머무르기 때문이다. 생명의 용매로서, 물은 생물들의 많은 화학반응이 일어나는 장소가 되는 물질이다. 이제 용질이 물에 용해되는 간단한 예를 들여다봄으로써 어떻게 물의 극성 성질이 이 반응을 돕는지 이해하도록 하자.

흔하면서 중요한 고체인 염화소듐(NaCl), 즉 소금 결정을 생각해보자. 소금 결정은 소듐이온과 염화이온이 이온결합으로 서로 엮인 형태가 규칙적이며 반복되는 패턴이 되풀이되는 형태로 구성되어 있다(그림 2.8). 소금을 물에 넣게 되면, 결정 표면에 있는 각각의 이온들은 결정으로부터 끌려나온 뒤 즉시 극성 물분자들에 둘러싸이게 된다. 물분자들은 각 이온 주변에 단단한 집단을 형성하게 되기 때문에 이온들은 다시 결정 형태로 돌아가는 것이 방지된다. 다르게 말하자면, 물이 이온들을 용해된 상태로 유지시킨다. 이때 물분자들이 향한 방향은 서로 반대의 전하들이 끌어당긴다는 기본적인 원칙에 따른다는 사실을 명심하라.

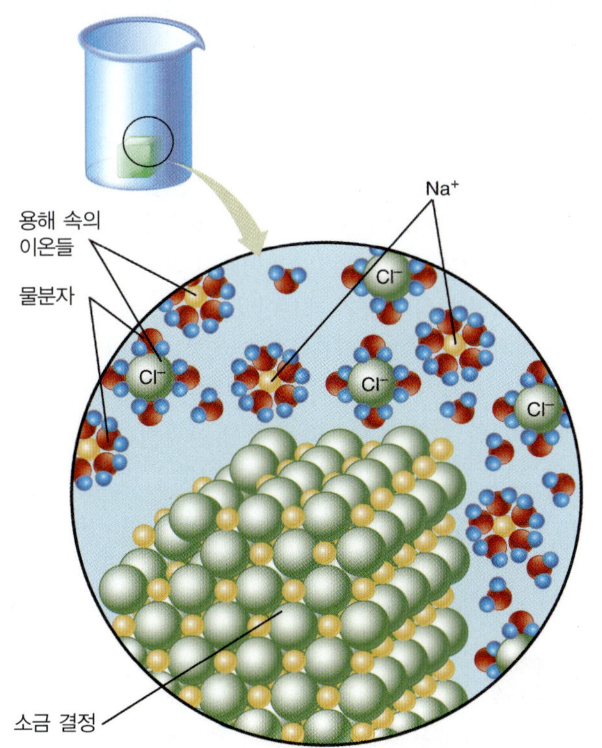

그림 2.8 물이 이온들을 용해시키는 방법. 극성인 물분자들의 음전하를 띠는 쪽은 양이온에 끌리고, 양전하를 띠는 쪽은 음이온에 끌린다. 물분자는 이온을 결정으로부터 끌어당긴 뒤 이온들이 다시 서로 붙는 것을 방지한다.

물에 이끌리면서 물과 상호작용을 하는 극성 분자들은 **친수성(hydrophilic)** 분자라고 한다. 물에 이끌리지 않는 무극성 분자들은 **소수성(hydrophobic)** 분자라고 한다. 소수성 분자의 작용은 식용유와 물을 섞어보면 관찰할 수 있다(31쪽의 "스스로 해보기" 참조)

물은 체온에서 액체 상태이기 때문에 자유롭게 흐를 수 있다. 그렇기 때문에 한곳에서 다른 곳으로 용질을 운반하는 좋은 매체가 된다. 실제로, 사람의 심혈관계에 존재하는 혈액의 구성 성분의 90%는 물이다. 액체로서, 물은 또한 공간을 차지하는 역할을 하기도 한다. 물은 세포를 채우기도 하고(세포내 공간), 세포들 사이의 공간을 채우기도 한다(세포간 공간).

물은 체온 조절을 돕기도 한다

물의 중요한 성질 중 하나는 열에너지를 많이 흡수하고 유지하고 있으면서도 정작 온도는 조금만 오른다는 사실이다. 실제로, 물은 대부분의 다른 액체들에 비해 열을 더 잘 흡수하는 편이다. 따라서 물은 과량의 열이 발생할 때 체온이 크게 증가하는 것을 방지할 수 있다. 물은 또한 열을 너무 많이 잃을 위험이 있을 때 열을 잘 보존하는 성질도 가지고 있다(예를 들면, 추운 날에 반팔 반바지 차림으로 밖에 나갈 경우). 열을 흡수하고 유지하는 물의 능력은 신체의 대사나 환경에 변화가 일어날 때 체온이 급속하게 변하는 것을 막는다.

신체는 대사 활동을 통해 열을 생산한다. 일반적으로 우리는 필요로 하는 것 이상의 열을 생산해서 섭씨 37도의 일정한 체온을 유지하므로, 대개 열을 잃는 것이 열을 보존하는 것보다 더 중요한 문제이다. 우리가 열을 빨리 잃는 방법 중 하나는 물의 증발을 통해서이다(그림 2.9). 물이 공기와 접촉하고 있을 때, 물의 표면에 있는 물분자들 중 일부의 수소결합들이 깨지면서 분자들이 수증기의 형태로 공기 중으로 빠져나가게 된다. 이때 이 수소결합들을 깨기 위해서는 에너지가 필요하고, 이 에너지는 몸에서 발생하여 혈액이 피부로 전달한 열로부터 온다. 땀의 증발은 신체가 열을 제거하는 기작들 중 단지 하나일 뿐이다. 신체가 어떻게 체온을 조절하는지는 4단원에서 자세히 다루어질 것이다.

증발이 얼마나 물체를 잘 냉각시키는지는 직접 알아볼 수도 있다. 다음에 땀을 많이 흘리게 되면, 밖에 노출된 피부가 실제로 시원하게 느껴지는 것을 체험해보라.

그림 2.9 물은 체온 조절을 돕는다.

요점 정리

물은 극성 분자이기 때문에 대부분의 생물학적 분자들은 물에 잘 녹는다. 물은 액체 상태로 존재하기 때문에 생물학적 분자들의 운반을 돕는다. 물은 열을 흡수하면서 보존하고, 증발을 통해서 체온을 내리는 기능을 할 수 있다. ■

2.4 수소이온의 중요성

신체에서 가장 중요한 이온 중 하나는 수소이온(전자가 없는 하나의 양성자)이다. 이 소단원에서 우리는 어떻게 수소이온들이 생성되고 이들의 적절한 농도를 유지하는 것이 왜 그렇게 중요한 일인지를 알아볼 것이다.

산은 수소이온을 내놓고, 염기는 수소이온을 받아들인다

비록 물분자에서 수소와 산소 간의 공유결합은 강해서 깨지는 일이 적지만, 그래도 일어날 수 있다. 만일 일어나게 되면, 수소 원자들 중 하나의 전자가 완전히 산소 원자로 이동하게 되고, 물분자는 두 개의 이온, **수소이온**(H^+)과 **수산화이온**(OH^-)으로 깨지게 된다.

순수한 물에서는 단지 매우 적은 수의 물분자들만이 어느 한 시점에 H^+와 OH^-로 해리(깨져)되어 있다. 하지만 수용액에는 그 외에 다른 수소이온의 원천이 존재한다. **산(acid)**이란 H^+ 이온을 내줄 수 있는 어떤 분자를 일컫는 용어이다. 순수한 물에 더해지면, 산은 순수한 물에 비해 더 높은 H^+ 농도를 가지는 **산성 용액(acidic solution)**을 만들어내게 된다. (순수한 물과 같은 H^+ 농도를 갖는 수용액은 **중성 용액[neutral solution]**이라 정의된다.) 흔히 볼 수 있는 산성 용액으로는 식초, 탄산음료, 그리고 오렌지주스 등이 있다. 반대로, **염기(base)**란 H^+ 이온을 받아들이는(H^+ 이온과 결합할 수 있는) 모든 분자를 일컫는 용어이다. 순수한 물에 더해지면, 염기는 순수한 물보다 더 낮은 H^+ 농도를 가지는 **염기성(basic)** 혹은 **알칼리성(alkaline)** 용액을 형성한다. 흔히 볼 수 있는 알칼리성 용액에는 베이킹소다(중탄산나트륨, baking soda) 수용액, 세제, 그리고 하수구세척제 등이 있다.

산과 염기는 수용액의 H^+ 농도에 서로 반대 영향을 미치기 때문에, 이들은 서로를 중화시킨다고 한다. 아마 물에 베이킹소다를 한 숟가락 타서 마시는 것이 위산과다를 치료하는 전해 내려오는 민간요법이라는 말을 들은 적이 있을지도 모른다. 이제 이 민간요법이 사실은 옳은 화학적 원리를 바탕으로 두고 있음을 알 수 있다.

pH 지수는 수소이온 농도를 나타낸다

과학자들은 pH 지수를 이용해서 어떤 수용액의 산도나 염기도를 나타낸다. **pH 지수(pH scale)**는 어떤 수용액의 수소이온 농도를 나타내는 척도이다. 이 지수는 0에서 14까지의 범위를 가지며, 순수한 물은 중간점인 pH 7.0을 가진다. pH 7은 수소이온 농도 10^{-7} 몰/리터(몰이란 화학자들이 사용하는 단위로, 특정 개수의 원자, 이온, 혹은 분자들을 의미한다)에 상응한다. 산성 용액은 7 미만의 pH를 가지는 한편, 염기성 용액들은 7을 초과하는 pH를 가진다. pH가 1씩 바뀔 때마다 수소이온 농도가 해당 방향으로 10배 달라지게 되는 것을 의미한다. 예를 들면, pH가 6인 산성 용액은 H^+ 농도가 10^{-6} 몰/리터(순수한 물보다 10배 더 크다)인 한편, pH가 8인 알칼리성 용액은 H^+ 농도가 10^{-8} 몰/리터(순수한 물의 1/10배)이다. 그림 2.10을 보게 되면 pH 지수가 그래프로 나와 있고 몇 가지 흔한 물질들과 체액들의 pH 값이 나타나 있다.

혈액의 pH 값은 7.4로, 중성인 물에 비해 단지 조금 더 알칼리성일 뿐이다. 혈장의 수소이온 농도는 다른 이온들의 농도에 비해 낮다(예를 들어, 혈장의 수소이온 농도는 소듐이온 농도의 백만분의 일도 채 안 된다). 체내에서 이 낮은 수소이온 농도의 항상성을 유지하는 것은 중요한 일인데, 그 이유는 수소이온이 작고, 이동성이 좋고, 양전하를 가졌고 반응성이 높기 때문이다. 수소이온은 분자의 다른 양이온들을 대체하는 경향이 있으며, 이런 일이 벌어지면 분자의 구조를 변형시켜서 분자가 제대로 기능할 능력을 바꾸곤 한다.

체액의 pH의 변화는 세포막을 통한 분자의 운반과 특정 화학반응들이 얼마나 빨리 일어나는지에도 영향을 미칠 수 있다. 이는 심지어 세포의 구조적 요소가 되는 단백질의 모양조차 변형시킬 수 있다. 다르게 말하면, 수소이온 농도의 변화는 항상성을 위협하기 때문에 위험할 수 있다.

요점 정리

산은 수소이온을 수용액에 내놓는 한편, 염기는 수용액에서 수소 이온을 받아들인다. pH 지수는 수용액 내의 수소이온 농도를 나타낸다. 혈액의 정상적인 pH 값은 7.4이다. ■

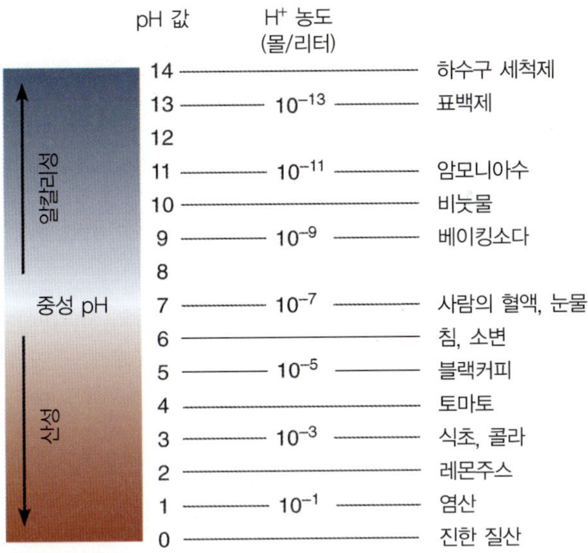

그림 2.10 pH 지수. pH 지수는 수용액 내의 H^+ 농도를 나타내는 척도이다.

완충용액은 pH의 변화를 최소화한다

완충용액(buffer)은 산 혹은 염기가 수용액에 더해졌을 때 일어날 pH의 변화를 최소화시키는 모든 물질이다. 완충용액은 체액의 pH의 항상성을 유지하는 데 필수적이다.

혈액이나 소변과 같은 생물학적 수용액에서, 완충용액은 서로 반대의 효과를 가지는 연관된 분자의 짝(pairs)으로 존재한다. 짝 중 하나는 짝산 형태(H^+ 이온을 내놓는 것이 가능한)이고, 나머지 하나는 짝염기 형태(H^+ 이온을 받아들이는 것이 가능한)이다. 산이 더해져서 H^+ 이온의 수가 증가하면, 짝염기 형태의 완충용액이 H^+ 이온들을 흡수하면서 일어나는 pH 감소를 최소화하게 된다. 반대로, 만일 염기가 더해져서 H^+ 이온을 너무 많이 받아들이게 되면, 짝산 형태의 완충용액이 추가적인 H^+ 이온을 내놓으면서 pH의 증가를 최소화시킨다. 완충용액의 짝산과 짝염기는 마치 스펀지와 같아 남는 물을 빨아들인 다음 필요한 경우 짜내서 물을 내놓는 것과 같은 일이 가능하다.

체액에서 가장 중요한 완충용액 짝을 꼽으라면 혈액에 존재하는 중탄산이온(HCO_3^-, 짝염기 형태)과 탄산(H_2CO_3, 짝산 형태)이 있다. 혈액이 너무 산성화되면, 중탄산이온은 다음 반응식에 따라 과량의 H^+를 받아들인다.

$$HCO_3^- + H^+ \rightarrow H_2CO_3$$

혈액이 너무 알칼리성으로 변하게 되면, 탄산은 반대반응에 따라 H^+를 내놓게 된다.

$$HCO_3^- + H^+ \leftarrow H_2CO_3$$

혈액과 같은 생물학적 수용액에서는, 중탄산이온과 탄산은 항시 H^+를 받아들이고 내놓곤 한다. 결국에는 화학평형에 도달하게 되는데, 즉 이 두 화학반응들의 속도가 같게 되는 상황에 이르게 된다. 이 현상은 다음 결합된 화학식으로 나타낼 수 있다.

$$HCO_3^- + H^+ \leftrightarrow H_2CO_3$$

만일 과량의 산이 생산된다면, 이 결합된 식은 중탄산이온이 H^+와 결합하게 되면서 오른쪽으로 이동하게 된다. 염기가 생산되는 경우에는 반대 현상이 일어난다.

마찬가지로 인체 내에는 여러 다른 완충용액들이 존재한다. 체액에 더 많은 완충용액들이 존재할수록, pH는 더욱 안정하다.

요점 정리

완충용액은 수용액 내의 pH 변화를 최소화시킨다. 완충용액은 체액이 안정한 pH를 유지할 수 있도록 돕는다. ■

스스로 해보기

기름과 물은 서로 섞이지 않는다

기름과 물이 서로 섞이지 않는다는 것을 보이기 위해 물이 반쯤 찬 단지에 식용유 두 숟가락을 넣어보자. 그 뒤 단지를 세게 흔들어주고는 잠시 가만히 내버려두자. 그러면 기름이 물과 분리되어, 결국에는 단지 꼭대기에 층을 형성하려는 경향이 있는 것을 보게 될 것이다.

이런 일은 왜 일어나는 것일까? 물은 극성 분자라는 것을 되새겨 보라. 비록 물은 전체적으로 봤을 때는 전기적으로 중성이지만, 분자에 부분적으로 양전하 혹은 음전하를 띤 부위들이 있어, 일종의 '극' 역할을 할 수 있다. 반면에 기름 분자는 완전히 중성인 분자이다. 물과 기름이 만나게 되면, 물 분자들은 서로에게 이끌리게 된다. 이들은 서로 약한 수소결합을 통해 뭉치는 경향이 있으며, 이때 물이 차지하는 공간에서 기름은 밖으로 밀려난다. 시간이 지남에 따라 기름은 더욱더 큰 방울들로 밀리게 된 끝에 물로부터 완전히 분리되게 된다. 이때, 기름은 밀도가 물보다 작기 때문에 위로 뜨는 것이다.

이제 이 물과 기름이 같이 든 단지에 달걀노른자를 하나 넣고 실험을 다시 해보도록 한다. 이때 물 꼭대기에 많은 거품이 보이게 되는데, 이는 노른자 안에 있던 단백질들 중 일부가 변성되기 때문이다. 하지만 여기서 중요한 관찰 사항은 기름이 더 이상은 물과 분리되어 있지 않다는 사실이다. 이렇게 되는 이유는 달걀노른자에 극성 부위와 무극성 부위를 모두 가지는 분자들(단백질과 인지질)이 들어 있기 때문이다. 이 분자들의 무극성 부위는 기름방울들을 둘러싸서, 극성 부위들이 바깥을 보게 된다. 그러면 바깥의 극성 부분으로 이루어진 층이 기름방울들이 서로 만나는 것을 막기 때문에, 기름방울들은 계속해서 용액 상태로 남을 수 있게 된다.

2.5 생물 내의 유기분자들

유기분자(organic molecule)란 탄소와 기타 원소들이 공유결합을 통해 서로 엮여 있는 분자들이다. '유기'라는 명칭은 과학자들이 모든 유기분자들이 생물들로부터만 생성되고 모든 '무기' 분자들은 무생물들로부터 나온다고 믿었던 시대의 소산이다. 오늘날 우리는 유기분자들이 조건만 맞으면 실험실에서 합성될 수 있다는 사실을 알고 있으며 아마 생명이 존재하기 이전에 지구에 존재했었을 것임을 알고 있다.

탄소는 유기분자의 공통 기본 구성단위이다

탄소(그림 2.11)는 지구 지각의 0.03% 미만을 구성하는 원소로, 자연계에서 비교적 드문 편이다. 그럼에도 불구하고, 생물들은 적극적으로 이를 축적하려 든다. 탄소는 인체 무게의 약 18%를 차지한다.

탄소는 모든 유기분자의 공통 기본 구성단위인데, 그 이유는 다른 원자들과 강한 공유결합을 형성할 방법이 여러 가지 있기 때문이다. 탄소에는 전자가 여섯 개 있는데, 첫 전자껍질에 두 개가 있고 둘째 전자껍질에는 네 개가 있다. 탄소는 그 두 번째 전자껍질에 여덟 개의 전자가 찼을 때 가장 안정하기 때문에, 다른 분자들과 네 개의 공유결합을 형성하려는 자연적인 경향을 가진다. 이 사실은 탄소를 여러 방향으로 뻗어나갈 수 있는 이상적인 구조적 구성요소로 만든다.

원자를 상징하는 기호 사이의 선이 공유결합에 있는 한 쌍의 공유된 전자를 나타낸다는 화학자의 관례를 사용하여, 그림 2.12는 탄소의 여러 구조적 가능성들 중 몇 가지를 보여준다. 탄소는 수소, 질소, 산소, 혹은 다른 탄소 원자와 공유결합을 형성할 수 있다. 또한 산소 혹은 다른 탄소 원자와 이중 공유결합을 형성할 수 있다. 심지어는 5-탄소 혹은 6-탄소 고리를 형성할 수 있으며, 이때 탄소 원자들 사이에 이중결합이 있을 수도 있고 없을 수도 있다.

이 복잡성 외에도, 탄소에서 만들어진 유기분자들의 크기에는 거의 아무 제한이 없다. 고분자(macromolecule)라고 부르는 일부 분자들은 더 작은 분자 수천 혹은 심지어 수백만 개로 이루어져 있을 때도 있다.

고분자들은 세포 내에서 합성되고 분해된다

고분자들은 세포 자체 내에서 조립(합성)된다. **탈수합성(dehydration synthesis)**이라는 과정(축합반응[condensation reaction]이라고도 한다)을 통해, 소단위라고 불리는 작은 분자들이 목걸이의 구슬들처럼 공유결합으로 서로 이어지게 된다. 이 과정의 이름이 무슨 일이 일어나는지를 정확하게 묘사한다. 매번 소단위가 하나 추가될 때마다, 그에 상당하는 물분자가 제거된다('탈수', 그림 2.13). 고분자를 합성하는 데 필요한 소단위들은 사람들이 먹는 음식물과 다른 큰 분자들을 작은 분자로 분해하는 체내의 생화학적 반응으로부터 나온다.

작은 분자들로부터 고분자를 합성하는 것은 에너지를 필요로 한다. 이것이 사람들이 생존하고 성장하기 위해서 에너지를 필요로 하는 이유 중 하나이다. 어린이들이 엄청난 양의 음식을 먹는 것처럼 보이는 것은 절대 우연이 아니다. 성장기의 어린이들은 새로운 세포막, 근섬유, 그리고 기타 신체 조직들을 만들기 위해 필요한 고분자들을 합성하기 위해 에너지가 필요한 것이다.

어떤 고분자들은 특히 우리의 세포들 내에 에너지를 저장하기 위한 이유로 합성된다. 에너지를 몸속에 저장하는 능력은 생물들이 먹이가 충분하지 않은 시점에도 살아갈 수 있도록 해준다. 다른 고분자들은 세포의 구조적 구성요소로서 작용하거나, 뼈와 같이 세포외적 구조로서 존재한다. 또 어떤 고분자들은 세포의 많은 활동을 조절하거나 세포간의 신호물질로서 작용한다.

유기 고분자들은 **가수분해(hydrolysis)**

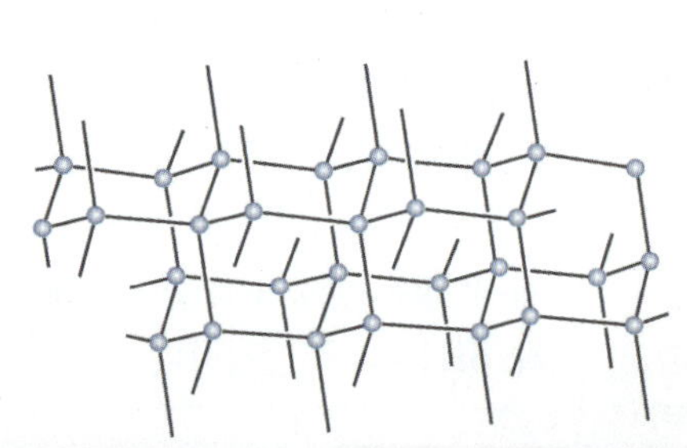

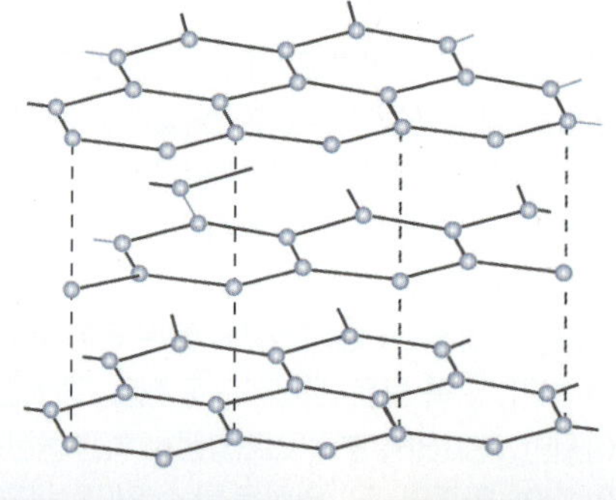

a) 다이아몬드는 매우 높은 온도와 압력이 있는 조건에서만 생성된다. 다이아몬드의 구조는 고층 건물의 철근 골조와 유사한데, 각 원자는 네 개의 인접한 탄소 원자와 공유결합을 하고 있다. 이 사실이 다이아몬드가 단단한 이유를 설명한다.

b) 흑연은 오래된 탄소를 바탕으로 한 물질들의 붕괴로 형성된다. 그 구조는 육각형 고리 모양으로 배열된 탄소 원자들이 층층이 겹친 형태를 하고 있다. 흑연은 비교적 무른 물질인데(그렇기 때문에 연필심에 사용된다), 그 이유는 이 탄소 원자로 이루어진 층들이 서로 미끄러져 지나가기 때문이다.

그림 2.11 **탄소.** 흑연과 다이아몬드는 모두 탄소의 원소 형태들이다.

O=C=O

a) 이산화탄소

b) 지질 분자의 일부

c) 단백질을 만드는 아미노산의 일종인 페닐알라닌

그림 2.12 탄소의 구조적 다양성의 예. (a) 이산화탄소에서 탄소 원자는 각 산소 원자와 두 개의 공유결합을 형성한다. (b) 지질 분자들은 수소와 공유결합을 한 긴 탄소 원자 사슬을 갖는다. (c) 탄소는 아미노산의 일종인 페닐알라닌의 뼈대를 형성한다.

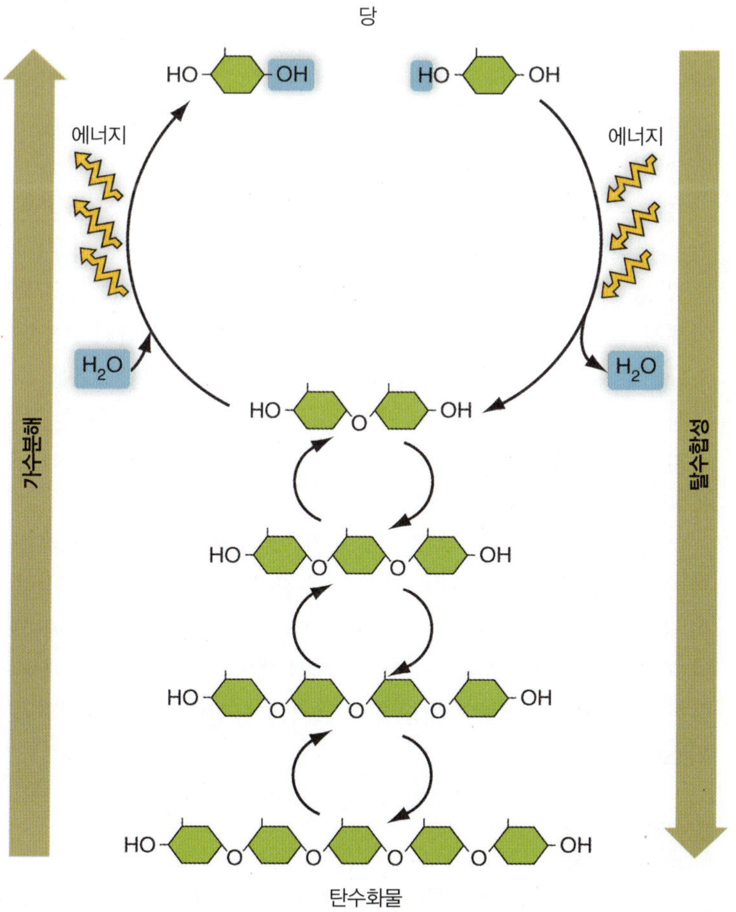

그림 2.13 탈수합성과 가수분해. 탈수합성을 통해 큰 분자들을 합성하는 과정은 에너지를 필요로 하고, 가수분해를 통해 분자를 더 작은 단위로 깨뜨리는 것은 저장되어 있던 에너지를 풀어놓게 된다. 이 예에서 가장 작은 단위는 단당이고 고분자는 탄수화물이다.

라는 과정을 통해서 분해된다. 가수분해 도중 고분자 사슬의 소단위 간 공유결합이 매번 깨질 때마다 그에 해당하는 물분자가 첨가된다. 여기서 가수분해가 본질적으로 탈수합성 과정의 반대 작용임에 주목하라. 따라서 고분자들을 이렇게 분해함으로써 에너지가 나온다는 사실은 그리 놀랍지 않을 것이다. 이 에너지는 원자들 간의 공유결합 형태로 잠재적인 에너지로 저장되어 있었다. 신체는 에너지의 대부분을 에너지가 저장된 분자들을 가수분해시켜서 얻는다. 가수분해는 그 외에 또한 소화 과정에서 음식물분자를 깨뜨리는 데 이용되고, 신체 내의 물질을 재사용하는 데 이용되며, 그리고 더 이상 신체에 필요하지 않은 물질을 제거하는 데에 이용된다.

생물은 네 부류의 유기분자를 합성하는데, 이들을 **탄수화물(carbohydrate)**, **지질(lipid)**, **단백질(protein)**, 그리고 **핵산(nucleic acid)**이라고 부른다. 각 부류 내의 여러 다른 분자들은 동일한 소수의 화학 원소들을 가지고 합성된다. 하지만 사실상 만들어질 수 있는 서로 다른 분자 종류의 개수에는 한계가 없다. 인체 내에 얼마나 많은 서로 다른 유기분자가 존재하는지는 어느 누구도 정확하게 알지 못한다. 화학적인 관점에서, 지구상의 여러 생물 종들 사이의 엄청난 다양성은 이들이 가지는 유기분자들, 그 중에서도 특히 단백질과 핵산의 차이에서 기인한다.

요점 정리

탄소는 유기분자들의 기본 원소인데, 그 이유는 다른 분자들과 강한 공유결합을 여러 방법으로 형성할 수 있기 때문이다. 유기분자들은 에너지를 필요로 하는 과정인 탈수합성을 통해서 합성되고, 에너지를 방출시키는 과정인 가수분해를 통해 깨진다. 유기분자들은 크게 네 가지 부류로 나눌 수 있는데, 이들은 탄수화물, 지질, 단백질 그리고 핵산이다. ■

2.6 탄수화물: 에너지와 구조적 지지에 이용된다

탄수화물의 기본 구조에 대한 단서는 이들의 명칭에서부터 찾을 수 있다. 탄수화물들은 탄소 원자들로 이루어진 뼈대에 수소와 산소가 물에서 나타나는 것과 같은 비율(2 대 1)로 붙어 있는 모습을 한다. 즉, 탄소가 '수화되어', 혹은 물과 결합되어 있는 양상이다.

대부분의 생물들은 탄수화물을 에너지로 사용하고, 식물들은 적어도 한 가지 탄수화물(셀룰로오스)을 구조적 지지용으로 이용한다.

단당류는 간단한 당이다

가장 간단한 종류의 탄수화물은 **단당(monosaccharide)**이라고 부른다. 단당은 탄소, 수소 그리고 산소가 1:2:1 비율로 존재하는 비교적 간단한 구조를 가지고 있다. 가장 흔한 단당은 다섯 개 혹은 여섯 개의 탄소 원자들이 다섯 원자 혹은 여섯 원자로 이루어진 고

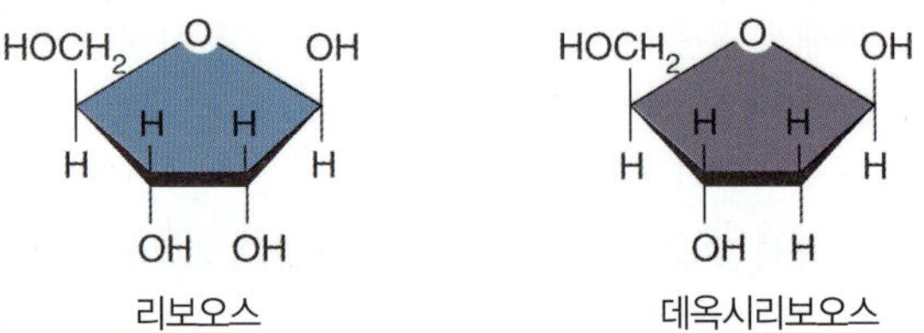

a) 탄소를 5개 가진 단당인 리보오스와 데옥시리보오스

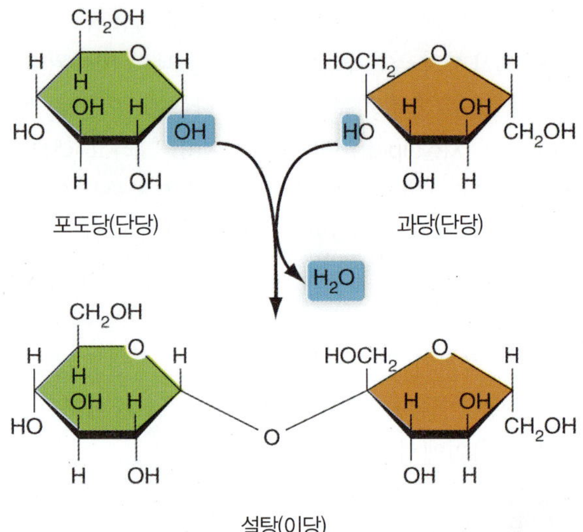

b) 탄소를 6개 가진 단당 2개(포도당과 과당)가 탈수합성을 통해 서로 결합해 설탕을 만든다.

그림 2.14 단당. 관례적으로, 고리가 있는 구조에서 탄소를 상징하는 C는 대개 생략되는데, 그 이유는 탄소가 있다는 것을 두 개의 결합선이 각을 이루며 만나는 것을 통해 유추하는 것이 가능하기 때문이다.

리를 형성하도록 배열된 형태를 취하고 있다(**그림 2.14**).

포도당(glucose), 과당(fructose), 리보오스(ribose), 그리고 데옥시리보오스(deoxyribose)는 인체에서 가장 중요한 네 가지 단당이다. 리보오스와 데옥시리보오스(그림 2.14a)는 둘 다 탄소를 다섯 개 가진 단당으로 뉴클레오티드 분자의 구성요소들이다. 이 둘의 유일한 차이는 데옥시리보오스는 리보오스에 비해 산소 원자가 한 개 적다는 것뿐이다. 포도당은 탄소를 여섯 개 가진 단당으로, 세포의 중요한 에너지원으로 사용된다. 당장 사용될 수 있는 것보다 더 많은 에너지가 있다면, 포도당 분자들은 탈수합성을 거쳐 서로 연결되어서 더 큰 탄수화물분자들을 형성할 수 있다(그림 2.14b).

올리고당류: 하나 이상의 단당들이 서로 연결된 것

올리고당(oligosaccharide)은 단당 몇 개가 탈수합성을 통해 짧은 끈처럼 서로 연결된 형태를 이르는 용어이다. 흔히 볼 수 있는 올리고당 중 하나는 설탕, 혹은 수크로오스이다. 수크로오스는 이당(disaccharide)이라고도 부르는데, 그 이유는 단지 두 개의 단당(포도당 + 과당)이 결합한 형태이기 때문이다. 또 하나의 흔한 예로 엿당(포도당 + 포도당)이 있다.

어떤 올리고당들은 특정 세포막 단백질들(당단백질이라고 부른다)과 공유결합을 하고 있다. 당단백질들은 서로 인접한 세포들을 연결하는 데 관여하며 또한 세포들이 서로를 알아보고 신호를 전달하는 데에도 역할을 담당한다.

다당류는 에너지를 저장한다

다당(polysaccharide)이라 부르는 복합 탄수화물들은 수천 개의 단당들이 탈수합성을 통해 일렬로 나열되거나 혹은 가지를 친 사슬들을 만들어 이어질 때 생성된다. 다당은 세포들이 여분의 에너지를 저장해 둘 편리한 방법으로 이용되며, 이 에너지는 다당 분자 내의 공유결합에 보관된다.

생물 내의 가장 중요한 다당들은 포도당의 긴 사슬들로 구성되어 있다. 동물에서는 에너지 저장에 이용되는 다당이 **글리코겐(glycogen**, **그림 2.15**)인 한편, 식물들에서는 **녹말(starch)**이다. 식물 낟알들(특히 밀알)을 갈아서 얻는 밀가루는 녹말이 많은데, 이를 우리는 포도당으로 분해해서 우리가 에너지를 필요로 하는 데에 쓰게 된다. 당장 에너지를 위해 소모되지 않는 포도당은 글리코겐이나 지질을 만드는 데 사용된 뒤 나중에 쓸 수 있도록 세포 내에 저장된다.

셀룰로오스(섬유소, cellulose)는 조금 다른 형태의 포도당 근원의 다당이다. 식물은 셀룰로오스를 에너지 저장 대신 구조적 지지를 위해 이용한다. 셀룰로오스에 존재하는 화학결합들의 특성은 특이해서 인간을 포함한 대부분의 동물은 셀룰로오스를 다시 포도당 소단위로 분해하지 못한다(이러한 이유 때문에 우리는 나무를 소화시키지 못하는 것이다). 하지만 셀룰로오스의 화학결합에는 여전히 많은 에너지가 저장되어 있는데, 이 사실은 나무를 불에 태웠을 때 발생하는 열을 통해 확인할 수 있다.

우리가 먹는 음식물 속의 소화되지 않은 셀룰로오스는 섬유질의 일부가 된다. 식단에 어느 정도 섬유질이 포함되는 것이 배설물이 소화계를 잘 통과할 수 있게 해준다고 생각되기 때문에 유익하다고 생각된다. 배설물을 더 빨리 몸에서 제거하는 것이 그 안에 존재할지도 모르는 발암물질(암을 일으키는 물질)과의 접촉 시간을 최소한으로 감소시킨다.

요점 정리

탄수화물에는 탄소, 수소 그리고 산소가 1:2:1 비율로 들어 있다. 포도당과 같은 간단한 당은 세포가 즉시 사용할 에너지원이 된다. 다당이라고 부르는 복합 탄수화물들은 동물과 식물에서 에너지를 저장하는 역할을 하고 식물의 경우 구조적 지지를 하기도 한다. ■

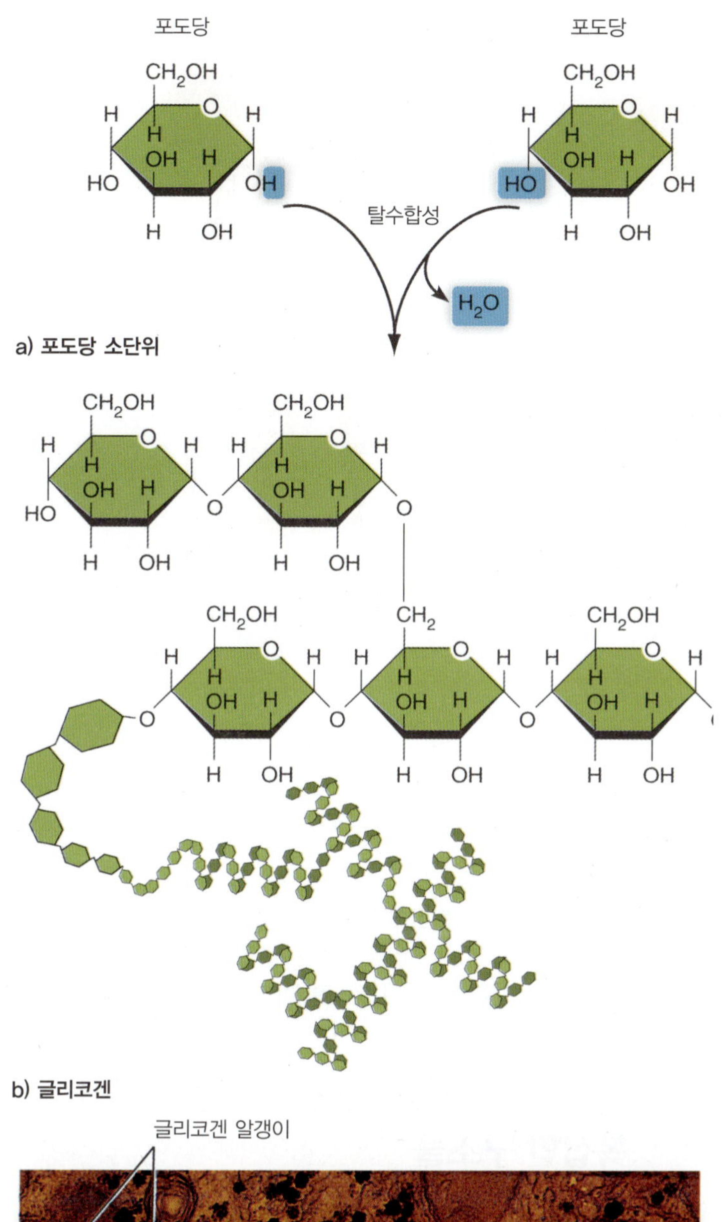

그림 2.15 글리코겐은 동물에서 에너지 저장용 탄수화물로 이용된다. (a) 글리코겐은 포도당 소단위의 탈수합성을 통해 생성된다. (b) 많은 가지를 지니는 글리코겐의 구조를 그림으로 표현한 것. (c) 글리코겐 알갱이들을 지닌 동물 세포.

2.7 지질: 물에 녹지 않는 분자

생물학에서 **지질(lipid)**의 가장 중요한 물질적 특성은 이들이 비교적 물에 녹지 않는다는 사실이다. 몸에서 가장 중요한 지질의 부류는 트리글리세리드, 인지질, 그리고 스테로이드이다.

트리글리세리드는 에너지를 저장하는 분자이다

중성지방 혹은 그냥 지방이라고도 부르는 **트리글리세리드(triglyceride)**는 한 분자의 글리세롤과 세 분자의 지방산으로부터 합성된다(그림 2.16). **지방산(fatty acid)**은 카르복실기(COOH)라는 원자의 그룹으로 끝나는 탄화수소 사슬(주로 탄소 원자 약 16~18개 정도 길이로 이루어져 있다)로 구성된 분자이다. 지방은 이 지방산의 꼬리 길이와 꼬리들의 수소 원자 대 탄소 원자 비율에 따라 그 분자의 성질이 달라진다.

포화지방(saturated fat)은 꼬리의 각 탄소 원자에 모두 수소 원자가 두 개씩 차 있는 지방이다. 포화지방에서는 꼬리들이 곧은 편이어서 분자들이 서로 빽빽하게 압축될 수 있다. 그 결과, 포화지방은 대체로 실온에서 고체 상태를 가지게 된다. 버터나 베이컨 기름과 같은 동물성 지방이 포화지방의 예이다. 포화지방이 많은 식단은 심혈관계 질환을 일으키는 원인이 될 것이라고 생각된다.

불포화지방(unsaturated fat)은 꼬리를 보면 하나 이상의 탄소 원자에서 두 개보다 더 적은 수소 원자가 결합된 것이 발견된다. 그 결과, 서로 인접한 탄소 원자들 사이에 이중결합이 생겨, 꼬리들이 비틀리면서 지방 분자들이 빽빽이 압축되는 것을 방지하게 된다. 그 결과 불포화지방은 대체로 실온에서 액체 상태를 유지하게 된다.

트리글리세리드는 지방조직에 저장되며 체내에서 중요한 저장 에너지원으로 이용된다. 대부분의 에너지는 지방산 꼬리의 탄소와 수소 간의 결합에 저장되어 있다.

요점 정리

지질(트리글리세리드, 인지질, 그리고 스테로이드)은 모두 비교적 물에 잘 녹지 않는다. 트리글리세리드는 중요한 저장 에너지원이다. ■

인지질은 세포막의 주요 구성 성분이다

인지질(phospholipid)은 변형된 형태의 지질이다. 이들은 세포막의 주요 구조적 구성 성분이다.

지방처럼, 인지질은 그 뼈대를 한 분자의 글리세롤이 구성하고 있지만, 이들은 지방산 꼬리를 단지 두 개만 가지고 있다. 세 번째 지방산 꼬리 자리에는 그 대신 음전하를 띤 인산기(PO_4^-) 하나와 인지질에 따라 달라지는 다른 기 하나(하지만 대체로 양전하를 띠

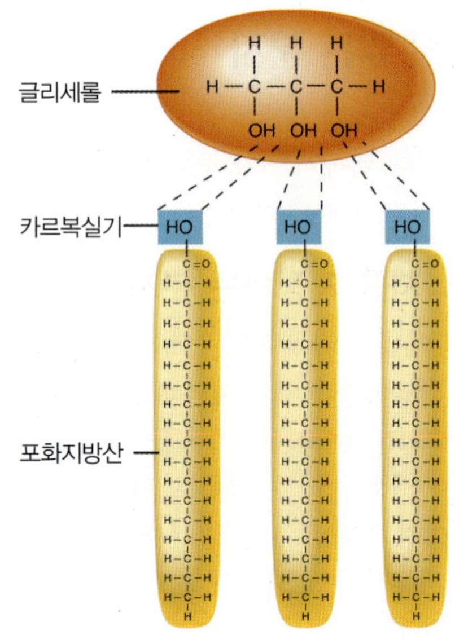

a) 트리글리세리드(중성 지방)는 글리세롤과 세 개의 지방산을 가지고 탈수합성을 통해 합성된다.

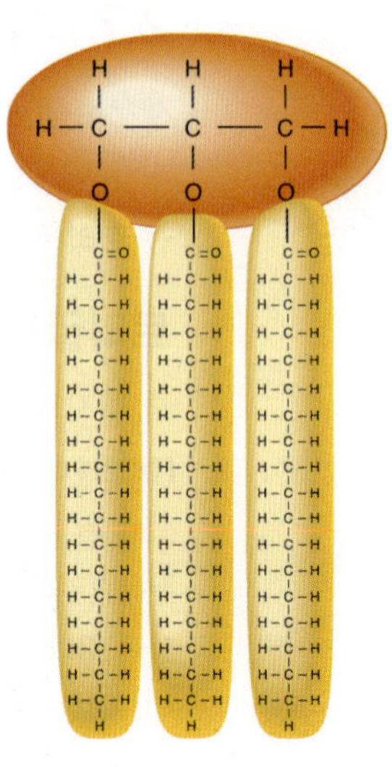

b) 포화지방은 똑바른 꼬리를 가지고 있어, 빽빽하게 압축될 수 있다.

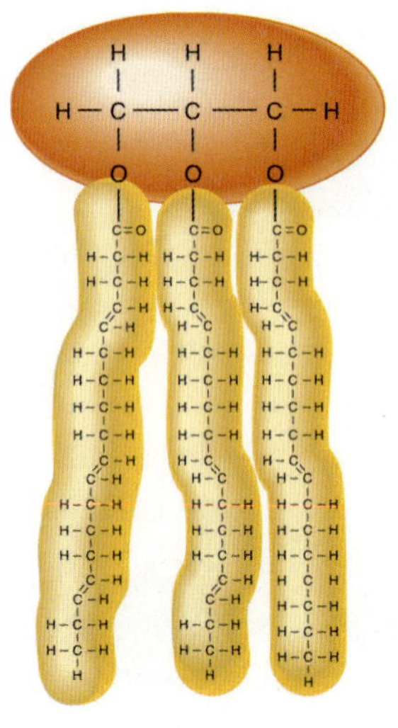

c) 불포화지방은 비틀린 꼬리를 가지고 있어, 빽빽하게 압축되는 것이 방지된다.

그림 2.16 트리글리세리드. (a) 트리글리세리드(중성 지방)는 글리세롤과 세 개의 지방산으로부터 합성된다. (b) 포화된 지방산 꼬리를 가진 트리글리세리드. (c) 불포화지방산 꼬리를 가진 트리글리세리드.

고 있다)가 들어와 있다(그림 2.17). 한쪽 끝에 전하를 띤 기들이 존재하는 덕분에 인지질에는 특별한 성질이 있는데, 그것은 분자의 한쪽 끝은 극성이면서 물에 용해된다는 사실이고, 반대쪽 끝(두 개의 지방산 꼬리를 가진 쪽)은 중성이어서 비교적 물에 녹지 않는다는 것이다.

스테로이드는 네 개의 고리로 이루어져 있다

스테로이드(steroid)는 앞에서 다룬 지질들과는 전혀 다른 모습을 하고 있지만 물에 비교적 녹지 않는 성질을 가지고 있기 때문에 지질로 분류되는 분자이다. 스테로이드들은 여섯 개의 탄소 원자로 된 고리 3개와 다섯 개의 탄소 원자로 된 고리 1개가 결합되어 있는 형태를 기본 골격으로 하며, 여기에 다른 기가 여러 개 결합될 수 있다.

가장 대표적으로 잘 알려진 스테로이드는 **콜레스테롤(cholesterol)**이다. 혈액 중의 높은 콜레스테롤 농도는 심혈관 질환과 관련이 있다. 하지만 사람들은 어느 정도의 콜레스테롤을 필요로 한다. 콜레스테롤은 동물의 세포막에서 정상적이면서 필수적인 구조적 구성요소이고 또한 성호르몬인 에스트로겐과 테스토스테론을 비롯한 여러 중요한 호르몬을 합성하는 데 있어 필요한 물질이다(그림 2.18). 인체는 일반적으로 필요 이상의 콜레스테롤을 음식으로 섭취함에도 불구하고, 콜레스테롤을 어느 정도 생산해내기도 한다.

요점 정리

세포막의 중요한 구성 성분인 인지질은 극성(물에 녹는) 머리와 두 개의 지방산(물에 녹지 않는) 꼬리를 갖는다. 콜레스테롤과 같은 스테로이드는 네 개의 고리로 이루어진 구조를 갖는다. ■

2.8 단백질: 아미노산으로부터 만들어진 복잡한 구조물

단백질은 **아미노산(amino acid)**이라는 소단위의 긴 사슬로부터 조립된 고분자이다. 모든 인간 단백질들은 단 20종류의 서로 다른 아미노산들로부터 만들어진다(그림 2.19). 각 아미노산은 한쪽 끝에 아미노기(NH_3)가 있고, 다른 끝에 카르복실산기가 있고, 가운데에는 C-H기가 있으며, 그리고 그 밖에 어떤 것도 올 수 있는 추가적인 기('R'로 표시한다)가 하나 더 있다. R기들 중 어떤 것들은 완전히 중성이고, 어떤 것들은 중성이지만 극성이고, 몇 가지는 전하를 가지고 있다(양성일 수도 있고, 음성일 수도 있다). 아미노산의 전하와 구조의 차이는 그로부터 만들어지는 단백질의 모양과 기능에 영향을 미친다. 인체는 필요한 경우 11종류의 아미노산을 합성해낼 수 있다. 하지만 일반적으로 합성이 불가능한 9종을 포함해서 이들 중 대부분은 음식물을 통해 충분히 섭취해야 된다.

복합 탄수화물과 지방처럼, 단백질 역시 탈수합성을 거쳐서 생성된다(그림 2.20). 아미노산이 3~100개 붙어 있는 것은 **폴리펩티**

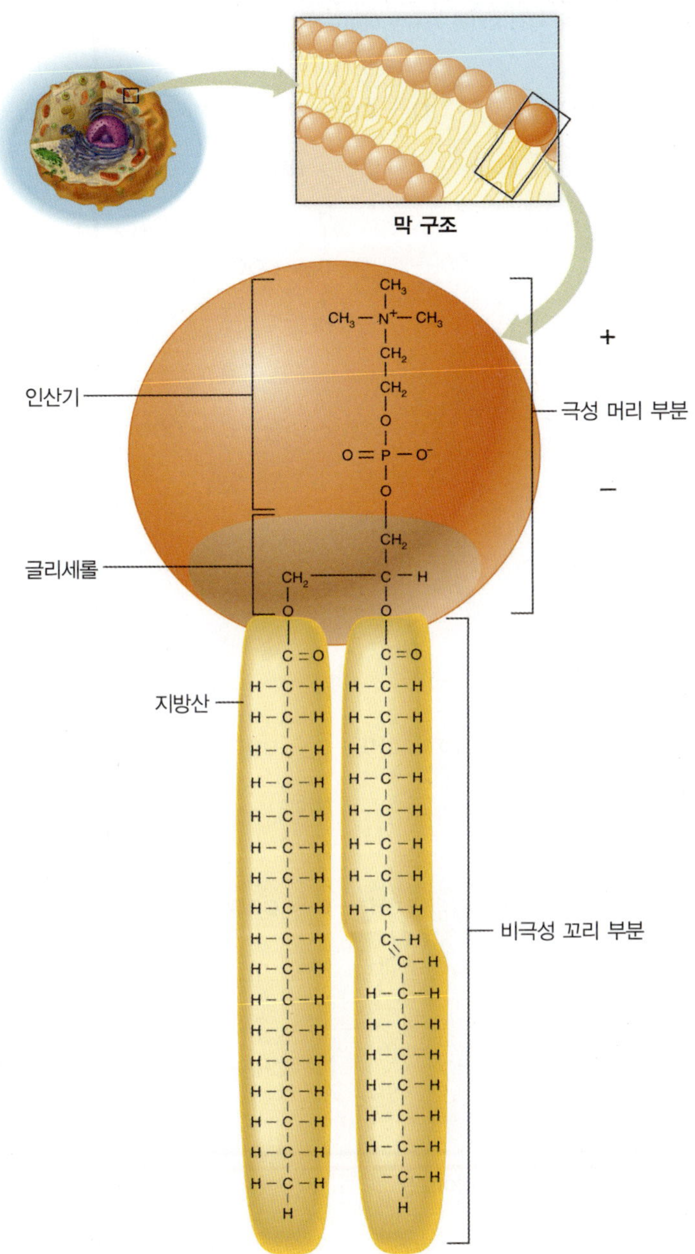

그림 2.17 **인지질.** 인지질은 동물 세포의 세포막의 주 구성 성분이다.

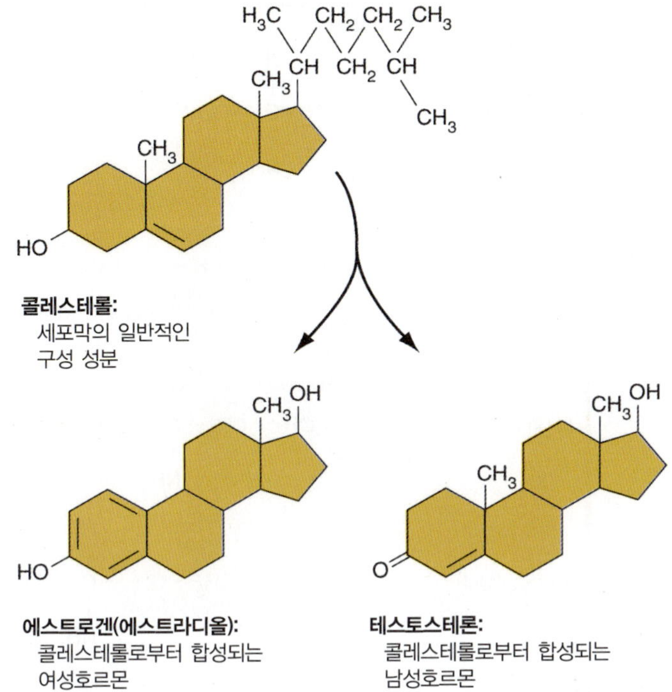

그림 2.18 **스테로이드.**

드(polypeptide)라 부른다. 폴리펩티드가 **단백질(protein)**로 불리게 되는 것은 일반적으로 100개 이상의 아미노산을 갖게 될 정도로 길어지고 복잡한 구조를 갖추게 되며 기능도 갖게 될 경우에 한해서이다. 어떤 단백질들은 여러 폴리펩티드가 서로 연결된 구조를 취하고 있는 경우도 있다.

모든 단백질의 기능은 그 구조에 절대적으로 달려 있다. 우리는 단백질의 구조를 적어도 세 단계, 그리고 어떤 경우에는 네 단계에 걸쳐 정의할 수 있다(그림 2.21).

- **1차 구조.** 단백질의 1차 구조는 아미노산 서열로 나타낼 수 있다. 글로 쓸 때, 각 아미노산은 알파벳 세 글자로 된 부호로 나타낸다(그림 2.19).
- **2차 구조.** 2차 구조는 아미노산 사슬이 공간 중에서 어떻게 방향을 잡는지를 설명한다. 흔히 볼 수 있는 단백질의 2차 구조로 알파 나선(alpha[α] helix)이 있다. 알파 나선은 오른손잡이 나선으로, 아미노산들 사이의 규칙적인 수소결합을 통해 안정화되어 있는 구조이다. 또 다른 수소결합들로 안정된 흔한 2차 구조로 납작한 리본 형태의 베타 병풍(beta[β] sheet)이 있다. 베타 병풍은 수소결합들이 두 개의 1차 구조 서열의 아미노산들을 나란히 서도록 만들 경우에 발생한다. 이 두 가지 구조를 만드는 것 외에, 단백질들은 서열을 이루고 있는 아미노산들이 무엇인지에 따라 거의 무한하게 다양한 모양들로 구부러지는 것이 가능하다.
- **3차 구조.** 셋째 단계인 3차 구조는 단백질이 어떻게 꼬이고 접혀서 3차원적 모양을 갖추는지에 초점을 맞춘다. 단백질의 3차원적 구조는 부분적으로는 아미노산 서열에 달려 있는데, 그 이유는 단백질 사슬 내의 극성 기들과 전하를 띤 기들의 위치가 단백질 전체를 지탱하는 수소결합들의 위치를 결정하기 때문이다. 게다가, 때때로 시스테인이라는 아미노산 두 개의 황 원자들 사이에 이황화결합(S-S)이라는 공유결합이 생성될 때도 있다. 마지막으로, 단백질들은 중성 아미노산들이 내부에 위치할 경향이 더 높고, 전하를 가지고 극성을 띠는 아미노산들은 바깥쪽(수성 환경)에 위치할 경향이 높도록 접히게 되는 특징이 있다. 단백질들은 그 특징적인 3차 구조를 따로 접히는 단계를 거쳐서 얻게 되는데, 이 단계는 합성 도중에 일어날 수도 있고, 합성 직후에 일어날 수도 있다.

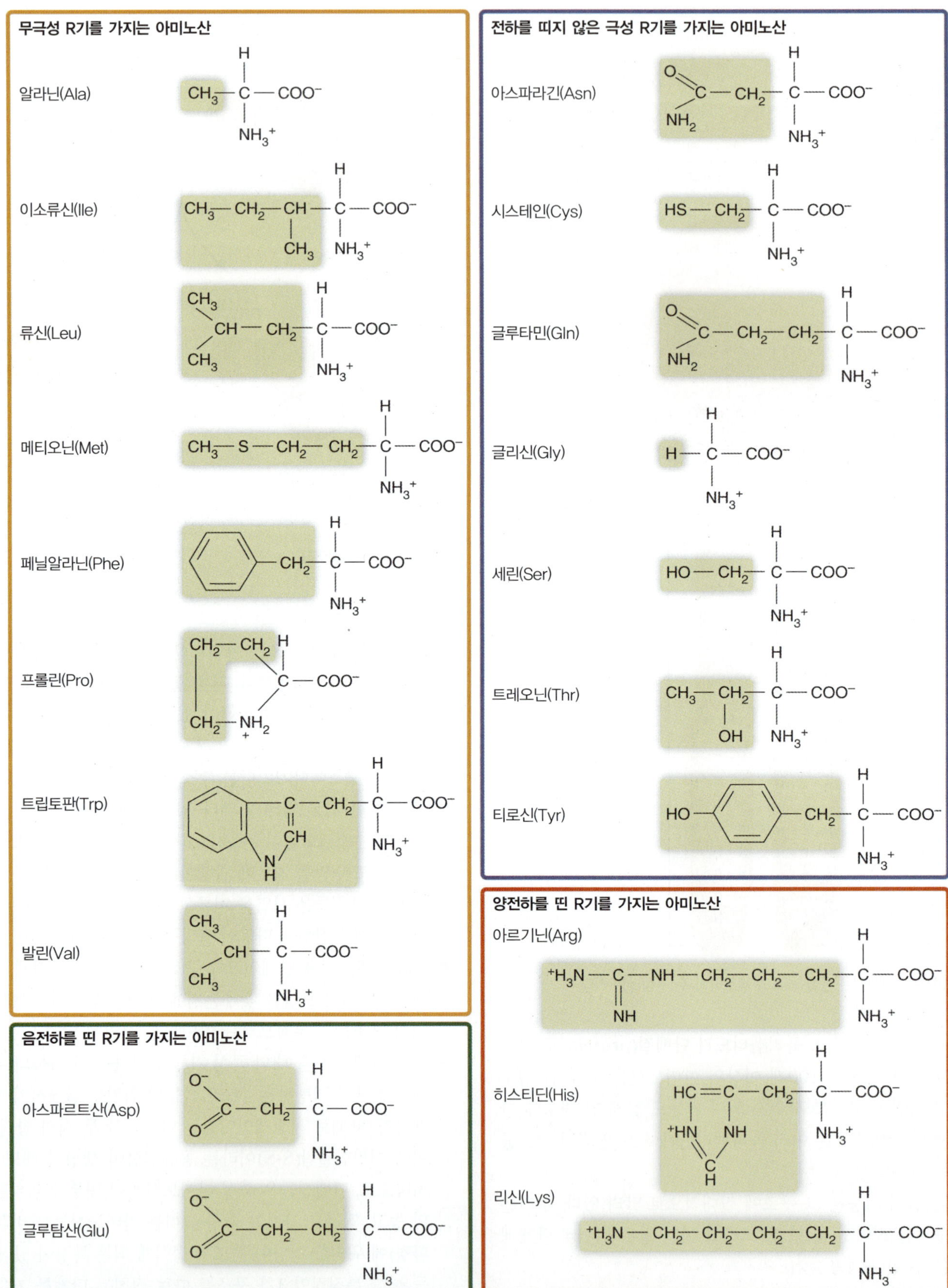

그림 2.19 **단백질을 만드는 데 사용되는 20가지 아미노산.** 아미노산들을 서로 다르게 만들어주는 부위인 R기들은 색칠되어 있다. 화학식에서는 아미노산들이 괄호 안의 세 글자로 된 부호로 표시된다.

과학이 나아가는 방향

단백질의 접힘이 중요한 이유

잘못 접힌 단백질은 쓸모없는 쓰레기에 불과한데, 그 이유는 단백질의 기능이 분자의 모양에 좌우되기 때문이다. 단백질의 모양은 아미노산 사슬이 어떻게 꼬이고 접히는지에 따라 결정된다.

단백질이 잘못 접히는 것의 결과는 끔찍할 수 있다. 한 예로 북아메리카에서 가장 사망자가 많은 유전병으로 알려진 낭포성섬유증(cystic fibrosis)을 보자. 낭포성섬유증 환자들은 정상 시 세포막을 통해 염소이온들을 수송시키는 중요한 단백질의 잘못된 형태를 가지고 있다. 왜 이 단백질이 잘못되어 있을까? 왜냐하면 단백질이 접히는 과정이 중요한 단계에서 잘못되었기 때문이다.

잘못 접힌 단백질들은 여러 다른 심각한 건강 문제들과 결부되기도 했다. 여기에는 퇴행성 신경질환들인 파킨슨병과 알츠하이머병, 심장의 이상을 진척시키는 동맥경화증, 그리고 소위 '인간 광우병'이라 불리는 크로이츠펠트-야콥병 등이 있다.

1950년대에 과학자들은 단백질의 다양한 꼬임과 접힘은 아미노산 사슬의 여러 다른 지점들에서 아미노산들 사이에 생기는 약한 수소결합들에 의해 발생한다는 사실을 발견했다. 곧 단백질의 최종 모양은 이 수소결합들의 정확한 위치에 의해 결정된다는 사실이 명백해졌다. 하지만 무엇이 단백질을 애초에 알맞은 모양으로 접히게끔하여 수소결합이 형성되게 만들까?

여기에 대한 돌파구는 1960년에 나왔는데, 단백질을 조금 풀게 되면, 대부분(전부는 아니지만)은 다시 원래 모양대로 꼬여 버리고 만다는 사실이 발견되었다. 이 사실은 접히는 과정이 적어도 부분적으로는 자연적인 것으로, 단백질의 아미노산 사이의 인력들에만 의존하는 과정임을 암시하고 있다. 하지만 모든 단백질들이 다시 스스로 접히거나, 심지어 처음부터 바르게 접힐 수 있는 것은 아니다. 어떤 것들의 경우에는, 접히는 과정에 중요한 단계가 있어 이때 제대로 접히거나 아니면 구제할 수 없게 엉키게 된다. 스스로를 제대로 접을 수 없는 단백질들은 제대로 접히기 위해 특별한 "샤프롱 단백질(chaperone protein)"의 도움을 받는데, 이 단백질의 유일한 역할은 단백질이 적절한 때에 알맞은 모양을 갖추게끔 이끌어주는 것이다.

현재 단백질이 접히는 과정에서 일어나는 오류를 차단하는 분자들을 알아보는 연구가 한창이다. 이런 물질들은 현존하는 질병을 치료하거나 심지어는 애초에 질병이 발병하는 것을 미연에 방지할 수도 있는 약품을 개발하는 토대를 마련할 수도 있다.

- **4차 구조.** 일부 단백질에서 발견되는 4차 구조는 단백질을 구성하는 폴리펩티드 사슬의 개수(만일 한 개보다 더 많을 경우)와 이 사슬들의 상호관계를 다룬다.

인체는 수천 가지의 서로 다른 단백질을 가지고 있고, 이들은 각각 서로 다른 기능을 가지고 있다. 어떤 단백질은 주로 구조적 지지 역할을 담당한다. 다른 단백질은 근육 수축과 연관되어 있다. 어떤 단백질은 세포막의 일부로, 정보 전달을 돕거나 세포 안팎으로 물질을 수송하는 데 기여한다. 또 어떤 단백질은 **효소(enzyme)**라고 부르는데, 이들은 세포 내에서 생화학 반응의 속도를 조절한다 (다음 소단원을 참조).

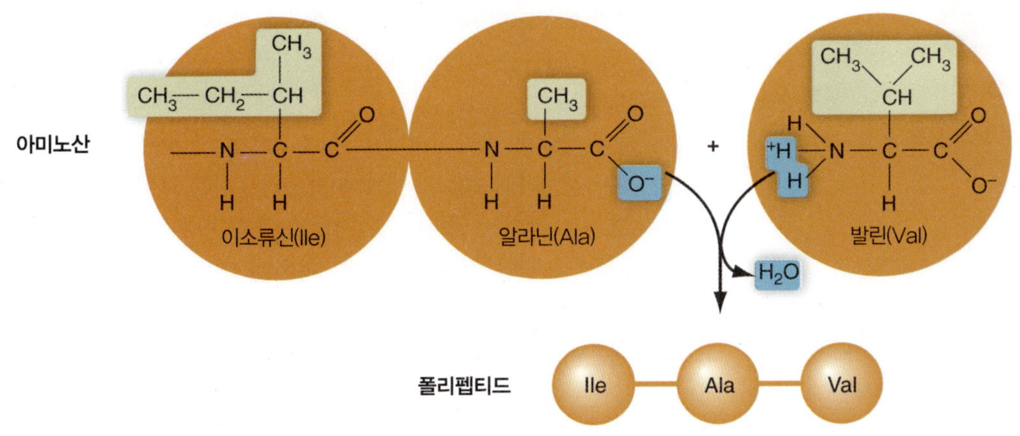

그림 2.20 **단백질의 합성.** 단백질은 아미노산들의 탈수 합성으로부터 만들어진다.

단백질의 2차 구조와 3차 구조를 결정하는 연결이 비교적 약한 수소결합이기 때문에, 이들은 주변의 전하를 띤 분자들에 의해 깨질 수 있다. 즉 **단백질의 모양**은 전하를 띠거나 극성을 가진 분자가 주변에 있으면 **변형될 수 있다**. 모양이 바뀔 수 있다는 능력은 특정 단백질들에 있어서는 기능에 필수적이다.

단백질의 구조는 또한 높은 온도나 pH의 변화에 의해 손상될 수 있는데, 어떤 경우에는 이 손상이 영구적일 수도 있다. **변성(denaturation)**이란 단백질 구조가 영구적으로 바뀌어, 그 생물학적 기능을 잃게 되는 경우를 일컫는 용어이다. 예를 들어 계란을 고온에 노출시킬 경우 단단해지는 이유는 그 안의 용해 가능한 단백질들이 변성되면서 굳어 서로 엉기기 때문이다.

대부분의 단백질들은 수용성인데, 이 말은 이들이 물에 녹는다는 뜻이다. 하지만 예외들이 존재하기도 한다. 세포막의 일부를 구성하는 단백질들 중 다수는 물에 녹지 않거나 물에 녹지 않는 부위를 가지고 있다. 왜 이 사실이 중요한지에 대해서는 3단원에서 더 자세히 배우게 될 것이다.

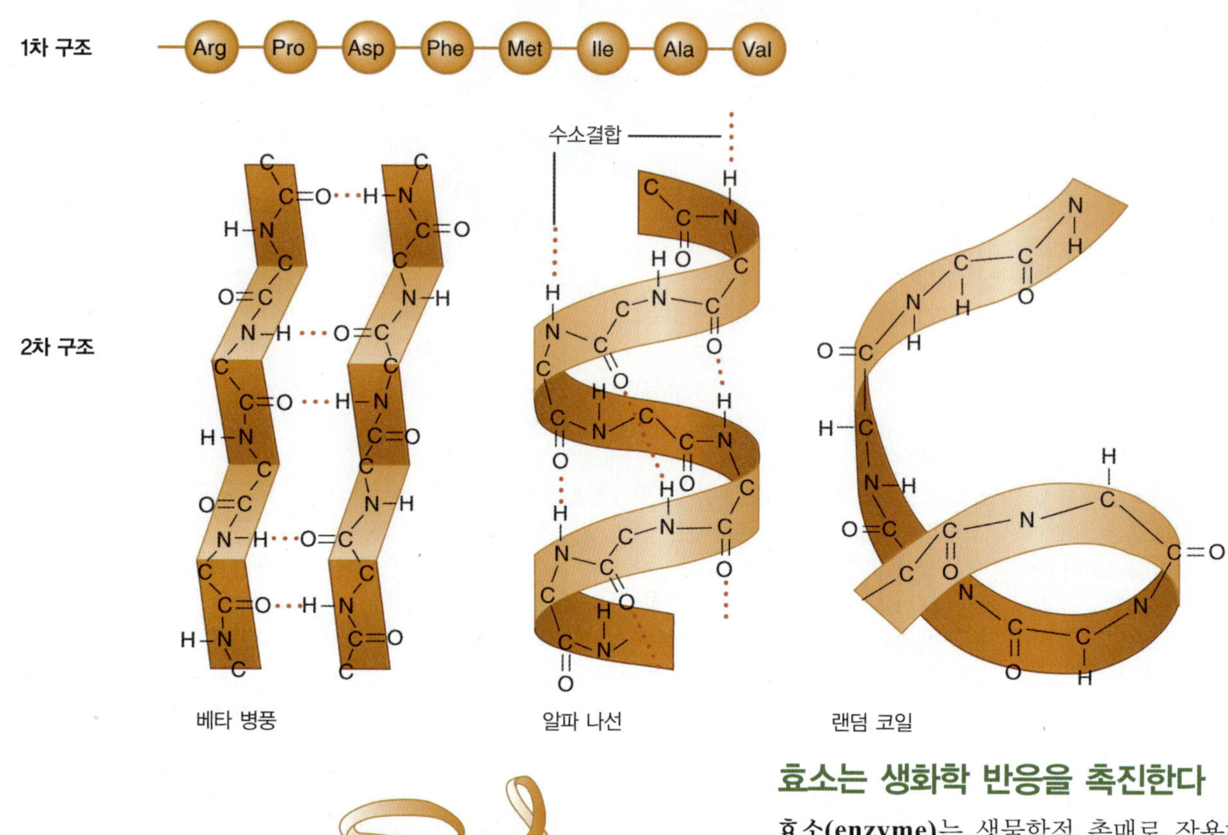

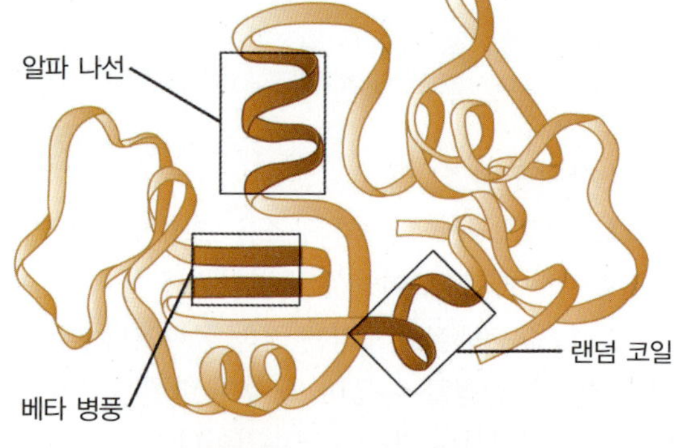

그림 2.21 단백질의 구조. 2차 구조의 그림들에서 기본 뼈대를 더 잘 볼 수 있도록 R기들은 생략하였다.

요점 정리

단백질은 아미노산의 사슬로 구성된 복잡한 분자이다. 단백질의 기능은 그 모양과 연관되어 있는데, 이 모양은 그 아미노산 서열과 아미노산 사슬이 꼬이고 접히는 과정에 의해 결정된다. 변성된 단백질은 그 모양과 기능을 잃게 된다. ■

효소는 생화학 반응을 촉진한다

효소(enzyme)는 생물학적 촉매로 작용하는 단백질이다. **촉매(catalyst)**란 화학반응에 의해 소모되거나 변형되지 않은 채 그 반응의 속도를 증가시키는 물질을 일컫는 용어이다. 효소는 생화학 반응이 일어나는 것을 돕지만, 반응의 최종 결과를 바꾸지는 않는다. 즉, 이들은 훨씬 느리게 일어났겠지만 어차피 일어났을 반응들의 속도를 올리기만 할 뿐이다. 혼자서는 몇 시간에 걸쳐서 일어나야 했을 화학반응이 효소가 있으면 몇 분이나 몇 초 만에 같은 시점에 도달할 수도 있다.

수천 가지의 효소의 도움 없이는, 세포 내의 생화학 반응의 대부분은 생명을 지탱하기에 너무 느리게 일어날 것이다. 각 효소는 특정 화학반응 혹은 반응의 무리를 촉진한다. 어떤 효소들은 분자들을 깨뜨리고, 다른 효소들은 분자들을 서로 이어 붙인다. 일반적으로, 효소는 하나 이상의 반응물(reactant; 기질, substrate)을 가져다 하나 이상의 생성물(product)로 만들어낸다. 효소들이 촉매의 역할을 할 수 있는 이유는 이들이 단백질로서 모양을 바꿀 수 있기 때문이다. 모양을 바꿀 수 있는 능력은 이들이 다른 분자들과 결합한 뒤 그 분자들의 방향을 바꾸어서 서로 상호작용을 할 수 있게끔 한다. 그림 2.22는 일반적인 효소가 어떻게 작용하는지를 보여준다.

그럼 효소는 정확히 얼마나 중요한가? 예를 하나 들자면, 사람들이 글리코겐과 녹말을 소화할 수 있는 이유는 사람들이 이 분자들에 존재하는 포도당 단당들 사이의 화학결합을 깨는 특정 효소를 가지고 있기 때문이다(이는 "스스로 해보기"의 실험을 통해 확인이 가능하다). 이와는 대조적으로, 사람들은 셀룰로오스를 소화할 수 없는데, 그 이유는 셀룰로오스를 분해하는 데 필요한 알맞은 효소가 사

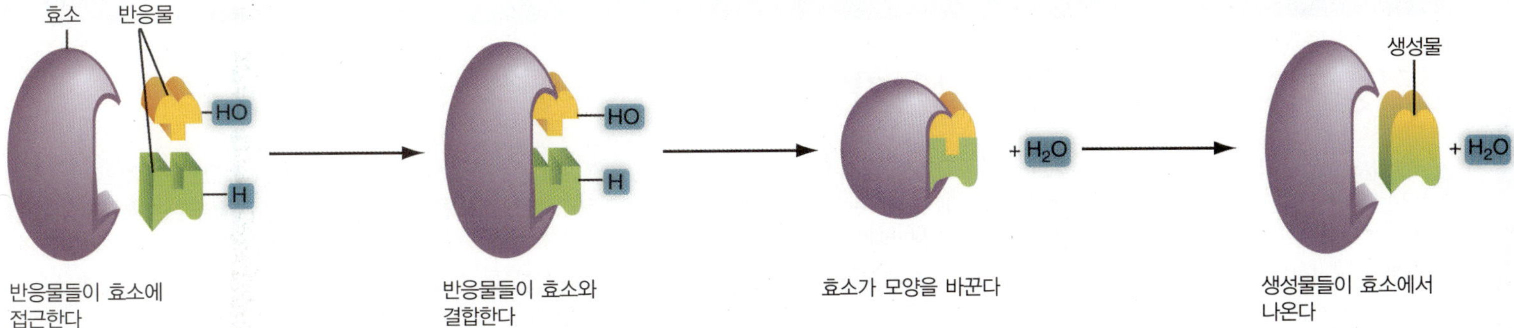

그림 2.22 효소는 화학반응을 촉진시킨다. 이 효소는 두 개의 반응물이 합쳐져서 하나의 큰 생성물과 물 한 분자를 만드는 탈수합성 반응을 촉진시킨다. 여기서 효소 자체는 반응 전후에 소모되지 않는다는 사실에 주목하라.

람들에게 없기 때문이다. 흰개미들은 셀룰로오스를 소화하는 것이 가능한데, 그 이유는 오직 이들의 소화계에만 셀룰로오스를 소화시킬 수 있는 효소를 가진 세균이 살고 있기 때문이다.

효소의 모양이 변할 수 있다는 사실은 어째서 세포 내의 항상성을 유지하는 것이 그렇게 중요한 일인지를 보여준다. 단백질의 모양은 부분적으로 세포 내의 화학적, 물리적 환경에 의해 결정되는데, 여기에는 온도, pH, 그리고 특정 이온들의 농도가 포함된다. 항상성에서 조금이라도 벗어나는 것은 수십 가지 다른 효소들의 모양과 생물학적 활동에 영향을 미칠 것이고 그에 따라 세포 내의 생화학적 반응들의 경과에 변화를 가져오게 될 것이다.

요점 정리

효소는 신체 내에서 생화학적 반응을 촉매하는 단백질이다. 효소가 없다면, 많은 생화학적 반응들은 생명을 유지하기에는 너무 느리게 일어날 것이다. ■

2.9 핵산은 유전정보를 저장한다

또 하나의 중요한 유기분자 종류는 핵산들로, 여기에는 **DNA(데옥시리보핵산, deoxyribonucleic acid)**와 **RNA(리보핵산, ribonucleic acid)**가 있다. 아마도 클론, 유전공학, 그리고 DNA "지문법(fingerprinting)" 등의 말들을 들어본 적이 있을지도 모른다. 이런 주제들은 모두 핵산인 DNA와 RNA와 연관된 것들이다.

생물의 유전물질인 DNA는 세포가 하는 모든 것을 감독하는 역할을 한다. 이 물질은 생물을 구성하는 계획이자 그 계획을 실행해 나갈 지령들을 모두 합친 것이라 할 수 있다. DNA는 성장, 발달 그리고 생식에 이르기까지 생명의 모든 과정들을 관리하고 조종하기 때문에, 생명의 기초 그 자체라 할 수 있다. DNA와 매우 가까운 관계에 있는 고분자인 RNA는 DNA의 지시 사항을 직접 실행하는 임무를 맡은 분자로, 어떤 경우에는 DNA 자체의 활동을 조절하는 기능을 맡기도 한다. 어떤 바이러스에서는 DNA가 아닌 RNA가 유전물질의 역할을 하기도 한다.

DNA와 RNA의 중요성을 제대로 이해하기 위해서는, 다음 사실들에 주목해야 한다.

- DNA에는 RNA를 합성하는 데 필요한 정보가 들어 있다.
- RNA에는 단백질을 합성하는 데 필요한 정보가 들어 있다.
- 생명 활동의 대부분은 단백질에 의해 수행된다.

DNA와 RNA는 둘 다 **뉴클레오티드(nucleotide)**라는 작은 분자 소단위로 구성되어 있다. 뉴클레오티드는 (1) 탄소 다섯 개로 이루어진 당, (2) 염기(base)라 부르는, 질소를 포함한 고리가 한 개 혹은 두 개로 이루어진 구조, 그리고 (3) 한 개 이상의 인산기로 이루어져 있다. 뉴클레오티드는 단 8종류만이 존재하는데, 그 중 4종류는 DNA이고 4종류는 RNA이다. 그림 2.23을 보면 DNA를

스스로 해보기

침 속 효소의 작용 관찰

다음 실험을 통해 사람의 체액 중 하나인 침 속에 있는 효소의 작용을 직접 알아볼 수 있다.

작은 크래커 하나를 입안에 넣고 침과 섞어라. 이때 삼키지 말고 혼합물을 입안에서 여기저기 움직이도록 한다. 1분쯤 지난 뒤에는 원래 없던 단맛이 느껴지게 될 것이다. 그 이유는 침 속에 크래커의 녹말의 결합들을 깨뜨릴 수 있는 효소가 들어 있고, 그 결과 단맛이 나는 이당인 엿당이 만들어지기 때문이다. 여러분이 방금 증명해보인 것은 녹말의 가수분해(소화)가 실제로 위장에 도달하기도 전인 입에서부터 시작된다는 사실이다.

어떻게 녹말의 분해가 효소 대신 침의 물 성분 때문에 일어난 것은 아닌지 확신할 수 있을까? 이 질문에 대해서는 대안적인 가설을 세워서 실험을 수행하면 된다. 다른 크래커에 물을 뿌리고, 첫 크래커에 침을 묻힌 시간과 같은 시간 동안 젖어 있게 한 뒤, 입안에 넣어보도록 한다. 아마 달게 느껴지지 않을 것이다.

산화방지제: 희망인가 망상인가?

1단원에서 보았듯이("시사 과학 문제" 참조), 건강보조식품 생산은 미국에서만도 180억 달러(약 20조 7,000억 원) 규모의 산업이다. 이러한 비타민, 무기질, 식품추출물, 그리고 약초류 등은 모두 **산화방지제(antioxidant)**를 포함하고 있다고 선전한다. 산화방지제는 무엇이며, 이들이 건강을 증진시키고, 노화를 멈추고, 심장병이나 암 등 질병의 위험을 줄인다는 주장들에는 과학적인 증거가 있는 것일까?

산화방지제는 몸을 자유라디칼로부터 보호한다

자유라디칼(free radical)이라고도 부르는 산소 자유라디칼은 특히 불안정한 분자들이다. 이들은 살아 있는 세포 내에서의 정상적인 에너지 전달 과정에서 소량 생산되는데, 물질 대사율이 높을수록 자유라디칼도 더 많이 생성된다. 자유라디칼들은 신체 조직을 파괴하며 노화 과정을 가속시킬 것이라고 생각된다. 화학물질, 방사선, 자외선, 담배 연기, 알코올, 그리고 대기오염 등에 노출되는 것 또한 자유라디칼을 만들어낸다고 생각된다.

자유라디칼에 대한 신체의 방어 기작은 산화방지제라 부르는 분자들인데, 이들은 특정 비타민, 영양소, 그리고 효소로 자유라디칼의 형성을 방지하거나 이들이 신체 조직을 손상시키기 전에 비활성화시키는 작용을 한다. 이런 산화방지제의 종류로는 비타민 E, 비타민 C, 베타-카로틴, 비타민 A, 그리고 과산소디스뮤타아제(superoxide dismutase) 등이 있다.

담배 연기에 노출되면 자유라디칼이 만들어질 수 있으며 산화적 손상이 촉진될 수 있다.

산화방지제 보충제에 대한 과학적 연구는 아직 결론이 나지 않았다

과거에 이루어진 몇 가지 연구는 자연에서 볼 수 있는 산화방지제들이 심장병으로부터 몸을 보호하는 데 도움이 된다는 가설을 지지했다. 산화방지제들은 혈액의 응고와 심장마비로 이어질 수 있는 혈관 내의 산화적 손상의 진행을 완화시키는 것으로 밝혀졌다. 산화방지제들은 심지어 다친 혈관들의 회복 과정을 도울 수도 있다.

이러한 사실들과 다른 관찰들을 바탕으로, 과학자들은 체내에 높은 산화방지제 농도를 유지하고 있는 것이 실제로 전반적인 건강을 개선시키고 노화 과정을 늦출 수 있는지 실험해보기 시작했다. 물론 이 조사들은 동물들에서부터 시작되었다. 한 조사에서는, 나이 많은 실험용 쥐들에게 산화방지제가 풍부한 딸기, 블루베리, 그리고 시금치 추출물을 먹여 보았더니 단기 기억력 증진이 관찰되었다. 블루베리를 먹은 쥐들의 경우 또한 평형감각과 근육 간의 조화도 개선되는 것이 보였다. 다른 연구를 보면 오랫동안 살도록 특별히 개량된 초파리들은 정상보다 높은 수치의 과산소디스뮤타아제를 가지고 있고, 실험적으로 이 효소를 더 많이 만들도록 조작해주면 평균 수명이 길어진다고 보고되기도 했다.

인간들에서 진행된 연구들은 동물에서 발견된 사실들을 확장하고 지지했다. 여러 연구들을 통해 신선한 토마토와 토마토로 만든 식품들(산화방지제가 많은 음식)을 많이 먹는 사람들은 암 발병률이 낮아진다는 사실이 밝혀졌다. 또한 다른 연구들은 베타-카로틴, 비타민 C, 그리고 비타민 E가 높은 식생활이 심혈관 질환의 위험을 낮추는 것과 관련이 있다는 것을 보여주었다.

여기서 중요한 문구는 '관련이 있다는' 것이다. 인간들을 가지고 이루어지는 이런 연구들은 대개 큰 인구 집단의 식생활과 건강을 대상으로 한 관찰적 조사이며, 그 방법은 대부분 대상들이 식단을 스스로 보고하는 것으로 충당해야 한다. 연구의 목표는 단지 특정 식단과 건강 상태 사이에 관련이 있는지 파악하려는 데 있는 것이다. 관찰을 통한 조사는 귀중한 정보를 줄 수는 있지만, 인과관계를 증명할 수는 없다. 예를 들어, 과

사실은....

- 실험용 동물들과 사람들에게 시행한 연구 결과 산화방지제가 많은 식단은 건강을 증진시키고 노화를 늦출 수 있다는 가설이 뒷받침된다.
- 그러나 사람들에게 시행한 연구들에서 알약 형태로 섭취한 산화방지제를 통해서는 눈에 띄는 건강상의 이익을 확인하는 데는 실패했다. 오히려 건강상의 위험이 있을지도 모른다.
- 산화방지제에 대해 더 많은 사실들이 알려지기 전까지는, 제일 현명한 방도는 산화방지제가 든 다양한 식품들을 포함한 균형 잡힌 식사를 하는 것이다.

일과 채소를 많이 먹는 사람들은 전반적으로 더 건강한 생활 방식을 따라가는 경향이 있곤 한다. 이들은 흡연을 할 가능성이 더 낮고 운동을 할 가능성이 더 높을 것이다. 또한 채소를 바탕으로 한 식단은 대개 붉은 고기나 고지방 식품 등 건강에 안 좋은 음식들을 배제하곤 한다. 따라서 이런 사람들에게서 질병이 잘 발생하지 않는 것은 산화방지제의 섭취보다는 종합적인 생활 방식 때문이라고 볼 수도 있다.

앞에서 언급한 관찰들은 흥미로운 것들이고 추가로 실험할 수 있는 가설들로 이어질 수 있다. 하지만 이들은 많은 양의 산화방지제를 알약 형태로 섭취하는 것이 건강을 좋아지게 한다거나 수명을 연장한다는 것을 증명하지는 않는다. 하지만 바로 이것이 산화방지제 보조식품 제조사가 여러분에게 믿기를 바라는 사실이다.

1단원에서 우리가 다룬 것과 같은 조심스럽게 통제된 실험들을 사람에게 시행하면 어떨까? 즉, 한 그룹의 피험자들에게는 산화방지제 약을 주는 동안, 다른 그룹에게는 위약을 주는 식이다. 여러분이 알다시피, 이것이 바로 실험을 하는 올바른 방법이고, 만일 피험자들이 임의로 두 그룹으로 나뉜다면 더욱 그럴 것이다. 사실, 이런 실험들은 사람들에게 여러 차례 시행되었었다. 통계적으로 230,000명 이상의 사람을 대상으로 한 68차례의 서로 다른 실험들의 결과를 분석한 끝에, 산화방지제들은 사망률을 감소시키지는 않는다는 결론이 나왔다. 하지만 저자들이 편견이 있을 가능성이 높은 연구들을 제거해 보니(많은 건강보조식품 연구들은 건강보조식품 산업계의 재정적 지원을 받으면서 이루어졌기 때문이다), 결과들에서 베타-카로틴, 비타민 A, 그리고 비타민 E의 영양 보충이 오히려 사망률을 약간 **증가**시킨 것처럼 나타났다. 물론, 이 연구 결과를 비타민 약병 뒷면에서 읽을 수 있을 것이라고 기대하지는 말라.

많은 포장 식품은 산화방지제가 많이 들어 있다고 선전해서 건강에 신경을 쓰는 소비자들의 마음을 끌려고 한다.

산화방지제들은 혹시 산화 스트레스와 연관되었을 수 있는 특정 질병들을 이미 갖고 있는 환자들의 건강을 개선시킬 수는 있을까? 이 방면에서는 결과들이 조금 더 고무적이다. 적어도 두 개의 주요 연구들이 높은 양의 비타민 E가 심장병을 가지고 있는 사람들이 미래에 심장마비나 뇌졸중을 일으킬 확률을 낮춘다는 것을 보여주었다. 하지만 비타민 E가 이 대상들의 전체적인 사망률에는 영향을 끼칠는지에 대해서는 아직 불분명하다. 다른 조절된 임상시험들에서는 산화방지제로부터 아무 효과도 찾지 못했다.

분명, 산화방지제 보조식품의 가치에 대해서는 아무런 과학적 합의도 존재하지 않는다. 하지만 이 사실은 건강보조식품 기업들이 그들의 상품을 공격적으로 광고하는 것을 막지 않고 있는데, 어떤 경우 이들은 건강과 노화에 대한 터무니없는 주장까지 늘어놓으며 선전을 해댄다. (한 번 인터넷에 '산화방지제'를 검색해서 무엇이 뜨는지 확인해보라.) 언론의 조장을 받아, 어떤 소비자들은 산화방지제를 만병을 치료하는 신비의 약쯤으로 알게 되기까지 되었다. 연구 결과에 따르면 전립선암 환자의 34~65%는 평소의 의학적 치료를 증대시키기 위해 건강보조식품과 산화방지제를 복용한다고 했다.

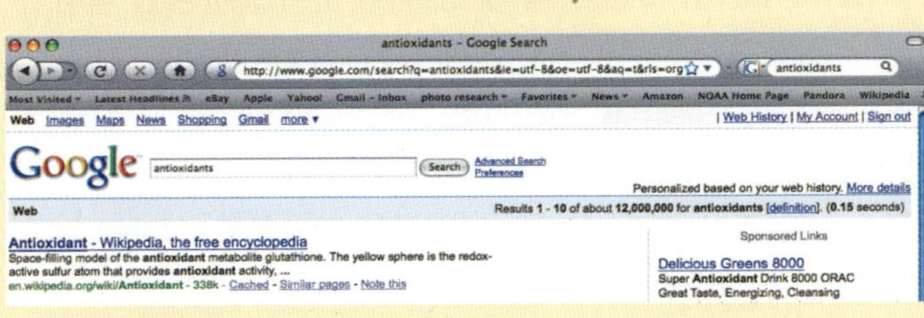

"산화방지제"를 구글에서 검색하면 1,200만 건이나 나온다.

지혜롭게, 잘 먹어야 한다

산화방지제에 대한 연구(그리고 주장된 효과에 대한 논쟁)는 분명 계속될 것이다. 현재로서는, 알약 형태로 산화방지제를 복용하는 것이 사람들의 노화를 늦추거나, 질병을 막거나, 생명을 연장시킨다고 말하기에는 증거들이 아직 충분한 설득력을 가지고 있지 않다. 그럼에도 불구하고, 확실한 것은 산화방지제가 풍부한 식품들은 건강에 좋은 음식이라는 사실이다. 많은 연구자들은 산화방지제 식품들의 효과는 특정 산화방지제로 인한 결과가 아니라, 이 산화방지제들이 체내에서 다른 영양소들과 상호작용을 하면서 발생한 결과라고 믿는다. 따라서 취할 수 있는 최선의 선택은 산화방지제가 많은 음식을 포함해 넓은 범위의 음식들을 다양하게 먹는 것이다. 산화방지제의 좋은 공급원은 과일, 노란 빛이 도는 채소, 푸른 채소, 곡물 등이 있다.

생각해볼 문제

1 당신은 건강보조식품을 섭취하는가? 만일 그렇다면 어떤 것들을 먹고, 왜 섭취하는가?

2 오늘 먹은 음식 중 산화방지제가 가장 많은 세 가지는 무엇이라고 생각하는가?

3 만일 앞 질문의 답을 잘 몰라서 알아보고 싶었다면, 어디서 그 정보를 찾을 수 있겠는가?

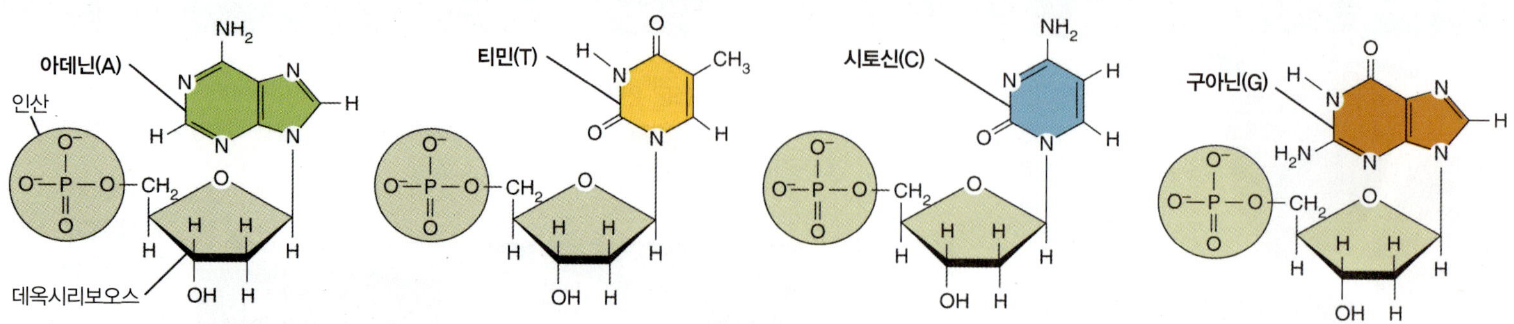

그림 2.23 DNA를 구성하는 네 개의 뉴클레오티드. 인산기와 당은 네 개의 뉴클레오티드에서 모두 동일하다.

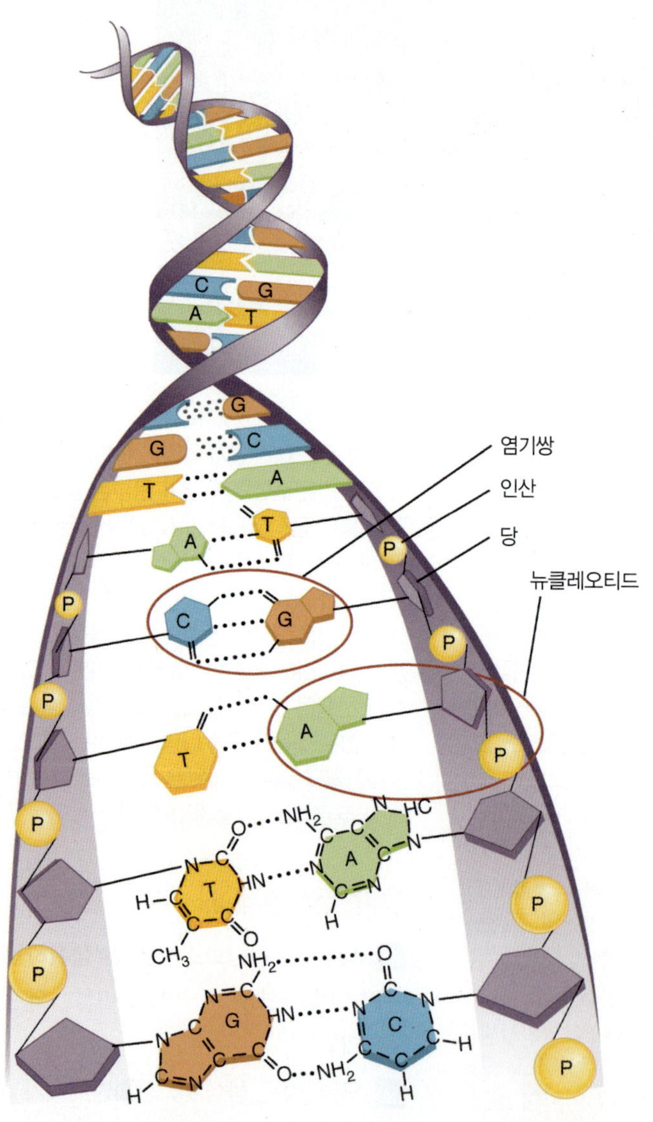

그림 2.24 DNA의 이중나선 구조. DNA의 각 가닥은 탈수합성을 통해 생성된다. 이 두 가닥은 아데닌과 티민 사이의 두 수소결합, 그리고 시토신과 구아닌 사이의 세 수소결합에 의해 서로 붙어 있게 된다.

구성하는 네 가지 뉴클레오티드의 구조를 볼 수 있다. 각 뉴클레오티드는 데옥시리보오스(deoxyribose: 5탄당 리보오스와 유사하지만 산소 원자 한 개가 빠져 있다)라는 탄소 다섯 개로 이루어진 당 분자, 인산기 하나, 그리고 네 가지 다른 질소를 포함한 염기 분자들(아데닌, 티민, 시토신, 구아닌) 중 하나를 가지고 있다. DNA 한 가닥을 만들기 위해, 이 뉴클레오티드들은 인산기와 당 사이의 공유결합을 통해 서로 이어지게 된다. 완전한 DNA 분자는 사실 두 개의 뉴클레오티드 가닥들이 서로 꼬인 것이 약한 수소결합들을 통해 고정된 형태를 취하고 있다(그림 2.24). 한 가닥의 서열이 나머지 가닥의 서열을 결정하게 되는데(이 두 가닥이 상보적이라고 한다), 그 이유는 아데닌은 티민과만 수소결합을 형성할 수 있고(A와 T) 시토신은 구아닌과만 결합을 형성할 수 있기 때문이다(C와 G).

특정 단백질을 만드는 데 필요한 '암호'는 DNA 분자의 두 가닥들 중 한 가닥의 염기 서열에 있다. 주목해야 할 사실은 전체 유전암호가 단지 네 가지 다른 분자 단위(네 종류의 뉴클레오티드)의 서열에 달려 있다는 것이다. DNA, 유전암호, 그리고 형질의 유전에 대해서는 17단원과 19단원에서 더 자세히 배우게 될 것이다.

한 분자의 DNA는 여러 개의 다른 단백질을 만들기 위한 암호를 담고 있다. 이 분자는 마치 정보를 담은 하나의 책장 전체와 같아서, 한 번에 모두 읽기에는 너무 양이 방대하다. 그 기능을 하기 위해서, DNA 분자의 부분들은 작은 RNA 조각들로 전사된다. RNA는 구조적으로 몇 가지 차이점만 제외하면 DNA와 매우 유사하다(그림 2.25).

- RNA의 뉴클레오티드 네 가지 모두를 구성하는 당 성분은 데옥시리보오스가 아닌 리보오스이다(그렇기 때문에 분자의 이름도 리보핵산이다).
- 질소를 포함한 염기 분자 네 개 중 하나가 다르다(티민 대신 우라실을 사용한다).
- RNA는 단일 가닥으로 이루어진 분자로, DNA 두 가닥 중 단 한 가닥 부분만이 상보적인 사본이 된다.
- RNA는 더 짧아, 하나 이상의 단백질을 암호화하는 DNA의 일부 부위만을 나타낸다.

17단원에서 우리는 RNA가 어떻게 사용되어서 단백질을 만들어내며, RNA가 DNA의 활동을 조절하는데 가지고 있을지도 모르는 역할에 대해 다루기로 하겠다.

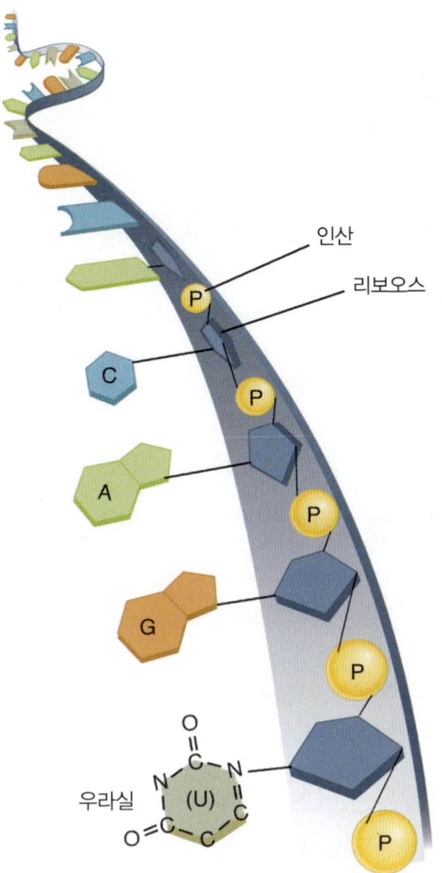

그림 2.25 **RNA의 구조.** RNA는 뉴클레오티드의 단일 가닥 분자로, 우라실 염기가 DNA의 티민을 대신한다. 당으로는 리보오스가 사용된다.

요점 정리

DNA와 RNA는 긴 뉴클레오티드의 줄로 구성되어 있다. 두 가닥으로 이루어진 DNA는 생명의 유전암호를 상징하고, RNA는 이 DNA의 지시 사항들을 실행하는 임무를 맡은 분자이다. ■

2.10 ATP는 에너지를 운반한다

또 중요한 기능을 가진 뉴클레오티드가 추가로 한 가지 더 있는데, 이 분자는 **ATP(아데노신삼인산, adenosine triphosphate)**이다. ATP는 아데닌을 가지고 있는 RNA 뉴클레오티드와 동일하지만, 단지 인산기를 두 개 더 가지고 있다. ATP의 구성요소는 아데닌 염기, 5탄당인 리보오스(이 둘을 합쳐서 아데노신[adenosine]이라고 부른다), 그리고 세 개의 인산기(triphosphate)이다(그림 2.26). ATP는 세포들이 보편적인 에너지원으로 이용하는 물질인데, 그 이유는 인산기들 사이의 결합들이 많은 양의 위치에너지를 담고 있기 때문이다. 세포는 사실상 어떤 기능을 위해서든지, 어떤 때든지 에너지를 필요로 할 경우, ATP의 마지막 두 인산기 사이의 결합을 끊으면서 다음 식에 따라 에너지를 방출시킬 수 있다.

$$ATP \rightarrow ADP + P_i + \text{에너지}$$

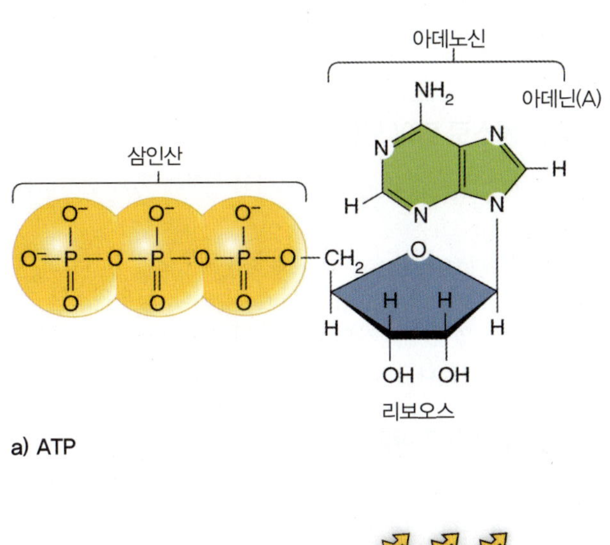

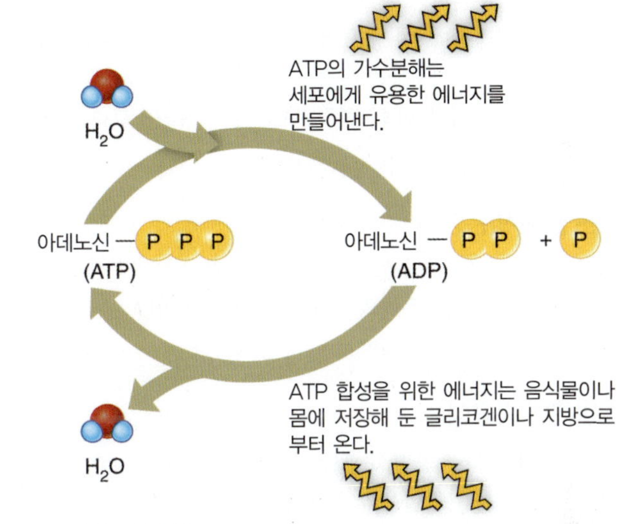

그림 2.26 **아데노신삼인산(ATP).** **(a)** ATP의 구조. **(b)** ATP의 가수분해는 세포가 사용할 에너지를 내놓는다. 이 반응은 반대로도 일어날 수 있어, ATP는 다른 곳에서 온 에너지를 이용해 재합성될 수 있다.

ATP의 분해는 **ADP(아데노신이인산, adenosine diphosphate)**와 유기분자에 부착되지 않은 무기인산기(P_i) 하나를 만들어내며, 거기에 추가로 일을 할 수 있는 에너지를 내놓는다. 이 반응은 반대로 일어나는 것도 가능하여, ATP는 다른 에너지원을 이용해 P_i를 ADP에 다시 붙임으로써 보충된다. ATP를 보충하는데 쓰이는 에너지는 우리가 먹는 음식물 내에 저장된 에너지, 혹은 글리코겐이나 지방 등의 에너지 저장 분자들의 분해로부터 얻어진 것이다. 에너지원으로서의 ATP에 대해서는 근육의 에너지 이용을 다룰 때 더 배우게 될 것이다(6단원).

요점 정리

ATP는 세포에서 빠르게 에너지를 얻기 위해 거의 보편적으로 사용되는 에너지원이다. 이 에너지는 인산기들 사이의 화학결합에 저장되어 있다. ■

단원 요약

모든 물질은 원소로 되어 있다

- 모든 원소에서 가장 작은 기능적 단위인 원자는 핵과 전자구름을 가진다.
- 원자핵의 양성자와 중성자는 원자 질량의 대부분을 차지한다.
- 방사성동위원소들은 불안정한 동위원소들이다. 동위원소란 그 원자가 보통 가지고 있는 중성자의 개수에 비해 중성자를 더나 덜 가지고 있는 원자를 일컫는다.

원자들이 모여 분자를 만든다

- 에너지는 운동에너지 혹은 위치에너지로 존재한다.
- 공유결합, 이온결합, 그리고 수소결합의 세 종류의 화학결합이 분자의 구조를 설명한다. 이 중 공유결합이 가장 강하고, 수소결합이 가장 약하다.
- 체중의 99% 이상은 산소, 탄소, 수소, 질소, 칼슘, 그리고 인의 단 여섯 원소로 이루어져 있다.

생명은 물에 의존한다

- 물분자의 극성은 물의 물리적 성질과 대부분의 다른 분자와 이온에 대해 비상하게 좋은 용매의 특징을 설명할 수 있다.
- 물은 인체의 체온을 조절하는 데에 중요하다.

수소이온의 중요성

- 수소이온(H^+)을 제공할 수 있는 분자들을 산이라고 부른다. H^+를 받아들일 수 있는 분자들은 염기라 부른다.
- 수용액의 수소이온 농도는 pH로 나타낸다.
- 완충용액은 한 쌍의 분자로, 용액에 산이나 염기가 더해졌을 때 pH의 변화를 최소화시키는 특징을 가지고 있다.

생물 내의 유기분자들

- 모든 유기분자의 뼈대는 탄소이다.
- 유기분자들은 탈수합성(에너지를 필요로 함)이라는 과정을 통해 생성되고, 가수분해(에너지를 내놓음)라는 과정을 통해 분해된다.

탄수화물: 에너지와 구조적 지지에 이용된다

- 간단한 당인 단당은 세포가 빠르게 에너지를 얻는 원천이다.
- 복잡한 탄수화물들(다당류)은 단당들을 서로 탈수합성으로 연결시켜서 얻어진다.
- 탄수화물들은 주로 에너지를 저장하는 분자들로 쓰인다. 이들은 식물에서 구조적 지지 물질로 이용된다.
- 동물에서는 저장용 탄수화물이 글리코겐이고, 식물에서는 녹말이다.

지질: 물에 녹지 않는 분자

- 지질에는 지방, 인지질, 그리고 스테로이드가 포함된다. 지질은 물에 잘 녹지 않는다.
- 지방은 에너지를 저장한다. 인지질과 콜레스테롤은 세포막의 중요한 구조적 구성 성분들이다. 성호르몬들은 스테로이드 분자로, 콜레스테롤로부터 합성된다.

단백질: 아미노산으로부터 만들어진 복잡한 구조물

- 단백질은 그 1차 구조(아미노산 서열)에 따라 결정되는 독특한 3차원 구조를 가진다. 생물들은 단 20가지의 서로 다른 아미노산들을 이용해서 엄청난 숫자의 서로 다른 단백질들을 만들어낸다.
- 인체는 수만 가지의 단백질을 가지고 있으며, 이들은 저마다 다른 기능을 가지고 있다.
- 효소는 화학 반응의 속도를 촉진시키는 단백질이다.

핵산은 유전정보를 저장한다

- DNA는 두 개의 긴 뉴클레오티드 가닥들이 서로 꼬여서 이중 나선을 이루는 형태로 되어 있다. DNA는 단 네 가지 서로 다른 DNA 뉴클레오티드로부터 만들어진다.
- RNA는 RNA 뉴클레오티드로 만들어진, DNA보다 짧은 단일 가닥 분자로, 하나 이상의 단백질을 만들 유전암호를 가지고 있다.

ATP는 에너지를 운반한다

- ATP 뉴클레오티드는 세포의 에너지원이다. 이 에너지는 인산기들 사이의 결합에 저장되어 있다.

알아야 할 용어

ATP(adenosine triphosphate)
DNA(deoxyribonucleic acid)
pH 지수(pH scale)
RNA(ribonucleic acid)
공유결합(covalent bond)
단백질(protein)
분자(molecule)
산(acid)
수소결합(hydrogen bond)
양성자(proton)
염기(base)
원자(atom)
이온결합(ionic bond)
전자(electron)
중성자(neutron)
지질(lipid)
촉매(catalyst)
효소(enzyme)

개념 확인 문제

1. 양성자, 중성자, 그리고 전자의 전하와 상대적 질량들을 설명하시오.
2. 왜 수소 원자 두 개는 한 분자의 수소 기체(H_2)로 결합하려는 경향을 가지는지 설명하시오.
3. 극성 분자와 전하를 띤 분자들은 왜 물에 잘 용해되는지 설명하시오.
4. 공유결합과 이온결합은 어떻게 다른가?
5. 위치에너지와 운동에너지를 비교, 설명하시오.
6. 포화지방과 불포화지방의 차이를 설명하시오.
7. 콜레스테롤이 세포에서 하는 역할은 무엇인지 설명하시오.
8. 왜 단백질들은 거의 무한하게 다양한 모양을 가질 수 있는지 설명하시오.
9. 생물에서 효소가 왜 중요한지 설명하시오.
10. 세포 내에서 에너지를 전달하는 데 있어 ATP의 역할을 설명하시오.

학습 문제

연결 문제

________1. 일반적인 숫자보다 중성자를 더 혹은 덜 갖고 있는 불안정한 원자
________2. 간단한 당
________3. 중요한 에너지 전달 물질의 저에너지 형태
________4. 음식물에 들어 있는 스테로이드의 일종
________5. 생물 내에서 흔히 발견되는 극성 분자
________6. 유기분자의 뼈대 역할을 하는 원자

a. 단당
b. 콜레스테롤
c. 물
d. 방사성동위원소
e. 탄소
f. ADP

빈칸 채우기

7. ____________ 용액은 pH 값이 7보다 더 크다.
8. 유기분자의 네 종류는 탄수화물, 지질, ____________, 그리고 핵산이다.
9. 동물에서 에너지를 저장하는 다당으로 쓰이는 복합 탄수화물의 이름은 ____________이다.
10. ____________는(은) 생물학적 촉매의 역할을 하는 단백질이다.
11. 지방의 저장형 분자인 트리글리세리드는 한 분자의 글리세롤과 세 분자의 ____________(으)로 구성되어 있다.
12. 실온에서 액체 상태로 존재하는 지방은 ____________이다.

응용 문제

1. 운동선수들은 간혹 시합 전에 많은 양의 복합 탄수화물(예를 들어 전곡 밀가루 파스타)을 하루나 이틀 동안 계속 먹으라는 권고를 받는다. 이런 권고의 과학적 이유는 무엇인가?
2. 체온이 화씨 105도(40.6℃)에 가까워지면 의사들은 뇌가 되돌릴 수 없을 정도로 손상될까봐 걱정하게 된다. 네 종류의 고분자들 중 높은 온도에 가장 영향을 심하게 받는 것은 무엇일까? 왜 그렇게 생각하는가?
3. 많은 사람들은 콜레스테롤치를 떨어뜨리는 약을 통해 높은 혈중 콜레스테롤을 낮추려 하는데, 이러는 이유는 이들이 높은 콜레스테롤 농도가 심장병의 위험 요인이라는 것을 알고 있기 때문이다. 조금 더 안전을 기하기 위해 정상 수치보다 콜레스테롤 농도를 더 낮추려고 이 약을 필요 이상으로 복용하려 한다면, 이는 좋은 생각일까?
4. 마이애미에서는 바깥 온도가 32℃이면서 매우 습하면, 열기가 숨 막힐 정도로 덥게 느껴진다. 하지만 바깥 온도가 38℃를 넘나드는 대개 건조한 애리조나에서는, 대부분의 사람들이 기분이 괜찮다고 느낀다. 어째서 습도가 기온에 대한 우리의 느낌에 이런 효과를 내는 것일까?
5. 코카콜라는 매우 산성이 강한 음료로, 그 pH가 3 정도 된다. 혈액은 pH가 7에 가깝다. 하지만 여러분이 코카콜라를 마신다고 해서 혈액의 pH가 눈에 띄게 변하지는 않는다. 왜 그럴까?
6. 비록 정상적인 생리 과정에서는 소량의 자유라디칼이 발생하지만, 여러분의 행동, 생활양식, 혹은 환경이 자유라디칼의 발생 증가에 어느 정도 원인제공을 할 수 있다. 자유라디칼의 형성 증가를 가져올 수 있는 행동이나 환경 요소 중 자신에게는 어떤 것이 있다고 생각하는가?

OX 문제

13. 지질은 대개 물에 대단히 잘 녹는다. ( )
14. 전자는 음전하를 가진다. ( )
15. 무게로 따졌을 때, 인체에서 가장 흔한 원자는 산소 원자이다. ( )

참고문헌

Chapman, Carolyn. *Basic Chemistry for Biology.* Boston: McGraw-Hill, 1998. (An introduction to biological chemistry for beginners.)

O' Neil, Maryadele J., et al. (Eds.) *The Merck Index: An Encyclopedia of Chemicals, Drugs, & Biologicals*, 13th ed. Whitehouse Station, NJ: Merck, 2001. (A standard reference text to over 10,000 chemicals, drugs, and biological molecules.)

Waites, Gillian, and Percy Harrison. *The Cassell Dictionary of Chemistry.* London: Cassell Academic, 1999. (A reference source designed for students and nonexperts.)

학습 문제 해답

1. d **2.** a **3.** f **4.** b **5.** c **6.** e **7.** 알칼리성 **8.** 단백질 **9.** 글리코겐 **10.** 효소 **11.** 지방산 **12.** 불포화지방(기름) **13.** X **14.** O **15.** O

3 세포의 구조와 기능

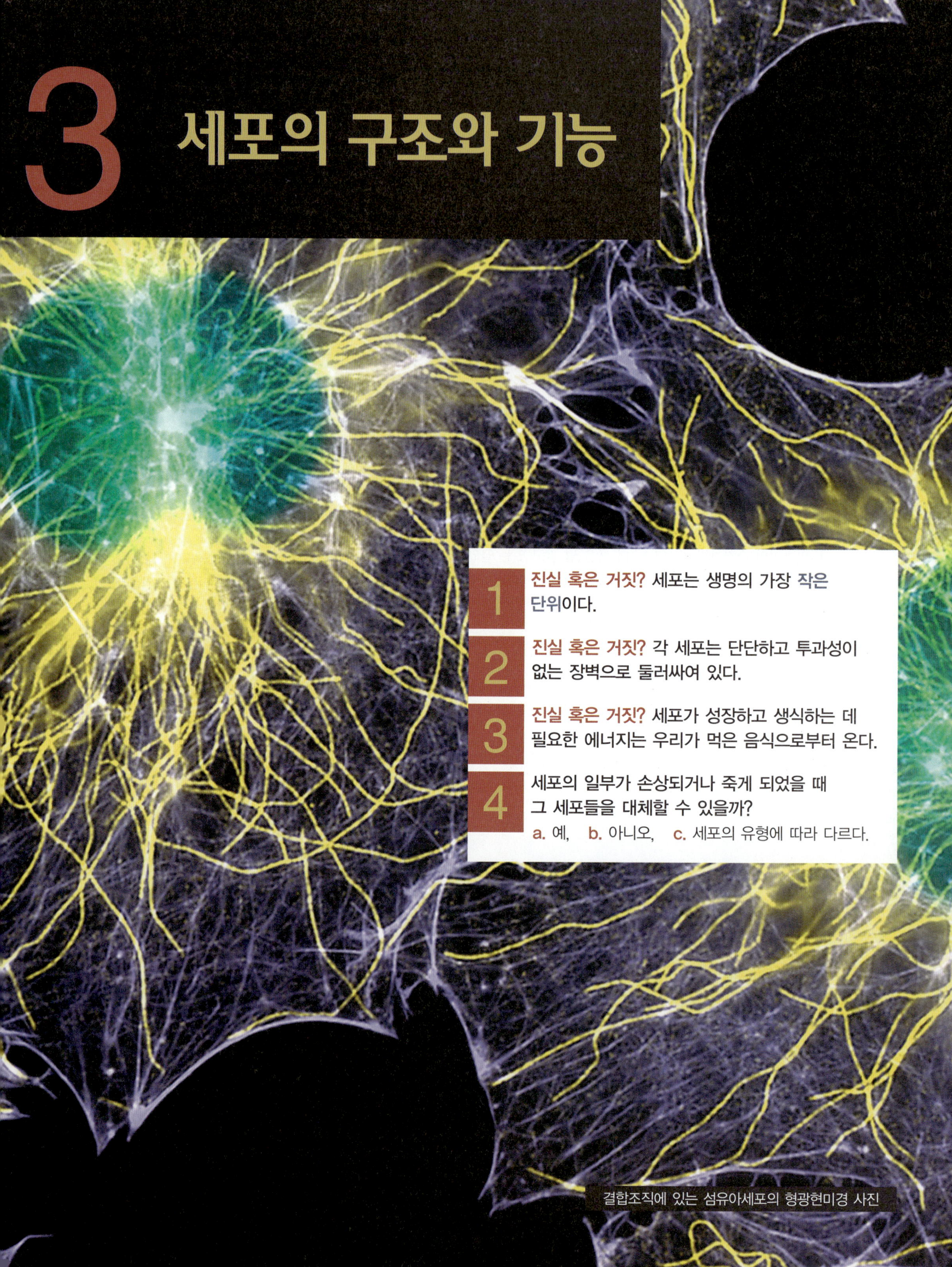

1 **진실 혹은 거짓?** 세포는 생명의 가장 작은 단위이다.

2 **진실 혹은 거짓?** 각 세포는 단단하고 투과성이 없는 장벽으로 둘러싸여 있다.

3 **진실 혹은 거짓?** 세포가 성장하고 생식하는 데 필요한 에너지는 우리가 먹은 음식으로부터 온다.

4 세포의 일부가 손상되거나 죽게 되었을 때 그 세포들을 대체할 수 있을까?
a. 예, b. 아니오, c. 세포의 유형에 따라 다르다.

결합조직에 있는 섬유아세포의 형광현미경 사진

1674년 과학자들은 처음으로 현미경 아래에서 살아 있는 세포를 관찰하였다. 그 이후에 많은 관찰과 실험을 통하여 세 가지 기본 원리로 구성된 **세포설(cell doctrine)**이 확립되었다.

1. 모든 살아 있는 것은 세포와 세포의 산물로 구성되어 있다.
2. 하나의 세포는 생명의 모든 특징을 나타내는 가장 작은 단위체이다.
3. 모든 세포는 이전에 존재하던 세포로부터 생긴다.

만일 우리가 현미경으로 사람 신체의 일부를 관찰하면 살아 있는 세포 그리고/또는 세포의 산물을 관찰한다. 세포 산물은 죽은 세포를 구성하는 물질(피부의 바깥층과 같은)과 세포 활동 결과 생기는 물질(뼈의 딱딱한 결정체와 같은)로 구성된 물질을 포함한다. 세포보다 더 작은 생명 단위는 없다. 우리의 모든 세포는–100조 개–이전에 존재했던 세포로부터, 뒤로 거슬러 가면 최초의 세포인 수정란에서 유래한다. 수정란 세포도 그 전에 존재하였던, 부모님이 만든 정자 세포와 난자 세포로부터 생긴 것이다.

3.1 세포는 내부 구조에 따라 분류된다

모든 세포는 **원형질막(plasma membrane)**이라 부르는 바깥쪽 막에 의해 둘러싸여 있다. 원형질막은 세포 내부의 물질–물이 대부분이며 또한 이온, 효소, 세포가 생명을 유지하는데 필요한 다른 물질–을 둘러싸고 있다.

모든 살아 있는 세포는 내부 구조에 따라 진핵세포와 원핵세포로 구분된다.

진핵세포는 핵, 원형질, 세포소기관을 가지고 있다

대부분 종의 세포처럼 사람의 세포는 **진핵세포(eukaryote**: *eu*-는 "진짜", *karyote*는 핵을 의미한다)이다. 거의 모든 진핵세포는 세 가지 기본 구조 성분을 가지고 있다(그림 3.1).

1. 원형질막. 원형질막은 세포의 바깥쪽을 감싸는 부분이다.
2. 핵. 핵은 핵심이란 의미를 갖는 일반적인 용어이다. 앞 단원에서 우리는 화학자들이 핵을 원자의 핵심으로 정의하는 것을 보았다. 생물학에서 핵은 세포의 유전물질을 수용하고, 정보의 중심으로서 기능을 하는 막으로 둘러싸인 세포소기관이다. 예외가 몇 가지 있는데 뒤에서 논의할 것이다.
3. 세포질(세포물질). 세포질은 핵을 제외한 세포 내 모든 물질을 포함하고 있다. 그것은 **세포질 용액(cytosol)**이라 부르는 부드럽고 겔과 같은 용액으로 구성되어 있다. 세포질에는 **세포소기관(organelles)**이라 부르는 다양한 현미경적 구조물이 포함되어 있으며 이것들은 영양분을 소화하거나 세포 산물을 포장하는 특수 기능을 수행한다.

원핵생물에는 핵과 세포소기관이 없다

원핵세포(prokaryote: *pro*는 "앞"을 의미하고, *karyote*는 "핵"을 의미한다)는 세균(모네라계)이다. 원핵세포는 딱딱한 세포벽으로 둘러싸인 원형질막을 가지고 있다. 유전물질은 특정 부위에 모여 있지만, 막으로 둘러싸인 핵 안에 들어 있지 않다. 원핵생물은 진핵생물에서 발견되는 대부분의 세포소기관을 가지고 있지 않다. 그러나 세포설에 따르면, 원핵세포는 세포의 정의에 적합한 살아 있는 생물체이다.

이 단원의 나머지 부분과 이 책의 전반에 걸쳐 진핵세포의 구조와 기능에 관하여 초점을 맞출 것이다. 그러나 세균이 어떻게 우리를 병들게 하는지(9단원)와 진화(22단원)의 맥락에서 다시 논의할 것이다.

3.2 세포의 구조는 세포의 기능을 반영한다

생물체의 종류와 상관없이 진핵세포의 구조적 특징은 놀라울 정도로 비슷하다. 그 이유는 모든 세포가 생명을 유지하기 위한 특정 활

들어가기 질문의 답

1 **진실.** 일부 생물체는 단지 하나의 세포로만 구성되어 있다. 반면에 나머지 생물체는 다세포로 구성되어 있다. 세포는 성장하고, 에너지를 이용하며, 생식을 한다. 이 단원에서 우리는 작은 생명 형태의 독특한 특징을 조사할 것이다.

2 **거짓.** 사람의 세포를 둘러싸고 있는 원형질막은 부드럽고, 유연하고, 선택력이 강한 장벽이다. 일부 분자는 원형질막을 통과하지만 다른 분자들은 통과하지 못한다. 세포는 이 장벽을 통하여 필요로 하는 영양분을 흡수하고, 노폐물을 제거한다.

3 **진실.** 그러나 섭취한 음식물 에너지는 세포에 도달했을 때 사용할 수 없는 형태이다. 세포 내에서 미토콘드리아라고 부르는 작은 공장이 이 에너지원을 세포에서 사용할 수 있는 에너지로 만든다.

4 **c.** 심장근 세포와 뇌세포 같은 일부 세포 유형은 거의 대체될 수 없다. 그 때문에 심장발작이나 뇌졸중이 아주 위험한 이유이다. 우리는 피부에 상처가 났을 때 세포가 재생되어 새로운 피부가 생기는 것을 볼 수 있다.

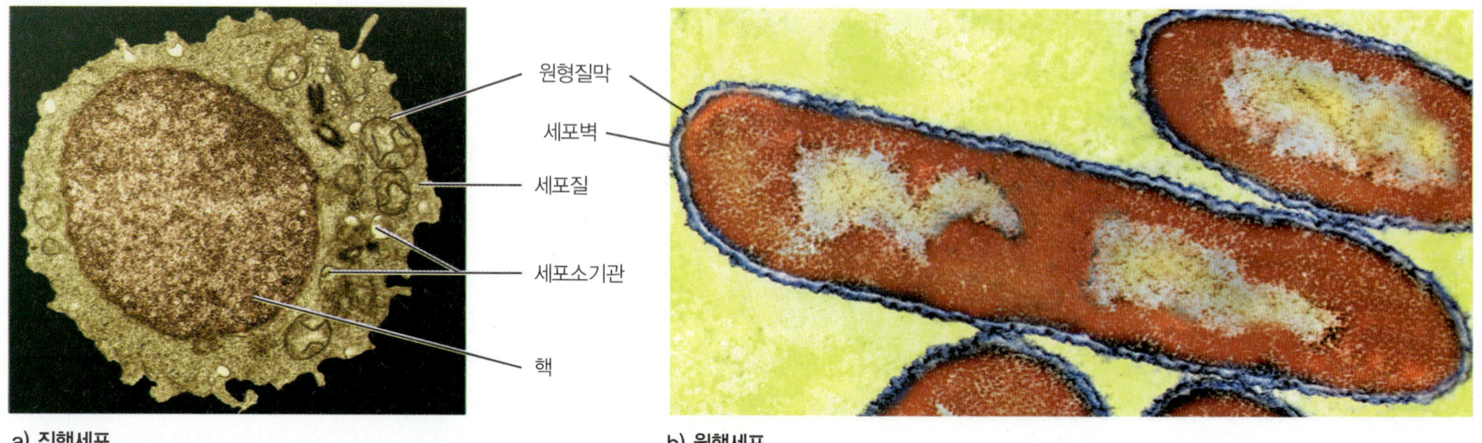

a) 진핵세포

b) 원핵세포

그림 3.1 살아 있는 세포의 종류. (a) 진핵 동물세포는 커다란 핵(왼쪽)과, 작은 세포소기관(오른쪽)을 많이 가지고 있다. 세포질은 유연한 원형질막으로 둘러싸여 있다. (b) 이 세균 같은 원핵세포는 원형질막을 둘러싸고 있는 단단한 세포벽을 가지고 있다. 유전물질은 막에 의해 둘러싸여 있지 않고, 세포소기관이 없다. 사진 중앙에 있는 기다란 세균은 두 개로 분열할 준비가 된 것으로 보이며, 그것의 유전물질은 세포의 양끝에 모여 있다.

동을 수행하고, 구조와 기능 사이에 관련이 강하기 때문이다.

모든 세포는 원재료를 모으고, 노폐물을 배설하며, 거대분자(생명의 분자)를 만들고, 성장하며 생식을 해야 한다. 이런 일은 쉬운 일이 아니다. 살아 있는 세포(그리고 이 일을 수행하는데 필요한 구조)에 의해 수행되는 특수 활동은 경계를 정하는 외부 구조, 기본조직 지원, 정보 센터, 공장시설, 정제, 포장 및 발송 센터, 원료와 에너지를 공급하는 운송체계, 에너지 저장, 노폐물을 재활용하고 제거하는 기작 등등, 대도시나 하나의 국가에 비교할 만하다. 심지어 세포는 외부 침입자와 싸우는 복잡한 방어체계를 가지고 있다.

세포들 사이의 구조적 차이는 기능의 차이를 반영한다(그림 3.2). 근육세포는 근육 수축을 위해 필요한 에너지를 생산하는 세포소기관을 많이 포함하고 있다. 신경세포들은 대부분 길고 가늘다. 가장 긴 신경세포는 발가락으로부터 척추까지 자극을 전달한다. 콩팥 세관을 연결하는 세포들은 육면체 형태를 갖는다. 기본적으로 모든 세포는 일련의 특수 기능을 가지고 있는데 그렇지 않으면 생물체에게 거의 소용이 없게 된다.

동일한 기능을 하는 세포들은 종 사이에서도 놀라울 정도로 유사하다. 예를 들어, 사람의 신경세포는 구조와 기능 면에서 사람의 간세포보다 바퀴벌레의 신경세포와 공통점이 더 많다. 더구나 쥐에 있는 세포는 코끼리에 있는 세포와 크기에서 차이가 거의 없다. 다만 코끼리가 더 많은 세포를 가지고 있을 뿐이다.

요점 정리

거의 모든 진핵세포의 공통 특징은 원형질막, 핵, 세포소기관, 세포질이다. 세포형태와 내부 구조의 차이는 기능의 차이를 반영한다. ■

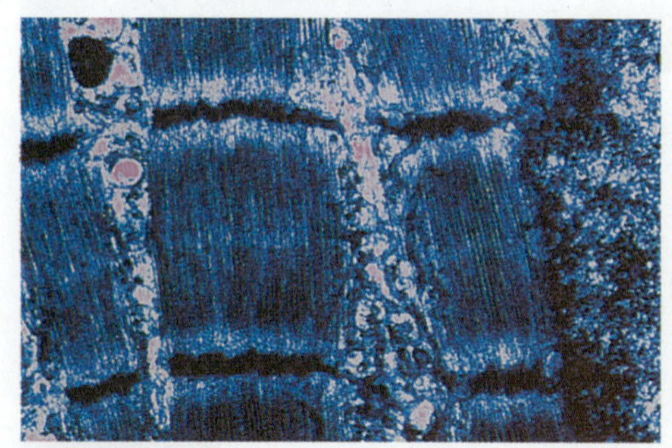

a) 심장 근육세포의 일부 (×2,500)

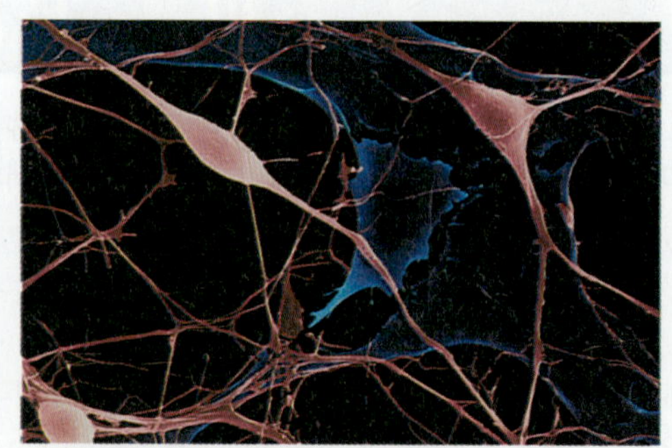

b) 중추신경계의 신경세포 (×520)

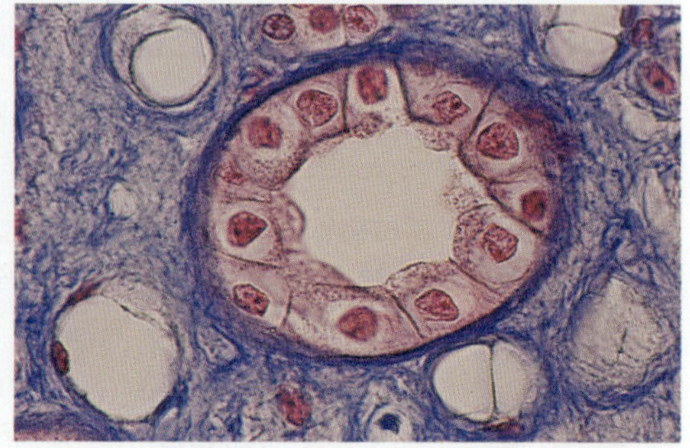

c) 신장 세뇨관의 안쪽 벽을 이루는 세포들 (×250)

그림 3.2 사람의 세포는 형태가 다양하다.

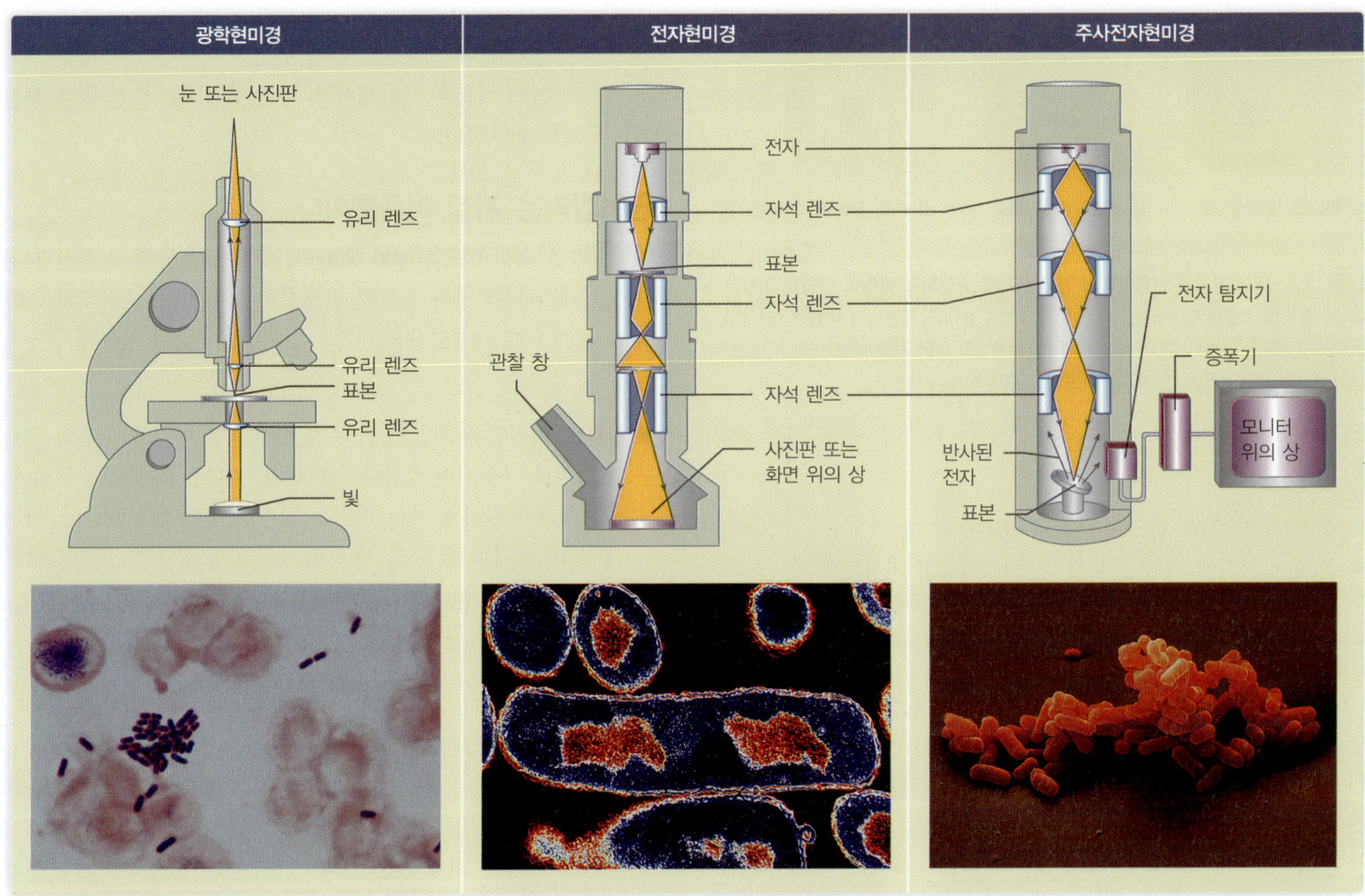

a) **광학현미경(LM).** 우리들은 대부분 광학현미경을 보았거나 사용한 적이 있다. 광학현미경은 가시광선을 사용하고 표본을 1,000배까지 확대할 수 있는 유리 렌즈를 사용한다. 만일 표본의 깊이가 다르면 초점을 맞추기가 어렵다. 빛은 아주 밀도가 높거나 두꺼운 표본을 통과하지 못한다. 광학현미경은 300여 년 전부터 사용되고 있다.

b) **투사전자현미경(TEM).** 투사전자현미경은 전자빔으로 표본을 쏜다. 전자빔의 일부가 표본을 통과한다. 전자는 빛과 같이 행동하지만 전자의 파장이 가시광선보다 짧기 때문에 어떤 파장에서도 영상이 훨씬 더 선명하다. 좋은 전자현미경은 광학현미경보다 100배 더 큰 10만 배까지 확대할 수 있다. 표본은 아주 얇아야 하기 때문에 2차원 영상으로 보이지만, 배율이 충분히 높아 단일 세포에 있는 세포소기관의 상세한 구조를 볼 수 있다.

c) **주사전자현미경(SEM).** 주사전자현미경도 전자빔으로 물체에 초점을 맞춘다. 주사전자현미경은 물체 표면의 3차원 상을 보여준다. 전자빔이 투과되지 못하도록 금속으로 얇게 코팅된 물체의 표면을 좁은 전자빔이 거듭 스캔한다. 빔이 통과함에 따라 금속은 2차 전자를 방출하고 그것이 물체 표면의 상을 기록한다. 주사전자현미경은 세포의 바깥 표면뿐만 아니라 세포들 사이의 관계에 관한 멋진 상도 보여준다. 주사전자현미경도 약 10만 배까지 확대할 수 있다.

그림 3.3 현미경으로 세포 관찰하기. 여러 종류의 현미경으로 찍은 사진을 현미경 사진이라 부른다. 여기에서 보여주는 세 가지 현미경 사진은 소화관에서 발견되며 보통 해가 되지 않는 대장균 사진이다.

세포는 작아야 효율적이다

구조의 차이가 있음에도 불구하고 모든 세포는 적어도 하나의 공통 특징을 갖고 있다. 세포는 크기가 작아 상당한 배율로 확대해야 볼 수가 있다**(그림 3.3)**. 사람 세포가 놀랄 정도로 복잡하지만 육안으로 볼 수는 없다. 길이가 90cm 이상 되는 신경세포도 너무 가늘어 볼 수가 없다. 지구상에 생명의 형태가 다양하지만 왜 거대세포는 거의 없을까? (일부 종의 난자는 예외이다.)

에에 대한 답은 자연이 간단하고 이해할 수 있는 원리를 따른다는 것을 보여준다.

- 한 세포의 전체 대사 활동은 세포질의 양과 비례한다. 세포의 활동을 지지하기 위하여 모든 세포는 자신의 크기에 비례하여 원료를 필요로 한다. 모든 세포는 또한 노폐물을 제거하기 위한 수단을 필요로 한다.
- 모든 원료, 에너지, 노폐물은 원형질막을 통과하여 세포 안으로

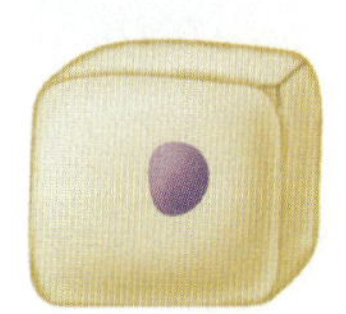

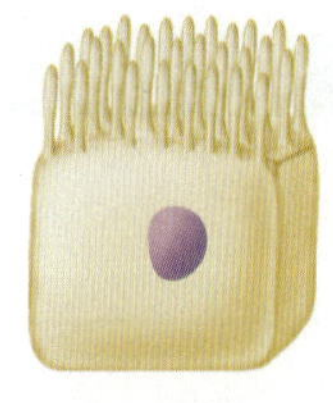

그림 3.4 세포 크기와 원형질막의 형태는 세포 표면적과 용적에 영향을 미친다. 이 세 종류의 세포에서 용적은 동일하다. 그러나 용적과 표면적의 비율은 (a), (b), (c)에서 다르다. (a)의 세포와 비교해서 (b)의 8개의 작은 세포는 표면적이 2배 크다. (c) 미세융모가 있으면 어떠한 세포라도 표면적이 증가한다.

들어가거나 세포 밖으로 나올 수 있다.

- 물체가 커짐에 따라 물체의 용적은 표면적 이상으로 증가한다. 예를 들어, 공이나 육면체는 용적이 8배 증가하면 표면적은 단지 4배 증가한다.

세포가 커질수록 원형질막을 통과하여 공급할 수 있는 능력이 줄어들어 세포의 성장과 대사작용은 제한될 것이다(그림 3.4). 다시 말해, 세포가 작을수록 세포는 더 효율적으로 원료를 얻고 노폐물을 제거한다.

일부 세포는 미세융모(microvilli)라 부르는 원형질막의 수많은 현미경적 돌기를 갖고 있다. 미세융모는 소화관과 신장의 세관을 연결하는 세포와 같이 세포 안팎으로 물질을 운반하는 세포에 특히 많이 있다.

요점 정리

세포는 원형질막을 통하여 외부환경과 물질을 교환한다. 세포가 작으면 효율적으로 영양분을 흡수하고 노폐물을 배출하기 때문에 세포는 분열하여 작아진다. ■

3.3 원형질막은 세포를 둘러싸고 있다

집을 생각해보라. 벽과 지붕은 비와 바람이 들어오는 것을 막아주는 특수한 물질로 구성되어 있다. 그것들은 또한 집 내부 온도가 외부 온도보다 더 따뜻하거나 더 시원하게 유지되도록 장벽을 형성한다. 동시에 집은 외부환경과 상호작용을 한다. 창문은 빛이 들어오도록 하고, 문은 드나들 수 있도록 열고 닫힌다. 수도관과 전력선은 물과 에너지의 출입을 조절하고 하수관은 쓰레기를 제거한다. 집은 우편함, 전화선, 컴퓨터 케이블을 통하여 외부 세계와 정보를 교환한다.

살아 있는 세포의 외부구조는 원형질막이다. 집의 지붕과 벽처럼 원형질막은 세포 안팎으로 일부 물질의 이동을 허용해야 하지만 다른 물질의 이동은 제한해야 한다. 원형질막은 또한 막을 통한 정보를 전달해야 한다.

원형질막은 지질 이중층이다

원형질막은 지질 이중층(lipid bilayer)이라는 두 층의 인지질과 약간의 콜레스테롤, 여러 종류의 단백질로 구성되어 있다(그림 3.5). 이 세 가지 구성 성분은 각각 막의 전체적인 구조와 기능에 영향을 미친다.

- **인지질.** 인지질은 지질의 한 종류로서 극성 머리와 중성의 비극성 꼬리로 구성되어 있음을 기억하라. 원형질막에는 두 층의 인지질이 배열되어 비극성 꼬리는 막의 가운데에서 만난다. 극성(수용성) 머리의 한 층은 세포 밖의 수용성 용액에 면하고 다른 한 층은 세포질의 수용성 용액에 면하고 있다.
- **콜레스테롤.** 인지질은 오일의 이중층이므로 이중층 그 자체로는 유연성이 있다. 콜레스테롤 분자는 원형질막을 더 단단하게 만든다.
- **단백질.** 원형질막의 인지질 이중층에 여러 종류의 단백질이 삽입되어 있다. 집의 출입문, 창문, 전선처럼 단백질은 원형질막을 통하여 물질과 정보를 운반하는 수단을 제공한다. 몇몇 단백질은 세포 내부의 비계 같은 지지 망상구조를 고정시켜준다. 일부 단백질은 전체 막에 걸쳐 분포하며, 어떤 단백질은 한쪽 표면에만 돌출되어 있다. 원형질막의 단백질은 일반적으로 한쪽은 전기적으로 중성이고 다른 한쪽은 전하(1 또는 2개)를 띠고 있다. 전하를 띤 부위는 막 밖으로 뻗어나온 경우가 많아 물과 접촉하며, 반면 중성 부위는 종종 인지질 이중층 안에 포함되어 있다.

원형질막의 인지질 이중층의 두께는 약 3.5nm(1나노미터는 10억 분의 1미터)이며, 너무 작아 현미경으로도 상세하게 보기 어렵다. 상대적 크기를 알아보기 위해 Na^+ 하나의 크기를 50원짜리 동전 크기로 상상해보자. 이와 같은 비율로 보면 전형적인 세포의 인지질 이중층은 34cm의 두께를 갖는다. 일종의 통로나 운반 기작이 없다면 많은 물질들이 원형질막을 통과하지 못하는 게 이상하지 않을 것이다.

원형질막을 집의 바깥쪽과 비유하였지만 두 가지 주요 차이점이 있다. 첫째, 동물세포의 원형질막은 단단하지 않다. 만일 원형질막을 만져 본다면 스펀지와 같고, 손을 떼면 다시 튀어 나오는 것을 느낄 것이다. 대부분의 세포는 어떤 형태를 유지하는데 이것은 주로 세포 안에 있는 섬유성 지지 그물망, 세포 내의 용액, 주변 세포와 접촉으로 생긴 제한 때문이지 원형질막 자체의 단단함 때문이 아니다.

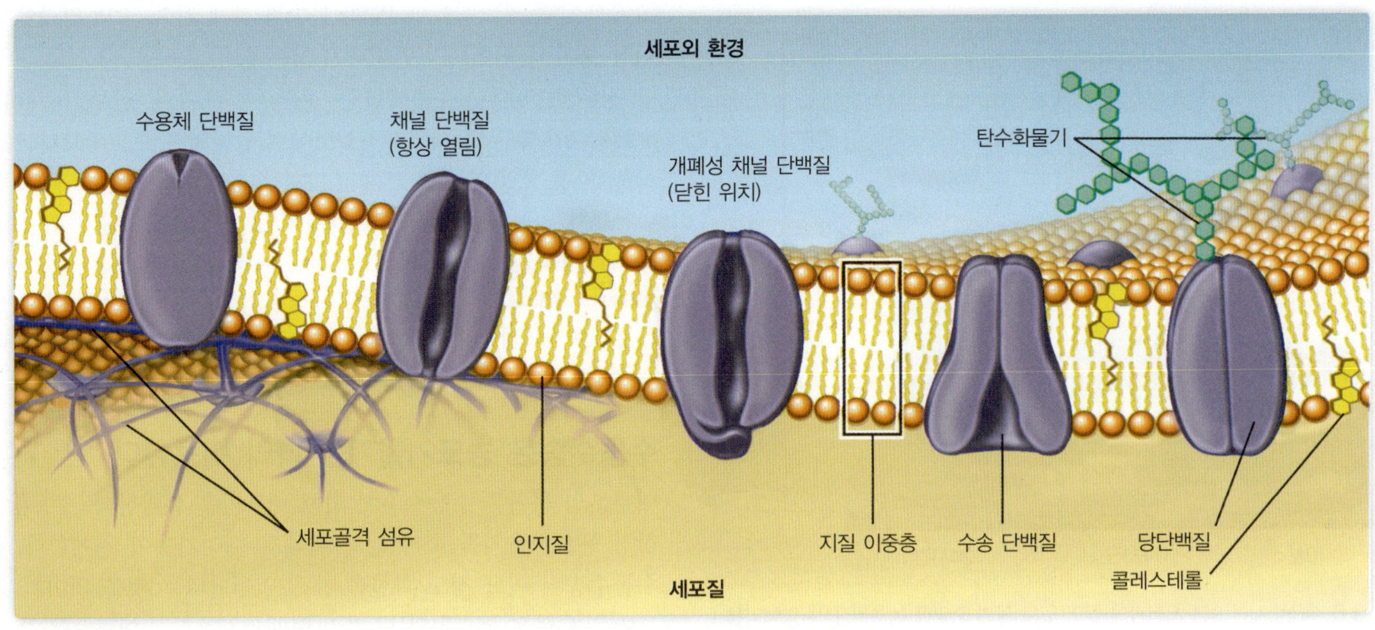

그림 3.5 **원형질막.**

둘째, 인지질과 단백질은 원형질막의 특정 부분에 고정되어 있지 않다. 많은 단백질은 바다 표면에 떠다니는 빙산처럼 지질 이중층에 이리저리 떠다닌다. 만일 아침에 일어났을 때 집 앞문이 왼쪽으로 1m쯤 이동했다고 생각해보라. 동물세포의 원형질막은 흔히 "유동 모자이크(fluid mosaic)"로서 설명된다. 그 말은 원형질막이 단단한 구조가 아니라 단백질의 분포 형태가 항상 변화하는 것을 의미한다.

요점 정리

원형질막은 세포의 안팎으로 일부 물질의 이동을 허용하고 다른 물질은 제한한다. 원형질막의 인지질 이중층에는 단단하게 만드는 콜레스테롤과 정보전달, 물질의 수송, 구조적 지지를 위한 단백질이 포함되어 있다. ■

3.4 분자는 여러 가지 방법으로 원형질막을 통과한다

원형질막은 세포의 외부 환경과 세포 내에서 진행되는 생명의 과정 사이에 장벽을 만든다. 성장과 생식에 필요한 것을 내부에 유지하고 다른 물질의 출입은 제한하면서 이런 기능들을 한곳에 모아 둘러싸 놓지 않는다면 생명은 존재할 수 없다. 분자(와 이온)는 다음 세 가지 주요 방법으로 원형질막을 통과한다. (1) 수동수송(확산과 삼투), (2) 능동수송, (3) 내포작용 또는 외포작용.

수동수송: 확산과 삼투의 원리

수동수송(passive transport)은 세포가 에너지를 소비하지 않고 분자를 수송하기 때문에 수동적이다. 수동수송은 확산 기작에 의존한다.

확산 기체나 액체로 된 분자는 다른 분자와 충돌하고 방향을 바꾸면서 임의로 이동한다. 이처럼 임의로 이동한 결과 한곳에서 다른 곳으로 분자의 이동을 **확산(diffusion)**이라 한다.

만일 다른 곳보다 한곳에 더 많은 분자가 있다면 고농도 지역에서 저농도 지역으로 더 많은 분자가 확산될 것이다. 다시 말해 분자의 순수한(net) 확산이 일어나려면 두 지점 사이에 **농도기울기(concentration gradient)**라는 농도 차이가 있어야 한다. 용액 전체의 분자 농도가 같아지면 분자가 모든 방향으로 똑같이 임의로 확산되는 평형 상태가 된다.

그림 3.6은 물에 녹인 농축 염색약을 물이 담긴 시험관의 중앙에 놓아두었을 때 무슨 일이 일어나는가를 보여주면서 확산을 설명하고 있다. 시간이 흐르면서 염색약의 일부가 농도가 높은 곳에서 낮은 곳으로 확산된다.

물도 역시 농도가 가장 높은 곳으로부터 가장 낮은 곳으로 확산된다. 그러나 용액 속의 물의 농도(액체, 즉 용매)는 물 이외의 다른 분자(용질)의 농도와는 반대이다. 용질의 농도가 높을수록 물의 농도는 낮아진다. 순수한 물은 물의 농도가 가장 높은 용액이다. 물의 순확산은 항상 용질의 농도가 더 높은 용액으로 이동하고 물의 농도가 더 높은 용액에서 멀어진다. (예를 들어, 57쪽의 "스스로 해보

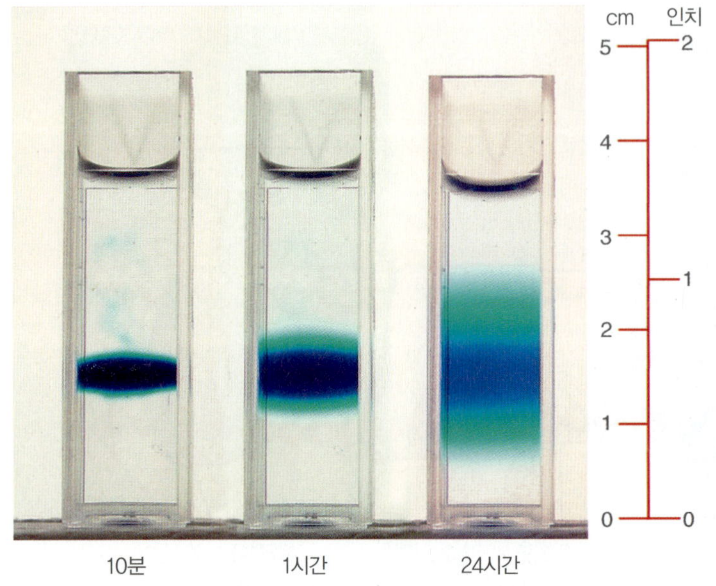

그림 3.6 확산. 시간 0에 시험관에 들어 있는 물의 중앙에 농축된 청색 염색약을 넣는다. 물의 흐름을 방지하기 위하여 안정화 물질을 물에 미리 첨가하였다. 시간이 지나면서 용액에 있는 물질의 이동이 일어나 염색약의 일부가 고농도에서 저농도로 확산된다. 보이지는 않지만 물은 물 농도가 가장 높은 곳에서 물 농도가 가장 낮은 곳(염색약이 있는 부위)인 반대 방향으로 확산된다. 확산은 짧은 거리에서만 효율적으로 일어난다. 염색약이 한 방향으로 1cm 이동하는 데는 24시간이 걸린다.

기" 참조)

삼투 모든 물질이 살아 있는 세포 안팎으로 쉽게 확산되는 것은 아니다. 원형질막은 **선택적 투과성(selective permeability)**이 있다. 즉, 원형질막은 확산을 통해 일부 물질의 통과를 허용하지만, 다른 물질의 통과는 허용하지 않는다. 물은 쉽게 원형질막을 통과하지만, 모든 이온이나 물질은 통과하지 못한다. 선택적 투과막을 통한 물의 순수 확산을 **삼투(osmosis)**라 부른다.

그림 3.7은 삼투 과정을 보여준다. 그림 3.7a에서 선택적 투과 막–이 경우 물만 통과할 수 있는–이 순수 물과 물에 있는 포도당 용액을 분리해준다. 비록 포도당은 확산되지 않지만, 물은 농도가 낮은 지역을 향해 오른쪽에서 왼쪽으로 확산된다. 삼투가 일어나면서 왼쪽 관의 양은 올라가고 용액의 압력이 생겨 물의 삼투가 계속 일어나지 못하게 한다. 결국 왼쪽에서 오른쪽으로의 물의 이동은(용액의 압력 차이 때문에) 오른쪽에서 왼쪽으로(삼투에 의해) 이동과 같게 된다. 막의 양쪽에서 더 이상 물의 양적 변화가 일어나지 않는다.

정확히 삼투를 방해하는 용액의 압력을 **삼투압(osmotic pressure)**이라 부른다. 그림 3.7c에서 삼투압은 오른쪽보다 왼쪽의 더 높은 물 기둥의 초과 무게로 나타낸다.

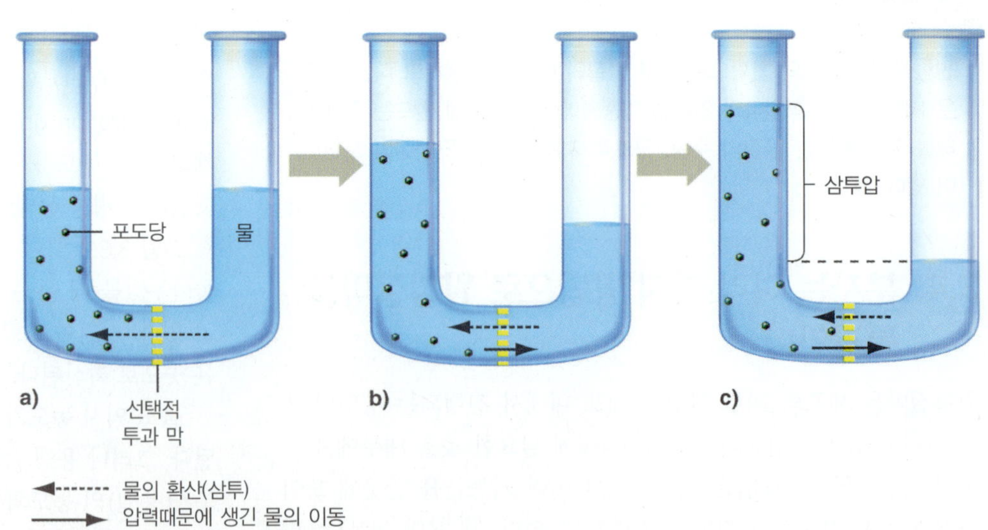

그림 3.7 삼투에 의한 삼투압의 생성. (a)에서 물은 오른쪽에서 왼쪽으로 이동되기 시작하다가 삼투압 (c) 때문에 생긴 물의 이동에 의해 물의 확산(삼투)은 억제된다.

요점 정리

분자는 농도가 높은 지역에서 낮은 지역으로 확산된다. 선택적 투과 막을 지나는 물의 순수 확산을 삼투라 한다. ■

수동수송은 농도기울기를 따라 이동한다

대부분의 물질은 수동수송에 의해 세포막을 통과한다. 수동수송은 항상 농도기울기를 따라 언덕 아래로 내려가듯이 진행한다. 이는 수동수송이 어느 정도 확산을 통해 일어난다는 것을 의미한다. 세포막을 통한 수동수송의 세 가지 형태는 (1) 지질 이중층을 통한 확산, (2) 채널(통로, channel)을 통한 확산, (3) 촉진수송이다(그림 3.8).

지질 이중층을 통한 확산 원형질막의 지질 이중층 구조는 일부 분자가 자유롭게 통과할 수 있지만 어떤 분자들은 통과하지 못한다. 예를 들어, 작고 전하가 없는 비극성 분자들은 지질 이중층을 통과해 바로 확산될 수 있다. 그러한 분자는 마치 유령이 벽을 통과하는 것처럼 지질 이중층에 간단히 용해된다. 반대로 극성이나 전하를 띤 분자들은 지질에 용해되지 않기 때문에 지질 이중층을 통과할 수 없다.

지질에 용해되는 두 가지 중요한 분자는 세포에 확산되어 대사

작용에 사용되는 산소(O_2)와 세포로부터 확산되어 나와 폐를 통해 몸 밖으로 제거되는 대사작용의 노폐물인 이산화탄소(CO_2)이다. 확산으로 지질 이중층을 통과하는 또 다른 물질은 신장에 의해 몸 밖으로 제거되는 중성 노폐물인 요소이다.

채널을 통한 확산 물과 많은 이온들은 원형질막에서 채널을 통해 확산된다. 채널은 지질 이중층 전체를 가로지르는 단백질로 구성되어 있다. 채널 단백질의 크기와 형태 그리고 채널의 안쪽 벽을 이루는 여러 아미노산의 전하가 물질의 통과 여부를 결정한다.

어떤 채널은 항상 열려 있다(물 채널). 막을 통한 어떤 분자의 확산은 주로 그 분자가 통과할 때 적절하게 맞는 채널의 수에 의해 결정된다. 어떤 채널에는 조건에 따라 열고 닫히는 문이 있다. 문이 있는 채널은 특히 신경세포와 같이 전기적으로 흥분되는 세포에서 이온(소듐, 포타슘, 칼슘)의 수송을 조절하는데 중요하다(11단원). 수송을 담당하는 여러 가지 단백질을 나타낸 그림 3.5를 보자.

촉진수송 촉진확산(facilitated diffusion)이라고 부르는 **촉진수송(facilitated transport)**에서 분자는 채널을 통해 통과하지 않는다. 대신 분자는 막단백질에 붙어 단백질의 형태나 방향을 변화시켜 막의 반대쪽으로 옮겨간 후 방출된다. 분자가 방출되면 그 단백질은 원래의 형태로 돌아간다. 채널을 여는 것이 아니라 이와 같은 방법으로 원형질막을 통과시켜 분자를 수송하는 단백질을 **수송단백질(transport protein)**이라 부른다.

촉진수송은 특정 물질에 대하여 고도로 선택적이다. 이동 방향은 항상 고농도 지역에서 저농도 지역으로 일어나므로 세포가 에너지를 소비하지 않는다. 정상적인 확산 과정은 수송 단백질에 의해 간단히 촉진된다. 포도당과 다른 단당류들은 이 방법으로 대부분의 세포로 들어간다.

요점 정리

확산과 촉진수송은 수동수송의 형태이다. 이 두 과정은 에너지의 소비를 요구하지 않는다. ■

능동수송은 에너지를 요구한다

수동수송에는 농도기울기를 따라 모든 물질이 이동된다. 장애물이 없다면 보통 구배의 방향으로 확산된다. 그러나 **능동수송(active transport)**은 농도기울기에 역행하여 원형질막을 통과시켜 물질을 이동시킬 수 있다. 능동수송은 외부 농도가 낮을지라도 세포가 필수 분자를 축적시키고 필요 없는 분자를 제거하게 한다. 능동수송은 에너지가 소모된다.

촉진수송처럼 능동수송은 원형질막을 관통하는 단백질에 의해 수행된다. 차이점은 능동수송 단백질은 어떤 분자를 운반하기 위하여 일부 에너지원을 가져야 한다. 일부 능동수송 단백질은 이 목적을 위하여 고에너지 분자 ATP를 사용한다(그림 3.9a). 능동수송 단백질은 ATP를 분해하여 ADP(아데노신이인산)와 인산 그룹(P_i)을 만들고 방출된 에너지를 이용하여 농도기울기에 역행하는 단백질을 원형질막을 가로질러 운반한다. 능동수송 단백질은 휘발유 엔진에 의해 힘을 받아 언덕 위로 물체를 운반하는 컨베이어벨트라고 상상해라. 여기서 ATP는 휘발유이고 ADP는 배기장치이다(세포에서 ADP 배기장치는 ATP로 재활용되는 점이 다르다).

원형질막을 가로질러 능동적으로 분자를 운반하는 단백질은 간혹 펌프라고 부른다. 일부 펌프는 여러 개의 다른 단백질을 한번에, 심지어 동시에 양방향으로 운반할 수 있다. 가장 중요한 원형질막 펌프 중의 하나는 **소듐-포타슘 펌프(sodium-potassium pump)**인데 이것은 ATP가 분해되어 생긴 에너지를 이용하여 소듐은 세포 밖으로, 포타슘은 세포 안으로 운반한다.

모든 능동수송 펌프가 에너지원으로 ATP를 사용하지는 않는다. 일부는 한 분자의 언덕 아래 촉진수송으로부터 에너지를 얻어 농도기울기에 역행하여 이동하는 분자를 운반하는데 사용한다(그림 3.9b). 이러한 형태의 수송은 아래로 흐르는 물로부터 나오는 에너지를 사용함으로써 곡식을 갈아 밀가루로 만드는 구형 방앗간과 유사하다.

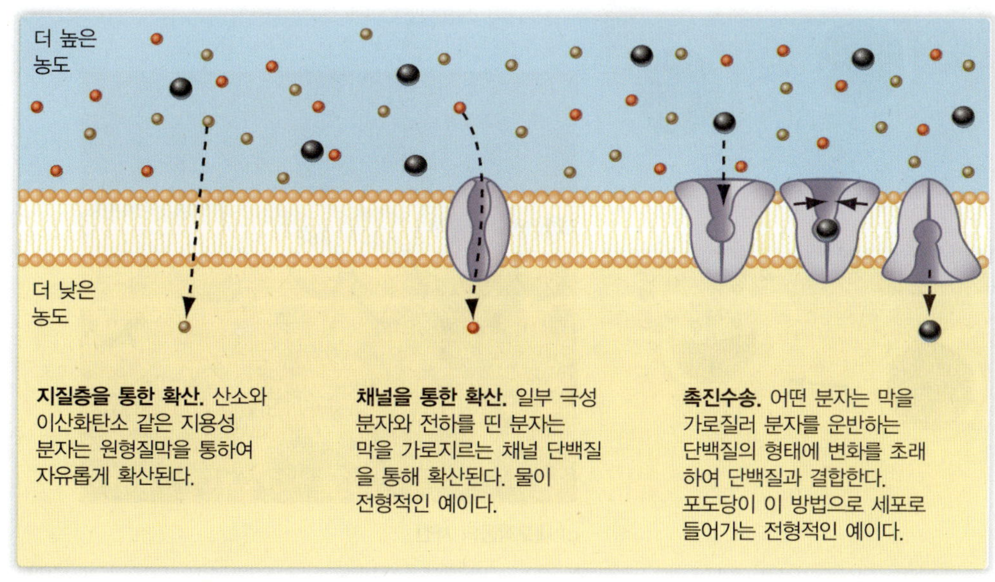

그림 3.8 **세 종류의 수동수송.** 세 가지 모두 에너지를 소비하지 않고 농도기울기가 낮은 곳으로 물질을 운반한다.

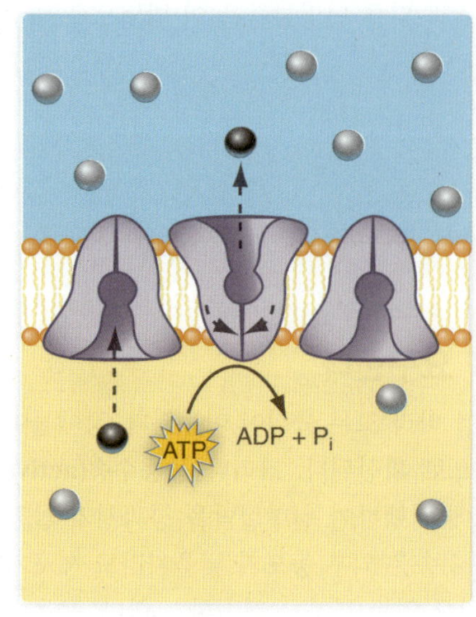

a) ATP를 사용하는 능동수송

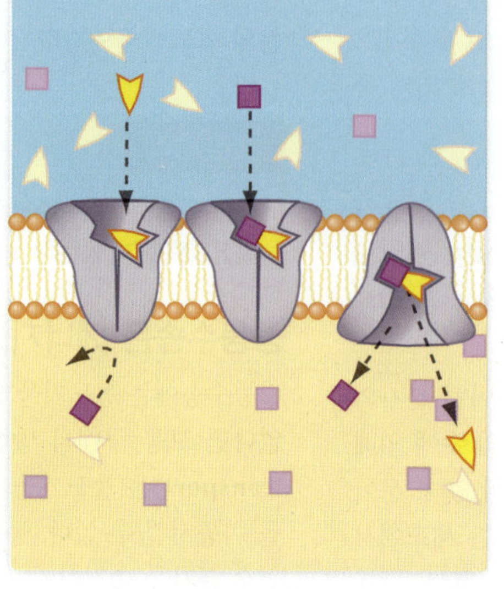

b) 에너지원으로서 화살촉 분자의 확산을 사용하는 네모 분자의 능동수송

그림 3.9 능동수송. 세포는 농도기울기에 역행하는 분자를 수송하기 위하여 능동수송을 사용한다. 이것은 언덕 위로 올라가는(uphill) 노력이기 때문에 에너지가 필요하다. (a) ATP는 운반체(carrier) 단백질의 형태를 변화시키는데 필요한 에너지를 제공한다. ATP는 ADP + P_i로 전환되며 에너지를 방출한다. (b) 일부 운반체 단백질은 한 분자를 언덕 아래로 수송하면서 얻은 에너지를 사용하여 다른 분자를 언덕 위로 운반한다.

내포작용과 외포작용은 대량으로 물질을 이동시킨다

대부분의 이온 분자나 작은 분자는 위에서 설명한 하나 이상의 수동수송과 능동수송 기작으로 세포막을 통과하여 이동한다. 그러나 일부 분자는 너무 크기 때문에 이러한 기작으로 운반되지 않는다. 큰 분자나 여러 종류의 분자를 대량으로 이동하기 위하여 일부 세포는 내포작용이나 외포작용, 또는 두 가지 모두를 사용한다. 이 두 가지 과정의 원리는 같지만, 이동 방향이 다르다. **내포작용(세포내섭취작용, endocyosis)**은 물질을 세포 안으로, **외포작용(세포외배출작용, exocyosis)**은 물질을 세포 밖으로 이동시킨다.

그림 3.10은 내포작용과 외포작용의 과정을 보여주고 있다. 내포작용에서 세포외 용액에 녹아 있는 분자는 원형질막이 감싸면서 생기는 주머니로 둘러싸이고 세포 내에 막으로 된 **소낭(vesicle)**을 형성한다. 내포작용으로 이동할 분자를 옳게 선택하기 위하여 일부 소낭들은 특정 분자하고만 결합하는 수용체를 표면에 가지고 있다. 인슐린과 어떤 효소들은 이 방법에 의해 세포 안으로 들어간다. 영양분이나 물과 같이 세포외액에 있는 것은 무엇이든지 감싸 세포 안으로 이동시키는 비선택적 소낭들도 존재한다. 이런 유형의 소낭은 소화관의 안쪽 벽을 구성하는 세포에서 자주 발견된다. 일부 백혈구 세포들은 내포작용에 의해 세균 전체를 감싸 세포 안으로 빨아들인 후 파괴한다(9단원).

외포작용에서, 세포 안에 이미 존재하는 소낭은 원형질막과 융합하여 세포를 둘러싸고 있는 용액으로 그 내용물을 방출한다. 이 방법으로 어떤 세포들은 독성 있는 노폐물을 방출하고, 소화가 안

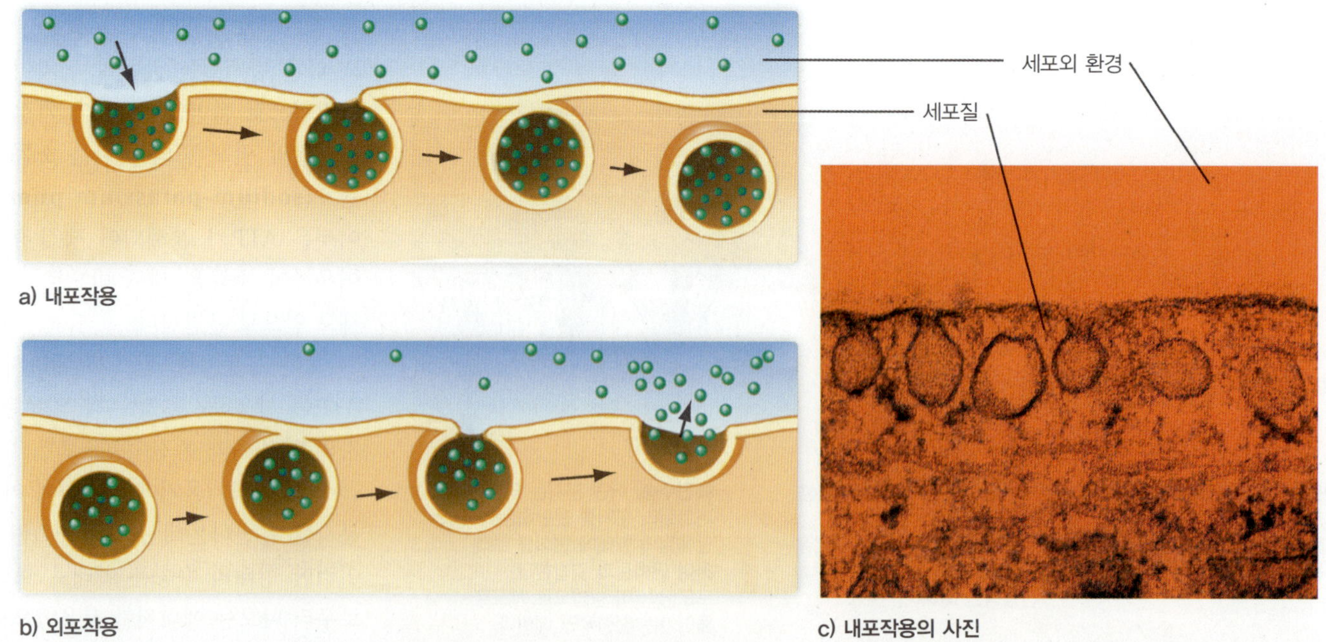

그림 3.10 내포작용과 외포작용. (a) 내포작용에서 물질은 세포막에 의해 둘러싸이고 세포 안으로 옮겨진다. (b) 외포작용에서 막을 가진 소낭이 원형질막과 융합되고 세포 밖으로 내용물을 배출한다. (c) 내포작용을 단계적으로 보여주는 사진.

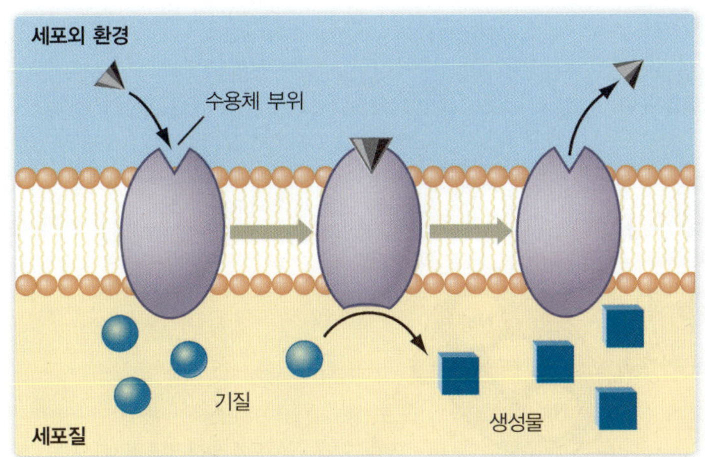

그림 3.11 **수용체 단백질의 활동.** 특정 분자가 수용체 단백질에 있는 수용체 부위로 다가와 결합한다. 수용체 단백질에 그 분자가 결합하면 세포 내에서 화학반응이 연속적으로 일어난다. 이 그림에서는 특정 세포 생성물(정사각형)이 기질 분자(원형)로부터 만들어진다.

되는 물질을 제거하거나 특수 산물을 분비한다.

정보는 원형질막을 통과하여 전달될 수 있다

원형질막을 가로지르는 **수용체 단백질(receptor protein)**은 막을 통하여 정보를 받거나 전해준다. 수용체 단백질에 의해 받아진 정보는 막을 통과하여 들어온 물질이 없더라도 일반적으로 세포 내에서 무슨 일이 일어나도록 만든다.

그림 3.11은 수용체 단백질이 어떤 일을 하는지 보여준다. 어떤 분자가 막에 접근해 열쇠-자물쇠 방식으로 수용체의 **특정 부위(receptor site)**에 결합한다. 이 결합이 일련의 생화학 반응을 일으켜 세포 내에서 변화가 생긴다. 수용체 단백질은 특정 분자나 비슷한 분자들에 대하여 고도로 특이성을 갖는다. 예를 들어, 인슐린 수용체 단백질은 오직 인슐린에만 반응하고 다른 호르몬에는 반응하지 않는다. 더구나, 세포에 따라 수용체 단백질의 종류가 다르기 때문에 어떤 세포나 조직은 특정 호르몬에 반응하지만 다른 세포나 조직은 반응하지 않는 이유를 설명해준다.

수용체 단백질과 호르몬에 대한 상세한 설명은 13단원에서 다루기로 한다. 지금은 어떤 분자들이 세포의 바깥쪽 표면과 단순 접촉함으로써 세포 내부에서 일어나는 일에 영향을 미칠 수 있다는 사실을 기억하기 바란다.

소듐-포타슘 펌프는 세포의 용적이 유지되도록 도와준다

아마도 세포가 직면하는 가장 결정적인 일은 세포의 용적을 유지하는 것이다. 그 이유는? 원형질막은 부드럽고 유연하다고 배웠다. 세포는 많이 늘어나거나 높은 액체 압력을 견디지 못한다. 더구나, 세포는 세포 외부 환경(원형질막을 벗어난 세포 밖의 지역)에 무엇이 있는가에 따라 어떤 물질들을 축적하는 경향이 있다. 세포는 이미 핵과 세포소기관을 포함하고 있다. 더불어 세포는 아미노산, 설탕, 지질, 이온 등의 물질을 생산하거나 저장하고 있다. 이러한 분자들은 세포가 정상적으로 기능하는데 필요하지만 세포 내의 많은 용질 입자들이기도 한다.

물은 원형질막을 비교적 쉽게 통과하여 확산되기 때문에 물이 세포질에 있는 고농도의 용질로 확산된다고 생각하기 쉽다. 이와 같이 세포 안쪽으로 확산되면 세포 용적을 증가시키고, 결국 세포가 팽창하고 터지게 된다.

이것을 피하는 유일한 방법은 세포가 세포질의 용질 농도를 세포외액의 용질 농도와 동일하게 유지하는 것이다. 그렇게 되면 물의 확산이 일어나지 않는다. 세포가 실제로 하는 일은 세포가 필요한 것을 받아들이는 만큼 많은 양이 필요하지 않는 이온(주로 소듐 이온)을 제거한다. 이것이 소듐-포타슘 펌프의 주요 기능이다.

스스로 해보기

피부에서 삼투 효과 관찰하기

샤워나 목욕 후 또는 수영장에서 오랫동안 물속에 있다 밖으로 나온 다음 손가락과 발가락을 보면 쭈글쭈글해 보이는데 그 이유는 무엇일까?

우리 몸에는 물론 물이 있지만 용질도 있다. 우리 몸속의 물의 농도는 목욕탕이나 수영장의 물 농도보다 낮다(순수 민물이 물의 농도가 가장 높다). 이 단원에서 설명했듯이 물은 높은 농도- 즉, 목욕탕이나 수영장-에서 여러분의 몸과 같이 낮은 농도로 확산된다. 여러분의 손가락이나 발가락이 쭈글쭈글해 보이는 것은 물이 흥건히 배어 있기 때문이다. 피부의 바깥층으로 들어간 여분의 물은 피부의 부위에 따라 부풀게 만들거나 부풀지 않게 하므로 주름이 지게 된다.

왜 피부의 나머지 부분은 주름지지 않는가? 다음 단원에서 보겠지만 피부에 있는 작은 샘(gland)들이 어느 정도 방수 역할을 하는 자연 보습제를 생산한다. 이 보습제를 생산하는 샘들은 모낭과 결합하므로 대부분의 보습제는 우리 몸에서 적어도 약간의 털을 가지고 있는 부위에서 생산된다. 만일 피부가 오랫동안 젖어 있으면 손가락 끝에 있던 소량의 보습제는 순식간에 씻겨나가거나 닦여나가서 삼투가 일어나게 된다. 털이 있는 부분은 이 보습제가 더 잘 유지되어 삼투가 일어나지 않는다.

물론 이 현상은 설거지 후에도 관찰된다. 그러나 설거지를 하지 말라는 것은 아니다. 쭈글쭈글한 것은 해로운 것도 아니며 금방 없어진다. 만일 그것이 싫다면 장갑을 끼거나 좋은 보습제를 사용하면 된다.

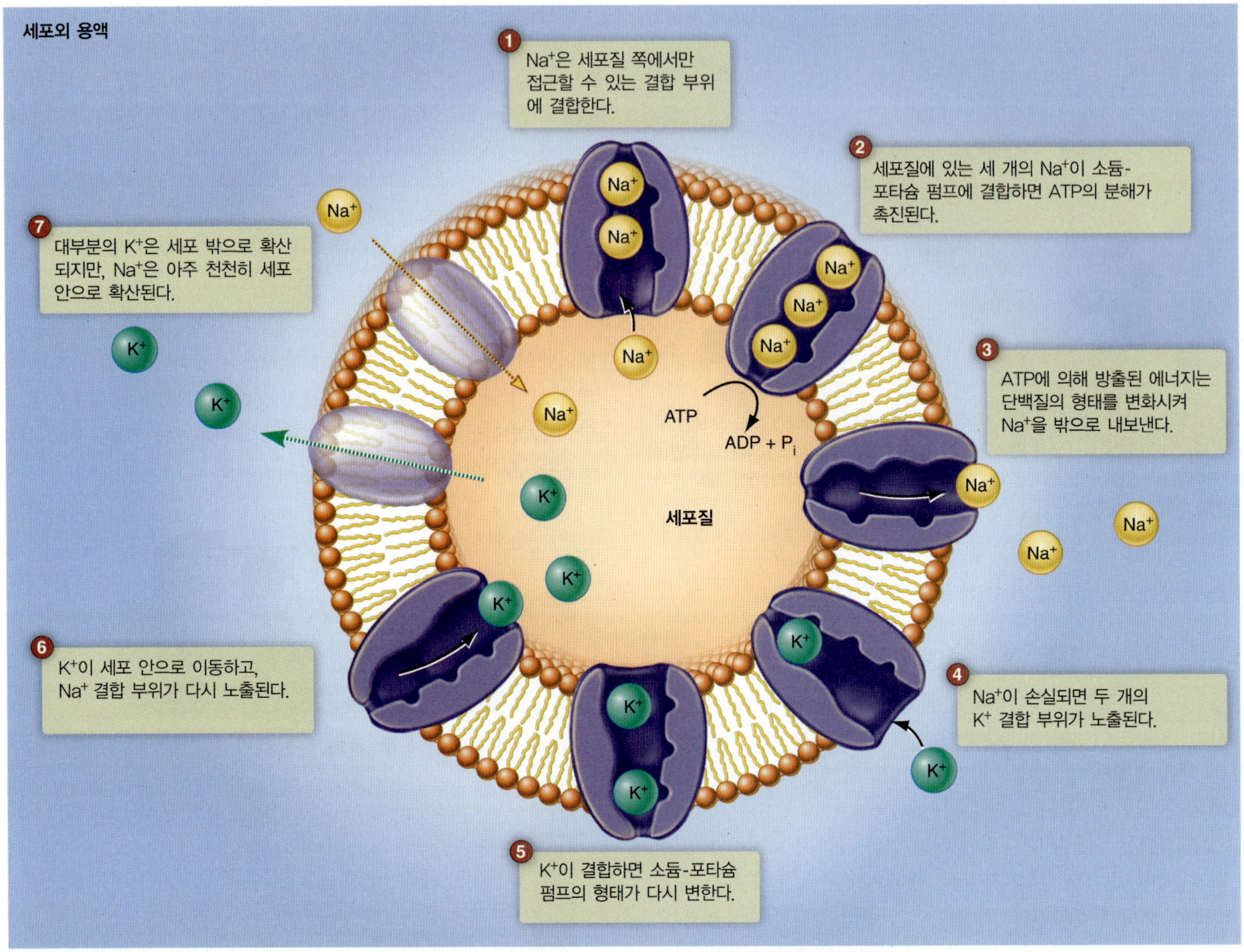

세포외 용액
1 Na^+은 세포질 쪽에서만 접근할 수 있는 결합 부위에 결합한다.
2 세포질에 있는 세 개의 Na^+이 소듐-포타슘 펌프에 결합하면 ATP의 분해가 촉진된다.
3 ATP에 의해 방출된 에너지는 단백질의 형태를 변화시켜 Na^+을 밖으로 내보낸다.
4 Na^+이 손실되면 두 개의 K^+ 결합 부위가 노출된다.
5 K^+이 결합하면 소듐-포타슘 펌프의 형태가 다시 변한다.
6 K^+이 세포 안으로 이동하고, Na^+ 결합 부위가 다시 노출된다.
7 대부분의 K^+은 세포 밖으로 확산되지만, Na^+은 아주 천천히 세포 안으로 확산된다.
Na^+
K^+
ATP
ADP + P_i
세포질

a) 세포막에는 Na^+-K^+ 펌프가 있으며, 또한 K^+은 밖으로 빠르게, Na^+은 안으로 아주 천천히 확산시키는 채널들이 존재한다.

Na^+
H_2O
안정 상태에서 세포 밖으로의 소듐 수송률은 세포 안으로의 소듐확산율과 같다.
세포 밖으로의 소듐 수송률이 세포 안으로의 확산율을 초과할 때, 물은 세포 밖으로 확산되고 세포는 줄어든다.
세포 밖으로의 소듐 수송률이 세포 안으로의 확산율보다 낮을 때, 물은 세포 안으로 확산되고 세포는 팽창된다.
Na^+의 능동수송
소듐-포타슘 펌프
K^+의 확산
Na^+의 확산
H_2O의 확산

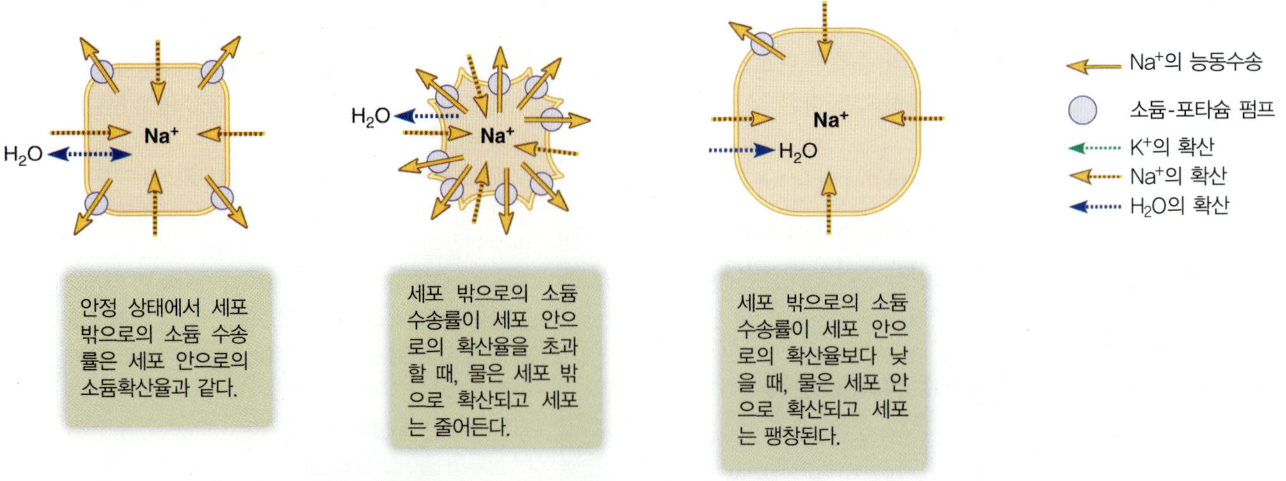

b) Na^+-K^+ 펌프에 의한 수송률은 세포의 용적을 결정한다.

그림 3.12 소듐-포타슘 펌프(Na^+-K^+ 펌프)에 의한 세포 용적의 조절.

그림 3.12a는 소듐-포타슘 펌프가 어떻게 작동하는가를 보여준다. 이 펌프는 세포 내부로부터 접근이 가능한 세 개의 소듐 결합 부위를 가지고 있다. 세 개의 소듐이온이 결합하면 ATP 분자가 ADP와 무기인산으로 분해되기 시작한다. ATP에 의해 방출된 에너지는 펌프의 형태를 변화시켜서 소듐이온을 내보내고 세포 밖에서만 접근이 가능한 두 개의 포타슘 결합 부위를 노출시킨다. 포타슘이 결합하면 펌프에 또 다른 형태 변화가 생기고 포타슘이온이 세포 안으로 운반된다.

이처럼 세 개의 소듐과 두 개의 포타슘이 교환되는 효과는 세포 내의 이온 수를 약간 낮추어 준다. 특히 원형질막에는 소듐 채널은 거의 없고 포타슘 채널은 많기 때문에 원형질막은 소듐보다 포타슘에 대해 훨씬 더 투과성이 높다. 세포는 소듐이온이 들어오면 바로 밖으로 배출함으로써 효과적으로 세포질의 소듐이온 수를 낮게 유지한다. 능동수송에 의해 포타슘이 세포 안으로 들어와도 쉽게 다시 밖으로 새나가기 때문에 세포 안의 포타슘 농도는 증가하지 않는다.

그림 3.12b에서 보여주듯이 소듐-포타슘 펌프는 효과적으로 세포의 용적을 조절한다. 세포 용적을 줄이기 위하여 세포는 소듐-포타슘 펌프의 활동을 증가시켜, 평소보다 소듐을 더 많이 제거한다. 물도 삼투 평형을 유지하기 위하여 세포 밖으로 나간다. 용적을 늘리기 위하여 세포는 펌프의 활동을 낮추고 여분의 소듐과 함께 물을 보유한다. 포타슘은 많은 양이 들어와도 금방 확산되기 때문에 펌프에 의한 포타슘 수송률은 세포 용적을 조절하지 못한다.

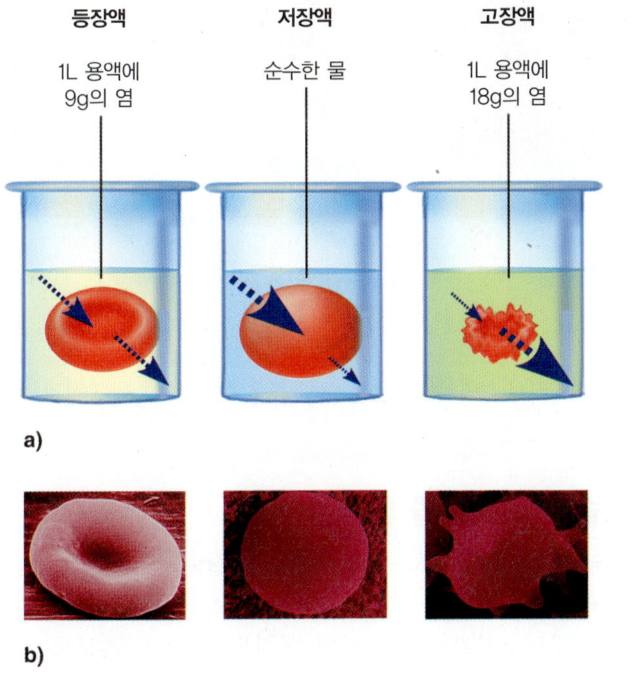

적혈구 세포 한 개의 원형질막에는 일백 개 이상의 소듐-포타슘 펌프가 있다. 또한 그 펌프는 신경세포가 전류를 만들 수 있게 하는데 필수적이다. 11단원에서 소듐-포타슘 펌프에 대해 더 자세히 논의할 것이다.

세포외 등장액은 세포 용적을 유지한다

긴장성(tonicity)은 두 액체에 들어 있는 용질의 상대적 농도를 의미한다. 물은 쉽게 세포막을 통하여 확산되기 때문에 사람 세포가 용적을 조절하는 능력은 세포외액의 긴장성에 달려 있다(그림 3.13).

등장액(isotonic)인 세포외 용액은 **세포내 용액**(intracellular fluid)과 동일한 농도를 갖는다. 등장액인 세포외 용액에서 세포는 세포 안과 밖의 물 농도가 같기 때문에 정상적인 세포 용적을 갖는다. 사람의 경우 등장액인 세포외 용액은 용액 1리터에 녹아 있는 9그램의 염과 같다. 신체의 조절 기작을 통하여 세포외 용액의 염 농도가 그 수준으로 일정하게 유지된다.

세포 내의 용액보다 용질 농도가 더 높은 **고장액(hypertonic)**에 세포를 놓으면 물은 세포 밖으로 확산되고 세포는 줄어든다. 이것은 결국 정상 기능을 손상시켜 세포가 죽게 된다.

역으로 세포 내의 용액보다 용질 농도가 더 낮은 **저장액(hypotonic)**에 세포를 놓으면, 물이 세포 안으로 들어오면서 세포가 부풀어진다. 순수한 물은 가장 좋은 저장액이다. 대부분의 사람 세포를 순수한 물에 놓으면 금방 부풀어지고, 터져서 죽는다.

그림 3.13 **세포 용적에 대한 세포외 용액의 긴장성(tonicity) 효과.** (a) 등장액, 저장액, 고장액에 놓인 사람 적혈구 세포 안과 밖으로의 물의 이동. 물의 이동량은 화살표의 크기로 나타내었다. (b) 각 용액에 담긴 적혈구의 주사전자현미경 사진.

요점 정리

소듐-포타슘 펌프는 세포 용적을 조절하는데 필수적인 기작이다. 더불어, 항상성 조절 과정은 세포외 용액의 긴장성을 비교적 일정하게 유지시켜준다. ■

3.5 세포 내부의 구조물은 특수 기능을 수행한다

지금까지 세포를 둘러싸고 있는 원형질막에 대하여 논의했다. 이제 세포 내부로 옮겨 수많은 막성 구조물과 비막성 구조물에 대하여 알아보자. 막성 구조물들을 세포소기관이라 부르는데 그 이유는 특수한 기능을 수행하는 점에서 작은 기관과 같기 때문이다. 그림 3.14는 핵과 세포소기관을 갖고 있는 동물세포의 단면을 보여주고 있다.

핵은 세포를 조절한다

살아 있는 진핵생물체의 가장 눈에 띄는 세포소기관은 핵이다(그림 3.15). 세포의 정보 센터로서, 핵은 긴 DNA 분자의 형태로 세포에

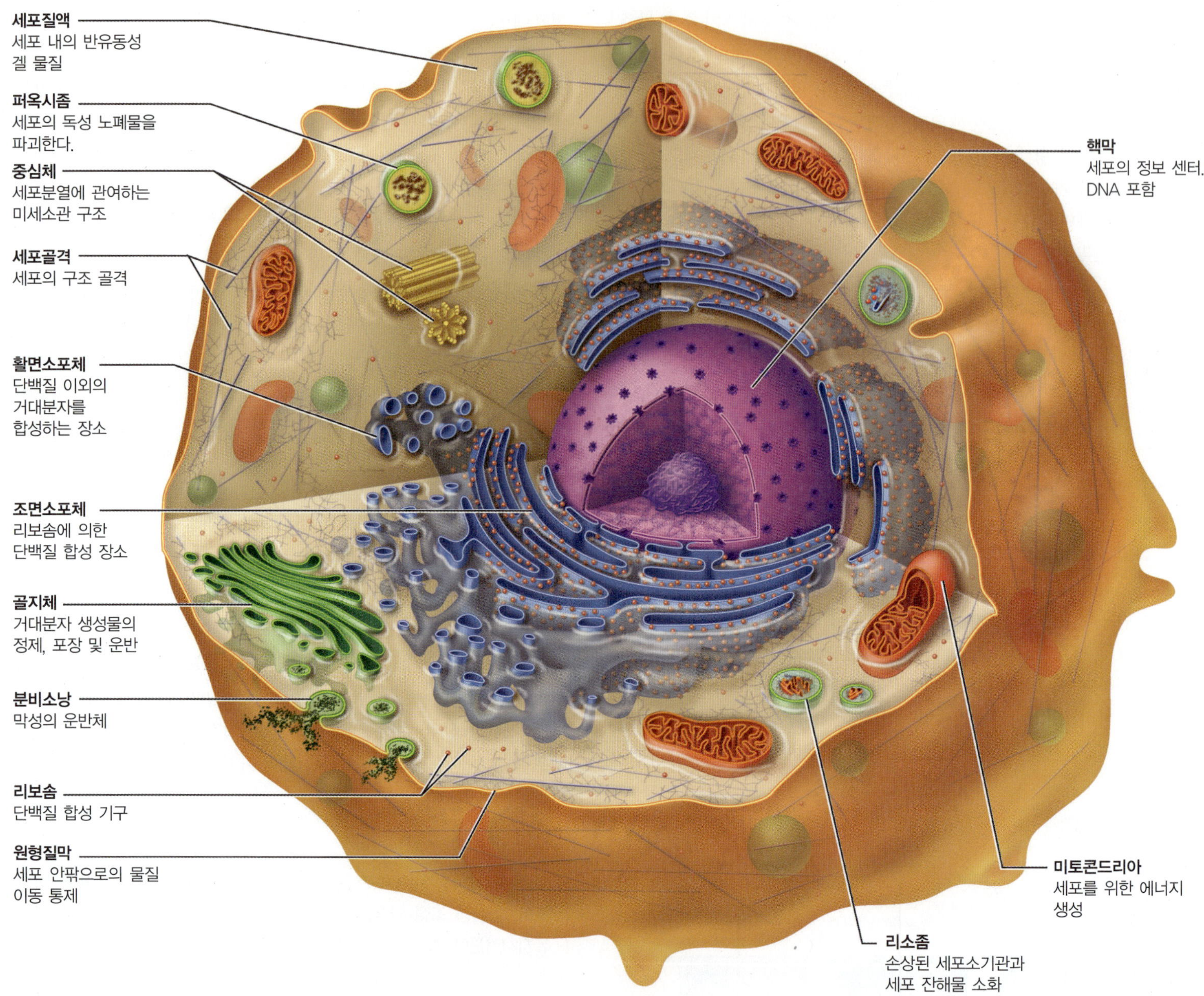

그림 3.14 전형적인 동물세포. 섬모, 편모, 글리코겐 입자, 또는 지방 입자는 특정 세포에만 존재하기 때문에 이 그림에서는 표기하지 않았다.

들어 있는 대부분의 유전물질을 포함하고 있다. (17단원에서 배우겠지만 미토콘드리아도 자신의 DNA를 갖고 있다.) 궁극적으로, DNA는 세포의 거의 모든 활동을 조절한다. DNA가 어떻게 세포의 기능을 조절하는가는 17단원과 19단원에서 상세히 논의된다.

핵의 바깥 면은 DNA가 핵 안에 머물도록 하는 **핵막**(nucleus membrane)이라는 이중막 구조로 되어 있다. 핵막은 **핵공**(nuclear pore)으로 연결되어 있다. 핵공은 너무 작아 DNA가 통과하지 못하지만 작은 단백질과 RNA 분자는 통과할 수 있다.

핵 안에는 **인(nucleolus)**이라 부르는 진하게 염색되는 부분이 있는데, 이곳에서 **리보솜**(ribosome)을 구성하는 RNA와 단백질이 합성된다. 리보솜의 구성 성분은 핵공을 통과하여 세포질로 이동한 다음 리보솜으로 조립된다.

리보솜은 단백질을 합성한다

리보솜(ribosome)은 RNA와 특정 단백질로 구성된 작은 구조물로 세포질에서 자유롭게 떠다니거나 대부분의 생물학적 분자를 합성하는 세포소기관인 소포체에 연결되어 있다. 리보솜은 주형 RNA의 염기서열에 따라 적절한 아미노산을 연결하면서 아미노산을 단백질로 조립한다. 17단원에서 이 과정을 상세히 다룰 것이다.

소포체에 부착된 리보솜은 단백질을 소포체의 주름 안으로 방

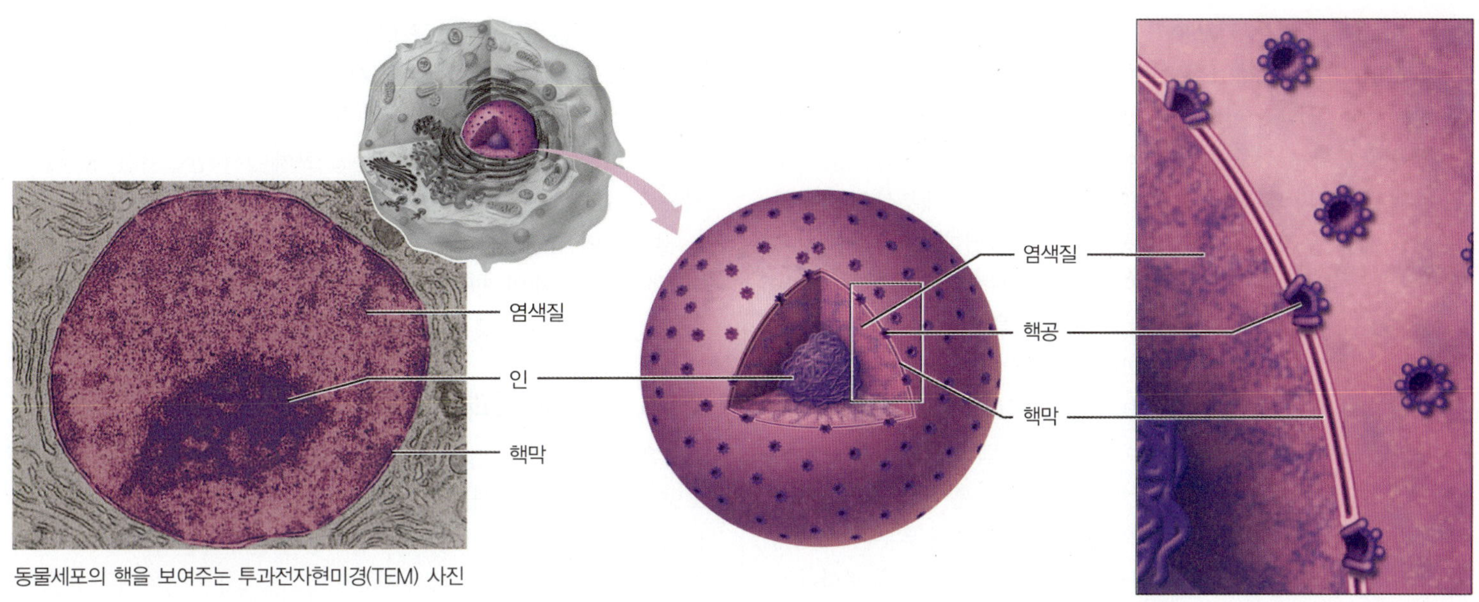

그림 3.15 핵. 핵은 세포의 유전물질을 포함하고 있다. 인은 리보솜의 단백질과 RNA 성분을 생산한다. 이들 성분은 핵공을 통하여 핵을 떠난다.

출한다. 이 중 많은 단백질은 결국 세포에 의해 분비된다. 자유롭게 떠다니는 리보솜은 일반적으로 세포질 용액에서 일어나는 화학반응의 촉매로 작용하는 효소처럼 즉시 사용되는 단백질을 생산한다.

소포체는 생산 공장의 중심이다

소포체(endoplasmic reticulum: ER)는 세포에서 만들어지는 대부분의 화학물질을 리보솜과 공동으로 생산한다. 만일 세포가 산업도시라면, ER은 그 도시의 철강공장, 제재소, 화학공장이다. 철강공장의 생산물처럼 소포체에 의해 만들어진 물질은 종종 최종 산물이 아니다. 그것은 골지체에 의해 정제되고 포장된다. 이 과정은 나중에 논의할 것이다.

그림 3.16은 소포체의 구조와 단백질 및 다른 물질의 합성 역할을 보여주고 있다. 소포체는 주름이 많고 용액으로 채워진 공간을 둘러싸는 막성계이다. 소포체의 한 부분은 핵막과 연결된다. 소포

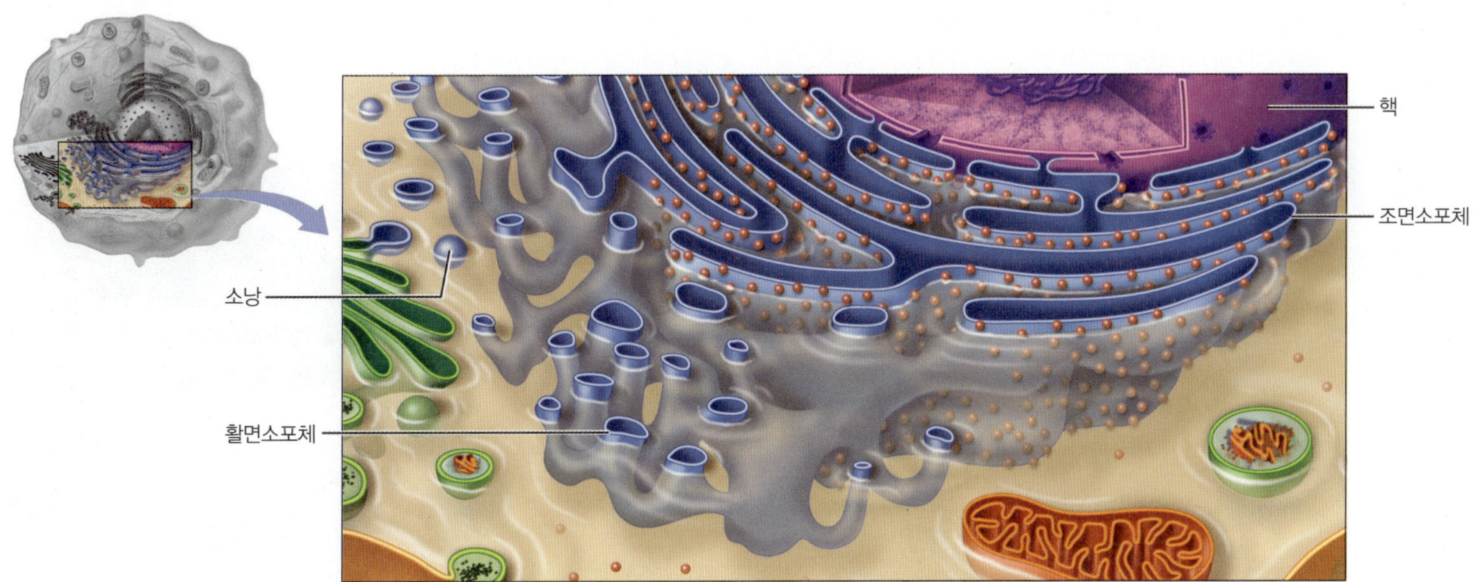

그림 3.16 소포체(ER). 조면소포체는 리보솜이 붙어 있으며 단백질이 합성되는 곳이다. 활면소포체는 소포체의 단백질과 다른 생성물을 포장하고 소낭의 형태로 골지체로 운반하도록 준비한다.

체의 바깥쪽 표면은 리보솜이 알갱이 모양으로 점재되어 있는데 이를 **조면소포체**(rough ER)라 한다. 리보솜이 없는 부위는 **활면소포체**(smooth ER)라 한다.

조면소포체는 리보솜이 있어 예상할 수 있듯이 단백질을 합성하는데 관여한다. 부착된 리보솜에 의해 합성되는 대부분의 단백질은 소포체의 용액으로 채워진 공간으로 방출된다. 결국 단백질은 활면소포체로 들어가 골지체로 이동되도록 포장된다.

활면소포체는 단백질 이외의 거대분자, 특히 일부 호르몬을 포함한 지질을 합성한다. 소포체 막의 내부 표면에 있는 많은 효소들은 거대분자 합성에 필요한 화학반응을 촉진한다.

활면소포체는 골지체로 전달하기 위한 단백질과 지질을 포장하는 역할을 한다. 새로 합성된 단백질과 지질은 활면소포체의 가장 바깥쪽 층에 모인다. 거기서, 용액으로 채워진 작은 부분이 소포체 막으로 둘러싸여지고, 떨어져 나와 용액, 단백질, 지질을 포함하는 소낭을 형성한다. 소낭은 골지체로 이동하여 골지체 막과 융합되고 가공을 더 하기 위하여 내용물을 골지체로 방출한다.

요점 정리

핵에는 세포의 유전물질이 대부분 존재한다. RNA와 리보솜 단백질로 구성된 리보솜은 단백질을 조립한다. 소포체는 단백질을 변형시키고, 대부분의 다른 거대분자를 가공되지 않은 형태로 합성한 후 골지체로 옮겨준다. ■

골지체는 정제하고 포장하고 운반한다

골지체(Golgi apparatus)는 세포의 정제, 포장, 배송 센터이다. 세포를 도시에 비유한다면, 골지체에서는 강철 막대가 못과 나사로, 통나무가 문과 창문으로, 곡물이 빵으로 만들어진다.

그림 3.17은 골지체의 구조와 그곳에서 일어나는 가공 과정을 보여준다. 골지체의 횡단면은 접시를 쌓아놓은 것처럼 막으로 둘러싸인 용액이 채워진 공간이 연속적으로 서로 연결되어 있는 것처럼 보인다. 소포체처럼, 골지체는 소포체에서 만들어진 생성물을 최종 형태로 더 가공하는 효소를 가지고 있다.

골지체의 내용물은 천천히 연속적인 과정을 거쳐 바깥쪽으로 이동한다. 골지체의 가장 바깥층에서 생성물은 마침내 소낭으로 포장될 준비가 되어 최종 목적지로 운송된다.

소낭: 막성 저장과 운반체

소낭은 세포 내에 어떤 물질을 포함하고 있는 막으로 둘러싸인 공 모양의 소기관이다. 때로 소낭들은 세포 내에 포함되며, 때로는 다른 장소로 이동한다. 여러 종류의 소낭이 존재하는데 각 소낭의 기원과 목적은 다르다.

세포 생성물을 운반하고 저장하는 소낭 이 소낭들은 소포체와 골지체의 산물을 포장하여 운반한다. 각 소낭에는 골지체에 의해 만들어진 수천 종의 물질 중 하나만 포함되어 있다.

각 소낭의 내용물은 "선적 꼬리표"로 작용하는 소낭의 막 단백질에 의해 결정된다. 선적 꼬리표는 어떤 산물이 소낭에 포함되어 어느 곳으로 보내져야 하는가를 결정한다. 만일 소낭의 산물이 바로 필요한 것이 아니라면 그것은 마치 선적을 기다리며 창고에 저장된 상자처럼 세포질에 머물게 된다.

분비소낭 분비소낭은 세포 밖으로 나가야 할 산물을 포함하고 있다. 분비소낭은 원형질막으로 이동하여 외포작용을 통해 세포 밖으로 내용물을 방출한다. 분비물질은 대부분 골지체에서 만들어지기 때문에 분비소낭은 일반적으로 골지체 막으로부터 유래된다.

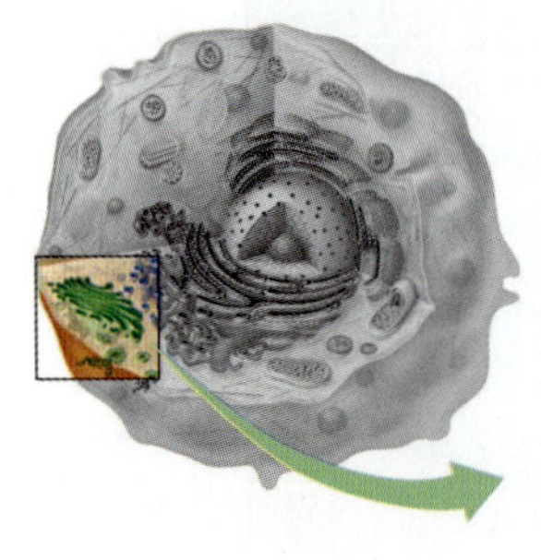

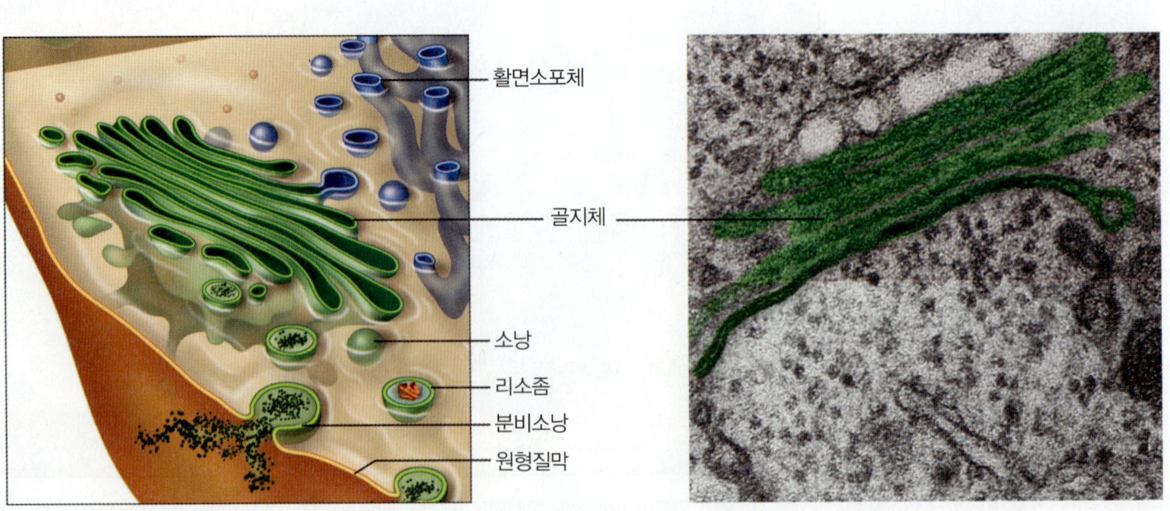

그림 3.17 골지체. 골지체는 소포체로부터 물질을 받아 최종 생성물로 가공한 다음, 소낭 안에 포장하여 최종 목적지로 보낸다.

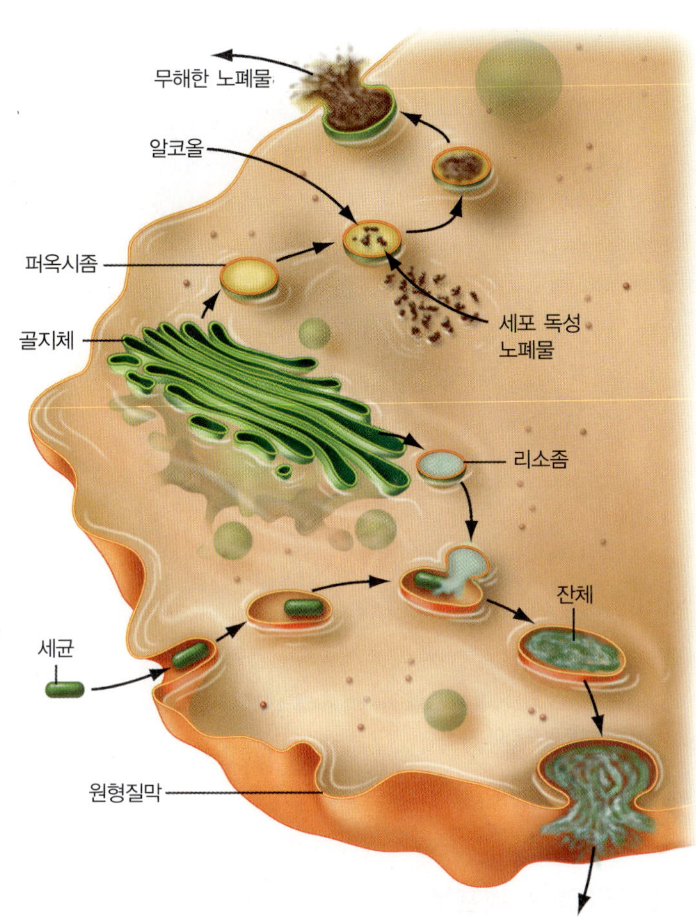

그림 3.18 **리소좀과 퍼옥시좀.** 골지체에 의해 형성된 리소좀은 세균을 포함하고 있는 내포성 소낭과 융합한다. 세균이 소화되고 나머지 잔체는 외포작용에 의해 배출된다. 퍼옥시좀은 알코올을 포함한 독성 노폐물을 섭취하고 그들을 해롭지 않은 노폐물로 분해한 후 배출한다.

내포성 소낭 이 소낭은 세포외 환경으로부터 세균과 원료들을 감싼 다음 내포작용에 의해 그 물질들을 세포 안으로 가져온다.

퍼옥시좀과 리소좀 이 소낭들 안에는 강력한 효소가 들어 있다. 이 효소들은 세포에 피해를 주기 때문에 소낭 안에 포함되어야 한다. 둘 다 골지체에 의해 만들어진다. 그림 3.18은 이들의 기능을 보여준다.

퍼옥시좀(peroxisome)에 있는 효소는 과산화수소 등을 포함하여 세포에서 생성된 여러 가지 독성 노폐물을 파괴한다. 퍼옥시좀은 또한 알코올처럼 밖으로부터 세포로 들어온 화합물도 파괴한다. 독성 제거 과정은 퍼옥시좀 안에서만 일어난다.

리소좀(lysosome)에는 강력한 소화효소가 들어 있다. 리소좀은 세포 내에서 내포성 소낭과 융합하여 세균과 큰 물질을 소화시킨다. 리소좀은 또한 손상된 미토콘드리아와 다른 세포 잔해물을 녹여 제거하는 살림살이 일도 한다. 리소좀은 소화작용을 마친 후 노폐물로 꽉 찬 작은 주머니와 비슷한 잔체(residual body)가 된다. 잔체는 세포 안에 저장될 수 있지만 보통 그 내용물은 외포작용에 의해 세포로부터 제거된다.

요점 정리

골지체는 세포 생성물을 최종 형태로 정제하고 막성 소낭에 그것들을 포장시킨다. 일부 소낭은 세포 생성물을 저장하고 운반하고 분비한다. 다른 소낭들은 독성 노폐물과 세포 잔해물을 소화시켜 제거한다. ■

미토콘드리아는 에너지를 제공한다

세포가 기능을 하려면 거의 항상 에너지가 필요하다. 에너지는 우리가 먹는 음식의 화학결합에서 얻을 수 있다. 그러나 세포는 그것을 직접 사용할 수 없다. 섭취한 영양분에 있는 에너지의 대부분은 이용할 수 있는 형태로 전환된 후 살아 있는 세포의 물리 화학적 활동에 사용된다.

미토콘드리아(mitochondria)는 사용할 수 있는 에너지의 대부분을 공급하는 세포소기관이다. 미토콘드리아는 종종 발전소라 부른다. 세포의 에너지 요구에 따라 세포에 있는 미토콘드리아 수는 아주 다양하다. 근육세포와 같이 에너지 소비율이 높은 세포에는 약 1,000개의 미토콘드리아가 들어 있다.

그림 3.19는 하나의 미토콘드리아 사진과 구조와 기능에 관한 그림을 보여준다. 원형질막과 비슷한 매끈한 외막이 미토콘드리아의 전체 표면을 덮고 있다. 표면적을 넓혀주는 주름을 많이 갖고 있는 내막이 외막 안쪽에 있다. 내막과 주름 안에 있는 용액에는 수백 종의 효소가 있다. 이 효소들은 음식에 있는 화학결합을 끊어 에너지를 방출하는 촉매 역할을 한다. 이 과정에서 산소가 소비되고 이산화탄소가 만들어진다.

미토콘드리아에서 유리된 에너지는 ATP 같은 고에너지 분자를 만드는데 사용된다. ATP는 미토콘드리아에서 세포질로 이동한 후 세포를 위한 에너지원으로 사용된다. ATP는 다목적으로 유용하다. 우리는 원형질막을 가로질러 소듐과 포타슘이 운반되는데 사용되는 에너지를 제공하는데 ATP가 사용되는 것을 이미 배웠다.

지방과 글리코겐: 에너지원

미토콘드리아는 일반적으로 필요할 때 ATP를 만든다. 연료가 떨어지는 경우를 피하기 위하여 일부 세포는 가공되지 않은 형태로 에너지를 저장한다. 이런 저장 에너지는 막성 구조물에 둘러싸여 있지 않다. 이들은 마치 전기(ATP)를 만들기 위하여 발전소(미토콘드리아)로 이동되기를 기다리는 땅 위의 석탄 더미와 비슷하다.

일부 세포는 에너지 원료를 지질(지방)로 저장한다. 지방세포는 이 목적을 위한 특수 세포로 부피의 대부분이 저장된 지질의 큰 방울로 구성되어 있다. 다이어트와 운동은 지방세포를 작게 만들어

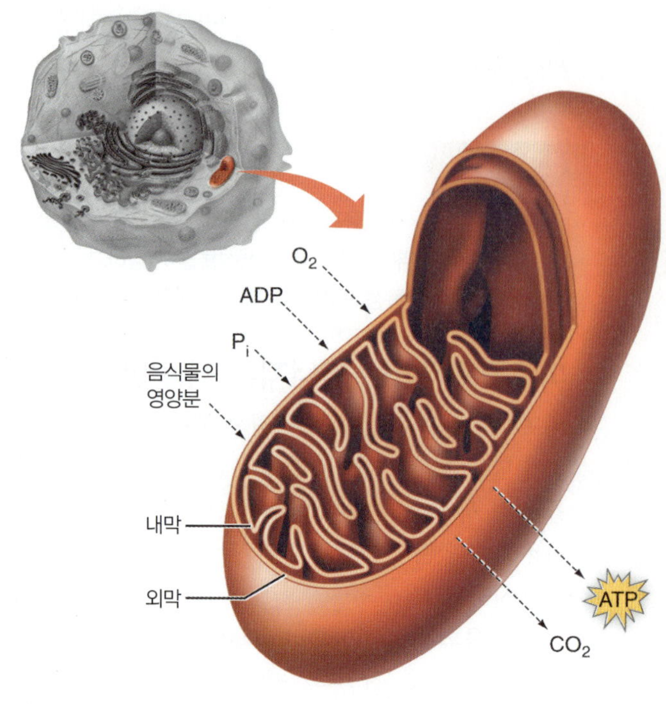

a) 미토콘드리아의 구조와 기능

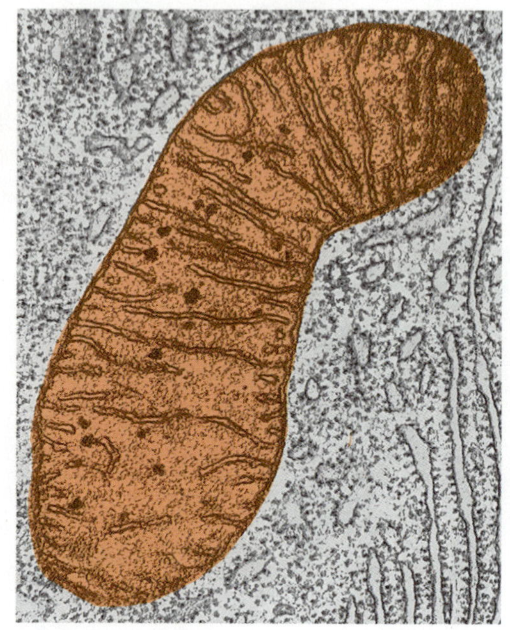

b) 미토콘드리아 사진

그림 3.19 **미토콘드리아.** (a) 미토콘드리아의 구조와 기능. (b) 미토콘드리아 사진.

저장된 지방의 양을 줄이는 경향이 있다. 그러나 다이어트와 운동은 지방세포의 수를 줄이지는 못한다. 세포는 다시 지방을 저장할 수 있기 때문에 줄인 체중을 유지하기가 힘들다.

다른 세포들은 글리코겐 입자(그림 2.15 참조)로 에너지를 저장한다. 근육세포는 지방을 저장하는 것보다 글리코겐 입자로 저장한다. 그 이유는 글리코겐의 화학결합에 저장된 에너지가 지방으로부터 나오는 에너지보다 ATP를 더 빨리 생성하기 때문이다.

요점 정리

미토콘드리아는 세포의 ATP를 생성하는 공장이다. 일부 세포는 지방이나 글리코겐을 저장하여 필요 시 ATP를 만드는데 사용한다. ■

3.6 세포는 지지와 이동을 위한 구조물을 갖고 있다

부드러운 원형질막은 세포의 형태를 유지해주는 내부의 비계에 의해 지지된다. 더불어 일부 세포는 특수한 구조물을 갖고 있어 세포가 이동하는 것을 도와준다. 모든 세포는 세포분열 동안 세포 구성 물질을 이동시키는데 관여하는 구조물을 포함하고 있다. 지지와 이동을 위한 구조 요소에는 세포골격, 섬모와 편모, 중심체 등이 있다.

세포골격은 세포를 지지해 준다

세포골격(cytoskeleton, 그림 3.20)은 미세소관과 미세섬유라 부르는 느슨하게 얽힌 섬유망으로 구성되어 있다. 이들의 이름이 의미하듯이 미세소관은 작은 구멍이 있는 관이며, 미세섬유는 가늘고 단단한 섬유이다. 둘 다 단백질로 구성되어 있다. 이들은 서로 연결되어 있고, 탄수화물 성분을 갖고 있으며 원형질막에 있는 당단백질(glycoprotein)에 부착되어 있다.

세포골격은 텐트의 폴대가 나일론 텐트를 지지해주는 것처럼 부드러운 원형질막을 위한 골격을 형성한다. 세포골격은 세포 내의 다른 구조물을 지지해주고 고정시켜준다.

섬모와 편모는 이동을 위하여 분화되어 있다

일부 세포는 표면으로부터 뻗어 나온 머리카락 같은 **섬모(cilia)**와 좀 더 긴 **편모(flagella)**를 가지고 있다. 섬모는 보통 길이가 2~10 μm(1μm는 1미터의 100만분의 일이다.)이다. 섬모와 편모를 가지고 있는 세포에서 이들의 수는 엄청나게 많다. 섬모는 빗질 동작으로 세포 표면을 따라 물질들을 이동시킨다. 섬모는 기도의 안쪽 벽을 이루는 세포의 표면과 체내의 특정 관에 많이 있다.

사람의 편모(길이 약 200μm)는 정자세포(그림 3.21)에서만 관찰된다. 편모의 회초리 같은 움직임은 모든 정자를 한곳에서 다른 곳으로 이동시킨다.

섬모와 편모의 구조는 비슷하다. 이들은 주로 연결 요소에 의해 함께 묶인 단백질 미세소관으로 구성되어 있으며 원형질막으로 둘러싸여 있다. 9쌍의 융합된 미세소관이 중앙에 있는 두 개의 단일 미세소관을 둘러싸고 있다. 인접한 미세소관 쌍 사이에 일시적으로 연관이 형성되어 그 쌍이 서로 미끄러지게 될 때 전체 구조는 구부러진다. 이렇게 일시적으로 결합이 생기고 풀릴 때 ATP 형태의 에너지가 필요하다.

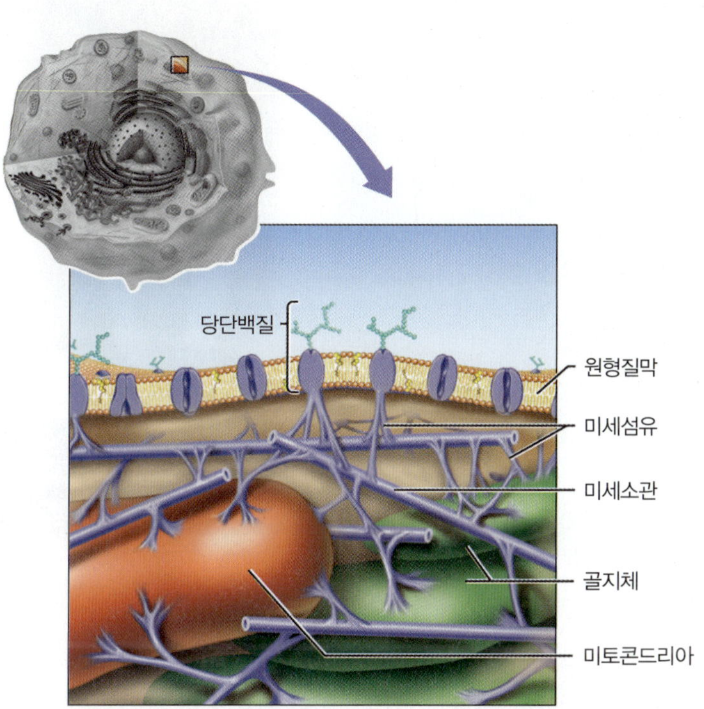

그림 3.20 **세포골격.** 세포골격은 세포소기관과 원형질막에 붙어 있고 지지작용을 하는 미세소관과 미세섬유로 구성되어 있다.

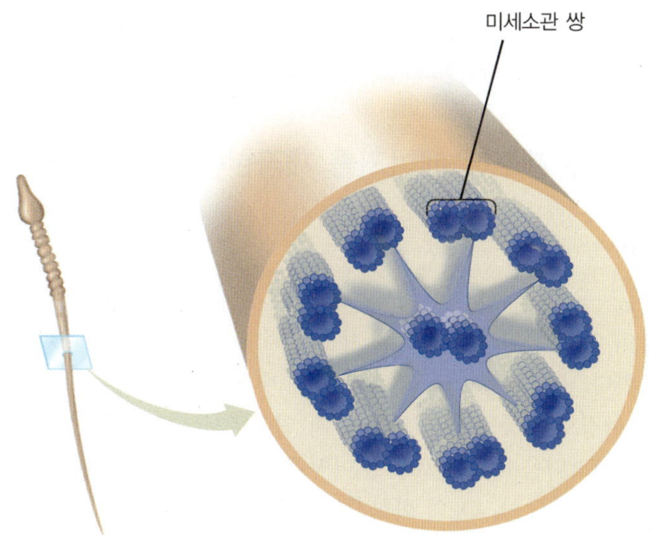

그림 3.21 **편모의 횡단면.** 편모는 중앙의 한 쌍을 둘러싸고 있는 9쌍의 미세소관으로 구성되어 있다.

중심립은 세포분열에 관여한다

중심립(centriole)은 핵 근처에 위치하며 짧은 막대기 모양의 미세소관 구조물이다. 중심립은 세포의 유전물질을 배열하고 나누는데 참여하기 때문에 세포분열 과정에 필수적이다. 우리는 세포가 어떻게 분열하는지를 17단원에서 알아볼 것이다.

요점 정리

세포골격은 세포를 위하여 지지 골격을 형성한다. 섬모와 편모는 이동을 위하여 분화되어 있다. 중심립은 세포분열에 필수적이다. ■

3.7 세포는 물질과 에너지를 이용하며 변형시킨다

살아 있는 세포는 분자의 화학결합에 저장된 에너지를 방출할 수 있고 그것을 이용하여 다른 분자를 만들고 저장하고 분해하여 생명을 유지한다. **대사작용(metabolism)**은 생물체에서 일어나는 모든 화학반응의 합이다.

하나의 세포에서 수천 개의 다른 화학반응이 어느 한 순간에 일어난다. 이러한 화학반응의 일부는 대사경로(metabolic pathway)로 체계화되는데 하나의 반응이 순서대로, 예상할 수 있는 패턴으로 일어난다(그림 3.22). 일부 대사경로는 한 화학반응 결과 생긴 **생성물(product:** 최종 물질)이 다음 반응의 **기질(substrate:** 시작 물질)이 되는 직선 경로이다. 다른 대사경로는 기질 물질이 들어가고 생성물이 나오는 회로를 형성하지만 기본 화학 주기는 계속해서 반복이 된다.

대사경로에는 두 가지 기본 유형이 있다.

1. **동화작용(anabolism):** 분자가 더 많은 에너지를 포함하는 더 큰 분자로 조립되며 에너지를 요구하는 과정이다. 동화작용 과

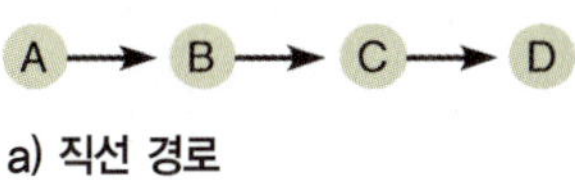

a) 직선 경로

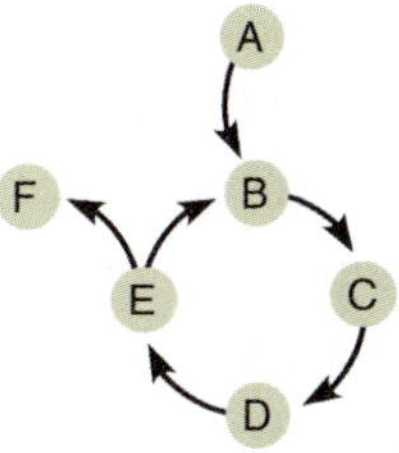

b) B에서 E가 거듭 반복되는 순환 경로

그림 3.22 **대사경로의 유형.**

과학이 나아가는 방향

최초로 배양된 사람 세포

1940년대 후반 연구원들은 오늘날 에이즈 바이러스처럼 대중의 관심을 끈 바이러스를 연구하였다. 한 가지 주요 장애물은 소아마비 바이러스가 성장과 번식하는데 사람의 세포를 선호하는 것이었다. 1940년대에는 실험실에서 사람 세포를 살아 있는 채로 유지하는 방법이 없었다. 대부분의 사람 세포는 실험실에서 잘 자라지 못했다.

1951년 2월 8일, 존스홉킨스 대학의 게이(G.O. Gey) 박사와 연구원들은 자궁경부암에 걸린 31살의 헨리에타 랙스(Henrietta Lacks)로부터 살아 있는 암세포를 얻었고, 실험실에서 살 수 있게 하여 처음으로 사람 세포 배양에 성공하였다. 게이 박사는 그 암세포를 기증한 환자의 이름을 따 헬라(HeLa) 세포라고 불렀다. 처음에는 헬렌 레인(Helen Lane)이란 가명을 사용하여 기증자를 보호했으나 오늘날엔 그녀의 실명을 사용함으로써 존중하는 것이 적절한 것 같다.

처음에는 헬라 세포를 실험실에서 소아마비 바이러스의 배양에 사용했지만 암세포 연구 등 다른 용도로 사용하게 되었다. 결국, 게이는 안정적으로 헬라 세포를 배양하는데 성공하였고, 전 세계의 다른 연구원들이 사용할 수 있게 되었다. 헬라 세포는 암 발생 기작은 물론 세포 영양, 바이러스 성장, 단백질 합성, 세포에서의 의약품 효과를 이해하는데 귀중한 것으로 증명되었다.

헨리에타 랙스는 암이 발견된 수년 후에 죽었지만, 그녀의 세포는 살아남아 있다. 실제로, 헬라 세포는 사람 세포 연구에 널리 사용되어 매년 1,000건 이상의 과학 논문에서 헬라 세포가 인용되고 있다.

헨리에타 랙스(Henrietta Lacks)는 처음으로 배양에 성공한 사람 세포를 제공하였다.

정의 한 가지 예로써 여러 개의 아미노산으로부터 하나의 단백질이 조립되는 것이다.

2. **이화작용(catabolism):** 큰 분자가 분해되어 에너지를 방출하는 과정이다. 포도당이 물과 이산화탄소와 에너지로 분해되는 것이 이화작용의 한 예이다.

대사경로에 관하여 두 가지 사실이 중요하다. 첫째, 거의 모든 화학반응은 특정 효소를 요구한다. 세포는 주요 효소의 특이성과 이용 가능 여부를 통하여 화학반응의 속도를 조절하고 통제한다. 둘째, 살아있는 세포의 대사 활동에는 많은 에너지가 필요하다. 살아 있는 생물체에서만 발견되는 복잡한 거대분자, 예를 들어 단백질, DNA, 콜레스테롤 등을 만드는데 에너지가 필요하다. 에너지는 능동수송과 근육수축 같은 활발한 세포 활동에도 사용된다.

세포는 에너지의 화학 저장고로 사용하는 분자의 이화작용에 의해 에너지를 얻는다. 원하는 즉시 이용할 수 있는 에너지원, 일종의 "에너지 현금"은 ATP이다. ATP 에너지는 둘째와 셋째 인산기 사이의 화학결합에 잠겨 있다. 세 번째 인산기가 ATP 분자로부터 제거될 때마다 에너지가 방출되어 세포는 일을 하는데 이용할 수 있다. 그 반응은 가역적이므로 하나의 인산기가 존재할 경우 ADP에 다시 인산기를 더해 주어 ATP를 다시 만든다. 그 공식은

$$ATP \leftrightarrow ADP + P_i + \text{에너지}$$

로 나타낼 수 있다.

이 방정식에서 순수 인산(P)의 화학 기호와 구분하기 위하여 무기인산(PO_4^{2-})의 약어로 P_i가 사용된다.

요점 정리

대사작용은 하나의 세포에서 일어나는 모든 화학 공정을 의미한다. 대사경로는 분자를 만들고 에너지를 사용하거나(동화작용), 분자를 분해하여 에너지를 방출한다(이화작용). ■

포도당은 세포에 에너지를 제공한다

세포는 다양한 연료를 사용하여 즉시 사용할 수 있는 필요한 ATP 에너지를 만든다. 가장 쉽게 이용할 수 있는 연료는 포도당으로 방금 먹은 음식이나 저장된 글리코겐으로부터 온다. 그러나 만일 포도당이 없으면 세포는 연료로 저장된 지방이나 심지어는 단백질을 사용한다. 사용되는 연료에 상관없는 대부분의 ATP는 아주 유사한 대사경로를 통해 얻어진다. 먼저 연료로서 포도당의 사용을 살펴보고, 그 다음 다른 연료들이 어떻게 사용되는지 설명하겠다.

포도당은 $C_6H_{12}O_6$의 화학식을 갖는 6탄당 분자임을 기억하자. 간단하게 보이는 이 분자는 화학결합 안에 많은 잠재 에너지를 포함하고 있다. 승용차가 1리터의 휘발유로 10~12km를 갈 수 있는

에너지를 제공하는 것처럼, 포도당 한 분자는 약 36 ATP 분자를 생산할 수 있는 에너지를 제공한다(그림 3.23).

포도당 한 분자로부터 네 단계를 거쳐 ATP가 생성되는 과정이 그림 3.24에 요약되어 있다.

1. 해당과정: 6탄당 포도당이 분해되어 두 개의 3탄당 피루브산 분자로 된다. 이 과정이 시작되려면 에너지가 필요하다.
2. 준비 단계: 시트르산 회로를 준비하면서 피루브산이 미토콘드리아로 들어간다. 일련의 화학반응을 거쳐 아세틸 CoA는 탄소 두 개를 갖는 분자와 약간의 에너지를 생성한다.
3. 시트르산 회로: 아세틸 CoA 분자는 미토콘드리아 효소에 의해 완전히 분해되고 에너지를 방출한다. 대부분의 에너지는 고에너지 전자 전달분자에 의해 포획된다.
4. 전자전달계: 원래의 포도당 분자로부터 온 대부분의 에너지는 ADP를 인산화하는데 사용되어, 고에너지인 ATP를 생성한다.

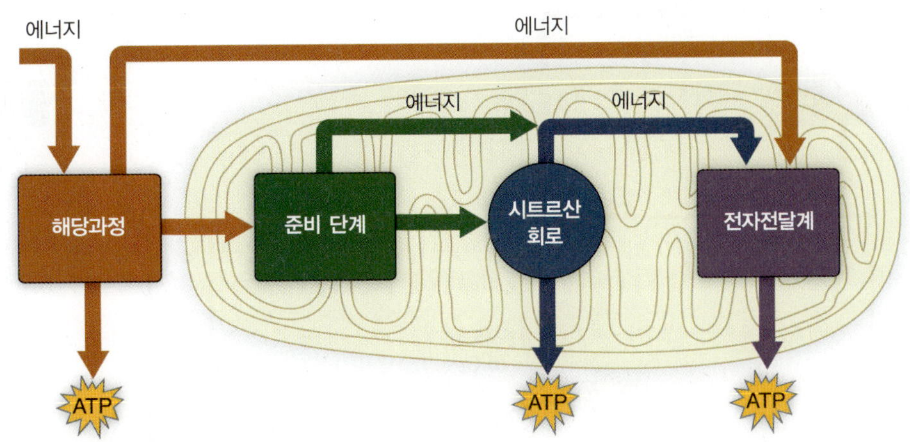

그림 3.24 **세포호흡: 개요.** 해당과정은 세포질에서 일어난다. 해당과정의 산물인 두 개의 피루브산은 미토콘드리아로 들어간다. 준비 단계와 시트르산 회로는 두 분자의 피루브산을 완전히 분해시키지만 ATP의 생산은 제한적이다. 대부분 ATP는 처음 세 단계에서 얻어진 에너지를 이용하여 전자전달계에서 생산된다.

해당과정: 포도당은 두 개의 피루브산 분자로 쪼개진다 그림 3.25는 포도당이 완전히 분해되는 첫 번째 단계인 **해당과정(glycolysis)**을 나타낸다. 해당과정은 미토콘드리아가 아니라 세포질에서 일어난다. 해당과정을 구성하는 10개의 화학반응 중 처음 5개에서 포도당은 두 개의 3탄당 글리세르알데히드-3-인산(PGAL)으로 분해된다. 마치 성냥으로 모닥불을 붙이는 것처럼 이 반응 단계 중 두 곳에서 에너지가 필요하다(ATP 두 분자)

그 다음, 두 개의 PGAL은 여러 단계를 거쳐 피루브산(pyruvate)으로 전환된다. 이 과정에서 여러 개의 효소가 관여한다. 이 단계 중 여러 곳에서 고에너지 인산기를 가지고 있는 효소들이 인산기를 직접 ADP에 전달하여 ATP를 생성한다. 기질 단계 인산화(substrate-level phosphorylation)라 부르는 이 과정은 산소가 필요 없다. 해당과정 동안 기질 단계 인산화에 의해 4분자의 ATP가 생성된다.

해당과정으로부터 방출되는 잠재 에너지원은 고에너지 수소이온(H^+)과 전자(e^-)이다. 이들의 대부분은 **NAD^+**(nicotineamide adenine dinucleotide)라 부르는 **조효소(coenzyme)**에 의해 수용된다. 조효소는 작은 분자로 작은 분자 그룹을 운반함으로써 효소를 도와준다. 이 경우에 NAD^+는 에너지 운반 분자로서 기능을 한다. NAD^+는 한 개의 고에너지 수소이온(H^+)과 두 개의 고에너지 전자(e^-)를 받아 더 높은 고에너지 분자인 **NADH**로 된다.

지금까지 포도당으로부터 나오는 순에너지는 단지 두 분자의 ATP(4개가 만들어지지만 2개는 소모된다)와 두 분자의 NADH가 만들어진다. NADH에 의해 운반되는 에너지는 미토콘드리아에서 ATP를 만드는데 사용되며 잠시 후 논의할 것이다.

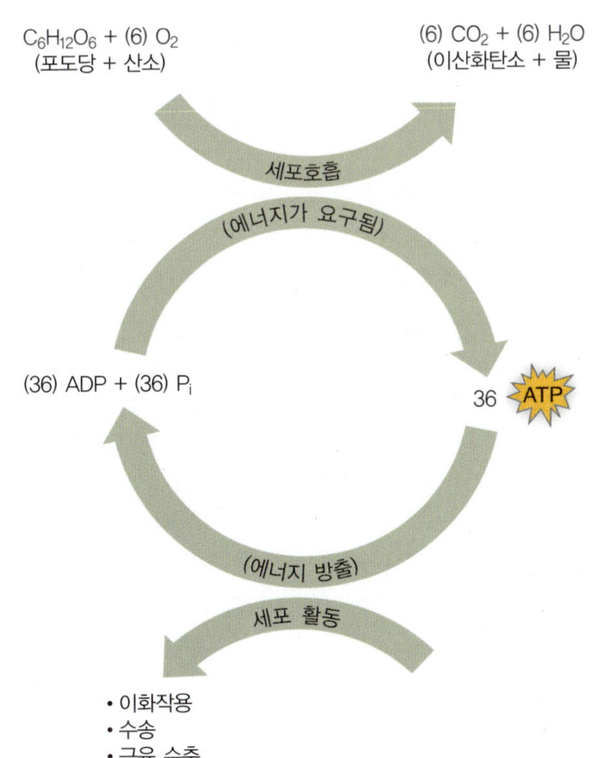

그림 3.23 **포도당은 세포에게 에너지를 제공한다.** 산소를 사용하여 포도당을 완전 연소시키면 이산화탄소와 물이 생성되고 세포 활동에 사용될 수 있는 ATP가 36분자 생산된다.

준비 단계: 피루브산은 아세틸 CoA로 전환된다 이 단계에서 피루브산은 미토콘드리아로 들어가 나머지 모든 ATP-합성 반응이 일어난다. 시트르산을 준비하는 일련의 단계에서 하나의 피루브산

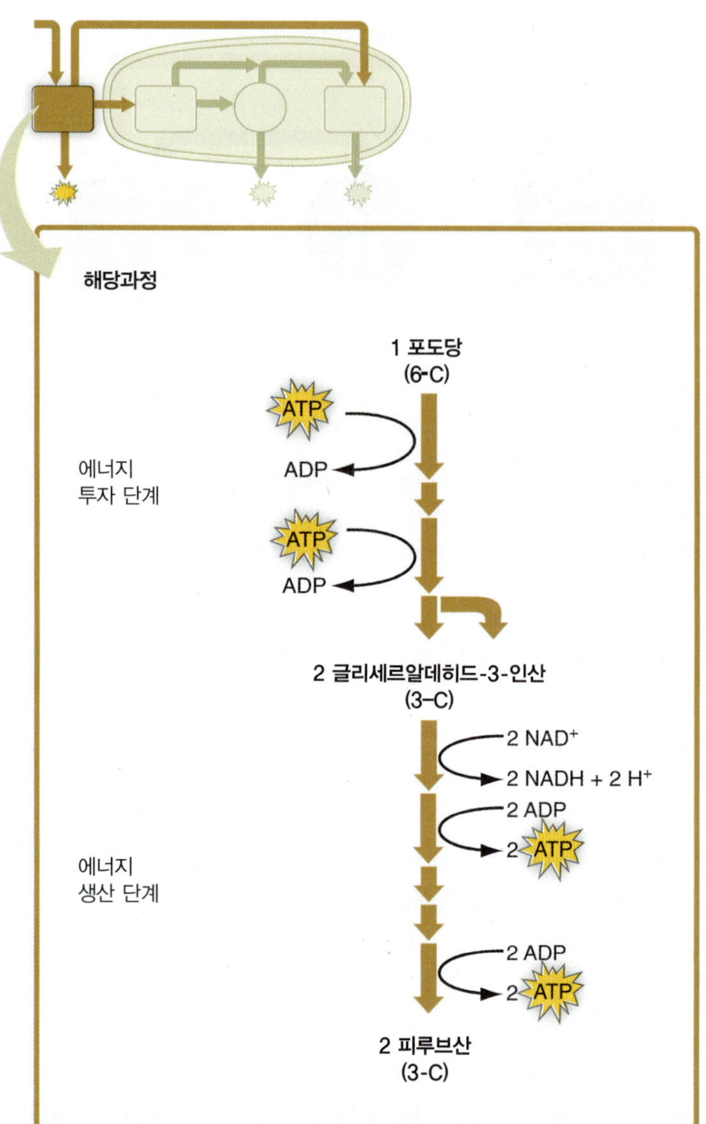

그림 3.25 해당과정. 처음 포도당 한 분자가 글리세르알데히드-3-인산(PGAL) 두 분자로 분해되는데 에너지가 필요하다. 그 후 두 분자의 글리세르알데히드-3-인산이 두 분자의 피루브산으로 분해되면서 에너지가 생성된다.

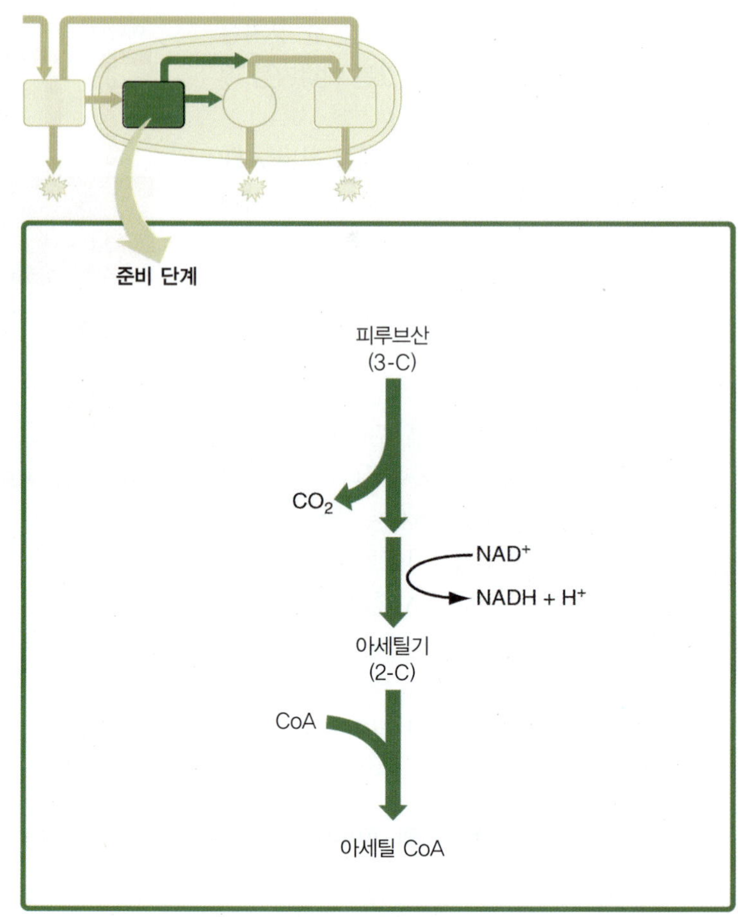

그림 3.26 준비 단계. 피루브산은 미토콘드리아로 운반되어 2-C의 아세틸기로 분해된다. 에너지가 생성되고 유리된 탄소는 이산화탄소 노폐물로 방출된다. 아세틸기는 CoA와 결합하여 다음 단계인 시트르산 회로로 전달된다.

으로부터 두 개의 탄소를 가진 아세틸기(acetyl group) 하나와 한 분자의 이산화탄소 노폐물이 형성된다(그림 3.26). 각 아세틸 그룹은 다른 조효소(coenzyme A라 부름)와 합쳐져 아세틸 CoA가 되고, 이것은 아세틸기를 시트르산 회로로 전달해 준다. 이 준비 단계에서 두 개의 피루브산이 두 개의 아세틸 CoA 분자로 전환되며, 두 개의 NADH 분자가 만들어진다.

시트르산 회로는 에너지를 수확한다 이 과정을 발견한 한스 크렙스(Hans Krebs)의 이름을 따 크렙스 회로라고도 부르는 **시트르산 회로(citirc acid cycle)**는 8개의 연속 단계를 거쳐 각 아세틸기가 CO_2 노폐물과 여러 고에너지 생성물로 완전히 분해된다(그림 3.27). 시트르산 회로는 아세틸 CoA가 직전의 회로에서 남겨진 탄소 4개를 가진 옥살아세트산과 결합하여 탄소 6개를 가진 시트르산을 생성하면서 시작하며 그 이유로 회로의 이름이 명명되었다. 시트르산은 옥살아세트산으로 끝이 나는 7개의 반응에 대한 시작 기질이다. 각 반응은 다른 효소에 의해 조절된다. 시트르산 회로 동안 손실되는 탄소 2개는 CO_2 노폐물로 방출되며 한 개의 ATP 분자가 기질 단계 인산화에 의해 직접 생성된다. 이 회로의 여러 단계에서 제거되는 고에너지 수소이온과 전자는 NADH 3분자와 또 다른 고에너지 운반 조효소인 **FAD**(flavin adenine dinucleotide) 한 분자의 형태로 수확된다. FAD는 두 개의 고에너지 수소이온과 두 개의 전자를 획득하여 **$FADH_2$**가 된다.

요점 정리

시트르산이 완성되면서 포도당은 CO_2 노폐물과 NADH와 $FADH_2$에 의해 획득되는 고에너지 H^+과 전자로 완전히 분해된다. 6개의 ATP 분자가 기질 수준 인산화에 의해 생성되지만 해당과정을 시작하기 위해 2개가 사용되므로 실제로 4개가 생성된다. ■

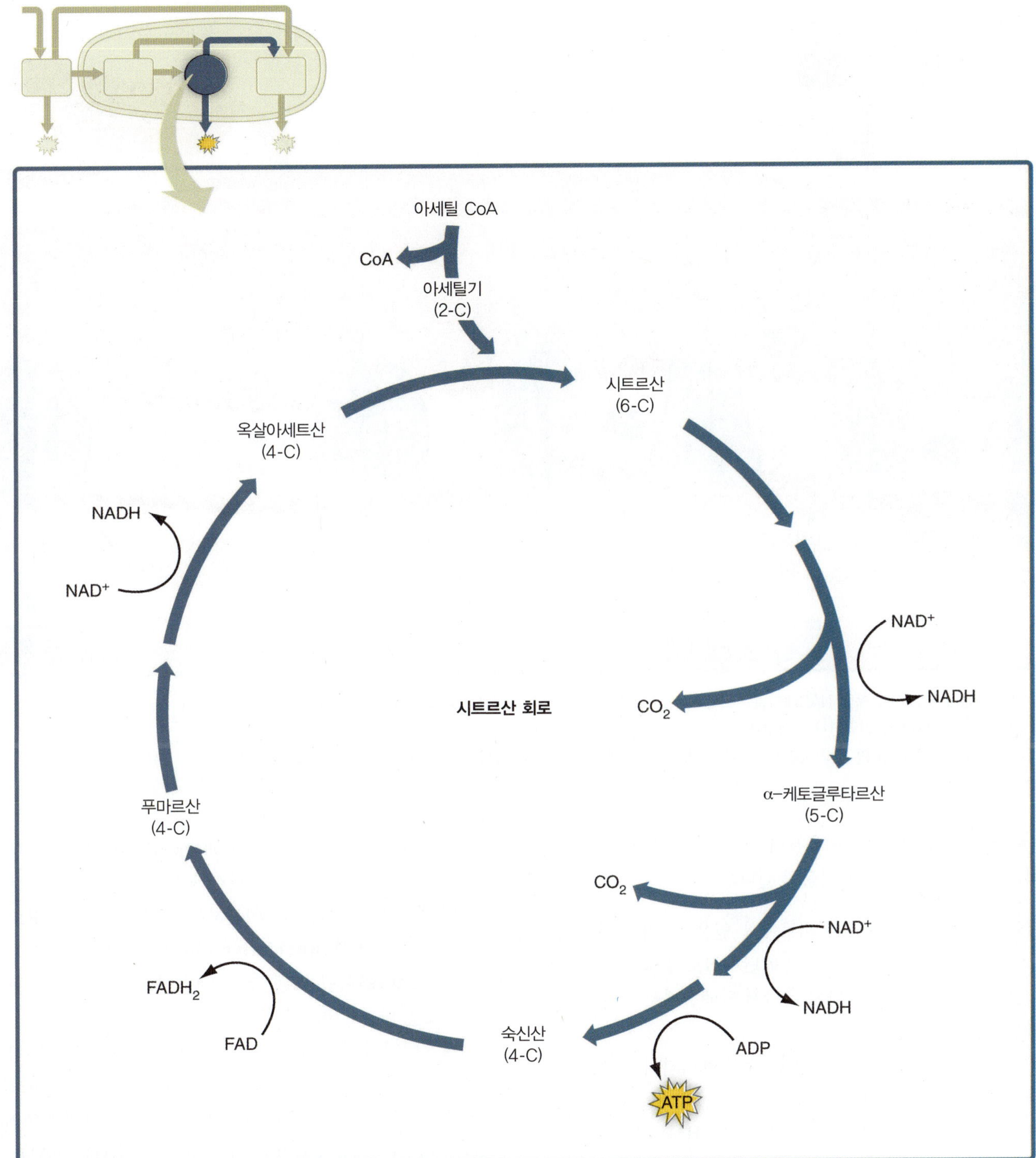

그림 3.27 **시트르산 회로.** 시트르산 회로를 완전히 순환하면 연료로써 사용된 2-C 아세틸기로부터 이산화탄소 두 분자, ATP 한 분자, NADH 세 분자, $FADH_2$ 한 분자가 생성된다. 이 회로는 해당과정을 거치면서 두 분자의 피루브산을 생성하는 한 분자의 포도당에 대하여 두 번 일어난다. NADH와 $FADH_2$는 고에너지 수소이온과 전자를 전자전달계로 옮겨주어 그곳에서 고에너지가 ATP 합성에 사용된다.

전자전달계는 ATP를 생성한다 지금까지 포도당 분자가 완전히 분해되고 CO_2가 노폐물로 생성되었지만, 단지 4개의 ATP가 생성되었다. 에너지의 나머지는 여전히 NADH와 $FADH_2$의 일부인 전자와 수소이온에 있다.

NADH와 $FADH_2$는 미토콘드리아의 내막으로 이동하여 **전자전달계(electron transport system)**로 수소이온을 방출한다(그림 3.28). 여기서 에너지가 풍부한 전자는 하나의 단백질 운반체로부터 다른 운반체로 단계적으로 옮겨진다. 전자에 있는 에너지가 다

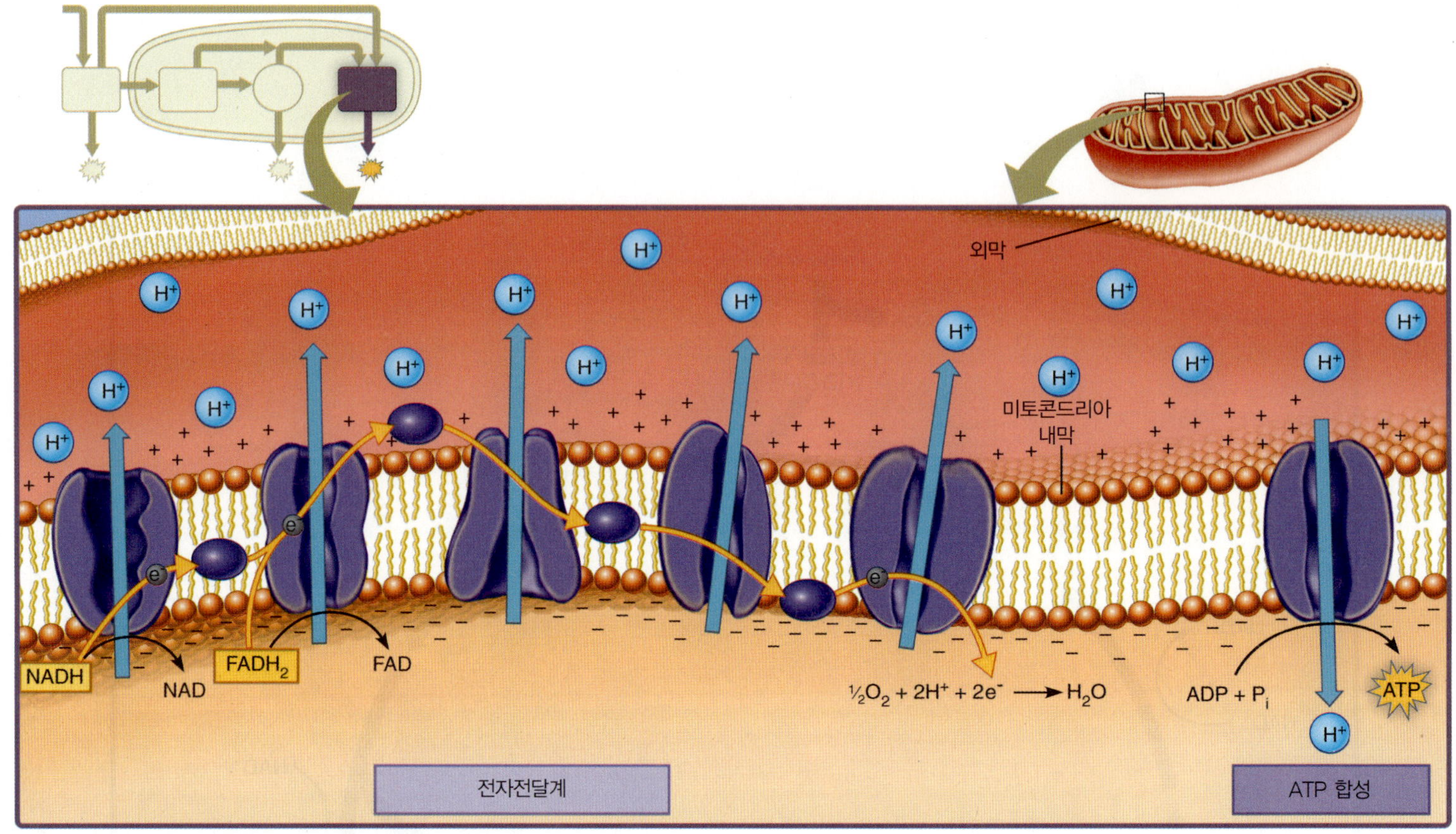

그림 3.28 전자전달계. 전자전달 동안 NADH(그리고 $FADH_2$) 고에너지 분자는 전자와 수소이온을 방출한다. 전자전달계의 한 분자로부터 다른 분자로 전자가 전이되면서 에너지가 방출되고, 미토콘드리아의 두 막 사이의 공간으로 수소이온을 운반하는데 사용된다. 수소이온이 미토콘드리아의 내부 공간으로 확산되면서 제공한 에너지는 ATP 합성효소가 ADP와 P_i로부터 ATP를 합성하는 데 쓰인다.

를 수 있는 양만큼 방출되도록 허용하기 위해 단계적으로 이동된다. 단계적으로 일어나는 순서는 다음과 같다.

1. NADH와 $FADH_2$는 시트르산 회로에서 얻은 H^+과 고에너지 전자를 방출한다. 전자전달계의 운반체 단백질로 방출한다.
2. 전자는 전자전달계에 있는 하나의 운반체 단백질에서 다른 운반체 단백질로 이동한다.
3. 전자가 이동될 때마다 운반체 단백질은 전자 에너지의 일부를 얻고 전자는 에너지를 잃는다. 운반체 단백질은 그 에너지를 이용하여 미토콘드리아의 안쪽 방에서 바깥 방으로 H^+를 운반한다.

미토콘드리아 바깥 방으로 H^+을 능동수송하면 ATP가 생성된다. H^+의 농도는 안쪽 방보다 바깥 방이 높기 때문에 안쪽 방으로 H^+을 다시 확산하는데 유리한 농도기울기가 생긴다. 그러나 H^+는 특수 채널을 통해서만 확산될 수 있다. 이러한 채널은 실제로 ATP 합성효소라 부르는 효소이다. ATP 합성효소는 H^+의 확산으로부터 유도된 에너지를 사용하여 ADP와 P_i로부터 ATP의 합성을 촉매한다. 합성된 ATP는 특수 채널 단백질을 경유하여 미토콘드리아 내막을 떠나 에너지원으로서 세포에 의해 사용된다.

앞에서 언급했지만 인산화(phosphorylation)는 인산기를 첨가하는 것이다. 전자전달계에서 전자가 한 분자에서 다른 분자로 이동될 때 얻어지는 에너지를 이용하여 ADP와 P_i를 ATP로 만드는 과정을 **산화적 인산화(oxidative phosphorylation)**라고 부른다. 산화적(oxidative)이란 말은 그 과정이 산소를 사용하고 전자가 제거되는 것을 나타낸다.

전자전달계의 마지막 단계에 도달할 때까지 대부분의 전자에너지 H^+는 소비된다. 이 지점에서 소비된 H^+와 전자는 산소와 결합하여 노폐물인 물을 만든다. 전자와 H^+이 없는 저에너지 NAD^+와 FAD 분자들은 재활용되어 다시 사용된다. NAD^+, FAD, ADP를 재활용하는 능력은 매번 새로운 것을 합성할 필요가 없기 때문에 세포의 효율을 증가시킨다.

ATP를 만드는 과정에서 산소를 사용하고 이산화탄소를 생성하는 세포의 대사 과정을 종합적으로 **세포호흡(cellular respiration)**이라 부른다. 세포호흡은 미토콘드리아에서 모두 일어난다. 해당과정 동안 세포질에서 일부 ATP가 합성되지만 해당과정은 산소가 필요 없다. 실제로, 피루브산은 준비 단계와 시트르산 회로로 들어가지 않고 택할 수 있는 대체 대사경로가 있기 때문에 해당과정은 산소 없이 진행될 수 있다. 반대로, 시트르산 회로는 산소를 직접 사용하지 않더라도 산소가 없으면 곧바로 완전히 중단되기 때문에 세포 호흡의 일부로 여겨진다.

포도당으로부터 에너지 생산: 요약 휘발유이건 포도당이건 어떤 연료에 있는 에너지를 수확하는 가장 효율적인 방법은 잘 통제된 조건 하에서 에너지를 천천히 방출하는 것이다. 휘발유 1리터에 성냥불을 켜는 것은 쓸데없이 화재를 일으키거나 심지어 위험한 폭발을 일으킬 수 있다. 그러나 자동차의 피스톤에서 휘발유를 한 방울씩 연소시키는 것은 에너지를 기계적인 일로 전환하게 만든다. 마찬가지로 살아 있는 세포에서 해당과정과 세포호흡의 요점은 에너지가 효과적으로 수확될 수 있도록 포도당에 있는 화학에너지를 천천히 방출하는 것이다.

이것이 바로 세포가 하는 일이다(그림 3.29). 준비 단계인 해당과정 동안 포도당이 완전히 분해되고, 시트르산 회로에서 20개 이상의 다른 화학반응이 단계적으로 완성되며, 각 단계는 효소에 의

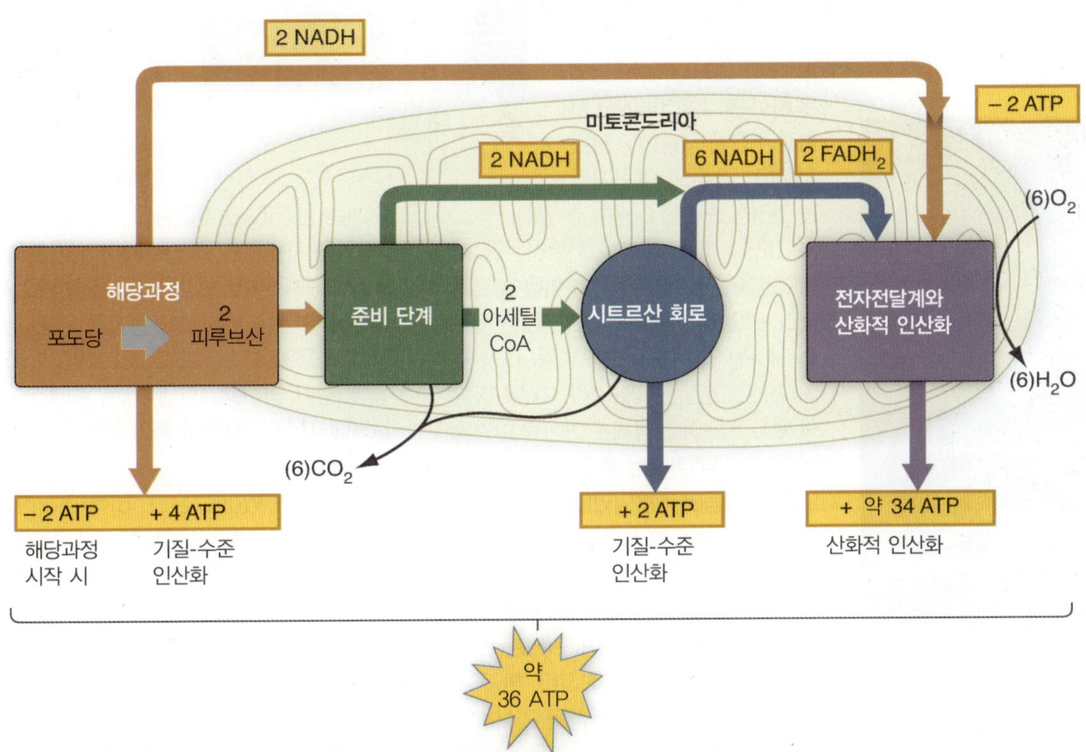

a) 세포호흡 동안 생성된 대부분의 ATP는 전자전달계에서 합성된다.

b) 세포호흡은 사람을 포함한 많은 생물체의 활동에 힘을 공급한다.

그림 3.29 세포호흡: 요약.

연구와 장기 이식을 위하여 사람의 줄기세포를 사용해야 하는가?

복싱 챔피언 무하마드 알리(Muhammad Ali)와 영화배우 마이클 J. 폭스(Michael J. Fox)의 공통점은 무엇인가? 그들은 둘 다 신경이 무기력해지는 질병인 파킨슨병을 앓고 있다. 파킨슨병이나 알츠하이머병, 백혈병, 당뇨병, 척추 손상과 같은 많은 질병을 치료하는 주된 열쇠는 **줄기세포(stem cell)**에 있다. 그 이유는 우리 몸에 있는 다양한 종류의 세포는 모두 줄기세포에서 유래되기 때문이다.

파킨슨병을 앓고 있는 무하마드 알리(Muhammad Ali)와 마이클 J. 폭스(Michael J. Fox)는 줄기세포 연구를 지지한다.

줄기세포는 만능의 잠재력을 가진 세포로 모든 분화된 세포의 조상이 된다. 최고의 줄기세포는 사람의 몸에 있는 모든 세포로 발달하는 수정란이다. 사람 몸에 있는 모든 세포는 하나의 수정란으로부터 유래된다. 그러나 세포가 계속 성장하고 분열하면서 분화되고 원래의 줄기세포와 다른 것이 되어 특수화된다. 일부는 근육이 되고, 다른 것은 피부가 되고, 뇌에 있는 신경세포가 된다.

줄기세포는 특정 질병 치료에 이상적인 후보자가 되는 여러 가지 특성을 갖는다. 첫째, 줄기세포는 서로 단단히 부착하지 않기 때문에 성인 세포보다 이용하기 쉽고, 배양하기 쉽다. 줄기세포는 수술요법으로 이식하는 것보다 주사로 주입할 수 있고 작용 부위로 이동하기 때문에 환자에게 투여하기 쉽다. 마지막으로, 대부분의 장기 이식에서 커다란 장애는 이식받은 사람의 면역계가 이식받은(외부) 조직을 공격하는 조직 거부 반응이다. 줄기세포는 성체 세포보다 면역반응을 약하게 일으키는 것 같다.

사람 줄기세포의 근원

전통적으로 대부분의 사람 배아줄기세포는 수정 직후 수일 된 매우 이른 초기 발생 단계에서 얻었다. 8세포 이하의 단계에서 세포는 아직 분화되지 않는다. 현재 이 시기에 있는 배아세포를 얻는 유일한 방법은 사설 불임클리닉에서 시험관 수정을 시술하고 남은 것이다. 소수의 연구자들만 그러한 배아를 이용할 수 있다.

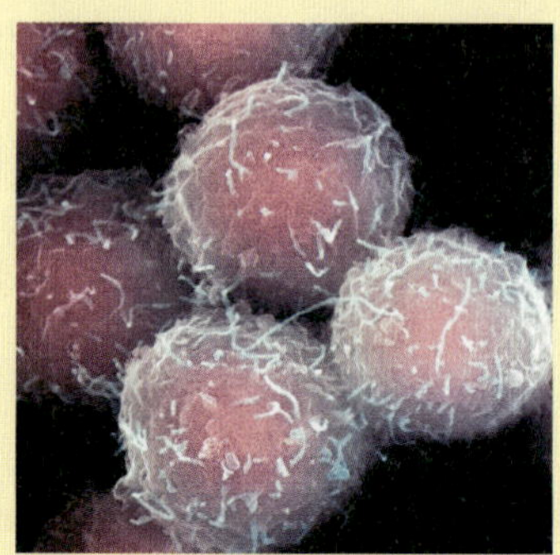

줄기세포

그러나 특정 질병을 치료하는데 사용되는 세포는 완전히 미분화될 필요가 없다. 만일 신경세포가 필요하다면 사람의 태아에 있는 신경조직이 좋다. 전 세계적으로 파킨슨병에 걸린 100명 이상의 환자가 태아 신경세포 이식을 받았으며 그 중 일부 환자는 측정할 수 있을 정도로 뇌 기능이 개선되었다.

미국에서는 매년 합법적으로 100만 건 이상의 낙태가 수행되기 때문에 죽은 태아가 여분의 배아보다 훨씬 더 흔하다. 당연히 사람의 배아세포(또는 태아 조직) 사용에 대한 논쟁이 아주 심하다. 환자 옹호 집단은 줄기세포의 잠재적 장점을 인식하고 줄기세포를 수확하여 사용하는 노력을 강화한다. 반면에 인권 그룹은 어떤 상황에서도 사람의 배아세포나 태아세포를 얻어 사용하는 것을 절대 반대한다.

사람 배아줄기세포의 사용 반대

줄기세포의 사용에 대한 반대는 일반적으로 인권-특히, 줄기세포를 제공하는 배아나 태아의 상태-을 걱정한다. 많은 사람들은 배아나 태아는 살아 있는 사람과 같은 법적 권리를 갖는 인간이라고 주장한다. 배아나 유산된 태아는 동의를 하지 못하기 때문에 반대론자들은 그들로부터 얻은 줄기세포는 어떤 상황에서도, 다른 사람을 도와주는 경우에서조차 사용되어서는 안 된다고 주장한다.

다른 사람들은 유산된 태아가 죽은 사람, 즉 시체의 경우와 마찬가지라고 주장한다. 시체의 조직과 기관은 흔히 합법적으로 연구, 강의, 이식에 사용된다. 시신으로부터 조직이나 기관 공급에 관한 법, UAGA(Uniform Anatomical Gift Act)에 따르면, 사람이 죽기 전에 동의를 해놓거나(배아나 태아의 경우 불가능), 사망 후 가족에 의해 동의가 있어도 된다. 비록 이러한 결정을 하는 사람은 보통 부모이지만 낙태를 선택한 부모가 최우선적으로 태아의 희망대로 행동하는지는 의문이다. 냉동 배아의 법적 지위는 분명하지 않다.

2001년 부시 정권에서 만들어진 미국 연방정부의 현재 가이드라인에 따르면, 연방정부의 기금은 2001년 이전 배아에서 얻은 줄기세포의 연구에만 사용될 수 있다. (줄기세포주는 하나의 줄기세포에서 유래된 똑같은 세포 그룹을 말한다.) 2001년 연방정부 지침은 대부분의 생리의학 연구에 연구비를 주는 미국 국립보건원(NIH)이 사람 배아의 죽음을 초래할 수도 있는 줄기세포 연구에 연구비 지원하는 것을 금지하였다. 그러나 그 지침은 모든 줄기세포 연구를 금하지는

사실은....

- 사람의 배아에서 얻은 줄기세포는 많은 질병을 치료하거나 낫게 하는 잠재력을 갖고 있다.
- 배아줄기세포 연구에 대한 논쟁은 인권과 법적 권리에 초점을 맞추고 있다.
- 미국에서 줄기세포 연구는 연방정부 연구비 지원제한지침에 의해 규제받는다.
- 미국에서 줄기세포 연구가 지연됨에 따라 줄기세포연구 학자들은 외국으로 이주하여 연구를 계속하고 있다.

인간 배아줄기세포의 채취와 사용에 대해 많은 사람들이 강력하게 반대한다.

않았다. 사설 연구재단의 지원을 받는 배아줄기세포 연구는 특수 조건하에서 허가하고 있다.

이러한 지침은 정치적 타협일 뿐이다. 2001년 법이 통과되기 이전에 확립된 줄기세포주에 대하여 연방정부 지원 연구 프로젝트가 선발되도록 하고 있으며, 인간 생명의 존엄성에 대한 염려를 중시하고 있다. 물론 생의학 연구에 절대적으로 부족한 단지 10개의 줄기세포주만 이용할 수 있다는 점을 반대하는 줄기세포 학자들은 그 지침을 반대하고 있다. 논쟁이 뜨거워짐에 따라 그들은 미국이 이렇게 중요한 연구 분야에서 뒤처질 것이라고 우려하고 있다. 일부 줄기세포 연구자들은 최근 수천 개의 줄기세포주 연구 시설을 지원하고 있는 영국이나 다른 나라로 이미 자리를 옮겼다.

연방정부 지침이 나온 지 얼마 되지 않아 미국의 일부 주정부는 주의 연구비를 줄기세포 연구에 할당하였다. 다른 주의 움직임을 주시하면서 2004년 캘리포니아 주민들은 줄기세포 연구를 위하여 10년간 30억 달러의 공적자금을 승인하는 주민투표안을 통과시켰다. 이러한 시도는 공공의 복지에 관심이 있는 그룹에 의해 시도되고 있다. 일부 명문 대학교에서도 그러한 시도를 하고 있다. 하버드 대학교, 스탠퍼드 대학교, 미시간 대학교 등이 연방정부 지원 없이 줄기세포 연구센터 개발 계획을 발표하였다.

새로운 연구는 희망을 주지만 얼마나 많은 희망을 줄까?

이러한 논쟁 중에 2007년에 발표된 새로운 연구는 미래의 먼 훗날 인간 배아줄기세포가 단순히 일상이 될 수 있다는 희망을 주었다. 일본의 교토 연구 그룹과 위스콘신 매디슨의 연구 그룹은 피부 세포를 줄기세포로 재프로그램시키는데 성공하였다. 그 업적 중에는 바이러스 벡터를 사용하여 사람의 네 가지 유전자를 세포에 삽입시켰다. 많은 언론들이 비약적인 연구라고 대서특필하였고 머지않아 사람의 배아줄기세포가 필요하지 않을 것이라고 생각했다. 그러나 일부 학자들은 새로운 줄기세포주를 만드는 새로운 기술을 이용하여 특정 질병을 고칠 수 있다고 생각하지 않는다. 사람의 배아줄기세포가 더 이상 필요하지 않다고 확신하여 시민들이 미국에서 배아줄기세포 연구를 엄격하게 제한하는 법을 받아들인다면 부끄러운 일이 될 것이다. 비록 인간 배아줄기세포가 정말 필요하지 않을 날이 오겠지만 아직 그날이 온 것은 아니다. 그 답은 마이클 J. 폭스에게 물어보면 될 것이다.

배우 브래드 피트(Brad Pitt)는 줄기세포 연구를 위하여 공적자금을 사용하자는 캘리포니아 주민투표 71안을 지지하였다.

생각해볼 문제

1 당신은 미국 연방정부가 줄기세포 연구에 관한 현재의 금지 지침을 완화해야 한다고 생각하는가?

2 당신과 당신의 부인이 사설 불임클리닉에 배아를 동결 보관하고 있지만 원하지 않은 경우, 배아를 줄기세포 연구를 위하여 기부하겠는가? 기부할 경우 그 이유는? 기부하지 않는 경우 그 이유는?

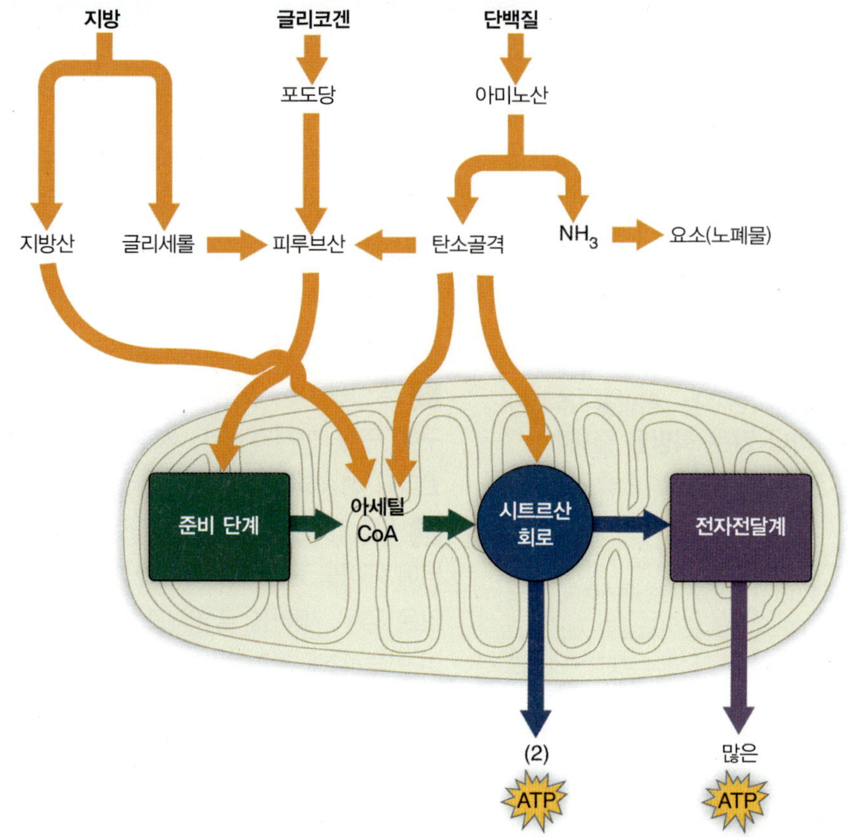

그림 3.30 세포의 에너지원으로서 지방, 글리코겐, 단백질의 대사경로. 세 종류 에너지원 모두 피루브산과 아세틸기를 생성한다. 단백질의 일부 성분은 직접 시트르산 회로로 들어갈 수 있다.

해 조절된다. 고에너지 분자의 순생산량(전자전달계 이전까지)은 ATP 4분자, NADH 10분자, $FADH_2$ 2분자이다. 각 NADH는 충분한 에너지를 운반하여 전자전달계에서 약 3 ATP를 생성한다. $FADH_2$는 조금 적은 에너지를 운반하여 저에너지 지점에서 전자전달계로 들어가 약 2분자의 ATP를 생성한다. 모두 합하면 포도당 분자당 약 38 ATP가 생성된다.

그러나 그것은 사실이 아니다. 두 개의 NADH(해당과정 동안 생성된 두 개)는 세포질에서 생성된다. 그러나 전자전달계는 미토콘드리아 내막에 있는 NADH를 이용한다. NADH는 미토콘드리아 내막을 통과하지 못하므로 세포질에 있는 NADH는 H^+과 전자를 방출하고, 이것들은 운반 단백질에 의해 막을 통과하여 이동한다. 안으로 들어온 H^+과 전자는 다른 NAD^+분자와 결합한다. 그러나 전달과 능동수송이 일어나면 약간의 에너지 손실이 일어나므로 포도당 한 분자로부터 최대 순에너지 생산량은 36 ATP이다. 사실 에너지의 일부는 세포를 위하여 다른 일을 하는데 직접 사용되므로 더 낮을 수도 있다. 그러나 간단히 하기 위해 36 ATP로 정하고 있다.

요점 정리

미토콘드리아 내막에서의 전자전달계는 NADH와 $FADH_2$에 의해 운반되는 H^+와 전자를 에너지로 전환한다. 에너지를 빼앗긴 저에너지 H^+와 전자는 산소와 결합하여 물이 된다. 전체적으로 포도당 한 분자는 세포를 위하여 약 36 ATP를 생성한다. ■

지방과 단백질도 에너지원이다

지금까지 우리는 포도당의 세포 대사에 초점을 맞추었다. 글리코겐(사람에서 포도당의 저장 형태)이 항상 분해되어 세포에 의해 사용되는 포도당을 공급하기 때문에 혈중 포도당 농도는 공복 중이라도 비교적 거의 일정하게 유지된다.

그러나 우리 몸에 저장된 에너지의 대부분은 글리코겐이 아니다. 사실 우리 몸에 저장된 에너지원 중에서 글리코겐의 비율은 약 1%이고, 지방이 78%, 단백질이 21%를 차지한다. 글리코겐을 사용한 후 우리 몸은 지방과 단백질을 이용한다. 그림 3.30은 지방, 글리코겐, 단백질에 대한 대사경로를 예시해주고 있다.

에너지는 항상 몸의 안팎으로 이동되고 있다. 식사 후 즉시 혈액에는 포도당, 지질, 아미노산이 풍부해지며 에너지원으로 포도당을 주로 이용한다. 즉시 이용할 수 있는 에너지보다 더 많은 에너지를 섭취하게 되면 초과된 에너지의 일부는 글리코겐으로 체내에 저장되며 나머지는 지방으로 전환되어 지방 조직에 저장된다. 수 시간 동안 먹지 않으면 몸은 에너지를 위하여 글리코겐을 사용하고 결국 지방과 단백질을 사용한다.

지방은 글리코겐 같은 탄수화물보다 두 배의 에너지를 가진다. 지방이 분해되는 동안 지방의 저장 형태인 트리글리세리드가 처음 분해되어 글리세롤과 지방산으로 된다. 글리세롤은 간에서 포도당으로 분해되거나 피루브산으로 전환되어 시트르산 회로로 들어간다. 여러 효소에 의해 지방산 꼬리는 탄소 두 개를 가진 아세틸기로 분해된 후 시트르산 회로로 들어간다. 트리글리세리드의 지방산 꼬리에는 일반적으로 16~18개의 탄소가 있어, 많은 아세틸기를 생성하기 때문에 ATP를 많이 생성한다.

단백질은 글리코겐과 같은 양의 에너지를 갖는다. 단백질은 아미노산으로 분해되고 각 아미노산의 아민기($-NH_2$)가 제거된다. 탄소골격은 아미노산 종류에 따라 시트르산 회로의 여러 곳으로 들어간다. 아민기는 간에서 요소로 전환된 후 노폐물로서 오줌으로 배설된다.

단백질은 주로 효소와 몸의 구성 성분이지 에너지의 저장 형태는 아니다. 그러나 굶는 동안 단백질 분해가 많이 증가한다. 오랜 기간 동안 단백질이 분해되면 근육이 소모되지만 적어도 개인의 생명은 유지해준다.

무산소 경로는 산소가 없어도 에너지를 이용하게 만든다

우리가 알아본 바와 같이 세포호흡은 시트르산 회로와 전자전달계의 화학반응을 완성하기 위하여 산소를 필요로 한다. 그러나 사람의 경우, 적어도 짧은 시간 동안 산소가 없는 무산소 대사경로에 의해 ATP가 조금 합성된다. 산소가 없는 조건에서 포도당은 피루브산으로 분해된다(해당과정이 일어난다). 그러나 피루브산은 시트르산과 전자전달계로 진행하지 못한다(그림 3.31). 그 대신에 피루브산은 젖산(lactic acid)으로 전환된다. 근육 조직에 산소가 충분하지 못할 때 젖산이 쌓이게 되고 근육 피로와 관련된 통증과 근육 경련이 일어난다. 산소가 다시 이용할 수 있게 되면 젖산은 유산소 경로에 의해 대사된다.

해당과정은 산소 없이 일어날 수 있는 유일한 단계이므로 포도당(그리고 글리코겐에서 유래된 포도당)은 무산소 조건에서 이용할 수 있는 유일한 연료이다. 그러나 ATP의 양은 아주 제한적이다. 포도당 한 분자당 보통 36 ATP 대신 2 ATP가 생성된다.

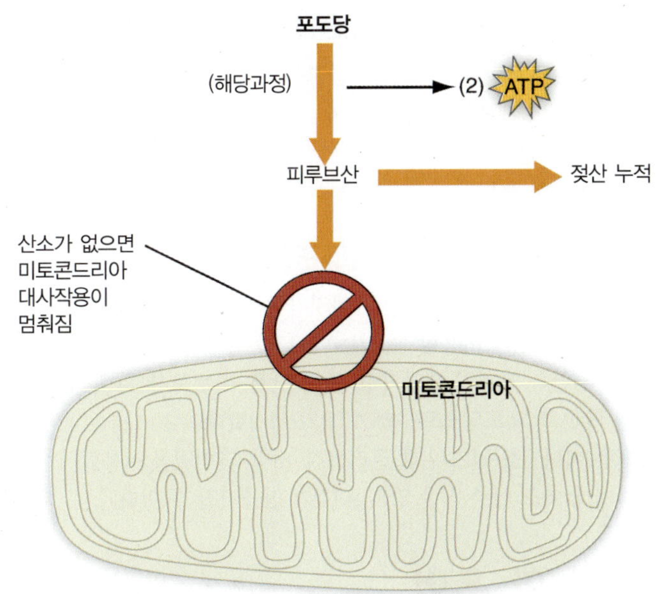

그림 3.31 무산소 대사작용. 산소가 없으면 해당과정이 유일한 ATP 생성 과정이다. 산소 없이 해당과정이 일어나면 젖산이 축적된다.

요점 정리

단백질도 필요한 경우 사용될 수 있지만 탄수화물과 지방이 ATP 생성을 위한 주요 저장 에너지원이다. 산소가 없을 경우에는 포도당만 사용되고 아주 적은 양의 ATP가 생성된다. ■

단원 요약

세포는 내부 구조에 따라 분류된다

- 모든 세포는 세포질을 둘러싸고 있는 원형질막을 가지고 있다.
- 진핵세포는 핵을 가지고 있다.

세포의 구조는 세포의 기능을 반영한다

- 세포 용적과 세포 표면적 사이의 수학적 관계에 의해 세포의 크기가 제한된다.
- 최고 10만 배의 배율을 갖는 여러 종류의 현미경으로 세포와 세포의 구조를 관찰할 수 있다.

원형질막은 세포를 둘러싸고 있다

- 원형질막은 지질 이중층이며 콜레스테롤과 여러 가지 단백질을 포함하고 있다.

분자는 여러 가지 방식으로 원형질막을 통과한다

- 일부 분자는 수동적(확산)으로 원형질막을 통과하여 수송되는 반면, 다른 분자는 에너지를 소모하면서 능동 과정에 의해 수송된다.
- 수용체 단백질은 원형질막을 가로질러 정보를 옮긴다.
- 소듐-포타슘 펌프는 세포 용적을 유지하는데 결정적인 역할을 하는 원형질막 단백질이다.

세포 내부의 구조물은 특수 기능을 수행한다

- 핵은 세포의 모든 활동을 지시한다.
- 리보솜, 소포체, 골지체는 생명을 유지하는 분자 합성에 관여한다.
- 소낭은 세포 산물과 해로운 독성물질을 운반하고, 저장하고, 나르는 막으로 둘러싸인 구형 소기관이다.
- 미토콘드리아는 세포에서 이용되는 고에너지 분자인 ATP 형태의 에너지를 만든다.

세포는 지지와 이동을 위한 구조물을 갖고 있다

- 미세소관과 미세섬유 등의 세포골격은 구조를 유지시키고 여러 가지 소기관을 고정해주는 역할을 한다.
- 섬모와 편모는 특정 유형의 세포에서 이동에 관여한다. 섬모와 편모 둘 다 여러 쌍의 단백질 미세소관으로 만들어진다.

세포는 물질과 에너지를 이용하며 변형시킨다

- 물질을 합성하고 파괴하려면 에너지가 필요하거나 방출된다.
- 세포가 가장 쉽게 이용할 수 있는 에너지는 ATP이다.
- 네 개의 연속 단계인 해당과정, 준비 단계, 시트르산 회로, 전자전달계를 거친 후 포도당으로부터 ATP가 생성된다.
- 세포는 에너지를 얻기 위해 글리코겐, 지방, 단백질을 이용할 수 있다.
- 산소가 없어도 아주 적은 양의 ATP가 만들어질 수 있다.

알아야 할 용어

NAD^+/NADH
골지체(Golgi apparatus)
내포작용(endocytosis)
능동수송(active transport)
리보솜(ribosome)
물질대사(metabolism)
미토콘드리아(mitochondria)
삼투(osmosis)
세포골격(cytoskeleton)
소낭(vesicles)
소듐-포타슘 펌프(sodium-potassium pump)
소포체(endoplasmic reticulum: ER)
수동수송(passive transport)
시트르산 회로(citric acid cycle)
외포작용(exocytosis)
원형질막(plasma membrane)
전자전달계(electron transport system)
해당과정(glycolysis)
확산(diffusion)

개념 확인 문제

1. 작아지는 것이 세포에 유리한 이유를 설명하시오.
2. 세포설의 기본 개념을 나열하시오.
3. 인지질은 원형질막에서 어떻게 배열되는지 설명하고 그렇게 배열된 이유를 설명하시오.
4. 수동수송을 정의하고, 여러 분자들이 원형질막을 통과하여 이동하는 데 사용되는 세 가지 수동수송 방법의 이름을 쓰시오.
5. 내포작용과 외포작용을 비교하여 설명하시오.
6. 소듐-포타슘 펌프의 활동을 설명하고 세포에서 이 펌프의 중요성을 나타내시오.
7. 고염이나 저염 환경에 놓인 세포에 무슨 일이 생기는지 설명하고 그 이유를 쓰시오.
8. 소낭의 정의를 쓰고 두 종류 이상의 소낭 이름을 쓰시오.
9. 포도당으로부터 ATP가 생성되는 네 가지 단계를 쓰고, 이 중 어느 단계에서 ATP가 가장 많이 만들어지는지 답하시오.
10. 산소가 없을 때, ATP를 생성하는 세포의 능력에 무슨 일이 일어나는가를 설명하시오.

학습 문제

연결 문제

_________1. 세포 내의 현미경적 구조물로 핵 이외의 것
_________2. 선택적 투과막을 통과하는 물의 순확산
_________3. 능동수송으로 세포막을 통과하는 물질의 확산
_________4. 살아 있는 세포의 정보 센터
_________5. 세포의 포장과 배송 센터
_________6. 포도당이 두 개의 3탄당으로 쪼개져 두 분자의 ATP를 생성하는 과정

a. 촉진확산
b. 해당과정
c. 세포소기관
d. 골지체
e. 핵
f. 삼투

빈칸 채우기

7. 원형질막은 인지질, _____________, 단백질로 구성되어 있다.
8. 핵과 세포소기관을 갖는 세포를 _____________(이)라 부르고, 이러한 것들이 없는 것을 _____________(이)라 한다.
9. 리보솜은 세포에서 자유롭게 떠다니거나, _____________에 부착되어 있다.
10. _____________(이)라 부르는 세포내 소낭은 소화효소를 가지고 있으며 세균을 포함하고 있는 소낭과 융합한다.
11. _____________은(는) 탄소 두 개를 가진 아세틸기가 CO_2, H^+, 전자로 분해되는 반복주기이다.
12. 산소가 없는 경우, 포도당이 분해되어 _____________가(이) 만들어지는데 이것은 타는 듯한 느낌을 주거나 근육 경련을 유발한다.

OX 문제

13. 덩치가 큰 동물은 세포의 크기도 크다. ( )
14. 대부분의 세포에서 바로 이용할 수 있는 에너지 형태는 ATP이다. ( )
15. 소듐-포타슘 펌프는 소듐과 포타슘을 모두 세포 밖으로 능동수송한다. ( )

참고문헌

Becker, Wayne M., Jane B. Reece, and Martin F. Phoenie. *The World of the Cell*. Menlo Park, CA: Benjamin Cummings, 2008. (A comprehensive textbook of cell biology for the student particularly interested in this subject.)

Financial Times & Scientific American Special Report 2005: T*he Future of Stem Cells*. (32 pages of articles about stem cells by more than a dozen authors.)

Margulis, Lynn, and Dorian Sagan. *What Is Life?* New York: Simon & Schuster, 1995. (An evolutionary, comparative, and sometimes philosophical look at this age-old question. Well illustrated.)

Sherer, W. F., J. T. Syverton, and G. O. Gey. Studies on the Propagation in Vitro of Poliomyelitis Viruses. IV. Viral Multiplication in a Stable Strain of Human Malignant Epithelial Cells (Strain HeLa) Derived from an Epidermoid Carcinoma of the Cervix. *Journal of Experimental Medicine* 97:695–709, 1953. (The original research paper describing HeLa cells; of historical significance for the especially interested student only.)

Thomas, Lewis. *The Lives of a Cell: Notes of a Biology Watcher*. New York: Viking Press, 1994. (A classic, easy-to-read series of essays.)

응용 문제

1. 현미경 상에서 두 개의 세포를 보고 있다고 가정하자. 하나는 작고, 미토콘드리아를 많이 가지고 있으며, 많은 글리코겐 입자를 포함하고 있다. 다른 하나는 더 크고, 미토콘드리아 수는 많지 않고, 글리코겐 입자를 포함하고 있지 않다. 어느 세포가 대사적으로 더 활동적이라고 생각하는가? 그 이유를 설명하시오.
2. 소듐-포타슘 펌프는 하나의 커다란 단백질 분자이다. 소듐-포타슘 펌프는 세포의 어느 곳에서 만들어진다고 생각하는가? 그것들은 어떻게 원형질막의 지질 이중층에 삽입된다고 생각하는가?
3. 미토콘드리아는 여러 가지 면에서 세균을 닮았다. 일부 과학자들은 미토콘드리아는 혐기성 진핵세포에 의해 흡수된 호기성 세균으로, 오늘날 상호 이익이 되는 방법으로 함께 진화되었다고 생각한다. 두 종류의 세포가 함께 공존하는 것이 왜 유리한지 설명하시오.
4. 무탄수화물 다이어트와 저탄수화물 다이어트에 대하여 잘 알고 있는 당신이 이 두 가지 방법 중 하나를 사용하여 체중을 줄이기로 결정하였다. 저탄수화물 다이어트가 어떻게 작용하는지 설명하시오. 이 다이어트의 부작용은 무엇이라 생각하는가?
5. 최근 영국 더비(Derby) 출신의 한 젊은이가 물마시기 대회에 참가하여 단시간에 12리터의 물을 마신 후 물 중독으로 알려진 저장액 탈수작용 합병증으로 사망하였다. 그의 체세포는 어떻게 과량의 물에 영향을 받았을까? 과량의 물은 어떻게 그의 죽음을 초래하였을까?
6. 공공장소에서 술 취한 죄로 기소된 젊은이의 재판에 당신이 배심원으로 선발되었다. 그의 변호사는 그의 몸에 있는 알코올이 자연발효에 의해 생긴 것이며, 산소가 부족한 상태에서 아주 심한 운동을 한 결과 생긴 과량의 젖산이 젖산 발효 과정에서 알코올로 전환된 것이라고 주장하였다. 당신은 그 변호사의 주장을 믿는가? 믿는 이유나 믿지 않는 이유를 설명하시오.

학습 문제 해답

1. c **2.** f **3.** a **4.** e **5.** d **6.** b **7.** 콜레스테롤 **8.** 진핵세포, 원핵세포 **9.** 소포체 **10.** 리소좀 **11.** 시트르산 회로 **12.** 젖산 **13.** X **14.** O **15.** X

4 세포에서 기관계까지

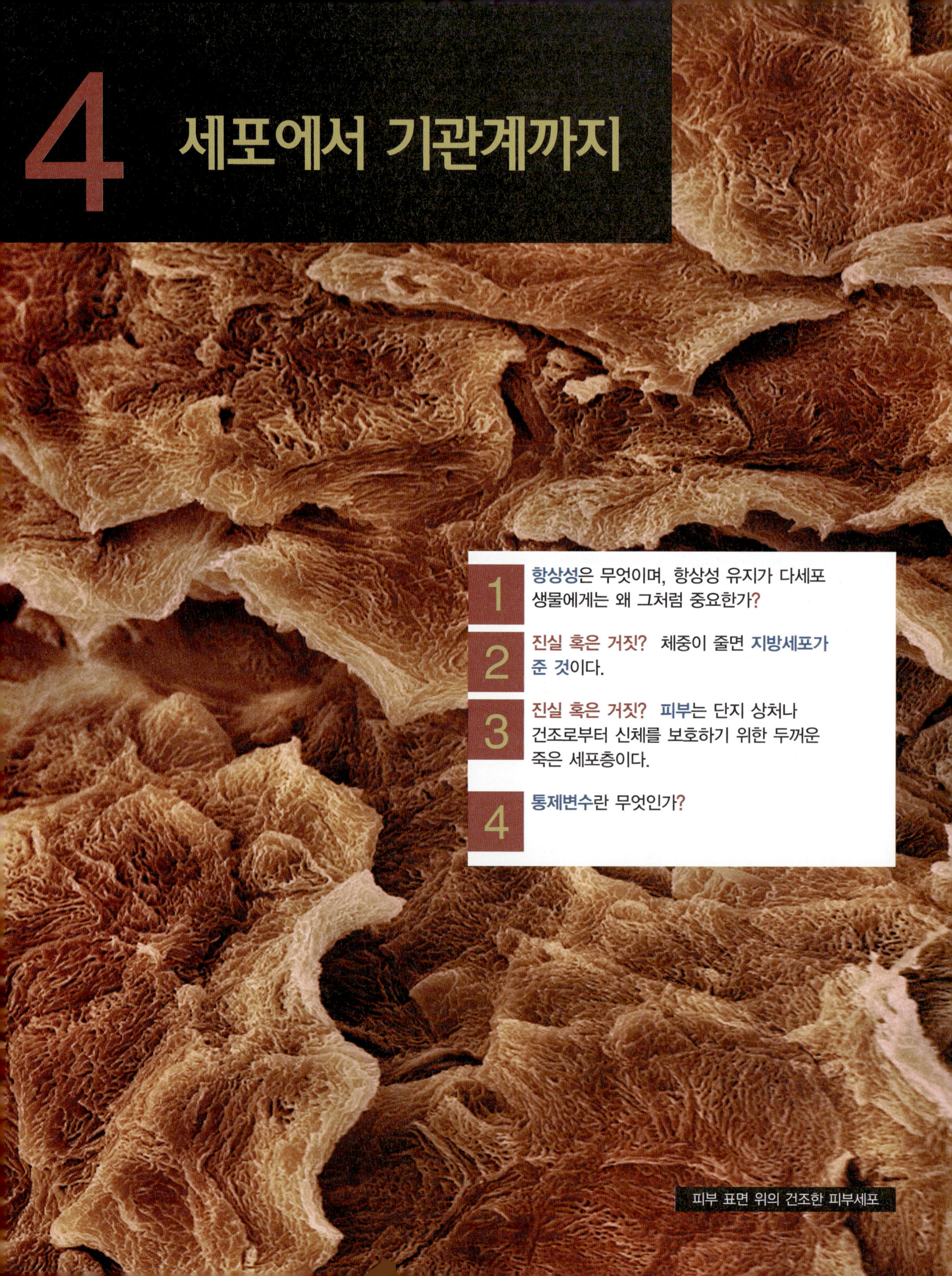

1 **항상성**은 무엇이며, 항상성 유지가 다세포 생물에게는 왜 그처럼 중요한가?

2 **진실 혹은 거짓?** 체중이 줄면 **지방세포가 준 것**이다.

3 **진실 혹은 거짓?** **피부**는 단지 상처나 건조로부터 신체를 보호하기 위한 두꺼운 죽은 세포층이다.

4 **통제변수**란 무엇인가?

피부 표면 위의 건조한 피부세포

생명 역사의 거의 3분의 2는, 혹은 20억 년 이상을, 모든 생명체는 단 하나의 세포로 되어 있었다. 오늘날에도 여전히 단세포생물은 많이 있다. 실제로 단세포생물은 다세포생물보다 훨씬 더 많다. 단세포생물은 간단하고 복잡하지 않은 생명체이다. 단세포생물은 자신들이 살고 있는 물로부터 원료물질과 에너지를 얻으며, 노폐물을 그 물에다 쏟아붓고, 자신의 몸을 둘로 나누어서 번식한다.

그러나 단세포인 것이 불리한 점도 있다. 단세포생물은 생명에 필요한 모든 것을 바로 주변의 외부 환경에 완전히 의존한다. 그들이 살고 있는 연못이 건조해지면 단세포생물은 그냥 죽게 된다. 만일 물속의 염분도가 증가하거나, 온도가 너무 올라가거나, 혹은 영양물질이 고갈되면 단세포생물은 그냥 죽는다. 다른 방도가 있어야만 한다!

다른 방법이 있는데 그것은 세포들이 서로 합해지는 것이다. 이 단원에서 우리는 세포가 어떻게 우리 몸을 이루고 있는 조직, 기관, 그리고 기관계로 구성되는지를 살펴볼 것이다. 기관계의 한 본보기로 피부의 구조와 기능에 대해 공부한다. 그리고 우리의 세포와 조직 및 기관이 우리 몸의 안정과 건강을 유지하기 위해 어떻게 함께 작용하는지 논의해 볼 것이다.

4.1 조직은 공통 기능을 가진 세포들의 집합이다

다세포생물(multicellular organism)은 생명의 기능을 종합적으로 공유하는 많은 세포들로 구성되어 있다. 다세포성이 유리한 점은 큰 크기(먹히기보다는 먹는 데 더 좋다)와 생명에 도움이 되는 환경을 찾고 유지하는 능력이다.

다세포생물의 모든 세포들은 어떤 방식으로든 생물에 도움이 되는 분화된 기능을 가지고 있다. 그러나 분화만으로는 충분하지가 않다. 분화된 기능이 유용하게 되려면 분화된 기능은 반드시 조직적으로 구성되고 통합되어야 한다. 예를 들면, 우리 심장에 있는 세포 한 개는 너무 작기 때문에 그 세포의 활동은 미미하다. 심장 박동에는 그런 세포들 수십만 개가 줄을 맞춰 배열되는 것이 필요하며, 그래야만 세포들의 기능이 조화를 이루어 박동을 만들어낸다.

조직(tissue)은 구조가 비슷하고 공통된 기능을 수행하는 특수화된 세포들의 무리이다. 조직에는 네 가지 주요 유형이 있다. 상피조직, 결합조직, 근육 그리고 신경이다.

4.2 상피조직은 몸 표면과 체강을 덮는다

대부분의 **상피조직(epithelial tissue)**은 다양한 표면과 체강을 덮거나 안쪽에 배열되는 세포의 얇은 층으로 구성되어 있다. 우리가 잘 알고 있는 두 개의 상피조직은 피부와 구강의 안쪽 면이다. 다른 상피조직은 소화관, 폐, 방광, 혈관, 신장의 세뇨관의 안쪽 벽을 이룬다.

상피조직은 단순한 안쪽 면 이상이다. 상피조직은 아래에 놓인 조직들을 보호한다. 상피조직은 마찰을 줄이기 위해 때로는 매끄럽다. 예를 들면, 혈관 안쪽 벽을 구성하는 매끄러운 상피조직은 혈액이 순조롭게 온몸을 흐르도록 도와준다. 어떤 상피조직은 물질 수송에 맞게 고도로 분화되어 있다. 상피조직(그리고 상피세포)은 장을 가로질러 물과 영양분을 흡수해서 혈액 속에 넣어준다. 상피조직은 또한 신장의 세뇨관들을 가로질러 노폐물을 분비하여 오줌으로 배출할 수 있게 해준다.

소수의 상피조직은 몸의 분비샘을 형성하는 샘상피(glandular epithelia)이다. **샘(gland)**은 분비물을 생성하고 분비하도록 분화된 상피조직이다. **외분비샘(exocrine gland)**은 분비물을 관이나 속이 빈 기관으로 안으로 분비한다. 외분비샘의 보기로는 구강 안의 침샘, 피부의 땀샘, 위산을 생산하는 위의 샘을 들 수 있다. **내분비샘(endocrine gland)**은 호르몬(hormone)이라고 부르는 물질을 혈류 안으로 분비한다. 내분비샘의 보기로 갑상샘(thyroid gland)을 들어보자. 갑상샘은 우리 몸의 성장과 대사를 조절하는 데 도움을 주는 여러 호르몬을 분비한다. 우리는 이 책 전반에 걸쳐 적절한

들어가기 질문의 답

1 항상성이란 한 생물의 "내부 환경"의 평형(혹은 상대적 불변성) 상태이다. 한 생물의 내부 환경은 그 생물의 모든 세포를 담고 있고 둘러싸고 있는 액체를 포함한다. 항상성의 유지는 각 세포들이 생명에 적합한 액체 환경으로 둘러싸인 것을 보장하는 것이다.

2 **거짓.** 체중을 줄이면 지방세포가 작아진다. 지방세포는 없어지지 않는다.

3 **거짓.** 피부의 가장 바깥쪽 부분만이 죽은 세포로 되어 있다. 우리는 피부를 당연히 여기지만 이 단원에서 배우게 되듯이, 피부는 건조나 상처로부터 우리를 보호해주는 등 여러 가지 중요한 방법으로 우리를 도와주는 살아 있는 기관계이다.

4 통제변수는 항상성을 유지하기 위해 조절(통제)되어야 하는 어떤 화학적 혹은 물리적 성질을 말한다. 통제변수의 보기로는 혈압과 혈당 농도가 있다.

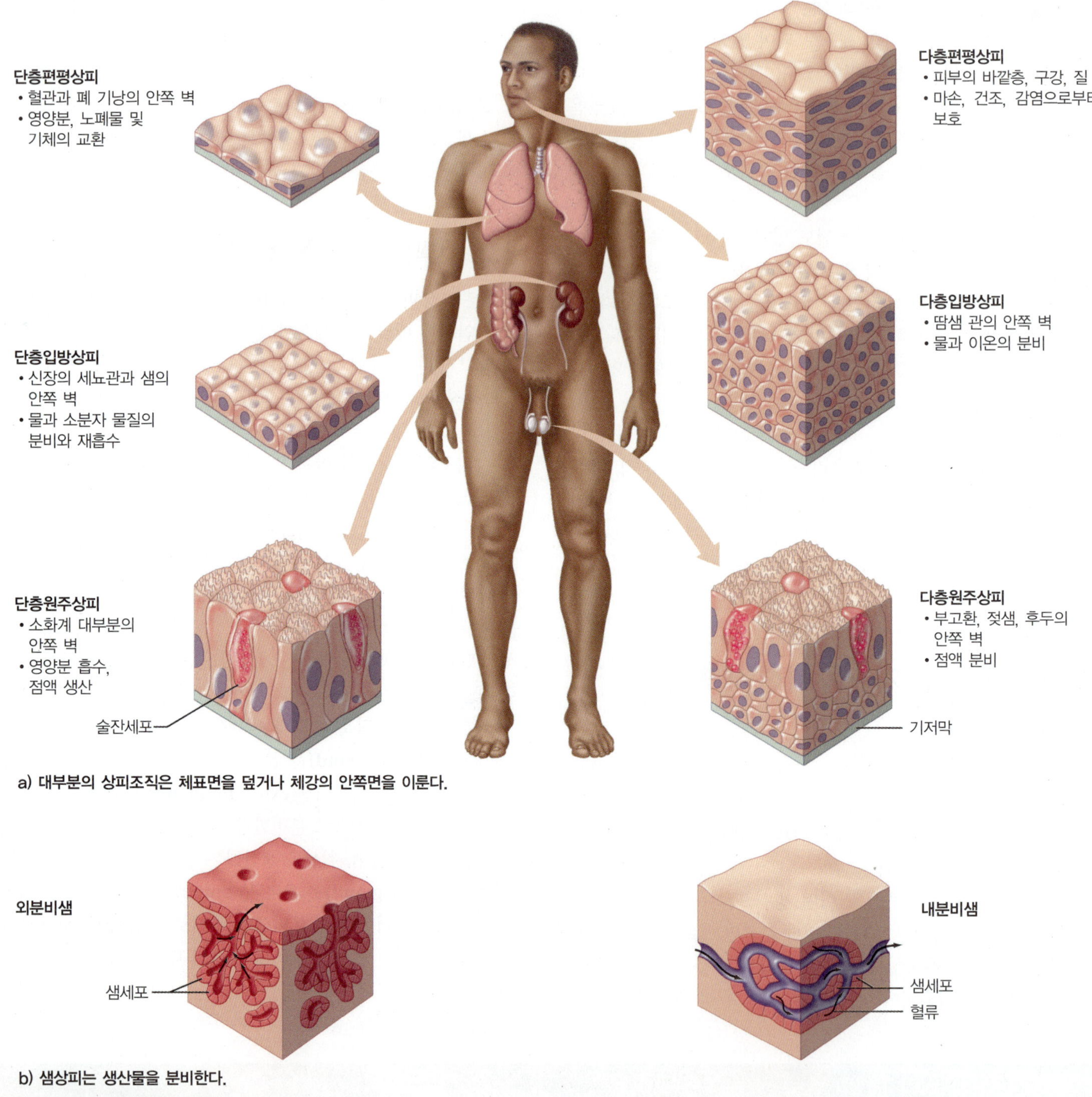

그림 4.1 상피조직의 유형.

장소에서 다양한 분비샘에 대한 설명을 보게 된다.

상피조직은 세포의 모양에 따라 분류된다

생물학자들은 상피조직을 세포의 모양에 따라 세 유형으로 분류한다(그림 4.1).

- 편평상피(squamous epithelium)는 한 개 이상의 납작한 세포의 층으로 되어 있다. 편평상피는 피부의 바깥 표면을 형성하며 혈관, 폐, 구강, 목, 질의 안쪽 표면을 이룬다.
- 입방상피(cuboidal epithelium)는 입방체 모양의 세포로 구성되어 있다. 입방상피는 신장의 세뇨관을 형성하며 난소의 표면을 덮고 있다.

■ 원주상피(columnar epithelium)는 키가 큰 직사각형(원주 모양의) 세포로 구성된다. 원주상피는 소화관 일부와 특정 생식기관 및 후두의 안쪽 벽을 이룬다. 술잔세포(goblet cell)라고 부르는 원주상피 안의 특정 세포는 조직을 미끄럽게 해주고 세균과 바이러스 및 외부물질을 잡아두는 걸쭉한 액체인 점액을 분비한다.

상피조직은 세포의 모양뿐만 아니라 조직 안에 들어 있는 세포층의 수에 따라서도 분류된다. 단층상피(simple epithelium)는 세포층이 하나인 반면에, 다층상피(stratified epithelium)는 여러 층으로 구성되어 있다. 단층상피는 아주 얇아서 분자들이 쉽게 통과할 수 있다. 다층상피는 두꺼워서 아래에 놓인 세포들을 보호해준다.

기저막은 구조적 지지를 제공해준다

상피조직 세포의 바로 아래에는 **기저막(basement membrane)**이라고 부르는 비세포성 지지층이 있으며(그림 4.1) 그 밑에는 일반적으로 결합조직층이 있다(나중에 설명). 기저막에 대해서는 세포들을 그 아래의 단단한 결합조직에 고정시키는 접착제와 같이 생각하면 이해하기 쉬울 것이다. 기저막은 대부분 상피세포가 분비하는 단백질로 이루어져 있어, 그렇기 때문에 비록 비세포성 물질이지만 세포가 만들어낸 물질이다. 기저막은 모든 세포의 일부인 세포막과 혼동되어서는 안 된다.

기저막에 붙어 있는 것뿐만 아니라, 상피세포들은 다양한 단백질로 만들어진 여러 종류의 **세포연접(cell junction)**을 통해 서로 연결되어 있을 수 있다. 상피조직의 종류에 따라 세 가지 다른 종류의 연접들이 세포들을 서로 붙들어준다(그림 4.2).

■ 밀착연접(tight junction)은 인접한 세포들의 세포막을 서로 단단히 밀봉해서 그 사이로 어떤 물질도 지나갈 수 없게 만드는 역할을 한다. 밀착연접은 몸의 안팎으로 물질의 움직임을 통제해야 하는 상피층에서 특히 중요한 역할을 한다. 그 예로는 소화계의 표면을 덮고 있는 세포들(영양분을 들여오는 역할을 한다), 방광 표면의 세포들(소변을 저장하는 역할을 한다), 그리고 신장의 세뇨관을 이루고 있는 세포들(몸에서 노폐물을 제거하는 역할을 한다)이 있다.

■ 교소체 혹은 데스모솜이라고도 부르는 부착연접(adhesion junction)은 구조상 좀 더 느슨하다. 부착연접의 단백질 섬유는 세포들이 조금 움직일 수 있게 해주기 때문에 조직이 늘어나고 구부러지는 것을 허용한다. 예를 들어, 피부에 있는 부착연접 덕분에 사람들은 자유롭게 움직이는 것이 가능하다.

■ 간극연접(gap junction)은 단백질로 만들어진 연결 통로(채널)들로, 두 인접한 세포들 사이에 물이나 이온이 이동할 수 있게 해주는 구조들이다. 이들은 흔히 간, 심장, 그리고 일부 근육조직의 상피세포들에서 발견된다.

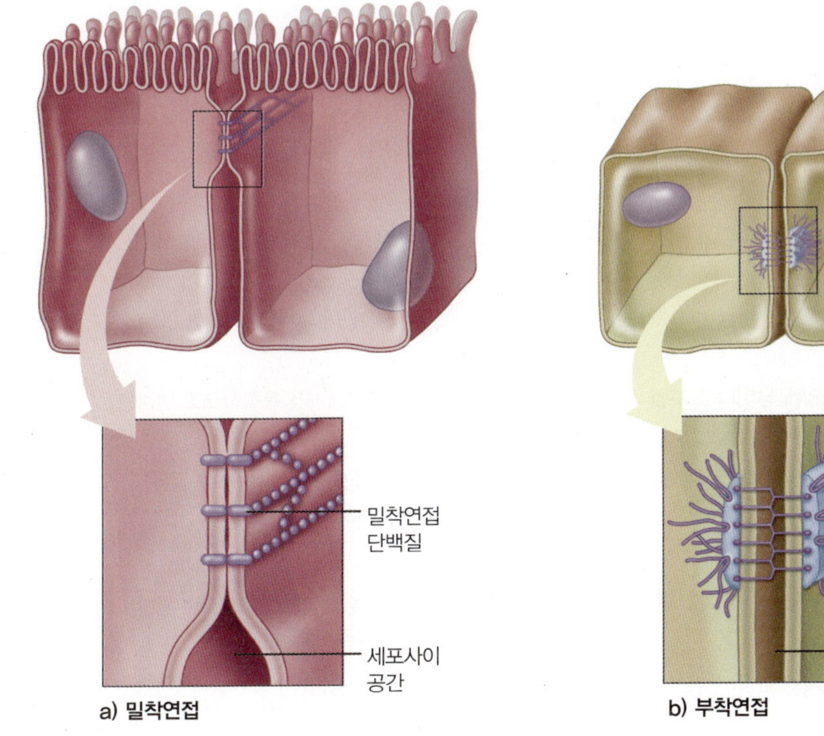

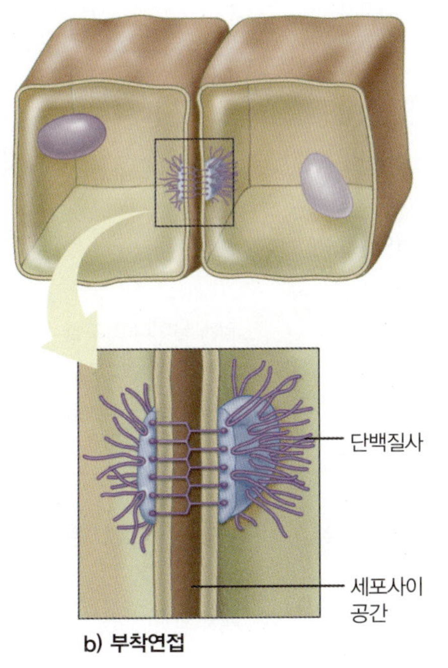

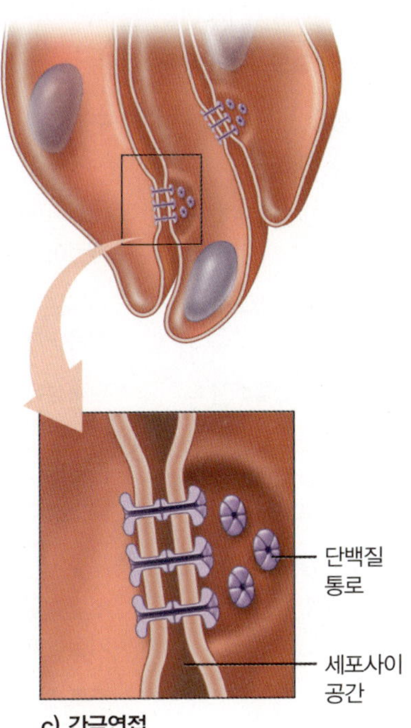

그림 4.2 **세포 사이에 형성된 연접의 예.** 어느 한 조직에서는 일반적으로 단 한 종류의 연접만이 존재한다. (a) 밀착연접은 세포들 사이에 새지 않는 봉인을 형성한다. (b) 부착연접은 두 세포를 서로 묶어주는 역할을 하지만 움직임의 유동성이 가능하다. (c) 간극연접은 인접한 세포들 사이에 물과 이온의 직접적인 수송을 가능하게 한다.

요점 정리

상피조직은 몸의 표면과 빈 공간들을 덮으며, 기관을 형성한다. 이들은 세포의 모양에 따라 분류되고(편평, 입방, 혹은 원주), 세포층의 숫자에 따라서도 분류된다(단순 혹은 다층). ■

4.3 결합조직은 신체 구조를 지탱하고 서로 연결시킨다

결합조직(connective tissue)은 신체의 부드러운 장기들을 중력에 대항해서 지탱하고 신체 구조들을 함께 연결시키는 역할을 한다. 또한 지방을 저장하고 혈액 세포들을 생산하기도 한다.

상피조직과 달리, 대부분의 결합조직에는 살아 있는 세포가 드물다. 결합조직 구조의 대부분은 살아 있지 않은 세포외 물질인 기질(matrix)로 구성되어 있는데, 이 물질은 결합조직 세포들이 합성하여 주변 공간으로 배출하는 것이다. 결합조직의 힘은 살아 있는 세포들 자체가 아닌 기질로부터 오는 것이다. 몇 안 되는 살아 있는 세포들이 서로 만나는 일은 극히 드물어, 직접적인 세포 간의 연접은 일어나지 않는다.

결합조직은 너무나 다양하여 분류체계는 사실 편의상 존재할 뿐이다(표 4.1). 넓게 보면, 이들을 섬유 결합조직과 특수 결합조직으로 나눌 수 있다.

섬유 결합조직은 힘과 탄력을 제공한다

섬유 결합조직(fibrous connective tissue)은 다양한 신체 부위를 서로 연결하며, 몸에 힘, 지지, 그리고 유연함을 제공한다. 그림 4.3은 섬유 결합조직의 구조적 성분들을 보여준다.

명칭에서 볼 수 있듯, 섬유 결합조직은 여러 종류의 섬유와 세포들이 겔 같은 기질에 묻힌 모습을 하고 있다. 단백질로 만들어진 **콜라겐섬유(collagen fiber)**는 힘을 제공하며 조금 유연하다. 대부분의 섬유 결합조직은 또한 엘라스틴(elastin)이라는 단백질로 주로 구성되어 있고 가늘게 감긴 구조를 한 **탄력섬유(elastic fiber)**를 가지고 있는데, 이 섬유들은 끊어지지 않고 길게 늘어날 수 있는 특징을 가지고 있다. 어떤 섬유 결합조직은 또한 서로 연결되어 있는 **세망섬유(reticular fiber)**라는 가는 콜라겐으로 이루어진 섬유를 가지기도 한다. 세망섬유는 간, 비장, 그리고 림프선 등 일부 소위 '부드러운' 장기들의 내부 구조의 뼈대를 주로 구성한다.

이런 다양한 섬유들은 물, 다당류, 그리고 단백질들로 이루어진 기질에 묻혀 있는데, 그 속성은 겔 같은 성질에서 고무 같은 성질에 이르기까지 천차만별이다. 이 기질은 여러 종류의 세포를 가지는데, 그 중에는 지방세포, 비만세포, 각종 백혈구(대식세포, 중성구, 림프구, 그리고 형질세포), 그리고 가장 중요한 것으로 **섬유아세포(fibroblast)**가 있다. 섬유아세포는 콜라겐섬유, 탄력섬유, 그리고 세망섬유를 구성하는 단백질들을 생산하고 분비하는 세포이다. 지방세포는 물론 지방을 저장하는 세포이고, 비만세포와 백혈구는 신

표 4.1 결합조직의 유형

유형	구조	속성	장소
섬유 결합조직			
성긴 결합조직	대부분 콜라겐과 탄력섬유로 특정 패턴이 없음. 많은 기질	유연성이 있고 적당한 강도를 지님	내장기관, 근육, 혈관을 둘러쌈
치밀 결합조직	대부분 섬유가 나란히 배열된 콜라겐. 적은 기질	강함	힘줄, 인대, 피부의 아래층
탄성 결합조직	탄력섬유의 비율이 높음	쉽게 늘어나고 꼬임	모양과 크기가 규칙적으로 변하는 속이 빈 기관을 둘러쌈
세망 결합조직 (림프조직)	대부분 서로 연결된 가는 콜라겐 세망섬유	유연한 내부 뼈대를 제공	간, 비장, 편도선, 림프선 같은 부드러운 기관
특수 결합조직			
연골	주로 콜라겐 섬유로 물을 많이 함유한 기질 안에 있다.	모양을 유지하고 충격을 완화	뼈가 될 배아조직. 코, 척추원반, 관절강의 안쪽 벽
뼈	주로 칼슘과 인으로 구성된 단단한 무기염류 침착물	매우 강함	골격 형성
혈액	혈구세포, 혈소판, 혈장	물질 수송과 방어 기작을 도움	심혈관계 내
지방조직	주로 지방립이 채워진 지방세포	지방 형태로 에너지 저장	피부 아래, 일부 내장기관의 둘레

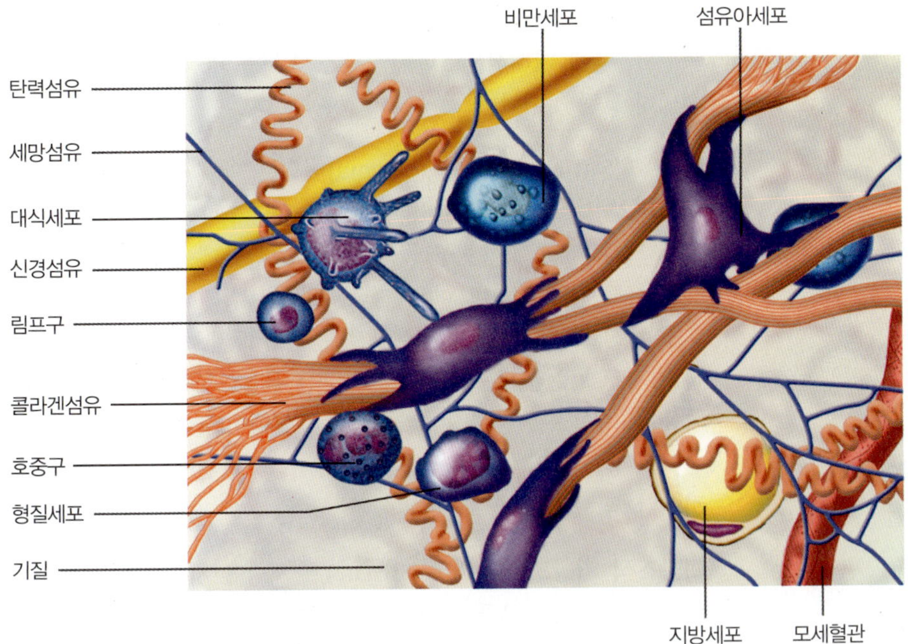

그림 4.3 섬유 결합조직. 주요 성분은 다당류, 단백질 및 물로 되어 있는 기질 안에 들어 있는 세 유형의 섬유(콜라겐섬유, 탄력섬유, 세망섬유)와 다양한 세포들(섬유아세포, 지방세포, 비만세포, 여러 유형의 백혈구)이다. 혈관과 신경은 결합조직을 통과하거나 연결된다. 섬유 결합조직은 세포와 섬유의 상대적 비율도 다르고 섬유의 방향도 다르다.

체의 면역계와 연관된 세포들이다(9단원).

섬유 결합조직은 그 섬유 종류의 밀도와 배열에 따라서 더 세부적으로 분류할 수 있다.

- 성긴 결합조직(loose connective tissue 혹은 areolar connective tissue, **그림 4.4a**)이 가장 흔한 형태이다. 이 형태의 결합조직은 여러 내부 장기들, 근육들, 그리고 혈관들을 둘러싼다. 성긴 결합조직은 소량의 콜라겐섬유와 탄력섬유를 뚜렷한 방식 없이 포함하고 있으며, 굉장한 유연성을 지니지만 힘은 적당한 정도만 지니고 있다.
- 치밀 결합조직(dense connective tissue, **그림 4.4b**)은 근육의 힘줄, 인대, 그리고 피부의 아래층 등에서 발견되며, 콜라겐섬유를 더 많이 포함하고 있다. 이 섬유들은 대개 한 방향으로 늘어서 있는데, 이 경향은 특히 관절 안과 주변의 힘줄과 인대에서 두드러진다. 치밀 결합조직은 섬유가 늘어선 방향으로 잡아당겨졌을 때는 가장 강한 힘을 가진 결합조직이지만, 옆에서 힘이 가해졌을 때에는 찢어질 수 있다. 치밀 결합조직 안의 적은 수의 살아 있는 세포들에게 에너지를 공급하는 혈관은 별로 없다. 그렇기 때문에 근육이나 인대를 삐게 되면, 회복되는 데 시간이 오래 걸리는 것이다.
- 탄력 결합조직(elastic connective tissue)은 일상적으로 그 모양이나 크기가 바뀌는 장기들을 둘러싼다. 그 예로는 음식물을 담기 위해 늘어나야 되는 위장, 소변을 저장하기 위해 늘어나야 하는 방광, 그리고 소리를 발생시키기 위해 진동하는 성대 등이 있다. 탄력 결합조직은 쉽게 늘어나고 반동하는 성질을 가지는 탄력섬유의 비율이 높다.
- 세망 결합조직(reticular connective tissue)은 림프조직(lymphoid tissue)이라고도 부르는데, 간과 같은 부드러운 장기와 림프계(비장, 편도선, 그리고 림프선) 조직들의 내부 뼈대를 구성한다. 이 조직은 가늘고 가지를 친 세망섬유(콜라겐으로 이루어진)로 구성되어 있고, 이 섬유들은 서로 연결된 하나의 망을 형성한다.

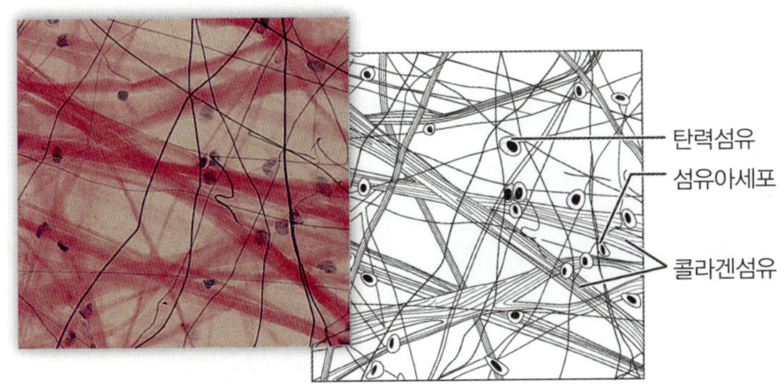

a) **성긴 그물눈 모양 결합조직**(X160). 성긴 결합조직에서는 콜라겐섬유와 탄력섬유가 임의적으로 배열되어 있다.

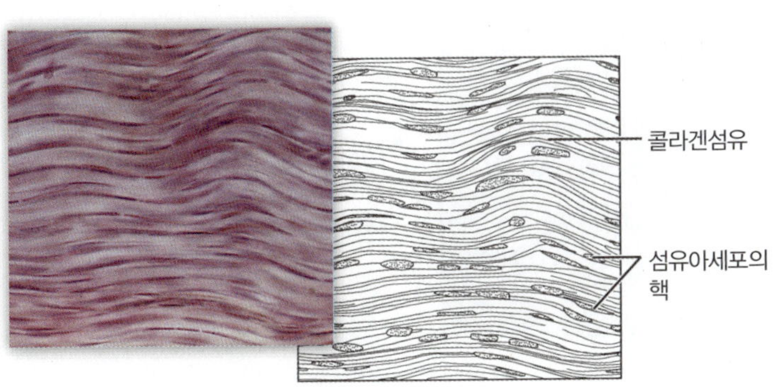

b) **치밀 결합조직**(X160). 치밀 결합조직의 섬유는 주로 콜라겐섬유이다. 힘줄과 인대에서 섬유들은 모두 같은 방향으로 배열되어 있으며, 인접 섬유들 사이의 좁은 공간에는 섬유아세포가 들어 있다.

그림 4.4 섬유 결합조직의 예.

요점 정리

섬유 결합조직은 신체 부위를 서로 붙들어주는 역할을 한다. 섬유 결합조직은 강하고 유연한 단백질로 구성된 세포외 섬유를 가지며, 또한 소수의 살아 있는 세포와 다당류, 단백질 및 물로 이루어진 기질로 구성되어 있다. ■

특수 결합조직은 특별한 역할을 수행한다

소위 **특수 결합조직**(specialized connective tissue)은 연골, 뼈, 혈액, 그리고 지방조직을 포함한 다양한 집단이다. 각 조직은 몸에서 특별한 기능을 수행하도록 특화되어 있다.

연골 **연골(cartilage)**은 뼈가 형성되는 과도적 조직이다(5단원). 또한 연골은 특정 신체 부위의 모양을 유지시키며(예를 들면 코의 부드러운 끝처럼) 관절을 보호하고 거기에 가해지는 충격을 완화시켜준다. 한 예로 연골로 이루어진 원반들이 등뼈의 척추들을 서로 나누고 충격으로부터 보호해주며, 연골은 관절의 마찰을 줄여주는 질기면서도 부드러운 면들을 형성하기도 한다.

치밀 결합조직처럼, 연골은 주로 콜라겐 섬유로 구성되어 있다. 이 두 조직의 차이는 **연골모세포**(chondroblast)라는 세포에 의해 생산되는 연골의 기질이 물을 더 많이 포함하고 있다는 것이다. 이 사실 때문에 연골은 완충물의 역할을 아주 잘 하는 것이다. 연골은 발달하면서, 그 세포들은 **세포방**(lacuna)이라고 부르는 작은 방들에 둘러싸이게 된다(**그림 4.5a**). 연골에는 혈관이 없기 때문에 성숙한 세포들(**연골세포**, chondrocyte)은 연골 밖의 혈관에서 기질을 통해 확산되어 들어온 영양분을 얻게 된다. 따라서 연골은 다치면 회복이 느리게 된다.

뼈 연골처럼, **뼈(bone)**는 살아 있는 세포를 조금만 가진 특수 결합조직이다. 뼈의 기질의 대부분은 칼슘과 인의 단단한 무기 침착물로 이루어져 있다. 하지만 연골과 달리, 뼈에는 무수한 혈관이 들어 있으며, 이런 이유 때문에 다치게 되면 4주에서 6주 이내에 회복된다. 뼈에 대해서는 5단원에서 골격계를 다룰 때 더 자세하게 설명하게 될 것이다.

혈액 **혈액(blood)**은 **혈장**(plasma)이라는 액체 기질에 세포들이 떠 있는 형태로 구성되어 있다. 혈액은 결합조직으로 보는데, 그 이유는 모든 혈액 세포(혈구)들은 그 전에 뼈 안에 존재하던 더 이른 세포들(**줄기세포**[stem cell]라 한다)로부터 기원하기 때문이다. 적혈구는 산소와 영양소를 체세포로 운반하고 세포대사의 부산물들을 가지고 가는 역할을 한다. 백혈구는 몸을 보호하는 면역계에서 작용하고, 혈소판은 부상이 일어난 후 혈액이 굳게 하는 기작들에 참여한다. 혈액의 여러 기능들에 대해서는 7단원에서 더 배우게 될 것이다.

지방조직 **지방조직(adipose tissue)**은 지방을 저장하기 위해 고도로 특화되어 있다(**그림 4.5b**). 지방조직에는 결합조직 섬유가 적고 기질 또한 거의 존재하지 않는다. 용적의 대부분은 **지방세포(adipocyte, fat cell)**가 차지하고 있다. 지방조직은 주로 피부 아래에 존재하는데, 그곳에서 체온을 보존하는 역할을 한다. 이 조직은 또한 신장과 같은 내부 장기들 주변에서 보호하는 일을 한다.

신체에 존재하는 지방세포의 수는 부분적으로 유전에 의해 결정된다. 만일 몸이 소비할 수 있는 것보다 더 많은 음식을 먹게 되면, 남는 에너지 중 일부는 지방세포에 지방의 형태로 저장된다(지방세포들이 더 '뚱뚱해진다'). 만일 체중을 잃게 되면 지방세포들도 날씬해지는 셈이다. 하지만 체중을 잃게 되면 지방세포들의 부피는 줄어들지만 그 수는 변하지 않는다. **지방용해주사**(Lipodissolve)는 논쟁의 여지가 있는 기술로, 지방세포들을 화학적으로 분쇄시키는 방법이다(94쪽의 "시사 과학 문제: 지방용해주사는 지방을 녹여내는 좋은 방법인가?" 참조).

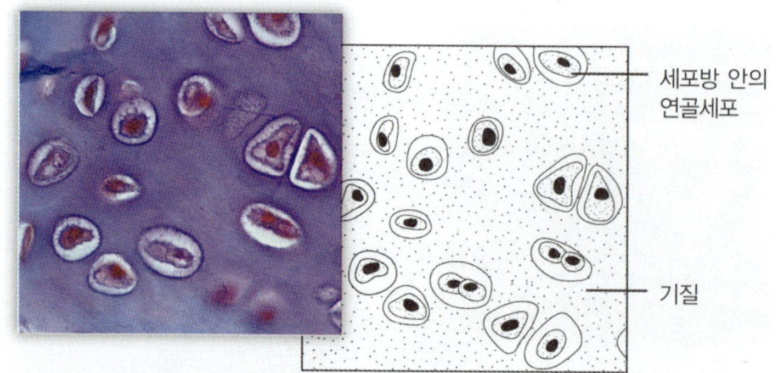

a) **기관의 연골**(X300). 성숙한 연골세포가 단단하고 고무 같은 기질 안에 있는 세포방이라는 공간에 갇혀 있다. 기질은 콜라겐섬유, 다당류, 단백질 및 물로 되어 있다.

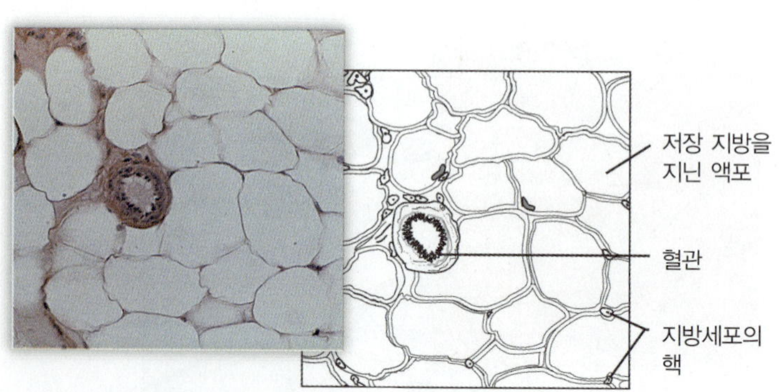

b) **피부 아래 피하층의 지방조직**(X140). 지방조직은 거의 전부 지방세포로 구성되어 있다. 지방세포 안의 지방립이 매우 커져서 핵이 한쪽으로 밀려난다.

그림 4.5 특수 결합조직의 예.

요점 정리

특수 결합조직들 중에서, 연골과 뼈는 지지하는 역할을 하고, 혈액은 몸 곳곳에 물질을 운반하고, 지방조직은 지방의 형태로 에너지를 저장한다. ■

4.4 근육조직은 움직임을 만들기 위해 수축한다

근육조직(muscle tissue)은 수축, 즉 짧아지도록 특별히 분화되어 어떤 움직임을 이루어내는 세포들로 구성되어 있다. 근육조직은 근섬유(muscle fiber)라 부르는 단단히 뭉친 세포들로 이루어져 있다. 이 섬유들은 일반적으로 길고 가늘며, 서로에 대해 평행하게 늘어서 있다(그림 4.6). 근섬유의 세포질은 단백질들을 가지고 있으며, 이 단백질들은 상호작용을 통해 세포가 수축할 수 있게 해준다.

근육조직에는 골격근(skeletal), 심장근(cardiac), 그리고 평활근(민무늬근, smooth)의 세 가지 종류가 존재한다. 이들은 체내에서의 위치, 구조, 그리고 기능에서 어느 정도씩 서로 차이가 있지만, 근본적으로는 똑같은 일을 하는데, 그것은 자극받았을 때 수축한다는 것이다. 이 책은 한 단원(6단원) 전체를 기관계로서의 근육들에 투자한다. 현재로서는, 이 세 종류의 근육조직들의 차이점들에만 초점을 두도록 하겠다.

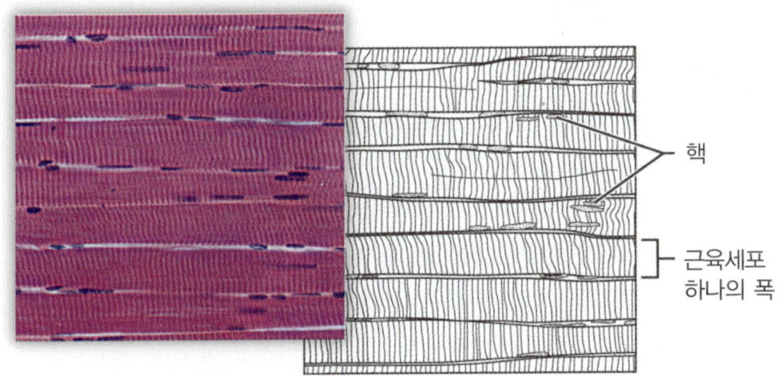

a) **골격근**(X100). 골격근 세포는 매우 길며 여러 개의 핵을 가지고 있다.

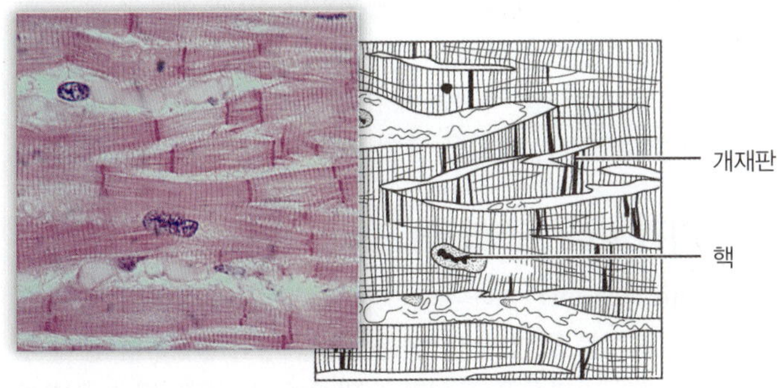

b) **심장근**(X225). 심장근 세포들은 서로서로 연결되어 있다.

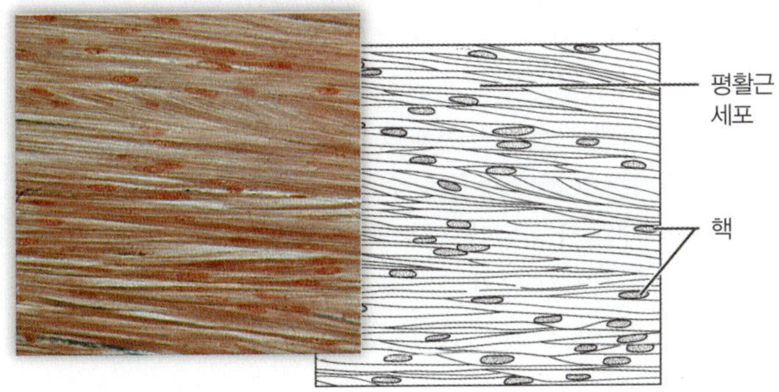

c) **평활근의 얇은 층**(X250). 평활근 세포들은 가늘고 끝이 뾰족하다.

그림 4.6 **근육조직.**

골격근은 신체 부위를 움직인다

골격근조직(skeletal muscle tissue)은 힘줄로 연결되며, 이 힘줄들은 뼈에 붙어 있다. 골격근이 수축하면, 이들은 신체 부위들이 움직이게 만든다. 개개의 섬유들은 맨눈으로 볼 수 없을 정도로 작은 가는 원통들이지만, 이들은 각자 근육 전체만큼 길 수 있다(그림 4.6a). 각 근섬유는 세포핵을 여럿 가지고 있는데, 이것은 여러 세포들이 발생 도중 서로 끝과 끝을 이어 접합되어 하나의 긴 섬유를 만들면서 나타나는 현상이다.

골격근 한 개는 수천 개의 개별 섬유를 가지고 있을 수 있으며, 이들은 모두 서로에 대해 평행하게 배열되어 있다. 이 평행한 배열은 이들이 모두 한꺼번에 잡아당길 수 있게끔 하여, 근육이 두 부착점 사이의 거리를 최소화시킬 수 있게 해준다. 골격근을 **수의근**(voluntary muscle)이라고도 부르는데, 이는 그 활동에 대해 의식적인 조절이 가능하기 때문이다.

심장근은 서로를 활성화시킨다

심장근조직(cardiac muscle tissue)은 심장에서만 발견되는 조직의 종류이다. 각 세포들을 보게 되면 골격근 섬유들보다 훨씬 짧으며, 세포핵도 하나만 가지고 있다(그림 4.6b). 골격근처럼, 심장근의 세포들도 서로 평행하게 배열되어 있다. 심장근 세포들은 짧고 끝이 뭉툭하며, 서로 인접한 세포의 끝 사이에는 간극연접들이 존재한다. 간극연접들은 인접한 세포들 간의 직접적인 전기적 연결을 의미하는데, 이에 따라 한 세포가 활성화되면 그 이웃한 세포도 따라서 활성화시키게 되는 기작이 일어나게 된다. 간극연접들 때문에 심장 전체가 조화롭게 수축할 수 있는 것이다.

심장근은 불수의근(involuntary muscle)이라고 부르는데, 그 이유는 심장이 완전히 스스로 규칙적으로 수축하며, 사람의 의식적인 생각이 전혀 관여하지도 않고 신경에 의한 자극도 전혀 일어나지 않기 때문이다.

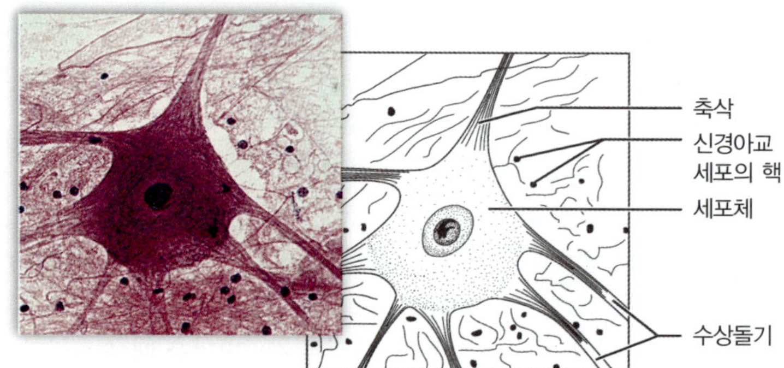

그림 4.7 신경조직: 뉴런(X170). 뉴런은 신경조직의 기능적 단위이다. 여기 보이는 한 개의 뉴런은 신경아교세포라는 수많은 보조세포들로 둘러싸여 있다. 신경아교세포의 본체는 염색이 잘 되지 않지만 핵은 뚜렷이 잘 보인다.

평활근은 속이 빈 구조들을 둘러싼다

평활근조직(smooth muscle tissue)은 속이 빈 장기와 관들을 둘러싸는데, 그 예로는 혈관, 소화관, 자궁, 그리고 방광 등이 있다. 이 가는 세포들은 골격근보다 훨씬 작으며 심장근처럼 핵을 하나만 가진다(그림 4.6c). 평활근 세포들은 서로에 대해 대충 평행하게 배열되어 있다. 혈관에서 이들은 일반적으로 혈관의 주위를 따라 둥근 모양으로 배열되어 있다. 평활근 세포들이 수축할 경우, 혈관의 지름이 감소하게 된다.

평활근 세포들은 양쪽 끝에서 가늘어지고, 서로 인접한 세포 간에 간극연접이 있어서 한 세포가 수축하면 옆의 세포 역시 수축하게 된다. 심장근처럼, 평활근 역시 불수의근이어서 사람이 의식적으로 그 수축을 조절할 수 없다.

4.5 신경조직은 신경충격을 전달한다

신경조직(nervous tissue)은 주로 몸 전반에 걸쳐 전기적 자극들을 발생시키고 전달하도록 특화된 세포들로 구성되어 있다. 이 조직은 신체를 위한 빠른 연락망이 되어준다. 신경조직은 뇌, 척수, 그리고 다양한 장기들로 오가는 정보를 전달하는 신경들에 존재한다. 11단원이 신경계를 설명하는 단원이므로 여기서는 신경조직에 대해서 간략하게 소개하기만 하겠다.

전기신호를 발생시키고 전달하는 역할을 하는 신경조직 세포들은 **뉴런(neuron)**이라고 부른다(그림 4.7). 뉴런은 척수에서 발가락 끝까지의 거리만큼 길게 뻗을 수도 있다. 뉴런은 일반적으로 세 개의 기본 구조로 되어 있다. (1) 핵이 위치한 **세포체**(cell body); (2) 다른 뉴런들로부터 신호를 받아들이기 위해 세포체로부터 뻗어 나온 무수한 세포질 연장체인 **수상돌기**(dendrite); 그리고 (3) 장거리로 전기신호를 보낼 수 있는 특히 긴 돌기인 **축삭**(axon)이 있다.

신경조직에는 그 외에 전기신호를 전달하지 않는 세포의 종류로 **신경아교세포(glial cell)**라는 세포들도 존재한다. 신경아교세포는 뉴런을 둘러싸고 보호하면서 뉴런에 영양분을 공급하는 등 뉴런을 뒷받침하는 역할을 담당한다.

요점 정리

모든 근육조직(골격근, 심장근, 그리고 평활근)의 공통된 특징은 수축해서 움직임을 만들어내는 것이다. 신경조직은 전기신호를 발생시키고 전달함으로써 하나의 연락 체계로서 작용한다. ■

4.6 기관과 기관계는 복잡한 기능을 수행한다

다세포 생물의 더 복잡한 기능들 중 다수(예를 들면 혈액의 순환이나 음식의 소화 등)는 한 종류의 조직만으로는 수행할 수 없다. **기관(organ)**은 두 종류 이상의 조직들이 특정 기능을 수행하기 위해 모여서 이루는 구조물을 이르는 말이다.

한 예로, 심장은 기관이다. 그 대부분은 심장근으로 이루어져 있지만, 심장근에 이어지는 혈관들에는 평활근도 존재한다. 심장에는 또한 심장의 박동 속도에 영향을 미치는 신경조직도 존재한다. 그리고 결합조직도 존재하는데, 이는 주로 심장 내의 혈액 흐름을 조절하기 위해 열고 닫히는 심장의 판막에 분포한다. 심지어 심장의 방들을 얇게 둘러싼 상피조직층도 존재한다. 이 조직들은 모두 함께 작용하여 혈액을 순환시키며, 심장이라는 기관을 구성한다. 어떤 기관들은 여러 기능을 가지는데, 예를 들어 신장은 노폐물을 제거하고 혈압을 조절하는 기능을 함께 수행한다.

인체는 기관계로 조직되어 있다

기관계(organ system)는 하나의 생물 혹은 그 종의 생존에 중요한 폭넓은 기능(예를 들면 호흡, 이동, 배설, 생식 등)을 다 함께 수행하는 한 무리의 기관들을 통칭하는 말이다. 한 좋은 예로 음식의 소화를 담당하는 기관계를 들 수 있다. **소화계**(digestive system)에는 입, 목구멍, 식도, 위장, 소장과 대장, 그리고 심지어 간, 이자 그리고 쓸개도 포함된다. 이 모든 기관이 상호작용하고 관리되고 조화되게 움직여야 전체적인 기능을 제대로 수행할 수 있다.

88~89페이지의 그림들은 인체의 11가지 기관계를 나타낸 것이다. 어떤 기관계는 여러 기능들을 수행하기 때문에 이 책에서 여러 단원에 걸쳐 다루어지게 된다. 예를 들면, 림프계는 질병에 대한 신체의 방어, 특정 체액의 순환, 그리고 소화 등에 있어 중요한 기능들을 수행한다. 한편, 다른 기관계들은 한 단원에서 종합적으로 다루어지게 될 것이다.

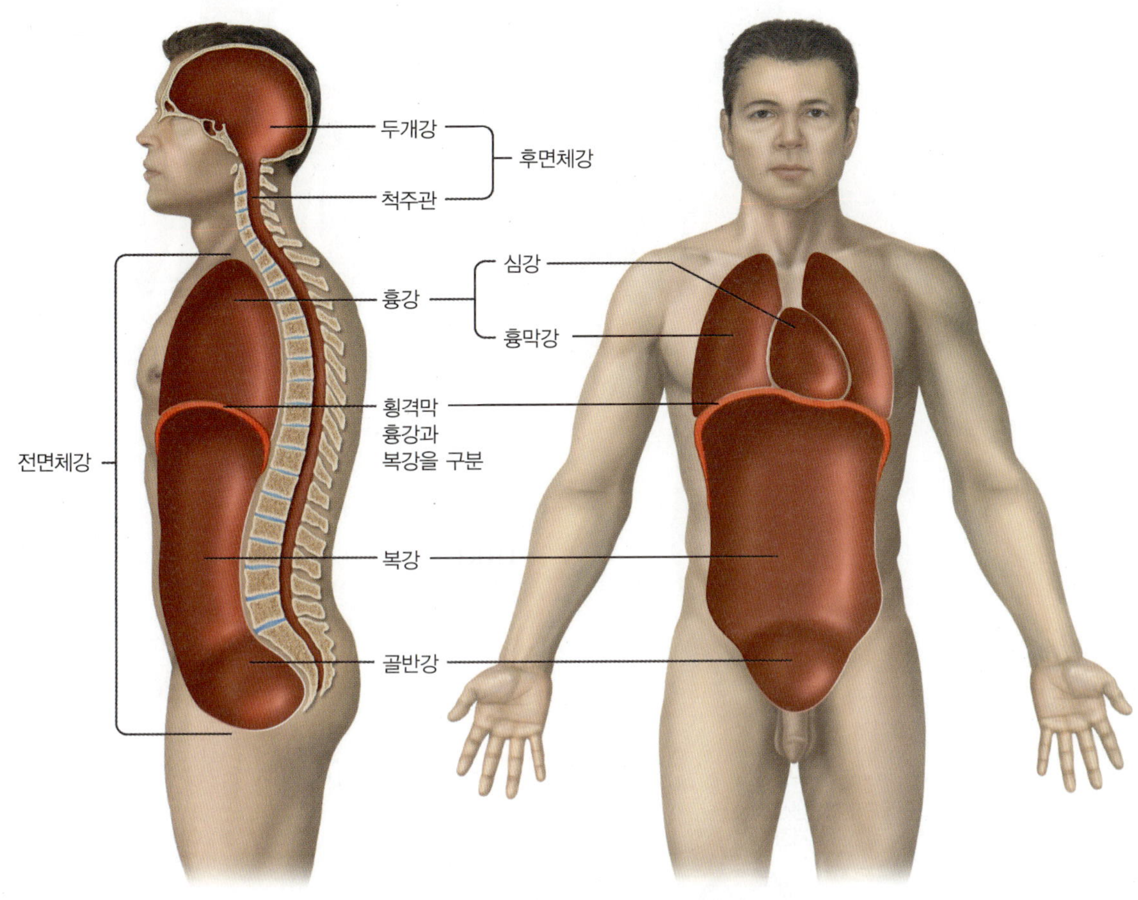

그림 4.8 **주요 체강.** 골반강과 복강은 연속되어 있다(막으로 나누어져 있지 않다).

- **장막(serous membrane).** 체강을 덮으며 그 표면을 매끄럽게 해주어, 신체 내부 장기 사이의 마찰을 감소시킨다.
- **점막(mucous membrane).** 기관, 소화관, 그리고 생식기관 내부를 덮는다. 상피세포층 내의 술잔세포들이 **점액**(mucus)을 분비하여, 이 점액이 막 표면을 매끄럽게 하면서 이물질을 붙잡는다.
- **활막(synovial membrane).** 관절의 뼈들 사이의 매우 얇은 공간의 안쪽벽을 덮는다. 이 막은 물 같은 액을 분비하여, 관절이 매끄럽게 움직일 수 있게 해준다.
- **피막(cutaneous membrane).** 신체의 바깥 껍질. 피부라고도 부르며, 이 단원 뒷부분에서 다루게 될 여러 기능들을 수행한다.

지금쯤이면 '막'이라는 말이 무언가를 덮거나 둘러싸는 얇은 층을 일컫는 일반적인 용어임을 눈치챘을 것이다. 지금까지 세 가지 서로 다른 막들에 대해서 배워보았는데, 그것들은 모든 세포를 둘러싸는 인지질로 이루어진 **원형질막**, 상피조직이 놓여 있는 세포외물질로 이루어진 **기저막**, 그리고 여러 층의 조직이 서로 겹쳐서 체강, 기관 그리고 기관계 전체를 덮거나 둘러싸는 형태로 존재하는 조직성 막이다.

요점 정리

기관은 특정 기능을 수행하기 위해 함께 모인 여러 종류의 조직들로 이루어져 있다. 기관계는 한 무리의 기관들로, 생존에 중요한 폭넓은 기능을 분담한다. ■

조직성 막은 체강 안쪽 면을 덮는다

어떤 기관과 기관계들은 몸 안의 빈 공간들(체강) 속에 위치한다 (그림 4.8). 큰 전면체강(anterior cavity)은 횡격막에 의해 흉강(thoracic cavity)과 복강(abdominal cavity)으로 나뉜다. 흉강은 각각 폐를 담고 있는 두 개의 흉막강(pleural cavity)과 심장을 둘러싸는 심강(pericardial cavity)으로 나뉜다. 복강의 아랫부분은 골반강(pelvic cavity)이라고 부르기도 한다. 작은 후면체강은 두개강(cranial cavity)과 척수강(척주관, spinal cavity)으로 구성된다. 그 외에 여러 다른 작은 체강들도 존재하는데, 그 예로 관절들의 활막강(synovial cavity) 등이 있다.

조직성 막(tissue membrane)은 한 층의 상피조직과 한 층의 결합조직으로 구성되어 있으며, 각 체강의 안쪽을 덮고 피부를 형성한다. 조직성 막은 크게 네 가지로 분류할 수 있다.

신체의 자세나 방향의 묘사

신체 부위를 묘사할 때, 생물학자들은 자세와 방향을 정의하기 위해 정확한 용어를 사용한다. 일반적으로 말해서, 한 기관 심지어는 몸 전체도 **정중시상면**(midsagittal plane), **관상면**(frontal plane) 그리고 **횡단면**(transverse plane)이라 알려진 세 평면에 따라 묘사될 수 있다(그림 4.9). 이 평면들은 몸을 순서대로 좌와 우, 앞과 뒤, 그리고 위와 아래로 나누게 된다. 'Anterior'는 '앞쪽 혹은 앞쪽에 가까운'을 의미하고, 'posterior'는 '뒤쪽 혹은 뒤쪽에 가까운'을 의미한다. '기부(proximal)'는 '더 가까운'을 의미하는데, 이 경우에는 주로 몸통에 대한 거리를 기준으로 삼는다. '원위(distal)'는 같은 기준으로 '더 먼'을 의미한다. 이런 식으로 해서 생물학에서

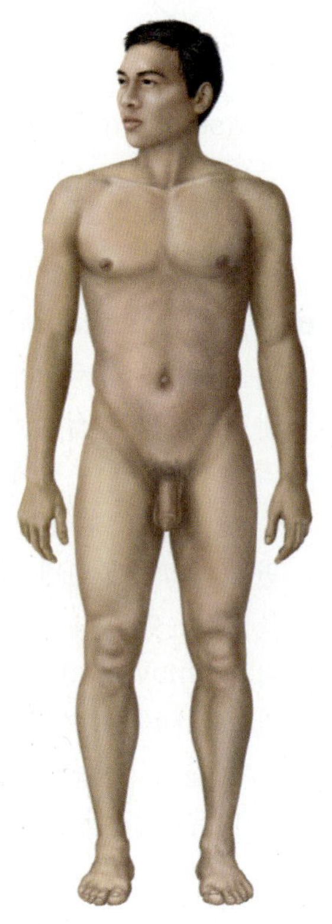

피부계
- 상처, 감염, 탈수로부터 보호
- 온도조절에 관여
- 외부 환경으로부터 감각입력을 수용

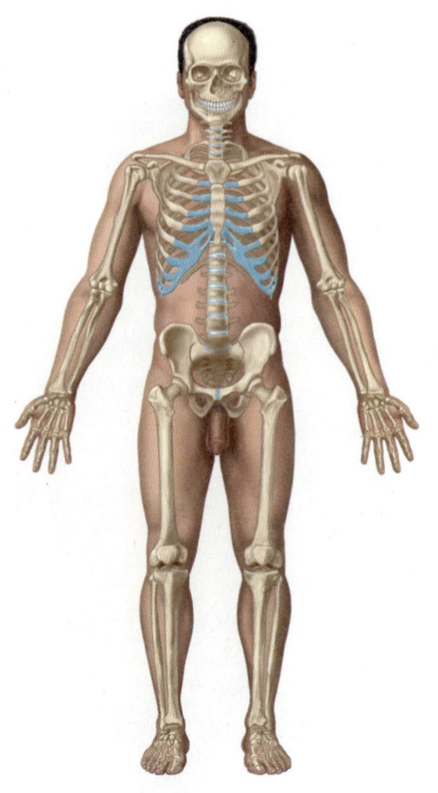

골격계
- 신체 부분을 보호, 지지, 연결함
- 운동을 위한 구조적 틀 제공
- 혈구세포 생성
- 무기염류 저장

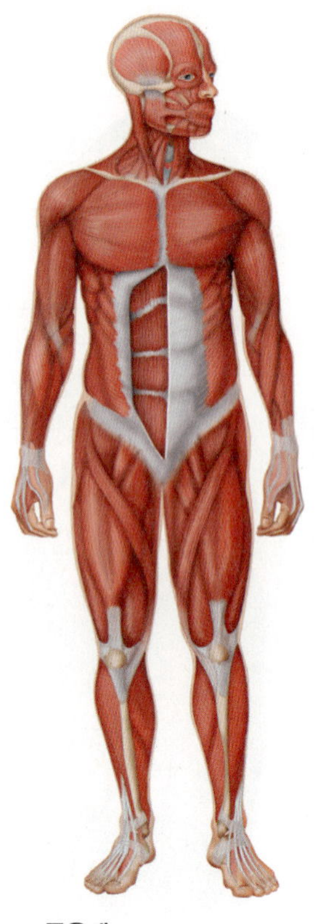

근육계
- 운동하거나 운동을 거스름
- 열 생성

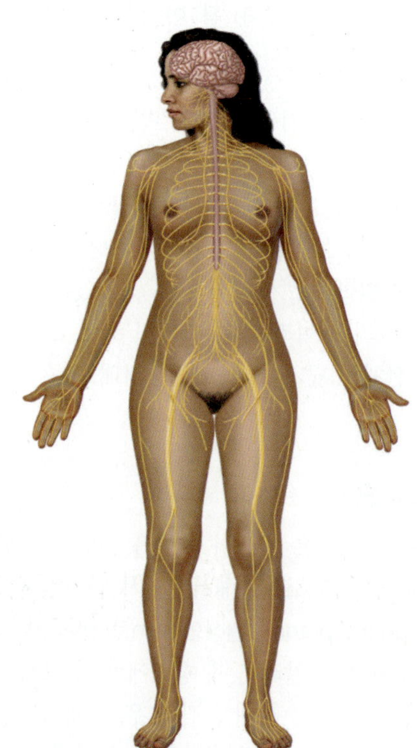

신경계
- 외부 및 내부 자극 탐지
- 자극에 대한 빠른 반응을 조절하고 조율함
- 다른 기관계의 활동을 통합

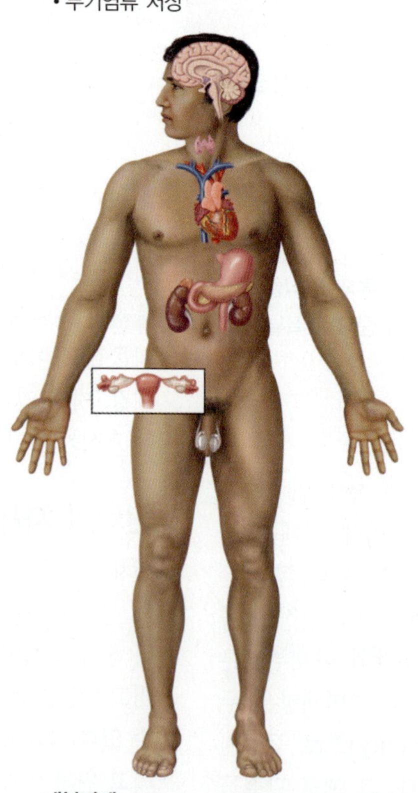

내분비계
- 많은 신체 기능을 조절하는 호르몬을 생성
- 통합적 기능에 신경계와 함께 참여

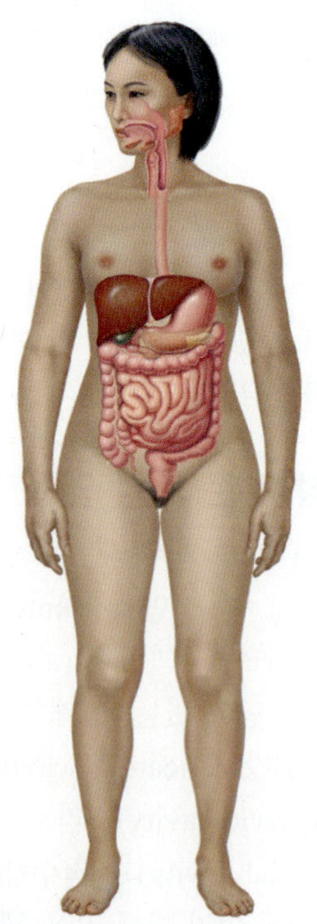

소화계
- 신체에 물과 영양분을 제공
- (간) 특정 단백질과 지질을 합성
- (간) 호르몬, 약물, 독물을 포함한 많은 화학물질을 불활성화시킴

인체의 11개 기관계.

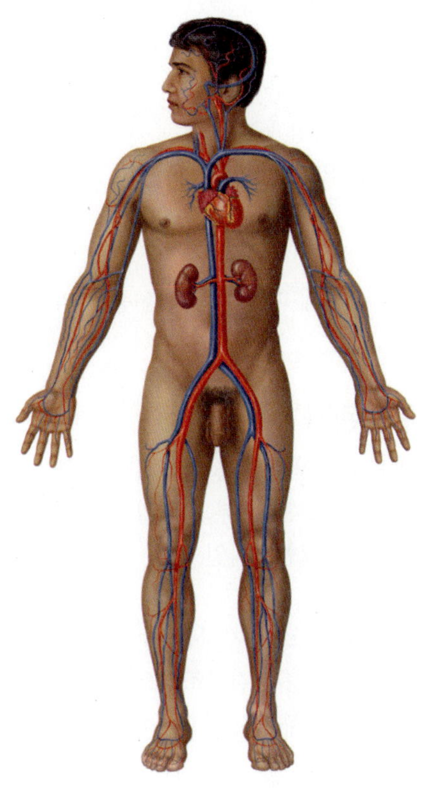

순환계
- 모든 세포와 물질의 수송
- 체온 유지에 관여
- 질병과 상해로부터의 방어 기전에 참여

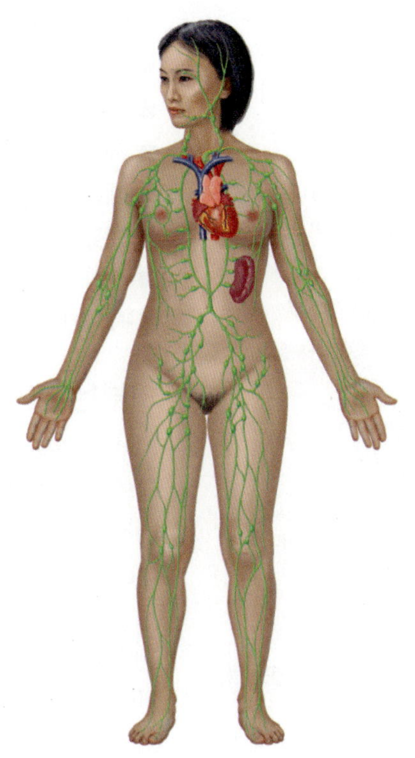

림프계
- 여분의 조직액을 순환계로 돌려보냄
- 일반 및 특수(면역) 방어 반응에 참여

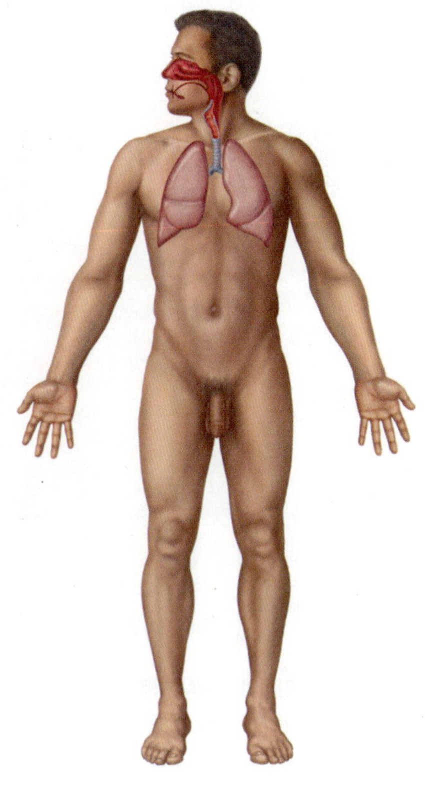

호흡계
- 공기와 혈액 사이의 기체(산소와 이산화탄소) 교환
- 소리의 생성에 관여

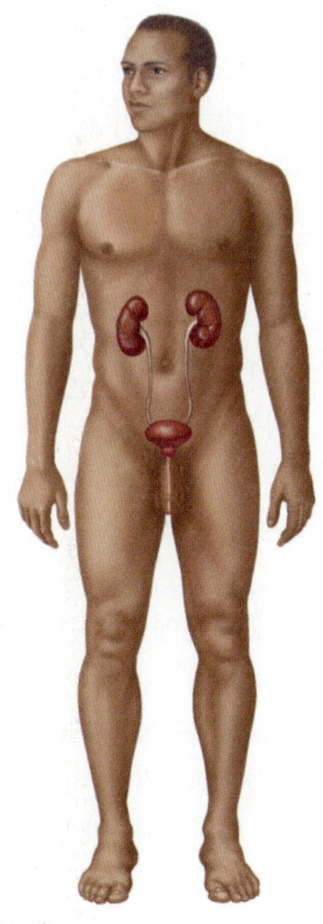

비뇨계
- 체액의 조성과 양 유지
- 일부 노폐물을 분비

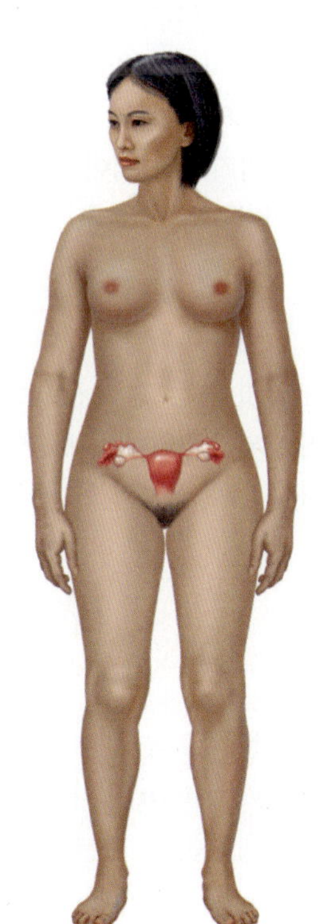

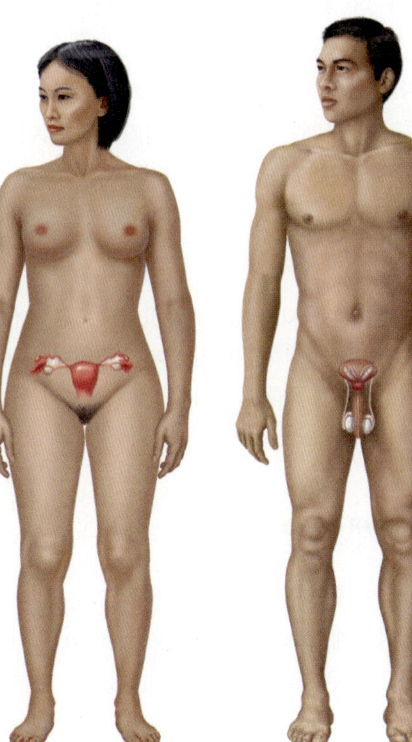

생식계
- 여성: 난자 생성
- 여성: 수정란의 양육, 배아의 발생, 출산 시까지 태아 발달
- 남성: 정자 생성
- 남성: 정자를 여성에게 운반하는 데 관여

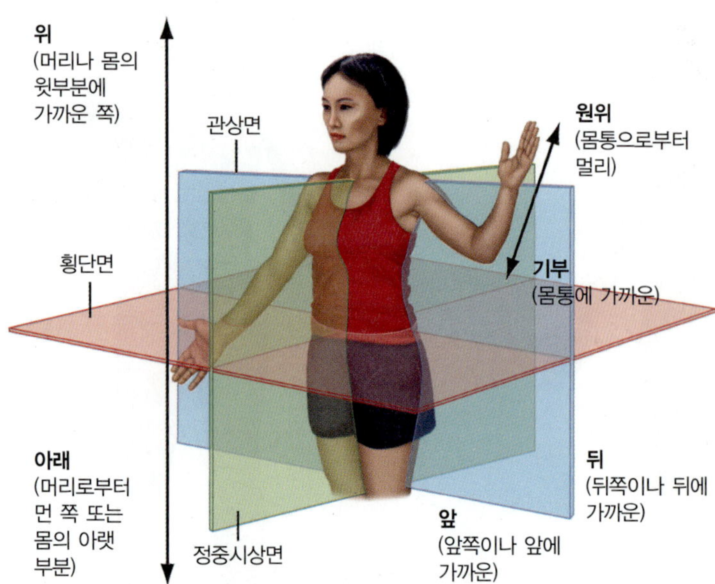

그림 4.9 인체의 위치나 방향을 설명할 때 사용되는 대칭면과 용어. 관상면은 몸을 앞뒤로 나누며, 정중시상면은 좌우로, 그리고 횡단면은 위아래로 몸을 나눈다. 기부(proximal)와 원위(distal)는 각각 기준이 되는 점(주로 몸통)으로부터 좀 더 가까운 쪽과 좀 더 먼 쪽을 뜻한다.

는 손목이 팔꿈치보다 더 멀리 있다고 보게 된다. 'Superior'는 '위쪽에 있는' 혹은 '위쪽으로 향한'을 의미하고, 'inferior'는 '아래쪽에 있는' 혹은 '아래로 향한'을 의미한다. 이런 식의 용어는 수십 가지가 존재하며, 각 용어에는 정확한 의미가 부여되어 있고 이 책에서는 등장할 때마다 적절히 정의될 것이다.

요점 정리

몸의 체강들은 그 체강 표면을 지지하고, 보호하고, 그리고 매끄럽게 해주는 조직성 막으로 덮여 있다. 체강과 신체 부위의 위치는 세 평면(정중시상면, 관상면, 횡단면)에 의해 묘사되며, 이때 '앞'과 '뒤' 등의 쌍을 이루는 방향 용어들이 사용된다. ■

4.7 피부, 기관계의 일종

피부와 거기에 딸린 털, 손톱, 그리고 여러 가지 샘 등 부수적인 구조들의 본래 명칭은 **피부계(integumentary system)**이다. 이 부분에서는 피부를 하나의 기관계로 다루도록 하겠는데, 다른 기관계들은 책의 뒷부분에서 다룰 예정이다.

피부에는 여러 기능이 있다

피부는 신체의 바깥 표면의 역할을 하면서, 그와 관련된 여러 다른 기능을 가지고 있다.

- 탈수로부터의 보호(몸이 건조해지는 것을 막는다)
- 손상으로부터의 보호(예를 들면 찰과상 등)
- 세균, 바이러스 등의 침입으로부터의 방어
- 체온의 조절
- 비활성 형태의 비타민 D 합성
- 감각: 촉감, 진동, 통증, 그리고 온도에 대한 수용기를 통해 외부 세계에 대한 정보를 제공한다.

피부는 표피와 진피로 구성된다

피부가 조직성 막이라는 사실과 조직성 막들은 상피조직과 결합조직의 층들을 포함한다는 사실을 되새겨보자. 피부의 바깥층인 상피조직은 **표피(epidermis)**라고 부르고, 결합조직인 안쪽 층은 **진피(dermis)**라고 부른다(그림 4.10).

피부는 피하조직(hypodermis)이라 부르는 지지층 위에 놓여 있는데, 이 피하조직은 지방세포를 포함한 성긴 결합조직으로 구성되어 있다. 피하조직은 피부가 움직이고 구부러지게 할 수 있을 정도로 충분히 유연하다. 피하조직 내의 지방세포들은 몸이 과도하게 열을 잃지 않게 보온하는 역할을 하고 상처를 입지 않도록 몸을 완충시켜주는 역할도 해준다.

표피세포들은 끊임없이 대체된다 표피는 여러 층의 편평상피세포로 이루어져 있다. 표피의 중요한 특징 중 하나는 아랫부분의 세포들이 지속적으로 분열하여 더 오래된 세포들을 표면으로 밀어 올리면서 끊임없이 대체되고 있다는 사실이다.

표피를 구성하는 세포에는 두 종류가 있는데, 이들을 각각 각질세포와 멜라닌세포라고 부른다. 이들 중 더 많은 것은 **각질세포(keratinocyte)**로, 이들은 질기고 방수성의 단백질인 케라틴(keratin)을 분비한다. 표피의 기저부에 존재하면서 활발하게 분열하는 각질세포들은 간혹 기저세포(basal cell)라 부르기도 한다. 기저세포로부터 기원한 각질세포들이 피부 표면으로 이동하는 과정에서, 이들은 납작해지고 편평상피세포의 모습을 갖추게 된다. 그러다 결국 죽고 말라버리게 되는데, 그리하여 거의 물이 통하지 않는 벽을 형성하여 아래쪽의 살아 있는 세포들을 덮고 보호하게 된다(그림 4.11). 각질세포들의 빠른 대체 덕분에 피부는 상처가 나도 빠르게 아물 수 있는 것이다.

표피세포의 바깥층들이 죽는 이유 중 하나는 표피에 혈관이 없어, 성숙한 세포들이 진피에서 더 멀리 밀려날수록 더 이상 영양분을 공급받을 수 없게 되기 때문이다. 바깥층의 죽은 세포들은 시간이 지나면서 벗겨지는데, 이것이 바로 특히 피부가 건조할 때 이따금씩 피부나 어두운 색의 옷에서 발견되곤 하는 흰 먼지의 근원이다.

덜 자주 발견되는 세포인 **멜라닌세포(melanocyte)**는 표피의 기저부에 존재하며 멜라닌(melanin)이라는 짙은 갈색 색소를 분비

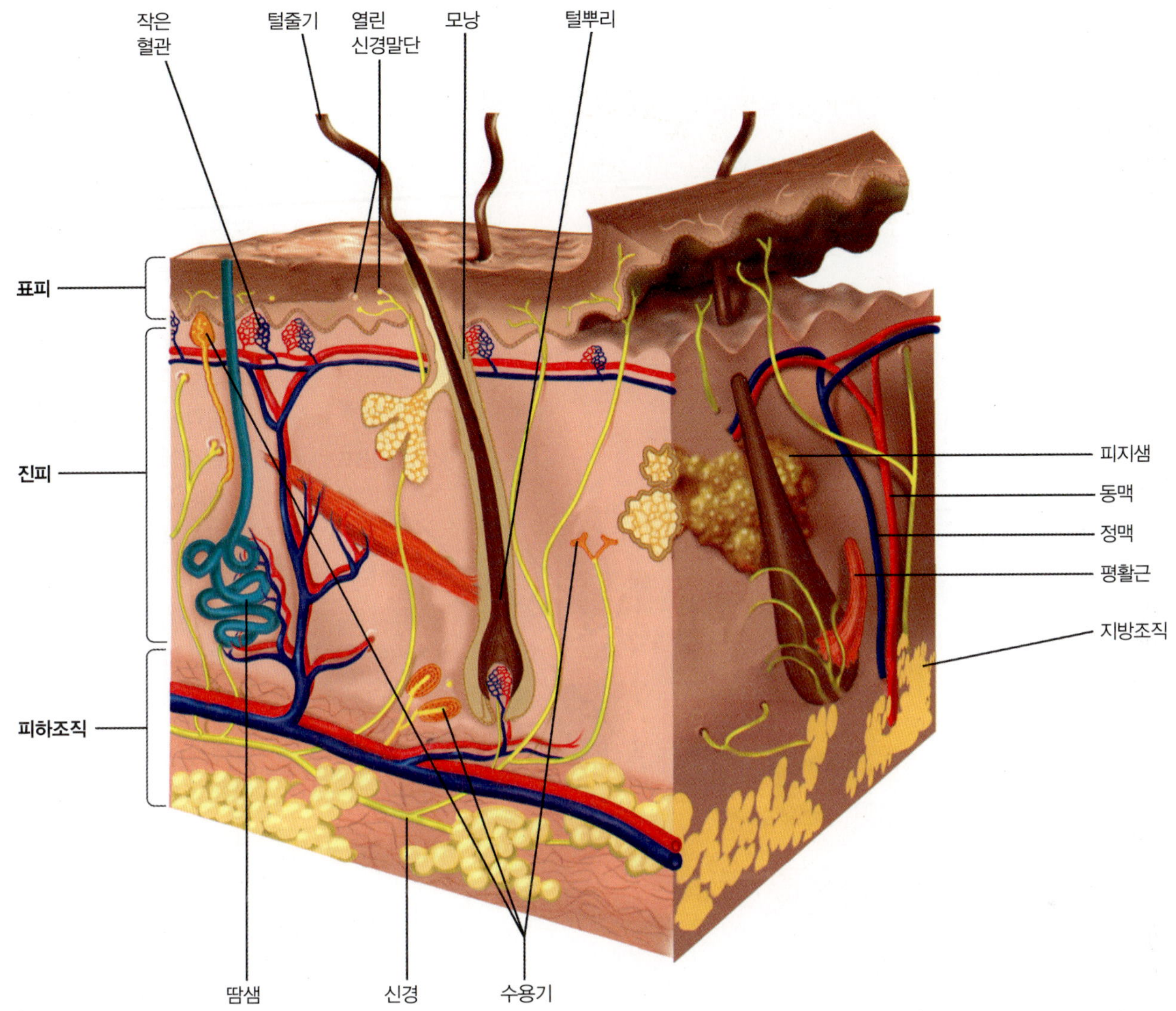

그림 4.10 피부. 피부의 두 층(표피와 진피)은 지지층(피하조직) 위에 놓여 있다. 피부에 속해 있지는 않지만 피하조직은 완충과 단열이라는 중요한 기능을 수행한다.

한다. 멜라닌은 각질세포 안에 쌓이면서 인체를 태양의 자외선으로부터 보호한다. 햇빛으로부터의 노출이 증가하면 멜라닌세포의 활동도 증가하기 때문에 어떤 사람들은 선탠을 하는 것이 가능하다. 모든 사람에게는 거의 같은 수의 멜라닌세포가 존재하기 때문에, 인종에 따라 피부색이 다른 것은 멜라닌세포의 활동성의 차이나 멜라닌이 일단 생성된 뒤 분해되는 속도의 차이에 의해 발생하는 것이다.

진피에 존재하는 섬유들은 힘과 탄성을 제공한다 진피는 대부분 치밀 결합조직으로, 콜라겐섬유, 탄력섬유 그리고 세망섬유가 물, 다당 그리고 단백질로 이루어진 기질에 박힌 형태로 구성되어 있다. 이 섬유들은 인체가 움직일 때 피부가 늘어날 수 있게 해주며 긁히고 찢어지는 것을 견뎌낼 힘도 준다. 노화가 진행되면서 피부는 덜 유연해지고 더 주름지게 되는데, 이는 진피에 존재하는 섬유의 수가 감소하기 때문이다.

진피의 표면에는 감각신경 말단과 작은 혈관들을 가진 **피부돌기(papilla)**라는 작은 돌출부들이 많이 분포한다. 피부를 과도하게 문지를 경우(예를 들면 신발이 너무 꽉 낄 때), 표피와 진피가 서로 떨어지는 일이 벌어지면서 그 사이에 물집이 생기기도 한다.

진피에 있는 살아 있는 세포 중 가장 많은 것은 다양한 섬유들을 만들어내는 섬유아세포이지만, 그 외에 비만세포와 백혈구도 있고, 지방세포도 간혹 발견되기도 한다. 그 외 진피에 존재하는 구조로는 다음과 같은 것들이 있다.

- **털.** 모든 털은 피부 표면 윗부분의 **털줄기(shaft)** 부위와 표면 아래의 **털뿌리(root)** 부위를 가진다. 털은 사실 여러 층의 세포들이 죽은, 납작해진, 서로 겹친 각질세포들로 이루어진 바깥층에 감싸인 형태로 구성되어 있다. 털뿌리는 **모낭(follicle)**이라 부르는

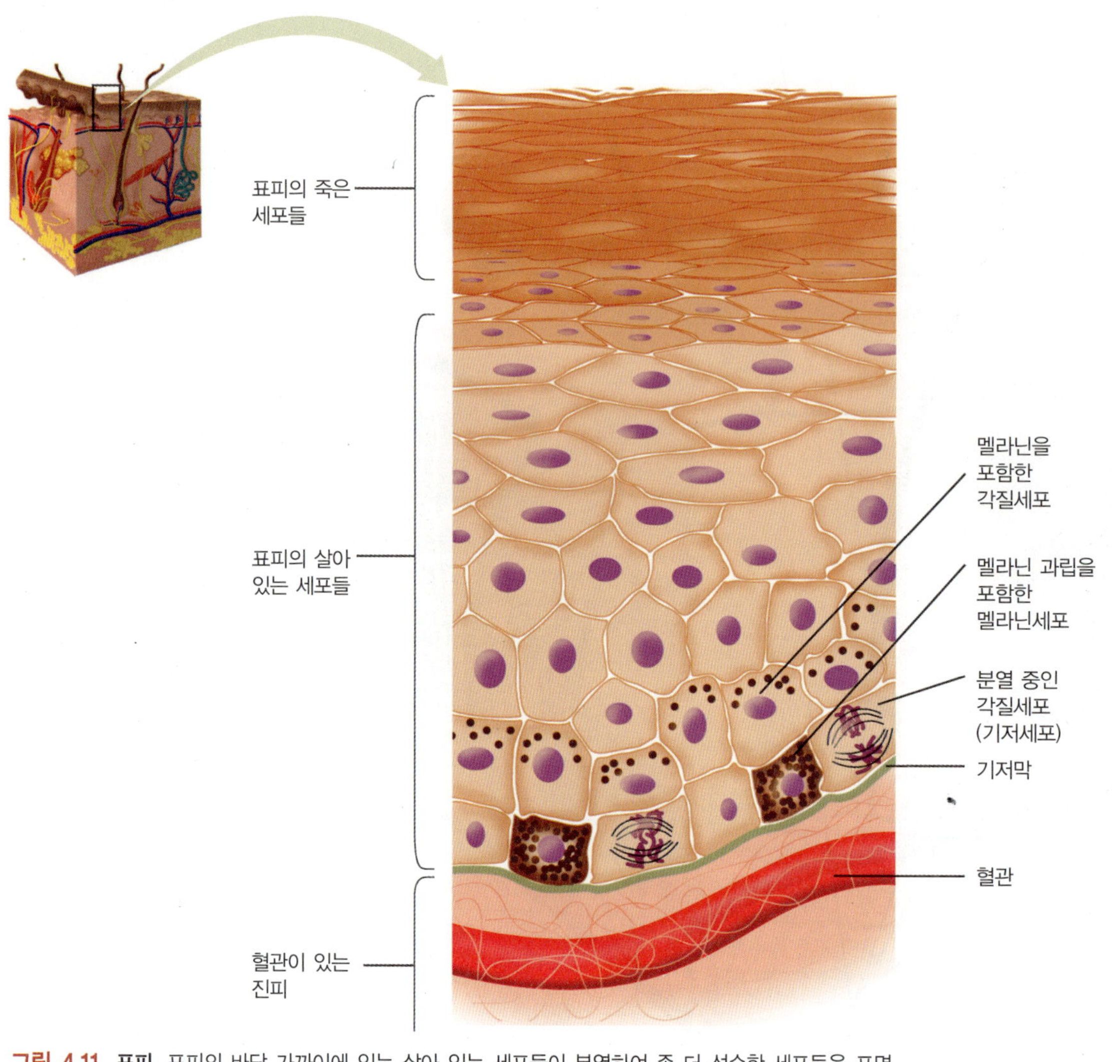

그림 4.11 **표피.** 표피의 바닥 가까이에 있는 살아 있는 세포들이 분열하여 좀 더 성숙한 세포들을 표면 쪽으로 밀어 올린다. 세포들은 표면 쪽으로 이동하면서 죽고 건조해져서 물이 새지 않는 질긴 장벽을 만든다. 표피 세포들은 오직 진피에 있는 혈관으로부터만 영양분 공급을 받는다.

여러 층의 세포로 이루어진 덮개로 둘러싸여 있다. 모낭의 가장 바닥의 세포들은 계속 분열해서 털뿌리를 형성한다. 새로운 털 세포들이 바닥에서 생성되면서, 털뿌리는 위쪽의 피부 표면 쪽으로 밀어 올린다.

- **평활근.** 모낭의 기저부에 붙어 있는 평활근은 겁을 먹거나 추위를 느낄 때 수축하게 되어, 털이 곧게 서게 만든다.
- **피지샘(sebaceous gland).** 기름샘이라고도 부르는 이 샘은 털과 피부를 습하게 만들며 부드럽게 하는 지성의 액을 분비한다.
- **땀샘(sweat gland).** 이 샘은 이온과 소량의 노폐물을 포함하는 액성 물질인 땀을 분비하며, 또한 항생물질 펩티드인 더미시딘(dermicidin)도 분비한다. 땀은 체온 조절을 도우며 인체를 세균으로부터 보호한다.
- **혈관.** 혈관은 진피와 표피의 세포들에 영양분을 공급하며 이들로부터 노폐물을 제거한다. 혈관은 또한 체온 조절을 돕기도 한다. 체온이 너무 오르게 되면 혈관은 확장되어서 열을 외부로 발산하는 것을 돕게 되고 체온이 너무 내려가게 되면 수축하면서 열의 손실을 막게 된다. 진피에는 또한 림프관도 있어, 조직액을 빼내면서 면역계에 도움을 주는 역할도 한다.
- **감각신경 말단.** 이들은 외부 환경에 대한 정보를 제공한다. 온각, 냉각, 촉각, 압각, 그리고 진동을 느끼는 데 각각 별개의 수용기가 존재한다. 이 신경말단들에 대해서는 12단원에서 더 자세히 알아보게 될 것이다.

앞에서 언급하였듯이, 피부는 비활성 형태의 비타민 D를 합성한다. 이때 피부에서 어떤 종류의 세포가 관여하는지는 아직 알려져 있지 않다. 하지만 적어도 피부 내의 콜레스테롤과 유사한 분자가 햇빛 중의 자외선을 쬐게 되면 비활성 형태의 비타민 D로 변하는 것 정도는 알려져 있다. 이 비활성 형태를 몸이 이용하기 위해서는 먼저 간과 신장에서 이 물질이 변형되어 활성화되어야 한다.

요점 정리

피부는 하나의 기관으로 볼 수 있는데, 그 이유는 공통적인 기능을 가지는 여러 다른 조직으로 구성되어 있기 때문이다. 피부의 기능에는 보호, 체온 조절, 비타민 D 합성, 그리고 감각 수용 등이 있다. ■

4.8 다세포생물은 반드시 항상성을 유지해야 한다

비록 다세포성은 생물에 많은 이득을 가져다주긴 하지만, 동시에 극복해야 할 몇 가지 불이익을 제공하기도 한다. 예를 들어, 완전히 다른 세포들에 둘러싸인 세포들은 영양분을 직접 생물의 외부 환

건강 파수꾼

일광욕, 흡연 그리고 여러분의 피부

많은 사람들이 일광욕을 매력적이라고 생각한다. 일광욕이란 우리가 햇볕을 쬐는 한가한 시간과 건강하게 빛나 보이는 피부를 나타낸다. 그렇다면 일광욕이 정말 건강에 좋은 것인가?

답은 명백히 '아니오'이다. 강한 광선은, 그것이 햇빛이든 일광욕용 베드에서 온 것이든, 피부를 너무 빨리 노화시킬 수 있으며 피부암의 위험을 증가시킬 수 있다. 광선은 진피층까지 침투하여 진피의 콜라겐과 탄력섬유에 손상을 입힌다. 탄력섬유가 서로 응집하여 처음에는 미세한 주름이 생기고 나중에는 주름이 있는 가죽 같은 피부가 된다.

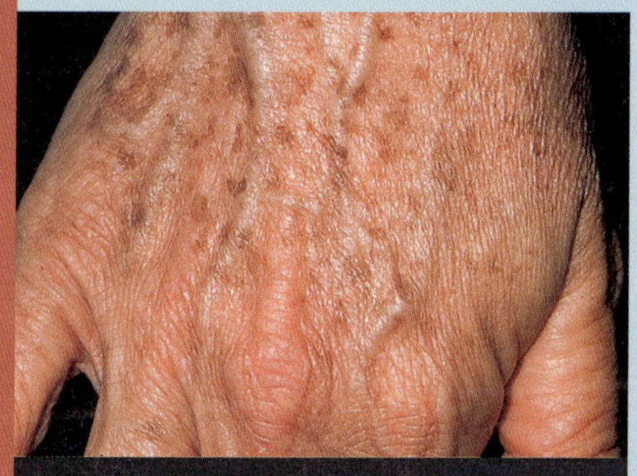

나이가 들어가면 노인반점이 흔하게 나타난다. 특히 일광욕을 과도하게 하는 백인에게서 더 흔하게 나타난다.

태양광이나 일광욕 램프에 오래 노출되면 작은 혈관에 손상을 입을 수도 있다. 때로 혈관이 영구히 확장되면 **모세혈관확장증(telangiectasis)** 또는 거미정맥이라는 상태가 된다. 태양광은 또한 표피에 있는 각질세포와 멜라닌세포에도 손상을 입힌다. 각질세포는 거칠고 두꺼워져서 더 이상 부드러운 연결층으로 결합되지 못한다. 멜라닌세포는 멜라닌을 불균등하게 생성하기 시작하여 주근깨, 노인반점, 기미로 알려진 진한 색소 반점을 만든다.

아마도 여러분은 자외선 중에는 피부를 그을어주는 "좋은" UVA 자외선과 햇볕화상을 일으키는 "나쁜" UVB 자외선이 섞여 있다는 이야기를 들은 적이 있을 것이다. 높은 SPF(sun protection factor) 수치의 선크림은 UVB 자외선 차단을 목적으로 고안된 것인데, 적어도 햇볕에 태웠을 때의 통증과 민감한 피부 손상을 예방해 준다. 그러나 UVA 자외선 역시 나쁘다. UVA는 UVB보다 더 깊게 침투하며 사실상 피부를 일찍 노화시키는 대부분의 장기적 변화를 일으킨다.

흡연은 어떤가? 골초 흡연가는 (담배를 피우지 않는 사람에 비해) 이른 주름이 생기는 확률이 다섯 배나 높다. 흡연은 진피에 있는 탄력섬유에 손상을 일으켜 두껍게 만든다. 흡연은 또한 표피에 있는 각질세포를 탈수시켜 피부를 거칠게 만든다. 마지막으로, 흡연은 혈관을 좁게 만들어 피부로 오는 혈류를 감소시킨다. 그 결과 담배 피우는 사람들의 피부는 담배를 피우지 않는 사람보다 상처로부터 회복하는 데 시간이 더 오래 걸린다.

흡연은 진피에 있는 탄력섬유에 변화를 일으키며 표피 세포를 탈수시킨다. 그 결과 피부가 건조해지고 주름이 생긴다.

경으로부터 얻을 수 없게 되고, 오히려 주변 세포들의 노폐물에 끊임없이 노출되는 상황에 놓이게 된다.

다세포생물의 세포들을 둘러싸는 환경(즉, 세포의 외부 환경)은 생물의 **내부 환경(internal environment)**이다. 이 내부 환경은 **간질액(interstitial fluid)**이라 부르는 투명한 액체이다. 모든 세포는 자신을 둘러싸는 간질액으로부터 영양분을 얻고 이 간질액으로 노폐물을 버리게 된다. 다세포생물에서, 간질액은 단세포생물을 둘러싸고 먹여 살리는 바닷물이나 호숫물, 심지어는 조그만 물방울의 역할을 대신하는 것이다.

모든 세포는 생명에 필요한 것들을 모두 주변의 간질액으로부터 얻어야 하기 때문에, 이 간질액의 구성 성분은 생명 유지를 위해서 상당히 일정하게 유지되어야만 한다. 장기적으로 보았을 때, 세포들이 소모한 영양분들이 보충되고 노폐물들이 제거되지 않으면 세포들은 죽게 될 것이다.

내부 환경의 조건들을 상대적으로 일정하게 유지하는 성질을 **항상성(homeostasis)**이라고 부른다. 항상성의 유지는 생명에 있어서 매우 중요하기 때문에 인간을 포함한 모든 다세포생물들은 총 대사활동의 상당 부분을 이에 투자한다. 비록 내부 환경의 작은 변화들이 때때로 일어나긴 하지만, 세포, 조직, 기관 그리고 기관계들의 활동은 조심스럽게 통합되고 조절되어 이런 변화들이 받아들여질 수 있는 한계 안에서 일어나도록 한다.

항상성은 음성되먹임을 통해 유지된다

생물들에게서 항상성은 **음성되먹임(negative feedback)** 조절계를 통해 유지된다(그림 4.12). 음성되먹임 조절계가 작용하는 방식은 목표 상태에서 벗어나는 현상은 자동으로 감지된 뒤 그에 반대되는 영향이 일어나게끔 작용이 일어나는 것이다. 음성되먹임 조절계에는 다음과 같은 구성 성분들이 있다.

지방용해주사는 지방을 녹여내는 좋은 방법인가?

지금쯤이면 여러분은 지질의 화학(3단원)과 지방세포의 구조와 기능(이 단원)에 대해 어느 정도 친숙해졌을 것이다. 평균 1일 칼로리 섭취량이 평균 1일 칼로리 소비량을 넘어서면 몸무게가 는다는 것을 이해할 것이다. 그러나 골치 아픈 지방이 내 몸에서 있어서는 안 될 곳에 쌓여 있는 것을 보면 이 모든 지식도 전혀 도움이 안 된다! 아마, 우리는 다이어트도 하고 운동도 해보았지만 아직도 몸매에는 행복하지 못할 것이다. 같은 배를 탄 수백만 명의 동포들과 함께 해보자.

원하지 않는 지방을 녹여낼 수 있다면 어떻겠는가? 귀찮은 지방세포를 단 한번에 영원히 죽일 수 있다면 어떻겠는가? 다이어트나 운동을 하지 않고도 완전한 몸매로 당신의 몸을 조각할 수 있다면 어떻겠는가? 이것은 우리들 중 대부분이 푹 빠질 수 있는 환상이다. 그리고 이런 이유 때문에 논란이 많은 '지방용해주사'라고 부르는 시술이 급속도로 인기가 치솟고 있는 것이다.

'지방용해주사'란 무엇인가?

지방분해주사(injection lipolysis)라고도 부르는 '지방용해주사(Lipodissolve)'는 광고주에 따르면 안전하고, 효과적이며, 수술하지 않고 완전한 모습의 몸매를 만들어주는 방법이라고 한다. 보통 이 기술은 2주 간격의 여섯 번의 치료를 한번의 시술로 시행한다. 치료는 피하지방에 직접 주사하는 것이다. 주사에는 두 가지 활성 성분이 들어 있다. 인지질의 일종인 포스파티딜콜린(phosphatidyl-choline: PC)과 담즙산의 일종인 데옥시콜레이트(deoxycholate: DC)이다. PCDC라고 알려진 두 약물의 화합물은 트리글리세리드를 이루는 3개의 지방산과 글리세롤 골격 사이의 결합을 녹이는 것으로 작용한다. 트리글리세리드는 체내에 저장된 지방의 기본 분자 형태이다. PCDC는 또한 주사 인접 부위에 있는 지방세포의 세포막을 파괴하여 지방세포를 죽이는 것으로 알려져 있다.

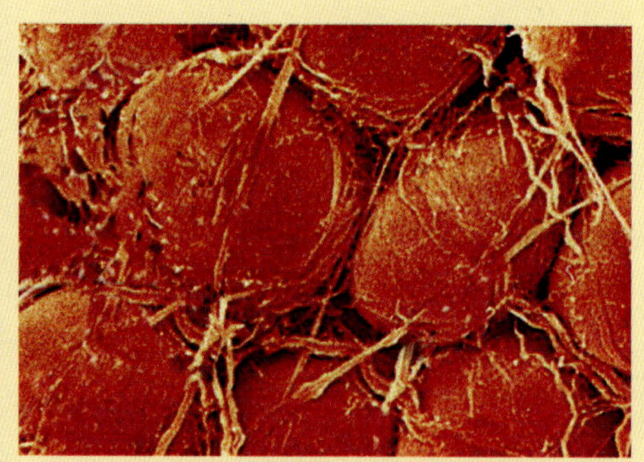

피부 표면 바로 아래에 있는 지방세포들이 지방용해주사로 분해된다.

이 과정은, 적어도 이론상으로는 굉장히 좋은 것처럼 들린다. 심지어는 '지방용해주사'에 대한 주장도 사실로 밝혀졌다. 그러나 우리가 알다시피, 좋은 이론이 과학적 증명과 동일한 것은 아니다. 이론은 첫째 검증 가능한 가설로 진술되어야 하며, 과학적으로 타당하고 엄격한 실험으로 검증을 받아야 한다. 현재까지 '지방용해주사'는 안전성이나 효과에 대해 과학적 데이터를 제시한 적이 없으며, FDA(미국 식품의약국)에서 지방감량 요법으로 승인을 받지도 못했다. FDA는 '지방용해주사'를 "승인되지 않은 사용처에 쓰이는 승인되지 않은 약물"의 또 다른 예라고 주의를 주었다.

승인되지 않은 시술의 유행

FDA의 승인이 없는데도, 약물관리법에 허술한 구멍이 있어서 건강클리닉과 스파에서는 합법적으로 '지방용해주사'를 시술하고 있다. 법에 따르면, 모든 개별 성분이 FDA의 승인을 받은 것이고 그 복합약물이 면허 있는 제약사에서 제조된 것이라면, 면허 있는 의사는 특별히 개별 환자를 위해 합법적으로 복합약물(2개 이상의 성분으로 된 약물)을 처방 또는 조제할 수 있다. 이 법의 의도는 의사/환자 관계의 존엄성을 보호하여 의사가 특정 환자를 위해 최선책을 선택할 수 있도록 해주려는 것이다. '지방용해주사'에 사용되는 두 약물은 FDA로부터 다른 약품의 성분으로 승인을 받은 것이지만, 둘 중 어느 것도 지방용해 약물로 승인받은 것은 아니다.

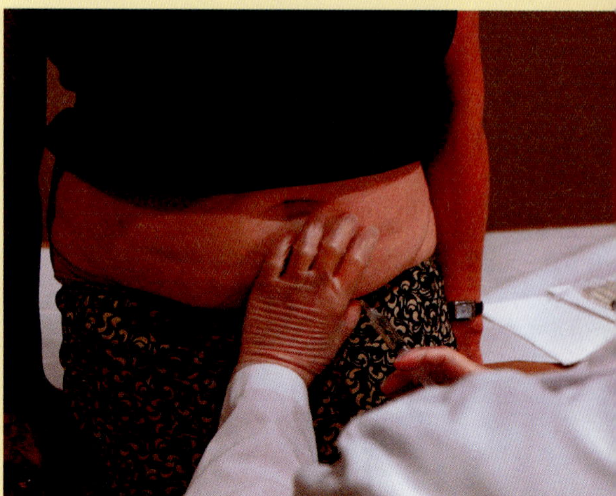

지방용해주사는 지방이 넘쳐나는 부위에 바로 주사한다.

건강클리닉과 스파는 법의 구멍을 이용해 재빨리 투자하여, 자신들이 제공하는 치료 한 번에 약 2,000달러(약 230만 원)씩 받아, 많은 돈을 벌어들였다. 이 시술을 받은 대부분의 환자들은 결국 신체의 다른 여러 부위에도 치료 받기로 계약

사실은....

- "지방을 녹여내는" 비수술적 미용시술은 건강클리닉과 스파에서 대량으로 시행되고 있다.
- '지방용해주사'라고 알려진 시술법은 지방을 분해하는 약물을 지방이 쌓인 부위에 직접 주입하는 일련의 주사로 구성되어 있다.
- '지방용해주사'는 FDA로부터 지방감량치료법으로 승인을 받지 못했다. '지방용해주사'의 안전성과 효과는 아직 과학적 증거에 의한 지지를 받지 못하고 있다.

을 한다. 여자들은 일반적으로 넙적다리나 복부에 치료를 받고 남자들은 턱선이나 허리둘레의 군살에 치료를 받는다.

미국에서 '지방용해주사'를 처음 제공한 회사는 나중에 '피그(fig)'로 이름을 바꾼 '어드밴스드 리포디솔브 센터(Advanced LipoDissolve Center)'였다. 피그사의 "아름다운 몸매를 위해 녹이세요"라는 광고 문구는 매우 성공적이어서 회사는 2년 만에 미국의 8개 주에서 18개 체형 관리센터를 가질 정도로 성장하였다. 피그사는 2007년에 문을 닫았지만 아직도 많은 다른 클리닉과 스파들이 '지방용해주사'를 시술하고 있다.

'지방용해주사'는 체중을 감량하는 좋은 방법이 아니지만, 만일 광고대로 된다면 그것은 몸의 특정 부위에서 지방을 줄일 수 있는 방법이 될 수는 있다. 이 시술법의 뚜렷한 장점 중 하나는 이 방법에 수술 과정이 없기 때문에 회복 기간도 없다는 것이다. 어느 연예인이 '지방용해주사'를 받았다든지 혹은 받으려고 한다는 소문들이 연예인 관련 사이트에 끊이지 않은 것은 그리 놀랄 일이 아니다.

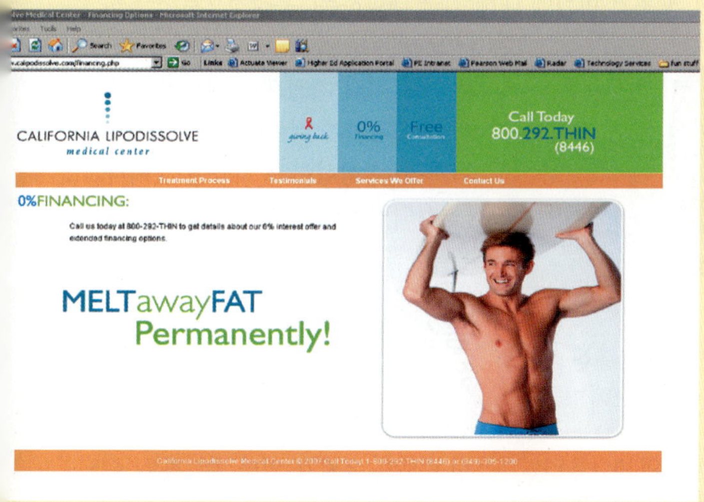

회사들은 지방용해주사에 대한 효과와 안전성이 FDA에서 미처 검증되기도 전에 이 시술법을 재빨리 광고했다.

'지방용해주사'는 안전하고 효과가 있는가?

'지방용해주사'에 비판적인 사람들은 단일 의사/환자의 관계를 규정하고 있는 현행법이 클리닉이나 스파에서 이뤄지는 대규모 마케팅을 허용하는 것이 결코 아니며 PCDC 같은 복합약물의 대규모 조제도 허용하는 것이 아니라고 주장한다. 미국성형외과의사회, 미국미용성형외과협회, 미국피부외과협회는 '지방용해주사'에 대해 조심스런 경고를 발표하였다. 그러나 세 개 협회 모두 '지방용해주사'의 치솟는 인기로 재정적인 타격을 받았을 외과의들을 대변한다는 점에서 이해가 되는 일이었다. FDA는 이 상황을 "조사하고 평가하는 중"이라고 했지만 현재까지 클리닉의 활동에 어떤 제재도 내려지지 않았다.

'지방용해주사'는 안전한가? 아직까지는 '지방용해주사' 치료 직후 발생한 부어오름, 피부 물집, 통증, 피부가 검어짐과 같은 예기치 않았던 부작용에 대한 일례적 보고만 있을 뿐이다. 사망사고는 보고된 적이 없다. 그러나 이 시술이 2004년 이후에 미국에서만 시술되었기 때문에 '지방용해주사'의 장기 결과는 아직은 모른다. 일부 과학자들은 주사 부위에서 일어난 지방세포막의 파괴는 혈중 콜레스테롤 농도를 급상승시킬 것이라고 우려한다. 어쨌든 콜레스테롤은 세포막의 정상적인 구성 성분이다. 더구나, '지방용해주사'에 사용되는 약물이 체내에서 어떻게 대사되고 제거되는지 알려진 바가 별로 없다. 그 약물이 순환계에 충분히 들어가 주사 부위에서 멀리 떨어진 다른 기관이나 조직에 영향을 미칠 수 있는지 여부도 알려져 있지 않다.

'지방용해주사'는 효과가 있는가? 심사관들은 아직 이 문제에 결론을 내리지 못하고 있다. 어떤 환자들은 '지방용해주사' 치료 이후에 몸매가 좋아졌으며 다른 환자들은 그렇지 못했다. 환자들 사이에 이런 효과 차이가 있는 이유는 '지방용해주사' 약물에 1회 표준량이 정해져 있지 않기 때문이다. 이 시술은 FDA의 규제를 받지 않기 때문에 의사들은 처방 내용과 주사 간격을 자신이 원하는 대로 여러 조합으로 시도해볼 수 있다.

환자 집단을 규제되지 않은 시술의 위험 상황에 빠뜨릴지 모른다는 점을 직면한 FDA는 행동을 취하기로 결정했다. 2007년 후반에 FDA는 '지방용해주사'에 대한 최초의 임상실험을 승인하였다. 이 실험은 환자를 46주 동안 추적하는 이중 맹검, 위약 통제 연구이다. 미국미용성형외과협회의 연구부서에서 수행될 이 실험은 '지방용해주사'의 안전성과 효과에 대해 최초로 과학적으로 옹호할 수 있는 데이터를 제공할 것으로 기대된다. 연구 결과는 2년 이내에 알 수는 없다. 그 사이에 FDA는 '지방용해주사'에 대한 상황을 예의주시할 것이다. 소비자들은 더 많은 정보가 알려질 때까지는 '지방용해주사'에 대해 회의적인 태도를 견지해야 할 것이다.

생각해볼 문제

1 건강클리닉에서는 '지방용해주사'가 안전하다는 자신의 주장을 지지하기 위해 때때로 후향연구(retrospective study)를 인용한다. 후향연구란 무엇인가? 통제된 연구와는 어떻게 다른가?

2 FDA의 승인이나 안전성에 대한 과학적 증거가 당신에게는 얼마나 중요한가? 어떤 사람이 당신의 '지방용해주사' 비용을 대신 지불한다면 '지방용해주사'를 받을 의향이 있는가?

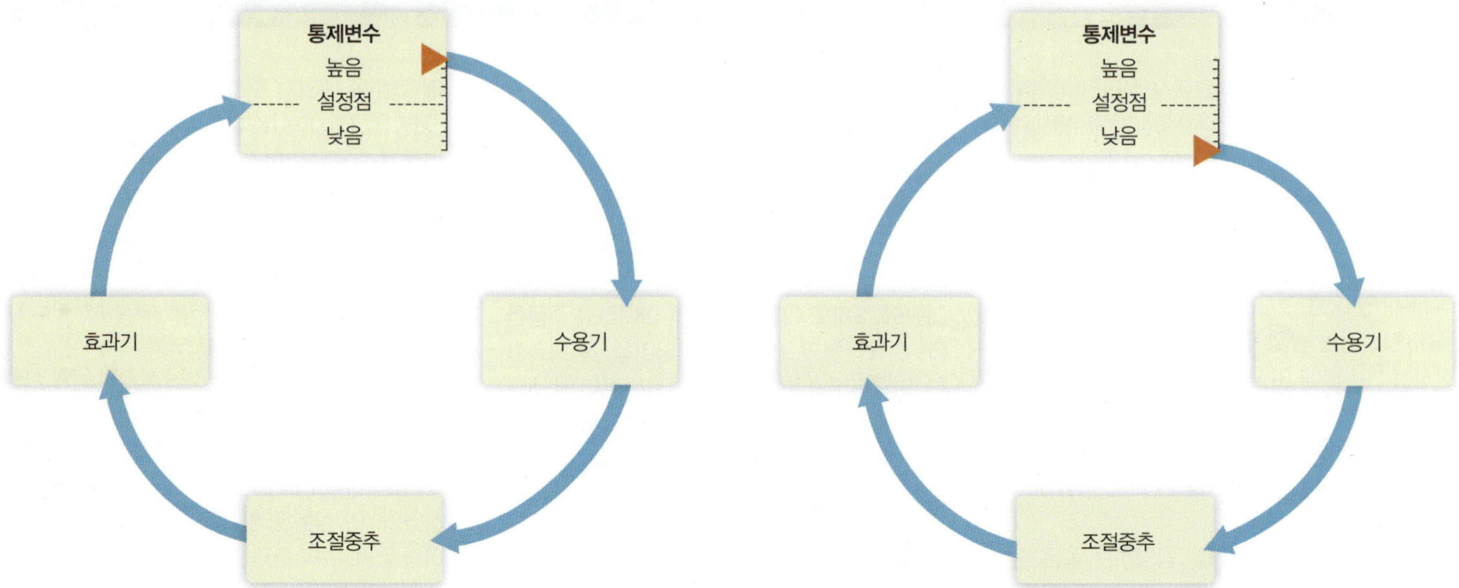

a) 통제변수가 증가하면 통제변수를 설정점에 가깝게 낮추는 사건을 일으킨다.　b) 통제변수가 감소하면 통제변수를 설정점에 가깝게 올려주는 사건을 일으킨다.

그림 4.12 음성되먹임 조절계의 성분. 조절계의 초점은 통제변수이다. 수용기는 통제변수를 탐지하여 신호를 조절중추로 보낸다. 조절중추는 통제변수의 현재 값을 설정점과 비교한다. 만일 통제변수와 설정점이 맞지 않는다면 조절중추는 신호를 효과기에 보내 통제변수와 설정점 사이의 차이를 역전시키는 행동을 취하도록 한다.

- **통제변수(controlled variable).** 모든 음성되먹임 고리의 초점은 통제변수이다. 통제변수란 시간에 따라 변할 수 있는 모든 물리적, 화학적 값이며 항상성을 유지하기 위해 조절되어야 할 특성이다. 이런 통제변수의 예로는 혈압, 체온, 그리고 혈당량 등이 있다.
- **수용기(sensor, receptor).** 수용기는 통제변수의 현재 값을 측정하며 그 정보를 (신경이나 호르몬 등을 통해) 조절중추로 보내는 역할을 한다.
- **조절중추(control center).** 조절중추는 수용기로부터 입력정보를 받고 **설정점(set point)**이라고 부르는 내부적으로 설정된 통제변수의 정상 수치와 비교한다. 만일 현재 값과 설정점의 값이 서로 일치하지 않을 경우, 조절중추는 효과기로 (역시 신경이나 호르몬을 통해) 신호를 보내게 된다.
- **효과기(effector).** 효과기는 조절중추로부터 받는 신호에 따라 현재의 불균형을 바로잡기 위한 행동을 취한다.

이 주기를 음성되먹임이라 부르는 이유는 통제변수에 일어나는 어떤 변화도 그 초기 변화에 대해 결국 대항하는('음성적으로 작용하는') 일련의 사건들을 시작하여, 결국은 변수를 원래 지점으로 되돌리는 결과를 초래하기 때문이다. 다르게 말하자면, 항상성이 유지되는 것이다. (음성되먹임의 경우를 "스스로 해보기"를 통해 실제로 볼 수 있다.)

스스로 해보기

음성되먹임계

음성되먹임계는 통제변수를 대부분의 시간 동안 수용할 수 있는 범위 내에 둔다. 어떤 변이든지 매우 적기 때문에 보통은 감지되지 않는다.

통제변수 안에서 일어난 아주 작은 진행 중인 변화를 다음 연습으로 보여줄 수 있다. 이 경우에, 통제변수는 당신의 균형감과 팔다리 위치를 뜻대로 움직일 수 있는 능력이다.

먼저, 똑바로 가만히 서서 멀리 있는 한 점을 쳐다본다. 마치 우리 몸이 전혀 움직이지 않는 것처럼 모든 것이 안정되게 보인다. 이제 같은 점을 배율이 좋은 쌍안경으로 쳐다보면, 우리의 시야는 불안정하게 보일 것이다.

그 이유는 우리 몸이 끊임없는 작은 근육 조정을 통해 바로 서게 해주고 손과 발을 안정되게 잡아준다. 우리는 이러한 작은 움직임을 쌍안경이 우리 시야에서 그 효과를 증폭시켰기 때문에 알 수 있게 된 것이다.

음성되먹임은 심부체온을 유지하도록 돕는다

음성되먹임의 좋은 예로는 체온의 항상성의 유지가 있다. 이 경우, 여러 기관계가 항상성을 보존하는 데 관여한다(그림 4.13).

통제변수는 심부체온(core temperature), 즉 신체의 중심부 근처의 온도이다. 피부와 내부 장기들의 온도 수용기들이 이 심부체온을 측정한다. 이 수용기들이 신경을 통해 조절중추로 신호를 보내는데, 조절

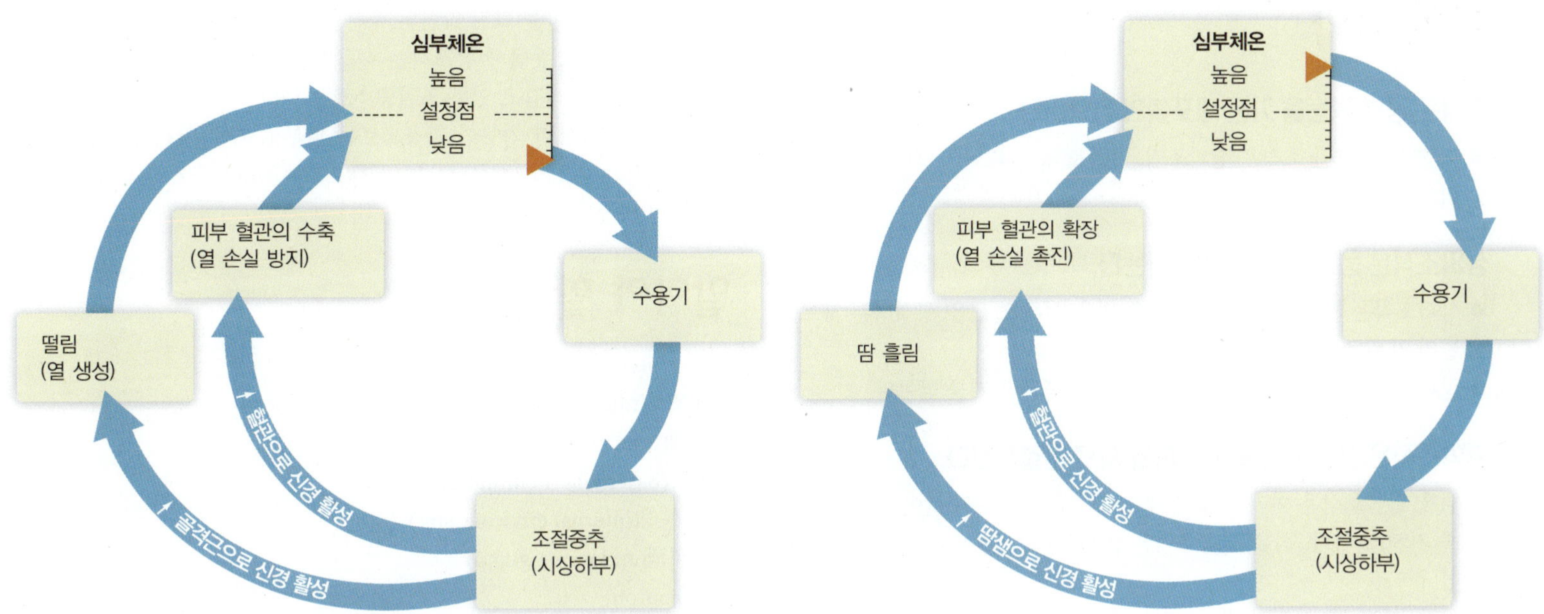

그림 4.13 심부체온의 음성되먹임 조절. 심부체온의 초기 변화의 방향에 따라 효과기 기작의 다른 조합들이 활성화될 것이다.

중추는 뇌의 뇌하수체에 위치하고 있다. 조절중추는 여러 다른 효과기 기작의 조합을 통해 필요에 따라 심부체온을 올리거나 내리게 된다.

심부체온이 설정점보다 아래로 떨어지게 될 경우, 뇌하수체는:

- 피부의 혈관들로 더 많은 신경신호를 보내, 혈관들이 수축하게 만든다. 이 때문에 피부로 가는 혈류가 감소하면서 열의 손실이 줄어든다.
- 골격근을 자극하여, 떨림으로 나타나는 짧고 폭발적인 근육 수축을 일으킨다. 이런 떨림은 열을 발생시킨다.

심부체온이 설정점보다 위로 오르게 될 경우, 뇌하수체는:

- 피부의 혈관들로 더 적은 신경신호를 보내, 혈관들이 이완하게 만든다. 이 때문에 피부로 가는 혈류가 증가하면서 열의 손실이 늘어난다.
- 땀샘을 활성화시킨다. 이때 나온 땀이 피부에서 증발하면서 신체는 열을 잃게 된다.

심부체온이 정상일지라도, 뇌하수체는 피부에 있는 혈관으로 약간의 신경신호를 보낸다. 그러면 정상 수의 신호를 증가시키거나 감소시킴으로써 온도의 작은 변화도 효과적으로 다룰 수 있게 된다. 온도의 변화가 클 때에만 땀을 흘리거나 떨림이 일어나게 된다.

이러한 예로부터 음성되먹임 조절에 관한 다음 사항을 정리할 수 있다.

- 많은 수용기들이 동시에 활동할 것이다. 이 경우에 온몸에 분포하는 수용기들은 체온을 탐지한다.
- 조절중추는 들어오는 모든 입력 정보를 통합하여 적절한 반응을 만들어낸다.
- 다중 수용기뿐만 아니라 다중 효과기가 있을 수 있으며, 그들은 각기 다른 기관계에 속할 것이다.

피부와 근육이 함께 작용하여 체온을 설정점으로 되돌아오게 한다.

양성되먹임은 사건을 증폭시킨다

양성되먹임(positive feedback) 조절계는 생물체 내에서 비교적 흔하지 않다. 양성되먹임에서는, 통제변수의 변화가 원래의 변화를 정상으로 되돌아가게 하지 않고 오히려 **증폭(amplify)**시키는 일련의 사건을 작동시킨다. 진통이 일단 시작하면 출산 과정은 양성되먹임 기전에 의해 진행된다.

당연히 무언가가 양성되먹임 사건을 끝내야 한다. 출산시의 수축은 아이가 출생하면 끝이 난다. 중요한 점은 양성되먹임은 항상성을 유지하는 기전이 아니라는 것이다.

요점 정리

모든 다세포생물은 자신들의 내부 환경에 항상성을 유지해야 한다. 음성되먹임 조절계에서는 통제변수의 어떠한 변화도 변화를 되돌리는 일련의 사건을 작동시켜 항상성을 유지한다. ■

단원 요약

조직은 공통 기능을 가진 세포들의 집합이다

- 네 가지 유형의 조직은 상피조직, 결합조직, 근육조직 그리고 신경조직이다.

상피조직은 몸 표면과 체강을 덮는다

- 상피조직은 체표면을 덮거나 안쪽 면을 이루고 샘을 형성하는 세포들의 얇은 층이다.
- 상피조직은 기저막이라 부르는 비세포성 층의 지지를 받는다.

결합조직은 신체 구조를 지탱하고 서로 연결시킨다

- 섬유 결합조직은 여러 유형의 세포와 섬유와 소수의 살아 있는 세포를 가지고 있다. 섬유 결합조직은 여러 신체 부분을 지지하고 연결한다.
- 연골, 혈액, 뼈, 그리고 지방조직은 특수 결합조직으로 분류된다.

근육조직은 움직임을 만들기 위해 수축한다

- 근육조직은 골격근, 심장근, 또는 평활근으로 구성된다.
- 골격근은 힘줄을 통해 뼈에 부착된다.

신경조직은 신경충격을 전달한다

- 뉴런은 전기충격을 전달하도록 분화되었다.
- 신경아교세포는 뉴런을 둘러싸고 보호하며 뉴런에 영양분을 공급한다.

기관과 기관계는 복잡한 기능을 수행한다

- 인체는 11개의 기관계로 이루어져 있다. 각각은 적어도 한 개의 주요 기능을 수행한다.
- 상피조직과 결합조직의 층으로 이루어진 막이 체강의 안쪽 벽을 구성한다.
- 신체 부위의 위치는 정중시상면, 관상면 및 횡단면의 3개 면으로 설명할 수 있다.

피부, 기관계의 일종

- 피부는 보호 장벽으로 작용하며, 항상성 유지에 관여하고, 외부 환경에 대한 감각 정보를 제공해준다.
- 피부는 두 층으로 되어 있다. 표피라고 부르는 바깥쪽 상피층과 진피라고 부르는 안쪽의 결합조직층이다.
- 피부에는 신경, 혈관, 분비샘, 모낭 및 평활근이 들어 있다.

다세포생물은 반드시 항상성을 유지해야 한다

- 다세포생물에서, 모든 세포의 외부 환경은 개체의 내부 환경이 된다.
- 내부 환경의 상대적 불변성을 항상성이라고 한다.
- 항상성은 음성되먹임 조절계에 의해 유지된다.
- 음성되먹임 조절계에서는, 통제변수에 생긴 변화는 원래의 변화를 되돌리려는 경향을 가진 일련의 사건을 작동시킨다.
- 체온 조절에서, 온몸에 분포하는 수용기는 온도에 관한 정보를 뇌의 시상하부에 자리잡고 있는 조절중추로 보낸다.
- 체온 변화에 대한 가능한 반응으로는 피부로 가는 혈관의 확장이나 수축, 떨림(온도가 너무 낮으면), 그리고 땀흘림(온도가 너무 높으면) 등이 있다.

알아야 할 용어

결합조직(connective tissue)
근육조직(muscle tissue)
기관계(organ system)
기저막(basement membrane)
내부 환경(internal environment)
내분비샘(endocrine gland)
뉴런(neuron)
상피조직(epithelial tissue)
설정점(set point)
세포연접(cell junctions)
신경조직(nervous tissue)
외분비샘(exocrine gland)
음성되먹임(negative feedback)
통제변수(controlled variable)
진피(dermis)
표피(epidermis)
항상성(homeostasis)

개념 확인 문제

1. 다세포성의 유리한 점과 불리한 점을 설명하시오.
2. 인체에 있는 네 가지 조직의 이름과 그들의 기능을 설명하시오.
3. 세 종류의 세포연접의 기능을 설명하시오.
4. 기관과 기관계를 서로 구별하여 설명하시오.
5. 우리 몸의 11개 기관계를 열거하고 각 기관계의 기능을 적어도 한 개 설명하시오.
6. 간질액(interstitial fluid)이란 무엇인가?
7. 전면체강 중 횡격막에 의해 서로 구분되는 두 체강은 무엇 무엇인가?
8. 양성되먹임과 음성되먹임을 비교 설명하시오.
9. 우리 몸에서 항상성(homeostasis)의 목적은 무엇인가?
10. 음성되먹임 조절계에서 조절중추의 역할은 무엇인지 설명하시오.

학습 문제

연결 문제

_________1. 내부 환경의 상대적 불변성
_________2. 편평한 세포로 구성된 상피조직
_________3. 단 한 층의 세포로 구성된 상피조직
_________4. 코의 모양을 만들어주는 특수 결합조직
_________5. 혈관과 방광의 안쪽 벽에서 발견되는 근육의 종류
_________6. 피부에서 색소를 생성하는 세포

a. 단층상피
b. 연골
c. 항상성
d. 편평상피
e. 멜라닌세포
f. 평활근

빈칸 채우기

7. 비슷한 종류의 기능을 하는 세포들이 체계적으로 모인 것을 _____________(이)라고 부른다.
8. 내분비샘은 _____________을(를) 혈류로 분비한다.
9. _____________는(은) 피부의 바깥층이다.
10. 뇌가 들어 있는 체강을 _____________(이)라고 부른다.
11. 케라틴이라는 질기고 방수가 되는 단백질을 만드는 표피 세포는 _____________(이)라고 부른다.
12. 통제변수의 희망 값은 _____________(이)라고 부른다.

OX 문제

13. 혈액은 뼈 속에 있는 세포로부터 생겨났으므로 특수 결합조직으로 여겨진다. ( )
14. 심장근은 심장에서만 발견된다. ( )
15. 피부의 표피와 진피는 모두 혈관이 있다. ( )

참고문헌

Diamond, Jared. Best Size and Number of Human Body Parts. *Natural History* 6:78, 1994. (Why do we have the size and number of organs that we do?)

Gordon, Marsha, and Alice E. Fugate. *The Complete Idiot's Guide to Beautiful Skin*. New York: Alpha Books, 1998. (A practical guide to skin care.)

Maynard-Moody, Steven. *The Dilemma of the Fetus: Fetal Research, Medical Progress, and Moral Politics*. New York: St. Martin's Press, 1995. (A look at the moral politics of fetal tissue research with a focus on the importance of social and political conflict over science.)

The Promise of Tissue Engineering. *Scientific American* 280(4):59, 1999. (A series of five articles on the subject of tissue engineering.)

응용 문제

1. 친구는 운동 중에 호흡률이 일정하게 유지되지 않고 증가하기 때문에 항상성의 개념이 깨진다고 말한다. 친구의 생각이 어디에서 잘못되었는지 친구에게 설명해주시오.
2. 표피와 진피가 모두 손상된 심한 3도 화상을 입었을 때, 어떤 문제가 발생할 것이라고 생각하는가?
3. 소설 속의 유명한 탐정인 셜록 홈즈가 40대 후반의 여성과 이야기를 하고 있었다. 홈즈가 갑자기 "부인, 당신은 흡연도 좋아하셨고 일광욕도 즐기셨군요"라고 말했다. 여인은 자신이 즐겨했던 두 가지 일을 말한 적이 없었으므로 놀라지 않을 수 없었다. 홈즈가 관찰한, 이 여인이 일광욕도 즐겼고 흡연도 했을 것을 나타낼 신체적 특징은 무엇인가? 그런 신체적 특징은 어떻게 발생하는가?
4. 다이어트 하는 것은 어려운 일이다. 몸무게를 줄이려던 사람들은 조심하지 않으면 다시 몸무게가 늘어난다. 지방흡입술이나 지방용해주사 같은 기술이 몸무게를 영원히 줄일 수 있는 좋은 방법인가? 왜 그런가, 또는 왜 그렇지 않은가?
5. 섬유 결합조직은 강도, 지지 및 유연성을 제공해주는 섬유와 기질로 되어 있다. 건축 공정에서 콘크리트는 강하고 오래가는 건축물을 만드는데 이용된다. 콘크리트 구조물과 섬유 결합조직은 서로 어떤 면에서 닮거나 혹은 닮지 않았는가?
6. 정의에 의하면, 기관은 특수 기능을 수행하는 두 종류 이상의 조직으로 이루어진 구조이다. 그 기능을 수행하는 데는 종종 많은 세포들 사이의 조화가 요구된다. 심장의 심장근이 동시에 활동하여(조화하여) 모두 동시에 박동하는 것이 왜 그렇게 중요하다고 생각하는가?

학습 문제 해답

1. c **2.** d **3.** a **4.** b **5.** f **6.** e **7.** 조직 **8.** 호르몬 **9.** 표피 **10.** 두개강 **11.** 각질세포 **12.** 설정점 **13.** O **14.** O **15.** X

5 골격계

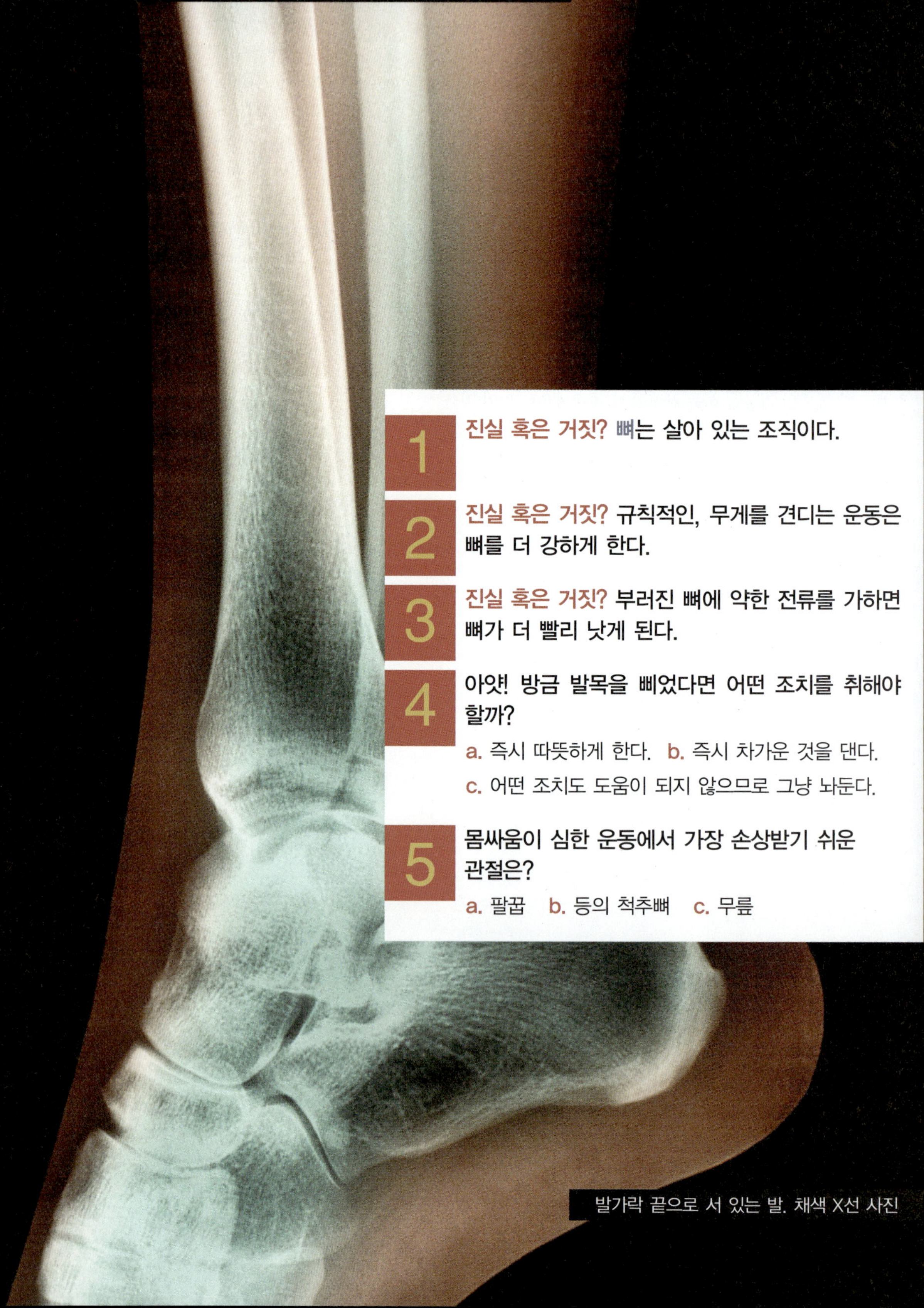

1 **진실 혹은 거짓?** 뼈는 살아 있는 조직이다.

2 **진실 혹은 거짓?** 규칙적인, 무게를 견디는 운동은 뼈를 더 강하게 한다.

3 **진실 혹은 거짓?** 부러진 뼈에 약한 전류를 가하면 뼈가 더 빨리 낫게 된다.

4 아얏! 방금 발목을 삐었다면 어떤 조치를 취해야 할까?

a. 즉시 따뜻하게 한다. b. 즉시 차가운 것을 댄다.
c. 어떤 조치도 도움이 되지 않으므로 그냥 놔둔다.

5 몸싸움이 심한 운동에서 가장 손상받기 쉬운 관절은?

a. 팔꿉 b. 등의 척추뼈 c. 무릎

발가락 끝으로 서 있는 발. 채색 X선 사진

인간의 몸은 여러 경이로운 신체 활동을 할 수 있다. 훈련을 하면, 1.6km를 4분 안에 뛰거나 자기 몸무게보다 무거운 것을 들 수 있다. 정교하고 예민한 운동 능력 덕에 바늘에 실을 끼울 수도, 별 하나에 초점을 맞추기 위해 고개를 돌릴 수도, 스트라이크 영역으로 야구공을 던질 수도 있다. 이 운동 하나하나는 대수롭지 않을 수 있으나, 하나의 구조(인체)가 이런 여러 운동을 모두 할 수 있다는 것은 참으로 놀랍다. 공학적으로 말해, 빌딩을 쓰러뜨릴 정도로 힘이 세지만 동시에 십원짜리 동전을 집어 올릴 정도로 섬세한 불도저를 설계하는 것과 같다.

이 단원에서는 지지, 보호, 운동에 관여하는 기관계인 골격계(뼈대 계통)에 대해 설명하고자 한다. 뼈의 구조와 발생, 그리고 뼈가 자신을 개조하고 수선하는 기작을 살펴본다. 뼈들이 모여 어떻게 골격(뼈대)을 형성하는지, 그리고 관절이 어떻게 뼈와 근육의 상호 작용을 가능하게 하는지를 알아본다. 그리고 마지막으로 골격계가 잘못되면 어떻게 되는지도 살펴본다.

5.1 골격계는 결합조직으로 구성되어 있다

골격계(skeletal system)에는 세 종류의 결합조직이 있다.

- 뼈, 골격의 단단한 부분
- 인대, 뼈와 뼈를 연결시키는 치밀한 섬유성 결합조직
- 연골, 바탕질이라고 부르는 겔(gel) 같은 액체 속에 콜라겐과 탄력섬유가 존재하는 분화된 결합조직

뼈는 골격의 단단한 성분이다

뼈(bone)의 대부분은 살아 있지 않은 세포밖 칼슘무기질 결정체로 구성되어 있으나, 뼈세포, 신경, 혈관 등의 살아 있는 성분도 들어 있다. 정형외과 수술 중에 그리고 뼈가 부러졌을 때 실제로 피가 난다.

뼈는 다섯 가지 중요한 기능을 수행한다. 이 중 처음 셋은 골격의 기능과 동일하다:

- **지지.** 뼈가 모여 골격을 형성하는데 여기에 붙어 있는 것이 골격근(뼈대근육)이다. 골격은 부드러운 장기를 지지해준다.
- **운동.** 뼈는 근육을 지지해주고, 근육과 상호 작용하여 우리 몸을 움직이게 한다.
- **보호.** 뼈는 골격의 단단한 성분으로, 손상받기 쉬운 내장 기관을 둘러싸서 보호한다.
- **혈액 세포 형성.** 몇몇 뼈에는 혈액 세포를 생성하는 세포가 포함되어 있다.
- **무기질 저장.** 뼈에는 몸의 대사와 기능에 중요한 칼슘, 인과 같은 무기질이 함유되어있다.

요점 정리

뼈는 지지, 운동, 보호 기능이 있다. 또한 혈액 세포를 만들며 무기질을 저장한다. ■

뼈는 살아 있는 세포를 포함하고 있다

긴뼈(폭보다 길이가 긴 뼈)는 **뼈몸통(diaphysis)**이라 부르는 원통형의 축과, **뼈끝(epiphysis)**이라 부르는 양끝의 약간 커진 손잡이 부위로 구성된다(그림 5.1). **치밀뼈(compact bone)**가 축을 형성하고 양끝을 둘러싼다. 축의 중심강은 **황색골수(yellow bone marrow)**로 채워져 있는데 이는 에너지를 위해 사용되는 지방이다. 양쪽 뼈끝 속에 **해면뼈(spongy bone)**가 들어 있다. 해면뼈는 치밀뼈보다 밀도가 낮아 뼈를 가볍지만 강하게 하는 역할을 한다. 해면뼈는 격자형태의 단단하고 강한 **잔기둥(trabeculae:** 라틴어, "작은 기둥")으로 구성되어 있고, 그 속에 칼슘무기질과 살아 있는 세포가 존재한다. 위팔뼈(상완골, humerus), 넙다리뼈(대퇴골, femur)와 같은 몇몇 긴뼈에서 잔기둥 사이의 공간이 **적색골수(red bone**

들어가기 질문의 답

1 **진실.** 뼈의 대부분은 칼슘무기질로 구성된 딱딱한 성분이지만, 뼈에는 성장, 보수, 개조에 관여하는 살아 있는 세포들도 존재한다. 뼈 속에는 신경과 혈관도 들어 있다.

2 **진실.** 규칙적인 운동은 뼈 밀도를 증가시켜 뼈를 강하게 한다.

3 **진실.** 실험에 의하면 약한 전류가 뼈의 치유 속도를 촉진하는데, 이는 아마도 뼈를 형성하는 세포를 자극하기 때문인 것으로 보인다. 이 단원에서는, 골절 후 뼈가 치유되는 과정을 학습한다.

4 b. 삔 후 처음 24시간 동안에는 규칙적으로 **냉찜질**을 하고, 그 다음에는 온찜질을 한다. 이 단원에서 구체적인 것을 학습한다.

5 c. **무릎.** 무릎관절은 몸무게의 약 7배가량의 압력을 견딘다. 그러나 특히 발이 땅을 딛고 있을 때, 발차기나 축구태클과 같은 수평 타격에는 아주 취약하다. 이 단원에서는 무릎 이외의 여러 관절을 학습한다.

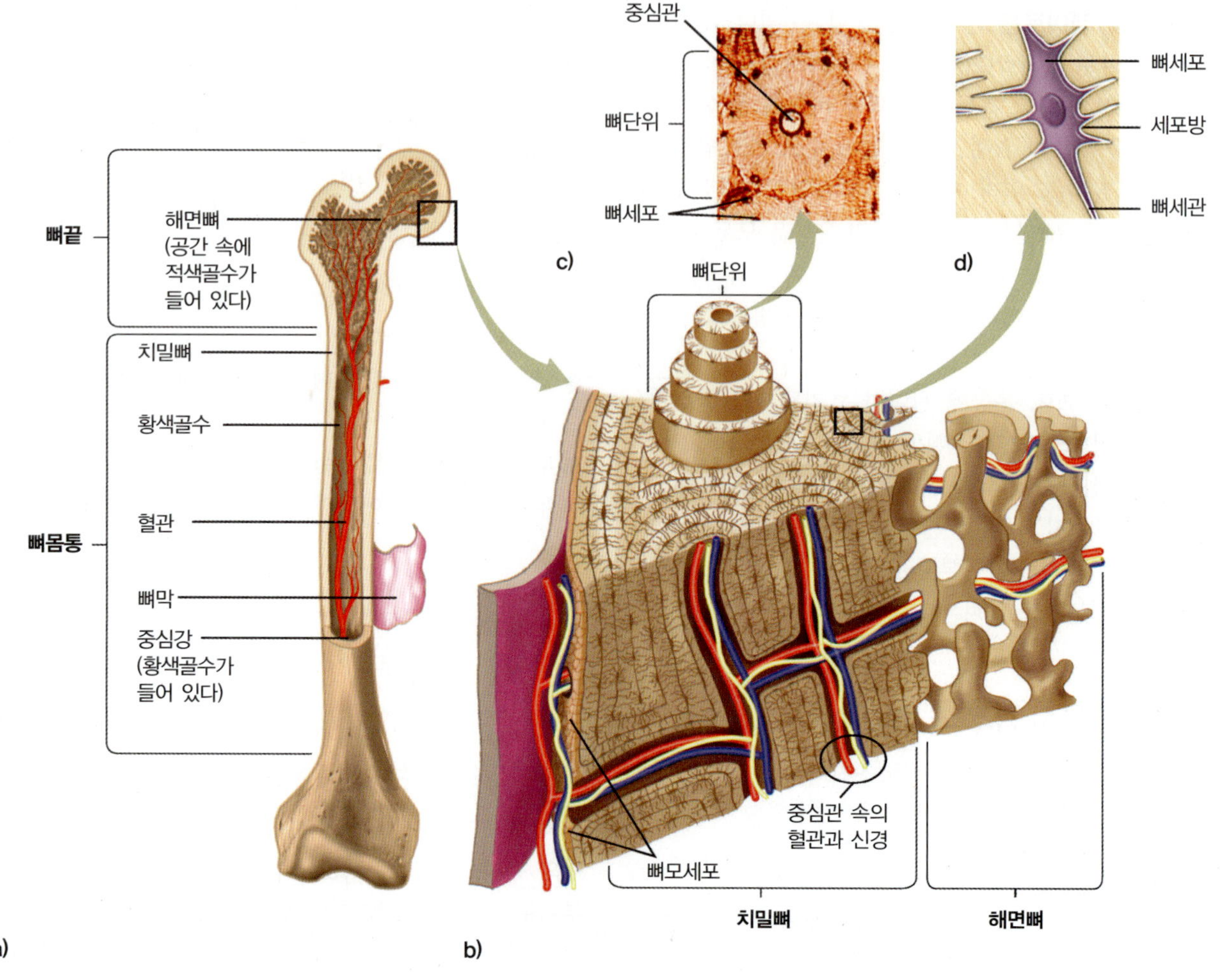

그림 5.1 뼈의 구조. (a) 긴뼈의 일부 자른 면. (b) 뼈단면의 확대된 그림을 보면 치밀뼈는 거의 고형물질로 중심관 속에 혈관과 신경이 존재한다. (c) 치밀뼈의 뼈단위를 보여주는 사진으로 뼈세포가 고형 구조 속에 박혀 있다. (d) 세포방 속의 뼈세포. 뼈세포들은 뼈세관 속으로 세포질을 뻗어 서로 연락한다.

marrow)로 채워져 있다. 적색골수 속에 있는 줄기세포(stem cell)에서 적혈구, 백혈구, 혈소판이 만들어진다.

뼈의 바깥 면은 뼈막(골막, periosteum)이라는 질긴 결합조직으로 덮여 있는데, 분화된 뼈형성세포들이 이 막에 존재한다. 긴뼈의 끝이 다른 뼈와 관절을 형성할 때, 관절 표면은 마찰을 줄이기 위한 부드러운 연골층으로 덮여 있다.

자세히 들여다보면, 치밀뼈는 **뼈세포(골세포, osteocyte)**라는 살아 있는 세포 주변에 칼슘인산염이라는 세포밖 물질이 침착된 것이다. 뼈세포는 **뼈단위(골단위, osteon)**라는 원통형 구조 속에 반지 모양으로 배열되어 있는데, 뼈단위를 하버스계(Haversian system)라고 부르기도 한다. 뼈가 자라고 단단해짐에 따라 뼈세포는 세포방(lacunae)이라 부르는 빈방에 갇히게 된다. 그러나 뼈세포끼리는 뼈세관이라는 구조를 통해 서로 접촉하고 있다. 뼈세관(canaliculi) 내에 뻗어 있는 세포질과 간극연접이 뼈세포끼리의 긴밀한 연결을 가능케 한다. 뼈단위의 중심에 가까운 뼈세포는 **중심관(central canal:** 일명 하버스관)을 지나는 혈관으로부터 확산을 통해 영양분을 얻고, 이를 간극연접을 이용해 옆 세포에 전달한다. 대부분의 뼈세포는 혈관으로부터 떨어져 있지만, 이와 같은 방법으로 영양분을 얻을 수 있다. 뼈세포가 분비하는 노폐물은 이와 반대 방향으로 확산되어 나가서 혈관을 통해 뼈로부터 제거된다.

해면뼈의 뼈세포는 영양분 공급이나 노폐물 배출을 위해 중심관에 의존하지 않는다. 해면뼈의 가는 기둥 구조는 뼈세포가 적색골수에 있는 인근 혈관에 접근할 수 있게 한다.

요점 정리

뼈는 외관상 치밀하거나 해면체이다. 긴뼈의 축 속에는 황색골수가 채워져 있고, 적색골수를 가진 해면뼈는 양쪽 뼈끝에서 관찰된다. ■

인대는 뼈와 뼈를 연결시킨다

인대(ligament)는 뼈를 다른 뼈에 붙인다. 인대는 치밀한 섬유성 결합조직으로 구성되어 있는데, 치밀하게 쌓인 콜라겐 섬유가 같은 방향으로 규칙적으로 배열되어 있고, 그 사이에 몇몇 섬유모세포가 끼어 있다. 인대는 몇몇 관절에서 힘을 부여하는 동시에 뼈의 움직임을 허용한다.

연골은 지지하는 역할을 한다

연골(cartilage)은 물과 그 외의 여러 물질을 함유한 바탕질에 콜라겐과 엘라스틴(elastin)이라는 섬유를 가지고 있다. 연골은 뼈보다 부드럽고 유연성이 있다. 연골은 압력을 받지만 지지가 필요한 곳이나 약간의 움직임이 필요한 곳에서 발견된다.

사람 골격에는 세 종류의 연골이 있다. **섬유연골(fibrocartilage)**에는 콜라겐 섬유가 두꺼운 뭉치로 배열되어 있어서 압력과 장력을 잘 견딘다. 척추뼈 사이의 척추사이원반과 무릎관절 속의 원반형 지지 구조인 관절반달(meniscus)이 섬유연골이다. **유리연골(hyaline cartilage)**은 얇은 콜라겐 섬유로 구성된 부드러운 유리 모양의 연골로서, 발생 과정 중 생겼다가 뼈로 치환되기도 하며, 성숙한 뼈의 양 끝 표면을 덮어 관절의 마찰을 줄이는 역할을 하기도 한다. **탄력연골(elastic cartilage)**은 엘라스틴 섬유로 구성되어 있어서 휘기 쉬우며, 겉귀 또는 삼킬 때 후두를 덮는 후두덮개에서 발견된다.

5.2 뼈 발생은 배아에서 시작된다

태아 발생 중 여러 기관이 형성되기 전, 장차 뼈를 형성할 모형들이 **연골모세포(chondroblast)**라고 부르는 연골형성세포에 의해 유리연골의 형태로 만들어진다. 태아 발생 2~3개월이 지나면 연골 모형은 녹기 시작하여 결국 뼈로 치환되는데, 이 과정을 **골화(ossification)**라고 한다. 뼈 발생 과정은 납작뼈와 긴뼈에서 약간 차이가 나지만 여기서는 긴뼈의 경우를 살펴본다.

그림 5.2는 긴뼈에서의 골화 과정을 보여준다. 연골모세포가 죽은 후에 이들이 만들었던 기질이 뼈의 축에서 점차 파괴되며, 여기에 혈관이 형성된다. 혈관은 **뼈모세포(골모세포, osteoblast)**라 부르는 뼈 형성세포들을 발생 중인 뼈막으로부터 이곳으로 나른다. 뼈모세포는 골유기기질(osteoid)이라 부르는 콜라겐을 함유한 단백질 복합체를 분비하는데 이것이 뼈의 속 구조를 형성하고 뼈에 힘을 준다. 이 세포들은 골유기기질 주변과 그 사이에 **수산화인회석(hydroxyapatite)**이라는 단단한 칼슘인산무기염의 결정화를 촉진시키는 효소를 분비한다. 점점 더 많은 양의 수산화인회석이 축

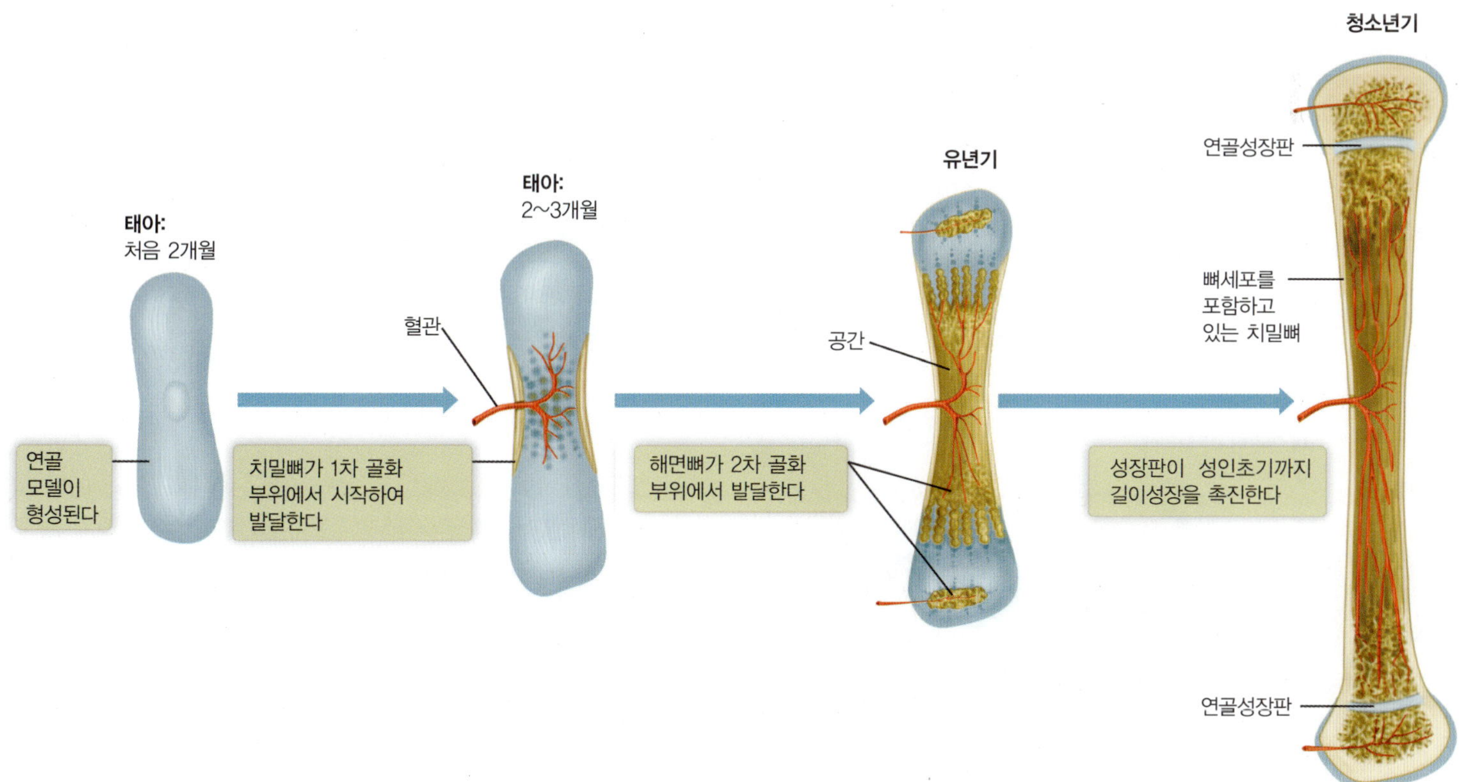

그림 5.2 뼈는 어떻게 발생하는가. 첫 두 단계는 태아에서 진행된다. 뼈는 성장판이 자라므로 유년기를 거쳐 청소년기가 될 때까지 계속 길어진다.

적됨에 따라 뼈모세포는 단단해지는 뼈 조직 사이에 갇힌다. 성숙한 치밀뼈에서 기질의 약 1/3은 골유기기질이고 나머지 2/3는 수산화인회석 결정이다.

결국 뼈모세포가 골유기기질을 만들고 무기질 축적을 자극하는 속도가 줄면서, 이들은 성숙한 뼈세포가 되어 각각의 세포방에 갇히게 된다. 성숙한 뼈세포는 뼈 기질을 유지시키는 역할을 하는데 이들이 없을 경우 기질이 천천히 해체된다.

뼈는 어린 시절을 거쳐 성인이 될 때까지 계속 길어지는데, 이는 각 뼈끝의 **성장판(growth plate,** 또는 골단판[epiphyseal plate])이라 부르는 얇은 연골판 때문이다. 연골모세포의 활동(즉, 길어지고 있는 뼈 모형을 위한 새로운 연골의 발생)은 성장판 바깥쪽에서 일어나며, 뼈모세포에 의해 연골 모형으로부터 뼈가 되는 전환은 성장판 안쪽에서 일어난다(그림 5.3). 양쪽 성장판 사이의 거리가 멀어질수록 뼈는 길어진다. 이때 뼈모세포가 뼈막 바로 밑의 바깥쪽에 물질을 축적하여 뼈의 두께도 증가한다.

뼈 발생 과정은 내분비샘에서 분비되는 호르몬에 의해 조절된다. 성인이 되기 전 가장 중요한 것은 성장호르몬인데, 이는 성장판에서 뼈의 길이 성장을 자극한다. 사춘기 초기에는 성호르몬(테스토스테론과 에스트로겐)이 성장판을 자극하지만, 여자 18세, 남자 21세가 되면 성호르몬이 성장판의 성장을 억제하고, 연골을 뼈조직으로 대체시킨다. 이때 뼈의 길이 성장은 멈추지만 두께는 계속 커질 수 있다.

요점 정리

뼈모세포라는 뼈 형성세포가 뼈 구조의 바탕이 되는 단백질 혼합액(콜라겐 포함)을 만든다. 이들은 또 단백질 기질 속에 무기질 축적을 촉진시키는 효소도 분비한다. ■

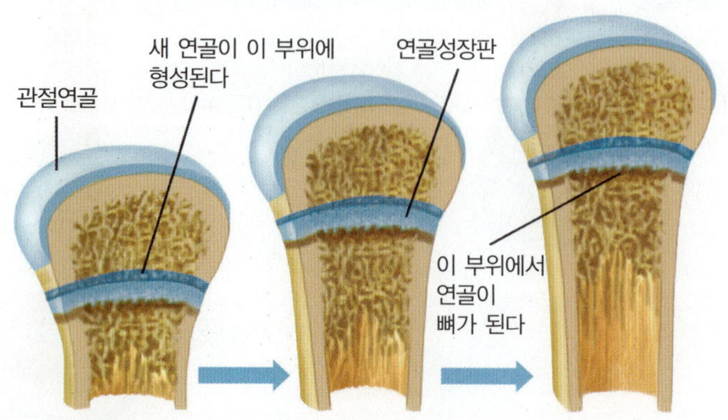

그림 5.3 어떻게 긴뼈의 길이가 증가하는가. 연골세포는 바깥 면에 새 연골을 만들고, 안쪽에서는 연골이 뼈로 바뀐다.

5.3 성숙한 뼈에서는 재형성과 수리가 계속된다

뼈가 길이성장을 멈춘다고 해서 평생 가만히 있는 것은 아니다. 뼈는 끊임없이 대체, 재형성(remodeling), 수리를 겪는 역동적인 조직이다. 성인에서 재형성의 범위가 클 경우 시간이 경과하면 뼈 모양이 크게 변화하기도 한다.

뼈의 재형성과 수리는 부분적으로 **뼈파괴세포(파골세포, osteoclast)**에 의해 진행된다. 이들은 성숙한 뼈 조직을 가로질러 나아가며 수산화인회석을 녹이고 골유기기질을 분해시키는데 이때 방출된 칼슘과 인산이온이 피로 들어간다. 뼈가 제거된 부위에서는 새 뼈모세포를 끌어들여 새 골유기기질을 만들고 수산화인회석 결정의 축적을 자극한다.

표 5.1은 뼈 발생과 유지에 기여하는 4종류의 세포를 요약하였다.

뼈의 모양, 크기, 힘은 계속 바뀔 수 있다

오랜 시간에 걸쳐 계속되는 재형성은 뼈의 모양을 바꿀 수 있다. 중요한 사실은 뼈에 가해지는 압축 스트레스(예를 들면, 조깅을 계속해서 다리에 힘을 가한 경우)는 뼈 속에 약한 전류를 일으킬 수 있다는 점이다. 이 전류가 뼈모세포의 뼈형성 활동을 자극한다. 압축력과 전류는 스트레스를 받는 긴뼈의 안으로 휜 곳에서 가장 크다(그림 5.4). 따라서 정상적 뼈 교체 과정 중 압축 스트레스가 큰 곳에 새 뼈가 쌓이고 작은 곳에서는 흡수되어 없어진다. 따라서 뼈의 최종 형태는 노출된 압축력과 일치하는 경향이 있다.

무게를 견디는 운동은 뼈의 무게와 힘을 증가시킨다. 그 효과는 현저하여 훈련받은 운동선수의 뼈는 운동 안한 사람의 것보다 두껍고 무겁다. 그러나 이런 목적으로 전문운동선수가 될 필요는 없다. 조깅이나 아령 들기 등 무게를 견디는 운동을 규칙적으로 하면 뼈모세포가 뼈 조직을 더 만들게 되어 뼈의 밀도가 증가하고 강해진다.

뼈 구조의 항상성 유지는 뼈파괴세포와 뼈모세포의 활동의 긴

표 5.1 뼈 발생과 유지에 관여하는 세포들

세포 종류	기능
연골모세포	장차 형성될 뼈 모형을 만드는 연골 형성세포
뼈모세포	뼈의 단단한 세포밖 기질의 형성을 초래하는 어린 뼈 형성세포
뼈세포	뼈 구조의 유지에 관여하는 성숙한 뼈세포
뼈파괴세포	뼈 분해 세포

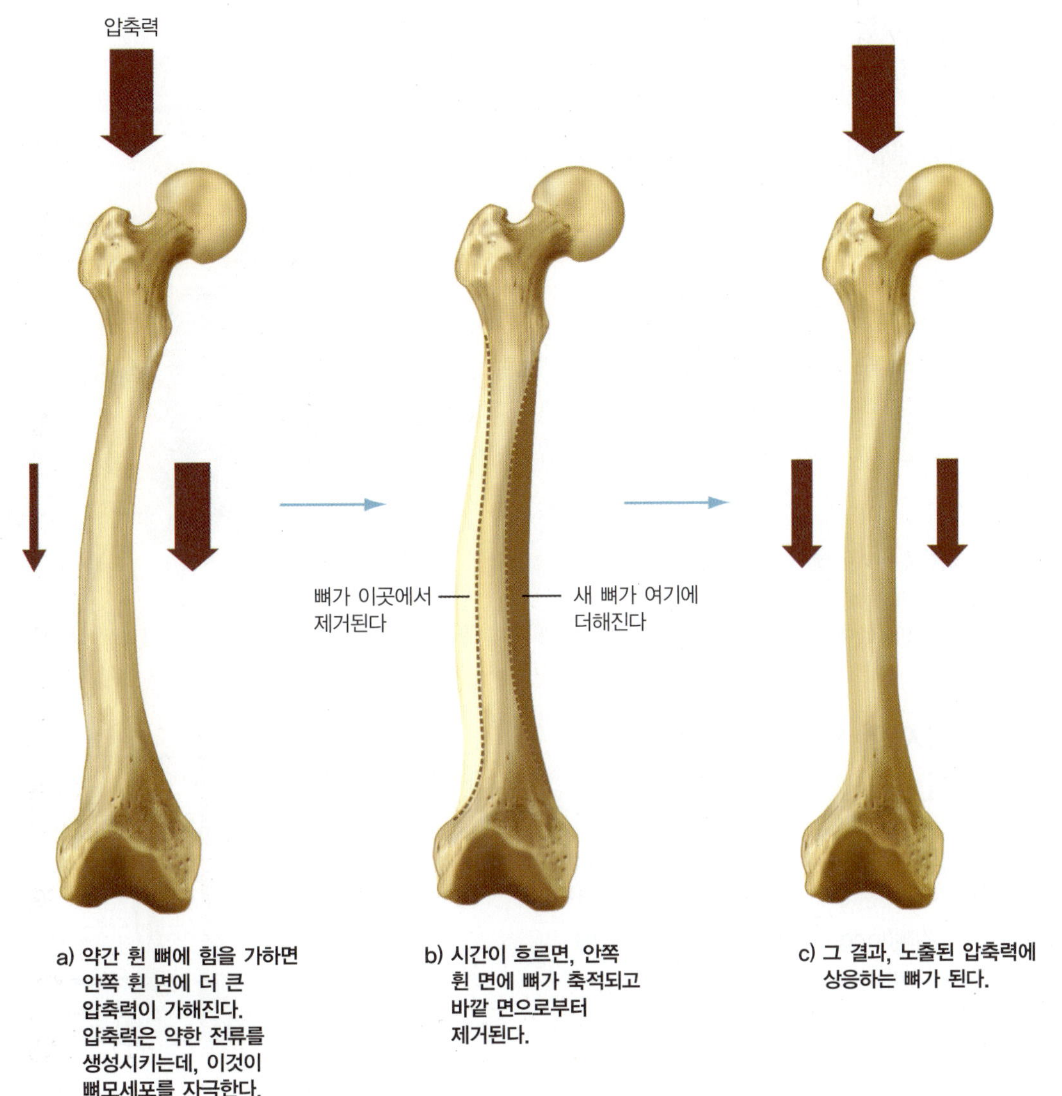

그림 5.4 **뼈 재형성.**

밀한 균형에 의해 좌우된다. **골다공증(osteoporosis)**은 이 두 세포들의 수년에 걸친 활동 불균형 때문에 뼈 질량의 대부분이 소실되어 구멍이 숭숭 뚫리는 상태이다.

뼈세포는 호르몬에 의해 조절된다

뼈 성장과 마찬가지로, 뼈모세포와 뼈파괴세포의 활동률은 칼슘 항상성 유지에 관여하는 호르몬에 의해 조절된다. 혈중 칼슘량이 특정치 이하로 떨어지면 **부갑상선호르몬(parathyroid hormone: PTH)**이 뼈파괴세포를 자극하여 많은 뼈용해효소를 만들어낸다. 뼈파괴세포의 활동이 증가하면 뼈가 녹아서 칼슘과 인산을 혈류로 방출한다. 한편 혈액 속의 칼슘량이 증가하면 **칼시토닌(calcitonin)**이라는 호르몬이 뼈모세포의 활동을 자극하여 칼슘과 인산을 혈액으로부터 제거하여 뼈에 저장하는 역할을 한다. 젊은 성인의 경우 뼈 총량에는 큰 변화가 없으나 일 년에 전체의 약 10%는 재형성되고 바뀐다. 이 문제와 또 여러 종류의 호르몬 조절에 관해서는 13단원에서 다시 다룬다.

뼈는 수선된다

뼈가 부러지면 혈관이 터져 **혈종(hematoma)**이라는 핏덩어리가 형성된다. 골절 후 처음 며칠은 염증, 부종, 통증이 동반된다. 수선 과정은 수일 내에 섬유모세포가 이 지역으로 이동하면서 시작된다. 몇몇 섬유모세포는 연골모세포가 되고, 이들이 합쳐 뼈의 두 쪼개진 면 사이에 **가골(假骨, callus)**이라는 강력한 섬유연골 결합을 만든다. 가골은 골절부위에 딱딱하게 불쑥 솟아난 반지 모양 구조로 만져진다. 그 다음 뼈파괴세포가 도착하여 원래 뼈의 죽은 조각과 혈종 속의 혈액 세포를 제거하기 시작한다. 마지막으로 뼈모세포가 도착하여 골유기기질을 축적시키고, 칼슘 인산염 무기질의 결정화를 촉진하여 가골을 뼈로 전환시킨다. 결국 일시적인 결합이었던 것이 다시 치밀해지고 단단해진다. 뼈는 좀처럼 똑같은 곳이 두 번 부러지지는 않는데, 이는 수선된 결합이 원래 뼈보다 약간 두꺼운 상태로 남아 있기 때문이다.

수선 과정은 나이와 뼈의 종류에 따라 몇 주에서 몇 달이 걸리는데 일반적으로 나이가 들수록 오래 걸린다. 골절된 부위에 약한 전류를 가하면 치유 속도가 빨라진다는 것이 최근 밝혀졌다. 아마도 전류가 뼈파괴세포와 뼈모세포를 수선 부위로 끌어당기기 때문인 것으로 생각된다.

요점 정리

정상적인 뼈 치환과 재형성은 뼈를 흡수하는 뼈파괴세포와 뼈를 형성하는 뼈모세포의 활동의 균형에 의존한다. 뼈가 부러지면 섬유연골성 가골이 부러진 끝 사이에 형성되고 이것이 나중에 뼈로 치환된다. ■

5.4 골격은 보호와 지지의 역할을 하며 움직임을 허락한다

지금까지 뼈조직의 역동성을 살펴보았으므로 이제부터는 뼈의 분류와 조직을 알아보고자 한다. 뼈는 형태에 따라, 긴뼈, 짧은뼈, 납작뼈, 불규칙뼈 등으로 나눈다. 긴뼈(long bone)에 대해 우리가 배웠는데, 여기에는 팔다리와 손가락뼈가 포함된다. 짧은뼈(short bone: 손목뼈)는 길이와 폭이 같다. 납작뼈(flat bone: 머리뼈, 복장뼈, 갈비뼈 포함)는 얇고 납작하며 때로는 곡면 형태인데 아주 적은 양의 해면뼈가 두 층의 치밀뼈 사이에 끼워져 있다. 불규칙뼈(irregular bone: 볼기뼈나 척추뼈 포함)에는 여러 다양한 형태의 뼈가 포함된다. 복장뼈(납작뼈)나 볼기뼈(불규칙뼈)에는 혈액 세포를 형성하는 적색골수가 들어 있다.

사람 몸의 206개의 뼈와 이들을 고정시키는 결합조직을 통틀어서 **골격(skeleton, 그림 5.5)**이라 한다. 골격은 3가지 중요한 기능을 한다. 첫째, 부드러운 기관을 지지하기 위한 구조적 틀로 작용한다. 둘째, 물리적 상해로부터 특정 기관을 보호한다. 예를 들어 뇌는 머리뼈 안에 들어 있고, 심장과 허파는 갈비뼈, 복장뼈, 척추뼈로 구성된 새장 구조에 의해 보호 받는다. 셋째, 뼈대 속의 뼈 성분들이 여러 방식으로 관절에서 결합되어 몸의 여러 부위의 유연한 운동을 가능하게 하는데, 이는 손, 발, 다리, 팔의 경우에 해당된다.

골격은 몸통 골격과 팔다리 골격으로 나뉜다.

몸통 골격은 몸의 중앙선을 이룬다

몸통 골격(axial skeleton)에는 머리뼈, 척주, 갈비뼈, 복장뼈가 포함된다.

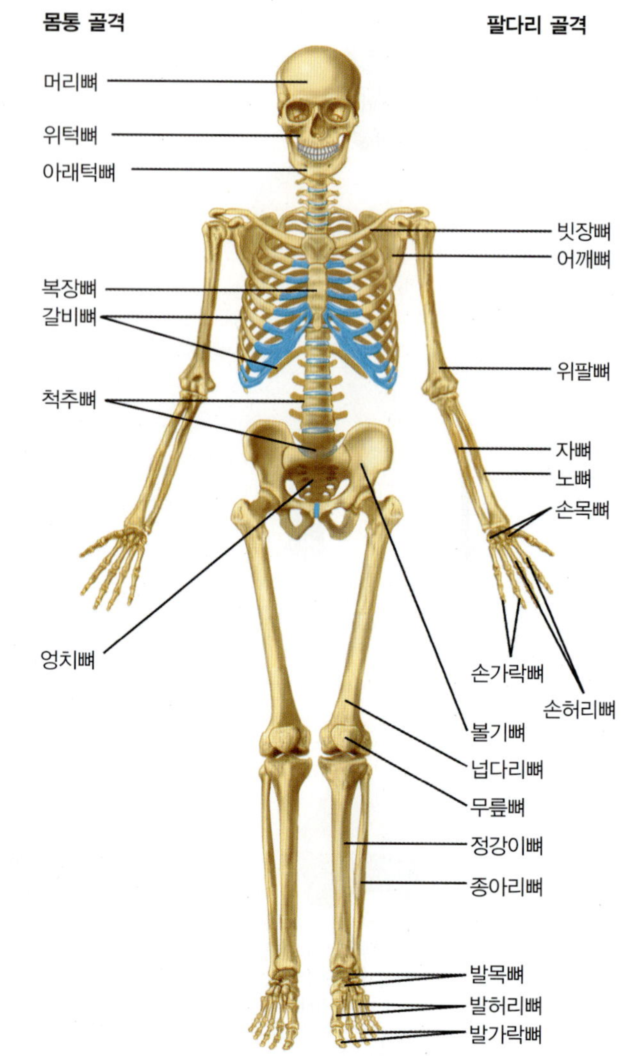

그림 5.5 사람의 골격.

머리뼈: 머리덮개뼈와 얼굴뼈. 사람 **머리뼈(두개골, skull)**는 20여 개의 뼈로 구성되는데, 뇌를 보호하고 얼굴 구조를 형성한다. 그림 5.6은 머리뼈 중 중요한 것을 나타낸다.

머리덮개뼈(cranial bone)는 납작뼈가 대부분이며 뇌를 둘러싸서 보호한다. 앞부분에서부터 살펴보면, 이마뼈(frontal bone)는 이마와 안와 위 모서리를 구성한다. 머리뼈의 좌우 꼭대기에는 2개의 마루뼈(parietal bone)가 있고, 좌우 측면에는 2개의 관자뼈(temporal bone)가 있다. 각 관자뼈에는, 소리를 고막으로 전달하는 겉귀길로 통하는 구멍이 있다. 이마뼈와 관자뼈 사이에 나비뼈(sphenoid bone)가 있는데, 이들이 안와의 뒷벽을 이룬다. 벌집뼈(ethmoid bone)도 안와를 형성하고 코의 지지를 돕는다.

뒤통수뼈(occipital bone)는 머리뼈의 뒷부분과 바닥을 형성한다. 뒤통수뼈의 바닥에 큰구멍(foramen magnum)이 있는데, 이곳에서 척주와 머리뼈, 그리고 척수와 뇌가 연결된다.

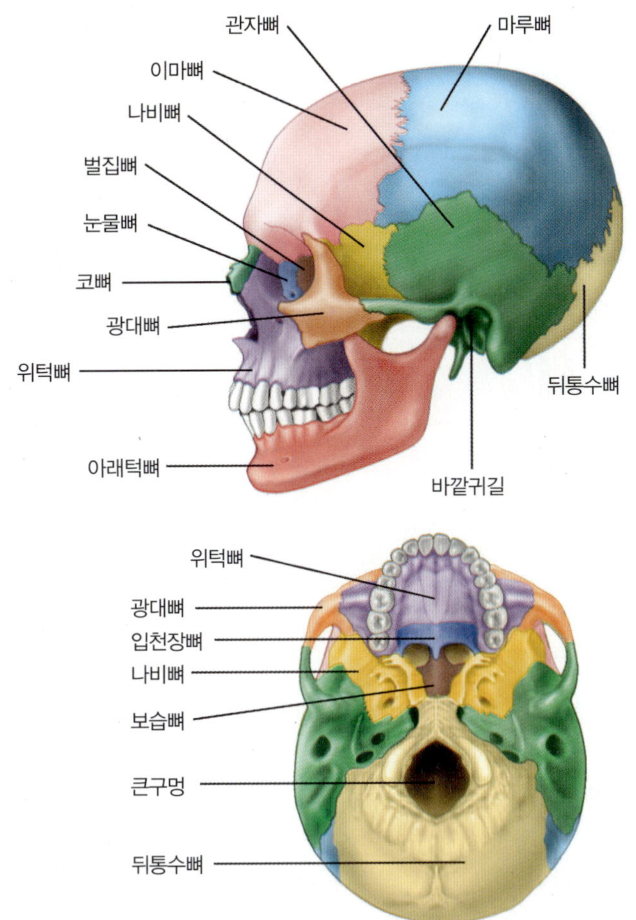

그림 5.6 사람의 머리뼈. 아래턱만 관자뼈에 경첩관절로 연결되어 있을 뿐 다른 모든 뼈는 서로 강하게 결합되어 있는데, 이는 머리뼈의 기본 기능이 운동이 아닌 보호이기 때문이다.

얼굴뼈(facial bone)는 머리뼈의 앞부분이다. 코 양옆에는 2개의 위턱뼈(maxilla bone)가 있는데 안와의 일부를 형성하며 위 이빨을 담는 틀을 형성한다. 경구개(hard palate)를 이루는 뼈는 2개의 위턱뼈와 2개의 입천장뼈(palatine bone)이다. 입천장뼈 뒤쪽으로 보습뼈(vomer bone)가 있는데 코사이막의 일부로 코를 좌우로 나누는 역할을 한다. 빰에 있는 2개의 광대뼈(zygomatic bone)는 안와의 외벽을 형성한다. 2개의 작고 좁은 코뼈(nasal bone)가 콧마루 윗부분에 있고 코 돌출 부위의 나머지 부분은 연골과 결합조직으로 되어 있다. 위턱뼈와 코뼈 사이의 공간이 코안(비강)이다. 안와 안쪽의 눈물뼈(lacrinal bone)에는 작은 구멍이 나 있는데, 여기를 통해 눈물관의 눈물이 안와로부터 코안으로 흘러 내려간다.

아래턱(mandible)은 아래 이빨을 담는 틀을 가지고 있다. 거의 모든 머리뼈는 단단히 결합되어 있지만 아래턱의 경우는 예외로서 관자뼈에 관절로 연결되어 있는데, 이 관절 덕에 말하고 씹을 수 있다.

몇몇 머리덮개뼈와 얼굴뼈는 공기가 차 있는 **굴(동, sinus)**을 갖고 있는데 이 구조 때문에 머리뼈가 가벼워지고, 소리를 낼 때 공명 현상이 일어난다. 굴 안쪽 벽에는 점액을 분비하는 조직이 있어, 이들이 들어오는 공기 속의 외부물질을 포획한다. 굴로부터의 점액은 정상 상태에서는 작은 길을 통해 코안으로 흘러 내려간다. 그러나 감기에 걸리거나 호흡기 감염이 있을 경우에는 굴 안에 늘어선 조직에 염증이 생겨 이 길이 막힌다. 굴에 생긴 염증을 부비동염(sinusitis)이라 하는데, 굴이 액체로 가득 차 압력을 느끼면 "두통(sinus headache)"이 올 수 있다.

척주: 몸의 중심축. **척주(vertebral column)**는 몸의 중심축으로, 머리를 지지하고 척수를 보호하며 네 팔다리와 근육의 부착점이다(그림 5.7). 33개의 불규칙뼈인 척추뼈(vertebra)로 구성되며 머리뼈에서 골반까지 뻗어 있다. 옆에서 보면 약간 휘어 있는데 이는 각 부위에서 척추뼈의 구조와 크기가 약간씩 다르기 때문이다.

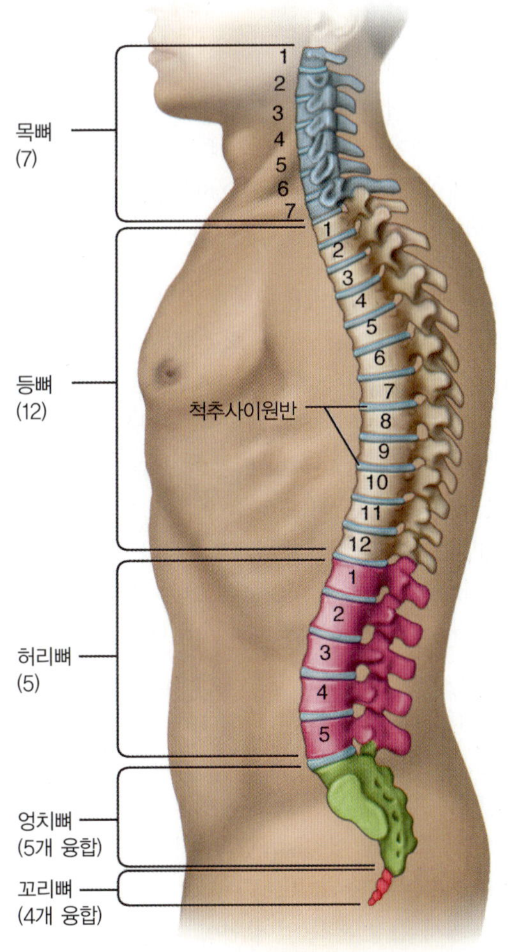

그림 5.7 척주. 척추뼈는 위치에 따라 명명되고 번호가 매겨진다. 척주는 관절 및 척추사이원반이 있어서 약간 휘어진다.

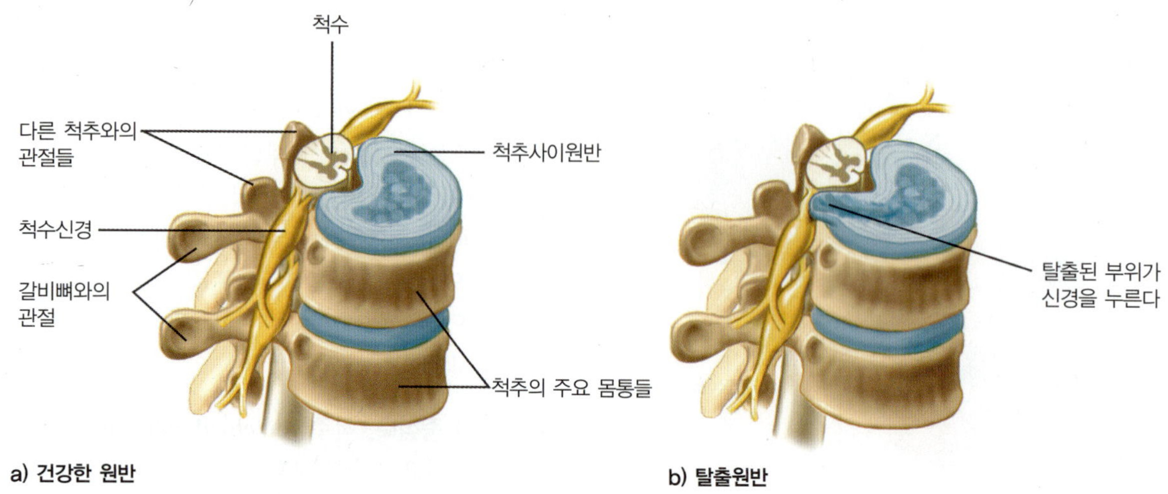

그림 5.8 **척추뼈.** (a) 2개의 척추뼈와 척추사이원반. (b) 탈출된 원반.

척주를 해부학적으로 다섯 부위로 나눈다.

- 목 – 7개의 척추뼈
- 가슴 – 12개의 척추뼈
- 허리(잘록한 허리굽이 부분) – 5개의 척추뼈
- 엉치뼈 – 진화 과정 중 5개의 척추뼈가 하나로 합쳐졌다.
- 꼬리뼈 – 4개의 척추뼈가 합쳐졌으며, 원래는 꼬리였으나 진화학적으로 기능을 상실한 흔적기관이다.

척추뼈를 자세히 들여다보면 어떻게 하나하나가 쌓이고 결합되어 있는지 알 수 있다(그림 5.8). 척추뼈는 몸통 뒤쪽에 **관절면**(articulation)이라는 2개의 접촉점을 가진다. 또 갈비뼈와의 관절면도 있다. 척수는 관절면과 몸통 사이의 빈 공간을 지난다. 척추뼈와 척추뼈 사이에는 편평하고 탄력이 있으며 압축도 가능한 **척추사이원반(intervertebral disk)**이 있는데, 이것의 중심은 부드러운 젤라틴 물질이고, 가장자리는 질긴 섬유연골이다. 척추사이원반은 충격 흡수제로 걷기, 뛰기 그 외 여러 운동의 충격으로부터 척추를 보호하는 역할을 한다. 척추관절과 함께 척추사이원반도 제한적이기는 하나 운동을 가능케 하는데, 결과 척주에 유연성을 제공하여 앞으로 굽히기, 뒤로 기대기, 윗몸 돌리기 등이 가능하다.

아주 강한 충격이나 갑작스런 운동은 척추사이원반(추간판)을 누를 수 있는데, 이때 부드러운 속 부분이 터져 나와 척수신경을 눌러 심한 허리통증을 유발시킬 수 있다. 이 상태를 "추간판탈출증(herniated disc 또는 slipped disc)"이라 하는데(그림 5.8b), 허리부분의 척추뼈에서 가장 흔히 일어나며, 때로 디스크가 터져 부드러운 펄프 내용물이 나오기도 한다. 추간판탈출증에 동반되는 통증은, 손상된 디스크를 수술로 제거하여 신경에 가해지는 압력을 감소시킴으로써 경감될 수 있다. 그러나 이 수술 방법은 2개의 근접한 척추가 뼈 이식과 함께 들러 붙어야 하므로 척추의 유연성을 감소시킨다.

정상적 상태에서 척주는 척수를 효율적으로 보호한다. 그러나 척주에 손상이 있을 경우 척수에 손상이 가거나 심지어는 척수가 절단될 수도 있는데, 이 경우 잘린 부위 아랫부분이 국소 또는 완전 마비된다. 따라서 척주 손상이 의심되면 의사가 보고 상황을 평가할 때까지 환자를 움직여서는 안 되는데, 왜냐하면 비틀거나 구부릴 경우 척수에 추가적 또는 영구적 손상이 가해질 수 있기 때문이다. 운동선수가 운동을 하다가 다쳤을 때, 코치와 의사가 와서 철저히 점검할 때까지 가만히 누워 있는 것을 본 적이 있을 것이다.

갈비뼈와 복장뼈: 가슴안을 보호한다 사람은 12쌍의 **갈비뼈(rib)**를 가지고 있다(그림 5.9). 각 갈비뼈의 한쪽 끝은 척주의 가슴 부위에서 시작되며, 이들 중 위쪽 7쌍은 연골에 의해 **복장뼈(가슴뼈, sternum)**에 붙어 있는데, 복장뼈는 세 부위가 발생 과정 중 들러붙어 1개의 칼 모양의 편평한 뼈를 형성한 것이다. 8~10번 갈비뼈는 연골에 의해 7번 갈비뼈에 붙어 있으므로 복장뼈에는 간접적으로 연결되어 있다. 11~12번 갈비뼈는 복장뼈에 전혀 결합되어 있지 않아서 뜬갈비뼈(부유륵, floating rib)라 부른다.

갈비뼈, 복장뼈, 척주는 심장, 허파, 그 외의 구조를 둘러싸고 보호하는 가슴우리(rib cage)를 형성한다. 이들은 또한 호흡을 도와주기도 하는데, 왜냐하면 갈비뼈 사이의 근육들이 갈비뼈를 약간 들어 올려 가슴안을 확장시키고 허파를 부풀어 오르게 하기 때문이다. 복장뼈의 바닥은 호흡에 중요한 역할을 하는 횡격막에 연결되어 있다(10단원 참조).

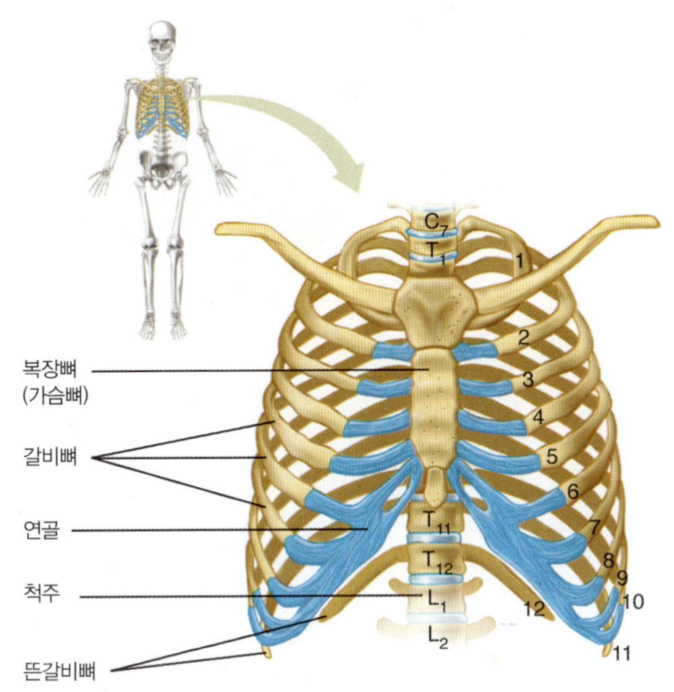

그림 5.9 갈비뼈. 12쌍의 갈비뼈가 등뼈에 부착된 순서에 따라 번호를 붙였다. 처음 7쌍만이 복장뼈에 직접 부착한다.

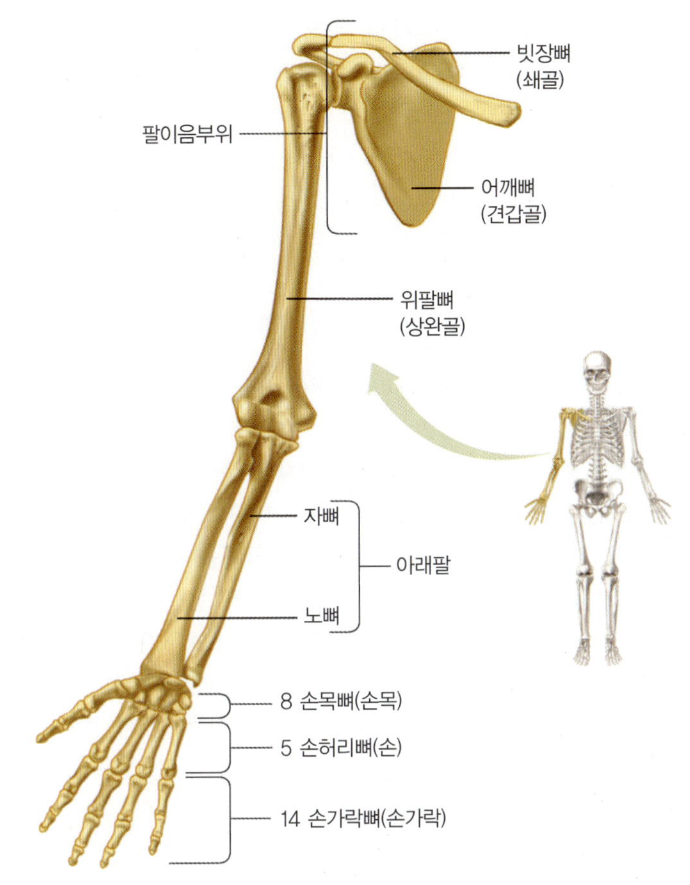

그림 5.10 오른쪽 팔이음부위의 뼈들과 오른팔, 오른손.

요점 정리

머리뼈는 뇌를 보호하며, 척주는 척수를 보호하고 팔다리뼈대를 지지하며, 가슴우리는 가슴안의 기관들을 보호한다. ■

팔다리 골격: 팔이음부위, 다리이음부위, 팔, 다리

몸통 골격에 붙어 있는 몸의 부위를 사지라 부르는데, 이는 매달려 있다는 뜻이다. **팔다리 골격(appendicular skeleton)**에는 팔, 다리, 팔이음부위, 다리이음부위가 포함된다.

팔이음부위는 팔에 유연성을 제공한다 팔이음부위(**pectoral girdle**)는 좌우 1쌍의 **빗장뼈(clavicle)**와 **어깨뼈(scapula)**로 구성되며, 빗장뼈는 가슴의 윗부분을 가로질러 삼각형 모양의 어깨뼈에 연결된다.

팔과 손은 30개의 뼈로 구성되어 있다(그림 5.10). **위팔뼈(상완골, humerus)**의 위쪽 끝은 어깨뼈의 소켓(socket)에 들어가며, 다른 끝은 팔꿉에서 **자뼈(척골, ulna)**, **노뼈(요골, radius)**와 만난다. 팔꿉을 부딪쳤을 때 짜릿한 적이 있다면 왜 이 부위를 "재미있는 뼈(funny bone)"라 부르는지 이해할 텐데, 바로 이곳을 지나는 자신경을 건드린 것이다.

자뼈, 노뼈는 아래쪽에서 손목에 있는 8개의 손목뼈(carpal bone)와 만난다. 5개의 손허리뼈(metacarpal bone)는 손바닥을 이루며, 이는 엄지와 그 외의 손가락을 이루는 14개의 손가락뼈(phalanges)와 만난다.

팔이음부위와 팔은 여러 운동에 적합하게 되어 있다. 이들은 근육이나 힘줄에 의해 몸의 다른 부위에 비교적 느슨하게 연결되어 있어서, 다른 어떤 동물도 따라올 수 없는 움직임이 가능하다. 예를 들어, 우리는 팔을 360도 회전할 수 있는데 이는 몸의 다른 부위에서는 불가능하다. 위팔로는 원을 그릴 수 있으며, 손목과 손가락은 여러 방향으로 구부리거나 회전시킬 수 있다. 특히 엄지손가락을 다른 손가락에 맞닿게 할 수 있는데 이는 연장을 움켜쥐거나 다룰 수 있게 하므로 진화학적으로 의미가 있다.

한편 이런 팔의 유연성은 대가를 치러야 하는데, 왜냐하면 자유롭게 운동할 수 있다는 것은 비교적 불안정하다는 것을 의미하기 때문이다. 예를 들어 손을 짚고 넘어지면 어깨 관절에 탈구가 일어나 빗장뼈가 골절된다. 실제로 이 뼈는 몸에서 가장 골절되기 쉬운 뼈 중의 하나이다.

팔은 여러 운동이 가능하도록 되어 있으나 한 가지 운동만을 반복하면 몸에 해가 되기도 하는데, 예를 들어 같은 일을 반복할 경우 과용스트레스증후군이라 부르는 건강 문제가 발생하기도 한다. 과용된 몸 부위에 따라 여러 종류의 손상이 일어나는데,

그 중 하나가 컴퓨터 자판기를 계속 두드릴 때 오는 **손목터널증후군**(carpal tunnel syndrone)이다. 손목뼈는 한 층의 결합조직 덮개로 덮여 있는데, 손과 손가락으로 가는 혈관, 신경, 힘줄들이 "손목터널"이라는 이 덮개를 통과한다. 손이나 손가락의 과용으로 힘줄이 붓고 염증이 생겨 손으로 가는 신경을 누르게 되면 손이나 손가락에 통증이 오거나 욱신거리고 저리게 된다. 증세가 약한 경우에는 손 움직임을 쉬거나 진통제를 먹으면 괜찮아지기도 하나, 심한 경우에는 압력을 풀어주기 위한 수술을 하기도 한다.

다리이음부위는 몸을 지지한다 골반(**pelvic girdle**)은 2개의 **볼기뼈(coxal bone)**와 척주의 엉치뼈, 꼬리뼈로 구성되어 있다(그림 5.11). 볼기뼈는 뒤에서는 척주의 엉치뼈에 붙어 있고, 앞에서는 두덩결합(치골결합, pubic symphysis)에서 만난다. 볼기뼈의 위 곡선부위를 만져볼 수도 있는데, 이 구조들이 골반을 형성한다.

다리이음부위의 주요 기능은 중력에 대해 몸 윗부분의 무게를 지지하는 것이다. 또한 골반 안의 기관들을 보호하며 다리의 부착점으로 작용한다. 다리이음부위의 구조는 기민함과 안정성 사이에서 대가를 치러야 한다. 즉 다리이음부위-다리는 팔이음부위-팔보다 크기가 크고 몸의 나머지 부위에 좀 더 단단히 결합되어 있으므로 다리는 팔보다 기민함이 떨어진다.

성인 여자의 골반 구조는 남자보다 넓고 깊이는 얕으며 위골반문이 넓은데, 이는 진통과 분만 중 태아의 머리를 쉽게 통과시키기 위한 것이다. 여자의 몸에서 성호르몬이 만들어지는 사춘기에 이런 변화가 나타나기 시작하며, 성호르몬은 골반의 형태를 변화시켜 임신과 출산을 용이하게 한다.

넙다리뼈(대퇴골, femur)는 몸에서 가장 길고 강한 뼈이다. 운동하거나 뛸 때 충격력은 5cm^{2}에 약 2~3톤에 달한다. 뼈 위의 둥근 부위는 볼기뼈의 소켓에 꼭 끼어 있어서 몸의 운동을 효과적으로 지지하는 안정된 관절을 형성한다. 넙다리뼈 아래 부위는 굵은 **정강이뼈(경골, tibia)**와 만나는데, 정강이뼈는 다시 가는 **종아리뼈(비골, fibula)**와 만난다. **무릎뼈**(슬개골, patella)는 무릎관절을 보호하고 안정화시키는 삼각형 모양의 뼈다.

발목에서 정강이뼈와 종아리뼈는 발목과 발꿈치를 구성하는 7개의 발목뼈(tarsal bone)와 만나며 5개의 발허리뼈(metatardal)가 발을 구성하며, 14개의 발가락뼈(phalange)가 있다.

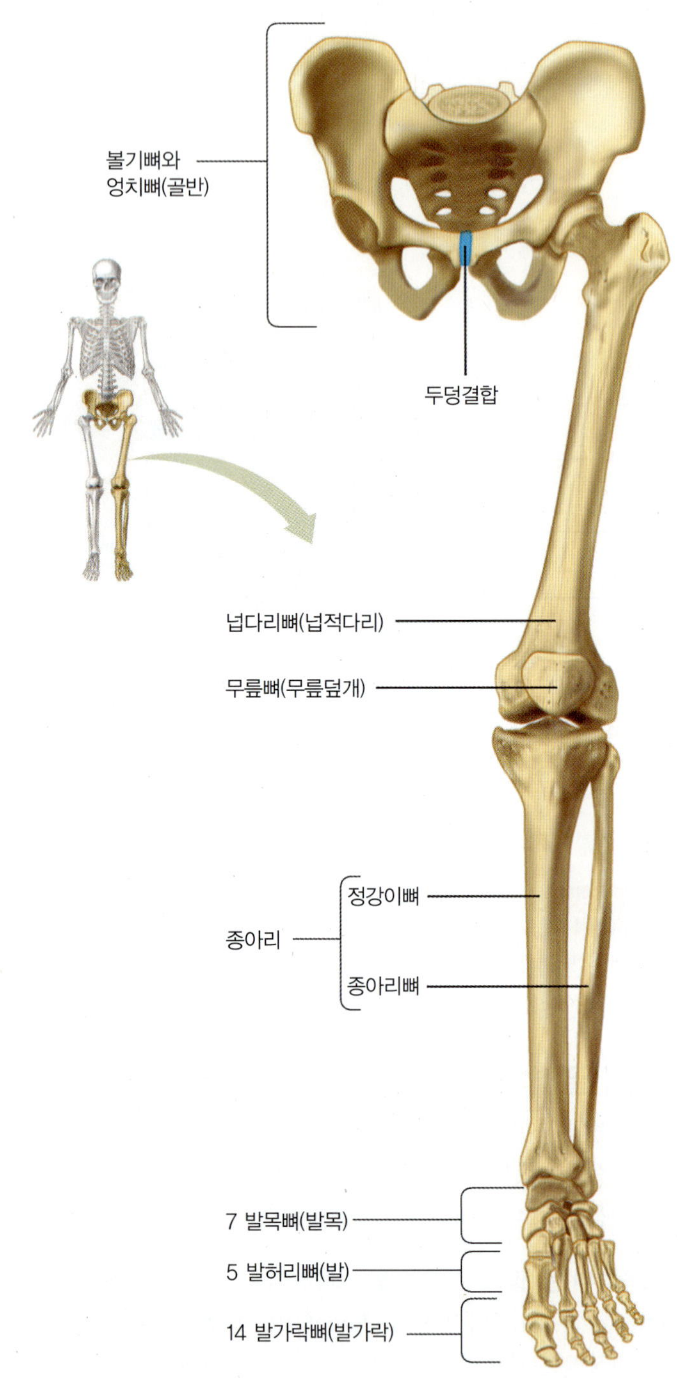

그림 5.11 다리이음뼈, 왼다리, 왼발.

요점 정리

팔이음부위와 팔은 넓은 범위의 정교한 운동을 할 수 있다. 다리이음부위는 몸무게를 지지하며 골반기관을 보호한다. 다리는 팔보다 강하나 기민함은 떨어진다. ■

5.5 관절은 뼈와 뼈를 연결한다

골격을 연결하며 동시에 이들을 자유롭게 움직이게 하는 구조와 조직들 즉 관절, 인대, 힘줄을 살펴보자. **관절(joint)**은 뼈와 뼈가 만나는 점이다. 인대와 힘줄은 관절을 고정시키는 결합조직이다.

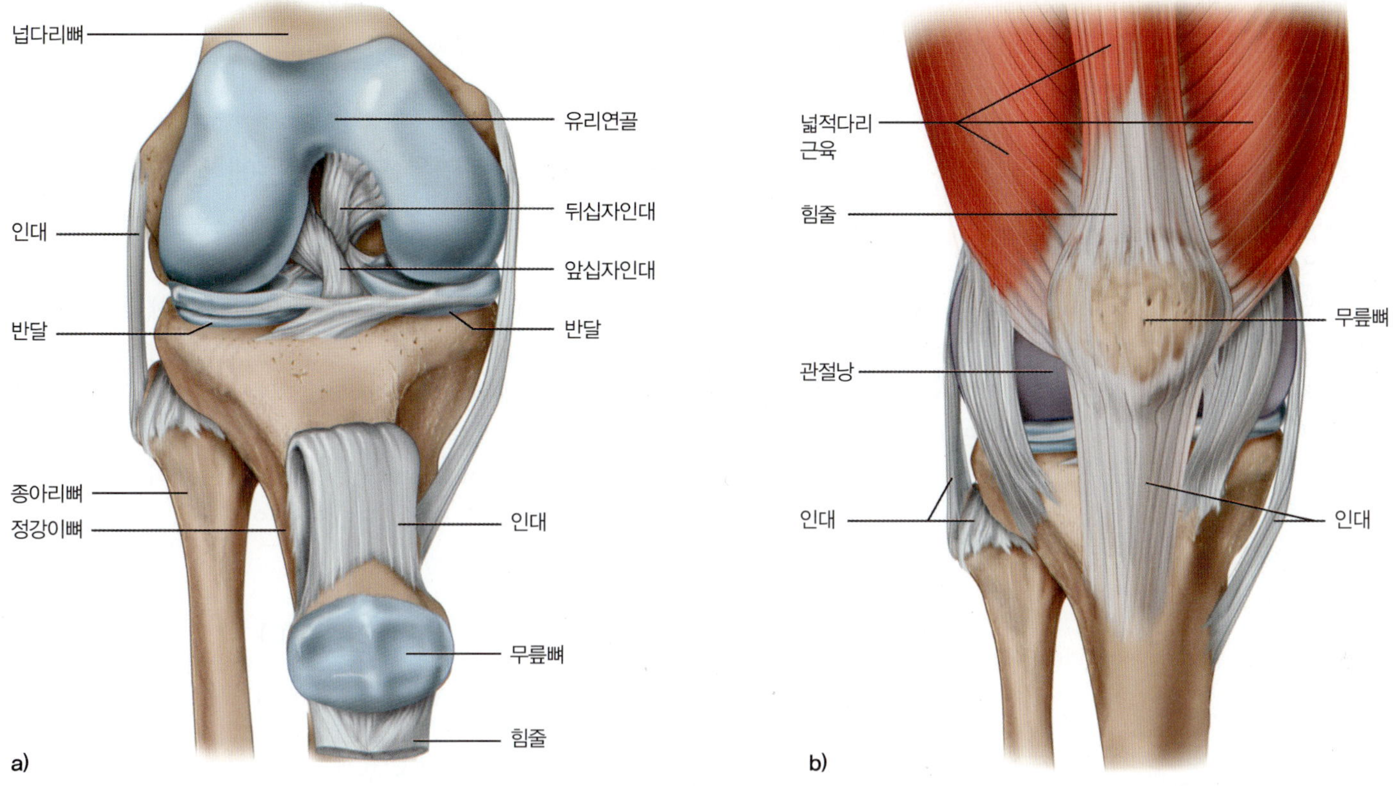

그림 5.12 무릎관절은 경첩 윤활관절이다. **(a)** 오른 무릎의 절단 정면도. 근육, 힘줄이 보이고, 관절낭이 제거되고, 2개의 반달이 보이도록 뼈를 약간 당겼다. **(b)** 건드리지 않은 관절낭을 둘러싸고 있는 정상 위치에서의 무릎의 근육, 힘줄, 인대. 인대, 힘줄, 근육이 함께 무릎을 단단히 감싸고 있다.

관절은 고정된 것부터 자유롭게 움직이는 것까지 다양하다

관절은 고정된 것부터 자유롭게 움직이는 것까지 여러 가지가 있는데, 그 종류에는 섬유관절, 연골관절, 윤활관절이 있다.

섬유관절(fibrous joint)은 움직임이 거의 없다. 태어날 때 아기의 머리뼈에 있는 납작뼈는 섬유결합조직으로 채워진 비교적 큰 공간에 의해 분리되어 있다. 이 부드러운 부위를 **숫구멍(fontanel)**이라 부르는데, 이는 분만 시 엄마의 골반구멍을 안전하게 빠져나올 수 있도록 아기의 머리 구조를 변화시킬 수 있게 한다. 또한 여기에 존재하는 관절은 출생 후 뇌가 자라고 발달할 수 있게 한다. 자라면서 섬유관절은 점점 굳어져서 성인이 되면 얇은 선, 즉 봉합으로 남게 된다. 이 움직이지 않는 관절이 뼈들을 단단히 고정시켜 머리뼈를 안정시키며, 뇌를 보호한다.

연골관절(cartilaginous joint)에서는 유리연골이 뼈들을 결합시키는데, 어느 정도 움직일 수 있는 유연성을 허락한다. 예를 들면 등뼈의 척추사이와 아래갈비뼈를 복장뼈에 연결시키는 곳에 존재한다.

가장 자유롭게 움직이는 관절이 **윤활관절(synovial joint)**인데, 뼈와 뼈 사이에 얇은 액체가 채워진 공간이 존재한다. 두 뼈는 인대에 의해 고정되고 안정된다. 공간 안쪽에는 **윤활막(synovial membrane)**이 있는데 여기서 분비되는 **윤활액(synovial fluid)**이 관절을 움직이게 하고 충격을 흡수한다. 마찰을 줄이기 위해 관절면은 질기고 미끄러운 유리연골로 덮여 있다. 윤활막과 유리연골을 합쳐 **관절낭(joint capsule)**이라 한다.

윤활관절에는 여러 종류가 있는데 첫째, **경첩관절(hinge joint)**은 무릎이나 팔꿉에서 관찰되며 문의 경첩처럼 한 방향으로만 움직일 수 있다. **그림 5.12**는 사람의 무릎관절을 나타내는데 이는 수백 kg의 힘을 견딜 정도로 강하면서 한 방향으로는 자유롭게 움직일 수 있는 유연성도 가지고 있다. 마찰을 줄이기 위해 무릎 양쪽에는 **반달(meniscus)**이라 부르는 연골이 존재한다. 그 외에도 13개의 **윤활주머니(bursae)**가 있어 충격을 흡수한다. 관절 주변은 강한 인대와 힘줄로 싸여 있다. 정강이뼈를 넙다리뼈에 연결해주는 두 개의 **십자인대(cruciate ligaments)**는 좋은 예이다. 앞십자인대는 무릎 옆에서 강한 힘이 가해질 경우에 종종 파열되기도 한다.

둘째는 **절구관절(ball-and-socket joint)**인데 이는 더 큰 움직임을 허락한다. 예를 들면 넙다리뼈와 볼기뼈 사이, 그리고 위팔뼈와 팔이음부위 사이이다(그림 5.10). 이 두 경우 모두 뼈의 둥근 머리 부분이 소켓에 끼워지게 되어 있어서 모든 방향으로의 움직임이 가능하다.

그림 5.13은 경첩관절과 절구관절에 의해 가능한 운동을 보여준다. 팔과 다리를 돌릴 수 있는 것은 어깨관절과 엉덩관절이 절구관절이기 때문이며, 무릎의 경첩관절은 돌릴 수 없다.

윤활관절은 잘 고안되어 있어서 매일매일 수년간 사용해도 닳는 일 없이 상당한 움직임을 견뎌내는데, 이는 주위에 있는 인대, 힘줄, 근육 때문에 가능하다. 이미 관찰한 것처럼 윤활관절의 뼈들은 인대에 의해 단단히 붙어 있고, **힘줄(tendon)**에 의해 다시 안정된다. 인대와 힘줄에서 콜라겐은 수평 배열되어 있어서 꼬여진 감겨진 나일론 줄처럼 강함과 유연성을 모두 갖게 된다. 근 수축이 힘줄의 긴장도를 증가시켜 관절을 좀 더 조이고 강하게 한다. ("스스로 해보기" 참조)

요점 정리

관절은 뼈들이 만나는 점이다. 섬유관절은 성인에서 움직임이 없으며, 연골관절은 약간의 움직임을, 윤활관절은 활발한 움직임을 제공한다. 윤활관절은 인대에 의해 고정되며, 윤활액으로 부드럽게 된다. 즉 관절의 구조에 따라 움직임의 종류가 결정된다. ■

5.6 골격계의 질병과 장애

앞에서 골절이나 손목터널증후군과 같은 건강관련 문제를 다루었는데, 몇 가지를 더 언급하고자 한다.

삠은 인대 손상을 의미한다

삐었다는 것(sprain)은 인대가 늘어났거나 찢어진 경우이다. 대개 내출혈이 일어나 멍들고 붓고 통증이 동반된다. 가장 흔한 경우는 발목이 삐는 경우이다. 인대 안에는 세포도 적고 혈관 공급도 적어 회복하는데 오랜 시간이 걸린다. 단지 인대가 늘어난 경우에는 스스로 회복되나 큰 인대가 완전히 찢어진 경우에는 스스로 낫지 않으므로 수술해야 한다. 때때로 힘줄을 사용하거나 다른 인대로 대치시켜 관절을 안정시킨다. 무릎인대가 찢어진 경우가 가장 심각한데, 왜냐하면 무릎관절이 영구히 불안정해지거나 다시 손상받기 쉬운 상태가 되기 때문이다.

점액낭염이나 건염은 염증 때문에 생긴다

점액낭염(bursitis)이나 건염(tendinitis)은 윤활주머니나 힘줄에 염증이 생긴 경우인데(염증은 9단원에서 다룬다) 그 원인은 힘줄이 찢어지거나 관절에 타격이 가해진 경우, 또는 세균 감염이 있는 경우이다. 인대와 마찬가지로 힘줄이나 윤활주머니 내의 조직들도 혈관이 적어 쉽게 낫지 않는다. 처음 24시간은 냉찜질 그 다음은 온찜질하며, 다친 부위를 움직이지 말고 진통제를 복용해야 한다. "테니스 엘보우(tennis elbow)"는 바로 윤활주머니나 힘줄에 염증이 생긴 경우이다. 그 밖에 무릎, 어깨, 아킬레스건에도 종종 염증이 생길 수 있다.

관절염은 관절에 생긴 염증이다

관절은 높은 압력에 노출되며, 마찰에 의해 손상되기 쉽다. 관절염(arthritis)은 관절에 생긴 염증인데, 그 중 가장 흔한 것이 **골관절염(osteoarthritis)**으로 45세 이후의 미국인 약 2,000만 명 정도가 겪는 질병이다. 골관절염은 뼈를 둘러싼 연골이 닳아 없어져 뼈가 딱딱해지고 돌출되어 관절 운동이 점점 제한되는 경우이다. 그 결과로 뼈 표면들 사이에 마찰이 증가되어 관절에 염증과 통증이 동반된다. 심하지 않은 경우에는 의사 처방 없이 살 수 있는 진통제를 복용하기도 하지만, 심한 경우에는 수술을 해서 관절을 대체한다. 유리연골의 주 성분인 히알루론산을 주입해도 종종 통증이 완화된다. 관절의 건강한 운동범위를 확보하기 위해 의사들은 규칙적인 운동을 권한다. 또한 관절염을 완화시키기 위한 새로운 약이 계속 개발 중이다.

관절염과 구별해야 할 것이 **류마티스성 관절염(rheumatoid arthritis)**인데, 이는 자가 면역에 의해 본인의 관절 조직이 공격을 받는 경우로 9단원에서 자세히 공부할 예정이다.

스스로 해보기

관절 고정시키기

인대, 힘줄, 근육이 관절을 고정시킨다는 것을 경험하기 위해, 간단한 실험을 해보자. 높이가 낮은 의자에 앉아 다리를 쭉 뻗어 발꿈치를 마룻바닥에 닿게 하고 근육들을 쭉 편다. 손으로 부드럽게 무릎뼈를 이리저리 돌려보며 이 뼈가 얼마나 제 위치에서 벗어날 수 있는지 느껴본다. 그 다음, 같은 위치에서 넓적다리 근육들을 긴장시킨 다음 무릎뼈를 돌릴 경우 무릎뼈가 움직이는가?

무릎뼈는 인대에 의해 정강이뼈에 붙어 있고, 힘줄에 의해 넓적다리 근육들에 붙어 있다. 넓적다리 근육을 긴장시킬 경우에는 근 수축이 힘줄과 인대를 긴장시키므로 무릎뼈는 제 위치에 고정된다. 무릎뼈 바로 밑에 손을 대보면 넓적다리 근육의 수축, 이완에 따른 무릎인대의 변화를 느낄 수 있다.

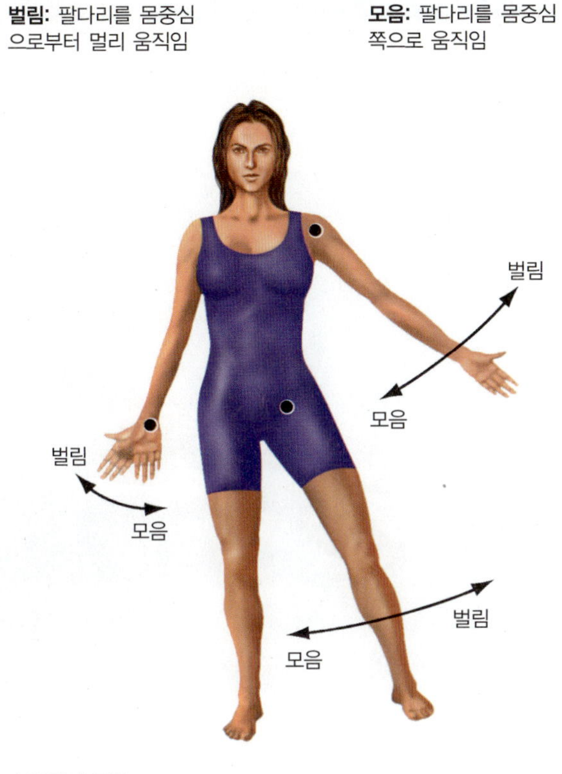

a) 벌림과 모음

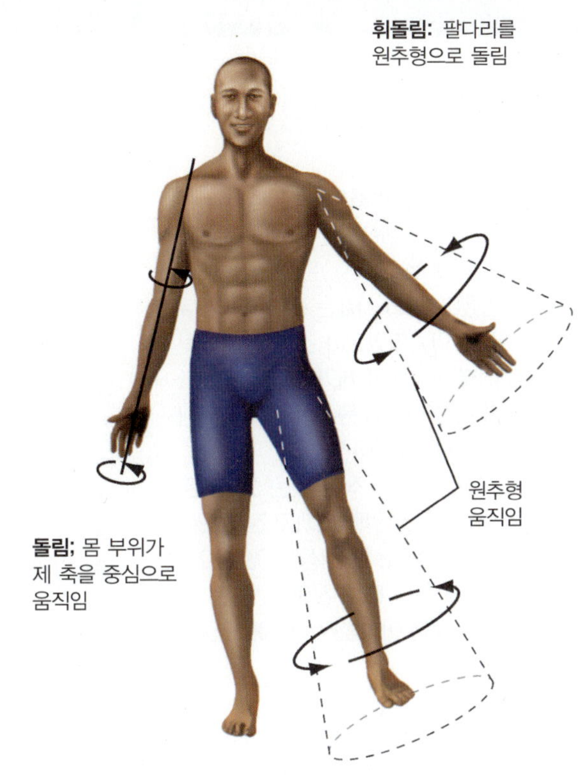

b) 돌림과 휘돌림

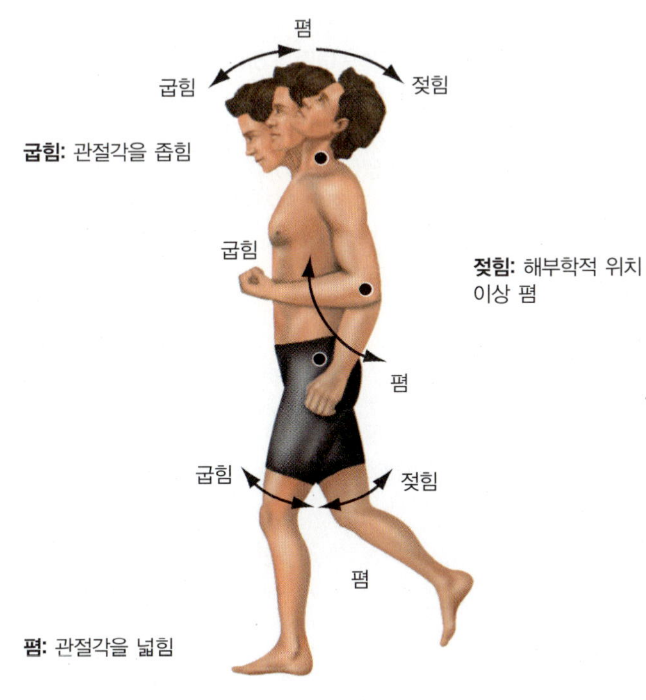

c) 굽힘, 폄, 젖힘

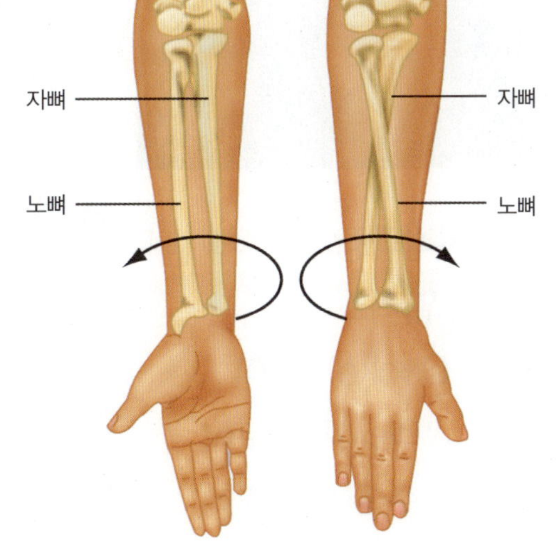

d) 뒤침과 엎침

그림 5.13 윤활관절에 의해 가능한 운동의 종류.

사람 뼈의 암시장

공영방송(PBS) 연재물이었던 명작극장(Masterpiece Theatre)의 유명한 사회자였던 앨리스테어 쿡(Alistair Cooke)은 2004년 95세를 일기로 사망했다. 그의 시체는 소각하려고 뉴욕시 장의 시설에 안치되었으나 소각되기 전 뒷방에서 몰래 해부되어 뼈가 제거되었다. 전문가들은 그의 뼈가 조직 이식을 원하는 환자를 위해 거금에 팔렸을 것이라고 주장하였다.

시신 기증 의사를 밝힌 적이 없는 가족들은 장례식 후 경찰이 소식을 알릴 때까지 전혀 모르고 있다가 모두 경악했다. 더 이상한 것은 그는 폐암으로 죽었는데 암이 뼈로 전이되었다는 사실이다. 그렇다면 뼈를 이식받은 사람에게 암이 전이될 수 있을까?

오랫동안 명작극장의 사회자였던 앨리스테어 쿡(Alistair Cooke). 쿡이 사망한 뒤 그의 시체로부터 불법적인 뼈 추출이 은밀히 이루어졌다.

죽은 사람 신체: 합법적인 큰 사업

동종이식(allograft) 과정, 즉 사람 시체로부터의 조직을 다른 사람에게 이식시키는 것이 큰 사업이 되었다. 대부분의 경우 긴박한 의학적 요구를 충족시키는 합법적 사업이다. 지난 수십 년 동안 발달하여 이제는 조직을 회수하여 이식시키는 방법들이 크게 향상되었다. 매년 10~15%씩 성장하여 이제는 연 1조 원 정도의 큰 사업이 되었다. 회수된 뼈는 골절된 뼈를 치료하기 위해 사용하거나 암에 걸린 뼈를 대체시키기 위해 사용한다. 뼈침(bone pin)이나 간뼈(ground bone)는 치과 수술에 사용하는데, 예를 들어 뼈풀(bone paste)은 충치의 구멍을 막는데 사용한다. 힘줄과 인대는 운동하다가 손상된 관절 및 조직을 수선하는데 사용하며, 이식된 척추뼈는 허리통증을 완화시키는데 사용하고, 정맥과 심장판막은 심장 수술에 사용한다. 한 사람의 시체에서 회수한 뼈, 힘줄, 정맥, 심장판막은 외과의사, 병원, 수혜자에게는 약 2억 3,000만 원이 넘는 가치가 있다.

미국 연방조직법에 의하면 인체 일부분을 이윤을 위해 사고파는 것은 불법이다. 살아 있는 동안에는 환자 자신에 의해서, 죽은 후에는 가족에 의해서 기증되는 것이 필수이다. 미국에 있는 수백 군데의 합법적 비영리 조직은행이 장기 기증을 받을 수 있다(장기 기증에 대해 더 알고 싶으면 15단원을 참조하시오). 병의 전파를 막기 위해 당국은 어떤 종류의 조직이 회수될 수 있는지, 처리는 어떻게 하는지 엄격한 지침서를 내놓았다. 예를 들면 암의 전염을 막기 위하여 연방 지침서는 암환자로부터의 뼈는 조직이식에 사용할 수 없다고 밝히고 있다. 합법적 조직처리 회사들은 기증된 조직을 받은 다음 HIV 바이러스(AIDS 유발 바이러스), 매독(성병), 간염 바이러스의 존재 여부를 검사한다. 그 다음 뼈 조직의

기증받은 뼈는 깨끗이 세척하여, 얼린 다음 조직처리 회사로 보내진다.

사실은....

- 신체 일부를 이윤을 위해 사고파는 것은 불법이다. 환자 또는 가족들만이 비영리 조직은행에 신체 일부를 기증할 수 있다.
- 합법적으로 기증된 조직은 점검, 멸균, 가공 처리된 후 긴급한 환자들에게 이식된다.
- 일 년에 기증되는 시체의 수는 약 22,000건이 되지만 이것으로 합법적인 인체 조직 수요를 채우기는 역부족이다.
- 수요/공급 불균형의 결과, 사설 장의사에서 시체를 도려내어 미국과 캐나다 전역에 걸친 알 수 없는 병원들로 팔려나가는 일이 발생한다.
- 조직 암시장에서는 의학적 검사와 안전기준이 전혀 지켜지지 않으므로, 환자의 일부는 암이나 그 밖의 전염병으로 죽은 사람으로부터 조직을 이식받기도 한다.

경우 칩이나 판과 같은 형태로 변화시키고 멸균시켜 전 세계의 병원과 외과의사에게 보내져 매년 60만 건 이상의 외과 수술에 쓰이고, 그 결과 수천 명의 환자들이 혜택을 본다.

불법 신체 조직이 공급 경로에 들어갈 수 있다

불행히도 일 년에 약 22,000건의 시체 기증이 이루어지는데 이는 점점 증가하는 수요를 충족시키기에는 턱없이 부족한 수이다. 앨리스테어 쿡의 경우는 인체조직 암시장의 존재를 보여주는 단지 한 예일 뿐이다. 뉴욕 검찰은 구강외과의사 자격증을 박탈당한 마이클 마스트로마리노(Michael Mastromarino)가 한 브루클린 장의사 시설에서 비밀 수술실로 시체를 옮기는 일을 주선하고 공범자들과 함께, 시체 매장 또는 화장 전 시체의 일부를 도려내는 일을 한 혐의로 그를 기소하였다. 이들은 장의사에게는 시체 1구당 115만 원을 지불하고 회수한 조직을 800만 원에 팔아 넘겼다. 종종 사망일자와 원인까지도 속였다. 95세에 암으로 죽은 앨리스테어 쿡을 85세에 심장마비로 죽은 것으로 속였으며, 난소암으로 죽은 43세 여성의 조직을 서류를 위조하여 머리 손상이라고 하고 팔아넘겼다. 경찰 조사 결과 한 할머니 시체의 다리뼈가 PVC 파이프로 대체된 경우도 있었다. 검찰 조사 결과 2001~2005년 사이에 약 1,000구가 넘는 시체가 불법으로 훼손된 사실이 발견되었다.

마이클 마스트로마리노(Michael Mastromarino)는 앨리스테어 쿡과 다른 사람의 시체에서 뼈를 훔친 행위로 유죄 평결을 받았다.

2008년에 공범을 알려주고 죄를 자백하면 형량을 감소시켜주는 유죄답변거래(법률용어)가 이루어지긴 하였으나 그래도 그는 최소 18년은 감옥에서 지내야 하며, 조수는 8년, 장의사들은 그보다 적은 형량을 선고받았다.

환자들은 위험에 빠뜨렸나?

합법적으로 수거되고 처리된 인체 조직은 일반적으로 안전하다. 모든 조직은 멸균처리를 거치므로 병에 걸릴 확률은 낮다. 단 한 명이 무릎 수술에 사용된 연골 때문에 감염되어 죽었고, 한 명의 시체로부터 얻은 조직과 기관 때문에 여러 명이 간염에 걸린 경우가 있긴 하다.

병원으로 이송될 준비가 된, 사람의 뼛조각

조직이식 때문에 암에 걸릴 가능성은 어떠한가? 암에 걸리려면 수술 당시 살아 있는 암세포가 존재해야 한다. 그러므로 가능성이 낮다고 볼 수 있으나, 미국 연방법은 만일의 경우에 대비하여 암환자 조직의 이식을 금하고 있다.

그러나 암시장으로부터 온 조직의 경우 위험 가능성은 훨씬 크다. 앨리스테어 쿡이나 다른 시체로부터 불법 조직이식을 받은 환자들이 결국은 사실을 전해 들었을 것이며, 기증받은 조직의 출처에 대해 전혀 알지 못했던 수천 명의 환자들도 영향을 받았을 것이다. 뉴욕 롱아일랜드의 한 병원에서만 최소 42명의 환자가 HIV 바이러스, 간염, 매독의 위험성에 대해 통지를 받았다.

마스트로마리노 사건은 단독 사건이며 이런 일이 재발하지 않게 안전망이 세워지기를 기대한다. 아직까지는 합법적으로 기준이 서 있지 않은 인체 조직에 대한 사회적 수요가 너무 크다. 합법적 조직처리 기관에 기증된 1구의 시체로부터 수십 명의 환자가 혜택을 볼 수 있다. 이런 불미스러운 일로 장기 기증이 줄어, 합법적으로 혜택을 받을 수 있는 수혜자가 줄어든다면 이는 안타까운 일이다.

생각해볼 문제

1 만일 뼈를 합법적으로 회수했다면, 환자에게 쓰기 위해 이를 변형시켜 뼈 제품을 만드는 것은 괜찮다고 생각하는가?

2 암은 미국인의 전체 사망 원인 중 4분의 1을 차지한다. 연방 정부법이, 암의 종류에 관계없이 무조건 모든 암환자로부터 뼈를 꺼내 사용하는 것을 금하고 있는 것이 타당하다고 생각하는가?

건강 파수꾼

삔 발목 치료

심하게 삔 경우, 의사들은 처음 24시간은 냉찜질하고 그 후에는 온찜질하라고 한다. 이렇게 치료를 바꿔가면서 하는 논리는 무엇일까?

삐면 작은 혈관에 손상이 가서 조직으로 출혈이 일어난다. 삔 경우 통증의 대부분은 출혈과 부종 때문이며 인대 손상 때문은 아니다. 냉찜질은 혈관을 수축시켜 출혈을 막는다. 시간당 30분 또는 90분당 45분 정도의 냉찜질이 처방된다. 즉 전체 시간의 반을 냉찜질하고 그 사이에는 조직 대사를 위해 충분한 혈액이 흐르도록 하는 것이다.

24시간이 지나고 나면 작은 혈관으로부터 출혈이 멈춘다. 손상은 최소화되었고 이제 치유과정을 촉진시키는 일이 남아 있다. 이제 온찜질을 통해 혈관을 이완시켜 충분한 영양분을 공급해 주고, 조직 수선을 담당할 혈액 세포가 오도록 하는 일이 남아 있다.

그림 5.14 **골다공증.** 골다공증의 결과 척주에 압축골절이 자주 일어나면, 척주굽이에 영구적인 변화를 일으킨다.

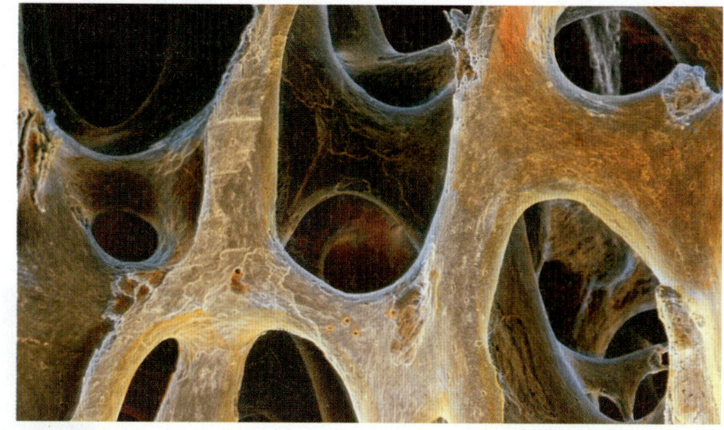

a) 정상 뼈

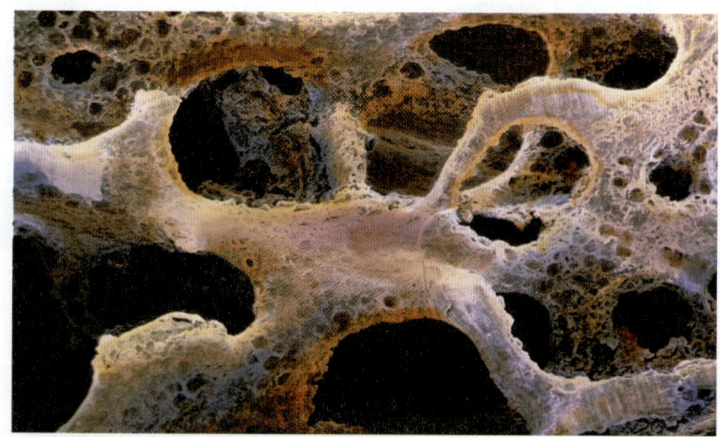

b) 골다공증 뼈

그림 5.15 **골다공증으로 생긴 뼈의 손실.** (a) 정상 뼈의 주사현미경(SEM) 사진. (b) 골다공증 뼈의 주사현미경(SEM) 사진.

골다공증은 뼈조직의 과도한 손실에 의해 생긴다

골다공증은 장기적인 뼈조직의 과도한 손실에 의해 뼈가 약해져 부러지기 쉽게 되는 경우이다. 등이 굽고(그림 5.14) 걷기가 어려우며 등뼈나 볼기뼈가 부러지기 쉽다. 미국인의 주요 질병 중의 하나로, 1,000만 명 이상이 고통을 받고 있으며 매년 150만 명 이상이 노인성 골절을 경험한다.

뼈 손실은 뼈파괴세포에 의한 파괴율과 뼈모세포에 의한 형성률 사이에 불균형이 생겨 일어난다. 약간의 불균형도 수십 년에 걸쳐 일어나면 뼈 밀도와 질량의 감소에 크게 기여한다. 예를 들어 1년에 1%만 잃어도 30년이면 전체의 1/3을 잃고 골다공증에 걸리게 된다(그림 5.15). 따라서 항상성 조절 기작으로 균형을 유지하는 것이 중요하다.

여성은 노인이 되면 폐경기 후 에스트로겐이 감소하여 골다공증이 걸릴 위험이 크게 증가한다. 여성 노인의 경우 아주 흔하나 남성 노인의 경우도 걸릴 수 있는데, 흡연이나 앉아서 생활하는 방식, 칼슘 섭취 부족, 저체중 등이 원인이 된다.

골다공증은 예방이 가능하다. 칼슘과 비타민 D를 충분히 섭취하고 꾸준한 운동을 하면 된다. 칼슘은 뼈조직 형성에 결정적인 역할을 한다. 칼슘의 하루 섭취 권장량은 1,000~1,500mg이며, 폐경 후에는 더 섭취해도 좋다. 남녀 모두 무게를 견디는 운동(걷기)이나 힘 기르기 운동(아령)으로 뼈의 총량을 증가시킬 수 있다.

골다공증을 치료하기 위한 여러 약들이 시판되고 있다. 에스트로겐호르몬, 칼시토닌호르몬, 랄록시펜(raloxifene), 비포스포네이트(biphosphonate) 등은 뼈파괴세포의 뼈 흡수 활동을 막는 약품이다. FDA는 최근 새로운 비포스포네이트인 보니바 주사(Boniva Injection)를 승인하였는데, 3달에 한 번씩 정맥 주사할 수 있다. 부갑상선호르몬 분자의 일부분인 테리파라타이드(teriparatide)는 실제로 뼈모세포의 활동을 자극하는 최초의 골다공증 치료약품이다.

단원 요약

골격계는 결합조직으로 구성되어 있다

- 골격계의 결합조직은 뼈, 인대, 연골이다.
- 뼈는 세포들과 세포밖 물질로 구성된 살아 있는 조직이다.
- 치밀한 섬유 결합조직으로 구성된 인대는 뼈와 뼈를 연결한다.
- 연골은 척추사이원반을 형성하며 뼈들 사이의 접착점에 늘어서 있다.

뼈 발생은 배아에서 시작된다

- 태아 발생 약 2달경에 연골로부터 뼈모형 원기가 형성된다.
- 태아 발생 나머지 기간 동안 그리고 그 후 어린 시절에 걸쳐 뼈모세포라 부르는 뼈 형성세포들이 연골 모형을 뼈로 치환시킨다.
- 긴뼈의 길이 성장은 뼈끝에 있는 성장판을 중심으로 일어난다.

성숙한 뼈에서는 재형성과 수리가 계속된다

- 뼈는 평생 치환된다.
- 뼈는 노출된 힘에 따라 시간이 흐르면 형태가 변화한다.
- 뼈 수리 과정은: (1) 혈종의 형성, (2) 부러진 뼈의 두 끝을 연결하는 섬유연골인 가골(假骨)의 형성, (3) 가골로부터 새 뼈로의 치환이다.

골격은 보호와 지지의 역할을 하며 움직임을 허락한다

- 몸통 골격에는 머리뼈, 척주, 복장뼈, 갈비뼈가 있다.
- 척주에서 섬유연골인 척추사이원반이 충격을 흡수하고 제한된 운동을 가능하게 한다.
- 팔다리 골격에는 팔이음부위, 다리이음부위, 팔, 다리가 포함된다.

관절은 뼈와 뼈를 연결한다

- 뼈를 연결하는 관절에는 섬유관절, 연골관절, 윤활관절이 있다.
- 윤활관절은 마찰 없이 움직이도록 고안되었는데, 늘어선 윤활막과 그 속의 윤활액에 의해 움직임이 가능하다.

골격계의 질병과 장애

- 삐는 것은 인대가 늘어나거나 찢어진 것이며, 점액낭염이나 건염은 윤활주머니나 힘줄에 상해가 가해진 경우 발생한다.
- 관절염은 관절에 생긴 염증을 총괄하여 지칭하는 단어이다.
- 골관절염은 뼈끝의 연골이 닳아 마찰이 증가하는 상태이다.
- 골다공증은 오랜 세월에 걸쳐 뼈의 총량이 감소한 상태이다.

알아야 할 용어

골다공증(osteoporosis)
관절(joint)
몸통 골격(axial skeleton)
뼈(bone)
뼈단위(osteon)
뼈모세포(osteoblast)
뼈세포(osteocyte)
뼈파괴세포(osteoclast)
성장판(growth plate)
연골(cartilage)
연골모세포(chondroblast)
인대(ligament)
중심관, 하버스관(central [Haversian] canal)
척추사이원반(intervertebral disk)
치밀뼈(compact bone)
팔다리 골격(appendicular skeleton)
해면뼈(spongy bone)
힘줄(tendon)

개념 확인 문제

1. 뼈의 기능 5가지를 설명하시오.
2. 적색골수와 황색골수의 기능을 설명하시오.
3. 긴뼈에 있는 2개의 성장판이 어떻게 뼈의 성장을 유도하는지 설명하시오.
4. 수년에 걸쳐 긴뼈의 형태 변화를 유도하는 것은 무엇인지 설명하시오.
5. 뼈 재형성 과정과, 이것이 뼈를 강하게 하기 위한 형태 변화에 어떻게 관여하는지를 설명하시오.
6. 엉치뼈와 꼬리뼈 위의 척주의 3부위의 명칭은 무엇인가?
7. 의료진의 확인이 있을 때까지, 척주에 손상이 있는 환자를 움직여서는 안 되는 이유를 설명하시오.
8. 마찰을 감소시키고, 관절이 빨리 닳아 없어지는 것을 막는 윤활관절의 특징을 설명하시오.
9. 굴곡(flexion)과 신장(extension)을 비교, 설명하시오.
10. 골관절염과 류마티스성 관절염을 비교, 설명하시오.

학습 문제

연결 문제

_____ 1. 뼈와 뼈를 연결하는 결합조직 구조
_____ 2. 긴뼈의 축을 형성하는 뼈의 종류
_____ 3. 혈액 세포를 만드는 뼈의 부위
_____ 4. 젊은 뼈 형성세포
_____ 5. 뼈흡수 세포
_____ 6. 턱의 아랫부분

a. 뼈파괴세포
b. 치밀뼈
c. 인대

d. 아래턱
e. 해면뼈
f. 뼈모세포

빈칸 채우기

7. 뼈는 그 모양에 따라 긴뼈, 짧은 뼈, __________, 불규칙뼈로 나뉜다.
8. 배아 발생 중 연골형성세포인 ___________는(은) 장차 뼈가 될 연골 모형을 만든다.
9. __________골격은 몸의 중심을 이룬다.
10. __________은(는) 다리를 몸통 골격에 연결한다.
11. 뼈의 바깥 면은 __________ (이)라 불리는 한 층의 결합조직으로 덮여 있다.
12. 가장 움직임이 활발한 관절은 __________ 관절이다.

OX 문제

13. 뼈는 평생 길이가 계속 길어진다.
14. 사람의 경우 모두 12쌍의 갈비뼈가 복장뼈에 붙어 있다.
15. 척추와 척추 사이의 관절은 연골관절이다.

참고문헌

Bone Remodeling and Repair. *Science* 289:1497–1514, September 1, 2000. (A series of five articles on this subject.)

Diamond, J. Building to Code. *Discover*, May 1993, p. 92. (Why are bones and other body parts as strong as they are?)

Rosen, Clifford J. Restoring Aging Bones. *Scientific American*, March 2003, pp. 70–77. (An article about how a better understanding of the molecular basis of bone deposition and loss is leading to improved treatment options for osteoporosis.)

Shipman, P., A. Walker, and D. Bichell. *The Human Skeleton*. Cambridge, MA: Harvard University Press, 1985. (Photographs, fine line drawings, and good written commentary about bones and the human skeleton.)

응용 문제

1. 운동훈련의 예로 수영과 달리기를 거론할 때, 이들이 근육총량, 뼈총량에 미치는 영향과 이들의 관절 손상 가능성에 대해서 비교, 대조하시오.
2. 성장호르몬이 부족하고 유난히 키가 작은 아이에게 임상적으로 성장호르몬이 투여된다. 그러나 모든 것이 정상이며 유난히 키가 작은 어른의 경우에는 성장호르몬을 투여해도 효과가 없는 이유는 무엇인가?
3. 스포츠 경쟁이 치열해져 점점 어린 나이에 운동을 시작하나, 야구의 커브볼은 너무 어린 나이에 시작하지 않는 것이 좋은 이유는 무엇일까?
4. 봄방학 중 친구와 '사랑의 집짓기운동'에서 봉사하기로 하였고, 망치를 거의 사용한 적이 없는 학생들에게 집의 기둥 만드는 일이 할당되었다. 이들이 방학이 끝나고 학교로 돌아왔으나 팔을 구부릴 때마다 팔꿉에 통증을 느껴 병원에 가니 힘줄에 염증이 있다고 한다. 건염이 무엇인지 그리고 왜 이 상태가 초래되었는지 설명하시오.
5. 졸업을 하고 법의관으로 취직하였는데 부여받은 첫 번째 일은 사막에서 발견된 골격이었다. 병리학자가 뼈를 조사해보더니 성인 남자라고 한다. 병리학자가 뼈만 보고 어떻게 알았을까? 그 외에 병리학자가 또 알 수 있는 것은 무엇이 있을까?
6. 비만은 이제 어린이에게서도 큰 문제로 대두되었다. 오랫동안 과체중인 사람의 골격계에서 관찰되는 변화는 무엇일까?

학습 문제 해답

1. c **2.** b **3.** e **4.** f **5.** a **6.** d **7.** 납작뼈 **8.** 연골모세포 **9.** 몸통 **10.** 골반 **11.** 뼈막 **12.** 윤활 **13.** X **14.** X **15.** O

6 근육계

1 골격근은 체중의 어느 정도를 차지할까?
a. 70% 이상 b. 30~40% c. 10~15%

2 다음 중 어느 운동이 근육의 총량을 최대로 증가시킬까?
a. 역도 b. 수영 c. 마라톤

3 기관 자체가 거의 전부 근육덩어리인 것은?
a. 간 b. 뇌 c. 심장

4 근육경련을 겪어보았다면 그것이 얼마나 아픈지 알 것이다. 경련의 원인은 무엇일까?
a. 심한 운동 후 탈수 및 이온 불균형 b. 심한 운동 c. 추운 날씨

암벽을 오르는 등산가, 캐나다 밴프 국립공원

근육세포는 몸의 모든 기관과 조직에서 발견되며 운동을 필요로 하는 모든 활동에 관여한다. 모두 합치면, 몸 중량의 거의 반 정도가 근육이다. 제일 눈에 띄는 것이 뼈대에 붙어 힘과 움직임을 제공하는 **골격근**(뼈대근육, skeletal muscle)인데, 이들은 몸의 형태를 만들어 몸에 맵시를 주고 우리의 건강에도 기여한다. 가장 작은 골격근 중에는 안구를 움직이는 것도 있다. 큰 근육 중에는 추울 때 몸을 떨어 몸을 데우는 역할을 하는 것도 있다. 남자 몸무게의 약 40%, 여자의 32%가 골격근이다.

몸에는 골격근 외에도 다른 종류의 근육이 있는데, 심장을 펌프질하는 **심장근육**(심근, cardiac muscle)과, 예를 들어 분만 시 자궁을 강하게 수축시키는 **민무늬근**(평활근, smooth muscle)이 있다. 이 민무늬근은 소화관 내에서 음식물의 이동을 촉진하고, 신장에서 방광으로 오줌을 나르기도 한다. 혈관벽에서의 지속적인 민무늬근 수축은, 세포에 영양분을 공급하기 위한 피의 흐름을 조절한다.

근육이 어떻게 이 모든 일을 할까? 이 단원에서는 근육의 구조, 기능, 그리고 활동이 어떻게 조절되는지를 살펴보고자 한다. 마지막으로 근육 손상과 근육과 관련된 질병에 대해서 알아보고자 한다.

6.1 근육은 운동을 하게 하며, 긴장 상태를 유지하게도 한다

어떤 근육운동은 우리의 의식에 의해 지배되어 이를 **수의**(voluntary)운동이라 한다. 예를 들면 조심스럽게 물건을 들어 올리는 경우이다. 심장을 펌프질하거나 혈관의 근 긴장도를 유지하는 것은 우리의 의식과 관계가 없으므로 **불수의**(involuntary)운동이라 한다.

근육이 운동을 일으키기만 하는 것으로 생각하기 쉬우나, 또 하나의 중요한 기능은 움직임에 저항하는 것이다. 서 있을 때 자세를 유지하는 것이 좋은 예이다. 기절한다는 것은 서 있는 자세를 유지하는 근육에 대한 조절 기능을 상실했다는 것을 의미한다. 혈압이 계속 변화하는데도 혈관의 직경을 일정하게 유지하는 것 또한 근육이 움직임에 저항하는 또 하나의 좋은 예이다. 즉, 근육은 힘을 일으키기도 하지만, 가해지는 힘에 대해 반대 방향으로 같은 크기의 힘을 가해 긴장 상태를 유지를 하기도 한다.

운동, 긴장 상태 유지 외에 근육은 열 발생에 관여하기도 한다. 정상 상태에서, 골격근의 수축 결과 우리 몸 발열량의 4분의 3이 생산된다. 근육에 의한 발열은 체온 유지에 중요한데, 왜냐하면 일반적으로 체온이 주변보다 높기 때문이다. 너무 많은 열을 생산했을 경우에는 체온 조절 기작을 통해 열을 제거한다. 추운 날 밖에 서있을 때 몸이 떨리는 것을 경험했을텐데, 이는 체온 조절 기작이 더 많은 열을 만들어내기 위해 골격근의 수축-이완을 반복시키는 것이다.

근육의 기본 활동은 수축이다

앞에서 언급한 세 종류의 근육세포는 공통적 특징을 갖고 있는데, 첫째 이들은 **흥분성**(excitable)을 가지고 있다. 즉 다른 기관계로부터 오는 화학/전기적 신호에 반응하여 수축한다. 둘째, 근육은 **수축하고**(contract) 나면 **이완한다**(relax). 팔다리 운동, 심장 수축, 혈관 직경 유지 등이 모두 근육에 의해 일어난다.

근육의 종류 중 가장 익숙한 것은 골격근이다. 이 단원에서는 주로 골격근에 대해 다룰 텐데 왜냐하면 이들이 수의운동을 일으키기 때문이다. 심장근육과 민무늬근에 대해서는 뒤에서 간단히 다룰 예정이다.

요점 정리

근육은 운동을 일으키기도, 움직임에 저항하기도, 발열에 관여하기도 한다. 근육조직은 다른 기관계로부터 오는 신호에 대해 반응한다. ■

골격근은 뼈를 움직이게 한다

대부분의 **골격근**(**skeletal muscle**)은 뼈대에 작용하여 뼈를 움직이게 한다. 골격근에 의해 수행되는 운동은, 예를 들어 몸을 떠는 것이든, 바늘에 실을 끼우기든, 역기 들기든, 부동자세든 골격근의 수축-이완에 의해 수행된다. 600개가 넘는 골격근이 존재하는데,

들어가기 질문의 답

1 b. 골격근은 평균적으로 여자 몸무게의 32%, 남자 몸무게의 40%를 차지한다. 여자가 남자보다 근육 총량은 적으나 세포 수준에서 볼 때 남녀 근육의 구조는 같다.

2 a. 역도와 같은 근육강화훈련은 근육세포를 크게 하고, 근육 총량도 증가시킨다.

3 c. 심장은 거의 전부 심장근육으로 구성되어 있는데, 구조적으로 골격근과 차이가 있다.

4 a. 심한 운동 후의 근육경련은 탈수 및 이온 불균형(특히 포타슘 이온)에 기인한다. 이 단원에서는 근육 수축과 이완 과정을 배운다.

이들은 쌍이나 그룹으로 조직되어 있다. 한 운동을 하기 위하여 같이 작용하는 근육들을 협동근(synergistic muscle)이라고 하며, 서로 반대되는 역할을 하는 근육을 대항근(antagonistic muscle)이라고 한다.

대부분의 골격근은 힘줄에 의해 뼈에 붙어 있으나(그림 6.1a), 어떤 경우는 다른 근육에 붙어 있거나, 피부에 붙어 있는 것도 있다(미소 짓기와 같은 얼굴 표정근의 경우). 각 근육은 뼈대에 붙어, 뼈와 뼈 사이의 아주 특정 운동에 관여한다. 뼈대는 복잡한 지렛대 세트로서 골격근의 수축-이완에 의해 여러 방향으로 움직인다. 골격근의 한쪽 끝, 즉 **이는곳(기시점, origin)**은 비교적 고정되어 있는 뼈에 붙어 있고, 다른 쪽 끝, 즉 **닿는곳(부착점, insertion)**은 관절을 지나 다른 쪽 뼈에 붙어 있다. 근육이 수축하면 닿는곳은 이는곳 쪽으로 당겨진다. 이는곳은 몸의 중앙에 가깝고, 닿는곳은 중앙에서 더 멀리 떨어져 있다.

그림 6.1b는 위팔에 있는 대항근인 두갈래근(이두근, biceps)과 세갈래근(삼두근, triceps)이 팔을 구부리거나 펴기 위해 서로 반대 작용을 하는 것을 보여준다. 세갈래근이 이완하면 두갈래근이 수축하고, 아래팔을 당겨 구부릴 수 있게 된다. 반대로 두갈래근이 이완하고 세갈래근이 수축하면 아래팔을 펼 수 있다.

수백 개의 근육이 각각 신경에 의해서 조절을 받고, 하나씩 또는 그룹으로 작용하여 사람이 할 수 있는 모든 행동을 가능하게 한다. 그림 6.2는 몸의 주요 근육과 그들의 작용을 나타낸다.

요점 정리

근육이 수축하면 닿는곳은 이는곳 쪽으로 당겨진다. ■

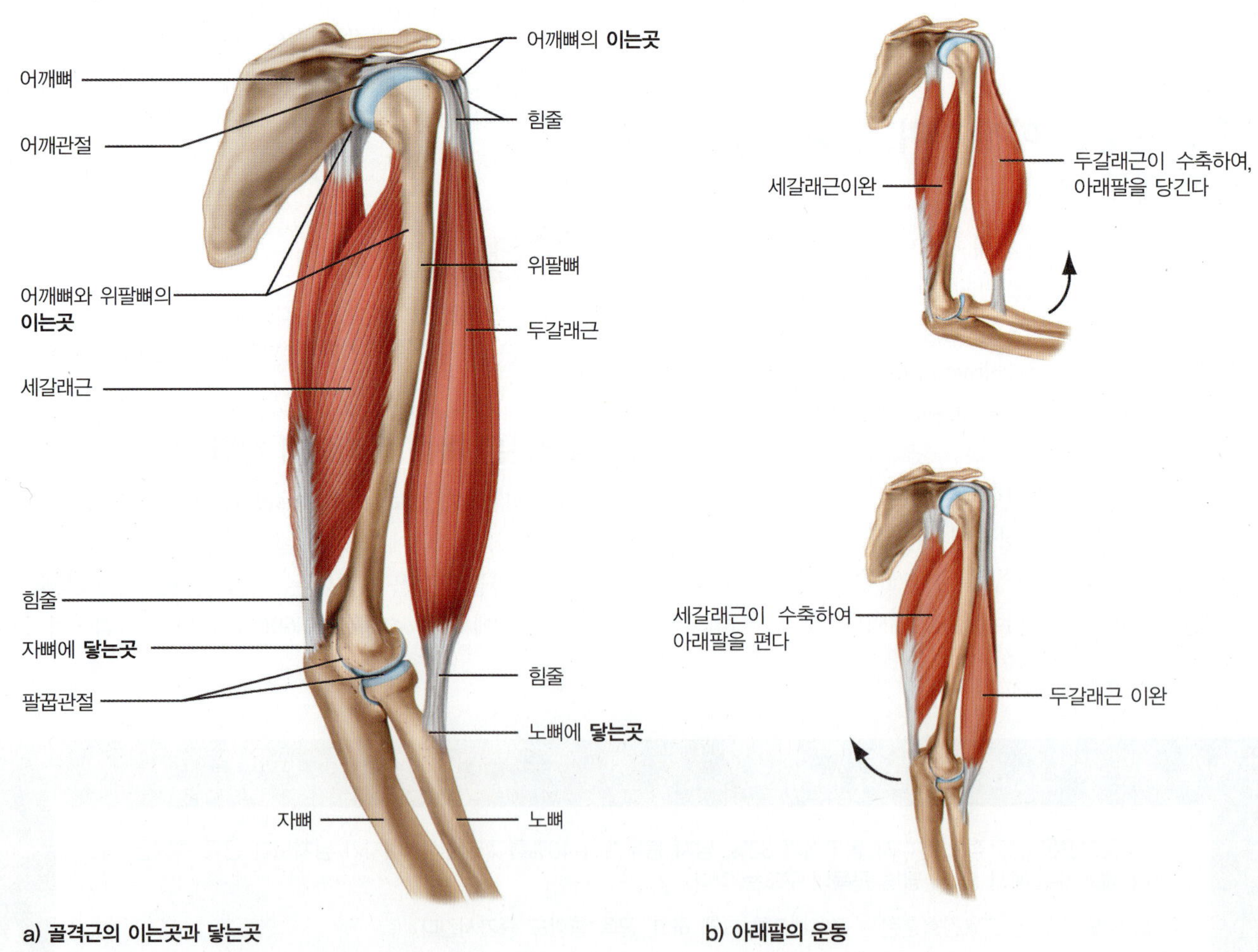

그림 6.1 **뼈의 움직임.** (a) 근육이 정지된 뼈에 붙어 있는 점을 이는곳이라 하고, 움직이는 뼈에 붙어 있는 점을 닿는곳이라 한다. (b) 대항근은 반대 운동을 일으킨다. 두갈래근이 수축하고 세갈래근이 이완하면, 아래팔은 구부러진다. 두갈래근이 이완하고 세갈래근이 수축하면 아래팔은 펴진다.

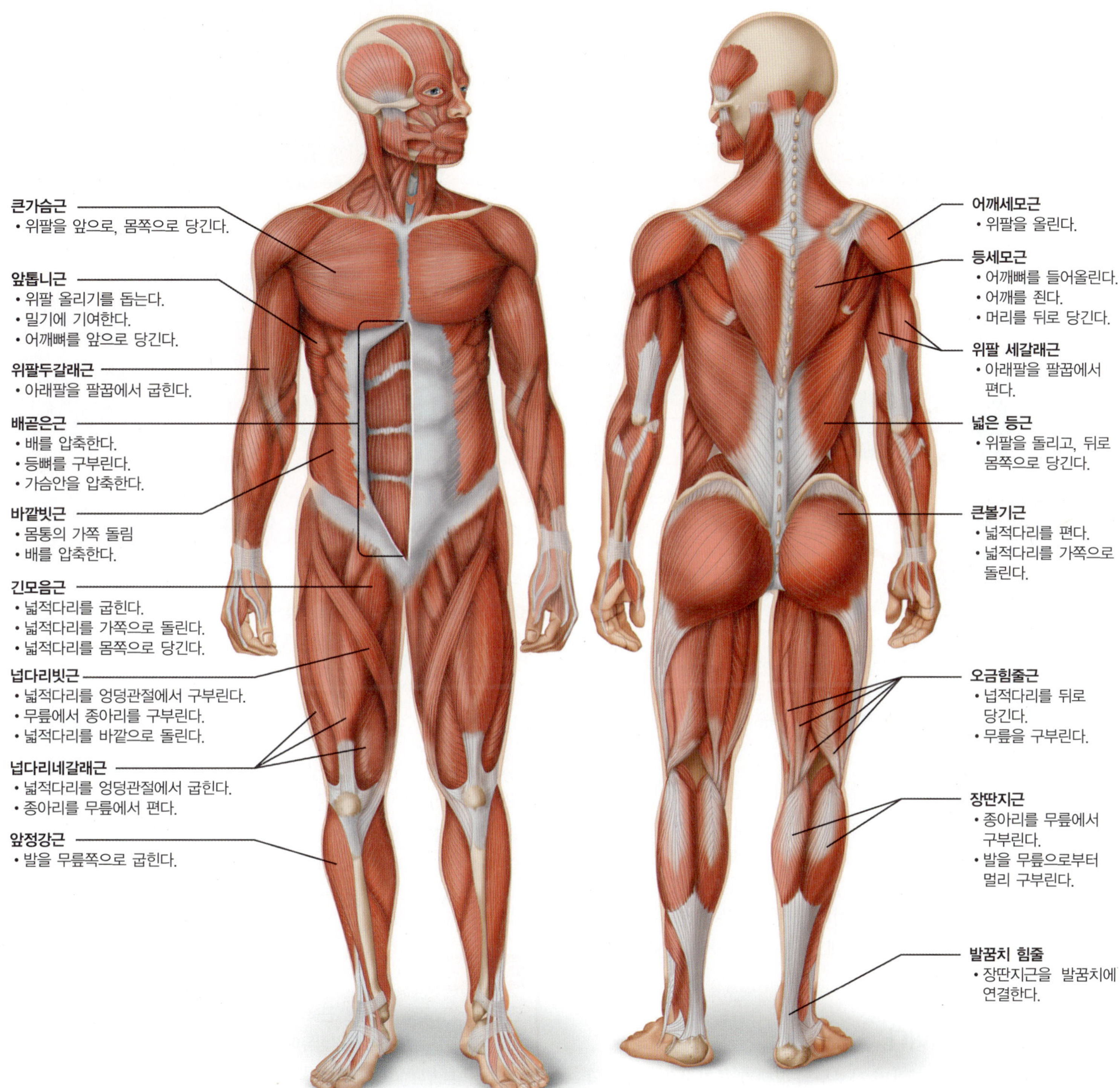

그림 6.2 주요 골격근 그룹과 그들의 작용.

근육은 많은 근육세포로 구성되어 있다

한 개의 **근육**(muscle)은 많은 근육세포로 구성되어 있고, 각 근육세포는 이는곳과 닿는곳이 같으므로 같은 작용을 한다. 단면(그림 6.3)으로 보면 근육은 **근육다발**(fascicles)로 배열되어 있고 각각이 섬유성 결합조직인 **근막**(fascia)으로 덮여 있다. 각각의 근육다발에는 수십에서 수천 개의 근육세포인 **근육섬유**(근섬유, muscle fiber)가 들어 있다. 근육의 맨 바깥 면은 여러 층의 근막으로 덮여 있고, 끝에서는 이 근막들이 합쳐져서 힘줄을 이루어 이것이 근육을 뼈에 부착시킨다.

각각의 근육세포는 관 모양으로 인체의 다른 세포들보다 크고

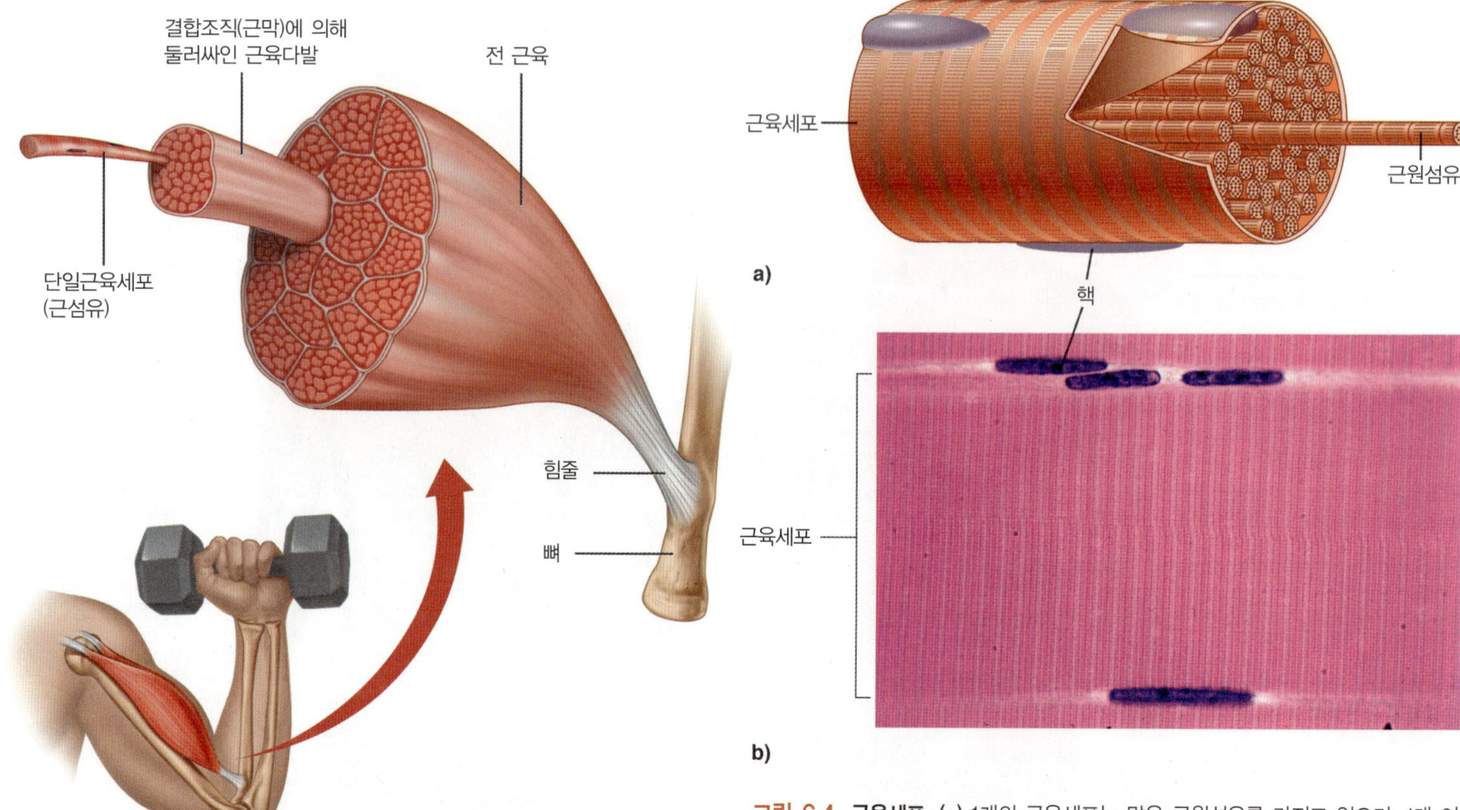

그림 6.3 근육 구조. 근육은 근육다발로 배열되어 있고, 근육다발은 근육세포로 구성되어 있으며 근막이라는 덮개로 싸여 있다. 전체 근육을 둘러싸는 것은 여러 층의 근막이다. 근막이 모여 힘줄이 되며, 이것이 근육을 뼈에 붙인다.

그림 6.4 근육세포. (a) 1개의 근육세포는 많은 근원섬유를 가지고 있으며, 1개 이상의 핵을 갖고 있다. (b) 골격근세포의 일부분 사진(×2,000).

길다. 길이는 1mm부터 30cm까지 다양하다. 근육세포 하나를 자세히 들여다보면(그림 6.4), 각 세포가 1개 이상의 핵을 가지고 있는 것을 볼 수 있다. 핵들은 세포막 바로 밑에 놓여 있는데, 왜냐하면 세포 내부가 평행의 긴 원통형 구조인 **근원섬유(근육원섬유, myofibril)**로 가득 차 있기 때문이다. 근원섬유는 액틴과 미오신이라는 수축단백질로 가득 차 있는데, 이것이 수축하면 근육세포의 길이가 짧아진다.

수축 단위는 근절이다

1개의 근원섬유를 들여다보면 가로무늬 형태가 규칙적으로 반복되어 있다. 여러 형태가 보이나 중요한 것은 Z선(Z-line)이라는 검은 선이다(그림 6.5). 근원섬유 중 Z부터 Z까지를 **근절(근육원섬유마디, sarcomere)**이라 한다. 두갈래근에 있는 1개의 근육세포 속의 1개의 근원섬유에는 10만 개가 넘는 근절이 길이로 이어진 것도 있다. 이 근절들이 동시에 수축하면 근육과 근육세포의 수축이 일어난다. 즉 근육 수축을 이해하려면 1개의 근절이 수축하는 것을 살펴보면 된다.

근절은 두 종류의 단백질 필라멘트로 구성되어 있다. **미오신(myosin)**이라는 단백질로 구성된 굵은 필라멘트가 규칙적 간격을 두고 **액틴(actin)**이라는 가는 단백질 필라멘트 속에 들어 있다. 액틴은 Z선에 붙어 있고, 미오신은 전체가 근절 속에 들어 있으며, 두 개의 다른 액틴 필라멘트 사이에서 늘어난다. 근수축은 이 두 단백질 사이의 상호 작용으로 이루어진다.

요점 정리

근육은 수평으로 배열된 근육세포로 구성되는데, 각 세포는 수많은 근원섬유로 구성된다. 근원섬유에서 수축 단위는 근절이고, 이는 굵은 필라멘트인 미오신과 가는 필라멘트인 액틴으로 구성된다. ■

6.2 각각의 근육세포는 수축하고 이완한다

근수축이 일어날 때, 각각의 근절은 약간씩 짧아진다. 이렇게 하나만 보면 별것 아닌 것 같지만 전체적으로는 강력한 힘을 발휘한다. 골격근 전체의 수축은 이 작은 근절들이 동시에 짧아지는 것에 달려 있다. 골격근의 수축과 이완을 이해하기 위해 알아야 할 네 가지 중요한 점은 다음과 같다.

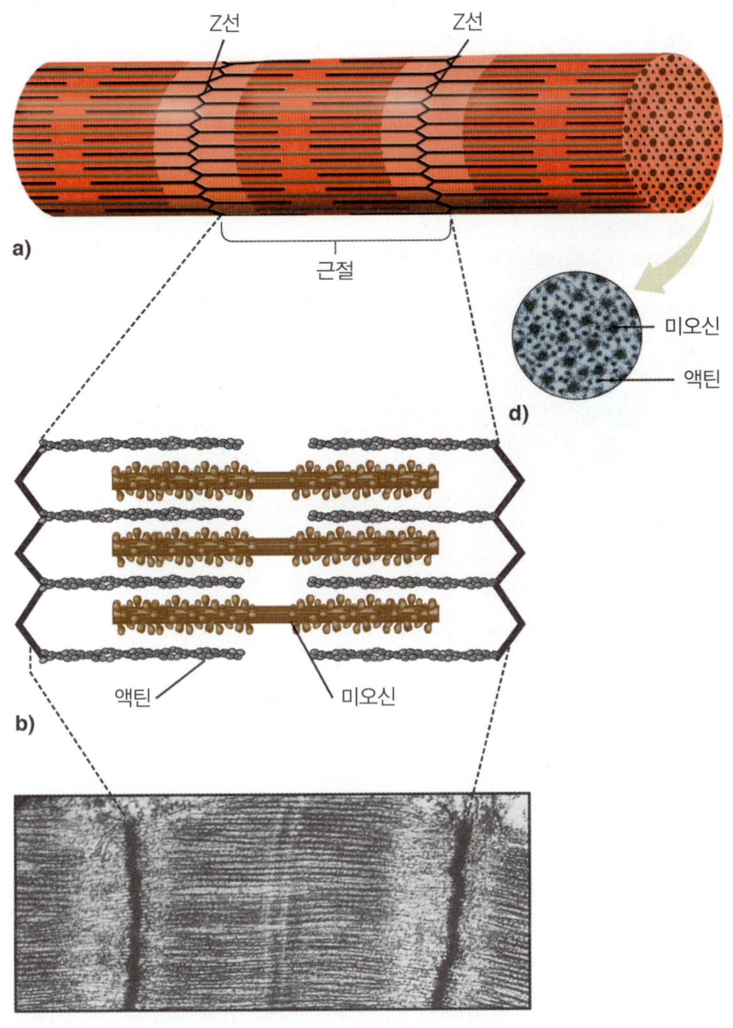

그림 6.5 근원섬유의 구조. (a) 근원섬유의 일부로 Z선에서 끝과 끝이 연결된 근절로 구성된 것을 보여주고 있다. (b) 근절은 Z선에 붙어 있는 액틴이라는 가는 필라멘트와 액틴 분자 사이의 간격을 채우는 미오신이라는 굵은 필라멘트를 포함한다. (c) 근절의 세로축 단면의 전자현미경 사진(×38,000) (d) 근절의 단면도로 액틴과 미오신을 둘 다 포함하고 있는 부분의 전자현미경 사진.

- 골격근 세포는 반드시 신경의 지배를 받아야 한다. 골격근 세포는 스스로 수축하지 않는다.
- 신경 흥분은 수축성 단백질 주변의 칼슘 농도를 증가시킨다.
- 칼슘의 존재가 근육 수축을 유발시키며, 칼슘이 없으면 수축은 일어나지 않는다.
- 신경에 의한 자극이 종료되면 근수축은 멈춘다.

이들 각각에 대해 자세히 살펴보자.

신경은 골격근을 자극한다

골격근 세포는 **운동뉴런(motor neuron)**에 의해 자극을 받으면 수축한다. 운동뉴런은 아세틸콜린(acetylcholine: ACh)을 분비한다. 아세틸콜린은 **신경전달물질(neurotransmitter)**로서, 연결되는 신경이나 근육세포에 흥분 또는 억제 효과를 나타내는데 골격근 세포의 경우는 아세틸콜린이 흥분 작용을 한다.

운동뉴런과 골격근 세포 사이의 연결 부위를 **신경근육연접(neuromuscular junction)**이라 한다. 운동뉴런을 따라 흐르던 전기충격이 신경근육연접에 도달하면 신경말단에서 아세틸콜린이 방출된다(그림 6.6). 이 물질은 확산에 의해 신경과 근육세포 사이의 좁은 공간으로 퍼져, 근육세포막에 있는 수용체에 결합한다. 이 결합의 결과 근육세포막에서 전기충격이 발생되고 이것이 여러 방향으로 퍼져나간다. 또한 T세관(T tubule: T는 transverse, 즉 가로를 뜻함)이라는 세포막의 확장 부위가 이 전기충격을 근육세포 속으로 전달한다. 이 관의 역할은 전기충격을 되도록 빨리 세포 구석구석으로 전달하는 것이다.

요점 정리

운동뉴런은 신경근육연접 부위에서 아세틸콜린을 방출하여 골격근을 자극한다. ■

전기 자극은 칼슘을 방출한다

그림 6.6에서 보듯이 T세관은 세포막에 결합된 방 구조인 **근소포체(sarcoplasmic reticulum)**와 긴밀히 접촉하고 있다. 근소포체는 근원섬유들 때문에 좁은 공간에 갇혀 있느라 모양만 변화되었을 뿐 보통 세포 속의 활면소포체와 같다. 근소포체의 주 기능은 칼슘이온(Ca^{2+})의 저장이다.

근육세포 속에서 전기충격의 전파는 T세관을 거쳐 근소포체로 간다. 전기충격이 도달하면 근소포체로부터 칼슘이온이 방출된다. 칼슘이온이 세포질 속으로 확산되어 들어가서 근원섬유와 접촉하면 일련의 과정에 따라 근육 수축이 일어난다.

칼슘이 필라멘트들의 활주 기작을 일으킨다

필라멘트 활주 기작(sliding filament mechanism)에 의해 굵은 미오신과 가는 액틴 필라멘트가 서로를 지나 미끄러져 들어가면 근절이 짧아지고, 그 결과 근육은 수축한다. 한 개의 근절 속에 든 미오신과 액틴의 구조를 자세히 보면(그림 6.7), 가는 필라멘트는 나선 형태로 서로 꼬인 두 가닥의 액틴 분자로 구성된 것을 알 수 있다. 굵은 필라멘트도 여러 개의 미오신 분자로 구성되어 있다. 미오신 분자는 긴 축과 둥근 머리를 가졌는데, 그 모양이 꼭 골프채와 흡사하다. 축들이 미오신의 주요 부분이며, 여기로부터 머리가 바깥으로 돌출되어 액틴 필라멘트와 거의 닿는 위치에 있다. 그러나 근육이 이완할 때 미오신의 머리는 액틴 필라멘트와 닿지 않는다. 미오신 머리가 액틴 필라멘트와 닿아 둘 사이에 연결다리(cross-bridge)가 형성되면 수축이 일어난다. 연결다리의 형성 결과 머리

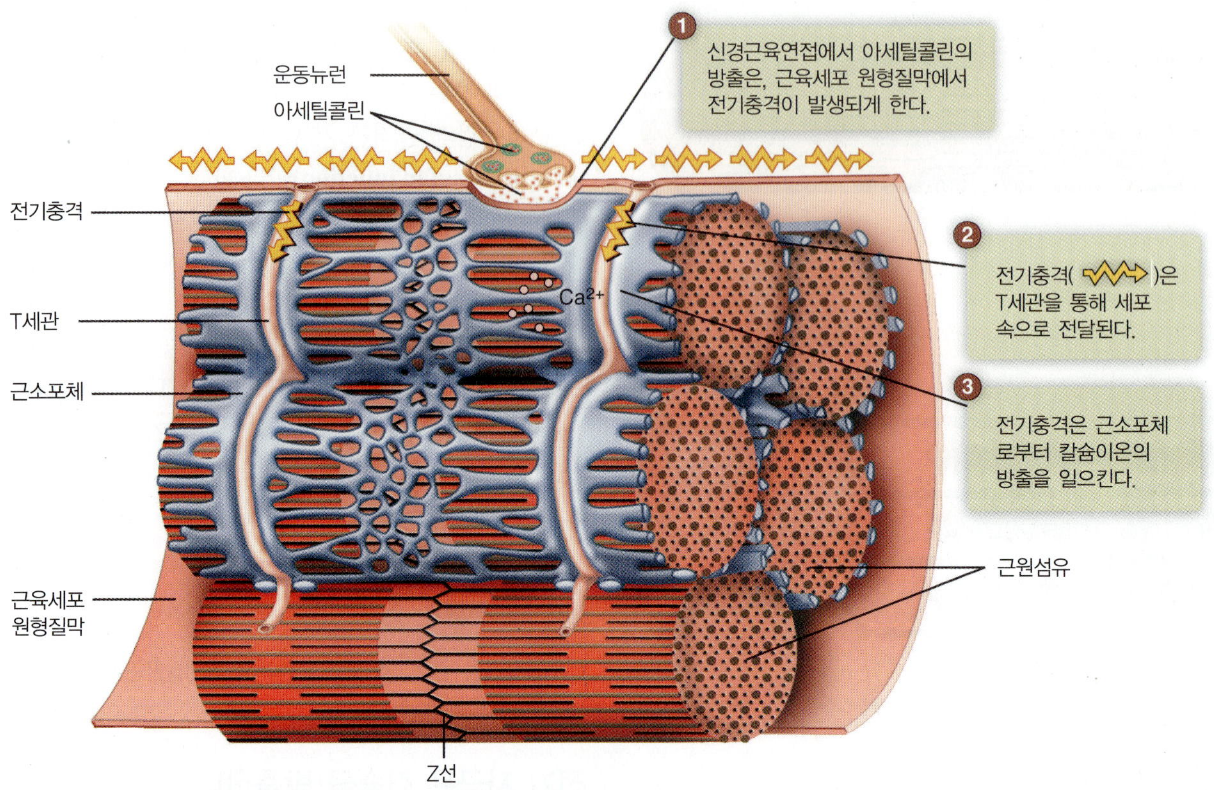

그림 6.6 **신경 자극이 근육세포 내에서의 칼슘 방출로 연결되는 것을 보여주는 그림.**

가 축에 대해 구부러져서 액틴 분자를 근절의 중심으로 끌어당긴다. 연결다리의 형성과 머리의 구부러짐, 즉 수축은 에너지를 필요로 한다.

수축은 처음에 어떻게 시작될까? 다시 말해, 수축이 하루 종일 일어나지 않도록 막아주는 요인은 무엇일까? 답은 칼슘이 존재하지 않으면 수축이 일어나지 않는다는 사실이다. 액틴과 미오신의 확대 그림(그림 6.8)이 그 이유를 설명해준다. 액틴에 결합한 또 다른 단백질에는 트로포닌(troponin)과 트로포미오신(tropomyosin)이

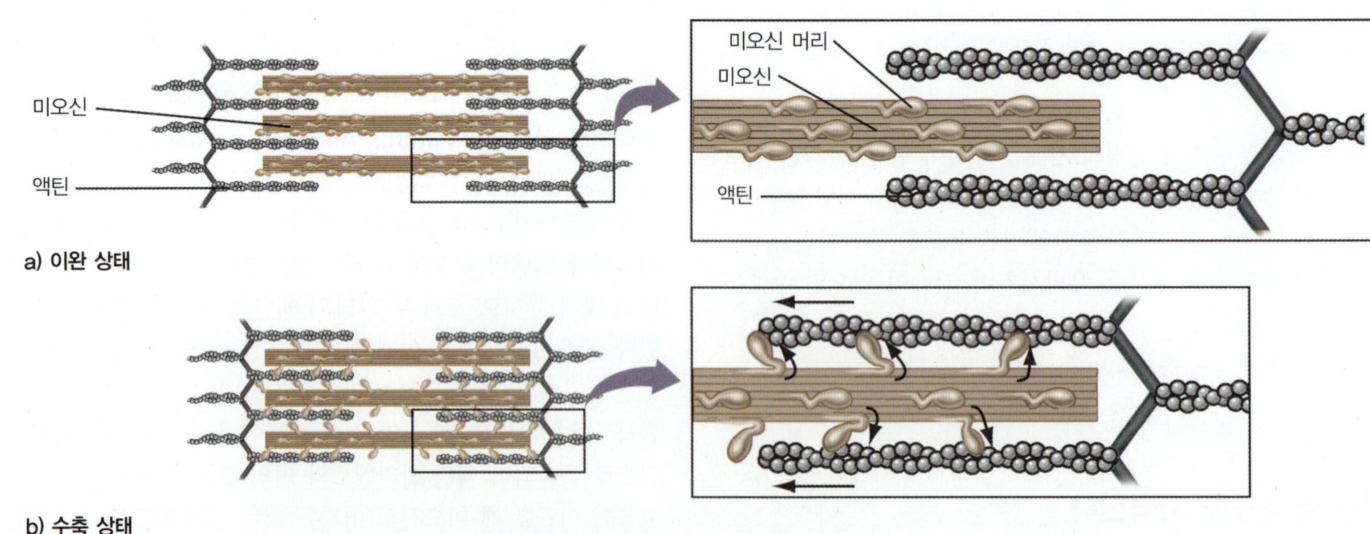

그림 6.7 **필라멘트 활주 기작.** (a) 이완 상태에서 미오신 머리는 액틴과 접촉하지 않는다. (b) 수축 중 미오신 머리는 액틴과 연결다리를 형성하고, 구부러져 액틴 필라멘트를 근절의 중앙 쪽으로 잡아당긴다.

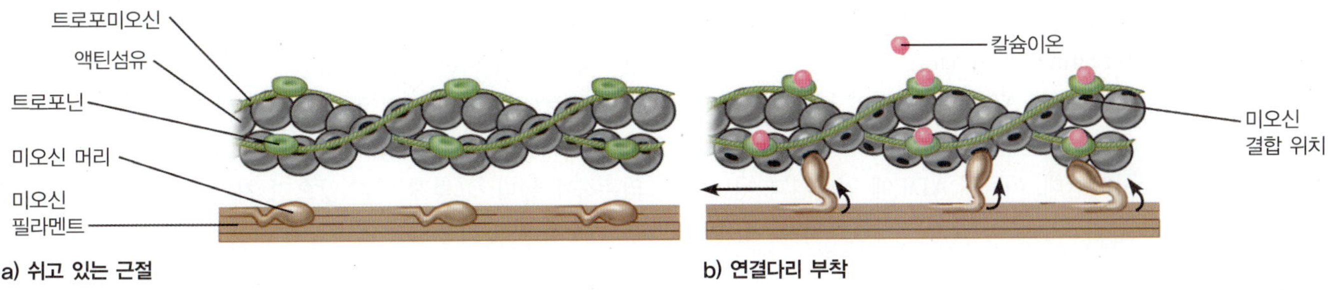

그림 6.8 수축에서 칼슘의 역할. (a) 칼슘이 없으면 미오신 머리가 액틴과 연결다리를 형성할 수 없으므로 근육이 이완된다. (b) 칼슘이 트로포닌과 결합하면 트로포닌-트로포미오신 복합체에 변형이 생겨 연결다리가 형성된다.

있는데, 이 둘을 합쳐 트로포닌-트로포미오신 단백질복합체(troponin-tropomyosin protein complex)라 부른다. 칼슘이 없으면 이 복합체가 액틴에 있는 미오신 결합 부위를 방해한다. 전기충격이 도달한 후 방출된 칼슘이 트로포닌에 붙게 되면 이 복합체의 위치에 변화가 생겨 연결다리의 형성이 가능해진다. 이때 미오신 머리가 액틴과 연결다리를 형성하고 구부러져서 액틴 분자를 근절의 중심 쪽으로 잡아당긴다. 수천 개의 미오신 분자에서 이런 일이 동시에 일어나면, 가는 필라멘트가 굵은 필라멘트 속으로 미끄러져 들어가고, 결국 근절의 길이는 짧아진다. 수십만 개의 근절의 길이가 줄어들면 근육세포의 전체 길이가 줄어들고, 결국 근육의 길이도 줄어든다.

요점 정리

근소포체로부터 칼슘이 방출되어 수축을 일으킨다. 칼슘은 미오신과 액틴 사이에 연결다리가 형성되게 하고, 필라멘트 활주 기작에 의해 근육이 수축한다. ■

신경 자극이 멈추면 수축도 끝난다

신경 자극이 멈추면 근육세포의 이완이 일어난다. 신경 자극이 없으면 칼슘이 더 이상 근소포체에서 방출되지 않는다. 앞선 신경충격에 의해 방출되었던 칼슘은 ATP를 필요로 하는 능동수송에 의해 근소포체 속으로 재흡수된다. 그 결과 근원섬유의 칼슘 농도가 떨어지면 트로포닌-트로포미오신 복합체가 원위치로 환원되고, 미오신 연결다리가 액틴에 결합되는 것이 방해받게 된다. 근절은 수동적으로 원래 휴지기의 길이로 돌아가고, 근육세포는 이완된다.

신경 자극 과정을 방해하는 어떤 요인은 근육의 기능을 방해한다. 중증근무력증(myasthenia gravis)이라는 질병은 면역계가 근육세포막에 있는 아세틸콜린 수용체를 공격하여 파괴하는 병이다. 공격받은 근육은 신경 자극에 아주 약하게 반응하거나 아예 반응하지 못한다. 제일 많이 공격받는 곳이 눈 근육으로 눈꺼풀을 뜰 수 없게 되고, 복시가 나타난다. 얼굴과 목의 근육들도 약해져서 씹기, 삼키기, 말하기가 어려워진다. 신경전달을 촉진하는 약이 이 환자들에게 도움이 될 수 있다.

근육은 수축-이완을 위해 에너지를 필요로 한다

근 수축은 많은 양의 에너지를 필요로 한다. 다른 세포들처럼 근육세포도 ATP를 에너지원으로 한다. 칼슘이 존재하면 미오신이 효소로 작용하여 ATP를 ADP와 무기인산염으로 쪼개는데, 이때 발생된 에너지가 일에 사용된다. 이 에너지가 미오신 머리를 활성화시켜 연결다리를 형성하고 구부러지게 한다. 일단 구부러지고 나면, 또 다른 ATP 분자가 미오신에 결합하여 미오신 머리가 액틴으로부터 떨어지게 한다. 칼슘이 존재하는 한, ATP 분해, 부착, 구부러짐, 탈착 회로는 빠르게 계속하여 반복된다. 결과는 근절의 길이가 짧아지는 것이다.

신경 자극이 끝나는 수축기 말에 ATP 분해로 나온 에너지가 칼슘을 근소포체로 되돌려 보내고 결국 근육 이완이 일어날 수 있게 된다. 그러나 이완이 일어나기 위한 두 번째 필요 단계는 ATP 분자가 미오신에 결합해야만 한다는 것이다. 그래야만 미오신이 액틴으로부터 떨어질 수 있게 된다. 이완을 위한 이 두 번째 단계가 사후강직(라틴어 "rigor mortis", 영어 "rigid death")을, 즉 사후 수 시간에서 수일에 걸쳐 몸이 뻣뻣해지는 것을 설명한다. 죽고 나면 칼슘이 근소포체로부터 빠져나가기 시작해서 근 수축이 일어난다. 근 수축으로 쓸 수 있는 ATP를 다 써버렸지만 죽었기 때문에 ATP를 재충전할 길은 없다. ATP가 없으므로 미오신 머리가 액틴으로부터 떨어질 수 없게 되고, 근육은 수축 상태에 묶여 있게 된다. 결국 사후강직은 근육세포가 부패되기 시작해야 비로소 풀리게 된다.

근육세포는 ATP를 여러 공급원으로부터 얻는다 근육세포는 약

10초 동안 최대 활동을 할 정도의 ATP만을 저장한다. 이것을 다 쓰고 나면, 크레아틴 인산(creatine phosphate), 글리코겐, 포도당, 지방산과 같은 다른 공급원으로부터 ATP를 생산해야 한다.

ATP를 생산하는 중요한 방법은 인산염이 붙은 고에너지 분자인 크레아틴 인산(creatine-P)인데, 이들이 ADP에 인산염과 에너지를 제공하여 즉시 ATP를 만드는데 이 반응은 가역적이다. 근 수축을 위해 ATP가 필요하지 않을 경우 잉여의 ATP는 크레아틴 인산의 상태로 필요할 때까지 저장된다. 최근에 크레아틴 인산 저장(creatine-P loading)이 근육 만들려는 사람이나 단기간 내에 큰 힘을 써야 하는 운동선수들 사이에 흔한 일이 되었다. 크레아틴 인산은 또한 루게릭병(Lou Gehrig' s Disease)이라고 알려진 근위축성 측삭경화증(amyotrophic lateral sclerosis: ALS)에서 근육의 기능을 향상시키는 것으로 보인다.

이전에 있던 ATP와 저장된 크레아틴 인산이 있다 해도 심한 운동을 하면 30~40초 내에 고갈된다. 운동을 더 오래하려면 저장된 글리코겐에 의존해야 한다. 근육세포는 처음 3~4분간의 지속적인 활동을 위해 저장된 글리코겐을 가져다 써야 한다. 글리코겐으로부터 포도당 분자가 떨어져 나오고, 이 포도당의 에너지가 ATP를 합성하는데 쓰인다. 해당작용의 일부는 산소 없이도(이는 무산소성[혐기성] 대사라 부른다) 상당히 빨리 일어날 수 있으나 이때는 포도당 한 분자당 단지 두 개의 ATP 분자만이 만들어지고, 부산물로 젖산이 만들어져서 근육통을 유발시킨다.

가장 효과적인 장기 에너지원은 포도당과 지방산 및 젖산과 같은 고열량 분자의 유산소성(호기성) 대사이다. 유산소성 대사는 미토콘드리아에서 일어나며 산소를 필요로 한다. 심한 운동을 할 때 몇 분이 지나면 호흡이 가빠진다. 호흡이 증가한다는 것은 유산소성 대사가 일어난다는 것을 의미한다. 그러나 유산소성 대사가 시작될 때까지는 세포는 저장된 ATP, 크레아틴 인산, 글리코겐의 무산소성 대사에 의존한다. 역도 선수들은 단기 근육 수축이 필요하므로 주로 저장된 에너지에 의존한다. 마라톤 선수들은 저장된 에너지에 의존하다가 1분도 안되어서 전적으로 유산소성 대사에만 의존하게 된다. 그렇게 되지 않으면 지쳐서 쓰러지게 된다. 표 6.1은 근육에 의해 사용되는 에너지에 대한 요약이다.

운동을 끝냈어도, 심호흡이 오랫동안 계속되는데, 이는 근육이 유산소성 대사로 제공된 것보다 더 많은 ATP를 사용했으므로 이미 진 **산소빚(oxygen debt)**을 갚기 위한 것이다. 유산소성 대사에 의해 ATP가 추가로 만들어지고, 그에 따라 젖산이 축적된다. 운동 후에도 유산소성 과정에 의한 젖산 대사와 에너지 창고 채우기를 위해 산소가 계속 필요한 것이다. 근육 조직이 산소빚을 축적해두고 나중에 되갚는 것은 비록 유산소성 대사가 증가하기 전이라도 근육이 최대속도로 일을 수행할 수 있게 한다. 유산소성 대사의 증가에는 몇 분이 걸리는데, 호흡 증가와 함께 조직으로의 혈류 증가가 필요하기 때문이다.

근육 **피로(fatigue)**란 지속적인 운동에 따른 근육 수행 능력의 저하로 정의되며, 가장 큰 요인은 대사 요구를 충족시킬 충분한 ATP가 없다는 것이다. 그러나 반복적인 일에 대한 불편함과 지루함 같은 심리적 원인에 의해서도 일어날 수 있다.

요점 정리

ATP 분해로부터 나오는 에너지는 수축과 칼슘 수송에 필요하다. ATP는 크레아틴 인산과 근육 내에 저장된 글리코겐의 대사, 피 속의 포도당과 지방산으로부터 생성된다. ■

표 6.1 근육의 에너지원

에너지원	양	사용 시간	설명
저장된 ATP	적은 양만 저장	약 10초	ATP가 유일한 직접적 에너지원이다. 다른 에너지원에 의해 보충되어야 한다.
저장된 크레아틴 인산	저장된 ATP의 3~5배	약 30초	빠르게 ATP로 전환.
저장된 글리코겐	변함; 일부 근육은 다량 저장	처음 3~5분간의 격렬한 운동에 우선 사용	ATP 생산은 산소를 쓸 수 있느냐에 따라 변한다. 무산소성 상태에서 포도당(저장된 글리코겐에서 유래) 1 분자당 2 ATP, 유산소성 상태에서는 36 ATP를 생성한다.
유산소성 대사	저장된 형태의 에너지가 아님; 산소와 영양분(포도당과 지방산)이 혈액에 의해 계속 공급된다.	항상 존재; 운동 시작 수분 내에 혈류와 호흡이 증가할 때 급격히 증가	높은 생산량. 1개의 포도당 분자를 완전히 연소시키면 36 ATP 생산.

6.3 근육활동은 변할 수 있다

근육의 일반적인 기능은 몸 부위를 움직이거나 자세를 유지하는 것이다. 근육이 얼마나 기능을 잘 수행하느냐 하는 것은 뼈가 움직이는지 안 움직이는지, 신경 자극의 정도, 근섬유의 종류, 운동이 근육량과 유산소성 능력을 향상시킨 정도에 따른다.

등장성 대 등척성 수축: 운동 대 정적 자세

대부분의 운동은 두 가지 종류의 근육 수축, 즉 등장성(等張性) 수축과 등척성(等尺性) 수축으로 이루어져 있다.

등장성(isotonic) 수축은 근육이 일정한 힘을 유지하면서 길이가 짧아지는 경우에 일어나며, 그 예로는 물체나 뼈대의 일부를 움직이기 위해 충분한 근력을 발생시키는 경우이다. 뼈대의 일부분이 움직이는 한, 물체의 무게는 중요하지 않아 빈손이든 연필이든 책이든 아니면 50kg 역기이든 관계없다.

등척성(isometric) 수축에서는, 힘이 발생되고 근육 장력이 증가하고 힘줄이 약간 늘어나는 만큼만 근육이 짧아질 수 있으나 뼈와 물건은 움직이지 않는다. 따라서 등척성 수축은 몸의 운동을 일으키지는 않는다. 예를 들면 가만히 앉아 배 근육을 조이거나 들 수 없을 정도의 무거운 역기를 드는 경우로, 이 수축은 뼈대의 안정화를 돕는다. 사실 일어나서 서 있는 상태를 유지하려 할 때마다 등축성 근수축을 하고 있는 것이다. 의심스럽다면, 기절하여 골격근에 대한 통제를 잃을 경우 몸이 얼마나 빨리 쓰러지는지를 상기해 보라. 등척성 수축은 근육을 강화시키는 좋은 방법이다.

신경의 활성화 정도가 힘에 영향을 미친다

단일 근육이 수천 개의 근육세포로 구성되어 있는 경우도 있다. 이 때 근육세포들은 같은 작용을 하는 세포군으로 조직되어 있는데, 이 세포군을 조절하는 것은 1개의 운동뉴런(moter meuron)이다. 1개의 운동 뉴런과 그것에 의해 움직이는 근육세포의 집합체를 **운동단위(motor unit, 그림 6.9)**라 한다. 운동단위는 근 수축의 가장 작은 기능적 단위인데, 1개의 운동뉴런이 자극되면 이 단위 속의 모든 근육세포가 함께 활성화된다.

우리의 힘과 효과적으로 움직일 수 있는 능력은, 우리의 근육이 얼마나 강하게 수축하느냐에 달려 있다. 근육이 수축할 때 만들어 내는 기계적 힘은 **근 장력(muscle tension)**이라 하며 장력의 세기는 세 가지 요소에 기인한다.

- 각 운동단위에 있는 근육세포의 수
- 특정 시간에 활동하고 있는 운동단위의 수
- 운동단위의 자극 빈도

운동단위의 크기는 근육에 따라 다르다. 운동단위당 근육세포의 수는 힘과 미세 조절 사이에서 절충적이다. 즉 운동단위가 크면

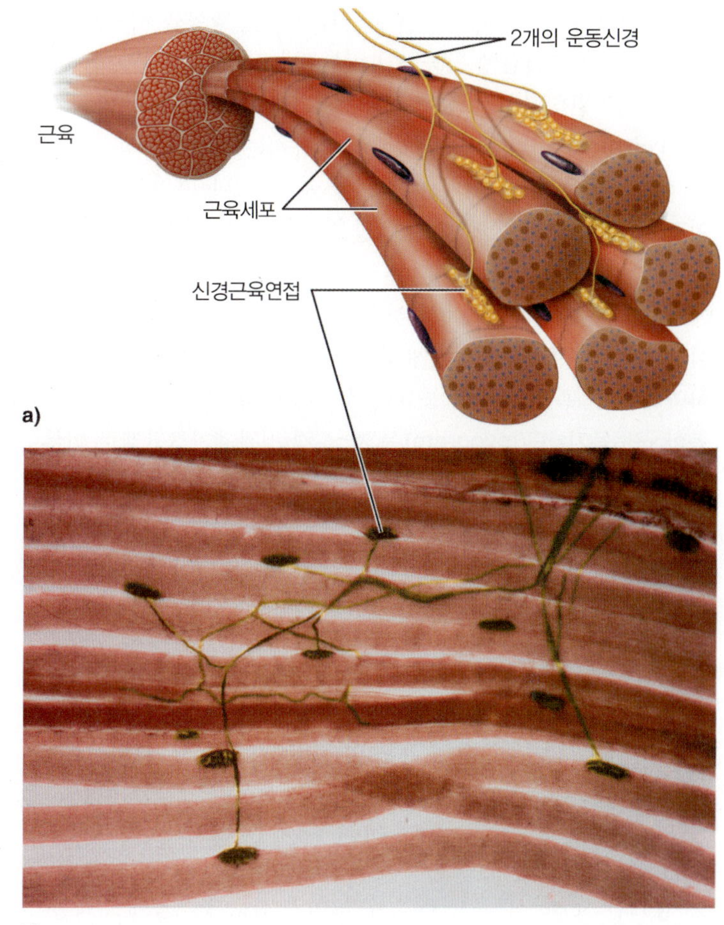

그림 6.9 **운동단위.** (a) 운동단위는 운동뉴런과 그것이 지배하는 근육세포의 집합을 말한다. 1개의 근육세포는 오직 하나의 운동뉴런에 의해 지배를 받으나, 1개의 운동뉴런은 1개 이상의 근육세포를 지배한다. (b) 운동뉴런의 지배를 받는 근육세포들과 신경근육연접을 보여주는 사진(×200).

큰 힘을 낼 수 있으나 미세 조절은 안 된다. 넓적다리 근육은 미세 조절보다 힘이 중요하므로 1개의 운동단위가 1,000개나 되는 근육세포로 되어 있다. 눈 근육에서는 미세 조절이 중요하므로, 단지 10개 정도의 근육세포로 구성되어 있다.

실무율 원리(all-or-none principle)에 따르면 근육세포는 전적으로 운동뉴런의 지배하에 놓여 있으며, 혼자서는 수축할 수 없다. 단일 세포가 대충 수축하는 일은 없으며, 뉴런의 명령에 거역하는 일도 없다. 운동뉴런으로부터의 신경충격, 즉 **활동전위(action potential)**가 있을 때마다 근육은 **경련(twitch)**이라 부르는 한 개의 완전한 수축-이완 회로로 반응한다. 활동전위에 대해서는 11단원에서 좀 더 자세히 배우게 되므로, 지금은 단지 '근 수축을 위한 자극' 정도로 알면 된다.

개별 운동단위가 수축하거나 이완되더라도, 근육 전체는 일반적으로 중간 정도의 힘인 **근육긴장(muscle tone)**을 유지한다. 즉, 특정 순간에 어떤 단위들은 수축하고, 다른 단위들은 이완하기 때

문에 근육긴장이 존재한다. 전체 근육의 힘에 영향을 미치는 두 번째 요소는 특정 시간에 활동하고 있는 운동단위의 수이다. 좀 더 많은 단위를 활성화시켜 장력(힘)의 세기를 증가시키는 것을 **점증(recruitment)**이라 한다. 근육긴장의 유지는 신경계에 의존한다.

힘 발생에 영향을 미치는 세 번째 요소는 운동단위의 자극 빈도이다. 자극 빈도가 힘에 어떤 영향을 미치는지를 이해하기 위하여 근육세포가 운동뉴런에 의해 자극을 받으면 어떤 일이 일어나는지를 살펴야 한다. 실험실에서 사람의 단일 근육세포의 수축을 연구하는 일은 쉽지 않으나, 전체 근육에 대한 연구 결과 자극과 경련 사이의 시간 관계에 관한 중요한 것들이 밝혀졌다. 근육 활동을 기록한 근운동기록도(myogram)는 자극-경련 관계가 3단계로 이루어져 있음을 보여준다(그림 6.10):

1. 잠복기(자극-수축시작 사이의 시간). 신경충격이 근소포체로 이동하여 칼슘이 방출되고 미오신 머리가 액틴섬유에 결합하는 시간이다.
2. 수축(근육의 길이가 짧아지는 시간). 액틴섬유가 근절의 중심 쪽으로 끌리고, 근원섬유의 길이가 짧아진다.
3. 이완(근육이 원래 길이로 돌아감). 칼슘은 근소포체로 되돌아가고, 트로포닌-트로포미오신 복합체도 원위치로 되돌아가고, 근절은 수동적으로 원래 길이로 되돌아간다.

중요한 사실은 근육 경련의 수축/이완 회로가 처음에 수축을 일으킨 자극보다 오래 지속된다는 사실이다. 따라서 근육이 칼슘을 근소포체로 되돌리고 완전히 이완하기 전에 다시 자극이 도달할 경우, 그 결과 형성된 전체 힘은 한 개의 경련에 의해 만들어진 힘보다 커지게 된다. 실제 더 많은 칼슘이 존재하므로 힘이 더 커지게 되는 것이다. 운동단위의 자극 빈도를 증가시켜 근육의 힘을 증가시키는 것을 **가중(summation)**이라고 한다.

그러나 가중에도 한계가 있다. 자극이 너무 자주 오면 근육이 전혀 이완을 할 수 없게 되어 최대 수축 상태인 강직경련(tetanus) 또는 강직수축(tetanic contraction) 상태에 있게 된다. 근운동기록도에서, 강직경련은 각 경련의 높낮이가 합해져서 수평선을 그리게 된다. 강직수축은 근육 피로로 귀결된다.

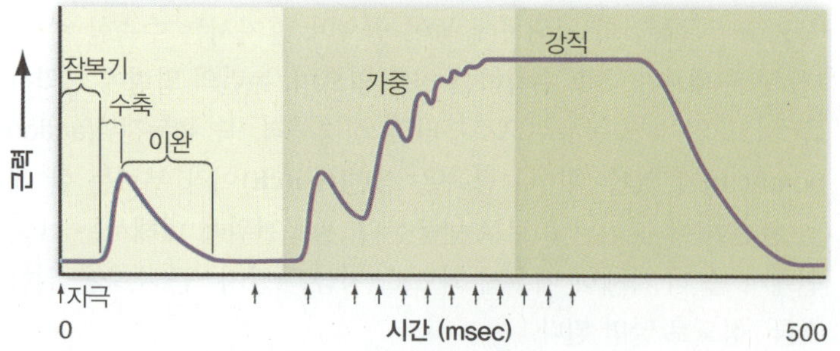

그림 6.10 어떻게 자극 빈도가 근수축력에 영향을 미치는가. 한 개의 자극은 잠복기 후 경련이라 불리는 수축/이완 주기를 만들어 낸다. 짧은 시간 안에 한 개 이상의 자극이 있을 경우 가중되어 강직경련을 일으킨다.

표 6.2에는 근육세포 활성-수축 기작이 요약되어 있다.

요점 정리

운동단위 안에 있는 근육세포의 수는 근육의 기능이 섬세한 조절이냐 큰 힘을 필요로 하느냐에 따라 다르다. 좀 더 많은 운동단위를 자극하고, 자극 빈도를 높이면 더 큰 힘을 얻을 수 있다. ■

느린-경련 섬유 대 빠른-경련 섬유: 지구력 대 세기

이미 살펴본 것처럼, 모든 근육섬유는 유산소성 대사와 무산소성 대사 경로를 거쳐 ATP를 얻을 수 있다. 사람의 골격근섬유는 느린-경련 섬유와 빠른-경련 섬유의 두 가지가 있으며, 그 구별은 수축을 위해 얼마나 빨리 ATP를 사용할 수 있느냐와 유산소성 대사와 무산소성 대사 중 어느 것을 주로 사용하느냐에 달려 있다. 대부분의 근육은 두 종류가 섞여 있으며, 한 근육 내에서 각각의 비율은 근육의 기능에 의해 좌우된다.

느린-경련 섬유(slow-twitch fiber)는 ATP를 천천히 분해하고 따라서 천천히 수축하며, 유산소성 대사에 의해 ATP를 만드는 경향이 있다. 이들은 많은 미토콘드리아를 갖고 있으며, 풍부한 혈액 공급을 받아서 빠른-경련 섬유보다 많은 혈액과 산소를 끌어당길 수 있다. 글리코겐 저장량은 적은데, 왜냐하면 혈액으로부터 포도당과 지방산을 빨리 끌어다 쓸 수 있기 때문이다. 또한 그들은 미오글로빈이라는 분자 속에 산소를 저장한다. 일시적으로 산소를 저장하는 능력은 혈액으로부터 산소를 가져다 쓸 필요성을 감소시키는데, 이는 처음 운동을 시작할 때, 즉 근육으로 오는 혈류가 증가하기 전 중요한 역할을 한다. 미오글로빈과 많은 혈관이 있어서 느린-경련 섬유는 붉게 보이며, 따라서 이들을 "적색근"이라고 부르기도 한다.

빠른-경련 섬유(fast-twitch fiber)는 ATP를 좀 더 빨리 분해하므로 느린-경련 섬유보다 좀 더 빨리 수축할 수 있다. 미토콘드리아의 수도 적고, 혈관도 적으며, 미오글로빈도 거의 없으므로 "백색근"이라고도 부른다. 이들은 많은 양의 글리코겐을 저장하며, 높은 에너지를 위해 크레아틴 인산과 무산소성 대사에 의존하는 경향이 있다. 수축은 빠르고 강력하나 오래 지속되지는 못한다. 빠른-경련 섬유는 지속적인 운동을 위해서 유산소성 기작에 의존하지만, 짧은 기간 안에 강렬한 힘을 필요로 하는 운동에 대해서는 무산소성 기작을 사용할 수도 있다. 빠른-경련 섬유는 무산소성 활동 중에 젖산을 축적하므로 금방 피로해진다.

어느 섬유가 더 좋은가? 그것은 활동에 따라 다르다. 느린-경련 섬유는 지구력을 제공하므로, 조깅, 수영, 자전거 타기에 적합하다. 느린-경련 섬유는 또한 몸의 자세 유지에 중요하다. 예를 들어 다리와 등의 근육들은 서 있을 때 몸을 지지하기 위해 오랜 시간 수축해

표 6.2 골격근의 활동과 수축 (요약)

활동	설명	추가 사항
운동뉴런 자극	활동전위라는 짧은 신경충격이 중추신경계의 운동뉴런을 따라 흐른다.	한 개의 운동뉴런이 여러 개의 근육세포를 지배한다.
신경전달물질 방출	신경근육연접에서 아세틸콜린이라는 신경전달물질이 운동뉴런으로부터 근육세포로 방출된다.	아세틸콜린은 빨리 제거되므로 근육세포의 자극은 짧다.
근육세포 활성화	아세틸콜린의 방출은 근육세포막에서 전기충격을 일으킨다.	근육세포 속의 전기충격은 신경세포 속의 전기충격과 같다.
칼슘 방출	근육세포막의 전기충격으로 인해 근소포체로부터 근육세포의 세포질 속으로 칼슘이 방출된다.	근소포체는 근육세포 내에 존재하는 막으로 둘러싸인 망상의 저장소이다.
근육세포 수축	칼슘의 존재 때문에 액틴과 미오신이 결합하여 서로를 지나쳐 활주해 들어가며, 이때 ATP의 형태로 에너지가 사용된다.	근육세포의 수축은 신경 자극보다 오래 지속된다.
근육세포 이완	칼슘이 근소포체로 펌프질되어 들어가면 액틴과 미오신이 떨어지며 그 결과 근육은 이완된다.	칼슘이 근소포체로 들어가는 데도 ATP가 필요하다.

야 하므로 높은 비율의 느린-경련 섬유를 함유하고 있다. 빠른-경련 섬유는 단거리 경주, 역도, 테니스와 같은 짧고 격렬한 운동에 사용된다. 예를 들어 우리 손의 근육들은 필요하면 빨리 강하게 수축해야 하므로 높은 비율의 빠른-경련 섬유를 함유하고 있다.

느린-경련 섬유와 빠른-경련 섬유 사이의 비율은 근육에 따라 다르기도 하지만 사람에 따라 다르기도 하다. 그 비율이 부분적으로는 유전에 의해 결정되기도 하며, 개인의 운동 능력에 영향을 미칠 수도 있다. 세계적인 마라톤 선수들은 다리에 다른 사람보다 많은 양의 느린-경련 섬유를 가지고 있다.

요점 정리

대부분의 근육은 느린-경련 섬유와 빠른-경련 섬유의 조합으로 구성되어 있다. 느린-경련 섬유는 유산소성 대사에 의존하며, 지구력을 위해 필요하다. 빠른-경련 섬유는 짧은 기간에 강도 높은 일을 할 수 있어 강력한 힘이 요구되는 곳에 적합하다. ■

운동단련은 근육량, 힘, 지구력을 향상시킨다

운동 능력의 일부는 어느 정도 유전에 의해서 영향을 받지만 잘 짜인 신체운동프로그램(즉 운동단련)에 의해서도 운동의 힘, 지구력, 기술을 향상시킬 수 있다(그림 6.11). 힘 또는 지구력 중 어느 것이 운동단련(exercise training)에 의해 향상되느냐 하는 것은 단련의 종류와 강도에 따라 다르다. 운동단련의 두 가지 종류는 힘(저항) 단련과 유산소(지구력) 운동이다.

힘 단련(strength training)은 일반적으로 더 힘들게 운동하도록 저항을 주어서 특정 근육을 강화시키는 운동을 말한다. 힘 단련은 아령이나 웨이트 기계를 들어 올리는 것과 같은 짧고 강도 높은 운동으로 이루어진다. 그 결과 근원섬유, 특히 빠른-경련 섬유가 늘어나고, 그 안에 글리코겐과 크레아틴 인산이 빠른 에너지원으로 저장된다. 각 근육세포의 크기가 증가하며, 근육량과 힘이 증가하지만 근육세포의 수는 증가하지 않는다.

일반적으로 사용된 무게가 무거울수록 근육 크기의 증가가 눈에 띈다. 그렇다고 힘 단련 결과로 반드시 불쑥 튀어나온 두갈래근이 형성되는 것은 아니다. 근육 발달의 정도는 많은 요소, 즉 사용된 저항의 양, 운동 지속시간과 빈도, 유전적 소양에 의존한다. 그러나 비교적 가벼운 아령을 드는 운동도 근육의 힘을 눈에 띄게 향상시킬 수 있다.

유산소운동(aerobic training)은, 근육이 필요로 하는 증가된 산

a) 역도선수

b) 마라톤 선수

그림 6.11 힘 단련 대 유산소운동.

과학이 나아가는 방향

과학과 스포츠: 랜스 암스트롱의 교훈

3천 6백km가 넘는 거리의 여러 지형을 20단계에 걸쳐 달리는 연중행사인 프랑스 자전거경주(Tour de France)는 세계에서도 손꼽히는 고난이도 운동 시합 중의 하나이다. 어떻게 한 사람이 7년이나 연속해서 이 시합에서 두각을 나타낼 수 있었을까?

과학자들도 그 질문에 관심을 가지게 되었는데, 이제 그 답을 알게 되었다. 7연속 우승한 랜스 암스트롱(Lance Armstrong) 선수를 조사해 보니 근 효율이 8% 정도 증가하였는데 이는 같은 양의 산소를 사용할 경우 그 효과가 남들보다 훨씬 효율적임을 뜻한다. 평균 자전거 속도도 85~95rpm(분당 회전수)에서 105~110rpm으로 향상되었다.

암스트롱을 연구한 의사들은 수축하고 있는 근섬유 내에서의 ATP 교체율이 훨씬 효율적으로 바뀌었을 거라고 예측하였다. 느린-경련 근섬유도, 전에 다른 자전거 선수에서도 관찰되었던 60%에서 80%로 증가하였다. 혈액 검사 결과 젖산의 양도 극히 낮았다. 근육의 효율성이 증가하였고 경기 전 몸무게를 7% 줄이면 kg당 평균 힘이 18% 증가하였다.

암스트롱의 경우는 근 효율이 유전적으로 결정된다는 기존 믿음을 깨뜨렸다는 점에서 중요한데, 그가 "좋은 유전자"를 가졌을 수도 있으나, 훈련을 잘 했다는 점이 중요하다. 어떻게 그가 훈련했느냐는 것은 아직도 연구 중이다.

50년 전에는, 포부가 큰 운동선수도 역기 세트, 훈련 장소, 굳은 의지와 고된 훈련이 전부였다. 그러나 승리하면 큰 부가 따르는 오늘날에는 운동도 첨단기술이 되었다. 오늘날에는, 활강스키선수들과 스피드스케이터들은, 비행기 모델이나 빌딩 테스트에나 사용되었던 풍동 속에서까지 훈련을 받고 있다. 디지털비디오카메라, 원격센서, 컴퓨터 프로그램 등이 운동선수의 속도, 힘, 방향을 향상시키기 위해 동작 패턴을 분석한다. 유전학, 생화학, 운동훈련 전문가들이 암스트롱과 같은 운동 성공의 비밀을 세포학적 수준에서 분석하고, 그 결과를 젊은 운동선수들의 훈련에 적용시키고 있다.

미래에는 운동선수 "전문상담" 회사가 유전적, 생화학적, 물리적, 심리학적 검사를 제공하겠다고 프로 선수가 되려고 하는 어린이의 부모에게 접근할 것이다. 회사는 학생이 어떤 운동을 해야 할지를 결정하고, 훈련 방법들을 제시하고 해당 코치를 선임해 줄 것이다. 올림픽 유망선수들은 일찍 선발되어 최신 과학 기법들을 통해 훈련을 받게 될 것이다. 믿기지 않는다고? 그렇다면 앞으로 20년 동안 올림픽 우승자들의 이야기를 듣고 스스로 판단해보자.

소 수요를 맞추기 위해 몸이 산소 섭취를 증가시키도록 하는 운동을 말한다. 저항운동은 근육을 강화시키는 반면, 유산소운동은 지구력을 증가시킨다('과학이 나아가는 방향' 참조). 유산소운동 결과, 근육에 공급되는 모세혈관의 수가 증가한다. 그리고 근육세포 속의 미토콘드리아의 수와 산소를 저장하는데 필요한 미오글로빈의 양도 증가한다. 다만 근육세포 자체의 수와 양은 증가하지 않는다. 유산소운동은 심혈관계나 호흡계의 수행 능력을 향상시킨다. 힘 단련보다 강도가 세지는 않으나 오랜 시간 운동할 수 있는 유산소운동으로는 조깅, 걷기, 자전거타기, 수영 등이 있다.

어떤 운동을 하든 몸펴기운동(stretching exercise)과 함께하는 것이 좋다. 운동 전의 부드러운 몸펴기운동은 맥박을 천천히 증가시키고, 근육으로 더 많은 피를 보내서 격렬한 운동에 대비할 수 있게 한다. 이 운동은 삐거나 근육이 늘어나는 위험을 줄여준다. 운동이 끝난 후에도 천천히 걷거나 몸펴기운동을 하여 맥박과 호흡을 서서히 정상으로 되돌리는 것이 좋다. 규칙적인 몸펴기운동은 관절의 활동성과 운동 범위를 향상시킨다. 몸펴기운동은 천천히 하도록 하며, 각 자세에서 약 30초간 멈추는 것이 좋다. 근육이 부드럽게 당겨져야 하나 통증이 있어서는 안 된다. 갑작스런 운동을 피해야 하는데, 왜냐하면 급히 몸을 펴면 근육이 빨리 수축하게 되어 상해의 위험이 증가하기 때문이다.

요점 정리

운동은 유산소성 능력, 근육량, 근력을 증가시키나, 근육세포의 수를 증가시키지는 못한다. 운동단련의 종류에 따라 힘이나 유산소성 능력 중 하나가 주로 향상된다. ■

6.4 심장근육과 민무늬근의 특징

몸 근육의 대부분은 골격근이다. 그러나 심장근육과 민무늬근도 그들의 역할에 맞는 특징을 갖고 있다. 근육조직에 대해서는 4장에서 짧게 언급하였으나 여기서는 심장근육과 민무늬근이 골격근과 다른 점을 알아보도록 하자.

심장근육과 민무늬근은 어떻게 활성이 되는가?

심장근육과 민무늬근은 자발적 의지로 조절되지 않으므로 **불수의근(involuntary muscle)**이라고 부른다. 둘 다 신경 자극 없이도 전적으로 홀로 수축할 수 있다. 모든 심장근육세포들이 자발적으로 박자를 맞추어 수축-이완을 할 수 있으나, 가장 빠른 리듬을 갖고 있는 것은 **심박조율기 세포(pacemaker cells)**로 나머지 세포들은 그들의 빠른 속도를 따라 수축한다. 심장근육세포들은 뭉툭한 끝과 끝이 **개재판(intercalated disc)**이라는 구조로 연결되어 있고(그림 6.12), 이 구조 속에 한 세포가 다른 세포를 전기적으로 자극할 수 있는 간극연접이 있다. 실제로 심박조율기 세포들은 느린 세포들을 몰아쳐 심장 전체의 수축 속도를 주도한다.

민무늬근도 간극연접으로 연결되어 있어서 세포들이 서로를 자극하여 전체 조직이 일사분란하게 수축한다. 이와는 대조적으로 골격근세포들은 운동뉴런에 의해서만 활성화된다. 그렇기 때문에 척수가 잘린 사람의 골격근은 상해 부위 이하에서 완전히 마비가 된다.

심장근과 민무늬근은 신경 자극이 없이도 수축할 수 있으나, 신경 자극이 있을 경우에는 이에 반응한다. 둘 다 신경은 모두 자율신경계에 속한다(11단원). 신경 자극의 효과는 억제성과 흥분성 둘 다 가능하다. 예를 들면, 심장에 대한 억제성, 흥분성 신경 활동의 변화는 운동 시 맥박 수의 증가를 일으킨다. 신경 자극은 민무늬근의 수축력도 변화시킬 수 있다.

요점 정리

골격근과 달리 심장근과 민무늬근은 신경 자극 없이도 수축할 수 있다. 그러나 둘 다 신경 자극에도 반응한다. ■

수축의 속도와 지속성

수축 속도에 있어서 골격근이 가장 빠르고, 다음이 심장근, 그리고 민무늬근이 가장 느리다.

심장근은 수축-이완이 규칙적으로 순환하는 과정을 겪는다. 이 완기는 근육이 피로하지 않게 하는 휴식기이다.

민무늬근은 항상 부분적으로는 수축 상태인데, 왜냐하면 수축이 지속적으로 유지되어야 하는 상황이기 때문이다. 그러나 수축이 매우 느려 ATP 소비가 생산능력보다 적으므로 결코 지치는 일이 없다. 민무늬근은 혈관의 직경을 항상 일정하게 유지시키며, 필요할 경우 약간의 조정을 함으로써 혈압의 항상성 조절에 중요한 역할을 한다.

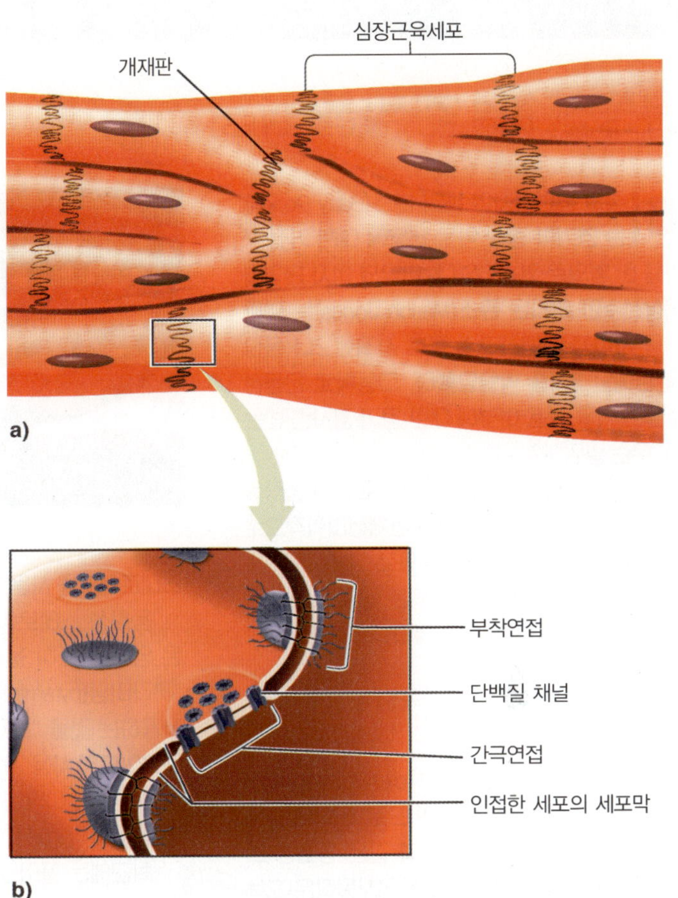

그림 6.12 심장근육세포. (a) 인접한 심장근육세포: 모양이 뭉툭하고 개재판에 의해 서로 연결된 것을 볼 수 있다. (b) 개재판 속의 간극연접으로, 이들은 세포 사이에 직접적인 전기 연락을 가능하게 한다.

미오신과 액틴 필라멘트의 배열

골격근처럼 심장근육도 근절 내에 액틴과 미오신이 규칙적으로 배열되어 있으므로 가로무늬근이라 부른다. 이와 반대로 민무늬근의 경우는 액틴과 미오신이 세포막에 여러 각도로 뭉치로 배열되어 있고, 이들이 서로를 지나쳐 미끄러질 때 필라멘트의 부착점들은 서로 당겨져서 세포가 짧고 뚱뚱해진다(그림 6.13). 필라멘트들이 근절이 없이 뭉치로 배열되어 있어서 가로 무늬가 없으므로 민무늬근이라 부른다.

표 6.3은 세 종류의 근육의 중요한 특징을 보여준다.

요점 정리

심장근육은 규칙적으로 수축-이완하는 반면, 민무늬근은 무한대로 수축을 유지할 수 있다. 심장근육은 근절 내에 액틴과 미오신이 배열되어 있으나 민무늬근 내에서는 필라멘트들이 뭉치로 교차되어 배열되어 있다. ■

운동선수들의 약물 남용

미국의 홈런타자인 배리 본즈(Barry Bonds)는 경기력-향상 약물 복용에 대해 거짓 증언을 한 혐의로 기소되었다. 미국의 여자 단거리 육상선수인 마리온 존스(Marion Jones)는 약물 복용 사실을 고백하고 눈물로 사죄했으나 올림픽 금메달 5개를 박탈당했다. 고등학교 운동선수들은 약물 복용 여부에 대한 정기 검사를 받는다. 무슨 일일까?

간단히 말해 이런 약들이 실제로 경기 능력을 향상시킨다는 사실인데, 이는 인체생리학적으로 예측과 이해가 가능하다. 실제로 1/100초로 올림픽 금메달의 여부가 결정되는 상황에서 약물의 유혹을 물리치기는 쉽지 않다.

동화성 스테로이드는 근육량을 증가시킨다

디히드로에피안드로스테론(dehydroepiandrosterone: DHEA)과 안드로스테네디온(androstenedione: "Andro")과 같은 동화성 스테로이드(anabolic steroids)와 유사물질은 오늘날 가장 많이 남용되는 약물이다. 약초의 취급을 허용한 1994년 미 연방법에 따라 이런 약물들은 의사의 처방 없이 구입할 수 있다(1단원의 "시사 과학 문제" 참조). 이 약물들은 구조적으로나 기능적으로 테스토스테론과 비슷하며, 근육량을 증가시킨다. 사용하게 되면 쉽게 몸무게가 늘어나고, 근육의 힘도 증가하여, 짧은 시간에 큰 에너지를 필요로 하는 운동 경기에서 경기 능력을 향상시킨다. 동화성 스테로이드는 또한 남성성의 발달과 유지에도 기여한다.

그러나 동화성 스테로이드를 몸에 주입하는 것은 불법이며, 대부분의 운동 연맹과 학교에서는 처방 없이 약국에서 살 수 있는 스테로이드의 사용마저도 금하고 있다. 그럼에도 불구하고 미국 국립약물남용연구소(National Institute on Drug Abuse)의 지원에 의한 연구에 의하면, 고등학교 3학년 학생의 2.5%, 1학년 학생의 1.5%, 중학교 2학년 학생의 1.1%가 이런 약물들을 사용해 보았다고 한다. 대학교 운동선수들과 프로선수들의 경우는 스포츠 연맹이 동화성 스테로이드를 금지하고 있으므로 조사 결과 자체를 신뢰할 수 없다. 아놀드 슈왈제네거(Arnold Schwarzenegger), 단거리 육상선수 벤 존슨(Ben Johnson), 레슬링 선수 헐크 호간(Hulk Hogan)과 같은 일부 유명한 운동선수들이 한때 스테로이드를 사용했었다고 시인했다.

2000년 금메달을 딴 후의 마리온 존스(왼쪽), 2007년 경기능력 향상용 약물 복용을 시인한 후의 마리온 존스(아래)

동화성 스테로이드의 사용 시, 6~12주 동안은 양을 꾸준히 늘리다가 사용을 멈추는 것을 "피라미딩(pyramiding)", 한 번에 한 개 이상을 사용하는 것을 "스태킹(stacking)"이라 한다. 스테로이드의 사용 자체가 불법이므로 사용자들은 용량에 대한 마땅한 정보 없이 사용하게 되어 처방 용량의 약 10~100배까지 사용하기도 한다.

최근에는 들키는 걸 피하기 위해 THG(tetrahydrogestrinone)와 같은 "변조약물(designer drug)"을 사용하곤 하는데, 운동선수들 사이에서는 "클리어(the clear)"라고 불린다. 이 약은 수년간 비밀에 붙여졌다가 익명의 제보자가 스포츠연맹에 시험해보라고 보냄으로써 밝혀졌다. THG의 효과는 아주 강력하여 주사할 필요도 없고, 혀 밑에 한두 방울 넣는 것으로 충분하다. 마리온 존스는 화까지 내며 여러 차례 부인했다가 마침내 2007년에, THG를 1999년부터 복용해서 2000년 올림픽을 준비했다고 고백했다. 아마유인줄 알았다고 거짓 변명했지만, 2000년 올림픽부터 땄던 5개의 메달을 박탈당하고 2008년 베이징 올림픽 참가도 금지되었다.

사실은....

- 일부 운동선수들이 동화성 스테로이드나 에리트로포이에틴(EPO)과 같은 경기력-향상 약물을 사용한다.
- 경기력-향상 약물의 사용은 신체와 행동에 부작용을 일으키는데, 고질병에 걸릴 위험이 증가하고 심지어는 일찍 죽기도 한다.
- 대부분의 스포츠연맹은 경기력-향상 약물의 사용을 금지하였으나, 새로운 "변조약물"은 탐지가 어려워서 시행이 난항에 부딪혔다.
- 앞으로 경기력을 향상시키기 위해 유전공학적 방법도 가능해질 텐데 이를 방지할 수 있는 길은 묘연하다.

동화성 스테로이드와 관련된 위험

동화성 스테로이드는 남녀 모두에게서 남성화 효과를 나타낸다. 남성의 경우에는 유방 비대증, 고환 위축, 발기 불능, 정자 형성 부족, 대머리 등이 나타난다. 여자의 경우 유방의 크기와 체지방이 감소하고 목소리가 굵어진다. 머리카락은 줄어들고, 체모는 늘어난다. 여드름, 지방질 머리카락, 기름진 피부 등이 남녀 모두에게서 나타나며, 남자의 유방 거대증과 남녀 모두에게서 관찰되는 탈모는 되돌릴 수 없는 상태가 된다. 동화성 스테로이드의 남용은 과민성, 적대감, 공격적 행동("스테로이드 흥분 상태")과도 관련이 있다.

동화성 스테로이드의 장기간 남용은 심장병, 뇌졸중, 간암과 같은 질병의 위험을 증가시킨다. 아직까지 이런 질병이 발병한 경우는 아주 많지는 않은데, 이런 질병은 중년 이후에 발병하는 경향이 있기 때문에 스테로이드 남용의 영향이 과소평가된 것 같다. 약물 남용자에게 30년 후에 어떤 위험이 닥칠지는 아무도 알 수 없다.

파이레이트 팀에서 경기하는 젊은 시절의 배리 본즈(왼쪽)와 수년 후 몸이 커진, 샌프란시스코 자이언츠 팀의 홈런타자인 배리 본즈

혈액증가제는 유산소성 능력을 향상시킨다

마라톤 선수와 자전거 선수들은 근육량에는 관심이 없으며, 오랜 기간 동안 높은 수준의 지속적인 경기 능력 향상에만 관심이 있다. 즉 그들은 향상된 유산소성 능력을 필요로 한다. 그들은 에리트로포이에틴(erythropoietin: EPO)이라는 신장에서 만들어진 적혈구생성 촉진제(금지 약물)에 관심이 있다. EPO는 빈혈 환자들에게 처방되는 약이다. 마라톤 선수와 자전거 선수들은 EPO가 경기 시간을 단축시킨다는 것을 알고 있다. 이는 생리학적으로 설명되는데, EPO는 적혈구 수를 증가시키고, 산소 운반 능력을 높여, 근육 활동의 지속성 증가로 인한 시간 단축의 효과를 가져다준다.

EPO의 남용 역시 건강상 위험이 있다. 비정상적으로 높은 적혈구의 생산은 적혈구용적률을 증가시켜, 피가 끈끈해지고 혈압이 증가하며 피가 응고되어 (아직까지 사망한 경우는 보고되지 않았으나) 심장마비가 올 수 있다.

EPO의 남용을 감지하는 일은 쉽지 않은데, 그것은 EPO가 사용 후 며칠 내에 혈액에서 사라지지만, 적혈구용적률이 증가되어 한 달 이상 지구력 향상이라는 효과를 내기 때문이다. 자전거 협회는 적혈구용적률이 50%가 넘는 선수의 경우, EPO 남용으로 간주하고 경기에서 제외시킨다. 따라서 일부 선수들은 경기 직전에 적혈구용적률을 측정하여 50% 이하가 되도록 적혈구를 제거한 뒤 경기에 임하기도 한다.

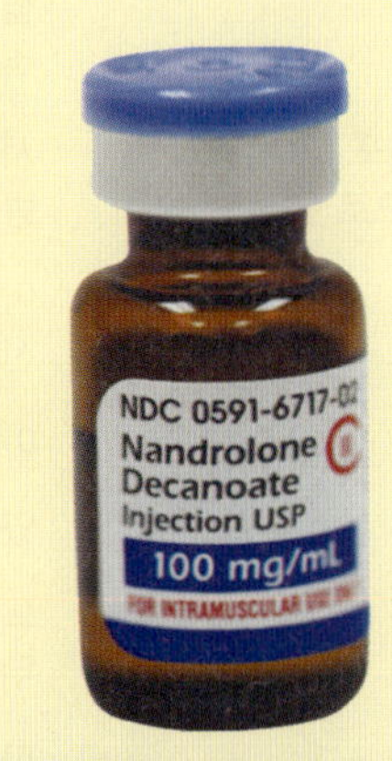

동화성 스테로이드의 일종인 난드로론(Nandrolone)

미래의 문제: 유전자 도핑

최근의 유전자 조작 능력에 비추어보면, 앞으로 수십 년 내에 유전공학 기술이 경기수행능력 향상을 위해 운동선수의 유전자를 바꿀 수 있는 날이 올 수 있다. 이를 "유전자 도핑(gene doping)"이라 한다. 천연 에리트로포이에틴이나 테스토스테론을 만드는 유전자를 투입하여 운동선수가 자연적으로 이들 호르몬을 더 많이 만들어 낸다면 어떨까? 또는 근육의 생화학을 변경시켜 에너지를 효율적으로 또는 좀 더 빨리 사용한다면 어떨까? 근육세포가 좀 더 많은 ATP를 저장하도록 유전자를 삽입한다면 어떤 일이 벌어질까? 이것들은 터무니없는 얘기가 아니다. 전문가들은, 아직까지는 유전자 도핑이 행해지지는 않고 있지만 곧 그런 날이 올 것이라고 예측하는데, 이럴 경우 탐지도 어렵고 막기도 어렵다.

우리의 삶에서 차지해야 할 운동의 역할에 대한 기대가 무너졌다고 생각하는가? 이것은 생각해봐야 할 문제이다.

생각해볼 문제

1 운동에서 약물 사용이나 유전공학의 사용을 금지해야 한다고 생각하는가?

2 동화성 스테로이드를 사용하는 친구는 이 약물이 심장병이나 암과 같은 문제를 일으킨다는 과학적 증거가 없다고 주장한다. 친구의 말은 옳은 얘기일까? 친구에게 어떤 이야기를 해주어야 할까?

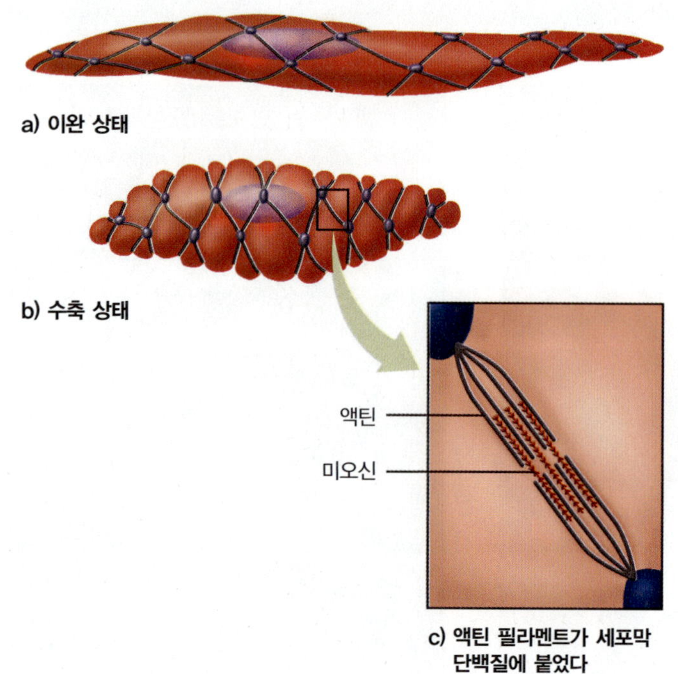

그림 6.13 **민무늬근.** **(a)** 이완 상태. **(b)** 수축 상태. 수축 필라멘트 뭉치들의 교차 배열은 수축 시 세포가 짧아지게 하고, 두꺼워지게 한다. **(c)** 액틴 필라멘트가 세포막단백질에 붙어 있는 것을 보여주는 그림.

6.5 근육계의 질병과 장애

이 단원 전반에 걸쳐서 여러 가지 근골격계 질병들을 살펴보았다. 이제, 추가로 다섯 가지 질병에 대해 좀 더 들여다보고자 한다.

근이영양증

심각한 근육병들은 비교적 흔하지는 않으나, 그 중 주목을 끄는 것이 **근이영양증(muscular dystrophy)**이다. 이 용어는 서너 가지 근육 유전병에 적용된다. 뒤셴근이영양증(Duchenne muscular dystrophy)은 단일 유전자 결함으로, 특정 근육세포 단백질이 없는 경우이다. 정상적인 유전자는 근육세포막의 일부를 구성하는 디스트로핀(dystrophin)이라는 단백질을 만든다. 이 단백질은 칼슘 "누수" 채널을 통해 칼슘이 근육세포 속으로 너무 많이 들어오는 것을 제한한다. 근이영양증 환자는 디스트로핀이 없어서 너무 많은 칼슘이 누수 채널을 통해 들어온다. 세포 안의 높은 칼슘 농도는 근육 단백질을 손상시키는 효소를 활성화시켜 결국 세포를 죽인다. 그 결과, 근섬유가 줄고 근육이 줄게 되며, 마침내 근육의 많은 부분이 섬유성 결합조직으로 대체된다. 이 병을 가진 많은 사람들은 30세 이전에 사망하게 되는데, 보통 심장근육과 호흡을 위한 골격근이 못쓰게 되기 때문이다. 아직은 치료 방법이 없고, 현재 활발한 연구가 진행 중이며 몇몇 진전이 나타나고 있다.

표 6.3 **골격근, 심장근육, 민무늬근의 특징**

특징	골격근	심장근육	민무늬근
위치	뼈대에 붙어 있다	심장	혈관벽과 소화기, 호흡기, 비뇨기, 생식관의 벽
기능	몸의 움직임 또는 움직임 방지 역할	혈액 펌프질	혈관 직경 조절 속 빈 기관 속 물질 이동
해부학적 특징	크고, 원통형이며 수평으로 배열된 다핵 세포	끝이 뭉툭하고 가지 친 짧은 세포. 다른 세포에 개재판, 간극연접으로 연결	서로 간극연접으로 연결된 작은 방추형 세포들
수축 시작	신경세포에 의해서만	자발적(심박조율기 세포), 신경에 의한 변화	어떤 수축은 항상 유지됨. 신경에 의한 변화
수의근?	예	아니오	아니오
간극연접?	없음	있음	있음
수축 속도와 유지력	빠름 – 0.05초 유지 안됨	중간 – 0.15초 유지 안됨	느림 – 1~3초 무한 유지
피로 가능성	골격근의 종류와 일의 양에 따라 크게 변한다.	낮다. 수축 사이의 이완기가 피로 가능성을 감소시킨다.	피로 없음
가로 무늬?	있음	있음	없음

건강 파수꾼

근육통

무리한 힘을 가한 경우 하루나 이틀 후 나타나는 뻣뻣함과 통증의 경험이 누구나 있을 것이다. 통증은 대부분 근원섬유가 미세하게 찢어진 경우에 발생한다. 근육은 규칙적인 운동을 하지 않으면 근원섬유가 오래된 고무줄처럼 되어 제대로 수축할 수가 없다. 운동을 안 하다 하면 이 오래된 상한 근원섬유 내의 액틴과 미오신이 더 이상 중첩될 수 없을 정도로 수동적으로 늘어나고 결국 파손된다. 상한 근원섬유는 며칠에 걸쳐 해체되고 수선 과정에 의해 제거된다. 이들이 해체될 때 통증을 유발하는 화학물질을 분비한다. 시간이 흐르면 손상된 근원섬유는 제거되고 새것으로 대체된다.

근육은 특정한 운동에 익숙하게 되면 손상과 통증이 사라지므로, 운동하기 전 처음 며칠 적당한 운동을 미리 해두는 것이 좋다.

파상풍

파상풍(tetanus)은 세균 감염에 의해 일어난다. 이 질병은 일반적으로 근육에 구멍이 뚫렸을 경우 일어난다. 세균이 독소를 분비하는데, 근육 활동을 조절하는 신경을 과다 자극하여 강직경련이 발생한다. 독소는 여러 골격근에 영향을 미치지만, 특히 턱과 목의 근육에 영향을 미친다. 턱 근육들은 너무 강하게 수축하여 굳어 있는 것처럼 보인다. 파상풍은 치료를 안 하면 지치거나 호흡을 못해 죽음에 이르게 된다. 병의 명칭은 근수축이 최대로 일어난 경우인 '강직경련성(tetanic)' 에서 유래했다. 그러나 근수축이 최대로 일어나는 것이 질병의 결과는 아니다.

근육 경련

근육 경련(muscle cramp)은 고통스럽고 조절이 불가능하며, 반사가 관여된 근육 수축이다. 심한 운동에 따른 탈수와 이온 불균형이 원인이 된다. 가장 설득력 높은 원인은 세포 안과 밖 액체 사이의 포타슘이온의 변화이다. 경련이 일어났을 경우 부드럽게 펴거나 마사지를 통해 근육에 혈액 순환을 증가시킴으로써 완화된다.

늘어난 근육

근육이 과하게 늘어나 근섬유의 일부가 찢어진 경우이다. 내부 출혈, 부종, 통증이 동반된다.

근막염

근막염(fasciitis) 근육을 둘러싸는 결합조직의 껍데기인 근막에 생긴 염증을 말한다. 근막이 늘어났거나 찢어졌을 때 생긴다. 발바닥에 자주 생기는데, 발꿈치에 통증이 온다. 힘줄이나 인대처럼 근막도 수리가 느리다. 치료 방법은 해당 부위를 쉬게 하거나 압력으로부터 보호하는 것이며, 부신피질호르몬을 주사하면 심한 통증이 완화된다.

요점 정리

근이영양증은 특정 단백질이 없어 칼슘이 근육세포로 새는 유전병이다. 결국 칼슘이 근육세포 단백질을 파괴하여 세포를 죽인다. ■

단원 요약

근육은 운동을 하게 하며, 긴장 상태를 유지하게도 한다

- 모든 근육은 수축(길이가 짧아짐)으로 움직임을 일으키거나, 자세를 유지한다.
- 골격근이 뼈대에 붙는 방식이 움직임의 성질을 결정한다.
- 한 개의 근원섬유 내에는 근절이라는 수축 단위가 수천 개 연속적으로 배열되어 있다.

각각의 근육세포는 수축하고 이완한다

- 골격근세포는 운동신경에 의해서 자극을 받을 때만 수축한다.
- 운동신경 자극은 근육세포의 근소포체로부터 칼슘을 방출시킨다.
- 칼슘이 존재하면 액틴 필라멘트와 미오신 필라멘트가 서로 미끄러져 들어가 근절의 길이가 짧아진다.
- ATP가 수축/이완 과정 전반에 걸쳐 에너지를 공급한다.

근육활동은 변할 수 있다

- 등장성 수축은 일정한 힘을 유지하면서 길이가 짧아지는 경우에 일어나며, 등척성 수축은 장력이 발생되나 뼈가 움직이지 않을 때 일어난다.
- 운동단위는 한 개의 운동뉴런과 그것이 조절하는 골격근세포의 집합체를 말한다.
- 근육에 의해 발생되는 힘은 각 운동단위에 있는 근육세포의 수, 특정 순간에 활동하는 운동단위의 수, 운동단위의 자극 빈도에 의존한다.
- 근육의 힘과 지구력은, 근육 속에 들어 있는 느린-경련/빠른-경련 섬유의 비율 및 운동단련의 종류와 양에 의존한다.

심장근육과 민무늬근의 특징

- 심장근육과 민무늬근은 뼈에 붙어 있지 않다.
- 심장근육과 민무늬근은 모두 자발적으로 수축할 수 있으며, 자율신경계의 신경에 의해 영향을 받을 수 있다.
- 심장근육은 규칙적으로 수축하는데, 수축과 수축 사이에 이완기가 있다. 민무늬근은 약간의 수축력을 무한대로 유지할 수 있다.

근육계의 질병과 장애

- 근이영양증은 비정상적 유전자의 유전에 의해 일어난다.
- 늘어난(찢어진) 근육은 근육이 심하게 당겨질 때 일어난다.

알아야 할 용어

가중(summation)
경련(twitch)
근소포체(sarcoplasmic reticulum)
근절(sarcomere)
미오신(myosin)
산소빚(oxygen debt)
신경전달물질(neurotransmitter)
실무율 원리(all-or-none principle)
액틴(actin)
운동뉴런(motor neuron)
운동단위(motor unit)
점증(recruitment)
피로(fatigue)
필라멘트 활주 기작(sliding filament mechanism)

개념 확인 문제

1. 근육 수축이 운동에 저항하는 경우를 설명하시오.
2. 근육의 이는곳과 닿는곳이 근 수축으로부터 기인하는 특정한 몸운동을 어떻게 결정하는지 설명하시오.
3. 근 수축에서 칼슘의 역할을 설명하시오.
4. 사후강직을 일으키는 것이 무엇인지 설명하시오.
5. 근육 피로의 이유를 설명하시오.
6. 가중(summation)을 정의하고, 근육이 빨리 반복적으로 자극을 받으면 왜 이 현상이 일어나는지 설명하시오.
7. 목 부분에서 척수의 손상이 있을 경우 팔다리의 골격근은 완전히 마비되나, 심장근육은 여전히 규칙적으로 수축하는 이유를 설명하시오.
8. 장력(즉, 일정한 정도의 적당한 긴장)이 자세 유지를 위한 골격근에 의해 유지되는 것과 혈관 직경이 민무늬근에 의해 유지되는 것을 비교, 설명하시오.
9. 운동단위를 정의하고, 근육에서 운동단위의 크기와 수가 근육의 힘과 미세운동 조절에 어떻게 영향을 미치는지 설명하시오.
10. 근육세포가 세포 안과 밖으로부터 좀 더 많은 ATP를 만들기 위해 사용하는 에너지원을 쓰시오.

학습 문제

연결 문제

_____ 1. 아래팔을 펴는 근육
_____ 2. 근절 안의 굵은 필라멘트에 있는 단백질
_____ 3. 근절의 가는 필라멘트에 가장 많은 단백질
_____ 4. 근육의 수축 단위
_____ 5. 짧은 시간 안에 폭발적인 힘을 낼 수 있는 골격근 섬유의 종류
_____ 6. 혈관벽에서 발견되는 근육의 종류

a. 액틴
b. 빠른-경련
c. 세갈래근
d. 민무늬근
e. 근절
f. 미오신

빈칸 채우기

7. 의식적으로 조절할 수 없는 근육을 __________ (이)라 한다.
8. 같은 운동을 하기 위해 서로 반대 작용을 하는 근육을 __________ (이)라 한다.
9. Z선과 Z선 사이의 근원섬유의 절편을 __________(이)라 한다.
10. 신경충격이 신경근육연접에 도달하면 운동뉴런으로부터 __________(이)라는 화학 신경전달물질이 분비된다.
11. __________뉴런과 근육 사이의 연접을 신경근육연접이라 한다.
12. 심장근육과 민무늬근은 세포끼리 서로 자극하는 __________ 연접으로 연결되어 있다.

OX 문제

13. 근소포체로부터 칼슘의 방출은 근육 이완을 일으킨다.
14. 근육의 자극과 수축 시작 사이의 시간을 잠복기라 한다.
15. 힘 단련은 근육 속에 있는 근육세포의 수를 급격히 증가시킨다.

참고문헌

Andersen, Jesper L., Peter Schjerling, and Bengt Saltin. Muscle, Genes and Athletic Performance. *Scientific American*, September 2000, 48–55. (An article about how genetics may influence athletic performance.)

Bahrke, Michael S., and Charles E. Yesalis. *Performance-Enhancing Substances in Sport and Exercise*. Champaign, IL: Human Kinetics, 2002. (A readable and well-referenced text on this subject.)

Coyle, Edward F. Improved muscular efficiency displayed as Tour de France champion matures. *Journal of Applied Physiology* 98:2191–2196, 2005. (The scientific article that documents Lance Armstrong's increase in muscular efficiency.)

McArdle, William D., Frank I. Katch, and Victor L. Katch. *Essentials of Exercise Physiology*, 3rd ed. Baltimore: Lippincott, Williams & Wilkins, 2006. (In-depth coverage for the student interested in exercise and human performance.)

Shermer, Michael. The Doping Dilemma. *Scientific American*, April 2008, 82–89. (An article on why athletes abuse drugs and what could be done about it.)

응용 문제

1. 병원에서는 침대에 누워 있는 환자를 가능한 빨리 일으켜서 걷도록 하는 이유는 무엇일까?
2. 단거리 선수의 훈련 프로그램이 마라톤 선수의 프로그램과 다른 이유를 설명하시오.
3. 근육의 힘줄 중 하나가 찢어지면 어떤 일이 일어날까? 근육이 여전히 수축할까?
4. 체육관에서 다리로 누르기를 하고 있다. 다리를 펴면 웨이트가 올라가고 다리를 구부리면 웨이트가 내려간다. 친구가 "웨이트를 들어 올리는 것은 근육이다"라고 말했다. 친구의 말 중 무엇이 틀렸는지 설명하시오.
5. 추운 날 밖에 서 있다. 그러나 몸을 떨고 있어서 추위를 별로 못 느꼈다. 근육 수준에서 어떤 일이 일어난 것인가? 그리고 이것이 몸의 온도를 유지하는데 있어서 부분적으로 효율적인 이유는 무엇인가?
6. 처음으로 유산소운동에 참여하여 맥박수를 측정하였다. 수업이 끝난 후, 잠시 동안 맥박 수가 높았다가 천천히 정상으로 돌아왔다. 생리적 수준에서 어떤 일이 일어났는지 설명하시오. 운동 프로그램을 꾸준히 유지한다면 이 반응이 어떻게 변하겠는가?
7. 역도 선수들은 크레아틴 인산을 함유한 제품을 복용하려 한다. 이것이 왜 유용할까? 마라톤 선수보다 역도 선수들이 크레아틴 인산으로부터 이득을 보는 이유는 무엇인가?

학습 문제 해답

1. c **2.** f **3.** a **4.** e **5.** b **6.** d **7.** 불수의 근 **8.** 대항근 **9.** 근절 **10.** 아세틸콜린 **11.** 운동 **12.** 간극 **13.** X **14.** O **15.** X

7 혈액

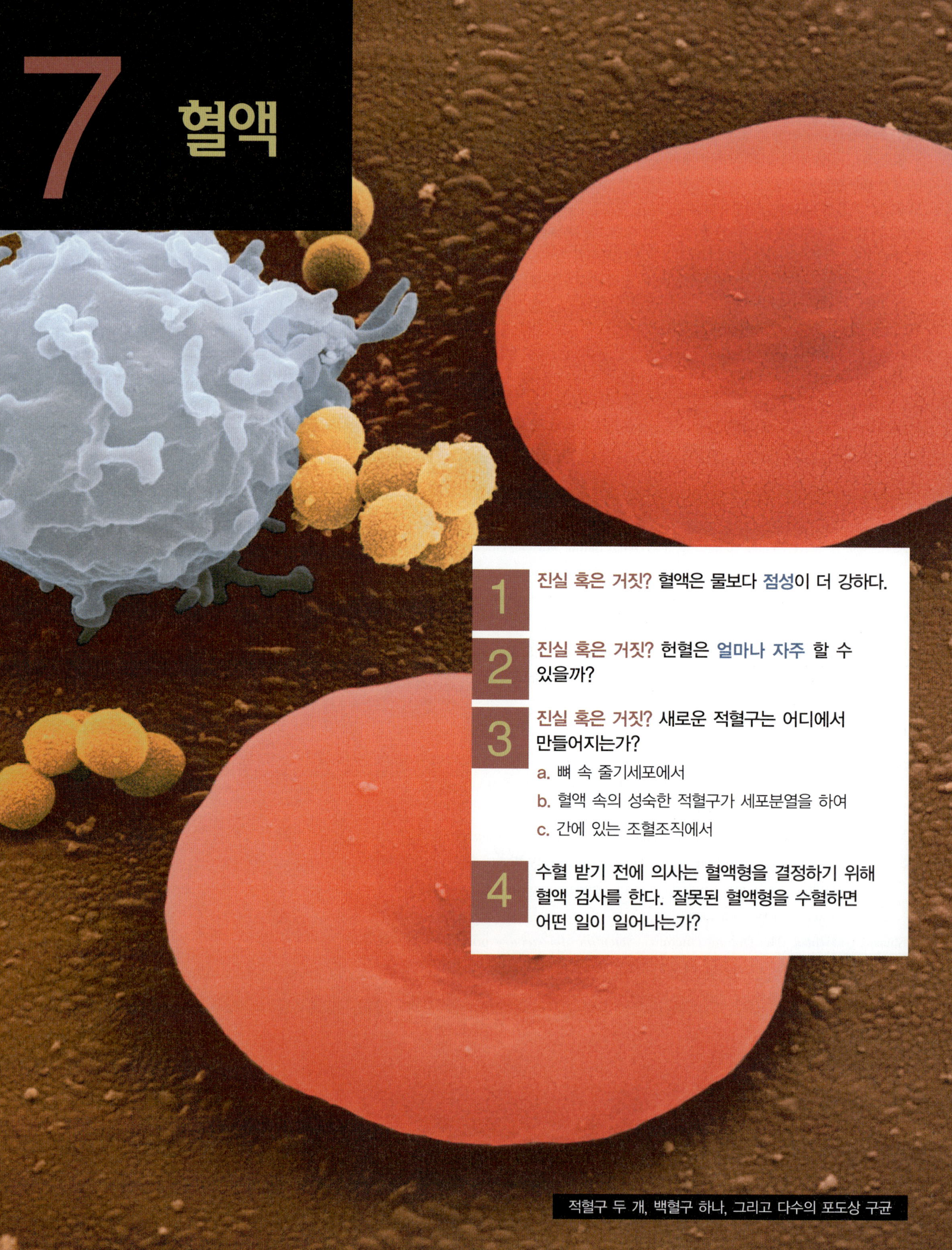

1 진실 혹은 거짓? 혈액은 물보다 점성이 더 강하다.

2 진실 혹은 거짓? 헌혈은 얼마나 자주 할 수 있을까?

3 진실 혹은 거짓? 새로운 적혈구는 어디에서 만들어지는가?

a. 뼈 속 줄기세포에서

b. 혈액 속의 성숙한 적혈구가 세포분열을 하여

c. 간에 있는 조혈조직에서

4 수혈 받기 전에 의사는 혈액형을 결정하기 위해 혈액 검사를 한다. 잘못된 혈액형을 수혈하면 어떤 일이 일어나는가?

적혈구 두 개, 백혈구 하나, 그리고 다수의 포도상 구균

체내의 모든 세포들은 영양분을 얻고 노폐물을 내보내야 한다. 세포는 그 일은 어떻게 할까? 세포를 둘러싸고 있는 체액과의 확산 작용은 부분적인 답일 뿐이다. 만일 모든 세포가 영양분을 간질액에서 얻고 그것을 보충할 방법이 없다면, 세포들은 곧바로 영양 부족에 시달리게 될 것이다. 만일 모든 세포가 노폐물을 간질액으로 내보내서 바로 제거하지 않았다면, 세포들은 모두 독성 물질 속에서 죽었을 것이다. 세포는 산소량, 영양 공급, 노폐물 농도, 그리고 모든 필수적인 분자와 원자의 농도를 적정 수준으로 유지시켜줄 체제가 필요하다. 그들에게 필요한 것은 간질액의 항상성을 유지시켜줄 체제이다. 인간에서는 그 역할을 하는 체제가 바로 순환계이다.

순환계(circulatory system)는 심장과 혈관, 그리고 그 안에 흐르는 혈액으로 이루어져 있다. 그림 7.1에서 보듯이, 순환계는 모든 세포들이 필요로 하는 물질을 공급하고 그들이 더 이상 필요로 하지 않는 물질을 제거하는 중요한 역할을 한다. 순환계는 혈액이 몸 전체를 흐르게 해서, 모든 살아 있는 세포 주변의 간질액으로 필요한 물질을 가져오고 노폐물을 제거한다. 순환계는 소화계로부터 영양분을 받고, 호흡계와 기체를 교환하며 노폐물과 수분 및 염류를 배설계로 보내 몸에서 제거시킨다. 순환계는 또한 대사 과정에서 생긴 일부 노폐물을 간으로 보내 제거시키기도 한다. 어떤 물질을 멀든 가깝든 체내에서 수송하려면 순환계가 작동한다. 순환계와 밀접하게 연관된(실제로 많은 경우 순환계의 일부라고 여겨지는) 것으로 체액이 들어 있는 관들로 이루어진 또 하나의 체제인 **림프계(lymphatic system)**가 있다. 우리는 나중에 9단원에서 림프계를 면역계와 연관지어서 살펴볼 것이다.

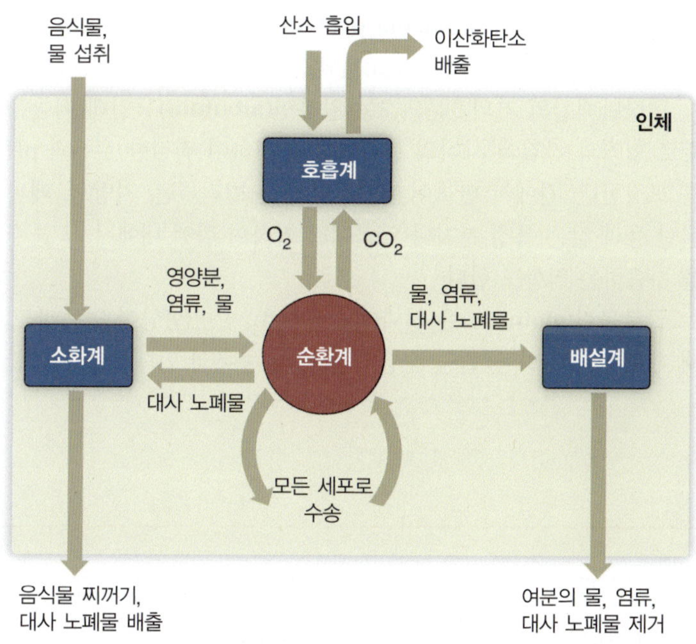

그림 7.1 **순환계의 수송 역할.** 순환계는 체내 모든 부분으로 영양분을 수송하고 노폐물을 운반해냄으로써 항상성 유지에 기여한다.

심장과 혈관들, 그리고 림프계의 수송 기능에 대해서는 8단원에서 살펴볼 것이다. 이 단원에서 우리는 심장과 혈관 내를 순환하는 체액인 혈액의 구성 성분과 주된 기능들에 주안점을 둘 것이다.

7.1 혈액의 구성 성분과 기능

4단원에서 언급했던 것처럼, **혈액(blood)**은 특수한 종류의 결합조직이다. 혈액은 분화된 세포와 여러 분자와 이온으로 채워진 수용액 중에 떠 있는 세포 조각들로 구성되어 있다. 혈액은 몸에서 세 가지 중요한 임무를 수행한다.

- 수송(transportation). 혈액은 몸의 곳곳에 필요한 모든 성분들을 수송하는데, 그 예로는 폐로부터 온 산소, 소화계로부터 온 영양분, 그리고 내분비샘으로부터 온 호르몬 등이 있다. 혈액은 또한 세포의 대사산물들을 조직으로부터 체외로 배출시키는 기관들로 수송하는 역할도 담당한다.
- 조절(regulation). 혈액은 체온, 체내 수분함량, 그리고 체액의 pH를 조절하는데 도움을 준다.
- 방어(defense). 혈액에는 분화된 방어 세포들이 있어서 감염과 질병으로부터 몸을 보호하며, 응고 작용을 통해 과도한 혈액의

들어가기 질문의 답

1 **진실.** 혈액은 물보다 점성이 다섯 배 정도 강하다. 혈액에는 또한 혈관이 손상되었을 때 혈액의 손실을 최소화하기 위해 혈액을 신속하게 응고시키는 성분들이 들어 있다.

2 우리는 두 달에 한 번 정도로 헌혈할 수 있다. 우리가 헌혈한 혈액 안에 들어 있는 물과 염류 및 단백질은 하루 정도면 보충이 된다. 그러나 적혈구를 보충하는 데는 거의 두 달이 걸린다.

3 **a.** 새로운 적혈구는 특정한 뼈의 적색골수 안에 있는 줄기세포로부터 만들어진다.

4 수혈반응이라고 하는 심각한 알레르기 반응이 발생한다. 수혈반응은 장기를 손상시키고 심하면 죽음에 이르게도 한다.

손실을 방지하는 능력 또한 갖추고 있다.

이 기능들은 모두 합쳐져서 체내의 항상성을 유지하는 데 중요하다. 혈액은 이 기능들을 수행하는데 매우 효과적이어서 과학자들이 혈액을 대체할 새로운 물질을 개발하고자 하는 노력들이 현재로서는 별다른 성공을 거두지 못하고 있다. 만일 어떤 사람에게 혈액이 필요하다면, 대개는 사람의 혈액을 수혈해주는 것이 유일한 해결책이다.

성인 남성은 평균 5~6리터의, 성인 여성은 평균 4~5리터의 혈액을 가지고 있다. 혈액량의 차이는 남녀의 신체 크기의 차이 때문이다. 일반적으로 혈액의 무게는 체중의 8%에 해당한다.

혈액은 물보다 진하며 점성도 높다. 혈액의 어떤 성분은 물보다 진하며(무거우며) 혈액이 물보다 5배 정도 점성(점도는 흐름에 저항하는 척도이다)이 높기 때문이다. "피는 물보다 진하다"는 속담은 옳은 말이다.

피는 한 색깔이지만 피의 성분은 다양하다. **표 7.1**에는 혈액의 여러 성분과 각각의 기능을 정리해 두었다. 성분은 두 개의 주 부류로 나눠지는데, 액상 성분(혈장)과 세포 성분 또는 유형 성분(적혈구, 백혈구, 혈소판)이다. 혈액을 시험관에 넣고 원심분리하면 유형 성분은 혈장보다 밀도가 높아서 시험관 바닥에 가라앉는다(**그림 7.2**). 유형 성분의 대부분을 차지하는 적혈구(RBC)는 바닥에 가라앉는다. 백혈구(WBC)와 혈소판은 적혈구 위에 얇은 회색층으로 나타난다.

요점 정리

우리 몸무게의 약 8%는 혈액이다. 혈액은 (1) 영양분과 노폐물을 수송하고, (2) 온도와 체내 수분의 양을 조절하며, (3) 질병과 싸우고 치료를 도와주는 분자들을 운반함으로써 우리 몸의 항상성을 유지해준다. ■

혈장은 물에 많은 용질들이 녹아 있는 액체이다

혈액 표본을 원심분리하면 전체 부피의 약 55%를 차지하는 위층은 연한 노란색의 **혈장(plasma)**이라는 액체이다. 혈장은 혈구 세포와 혈소판을 수송하는 매질이다. 혈장의 약 90%는 물이다. 나머지 성분은 단백질, 호르몬, 100개 이상의 서로 다른 작은 분자들(아미노산, 지방, 작은 탄수화물, 비타민, 여러 가지 대사노폐물 등)과 이온들이다.

혈장에 녹아 있는 물질 중 가장 큰 성분은 다양한 역할을 수행하고 있는 **혈장단백질(plasma protein)**이다. 중요한 혈장단백질에는 알부민, 글로불린, 혈액응고단백질이 있다.

혈장단백질의 거의 3분의 2는 **알부민(albumin)**들인데 이들은 주로 혈액과 간질액 사이의 삼투압을 유지하여 적절한 수분과 pH를 보장한다. 간에서 만들어지는 알부민은 빌리루빈, 지방산, 페니실린 등과 같은 특정 분자나 약물에 결합하여 혈액 내에서 그 물질을 수송하는 역할도 한다.

글로불린(globulin)은 알파(α), 베타(β), 감마(γ)형이 있는데 혈액 내에서 다양한 물질을 수송하는 여러 종류의 단백질을 포함한

표 7.1 혈액의 구성 성분

혈액 성분	보기와 기능
유형 성분 (45%)	
적혈구	온몸 조직으로 산소를 운반: 온몸 조직으로부터 이산화탄소를 운반
백혈구	외래 생물이나 비정상 세포로부터 몸을 방어
혈소판	신체 방어기전의 일환으로 혈액응고에 관여
혈장 (55%)	
물	혈장의 주 성분
이온(전해질)	소듐, 포타슘, 염소, 중탄산염, 칼슘, 수소, 마그네슘 등. 이온은 세포의 크기와 기능 조절, 세포 안팎의 전위차, 신경과 근육의 기능을 유지하는데 기여한다.
단백질	알부민은 혈액의 양을 유지하고 전해질, 호르몬, 노폐물을 수송한다. 글로불린은 항체와 면역반응 및 물질 수송에 기여한다. 혈액응고단백질은 혈액응고에 기여한다.
호르몬	인슐린, 성장호르몬, 테스토스테론, 에스트로겐 등. 호르몬은 특정 신체 기능을 수행하는데 필요한 정보를 제공해주는 화학 신호전달자 분자이다.
기체	대사에 필요한 산소; 대사의 노폐물인 이산화탄소; 산소와 이산화탄소는 적혈구가 운반하지만 혈장에 용해되어 있다.
영양분과 노폐물	포도당, 요소 등. 영양분, 원료물질, 노폐물(열을 포함한) 등은 혈액에 의해 온몸으로 운반된다.

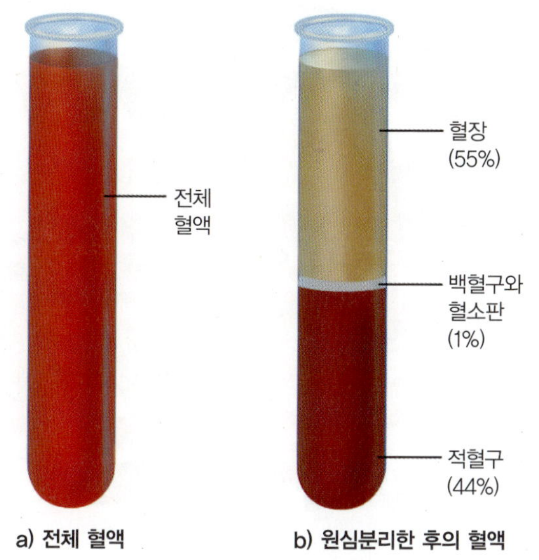

a) 전체 혈액 b) 원심분리한 후의 혈액

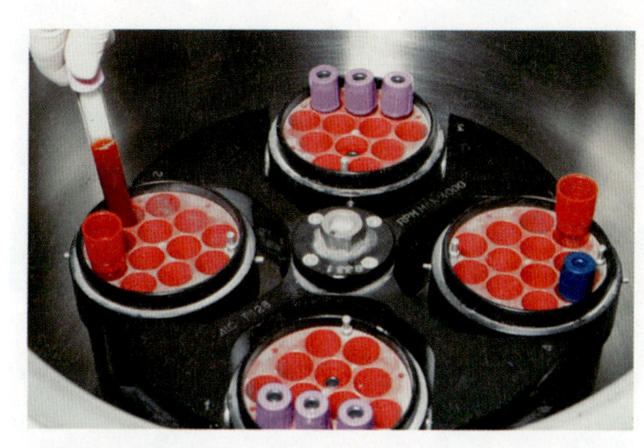

c) 원심분리기(소형)

그림 7.2 **혈액.** 유형 성분은 원심분리하면 바닥에 가라앉는다.

다. 많은 β-글로불린은 콜레스테롤과 같은 지질분자(지방)와 결합한다. 단백질이 지질분자와 결합하면 지질단백질(lipoprotein)이란 복합체를 만든다. 의학적으로 중요한 두 가지 지질단백질에는 저밀도지질단백질(low-density lipoprotein: LDL)과 고밀도지질단백질(high-density lipoprotein: HDL)이 있는데 혈액 검사에서는 종종 이들의 상대적 비율을 측정한다. LDL의 높은 혈중농도가 심혈관계 건강 문제와 관련이 있으므로 LDL을 보통 "나쁜 콜레스테롤"이라고 부른다. HDL의 농도가 높으면 심혈관계 질병을 일으킬 확률이 낮아진다. 지질단백질과 혈중 콜레스테롤 수치와 관련된 건강문제는 8단원에서 다룬다.

γ-글로불린은 인체의 방어시스템의 일환으로 작용하여 감염과 질병에 대한 보호 기능을 수행한다. 이들의 역할은 9단원에서 자세히 들여다볼 것이다.

혈장단백질 중 세 번째 종류인 혈액응고단백질(clotting protein)은 혈액응고 과정에 중요한 역할을 한다. 상처 후에 혈액응고가 혈액 손실을 최소화하고 항상성 유지에 기여하는 과정은 이 단원의 후반부에서 살펴본다.

혈장의 기타 성분 혈장단백질 외에도 혈장은 이온(전해질), 호르몬, 영양분, 노폐물, 기체 등과 같은 많은 다른 분자들을 운반한다. 소듐과 포타슘 같은 전해질은 세포의 부피와 세포 기능 조절에 기여한다. 내분비계에서 만들어지는 화학 "신호전달자"인 호르몬은 온몸으로 정보를 전달한다. 탄수화물, 아미노산, 비타민 같은 영양분은 소화관에서 흡수되거나 세포의 대사활동을 통해 만들어진다. 혈장에 있는 노폐물에는 이산화탄소, 요소, 젖산이 있다. 혈장에는 대사에 필요한 산소와 대사의 노폐물인 이산화탄소가 녹아 있다.

요점 정리

혈액의 약 55%는 혈장으로 되어 있다. 혈장은 대부분이 물로서 다른 혈액 성분들을 포함하고 운반하는 매질 역할을 한다. 혈장단백질에는 알부민, 글로불린, 혈액응고단백질이 있다. ■

적혈구는 산소와 이산화탄소를 운반한다

혈액의 부피 중 절반이 약간 못되는 부분을 유형 성분이 차지한다. 이 중 가장 많은 것이 **적혈구(red blood cell: RBC)**이다. (그리스어로 "붉은 세포"를 의미하는 **erythrocyte**로도 불린다.) 적혈구의 주 기능은 산소와 이산화탄소를 운반하는 일이다. 혈액 1 mm^3 (μl)에는 대략 500만 개의 적혈구가 들어 있다. 피가 붉은색을 띠며 점성이 높은 이유는 이 때문이다.

적혈구는 구조가 기능을 지지한다는 훌륭한 보기이다. 적혈구는 작고 납작한, 중앙이 얇고 테두리가 두꺼운 도넛 모양의 원반형 세포이다(그림 7.3). 적혈구는 사람 세포 중에서 독특한 형태를 지니고 있는데 적혈구의 기능을 수행하는데 유리한 점들이 있다. 이 형태는 적혈구를 유연하게 만들어 작은 혈관 속으로 휘고 접혀서 들어갈 수 있게 해준다. 또한 적혈구의 세포질이 가스 교환을 용이하게 해주는 세포 표면으로부터 조금이라도 멀리 떨어져 있지 않게 해준다.

적혈구는 산소를 운반하기 위해 고도로 분화된 세포이다. 성숙한 적혈구에는 핵이 없으며 실제로 세포소기관들도 없다. 적혈구는 본질적으로 액체로 채워진 원형질막 주머니이다. 그 액체 속에는 산소 결합단백질인 **헤모글로빈(hemoglobin)** 분자들 약 3억 개가 가득 들어 있다. 헤모글로빈은 4개의 폴리펩티드 사슬로 구성되어

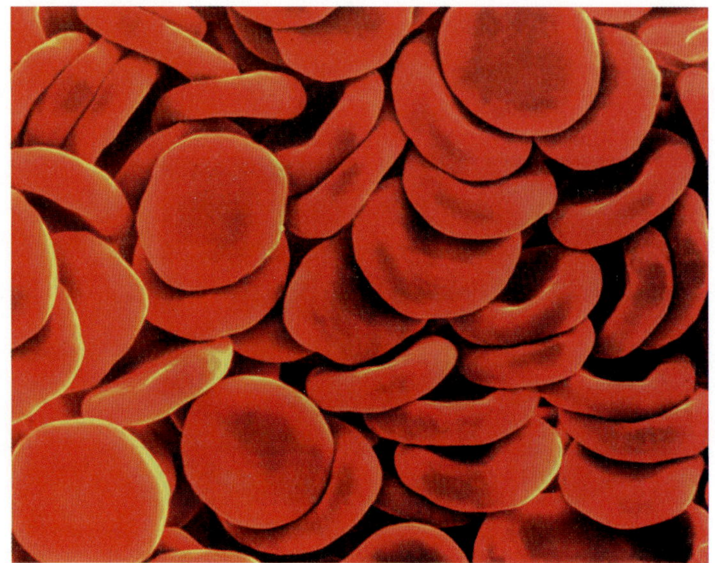

그림 7.3 **적혈구.** 중앙이 얇고 납작한 형태이므로 움푹 들어간 모양이다. (SEM ×1,160)

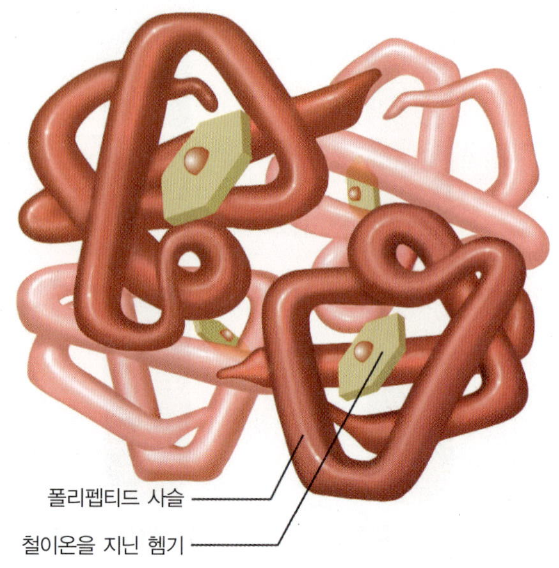

그림 7.4 **헤모글로빈 분자.** 헤모글로빈은 함께 접혀진 4개의 폴리펩티드 사슬로 되어 있다. 각 폴리펩티드는 철이온 한 개가 들어 있는 헴기(heme group)를 가지고 있다. 적혈구 한 개에는 약 3억 개의 헤모글로빈 분자가 들어 있다.

있는데 각각은 헴기(heme group)를 가지고 있다(그림 7.4). 각 헴기의 중앙에는 철이온이 하나 있는데 이것이 산소(O_2) 분자와 수월하게 결합을 한다. 전체적으로 적혈구 한 개는 산소 분자를 12억 개까지 운반할 수 있다. 적혈구는 미토콘드리아가 없으므로 무기호흡 경로를 통해 ATP를 만든다. 따라서 적혈구는 자신이 운반하는 산소를 전혀 사용하지 않는다. 단지 산소를 운반만 할 뿐이다.

헤모글로빈과 산소의 결합에 영향을 미치는 요소들이 몇 개 있다. 헤모글로빈은 산소의 농도가 비교적 높고 pH가 중성일 때에 산소와 가장 효율적으로 결합한다. 이것은 정확히 폐에서 주로 일어나는 조건이다. 폐에서, 산소는 혈장으로 확산해 들어가 적혈구 속으로 들어간 다음 헤모글로빈에 있는 철 원자에 결합한다. 산소가 헤모글로빈에 결합함으로써 혈장 속의 O_2가 일부 제거되어서 폐로부터 혈장으로 더 많은 O_2가 확산해 들어갈 여지가 만들어진다. 산소 분자 4개가 결합된 헤모글로빈은 **산화헤모글로빈(oxyhemoglobin)**이라 부르는데 특징적인 밝은 빨간색을 띤다.

헤모글로빈이 산소와 만든 결합은 산소가 필요한 세포에게 쉽게 내줄 수 있도록 일시적이어야 한다. 대사활동 과정에서 산소를 사용하는 조직에서는 용해산소의 농도와 pH가 모두 낮다. 이 조건에서 헤모글로빈은 조직 안으로 산소를 쉽게 내보낼 수 있어서 세포들이 산소를 쓸 수 있게 해준다. 체온이 올라가면 헤모글로빈이 산소를 내보내는 속도도 빨라진다. 산소를 잃어버린 헤모글로빈을 **탈산화헤모글로빈(deoxyhemoglobin)**이라 부른다. 탈산화헤모글로빈은 특징적으로 진한 자주색을 띤다. 그러나 조직으로부터 돌아오는 정맥혈에는 산화헤모글로빈과 탈산화헤모글로빈이 섞여 있으므로 정맥혈은 보통 붉은색과 자주색의 중간인 진한 붉은색이나 고동색을 띤다.

헤모글로빈은 세포대사의 노폐물인 이산화탄소(CO_2)도 일부 운반한다. 이산화탄소의 농도가 높은 조직에서는 이산화탄소의 약 25% 정도는 헤모글로빈과 결합한다(산소 결합 장소가 아닌 곳에). 폐에서, CO_2는 헤모글로빈과 분리된 다음 호흡을 통해 배출된다. 나머지 CO_2가 어떻게 운반되는지를 포함해서 기체 운반에 관한 자세한 내용은 10단원에서 다룬다.

요점 정리

혈액 내 산소의 거의 대부분과 이산화탄소의 일부를 운반하는 적혈구의 능력은 적혈구의 주요한 단백질인 헤모글로빈에 달려 있다. 헤모글로빈 한 분자에는 4개의 철 원자가 있는 데 이들이 산소와 가역적으로 결합한다. ■

적혈구용적률은 산소운반능력을 반영한다

적혈구로 이루어진 혈액의 비율을 **적혈구용적률(hematocrit)**이라고 부른다. 적혈구용적률은 혈액의 산소운반능력을 나타내는 상대적 수치이기 때문에 의학적으로 중요한 개념이다.

정상 적혈구용적률은 남성이 43~49%, 여성이 37~43%이다. 비정상적인 적혈구용적률은 때때로 걱정의 원인이 된다. 낮은 적혈구용적률은 **빈혈증(anemia)**이나 적혈구 생산이 부족한 다른 질환을 알려주는 신호가 된다(7.4 소단원 참조). 과도하게 많은 적혈구는 혈액을 진하게 만들어 응고의 위험이 증가하기 때문에 높은 적혈구용적률도 위험하다. 드문 경우로 높은 적혈구용적률은 특징적으로 적혈구를 과잉 생산하는 골수 질환인 **적혈구증가증(polycythemia)**의 전조가 되기도 한다. 적혈구증가증은 혈액량과 점성도를 증가시켜서 때때로 시야를 흐려지게 하고 두통과 고혈압을 일으킨다.

적혈구용적률이 잠시 변하는 것은 정상이다. 예를 들면, 휴가 중에 높은 산에 올라 그곳에서 2~3주 동안 머무른다면 적혈구용적률은 공기 중의 낮은 산소 농도를 보상하기 위해 증가하게 된다. 이것은 혈액의 산소운반능력을 위한 정상적인 적혈구용적률 조절의 일부이다. 평지로 내려오면 적혈구용적률은 정상으로 되돌아온다.

모든 혈구 세포와 혈소판은 줄기세포에서 만들어진다

모든 혈구 세포와 혈소판은 적색골수에 있는 세포로부터 만들어진다. **줄기세포(stem cell)**라고 부르는 이 세포는 사람이 사는 동안 몇 번이고 분열하여 미성숙 혈구 세포를 지속적으로 만들어낸다. 이 미성숙 세포가 발달하여 여러 종류의 성숙한 적혈구와 백혈구 및 혈소판이 된다(그림 7.5).

적혈구의 수명은 짧다

줄기세포의 일부는 **적아세포(erythroblast)**라는 미성숙한 세포로 발달한다. 적아세포는 헤모글로빈으로 채워져서 약 1주일이면 성숙한 적혈구(erythrocyte)로 발달한다. 적혈구는 성숙하면서 핵과 세포소기관들을 상실하게 되어 더 이상 분열할 수 없게 된다. 따라서 모든 새로운 적혈구들은 분열하는 줄기세포로부터 유래한 것이다. 적혈구에는 핵이 없기 때문에 표준적인 모든 세포 활동을 할 수 없으므로 적혈구는 비교적 빨리 쇠약해진다. 적혈구는 약 120일 정도 산다. 그러나 그 기간 동안에 적혈구는 하루에 거의 3,000번 정도 왕복 운동을 하며 폐로부터 조직으로 O_2를 나르고 조직으로부터 폐로 CO_2를 나른다. 수명이 아주 짧기 때문에 적혈구는 일생 동안에 걸쳐 만들어져야 한다. 적혈구용적률을 일정하게 유지하기

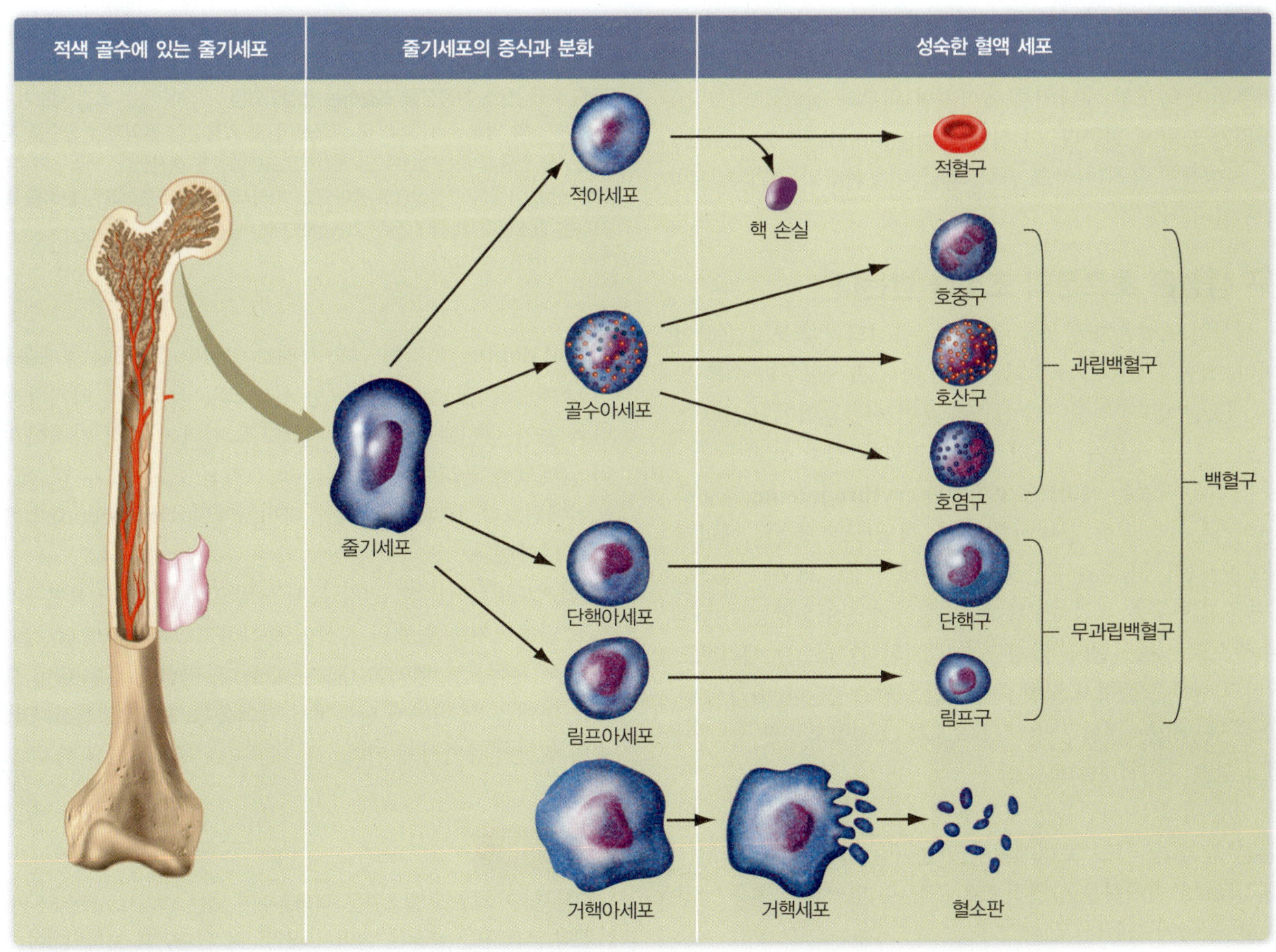

그림 7.5 **혈액 세포와 혈소판의 생성.** 혈액 세포들은 수명이 짧으므로 지속적으로 보충되어야 한다. 골수에 있는 줄기세포가 끊임없이 분열하여 다양한 유형의 혈액 세포를 만들어낸다.

위해 1초에 200만 개 이상이라는 어마어마한 속도로 만들어낸다.

오래되고 손상된 적혈구는 몸을 순환하는 혈액으로부터 제거되어 간이나 지라(비장)에서 **대식세포(macrophage)**라는 큰 세포에 의해 파괴된다. 대식세포는 백혈구 중에서 가장 큰 단핵구(monocyte)로부터 유래한다. 대식세포는 적혈구를 둘러싸고 삼켜서 소화시킨다. 이 과정을 **식세포작용(phagocytosis)**이라고 한다. 그런 후 헤모글로빈 분자의 네 펩티드 사슬은 낱개의 아미노산으로 부셔지고, 각각의 아미노산은 재활용되어 새로운 단백질을 만든다. 헴기의 철 원자는 적색골수로 되돌아가고 그곳에서 다시 새로운 적혈구에 들어갈 새 헤모글로빈을 만드는 데 사용된다. 철 원자가 빠진 헴기는 간에서 빌리루빈(bilirubin)이라고 부르는 노르스름한 색소로 전환된다. 멍이 들었다가 나아지면서 멍 색깔이 서서히 자주색에서 푸른색, 초록색, 노란색으로 변하는 것을 본 적이 있을 것이다. 그것은 멍이 난 자리에서 헴기가 화학적으로 분해되어 빌리루빈으로 변하는 과정이다. 정상인 경우에, 헤모글로빈이 간에서 분해되면 빌리루빈은 소화 동안에 분비된 담즙에 섞여서 장으로 넘어간다. 이 색소가 오줌과 대변의 독특한 색깔을 만든다.

간이 빌리루빈을 담즙 안으로 적절히 분비하지 못하거나 간에서 장으로 가는 담관이 막히면 빌리루빈이 혈장에 축적된다. 혈액 중 빌리루빈의 농도가 지나치게 높아지면 피부와 점막 그리고 눈의 흰자위가 노랗게 변한다. 이 상태를 황달(jaundice: 불어로 "노랗다"는 의미에서 유래)이라고 한다. 황달은 적혈구의 파괴 속도가 빨라져도 일어난다.

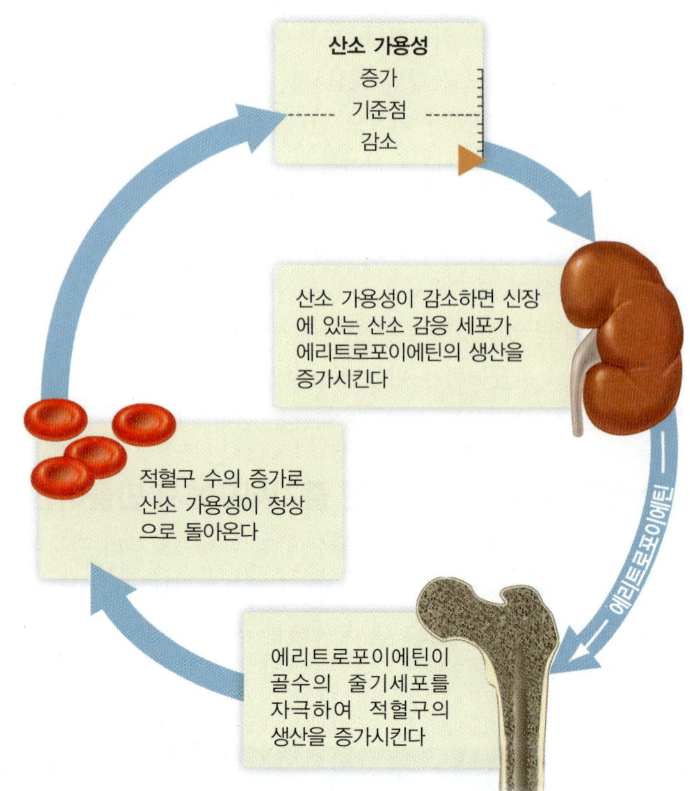

그림 7.6 **산소 가용성을 조절하는 음성되먹임.** 신장에 있는 특정 세포가 이용 가능한 산소의 양을 감지한다. 이 세포는 산소 가용성이 떨어지면 골수를 자극하여 적혈구를 만들게 하는 호르몬인 에리트로포이에틴을 생산한다. 적혈구의 수가 증가하면 산소 가용성이 정상으로 돌아오고, 따라서 에리트로포이에틴 분비를 촉진하는 자극은 감소한다. 마침내 산소 가용성에 대한 항상성이 확립된다.

적혈구 생성은 호르몬의 조절을 받는다

적혈구 생성의 조절은 항상성을 유지하는 음성되먹임 조절 고리의 한 예이다. 적혈구의 수가 조절되는 것이 아니고(적혈구의 수를 셀 수 있는 세포는 없다) 적혈구의 산소를 운반하는 능력이 조절된다. 신장에 있는 특정 세포가 산소의 양을 측정한다. 산소 농도가 낮으면 신호를 받은 세포는 **에리트로포이에틴(erythropoietin:** 조혈촉진인자)이라는 호르몬을 분비하게 된다. 혈액으로 방출된 에리트로포이에틴은 적색골수로 운반되어 그곳에서 줄기세포를 자극하여 더 많은 적혈구를 생성하도록 한다. 혈액의 산소운반능력이 적절한 수준으로 상승하면(신장 세포가 감지한다) 세포는 에리트로포이에틴의 생산을 줄여서 적혈구의 생성을 감소시킨다. 따라서 몸은 산소를 운반하는 적혈구의 생성 속도를 조절함으로써 산소 이용의 항상성을 유지한다(그림 7.6).

신장 질환이 있는 사람들은 적혈구 생성을 적절히 조절할 수 있는 충분한 양의 에리트로포이에틴을 만들지 못한다. 다행히, 최근에는 에리트로포이에틴을 상업적으로 구할 수 있어서 적혈구 생성을 촉진할 수 있게 되었다.

일부 운동선수들이 적혈구 생산을 증진시켜 혈액의 산소운반능력을 높이려고 판매되는 에리트로포이에틴을 주사하는 **혈액도핑(blood doping)**이라는 남용 사례가 있었다. 2002년 동계올림픽에서 금메달을 딴 스페인의 요한 뮬레그와 러시아의 라리사 라주티나와 올가 다니로바 선수는 혈액도핑 결과에 따라 자격이 박탈되어 금메달을 돌려주어야 했다. 세 스키선수들은 모두 다 에리트로포이에틴보다 10배나 강력한 다비포에틴(darbepoetin)에 양성반응을 나타냈다.

혈액도핑은 심각한 건강 문제를 일으킬 수 있다. 적혈구가 과량으로 만들어지면 혈액의 점성이 증가하고 그에 따라 심장은 더 힘을 들여 온몸으로 혈액을 내보내야 한다. 격렬한 운동 뒤에 오는 탈수는 혈액을 더 진하게 만들어서 혈액응고, 고혈압, 심장마비, 뇌졸중의 위험이 증가하게 된다.

요점 정리

모든 혈구 세포와 혈소판은 적색골수에 있는 줄기세포로부터 만들어진다. 적혈구는 수명은 짧아서 끊임없이 만들어져 보충되어야 한다. 적혈구의 생성 속도는 신장에서 만들어지는 에리트로포이에틴이라는 호르몬에 의해 촉진된다. ■

백혈구는 신체의 방어 기능을 수행한다

백혈구(white blood cell: WBC, leukocyte)는 전체 혈액의 약 1%를 차지한다. 적혈구보다 크기가 크며 구조와 기능 면에서도 다양하다. 백혈구에는 핵이 있지만 헤모글로빈은 없다. 백혈구는 투명해서 염색을 하지 않으면 현미경으로도 찾기가 쉽지 않다. 혈액 1 μl에는 약 7,000개의 백혈구가 들어 있는데 적혈구 700개당 백혈구가 1개꼴로 존재하는 셈이다. 백혈구는 질병과 상처로부터 몸을 보호하는 데 수많은 중요한 역할을 한다.

적혈구와 마찬가지로 백혈구도 적색골수에 있는 줄기세포로부터 만들어진다. 그림 7.5에서 보듯이, 줄기세포는 장차 다양한 백혈구로 발달하게 될 미성숙 혈액세포를 만든다. 백혈구는 크게 **과립백혈구(granular leukocyte)**와 **무과립백혈구(agranular leukocyte)**, 두 유형으로 나뉜다. 두 유형 모두 백혈구의 방어 기능을 도와주는 단백질과 효소가 들어 있는 과립(실제로는 소낭들)을 세포질 안에 가지고 있다. 그러나 백혈구를 염색하면 무과립백혈구의 과립들은 보이지 않는다.

일단 생성된 백혈구는 대부분 적색골수에서 성숙한다. T림프구(T lymphocytes)라고 부르는 무과립백혈구만은 예외인데, 이들은 혈류를 타고 흉선으로 이동하여 그곳에서 성숙한다. 대부분의 백혈구들은 적혈구보다 수명이 더 짧다. 많은 과립백혈구들은 대개는 침입한 미생물과 싸우느라 입은 상처가 지속되어 수 시간에서 9일 이내에 죽는다. 무과립백혈구들은 보통 더 오래 생존한다. 단핵구(monocyte)들은 수개월 살며, 림프구는 수일에서 수년 동안 생존이 가능하다. 간과 비장(지라)에서는 죽거나 상처 입은 백혈구들이 혈액으로부터 끊임없이 제거된다.

신체가 바이러스나 세균, 또는 다른 유해 침입자에게 위협을 받을 때면 언제나 백혈구의 순환율이 증가한다. 모든 종류의 백혈구들은 화학물질을 만들어 혈류를 통해 골수로 보내는데 그곳에서 백혈구의 생성을 촉진시킨다.

적혈구는 혈액에 남아 머물지만 일부 백혈구들은 혈관을 벗어나서 세포들 사이의 조직액 속이나 림프액 속에 들어가 순환한다. 백혈구는 모양을 바꿀 수 있기 때문에 모세혈관벽을 이루고 있는 세포들 사이를 비집고 새나갈 수 있다. 신체 방어체계의 일부로서 백혈구의 역할은 9단원에서 자세히 다룬다. 이 단원에서는 각 유형의 중요한 특성만을 설명하겠다.

과립백혈구: 호중구, 호산구 및 호염구 과립백혈구에는 호중구와 호산구 및 호염구가 있다. 이 이름들은 각 백혈구의 염색 특성에 따라 명명된 것이다.

- **호중구(neutrophil):** 과립백혈구 중에서 수가 가장 많은 종류로 전체 백혈구의 약 60%를 차지한다. (호중구란 이름은 "중성을 좋아하는"의 뜻이며, 호중구의 과립은 붉은색이나 파란색 염색을 뚜렷이 흡수하지 않는다.) 감염에 대항해서 맨 처음에 싸우는 백혈구로 침입 세포를 둘러싸서 삼킨다(그림 7.7). 호중구는 특히 세균이나 일부 균류를 표적으로 한다. 맹장염이나 뇌수막염 같은 급성 세균 감염이 일어나면 호중구의 수는 급격히 증가한다.
- **호산구(eosinophil):** 순환계 백혈구 중 비교적 적은 부분(2~4%)을 차지한다. (호산구란 이름은 에오신이라는 산성의 붉은 색소에 잘 염색되는 경향에서 유래한다.) 호산구는 두 가지 중요한 역할을 수행한다. 첫째, 십이지장충, 촌충, 흡충, 요충 같은 기생충에 대해 몸을 방어한다. 이런 기생충들은 크기가 너무 커서 식세포작용으로 감싸서 삼키지 못한다. 그 대신 호산구들이 무리를 지어 개개의 기생충을 둘러싸서 소화효소로 공격한다. 호산구의 두 번째 기능은 극심한 알레르기 반응을 완화시켜 주는 화학물질을 방출하는 것이다.
- **호염구(basophil):** 백혈구 중 가장 드문 빈도를 나타내는 것으로 0.5% 정도를 차지한다. (이름은 염기성 청색 색소에 염색이 잘되는 경향에서 온 것이다.) 호염구의 세포질에 있는 과립은 염증반응을 일으키는 화학물질인 히스타민을 함유하고 있다. 신체 조직이 손상을 입으면 호염구는 히스타민을 분비하여 부근에 있는 혈관으로부터 상처 부위로 혈장이 방출되도록 한다. 혈장은 조직의 회복 과정을 시작하게 하는 여러 가지 세포, 영양분 및 화학물질들을 가져온다. 염증과 함께 조직이 붓고, 가려우며 빨갛게 되는 것은 불쾌하지만 이런 것들은 위험하다고 인식되는

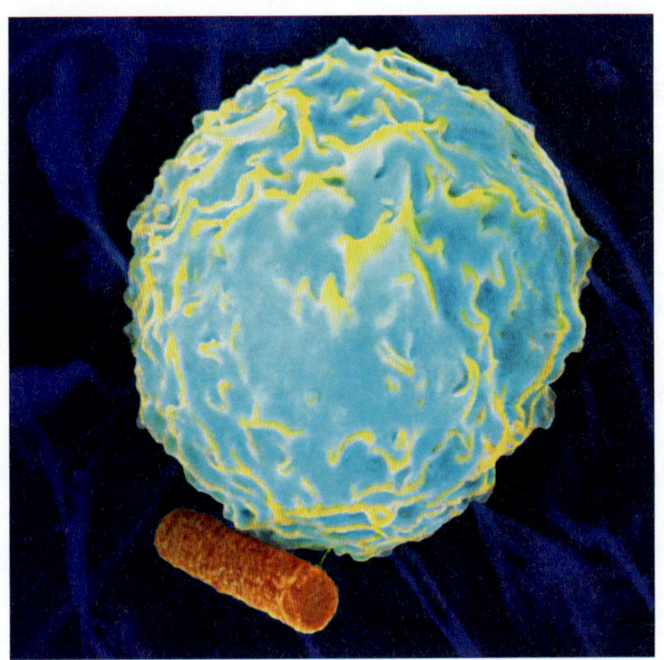

그림 7.7 간상균을 공격하는 호중구. 식세포작용의 첫 번째 단계에서 호중구가 표면의 돌기를 이용하여 세균에 접근하고 있다. 다음 단계에서 호중구는 세균을 삼키고 파괴한다. (채색 SEM, ×8,000)

분자들에 대한 면역계의 방어 기작의 일부이다.

무과립백혈구: 단핵구와 림프구 무과립백혈구에는 단핵구와 림프구가 있다. 백혈구 중 가장 큰 **단핵구(monocyte)**는 전체 순환계 백혈구의 약 5%를 차지한다. 단핵구는 혈류로부터 새어나가 조직 속에 자리를 잡는데, 그곳에서 죽은 세포의 부스러기나 침입자를 삼키는 대식세포(macrophage)로 분화한다. 단핵구는 또한 림프구를 자극하여 신체를 방어하도록 한다. 단핵구는 특히 결핵과 같은 만성 감염이나 바이러스 및 특정 기생 세균에 대항하여 활발한 활동을 보인다.

림프구(lymphocyte)는 순환계 백혈구의 약 30%를 차지한다. 림프구는 혈류, 편도선, 비장, 림프절 및 흉선에서 발견된다. 림프구는 B림프구(B lymphocyte)와 T림프구(T lymphocyte), 두 종류로 나뉜다. 이들은 각각 B세포(B cell)와 T세포(T cell)라고도 부른다. B림프구는 형질세포(plasma cell)로 분화하는데 형질세포는 미생물과 외부 침입자를 방어하는 특수한 단백질인 항체(antibody)를 생산한다. T림프구는 세균, 바이러스, 암세포 같은 특별한 위험요소를 표적으로 삼아 파괴하는 일을 한다. 두 림프구는 우리 몸의 면역계에서 중요한 역할을 한다. 이들의 역할에 대해서는 9단원에서 자세히 다룬다.

요점 정리

백혈구는 질병과 상처로부터 몸을 방어한다. 여러 종류의 백혈구들의 활동으로는 조직 손상에 대한 반응과 항체 생산, 외부 세포를 잡아먹는 것, 그리고 큰 외부 침입자를 공격하기 위한 효소 분비 등이 있다. ■

혈소판은 혈액응고에 필수적이다

혈소판(platelet)은 전체 혈액의 1% 미만을 차지한다. 혈소판은 완전한 세포가 아니라 작은 세포 조각인데 혈액응고 과정에서 가장 중요한 역할을 한다. 혈소판은 골수의 줄기세포에서 유래한 거핵세포(megakaryocytes)로부터 나온다. 그러나 거핵세포는 적혈구나 백혈구와는 달리 순환하지 않는다. 혈소판은 거핵세포의 세포질과 세포막이 떨어져 나온 작은 조각이다. 거핵세포는 하루에 약 2,000억 개의 혈소판을 만든다. 혈액 1 mm^3에는 25만~50만 개의 혈소판이 들어 있다. 혈소판의 수명은 약 5~9일이다. 혈소판의 생산은 최근에 발견된 트롬보포이에틴(thrombopoietin)이라는 호르몬에 의해 조절된다. 그러나 트롬보포이에틴의 분비가 어떻게 조절되는지는 아직 밝혀지지 않았다.

혈관이 손상되어 혈액이 흘러나오게 되면 이를 복구하기 위해 혈소판이 중요한 역할을 수행한다. 다음 소단원에서 그 과정에 대해 알아보겠다.

7.2 지혈: 혈액 손실 방지

순환계의 가장 중요한 특성 중 하나는 상해를 입은 후에 혈액 손실을 제한하는 능력이다. 혈액 손실이나 혈액 유출을 방지하는 자연적 과정인 **지혈(hemostasis)**은 다음 3단계로 진행된다. (1) 손상된 지역에서의 혈관 수축(vascular spasm), (2) 혈소판 마개(platelet plug) 형성, (3) 혈액응고(blood clotting 또는 coagulation)(그림 7.8). 혈액 손실이 일단 정지되면 조직의 회복이 시작된다.

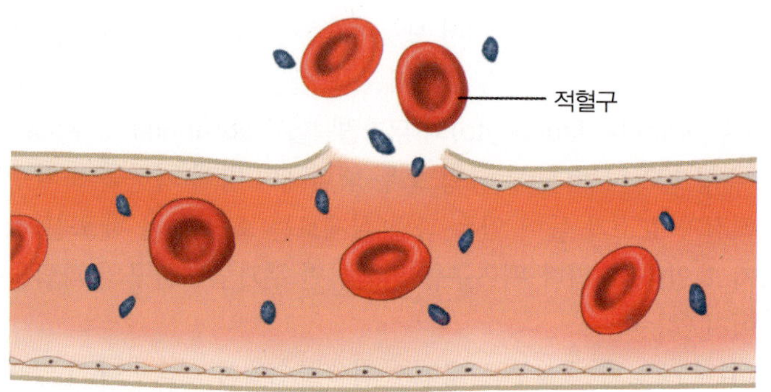

① **혈관 손상.** 혈관이 상해를 입으면 혈관의 근육층이 노출되고 혈액이 흘러나온다.

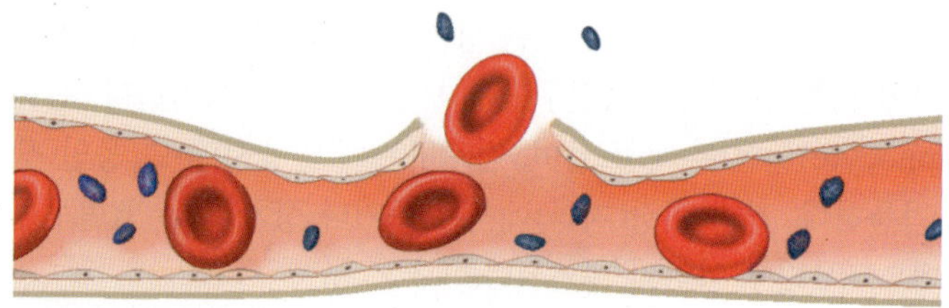

② **혈관 수축.** 혈관이 수축하고 혈액의 흐름이 감소한다.

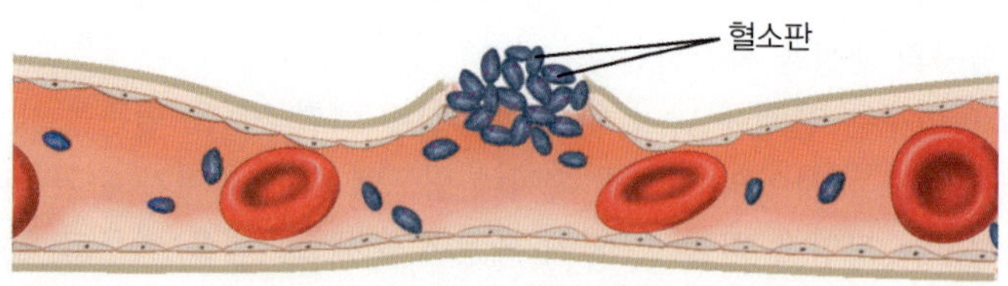

③ **혈소판 마개 형성.** 혈소판끼리 서로 붙고 혈소판이 손상된 혈관에도 부착한다.

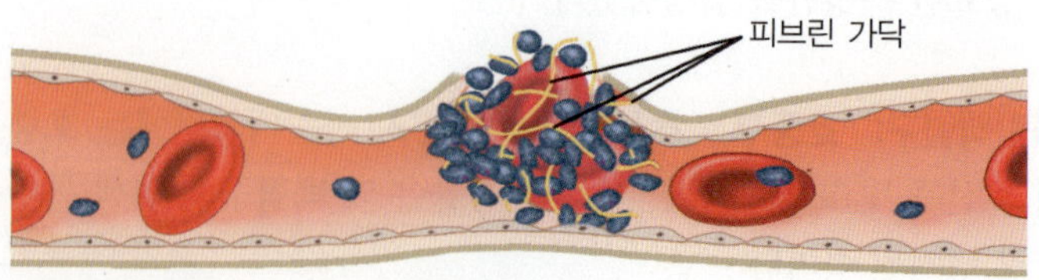

④ **혈병 형성.** 피브리노겐으로부터 불용성 피브린 단백질의 그물이 형성되어 적혈구와 혈소판을 가둔다.

그림 7.8 **지혈 단계.**

혈관 수축은 혈액의 흐름을 감소시킨다

혈관이 상해를 입으면 혈관 벽에 있는 평활근이 즉각적으로 수축한다. 혈관이 중간 이상 큰 크기일 때는, 혈관 수축이 혈액의 유출을 바로 감소시켜서 지혈의 다음 단계를 위한 피해를 최소로 줄인다. 혈관이 작을 경우에는 혈관 수축으로 혈관의 안쪽 벽이 눌려서 출혈이 완전히 멈추기도 한다. 혈관 수축은 일반적으로 약 30분 정도 지속되어 지혈의 후속 두 단계가 일어나도록 해준다.

혈소판들이 서로 부착하여 터진 혈관을 막아준다

혈소판은 보통 혈액 내에서 자유롭게 떠다닌다. 그러나 혈관의 안쪽 벽이 손상되면 혈관 벽 아래에 있는 단백질이 노출되고, 혈소판은 팽창하면서 뾰족한 돌기를 만들어 서로 응집하기 시작한다. 혈소판은 점착성이 생기면서 서로서로뿐만 아니라 혈관 벽에도 달라붙게 된다. 더 많은 혈소판들이 모이면서 똑같은 변화가 일어난다. 그 결과 손상된 혈관 부위를 막아주는 혈소판 마개가 형성된다. 혈관의 터진 부분이 아주 작으면 혈소판 마개는 수 초 이내에 그 부위를 막을 수 있다. 이 정도로도 출혈을 멈추게 하는 데는 충분하다. 그러나 손상 부위가 클 경우에는 혈액응고가 일어난다.

혈소판 마개 주위로 혈병이 형성된다

지혈의 세 번째 단계는 혈병(피떡, blood clot) 형성인데 이때 혈액은 액상에서 겔 상태로 바뀐다. 이 과정에서는 일련의 화학 반응이 일어나 최종적으로 혈액 안에 단백질 섬유로 된 그물이 만들어진다. 이 반응에는 응고인자(clotting factors)라고 알려진 최소 12개의 물질이 관여한다. 그 중 3개의 응고인자인 프로트롬빈활성인자, 트롬빈 및 피브리노겐에 대해 알아보겠다.

혈관이 손상되면 혈관과 주변의 혈소판이 자극을 받아 **프로트롬빈활성인자(prothrombin activator)**를 분비한다. 프로트롬빈활성인자는 혈장단백질인 **프로트롬빈(prothrombin)**을 활성화시켜 **트롬빈(thrombin)**이라는 효소로 전환한다. 이 반응에는 칼슘이온(Ca^{2+})을 필요로 한다. 트롬빈은 가용성 혈장단백질인 **피브리노겐(fibrinogen)**을 **피브린(fibrin)**이라는 긴 실 모양의 불용성 단백질로 전환시킨다. 피브린 가닥들은 상처 부위에 있는 혈소판 마개 주위를 감아 섬유성 그물을 형성하여 혈소판과 혈구 및 여러 가지 분자들을 가둔다.

피브린 덩어리, 혈소판 그리고 갇힌 적혈구들은 서로 달라붙어서 상처 부위의 혈류를 감소시키는 초기 혈병을 만든다(그림 7.9). 이 초기 혈병은 1분 이내에 만들어진다. 바로 직후에 혈병에 있는 혈소판이 수축을 시작하여 혈병을 조이고 혈관벽을 잡아당긴다. 일반적으로 혈병 형성과 조임의 전 과정은 1 시간 이내에 일어난다.

이 과정 중 어느 단계든지 방해를 받으면 사소하게 베인 상처나 타박상이라도 생명을 위협할 수 있다. 한 개 이상의 응고인자에 결함이 있는 유전병인 **혈우병(hemophilia)**을 생각해보면 이해가 된다. 혈우병 중에서 가장 흔한 형태인 A형 혈우병(hemophilia A)은 응고인자 VIII이 결핍되어 있다. 혈우병 환자의 혈관이 터지면 혈액이 서서히 응고하거나 전혀 응고하지 못한다. 심지어 피부에 상처를 입지 않아도 심한 타박상은 관절이나 근육까지 퍼져나갈 수 있다(그림 7.10). 50년쯤 전에는 혈우병을 가진 사람들은 성인이 될 때까지 살 수 없었다. 그러나 오늘날엔, 많은 경우의 출혈이 응고인자 VIII을 투여하여 치료할 수 있게 되었다. 응고인자 VIII은 처음에 공여자의 혈액으로부터 정제한 것이고 당시엔 HIV 바이러스

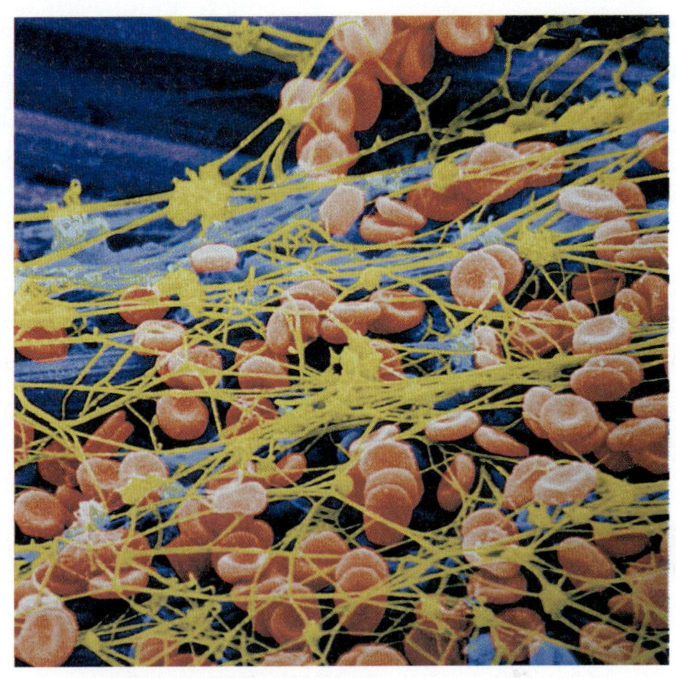

그림 7.9 **혈병의 피브린 그물에 갇힌 적혈구.**

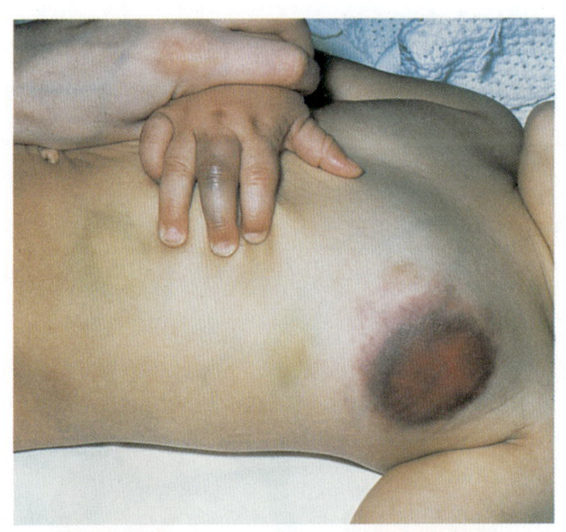

그림 7.10 **혈우병 합병증.** 혈우병을 가진 사람은 조금 부딪히거나 긁혀도 심한 타박상(출혈)을 입을 수 있다.

검사를 할 수 없었기 때문에, 과거에는 일부 혈우병 환자들이 AIDS에 감염이 되었었다. 오늘날에는 모든 혈액이 HIV 검사를 거친다. 더구나, 유전공학적 기술을 이용하여 실험실 내에서 응고인자 VIII을 생산할 수 있게 되어서 응고인자 VIII의 공급원으로서 공여자의 혈액을 사용하는 것은 감소 추세에 있다.

일부 약물 치료는 지혈을 방해할 수도 있다. 예를 들면, 아스피린을 복용한 후에 베인 상처를 입으면 보통 때보다 출혈이 더 많은 것을 알 수 있다. 이것은 아스피린이 혈소판의 응집과 혈소판 마개의 형성을 억제하기 때문이다. 만일 수술이 예정되어 있다면 의사는 적어도 수술하기 7~10일 전에는 아스피린을 복용하지 말라고 주의를 줄 것이다.

요점 정리

혈관이 손상되면 혈관은 수축하게 되고 부근에 있는 혈소판은 점착성이 생겨 서로 달라붙음으로써 혈액 손실을 방지한다. 더구나, 일련의 화학 반응이 일어나 부근에 있는 혈액이 응집되거나 응고된다(겔을 형성). ■

7.3 사람의 혈액형

다른 사람의 혈류로 직접 혈액을 주입하는 수혈은 현대 의학이 이룬 기적과 같은 일이지만 그 원리는 새로운 것이 아니다. 외과의들은 사람에게서 사람으로 수혈하는 도중에 일어나는 심각한 혈액 손실을 해결하기 위해 100년 이상을 노력했었다. 때로는 이러한 시도가 성공하기도 했다. 그러나 그보다 더 빈번하게 실패했는데 결과는 수혈 받은 사람이 심하게 아프거나 사망하였다. 왜 어떤 경우엔 살고 어떤 경우엔 죽게 되는가?

오늘날 우리는 수혈의 성공이 주로 ABO 혈액형에 근거한 **혈액형(blood type)**에 의존한다는 것을 알고 있다. 헌혈을 해 보았거나 수혈을 받아본 적이 있다면 혈액형을 결정하기 위해 검사를 받았을 것이다. 만일 본인의 혈액형과 맞지 않는 혈액을 수혈 받았다면 심각한 반응을 일으키게 될 것이다.

혈액형의 원리를 이해하려면 먼저 항원과 항체에 대해 알아야 한다. 우리의 세포는 면역계가 인식하고 "자기(self: 다른 말로 하면, 우리에게 속한)"라고 판정할 수 있는 특정한 표면 단백질을 가지고 있다. 이것은 마치 면역계가 우리 세포를 그냥 넘어가도록 하는 암호와 같은 것이다. 외부에서 온 세포들은 다른 표면 단백질을 가지고 있는데 면역계는 이를 "비자기(non-self)"로 인식한다. **항원(antigen)**은 비자기 세포 단백질로 한 생물의 면역계를 자극하여 그 생물을 방어하도록 한다. 이런 방어의 일부분으로서 면역계는 **항체(antibody)**라고 부르는, 항원에 반대되는 단백질을 생산한다.

림프구에서 만들어지는 항체는 감마글로불린(gamma globulin)이라고 부르는 혈장 단백질에 속한다. 항체는 자신이 비자기로 인식하는 항원에 대해 반격을 가한다. 항체는 많은 종류가 있는데 각 항체는 특별한 한 항원만 공격한다. 이런 반응은 자물쇠와 열쇠에 비유된다. 즉, 특정 항체 열쇠만이 특정 항원 자물쇠에 맞을 수 있다. 항체는 혈액과 림프액 안에서 자유롭게 떠다니다 맞는 항원을 지닌 침입자를 만나면 공격한다. 항체는 항원 분자와 결합하여 항원-항체 복합체(antigen-antibody complex)를 형성하는데 이것은 침입자를 파괴하도록 하는 표지가 된다. 항원-항체 복합체의 형성

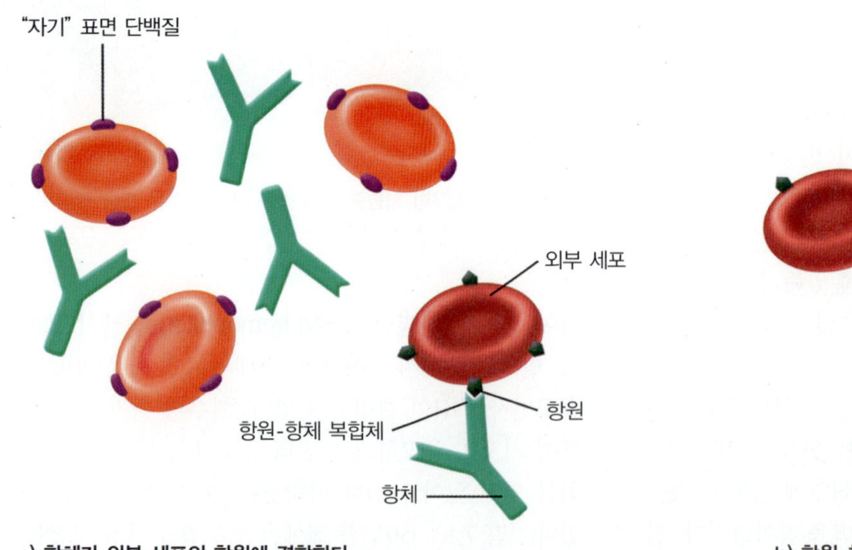

그림 7.11 항체가 외부 세포를 인식하고 불활성화시키는 방식. (a) "자기" 세포 3개, 혈액 속에 있는 항체, 외부 세포(진한 색 세포) 1개. 항체는 "자기" 세포의 표면 단백질은 무시하고 외부 세포의 항원과 결합하여 항원-항체 복합체를 형성한다. (b) 항원-항체 복합체의 형성으로 외부 세포들이 서로 응집하게 되어 불활성화된다.

은 때때로 외부 세포들을 서로 응집하도록 만든다(그림 7.11). 어떤 항체들은 외부 세포를 사람 세포 속으로 들어가지 못하게 하여 불활성화시킨다.

항원과 항체에 대해서는 9단원에서 자세히 다룬다. 여기에서는 항원과 항체의 상호작용이 혈액형과 수혈에 어떤 관련이 있는지 살펴본다.

요점 정리

서로 다른 혈액형은 적혈구의 표면 항원의 존재 유무와 표면 항원에 대한 항체의 존재 유무에 따라 정해진다. ■

ABO 혈액형 검사는 A 항원과 B 항원에 의해 결정된다

다른 세포들과 마찬가지로 적혈구에도 우리 몸이 "자기"로 인식하도록 하는 표면 단백질이 있다. 이러한 항원과 외부 적혈구의 항원에 대해 만들어진 항체 사이의 상호작용이 수혈 후 일어나는 반응의 밑바탕이 된다.

적혈구는 ABO 혈액형 그룹에 따라 분류된다. 거의 모든 사람은 ABO 혈액형 그룹의 A, B, AB, O의 4 유형 중 한 유형에 속한다. A형 혈액에는 A 항원이 들어 있고, B형 혈액에는 B 항원이 들어 있으며, AB형 혈액에는 A 항원과 B 항원이 모두 들어 있고, O형 혈액에는 A 항원과 B 항원 모두 들어 있지 않다(O를 "0"으로 생각하면 된다). 한편, 모든 사람은 자신과 다른 어느 표면 단백질이든 그에 대한 항체와 항체 생산 능력을 가지고 있다. A형 혈액에는 B 항체가, B형 혈액에는 A 항체가, O형 혈액에는 A 항체와 B 항체가 모두 들어 있으며, AB형 혈액에는 두 항체 모두 들어 있지 않다. 그림 7.12는 네 가지 혈액형과 각 혈액형이 인종에 따라 나타나는 비율을 보여준다. 항체는 수혈을 받은 적이 있든 없든 관계없이 일생 중에서 이른 시기에 나타난다. 이 항체가 외부 항원을 지닌 적혈구를 공격하여 손상시키고 서로 응집(agglutinate)시킨다. 응집이 극도로 커지면 응집 덩어리가 혈관을 막아서 기관이 손상되거나 심지어는 죽게 된다. 더구나, 손상된 적혈구에서 방출된 헤모글로빈은 신장을 막아서 신장 장애를 일으키기도 한다. 수혈로 인해 일어난 잘못된 결과를 수혈반응(transfusion reaction)이라고 한다.

혈액형이 A형이라면 A형이나 O형 혈액을 수혈 받아야 한다. 두 혈액형 모두 외부 항원(B 항원)을 가지고 있지 않기 때문이다. B형이나 AB형 혈액으로 수혈을 받으면 몸속의 항체가 공여된 적혈구의 B 항원에 대해 공격을 가하게 되어 적혈구가 응집된다. 이와 유사하게, 혈액형이 B형이라면 A 항원을 가진 혈액(A형 또는 AB형)은 어느 것이라도 수혈 받을 수 없다. 혈액형이 AB형인 사람은 일반적으로 AB형 혈액뿐만 아니라 다른 3유형의 혈액형으로부터 모두 수혈을 받을 수 있다. 그러나 혈액형이 AB형인 사람은 오직 AB형인 사람에게만 수혈을 해줄 수 있다. 혈액형이 O형인

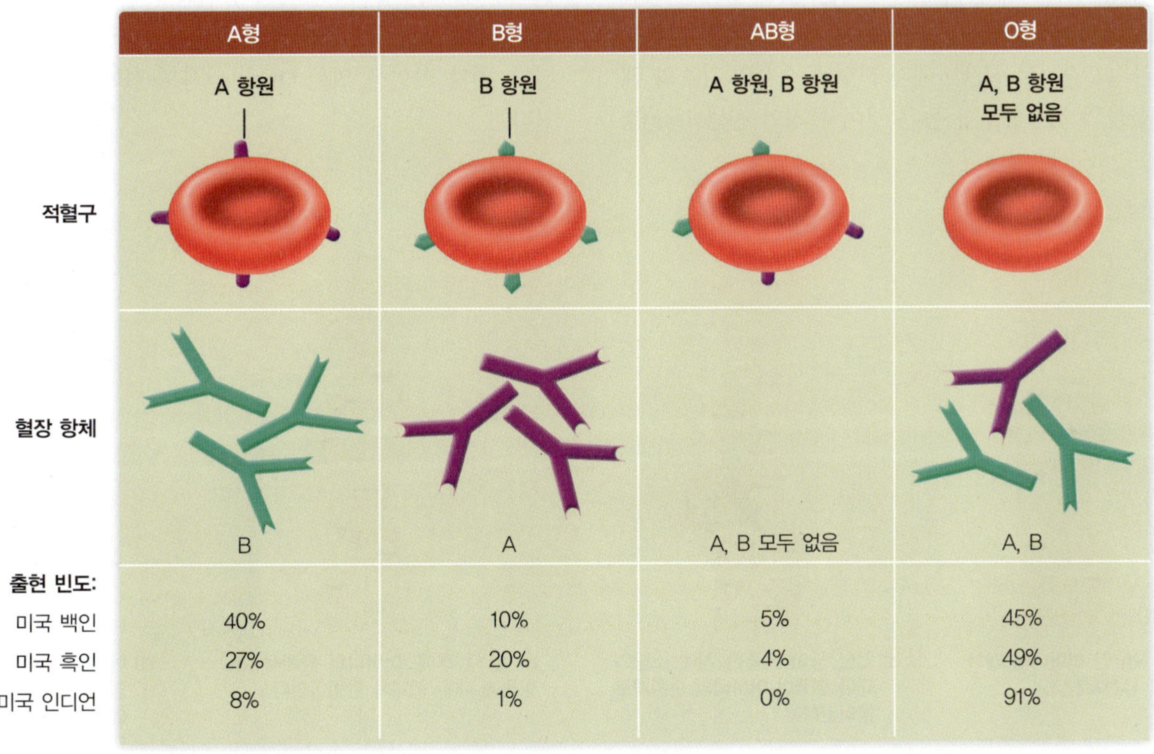

	A형	B형	AB형	O형
적혈구	A 항원	B 항원	A 항원, B 항원	A, B 항원 모두 없음
혈장 항체	B	A	A, B 모두 없음	A, B
출현 빈도:				
미국 백인	40%	10%	5%	45%
미국 흑인	27%	20%	4%	49%
미국 인디언	8%	1%	0%	91%

그림 7.12 **ABO 혈액형의 네 가지 주요 혈액형의 특징.** 적혈구의 표면 항원, 항체, 여러 인종에서 나타나는 상대적 빈도를 보여준다.

사람은 O형, A형, B형, AB형 모두에게 혈액을 줄 수 있지만 오직 O형에게서만 혈액을 받을 수 있다. 일반적으로 수혈반응을 일으키는 것은 수혈 받는 사람의 항체라는 것을 주목하자. 공여된 혈액에도 수여자의 적혈구에 대한 항체가 있지만, 공여된 혈액량이 수여자의 혈액량에 비해 상대적으로 적기 때문에 이들은 수혈반응을 거의 일으키지 않는다.

요점 정리

A형, B형, AB형, O형 혈액형은 적혈구 표면에 A 항원과 B 항원이 존재하는지 여부에 따라 정해진다. ■

Rh 혈액형 검사는 Rh 인자에 의해 결정된다

다른 혈구 세포 표면 항원은 **Rh 인자(Rh factor)**인데 붉은털원숭이(rhesus monkey)에서 처음 발견되어서 그렇게 부른다. Rh 인자도 역시 수혈에서는 중요하다. 미국인의 약 85%는 적혈구에 Rh 항원을 가지고 있는 Rh 양성(Rh positive)이다. 약 15%는 Rh 음성(Rh negative)으로 Rh 항원을 가지고 있지 않다. 따라서 이들의 면역계는 외부 Rh 항원에 대해서는 어느 것이라도 항체를 만들어 반응한다.

Rh 인자는 아기를 갖고자 하는 Rh 음성 여성에게는 특별히 중요하다. 만일 Rh 음성인 여성이 Rh 양성인 남성과의 사이에서 임신하게 되면 태아는 Rh 양성이 된다. 만일 태아의 Rh 양성 적혈구 중 일부가 모체의 혈액 안으로 들어가면 모체는 항Rh 항체를 생산하기 시작한다. 모체의 항Rh 항체는 태반을 지나서 태아의 적혈구를 공격하게 된다. 그 결과로 신생아에서 적혈구 숫자의 감소와 헤모글로빈 분해 산물의 독성농도가 높은 것이 특징인 신생아용혈증(hemolytic disease of the newborn: HDN)이 생긴다. 신생아용혈증은 정신 지체를 일으키며 심지어는 죽음에 이르기도 한다.

신생아용혈증은 첫 번째 태아보다 두 번째 이후의 Rh 양성 태아에게 훨씬 더 위험하다(그림 7.13). 그 이유는 항원에 처음 노출되고 나서 항체가 만들어지는 데는 수일 또는 수 주일이 걸리기 때문이다. 정상 임신 중에 소수의 태아 세포가 태반을 지나면 첫 번째 태아에게도 약간의 영향이 있을 수도 있지만, 모체가 태아의 혈액에 노출될 수 있는 높은 가능성은 일반적으로 바로 태반이 자궁으로부터 떨어지는 출산 과정에서 일어난다. 첫 번째 분만 과정에서 모체가 노출되어 만들어진 항체는 시기적으로 첫 번째 태아에게는 영향을 미칠 수가 없다. 그러나 모체의 면역계는 학습을 하였고, 이후에 Rh 양성 태아가 생기면 언제라도 그 혈액을 공격할 채비를 갖추게 되었다(9.7소단원의 면역 기억을 참조).

이런 반응을 방지하기 위해서, Rh 양성 태아를 임신한 Rh 음성 여성은 만약을 대비해 임신 28주째에 항Rh 항체(RhoGAM) 주사를 맞아야 한다. 그런 다음, 신생아가 Rh 양성이면 엄마는 출산 후 3일 이내에 두 번째 주사를 맞아야 한다. 주입된 항체는 출산 도중에 모체의 혈액으로 들어온 신생아의 적혈구는 어느 것이든지, 모체의 면역계가 시간을 두고 반응하기 전에, 즉각 파괴한다. 주입된 항체는 곧 사라진다.

혈액형 검사는 중요한 의학적 응용뿐만 아니라 다른 용도로도 많이 쓰인다. 혈액형은 유전하기 때문에 인류학자들은 유전 방식을 추적함으로써 초기 인류의 이주 경로를 거슬러 올라갈 수 있다. 혈액형 검사는 범죄수사에서 범인과 피해자의 혈액을 비교하고 항원 일치에 근거하여 용의자를 확인하거나 제외시키는 데에도 이용된다. 친자 확인을 위한 DNA 검사도 혈액 표본을 이용하여 이뤄진다.

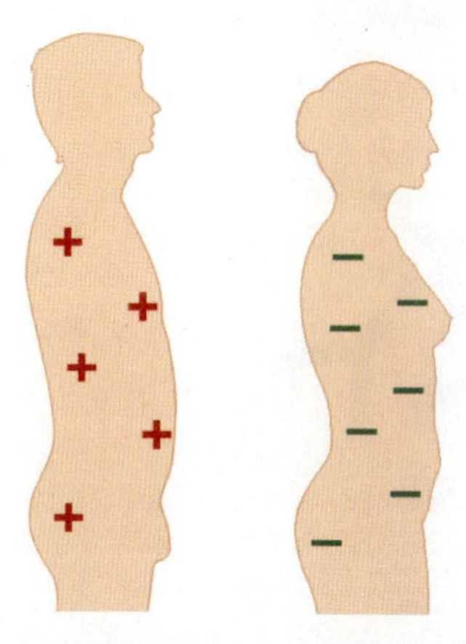

a) Rh^+형 아버지는 Rh^-인 어머니의 태아에게 Rh^+ 항원을 유전시킨다.

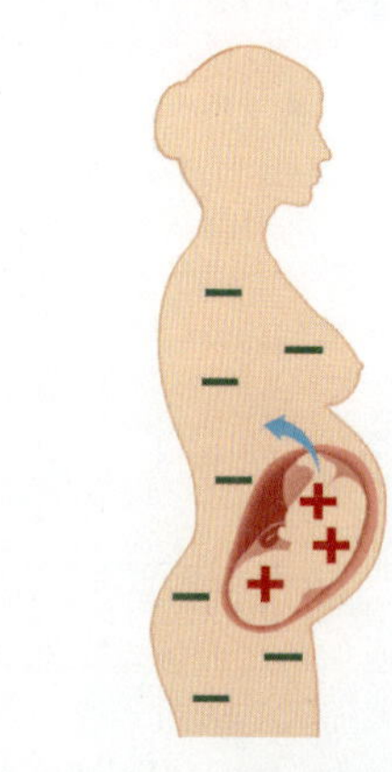

b) 임신 중이나 출산 시에 소량의 태아 혈액이 어머니의 순환계로 들어간다.

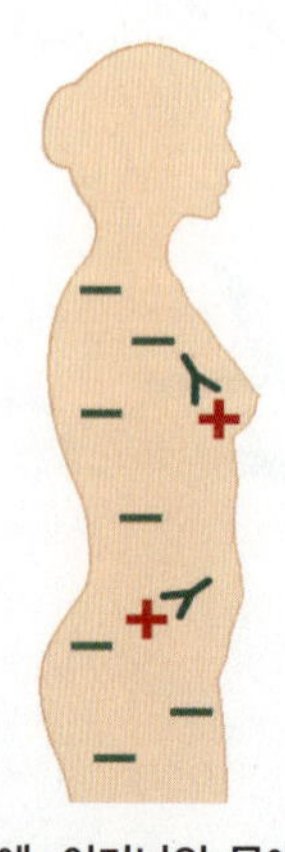

c) 수 주 후에, 어머니의 몸에서 Rh 항원에 대한 항체가 만들어진다.

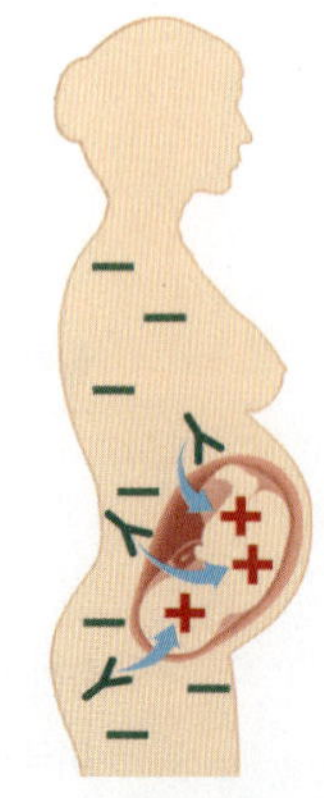

d) 어머니가 Rh^+형인 둘째 아이를 임신하게 되면, 어머니의 면역계에서 항체가 신속히 만들어져 태아의 적혈구를 공격한다.

그림 7.13 Rh 인자 불일치가 태아에 미치는 영향.

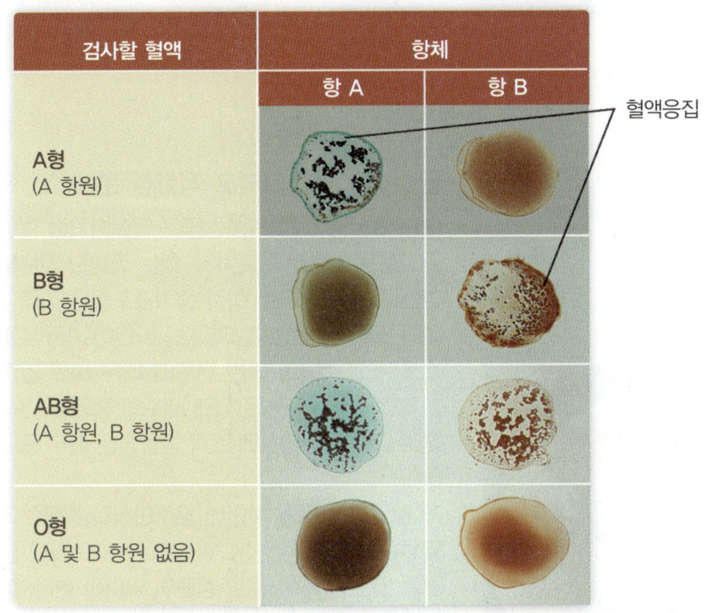

그림 7.14 ABO 혈액형 검사. 희석된 혈액 표본에 항 A 항체와 항 B 항체를 더한다. 만일 적혈구가 항체에 맞는 표면 항원을 가지고 있다면 혈액이 응집한다. O형 혈액은 표면 항원을 가지고 있지 않기 때문에 어느 항체와 반응하여도 응집하지 않는다.

혈액형 검사와 교차시험에 의해 혈액 적합성을 확인한다

혈액형 검사에서는 ABO 혈액형과 Rh 인자의 유무가 결정된다. 예를 들면, 당신의 혈액형이 "B+"라면 당신은 B형이며 Rh 인자 양성이다. 만일 "O−"이면 혈액형은 O형이고 Rh 인자 음성이다.

ABO 혈액형 검사는 희석한 혈액에 소량의 항A 항체와 항B 항체가 들어 있는 혈장을 떨어뜨려 실시한다. 만일 혈액이 응집하면 그 혈액은 항체에 맞는 항원을 가지고 있는 것이다(그림 7.14).

AB+ 혈액형인 사람은 일반적으로 다른 어떤 혈액형으로부터도 수혈을 받을 수 있으므로 한때 "보편 수혈자(universal recipients)"라고 불렀다. O− 혈액형인 사람은 보통 어떤 혈액형에게도 혈액을 줄 수 있으므로 예전엔 "보편 제공자(universal donor)"라고 불렀다. 그러나 수혈반응이 예기치 않게 일어날 수 있으므로 이 명칭은 더 이상 쓰이지 않는다. ABO 혈액형과 Rh 인자에 따라 혈액을 적절히 분류하였는데도 불구하고 수혈 반응이 때때로 일어나는 이유는 무엇인가? 그 이유는, 사람의 혈액에는 아주 흔한 A, B 및 Rh 항원 외에도 100개 이상의 흔하지 않은 항원들이 있기 때문이다. 다행히 이들 대부분은 아주 드물게 나타난다. 그러나 완벽할 정도로 안전한 수혈을 보장하기 위해 연구실에서는 혈액형 검사와 함께 **교차시험(cross-matching)**을 실시한다. 교차시험에서는 소량의 제공자 혈액을 수혈자의 혈장과 섞고, 수혈자의 혈액을 제공자의 혈장과 섞은 다음, 두 경우 모두에서 응집 반응을 검사한다. 어느 쪽에서도 응집이 일어나지 않으면 두 혈액은 적합한 것으로 판정된다.

요점 정리

ABO 혈액형 외에 모든 사람은 Rh 인자라고 부르는 또 다른 적혈구 표면 항원의 존재 유무에 따라 혈액형이 분류된다. Rh 인자 항체는 특정한 조건 아래에서 어머니로부터 자신의 태아에게 심각한 면역 반응을 일으킬 수 있다. ■

7.4 혈액 질환

빈혈증: 혈액의 산소운반능력 감소

빈혈증(anemia)은 혈액의 산소운반능력 감소에 대한 일반적 용어이다. 빈혈증의 모든 원인은 유사한 증상을 나타낸다. 창백한 피부, 두통, 피로, 현기증, 호흡 곤란, 심계항진(산소 운반 감소를 보상하려고 심장 박동이 너무 빨라져서 나타나는 불편한 느낌) 등이다. 빈혈증의 주요 유형은 다음과 같다.

- **철-결핍 빈혈증.** 모든 헤모글로빈 분자는 4분자의 철을 가지고 있다. 몸에 철분이 부족하면 헤모글로빈이 적절하게 만들어지지 못한다. 그 결과 적혈구에 있는 헤모글로빈의 수가 줄어들어 산소운반능력이 떨어진다. 철-결핍 빈혈증은 전 세계적으로 가장 흔한 형태의 빈혈증이다. 보통 철분이 부족한 식사 때문에 생기지만 소화관이 철분을 적절히 흡수하지 못해 일어날 수도 있다. 일반적으로 철분제를 복용하거나, 또는 녹색잎 야채나 육류와 같은 철분 함량이 높은 음식을 섭취하면 좋아진다.
- **출혈성 빈혈증.** 혈액 손실(출혈)로 인한 빈혈증은 상해, 출혈성 궤양, 과도한 월경 출혈, 심지어는 특정 기생충에 의해 일어난다. 치료 방법으로는 혈액 손실의 원인을 찾아 조치하거나 가능하다면 손실된 적혈구를 보충하기 위해 철분이 풍부한 식사를 하는 것이다.
- **악성 빈혈증.** 악성 빈혈증은 소화관에서 비타민 B_{12}의 흡수가 부족하여 생긴다. 비타민 B_{12}는 정상적인 적혈구 생성에 중요하다. 악성 빈혈증은 비타민 B_{12}를 주사하여 치료할 수 있다.
- **용혈성 빈혈증.** 용혈성 빈혈증은 적혈구가 너무 일찍 터지거나 파괴된 결과로 발생한다. 한 원인으로 산소 농도가 낮으면 적혈구의 모양이 비정상적인 낫 모양을 나타내는 유전성 질환의 일종인 겸상적혈구빈혈증이 있다. 적혈구의 모양이 비정상이므로 적혈구는 좁은 혈관을 지날 때 손상을 입는다. 손상을 입은 적혈구는 몸에서 파괴된다. 겸상적혈구빈혈증은 적도 부근에 사는 아프리카인들과 미국 흑인들에게 널리 퍼져 있다(그 이유는 19단원에서 다룬다). 용혈성 빈혈증의 또 다른 원인은 말라리아를 일으키는 기생충이다.

당신 아이의 제대혈을 은행에 보관하겠는가?

재클린 알바니즈(Jaclyn Albanese)는 고등학교 2학년이던 15살 때에 급성 백혈병 진단을 받았다. 6개월에 걸친 화학요법을 받는 동안 재클린은 메스꺼움으로 고생했으며 머리카락이 빠졌지만 처음엔 암이 완치된 것처럼 보였다. 그러나 곧 바로 작고 붉은 돌기들이 온몸에 나타났다. 검사에서 암이 발견되면서 재클린의 백혈병 재발이 확인되었다. 재클린은 처음에 골수 조직 이식을 원했지만 그녀의 가족이나 친척들 중에서 조직이 일치한 사람은 한 사람도 없었다. 재클린과 가족은 인척 관계에 있지 않은 공여자로부터 제대혈(cord blood)을 구하는 방향으로 계획을 바꿨다.

재클린 알바니즈(Jaclyn Albanese)

제대혈이란 무엇인가?

임신 중에 태아는 태반이라는 임시 조직 위에 앉혀 있으며 모체와는 탯줄로 연결되어 있다. 탯줄과 태반에 있는 혈관은 유독물질을 여과하며 모체로부터 영양분을 운반해주고, 태아의 노폐물을 제거해준다. 아이가 분만된 다음, 모체는 태반과 탯줄을 내보낸다. 의료진이 탯줄을 자르면 태어난 아이는 자신의 순환계를 작동하기 시작한다.

최근까지 태반과 탯줄은 보통 출산 뒤에 폐기되었다. 그러나 태반과 탯줄에는 아직 50ml 정도의 제대혈이 들어 있다. 이 제대혈 안에는 보통의 혈액 성분 외에 골수에서 발견되는 것과 유사한 줄기세포가 풍부하게 들어 있다. 이 줄기세포들은 반복적으로 분열하여 미성숙한 혈구세포들을 만들어 낼 수 있는데, 이것들이 나중에 혈소판, 적혈구 및 백혈구로 발달한다.

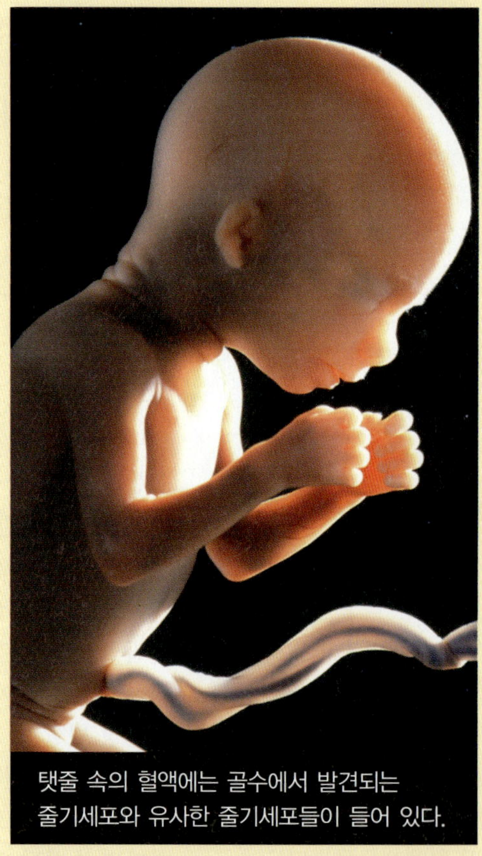

탯줄 속의 혈액에는 골수에서 발견되는 줄기세포와 유사한 줄기세포들이 들어 있다.

골수, 제대혈, 그리고 적합성 문제

매년 2만 명이 넘는 사람들이 백혈병처럼 혈액 줄기세포 수혈로 치료될 수 있는 질병의 진단을 받는다. 전통적으로 이런 줄기세포들은 가족들이나 조직이 적합한(일치하는) 타인이 기증한 골수로부터 구했다. 이번 단원에 배운 바와 같이 신체의 면역세포들은 외래 세포의 항원을 인식하여 공격하기 때문에 조직 적합성은 매우 중요하다.

환자와 공여자 사이에 골수이식이 훌륭하게 일치하려면 HLA-A, HLA-B, HLA-DR이라고 알려져 있는 세 가지 주요 항원이 맞아야 한다. 이 항원들은 각각 두 가지 형태를 가지고 있다. 이상적인 일치는 환자의 6개 항원이 공여자의 항원과 모두 동일한 경우이다(6/6 일치). 좋은 일치는 가족 구성원 사이에서 일어날 가능성이 높지만(부모가 같은 형제자매 간에는 일치 확률이 25%이다), 10명 중 3명의 환자만이 자신의 가족과 일치 판정을 받았다. 가족으로부터 일치 판정을 받지 못하는 환자들은(미국의 경우, 매년 14,000명 정도) 타인 공여자로부터 얻은 줄기세포에 의존할 수밖에 없다. 미국의 전국골수기증프로그램(NMDP)에는 700만 명 이상의 골수기증 자원자들이 등재되어 있지만, 타인들 사이에서 일치하는 골수를 찾기가 어렵기 때문에 실제로는 골수이식이 필요한 환자들 중 단지 10%만이 NMDP를 통해 골수를 받는다.

소수 민족 구성원들 사이에서는 비례적으로 일치하는 공여자가 훨씬 적기 때문에 조직 일치

사실은....

- 매년 암이나 유전성 질환을 지닌 20,000명 이상의 환자가 골수이식 수술을 신청한다.
- 제대혈(신생아의 태반과 탯줄에 남아 있는 혈액)에는 골수에서 발견되는 줄기세포와 유사한 줄기세포가 풍부하게 들어 있다. 제대혈은 적합한 골수 기증자를 찾을 수 없는 많은 환자들에게 혜택을 줄 수 있다.
- 사설 제대혈은행은 앞으로 부모가 될 사람들에게, 장래에 자신의 아이만 사용할 수 있도록 아이의 제대혈을 은행에 맡기라고 부추긴다. 그 비용은 평균 196만 원이며 추가로 매년 14만 원의 보관료를 지불해야 한다.
- 최근 미국 연방정부는 전체 미국인을 위한 공공 제대혈은행망에 기금을 지원하기로 인준하였다.

를 찾을 확률은 더욱 나쁘다. 미국 흑인들(African American)은 다른 민족들에 비해 겸상적혈구빈혈증을 앓을 확률이 높기 때문에 심한 타격을 받는다. 이들에게 유일한 치료법은 혈액 줄기세포 이식뿐이다. 더구나 조상이 아프리카인인 사람들은 HLA 항원 종류와 고유 항원 조합에서 변이가 매우 크기 때문에 일치를 찾는 일은 훨씬 더 어려운 일이 된다.

이런 이유 때문에 제대혈은 매우 소중한 자원이 되었다. 제대혈에 들어 있는 면역세포들은 골수에 들어 있는 것보다 덜 성숙한 세포들이다. 따라서 제대혈 이식은 수혈 반응을 일으킬 확률이 낮으며, 심지어 수혈 반응이 일어났다 해도 심각하지는 않다. 결과적으로 공여자와 수여자 사이의 일치에는 완벽한 6/6 일치가 꼭 필요한 것은 아니다. 5/6 일치나 4/6 일치만 해도 충분하다. 이것은 가능성의 문을 넓게 열어놓는 일이다. 재클린 알바니즈는 조직이 일치하는 골수 기증자를 한 사람도 찾지 못했지만 적합한 제대혈은 두 단위나 찾을 수 있었다. 재클린은 3학년이 되기 직전인 1999년에 제대혈을 이식받았으며 이제는 대학 졸업자가 되었다. 재클린은 현재까지 제대혈 이식으로 혜택을 입은 약 6,000명의 환자 중 한 사람이다.

그러나 제대혈의 가능성과 잠재력은 여기가 끝이 아니다. 몇몇 과학자들은 제대혈 줄기세포가 혈액세포 외에도 심장이나 신경조직과 같은 다른 종류의 세포로 발달할 수 있다고 생각한다. 만약 그렇게 된다면, 언젠가는 과학자들이 연구와 이식 목적에 인간 배아줄기세포 대신 제대혈 줄기세포를 사용하게 될 것이다. 인간 배아줄기세포를 사용하는 것이 매우 논란이 되고 있기 때문에 이 방법은 과학자와 환자는 물론 정치가들에게도 좋은 소식이다. 과학자들은 제대혈 줄기세포의 기능성에 대한 연구를 계속하고 있다.

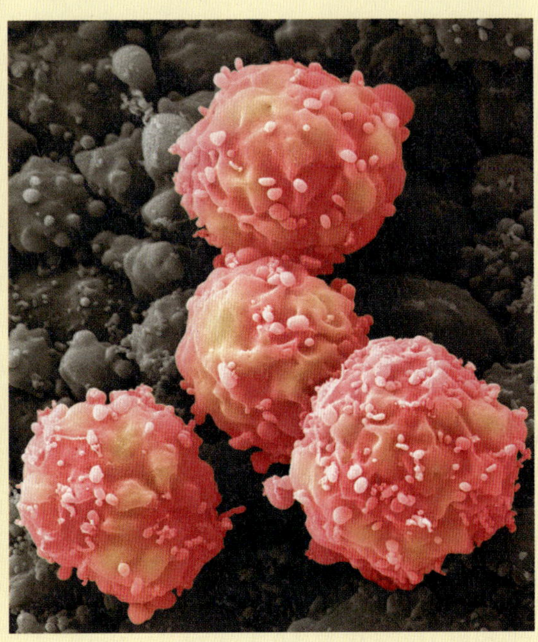
제대혈 줄기세포

사설 은행인가, 공공 은행인가?

문제는 당신 아이의 제대혈을 상당한 돈을 지불하고 사설 은행에 보관해야 하는지, 아니면 공공 제대혈은행에 기증할 것인가이다.

사설 혈액은행은 아이의 제대혈을 사설 은행에 맡기는 것이 의료보험을 드는 것과 같다고 말한다. 그들은 아이나 가족 구성원에게 장래에 발생할지 모를 질병(백혈병과 같은)을 치료하는 데 당신 아이의 제대혈 줄기세포를 사용할 수 있다고 주장한다. 아이의 제대혈을 은행에 맡김으로써 당신의 아이는 언제나 "완전한 일치(자신의 줄기세포)"에 가까이 있다는 것을 확실히 보장할 수 있다. 그들은 또한 과학자들이 당뇨병이나 심장 질환 같은 다양한 질환에 대해 줄기세포 치료법을 연구하고 있다고도 하였다. 제시하는 내용에 따르면, 30~40년 안에, 그때쯤이면 당신의 아이들에게 이와 같은 고질병이 발병할 위험이 클 때인데, 아직은 꿈같은 이야기이지만 그 아이들이 치료 목적으로 이 줄기세포를 사용할 수 있게 될 것이다. 지금까지 이들은 20,000 가정에게 확신을 심어주어 그들 아이로부터 제대혈을 수집하고 처리해서, 검사를 거쳐 보관하고 있는데, 평균 경비는 1,700달러(약 196만원)이며 매년 약 125달러(약 14만원)의 보관료를 추가로 받고 있다.

공공 혈액은행을 지지하는 사람들은 건강한 가족에게 장래에 줄기세포를 필요로 할 아이가 태어날 확률은 1만 분의 1에서 20만 분의 1 정도가 될 것이라고 주장한다. 이처럼 일어날 것 같지 않은 일을 위해 아이의 제대혈을 보관하는 것이 가치 있는 일인가? 당신과 당신 아이가 건강하다면, 당신 아이의 제대혈을 공공 제대혈은행에 기증하여 다른 사람들을 돕는 것도 고려해볼 만하다. 공공 기증을 지원하기 위해 2005년에 미국 연방정부는 NMDP에서는 할 수 없었던 다민족 기증자로부터 제대혈을 수집하고 보관하는 비용으로 7,900만 달러(약 910억 원)의 연방기금을 인준하였다. 그 결과, NMDP는 이제 미국 전역에 걸쳐 7만 단위 이상의 제대혈을 등재하게 되었다. 등재수가 14만 단위쯤 되면, 전체 미국인은 최소 5/6 항원 일치를 찾을 확률이 80~90% 정도 되며, 약 30% 정도는 6/6 일치를 찾을 수 있게 된다.

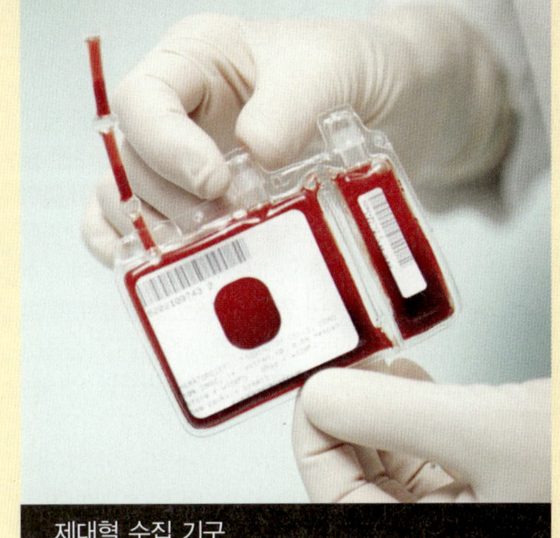
제대혈 수집 기구

그러나 줄기세포로 치료할 수 있는 암이나 유전성 질환이 당신 가족에게 발병한다면, 당신의 다음 아이는 제대혈을 사설 은행에 보관하는 것이 현명할 것이라고 전문가들은 말한다.

재클린 알바니즈의 부모는 아이가 태어났을 때 아이의 제대혈을 사설 은행에 맡길 수가 없었다-그 당시에는 그런 기술이 존재하지도 않았다. 다행히 재클린은 자신들의 아이의 제대혈을 공공 제대혈은행에 기증한 다른 사람의 관대함에 혜택을 입을 수 있었다.

생각해볼 문제

1 당신은 공공 제대혈 수집과 보관망에 7,900만 달러(성인 1인당 약 460원)의 기금을 할당한 연방 정부의 결정에 찬성하는가?

2 당신이 아이를 갖게 된다면, 아이의 제대혈을 어떻게 할 것인가? 당신의 결정에 대해 설명하시오.

건강 파수꾼

헌혈과 수혈

전체 혈액의 30% 이상을 빠른 시간에 잃게 되면 혈압을 유지하고 조직에 산소를 공급하는 신체의 기능이 손상된다. 이런 일이 일어나면 다른 사람으로부터 수혈을 받아야 생존할 수 있게 된다. 매년 약 1,500만 단위의 혈액이 수혈되고 거의 500만 명이 헌혈된 혈액을 수혈 받는다. 헌혈을 하는 대부분의 사람들은 자신들이 필요로 하는 누군가를 도왔다는 만족감 외에는 아무것도 받지 않는다.

헌혈을 하려면 나이는 17세 이상이 되어야 하고 체중은 최소 50kg 이상이 되어야 한다(우리나라의 기준은, 나이는 16세~69세까지, 체중은 50kg 이상, 헌혈 회수는 연 5회 이하로 제한한다). 간단한 신체검사를 받아야 하고, 성행동 내력과 최근의 해외여행 등 내밀한 질문을 포함한 건강 내력에 대한 질문을 받는다. 이것은 당신을 난처하게 하려는 것이 아니라 헌혈이 당신에게 안전한지, 그리고 당신의 혈액이 다른 사람에게 안전할지를 확인하는 과정이다.

혈액을 뽑기 위해 팔 정맥에 주사 바늘을 꽂는데 비교적 통증은 없으며 약 10~20분 정도 걸린다. 사용하는 모든 주사바늘은 멸균된 새것으로 헌혈 도중에 AIDS나 다른 혈액 질환에 감염될 가능성은 없다. 헌혈 후에는 간단한 음식과 음료가 제공된다. 헌혈 후 하루 동안은 심한 운동을 피해야 한다. 등산도 해서는 안 되지만 격렬하지 않은 활동은 괜찮다.

헌혈자들의 대부분은 1 단위의 혈액(약 470ml, 전체 혈액량의 10% 정도)만 헌혈하게 된다. 이 정도의 양은 헌혈자의 건강에 영향을 미치지 않는다. 헌혈한 양의 혈액은 수 시간 내에 우리가 먹은 음식물로부터 보충이 된다. 손실된 혈장 단백질은 2일 안에 간에서 보충이 되며, 우리 몸은 손실된 적혈구를 약 1개월이면 보충한다.

헌혈. 헌혈 과정에는 비교적 통증이 없으며 시간도 많이 걸리지 않는다. 헌혈은 생명을 구하는 일이다.

헌혈한 혈액은 어떻게 될까 헌혈된 혈액은 때때로 전혈로 보관되지만 그보다는 세 가지 성분(혈구, 혈소판, 혈장)으로 분리되는 경우가 더 많다. 각 성분은 각각 다른 수혈자에게 수혈된다. 즉, 당신이 헌혈한 한 번의 "생명의 선물"은 여러 사람에게 혜택을 줄 수 있다.

수혈 받는 일도 헌혈하는 것만큼 위험이 전혀 없는 일은 아니지만, 비교적 안전하다. 드문 경우지만(날이 갈수록 더 드물어지는) 수혈 받은 사람이 혈액 질환에 감염되는 일이 있다. 수혈 결과가 잘못되어 사망한 사람의 이야기를 들어 본 적이 있을 것이다. 테니스 선수였던 아서 애시(Arthur Ashe)는 HIV 검사가 개발되기 전에, 헌혈된 혈액으로부터 AIDS 바이러스에 감염되었다. 현재는 모든 헌혈된 혈액은 HIV 검사를 포함해서 광범위한 검사를 거친다. 미국 적십자사에 따르면, 수혈을 통해 HIV에 감염될 확률은 약 676,000분의 1이다. 생명을 구할 수 있는 수혈을 받지 않을 때의 위험 득실을 견주어볼 때 위험률은 미미하다.

헌혈에 대해 좀 더 알고 싶으면 적십자사에 문의하면 된다.

백혈병: 통제되지 않는 백혈구 생산

혈액암의 몇몇 유형을 **백혈병(leukemia)**이라고 한다. 백혈병의 공통적 특징은 비정상적인 미성숙 백혈구 세포가 골수에서 통제되지 않고 증식하는 것이다. 비정상 백혈구의 과잉 생산은 정상 백혈구와 적혈구 및 혈소판의 생산을 밀어낸다. 엄청난 수의 백혈병 세포들이 혈액으로 들어와 순환하면서 기관들의 정상 기능을 방해한다.

백혈병에는 신속히 발달하는 급성과 만성의 두 부류가 있다. 두 경우 모두 백혈구에 생긴 돌연변이로 세포분열이 통제되지 않아 비정상적인 세포가 수십억 개씩 만들어져 생긴다. 처음 돌연변이의 원인으로는 바이러스 감염이나 유해한 화학물질 또는 방사능에 노출 등이 될 수 있다. 유전적 요소 역시 어느 정도 역할을 한다.

백혈병은 광범위한 영역에 걸쳐 증상이 나타난다. 혈소판의 생성이 부족하므로 신체 조직들이 쉽게 멍이 든다. 혈액에 적혈구 수가 충분하지 않으면 빈혈증이 생긴다. 골수에 미성숙한 백혈구들이 채워지므로 뼈가 약해진다. 어떤 사람들은 두통을 느끼고 림프절이 붓는다.

어떤 경우에는 치료로 백혈병이 낫기도 하며 어떤 경우엔 생명을 연장하기도 한다. 치료 방법으로는 일반적으로 방사능 치료와 빠르게 증식하는 암세포를 죽이는 화학요법이 있다. 이 방법은 정상적인 줄기세포도 죽이므로 새로운 줄기세포를 공급할 수 있는 골수조직의 이식이 함께 진행되어야 한다. 또 다른 방법으로 제대혈 이식(cord blood transplant)이 있다. ("시사 과학 문제: 당신 아이의 제대혈을 은행에 보관하겠는가?" 참조). 수혈과 마찬가지로, 공여자의 항원이 환자와 적합한지 확인하기 위해 모든 조직은 검사를 거쳐야 한다.

다발성골수종: 통제되지 않은 형질세포의 생산

백혈병처럼 **다발성골수종(multiple myeloma)**도 암의 한 유형이다. 이 경우에는 골수에 있는 비정상적인 형질세포가 무제한적으로 분열을 한다. 형질세포는 림프구의 한 종류로 특정 항체를 만드는 일을 한다. 증식하는 형질세포는 비정상적이며 때로는 불완전한 항체를 너무 많이 만들어 다른 항체들의 생산에 해를 입혀서 결과적으로 몸이 감염에 취약하게 만든다. 건강한 골수가 악성 형질세포에게 밀려나므로 뼈가 약해진다. 뼈조직이 파괴되므로 혈중 칼슘 이온의 농도가 급상승한다. 치료 방법으로는 항암 약물과 방사능요법이 있다.

요점 정리

여러 요인 중에서 철분 결핍이나 출혈은 혈액의 산소운반능력을 감소시켜 빈혈을 일으킬 수 있다. 백혈병과 다발성골수종은 혈액암의 일종이다. 이들은 골수에서 비정상적인 세포로 생겨나서 엄청난 숫자로 증식한다. ■

전염성 단구증가증: 림프구의 전염성 바이러스 감염

전염성 단구증가증(mononucleosis)은 혈액과 림프조직에 있는 림프구가 헤르피스 바이러스의 근연종인 엡스타인바(Epstein-Barr) 바이러스에 감염된 전염병이다. 사춘기에 가장 흔하게 발병하는데 신체 접촉을 통해 자주 전파되기 때문에 "키스병"이라는 별명을 가지고 있다.

전염성 단구증가증의 증상은 열, 두통과 함께 목이 아프고, 피로하며 편도선과 림프절이 붓는 등 독감 증상과 유사한다. 혈액 검사를 해보면 단핵구와 림프구의 수가 증가한 것을 알 수 있다. 많은 림프구들의 크기가 커져서 단핵구와 비슷해지기 시작하므로 이 질환을 단구증가증이라고 부른다. 단구증가증의 치료법으로 알려진 것은 없지만 거의 모든 환자들이 4~6주 내에 스스로 회복한다. 많은 휴식과 좋은 영양 공급이 바이러스를 이기는 데 도움이 된다.

혈액 독물중독: 혈장의 감염

혈액은 면역계에 의해서 정상적으로 잘 지켜지고 있다. 때때로 혈액에 미생물이 침입하여 이 방어 체계를 덮쳐 혈장 내에서 급속히 증식한다. 침입한 미생물들은 그 자체가 독성을 가지고 있거나 대사의 부산물로서 독성 화학물질을 분비한다. 그 결과 **패혈증(septicemia)** 또는 독혈증(toxemia)이라고도 부르는 혈액 독물중독이 일어난다.

혈액 독물중독은 감염된 상처(특히 깊게 찔린 상처), 심한 화상, 비뇨기 감염, 치과 치료 과정 등에서 발생한다. 혈액 독물중독을 예방하려면 상처나 화상 부위를 비누와 물로 깨끗이 씻어야 한다. 피부가 붉어지거나 춥고 열이 나거나, 심장 박동이 빨라지거나 호흡이 얕아지면 병원에 가야 한다. 혈액 독물중독에는 보통 항생제가 효과가 있다.

혈소판감소증: 혈소판 수의 감소

혈소판감소증(thrombocytopenia)은 혈액 중 혈소판의 수가 감소하는 질환이다. 혈소판감소증은 바이러스 감염, 빈혈, 백혈병, 기타 혈액 질환, X-선이나 방사선 노출, 심지어는 특정 약물에 대한 반응 등 여러 가지 원인으로 일어날 수 있다. 때로는 뚜렷한 원인 없이 혈소판의 수가 감소하는 경우가 있는데 이럴 때는 수 주 후에 그 수가 다시 증가한다.

증상으로는 쉽게 멍이 들거나 출혈이 일어나고, 코나 입에서 출혈이 생기며 오줌에 피가 섞이고 여성의 경우 생리 기간이 힘들어진다. 원인 치료를 통하면 일반적으로 증상이 나아진다. 증상이 계속될 경우에는 외과적으로 비장을 제거하는 것이 도움이 된다.

요점 정리

전염성 단구증가증과 혈액 독물중독은 혈액 감염 질환의 일종이다. 혈소판의 수가 급격히 떨어지는 혈소판감소증은 쉽게 멍이 들고 출혈이 일어나는 특징이 있다. ■

단원 요약

혈액의 구성 성분과 기능

- 혈액은 유형 성분과 혈장으로 구성되어 있다. 혈액은 수송, 조절 그리고 방어 기능을 가지고 있다.
- 혈장에는 수송, 수분 평형 조절 및 방어에 관여하는 수많은 혈장단백질이 들어 있다. 혈장에는 또한 이온, 호르몬, 영양분, 노폐물, 가스 등도 들어 있다.
- 적혈구는 산소를 운반하기 위해 고도로 분화되어 있지만 이산화탄소도 역시 운반한다.
- 헤모글로빈은 적혈구에서 가장 주된 단백질이며 적혈구가 산소운반능력을 갖도록 해준다.
- 혈액의 유형 성분은 모두 적색골수에 있는 줄기세포로부터 만들어진다.
- 백혈구는 질병과 상처로부터 신체를 방어하는 역할을 한다.
- 적혈구와 백혈구는 수명이 짧으므로 끊임없이 보충되어야 한다. 몸이 혈액 내의 산소 농도가 낮은 것을 감지하면 적혈구의 생성이 촉진된다.
- 혈소판은 지혈에 관여하는 세포 산물이다.

지혈: 혈액 손실 방지

- 지혈은 손상된 혈관을 통해 혈액이 손실되는 것을 방지하는 3단계 과정이다. (1) 단계는 혈관 수축, (2) 단계는 혈소판 마개 형성, (3) 단계는 혈액응고이다.
- 혈병 형성 도중에 손상된 혈관으로부터 방출된 물질들이 피브리노겐이라는 수용성 단백질을 피브린이라는 실 모양의 불용성 단백질로 전환시킨다. 피브린 가닥은 섬유성 그물을 짜서 혈구 세포를 가둬두고 파괴된 혈관 틈새를 막아준다.

사람의 혈액형

- 두 사람 사이에서 수혈을 성공적으로 하려면 혈액형이 적합하여야 한다. 혈액형은 적혈구의 표면에 있는 항원과 혈장 안에 있는 항체에 의해 결정된다.
- 혈액형은 기본적으로 ABO 혈액형과 Rh 인자의 유무를 기준하여 분류한다.
- 특히 Rh 인자는 특정한 임신의 경우에 위험한 영향을 미칠 수 있다.

혈액 질환

- 빈혈증은 불완전한 적혈구 생성과 과도한 혈액 손실 등을 포함한 어떠한 이유에서든지 산소운반능력이 감소하는 질환이다.
- 백혈병은 비정상적인 백혈구 생성이 통제되지 못하는 특징을 가진 암이다.
- 단구증가증은 림프구와 림프조직에서 발생하는 전염성 바이러스성 질환이다.
- 혈액 독물중독은 혈장이 다양한 미생물들에게 감염된 증세를 이르는 일반적인 용어이다.

알아야 할 용어

백혈구(leukocyte: WBC)
빈혈증(anemia)
식세포작용(phagocytosis)
에리트로포이에틴(erythropoietin)
적혈구용적률(hematocrit)
적혈구(erythrocyte: RBC)
줄기세포(stem cell)
지혈(hemostasis)
피브린(fibrin)
헤모글로빈(hemoglobin)
혈소판(platelet)
혈액형(blood type)
혈장단백질(plasma proteins)
혈장(plasma)
Rh 인자(Rh factor)

개념 확인 문제

1. 혈액의 기능에 대해 설명하시오.
2. 산소와 이산화탄소의 운반 과정에서 헤모글로빈의 역할에 대해 설명하시오.
3. 혈액의 산소운반능력 항상성을 유지하기 위해 적혈구의 생성이 어떻게 조절되는지 설명하시오.
4. 적혈구용적률을 정의하고, 적혈구용적률이 어떤 면에서 중요한지 설명하시오.
5. 파괴되거나 죽은 적혈구와 그 안에 들어 있는 헤모글로빈이 혈액으로부터 제거되는 과정을 설명하시오.
6. 호중구와 호산구의 기능상 차이점을 설명하시오.
7. 지혈 과정에 대해 설명하시오.
8. 네 가지 ABO 혈액형을 열거하시오. 각각의 혈액형에 대해 해당되는 적혈구 표면 항원과 혈장의 항체를 제시하시오.
9. Rh 인자와 Rh 인자가 임신 중에 미치는 영향을 설명하시오.
10. 빈혈증의 여러 가지 원인을 비교 설명하시오.

학습 문제

연결 문제

_________ 1. 적혈구 안에 있는 산소-결합 단백질
_________ 2. 터진 혈관에서 출혈이 멈추게 하는 데 도움을 준다.
_________ 3. 백혈구 세포들이 다른 세포를 둘러싸서 삼키는 과정
_________ 4. 영어로 leukocyte라고 부르는 세포

_________ 5. 적혈구의 생성 속도를 조절하는 호르몬

_________ 6. 가장 많은 백혈구 세포

a. 식세포작용
b. 혈소판
c. 헤모글로빈
d. 백혈구
e. 호중구
f. 에리트로포이에틴

빈칸 채우기

7. 피브리노겐은 ____________에 의해서 피브린이라는 긴 실 모양의 불용성 단백질로 전환된다.
8. ____________은(는) 한 개 이상의 응고인자가 결핍되어 일어나는 유전성 질환이다.
9. 항체는 __________(이)라고 부르는 세포-표면 단백질과 결합한다.
10. 모든 혈액 세포는 ____________ (으)로부터 만들어진다.
11. 손상된 지역의 혈관이 수축하는 것을 __________(이)라고 부른다.
12. 혈액형이 ____________형인 혈액의 적혈구에는 A 표면 항원과 B 표면 항원이 모두 없지만 혈장에는 A 항체와 B 항체가 모두 들어 있다.

OX 문제

13. A형 혈액은 적혈구에 A 표면 항원이 있으며 B 표면 항원에 대한 항체를 가지고 있다. ( )
14. Rh 인자는 붉은털원숭이에서만 발견된다. ( )
15. 혈액응고가 일어나는 동안 혈액은 액상에서 겔 상태로 바뀐다. ( )

참고문헌

Becker, R. C. Antiplatelet Therapy. *Scientific American Science & Medicine* 3(4):12, July/August 1996. (An article about how platelet aggregation is controlled.)

Radetsky, P. The Mother of All Blood Cells. *Discover*, March 1995, p. 86. (An article about the apparent isolation of human stem cells and the controversy over who owns the rights to them.)

Thomas, E. D. Hematopoietic Stem Cell Transplantation. *Scientific American Science & Medicine* 2(5):38, September/October 1995. (Discusses the use of stem cells for bone marrow transplants.)

응용 문제

1. 35세 백인 남성이 혈액 검사를 받았다. 검사 결과 그 남성의 백혈구 수가 18,000(1ml당)이었다. 그 나이 남성의 일반적인 백혈구 수치는 6,000~9,000이므로 백혈구 수치가 상당히 높았다. 이 상태는 무엇을 의미하는가?

2. 어떤 유형의 백혈병에 대한 한 가지 치료 방법은 방사성요법이나 화학요법을 사용하여 골수에 있는 모든 줄기세포를 죽인 다음 다른 사람(공여자)의 골수를 이식하는 것이다. 이 경우에 누구든지 공여자가 될 수 있는가? 누가 가장 좋은 공여자가 될 수 있겠는가? 설명하시오.

3. 그렇게 멀지 않은 과거에는, 혈액형이 'O-'인 사람을 보편 혈액제공자라고 불렀으며 혈액이 필요하면 그들의 혈액을 찾았다. 보편 제공자란 무슨 뜻이며, 'O-'인 사람을 보편 제공자라고 부르는 이유는 무엇이며, 왜 요즘에는 보편 제공자란 말을 사용하지 않는지 설명하시오.

4. 교과서에는 적혈구가 대사 활동이 활발한 조직에 도달하면 그 조직의 산소 농도와 pH가 순환 혈액에 비해 모두 낮기 때문에 적혈구는 지니고 있던 산소를 방출한다고 쓰여 있다. 대사 활동이 활발한 조직은 빠른 속도로 산소를 소비하기 때문에 산소 농도가 낮다. 그러나 pH가 낮은 것은 무슨 이유 때문인가? 그리고 어떤 이유로 pH가 떨어지면 헤모글로빈이 산소를 방출하게 되는가?

   헤모글로빈에서 산소가 방출되게 할 수 있는 다른 변수를 생각해 볼 수 있는가?

5. 이제 막 학기가 끝났다. 지난 3주 동안 3개의 기말보고서를 써냈으며, 기말시험 공부를 했고, 아르바이트도 나갔었다. 모든 과목의 시험을 통과했고 단 하루도 아르바이트에 빠지지 않았다. 물론 지난 3주 동안은 냉동 피자와 콜라, 그리고 라면만 먹고 살았다(이 기간에 누가 요리를 해먹을 수 있겠는가?).

   이제 학기가 끝났고, 당신은 매우 피곤하고, 피부는 창백하고, 두통과 현기증이 있으며, 심지어는 숨쉬기도 어렵다는 걸 알게 되었다. 병원에 갔더니 당신에게는 빈혈증이 있다는 진단 결과가 나왔다. 당신에게 나타난 빈혈증은 어떤 유형이겠는가? 이 빈혈증은 다른 유형의 빈혈증과 어떻게 다른가? 의사가 당신에게 어떤 치료법을 제안하겠는가?

6. 쿠마딘(Coumadin)은 심한 정맥혈전증, 폐색전증, 혹은 심장마비를 겪은 환자나 인공 심장판막을 단 환자에게 투여되는 항응고 약품이다. 쿠마딘은 앞으로 혈액응고가 일어나거나 색전증으로 진전될 위험을 줄여준다. 쿠마딘의 활성 성분은 쥐약으로 사용되는 워파린(warfarin)이다. 어떻게 동일한 성분이 아주 다른 두 목적에 사용될 수 있는지 설명하시오.

학습 문제 해답

1. c **2.** b **3.** a **4.** d **5.** f **6.** e **7.** 트롬빈 **8.** 혈우병 **9.** 항원 **10.** 줄기세포 **11.** 혈관 수축 **12.** O **13.** O **14.** X **15.** O

8 심장과 혈관

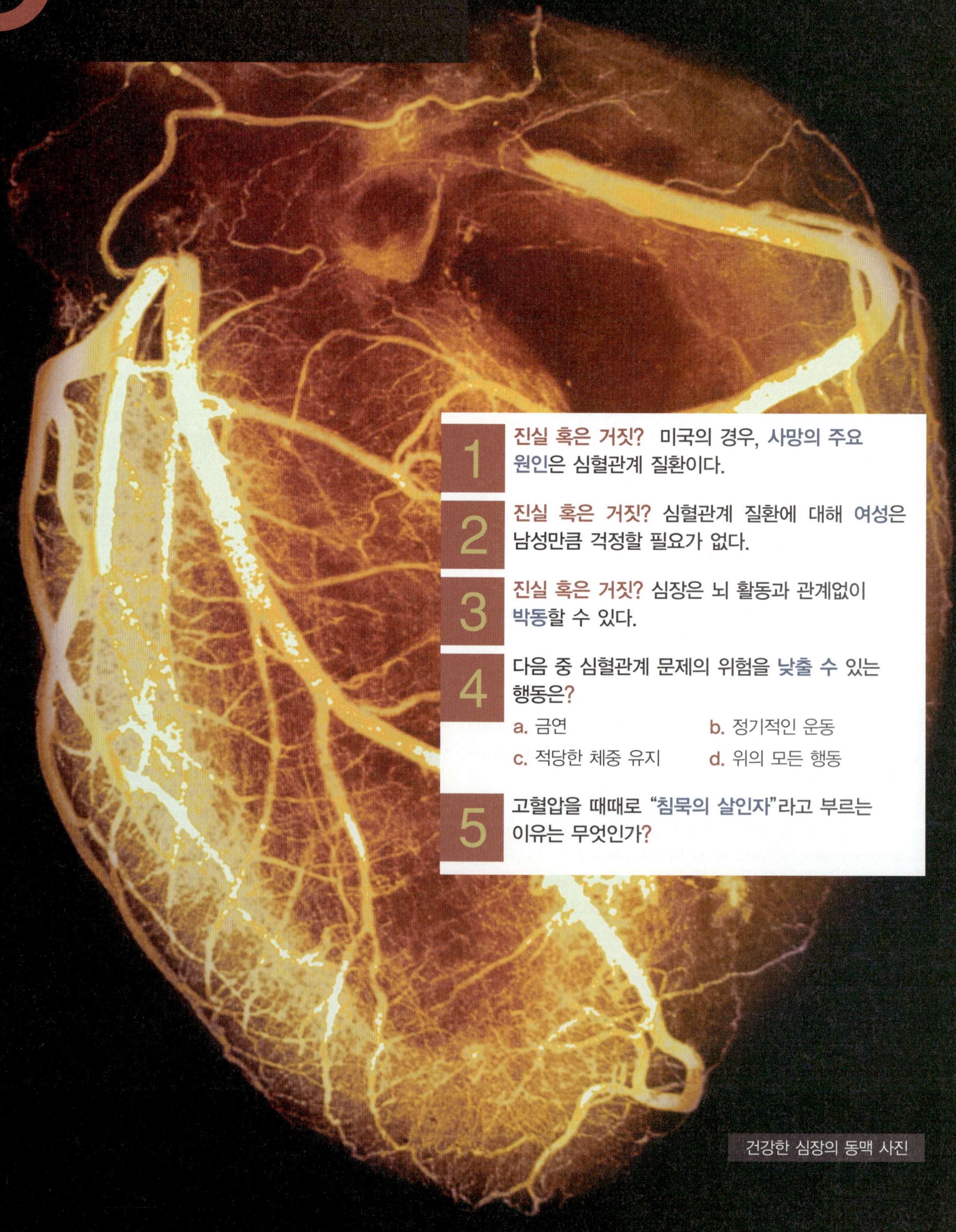

1 **진실 혹은 거짓?** 미국의 경우, 사망의 주요 원인은 심혈관계 질환이다.

2 **진실 혹은 거짓?** 심혈관계 질환에 대해 여성은 남성만큼 걱정할 필요가 없다.

3 **진실 혹은 거짓?** 심장은 뇌 활동과 관계없이 박동할 수 있다.

4 다음 중 심혈관계 문제의 위험을 낮출 수 있는 행동은?

a. 금연
b. 정기적인 운동
c. 적당한 체중 유지
d. 위의 모든 행동

5 고혈압을 때때로 "침묵의 살인자"라고 부르는 이유는 무엇인가?

건강한 심장의 동맥 사진

심장은 펌프다. 그것도 아주 특수한 펌프다. 심장은 전체가 살아 있는 세포와 세포 물질들로 구성되어 있지만, 인간이 만든 그 어떤 최고의 펌프보다도 훨씬 더 신뢰할만한 펌프이다. 심장은 수선하기 위해 멈추는 법도 없이, 쉬지 않고 일하면서도 거뜬히 80~100년은 버틸 수 있다. 심장의 출력 역시 1분에 5~25리터까지의 혈액을 내보낼 수 있듯이 필요에 따라 완전히 조정이 가능하다.

심장과 혈관을 통틀어 **심혈관계(cardiovascular system)**라고 부른다(그리스어로 심장을 뜻하는 *kardia*와 라틴어로 작은 관을 뜻하는 *vasculum*의 합성어이다). 심장은 혈액을 움직이는 힘을 제공해주며 혈관계는 혈액이 흐르는 수많은 가지가 있는 도관으로 된 망을 이룬다. 심혈관계는 신체의 모든 구석구석에 적절한 양의 혈액을 공급하므로 생명에는 필수불가결하다. 심장은 항상성 유지에도 필수적이다. 우선 혈관에 대해 먼저 알아보도록 하자.

8.1 혈관은 혈액을 수송한다

수많은 가지를 가진 혈관망은 혈액을 온몸 여러 부위로 수송한다. 혈관망은 아주 광범위해서 모든 혈관을 하나로 이으면 그 길이는 무려 10만km에 이른다.

우리 몸의 혈관은 크게 3종류로 구분한다: **동맥, 모세혈관, 정맥.** 벽이 두꺼운 동맥은 높은 압력을 지닌 혈액을 신체 조직으로 수송한다. 미세한 모세혈관은 조직 세포들과 용질 및 물을 교환하는 일을 한다. 벽이 얇은 정맥은 혈액을 저장하고 심장으로 되돌려 보내는 일을 한다. 그림 8.1은 혈관의 종류에 따른 자세한 구조의 특성을 보여준다.

동맥은 심장에서 혈액을 내보낸다

심장에서 혈액이 나갈 때, 심장은 혈액을 크고 벽이 두꺼운 근육성의 **동맥(artery)**으로 펌프해서 보낸다. 동맥은 심장으로부터 혈액을 내보내는 일을 한다. 큰 동맥은 심장에서 만들어진 높은 혈압을 견딜 수 있어야 하므로 두꺼운 근육층을 가지고 있다. 동맥은 가지를 치고 또 가지를 치기 때문에, 심장으로부터 혈액이 멀리 운반될수록 혈관의 직경은 점점 더 가늘어진다.

대동맥과 소동맥은 정원에 물을 주는 두꺼운 호스처럼 딱딱하면서도 어느 정도 탄력성(팽창할 수 있는)을 지니고 있다. 동맥은 높은 압력에는 약간 늘어나지만 수 년 동안 높은 압력을 견딜 수 있을 만큼 충분히 강하다. 동맥의 두 번째 기능은 심장이 박동할 때마다 펌프되어 들어온 혈액을 저장했다가 모세혈관으로 공급하는(높은 압력으로, 심지어는 박동 사이에도) 일이기 때문에 압력이 높을 때 혈관이 팽창할 수 있는 능력은 중요하다. 동맥의 탄력 있는 반동이 박동 사이에 혈압을 유지해주는 힘이 된다. 동맥은 일정한 수압으로 모든 가정에 수돗물을 공급해주는 가지가 많은 고압 상수도관들로 이뤄진 도시의 상수도 시스템과 유사하다고 생각할 수 있다.

대동맥과 소동맥의 벽 구조는 그들의 기능과 이상적으로 잘 어울린다. 혈관벽은 내강(lumen) 주위를 둘러싸는 세 개의 뚜렷한 층이 샌드위치 구조로 이뤄져 있다.

1. 내피층(endothelium)은 납작한 편평상피 세포로 이뤄진 층이다. 내피층은 심장의 안쪽 벽과 연속된 층이다. 납작한 세포들이 서로 밀접하게 맞춰져서 매끄러운 표면을 만들므로 마찰을 최소로 줄이고 혈액의 흐름을 원활하게 해준다.
2. 내피층의 바로 바깥층은 주로 평활근(민무늬근)이 탄성 있는 결합조직과 섞여 엮어진 층이다. 대부분의 동맥에서 이 층이 세 층 중 가장 두꺼운 층이다. 대동맥과 소동맥에서 평활근의 긴장성 수축은 동맥을 딱딱하게 만들어 높은 혈압을 견딜 수 있게 해준다. 그러나 혈류를 변화시킬 만큼 수축하지는 않는다. 대동맥과 소동맥의 탄성 조직은 약간 팽창성이 있어서 혈관을 수동적으로 늘어나게 하여 심장이 박동할 때마다 들어오는 혈액을 수용한다.
3. 대동맥과 소동맥의 가장 바깥층은 주로 콜라겐으로 된 결합조직의 질긴 지지층으로 이뤄져 있다. 이 견고한 층이 둘러싸고 있는 조직들 속에 혈관을 붙들어두고 상해로부터 혈관을 보호하는 역할을 한다.

들어가기 질문의 답

1. **진실.** 미국에서는 심혈관계 질환이 사망의 주 원인이다. 사망의 두 번째는 원인은 암이다.
2. **거짓.** 45세 이전에는, 남성이 심혈관계 질환에 걸릴 위험이 여성보다 훨씬 높지만 여성의 위험률은 폐경 이후 증가한다.
3. **진실.** 심장에 있는 특별히 분화된 세포에서 발생된 전기충격이 심근 전체로 퍼져나가 심장이 수축하도록 자극한다. 우리는 조화된 일련의 수축 과정을 심장박동으로 느낀다.
4. **d.** 이 단원에서 우리는 일생 동안 심혈관계의 건강에 영향을 미치는 요인에 대해 살펴볼 것이다.
5. 치료하지 않고 방치하면, 고혈압은 심장과 혈관계에 손상을 일으킨다. 보통 증상이 잘 나타나지 않으므로 수백만 명이나 되는 사람들이 자신이 알지도 못한 가운데 고혈압을 앓고 있다.

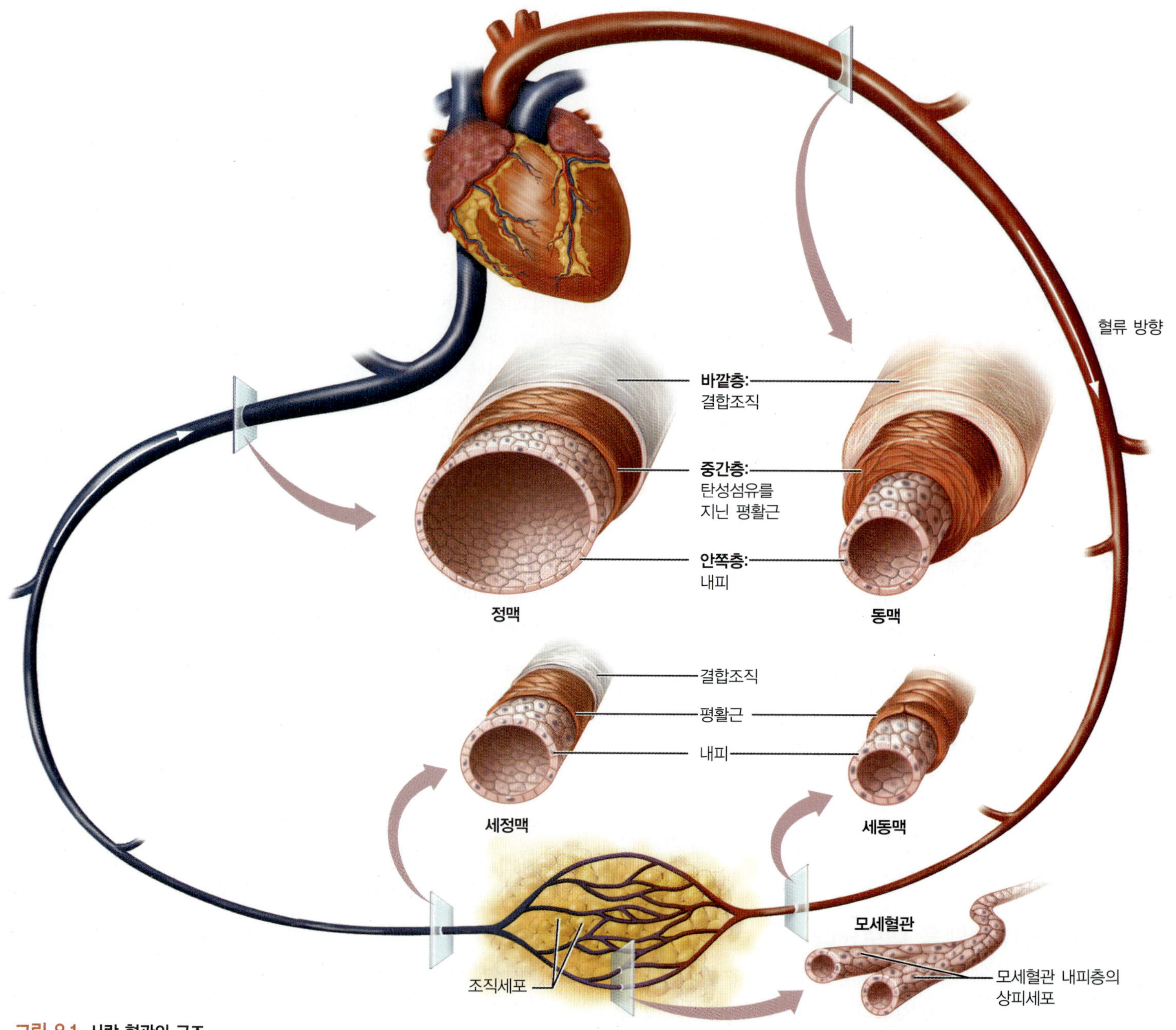

그림 8.1 사람 혈관의 구조.

동맥들이 언제나 높은 압력에 노출되어 있다는 사실은 이들이 상해 위험에 놓여 있다는 것을 의미한다. 만일 내피가 손상되면 상처 난 부위로 혈액이 스며나가 두 바깥층 사이로 들어가서 두 층을 분리한다. 그 결과로 **동맥류(aneurysm)**, 또는 동맥벽의 풍선꼴 확대가 발생한다. 일부 동맥류는 진전이 되면서 평활근과 내피층이 안쪽으로 부풀어 올라 내강이 줄어들므로 기관이나 신체 부위로 가는 혈류가 감소하게 된다. 또 다른 동맥류는 바깥쪽 결합조직층을 밖으로 부풀어 오르게 한다. 때로 동맥류는 심한 가슴통증을 일으키기도 하지만 다른 경우에는 "파열되어서" 심각한 내출혈을 일으켜 죽을 때까지 전혀 증상이 없을 수도 있다. 상수도관이 터져서 순식간에 엉망으로 만들어 놓은 것을 본 적이 있을 것이다. 대동맥에서 발생한 동맥류(8.2 소단원 참조)로 매년 25,000여 명의 미국인이 생명을 잃는 것으로 추산된다. 2003년에 발생한 배우 존 리터(John Ritter, 1948~2003: 미국의 배우, 성우, 코미디언)의 갑작스런 죽음도 동맥류가 파열된 것이 원인으로 밝혀졌다.

동맥류가 발달하는 데는 종종 수 년이 걸린다. 이 기간 동안에 많은 동맥류들은 발견이 되어 외과 수술로 치료된다. 일부 의사들은 동맥류의 가족력이 있는 사람들은 증세가 없어도 검사를 받아야 한다고 권한다. 혈액은 좁아진 혈관을 흐르게 되면 특징적인 소리를 만들므로 의사들은 때때로 청진기를 이용하여 안쪽으로 부풀어 오른 동맥류도 잡아낸다. 또한 CT 촬영을 이용하면 동맥류가 터지기 전에 탐지해낼 수도 있다.

세동맥과 모세혈관앞조임근이 혈액의 흐름을 조절한다

마침내 혈액은 **세동맥(arteriole)**이라고 부르는 가장 작은 동맥에 도달한다. 신체 중에서 가장 큰 동맥인 대동맥(aorta)은 직경이 약 2.5cm 정도 된다. 이에 비해 세동맥의 직경은 실의 굵기 정도인 0.3mm 이하이다.

혈액이 세동맥을 지날 때쯤에는 혈압이 상당히 떨어져 있다. 결과적으로, 세동맥은 구조적으로 좀 더 단순하다. 일반적으로 세동맥은 가장 바깥층의 결합조직이 없으며 평활근 층도 그리 두껍지 않다. 혈액의 저장과 수송 기능 외에도 세동맥은 큰 동맥들에게서 볼 수 없는 세 번째 기능을 가지고 있다. 즉, 세동맥은 각 모세혈관으로 흘러들어가는 혈액의 양을 조절하는 일을 도와준다. 세동맥은 평활근 층을 수축하거나 이완함으로써 혈관 안쪽의 직경을 변화시켜 혈액량을 조절한다.

세동맥이 모세혈관과 만나는 바로 그 지점에는 **모세혈관앞조임근(모세혈관전괄약근, precapillary sphincter)**이라고 부르는 고리 모양의 평활근 띠가 있다(그림 8.2). 모세혈관앞조임근은 개별 모세혈관으로 들어가는 혈액의 흐름을 조절하는 게이트로 작용한다.

혈관의 평활근이 수축하는 것을 혈관수축(vasoconstriction)이라 부른다. 세동맥과 모세혈관앞조임근의 혈관수축으로 혈관의 직경이 줄어들고 모세혈관으로 들어가는 혈액의 흐름이 감소한다. 반대로, 혈관의 평활근이 이완하는 것은 혈관확장(vasodilation)이라고 부른다. 세동맥과 모세혈관앞조임근의 혈관확장은 혈관의 직경을 넓혀주고 모세혈관으로 들어가는 혈액의 흐름을 증가시킨다.

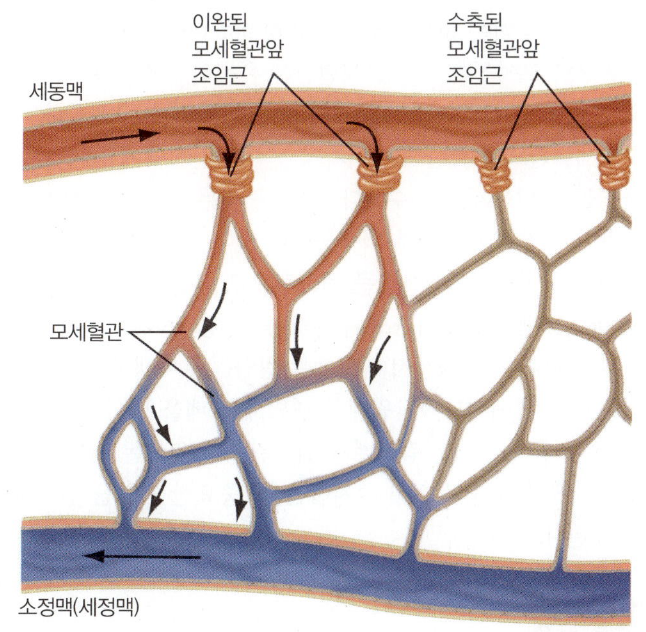

그림 8.2 모세혈관앞조임근은 혈류를 조절하여 각각의 모세혈관으로 들여보낸다. 오른쪽에 있는 두 개의 모세혈관앞조임근이 혈관수축을 하여 혈류를 감소시킨다. 화살표는 혈류의 방향을 나타낸다.

신경, 호르몬 및 세동맥과 모세혈관앞조임근의 국소 환경 조건과 같은 광범위한 외부 요인과 내부 요인들이 혈관수축과 혈관확장을 일으킨다. 추운 날 밖에 나가면 손가락이 창백해지는 것을 볼 수 있다. 이것은 신경의 영향으로 혈관수축이 일어나 혈관을 좁혀서 몸으로부터 열손실을 줄이기 때문이다. 반대로, 더운 날에는 피부가 붉게 보이는데, 이는 혈관확장이 일어나 열손실을 가속화하여 몸을 식히기 때문이다. 정서 역시 영향을 미친다: 성적으로 흥분이 될 때, 혈관확장은 혈류를 빠르게 함으로써 음경이나 음핵의 발기에 어느 정도 관여한다. 이 단원의 후반부에서는 항상성을 유지하기 위해 심혈관계가 어떻게 조절되는지에 대해 자세히 배우게 된다.

요점 정리

벽이 두꺼운 동맥의 가지 많은 도관 망은 혈액을 온몸으로 내보낸다. 세동맥은 혈류를 조절하여 국소 지역으로 보내며, 세동맥의 끝에 있는 모세혈관앞조임근은 각각의 모세혈관으로 들어가는 혈액을 흐름을 조절한다. ■

모세혈관: 혈액과 조직 사이에 물질 교환이 일어나는 곳

세동맥은 가장 작은 혈관인 **모세혈관(capillary)**에 연결된다. 모세혈관은 직경이 적혈구보다 더 크지 않은, 약 100분의 1mm 정도밖에 안 되는 벽이 얇은 혈관이다. 실제로 모세혈관은 너무 가늘어서 적혈구들은 때로 하나씩 줄을 이어 지나가거나 심지어는 접히거나 휘어진 채 통과한다.

모세혈관상(capillary bed)이라고 부르는 모세혈관의 광범위한 망은 온몸에서 발견된다. 그렇기 때문에 몸의 어느 곳을 찔러도 피가 나온다. 모세혈관이 가지를 내는 양식과 얇고 구멍이 있는 벽은 혈액이 조직 세포들과 산소, 이산화탄소, 영양분 및 노폐물을 교환할 수 있도록 해준다. 모세혈관 벽은 한 층의 편평상피 세포로 되어 있다. 이 층에는 미세한 구멍들이 나 있으며 세포들 사이에는 좁은 틈새가 있다. 이러한 틈들은 혈액과 간질액 사이에서 액체나 다른 물질들이 교환될 수 있을 만큼 충분히 크지만, 적혈구와 대부분의 혈장단백질을 모세혈관 내에 유지하고 있을 정도로 작다(그림 8.3). 일부 백혈구 세포들도 모세혈관 벽을 구성하는 세포들 사이로 흘러나가 조직 공간으로 들어간다.

사실, 모세혈관은 간질액(모든 살아 있는 세포 주변의 용액)과 물질의 선택적 교환을 허용하는 생물학적 여과기로 작용한다. 실제로 모세혈관은 간질액과 물질 교환을 할 수 있는 유일한 혈관이다.

그림 8.4는 물과 물질들이 모세혈관을 가로질러 이동하는 일반적인 방식을 나타낸 것이다. 모세혈관이 시작되는 지점에서는, 혈관으로부터 산소, 영양분 및 세포에 필요한 원료물질 등을 지닌 혈액이 여과되어 간질액으로 들어간다. 여과된 용액은 단백질이 거의 없다는 것만 빼고는 근본적으로 혈장과 같다. 대부분의 단백질 분

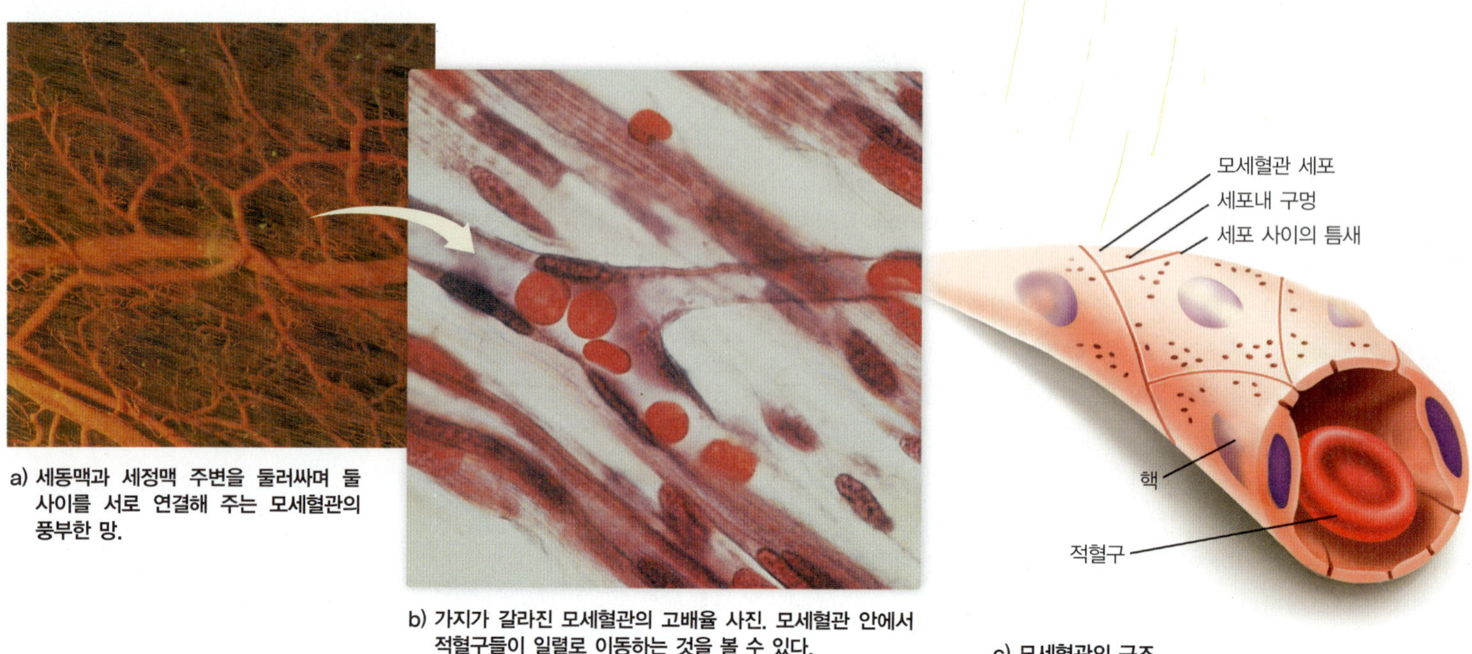

a) 세동맥과 세정맥 주변을 둘러싸며 둘 사이를 서로 연결해 주는 모세혈관의 풍부한 망.

b) 가지가 갈라진 모세혈관의 고배율 사진. 모세혈관 안에서 적혈구들이 일렬로 이동하는 것을 볼 수 있다.

c) 모세혈관의 구조.

그림 8.3 모세혈관.

자는 너무 커서 여과되지 못한다. 혈액의 여과는 심장에서 생긴 혈압에 의해 이뤄진다. 이산화탄소와 요소 같은 노폐물은 세포로부터 밖으로 확산되어 나가 혈액으로 들어간다.

대부분의 여과된 용액은 모세혈관이 정맥과 연결되기 전에 모세혈관의 후반부로 확산에 의해 재흡수된다. 재흡수가 일어나게 하는 힘은 간질액에는 없지만 혈액에는 있는 단백질이다. 다른 말로 하면, 물은 물 농도가 높은 지역(간질액)으로부터 물 농도가 낮은 지역(혈장)으로 확산된다. 그러나 확산에 의한 물의 재흡수는 압력에 의한 물의 여과에는 미치지 못한다. 따라서 적은 양의 여과된 용액이 간질 공간에 여분의 간질액으로 남아 있게 된다.

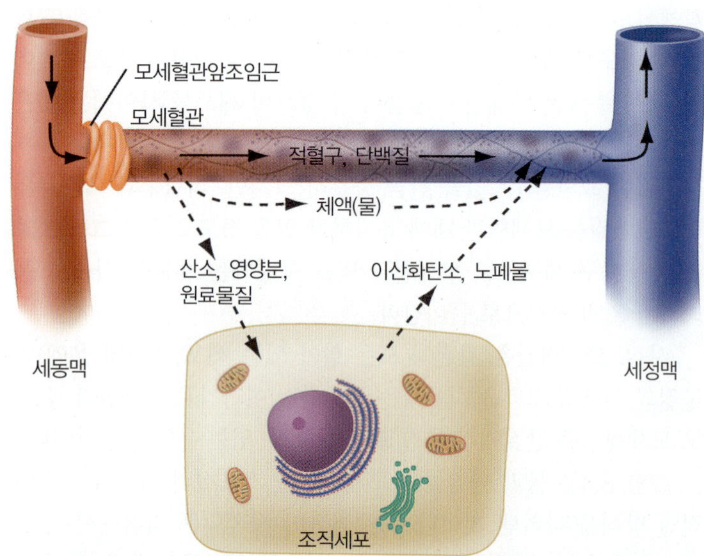

그림 8.4 모세혈관과 간질액 및 세포 사이에서 일어나는 일반적인 물질 이동 방식. 이해를 돕기 위해 한 개의 조직세포만 나타냈지만 모세혈관 한 개는 주변의 여러 세포들에게 물질을 공급한다.

림프계는 혈액의 용량을 유지하는 데 도움이 된다

모세혈관에서 여과된 혈장의 양과 재흡수된 양 사이의 불균형은 크지 않지만, 하루 종일이면 그 양의 차이가 약 2~3리터 정도 된다. 이와 같은 여분의 혈장액은 어떻게 하든지 심혈관계로 되돌려 보내야 한다. 그렇지 않으면 모든 혈장은 금방 간질액 안으로 들어가고 만다.

여분의 혈장액은 림프모세혈관(lymphatic capillary)이라는 끝이 막힌 관으로 모여진다. 림프모세혈관은 온몸의 조직으로 가지를 쳐 뻗어 있으며 림프계(lymphatic system)의 일부를 구성한다. 너무 커서 모세혈관으로 확산해 들어가지 못하고 간질액에 남아 있는 몇몇 물질들을 림프계가 흡수한다. 이들 중에는 소화 과정에서 흡수된 지방립과 침입해온 외부 미생물들이 있다. 림프모세혈관은 여분의 간질액과 기타 물질들을 큰 림프관으로 운반하고, 림프관은 결국 용액(림프액[lymph]이라고 부른다)을 심장 근처에 있는 정맥으로 돌려보낸다. 이 과정에서 림프계는 침입해온 미생물을 차단한다.

림프계에 대해서는 9단원에서 면역계를 배울 때 함께 더 배우도록 한다. 여기에서는, 림프계가 심혈관계의 일부는 아니지만, 혈액과 간질액의 양을 적절히 유지하는 데 중요한 역할을 한다는 것만 알면 된다.

요점 정리

한 층의 세포들로 이루어진 모세혈관은 간질액과 물질 교환을 할 수 있는 유일한 혈관이다. 림프계는 여분의 용액을 제거해준다. ■

정맥은 혈액을 심장으로 되돌려 보낸다

모세혈관에 있던 혈액은 세정맥(venule)과 **정맥(vein)**을 통해 심장으로 되돌아간다. 동맥 벽과 마찬가지로, 정맥 벽도 3층의 조직으로 이루어져 있다. 그러나 정맥 벽의 바깥쪽 두 층은 동맥에 비해 훨씬 얇다. 정맥은 또한 안쪽 지름이 동맥보다 더 크다.

정맥과 동맥의 해부학적 차이는 둘 사이의 기능적 차이를 반영한다. 심혈관계를 따라 혈액이 흘러가면 혈압은 점점 낮아진다. 정맥의 혈압은 동맥 혈압의 몇 분의 1밖에 되지 않기 때문에 동맥만큼 강한(근육과 결합조직으로 보강된) 벽이 필요하지 않다. 정맥은 지름이 크고 팽창력이 높아서 많은 양의 혈액을 낮은 압력에서도 담을 수 있도록(얇은 풍선처럼) 늘어난다.

운반 기능 외에도, 정맥은 전체 심혈관계를 위해 혈액 저장고 역할을 한다. 우리 몸에 있는 전체 혈액의 거의 3분의 2는 정맥에 들어 있다. 정맥이 혈액 저장고 역할을 해주기 때문에, 탈수되거나 혈액 손실이 일어나도 심장은 혈압을 일정하게 유지할 만큼 충분한 혈액을 펌프질해서 내보낼 수 있다("스스로 해보기" 참조).

정맥의 팽창력은 혈액을 중력에 거슬러 심장으로 되돌려 보내는 데 문제를 일으킬 수도 있다. 우리가 곧바로 서 있을 때에 혈액은 다리와 발의 정맥에 모이게 된다. 오랜 시간을 서서 활동해야 하는 사람들에게는 혈액이 몰려서 정맥이 영구적으로 부풀고 꼬여 울퉁불퉁하게 보이는 정맥류(varicose veins)가 생길 수 있다. 정맥류는 어느 부위에서든지 생길 수 있지만 주로 다리와 발에 흔히 나타난다. 심한 경우에는, 정맥 주위의 피부가 충분한 혈액 공급을 받지 못해 건조해지고 딱딱해진다. 정맥류 치료에는 종종 염증을 일으키는 주사액을 주입하여 정맥을 줄어들게 하여 보이지 않도록 한다. 주변에 있는 정상 정맥들이 혈액을 심장으로 보내는 일을 대신 맡아 하기 때문에 이 치료로 혈류가 방해받지는 않는다.

정맥이 혈액을 심장으로 되돌려 보내는 과정에는 세 가지 메커니즘이 도움이 된다: (1) 골격근의 수축, (2) 정맥 내의 일방판막, (3) 호흡에 따른 움직임. 각 메커니즘에 대해 살펴보도록 하자.

골격근이 정맥을 압박한다 심장으로 되돌아가는 길에 정맥은 수많은 골격근 사이를 지나간다. 우리가 움직이면 이 근육들이 수축하고 이완하면서 정맥을 압박하고 찌부러트려서 혈액을 심장 쪽으로 밀어낸다. 우리는 걸을 때보다 가만히 서 있을 때 더 피로해지는 것을 느낀 적이 있을 것이다. 이는 걷는 것이 혈액을 심장으로 더 효과적으로 되돌려 보내고 다리에 혈액이 고이는 것을 막아주기 때문이다. 또한 혈류의 속도와 다리 근육으로의 에너지 공급도 증가시켜준다.

일방판막이 혈액을 한 방향으로만 흐르게 한다 대부분의 정맥에는 내피층의 일부가 자그마하게 주름잡혀 내강으로 돌출한 판막이 있다. 판막의 구조는 혈액을 한 방향, 심장 쪽으로만 흐르게 해준다. 판막은 수동적으로 열려 혈액이 심장 쪽으로 흐르게 하며 혈액이 역류하려 할 때에는 닫힌다. 골격근과 판막은 함께 작용하여 이른바 "골격근펌프(skeletal muscle pump)"를 형성한다(그림 8.5). 혈액이 골격근의 도움으로 심장 쪽으로 보내지거나 또는 중력에 따라 심장 방향으로 흐른 후에는 이 일방판막 때문에 다시 되돌아 흐르지 못한다. 정맥의 판막이 열리고 닫히는 것은 순전히 판막 양 방향의 혈압에 달려 있다.

호흡과 관련된 압력이 혈액을 심장 쪽으로 밀어낸다 혈액의 흐름에 도움을 주는 세 번째 메커니즘은 호흡 도중에 일어나는 흉강과 복강의 압력 변화와 관련이 있다. 숨을 들이쉬면 복강의 압력이 증가하여 복부 정맥을 압박한다. 동시에 흉강 안의 압력은 감소하게 되어 가슴 정맥은 확장된다. 그 결과, 혈액은 복부로부터 가슴과 심장 쪽으로 밀려나간다. 이 메커니즘을 때로는 "호흡펌프(respiratory pump)"라고 부른다.

요점 정리

혈관 벽이 얇은 정맥은 혈액을 심장으로 되돌려 보내며 혈액 저장고 역할을 한다. 혈액을 되돌려 보내는 데는 다음 3가지 메커니즘의 도움을 받는다. (1) 골격근의 수축, (2) 정맥 안에 있는 일방판막, (3) 호흡과 관련된 압력의 변화. ■

스스로 해보기

정맥이 혈액을 저장한다는 증거

정맥이 혈액을 저장하고 중력이 어떻게 정맥을 팽창시키는지 증명하기 위해서 다음 해보기 활동을 해보자. (이 활동에는 손등에 정맥이 뚜렷이 보이는 사람이 제일 적합하다. 정맥이 뚜렷하지 않으면 정맥이 뚜렷한 친구가 대신 하는 것이 좋다.)

먼저, 팔을 허리 아래로 약 30초 정도 내린다. 손등에 있는 정맥이 부풀어 올라 뚜렷이 보이는 것을, 즉 혈액이 고이는 것을 확인한다. 이제 팔을 머리 위로 들어올린 채로 둔다. 10초 정도 있으면 혈액이 심장으로 되돌아가므로 정맥이 거의 보이지 않게 되는 것을 확인할 수 있다.

8.2 심장은 혈액을 펌프질하여 혈관으로 내보낸다

근육으로 되어 있는 솔방울 모양의 기관인 심장은 가슴뼈 뒤와 좌우 폐 사이의 흉강 안에 자리잡고 있다. 6단원에서 설명한 바와 같이 심장은 거의 대부분이 심장근(cardiac muscle)이라는 특별한 유형의 근육으로 되어 있다. 골격근과는 달리 심장근은 뼈에 연결되어 있지 않다. 대신에 심장근은 쥐어짜는 동작으로 끊임없이

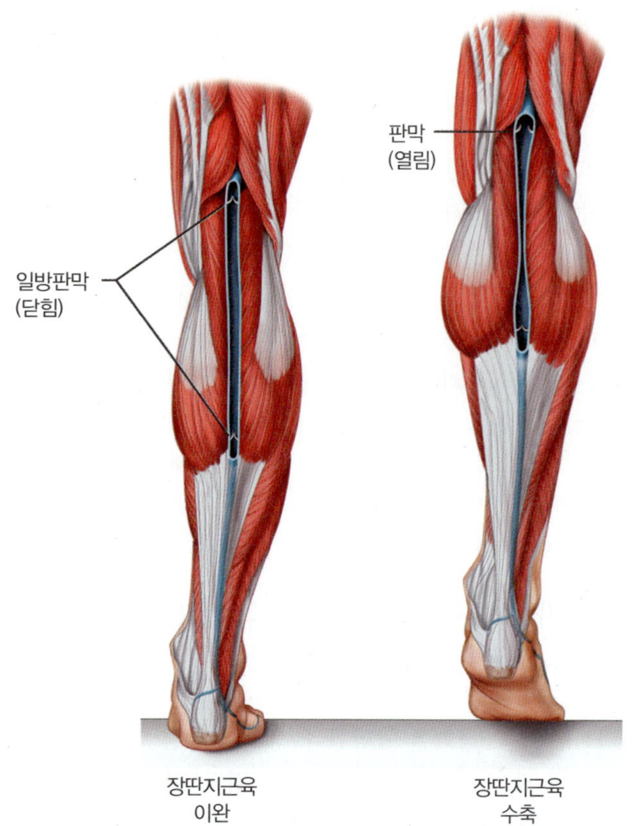

그림 8.5 골격근 펌프. 장딴지근육이 이완되면 중력 때문에 혈액이 정맥에 고인다. 일방판막 때문에 혈액은 역류하지 않는다. 장딴지근육이 수축하면 골격근이 정맥을 압박하게 되고 순간적으로 정맥의 혈압이 증가하게 되어 혈액을 위쪽에 있는 일방판막을 통해 심장 쪽으로 보내게 된다. 아래쪽의 일방판막은 여전히 닫혀 있어서 혈액은 역류하지 못한다.

펌프질하여 혈액을 혈관으로 내보낸다.

사람의 심장은 1분에 약 75번 박동한다. 이 수는 힘든 일을 하거나 스트레스를 받아 더 많은 혈액을 내보내기 위해 박동수를 늘이는 때는 포함되지 않은 것이다. 심장은 0.67초 이상 쉬는 법이 없다. 70년도 훨씬 넘게, 심장은 28억 번 이상을 박동하는데, 이는 그 어떤 근육에서도 볼 수 없는 참으로 엄청난 성능이다. 정상 환경에서 심장 박동률은 뇌의 영향을 받는다. 그러나 한편으로는 뇌로부터 어떤 지시를 받지 않고도 심장은 스스로 박동할 수 있다.

심장은 대부분이 근육이다

흉강 안에 정상적으로 자리잡고 있는 심장을 본다면 심장이 심낭(pericardium)이라는 질긴 섬유성 주머니로 둘러싸인 것을 알 수 있다. 심낭은 심장을 보호하며, 주변 구조에 심장을 고정시켜 주고, 심장에 혈액이 넘쳐나지 않도록 해준다. 심낭과 심장 사이에는 심강(pericardial cavity)라는 공간이 있어 둘 사이를 구분한다. 심강 안에는 얇은 막처럼 윤활액이 들어 있어서 심장이 수축할 때 심장과 심낭이 서로 매끄럽게 미끄러지도록 해준다.

심장의 단면을 보면 심장 벽이 심장외막, 심근, 심장내막의 3개 층으로 구성되어 있는 것을 볼 수 있다(그림 8.6). 가장 바깥층인 **심장외막(epicardium)**은 상피조직과 결합조직으로 된 얇은 층이다. 중간층은 **심근(myocardium)**이다. 이것은 심장 전체를 형성하고 있는 심장근육으로 구성된 두꺼운 층이다. 심근은 심장이 박동할 때마다 수축하는 층이다. 6단원에서 살펴본 바와 같이, 심장근육세포의 구조는 전기신호가 세포에서 세포로 직접 흐르도록 되어 있다. 하나의 심장근육세포에서 생긴 전기신호는 주변 세포들로 퍼져나갈 수 있어서 많은 수의 세포들이 조화된 하나의 단위로 수축할 수 있도록 해준다. 심근은 수축할 때마다 심장 내부에 있는 방들을

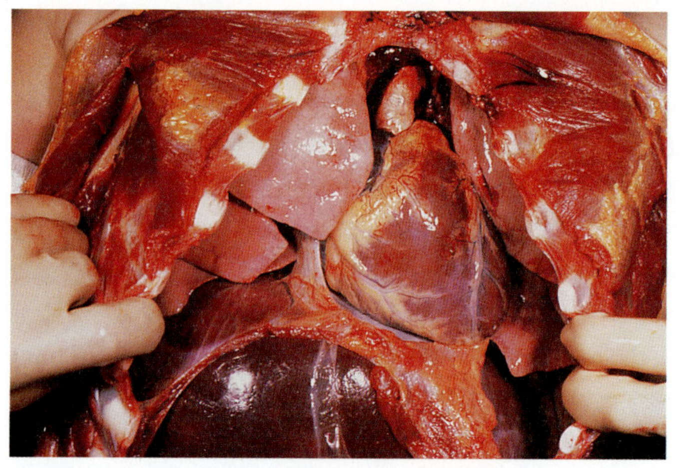

a) 가슴의 정상적인 위치에 있는 심장. 심낭은 제거되었다.

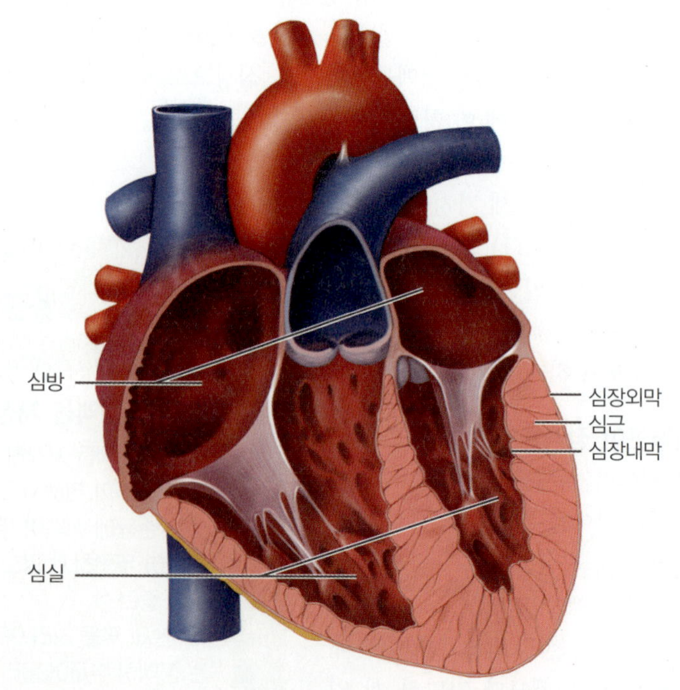

b) 바깥의 얇은 심장외막, 두꺼운 근육층인 심근, 그리고 안쪽층인 심장내막의 3개 층으로 이루어진 심장의 단면 모식도.

그림 8.6 심장.

쥐어짜서 혈액을 동맥 안으로 내보낸다. 심장의 가장 안쪽층은 심장내막(endocardium)으로 결합조직층 위에 놓인 얇은 내피층이다. 심장내막은 혈관의 안쪽벽인 내피와 연속적으로 연결되어 있다.

가끔 심장 벽을 이루는 층에 염증이 생기는 경우가 있다. 문제가 생긴 위치에 따라 이름이 각각 다르다. 심낭에 염증이 생기면 심낭염(pericarditis)이라고 하며, 심장내막에 염증이 생기면 심장내막염(endocarditis)이라고 부른다. 세균감염, 암, 상해, 큰 수술로 인한 합병증 등 다양한 요인들이 심장 벽 안이나 주변에 염증을 일으킨다. 이들 염증은 원인에 따라 다르긴 하지만, 많은 경우에 항생제와 소염제에 잘 듣는다.

요점 정리

심장 벽은 3개 층으로 이루어져 있다. 바깥의 심장외막은 상피조직과 결합조직으로 된 얇은 층이다. 중간에 있는 심근은 주로 심장근육으로 이루어져 있는데 이 층이 수축하는 층이다. 안쪽의 심장내막은 혈관의 안쪽벽인 내피와 바로 연결되어 있는 내피층이다. ■

심장에는 네 개의 방과 네 개의 판막이 있다

심장의 구조에 대해서 좀 더 자세히 들여다보면 심장이 네 개의 독립된 방으로 되어 있는 것을 알 수 있다(그림 8.7). 위에 있는 두 방은 **심방(atria)**이며 아래쪽에 있는 두 개의 근육질 방은 **심실(ventricle)**이다. 심장의 오른편과 왼편은 **격막(septum)**이라는 근육으로 된 벽으로 분리되어 있다.

온몸의 조직으로부터 심장으로 되돌아오는 혈액은 우심방(right atrium)으로 들어온다. 혈액은 우심방으로부터 판막을 통과하여 우심실(right ventricle)로 들어간다. 우심실은 상당한 압력으로 혈액을 펌프질해서 두 번째 판막을 통과해 폐로 가는 동맥으로 내보내야 하므로 우심방보다 근육층이 더 두껍다.

폐로부터 심장으로 되돌아오는 혈액은 좌심방(left atrium)으로 들어온 다음 세 번째 판막을 통과하여 좌심실(left ventricle)로 들어간다. 근육층이 가장 두꺼운 좌심실은 혈액을 펌프질하여 네 번째 판막을 통과해 우리 몸에서 가장 큰 동맥인 대동맥으로 내보낸다. 혈액은 대동맥을 지나 여러 동맥과 세동맥, 그리고 모세혈관계로 이동하며, 이어서 세정맥과 정맥을 거쳐 우심방으로 다시 되돌아온다.

좌심실은 다른 어떤 방보다 더 힘든 일을 해야 하므로 심장에 있는 네 개의 방 중에서 가장 근육층이 발달되어 있다. 좌심실은 혈액을 대동맥으로 펌프질해 보내야 하기 때문에 대동맥의 혈압(대동맥의 혈압이 얼마나 높은지 곧 살펴볼 것이다)보다 더 높은 압력을 생성해야 한다. 폐로 가는 동맥의 혈압은 대동맥에 비해 약 6분의 1 정도밖에 안되므로 우심실은 좌심실보다 벽도 얇으며 일도 적게 한다.

네 개의 심장판막은 심장의 일방 혈류 방식을 집행하고 혈액의 역류를 방지하는 구조이다. 판막은 판막 앞뒤에 만들어진 혈압의

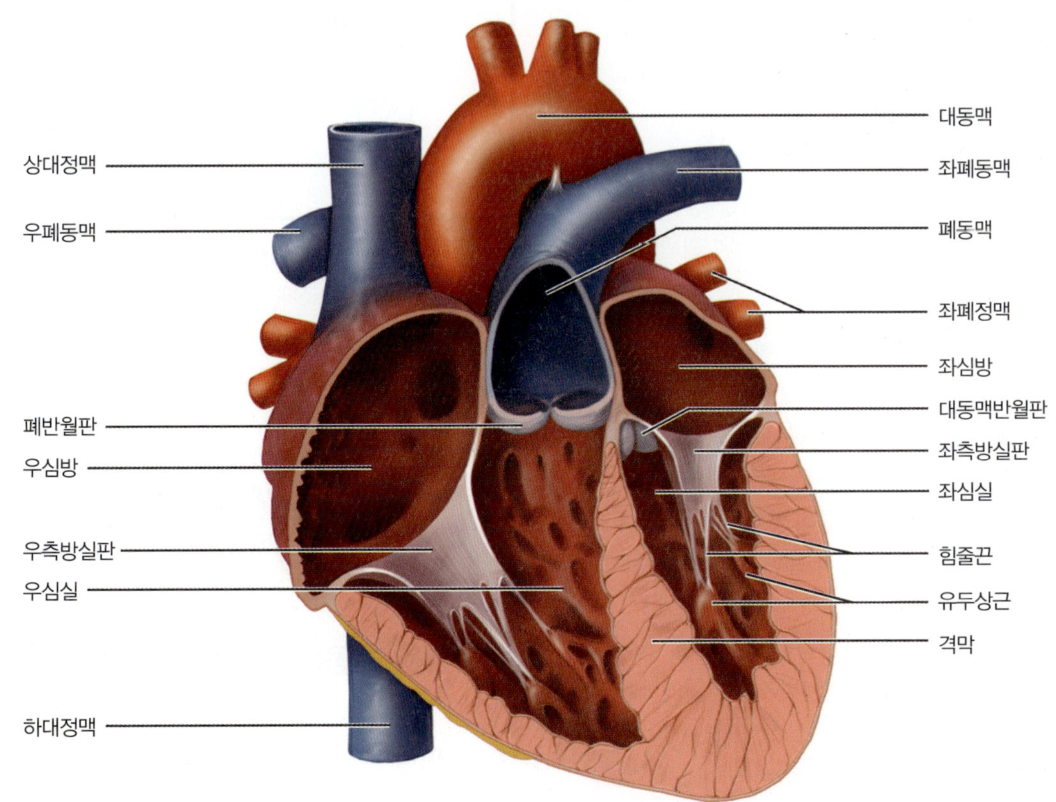

그림 8.7 심장과 주요 혈관, 심방, 심실 및 판막.

변화에 따라 수동적으로 여닫힌다. 심방과 심실 사이에 위치하는 좌우 **방실판(atrioventricular[AV] valves)**은 심실이 수축할 때 혈액이 심방으로 되돌아가는 것을 방지해준다. 방실판은 심실 쪽으로 튀어나온 결합조직으로 된 얇은 첨판(날개판, flaps)으로 되어 있다. 오른편 방실판은 3개의 유연한 첨판을 갖고 있기 때문에 삼첨판(tricuspid valve)이라고 부른다. 왼편 방실판은 2개의 첨판을 갖고 있어서 이첨판(bicuspid valve)이라고 부르며 승모판(mitral valve)이라고도 한다. 이 판막은 힘줄끈(chordae tendineae)이라고 하는 결합조직으로 된 끈의 지지를 받는데, 힘줄끈은 유두상근(papillary muscle)이라고 부르는 심실 벽에서 튀어나온 근육 부위에 연결되어 있다. 힘줄끈과 유두상근이 함께 작용하여 심실이 수축할 때 판막이 심방 쪽으로 뒤집히지 않도록 막아준다.

반월판(semilunar valve)은 심장이 이완할 때 심장에서 나가는 주요 동맥으로부터 심실로 혈액이 역류하는 것을 막아준다. 대동맥판(aortic valve)은 좌심실과 대동맥 사이에, 폐판(pulmonary valve)은 우심실과 폐동맥 사이에 있다. 반월판은 3개의 주머니 같은 판막을 가지고 있다. 반월판이란 이름은 판막의 모양이 반달 같아서 붙인 것이다.

이제, 온몸을 도는 혈액의 흐름에 대해 알아보도록 하자.

요점 정리

심장은 주로 심장근육으로 구성되어 있다. 심장에는 4개의 방이 있어서 혈액을 허파와 온몸으로 동시에 펌프질해 내보낸다. 4개의 일방판막이 있어서 혈액은 한 방향으로만 흐른다. ■

폐순환으로 기체교환이 이뤄진다

그림 8.8은 전체 심혈관계의 일반적인 구조를 나타낸 것이다. 심장이 폐(폐순환)와 온몸의 모든 세포(체순환)로 혈액을 동시에 펌프질해 내보내는 것을 알 수 있다. 각 순환에는 자신만의 혈관들이 있다. 먼저 **폐순환(pulmonary circuit)**부터 알아보자.

1. 혈액이 정맥으로부터 심장으로 되돌아올 때 혈액은 우심방으로 들어온다. 심장으로 들어오는 혈액에는 산소가 고갈되어 있다. 이 혈액은 조직세포에게 산소를 주고 이산화탄소를 받았다.
2. 혈액은 우심방으로부터 방실판을 통과해 우심실로 들어간다.
3. 우심실이 혈액을 펌프질해서 폐반월판을 통과해 폐동맥(pulmonary artery)으로 내보낸다. 폐동맥은 오른쪽 폐동맥과 왼쪽 폐동맥으로 나뉘어 각각의 폐로 들어간다.
4. 폐모세혈관에서 혈액이 이산화탄소를 방출하고 들숨에 들어 있는 공기로부터 신선한 산소의 공급을 받는다. 이제 혈액에는 산소가 채워져 있다.
5. 산소를 함유한 혈액이 심장으로 향하는 폐정맥으로 흘러들어간다. 혈액은 좌심방으로 들어간 다음 왼쪽 방실판을 통과해서 좌심실로 넘어간다.

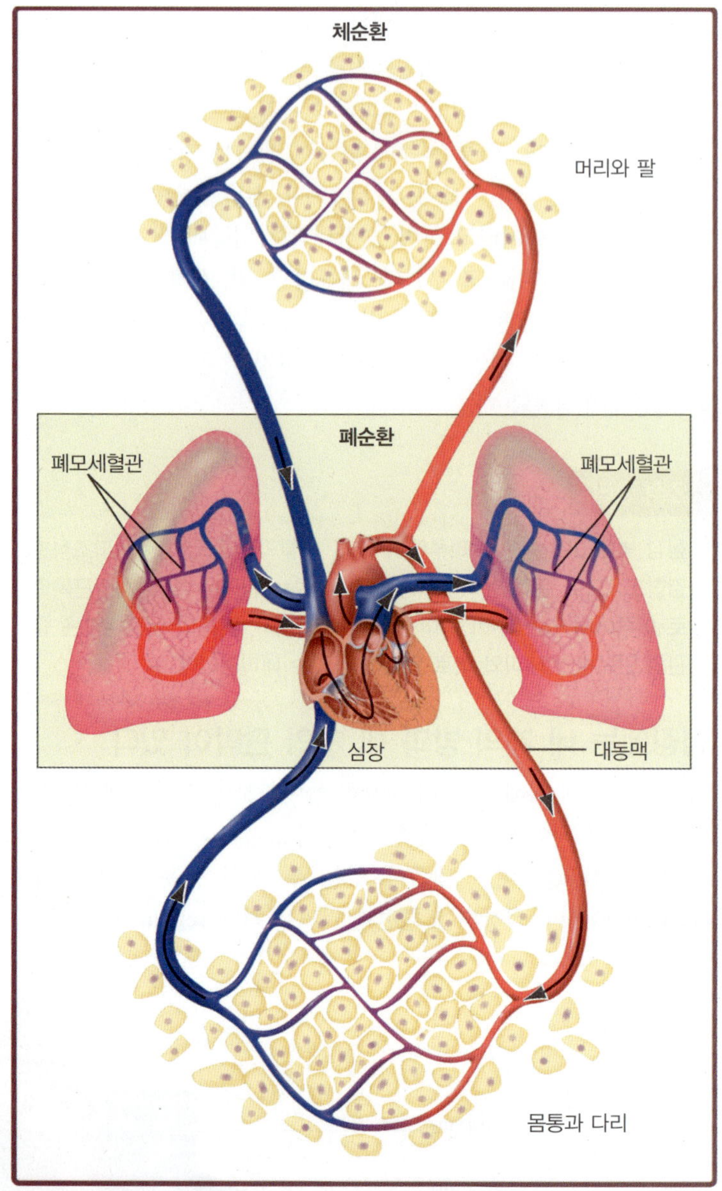

그림 8.8 **폐순환과 체순환을 보여주는 사람의 심혈관계 모식도.** 체순환은 머리, 몸통, 팔다리, 그리고 심장과 폐의 일부 조직을 포함한 내장기관을 순환한다.

심장 오른편에 있는 산소가 고갈된 혈액은 왼편에 있는 산소가 충만한 혈액과 섞이는 법이 없다. 오른편 심장에서 나가는 산소가 고갈된 혈액은 반드시 폐순환(거기에서 산소를 공급 받는다)을 거쳐야만 왼편 심장으로 들어올 수 있다.

체순환은 온몸으로 혈액을 내보낸다

혈액이 좌심실로 들어오면 온몸을 상대로 혈액이 순환하는 **체순환(systemic circuit)**이 바로 시작된다.

1. 좌심실에서 펌프질한 혈액은 대동맥 반월판을 통과해 가장 큰

동맥인 **대동맥(aorta)**으로 보내진다.

2. 대동맥에서 혈액은 가지가 쳐진 여러 동맥과 세동맥으로 나뉘어져 모세혈관으로 이동하는데, 그곳에서 혈액은 산소와 영양분을 신체의 모든 조직과 기관으로 전달해주고 노폐물을 수거해온다.
3. 모세혈관에서 혈액은 세정맥과 정맥으로 흘러들어가 우심방으로 되돌아온다.

그림 8.9는 인체의 주요 동맥과 정맥을 일부 보여준다. 동맥과 정맥은 동일한 혈관 지역에 분포하는데 (항상 그런 것은 아니지만) 종종 같은 이름을 가지기도 하며 일반적으로 서로 매우 가깝게 위치한다. 예를 들면, 장골동맥(iliac artery)은 양쪽 발에 혈액을 공급하며, 장골정맥(iliac vein)은 양쪽 발로부터 심장으로 혈액을 되돌려 보낸다. 또한 경동맥(carotid arteries)은 머리에 혈액을 공급하고 경정맥(jugular veins)은 머리에서 심장으로 혈액을 되돌려 보낸다.

우리가 짐작하듯이, 그처럼 강도 높은 운동을 하는 근육으로서 심장은 작동하기 위해서 엄청난 양의 산소와 영양분을 필요로 한다. 심장은 우리 몸무게의 약 200분의 1 정도밖에 안되지만, 쉬고 있을 때에도 전체 혈액 흐름의 약 20분의 1을 필요로 한다. 그리고 심장은 끊임없이 혈액으로 가득 채워지지만 심근이 너무 두꺼워서 산소와 영양분을 혈액으로부터 확산을 통해 공급받을 수가 없다. 따라서 심장은 자신만을 위해 심장근육으로 혈액을 공급하는 **관상동맥(coronary artery)**이라는 혈관을 갖추고 있다(그림 8.10). 관상동맥은 대동맥의 반월판막 바로 위에서 가지가 갈라져 나오며 심장의 표면을 에워싼다(coronary라는 단어는 라틴어로 "왕관을 에워싸는"이라는 뜻의 *corona*에서 유래했다). 관상동맥의 가지는 심장 표면에서 심근 안쪽으로 들어가 혈액을 공급한다. 심정맥(cardiac vein)은 심장근육 사이의 모세혈관을 거친 혈액을 모아 우심방으로 보낸다.

관상동맥의 지름은 비교적 작다. 만일 관상동맥이 일부분, 혹은 전체가 막히게 되면, 아마도 동맥경화증이 원인이겠지만, 심각한 건강 문제가 발생한다. 심장 자체의 순환이 잘못되면 무슨 일이 일어나는지에 대해서는 이 단원의 후반부에서 살펴볼 것이다.

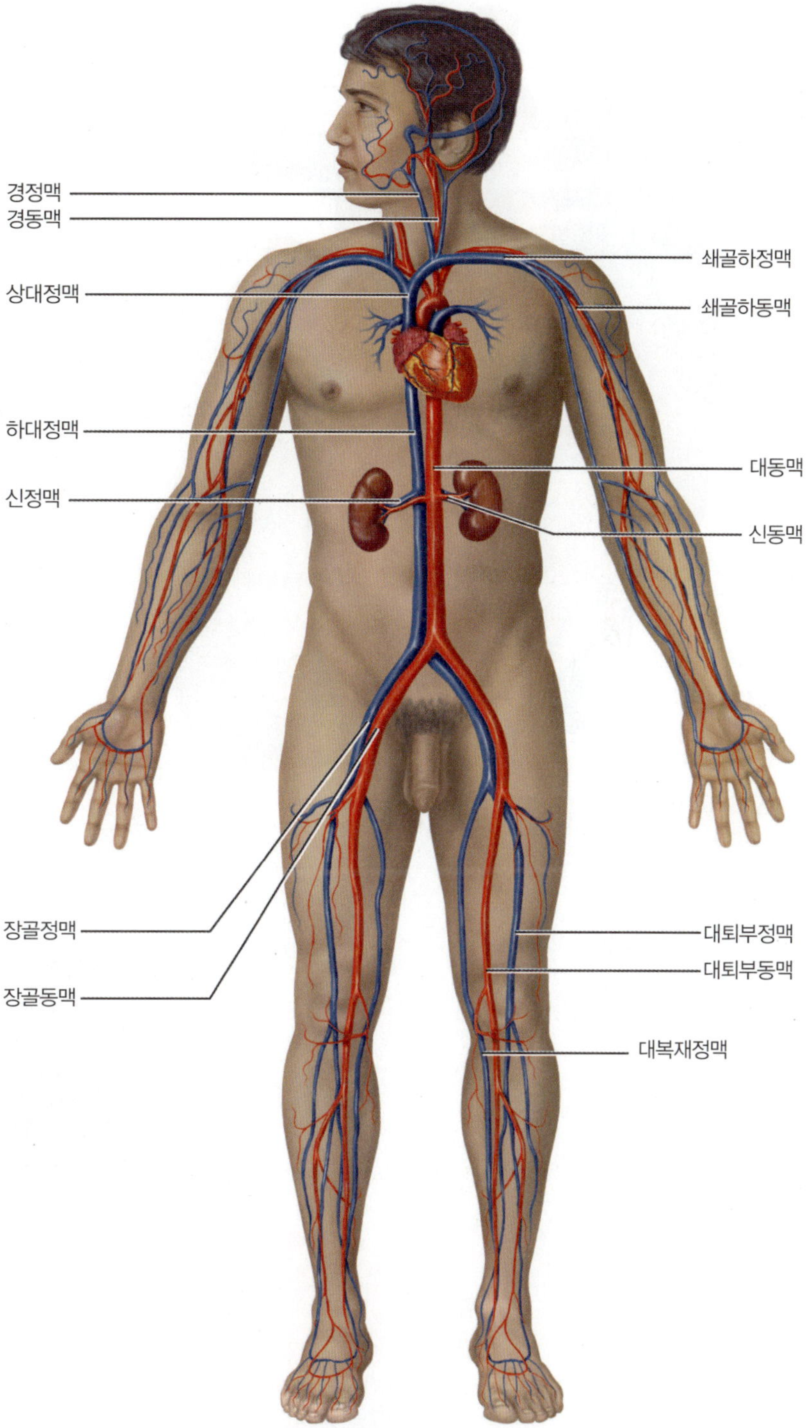

그림 8.9 인체의 주요 동맥과 정맥. 편의상 폐와 대부분의 내장기관은 생략되었다.

요점 정리

심장의 오른편(우심방과 우심실)은 혈액을 펌프질해서 폐로 보낸다. 폐에서 혈액은 산소를 취하고 이산화탄소를 내려놓는다. 심장의 왼편(좌심방과 좌심실)은 혈액을 펌프질해 몸의 다른 모든 부위로 내보내 영양분을 공급해주고 노폐물을 수거해온다. ■

심장주기: 심장은 수축과 이완을 계속한다

심장의 펌프 활동은 연속적이지 않고 박동성이다. 즉, 심장은 별개의 뚜렷한 박동에 따라 혈액을 내보낸다. 한 번의 완전한 심장주기는 혈액을 심실로 보내는 두 심방의 수축과, 혈액을 폐동맥과 대동맥으로 보내기 위해 뒤따라 일어나는 두 심실의 수축, 그리고 뒤이

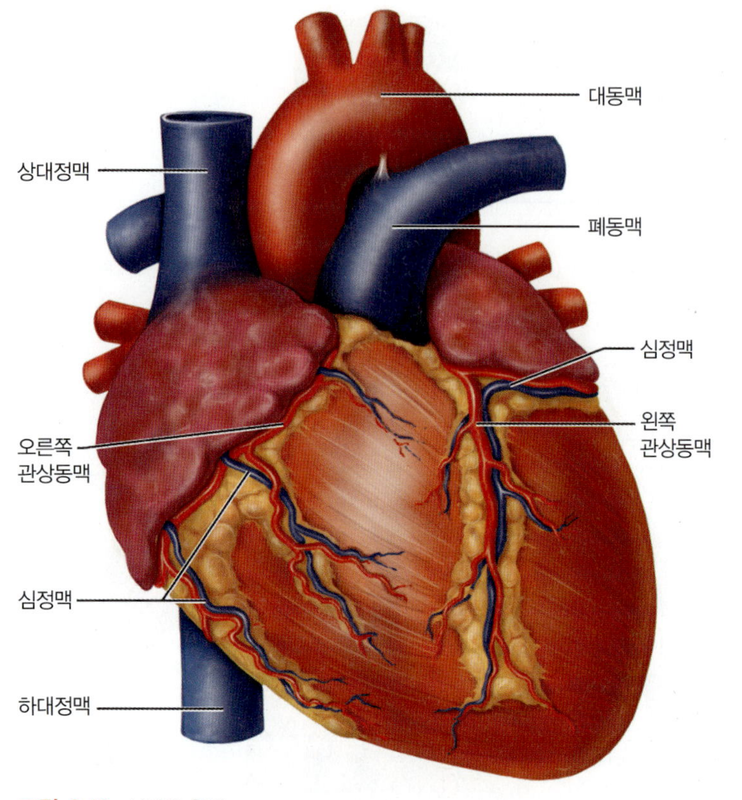

그림 8.10 **심장의 혈관.**

어 일어나는 심장 전체의 이완을 포함한다. **수축기(systole)**는 심장이 수축하는 시기이며, **이완기(diastole)**는 심장이 이완되는 시기를 말한다. 수축과 이완의 전체 과정을 **심장주기(cardiac cycle)**라고 한다.

모든 심장주기는 **그림 8.11**에 나타낸 것처럼 3단계로 이루어져 있다. 심장이 처음 수축하기 시작할 때부터 주기가 시작된다.

1. 심방 수축기(atrial systole). 수축이 시작될 때, 심장은 이미 앞선 이완기에서 수동적으로 심방과 심실로 들어온 혈액으로 거의 다 채워져 있다. 심장 수축은 심방에서 시작한다. 심방 수축기 동안에 좌우 심방이 모두 수축하여 심방의 혈압이 증가하며, 두 심실을 채울 만큼 혈액을 심실로 밀어낸다. 심방 수축기는 또한 정맥으로부터 혈액이 더 이상 들어오지 못하도록 순간적으로 막는다. 두 방실판은 아직 열려 있고, 두 반월판은 여전히 닫혀 있다.
2. 심실 수축기(ventricular systole). 심방에서 시작한 수축이 심실로 퍼져나가면서, 두 심실이 동시에 수축한다. 심실의 수축으로 급히 상승하게 된 심실의 압력은 두 방실판을 닫히게 하여 혈액이 심방과 정맥으로 역류하는 것을 방지한다. 이 시기에 심방은 이완되며 다시 혈액이 채워지기 시작한다. 심실 내 압력은 계속 증가하여 동맥의 혈압보다 커지게 되며, 그 시점에 폐반월판과 대동맥반월판이 열리고 혈액은 폐동맥과 대동맥으로 분출된다. 심실 수축기마다 각 심실에 들어있던 혈액의 약 60%가 분출된다.

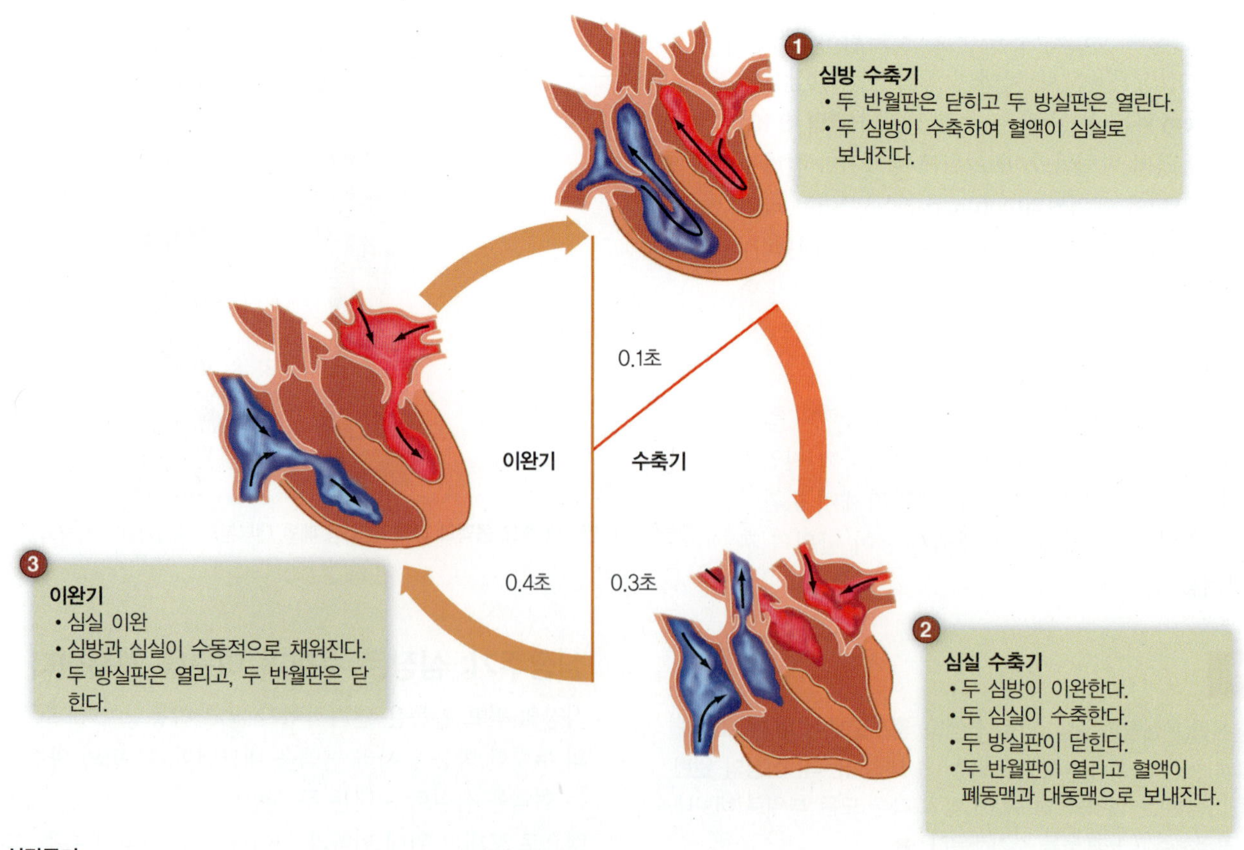

그림 8.11 **심장주기.**

3. 이완기(diastole). 이완기 전반에 걸쳐 두 심방과 두 심실이 모두 이완된다. 이 시기에 심실 내의 압력이 떨어지기 시작한다. 이완기 초기에 심실의 압력이 동맥압 아래로 떨어지기가 무섭게 폐 반월판과 대동맥 반월판이 닫혀서 동맥혈의 역류를 예방한다. 심실의 압력이 정맥 혈압 아래로 떨어지면 방실판이 열리면서 혈액이 심장 안으로 수동적으로 흘러들어온다.

완전한 심장주기는 약 0.8초마다 일어난다. 심장주기는 태어나서 죽을 때까지, 정지하는 법 없이 반복된다. 심방수축기는 약 0.1초, 심실수축기는 약 0.3초가 걸린다. 나머지 0.4초 동안의 이완기에 심장은 이완된다.

수축기 동안 혈액의 파동이 동맥으로 들어갈 때마다 동맥벽은 초과된 혈액량을 수용하기 위해 확장되며 동맥 혈압이 상승한다. 혈액은 계속해서 모세혈관을 통해 빠져나가므로 이완기 동안에 동맥은 수동적으로 약간 수축하게 된다. 이러한 빠른 확장과 수축주기를 우리는 피부 표면에 가까이 위치한 동맥벽에서 느낄 수 있다. 이를 맥박(pulse)이라 한다. 맥박을 잴 수 있는 좋은 위치는 요골동맥(팔목 안쪽, 약간 엄지 방향)이다.

심장은 주로 심장근육으로 이루어져 있으며, 골격근과 마찬가지로 정기적인 운동을 하면 좋다. 지속적인 유산소 운동 중에는, 심한 일을 하는 골격근에 혈액 공급을 증가하려면 혈압을 유지해야 하기 때문에 심장 박동이 빨라지고 강해진다. 오랜 시간에 걸쳐 이렇게 되면 심장이 약간 비대해진다. 어떤 체력단련 요법도 과하게 하지 않는 것이 중요하다. 너무 과하게 운동을 하면, 심장 자체에 산소가 고갈되며 심장근육에 손상이 올 수 있다. 안전하고 효과적인 체력단련을 위한 일반적인 지침은 심박동률을 "목표 심박동률"에 도달시킬 수 있는 운동을 최소 20분 동안, 일주일에 3회 이상 하는 것이다('스스로 해보기' 참조).

심장 소리는 심장 판막이 닫히는 소리이다

사람들에게는 아마도 심장의 "쿵덕쿵덕"하는 박동 소리보다 더 친숙한 기본적인 리듬은 없을 것이다. 우리는 적어도 잠재의식적으로, 태어나기 전부터 이 소리를 들었었다. 이 심장소리는 심장주기 동안에 일어나는 일을, 특히 심장 판막이 닫히는 소리를 나타낸다. "쿵"하는 소리는 심실 수축기 동안에 두 방실판이 닫히는 소리이다. 약간 크게 "덕"하고 나는 소리는 심실 이완기에 폐반월판과 대동맥 반월판이 닫히는 소리이다. 소리는 판막이 닫힘으로 심방과 심실 및 혈관이 진동하기 때문에 들리는 것이다.

혈류가 순조로울 때는 소리 없이 흐른다. 그렇지만 혈액이 장애물을 만나면 방해받은 혈류는 잡음(murmurs)이라는 이상한 심장 소리를 내게 된다. 많은 경우, 잡음은 판막의 첨판 형태가 비정상이거나 첨판 조직이 굳어져서 판막이 불완전하게 닫히기 때문에 생긴다. 만일 판막이 불완전하게 닫히면, 심장주기 중에 혈액의 일부가 판막을 통과해 흘러들어가므로 쉬쉬거리는 소리가 나게 되는데 이것은 청진기로 탐지가 된다. 잡음이 난다고 반드시 어떤 질환이 있다는 신호는 아니지만, 의사들은 이로써 다양한 심장 컨디션, 예를 들면 소리와 시간으로 판막이 새거나 부분적으로 막혀 있는 것을 진단할 수 있다. 심지어는 심한 잡음마저도 결함이 있는 판막을 인공 판막(그림 8.12)으로 교체하는 외과적 수술로 치료할 수 있다.

요점 정리

심장주기는 수축기와 이완기가 순서에 따라 반복적으로 진행되는 과정이다. "쿵덕쿵덕"하는 익숙한 심장 박동 소리는 심장주기 동안에 심장 판막이 닫히는 소리이다. ■

자신의 목표 심박동률 계산하기

유산소 운동에 맞는 당신의 목표 심박동률(target heart rate)은 도달할 수 있는 최대 심박동률의 65~85%가 되어야 한다. 도달할 수 있는 최대 심박동률을 구하는 일반적인 공식은(일부러 심한 운동을 해서 최대심박동률을 알아볼 필요는 없다) 220에서 당신의 나이를 빼는 것이다. 이제, 당신의 목표 심박동률을 계산하려면, 220에서 당신의 나이를 빼고, 그 값에 0.65와 0.85를 곱해 목표 심박동률의 상한값과 하한값의 범위를 구한다. 이 공식에 따르면, 20세 되는 사람의 목표 심박동률은 1분에 130~170회이다. 유산소 운동을 할 때에는, 심박동률을 당신에게 적합한 범위 안에 유지하도록 한다. 만일 심박동률이 하한값 이하로 떨어졌다면 당신은 아마도 집에서 빈둥거리고 있을 것이다. 만일 심박동률이 상한값 이상으로 올라갔다면 당신은 심장과 근육에 과도한 부담을 주고 있는 것이다.

도달할 수 있는 최대 심박동률과 목표 심박동률은 나이가 들면서 감소한다. 당신의 운동 수준에 맞는 최선의 운동 범위에 대해서는, 특히 운동을 처음 해보는 사람이라면, 의사의 자문을 구해야 한다.

심장전기전도계가 수축을 조정한다

심장주기의 조화로운 순서는 **심장전기전도계(cardiac conduction system)**의 작용으로 이뤄진다. 심장전기전도계는 신경충격을 발생시켜 심장 전체로 내보내는 한 무리의 분화된 심장근육세포로 이뤄져 있다. 이 신경충격은 심방에서 심실로 퍼져나가며, 순서에 따라 심장근육을 자극하여 수축시킨다. 심장전기전도계는 네 개의 구조로 구성된다. 즉, 동방결절, 방실결절, 방실다발과 두 개의 다발분지(bundle branches), 그리고 푸르키네섬유(Purkinje fibers)이다.

심장 박동을 시작하는 자극은 우심방과 상대정맥이 만나는 부위 근처에 있는 심장근육세포들의 작은 덩어리인 **동방결절(sinoatrial**

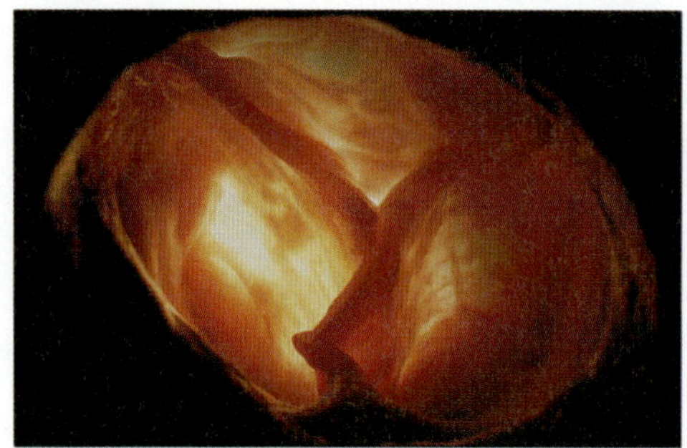

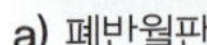

a) 폐반월판

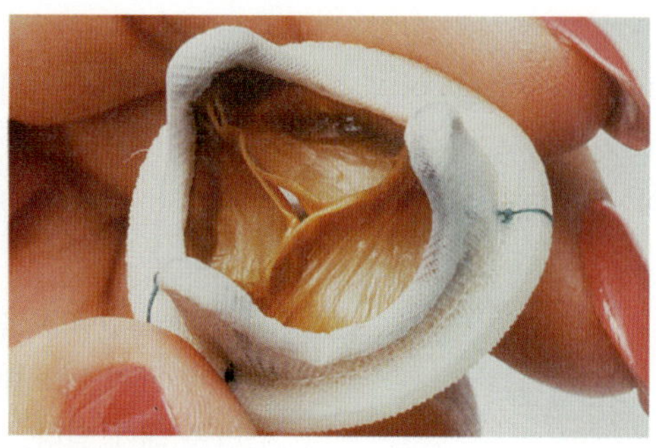

b) 인공 심장판막

그림 8.12 **심장판막.**

[SA] node)에서 시작한다. 동방결절은 전기충격을 내보내는데, 이 전기충격은 연못에서 물결이 퍼져나가 듯이 양쪽 심방을 가로질러 퍼져나가서 수축 파동을 자극한다(그림 8.13). (6단원과 그림 6.12에서 다룬 바와 같이, 심장근육세포들은 전기신호를 한 세포로부터 다른 세포로 직접 흐르게 해주는 개재판과 간극연접으로 연결되어 있다.) 동방결절이 심장 박동을 시작하므로 동방결절을 **심장박동원(cardiac pacemaker)**이라고 부른다. 그러나 심장박동원은 뇌의 영향을 받아 빠르게 또는 느리게 진행될 수 있다. 이에 대해서는 곧 살펴보기로 한다.

심방을 가로질러 퍼져나간 전기충격은 마침내 심방과 심실 사이에 위치한 **방실결절(atrioventricular [AV] node)**이라는 또 다른 근육세포 덩어리에 도달한다. 이 지역의 근섬유는 지름이 작아서 약 0.1초 정도의 지연이 일어난다. 이로써 신경충격의 전달 속도가 일시적으로 느려진다. 이 지연으로 심실 수축 전에 심방이 수축하여 혈액을 심실로 내보낼 수 있는 시간을 얻게 된다.

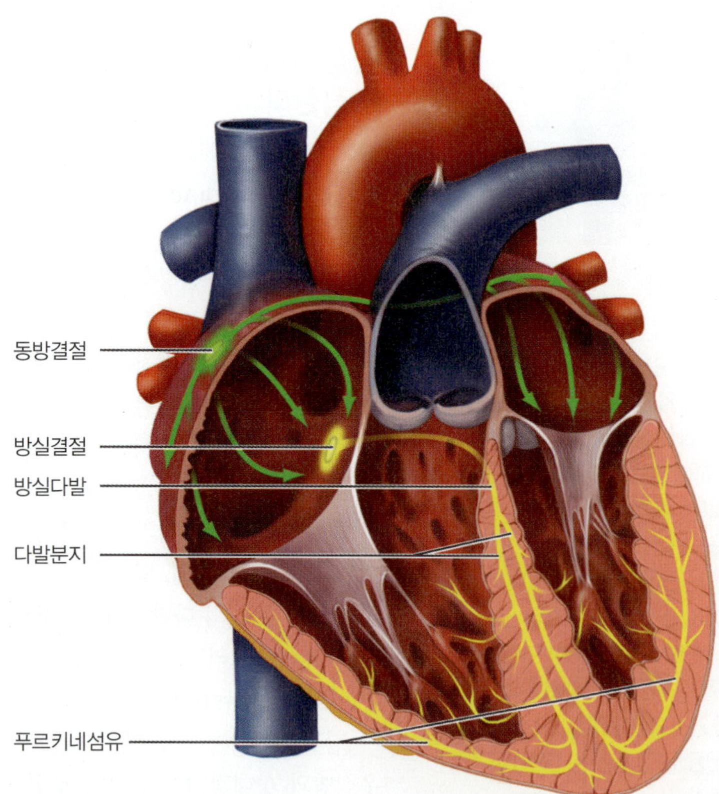

그림 8.13 **심장전기전도계.** 심장의 전기 활동은 보통 동방결절에서 시작하여, 심방을 가로질러 방실결절로 퍼져나간 다음, 푸르키네섬유에 연결된 방실다발과 다발분지에 전도된다.

방실결절로부터, 전기신호는 두 심실 사이의 격막에 있는 **방실다발(atrioventricular [AV] bundle)**이라고 부르는 일단의 전도섬유로 아주 빠르게 전도된다. 이 섬유들은 분지하여 심실의 심근에 있는 모든 세포로 전기충격을 전달하는 작은 섬유인 **푸르키네섬유**로 연결된다. 전기충격이 심실의 아랫부분인 격막까지 전달된 다음 푸르키네섬유를 통해 신속하게 위쪽으로 퍼져나가기 때문에, 심실의 아래쪽은 위쪽보다 먼저 수축한다. 이처럼 아래에서 위로 쥐어짜는 듯한 움직임이 혈액을 폐동맥과 대동맥으로 내보낸다.

심전도는 심장의 전기적 활동을 기록한다

우리 몸은 대부분 물로 되어 있고 물은 전기적 활동을 전도하므로, 우리는 심장의 전기적 활동을 체표면의 약한 전위 차이로 추적할 수 있다. 심전도(elctrocardiogram: ECG 또는 EKG)는 심장전기전도계의 전기충격을 기록한 것이다. 심전도 측정에서는 전극을 가슴과 팔목 및 발목의 피부 위에 부착한다. 전극은 심장의 전기충격을 전달한다. 전기충격은 모니터 스크린 위에 연속적인 선이나 그래프로 기록된다.

건강한 심장에서는 전위 변화가 특징적인 패턴으로 나타난다. 전형적인 심전도는 이러한 변화를 연속되는 세 개의 형태, P파(P wave)와 QRS복합파(QRS complex) 및 T파(T wave)를 그린다. 첫 번째인 작은 P파는 심방을 가로지르는 전기충격을 나타낸다. 두 번째는 QRS복합파로, 격막과 두 심실 주변의 푸르키네섬유까지 이르는 전기충격의 전파를 나타낸다. QRS복합파는 심실이 수축을 시작하기 직전에 일어난다. 마지막으로, T파는 심실에서 전기활동이 끝난 결과를 보여준다.

만일 심장전기전도계에 이상이 생기거나 심장근육에 손상이 생기면 비정상적인 심장 전기충격과 수축이 일어나게 된다. 심장 리듬이나 심장 박동의 비정상 상태를 **부정맥(arrhythmia)**이라 한다. 부정맥은 여러 가지 형태가 있다. 예를 들면, 이따금씩 심장 박동을 거르는 형태는 아주 흔한 경우이며 보통은 심각하지 않다. 그러나 빠르고 불규칙하게 심실이 수축하는 **심실세동(ventricular fibrillation: V-fib)**은 즉시 조치를 취하지 않으면 금방 치명적이 된다. 심실세동은 건강하던 사람들이 심장사로 죽는 가장 큰 원인이

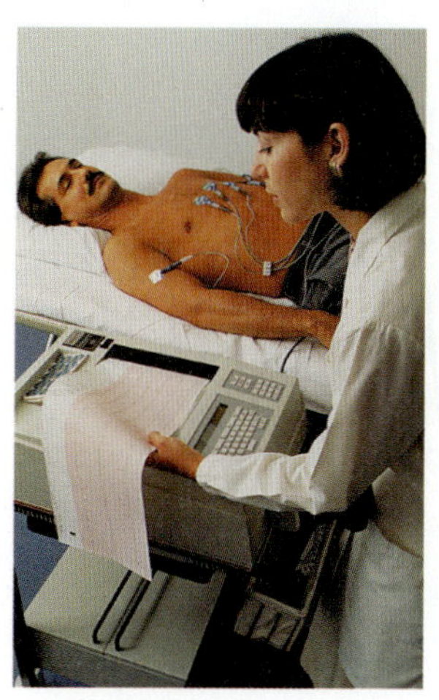

a) 심전도 검사

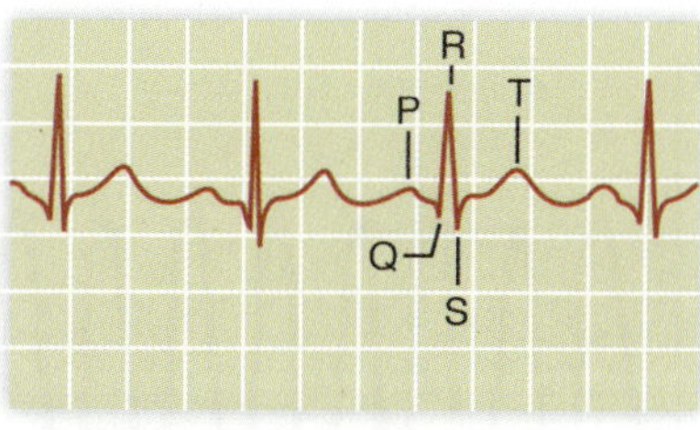

b) 정상적인 심전도 기록

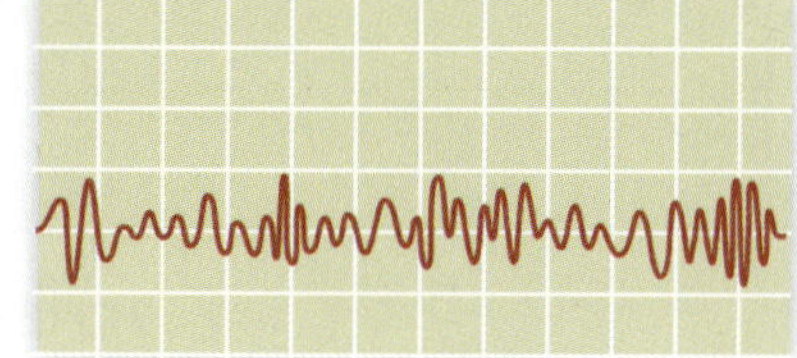

c) 심실세동 환자의 심전도 기록

그림 8.14 심전도는 심장 부정맥을 진단하는 도구이다.

다. 병원에서, 심실세동은 "전기 쇼크를 이용한 심박 정상화(cardioversion)"로 치료하는데, 강한 전류를 가슴에 적용하여 비정상적인 세동 패턴을 제거하고 정상적인 리듬을 회복시킨다.

부정맥은 전형적인 심전도 그래프를 보여주는데, 심전도는 원인과 유형 및 부정맥이 일어난 위치를 찾는 데 소중한 도구가 된다. 그림 8.14는 심전도 측정을 하는 환자와 정상적인 심전도 기록 및 심실세동 환자의 심전도 기록을 보여준다. 부정맥은 심실세동만큼 생명을 위협하는 것은 아니지만 약물 치료를 받을 수 있다. 경우에 따라, 심박동률을 정상화하기 위해 인공 심장박동조절기(설정된 간격에 맞춰 자동적으로 심장을 자극하는 작은 발전 장치)를 외과 수술을 통해 가슴 피부 아래에 끼워 넣기도 한다.

요점 정리

심장 수축은 전기충격을 발생시켜서 특수한 전기전도계를 통해 전달하는 변형된 심장근육에 의해 조절된다. 심전도(ECG)는 심장의 전기적 활동을 체표면에서 측정하여 기록한 결과이다. ■

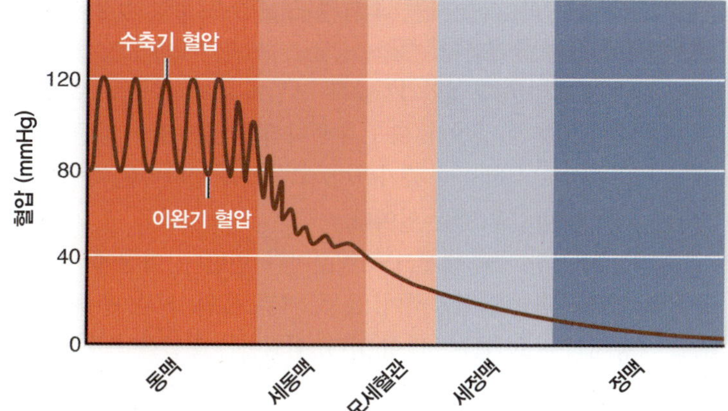

그림 8.15 심혈관계 여러 부위의 혈압.

8.3 혈액은 혈관 벽에 압력을 가한다

혈압(blood pressure)은 심장이 혈액을 펌프질해 내보냄으로써 혈액이 혈관 벽에 가하는 힘이다.

모든 혈관의 혈압은 동일하지 않다. 그림 8.15에서는 심혈관계의 여러 부위의 압력을 비교하였다. 동맥에서 볼 수 있는 높은 혈압과 낮은 혈압으로 동맥의 혈압이 박동성이라는 것을 알 수 있다. 즉, 심장이 박동할 때마다 동맥 혈압이 바뀐다는 것을 알 수 있다. 심장주기 동안 가장 높은 혈압인 **수축기 혈압(systolic pressure)**은 심실이 수축하여 혈액을 심장 밖으로 내보내는 심실 수축기 동안에 도달한 압력이다. 가장 낮은 **이완기 혈압(diastolic pressure)**은 심실이 이완하는 심실 이완기에 일어난다. 동맥은 수축기 동안에 심장에서 생성된 에너지를 저장해두었다가 이완기에 그 에너지를 이용하여 혈액을 조직으로 공급해준다.

동맥 혈압을 유지하는 것은 혈액의 흐름을 온몸으로 내보내야 하고 마침내는 심장으로 되돌아오게 해야 하므로 매우 중요하다. 액체는 항상 압력이 높은 곳에서 압력이 낮은 곳으로 흐른다는 것을 기억해두자. 혈액이 모세혈관에 도달할 때쯤에는 혈압이 박동성을 잃고 안정한 상태에 이르며, 혈액이 세정맥과 정맥으로 흐르면서 혈압은 계속 떨어진다. 동맥, 모세혈관, 정맥의 혈압에 차이가 있기 때문에 혈액은 계속해서 온몸으로 흐르게 된다.

그러나 의료진이 혈압을 측정할 때엔 주요 동맥의 혈압만을 잰다. 임상학적 기준에서 보면, 혈압은 여러 혈관에 있는 혈액의 상대적 양과 동맥의 상태와 경직도 및 전반적인 심혈관계의 효율성에 관한 소중한 단서를 제공해준다. 오랜 기간 동안의 혈압의 추이는 심혈관계 변화의 유용한 지표가 된다. 건강한 젊은이의 경우, 수축기 혈압은 120mmHg 이하, 이완기 혈압은 80mmHg 이하가 바람직하다. 나이가 들어감에 따라, 노화와 관련되어 동맥이 경직되는 결과로 인해 특별히 수축기 혈압이 약간 증가하는 경향이 있다.

혈압은 혈압계(sphygmomanometer)로 측정한다. 팽창이 되는 압박대로 위쪽 팔의 상완동맥 위를 감싼 후 압력 측정 장치에 연결한다(그림 8.16). 압박대에 수축기 혈압 이상으로 공기를 주입하면 압박대의 높은 압력이 동맥을 누르기 때문에 상완동맥을 통해 흐르던 혈액이 멈춘다. 그 다음, 의사가 청진기를 이용하여 동맥으로 혈액이 흐르는 소리를 들으면서 서서히 압박대의 공기를 뺀다. 압박대의 압력이 수축기 혈압의 최고치보다 아래로 떨어지면 바로 압력 박동이 높은 점에서 순간적으로 혈액이 동맥으로 분출한다. 동시에 청진기로 특징적인 가벼운 톡톡치는 소리가 들린다. 이때의 압박대 압력이 수축기 혈압이다. 압박대의 공기가 계속 빠져나감에 따라 마침내 혈액이 동맥을 통해 연속적으로 흐르면서 톡톡치는 소리도 사라진다. 소리가 사라지는 시점의 압력이 이완기 혈압이다.

이 과정에서 수축기 혈압과 이완기 혈압에 해당하는 두 개의 수치가 나온다. 이것이 심장주기 동안의 높은 혈압과 낮은 혈압을 나

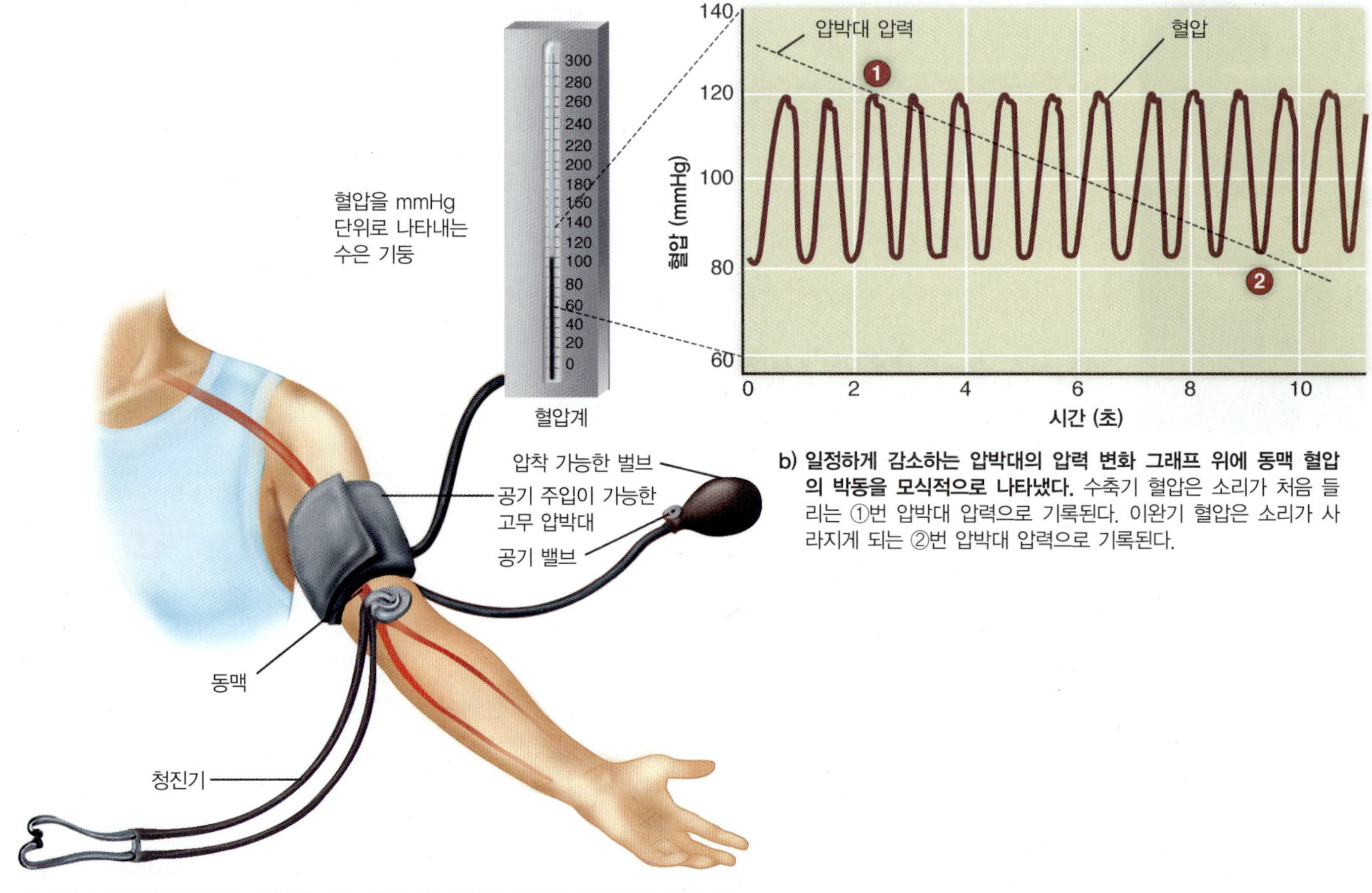

a) 의사가 압박대에 공기를 주입한 다음, 압박대의 압력을 서서히 낮추면서 청진기를 이용하여 혈액이 동맥으로 흐르는 소리를 듣는다.

b) 일정하게 감소하는 압박대의 압력 변화 그래프 위에 동맥 혈압의 박동을 모식적으로 나타냈다. 수축기 혈압은 소리가 처음 들리는 ①번 압박대 압력으로 기록된다. 이완기 혈압은 소리가 사라지게 되는 ②번 압박대 압력으로 기록된다.

그림 8.16 **혈압 측정 방법.**

타낸다. 혈압은 mmHg 단위로 기록한다.

고혈압: 높은 혈압은 위험할 수 있다

혈압이 정상보다 높은 경우를 **고혈압(hypertension)**이라고 한다. 표 8.1은 의사들이 혈압이 정상인지 고혈압인지를 판단하는 기준이 되는 수축기와 이완기의 혈압을 나타낸 것이다. 혈압이 높을수록 심혈관계에 가해지는 부담이 더욱 커지기 때문에 고혈압은 심혈관계 질환에 심각한 위험 요인이 된다. 압력에 대한 반응으로 혈관이 딱딱해지고 흉터가 생기면서 수축기에 늘어나기가 어렵게 된다. 심장이 혈액을 내보내는 일은 직접적으로 동맥의 혈압과 대항하여 해야 하는 일이므로 고혈압은 심장에도 엄청난 부담을 지운다.

표 8.1 **수축기와 이완기의 혈압**

혈압 종류	수축기 (mmHg)		이완기 (mmHg)
정상	120 미만	그리고	80 미만
전고혈압	120~139	또는	80~89
고혈압, 1기	140~159	또는	90~99
고혈압, 2기	160 이상	또는	100 이상

고혈압은 보통 증후가 나타나지 않으므로 흔히 "침묵의 살인자"라고 부른다. 미국 심장협회는 미국인 중 대략 5,000만 명이 고혈압 환자이며, 그 중 3분의 1은 자신이 고혈압인지도 모른다고 추정하고 있다. 고혈압을 치료하지 않고 놓아두면 심장발작, 심장마비, 뇌졸중, 신장손상, 눈 내부 조직의 손상 등 심각한 건강 문제를 일으킬 위험률이 증가한다.

고혈압의 원인은 무엇인가? 많은 경우에 동맥경화증으로 인해 좁아진 혈관 때문에 생긴다. 표 8.2에 나타낸 것과 같이 다른 특정 요인에 의해서도 위험률이 증가한다. 고혈압을 진단하는 유일하고 확실한 방법은 혈압을 재는 일이다.

혈압은 건강한 사람에게서도 매분마다 변한다. 아침에 일어나는 것만으로도 혈압은 상승하며, 운동, 기분, 흡연, 식사, 음주 등 혈압을 상승시키는 요인들은 많이 있다. 심지어는 혈압을 측정한다는 사실만으로도 초조해서 혈압이 상승한다. 이런 상황을 의사들은 "백색 가운 고혈압"이라고 부른다. 혈압을 잴 때 의사들이 조용히

표 8.2 고혈압의 위험 요인

위험 요인	설명
유전	고혈압 가족력이 있으면 위험률이 증가함.
나이	나이가 들면 혈압이 높아지는 경향이 있음.
인종	흑인이 백인이나 아시아계 인종보다 발병률이 2배 높음.
성별	남성이 여성보다 고혈압 발병 가능성이 더 높음.
비만	심장이 더 세게 혈액을 내보내야 함.
높은 염분 섭취	일부 사람들에게서 고염분이 혈압을 약간 상승시킴.
흡연	흡연은 심장을 자극하는 에피네프린의 혈중 농도를 상승시킴.
앉아 일하는 생활방식	정확한 원인은 잘 모름. 높은 혈중 지질이나 체중 증가가 원인일 수 있음.
지속적인 정서적 스트레스	정서적 스트레스는 혈압을 상승시키는 신경을 자극함.
당뇨병	당뇨 환자에게서 고혈압 발병률이 높음. 원인은 잘 모름.
높은 알코올 섭취	작용 기전이 아직 알려져 있지 않음.
경구 피임약 또는 처방약	약물에 따라 작용 기전이 다양함.

앉아 있으라고 말하는 이유가 이 때문이다.

만일 고혈압이 의심되면, 의사는 적어도 세 번의 다른 조건에서 당신의 혈압을 측정한 후 확실한 진단을 내리게 된다. 고혈압은 정상 수준 이상으로 혈압이 지속적인 상승을 보이는 경우로, 수축기 혈압이 140mmHg 이상이거나 이완기 혈압이 90mmHg 이상인 경우이다. 심지어는 혈압이 지속적으로 고혈압 수준 아래에 있는 경우에도(전고혈압) 건강상 합병증의 발병 위험이 약간 높다.

일반적으로, 수축기 혈압이 높으면 이완기 혈압도 높다. 그러나 때로는 수축기 혈압이 정상보다 높으면서도 이완기 혈압은 정상인 경우도 있는데 **격리성수축기고혈압(isolated systolic hypertension)**이라고 부른다. 노인에게 흔히 나타나는데 수축기 혈압은 160mmHg 이상이며 이완기 혈압은 90mmHg 이하로 진단된다. 더 흔한 고혈압 종류와 마찬가지로 격리성수축기고혈압은 건강 문제 위험률의 증가와 연관이 있다.

이 단원의 말미에 우리는 어떻게 하면 다른 심혈관 질환뿐만 아니라 고혈압의 위험률을 낮출 수 있는지 논의할 것이다. 만일 고혈압이 발병하면, 혈압을 건강한 수준으로 낮출 수 있는 많은 의학적 치료법들이 있다. 고혈압인 사람은 항고혈압약물을 지속적으로 복용하는 것이 중요하다. 고혈압은 증후가 없다 하더라도 관련된 건강 문제의 위험률을 증가시킨다.

저혈압: 혈압이 너무 낮은 경우

혈압이 정상보다 낮을 수도 있는데 이 경우를 **저혈압(hypotension)**이라고 한다. 일반적으로 저혈압은 혈압이 너무 떨어져서 뇌로 혈액을 보내지 못해 현기증과 기절을 일으킬 정도가 될 경우에 문제가 된다. 혈압이 떨어지는 것은 갑자기 벌떡 일어서는 것과 같은 갑작스런 위치 변화 후에 일어난다. 다른 원인으로는 심한 화상이나 피를 많이 흘린 상해 등이 있다.

요점 정리

혈압은 혈액이 혈관 벽에 가하는 힘이다. 혈압은 수축기 혈압과 이완기 혈압을 나타내는 두 개의 숫자로 표시된다. 고혈압은 심혈관계 질환과 기타 건강 문제에 심각한 위험 요인이 된다. ■

8.4 심혈관계는 어떻게 조절이 되는가

심혈관계의 전반적인 기능은 모든 세포에게 언제나 필요에 맞는 정확하고 올바른 혈류를 제공하는 것이다. 조직의 유형에 따라 각각 필요성이 다를 것이므로, 이것은 복잡한 과정처럼 보이겠지만 사실은 여건에 따라 변한다. 그러나 원칙적으로, 심혈관계는 비교적 단순하다.

우리 공동사회가 모든 가정에 필요한 양의 수돗물을 어떻게 공급하고 있는지 잠깐 생각해보자. 기본적으로 시의 상수도 체계는 모든 가정에 일정한 **수압**을 제공한다. 수압이 일정하기 때문에, 각 가정에서는 수도꼭지를 틀거나 잠금으로써 간단히 집으로 들어오는 물의 흐름만 조정하면 된다.

사람의 심혈관계도 이와 유사한 원리를 이용한다. 다음 요점을 생각해보자.

- 심혈관계의 항상적인 조절은 **일정한 동맥혈압 유지**에 중점을 두고 있다.

- 일정한 동맥혈압은 심박동률과 수축력을 조절하고(동맥으로 들어가는 혈류를 조정) 온몸에 있는 모든 세동맥의 직경 전체를 하나로 조절함으로써(동맥을 떠나는 전체 혈류를 조정) 얻어진다.
- 동맥혈압을 비교적 일정하게 유지한 상태에서, 지역적 필요에 맞추기 위해 지역의 혈류가 조정된다.

우리가 곧 알게 되겠지만, 이 모든 전체적인 조절은 신경, 호르몬 및 대사에 관련된 지역적 요인들과 함께 이루어졌다.

압수용기가 동맥혈압을 유지한다

우리 온몸에서 혈압보다 더 중요한 조절 변수는 없을 것이다. 모세혈관까지 혈액을 공급하는 추진력으로서의 일정한 혈압이 없다면 항상성이란 간단하게 불가능한 일이 될 것이다. 혈압은 변한다. 그러나 언제나 모든 세포에게 혈액을 공급할 수 있는 범위 안에서만 변한다.

혈압을 조절하기 위해서는 어떤 방식으로든지 혈압을 측정하는 방법이 우리 몸에 있어야 한다. 실제로, 대동맥과 2개의 관상동맥을 포함한 큰 동맥들에는 **압수용기(baroreceptor)**라는 특정 부위가 있다. 압수용기는 다음과 같은 방식으로 동맥혈압을 조절한다.

1. 혈압이 상승하면 동맥 혈관이 수동적으로 늘어난다.
2. 관상동맥과 대동맥에 있는 압수용기는 늘어나게 되면 신경을 통해 뇌의 심혈관중추(cardiovascular center) 지역으로 신호를 보낸다.
3. 이에 대한 반응으로 심혈관중추는 신경을 통해 심장과 혈관으로 신호를 보낸다.
4. 그 결과 심장은 심박동률과 수축률을 낮춘다. 이리하여 심장이 매분당 대동맥으로 펌프질해 내보내는 혈액의 양인 **심박출량(cardiac output)**이 감소한다.
5. 세동맥에 나타나는 영향은 지름이 늘어나는 혈관확장이다. 혈관확장은 모든 조직으로 가는 혈류를 증가시킨다.
6. 심박출량을 줄이고 조직으로 가는 혈류를 증가시키는 순효과는 정상으로 돌아온 동맥혈압으로 나타난다.

동맥혈압이 정상 아래로 떨어지면, 위 과정이 정확히 반대 방향으로 일어난다. 혈압이 떨어지면 동맥 혈관은 정상 때보다 덜 늘어나서 압수용기는 뇌로 신경신호를 덜 보내게 된다. 뇌는 이를 혈압이 떨어진 것으로 해석하고 심박출량을 증가하고 세동맥을 수축하라는 신호를 내보내 동맥혈압을 다시 상승시킨다.

하루 종일-서 있거나, 앉아 있거나, 흥분하거나, 버스를 잡으려고 뛸 때나 언제든지-우리의 혈압은 오르락내리락 변동한다. 그러나 혈압은 압수용기에서 시작된 음성되먹임 고리에 의해 재빨리 정상 범위로 되돌아온다.

요점 정리

심혈관계의 항상적 조절은 비교적 일정한 동맥혈압의 유지에 중점을 두어 모든 세포에 필요한 혈액을 공급해준다. 동맥혈압은 관상동맥과 대동맥에 있는 압수용기에서 감지된다. ■

심박출량을 조정하는 신경과 호르몬

앞서 말한 바와 같이, 심박출량은 1분 동안 대동맥으로 펌프질해 들어오는 혈액의 양이다. 심박출량은 심박동률(heart rate: 1분당 심장 박동수)을 일회박출량(stroke volume: 한 번 박동할 때 박출되는 혈액의 양)으로 곱해 계산한다. 쉬고 있을 때, 건강한 성인의 심박동률은 평균 분당 75회이고, 일회박출량은 평균 70mL 정도이다. 따라서 휴지기의 심박출량은 분당 약 5.25리터가 된다. 간단히 말하면, 온몸에 있는 혈액이 매 분마다 심장을 통해 공급된다.

심박출량의 조절 중추는 심혈관중추가 자리잡고 있는 연수(medulla oblongata)라 부르는 뇌 지역에 있다. 연수는 압수용기, 근육과 관절의 수용기, 그리고 정서와 관련된 뇌 지역으로부터 신경신호를 받는다. 연수가 받아들인 입력신호에 반응하여, 심혈관중추는 두 세트의 신경을 통해 심장으로 신경신호를 보낸다. 교감신경(sympathetic nerve)은 심장을 자극해 빠르게 박동하도록 하며, 부교감신경(parasympathetic nerve)은 심장을 억제해 박동을 느리게 한다.

에피네프린(epinephrine: 아드레날린이라고도 부름)과 노르에피네프린(norepinephrine) 호르몬도 심장을 자극한다. 두 호르몬은 교감신경계가 활성화될 때마다 부신에서 분비된다.

교감신경은 혈관의 직경을 조절함으로써 혈압 유지에도 도움을 준다. 모든 혈관은 교감신경에 의한 일정 상태의 부분적 수축에 놓여 있다. 교감신경의 활성이 증가하면 혈관이 더 수축되고 혈압이 상승한다. 반대로, 교감신경의 활성이 떨어지면 혈관이 확장되고 혈압이 떨어진다. 대부분의 혈관에는 부교감신경이 없으므로 부교감신경의 활성이나 불활성은 전체 혈관의 지름에 거의 영향을 미치지 않는다.

지역 혈류에 영향을 미치는 지역적 필요조건

동맥혈압을 비교적 일정하게 유지하면서, 모세혈관앞조임근을 통한 혈류는 마치 수도꼭지를 틀고 잠그는 것처럼 필요에 따라 조정될 수 있다. 혈류는 어떻게 조정이 되는가? 근육 수축처럼 어떤 한 특정 지역의 대사 작용이 활발해지면 그 지역은 더 많은 산소와 영양분을 소비한다. 대사 활동이 증가하면 이산화탄소와 다른 노폐물의 생산도 증가한다. 증가된 대사작용과 관련된 이런 변화들은 모세혈관앞조임근에 영향을 미쳐 혈관확장을 일으키고 혈류를 증가시킨다. 과학자들은 아직 이 혈관확장의 정확한 메커니즘이나 혈류에 영향을 미치는 모든 화학물질의 본질을 알지 못하지만 우리는

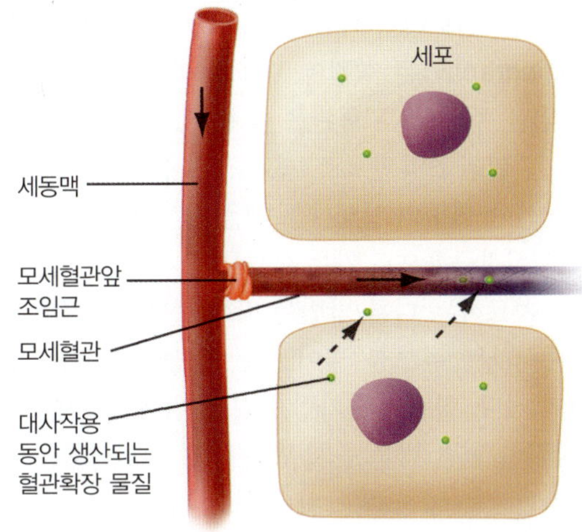

a) 쉬고 있을 때

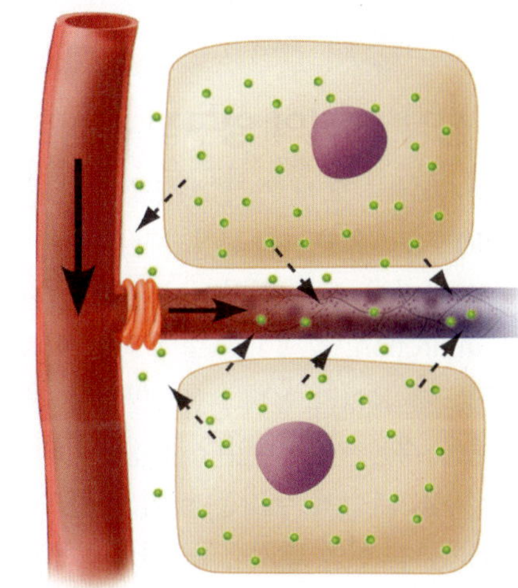

b) 대사활동이 증가할 때

→ 혈류

- - → 혈관확장 물질의 확산

그림 8.17 대사활동 중에 혈관확장 물질의 생산 증가가 해당 지역의 혈류를 어떻게 조절할 수 있는가. (a) 쉬고 있을 때에는 아주 적은 양의 혈관확장 물질이 만들어지고 혈류는 최소한 수준이다. (b) 대사활동이 증가하면, 세동맥 부근의 사이질 공간 안에 있는 물질의 존재와 모세혈관앞조임근이 혈관확장을 일으켜 혈류를 증가시킨다.

혈류의 증가가 일어난다는 것을 안다. 그림 18.17은 세포 대사활동의 증가가 어떻게 그 지역으로의 혈류를 증가시키는지 보여준다.

전 과정을 살펴보면 어떻게 이런 조절 메커니즘이 모든 조직에 혈액을 효율적으로 운반하는지 알 수 있다. 첫째, 비교적 일정한 동맥혈압을 유지하려는 노력의 일환으로, 신경과 호르몬이 심박출량과 혈관계 전체를 지나는 혈류의 속도를 조정한다. 둘째, 충분한 혈액을 공급 받지 못하는 세포나 신체 부위는 시스템을 지역적으로 무시할 수 있고 필요한 것을 정확히, 크지도 작지도 않게, 얻을 수 있다.

일부 조직이나 기관은 다른 것에 비해 좀 더 일정한 혈액 공급을 필요로 한다. 그것 역시 우리 조절 시스템에 의한 고려의 대상이 된다. 상해로 인해 상당한 양의 혈액을 잃게 되어 혈압이 급격히 떨어진다면 어떤 일이 일어나게 될지 생각해보자. 혈압을 올리려는 시도로 동맥혈압의 음성되먹임 조절이 심장을 자극하고 세동맥을 수축시켜 대부분의 기관으로 가는 혈류를 감소시킨다. 그렇지만 일정한 혈액 공급에 생존이 결정적으로 달려 있는 기관들(예를 들면, 뇌나 심장)은 지역적 조절 메커니즘으로 일반화된 혈관수축을 넘어갈 수 있다. 대사활동이 생존에 직접적으로 요구되지 않는 기관(신장이나 소화관 같은)은 얼마 동안은 혈관수축 상태에 머물러 있다. 사실상, 제한된 혈액 공급은 필수 기관으로 돌려보내진다.

이러한 항상적 조절이 적절히 작동한다면 왜 사람들에게 고혈압이 생기는지 궁금해질 수 있다. 혈압이 약간 상승할 때마다 되먹임 기작이 혈압을 정상으로 되돌려 보내지 않을까? 이것이 고혈압에 관한 큰 미스터리이다. 비록 과학자들이 완전히 이해하고 있지는 않지만, 높은 혈압을 오래 겪다보면 어떤 이유 때문인지 몸이 그에 따라 조정되는 것 같다. 외관상으로는 높은 혈압을 되먹임 기작이 서서히 정상으로 인식하도록 재설정한다. 그렇기 때문에 고혈압은 10년쯤 걸려서 서서히 발생하는 경향이 있으며, 혈압이 갑자기 너무 높다고 기록되는 결정적인 한 순간이란 있을 수 없다.

운동: 혈류와 심박출량의 증가

운동 중에는 활동 중인 골격근의 대사활동이 엄청나게 증가한다. 그 결과로 혈관을 확장시키는 노폐물의 생산도 증가하며, 그 지역의 산소 농도가 떨어진다. 이들 모두 다 혈관확장에 도움을 준다. 결과적으로 활동 중인 골격근을 지나는 혈류가 증가한다.

혈류의 증가에도 불구하고 혈압을 지탱하기 위해서는 심장이 심박출량을 반드시 증가시켜야 한다. 아는 바와 같이, 근육으로 가는 혈류가 증가하면 혈압이 떨어질 것이며, 그로 인해 압수용기를 통한 반사가 심박출량을 증가시킬 것이라고 짐작할 수 있다. 그러나 운동 중에 혈압은 그렇게 많이 떨어지지 않는다. 만일 다른 일이 있다면, 혈압이 약간 상승한다. 운동 중에 일어나는 심박출량 증가의 1차 원인은 움직이는 근육과 관절로부터 오는 감각 입력이다. 이 감각 입력은, 혈압이 아주 많이 떨어지기 전에, 심혈관중추에 신호를 보내 심장을 자극하여 심박출량을 증가시킨다. 달리 말하면, 운동 중에 우리 몸은 심박출량 증가에 대한 필요를 기대하고 우선적으로 혈압이 떨어지는 것을 예방한다.

운동선수가 아닌 일반인이 격한 운동을 할 때 심박출량의 최대치는 1분당 약 20~25리터 정도 된다. 그러나 단련된 운동선수는 체력단련 결과로 심장근육이 이상 발달하여 심박출량이, 보통 때의 거의 7배나 되는, 1분에 35리터까지 나오기도 한다.

요점 정리

동맥혈압을 유지하기 위해 두 종류의 서로 반대되는 신경(교감신경과 부교감신경)과 호르몬(에피네프린)이 심박출량과 세동맥의 지름을 조정한다. 지역적 요인이 모세혈관앞조임근의 직경을 변화시키면서 개개의 모세혈관으로 들어가는 혈류를 조절한다. 운동 중에는, 혈압은 주로 근육과 관절로부터 오는 감각압력에 의해 일어나는 심박출량의 증가로 유지된다. ■

8.5 심혈관계 질환: 주요 건강 문제

서방국가들에서는, 심혈관계에 영향을 미치는 질환이 가장 큰 건강 문제이다. 심혈관계 질환은 미국에서만 1년에 70만 명 이상의 사망 원인이 된다. 미국에서는 첫 번째 사망원인이며 두 번째인 암(약 55만 명/년)보다 훨씬 높다.

이미 고혈압과 동맥류에 대해 알아보았으며 다음 쪽의 "건강 파수꾼"에는 또 다른 주요 심혈관계 질환인 동맥경화증에 대한 이야기가 있다. 이 단원의 나머지 부분에서는 협심증, 심장발작, 울혈성 심부전증, 색전증, 뇌졸중 등과 같은 몇몇 다른 조건들을 살펴보기로 한다. 마지막으로 우리는 심혈관계 건강 문제의 위험률을 낮추기 위해 할 수 있는 일이 무엇인지 알아보기로 한다.

협심증: 가슴의 통증은 혈류에 이상이 있다는 경고이다

심장은 힘든 일을 하는 근육으로서 끊임없는 혈액 공급을 필요로 한다. 지속적인 운동 중에도 관상동맥과 부속 가지들은 심장이 필요로 하는 모든 혈액을 정상적으로 공급한다. 그러나 이 관상동맥이 좁아지면(보통은 동맥경화증 때문에) 심장으로 가는 혈류가 심장의 요구만큼 충분하지 못하게 된다. 이렇게 되면 가슴이 죄고 통증이 오는 **협심증(angina pectoris)**이 생기게 된다. 협심증은 종종 숨이 짧아지고 질식할 것 같은 느낌을 수반한다. 많은 경우 협심증은 신체적 과로, 정서적 스트레스, 추운 날씨, 과식 등에 의해 일어나는데 이런 경우 심장이 더 많은 산소와 영양분을 요구하기 때문이다.

협심증은 불쾌하지만 보통 잠깐 동안만 일어난다. 멈춰서 쉬거나 깊은 숨을 몇 번 쉬는 것만으로도 종종 불쾌한 느낌이 사라진다. 그러나 협심증은 심장의 순환이 충분하지 못하다는 신호이기 때문에 소홀히 생각해서는 안 된다. **혈관조영법(angiography)**은 혈관에 대조 용액(X선에서 불투명하게 보이는 물질)을 주입한 후 혈관을 볼 수 있게 해주는 기술이다. 의료전문가들은 혈관조영법으로 혈관의 X선 사진(**혈관조영도, angiogram**)을 찍어 혈관의 상태나 모양을 검사한다(그림 8.18).

어떤 약물은 심장근육으로 가는 혈류를 증가시킬 수 있다. 좁아진 관상동맥을 치료하는 다른 방법은 막힌 동맥으로 작은 풍선이 부착된 잘 휘는 가는 튜브를 밀어 넣는 **풍선혈관성형술(balloon angioplasty)**이 있다. 혈관에서 가장 좁은 부위에 풍선이 도달하면 순식간에 팽창하여 혈관 벽을 좁게 만든 지방 플라크를 눌러서 납작하게 만들고 혈관을 넓혀준다. 비록 어떤 경우에는 시간이 지나면서 혈관이 다시 좁아져서 재시술이 필요하기도 하지만, 풍선혈관성형술은 성공률이 높은 편이다. 관상동맥 우회로조성술(bypass graft)은 더 오래 지속되는 효과가 있다.

심장발작: 심장 조직의 영구적 손상

심장으로 가는 혈류가 오랜 기간 손상을 입으면 결과는 **심장발작(heart attack)**으로 나타난다. 심장발작은 심장 조직의 한 부분이 산소 결핍으로 갑자기 죽는 현상이다. (의학 용어로는 **심근경색증[myocardial infarction**: 경색이란 혈액 공급이 적당하지 못해 조직이 죽는 경우를 이름]이라 한다.) 심장발작을 겪은 많은 사람들은 예전에 협심증을 겪은 기록이 있다. 심장발작의 증후로는 심한 가슴 통증, 메스꺼움, 가슴에 무거운 것이 놓인 느낌, 숨쉬기가 곤란함 등이 있다. 통증은 왼쪽 팔, 턱, 등, 배 위쪽으로 퍼져나간다.

정의에 의하면, 심장발작은 심장의 한 부분이 영구적으로 손상되었다는 뜻이다. 우리 몸은 심장근육세포를 대체할 수 없으므로 손상이 생기면 심장 기능이 잘못된다. 대부분의 심장발작으로 인한 사망은 **심실세동(ventricular fibrillation)**이라 부르는 심각한 심장 부정맥 때문에 일어난다.

심장발작으로부터 회복하는 데는 즉각적인 치료가 중요하다. 심지어는 심장발작이 의심될 때에도 신속히 병원으로 가야 한다. 심장발작의 진단은 일반적으로 심전도(ECG)에 근거해서 그리고 죽거나 손상된 심장세포에서 방출되는 특정 효소의 혈중 존재 여부에 근거해서 내린다. 의사들은 종종 심장 부정맥과 다른 합병증을 통제할 수 있으며 혈관을 뚫기 위해 혈전용해제를 처방한다. 치료가 빠르면 빠를수록 성공률이 더 높아진다.

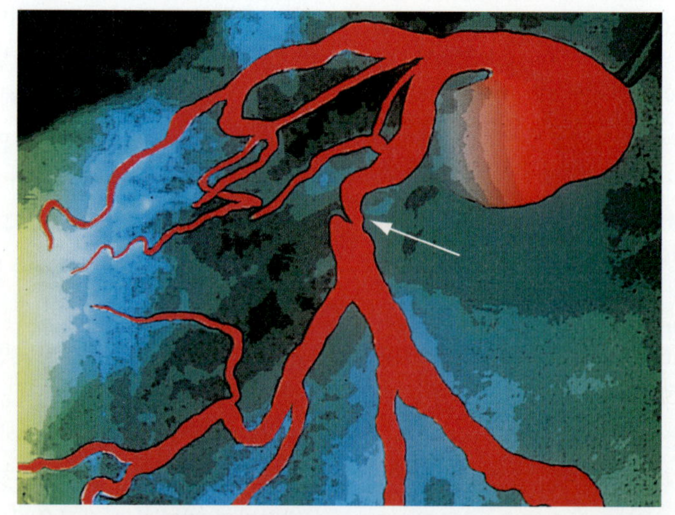

그림 8.18 관상동맥의 혈관조영도. 관상동맥 안으로 대조 용액(기능이 염료와 유사한)을 주입하여 X선 사진에서 볼 수 있게 하였다. 관상동맥이 좁아진 부위를 화살표로 표시하였다.

건강 파수꾼

콜레스테롤과 동맥경화증

서방국가에서는 동맥의 내벽에 지방 침전물이 쌓이는 동맥경화증(atherosclerosis)이 심혈관계 질환의 주요인이다.

2단원에서 배운 바와 같이, 콜레스테롤은 우리 몸을 이루는 세포의 중요한 성분인 지질의 한 종류이다. 모든 세포는 특정한 양의 지질을 필요로 한다. 그러나 콜레스테롤은 혈관 벽의 안쪽에 붙게 되면 위험할 수가 있다. 오랜 시간에 걸쳐, 콜레스테롤의 지방 침전물은 혈액에 떠다니는 칼슘, 혈구세포 및 기타 콜레스테롤과 같은 다른 물질에 장애가 되며, 혈관 내강을 좁히고 혈류를 감소시키는 플라크(plaque)라고 부르는 침전물을 만든다.

동맥경화증 플라크는 혈관의 안쪽 벽을 이루는 내피에 손상을 입히고, 칼슘 침전물은 혈관 벽을 딱딱하게 만들어 동맥 내 혈류의 저항을 증가시킨다. 치료하지 않고 놔두면 동맥경화증은 심장발작, 뇌졸중, 부정맥 및 말초혈관 질환을 일으키게 한다.

동맥경화증의 위험요인으로는 혈중 콜레스테롤 수치를 높이는 요인(비만, 앉아 일하는 생활 방식, 고지방 식사 등), 흡연, 당뇨병, 고혈압 및 동맥경화증의 가족력 등이 있다. 최근의 증거는 동맥경화증의 위험요인에 헤르페스(herpes) 바이러스가 때로 포함된다고 한다. 45세 이전의 남성들은 같은 나이 대의 여성에 비해 동맥경화증의 위험률이 10배나 높다. 그러나 여성의 위험률도 폐경기 이후에는 증가한다.

혈액에 있는 대부분의 콜레스테롤 분자는 운반단백질에 결합되어 있다. 운반단백질과 콜레스테롤의 복합체는 지질단백질(lipoprotein)을 만든다. 지질단백질에는 밀도에 따라 구분되는 두 유형이 있다. 저밀도지질단백질(low-density lipoprotein: LDL) 복합체는 콜레스테롤을 신체의 모든 세포로 운반하므로 동맥경화증의 관점에서 "나쁜" 것으로 여겨진다. LDL 콜레스테롤은 플라크 형성에도 관여한다. 한편, 고밀도지질

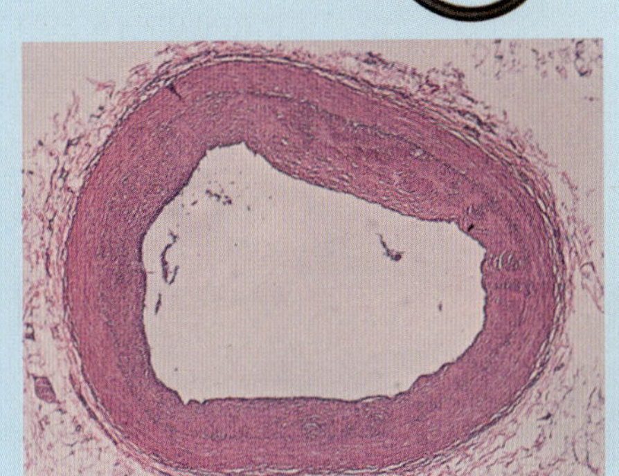

a) 정상 관상동맥의 단면

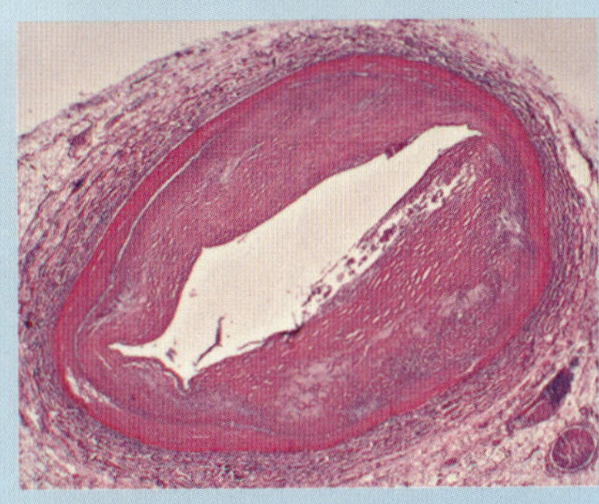

b) 동맥경화증 플라크로 인해 지름이 좁아진 관상동맥

동맥경화증

단백질(high-density lipoprotein: HDL)은 콜레스테롤을 제거할 표적으로 삼기 때문에 "좋은" 것으로 여겨진다. 혈중 HDL은 간에서 붙잡힌다. 콜레스테롤은 간에서 단백질과 떨어진 후 담즙과 섞여서 작은창자로 분비된다. 담즙에 있는 일부 콜레스테롤은 몸에서 분비된 것이며 일부는 다시 사용되기 위해 재흡수된다.

의료전문가들은 LDL과 HDL 및 전체 콜레스테롤 수치의 주기적인 측정을 권장한다. 미국 심장학회의 권장 수치(혈장 1dl[100ml]당 mg 단위)는 다음과 같다.

LDL:

■ 100mg/dl 이하	최적
■ 100~129mg/dl	최적 근사치 또는 최적보다 높음
■ 130~159mg/dl	경계수치로 높은 편
■ 160~189mg/dl	높음
■ 190mg/dl 이상	매우 높음

HDL:

■ 40mg/dl(남), 50mg/dl(여) 이하	심장질환의 주요 위험요인
■ 60mg/dl 이상	심장질환에 예방 효과

전체 콜레스테롤 수치:

■ 200mg/dl 이하	바람직함
■ 200~239mg/dl	경계수치로 높은 편
■ 240mg/dl 이상	높음

최적이나 바람직한 수치는 동맥경화증과 이와 관련된 심혈관계 질환의 위험이 적다는 의미이다.

시간이 지나가면, 우리들 모두는 어느 정도 동맥경화증을 겪게 된다. 그러나 생활방식은 동맥경화증이 얼마나 일찍이 생기는지, 얼마나 증세가 심각한지에 큰 차이를 만들 수 있다. 건강한 몸무게 유지와 정기적인 운동은 건강한 식생활 및 금연과 마찬가지로 혈관에 도움이 된다. 콜레스테롤 수치를 떨어뜨리는 의약품도 있다. 이 단원의 말미에서, 우리는 동맥경화증과 다른 심혈관계 질환의 위험을 낮추기 위해 무엇을 해야 하는지에 대해 알아볼 것이다.

나중에(또는 심장발작이 일어나기 전에도, 만일 관상동맥이 좁아진 것이 혈관조영법으로 진단되었다면) 관상동맥의 혈류를 향상시키기 위해 관상동맥우회로조성술(coronary artery bypass grft: CABG)을 시술할 수 있다. 이 수술에서는 다른 곳에서(종종 다리의 정맥을 이용한다) 절제한 혈관 조각을 막힌 동맥 부위에 이식하여 손상된 부위를 우회하도록 한다(그림 8.19). 시간이 지나면 이식된 정맥은 두꺼워지며 동맥의 특징을 갖추게 된다.

이 방법과 다른 치료법 덕분에 심장발작의 생존율은 극적으로

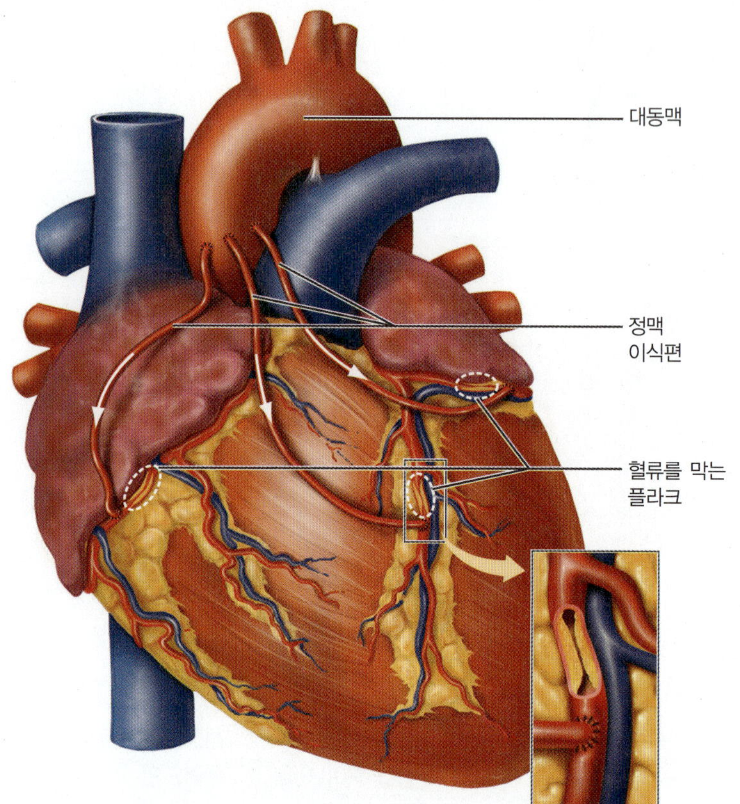

그림 8.19 **관상동맥 우회로조성술.** 이것은 "3중 관상동맥 우회로조성술"의 한 예이다. 3개의 동맥경화 플라크 지역을 우회하기 위해 3개의 정맥 이식편이 이용되었다. 화살표는 제한된 동맥을 넘어서 그 지역으로 가는 새로운 혈류를 나타낸다.

상승하였다. 심장발작 생존자의 80%는 3개월 이내에 직장으로 되돌아간다.

울혈성심부전증: 심장의 효율이 떨어짐

일반적으로 우리 몸은 앞서 설명한 엄격한 통제 메커니즘 때문에 적절한 동맥혈압을 유지한다. 그러나 때로는, 심장이 약해지고 혈액 박출의 효율성이 떨어진다. 심장이 혈액을 내보내는 양이 줄어들기 시작하면 혈액이 정맥(정맥계)으로 역류한다. 그 결과 정맥과 모세혈관의 혈압이 상승한다. 이제 모세혈관의 혈압이 정상 때보다 높기 때문에 보통 때보다 더 많은 액체가 모세혈관으로부터 여과되어 사이질 공간으로 나간다. 이런 일이 일어난 사람을 **울혈성심부전증(congestive heart failure)**에 걸렸다고 한다.

울혈성심부전증이 있는 사람은 걷거나 짧은 계단이라도 오를 때에는 숨을 헐떡이게 된다. 누워 있을 때도 수평 자세가 정맥압을 높여주고 폐에 물이 고이게 하므로 숨 쉬는 것이 힘들다. 다른 증세로 발목과 다리가 붓고, 목 정맥이 부풀며 여분의 체액으로 체중이 증가한다.

심부전이 시작되는 데는 몇 가지 원인이 있다. 노화가 그 중 한 요인이지만, 노인들이 모두 심부전을 일으키는 것은 아니기 때문에 유일한 원인은 아니다. 다른 원인으로는 과거의 심장발작, 판막의 누출, 잘 열리지 않는 판막, 고혈압, 심한 부정맥 등이 있다. 폐기종과 같은 폐 상태도 폐의 혈압을 상승시키며 심장에 부담을 준다.

울혈성심부전증의 치료는 심장 기능의 향상과 효율성에 중점을 두며 간질액의 축적을 예방한다. 정기적인 가벼운 운동은 혈류의 효율성을 높여주며, 발을 자주 쉬게 해주는 것이 다리 정맥으로부터 체액을 빼내는 데 도움을 준다. 의사들은 이뇨제나 혈관확장제, 그리고 심장근육이 좀 더 힘차게 박동할 수 있는 약을 처방해줄 것이다.

색전증: 혈관이 막힘

색전증(embolism)이란 혈류에 떠다니는 물질로 갑자기 혈관이 막히는 질환이다. 대부분의 **색전(embolus)**은 몸의 다른 부위(대개는 정맥)에 있는 큰 혈병(blood clot)에서 떨어져 나온 혈병이며, 동맥이 좀 더 가는 혈관으로 갈라지는 지점에 박힌다. 다른 색전들로는 콜레스테롤 침적물, 조직 조각, 암세포, 세균 덩어리, 공기 방울 등이 있다.

색전증은 나타나는 신체 부위에 따라 이름을 달리 붙인다. **폐색전증(pulmonary embolism)**은 폐에 혈액을 공급하는 동맥이 막혀 숨이 차고 급작스런 가슴 통증이 온다. **뇌색전증(cerebral embolism)**은 뇌순환을 손상시켜 뇌졸중을 일으키기도 한다. 이 경우는 응급상황으로 즉각적인 치료를 받아야 한다. **색전제거술(embolectomy)**이 가능한 치료법이며, 혈전용해제도 도움이 된다.

뇌졸중: 뇌 혈관의 손상

뇌는 정상적인 기능을 위하여 안정적인 혈액 공급을 필요로 한다. 휴지기에도 심박출량의 약 15%가 뇌로 공급된다. 뇌로 가는 혈류에 일어난 장애는 모두 뇌세포를 손상시킨다. **뇌졸중(stroke**: 뇌혈관사고)은 뇌 혈액 공급의 불통으로 인한 뇌 부분의 손상을 말한다. 사실상, 뇌에 일어난 심장발작과 같은 것이다. 뇌졸중은 뇌 상해의 가장 흔한 원인이며 서방국가에서는 주요 사망원인 중 하나이다.

뇌졸중의 증후는 갑자기 나타나며 손상된 뇌 지역에 따라 증후가 달리 나타난다. 증후로는 신체 한쪽의 쇠약이나 마비, 현기증, 어눌한 말하기, 언어 이해 곤란, 시각 장애, 메스꺼움, 갑작스런 조율 상실 등이 나타난다.

뇌졸중은 즉각적인 치료가 매우 중요하다. 색전증의 결과로 뇌졸중이 생겼다면 혈전용해제나 색전제거술이 생명을 구할 수 있다. 가능한 한 신속하게(수 분 또는 수 시간 내에) 색전을 제거하면 손상 부위를 제한할 수 있으며 영구적인 손상 정도를 줄일 수 있다. 만일 혈관이 파열되었다면 의사는 외과수술을 통해 흘러나온 혈액을 빼낼 수 있다.

어떤 사람들은 뇌졸중에서 빨리 회복하거나 경미하게 겪기도 하지만 다른 사람들은 강도 높은 물리치료를 수개월 시행해도 완전히 회복하지 못한다. 회복률이 안 좋은 이유는 신체가 손상된 신경을 대체할 새로운 신경을 생성하지 못하기 때문이다. 그러나 경험 많은 의료진의 회복프로그램은 많은 뇌졸중 환자들의 기능 향상에 도움을 줄 수 있다. 회복 과정에는 기존의 신경 경로를 유지하여 손상된 신경세포의 기능을 대신하는 것도 포함된다.

요점 정리

심혈관계 질환은 미국에서 첫째가는 사망 원인이다. 대부분의 질환은 심부전을 일으키는 상태나 혈관 손상으로 혈류가 제한되거나 혈관이 파열되어서 일어난다. ■

8.6 심혈관계 질환의 위험률 낮추기

심혈관계 질환은 만성 건강질환 중 가장 예방이 가능한 것에 속한다. 일부 요인(성별, 인종, 나이, 유전과 같은)은 통제가 불가능하지만 당신의 생활방식의 선택은 위험률에 영향을 미칠 수 있다. 위험률을 줄일 수 있는 일에는 다음과 같은 것들이 있다.

- 담배를 피우지 않는다. 만약 피우고 있다면 금연한다. 흡연자는 비흡연자에 비해 심장발작을 일으킬 위험이 2배나 높다. 심장발작을 경험한 흡연자는 그 때문에 사망할 확률이 비흡연자에 비해 4배나 높다. 일부 연구에서 간접흡연도 역시 위험하다는 결과가 나왔다.
- 콜레스테롤 수치를 관찰한다. 심혈관계의 위험은 혈중 콜레스테롤 수치와 비례한다. 고콜레스테롤 수치는 고혈압이나 흡연과 같은 요인들과 결합하면 위험률이 더욱 높아진다는 연구 결과도 있다.
- 계속 움직인다(그림 8.20). 규칙적인 적당한 운동은 심혈관계 질환의 위험률을 낮춘다. 어쨌든 심장은 근육이므로 이것이 놀랄 일은 아니다. 대부분의 의사들은 적어도 일주일에 3번, 매번 적어도 20~30분씩 운동하라고 권장한다. 신체 활동은 혈압과 콜레스테롤을 낮추는 경향이 있으며 건강한 몸무게를 유지하기에 수월하도록 해준다. 운동 프로그램을 시작하기 전에 언제나 의사와 먼저 상담하는 것이 좋다.
- 만일 당신의 혈압이 높은 편이라면 치료하도록 해라. 앞서 이야기한 바와 같이 치료하지 않고 방치해둔 고혈압은 혈관에 손상을 입히고 심장에 걸린 부하를 증가시킨다.

이러한 주요 위험 외에도, 아직까지는 정확한 연관관계가 확인되지 않았지만 적어도 3개의 다른 요인들이 심혈관계 질환과 관련이 있다. 이 때문에 의사들은 아래 사항들을 권장한다.

- 건강한 몸무게를 유지한다. 비만이 어떻게 심혈관계 질환에 영향을 미치는지는 아직 명확하지 않다. 그러나 과체중인 사람들은 다른 위험요인을 가지고 있지 않아도 심장질환과 심장발작을 일으킬 확률이 높다. 한 가설은 몸무게가 늘면 심장을 혹사시킨다는 것이다. 과체중은 혈중 콜레스테롤 수치나 고혈압과 같은 다른 위험요인들에게도 나쁜 영향을 미친다.
- 당뇨병을 잘 관리한다. 당뇨병은 혈중당 농도에 관한 질환이다. 당뇨병을 치료하지 않으면 혈관이 손상되지만 효과적으로 치료하면 심혈관계 손상이 상당히 줄어든다. (당뇨병에 관해서는 13단원에서 자세히 다룬다.)
- 만성적인 스트레스를 피한다. 메커니즘은 명확하지 않지만, 한 사람이 받아들인 스트레스 및 행동 방식과 심혈관계 질환의 발생 사이에는 연관 관계가 있다. 스트레스는 다른 위험요인들, 예를 들면 흡연자가 얼마나 많이 흡연하는지 혹은 어떤 사람이 흡연을 시작하는지와 같은 것에게도 영향을 미친다.

요점 정리

금연, 규칙적인 운동, 몸무게와 콜레스테롤 수치 관리, 만성적인 스트레스 피하기 등으로 심혈관계 질환의 발생 위험률을 줄일 수 있다. 만일 당뇨병이나 고혈압이 있다면 이러한 상태를 잘 통제하도록 노력해야 한다. ■

그림 8.20 적당하고, 규칙적인 운동은 심혈관계의 기능을 향상시키고 심혈관계 질환의 위험률을 낮춘다.

머크 제약사 대 바이옥스 사용자

FDA(미국 식약국)는 1999년에 성인용 진통제와 골관절염 증상 완화제로 바이옥스(Vioxx)라고 부르는 신약(rofecoxib 성분)을 승인하였다. 바이옥스는 COX-2 저해제라 부르는 새로운, 고도로 특수한 부류의 진통제에 속한다. COX-2 저해제는 알레브(Aleve: 나프록센[naproxen] 성분)나 애드빌(Advil: 이부프로펜[ibuprofen] 성분)과 같은 예전 진통제에 비해 부작용이 적다고 알려졌다. 2003년에 이르러서 바이옥스는 4,100만 건의 처방과 25억 달러(약 2조 8,700억 원)나 되는 1년 매출액으로 제약사인 머크(Merck)사에 제일 돈 많이 벌어주는 약이 되었다.

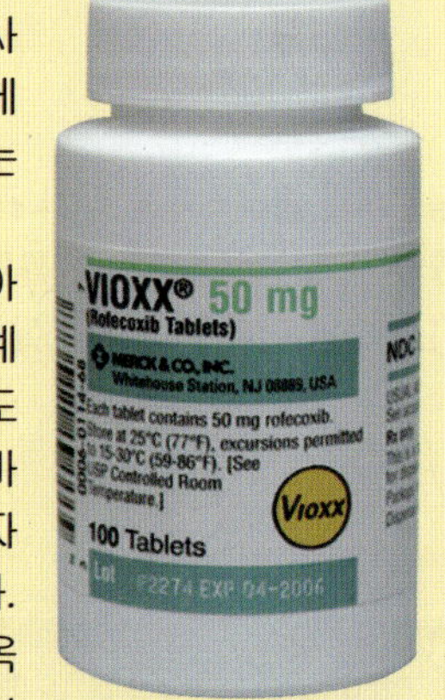

1년도 채 되지 않아서 머크사는 심혈관계에 위험을 일으킬 수도 있다는 우려 때문에 바이옥스를 시장에서 자발적으로 철수시켰다. 결국 머크사는 바이옥스가 심장발작이나 뇌졸중을 일으켰다고 주장하는 사람들이 제기한 5만 건이나 되는 법정 소송을 해결해야만 했다. 사태가 더욱 악화된 것은, 머크사가 바이옥스와 관련된 심혈관계 위험을 바이옥스 판매 4년 전에 알고 있었다는 사실이 알려지게 된 것이다.

머크사는 무엇을 알고 있었는가? 그리고 언제 알았는가?

머크사는 위험한 바이옥스가 돈을 아주 많이 벌어주기 때문에 판매를 계속해왔는가? VIGOR 논란을 생각해 보자.

2000년에 VIGOR(*V*ioxx *G*astrointestinal *O*utcomes *R*esearch)라고 알려진 바이옥스에 대한 대규모 임상실험 결과가 FDA에 제출되었으며, 뉴잉글랜드의학술지(*The New England Journal of Medicine*: NEJM)에 발표되었다. 이 연구의 목표는 바이옥스와 나프록센의 효과와 위장에서의 부작용을 비교하는 것이었다. 연구 결과는 바이옥스를 복용한 환자가 다른 많은 진통제처럼 위장을 자극하는 나프록센을 복용한 환자보다 위장 문제(위궤양과 장출혈)를 덜 일으킨다는 사실을 보여주었다.

그러나 VIGOR 연구는 바이옥스를 복용한 환자가 나프록센을 복용한 환자보다 심장발작 발생률이 더 높다는 내용도 보고했다. 머크사는 VIGOR 연구는 사실상 나프록센이 바이옥스에 비해 심장보호 효과가 있다는 사실을 보여줬을 뿐이며 바이옥스 자체는 심장질환의 위험 요인이 아니라고 반박했다. 머크사는 2001년 5월에 "머크사가 바이옥스의 심혈관계 안전성을 확인"이라는 제목의 기사를 신문에 발표하는 등 바이옥스의 선전을 계속하였다.

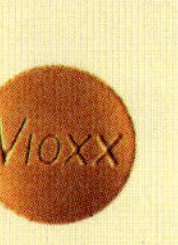

바이옥스. 인기가 좋았던 이 진통제는 2004년에 시장에서 퇴출당했다.

그러는 도중에 FDA는 머크사의 마케팅 방법에 관심을 갖게 되었다. 2001년 9월에 보낸 경고장에서, FDA의 약물마케팅부 이사는 머크사의 광고가 "심각한 심혈관계 질환 가능성"에 대한 발견을 최소로 축소하고 있다고 언급했다. FDA는 또한 머크사가 의료계에 "그릇된 정보 혹은 오해를 불러일으킨 내용을 바로잡는" 편지를 보내라고 요구했다.

미국 뉴저지 주에 있는 머크 본사. 머크사는 바이옥스를 복용한 환자나 환자 가족들로부터 5만 건 이상의 법정 소송에 걸렸다.

2004년에 발표된 3개의 독립 연구들의 결과가 바이옥스의 운명을 닫아버렸다. 마지막 한 방은 바이옥스나 이와 유사한 셀레브렉스(Celebrex)라는 진통제(celecoxib 성분)를 복용한 암환자를 대상으로 여러 기관에서 실시한, 임의적이고, 위약 통제된, 이중맹검 연구였다. 이 연구는 바이옥스를 복용한 환자가 위약을 복용한 환자보다 심장발작을 일으킬 위험이 2배나 높다는 사실을 연구자가 발견하자마자 조기에 종결해야만 했다. 2004년 9월, 머크사는 자발적으로 바이옥스를 시장에서 거두어들였다.

며칠 후 뉴잉글랜드의학학술지 편집장은 2000년에 발표된 VIGOR 논문의 초고가 들어 있는 컴퓨터디스크 한 장을 발견하였다. 원고에 들어 있는 작성일시 기록은 "CV 사건(심혈관계 문제를 의미하는 의학적 표현)"이라는 표가 논문

사실은....

- 머크(Merck)사의 돈 벌어주는 진통제 바이옥스(Vioxx)는 몇몇 연구에서 심장발작 위험을 증가시킨다는 것이 확인되자 2004년에 시장에서 퇴출되었다.
- 비판자들은 바이옥스가 심장질환의 위험률을 증가시킨다는 사실을 머크사가 2000년부터 알고 있었지만 아무런 조치도 취하지 않았다고 비난하였다.
- 머크사는 결국 바이옥스와 관련하여 5만 건 이상의 소송에 걸렸다. 머크사는 대부분의 소송에 대해 48억 5,000달러의 배상금으로 합의하였다.
- 이 사건은 개인 환자의 권리와 거대 회사의 책임 사이에 어떻게 균형을 잡아야 하는지에 대한 문제점을 제기하였다.

이 처음 투고되기 이틀 전에 본문 원고에서 삭제되었다는 사실을 보여주었다.

사건이 더욱 악화된 것은, 머크사의 한 내부 자료에는 두 명의 VIGOR 연구자들이 3건의 추가 심장발작을 알고 있었지만 뉴잉글랜드의학학술지에 투고한 마지막 원고에는 그 데이터를 포함시키지 않았다는 사실이 들어 있었다는 것이다. 환자들은 모두 심혈관계 문제점이 낮은 것으로 여겨졌던 사람들이었다.

협박 분위기?

머크사에 비판적인 일부 사람들은 회사가 자신들에게 협박을 시도하고 자신들의 명예를 실추시켰다고 주장한다. 그 중 한 사람으로 클리블랜드 병원의 심혈관의학과 과장인 에릭 토폴(Eric Topol) 박사는 2001년에 바이옥스와 관련된 심혈관계 위험에 대한 논문을 발표하려고 준비하던 중이었다. 토폴 박사가 자료에 관한 설명을 요청하기 위해 머크사와 연락을 취했을 때 그는 전례없는 반응을 받았다. 그것은 머크사의 중역이며 VIGOR 연구의 공동 저자인 앨리스 레이신(Alice Reicin) 박사의 개인적인 방문이었다. 토폴 박사에 따르면, 레이신 박사는 머크사가 모든 데이터에 접근할 수 있는 것이 아니라고 말했다. 토폴 박사의 논문이 발표된 후에, 머크사는 미국 전역의 의사들에게 바이옥스의 심혈관계 위험을 밝힌 토폴 박사의 분석은 오류라는 편지를 보냈다. 그리고 또 다른 사건도 있었는데, 스탠퍼드 대학의 임상의학 부교수인 구르키르팔 싱(Gurkirpal Singh) 박사는 심혈관계 위험과 관련되어 자신이 본 잃어버린 데이터에 의혹을 품었다. 토론토 글로브 앤 메일(*Toronto Globe and Mail*)지에 실린 기사에 따르면, 머크사의 한 중역이 싱 박사에게 연락해서는 "심각한 결과"가 뒤따를 것이라고 협박했다고 한다.

수십억 달러의 법정 싸움

바이옥스를 시장에서 철수한 직후에 바이옥스 환자들로부터 5만 건이 넘는 소송이 제기되었다. 이들 중 많은 경우가 바이옥스 위험에 대한 머크사의 명백한 은폐에 처벌적 손해배상을 요구한 것이다. 처음에 머크사는 그들과 한 사람씩 맞서서 싸우겠다고 언명하였다. 그러나 처음 다섯 번의 재판에서 원고 측이 세 번 이기고, 승소한 원고들이 각각 115억 원 이상의 배상금을 받게 되자 머크사는 의혹을 품기 시작

에릭 토폴 박사. 머크사는 바이옥스와 심혈관계 위험 사이의 관계를 밝힌 토폴 박사의 연구 결과를 무효화하려 했다.

했다. 회사에게 가장 골치 아팠던 케이스는, 심장질환을 앓은 적이 있었고 바이옥스를 단 2주간 복용했던 71세의 텍사스 주민인 레오넬 가르자(Leonel Garza)의 가족이 제소한 사건이었다. 가르자의 가족은 처벌적 손해배상을 포함한 총괄적 손해배상으로 10억 달러(약 1조 1,500억 원)를 요구했다. 결국 가르자(Garza) 가족은 동정적인 배심원들 덕에 3,200만 달러(약 368억 원)을 배상금으로 받게 되었다. 그러나 최대 보상금액에 대한 텍사스 주법에 따라 실제로는 775만 달러(약 89억 원)로 줄어들었다.

마침내 머크사는 미래에 회사가 직면하게 될 가능성한 손해배상의 규모를 인식하게 되었다. 아마도 머크사는, 심지어 과학적 증거가 바이옥스가 이 비극의 원인이라고 항상 제시하는 것은 아니라 해도, 이 비극의 죄없는 희생자들과 대항한다는 것이 불리하다는 최종 결정을 내린 것 같다. 옳거나 그르거나, 배심원들은 "덩치 큰 나쁜 회사"보다는 "작은 아이"에게 좀 더 동정적인 경향이 있다. 그리하여 2007년 11월, 머크사는 자사에 대한 대부분의 소송에 대한 합의금으로 48억 5,000만 달러(5조 5,775억 원)를 지불하기로 동의하였다. 이 합의는 원고의 85%가 2008년 10월 30일까지 합의 내용에 동의하면 최종 결정된다.

바이옥스의 불행한 사건과 최종 해결책은 우리 모두에게 몇 가지 흥미로운 질문을 불러일으킨다. 예를 들면, 큰 회사를 처벌하는 가장 좋은 방법은 무엇이며 동시에 착한 직원들을 부당하게 처벌하지 않는 방법은 무엇인가? 우리는 진실로 잘못한 이들로부터, 소수의 원고들만 엄청난 합의금을 받는 것이 아닌, 모두가 공정한 보상을 어떻게 받을 수 있을까? 인간의 고통과 괴로움을 돈의 가치로 어떻게 정할 수 있을까?

좋은 소식은 이제 미국의 많은 주에서는 이 질문들을 중요한 이슈로 인식하고 있으며 일부 주에서는 피해자에게 배상청구권이 생기게 되는 법률을 재정비하고 검토한다는 것이다. 가르자의 가족이 손해배상으로 10억 달러를 요구한 것을 기억하는가? 배심원이 그런 규모의 배상금을 두 번만 결정하면 머크사는 파산할 것이고 6만 명이나 되는 직원들은 직장을 잃게 될 것이다.

바이옥스의 인명 피해의 비극은 이제 끝나가고 있다. 머크사는 어려운 교훈을 얻었다고 희망적으로 생각하자. 환자의 권리와 터무니없는 법적 합의금 사이에 적절한 균형을 우리가 찾을 때까지 피해자 배상청구권에 대한 재정비는 계속될 것이라고 희망을 가져보자.

생각해볼 문제

1 거대 제약회사가 자사 약품 중 하나가 일으킨 손해배상을 책임지게 할 수 있는 가장 공정한 방법은 무엇이라고 생각하는가? 회사의 직원을 보호하기 위해 회사가 지게 될 재정적 손해배상액에 상한이 있어야 한다고 생각하는가?

2 당신은 인사 사고나 사망에 따른 소송에서 개인적 보상에 상한이 있어야 한다고 생각하는가? 만일 그렇게 생각한다면 상한액을 결정할 수 있는 최선의 자리에 있는 사람은 누구인가?

단원 요약

혈관은 혈액을 수송한다

- 혈관의 1차 기능은 혈액을 살아 있는 모든 세포들 가까이로 운반하는 일이다.
- 벽이 두꺼운 동맥은 혈액을 높은 압력으로 모세혈관에 운반한다.
- 작은 세동맥과 모세혈관앞조임근은 각 모세혈관으로 들어가는 혈류를 조절한다.
- 벽이 얇은 모세혈관은 간질액과 사이에서 액체 및 용질이 교환되는 유일한 혈관이다.
- 팽창이 되는 세정맥과 정맥은 낮은 압력에서 혈액을 저장하고 심장으로 되돌려 보낸다.

심장은 혈액을 펌프질하여 혈관으로 내보낸다

- 심장은 주로 심장근육으로 되어 있다. 구조적으로 심장은 네 개의 방과 네 개의 일방통행성 판막을 가지고 있다. 심장의 주기능은 혈액을 펌프질해 내보내는 것이다.
- 심장은 별도의 두 개 순환을 통해 혈액을 동시에 내보낸다. 폐순환에서 혈액은 산소를 가져오고 이산화탄소를 버린다. 체순환은 나머지 온몸의 세포에 혈액을 공급한다.
- 심장은 규칙적으로 수축하고 이완한다.
- 심장의 조화로운 수축은 신경충격을 일으켜서 심장근육 전체로 분포시키는 특수화된 심장근육세포 체계에 의해 만들어진다.
- 심전도(ECG)는 심장의 전기 활성도를 신체의 표면으로부터 기록한다. 심전도는 특정 심장 부정맥이나 심장질환의 진단에 이용된다.

혈액은 혈관 벽에 압력을 가한다

- 심장은 혈압을 생성시키고, 동맥은 이완기 압력 아래에서 혈액을 저장한다.
- 수축기와 이완기의 동맥혈압은 혈압계로 측정할 수 있다.
- 고혈압은 혈압이 높은 상태로 심혈관계 질환의 주요 위험요인이 된다.

심혈관계는 어떻게 조절이 되는가

- 심혈관계에서 가장 중요한 통제 변수는 동맥혈압이다.
- 동맥혈압은 특별히 큰 동맥 안에 위치한 신장수용기에 의해 감시된다.
- 동맥혈압을 비교적 일정하게 유지하기 위하여 심박출량과 세동맥의 직경이 조절된다.
- 압력을 일정하게 유지하면서, 지역 혈류는 그 지역 조직과 세포의 대사활동 필요에 따라 조정될 수 있다.

심혈관계 질환: 주요 건강 문제

- 심장근육은 언제나 일을 한다. 심장으로 가는 혈류에 장애가 생기면 가슴이 옥조이며 통증을 느끼게 되며(협심증), 심장조직에 영구적인 손상을 가져올 수 있다(심근경색증 또는 심장발작).
- 서서히 발생하는 만성 심부전증으로 여분의 간질액이 축적되는 증세를 울혈성심부전증이라 한다.
- 색전증은 혈관이 어떤 물질로 갑자기 막히는 증세이다.
- 뇌혈관 사고라고도 부르는 뇌졸중은 색전증이나 혈관의 파열로 인해 발생한다. 결과로 혈액 공급에 장애가 생겨 뇌 일부가 손상을 입게 된다.

심혈관계 질환의 위험률 낮추기

- 심혈관계 질환의 발생률은 특정 위험요인에 달려 있다. 어떤 위험요인은 우리가 바꿀 수 없지만, 다른 것들은 우리가 살아가면서 어떤 선택을 하느냐에 따라 달라진다.

알아야 할 용어

동맥(artery)
모세혈관(capillary)
반월판(semilunar valves)
수축기(systole)
심방(atrium)
이완기(diastole)
체순환(systemic circuit)
동방결절(sinoatrial[SA] node)
모세혈관앞조임근(precapillary sphincter)
방실판(atrioventricular[AV] valves)
심근(myocardium)
심실(ventricle)
정맥(vein)
폐순환(pulmonary circuit)

개념 확인 문제

1. 심장이 항상 일정하고 적절한 혈액을 공급해야 하는 것이 왜 중요한가?
2. 세 종류의 혈관에 대해 구조와 기능면에서 비교 설명하시오.
3. 동맥혈압이 우리 몸에서 어떻게 측정되는지 설명하시오.
4. 심장판막의 역할에 관해 설명하시오.
5. 폐순환과 체순환의 기능을 비교 설명하시오.
6. 수축과 이완의 심장주기를 설명하시오. 심장주기 동안 들리는 두 심장 소리의 원인은 무엇인지 설명하시오.
7. 동방결절과 방실결절은 심장의 수축을 조절한다. 동방결절과 방실결절의 기능에 대해 설명하시오.
8. 정맥의 팽창 가능한 성질은 어떤 기능적 가치를 지니고 있는가? 다른 말로 표현하면, 왜 정맥은 동맥처럼 두껍고 단단하지 않은가?
9. 심장을 자극하는(심박동률을 증가시키는) 효과를 나타내는 호르몬은 어떤 것인가?
10. 심혈관계 질환의 위험을 줄일 수 있는 방안을 제시하시오.

학습 문제

연결 문제

________1. 체내에 있는 대부분의 혈액량을 저장하는 혈관
________2. 파열로 이를 수도 있는 동맥의 이상 또는 약해짐
________3. 간질액과 물질 교환을 하는 혈관
________4. 심장을 자극할 수 있는 호르몬

_________5. 심장조직의 가장 안쪽에 있는 층. 심장의 방실 안쪽 벽을 이룸

_________6. 심장의 네 개 방이 모두 이완하는 시기

a. 에피네프린
b. 심장내막
c. 동맥류
d. 정맥
e. 이완기
f. 모세혈관

(7~16) 심장의 각 구성 성분에 해당하는 이름을 적으시오.

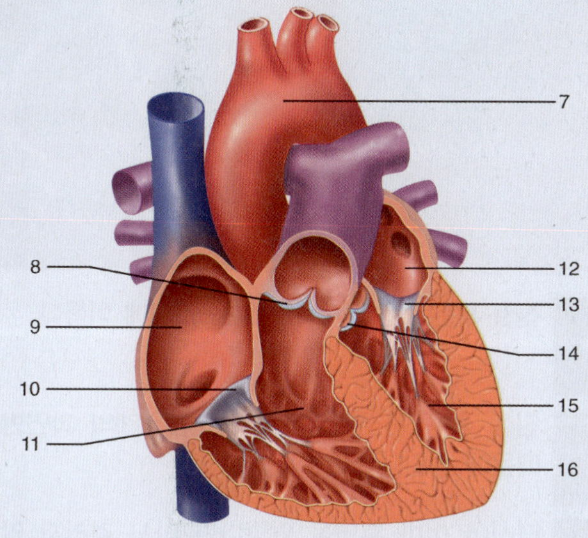

빈칸 채우기

17. 다리의 정맥으로부터 떨어져 나온 혈병이 폐동맥에 박혀서 일으키는 질환을 ____________(이)라고 부른다.
18. 혈관의 민무늬근이 수축하는 것을 ____________(이)라고 한다.
19. 매분당 심장이 펌프질해 내보내는 혈액의 양을 ____________(이) 라고 부른다.
20. 뇌에 있는 혈관이 손상되거나 막히면 ____________(이) 발생한다.

응용 문제

1. 운동 중에 동맥혈압은 아주 조금 변한다. 그러나 심박출량은 두 배가 될 것이며 운동 중인 근육으로 가는 혈류는 10배쯤 증가할 것이다. 동시에 신장으로 가는 혈류는 거의 50% 정도로 감소할 것이다. 이렇게 아주 다른 변화가 일어나도록 하는 가능한 메커니즘을 설명하시오.
2. 관상동맥우회로조성술이 시술될 때 이식편에 사용된 혈관은 보통 환자의 다리에 있는 정맥에서 떼어온다. 시간이 지나면, 이식된 정맥은 동맥의 여러 특성을 갖추게 된다. 즉 더 두꺼워지고 더 단단해진다. 이로써 동맥과 정맥의 구조적 차이의 원인이 무엇이라고 생각하는가? 만일 동맥의 일부를 떼어내어 정맥 순환계에 이식하였다면 무슨 일이 일어나겠는지 가정해보시오.
3. 군인들은 대열에서 차렷 자세로 오랫동안 서 있어야 한다. 때로는 이 때문에, 보통 때는 몸매도 좋고 건강한 젊은이가 긴 검열 도중에 기절하는 일이 생긴다. 원인은 무엇인가?
4. 하루에 수 시간씩 서서 일하는 노동자는 다리에 순환 문제를 일으킬 수 있다. 권장되는 해결책은 점진적인 압박 스타킹을 착용하는 것이다. 이 스타킹은 발목 부근에서는 바짝 조여주고 다리 위로 올라갈수록 덜 조이는 것이다. 왜 오래 서 있으면 순환 문제가 생기게 되는가? 왜 다리를 조이는 스타킹을 착용하면 이 문제를 예방할 수 있게 되는가?
5. 심낭(pericardium)에 염증이 생기면 심낭삼출(pericardial effusion)을 일으키는데, 이때 심장을 둘러싸는 공간에 액체가 고이게 된다. 이렇게 되면 심장의 기능에 어떤 영향을 미치게 되는가? 이것은 어떻게 치료할 수 있겠는가?
6. 심실세동은 심장세포가 수축할 때에 더 이상 조율하지 못하게 되어 치명적인 상태로 될 가능성이 있다. 심장 근육이 동시에 수축해야만 하는 것이 왜 중요한가?
7. 심실사이막결손(ventricular septal defect: VSD)은 선천성 심혈관계이상의 절반을 차지하는 질환이다. 이 질환에서는 두 심실 사이에 있는 근육성 벽인 격막에 구멍이 나서 심장의 오른편과 왼편에 혈액이 서로 섞이게 된다. 이런 상태라면 어떤 문제가 일어나겠는가?
8. 지난밤에 당신과 친구가 깊은 잠을 자는 중에 전화가 걸려왔다. 친구는 깜짝 놀라 깨어나, 침대에서 뛰쳐나가 방 저편의 전화로 달려갔다. 전화기에 도달하기 전에 친구는 갑자기 현기증을 느껴서 기절하지 않으려고 주저앉았다. 무슨 일이 일어났는지 설명하시오.

참고문헌

Cabe, Delia K. Saving Hearts That Grow Old. *Scientific American*, June 2000. (An article that discusses some of the latest research findings on the causes of heart disease.)

Dickman, Steven. Mysteries of the Heart. *Discover*, July 1997, pp. 117–119. (A short article discussing the possibility that a virus contributes to coronary artery disease.)

Williams, Paul T. Relationship of Distance Run per Week to Coronary Heart Disease Risk Factors in 8283 Male Runners: The National Runners' Health Study. *Archives of Internal Medicine* 157:191–198, 1997. (A research publication with an alternative view on exercise and cardiovascular disease, written for professionals in the field.)

학습 문제 해답

1. d **2.** c **3.** f **4.** a **5.** b **6.** e **7.** 대동맥 **8.** 폐반월판 **9.** 우심방 **10.** 우측방실판 **11.** 우심실 **12.** 좌심방 **13.** 좌측방실판 **14.** 대동맥반월판 **15.** 좌심실 **16.** 격막 **17.** 폐색전증 **18.** 혈관수축 **19.** 심방출량 **20.** 뇌졸중

9 면역계와 방어 기전

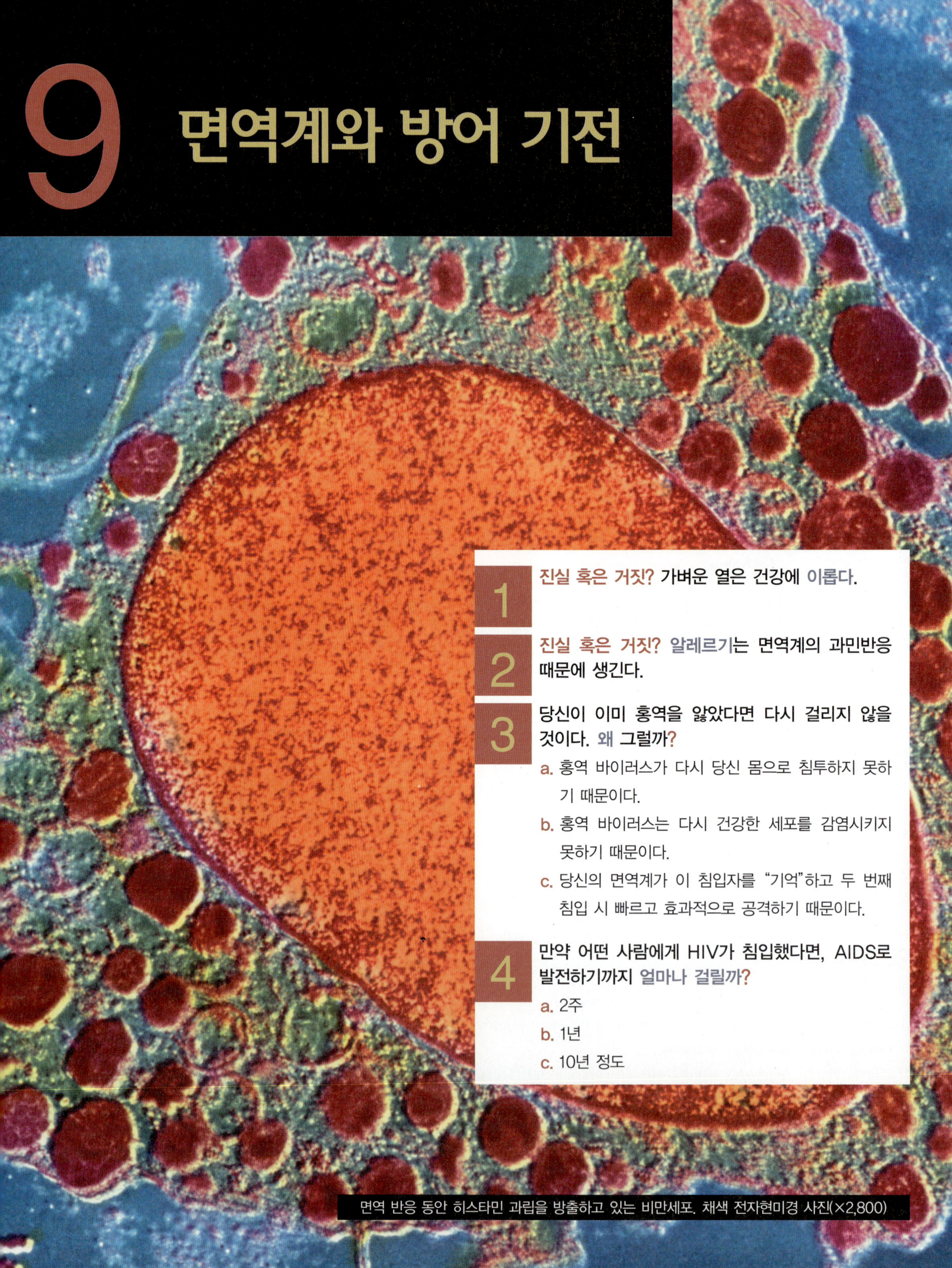

1 진실 혹은 거짓? 가벼운 열은 건강에 이롭다.

2 진실 혹은 거짓? 알레르기는 면역계의 과민반응 때문에 생긴다.

3 당신이 이미 홍역을 앓았다면 다시 걸리지 않을 것이다. 왜 그럴까?

a. 홍역 바이러스가 다시 당신 몸으로 침투하지 못하기 때문이다.

b. 홍역 바이러스는 다시 건강한 세포를 감염시키지 못하기 때문이다.

c. 당신의 면역계가 이 침입자를 "기억"하고 두 번째 침입 시 빠르고 효과적으로 공격하기 때문이다.

4 만약 어떤 사람에게 HIV가 침입했다면, AIDS로 발전하기까지 얼마나 걸릴까?

a. 2주

b. 1년

c. 10년 정도

면역 반응 동안 히스타민 과립을 방출하고 있는 비만세포. 채색 전자현미경 사진(×2,800)

온 세상은 맨눈으로 볼 수 없는 아주 작은 생물체(세균)와 비생물성 물질들(바이러스와 프리온)로 넘쳐나고 있다. 이들은 문고리, 돈이나 옷에서도 발견되며, 우리가 먹는 음식이나 호흡하는 공기에도 존재한다. 이들의 대부분은 무해하다–사실, 일부는 매우 유용하기까지 하다. 이들 중에 질병을 일으키는 것들을 그리스어의 병(*pathos*)과 만들다(*gennan*)의 어원을 따서 **병원체(pathogen)**라 부른다.

병원체들은 우리 몸 밖에서 들어오며, 인간의 질병과 고통의 주요한 원인이 된다. 하지만 우리 몸 내부에도 건강을 위협하는 것들이 있다. 돌연변이(세포의 DNA상에 생긴 변화)는 우리 자신의 세포를 변화시켜 암세포로 만들기도 한다. 다행히도 우리 몸에는 이러한 비정상적인 세포가 더 자라기 전에 찾아내어 그들의 대부분을 제거할 수 있다.

어떻게 우리 몸을 보호할 수 있을까? 우리 몸의 면역계와 그 외 일반적인 방어 기전은 다음과 같은 역할을 한다.

- 병원체가 우리 몸에 해를 가하기 전에 침입하는 것 자체를 차단하고 무력화시킨다. 피부, 위산, 눈물, 그리고 구토나 배설행위 등이 이런 역할을 담당한다.
- 비선택적 방어 기전: 비선택적 방어는 우리 몸이 일반적인 상처나 병원체, 즉 대부분의 세균이나 일부 바이러스에도 반응하도록 도와준다.
- 선택적 방어 기전: 이는 특정한 세균이나 다른 침입 세포들을 죽이고 바이러스를 무력화시킨다. 사실 선택적 방어는 매우 정교한 무기라고 할 수 있고, 미래의 질병에 대한 면역반응의 근간이기도 하다.

위의 세 가지 기전이 밤이나 낮이나 우리 몸을 보호하고 있는 셈이다. 선택적이건 비선택적이건 방어 기전의 핵심은 **면역계(immune system)**라 부르는 세포들과 단백질들 그리고 림프계와 순환계의 복잡한 집합이다. 이 면역계는 완벽하진 않지만 병원체나 비정상적인 세포만을 구별하여 죽이고 무력화시킬 수 있다. 이 과정에서 우리 몸이 프리온과 같은 특정 병원체에 어떻게 대처하는지를 짐작할 수 있다.

면역계가 경계해야 할 대상은 무엇인가? 우리 몸에 침입할 가능성이 있는 몇 가지 병원체에 대해 알아보는 것으로 시작해보자.

9.1 병원체는 질병을 일으킨다

병원체는 우리 몸의 안과 밖에 사는 세균과 바이러스, 균류, 원생동물, 그리고 프리온 등을 포함한다. 산업화된 나라에서는 상대적으로 드물긴 하지만 각종 벌레들을 포함하는 기생충 또한 병원체가 될 수 있다. 이 중에서 세균과 바이러스가 가장 흔하고 문제가 되기 때문에 이들을 우리가 어떻게 막고 방어하는지에 초점을 맞추고자 한다. 또한 새로이 발견된 병원체로서 프리온에 대해서도 토의할 것이다.

세균: 단세포 생명체

3단원에서 배웠듯이 **세균(박테리아, bacteria)**은 단일세포로 구성된 생명체이며 핵이나 다른 막으로 구성된 내부 기관을 갖고 있지 않다. 대부분의 세균이 갖고 있는 DNA 모두는 하나의 염색체에 포함되며, 세포막에 결합된 고리 모양을 하고 있다. 이들의 리보솜은 진핵세포의 것보다 크기가 작으며 세포질에 자유로이 돌아다닌다. 세균의 바깥표면은 세포막을 둘러싸고 있는 단단한 세포벽으로 구성하며, 둥글거나 막대형, 혹은 나선형의 독특한 모양을 갖는다 (그림 9.1).

그 다양성과 숫자로 미루어 보건대 세균은 지구상에서 가장 성공적인 생물체이다. 사람 세포보다 작은 크기를 갖지만 이 작은 크기가 사실은 장점이라 할 수 있다. 모든 생물체가 그러하듯이 세균도 살고 성장하고 분열하기 위해 에너지와 원료물질들을 필요로 한다. 이들의 작은 크기는 부피 대 면적의 비율이 크다는 것을 의미하며, 원료를 얻거나 노폐물을 배출해야 한다는 점에서 확실히 장점이 된다.

우리의 세포들이 그러하듯이 세균도 ATP를 직접적인 에너지원으로 사용하며 아미노산을 이용하여 단백질을 만든다. 또한 에너지

들어가기 질문의 답

1 **진실.** 고열은 위험하지만 섭씨 1도 정도 가벼운 열은 회복하는데 도움이 된다.

2 **진실.** 일반적으로 면역계는 우리 몸을 보호하는 일을 하지만 가끔 과도하게 작용하기도 한다. 이 단원에서 면역반응에 대해 더 배우기로 하자.

3 **c.** 우리 면역계는 예전에 적을 알아보고 두 번째 감염에 염증이 생기지 않도록 빠르게 공격하는 능력을 가지고 있다. 사실 이런 두 번째 반응은 너무 빠른 시간 안에 일어나기 때문에 우리는 미처 알아차리지 못하는 경우가 많다.

4 **c.** 평균적으로 HIV에 감염된 후 AIDS가 발병하기까지는 약 10년이 걸린다. 이 기간 동안 HIV에 감염된 이들은 비록 AIDS 증세를 보이지는 않지만 다른 이들에게 옮길 수는 있다.

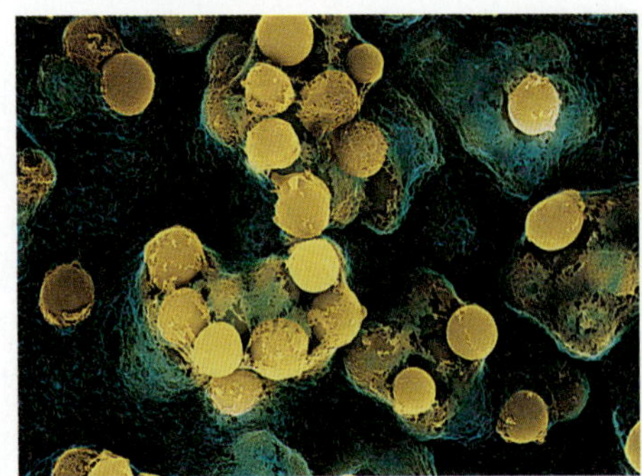
a) 연쇄구균(*Streptococcus*)의 주사전자현미경사진(×922,000). 둥근 형태로 목감기를 유발한다.

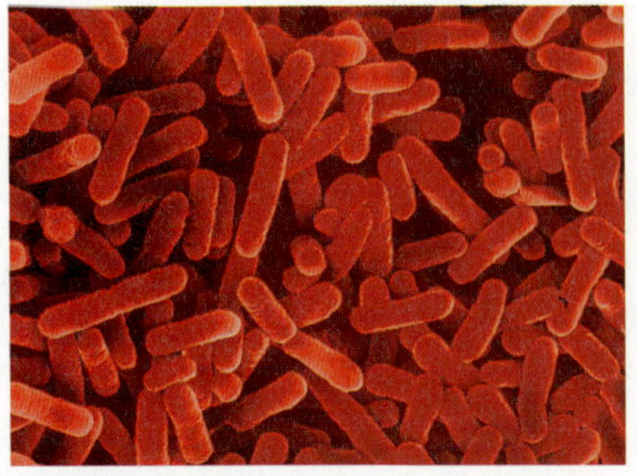
b) 레지오넬라(*Legionella pneumophila*)의 주사전자현미경사진(×2,000). 막대 모양으로 레지오넬라균에 의한 폐렴을 유발한다.

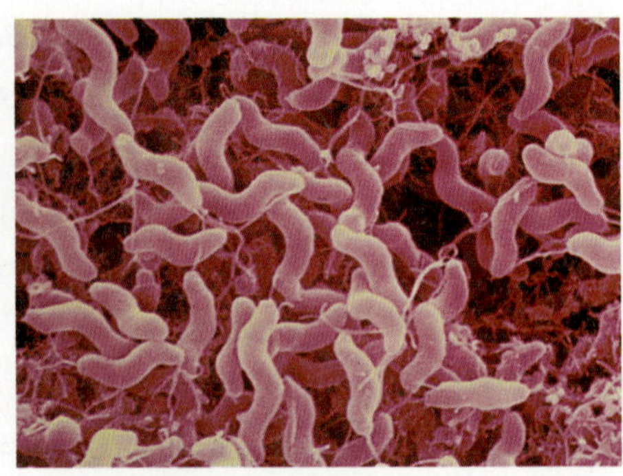
c) 캄피로박터(*Campylobacter jejuni*)의 주사전자현미경사진(×2,000). 나선형 모양으로 식중독을 일으킨다.

그림 9.1 일반적인 세균 3종류의 모양을 보여주는 전자현미경 사진.

는 탄수화물이나 지질의 형태로 보관한다. 이들은 어디서 이런 원료들을 얻을까? 그야말로 가능한 모든 곳에서 얻는다. 어떤 세균은 하수를 분해하기도 하고 죽은 동, 식물의 사체를 분해하기도 한다. 그래서 이들은 에너지와 원료들을 재활용하는데 매우 중요한 역할을 하는 셈이다. 어떤 것들은 흙과 공기 중에서 영양분을 얻는다. 인간은 세균을 이용하여 항생제, 호르몬, 백신, 그리고 사우어크라우트(양배추초절임)에서 간장에 이르는 음식물 등 여러 가지 상품들을 생산해왔다. 현재와 같은 생활은 이 작은 세균이 없었다면 불가능했을 정도다. 어떤 세균은 우리 소화관 속에 살며 비타민을 공급하고 장내 나쁜 균들을 통제하는 대가로 우리가 먹은 음식물에서 에너지를 얻는다.

일부 세균은 병원성이다. 병원성 세균들은 사람 세포에서 에너지를 얻으며 이 과정에서 세포들을 손상시키거나 죽인다. 이들은 폐렴, 편도선염, 결핵, 식중독, 독물쇼크 증후군, 매독, 라임병 등 수많은 병들을 유발한다. 이 단원에서는 병원성 균들에 대해 주로 다루겠지만 대부분의 다른 균들은 해롭지 않거나 도리어 이롭다는 것을 염두에 두기 바란다.

세균성 감염은 **항생제(antibiotic)**–세균, 균류, 그리고 원생동물의 성정을 억제하고 제거하는 화학치료물질–를 처리하여 치료하는 것이 일반적이다.

요점 정리

세균은 단세포생물로 주위 환경으로부터 에너지와 원료를 얻는다. 병원성 세균은 살아 있는 세포에서 필요로 하는 물질들을 얻으며 이 과정에서 세포를 손상시키고 죽이기까지 한다. ■

바이러스: 매우 작은 감염성 매개자

바이러스(virus)는 세균보다 1/100, 전형적인 사람 세포에 비해서는 1/1000의 크기를 가진 매우 작은 감염성 매개자이다(그림 9.2). 바이러스는 구조적으로도 매우 간단하여 작은 유전자 조각(RNA 혹은 DNA)과 이를 둘러싼 단백질 껍데기가 전부이다. 세포내 소기관도 없어서 자랄 수 없고 스스로 번식할 수도 없다.

바이러스는 생물인가? 생물학자들도 이 질문에 편이 갈린다. 대부분은 이들이 스스로 번식하지 못함으로 살아 있지 않다고 할 것이다. 바이러스는 다른 생물체에 들어가기 전에는 생명현상과 관련된 활동을 보여주지 않는다. 하지만 일단 살아 있는 세포에 들어가면 세포내 소기관들을 점령하여 새로운 바이러스들을 만든다.

바이러스가 세포 내로 들어가는 방법에는 몇 가지가 있다. 대부분의 바이러스는 내포작용(endocytosis)을 통해 사람 세포로 침입한다. 일단 세포 내로 들어오면 단백질 껍질이 벗겨지면서 바이러스의 유전물질들이 방출되어 세포의 유전물질들과 섞이게 된다. 어떤 바이러스는 껍질이 세포막과 융합하면서 유전물질이 세포질로 방출되기도 하고, 또 다른 것들은 세포막 밖에 붙어 마치 주사기로 약물을 투여하듯이 유전물질을 주입시키는 것도 있다. 들어오는 방법이야 어떻든 일단 세포 내에 바이러스 유전물질이 존재하면 세포의 일상적인 대사과정을 수행하기보다 수천 개의 바이러스 유전자들이 생성되기 시작한다. 때로는 세포가 살아 있는 채로 새로 형성된 바이러스가 세포로부터 떨어져 나오기도 하고, 어떤 경우는 바이러스로 가득 찬 세포가 죽어 터지면서 엄청난 수의 바이러스가 한꺼번에 방출되기도 한다.

바이러스에 의한 질환은 AIDS, 간염, 뇌막염, 광견병 등 아주 심각한 것에서부터 감기, 사마귀, 수두(chicken pox)와 같이 성가신 것까지 있다. 바이러스 감염은 건강한 이들에게는 불과 며칠이면 낫지만, 아주 어리거나, 아주 늙거나, 건강이 안 좋은 이들에게는 치명적일 수 있다.

대체로 바이러스 감염에 항생제는 효과가 없다. 최선의 방책은 우리 몸에 들어오지 못하게 막거나 감염된 숙주세포가 더 이상 바이러스를 만들 수 없도록 만드는 것이다.

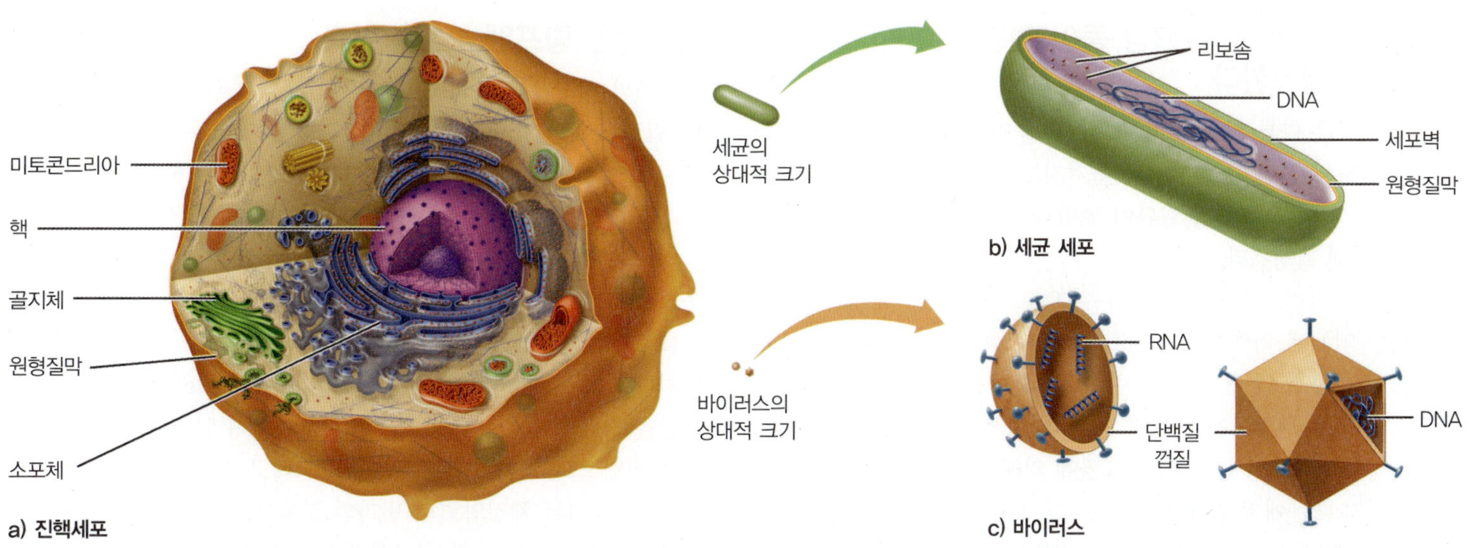

그림 9.2 진핵세포, 세균, 바이러스의 크기와 모양 비교. (a) 진핵세포는 막으로 된 핵과 뚜렷한 막에 둘러싸인 소기관을 갖는다. (b) 세균은 세포질 안에 떠다니는 작은 리보솜과 한 가닥짜리 DNA를 하나 가지고 있다. 세균의 원형질막 밖에는 단단한 세포벽이 둘러싸고 있다. (c) 바이러스는 단백질 껍질이 RNA 혹은 DNA를 둘러싼 형태이다.

프리온: 감염성 단백질

1986년에 과학자들은 뇌와 척수가 파괴되어 죽은 영국의 소에서 한 질병을 처음 발견하였다. 이 질병은 소의 뇌에 마치 스펀지처럼 구멍을 낸다고 하여, 소해면양뇌증(bovine spongiform encephalopathy: BSE)이라 명명하였다. 이 병에 걸린 소는 비틀거리고, 경련을 일으키는 등 비정상적인 행동을 보이기 때문에 언론에서는 이 질병을 "광우병(mad cow disease)"이라고 불렀다.

1994년에서 1996년 사이에 19~39세 사이의 영국인 12명이 광우병과 유사한 크로이츠펠트-야콥병(Creutzfeldt-Jacob disease: CJD)의 증세를 나타냈다. 대체로 CJD는 매우 희귀하고 또한 말년에 나타나는 것(환자의 평균나이가 65세)이 보통인데 반해 이 경우 젊은 환자의 갑작스런 증가는 전례를 찾아보기 힘든 것이었다. 또한 전형적인 CJD 환자는 불과 4개월 이내에 목숨을 잃는데 반해 이 경우는 평균 14개월까지 생존하였다. 연구자들은 이 새로운 형태의 CJD에 대해 **변형 CJD(variant Creutzfeldt-Jacob disease: vCJD)**라고 명명하였다.

연구자들은 이 환자들이 공통적으로 광우병으로 의심되던 소를 먹었던 것을 발견했다. 최근의 연구에서도 이 vCJD 환자들이 광우병에 감염된 소고기를 통해 감염되었음을 확인하였다. 또한 그 광우병 소들은 이전에 광우병에 걸린 소, 양, 염소 등의 뼈와 그 외 부산물들을 먹어서 감염되었을 것으로 여겨진다.

프리온(prion)이라 부르는 단백질이 광우병과 vCJD를 유발한다는 강력한 증거가 있다. 프리온은 뇌에 존재하는 정상단백질이 잘 못 접혀진 것이다. 일단 이 프리온이 뇌세포 안으로 들어가면 다른 정상 단백질들의 구조를 비슷하게 만든다. (2단원에서 설명했듯이 단백질의 비정상 구조는 단백질을 쓸모없게 만들 뿐 아니라 치명적인 결과를 초래하기도 한다.) 프리온은 세포가 기능을 멈출 때까지 축적되다가 결국 세포가 죽어 터지게 만든다. 이때 방출된 프리온이 다시 다른 뇌세포를 감염시킨다. 프리온의 점진적인 축적이 광우병이나 vCJD에서 보이는 신경학적 증후와 진행성 퇴행의 원인이 된다. 일부 학자들은 알츠하이머병이나 파킨슨병과 같은 다른 뇌의 질환들도 프리온과 관계가 있을 것으로 생각한다.

프리온은 요리나 냉동 건조 등에 대해 내성이 있다. 프리온에 의한 감염에는 치료법이 없다. 프리온은 감염된 소를 사람이나 다른 소가 먹을 때 옮겨짐으로 최선의 방비책은 프리온에 감염된 소를 제한하는 것이다. 국제사회의 협력이 이를 가능하게 하고 있다. 유럽연합에서는 1994년부터 소 사료로 포유동물의 고기와 뼈를 사용하는 것을 금지하고 있다. 미국을 비롯한 다른 나라들도 곧 이에 따를 것으로 예상된다. 그 결과로 영국에서는 1992년도에 37,000건에 이르렀던 광우병 발병이 2005년에는 225건으로 줄어들었다.

다행히도 광우병을 일으키는 프리온은 사람에게로는 잘 옮겨지지 않는다. 1986년에서 2005년 사이에 영국에서는 184,000건의 광우병이 발병한데 반해 사람에게서는 156건의 vCJD가 발병하였다. 미국에서는 플로리다 주에서 발생한 한 건만이 보고되어 있고, 이 환자의 경우도 영국에서 태어나고 성장한 것으로 알려져 있다.

요점 정리

바이러스는 DNA나 RNA 한 가닥과 이를 둘러싼 단백질로 구성되어 있다. 살아 있는 세포에서 새로운 바이러스를 생성하기 위해서는 이 RNA나 DNA를 사용하게 된다. 프리온의 경우는 정상 단백질의 구조를 변형시킨다. ■

전염도, 전염경로, 유해성 등이 건강에 대한 위험도를 결정한다

어떤 병원균은 다른 것들에 비해 현저하게 더 위험하다. 특정 병원균의 위험도는 전염도(얼마나 잘 옮겨지느냐), 전염경로(어떻게 옮겨지느냐), 그리고 유해성(질환이 얼마나 치명적인 결과를 나타내느냐)에 의해 결정된다.

한 예로, 감기 바이러스의 경우 손으로, 점막으로, 재채기할 때 방출되는 액체에 의해서도 옮겨질 수 있다. 하지만 이 바이러스는 그다지 위험하진 않다. 그와는 반대로 AIDS를 일으키는 HIV 바이러스의 경우 전염도는 그다지 높지 않고, 전염경로도 오직 체액(혈액, 정액, 젖, 여성 분비물)의 교환에 의해서만 일어나지만, 매우 치명적이기 때문에 위험하다고 할 수 있다.

만약 감기만큼 전염성이 강하고 AIDS만큼 유해한 병이 발생한다고 가정해보라. 실제로 그런 치명적인 경우가 있었다. 1348년에서 1350년 사이에 발생했던 세균에 의한 **선페스트(bubonic plaque)**는 그 당시 전체 유럽인구의 25~40%를 희생시킨 바 있다. 1918년 인플루엔자의 대유행은 전 세계적으로 2,000만 명의 목숨을 앗아갔다.

인간에 대한 병원체의 도전은 계속되고 있다. 1976년 아프리카에서 발생하여 아직까지 위협이 되고 있는 에볼라(Ebola) 바이러스가 전형적인 예라고 할 수 있다. 에볼라 바이러스는 감염되면 2주 이내에 80% 이상이 사망하는 가장 독성이 강한 병원균 중 하나이다.

9.2 림프조직이 우리 몸을 보호한다

8단원에서 언급했듯이, **림프계(lymphatic system)**는 심혈관계와 매우 깊이 연관되어 있다. 림프계는 다음 3가지 중요한 기능을 갖는다.

- 혈액량을 유지하는데 도움이 된다.
- 소화계에서 흡수된 지질과 지용성 비타민들을 운반해준다.
- 감염으로부터 우리 몸을 보호한다.

우리는 8단원에서 림프계가 어떻게 혈액과 체액의 양을 유지하는지 간단히 설명한 바 있다. 또한 어떻게 지질과 비타민을 수송하는지 14단원의 소화계를 다루면서 설명하였다. 이 단원에서는 질병으로부터 우리 몸을 보호하는 림프계의 3번째 기능에 대해 알아보고자 한다. 면역계 세포들은 온몸을 돌아다닐 수 있고 간질액으로 들어갈 수도 있지만 대부분의 경우 어딘가에 머물러 있다. 여기서는 우선 면역계의 구조적인 요소들을 알아보고, 나중에 특정 면역계 세포가 어떻게 작용하는지 알아보기로 하자.

림프계의 기본 구성단위는 림프관으로 구성된 망상구조와 림프절, 흉선, 편도(tonsil)와 인두편도(adenoid), 그리고 비장이다(그림 9.3).

림프관은 림프액을 수송한다

림프계의 시작은 세포와 모세혈관에 가까이 위치한 작고 끝이 막힌 림프모세관(lymphatic capillary)들의 망상구조에서 시작된다. 이 림프모세관은 포개진 세포들 사이에 넓게 분포하며 혈관으로 들어가기 어려운 제법 큰 입자(세균 같은 것)까지도 흡수할 수 있다.

림프관에 있는 액성 성분을 림프액(lymph)이라 부른다. 우유빛을 띤 액으로 백혈구와 단백질, 지질, 그리고 때론 세균이나 바이러스를 포함하고 있다. 림프관(lymphatic vessel)을 따라 듬성듬성 위치하고 있는 작은 기관을 **림프절(lymph node)**이라 부른다. 림프관은 정맥과 같이 세 개의 층으로 둘러싸여 있고, 판막이 있어서 반대 방향으로 액이 흐르지 못한다. 그리고 또한 골격근의 수축과 호흡 시 생기는 체강압력의 변화의 도움으로 림프액이 흐른다. 림프관들이 모여 더 큰 관으로 합해지고 결국 두 개의 주림프관, 즉 오른림프관(right lymphatic duct)과 가슴림프관(thoracic duct)을 형성한다. 이들은 어깨 부위에서 각각 오른편과 왼편 쇄골하정맥에 연결되어 림프액이 다시 심혈관계로 들어가게 된다.

림프절은 림프액을 정화한다

림프절은 림프액이 다시 심혈관계로 들어가기 전에 림프액에 있는 미생물이나 죽은 세포찌꺼기, 비정상 세포 등을 제거해준다. 소화관, 목 부위, 겨드랑이, 서혜부 등에 수백 개의 림프절이 존재한다(그림 9.4). 크기는 직경이 1mm에서 2.5cm까지 다양하며, 림프관들이 꽂혀 있는 조밀한 결합조직 껍질로 둘러싸여 있다. 각 림프절 내부는 결합조직으로 뒤에서 자세히 다루게 될, 대식세포와 림프구, 두 종류의 백혈구가 위치한다.

림프관은 림프절에 림프액을 들여보내기도 하고 내보내기도 한다. 림프관의 판막에 의해 림프액의 흐름은 한 방향으로 고정된다. 림프액이 림프절 내를 흐르면 그 안에 있는 대식세포가 외부침입자들을 제거하고 림프구들은 면역계를 활성화시킨다. 이렇게 깨끗해진 림프액은 계속 흘러 정맥에 이르게 된다.

요점 정리

림프계는 우리를 질병으로부터 보호해준다. 림프액이 흘러 림프절로 가게 되면 그곳에 있는 대식세포와 림프구가 미생물을 인식하고 제거한다. ■

비장은 혈액을 정화한다

가장 큰 림프절이라 할 수 있는 **비장(spleen)**은 주먹크기의 부드러운 기관으로 복강 왼편 위쪽에 위치한다. 비장은 평활근이 퍼져 있는 조밀한 결합조직 껍데기로 둘러싸여 있다. 기관 안쪽에는 적색속질과 백색속질이라는 두 조직이 있다.

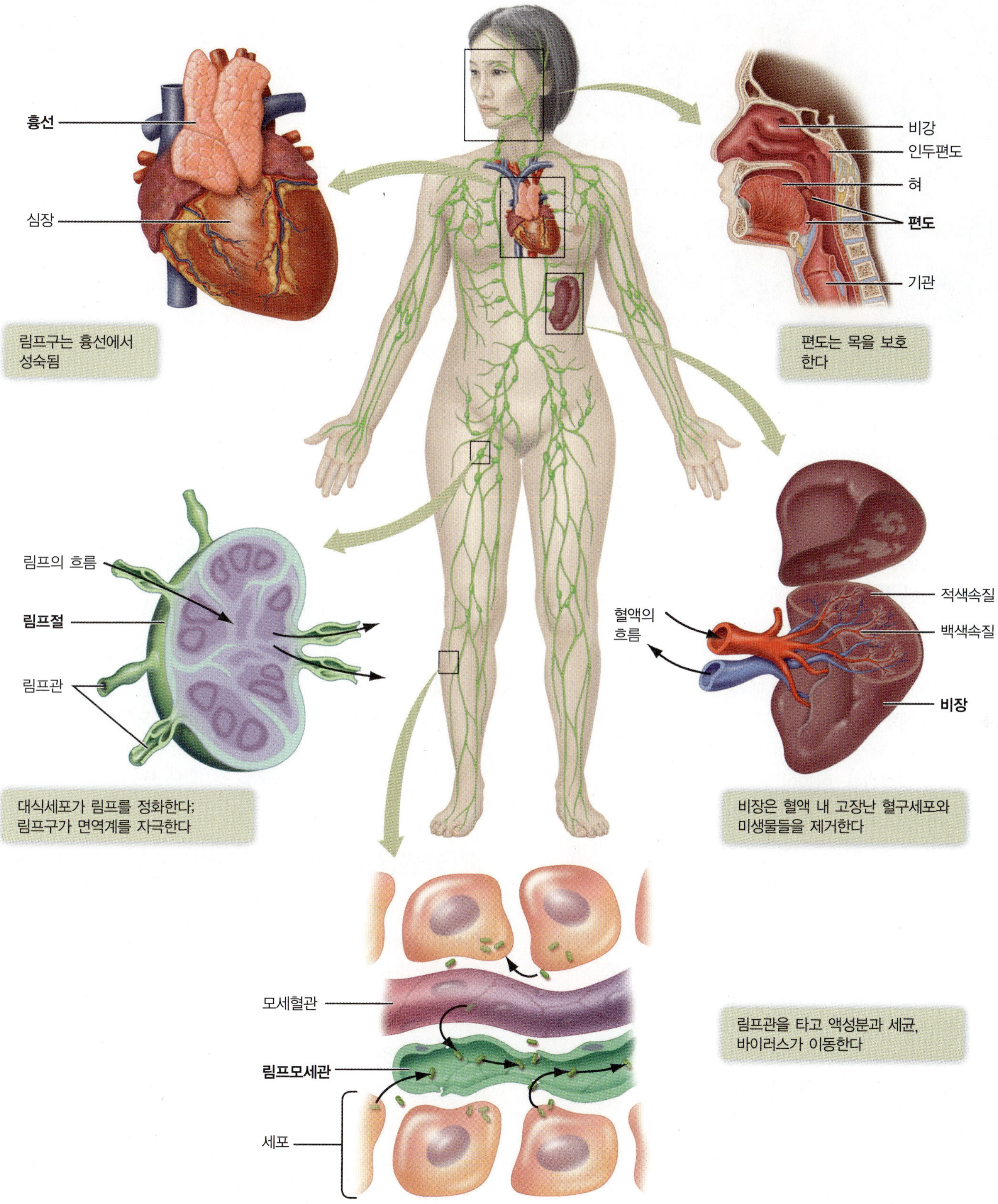

그림 9.3 **림프계.** 림프계는 몸 전체의 각 조직과 림프절, 흉선, 편도, 인두편도, 비장에 퍼져 있는 림프관으로 구성되어 있다.

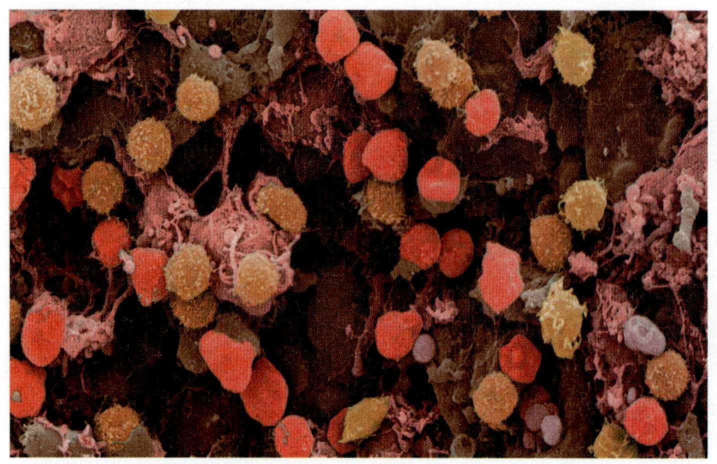

그림 9.4 **림프절.** 림프절의 단면을 보여주는 주사전자현미경 사진(채색됨, ×1000). 대식세포(분홍색)와 림프구(노란색)가 파괴된 세포나 침입한 세균을 공격하기 위해 기다리고 있다. 적혈구(붉은색)도 볼 수 있다.

비장은 크게 두 가지 기능을 한다. 오래되거나 손상된 적혈구를 제거하여 혈액 내 적혈구의 품질을 유지시키고, 한편으로는 감염에 대항하여 작용한다. 즉, **적색속질(red pulp)**에는 대식세포가 분포하여 오래되거나 손상된 적혈구나 혈소판뿐 아니라 미생물들도 제거하고 파괴하는 역할을 한다. 이렇게 정화된 혈액은 적색속질에 저장된다. 이렇게 저장된 혈액은 나중에 혈액이 손실되거나 혈압이 떨어지거나 잉여의 산소공급이 필요한 때에 언제나 꺼내 쓸 수 있다. **백색속질(white pulp)**에는 주로 림프구가 존재한다. 비장과 일반 림프절의 차이는 어떤 액성분을 정화하느냐이다. 비장은 혈액을, 림프절은 림프액을 정화한다. 이들이 함께 작용하여 우리 체액에 죽은 세포나 미생물들이 없는 상태를 유지한다.

결핵, 백혈병 등 몇몇 질환은 비장을 비대하게 만든다. 비장이 커지면 배 위쪽에 불록하게 만져지는 경우가 있고, 배를 강하게 가격하면 비장이 터져 심각한 내출혈을 일으킬 수 있다. 이 경우 치명적인 내출혈을 막기 위해 비장을 제거해야 할지도 모른다. 우리는 비장이 없이도 생존이 가능하다. 왜냐하면 비장의 기능은 림프샘이나 간, 골수에 의해서도 수행되기 때문이다. 하지만 이렇게 비장이 제거된 사람들은 종종 감염에 취약한 것으로 알려져 있다.

흉선은 T세포가 성숙하도록 만든다

흉선(가슴샘, thymus gland)은 목 아래쪽 가슴뼈 뒤에 심장의 바로 앞쪽에 위치한다. 결합조직으로 둘러싸인 안쪽에는 림프구와 상피세포들이 존재한다. 흉선에서는 티모신(thymosin)과 티모포이에틴(thymopoietin), 두 가지 호르몬이 분비된다. 이들은 **T림프구(T세포, T lymphocyte)**가 성숙되고 특정 방어반응에 중요한 역할을 수행하도록 도와준다.

흉선의 크기와 활동 수준은 나이에 따라 다르다. 어릴 때 가장 크고 활동적이며, 사춘기에 이르러 성장을 멈추고 줄어들기 시작한다. 이때쯤이면 몸의 방어 기작은 잘 작동하고 있다. 나이가 들면서 경우에 따라서는 흉선이 완전히 사라지기도 하여 섬유질이나 지방조직으로 전환되기도 한다.

편도는 목을 보호한다

편도(tonsil)는 목구멍이 시작되는 입구 가까운 곳에 있다. 편도에 있는 림프구들은 음식물이나 공기를 통해 목으로 침투한 병원균들을 걸러낸다.

우리 몸에는, 눈에는 잘 띄지 않지만 사실 몇 개의 편도가 있다. 가장 눈에 잘 띄는 것이 목 뒤쪽에 보이는 것으로 가장 감염이 잘 일어나는 곳이기도 하다. 이 부분에 염증반응이 일어나면 편도염이 된다. 감염이 심한 경우에는 편도를 절제할 수도 있다.

인두편도(adenoid)라 부르는 림프절은 비강 뒤에 위치한다. 인두편도는 어릴 때 확대되어 있다가 5살 이후에 차츰 줄어들어 사춘기를 전후하여 없어지는 것으로 알려져 있다. 경우에 따라서는 줄어들지 않고 남아 있어 코에서 목으로 연결되는 공기의 흐름을 방해하기도 한다. 이 경우 입으로 숨을 쉬게 되고 코를 골거나 비음을 내게 된다. 건강상 문제가 될 정도면 편도와 마찬가지로 인두편도도 외과적 수술로 제거할 수 있다.

요점 정리

비장은 혈액에 있는 손상된 적혈구나 외래성 세포들을 제거한다. 흉선은 T세포가 성숙하는 것을 돕는 호르몬들을 분비한다. 편도에 모인 세포들은 목을 통해 들어온 미생물을 제거한다. ■

9.3 병원균을 차단: 제 1 방어선

우리 몸은 병원균이 몸에 들어오지 못하도록 하는 몇 가지 방법들을 가지고 있다. 병원균을 중화시킬 수도 있고 성장을 억제할 수도 있으며 몸에 침투하였을 때 밖으로 추출할 수도 있다. 여기 몇 가지 사례를 소개한다.

피부: 효과적인 억제수단

어떤 병원균이 우리 몸으로 들어오는 것을 막아주는 가장 중요한 방어벽은 피부이다. 피부가 효과적인 방어벽 역할을 하는데 기여하는 특징으로: (1) 구조, (2) 계속 대체된다는 점, (3) 산성을 띤다는 점, (4) 땀샘에서 항생물질을 만들어 낸다는 점을 들 수 있다.

이미 4단원에서 밝힌 바와 같이, 피부의 가장 바깥층은 죽어서 건조된 상피세포로 되어 있다. 이 세포들은 케라틴이라는 섬유성 단백질을 함유하며, 손톱이나 머리카락에서도 발견된다. 일단 세포가 죽고 증발에 의해 물기를 잃으면 케라틴은 미생물들의 침투를 막는 건조하고 질기며, 한편으로는 탄력있는 방어벽을 형성한다. 두 번째 피부의 특징은 평생 동안 계속 새로이 대체된다는 점이다. 표면에서 떨어져나간 죽은 세포들을 대체하여 표피층 바닥에서 새로운 세포들이 들어오기 때문에, 표면에 침투한 병원균은 죽은 세포들과 함께 떨어져 나가게 되어 있다. 셋째로 피부는 pH 5~6 정도의 산성을 띠고 있는데, 이는 기본적으로 땀 때문이다. 이 약산성은 많은 미생물들에게 좋지 않은 환경이 된다. 마지막으로 넷째 특징은 땀샘은 자연 항생물질인 더미시딘(dermicidin)을 만들어 유해한 균의 일부를 죽이기도 한다.

피부가 얼마나 효과적인 방어벽인지 알 수 있는 또 한 가지 예로, 여러분 피부에 작은 상처나 긁힌 자국이 나보면 알 수 있다. 만약 상처가 피부 밑 촉촉한 부분까지 생겼다면 아마도 수 일 이내에 감염되었다는 표시가 나타날 것이다. 또한 중증 화상 환자들의 가장 큰 문제는 감염되는 것인데 이는 피부조직의 보호 기능이 잘 작동하지 못하기 때문이다.

피부 외의 다른 지역에서의 병원균 침투억제 반응

대부분의 병원균은 우리 몸에 피부가 없는 지역을 통해 들어온다. 즉, 소화계, 비뇨계, 호흡계, 생식계의 표면의 점액질을 통해 들어온다. 이곳은 언제나 축축하고 안쪽 세포들에 직접 닿을 수 있다는 장점이 있다. 미생물은 또한 눈 주위나 귀를 통해 들어올 수도 있다. 하지만 이런 곳에도 병원균을 퇴치하는 기작이 있다. 눈물이나 침, 귀지, 위산, 질내산(vaginal acid), 그리고 점액질 등이 막아준다. 심지어는 평상시 몸 안이나 밖에 상주하는 비감염성 균들과의 경쟁에 의해 보호되기도 한다.

눈물, 침, 그리고 귀지 우리는 눈물이 방어 기작이라고 생각하지 않을 수도 있지만, 눈을 윤활하게 하고 먼지를 씻어내기도 하여 훌륭한 방어 역할을 한다. 눈물과 침에는 여러 세균을 죽일 수 있는 효소인 **리소자임(lysozyme)**이 포함되어 있다. 침에는 윤활성분이 있어 입 안쪽에 부드러운 표면이 손상되지 않도록 보호하며, 마르거나 갈라지지 않도록 한다. 그리고 입안의 미생물들을 씻어 위로 보내주기도 한다. 귀지는 작은 알갱이들이나 미생물들을 잡아두는 효과가 있다.

점액질 소화관 안이나 호흡계의 기도 안쪽 등 각종 표면에 위치한 세포들은 끈적거리고, 겔과 같은 성분을 분비하는데 이를 점액질이라 부른다. 미생물들은 점액질에 붙으면 박혀서 그 밑의 세포와 만날 수가 없어진다. 더구나 기도의 상피세포들은 섬모라 부르는 작은 털들을 지속적으로 움직여 점액질을 계속 목 쪽으로 쓸어 올린다. 목 부위에 이르러 기침을 하거나 삼켜서 점액질을 제거하는 것이다. 때로는 재채기를 해서 제거하면 다른 이들에게 옮기기도 한다(그림 9.5).

그림 9.5 **재채기는 점액과 미생물을 몸 밖으로 내보낸다.** 재채기는 호흡기 질환을 다른 사람에게 옮기기도 한다.

위산, 질내산 위산은 위를 통해 장내로 들어온 모든 병원균들을 죽일 수 있을 정도로 강력하다. 헬리코박터(*Helicobacter pylori*), 한 종류만이 위 안의 강한 산성 환경에 적응하여 번식할 수 있다. 헬리코박터는 위궤양의 원인으로도 알려져 있다(14단원 참조).

여성의 질 안에서는 위산에 비할 바는 안 되지만 약한 산이 분비된다.

구토, 소변, 대변 구토는 분명 역겨운 것이지만 위 안에 독성분이나 감염된 내용물을 제거하는 데는 효과적이다.

일반적으로 비뇨기에는 상주하고 있는 미생물이 없다. 오줌은 약간 산성을 띠고 있고 지속적으로 흘러 나가기 때문에 세균 수를 낮게 유지할 수 있다.

오줌의 pH는 음식에 따라 꽤 낮은 산성에서 약한 염기성까지 변할 수 있다. 어떤 의사들은 방광이나 요도에 염증이 있는 환자에게 크랜베리(덩굴월귤, cranberry) 주스를 마시도록 권하는 경우가 있다. 크랜베리는 산성이고 따라서 오줌의 산도가 강해져 미생물의 성장을 막을 수 있고, 오줌이 많이 생성되어 씻어내는 효과도 있기 때문이다.

대변을 통해 장내 세균을 조절할 수도 있다. 병에 걸리면 장의 운동이 심해지고 장에서의 분비가 증가한다. 그 결과 설사(diarrhea)를 하게 되면 변이 묽어지고, 자주 변을 보고, 양도 많아지게 되는데, 괴롭긴 하지만 심하지 않은 경우라면 몸속 병원균을 빠르게 제거하는 효과적인 기작이다.

상주 세균 여성의 질이나 장내 점액질에 살고 있는 세균 중에는 이로운 것들이 있다. 그들은 다른 균들과 먹이 경쟁을 벌여 상대적으로 더 해로운 균들이 잘 자라지 못하도록 제어한다. 또한 우리 몸이 병원균에 덜 감염되도록 하기도 하는데, 예컨대 유산균

(*Lactobacillus*)은 질내 산도를 더 떨어뜨리는 물질을 합성하여 다른 진균류나 병원균들이 살기 어렵게 만든다.

어떤 이들은 모든 음식물들이 위를 통해 장으로 들어오는데 어떻게 유익한 균이 살아남겠느냐고 묻는 경우가 있다. 하지만 음식물 자체가 희석하고 중화시키는 기능을 갖기 때문에 세균 중 일부는 살아남기 마련이다.

요점 정리

여러 가지 기작에 의해 병원균에게 혹독한 환경이 주어진다. 피부는 울타리 역할을 하고, 눈물, 침, 귀지, 점액질은 그들을 붙잡아 놓거나 씻어 내보내는 역할을 한다. 산성 환경은 균들을 죽이거나 자라지 못하도록 만든다. 소변, 대변, 구토 등은 병원균을 축출하는 것이고, 상주하는 다른 세균들은 병원균과 먹이 경쟁을 한다. ■

9.4 비선택적 방어: 제 2 방어선

만약 병원균이 우리 몸의 물리적, 화학적 방어벽을 깨고 들어와 세포를 죽이고 손상을 주기 시작한다면, 이젠 다른 문제에 직면하게 되는 셈이다. 즉, 병원균을 능동적으로 찾아내어 제거해야 할 뿐 아니라 손상된 지역을 깨끗이 정리하고 다시 원상 복구를 시켜야 한다.

우리 몸의 제 2 방어선은 다양한 방어 기작을 보유하고 있다. 이들을 특정한 병원균을 표적으로 삼지 않기 때문에 "비선택적"이라고 부른다. 대신 우리 몸에 위협이 될 수 있는 것들에 대해 무차별적으로 반응한다. 표 9.1에는 비선택적 면역반응을 정리해 놓았다. 여기에는 식세포, 자연살해세포, 염증반응, 보체계, 인터페론, 그리고 발열 등이 포함된다.

식세포가 침입세포를 잡아먹는다

7단원에서 언급했듯이, 식세포(phagocyte)는 침입세포들을 **식세포작용(phagocytosis)**을 통해 파괴하는 백혈구를 말한다. 그림 9.6에서 보는 바와 같이 세포질 돌기를 내어 세균을 세포 안으로 집어넣어(내포작용), 막으로 둘러싸인 소낭의 형태로 만든다. 이 소낭은 세포 내에서 리소좀과 융합하여, 리소좀의 강력한 분해효소들에 의해 소낭 안에 있는 세균이 파괴된다. 소화가 끝나면 세균의 잔유물 들은 외포작용(exocytosis)을 통해 세포 밖으로 배출된다.

7단원에서 설명했던 바와 같이 백혈구 중 일부는 감염 부위의 손상된 세포들이 방출하는 물질에 유도되어 혈관벽을 뚫고 나갈 수 있다. 다른 식세포들은 림프절, 비장, 간, 폐, 뇌 등의 결합조직에 위치한다.

호중구(neutrophil)는 감염에 최초로 반응하는 세포로 혈액이나 체액에 있는 세균이나 균류들을 먹어서 제거한다. 단핵구라고 알려진 백혈구는 혈관을 빠져나가 **대식세포(macrophage:** 그리스어로 "대식가"라는 뜻)로 분화한다. 이 세포는 많은 양의 바이러스와 세균 등 침입 세포들을 먹어치운다.

침입자가 너무 커서 식세포작용으로 소화할 수 없는 경우에는 **호산구(eosinophil)**가 작용한다. 호산구는 편충이나 요충과 같은 기생충에 직접 분해효소를 살포한다. 호산구는 외부에서 들어온 단백질을 먹어치우기도 한다.

우리 몸이 감염과 싸우는 동안에는 백혈구의 치사율이 크게 증가한다. 체액과 죽은 백혈구, 미생물, 세포찌꺼기 등이 모여 고름을 만든다. 이 고름이 제때 제거되지 못하고 결합조직 사이에 고이면 종기가 된다. 흔히 종기가 생기는 부위로 가슴(유선염), 잇몸(치주염), 더 드물게는 간이나 뇌에도 생긴다. 대부분의 종기는 고름이 빠지면서 가라앉지만 그렇지 않을 경우에는 항생제나 외과적 수술을 필요로 한다.

요점 정리

비선택적 면역반응은 모든 침입자와 손상된 세포들을 공격한다. 호중구와 대식세포는 세균과 손상된 세포들을 잡아먹고, 호산구는 (잡아먹기에는 너무) 큰 침입자에게 소화효소를 살포한다. ■

표 9.1 제 2 방어선: 비선택적 방어

방어	기능
식세포	호중구와 대식세포가 침입균을 잡아먹는다. 호산구는 큰 기생성 생물에 소화효소를 터뜨리고 외래 단백질들을 소화하기도 한다.
자연살해세포	암세포나 바이러스에 감염된 세포의 막을 파괴하는 화학물질을 방출한다.
염증반응	네 가지 반응: 충혈, 발열, 붓기, 통증. 식세포들을 유인하고 상처치유를 촉진한다.
보체계	방어와 관련된 일군의 단백질들. 염증반응과 식세포작용을 촉진하여 감염균을 죽인다.
인터페론	바이러스 증식을 방해하는 단백질의 합성을 촉진한다.
발열	약한 열은 감염균이 살기 어려운 환경을 만들고, 감염과 싸우는 능력을 강화시킨다.

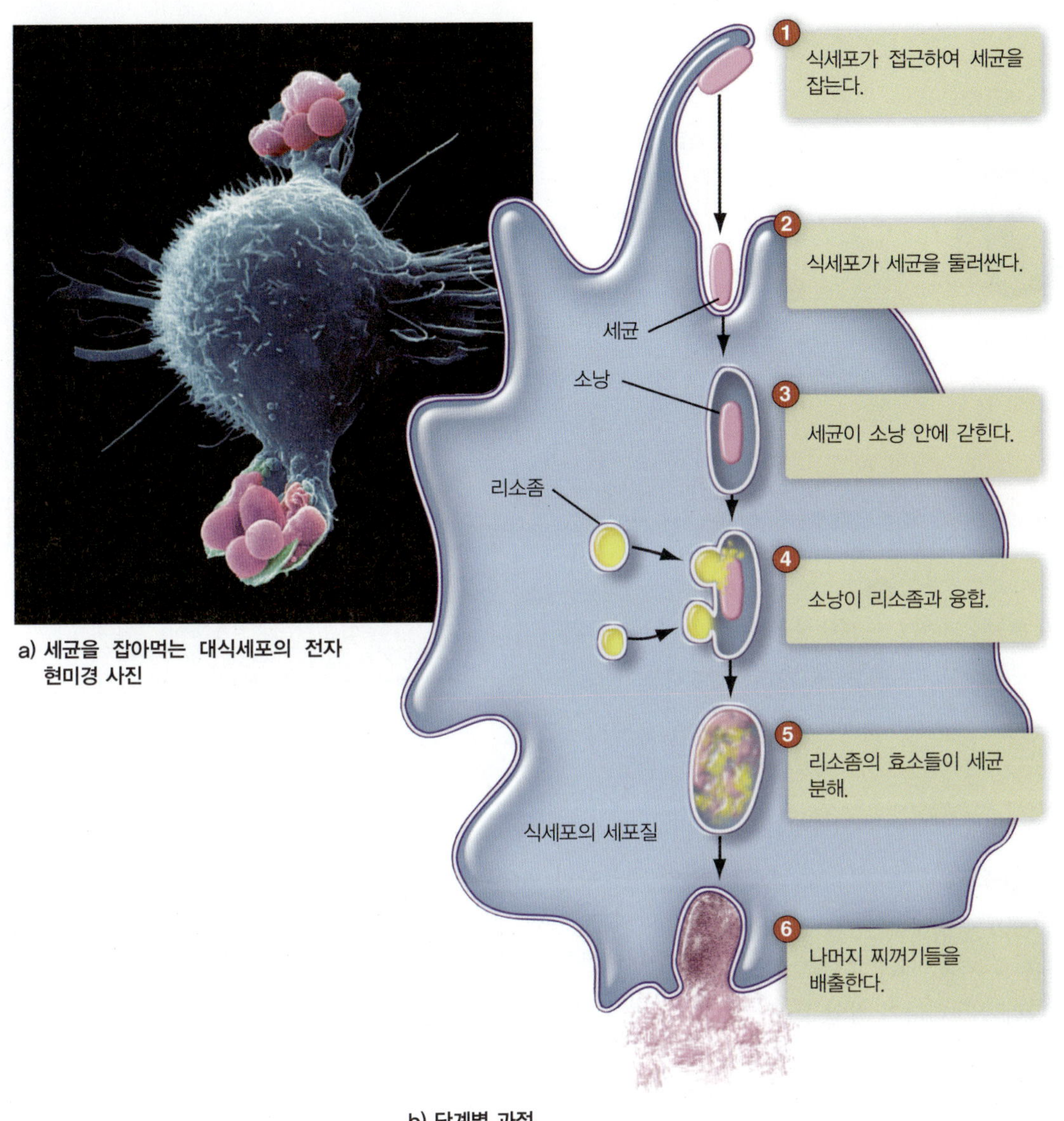

a) 세균을 잡아먹는 대식세포의 전자 현미경 사진

b) 단계별 과정

그림 9.6 식세포작용.

염증반응: 충혈, 발열, 붓기 그리고 통증

어떤 이유–감염, 화상, 화학물질에 의한 손상, 물리적 손상–에서건 조직이 상하면 **염증반응(inflammation,** inflammatory response)을 일으킨다. 염증반응은 언제나 충혈이 되고, 열이 나며, 붓고, 통증을 느끼는 네 가지 현상이 수반된다. 비록 그다지 좋은 것으로 들리지는 않지만 이 반응들이 더 이상 손상이 퍼지는 것을 억제한다.

염증반응은 조직이 손상을 입으면 일어나는데(그림 9.7), 손상된 세포들로부터 경고성 화학물질들이 방출되면 시작된다. 이 화학물질들이 결합조직에서 **히스타민(histamine)**을 분비하도록 특화된 **비만세포(mast cell)**를 자극한다. 히스타민은 인접한 지역의 혈관을 확장시킨다. **호염구(basophil)**도 히스타민을 분비한다.

백혈구는 일반적으로 혈관벽을 통과하지 못한다. 히스타민이 혈관을 확장하면 혈관벽 내피세포들 사이의 간격이 다소 넓어지고 결국 혈관의 투과성이 높아진다. 이것이 식세포들이 혈관을 비집고 나오는데 도움을 주며, 그곳에서 침입 세균과 손상된 세포들을 공격한다. 병원균을 제거한 후 식세포들 중 일부는 림프계로 이동하여 뒤에 설명할 일련의 방어 기작을 유도한다.

혈관확장은 혈액이 많이 모이도록 하여 상처 부위를 벌겋고 열이 높아지도록 만든다. 온도가 올라가면 식세포가 더욱 활발하게 활동한다. 모세혈관의 투과도가 높아지면 액성분이 조직으로 많이 빠져나와 붓게 된다. 액성분의 누출은 병원균이나 독성분을 희석하는 효과가 있고, 응고단백질인 피브린을 공급하여 상처난 부위를 다른 건강한 지역과 차단하게 된다. 이에 더해, 더 많은 양의 산소와 영양분을 공급하여 상처가 치유되는 것을 돕고, 죽은 세포나 미생물들을 그 지역에서 씻어내는 효과가 있다.

조직이 부으면 근처의 신경말단을 압박하게 된다. 이렇게 붓는 것과 염증반응 화학물질들이 갖는 민감화 작용에 의해 통증을 느끼게 된다. 이런 통증마저도 긍정적인 효과가 있다. 즉, 통증이 환자의 왕성한 활동을 제한하고 쉬도록 만들기 때문에 치유되는 것을 돕는다.

자연살해세포는 암세포와 바이러스에 감염된 세포들을 공격한다

자연살해세포(natural killer cell: NK cell)는 종양세포와 바이러스에 감염된 세포들을 파괴한다. NK세포들은 종양세포나 바이러스에 감염된 세포의 막표면에서 일어는 변화를 감지하는 능력이 있다. "자연살해세포"라고 부른 이유는 이들이 뒤에 설명할 다른 종류의 살해세포와는 달리 비특이적으로 작용하기 때문이다.

자연살해세포는 식세포는 아니다. 대신 표적세포의 막을 파괴하는 물질을 내놓는다. 곧이어 표적세포의 막에 구멍이 뚫리고 핵이 분해된다. 자연살해세포들도 염증반응을 촉진하는 물질들을 분비한다.

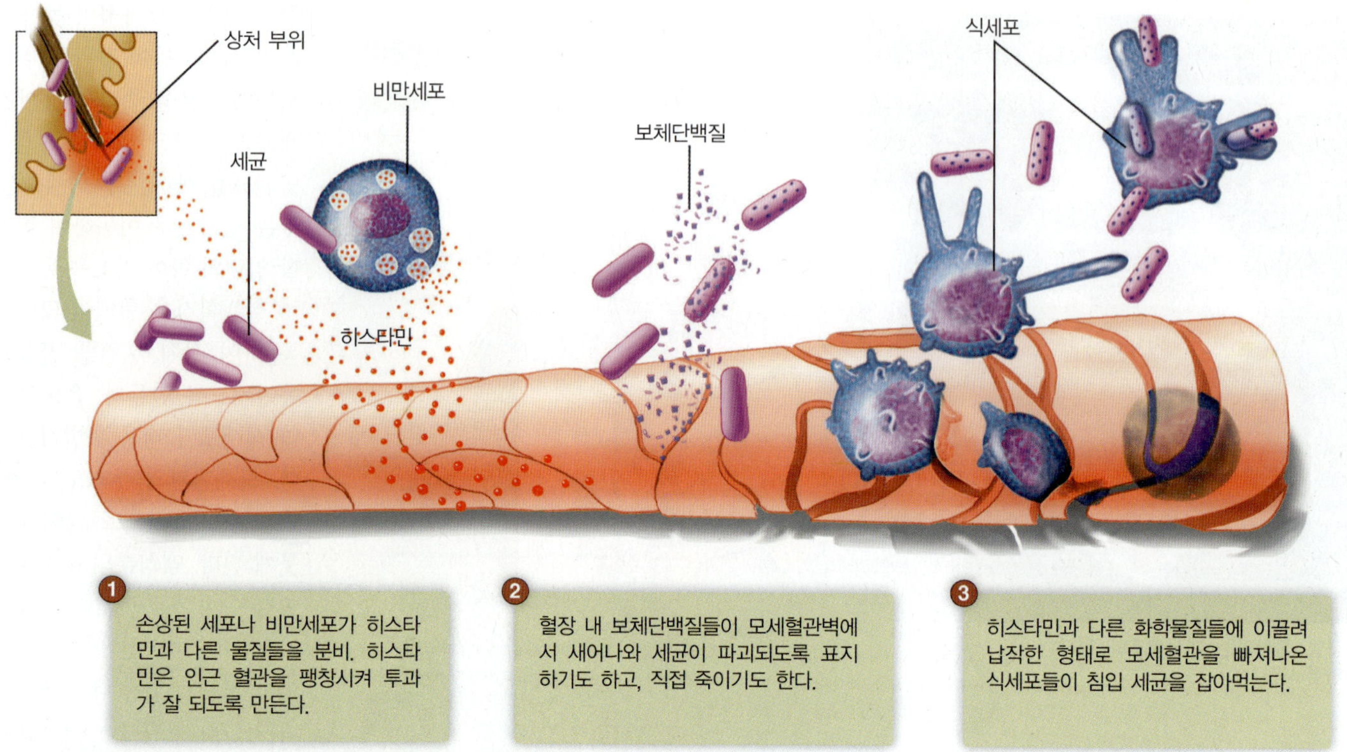

그림 9.7 **염증반응.**

보체계는 다른 방어 기작을 도와준다

보체계(complement system, complement)는 적어도 20가지 혈장단백질로 구성되며 다른 방어 기작들을 보충해주거나 도와준다. 평상시에는 비활성화된 상태로 혈액을 따라 이동하다가 감염 등에 의해 활성화되면 강력한 방어력을 발휘한다. 일단 활성화되면 다른 단백질들을 활성화시켜 연쇄반응을 일으킨다. 각 단백질들은 여러 개의 다른 단백질을 활성화시킬 수 있기 때문에 강력한 "도미노효과"를 보여준다.

활성화된 보체 단백질 중 일부는 합체하여 세균의 세포벽에 큰 구멍을 낸다. 이 구멍을 통해 액성분과 염류들이 빠져나오기 때문에 결국 세균은 죽게 된다(그림 9.8). 다른 보체 단백질들은 세균의 세포막에 결합하여 식세포작용으로 제거되도록 유도하기도 한다. 다른 일부는 비만세포를 자극하여 히스타민 분비를 촉진하고, 다른 식세포를 감염 부위로 유인하는 주화성 유인물 역할을 하기도 한다.

인터페론은 바이러스의 증식을 방해한다

재미있는 방어 기작 중 하나는 감염 초기 바이러스에 감염된 세포와 아직 건강한 세포간의 조기경보 체계이다. 앞에서도 언급했듯이 바이러스는 스스로 증식하지 못한다. 즉, 체세포를 공격해서 그 세포의 기구를 사용하여 새로운 바이러스를 만든다.

하지만 바이러스의 공격을 받은 세포는 **인터페론(interferone)**이라는 단백질을 분비한다. 인터페론은 인근 세포로 확산되어 세포막에 결합하면 바이러스 단백질 합성을 방해하는 단백질 생성을 유도하여 바이러스에 잘 감염되지 않도록 만든다.

인터페론은 이제 제약회사의 실험실에서 만들어진다. 이 중 적어도 알파-인터페론(alpha interferm)은 음부에 난 혹이나, B형 간염 등 바이러스성 질환들과 특정 백혈병에 대해 치료효과가 있는 것으로 보인다.

발열에 의해 체온이 오른다

제 2 방어선의 마지막 수단은 비정상적으로 높은 체온을 유지하는 **발열(fever)**현상이다. 우리 몸은 약 37°C를 기준으로, 36~37.2°C 범위의 체온을 유지한다. 대식세포가 우리 몸이 세균이나 바이러스 혹은 다른 외부물질에 감염된 것을 감지하면 피로겐(pyrogen)이라는 뇌의 온도 기준점을 높이는 물질을 분비한다.

체온이 오르는 것은 문제라도 되는 것처럼 생각되어 체온이 올라가는 것을 막아야 한다고 알려져 있다. 하지만 체온이 조금 오르는 것은 우리 몸을 세균이 살기에 좋지 않은 환경으로 만들고 방어 기작을 활성화시키기 때문에 유익하다고 할 수 있다. 발열은 대사속도를 증가시켜 방어 기작뿐 아니라 회복하는 과정도 활성화시킨다. 감염원이 사라지면 다시 대식세포의 피로겐 분비도 감소하고 체온조절 기준점도 정상으로 돌아오게 된다.

하지만 고열은 위험할 수 있다. 2단원에서 설명했듯이 단백질의 구조를 만드는 화학결합들은 상대적으로 약하다. 따라서 체온이 올

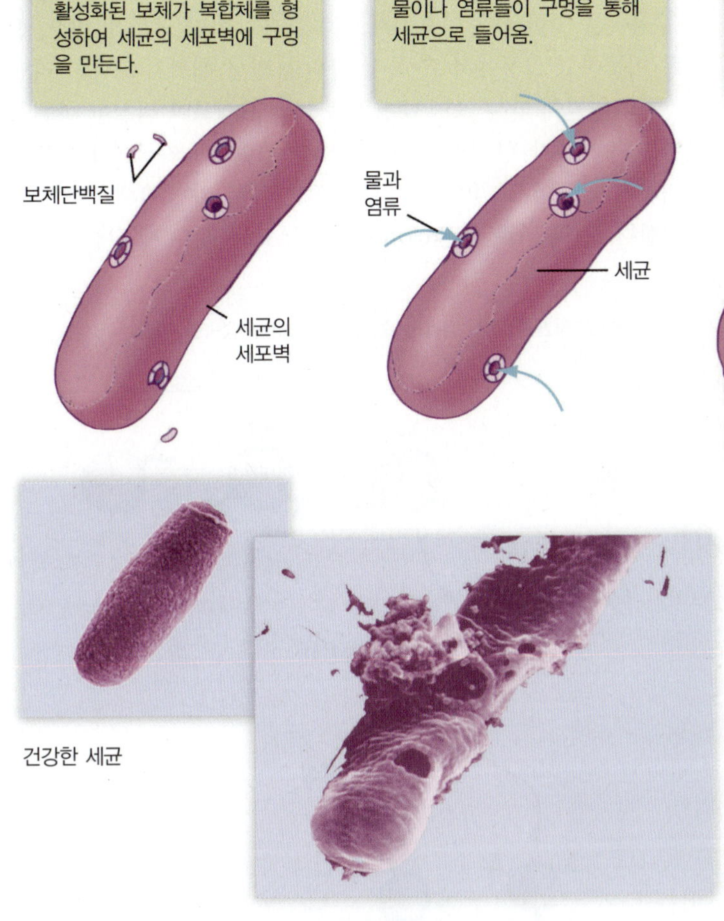

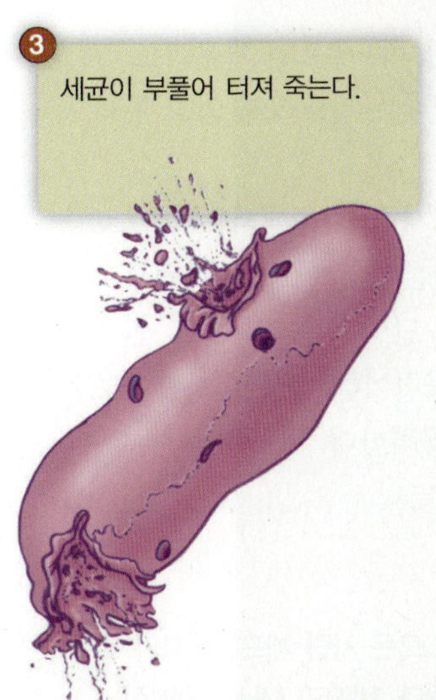

그림 9.8 활성화된 보체는 어떻게 세균을 죽이나?

라가면 단백질의 구조(즉, 기능)가 영향을 받게 된다. 어린이나 노인들의 경우에는 항상 체온을 측정하는 것이 필요하다. 전문가들은 발열이 2일 이상 지속되거나 37.8°C 이상으로 올라가면 의사를 찾아가도록 권하고 있다.

요점 정리

염증반응은 식세포를 유도하고 상처 치유를 촉진한다. 자연살해세포는 암세포나 바이러스에 감염된 세포를 분해하는 화학물질을 분비한다. 보체계는 방어 기작을 돕는다. 인터페론은 바이러스의 증식을 억제하고 적당한 발열은 감염에 대항하는 능력을 높인다. ■

9.5 선택적 방어 기작: 제 3 방어선

외부에서 침투한 세포가 물리적, 화학적 장벽을 뚫고, 비선택적 면역반응을 극복했다 하더라도 가장 정교하다고 할 수 있는 제 3 방어선과 상대해야 한다. 이 면역계(immune system)는 세포, 단백질, 림프계 등이 어우러져 특정 병원균이나 이상이 생긴 체세포를 찾아내고 제거한다. 이 면역계의 활성을 **면역반응(immune response)**이라 부르며, 특정한 공격 목표를 갖기 때문에 선택적 방어 기작(specitic defense mechanism)이라고 한다.

이 면역반응은 다음 3가지 특징을 가지고 있다.

- 이것은 특정 병원균이나 이물질을 인식하고 공격한다.
- "기억"장치가 있어 과거에 노출되었던 것에 대한 정보를 가지고 있어서 같은 병원균이 다시 침입했을 때 더 빨리 반응할 수 있다.
- 몸 전체를 방어한다; 몸의 특정 지역에 국한된 것이 아니다.

선택적 방어의 핵심은 자신과 침입자를 구별하는 것이다. 우리 몸의 세포 중에서도 건강한 세포와 비정상 세포(암세포 등), 죽은 세포, 죽어가는 세포를 구별할 줄 알아야 한다.

면역계는 항원을 표적으로 삼는다

항원(antigen)은 면역계를 자극하고 반응을 일으키는 모든 물질을 말한다. 대개 항원은 단백질이나 다당류와 같은 고분자이다. 열쇠가 그렇듯 항원은 독특한 모양을 가지고 있고 세균이나 바이러스들도 각자 특이한 구조를 가지고 있다. 면역계는 이 독특한 구조의 항원에 대한 항체(antibody)를 만들어 항원(혹은 항원을 가진 세포)을 무력화시킨다.

모든 항원은 세포나 바이러스의 표면에만 노출되어 있다. 일단 사람의 세포 안으로 들어가면 바이러스든지 바이러스 DNA/RNA든지 면역계는 감지할 수가 없게 된다.

사람 세포도 적절한 환경에서 항원이 될 수 있는 표면단백질을 가지고 있다. 각자의 세포들은 자신의 면역계가 알 수 있도록 특수한 조합의 단백질 세트를 표면에 가지고 있다. 자신임을 알리는 단백질이 **주조직적합성단백질(major histocompatibility complex [MHC] protein)**이다. 당신의 MHC 단백질은 당신 고유의 유전자 세트에 의해 독특한 조합을 갖는다. 일반적으로 각자의 면역계가 자신의 세포를 통과시키는 신호가 된다. 즉, 세포의 지문과도 같은 암호로 작용하여, 이 암호를 읽은 면역계는 건드리지 않고 통과시킨다.

하지만 당신의 MHC 단백질이 다른 사람의 몸에서는 남으로 인식된다. 즉, 당신의 MHC 단백질이 다른 사람에게는 항원으로 인식된다. 비정상 세포나 암세포의 MHC 단백질은 "자기"로 인식되질 않는다. 면역계는 병원균이든 외래물질이든 손상된 사람세포든 상관없이 모든 항원을 표적으로 삼아 공격한다.

요점 정리

항원은 면역반응을 일으키는 물질을 말한다. 모든 사람 세포는 "자기"임을 알리는 MHC 단백질 표식을 가지고 있다. 비자기 MHC 단백질은 항원으로 작용하여 면역계를 활성화시킨다. ■

림프구는 선택적 면역반응의 중심이다

림프구는 우리 몸의 선택적 면역반응에 결정적인 역할을 한다. 7단원에서 언급하였듯이(그림 7.5 참조), 림프구는 골수에서 유래된 백혈구의 일종이다. 핵이 거의 모든 세포를 차지한 듯한 상당히 작은 세포이다. 전체 순환 중인 백혈구의 30% 정도를 차지하며, 혈액은 물론 편도, 비장, 림프절, 그리고 흉선에서 발견된다.

림프구에는 2가지 종류가 있다: B림프구, T림프구 혹은 **B세포(B cell)**, **T세포(T cell)**라 부른다(이 이름들은 이들이 각각 완성되는 곳, 즉 골수[bone marrow]와 흉선[thymus gland]의 맨 앞 철자를 따서 붙인 이름이다). 두 종류 모두 항원을 가진 세포를 인식하고 공격할 수 있지만 그 방법에는 차이가 있다.

B세포는 **항체성 면역(antibody-mediated immunity)**에 관여하는 세포이다. B세포가 특정 항원에 결합하여 무력화시키는 단백질, 즉 **항체**를 만든다. 이들은 림프액, 혈액, 체액 등을 통해 온 몸을 돌아다니며 항체를 방출한다. 항체성 면역반응은 바이러스, 세균, 혈액이나 림프액에 잘 녹는 외래성 분자 등에 가장 효과적이다.

T세포는 **세포성 면역(cell-mediated immunity)**에 관여한다. 몇 종류의 T세포가 관여하는데, 일부 T세포는 항체를 만드는 것이 아니라 항원을 가진 침입세포를 직접 공격한다. 또 다른 종류의 T세포는 면역반응의 다른 부분들, 예컨대, B세포, T세포, 대식세포의 활성을 조절하는 단백질을 합성한다. 세포성 면역반응은 기생충, 세균, 바이러스, 균류, 암세포, 자신으로 인식되지 않는 모든 세포들(이식된 조직의 세포, 9.8 소단원의 '조직 거부: 의학적 도전' 참조)을 공격한다. T 세포는 암화되거나 바이러스를 방출할 가능성이 있는 세포들도 찾아내어 죽이는 능력이 있다.

B세포: 항체성 면역

성인에서, B세포는 골수에서 성숙된다. 이들이 성숙되면 세포막 표면에 특정 항원을 인식할 수 있는 (항체와 비슷한 구소의) 독특한 수용체를 발현한다. 이후 B세포는 혈액을 따라 림프절, 비장, 편도로 이동하고 그곳에서 그 특정 항원을 만날 때까지 조용히 지낸다. 특정 항원에 맞는 표면 수용체를 가진 B세포가 적절한 항원을 만나면 수용체가 항원과 결합한다(그림 9.9). 이 자극이 B세포를 증식하게 만들어 표면에 같은 종류의 항체를 가진 B세포를 많이 생성한다. 그 결과로 **클론(clone)**이라 부르는 같은 세포에서 나온

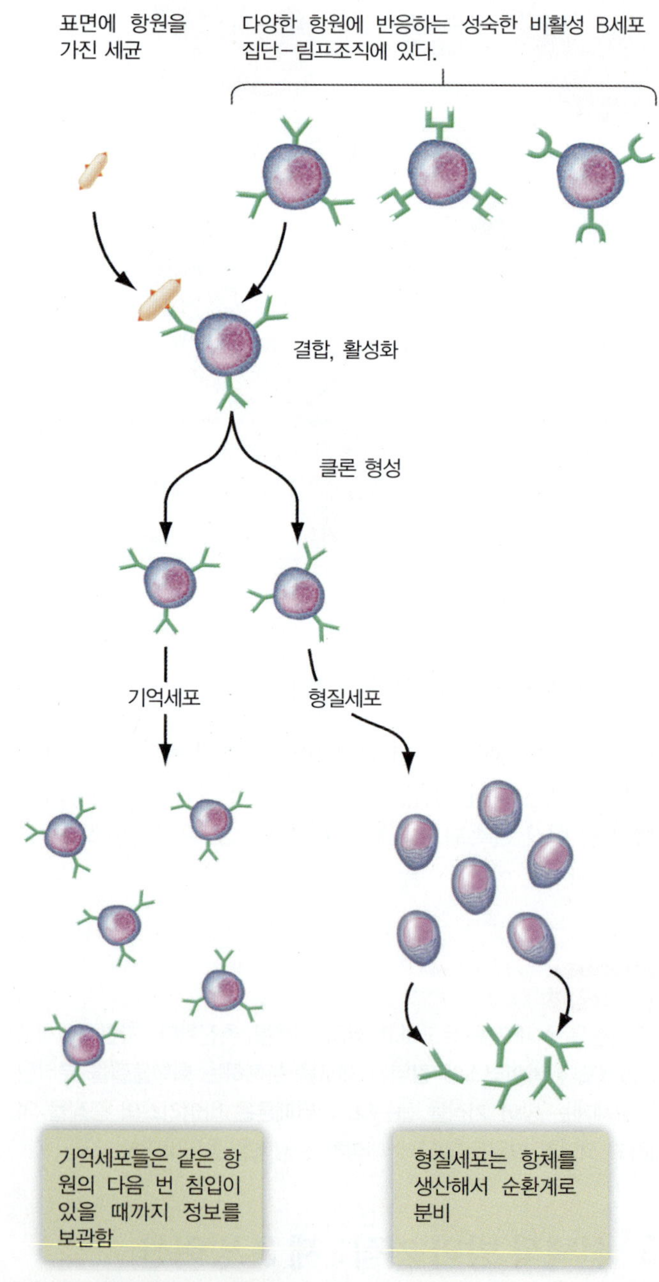

그림 9.9 B세포에 의한 항체 생산. 병원체의 표면 항원이 림프조직에 있는 성숙한 비활성 B세포의 수용체와 결합한다. B세포는 활성화되고 성장해서 커진다. B세포는 빠르게 분열을 시작하여 클론을 형성한다. 클론 중 일부는 기억세포가 되고 나머지 대부분은 형질세포가 된다. 형질세포는 림프액으로 항체를 분비하고, 기억세포는 항원에 다시 노출될 때까지 기다린다.

똑같은 세포들의 집단이 생긴다.

원래의 B세포는 림프절에 남아 있고, 클론으로 형성된 대부분의 세포들은 **형질세포(plasma cell)**라고 부르는데, 그 이유는 이 세포들이 림프액과 혈액으로 항체를 분비하기 시작하기 때문이다. 전형적인 형질세포는 1초에 2,000분자라는 엄청난 속도로 항체를 만들 수 있다. 이렇게 환상적인 속도로 항체를 만들다가 며칠 뒤에는 죽는다. 하지만 만들어진 항체는 계속 림프계와 순환계에 남게 된다.

항체가 항원을 만나면 서로 결합하여 항원-항체 복합체(antigen-antibody complex)를 만드는데, 항체는 특정 단백질이나 분자에만 결합하도록 특화되어 있어서 한 종류의 항체는 한 종류의 항원에만 결합한다(그림 9.10). 이렇게 항원-항체 복합체의 형성은 항원(혹은 항원을 보유한 세포)을 보체나 식세포가 파괴하도록 표시하는 셈이다. 어떤 항체는 병원체들을 덩어리로 만들어 사람 세포에 들어가 감염시키지 못하도록 만들어 불활성화시키기도 한다.

클론 세포들 중 일부는 **기억세포(memory cell)**로 남아 같은 항원이 다시 몸에 들어오기 전까지 오래도록 살아남는다. 기억세포는 병원체에 대한 정보를 기억하고 있어서 만약 두 번째 침입이 있다면 훨씬 빠른 속도로 형질세포가 되어 항체를 분비하기 시작한다. 기억세포가 장기면역의 핵심역할을 하는 셈이다.

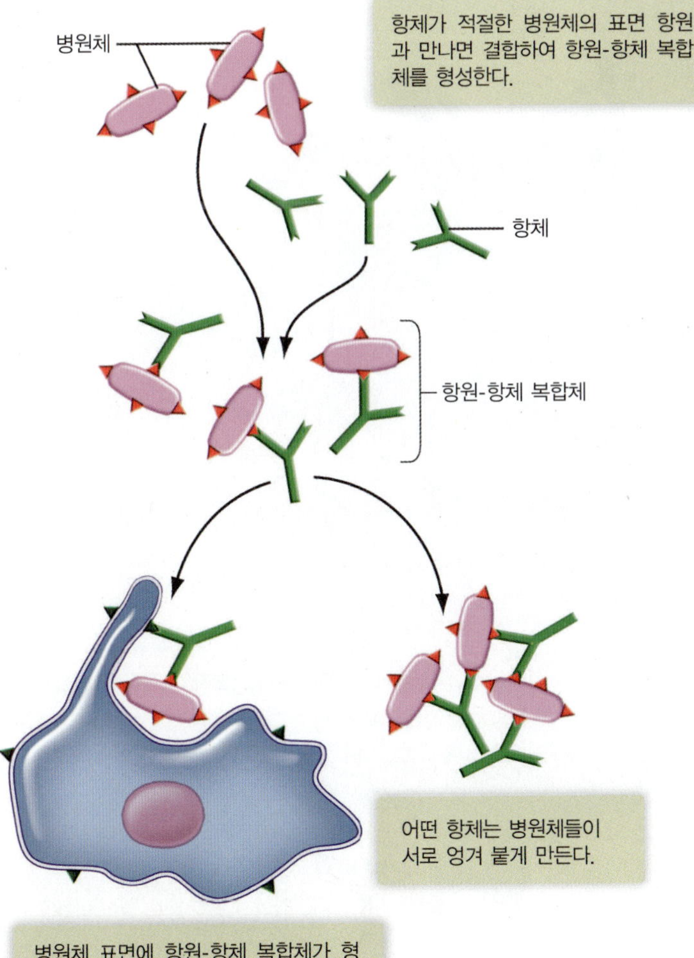

그림 9.10 항체는 어떻게 병원체를 무력화시킬까?

요점 정리

B세포라 부르는 림프구가 특정 항원에 대한 항체를 생성한다. B세포가 처음 항원에 노출되면 분열하여 동일한 항체를 만드는 B세포인 형질세포의 클론을 만든다. 이들 중 일부는 수명이 긴 기억세포로 남아 다음 번 항원의 침입이 있을 때까지 불활성 상태로 남는다. ■

다섯 종류의 항체

항체는 감마글로불린(gamma globulin)이라 부르는 혈장단백질에 속한다. 이들은 면역반응에서 중요한 역할을 담당하기 때문에 **면역글로불린(immunoglobulin: Ig)**이라고 부르기도 한다. 항체에는 IgG, IgM, IgA, IgD, 그리고 IgE의 5가지 종류가 있다. 각 종류는 크기, 위치, 그리고 기능이 다르다.

- IgG(면역글로불린 중 75% 차지). 가장 대표적인 종류. 혈액, 림프액, 장, 체액 등에서 발견된다. 수명이 긴 IgG 항체는 보체계를 활성화시키고, 독성물질을 중화시킨다. 임신 중에 태반을 통과하는 유일한 항체이며, 모체의 후천성 면역을 태아에게 전달해준다.
- IgM(5~10%). IgM 항체는 면역반응이 시작되면서 처음 분비되는 항체이다. 혈액, 림프액에서 발견되며 보체를 활성화시키고, 침입세포가 엉겨 붙도록 만든다. ABO식 혈액형의 항체가 여기에 속한다.
- IgA(15%). IgA는 소화기, 생식기, 호흡기의 점액질로 덮인 곳에 존재하여 병원균을 중화시킨다. 모유 수유 시 엄마의 젖 속에 들어 있어 아기에게 전달된다.
- IgD(1% 미만). IgD는 혈액, 림프액, B세포 등에 존재하며, 그 기능은 아마도 B세포의 활성화에 역할을 하는 것으로 생각되나 아직 확실히 밝혀지지는 않았다.
- IgE(약 0.1%). 가장 적은 면역글로불린. IgE는 B세포, 비만세포, 호염구에서 발견된다. 히스타민의 방출을 유도하여 염증반응을 촉진한다. 알레르기 반응의 문제를 일으키기도 한다. (9.9 소단원에 설명)

항체의 구조가 특정한 항원에 결합할 수 있도록 만든다

항원은 면역반응에 필요한 모든 정보를 제공한다. 기본적으로 항원은 침입한 적의 문에 붙어 있는 자물쇠에 해당한다. 면역계는 이 자물쇠에 맞는 열쇠, 즉, 항체를 만들어서 면역세포들을 적진으로 들여보내 제압하는 것이다. 어떻게 이런 일이 가능한가?

모든 항체는 IgG 항체에서 보듯이**(그림 9.11)** 기본적으로 같은 구조를 가지고 있다. 각 IgG 항체(혹은 B세포의 막 표면에 있는 경우는 수용체)는 4개의 폴리펩티드 사슬로 구성된 Y자 모양의 분자이다. 이 중 2개는 "무거운" 사슬이라 부르고, 작은 것 2개는 "가벼운" 사슬이라 부른다. 각 사슬은 가운데 몸통 부위와 가지의 일부를 구성하는 불변 영역이 있고, 항원이 결합하는 변이 영역이 있다. 변이 영역은 독특한 구조를 가지고 있어서 특정한 항원에만 결합할 수 있다.

불변 영역은 항체의 종류에 따라 다르지만 같은 종류의 항체는 같은 구조를 가지고 있다. 그림 9.10에 묘사된 IgG는 Y자 형태의 한 분자가 2개의 항원결합 부위를 갖는 것을 나타낸다. 이보다 큰 IgM 항체의 경우 5개의 Y자 분자가 결합되어 10개의 결합 부위를 가지고 있다.

요점 정리

항체(면역글로불린이라 부르기도 함)에는 크기, 모양, 기능이 서로 다른 5종류가 있다. 각 종류 내에서도 특정한 항체는 특정한 항원에만 결합한다. ■

T세포: 세포성 면역

T세포와 B세포는 근본적으로 두 가지 다른 점이 있다. 첫째, B세포는 순환하는 항체를 만든다. T세포는 다른 면역세포를 활성화시키는 물질을 방출하거나 직접 침입자를 공격하여 죽인다. 둘째, T세포 수용체는 항원 전체를 인식하는 것이 아니고 일부만을 인식한다. 그래서 T세포가 항원을 제대로 인식하려면 항원을 가공하는 과정이 필요하다. 즉, 항원은 T세포가 인식할 수 있도록 특수한 방법으로 제시되어야 한다.

특수한 세포–대식세포나 B세포를 포함–가 이런 **항원제시세포(antigen-presenting cell: APC)**의 역할을 한다. 즉, 외부에서 들어온 분자를 잡아먹어서 잘게 나누어진 항원 조각을 표면에 노출하는 역할을 한다**(그림 9.12)**. 항원제시세포가 병원체를 잡아먹은 후 소낭 안에서 항원을 조각내고, 이 소낭이 앞으로 세포가 자신의 것인지 알려주는 표식분자(자기 표식분자)인 MHC를 포함한 다른 소낭과 결합한다. MHC분자는 항원의 조각과 결합하여 세포표면으로 이동하여 항원-MHC 복합체를 노출시킨다. 기본적으로 이 세포는 T 세포에게 자기 표식분자와 함께 항원의 조각을 제시하는 것이다.

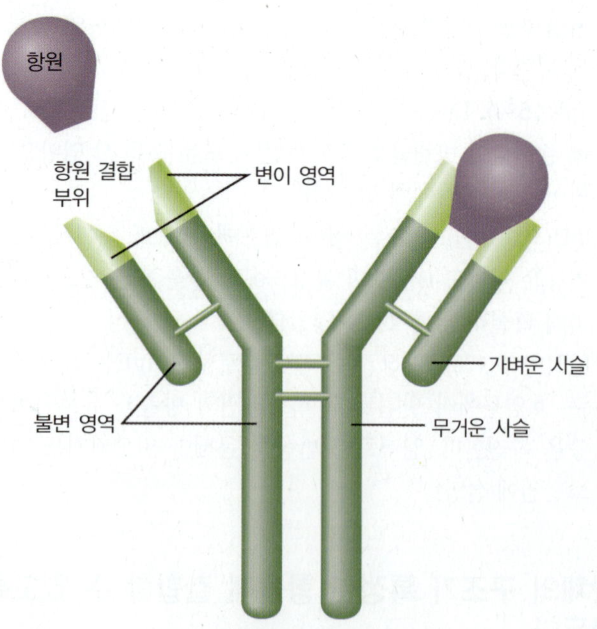

그림 9.11 항체(또는 B 세포의 표면 수용체)의 구조. 항체는 4개의 폴리펩티드가 Y자 모양으로 연결된 구조이다. 밝은 색으로 나타낸 끝부분에만 변이가 있다. 이러한 다양 변이는 항체가 어느 특정한 항원에만 결합하도록 만든다.

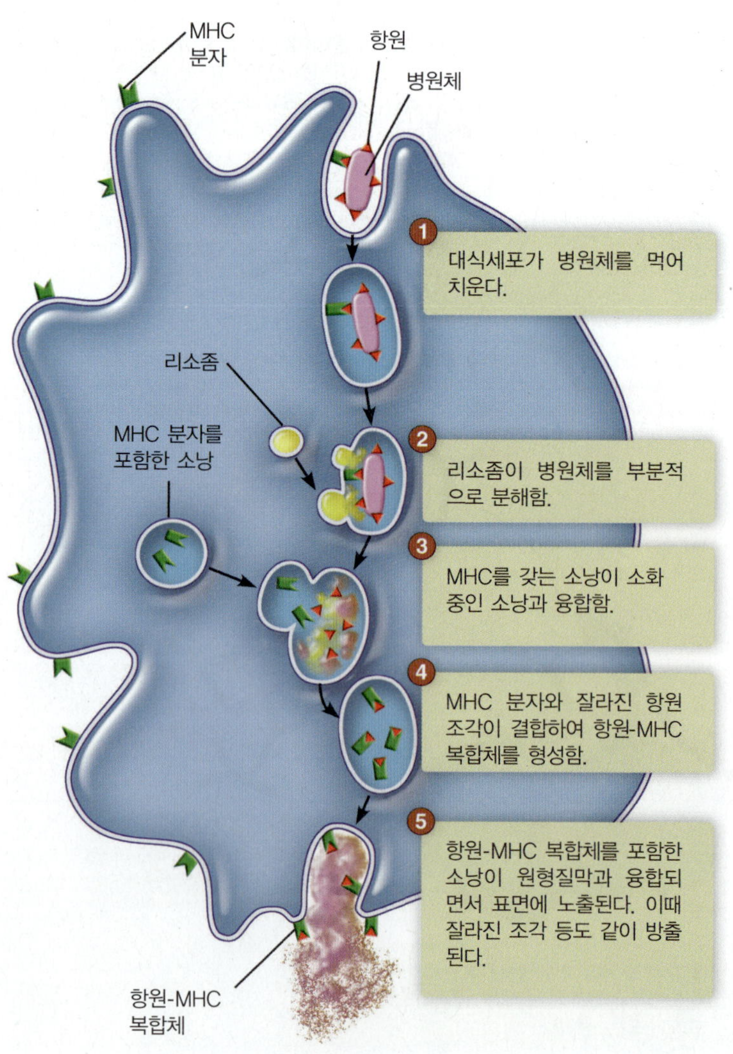

그림 9.12 대식세포는 어떻게 항원제시세포(APC)의 역할을 할까?

T세포는 골수의 줄기세포에서 발생하다가 흉선으로 이동하여 성숙되며 비활성상태로 있게 된다. 성숙과정에서 CD4나 CD8 중 하나를 발현하며, 이 단백질들이 어떤 T세포로 될지를 결정한다. CD4를 발현하는 세포는 도움T세포 또는 기억T세포로, CD8을 발현하면 세포독성T세포 또는 억제 T세포가 된다.

도움T세포는 다른 면역 세포들을 촉진한다 CD4를 발현하는 T세포가 항원 조각을 제시하는 항원제시세포를 만나면 **도움T세포(helper T cell)**로 분화한다. 새로이 생성된 도움T세포는 유사분열(17단원 참조)을 통해 빠르게 똑같은 세포들로 구성된 클론을 형성한다(그림 9.13). 클론으로 형성된 세포들은 모두 동일한 항원과 결합할 수 있는 동일한 수용체를 가지고 있다.

대부분의 도움T세포들은 **사이토카인(시토카인, cytokine)**이라 부르는 신호물질을 분비한다. 그 중에는 T세포와 대식세포의 기능을 촉진하고 면역세포의 발생을 도와주는 단백질들이 있다. 도움T세포에서 방출된 사이토카인은 식세포, 자연살해세포, CD8을 발현하고 있는 T세포 등을 자극하며, 또한 다른 백혈구도 그 지역으로 유인하여 비선택적 면역을 돕는다. 이들은 B세포를 자극하여 세포성 면역과 항체성 면역 간의 중요한 연결고리를 만들기도 한다.

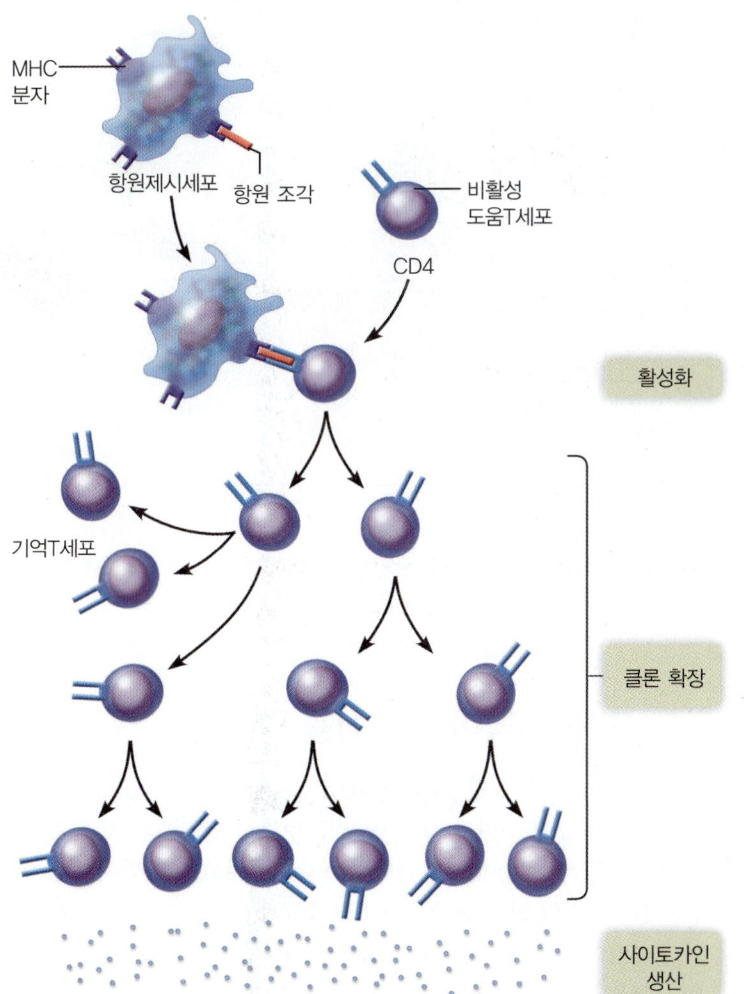

그림 9.13 **도움T세포의 활성화와 클론 확장.** 성숙하였지만 아직 항원을 만난 적이 없는 도움T세포가 적절한 항원을 제시하는 항원제시세포를 만나면 활성화가 시작된다. 클론 확장이 일어나고 사이토카인 생산도 증가한다. 활성화된 클론 중 일부는 기억T세포가 된다.

도움T세포와 이들이 만든 사이토카인은 다른 면역세포들의 활성을 조정하여 효과적인 면역반응이 일어나도록 하는데 매우 중요하다. 만약 이들이 없다면 면역반응은 크게 훼손되어 있으나마나 할 것이다. AIDS가 치명적인 이유는 바로 도움T세포를 공격하기 때문이며, 이 공격에 의해 결국 다양한 질환에 반응해야 하는 세포성 면역이 위축되기 때문이다(9.10 소단원, '면역결핍: AIDS의 특수한 경우' 참조).

세포독성T세포는 비정상이거나 침입한 세포를 죽인다 CD8을 발현하는 T세포가 항원조각을 노출하고 있는 항원제시세포를 만나면 **세포독성T세포(cytotoxic T cell)**−살해T세포(killer T cell)라 부르기도 한다−의 클론을 형성하기 시작한다. 이 T세포는 직접 다른 세포를 공격하여 파괴하는 유일한 T세포이다(그림 9.14).

일단 활성화되면, 세포독성T세포는 혈액, 림프액, 림프조직을 통해 온몸을 돌아다니며 자신이 인식할 수 있는 항원을 가진 세포를 찾아다닌다. 또는 종양조직이나 감염된 장소로 직접 이동하여 비정상세포들에게 독성을 갖는 화합물을 분비한다.

그림 9.15는 세포독성T세포의 작용을 보여준다. 이 세포가 표적이 되는 세포에 접근하여 결합하게 되면 퍼포린(perforin)이라 부르는 단백질을 가진 소낭을 표적세포와의 사이에 터뜨린다. 이 퍼포린은 표적세포의 막에서 조립되어 물이나 염이 들어올 수 있는 구멍을 만든다. 이것만으로도 보체계가 그러하듯이 결과적으로 세포를 죽이게 된다(그림 9.8 참조). 하지만 여기에 더하여 세포독성T세포는 그랜자임(granzyme)이라 부르는 구멍을 통과할 수 있는 독성효소를 같이 방출하여 표적세포를 확실하게 죽인다. 그런 다음 세포독성T세포는 떨어져 다시 다른 표적을 찾아 이동한다.

인터페론 계통의 물질은 신체 방어능력을 이끄는 능력이 있어 의약 소재로 유망하다고 할 수 있다. 유전공학적 기법으로 만들어진 감마-인터페론이 C형 간염 바이러스에 대한 치료제로 임상에 사용되고 있다. 다른 종류의 인터페론은 다발성경화증(multiple sclerosis)의 치료제로 어느 정도 성공을 거뒀으며, 특정 암의 치료제로 사용되는 종류도 있다.

기억T세포는 재감염시 재활성화된다 활성화된 T세포 중 일부는 기억세포로 남아 처음 그들을 활성화시켰던 항원에 대한 수용체를 그대로 지니고 있다. 다시 동일한 항원을 만나게 되면 이 기억세포들이 다시 반응하게 된다. 이 중 일부는 빠르게 분열하여 면역반응을 위한 새로운 도움T세포를 형성한다. 또 다른 일부는 전투요원이라고 할 수 있는 세포독성T세포를 형성하기도 한다. 기억B세포와 마찬가지로 기억T세포는 선택적 면역반응을 비선택적 면역반응과

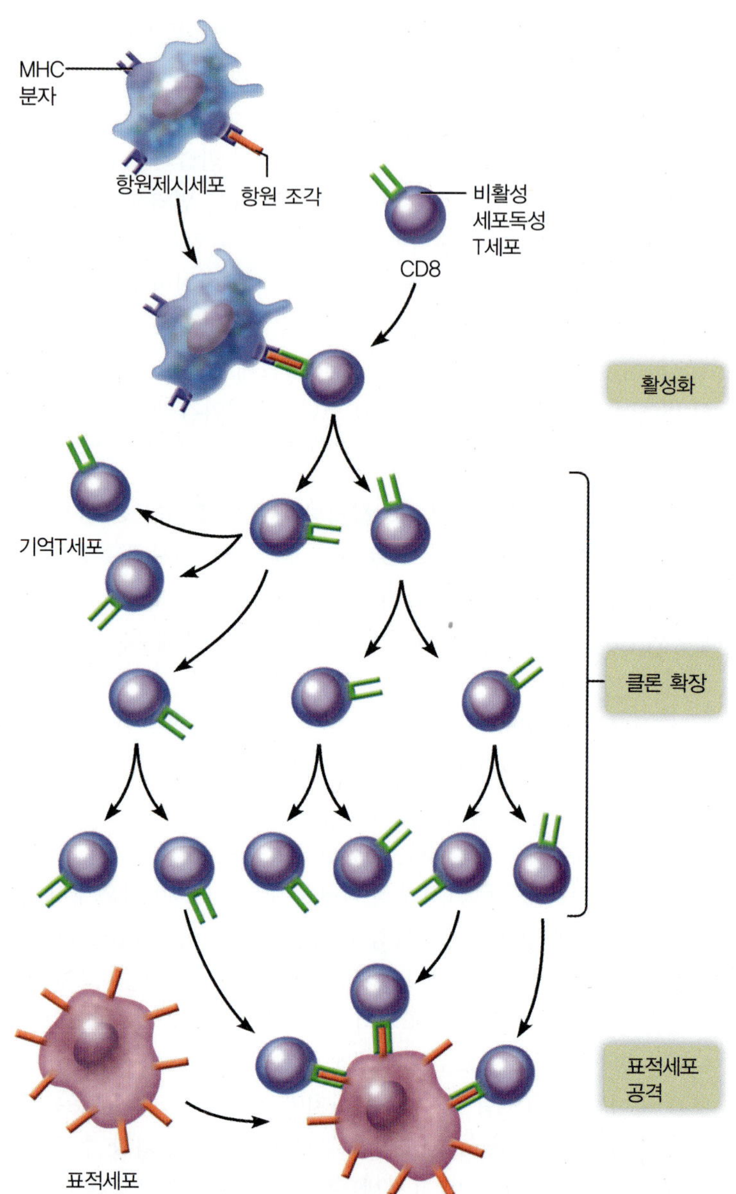

그림 9.14 **세포독성T세포의 활성화와 클론 확장.** 활성화와 클론 확장이 일어난 뒤 직접 그 항원을 가진 세포를 공격하여 죽인다.

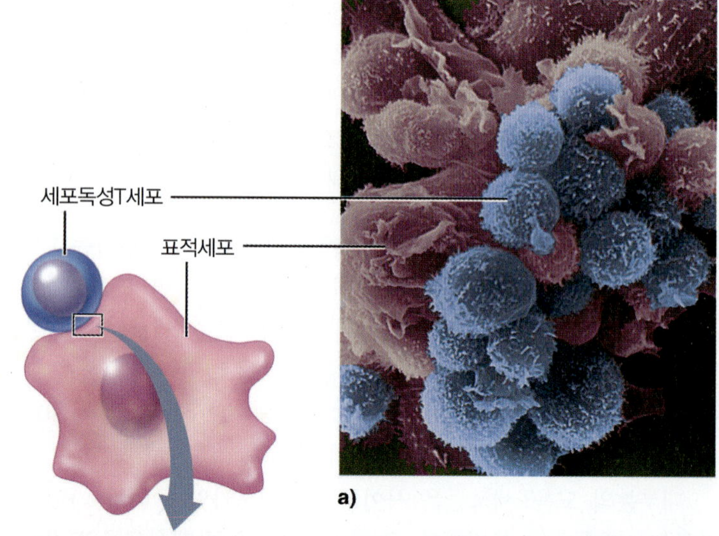

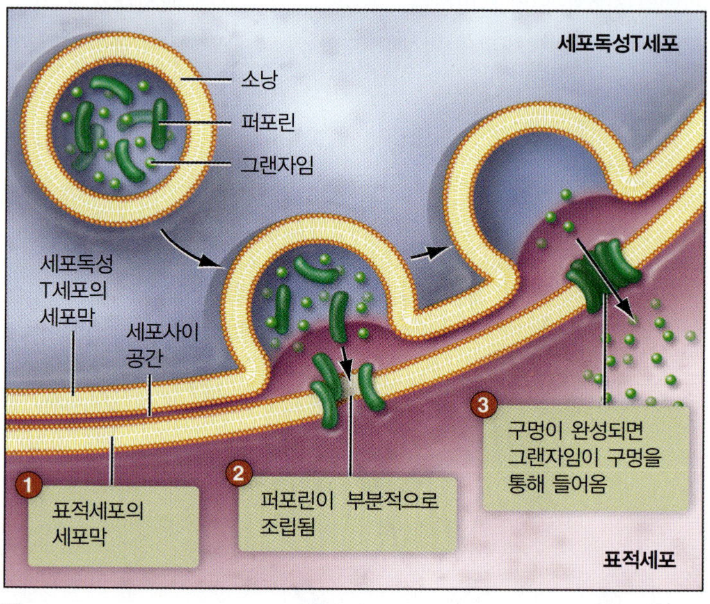

그림 9.15 **세포성 면역반응.** (a) 세포독성T세포(파란색)가 표적세포(분홍색)를 공격하고 있다. (b) 세포독성T세포가 표적세포를 죽이는 과정.

구별 짓는 중요한 요소이다.

표 9.2에 선택적 방어 기작에 관여하는 세포들과 단백질들을 정리하였다.

요점 정리

흉선에서 성숙되는 림프구를 T세포라 부른다. 도움T세포는 다른 면역세포들을 자극하여 선택적 혹은 비선택적 방어 기작을 향상시킨다. 세포독성T세포는 비정상이거나 침입세포들을 공격한다. 기억T세포는 같은 항원의 재침입이 있을 때까지 필요한 정보를 저장해둔다. ■

9.6 면역 기억이 면역성을 만든다

우리가 처음 어떤 항원에 노출되면 우리의 면역계가 앞에 설명한 방어 기작을 통해 우리를 보호해준다. 이 특정 항원에의 첫 번째 노출이 1차 면역반응(primary immune response)을 유발하는데 이 과정에는 항원의 인식, B세포와 T세포의 생성과 분열이 포함된다.

전형적인 1차 면역반응은 항원이 나타난 지 3일에서 6일 정도 지연되어 나타난다. 이 기간 동안 그 항원에 대한 B세포가 분열하고 형질세포로 분화한다. 그 결과로 항체 농도는 대개 10~12일 경과 후에야 최고점에 이르고, 이후 감소하기 시작한다(그림 9.16).

이미 배웠다시피, B세포와 T세포 일부는 기억세포를 형성한다.

표 9.2 선택적 방어 기작에 관여하는 세포와 단백질

세포/단백질	기능
B세포	골수에서 성숙됨. 항체성 면역을 주도함.
형질세포	특정 항체를 합성, 분비함.
기억B세포	정보 저장. 특정 항원에 다시 노출되면 형질세포가 되어 항체 형성.
면역글로불린	5종류의 항체. 각 항체는 특정 항원에 맞는 특수한 구조를 갖는다.
T세포	흉성에서 성숙됨. 세포성 면역을 주도함.
도움T세포	사이토카인 생산. 다른 면역세포들을 자극하여 면역을 증진시킴.
세포독성T세포	비정상 세포를 공격하여 파괴함.
기억T세포	정보 저장. 특정 항원에 다시 노출되면 도움T세포나 세포독성T세포로 분화
사이토카인	여러 면역반응을 조절하는 신호전달 분자

이 기억세포들의 존재가 특정한 질병에 대해 **면역성(immunity)**을 갖게 되는 바탕이 된다. (라틴어로 "*immunis*"라는 말은 "안전, ~부터 자유로움"이란 뜻을 가지고 있다.) 뒤이은 병원균의 침입은 보다 빠르고, 지속적이며 효과적인 **2차 면역반응(secondary immune response)**을 일으킨다. 항원이 2차로 침입한 지 1시간 뒤면 기억세포와 결합한다. 새로운 T세포와 형질세포 대항군이 생기고, 며칠 뒤에는 1차 면역반응에 비해 훨씬 높은 농도의 항체가 생성된다. 실제로 2차 항원 노출 후 항체의 농도는 훨씬 높게 유지된다.

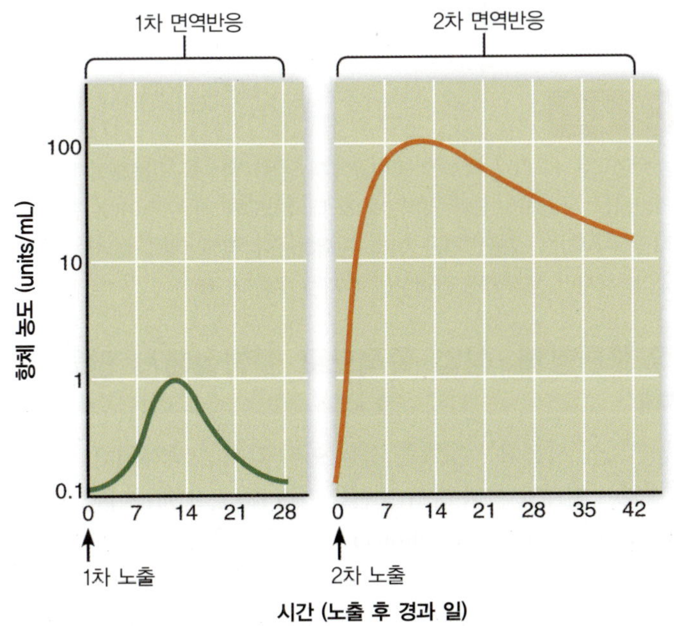

그림 9.16 면역의 기초. 처음 접하는 항원에 대한 항체반응은 한 달이 경과하면 감소한다(1차 면역반응). 같은 항원에 두 번째 노출되면 반응이 더 빠르고, 크고, 오래 지속된다. 위 그래프에서 2차 노출은 1차 노출 후 몇 달 혹은 수 년이 지난 다음 일어날 수 있기 때문에 가로축을 중간에 끊었다. 2차 면역반응에서 항체의 농도는 1차반응에 비해 100배 이상 높다는 것을 알아두기 바란다.

기억세포의 수명은 상대적으로 길며 수명을 다할 때까지 2차 면역반응을 나타낼 수 있는 능력을 유지하고 있다. 때로 2차 면역반응은 너무도 효과적이어서 2차 침입이 있었는지조차 모르고 지날 때가 있다. 심한 경우라도 잠시 몸이 좋지 않다고 느끼는 정도일 것이다. 어떤 기억세포들은, 예컨대 파상풍을 일으키는 균에 대한 기억세포는 약 10년에 한 번 다시 활성화시킬 필요가 있다.

이런 면역성이 있음에도 불구하고 우리는 왜 매년, 어떤 경우에는 한 해에도 몇 번씩 감기나 독감에 걸릴 수 있을까? 우선 한 가지 이유는 감기나 독감을 일으키는 바이러스는 100종이 넘는다는 것이다. 감기에 걸리면 최근에 걸린 것과 같다고 생각할 수도 있으나 똑같은 증세라도 전혀 다른 바이러스가 원인일 수 있다. 또한 감기나 독감 바이러스는 매우 빠른 속도로 진화가 가능하기 때문에 거의 매년 다른 형태를 지니게 된다. 이들의 항원은 매번 다른 항체가 필요할 정도로 다르기 때문에 매번 1차 반응만을 유도하는 셈이 된다. 이들에게는 빠른 진화가 생존수단인 셈이고, 우리의 생존수단은 좋은 면역성이다.

요점 정리

특정 항원의 첫 번째 침입은 1차 면역반응을 일으키며, 이 항원이 2차로 침입하면 훨씬 빠르고 지속적이며, 효과적인 2차 면역반응을 일으킨다. ■

9.7 병원체와의 전쟁에 도움이 되는 의학적 지원군

병원체에 대항하는 우리 몸의 자연적인 방어 기작은 놀랄할 만하다. 하지만 우리 인간은 의학이라는 과학을 발전시켜 이 문제를 다루고 있다. 우리는 그 동안 병원체와의 싸움에 도움이 되는 정교한

무기들을 만드는데 성공해 왔다. 수동적 혹은 능동적으로 면역성을 획득시키는 **면역화(immunization)**가 인류건강 증진에 중요한 시금석이 되었다. 즉, 특정한 항원에 대한 저항성을 갖게 하는 것이다. 이외에도 단일클론항체의 생산, 항생제의 발견 등이 있다.

능동면역: 병원체에 대항하는 효과적인 무기

우리는 흔히 "예방이 치료보다 낫다"고 한다. 병원체의 경우도 맞는 말이다. 가장 강력한 무기는 그 항원을 미리 우리 몸에 주어 1차 면역반응을 일으키는 것이다. 그 후 주위 환경에서 같은 미생물에 노출되었을 때 우리 몸은 항체와 기억세포들로 이미 대비가 된 상태이다. 따라서 면역계가 빠르게 대처할 수 있고 병의 위험과 증세에 따른 불편함으로부터 우리를 보호할 수 있다.

이와 같이 면역계를 활성화시키는 것을 **능동면역(active immunization)**이라 부른다. 이를 위해 **백신(vaccine)**이라 부르는 항원이 포함된 물질을 주입하는 과정이 포함된다. 대부분의 백신은 죽이거나 약하게 만든 병원균에서 얻는다. 한 예로 폴리오바이러스(소아마비 바이러스, polio virus)에 대한 구강 백신(사빈 백신, the Sabin vaccine)은 약화시킨 바이러스에서 얻는다. 어떤 경우에는 특정 항원을 만들도록 유전자가 조작된 생물로부터 얻는다.

죽거나 약화된 병원균으로부터 얻은 백신은 당연히 그 한계가 있다. 우선, 안정성과 비용에 관한 문제이다. 대개 죽은 것보다는 약화시킨 병원균에서 더 좋은 백신을 얻을 수 있다. 보다 강한 면역반응을 일으키기 때문이다. 하지만 이렇게 약화된 병원균으로 만든 백신은 그 병을 일으킬 가능성이 있다. 드물긴 하지만 폴리오바이러스에서 실제로 일어났었다. 백신의 안전과 효과를 모두 확실하게 하려면 많은 시간과 돈 그리고 연구가 필요하다. 둘째로, 백신은 단 하나의 질병에 대해서만 면역성을 부여하기 때문에 모든 바이러스에 대해 각각 다른 백신이 필요하다. 이것이 매년 독감바이러스에 대한 예방주사를 맞아야 하는 이유이기도 하다. 셋째로, 백신은 병원체가 들어온 뒤에는 별로 효과가 없다는 것이다. 즉, 이미 발생한 질환에 대한 치료효과는 없다.

그럼에도 불구하고, 백신은 우리의 자연적 방어 기작에 유용한 보조역할을 한다. 능동면역은 장시간 우리 몸을 특정 질병으로부터 보호할 수 있다. 백신 접종의 일상화는 소아마비나 홍역, 백일해 등 수많은 질병의 발병률을 크게 감소시켰다.

미국에서는 어른에 대한 예방접종은 아이들에 비해 다소 늦게 시작되었다. 매년 50,000명 정도의 미국인이 폐렴, 간염바이러스, 인플루엔자 등 감염에 의해 사망하는 것으로 알려져 있다. 적절한 시기에 예방접종을 하면 막을 수 있는 것들이다.

다른 많은 나라들에서 예방접종은 너무 비싸고 절차도 어렵다. 대개 예방접종은 기본교육을 받은 보건 분야 종사자에 의해 이루어져야 하기 때문이다. 이런 문제를 해결하기 위해 연구자들은 유전자를 조작하여 간염바이러스나 홍역, 설사를 유발하는 노워크바이러스(Norwalk virus)에 대한 백신을 생산하는 감자나 바나나를 만들고자 노력하고 있다.

수동면역은 진행 중인 감염에 대해서도 작용할 수 있다

이미 존재하거나 진행 중인 감염에 대처하기 위해 전에 그 병에 걸렸던 사람이나 동물로부터 항체를 얻어 주입할 수 있다. 대개는 **감마글로불린**(혈청 단백질 중 항체를 포함한 단백질 분획)을 주사하며, 이를 **수동면역(passive immunization)**이라 부른다. 기본적으로 충분한 시간만 주어졌다면 환자 스스로 만들었을 항체를 직접 주사해 주는 격이다.

수동면역은 이미 존재하는 감염에 대해 작용할 수 있다는 장점이 있다. 뜻하지 않게 병원체에 노출된 사람에게 주사하여 발병하는 것을 막을 수 있다. 적어도 단기간의 면역성을 얻을 수 있다. 하지만 이러한 면역획득은 능동면역에 비해 그리 오래 지속되지는 않는다. 주입된 항체가 순환계에서 빠른 속도로 제거되기 때문이다. 수동면역은 B세포가 활성화되지 않기 때문에 기억세포가 형성되지 않고, 따라서 2차 감염에 대해서도 장기적인 면역성을 유도하지 못한다.

수동면역은 B형 간염, 홍역 바이러스와 파상풍균이나 Rh 혈액반응 등에 효과적으로 사용될 수 있다. 수동면역은 태아나 신생아의 경우 자연적으로 일어나기도 한다. 각각 태반과 모유를 통해 엄마의 항체가 전달되는 것이다.

요점 정리

능동면역은 (죽거나 약화된 병원균에서 얻은) 백신을 이용하여 1차 면역반응을 유발하여 2차 면역반응에 대비하도록 하는 것이다. 항체를 직접 주사하는 수동면역은 이미 존재하는 감염에 대해 효과적일 수 있다. 하지만 장기적인 면역성을 주지는 못한다. ■

단일클론항체: 상업 목적으로 실험실에서 만들어진 항체

수동면역에 사용되는 항체는 사실 여러 가지 항체가 섞인 것이다. 한 개의 병원체도 여러 가지 항원을 가질 수 있기 때문이다. **단일클론항체(momoclonal antibody)**는 하나의 융합된 B세포의 클론으로부터 만들어진 항체이다. 따라서 단일클론항체는 단일 항원에 결합하는 비교적 순수한 항체이며, 비교적 싼 가격에 만들 수 있기 때문에 여러 가지 연구와 임상시험, 암 치료 등에 유용하다.

그림 9.17은 단일클론항체를 만드는 방법을 간단히 요약한 것이다. 특정 항원을 쥐에 주사하여 B세포의 생성을 자극하고, 이 쥐의 비장에서 B세포를 분리한다. 이 B세포를 골수종(암,

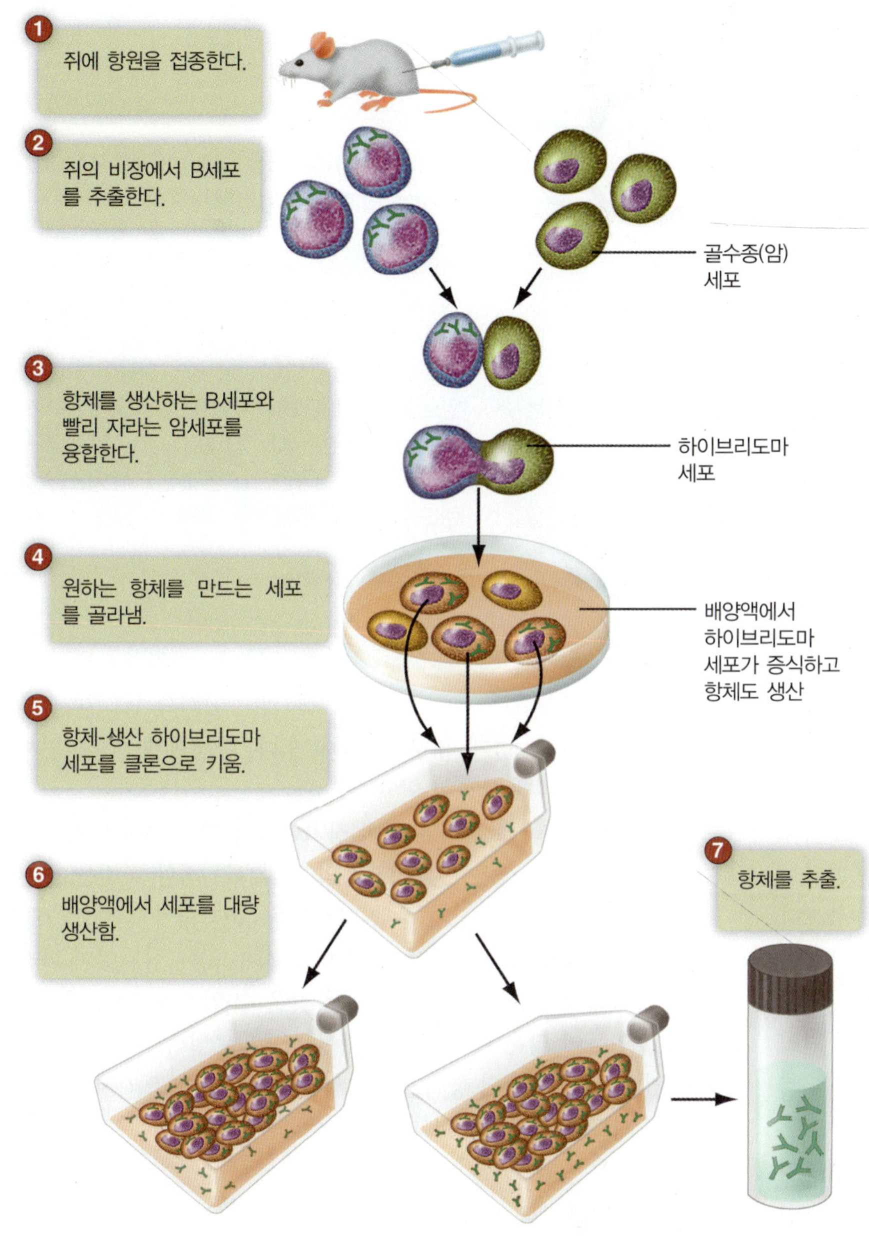

그림 9.17 **단일클론항체 제조 방법.**

myeloma)세포와 융합시켜, 두 세포의 필요한 성질을 모두 갖춘 하이브리도마(융합암세포, hybridoma)를 얻는다. 즉, 필요로 하는 항체를 만들면서 암세포의 속도로 분열하는 성질을 갖는다. 이 하이브리도마 세포들을 배양액에서 증식시키고 그 중에서 원하는 항체를 만들어내는 세포만 분리해내 따로 클론으로 만들어서 수백만 개의 복제세포를 얻는다. 이들 세포가 생산해낸 항체를 분리해내어 순수한 단일클론항체를 만드는 것이다. (원래 단일클론[monoclonal]이란 어떤 단일 세포의 자손들 즉, 한 클론으로부터 이 항체를 얻어냈다는 의미이다.)

단일클론항체는 임신진단시약, 전립선암 진단시약, 간염진단시약, 인플루엔자 및 AIDS 진단시약 등 상품으로 활용되고 있다. 단일클론항체를 이용한 검사는 보다 정확하고 빠른 시간 안에 이루어지기 때문에 미래에는 단일클론항체를 이용해 암 치료제를 직접 암세포에 전달하는 것이 가능할 것으로 기대된다. 그 첫 단계는 암에 대한 항체에 항암제를 붙이는 일이다. 이를 환자에게 주입하면, 항체가 주변의 건강한 세포는 건드리지 않고 암세포에게만 약을 전달할 수 있을 것이다.

항생제는 세균과 싸운다

항생제(antilbiotic)는 말 그대로 해석하자면 "생명에 반대한"는 뜻이다. 항생제는 세균을 죽이거나 자라지 못하게 한다. 최초의 항생물질은 곰팡이나 버섯에서 추출되었다. 하지만 최근에는 대부분의 제약회사에서 합성하고 있다.

현재 수백 종의 항생제가 수십 가지의 작용 원리에 따라 사용되고 있다. 이들은 대부분 사람과 세균세포의 다른 점을 이용하여 작용한다. (1) 세균은 두꺼운 세포벽을 가지고 있다. (2) 세균의 DNA는 핵 안에 둘러싸여 있지 않다. (3) 세균의 리보솜은 사람의 리보솜보다 작다. (4) 세균의 단백질 합성률이나 세포분열 속도는 무척 빠르다. 예를 들면 페니실린은 세포벽의 합성을 억제하고, 스트렙토마이신은 세균의 리보솜 구조를 변화시켜 단백질 합성을 억제한다.

어떤 항생제는 특정한 세균에만 작용한다. **광범위 항생제(broad-spectrum antibiotic)**라고 부르는 다른 항생제들은 몇 개 그룹의 세균에 대해 효력이 있다. 하지만 태생적으로 항생제들은 바이러스에 대해서는 효과가 없다. 바이러스는 알다시피 살아 있는 세포에 들어가야만 증식을 한다. 감기와 같은 바이러스성 질환에 대해 항생제를 사용하는 것은 효과가 없을 뿐 아니라 도리어 세균의 항생제 내성을 키우는 결과를 낳게 된다.

요점 정리

단일클론항체는 실험실에서 특정한 항원에 대해서 결합하는 항체를 만든 것이다. 대부분의 항생제는 세포벽의 합성을 억제하거나 단백질 합성을 방해하여 세균을 죽인다. ■

9.8 조직 거부: 의학적 도전

면역계는 기본적으로 자신이 아닌 세포들의 공격으로부터 몸을 보호하기 때문에 같은 사람의 조직이라도 외래성 조직을 격렬하게

건강 파수꾼

모유수유의 장점

신생아가 태어날 때는 아직 면역계나 위장이 완전히 발달되지 못한 상태이다. 그래서 어릴 적에는 세균 감염에 의한 설사가 잦다.

신생아의 엄마에게서 나오는 모유가 도움이 될 수 있다. 아기가 처음 젖을 빨 때 엄마에게서는 초유 성분이 나온다. 초유에는 항체와 여러 가지 면역세포들이 함유되어 있다. 여기에는 비선택적 면역반응에 참여하는 식세포나 선택적 면역에 관여하는 림프구가 포함되어 있다. 이들이 신생아의 면역계가 발달할 때까지 약 한 달간 면역성을 제공하는 것이다. 모유에는 그 이후에도 항체와 면역세포가 포함되어 나오지만 그 농도가 초유에 비해 낮다.

모유의 항체 전달 기능을 고려해 볼 때, 엄마에게는 신생아에게서 발병하는 병들에 대해 면역성이 있을 것으로 생각된다. 이에 맞추어 모유수유를 하지 않는 아이들에게 특정 질병에 대한 항체를 첨가한 이유식이나 우유를 먹이는 것을 권장하는 경우도 있다.

모유수유에는 이외에도 몇 가지 장점이 있다. 사람은 모두 소화관 안에 우리 몸에 유익한 균을 가지고 있다. 모유는 이러한 세균들의 성장을 돕는다. 또한 모유는 우유에 비해 신생아가 소화하기 쉽다.

하지만 한 가지 알아두어야 할 점은 엄마가 섭취하는 음료수나 약물의 성분들은 모유를 통해 아기에게 전달될 수도 있다는 점이다. 헤로인이나 코카인 같은 마약 뿐 아니라 시메티딘(cimetidine, 상품명 Tagamet), 위궤양 치료제, 알코올, 카페인, HIV(AIDS를 유발하는 바이러스) 등이 모유를 통해 전달되는 것으로 알려져 있다. 정밀한 건강검진을 통해 비교적 사소한 이런 모유수유의 단점을 최소화할 수 있다.

공격하는 것은 어쩌면 당연한 것이다. 이 현상을 조직 거부(tissue rejection)라고 부른다. 7단원에서 설명했듯이 수혈거부반응은 치명적이다. 적혈구는 십여 개의 자기인식 표식을 가지고 있다. 하지만 대부분의 세포들은 이보다 훨씬 많은 수를 가지고 있다. 따라서 조직 이식에서 수여자에 적합한 공여자를 구하는 일은 수혈보다 훨씬 어렵다.

오늘날 기관을 이식하는 외과적 수술은 그리 어렵지 않다. 역사적으로 대부분의 기관이식에서 가장 큰 골칫거리는 수혜자의 면역반응 정도이다. 정상적인 경우 세포독성T세포가 이식된 조직을 빠르게 공격하여 제거한다.

장기이식을 하기 전에 공여자와 수여자 간에 ABO식 혈액형이나 그 외 다른 혈액 항원이 비교되어야 한다. 다음은 공여자와 수여자의 MHC 단백질을 비교해야 한다. 왜냐하면 세포독성T세포는 다른 MHC 단백질을 표적으로 삼기 때문이다. 서로 남남인 사람끼리도 장기이식이 성공적으로 이루어지기도 하는데 이 경우 적어도 75%의 항원이 일치해야 하는 것이 기본이다. 모든 외과수술 환자는 코르티코이드 계열 스테로이드와 같이 항염증 효과를 갖는 면역억제제(immunosuppressive drug)나, 아주 빨리 분열하는 세포들을 죽이는 약품을 같이 복용해야 한다(활성화된 림프구를 저지하기 위해).

면역억제 치료가 이식환자들의 수명을 획기적으로 개선한 부분이 있으나 또 다른 위험를 야기시키기도 한다. 면역계가 억제되면 병원균이나 비정상세포를 효과적으로 방어하지 못하며, 따라서 이 환자는 감염이나 암에 더 취약해진다. 따라서 이식의 성공 여부는 면역을 거부반응이 일어나지 않을 정도로 억제하되 필요한 면역 기능을 가능한 한 좋게 유지시키는데 있다. 항생제가 개발되면서 감염을 제어하는 데 도움이 되고 있다.

최근에는 다음 세 가지 요인이 장기이식을 더욱 성공적으로 만들고 있다. (1) 더 좋은 면역억제제의 개발, (2) 적합 조직을 찾는 기술의 발달, (3) 이식 장기 은행 시스템을 통한 국가적 정보와 공급 장기의 공유를 들 수 있다. 이로 인해 사는 곳에 상관없이 환자들은 자신에게 가장 잘 맞는 공여자를 찾을 수 있게 되었다. 이러한 개선 요인들이 많은 이들에게 장기이식을 치료법 중 하나로 현실화시켰다. 외래 세포의 항원을 가려서 면역반응을 일으키지 못하게 하려는 시도는 아직까지도 개발단계에 머물러 있다.

요점 정리

장기이식의 최대 걸림돌은 환자의 세포독성T세포가 외래 세포를 공격하는 면역반응이다. ■

9.9 부적절한 면역계의 반응이 문제를 일으킨다

알레르기나 홍반성 루푸스, 류마티스성 관절염과 같은 자가면역질환은 면역계가 부적절하게 활성화되었을 때 나타나는 증세들이다.

알레르기: 과민성 면역계

많은 사람들, 미국인의 약 10% 정도는 알레르기로 고생한다. 어떤 경우는 상대적으로 약한 증세를 나타내지만 아주 심각한 경우도 있다. 예컨대 건초열(hay fever)이나 덩굴옻나무 발진(poison ivy rash), 특정한 음식물이나 약에 대한 과민반응 등을 들 수 있다. 정도에 따라서는 입원을 해야 하는 경우도 있다.

모든 **알레르기(allergy)**는 **알레르겐(allergen:** 알레르기를 일으키는 항원을 말한다)에 대해 면역계가 부적절하게 반응하는 것이다. 문제는 "부적절하다는" 것이다. 알레르겐은 우리 몸에 위험한 병원체가 아니다. 하지만 우리 몸이 마치 그런 것처럼 방어한다는 것이다.

면역글로불린에는 5가지가 있음을 상기하자(그림 9.18). 이 중 알레르기반응과 관계있는 부류는 IgE이다. 일단 알레르겐에 노출되면 1차 면역반응이 일어나고 B세포는 특정한 IgE 항체를 생성하기 시작한다. 이 IgE는 비만세포(주로 결합조직에서 발견됨)와 순환 중인 호염구에 결합한다.

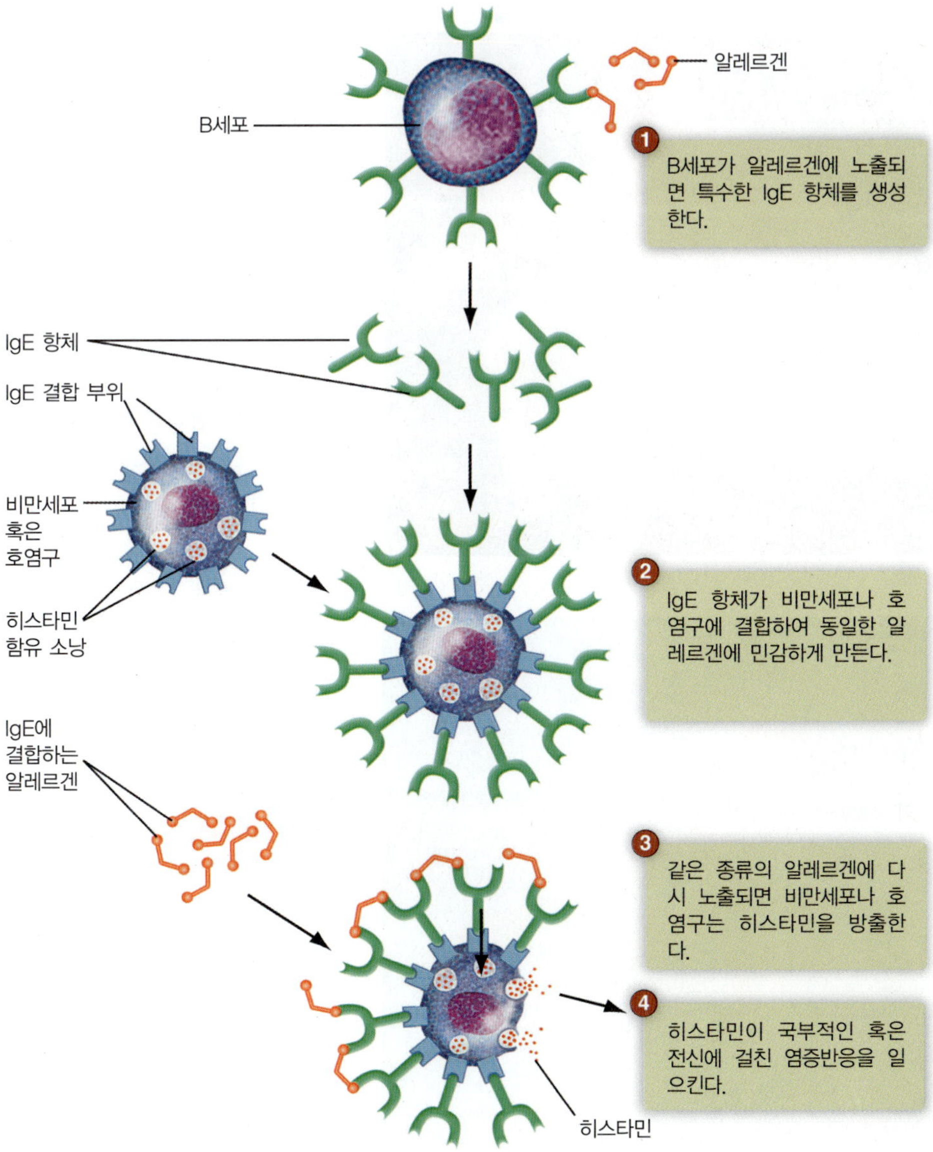

만약 같은 알레르겐이 다시 침입한다면 이것은 대식세포와 호염구의 IgE에 결합하여 히스타민의 생성을 자극한다. 그 결과 열이 나고, 빨개지며 붓고, 통증이 생기는 전형적인 알레르기반응이 일어난다. 히스타민은 점액의 생성을 자극하기도 한다. 알레르겐에 노출될 때마다 우리 몸은 마치 상처 나고 감염된 것 같은 반응이 일어난다.

덩굴옻나무와 같이 노출된 부위에만 영향을 주는 경우가 있다. 미국인 중 적어도 85%가 이 덩굴옻나무에 민감하다. 이 알레르겐은 나무의 수액에 있는 화학물질이다. 다른 항원들, 예컨대 음식물 알레르겐이나 벌침 독 등은 혈액에 흡수되거나 주입된다. 이들은 몸 전체로 빠르게 퍼져 결합조직이나 호흡계, 소화계, 순환계 등에 존재하는 비만세포에 전달되고, 결국 **전신반응(systemic response)**을 일으킨다. 이는 적어도 몇 개의 기관계에 영향을 준다는 것을 의미한다. 이 전신반응에는 호흡계나 소화계의 평활근 수축, 혈관의 이완 등이 포함된다.

심한 전신반응에서는 호흡 곤란(기도가 수축되었기 때문), 심한 위통(근육수축이 원인)이 수반되고, 온몸이 붓거나(모세혈관의 투과도 증가), 치명적인 혈압강하(동맥이완)가 일어날 수 있다. 이를 **과민성쇼크(anaphylactic shock)**라고 부른다. 누구든지 과민성쇼크 증세를 나타내면 병원으로 빨리 이송해야 한다. 매우 치명적일 수 있기 때문이다. 이 증세들은 순식간에 일어날 수 있기 때문에 의사들은 이전에 강한 알레르기반응을 보였던 환자들은 응급약을 항상 가지고 다닐 것을 권고한다. 이 응급약에는 에피네프린 피하 주사기가 포함된다. 에피네프린은 기도를 이완시키고 혈관을 수축시켜 쇼크를 방지한다.

대부분의 알레르기는 위험한 경우보다는 귀찮은 경우가 많다. 이런 경우에는 히스타민의 작용을 억제하는 항히스타민제가 더 효과적이다. 때로는 많은 양의 IgG를 생성하도록 하여 알레르기반응을 완화시킬 수 있다. 알레르기항원과 결합하는 IgG가 많으면 IgE에 결합하는 것을 막을 수 있기 때문이다.

그림 9.18 알레르기반응이 일어나는 과정.

요점 정리

알레르기는 부적절한 감염반응이다. 알레르겐은 전신반응을 일으켜 호흡과 혈압에 영향을 줄 수 있다. ■

자가면역질환: "자기"를 잘 못 인식하는 병

드문 경우에 면역계가 "자기"를 "비자기(자기가 아님)"와 구별하지 못하는 경우가 있다. 이 경우 자기 자신의 세포에 대해 항체와 세포독성T세포를 생성한다. 이런 상태를 **자가면역질환(autoimmune disorders)**이라고 부른다.

약 5% 정도의 미국인이 자가면역질환을 앓고 있고, 그 중 약 2/3가 여성이다. 왜 이 병이 발생하는지 아직은 자세히 잘 모른다. 어떤 경우는 태아 때 발달한 항원이 면역계에는 단 한 번도 노출된 적이 없기 때문에 발생하는 경우도 있다. 이 항원은 자기라는 지시를 받은 적이 없는 셈이며, 따라서 조직 손상에 의해 노출되면 성숙한 면역계는 이 항원을 마치 외부 항원인 것처럼 반응하게 된다. 또 다른 경우는 외래 항원에 대해 만들어진 항체가 자신의 조직에도 결합하여 생기는 경우이다.

현재까지는 자가면역질환에 대한 치료제는 없다. 환자의 면역계를 억제하여 증세를 완화시키는 것이 고작이다. 여기에는 다발성경화증, 진행성 중추신경 장애(11단원 참조) 증세와 제1형 당뇨병(13단원 참조) 등이 포함된다. 이에 더해 아래에는 두 가지 다른 증세들에 대해 설명하였다.

홍반루푸스: 염증이 생긴 결합조직 홍반루푸스(루푸스, lupus erythematosus)는 자신의 결합조직을 공격하는 자가면역질환이다. 루푸스 중에는 원판상 홍반루푸스(discoid lupus erythematosus)와 같이 햇볕에 노출된 피부에 생기는 경우가 있다. 더 심각한 경우는 전신 홍반루푸스로 심장이나 혈관, 폐, 신장, 관절, 그리고 뇌와 같은 장기에 영향을 미칠 수 있다.

루푸스는 흔히 얼굴이나 머리의 피부에 붉은 반점이 생기면서 시작된다. 다른 증세로는 발열, 피로, 관절통증, 체중감소 등을 들 수 있다. 염증반응이 확산되면 골관절염(5단원 참조), 심장막염(8단원 참조), 늑막염(폐를 둘러싼 막에 염증이 생긴 경우)으로 발전할 수 있다.

루푸스는 남성에 비해 여성에게 9배 정도 많이 발생한다. 대개 임신기에 발생하며, 인종에 따라서도 미국 흑인, 서인도인, 중국인에서 더 많이 발생한다. 치료제를 이용하여 염증과 증세를 완화할 수 있다.

류마티스성 관절염: 윤활막의 염증 류마티스성 관절염(rheumatoid arthritis)은 특정 관절을 둘러싸고 있는 윤활막에 염증이 생기는 관절염이다(5단원 참조). 즉, B세포가 윤활막의 연골에 있는 단백질 성분에 대한 항체를 만들고, 그 결과 염증 관련 화합물들이 더 방출되어 조직 손상을 일으키는 것이다. 처음에는 손가락, 팔목, 발가락 등의 관절에 통증을 느끼고 뻣뻣해진다. 시간이 지나면서 염증반응이 관절의 연골과 주변의 경골까지 파괴한다. 결국에는 경골조직이 무너지고 융합되면서 심하게 변형되고(그림 9.19 참조), 움직이지 못하게 된다. 이 질환은 간헐적이지만 재발할 때마다 점점 더 악화되는 경향이 있다.

류마티스성 관절염 환자에게는 진통제가 도움이 되고, 정기적인 운동이나 물리 치료를 통해 운동 범위를 넓히는 것이 도움이 된다. 염증반응 시 분비되는 화합물들을 중화시키는 강력한 약들이 관절의 변형을 막을 수 있다. 또한 인공관절로 대체하는 수술을 통해 움직임을 회복하고 고통에서 벗어날 수 있다.

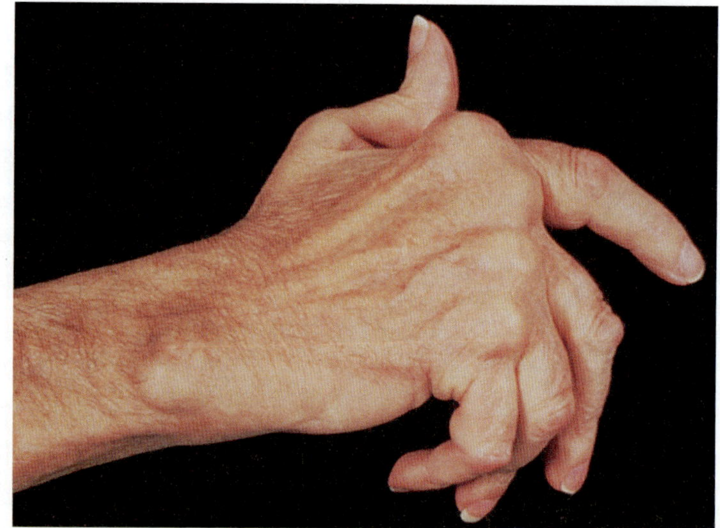

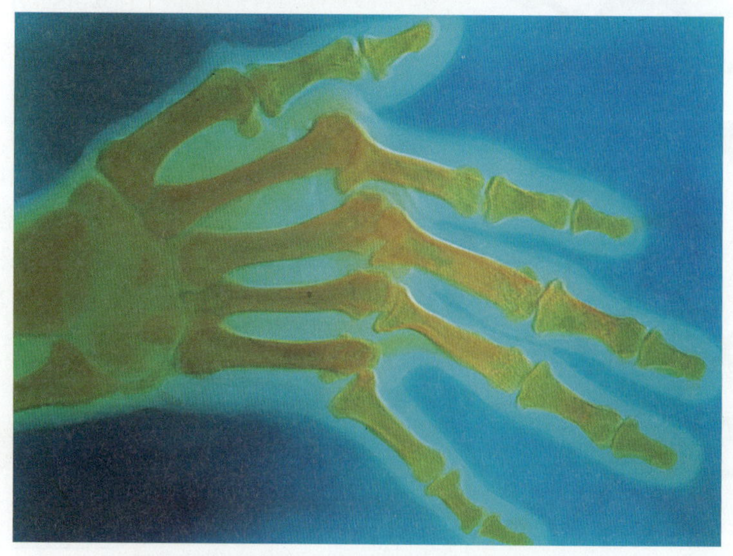

그림 9.19 **류마티스성 관절염.**

요점 정리

자가면역질환은 면역계가 자기와 비자기를 구별하지 못하고 자신의 세포를 공격할 때 발생한다. 그 예로 홍반루푸스(결합조직에 대한 염증반응)와 류마티스성 관절염(윤활막에 대한 염증)을 들 수 있다. ■

9.10 면역결핍: AIDS의 특수한 경우

면역결핍(immune deficiency)은 면역계가 제대로 작동하지 않을 때를 말한다. 그 중에 **중증복합면역결핍증(severe combined immunodeficiency disease: SCID)**은 매우 드문 유전병으로, 이 환자에게는 아주 작은 감염도 치명적일 수 있다. SCID 환자들의 몸에는 감염에 대항 할 수 있는 림프구의 수가 현저히 적다.

이보다 훨씬 흔한 경우가 **후천성면역결핍증후군(acquired immune deficiency syndrome: AIDS)**이다. 이 증후군이란 말은 어떤 증세들이 동시에 나타난 경우에 사용하는 의학용어이고, 후천성이란 유전된 것이 아니라 획득된 형질이라는 뜻이다. 이 경우 **인간면역결핍바이러스(human immunodeficiency virus: HIV)**에 감염이 되어 생기는 것이다.

HIV는 도움T세포를 공격한다

그림 9.20은 HIV의 구조를 나타낸 것이다. 이 바이러스는 단일 사슬의 RNA와 몇 가지 효소들이 단백질 껍데기 두 층과 단백질 돌기를 가진 인지질막으로 둘러싸여 있는 간단한 구조이다. 핵도 없고 소기관도 없다. 다른 바이러스와 마찬가지로 HIV도 다른 세포에 들어가 감염시키고 세포의 기구들을 이용하여 번식한다. HIV는 도움T세포의 CD4에 결합하여 T세포로 들어가며, 도움T세포를 숙주로 삼는다.

HIV는 레트로바이러스(retrovirus)라 부르는 특별한 복제 방식을 갖는 바이러스에 속한다(그림 9.21). 이 레트로바이러스는 처음 도움T세포의 CD4 수용체에 결합하고, 이어 바이러스의 막과 세포막이 융합하여 바이러스의 RNA와 효소들이 세포 안으로 들어간다. 바이러스의 효소는 바이러스의 RNA와 상보적인 단일가닥 DNA를 만들고 그와 상보적인 두 번째 DNA 가닥도 만든다. 이렇게 생성된 DNA 이중가닥 조각은 숙주의 DNA에 삽입된다. 이 DNA

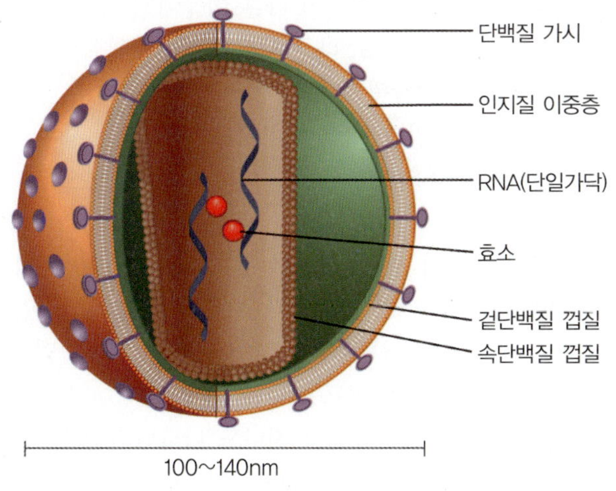

그림 9.20 **HIV의 구조.**

그림 9.21 **바이러스가 증식하는 과정.** 도움T세포의 CD4에 결합한 후, 자신의 RNA를 효소와 함께 세포 내로 주사하여 상보적인 단일가닥 DNA와 결국은 이중가닥의 DNA를 생성하도록 한다. 이 DNA는 숙주의 핵 DNA에 끼어들어가 더 많은 단백질 껍질과 바이러스 RNA를 생산한다. 이 껍질과 내용물이 결합하여 새로운 바이러스를 만든 다음 세포에서 빠져나간다.

조각을 외부 DNA로 인식하지 못하는 숙주 세포는 바이러스 DNA로부터 수많은 다른 바이러스를 만들어내게 된다. 이 바이러스의 빠른 번식은 T세포의 에너지를 빨아먹기 때문에 결국 T세포는 죽어서 터지게 되고, 자손 바이러스들이 밖으로 쏟아져 나온다. 새로운 바이러스들은 또 다른 세포를 감염시킨다.

HIV는 체액을 통해 전염된다

HIV는 건조한 환경에서는 짧은 시간 밖에 살지 못하는 약한 바이러스이다. 즉, 공기 중으로나 일상적인 접촉, 문고리, 변기 좌대 등으로는 전염되지 못한다. 하지만 HIV는 적어도 네 가지 체액, 즉 혈액, 정액, 젖, 질 분비액을 통해서는 전염될 수 있다. 그 외 혈액이 섞이지 않은 오줌, 변, 침, 땀, 눈물, 코물 등에 의해서 옮겨지는지는 알려져 있지 않다.

대부분 HIV의 전염은 성관계나 오염된 주사기 바늘을 통해 이루어진다. 또한 감염된 여성이 임신, 출산, 모유 수유 시 태아에게 옮기는 경우도 있다. 건강하게 태어난 신생아의 경우라도 모유 수유에 의해 HIV에 감염될 확률이 20%에 달하는 것으로 추정되고 있다. 1980년대 중반까지도 많은 경우가 수혈을 통해 HIV에 감염되었었다. 하지만 혈액검사에 HIV 검사를 적용하기 시작한 1985년 이후부터는 수혈로 인한 감염이 크게 감소하였다.

HIV는 체액의 교환에 의해서만 전염되기 때문에 비교적 전염되기 어려운 병으로 알려졌다(감기 등에 비해). 하지만 감기와 달리 HIV는 전문적으로 치료하지 않으면 매우 위험하다-1988년까지 AIDS로 진단 받은 미국 시민 중 90% 이상이 목숨을 잃었다.

AIDS는 서서히 발병한다

HIV 감염 증세에 이어 전형적인 AIDS 증세가 완연히 나타나기까지는 진행이 느리며, 이 과정을 3기로 나눌 수 있다(그림 9.22).

제1기 제1기는 처음 HIV에 노출된 후 수 주일에서 수 년에 이를 수 있다. 처음에는 혈액내 HIV의 수가 잠시 증가하고 이후 감기와 비슷한 림프절 비대, 발열과 오한, 피곤함, 몸의 둔통 등의 증세를 보인다. 처음에는 T세포의 숫자가 잠시 동안 감소하기도 하지만 곧 다시 세포가 많이 만들어지면서 회복되고 이 바이러스에 대한 항체가 증가한다. HIV에 대한 항체를 가지고 있는지 여부가 진단에 사용되며, 이 항체를 가진 사람을 "HIV-양성"이라 부른다. 하지만 이 경우라 해도 아직은 AIDS 증세를 나타내지는 않는다.

HIV 감염이 의심되는 상황이 아닌 경우, 대부분의 사람들은 제1기의 증세가 있더라도 HIV에 감염되었으리라고는 생각하지 않고 검사의 필요성도 느끼지 않는다. 항체는 바이러스를 완전히 퇴치하지는 못한다. 바이러스는 항체나 면역세포가 닿을 수 없는 세포 내에 많이 존재하기 때문이다.

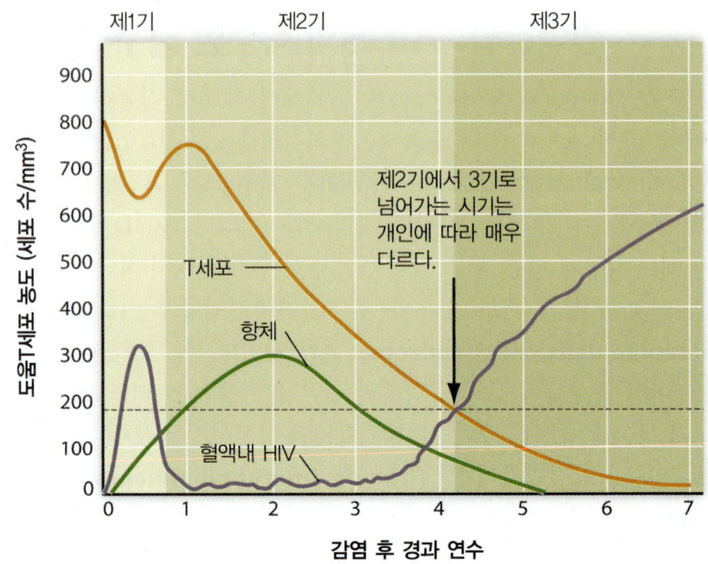

그림 9.22 **HIV 감염 후 AIDS 발병에 이르는 시간적 변화 추이.** 제1기에는 감기와 비슷한 증세가 나타났다가 없어진다. 이때 잠깐 HIV 수치가 올라가며 6개월 이내에 HIV에 선택적인 항체가 생성된다. 제2기에는 T세포의 수가 점차 감소하며 대부분의 HIV가 세포 내로 들어간다. 제3기(AIDS)에는 T세포의 수가 1mm^{3}당 200개 이하로 떨어지며 HIV 항체도 감소하고, HIV 수치는 올라가며, 기회감염과 특정 암이 수시로 발생한다.

제2기 제2기부터 바이러스가 해를 주기 시작하며 도움T세포의 숫자가 줄어든다. T세포의 감소는 기회감염(opportunistic infection)에 취약하게 만든다. 면역계가 약해진 틈을 타 몸속에서 번식하는 것이다. 제2기로 들어가면 지속적으로 감기 증세와 같은 증세가 나타나지만 기회감염이 되지 않은 경우에는 완전히 정상인과 같은 상태이다. 그래서 항체검사를 하기 전까지는 HIV에 감염되었는지조차 모르고 지내는 경우가 있다. 양성 판정을 받은 사람 중 약 2/3에서 3/4 정도는 AIDS와 관련된 증세를 나타내지 않는다. 그래서 제 1, 2기에 자신도 모르는 사이에 다른 이들에게 옮기는 경우가 많고, 이렇게 감염된 사람이 또 다른 사람을 감염시킬 수 있다. 제2기는 약 6개월 이내에 시작될 수 있으며, 여기서 제3기로 넘어가는 데에는 평균 10년이 걸린다. 아무런 처치를 받지 않는 경우 제2기에서 3기로 넘어갈 확률은 95%에 이른다.

제3기 HIV-양성이면서 도움T세포의 수가 mm^{3}당 200개 이하로 줄어들고, 기회감염이나 HIV 감염과 관련된 암을 앓고 있으면 AIDS 환자로 본다. AIDS와 관련된 감염은 폐렴, 뇌수막염, 결핵, 뇌염, 카포시 육종, 비호지킨 림프종 등을 들 수 있다.

AIDS 증세는 감염된 뒤 1년이 지나도 나타나지 않는 경우가 있다. 하지만 치료받지 않는다면 AIDS는 언제나 치명적이다.

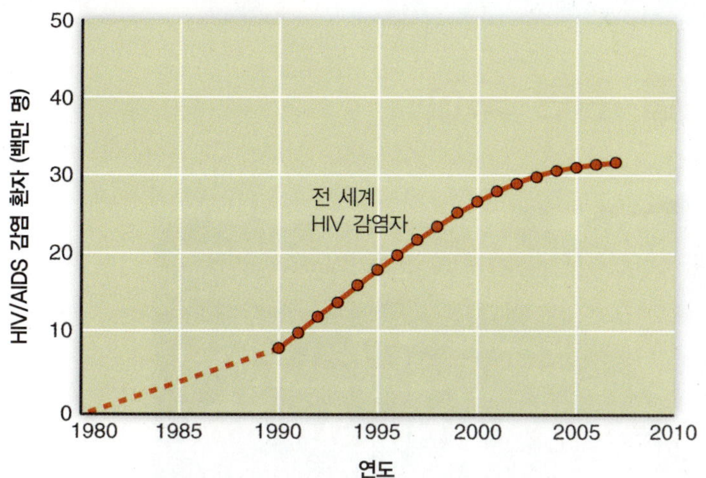

그림 9.23 전 세계 HIV 보균자 및 AIDS 환자 수의 추정치. 점선은 자료가 존재하지 않는 기간이다.
출처: Joint United Nations Programme on HIV/AIDS, 2007.

AIDS의 유행: 전 세계의 건강 문제

AIDS는 1981년 미국 애틀랜타 주의 질병통제센터에서 처음 알려졌다. 특이한 증세들의 이상한 조합이 자주 발견되면서 알려졌는데 이는 중앙 정보통제기구가 중요하다는 점을 일깨워주는 사례이기도 하다. HIV는 1960년대에 아프리카에서 다른 영장류로부터 인간에게로 옮겨져 왔던 것으로 추측된다.

HIV가 전 세계의 인류에 끼친 피해는 가히 놀라울 정도다. 1990년대 말에는 전 세계에 약 800만 명의 환자가 발생하였고(이는 발병에 대해서는 정확한 수치를 얻을 수 없음에도 불구하고 나온 수치이다), 현재는 전 세계 성인 인구의 1%에 가까운 약 3,300만 명이 HIV에 감염되거나 AIDS를 앓고 있는 상태이다**(그림 9.23)**. 또한 매일 약 7,000명의 새로운 환자가 출현하고 있다. 이 중 약 2/3 정도가 처음 이 병이 발생한 곳으로 생각되는 아프리카의 사하라사막 남쪽 지역에 살고 있다. AIDS가 가장 유행하고 있는 지역은 아프리카의 사하라사막 남쪽 지역 외에도 남아시아, 동남아시아, 그리고 동유럽 지역이다.

현재까지 AIDS로 목숨을 잃은 사람은 2,500만 명 이상이다. 최근 들어 AIDS에 의한 죽음은 매년 200만 명으로 주춤하고 있다.

미국에서도 상황은 크게 다르지 않다**(그림 9.24)**. 미국에서의 HIV/AIDS 발병률은 다시 증가하고 있다. 가장 최근의 통계 자료라고 할 수 있는 2001~2004년 동안에 HIV/AIDS로 새로이 진단된 경우는 약 8%가 증가하였다. 가장 많은 증가 추세를 보인 집단은 20~24세의 젊은층이다. AIDS는 25~44세의 미국 흑인 여성의 사망원인 중 첫 번째이다.

미국의 경우, AIDS로 인한 사망은 1995년 한해에 50,000명으로 정점을 찍은 후 현재는 한 해에 약 17,000명으로 유지되고 있다. 이러한 감소의 원인 중 하나로 HIV 바이러스의 감염을 억제하고, 감염된 사람도 생존할 수 있게 하는 약이 개발된 것을 들 수 있다. 반면, HIV/AIDS 환자는 계속 증가하고 있는데 이는 사망자에 비해 발병자가 2배 이상 되기 때문이다.

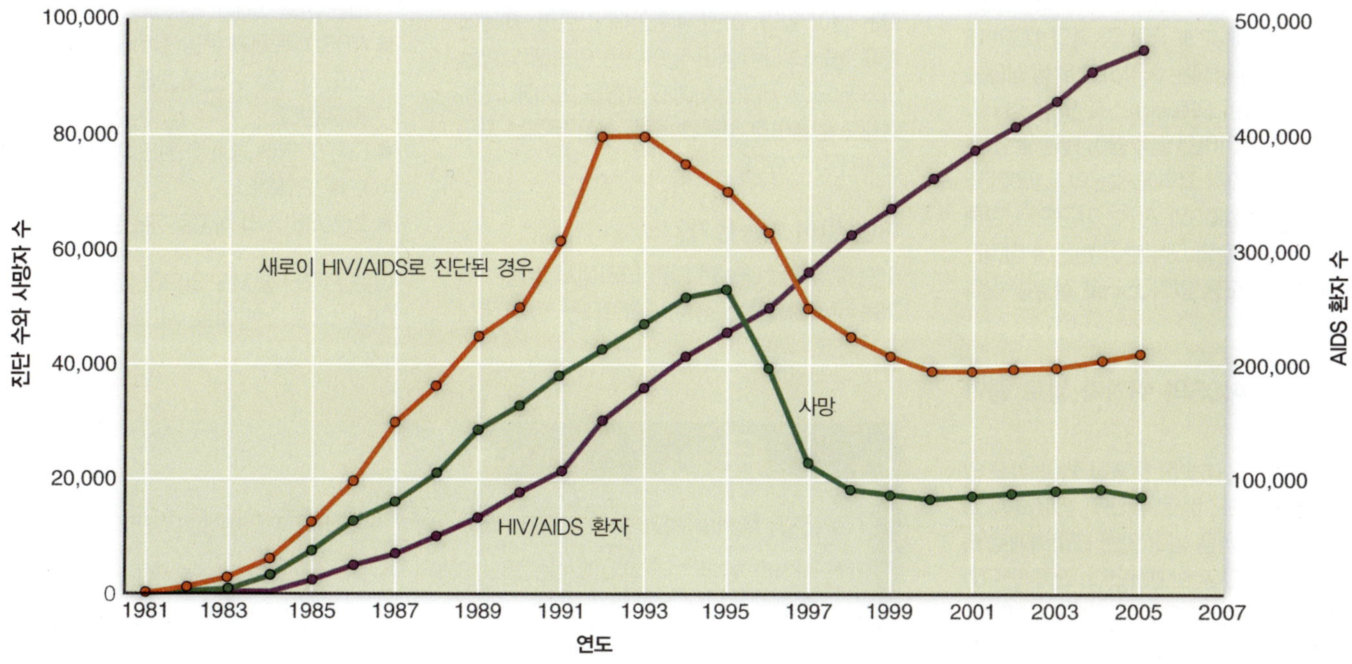

그림 9.24 미국에서 매년 새로이 HIV/AIDS로 진단된 사람 수, AIDS에 의한 사망자 수, HIV/AIDS 환자 수.
자료: 질병통제센터, HIV/AIDS 역학조사 보고서 2005.

AIDS: 아프리카와 아시아의 위기, 세계를 위한 도전

현재 아프리카와 아시아는 AIDS 유행의 한가운데에 있다. 이 상황이 얼마나 심각한지, 우리에게 어떤 영향을 줄는지, 그리고 우리가 할 일은 없는지 알아보자.

아프리카에서 AIDS는 통제 불능 상태이다

전 세계 HIV 감염자의 약 2/3는 사하라사막 남부 아프리카 지역에 살고 있다. UN은 그 지역의 약 2,250만 명이 이미 HIV에 감염되었을 것으로 추측하고 있다. 또한 AIDS에 의한 전 세계 사망자의 3/4 이상이 이 지역에서 발생한다.

아프리카에서의 AIDS 감염과 전파 양상은 다른 산업국가와는 다르다. 미국에서는 여자보다 남자가 더 많이 HIV에 감염되었으며, 이는 동성애에 의한 것이다. 그러나 아프리카에서는 HIV 감염자 중 61%가 여자로 이성간의 성관계에 의해 전파된 것이다. 아프리카의 몇몇 나라에서 조사된 바로는 15~19세의 여성이 같은 나이의 남성에 비해 감염 확률이 4~5배 이상 높다. 어떤 조사에 따르면, 처녀와 성관계를 가지면 AIDS가 낫는다는 잘못된 믿음 때문에 나이든 HIV 감염 남성들이 강제로 혹은 돈을 주고 가난한 소녀와 성관계를 갖는 경우가 있다고 한다.

사하라 남부 아프리카 지역의 AIDS 문제는 정치적, 경제적, 사회적 불안에 의해 더 악화되고 있다. 이 지역의 42개 국가 중 거의 1/3이 내전 중이다. 이들의 경제는 취약하고 위생 상태는 열악하며, 기본적인 의료서비스도 없는 경우가 대부분이다. 또한 기아와 굶주림이 만연해 있다. 사하라 남부 아프리카 지역에서는 약 1,100만 명 정도의 어린이가 AIDS와 전쟁, 기근으로 인해 고아가 되었다. 이들의 대부분이 빈곤에 버려진 상태로 어른들의 도움 없이 스스로 살길을 찾아 헤매는 중이다.

아시아에서는 AIDS의 위기가 날로 증가하고 있다

동남아시아 지역도 비슷한 전철을 밟아 가고 있다. 과학자들은 인도, 베트남, 태국 등에서 AIDS의 유행이 도시 지역을 넘어 일반 대중에게로 빠르게 진행되고 있다고 보고하였다. 전체 인구가 거의 10억에 이르는 인도에서 AIDS가 유행하게 된다면 그 충격은 엄청날 것이다. 그 피해는 의학적인 것뿐만 아니라 경제적인 것도 있다. AIDS는 대부분 가장 생산성이 좋은 젊은층에 타격을 가하여 가족의 수입이 감소하는 것은 물론 정부의 보건과 공공서비스 예산을 옥죄게 된다.

아프리카 학생들의 1/3은 부모를 HIV/AIDS로 잃은 고아다.

우리가 할 수 있는 일은 없을까? 물론 인도적인 차원에서 도움을 주어야 한다. 하지만 그 외에도 도움을 주는 것이 우리 자신에게도 이익이 되는 점이 있다. 어떤 계획안에 따르면, 세계에 통제 불능의 대유행이 일어나면 안보에 영향을 미치게 되고, 세계경제에도 영향을 미치게 되며, 여행도 힘들어질 것이다. 좋든 싫든 우리는 지구촌에서 살고 있다.

어떤 일이 가능한가?

어떤 해결책을 내놓던 다른 나라에서 발생한 위기는 우리나라와는 상황이 다르다는 점을 명심해야 한다. 도울 수 있는 일에는 다음과 같은 것들이 있다.

- HIV 감염에 관한 정확한 정보를 주고 일상적인 성행위가 HIV를 퍼뜨리는데 기여할 수 있다는 점을 이해하도록 도와주어야 한다.
- AIDS 치료제와 예방 장비들이 가난한 나라에서도 사용할 수 있을 정도로 비싸지 않다는 점을 알린다.
- 다른 지역에 경제적 원조나 정치적 안정을 찾도록 도와준다.
- 의료서비스의 제공을 개선한다.

이런 전략은 쉽지도 않으며 돈이 적게 드는 것도 아닐 것이다. 한 예로, 사하라 남부 지역의 오지

사실은....

- 전 세계 HIV 감염자 중 2/3가 사하라 남부 아프리카 지역에 살고 있다.
- 사하라 남부 아프리카에서는 15~19세의 여아가 같은 나이의 남아에 비해 HIV 감염 확률이 약 4~5배 정도 높다.
- 아프리카의 AIDS 문제를 해결하려는 노력은 취약한 사회기반, 잘못된 건강관리, 의료기록의 부재, 교육, 정치, 경제 현안 때문에 방해를 받고 있다.
- 아프리카나 동남아시아의 나라들은 비싼 AIDS 치료제를 구입할 수 없는 실정이다.

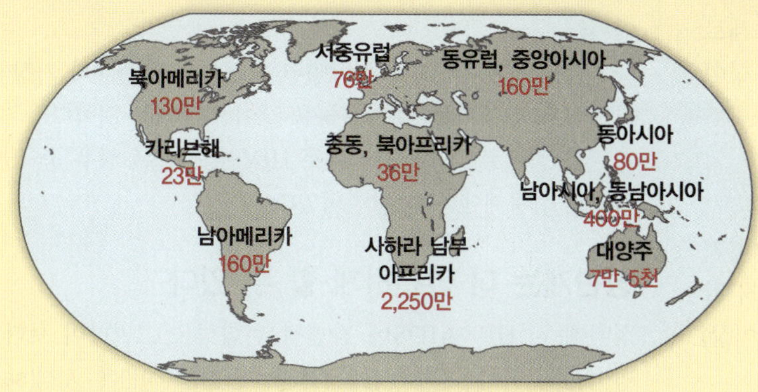

HIV 감염자 중 2/3는 사하라 남부 아프리카 지역에 살고 있다.

에는 다리나 도로도 없고 의료종사자도 적어서 의료서비스를 제공한다는 것은 어려울 것이다. 또 AIDS 감염 여부를 단번에 알 수도 없다는 점이다. 이 단원에서 설명한 바와 같이 북미지역에서는 AIDS 환자로 의심이 가면 일단 HIV 테스트를 실시하고, 보건전문가가 증세와 치료 과정을 세밀히 기록해나간다. 이와는 반대로 아프리카 등지에서는 AIDS로 의심이 되어도 HIV 검사를 요구하지 않고 전문가가 기록하는 것도 불가능한 경우가 있다. 심지어는 AIDS를 진단하는 시약도 살 수 없는 경우가 있다. 이 지역의 또 다른 큰 문제는 기아, 결핵, 말라리아 등이 AIDS와 유사한 체중감소, 발열, 피로 등의 증세를 나타낸다는 점이다.

교육은 또 어떤가? 잘 발달하지 못한 방송 시설 탓에 선진국에서 사용되는 공공 캠페인 등은 별로 효과가 없다. 더구나 일반 대중의 의식이 다르다. 즉, 잘 못 알고 있거나 거부하는 등의 반응을 흔히 볼 수 있다. 많은 연구자들이 남녀 모두에게 성교육을 실시하여 남자들의 성행동에 변화를 주려고 한다. 낮은 가격에 콘돔을 제공하는 것도 효과가 있을 것이다. 태국에서는 콘돔 사용을 권장하는 캠페인을 통해 21세 군인들의 HIV 감염률을 1990년대 중반의 4%에서 2002년에는 1%로 낮춘 바 있다.

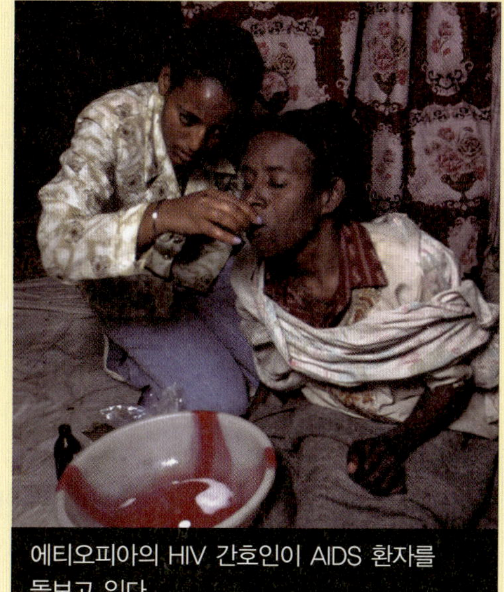
에티오피아의 HIV 간호인이 AIDS 환자를 돌보고 있다.

마지막 고비는 치료비 문제이다. 최근에 개발된 AIDS 치료제는 한 달에 약 285만 원 정도 된다. 이는 대부분의 아프리카 사람들이 일 년간 버는 금액보다 많다. 제약회사 관계자들은 약 하나 개발하는데 약 5,700억 원이 든다고 한다. AIDS 치료제의 가격이 높은 것은 미국 정부가 요구하는 수준의 안전성과 효력을 갖도록 수많은 연구와 개발비가 들어갔음을 반영하는 것이다. 그렇다면 약이 좀 더 많이 사용될 수 있도록 개발비를 줄일 수 있을까? (이를 위해 덜 안전하고 덜 효과적인 약이 개발되는 것을 감수하면서 말이다.) 내수용과는 달리 수출용 약품에 대해서는 다른 기준을 두어야 하는가?

약값이 치솟는 데에는 미국의 특허법이 한몫을 한다. 즉, 미국이 만든 약을 다른 나라에서 복제하여 만들어 싸게 파는 것을 금지하고 있다. 외국 회사들은 연구, 개발비를 보전해야 할 필요가 없기 때문에 약 1/10의 가격으로 만들어 팔 수 있다. 다른 나라에 싼 값으로 팔 수도 있고 반대로 미국에 밀수출할 수도 있다. 제약회사들은 이에 대항하여 이윤에 더 집착해서 더 좋은 약에 대한 연구나 개발에 투자를 하지 않게 될 것이다. 제약회사들은 모든 불법 AIDS 치료제의 공급사나 구매자에 대해 법적 공격을 감행하였다.

AIDS의 문제는 당분간 계속될 것이다. 우리는 AIDS 문제를 지금 해결할 수 있다. 그렇지 않으면 우리는 앞으로 더 큰 문제를 해결해야 할 것이다.

태국에서 만들어진 이 AIDS 치료제의 1년분 가격은 46만 원 이하이다.

생각해볼 문제

1 사하라사막 남부 아프리카의 AIDS를 줄이는 방법을 생각해보고 설명하시오.

2 제약회사들로 하여금 AIDS 치료제의 가격을 낮추도록 해야 할까?

3 공공 보건을 위해 정부가 AIDS 치료제를 상식적인 가격으로 필요로 하는 사람들에게 공급해주어야 할까?

미국의 이러한 안정화 추세가 다른 나라에서도 적용될 것이라고 보기는 어렵다. AIDS에 대한 치료비는 매우 비싸고(환자당 매년 1,100만~3,300만 원 정도 소요), 아프리카나 아시아에서 새로이 감염된 사람 중에는 이런 효과적인 치료를 받지 못할 가능성이 높기 때문이다.

위험한 행동이 AIDS에 걸릴 확률을 높인다

당신의 행동이 결국 얼마나 AIDS에 잘 걸리게 되느냐를 결정하기 때문에, HIV 감염과 관련하여 어떤 행동들이 위험한 행동인지 알아둘 필요가 있다. **표 9.3**에는 미국에서 성인과 청소년(12세 이상)들이 어떻게 HIV에 감염되었는지를 보여주고 있다.

2005년에 새로이 AIDS에 걸린 환자 중 약 3/4이 남성이었다. 남자의 경우 가장 위험한 행동은 주사기를 공유하는 것이고, 다른 남자와 성관계를 갖는 것이다. 남자들이 착각하기 쉬운 것은 이성과의 성교는 안전하다고 생각하는 것이다. 남성의 경우 마약이나 동성 성관계에 의한 감염률이 높기 때문에 상대적으로 이성과의 성관계에 의한 감염률이 낮게 느껴지는 것이지, 실제로 적은 것은 아니다.

여성의 경우는 HIV에 감염된 남성과의 성관계가 가장 큰 위험요인이고, 그 외에는 주사바늘을 같이 사용하는 것이다.

전체적으로, 2005년에 새로 HIV에 감염된 경우 중 19%가 이성간의 성관계에 의해 감염되었다.

표 9.3 2005년도에 성인과 청소년에서 발병한 AIDS의 성별, 감염 경로별 통계

감염 경로	%비율
남자	
다른 남자와의 성관계	48
주사 약물 사용	13
다른 남자와의 성관계 + 주사 약물 사용	6
고위험 이성과의 성관계	10
(주사 약물 사용자와 성관계)	(1)
(HIV 감염자와 성관계)	(9)
보고되거나 감염된 위험요소 없음	23
남자 총 수: 30,956명	**100**
여자	
주사 약물 사용	19
고위험 이성과의 성관계	45
(주사 약물 사용자와 성관계)	(7)
(양성애자 남성과 성관계)	(2)
(HIV 감염자와 성관계)	(36)
수혈, 혈액제제 혹은 조직 수여	1
보고되거나 발견된 위험 요소 없음	35
여자 총 수: 10,944명	**100**

출처: 질병관리 예방본부 HIV/AIDS 조사보고서, 2005.

성관계는 더 안전하게 할 수 있다

성관계 시 HIV/AIDS에 감염될 위험성을 고려하여 보다 안전한 방법을 찾아야 한다. 아래는 더욱 안전한 성관계 지침(safer sex guidelines)을 제시한 것으로 근거가 되는 사실들과 함께 설명하였다. 이 방법들이 HIV/AIDS의 감염을 완벽하게 막아줄 수는 없다. 그래서 제목도 "안전한"이라고 하지 않고 "더욱 안전한"이라고 한 것이다.

- 금욕(abstain from sex). 성적인 접촉을 금하면 위험에서 벗어날 수 있다. 이런 실질적인 이유에서뿐 아니라 윤리적인 이유로도 금욕을 하는 사람들이 있긴 하다. 하지만 금욕은 사실 바람직하지도 않고 현실적이지도 않다. 이게 사실이라면, 아래의 지침들을 될 수 있는 대로 잘 지키는 것이 가장 안전해질 수 있는 방법이 될 것이다.
- 성관계 상대의 수를 줄인다. 특히 동성애자의 경우에 효과적이라는 증거들이 있다. 이성애자의 상대수와 HIV 감염과의 관계는 아직 불분명한데, 이는 아마도 평균 상대수가 적기 때문인 것으로 생각된다. 어찌 되었든, 상대수가 적으면 위험이 적어진다는 것은 당연하다.
- 좀 더 안전한 상대를 고른다. 이것은 매우 중요한다. 상대가 예전에 마약을 했거나 동성애를 했다면 위험한 상대이다. 연구에 따르면 안전한 상대를 고르는 것은 AIDS에 걸릴 확률을 5,000배나 낮추는 것으로 나타났다.
- 위험한 성 행위를 피한다. 어떤 행위든지 혈액의 접촉 가능성을 높이는 행위, 예컨대 항문성교와 같은 행위는 위험하다. 구강성교는 상대적으로 안전하지만 완전히 안전하다고 할 수는 없다.
- 라텍스 혹은 폴리우레탄 재질의 콘돔이나 다른 차단 기구를 사용한다. 실험에서는 라텍스나 폴리우레탄 재질의 콘돔은 HIV의 감염을 차단했다. 하지만 실제 상황에서 얼마나 효과적인지는 분명치 않다. 왜냐하면 피임효과를 봤을 때 약 90%의 효과가 있는 것으로 미루어 보아 아직 실제로 조사해보지는 않았으나 아마도 비슷한 정도의 HIV 방지효과가 있지 않을까 예상한다. 콘돔은 지속적으로 정확하게 사용했을 때에만 효과가 있다. 천연피부 소재는 라텍스에 비해 덜 안전하며, 구강섹스를 하는 경우는 치과용 차단막을 권한다.

- **살정제인 노녹시놀-9(nonoxynol-9)을 사용한다.** 실험실 검사에서 노녹시놀-9은 HIV의 증식을 억제하였다. 하지만 성관계 시 노녹시놀-9에 의한 예방 효과에 대해서는 논란이 있음을 알아두기 바란다.
- **검사를 받는다(배우자와 함께).** 현재 사용되고 있는 HIV 검사법은 바이러스의 존재 여부를 검사하는 것이 아니라 HIV에 대한 항체가 존재하는지를 검사하는 것임을 알아두자. 대개 HIV에 노출된 후 충분한 양의 항체가 만들어지기 까지 약 6개월이 소요된다. 따라서 적어도 6개월에 한 번씩 검사하는 것이 바람직하다. 조사에 따르면 HIV에 노출된 사람 중 약 90%가 6개월 안에 항체를 만들어낸다. 6개월 만에 조사하여 음성 판정을 받으면 감염되었을 가능성이 낮다고 할 수 있지만 절대적인 것은 아니란 뜻이다. 드물긴 하지만 감염 후 3년 뒤에도 음성인 경우도 있다.

새로운 치료법이 주는 희망

아직 AIDS에 대한 치료약은 없지만, 연구자들은 수백 가지 이상의 약제들을 AIDS 치료제로 연구하고 있다. 어떤 것, 예건대 AZT의 경우는 바이러스가 세포 안에서 복제하는데 필요한 효소의 억제제이고, 리토나비르(ritonavir)와 사퀴나비르(saquinavir)는 단백질분해효소억제제이다(단백질분해효소는 바이러스의 단백질이 조립되는 데 필요한 효소이다).

다국적 제약회사인 화이자(Pfizer)가 개발한 마라비록(maraviroc, 제품명은 셀센트리[Celsentri])은 2007년에 미국 FDA(식품의약국)로부터 새로운 경구용 HIV 치료제로 10년간 판매 허가를 받았다. 마라비록은 바이러스가 T세포에 침투하지 못하게 한다. 만약 바이러스가 T세포 안으로 들어가지 못하면 대사기구를 점령하여 자신의 복제품들을 만들지 못하게 된다. 마라비록은 2011년도 예상 판매고가 5,500억 원에 이른다.

발병이 진행된 AIDS에 대한 치료와 함께, 연구자들은 HIV에는 감염되었으나 아직 AIDS가 발병하지 않은 사람들에 대한 치료를 시작하였다. 이러한 시도는 발병하기 전에 나타나는 면역계의 붕괴를 미연에 방지할 수 있을 것으로 기대한다. 다수의 건강관련 전문가들은 일반인들에게 HIV 감염 여부를 조사해보라고 권유하고 있다. 이는 조기에 발견해서 치료를 받을 확률을 높인다는 것이다.

어떤 이들은 백신 개발만이 이 HIV를 꺽는 안전하고도 효과적인 방법이라고 주장한다. 수십 가지의 백신이 개발되기도 하였다. 하지만 아직 어느 것도 범용될 만큼 강력하지가 않다.

백신의 개발은 HIV가 비교적 빨리 돌연변이를 일으키기 때문에 더 어려워지고 있다. 이미 수 개의 바이러스 변종들이 서로 다른 백신을 필요로 한다는 사실이 알려져 있다. HIV는 일반 백신을 만드는 방법, 즉 온전하지만 약화된 형태로 만드는 것조차도 위험하기 때문에 더욱 문제가 심각하다. 현재는 유전공학적으로 생산된 HIV 바이러스의 일부 혹은 HIV 바이러스 유전자의 일부를 백신으로 사용하고 있다.

요점 정리

AIDS(후천성면역결핍증후군, acquired immune deficiency syndrom)은 사람의 T세포를 공격하는 HIV 바이러스에 의해 발생하는 치명적인 병이다. HIV는 체액에 의해 전염되며 대부분 성교, 수혈, 주사바늘, 모유수유 등을 통해 전염된다. ■

단원 요약

병원체는 질병을 일으킨다

- 감염균에는 세균, 바이러스, 진균류, 원생동물, 벌레, 그리고 프리온 등이 포함된다.
- 세균은 간단한 내부구조를 가지며 단단한 세포벽으로 둘러싸여 있다.
- 바이러스는 스스로 번식할 수 없다. 바이러스의 번식에는 살아 있는 세포가 필요하다.
- 프리온은 잘 못 접혀진 단백질이며 다른 정상 단백질의 구조를 잘 못 접힌 형태로 만들어 번식한다.
- 특정 병원체의 위험성은 어떻게 전파되며 얼마나 쉽게 전염되는지 발병했을 때 얼마나 피해를 주는지에 따른다.

림프조직이 우리 몸을 보호한다

- 림프계는 림프관과 림프절, 비장, 흉선, 그리고 편도 등으로 구성된다.
- 림프계는 우리 몸을 병으로부터 지켜준다.
- 비장, 림프절, 편도에 분포하고 있는 식세포들은 미생물들을 잡아먹어 죽인다.
- 흉선에서는 도움T세포의 성숙을 돕는 호르몬을 분비한다.

병원균을 차단: 제 1 방어선

- 피부는 미생물의 침입을 효과적으로 차단한다.
- 눈물, 침, 점액질, 귀지는 미생물을 씻어내는 역할을 한다.
- 위의 소화산은 많은 미생물들을 죽인다.

비선택적 방어: 제 2 방어선

- 식세포가 미생물과 손실된 세포를 둘러싸서 잡아먹는다.
- 염증은 다음 4가지 증세를 보인다: 충혈, 발열, 붓기, 통증
- 자연살해세포는 화학물질을 방출하여 표적세포를 죽인다.
- 보체계에 속하는 순환 단백질은 미생물을 죽이거나 파괴되도록 표지한다.
- 인터페론은 바이러스의 증식을 방해하는 단백질이다.
- 발열은 체온을 올려서 어떤 미생물들에게는 열악한 환경을 만든다.

선택적 방어 기작: 제 3 방어선

- 면역세포는 외부에서 들어오거나 손상된 세포를 자신의 정상 세포와 구별할 줄 안다.
- 모든 세포는 "자기"임을 알 수 있게 하는 MHC 단백질을 세포표면에 가지고 있다.
- 항원은 면역계를 자극하여 면역반응을 일으키는 물질이다.
- B세포는 외부 침입 항원에 대한 항체를 만든다.
- T세포는 면역반응을 촉진하거나 직접 미생물을 죽이는 물질을 만들어 방출한다.

면역 기억이 면역성을 만든다

- 항원에 대한 정보는 처음 항원에 노출된 뒤 기억세포에 저장된다.
- 두 번째 감염은 처음에 비해 훨씬 강한 면역반응을 유발한다.
- 두 번째 반응의 신속함이 질병에 대한 면역성을 나타낸다.

병원체와 전쟁에 도움이 되는 의학적 지원군

- 백신은 특정 질병에 대한 면역성을 미리 부여한다.
- 항체를 주사하면 일시적인 면역성을 부여하며, 이미 감염된 경우에 유용하다.
- 단일클론항체는 주로 진단에 사용된다.
- 항생제는 세균에 효과적이지만 바이러스에는 효과가 없다.

조직 거부: 의학적 도전

- 조직 거부반응은 자기와 자기가 아닌 것을 구별하는 능력의 정상적인 결과이다.
- 면역억제제와 여러 가지 항원 검사, 그리고 장기 공여자와의 적합성 검사가 인간의 장기이식 성공률을 높였다.

부적절한 면역계의 반응이 문제를 일으킨다

- 유해하지 않은 항원에 대해 과도하게 반응하면 알레르기반응이 일어난다.
- 어떤 사람의 면역세포가 자기 자신의 세포를 공격하기 시작하면 자가면역질환이 발생한 것이다.

면역결핍: AIDS의 특수한 경우

- AIDS는 HIV에 의해 발생한다.
- AIDS 증세는 HIV에 감염되고 몇 년 후에 나타날 수도 있다. 하지만 그 경우 대부분 치명적이다.
- 전 세계적으로 볼 때 HIV의 감염과 AIDS 환자 수는 아직도 가파르게 증가하고 있다.
- AIDS를 완전히 퇴치하지는 못하겠지만 "더욱 안전한" 성관계를 실천하면 AIDS의 파급을 줄일 수 있다.

알아야 할 용어

B세포(B cell)
T세포(T cell)
능동면역(active immunization)
단일클론항체(monoclonal antibodies)
면역반응(immune response)
바이러스(virus)
백신(vaccine)
병원체(pathogen)
사이토카인(cytokines)
세균(bacteria)
세포성 면역(cell-mediated immunity)
수동면역(passive immunization)
염증반응(inflammation)
인간면역결핍바이러스(human immunodeficiency virus: HIV)
프리온(prion)
항생제(antibiotics)
항원(antigen)
항체(antibody)
항체성 면역(antibody-mediated immunity)
후천성면역결핍증후군(acquired immunodeficiency syndrome)

개념 확인 문제

1. 병원체(pathogen)란 무엇인지 정의하고, 그 예를 열거하시오.
2. 사람들로 하여금 바이러스가 생물인지 아닌지 의문을 갖게 하는 바이러스의 특이한 성질에 대해 설명하시오.
3. 프리온(prion)이 인간의 건강에 미치는 영향을 설명하시오.
4. 림프계를 이루는 기관의 기능에 대해 설명하시오.
5. 염증반응에 수반되는 4가지 현상을 열거하시오.
6. 비선택적 방어 기작과 선택적 방어 기작을 비교하여 간략히 설명하시오.
7. 항원의 개념을 설명하고, 항원이 어떻게 자기(self)와 비자기(nonself) 표식과 관련되는지 설명하시오.
8. 특정 개인에게 속한 세포가 어떻게 확인(동정)되어서, 그 사람의 면역계가 그 세포를 공격하지 않는지 설명하시오,
9. 세포독성T세포가 표적세포를 죽이는 방법을 설명하시오.
10. 백신이 특정 질병에 대한 면역성을 어떻게 만드는지 설명하시오.

학습 문제

연결 문제

_________ 1. 식세포작용을 하는 백혈구 세포
_________ 2. 세포성 면역을 담당하는 세포
_________ 3. 모든 세포의 표면에 있는 "자기" 표식 단백질 그룹
_________ 4. BSE(소해면양뇌증) 질병을 일으키는 감염성 단백질
_________ 5. 히스타민을 분비하는 세포
_________ 6. 항체가 속한 단백질의 유형을 이르는 용어

a. 비만세포
b. 주조직적합복합체
c. 면역글로불린
d. T세포
e. 프리온
f. 대식세포

빈칸 채우기

7. 에볼라 바이러스는 감염된 사람의 80% 이상을 사망하게 하여, 에볼라는 현존하는 가장 _____________ 한 병원체가 되었다.
8. 바이러스에 감염된 세포는 _____________ (이)라고 부르는 한 그룹의 단백질을 분비하는데 이 단백질은 인접한 세포들이 바이러스 감염에 저항할 능력을 향상시켜준다.
9. 알레르기반응을 일으키는 물질을 _____________ (이)라고 부른다.
10. _____________ 은(는) 림프를 정화시키고, _____________ 은(는) 혈액을 정화시킨다.
11. 면역계가 "자기"를 잘못 인식하여 일으키는 질환을 _____________ (이)라 한다.
12. 단일 B세포로부터 유래한 세포의 클론으로부터 만든 항체를 _____________ (이)라고 부른다.

OX 문제

13. 가벼운 발열은 감염에 대항하여 싸우는데 도움이 된다. ( )
14. 수동면역은 능동면역보다 미래의 감염에 대해 더 오랫동안 보호해준다. ( )
15. HIV 감염이 B세포를 파괴하여 항체가 만들어지지 않기 때문에 AIDS는 치명적이다 . ( )

참고문헌

Garrett, Laurie. *The Coming Plague: Newly Emerging Diseases in a World Out of Balance*. New York: Penguin Books, 1995. 750 pp. (A compelling look at the potential for worldwide epidemics of communicable diseases.)

Newman, Jack. How Breast Milk Protects Newborns. *Scientific American*, December 1995. (Cells and antibodies in breast milk protect newborns until their immune system develops.)

Preston, Richard. *The Hot Zone*. New York: Anchor Books, 1994. 411 pp. (A gripping true account of an outbreak of Ebola, one of the most dangerous viruses in the world.)

Shilts, Randy. *And the Band Played On: Politics, People, and the AIDS Epidemic*. New York: St. Martin's Press, 1987. 630 pp. (The story of the very earliest years of the AIDS epidemic in America.)

응용 문제

1. 손을 약간 베어서 소소한 감염이 일어났을 때, 뜨거운 물에 손을 담그면 회복이 빨라진다. 뜨거운 물이 어떻게 도움이 될까?
2. 항생제는 왜 바이러스에 효과가 없는지 설명하시오.
3. 세균이 질병을 일으킬 수 있다는 사실은 모든 사람이 알고 있다. 우리 몸에 있는 세균을 일시에 모두 없앨 수 있다고 가정해보자. 이 일은 좋은 일일까, 나쁜 일일까?
4. 1918년 치명적인 독감 바이러스가 대유행하여 3천만 명 이상이 사망하였다. 만일 동일한 독감 바이러스가 다시 돌아온다면, 우리의 처지는 1918년에 살았던 사람들보다 더 나을까, 아니면 더 나쁠까?
5. 과학자들은 임질 감염에 대해 유효한 백신을 개발하려고 수년 동안 노력했었다. 기대가 되는 어떤 백신은 콧구멍을 통해 분사되는 것이었다. 콧구멍은 명백히 임균 감염 부위가 아니다. 생식기관을 보호하려는 백신을 콧구멍을 통해 전달한 이유는 무엇인가?
6. 대부분의 사람들이 감기나 독감은 일생을 통해 여러 번 걸리면서, 수두는 왜 한번만 앓게 되는가?
7. 면역계는 유해한 미생물로부터 우리를 방어해준다. 왜 이런 일이 항상 작용하지는 않는가? 다른 말로 하면, 왜 어떤 사람은 병이 들고 죽게 되는가?

학습 문제 해답

1. f **2.** d **3.** b **4.** e **5.** a **6.** c **7.** 독성이 강 **8.** 인터페론 **9.** 알레르겐 **10.** 림프절; 비장 **11.** 자가면역질환 **12.** 단일클론항체 **13.** O **14.** X **15.** X

10 호흡계: 기체교환

1 폐에서 혈액과 공기 사이에 교환되는 두 가지 주요 기체는 무엇인가?

2 의사는 우리에게 숨을 들이마시게 한 다음 폐활량계 안으로 강제로 내쉬게 하여 폐의 기능을 검사한다. 폐활량계로 검사하는 것은 무엇인가?

a. 우리가 한 번의 숨쉬기로 들이마시고 내쉬는 공기의 양

b. 공기가 폐 안으로 드나드는 속도

c. 폐에 있는 근육의 양

3 오랫동안 숨을 멈추고 있기가 어려운 이유는 무엇인가?

4 미국에서는 매년 일산화탄소 중독으로 500명이 사망하고 40,000명이 병원의 응급실 신세를 진다. 일산화탄소가 그처럼 치명적인 이유는 무엇인가?

사람의 소기관지와 폐포의 단면. 주사현미경 사진(×55)

저녁을 같이 먹던 친구의 얼굴이 파랗게 변하고 있다. 1분 전만 해도 그는 웃고 마시면서 열심히 스테이크를 먹고 있었는데, 이제는 숨을 쉬지도, 말을 하지도 못하면서 다급하게 자신의 목덜미를 움켜쥐고 있다.

음식이 목에 걸려 숨이 막히는 것은 응급 상황이긴 하지만, 응급 의료진이 직접 손을 쓰는 일은 거의 없는 상황이기도 하다. 피해자의 운명은 거의 항상 의료진이 도착하기 전에 결정되고 만다. 당장 주변에 이 상황에 개입해서 숨막힘(choking)을 해소해줄 수 있는 사람이 있지 않는 한, 피해자가 살아남을 확률은 매우 낮다.

우리는 영양분이나 물이 없어도 며칠은 살 수 있지만, 산소가 없는 경우에는 불과 몇 분 만에 목숨을 잃게 된다. 동물과 환경 사이의 모든 물질 교환 사례 중에서, 호흡을 위한 기체의 교환은 거의 항상 가장 절박하게 필요한 것이다.

이런 절박함의 물리적 원인은 무엇일까? 모든 세포들은 에너지와 특정 원료를 이용해서 생존하고, 성장하고, 생식한다. 그러기 위해서 세포들은 호기성 대사를 수행하는데, 이 말은 이들이 산소를 소모하며 부산물로 이산화탄소를 내놓는다는 것을 의미한다. 3단원에서 살펴보았듯이, 산소는 세포호흡에서 최종적으로 전자를 받아들이는 물질로, 대부분의 세포에서 ATP를 생산하는데 필수적이다. 산소가 없으면, 필수적인 세포 내 생명현상들은 진행될 수 없다. 또한 이산화탄소 역시 계속 체내에 축적되면 나쁜 효과를 미치기 때문에 이를 조직으로부터 제거하는 것 역시 중요한 일이다.

호흡계(respiratory system)의 주 기능은 이 두 기체(산소와 이산화탄소)를 밖의 공기와 교환하는 것이다. 우리는 들이쉬는 공기로부터 산소를 뽑아내고, 내쉴 때에는 대사의 부산물인 이산화탄소를 몸에서 제거한다. 우리가 숨 쉬는 공기 중의 산소는 식물로부터 온다. 식물은 잎에 있는 작은 기공을 통해 이산화탄소를 흡수해서 광합성(photosynthesis)이라는 자신들의 에너지 생산 과정에 이용한다. 이 과정에서 이들은 자신들이 쓸(그리고 우연히도 우리 역시 쓸) 산소를 만들어낸다. (이 현상과 생태계에서 일어나는 다른 예, 그리고 지구상의 생명의 정교한 균형에 대해서는 23단원과 24단원에서 살펴보도록 하겠다.)

10.1 호흡은 몸 전반에 걸쳐서 일어난다

호흡(respiration)이라는 용어에는 다음 네 가지 과정이 포함되어 있다.

- **숨쉬기**(breathing; 혹은 **환기**). 폐를 드나드는 공기의 움직임.
- **외호흡**(external respiration). 들이마신 공기와 혈액 사이의 기체교환.
- **내호흡**(internal respiration). 혈액과 조직액 사이의 기체교환.
- **세포호흡**(cellular respiration). 산소를 사용하여 세포 내에서 ATP를 생산하는 과정. 이 과정에서 부산물로 이산화탄소가 생성된다.

숨쉬기는 호흡계와 호흡계에 관련된 뼈, 근육, 신경 등에 의해서 촉진된다. 외호흡은 폐 안에서 일어나고, 내호흡과 세포호흡은 온몸의 조직 전반에 걸쳐서 일어난다.

인간과 대부분의 동물들에서 호흡계는 기체교환 외에 다른 기능을 또 하나 가지고 있는데, 이 기능은 소리를 만들어내는 것(발성)이다. 소리를 내는 것은 중요한 기작으로, 유아들이 어른 보호자에게 신호를 보내고자 할 때 사용된다. 물론, 소리를 낼 수 있다는 사실은 정보 교환과 문화의 발달에 매우 소중하게 사용되었으며, 그에 따라 장기적으로 내다보면 인류의 생존에 이바지하기도 했다.

10.2 호흡계는 상기도와 하기도로 구성된다

호흡계(그림 10.1)는 (1) 폐로 공기를 보내고 폐로부터 다시 공기가 돌아올 수 있는 통로의 체계와 (2) 기체교환이 실제로 일어나는 폐, 그 자체로 구성되어 있다. 또한 폐로 공기가 드나들도록 해주는 뼈,

들어가기 질문의 답

1 **산소와 이산화탄소.** 우리가 숨을 쉬는 공기 중의 산소는 혈액으로 이동한 뒤 모든 세포들로 수송되어서 세포 대사가 진행될 수 있게 돕는다. 이 대사의 부산물인 이산화탄소는 폐를 통해 다시 대기 중으로 내쉬어진다. 이 단원에서 우리는 기체의 교환과 수송이 어떻게 이루어지는지 살펴볼 것이다.

2 **a와 b.** 사람이 한 번 숨을 쉴 때마다 들이마시고 내쉬는 공기의 부피와 공기가 폐를 드나드는 속도는 의사들이 천식과 같은 일부 폐질환들을 진단할 수 있는 척도가 된다.

3 신체의 호흡을 조절하는 기작들은 너무 강하기 때문에 고의로 오랫동안 조절 기작을 무시하는 것은 불가능하다. 만일 계속해서 숨을 참으려고 한다면 결국에는 의식을 잃게 될 것이고, 그 때부터는 다시 호흡 조절 기작에 의해 숨을 쉬게 된다.

4 일산화탄소는 혈액이 신체 조직으로 산소를 운반하는 능력을 감소시킨다. 이 단원에서 우리는 어떻게 혈액이 산소를 수송하고, 생명에 필수적인 이 과정을 일산화탄소가 어떻게 방해하는지 살펴보도록 할 것이다.

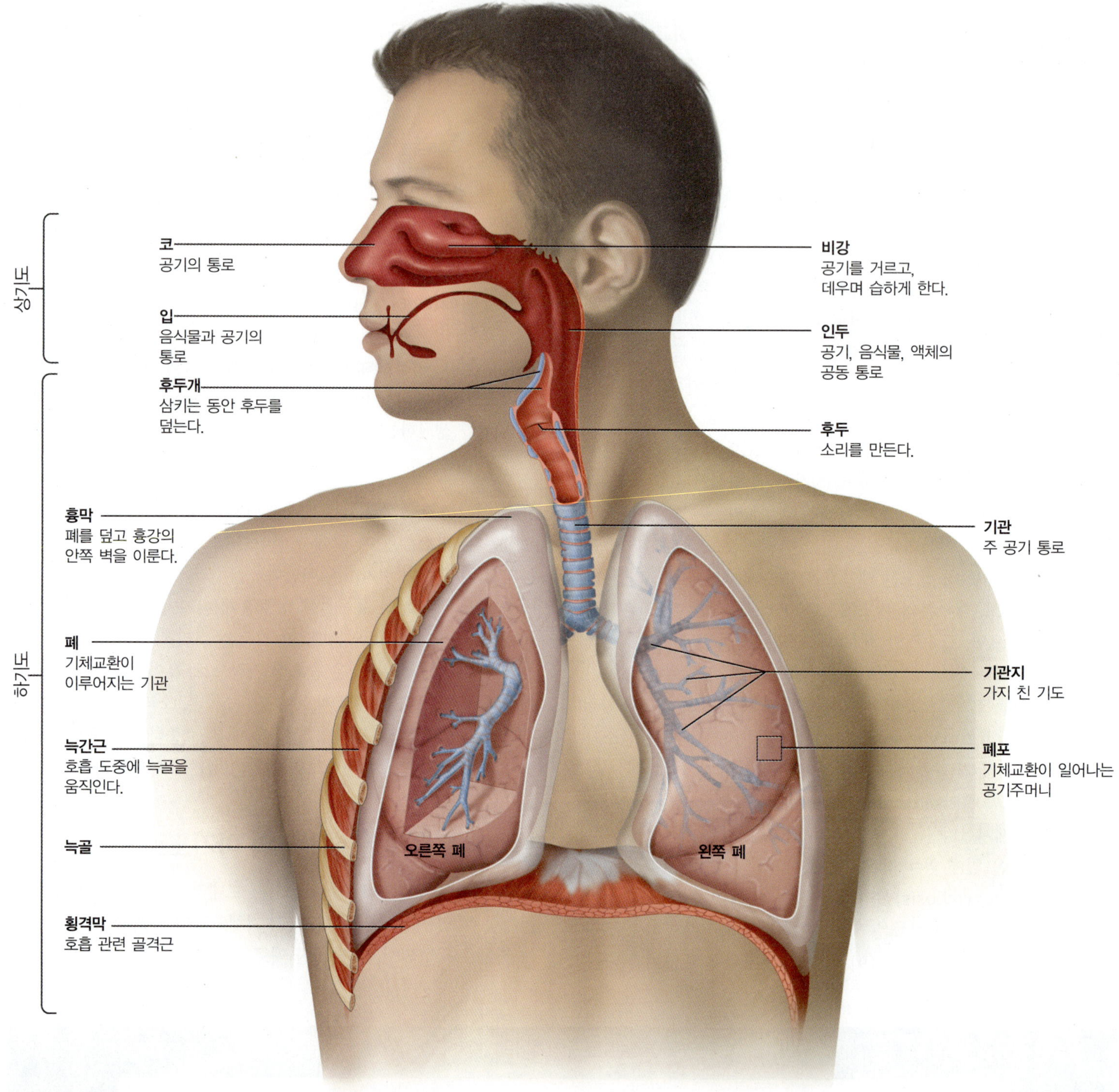

그림 10.1 사람의 호흡계. 각 해부학적 구조의 기능을 함께 설명하였다.

근육 및 신경계의 여러 구성요소들 역시 호흡에 있어 중요하다.

편의상, 호흡계는 상기도와 하기도로 나눌 수 있다. 상기도(upper respiratory tract)는 코(비강을 포함해서)와 인두로 구성되어 있다. 즉, 목의 결후(Adam's apple) 윗부분의 구조들이 여기에 해당한다. 하기도(lower respiratory tract)는 후두부터 시작해서 기관, 그로부터 분지되는 두 기관지, 그리고 오른쪽 폐와 왼쪽 폐 자체를 포함한다.

상기도는 공기를 여과하고, 데우며, 습하게 하는 역할을 한다

들숨을 하게 되면, 공기는 코 혹은 입을 통해 몸으로 들어오게 된다(그림 10.2). 코의 중요성을 인정해야 되는데, 그 이유는 단지 호흡을 위한 통로 이상의 역할을 하기 때문이다. 코는 그 외에도 다음과 같은 역할을 한다.

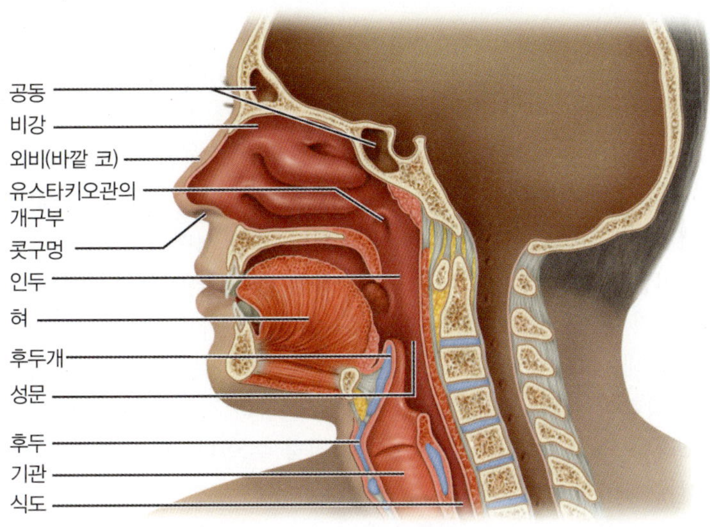

그림 10.2 **상기도의 구성요소.**

- 후각을 위한 수용체를 가진다.
- 들이마신 공기를 여과하면서 일부 이물질을 걸러낸다.
- 체내로 들어오는 공기를 데우고 습하게 한다.
- 울림통 역할을 할 공간을 제공해서 사람의 목소리에 특징적인 음색을 부여한다.

눈으로 보이는 코의 부위는 외비(바깥 코)라고 부른다. 코의 내부는 **비강(nasal cavity)**이라고 부른다. 외비의 앞부분은 연골로 되어 있고 연골 뒤에 두 개의 코뼈가 있다. 코는 사람에 따라 그 크기와 모양이 다른데, 그 주원인은 연골조직이 개인마다 조금씩 차이가 있기 때문이다.

외비와 비강은 비중격(nasal septum)에 의해 두 개의 공간으로 나누어져 있다. 공기는 외비의 아래쪽에 있는 두 개의 콧구멍을 통해 들어와서, 코털에 의해 부분적으로 여과된 뒤 비강으로 흘러들어간다. 비강에는 많은 혈관들이 뻗어 있는 축축한 상피조직이 늘어서 있다. 이 혈관들은 들어오는 공기를 데우는 것을 도와주며, 상피조직이 분비하는 점액은 공기를 습하게 만들어준다. 이 상피조직은 또한 섬모라고 부르는 작은, 털 같은 돌기들로 덮여 있다.

비강의 점액은 먼지, 병원체, 그리고 기타 공기 중의 이물질들이 호흡계로 깊이 침투하기 전에 잡아주는 역할을 한다. 섬모는 조화롭게 움직이면서 이런 이물질들이 잡힌 점액을 비강의 뒤쪽, 인두쪽으로 서서히 옮긴다. 일단 옮겨진 점액을 우리는 기침을 통해 뱉어 내거나, 삼켜서 강한 위산으로 소화되게 한다. 평상시에 우리는 코 안 섬모가 이처럼 중요한 일을 하는 것을 미처 알지 못한다. 하지만 낮은 온도에 노출되면 이 섬모의 움직임이 더뎌져서, 점액이 비강에 고인 뒤 콧구멍을 통해 나오게 되는 일이 일어날 수 있다. 바로 이것이 추운 날씨에 콧물이 흐르게 되는 이유이다.

5단원에서 언급하였듯이, 두개골 내에 있는 공동(sinuses)이라고 부르는 공간들 역시 안쪽 벽에는 점액을 분비하는 조직이 늘어서 있어 외부물질을 포획하는 것을 돕는다. 공동은 이 점액을 작은 통로를 통해 비강으로 비운다. 눈으로부터 눈물을 운반하는 두 눈물관도 눈물을 비강으로 내보낸다. 이 때문에 격한 감정에 사로잡히거나 눈에 티끌이 들어가서 눈물이 많이 분비될 경우에 콧물이 함께 흐르게 되는 것이다.

그 다음에, 체내로 들어온 공기는 입과 비강을 후두와 연결하는 부위인 **인두(pharynx)**를 통과하게 된다. 인두의 윗부분은 비강에서부터 입천장까지 뻗어 있다. 이 부위로 두 개의 유스타키오관(이관: auditory tubes)이 열려 있는데, 유스타키오관은 중이 내의 액체를 빼내는 역할과 중이와 외부 사이의 기압을 중화하는 역할을 한다. 인두 아랫부분은 음식물과 공기가 함께 통과하는 통로인데, 음식물은 인두를 지나서 식도로 내려가고, 공기는 이 부위를 지나서 하기도로 향한다.

요점 정리

호흡계는 산소와 이산화탄소를 공기와 교환하도록 분화되어 있다. 상기도는 공기를 여과하고, 데우며, 습하게 해주는 역할을 맡는다. ■

하기도는 기체를 교환한다

하기도는 후두, 기관, 기관지, 그리고 세기관지와 폐포를 가진 폐를 포함한다(그림 10.3).

후두는 소리를 만들어낸다 **후두(larynx)** 또는 목소리상자(voice box)는 인두 아래쪽에 약 5cm 정도 뻗어 있다. 후두의 역할은 아래와 같다.

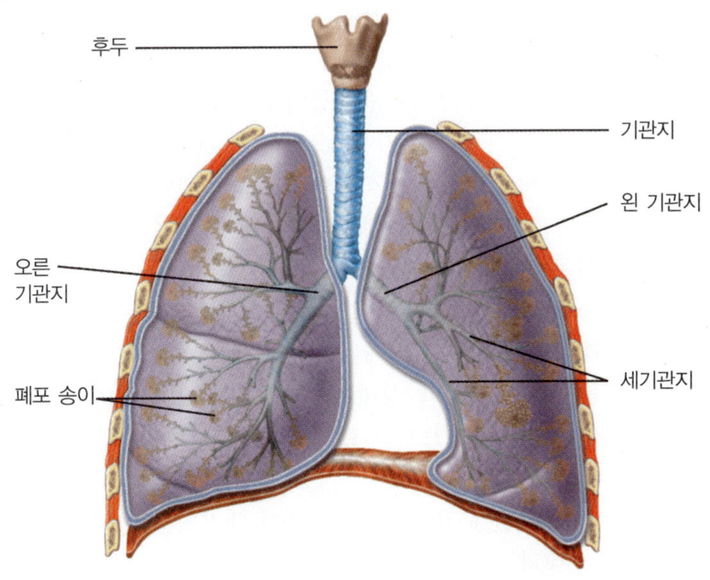

그림 10.3 **하기도의 구성요소.** 폐포는 너무 작아서 이 그림에는 나타낼 수 없다.

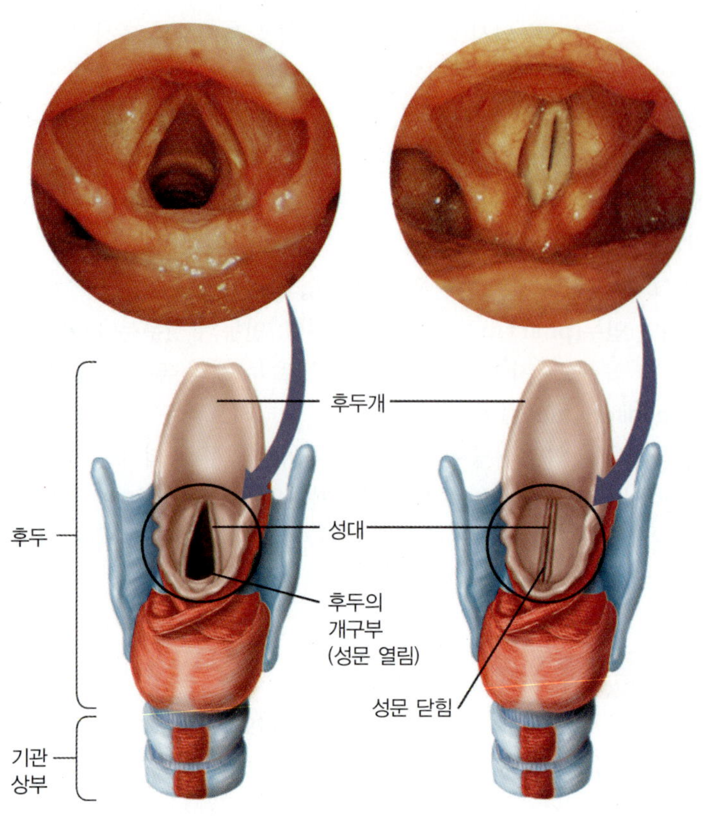

a) 조용히 숨쉴 때 성대의 위치 b) 소리를 발생시킬 때 성대의 위치

그림 10.4 소리의 발생과 관계된 구조들.

- 열려 있는 기도를 유지한다.
- 음식물과 공기를 각각의 통로로 보내준다.
- 소리 내는 것을 돕는다.

후두에는 두 개의 중요한 구조가 있는데, 이들은 후두개와 성대이다(그림 10.4). **후두개(epiglottis)**는 후두의 입구에 위치한 유연한 연골 판이다. 공기가 후두로 흘러들어가는 동안에는, 후두개가 열린 채로 있다. 그러나 우리가 음식물이나 음료를 삼킬 때에는, 후두개가 기울어지면서 입구를 일시적으로 막게 된다. 이 "전환 기작(switching mechanism)"은 음식물과 음료를 기관이 아닌 식도와 소화계로 보내게 된다. 그렇기 때문에 음식물을 삼키고 있는 동안에는 말을 하는 것이 불가능한 것이다.

성대(vocal cord)는 두 겹의 결합조직이 기도를 가로질러 뻗어 있는 형태로 이루어져 있다. 성대는 **성문(glottis)**이라고 부르는 기도의 입구를 둘러싸고 있다. 성대는 인대로 지지되어 있으며 결후('아담의 사과'라는 별명으로 부르기도 함)라고 부르는 연골구조로 둘러싸여 있다.

우리는 혀와 이를 움직여서 일부 소리를 내기도 하지만, 대부분의 소리는 성대의 진동을 통해 발생시킨다. 성대에서 만들어지는 소리의 음조는 성대가 얼마나 팽팽히 늘어나 있는지에 따라 결정되는데, 이는 골격근에 의해 조절된다. 우리가 말을 하지 않을 때의 성대는 이완되어 열린 상태에 있다(그림 10.4a). 우리가 말을 하기 시작하면 성대는 기관 입구를 가로질러 팽팽하게 늘어나게 되고, 이곳을 지나는 공기의 흐름이 성대를 진동하게 한다(그림 10.4b).

여느 현악기들과 마찬가지로, 상대적으로 짧은 성대는 긴 성대에 비해 더 높은 음의 소리를 내게 된다. 또한 성대가 더 팽팽하게 늘어날수록, 성대에서 나는 소리 역시 더욱 높아진다. 남자들은 사춘기 때 테스토스테론 때문에 후두가 발달하게 되므로 여자들에 비해 대개 더 굵은 목소리를 내며 눈에 더 띄는 큰 결후를 가지는 경향이 있다. 우리는 성대에 주는 긴장의 정도를 조절해서 목소리의 크기와 높낮이를 어느 정도 바꿀 수 있다. (만일 불안한 상태에 놓이면, 목소리가 더욱 높아지는 것을 느낀 적이 있을 것이다.) 그 결과 나타나는 진동은 음파의 형태로 공기 중으로 퍼져나가게 된다.

대부분의 사람들은 목소리의 특징적인 성질 때문에 금방 알아볼 수 있다. 성대의 모양과 크기뿐만 아니라, 인두, 코, 비강, 혀와 치아 등 호흡계와 입 안 여러 부위들에 따라 목소리에 나타나는 개인적인 차이가 정해진다. 인두, 혀, 연구개와 입술의 근육들이 함께 활동하여 사람들이 알아들을 수 있는 소리를 낸다. 인두, 코 그리고 부비동 등은 목소리의 음조를 증폭시키고 향상시키는 울림통으로 작용한다.

언어는 우리의 진화학적 역사와 인류 문명 발달에 지대한 역할을 했다. 비록 소리를 발생시키는 기능은 호흡 관련 기체들의 항상성 유지에는 역할이 없지만, 동물들은 공기의 흐름에 들어 있는 에너지를 이용해서 이 중요한 기능을 수행할 수 있도록 진화해왔다.

요점 정리

후두는 공기가 지날 수 있도록 열려 있는 통로를 유지하고, 음식물과 공기를 각각의 통로로 보내주며, 소리를 낼 수 있게 해준다. 소리는 공기가 성문 부위를 지날 때 성대가 진동하면서 발생한다. ■

기관은 공기를 운반한다 공기는 호흡계를 따라 내려가면서 후두부터 왼쪽과 오른쪽 기관지까지 이어지는 **기관(trachea)**, 혹은 기도로 흘러들어간다. 기관은 일련의 C자 모양의 불완전한 고리 형태의 연골들이 결합조직과 근육에 의해 서로 연결된 구조를 가지고 있다. 그림 10.5에서 볼 수 있듯이, 각 연골 고리는 기관 둘레의 3/4 정도만 둘러싸고 있다. 이 연골 고리들은 기관이 항상 열려 있도록 해주지만, 기관을 완전히 둘러싸고 있지는 않기 때문에 우리가 기침을 하거나 심호흡을 하면 기관의 지름이 약간은 변하게 된다.

비강처럼, 기관의 안벽에는 점액을 분비하는 섬모로 덮인 상피조직이 둘러져 있다. 점액은 이물질을 붙잡고 섬모는 이것을 폐와는 반대 방향인 위쪽으로 이동시킨다.

만일 이물질이 기관에 끼게 되면, 호흡이 차단되면서 숨막힘이

a) 이완 상태. 최대 지름이 안팎으로의 공기 움직임을 돕는다.

b) 기침반사 도중 평활근이 잠시 수축하면서 기관의 지름을 감소시킨다. 복부 근육들의 수축과 합쳐져, 이는 공기의 움직임의 속력을 증가시켜서 이물질 혹은 점액을 기관 밖으로 배출시킨다.

그림 10.5 기관. 기관은 질기고 유연한 C자 모양의 열린 연골띠들이 평활근 상피조직 및 결합조직의 층들로 유지되어 있는 구조를 지니고 있다.

발생하게 된다. 만일 기도가 완전히 막혔다면, 몇 분 안에 사망할 수도 있다. 숨막힘은 종종 식사 중에 활기 있게 대화를 나누던 사람에게 발생하게 된다. 비단 식사예절뿐만 아니라, 숨막힘의 위험 때문에라도 먹는 것과 말하는 것을 동시에 하지 않는 것이 좋다.

숨막힘은 일반적으로 목에 있는 수용체를 자극해서 **기침반사(cough reflex)**를 유도한다. 기침반사란 외부 물질을 제거하기 위해 갑작스럽게 폐로부터 공기를 내뿜어내는 것이다(그림 10.5b). 만일 사람이 들숨을 마치기도 전에 이물질이 기도를 완전히 막아버린다면, 폐에는 공기가 많이 들어 있지 않을 것이다. 그렇게 되면 이물질을 제거하는 것이 더욱 어려워진다('건강 파수꾼' 참조). 만일 이물질이 공기의 흐름을 일부분만 막고 있다면, 천천히 공기를 들이마신 뒤 기침하는 것으로 이물질 제거가 가능할 수도 있다.

기관지는 갈라져서 폐로 들어간다 기관은 흉강으로 들어가면서 두 갈래로 나뉘는데, 이 갈래들을 오른 **기관지(bronchus)**와 왼 기관지라 부른다(그림 10.3 참조). 나무 가지들처럼, 두 기관지는 더 분지되어서 더더욱 작은 기관지들의 망을 형성하게 된다. 기관지의 벽은 섬유성 결합조직과 연골로 보강된 평활근을 가지고 있다. 분지가 계속되며 통로들이 좁아질수록, 연골의 양도 감소하게 된다. 정의상, 연골을 포함하지 않는 가장 작은 공기 통로를 **세기관지(bronchiole)**라고 부른다. 가장 작은 세기관지는 지름이 1mm 이하로, 주로 소량의 탄성 결합조직으로 둘러싸인 얇은 평활근층으로 구성되어 있다.

기관지와 세기관지는 공기의 운반 외에도 여러 다른 기능을 가지고 있다. 이들은 공기를 정화하고, 체온에 가까운 온도로 데워서 수분으로 포화시켜 기체교환이 이루어지는 폐의 정교한 부위로 보낸다. 공기는 기관지와 세기관지 벽에 늘어선 세포들의 축축한 표면과 접촉하여 데워지면서 습해진다. 가장 작은 세기관지만 제외하고, 기관지와 세기관지의 안벽은 섬모를 가진 상피세포들로 덮여 있으며 간혹 점액을 분비하는 세포들도 존재한다. 이 세포들이 분비하는 묽고 물 같은 점액은 먼지, 세균 및 다른 작은 입자들을 잡는다. 그러면 섬모를 가진 세포들이 축적된 점액과 잡힌 이물질들을 위쪽의 인두 방향으로 쓸어서 삼킬 수 있도록 해준다.

담배 연기에는 기관지를 자극하는 화학물질과 입자들이 들어있다. 담배 연기에 반응하여 점액의 분비가 증가하게 되지만, 연기는 섬모의 활동을 방해한다. 흡연을 계속하면 섬모가 파괴되고, 점액과 연기의 이물질들이 기관지에 쌓이게 된다. '흡연자의 기침'은 기도로부터 점액을 제거하기 위해 해야만 하는 심한 기침을 일컫는 말이다. 점액이 축적되면 병원체와 자극성 이물질들이 호흡계에 남게 되어 감염이 자주 일어난다. 또한 이것은 기관지염, 폐기종, 그리고 폐암 등 질병들에 대한 위험을 증가시키기도 한다(그림 10.6)(10.6 소단원의 호흡계 질환 참조).

코와 입으로부터 시작해서 폐의 가장 작은 세기관지까지, 우리가 지금까지 다룬 모든 공기 통로들 중 어느 곳에서도 정작 기체교환은 이루어지지 않는다. 본질적으로, 이들은 모두 기체교환이 실제로 이루어지는 폐로 공기를 전달하기 위한 관들이다.

요점 정리

기관, 혹은 기도는 오른 기관지와 왼 기관지로 분지하며, 이 둘은 계속해서 더 작은 기관지로 나뉘다가 마침내 세기관지로 나뉘게 된다. 호흡계의 다른 부위와 마찬가지로, 기관지와 세기관지는 들어오는 공기를 여과하고, 데우며, 습하게 하여 폐의 기체교환 구조로 보낸다. ■

폐는 기체교환이 이루어지는 기관이다 폐는 기관지, 세기관지, 혈관, 그리고 기체교환이 일어나는 장소들을 둘러싸는 지지 조직으로 이루어진 기관으로, 흉강의 대부분을 차지하고 있다. 폐는 두 개가

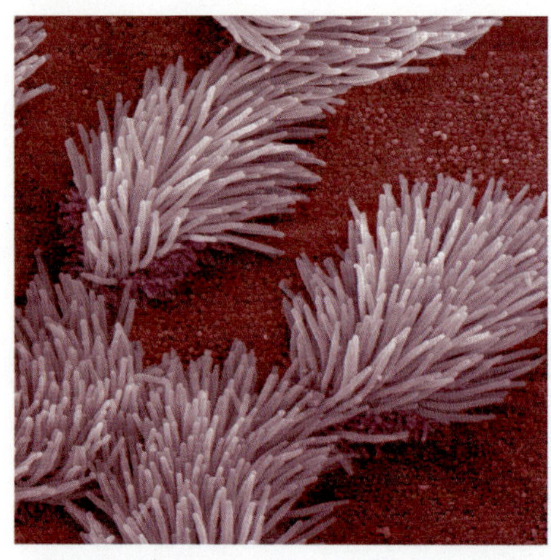

a) 건강한 사람의 기도

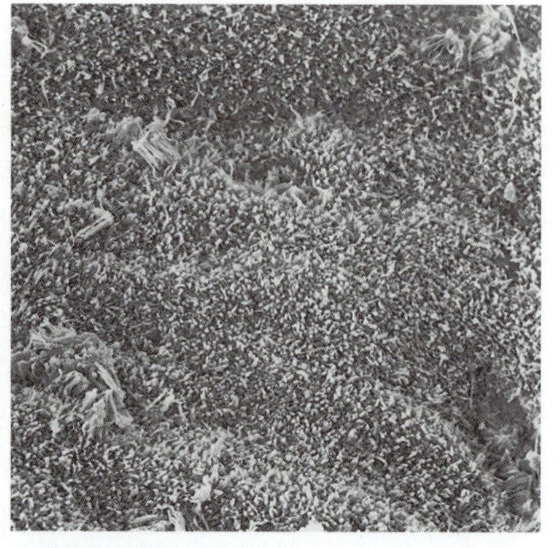

b) 흡연자의 기도

그림 10.6 기도의 섬모에 미치는 흡연의 영향. (a) 건강한 사람의 기도의 안쪽 면으로, 정상적인 상피세포들과 그 위의 털 같은 섬모 뭉치들을 보여준다. 섬모가 없는 세포들은 점액을 분비하는 세포들이다. (b) 흡연자의 기도의 안쪽 면으로, 파괴되어 사라진 섬모들.

있어 오른쪽과 왼쪽으로 나뉘며, 둘 사이에 심장이 위치한다(그림 10.7). 폐의 모양은 흉곽과 흉강의 윤곽선을 따라간다. 각 폐의 아랫부분은 널따라며 횡격막의 볼록한 면에 들어맞는 모양을 하고 있다.

각 폐는 **흉막**(늑막, **pleural membrane**)이라고 부르는 두 층으로 된 얇은 상피조직막으로 싸여 있다. 두 층 중 하나는 폐의 바깥 표면이 되고 다른 층은 흉강의 안쪽 벽을 이룬다. 두 흉막은 아주 소량의 물 같은 액체를 지니고 있는 흉막강(pleural cavity)이라는 작은 공간으로 분리되어 있다. 이 액체는 숨을 쉬는 도중에 폐와 흉곽이 움직일 때 흉막들 사이의 마찰을 줄여주는 역할을 한다. 흉막에 염증이 일어나는 것을 늑막염(pleurisy)이라고 부르는데, 이 질환이 발생하면 흉막의 액 분비가 감소되면서 마찰이 증가하여, 숨을 쉴 때마다 고통스러워진다. 늑막염은 폐렴의 증상일 수 있다(10.6 소단원 참조).

각 폐는 복수의 엽으로 구성되어 있는데, 오른쪽 폐에 세 개가 있고 왼쪽 폐에는 두 개가 있다. 각 엽에는 가지 많은 나무 모양의 세기관지와 혈관이 있다. 이 엽들은 서로 상당히 독립적으로 일을 하기 때문에, 수술을 통해 한두 개 정도의 엽을 절제해도 폐 기능이 완전히 상실되지 않는다.

기체교환은 폐포에서 일어난다 만일 당신이 살아 있는 폐를 만질 수 있다면, 그 촉감이 매우 말랑말랑하면서 거품 같은 느낌이라는 것을 알 수 있을 것이다. 사실, 폐의 대부분은 공기이다. 폐는 근본적으로 **폐포(alveoli)**라고 부르는 3억 개 가량의 작은 공기주머니들로 이어지는 가지가 많은 공기통로 체계이다. 바로 이 폐포에서 기체교환이 이루어진다(그림 10.8). 폐포는 마치 줄기 끝에 달린 포도송이처럼 모든 말단 세기관지에 송이를 이루어 배열되어 있다. 폐포 하나는 한 층 두께의 살아 있는 편평상피 세포로 이루어진 얇

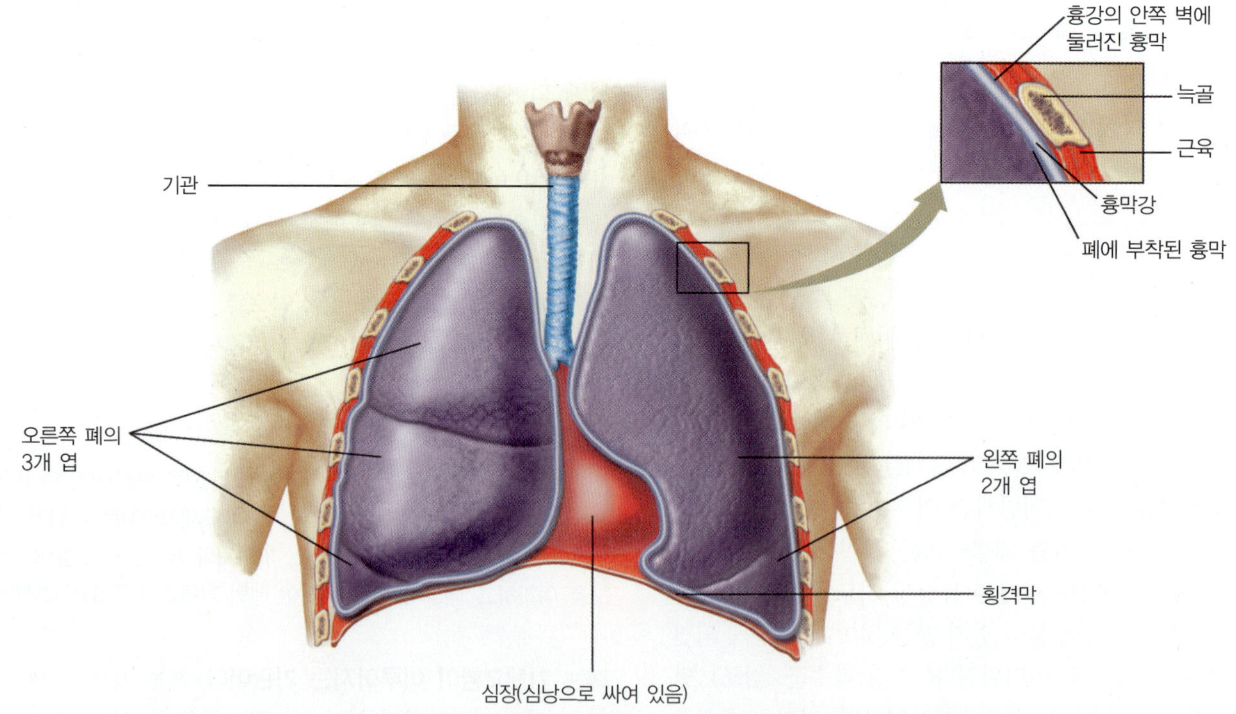

그림 10.7 폐, 흉막, 그리고 흉막강. 흉막강은 그림에서 볼 수 있도록 확장시켜 나타냈다. 실제로는, 두 흉막 사이의 마찰을 줄여주는 매우 얇고 축축한 공간에 불과하다.

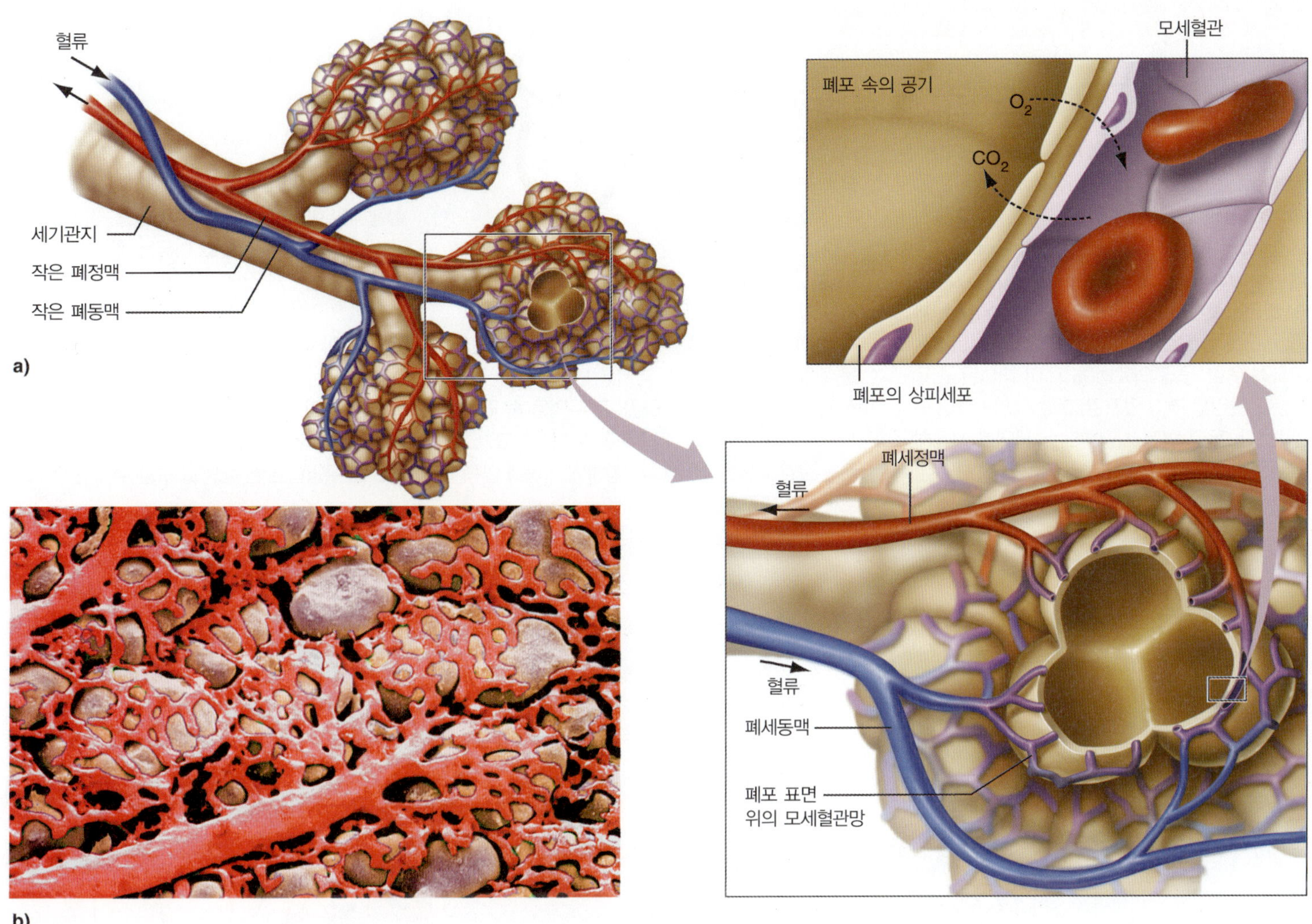

그림 10.8 혈액과 폐포 사이의 기체교환. (a) 세기관지들은 모세혈관들로 둘러싸인 폐포 송이들로 끝난다. CO_2와 O_2는 확산을 통해 모세혈관과 폐포 벽 사이에서 교환된다. (b) 모세혈관으로 덮인 폐포 표면의 사진.

은 거품처럼 생겼다. 폐포들의 표면적을 모두 합치면 거의 72m^{2}나 되는데, 이는 사람의 피부 표면적의 약 40배가 되는 넓이이다. 이 엄청난 표면적과 얇은 편평상피는 주변의 모세혈관과 기체교환이 용이하게 이루어지도록 해준다.

각 폐포 안에서 특정 상피세포들은 **계면활성제(surfactant)**라는 지방단백질을 분비하는데, 이 물질은 폐포의 안쪽을 덮으면서 표면장력을 감소시킨다. 표면장력은 물분자들이 서로 끌어당기기 때문에 발생하는 힘이다(2단원 참조). 계면활성제가 없으면 폐포는 표면장력 때문에 쪼그라들게 될 것이다. 이런 현상은 조산아에게서 일어날 수 있는데, 그 이유는 폐의 계면활성제 분비 세포가 미처 발달하지 못했기 때문이다. **유아호흡곤란증후군(infant respiratory distress syndrome)**이라고 부르는 이 질환은 계면활성제 대체 요법을 통해 치료가 가능하다.

폐 모세혈관들은 혈액과 공기가 서로 밀접하게 접촉할 수 있게 해준다 8단원에서 설명한 바와 같이, 심장의 우심실은 산소가 고갈된 혈액을 폐동맥으로 보내는데, 폐동맥은 왼쪽과 오른쪽 폐동맥으로 나뉜다. 폐동맥들은 더욱더 작은 동맥과 세동맥으로 나누어지다가 결국에는 **폐 모세혈관(pulmonary capillary)**이라고 부르는 모세혈관층에 도달하게 된다. 폐 모세혈관에서 혈액은 폐포 안의 공기와 매우 가깝게 접근할 수 있게 된다. 이때, 오직 세포 두 개(폐포 벽을 이루는 편평상피세포와 모세혈관 벽을 이루는 세포)만이 혈액과 공기 사이를 가로막을 뿐이다. 일련의 세정맥과 정맥들이 폐 모세혈관에서 산소를 받은 혈액을 수합한 뒤 이 혈액을 좌심방으로 보낸다. 거기에서부터 혈액은 몸 전체로 수송될 수 있게 된다.

공기와 혈액 간의 밀접한 접촉과 폐의 넓은 표면적은 혈류를 통해 약물을 투여하는 대체 방법으로 폐가 유용할 수 있다는 제안을 내세운다. 현재, 제약 관련 연구자들은 폐로 깊이 들이마실 수 있는 미세한 분무나 가루 형태의 약을 실험하고 있다. 이 연구는 이제 결과가 나타나고 있다. 최초의 흡입형 인슐린(미세한 가루 형태)이 2006년에 미국 식품의약품국(FDA)의 승인을 받았다.

건강 파수꾼

하임리크 구명법으로 인명을 구하자

매년 수천 명의 사람들이 후두나 기도에 음식물이 걸려 숨이 막혀서 목숨을 잃게 된다. 이러한 사망 사고 중 다수는 하임리크 구명법(Heimlich maneuver)을 통해 예방할 수 있다.

하임리크 구명법은 기도를 완전히 막은 물체를 제거하기 위한 방법이다. 이 방법은 인명을 구하기 위한 응급 의료법이다. 이 방법은 숨을 쉬는데 곤란을 겪고 있지만 그래도 어느 정도 공기가 드나들고 있는 사람한테는 절대로 사용해서는 안 되는데, 그 이유는 장애물을 기도가 완전히 막히는 위치로 이동시킬 가능성이 있기 때문이다. 기도가 완전히 막힌 사람들은 흥분된 모습을 보이게 된다. 그들은 자신이 숨이 막히고 있다는 것을 자신의 목을 움켜쥐거나 손짓을 하는 등으로 신호를 보내지만, 전혀 말은 할 수 없을 것이다.

숨이 막힌 사람을 놀라게 하지 말고, 그 사람을 뒤에서 안아야 한다. 엄지를 안쪽에 넣은 채로 한 손으로 주먹을 쥔 다음, 그 주먹을 숨 막힌 사람의 갈비뼈 아래, 배꼽 위에 위치시키고, 다른 손으로 주먹을 잡은 다음 강하게 위쪽과 안쪽으로 당기도록 한다.

기도를 막은 이물질을 기관 위로 올려 보내기 위해서는 하임리크 구명법을 강하고 갑작스럽게 실행해야 한다. 이 응급법은 자격을 갖춘 교관에게 배우는 것이 좋다. 그 이유는 횡격막과 폐를 위쪽으로 눌러서 장애물을 위로 밀어 올릴 만한 충분한 기압을 폐 안에 발생시키려면 충분한 힘을 가해야 하기 때문이다. 가벼운 힘 정도로는 어림도 없는 일이다. 게다가 숨이 막힌 사람이 당황한 나머지 도우려는 사람에게 저항할 수도 있기 때문이다. 하지만 제대로만 시행된다면, 하임리크 구명법은 한 생명을 구할 수 있는 기술이다.

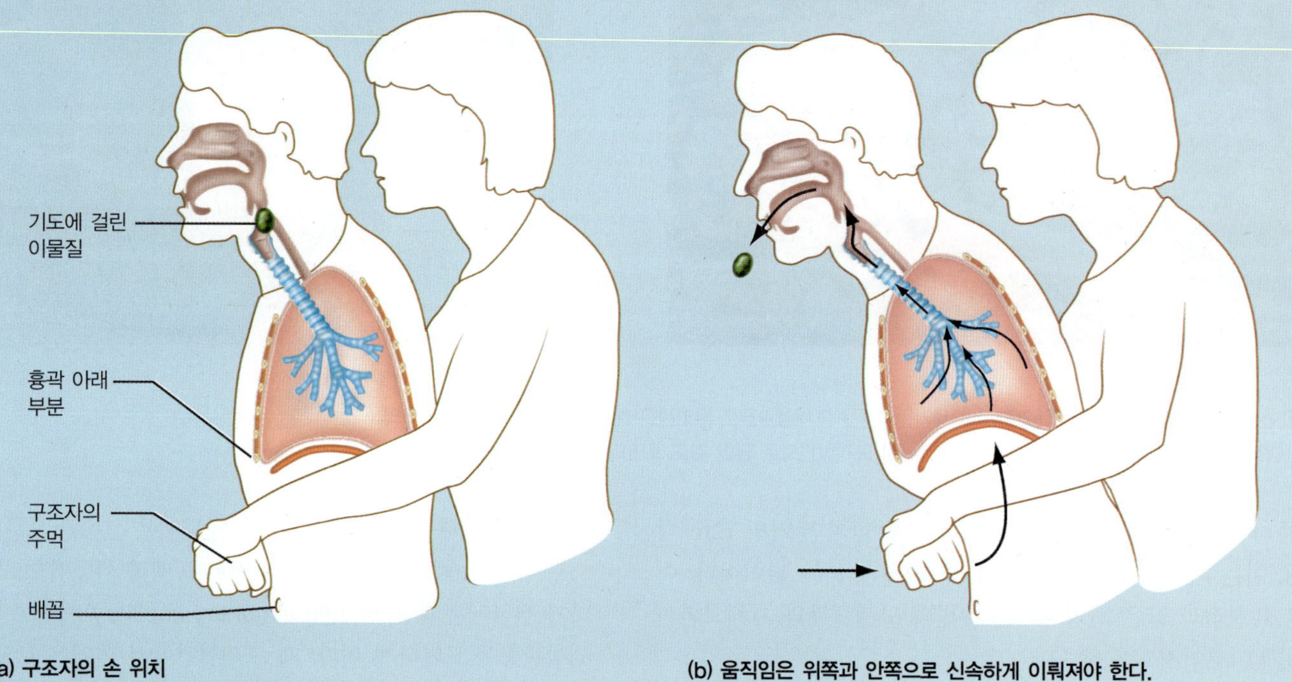

(a) 구조자의 손 위치

(b) 움직임은 위쪽과 안쪽으로 신속하게 이뤄져야 한다.

요점 정리

폐는 분지되는 기관지와 세기관지, 혈관, 그리고 3억 개 가량의 폐포로 이루어진 기관이다. 기체교환은 폐포와 폐 모세혈관 사이에서 일어난다. ■

10.3 숨쉬기 과정에는 압력 경사가 필요하다

숨쉬기는 공기가 주기적으로 폐로 드나드는 과정이며, 여기에는 근육의 작용이 필요하다. 그러나 폐 자체에는 아무런 골격근 조직도 없다. 폐는 주변의 뼈와 근육에 의해 흉강이 팽창하기 때문에 그에 따라 수동적으로 팽창한다.

호흡과 관련된 뼈와 근육을 살펴보면 늑골, 각 늑골 사이의 늑간근, 그리고 흉강과 복강의 경계가 되는 두꺼운 근육판이면서 호흡을 관장하는 주 근육인 **횡격막(diaphragm)**이 있다(그림 10.1 참조). 늑간근과 횡격막은 모두 골격근이다.

들숨은 공기를 폐 안으로 가져오고, 날숨은 공기를 내보낸다

공기가 왜 주기적으로 폐를 드나드는지 이해하기 위해서, 우리는 기압과 기체의 이동에 대해 몇 가지 일반적인 원칙들을 이해할 필요가 있다.

- 기압은 기체 분자들이 서로 충돌함으로써 발생한다.
- 만일 어떤 폐쇄 공간의 체적이 증가한다면, 그 공간 내에 있던 기체 분자들 사이의 거리 역시 증가하게 되고, 따라서 그 공간 내의 압력은 감소한다. 역으로, 만일 폐쇄 공간의 체적이 감소하면 기압은 증가하게 된다.
- 기체는 압력이 높은 곳에서 낮은 곳으로 흐른다.

우리가 살펴보았듯, 폐는 거의 전체적으로 세기관지, 폐포 그리고 혈관들로 이루어진 공기로 가득 찬 구조를 하고 있다. 골격근이 없기 때문에 폐는 스스로 팽창(부피의 증가)이나 수축(부피의 감소)을 할 수 없다. 폐가 팽창하거나 수축하는 것은 오직 폐가 순응적이고(늘어날 수 있고) 밀폐된 공간인 흉강으로 둘러싸여 있기 때문이다. 만일 흉강의 부피가 팽창하게 되면, 폐 역시 함께 팽창하게 된다.

들숨(inspiration)은 폐의 부피가 팽창하는 과정에서 공기를 호흡계로 끌어당기고, **날숨(expiration)**은 폐 부피가 다시 감소할 때 공기를 폐 밖으로 밀어내는 과정이다. 그러면 바로 앞 주기의 날숨이 끝나고 근육들이 이완된 상태에서부터 시작하여 들숨과 날숨의 한 주기를 살펴보도록 하겠다(그림 10.9).

1. 이완 상태. 휴식 중에는 횡격막과 늑간근이 모두 이완되어 있다. 이완된 횡격막은 반구(돔) 모양이다.
2. 들숨. 들숨이 시작되면 횡격막이 수축하면서 편평해지며, 가운데 부분을 아래쪽으로 당기게 된다. 동시에 늑간근들 역시 수축하면서 늑골들을 위쪽과 바깥쪽으로 당기게 된다. 골격근에 의한 이 두 움직임으로 인해 흉강의 부피는 증가하게 되고 안쪽 공간의 기압은 떨어지게 된다. 폐는 탄력이 있고 주변의 기압이 대기압에 비해 떨어졌기 때문에, 폐는 흉강과 함께 팽창하게 된다. 폐의 팽창으로 폐 안의 기압이 대기압에 비해 낮아지므로 공기가 폐 안으로 흘러들어가게 된다.
3. 날숨. 어느 정도 시간이 흐르면 근육의 수축이 멈춘다. 근육들이 이완하면서 횡격막은 다시 원래의 반구 형태로 돌아가고, 늑골들은 아래쪽과 안쪽으로 이동하며, 흉강의 부피는 감소한다. 나머지는 들숨의 과정이 거꾸로 일어난다. 폐가 작아지기 때문에 폐 안의 기압은 대기압에 비해 높아지게 되고, 공기가 폐 밖으로 흘러나가게 된다.

조용히 숨쉬기 하는 동안에 들숨은 능동적인 작용이고(근육의 작용이 필요한) 날숨은 수동적이다. 그러나 사람이 육체적 혹은 정신적 스트레스를 받을 경우에는 더 자주, 더 깊게 숨을 쉬어야 할 필요가 있다. 이때에는 들숨과 날숨 둘 다 능동적인 작용이 될 수 있다. 사람이 더 깊이 숨을 쉴 수 있는 이유는 늑간근이 최소 필요량보다 더 많아서, 이들이 모두 수축하면 늑골이 더욱 높이 올라가

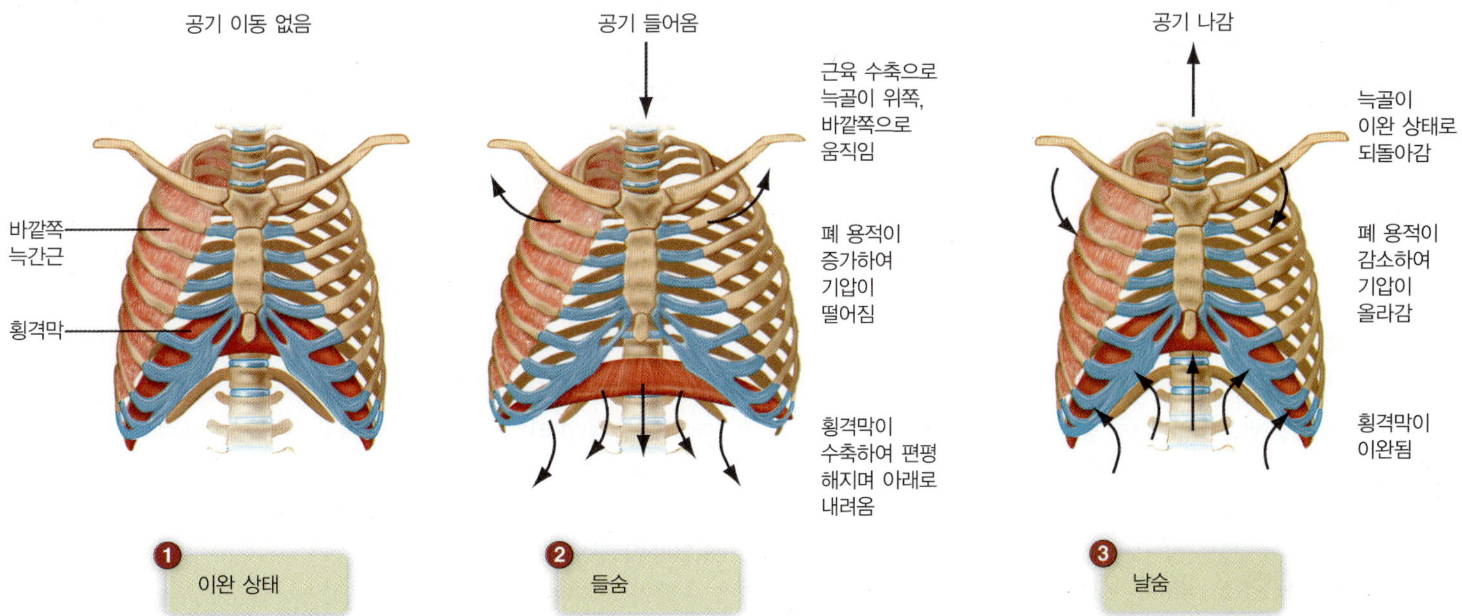

그림 10.9 호흡주기. 들숨 도중 늑골들은 위쪽과 바깥쪽으로 움직여서 흉강을 확대시킨다. 날숨 도중 근육들이 이완하면서 늑골들이 원래의 이완된 위치로 돌아오게 된다.

a) 폐활량계로 폐용량을 측정하고 있는 환자

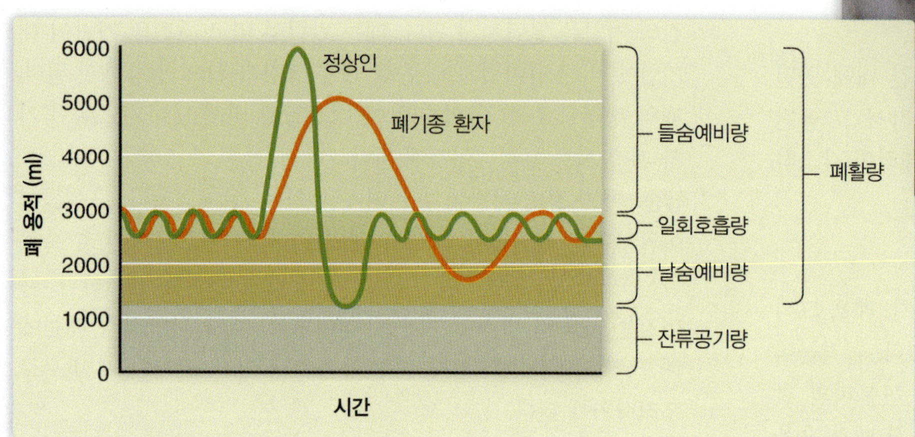

b) 폐용량 측정 기록

그림 10.10 폐용량의 측정. (a) 폐용량을 폐활량계로 측정하고 있는 환자. (b) 폐용량 기록. 여러 차례의 평상시 호흡 후, 사람이 최대한 들이쉰 후 최대한 내쉰다. 녹색 선은 정상인의 폐가 보이는 폐용량 그래프이다. 주황색 선은 폐기종 환자가 전형적으로 보이는 그래프이다.

기 때문이다. 깊이 숨을 내뱉게 되면, 복부의 근육들이 수축하면서 횡격막을 흉강 속으로 더욱 높이 밀어 올리게 되고, 안쪽 늑간근들은 수축하면서 늑골들을 아래로 당기게 된다. 이런 일들이 복합적으로 작용하여 호흡의 속도와 크기를 증가시킬 수 있다.

우리는 또한 재채기나 기침을 할 때 강제적인 날숨을 하기도 한다. 재채기와 기침 도중에, 복부의 근육들은 갑자기 수축하면서 복부의 압력을 증가시킨다. 복부 압력의 빠른 증가는 이완되어 있던 횡격막을 위쪽의 흉강을 향해 밀어 올려서, 폐 밖으로 공기를 몰아내게 한다.

요점 정리

들숨은 능동적인 작용(에너지를 필요로 한다)으로 횡격막과 늑간근들이 수축할 때 발생한다. 일반적으로 날숨은 수동적인 작용이지만, 사람이 일부러 깊은 숨을 내쉬거나, 기침이나 재채기를 할 경우 능동적인 작용이 될 수 있다. ■

폐용적과 폐활량은 폐의 기능을 측정하는 데 사용된다

쉬고 있을 때에 사람은 1분당 약 12회 숨을 쉰다. 각 숨의 **일회호흡량(tidal volume)**은 약 500밀리리터(ml) 정도가 된다(그림 10.10b). 평균적으로, 각 숨에서 350ml 정도만이 실제로 폐포까지 도달하여 기체교환에 참여한다. 나머지 150ml는 공기 통로에 남아 있게 되는데, 이 용량은 기체교환에 관여하지 않기 때문에 **사강용적(dead space volume)**이라고 부른다.

사람이 최대로 숨을 들이쉰 뒤 최대로 내쉴 수 있는 공기의 부피를 **폐활량(vital capacity)**이라고 부른다. 사람(건강한 젊은 남자의 경우)의 폐활량은 대략 4,800ml 정도로, 평상시 일회호흡량의 거의 10배의 양에 달한다. 일회호흡량을 초과해서 들이쉴 수 있는 추가적인 공기의 양(약 3,100ml)은 **들숨예비량(inspiratory reserve volume)**이라 부르며, 일회호흡량을 초과해서 사람이 강제로 내쉴 수 있는 공기의 양(약 1,200ml)은 **날숨예비량(expiratory reserve volume)**이라 부른다. 그리고 사람이 아무리 힘써 숨을 내쉰다 해도 어느 정도의 공기는 항상 폐에 남아 있게 되는데, 이 양은 **잔류공기량(residual volume)**이라고 부르며, 그 부피는 약 1,200ml 정도 된다.

폐의 용량을 측정하는 데에는 **폐활량계(spirometer)**라는 장비가 사용된다(그림 10.10a). 이 측정에서는 사람이 정상적으로 기기에 대고 숨을 쉬게 한 뒤(일회호흡량 측정), 숨을 최대한 들이쉬고는 다시 강하게, 최대한 내쉬게 하는(폐활량 측정) 과정을 거친다. 폐의 용량과 이 용량의 변화량을 아는 것은 다양한 폐질환을 진단하는 데 도움이 된다. 예를 들어, 폐기종(emphysema)은 호흡계의 작은 기도들이 탄력을 잃어, 날숨 도중 찌부러지게 되면서 정상적인 날숨 능력을 손상시키는 질환이다. 폐기종을 앓고 있는 사람이 폐활량계 검사를 받으면, 최대한 숨을 들이쉰 다음, 공기 저항 때문에 날숨을 긴 시간 동안 하게 되는 것을 볼 수 있을 것이다.

요점 정리

우리는 보통 평상시에 약 500ml 정도로 숨을 쉬지만(일회호흡량), 폐활량은 약 4,800ml 정도 된다. 잔류공기량이라고 부르는 일부 공기는 날숨이 끝난 뒤에도 폐 안에 남아 있게 된다. ■

10.4 기체의 교환과 수송은 수동적으로 일어난다

지금까지, 우리는 호흡의 첫 번째 과정인 숨쉬기에 초점을 맞춰왔다. 공기가 일단 폐포에 들어가게 되면, 기체의 교환과 수송이 일어나게 된다. 이 소단원에서 우리는 기체의 확산을 좌우하는 몇 가지 기본적인 원리를 복습하여, 외호흡과 내호흡(호흡의 둘째와 셋째 과정)에 대해 공부할 기회를 갖겠다. 또한 기체가 어떻게 혈액에 의해 수송되는지도 설명할 것이다. 호흡의 넷째 과정인 세포호흡은 에너지를 생산하기 위해 세포들이 산소를 사용하는 단계를 일컫는데, 3단원에서 자세히 설명하였다.

기체는 분압에 따라 확산된다

지구는 여러 기체들로 이루어진 대기층으로 둘러싸여 있다. 액체와 마찬가지로, 기체도 질량을 가지고 있기 때문에 중력에 의해 지구로 끌어당겨지게 된다. 비록 사람들은 엄청난 기체 무게로 눌리고 있다는 느낌을 받지는 못하지만, 사실 대기는 해수면 높이에서 약 760mmHg(밀리미터 수은)의 대기압을 가하고 있다. 평소 대기압이 760mmHg라는 것은 대기의 압력이 진공 상태에 있는 수은 기둥을 760mm 상승하게 할 정도로 강하다는 것을 의미한다. 하지만 이 압력은 사람들에게 전혀 존재하지 않는 것처럼 느껴지는데, 그 이유는 폐 안의 압력이(적어도 숨 쉬는 사이사이에는) 대기압과 같기 때문이다.

지구의 대기를 이루는 주요 기체는 질소(78%)와 산소(21%)이며, 미량의 이산화탄소(약 0.04%)와 총합이 1%가 안 되는 기타 여러 기체들을 포함하고 있다. 기체의 혼합물에서는, 각 기체가 총 기체 구성 비율과 비례하는 **분압(partial pressure)**을 나타내고 있다. 분압은 P로 나타내며, 대기압처럼 mmHg로 측정된다. 따라서 대기압은 해수면의 대기에 존재하는 모든 기체들의 분압의 합이다.

우리는 대기를 구성하는 여러 기체들의 비율을 알고 있기 때문에, 각 기체의 분압을 구할 수 있다. 예를 들면, 대기 중 산소의 분압(P_{O_2})은 약 160mmHg(760mmHg × 0.21)이다.

기체 혼합물에서 나타나는 분압은 기체의 농도와 직접적으로 비례하기 때문에, 어떤 기체는 항상 그 분압경사(partial pressure gradient)를 따라 분압이 높은 장소에서 낮은 장소로 확산을 하게 된다. 뒤에서도 나오겠지만, 폐포와 혈액 사이, 그리고 혈액과 조직 사이에서 일어나는 O_2와 CO_2의 교환은 철저히 수동적으로 일어나는 과정이다. 이 과정에 ATP는 전혀 필요하지 않다. 이 두 기체의 교환과 수송에는 분압의 변화만이 유일하게 관여한다.

외호흡: 공기와 혈액 사이의 기체교환

들이마신 공기, 폐포 안, 그리고 혈액 중의 O_2와 CO_2의 분압을 서로 비교해보면 어떻게 외호흡이 일어나는지를 알 수 있다(그림 10.11). 앞에서 언급했듯이, 들이마신 공기 중 산소의 분압(P_{O_2})은 약 160mmHg이다. 대기 중에는 CO_2의 양은 매우 미미하므로, 들이마신 공기 중 CO_2의 분압은 무시해도 좋을 정도이다. 하지만 폐포 안의 공기의 분압은 들이마셔진 공기의 것과 같다고 할 수 없는데, 그 이유는 이 공기의 약 1/8 정도만이 숨을 쉴 때마다 실제로 교환되기 때문이다. 즉, 폐포 안 공기의 대부분은 이미 기체교환을 어느 정도 거친 적이 있는 '오래된' 공기인 셈이다. 따라서 폐포 안의 O_2와 CO_2의 평균 분압은 각각 약 104mmHg와 40mmHg가 된다.

P_{O_2}가 겨우 40mmHg, P_{CO_2}가 46mmHg 정도인 정맥혈(산소가 빠져나간 혈액)이 폐동맥을 통해 폐 모세혈관에 도착하면, O_2는 폐포에서 모세혈관으로 확산되고, CO_2는 반대 방향으로 확산된다. 그 결과, 폐에서 나가는 산소를 포함한 혈액(동맥혈)의 P_{O_2}는 100mmHg로 상승하고 P_{CO_2}는 40mmHg로 떨어지게 된다. 산소를 포함한 혈액은 폐정맥을 따라 심장으로 들어간 뒤 여러 동맥들을 통해 몸 전체로 퍼진다. 폐포 내로 확산되어 들어간 CO_2는 소량의 수증기와 함께 날숨을 통해 몸 밖으로 나간다.

여기서 주목해야 될 점은 정맥혈의 정의는 혈액이 정맥에 있는지 여부가 아니라, 그것이 산소를 잃은 혈액이라는 것이다. 폐동맥은 정맥혈을 폐로 나르고, 폐정맥은 동맥혈을 심장으로 들여보내는 일을 한다.

내호흡: 조직액과의 기체교환

몸의 세포들은 세포호흡에 필요한 O_2를 주변의 간질액으로부터 얻는다. 세포들은 산소를 간질액으로부터 끊임없이 흡수하고 있기 때문에(확산을 통해서), 간질액의 P_{O_2}는 보통 동맥혈에 비해 무척 낮은 수치(즉, 40mmHg 이하)를 보인다. 혈액이 모세혈관에 들어가게 되면, O_2가 모세혈관으로부터 간질액으로 확산되면서 세포들이 사용한 O_2를 보충하게 된다. CO_2는 반대 방향으로, 즉 세포로부터

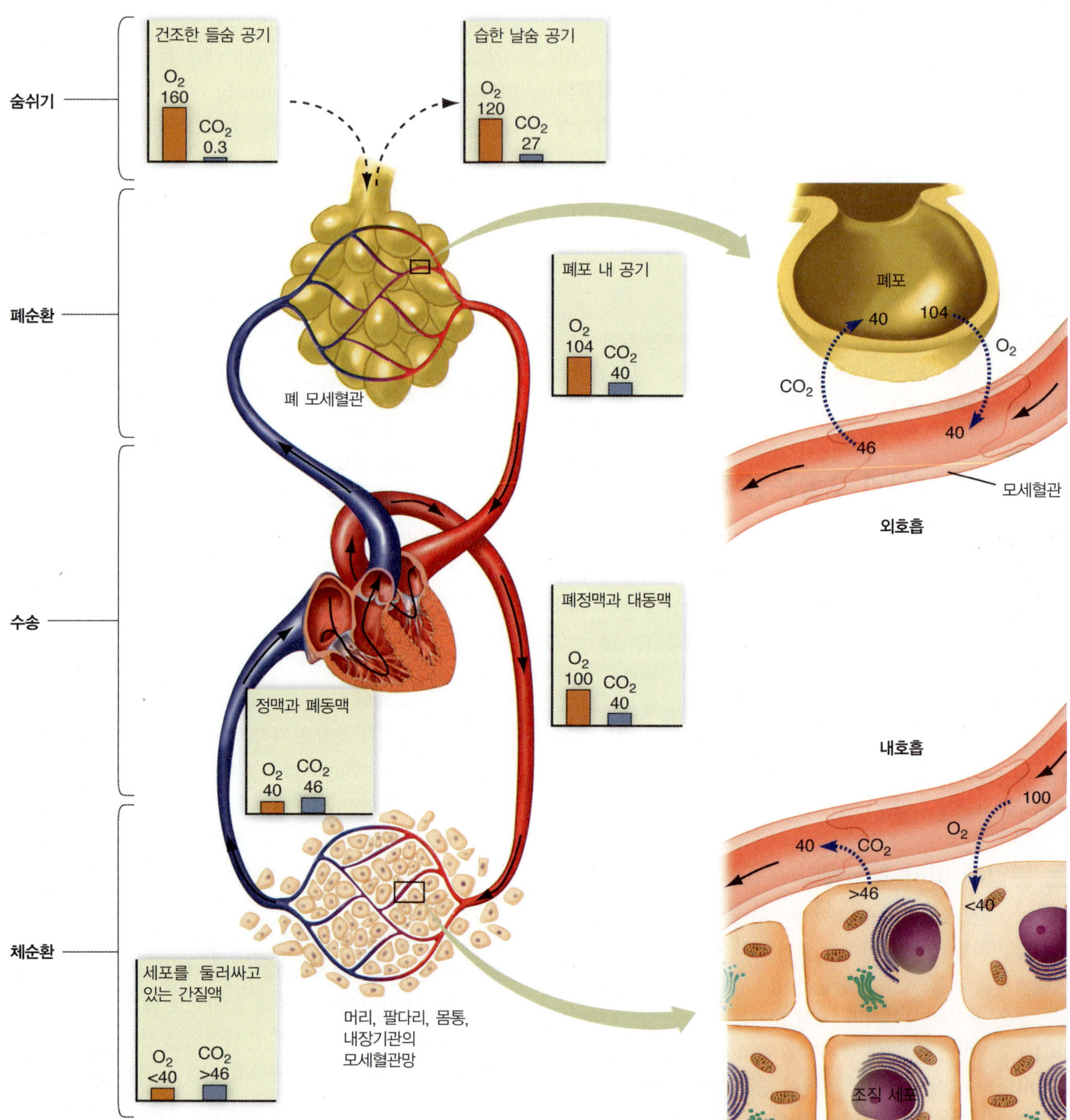

그림 10.11 분압. 모든 분압은 mmHg의 단위로 표현된다. 분압의 차이가 폐와 혈액 사이, 그리고 혈액과 신체 조직 사이의 O_2와 CO_2 확산의 원인이 된다.

간질액으로, 그리고 그 다음엔 모세혈관 내의 혈액으로 확산된다.

외호흡과 내호흡은 둘 다 전적으로 확산을 통해 이루어진다. 확산이 일어날 수 있게 해주는 분압경사는 숨쉬기, 혈액 수송, 그리고 세포호흡을 통해서 유지된다. 이 모든 과정의 순효과는 세포 부근의 O_2와 CO_2 농도의 항상성이 일반적으로 잘 유지되는 것이다.

요점 정리

공기와 같은 기체의 혼합물에서 각 기체는 분압을 행사한다. 기체의 확산은 분압의 차이 때문에 일어난다. 외호흡과 내호흡은 모두 기체의 확산에 의해 일어난다. ■

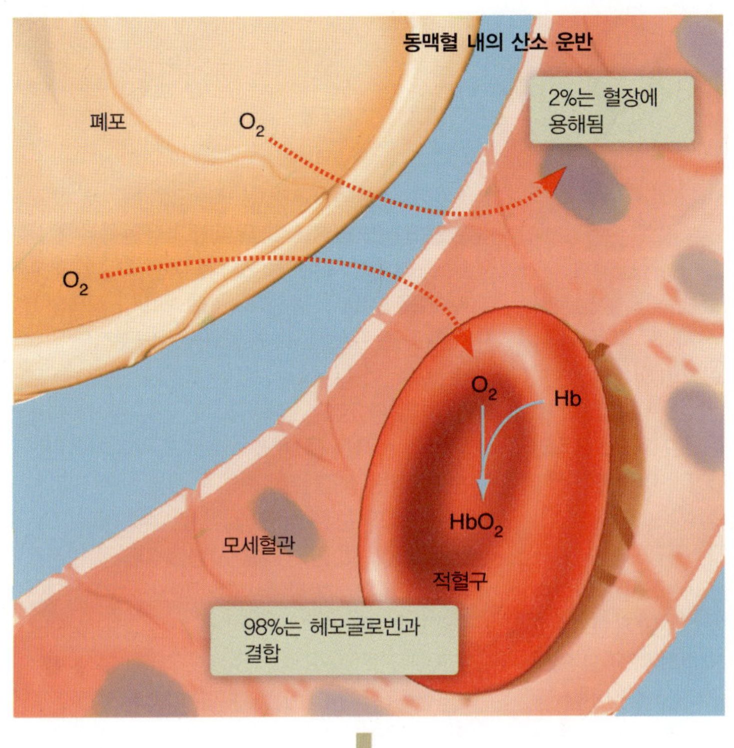

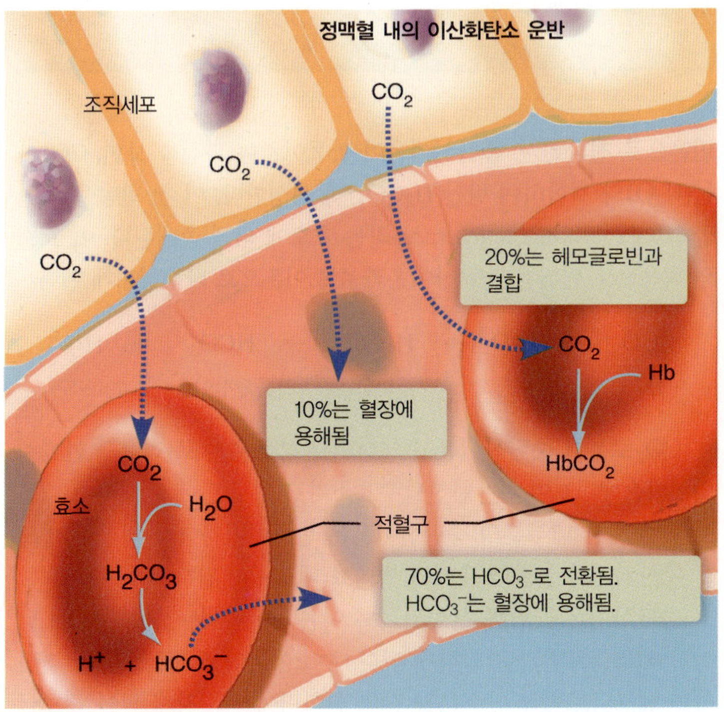

그림 10.12 산소와 이산화탄소가 혈액 속에 운반되는 방법. 동맥혈을 통해 조직으로 운반되는 O_2의 약 98%는 적혈구 내의 헤모글로빈에 결합되어 있다. 정맥혈에 의해 폐로 수송되는 대부분의 CO_2는 적혈구 내에서 HCO_3^-로 전환된 뒤 혈장 내에 용해된 채 운반된다. 나머지는 CO_2 형태 그대로 혈장에 용해되거나 아니면 적혈구 내의 헤모글로빈에 결합되어서 운반된다.

헤모글로빈은 대부분의 산소분자들을 운반한다

외호흡과 내호흡에 대해 다루었으니, 이제 기체교환이라는 주제에서 매우 중요한 부분인, 기체들이 어떻게 폐와 조직 사이를 오가는 혈액을 통해 운반되는지 알아보자. 7단원에서 살펴보았듯이, 폐에서 산소를 받아다 몸의 다른 조직으로 운반하는 것이 혈액의 중요한 역할 중 하나이며, 이제 그런 일이 어떻게 일어나는지 살펴보도록 하겠다.

산소는 혈액 속에서 두 가지 방법으로 운반되는데, 적혈구 속의 헤모글로빈(Hb)과 결합하여 움직이거나, 아니면 혈장 속에 용해된 채 운반된다(그림 10.12). 헤모글로빈의 존재는 O_2를 충분히 수송하는 데 절대적으로 필요한데, 그 이유는 O_2가 물에 잘 용해되지 않기 때문이다. 체내에 유입되는 O_2 중 2% 정도만이 혈액의 액체 성분인 혈장에 용해된다. 대부분(98%)은 헤모글로빈 분자와 결합하는 덕분에 그렇게 용해될 필요가 없다. 헤모글로빈이 없다면, 신체 조직들은 생명을 유지할 만큼 충분히 산소를 받지 못할 것이다.

7단원에서 살펴보았듯, 헤모글로빈은 네 개의 폴리펩티드 사슬로 이루어진 큰 단백질 분자로, 각 폴리펩티드는 철을 포함하고 산소와 결합할 수 있는 헴기(heme group)와 결합되어 있다. 총 네 개의 헴기가 있으므로, 각 헤모글로빈 분자는 한 번에 네 개의 산소분자와 결합할 수 있으며, 이때 **산화헤모글로빈(oxyhemoglobin: HbO_2)**이 생성된다. 이 반응은 다음과 같이 표시할 수 있다.

$$\underset{\text{헤모글로빈}}{Hb} + \underset{\text{산소}}{O_2} \rightarrow \underset{\text{산화헤모글로빈}}{HbO_2}$$

이 반응은 가역반응이고 혈장 내 O_2의 분압에 크게 좌우된다. P_{O_2}가 상승할 경우(폐에서), 산소는 헤모글로빈에 결합하고 동맥혈을 통해 운반된다. 만일 P_{O_2}가 감소하게 되면(조직에서), 산소분자가 헤모글로빈으로부터 떨어져 나오게 된다.

헤모글로빈에 O_2가 결합하는 데는 여러 가지 다른 요인들이 영향을 미치기도 한다. 헤모글로빈은 비교적 중성 pH와 비교적 서늘한 온도 조건에서 산소와 가장 효율적으로 결합한다(즉, 폐에서와 유사한 조건). 온도가 높고 pH가 낮은 부위(예를 들면 신체 조직)에서는 헤모글로빈의 산소 친화도가 감소하게 된다. 그 결과, 폐에서는 O_2와 헤모글로빈이 서로 결합하고자 하는 경향이 있어 조직으로 산소를 운반하는 것이 가능하게 되고, 조직에서는 서로 분리되는 경향이 있어 세포에 O_2를 공급할 수 있다.

헤모글로빈의 산소에 대한 친화도는 또한 무색무취의 독성이 강한 기체인 일산화탄소에 의해 크게 감소된다('건강 파수꾼' 참조).

대부분의 CO_2는 혈장 내에서 중탄산이온 형태로 운반된다

조직에서 일어나는 세포 대사는 부산물로 이산화탄소를 끊임없이 내놓는다. 7단원에서 이미 다루었듯이, 혈액의 기능 중 하나는

건강 파수꾼

일산화탄소: 무색무취의 살인자

2006년 1월 2일, 미국 웨스트버지니아 주의 세이고 탄광(Sago Mine)에서 폭발이 일어나, 13명의 광부들이 지하 78미터 깊이에 갇혔다. 광부들은 광산 속으로 더 깊이 들어간 뒤, 표준안전지침에 따라 독가스를 막기 위한 천 방벽을 쳤다. 구조요원들은 광부들을 구하기 위해 하루 반나절을 애썼다. 불행하게도, 구조요원들이 도착했을 때 광부들은 한 명을 제외하고는 모두 숨져 있었다.

광부들은 왜 사망했을까? 그 이유는 폭발 그 자체가 아니라, 폭발 연소 과정의 부산물인 일산화탄소(CO) 때문이었다. 일산화탄소는 무색무취의 독성이 강한 기체로, 석탄, 천연가스, 휘발유, 나무, 그리고 석유 등 탄소를 포함하는 물질들을 태웠을 때 발생하는 가스이다.

일산화탄소는 헤모글로빈에 매우 강한 친화력을 가지고 있어서, 헤모글로빈과 결합하는 데서 산소와 경쟁한다. 일산화탄소는 산소에 비해 헤모글로빈과 거의 200배 더 단단히 결합하며, 일단 결합하게 되면 여러 시간 동안 계속 결합된 상태로 머물게 된다. 심지어 미세한 양의 일산화탄소도 혈액이 산소를 운반하는 능력을 상당히 감소시킨다. 높은 일산화탄소 농도는 헤모글로빈의 산소 운반 능력을 엄청나게 떨어뜨려서 뇌를 포함한 신체 조직들은 말 그대로 산소에 굶주리게 되는 상황에 이른다.

일산화탄소 중독의 초기 증상은 피부색이 붉어지며(특히 입술), 어지럼증, 두통, 메스꺼움이 있으며, 의식이 희미해지게 된다. 일산화탄소에 지속적으로 노출되면 의식 상실, 뇌 손상, 그리고 죽음에까지 이를 수 있다. 미국에서 사고로 인한 중독사의 가장 큰 원인으로 꼽히는 일산화탄소 중독은 매년 500명의 사망자를 내고 40,000명의 응급실 환자를 발생시킨다. 그 외에 매년 2,000명가량의 사람들이 일산화탄소를 들이마시고 자살을 기도한다. 일산화탄소의 흔한 발생 원인은 산업 오염물질, 자동차 매연, 아궁이와 가정용 난로, 그리고 담배 연기 등이다.

만일 당신이 일산화탄소에 노출되었다면 가장 중요한 것은 일산화탄소에서 벗어나 맑은 공기가 있는 곳으로 최대한 빨리 이동하는 것이다. 심각하게 중독된 사람은 병원으로 옮겨야 하고, 병원에서는 압력 산소 요법이나 적혈구 수혈 등을 통해 혈중 산소 농도를 높이는 치료를 행할 수 있을 것이다. 일산화탄소에 얼마나 심각하게 노출되었는지에 따라 생존자들은 영구적인 심장 손상 혹은 뇌 손상을 보이는 경우도 있다. 한 연구 결과에 따르면, 심장 손상을 입은 일산화탄소 중독 생존자들 중 거의 40%가 7년 내에 사망했는데, 이는 심장 손상을 입지 않은 생존자들 중 15%가 사망한 데 비해 매우 높은 수치이다.

다행히, 몇 가지 주의 사항을 지키면 일산화탄소 중독을 예방할 수 있다. 가스난로나 석유난로, 자동차의 배기 시스템을 항상 좋은 상태로 유지해두고, 집에 일산화탄소 검출기를 설치하는 것을 권장한다. 밀폐된 공간에서는 절대로 자동차 엔진을 켜두지 않는다. 담배를 피우지 않는다. 담배 연기에는 폐와 혈류로 직접 전달되는, 측정될 수 있을 정도의 일산화탄소가 들어 있다. 담배연기가 자욱한 방과 교통이 혼잡한 도시 지역에 머무르는 시간을 최대한 피해야 한다.

CO_2를 조직에서 폐로 운반하여, 몸 밖으로 배출할 수 있게 해주는 것이다.

조직의 CO_2 분압이 혈액보다 높기 때문에, CO_2는 조직에서 혈류 내로 쉽게 확산된다. 일단 혈액에 들어간 CO_2는 세 가지 방식으로 운반되는데, 그것은 혈장에 용해된 형태, 헤모글로빈과 결합한 형태, 아니면 중탄산이온(bicarbonate)으로 전환된 형태이다(그림 10.12).

혈장에 용해되는 CO_2는 전체의 10% 정도뿐이다. 그리고 20% 정도는 헤모글로빈과 결합하여 **카르바미노헤모글로빈(carbamino-hemoglobin: $HbCO_2$)**를 생성한다. 이 반응은 다음 식으로 표시된다.

$$\underset{\text{헤모글로빈}}{Hb} + \underset{\text{이산화탄소}}{CO_2} \rightarrow \underset{\text{카르바미노헤모글로빈}}{HbCO_2}$$

헤모글로빈은 O_2와 CO_2를 동시에 수송하는 것이 가능한데, 그 이유는 이 두 기체가 헤모글로빈의 서로 다른 부위에 붙기 때문이다. O_2는 헴과 결합하는 반면, CO_2는 글로빈과 결합한다.

조직들에서 나오는 CO_2의 70% 정도는 운반되기 전에 중탄산이온으로 전환된다. 중탄산이온이 만들어지는 과정을 보면, CO_2가 물(H_2O)와 결합하여 탄산(H_2CO_3)를 생성한다. 이 첫 반응은 탄산탈수효소(carbonic anhydrase)라는 효소에 의해 촉매된다. 이 효소의 작용으로 탄산은 중탄산이온과 수소이온으로 나누어지게 된다.

$$\underset{\text{이산화탄소}}{CO_2} + \underset{\text{물}}{H_2O} \rightarrow \underset{\text{탄산}}{H_2CO_3} \rightarrow \underset{\text{중탄산이온}}{HCO_3^-} + \underset{\text{수소이온}}{H^+}$$

CO_2로부터 중탄산이온이 생성되는 작용은 주로 적혈구 안에서 일어나는데, 그 이유는 탄산탈수효소가 적혈구 안에 존재하기 때문이다. 하지만 대부분의 중탄산이온은 만들어지자마자 적혈구 밖으로 확산되어서 혈장에 용해된 형태로 폐로 운반된다.

중탄산이온과 함께 생성된 수소이온 중 일부는 적혈구 안에 남아서 헤모글로빈과 결합하게 된다. 수소이온이 헤모글로빈에 결합하면 헤모글로빈과 산소분자 간의 친화력이 약해지게 되어 헤모글로빈이 더 많은 O_2를 내놓게 된다. 이것이 바로 앞에서 설명한 산소결합에 pH가 미치는 영향의 이유이다. 총체적인 효과는 CO_2의 존재(세포호흡이 일어났음을 의미한다)가 사실상 O_2를 가장 필요로 하는 장소에 O_2가 전달되는 것을 도와주는 것이다.

폐에서는 용해된 CO_2가 혈액 밖으로 확산되어 폐포 내 공기로 유입된다. 혈장에서 CO_2가 빠져나감에 따라 P_{CO_2}는 감소하게 되고, 이에 따라 애초에 중탄산이온을 형성했던 화학반응이 거꾸로 일어나게 된다.

$$\underset{\text{중탄산이온}}{HCO_3^-} + \underset{\text{수소이온}}{H^+} \rightarrow \underset{\text{탄산}}{H_2CO_3} \rightarrow \underset{\text{이산화탄소}}{CO_2} + \underset{\text{물}}{H_2O}$$

따라서 CO_2가 호흡을 통해 제거됨에 따라 CO_2를 수송하기 위해 말단 조직에서 생겼던 중탄산이온과 수소이온들 역시 제거되게 된다.

요점 정리

혈액에 있는 산소의 거의 전부는 적혈구 안에 있는 헤모글로빈과 결합되어 있다. 조직에서 생성된 이산화탄소의 대부분은 중탄산이온의 형태로 혈장이 운반한다. ■

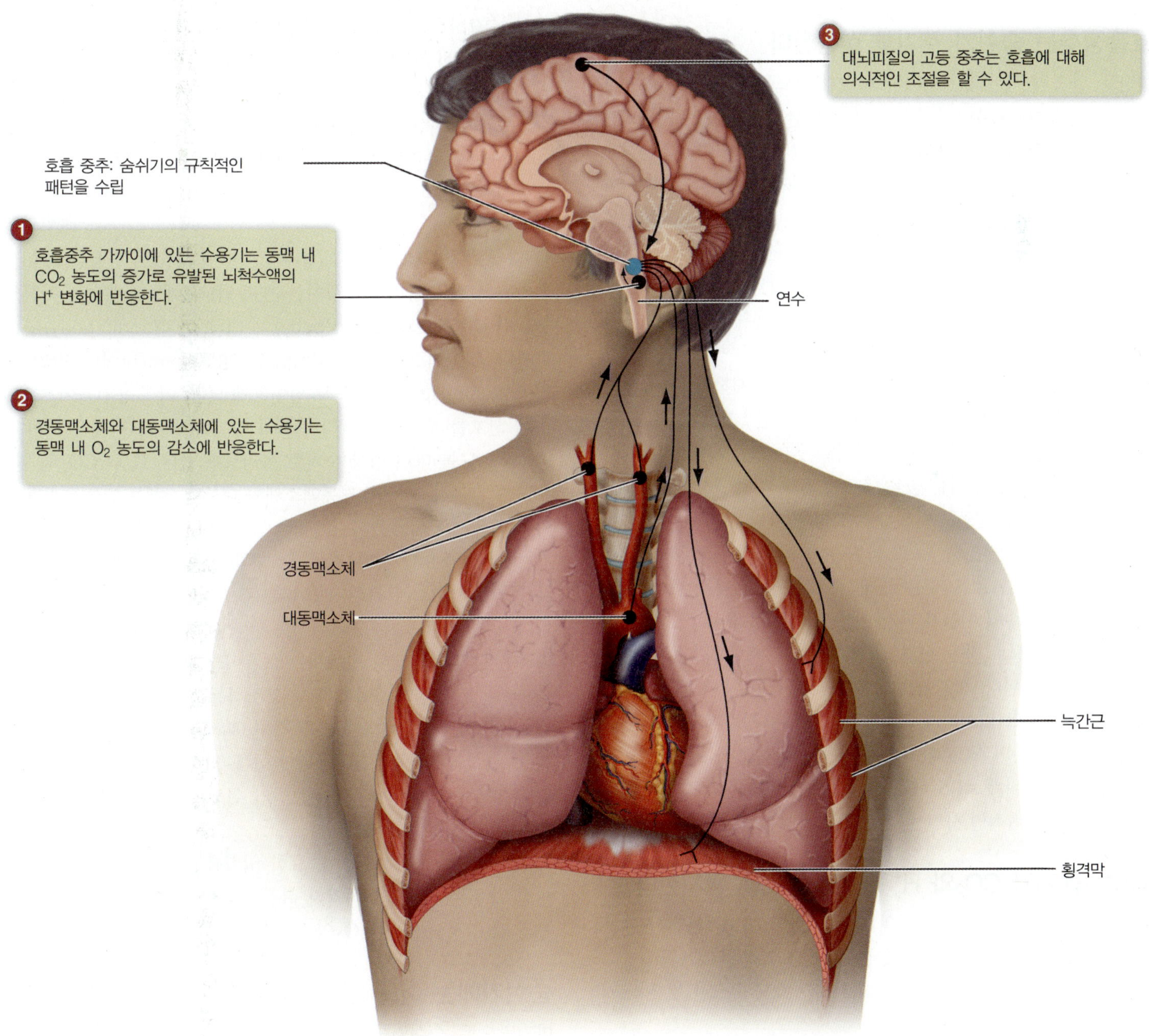

그림 10.13 숨쉬기의 조절. 숨쉬기의 기본적인 패턴은 연수 내에 존재하는 호흡중추에 의해 수립된다. 정상적인 상황에서는, 호흡의 속도와 깊이는 원칙적으로 혈중의 CO_2 농도를 조절하기 위해 맞춰지는데, 호흡은 또한 혈중 O_2 농도가 대폭 떨어져도 촉진될 수 있다. 그 외에, 호흡은(적어도 짧은 시간 동안은) 의식적인 통제에 의해 제어될 수 있다.

10.5 신경계가 숨쉬기를 조절한다

앞에서 언급했듯이, 숨쉬기는 골격근의 수축에 의존한다. 골격근은 5단원에서 설명한 바와 같이 운동뉴런에 의해서만 작동한다. 이 사실로부터 호흡이 신경계에 의해 조절된다는 것을 알 수 있다. 신경계는 숨쉬기의 속도와 깊이를 조절하여 체내의 여러 중요한 농도들의 항상성을 유지하는데, 그 중 대표적인 것이 CO_2와 H^+ 및 O_2의 농도이다. 더구나, 우리는 원한다면 어느 정도 숨쉬기에 의식적인 통제를 가할 수 있다.

호흡중추는 숨쉬기 주기를 설정한다

들숨과 날숨의 기본적인 주기와 숨쉬기 속도는 뇌 기저부의 **연수**(medulla oblongata)라고 하는 부위에서 결정된다(그림 10.13). 연수 내의 **호흡중추(respiratory center)**라고 부르는 일단의 신경세포들이 4~5초마다 자동적으로 주기적인 전기신호를 내보낸다. 이 신호들은 신경을 따라 횡격막과 늑간근으로 이동한 다음 이 근육들을 자극하여 수축하게끔 한다. 이 호흡 관련 근육들이 수축하면서, 흉곽은 팽창하게 되고 횡격막은 아래로 당겨져 공기를 들이마시게 된다. 들숨이 진행되면서, 호흡중추는 폐의 신장수용기(stretch receptor)로부터 감각 정보를 받는다. 이 수용기들은 폐가 팽창한 정도를 감시하여 들숨을 멈추고 날숨을 시작할 수 있게끔 해준다. 호흡중추에서 근육들로 향하는 신경신호가 멈추면, 호흡 근육들이 이완하고 흉곽은 원래 크기로 돌아오며 횡격막은 다시 위로 움직이게 되고 우리는 숨을 내쉬게 된다.

이 신경신호의 전달을 방해하는 질병은 어느 것이든 숨쉬기에 영향을 미칠 수 있다. 한 예로 근위축성측색경화증(amyotrophic lateral sclerosis: ALS), 혹은 루게릭병(이 병으로 사망했던 유명한 미국 야구 선수의 이름을 따서 이름 붙여짐)을 들 수 있다. ALS의 경우 골격근으로 가는 신경이 손상되어 더 이상 신호를 제대로 전달할 수 없게 된다. 시간이 지남에 따라 골격근은 사용되지 않음에 따라 약해지고 퇴화하게 되는데, 여기에는 횡격막과 늑간근도 포함된다. 대부분의 ALS 환자들은 처음 진단되고 난 뒤 5 년 안에 사망하게 된다. 비록 ALS는 그 자체로서 호흡기 질환으로 분류되지는 않지만, 직접적인 사인은 주로 호흡 기능부전이다.

화학수용기가 CO_2와 H^+ 및 O_2 농도를 탐지한다

우리 몸은 숨쉬기 속도와 깊이의 패턴을 바꾸고 조절하면서 항상성을 유지한다. 정상적인 상황에서 숨쉬기의 조절은 CO_2와 H^+ 및 O_2의 항상성 유지에 중점을 두는데, 이 중 가장 중요한 것은 CO_2이다.

CO_2의 농도 변화를 탐지하기 위해 사용되는 감각 기작들은 사실 간접적으로 수행된다. CO_2의 농도 변화를 탐지하는 것이 아니라, 연수의 특정 세포들이 뇌척수액(뇌의 세포들을 둘러싸는 간질액)의 H^+ 농도의 변화를 감지한다. 이는 CO_2의 농도 조절과 관련이 깊은데, 그 이유는 앞에서 언급하였듯이 CO_2의 농도 상승이 다음 반응에서 수소이온 농도의 상승을 동반하게 되기 때문이다.

$$CO_2 + H_2O \rightarrow H_2CO_3 \rightarrow HCO_3^- + H^+$$

따라서 동맥혈의 P_{CO_2}가 상승하게 되면, 뇌척수액의 H^+ 농도 역시 상승하게 된다. H^+ 농도가 상승한 것을 감지한 수용기 세포들은 호흡중추로 신호를 보내서 중추가 보내는 신경충격의 주기 속도를 증가시키는 한편 주기당 신경충격의 수도 증가시킨다. 그 결과, 우리는 더 자주, 더 깊이 숨을 쉬게 되고, 그렇게 함으로써 더 많은 CO_2를 내쉬어 혈중의 CO_2 농도를 다시 정상치로 낮추게 된다. 우리의 정상적인 동맥 P_{CO_2}는 정상적인 호흡에 의해서 약 40mmHg로 유지된다. 이 수치가 40mmHg 이상으로 오르게 되면 호흡이 촉진되고, 만일 40mmHg 아래로 떨어지게 되면 호흡이 억제된다.

다른 수용기 세포들은 혈중 P_{CO_2}가 아닌 P_{O_2}에 반응한다. 이 수용기들은 경동맥(머리로 향하는 큰 동맥)과 대동맥에 있는 작은 구조들인 **경동맥소체**(carotid body)와 **대동맥소체**(aortic body)에 위치한다. 일반적으로 동맥혈의 P_{O_2}는 약 100mmHg이다. 만일 P_{O_2}가 약 80mmHg 이하 정도로 떨어지게 되면, 이 수용기들이 호흡중추에 신호를 보내서 호흡의 속도와 깊이를 증가시키게끔 하여, 혈중 O_2 농도를 다시 정상 수치로 올리도록 한다. H^+와 CO_2의 혈중 농도가 충분히 크다면, 경동맥소체와 대동맥소체는 이들의 농도 증가에 의해서도 자극될 수 있다.

여기서 중요한 것은 경동맥소체와 대동맥소체의 O_2 수용기들은 동맥혈의 P_{O_2}가 적어도 20%는 감소해야만 활성화된다는 사실이다. 반면에, P_{CO_2}는 2~3% 정도만 변화하더라도 호흡이 촉진된다. 즉, 정상적인 상황 하에서는 호흡이 거의 전반적으로 뇌척수액의 H^+ 농도에 반응하여 CO_2를 조절하는 수용기에 반응해서 통제된다는 것이다. CO_2의 농도 조절이 O_2 역시 정상 범위에 두게 되는 것은 그저 우연히 일어나는 일이다. 달리 표현하자면, 일반적인 숨쉬기의 속도와 깊이는 O_2를 얻기 위해서가 아니라 CO_2를 제거하기 위해서 결정되는 것이다.

하지만 O_2 수용기들이 중요한 역할을 하게 되는 경우도 있다. 이런 경우는 질병, 약물 과다 복용, 그리고 높은 고도에서의 호흡 등과 같이 정상에 비해 O_2의 분압이 훨씬 낮은 상황에서 일어난다.

숨쉬기에는 어느 정도 의식적인 통제가 가능하다

마지막으로, 숨쉬기를 조절할 방법이 하나 더 있는데, 바로 의식적인 통제이다. 의식적인 통제는 고등한 뇌 중추에 있는데, 그 중에서도 특히 대뇌피질에 존재한다. 숨을 조절할 수 있는 능력 덕택에 사람들은 말을 할 수 있고 노래를 부를 수 있다. 사람들은 일 분 동안은 숨을 참을 수도 있고 심지어는 잠시 동안 호흡 항진(과도하게 숨을 쉬는 것)을 할 수도 있다.

하지만 혹시라도 자율적인 조절 기작들이 충분하지 않다는 생각이 든다면, 숨을 무한정 참아보도록 하자. 그러면 의식적인 통제가 앞에서 언급한 자율적인 조절 기작에 제압되는 것을 느끼게 될 것이다.

요점 정리

뇌의 호흡중추는 주기적으로 숨을 쉬는 규칙적인 패턴을 확립시킨다. 숨쉬기의 속도와 깊이는 동맥 내의 CO_2와 H^+ 및 O_2의 농도를 측정하는 조절 기작에 의해 조정된다. 의식적 통제는 이 조절들을 어느 정도 수정할 수는 있지만 완전히 뒤엎을 수는 없다. ■

10.6 호흡계 질환

호흡 장애를 일으키는 데는 많은 요인들이 있다. 그런 요인들 중에는 공기의 흐름이나 기체교환을 감소시키는 상태, 미생물의 감염, 암, 울혈성 심부전 등과 같은 다른 장기의 질병, 그리고 유전병 등이 있다.

공기의 흐름이나 기체교환의 감소는 호흡계의 기능을 방해한다

호흡은 대기와 폐포 사이의 공기의 흐름, 그리고 폐포 벽과 모세혈관 벽 사이의 확산을 통한 기체교환에 의존한다. 이 활동들을 저해하는 요인은 어떤 것이라도 호흡계의 기능을 방해하게 된다.

천식: 기관지의 경련성 수축 **천식(asthma)**은 기관지를 구성하는 근육이 발작적으로 수축하며, 기관지가 붓고, 점액이 과다하게 분비되는 증상이 특징이다. 천식 발작은 기관지가 부분적으로 닫히게 만들어서 숨쉬기를 힘들게 만든다. 천식은 재발하는 만성 폐질환으로 북미에서만도 1,700만 명의 환자가 있다. 천식 발병률은 미국에서뿐만 아니라 전 세계적으로 증가하는 추세이다.

천식 발작의 증상은 운동 중의 기침, 숨이 차는 것, 쌕쌕거리는 소리를 내며 숨쉬기, 그리고 가슴에 답답한 느낌이 드는 것 등이 있다. 천식이 있는 사람들은 대개 숨을 내쉴 때 쌕쌕거리는 소리를 낸다. 이런 증상들은 바이러스, 공기 중의 이물질, 알레르기(꽃가루, 집먼지, 동물의 털 등에 의한), 운동(특히 추운 환경에서 했을 경우), 담배 연기, 그리고 대기오염 등 다양한 원인들에 의해 촉발될 수 있다. 이런 증상들은 이따금씩 생겼다가 없어지기를 반복한다.

대부분의 천식 발작은 과다하게 활동적인 면역계에 의해 발생한다. 만일 천식이 있는 사람이 꽃가루나 담배 연기와 같은 알레르기 물질을 들이마시게 되면, 몸이 면역글로불린 E(IgE)를 과다하게 분비하는 것으로 대응하게 된다. IgE는 폐의 비만세포들이 히스타민과 같은 화학물질의 분비를 자극하여, 과도한 염증과 세기관지의 평활근 수축을 유발한다.

기관지를 이완시키는 약물(기관지확장제), 염증을 줄이는 약물(코르티코스테로이드), 그리고 정상적인 호흡을 회복시키는 약물들이 시중에 나와 있다. 그 외의 치료법들은 원인을 파악한 뒤 가능하면 원인을 피하도록 하여 발작을 예방하는 것이다.

폐기종: 폐포의 영구적 손상 **폐기종(emphysema)**은 폐포가 손상되는 만성 질환이다. 이 질병은 일단 작은 기도의 결합조직이 파괴되면서 시작된다. 그 결과, 기도의 탄성이 감소하면서 제대로 열리지 않게 되어, 날숨 도중 찌부러지게 되는 경향이 생긴다. 이 찌부러진 기도를 통해서 날숨을 자연스럽게 할 수 없는 상황이 생기므로, 폐에 높은 압력이 발생하여 결국 약한 폐포를 망가뜨리게 된다. 그 결과 확산에 이용되는 표면적이 영구적으로 감소하게 되고, 결과적으로 숨이 차게 되어 폐를 통해 기체교환을 할 수 있는 능력이 감소하게 된다.

적어도 한 유형의 폐기종은 유전성이지만, 대부분의 경우는 흡연이나 대기오염 물질에 대한 장기적인 노출과 연관되어 있다. 천식과 폐기종의 차이는, 천식은 일시적으로 기관지의 저항이 증가하는 증상으로서 때때로 재발하지만 각 발병 사이사이에는 증상이 없는 데 반해, 폐기종은 영구적인 기도의 손상을 동반하므로 결국에는 폐포의 파괴를 불러온다는 데 있다.

기관지염: 기관지의 염증 **기관지염(bronchitis)**은 기관지에 염증이 발생하는 질환으로, 그 결과 끊임없이 기침을 하게 되면서 다량의 가래침이 발생하게 된다. 기관지염은 급성(갑자기 발생해서 2주 안에 낫는다)일 수도 있고, 아니면 만성(오랜 기간 지속되며 여러 해 동안 재발한다)일 수도 있다. 두 가지 형태 모두 흡연자들과 대기오염이 심각한 곳에 사는 사람들에게서 흔히 발생한다.

증상으로는 쌕쌕거리는 숨소리, 숨이 차는 것, 그리고 노랗거나 녹색 가래침이 나오는 지속적인 기침이 있다. 어떤 경우에는 발열이 있기도 하고 흉골 뒤쪽에 불편한 느낌이 있기도 하다. 급성 기관지염은 폐를 습하게 하는 것(가습기를 이용하거나 수증기를 들이마시는 방법 등), 물을 많이 마시는 것, 그리고 만일 세균성 감염이 원인이라면 항생제를 투여하는 것으로 치료가 가능하다. 만성 기관지염이 있는 사람들은 다른 질환의 여부를 배제하기 위해 추가적인 검사를 받을 필요가 있다. 기관지확장제는 기관지를 넓힐 수 있고, 산소 처방으로 혈중 산소 농도를 높일 수도 있다.

미생물이 폐질환을 일으킬 수 있다

폐는 특히 감염에 취약하다. 그 이유 중 하나는 폐가 습하고, 따뜻하고, 얇은 액체 층으로 덮여 있어, 미생물들이 딱 좋아하는 번식 조건을 갖추고 있다는 데 있다. 바이러스에 의해 발생하는 일반적인

흡연자의 권리?

요즈음은 흡연자로 살기가 힘든 세상이다. (미국의 경우) 담배 한 갑을 살 때마다 약 440원의 연방 면허세와 평균 880원의 주세가 붙는다. 그리고 담뱃갑 자체에 미 공중위생국 장관의 건강 경고문이 붙어 있다. 게다가 제일 최악인 것은, 흡연이 허용된 장소가 점점 줄어만 가고 있다는 것이다. 2003년에는 다섯 개 주(캘리포니아, 코네티컷, 델라웨어, 메인, 그리고 뉴욕)에서만 직장내 흡연이 금지되었지만, 2008년에는 최소 19개 주에서 직장내 흡연이 금지되었다. 25개 주에서는 식당내 흡연 역시 금지된 상황이다. 흡연자들에게 과연 권리란 있는 것인가?

직장내 금연정책 시행으로 흡연자들은 건물 밖에 모여서 담배를 피운다.

간접흡연의 위험

우리는 모두 흡연이 건강에 나쁘다는 사실을 알고 있다. 담배 연기는 발암물질로 확인되거나 혹은 의심되는 다수의 성분들을 포함하고 있다. 수많은 과학적 연구들은 흡연이 세계적으로 폐암의 제일가는 원인이라는 것을 설득력 있게 보여주었다. 오늘날 이 사실을 부정할 사람은 극히 드물 것이다.

하지만 불붙은 담배꽁초나 흡연자의 입에서 나오는 담배 연기(간접흡연) 역시 건강에 나쁠까? 이와 관련해 얻을 수 있는 과학적 증거들은 꽤나 설득력이 있지만 한편으로는 시야가 다소 제한적이다. 즉, 엄밀하게 말하자면, **흡연하는 남편과 사는 여자 혹은 흡연자들과 함께 일하는 사람들은 폐암에 걸릴 위험이 더욱 높다.** 이런 연구 결과에 따라 보건당국은 이제 공식적으로 간접흡연을 '확정 발암물질'로 분류한다. 또한 흡연자들과 함께 사는 아이들은 폐기능 저하, 폐 감염증 증가, 그리고 천식 등의 위험이 증가한다는 많은 증거들이 있다.

우리 모두에게 처한 딜레마는 바로 어느 누구도 아직 노출량에 따른 간접흡연의 위험 정도를 정량화하지는 않았다는 것이다. 만일 장기간에 걸친 고농도의 간접흡연 노출이 건강에 나쁘다면, 어쩌다가 한 번씩 담배 연기를 쏘이는 것 또한 건강에 나쁠까?

과학 위의 감정

흡연자들은 과학적 근거가 거의 없는 감정적 대응(암에 대한 공포)이 그들의 담배를 피울 권리를 질식시키고 있다고 주장한다. 그들이 옳을까? 다음 사실들을 고려해보자.

- 직장에서 흡연을 완전히 금지한 미국의 19개 주 중에서, 따로 방이 마련되어 있으면 비흡연자들이 담배 연기에 노출되는 것을 방지할 수 있음에도 불구하고, 어떤 주에서도 흡연자들에게 따로 환기가 되는 방에서 담배를 피울 수 있는 설비를 마련해주지 않았다.
- 어떤 금연법은 건물 외부의 창문이나 문으로부터 15미터 이내에서는 흡연을 금지한다.

담배 연기는 이제 발암물질로 분류된다.

- 온라인 투표를 시행한 결과, 답변자의 36%는 공원과 놀이터에서 흡연을 금지해야 한다고 생각했다.

흡연자들은 건물에 분리된 환기 시스템을 갖춘 특별 흡연 구역을 만들도록 설계하면 흡연이 비흡연자들에게 영향을 미칠 일이 없다고 지적

사실은....

- 심각하게 혹은 오랜 기간 노출될 경우, 간접흡연은 여성들에게 암을 유발할 수 있고 어린이들의 호흡기 건강 위험의 증가와 관련이 있다.
- 가볍게 혹은 이따금씩 간접흡연에 노출되는 것이 건강상 위험한지는 알려져 있지 않다.
- 직장, 식당, 그리고 심지어는 공공장소와 야외에서도 흡연 금지가 점점 증가하고 있는 추세이다.
- 흡연자들은 금연법이 자신들의 흡연할 권리를 빼앗는 것이라고 주장한다.

한다. 흡연자들의 말에 따르면, 사회는 이미 많은 공적 자금을 들여서 공공건물에 장애인들의 접근이 가능하도록 시설을 설치하는데, 왜 흡연자들을 위해서는 도대체 그런 노력을 보일 수 없다는 것인가?

흡연자들은 또한 딱 한 번 담배 연기를 쏘이는 것이 해롭다는 증거가 없다고 지적한다. 그 점에서는 흡연자들의 말이 옳다. 실제의 과학적 증거는 간접흡연에 꽤 심각하게 노출된 사례들에 근거한 것들이다. 흡연자와 밀폐된 공간에서 같이 살거나 근무하는 것(하루에 8시간 근무한다고 간주하면 28,800초 동안 일하는 셈이다)과 바깥의 공원에서 몇 초 동안 담배 연기를 한 숨 들이마시는 것 사이에는 큰 차이가 있을 수 있다. 낮은 간접흡연 노출로 인한 건강상의 위험(사망 포함) 산정은 일반적으로 외삽법에 의한 것으로, 사실 그다지 신빙성이 없는 통계 기법임을 시인할 수밖에 없는 실정이다.

아마 모든 사람들은 다른 사람들에게 해를 끼칠 염려가 있는 장소에서는 반드시 흡연이 금지되어야 한다는 사실에 분명 동의할 것이다. 다만 정책을 만드는 사람들에게 문제가 되는 것은, 도대체 이 장소들이 정확히 어디란 말인가?

생각해볼 문제

1 흡연자들은 담배를 피울 권리가 있는가? 왜 그렇게 생각하는가?

2 비흡연자들은 담배 연기가 없는 깨끗한 공기를 들이마실 권리가 있다고 주장한다. 이 주장에 동의하는가?

3 당신이라면 흡연을 어디에서 허용하고, 어디에서 금지하겠는가? 이런 의견은 무엇을 근거로 내린 것인가?

감기와 독감 외에도, 미생물에 의해 발생하는 더 심각한 질병에는 폐렴, 결핵, 그리고 보툴리누스중독증 등이 있다.

폐렴: 감염으로 인해 폐에 염증이 생긴다 **폐렴(pneumonia)**은 폐가 감염이 된 뒤 이 때문에 염증이 발생하는 질환으로, 그 원인은 주로 바이러스나 세균이다. 폐포에서는 과도하게 액을 분비하게 되어, 산소와 이산화탄소의 교환을 방해하게 된다. 증상으로는 발열, 오한, 숨이 차는 것, 그리고 녹색 빛이 감도는 누르스름한 가래와 간혹 피를 동반하는 기침이 있다. 어떤 사람들은 흉강 안쪽과 폐를 덮고 있는 막들에 염증이 있어서 숨을 쉴 때 고통을 느끼기도 한다.

북미에서는 폐렴이 사망 원인 중 상위 10위 안에 들어가는데, 큰 이유는 폐렴이 많은 심각한 질병에서 자주 파생되는 합병증이기 때문이다. 치료는 폐렴을 일으킨 미생물에 따라 다르게 행해진다. 심각한 경우에는 산소 요법과 인공호흡이 필요할 수도 있다. 그러나 폐렴에 걸리는 대부분의 사람들은 몇 주 만에 완전히 회복된다.

결핵: 세균성 감염이 폐에 흉터를 남긴다 **결핵(tuberculosis: TB)**은 결핵균(*Mycobacterium tuberculosis*)에 의해서 발생하는 감염성 질환이다. 결핵에 걸린 사람들은 기침이나 재채기를 해서 공기 중의 미세한 방울로 결핵을 전파시킨다. 결핵균은 폐에 들어가서 증식하여 감염성 '중심'을 형성하게 된다. 대부분의 경우, 폐에 흉터가 남긴 하지만, 면역계가 질병을 물리치게 된다. 하지만 약 5%의 경우, 감염이 림프관을 통해 림프절로 퍼져서 혈관으로 들어가게 된다. 때로는 결핵균이 여러 해 동안 잠복한 뒤, 다시 활동을 시작하여 더 많은 폐 손상을 일으키는 경우도 있다.

대표적인 증상으로는 기침(어떤 경우에는 각혈도 일어난다), 가슴의 통증, 숨이 차는 것, 발열, 식은땀, 식욕 저하와 체중 저하 등이 있다. 가슴의 X선 촬영으로 흔히 폐에 난 구멍이나 예전에 일어났던 감염이 아물고 남긴 흉터 등 폐의 손상을 밝혀낼 수 있다. 또한 피부에 실시하는 검사의 일종인 투베르쿨린검사를 이용하면 어떤 사람이 결핵에 노출되었는지 확인할 수 있다.

한 세기 전만 해도, 결핵은 전 세계적으로 대표적인 사망 원인 중 하나였다. 이제 항생제의 발달로 인해 결핵의 발병률은 급격히 감소하였고, 선진국에서는 대부분의 환자들이 완치된다. 그러나 개발도상국에서는 이 질병이 여전히 대표적인 의료 문제로 남아 있으며, 선진국에서도 최근 들어 발병률이 증가하는 모습을 보이고 있다. 많은 전문가들은 이 증가 추세의 원인을 개발도상국들로부터 들어오는 이민자의 증가에서 찾고 있다. 세계적으로 에이즈의 보급률이 증가하고 있는 것 또한 하나의 요인일 수 있다. 더욱이, 어떤 결핵균의 변종들은 항생제에 대해 저항성을 보이기 시작하고 있다.

보툴리누스중독증: 세균성 독소에 의한 중독 **보툴리누스중독증(botulism)**은 제대로 요리되거나 보존되지 않은 음식들에서 간혹 발견되는 보툴리누스균(*Clostridium botulinum*)에 의해서 발생하는 중독의 일종이다. 보툴리누스균은 골격근으로 보내는 신경신호를 차단하는 강력한 독소를 생산하는데, 이때 차단되는 골격근에는 횡격막과 늑간근도 들어간다.

보툴리누스중독증의 증상은 주로 오염된 음식을 섭취한 뒤 8~36시간이면 나타나게 된다. 증상으로는 삼키고 말을 하는 데 어려움, 사물이 두 개로 보이는 것, 메스꺼움과 구토 등이 있다. 만일 제대로 치료를 받지 못하면, 호흡과 관련된 근육이 마비되기 때문에 보툴리누스중독증은 치명적일 수 있다.

폐암은 비정상적인 세포들의 증식으로 인해 발생한다

암(cancer)이란 비정상적인 세포들의 억제되지 않은 성장이다. 폐에서는, 암세포들이 정상적인 세포들을 밀쳐내고 결국에는 정상적인 기능을 못하도록 방해한다. 폐암은 기도에서의 공기의 흐름을 방해할 뿐만 아니라 또한 폐포에서의 기체교환과 폐 혈관의 혈액 흐름 역시 방해한다(그림 10.14). 미국의 경우에 폐암은 암으로 인한 사망 원인 중 3분의 1을 차지한다.

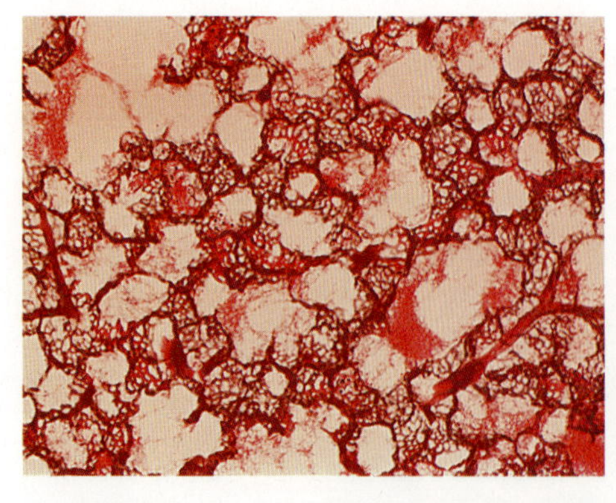

a) 정상인의 폐

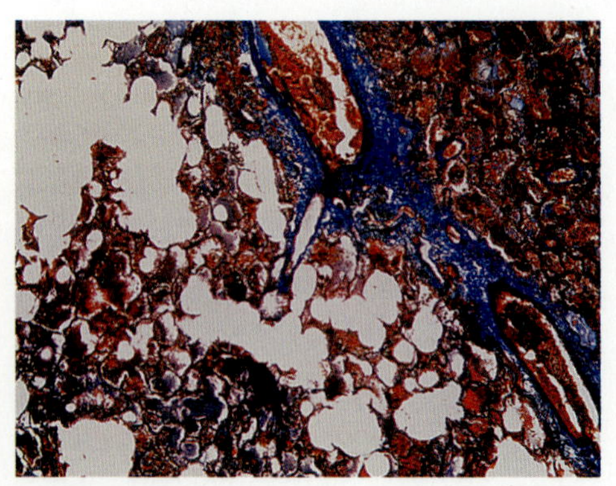

b) 암에 걸린 폐

그림 10.14 폐암. (a) 정상적인 폐포와 둘러싸고 있는 모세혈관들. (b) 암에 걸린 폐의 단면. 파괴된 폐포와 모세혈관의 출혈(진한 빨간색)이 관찰된다.

폐암은 발병하는 데 여러 해가 걸리고 그 발병에는 흡연이 크게 연관되어 있다. 폐암 환자의 90% 이상이 현재 또는 과거 흡연자들이며, 여기에 해당하지 않는 사람들 중 상당수가 다른 사람들로부터 간접흡연에 노출된 사람들이다. 흡연 외에 두 가지 중요한 원인으로는 라돈 가스(우라늄이 붕괴되면서 땅속에서 생성된다. 그 뒤 건물의 기초나 지하실 등 환기가 안 되는 장소의 공기로 새어 들어간다)와 석면 등 작업장에서 발생하는 화학물질이다.

폐암의 증상으로는 만성적인 기침, 쌕쌕거리는 숨소리, 가슴의 통증, 그리고 각혈이 있다. 대부분의 사람들은 매번 사소한 기침을 가지고 의사를 찾아가지는 않겠지만, 지속적이거나 가슴의 통증을 동반하는 기침(더구나 그 기침에 피가 같이 나온다면)은 반드시 신속한 진찰을 받아야 한다. 만일 암이 조기에 진단되면, 암이 있는 폐의 엽이나 부위를 제거하거나, 방사선 요법 혹은 화학 요법을 통해 종양을 파괴하는 것이 가능할 수도 있다.

폐암은 예방이 가능한 질병이다. 일단 흡연을 하지 않는 것이 좋은 생각이며, 자신의 근무 환경을 잘 아는 것도 좋고, 자신의 거주 환경이 어디인지에 따라서 집에 라돈가스의 유무를 검사하는 것도 좋다. 모든 종류의 암에 대해 더 많은 정보를 보려면 18단원을 참조하면 된다.

울혈성심부전은 폐의 기능을 해친다

8단원에서 우리는 울혈성심부전(congestive heart failure)을 심장이 점차 그 효율을 잃는 심혈관 질환으로 설명했었다. 원래는 심장 질환으로 시작하지만, 이 질환은 폐의 기능을 해치는 데 이를 수도 있다.

울혈성심부전에서 심장이 펌프로서의 기능을 점차 잃기 시작한다는 사실을 되새겨보자. 심장의 왼편이 힘을 잃게 되면, 혈액이 그쪽 폐정맥 방면의 혈관들에 고이게 된다. 그 결과 폐 혈관들의 혈압이 상승하게 된다. 폐의 모세혈관들의 압력이 상승하면, 모세혈관벽 사이의 물리적 압력과 삼투압의 균형으로 인해 모세혈관에서 액체 손실이 일어나게 된다. 그 결과, 모세혈관과 폐포 사이의 간질에 액체가 차게 되고 심한 경우 폐포 자체에도 차오르게 된다. 이렇게 되면 기체교환 시 기체가 지나가야 할 거리가 늘어나 기체교환의 효율이 떨어지게 된다. 치료법은 쌓인 액체를 제거하고 심장의 펌프 활동을 개선시키는 데 주력한다.

낭포성섬유증은 유전병이다

낭포성섬유증(cystic fibrosis)은 유전병으로 유전자 한 개가 잘못되어 폐의 점액 생성 세포들이 걸쭉하고 끈끈한 점액을 만들게 되는 질병이다. 낭포성섬유증은 다른 기관계에도 영향을 미친다. 폐에서는, 비정상적으로 걸쭉한 점액이 공기의 흐름을 방해하고 또한 세균들이 증식할 장소를 제공하게 된다. 낭포성섬유증을 앓는 사람들은 기도에 자주 감염을 일으킨다. 이 질병의 치료는 계속적인 물리 요법을 통해 점액을 제거하고 기도를 깨끗이 열어두려는 시도 등이 있다. 현재 낭포성섬유증을 치료하기 위한 여러 유망한 새 약품들이 시장에 나와 있다. 낭포성섬유증에 대해 더 알아보기 위해서는, 19단원의 "건강 파수꾼"을 참조하기 바란다.

요점 정리

폐는 환경 오염물질, 담배 연기, 그리고 미생물 감염 등에 의해 손상될 수 있다. 천식과 결핵 등의 사례는 모두 증가하는 추세에 있다. ■

단원 요약

호흡은 몸 전반에 걸쳐서 일어난다

- 호흡은 네 가지 과정이 포함되어 있다. 숨쉬기, 외호흡, 내호흡, 그리고 세포호흡이다.
- 외호흡은 폐에서 일어나고, 내호흡과 세포호흡은 조직에서 일어난다.

호흡계는 상기도와 하기도로 구성된다

- 호흡계는 폐로 향하는 공기 통로와 폐 그 자체로 구성되어 있다.
- 뼈와 골격근은 호흡계를 지탱하면서 숨쉬기에 관여한다.
- 상기도는 코와 인두로 구성된다. 상기도는 우리가 숨 쉬는 공기를 거르고, 데우며, 습하게 만든다.
- 하기도는 후두, 기관, 기관지, 그리고 폐로 구성된다.
- 폐 안에서 기관지는 여러 차례 갈라져서 세기관지라고 부르는 작은 기도가 되며, 결국에는 폐포라 부르는 공기로 채워진 작은 주머니로 끝난다.
- 폐포의 엄청나게 큰 표면적과 매우 얇은 호흡계 막 덕분에 기체교환이 폐 모세혈관과 쉽게 일어날 수 있다.

숨쉬기 과정에는 압력 경사가 필요하다

- 횡격막과 늑간근의 움직임으로 폐가 확장되면서 들숨이 일어난다. 이 근육들이 이완하게 되면 날숨이 일어난다.
- 폐가 확장되면, 그 안의 압력은 대기압에 비해 떨어지게 되면서 공기가 안으로 들어오게 된다. 날숨 중에는, 폐가 작아지면서 폐 안의 압력이 증가하기 때문에 공기가 밖으로 밀려나오게 된다.
- 평상시에 숨을 쉴 때, 들숨은 능동적이고(에너지를 필요로 한다) 날숨은 수동적이다.
- 일반적으로 우리는 500ml의 일회호흡량으로 분당 12회 숨을 쉰다.
- 폐활량은 사람이 최대한 들숨을 했을 때 내쉴 수 있는 최대한의 공기양이다.

기체의 교환과 수송은 수동적으로 일어난다

- 기체의 확산은 분압경사에 의존하는데, 이는 농도기울기와 동등하다.
- 외호흡과 내호흡은 둘 다 온전히 확산에 의해서만 일어나는 작용들이다.
- 혈액에 의해 수송되는 산소의 거의 전부(98%)는 적혈구의 헤모글로빈에 결합되어 있다.
- 이산화탄소의 일부는 용해된 CO_2나 헤모글로빈에 결합된 채 수송되지만, 대부분의 CO_2(70%)는 중탄산이온으로 전환된 뒤 혈장으로 운반된다.

신경계가 숨쉬기를 조절한다

- 뇌의 연수에 있는 호흡중추가 들숨과 날숨의 일정한 주기를 확립시킨다.
- 정상적인 조건하에서 숨쉬기의 속도와 깊이는 동맥혈의 P_{CO_2}의 항상성을 유지하기 위해서 알맞게 조정된다.
- O_2에 의한 호흡의 조절은 질병이나 높은 고도에 올라가 있는 경우에서와 같이 P_{O_2} 농도가 20% 이상 감소했을 때에만 일어난다.
- 숨쉬기에는 어느 정도 의식적인 통제를 가할 수 있다.

호흡계 질환

- 천식은 기관지가 일시적인, 경련성 수축을 일으켜, 공기의 흐름을 방해하는 질환이다.
- 폐기종은 공기 흐름에 대한 높은 저항과 폐포의 파괴로 특징되는 만성적 질환이다.
- 폐는 기체교환을 용이하게 하기 위해 표면을 습하고 따뜻하게 유지하기 때문에 감염에 특히 취약하다. 결핵은 세균성 감염 질환이다. 폐렴의 경우, 폐포가 감염되어 과다한 액을 분비하여 기체교환을 방해하게 된다.
- 폐질환은 다른 기관의 질병과 합병증으로 발생할 수도 있는데, 대표적인 예로 울혈성심부전이 있다.

알아야 할 용어

결핵(tuberculosis)
기관(trachea)
기관지(bronchi)
기관지염(bronchitis)
분압(partial pressure)
산화헤모글로빈(oxyhemoglobin)
성대(vocal cords)
성문(glottis)
세기관지(bronchioles)
인두(pharynx)
일회호흡량(tidal volume)
천식(asthma)
카르바미노헤모글로빈(carbaminohemoglobin)
폐기종(emphysema)
폐포(alveoli)
폐활량(vital capacity)
호흡중추(respiratory center)
환기(ventilation)
횡격막(diaphragm)
후두(larynx)
후두개(epiglottis)
흉막(pleural membranes)

개념 확인 문제

1. 코의 기능을 최소 세 개 이상 열거하시오.
2. 남자의 목소리가 왜 여자의 목소리보다 굵은지 설명하시오.
3. 흡연자들은 왜 만성적인 기침을 하는지 설명하시오.
4. 기관지와 세기관지의 차이를 구분하시오.
5. 밀폐된 용기가 있을 때, 이 용기의 크기가 커지거나 작아질 경우 용

기 내의 기압이 어떻게 변하는지 설명하시오.

6. 들숨과 날숨이 일어날 때 일어나는 기압 변화의 진행 순서를 설명하시오.
7. '분압'이란 무엇인지 정의한 뒤, 그것이 기체의 확산에 왜 중요한지 설명하시오.
8. 왜 폐포 속 산소의 분압이 우리가 숨 쉬는 공기의 산소분압보다 항상 더 낮은지 설명하시오.
9. 물질대사가 일어나고 있는 조직들에서 용해된 CO_2로부터 중탄산이온이 어떻게 형성되는지(필요하다면 그림을 그려서) 설명하시오.
10. 심부전이 어떻게 혈액과 폐포 사이의 O_2와 CO_2 확산 능력의 감소로 이어질 수 있는지 설명하시오.

학습 문제

연결 문제

_________1. 천식 발작 도중 근육 경련을 일으키는 부위

_________2. 성대 사이의 틈새

_________3. 공기와 혈액 사이에 기체교환이 일어나는 장소가 되는 공기주머니

_________4. 평상시에 숨을 쉴 때 이 숨의 부피를 이르는 명칭

_________5. 한 번에 들이쉬고 내쉴 수 있는 최대한의 공기 양을 일컫는 말

_________6. 호흡에 관계하는 근육을 독소가 마비시키는 질병

a. 폐포
b. 성문
c. 폐활량
d. 일회호흡량
e. 기관지
f. 보툴리누스중독증

빈칸 채우기

7. 음식물을 삼킬 때 기도를 닫아버리는 유연한 연골판을 _________(이)라고 부른다.
8. 폐로 향하는 공기 통로는 인두로 시작하고, 그 다음에 __________(으)로 이어지고, 그 다음에 기관으로 이어진다.
9. 폐의 바깥 표면과 흉강의 안쪽 벽 사이에 있는 공간은 _________(이)라고 부른다.
10. __________는(은) 규칙적인 숨의 주기를 확립시켜준다.
11. 들숨이 일어나는 동안, 반구형의 __________는(은) 수축하면서 편평해진다.
12. __________와(과) __________에는 혈액의 P_{O_2}를 측정하는 수용기들이 있다.

OX 문제

13. 정상적인 상황에서 평상시에 숨을 쉴 때, 들숨과 날숨은 모두 능동적인 과정으로, 서로 반대되는 골격근들의 수축을 필요로 한다. ( )
14. 정상적인 상황에서, 숨쉬기의 속도와 깊이는 O_2가 아닌 CO_2의 항상성 관리 기작에 의해 조절된다. ( )
15. 기체교환은 세기관지 통로에서 일어난다. ( )

참고문헌

Buckley, Christopher. *Thank You for Smoking*. New York: HarperPerennial, 1994. 272 pp. (Fiction. A humorous satirical view of smoking from the perspective of a fictional tobacco lobbyist.)

Gibbs, T. W. Breath of Fresh Liquid. *Scientific American*, February 1999, pp. 40 – 41. (Brief research news article about breathing liquids instead of air.)

Langer, Robert. Where a Pill Won' t Reach. *Scientific American*, April 2003, pp. 50 – 57. (A discussion of newer drug delivery methods, including respiratory inhalation.)

Levitzky, Michael G. *Pulmonary Physiology*, 6th ed. New York: McGraw-Hill, 2003. (A good all-around reference resource for human respiratory system function.)

응용 문제

1. 음주운전 검사를 시행할 때 교통경찰은 왜 운전자에게 여러 번 얕게 숨을 내뱉는 것보다 한 번 깊게 내뱉도록 요구하는가?
2. 병리학자가 자신이 검시하는 살인사건에서, 죽은 아기가 태어났을 때 살아 있던 아기인지, 아니면 사산아인지에 대한 질문을 받았다. 어떻게 이 사실을 가려낼 수 있을까?
3. 일생 동안 심각하게 흡연을 하게 되면 기관지와 세기관지의 안쪽에 있는 세포의 섬모가 대개 파괴되게 된다. 이 사실이 왜 폐 감염증의 증가를 불러오게 될까?
4. 후두염은 후두에 염증이 발생하는 질병이다. 왜 후두염이 있는 사람은 말을 하는 데 어려움을 겪을까?
5. 복부에 갑자기 강한 일격을 받게 되면 잠시 동안 숨을 쉬지 못하게 되는 경우가 있다. 왜 이런 일이 벌어질까?
6. 흉곽에 구멍이 생기면 폐는 손상되지 않았더라도 찌부러지게 된다. 찌부러진 폐는 기흉(pneumothorax)이라고 부른다. 어째서 폐는 손상되지 않았는데도 찌부러지는 것일까? 환자는 여전히 숨을 쉴 수 있겠는가?
7. 과도하게 흥분하거나 불안 증세를 보이는 사람은 호흡항진을 하기 시작할 수 있다. 이런 경우 어지럼증, 몽롱함, 그리고 근육의 약화 등이 일어날 수 있다. 이때 한 가지 해결책 중 하나는 이 사람을 종이 봉지에다 대고 숨을 쉬게 하는 것인데, 왜 이것이 해결책이 될까?

학습 문제 해답

1. e **2.** b **3.** a **4.** d **5.** c **6.** f **7.** 후두개 **8.** 후두 **9.** 흉막강 **10.** 호흡중추 **11.** 횡격막 **12.** 경동맥소체; 대동맥소체 **13.** X **14.** O **15.** X

11 신경계: 통합과 조절

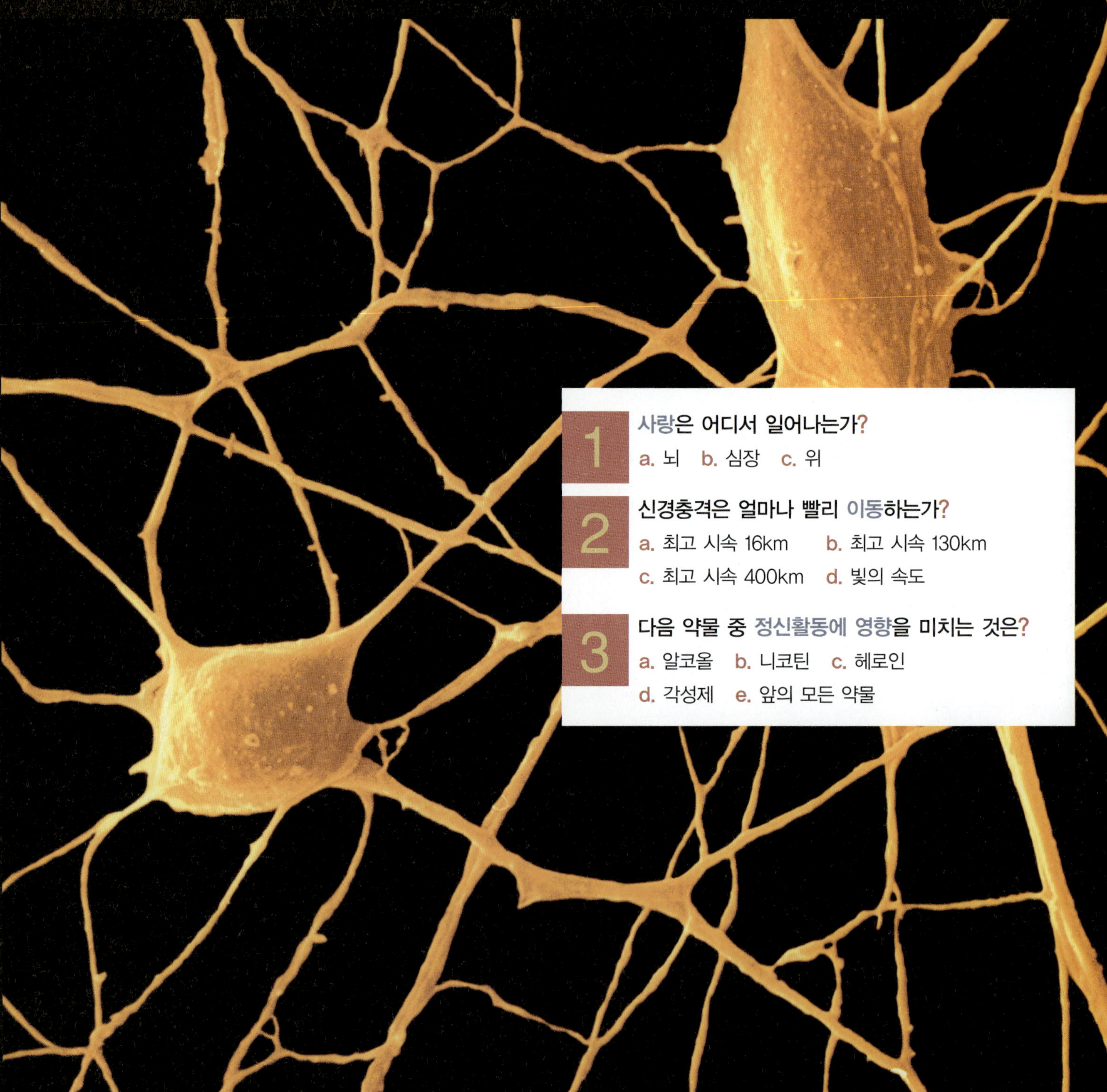

1 사랑은 어디서 일어나는가?

a. 뇌 b. 심장 c. 위

2 신경충격은 얼마나 빨리 이동하는가?

a. 최고 시속 16km b. 최고 시속 130km

c. 최고 시속 400km d. 빛의 속도

3 다음 약물 중 정신활동에 영향을 미치는 것은?

a. 알코올 b. 니코틴 c. 헤로인

d. 각성제 e. 앞의 모든 약물

사람의 소뇌에 있는 신경세포. SEM 사진(×2,900)

강의실로 가는 중이라고 생각해보자. 날씨는 추운데 외투도 입지 않았고 배도 고프다. 학교 앞 횡단보도를 건너는데 제과점이 보였고 바람결에 실려 오는 빵 냄새와 커피 향을 맡았다. 등 뒤에서 갑자기 트럭이 멈춰서면서 내는 브레이크 소리와 경적이 들렸다. 재빨리 몸을 돌려 다가오는 트럭을 보고 보도 쪽으로 몸을 날렸다.

우리의 신경계는 주변의 여러 곳으로부터 들어오는 정보를 끊임없이 받아들이고 있다. 우리의 거대한 기억저장고에 들어 있는 이 모든 소리들과 다른 자극들의 의미에 관한 데이터를 포함해서 정리해야 할 정보의 양은 어마어마하게 많다. 신경계는 이처럼 서로 관련이 없어 보이는 정보를 신속히 통합하여 우리가 제때에 반응할 수 있도록 해준다.

신경계의 3가지 특징은 다음과 같다.

- 신경계는 감각을 통해 받아들인 정보를 필요로 한다.
- 신경계는 정보를 통합한다. 통합은 여러 다른 출처로부터 온 서로 다른 조각 정보를 취해서 이를 짜 맞추어 전체적으로 논리에 맞는 것을 만드는 과정이다. 이 과정은 산처럼 많은 데이터를 걸러서 겨우 한 가지 계획이나 행동을 일으키기도 한다.
- 신경계는 매우 빠르다. 신경계는 수십 분의 1초 안에 정보를 받아들이고, 통합한 다음 반응을 만들어낸다. 이 단원에서 우리는 그와 같이 빠른 속도를 낼 수 있는 신경계의 특별한 성질에 관해서 배운다.

신경계의 대부분의 기능들은 완전히 자율적이어서 우리의 주의나 의식적인 결정을 필요로 하지 않고 동시에 일어난다. 그러나 신경계는 선택된 정보를 의식적인 인지수준까지 가져올 수도 있다. 신경계는 내분비계(13단원 참조)와 함께 작용하여 항상성을 유지한다. 신경계는 우리가 감정을 느끼고 자아를 깨닫게 해주며 엄청나게 다양한 신체 움직임에 의식적인 조절을 행사하도록 해준다.

11.1 신경계는 두 개의 주요 부분으로 이뤄진다

신경계는 **중추신경계(central nervous system: CNS)**와 **말초신경계(peripheral nervous system: PNS)**로 되어 있다. 중추신경계는 뇌와 척수로 되어 있다. 중추신경계는 정보를 받아들이고, 처리하고, 저장하고, 전달하는 일을 한다. 말초신경계는 중추신경계 밖에 존재하는 신경계 요소를 포함한다. 말초신경계는 두 가지 기능적 부문으로 나뉜다. 말초신경계의 감각신경계(sensory division)는 정보를 뇌와 척수로 전달하며, 운동신경계(motor division)는 정보를 중추신경계로부터 골격근으로 전달한다(그림 11.1).

말초신경계의 운동신경계는 기능에 따라 더 세분화된다. 말초신경계의 **체성신경계(somatic division)**는 골격근을 조절하며 **자율신경계(autonomic division)**는 민무늬근과 심장근 및 분비샘을 조절한다. 자율신경계는 다시 **교감신경계(sympathetic division)**와 **부교감신경계(parasympathetic division)**로 나뉜다. 일반적으로 교감신경계와 부교감신경계의 활동은 서로 반대된다. 이들은 자율적이고 무의식적인 항상성을 유지하기 위해 서로 반대 방향으로 작용한다.

우리는 이 단원에서 이러한 각각의 요소에 대해 좀 더 상세히 다룰 것이다. 그러기 전에 먼저 뉴런과 뉴런을 수반하고 지지하는 신경교세포의 구조와 기능에 대해 알아보도록 한다.

요점 정리

신경계는 두 개의 주요 구성요소로 되어 있다. 뇌와 척수로 이루어진 중추신경계(CNS)와 중추신경계 밖에 존재하는 신경계의 다른 모든 부분을 포함하는 말초신경계(PNS)이다. PNS에는 골격근을 조절하는 체성신경계와 민무늬근, 심장근 및 분비샘을 조절하는 자율신경계가 있다. 자율신경계는 교감신경계와 부교감신경계로 되어 있다. ■

들어가기 질문의 답

1 **a. 뇌.** 감정에 대해서 아직 밝혀져야 할 것이 많지만, 감정이 뇌에서 일어난다는 것은 잘 알려져 있다. 이 단원에서 우리는 뇌가 신경계의 다른 요소들과 어떻게 상호작용하여 감정과 생각을 만들어내는지 배우게 된다.

2 **c. 최고 시속 400km.** 어떤 신경세포는 이보다 더 느린 경우도 있지만 신경세포는 빠르게는 시속 400km의 속도로 신경충격을 전달한다. 이 단원에서 우리는 신경충격이 우리 몸 안에서 어떻게 이동하는지, 그리고 신경충격이 목적지에 도달하면 어떤 일이 일어나는지를 배우게 된다.

3 **e. 앞의 모든 약물.** 보기로 든 네 가지 물질이 모두 다 정신활동에 영향을 미치는 약물이다. 정의에 의하면, 이들은 모두 의식, 감정 또는 행동에 영향을 미친다.

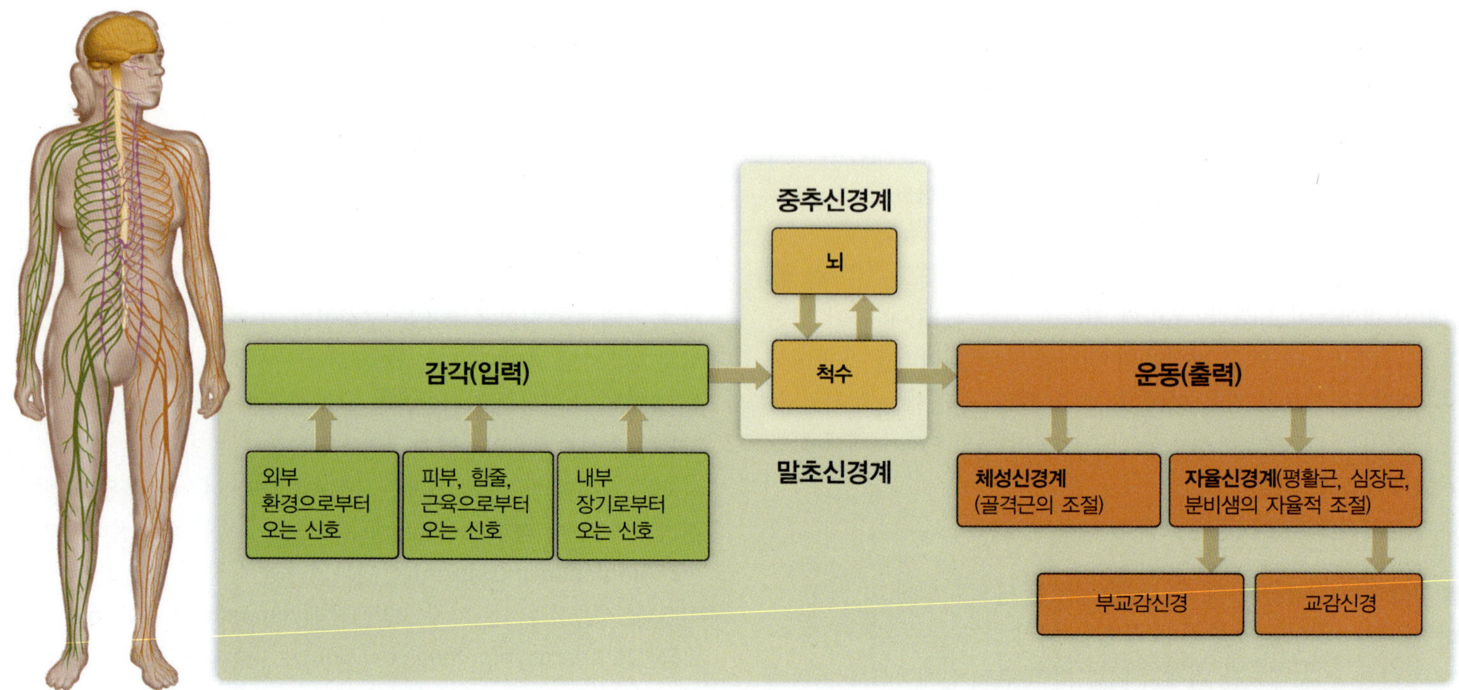

그림 11.1 신경계의 구성요소. 중추신경계(CNS)는 말초신경계(PNS)로부터 감각 성분을 받아들여서 정보를 통합하고 구성한 다음, 말초신경계의 운동 성분을 통해 말초로 내보낸다.

11.2 뉴런은 신경계의 통신 세포이다

뉴런(neuron)은 통신하기 위해 분화된 세포이다. 뉴런은 **활동전위(action potential)**라고 부르는 전기신호를 만들어서 몸의 한 편에서 다른 편으로 전달한다. 길이가 가장 긴 뉴런들은 발가락으로부터 척수로 뻗은 뉴런이다. 이들은 단일 세포이다.

그림 11.2에 나타낸 것처럼 신경계에는 세 가지 유형의 뉴런이 있다.

- 말초신경계의 **감각뉴런(sensory neuron)**은 압력이나 빛과 같은 특정 형태의 자극에 반응하도록 분화된 뉴런이다. 감각뉴런은 이런 자극 정보를 전기충격의 형태로 중추신경계에 전달한다. 달리 표현하면, 감각뉴런은 중추신경계에 입력을 제공한다.
- 중추신경계 안에 존재하는 **연합뉴런(interneuron)**은 중추신경계의 신경세포 사이에 신경충격을 전달한다. 연합뉴런은 감각뉴런으로부터 입력을 받으며 이 정보를 통합하여 다른 뉴런의 활동에 영향을 미친다.
- 말초신경계의 **운동뉴런(motor neuron)**은 중추신경계로부터 나가는 신경충격을 전달한다. 운동뉴런은 신경계의 출력을 전기충격의 형태로 몸의 모든 기관과 조직으로 전달한다.

모든 뉴런은 세포본체와 함께 한 개 이상의 수상돌기와 한 개의 축삭을 가지고 있다. 뉴런의 몸통은 **세포본체(cell body)**라고 부른다. 세포본체에는 DNA가 들어 있는 핵과 미토콘드리아 및 다른 세포소기관들이 존재한다.

세포본체로부터 가늘게 뻗어 나온 **수상돌기(dendrite)**는 수용체나 다른 뉴런으로부터 오는 신경충격을 받아들인다. 연합뉴런과 운동뉴런은 세포본체로부터 여러 방향으로 뻗쳐나가는 길이가 상당히 짧은 수많은 수상돌기를 가지고 있다. 감각뉴런은 예외적으로 수상돌기가 축삭으로 바로 연결되어 있다.

축삭(axon)은 세포막이 길고 가는 관 모양으로 된 것으로 아주 적은 양의 세포질이 들어 있다. 축삭은 전기충격을 전달하도록 분화되었다. 감각뉴런의 축삭은 수상돌기로부터 생겨난 반면 연합뉴런이나 운동뉴런의 축삭은 세포본체에 있는 원뿔 모양의 **축삭둔덕(axon hillock)**으로부터 생겨나온 것이다. 축삭은 끝 부분에서 **축삭말단(axon terminal)**이라고 부르는 가는 가지들로 나뉜다. 각 축삭말단은 끝이 둥글고 작은 **축삭구(axon bulb)**로 되어 있다.

일반적으로 연합뉴런이나 운동뉴런은 다른 뉴런으로부터 들어오는 정보를 수상돌기나 세포본체에서 받아들인다. 들어오는 정보가 정확하고 충분히 클 경우 뉴런은 축삭둔덕에서 자신의 전기충격을 일으켜서 반응한다. 이와는 대조적으로, 감각뉴런에서는 수상돌기가 축삭과 연결되는 부위에서 전기충격이 생성된다. 생성된 전기충격은 축삭의 한 쪽 끝에서 다른 쪽 끝으로 세포본체는 전혀 거치지 않고 전달된다. 다른 종류의 수용체들에 관해서는 12단원(감각 메커니즘)에서 자세히 다룰 것이다.

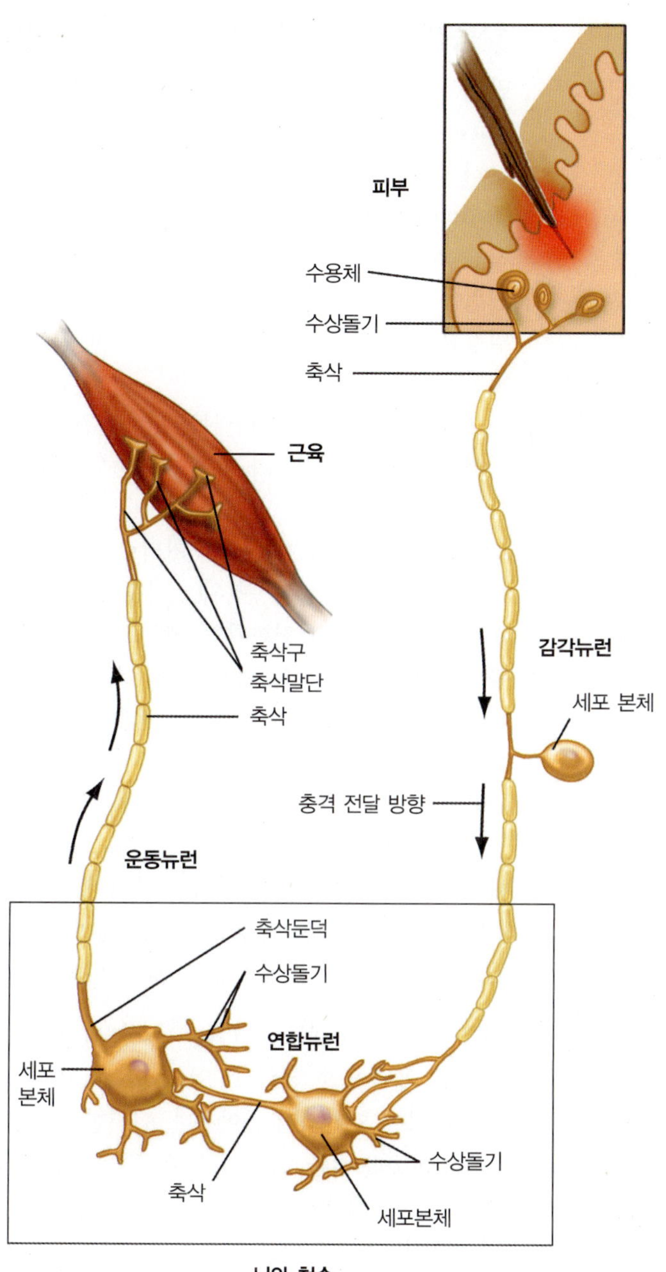

그림 11.2 신경계 뉴런의 종류. 정보의 흐름은 감각뉴런의 수상돌기 말단 부근에 있는 수용체에서 시작해서 운동뉴런의 축삭구에서 끝난다. 그림에서 수용체는 피부에 있다. 연합뉴런은 전체가 중추신경계 안에 위치하며 일반적으로 축삭이 짧다.

요점 정리

뉴런은 전기신호를 생성하여 신체의 다른 부분으로 전달한다. 감각뉴런은 중추신경계로 신호를 보낸다. 연합뉴런은 중추신경계의 신경세포들 사이에 신호를 전달한다. 운동뉴런은 중추신경계로부터 근육과 분비샘으로 신호를 전달한다. ■

11.3 뉴런은 활동전위를 일으킨다

뉴런의 기능은 신체의 한 부분으로부터 다른 부분으로 정보를 전기신호의 형태로 전달하는 일이다. 뉴런이 전기신호를 어떻게 일으키고 어떻게 전달하는지 살펴보도록 하자.

소듐-포타슘 펌프가 휴지전위를 유지한다

3단원에서 다루었듯이, 소듐-포타슘 펌프(Na^+-K^+ pump)는 세포로부터 삼투입자(소듐이온)를 제거하는 능력이 있어서 세포의 부피를 유지하는 데 필수적이다. 이제 우리는 그 Na^+-K^+ 펌프가 세포막 안팎으로 전하를 생성하고 유지하는 데 필수적이라는 것을 알아보려고 한다. Na^+-K^+ 펌프가 전하를 생성하고 유지하는 데 어떻게 도움이 될까?

Na^+-K^+ 펌프는 소듐이온(Na^+) 3개를 세포 밖으로 내보내고 포타슘이온(K^+) 2개를 세포 안으로 들여온다는 것을 되새겨보자. Na^+-K^+ 펌프가 한번 작동할 때마다 순 효과는 삼투입자 한 개(Na^+)와 양전하 한 개(Na^+이 양전하를 띠므로)가 제거되는 것이다. 달리 표현하면, Na^+-K^+ 펌프는 세포로부터 삼투입자와 양전하를 동시에 제거한다. 세포 안에 음전하를 띤 단백질 분자들이 들어있고, Na^+-K^+ 펌프가 활동한 결과 때문에 세포질은 세포외액에 비해 약간 더 음성 전하를 띤다. 전하의 차이는 세포막 안팎에 측정할 수 있을 만큼의 전위차를 만들어내는데 이 전위를 **막전위**(membrane potential)라고 부른다.

활동전위를 일으킬 수 있는 뉴런이 쉬고 있을 때의 정상 막전위를 **휴지(막)전위[resting (membrane) potential]**라고 한다. 뉴런의 휴지전위는 약 −70밀리볼트(mV)로 뉴런의 안쪽이 바깥쪽에 비해서 음성 전하를 띤다는 것을 의미한다. 그림 11.3은 휴지전위를 유지하기 위한 Na^+-K^+ 펌프의 역할과 채널을 통한 Na^+과 K^+의 확산 과정을 나타낸 것이다.

Na^+의 농도는 세포질보다 세포외액에서 더 높고, 반대로 K^+의 농도는 세포외액보다 세포질에서 더 높다. 수동확산을 통해서 Na^+은 항상 세포 안으로 새들어오고 K^+은 항상 세포 밖으로 새나가기 때문에 안쪽과 바깥쪽의 농도 차이는 시간이 지나면 이내 사라질 것이라고 생각할 수 있다. 그러나 새는 속도와 정확히 균형을 이루는 Na^+과 K^+의 능동수송이 펌프에 의해서 반대 방향으로 일어나기 때문에 그런 일은 일어나지 않는다. 휴지 상태에서 이온의 농도 차는 일정하게 유지되고 막전위는 −70mV에 머물러 있다. 축삭막을 사이에 두고 안팎으로 생기는 Na^+과 K^+의 큰 농도 차이가 뉴런으로 하여금 단순히 이온 채널을 열고 닫음으로써 신경충격을 생성하도록 한다.

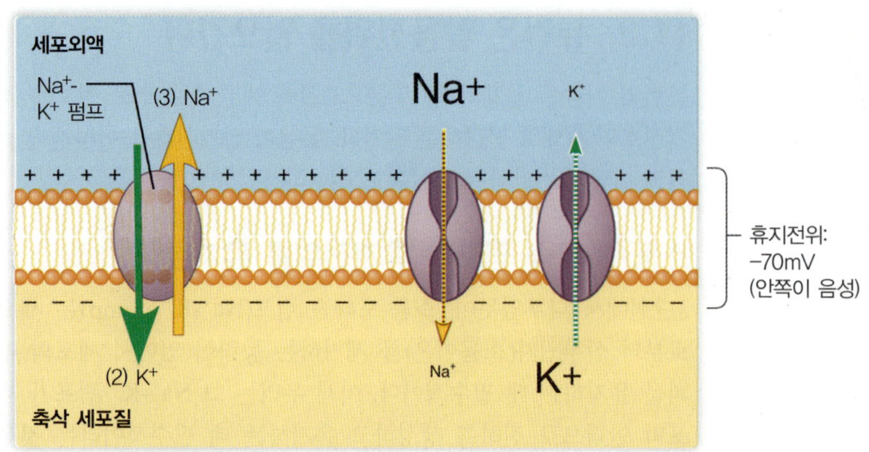

그림 11.3 휴지전위의 유지. Na^+-K^+ 펌프는 소듐이온 3개를 세포 밖으로 내보내는 동시에 포타슘이온 2개를 세포 안으로 능동적으로 수송한다. K^+ 이온의 대부분은 다시 세포 밖으로 새나간다. 그러나 세포 안으로 새들어오는 Na^+ 이온의 속도는 아주 느려서 펌프는 대부분의 Na^+ 이온을 효과적으로 세포 밖으로 내보낼 수 있다. 세포로부터 양이온(Na^+)을 내보냄으로써 세포에는 막 안팎으로 약 −70mV(안쪽이 음성)의 전위차가 형성된다. 세포외액과 세포질에서 Na^+과 K^+의 상대적 농도는 확산 채널 부근에 글자의 크기로 나타냈다.

단계전위가 휴지전위를 바꾼다

다른 뉴런으로부터 충격이 전달되면 뉴런의 휴지전위가 변한다. 뉴런으로 들어오는 모든 충격은 세포막의 일부분에서 일시적으로 휴지전위에 변화를 일으킨다. 충격 신호의 유형과 크기에 따라 그 변화는 막을 탈분극(depolarize: 막전위를 0에 근접시킴)시키기도 하고 과분극(hyperpolarize: 막전위를 더 음성으로 변화시킴)시키기도 한다. 크기가 다양하게 변하는 이러한 막전위의 일시적인 국부적 변화를 **단계전위(graded potential:** 차등전위라고 부르기도 함)라고 한다. 단계전위는 막 위의 한 지역에서 발생하고 그곳으로부터 거리가 멀어짐에 따라 서서히 작아진다. 뉴런 한 개가 다른 뉴런들로부터 받아들이는 신호는 수백 개가 되기도 하는데, 따라서 이런 수백 개의 단계전위는 동시에 발생할 수도 있다.

단계전위의 중요한 특징은 단계전위가 시간적으로 그리고 공간적으로 더해질 수 있다는 것이다. 즉, 다른 뉴런으로부터 들어오는 여러 개의 신호들이 막전위에서 한 개의 신호보다 더 큰 변화를 일으킬 수 있다. 이것을 **가중(summation)**이라고 한다.

요점 정리

뉴런의 휴지전위는 약 −70mV로 Na^+-K^+ 펌프의 끊임없는 활동으로 유지된다. 다른 뉴런으로부터 도달한 충격은 뉴런의 막전위에 단계전위라고 하는 작은 국부적 변화를 일으킨다. ■

활동전위는 막전위의 급격한 역전이다

만일 모든 단계전위의 합이 충분히 커서 **역치(threshold)**라고 부르는 특정한 촉발 막전위에 도달하게 되면 활동전위가 발생한다. **활동전위(action potential)**는 세포막 안팎에 형성된 전위차가 일시적으로 급격하게 역전되는 것이다. 활동전위는 일단 발생하면 축삭을 따라 일정한 크기와 일정한 속도로 축삭말단에 이를 때까지 신속하게 퍼져나간다.

그림 11.4에서는 휴지전위와 단계전위 및 활동전위, 그리고 단계전위가 어떻게 가중되는지를 나타내었다.

기능적으로 신경계에서 먼 거리로 정보를 전달하는 유일한 형태는 활동전위(전기충격)이다. 활동전위는 누름단추식 전화기의 "삑" 소리나 전류가 붙거나 떨어질 때 나는 펄스음처럼 순간적인 것이다. 활동전위의 목적은 생성되는 곳과 도달하는 곳에 달려 있다. 즉, 신경계가 어떻게 연결되어 있는가에 따라 달라진다.

역치에 도달하면 순차적으로 열리고 닫히는 전압의존성 이온 채널이 축삭의 막에 존재하기 때문에 활동전위가 일어난다. 활동전위는 다음의 3가지 단계로 차례로 일어난다. (1) 탈분극, (2) 재분극, (3) 휴지전위의 회복(그림 11.5).

1. 탈분극: 소듐이 축삭 안으로 이동한다. 역치를 넘어서면 축삭막에 있는 전압의존성 Na^+ 채널이 순간적으로 열리며 Na^+ 이온이 축삭 세포질 쪽으로 빠르게 확산되어 들어온다. 이러한 양이온의 유입은 탈분극(depolarization)을 일으키고 결과적으로 막전위는 음성(−70mV)으로부터 양성(+30mV)으로 변하게 된다.
2. 재분극: 포타슘이 축삭 밖으로 이동한다. 짧은 시간이 지난 후에

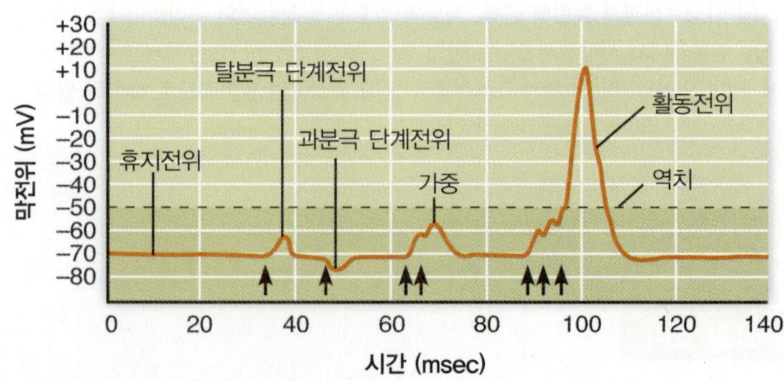

그림 11.4 뉴런의 휴지전위와 단계전위 및 활동전위. 화살표는 다른 뉴런에 의한 자극을 나타낸다. 단계전위는 막을 탈분극시키거나 과분극시킬 수 있으며 가중할 수 있다. 만일 모든 단계전위의 합이 막을 역치까지 탈분극시킬 수 있을 만큼 충분히 크다면 활동전위가 일어난다.

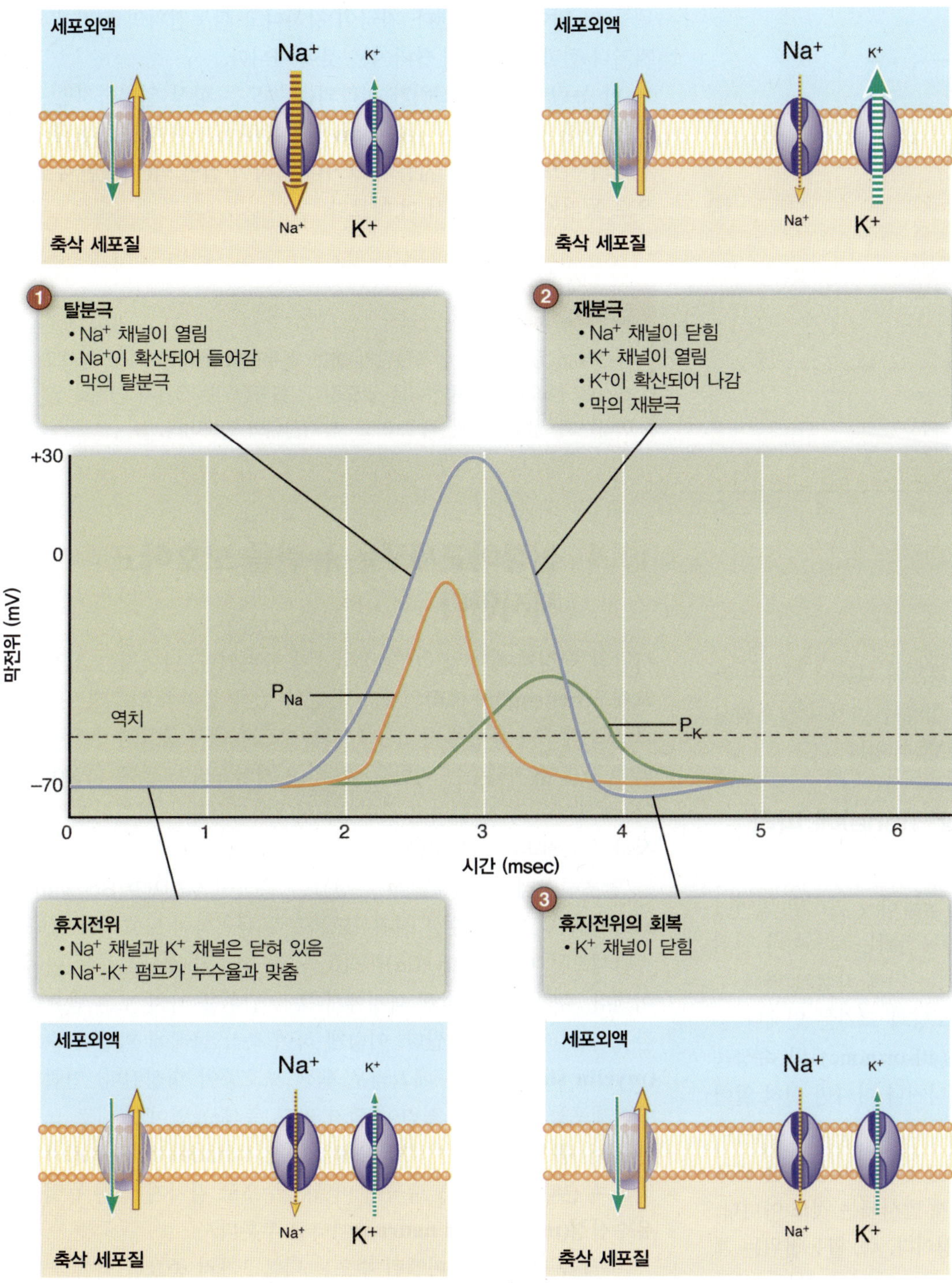

그림 11.5 활동전위의 전파. 축삭의 한 지점에서 시간에 따라 변하는 전위를 나타낸 그래프이다. 휴지기에는 Na^+과 K^+이 Na^+-K^+ 펌프를 통해 수송되며 Na^+ 채널과 K^+ 채널은 기본적으로 닫혀 있다. **(1) 탈분극:** 역치를 일단 넘어서면 전압-감응성 Na^+ 채널이 순간적으로 열리며 Na^+에 대한 막의 투과도(P_{Na})가 증가한다. Na^+은 신속히 축삭 안으로 확산되며 막을 탈분극시킨다. **(2) 재분극:** Na^+ 채널이 닫힌다. K^+ 채널이 열리며 K^+에 대한 막의 투과도(P_K)가 증가한다. K^+이 밖으로 확산해 나가며 막을 재분극시킨다. **(3) 휴지전위의 회복:** K^+ 채널이 완전히 닫히는 데 시간이 지연되어 일어나는 일시적인 과분극 후에 막전위는 원래의 휴지전위 값으로 되돌아간다.

Na^+ 채널은 자동적으로 닫히게 된다. 그러나 막전위의 탈분극은 K^+ 채널이 열리도록 촉발시킨다. 이렇게 되면 보통 때보다 더 많은 K^+ 이온이 세포 밖으로 확산해 나간다. 세포로부터 양이온을 잃게 되므로 **재분극(repolarization)**이 일어난다. 즉, 축삭의 내부가 다시 음성으로 변하게 된다.

3. **휴지전위의 회복.** K^+ 채널이 느리게 닫히기 때문에 막 내부에 약간의 과분극이 일어나서 막전위의 초과곡선이 아래 방향으로 잠깐 생긴다. K^+ 채널이 닫힌 바로 뒤에 휴지전위가 회복된다. 이 시점에서 축삭은 다른 활동전위를 일으킬 수 있다. 이 3단계가 모두 일어나는 데는 약 3밀리초(1,000분의 3초)가 걸린다.

활동전위가 진행되는 동안에 축삭은 다른 활동전위를 만들어낼 수 없다. 이 시기를 **절대적 불응기(absolute refractory period)**라고 부른다. 절대적 불응기가 있음으로써 활동전위는 언제나 한 쪽 방향으로만 나아간다. 왜냐하면 바로 직전에 활동전위가 일어났던 축삭 부분은 곧바로 다음 활동전위를 만들 수 없기 때문이다.

절대적 불응기 다음에는 **상대적 불응기(relative refractory period)**가 뒤따르는데, 이 시기에는 활동전위를 일으키는 것이 보통 때보다 더 어렵다. 즉, 상대적 불응기에 들어가게 되면 보통 때보다 훨씬 더 강한 자극이 있어야 활동전위를 일으킬 수 있다. 절대적 불응기와 상대적 불응기는 그림 11.6에 나타내었다.

Na^+-K^+ 펌프는 뉴런의 활동전위 생성 여부에 관계없이 Na^+과 K^+의 정상 농도와 정상 휴지전위를 지속적으로 유지한다. 활동전위가 한 번 일어날 때 막 안팎으로 확산해 이동하

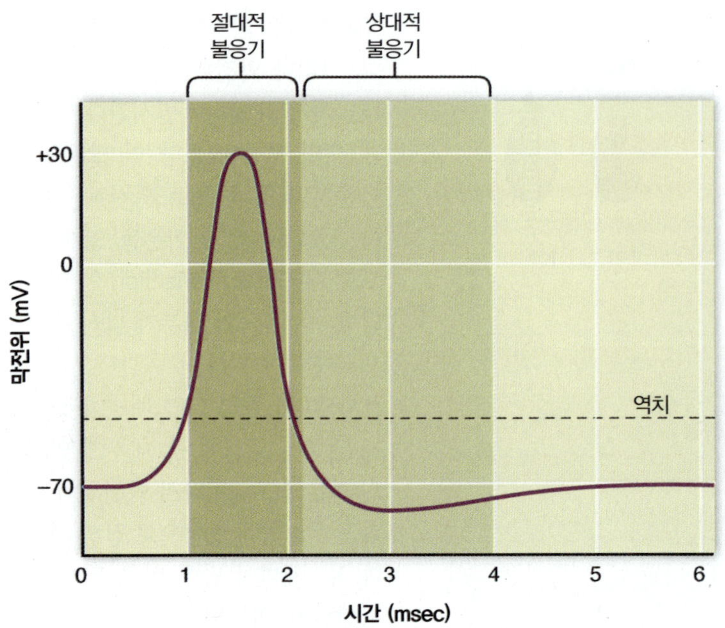

그림 11.6 절대적 불응기와 상대적 불응기.

는 Na^+과 K^+ 이온의 실제 수는 Na^+-K^+ 펌프의 활동에 비하면 아주 작아서 축삭은 휴지전위에 실제적인 영향을 미치지 않으면서 짧은 시간 동안에 수많은 활동전위를 내보낼 수 있다.

활동전위는 실무율의 원리(all-or-none)에 따라 스스로 전파된다

활동전위는 막 전압이 특정 역치 수준에 도달하지 않으면 일어나지 않는다. 그러나 일단 촉발되고 나면 활동전위는 모양이나 전위 크기가 항상 동일하다. 활동전위를 일으키는 단계 자극이 역치 수준보다 상당히 클 경우에도 활동전위의 모양과 크기는 언제나 동일하다. 결과적으로 활동전위는 "실무율(all-or-none)"의 속성을 나타낸다. 즉, 총을 발사하는 것처럼 일어나거나 아니면 전혀 일어나지 않는다. 총이 발사되려면 일정한 크기의 압력(역치 수준)이 필요하다. 방아쇠를 너무 약하게 당기면 발사가 되지 않지만 필요한 것보다 더 세게 당겨도 총알이 더 빠르게 발사되는 것도 아니다.

활동전위는 또한 스스로 전파되는 과정이다. 즉, 활동전위는 계속하여 축삭의 다음 지역으로 전파된다. 이것은 지금 활동전위가 일어나고 있는 축삭 지역에서 진행 방향의 앞쪽에 있는 지역으로 전류가 국부적으로 퍼져나가 그 지역을 역치에 도달하게 하기 때문이다. 이와 같이 활동전위는 축삭을 따라 마치 물결이 퍼져나가듯 일정한 크기와 속도를 가지고 지속적으로 전파된다.

만일 모든 활동전위가 서로 동일하다면 뉴런은 자극의 크기에 따른 정보를 어떻게 전달할까? 그것은 아주 간단하다. 자극의 크기는 단위시간(초)당 생성되고 전달되는 활동전위의 수로, 거의 0에서부터 수백 개까지로, 나타난다. 강한 자극은 단위시간당 활동전위를 더 많이 만들어낸다. 자극이 강하다고 활동전위의 크기가 커지거나 전파 속도가 더 빨라지는 것이 아니다.

한 뉴런에서 활동전위가 전파되는 속도는 항상 일정하지만 뉴런에 따라 전파 속도는 시속 8km에서 400km까지 다양하다. 활동전위의 속도는 축삭의 지름이 크거나 축삭이 절연 막(미엘린 수초)으로 둘러싸인 뉴런에서 더 빠르다.

요점 정리

뉴런에 도달한 모든 단계전위의 합은 실무율의 원리에 따라 생기고 스스로 전파되는 활동전위를 일으킨다. 활동전위는 3가지 단계로 일어나는데, 탈분극, 재분극 그리고 휴지전위의 회복이다. ■

11.4 신경아교세포는 뉴런을 보호하고 지지한다

사람의 신경계에서 약 20% 정도만이 뉴런이다. 나머지는 **신경아교세포(neuroglial cell)**인데, 이들은 뉴런을 물리적으로 지지해주고 보호해주며 뉴런을 둘러싸고 있는 조직액에서 중요한 화학물질의 농도를 유지해주는 역할을 한다. (신경아교라는 말은 희랍어로 "신경"과 "아교"가 합쳐진 것이다.) 신경아교세포는 신경신호를 생성하거나 전파하지 못한다.

말초신경계에 있는 많은 뉴런들은 축삭이 슈반세포(Schwann cell)라고 부르는 특수한 신경아교세포로 둘러싸여 보호되고 있다. 슈반세포는 **미엘린(myelin)**이라는 지질 성분의 절연물질을 만들어낸다. 슈반세포는 발생 과정에서 축삭 단편을 마치 보온 담요를 감듯이 여러 번 감아 싼다. 이렇게 하여 축삭 둘레에 **미엘린 수초(myelin sheath)**라는 매끄러운 백색 보호층이 형성된다. 인접한 슈반세포들 사이에는 절연이 되지 않고 축삭 표면이 그대로 노출된 짧은 틈이 있는데 이 부분을 랑비에 결절(nodes of Ranvier)이라고 부른다(그림 11.7). 축삭이 미엘린 수초로 감겨져 있는 뉴런을 **유수신경(myelinated neuron)**이라고 부른다.

축삭을 감고 있는 미엘린 수초는 다음 3가지 중요한 역할을 수행한다.

- 뉴런의 에너지 소모를 덜어준다. 미엘린의 절연층은 소듐이 축삭 안으로 새들어오고 포타슘이 축삭 밖으로 새나가는 것을 막아준다. 이러한 이온의 누수는 일반적으로 에너지가 소비되는 능동수송 과정으로 복구된다(11.3절 참조).
- 신경충격의 전도 속도를 높여준다. 미엘린 수초는 랑비에 결절을 제외한 모든 축삭막에서 거의 모든 이온이 새는 것을 차단한다. 활동전위가 랑비에 결절에서 발생하면 국부적인 탈분극 전류가

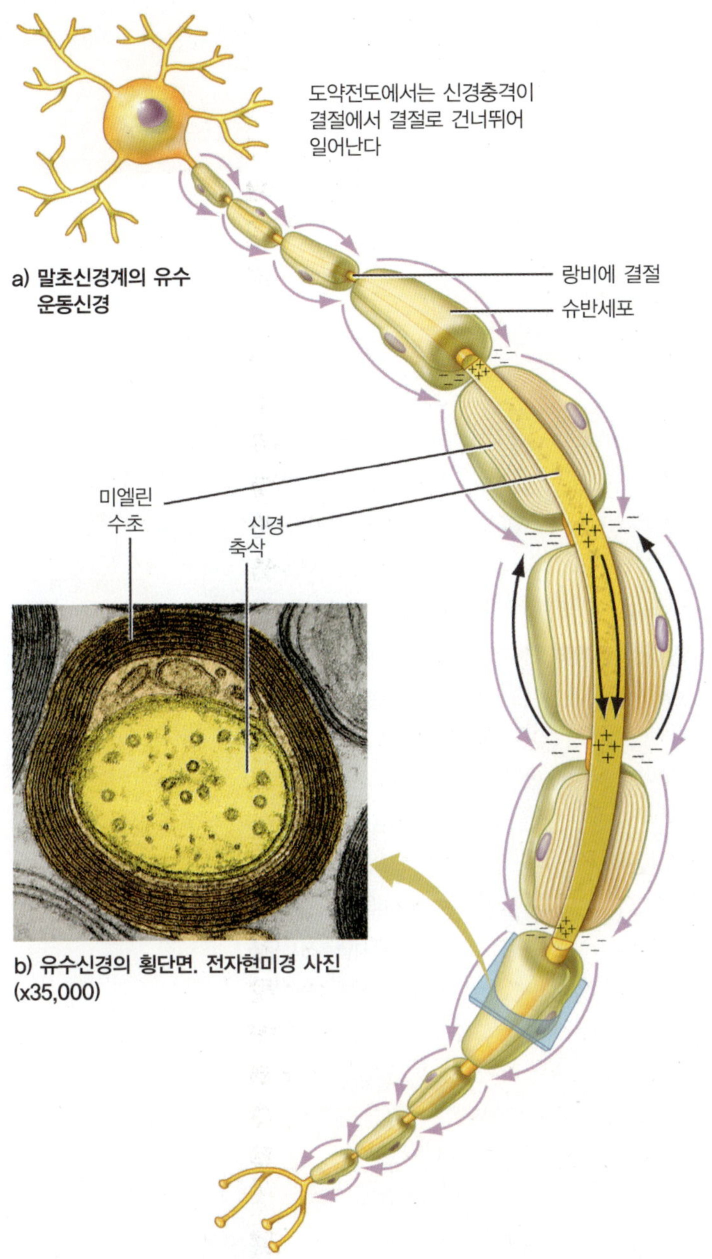

그림 11.7 말초신경계의 유수 운동신경. 운동신경의 축삭은 미엘린이라는 절연물질을 만드는 슈반세포들로 둘러싸여 있다. 슈반세포들 사이에는 랑비에 결절이라는 절연되어 있지 않은 틈이 있다. 유수신경에서는 국부 전류가 신경 안팎으로 흐르기 때문에(검은색 화살표) 신경충격이 결절에서 결절로 빠르게 뛰어넘어 가면서 전도된다.

축삭 안에서 더 멀리, 다음 랑비에 결절에 이를 때까지 곧바로 퍼져나간다. 축삭 안에서 전파되는 이 국부 전류의 이동 속도는 무수 축삭(unmyelinated axon)에서 연속적으로 전파되는 활동전위의 속도보다 훨씬 빠르다. 이 국부적인 탈분극 전류는 다음 랑비에 결절에서 축삭막을 역치에 도달하게 하여 새로운 활동전위를 촉발한다. 사실상, 꼬리를 물고 일어나는 활동전위는 결절에서 결절로 매우 빠른 속도로 뛰어넘어 가는 것처럼 보인다. 유수신경을 따라 일어나는 이와 같은 "뛰어넘는" 전도 방식을 **도약전도(saltatory conduction)**라고 부른다. 무수신경에서 연속적으로 전파되는 활동전위의 이동 속도는 시속 약 8km(초속 2.3m)에 지나지 않는다. 이와는 대조적으로, 유수신경의 도약전도는 시속 400km(초속 110m)까지 이른다.

- **말초신경계에서 손상되거나 끊어진 축삭의 재생을 도와준다.** 신경축삭이 끊어지게 되면 세포 본체로부터 멀리 떨어진 축삭 부위는 퇴화하게 된다. 그러나 세포 본체에 남아 붙어 있는 끊어진 축삭말단은 미엘린 수초가 만든 통로를 통해 다시 자랄 수 있으며 결국은 표적세포와 다시 연결된다. 축삭의 길이에 따라 재생 과정은 수 주일에서 1년이 넘게 걸린다. 평균적으로 말초신경계의 축삭은 하루에 약 1.5mm 정도 자란다.

중추신경계에서는 보호 기능을 하는 미엘린 수초가 **희소돌기아교세포(oligodendrocyte)**라는 다른 유형의 신경아교세포에서 만들어진다. 슈반세포가 만드는 수초와는 달리 희소돌기아교세포가 만드는 수초는 보호하고 있던 축삭이 퇴화하게 되면 덩달아 퇴화하고 만다. 결과적으로 중추신경계의 뉴런은 손상이 된 후에는 재생하지 못한다. 바로 이런 이유 때문에 다발성경화증 같은 척수 손상이나 중추신경계 이상이 영구적인 변화나 기능 상실(11.13소단원, '신경계 질환' 참조)을 초래한다.

자가면역 이상 질환인 **다발성경화증(multiple sclerosis: MS)**은 뇌와 척수에 있는 유수신경의 미엘린 수초가 진행성 퇴화를 거쳐 마침내 딱딱한 흉터 조직을 형성한다. 이 경화된 부위에서는 신경이 제대로 절연되지 않아서 신경신호의 전도가 느리거나 저해된다. 다발성경화증 환자는 중추신경계의 손상 부위에 따라 다양한 징후를 겪는다. 일반적인 증상으로 근육 약화, 시각 장애, 요실금이 나타난다. 이 질환은 보통 20세에서 40세 사이에 많이 일어난다. 일반적으로 진행성 질환이지만 이 질환에 걸린 환자는 증상 완화를 경험하기도 한다.

흔하지 않지만 이와 유사한 질병으로 **근위축성측삭경화증(amyotrophic lateral sclerosis: ALS)**이 있다. 이 질병에서는 일반적으로 경화된 지역이 골격근의 운동 조절에 관여하는 척수 부위에서 시작된다. ALS의 1차 증상은 횡격막과 늑간근에 나타나는 골격근 조직의 퇴행성 약화와 소실이다. 10단원에서 다룬 바와 같이, ALS 환자는 보통 호흡 부전으로 사망한다.

요점 정리

신경아교세포는 뉴런을 보호하고 지지하는 일을 한다. 말초신경계의 슈반세포와 중추신경계의 희소돌기아교세포는 축삭을 보호하고 신경충격의 전도 속도를 증가시켜주는 미엘린 수초를 만든다. ■

11.5 정보는 뉴런으로부터 표적세포로 전달된다

활동전위가 일단 뉴런의 축삭말단에 도달하게 되면 활동전위에 담긴 정보는 표적세포(근육세포, 분비샘 세포, 또는 다른 뉴런)에 전달되기 위해 다른 형태의 신호로 바뀌어야 한다. 핵심적으로 말하면, 활동전위는 두 세포 사이의 연접인 **시냅스(synapse)**를 넘어가는 화학물질을 방출시킨다. 이 화학물질은 신경으로부터 표적세포로 신호를 전달해주기 때문에 **신경전달물질(neurotransmitter)**이라고 부른다. 신경으로부터 표적세포로 신호를 전달하는 전체 과정을 시냅스 신호전달(synaptic transmission)이라고 부른다. 6단원에서 신경과 골격근 사이에서 시냅스 신호전달이 어떻게 일어나는지 설명하였다. 이 단원에서는 신경과 신경 사이에서 일어나는 시냅스 신호전달에 관해 알아보겠다.

신경전달물질의 방출

그림 11.8은 전형적인 시냅스의 구조와 시냅스 신호전달에서 일어나는 여러 과정을 나타낸 것이다. 시냅스에서 **시냅스전세포막(presynaptic membrane)**은 정보를 보내는 뉴런의 세포막이다. **시냅스후세포막(postsynaptic membrane)**은 정보를 받아들이는 세포의 세포막이다. 시냅스전세포막과 시냅스후세포막 사이에 있는 작은 틈을 **시냅스간극(synaptic cleft)**이라고 부른다.

시냅스전신경의 모든 축삭말단은 끝이 축삭구로 되어 있는데 그 속에 있는 막으로 된 소낭 안에는 신경전달물질이 들어 있다. 시냅스 신호전달 동안에 일어나는 과정들은 다음 순서에 따라 일어난다.

1. 활동전위가 축삭구에 도달하면 시냅스전세포막에 있는 칼슘(Ca^{2+}) 채널이 열린다. Ca^{2+} 이온이 축삭구 안으로 확산되어 들어온다.
2. Ca^{2+}은 소낭을 시냅스전세포막에 융합시켜서 소낭 안에 들어있던 신경전달물질을 시냅스간극으로 방출시킨다. 시냅스간극은 매우 좁기 때문에(약 0.02μm) 신경전달물질은 확산에 의해 시냅스후세포막에 도달한다.
3. 신경전달물질 분자는 시냅스후세포막에 있는 수용체에 결합한다. 이 결합으로 Na^+ 채널과 같은 화학물질에 의한 개폐성 채널이 열린다.
4. Na^+ 이온이 안쪽으로 확산되어 들어가서 시냅스후세포막에 단계 탈분극을 일으킨다.

이때 일어나는 단계전위는 전압감응성 이온 채널이 아니라 화학감응성 이온 채널이 열려서 생긴다는 것을 기억해두자.

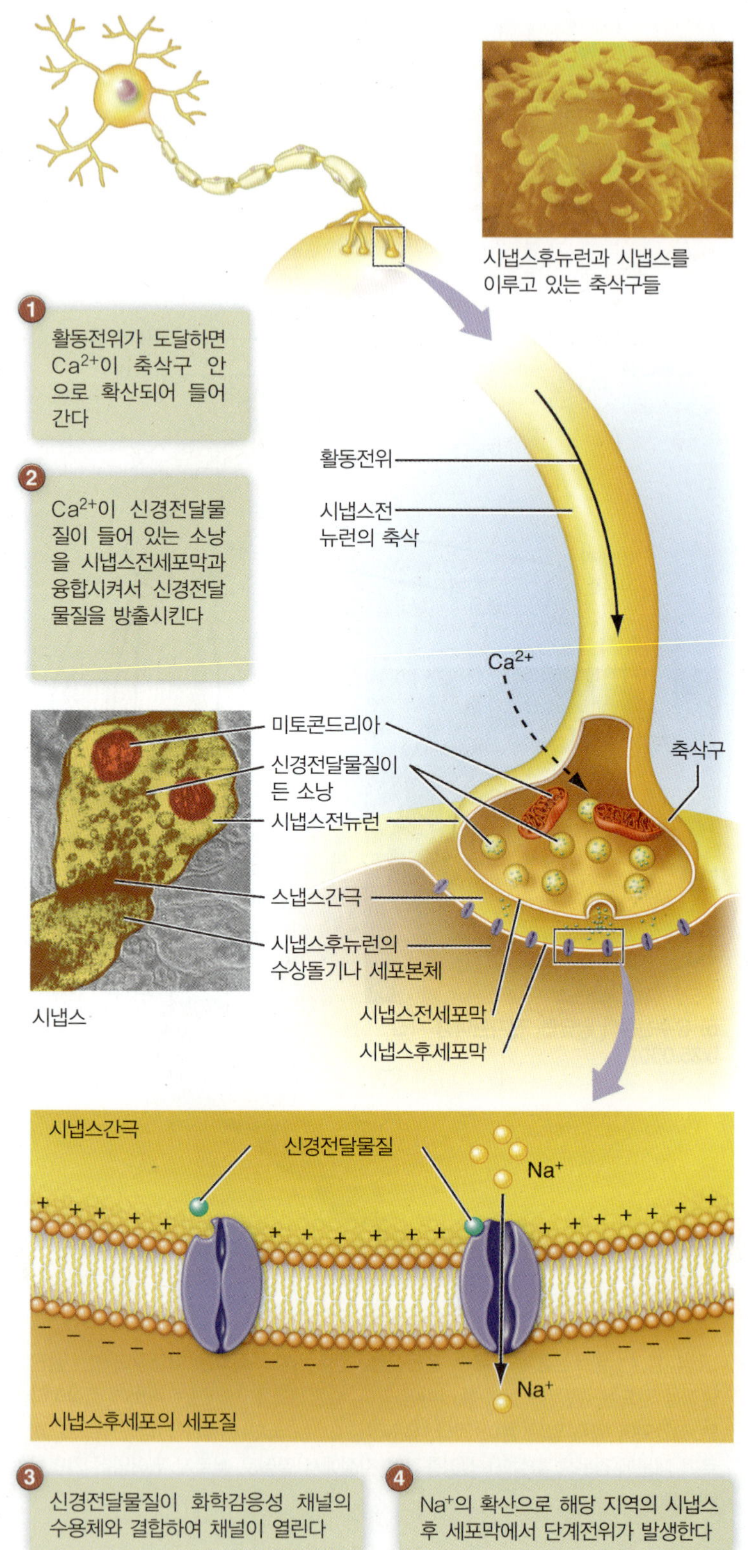

그림 11.8 시냅스 신호전달-요약.

신경전달물질은 흥분성 효과나 억제성 효과를 일으킨다

신경전달물질에 대한 시냅스후세포의 반응은 신경전달물질의 종류, 시냅스간극에서 신경전달물질의 농도, 시냅스후세포막에 있는 수용체와 화학감응성 이온 채널의 유형 등 여러 요인에 따라 다르게 나타난다.

현재까지 50여 종 이상의 신경전달물질이 밝혀졌다. 신경전달물질은 축삭구 안에 있는 소낭 속에 저장되어 있다가 활동전위가 도달하면 시냅스간극으로 방출된다. 모든 신경전달물질은 시냅스후세포에서 단계전위를 만들어낸다. 그러나 신경전달물질들은 서로 다른 이온 채널에 영향을 미칠 수 있기 때문에 그 효과는 아주 다르게 나타난다.

신경전달물질은 흥분성, 억제성 및 양쪽성으로 분류된다. 흥분성 신경전달물질은 시냅스후세포를 탈분극시켜서 역치에 도달하거나 역치를 넘어서게 한다. 그러므로 흥분성 신경전달물질은 시냅스후신경에서 새로운 활동전위가 일어나도록 촉진한다. 억제성 신경전달물질은 시냅스후세포를 과분극시켜서 세포 내부가 전보다 더 음성이 되게 한다. 과분극이 되면 역치에 도달하기가 더 어려워지기 때문에 억제성 신경전달물질은 시냅스후신경에서 새로운 활동전위의 생성을 저해한다. 어떤 신경전달물질은 시냅스후세포막에서 결합하는 수용체의 유형에 따라 흥분성일 수도 있고 억제성일 수도 있다.

표 11.1에는 일반적인 신경전달물질의 작용이 요약되어 있다.

신경전달물질의 효과는 비교적 단기간만 유효한데 그것은 신경전달물질이 시냅스간극에 아주 짧은 시간 동안만 머물기 때문이다. 신경전달물질은 즉각 제거되기 때문에 신경신호는 생성되자마자 곧바로 사라지게 된다. 그래야만 다음 신호를 받아들이고 인식할 수 있다. 신경전달물질은 다음 세 가지 방법을 통해 시냅스간극으로부터 제거된다. (1) 신경전달물질이 시냅스전신경에 흡수되어 막으로 된 소낭으로 다시 들어가서 재사용되기 위해 저장된다. (2) 시냅스간극에 있는 효소에 의해 분해된다. (3) 시냅스간극으로부터 멀리 확산돼 나가 순환된 뒤 분해된다.

요점 정리

뉴런은 시냅스를 가로질러서 다른 세포로 정보를 전달한다. 시냅스에서는 시냅스전신경에서 방출된 신경전달물질이 시냅스간극을 넘어 확산된 다음, 시냅스후세포막에 있는 수용체와 결합하여 이온 채널을 열어서 시냅스후세포에서 단계전위를 발생시킨다. ■

시냅스후신경은 정보를 통합하고 처리한다

전기신호(활동전위)가 화학신호(신경전달물질)로 전환되었기 때문에 시냅스후세포는 정보를 통합하고 처리하는 많을 일을 할 수 있다. 그것은 근육세포에서 볼 수 있는 것처럼, 시냅스전신경으로부터 도달한 실무율에 따르는 한 개의 활동전위가 시냅스후신경에서 그에 상응하는 활동전위를 항상 만들어내지는 않기 때문이다. 한 개의 활동전위는 시냅스후신경에서 단지 작은 단계전위만을 만들어낼 뿐이며, 일반적으로 역치에 도달하려면 이와 같은 단계전위들이 여럿 모여야 한다.

시냅스후신경이 역치에 도달하는 한 가지 방법은 시냅스전신경(혹은 여러 뉴런들에서)이 자극 빈도를 높여서 짧은 시간 안에 많은(1분에 수백 개 정도) 활동전위를 내보내는 것이다. 자극 강도 외에도 시냅스후신경에서 역치에 도달하는 데 영향을 미치는 요소는 다음과 같다. (1) 시냅스 형성에 얼마나 많은 다른 뉴런들이 참여하는가? (2) 그 시냅스 연결들은 흥분성인가? 억제성인가? 일반적으로 하나의 뉴런은 여러 뉴런들로부터 입력신호를 받는다. 이 현상을 수렴(convergence)이라고 한다. 반대로, 한 뉴런의 활동전위는 많은 다른 뉴런들로 전달된다. 이 현상은 발산(divergence)이라고 한다(그림 11.9).

뉴런이 정보를 "해석한다"는 말은 옳지 않지만 (뉴런이 뇌를 가지고 있다는 것처럼 들리기 때문에) 수렴의 효과는 뉴런이 동시에

표 11.1 신경전달물질의 작용

신경전달물질	방출 장소	주요 작용
아세틸콜린	신경근연접, 자율신경계, 뇌	골격근에 흥분성 작용; 다른 부위에서 수용체에 따라 흥분성 또는 억제성 작용
노르에피네프린	뇌와 척수의 일부 부위, 자율신경계	수용체에 따라 흥분성 또는 억제성 작용; 정서에 작용
세로토닌	뇌의 일부 부위, 척수	보통 억제성; 우울, 수면 주기, 식욕에 작용
도파민	뇌의 일부 부위, 말초신경계의 일부	수용체에 따라 흥분성 또는 억제성 작용; 정서에 작용
글루탐산	뇌의 일부 부위, 척수	보통 흥분성; 뇌의 주요한 흥분성 신경전달물질
엔도르핀	뇌의 여러 부위, 척수	통증을 저해하는 천연 진정제; 보통 억제성
감마아미노부티르산	뇌의 일부 부위, 척수	보통 억제성; 뇌의 주요한 억제성 신경전달물질
소마토스타틴	뇌의 일부 부위, 이자	보통 억제성; 이자의 성장호르몬 분비 억제

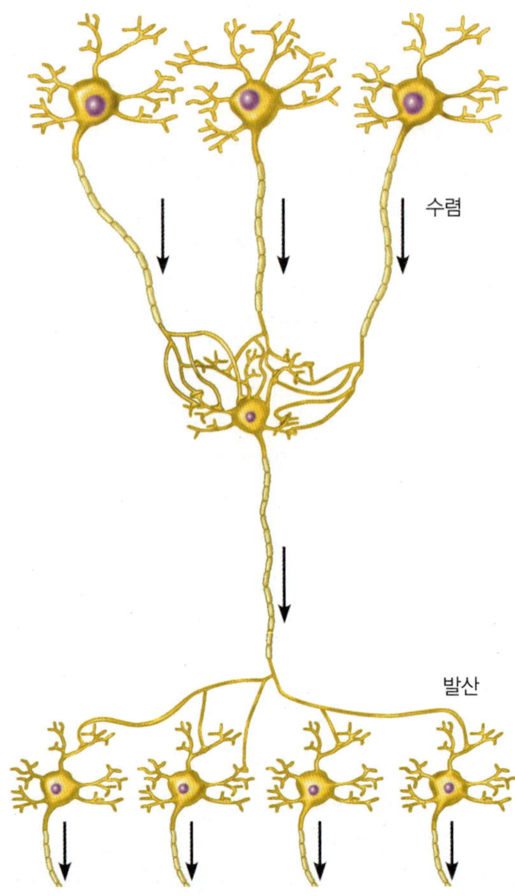

그림 11.9 **수렴과 발산으로 처리되는 신경 정보.** 수렴은 여러 개의 시냅스전세포가 한 개의 시냅스후세포와 시냅스를 형성할 때 일어난다. 이와는 반대로, 발산은 한 개의 신경세포가 여러 개의 시냅스후세포들에게 정보를 제공할 때 일어난다.

들어오는 수천 개의 흥분성 신호와 억제성 신호를 통합하고 처리하여 자신만의 활동전위로 만들어 전달하는 것이다. 뉴런은 많은 다른 목적지로 정보 전달 경로를 변경하기도 한다. 개개의 뉴런은 보거나, 냄새 맡거나, 듣지 못하지만 여러 뉴런들의 연합된 활동은 그런 복잡한 감각을 경험할 수 있게 해준다.

이 단원의 도입부에 제시된 예화를 생각해보자. 그 장면에서 우리는 빵 냄새, 도로 위의 발자국 소리, 추운 날씨 같은 어떤 입력 정보들은 무시하고 트럭이 내는 소음이나 경적과 같은 다른 정보들에 집중할 수 있다. 그런 소리들이 무엇을 의미하는지 알아보려고 우리는 기억저장고를 두드린 다음, 근육을 조절해 주변을 살펴보고, 트럭을 발견하고 옆으로 뛰어 피하는데 이 모든 일이 순식간에 일어난다. 이것은 일련의 복잡한 과정들이며 이 일은 뉴런, 활동전위, 신경전달물질이 함께 작용하여 일어난다.

근육세포들도 시냅스전신경의 표적세포가 된다. 그러나 6단원에서 설명한 바와 같이 골격근 세포는 정보를 처리하거나 통합하지 못한다. 거기에는 두 가지 이유가 있다. 첫째, 근육세포는 단 하나의 뉴런으로부터만 입력신호를 받는다. 신경 입력의 수렴은 일어나지 않는다. 둘째, 신경근연접은 신경과 근육세포 사이에 여러 점에서 접촉이 일어날 만큼 아주 크다는 것이다. 결과적으로, 운동뉴런이 단 하나의 활동전위라도 보내면 골격근 세포는 그때마다 매번 역치에 도달하게 된다. 기능적으로, 신경계는 골격근 세포의 활동에 절대적이고 궁극적인 조절력을 가지고 있다는 것을 의미한다.

요점 정리

시냅스후신경은 들어오는 신호들을 통합하여 처리한다. 뉴런들 사이에 복잡한 양상의 수렴과 발산이 존재하고, 활동전위를 생성하려면 많은 단계전위들이 합쳐져야 하기 때문에 정보 처리가 일어난다. ■

11.6 말초신경계는 중추신경계와 조직 사이에 정보를 중계한다

뉴런이 어떻게 활동전위를 생성하고 또 전달하는지를 알아보았으며, 이 정보가 신경계를 통해 어떻게 전달되는지 살펴보았다. 앞에서 언급한 바와 같이, 신경계는 두 가지로 나뉜다. 척수와 뇌를 포함하는 중추신경계(CNS)와 신체 조직과 중추신경계 사이에 정보를 전달하는 뉴런들로 구성된 말초신경계(PNS)이다.

신경은 중추신경계에 신호를 주고받는다

신경축삭 하나는 마치 한 개의 광섬유와 같다. 둘 다 한 장소로부터 다른 장소로 특정 정보를 전달한다는 점에서 보면 그렇다. 같은 맥락에서, 신경은 마치 두 도시 사이에 가설된 굵은 광섬유 케이블과 같다. **신경(nerve)**은 같은 곳으로 오고가는 수많은 뉴런의 축삭들로 구성되어 있는데 이 축삭들은 결합조직으로 이뤄진 보호막으로 둘러싸여 있다. 각 신경의 역할은 그 신경이 어디에서 오는지 그리고 그 신경이 어느 기관이나 조직으로 연결되는지에 따라 달라진다.

말초신경계는 뇌신경과 척수신경으로 이루어져 있다. 12쌍의 **뇌신경(cranial nerve)**은 뇌와 직접 연결되어 있다. 뇌신경은 뇌와 근육, 분비샘, 그리고 머리, 목, 흉강, 복강에 있는 수용체들 사이에 활동전위를 전달한다.

31쌍의 **척수신경(spinal nerve)**은 척수와 연결되어 있다. 각 척수신경은 배근(dorsal root: 또는 후근이라고도 함)과 복근(ventral root: 또는 전근이라고도 함)이라고 부르는 척수가 지닌 두 개의 짧은 가지를 통해 척수에 연결되어 있다. 배근에는 신체 조직으로부터 들어오는 활동전위를 척수로 전달하는 감각뉴런이 들어 있다. 복근에는 척수로부터 몸의 여러 부위로 활동전위를 내보내는 운동뉴런이 들어 있다. 따라서 각 척수신경은 감각 정보와 운동 정보를 모두 전달한다.

요점 정리

말초신경계에 있는 12쌍의 뇌신경은 뇌와 머리, 목, 흉강, 복강에 있는 수용체들 사이에 활동전위를 전달한다. 31쌍의 척수신경은 척수와 몸의 여러 부위 사이에서 활동전위를 주고받는다. ■

감각뉴런은 중추신경계에 정보를 제공한다

적절한 활동을 일으키려면 신경계는 좋은 정보를 가지고 있어야 한다. 활동전위의 형태로 중추신경계에 도달한 그 정보는 온몸에 분포한 감각뉴런을 통해 이동해온 것이다. 중추신경계에 제공된 감각뉴런의 정보는 말초신경계의 체성신경과 자율신경 모두에서 운동 출력에 영향을 미칠 수 있기 때문에, 말초신경계의 감각(입력) 성분은 체성신경계의 운동계(출력)에 속하는 것인지 자율신경계의 운동계(출력)에 속하는 것인지 구별할 수가 없다.

체성신경은 골격근을 조절한다

말초신경계의 운동뉴런(출력)은 체성신경계와 자율신경계로 나뉜다는 것을 되새겨보자. **체성신경계(somatic division)**는 골격근의 수의적 운동과 불수의적 운동을 관장한다. 체성신경계의 운동뉴런은 척수로부터 골격근으로 정보를 전달한다.

6단원에서 설명한 바와 같이, 한 개의 체성신경계 운동뉴런은 여러 개의 골격근 세포를 조절한다[운동단위(motor unit)를 구성한다]. 그리고 뉴런이 축삭을 따라 활동전위를 내보낼 때마다 해당 운동 단위의 모든 근육세포들은 활동전위를 받아 수축한다. 운동뉴런들은 뇌의 의식적인 조절에 의하거나 혹은 반사(reflex)라고 부르는 불수의적 반응에 의해서 활성화된다.

척수반사(spinal reflex)는 뇌의 활동은 거의 관여하지 않고 척수와 척수신경에 의해서만 일어나는 불수의적 반응이다. 그림 11.10은 척수반사의 두 경우를 보여준다. 맨발로 깨진 유리조각을 밟으면, 통증수용체가 활성화되고 감각뉴런에서 활동전위가 생성되어 척수로 이동한다. 감각뉴런은 척수 안에 있는 연합뉴런을 자극하고, 연합뉴런은 다리에 있는 운동뉴런으로 신호를 전달하여 다리 근육을 굽혀서 발을 들어 올리게 한다. 이를 굴근반사(flexor reflex) 또는 움츠림반사(withdrawal reflex)라고 한다. 감각뉴런은 척수의 반대편으로 가로지르는 다른 연합뉴런도 자극한다. 이 연합뉴런은 운동뉴런을 자극하여 반대편 다리의 근육을 굽히지 않고 펴게 한다. 결국, 반사는 두 다리를 모두 굽혀서 깨진 유리 위로 넘어지게 하지는 않는다. 이 두 번째 반사를 교차신근반사(crossed extensor reflex)라고 한다.

이 과정들에는 의식이 필요하지 않다는 것을 알아두자. 간단한 척수반사는 척수 단계에서 진행되므로 비교적 복잡한 일련의 활동이 신속히 일어날 수 있다. 일부 감각 정보는 뇌로 올려 보내져서 뇌가 발에서 온 감각 정보를 다른 정보들과 통합하여 다음 행동(앉거나 발을 들여다보는)을 결정할 수 있도록 한다. 그러나 척수반사의 대부분은 뇌가 관여하지 않은 상태에서 일어난다.

다른 종류의 척수반사로 신장반사(stretch reflex: 뻗침반사라고도 함)가 있다. 신장반사에서는 골격근에 있는 신장수용체가 척수로 신호를 전달하는 감각신경을 자극한다. 척수에서는 신장 근육으로 가는 운동뉴런이 활성화된다. 동시에, 다른 길항 근육으로 가는

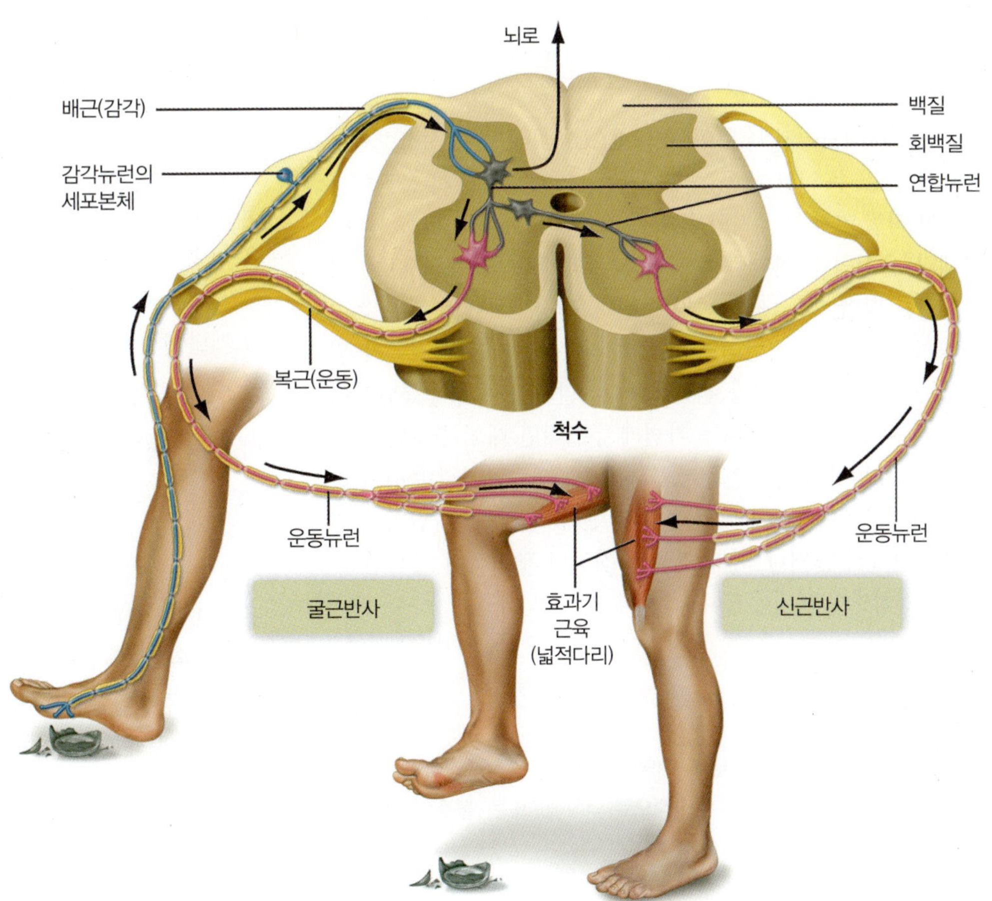

그림 11.10 척수반사. 움츠림반사와 교차신근반사의 예. 아픈 자극이 발의 감각신경을 활성화시킨다. 감각신경은 척수 안에 있는 연합뉴런을 자극하고, 연합뉴런은 몸 양편에 있는 근육에 연결된 운동뉴런들을 활성화시킨다. 운동 효과는 몸의 양편에서 다르게 나타남에 주목하자. 자극을 받은 쪽에서는 움츠림이, 반대편에서는 신장(폄)이 일어난다. 다른 연합뉴런은 뇌로 감각 정보를 중계한다.

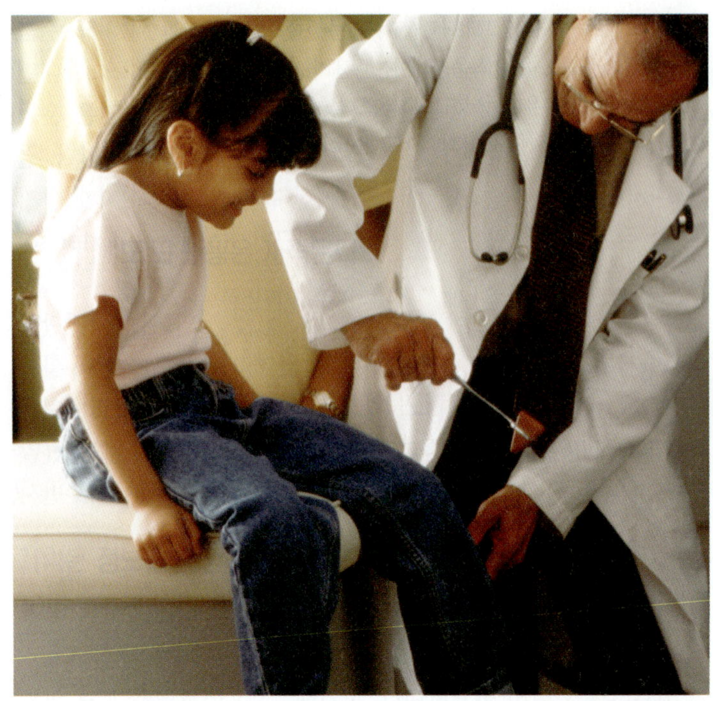

그림 11.11 **무릎반사.** 의사가 어린아이의 특정 감각신경과 운동신경, 척수, 뇌의 일정 영역, 골격근 등이 모두 정상적으로 작용하는지 확인하기 위해 무릎반사를 검사하고 있다.

운동뉴런은 저해되어서 수축이 효율적으로 이뤄진다. 신장반사는 우리가 서 있을 수 있고 행동 자체에 신경 쓰지 않으면서 움직이는 것과 같이 직립 자세의 유지와 몸의 움직임에 중요한 역할을 한다.

자세와 움직임에 연관된 신장반사는 때때로 뇌 중심으로부터 오는 신호를 받아 어느 정도 변경이 된다. 신장반사에 관련된 척수와 뇌의 해당 지역이 정상이며 적절히 작용하는지를 결정하기 위해 의사는 이와 같은 반사를 검사한다. 잘 알려진 예가 무릎반사이다. 슬개골 아래에 있는 인대를 가볍게 두드리면 대퇴근이 약간 신장되면서 척수반사를 일으키는데, 그 결과로 대퇴근이 수축하여 발과 다리 아랫부분이 앞쪽으로 움직이게 된다(그림 11.11). 만약 신경경로가 온전하지 않거나 뇌가 반사를 적절히 조정하지 못하면 무릎반사는 정상보다 미약하거나 더 강하게 일어난다.

요점 정리

감각뉴런은 중추신경계로 정보를 전달한다(입력). 말초신경계의 체성 출력계는 골격근의 움직임을 수의적으로(의식적) 또는 불수의적으로(반사) 조절한다. ■

자율신경계는 무의식적으로 신체 기능을 조절한다

민무늬근이나 심장근, 그리고 골격근을 제외한 다른 모든 조직과 기관에 정보를 전달하는 운동뉴런은 **자율신경계(autonomic division)**에 속한다. 말초신경계의 자율신경계는 중추신경계로부터 신체 내부 기관의 "무의식적" 기능을 관장하는 말초로 신호를 전달한다. 대부분의 이러한 활동은 우리가 의식하지 않는 상태에서 이뤄진다.

체성신경계에서는 중추신경계로부터 표적세포로 한 개의 뉴런이 뻗쳐 있지만 자율신경계는 중추신경계로부터 표적세포로 정보를 전달하는 데 두 개의 뉴런을 필요로 한다. 첫 번째 뉴런(**신경절전뉴런: preganglionic neuron**)의 세포본체는 중추신경계 안에 위치한다. 이 뉴런의 축삭은 대부분 중추신경계 밖에 있는 **신경절(ganglion)**이라는 구조로 들어간다. 신경절은 **신경절후뉴런(postganglionic neuron)**이라고 부르는 두 번째 뉴런의 세포본체들이 모인 집합체이다. 신경절후뉴런의 축삭들은 내장기관과 분비샘에 신호를 전달하기 위해 멀리 뻗어 있다.

교감신경과 부교감신경은 서로 반대로 작용한다

자율신경계에는 두 종류의 운동뉴런이 있다. 교감신경과 부교감신경이다. 두 신경 모두 우리가 의식하지 않는 가운데 자동적으로 작동하여 신체의 여러 기능을 조절한다. 두 신경은 민무늬근, 심장근, 분비샘, 신장의 상피세포, 그리고 골격근, 뼈, 신경계를 제외한 모든 내장기관 등에 신경을 분포시킨다.

대부분의 기관에서, 교감신경과 부교감신경의 활동은 정반대의 효과를 나타낸다(그림 11.12). 특정 시기에 어느 신경이 주로 작용하느냐에 따라 신체에서 일어나는 일이 달라진다. 서로 반대되는 두 신경이 항상 활동하기 때문에 매우 정교한 조절이 가능하다. 이것은 마치 한 발은 액셀 페달에, 다른 발은 브레이크 페달에 놓고 차를 운전을 하는 것과 같다. 가속하려면 액셀 페달을 밟거나, 브레이크 페달에서 발을 떼거나 혹은 두 행동을 동시에 하는 것과 같다.

교감신경은 신체 기능을 깨워준다 **교감신경(sympathetic division)**의 신경절전 운동뉴런은 척수의 가슴 부위와 허리 부위에서 나온다. 대부분의 축삭은 척수를 따라 놓여 있는 교감신경절 사슬로 들어가며 그곳에서 신경절후세포들과 시냅스를 형성한다. 이 신경절들은 서로 연결되어 있기 때문에 교감신경은 모든 기관에서 곧바로 통일된 반응을 만들어내는 경향이 있다. 신경절후뉴런의 축삭들은 가지가 나뉘어 모든 기관에 신경을 분포시킨다. 교감신경의 신경절후뉴런에서 표적기관으로 분비되는 신경전달물질은 **노르에피네프린(norepinephrine)**이다.

교감신경은 우리 몸으로 하여금 싸우거나 위험을 회피하는 것("투쟁 또는 도피")과 같은 높은 수준의 각성상태나 신체활동을 요구하는 상황이나 위급함, 그리고 운동 경기나 성행위 같은 들뜬 상태를 준비하기 위한 신호를 전달한다. 교감신경은 심박동과 호흡을 증가시키고 혈압을 상승시키며 동공을 확장시킨다. 즉, 환경변화를 감지하고 신속히 대응하도록 도와주는 효과를 발휘한다. 교감신경은 또 즉각적인 위험에 대응하는 데 도움이 되지 않는 소장이나 신

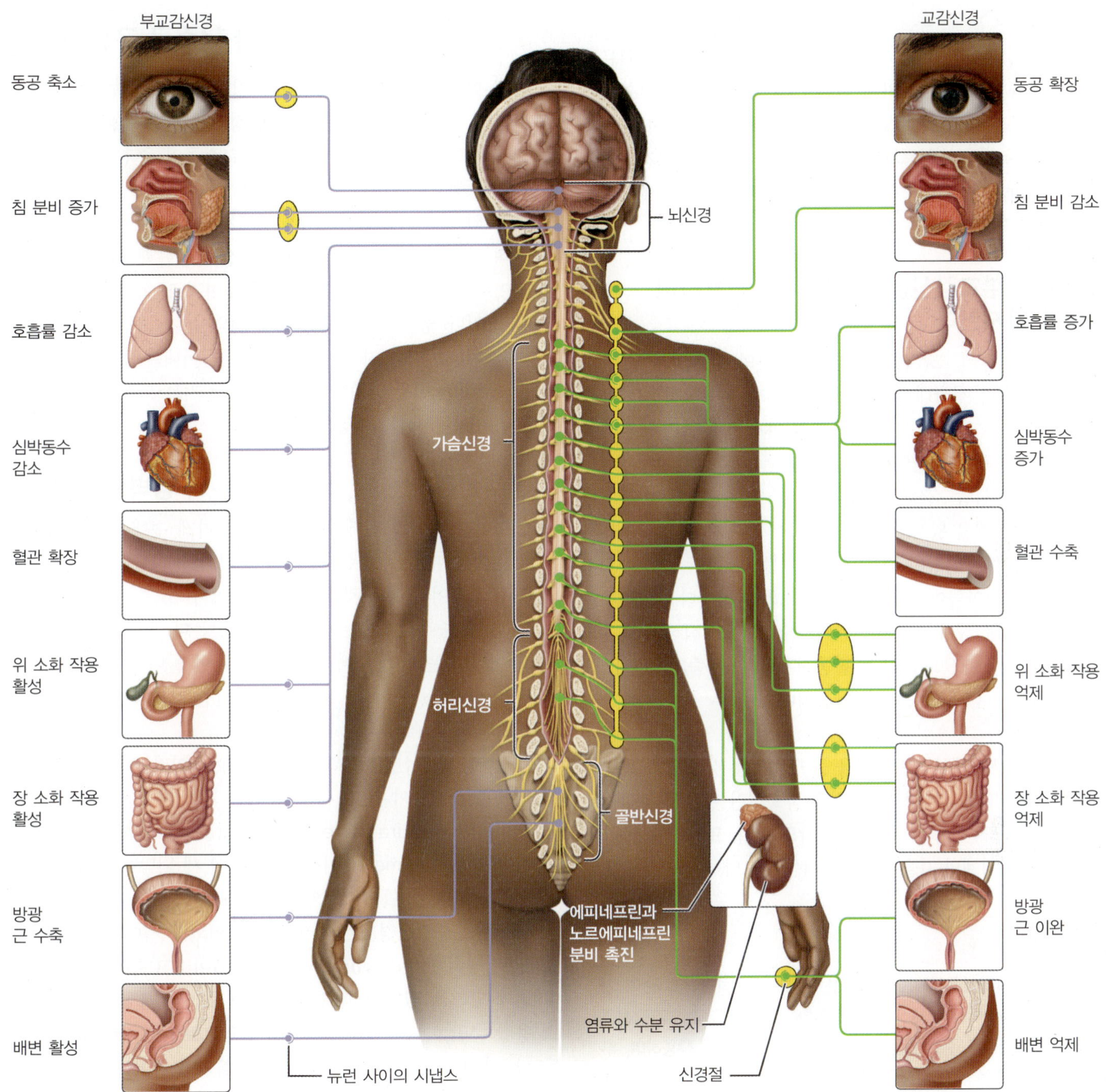

그림 11.12 자율신경계의 교감신경과 부교감신경. 교감신경은 투쟁 또는 도피 반응과 관련이 있다. 부교감신경은 주로 신체의 휴식 상태를 관장한다. 교감신경의 뉴런은 척수의 가슴 부위와 허리 부위에서 나오고, 부교감신경의 뉴런은 뇌나 척수의 골반 부위에서 나온다. 신경절들은 노란색으로 나타냈다.

장과 같은 기관으로 가는 혈류를 감소시키며, 소화나 침 분비 같이 덜 중요한 신체 기능을 억제한다(불안할 때 입안이 마르는 이유가 이 때문이다).

교감신경의 효과는 위급 상황과 관련된 특성을 반영하여 때때로 투쟁 또는 도피 반응(fight-or-flight response)이라고 부른다.

부교감신경은 휴식하는 동안에 주로 작동한다 부교감신경(**parasympathetic division**)의 신경절전뉴런은 뇌나(뇌에서 나가는 특정 뇌신경의 일부가 되어) 척수의 골반 부위에서 나온다. 신경절전뉴런이 신경절후뉴런과 시냅스를 이루는 신경절은 일반적으로 중추신경계로부터 좀 떨어져 있거나 심지어는 표적기관 안에 위치하기도 한다. 부교감신경의 신경절후뉴런에서 표적기관으로 분비되는 신경전달물질은 신경근연접에서 사용되는 신경전달물질과 같은 아세틸콜린이다.

교감신경과는 달리, 부교감신경은 우리가 휴식하는 상황에서 주로 작동한다. 부교감신경은 심박동과 호흡을 낮추고, 소화를 촉진하며, 배변과 배설을 가능하게 하는 신호를 전달한다. 부교감신경은 교감신경의 투쟁 또는 도피 반응에 반대되는 침착하고 원기를 회복시켜주는 효과("휴식과 평안")를 나타낸다. 부교감신경은 또한 남성의 발기와 여성의 음순 팽창 및 음핵의 발기를 일으키는 혈관확장에도 관여한다.

교감신경과 부교감신경은 정반대로 작용하여 항상성을 유지한다

앞에서 본 바와 같이 교감신경과 부교감신경의 작용은 서로 반대가 된다. 두 신경은 정반대로 작용하여 자동적, 무의식적으로 항상성을 유지한다. 두 신경계 모두 온몸에 걸쳐서 항상성을 조절하는 되먹임 고리에 밀접하게 관여하고 있다.

한 가지 예가 혈압 조절이다. 8단원에서 설명한 것처럼, 압수용체가 특정 감각신경을 활성화시킨다. 혈압이 오르게 되면 압수용체가 활성화되고, 감각신경은 뇌로 활동전위를 더 빈번하게 보낸다. 뇌는 이 정보를 받아들이고 있는 다른 정보와 통합한다. 그런 다음, 뇌는 교감신경으로 보내는 활동전위의 수는 줄이고 심장과 혈관에 분포하는 부교감신경으로 보내는 활동전위의 수는 증가시킨다. 그 결과, 심박동은 느려지고, 혈관은 확장되며, 혈압은 정상 수준까지 떨어지게 된다.

교감신경과 부교감신경은 온몸을 들뜨게 하는 것과 같은 광범위한 반응을 일으키기도 한다. 두 신경은 국소적인 항상성 조절작용을 동시에 함께 또는 단독으로 수행하기도 한다. **표 11.2**에는 말초신경계의 체성신경계와 자율신경계의 기능을 요약해 나타내었다.

요점 정리

말초신경계의 자율신경계에는 항상성을 유지하기 위해 내장기관의 기능을 돕고 불수의적인 신체 기능을 조절하는 교감신경과 부교감신경이 있다. 교감신경은 주로 활동도나 스트레스가 높을 때 작용하며, 부교감신경은 주로 휴식기에 작용한다. ■

11.7 중추신경계는 뇌와 척수로 구성되어 있다

뉴런 한 개는 생각하거나 사랑하지 못하지만 사람은 생각도 하고 사랑도 한다. 과학자들은 사고와 정서에 관한 생물학적 원리를 밝히려고 노력하고 있으며, 우리는 그것들이 중추신경계에서, 특히 뇌에서 생겨난다는 것을 알고 있다.

뇌와 척수로 구성된 중추신경계는 그 위치나 활동에 있어서 "중추적" 역할을 한다. 중추신경계는 정보 통합과 처리가 이루어지는 곳이다. 중추신경계는 정보가 받아들여지고 복잡한 출력이 시작되는 곳이다. 중추신경계는 수백만 개의 뉴런을 통해 들어오는 수십억 개의 활동전위가 모여 의식을 만들어내는 곳이다. 이것이 "생각"에 대한 매우 만족할만한 설명이 될지는 모르겠지만 우리가 내릴 수 있는 최선의 설명은 될 것이다.

중추신경계는 뼈, 뇌막, 혈액-뇌 장벽으로 보호된다

중추신경계는 몸 전체의 기능을 원할하게 수행하는데 절대적으로 필요하기 때문에 중추신경계가 물리적인 손상이나 질병으로부터 잘 보호되어 있다는 것은 놀랄 일이 아니다.

첫째, 중추신경계는 뼈의 보호를 받는다. 뇌는 두개골로 싸여 있으며, 척수는 척추(등뼈) 안의 빈 관 속에 들어 있다. 중추신경계 둘레를 싸고 있는 이 뼈 껍질이 중추신경계를 외부의 충격으로부터 보호한다.

둘째, 중추신경계는 **뇌막(meninges)**이라는 세 겹의 결합조직 막으로 둘러싸여 있다. 세 개의 막은 가장 바깥층으로부터 안쪽 순으로, 경뇌막(dura mater), 거미줄막(arachnoid: 지주막이라고도 함), 연뇌막(pia mater)이라 부른다. 이 세 뇌막이 중추신경계의 뉴런들과 그 안에 들어있는 혈관들을 보호한다.

셋째, 중추신경계는 거미줄막과 연뇌막 사이의 공간을 채우고 있는 **뇌척수액(cerebrospinal fluid)**이라고 부르는 특수한 액체 안에 담겨져 있다. 뇌척수액은 뇌를 둘러싼 액체 충격흡수기로 작용할 뿐만 아니라 중추신경계를 감염으로부터 차단하는 역할도 한다. 뇌막이 세균이나 바이러스에 감염되어 일어나는 염증을 수막염

표 11.2 말초신경계의 체성신경계와 자율신경계

	체성신경계	자율신경계	
		교감신경	부교감신경
역할	골격근에 작용	투쟁 또는 도피; 정신적 경각심이나 신체 활동 상황에 대처하기 위해 몸을 일깨움	신체 휴식; 소화 및 다른 기초 활동을 촉진함
신경전달물질	아세틸콜린	노르에피네프린	아세틸콜린
표적세포에 도달하기까지 필요한 뉴런의 수	1	2 (신경절전뉴런, 신경절후뉴런)	2 (신경절전뉴런, 신경절후뉴런)

(meningitis)이라 한다. 수막염은 중추신경계의 전체 신경조직으로 퍼질 수 있기 때문에 위험한 질병이다.

뇌척수액은 모든 세포들을 담고 있다는 점에서 보면 간질액과 유사하지만 혈액과 자유롭게 물질교환을 하지 않는다는 점에서는 다르다. 뇌척수액은 특정 모세혈관으로부터 분비되어 뇌실(ventricle)이라고 부르는 네 개의 빈 공간으로 들어간다. 뇌척수액은 뇌실에서 나와 액체로 채워진 공간과 통로를 흐르면서 뇌와 척수 안에 있는 뉴런의 주위를 둘러싼다(그림 11.13).

모세혈관 벽을 이루는 인접 세포들 사이에는 좁은 틈이 있어서 몸에 있는 대부분의 모세혈관은 잘 새는 편이다. 그러나 뇌척수액을 만드는 모세혈관의 세포들은 서로 밀접하게 붙어 있다. 그 결과, 혈액으로부터 뇌척수액으로 물질이 이동하려면 세포들 사이의 틈을 지나는 것이 아니라 세포를 관통해 지나가야만 한다. 산소나 이산화탄소와 같은 지용성 물질은 세포막의 지질 이중층을 쉽게 관통해 확산된다. 포도당과 같은 중요한 분자들은 능동적으로 수송된다. 그렇지만 단백질, 바이러스, 세균과 같은 큰 물질이나 전하를 띤 분자들은 일반적으로 뇌척수액에 들어가지 못한다.

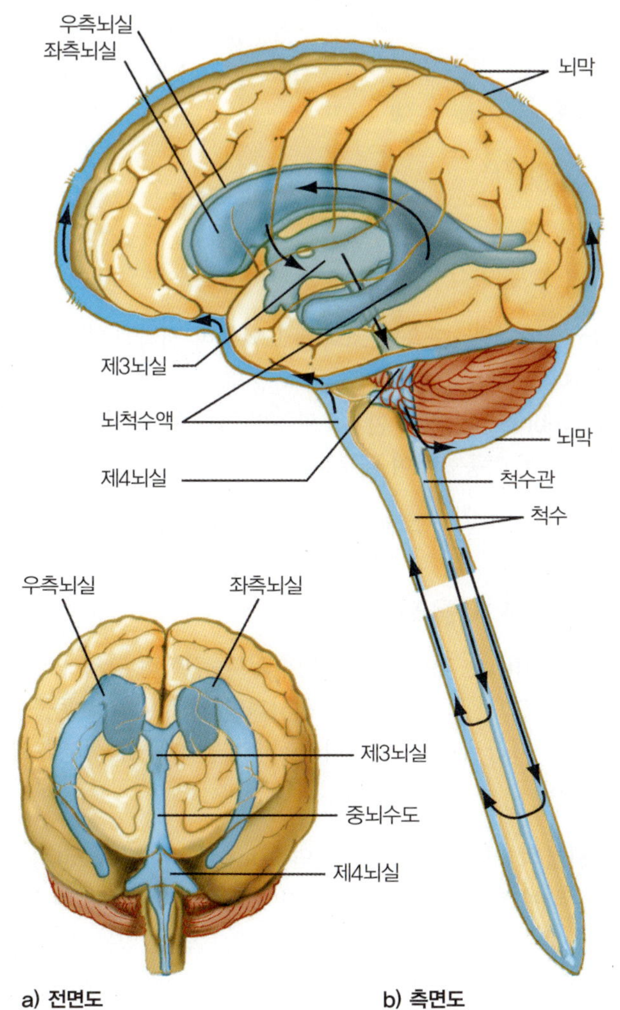

그림 11.13 뇌실과 뇌척수액의 순환. 뇌척수액은 네 개의 뇌실(좌측, 우측, 제3, 제4)로 분비된다. 뇌척수액은 뇌실로부터 나와 일련의 빈 관을 지나면서 뇌와 척수를 감싼다.

혈액과 뇌 사이에 놓인 기능적 장벽을 **혈액-뇌 장벽(blood-brain barrier)**이라 부른다. 이러한 격리 덕분에 뇌와 척수에는 세균이나 바이러스 감염이 잘 일어나지 않는다. 그러나 그런 감염이 발생하면 일반적으로 증세는 매우 심각하며 치료가 어렵다. 우리가 쓰는 많은 좋은 항생제들은 지용성이 아니므로 혈액-뇌 장벽을 뚫지 못하며, 따라서 중추신경계 감염에 대해 효과가 없다. 혈액-뇌 장벽을 비교적 쉽게 통과할 수 있는 지용성 물질에는 알코올, 카페인, 니코틴, 코카인, 일반 마취제 등이 있다.

요점 정리

중추신경계는 뇌와 척수로 구성되어 있다. 중추신경계는 뼈, 뇌막 및 뇌척수액에 의해 잘 보호되어 있다. 뇌척수액을 만드는 모세혈관에는 기능성의 혈액-뇌 장벽을 만드는 특성이 있다. ■

척수는 정보를 중계한다

척수(spinal cord)는 뇌와 신체의 다른 부위 사이에 전달되는 활동전위가 이동하는 초고속도로의 역할을 한다. 앞에서 본 바와 같이, 척수는 척수 반사를 통해 특정 정보를, 뇌를 관여시키지 않고, 자신의 방식으로 처리하고 결정한다. 그러나 척수가 독립적으로 할 수 있는 데에는 한계가 있으며, 그런 일은 의식 수준의 일에는 결코 미치지 못한다.

대개 엄지손가락 두께 정도로, 척수는 두개골의 아랫부분에서부터 대략 두 번째 요추까지, 길이가 약 43cm 정도에 이른다(그림 11.14). 척수는 등뼈(척주)에 의해 보호된다. 척수의 바깥 부분은 주로 축삭다발로 되어 있는데 중추신경계에서는 이것을 신경이라고 부르지 않고 신경삭(nerve tract)이라고 부른다. 일반적으로 이 축삭들은 미엘린 수초로 감겨져 있기 때문에 백색으로 보이며, 상향 신경삭과 하향 신경삭이 차지하고 있는 척수의 부위를 **백질(white matter)**이라고 부른다. 말초신경계의 뉴런은 척수신경을 이루고 있는 배근(감각뉴런)과 복근(운동뉴런)을 통해 일정한 간격을 두고, 척수를 들고 난다.

척수의 중심 부근은 주로 세포본체, 수상돌기, 중추신경계의 축삭 그리고 신경아교세포들이 차지하고 있다. 이런 구조들은 미엘린 수초로 싸여 있지 않기 때문에 이들이 차지하고 있는 지역은 **회백질(gray matter)**이라고 부른다. 회백질 안에 있는 감각뉴런과 운동뉴런들은 척수 위를 통해 뇌까지 신경신호를 전달하는 중추신경계의 뉴런들과 시냅스로 연결되어 있다.

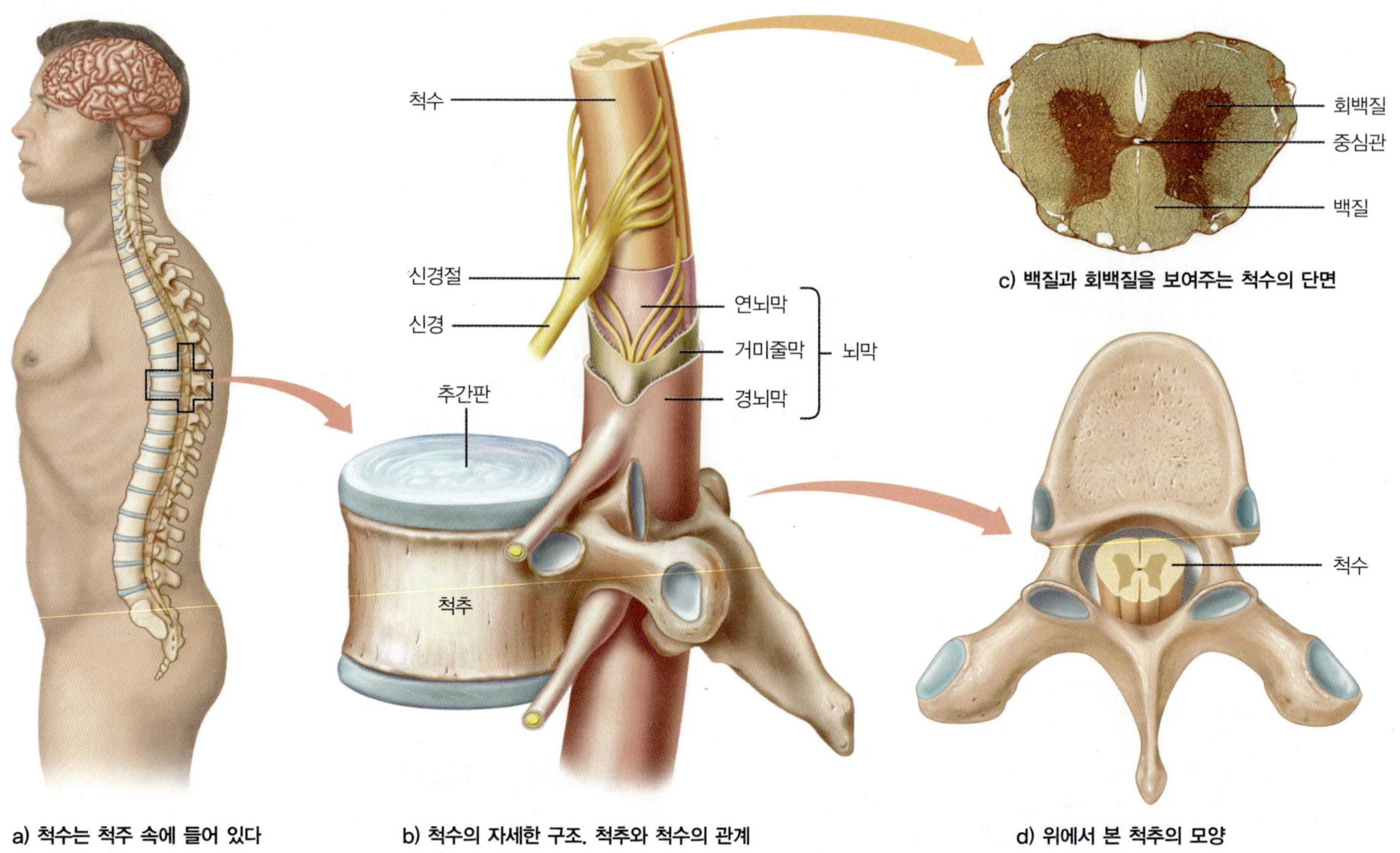

그림 11.14 **사람의 척수.**

요점 정리

척수는 뇌와 신체의 다른 부위 사이에서 정보를 전달한다. 척수는 백질(유수 축삭)과 회백질(무수 신경구조)로 구성되어 있다. ■

11.8 뇌는 정보를 처리하고 결정을 내린다

뇌는 신체의 지휘통제부이다. 뇌는 여러 신경과 척수로부터 활동전위의 형태로 정보를 받아들이고, 정보를 통합한 다음 적절한 반응을 일으킨다.

뇌 안에는 다른 유형의 정보를 통합하거나 특정 운동 기능을 수행하도록 분화되어 있는 특정 영역들이 있다. 빛이나 소리처럼 다양한 수용체를 거쳐 전달되는 활동전위들은 서로 다른 감각뉴런을 통해 뇌에 도달하는데, 뇌는 이런 신호들을 처리하도록 분화되어 있다. 예를 들면, 뇌의 어떤 지역은 시각 자극에 반응하며, 다른 지역은 우리 몸의 균형을 유지하는 자극에 반응한다.

뇌는 해부학적 및 기능적으로 3개의 주요 부위로 구분된다.

- 후뇌(hindbrain)는 기본적이고, 무의식적이며 생명유지에 필요한 일을 수행한다.
- 중뇌(midbrain)는 근육의 조화를 도와주며 시각과 청각 자극에 반응한다.
- 전뇌(forebrain)는 외부 환경으로부터 들어오는 감각 입력 정보를 받아들이고 통합하여 대부분의 복잡한 행동을 결정한다.

그림 11.15에는 뇌의 구분과 그 구성 요소를 나타내었다.

후뇌: 운동과 자율적 기능

후뇌(hindbrain)는 척수와 연결되어 있다. 진화적 관점에서 보면, 후뇌는 가장 오래된 뇌이며 가장 원시적인 뇌 부위이고 동물들 사이에서 서로 가장 유사한 뇌이다. 후뇌의 중요 구성 성분은 연수, 소뇌, 뇌교이다.

연수는 자율적 기능을 조절한다. **연수(medulla oblongata)**는 척수에 연결되어 있다. 연수는 생명유지에 필요한 내장기관의 자율적 기능을 조절하는 지역을 지니고 있다. 연수 안에 있는 **심혈관중추(cardiovascular center)**는 심박동률과 혈압을 조절하며, **호흡중추(respiratory center)**는 혈중 산소의 농도와 이산화탄소의 농도에 대한 정보를 통합하여 호흡을 조정한다. 다른 부위에서는 기침, 구역질, 재채기, 삼키기 등과 같은 반사를 조절한다.

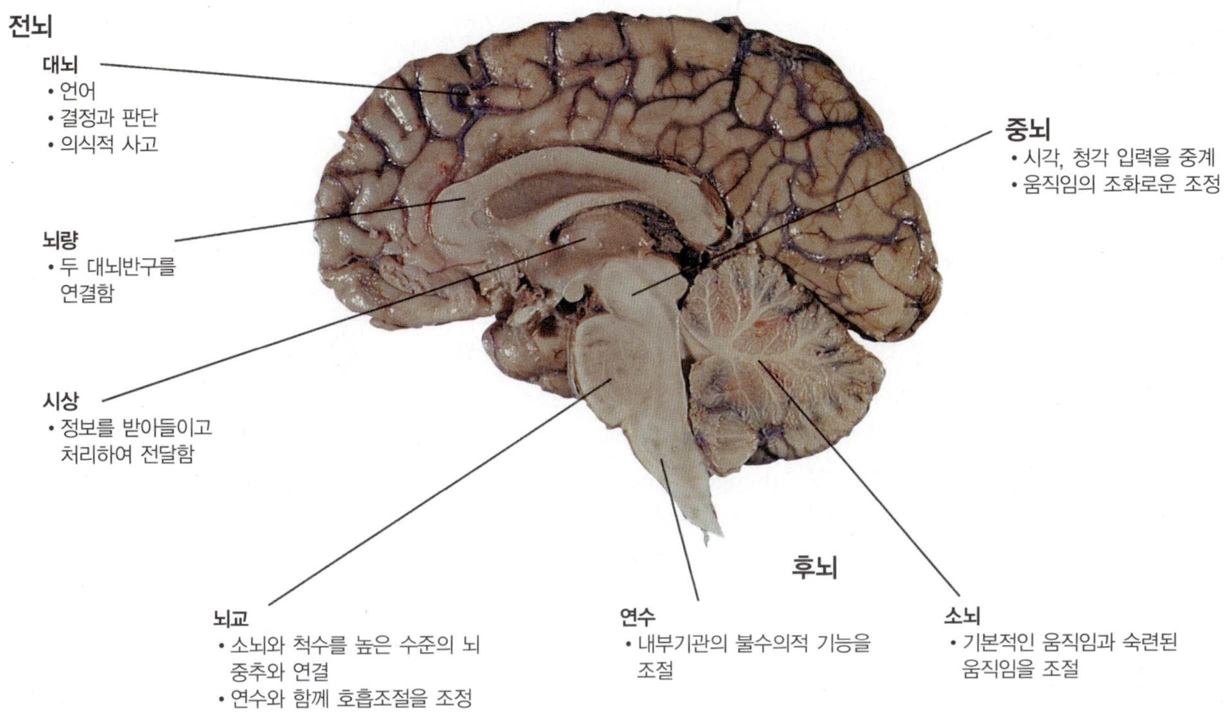

그림 11.15 **뇌.** 사람 뇌를 정중선 부근에서 앞뒤로 절단한 측면도.

더 고차원적인 뇌 부위와 척수 사이를 지나가는 모든 정보는 연수를 통과해야 한다. 우리 몸이 "선으로 연결되어 있는(wired) 방식"의 재미있는 특징 중 하나는 전뇌의 한쪽 편에서 나온 운동신경이 연수 안에서 몸의 반대쪽 편으로 교차한다는 것이다. 그 결과로, 뇌의 왼편은 몸의 오른편을 관장하고, 뇌의 오른편은 몸의 왼편을 관장한다.

소뇌는 기본적인 움직임을 조절한다. 연수 바로 뒤에 있는 **소뇌(cerebellum)**는 의식적 조절 수준 이하의 기본적인 몸의 움직임을 조절한다. 예를 들면, 소뇌는 길항 근육이 동시에 수축하지 않도록 확실히 조정한다. 소뇌는 또한 구두끈을 매거나 자동차의 기어를 바꾸거나 홈런을 날리는 것(타자들은 때때로 그냥 '방아쇠를 당겼더니' 자동적으로 홈런이 되더라고 이야기 한다)과 같은 숙련된 움직임의 전 과정을 (의식적인 생각 없이) 저장하고 반복한다. 이러한 숙련된 행동을 조절하기 위해 소뇌는 관절, 근육 수용체, 귀에 있는 전정기관, 시각 수용체 등 여러 곳으로부터 감각 입력을 받는다.

과도하게 알코올을 섭취하면 소뇌가 영향을 받으며 소뇌의 정상적인 기능이 무너진다. 그렇기 때문에 술 취한 사람들은 몸 움직임을 조절하지 못하고 똑바로 걷지도 못한다.

뇌교는 정보의 흐름을 도와준다. 연수 바로 위에 위치하면서 연수를 일부분 둘러싸고 있는 **뇌교(pons)**는 고차원 뇌 중추와 척수 사이를 연결해 준다. 뇌교는 소뇌로부터 나머지 중추신경계로 뻗어나가는 일단의 축삭을 가지고 있는데, 이 축삭들은 소뇌와 고차원 뇌 중추 사이의 정보 흐름을 조정하는 데 매우 중요하다. 또한 뇌교는 연수를 도와 호흡을 조절한다.

중뇌: 시각과 청각

중뇌(midbrain)의 대부분의 기능들은 시각과 청각에 관련되어 있다. 시각과 청각에 대한 감각 입력은 중뇌를 통과하여 고차원 뇌 중추에 중계된다. 중뇌는 갑작스런 소리나 플래시 불빛에 고개를 돌리는 것과 같은, 시각과 청각에 연계된 머리의 움직임을 조절하고, 안구의 움직임과 동공의 크기를 조절한다. 중뇌는 또한 골격근의 무의식적인 움직임을 검토하여 골격근의 활동이 부드럽고 조화롭게 해준다.

망상형성체(reticular formation)라고 부르는 일단의 뉴런들은 연수, 뇌교, 중뇌를 관통하여 뻗어나간다. 망상형성체는 소뇌와 협동하여 자세와 균형 및 근육의 긴장을 유지하는 골격근의 활동을 조절한다. 망상형성체 안에 있는 뉴런들은 각성 수준을 유지하는 데에도 관여한다. 이에 대해서는 이 단원의 뒷부분에서 설명하겠다.

요점 정리

뇌는 후뇌, 중뇌, 전뇌의 3개 주요 부위로 이루어져 있다. 진화적으로 가장 오래되고 보다 원시적인 후뇌는 대부분의 자율적 기능을 통제하고, 중뇌는 시각, 청각 및 움직임에 작용한다. ■

전뇌: 정서와 의식적인 사고

전뇌(forebrain)는 정서와 의식적인 사고를 포함하는 대부분의 복잡한 행동을 결정한다. 전뇌에서 중요한 지역은 시상하부, 시상, 변연계 그리고 대뇌이다. 전뇌에는 또한 두 개의 분비샘이 있는데 송과선과 뇌하수체이다. 이에 대해서는 13단원에서 따로 설명한다.

시상하부와 시상은 항상성을 유지하고 정보를 처리한다 시상하부(**hypothalamus**)는 전뇌의 바닥 쪽에 위치하는 작은 지역으로 물과 염류의 균형, 체온 조절, 탄수화물 대사, 모유 생산과 같은 뇌하수체의 일부 자율적 기능을 조절한다. 시상하부는 시각, 후각, 미각, 청각, 체온과 관련된 감각신호를 감시하기 때문에 항상성 조절에 중요한 역할을 한다. 시상하부에 있는 "공복중추(hunger center)"는 먹어야 할 때를 알려주며 "갈증중추(thirst center)"는 체액이 너무 진해서 물을 마셔야 할 때를 알려준다.

시상하부보다 조금 큰 **시상(thalamus)**은 시상하부 바로 위에 있는데, 주로 정보를 받아들이고 처리하고 전달하는 중추이다. 시상은 또한 밖으로 나가는 일부 운동신호를 통합하고 중계한다. 시상은 몸의 다른 부위와 뇌로부터 오는 감각신호를 받아들여서 대뇌로 전달해서 해석되도록 한다. 예를 들면, 통증, 압력, 온도 변화와 같은 감각 정보가 시상에 도달하면 우리는 감각을 지각하게 되지만 그 정보가 어디에서 왔는지는 모른다. 우리는 정보가 대뇌에 도달한 뒤에 우리 몸의 어느 부위에서 감각이 일어났는지 알게 된다.

변연계는 정서와 기억에 관여한다 변연계(limbic system)는 시상의 일부, 시상하부, 그리고 대뇌의 안쪽을 연결하는 일단의 신경경로를 말한다. 변연계는 정서와 기억에 관련되어 있는데, 이에 대해서는 기억과 행동에 관해 공부하게 될 이 단원의 뒷부분에서 자세히 다루기로 하겠다.

대뇌는 고차원 기능을 다룬다 사람의 큰 **대뇌(cerebrum)**는 뇌의 모든 부위 중에서 가장 잘 발달된 부위이다. 대뇌는 언어, 결정, 의식적 사고처럼 우리가 인간인 것과 관련된 많은 기능을 수행한다.

대뇌(그림 11.16)는 좌우 두 개의 대뇌반구로 되어 있는데 두 반구의 가운데는 뇌량(corpus callosum)이라는 신경다발의 그물망으로 연결되어 있다. 뇌량이 있어서 두 반구는 감각 정보와 운동 정보를 서로 공유한다. 대뇌의 바깥층은 **대뇌피질(cerebral cortex)**이라고 부른다. 대뇌피질은 주로 회백질인데 무수축삭과 그와 연관된 신경아교세포들로 이뤄진 중추신경계 뉴런들로 구성되어 있다. 대뇌피질의 표면은 호두알처럼 수많은 주름이 잡혀 있다. 대뇌의 안쪽은 대부분 백질인데 좀 더 낮은 차원의 뇌 지역과 대뇌피질을 연결하는 유수신경의 축삭이 들어 있다.

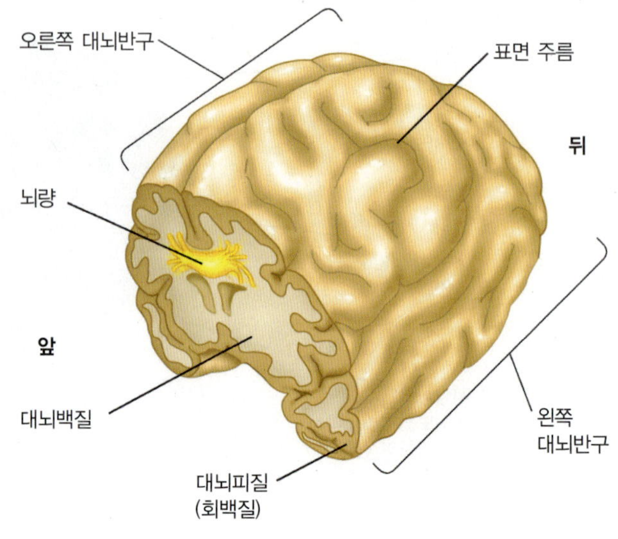

두정엽
• 피부로부터 오는 감각 정보를 해석

후두엽
• 시각 정보 처리

전두엽
• 운동 활동을 개시
• 언어 담당
• 의식적 사고

측두엽
• 청각정보 처리
• 언어 이해
• 지각적 판단

그림 11.16 대뇌. **(a)** 회백질(대뇌피질)은 정보를 통합하고 처리하는 연합뉴런으로 구성되어 있다. 백질은 상향 및 하향 신경다발로 되어 있다. 두 반구는 뇌량으로 서로 연결되어 있다. **(b)** 대뇌피질의 네 부위의 기능은 위치-특이적 특성을 나타낸다.

대뇌는 안쪽이 상향 축삭과 하향 축삭으로 이루어져 있고, 바깥쪽은 세포로 되어 있는 구조를 띠고 있다. 이 구조는 들어오는 정보를 뇌의 적당한 지역으로 보내고, 정보를 통합하여 가장 높은 수준에서 처리한 후, 적절한 신체 부위로 운동신호를 보내는 일을 수행하기에 이상적으로 잘 들어맞는다.

요점 정리

전뇌는 시상하부, 시상, 변연계, 그리고 대뇌로 구성되어 있다. 전뇌의 구조는 항상성을 유지하는 데 도움이 된다. 정보를 받아들여 처리하고 전달하며, 정서와 기억을 조절하고, 언어와 결정 및 의식적 사고에 관여한다. ■

대뇌피질의 특징 대뇌피질의 두께는 겨우 6~8 mm 정도밖에 되지 않지만 대뇌피질에는 대략 500~800억 개 뉴런의 세포본체가 들어 있다. 대뇌피질은 감각 정보를 통합하고 해석하는 중추이지만 사실은 훨씬 더 그 이상의 일을 한다. 대뇌피질은 기억 저장, 추상적 사고, 의식자각, 골격근의 수의적 조절을 담당한다.

이 모든 기능들은 위치-특이적으로 작용한다. 기능적으로 볼 때 대뇌피질은 네 부위로 나뉜다(그림 11.16b). 뇌의 뒷부분은 **후두엽**(occipital lobe)인데 시각 정보를 처리한다. **측두엽**(temporal lobe)은 청각 정보를 해석하여 구술 언어와 문어를 이해하고 지각적 판단을 내린다. **두정엽**(parietal lobe)은 온도, 촉각, 통증, 압력과 같은 피부로부터 오는 감각 정보를 받아들이고 해석한다. 마지막으로, 피질의 앞쪽에 있는 **전두엽**(frontal lobe)은 모든 뇌 영역 중에서 가장 발달된 지역이다. 전두엽은 운동 활동을 일으키며 언어와 의식적 사고도 담당한다. 기억 저장에는 네 개의 부위가 모두 다 관여한다.

말하기 언어 영역(전두엽)은 구술 언어를 이해하는 영역(측두엽)과 해부학적으로 떨어져 있다는 것을 염두에 두자. 두 영역이 이렇게 떨어져 있는 이유는 알려져 있지 않다.

뇌에서 가장 연구가 많이 이루어진 두 영역은 두정엽에서 피부로부터 오는 감각신호를 받아들이는 부위(1차 체성감각피질이라 함)와 전두엽에서 운동 활동을 일으키는 그에 상응하는 부위(1차 운동피질)이다. 과학자들은 두 피질 내의 특정 영역이 신체의 특정 부위와 대응한다는 것을 밝혀냈다(그림 11.17). 입술이나 성기와 같이 극도로 예민한 신체 부위는 훨씬 많은 뉴런과 연결되어 있으며 따라서 1차 체성감각피질에서 넓은 부분을 차지한다. 반면에 덜 예민한 신체 부위는 적은 수의 뉴런과 연결되어 있으며 1차 체성감각피질도 적게 차지한다. 이와 유사하게, 손가락처럼 복잡하고 정교한 움직임을 수행하는 신체 부위는 움직임이 덜 능란한 부위보다 1차 운동피질에서 훨씬 더 많은 뉴런과 연결되어 있다.

정보 처리의 위치-특이적 특성은 서로 다른 뇌 지역이 손상을 입었을 때 아주 다양한, 때로는 전혀 반대처럼 보이는 결과가 나타나는 이유를 설명해준다. 이런 일은 뇌졸중 환자들에게서 자주 관찰된다. 어떤 뇌졸중 환자는 말을 듣고 완전히 이해하면서도 말을 하지는 못한다. 다른 환자는 기본적인 골격근 움직임도 조절하지 못하면서 추상적인 사고 능력은 유지한다. 의사들은 이런 위치-특이적 기능을 이용하여 뇌의 어느 영역이 손상을 입었는지 진단한다.

요점 정리

대뇌피질은 후두엽, 측두엽, 두정엽, 전두엽이라는 네 부위로 나뉘는데 각각은 위치-특이적으로 기능을 수행한다. 예를 들면, 후두엽은 시각 정보를 처리하고 측두엽은 청각 정보를 처리한다. ■

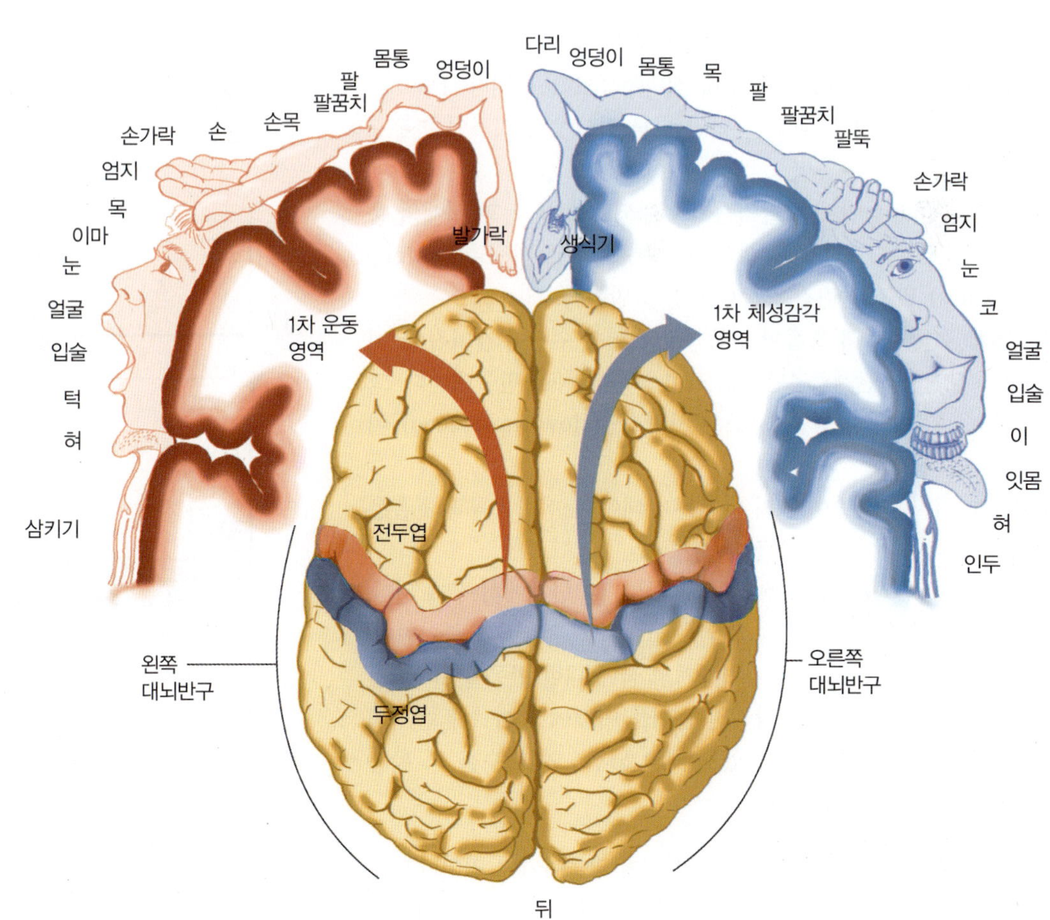

그림 11.17 대뇌피질의 1차 체성감각 1차 영역과 운동 영역. 두 영역의 지도가 매우 밀접한 유사성을 보인다. 해부학적 그림이 클수록 해당 영역이 더 정교하게 조절되거나 더 예민한 것을 나타낸다. 입술, 얼굴, 혀 등이 특히 크게 그려져 있다

11.9 수면 중에도 뇌 활동은 계속된다

우리는 왜 잠을 자는가? 단순한 질문 같지만 과학자들은 그 답을 알아내려고 꾸준히 연구하고 있다. 명백한 가설은 휴식을 취하기 위해서 잠을 잔다는 것이다. 그러나 잠을 자는 중에도 뇌 활동은 지속된다.

수면과 각성의 정도는 망상형성체에 들어 있는 일단의 뉴런들로 이루어진 **망상활성화계**(reticular activating system: RAS)에 의해 조절된다. RAS에 있는 일부 뉴런들은 활동전위를 끊이지 않고 대뇌로 전달하여 뇌가 깨어서 각성 상태에 있게 해준다. RAS 안에 있는 "수면중추"는 세로토닌이라는 신경전달물질을 방출한다. 세로토닌은 뇌를 깨우는 뉴런의 활동을 억제하여 수면을 유도한다. 뇌의 다른 지역에서 방출되는 노르에피네프린은 세로토닌의 효과를 억제하여 우리가 깨어 있도록 해준다.

뇌전도(electroencephalogram: EEG)를 이용하면 수면 중에 뇌에서 어떤 일이 일어나는지 연구할 수 있다. 뇌전도는 뇌의 전기 활성도를 신체표면에서 측정한 기록이다. **그림 11.18**에서 보듯이, 각각 다른 수면 상태에서 기록한 뇌전도는 특징적인 그래프 모양을 나타낸다.

- **1단계:** 1단계는 수면과 각성 사이의 중간 상태이다. 눈동자는 점차 수축하고, 호흡이 느려지며, 심박동률도 느려진다. 1단계는 뇌전도 상에서 각성 때와는 약간 다른 작고 불규칙적인 파동으로 나타난다.
- **2단계:** 2단계 동안에는 골격근이 이완되고 보통 눈과 신체의 움직임이 멈춘다. 뇌전도 상에서 2단계는 "수면방추체(sleep spindles)"라고 알려진 뾰족한 파동을 만든다.
- **3단계:** 심박동률과 호흡이 더욱 느려지면서 수면이 깊어진다. 뇌전도 상에서 3단계와 4단계는 크고 느린 파동을 만들어낸다. 그러므로 이 형태의 수면을 때로 "서파수면(slow wave sleep)"이라고 부른다.
- **4단계:** 잠자는 사람이 깨기 어려운 상태이다. 심박동률과 호흡은 가장 느리며 체온도 떨어진다.
- **REM(rapid eye movement) 수면:** 꿈은 이 단계에서 꾸게 된다. 심박동률과 호흡이 증가하고 뇌로 들어가는 혈류량도 증가한다. 대부분의 신체 근육이 무기력해져서 꿈에 대한 반응을 할 수 없다. 역설적으로, 안구는 감겨진 눈꺼풀 아래에서 빠르게 움직인다. 뇌전도의 모양은 깨어 있을 때의 뇌전도와 비슷한 뇌 활동 수준을 보여준다.

일반적인 야간 수면에서는 이 단계들이 되돌아가며 일어나지만, 각 단계에서 걸리는 시간의 길이는 서로 다르다. 밤 동안에 REM 수면은 매 90분마다 반복해서 일어나는데, 매번 REM 수면의 기간이 좀 더 길어진다. 아침이 다 되면 마지막 REM 수면은 20분 정도

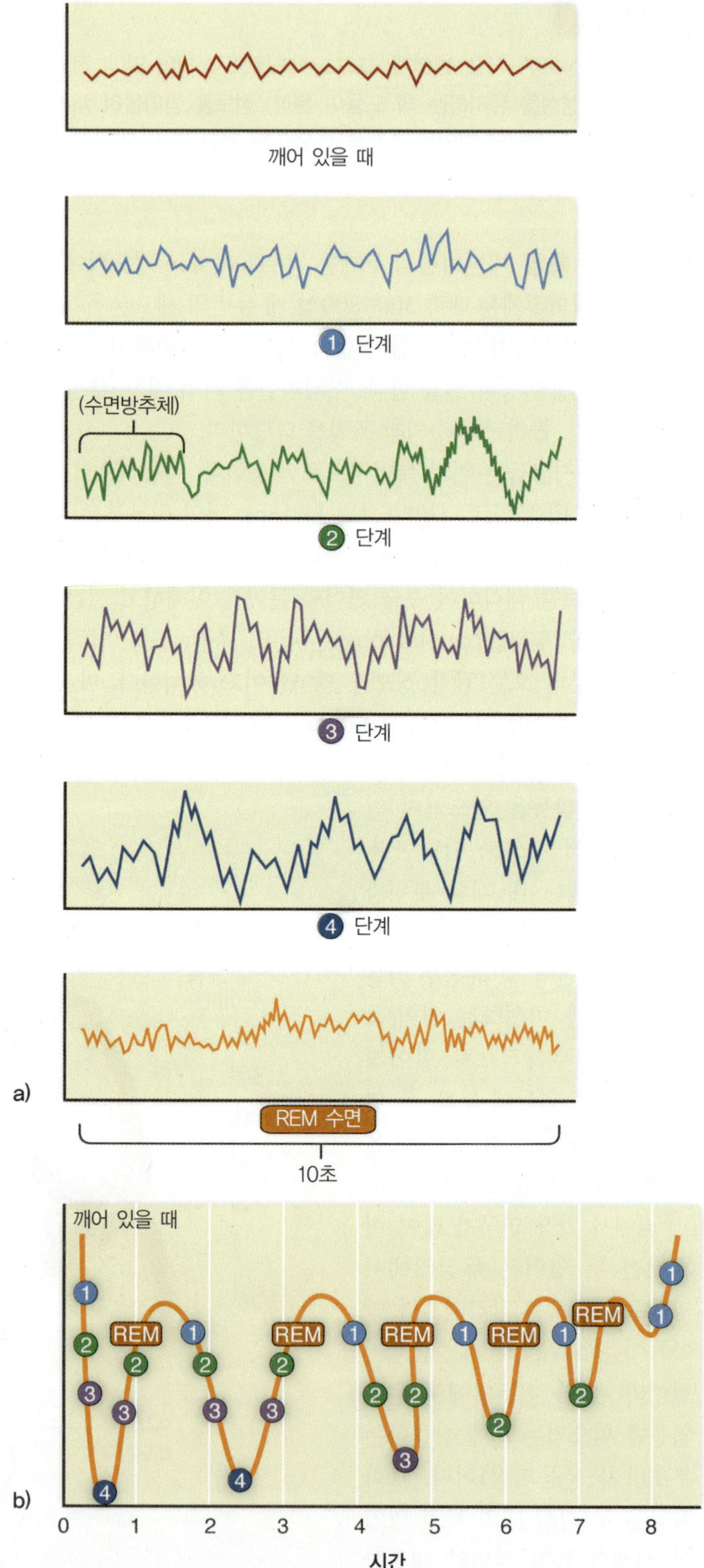

그림 11.18 깨어 있을 때와 수면 동안의 뇌 활성 양상. (a) 깨어 있을 때와 1~4단계의 수면 및 REM 수면 중에 기록한 뇌전도. 2단계에서 4단계 사이에는 뇌파가 점점 더 커지며, 깨어 있을 때와 REM 수면 시기는 뇌파가 서로 비슷하다. (b) 수면 양상.

까지 지속된다.

왜 잠을 자야 하는지 확실하지는 않지만 일정 시간 잠을 자야 하는 것은 명백하다. REM 수면을 취하지 못한 사람은 변덕스러워지며, 신경과민이 되고 우울해진다. 오랫동안 잠을 못 자게 되면 심지어는 환각에 시달리게 된다.

요점 정리

수면 중에도 뇌는 활동한다. 수면 단계는 뇌파의 유형과 상관관계가 있다. 망상활성화계는 수면과 각성 정도를 조절한다. ■

11.10 변연계는 정서와 기본 행동의 장소이다

행동의 기본 유형과 정서는 **변연계(limbic system)**에서 일어난다 (그림 11.19). 변연이란 "가장자리"를 말한다. 원래 변연계라는 명칭은 대뇌의 기초 지역에 접하고 있는 구조를 설명하는 데 쓰였다. 그러나 이 구조의 역할을 배우게 되면서 변연계라는 명칭은 정서 행동과 동기부여 욕구를 함께 조절하는 모든 신경구조를 설명하게 되었다. 변연계의 다른 지역들이 자극을 받으면 공포, 분노, 슬픔, 사랑과 같은 강한 정서를 경험하게 된다. 이러한 반응들은 유쾌하거나 불쾌하거나 우리의 행동에 영향을 미친다.

여러분은 냄새에 정서와 생생한 추억을 불러일으키는 힘이 있다는 것을 느낀 적이 있을 것이다. 이것은 냄새 감각의 경로가 변연계를 관통해 지나가면서 기억과 후각 정보 사이에 강한 연합을 만

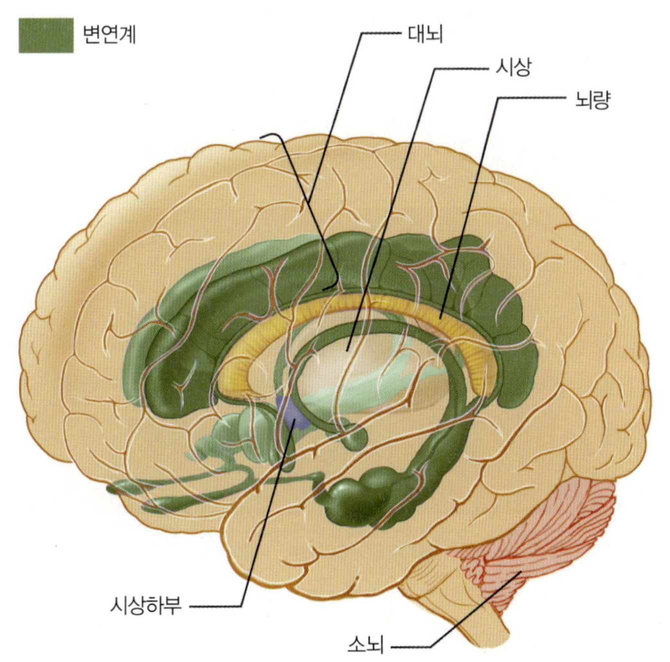

그림 11.19 **변연계.** 변연계는 대뇌 기부 주변에 있는 신경구조들의 총칭으로 정서와 기본 행동 및 단기기억에 관여한다.

들어내기 때문이다.

시상하부는 여러 가지 기본적인 신체 기능들의 항상성을 감시하고 조절한다는 것을 잊지 말자. 시상하부는 또한 변연계를 들고 나는 출입구로 작용하며 따라서 배고픔, 갈증, 성욕 등을 채워주는 것과 같은 기본적인 자기만족 행동에 대해 어느 정도 통제를 발휘한다. 시상은 이런 행동들에 관련된 정보를 받아들이고 조직화시켜서 대뇌로 전달한다. 대뇌는 이 정보를 다른 정보와 통합한 다음 그에 따라 행동을 조정한다.

그러므로 우리가 정서를 느끼는 정도와 정서에 맞춰 우리가 행동하는 범위는 대뇌에서 일어나는 조정에 달려 있다. 대뇌 조정의 중요성을 알아보려면, 만약 우리들의 기본적인 욕구 충동이 사회적 규범이나 행동 강령에 영향을 받지 않게 될 때 어떤 일이 일어날 것인지를 생각해보면 된다.

요점 정리

대뇌의 가장자리를 접하고 있는 구조들을 모아 변연계라고 부른다. 변연계는 행동과 정서를 조절한다. 변연계의 활동은 시상하부에 의해 측정 감시되며 대뇌에서 조정된다. ■

11.11 기억은 정보를 저장하고 불러오는 일이다

기억(memory)은 정보를 저장하고 나중에 필요할 때 그 정보를 불러오는 일이다. 기억에는 두 단계가 있다. 몇 시간 전의 정보를 저장하고 불러오는 단기기억(short-term memory)과 며칠 또는 몇 년 전의 정보를 불러올 수 있는 장기기억(long-term memory)이다.

뇌가 두 단계의 기억을 다루는 방법에는 명백한 차이가 있다. 단기기억은 변연계에서 일어난다. 새로운 감각 정보를 받게 되면 (예를 들면 낯선 전화번호를 받아보는 경우) 자극은 변연계에서 신속한 활동전위의 발생을 일으킨다. 활동전위를 방금 발생시킨 뉴런은 단시간 내에 다시 활동전위를 발생시키기가 쉽기 때문에 우리는 몇 초나 몇 분 동안 번호를 기억할 수 있다. 아주 짧은 기간이지만 신호경로가 동조된다. 만약 전화번호가 중요한 것이 아니라면, 변연계 신호경로의 강화는 오래 지속되는 것이 아니기 때문에 우리는 그 번호를 금방 잊게 된다. 그 전화번호 정보는 장기기억으로 옮겨가지 않는다.

그렇지만 만약 그 전화번호가 중요한 것이어서, 그 번호를 소리내서 몇 번 읽어보거나, 적어놓고 읽어본다던지, 몇 주 동안 그 전화번호를 반복적으로 사용했다면, 그 전화번호 정보는 장기기억 중추에 저장하기 위해 대뇌피질로 전달될 것이다. 이 과정에서 뉴런은 영구적인 화학적 변화나 물리적 변화를 겪게 된다. 실험동물들로부터 얻은 증거에 의하면, 장기기억의 저장은 연결된 뉴런 사이에 시냅스를 추가적으로 더 만들어서 다음에는 그 회로가 더 수월

하게 작동할 수 있도록 해준다.

요점 정리

단기기억은 변연계에서 신속한 활동전위를 발생시킨다. 장기기억은 대뇌피질에 저장되는데 뉴런과 시냅스에 영구적인 변화를 가져온다. ■

11.12 향정신성약물은 뇌의 고등 기능에 영향을 미친다

약물(drug)이란 생리적 변화를 일으키기 위한 목적으로 몸 안으로 들여온 모든 화학물질을 일컫는다. 향정신성약물(**psychoactive drugs**)은 행동이나 정서, 의식 상태에, 달리 표현하면 뇌의 고등 기능에 영향을 미치는 약물이다. 알코올이나 니코틴처럼 일부 향정신성약물은 합법적으로 사용된다. 나머지 다른 것들은 합법적으로 사용이 금지된 것이지만 우리 사회 구석구석에 스며들어 있다.

향정신성약물을 포함하여 모든 약물들은 원래 질병치료 목적으로 발견되거나 만들어졌다. 약물의 비의학적 사용은 때로 "기분전환용" 사용이라고 완곡하게 부르지만 더 정확하게 진실을 반영하면 "불법"이라는 용어가 확실하다.

향정신성약물은 모두 혈액-뇌 장벽을 통과한다(모든 약물이 다 통과하지는 않는다). 향정신성약물은 뇌에 있는 신경전달물질의 농도와 작용에 영향을 미친다. 신경전달물질은 시냅스간극에 잠깐 동안만 머무르기 때문에 정상적으로는 신경전달물질의 효력이 아주 짧은 기간만 지속된다. 향정신성약물은 신경전달물질에 결합하거나, 어떤 방식으로든지 신경전달물질의 방출, 활성, 재흡수에 영향을 미친다. 이렇게 되면 뇌의 정상적인 전기활성 패턴이 바뀌게 된다.

향정신성약물은 어떤 신경전달물질에 영향을 미치는지, 어느 곳에 작용하는지에 따라 다양한 결과를 나타낼 수 있다. 예를 들면, 도파민(dopamine)은 쾌락과 관련된 뇌 지역에서는 가장 중요한 신경전달물질 중 하나이다. 코카인은 도파민이 시냅스전세포 안으로 재흡수되는 것을 억제함으로써 시냅스간극에 과량의 도파민이 머물게 하여 시냅스후뉴런을 과도하게 자극한다. 코카인은 사용자가 쾌락 효과를 정상보다 더 오래 느끼게 해준다.

향정신성약물은 **심리적 의존성(psychological dependence)**을 일으킨다. 즉, 약물 사용자는 약물과 연계된 느낌을 갈구하기 시작하며 약물을 얻기 위해 행동이 변한다. 마침내 내성(tolerance)이 생기게 되고, 같은 효과를 얻기 위해서는 더 많은 약물을 더 자주 사용하게 된다. 내성은 부분적으로는 간에서 많은 약물을 해독하는 효소가 만들어지고, 반복적으로 약물을 사용함으로써 그 해독 효소의 혈중농도가 증가하기 때문에 생겨난다. 곧 원래의 약물 농도로는 더 이상 기대 효과가 나타나지 않게 되거나 때로는 전혀 효과가 없게 된다. 내성이 생기는 두 번째 이유는 코카인의 경우, 만약 너무 많은 양의 도파민이 오랫동안 시냅스간극에 남아 있게 되면 신체가 도파민을 덜 생산하게 되기 때문이다. 따라서 코카인을 반복해서 사용한 사람은 시냅스간극에 정상 양의 도파민 신경전달물질을 유지하기 위해서 점점 더 많은 양의 코카인을 필요로 하게 된다. 마침내 코카인 중독이 되면 코카인 없이는 쾌감을 느낄 수 없게 되고 심지어는 정상적인 정서 상태를 유지할 수도 없다. 이 시점에서 심각한 불안과 우울증이 시작된다.

내성은 올바른 판단과 좋은 의도를 가지려고 해도 지속적으로 약물을 취하고 사용하게 되는 **마약중독(addiction)**으로 진행이 된다. 본질적으로 어찌할 수 없는 지경이 된다. 중독은 정서적, 신체적 건강 모두에 부정적 결과를 가져온다. 마침내 대부분의 중독자들은 안정된 직장을 가질 수도, 일에 전념할 수도 없게 된다. 그러면서도 중독자들은 그런 습관을 유지하기 위해 엄청난 돈을 낭비해야 한다. 많은 중독자들은 인간관계가 망가지고, 가족과 직장 그리고 건강을 잃게 된다. 더구나 중독자들은 약물을 갑자기 끊게 되면 일어나는 **금단증상(withdrawal)**을 겪게 될 가능성이 높다.

코카인과 니코틴은 둘 다 중독성이 매우 높다. 아직은 원인이 완전히 알려지지 않았지만 알코올은 사람에 따라 중독성이 있기도 하고 그렇지 않기도 하다. 중독성이 가장 높은 길거리 마약은 결정 메탐페타민(속칭 필로폰)이다.

미국 연방정부는 연례 조사를 통해 마약의 불법 사용 경로를 추적한다. **그림 11.20**은 12세 이상 인구 중 지난 달에 마약을 불법으로 사용한 사람의 비율을 나타낸 것이다. 마약 불법 사용은 18~20세 층에서 가장 높게 나타나며 이후 나이가 많아지면서 감소한다.

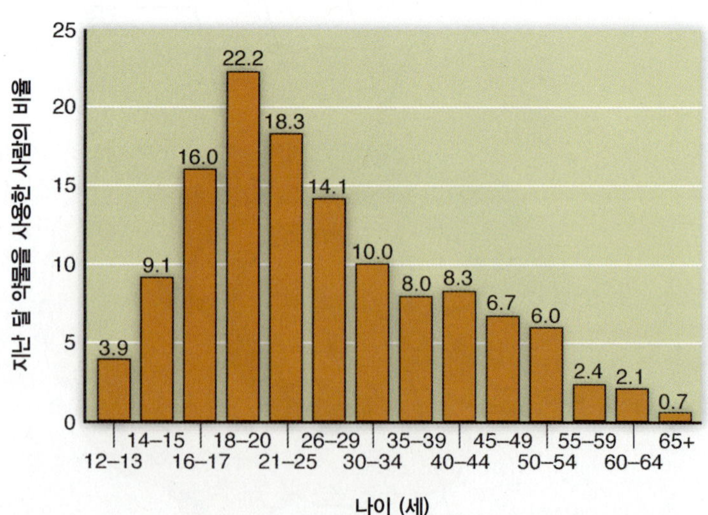

그림 11.20 12세 이상 인구 중 지난 달에 마약을 불법으로 사용한 사람의 비율(2006년). 출처: 미국, 약물남용 및 정신건강 관리처, 2007년. 약물 사용과 건강에 관한 2006년 전국 조사 결과.

18~25세 층에서 가장 널리 사용되는 불법 마약은 마리화나, 처방 진통제, 코카인, 환각제 (주로, 엑스타시나 MDMA) 순이다.

18~25세 젊은이의 반 이상이 살아온 동안에 적어도 한번은 마리화나를 사용했다는 보고가 있다. 그러나 지난 1년 사이에 코카인이나 엑스타시를 사용한 사람의 비율은 15%이며, 메탐페타민을 사용한 사람의 비율은 4% 이하라고 보고되었다.

요점 정리

향정신성약물은 뇌에 있는 신경전달물질의 농도나 활성에 변화를 일으킴으로써 작용한다. 일부 약물은 심리적 의존성과 내성 그리고 중독을 일으킨다. ■

11.13 신경계 질환

신경계는 매우 복잡하고 수많은 신체 기능을 조절하기 때문에 신경계 질환은 현저하게 몸을 쇠약하게 만든다. 뇌졸중에 관해서는 심혈관계 질환을 다룬 내용에서 논의했었다. 여기에서는 외상, 감염, 뉴런 질환, 시냅스전도 질환, 뇌종양 등 신경계에 영향을 미치는 몇 가지 질환에 대해 살펴보기로 하겠다.

외상

뇌는 수많은 신체 기능을 조절하고 척수는 실제적으로 모든 기관에 정보를 전달하는 경로이기 때문에 뇌나 척수에 입은 외상(신체적 상해)은 특별히 위험할 수가 있다.

뇌진탕은 신경 활성을 중단시킨다 머리나 목에 심한 충격을 받게 되면 뇌 신경세포의 전기적 활성이 일시적으로 중단되는 무의식 상태가 짧은 기간 일어나는 **뇌진탕(concussion)**을 일으킬 수 있다. 의식을 되찾게 된 후에는 시야가 흐려지고, 착란, 메스꺼움을 느끼며 토하기도 한다. 대부분의 뇌진탕이 영구적인 손상으로 이어지지는 않지만 가장 큰 위험 중 하나는 뇌막 사이로 출혈이 일어나는 경막하혈종(subdural hematoma)이다.

뇌는 견고한 두개골로 싸여 있기 때문에 출혈이 조금만 일어나도 두개골 내의 압력이 증가한다. 마침내 두개골 안에 고인 피는 건강한 뇌조직을 압박하여 기능에 손상을 입힌다. 이때에 졸음이 오고, 두통이 생기며 몸의 한 쪽이 점점 약해지는 증상이 나타난다. 출혈이 얼마나 빨리 일어나는가에 따라 증상이 나타나는 데는 수 주에서 수개월이 걸린다. 때때로 외과의들은 두개골에 구멍을 뚫어서 혈종을 빼내고 압력을 줄인 다음 손상된 혈관을 복구한다.

척수손상은 감각과 기능 장애를 일으킨다 척추에 가해진 심각한 외상은 척수에 압박을 가해서, 찢기거나 심지어는 완전히 끊어지게 한다. 척수에 손상을 입으면 감각 기능과 손상 부위 아래의 신체 기능에 장애가 일어난다. 따라서 손상 정도는 손상된 부위에 따라 달라진다. 목 아래에서 상해를 입으면 하반신불수(다리나 몸통 일부에 일어나는 마비나 쇠약증)를 일으킬 수 있다. 목에 상해를 입으면 사지마비(팔다리, 몸통에 일어나는 마비나 쇠약증)가 일어나기도 한다. 척수손상 부위가 높을수록 더 치명적일 수 있다. 척수가 손상되면 자율신경계가 정상적으로 작동하지 않기 때문에 배뇨나 배변에 문제를 일으키기도 한다.

과학자들은 척수손상에 대한 여러 가지 흥미로운 치료법을 연구하고 있다. 이에 관한 자세한 내용은 266쪽의 "건강 파수꾼"란의 '척수손상 치료' 에서 다룬다.

감염

뇌와 척수는 혈액-뇌 장벽이 있어서 신체의 다른 부위에서 일어나는 대부분의 감염으로부터 보호된다. 그럼에도 불구하고 특정 바이러스나 세균들이 이따금 뇌와 척수에 감염을 일으킨다.

뇌염: 뇌에 생긴 염증 뇌염은 종종 바이러스 감염으로 일어나는, 문자 그대로 뇌에 생긴 염증이다. 뇌염의 빈번한 원인은 모기에 물려 전파되는 바이러스와 입가에 발진을 일으키기도 하는 단순헤르페스바이러스(herpes simplex virus)이다. HIV(인간면역결핍바이러스) 감염 또한 뇌염 발생수를 증가시키고 있다.

뇌염의 증상은 다양하지만 종종 두통, 발열, 피로, 진행성 환각, 착란, 언어장애, 기억장애, 행동장애 등을 동반한다. 일부 환자는 간질 발작을 일으키기도 한다. 원인에 따라 치료법은 다르지만 항바이러스 약물이 도움이 된다.

수막염: 뇌막에 생긴 염증 수막염은 뇌막에 생긴 염증을 말하는데 보통 바이러스나 세균 감염으로 일어난다. 증상으로 두통, 발열, 메스꺼움과 구토, 빛에 대한 예민성, 목 경직 등이 나타난다. 경미한 경우에 증상은 유행성독감과 비슷하다. 바이러스성 수막염은 비교적 경미한 경향이 있으며 보통 2~3주 안에 좋아진다. 세균성 수막염은 치명적일 수 있으므로 항생제 치료를 해야 한다.

광견병: 전염성 바이러스 질환 광견병은 포유류에 발병하는 전염성 바이러스성 뇌질환인데, 특히 개, 늑대, 너구리, 박쥐, 스컹크, 여우, 고양이 등에서 발생한다. 광견병은 직접접촉으로 사람에게 전염되는데, 보통 동물이 물거나 상처 난 피부를 핥아서 전염된다. 바이러스는 물린 부위에서 감각뉴런을 타고 척수로 이동하여 뇌로 옮겨간 뒤 수를 늘려서 세포를 죽인다.

광견병의 증세로는 림프샘이 부풀고, 침 삼키기가 고통스러우며, 숨이 막히고, 구토, 기관지와 흉부근육 경련, 발열, 정신장애를 동반한다. 이런 증상은 일반적으로 감염된 후 1~6개월 정도 나타나며, 이후 혼수 상태에 이르게 되고 2~20일 내에 죽게 된다.

만약 개에게 물렸다면 바로 상처 부위를 물로 깨끗이 씻고 병원

척수손상 치료

2007년 9월 7일, 미식축구팀 버펄로 빌스의 케빈 에버레트(Kevin Everett) 선수는 덴버 브롱코스와의 경기에서 태클을 하다가 경추에 탈골과 골절을 당했다. 운동장에서 실려 나갈 때 케빈은 겨우 눈만 움직일 수 있었다. 다음날 의사는 케빈의 눌린 척수를 풀어주었고 3번째와 4번째 척추에 생긴 골절에 뼈를 이식하고 금속 막대를 박는 수술을 하였다. 그러나 사고 2일 후에도 케빈의 팔다리는 거의 감각이 없었고 움직이지도 못했다. 의사는 케빈에게 다시 걸을 수 있을 확률이 "통계적으로 매우 낮다"고 했다.

미국에는 25만 명의 척수손상 환자가 있으며, 매년 11,000명(49분마다 1명씩)의 새로운 환자가 생긴다. 대부분의 척수손상 환자들은 평균 연령이 32세인 젊은 남성들이다. 척수 상해의 주요인은 자동차 사고(38.5%), 폭력사고(30%), 추락사고(19%), 그리고 스포츠 상해(8%)이다.

케빈 에버레트가 입은 것과 같은 상해는 보통 척수가 끊어진 것이 아니라 척수의 축삭이 뭉그러진 경우이다. 그렇게 되면 일련의 증상이 나타나기 시작하고 마침내는 대부분의 상해를 일으킨다. 첫째, 정상적인 혈액순환이 불통되어 척수 조직에 절대 필요한 산소가 결핍된다. 그 다음, 상해를 입은 부위에서 출혈이 일어나 붓게 되고 이것이 다시 축삭을 눌러서 피해가 더욱 커지게 된다. 손상된 세포는 주변 뉴런들을 상하게 할 수 있으며 상해 지역 전체로 화학신호를 내보내서 때로는 원래의 상해 지역보다 크기가 배가 되기도 한다. 대식세포들이 상해 지역으로 이동해 와서 부스러기들을 청소하는데 이들은 때로 건강한 뉴런들도 파괴한다.

처음 상해를 입은 날로부터 몇 주 뒤에는 상해 부위에서 물집이 생긴다. 이 물집 주위로 흉터 조직이 만들어져서 조직 안에 신경신호 전도를 저해하는 영구적인 틈을 만든다. 희소돌기아교세포들이 죽고 축삭은 미엘린 수초를 상실하게 되어 뇌와 신체의 다른 부위들 사이의 신호소통이 중단된다. 척수손상의 가장 흔한 결과는 양쪽 다리와 하반신 마비(하반신불수; 전체 환자의 52%) 또는 양쪽 팔다리가 모두 마비되는 사지마비(전체 환자의46%)이다.

최근까지 손상된 뉴런은 재생할 수 없다고 알려졌었다. 그러나 과학자들은 척수손상 환자들이 잃어버린 기능을 회복하는 데 도움이 될 수 있는 여러 가지 놀라운 가능성에 대해 연구하고 있다. 상해는 단계별로 일어나므로 그 단계의 여러 시점에서 개입할 수가 있다. 현재 이뤄지고 있는 연구 영역과 치료법은 다음과 같다.

- **세포 손상과 사멸의 제한.** 세포 손상과 사멸은 최소한 3가지 과정을 거친다. 과학자들은 가능한 한 많은 뉴런과 희소돌기아교세포를 보전하기 위해 이 손상과 사멸 경로를 차단하는 방법을 연구하고 있다.
- **염증 통제.** 정상적으로는 치료회복을 촉진하는 염증 반응이 역설적으로 처음엔 손상되지 않았던 세포에게 2차 손상을 일으켜 상해를 악화시킨다. 메틸프레드니솔론과 같은 소염제를 상해 후 8시간 이내에 투약하면 도움이 된다.
- **재생 억제인자 차단.** 성체 포유동물의 중추신경계는 뉴런이 지속적으로 성장하거나 건강한 성체에서 부당하게 분열하는 것을 억제하는 인자를 가지고 있다. 그러나 상해를 입으면 그런 인자들은 조직을 치료하는 데 방해가 된다. 한 연구소에서는 이런 인자들을 중화시키는 방법을 연구개발하고 있다.
- **축삭 성장 자극.** 일부 과학자들은 손상된 축삭이 새로운 돌기를 "싹틔워서" 상해 지역으로 내보내도록 자극하는 성장인자와 인도분자(guidance molecules)를 연구하고 있다.
- **새 조직으로 손실된 세포 보충.** 여러 유형의 세포로 분화할 수 있는 능력을 가진 줄기세포를 자극하여 이식에 필요한 뉴런과 신경아교세포로 발생시킨다. 3단원의 "시사 과학 문제"에서 다룬 줄기세포 연구에 대한 자세한 내용을 참조하자.
- **상해 지역 연결 또는 재생 장애 요인 제거.** 일부 연구자들은 뉴런이 상해 지역을 넘어 재생해 나갈 때 뉴런을 지지하고 인도하기 위해 인공 재료를 사용한다. 다른 연구팀에서는 신경조직의 이식에 관해 연구하거나 심지어는 사람의 머리카락보다 훨씬 가는 나노섬유를 만드는 단백질을 연구한다. 또 다른 연구자들은 흉터 조직을 녹이고 뉴런이 손상된 지역으로 성장해 나가게 하는 효소를 연구하고 있다.
- **근육 전자 자극.** 컴퓨터제어 기능성 전자자극(FES) 시스템을 사용하면 환자들이 전자장치를 이용하여 근육을 활성시켜 움직일 수 있다.

케빈 에버레트는 2007년 9월 7일 경추 골절을 당했다. 그는 정확히 5개월 후에 다시 걸을 수 있게 되었다.

이 방법들 중 활용되는 것이 있는가? 케빈 에버레트의 경우를 살펴보자. 케빈은 2008년 1월 31일에 열린 슈퍼볼 게임을 관전하였으며, 같은 날 오프라 쇼(오프라 윈프리가 진행하는 미국의 유명한 TV 토크쇼)에 출연해서 자신의 힘으로 걸어보였다. 오늘날 척수손상 환자의 90%가 생존해 있으며 거의 정상적인 수명을 영위하고 있다. 불행히도 절반 이하의 사람들만이 자신의 일터로 돌아갈 수 있었다. 앞으로의 의술 발달이 이 수치를 높여줄 것이다.

에 가야 한다. 가능하다면 개가 광견병에 걸렸는지 검사해야 한다. 개가 광견병에 걸렸을 것 같으면 광견병은 치명적일 수 있으므로 의사는 환자에게 면역 처치를 해야 한다. 광견병 백신은 개에게 물린 뒤 2~3일 내에 접종하면 가장 효과적이지만 수주 후나 수개월 후에도 접종효과는 있다.

뉴런 및 시냅스전도 질환

신경계의 작용은 뉴런을 따라 이동하는 활동전위와 한 뉴런에서 다른 뉴런으로 시냅스를 가로질러 전달되는 화학신호에 달려 있다. 뉴런과 시냅스전도에 관련된 문제가 질환을 일으킬 수 있다는 전제는 놀랄 일이 아니다. 이러한 질환들의 증상은 어느 신경 또는 어느 신경전달물질에 이상이 있는지에 달려 있다.

간질: 되풀이되는 비정상적 전기활성의 발현 간질은 비정상적인 뇌세포의 활성이 일시적으로 되풀이해서 발생하는 특징을 지닌 질환이다. 피로, 스트레스, 또는 번쩍이는 빛의 패턴이 발작(seizure)이라고 알려진 간질을 촉발시킨다. 실제로 뇌에 의해 조절되는 모든 활성이 영향을 받기 때문에 발작은 다양하게 나타난다. 어떤 간질 발작은 의미 없는 움직임이나 팔다리를 떠는 것, 또는 반복적으로 손을 비비는 등의 짧은 기간의 발현으로 거의 눈에 띄지 않는다. 어떤 발작은 환자가 냄새를 맡고 맛을 느끼고 소리를 듣는 데 변화를 주거나 일시적으로 언어 장애를 일으킨다. 이런 발작들은 의식을 잃는 일이 없이 금방 끝난다. 다른 발작은 넓은 뇌 영역에 영향을 미쳐서, 갑자기 쓰러지거나 경련(사지나 온몸이 경직되면서 떠는 현상)을 일으키거나 일시적으로 의식을 잃게 되는 등의 눈에 띄는 증상을 나타내는데, 환자는 잠시 후에 완전히 회복이 된다. 간질은 보통 유년기나 청년기에 나타난다. 일부 경우는 감염(뇌염, 수막염 등), 두뇌 상해, 뇌종양, 뇌졸중 등으로 일어나지만 그 원인은 잘 알려져 있지 않다.

파킨슨병: 도파민 방출 뉴런의 상실 파킨슨병(Parkinson's disease)은 대부분 55세 이상인 사람에게서 나타나는 진행성 퇴행성 질환인데, 미국에서만 매년 5만 명이 발병한다. 증상으로 관절이 뻣뻣해지고, 팔다리의 근육이 떨린다. 파킨슨병 환자는 마침내 기동성을 잃게 되며 정신 장애와 우울증을 겪게 된다.

파킨슨병은 근육운동을 조율하는 중뇌 지역의 도파민 방출 뉴런이 퇴화함으로써 일어나는 질병이라고 알려져 있다. 도파민이 부족하면 유연하고 조율된 운동을 실행하는 능력이 상실된다. 이런 증세는 체내에서 도파민으로 전환되는 L-도파를 복용하면 개선이 되지만 이것이 뉴런의 퇴화를 지연시키지는 못한다. 질병이 진행되면 L-도파마저 효과가 없어진다.

그러나 파킨슨병 환자의 뇌에 태아의 뉴런을 직접 이식시켜 퇴화된 세포를 대체할 수 있는 실험적이며 매우 논란이 있는 치료법이 있다. 동물 실험의 결과, 이식된 태아의 뉴런은 수용자 동물의 체내에서 생존하고 성장한다는 것이 보고되었다. 사람에게 이식하는 태아 세포는 중절된 태아로부터 적출한 것으로 그 때문에 이 치료법이 논란을 불러오고 있다. 줄기세포 연구와 그와 관련한 사회적, 윤리적 문제에 대한 심층 토론은 3단원의 "시사 과학 문제"에서 찾아볼 수 있다.

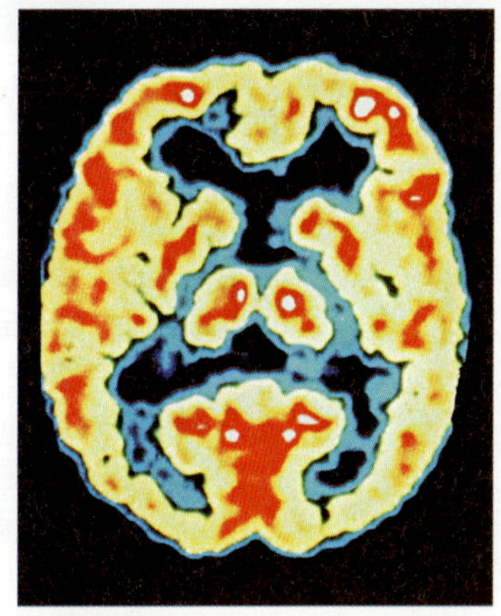

a) 건강한 뇌

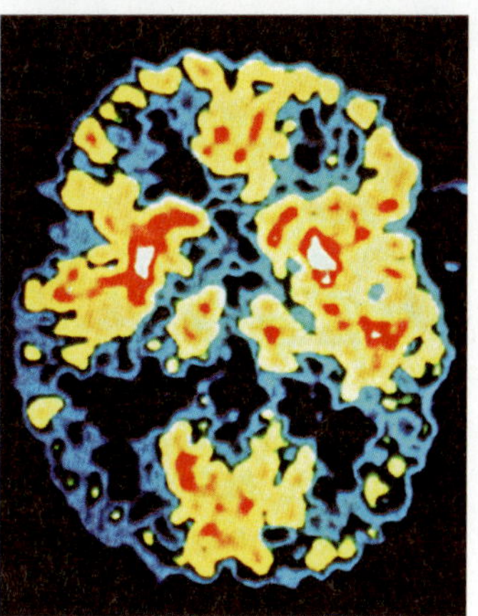

b) 알츠하이머병 환자의 뇌

그림 11.21 알츠하이머병 환자에게서 관찰된 뇌 대사 활동의 변화. 양성자방출단층촬영술(PET)은 조직의 대사활동의 차이를 보여준다. 빨간색과 노란색은 높은 대사 활동을 나타내며 파란색과 초록색은 낮은 대사 활동을 나타낸다. (a) 건강한 뇌의 PET 사진. (b) 알츠하이머병 환자의 뇌 PET 사진. 감소된 활동과 불규칙한 패턴이 뚜렷하다.

알츠하이머병: 아세틸콜린의 결핍 주로 신체활동에 영향을 미치는 파킨슨병과는 대조적으로 알츠하이머병은 특히 기억에 장애를 일으키는 정신 장애 질환이다. 이 병은 65세 이상인 사람 열 명 중 한 명에게서 발병하는 질환이다.

알츠하이머병은 기억 착오와 함께 시작하며 병이 진행되면서 특히 최근에 일어난 일에 대해 심각한 기억상실을 일으킨다. 장기 기억은 더 서서히 영향을 받는다. 환자는 방향을 잃게 되고, 정신착란을 일으키며 인성 변화를 겪는다. 마침내 환자는 독립적으로 활동할 수 없게 된다.

알츠하이머병은 1차적으로 변연계와 전두엽에 있는, 아세틸콜린을 신경전달물질로 사용하는 신경세포에 영향을 미친다. 질병이 진행되면서 아세틸콜린의 공급은 정상적인 신경전달에 부족하게 된다. 알츠하이머병에 걸린 뇌를 연구한 결과, 비정상적으로 얽힌 뉴런과 베타 아밀로이드(β amyloid)라 부르는 비정상 단백질의 큰 침적 같은 확실한 해부학적 변화를 밝혀냈다. 이러한 해부학적 변화와 함께 전두엽과 측두엽에서는 아세틸콜린 합성 효소의 농도 감소와 같은 대사 활동이 감소하였다(그림 11.21). 뇌에서 아세틸콜린 생성을 촉진시키는 약물들은 알츠하이머병의 진행 속도를 늦출 수 있지만 아직은 확실한 치료법이 없다.

시사 과학 문제

치료 과정으로 유도된 혼수: 위험과 타협

이스라엘의 전 수상인 아리엘 샤론(Ariel Sharon)은 뇌의 상당한 부분에서 뇌졸중을 겪고 건강이 급격히 악화되었다. 미국 웨스트 버지니아 주에서 일어난 광산 사고(10단원의 "건강 파수꾼" 참조)에서 유일한 생존자였던 랜들 맥클로이(Randal McCloy)는 구조될 때 일산화탄소 중독으로 거의 사경을 헤매었다. 멕시코의 권투선수 루벤 콘트레라스(Ruben Contreras)는 8라운드 권투 경기 도중 6라운드에서 경기를 중단한 뒤에 발작을 일으키며 쓰러졌다. 미국 위스콘신 주의 10대 소녀인 지나 기스(Jeanna Giese)는 박쥐에게 물린 한 달 뒤에 바이러스성 질환인 광견병으로 거의 죽을 뻔 했다.

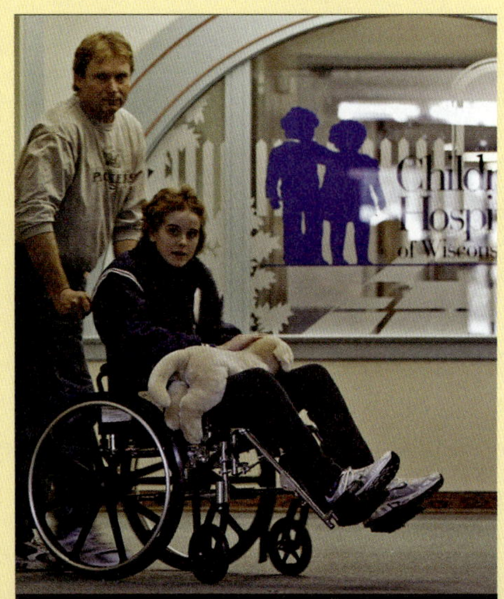

지나 기스는 광견병에 감염된 후 유도 혼수에 들어갔다. 기스는 전 세계에서 백신 접종을 받지 않고 광견병에서 살아남은 첫 번째 생존자가 되어 퇴원하였다.

이 사람들의 공통점은 무엇인가? 이들이 처했던 상황은 서로 다르지만 모두 다 어떤 유형으로든지 신경계에 손상을 입었다. 그리고 각각의 경우에서, 그들은 모두 치료 과정에서 유도된 혼수를 경험했다.

이 단원에서 살펴보았듯이 뇌는 손상을 입으면 두개골 안에서 부어올라 혈류를 차단하고 산소 공급을 감소시킨다. 그 결과로 뇌세포는 수 분 내에 죽기 시작한다.

뇌손상에 대한 치료는 일반적으로 부어오르는 정도와 산소 결핍을 억제함으로써 초기 뇌손상의 범위를 가능한 한 빨리 제한하는 데 중점을 둔다. 환자는 신속히 병원으로 이송되고 기도에 호흡관을 끼워 인공호흡기가 호흡을 대신하게 한다. 의사는 뇌가 부어오르는 것을 줄이려고 마니톨(mannitol)이라는 약을 주사하거나 환자의 체온을 32℃ 아래로 떨어뜨려 대사율을 낮춘다. 때로는 외과 수술로 두개골의 일부를 제거해서 뇌조직이 부어오를 수 있는 공간을 마련하기도 한다.

의료 과정에서 유도되는 혼수(상태)는 최후 수단의 치료법이다. 의사는 혼수를 일으키는 바르비투르산염(barbiturate)이나 진정제를 과량 주사한다. 뇌전도는 뇌 활동이 전혀 없는 직선 파장을 보이며 환자는 문자 그대로 죽은 것처럼 보인다. 뇌전도로 계속 기록하면서 약물의 농도를 뇌가 "수면" 상태에 있도록 적절히 조정한다.

이론적으로는 치료 과정에서 유도되는 혼수는 뇌의 산소와 포도당 소비를 줄여주고 혈류량을 낮추기 위해 뇌를 쉬게 해주는 것이다. 혈류가 감소하면 뇌조직으로 들어가는 액체가 줄어들어서 뇌 팽창이 감소한다. 사실상 치료 과정에서 유도된 혼수는 원래의 상해보다 종종 더 해로운 상해의 영향으로부터 뇌를 보호하기 위한 방법이다.

이미 위독한 환자에게 치료 목적으로 혼수를 유도하는 것은 명백히 위험한 일이다. 움직이지 못하는 환자는 폐렴을 일으킬 수도 있다. 활동이 전혀 없으면 혈액 응고가 일어날 수 있으며 핏덩이가 폐로 이동하면 치명적일 수도 있다. 어떤 환자들은 수주일 동안, 심지어는 혼수상태에서 깨어난 후에도, 사라지지 않고 계속되는 근육쇠약이나 마비를 일으킨다. 더구나 의사는 환자가 깨어나기 전에는 뇌손상 정도가 얼마나 큰지 진단할 수가 없다.

권투선수 루벤 콘트레라스가 브라이언 빌로리아와의 경기에서 펀치를 날라고 있다. 콘트레라스는 경기 후에 발작을 일으켰고 치료 과정에서 유도 혼수에 들어갔다.

그러나 성공한 이야기도 있다. 광견병으로부터 지나 기스를 살리기 위한 최후의 도박으로 그녀를 8일 동안 혼수상태에 두었던 의사들은 지나 기스가 다시 학교에 다니는 것을 볼 수 있었다. 오늘날 기스는 백신 접종을 받지 않고 광견병에서 살아남은 첫 번째 생존자가 되었다. 랜들 맥클로이는 광산 사고에서 생존하여 집으로 돌아갔다. 루벤 콘트레라스는 발작과 혼수가 일어난 지 4개월도 안되어 다시 권투 경기에 나갈 만큼 좋아졌다.

생각해볼 문제

1 당신이 사랑하는 사람이 심각한 뇌손상을 입었다면, 당신은 그 사람을 치료 목적으로 유도 혼수에 두겠는가? 당신 자신이 그런 경우라면 그렇게 하겠는가? 왜 그러한지 혹은 왜 그렇지 않은지 설명하시오.

2 유도 혼수에 관한 정보를 알고 결정을 내리기 위해 도움을 얻으려면 의사에게 무엇을 물을 것인가?

사실은....

- 의료 목적의 유도 혼수는 특정 환자의 경우에 한해 뇌손상을 줄이거나 막기 위한 노력의 일환으로 뇌의 대사활동과 혈류량을 줄이기 위해 사용된다.
- 의사는 뇌를 잠재우는 약물을 투약함으로써 혼수를 유도한다.
- 의료 목적의 유도 혼수는 여전히 위험한 최후의 선택이다. 이 방법은 뇌가 회복할 시간을 벌어줄 수는 있지만 전혀 무관한 합병증을 일으킬 수도 있다.

현재까지도 알츠하이머병의 원인은 알려져 있지 않다. 그러나 가능한 원인으로는 뇌에 일어난 감염이나 뇌 혈액공급의 손상을 들 수 있다. 질병의 가족력이 있는 경우에 발병 위험이 증가하는 것으로 보아 유전적인 요소도 있는 것 같다. 최근의 연구에 따르면 베타 아밀로이드의 전구체 단백질을 지정하는 21번 염색체에 있는 비정상적인 유전자가 관련되어 있다고 한다.

뇌종양: 비정상적인 성장

뇌종양은 뇌가 비정상적으로 성장하는 것이다. 뇌종양이 반드시 암성인 것은 아니지만 암성이 아닌 성장도 이웃하는 세포조직을 누르거나 두개골 안의 압력을 증가시키면 문제를 일으킬 수 있다. 시간이 지나면 증가한 압력은 정상적인 뇌 기능을 파괴한다. 뇌종양의 크기와 발생 장소에 따라 두통, 구토, 시각장애, 혼란 등의 증후가 나타난다. 일부 환자는 근육 쇠약, 말하기 장애, 간질 발작 등을 일으키기도 한다.

일부 뇌종양은 뇌 자체에서 일어나지만 대부분은 신체의 다른 부위로부터 퍼져 온 암세포에 의해 발생한다. 암에 관한 자세한 내용은 18단원에서 다룬다.

일부 뇌종양은 외과적으로 떼어낼 수 있다. 만일 종양이 손대기 어려운 장소에 있거나 너무 커서 절제하기 어려운 경우에는 방사성요법이나 화학요법으로 종양의 크기를 줄이거나 성장을 멈추게 할 수 있다.

요점 정리

신경계 질환은 신체의 다른 기관을 조절하는 신경계의 중추적인 역할 때문에 종종 심각한 경우가 있다. 흔한 질환으로는 간질, 파킨슨병, 알츠하이머병 등이 있는데 어떤 방식으로든 신경 전도를 교란시키는 후천적 질환이나 유전적 질환뿐 아니라 신체적 외상과 감염에 의해 생긴다. ■

단원 요약

신경계는 두 개의 주요 부분으로 이루어진다

- 중추신경계는 정보를 받아들이고, 처리하고, 저장하며 말초신경계는 감각 입력과 운동 출력을 제공한다.
- 말초신경계(PNS)는 체성신경계와 자율신경계로 이루어져 있다.
- PNS의 자율신경계는 교감신경계와 부교감신경계로 되어 있다.

뉴런은 신경계의 통신 세포이다

- 뉴런은 보통 세포본체와 수상돌기라 부르는 몇몇 짧은 돌기, 그리고 축삭이라는 길고 가느다란 돌기로 되어 있다.

뉴런은 활동전위를 일으킨다

- 다른 뉴런으로부터 들어오는 신호는 한 뉴런에서 잠깐 지속하는 단계전위를 일으키는데, 이 단계전위로 뉴런의 휴지전위가 약간 변한다.
- 모든 단계전위의 합이 역치를 넘어서면 전압의존성 Na^+ 채널이 순간적으로 열리면서 활동전위가 생성된다.
- 활동전위의 3 요소는 다음과 같다. (1) Na^+ 채널이 순간적으로 열리고 다시 닫히는 탈분극. (2) K^+ 채널이 순간적으로 열리고 다시 닫히는 재분극. (3) 지속적인 Na^+-K^+ 펌프의 활동에 의한 휴지전위의 회복.

신경아교세포는 뉴런을 보호하고 지지한다

- 슈반세포는 뉴런의 전도 속도를 증가시켜주는 절연 물질인 미엘린을 만든다.
- 다발성경화증은 뉴런의 미엘린 수초가 퇴화되는 질병이다.

정보는 뉴런으로부터 표적세포로 전달된다

- 시냅스전신경에 활동전위가 도달하면 축삭구 막에 있는 Ca^{2+} 채널이 열린다.
- Ca^{2+}은 축삭구 안으로 확산되어 들어와 신경전달물질이 시냅스간극으로 방출되도록 한다.
- 신경전달물질은 시냅스후세포막에 있는 수용체에 결합하여 시냅스후세포에서 단계전위를 발생시킨다.
- 정보 처리는 신경 연결의 수렴과 발산, 그리고 자극 강도의 차이에 따라 다르게 진행된다.

말초신경계는 중추신경계와 조직 사이에 정보를 중계한다

- 말초신경계는 12쌍의 뇌신경과 31쌍의 척수신경으로 구성되어 있다. 각 신경에는 감각신경과 체성운동신경 및 자율운동신경의 축삭들이 섞여 들어 있다.
- 말초신경계의 체성운동신경계는 골격근의 기능을 통제한다.
- 말초신경계의 자율운동신경계는 자율 기능을 통제하고 항상성 유지를 도와준다.

중추신경계는 뇌와 척수로 구성되어 있다

- 뼈, 뇌막이라 부르는 세 겹의 결체조직, 그리고 뇌척수액이 뇌와 척수를 보호한다.
- 척수는 상향 신경삭(뇌로 향하는)과 하향 신경삭(뇌에서 나오는), 그리고 CNS의 뉴런과 신경아교세포들로 구성되어 있다.

뇌는 정보를 처리하고 결정을 내린다

- 뇌는 감각 정보를 받아들여 통합하고 저장하며 적절한 반응을 만들어낸다.

- 연수는 혈압과 호흡을 조절하는 부위를 가지고 있다.
- 소뇌는 기본적인 움직임과 숙달된 신체의 움직임을 조율한다.
- 시상하부는 특정 자율적 기능을 조절하고 항상성 유지에 관여한다.
- 대뇌는 언어, 결정, 의식적 사고에 관여한다. 또한 장기 기억이 저장되는 곳이다.

수면 중에도 뇌 활동은 계속된다

- 수면 중에도 뇌는 특징적인 주기적 활동 패턴을 나타낸다.
- 수면의 기능적 중요성에 대해서는 아직 알려져 있지 않다.

변연계는 정서와 기본 행동의 장소이다

- 변연계는 공포, 분노, 슬픔, 사랑과 같은 정서와 식욕이나 성적 만족과 같은 기본 행동의 중추이다.

기억은 정보를 저장하고 불러오는 일이다

- 단기기억은 변연계에 존재한다. 장기기억은 대뇌피질에 있는 뉴런의 영구적인 변화를 동반한다.

향정신성약물은 뇌의 고등 기능에 영향을 미친다

- 향정신성약물은 뇌에 있는 신경전달물질의 농도를 변화시키거나 시냅스후뉴런의 반응을 변화시킴으로써 작용한다.
- 향정신성약물 중독은 좋은 의도와 부정적 결과에도 불구하고 약물을 사용하려는 충동에 사로잡히는 특성이 있다.

신경계 질환

- 두뇌 외상은 두개골의 제한된 공간에서 출혈이나 타박상을 일으켜 뇌를 압박하기 때문에 위험하다.
- 척수손상은 척수를 따라 전도되는 신경신호를 방해할 수 있으며 감각 상실과 근육 마비를 일으킨다.
- 광견병은 감염된 동물에 물리면 전염이 되는 바이러스성 전염병이다. 바이러스는 감각신경의 축삭을 타고 이동하여 척수와 뇌에 이른다.
- 알츠하이머병은 변연계와 전두엽에서 신경전달물질인 아세틸콜린의 양이 감소하는 특징을 나타낸다. 알츠하이머병의 원인은 밝혀지지 않았지만 뇌에 비정상적인 단백질이 축적되는 것과 관련이 있다.

알아야 할 용어

감각뉴런(sensory neuron)
교감신경계(sympathetic division)
뇌척수액(cerebrospinal fluid)
뉴런(neuron)
단계전위(graded potential)
대뇌(cerebrum)
대뇌피질(cerebral cortex)
말초신경계(peripheral nervous system, PNS)
미엘린 수초(myelin sheath)
부교감신경계(parasympathetic division)
소뇌(cerebellum)
수상돌기(dendrite)
시냅스(synapse)
신경(nerve)
신경아교세포(neuroglial cell)
신경전달물질(neurotransmitter)
연합뉴런(interneuron)
운동뉴런(motor neuron)
자율신경계(autonomic division)
전뇌(forebrain)
중뇌(midbrain)
중추신경계(central nervous system, CNS)
체성신경계(somatic division)
축삭(axon)
혈액-뇌장벽(blood-brain barrier)
활동전위(action potential)
후뇌(hindbrain)
휴지전위(resting potential)

개념 확인 문제

1. 중추신경계와 말초신경계를 비교하여 설명하시오.
2. 단계전위의 가중이란 무엇인지, 그리고 가중이 어떻게 하여 활동전위를 일으킬 수 있는지 설명하시오.
3. 활동전위의 탈분극과 재분극이 어떻게 일어나는지, 이온 채널의 개폐와 그에 따른 이온의 확산에 관해서 설명하시오.
4. 신경아교세포의 역할에 대해 설명하시오.
5. 뉴런이 활동할 때 신경전달물질의 역할에 대해 설명하시오.
6. 뇌의 3개 주요 부위를 열거하고 각 부위의 일반적인 기능과 역할을 설명하시오.
7. 대뇌피질의 기능은 "위치-특이적"이란 말의 의미를 설명하시오.
8. REM 수면은 무엇인지, 그리고 REM 수면 동안 관찰되는 생리학적 변화는 무엇인지 설명하시오.
9. 흔히 타박상이라고 알려진 근육에 생긴 혈종보다 경막하혈종이 훨씬 더 위험한 이유를 설명하시오.
10. 척수에 상해를 입으면 상해 장소보다 아래쪽에서 감각과 운동 상실이 일어나며 위쪽에서는 일어나지 않는 이유를 설명하시오.

학습 문제

연결 문제

_________1. 중추신경계에 정보를 제공해주는 뉴런
_________2. 정보를 통합하고 다른 뉴런의 활동에 영향을 미치는 뉴런
_________3. 화학물질 개폐성 이온 채널이 열림으로써 막전위에 생긴 작은 변화

_________4. 휴지기 세포의 세포막 안팎에 형성된 전위 차이
_________5. 실무율에 따라 스스로 전파되는 신경충격
_________6. 미엘린으로 덮이지 않은 축삭의 짧은 비절연 부위

a. 활동전위
b. 연합뉴런
c. 랑비에 결절
d. 감각뉴런
e. 단계전위
f. 휴지전위

빈칸 채우기

7. 축삭의 끝 부분은 ____________(이)라고 부르는 가느다란 돌기들로 나뉘는데 각 돌기의 끝에는 축삭구가 발달되어 있다.
8. 신경계에 있는 전체 세포의 약 80%는 뉴런을 보호하고 지지해주는 ____________세포이다.
9. 신경전달물질은 두 뉴런 사이에 있는 _________(으)로 방출된다.
10. ____________신경계는 뇌와 척수로 구성되어 있다.
11. 자율신경계의 ___________가(이) 활성화되면 심장 박동수가 상승한다. ___________가(이) 활성화되면 심장 박동수가 느려진다.
12. 뇌에 있는 ____________는(을) 정서를 관장한다.

OX 문제

13. 유수 축삭의 활동전위 전도 속도는 무수축삭의 전도 속도보다 느리다. ( )
14. 활동전위의 재분극은 온전히 Na^{+}-K^{+} 펌프의 활동 때문에 일어난다. ( )
15. 감각신경은 활동전위의 형태로만 중추신경계에 정보를 보낸다. ( )

참고문헌

Pinker, Steven. *How the Mind Works*. New York: Norton, 1997. 660 pp. (A modern examination of the human mind by a leading cognitive scientist. Difficult but informative reading.)

Willoughby, Rodney E., Jr. A Cure for Rabies? *Scientific American*, April 2007, pp. 88–95. (An article by one of the physicians who treated Jeanna Giese, the first nonimmunized person to survive rabies.)

Wolfe, Michael S. Shutting Down Alzheimer's. *Scientific American*, May, 2006, pp. 72–79. (A recent article about what may be causing this disease and what might be done about it.)

응용 문제

1. 오랜 과거의 일은 모두 기억하면서 오늘 아침 식사로 무엇을 먹었는지를 기억하지 못하는 일이 어떻게 일어날 수 있는지 뇌의 구조와 기능에 관해서 설명하시오.
2. 만일 어떤 사람의 변연계와 대뇌피질을 연결하는 신경이 절단되었다면 그 사람의 행동과 감정 표현에는 어떤 변화가 일어나겠는가?
3. 어느 날 저녁에 한 친구가 설거지를 하던 중에 비누 거품에 가려진 날카로운 칼에 깊게 베인 상처를 입었다. 응급실에 다녀온 몇 주 후에 꿰맨 자리의 실을 뽑았다. 친구는 손가락의 일부분에 감각이 없다고 한다. 손가락으로 물건을 만져도 전혀 느낌이 없다고 한다. 이 무감각증은 곧 사라질까?
4. 학교 식당 주변에서 도둑고양이에게 먹이를 주다가 고양이에게 물려 피를 흘렸다. 당신 친구는 즉시 병원에 가서 이야기하고 광견병 백신을 맞으라고 한다. 백신 접종을 위해 병원에 가야 할까?
5. 당신의 친구가 밤새 고열로 고생을 했다. 친구는 두통이 심하고 목이 뻣뻣하다고 호소한다. 한 시간 후 친구는 혼란에 빠진 것처럼 보였다. 친구를 병원에 데려갔더니 의사가 척수 천자(뇌척수액을 채취해서 분석하는 검사)를 해야 한다고 했다. 무엇을 찾아내기 위한 검사인가?
6. 미국의 일부 주에서는 약물 주사로 사형을 집행한다. 주사액에는 심장을 멈추게 하는 높은 농도의 포타슘이 마취제(통증 때문에)와 함께 들어 있다. 높은 농도의 포타슘은 어떻게 심장을 멈추게 하는가?
7. 어느 파티에서 누군가가 당신에게 엑스타시 한 알을 주었다. 여기에 관한 법적인 문제는 놔두고, 단 한번 먹은 것으로 어떤 단기 영향과 장기 영향이 나타나는가?
8. 보툴리누스 중독이나 파상풍 같은 병을 일으키는 특정 세균들은 신경-근육 사이의 신호전달을 방해하는 독소를 만든다. 신경-근육 사이의 신호전달에 대해 당신이 알고 있는 것을 바탕으로 그런 독소들이 어떻게 작용하는지 설명하시오.

학습 문제 해답

1. d **2.** b **3.** e **4.** f **5.** a **6.** c **7.** 축삭말단 **8.** 신경아교 **9.** 시냅스간극 **10.** 중추 **11.** 교감신경, 부교감신경 **12.** 변연계 **13.** X **14.** X **15.** O

12 감각 작용

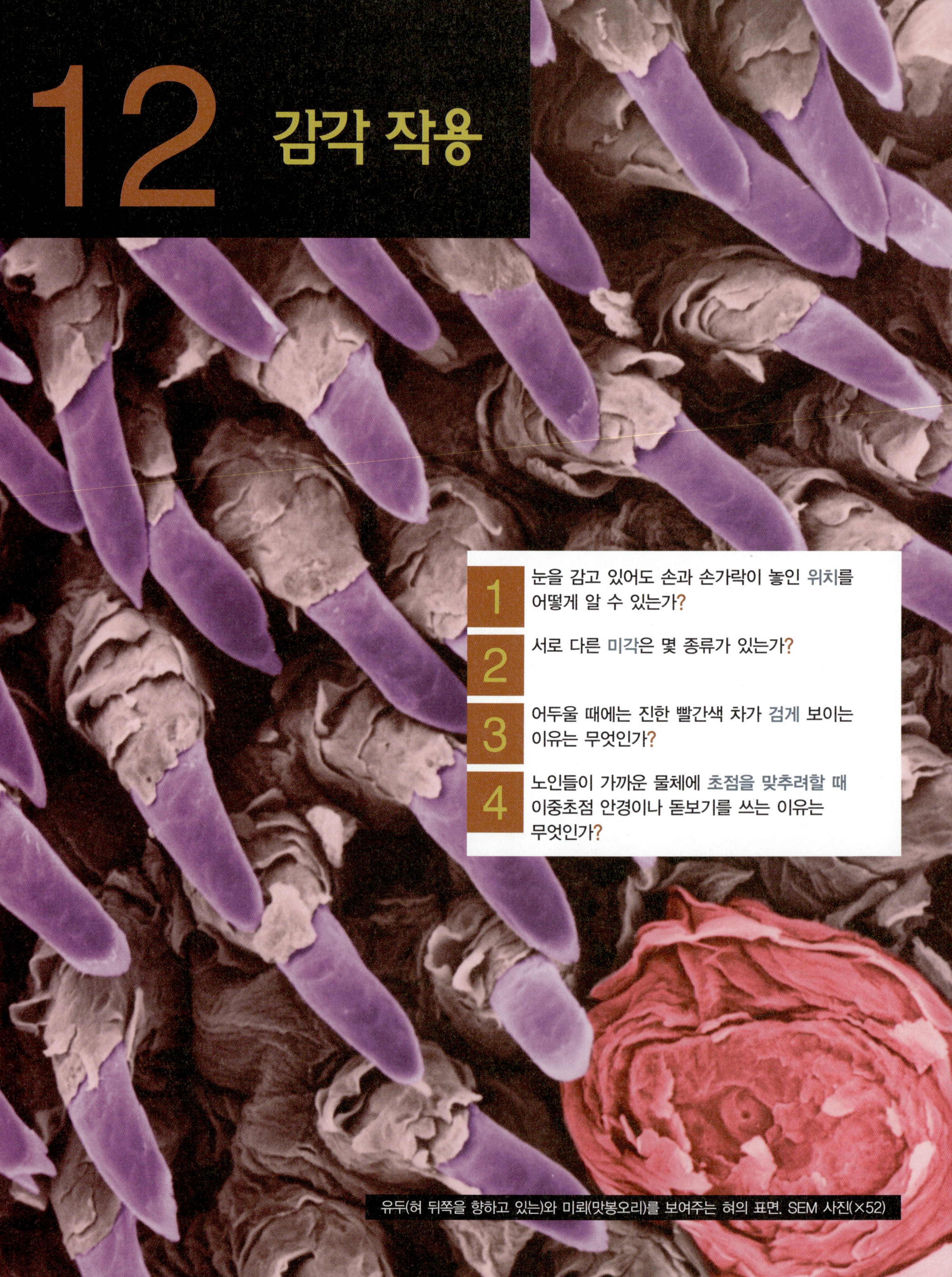

1. 눈을 감고 있어도 손과 손가락이 놓인 위치를 어떻게 알 수 있는가?
2. 서로 다른 미각은 몇 종류가 있는가?
3. 어두울 때에는 진한 빨간색 차가 검게 보이는 이유는 무엇인가?
4. 노인들이 가까운 물체에 초점을 맞추려할 때 이중초점 안경이나 돋보기를 쓰는 이유는 무엇인가?

유두(혀 뒤쪽을 향하고 있는)와 미뢰(맛봉오리)를 보여주는 혀의 표면. SEM 사진(×52)

우리가 살고 있는 복잡하고 색깔들로 가득한 세상을 둘러보자. 이제, 앞 문장을 읽은 후에 눈을 감고 잠깐 동안 무슨 소리를 들을 수 있는지 집중해보자. 소리가 나는 곳이 어디인지 확인하고 소리가 들려오는 방향과 거리를 판단해보자. 당신이 맡은 냄새를 모두 설명해보고, 방안의 온도가 몇 도인지 추정해보자. 이제 당신의 몸에 집중해보자. 팔과 다리를 움직여보고 어떤 옷을 입고 있는지 확인해보자. 마지막으로, 마음속으로 신체의 모든 부위의 정확한 위치를 손가락 발가락까지 그려보자.

우리 몸의 감각 작용은 우리 주변의 세상과 심지어는 우리 몸 자체에 관한 세세한 정보를 끊임없이 뇌에 제공해준다. 이 단원에서는 서로 다른 종류의 감각 정보가 어떻게 몸에서 받아들여지고, 그 정보가 어떻게 신경 충격으로 바뀌게 되는지, 신경 충격은 어떻게 뇌로 전달되어 그 모든 것을 뇌가 느낄 수 있는지를 배운다.

12.1 수용기는 자극을 받아들이고 전환한다

신체 내외에 어떤 변화를 일으키는 감각 입력을 **자극(stimulus)**이라고 부른다. 자극은 종종 열, 압력, 음파와 같은 물리적 에너지의 형태를 띠지만 또한 화학적일 수도 있다. **수용기(receptor:** 특정 자극을 받아들이도록 분화된 구조)는 자극을 받아들여 그 에너지를 다른 형태로 전환한다.

일부 수용기들은 감각뉴런의 수상돌기 구조로부터 진화해왔다. 그런 수용기는 자극을 단계전위로 전환한다. 즉, 자극이 충분히 강하면 감각뉴런 안에서 충격을 발생시킨다. 다른 수용기들은 단계전위를 발생하고 신경전달물질을 방출하여 인접한 감각뉴런을 자극하는 세포의 일부분이다. 결국, 감각뉴런에서 충격의 발생이라는 그 효과는 동일하다.

중추신경계가 이 신경충격을 받게 될 때 우리는 종종 **감각(sensation)**을 경험한다. 즉, 우리가 자극을 의식적으로 알고 있다는 것이다. 감각의 의미를 이해한다는 것을 뜻하는 **지각(perception)**은 감각과는 다른 개념이다. 한 예로, 천둥소리를 들은 것은 감각이며, 폭풍우가 곧 닥칠 것이라고 믿는 것은 지각이다.

요점 정리

수용기는 물리적 자극이나 화학적 자극을 받아들여 마침내 감각뉴런에서 충격이 발생하도록 한다. 감각은 자극을 의식적으로 알고 있는 것이다. ■

수용기는 자극에 따라 분류된다

수용기는 자신이 전환하는 자극에너지의 유형에 따라 5종류로 나뉜다.

- **기계적수용기(mechanoreceptors)**는 음파, 유압 변화, 촉감, 압력, 신장, 또는 중력과 가속으로 생기는 힘 등과 같은 기계적 에너지의 형태에 반응한다.
- **온도수용기(thermoreceptors)**는 열이나 차가움에 반응한다.
- **통각수용기(pain receptors)**는 조직의 손상이나 과도한 압력 또는 열에 반응한다.
- **화학수용기(chemoreceptor)**는 가까운 지역에 존재하는 화학물질에 반응한다.
- **광수용기(photoreceptors)**는 빛에 반응한다.

일부 수용기(관절수용기 같은)는 팔다리의 위치에 대한 일반적인 느낌밖에 주지 않지만 이 수용기들 중 많은 것들은 감각에 기여한다. 표 12.1에는 여러 수용기 종류의 보기와 그에 따른 감각을 나타냈다.

소수의 수용기들은 우리가 그 활동을 의식할 수 없기 때문에 "침묵한다(silent)"고 한다. 이 수용기들은 신체 내에 항상성을 유지하는 음성되먹임 고리로 작용한다. 여기에는 혈압이나 유량을 탐지하고 조절하는 신장수용기와 우리 몸 내부의 화학물질의 조성을 조절하는 화학수용기가 포함된다. 이들 대부분은 여러 기관계의 항상성 조절에 관한 대목에서 다루게 되므로 여기에서는 자세히 다루지 않는다.

들어가기 질문의 답

1 뇌는 신체의 위치를 알 수 있도록 피부, 근육, 관절에 있는 수용기로부터 정보를 끊임없이 받아들이고 있다. 우리는 때때로 피부수용기는 알고 있지만 근육이나 관절에 있는 수용기는 실제로 "느끼지" 못한다.

2 적어도 네 종류(단맛, 짠맛, 신맛, 쓴맛)가 있다. 감칠맛을 포함해서 다섯 종류라고도 한다. 냄새에 대한 1,000개 이상의 서로 다른 수용체와 조합하면 우리는 실제로 약 10,000개의 서로 다른 맛과 냄새의 조합을 구별할 수 있다.

3 우리 눈에 있는 색각 수용체는 흑백 시각 수용체만큼 빛에 민감하지 않다. 색각 수용체는 어두운 빛에서 잘 작동하지 않는다. 따라서 아주 희미한 빛에서는 본질적으로 흑백으로만 본다.

4 나이가 들어감에 따라 눈에 있는 수정체가 점점 굳어가면서 탄력이 줄어들기 때문이다. 결과적으로 가까운 사물에 초점을 맞추려 할 때 수정체가 충분히 모양을 바꿀 수 없게 된다.

표 12.1 수용기의 유형

수용기의 유형	보기	감각
기계적수용기		
촉각, 압력	피막이 덮여 있지 않은 수상돌기 말단, 마이스너소체, 파치니소체, 루피니말단, 메르켈판	피부나 체모에 가해지는 촉감이나 압력
진동	파치니소체	피부에 가해지는 진동
신장	근방추체 힘줄수용기 관절수용기	근육의 길이 힘줄의 신장 관절의 위치
청각	내이의 달팽이관에 있는 유모세포	음파로 인한 유체의 진동
평형감각	내이의 반고리관에 있는 유모세포. 내이의 난형낭과 구형낭에 있는 유모세포	머리 돌리기. 머리를 일정 위치에 두거나 직선 방향으로 가속 또는 감속하여 움직이기
온도수용기		
온도	피부에 있는 피막이 덮여있지 않은 수상돌기 말단의 수용기	열이나 차가움
통각수용기		
통각	피부나 내부 기관에 있는 피막이 덮여있지 않은 수상돌기 말단의 수용기	과도한 압력, 열, 빛 또는 화학적 상해로 인한 통증
화학수용기		
미각	맛봉오리에 있는 미각수용기	짠맛, 단맛, 신맛, 쓴맛
후각	비강에 있는 후각수용기	1,000개 이상의 화학적 냄새
광수용기		
시각	망막의 간상세포 망막의 원추세포	빛(고도로 민감한 흑백 시각) 빛(색각)

요점 정리

수용기는 자신이 전환하는 자극의 유형에 따라 분류된다. 5종류의 수용기가 있는데, 기계적수용기. 온도수용기, 통각수용기, 화학수용기, 광수용기이다. ■

중추신경계는 근원과 빈도에 따라 신경충격을 해석한다

중추신경계(CNS)에 있는 세포들이 입력되는 어떤 신경충격을 어떻게 영상이나 소리로 해석할 수 있을까? 그들 세포는 어떻게 큰 소리와 작은 소리를, 그리고 밝은 빛과 희미한 빛을 구분해낼까?

앞의 11단원에서 설명한 것처럼, 신경충격은 수용기로부터 뇌의 특정 지역으로 전달된다. 예를 들면, 시각 자극에 의해 만들어진 충격은 축삭이 뇌의 시각 관련 영역으로 직접 연결되는 감각뉴런을 타고 이동한다. 충격이 어떻게 시작되었는지에 관계없이, 이 뉴런을 타고 이동하는 입력 충격은 모두 다 빛으로 해석된다. 그렇기 때문에, 눈을 부딪치면 "별이 보이는" 것이다. 눈에 맞은 한 방이 시각 감각뉴런에 신경충격을 만든다. 이 신호가 뇌의 시각 영역에 도달하면 신호는 빛으로 해석된다.

더 강한 자극은 더 많은 수용기를 활성화시켜서 감각뉴런에서 더 높은 빈도로 신경충격을 일으킨다. 사실, 중추신경계는 신경충격이 어디에서 생겨나고 얼마나 자주 도달하는지를 탐지함으로써 필요로 하는 모든 정보를 얻는다.

일부 수용기는 지속적인 자극에 순응한다

중추신경계는 한 감각에 집중하기 위해 다른 감각을 무시하기도 한다. 예를 들면, 어떤 일에 더욱 관심을 쏟다보면 옷을 입고 있다는 감각을 잊게 된다. 어떤 감각 입력은 **수용기 순응(receptor adaptation)** 때문에 잠시 후에 무시된다. 수용기 순응은 원래의 자극이 여전히 존재하는데도 감각뉴런이 신경충격을 보내지 않는 것을 의미한다. 이를 증명하려면 팔에 난 털을 만져보면 된다. 같은 세기로 계속 만지고 있어도 처음 만졌을 때의 가벼운 압력에 대한 느낌은 순식간에 사라진다.

가벼운 촉감과 압력을 감지하는 피부의 수용기는 비교적 빨리 순응한다. 이것은 비교적 중요하지 않은 자극을 끊임없이 중추신경계로 보내지 않으면서 이러한 자극에 변화가 생기면 중추신경계가 알 수 있게 해주기 때문에 생존에 유리하게 해준다. 후각수용기도 역시 빨리 순응한다. 만일 낮은 농도의 위험한 화학물질에 지속적으로 노출이 되면 사람들은 더 이상 냄새를 맡을 수 없게 되기 때문에 후각 순응은 사람에게 위험할 수도 있다.

통각수용기와 팔다리의 위치를 감지하는 관절과 근육수용기, 그리고 항상성 되먹임 고리에 관련된 모든 침묵 수용기들과 같은 다른 수용기들은 서서히 순응하거나 전혀 순응하지 않는다. 이런 수용기에서 순응이 나타나지 않는 것도 역시 생존에 중요하다. 통각과 같은 지속적인 감각은 우리에게 질병이나 상해로 인해 발생할지도 모르는 조직의 손상을 경고해주며 적절한 행동을 취하도록 일러준다. 침묵 수용기의 지속적인 활동은 항상성 유지에 필수불가결한 것이다.

요점 정리

감각은 뇌의 특정 영역으로 전달된다. 강한 자극은 더 많은 수용기를 활성화시키고, 감각뉴런에서 활동전위를 더 높은 빈도로 일으킨다. 일부 수용기는 빨리 순응하며, 다른 수용기들은 서서히 순응하거나 전혀 순응하지 않는다. ■

체성감각과 특수감각이 감각 정보를 제공해준다

수용기에 의해서 제공되는 감각은 체성감각과 특수감각으로 구분된다. **체성감각(somatic sensation)**은 신체의 한 개 이상의 장소에 존재하는 수용기로부터 온 것이다. 체성감각은 온도, 촉감, 진동, 압력, 통각, 신체의 이동과 위치 감지 등을 포함한다. 미각, 후각, 청각, 평형감각, 시각 등 다섯 개의 **특수감각(special sense)**은 눈이나 귀와 같이 신체의 특정 지역에만 존재하는 수용기로부터 온다. 특수감각은 외부 세계에 관한 고도로 특화된 정보를 전달한다.

먼저 체성감각에 대해 알아보고, 다섯 개의 특수감각에 대해 자세히 살펴보기로 하겠다.

12.2 체성감각은 온몸에 분포하는 수용기로부터 일어난다

온도, 촉감, 압력, 진동, 통각, 신체의 이동과 위치 감지 등의 체성감각은 우리가 근육 운동을 조율하고, 위험을 피하며, 체온을 유지하는 데 필수불가결한 것이다. 일부 체성감각은 사랑하는 사람의 부드러운 접촉에 반응하는 것과 같은 즐거운 느낌을 가져다준다.

체성감각을 감지하는 수용기는 온몸의 피부, 관절, 골격근, 힘줄, 내장기관에 퍼져 있다. 이 수용기에 연결된 감각뉴런은 신경충격을 뇌로, 특별히 대뇌피질의 두정엽(그림 11.17 참조)에 있는 1차 체성감각 영역으로 보낸다. 여러분도 이미 알고 있겠지만, 입이나 손가락처럼 감각이 가장 예민한 신체 부위는 체성감각 영역에 더 많은 뉴런을 가지고 있는 반면, 감각이 덜 예민한 신체 부위는 적은 수의 뉴런을 가진다.

체성감각 영역은 정보를 처리하여 가까운 전두엽에 있는 1차 운동영역으로 보낸다. 필요하다면, 말초신경계의 운동뉴런에서 신경충격을 발생시켜 신체의 움직임을 일으킨다.

기계적수용기는 촉감과 압력 및 진동을 감지한다

촉감과 압력 및 진동을 감지하는 수용기를 기계적수용기라고 부른다. 이 수용기들은 여러 가지 다른 형태를 지니고 있지만, 모든 기계적수용기는 감각뉴런의 수상돌기가 변형된 말단이다. 수상돌기 말단의 원형질막을 변형시키는 힘은 어떤 것이라도 전형적인 단계전위를 생성한다. 만일 단계전위(또는 여러 단계전위의 합)가 역치를 넘어설 만큼 충분히 크다면 감각뉴런은 신경충격을 발생시킨다.

촉감과 압력 및 진동을 감지하는 다양한 수용기들은 분포하는 위치, 신경충격을 일으키기 위해 적용해야 할 자극의 강도(압력은 가벼운 접촉보다 더 강한 기계적 힘이다) 및 순응하는 정도에서 서로 다르다. 진동-감응성 수용기는 매우 빨리 순응하기 때문에 자극을 계속 받기 위해서 빠르게 변하는 물리적 변형(초당 많은 수의 켬-끔 순환)을 갖추고 있다. 진동-감응성 수용기는 곤충의 날개가 만들어내는 진동과 같은 자극에 반응하기 때문에 해로운 곤충에 관한 정보를 제공하는 데 특별히 유용하다.

그림 12.1은 체성 감각을 감지하는 여러 종류의 수용기가 있는 피부를 보여준다.

- **피막으로 덮여 있지 않은 수상돌기 말단.** 피부 표면 가까이와 털 주변에 있는 감각뉴런의 피막이 없는 수상돌기 말단은 통증, 가벼운 압력 및 온도의 변화를 신호한다.
- **메르켈판(Merkel disk).** 가벼운 촉각과 압력을 감지한다. 메르켈판은 피막으로 덮여 있지 않은, 변형된 수상돌기의 말단이다.
- **파치니소체(Pacinian corpuscles).** 두세 종류의 수상돌기 말단이 상피조직이나 결합조직으로 된 피막으로 둘러싸여 있다. 잘 알려진 파치니소체는 피막으로 덮인 수용기로 진피에 위치하며 센 압력이나 고주파 진동에 반응한다. 파치니소체의 피막 구조는, 심지어 지속적으로 가해지는 자극에 대해서도 기계적수용기가 빠르게 순응하도록 해준다(그림 12.2).
- **마이스너소체(Meissner's corpuscles).** 파치니소체보다 피부 표면에 더 가까이 위치한 피막으로 둘러싸인 촉각수용기. 약한 압력과 촉각의 시작과 끝을 감지한다.
- **루피니말단(Ruffini endings).** 피막으로 둘러싸인 수용기로 지속적으로 진행되는 압력에 반응한다.

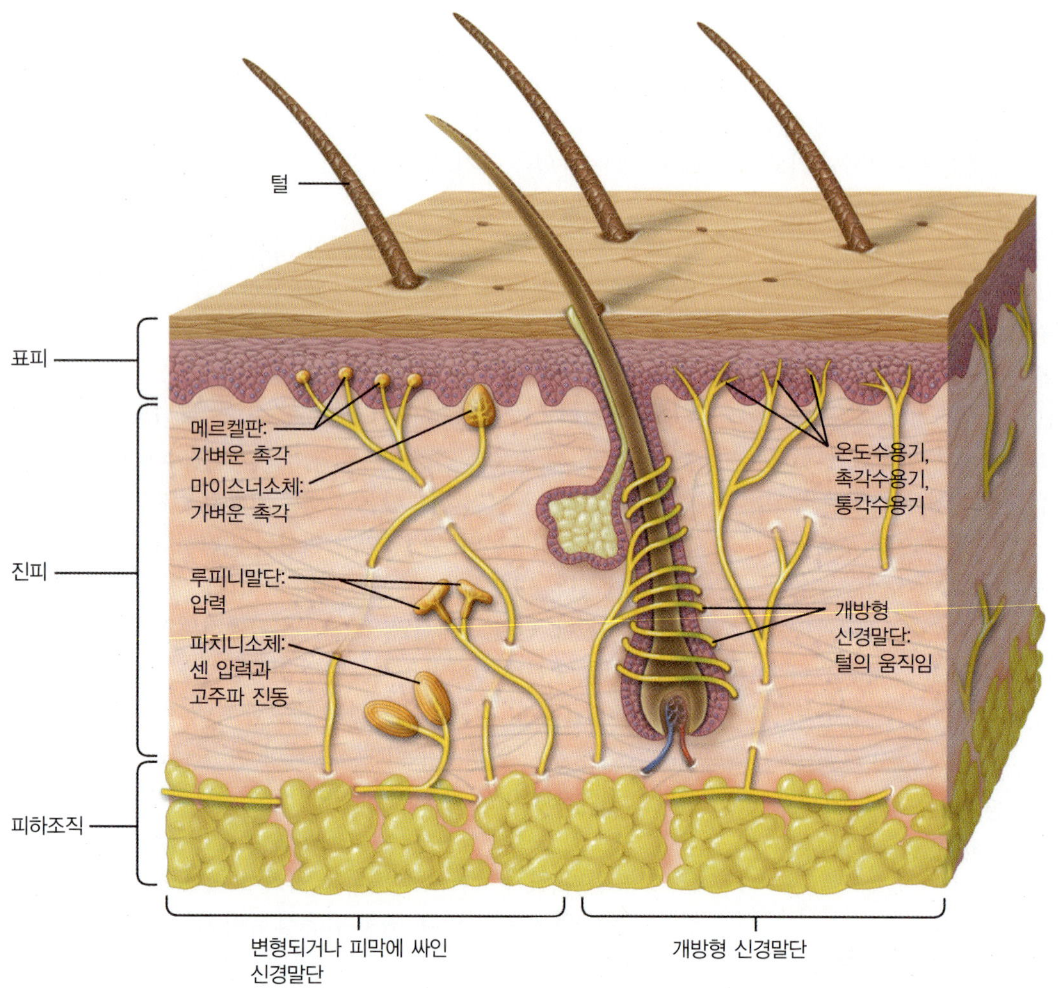

그림 12.1 **피부의 감각수용기.** 온도수용기, 가벼운 촉각을 위한 수용기, 그리고 통각수용기는 감각뉴런의 개방된 말단으로 되어 있다. 촉각, 압력, 진동에 관한 다른 수용기는 감각뉴런의 말단이 변형되었거나 피막에 싸인 것이다.

요점 정리

체성감각은 온도, 촉각, 압력, 진동, 통증, 신체의 이동과 위치 감지 등을 포함한다. 촉감, 압력 및 진동을 감지하는 기계적수용기는 피막으로 덮여 있거나 피막이 없는 다양한 수상돌기 말단으로 되어 있다. ■

기계적수용기는 팔다리의 위치, 근육의 길이와 신장을 파악한다

눈을 감고 팔다리의 위치를 이야기해보자. 우리는 팔다리의 위치를 비교적 잘 설명할 수 있다. 우리는 심지어 어느 근육들이 수축하는지도 이야기할 수 있을 것이다. 우리는 관절(관절의 위치)과 골격근(근육의 길이), 그리고 힘줄(신장)에 있는 다양한 기계적수용기들 덕분에 이럴 수 있다. 이러한 기계적수용기 중 가장 잘 알려진 것은 근육의 길이를 감지하는 **근방추체(muscle spindle)**라고 부르는 특수한 구조이다. 근육이 뼈에 붙어 있는 방식 때문에, 대부분의 관절에서 근육의 길이는 관절의 위치를 결정한다.

근방추체는 골격근 안에 있는 변형된 골격근 세포의 작은 다발이다(그림 12.3). 근방추체에는 수상돌기 말단이 신장(늘어남)에 반응하는 기계적수용기인 감각신경이 분포되어 있다. 한 종류의 수상돌기 말단은 근방추체 세포의 중간 부분을 감싼다. 다른 종류의 수상돌기는 근방추체 세포의 끝 부분에 붙는 가지를 여러 개 가지고 있다. 근육 전체가 당겨지면 근방추체 세포에 붙어 있는 수용기도 함께 당겨진다. 기계적수용기에 기계적 변형이 생기면 수상돌기 말단에서 국소적인 단계전위가 만들어지고 (만일 역치를 능가하면) 활동전위가 발생된다.

이것이 바로 11단원에서 배운 고전적인 무릎반사에서 일어나는 일이다. 의사가 고무망치로 무릎 앞에 있는 슬개골 힘줄을 두드리면 슬개골 힘줄과 (넓적다리의) 네갈래근이 당겨지며 근방추체도 함께 당겨진다. 근육이 늘어나면 근방추체에 분포된 감각뉴런이 활동전위를 척수로 전달한다. 척수 안에서, 네갈래근으로 가는 운동신경이 활성화되어 네갈래근을 수축하도록 만든다. 이 모든 과정은 순식간에 일어난다.

근육을 뼈와 연결시켜주는 힘줄에도 역시 기계적수용기가 있다. 힘줄수용기는 장력에 반응하지만, 수동적으로 잡아당겨 만들어지는 장력과 능동적인 근육 수축으로 생기는 장력을 구분하지 못한다. 힘줄수용기는 극도로 큰 장력 때문에 생기는 상해를 막기 위해 보호 역할을 한다. 예를 들면, 만일 나무에서 떨어져 두 다리로 섰다면, 땅에 닿을 때 생긴 충격은 고도의 장력을 만들게 되어 힘줄 신장수용기를 활성화시킬 것이다. 신장수용기가 보내는 감각정보는 근육 수축을 저해하고, 따라서 우리는 바로 서 있지 못하고 땅바닥에 주저앉게 된다. 이처럼 반사에 의해 쓰러지는 것은 근육이 끊어지지 않고 뼈가 부러지지 않도록 보호해준다.

요점 정리

골격근과 힘줄 및 관절에 있는 기계적수용기는 근육의 길이 변화, 힘줄의 장력, 관절의 위치에 반응한다. 이 수용기들은 팔다리의 위치와 근육에 미치는 장력의 크기에 대한 정보를 제공해준다. ■

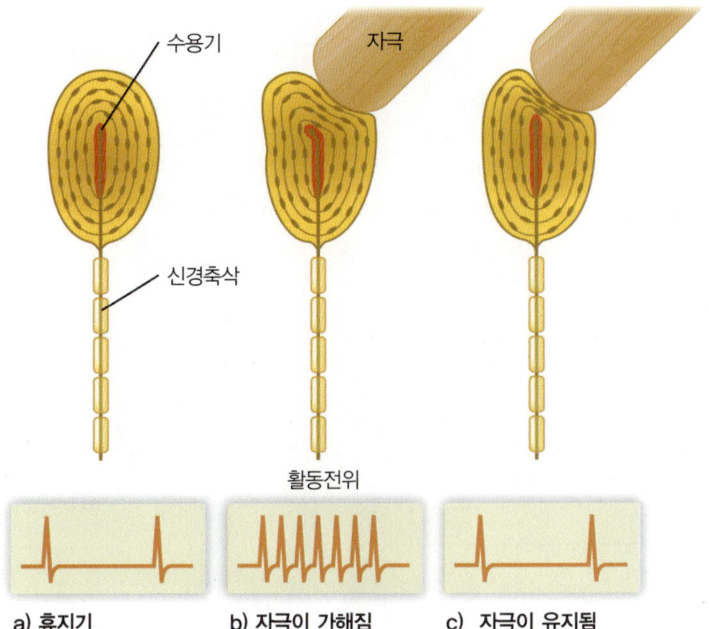

그림 12.2 파치니소체. (a) 휴지기. (b) 자극이 처음 가해지면 피막으로 둘러싸인 층이 변형되고 신경의 수용기 말단이 휘어지며, 신경축삭에서 더 많은 활동전위를 발생시킨다. (c) 자극이 계속해서 가해지면, 피막으로 둘러싸인 층들이 서로 미끄러지며 밀접하게 놓이면서 수용기의 말단이 원래의 모습으로 되돌아가도록 해준다.

온도수용기는 온도를 감지한다

피부 표면 가까이에 있는 열과 차가움을 감지하는 온도수용기는 외부 환경에 관한 유용한 정보를 제공해준다. 온도수용기는 빠르게 순응하므로 우리가 온도의 변화를 정확히 감지하도록 해주며 감각 입력을 조정하여 더 잘 견딜 수 있도록 해준다. 예를 들면, 뜨거운 욕탕에 바로 들어가면 처음엔 불편할 만큼 뜨겁지만 이내 익숙해지게 되는 것과 같다.

몸 전체의 복부 기관이나 흉부 기관에 있는 다른 온도수용기는 내부 온도(심부체온이라고도 함)를 탐지한다. 항상성을 유지하는 역할을 하는 온도수용기는 빠르게 순응하지 않는다.

요점 정리

피부 표면 가까이에 있는 온도수용기는 외부 환경의 온도를 감지한다. 내장기관에 있는 온도수용기는 체온의 항상성을 유지한다. ■

통각수용기는 불편함을 신호한다

우리가 통증을 싫어하는 만큼 통증을 지각하는 능력 또한 생존에는 필수불가결하다. 통각은 우리로 하여금 특정 자극을 피하라고 경고하며 상해 위험성을 알려준다. 통각수용기는 피막이 없는 말단으로, 과도한 물리적 압력, 열, 빛, 화학물질로 인한 상해에 반응한다. 통각은 그 특징에 따라 빠른 것과 느린 것으로 구분한다.

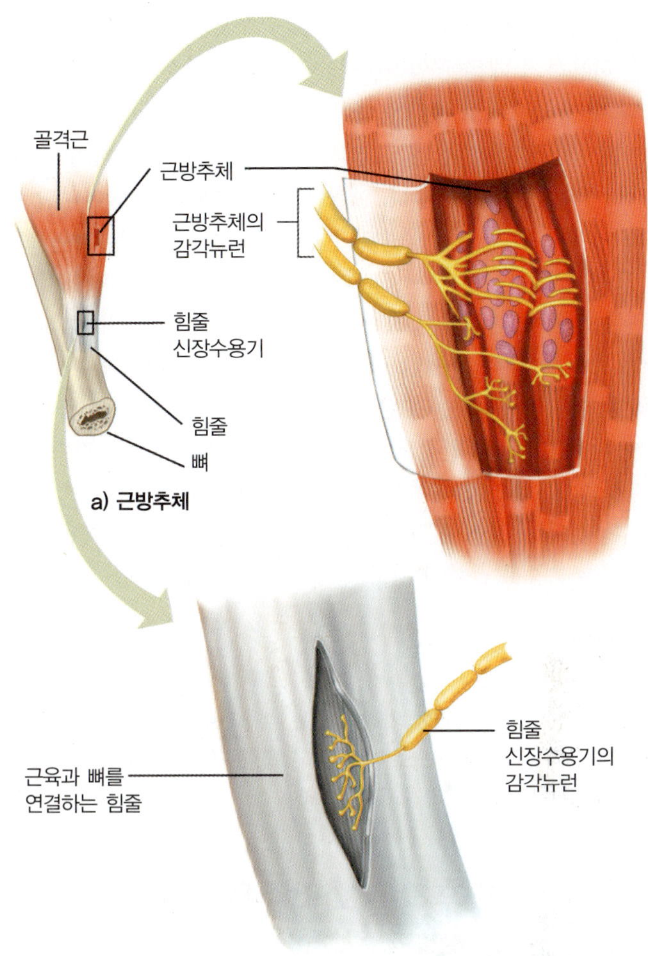

그림 12.3 근방추체와 힘줄수용기. (a) 근방추체는 변형된 감각뉴런이 지배하는 근육세포들의 그룹이다. 근육을 수동적으로 잡아당기면 근방추체가 늘어나면서 감각뉴런의 신경말단에 있는 기계적수용기를 자극한다. 반대로, 근육이 수축하면 근방추체가 짧아지며 근방추체에 의한 기계적수용기의 자극이 감소한다. (b) 힘줄 신장수용기는 힘줄의 장력에 반응한다. 근육이 수축할 때와 근육이 수동적으로 잡아당겨질 때에는 힘줄에 미치는 장력이 증가하면서 힘줄 신장수용기가 활성화된다.

빠른 통각은 날카로운 통각 또는 심각한 통각이라고도 하는데, 자극을 받은 후 10분의 1 초 정도로 순식간에 일어난다. 빠른 통각을 담당하는 수용기는 일반적으로 물리적 압력이나 열에 반응하며 보통 신체 표면 가까이에 위치한다. 이들은 예를 들면 못을 밟는다거나 뜨거운 난로를 만지는 것과 같은 우리가 피해야 할 자극을 알려준다. 빠른 통각에 대한 움츠림반사 반응은 신속하고 강하다.

이와는 대조적으로 느린 통각은 일반적으로 근육이나 내부 기관으로부터 온다. 상해를 입고 몇 초 혹은 몇 분 후에 나타나는 느린 통각은 손상된 조직으로부터 분비된 화학물질이 화학 감응 통각수용기를 활성화시켜 일어난다. 내부 기관에서 온 느린 통각은 때로는 원래 위치에서 완전히 제거된 신체 부위로부터 오는 것으로 지각되기도 한다. **연관통(referred pain)**이라고 부르는 이 현상은 내부 통각수용기로부터 뇌로 전달되는 활동전위가 피부나 근육의 통각수용기로부터 뇌로 전달되는 활동전위와 동일한 척수신경을 사용하기 때문에 일어난다. 뇌는 통각이 발생한 정확한 위치를 알 수가 없으므로 통각을 다른 위치에 배정한다.

연관통은 아주 흔한 일로 의사들은 연관통을 이용하여 특정 내부 기관의 이상을 진단한다. 예를 들면, 심장마비가 일어나면 보통 왼쪽 어깨와 왼쪽 팔에 통증이 온다. 그림 12.4는 내부 기관으로부터 오는 통증이 어디에서 느껴지는지를 보여준다. 심장에서 오는 연관통 영역과 식도에서 오는 연관통 영역이 서로 밀접하게 연관되어 있어서 감각 자체만으로는 그것이 심장마비인지 아니면 덜 심각한 식도연축인지를 구분하기가 어려운 이유를 알 수 있다.

통각수용기는 일반적으로 순응하지 않는다. 통각이 지속적으로 존재하면 그 원인을 피하게 되므로 생존의 관점에서 보면 이것은 유익한 것이다. 그러나 고질적인 질병이나 신체장애를 가진 사람은 끊임없는 통증을 끝까지 지니고 가야한다는 의미도 있다.

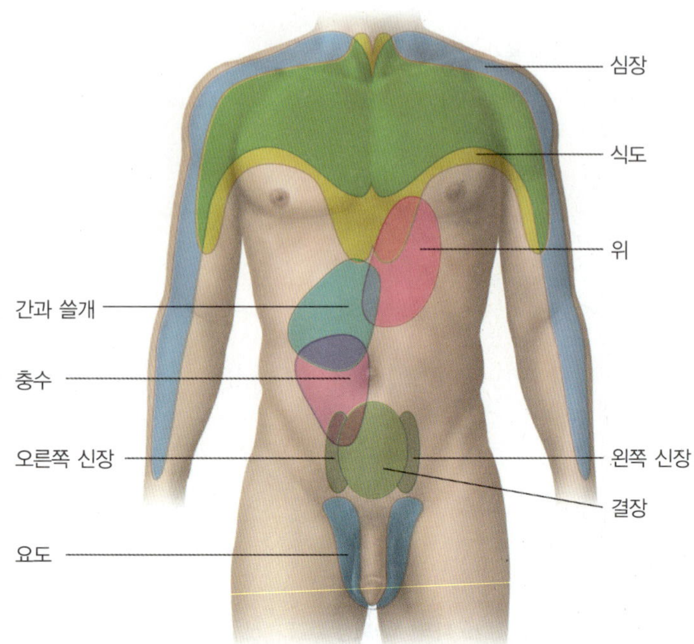

그림 12.4 다양한 내부 기관으로부터 유래하는 연관통의 위치. 식도 통증과 심장 통증의 영역이 광범위하게 겹쳐서 위치만 가지고는 그 둘을 구별하는 것이 어렵다.

요점 정리

빠른 통각은 신체 표면에 가까이 있는 수용기로부터 오고 느린 통각은 내부 기관이나 근육으로부터 온다. 통증은 우리에게 상해 위험성을 경고해주므로 생존에 중요하다. ■

12.3 미각과 후각은 화학수용기에서 감지된다

이제 다섯 개의 특수감각, 즉 미각, 후각, 청각, 평형감각, 시각에 대해 알아보기로 하자. 앞에서 말한 것처럼 이들 감각은 신체의 특정 지역에 있는 수용기로부터 온다.

처음 살펴볼 감각은 미각과 후각인데, 이 둘은 모두 화학수용기의 활성에 따라 감지된다. 장미의 진한 향기, 스컹크의 불쾌한 냄새, 오렌지의 새큼한 맛은 모두 화학 자극을 중추신경계가 이해할 수 있는 유일한 언어인 활동전위로 전환하는 우리의 능력에 달려 있다.

미각: 용해된 물질과 결합하는 화학수용기

혀는 그 표면에 둘레가 깊게 주름 접힌 유두(papilla)라는 수많은 작은 돌기들이 있어서 결이 거칠다(그림 12.5). 약 10,000개의 **맛봉오리(미뢰, taste bud)**가 이 많은 주름의 표면에 분포한다. 하나의 맛봉오리는 약 25개의 맛세포(미세포, taste cell)와 맛세포들 사이에 끼는 25개의 지지세포로 이루어진 다발 구조이다.

맛세포의 열린 끝에는 입 안으로 뻗어난 융모(hair)가 있다. 융모에는 미각자극물질(tastants)이라는 특정 화학물질에 반응하는 화학수용기가 있다. 우리가 먹거나 마실 때, 미각자극물질은 침에 녹아서 화학수용기와 결합한다. 미각자극물질이 화학수용기에 결합하면 맛세포가 자극되어 신경전달물질을 분비하고, 신경전달물

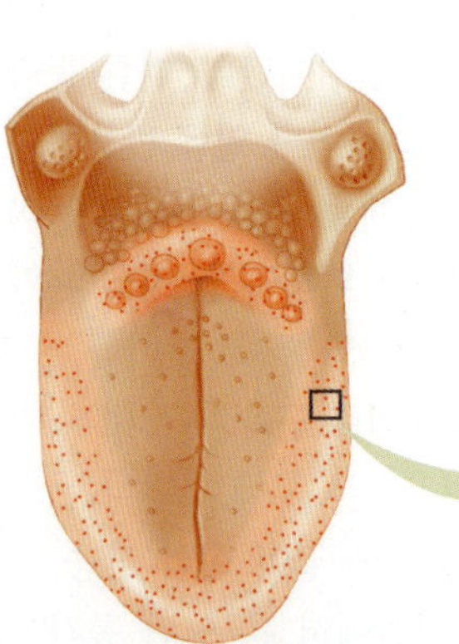

a) 혀. 대부분의 미각수용기는 혀의 가장자리, 앞쪽 끝, 그리고 안쪽 뒤에 위치한다.

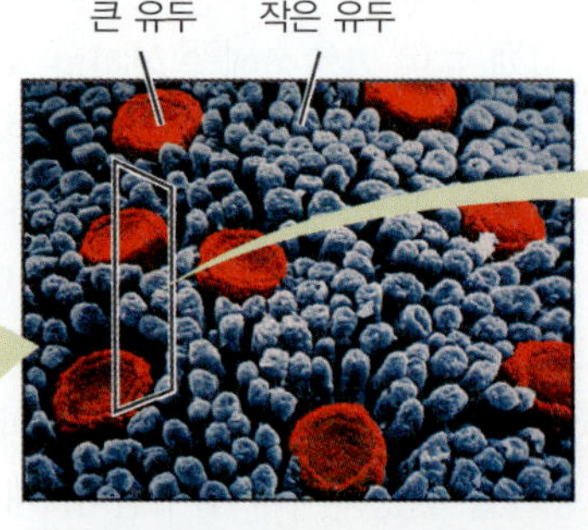

b) 크고 작은 유두로 덮여 있는 혀의 표면(약 ×75).

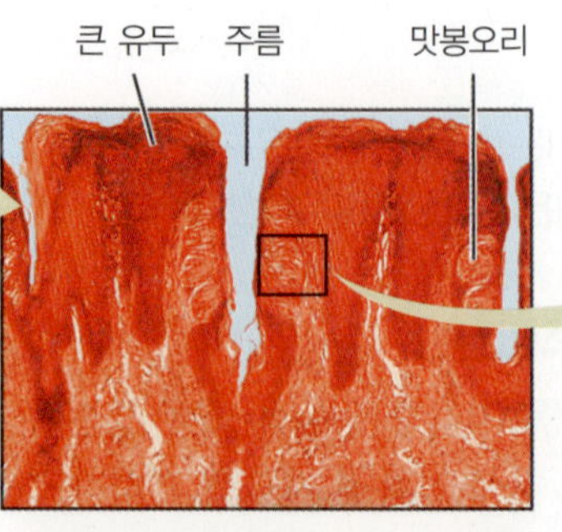

c) 큰 유두의 단면(약 ×200). 혀 표면 아래에, 유두의 옆쪽으로 맛봉오리의 위치가 보인다.

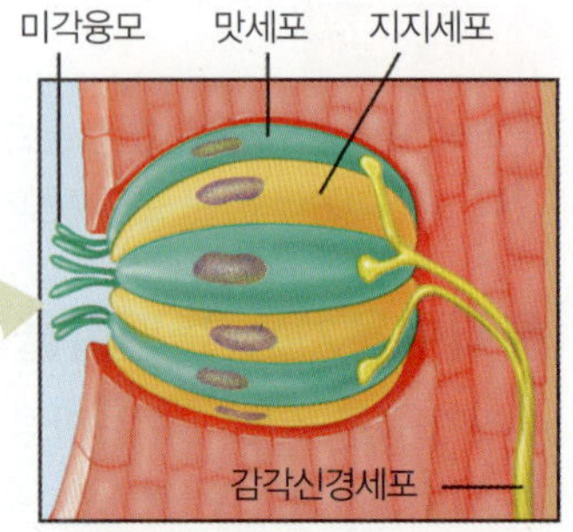

d) 일단의 맛세포와 지지세포들로 구성된 맛봉오리. 각각의 맛세포는 감각뉴런과 연결되어 있다.

그림 12.5 미각수용기의 구조.

과학이 나아가는 방향

우마미(감칠맛)의 발견

기본적인 맛은 몇 개나 될까? 고대 그리스의 학자들은 단맛, 짠맛, 신맛, 쓴맛, 매운맛, 떫은맛, 깔깔한 맛의 7개 맛이 있다고 했다. 고대 인도의 요가 원리에서는 8개의 맛이 확인되었다. 기원전 10세기경에 쓰인 중국의 의서에는 5개의 맛이 나온다.

수 세기 전부터 과학적 연구 방법을 엄격히 적용한 결과 기본 맛의 종류는 단맛, 신맛, 짠맛, 쓴맛의 4개로 줄어들었다. 기본 맛으로 받아들여지기 위해서는 설탕(단맛), 소듐(짠맛), 수소이온(신맛), 특정 독성 식물 화학물질(쓴맛) 같은 화학물질에 반응하는 특정 수용기가 혀 위에 존재한다는 증거가 있어야 한다.

그러던 중, 1908년에 일본 동경제국대학의 화학 교수인 키쿠나에 이케다(Kikunae Ikeda)는 다섯 번째 맛이 있다는 가설을 내걸고 이를 증명하기 위한 연구를 시작하였다. 이케다는 다시(dashi)라 부르는 일본 수프의 맛이 부드럽지만 기존의 네 가지 맛과는 뚜렷이 다르다는 것에 착안하여 이 다섯 번째 맛의 신비를 밝히고자 하였다. 다시의 주성분은 다시마(*Laminaria japonica*)이므로 이케다는 다시마의 화학물질을 분리해내고자 하였다. 일련의 고생스런 화학 실험을 거쳐 이케다는 여러 성분을 추출하고 또 하나씩 제거함으로써, 마침내 단백질 성분 중 가장 흔한 아미노산인 글루탐산의 결정을 얻었다. 1909년에 이케다는 일본의 한 학술지에 글루탐산을 감지하는 다섯 번째 맛이 있다는 논문을 발표하였다. 이케다는 이 맛을 일본어로 맛있다는 뜻의 우마이(*umai*)에서 따와 **우마미(umami:** 감칠맛)라고 이름 붙였다.

많은 아시아인들은 우마미의 개념을 받아들인다. 사실상, 음식물에 첨가하면 우마미 맛을 내는 화학조미료(monosodium glutamate: MSG)는 이케다가 논문을 발표한 바로 그 해부터 상업적으로 판매가 되었다.

그러나 미국과 유럽의 과학자들은 우마미에 대해 여전히 회의적이었다. 한 가지 이유는 이케다의 논문이 일본어로 발표되었기 때문에 동일 분야의 많은 외국 과학자들이 이케다의 원래 논문을 읽어볼 수가 없었기 때문이다. 1950년, 미국 식품의약국(FDA)은 우마미를 맛이 아니라 조미료로 분류하였다. 1980년경에 과학자들은 실험동물이 글루탐산을 감지할 수 있는지 여부를 연구하기 시작하였다. 서로 다른 종들에서, 심지어는 실험용 생쥐의 다른 계통들 사이에서도 글루탐산에 대한 반응이 다양하게 나왔기 때문에, 이 연구는 회의적인 사람들에게 완전한 확신을 심어주지 못했다. 1990년에 열린 한 국제 심포지엄에서 우마미가 다섯 번째의 기본 맛으로 인정되었지만 아직도 많은 미국 과학자들은 납득하지 않는다.

특정 단백질을 확인하고 단백질의 아미노산 서열을 밝히는 분자생물학적 기술의 발달로 감각수용기를 연구하는 데 새로운 도구를 갖추게 되었다. 이러한 기술을 이용하여 2002년에 두 그룹의 과학자들이 인간에게 글루탐산 맛수용기가 존재한다는 연구 결과를 발표하였다. 추가 연구에서 글루탐산의 일반형(L-glutamate)이 이 수용기를 활성화시켜서 우마미맛을 낸다는 결과를 보고하였다. 이 연구로 1 세기 전에 이룬 이케다 박사의 선구적인 연구는 강력한 확증을 받게 되었다.

일반적인 맛의, 특히 우마미의 분자생물학적 기반에 대한 연구는 계속되고 있다. 어떤 과학자들은 글루탐산 수용기의 분자 활동을 차단하는 법을 연구한다. 만일 이것이 우마미의 지각도 차단한다면 연구 결과는 둘 사이의 연관 관계를 지지하게 될 것이다. 다른 연구자들은 우마미가 단일 맛인지 아니면 다른 맛감각들의 조합으로 이뤄진 맛인지를 결정하기 위해 글루탐산 수용기에서 뇌에 이르는 신호 경로를 연구하고 있다.

우리가 우마미를 파악하기 어려운 "다섯 번째 맛"으로 받아들이든지 아니든지 간에, MSG와 우마미가 풍부한 식품이 요리에 깊은 맛과 풍부함을 더해준다는 것은 명백한 일이다. 우마미 함량이 높은 식품으로는 파르메산 치즈, 시이다케 버섯, 가리비, 닭, 간장, 우스터 소스 등이 있다.

질은 근처에 있는 감각뉴런을 자극하여 활동전위를 발생시킨다. 맛세포 자신은 감각뉴런이 아니라는 사실에 주목하자. 화학 자극을 신경충격으로 전환하는데 두 세포(맛세포와 감각뉴런)가 필요하지만 최종 효과는 한 세포일 때와 동일하다.

일반적으로 받아들여지고 있는 네 가지 주요 맛은 단맛, 신맛, 짠맛, 쓴맛이다. 최근에 과학자들은 감칠맛(우마미, umami)이라는 다섯 번째 맛을 수락하였다("과학이 나아가는 방향" 참조). 개개의 맛수용기와 그에 연결된 감각뉴런은 가장 강한 하나의 맛에 반응하도록 서로 "조율된" 것처럼 보이지만, 이들은 다른 맛에도 역시 약하게 반응을 한다.

대부분의 맛수용기들은 혀의 끝과 안쪽 그리고 가장자리를 따라 분포한다. 이 모든 지역에서 모든 수용기의 유형이 발견되지만 이들의 분포가 완전히 균일하지는 않다는 증거가 있다. 단맛은 혀끝에서, 신맛은 옆쪽에서, 짠맛은 혀끝과 옆쪽에서, 쓴맛은 혀 안쪽에서 더 민감하게 감지된다(감칠맛의 분포는 아직 명확하게 밝혀지지 않았다). 따라서 맛 감각을 최대로 얻으려면 음식물을 삼키기 전에 입 안에 고루 돌려가며 맛을 봐야 한다. 맛수용기들의 조합으로 이루어진 감응성은 다섯 가지 기본 맛을 훌쩍 넘어 수백 가지나 되는 다른 맛을 구별할 수 있게 해준다. 한편, 어떤 물질의 맛을 원하지 않을 때엔 그 물질을 혀 가운데로 넘겨서 재빨리 삼키면 된다. 쓴맛 수용기가 혀의 가장 안쪽에 집중되어 분포하는 것도 우연한 일은 아닐 것이다. 쓴맛은 종종 먹을 수 없거나 독이 있는 물질이라는 신호가 되며, 이 수용기의 위치는 그런 물질을 그냥 넘기기에 어렵게 한다.

요점 정리

맛봉오리에는 용해된 화학물질과 결합하는 화학수용기 세포들이 있다. 현재 인정되고 있는 다섯 가지 기본 맛은 단맛, 짠맛, 신맛, 쓴맛, 감칠맛이다. ■

후각: 냄새물질과 결합하는 화학수용기

후각도 화학수용기의 작용에 의해 감지된다. 미각과 후각 사이에는 두 가지 근본적인 차이가 있다. (1) 후각수용기는 진정한 감각뉴런이다. (2) 단지 4~5개에 불과한 맛과는 달리, 1,000개가 넘는 서로 다른 "냄새물질(odorant)"이라는 화학물질에 대한 수용기가 있다. 이 1,000개의 서로 다른 수용기 종류와 미각이 더해져서 우리는 10,000개의 미각과 후각을 구분할 수 있다. 냄새는 비강의 천정에 분포하는 **후각수용기세포(olfactory receptor cell)**에서 감지된다. 수용기세포는 수상돌기의 말단이 변형된 감각뉴런인데 수상돌기 말단은 여러 갈래로 갈라져 후각섬모(olfactory hair)가 되었다(그림 12.6). 후각섬모는 비강의 표면을 덮고 있는 점액층으로 뻗어있으며, 인근의 후각샘(olfactory gland)에서 만들어진 점액이 섬모가 건조해지는 것을 막아준다.

공기로 운반되는 기체성 냄새물질은 비도로 들어간 다음 점액에 용해되고, 후각섬모 위에 있는 화학수용기에 결합하여 후각수용기세포들이 신경충격을 일으키도록 한다. 후각수용기세포는 부근에 있는 후각망울(olfactory bulb)이라는 뇌 지역의 후각신경과 시냅스로 연결된다. 정보의 일부는 후각망울에서 통합된 다음 더 높은 차원의 뇌 중추로 보내진다.

우리가 음식을 씹으면 음식에서 화학물질이 방출되어 후각수용기와 접촉하게 되므로 후각이 미각을 보완해준다. 후각과 미각의 연합감각은 고차원의 뇌 수준에서 해석되는 효과를 만들어낸다(그림 12.7). 감기에 걸리면 우리는 대부분의 음식 맛을 느끼지 못한다. 이것은 감기로 점액의 생산이 증가하여 냄새 분자들이 후각수용기에 접근하지 못하게 되므로 후각 기능이 상실되었기 때문이다.

요점 정리

사람의 후각은 미각을 보완하고 증대시켜서 10,000개가 넘는 미각과 후각의 연합감각을 감지하도록 해준다. ■

12.4 청각: 음파를 감지하는 기계적수용기

소리는 압축된 공기의 파동이다. 소리의 세기(강도)는 소리의 에너지를 나타내는 물리적 성질이며, 소리의 크기는 소리에 대한 우리의 주관적인 해석이다. 소리의 세기나 지각된 소리의 크기는 모두 음파의 진폭(amplitude)과 관련이 있으며, 둘 다 데시벨(dB)이라고 부르는 단위로 측정된다. 사람이 들을 수 있는 역치값(겨우 들을 수 있는 세기)을 0dB로 기준을 삼는다. 10dB이 증가하면 소리의 세기(소리 에너지)는 10배 증가하지만 지각된 소리의 크기는 단지 두 배에 지나지 않는다. 달리 표현하면, 30dB의 소리는 10dB의 소리보다 에너지가 100배만큼 더 크지만 사람은 단지 4배의 크기로 지각할 뿐이다. 85dB보다 더 큰 소리에 노출되면 청각 상실을 겪을 수 있다. 표 12.2에는 흔히 들을 수 있는 소리의 dB을 나타냈다.

음조나 음의 고저는 소리의 주파수에 따라 결정된다. 주파수는 1초당 주어진 지점을 통과하는 음파 주기의 수(주기/초)이다. 주파수는 헤르츠(hertz: Hz)로 표시한다. 음조가 높은 것은 주파수가 높은 것이다(그림 12.8). 정상적인 사람이 들을 수 있는 주파수의 범위는 20~20,000Hz까지이다.

음파가 귀에 도달하면 음파는 귓속에 있는 진동-감응성 기계적 수용기를 진동시킨다. 진동은 신경충격을 발생시켜 뇌로 전달하여 해석이 되도록 한다.

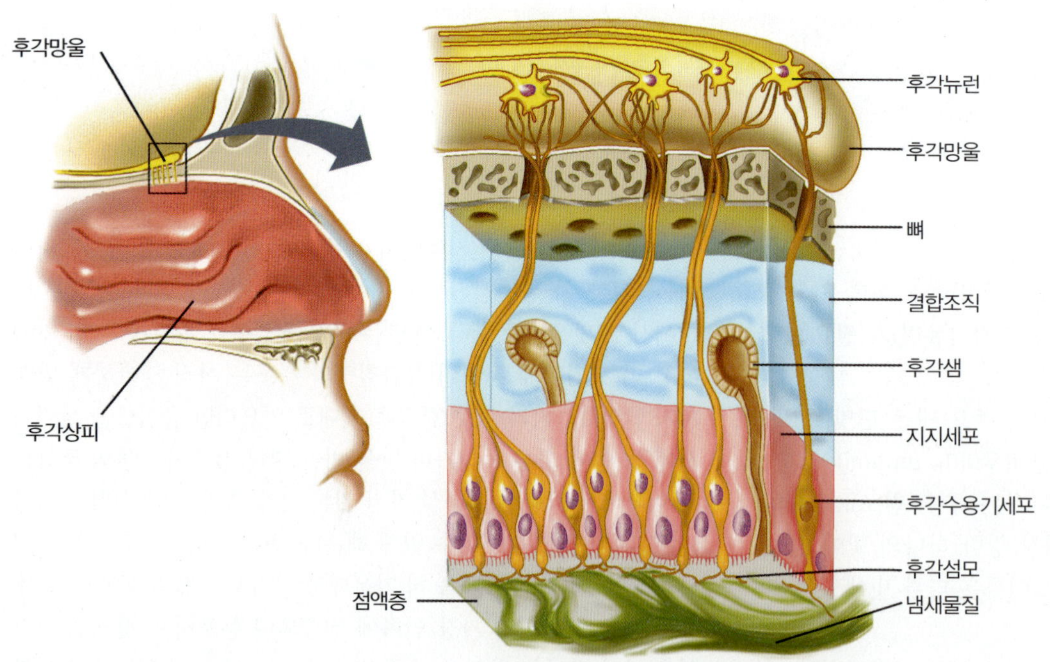

그림 12.6 후각수용기와 점액을 생산하는 후각샘. 냄새물질은 점액에 포집된 다음 수용기세포의 후각섬모와 결합한다.

그림 12.7 **후각.** 1,000개가 넘는 서로 다른 후각수용기들이 미각과 후각을 담당한다.

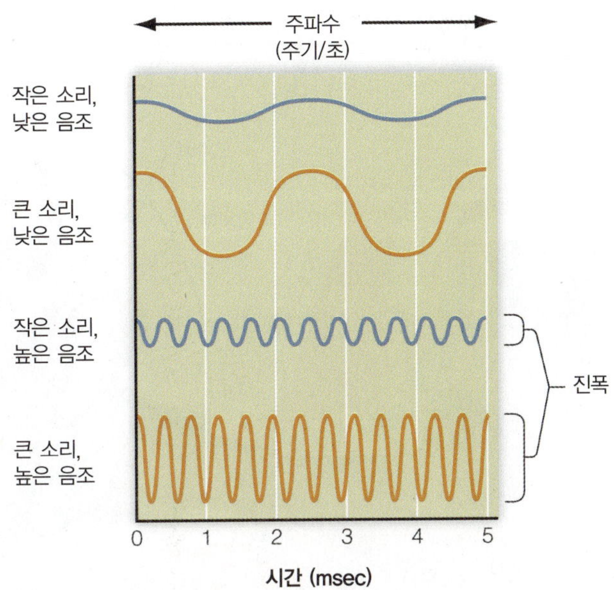

그림 12.8 **음파의 특성.** 소리의 세기(크기)는 음파의 진폭에 따라 결정된다. 음조는 음파의 주파수에 따라 결정된다.

외이는 통로를 통해 음파를 전한다

사람의 귀는 기능적으로 다른 3개의 지역(외이, 중이, 내이)으로 구성되어 있다(그림 12.9).

외이(outer ear)는 귓바퀴 혹은 눈에 보이는 부분의 귀와 외이도(auditory canal)로 이루어져 있다. 귓바퀴에 도달한 음파는 외이도로 전해지고, 이어서 **고막(tympanic membrane: eardrum)**까지 전달된다. 고막은 외이와 중이 사이의 격막 역할을 한다.

표 12.2 흔히 듣는 소음과 청각

소리	데시벨(dB)	청각에 미치는 영향
낙엽이 바스락거리는 소리	20	청각 상실을 일으키지 않는다.
보통의 대화	50~60	청각 상실을 일으키지 않는다.
진공청소기	70	청각 상실을 일으키지 않는다.
잔디 깎는 기계	85~100	반복해서 들으면 청각 상실을 일으킨다. 신형 잔디 깎는 기계는 소음이 적다.
록 콘서트(실황)	110~130	영구적 청각 상실에 대한 명백한 위험
휴대용 착암기	120~150	영구적 청각 상실에 대한 명백한 위험
산탄총	140	한 번의 노출로 영구적인 청각 상실 가능
제트 엔진	150	한 번의 노출로 영구적인 청각 상실 가능

중이는 음파를 증폭시킨다

중이(middle ear)는 두개골의 관자뼈 안에 공기가 채워진 방으로 되어 있는데, 여기에는 망치뼈(malleus: 'hammer'), 모루뼈(incus: 'anvil'), 등자뼈(stapes: 'stirrup')라는 3개의 청소골이 연결되어 있다. 음파가 고막을 때리면 고막은 앞뒤로 약간 움직인다(진동한다). 고막이 진동하면 망치뼈, 모루뼈, 등자뼈가 진동한다. **난원창(oval window)**이라는 작은 막에 맞닿아 있는 등자뼈는 난원창을 진동시킨다.

훨씬 큰 고막에 가해지는 모든 진동의 힘은 이제 작은 난원창 위에 모이게 된다. 사실, 중이는 음파를 여러 배 증폭시킨다. 내이의 액에 압력파를 생성하려면 난원창이 충분한 힘으로 진동해야 하기 때문에 증폭은 필수적으로 요구된다.

공기로 채워진 중이는 **유스타키오관(Eustachian tube, auditory tube)**에 의해 대기압이 유지된다. 유스타키오관은 중이와 인두를 연결하는 작은 관이다. 유스타키오관은 측면을 따라 있는 근육에 의해 일반적으로 닫혀 있지만, 삼키거나 하품을 하면 중이와 주변의 기압을 동일하게 맞추기 위해 일시적으로 열린다. 고도를 갑자기 바꾸면(예: 비행 중에) 유스타키오관이 순간적으로 열리며 갑자기 기압이 동일하게 되면서 귀가 "펑"하고 열린다. 알레르기나 감기에 걸리면 염증과 부풀음 때문에 유스타키오관이 기압을 정상적으로 동일하게 만들지 못하게 된다. 이런 이유 때문에 감기에 걸리거나 알레르기가 있을 때는 비행기 여행이 고통스럽다. 어린아이들은 두개골이 길어지면서 유스타키오관과 귀 사이의 각도가 변할 때까지는 유스타키오관을 통한 귀앓이(중이 감염)를 많이 겪게 된다.

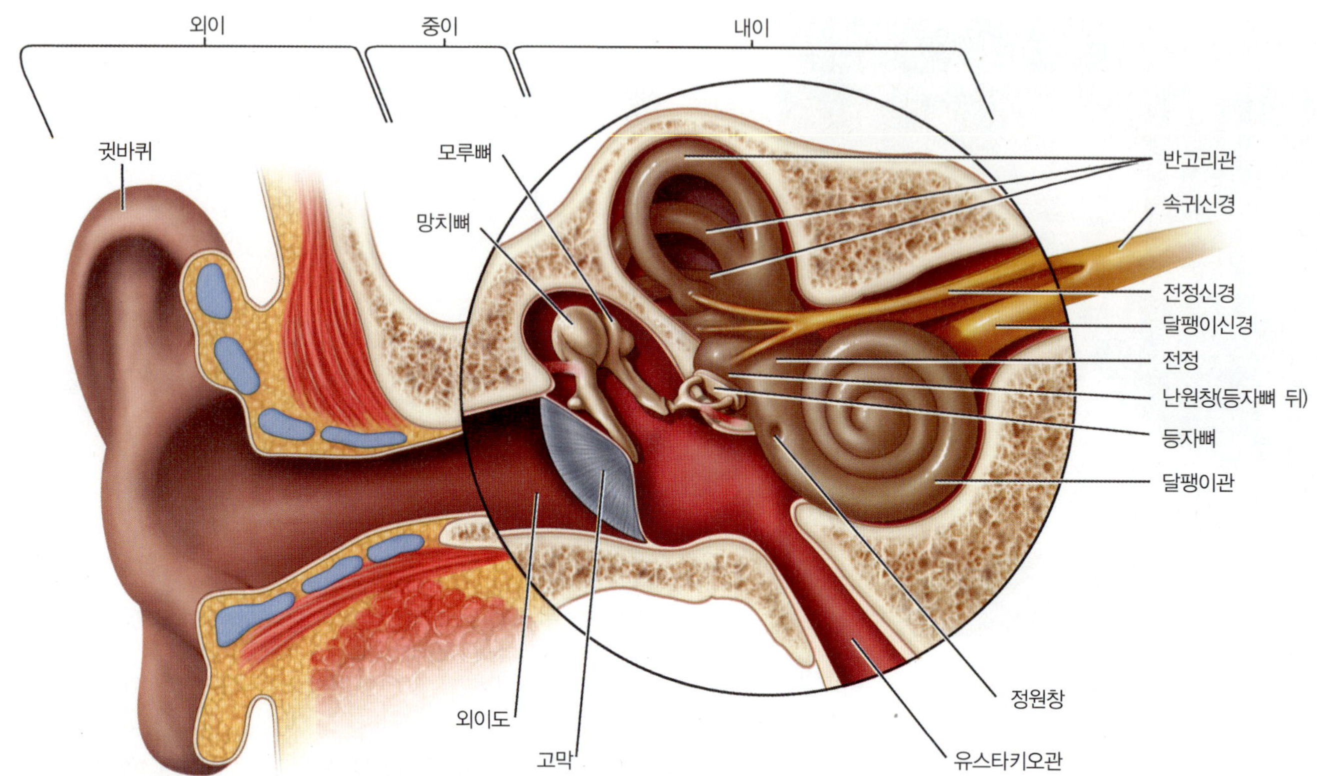

그림 12.9 사람 귀의 구조. 외이는 소리를 받아들여 통로를 통해 전달하며, 중이는 소리를 증폭시키고, 내이의 달팽이관은 소리를 활동전위로 전환시킨다. 전정과 세반고리관은 평형감각을 담당한다.

내이는 소리를 분류하고 전환한다

내이(inner ear)는 음조에 따라 소리를 분류하고 신경충격으로 전환한다. 내이는 소리가 전환되는 **달팽이관(cochlea)**과 전정기관(vestibular apparatus)으로 구성되어 있다. 전정기관은 청각에는 전혀 관여하지 않는 세 개의 반고리관과 전정으로 되어 있다. 전정기관에 대해서는 평형감각과 연결하여 뒤에서 다시 다루기로 한다.

달팽이관은 이름 그대로 달팽이 모양의 꼬인 구조를 가지고 있다. 그림 12.10a는 달팽이관이 풀린 것으로 가정하고 그린 것이다. 달팽이관은 끝이 가늘어지는 관이며, 전정계(vestibular canal)와 고실계(tympanic canal)라는 서로 연결된 바깥쪽의 두 도관이 와우관(cochlear duct)이라고 부르는 액이 채워진 막힌 세 번째 도관을 감싸는 구조이다. 와우관의 바닥은 **기저막(basilar membrane)**으로 형성되어 있다. 기저막에는 귀의 기계적수용기 세포인 **유모세포(털세포; hair cell)**가 약 15,000여 개 정렬되어 있다. 유모세포에 있는 털과 같은 돌기들은 **덮개막(tectorial membrane)**이라고 부르는 위쪽에 걸려 있는 구조에 박혀 있다. 덮개막은 단단한 젤라틴성의 비세포성 물질로 이뤄져 있다. 유모세포와 덮개막을 합해서 코르티기관(organ of Corti)라고 부르는데, 코르티기관은 압력파를 신경충격으로 전환하는 일을 한다.

음파가 난원창에 전달되면 음파는 전정계 안에 있는 체액에 압력파를 생성한다. 이 파동은 달팽이관을 돌아 이동하여 고실계에 이른다. 이 파동은 마침내 정원창(round window)이라는 다른 막에 부딪힌다. 정원창은 난원창과 동조하여 안팎으로 부풀며, 압력파의 일부는 소멸된다.

일부 압력파는 전정계로부터 와우관을 거쳐 고실계로 전달되는 '지름길'을 택한다. 이 압력파는 기저막을 마치 현악기의 줄처럼 진동시킨다. 기저막의 약한 움직임에도 막 위에 붙어 있는 유모세포는 진동한다. 유모세포의 털은 움직임이 덜한 덮개막에 박혀 있으므로 기저막이 진동하면 털들이 구부러진다. 털의 물리적인 움직임으로 인해, 유모세포는 털이 구부러진 방향에 따라 신경전달물질을 더 많거나 적게 분비한다. 신경전달물질이 분비되면 부근에 있는 감각뉴런에서 신경충격이 발생한다(그림 12.11). 신경충격은 청신경을 따라 전달되는데, 청신경은 전정신경에 합쳐져 속귀신경(vestibulocochlear nerve)이 되어 뇌로 연결된다.

전정계와 고실계 속의 체액에 생긴 진동은 원래 음파와 같은 주파수를 갖는데, 원래 음파는 동시에 많은 다른 음조를 가질 수도 있다. 그러나 달팽이관의 부위에 따라 기저막 섬유들의 길이가 다르므로, 음파는 음조에 따라 위치-특이적인 방식에 의해 기저막 진동으로 전환된다. 높은 음조는 달팽이관의 시작 부위에 가까운 기저막(난원창과 정원창에 가까운)을 진동시키고, 낮은 음조는 달팽이

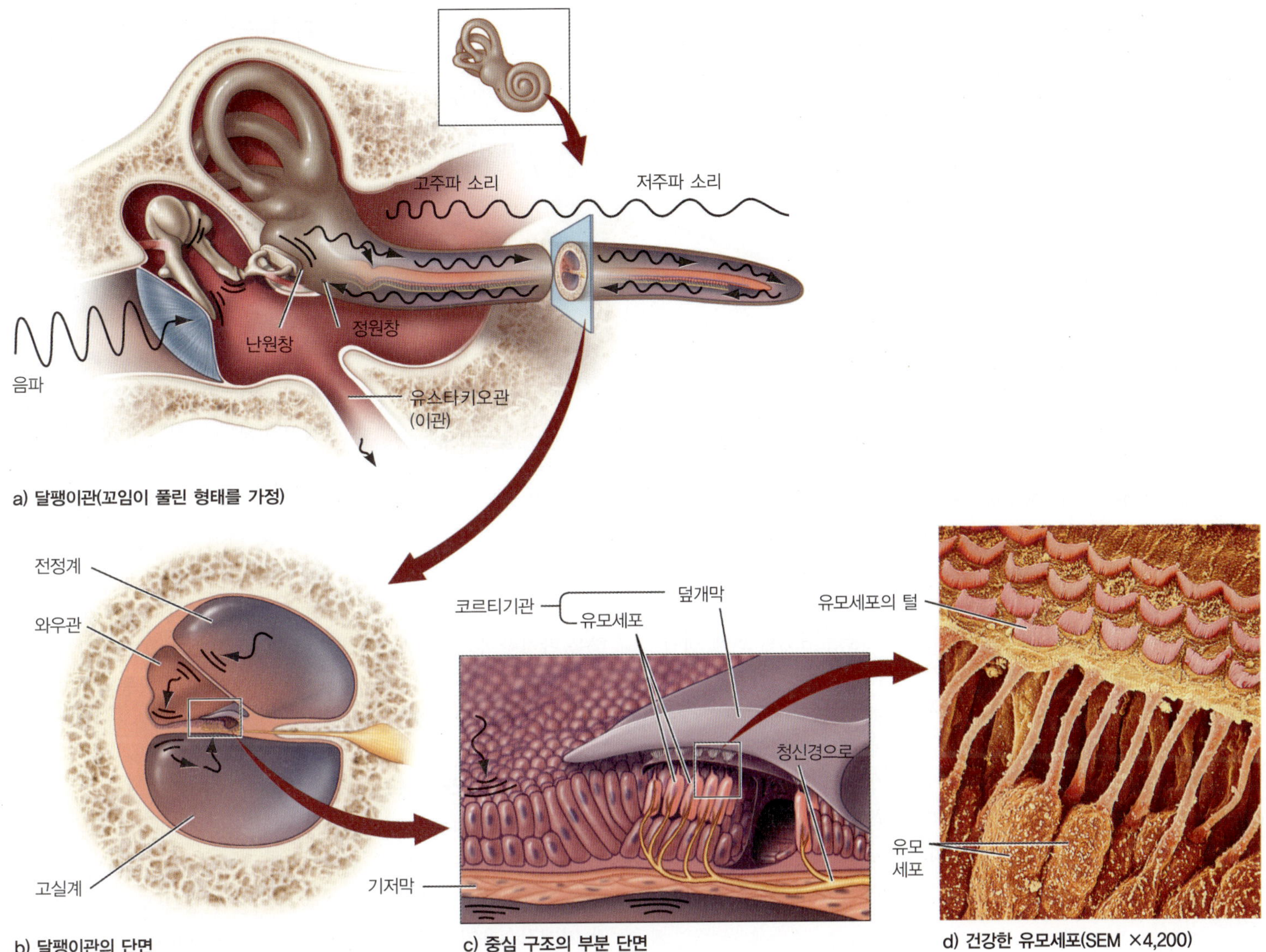

그림 12.10 **달팽이관의 구조와 기능.** **(a)** 달팽이관은 꼬임이 풀렸다고 가정한 형태를 나타냈다. 고주파 소리는 난원창에 더 가까운 곳에서 신경충격으로 전환되고, 저주파 소리는 가느다란 끝에서 전환된다. **(b)** 달팽이관의 단면. 전정계에서 와우관을 거쳐 고실계로 전달된 압력파가 기저막을 진동시키는 과정을 보여준다. **(c)** 중심 구조의 일부를 보여주는 단면. 유모세포의 털들이 덮개막에 박혀 있는 것을 볼 수 있다. 기저막의 진동으로 털들이 구부러지고, 결국 감각뉴런에서 신경충격을 발생시킨다. **(d)** 건강한 유모세포 (SEM ×4,200).

관의 끝에 가까운 기저막을 진동시킨다. 이처럼 서로 다른 위치에 있는 감각뉴런에서 생성된 동일한 신경충격은 기저막의 어느 부위에서 온 것인지에 따라 뇌에서 특정 음조를 띤 소리로 해석된다. 이 또한 뇌의 정보 처리 과정에서 볼 수 있는 위치-특이적 성질의 한 예이다.

요점 정리

외이는 소리를 받아들여 중이로 보내는 일을 한다. 중이에 있는 세 뼈는 소리를 증폭시켜서 달팽이관으로 보낸다. 달팽이관 속의 체액의 진동은 수용기 유모세포의 털을 구부려, 인접한 감각뉴런에서 활동전위를 발생시킨다. ■

12.5 내이는 평형감각에서 가장 중요한 역할을 한다

중력에 대항하여 평형을 유지하는 일에는 다양한 감각입력의 통합이 요구된다. 그런 감각입력 중에는 앞서 설명한 관절수용기, 근방추체, 힘줄수용기뿐만 아니라 내이와 관련된 특수 구조로부터 오는 신호들이 있다. 심지어 시각 입력도 포함이 된다. 뒤에서 설명할 내이의 구조는 회전운동, 자세, 머리의 선형 가속 운동에 관한 정보를 제공한다.

내이를 다시 살펴보면(그림 12.12a), 달팽이관 옆에 체액으로 채워진 관과 방으로 이루어진 **전정기관(vestibular apparatus)**을

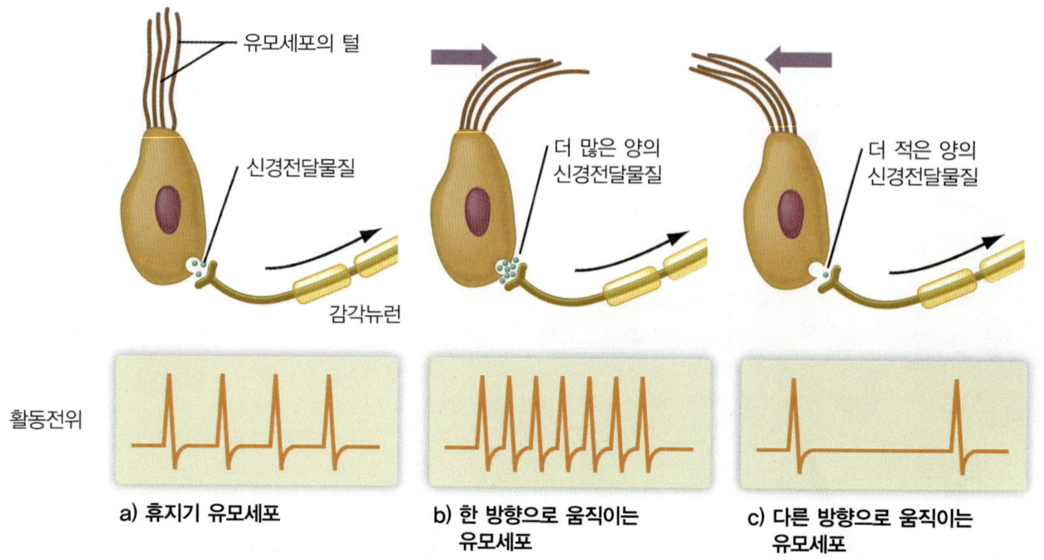

그림 12.11 기계적수용기 역할을 하는 유모세포. 실제로 유모세포의 털은 변형된 섬모나 미세융모다.

볼 수 있다. 전정기관은 머리와 몸의 회전운동을 감지하는 세 개의 반고리관(semicircular canal)과 정적인 자세와 선형 가속 및 감속을 감지하는 전정(vestibule)이라는 부위로 구성되어 있다.

반고리관과 전정은 겔과 같은 물질 속에 들어 있는 기계적수용기 형태의 유모세포를 가지고 있다. 머리가 움직이거나 자세가 바뀌면, 관성 때문에 약간 느리긴 하지만 겔도 따라 움직인다. 겔이 움직이면 털이 구부러지고, 이에 따라 유모세포는 신경전달물질을 방출하고 마침내 전정신경의 감각뉴런에서 신경충격을 발생시킨다.

회전운동 감지

세반고리관은 체액이 채워진 뼈로 된 관이다. 각 관의 말단 근처에는 **팽대(ampulla)**라고 부르는 부푼 지역이 있는데, 그 안에는 **큐풀라(cupula)**라는 부드러운 겔 같은 반구가 있다(그림 12.12b). 큐풀라 속에는 기계적수용기인 감각뉴런의 털이 돌출되어 있다.

우리가 머리를 돌릴 때, 반고리관에 들어 있는 체액은 관성 때문에 머리보다 천천히 움직인다. (286쪽의 "스스로 해보기" 참조) 체액의 위치가 바뀌면 부드러운 큐풀라와 그 속의 털이 구부러지며 신경충격을 발생시킨다. 털의 구조는 일반적인 움직임뿐만 아니라 움직임의 방향을 탐지할 수 있게 해준다. 반고리관은 세 개가 있으며 각각이 서로 다른 평면 위에 놓여 있기 때문에 세 개가 함께 작동하여 머리의 어느 방향이든 모든 회전 운동을 탐지할 수 있다.

머리의 위치와 가속 감지

지구에 대한 상대적인 머리의 위치를 감지하기 위해서 우리에게는 중력을 감지하는 기전이 필요하다. **난형낭(utricle)**과 **구형낭(saccule)**이라고 부르는 체액으로 채워진 전정의 두 개의 방은 각각 기계적수용기인 유모세포와 겔 및 **이석(otolith)**이라고 부르는 딱딱한 뼈 같은 물질의 결정체를 가지고 있다(그림 12.13).

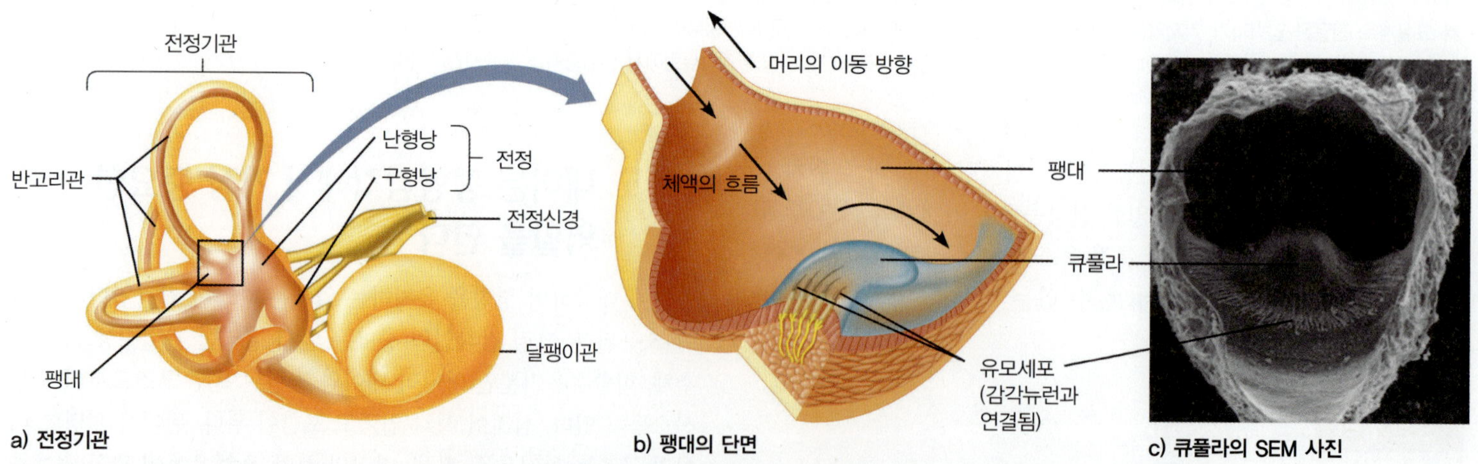

그림 12.12 전정기관. (a) 전정기관(평형기관)은 달팽이관도 포함하고 있는 내이의 일부분이다. (b) 반고리관에 있는 팽대의 단면. 겔과 같은 큐풀라의 바닥에 유모세포가 들어 있다. 머리의 회전 운동은 반고리관 내의 체액을 반대 방향으로 움직인다. 체액은 큐풀라를 밀어 구부리고, 유모세포의 기계적수용기 털을 활성화시킨다. 유모세포는 전정신경의 감각뉴런을 자극할 신경전달물질을 분비한다. (c) 큐풀라의 주사전자현미경사진.

이석은 전정의 뼈로 된 벽에 붙어 있지 않고, 겔 속 표면 가까이에 박혀 있다. 실제로 이석은 자그만 돌과 같으며 겔 자체보다 상당히 무겁다. 예를 들어, 머리를 앞쪽으로 기울이면 이석은 중력이 잡아당기는 중심 쪽으로 미끄러지므로 겔이 밀려서 유모세포의 털을 구부린다(그림 12.13a, b). 다시, 이 과정은 근처에 있는 감각뉴런에서 신경충격을 발생시키며, 이 신경충격은 뇌로 전달되어 해석이 된다.

난형낭과 구형낭은 정적인 위치뿐만 아니라 선형 가속과 감속에도 반응한다. 빠르게 가속되고 있는 자동차 안에 있으면 우리는 마치 등 뒤로 떠밀리는 느낌을 받는다. 이것이 우리 자신의 관성에 대항하는 가속의 힘이다. 마찬가지로, 이석도 뒤로 떠밀림으로써 유모세포를 구부린다(그림 12.13c). 이석은 가속과 감속(선형 속도의 변화)에만 반응하며, 한 방향의 일정한 속도에는 반응하지 않는다.

우리가 "멀미(motion sickness)"라고 부르는 불쾌한 느낌은 비정상적인 몸 움직임과 시각 경험에 대한 생리학적 반응이다. 멀미는 전정기관, 눈 그리고 몸 전체에 퍼져 있는 근육과 힘줄 및 관절에 있는 다양한 수용기로부터 들어오는 감각 입력이 서로 상반되기 때문에 일어난다. 중추신경계는 이처럼 상반된 신호를 전체적으로 적절하게 해석할 수가 없어서 메스꺼움, 식은 땀, 호흡항진 및 두통과 같은 전형적인 증상을 일으킨다.

표 12.3에는 귀의 구조와 기능을 요약해 두었다.

요점 정리

머리의 회전 운동은 내이의 세반고리관 안에 들어 있는 체액의 이동 결과로 감지된다. 머리의 위치와 선형 가속은 내이의 난형낭과 구형낭에 들어 있는 이석의 이동 결과로 감지된다. ■

12.6 시각: 시각 자극의 탐지와 해석

빛은 초속 297,600km의 파동으로 전파되는 전자기선 방사의 한 형태이다. 우리의 눈은 빛을 받아들이고 처리한다. 우리 눈은 가까운 물체나 먼 물체 모두로부터 나온 빛을 감지한다. 희미한 빛이나 밝은 빛이나, 손에 든 촛불에서부터 수만 광년이 떨어진 별까지 그 빛을 감지한다. 그러나 먼저 우리는 빛을 모아서 우리 눈에 있는 광수용기(photoreceptor)라고 부르는 특별히 분화된 세포에 초점을 맞춰야 한다.

눈의 구조

눈의 구조적, 기능적 구성 요소는 그림 12.14에 나타내었으며 표 12.4에 요약되어 있다. 공막(sclera)이라고 알려진 질긴 바깥 외막이, 투명한 **각막(cornea)**과 연속되어 있는 가장 앞쪽만 제외하고, 눈의 바깥 표면을 덮고 있다. 우리가 "흰자위"라고 부르는 부위는 공막의 일부가 밖으로 보이는 것이다.

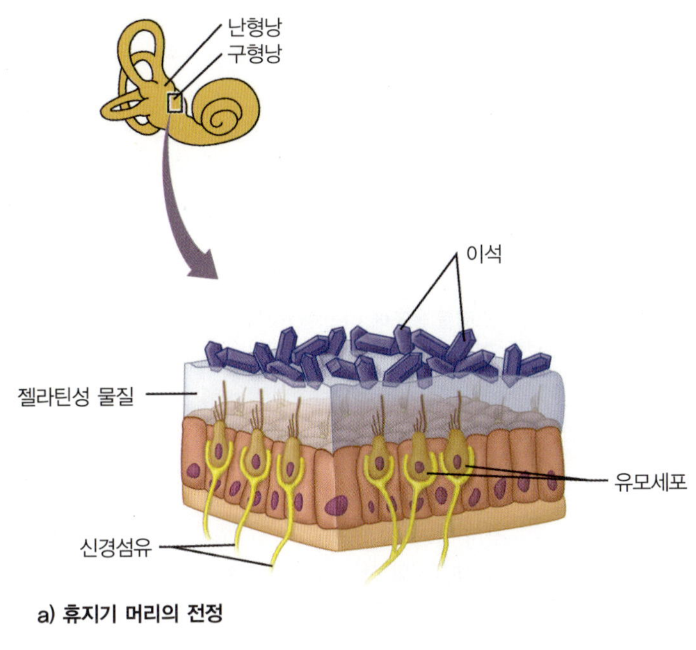

a) 휴지기 머리의 전정

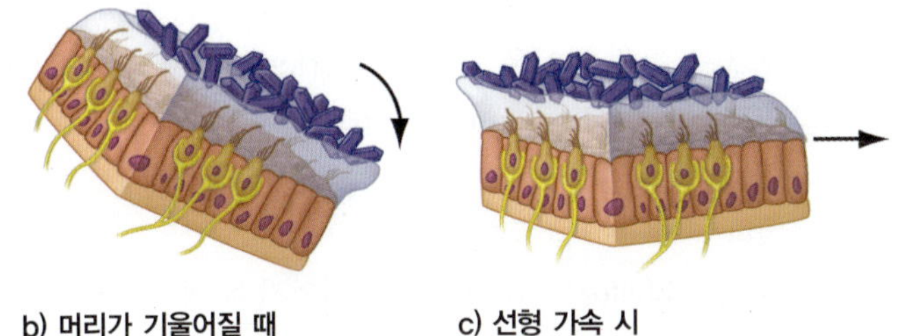

b) 머리가 기울어질 때

c) 선형 가속 시

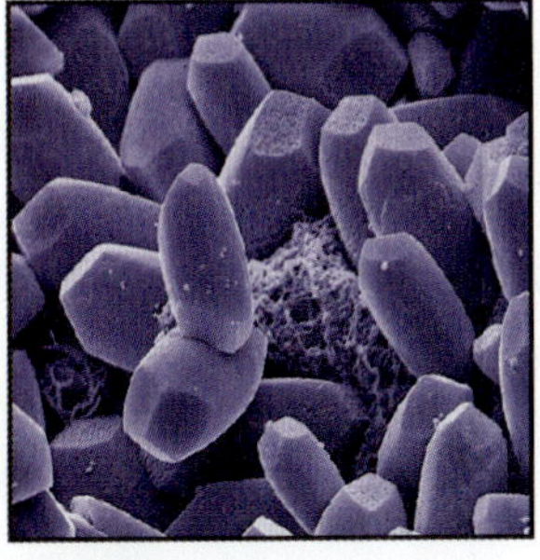

d) 이석의 SEM 사진

그림 12.13 난형낭과 구형낭이 머리의 위치와 선형 가속을 감지하는 방식. (a) 휴지기 머리의 전정. (b) 머리 위치의 변화는 이석이라는 뼈 같은 물질로 된 결정체의 위치를 바꿔서 마침내는 유모세포를 자극한다. (c) 선형 가속 역시 이석의 위치를 바꾼다. (d) 이석의 주사전자현미경사진.

빛은 각막과 안구방수(aqueous humor)라는 액으로 채워진 공간을 통과한다. 안구방수는 각막과 수정체에 영양을 공급해주고 완충 역할을 해준다. 빛은 이제 얼마나 많은 빛이 눈으로 들어갈지를 결정하는 색깔이 있는 원반 모양의 근육인 **홍채(iris)**에 부딪히거나, 홍채의 중앙에 있는 조절이 되는 구멍인 동공(pupil)을 통과해

표 12.3 귀의 구조와 기능

귀 부위	기능	구조	
외이	소리를 받아들이고 통로를 통해 보낸다.	귓바퀴 외이도	
중이	소리를 증폭한다.	고막 망치뼈 모루뼈	등자뼈 난원창 유스타키오관
내이	소리를 음조에 따라 분류하고 이를 신경충격으로 전환한다.	달팽이관 전정계 고실계 와우관 기저막	유모세포 덮개막 코르티기관 정원창
	회전운동을 감지하고 이를 신경충격으로 전환한다.	반고리관 팽대	큐풀라 유모세포
	정적 위치와 선형 가속 및 감속을 감지하고, 이를 신경충격으로 전환한다.	전정 난형낭 구형낭	이석 유모세포

지나간다. 동공을 통해 들어온 빛은 수정체(lens)에 부딪힌다. 수정체는 **모양근(섬모체근, ciliary muscle)**이라고 부르는 원형으로 배열된 민무늬근 고리에 결합조직 섬유가 붙어 있는 투명하고 유연성 있는 구조이다.

빛은 **유리체방수(vitreous humor)**로 채워진 눈에서 가장 큰 공간을 지난 후 눈의 옆면과 뒷면에 있는 층과 만난다. 이 층이 주로 광수용기 세포와 뉴런 및 혈관으로 이루어진 **망막(retina)**이다. 눈의 뒤쪽, 공막과 망막 사이에 색소세포와 혈관으로 이루어진 맥락막(choroid)이 있다. 색소세포는 광수용기가 감지하지 않은 빛을 흡수하므로 반사된 빛으로 상이 뒤틀리지 않게 해주며, 혈관은 망막에 영양분을 공급해준다. 안구의 뒤쪽에는 정보를 시상으로 전달하여 시각피질에서 해석되도록 하는 **시신경(optic nerve)**이 있다. 마지막으로 눈을 감싸고 있는 골격근이 눈의 움직임을 조절하여 우리는 보아야 할 곳이 정확히 어디인지 선택할 수 있다.

망막에는 특별한 설명이 필요한 두 부위가 있다. **중심와(fovea)**는 작은 깔때기 모양의 우묵한 곳으로 이 부위의 광수용기 밀도는 눈에서 가장 높다. 우리가 물체를 똑바로 쳐다볼 때에는 중심와 바로 위에 상의 초점이 맞춰진다. **시신경원판(optic disk)**은 시신경의 축삭이 눈에서 빠져나가는 곳이다. 따라서 이 부위에는 광수용기가 전혀 없다. 시신경원판은 양쪽 눈에서 "맹점(blind spot)"을 만든다. (289쪽의 "스스로 해보기" 참조)

스스로 해보기

반고리관의 체액 이동 모델

우리는 머리의 움직임으로 반고리관에서 일어나는 체액의 이동 원리를 쉽게 시범해볼 수 있다. 유리컵에 물을 반쯤 채우고 그 안에 콩이나 팥 같은 물체를 몇 개 넣는다. 이제 유리컵을 반 바퀴 정도 돌린다. 물과 콩이 유리컵보다 느리게 움직이는 것을 볼 수 있을 것이다. 특히 유리컵을 빨리 돌리면 더욱 그럴 것이다. 물과 콩은 유리컵에 비해 반대 방향으로 움직이는 것처럼 보이지만 사실상 물과 콩은 움직이기 시작하는 데 느린 것뿐이다. 유리컵 돌리기를 멈추면 반대 현상이 나타난다. 물과 콩은 여전히 움직이고, 이들은 당분간 계속해서 회전하게 된다.

요점 정리

빛은 투명한 각막, 홍채의 중앙에 있는 조절이 되는 구멍인 동공, 수정체, 눈의 유리체방수를 통과한 다음 망막에 있는 광수용기에 도달한다. ■

빛의 양 조절과 상의 초점 맞추기

홍채는 두 세트의 민무늬근을 이용하여 눈으로 들어오는 빛의 양을 조절한다. 밝은 빛이 눈에 들어올 때에는, 동공 주위에 원형으로 배열된 근육이 수축하여 동공을 수축시킨다. 그렇지 않으면, 햇빛의 강도가 광수용기를 압도하여 일시적으로 앞을 보지 못하게 된다. 희미한 빛에서는, 동공 주위에 방사형으로 배열된 민무늬근이 수축하여 동공을 확장시킨다.

신경이 각각의 근육을 조절한다. 의식이 없는 사람이나 다친 사람을 검사할 때, 의사는 양쪽 눈에 불빛을 비춰본다. 동공은 빛에 반응하여 수축하고 빛이 없어지면 확장되어야 한다. 동공이 "고정되는

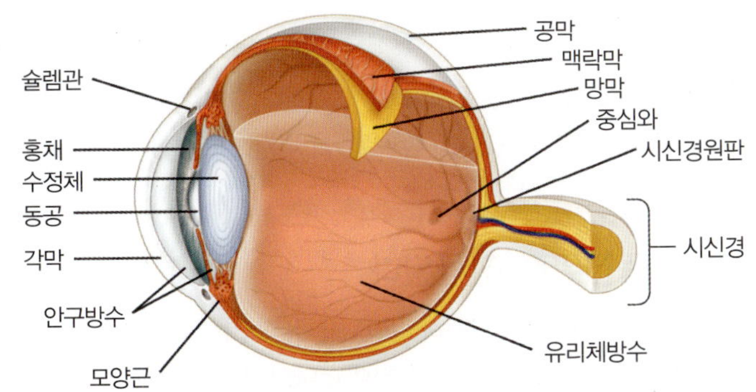

그림 12.14 **눈의 구조.** 빛은 투명한 각막을 통해 들어와서 안구방수, 동공, 수정체, 유리체방수를 지나 눈의 뒤쪽에 있는 망막에 도달한다. 중심와는 망막에서 시각 예민도가 가장 높은 부위이다. 눈에서 나가는 신경과 혈관은 시신경원판을 통해 밖으로 나간다.

(빛에 반응하지 않는)" 것은 아마도 더 광범위한 신경계 장애가 있을 수 있는 나쁜 신호다.

눈으로 들어오는 빛은 각막과 수정체에 의해 초점이 맞춰진다. 곡면을 띤 각막은 실제로 들어오는 대부분의 빛을 휘게 한다. 그러나 각막의 곡면은 조정되는 것이 아니다. 들어오는 빛을 어느 정도로 휘게 할지 조절하는 능력은, 따라서 가까운 물체와 멀리 있는 물체 사이에서 초점을 바꾸는 능력은 오로지 수정체의 곡면을 조정함으로써만 이뤄진다. 이 일은 모양근의 작용으로 일어난다.

모양근이 수축하게 되면, 근육의 안쪽 반경이 오그라들어서 수정체에 붙은 섬유의 장력을 감소시킨다. 이렇게 되면 수정체가 불룩해지고, 우리는 가까운 물체에 초점을 맞춘다. 모양근이 이완되면, 근육의 고리가 수정체에 걸리는 장력을 증가시켜서 수정체를 잡아당겨 납작하게 만들기 때문에 멀리 있는 물체에 초점을 맞추게 된다(그림 12.15). **원근조절(accommodation)**은 수정체의 곡면을 조절하여 가까운 혹은 먼 물체에 초점을 맞출 수 있게 하는 것이다. 물체의 점에서 나온 빛의 선은 굴절하여 초점을 맞추기 때문에 망막에 생긴 상은 뒤집혀 있다(위아래가 바뀐). 그러나 뇌는 이 상을 올바로 선 것으로 해석한다.

나이가 들어가면서 수정체는 딱딱해져서 모양근이 최대로 수축할 경우에도 불룩한 모양을 만들 수가 없다. 그 결과로 가까운 물체에 초점을 맞추지 못하는 노안(presbyopia)이 생기는데, 일반적으로 40세 이후에 나타난다. 노안이 있는 사람은 읽을거리를 멀리 두고 봐야 글씨를 선명하게 볼 수 있다. 노안은 독서용 안경으로 쉽게 교정이 된다.

안구의 모양이 초점에 영향을 미친다

안구 모양의 차이는 초점을 맞추는 능력에 영향을 미친다(그림 12.16).

근시(myopia)는 안구가 정상보다 약간 더 긴, 흔한 유전적 소양이다(드물게는, 모양근이 너무 강하게 수축할 때 근시가 생긴다).

표 12.4 눈의 여러 부위와 그 기능

눈의 구조	기능
공막	안구를 덮고 보호함
각막	들어오는 빛을 굴절시킴(빛을 초점 맞춤)
안구방수	각막과 수정체에 영양분을 공급하고 완충 역할을 함
홍채	들어오는 빛의 양을 조절함
수정체	초점을 조절함
모양근	수정체의 곡면을 조정함
유리체방수	빛을 망막으로 전달함
망막	빛을 흡수하여 신경충격으로 전환함
간상세포	희미한 빛에서 흑백 시각을 담당하는 광수용기
원추세포	시각 예민도가 높고 색 시각을 담당하는 광수용기
중심와	광수용기의 밀도가 가장 높은 부위
시신경원판	시신경이 눈에서 빠져나가는 "맹점" 부위
시신경	신경충격을 뇌로 전달
맥락막	망막에 영양을 공급하고, 망막의 광수용기가 흡수하지 않은 빛을 흡수함

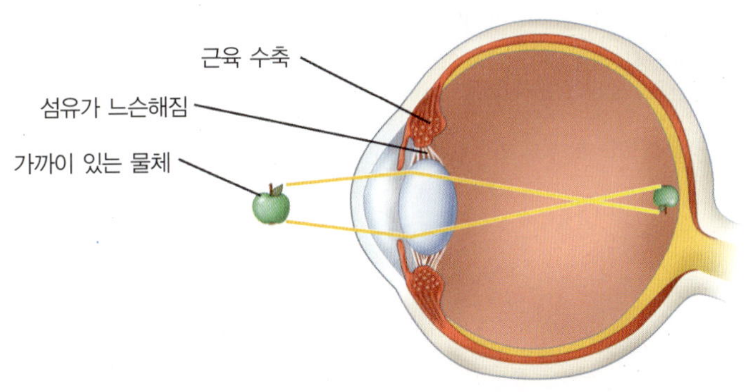

a) 가까이 있는 물체를 볼 때, 모양근이 수축하여 섬유의 장력을 감소시키면 수정체가 불룩해진다.

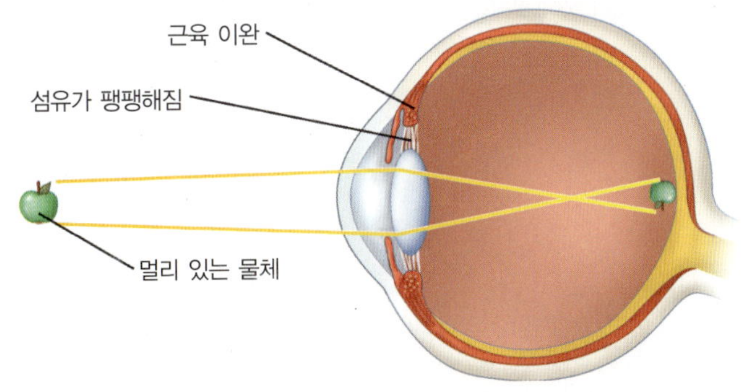

a) 멀리 있는 물체를 볼 때, 모양근의 이완으로 섬유의 장력이 증가하여 수정체를 잡아당겨서 납작해진다.

그림 12.15 **수정체의 원근조절.** 망막에 맺히는 상은 위아래가 뒤집힌 상이다.

수정체가 최대로 납작해졌을 때에도, 멀리 있는 물체의 상이 망막 앞에 초점이 잡힌다. 근시인 사람은 가까운 물체는 잘 볼 수 있지만 멀리 있는 물체에는 초점이 맞지 않는다. 근시는 들어오는 빛을 굴절시켜 망막에 초점을 맞게 하는 오목렌즈로 교정할 수 있다.

조금 덜 흔한 조건인 **원시**(hyperopia)는 안구의 길이가 너무 짧아서 가까운 물체가 망막 뒤에 초점이 잡힌다. 원시인 사람은 멀리 있는 물체는 선명하게 볼 수 있지만 가까운 물체에는 초점이 안 맞는다. 원시는 볼록렌즈를 사용하여 교정한다.

난시(astigmatism)는 각막과 수정체의 불규칙한 모양 때문에 시력이 흐려지는 것을 말한다. 그 결과 빛이 분산되어 망막 위에 고르게 초점이 잡히지 못한다. 난시는 각막과 수정체의 불규칙성을 정확히 보상하도록 특별히 연마한 렌즈를 사용하여 교정할 수 있다.

요점 정리

홍채는 눈으로 들어오는 빛의 양을 조절한다. 각막과 수정체는 초점을 조정한다. 초점 맞추는 능력에 영향을 미치는 문제점에는 노안, 근시, 원시 그리고 난시가 있다. ■

빛은 활동전위로 전환된다

다른 감각기관과 마찬가지로, 눈도 자극(빛)을 신경충격으로 전환한다. 이 과정은 눈의 망막에서 일어난다. 망막의 고유한 구조는 색깔을 볼 수 있게 해주고, 다양한 빛의 세기에 순응하게 해주며, 우리 주변의 세상 모습을 지각할 수 있게 해준다.

그림 12.17은 4개의 층으로 구성된 망막의 모양을 확대한 것이다.

1. 가장 바깥층은 맥락막을 따라 배열된 색소세포(pigmented cell)로 이루어져 있는데, 광수용기 세포에 포착되지 않은 빛이 여기

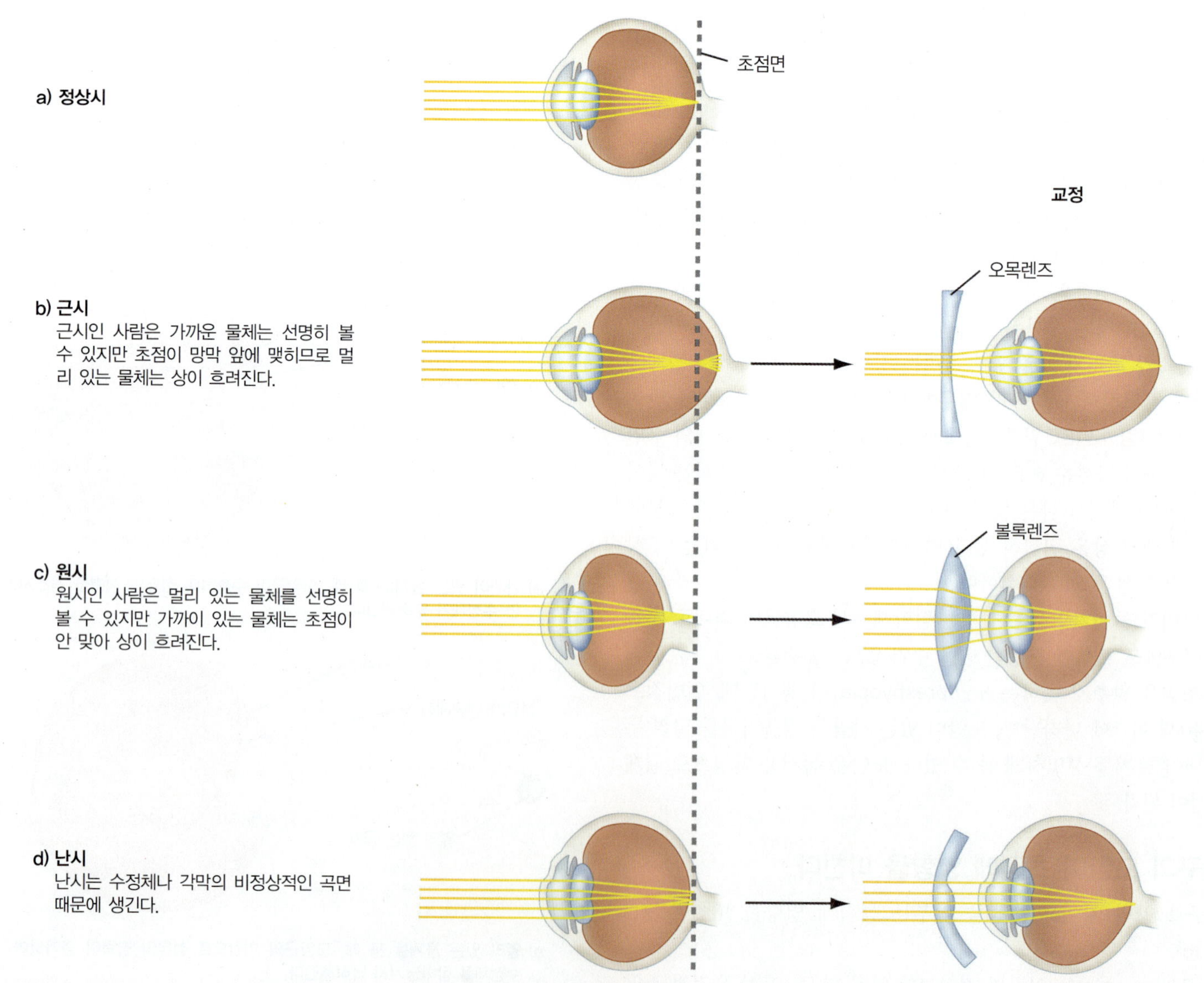

그림 12.16 시력 장애의 예. 세 가지 비정상 시력 유형은 모두 교정이 가능하다.

에서 흡수된다.

2. 다음 층은 모양 때문에 **간상세포(rod)**와 **원추세포(cone)**라고 부르는 광수용기 세포들로 구성되어 있다.
3. 간상세포와 원추세포는 쌍극세포(bipolar cell)라 부르는 뉴런으로 이뤄진 세 번째 층과 시냅스로 연결된다. 쌍극세포는 정보를 일부 처리하고 통합하여 네 번째 층으로 보낸다.
4. 가장 안쪽 층은 신경절세포(ganglion cell)로 이루어져 있다. 신경절세포도 뉴런이다. 신경절세포의 긴 축삭은 시신경이 되어 뇌로 연결된다.

빛이 광수용기 세포들에게 도달하려면 세 번째 층과 네 번째 층을 통과해야만 한다. 그러나 이것이 광수용기 세포가 빛을 받아들이고 전환하는 데 상당한 장애를 주는 것은 아니다.

간상세포와 원추세포는 빛에 반응한다

그림 12.18은 광수용기 세포인 간상세포와 원추세포를 확대해서 나타낸 것이다. 두 세포의 이름에서 알 수 있듯이, 일련의 납작한 원반들이 세포의 한쪽 끝에 배열되어 막대 모양이나 원뿔 모양의 구조를 형성한다. 납작한 원반에는 광색소(photopigment)라고 부르는 특별히 빛에 민감한 단백질들이 수없이 많이 들어 있다.

광색소 단백질은 빛의 형태를 띤 에너지에 노출이 되면 모양이 변한다. 광색소 분자의 형태 변화는 광수용기(간상세포나 원추세포)의 Na^+ 채널을 닫히게 하여 정상적으로 일어나던 신경전달물질의 분비를 감소시킨다. 간상세포나 원추세포에서 방출되는 신경전달물질은 정상적으로는 쌍극세포를 억제하기 때문에, 궁극적으로 빛은 쌍극세포의 활성을 촉진시킨다. 쌍극세포는 다시 신경절세포를 활성화시킨다.

한 쪽 망막에는 약 1억 2,000만 개의 간상세포, 600만 개의 원추세포, 그리고 축삭이 뇌로 연결되는 신경절세포가 100만 개 있다. 의심할 여지없이, 각 단계의 뉴런을 거치면서 신호의 엄청난 수렴과 가중이 일어난다.

간상세포는 희미한 빛에서 시각을 담당한다

모든 간상세포는 **로돕신(rhodopsin)**이라고 부르는 동일한 광색소를 가지고 있다. 앞서 이야기한 바와 같이 간상세포는 원추세포보다 20배 정도 수가 많다. 만일 1억 2,000만 개나 되는 전체 간상세포가 신경절세포의 절반(50만 개)에 수렴한다면, 한 개의 신경절세포에 240개의 간상세포가 수렴하게 되는 셈이다. 이 말은 간상세포로부터 신호를 받는 신경절세포는 희미한 빛에 고도로 민감하다는 뜻이다. 그렇지만 이들은 색을 감지하지 못하며 상세한 상도 제공하지 못한다.

간상세포는 희미한 빛에서 작용하지만 색을 감지하지도 상세한 상을 구성하지도 못한다. 간상세포는 단지 흑백 시각을 제공할 뿐이다. 그렇기 때문에 희미한 빛에서는 물체의 색깔이 뚜렷하지 않고 상의 윤곽도 흐린 것이다.

간상세포와 원추세포는 망막 위에 균등하게 분포되어 있지 않다. 중심와에서 가장 멀리 떨어져 있는 망막 부위에서는 원추세포에 대한 간상세포의 비율이 가장 높다. 만일 밤하늘에서 희미한 별을 보려고 한다면, 똑바로 보지 말고 약간 빗겨서 쳐다보면 더 잘 보인다.

원추세포는 색 시각과 정확한 상을 제공한다

모든 동물들이 다 색을 보는 것은 아니지만 사람은 색을 지각한다. 사람은 빨강, 초록, 파랑, 세 종류의 다른 원추세포를 가지고 있기 때문에 색을 볼 수 있다. 각각의 원추세포는 빨강 빛, 초록 빛 그리고 파랑 빛의 에너지를 특별히 잘 흡수하는 광색소를 가지고 있다. 우리가 다양한 색깔을 구별할 수 있는 능력은 뇌가 세 종류의 원추세포에 연결된 신경절세포로부터 오는 신경충격의 비율을 해석하는 방식에 달려 있다. 다른 파장의 빛으로 세 종류의 원추세포가 모두 활성화되면 우리는 하얀 빛을 지각한다. 전혀 빛이 없을 때는 검은색으로 지각된다.

원추세포는 또한 시각 예민도(정확하고 상세한 시각)를 관장한다. 그러나 원추세포의 광색소는 간상세포의 로돕신보다 빛에 대한 민감도가 훨씬 떨어지기 때문에, 원추세포는 활성화되기 위해서 더 강한 빛을 필요로 한다. 그렇기 때문에 어스름한 빛에서는 색깔 구별 능력이 떨어지고, 진한 색깔 자동차가 녹색인지 빨간색인지 알 수 없는 것이다. 어두울 때에 우리는 주로 간상세포로 보는데, 간상세포는 흑백만 감지할 수 있다.

시각 수용기는 순응한다

우리 자신의 경험만으로도, 몇 초나 몇 분에 걸쳐 변하는 빛의 조건에 대해 시각이 순응한다는

스스로 해보기

맹점 찾기

다음 방법을 이용하면 각각의 눈에서 맹점을 찾을 수 있다. 왼쪽 눈을 가리고 책의 이쪽 면을 얼굴을 향한 채 얼굴 앞 10㎝ 정도 거리에 들고 선다. 오른쪽 눈으로 아래의 사각형에 초점을 맞춘다. 이제 책을 서서히 눈으로부터 멀리 이동한다. 아래의 원이 사라질 때까지 움직인다. 원이 사라지는 이유는 눈으로부터 이 거리만큼에서 원의 상이 오른쪽 눈의 맹점 위에 맺히기 때문이다.

이번에는 오른쪽 눈을 가리고, 왼쪽 눈으로 원에 초점을 맞춘 다음 같은 방법으로 해본다. 여기에서는, 사각형의 상이 왼쪽 눈의 맹점 위에 맺히게 될 때 사각형이 사라진다.

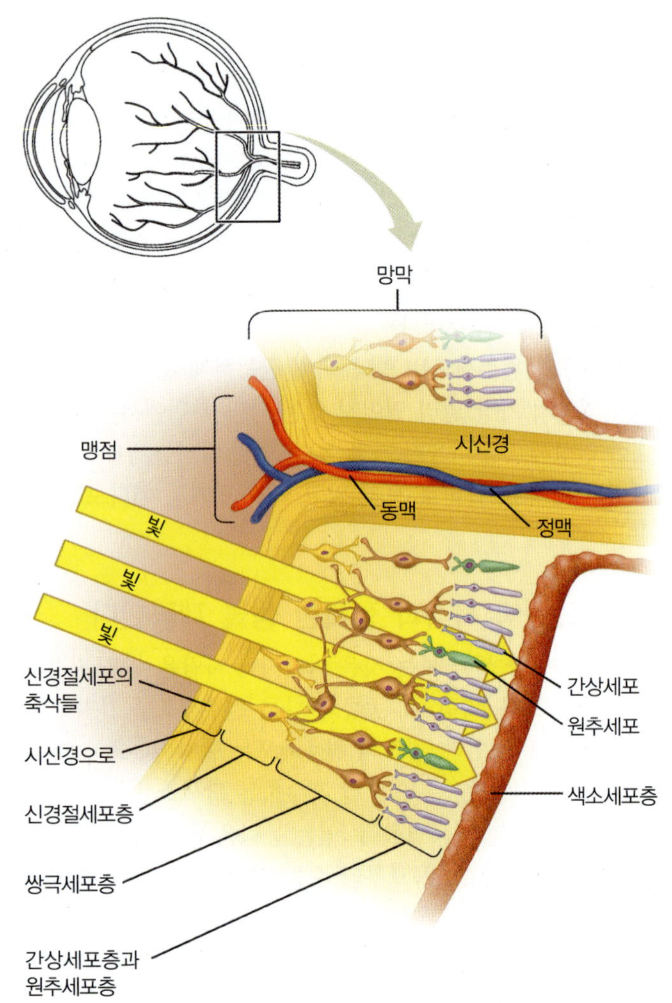

그림 12.17 **망막의 구조.** 빛은 신경절세포의 축삭들 사이를 지나고 신경절세포층과 쌍극세포층을 통과하여 간상세포와 원추세포로 된 광수용기 세포에 도달한다.

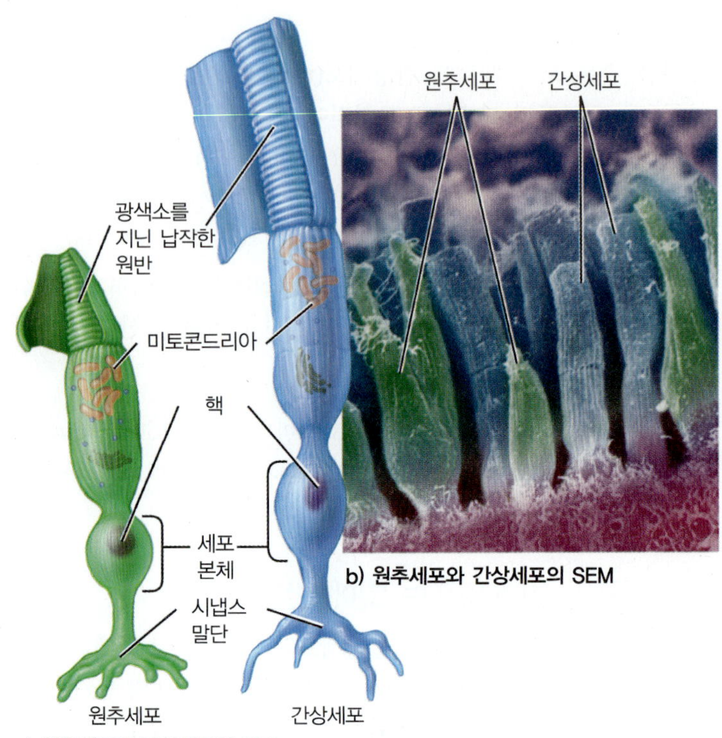

그림 12.18 **광수용기 세포, 간상세포와 원추세포.** (a) 원추세포와 간상세포의 구조. 납작한 원반 안에 있는 광색소가 빛에 민감하게 반응한다. (b) 원추세포와 간상세포의 주사전자현미경사진.

것을 알고 있다. 순응은 밝은 곳에서 어두운 곳으로 갈 때가 그 반대로 갈 때보다 더 오래 걸리는 것 같다. 순응은 홍채에 의한 동공의 신속한 조정과 간상세포에 의한 순응에 따라 일어난다.

로돕신에 의한 빛의 흡수는 광색소를 일시적으로 "다 사용해" 버린다. 빛에너지는 실제로 로돕신을 두 분자로 분해한다. 이 두 분자는 로돕신으로 다시 재합성될 수 있는데, 수분 이상이 걸린다.

우리가 밝은 곳에 나가 있으면, 빛에 민감한 간상세포에 있던 대부분의 로돕신은 이미 분해되었다. 이제 우리가 어두운 방으로 들어가면 원추세포는 더 이상 기능을 발휘하지 못하고, 희미한 빛에서 시각을 제공할 온전한 로돕신도 충분하지가 않다. 얼마의 시간이 지나면(5~15분 정도) 로돕신은 재합성되고 기능을 발휘하게 된다.

이와는 반대로, 어두운 방에서 햇볕으로 나가게 되면, 간상세포와 원추세포에 모두 광색소가 최대량 준비되어 있기 때문에 빛이 매우 밝게 느껴진다. 그러나 간상세포에 있는 로돕신은 금방 다 사용되므로 밝은 빛에서는 주로 원추세포를 사용하게 된다.

요점 정리

빛에너지는 광색소(간상세포의 로돕신, 원추세포의 빨강, 초록, 파랑 광색소)의 구조를 변형시킨다. 간상세포는 희미한 빛에서 시각을 제공한다. 원추세포는 색 시각과 상세한 상을 담당한다. ■

12.7 감각 기작의 장애

귀에 생기는 질환

난청: 청각 상실 난청에는 여러 원인이 있다. 유모세포의 손상으로 (그림 12.19) 생긴 난청은 소리가 감각신경의 신경충격으로 전환될 수 없기 때문에 **신경난청(nerve deafness)**이라고 부른다. 신경난청은 보통 큰 소리에 빈번하게 노출된 결과로 생긴다. 한편, 고막이나 중이의 소골에 생긴 손상은 **전도난청(conduction deafness)**이라 부른다. 전도난청은 소리가 내이로 전혀 전달되지 않은 경우이다. 전도난청은 중이의 소골에 생긴 관절염 때문에 자주 발생한다.

어떤 유형의 청각 상실은 들어오는 소리를 증폭시켜주는 보청기를 이용하여 일부분 교정할 수 있지만, 만일 유모세포가 상실되었다면 소리의 증폭도 별 효과가 없게 된다. 일부 신경난청인 사람은 음파를 전기신호로 전환시키는 인공달팽이관(소형처리기) 이식

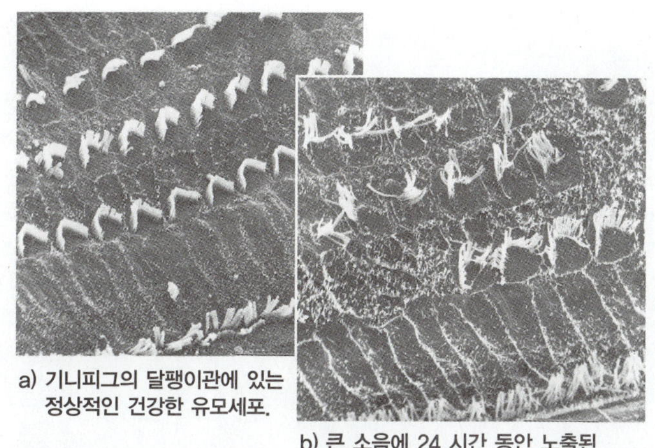

a) 기니피그의 달팽이관에 있는 정상적인 건강한 유모세포.

b) 큰 소음에 24 시간 동안 노출된 뒤의 유모세포.

그림 12.19 손상을 입은 유모세포.

으로 혜택을 보기도 한다.

중이염: 중이에 생긴 염증 귀앓이의 가장 흔한 원인은 중이에 염증이 생기는 중이염(otitis media)이다. 보통 중이염은 유스타키오관까지 번지는 상기도의 감염 때문에 생긴다. 유스타키오관이 막히게 되면서 중이에 액이 고이게 된다. 중이염은 보통 항생제로 치료가 된다.

메니에르 증후군: 내이 손상으로 인한 청각과 평형감각의 장애 메니에르 증후군(Ménière's syndrome)은 내이에 생긴 만성 질환이다. 원인은 잘 모르지만 아마도 달팽이관과 반고리관에 체액이 너무 많아서 발생하는 것으로 여겨진다. 증세로는 반복적인 현기증과 진행성 청각상실을 수반하는 오심(멀미)을 들 수 있다. 보통 평형감각에 문제가 생기는데, 환자는 곧바로 서 있기가 힘들 정도가 된다. 경미한 경우에는 멀미약으로 치료가 된다. 심한 경우엔 수술로 내이의 잉여 수분을 빼내면 낫게 된다.

눈에 생기는 질환

망막박리: 망막이 맥락막으로부터 분리됨 만일 얇은 망막이 찢어지면, 유리체방수가 찢어진 부위를 통해 새나가면서 망막을 맥락막으로부터 마치 벽지를 벽에서 뜯어내듯이 벗겨지게 만들 것이다(그림 12.20a). 망막박리(retinal detachment)의 가장 흔한 원인은 머리에 한 방 맞은 충격이다. 망막에서 박리가 일어난 부위는 대부분의 혈액 공급과 적절히 상의 초점을 맞출 수 있는 능력을 상실하게 된다. 증세로 번쩍이는 불빛, 흐린 시야, 주변 시야의 상실 등이 나타난다. 망막박리는 응급 상황이지만 신속히 수술을 받으면 보통은 상해 부위가 회복된다.

백내장: 수정체가 불투명해짐 백내장(cataract)은 수정체의 정상적인 투명도가 감소하는 질환이다(그림 12.20b). 정상적으로는, 수정체에서 특별한 종류의 단백질이 투명하게 되는 방식으로 접힌다. 만일 수정체로 가는 영양분 운반이 충분하지 못하게 되면, 이 단백질에 변성이 일어나게 되거나 응집이 일어나서 수정체가 불투명하게 된다. 일부 백내장은 선천성이지만, 대부분은 노화와 관련되거나 당뇨병이나 다른 질환의 2차 증세로 나타난다. 치료 방법은 보통 성공률이 높은 편인데, 수정체를 수술로 제거하고 인공 수정체로 대체한다.

a) **망막박리.** 환자의 눈을 검사한 검안경 사진에서 망막이 맥락막으로부터 떨어져 나온 것이 보인다(눈의 위쪽 3분의 1). 중앙 아래쪽에 혈관이 밖으로 나가는 노란 시신경원판이 보인다.

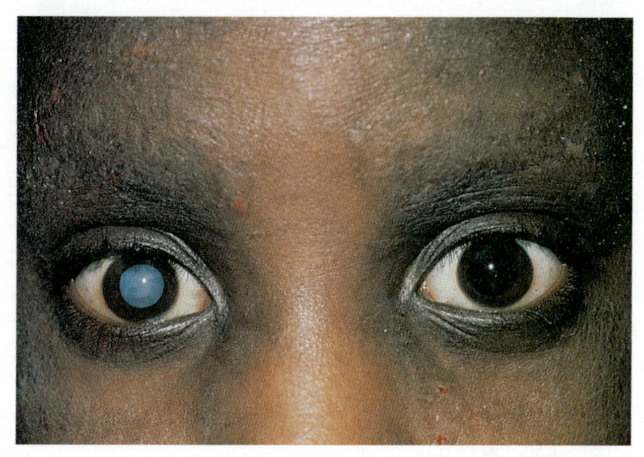

b) **백내장.** 환자의 오른쪽 눈에 나타난 백내장은 만성 염증 질환으로 생긴 것이다.

그림 12.20 흔한 눈 질환.

녹내장: 안구 안의 압력이 상승함 앞에서 언급하였듯이, 각막과 수정체 사이의 방에는 안구방수라는 투명한 액체가 채워져 있다. 안구방수는 모양근 근처에 위치한 모세혈관에서 만들어지는데, 수정체와 각막에 영양분과 산소를 공급해주고 동시에 노폐물을 제거한다. 보통 안구방수는 눈에서 빠져나와 슐렘관(canal of Schlemm: 그림 12.14 참조)이라고 부르는 혈관을 통해 정맥혈로 되돌아간다. 녹내장(glaucoma)은 이 배수관이 막히게 되면서 생긴 질환이다. 초과되는 액체는 눈 안의 압력을 증가시켜 망막에 공급되는 혈관을 누르게 된다. 결국 망막 세포나 시신경이 죽게 되어 시각이 손상되고, 마침내 눈이 멀게 된다. 시각 손상은 종종 주변 시야가 상실되면서 시작된다(그림 12.21).

일반적으로 녹내장은 밖으로 보이는 증후도 없이 수년에 걸쳐 통증 없이 느리게 진행된다. 대부분의 환자들은 시각의 일부를 이미 상실한 뒤에야 자신이 녹내장에 걸렸다

a) 정상 시각

b) 같은 시야를 녹내장 환자가 볼 때

그림 12.21 **녹내장.**

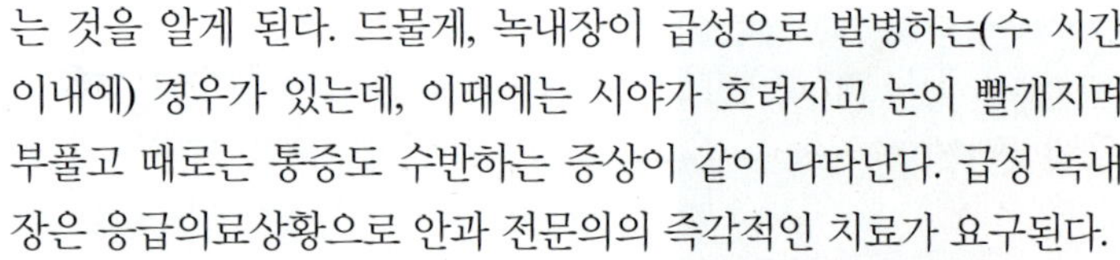

는 것을 알게 된다. 드물게, 녹내장이 급성으로 발병하는(수 시간 이내에) 경우가 있는데, 이때에는 시야가 흐려지고 눈이 빨개지며 부풀고 때로는 통증도 수반하는 증상이 같이 나타난다. 급성 녹내장은 응급의료상황으로 안과 전문의의 즉각적인 치료가 요구된다.

급성 녹내장과 만성 녹내장 모두 안압을 측정하는 간단한 검사로 진단 받을 수 있다. 조기에 진단되면 녹내장은 때 이른 손상이 생기기 전에 약물이나 수술로 조절될 수 있다. 그러나 이미 상실한 부분의 시각은 복구될 수 없다. 정밀 눈 검사에 통례적으로 안압 검사가 포함되는 것은 바로 이런 이유 때문이다.

색맹: 전체 색깔 범위를 구별하지 못함 색맹(color blindness)은 전체 색깔 범위를 구별할 수 없는 상태를 이르는 일반적인 용어이다. 색맹의 대부분 유형은 특정 종류의 원추세포 수가 부족하여 생긴다. 드물게 생기는 색맹으로 세 종류의 원추세포 중 한 종류가 완전히 없는 경우도 있다.

가장 흔한 유형인 적록색맹(red-green color blindness)을 가진 사람은 빨강 원추세포나 초록 원추세포가 결핍되어 있다. 이들은 빨간색과 녹색을 구별하는데 어려움이 있거나 두 색깔을 한 색깔로 지각한다. 어느 종류의 원추세포가 없느냐에 따라 이들이 보는 색깔은 녹색이 되거나 빨간색이 된다.

모든 색깔을 전혀 볼 수 없는 상태의 색맹은 세 종류의 원추세포 중 두 종류가 완전히 없어야만 생기기 때문에, 사람에게는 아주 희귀한 경우이다.

색맹은 대개 유전을 한다. 적록색맹은 X 염색체 연관 열성 형질로 여자보다는 남자에게서 더 흔하다(19단원 참조). 적록색맹은 백인 남성의 8%에서 나타나지만 백인 여성에게서는 1%만 나타나고, 다른 인종에게서는 더 낮은 비율로 나타난다. 교통신호등은 언제나 빨간(서다) 등이 꼭대기에, 푸른(가다) 등은 아래쪽에 위치시켜서 색맹인 사람도 등의 위치에 따라 신호를 구별할 수 있게 하였다. 색맹은 여러 장으로 된 색맹 검사판을 이용하여 쉽게 검사할 수 있다 (그림 12.22).

요점 정리

귀앓이는 대부분 중이의 감염이 원인이 되어 발병한다. 망막박리는 망막이 아래쪽 맥락막으로부터 분리되어 생기는 질환이다. 녹내장은 눈 안의 안압이 증가하여 망막 세포에 공급되는 혈관을 눌러 생기는 병이다. ■

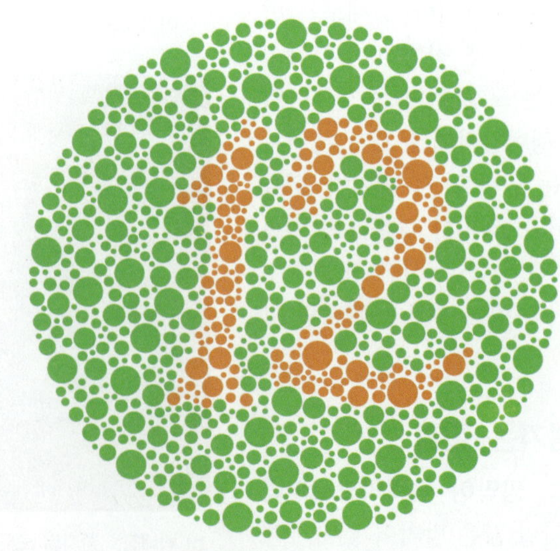

그림 12.22 **색맹 진단용 검사판.** 적록색맹인 사람은 이 검사판에서 숫자 12를 읽을 수 없을 것이다. 정확한 색맹 검사에는 원본 검사판이 사용된다.

시사 과학 문제

휴대용 음향기기는 청각에 위험한가?

음악 듣기를 즐기세요? 클럽에 가입하고 디스크맨(Discman) 같은 휴대용 음향기기와 아이포드(iPod) 같은 MP3 기기들이 예전에 비해 훨씬 더 유행하고 있다. 애플(Apple)사는 아이포드를 1억 5,000만 개 이상이나 팔았다(2010년 자료). 그러나 어떤 음악 팬은 아이포드의 디자인이 큰 소음에 노출시켜 음악 듣는 사람의 청각을 위험에 빠뜨릴 수 있다고 애플사를 고소하였다.

어느 형태든 청각에 문제가 있는 3세 이상 미국인의 수는 1971년 이래 1,320만 명에서 오늘날 3,000만 명으로, 두 배 이상이나 증가하였다. 이런 증가 경향은 아이포드가 나오기 이전부터 있어 왔다는 사실이 명확하지만, 의사들은 아이포드와 같은 휴대용 음향기기의 광범위한 인기가 이런 추세를 가속화할 뿐이라고 우려한다.

큰 소리는 유모세포를 손상시키거나 죽인다

소리의 크기는 데시벨 단위로 나타낸다(표 12.1 참조). "직업안전 및 건강관리 기구(OSHA)"에 따르면 지속적인 85데시벨 이상의 소음은 적어도 어떤 형태든 청각 상실을 일으킬 수 있다고 한다. 더 큰 소리는 단 시간 내에 손상을 가져온다. 예를 들면, 100데시벨 크기로 연주되는 음악은 2시간 안에 청각 상실을 일으키고, 115데시벨에서는 10분 이내에 손상을 일으킬 수 있다.

큰 소리는 귓속 달팽이관에 있는 유모세포를 과도하게 진동시켜서 덮개막에 박혀 있는 섬세한 털들을 파괴시킨다. 유모세포의 손상으로 생긴 일부 일시적인 청각 상실은 회복이 되긴 하지만, 반복적으로 또는 과도하게 손상이 일어나면 유모세포 전체를 죽일 수 있다. 유모세포는 대체가 가능한 세포가 아니므로 유모세포가 죽으면 그것으로 끝이다. 영구적으로 잃게 되는 것이다. 유모세포의 상실이 오랜 기간에 걸쳐 느리게 진행되어 손상이 많이 진척된 뒤에야 사람들이 알게 되는 일이 자주 일어난다.

휴대용 음향기기가 문제인가?

현재, 소수의 국가에서 휴대용 음향기기의 최대 허용 음량치를 제한하고 있다. 애플사는 프랑스에서 판매되는 아이포드가 허용 한계인 100데시벨을 넘었기 때문에 아이포드를 다시 디자인해야 했다. 그러나 미국에서는 이보다 더 센 아이포드가 여전히 팔리고 있다. 애플사에 대한 첫 번째 법적 소송은 미국에서 판매되는 아이포드가 115데시벨 이상이나 되는 소리를 재생하기 때문에 "처음부터 디자인에 결함이 있다"는 것이다. 원고 측은 또한 애플의 광고 문건에 있는 "소리를 높여라"와 같은 말이 사용자들로 하여금 음량을 과도하게 키워서 듣게 하였다고 고소하였다. 애플사는, 각 아이포드에는 "이어폰이나 헤드폰을 높은 음량으로 들으면 영구적인 청각 상실을 일으킬 수 있다"는 경고 문안이 첨부되어 있다고 반박하였다.

일부 청각과학자들은 헤드폰 대신 널리 사용되고 있는 이어폰이 단지 문제를 키울 뿐이라고 주장한다. 이어폰은 고막 앞 2.5㎝도 안 되는 곳에다 소리를 내보낸다. 만일 시끄러운 거리 소음이나 지하철 소음 속에서 잘 들으려고 음량을 키운다면 결국은 문제를 자초하는 셈이 된다.

물론, 휴대용 음향기기들은 정확히 말하면, 높은 음량의 소리를 신호왜곡 없이, 언제 어디서나 들려줄 수 있으므로 소비자들에게 인기가 높다. 결과는 사람들이 과거보다 더 높은 음량으로, 더 오래 듣는다는 것이다. 이것이 애플사의 잘못인가, 아니면 사업 성공의 신호인가?

청각 기능 보호

자신의 청각을 보호하기 위해 무슨 일을 할 수 있을까? 미국 보스턴에 있는 소아병원의 진단 청력과 소장인 브라이언 플리거(Brian Fligor) 박사는 음향기기 사용을 하루 한 시간, 최대 음량의 65% 수준으로 제한하는 것을 권장한다. 이 정도의 음량은 잘 들을 수 있으면서, 청각 상실을 일으키기 시작되는 85데시벨보다는 훨씬 낮은 수준이다.

일부 전문가들은 기존의 이어폰 대신에 주위의 소음을 차단하는 귀마개 같은 이어폰 사용을 권장한다. 또 다른 방법으로는, 주변 소음을 능동적으로 삭제시키는 잡음제거 헤드폰을 생각해 볼 수 있다. 잡음제거 헤드폰은 값이 싸지 않을 것이며, 활동적이고 이미지 중심적인 십대들에게 인기를 끌 것 같지 않지만, 사용자들은 음량을 안전한 수준으로 낮춰서 음악을 들을 수 있는 장점이 있다. 그리고 음악을 듣거나 연주한 후에 청각에 일시적인 변화를 느낀 적이 있다면, 다음 번에는 음량을 줄여야 한다.

생각해볼 문제

1 휴대용 음향기기는 각 볼륨(음량) 설정에 해당 데시벨 정보를 제공해야 한다고 생각하는가?

2 음향기기의 음량을 줄이는 것(또는 제한하는 것)은 누구의 책임이라고 생각하는가? 만일 사용자가 청각을 상실하게 되었다면, 사용자는 제조회사를 고소할 수 있을까?

사실은....

- 일부 휴대용 음향기기는 음량이 영구적인 청각 상실을 일으킬 수 있는 115데시벨까지 나온다.
- 이어폰은 큰 소리의 음악을 고막 앞에 직접 내보냄으로써 청각 상실의 위험률을 높인다.
- 음향기기의 안전한 사용 지침은 하루 한 시간, 음량은 최대 음량의 65% 수준으로 제한하는 것이다.

단원 요약

수용기는 자극을 받아들이고 전환한다

- 수용기는 자극 에너지를 감각뉴런의 신경충격으로 전환한다.
- 뇌는 들어오는 신경충격을, 감각뉴런이 어디에서 오는지에 따라 해석한다.
- 어떤 유형의 수용기는 지속적인 자극에 순응한다. 반면에 다른 수용기들(대부분 통각수용기)은 그렇지 않다.
- 체성감각(온도, 촉감, 진동, 압력, 통각, 신체의 이동과 위치 감지)은 온몸에 분포한 수용기들로부터 온다.
- 다섯 개의 특수감각(미각, 후각, 청각, 평형감각, 시각)은 신체의 특정 분화된 부위에서만 일어난다.

체성감각은 온몸에 분포하는 수용기로부터 일어난다

- 피부는 열, 차가움, 진동, 압력, 가벼운 촉감, 통각에 대한 수용기들을 가지고 있다. 온도와 통각 수용기들은 일부 내장 기관에도 분포한다.
- 관절에 있는 수용기는 관절의 위치를 감지한다.
- 근방추체는 근육의 길이를 감지하고, 힘줄수용기는 힘줄(그리고 근육)의 장력을 감지한다.

미각과 후각은 화학수용기에서 감지된다

- 미각을 담당하는 화학수용기는 대부분이 혀 위에 있는 맛봉오리라는 구조에 분포한다.
- 후각을 담당하는 수용기(후각수용기라고 부름)는 비강에 분포한다. 사람은 1,000개 이상의 서로 다른 후각수용기를 가지고 있다.

청각: 음파를 감지하는 기계적수용기

- 외이는 통로를 통해 음파를 고막으로 보내며, 중이는 음파를 증폭하고, 내이의 달팽이관은 음파를 신경충격으로 전환한다.
- 서로 다른 음조의 음파는 달팽이관의 각각 다른 위치에서 신경충격으로 전환된다.

내이는 평형감각에서 가장 중요한 역할을 한다

- 내이의 전정기관은 세 개의 반고리관과 전정으로 구성되어 있다.
- 반고리관은 머리의 회전 운동을 3차원적 공간에서 감지하는 구조이다.
- 전정의 기관들은 정적인(움직이지 않는) 머리의 위치와 선형 가속을 감지한다.

시각: 시각 자극의 탐지와 해석

- 눈은 시각 기관으로, 눈을 움직이고(근육), 눈으로 들어오는 빛의 양을 조절하며(홍채), 상의 초점을 맞추고(수정체), 빛에너지를 신경충격으로 전환하는(망막) 구조들을 가지고 있다.
- 망막에 있는 광수용기세포를 간상세포와 원추세포라고 부른다.
- 간상세포의 수는 원추세포의 수보다 20배 더 많다. 간상세포는 희미한 빛에서 시각을 제공하지만 색을 감지하지 못하며 상세한 상도 만들지 못한다.
- 세 종류의 원추세포는 서로 다른 광색소를 가지고 있어서, 각각은 가장 잘 반응하는 빛의 파장(색깔)이 서로 다르다. 원추세포는 밝은 빛에서 가장 효과적으로 작용하며, 색상 시각을 제공해주며 매우 선명한 상을 만든다.
- 광수용기는 변화하는 빛의 세기(광도) 조건에 순응한다. 아주 희미한 빛에 완전히 순응하는 데는 약 15분 정도 걸린다.

감각 기작의 장애

- 중이에 생긴 염증은 귀앓이의 흔한 원인이다.
- 눈에 생기는 흔한 장애로는 망막박리, 백내장, 녹내장, 색맹 등이 있다.

알아야 할 용어

각막(cornea)
간상세포(rods)
고막(tympanic membrane, eardrum)
광수용기(photoreceptor)
근방추체(muscle spindle)
기저막(basilar membrane)
달팽이관(cochlea)
로돕신(rhodopsin)
맛봉오리(taste bud)
망막(retina)
수용기 순응(receptor adaptation)
수정체(lens)
원근조절(accommodation)
원추세포(cones)
유모세포(hair cell)
유스타키오관(auditory tube)
전정기관(vestibular apparatus)
체성감각(somatic sensations)
특수감각(special senses)
홍채(iris)
후각수용기세포(olfactory receptor cell)

개념 확인 문제

1. 전환하는 자극의 유형에 따라 수용기를 다섯 종류로 분류하시오.
2. 수용기 순응은 어떻게 작용하는지 설명하시오.
3. 체성감각은 어떤 정보를 제공하는지 설명하시오.
4. 다섯 가지 특수감각은 무엇인가?
5. 빠른 통각, 느린 통각 및 연관통을 비교하여 설명하시오.
6. 중이에 있는 세 개의 청소골(망치뼈, 모루뼈, 등자뼈)의 전체적인 기능에 대해 설명하시오.

7. 눈에는 골격근과 민무늬근이 다 있다. 두 근육이 각각 어디에 위치하는지 답하고 각자의 기능에 대해 설명하시오.
8. 간상세포와 원추세포를 비교 설명하시오.
9. 매우 희미한 빛의 조건에 완전히 순응하는 데에는 약 15분 정도가 걸리는 이유를 설명하시오.
10. 녹내장을 일으키는 원인에 대해 설명하시오.

학습 문제

연결 문제

_________ 1. 특정 자극을 받아들이도록 분화된 구조

_________ 2. 맛을 감지하기 위해 50개 정도의 수용기와 보조세포들이 모인 다발 구조

_________ 3. 중추신경계가 받은 자극을 의식적으로 알게 되는 과정

_________ 4. 중추신경계가 받은 자극의 의미를 이해하는 과정

_________ 5. 머리의 위치를 감지하는 데 중요한 역할을 하는 뼈 같은 재질의 딱딱한 결정

_________ 6. 눈의 광수용기세포에 있는 단백질로 빛에 노출되면 형태가 변한다.

a. 맛봉오리
b. 감각(sensation)
c. 수용기
d. 지각(perception)
e. 광색소
f. 이석

빈칸 채우기

7. 미각과 후각은 모두 ___________(이)라는 수용기의 한 종류에 의해 감지된다.
8. 네 가지(또는 다섯 가지) 주요 맛은 ___________, ___________, ___________, ___________, 그리고 ___________이다.
9. 날카로운 통각 또는 ___________ 통각은 일반적으로 물리적 압력이나 열에 의해 일어난다.
10. 음파를 신경충격으로 전환하는 유모세포의 털은 ___________에 박혀 있다.
11. 눈에 있는 광수용기세포는 ___________와(과) ___________(이)라고 부른다.
12. 빛은 각막과 수정체에서 굴절되어 망막 위에 초점이 맞춰지지만, 오직 ___________만이 조절 가능한 곡면을 가지고 있다.

OX 문제

13. 시각과 청각의 감각 입력은 모두 뇌에서 정확히 같은 형태로, 즉 활동전위(신경충격)로 받아들여진다. ( )
14. 머리의 회전 운동은 내이에 있는 세 개의 반고리관에서 감지된다. ( )
15. 간상세포에는 로돕신이라고 부르는 광색소가 있다. ( )

참고문헌

Smith, David V., and Robert F. Margolskee. Making Sense of Taste. *Scientific American*, March 2001, pp. 32–39. (An in-depth review of how taste receptors and taste neurons work.)

응용 문제

1. 지구 밖으로 나간 우주인이 눈을 감고 있다면 머리를 옆으로 움직이는 것을 감지할 수 있을까? (즉, 세반고리관이 정상적으로 작동할까?) 우주인은 정적인 머리 위치를 감지할 수 있을까? (즉, 난형낭과 구형낭이 정상적으로 작동할까?) 답에 대해 설명하시오.
2. 보통 때는 양쪽 눈의 맹점을 잘 인식하지 못하는 이유는 무엇인가?
3. 우리의 후각은 기분과 정서에 밀접하게 연결되어 있다. 나쁜 냄새에는 기분이 나빠지지만 좋은 냄새는 기분을 좋게 해주거나 좋은 추억을 연상하게 해준다(향수 제조회사들은 이 사실을 잘 알고 있다). 애완동물을 키우는 집에는 손님들이 싫어하는 냄새가 배어 있지만 주인은 전혀 알지 못한다. 방문 시간이 길어지면 이제는 손님마저도 애완동물의 냄새를 맡지 못한다. 왜 이런 일이 일어날까?
4. 약국에 가면 수많은 진통제들이 판매되고 있는 것을 알 수 있다. 통증은 왜 그렇게 흔하게 생기며, 그렇게 문제를 일으키는가?
5. 한 아마추어 권투선수가 온라인 포럼에서 (시합 도중) 머리 위에 펀치를 맞았을 때 눈앞에서 빛이 번쩍하는 것을 보았다고 말했다. 보통은 턱이나 귀에 펀치를 맞고, KO 펀치에는 눈앞이 깜깜해지기 때문에 이것은 이상한 경험이었다. 번쩍이던 빛이 사라지자 그는 다시 시합을 할 수 있었다. 권투선수가 머리 위에 펀치를 맞았을 때 무슨 일이 일어났는가?
6. 숨을 아주 깊게 쉬어보자. 제대로 깊게 쉬면 가슴에 날카로운 통증이 한 순간 느껴질 것이다. 왜 이런 일이 일어날까?
7. 일부 사람들이 롤러코스터나, 자동차, 보트를 타고 나서 느끼는 현기증과 욕지기가 수반된 멀미는 왜 일어난다고 생각하는가? 체조선수들은 왜 운동을 하는 중에 멀미를 하지 않을까?

학습 문제 해답

1. c **2.** a **3.** b **4.** d **5.** f **6.** e **7.** 화학수용기 **8.** 단맛, 신맛, 짠맛, 쓴맛, 감칠맛 **9.** 빠른 **10.** 덮개막 **11.** 간상세포, 원추세포 **12.** 수정체 **13.** O **14.** O **15.** O

13 내분비계

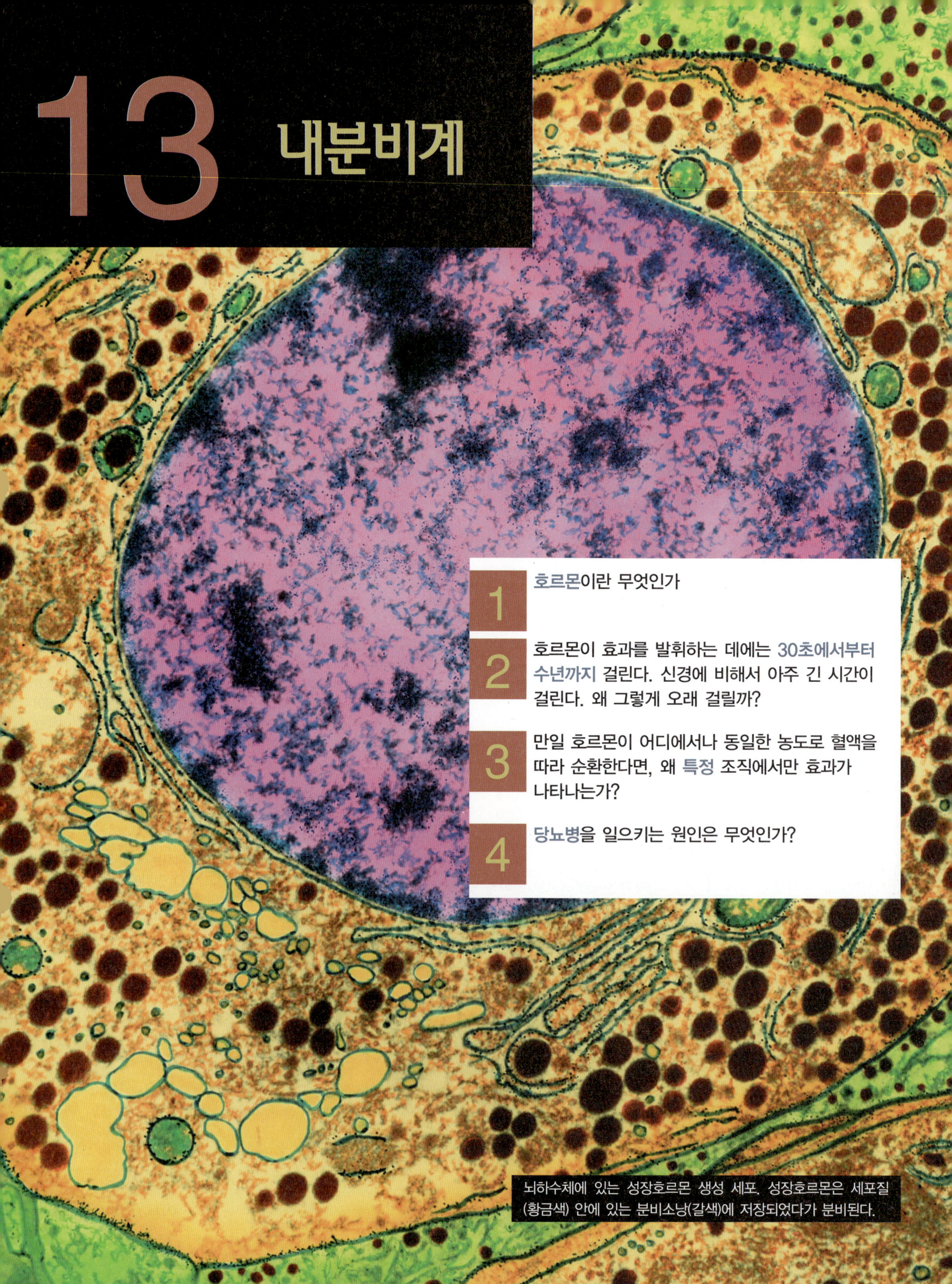

1 호르몬이란 무엇인가

2 호르몬이 효과를 발휘하는 데에는 30초에서부터 수년까지 걸린다. 신경에 비해서 아주 긴 시간이 걸린다. 왜 그렇게 오래 걸릴까?

3 만일 호르몬이 어디에서나 동일한 농도로 혈액을 따라 순환한다면, 왜 특정 조직에서만 효과가 나타나는가?

4 당뇨병을 일으키는 원인은 무엇인가?

뇌하수체에 있는 성장호르몬 생성 세포. 성장호르몬은 세포질(황금색) 안에 있는 분비소낭(갈색)에 저장되었다가 분비된다.

11살에서 13살 즈음에 인간의 몸과 마음에는 무언가 이상하고 경이로운 일이 일어난다. 몸은 빠르게 성장하고, 2차성징이 형성되기 시작한다. 불과 몇 개월 전까지만 해도 이들은 서로에게 전혀 관심이 없었지만, 많은 남자애들이 여자애들에게 관심을 갖기 시작하고, 많은 여자애들도 남자애들에게 관심을 갖기 시작하는데, 때로는 집착에 가까울 정도의 경우도 있다. 그 나이 때에는 어느 쪽도 왜 그런 변화가 생기는지 확실히 알지 못한다. 그저 그런 일이 일어나는 것이다.

수많은 신체 기능을 조절하는 강력한 화학물질들의 내부 체계인 내분비계를 소개한다. 내분비계는 성적 성숙과 성욕 외에도 수분과 전해질의 균형, 혈압, 스트레스 반응, 소화, 세포대사, 적혈구생성 및 전반적인 생체 기관의 성장과 발생을 조절한다.

13.1 내분비계는 호르몬을 만든다

내분비계(endocrine system)는 **호르몬(hormone)**이라는 순환성 화학전달자 분자를 만들고 분비하는 특수한 세포와 조직 및 분비샘의 집합체이다. 호르몬은 **내분비샘(endocrine gland)**에서 분비되는데, 내분비샘은 관 구조를 갖지 않으며 호르몬을 간질액, 림프 및 혈액으로 배출시킨다(endocrine은 내부로 분비한다는 뜻이다). 이와는 반대로, **외분비샘(exocrine gland)**은 점액, 땀, 눈물 및 소화액 등의 물질을 관을 통해 적절한 곳으로 배출시킨다. 대략 50가지의 호르몬이 인간의 혈액을 순환하고 있다고 알려져 있지만, 새로운 것들이 여전히 발견되고 있다.

호르몬은 혈액을 타고 다니는 정보의 단위들인데, 이는 마치 신경충격이 신경 내에서 전달되는 정보의 단위인 것과 같다. 어떤 호르몬은 다양한 신체 기능을 조절하는 되먹임 조절 고리에 관여한다. 우리는 항상성을 유지하기 위해 이러한 호르몬을 필요로 한다. 다른 호르몬은 출산 시 자궁의 수축, 소아기의 성장 및 사춘기 동안의 성징 발달 등과 같은 특별한 효과를 만들어낸다. 우리는 위와 같은 매우 특별한 기능을 위해 이처럼 특별한 호르몬을 필요로 한다.

그림 13.1은 내분비계를 구성하는 다양한 조직 및 생체 기관과 이들이 분비하는 가장 중요한 호르몬들을 보여준다. 이 호르몬들의 여러 기능에 대해서는 이 단원에서 주로 다루게 될 것이며, 필요에 따라 다른 단원에서도 언급될 것이다.

내분비계는 신경계와 같은 신호전달 체계이나 아래와 같은 차이점이 있다.

1. 내분비계의 호르몬은 살아 있는 모든 세포에게 도달한다. 이러한 점에서 내분비계가 신경계에 비해 우월한 면을 갖게 된다. 호르몬이 거의 모든 세포에게 전달되는 것은 호르몬이 혈액을 통해 순환하고, 거의 모든 세포가 혈관 가까이에 존재하기 때문이다. (중추신경계는 혈액-뇌 장벽에 의해 대부분의 체내 호르몬에 대한 노출을 효과적으로 제한하므로 이 점은 하나의 예외가 된다.) 내분비계에서는 신경계에서 요구되는 직접적인 연결(말하자면 네트워크의 형성)이 필요하지 않다.
2. 각 호르몬은 특정한 세포에만 작용한다. 모든 호르몬이 같은 혈액 내에 섞여서 순환하는데 어떻게 한 호르몬은 특이적으로 적혈구 생성만 조절하고, 다른 호르몬은 혈중 칼슘 농도의 조절만 관여할 수 있을까? 이에 대한 답은 각 호르몬이 **표적세포(target cell)**라고 부르는 특정한 그룹의 세포들에게만 작용한다는 것인데 그 이유는 바로 그 표적세포만이 그 호르몬에 대한 수용체를 갖고 있기 때문이다. 특정한 호르몬이 그 표적세포 표면의 수용체에 결합하면 표적세포 내에서 변화가 일어나게 된다. 표적세포는 성장하기 시작하거나, 분열하거나, 또는 어떤 상태로 물질대사를 변화시킬 수도 있다. 이외의 다른 모든 세포들은 적절한 수용체를 갖고 있지 않기 때문에 이 호르몬에 반응할 수 없다. 비유를 위해 당신의 차는 세포, 차의 시동 스위치는 수용체, 차 열쇠는 호르몬이라고 생각해보자. 당신의 차 열쇠는 당신 차('표적' 차)에만 맞고 다른 차에는 맞지 않는다. 당신이 차 열쇠를 시동 스위치에 넣고 돌리면 차가 출발한다. 휘발유가 소비되고, 엔진이 돌아가며, 열이 발생한다.

들어가기 질문의 답

1 호르몬은 내분비샘에서 방출되고 혈액을 따라 온몸으로 퍼져나가는 화학전달자 분자이다. 각 호르몬은 온몸에 있는 특정한 세포나 조직에 특이적인 정보를 전달한다.

2 새로 방출된 호르몬이 혈류를 타고 표적세포에 도달하는 데에는 적어도 30초가 걸린다. 더욱이 어떤 호르몬은 매우 느리게 방출되고, 또 다른 호르몬은 성장과 성적 성숙과 같이 시간이 오래 걸리는 활동을 촉진한다.

3 특정 호르몬에 대한 특이적인 수용체를 가진 세포만이 그 호르몬에 반응할 수 있다. 여성의 가슴 조직에 있는 세포들은 에스트로겐 수용체를 수없이 많이 갖고 있는 반면 심근세포들은 거의 갖고 있지 않다.

4 당뇨병은 일반적으로 세포나 조직이 인슐린에 적절하게 반응하지 못하게 됨으로써 시작되며 이는 나중에 인슐린 합성의 저하로 이어진다. 당뇨병의 발병에는 유전적 요소가 있을 수 있으나, 고지방 및 당이 많은 음식을 너무 자주 먹는 것도 크게 영향을 주는 것으로 여겨진다.

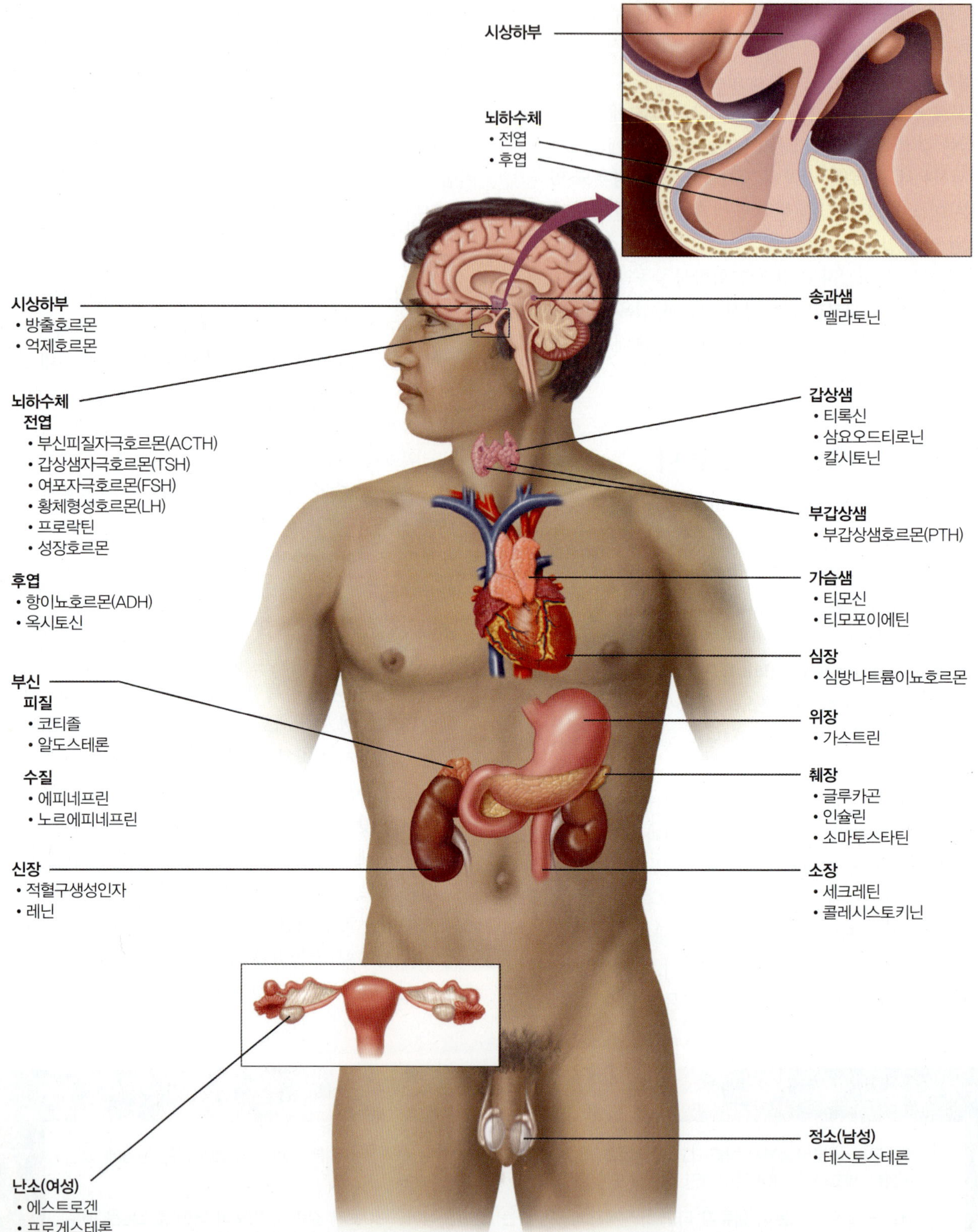

그림 13.1 사람의 내분비계 구성요소. 주된 기능이 내분비가 아닌 몇몇의 기관(심장, 위장, 소장 및 신장)들이 2차 기능으로 호르몬을 생산하고 분비하는 것에 주의하시오.

3. 내분비계의 조절은 신경계에 의한 조절보다 느린 경향이 있다. 심혈관계를 메시지 전달계로 쓰기 때문에 속도가 느려서 반응 시간이 길어지게 된다. 신경전달의 경우는 머리에서 발끝까지 전달되는데 1초도 걸리지 않는다. 호르몬이 혈액으로 분비되고, 혈액 내에서 순환하다가 표적세포에 도달한 후, 효과를 나타내는 데에는 더 오랜 시간이 걸린다. 가장 빠른 경우가 20여 초 걸린다. 이러한 전달 속도상의 차이를 고려해 볼 때, 뜨거운 불꽃을 순간적으로 피하게 하는 반사반응을 조절하는 것이 내분비계가 아니라 신경계라는 것은 놀라운 일이 아니다. 반면에 내분비계는 혈압의 조절, 적혈구 생성 및 사춘기의 도래와 같은 장기적인 조절에 아주 효과적이다.
4. 내분비계와 신경계는 서로 상호작용할 수 있고, 실제로 자주 상호작용한다. 예를 들어 성장과 성적 성숙의 타이밍에는 신경계와 내분비계 모두에서 일어나는 변화의 복잡한 연쇄반응이 관여하며, 어떤 호르몬의 방출은 감각뉴런에 의한 신호입력에 좌우된다.

요점 정리

내분비계의 분비샘에서 방출된 호르몬은 적합한 수용체가 있는 표적세포에만 작용한다. 호르몬은 순환계를 통해서 표적세포에 도달하는데, 이 때문에 내분비계의 조절 속도는 신경계보다 느리다. 내분비계와 신경계는 종종 서로 상호작용한다. ■

13.2 호르몬은 스테로이드와 비스테로이드로 구분된다

호르몬은 구조와 작용 기작에 따라 기본적으로 두 종류로 나뉜다. **스테로이드호르몬(steroid hormone)**은 구조적으로 콜레스테롤과 관련되어 있으며, 모두 지용성이다. **비스테로이드호르몬(nonsteroid hormone)**은 구조적으로 단백질과 관련이 있으므로 모두 지용성이 아니다. 스테로이드호르몬과 비스테로이드호르몬은 지질 용해성의 차이로 인해 각각의 작용 기작에서 차이가 생긴다. 스테로이드호르몬은 세포 안으로 들어가서 세포 내 수용체와 결합하고, 새로운 단백질을 형성하는 유전자를 활성화시킨다. 비스테로이드호르몬은 세포 안으로 전혀 들어가지 않는데도 불구하고 세포 표면에 있는 수용체와 결합하는 것만으로 세포의 활성을 변화시키는 일련의 반응을 개시한다.

스테로이드호르몬은 표적세포 내로 들어간다

세포막이 주로 인지질 이중층으로 되어 있다는 것을 기억해보자. 스테로이드호르몬은 콜레스테롤과 관련이 있어서 지용성이므로 세포막과 핵막 모두를 쉽게 확산하여 통과할 수 있다. 일단 세포 안으로 들어가면 스테로이드호르몬은 특이적인 수용체와 결합하여 핵 안이나(그림 13.2) 세포질 내에서 호르몬-수용체 복합체를 형성한다. 호르몬-수용체 복합체가 세포질에서 형성되었다면 이는 또한 핵 안으로 확산되어 들어갈 수 있다.

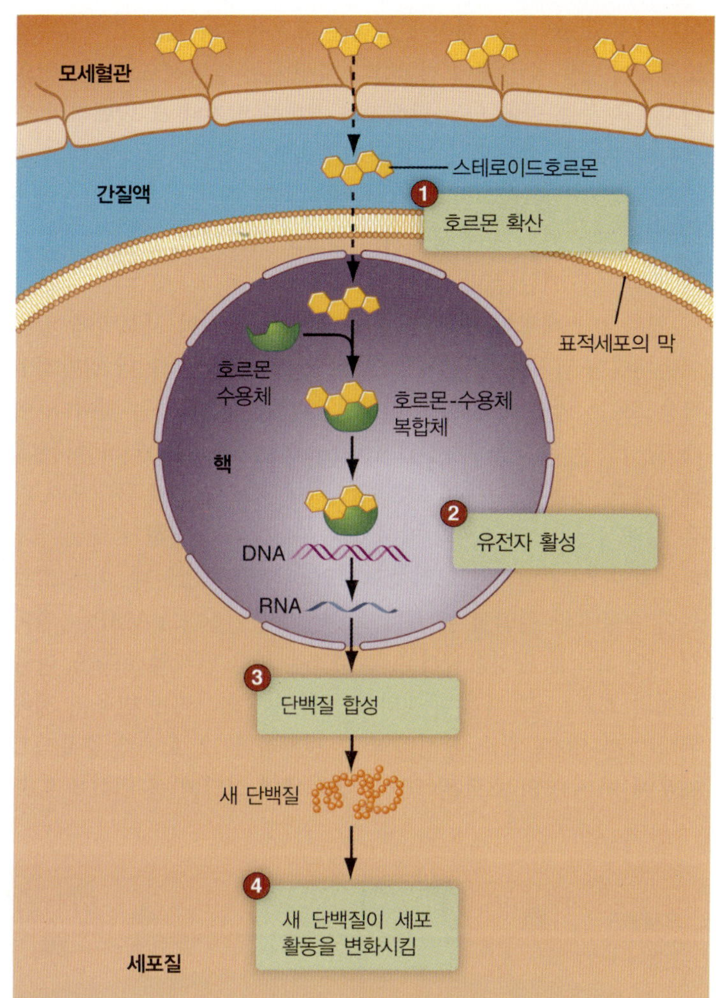

그림 13.2 **스테로이드호르몬의 표적세포에서의 작용 기작.** 지용성인 스테로이드호르몬들은 확산을 통해 세포막과 핵막을 통과하여 핵 안으로 들어가서 유전자들을 활성화하는 호르몬 수용체들과 결합한다. 유전자가 활성화되면 특이적인 단백질이 합성된다.

호르몬-수용체 복합체가 일단 핵 안으로 들어가면 DNA에 결합해서 특이한 유전자를 활성화시킨다. 유전자가 활성화되면 mRNA가 생성되는데, mRNA는 핵을 떠나 세포질에서 특정한 단백질을 합성한다. 이렇게 만들어진 단백질은 그것이 무엇이 되었든 그 호르몬에 대한 세포반응을 수행하게 된다.

스테로이드호르몬은 비스테로이드호르몬보다 작용 속도가 느린 경향이 있다. 스테로이드호르몬이 세포 안으로 들어간 직후부터 새로운 단백질이 만들어지기까지는 수 분에서부터 몇 시간까지 걸릴 수 있다.

비스테로이드호르몬은 표적세포 표면의 수용체와 결합한다

비스테로이드호르몬은 지용성이 아니기 때문에 표적세포 안으로 들어가지 못한다. 그 대신에 그들은 표적세포의 세포막 바깥쪽에 노출되어 있는 수용체에 결합한다. 수용체는 일반적으로 세포막의 인지질 이중층 안에 있는 단백질과 결합해 있거나 그 단백질의 일부이다(3단원). 호르몬이 수용체와 결합하면 막단백질의 형태가 변하게 되고, 이 형태적 변화가 다음에는 세포 안의 변화를 일으키게 된다. 이것은 마치 방에 들어가지 않고도 복도에 있는 스위치를 올려 방의 불을 켜는 것과 같다.

일부 비스테로이드호르몬은 신경전달물질처럼 세포막에 있는 이온채널을 열거나 닫는다. 호르몬-수용체 결합의 좀 더 일반적인 작용으로는 세포 내에 있는 비활성 분자를 활성화하는 것이다. 이때 활성화된 분자를 **2차전달자(second messenger)**라고 하는데, 왜냐하면 이것이 호르몬("1차전달자")이 세포 안으로 들어오지 않은 상태에서 그 호르몬의 메시지를 이어받아 전달하기 때문이다. 일반적인 2차전달자로 고리형 AMP(cAMP)가 있는데, 이는 호르몬이 수용체와 결합할 때 ATP로부터 만들어진다. cAMP는 이어서 어떤 효소를 활성화시키고, 그 효소는 다음 단계의 효소를, 다음 단계의 효소는 그 다음 단계의 효소를 활성화시키는 반응이 계속된다(그림 13.3). 효소 활성화의 각 단계마다 그 효과가 증폭되기 때문에 적은 양의 호르몬이라도 세포 내에 상당히 큰 변화를 일으킬 수 있다.

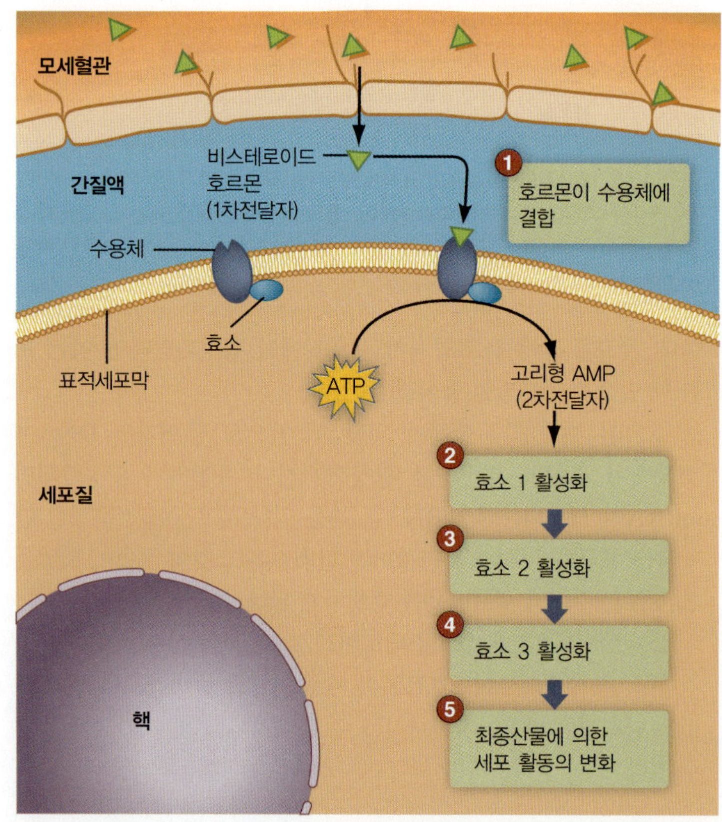

그림 13.3 비스테로이드호르몬의 표적세포에서의 작용 기작. 비스테로이드호르몬들이 세포 표면의 수용체와 결합하면 세포 내에서 ATP가 고리형 AMP(2차전달자)로 전환된다. 고리형 AMP가 효소 활성화의 연쇄반응을 개시하여 애초의 호르몬 신호를 증폭하고 세포반응을 일으킨다.

사실상 이러한 증폭 효과는 비스테로이드호르몬뿐 아니라 스테로이드호르몬의 작용에도 일어난다. 호르몬이 성냥불이라면 호르몬의 효과는 모닥불과 같다고 할 수 있다. 호르몬의 작용은 작은 것에서 시작하나 (예를 들면 단백질 합성의 변화 또는 효소의 활성화) 그 최종 효과는 2차성징의 발달과 같이 극적일 수가 있는 것이다.

대부분의 비스테로이드호르몬은 스테로이드호르몬보다 빨리 작용하는 경향을 보이는데, 그것은 이들이 이미 세포 안에 비활성 상태로 존재하는 효소를 활성화하기 때문이다. 이미 존재하는 효소의 활성화 연쇄반응은 수초 내지 수분 만에 일어난다.

호르몬은 음성되먹임 고리에 관여한다

일부 호르몬들은 전령분자로서 생체 내의 항상성 조절 기작에 관여하며 중요한 생리적 과정을 조절한다. 각 호르몬의 분비량을 미세하게 조절하여 혈중 농도가 각각의 기능을 수행하는데 적합하도록 유지하는 일은 매우 중요하다.

4단원에서 설명한 것처럼, 항상성은 일반적으로 음성되먹임 조절 고리에 의해 유지된다. 호르몬이 관련된 음성되먹임 고리에서는 내분비샘이 조절센터가 되고, 호르몬이 조절센터와 효과기를 연결해주는 역할을 하는데, 효과기란 호르몬의 표적세포, 조직, 또는 기관을 말한다(그림 13.4). 그림에 나타나 있는 것처럼, 내분비샘과 호르몬이 관련된 음성되먹임 고리는 통제변수의 항상성을 조절하는 안정적이고 자동조절적인 기작을 가지는데 그 이유는 통제변수에

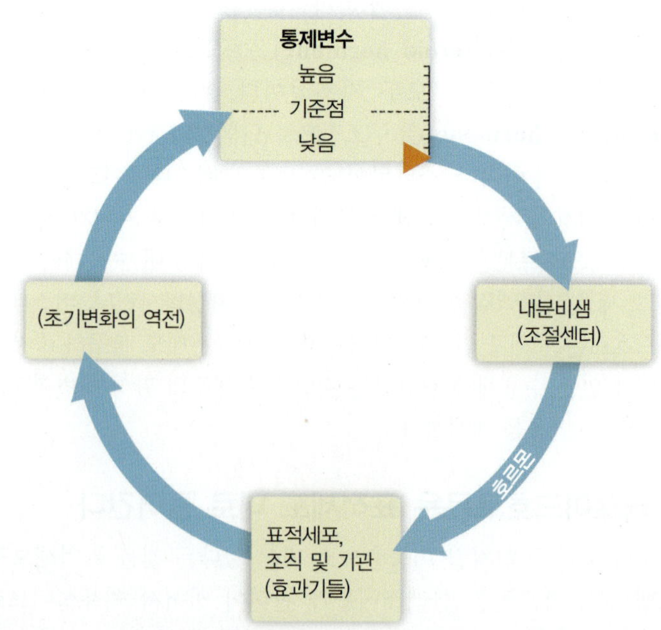

그림 13.4 호르몬을 포함한 음성되먹임 고리. 통제변수의 변화에 대응하여 내분비샘에서 호르몬이 분비되고 이 호르몬은 표적세포에 작용하여 통제변수를 정상상태로 되돌린다.

어떤 변화가 생겨도 그 전 상태로 되돌릴 수 있는 반응이 유도되기 때문이다. (그림 7.6이 호르몬이 관련된 음성되먹임 고리의 한 예이다.)

호르몬이 관련된 모든 음성되먹임 고리가 그림 13.4처럼 간단한 것은 아니다. 어떤 경우는 실제의 조절센터가 뇌에 있어서 신경을 내분비샘을 통해 자극한다. 그럼에도 불구하고 효과는 비슷해서 통제변수에 일어난 변화가 복구된다.

몇몇 호르몬은 위험을 피하거나 사춘기의 시작과 같은 환경상의 특별한 변화나 특이한 목적에 반응해서 분비된다. 이러한 형태의 분비는 음성되먹임 고리의 반응이 아니다.

이제 특정한 내분비샘과 그들이 분비하는 호르몬에 대해 알아보도록 하자.

요점 정리

많은 호르몬이 특정 통제변수의 항상성을 유지하는 음성되먹임 고리에 관여한다. 스테로이드호르몬은 표적세포 안에 들어가 특정한 유전자를 활성화시켜서 새로운 단백질을 만들도록 한다. 비스테로이드호르몬은 막단백질 수용체와 결합하여 이온채널을 여닫거나 세포 내의 2차전달자를 활성화시킨다. ■

13.3 시상하부와 뇌하수체

11 단원에서 설명한 바와 같이 **시상하부(hypothalamus)**는 뇌의 작은 부위로서 항상성 조절센터의 기능을 수행한다. 시상하부는 신경계와 내분비계 사이의 중요한 연결고리로서 물과 용질의 균형, 온도 및 탄수화물 대사와 같은 특정한 내부 환경 조건에 대한 신경 신호를 접수한다. 시상하부는 두 가지의 호르몬을 직접 만들고, 그 바로 밑에 있는 뇌하수체와는 줄기모양의 조직으로 연결되어 있으면서 뇌하수체에서의 호르몬 분비를 감시하고 조절한다(그림 13.1 참조).

뇌하수체(pituitary gland)는 가끔 "대장 분비샘(master gland)"으로 부르는데, 그 이유는 여기에서 여덟 개의 각기 다른 호르몬들이 분비되어 다른 많은 분비샘들을 조절하기 때문이다(표 13.1). 뇌하수체는 두 개의 엽으로 구성되어 있다. 후엽은 연결 줄기가 연장된 끝이 부푼 것 같은 모습이고, 전엽은 후엽보다 더 크고 뚜렷하다(그림 13.5).

뇌하수체 후엽은 항이뇨호르몬과 옥시토신을 저장한다

시상하부와 뇌하수체 후엽 간의 상호작용은 신경계와 내분비계 간의 밀접한 협력 관계의 한 예가 된다. 시상하부를 구성하는 세포를 **신경내분비세포(neuroendocrine cell)**라고 부르는데, 그 이유는 이들이 신경충격을 발생시킬 뿐 아니라 호르몬을 혈액으로 분비할 수도 있어서 신경세포와 내분비세포로서의 기능을 동시에 수행하기 때문이다.

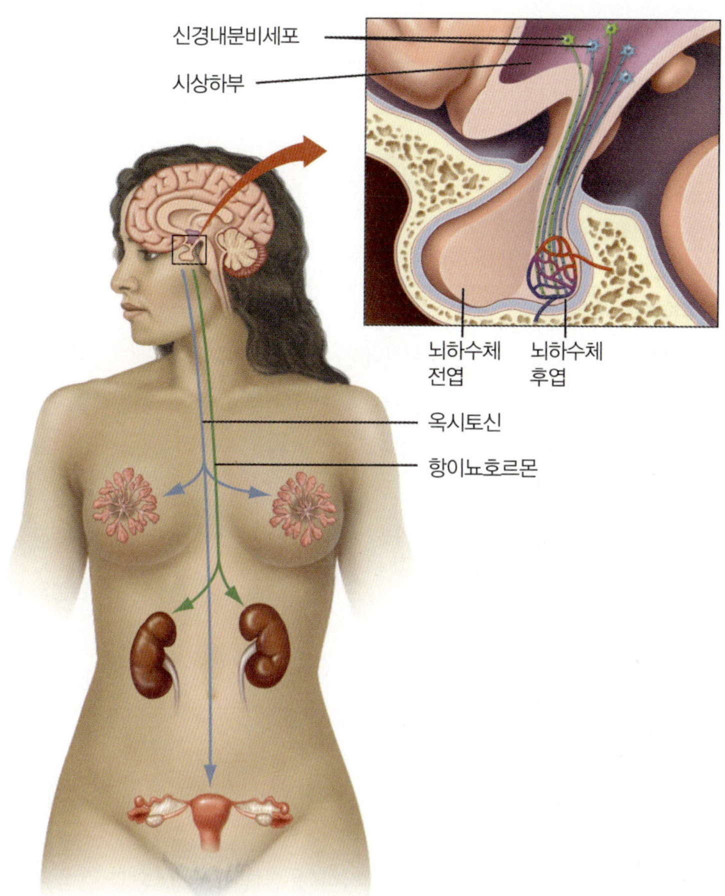

그림 13.5 뇌하수체 후엽과 시상하부. 시상하부와 뇌하수체 후엽의 개별적인 신경내분비세포들은 항이뇨호르몬 또는 옥시토신을 분비한다. 이들 호르몬은 뇌하수체 후엽으로 들어가는 혈액에 합류하여 온몸을 순환하게 된다. 항이뇨호르몬은 신장에 작용하여 신체의 수분평형을 조절한다. 옥시토신은 1차적으로 수유기 여성 또는 임산부의 젖샘과 자궁 근육에 각각 작용한다.

그림 13.5는 뇌하수체 후엽이 시상하부에 연결된 모습을 보여준다. 신경내분비세포의 세포체는 시상하부에 존재하며 축삭이 뇌하수체 후엽으로 연결되는 줄기부분을 지나간다. 시상하부에 존재하는 세포체에서 만들어진 항이뇨호르몬(ADH)이나 옥시토신이 축삭을 따라 이동한 후 뇌하수체 후엽에 모여 있는 축삭 말단에 저장된다.

시상하부가 이 호르몬들을 방출하라는 자극을 받으면 신경내분비세포가 축삭을 따라 자극을 내려 보내서 호르몬이 근처의 모세혈관으로 분비되게 한다. 호르몬은 이제 순환하여 표적세포에 도달하게 된다.

ADH는 수분평형을 조절한다 항이뇨호르몬은 소변으로 소실되는 물의 양을 감소시켜 몸의 전체적인 수분평형을 조절하는 것을 돕는다. ADH의 주요 표적세포는 신장에 있는데, 여기에서 ADH

표 13.1 뇌하수체 호르몬

호르몬	약어	주요 표적	주요 작용
뇌하수체 후엽			
항이뇨호르몬	ADH	신장	소변으로 소실되는 물의 양을 감소시킴
옥시토신	–	자궁 젖샘	자궁 수축 유도 젖샘에서의 모유 방출을 유도
뇌하수체 전엽			
부신피질자극호르몬	ACTH	부신피질	부신피질의 글루코코르티코이드 방출 촉진
갑상샘자극호르몬	TSH	갑상샘	갑상샘호르몬의 합성과 분비를 촉진
여포자극호르몬	FSH	난소	여성의 난자 성숙과 에스트로겐 분비 촉진
		정소	남성의 정자 형성 촉진
황체형성호르몬	LH	난소	여성의 배란(난자 방출)과 프로게스테론 분비 촉진
		정소	남성의 테스토스테론 분비 촉진
프로락틴	PRL	젖샘	젖샘 세포의 발달과 모유 생산 촉진
성장호르몬	GH	대부분의 세포	어린이들의 성장 촉진; 성인기의 세포분열, 단백질 합성, 물질대사의 다양한 역할 수행

는 수분 보존 기작의 한 부분으로서 세포의 물 투과성을 변화시킨다(15단원).

시상하부에서 혈중 물 농도의 저하(용질 농도의 상승과 같음)를 감지하면 신경내분비세포가 뇌하수체 후엽에서 ADH를 방출한다. ADH는 순환하여 신장에 도달한 후 물의 재흡수를 촉진한다. 물의 농도가 정상 수준에 도달하면 시상하부가 더 이상 ADH의 방출을 자극하지 않게 되어, ADH의 분비가 감소한다.

옥시토신은 자궁 수축과 젖의 분비를 유도한다 옥시토신의 주요 표적세포는 임산부의 자궁과 수유기 여성의 젖샘(유방)에 각각 존재한다. 옥시토신은 출산 시와 아기가 젖을 먹을 때에 높은 농도로 분비된다(그림 13.6). 옥시토신은 출산 시에는 자궁의 수축을, 수유 시에는 젖샘의 관으로 젖이 방출되는 것을 촉진한다.

수유 시의 옥시토신 분비의 촉진은 신경내분비 반사(neuroendocrine reflex)의 한 예로서, 여기에서는 신경계의 자극(엄마의 유방에 있는 감각 기계적수용기의 활성화)이 호르몬의 분비를 유도한다. 아기가 엄마의 젖을 빨면 젖꼭지의 감각수용체가 자극을 받게 된다. 신경자극이 시상하부의 신경내분비세포로 전달되고, 이에 따라 뇌하수체 후엽에서 옥시토신이 방출된다. 옥시토신은 혈액 속을 순환하다 유방조직에 도달하고, 수용체에 결합하여 평활근의 수축을 일으켜 젖이 배출되게 한다.

남성에게도 옥시토신이 존재한다. 옥시토신은 남성과 여성 모두에게 성적 흥분을 유도하고 오르가즘 후의 성적 충족감을 느끼게 하는 것으로 여겨진다.

요점 정리

ADH는 신장에 작용하여 수분평형을 조절한다. 옥시토신은 임산부에게는 자궁수축을, 수유기의 여성에게는 젖의 배출을 촉진한다. 옥시토신은 남녀 모두에게서 성적 충족감을 느끼게 하는데 일조한다. ■

뇌하수체 전엽은 여섯 개의 주요 호르몬을 생산한다

뇌하수체 전엽에서는 아래와 같이 여섯 개의 주요 호르몬이 만들어진다.

- 코르티코트로핀이라고도 부르는 부신피질자극호르몬(ACTH)
- 타이로트로핀이라고도 부르는 갑상샘자극호르몬(TSH)
- 여포자극호르몬(FSH)
- 황체형성호르몬(LH)
- 프로락틴(PRL)
- 성장호르몬(GH)

각각의 뇌하수체전엽호르몬은 각기 다른 유형의 세포에서 만들어지고 분비되며, 각기 다른 기작에 의해 조절된다. 처음 네 호르몬(ACTH, TSH, FSH 및 LH)은 각기 다른 분비샘을 자극하여 다른 호르몬이 분비되도록 촉진한다.

뇌하수체전엽호르몬의 분비는 부분적으로 시상하부에 의존하지만, 그 기작은 뇌하수체 후엽에서 일어나는 것과 다르다. 시상하부와 뇌하수체 전엽 간의 연결은 신경성이 아니라 내분비성이다. 이것은 시상하부에 있는 신경내분비세포에 의해 분비되는 특이적인 방출호르몬이나 억제호르몬에 의존한다(그림 13.7). 이들 방출호

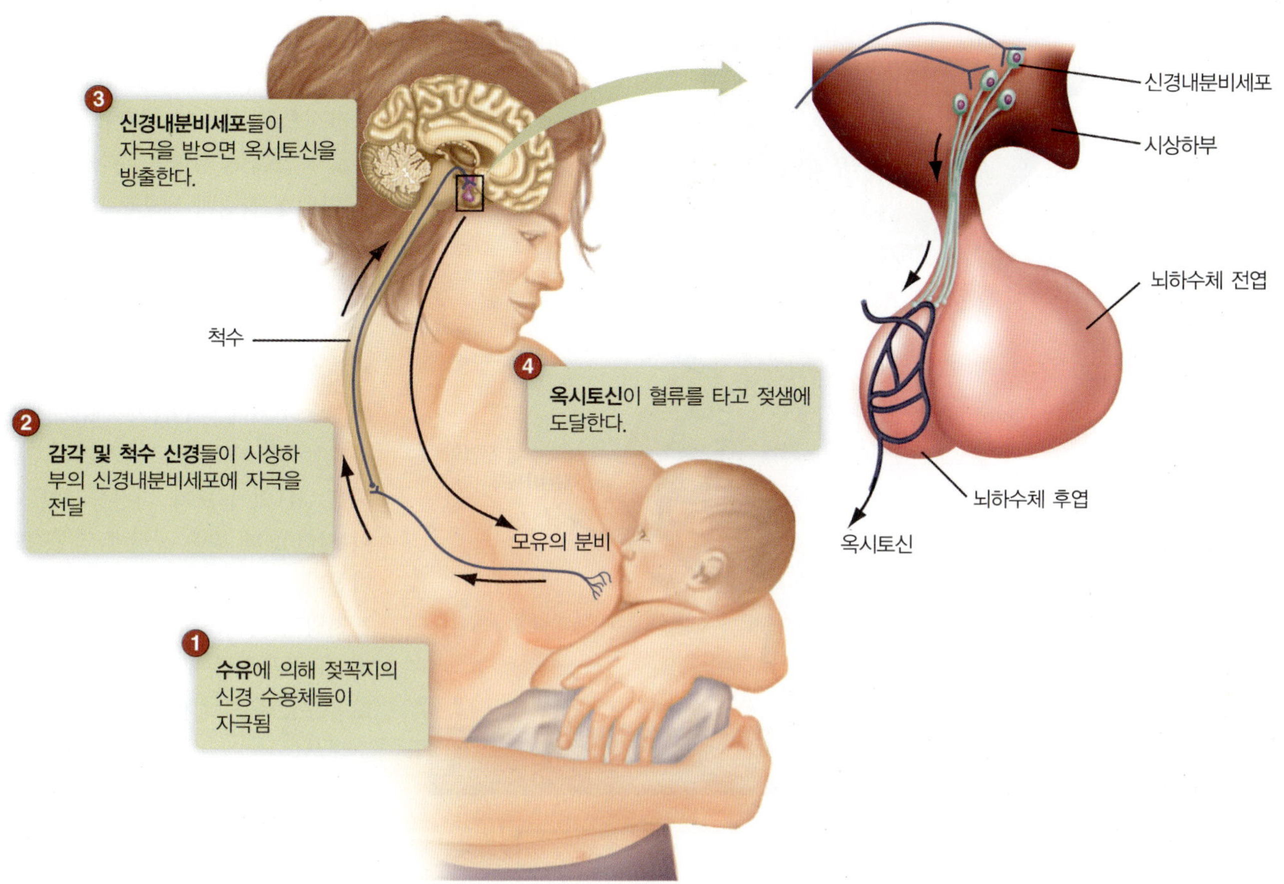

그림 13.6 **수유에 의한 옥시토신 분비의 조절.** 유아가 젖을 빠는 행동이 궁극적으로 젖꼭지에서 모유가 배출되게 하는 일련의 작용들을 유발한다.

르몬 또는 억제호르몬이 여섯 개의 뇌하수체전엽호르몬의 분비를 조절한다. 방출호르몬이나 억제호르몬은 아주 극소량이 만들어진다. 그러나 이들이 시상하부와 뇌하수체 전엽을 직접 연결하는 특별한 혈관계(뇌하수체 문맥계라고 함)로 분비되기 때문에 적은 양으로도 충분히 뇌하수체전엽호르몬의 분비를 조절할 수 있다.

ACTH는 부신피질을 자극한다 일반적으로 호르몬의 이름으로 그들의 기능이나 작용부위를 알 수 있다. ACTH의 표적세포는 부신의 바깥층, 또는 피질에 있다(adrenocorticotropic에서 *–tropic*은 "–에 작용하는"이란 뜻이다).

ACTH는 부신피질을 자극하여 글루코코르티코이드라는 다른 그룹의 호르몬을 방출하게 하는데, 이들은 스테로이드호르몬으로서 스트레스에 관련된 상태와 포도당대사 조절에 관여한다(13.5절 참조). ACTH 분비는 시상하부로부터의 방출호르몬과 혈중 글루코코르티코이드의 농도가 관련된 음성되먹임 고리에 의해 조절된다.

TSH는 갑상샘에 작용한다 TSH는 갑상샘을 자극하여 갑상샘호르몬을 합성하고 방출하게 한다. 앞서 언급한 바와 같이 시상하부로부터 TSH-방출호르몬이 분비된다.

FSH와 LH는 생식기관을 자극한다 FSH와 LH는 생식샘자극호르몬으로 부르는데, 그 이유는 이들이 남성 여성 모두에서 성장, 발생 및 생식기관(생식샘)의 기능을 촉진하기 때문이다. 여성에게서는, FSH가 난자의 발생을 유도하고, LH가 배란(난자의 방출)을 촉진하며, 두 호르몬 모두가 난소호르몬인 에스트로겐의 분비를 촉진한다. 또한 LH는 배란 후에 난소호르몬인 프로게스테론의 분비를 촉진한다. 남성에게서는 FSH가 정자발생을 유도하고 LH가 정소에서 테스토스테론이 만들어지는 것을 촉진한다.

FSH와 LH는 10~13세까지는 전혀 분비되지 않는다. 이 두 호르몬의 형성이 크게 증가하면서 성적 성숙과 2차성징의 발달(사춘기)이 시작되는 것이다.

프로락틴(PRL): 젖샘과 모유 생성 프로락틴의 주된 기능은 젖샘 세포의 발달과 모유의 생성을 촉진하는 것이다. 남성들도 프로락틴을 갖고 있지만 그 기능은 밝혀져 있지 않다. 여성에게서 프로락틴의 혈중 농도는 임신 후반기로 갈수록 높아지는데 그 이유는 에스트로겐이 시상하부를 자극해서 앞서 언급한 방출호르몬 중의

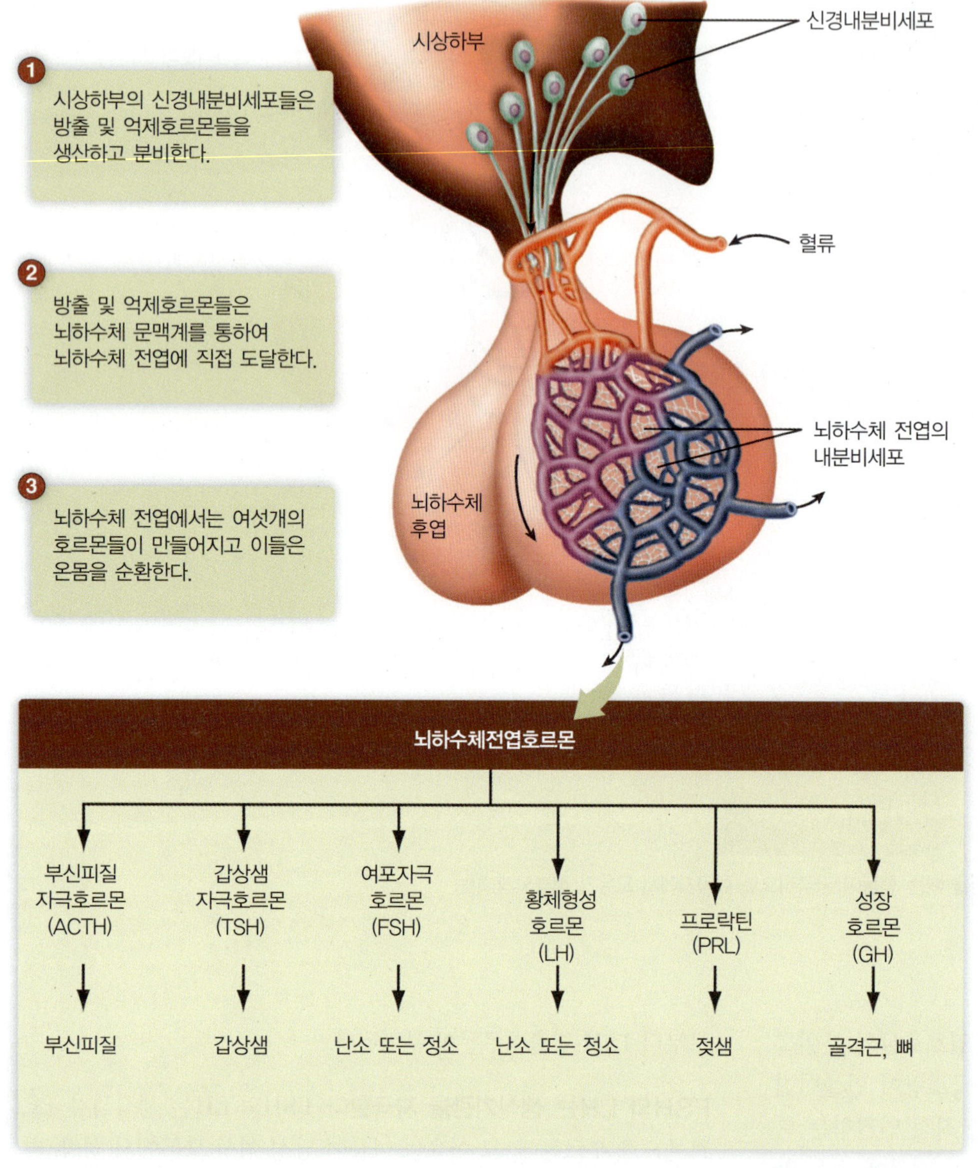

그림 13.7 시상하부와 뇌하수체 전엽의 관계. 시상하부의 신경내분비세포들은 뇌하수체 전엽으로 바로 연결되는 모세혈관계로 방출 및 억제호르몬들을 분비한다. 시상하부의 호르몬들은 각각의 뇌하수체전엽호르몬을 특이적으로 억제하거나 촉진한다.

하나인 **프로락틴-방출호르몬**(prolactin-releasing hormone)이 더 많이 만들어지도록 하기 때문이다. 출산 후 에스트로겐의 농도가 감소하여도 수유와 관련된 감각신경 반사에 의해 프로락틴-방출호르몬과 프로락틴의 수준이 높게 유지된다.

여성이 임신 후반기나 모유수유기에 있지 않을 경우에는 시상하부로부터 분비되는 방출/억제호르몬 중의 하나인 **프로락틴-억제호르몬**(prolactin-inhibiting hormone)에 의해 프로락틴의 분비가 감소된다. 최근에는 프로락틴-억제호르몬이 신경전달물질인 도파민과 같은 물질이라고 추정되고 있다.

성장호르몬(GH): 성장에 관한 폭넓은 효과 성장호르몬의 효과는 너무 다양해서 딱히 어떤 것이 표적세포이고 어떤 작용을 하는지 정의내리기가 힘들다. GH의 효과는 뼈와 근육에서 가장 뚜렷하다고 할 수 있다. 일반적으로, GH는 성장을 촉진하는 방향으로 세포들에 영향을 준다. 특이한 작용에는 단백질 합성과 세포분열의 촉진 및 체지방을 에너지원으로 활용하게 하는 것 등이 포함된다.

GH는 평생 동안 분비되지만 유아기와 사춘기에 가장 큰 성장촉진 효과를 나타낸다. 이 시기에는 GH가 근육과 뼈의 무게 및 길이를 급격히 증가시킨다. 발생 과정 중에 GH의 농도가 비정상적이 되면 어른이 되었을 때 최종 신장에 영구적인 영향을 미친다. 어른이 되면 GH는 세포로 하여금 체지방과 아미노산을 에너지원으로 사용하게 하거나 혈중 포도당 농도를 유지하도록 도움으로써 물질대사를 조절하는 역할을 수행한다.

요점 정리

뇌하수체 전엽에서는 ACTH, TSH, FSH, LH, 프로락틴(PRL) 및 GH 등의 여섯 가지 호르몬이 만들어진다. 이들 호르몬의 방출은 시상하부에서 분비되는 방출호르몬 또는 억제호르몬에 의해 부분적으로 조절된다. ■

뇌하수체 이상: 과다분비 또는 과소분비

호르몬의 혈중 농도를 적절하게 유지한다는 것은 매우 섬세한 균형을 맞추는 것으로서 가끔 잘못될 가능성이 있다는 것을 예상할 수 있다. 많은 질병과 이상 현상이 너무 많은 호르몬(과다분비) 또는 너무 적은 호르몬(과소분비)이 혈중에 오랫동안 존재함으로써 생긴다. 이들 중 어떤 것은 유전병이다. 잘못되는 경우의 유형을 예로 들기 위해서 뇌하수체후엽호르몬 중 한 가지인 ADH의 과소분비와 뇌하수체전엽호르몬의 하나인 GH의 과다분비와 과소분비 모두에 대해 먼저 이야기하기로 하자.

ADH는 신장에 의한 수분평형의 유지에 영향을 준다. ADH가 과소분비되면 신장에서 너무 많은 물이 소실되므로 **요붕증**(diabetes insipidus)이라는 이상 현상이 초래된다. 이에 따른 증상에는 과다배뇨, 탈수, 갈증, 두통 및 구강건조증 등이 있다. 뇌 손상이나 뇌수술에 의해 ADH의 정상적인 형성이 방해 받음으로써 요

그림 13.8 **성장호르몬이 신체 성장에 미치는 영향.** 키가 큰 사람은 아동기 동안의 성장호르몬의 과다분비로 인해 거인증의 특성을 나타낸다. 작은 사람은 뇌하수체성 소인증을 갖고 있는데, 이는 아동기 동안에 성장호르몬이 과소분비된 결과이다.

붕증이 초래되는 경우도 있다.

ADH가 정상적으로 분비된다 해도 ADH의 표적세포인 신장세포가 특이적인 ADH 수용체를 갖지 않으면 또한 요붕증이 생긴다. 이로써 내분비 조절 고리는 일반적으로 호르몬의 결핍, 또는 그 호르몬에 대한 표적세포 수용체의 부재에 의해서 교란된다는 것을 알 수 있다. 양쪽 어떤 경우든지 그 시스템은 효과적으로 기능하지 못하게 되는 것이다. 표적세포 수용체의 결함에 의한 내분비 이상이 의외로 많이 일어나며 유전적인 경우가 종종 있다.

성장호르몬은 ADH보다는 장기적인 영향을 나타낸다. 어린이들에게는 성장호르몬이 성장판의 뼈-신장작용을 촉진하기 때문에 뼈가 어린이들의 전반적인 성장 과정 동안 계속 길어진다는 것에 주목하자. 그러므로 성장호르몬 분비의 이상이 사춘기 이전에 일어난다면 매우 치명적일 수 있다는 것은 놀라운 일이 아니다. 아동기 동안의 성장호르몬의 과소분비는 **뇌하수체성 소인증**(pituitary dwarfism)을 일으킬 수 있다. 이와는 반대로 아동기와 사춘기 때 성장호르몬이 과다분비되면 **거인증**(gigantism)이 생긴다(그림 13.8).

소인증은 초기에 진단받아서 아동기 내내 성장호르몬을 투여받으면 방지될 수 있다. 그러나 성인기에 도달하고 난 후에는 성장호르몬을 투여해도 소인증이 치료되지는 않는다. 그 이유는 사춘기 동안 스테로이드 성호르몬들에 의해 긴 뼈의 양 끝에 있는 연골성 성장판이 경골화되기 때문이다. 그 이후부터는 뼈가 더 이상 성장하지 못하게 되는 것이다.

그림 13.9 **성인기의 과도한 성장호르몬의 영향.** 이 여성은 성인기에 과도하게 분비된 성장호르몬으로 인해 말단거대증을 갖게 되었다. 그녀가 16세일 때에는 증세가 나타나지 않았다.

성인기에 성장호르몬의 과다분비가 지속되면 **말단거대증**(acromegaly)에 걸리게 된다. 말단거대증의 특징은 거인증과 사뭇 다른데, 그 이유는 뼈는 성인기에 더 이상 길어지지 않기 때문이다. 그 대신에 성장호르몬은 얼굴, 손 그리고 발의 뼈들이 점점 두꺼워지게 한다. 가장 눈에 뜨이는 증상은 얼굴에 나타나는 변화들이다(그림 13.9). 성인기의 성장호르몬의 과다분비는 보통 뇌하수체 또는 시상하부의 종양 때문에 일어난다. 요즘에는 말단거대증 환자가 많이 감소하였는데 그 이유는 성장호르몬 분비성 종양의 진단이 쉬워져서 증상이 생기기 전에 치료를 받을 수 있기 때문이다. 성장호르몬의 과다분비는 그 혈중 농도를 측정함으로써 진단할 수 있다.

13.4 췌장은 글루카곤, 인슐린 및 소마토스타틴을 분비한다

췌장(이자: pancreas)은 내분비샘(호르몬들을 혈액으로 분비)이면서 동시에 외분비샘(효소, 액체 및 이온들을 소화관으로 분비해서 소화를 도움)이다. 이 장에서는 췌장의 내분비적 기능에 대해 다룰 것이다.

췌장의 내분비성 세포들은 췌장 전체에 흩어져 있는 작은 세포의 집합체에 존재하는데, 이들은 랑게르한스섬(islets of Langerhans) 또는 췌장소도라고 부른다. 췌장소도(pancreatic islets)에는 세 종류의 세포가 있고, 세 가지의 호르몬을 만들어내는데, 이 호르몬들은 모두 혈당(포도당) 조절에 관여한다. 첫 번째 호르몬은 혈당을 높이고, 두 번째 호르몬은 혈당을 낮추며, 세 번째 호르몬은 다른 두 호르몬의 분비를 억제한다. 자세히 살펴보면 아래와 같다.

1. 알파세포들은 혈당을 높이는 **글루카곤(glucagon)**을 분비한다. 식간에 혈당이 떨어지면 글루카곤이 혈액으로 분비되는 것이다. 간에서는 글루카곤에 의해 글리코겐(당의 저장형태)이 포도당으로 분해되어 혈중 포도당 농도가 높아진다. 글루카곤은 포도당의 농도를 높여 세포들이 이용할 수 있게 한다는 점에서 식간에 특히 중요하다.
2. 베타세포들은 혈당을 낮추는 **인슐린(insulin)**을 분비한다. 식후에는 당들이 소화관으로부터 흡수되기 때문에 혈당 수준이 올라간다. 높은 포도당 농도가 베타세포로 하여금 인슐린을 혈액으로 분비하게 하고, 인슐린은 글루카곤과 반대의 역할을 한다. 즉, 인슐린은 간, 근육 및 지방세포들에 의한 포도당의 흡수를 촉진한다. 인슐린은 또한 포도당이 간에서는 글리코겐으로, 근육에서는 글리코겐과 단백질로, 지방조직에서는 지방으로 전환되는 것을 촉진한다.
3. 델타세포들은 소마토스타틴을 분비한다. 췌장의 소마토스타틴의 생리적인 기능은 잘 알려져 있지 않지만 글루카곤과 인슐린의 분비를 억제하는 것처럼 보인다. 소마토스타틴은 또한 시상하부에서 분비되어 성장호르몬에 대한 억제호르몬으로 작용하며, 소화관에서도 분비되어 여러 소화효소 분비의 조절을 돕는다. 어떤 특정한 조직이나 기관에 있어서의 호르몬들의 기능은 그곳에 존재하는 표적세포의 종류에 달려 있다는 원리가 소마토스타틴의 예로써 한 번 더 강조되는 셈이다.

그림 13.10은 췌장이 음식 섭취에 어떻게 반응하는지를 보여준다. 사실상 인슐린과 글루카곤은 어느 정도씩은 항상 분비되므로 혈당을 조절하는 것은 단지 이 두 호르몬의 상대적 분비율을 조절하는 일이 된다. − 혈당이 높을 때에는 글루카곤보다 인슐린이 더 많이, 혈당이 낮을 때에는 그 반대가 되는 것이다.

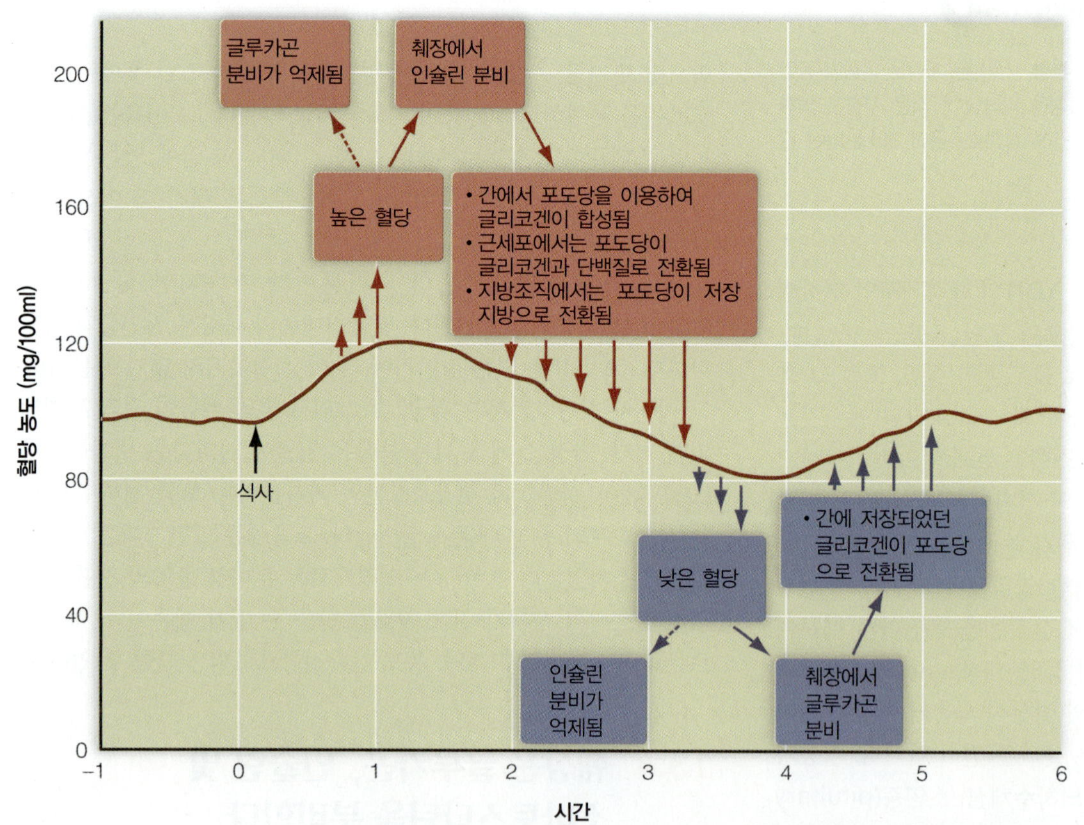

그림 13.10 췌장은 어떻게 음식물에 반응하는가. 혈당 농도의 정상 범위는 80~120mg/100ml이다. 혈당 농도가 증가함에 따라 인슐린 분비는 증가하고 글루카곤 분비는 감소하여 포도당의 흡수와 저장이 촉진된다. 포도당 농도가 정상범위의 하한 가까이까지 떨어지면 글루카곤의 분비가 증가하고 인슐린의 분비는 억제된다. 정상 상태에서는 두 호르몬이 조금씩 분비된다.

요점 정리

췌장에서 분비되는 호르몬에는 글루카곤, 인슐린 그리고 소마토스타틴이 있다. 글루카곤은 글리코겐이 포도당으로 전환되는 것을 촉진함으로써 혈당을 높인다. 인슐린은 포도당의 흡수와 저장을 촉진함으로써 포도당 농도를 낮춘다. 소마토스타틴은 글루카곤과 인슐린의 분비를 억제한다. ■

13.5 부신은 피질과 수질로 되어 있다

부신(adrenal gland)은 두 개의 작은 내분비기관으로 한 쌍의 신장 위에 각각 붙어 있다. 부신은 부신피질이라고 부르는 바깥층과 부신수질이라고 부르는 중심부로 되어 있다. 부신피질과 수질은 분리된 기능을 가지는 서로 다른 내분비샘이다. (**피질(cortex)**과 **수질(medulla)**은 외부와 내부를 일컫는 일반 용어이다. 신장의 구조에서 다시 보게 될 것이며, 뇌의 대뇌피질에서 이미 언급되었다.)

부신피질: 글루코코르티코이드와 무기질코르티코이드

부신피질에서는 성호르몬인 에스트로겐과 테스토스테론이 적은 양 만들어지고 (대부분의 성호르몬들은 난소와 정소에서 만들어지며, 나중에 살펴볼 것이다) 두 종류의 스테로이드호르몬인 글루코코르티코이드와 무기질코르티코이드가 만들어진다. 호르몬의 이름을 통해 그들의 기능을 짐작할 수 있다. 글루코코르티코이드는 혈당 수준을 조절하는 일을 돕고, 무기질코르티코이드는 미네랄인 소듐과 포타슘 수준을 조절하는 일을 돕는다.

글루코코르티코이드: 코티졸 부신피질에서는 서로 구조가 거의 비슷한 일단의 글루코코르티코이드가 만들어진다. 이들 글루코코르티코이드의 95%를 차지하는 것이 **코티졸(cortisol)**이다. 단식을 오래 하면 코티졸이 지방의 소비를 촉진하고 단백질의 아미노산으로의 분해를 증가시켜서 혈당 농도를 유지하도록 돕는다. 이때 분해된 아미노산들이 간에서 포도당으로 전환되는 것이다. 혈당을 조절하는 역할 외에도 코티졸은 감염이나 상처에 따르는 염증반응을 억제하는데 중요하다.

코티졸의 분비는 전형적인 되먹임 고리에 의해 조절된다. 시상하부로부터 나온 방출호르몬이 뇌하수체 전엽에서 ACTH가 분비되는 것을 촉진하고, ACTH는 이어서 부신피질에서의 코티졸 분비를 촉진한다. 코티졸의 혈중 농도가 정상 범위의 최고 수준에 도달하게 되면 시상하부로부터의 방출호르몬의 분비와 뇌하수체 전엽에서의 ATCH의 분비가 억제된다.

혈당 농도가 감소하면 정상적인 되먹임 조절 기작이 무시되고 코티졸 분비가 상당히 증가할 수 있다. 또한 신체적 손상이나 감정적인 스트레스도 비슷한 현상을 일으킬 수 있다. 이 자극들은 모두 시상하부 수준에 작용하여 방출호르몬을 더 많이 분비하도록 해서 궁극적으로 ACTH와 코티졸 모두를 증가시킨다. 코티졸 농도의 증가는 혈당 농도가 정상 수준으로 회복되는 것을 도우며 아미노산 수준을 높여서 손상된 조직의 보수에 쉽게 이용될 수 있도록 한다. 코티졸의 증가는 또한 모세혈관에서의 체액 손실을 줄어들게 함으로써 염증을 완화시킨다.

염증이나 상해를 치료하는데 코티졸과 그의 유사 약품들을 국부적으로 투여할 수 있다. 그러나 이들 약품을 오래 사용하게 되면 면역계가 억제될 수 있다.

무기질코르티코이드: 알도스테론 부신피질에서 만들어지는 또 다른 호르몬은 무기질코르티코이드이며, 이들 중 가장 많은 것은 **알도스테론(aldosterone)**이다. 알도스테론은 체내의 소듐과 포타슘 양을 조절하는데 가장 중요한 호르몬이다. 알도스테론은 ADH와 함께 몸의 수분균형을 유지하는데 도움을 준다.

체내의 소듐과 수분의 양이 너무 적거나 포타슘의 양이 너무 많을 때에는 언제든지 부신피질에서 알도스테론의 분비가 증가한다 (자세한 내용은 15단원을 참조). 알도스테론은 이어서 신장 세포들이 소듐을 재흡수하고 포타슘을 배출하도록 하는데, 이것은 항상성 조절 고리의 전형적인 반응이다.

부신수질: 에피네프린과 노르에피네프린

부신수질(adrenal medulla)에서는 비스테로이드호르몬인 **에피네프린(아드레날린, epinephrine)**과 **노르에피네프린(노르아드레날린, norepinephrine)**이 만들어진다. 두 호르몬은 물질대사와 혈압 및 심장 활동의 조절에 관여한다.

에피네프린과 노르에피네프린은 신경전달물질이기도 하므로 앞서 11단원(신경계)에서 언급된 바 있다. 이들이 신경전달물질로서 작용할지 아니면 호르몬으로서 작용할지는 구조가 아니라 기능이 결정한다. 에피네프린과 노르에피네프린이 혈액으로 분비되어 멀리 떨어진 표적세포에 영향을 줄 때에는 이들이 호르몬으로서 작용하는 것이다.

부신수질은 시상하부나 뇌하수체 후엽과 같은 진정한 신경내분비기관이다. 에피네프린과 노르에피네프린은 부신수질에 있는 크롬친화세포(chromaffin cell)라 부르는 특수한 세포에서 만들어지고 저장되는데, 이 세포는 교감신경에 의해 자극받는다. 교감신경이 활성화되면 크롬친화세포가 에피네프린과 노르에피네프린을 분비한다(그림 13.11).

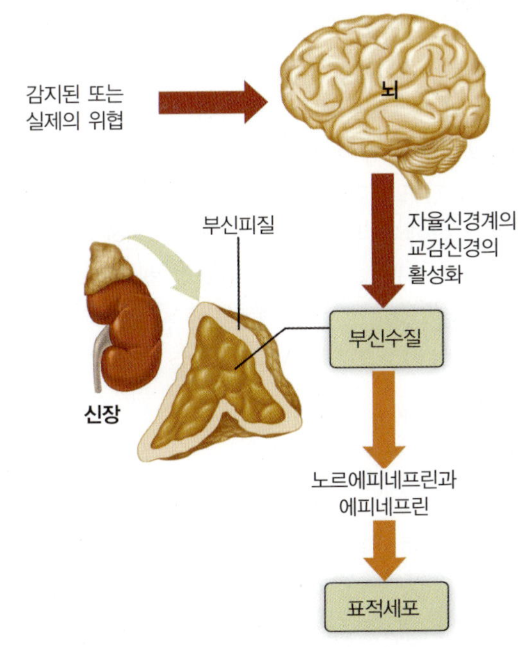

그림 13.11 부신수질에 의한 노르에피네프린과 에피네프린의 분비. 이 두 호르몬의 분비는 자율신경계(ANS)의 교감신경들의 작용과 밀접하게 연관되어 있다. 신경 경로는 빨간색, 호르몬 경로는 오렌지색으로 표시되어 있다.

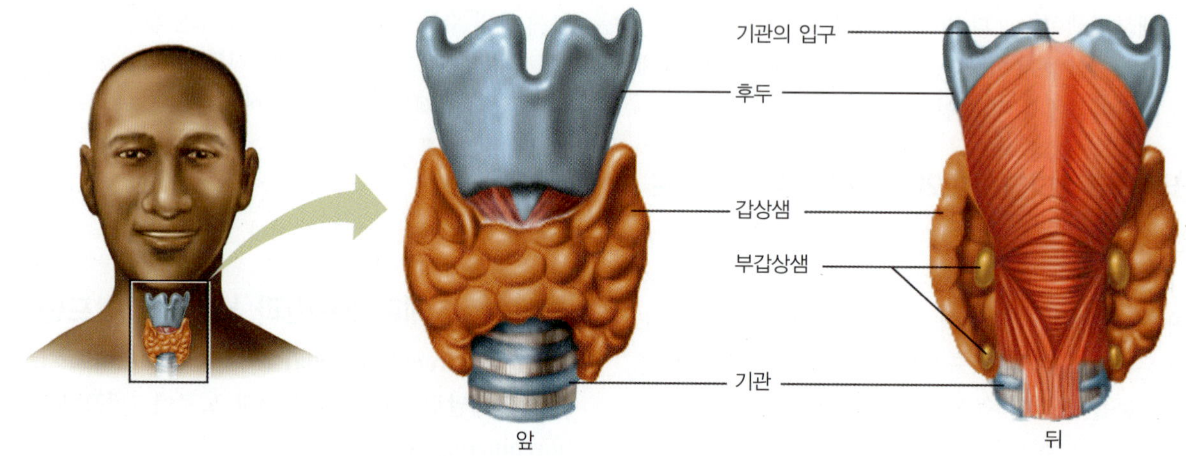

그림 13.12 갑상샘과 부갑상샘.

에피네프린과 노르에피네프린은 넓은 범위의 작용에 관여하는데, 이 작용은 교감신경계의 투쟁 또는 도피반응(fight-or-flight responses)과 근본적으로 같은 것이다. 에피네프린과 노르에피네프린은 혈당 수준을 높이고, 심박동률과 심장 수축력을 높이며, 호흡률을 높이고, 여러 기관에서 혈관을 수축 또는 팽창하게 하는데, 이 반응들은 모두 몸이 응급 행동을 준비하게 하는 것들이다.

자동차 사고를 가까스로 모면했다든지 하는 위험한 상황에 놀란 후 30초 내지 1분 후에 심장이 마구 두근거리기 시작하고, 호흡이 빨라지며, 위기감이 넘치고, 또한 몸이 떨리게 되는 경험을 한 적이 있을 것이다. 이러한 변화는 위험의 순간이 이미 지나간 후라도 일어날 수 있다. 당신은 교감신경계가 부신을 강하고 급격하게 자극한 결과 일어난 "부신쇄도(adrenal rush)"를 경험하고 있는 것이다. 부신 호르몬의 반응은 자극을 받은 지 약 30초 후에 일어나는데 그 이유는 에피네프린과 노르에피네프린이 분비되어 온몸을 돌다가 표적세포의 수용체에 결합하여 세포 내에 적절한 연쇄반응을 일으키는데 그 정도 시간이 걸리기 때문이다. 이 반응은 또한 일시적인 것으로 길어야 수 분 정도 지속된다. 부신에서 분비되는 에피네프린과 노르에피네프린은 교감신경계의 작용을 촉진시키는데 그 이유는 이 호르몬들이 더 많은 세포들과 접촉하며 많은 양이 분비되기 때문이다.

요점 정리

부신피질에서 분비되는 호르몬들 중 중요한 것은 코티졸과 알도스테론이다. 코티졸은 혈당 수준을 올리고 염증반응을 억제하며, 알도스테론은 소듐 재흡수를 촉진함으로써 수분균형을 조절한다. 부신수질에서 만들어지는 호르몬(에피네프린과 노르에피네프린)은 교감신경계에 의해 촉발되는 투쟁 또는 도피반응에 기여한다. ■

13.6 갑상샘과 부갑상샘

갑상샘과 부갑상샘은 해부학적으로 연결되어 있다. **갑상샘(thyroid gland)**은 기관의 앞쪽, 후두 바로 밑에 있으며, 갑상샘의 두 엽이 기관의 일부를 둘러싸고 있다(그림 13.12). 네 개의 작은 **부갑상샘(parathyroid gland)**이 갑상샘의 뒷면에 붙어 있다.

갑상샘과 부갑상샘은 기능적으로도 연결되어 있다. 이들은 모두 칼슘 평형의 조절을 돕는다. 또한 갑상샘은 물질대사를 조절하는데 단독으로 중요한 역할을 맡고 있다.

갑상샘에서 만들어지는 두 가지의 주요 호르몬으로는 티록신과 칼시토닌이 있다. 부갑상샘에서는 부갑상샘호르몬이 만들어진다.

갑상샘: 티록신은 세포대사를 촉진한다

갑상샘은 **티록신(thyroxine:** T_4)과 삼요오드티로닌(T_3)이라고 부르는 서로 아주 비슷한 두 개의 호르몬을 만든다. 티록신과 삼요오드티로닌은 전자가 요오드 분자 4개를(여기에서 약자 T_4가 유래), 후자가 3개를 갖는다는 점만 빼면 서로 똑같다. 이 두 호르몬이 아주 똑같기 때문에 모두 티록신으로 간주한다.

구조적으로 볼 때, 티록신은 스테로이드호르몬이 아니다. 그럼에도 불구하고 스테로이드처럼 작용하는데 그 이유는 티록신이 지용성이기 때문이다. 티록신의 작용 방법은 세포막과 핵막을 통과하여 핵 수용체와 결합하고 유전자를 활성화하는 것이다. 이 유전자는 대사율 조절에 관여하는 다양한 효소에 대한 정보를 갖고 있다.

티록신은 우리 몸의 거의 모든 세포 안에서 포도당으로부터 ATP의 생성 및 소비를 증가시킨다. 티록신 농도가 증가하면 기초대사율(BMR)이 또한 증가한다(14.11절 참조). 이와는 반대로, 티록신의 혈중 농도가 감소하면 에너지 소비와 BMR이 줄어든다.

티록신 분비의 기본적인 속도는 전형적인 음성되먹임 고리에

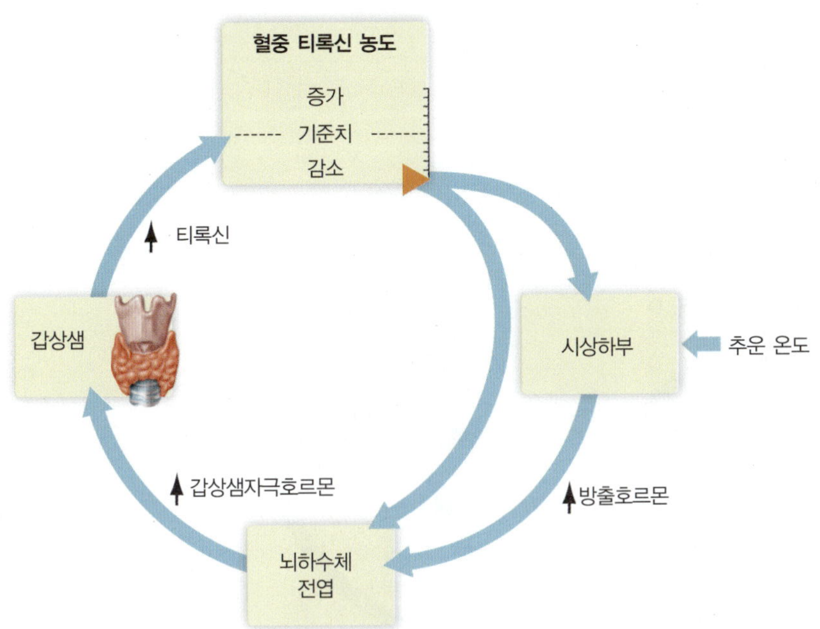

그림 13.13 티록신 분비의 음성되먹임 조절. 혈중 티록신 농도가 감소하면 시상하부와 뇌하수체 전엽에서의 방출호르몬 및 갑상샘자극호르몬의 분비가 증가된다. 갑상샘자극호르몬의 증가는 갑상샘의 티록신 생산과 분비를 촉진하여 티록신의 혈중 농도를 정상으로 회복시킨다. 이와 반대로, 티록신 농도의 증가는 방출호르몬과 갑상샘자극호르몬의 감소를 유도한다. 추운 온도는 시상하부에서 방출호르몬 분비를 증가시킴으로써 되먹임 고리를 변화시킨다(혈중 티록신 농도를 높임).

의해 조절된다(그림 13.13). 티록신 농도가 조금이라도 떨어지면 시상하부에서의 TSH 방출호르몬의 분비가 증가하고, 이는 뇌하수체의 TSH 농도를 증가시키며, 그 결과 궁극적으로 티록신의 분비를 증가시켜 티록신의 농도가 정상으로 돌아가게 한다. 이 정상적인 되먹임 고리에 중첩된 것으로, 몸의 에너지 요구를 증가시키는 조건(추위에 노출된 경우처럼)이 시상하부를 자극해서 이 고리에 관련된 모든 호르몬의 정상 상태 농도를 증가시킨다.

그림 13.14 식단의 요오드 결핍에 의한 갑상선종.

요오드 결핍은 갑상선종을 일으킬 수 있다 활성화된 갑상샘호르몬을 만들기 위해서는 요오드가 필요하다. 사실상 우리가 음식으로부터 요오드를 섭취해야 하는 주된 이유는 티록신의 적절한 생산을 보장하기 위해서이다. 요오드 결핍은 갑상샘결핍증을 초래할 수 있다. 티록신이 없거나 비정상적으로 적으면 시상하부와 뇌하수체에 대한 정상적인 되먹임 억제 조절이 이루어지지 않게 되므로, 시상하부와 뇌하수체는 방해 받지 않고 계속해서 많은 양의 방출호르몬과 TSH를 분비하게 된다.

높은 수준의 TSH는 더 많은 호르몬을 만들게 하기 위해 갑상샘을 자극하여 비정상적으로 커지게 만들지만, 갑상샘은 요오드가 없어서 기능을 수행할 수 없다. 요오드 결핍 또는 다른 요인에 의해 커진 갑상샘을 갑상선종(goiter)이라 부른다(그림 13.14). 갑상선종은 요즘의 선진국들에서는 좀 보기 드문데, 그 이유는 요오드가 식용 소금에 첨가되기 때문이다. 하지만 몇몇 나라에서는 여전히 공공 보건의 문제로 남아 있는데, 특히 두드러진 곳은 아프리카, 중국 및 산악지역의 나라들로서, 여기에서는 비가 토양에서 요오드를 씻어내기 때문이다.

칼시토닌은 뼈의 성장을 촉진한다 또 다른 갑상샘호르몬인 **칼시토닌(calcitonin)**은 다른 그룹의 갑상샘 세포들에 의해 만들어진다. 칼시토닌은 파골세포의 활성을 억제함으로써 뼈 흡수율을 감소시킨다. 칼시토닌은 또한 뼈의 칼슘 흡수를 촉진한다. 이들 두 작용은 뼈 침착/뼈 흡수의 정상적인 균형을 뼈 침착 쪽으로 기울어지게 하고, 이 상태가 오래 지속되면 뼈의 무게가 증가한다. 칼시토닌은 칼슘에 대한 음성되먹임 조절 기작의 한 부분으로서 혈중 칼슘 농도가 높아지면 칼시토닌 분비가 증가하고 혈중 칼슘 농도가 낮아지면 그 분비도 억제된다.

칼시토닌은 어린이들의 뼈 성장과 발육에 특히 중요하다. 일단 어른이 되면 칼시토닌에 대한 뼈의 반응성이 감소한다. 어른들에게는 칼시토닌이 혈중 칼슘 농도의 정상적인 조절에 중요하지 않다. 하지만 임신 기간처럼 칼슘의 수요가 높을 때에는 칼시토닌이 골격을 보호하는 역할을 할 가능성이 있다.

부갑상샘호르몬(PTH)은 혈중 칼슘 농도를 조절한다

부갑상샘은 단 한 가지 호르몬, 즉 **부갑상샘호르몬(parathyroid hormone: PTH)**을 만든다. 부갑상샘호르몬은:

1. 뼈로부터 칼슘과 인산을 제거한다.

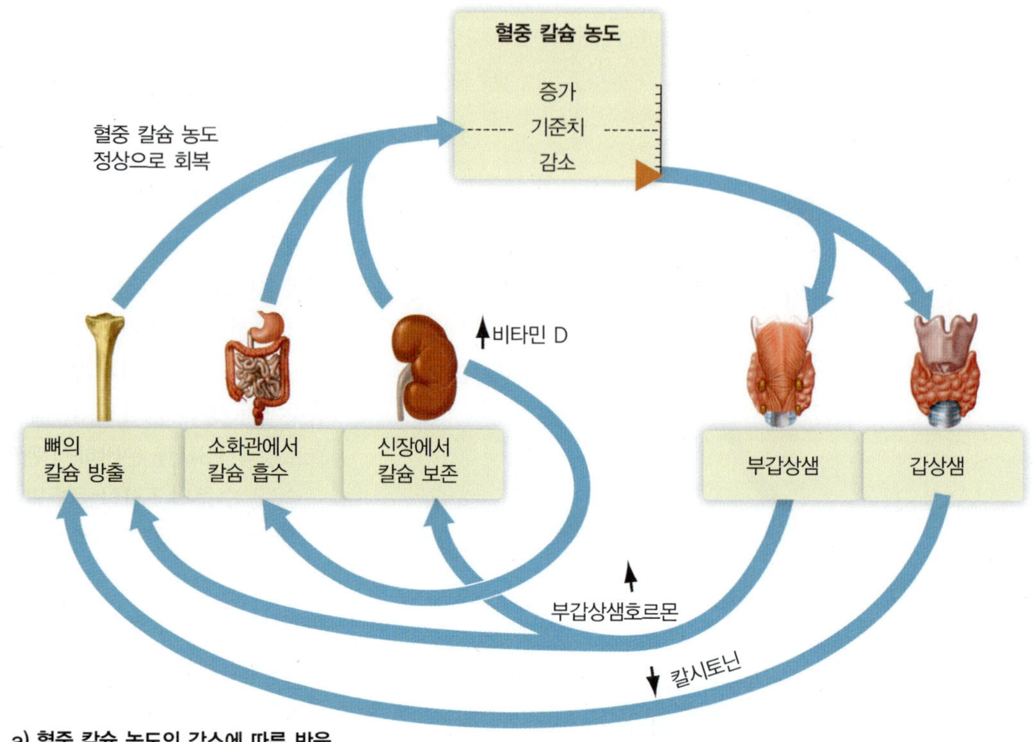

a) 혈중 칼슘 농도의 감소에 따른 반응

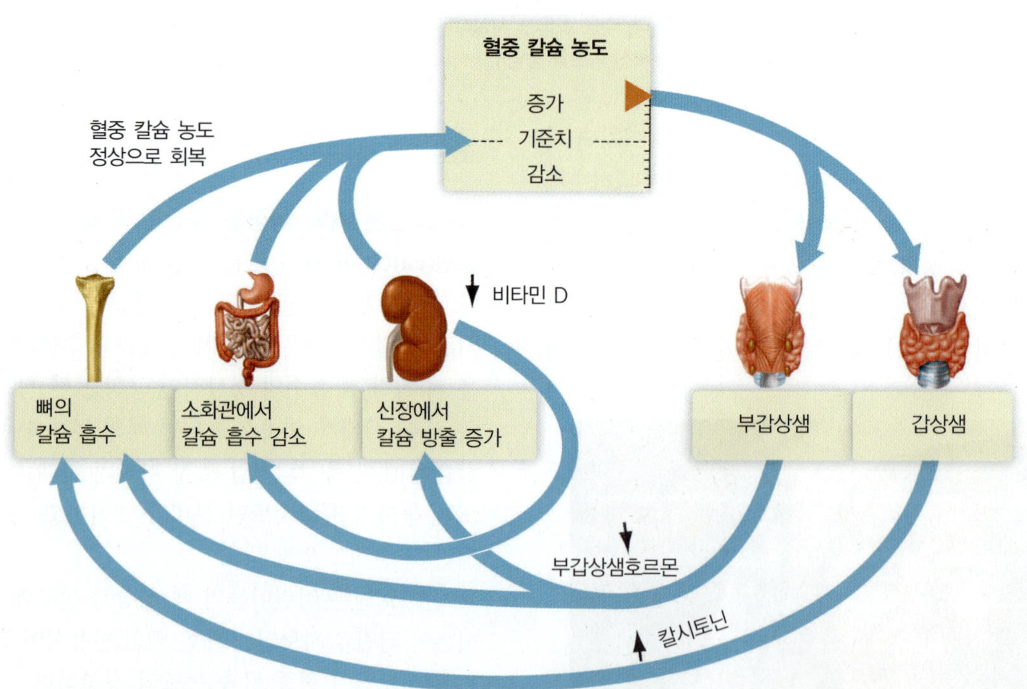

b) 혈중 칼슘 농도의 증가에 따른 반응. 칼시토닌의 중요성은 아동기에 가장 크며, 일단 성인이 된 후에는 그 중요성이 감소한다.

그림 13.15 혈중 칼슘 농도의 항상성 조절.

2. 소화관에서 칼슘 흡수를 증가시킨다.
3. 신장으로 하여금 칼슘은 보유하고 인산은 배출하도록 한다.

이들 작용은 모두 혈중 칼슘 농도를 증가시키는 경향이 있다(그리고 이와 동시에 혈중 인산의 농도를 감소시킨다). 음성되먹임 조절 기작에서 예견할 수 있는 것처럼, PTH의 분비는 낮은 혈중 칼슘 농도에 의해 촉진되고 높은 혈중 칼슘 농도에 의해 억제된다. 그림 13.15는 전반적인 혈중 칼슘 농도 조절을 보여준다.

소화관에서 일어나는 칼슘 흡수에 대한 PTH의 효과는 실제로는 간접적이며 비타민 D를 통해서 이루어진다. 비타민 D는 장에서 일어나는 칼슘 흡수에 필수적이다. 하지만 비타민 D는 신장에서 일어나는 화학적 변화에 의해 활성화되기 전까지는 비활성인 상태로 혈액을 순환한다. PTH는 신장의 활성화 과정에 필요하다. PTH 농도가 증가하면 신장에서 비타민 D의 활성화가 증가하는데, 그 결과 소화관에서 칼슘 흡수가 향상된다.

앞서 언급한 것처럼, 어른이 된 이후에는 혈중 칼슘 농도의 정상적인 유지에 칼시토닌이 하는 역할은 없거나 아주 미미하다. 어른들의 혈중 칼슘 농도의 1차 조절자는 PTH이다.

요점 정리

갑상샘호르몬(T_4와 T_3)의 생산에는 요오드가 필요하다. T_3와 T_4는 세포의 물질대사를 촉진하고 어린이들의 성장 및 어른들의 기초대사율(BMR)에 폭넓은 효과를 미친다. 칼시토닌(갑상샘에서 온)은 혈중 칼슘 농도를 낮추고 PTH(부갑상샘에서 온)는 혈중 칼슘 농도를 높인다. ■

13.7 정소와 난소는 성호르몬을 생산한다

인간의 생식소에는 남자의 정소와 여자의 난소가 있다. 이들 기관은 각기 정자와 난자의 생산을 담당한다. 이 기관은 모두 스테로이드 성호르몬을 만든다는 점에서 내분비샘이기도 하다.

정소는 테스토스테론을 만든다

정소는 음낭 내에 존재하며 남자의 성호르몬인 안드로겐(androgen)을 생산한다. 남자들이 만드는 주요 안드로겐은 테스토스테론이다.

남자의 외부 생식기의 발육은 출생 이전에 태아의 정소에서 만들어지는 테스토스테론에 달려 있다. 테스토스테론의 생산은 출생시부터 사춘기에 이를 때까지는 영으로 떨어진다. 사춘기 동안에 뇌하수체 전엽이 황체형성호르몬(LH)을 방출하기 시작하는데, 이것이 정소로 하여금 테스토스테론 생산을 다시 시작하도록 자극한다.

남성에게서는 테스토스테론이 정자, 남성 생식기관 및 성적 충동의 발달과 정상적인 기능을 조절한다. 테스토스테론은 또한 사춘기 동안에 뼈와 근육의 급격한 성장 및 체모와 변성 등의 2차성징의 발달에 영향을 준다. 황체형성호르몬, 여포자극호르몬(FSH) 및 테스토스테론은 사춘기 후에도 남성의 생식기관을 유지하는데 기여한다.

남녀의 부신에서는 디하이드로에피안드로스테론(DHEA)이라고 부르는 테스토스테론과 비슷한 안드로겐이 적은 양 만들어진다. DHEA는 남성에게는 별다른 효과가 없는데 그 이유는 그들이 더 강력한 테스토스테론을 많이 갖고 있기 때문이다. 여성에게는 부신에서 분비되는 DHEA가 사춘기 성장의 촉진, 겨드랑이 털과 음모의 발달 및 성적 충동의 발달과 유지처럼 테스토스테론이 남성에서 수행하는 것과 같은 작용을 한다.

난소는 에스트로겐과 프로게스테론을 생산한다

난소는 복부에 있으며, 에스트로겐(17b-에스트라디올, 에스트론 및 에스트리올)으로 총칭되는 여성의 성호르몬과 프로게스테론을 생산한다. 에스트로겐 계열 호르몬들은 종종 간단히 에스트로겐으로 부른다.

사춘기 동안 뇌하수체 전엽은 황체형성호르몬과 여포자극호르몬을 방출하기 시작한다. 이 호르몬들은 난소를 자극하여 에스트로겐과 프로게스테론을 분비하게 한다.

에스트로겐은 유방의 발달, 골반의 확장 및 체지방의 분배 등과 같은 여성의 2차성징의 발달이 시작되게 한다. 에스트로겐과 프로게스테론은 모두 월경주기를 조절하는데, 월경주기란 여성의 몸으로 하여금 임신을 준비하게 하는 자궁 조직의 변화가 매달 일어나는 것을 말한다. 황체형성호르몬, 여포자극호르몬, 에스트로겐 및 프로게스테론의 분비는 여성의 가임기간 내내 계속된다.

남성호르몬과 여성호르몬 및 생식계에 관한 내용은 16단원에서 더 자세히 살펴보게 될 것이다.

13.8 그 밖의 분비샘과 기관에서도 호르몬이 분비된다

지금까지 설명한 분비샘들 외에도 비중이 좀 적은 내분비샘들이 몇 개 더 있고, 또한 내부에 분비샘을 갖고 있는 기관들이 있는데 이들의 기능은 다른 단원에서 설명하였다. 이들 중에는 가슴샘, 송과샘, 심장, 소화계 및 신장이 포함되어 있다.

가슴샘의 호르몬은 면역계를 돕는다

가슴샘(thymus gland)은 양쪽 폐 사이의 흉골 바로 뒤에 있으며 심장 쪽으로 약간 치우쳐 있다. 가슴샘은 간혹 림프계의 한 부분으로 간주되기도 한다. 가슴샘의 기능은 오랫동안 주목을 받지 못해왔는데, 그 이유는 성인기에 이를 제거해도 아무 영향을 받지 않기 때문이다.

최근에는 가슴샘이 몇 가지의 펩티드호르몬을 분비하고, 이들이 림프구가 성숙한 T세포로 분화하는 것을 돕는다는 것이 알려졌다. 가슴샘은 어린이들에게는 비교적 중요하지만 성인이 되면서, 특히 30세 이후에는 크기가 줄고 호르몬 분비도 감소한다.

송과샘은 멜라토닌을 분비한다

송과샘(pineal gland)은 콩만한 크기의 분비샘으로 뇌의 안쪽 깊숙한 곳, 즉 세 번째 뇌실의 천정에 붙어 있다. 이것의 이름은 그 모양이 작은 솔방울처럼 생긴 것에서 유래하였다(라틴어의 *pineas*).

표 13.2 시상하부와 뇌하수체 이외의 다른 내분비샘의 호르몬

분비샘	호르몬(들)	주요 표적	중요 작용
췌장	글루카곤	간	혈당 농도 증가
	인슐린	간, 근육, 지방 조직	혈당 농도 감소
	소마토스타틴	췌장, 시상하부, 소화관	글루카곤, 인슐린, 성장호르몬 및 소화효소 분비의 억제
부신피질	글루코코르티코이드(코티졸 포함)	대부분의 세포	혈당 농도의 증가 및 지방과 단백질의 분해 촉진; 염증 억제
	무기질코르티코이드	신장	소듐 재흡수와 포타슘 배출의 촉진을 통한 신체 수분균형의 조절
부신수질	에피네프린과 노르에피네프린	간, 근육, 지방 조직	혈당 증가; 심장 박동과 수축 강도 증가; 혈관의 수축과 이완, 호흡의 증가
갑상샘	티록신(T_4)과 삼요오드티로닌(T_3)	대부분의 세포	세포의 물질대사율의 조절; 성장과 발생에 영향 줌
	칼시토닌	뼈	혈중 칼슘 농도를 낮춤
부갑상샘	부갑상샘호르몬(PTH)	뼈, 소화관, 신장	혈중 칼슘 농도를 높임
정소	테스토스테론	대부분의 세포	정자, 남성의 2차성징 및 생식기관의 발달
난소	에스트로겐, 프로게스테론	대부분의 세포	여성의 2차성징 및 생식기관의 발달; 월경주기의 조절
가슴샘	티모신, 티모포이에틴	림프구	특히 아동기에 림프구의 성숙을 도움
송과샘	멜라토닌	많은 세포	신체 리듬의 동조화; 사춘기의 시작에 관련 가능성 있음

2억 년 훨씬 이전에 우리 인류 조상의 송과샘은 피부 가까이에 있는 감광성 부위, 또는 "세 번째 눈"이었다. 현재에는 송과샘이 두개골 때문에 빛을 받지 못하지만 여전히 그 감광성을 유지하고 있는데, 그 이유는 시신경과 뇌의 신경 경로를 통해서 눈으로부터 정보를 간접적으로 받고 있기 때문이다.

송과샘은 **멜라토닌(melatonin**/피부 색소인 멜라닌과 혼동하지 말 것) 호르몬을 주기적으로 분비하는데, 이 주기는 명암의 일주기와 밀접하게 관련되어 있다. 멜라토닌을 간혹 어둠의 호르몬이라고 부르는데, 그 이유는 그 분비 속도가 밤에는 거의 10배가량 증가했다가 낮에는 다시 떨어지기 때문이다. 멜라토닌의 분비는 시각 신호의 유무에 의해 조절되는 것 같다. 낮 동안에는 망막에서의 신경 자극이 그 분비를 억제한다.

멜라토닌의 기능은 최근에 들어서야 밝혀지기 시작했다. 연구자들은 신체의 리듬을 하루하루의 명/암 주기(일주기)에 동조시키는 것이 중요할 것이라고 믿고 있다. 일부 과학자들은 멜라토닌에 대한 감수성의 감소가 어쩌면 사춘기의 시작에 기여할 수 있다고 제안한다. 이 가설에 부합하는 한 예는 질병에 의한 송과샘의 파괴가 사춘기의 이른 시작과 관련이 있다는 것이다. 이외에 다른 기능도 제안되었는데, 수면, 노화의 지연 및 면역 강화 등이다.

멜라토닌은 약국에서 알약 형태로 쉽게 살 수 있다. 어떤 사람들은 자연적인 수면 보조제로 멜라토닌을 복용하지만 그 효능에 대해서는 아직도 의견이 분분하다.

표 13.2에는 시상하부와 뇌하수체 이외의 다른 주요 내분비 기관과 그들의 표적들과 호르몬 작용들이 요약되어 있다.

심장, 소화계 및 신장의 내분비적 기능

심장, 소화계 및 신장은 모두 다 내분비계와는 관련이 없는 기능을 갖고 있다. 그럼에도 불구하고, 이들 기관은 모두 적어도 한 가지 이상의 호르몬을 분비한다. 이들이 분비하는 호르몬의 종류와 그 기능이 아래에 열거되어 있으며 표 13.3에 요약되어 있다.

- 심방나트륨이뇨호르몬(atrial natriuretic hormone: ANH)은 심장의 심방에서 분비되는 펩티드호르몬으로서 혈압의 조절을 돕는다. 혈압이 올라가면 ANH가 소듐(나트륨)과 물이 소변으로 배출되는 속도를 증가시킨다. 이로써 혈액의 양이 줄어들어 혈압이 감소하게 된다. ANH가 어떻게 신장에 작용하는지에 대해서는 15단원에서 살펴볼 것이다.
- 가스트린(gastrin), 세크레틴(secretin) 및 콜레시스토키닌(cholecystokinin)은 모두 소화계에서 분비되는 호르몬이다. 이들은 위장, 췌장 및 담낭에 영향을 미친다(14단원 참조).
- 에리트로포이에틴(erythropoietin: 적혈구생성인자)과 레닌(renin)은 신장에서 분비된다. 에리트로포이에틴은 골수에서 적혈구가 생성되는 것을 촉진한다(7단원 참조). 레닌은 궁극적으로 알도스테론의 분비를 촉진하고 혈관을 수축시킨다(15단원).

표 13.3 소화관, 신장 및 심장의 호르몬

기관(계)	호르몬(들)	주요 표적	중요 작용
소화관	가스트린, 세크레틴, 콜레시스토키닌	위장, 췌장, 담낭	위장, 췌장 및 담낭 작용의 촉진
신장	혈관형성인자	골수	적혈구 생성의 촉진
	레닌	부신피질, 혈관	알도스테론 분비 촉진, 혈관 수축
심장	심방나트륨이뇨호르몬(ANH)	신장, 혈관	소듐 배출 증가, 혈관 이완

13.9 그 밖의 화학전달물질

일부 화학전달자들은 호르몬과 비슷한 방법으로 작용하지만 이들이 혈액으로 분비되지 않기 때문에 호르몬으로 간주되지 않는다. 이들의 작용은 기본적으로 국부적이다(그들의 방출 부위 근처). 우리는 이미 신경전달물질에 대해 알고 있는데, 이들은 인접한 세포에게 작용하는 화학전달자들 중 한 그룹이다.

이와 같은 비호르몬성 화학전달자에는 히스타민, 프로스타글란딘, 일산화질소 및 다양한 성장인자와 성장억제인자들이 포함되어 있고, 여기에 덧붙여 우리가 아직 잘 알지 못하는 수많은 분자들이 또한 포함되어 있다(표 13.4). 이들 물질은 대부분 일시적으로 존재하는데 왜냐하면 이들은 빨리 분해되거나 또는 이들을 방출했던 세포에 의해 신속히 재흡수되기 때문이다.

히스타민은 염증에 중요하다

히스타민(histamine)에 대해서는 9단원에서 논의하였다. 비만세포들이 조직 손상이나 알레르기를 일으키는 물질의 존재에 대한 반응으로 주변의 간질액에 히스타민을 방출한다. 히스타민은 이어서 점액분비세포의 국부적 점액 분비를 증가시키고, 혈관을 확장시키며, 모세혈관이 더 새기 쉽게 만드는데, 이 모든 것이 염증의 증상들이다.

히스타민은 감기의 콧물과 알레르기의 코막힘에 크게 관련이 있다. 그렇기 때문에 약국에서 파는 감기나 알레르기 약들은 일반적으로 항히스타민 화합물을 포함하고 있다.

표 13.4 그 밖의 화학전달물질

전달자(들)	중요 작용
히스타민	염증반응에 중요함; 점액의 분비를 증가시키고, 혈관을 이완시키며, 모세혈관이 새기 쉽게 함
프로스타글란딘	국부적인 혈류의 조절; 혈관을 수축시키거나 이완시키며, 염증반응과 혈액응고에 기여함
일산화질소(NO)	국부적인 혈류의 조절, 음경 발기의 조절, 소화관 민무늬근의 수축 조절, 세균에 대항하는 화학전 물질로 작용, 혈액응고 기전의 방해, 뇌에서 신경전달물질로 작용
성장인자	조직의 성장을 국부적으로 조절

프로스타글란딘: 혈류의 국소적 조절

프로스타글란딘(prostaglandin)은 지방산 전구체로부터 유도된 화학물질의 무리이다. 프로스타글란딘이란 이름은 이들이 처음에 정액에서 발견되었고 전립선으로부터 유래했다고 추정되었기 때문에 붙여진 것인데, 그 이후에 이들은 우리 몸의 거의 모든 조직에서 발견되었다.

프로스타글란딘은 혈류의 국소적 조절을 포함한 다양한 기능을 갖는다. 어떤 프로스타글란딘은 혈관을 수축시킨다. 반면에 다른 것들은 혈관을 이완시킨다. 프로스타글란딘은 또한 염증반응에 기여하며 손상부위의 혈액응고에 관여한다.

일산화질소는 다양한 기능을 수행한다

일산화질소(NO)는 최근에서야 화학전달자로서 주목을 받았다. NO는 원래 "내피세포유래 이완인자"라고 불렸는데 그 이유는 혈관 안쪽 내피세포의 추출물이 혈관을 이완 또는 팽창시켰기 때문이다. 우리는 이제 NO가 많은 다른 조직에서도 생성된다는 것을 알고 있다.

NO는 신체의 많은 조직에서 혈류의 국소적 조절, 음경 발기의 조절 및 소화관의 평활근 수축 조절 등의 기능을 수행한다. 대식세포는 NO를 세균에 대한 '화학전' 무기처럼 이용하며, NO는 또한 혈액응고 기작을 방해한다. 심지어 NO는 뇌에서 신경전달물질로 작용한다.

성장인자는 조직의 성장을 조절한다

성장인자로 부르는 화학전달자 분자들은 특정한 조직의 발달을 국소적으로 조절한다. 이러한 성장인자에 속하는 것들로 신경성장인자(nerve growth factor), 표피성장인자(epidermal growth factor), 섬유아세포성장인자(fibroblast growth factor), 혈소판유래성장인자(platelet-derived growth factor), 종양혈관형성성장인자(tumor angiogenesis growth factor), 인슐린유사성장인자(insulin-like growth factor) 등이 있으며, 이들 외에도 많다. 성장인자들은 세포가 분열하는 시기는 물론 세포의 성장 방향에 까지도 영향을 끼친다. 예를 들면, 신경성장인자는 신경세포의 축삭이

당뇨병 다루기

세계보건기구(WHO)에 따르면 1985년에는 전 세계적으로 3,000만 명이 당뇨병을 앓고 있었다. 2000년에는 그 수가 1억 7,100만 명으로 증가했으며, 2030년까지는 3억 6,600만 명을 넘어설 것으로 추산되고 있다. 미국의 질병관리본부(CDC)에 따르면 2005년에 미국에서 태어난 아이들의 3분의 1은 사는 동안에 당뇨병을 앓게 될 것으로 예측된다고 한다. 과연 무슨 일이 일어나고 있는 것일까?

왜 당뇨병이 증가하고 있을까?

당뇨병 증가의 대부분은 제2형 당뇨병의 증가에 기인한다. 제2형 당뇨병의 주요 위험 인자는 비만, 건강에 좋지 않은 식단 및 운동 부족 등이다. 이 모든 위험 인자들은 저개발 국가들을 포함하여 전 세계적으로 증가 추세에 있다. 기본적으로 인간의 몸은 고열량, 고당류의 음식의 지속적인 섭취와 결합된 정주성 생활방식에 잘 적응하지 못하고 있다.

인간은 수십만 년 전에 인류 이전의 조상으로부터 진화해 왔다. 그 기간의 대부분 동안 인류는 음식과 피신처를 찾아 널리 이동해 다니던 적은 무리의 집단으로 존재했었다. 풍부한 음식을 얻는 것은 아주 드물었으며, 음식을 찾고 쉼터를 구하는 일은 종종 힘이 많이 드는 일이었다. 이러한 조건에서는 탄수화물이 풍부한 고열량 음식을 먹었을 때 췌장에서 인슐린이 많이 분비되어 몸의 세포들이 포도당을 재빨리 흡수해서 이용될 수 있게 하거나 미래를 위해 저장 산물로 전환되도록 돕는 것이 전적으로 적합한 일이었다.

단지 최근 몇 백 년 동안에 전 세계의 대부분의 사람들에게 음식을 구하는 것이 한층 쉬워졌다. 포도당이 항상 풍부하고, 신체의 포도당과 지방 저장량이 최대 용량에 육박하는 상태가 지속됨에 따라 우리 몸의 세포들은 점차 인슐린 내성을 키워 포도당이 세포로 들어오는 것을 늦추려고 하게 되었다. 이로 인해 혈당 수준이 증가하게 되는 것이다. 췌장은 이에 반응하여 내성을 극복하고 혈당을 정상 수준으로 낮추기 위해 더 많은 인슐린을 분비하게 된다. 그러나 결국에는 췌장이 인슐린을 만들어 내는 능력이 쇠퇴하기 시작한다. 인슐린 생산의 감소는 인슐린 내성의 증가와 결합하여 신체가 혈당을 스스로 적절하게 조절하는 능력을 잃어버리게 만든다.

유전적 요인 또한 관련이 있지만 최근의 당뇨 증가 현상을 설명하지는 못하는데, 그 이유는 유전자들이 그렇게 빠르게 돌연변이를 일으키지는 못하기 때문이다. 250개 이상의 유전자들이 식욕, 인슐린 내성 및 지방 저장에 영향을 주는 것으로 밝혀졌으나 아직까지 "당뇨 유전자"는 확인되고 있지 않다. 그럼에도 불구하고, 어떤 인간 집단들–동남아시아인, 라틴아메리카인, 아프리카인, 미국 인디언 및 태평양의 섬 주민– 은 다른 사람들보다 더 큰 당뇨 위험률을 갖고 있는 것으로 보인다.

비상식적으로 들릴 수도 있겠지만, 평균 수명이 증가하는 것도 한 집단 내의 당뇨 유병률을 증가시킬 수 있다. 사고, 전쟁 및 전염병에 의해 죽는 사람들이 줄어듦에 따라 많은 사람들이 당뇨처럼 발병에 시간이 걸리는 질병이 발병하기까지 충분히 오래 살게 된 것이다. 미국과 유럽에서는 사람들이 더 장수하게 되었으며, 사회가 고령화되고 있다.

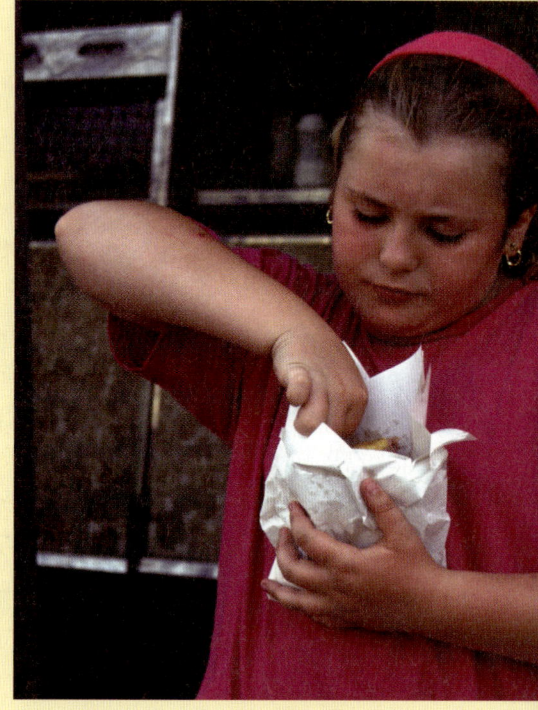

고설탕, 고지방 음식을 전보다 더 쉽게 접할 수 있게 되었기 때문에 어린이들과 어른들 모두 당뇨병의 발병 위험도가 커졌다.

사실은....

- 당뇨병은 전 세계적으로 증가 추세에 있어서 1985년에 3,000만 명이었던 환자가 현재는 1억 7,100만 명 이상이나 되었다.
- 당뇨병의 많은 경우가 건강 식단, 알맞은 체중 감량 및 운동과 같은 생활방식 변화로 예방될 수 있다.
- 조기 진단과 질병 관리를 통해 당뇨병의 경제적, 사회적 및 의료적 충격을 상당히 감소시킬 수 있다.
- 우리의 보건의료체계는 당뇨병의 장기적 합병증에 더 초점을 맞추고 있는데 그 이유는 그것이 더 수익성이 높기 때문이다. 실제로 병원들은 예방 의료에서 손해를 보고 있다.

예방이 해답이다

건강 전문가들은 생활방식 상의 아주 사소한 변화라도 제2형 당뇨에 걸릴 위험성을 극적으로 감소시킬 수 있다는데 동의하고 있다. 뉴잉글랜드의학저널(*New England Journal of Medicine*)에 발표된 한 연구에서는 혈당이 정상의 상한에 도달해 있기 때문에 당뇨 발병의 위험성이 있는 것으로 간주되지만 아직 당뇨가 없는 2,000명의 사람들을 무작위로 대조군이나 생활방식 변경 그룹으로 나누었다. 생활방식 변경 그룹에 해당된 사람들은 건강에 좋은 저지방, 저열량 식사를 하고 적당하고 규칙적인 운동(주당 150분간 걷기와 같은)을 하여 체중을 약 3.2㎏ 정도 줄이고 이를 유지하도록 하였다. 3년 이내에 생활방식 변경 그룹의 사람들은 당뇨 발병 위험성이 대조군과 비교하여 58%나 감소하였다.

당뇨병 환자들은 혈당계를 사용하여 혈액 내 포도당 농도를 측정한다.

조기 발견과 관리가 도움이 된다

두 가지 유형의 당뇨병 모두 조기 발견과 주의 깊은 관리가 이 질병의 사회적, 경제적 그리고 건강에 대한 충격을 감소시킬 수 있다. 적어도 초기에는 높은 혈당 자체가 문제가 되는 것은 아니다. 높은 혈당이 지속됨으로써 유발되는 합병증이 문제이다. 당뇨를 방치하면 수많은 다른 건강 문제들을 일으킬 수 있는데, 여기에는 심혈관계 질환, 신장 기능 상실, 시력 상실 및 신경질환 등이 포함되어 있다.

예를 들면, 미국에서는 매년 4만 명의 당뇨 환자에게 신장 질환이 발생하고 있다. 이들 중 많은 경우가 신장 기능 상실로 진행되며, 이 시점에는 치료에 연간 5,500만 원 이상이 소요된다(환자들이 투석이라고 부르는 치료를 받을 수 있다는 가정 하에). 투석을 받기 위해 매주 2~3일을 병원이나 투석 센터에 가서 반나절 동안 있어야 하기 때문에 환자들과 가족들의 삶은 병을 관리하는 것을 중심으로 돌아가기 시작한다. 환자들은 궁극적으로 신장 이식을 받아야 할 것이며, 이때에는 1억 1,000만 원 또는 그 이상의 비용이 든다. 이와 같은 파괴적이고 장기적인 합병증 때문에 미국에서 당뇨를 치료하는데 드는 비용은 연간 143조 원으로 추산된다.- 이것은 미국의 납세자 1인당 110만 원에 해당한다.

조기 발견과 관리가 질병의 궁극적인 치료비용을 줄이는데 매우 효과적이기 때문에 이제는 공복혈당농도와 당부하검사(GTT)가 대부분의 의학적 신체검사의 표준 요소가 되었다. 하지만 기본적인 건강관리가 잘 수행되고 있지 않은 나라에서는 조기 발견이 가능하지 않을 수도 있다. 당뇨병 환자의 3분의 1 이상이 자신들이 발병했다는 사실조차 모르고 있다. 진단이 조기에 이루어진 경우에도 환자로 하여금 자신의 혈당을 엄격하게 감시하고 조절하도록 동기를 부여하는 것이 쉽지 않을 수 있다. 앞으로 파괴적이고 장기적인 합병증이 어차피 생길 텐데 이제 막 당뇨로 판정 받은 환자에게 생활방식을 크게 바꾸도록 납득시킨다는 것은 어렵다. 하루에도 몇 번씩 손가락을 찔러 피를 내서 혈당을 재는 것을 원하는 사람은 없다. 그리고 우리 중에 누가 자발적으로 단 음식을 먹지 않고, 3~5kg의 살을 빼고 (그리고 그것을 유지하고) 또 거의 매일 운동하는 것을 시작하고자 하겠는가? 그러나 당뇨병 환자에게는 이와 같은 생활방식의 변화가 생과 사의 문제가 된다.

우리 의료 체계의 문제점

건강한 생활방식을 장려하고 당뇨병의 조기 진단 및 이미 고혈당이 나타난 사람들에 대한 효과적인 관리를 위해 보건 전문가들과 정부가 조화롭게 협력하는 것이 아마도 장기적으로 이 질병과 싸우는 최선의 방법일 것이다. 불행히도, 미국의 의료보험제도는 이 점을 고려하고 있지 않다. 다음의 짧은 예가 왜 그런지 보여줄 것이다.

병원, 의사, 그리고 진료센터는 정부(Medicare나 Medicaid와 같은 의료보험제도)나 민간 보험회사로부터 수당을 받아 돈을 번다. 현재의 의료 수가 체제에서는 이들이 예방의학과 질병 관리 면에서 손해를 보지만 당뇨병 환자가 신장 이식이나 절단과 같은 심각한 합병증 치료를 위해 병원에 올 경우에는 돈을 벌게 된다. 예를 들어 최근의 한 연구에서 추정한 바에 의하면 뉴욕 진료센터는 한 당뇨병 환자가 혈당을 적절히 모니터하는 법이나 인슐린을 투여하는 법 등을 배우기 위해 당뇨병 교육자를 만날 때마다 45,000~60,000원 정도 손해를 보며, 체중 감소와 식이요법을 통해 혈당을 조절하는 법을 배우기 위해 영양사를 만날 때마다 또 45,000~60,000원 정도 손해를 보게 된다. 이와는 대조적으로, 병원은 절단시술을 할 때마다 절단의 종류와 합병증에 따라 165만 원에서 1,100만 원 이상을 번다. 병원들이 영양사나 건강교육자들을 고용하는 것보다는 외과의를 고용하거나 진료센터를 우수외과센터로 승급하는데 더 주력하는 것이 놀랄만한 일인가?

대책이 이루어져야 한다. 질문은: 그게 과연 무엇인가이다.

생각해볼 문제

1 당신은 모든 국민이 고혈당 체크를 위해 정부 보조로 집단검진을 받는데 찬성하는가? 이것이 의무적이어야 할까?

2 당뇨병 환자들의 교육, 상담 및 사후 관리를 위한 지원에 정부가 어떤 역할을 담당해야 할까? 민간 의료보험 회사는 또 어떤 역할을 해야 하는가?

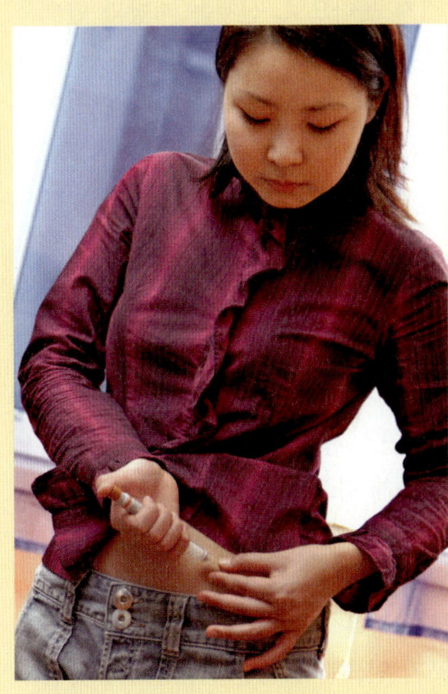

일부 당뇨병 환자들은 매일 인슐린을 스스로 주사해야 한다.

자라나는 방향을 결정하는데 도움을 주어 신경이 올바로 발달할 수 있도록 한다.

요점 정리

다양한 화학전달자들(히스타민, 프로스타글란딘, 일산화질소 및 성장 인자)은 주로 국소적으로 작용한다. 이들의 작용에는 국소적 혈류의 조절, 국소적 방어 반응에의 관여 및 특정 유형의 조직의 성장 조절 등이 있다. ■

13.10 내분비계 질환

내분비계는 신체 기능을 조절하는 두 개의 주요 기관계 중 하나이기 때문에 이에 대한 어떠한 교란도 신체에 극적이고 광범위한 영향을 미칠 수 있다. 우리는 이미 이 단원의 앞부분에서 몇몇 내분비계 질환에 대해 논의하였다. 이제 몇 가지 질환을 더 알아보도록 하자.

당뇨병: 혈당의 부적합한 조절

당뇨병(diabetes mellitus)의 뜻은 "단 맛이 나는 다량의 소변"이다. 간단히 말하자면, 당뇨병은 혈당 조절 질환이다. 당뇨병에는 몇 가지 유형이 있는데 이들의 공통적 특징은 포도당이 이용되어야 할 세포 안으로 포도당을 들여보내지 못한다는 것이다. 그 결과 혈액에 비정상적으로 높은 농도로 포도당이 존재하게 된다-농도가 너무 높아서 신장의 재흡수력 한계를 초과하게 된다. 포도당과 과도한 물이 소변으로 배출되어(여기에서 이 질환의 이름이 나옴), 탈수와 갈증이 유발된다. 이러한 증상 외에도 당뇨병 환자는 피로감, 잦은 감염, 흐린 시력, 아물기 힘든 상처 및 손발 저림 등을 경험한다.

포도당을 올바르게 대사시키지 못하므로, 신체는 지방과 단백질 대사로 전환한다. 포도당, 지방 및 단백질의 비정상적인 대사는 당뇨와 관련된 대부분의 다른 의학적 문제들을 야기하는데, 여기에는 심혈관 및 신경계 질환, 신부전, 실명, 절단까지 초래할 수 있는 작은 혈관의 손상 등이 포함된다. 당뇨병에는 두 가지 유형이 있다:

- **제1형 당뇨병**(전체의 5~10%)은 췌장에서 충분한 인슐린이 만들어지지 못하기 때문에 일어난다. 이것은 인슐린 의존성 당뇨병이라 부르는데, 왜냐하면 이 유형의 당뇨병 환자는 인슐린 주사를 매일 맞아야만 포도당이 세포 안으로 들어갈 수 있기 때문이다. 이 유형의 당뇨병은 바이러스 감염에 의해 신체의 면역계가 췌장의 베타세포들을 공격하게 함으로써 일어난다고 추정된다. 이것은 전형적으로 아동기나 사춘기에 나타난다.
- **제2형 당뇨병**(인슐린 비의존성 당뇨병)은 전체 당뇨병의 90~95%를 차지한다. 이 질환의 특징은 인슐린 저항성이다. 즉, 인슐린이 주변에 존재해도 세포가 인슐린에 적절히 반응하지 못한다. 제2형 당뇨병은 보통 40세 이후의 성인에게서 나타난다. 그러나 최근에는 그 발병률이 증가하고 있으며 점점 더 어린 나이에서 나타난다. ("시사 과학 문제" 참조). 제2형 당뇨병에 유전적 요소가 있을 수도 있지만 생활 양식 요소가 주된 결정 요인이라고 생각된다.

혈당 수준이 당뇨병 수준에 막 도달하려는 제2형 당뇨병의 일부와 "당뇨병전증(prediabetics)"은 전적으로 생활 양식을 바꾸는 것만으로, 즉 건강한 체중 유지와 영양가 있는 음식 섭취 및 규칙적인 운동만으로도 조절 가능하다. 다른 환자들은 인슐린을 복용하는데, 특히 필요할 때에 환자들의 생활 양식 변화를 보조하기 위해서이다. 다른 치료법에는 췌장으로 하여금 더 많은 인슐린을 분비하게 하는 약품, 체내에서 만들어진 인슐린의 작용을 향상시키는 약품 및 간과 근육세포의 포도당 흡수를 증가시키는 약품 등의 경구용 약품이 포함된다. 인공 췌장의 이식이나 인간 췌장 세포의 이식과 같은 좀 더 영구적인 치료법들이 현재 연구되고 있다.

갑상샘기능저하증: 활동 부진한 갑상샘

갑상샘기능저하증(hypothyroidism)은 갑상샘의 활동부진(갑상샘호르몬의 분비 저하)을 말한다. 가벼운 갑상샘기능저하증인 경우에는 아무런 증상도 나타나지 않을 수 있지만, 좀 더 심각한 갑상샘호르몬의 결핍은 다양한 증상을 유발할 수 있다.

아동기에 티록신이 불충분하게 만들어지면 그 이유를 막론하고 신체의 성장을 지연시키며, 두뇌 발달에 변화를 일으키고, 사춘기의 시작을 늦출 수 있다. 이 상태를 치료하지 않고 방치하면 이 결핍증은 크레틴병(cretinism)을 일으키게 되어 정신 지체와 발육 장애 증상이 나타난다.

성인에게서는 티록신이 부족하면 점액부종(myxedema)이 발생하는데, 이는 피부 밑의 부종(부풀음), 무기력, 체중 증가, 낮은 기초대사율(BMR) 및 저체온 등을 유발하는 질병이다. 갑상샘호르몬의 분비 저하는 티록신 제제로 치료할 수 있다.

갑상샘기능항진증: 지나치게 활동적인 갑상샘

갑상샘기능항진증(hyperthyroidism)은 지나치게 활동적인 갑상샘과 과다한 갑상샘호르몬 분비 등의 증세를 보인다. 과다한 티록신은 기초대사율을 높이며 과다활동, 신경과민, 동요 및 체중 감소 등을 일으킨다.

갑상샘기능항진증의 가장 일반적인 형태는 그레이브스병(바제도병, Graves' disease)인데, 이는 자가면역질환으로 환자 자신의 항체가 갑상샘을 자극하여 티록신을 과도하게 분비하도록 하는 것이다. 그레이브스병 환자는 눈이 돌출되는 경우가 많은데, 이는 눈 뒤에 체액이 축적되기 때문이다.

애디슨병: 너무 적은 코티졸과 알도스테론

애디슨병(Addison's disease)은 부신피질이 코티졸과 알도스테론을 충분히 분비하지 못하기 때문에 생긴다. 코티졸이 없으면 혈당 농도가 낮아지며, 알도스테론이 없으면 혈중 소듐 농도가 낮아진다. 애디슨병은 서서히 발병하는 경향을 보이는데, 피로감, 허약, 복통, 체중 감소 및 이 병의 특징인 청동색 피부 등의 만성적 증상을 보인다. 이 병은 부족한 호르몬을 대체해 주는 약물을 통해 성공적으로 치료될 수 있다.

쿠싱증후군: 과도한 코티졸

쿠싱증후군(Cushing's syndrome) 증상은 과도한 코티졸로 인한 다음과 같은 지나친 효과 때문에 일어난다. (1) 글리코겐과 단백질로부터 포도당이 과도하게 생성되고, (2) 과도한 염분과 수분이 보존되기 때문이다. 혈중 포도당 농도가 증가하고 근육량이 감소하는데, 그 이유는 포도당을 만들기 위해 단백질을 소비하기 때문이다. 과도한 포도당 중의 일부는 체지방으로 전환되는데, 이것은 얼굴, 복부 및 목 뒤와 같은 특정한 신체 부위에서만 일어난다(그림 13.16). 쿠싱증후군의 증상은 근쇠약과 피로감, 부종(과도한 체액에 의한 붓기) 및 고혈압 등이다. 이 병은 부신이나 뇌하수체의 ACTH 분비세포에 종양이 발생함으로써 일어날 수도 있다. 이 병은 또한 알레르기나 관절염과 같은 만성 염증 질환을 치료하기 위해 코티졸이나 코티졸 유사 약품(코르티손, 프레드니손, 덱사메타손 등)을 과용한 결과로 발생할 수도 있다.

a) 발병 이전

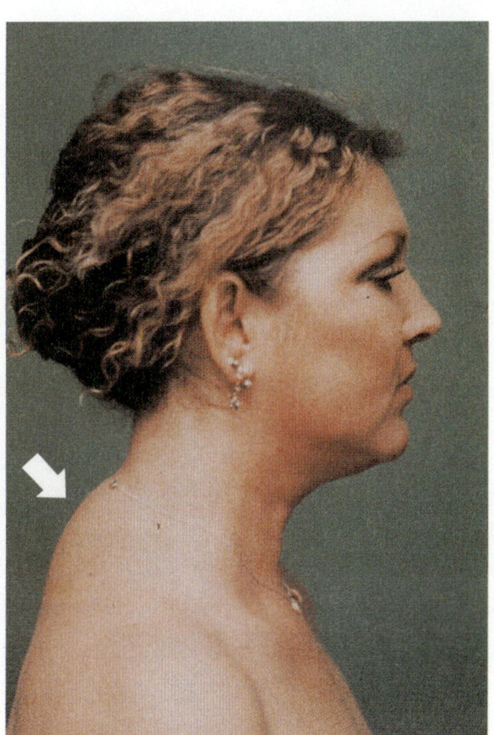

b) 병이 진행되면서 특징적인 지방성 혹이 목 뒤에 생긴다.

그림 13.16 쿠싱증후군.

단원 요약

내분비계는 호르몬을 만든다

- 내분비계는 호르몬을 혈액으로 분비하는 분비샘들의 집합체이다.
- 호르몬들은 내분비계에서 방출된 화학전달물질들이며 혈액과 함께 순환하다가 특정한 표적세포에 작용한다.

호르몬은 스테로이드와 비스테로이드로 구분된다

- 스테로이드호르몬은 지용성이다. 이들은 기능을 수행하기 위해 표적세포 안으로 들어간다.
- 비스테로이드호르몬은 일반적으로 지용성이 아니다. 이들은 표적세포의 세포막 바깥 표면에 있는 수용체와 결합한다.

시상하부와 뇌하수체

- 뇌의 시상하부와 내분비계의 뇌하수체는 신경계와 내분비계를 서로 연결한다.
- 뇌하수체 후엽에서는 시상하부에서 만들어진 두 호르몬(항이뇨호르몬과 옥시토신)을 분비한다.
- 뇌하수체 전엽에서는 여섯 가지의 호르몬(부신피질자극호르몬, 갑상샘자극호르몬, 여포자극호르몬, 황체형성호르몬, 프로락틴 및 성장호르몬)을 만들고 분비한다. 이들 중 처음 네 가지는 다른 내분비샘들을 자극하여 각각 호르몬을 분비하도록 한다.
- 항이뇨호르몬 분비의 이상은 수분평형에 장애를 일으킨다.
- 아동기의 성장호르몬 과다분비는 거인증을 초래한다. 과소분비는 왜소증을 일으킨다. 성인기에 성장호르몬이 과다분비되면 말단거대증에 걸리게 된다.

췌장은 글루카곤, 인슐린 및 소마토스타틴을 분비한다

- 췌장 내에는 랑게르한스섬이라 부르는 세포들의 무리가 있는데, 이들은 세 가지의 호르몬(글루카곤, 인슐린 및 소마토스타틴)을 만들고

분비한다.

■ 글루카곤은 혈당 농도를 높이고, 인슐린은 혈당 농도를 낮추며, 소마토스타틴은 글루카곤과 인슐린의 분비를 억제하는 것으로 추정된다.

부신은 피질과 수질로 되어 있다

■ 부신의 바깥층은 피질이라 부르며, 포도당 대사(글루코코르티코이드)와 염분 균형(무기질코르티코이드)에 영향을 주는 스테로이드호르몬들을 분비한다.

■ 부신의 중심 부분은 수질이라고 부르며 사실상 신경내분비기관이다. 부신수질은 에피네프린과 노르에피네프린을 혈액으로 분비한다.

갑상샘과 부갑상샘

■ 갑상샘은 티록신(T_4), 삼요오드티로닌(T_3) 및 칼시토닌을 만든다.

■ 네 개의 작은 부갑상샘은 부갑상샘호르몬을 만드는데, 이는 칼시토닌과 함께 혈중 칼슘 농도의 조절에 관여한다.

정소와 난소는 성호르몬을 생산한다

■ 주요 남성 성호르몬은 테스토스테론이고 정소에서 만들어진다.

■ 난소는 두 개의 여성 성호르몬, 즉 에스트로겐과 프로게스테론을 만든다.

그 밖의 분비샘과 기관에서도 호르몬이 분비된다

■ 가슴샘은 두 개의 호르몬(티모신과 티모포이에틴)들을 만드는데, 이들은 림프세포가 T세포로 성숙하는 것을 돕는다.

■ 송과샘에서 분비되는 멜라토닌은 신체의 하루 리듬을 날마다의 명/암 주기에 동조시킨다.

■ 심장은 심방나트륨이뇨호르몬을 분비하고, 신장은 레닌과 적혈구생성인자를 분비하며, 소화관은 가스트린, 세크레틴 및 콜레시스토키닌을 분비한다.

그 밖의 화학전달물질

■ 어떤 물질들은 호르몬으로 정의되지는 못하지만(이들이 명확하게 혈액으로 분비되지 않으므로) 화학전달물질로 작용한다.

■ 이들 화학전달물질들의 대부분은 분비된 장소 가까이에서 국소적으로 작용하는 경향을 가진다. 이러한 화학전달물질로는 히스타민, 프로스타글란딘, 일산화질소 및 성장인자들이 있다.

내분비계 질환

■ 내분비계는 아주 많은 신체 기능을 조절하기 때문에 어떠한 교란도 광범위한 영향을 미칠 수 있다.

■ 갑상샘기능저하증은 어린이들에게 크레틴병(발육장애와 정신지체)을 일으키며, 어른들에게는 점액부종을 일으킨다. 그레이브스병은 갑상샘기능항진증의 가장 일반적인 형태이다.

■ 불충분한 코티졸과 알도스테론은 애디슨병을 일으킬 수 있으며, 코티졸의 과다분비는 쿠싱증후군을 초래한다.

알아야 할 용어

가슴샘(thymus gland)
갑상샘(thyroid gland)
글루카곤(glucagon)
내분비샘(endocrine gland)
노르에피네프린(norepinephrine)
뇌하수체(pituitary gland)
부갑상샘(parathyroid gland)
부갑상샘호르몬(parathyroid hormone)
부신(adrenal glands)
비스테로이드호르몬(nonsteroid hormone)
송과샘(pineal gland)
수질(medulla)
스테로이드호르몬(steroid hormone)
시상하부(hypothalamus)
신경내분비세포(neuroendocrine cells)
알도스테론(aldosterone)
에피네프린(epinephrine)
이차전달자(second messenger)
인슐린(insulin)
칼시토닌(calcitonin)
코티졸(cortisol)
티록신(thyroxine)
표적세포(target cell)
피질(cortex)
호르몬(hormone)

개념 확인 문제

1. 뇌하수체 전엽에서 분비되는 여섯 가지 호르몬의 기능을 열거하시오.
2. 내분비계의 반응이 신경계의 반응과 차별이 되는 특징들을 설명하시오.
3. 스테로이드호르몬과 비스테로이드호르몬의 작용 기작을 비교하고 차이점을 논하시오.
4. 노르에피네프린을 어느 경우에 신경전달물질로 부르고 어느 경우에는 호르몬으로 불러야 할지 정의해 보시오.
5. 키가 작은 30세의 사람에게 성장호르몬을 투여한다 해도 키가 더 커질 수 없는 이유를 설명하시오.
6. 가슴샘에서 분비되는 두 호르몬의 기능을 설명하시오. 왜 이들의 기능이 어른들보다 어린이들에게 더 중요한가?
7. 송과샘이 뇌의 안쪽 깊이 존재함에도 불구하고 어떻게 해서 빛에 민감할 수 있는지 설명하시오.
8. 히스타민과 일산화질소와 같은 물질들이 화학전달물질임에도 불구하고 왜 진정한 호르몬으로는 간주되지 않는지 설명하시오.
9. 유아에게 수유하는 여성의 뇌하수체 후엽에서 분비되는 호르몬의

이름을 말하시오.

10. 24시간 주기에서의 송과샘의 역할을 설명하시오.

학습 문제

연결 문제

_________1. 수분평형을 조절하는 호르몬

_________2. 아동기와 사춘기 동안의 뼈와 근육량 증가에 기여하는 호르몬

_________3. 가끔 세포 내에서 이차전달자로 작용하는 물질

_________4. 성적 만족감에 관여하는 뇌하수체 호르몬

_________5. 부신피질에서 만들어지는 글루코코르티코이드

_________6. 신장에서 분비되는 두 호르몬 중 하나

a. 고리형 AMP
b. 코티졸
c. 항이뇨호르몬
d. 적혈구생성인자
e. 옥시토신
f. 성장호르몬

빈칸 채우기

7. 시상하부의 신경내분비세포들은 __________와(과) ___________를(을) 만드는데, 이들은 뇌하수체 후엽으로 운반되어 그곳에서 분비된다.
8. (스테로이드/비스테로이드)호르몬은 표적세포의 세포막 표면의 수용체와 결합한다.
9. 남녀 모두의 생식기관을 자극하는 두 개의 뇌하수체 전엽호르몬은 ____________와(과) ____________(이)다.
10. 부신 피질에서 만들어지는 주요 무기질코르티코이드 호르몬은 ____________(이)다.
11. ____________호르몬은 혈당 농도를 낮추기 위해 식사 후에 분비된다.
12. 아드레날린으로도 알려져 있는 이 호르몬의 좀 더 정확한 이름은 ____________이다.

OX 문제

13. 칼시토닌은 뇌하수체 전엽에서 만들어지고 분비된다. ( )
14. 인슐린과 글루카곤은 췌장의 서로 다른 유형의 세포로부터 생산되고 분비된다. ( )
15. 송과샘은 멜라토닌을 분비하는데, 이 호르몬의 분비는 밤에 증가한다. ( )

참고문헌

Duncan, David E. The Covert Plague: Have You Got It? *Discover*, December 2005 (An article on the recent rise of Type 2 diabetes.)

Hadley, M.E. *Endocrinology*. 5th ed. Prentice Hall, 2000. (A standard textbook of endocrinology.)

Lacy, Paul E. Treating Diabetes with Transplanted Cells. *Scientific American*, July 1995, pp. 50 – 58. (A discussion of recent advances and future directions in the treatment of Type 1 diabetes.)

응용 문제

1. 표적세포에 적합한 수용체의 수가 부족하여 호르몬의 생체 효능성이 크게 감소되었다면 이 호르몬의 농도는 어떻게 변화할 것으로 예상되는가(높아진다, 그대로이다, 낮아진다)? 그렇게 생각하는 이유를 설명하시오. (힌트: 음성되먹임 고리의 구성 요소를 그려보면 도움이 될 것이다.)
2. 급성 면역반응(벌에 쏘였을 때의 알레르기 반응처럼)을 치료하기 위해 에피네프린을 주사하면 거의 즉각적인 효과가 나타나는데 비해 스테로이드호르몬을 주사하면 효과가 나타나는 데 여러 시간이 걸리는 이유를 설명해 보시오.
3. 13.5절의 내용을 바탕으로 하여 코티졸 분비에 대한 음성되먹임 고리를 그리시오. 그 다음 이 그림 상에 스트레스와 상해가 되먹임 고리에 어떤 영향을 미치는지 표시해 보시오. 당신이 그린 그림을 친구들에게 설명해 보시오. 그림을 그리고 설명할 수 있다면 내용을 이해한 것이다!
4. 임산부가 출산을 시작하게 되면 일련의 강한 근수축이 일어나 아기가 자궁으로부터 산도를 통과해 나갈 수 있도록 밀어내게 된다. 출산은 매우 고통스러울 수 있다. 일반적으로는 이러한 통증이 음성되먹임 고리를 개시하여 더 이상의 통증을 방지하기 위해 근수축을 억제할 테지만 출산 중에는 이러한 일이 일어나지 않는다. 그 이유는 무엇인가?
5. 당뇨병 환자들은 당 섭취에 특히 조심해야 한다. 어떤 사람들은 주의 깊은 식이요법을 통해 상태를 조절할 수 있다. 당뇨병 환자들이 피해야 할 음식은 어떤 것들이며, 더 섭취하도록 해야 하는 음식들은 어떤 것들인가? 또 이들이 식이요법에서 실수했을 경우에는 어떻게 해야 하는가?
6. 한 학생이 가을 학기를 다수의 기말 리포트와 여러 개의 기말시험들을 통해 마무리하였다. 학기가 끝난 후 그녀는 명절 동안 집에 돌아와 지독한 감기에 걸렸다. 다음 해에도 똑같은 일이 일어났다. 그녀는 방학 동안에 병이 났다. 4학년 가을학기는 그렇게 힘들지는 않았지만 대학원 지원이 다가옴에 따라 그녀는 지원서를 작성하고 다음 해에 과연 어떤 일을 할 것인지에 대해 걱정을 많이 하면서 겨울방학을 보내게 되었다. 그녀는 다음 학기 초에 다시 병이 났다. 이것은 그녀가 단지 운이 없어서 일어나는 일인가 아니면 다른 무슨 일이 일어나기 때문인가?

학습 문제 해답

1. c **2.** f **3.** a **4.** e **5.** b **6.** d **7.** ADH(항이뇨호르몬), 옥시토신 **8.** 비스테로이드 **9.** FSH/LH **10.** 알도스테론 **11.** 인슐린 **12.** 에피네프린 **13.** X **14.** O **15.** O

14 소화계와 영양

1 위의 주된 **기능**은 무엇인가?

2 소화관 중 어느 곳에서 영양분과 물이 몸 안으로 **흡수**될까?

3 다음 중 **트랜스지방**을 많이 함유할 것 같은 음식은 무엇인가?

a. 붉은 살 고기 b. 생선
c. 대량생산된 과자 d. 올리브유

4 미국인 중 **비만**인의 비율은?

a. 5% 미만 b. 약 30% c. 50% 이상

5 다음 콩 종류 중 **모든** 필수아미노산을 포함하는 것은?

a. 땅콩 b. 메주콩 c. 검은 눈콩 d. 리마콩

위의 내벽. 위에 음식물이 가득 들어가면 큰 주름들은 모두 펴진다. 작은 구멍들은 위오목이다. 채색 SEM 사진(×20)

하던 일을 잠시 멈추고 점심 때 뭘 먹었는지 정리해보자–햄버거, 감자튀김, 탄산음료? 피자와 생수? 혹은 샐러드, 사과, 우유? 모든 세포는 성장, 생식, 그리고 건강을 유지하기 위해서 **영양분(nutrients)**을 필요로 한다. 간단히 말하자면 당신이 무얼 먹던 당신 몸의 세포는 그것을 이용하여 살아가야 한다. 당신이 방금 먹었던 음식물이 (물론 저장되어 있던 성분도 마찬가지이지만) 세포의 활성과 세포 성분의 합성 그리고 그 외 모든 생명활동을 위해 연료로 사용되고 있는 것이다. 세포들은 혈액에서 영양분을 얻고 혈액은 소화계나 혹은 몸속 저장소에서 영양분을 공급 받는다.

소화계는 여러 면에서 효율적인 해체 공장이라 할 수 있다. 음식물을 받아 처리를 하는데, 작은 조각으로 만들고 그 조각들을 효소와 강한 화학물질을 이용해서 자른다. 이제 그 물질들을 아래로 소화관을 따라 내려 보내 영양분으로 흡수하고 나머지 찌꺼기는 몸 밖으로 배출시키기 전까지 잠시 보관한다.

무엇을 먹느냐가 중요한가? 그렇다. 영양분의 부족은 암에서 괴혈병에 이르는 여러 가지 질병과 관련되어 있다. 반면에 충분한 영양분은 건강을 회복시키고 건강상의 문제가 생기지 않도록 해준다. 이 단원에서는 소화 과정을 따라 음식물이 어떻게 변하는지 알아보자. 또한 이 정보들을 어떻게 건강한 식사와 체중조절에 응용할지 알아보자.

14.1 소화계는 우리 몸에 영양분을 공급한다

소화계(digestive system)의 모든 기관들은 우리 몸에 영양분을 공급한다는 공통된 기능을 갖는다. 여기에는 입에서 항문까지 연결된 긴 관 구조가 포함된다. 입, 인두, 식도, 위, 소장, 대장, 직장, 항문 등이다. 이 기관들이 관 형태의 **위장관(gastrointestinal tract,** GI tract; "gastric"은 위를 뜻함)을 구성한다. 가운데 빈 부분, 즉, 음식이 지나가는 부분을 내강(lumen)이라 부른다.

소화계는 이외에도 4가지 부속 기관–침샘, 간, 쓸개(담낭), 이자(췌장)–을 갖는다. 그림 14.1에 소화기관과 부속기관들의 기능이 정리되어 있다.

위장관의 벽은 4개의 층으로 되어 있다

식도에서 항문까지 위장관의 벽은 공통된 구조를 갖는다(그림 14.2). 위장관의 벽은 다음 4겹의 층으로 되어 있다.

1. **점막층(mucosa).** 내강의 가장 안쪽 층이(내강에 접해 있음) 점막층이다. 모든 영양분이 혈액으로 흡수되기 위해서는 이 층을 통과해야 한다.
2. **점막하층(submucosa).** 점막층 바로 아래에 존재하는 층으로 혈관, 림프관, 신경 등이 위치하는 곳을 점막하층이라 부른다. 점막층을 통해 흡수된 음식물 성분들이 혈관이나 림프관에 흡수된다.
3. **근육층(muscularis).** 위장관의 세 번째 층으로 근육층이라 부르며 음식물의 이동과 움직임에 작용한다. 근육층은 2~3겹의 평활근층으로 구성되어 있다. 대개 내강의 안쪽 둘레에 고리 형태의 근육이 있고 바깥쪽에 길이 방향으로 수축하는 근육이 있다. 위는 예외로 이 두 근육층 안쪽에 대각선 방향의 근육을 갖는다.
4. **장막(serosa).** 위장관의 가장 바깥을 둘러싸고 있으며 얇은 결합조직막으로 다른 3개 층을 감싸 보호하며 소화계를 체강 안쪽 벽에 붙여주는 역할도 한다.

위장관의 각 기관들은 조임근(괄약근, sphincter)이라 부르는 두꺼운 반지 모양의 평활근으로 구분되어 있다. 조임근이 수축하면 기관들 사이의 통로가 막힌다.

요점 정리

소화계는 영양분을 몸으로 흡수하는 기능을 가진 기관들과 부속기관들로 구성되어 있다. 위장관은 4겹의 층으로 둘러싸여 있다: 점막층, 점막하층, 근육층, 장막. ■

들어가기 질문의 답

1 위는 식후 음식물을 보관하고, 강산 용액과 단백질분해효소와 섞어주며, 부분적으로 소화된 음식물을 4시간 정도에 걸쳐 소장에 전달해준다.

2 소장과 대장이다. 대부분은 소장에서 흡수되며 나머지 10% 정도가 대장에서 흡수된다.

3 c. 트랜스지방은 마가린 같은 경화 식물성 기름이나 구운 식품에서 주로 발견된다. 트랜스지방은 심장질환의 위험률을 증가시킨다고 생각된다.

4 b. 미국 정부의 통계에 따르면 약 30%의 미국인이 비만 상태이다.

5 b. 주어진 콩류에서는 메주콩만이 모든 필수아미노산을 함유하고 있다. 식물성 식품에는 하나 혹은 그 이상의 필수아미노산이 빠진 경우가 많아서, 채식주의자들이 균형 잡힌 아미노산 섭취를 원한다면 다양하게 먹도록 주의해야 한다.

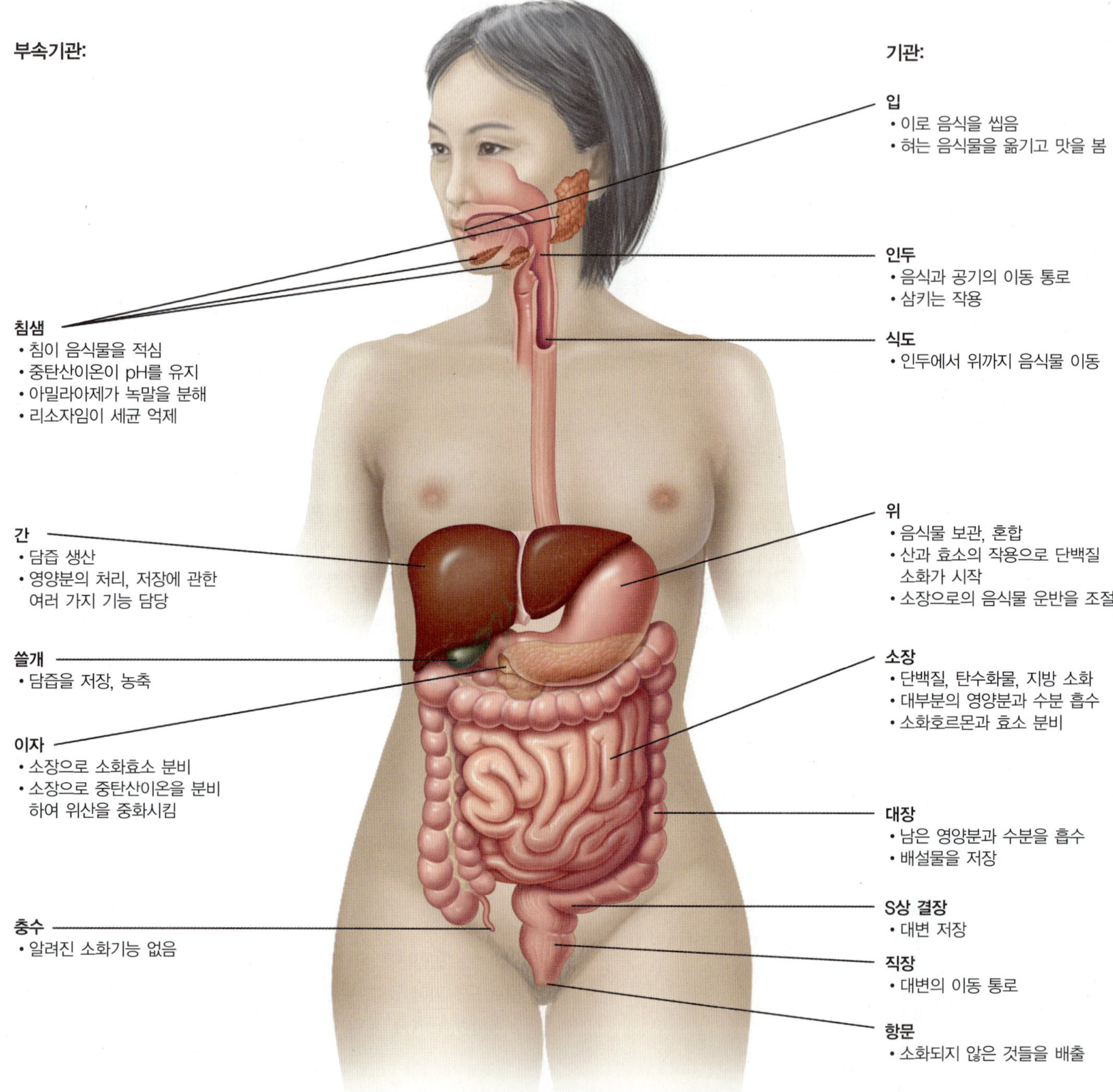

그림 14.1 **소화계에 속하는 기관과 부속기관들의 기능.**

소화계의 작용을 완수하는 기본 5단계

실질적으로, 소화계는 커다란 원재료 덩어리(음식물이라고 부른다)를 분해하는 긴 해체 공장이라고 할 수 있고, 음식물은 이렇게 잘게 나누어져야지만 그 속에 들어 있는 영양분이 흡수될 수 있다. 소화 과정은 다음 5단계를 거쳐 완성된다.

1. **기계적 공정과 이동.** 음식을 씹어 잘게 부수는 것과 2종류의 운동이 내강 속 음식물을 앞으로 이동시킨다.
2. **분비작용(secretion).** 액, 소화효소, 산, 염기, 담즙(쓸개즙) 그리고 점액질 등이 위장관 안으로 분비된다. 여기에 소화 과정을 조절하는 호르몬들이 혈류로 분비된다.
3. **소화(digestion).** 내강 안의 물질들을 기계적으로나 화학적으로 더 작은 알갱이로 분해하여 궁극적으로 영양분의 형태로 만든다.
4. **흡수(absorption).** 영양분들이 위장관의 점막층을 지나 혈액과 림프로 이동한다.

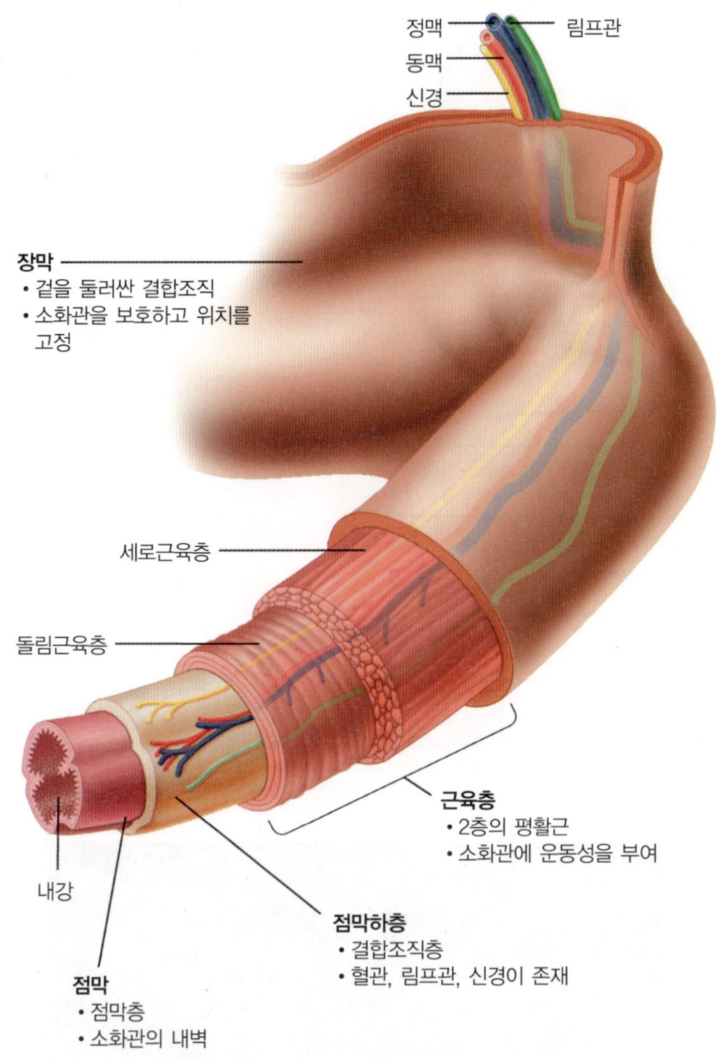

그림 14.2 위장관 벽의 4개 조직층.

5. 배출(elimination). 소화되지 않은 물질들은 항문을 통해 몸 밖으로 배출된다.

두 종류의 운동이 소화과정을 돕는다

위장관의 평활근은 두 가지 형태의 운동을 일으킨다. 연동운동과 분절운동이다. 이 두 운동의 작용은 사뭇 다르다.

연동운동(peristalsis)은 음식물을 앞으로 이동시킨다(그림 14.3a). 음식물 덩어리(bolus)가 위장관의 일부를 팽창시키면서 시작되어, 앞쪽의 근육은 이완시키고 뒤쪽 근육은 수축시킨다. 뒤쪽의 수축은 음식물을 앞으로 밀어 관의 더 앞쪽이 늘어나도록 만들고, 다시 더 앞쪽은 이완되게 하고 뒤쪽은 수축하게 만든다. 연동운동의 파동은 위장관 전체에 걸쳐 진행되어 위에서는 내용물을 섞어주고 식도나 장에서는 음식물을 앞쪽으로 밀어준다. 연동운동은 위장관의 모든 부위에서 일어나지만 특히 음식물을 빨리 위로 전달해야 하는 식도에서 많이 일어난다.

분절운동(segmentation)은 음식물을 섞는다(그림 14.3b). 분절운동에서는 평활근의 일부분이 임의로 수축, 이완하는 것처럼 보인다. 그 결과 앞, 뒤의 음식물이 섞인다. 음식물 알갱이가 점막층벽에 밀착되어 영양분이 몸에 잘 흡수되도록 만드는 효과도 있다. 분절운동은 주로 음식물이 소화되고 흡수되는 소장에서 일어난다.

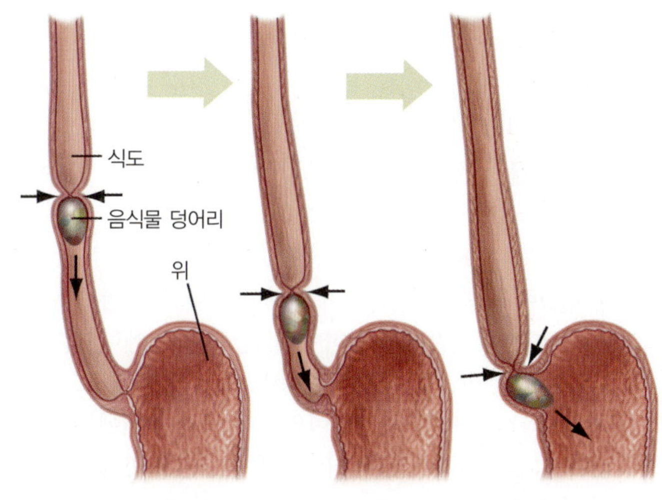

a) 연동운동

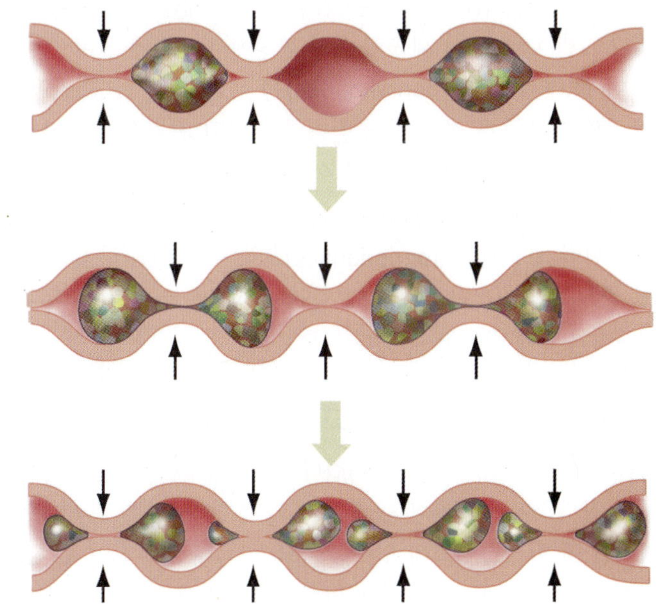

b) 분절운동

그림 14.3 위장관의 운동. (a) 식도에서의 연동운동. 연속된 세장의 그림이 연동운동에 의해 음식물이 어떻게 움직이는지를 보여준다. (b) 소장에서의 분절운동. 분절운동은 장내 음식물을 섞는 역할을 한다.

14.2 입은 음식물을 삼키기 좋게 만든다

입 혹은 구강은 위장관의 입구이다. 음식물을 씹어서 작은 크기로 부수는 것에서 소화가 시작된다. 입은 효과적인 음식물 분쇄기 역할을 한다.

이로 음식을 베고 씹는다

이는 음식물을 삼킬 수 있는 크기로 자른다. 이에는 4종류가 있는데, 이들은 각자 다른 목적에 따라 특수화되어 있다(그림 14.4a). 날이 서 있는 앞니는 음식을 자르고 뾰족한 송곳니는 뜯는데 사용된다. 앞어금니와 어금니의 편평한 표면은 음식을 갈고 부수는데 적합하다.

아이들은 이가 20개뿐이다. 태어나서 2살 정도 되면 다 나는데 이후 차차 영구치로 바뀌게 된다. 사랑니를 제외한 영구치는 대개 사춘기 말이면 모두 자라난다. 대부분의 사람들은 25세 정도에 사랑니가 나와 총 32개의 영구치를 갖는다.

각 이(그림 14.4b)는 밖으로 노출된 치아머리(치관) 부위가 있고, 뿌리(치근)라 부르는 잇몸 밑의 부분이 있다. 치아머리는 죽은 조직으로 칼슘과 인산염이 결합하여 만든 강력한 에나멜층(법랑질)으로 덮여 있다. 법랑질 아래에는 상아질(dentin)이라고 부르는 뼈와 비슷한 살아 있는 층이 있다. 이의 가장 중심 부위에는 부드러운 치수(치아속질, pulp)가 있어 상아질에 영양분을 공급하는 혈관과 충치가 생겼을 때 통증을 일으키는 신경이 분포해 있다. 이는 안쪽 벽이 치주막으로 덮인 턱뼈의 소켓 안에 들어가 있다.

우리 입속에는 음식물에서 온 엄청난 수의 세균이 이 사이에 남아 있다(그림 14.4c). 이 세균의 대사 과정에서 생성된 산이 법랑질을 녹여 **충치**(치아우식, dental caries)를 유발할 수 있다. 만약 이를 방치하면 풍치가 점점 깊이 들어가 상아질과 치수까지 침식해서 치통을 유발한다. 이의 부식은 이 주위의 부드러운 잇몸 조직을 자극하여 **잇몸염**(치은염, gingivitis)을 유발한다. 염증 부위가 치주막으로 넘어가면 **치주염**(periodontitis)으로 이어진다. 하지만 치아위생–주기적인 검사와 세척을 포함–에 신경을 쓰면 이런 문제가 심각해지기 전에 방지할 수 있다.

혀는 음식물의 위치를 잡고 맛을 느낀다

음식물을 효과적으로 씹기가 어렵다. 혀는 음식물이 잘 씹히도록 위치를 잡아주고 입천장에 눌러 으깨기도 한다. 혀는 점막층으로 둘러싸인 골격근으로 되어 있어서 우리 마음대로 움직일 수 있다. 혀는 또한 맛을 느끼고(12단원), 말하는데 중요한 역할을 한다.

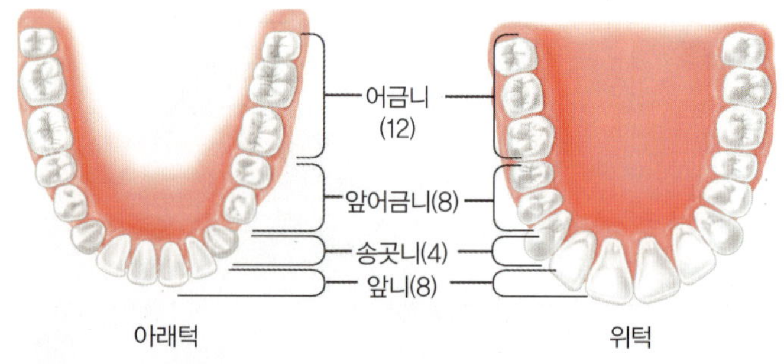

a) 어른 이의 종류와 위치

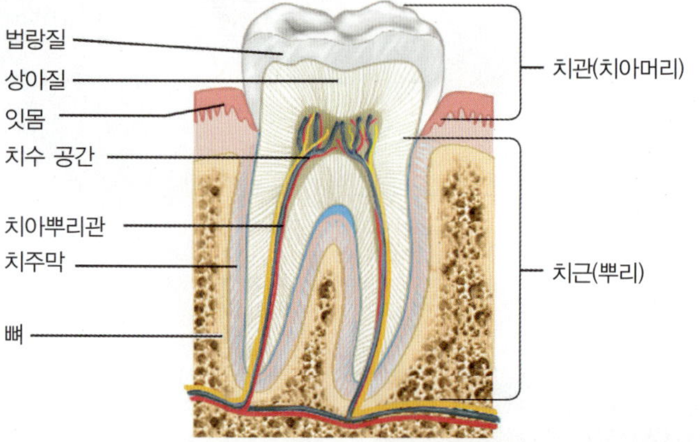

b) 이의 구조

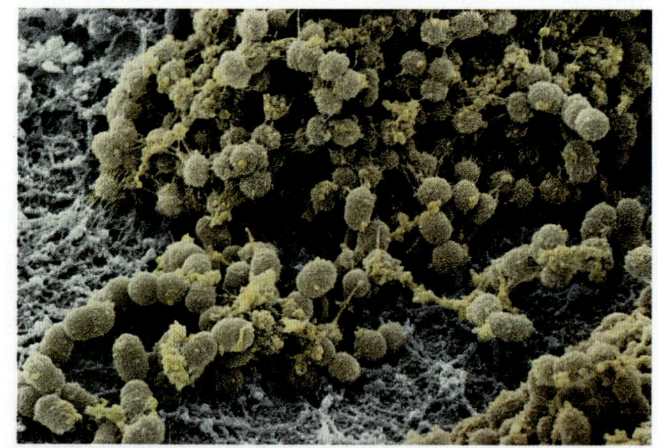
c) 이 표면의 세균(약 ×8,000)

그림 14.4 이.

침이 소화 과정을 시작한다

세 쌍의 **침샘(salivary gland)**에서 물이 풍부한 침이 만들어진다. 귀밑샘은 턱이 시작되는 부위에 있고, 그보다 좀 작은 턱밑샘과 혀밑샘은 각각 아래턱과 혀 밑에 위치하고 있다(그림 14.5). 이 세 종류의 샘이 관을 통해 입과 연결되어 있다.

침은 음식물을 적셔 씹기 쉽고 넘기기 쉽게 만든다. 침의 주요 성분은 네 가지로 각 기능은 다음과 같다. 뮤신(mucin)이라는 점액

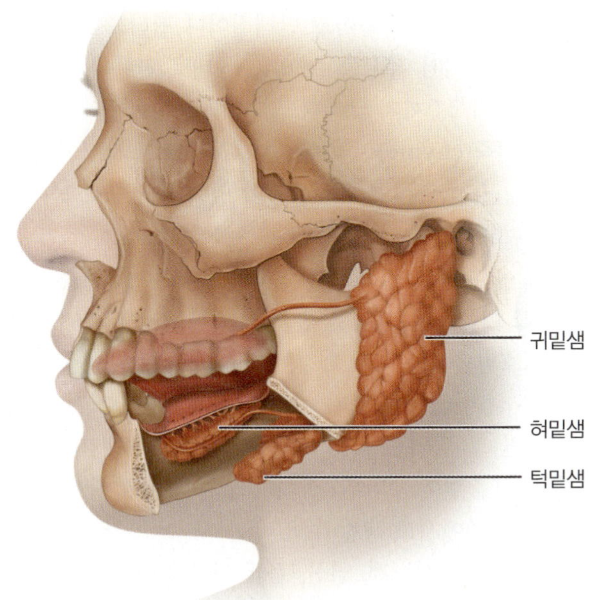

그림 14.5 **침샘.** 세 쌍의 침샘은 입과 연결된 관을 통해 침을 내보낸다.

성 단백질이 있어 음식물이 서로 붙어 있도록 하여 한꺼번에 삼키기 쉽게 만들어 준다. 효소로는 침 아밀라아제(salivary amylase)가 있어 탄수화물을 분해하기 시작한다. 침에는 중탄산이온(HCO_3^-)도 함유되어 있어 입속 pH를 6.5~7.5 사이로 유지해준다. 중탄산이온은 산을 생성하는 세균으로부터 이를 보호해준다. 침에는 또한 리소자임(lysozyme)이라는 효소가 소량 들어 있어 세균의 증식을 억제한다.

요점 정리

네 가지 이(어금니, 앞어금니, 송곳니, 앞니)가 음식물을 기계적으로 부숴준다. 침샘은 음식물을 적시고, 탄수화물의 화학적 소화를 시작하며, 입속 pH를 유지하고 세균으로 부터 이를 보호하는 역할을 하는 침을 생성한다. ■

14.3 인두와 식도는 음식물을 위로 보낸다

음식물을 씹고 침을 섞은 다음 혀가 **인두(pharynx)**, 혹은 목구멍으로 음식물을 밀어 삼킨다. 삼키는 동작은 일시적인 호흡중단을 포함한 몇 가지 사건이 조화를 이루어 일어난다.

우선 혀와 턱을 마음대로 움직여 음식물 덩어리를 인두로 밀어 넣는다. 이미 10단원에서 설명했듯이 인두는 음식물과 공기가 모두 지나가는 곳이다(그림 14.6a). 음식물이 인두에 있는 수용체를 자극하면 소위 "삼킴 반사운동(swallowing reflex)"을 유발한다. 연구개(soft palate)가 코로 연결된 부위를 막아주고 후두(larynx)가 조금 올라온다. 이때 후두개(epiglottis)가 기도 쪽으로 기울어지면서 일시적으로 입구를 막아서 음식이 기도로 들어가지 않도록 해준다. 한편, 혀는 음식을 뒤로 집어넣어 후두개를 지나 식도로 밀어 넣는다(그림 4.6b). 일단 삼키기가 시작되면 삼킴 반사운동은 불수의적으로 일어나 멈출 수가 없다. 삼키기를 시작하는 것은 마음대로 할 수 있지만 이 후 배변까지 마음대로 조절할 수 있는 것은 없다.

후두 바로 아래에 **식도(esophagus)**가 있다. 식도는 골격근과 평활근으로 이루어진 근육성 관으로 후두에서 위까지 연결해준다. 식도 안쪽은 점액질을 분비하는 내막으로 둘러싸여 있어서 음식물이 쉽게 내려가도록 돕는다. 식도에 있는 음식물 덩어리가 신호가 되어 평활근의 연동운동이 시작되며 음식물을 위(stomach)까지 밀어 내린다. 때때로 으깬 감자나 땅콩버터와 같이 끈적한 음식물이 식도벽에 잠시 붙으면 음식물 뒤로 통증을 느낄 정도의 강한 반사운동을 일으킨다. 그래도 음식물이 내려가지 않으면 물을 마시는 것이 도움이 되기도 한다.

중력은 음식물이 내려가는 것을 돕는다. 하지만 연동운동은 우리가 거꾸로 서 있을 경우 중력의 반대 방향으로 음식물을 이동시킬 수도 있다.

식도의 아래쪽에 있는 식도 아래 조임근은 음식물이 도달하면

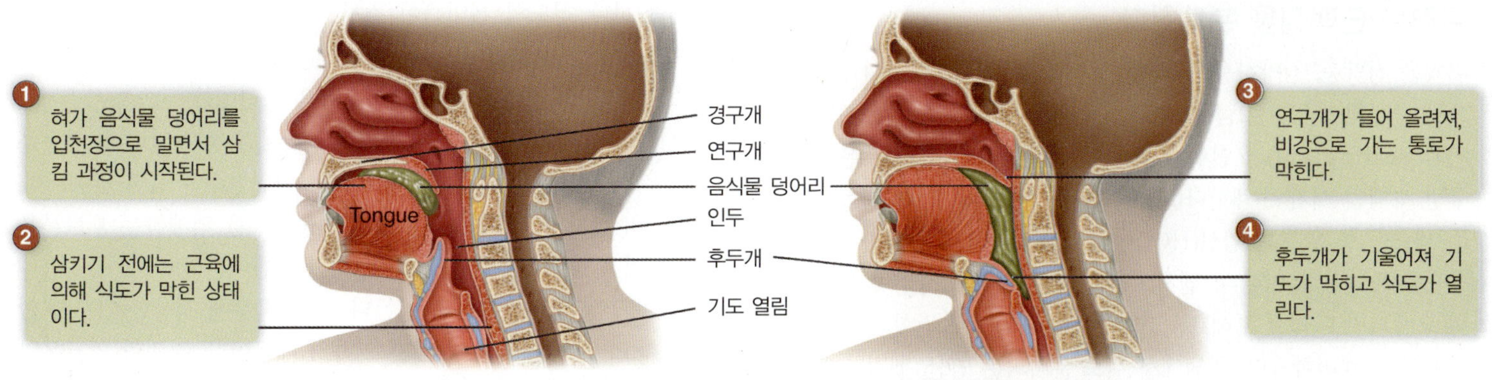

그림 14.6 **삼킴.** (a) 수의적 단계에서 혀가 음식물 덩어리를 입천장으로 밀어 뒤로 보낸다. (b) 불수의적(반사작용) 반응으로 연구개가 위로 들어 올려지고, 비강으로 통하는 통로가 막힌다. 후두개는 기울어져 기도를 막아 음식물 덩어리가 식도로 밀려들어간다.

잠시 열렸다가 음식물이 위로 들어가면 다시 닫힌다. 이 조임근이 위의 내용물이 역류하지 못하도록 막고 있는 셈이다. 가끔 이 조임근이 잘 못 작동하면 위액이 식도로 역류하여 "위산역류(acid reflux)"라는 "가슴쓰림(heartburn)"의 원인이 되는 현상이 일어난다. 위산역류는 과체중, 임신, 나이에 의해 더 자주 일어날 수 있다. 때때로 위의 일부가 횡격막 근육에 난 틈(hiatus)을 통해 흉강으로 돌출하는 **틈새탈장(hiatal hernia)**이 일어나기도 한다. 경미한 또는 일시적인 위산역류는 위험하지도 않고 체중조절에 의해 호전되기도 한다. 하지만 만성이 될 경우에는 위액이 식도의 점막을 훼손하여 식도궤양을 유발하는 경우도 있다.

요점 정리

삼킴은 혀를 마음대로 움직여 시작할 수도 있고, 음식물이 자극이 되어 불수의적인 삼킴 반사운동으로 일어날 수도 있다. 식도의 연동운동과 중력이 음식물을 위로 전달해준다. ■

14.4 위는 음식물을 저장하며, 단백질을 분해하고, 진행 속도를 조절한다

위(stomach)는 신축성 있는 근육성 주머니로 다음 세 가지 중요한 역할을 담당한다.

- **음식물 저장.** 사람은 하루에 수차례 식사를 한다. 위는 음식물이 소화되고 흡수될 수 있을 때까지 저장한다. 위는 비어 있을 때는 쪼그라들어 있고, 식사 시에는 1~3리터까지 팽창할 수 있다.
- **소화.** 위는 단순 저장소 역할만 하는 것은 아니다. 강한 산과 단백질 분해효소를 이용하여 단백질을 소화한다. 강한 위산은 음식물 속의 세균들을 죽이는 효과도 있다. 근육운동에 의해 위 분비물과 음식을 섞어주고 기계적 분쇄를 도와 음식물 알갱이들이 떨어지도록 만들어 소장으로 이동시킨다.
- **소화 속도 조절.** 위는 소장으로 넘어가는 음식물의 양을 조절한다.

위액은 단백질을 분해한다

위벽은 점막층, 점막하층, 근육층, 그리고 장막을 포함한 4개의 층으로 구성되어 있다(그림 14.7a). 점막층을 자세히 보면, 표면 아래 위샘(gastric gland)과 연결된 위오목(gastric pit)이라 부르는 작은 구멍 수백만 개가 존재한다(그림 14.7b, c). 위샘의 안쪽 벽을 이루는 세포들 중 일부는 염산(HCl)이나 점액질을 분비하지만 대부분은 펩시노겐을 분비한다. 펩시노겐은 일단 위에서 산성 환경에 한 번 노출되면 단백질 분해효소인 **펩신(pepsin)**으로 전환되는 큰 전구체이다. 정리하자면, 위샘에서 위로 분비되는 염산, 펩시노겐, 그리고 분비액을 통틀어 위액(gastric juice)이라 부른다.

위는 매일 약 1~2리터의 위액을 식사 직후에 생산한다. 펩신과 산은 음식물 속의 결합조직을 녹이고 단백질이나 펩티드를 아미노산으로 분해하여 소장에서 흡수할 수 있는 형태로 만든다. 위액의 산은 위 안의 pH를 약 2.0까지 낮춘다. 덜 소화된 음식물과 위액의 혼합 덩어리를 **유미죽(chyme)**이라 부른다. 위와 소장 사이에는 날문조임근(유문조임근, pyloric sphincter)이 있어 소장으로 넘어가는 유미죽의 양을 조절한다.

위액이 단백질을 분해할 정도로 강력하다면 왜 위 자체를 소화하지는 못할까? 그 이유는 위 내막을 덮고 있는 세포 중 일부가 끊임없이 점액질의 보호막을 생산하기 때문이다. 대개는 위 내용물과 접촉하고 있는 면은 살아 있는 세포가 아니라 점액성분이다. 만약 점액층이 없어진다면 그 밑의 조직이 영향을 받는다. **위궤양(peptic ulcer)**이라 부르는 (출혈이 수반된) 상처가 생길 수도 있다. 위궤양은 식도나 소장의 앞쪽에서도 생길 수 있다.

일부 점막세포들은 펩시노겐, 염산, 점액 이외에 **내인자(intrinsic factor)**를 분비한다. 내인자는 비타민 B_{12}와 결합하여 소장에서 흡수되도록 하는 단백질이다. 마지막으로, 위샘의 특정 세포들은 가스트린(gastrin)이라고 부르는 호르몬을 혈류로 분비한다. 가스트린에 대해서는 소화과정의 조절에 대해 공부할 때 이야기하겠다.

요점 정리

위는 음식물을 저장하고 소화하며 소장으로 넘기는 역할을 한다. 위액은 음식물 속의 결합조직, 큰 단백질, 펩티드 등을 분해한다. ■

위의 수축이 음식물을 섞어주고 앞으로 밀어낸다

위가 비어 있을 때에는 긴장성 근육이 수축하여 위를 작게 만든다. 식사 때는 긴장성 근육이 수축을 멈추고 이완되어 음식물에 맞추어 늘어난다. 이러한 팽창은 연동운동을 증가시키는 신호가 된다.

각 연동운동은 식도 아래 조임근에서 시작하여 날문으로 전달되면서 더욱 강해진다. 연동운동에 의해 음식물이 앞으로 가다가 더 이상 갈 곳이 없으면 반대 방향으로 움직여 눌리고, 섞이는 과정을 되풀이한다(그림 14.8). 각 운동주기마다 날문이 막히기 전에 찻숟가락 하나 정도의 유미죽이 소장으로 넘어간다. 연동운동은 매 15~25초에 한 번씩 일어난다. 식사 후 위가 주기적으로 내는 소리를 들어보자. 그 소리가 바로 연동운동의 소리이다.

식사 후 위가 완전히 빌 때까지는 2~6시간 정도 걸린다. 연동운동은 위가 가득할 때 가장 강하고 위가 비워질수록 점점 약해진다. 유미죽의 산도와 지질 함량은 위의 연동운동을 억제하는 호르몬을 분비시켜 소장이 영양분을 흡수할 시간을 벌어준다.

위는 영양분을 흡수하지 않는다. 이는 흡수에 적합한 기구가 없기도 하고, 점액질에 덮여 있기도 하기 때문이다. 하지만 알코올과 아스피린은 예외이다. 이들은 둘 다 지질에 잘 녹는 작은 분자들로 점액층을 쉽게 통과하여 위에서 바로 혈액으로 흡수될 수 있다. 그

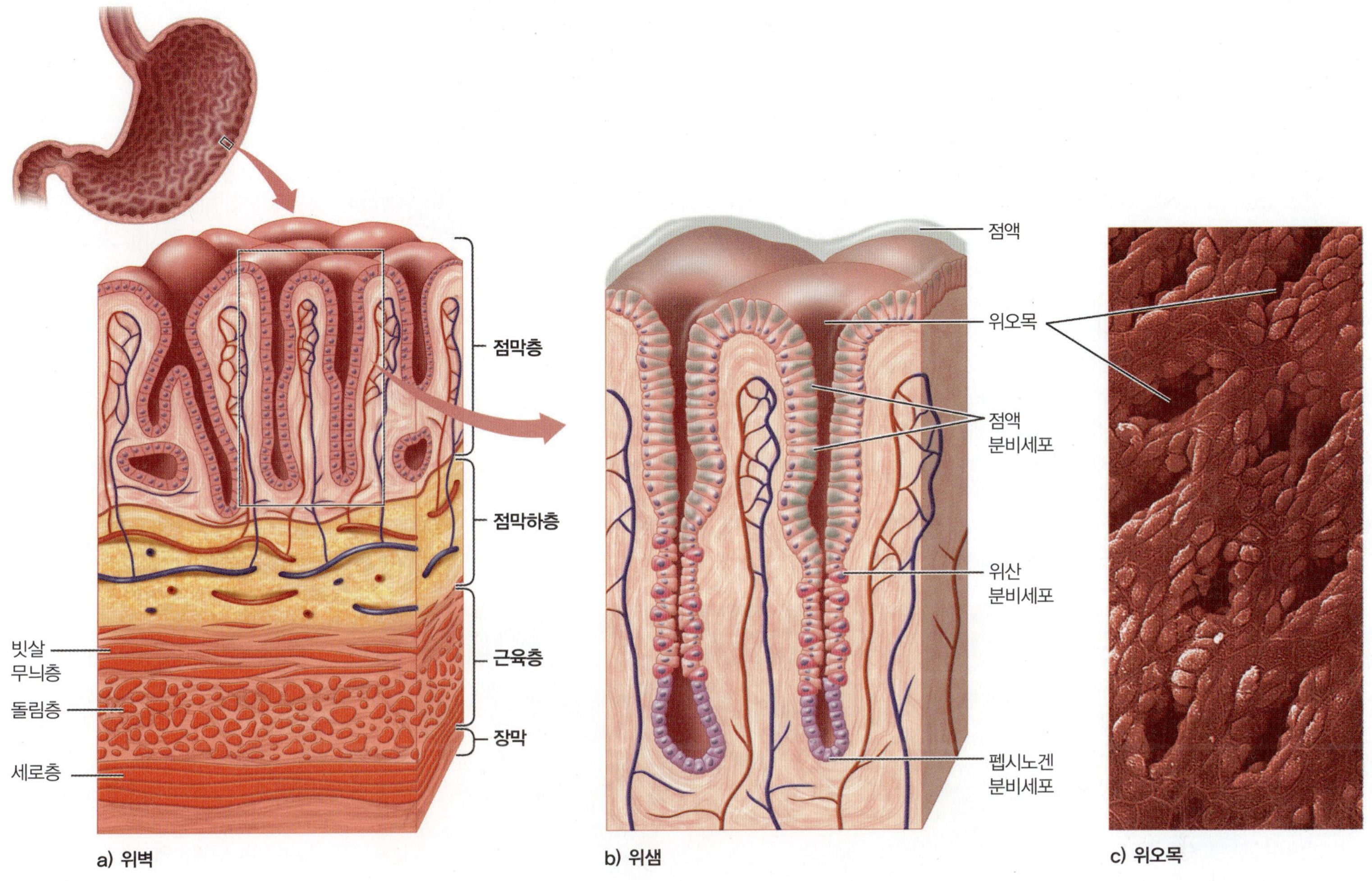

그림 14.7 위.

식도 아래
조임근
위
날문
조임근

표시: = 연동운동의 위치와 방향

= 위 내용물의 움직임

그림 14.8 **위의 연동운동.** 위에서 나타나는 수축의 연동 파동은 약 15~25초마다 일어난다. 연동운동에 의해 위 속의 음식물이 섞이고, 수축할 때마다 소량의 유미죽이 소장으로 이동한다.

과학이 나아가는 방향

위궤양 치료

매년 400~500만 명의 미국인이 위궤양을 앓고 있다. 의사들은 1980년대 초까지만 해도 위궤양은 스트레스, 음주, 흡연, 다이어트 등에 의해 유발된 위산과다가 원인이라고 생각했었다. 많은 환자들이 수술을 받아야 했고 위산 생산을 억제하는 약을 개발하는데 연구를 집중하였다. 그 결과 1990년대 중반에 이르러 시메티딘(cimetidine: 상품명 타가메트[Tagamet])과 라니티딘(ranitidine: 상품명 잔탁[Zantac])이 개발되어 모든 위궤양 처방약의 90%를 차지하면서 특허권을 가진 제약회사에 엄청난 부를 안겨주었다.

이 두 약품이 사용된 지 15년이 지나면서 위궤양 수술환자는 거의 60% 가까이 줄어들었고 모든 면에서 성공적인 성과를 냈다. 하지만 딱 한 가지 문제가 있었으니, 이 두 약품이 위궤양의 재발을 막지 못한다는 점이다. 치료 후 2년 내에 재발할 확률이 95%에 달했으며, 환자는 다시 똑같은 치료를 반복해서 받아야 했다.

한편, 1982년에 호주의 기초의학연구자인 워렌(J. Robin Warren)과 마샬(Barry Marshall)은 위궤양 환자의 위벽이 예전에 알려져 있지 않았던 헬리코박터 파일로리(*Helicobacter pylori*)라고 자신들이 명명한 세균에 감염된 것을 발견하였다. 이들은 헬리코박터에 의해 위궤양이 발생한다고 생각하였고, 항생제가 이들을 퇴치할 수 있을 것이라고 주장하였다.

그렇다면 왜 1995년이 되어서야 항생제 투여가 허가를 받았을까? 일부 연구자들은 이 연구에 관심을 갖지 않았던 제약업계를 지목한다. 당시 이에 근거한 치료법, 즉, 비스무스와 두 가지 항생제를 복합처방하는 치료약이 이미 개발되어 비교적 싼 가격(환자당 23만 원 이하)에 판매되고 있었기 때문일 수 있다. 다른 이유는 건전한 과학적 회의론 때문이다. 헬리코박터 가설은 기존의 틀에서 완전히 벗어난 것으로 과학계는 새로운 발견에 대해서는 다른 연구자들에 의해 다시 재현되어 증명되기를 원한다.

위궤양을 일으키는 세균, *Helicobacter pylori*

최근의 연구들이 헬리코박터 가설을 확인하였다. 한 연구 결과를 소개하면, 위궤양 환자를 치료하면서 헬리코박터를 제거하는 항생제를 같이 투여한 경우 8% 정도만이 재발하는데 반해 항생제를 처리하지 않은 경우엔 86%까지 재발하였다. 실제로 이 항생제 치료법은 위궤양치료에 효과가 탁월하였고, 매년 76~92만 원 정도의 의료비 절감효과를 가져왔다.

연구자들은 또한 헬리코박터의 감염이 놀라울 정도로 보편화되어 있음을 알아냈다. 미국 성인의 약 50%가 헬리코박터를 가지고 있으며, 나이가 많을수록 감염률이 높았다. 하지만 감염된 사람 중에 증세를 나타낸 경우는 10~15%에 불과하였다.

초기의 무관심에도 불구하고 워렌과 마샬의 발견은 그 중요성이 인정되었다. 2005년에는 노벨생리의학상을 수상하여 궁극적인 명예회복을 이루었다. 마침내 과학적 검증작업이 완성되었다.

그렇다면 위궤양의 범인으로 지목되었던 위산은 어떻게 되었나? 지금은 위산이 위궤양을 일으키는데 필요조건은 되지만 위산만으로는 위궤양이 발생하지 않는다는 사실을 알게 되었다. 사실 대부분의 위궤양 환자들은 위산 생산량이 높지 않다. 타가메트와 잔탁은 위산의 양을 줄이고 상처를 진정시켜 증세를 완화시키지만, 헬리코박터에 계속 감염되면 위궤양이 다시 재발하게 된다.

럼에도 불구하고 알코올의 주 흡수 부위는 위가 아니라 소장이다.

요점 정리

위에 음식물이 존재하면 연동운동이 활발해진다. 연동운동은 유미죽을 섞어주고 소장으로 천천히 밀어준다. ■

14.5 소장은 음식물을 소화하고 영양분과 물을 흡수한다

소화 과정은 소장에서 계속된다. 소장은 장의 마지막 부분인 대장에 비해 직경이 작기 때문에 붙여진 이름이다. 소장은 두 가지 주요 기능을 갖는다.

1. **소화.** 위에서는 산과 펩신의 영향으로 단백질을 보다 작은 펩티

드로 분해한다. 단백질의 분해는 소장에서도 계속되며, 탄수화물과 지질의 소화도 일어난다. 소장에서의 단백질, 탄수화물, 지질의 소화 과정에는 위액의 강한 산을 중화시키는 과정과 이자와 소장에서 만들어진 새로운 소화효소들을 첨가하는 과정이 포함된다.

2. **흡수.** 음식물 속의 단백질, 탄수화물, 지질은 각각 아미노산, 단당류, 지방산과 글리세롤 등 점막질 세포를 통해 혈액에 흡수될 수 있는 작은 크기로 분해된다. 몸으로 흡수되는 영양분과 물이 거의 90%는 소장에서 흡수된다.

소장은 흡수를 위해 표면적이 아주 넓다

소장은 세 부분으로 나눌 수 있다. 맨 앞이 **십이지장(샘창자, duodenum)**으로 길이는 25cm 정도밖에 되지 않지만 대부분의 소화 과정이 일어나는 곳이기도 하다. 이 소화의 결과물은 뒤이은 두 부분, 즉 합해서 약 3m 길이의 공장(jejunum)과 회장(ileum)에서 흡수된다.

소장의 표면은 흡수에 적합한 구조를 가지고 있다(그림 14.9). 점막층은 **융모(villi)**로 덮인 주름이 가득하다. 융모의 상피세포는 보다 작은 수십 개의 미세융모(microvilli)를 가지고 있다. 이 미세융모 때문에 부드러운 벨벳 형태를 지니게 되며, 융모와 미세융모 구조가 더해져 표면적이 약 500배 넓어지고, 흡수 능력이 좋아진다. 각 융모의 중앙에는 혈관과 암죽관이라 부르는 림프관이 존재하여 영양분을 보다 큰 혈관이나 림프관으로 수송한다.

요점 정리

소장에는 중요한 두 가지 기능이 있다. 하나는 단백질, 탄수화물, 지질 등을 소화하는 것이고, 다른 하나는 소화된 영양분과 물의 약 90%를 흡수하는 것이다. 융모라고 부르는 돌기가 소장에서의 흡수를 돕기 위해 표면적을 넓혀준다. ■

14.6 소화와 흡수를 돕는 부속기관

앞에서도 언급했듯이 소화계에는 4개의 부속기관이 있다: 침샘, 이자, 쓸개(담낭)와 간이다. 침샘에 대해서는 이미 언급하였고, 흡수에 대해 더 배우기 전에 나머지 3개 부속기관에 대해 알아보자.

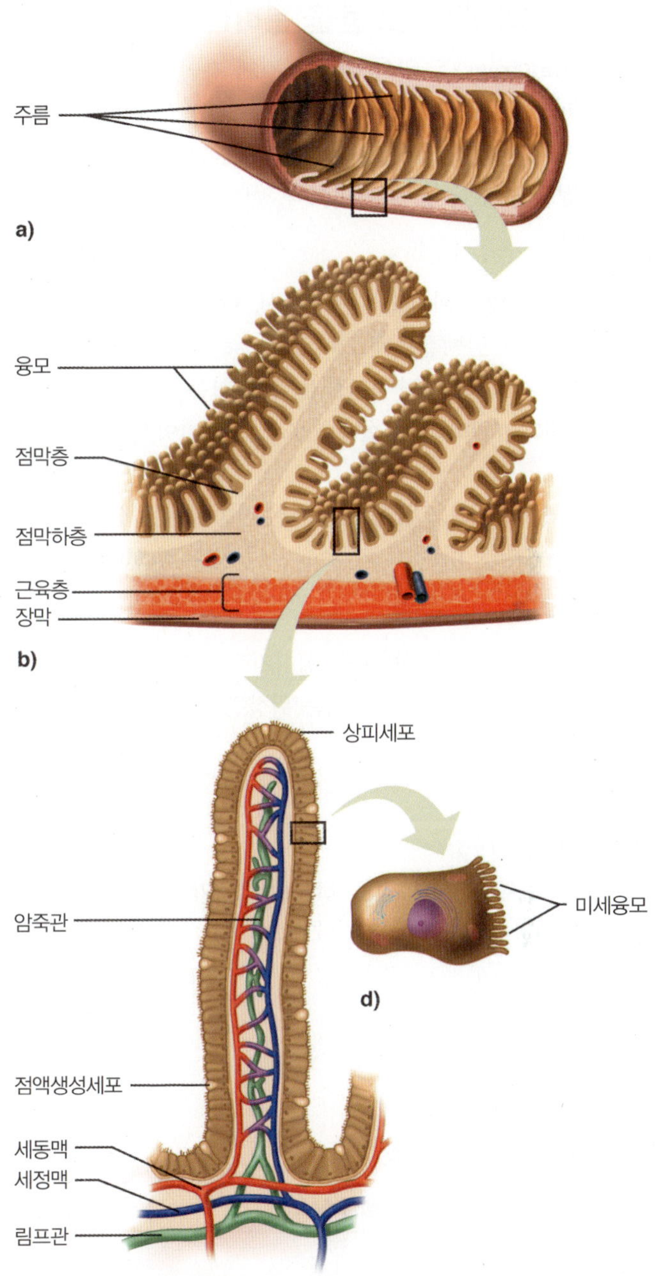

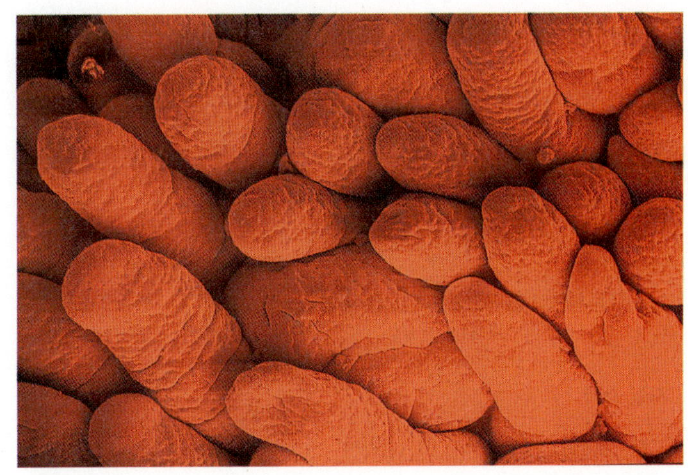

그림 14.9 **소장의 내벽.** (a) 소장의 내벽은 표면적을 넓히는 주름이 가득하다. (b) 각 주름은 융모라고 부르는 더 작은 주름으로 덮여 있다. (c) 융모 하나를 자세히 보면 한 층의 점막세포로 둘러싸여 있고, 가운데 림프관(암축관)과 혈관이 위치해 있다. (d) 바깥쪽에 미세융모를 가진 상피세포. (e) 사람의 소장 융모(×270).

이자는 효소와 중탄산소듐을 분비한다

이자(췌장, pancreas)는 위의 뒤쪽에 길게 자리잡고 있으며 내분비와 외분비의 기능을 모두 갖는다(그림 14.10). 13단원에서 호르몬을 분비하여 혈당량을 조절하는 것을 보았고, 여기서는 외분비 기능에 초점을 맞추어 공부할 것이다. 이자는 다음 물질들을 생산 분비한다.

- 소화효소. 이자의 소화효소에는 트립신, 키모트립신, 카르복시펩티다아제 등의 단백질분해효소(protease)와 침 아밀라아제가 미처 분해하지 못한 탄수화물을 분해하는 이자 아밀라아제(pancreatic amylase), 지질 소화효소인 리파아제(lipase) 등이 속한다.
- 중탄산소듐($NaHCO_3$). 산성 환경에서 작동하는 펩신과 달리 이자 효소들은 중성 pH에서 가장 잘 작동한다. $NaHCO_3$은 위산을 중화시킨다.

두 개의 이자관이 이 분비물을 십이지장으로 보내서 그곳에서 소화 과정을 촉진시킨다. 표 14.1에는 위장관의 주요 소화효소들을 정리하였다.

요점 정리

이자는 (1) 소화효소와 (2) 위산을 중화하여 효소가 잘 작동하도록 하는 중탄산소듐을 생산하여 소화를 돕는다. ■

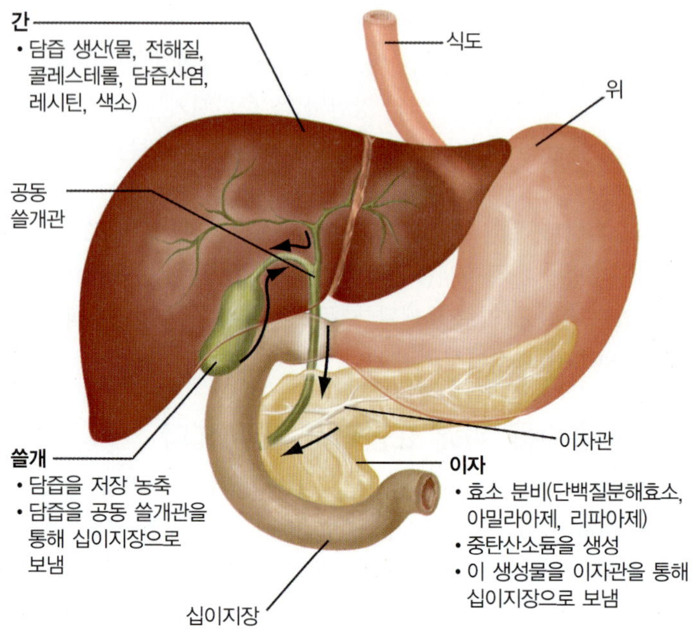

그림 14.10 간, 쓸개, 이자의 위치와 기능. 이 세 가지 부속기관은 소장과 관으로 연결되어 있다. 담즙관은 십이지장으로 들어가기 직전의 이자관에 연결되어 있다. 화살표는 분비물의 흐름을 나타낸다.

간은 담즙을 만들고 그 외에도 여러 가지 활동을 한다

간은 복강 오른편 위쪽에 위치하는 큰 기관이다. 간은 여러 가지 기능을 수행하는데 그 중 일부는 소화와 관계된 것이다.

표 14.1 소화에 관련된 주요 효소

효소	생성 장소	활성 장소	소화 영양분	분해산물
탄수화물 소화				
침 아밀라아제	침샘	입	다당류	이당류
이자 아밀라아제	이자	소장	다당류	이당류
소장 효소	소장	소장	이당류	단당류(예: 포도당)
단백질 소화				
펩신	위	위	단백질	펩티드
트립신	이자	소장	단백질	펩티드
키모트립신	이자	소장	단백질	펩티드
카르복시펩티다아제	이자	소장	펩티드	아미노산
소장 효소	소장	소장	펩티드	아미노산
지질 소화				
리파아제	이자	소장	트리글리세리드	지방산, 모노글리세리드

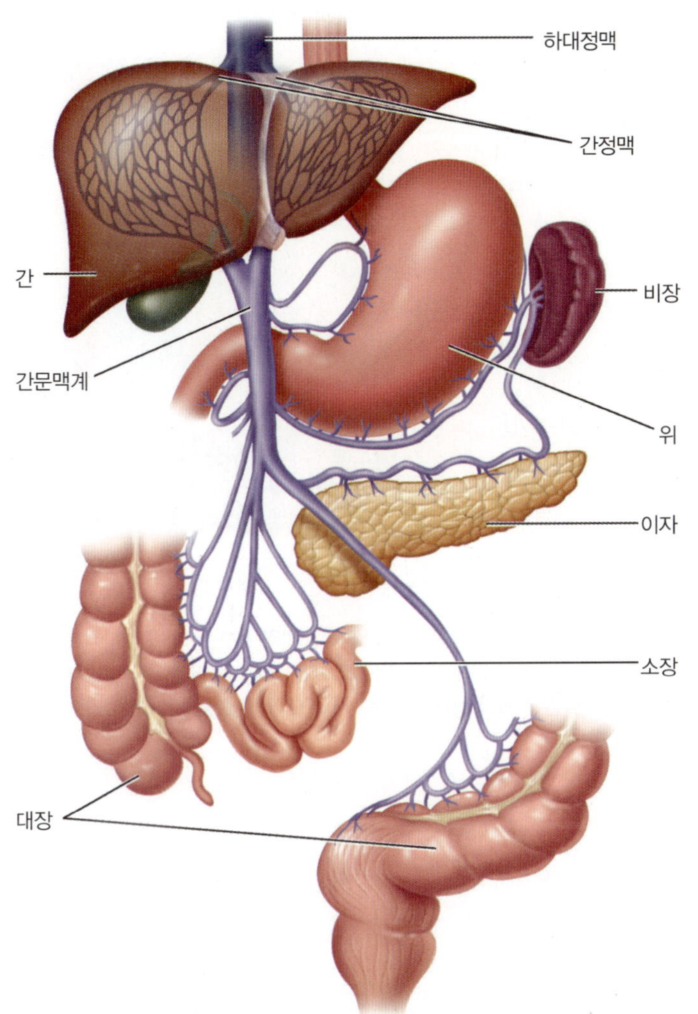

그림 14.11 간문맥계. 간문맥계는 위, 소장, 이자, 비장에서 오는 영양분이 풍부한 정맥혈이 다시 전체 순환계로 들어가기 전에 간으로 모으는 작용을 한다.

간이 소화에 미치는 1차적인 기능은 **담즙(쓸개즙, bile)**을 생산하여 지질의 소화와 흡수를 도와주는 것이다. 담즙은 전해질과 콜레스테롤, 콜레스테롤에서 나온 담즙산염(bile salts), 인지질인 레시틴(lecithin), 그리고 헤모글로빈이 분해되어 나온 색소(빌리루빈) 등이 포함된 액체이다. 담즙은 소장에서 지질을 유화시켜 점점 작은 크기의 방울로 만든다. 결국 이자에서 나온 리파아제(지질분해효소)에 의해 분해될 수 있을 정도로 충분히 작아진다.

위장관의 혈관분포 구조에서 중요한 특징은 **간문맥계(hepatic portal system)**이다(그림 14.11). 대개 문맥계(portal system)라고 하면 한 모세혈관상을 다시 다른 모세혈관상으로 연결해주는 것을 말한다. 시상하부와 뇌하수체 전엽을 연결하는 문맥계에 대해 이미 배운 바가 있다. 소화계에서는 간문맥을 통해 영양분이 많은 혈액을 소화관에서 간으로 직접 전해준다. 따라서 간은 영양분이 소화되어 우리 몸으로 흡수되자마자 처리되고 저장되는 첫 단계에 위치하는 셈이다. 영양분은 간을 통과한 뒤 전체 순환계로 들어간다.

간은 항상성 유지에 관계되는 몇 가지 서로 다른 기능들을 수행한다. 간은 다음과 같은 일을 한다.

- 지용성 비타민(A, D, E, K)과 철분을 저장한다.
- 식후 포도당을 글리코겐의 형태로 저장하고, 식사를 하지 않을 때는 글리코겐을 포도당으로 전환한다.
- 아미노산을 이용하여 혈장단백질인 알부민과 피브리노겐을 만든다.
- 일부 지질을 합성하고 저장한다.
- 알코올, 호르몬, 약물, 각종 독물들을 불활성화시킨다.
- 강한 독성 대사산물인 암모니아를 독성이 덜한 요소로 바꾼다.
- 수명이 다한 적혈구를 파괴한다.

간은 여러 가지 중요한 역할을 담당하기에, 간이 손상되면 매우 위험하다. 과량의 독성화합물이나 의약품 또는 알코올이 간에 손상을 줄 수 있다. 간은 이런 물질들을 해독하기 위해 받아들이는데 이 과정에서 간세포가 죽을 수도 있다. 장기적인 음주와 같은 만성적인 노출은 간의 기능을 영구적으로 저하시키는 간경화(cirrhosis)에 이르게 한다.

쓸개는 담즙을 필요 시까지 저장한다

담즙은 간에서 만들어져 관을 타고 **쓸개(담낭, gallbladder)**에 이른다. 쓸개는 담즙에서 물을 제거하여 농축시키며, 식사할 때까지 저장해둔다. 분비할 때는 이자관에 연결된 쓸개관을 따라 분비한다.

요점 정리

담즙은 간에서 합성되어 식사할 때까지 쓸개에 저장된다. 간은 혈장단백질도 만들고; 독성화합물들을 불활성화시키며; 오래된 적혈구를 파괴하고; 비타민, 철분, 대사물질 중 일부를 저장하며; 다른 항상성 유지에 관련된 기능들도 수행한다. ■

14.7 대장은 영양분을 흡수하고 남은 배설물을 내보낸다

소화관의 내용물이 대장에 이르렀을 때는 대부분의 영양분과 수분이 흡수되고 난 뒤이다. **대장(large intestine)**은 나머지 영양분들과 물을 흡수하고 거의 고체 상태로 된 나머지 노폐물을 저장해두었다가 배출한다.

대장은 소장보다 직경이 크지만 길이는 소장의 절반밖에 되지 않는다. 대장은 소장으로부터 유미죽을 받아들이는 맹장(cecum)이라는 주머니에서 시작된다(그림 14.12). 맹장에서는 충수(appendix)라는 손가락 모양의 작은 주머니가 뻗어나와 있다.

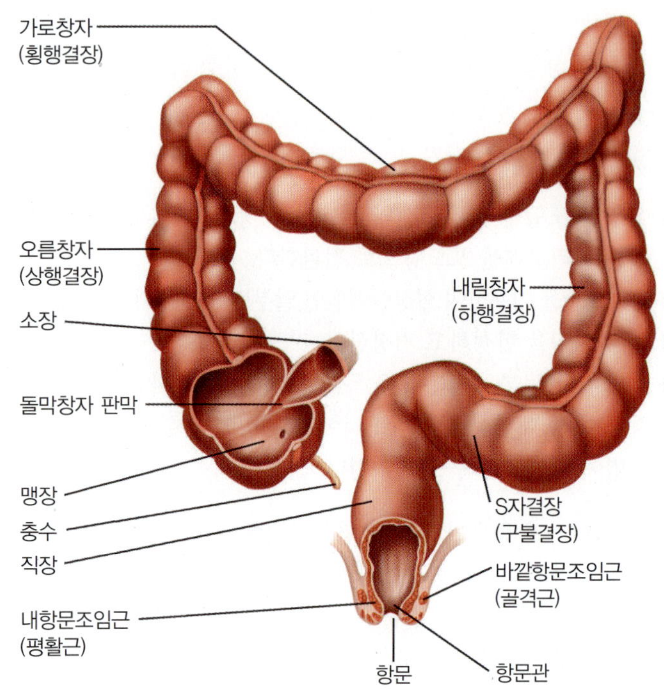

그림 14.12 대장. 대장은 막창자에서 시작하여 항문에서 끝난다.

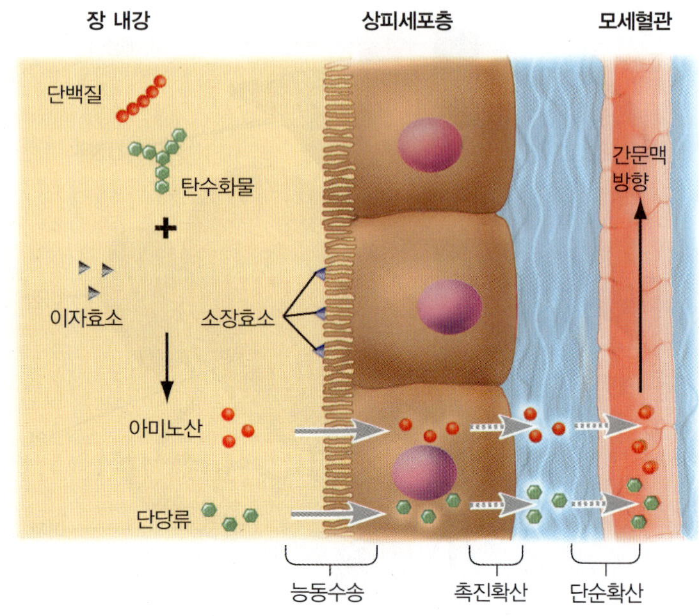

그림 14.13 소장에서 단백질과 탄수화물의 소화와 흡수. 소화는 이자에서 나오는 효소와 장의 상피세포 표면에 붙어 있는 효소에 의해 이루어진다. 아미노산과 탄수화물의 소화산물은 점막의 상피세포층을 지나 모세혈관으로 들어가서 간으로 이동한다.

충수는 소화기능이 없지만, 만일 충수가 감염되거나 염증을 일으켜 충수염(appendicitis)이 발생하면 그 존재를 절실히 느끼게 된다.

대장은 대부분이 4부위로 나뉘는 **결장(colon)**으로 구성되어 있다. 상행결장은 몸의 오른쪽(**그림 14.12**: 앞에서 봤을 때 왼편)에 위치하고, 횡행결장은 몸의 오른쪽에서 왼쪽으로 가로질러 있고, 하행결장은 왼쪽에서 내려가는 방향으로 위치하고, 마지막 S자 모양의 구불결장이 있다. 대변은 이 구불결장에 저장되어 있다가 배변을 할 때 직장을 지나 항문으로 빠져나간다.

대변에는 소화되지 않은 것들 외에도 무게의 약 5% 정도인 세균을 포함하고 있다. 많은 종류의 세균이 결장에 남아 있는 잉여 물질을 먹고 자라며, 이들 중 일부는 우리 몸에 유용한 물질들을 합성, 분비한다. 이 중에는 혈액응고에 필요한 비타민 K도 포함된다. 세균은 불필요한 물질도 만드는데 음식물을 분해하면서 생기는 장내 가스가 그 예이다.

배변은 신경반사궁에 의해 조절된다. 보통 항문은 둥근 모양의 내항문조임근(internal anal sphincter)이 수축하고 있어서 닫힌 상태로 있다. 하지만 일단 대변이 직장에 도달하면 직장이 늘어나고, 신경반사궁이 내항문조임근을 이완시키고 직장을 수축시키면서 대변이 배출된다.

우리는 바깥항문조임근(external anal sphincter)을 마음대로 수축할 수 있어서 배변을 막을 수 있다. 아기들의 "배변 훈련"은 이 바깥조임근을 조절하는 것을 배우는 과정이기도 하다. 이 훈련이 되지 않은 상태에서 아기들은 반사궁이 활동할 때마다 배변을 하게 된다.

요점 정리

대장은 마지막으로 물, 이온 그리고 약간의 영양분들을 흡수하며, 배변할 때까지 대변을 저장한다. ■

14.8 영양분은 어떻게 흡수되나

일단 음식이 소화되면 어떤 방식으로 흡수될까? 그 방식은 영양분의 종류에 따라 다르다.

단백질과 탄수화물은 능동수송을 통해 흡수된다

소장에서 이자나 위의 점막질 혹은 소장 자신이 만들어낸 효소에 의해 단백질이 아미노산으로 분해되면서 위에서 시작되었던 단백질의 소화가 완결된다. 아미노산은 능동수송에 의해 상피세포로 흡수되고, 마침내 점막층에서 촉진확산을 통해 모세혈관으로 이동한다(**그림 14.13**).

탄수화물의 소화는 침 아밀라아제가 입안에서 다당류를 이당류로 분해하면서 시작된다(표 14.1). 그리고 이자 아밀라아제와 소장의 효소가 첨가되면서 완결된다. 이 효소들이 함께 작용하여 나머지 탄수화물을 포도당과 같은 단당류로 분해시킨다. 단당류는 아미

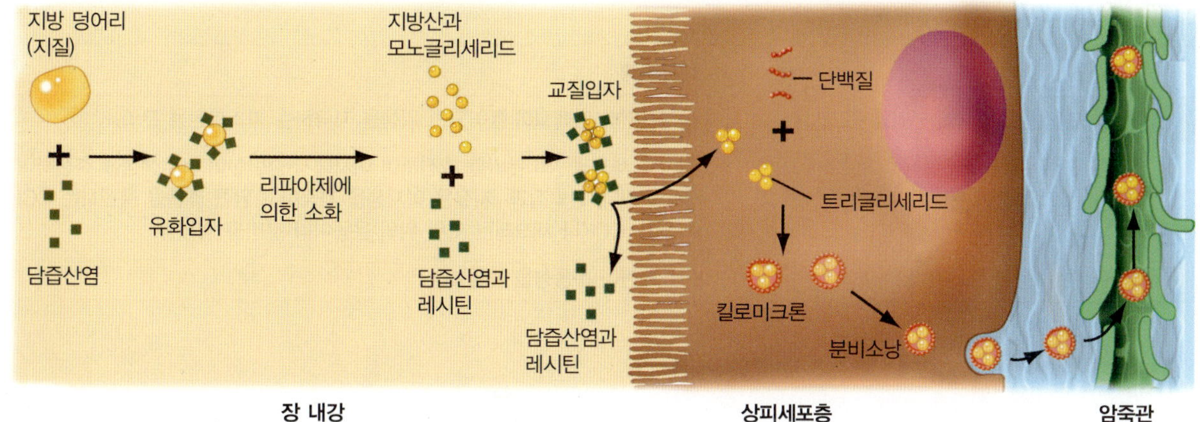

그림 14.14 소장에서의 지방의 분해와 흡수. 담즙산염은 큰 지방질을 작은 방울로 유화시켜 리파아제가 지질을 지방산과 모노글리세리드로 분해하기 쉽게 만든다. 지방산과 모노글리세리드는 쓸개염과 레시틴으로 구성된 교질입자(기름방울)에 녹아들고, 이는 확산으로 세포막을 통과한다. 세포 안에서는 지방산과 모노글리세리드가 합해져 다시 트리글리세리드를 형성하고, 단백질 껍질이 이를 에워싼다. 단백질이 코팅된 트리글리세리드를 킬로미크론이라 부른다. 킬로미크론은 외포작용으로 세포 밖으로 나와 암죽관을 통해 순환계로 이동한다.

노산과 비슷한 경로로 수송되는데, 이때 다른 종류의 능동수송 단백질이 관여한다.

요점 정리

단백질과 탄수화물은 소장의 내강으로부터 능동수송을 통해 흡수되며, 이후 촉진확산에 의해 모세혈관으로 이동한다. ■

지질은 분해되었다가 다시 만들어진다

담즙산염이 지질을 작은 알갱이로 유화시켜 이자와 소장으로부터 나온 리파아제에 의해 소화되도록 만든다. 이 소화 과정의 결과로 나온 것이 지방산과 모노글리세리드이다. 이들은 비극성분자이기 때문에 담즙산염과 레시틴으로 구성된 **교질입자(micelles)**에 흡수된다. 겉표면은 극성, 내부는 비극성인 교질입자의 기능은 지방산과 모노글리세리드를 점막세포 표면까지 수송하여 흡수되도록 하는 것이다(그림 14.14).

일단 세포 내로 들어가면 지방산과 모노글리세리드는 트리글리세리드로 다시 합해진다. 트리글리세리드 덩어리는 특정 단백질로 둘러싸여 **킬로미크론(chylomicron)**이라 부르는 수용성 알갱이를 형성한다. 킬로미크론은 외포작용을 통해 세포 밖으로 배출된다. 하지만 킬로미크론을 크기가 너무 커서 모세혈관으로 직접 들어가지 못하고 대신 암죽관(lacteal)을 통과하여 림프관을 돌아다니다가 심장 부근에서 림프관과 혈관이 연결된 곳을 통해 혈액으로 들어간다.

물은 삼투에 의해 흡수된다

소장에서 영양분이 흡수되면서(혹은 순수한 물을 마신 경우) 소화강 내의 물 농도가 간충액이나 혈액에서 보다 높아진다. 소화강 내의 높은 물의 농도는 물이 소장의 상피세포를 통해 혈액으로 확산하는데 강한 힘으로 작용한다. 소장의 물 흡수 능력은 거의 무한하다고 할 수 있고, 이는 우리가 매일 많은 물을 마셔도 설사를 하지 않는 이유이다.

물의 흡수는 대장까지 계속되지만 그 능력에는 한계가 있다. 소장에서 너무 많은 음식물이 대장으로 넘어오거나 대장에서 음식물의 이동 속도가 너무 빠른 경우 설사(묽은 대변)가 될 수 있다. 일반적인 설사의 원인은 소장에 세균이 감염된 경우이다.

반대의 경우가 변비(constipation)인데, 음식물 찌꺼기(대변)가 대장에 오래 머물면서 너무 많은 물이 흡수되는 것이다. 변이 너무 마르고 딱딱해지면 배변이 어려워진다. 변비는 스트레스, 운동부족, 음식물 내 불충분한 식이섬유 등이 원인이 될 수 있다.

비타민과 무기염류는 다양한 경로로 흡수된다

비타민의 흡수 경로는 그 비타민이 수용성이냐 지용성이냐에 따라 다르다. 지용성인 경우 교질입자에 녹아들어 지질 성분이 흡수되듯이 점막세포층의 지질이중층을 확산으로 통과하여 흡수된다. 수용성 비타민은 능동수송이나 채널을 통한 확산에 의해 흡수된다. 소듐, 포타슘, 칼슘, 인산, 황산, 마그네슘과 같은 무기염류(이온)는 전하를 띠며 따라서 지질에 녹지 않는다. 따라서 이들도 능동수송되거나 특정 수송단백질이나 채널을 통해 확산되어 흡수된다.

우리가 섭취한 음식물에 있는 성분 외에도, 우리 몸은 소화관에서 분비된 성분들을 소화하여 재흡수한다. 우리가 매일 만들어내는 위액, 이자액, 소화액, 담즙이 대략 9리터에 달한다. 물과 무기염류는 일반적인 흡수 과정을 통해 다시 몸으로 돌아오고, 효소는 분해되어 아미노산의 형태로 흡수된다. 담즙산염은 재흡수되어 간으로 돌아가 재사용된다.

표 14.2 소화 과정을 조절하는 신경계와 내분비계

기관	신경계	내분비계
위	확장이 연동운동과 위액 분비를 증가시킴.	늘어나거나 단백질이 들어오면 위샘을 자극하는 가스트린을 분비.
소장	확장이 분절운동을 촉진. 확장이 위의 운동과 분비를 저해.	위산은 세크레틴의 분비를 촉진하여 이자에서 중탄산이온의 생성을 촉진하여 위산을 중화시킨다. 단백질과 지질은 이자샘을 자극하고 담즙 배출을 촉진하는 CCK 분비를 촉진함. CCK나 세크레틴 모두 위의 운동이나 분비를 억제함.
대장	위 확장이 활동을 증가시킴.	가스트린이 운동성을 높임.

요점 정리

지질 성분들은 교질입자를 통해 점막세포에 도달하며, 확산에 의해 상피세포 안으로 흡수된다. 여기서 단백질로 둘러싸여 킬로미크론(암죽미립)이 되며 림프로 이동한다. 소화계는 이외에도 물, 무기염류, 비타민 및 소화분비물을 흡수한다. ■

14.9 내분비계와 신경계가 소화를 조절한다

소화계는 음식물이나 유미죽이 있을 때는 활동적이지만 음식물이 없을 때는 전혀 그렇지 않다. 이러한 조절은 여러 기관들의 움직임과 분비 기능을 포함하기 때문에 될 수 있는대로 효과적인 조절이 이루어져야 한다.

대부분의 조절 기작이 내부 환경을 일정하게 유지하도록 작용한다. 하지만 소화관의 조절은 항상성과는 관계없이 무엇이든 소화관에 들어오면 빠르게 소화하여 흡수되도록 조장한다. 사실 소화계는 비교적 짧은 시간–몇 시간 내–에 모든 영양분을 혈액으로 보내기 때문에 일시적인 내부 환경의 변화를 조장하는 셈이다.

조절은 음식물의 부피와 성분에 따라 다르다

내분비계와 신경계의 소화계 조절은 음식물의 부피와 성분에 따라 다르다(표 14.2). 대부분의 소화흡수가 위와 소장에서 일어나기 때문에 조절도 이 두 기관에 집중되어 있다.

음식물이 들어와 위가 확장되면 신경반사궁이 위의 연동운동을 증가시키고 분비를 촉진한다. 확장과 단백질의 존재에 의해 **가스트린(gastrin)**이라는 호르몬이 분비되어 더 많은 위액 분비를 촉발한다.

유미죽이 소장으로 들어오면 십이지장이 늘어나서 음식물을 잘 섞는 분절운동이 활발해진다. 십이지장 또한 **세크레틴(secretin)**과 **콜레시스토키닌(cholecystokinin: CCK)**, 두 가지 호르몬을 분비한다. 유미죽에 포함된 산은 세크레틴의 분비를, 지질과 단백질 성분은 CCK의 분비를 촉진한다. 세크레틴은 이자로 하여금 물과 중탄산이온(HCO_3^-)을 분비시켜 산을 중화시키고, CCK는 이자에 신호를 보내 소화효소를 더 많이 분비하도록 한다. 또한 CCK와 십이지장의 팽창에 반응하여 쓸개가 수축되면서 담즙의 분비가 촉진된다.

세크레틴, CCK, 그리고 소장의 확장에 의해서 위의 활동과 분비가 저해된다. 다시 말하면, 위에서 소장으로 유미죽이 너무 빨리 넘어오면 그에 따라 소장이 위의 활성을 늦춘다.

가스트린과 위의 확장에 따른 신경반사는 식사 후에 대장의 운동을 촉진한다. 이는 사람들이 흔히 식사 후 바로 화장실에 가고 싶어지는 이유이기도 하다.

요점 정리

내분비계와 신경계는 음식물의 성분과 부피에 따라 소화계를 조절한다. 이 조절 기작에는 장의 확장에 따른 신경반사와 가스트린, 세크레틴, 그리고 콜레시스토키닌의 분비가 포함된다. ■

영양분은 사용되거나 필요할 때까지 저장된다

일단 영양분이 흡수되면 우리 몸에서 반드시 사용되어야 한다. 흡수한 즉시 에너지원으로 사용될 것이냐 혹은 나중을 위해 저장해 둘 것이냐, 또는 다른 영양분들과 합쳐져 다른 분자를 만들 것이냐? 신진대사는 몸속 모든 기관들이 상호작용하여 조절한다. 특히 중요한 기관은 주요 호르몬인 인슐린과 글루카곤을 분비하는 이자와 여러 다양한 기능을 갖는 간이다.

그림 14.15에는 우리 몸이 유기분자를 어떻게 사용하는지 요약해 놓았다. 이 그림에서 3가지 기본 원리를 확인할 수 있다.

1. 어떤 성분이 부족한지 어떤 성분이 과다하게 많은지에 따라 성분들 간에 전환이 활발하게 일어난다. 이미 3단원에서 세포대사와 관련하여 처음 이 개념을 소개한 바 있다. 지질, 탄수화물, 그리고 단백질 등은 저장형 지질 또는 탄수화물로 전환이 가능하고, 몸의 요구에 따라 재활용된다.
2. 우리가 필요로 하는 것보다 많은 에너지 영양분을 섭취하면 우리 몸에서는 장래를 위해 잉여분을 저장한다. 시간이 지나면 이 저장분이 체중을 늘리는 결과를 초래한다.

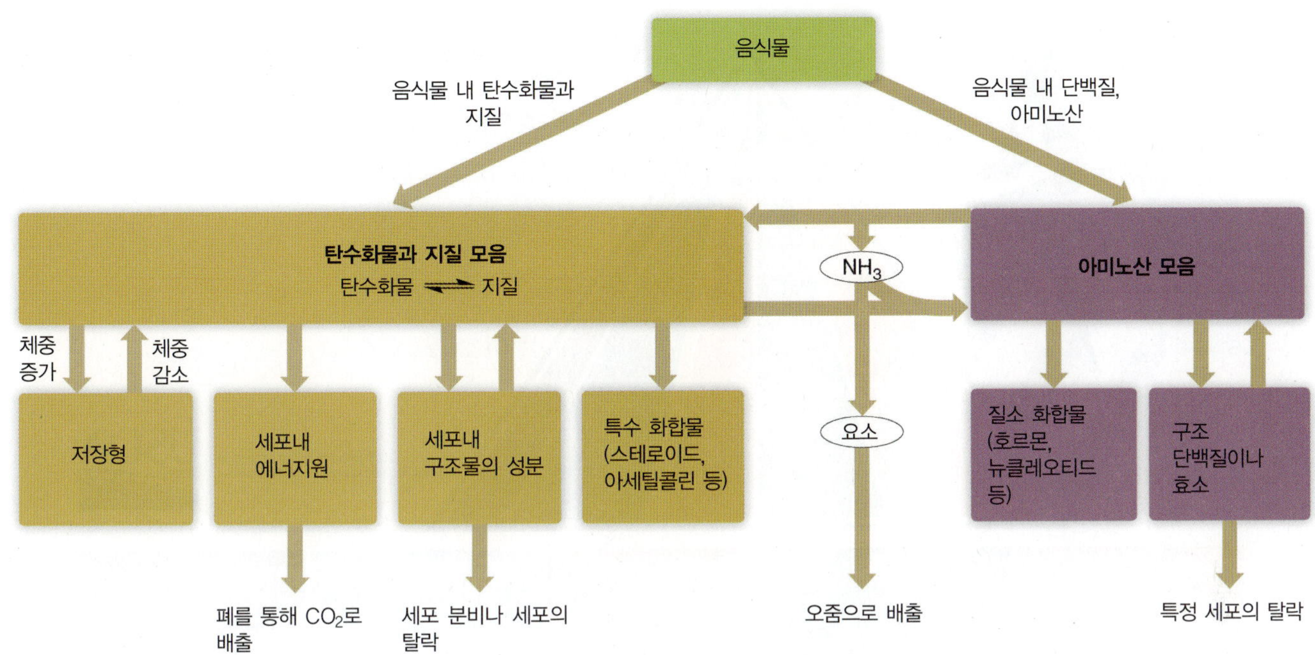

그림 14.15 **유기물 대사 경로.** 영양분의 섭취가 소모량보다 많은 경우 남는 만큼 저장되며 흔히 지방의 형태로 이루어진다. 영양분의 섭취가 소모량보다 적은 경우에는 저장된 지방 등을 에너지원으로 쓰거나 구조 화합물을 만드는데 사용한다.

3. 우리가 섭취한 에너지보다 많은 에너지를 소비할 때 우리 몸에서는 저장된 에너지를 꺼내 쓰게 된다. 만약 규칙적으로 이렇게 한다면 체중을 줄일 수 있다.

이 단원의 나머지 부분에서는 에너지 균형과 건강한 체중에 대해 다룰 것이다.

요점 정리

지질, 탄수화물, 단백질은 저장형 지질 또는 탄수화물로 전환될 수 있다. 필요한 경우에 저장형으로부터 다시 이들을 만들어낼 수 있다. ■

14.10 영양분: 먹는 음식물이 그 사람을 만든다

영양분은 음식물과 생명체를 연결해준다. 거의 대부분의 영양분이 소화계를 통해 몸으로 들어오기 때문에 "당신의 음식이 바로 당신이다"라고 할 수 있다. 어떤 영양분이, 왜 필요한지 알아보자.

내피라미드 계획은 개인별 프로그램을 제공한다

그림 14.16은 이에 대한 해답 중 하나이다. 미국 농림부(USDA)의 영양정책장려센터가 개발한 "내피라미드(MyPyramid)"는 개인별 운동량과 건강한 섭취를 알기 쉽게 만든 것이다. 내피라미드는 음식물을 6가지로 나누고 적합한 섭취량을 보여준다. 그림 14.16에 나온 권장량은 영양분을 비교할 때 흔히 기준으로 사용되는 하루 2,000칼로리(C)를 기준으로 한 것이다. 예컨대, 음식물에 표기된 영양분의 퍼센트 표시는 하루 2,000칼로리(C)를 기준으로 각 영양분에 대한 하루 권장량의 비교 값이다.

하루 2,000칼로리(C)가 모든 사람에게 적절한 것은 아니지만, 큰 문제는 없다. 내피라미드는 각 개인에 맞는 영양 계획을 짤 수 있도록 풍부한 선택 사항을 제공하고 있다. 최근에 미국농림부와 보건후생부에서 발간한 미국인을 위한 식단 지침서(Dietary Guidelines for Americans)에 의하면 내피라미드에는 12개 칼로리(C) 수준에 적합한 식단 계획이 있다. 내피라미드 웹사이트에 들어가서 나이와 성별, 활동량 등을 입력시키면 당신에게 가장 적합한 식단을 짜줄 것이다. 적절한 하루치 칼로리 섭취량과 각 식품별 적정 섭취량뿐만 아니라 알코올, 설탕 첨가물과 같은 기호식품의 허용량까지 알려줄 것이다. 그 결과를 인쇄해서 목표치로 정하고 매일 점검할 수 있을 것이다. MyPyramid Tracker(내피라미드 추적기)의 추적프로그램을 이용하면, 현재 식사와 활동 패턴을 "식단 지침서"와 비교할 수도 있고, 지난 1년 동안까지 당신의 성취도를 추적해 알 수 있다.

건강한 식단을 위한 제언에는 다음과 같은 사항들이 있다.

- 다양한 음식을 먹어라.

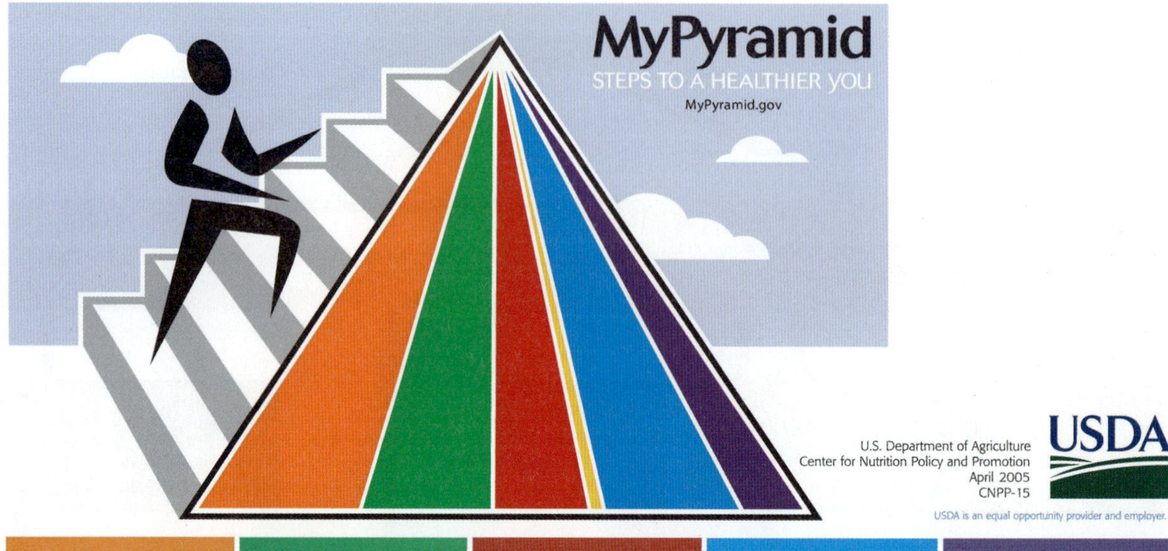

곡류 반은 자연식품으로 섭취합시다	채소류 다양하게 드세요	과일 과일을 많이 먹읍시다	우유 칼슘함량이 높은 것으로	고기와 콩류 단백질로 날씬하게
적어도 85g의 무가공 곡류로 만들어진 시리얼, 빵, 과자, 밥 혹은 파스타 등을 매일 섭취해야 한다. 빵 한 조각, 한 그릇의 아침 시리얼, 밥이나 파스타는 반공기 정도가 28g에 해당한다.	브로콜리나 시금치 같은 짙은 색 채소를 많이 먹는다. 당근이나 고구마류의 적황색 야채를 많이 먹는다. 강낭콩, 렌즈콩, 같은 콩류를 많이 섭취한다.	다양한 과일을 먹는다. 신선한 혹은 얼린 과일이나 캔에 저장된 과일이나 말린 과일을 먹는다. 과일주스는 너무 많이 마시지 말자.	저지방 혹은 무지방 우유를 마신다. 우유를 마시지 못한다면 젖당이 없는 우유나 다른 칼슘강화 주스와 같은 칼슘 공급 식품을 섭취한다.	지방질이 적은 고기를 골라 먹는다. 기름기 빼는 요리법을 사용한다(삶거나 그릴에 굽기). 단백질 섭취는 다양하게–생선, 콩, 견과류 등
2,000칼로리 식단에 맞춰 각 음식군에서 섭취해야 하는 양을 나타낸 것임. 당신에게 필요한 양은 각자 MyPyramid.gov를 통해 찾을 수 있다.				
매일 170g	매일 2컵 반	매일 2컵	매일 3컵; 2~8세 아동은 매일 2컵	매일 156g

식사량과 신체 활동 사이의 균형을 찾는다.
- 하루 필요량을 넘지 않도록 주의한다.
- 거의 매일 적어도 30분 이상 운동하기.
- 약 60분 정도의 운동을 통해 체중 증가를 방지할 수 있다.
- 체중 감소를 위해서는 하루 60~90분 운동을 꾸준히 해야 할 것이다.
- 어린이나 청소년의 경우도 거의 매일 하루 60분 이상의 운동이 필요하다.

지방, 설탕, 소금(소듐)의 최대량을 알아두자.
- 지방 섭취는 주로 생선, 견과류, 식물성 기름에서
- 버터, 마가린, 쇼트닝, 돼지기름 같은 고형지방과 이를 포함한 음식물은 먹지 말자.
- 포화지방, 트랜스지방, 소금의 양을 줄이자.
- 당이 적게 첨가된 음료나 음식을 먹자. 당은 영양분이 적으면서도 칼로리를 높이는 원인이다.

그림 14.16 내피라미드. 내피라미드는 미국 농림부(USDA)에서 하루 영양분 섭취 권장량을 잘 알아볼 수 있도록 만든 것이다. 이 피라미드는 영양분 요구량과 영양분 관련 질병을 고려하여 6가지 서로 다른 영양분의 권장 섭취량을 나타낸 것이다. 계단을 오르는 모습을 나타내어 운동의 중요성을 나타내었다. 내피라미드는 상호 반응형으로 설계되어 있다.

- 건강한 체중을 유지하라.
- 과일, 채소류와 가공하지 않은 곡물류를 많이 섭취하라.
- 콜레스테롤과 포화지방이 적은 음식을 먹자.
- 설탕 사용은 절제하자.
- 소금 사용도 절제(하루에 2,300mg 혹은 한 찻숟가락 정도만)하자.
- 만약 술을 마신다면 절제하면서 마셔야 한다. 절제한다는 기준은 여자의 경우는 하루 한 잔 정도, 남자일 경우는 2잔 정도를 말한다.

여기서는 비타민, 무기염류, 식이섬유 등의 중요성을 논하기 전에 세 가지 기본 영양분인 탄수화물, 지질, 단백질에 대해 알아보기로 하자.

요점 정리

좋은 영양 상태라 함은 여러 가지 음식을 소모하면서 건강한 몸무게를 유지하는 것이다. 과일, 채소, 무가공 곡물을 많이 먹고, 포화지방산, 설탕, 소금, 알코올의 섭취를 줄여라. ■

표 14.3 자연 탄수화물이 많은 식품

단순탄수화물	복합탄수화물
과일 감귤류 장과류(포도, 토마토, 딸기, 바나나 등) 멜론	녹말성 채소 감자 옥수수 콩류 완두콩류
무가당 과일주스	
꿀	곡류 통밀 빵과 시리얼 통밀 파스타 쌀 오트밀(빻은 귀리) 밀기울(겨)

탄수화물: 주요 에너지 공급원

탄수화물(carbohydrate)은 우리 몸의 주요 에너지원이며, 많은 영양학자들이 하루 에너지 섭취의 45~65%를 탄수화물을 통해 얻는 것을 추천하고 있다(칼로리[C]는 에너지를 측정하는 단위로 14.11 소단원에서 보다 자세히 설명하기로 하자).

탄수화물은 단순탄수화물과 복합탄수화물로 나눌 수 있다(표 14.3). 단순탄수화물(당류)은 과일이나 꿀 등 많은 자연 식품에서 찾아볼 수 있다. 분말 설탕이나 옥수수시럽과 같은 정제된 당은 대부분의 다른 영양분들을 제거한 것이어서 자연산에 비해 영양가가 떨어진다. 녹말이나 글리코겐과 같은 복합탄수화물은 수많은 당 단위체가 연결된 것이다. 복합탄수화물을 포함하는 비가공 식품은 정제된 당에 비해 건강에 좋은데 이는 당의 흡수가 천천히 일어나고 식이섬유나 비타민, 무기염류 등을 제공하기 때문이다. 우리 몸에서는 저장된 녹말이나 글리코겐을 분해하여 주 에너지원인 포도당을 얻는다.

식품에 부착된 영양분석표에는 옥수수당(corn sweetener)이나 "덱스트로스" 또는 "과당(레블로스)" 등으로 표기되어 있기 때문에 우리가 섭취하는 정제당이 얼마나 되는지 정확히 알기가 어렵다. 미국농림부는 미국인 한 사람이 매년 섭취하는 정제당이 약 142파운드(약 64㎏)에 이르는 것으로 추정하고 있다. 이는 일주일에 약 1.3kg에 해당하는 양이다.

요점 정리

탄수화물은 에너지원으로 적합하다. 정제당에 비해 자연산 당이나 다당류가 좋다. ■

지질: 세포의 필수 성분이자 에너지원

지질(지방을 포함한)은 살아 있는 모든 세포의 필수 성분이다. 세포막은 대부분 인지질과 콜레스테롤로 만들어진다. 콜레스테롤은 스테로이드 호르몬의 기본 구조를 이루며 담즙산염의 원료로 이용된다. 지방은 에너지를 저장하고 내부 기관들을 보호하며 피부 밑에서는 절연제 역할을 하고 몇몇 비타민을 저장하기도 한다. 대부분의 지방은 하나의 글리세롤에 세 개의 지방산이 붙은 트리글리세리드 구조이다. 2단원에서도 다루었듯이 지방은 구성 지방산의 탄소와 수소 비율에 따라 나눌 수 있다.

- **포화지방(saturated fat).** 포화지방은 구성 지방산의 꼬리를 따라 각 탄소에 두 개씩의 수소가 쭉 붙어 있다. 평상시 실내온도에서 고체의 성질을 띠며, 육류나 유제품에서 주로 발견되고 코코넛, 야자 기름과 같은 일부 식물성 식품에서 발견된다. 일반적으로 이들은 동맥경화나 심장질환과 관계가 있는 LDL 콜레스테롤, 즉, "나쁜" 콜레스테롤 수치를 높이는 경향이 있다(8단원).
- **불포화지방(unsaturated fat).** 불포화지방은 지방산에 하나 혹은 그 이상의 수소쌍이 빠진 경우를 말한다. 수소 한 쌍이 빠지면 인접한 탄소 간에 이중결합이 형성되고 구부러진 구조가 형성된다. 이런 구조는 인접한 분자간의 결합이 잘 일어나지 못하게 하여 평상시 실온에서도 액체 상태를 유지하게 된다. 일반적으로 불포화지방은 LDL 콜레스테롤 수치를 감소시키기 때문에 포화지방보다 건강에 좋다고 알려져 있다. 올리브유, 카놀라유, 홍화씨유 그리고 옥수수유 등이 식물에서 나온 불포화지방산이다. 연어, 송어, 정어리 같은 냉해 어류들은 오메가-3을 많이 함유하고 있는데, 오메가-3은 심혈관계 질환을 예방하는 것으로 알려진 불포화지방산이다.

식물성 기름의 지방산 꼬리에 부분적 수소첨가를 하면 실내온도에서 고체 상태를 유지하도록 만들 수 있다. 하지만 이러한 부분적 수소첨가 과정에서 남아 있던 짝이 없는 수소원자의 위치가 바뀌어 **트랜스지방(trans fat)**이 만들어지기도 한다. 트랜스지방은 보존기간이 길고 음식 맛을 오래 보존하기 때문에 패스트푸드 음식점에서 튀김 기름으로 많이 사용된다. 또한 트랜스지방은 쿠키, 크래커, 스낵 등의 가공식품을 제작하는데 사용되며 식물성쇼트닝, 마가린 등에서도 발견된다. 그런데 트랜스지방은 포화지방산과 마찬가지로 LDL 콜레스테롤의 농도를 높여 심혈관계 질환의 발병률을 높일 수 있다. 그래서 제조사들은 제품의 포장에 표시된 영양성분표에 트랜스지방의 함량을 표시하도록 되어 있고, 많은 패스트푸드 음식점들이 트랜스지방의 사용을 중단하였다.

우리 몸에서 간은 콜레스테롤과 대부분의 지질을 합성할 수 있지만, 모든 것을 다 만들 수 있는 것은 아니다. 몇몇 지방산은 우리 몸에서 만들 수 없고 이들은 음식물로 섭취해야하는 **필수지방산**

(essential fatty acid)이라고 부른다. 그 예로 리놀레산(linoleic)과 리놀렌산(linolenic)을 들 수 있다. 이들은 옥수수유나 올리브유에 들어 있으며 정상적인 세포막 구조에 필요한 지방산들이다. 하루에 한 찻숟가락 정도의 옥수수유나 올리브유 또는 그에 해당하는 음식물을 섭취하는 것으로 하루 요구량을 충족시킬 수 있다.

지방이 우리 건강에 필수적이긴 하지만 대부분의 사람들은 필요량에 비해 과다하게 섭취하고 있다. 영양학자들은 하루 소비에너지의 20~35% 정도를 지방에서 충당하도록 권장하고 있다. 먹는 양도 중요하지만 지방의 종류에도 신경을 써야 한다. 포화지방산이나 콜레스테롤 혹은 트랜스지방이 많이 포함된 음식을 많이 먹으면 심혈관계 질환과 특정 암의 발병률이 높아진다. 포화지방은 10% 미만으로 콜레스테롤은 하루에 300mg 이하로, 트랜스지방은 될 수 있으면 적게 섭취하는 것이 좋다.

요점 정리

포화지방은 고기류나 유제품에서 주로 발견되며 트랜스지방은 스낵과 같은 가공식품에서 발견된다. 식물이나 생선에 많이 포함된 불포화지방산이 건강에 더 좋은 선택이다. 일부 지방산은 우리 몸의 요구량에 따라 음식으로 섭취해야만 한다. ■

완전한 단백질은 모든 아미노산을 포함하고 있다

지방과 마찬가지로 **단백질(protein)**도 세포의 살아 있는 성분이다. 대사 과정을 주관하는 효소를 구성하고, 수용체나 수송단백질로 작용하기도 하며, 근육 섬유를 구성한다.

단백질은 그 다양함에도 불구하고 단지 20종류의 아미노산만으로 구성되어 있다. 우리 몸은 12가지 아미노산을 만들 수 있고, 나머지 8가지(이소류신, 류신, 라이신, 메티오닌, 페닐알라닌, 트레오닌, 트립토판, 발린)는 우리가 만들지 못하고 음식물에서 얻어야 하기 때문에 **필수아미노산(essential amino acid)**이라 부른다. 어린이의 경우는 필수아미노산에 두 가지(히스티딘, 아르기닌)를 더 넣기도 하는데, 이는 빠르게 성장하는 어린이들의 필요량을 충족시키지 못하기 때문이다.

완전단백질(complete protein)이란 20가지 아미노산을 우리가 필요로 하는 비율로 모두 갖추고 있는 단백질을 말한다. 대부분의 동물성 단백질들이 이를 충족하는 반면 대부분의 식물성 단백질(메주콩 단백질은 예외)은 하나 혹은 그 이상의 아미노산이 결핍되어 있다. 채식주의자라면 각 식물을 어떤 비율로 섭취해야 좋을지 신경을 써야 할 것이다. 그림 14.17에서 오른쪽 3개 열에 속하는 식물 중 적어도 2개 이상의 열에서 선택하여 먹는다면 필수아미노산을 적절하게 공급받을 수 있다. 혼합 견과류(볶은 콩과 견과류), 휴머스(병아리콩과 참깨), 옥수수 빵에 싼 콩 부리토, 혹은 강낭콩과 쌀 스프 등이 이에 해당한다.

하루 에너지 섭취량의 약 15% 정도는 단백질에서 나와야 한다. 전 세계적으로 단백질 부족이 건강을 크게 위협하고 있다. 모든 효소들은 고유의 아미노산 서열을 가지고 있고 이 중 어느 하나라도 없다면 적절한 시기에 중요한 단백질들이 만들어질 수 없다. 임신 중이나 성장기에 나타나는 단백질 결핍은 성장장애를 유발하고 육체적 정신적 능력에 영향을 미친다. 불행하게도 가난한 나라에서는 고기나 우유가 너무 비싸고, 식물성 단백질로는 균형 잡힌 식사를 어떻게 해야 하는지 모르는 경우가 많다.

완전 단백질	불완전 단백질: 라이신 함량 낮음	불완전 단백질: 메티오닌 함량 낮음	불완전 단백질: 트립토판 함량 낮음
콩류: 메주콩 두부 두유	**콩류:** 땅콩	**콩류:** 말린 콩 검은눈콩 병아리콩 렌즈콩 리마콩 녹두 땅콩	**콩류:** 말린 콩 리마콩 병아리콩 녹두 땅콩
시리얼 곡류: 맥아	**시리얼 곡류:** 보리 옥수수 귀리 쌀 보리 밀	**신선 채소류:** 아스파라가스 브로콜리 완두콩 버섯 감자	**신선 채소류:** 완두콩 버섯 스위스 차드
유제품: 우유 치즈 요구르트 달걀 육류	**견과류, 씨앗:** 아몬드 캐슈넛 코코넛 호두 개암나무열매 피칸 해바라기씨 참깨	**견과류, 씨앗:** 개암나무열매	**견과류, 씨앗:** 아몬드 호두

그림 14.17 **필수아미노산 챙기기.** 대부분의 식물이 하나 혹은 그 이상의 필수아미노산이 결핍되거나 매우 적다. 채식주의자는 오른쪽 세 열 중에서 두 열 이상을 선택하여 섭취해야만 필수아미노산을 모두 섭취하는 셈이 된다.

요점 정리

우리 몸은 20가지 아미노산을 필요로 하지만 이 중 필수아미노산이라 부르는 8가지는 합성하지 못한다. 완전단백질은 20가지 아미노산을 모두 가지고 있는데, 대부분의 동물 단백질은 완전단백질이고 대부분의 식물 단백질은 불완전단백질이다. ■

비타민은 정상적인 생체 기능이 필수적이다

인간에게는 탄수화물, 지질, 단백질 외에도 **비타민(vitamin)**이 필요하다. 적어도 13가지 화합물이 여기에 속하며 정상적인 신체 기능을 위해 필수적이다. 우리 몸은 오직 일부 비타민만을 만들 수 있다. 햇빛에 노출된 피부에서 비타민 D를 합성할 수 있고, 장내 미생물이 비타민 K와 B_6, 그리고 비오틴(biotin)을 합성한다. 나머지는 모두 음식물로부터 소화관을 통해 흡수해야 한다. 표 14.4는 13가지 비타민을 주요 공급원과 기능 그리고 부족 시에 나타나는 증세와 함께 정리하였다.

비타민은 지용성과 수용성 두 그룹으로 나눌 수 있다. 이 성질은 어떻게 흡수되는지 어디에 보관되는지 그리고 어떻게 계속 공급되는지에 영향을 준다. 지용성 비타민은 음식물에 기름이 많을 때 더 잘 흡수된다. 지방성분과 함께 흡수되는 경향이 있으며, 지방조직에 저장되고 필요에 따라 방출된다. 우리 몸은 경우에 따라 수년 동안 지용성 비타민을 저장해둘 수도 있어서 지용성 비타민을 보충해야 하는 경우는 드물다.

수용성 비타민은 지용성에 비해 잘 흡수되는데 그 대신 잠시 동안만 저장되었다가 오줌으로 배출된다. 그래서 평상시 수용성 비타민을 함유한 음식을 주기적으로 섭취해야 한다.

무기염류: 몸에 필요한 필수 요소

무기염류(minerals)는 우리 몸에 필요한 특정 화학 원소를 말한다. 이들은 혈액이나 세포질에서는 이온 상태이다(소듐, 포타슘, 염소 등등). 뼈의 구성 성분을 나타내기도 한다(칼슘, 인, 그리고 산소). 또한 여러 가지 기능 중에서도 신경이나 근육의 활성에 많이 기여한다(소듐, 포타슘, 칼슘). 동물에게는 21가지의 무기염류가

표 14.4 비타민

비타민	주공급원	주요 기능	결핍 증세	과다 증세
지용성 비타민				
A	영양 강화 유제품, 노른자, 간, 황색과일, 녹색 채소류	시각색소 합성, 뼈와 이의 발달	야맹증, 각질 피부, 감염에 약해짐	간이나 뼈가 약해지고 시야가 흐릿해짐
D	생선기름, 영양강화 유제품, 노른자, 피부에서 생성	칼슘 흡수 촉진, 뼈와 이의 건강에 중요	어릴 때: 뼈 기형, 어른: 뼈 약화	조직 내 칼슘 침적: 심혈관 질환이나 신장질환 유발
E	식물성 기름, 견과류, 통곡류	세포막을 보호하는 항산화 기능	적혈구나 신경에 손상	무해한 것으로 알려짐
K	녹색채소, 대장 속 세균	혈액 응고에 필요한 단백질 합성	혈액응고 장애, 비정상적인 출혈	간 독성, 빈혈
수용성 비타민				
B_1(티아민)	통곡류, 콩류, 달걀, 살코기	탄수화물 대사의 조효소	심장, 신경에 손상, 통증	알려진 바 없음
B_2(리보플라빈)	유제품, 달걀, 육류, 통곡류, 녹색 잎 채소	탄수화물 대사의 조효소	피부 손상	해 없음
니아신(niacin)	견과류, 육류, 곡류, 녹색 잎 채소	탄수화물 대사의 조효소	펠라그라라고 부르는 증세: 피부, 신경, 소화계에 손상	피부가 붉어지고, 간에 이상
B_6	주로 고단백 음식, 대장 박테리아	아미노산 대사의 조효소	근육, 피부, 신경에 손상, 빈혈	균형감 상실, 다리에 무감각
엽산	녹색채소, 견과류, 곡류, 콩류, 오렌지쥬스	핵산, 아미노산 대사의 조효소	빈혈, 소화장애	비타민 B_{12} 결핍을 막음
B_{12}	동물성 식품	핵산대사의 조효소	빈혈, 신경계 손상	무해하다고 여겨짐
판토텐산	거의 모든 식품, 특히 동물성 식품	포도당대사, 지방산, 스테로이드 합성의 조효소	피로, 손발에 간지러움, 장에 이상	대체로 무해함, 설사
비오틴	대부분의 식품, 대장 박테리아	아미노산 대사, 지질, 글리코겐 합성의 조효소	피부각질(피부염증)	무해하다고 알려짐
C(아스코르빈산)	과일 야채, 특히 감귤류, 캔탈로프멜론, 브로콜리, 배추	콜라겐 합성에 필요한 항산화제. 뼈와 이 발생에 중요; 철분 흡수를 도움	괴혈병, 상처 치유 지연, 비정상적인 면역반응	소화장애

필요하다고 알려져 있다. 이 중 9가지(비소, 크롬, 코발트, 마그네슘, 몰리브덴, 니켈, 셀레늄, 실리콘, 바나듐)는 우리 체중의 0.01%만을 차지하기 때문에 미량 무기염류(trace minerals)라고 부른다. 표 14.5에 12가지 가장 중요한 무기염류를 정리하였다.

얼마만큼의 비타민과 무기염류가 필요할까? 미국의 국립연구위원회(The National Research Council)는 현재까지 최선의 추정치로 알려진, **1일 섭취 허용 권장량(Recommended Dietary Allowance: RDA)**을 발표하였다. RDA에 따르면 대부분의 건강한 성인은 균형 잡힌 비가공 식품을 섭취할 경우 따로 보조제를 먹을 필요가 없다. 이는 의미하는 바가 크다. 과학자들은 영양보조제가 일부 사람들에게 필요하다고 본다. 예컨대 신생아나 노령자, 혹은 흡수를 방해하는 약을 복용하고 있는 환자의 경우가 이에 해당한다. 폐경기 이후의 여성에게는 골다공증으로 인한 뼈의 손실을 막기 위해 칼슘 섭취를 권고한다.

하지만 의사의 지시가 없이는 절대 과량의 비타민이나 무기염류를 복용해서는 안 된다. 표의 "과다 증세"에 나와 있듯이 양이 많다고 늘 좋은 것은 아니다.

섬유질은 대장에 좋다

식물이나 과일 또는 곡류에서 나오는 **섬유질(fiber)**은 소화가 안 되는 물질이다. 비록 소화가 되지는 않지만 우리 몸에서는 일정량 필요로 한다. 섬유질은 대변의 부피를 늘리고 대장을 잘 통과하도록 만들기 때문에 유익하다.

섬유질을 너무 적게 섭취하면 만성 변비, 치질(hemorrhoid: 항문 주위에 혈관이 팽창하여 배출시 통증을 유발한다), 또한 게실증(diverticulosis: 14.12 소단원에서 설명)에 걸릴 위험이 커진다. 저섬유질 식사를 계속하게 되면 대장암에 걸릴 확률이 높아지는데, 이는 아마도 암을 유발하는 물질이 대장에 오래 머물기 때문일 것으로 짐작된다(18단원 참조). 미국인의 평균 하루 섬유질 섭취량이 12~17mg인데 비해 의사들은 하루에 20~35mg의 섬유질을 섭취하도록 권장한다.

요점 정리

대부분의 무기염류와 비타민은 음식으로 부터 공급되어야 한다. 일반적으로 건강한 사람들은 적당량의 섬유질을 포함한 균형 잡힌 식사로 이들의 하루 권장량을 채우는 것이 가장 바람직하다. ■

표 14.5 인체의 주요 무기염류

무기염류	주공급원	주요 기능	결핍증세	과다증세
칼슘(Ca)	유제품, 진초록 채소, 콩류	뼈와 이 생성, 신경, 근육 활동, 혈액응고	뼈 감소, 성장 장애	신장 손상, 다른 이온들의 흡수 이상
염소(Cl)	식용 소금	산-염기 균형, 위산 생성, 수분 균형	식욕과 성장 감퇴, 근육 경련	사람에 따라 고혈압유발
구리(Cu)	해산물, 견과류, 콩류	헤모글로빈과 멜라닌 합성	빈혈, 뼈와 혈관에 이상	어지럼, 간 독성
불소(F)	불소강화 물, 차, 해산물	이의 유지, 뼈에도 같은 효과가 있을 것으로 추측	충치	소화불량, 이 변색
요오드(I)	요오드 함유 소금, 해산 어류, 조개류	갑상선호르몬의 합성	갑상선비대, 대사 이상	갑상선종
철분(Fe)	녹색 잎 채소, 통곡류, 콩류, 고기, 달걀	헤모글로빈, 미오글로빈 및 일부 효소 합성에 필요	철분 부족 빈혈, 면역 약화	급성: 쇼크, 사망, 만성: 간, 심부전증
마그네슘(Mg)	통곡류, 녹색 채소	조효소로 작용	신경, 근육이 교란됨	신경기능 장애
인(P)	육류, 닭고기, 통곡류	뼈, 이, 인지질, ATP, 핵산 등의 원료	뼈 무기염류 감소, 근육약화	무기염류 중 일부 흡수 장애, 비정상적인 뼈 형성
포타슘(K)	대부분 음식에 포함됨, 특히 고기와 곡류에 많음	근육과 신경의 작용; 주요한 세포내 성분	근육 약화	급성: 심장박동 이상 사망, 만성: 근육약화
소듐(Na)	식용 소금, 대부분의 음식물	근육과 신경의 기능; 대부분 체액의 주요 성분	근육 경련	사람에 따라 고혈압 유발
황(S)	고기, 유제품	단백질의 주요 구성 성분	알려진바 없음	알려진 바 없음
아연(Zn)	통곡류, 고기, 해산물	효소의 성분	성장 장애, 생식불능, 면역기능 이상	급성: 메스꺼움, 구토, 설사, 만성: 빈혈, 면역기능 이상

14.11 체중조절: 소모에너지 대 사용에너지

우리 몸은 대사 과정이나 다른 활동들을 위해 에너지를 필요로 한다. 우리가 음식물을 소화해야만 음식물에 포함된 에너지를 사용할 수 있다.

에너지는 **칼로리(calorie: cal)**라는 단위로 나타낼 수 있다. 기술적으로 1칼로리는 1g의 물을 섭씨 1도 높이는데 필요한 에너지이다. 이 단위는 생물학에 사용하기에 너무 작아서, 식품 내 영양분의 양을 나타내거나 생물학적 활성의 에너지 소모량을 나타낼 때는 1,000칼로리에 해당하는 1킬로칼로리(kilocalorie: Cal 혹은 kcal)를 사용한다. 킬로칼로리는 영어로 대문자를 이용하여 **칼로리(Calorie: C)**로 표시한다. 일반적으로 우리가 사용하는 단위는 칼로리(C)이고 이 단원에서도 에너지를 칼로리(C)로 표시할 것이다.

BMR: 필요한 에너지의 양을 결정

만약 체중을 일정하게 유지하고 싶다면 우리가 소모하는 에너지와 이용하는 에너지를 같게 맞추어야 한다. 그렇다면 어떻게 우리가 얼마만큼의 에너지를 사용해야 할지 알 수 있을까?

기초대사율(basal metabolic rate: BMR), 즉 하루 동안 숨쉬기를 비롯한 내부 장기의 기능을 유지하는데 필요한 기본적인 에너지 값을 이용하여 하루의 에너지 필요량을 예측할 수 있다. ("스스로 해보기"를 참고하여 각자 자신의 BMR을 계산해보자.) 기초대사율에 영향을 주는 요인은 다음과 같다.

- **성별과 체 구성비.** 남자의 BMR이 높고, 근육이 지방질에 비해 많은 에너지를 소모한다. 남성이 여성에 비해 근육이 많기 때문에 BMR이 높고, 근육질의 남성과 여성은 각각 그렇지 않은 남성과 여성에 비해 높은 기초대사율을 갖는다.
- **나이.** 나이가 듦에 따라 BMR이 낮아진다.
- **건강 상태.** 고열, 감염, 갑상샘비대증 등의 질환은 BMR을 높이는 반면, 갑상샘저하증 등의 질환은 BMR을 떨어뜨린다.
- **스트레스.** 노르에피네프린이나 에피네프린은 BMR을 높인다.
- **식사.** 식사는 대사율을 높인다. 반면 굶거나 심한 다이어트는 감소시킨다. 이것은 무계획한 다이어트가 궁극적으로 체중을 낮추는데 실패하는 원인이기도 하다. 일시적으로는 체중이 줄어들지만 대사율이 떨어지면서 체중이 다시 돌아오는 것을 막기가 어려워진다.
- **유전.** 위에 제시된 이유가 아니어도 각 개인의 대사율은 다르다. 자세한 원인은 모르지만 유전적인 요인이 당신의 BMR을 결정하는데 중요한 역할을 한다.

물론 우리 몸은 기초대사 외에 다른 활동들을 한다. 하지만 하루 에너지 사용량 중에 꽤 많은, 약 2/3 정도가 기초대사에 사용된다. 그 나머지가 신체 활동의 연료가 된다.

에너지 균형과 체중

건강한 체중 조절에는 섭취 에너지와 소모 에너지의 균형이 포함된다. 3가지 주요 영양분은 칼로리 함량이 다르다는 점을 알아둘 필요가 있다. 지방은 1g당 9칼로리(C)를 함유하며 탄수화물과 단백질의 경우는 4칼로리(C)를 포함한다. 이처럼 지방은 좋은 에너지원이기도 하지만 지방이 많은 식사는 필요한 것보다 많은 과잉 에너지를 쉽게 공급할 수 있다. 그러므로 지방의 섭취를 조절하는 것이 중요하다.

우리가 칼로리를 과다 섭취하면 잉여의 에너지는 특별히 분화된 지방세포에 저장된다. 한 사람이 가지고 있는 지방세포의 수는 그 사람이 어른이 되었을 때 대부분 결정되어 있다. 아마도 그래서 어떤 이에게는 살을 빼는 게 쉬운데 비해 어떤 이에게는 매우 힘든 일이 된다. 학자들의 주장에 의하면, 비만인 사람에게는 보통 사람의 약 2배 혹은 3배의 지방세포가 있어서, 이들이 다이어트를 시작하면 개개의 세포가 작아져서 마치 굶은 것처럼 반응을 하게 된다. 체중이 더 나가는 사람에게 다이어트가 더 힘든 이유는 그 사람의 체중조절 시스템이 마치 과다한 체중이 정상인 것으로 작동하고 이에 대항해서 다이어트를 해야 하기 때문이다.

스스로 해보기

자신의 기초대사율(BMR) 계산해보기

1. 자신의 몸무게를 kg 단위로 나타낸다. ____________
2. 남성이라면, 몸무게에 1.0을 곱한다. ____________
3. 여성이라면, 몸무게에 0.9를 곱한다. ____________
4. 이 수치는 평균적으로 여러분이 1시간당 소비하는 칼로리(C)를 나타낸다. 이 수에 24를 곱하면 여러분이 매일 기초 대사 기능을 수행하기 위해 필요로 하는 칼로리 수치가 된다. ____________

예를 들면,

- 몸무게가 90kg인 남성은 기초대사율이 90칼로리/시간이다. 이 남성은 대사활동으로 하루에 2,160 칼로리를 소비한다.
- 몸무게가 60kg인 여성은 기초대사율이 54칼로리/시간이다. 이 여성은 대사활동으로 하루에 1,296칼로리를 소비한다.

요점 정리

체중 조절은 섭취하는 에너지 사용량과 소모되는 에너지의 양 사이에 균형을 잘 잡아야 한다. 각자 자신의 BMR을 계산해보면 자신이 매일 얼마나 많은 에너지를 필요로 하는지 짐작할 수 있다. ■

표 14.6 각종 운동에 따른 시간당 칼로리 소모량

활동	체중 45kg	체중 68kg	체중 90kg
자전거 타기, 9.6km/시간	160	240	312
자전거 타기, 19.2km/시간	279	410	534
조깅, 8.8km/시간	440	660	962
조깅, 16km/시간	850	1,280	1,664
줄넘기	500	750	1,000
수영, 22.9m/분	185	275	358
수영, 45.8m/분	325	500	650
걷기, 3.2km/시간	160	240	312
걷기, 7.4km/시간	295	440	572
테니스(단식)	265	400	535

출처: 미국심장협회

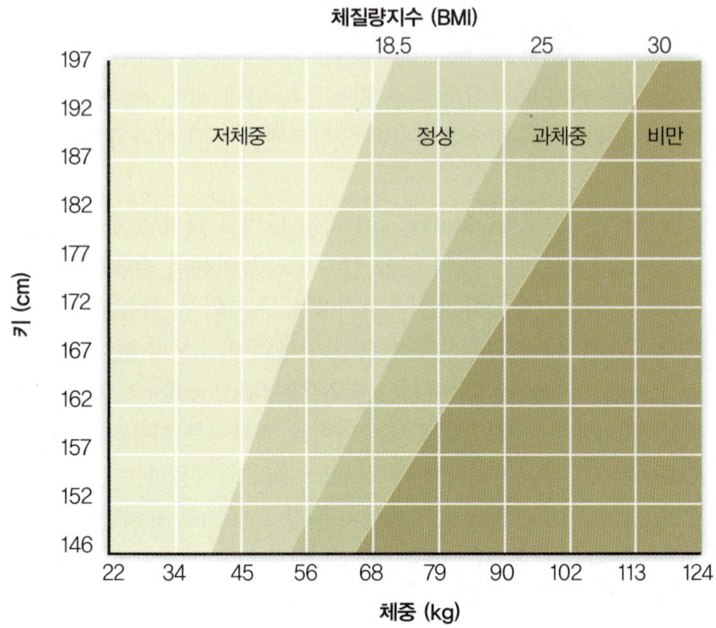

그림 14.18 체질량지수 찾아보기. 왼편 Y축에서 자신의 키를 찾고, 오른쪽으로 이동하면서 자신의 몸무게에 해당하는 지점까지 간다. 각 비만도(저체중, 정상, 과체중, 비만)는 색으로 구별하여 나타내었다. 자신의 키와 체중이 만나는 점이 어디에 속하는지 알 수 있을 것이다. 비만도는 정부에서 전체 인구를 조사하며 마련한 기준이다. 각 개인에 대한 건강의 기준으로는 맞지 않는 경우도 있다.

신체 활동: 효과적인 칼로리 사용법

BMR은 대부분 상당히 일정하게 유지되지만, 운동량은 우리 몸에서 소모되는 칼로리 양을 크게 변화시킬 수 있다. **표 14.6**은 체중이 각각 45, 68, 90kg인 사람이 특정 행위를 할 때 시간당 소모되는 에너지양을 나타낸 것이다. 몸이 무거운 사람일수록 같은 활동을 해도 더 많은 일을 하는 셈이다. 지방 0.5kg을 줄이려면 약 3.860 칼로리를 소모해야 한다.

체중감소를 위한 최고의 덕목은 "천천히"이다. 영양학자들이 권하는 방법은 매일 조금씩 식사량을 줄이고 운동량은 늘리라는 것이다.

물론 운동은 체중 감소 이외에도 좋은 영향을 미친다. 심혈관계 질환에도 좋고, 뼈를 강하게 하며, 근육을 조율하고, 일반적으로 행복감을 증진시킨다. 당신의 건강에 대한 최선책은 건강한 식사와 적당한 운동이다.

적당한 체중이 건강에 좋다

왜 우리는 칼로리 섭취와 체중을 걱정해야 할까? 첫 번째 이유는 비만이 건강상태와 연관되었기 때문이다. 미연방 경제조사연구소에 따르면 미국에서 영양관련 건강 문제로 인한 의료비 부담과 생산 차질에 의한 연간 손실액이 매년 800억 달러(약 88조 원)에 이른다. 수많은 연구에서 비만과 심장병, 당뇨병(346쪽의 "시사 과학 문제" 참조), 암, 동맥경화 등 건강 문제와의 직접적인 관련성이 밝혀지고 있다. 그 연관성이 워낙 높기 때문에 정부기관과 보험회사들은 매년 각 개인의 **체질량지수(body mass index: BMI)**를 볼 수 있는 도표를 발간하고 있다. **그림 14.18**의 도표를 이용하여 각자의 체질량지수를 알아보자.

정부기관에 따르면 BMI가 18.5~25 사이이면 건강, 25~30 사이이면 과체중, 30 이상이면 비만이라고 한다. 이 숫자는 일반적인 것이며 뼈의 구조나 다부진 정도 및 성별을 고려하지 않고 만들어진 것이다. BMI는 근육질이거나 뼈 밀도가 높은 사람의 경우는 지방질 양을 과다하게 추정할 수 있다. 그 반대로 근육이 없는 사람의 경우는 지방량이 실제보다 적게 나올 수 있다. 따라서 BMI 도표가 모든 이들의 적절한 체중을 알려주지는 않는다. 각 분류 범위 내에서 남자들은 체중이 큰 쪽에 잘 맞고 여자는 체중이 작은 쪽이 잘 맞는다.

요점 정리

신체 활동을 늘리는 것이 칼로리를 소모를 늘리는 바람직한 방법이다. 체중을 줄이는 최선의 방법은 적절한 운동과 건강한 식단이다. ■

14.12 소화계 질병

비록 흔하긴 하지만, 많은 소화계 질병이 치명적인 경우는 없다. 전 세계적으로 가장 흔한 것이 음식물이나 음료수가 세균이나 다른 독성분에 오염되어 생기는 식중독(food poisoning)이며, 대개 설사와 구토가 동반된다. 음식 알레르기(food allergy)도 설사와 구토를 유발할 수 있고, 온몸에 걸쳐 알레르기 반응이 나타날 수 있다. 음식 알레르기를 일으키는 흔한 식품으로는 조개, 밀, 땅콩, 달걀 등이 알려져 있다.

소화관의 질환

젖당과민증: 우유 소화 불능 아기들은 모유에 있는 탄수화물 성분인 젖당을 분해하는 젖당분해효소를 가지고 있다. 하지만 어른이 되면 차츰 이 효소를 잃게 되고 소화능력도 감소한다. 그 결과 젖당과민증(젖당불내성, lactose intolerance)이 생긴다. 젖당과민증은 유제품을 섭취한 뒤, 설사, 가스, 더부룩함, 복부경련 등의 증세를 나타낸다. 설사는 소화되지 않은 젖당이 물의 흡수를 막아 일어나는 것이다. 가스, 더부룩함, 복부 경련 등은 세균에 의한 젖당발효의 결과로 가스가 나오면서 생기는 현상이다.

젖당과민증 환자라도 치즈나 요구르트는 먹을 수 있다. 이들 유제품에 들어 있는 젖당은 이미 소화된 상태이기 때문이다. 한편 무젖당 우유도 시판되고 있다.

게실증: 창자벽의 약화 게실증(diverticulosis)은 창자벽에 작은 주머니가 나오는 것을 말한다. 대장의 내벽이 다른 층으로 밀려나가 돌기를 형성한 것이다. 대부분의 게실증 환자들은 불편함을 느끼지 않지만 간혹 이곳이 감염되는 경우가 있다. 이 경우 항생제로 문제를 해결할 수 있다.

게실증은 비교적 서방세계 국가에서 흔하다. 아마도 식이섬유가 부족한 식단이 원인일 것으로 생각된다. 섬유질이 모자라면 변의 크기가 작아지고, 대장도 좁아지면서 수축력이 더 강력해져서 발생할 수 있다. 이 강력한 수축이 창자의 다른 약한 부위를 밀어내어 게실을 만든다.

대장 용종: 비종양성 성장 용종(polyp)은 대장 점막의 비종양성 성장에 의해 돌기가 나오면서 생성된다. 용종은 대장을 비롯한 우리 몸의 여러 부위에서 나올 수 있다. 대부분의 용종은 암으로 발전하지는 않는다. 하지만 대장암이 용종에서 시작되기 때문에 의사들은 용종 제거를 권한다. 항문을 통해 광학장치가 끝에 달린 가는 기구를 삽입하는 대장내시경을 통해 용종을 발견하고 제거할 수 있다.

부속기관의 질환

간염: 간의 염증 **간염(hepatitis)**은 바이러스나 독성물질에 의해 간에 염증이 생기는 것이다. 간염을 일으키는 바이러스는 현재 5종이 밝혀졌으며, 그 중에 A형, B형, C형 간염바이러스가 가장 흔한 것이다.

A형 간염바이러스는 오염된 음식이나 물을 통해 옮겨지며 짧은 기간 동안 앓았다가 대부분 완전히 치유된다. A형 간염에 대한 백신도 나와 있다. 비록 선진국에서는 백신을 접종할 필요는 없는 것으로 여겨지지만 저개발국으로 여행을 갈 때는 접종하는 것이 좋다.

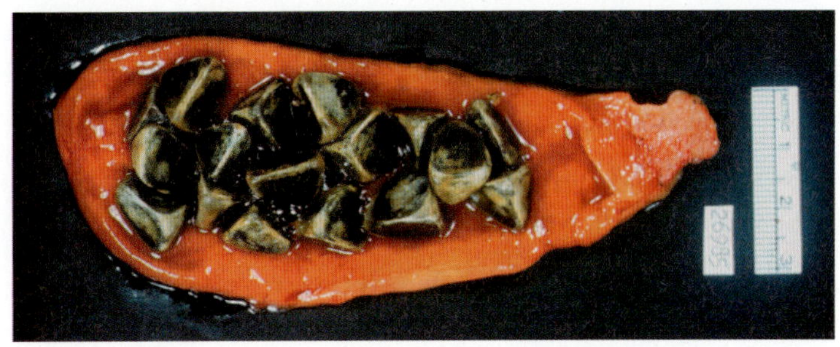

그림 14.19 **담석.**

B형 간염은 혈액과 체액을 통해 전염되기 때문에, 주로 주사기 바늘이나 수혈, 감염자와의 성적 접촉 등에 의해 옮겨진다. 매년 30만 명의 새로운 환자가 발생하며, 치료를 받지 않으면 간 기능 상실로 이어질 수 있다. 증세로는 황달(혈액에 담즙 색소가 축적되어 피부가 노랗게 보이는 것), 메스꺼움, 피로감, 복부 통증, 그리고 관절염 등이 나타난다. B형 간염바이러스에 대한 백신도 있으며 미국에서는 모든 보건관련 종사자들은 이 백신을 맞아야 한다.

C형 간염바이러스는 오염된 혈액이 주사바늘, 수혈 등을 통해 전해지면서 옮겨진다. 미국 혈액은행에서는 1992년부터 C형 간염바이러스에 대한 검역을 실시하고 있기 때문에 수혈을 통한 전염은 크게 줄어들었다. 하지만 연구자들은 미국에서 이미 400만 명 정도가 감염되었고 대부분은 특별한 증세 없이 지내는 것으로 추측하고 있다. C형 간염바이러스는 이처럼 몇 년간이나 잠복할 수도 있지만 그래도 간을 손상시킨다. 심한 경우 만성 간염, 간경화, 또는 간암에까지 이른다. 의사들은 신장투석(15단원)을 했던 모든 사람과 1992년 이전에 이식 수술을 받았던 사람은 C형 간염바이러스 검사를 받도록 권장한다. 마약을 투여 받았거나 바이러스 감염자와 성적 접촉을 했던 사람들도 걸렸을 위험이 있다.

담석은 담즙의 흐름을 막을 수 있다. 쓸개는 보통 담즙 내 물을 90%가량 제거하여 담즙의 농도를 약 10배 정도 농축한다. 담즙 속에 콜레스테롤 농도가 너무 높아지면 칼슘이나 담즙산염과 함께 석출되어 담석을 형성한다(그림 14.19). 전체 담석의 20% 정도만이 문제를 일으키긴 하지만, 담석이 커지면 담즙의 흐름을 막게 되고, 특히 식후에 심한 통증을 일으킨다. 치료법으로는 약물투여, 초음파 진동, 혹은 레이저를 사용하여 담석을 깨거나, 수술을 통해 제거하는 방법이 있다.

영양장애: 너무 많거나 너무 적은 영양분

영양실조(malnutrition)란 불균형한 식사나 너무 적은 식사 때문에 인간의 발달이나 기능이 제대로 일어나지 못하는 경우를 말한다.

영양실조는 과다한 섭취나 과소한 섭취 모두에 의해 일어날 수 있다. 영양과다(overnutrition)는 비만을 유도한다. 하지만 전 세계적으로는 영양부족(undernourishment)이 훨씬 더 만연해 있다. 유엔에 따르면 전 세계 인구의 약 13%에 해당하는 800만 명이 영양부족인 것으로 추정되고 있다.

하나 혹은 그 이상의 영양분이 결핍된 경우 특징적인 영향이 나타난다. 예를 들어 비타민 A가 모자라면 눈에 손상을 주고 밤눈이 어두워진다. 어린이의 경우, 영양부족은 성장을 억제하고 감염률을 높인다. 매년 약 2,000만 명의 사람들이(대부분이 어린이임) 기아나 그 합병증으로 죽어가고 있다.

비만: 전 세계적인 유행병?

비만의 정의나 조사 방법에 따라 비만의 비율은 다르게 나타난다. 그럼에도 불구하고, 세계보건기구(WHO)는 비만이 전 세계에 만연하다고 본다. 미국의 경우 1990년에 12.6%에 불과하던 비만 인구가 2006년도에 34%로 증가하였다. 그림 14.20은 미국의 주별 비만 인구의 변화를 비교한 것이다. 비만은 저개발국가에서도 마찬가지로 증가하고 있다. 파푸아뉴기니아의 경우 1980년 0%였던 것이 현재는 5%로 증가하였다.

체중은 내부 요인(유전적 원인)과 외부 요인(활동성이나 식사량) 모두에 의해 결정된다. 오늘날 유전적 요인에 대한 관심이 매우 높은데, 예컨대 "뚱뚱한 유전자"가 있다면 건강한 체중을 유지하기 어려울 것이다. 하지만 유전적 요인이 모든 이들의 체중을 결정하지는 않았을 것이다. 왜냐하면 유전자의 변화(진화)가 그렇게 빨리 일어나지는 않았을 것이기 때문이다. 현재의 우리가 만들어지기까지 수백만 년이 걸렸다. 그 유전자 풀이 불과 20년 만에 바뀌지는 않았을 것이다.

이러한 전 세계적인 비만 현상을 설명하기 위해서는 환경적인 것을 둘러볼 필요가 있다. 현대화가 섭취하는 칼로리와 소비하는 칼로리 사이의 균형을 무너뜨리는 환경을 만들었다. TV, 컴퓨터, 자동차, 사무직-이들이 합해져 점점 더 앉아서 일하는 생활습관을 유도하였다. 또한 음식이 상대적으로 값싸지고 많아져서 결국 더 많은 음식과 음료를 섭취하도록 만들었다. 미국인들은 1970년에 1일 평균 2,234칼로리(C)를 섭취하였는데 비해 2003년에는 2,757칼로리로 늘었다. 지방과 기름의 섭취가 전체 증가의 42%를 차지하였는데, 1인당 하루 216칼로리를 더 섭취한 것이다.

요점 정리

소화계와 부속기관의 질환에는 젖당과민증, 게실증, 대장 용종, 담석증, 간염 등이 있다. 영양장애는 과다 또는 과소 영양분 섭취에 기인할 수 있다. 전 세계적으로 굶는 것이 가장 큰 문제이긴 하지만, 선진국에서는 비만이 계속 증가하는 추세이다. ■

14.13 섭식 장애: 신경성거식증과 다식증

소화와 영양 상태에 관한 질환이라고 모두 소화계에 이상이 생긴 것은 아니다. 섭식관련 질환은 신경계에 이상이 생긴 경우이다. 섭식 장애는 전 세계에서 일어나지만 주로 선진화된 서방 국가의 여

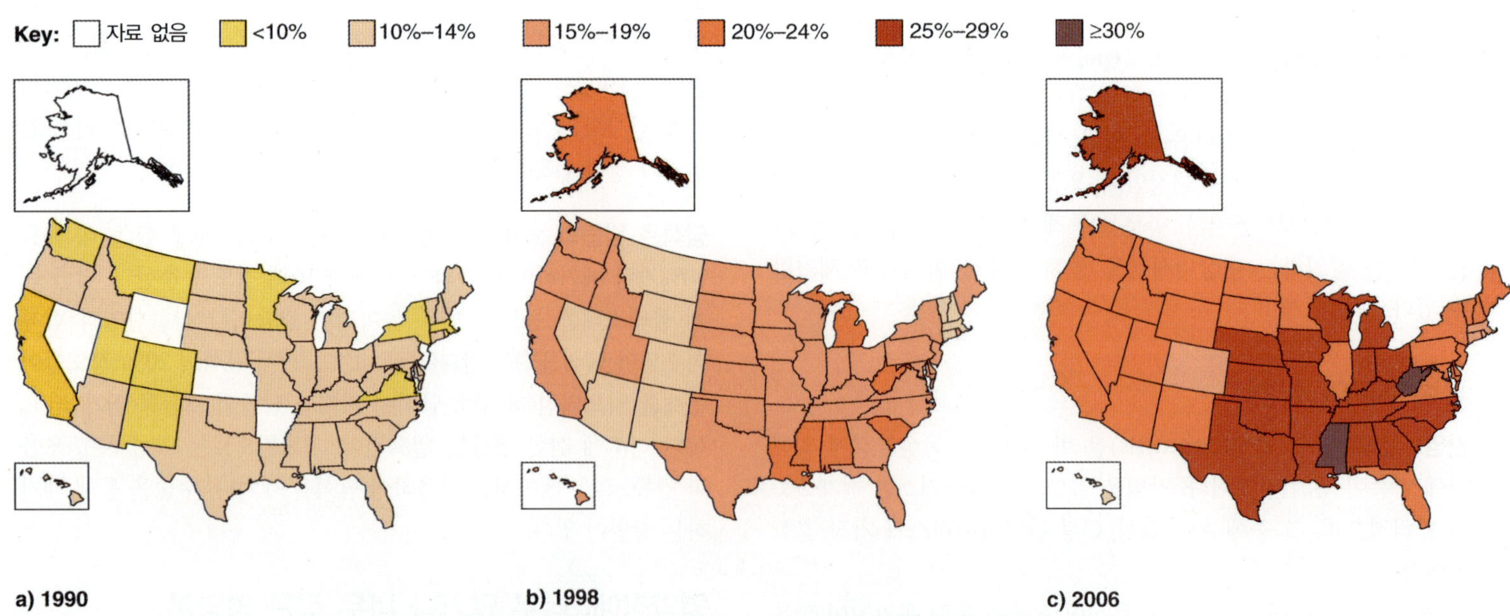

그림 14.20 **1990년, 1998년, 2006년에 측정된 미국 성인의 비만도.** 이 지도는 각 주에서 체질량지수 30 이상의 비만 인구를 비율로 나타낸 것이다.

출처: 행동위험요소조사시스템, 미국질병통제센터.

성에게서 많이 발생한다. 두 가지 예로 신경성거식증과 다식증이 있다.

신경성거식증(anorexia nervosa)은 먹는 것을 아주 줄이거나 아예 먹지 않는 경우이다. 이 상태가 아주 굶주리거나 죽을 때까지 지속되기도 한다(그림 14.21). 그 증세로는:

- 정상 체중을 유지하기를 거부한다. 거식증 환자의 경우 정상 체중의 85% 미만의 체중을 갖는다.
- 저체중임에도 불구하고 체중이 늘어나는 것을 두려워한다.
- 체중이나 체형에 대해 잘못된 인식과 선입관을 갖는다.
- 폐경전의 여성이라도 적어도 3번 이상의 연속적인 무월경을 거친다. 심한 영양부족은 호르몬 체계에 이상을 준다. 남성 거식증 환자도 호르몬 이상을 경험한다.

다식증(폭식증, bulimia)은 식욕이상항진증의 일종으로 과식한 후 일부러 토하거나 다른 방법으로 칼로리 섭취를 최소화하는 것이다. 다식증의 증세로는:

- 반복되는 폭식. 폭식에는 (1) 많은 양의 음식을 먹는 것뿐 아니라 (2) 과식을 조절할 수 없는 것이 포함된다.
- 부적절한 방법으로 체중 증가를 피하려는 행동이 반복됨. 일부러 토하거나 설사약이나 관장제, 이뇨제 등을 남용하거나, 다른 처방, 즉 단식이나 지나친 운동을 하는 경우가 포함된다.
- 폭식과 그에 따른 보상 행동이 평균 일주일에 적어도 두 번, 3달 동안 일어난다.
- 몸매와 체중에 대한 선입견이 있다. 그러나 거식증 환자와는 달리 일부 다식증 환자는 정상 체중을 유지하기도 한다.

그림 14.21 **신경성거식증.** 신경성거식증은 체중 증가에 대한 강한 두려움으로 굶는 병이다.

거식증이나 다식증이나 모두 몸과 마음을 황폐화시킨다. 거식증은 영양실조, 기억상실, 탈모, 피로감, 그리고 우울증을 유발한다. 시간이 경과하면, 뼈의 크기가 감소하고 골다공증으로 발전한다. 다식증 환자의 경우 반복되는 극한 상황이 위궤양, 만성 가슴앓이, 항문출혈 등을 유발할 수 있다. 계속되는 구토는 잇몸을 상하게 하고 에나멜질을 손상하며, 침샘이 부어 마치 다람쥐 같은 얼굴형이 된다.

의사들도 섭식 장애의 원인은 모른다. 다만 뿌리 깊은 심리학적 원인과 문화적 배경이 영향을 주는 것으로 생각한다. 심한 다이어트를 경험했던 젊은 여성은 그렇지 않은 경우에 비해 섭식 장애를 가질 확률이 약 18배나 높다. 섭식 장애를 갖는 사람들 중 많은 경우가 우울증이나 강박증에 시달린다. 이런 경우 매우 복잡한 원인이 있기 때문에 여러 전문가, 즉 의료전문가, 전문 상담사, 치과의사, 심리학자, 영양학자들이 참여하는 다각적인 치료가 가장 효과적이다.

비만은 과장되었는가?

만약 당신의 체질량지수(BMI)가 25~30 사이라면 공식적으로 과체중 판정을 받게 될 것이다. 정부에서는 당신의 건강에 문제가 있으며 조치를 취하려고 할 것이다. 아마도 당신은 진행 중인 캠페인의 일환으로 더 건강하게 먹고, 더 운동하고, 무엇보다 살을 빼야 할 것이라 생각할 것이다. 이는 모두 좋은 뜻에서 진행되는 것이긴 하다. 하지만 문제는 이런 비만의 위험성을 얘기하는 문건 중 어떤 것들은 빈약한 과학적 근거와 통계적 오류, 부정확한 기술에 근거하고 있다는 점이다.

최근의 많은 책이 지방 과다가 건강에 나쁘다는 일반적인 생각에 도전장을 보내고 있다. 대개는 이런 주장에 대한 증빙자료는 빈약하다. 단지 우리가 듣고 싶어하는 얘기를 했을 뿐이다. 이는 과학적 토의라고 할 수 없다.

2008년도 US 오픈 테니스대회 우승자인 세레나 윌리암즈는 BMI와는 무관하게 최상의 몸매 소유자라고 할 수 있다.

체지방 과다는 나쁘다

체지방과 건강의 관계를 연구한 거의 모든 과학적 연구의 결과는 어떤 수준 이상의 BMI는 질병에 걸릴 확률과 비례 관계가 있다고 말한다. 그 질병에는 고혈압, 제2형 당뇨병, 관상동맥질환, 뇌졸중, 쓸개 관련 질환, 골관절염, 여러 종의 암 등이 속한다. 과체중이 때로는 위험 요인으로 알려져 있지만 비만은 거의 언제나 위험 요인이다.

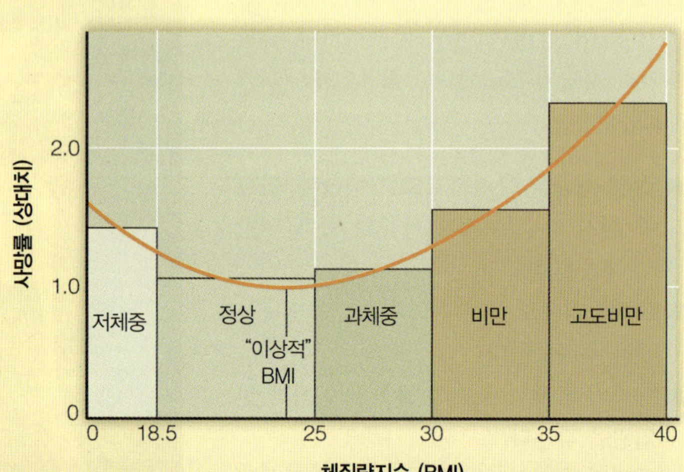

BMI와 사망률의 관계는 전형적인 J형 그래프를 보여준다. BMI가 24일 때 가장 낮은 사망률을 나타낸다.

그렇다면 "얼마만큼의 지방이 나에게 과다한 것인가?"라는 의문을 갖게 된다. 여기서부터가 진실을 알기 어렵고 잘못 알려진 부분이다. 대답은 우려하는 질환의 종류와 생활습관, 유전적 소인에 따라 다르며, 단순히 체질량지수(BMI)로 판단할 수는 없다. 이를 이해하기 위해서는 체질량지수가 어디에 유용하고 어디에는 쓸모없는지 이해해야 한다.

체질량지수와 과체중의 정의

우리는 체중계를 이용해 몸의 비만 상태를 알아보려는 경향이 있다. 이보다는 신체질량지수가 약간 나은 편이다. 적어도 신장을 고려하기 때문이다. 또한 이 방법은 전화상으로 알려주거나 설문지에 적기만 해도 비만 정도를 비교할 수 있는 가장 손쉬운 방법이기도 하다.

1980년대 이전만 해도 체질량지수는 생명보험회사가 가입자의 사망 확률을 구할 때 주로 사용했었다. 이 방법이 유행했던 데에는 사망률과 신체질량지수 간에 U자나 J자와 같은 관계 그래프가 그려진다고 알려져 있었기 때문이다(그림 참조). 정상인의 체질량지수인 24보다 매우 높거나 낮은 지수를 나타낸 사람들은 1 년 안에 사망할 확률이 확실히 높았다.

얼마 지나지 않아서 연구자들이 BMI로부터 특정 질환의 위험률을 알아내려는 시도를 시작하였다. 잘되었건 잘 안되었건 간에 그야말로 수백 번의 실험을 통해 같은 결론에 도달했다. 어떤 만성 질환들과 BMI 사이에는 상호관계가 있다. 즉, BMI 값이 높을수록 질환의 위험률도 높아진다.

그 후 BMI 관련 연구에 정부가 참여하기 시작하였고, 곧 수많은 사람들이 불필요하게 죽거나 병에 걸려 있음이 밝혀졌다. 만일 모든 사람들의

사실은....

- 미국 정부 통계에 따르면, 미국 성인 인구의 64% 이상이 과체중이나 비만이다.
- 국민의 체중 문제를 다룬 미국 정부 문서에서는 과체중과 비만을 하나의 문제로 취급한다.
- 비만은 특정 만성 질환의 발병률과 그에 따른 사망률을 증가시킨다. 하지만 체중이 조금 많은 과체중의 경우는 그다지 심하지 않다.
- 각 개인의 건강 문제를 다룰 때에는 BMI가 특별히 유용하지는 않다.

BMI를 24로 만든다면, 얼마나 많은 생명을 구할 수 있을 것인가! 정부는 곧 BMI 값이 여자는 27, 남자는 28 이상인 경우를 "과체중(overweight)"으로 분류하였고, 건강하게 먹고 운동을 많이 하고, 무엇보다도 체중을 줄이려는 노력을 하도록 계도 캠페인을 주도하기 시작하였다. 어떤 과도하게 열성적인 한 연구자는 "모든 성인은 질병이 일어날 위험을 줄이기 위해 BMI를 18.5~21.9 사이로 유지해야 한다."고 주장하기도 하였다.

하지만 미국 인구의 평균 BMI는 오르는 추세가 계속되었고, 정부의 걱정도 따라서 증가하였다. 마침내 1998년 미국 연방정부는 과체중의 정의를 BMI 25 이상으로 새로 바꾸었다. 하루아침에 2,900만 명의 미국인이 과체중으로 새롭게 등극하게 되었다. 그렇기 때문에 2000년에는 미국의 전체 인구 중 64%가 과체중이나 비만으로 분류되었다.

BMI는 건강이나 몸매를 나타내기엔 불완전한 척도이다

BMI는 각 개인의 적절한 몸매나 건강을 나타내는 척도로는 부족하다. 근육량이 많거나 유전적으로 뼈가 굵은 사람들은 BMI로만 판단했을 때 과체중이나 비만으로 비춰질 확률이 높다. BMI는 역학조사자나 공공정책 입안자들이 유용하게 사용할 수 있는 수치임이 분명하지만 각 개인의 생활 스타일을 상담할 때에는 사용해서는 안 된다.

과체중에 관한 과장과 반쪽 진실

미국보건원(NIH)에서 1998년에 발행한 "과체중과 비만의 정의와 평가 및 치료에 관한 임상 지침서"에 나온 아래와 같은 내용을 살펴보자.

> 미국인 중 과체중이나 비만으로 추정되는 사람은 약 9,700만 명이다… 높은 체중은 모든 요인의 사망률 증가와 관련되어 있다… 미국 내 사망요인을 줄이기 위한 노력으로 과체중과 비만 문제가 공중보건의 주요 현안이 되었다.

같은 보고서의 또 다른 내용을 살펴보자.

> BMI가 25 이상인 과체중이나 비만인 모든 성인(18세 이상)은 고혈압, 고콜레스테롤증, 제2형 당뇨병, 심혈관 질환 등의 질병에 걸리거나 이로 인해 사망할 위험에 놓여 있다고 사료된다.

혹은, 미국 보건후생부의 2001년도 뉴스 문건에는 다음과 같은 내용이 있다.

> 매년 약 300,000건의 사망이 과체중이나 비만과 관련되어 있다(흡연으로 인한 매년 400,000건의 사망과 비견될 수 있다).

이 문건들에는 두 가지 문제점이 있다. 첫째, 과체중과 비만을 같이 묶어서 한 종류의 건강 문제로 보고 있으며, 마치 위험도도 같다는 오해를 준다. 둘째는 두 번째 문구의 경우 전체 인구에 대한 연구 결과를 개인적인 건강 문제로 확대 해석한 문제가 있다.

과체중과 비만은 동일한 것이 아니다

BMI와 사망률의 관계를 나타낸 그래프를 다시 보면, BMI가 25 이상일 때, BMI와 사망률이 비례하여 증가하는 것을 볼 수 있으며, 따라서 과체중에서도 사망률이 증가한다는 것은 얼핏 사실인 듯이 보인다. 그러나 전체 정상인의 사망률과 과체중인 사람의 사망률을 비교해보면 전혀 다르지 않다. 과체중이나 비만과 관련된 사망자가 약 300,000명이라는 주장은 비만에 대한 것만으로 수정되어야 할 것이다.

정확히 이야기하자면, 과체중에 속하는 사람들이 위에 언급한 특정 질환에 걸릴 확률이 높은 것은 사실이지만, 비만에 속하는 사람들처럼 높지는 않다는 것이다. 즉, 정도의 문제란 것이다.

국가적 위험과 개인적 위험

국가가 비만 인구의 지속적인 증가를 염려하여 공공교육을 통해 대처하는 것이 과연 옳은 일인가? 대답은 널리 공감하는 "예"일 것이다. 만일 무슨 마술처럼 미국인 각자의 체중이 5kg씩 감소한다면 고혈압, 당뇨병 등의 발병률도 감소할까? 대답은 역시 "예"이다. 하지만 과체중인 사람이 마찬가지로 5kg의 몸무게를 줄인다면 비슷하게 발병률이 감소할 것인가라는 질문에는 아마도 "아니오"라는 답이 나올 것이다. 아마도 이런 질환에 걸릴 위험요소를 가지고 있는지가 우선 고려되어야 할 것이다. 즉, 정기적인 운동과 적절한 식생활, 그리고 혈압과 콜레스테롤치 등이 정상이라면 자신의 BMI에 너무 신경 쓸 필요는 없을 것이다. 몸무게를 5kg쯤 빼고 싶다면 그렇게 하기 바란다. 하지만 오래 살 것이라고 생각해서 그럴 필요는 없다.

생각해볼 문제

1 당신은 정부가 정한 과체중의 기준(BMI가 25 이상)에 동의하는가? 왜 혹은 왜 아닌가?

2 비만과 같은 전염성이 없는 건강위험 요인에 대해 정부가 취할 수 있는 적절한 대처방안은 무엇이라고 생각하는가(만약 있다면)?

BMI 기준에 따르면 영화배우 실베스타 스탤론은 비만에 속한다.

단원 요약

소화계는 우리 몸에 영양분을 공급한다

- 소화계는 위장관과 4가지 부속기관으로 구성된다.- 침샘, 간, 쓸개, 이자.
- 소화관의 5가지 기본 과정은 운동, 분비, 소화, 흡수 및 배출이다.
- 위장관의 2가지 운동은 음식물을 앞으로 보내는 연동운동과 음식물을 섞는 분절운동이다.

입은 음식물을 삼키기 좋게 만든다

- 어른은 앞니, 송곳니, 앞어금니, 어금니를 포함하는 32개의 이를 갖는다. 이는 음식을 자르고, 찢고, 갈고, 부수는 역할을 한다.
- 침은 음식을 적시며, 녹말을 분해하기 시작하고, 세균 감염을 방지한다.

인두와 식도는 음식물을 위로 보낸다

- 삼키는 행위는 혀의 움직임에서 시작되는 일종의 반사운동이다. 일단 시작되면 불수의적으로 일어난다.
- 식도의 유일한 기능은 음식물을 입에서 위로 보내는 것이다.
- 식도 아래 조임근은 위 내용물이 역류하지 않도록 막는다.

위는 음식물을 저장하며, 단백질을 분해하고, 진행 속도를 조절한다

- 위는 소장으로 음식물이 넘어가기 전까지 저장한다.
- 점막층의 분비샘에서 위액을 생산하여 위 안으로 분비한다. 또한 단백질의 소화가 시작된다.
- 위는 연동운동을 통해 음식물을 섞어 소장으로 밀어낸다.

소장은 음식물을 소화하고 영양분과 물을 흡수한다

- 소화는 십이지장(샘창자)이라고 부르는 소장의 앞부분에서 일어난다.
- 공장과 회장에서 대부분의 소화산물을 흡수한다.
- 소장은 많은 주름과 융모, 그리고 미세융모가 있어 그 표면적이 매우 넓다.

소화와 흡수를 돕는 부속기관

- 이자는 중탄산이온과 소화효소 용액을 소장으로 분비한다.
- 간은 담즙을 생산하고 다양한 방법으로 항상성 유지에 관여한다.
- 위장관에서 나오는 정맥혈은 모두 간으로 간다.
- 쓸개는 간에서 나온 담즙을 보관하며 대부분의 물을 제거하여 농축시킨다.

대장은 영양분을 흡수하고 남은 배설물을 내보낸다

- 대장은 남은 영양분과 물, 그리고 세균이 만든 비타민 K를 흡수한다. 또한 노폐물을 저장한다.
- 배변은 대개 신경반사에 의해 조절되지만, 의식적인 조절이 지배할 수 있다.

영양분은 어떻게 흡수되나

- 아미노산이나 단당류는 능동수송을 통해 소장과 대장의 내막을 구성하는 점막층 세포로 흡수된다.
- 소화된 지질의 산물은 확산에 의해 점막세포로 흡수되고, 다시 트리글리세리드로 합성된다. 이 트리글리세리드는 단백질에 둘러싸여 림프관으로 이동하여 혈관으로 들어간다.
- 물은 삼투에 의해 흡수된다.
- 비타민, 무기염류들은 다양한 경로를 통해 흡수된다.

내분비계와 신경계가 소화를 조절한다

- 음식물의 부피와 종류가 소화 과정의 조절에 많은 영향을 미친다.
- 위의 확장이 연동운동과 위액 생성을 촉진한다.
- 소장의 확장은 위운동을 제어하고, 장의 분절운동을 촉진하며, 소화호르몬인 세크레틴과 콜레시스토키닌의 분비를 유발한다.
- 소장 내의 산은 중탄산이온이 포함된 이자액의 분비를 자극한다.

영양분: 먹는 음식물이 그 사람을 만든다

- 좋은 영양은 과일, 채소, 곡물 등 다양한 음식의 섭취를 요구한다.
- 사람의 몸은 스스로 만들지 못하는 일부 지방산, 8가지 아미노산, 13가지 비타민, 그리고 모든 필수 무기염류 등을 섭취해야 한다.

체중조절: 소모에너지 대 사용에너지

- 기초대사율은 하루 동안 신체 활동을 제외한 모든 필수적인 활동에 필요한 에너지량이다.
- 지방은 단백질이나 탄수화물에 비해 2배 이상의 에너지를 가지고 있다.
- 0.5kg의 체지방을 빼려면 섭취하는 에너지보다 3,860칼로리(C)를 더 사용해야 한다.

소화계 질병

- 젖당과민증은 젖당분해효소가 부족해서 생기는 질환이다.
- 간염 혹은 간의 염증반응은 몇 가지 바이러스에 의해 발생할 수 있다.
- 기아는 세계적으로 가장 만연한 영양 장애이다.

섭식 장애: 신경성거식증과 다식증

- 다이어트가 지나쳐 음식을 전혀 못 먹는 신경성거식증과 먹고 토하기를 반복하거나 다른 수단으로 영양섭취를 못하게 만드는 다식증이 가장 위험한 섭식 장애이다.
- 가장 효과적인 치료법은 의학, 정신병리학, 치의학, 심리학, 영양학을 고려한 다각적 협력 치료이다.

알아야 할 용어

1일 섭취 허용 권장량(Recommended Dietary Allowance: RDA)
가스트린(gastrin)
간문맥계(hepatic portal system)
간염(hepatitis)
결장(colon)
근육층(muscularis)
기초대사율(basal metabolic rate: BMR)
다식증(bulimia)
담즙(bile)
대장(large intestine)
분절운동(segmentation)
비타민(vitamin)
세크레틴(secretin)
식도(esophagus)
신경성거식증(anorexia nervosa)
쓸개(gallbladder)
연동운동(peristalsis)
영양분(nutrient)
완전단백질(complete protein)
위궤양(peptic ulcer)
위장관(gastrointestinal[GI] tract)
유미즙(chyme)
융모(villus)
이자(pancreas)
장막(serosa)
점막층(mucosa)
점막하층(submucosa)
침샘(salivary gland)
칼로리(Calorie)
콜레시스토키닌(cholecystokinin: CCK)
펩신(pepsin)
필수아미노산(essential amino acids)

개념 확인 문제

1. 소화계를 구성하는 기관과 4가지 부속기관을 함께 설명하시오.
2. 소화계의 기능을 수행하는 5단계 과정을 쓰시오.
3. 소화를 시작하는 단계에서 침의 역할을 설명하시오.
4. 연동운동과 분절운동을 비교하고 차이를 쓰시오.
5. 성인의 이는 모두 몇 개인가?
6. 위에서 일어나는 사건 중 소화 과정에 도움이 되는 것은?
7. 대부분의 영양분 흡수가 일어나는 곳은 소화관 중에 어느 곳인가?
8. 주요 영양분을 무게당 칼로리(C)가 높은 순서대로 나열하시오.

응용 문제

1. 지방을 많이 포함한 식사는 지방이 적은 식사보다 위에서 더 오래 머문다. 왜 그런가?
2. 미국의 식품회사인 '프록터 앤 갬블(Procter & Gamble)'사는 감자칩처럼 기름을 듬뿍 넣고 튀긴 식품에 사용할 저칼로리 지방 대체품인 올레스트라(Olestra: olean 성분)를 생산한다. 올레스트라는 지용성 분자로 소화되는 것도 아니며 흡수되지도 않는다. 올레스트라를 너무 많이 먹으면 특정 비타민 결핍증을 일으킬 수 있다는 우려가 있다. 올레스트라를 사용하면 어떤 유형의 비타민이 영향을 받을 것이라고 생각하는가? 그리고 어떤 방식으로 영향을 미칠까?
3. 올레스트라를 너무 많이 먹을 때 나타나는 부작용으로는 가스, 설사, 갑작스런 배변 등이 있다. 이런 증세의 원인은 무엇인가?
4. 많은 처방약은 식사와 함께 복용하기를 권장한다. 다른 약품들은 공복 시에만 복용하는 것도 있다. 왜 이런 차이가 있는가?
5. 때로 담석의 치료법으로 쓸개(담낭)를 수술로 제거하는 경우가 있다. 쓸개를 제거하면 소화에 어떤 영향을 미치는가?
6. 젖당과민증이 있는 사람은 보통 유제품에 들어 있는 젖당을 소화하지 못한다. 젖당과민증 사람이 유제품을 먹지 않도록 주의하는 것 외에 할 수 있는 일은 무엇인가?
7. 콜레라는 깨끗한 음료수가 제대로 공급되지 않는 지역에서 흔히 발생하는 위험한 전염병이다. 콜레라는 치료하지 않고 놔두면 수일 내에 치명적으로 될 수 있다. 콜레라는 심각한 설사를 일으키는 세균의 독성물질 때문에 일어난다. 만일 콜레라의 유일한 증세가 설사라면, 콜레라로 인한 사망 원인은 무엇이라고 생각하는가?

9. 기초대사율(BMR)이란 하루 동안 소모되는 칼로리 중 어떤 부분을 말하는가?
10. 육류에서보다 식물성 식단에서 필수아미노산을 모두 섭취하기가 어려운 이유를 설명하시오.

학습 문제

연결 문제

_________1. 십이지장에서 산을 중화시켜 이자효소의 작용을 돕는다.
_________2. 단백질분해효소
_________3. 헤모글로빈을 생산하는데 필요한 무기염류
_________4. 소장에서 분비되는 2가지 호르몬 중 하나
_________5. 위에서 분비되는 호르몬
_________6. 지방분해효소

a. 펩신
b. 세크레틴
c. 중탄산이온

d. 철
e. 리파아제
f. 가스트린

빈칸 채우기

7. ____________는(은) 혈액 내 빌리루빈을 제거하는 작용을 한다.
8. 성인의 이는 앞니, ____________, 앞어금니, 어금니 4종류이다.
9. 글리코겐과 녹말은 영양분 중 ____________에 속한다.
10. 칼슘, 소듐, 포타슘은 영양분 중 ____________에 속한다.
11. 우리 몸의 체중을 일정하게 유지하려면 에너지 ____________과(와) 에너지 소모가 정확히 균형 잡혀야 한다.
12. ____________과민증은 우유 속에 당을 분해하지 못해 생기는 질환이다.

OX 문제

13. 이자는 소화효소와 중탄산이온을 소장으로 분비한다. ( )
14. 수분 흡수는 대장에서만 이루어진다. ( )
15. 쓸개는 담즙으로부터 물을 제거하여 농축시킨다. ( )

참고문헌

Kiberstis, Paula A., and Jean Marx, editors. Regulation of Body Weight. *Science* 280:1363–1390, 1998. (A compilation of four news articles and five research articles presenting some of the latest information on this subject.)

Scientific American Special Issue: Feast or Famine. *Scientific American* 297(3):54–117, September 2007. (A compilation of nine articles on dieting, fitness, and world obesity, and hunger)

U.S. Department of Health and Human Services and U.S. Department of Agriculture. *Dietary Guidelines for Americans 2005*. 6th ed. Washington, D.C.: U.S. Government Printing Office, January 2005. (The U.S. government dietary guide, published every five years.)

학습 문제 해답

1. c **2.** a **3.** d **4.** b **5.** f **6.** e **7.** 간 **8.** 송곳니 **9.** 탄수화물 **10.** 무기염류 **11.** 섭취 **12.** 젖당 **13.** O **14.** X **15.** O

15 배설계

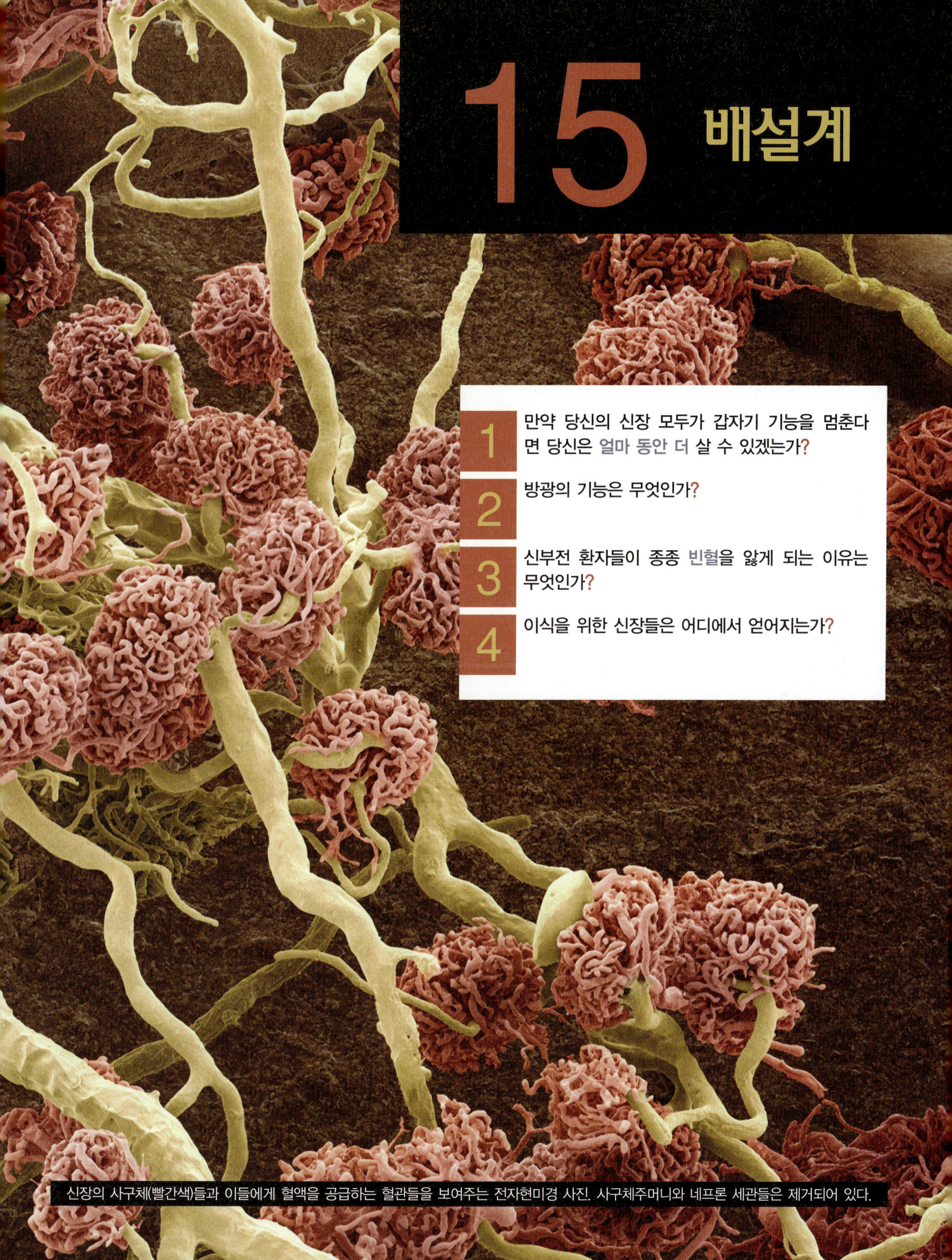

1 만약 당신의 신장 모두가 갑자기 기능을 멈춘다면 당신은 얼마 동안 더 살 수 있겠는가?

2 방광의 기능은 무엇인가?

3 신부전 환자들이 종종 빈혈을 앓게 되는 이유는 무엇인가?

4 이식을 위한 신장들은 어디에서 얻어지는가?

신장의 사구체(빨간색)들과 이들에게 혈액을 공급하는 혈관들을 보여주는 전자현미경 사진. 사구체주머니와 네프론 세관들은 제거되어 있다.

신장은 느리지만 지속적으로 한 방울, 한 방울 소변을 만들어 낸다. 방광은 수분 또는 수시간이 걸려 천천히 차 올라간다. 마침내 전혀 생각하지도 않다가 갑자기 화장실에 가야겠다는 생각이 든다. 얼마 지나지 않아 다른 생각이 나지 않을 정도로 급해진다.

우리는 심장박동을 자각하기도 하며, 의식적으로 근육을 긴장시키기도 하고, 종종 위장에 신경을 쓰기도 한다. 하지만 우리가 언제 신장에 대해 조금이라도 생각해본 적이 있는가? 신장은 잊혀진 기관으로 복강의 뒤쪽에 숨겨져 있다. 1차 생산물이 소변이기 때문에 신장이 그다지 대단한 기능을 하는 것은 아니라는 느낌을 받을 수 있으나, 신장은 내부 환경의 항상성을 유지해주는 지극히 중요한 일을 수행하고 있다.

소변 자체는 용도를 갖고 있지 않다. 소변은 단순히 내부 환경 조절의 최종 산물이고 버려져야 할 배설물이다. 생리학에서 반복적으로 다루어지는 주제로, 우리는 항상성에 대해 체온, 혈압, 혈중 기체들 및 다른 변수들의 조절을 다른 기관계의 기능과 관련 지어 논의해 왔다. 이 단원에서는 체액의 조성과 부피의 항구성 유지에서 비뇨계의 주된 기능을 공부할 것이다.

15.1 비뇨계는 항상성에 기여한다

배설(excretion)이란 몸으로부터 노폐물과 과도한 물질을 제거하는 과정을 말한다. 대사 노폐물을 관리하고 물과 용질의 항상성을 유지하는데 관련되어 있는 배설기관 및 기관계에 대해 간단히 검토해보자(그림 15.1). 소화계는 우리 몸에 영양소와 물을 제공하고, 음식물 찌꺼기를 배출한다. 폐는 산소를 흡입하고 이산화탄소를 배출한다. 피부에서는 열이 발산되고, 또한 물과 염분의 소실이 일어나는데, 특히 우리가 열을 빨리 발산할 때 그렇다. 간은 많은 물질을 파괴하거나 불활성화하는데, 이들 중 일부는 담즙으로서 대변과 함께 배출된다. 그러나 체액의 항상성을 유지하는 주요 기관은 신장이다.

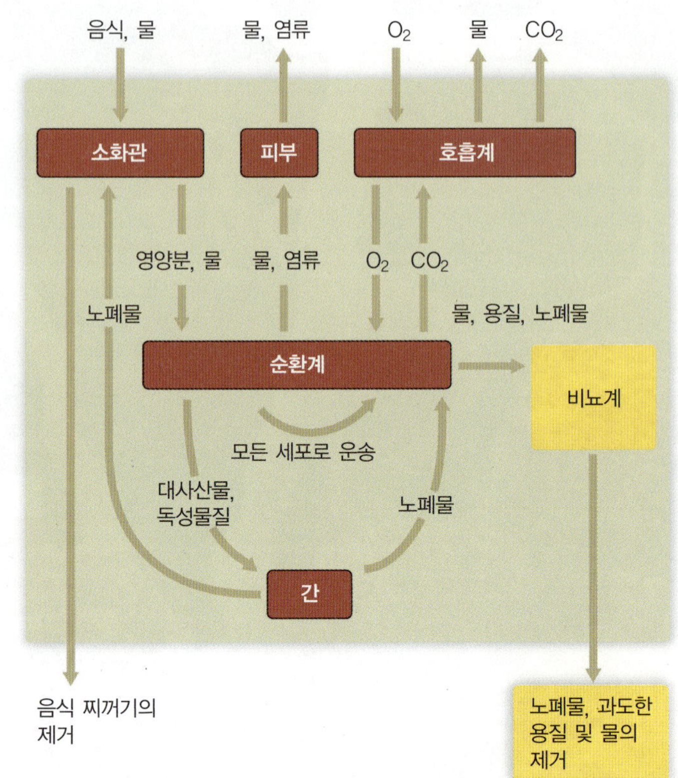

그림 15.1 노폐물을 제거하고 물과 용질의 항상성을 유지하는데 관여하는 기관계들. 큰 정사각형은 우리의 몸을 의미하고, 박스 안의 그림은 우리가 섭취하는 주요 화합물들의 유입 및 유출의 경로를 보여주고 있다. 비뇨계의 신장은 물과 용질의 항상성 유지와 대부분의 노폐물의 배설을 주로 담당하는 기관이다.

비뇨계(urinary system)는 신장, 요관, 방광 및 요도로 구성되어 있다. 두 개의 **신장(kidney)**은 소변을 만들어낸다. 비뇨계의 다른 구성요소들은 단지 배출되기 전까지의 소변을 수송하고 저장할 뿐이다.

소변은 주로 불필요한 물과 용질로 되어 있다. 불필요한 용질에는 이온, 약품, 비타민, 독성 화합물 및 몸의 구석구석에서 만들어

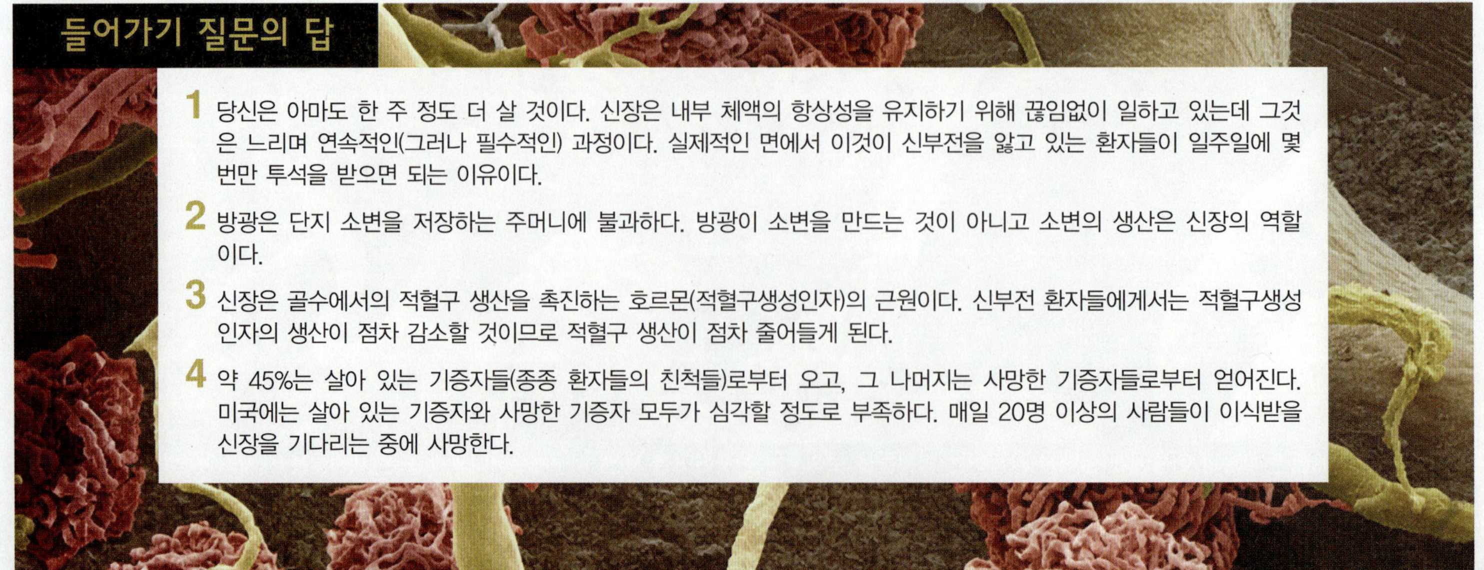

들어가기 질문의 답

1 당신은 아마도 한 주 정도 더 살 것이다. 신장은 내부 체액의 항상성을 유지하기 위해 끊임없이 일하고 있는데 그것은 느리며 연속적인(그러나 필수적인) 과정이다. 실제적인 면에서 이것이 신부전을 앓고 있는 환자들이 일주일에 몇 번만 투석을 받으면 되는 이유이다.

2 방광은 단지 소변을 저장하는 주머니에 불과하다. 방광이 소변을 만드는 것이 아니고 소변의 생산은 신장의 역할이다.

3 신장은 골수에서의 적혈구 생산을 촉진하는 호르몬(적혈구생성인자)의 근원이다. 신부전 환자들에게서는 적혈구생성인자의 생산이 점차 감소할 것이므로 적혈구 생산이 점차 줄어들게 된다.

4 약 45%는 살아 있는 기증자들(종종 환자들의 친척들)로부터 오고, 그 나머지는 사망한 기증자들로부터 얻어진다. 미국에는 살아 있는 기증자와 사망한 기증자 모두가 심각할 정도로 부족하다. 매일 20명 이상의 사람들이 이식받을 신장을 기다리는 중에 사망한다.

진 모든 작은 노폐물 분자들이 포함된다. 그러나 신장은 단순히 불필요한 물을 제거하는 것 이상의 일을 하고 있다. 신장은 또한 체액의 부피와 혈압의 항상성을 유지하기 위해서 얼마만큼의 수분과 염분이 배출되어야 하는지 면밀하게 조절하고 있다. 마지막으로 신장은 세 종류의 영양분(탄수화물, 지방 및 단백질) 모두를 체내에 보유하도록 하며, 이들 영양분에 대한 관리는 다른 기관에게 맡기고 있다.

신장은 수분 레벨을 조절한다

물은 우리 몸에 가장 많이 존재하는 분자로서 체중의 60%가량을 차지한다. 우리는 보통 하루에 약 2.5리터의 물을 외부 환경과 교환한다(표 15.1). 우리는 물의 대부분을 음식과 음료를 통해 섭취하지만, 세포 물질대사를 통해 약 300mL의 물을 만들어 내기도 한다. 한편, 우리는 폐와 피부에서의 증발(땀은 불포함) 및 배변을 통해 지속적으로 수분을 잃는다.

항상성은 표 15.1에 나타난 것처럼 수분 섭취와 배출이 같을 때에만 유지된다. 하지만 우리는 경험을 통해서 수분 섭취에 큰 변이가 있고, 수분 배출 또한 땀 등을 통해 많이 달라진다는 것을 알고 있다. 우리가 많은 물을 마시거나 또는 더운 날 심하게 탈수되었을 때 여분의 물을 배출하거나 될 수 있는 한 많은 물을 보존하는 것은 신장에 달려 있다. 신장은 최소 하루당 약 1/2리터에서 최대 시간당 1리터에 이르기까지 필요에 따라 물의 배출을 조절하는 막대한 능력을 갖고 있다.

신장은 질소성 노폐물과 다른 용질들을 조절한다

신장에 의해 배출되는 주요 용질들은 아래에 언급된 것과 같이 질소성 노폐물, 여분의 이온 및 미량의 다른 물질들이다.

단백질의 정상적인 물질대사는 여분의 질소성 노폐물을 남기는데, 이들은 반드시 신장을 통해 배출되어야만 한다. 단백질의 대사 과정은 처음에 암모니아(NH_3)를 방출한다. 암모니아는 세포에 유독하지만 간이 재빨리 두 개의 암모니아를 한 분자의 이산화탄소와 결합시켜 **요소(urea)** ($H_2N\text{-}CO\text{-}NH_2$)와 물을 만듦으로써 해독시킨다. 대부분의 요소는 비뇨계에 의해 배출된다.

표 15.1 하루당 물 섭취와 손실의 근원

물 섭취 (mL/day)		물 손실 (mL/day)	
음료 마시기	1,000	소변	1,500
음식 안의 물	1,200	증발에 의한 손실(폐)	500
대사성 생산	300	증발에 의한 손실(피부)	350
		대변	150
총계	**2,500**	**총계**	**2,500**

수많은 다른 이온들이 음식과 함께 과도하게 섭취되거나 대사 과정 중에 영양분으로부터 유리된다. 체내에 가장 많은 이온은 소듐이온(Na^+)과 염소이온(Cl^-)들인데, 이들은 모두 혈액을 포함한 세포외액의 부피를 결정하는데 중요하다. 혈액량은 혈압에 영향을 끼친다. 다른 중요한 이온들로는 세포막 내외의 전하를 유지하는 포타슘이온(K^+); 신경과 근육 활동에 중요한 칼슘이온(Ca^{2+}); 산염기균형을 유지하는 수소이온(H^+)들이 있다. 신장은 각 이온들의 항상성 유지를 위해 각각의 배설을 조절한다.

미량의 다른 많은 물질들이 그들의 1일 생산율에 비례하여 배설된다. 이들 중에는 크레아틴 인산(근육에서의 에너지원)의 대사 노폐물인 크레아티닌과 소변을 특징적인 노란색으로 만드는 다양한 노폐물들이 있다.

요점 정리

비뇨계는 수분 균형과 질소성 노폐물, 이온들 및 다른 물질들의 체내 수준을 조절함으로써 일정한 내부 환경을 유지시킨다. 비뇨계는 대사 노폐물을 혈액으로부터 걸러내어 소변과 함께 배설시킨다. 주된 질소성 노폐물은 요소이다. ■

15.2 비뇨계의 기관

표 15.2에는 비뇨계를 구성하고 있는 네 개의 기관과 그들의 주요 기능이 열거되어 있다. 앞으로 해부학적인 면을 살펴 본 후 그 기능들이 논의될 것이다.

신장: 주된 비뇨기관

신장은 척주의 양옆에서 몸의 뒤쪽 가까이에 위치한다(그림 15.2a). 각 신장은 대략 주먹 크기의 어두운 적갈색 기관이며 강낭콩 모양을 하고 있다. 신동맥은 신장을 대동맥에 연결해주며, 신정맥은 신

표 15.2 비뇨계 기관들의 기능

기관	기능
신장	대사성 노폐물의 배설, 특히 요소 물과 용질의 항상성의 유지 산-염기균형 조절을 도움 혈압 조절을 도움(호르몬인 레닌을 생산) 적혈구 생산의 조절(호르몬인 적혈구생성인자의 생산) 비타민 D의 활성화
요관	소변을 방광으로 수송
방광	소변을 배설 전까지 보관
요도	소변을 외부로 배출

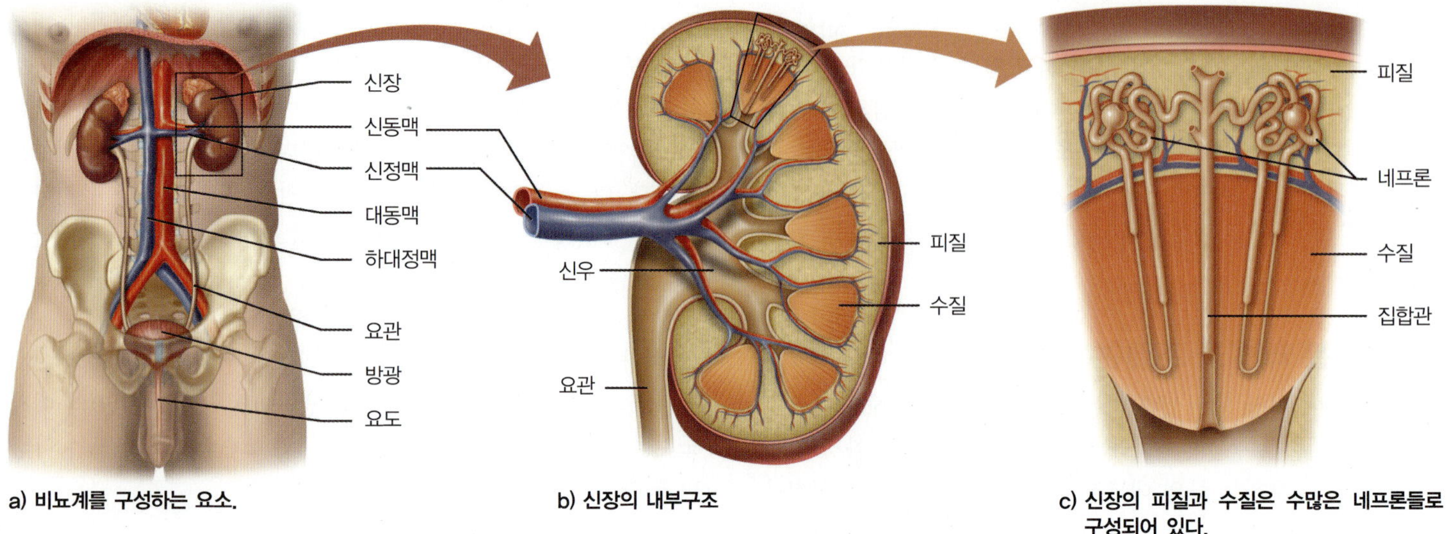

a) 비뇨계를 구성하는 요소.

b) 신장의 내부구조

c) 신장의 피질과 수질은 수많은 네프론들로 구성되어 있다.

그림 15.2 사람의 비뇨계.

장을 하대정맥에 연결해준다(renal은 "신장"을 뜻하는 라틴어 *ren*에서 유래).

종단면에 나타난 바와 같이(그림 15.2b) 각 신장은 조밀한 조직이 피라미드 모양(신장 피라미드라 불림)을 이루고 있는 안쪽의 **수질(medulla)**과 **피질(cortex)**로 불리는 바깥 부분으로 구성되어 있다. 신장의 중심에는 **신우(renal pelvis)**라고 불리는 빈 공간이 있는데, 이곳에 만들어진 소변이 모이게 된다.

신장의 수질 및 피질의 단면을 좀 더 자세히 살펴보면 이들이 네프론으로 불리는 가늘고 긴 관상의 구조물들을 갖고 있다는 것을 알 수 있다(그림 15.2c). 네프론의 끝은 집합관에 연결되어 있어서 이를 통해 소변이 신우에 도달하게 된다.

신장은 비뇨계의 주요 기관일 뿐 아니라, 항상성 유지에 관련된 다른 많은 기능도 갖고 있는데 이것은 이 장에서 나중에 논의될 것이다.

소변은 요관을 통해 방광에 운반된다

신우는 **요관(ureter)**에 연결되는데, 요관은 소변을 방광으로 수송하는 근육성 관이다. 매 10~15초마다 일어나는 민무늬근 수축에 의한 연동 운동이 소변을 25cm 길이의 요관을 통과하여 방광으로 이동하게 한다.

방광은 소변을 저장한다

방광(urinary bladder)은 소변을 저장한다. 방광은 세 층의 민무늬근으로 되어 있으며 안쪽 면은 상피세포들로 둘러싸여 있다. 일반적으로 방광은 약 600~1000 ml의 소변을 보유할 수 있지만 이 정도의 큰 용량은 아마도 불편함을 줄 것이다. 여성들은 방광이 가

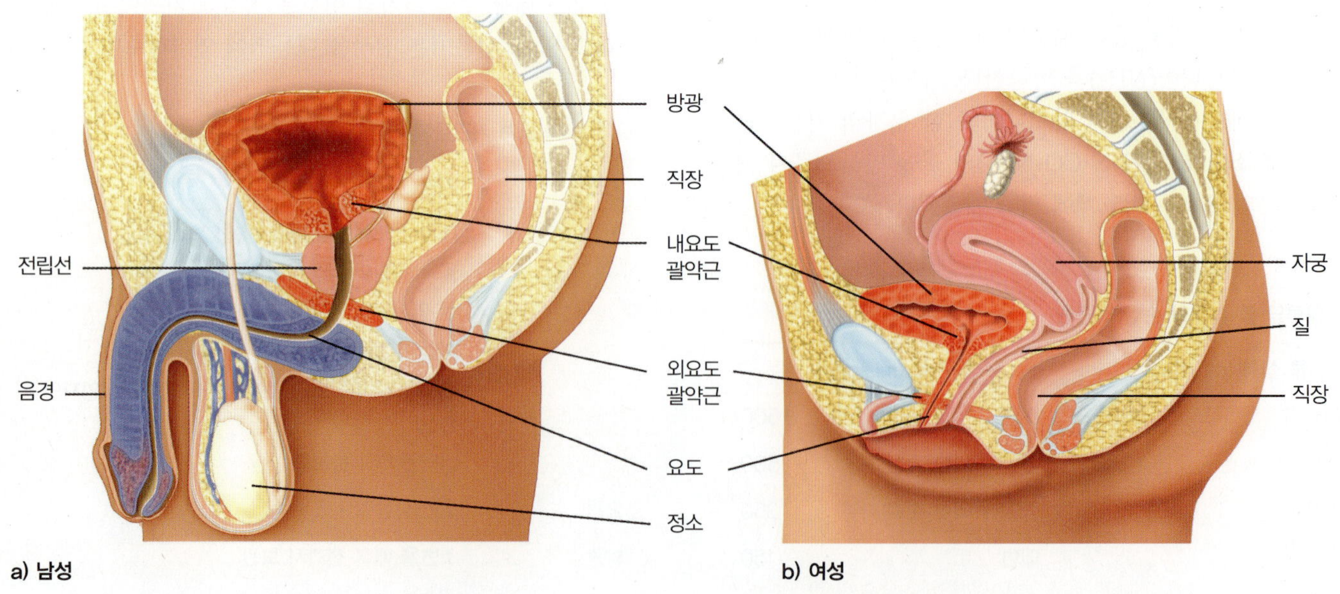

a) 남성

b) 여성

그림 15.3 남성과 여성에 있어서의 방광, 요도 및 부속기관들의 위치.

까이에 있는 자궁에 의해 약간 눌리므로 방광의 수용능력이 일반적으로 남성에 비해 적다(그림 15.3).

소변은 요도를 통해 몸으로부터 배출된다

배뇨 시에 소변은 **요도(urethra)**를 통해 배출되는데 요도는 방광에서 뻗어 나와 몸의 외부 개구부에 이르는 한 줄로 된 근육성 관이다. 배뇨 직전까지는 방광과 요도가 만나는 부위의 내요도괄약근과 요도 끝 부분의 외요도괄약근에 의해 소변의 배출이 억제된다. 요도의 길이는 남성이 약 20cm, 여성이 약 3.8cm이다.

요점 정리

비뇨계의 기관에는 신장, 요관, 방광 및 요도가 있다. 신장은 주요 비뇨기관이지만, 몇몇 항상성에 관련된 기능들을 또한 수행하고 있다. 소변은 요관을 통해 방광에 수송되며, 요도에 의해 몸의 개구부로 운송되기 전까지 방광에 저장되어 있다. ■

15.3 네프론이 소변을 생산한다

각각의 신장은 **네프론(nephron:** 신장을 가리키는 그리스어, *nephros*에서 유래)이라는 기능성 단위체들을 약 백만 개씩 갖고 있다. 각 네프론은 세관으로 불리는 상피세포로 된 가느다란 관과 세관에 공급되는 혈관으로 구성되어 있다. 네프론의 기능은 소변을 만들어내는 것이다. 하지만 네프론이 단순히 혈액으로부터 노폐물을 걸러 내어 배설하는 것은 아니다. 이와는 달리 네프론들은 매일 혈액으로부터 약 180리터의 체액(우리 몸무게의 약 2.5배)을 제거했다가 거의 대부분을 혈액으로 되돌려 보내고 아주 적은 양의 액체만 세관에 남겨서 소변으로 배설되도록 한다. 만약 우리가 방을 청소하기 위해 이와 비슷한 방법을 쓴다면 방에서 모든 것을 내놓았다가 버리고자 하는 먼지와 휴지들만 남기고 다시 모든 것을 방에 들여놓아야 할 것이다.

세관은 체액을 거르고 물질들을 재흡수한다

그림 15.4에서 네프론의 세관 부분을 볼 수 있다. 네프론은 **사구체주머니(glomerular capsule)**로 불리는(때로는 보우만주머니로 불림), 공기 빠진 공을 한쪽에서 누른 것과 같은 컵 모양의 조직에서 시작된다. 사구체주머니는 네프론에 공급되는 혈관의 일부인 모세혈관들이 그물처럼 얽혀 있는 **사구체(glomerulus)**를 둘러싸고 있다.

소변 형성 과정은 혈장이 사구체의 모세혈관에서 걸러져 나와 사구체 주머니의 두 층 사이의 공간으로 들어오는 시점에서 시작된다. 세관은 사구체주머니에서 시작되는 가늘고 긴 관으로 특징적인 네 부분으로 나누어진다: 근위세관, 헨레고리, 원위세관 및 집합관. **근위세관(proximal tubule)**은 (proximal은 가장 가까이에 있다는 뜻) 사구체주머니에서 시작되어 신수질에서 끝난다. 머리핀 모양의 **헨레고리(loop of Henle,** 네프론의 고리)는 하행지(descending limb)로서 신수질 내부까지 연장되어 들어갔다가 상행지(ascending limb)로서 되돌아 나와 사구체주머니 근처까지 올라온다. 사구체주머니를 지나친 후의 세관은 **원위세관(distal tubule)**이라고 부른다(distal은 가장 멀리 있다는 뜻). 마지막으로, 천 개까지의 네프론의 원위세관이 합쳐져 **집합관(collecting duct)**

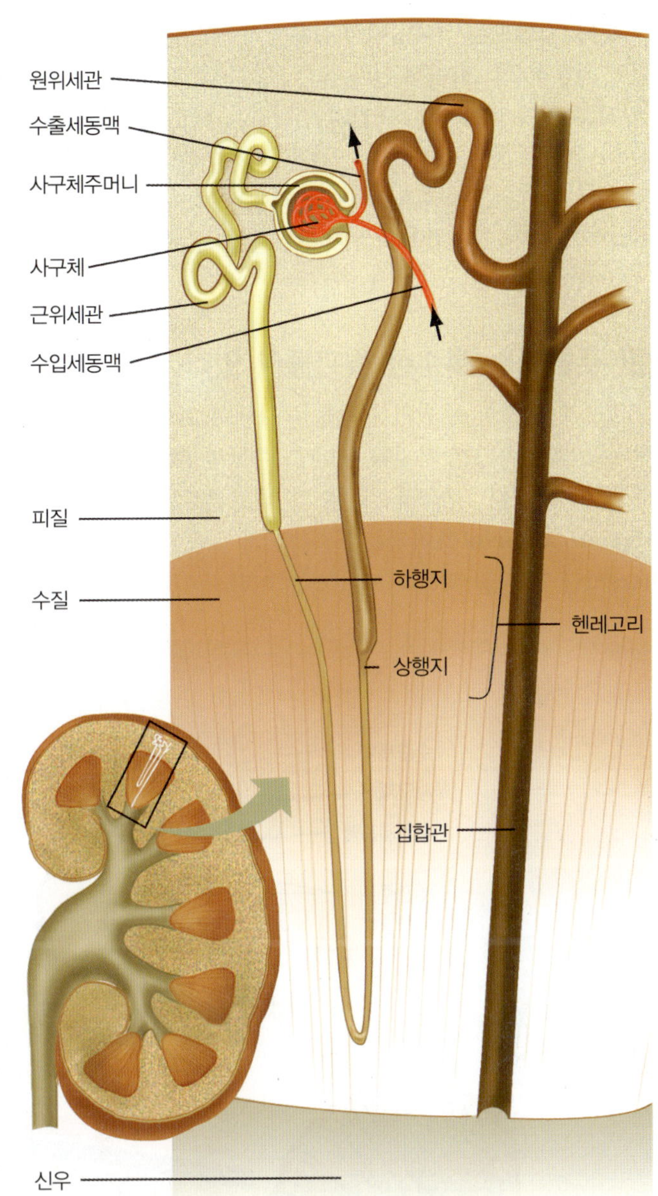

그림 15.4 **네프론의 세관 부위.** 사구체주머니가 둘러싸고 있는 혈관들(사구체)을 노출시키기 위해 주머니의 일부가 제거되었다. 근위세관은 사구체주머니에서 시작되고 세관이 좁아지면서 수질로 들어가는 부위에서 끝난다. 헨레고리는 하행지와 상행지로 되어 있다; 헨레고리는 세관이 사구체주머니를 지나가는 지점에서 끝난다. 원위세관은 집합관에 연결되는데, 많은 네프론이 하나의 집합관으로 연결된다.

을 이룬다. 집합관은 신피질에서 신우까지 연장되어 있어서 신우에 소변이 최종적으로 모이게 된다.

앞으로 알게 되겠지만, 세관과 집합관은 단순히 수동적인 도관들이 아니다. 소변이 세관과 집합관을 통과할 때 이들을 이루는 세포들이 물과 이온들을 재흡수함으로써 소변의 조성을 상당히 변화시킨다. 재흡수는 몸으로부터 귀중한 물질들이 손실되는 것을 방지하고 혈액과 체액의 조성을 조절한다.

세관 주변에는 특수한 혈관들이 있다

그림 15.5가 네프론 주변의 혈관들을 자세히 보여준다. 신장에 연결된 신동맥은 수많은 가지를 내어 그 수백만 개의 네프론들 주변으로 뻗어 나간다. 궁극적으로는 각 네프론 주변에 **수입세동맥(afferent arteriole)**이라는 하나의 세동맥이 지나가게 된다(afferent란 "어디를 향해 가까이 가는"이란 뜻이다). 수입세동맥은 사구체주머니로 들어가면서 여러 번 분지하여 모세관의 망상 구조를 이루는데 이것이 사구체이다. 여기에서 혈장과 용질들이 혈액으로부터 여과되어 주머니 내부의 공간으로 들어가게 된다.

사구체모세혈관들이 재결합하여 **수출세동맥(efferent arteriole)**을 이루는데 (efferent는 "어디로부터 멀어진다"는 뜻) 그 안에는 사구체에서 여과를 마친 혈액이 흐르게 된다. 수출세동맥은 다시 분지하여 피질에 있는 근위 및 원위세관들을 둘러싼 또 다른 모세혈관망을 이루는데, 이들을 **세관주위모세혈관(peritubular capillary)**이라 부른다(*peri*는 "주변"이라는 뜻). 세관주위모세혈관들은 물, 이온 및 영양분을 제거하는데, 이들은 근위 및 원위세관에 의해 재흡수된다. 일부 네프론의 수출세동맥들은 신수질 부위로 하강하면서 분지하여 직혈관(**vasa recta**는 "곧은 관"이라는 뜻의 라틴어)이라 부르는 가늘고 긴 모세혈관들을 이루는데, 이들은 헨레고리와 집합관 주변에 존재한다. 마침내 여과된 혈액은 점차 넓어지는 정맥들

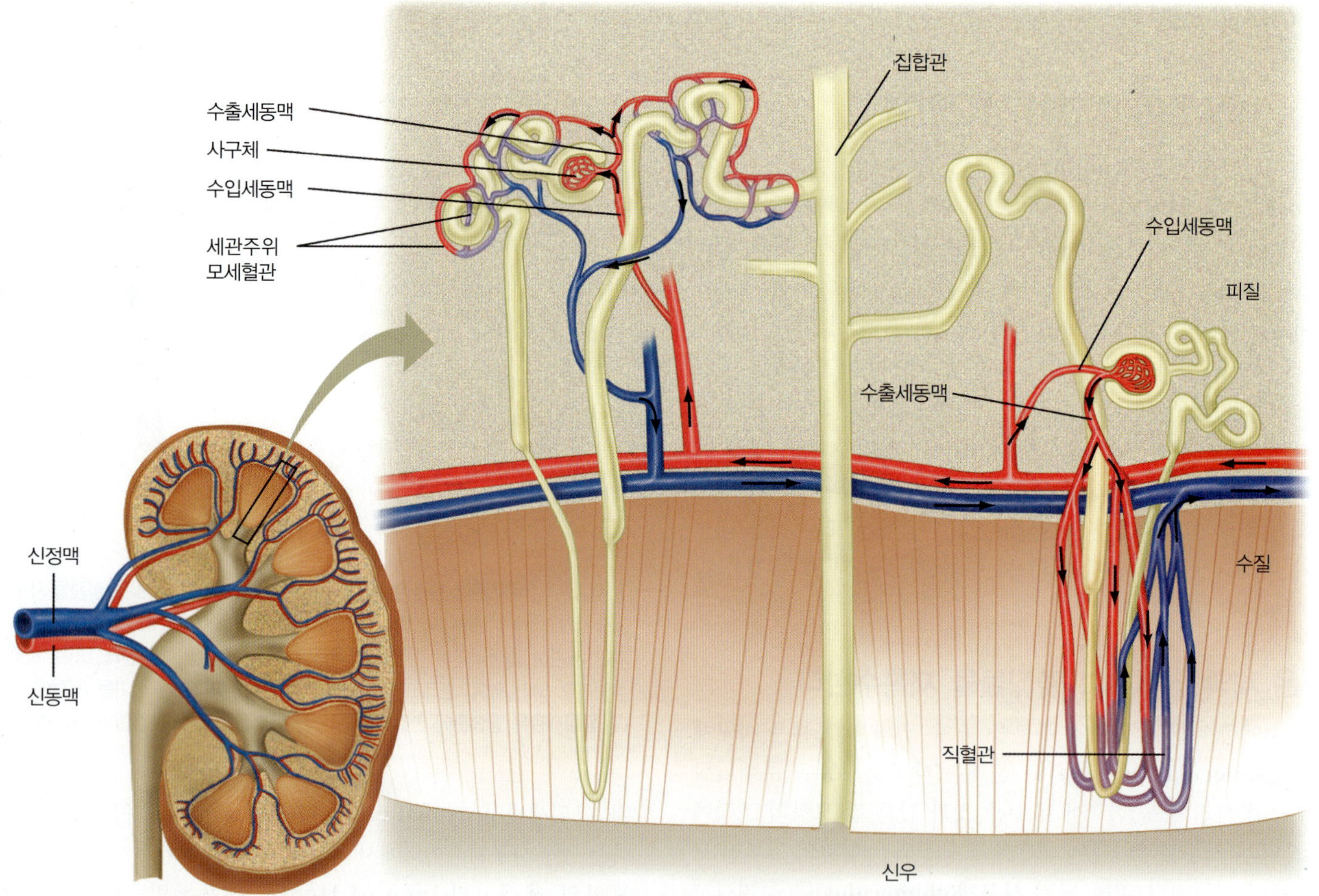

그림 15.5 네프론을 구성하는 세관과 혈관 사이의 관계.
a) 신동맥과 신정맥은 각각의 사구체에 혈액을 공급하기 위해 가지를 많이 친다. **b)** 대부분의 네프론의 수출세동맥은 그림 왼쪽에 나타난 것처럼 분지하여 피질의 근위 및 원위세관들을 둘러싸고 있는 세관주위모세혈관들을 이룬다. 어떤 네프론에서는 그림 오른쪽에 나타난 것처럼 수출세동맥이 수질로 내려가서 헨레고리 주변을 지나가는 직혈관들을 이룬다. 네프론들은 매우 촘촘하게 밀집되어 있어서 이들 두 개의 네프론들은 세관주변모세혈관들이나 직혈관들을 공유한다.

안으로 흘러들어가는데 이 정맥은 합쳐져 단일한 신정맥을 이루고 하대정맥으로 연결된다.

요점 정리

네프론은 신장의 기능적 단위이다. 네프론 세관은 체액이 여과되는 사구체주머니와 여과액이 소변이 되기 전까지 변화되며 이동하는 네 가지 부위로 이루어져 있다: 근위세관, 헨레고리, 원위세관 및 집합관. 혈액은 신동맥과 수입세동맥을 통해서 사구체로 흘러들어간다. 세관주위모세혈관들은 근위 및 원위세관 주변으로 혈액이 흐르게 하며, 직혈관은 헨레고리와 집합관 주변을 지나간다. ■

15.4 소변의 형성: 여과, 재흡수 및 분비

우리가 이미 알아차린 바와 같이 비뇨계는 체액 부피와 조성의 항상성을 유지하기 위해 물과 이온들의 배설을 조절한다. 비뇨계는 중요한 영양분을 존속시키는 반면 어떤 노폐물들은 배설한다. 신장은 어떻게 어떤 것을 보유하고 또 어떤 것을 (또한 얼만큼) 소변으로 배설할지 결정할까?

소변의 형성에는 세 가지 단계가 관련되어 있다.

1. 사구체 여과. 단백질이 없는 체액과 용질이 사구체에서 사구체주머니의 빈 공간으로 들어가는 것.
2. 세관 재흡수. 대부분의 체액과 용질이 세관주변모세혈관과 직혈관으로 되돌아가는 것.
3. 세관 분비. 세관주변모세혈관이나 직혈관으로부터 어떤 용질이 세관으로 이동하는 것.

세관에 남아 있는 액체와 용질이 소변을 형성하며, 결국에는 배설된다. 그림 15.6에 이들 세 과정 간의 관계가 정리되어 있다. 그림에 나타난 바와 같이 소변으로 배설된 물질의 양은 여과된 양에서 혈액으로 재흡수된 양을 뺀 다음, 거기에 세관으로 분비된 양을

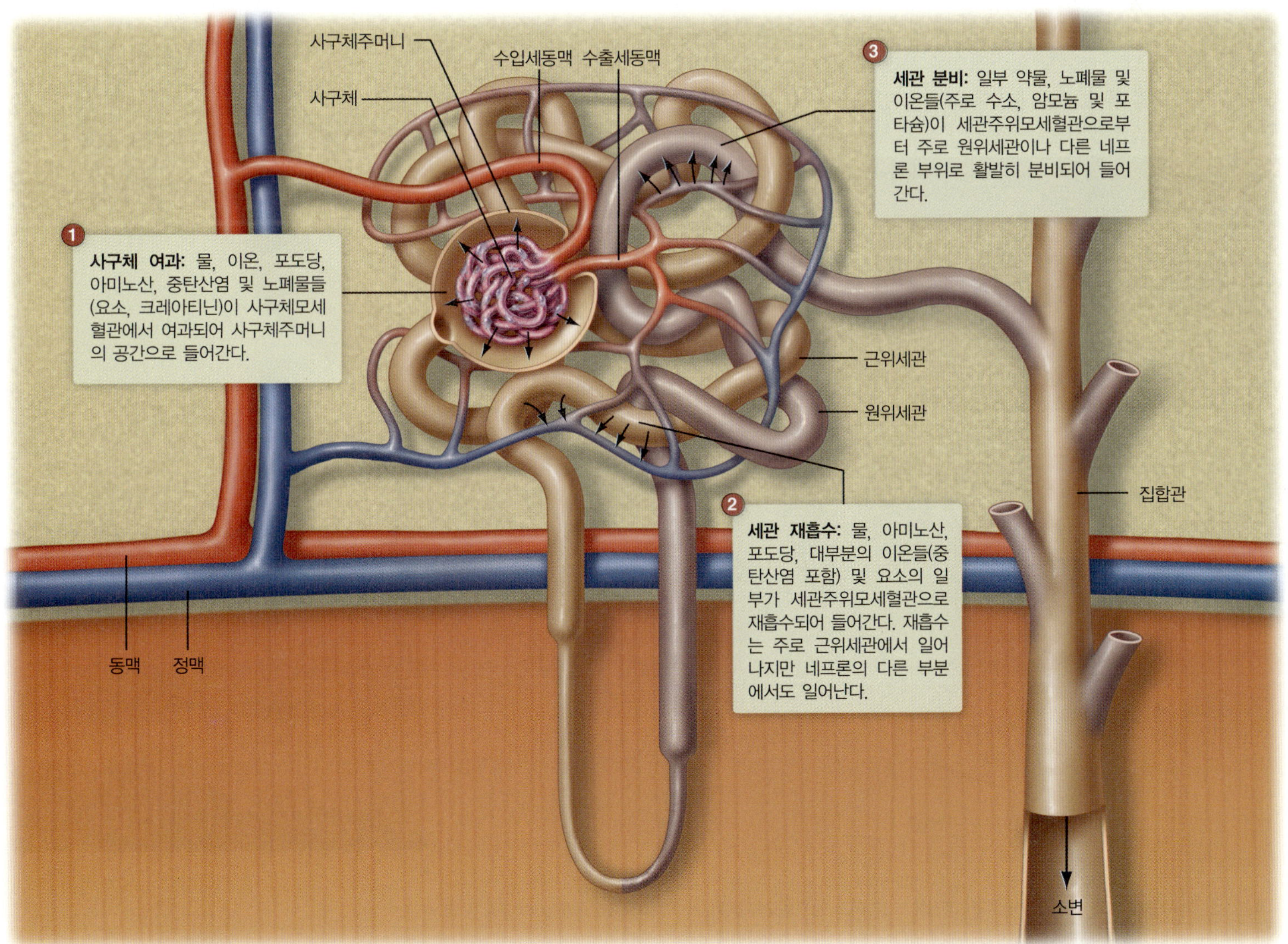

그림 15.6 **소변의 형성에 기여하는 세 가지 과정.**

더한 것과 같다.

사구체 여과 과정에서는 체액이 모세혈관으로부터 여과된다

소변의 형성은 **사구체 여과(glomerular filtration)**에서 시작되는데, 이 과정에서는 단백질을 제외한 다량의 혈장이 사구체모세혈관으로부터 사구체주머니의 빈 공간으로 여과된다. 여과장벽은 두 종류의 세포로 되어 있다: 변형된 상피세포로서 모세혈관 표면을 둘러 싸고 있는 **발세포(podocyte)**와 모세혈관세포들. 체액은 먼저 모세혈관세포의 구멍들을 통과하고(그림 15.7b), 그 다음에는 발세포의 세포질 연장부위들 사이의 틈을 통과하여 사구체 주변의 공간으로 들어간다.

발세포와 사구체모세혈관 세포들은 큰 용량의 액체를 거르는데 매우 전문화되어 있다. 함께 존재할 때 이들의 물과 작은 용질에 대한 투과성은 다른 대부분의 혈관상(vascular bed)의 모세혈관 보다 거의 100배가량 높아진다. 하지만 이들은 또한 매우 선택적이다; 이들의 단백질 및 세포에 대한 투과성은 다른 모세혈관들보다 낮다. 결과적으로, 사구체 여과액으로 불리는 여과된 체액은 혈장과 같은 농도의 물과 작은 용질들을 갖고 있지만 큰 단백질이나 혈구세포들은 갖고 있지 않다.

두 개의 신장은 함께 1분에 반 컵, 1일에 180리터의 사구체 여과액을 생산해 낸다. 하루에 배설되는 소변의 양이 약 1.5리터라는 것을 고려하면 신장이 여과된 물질을 재흡수하는데 얼마나 효과적인지 알 수 있다.

사구체 여과는 사구체모세혈관 내의 높은 혈압에 의해 이루어진다. 8단원에서 설명된 바와 같이, 모세혈관으로부터의 체액의 여과는 모세혈관 내의 혈압에 의해 이루어진다. 일반적으로 체액의 내부 또는 외부로의 운동은 거의 동일한데 그것은 혈압이 혈액 내의 단백질에 의해 야기되는 삼투압과 같기 때문이다. 여기에서 차이점은 사구체모세혈관 내의 혈압이 다른 모세혈관 내의 혈압보다 약 두 배가량 높다는 것이다. 이와 같은 높은 혈압에 의해 많은 양의 사구체 여과액이 사구체 주변의 공간으로 빠져나가게 된다. 신장 자체는 여과액을 만들기 위해 에너지를 소비할 필요가 없는 것이다.

여과율은 두 가지 방법으로 조절된다.

- 휴식 상태에서는 세동맥의 압력 감지 세포(pressure-sensitive cell)와 세관벽의 흐름 감지 세포(flow-sensitive cell)들이 수입

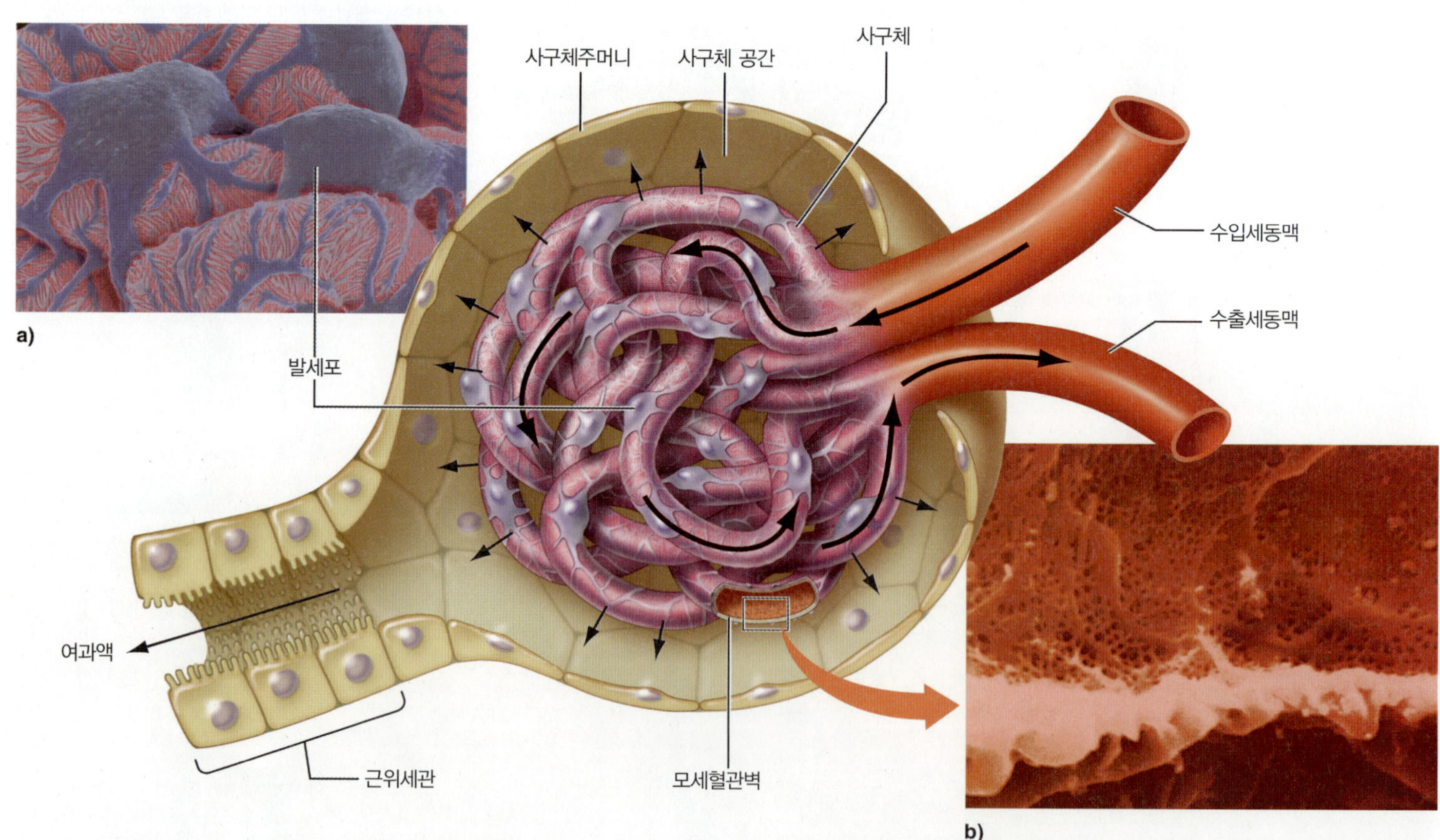

그림 15.7 **사구체 여과.** (a) 사구체 주변 공간에서 본 여러 사구체모세혈관 표면의 사진. 사구체모세혈관들은 발세포라고 불리는 변형된 관상세포들에 의해 둘러싸여 있다. 발세포들은 여과장벽을 이루고 있다. (b) 하나의 사구체모세혈관의 내면(혈액 쪽)을 확대하여 다공성의 체와 같은 구조를 드러내는 사진.

세동맥의 지름을 조절하기 위해 화학물질을 방출할 수 있다. 이러한 피드백 기작에 의해 사구체 여과가 비교적 일정한 속도로 이루어지므로 신장이 그들의 조절 기능을 수행할 수 있게 된다.

- 스트레스 하에서는 (상해를 입었거나 마라톤을 뛰고 있는 경우와 같은) 혈액이 더 중요한 기관으로 재분배되기 때문에 신장으로 흐르는 혈액의 양이 상당히 감소한다. 자율신경계의 교감신경들은 수입 및 수출세동맥들을 수축시키고, 혈액의 흐름과 사구체여과 및 소변 형성 속도를 감소시킨다. 신장은 기능을 유지하는데 높은 혈류량을 필요로 하지 않기 때문에 이러한 상황을 무사히 넘길 수 있고, 우리의 몸도 해로운 부작용 없이 일시적으로 소변 생산을 축소시킬 수 있다.

만약 사구체모세혈관의 섬세한 체와 같은 구조가 손상되면 단백질들이 여과장벽을 통과하여 세관액으로 이동할 수 있다. 이와 같이 소변에 단백질이 섞여 나오는 것을 단백뇨(proteinuria)라고 한다. 단백뇨가 지속되는 것은 독성물질이나 계속되는 고혈압 등의 이유로 사구체가 손상되었다는 것을 의미한다. 하지만 일시적인 단백뇨는 격심한 운동 후와 같이 건강한 사람에게도 일어날 수 있다. 그 이유는 잘 알려져 있지 않지만 아마도 운동 중에 신혈류량이 감소함으로써 혈액이 사구체장벽과 더 오래 접촉하게 되고, 이로 인해 더 많은 혈장단백질이 새어나갔기 때문일 것이다. 지나친 운동으로 인해 발생한 단백뇨는 위험하지 않으며 하루 정도 지나면 사라진다.

요점 정리

사구체 여과는 혈액에 큰 단백질과 혈구 세포를 남기고 혈장과 작은 용질을 걸러낸다. 이 과정은 사구체모세혈관 내의 높은 혈압에 의해 이루어진다. ■

세관 재흡수는 여과된 물과 용질을 혈액으로 되돌려 보낸다

세관 재흡수(tubular reabsorption)는 소변 형성의 두 번째 단계로, 여과된 물과 용질을 세관으로부터 세관주위모세혈관이나 직혈관의 혈액으로 되돌려 보낸다. 여과액이 세관을 통과하는 동안 주된 영양소는 거의 완전히 재흡수된다 – 여과된 포도당, 아미노산 및 중탄산염 모두와 99% 이상의 물과 소듐. 약 50% 정도의 요소도 또한 재흡수된다. 최종 산물인 소변은 하루의 물질대사 결과 형성된 요소 및 미량의 다른 이온과 노폐물에 균형을 맞출 만큼의 물과 소듐을 포함하고 있다. 크레아티닌과 같은 노폐물은 일단 여과된 후에는 결코 다시 재흡수되지 않는다(표 15.3).

대부분의 세관 재흡수는 근위세관에서 일어나고, 재흡수의 미세조정과 조절은 좀 더 멀리 떨어진 원위 부분이 담당한다. 좋은 예는 물이다. 근위세관은 항상 65~70%의 물을 재흡수하고, 헨레고리는 25%를 더 재흡수하는데, 이 둘은 조절되는 것들이 절대 아니다. 원위세관과 집합관 양쪽에서 10% 미만의 물을 재흡수하는데, 이것이 물 배설이 효과적으로 조절되는 부분이다.

재흡수되기 위해서는 물질들이 세관들의 상피세포 층을 통과하여 모세혈관에 도달하여야만 한다. 근위세관을 이루는 세포들의 내강 쪽 세포막은 소화관의 상피세포들처럼 재흡수를 위한 표면적을 넓히기 위해 미세융모가 많이 나 있는 "솔가장자리" 모양의 구조를 갖고 있다(그림 15.8). 근위세관에서의 재흡수 과정은 소듐을 세포 내부로부터 세관주위모세혈관 쪽으로 능동수송하는 것으로 시작된다. 이것은 ATP 형태의 에너지를 필요로 하는 능동적 과정이다. 그림 15.9에 나타난 것처럼 이 과정이 시작된 후 재흡수의 다른 과정들이 뒤따른다.

1. 소듐이 세관 세포 밖으로 능동수송됨으로써 소듐의 세포 내 농

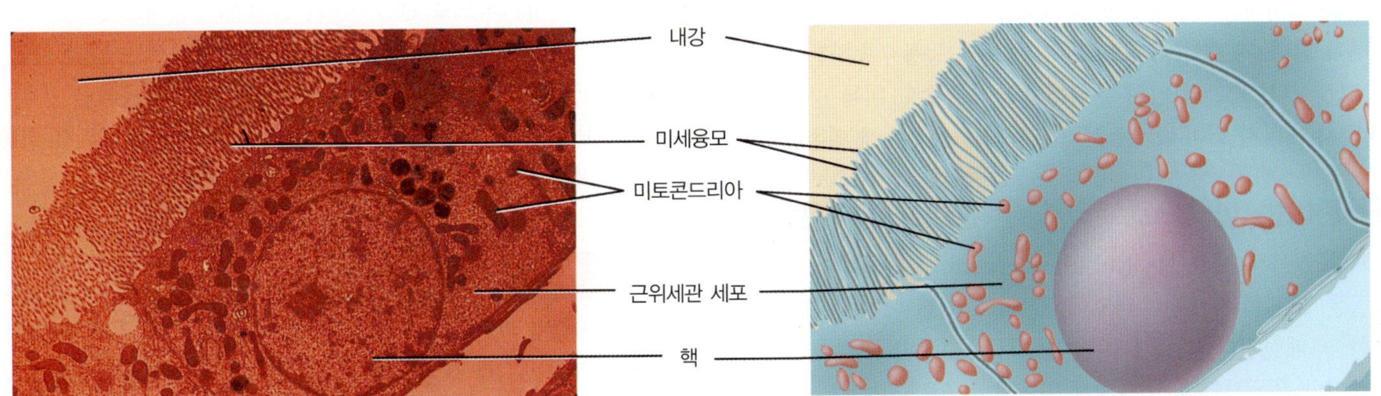

a) 근위세관의 단면을 보여주는 투과전자현미경 사진(×19,000). 세관의 솔가장자리 모양의 내면(내강 쪽)을 이루는 미세융모들을 보여준다.

b) 왼쪽 사진의 주요 특성들만을 보여주는 모식도.

그림 15.8 근위세관.

표 15.3 여과, 베설, 재흡수되는 여러 가지 물질의 양

물질	1일 여과량	1일 배설량 (소변으로)	재흡수율
물	180 L	1~2 L	99%
소듐(Na^+)	620 g	4 g	99%
염소(Cl^-)	720 g	6 g	99%
포타슘(K^+)	3 g	2 g	93%
중탄산염(HCO_3^-)	275 g	0	100%
포도당	180 g	0	100%
요소*	52 g	26 g	50%
크레아티닌	1.6 g	1.6 g	0

*이 물질의 혈장내 농도와 1일 여과량은 식사, 연령, 신체 활동 정도에 따라 달라진다.

도가 낮아지므로 내강의 소듐이 세관 세포 내부로 촉진운반에 의해 확산되는데 필요한 추진력이 생기게 된다.

2. 소듐은 양전하를 띤 이온이므로, 소듐이 이동함에 따라 염소이온도 따라서 세관 세포를 통과하여 확산되어 나가게 된다(음전하는 전기적 중립성을 유지하기 위해 양전하를 따라가야 한다).
3. 용질들(Na^+와 Cl^-)이 세관 세포를 가로질러 이동함에 따라 농도기울기가 형성되어 물의 확산이 일어나 물이 재흡수된다. 물의 재흡수는 **아쿠아포린(aquaporins)**이라는 특수한 물통로를 통해 이루어진다.
4. 소듐을 내강 쪽 세포막을 통과하여 세포 안으로 이동시키는 촉진운반이 포도당과 아미노산이 세포 내부로 2차적 능동수송될 때의 에너지를 제공한다. 포도당과 아미노산은 일단 세포 안으로 들어온 다음 간질액으로 확산되어 나가서 결국에는 세관주위 모세혈관으로 들어간다.

근위세관에서의 물, 염류, 포도당 및 아미노산의 재흡수는 모두 에너지를 소비하는 단 하나의 물질대사 과정에 의존한다는 것을 주목해야 한다: 세관 상피세포로부터 소듐을 능동수송하는 과정이 바로 그것이다. 세관의 원위 부위에서의 재흡수도 비록 양은 적지만 여전히 에너지 소비 단계로서의 소듐의 능동수송에 의존한다.

세관 분비는 혈액으로부터 다른 물질을 제거한다

소수의 물질들은 **세관 분비(tubular secretion)**를 거친다-즉, 이 물질들은 모세혈관(세관주위모세혈관이나 직혈관)에서 세관으로 이동한 후 배설된다. 세관 분비는 분비되는 물질의 종류에 따라 능동수송이나 수동적인 확산에 의해 일어날 수 있다.

세관 분비는 독성물질, 외부 물질 및 약물 등을 포함한 특정한 화합물을 제거하거나 그들의 레벨을 조절하는데 매우 중요하다. 세관으로 분비되어 들어가는 물질들에는 페니실린, 코카인, 마리화나, 많은 식품 보존제들 및 일부 살충제 등이 포함된다.

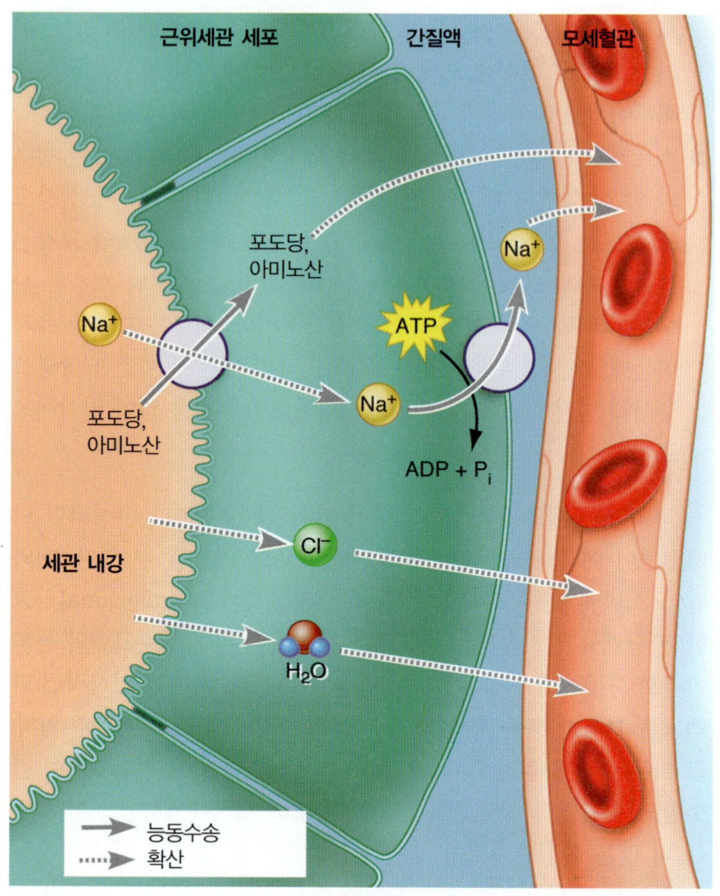

그림 15.9 근위세관에서 일어나는 재흡수의 기본 기작. 이 과정 전체의 요점은 소듐(Na^+)이 세관 세포의 모세혈관 쪽 세포막을 통과하여 능동수송된다는 것이다. 이 과정은 ATP 형태의 에너지를 필요로 한다. 소듐이 능동수송됨으로써 세포 내 소듐 농도가 낮게 유지되어 세관 내강의 소듐들이 세포 안으로 확산되어 들어갈 수 있다. 음전하를 띤 염화이온이 전기적 중립성을 유지하기 위해 따라 들어가고, 소듐과 염화이온의 재흡수로 인해 삼투적 추진력이 생겼기 때문에 물이 따라서 확산되어 들어온다. 마지막으로 내강 쪽 세포막에서의 소듐의 촉진확산이 포도당과 아미노산 재흡수의 에너지원이 된다.

몸에서 자연적으로 만들어지는 물질들은 단지 정상적인 항상적 수준을 유지시키기 위해 분비된다. 근위세관에서는 몸의 산염기균형을 조절하기 위해 수소(H^+)와 암모늄(NH_4^-)이온들을 분비하고, 원위세관에서는 포타슘(K^+)의 정상적인 수준을 유지하기 위해 그 이온을 분비한다.

요점 정리

세관 재흡수 과정 동안 여과되었던 물과 소듐, 그리고 주요 영양분 거의 모두가 네프론 세관으로부터 재흡수된다. 이 과정은 세관 세포의 모세혈관 쪽 세포막을 가로질러 소듐을 능동수송하는 것으로 시작된다. 세관 분비는 모세혈관으로부터 독성, 외부 및 과도한 물질들을 제거한다. 이것은 산염기균형, 포타슘 균형 및 어떤 노폐물의 배설 조절에 매우 중요하다. ■

15.5 신장은 묽거나 농축된 소변을 생산할 수 있다

신장은 혈장보다 더 묽거나 또는 더 농축된 소변을 만들어낼 수 있다. 즉, 신장은 물이 부족할 때에는 보존하고, 남아도는 물은 제거할 수 있다. 이러한 일을 할 수 있는 능력은 신수질에 존재하는 높은 농도의 용질 및 집합관의 물에 대한 투과성을 변화시키는 능력에 좌우된다.

묽은 소변 생산: 과도한 물의 배설

만약에 당신이 큰 컵의 물을 빨리 마신다면 그 물은 소화관에서 흡수되어 혈액으로 들어가서 혈액량을 늘리고 혈액과 체액의 이온 농도를 떨어뜨릴 것이다. 대부분의 물은 세포 안으로 들어간다. 신장은 삼투적 팽창과 세포 손상을 방지하기 위해서 물을 적게 재흡수하여 묽은 소변을 만들도록 소변 형성 과정을 조정한다. 그림 15.10이 이 과정을 보여준다.

묽은 소변을 만드는 과정은 헨레고리의 하행지에서 시작된다. 하행지의 물에 대한 투과성은 매우 높다. 간질액의 용질 농도가 내강보다 높기 때문에 물이 고리 밖으로 확산되어 나와서 간질액으로 들어가고, 결국에는 혈액으로 들어간다. 결과적으로 남아 있는 체액이 더 농축되는 것이다.

그러나 액체가 고리의 머리핀 모양의 모퉁이를 돌면서 세관의 특징적인 투과성이 변한다. 상행지의 첫 부분은 NaCl과 요소에는 투과성이 있지만, 물에 대한 투과성은 없다. 하행지에서 아주 많은 양의 물이 제거되었기 때문에 상행지 내부의 소듐 농도는 신수질의 간질액보다 높다. 투과성이 바뀌었으므로 NaCl은 이제 상행지로부터 확산되어 나와 수질의 간질액으로 들어간다.

이 동안에 요소는 간질액에서 고리의 상행지 내부로 확산되어 들어간다. 신수질의 가장 깊은 곳의 요소 농도는 실제로 꽤 높은데, 왜냐하면 요소가 집합관으로부터 재흡수되고 있기 때문이다. 다르게 얘기하면, 요소는 집합관에서 헨레고리의 상행지로, 그리고 다시 집합관으로 재순환한다. 이러한 재순환 패턴 때문에 요소의 농도는 혈장보다 신수질의 간질액에서 훨씬 더 높아질 수 있는 것이다.

헨레고리 상행지의 마지막 부분은 염류, 요소 및 물 모두에게 불투과성이므로 수동적 확산이 일어날 수 없다. 그러나 상행지의 이 부분은 ATP 형태의 에너지를 소비하면서 소듐과 염소이온을 간질액으로 능동수송한다. 결과적으로 세관 안에 남아 있는 액체는 점점 더 묽어지는 동안 간질액은 용질을 더 얻게 되는 것이다. 물의 재흡수 없는 염류의 능동적인 재흡수는 원위세관과 집합관에서 계속된다. 소변이 집합관의 끝에 도달할 즈음에서는 많은 물과, 약간의 요소 및 극미량의 염류를 가진 아주 묽은 용액이 된다. 소변이

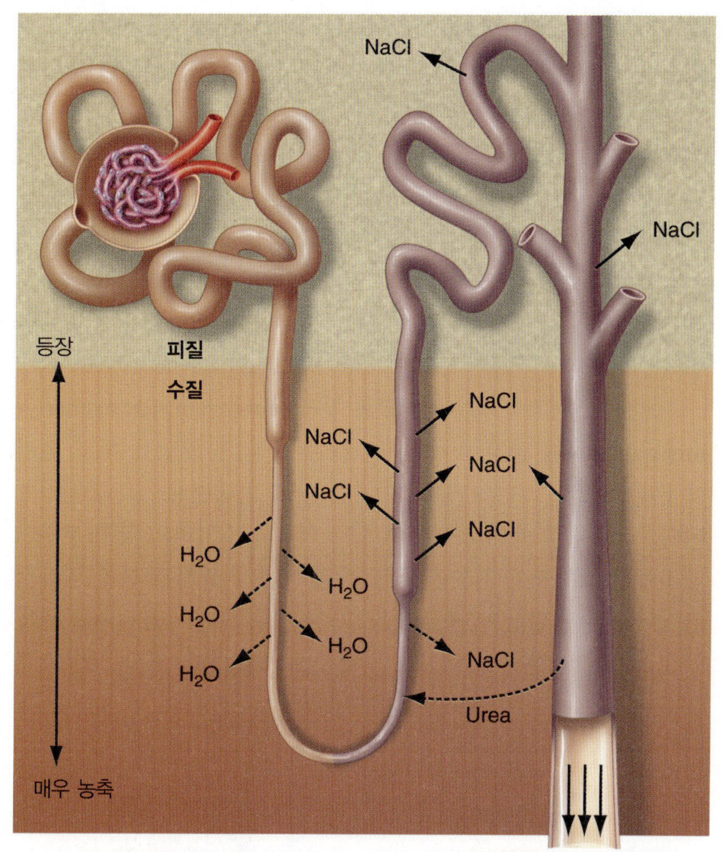

그림 15.10 다량의 묽은 소변 형성. 소변의 양은 집합관의 물 투과성을 제어함으로써 조절된다. 항이뇨호르몬(ADH)이 없을 때에는 집합관이 물에 대해 불투과성이 된다. 염의 능동적 재흡수로 인해 묽어진 세관 내 여과액은 재흡수 없이 집합관을 통해 수질을 통과한다. 이 결과 다량의 묽은 소변이 형성된다.

묽을 때에는 아마도 소변을 더 자주 보아야 할지도 모르는데 그 이유는 신장이 시간당 1리터 이상의 소변을 생산하기 때문이다.

요점 정리

묽은 소변의 생산을 위해서는 헨레고리의 상행지, 원위세관 및 집합관에서 물의 재흡수 없이 염의 재흡수가 일어나야 한다. ■

농축된 소변 생산: 수분 보존

때때로 지나친 땀 배출이나 건조한 기후 등과 같은 이유로 인해 체내의 수분이 부족할 때가 있다. 혈액 내에 수분이 정상보다 적다는 것은 낮은 혈액량으로 인해 혈압이 하강하여 세포들이 탈수될 가능성이 있다는 것을 의미한다. 우리의 신장은 다시 기능을 조절하는데 이번에는 수분의 재흡수를 증가시킨다. 그 결과는 좀 더 농축된 소변의 형성이다.

우리는 탈수되었을 때에는 소변을 더 적게 보게 되는데 그 이유

는 신장이 사구체 여과액으로부터 물을 평소보다 더 재흡수하기 때문이다. 수분 재흡수 과정은 뇌하수체 후엽에서 분비되는 **항이뇨호르몬(antidiuretic: ADH)**에 의해 조절된다(13단원 참조). ADH는 집합관의 물 투과성을 높인다. 농축된 소변이 형성되는 과정은 소변이 집합관에 도달하기 전까지는 묽은 소변이 형성되는 것과 비슷한 과정을 거친다. ADH 존재 하에서는 물이 집합관에서 용질의 농도가 높은 신수질 쪽으로 확산되어 나오기 때문에 더 많은 물이 재흡수된다. 이 결과 상당히 농축된 소량의 소변만이 배설된다(그림 15.11).

농축된 소변의 형성은 **역류교환 기작(countercurrent exchange mechanism)**에 달려 있다. 헨레고리는 머리핀 모양을 하고 있기 때문에 액체가 고리의 양쪽 면에서 서로 반대방향으로 흘러가게 된다. 고리 내부 액체의 흐름이 서로 역류하고 고리의 양쪽 부분이 해부학적으로 가까이 놓여 있다는 점 때문에 고리의 한쪽 면에서 일어나는 일이 다른 면에 영향을 줄 수 있고, 물이나 용질이 세관의 특징적인 투과성에 따라 양쪽 면에서 교환될 수도 있다. 역류교환은 신수질 내부의 가파른 농도기울기의 발달에 매우 중요한데 그 이유는 역류교환이 세관 내 액체와 수질의 간질액 간의 적은 조성상의 차이를 고리의 길이를 따라 몇 배로 증가시킬 수 있기 때문이다(신수질의 상층에서 바닥까지). 직혈관에서의 역류와 교환도 중요한데, 그 이유는 이것이 수질의 상층에서 바닥까지의 용질 농도를 흩뜨리지 않으면서 수질로부터 물과 용질을 제거하기 때문이다(그림 15.12).

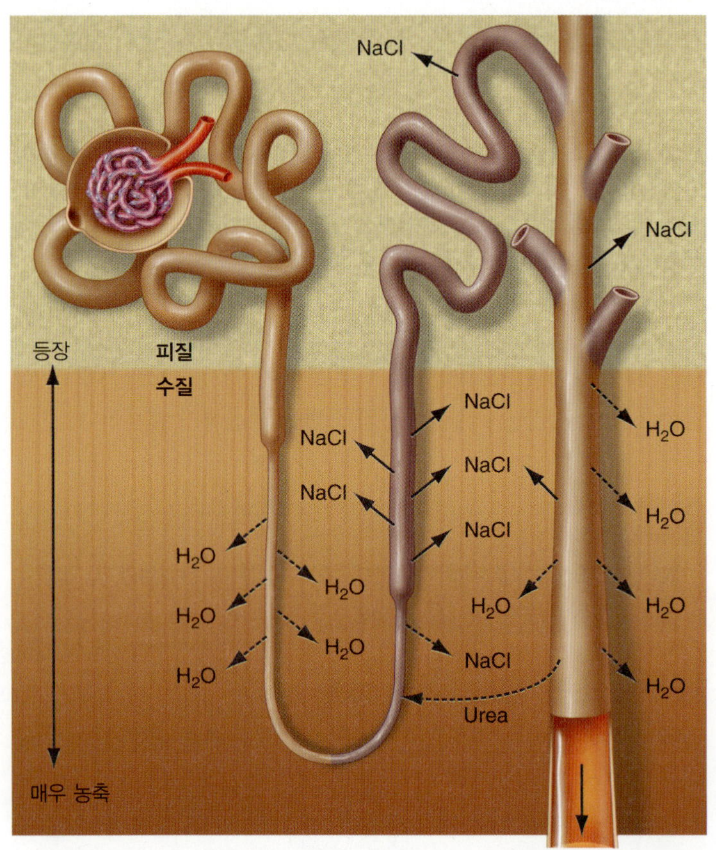

그림 15.11 적은 양의 농축된 소변. 호르몬 ADH가 존재하면 집합관의 물 투과성이 높아진다. 그 결과 여과액이 용질 농도가 높은 수질을 통과할 때 집합관 내의 대부분의 물이 수동적 확산에 의해 재흡수된다.

요점 정리

농축된 소변의 형성에는 항이뇨호르몬(ADH)이 필요하다. ADH의 존재 하에서는 대부분의 물이 집합관에서 재흡수되고 적은 양의 농축된 소변만 남아서 배설된다. ■

15.6 배뇨는 반사에 좌우된다

배뇨는 배뇨반사라는 신경반사에 의해 좌우된다. 여기에는 두 개의 요도괄약근과 방광이 관련되어 있다. 민무늬근으로 되어 있는 내부 요도괄약근은 방광의 민무늬근이 연장된 것이다. 이 요도괄약근은 배뇨하지 않을 때에는 수축해 있다. 외부 요도괄약근은 골격근이므로 의지에 따라 조절된다.

일반적으로 외부 요도괄약근은 뇌에 의해 조절되는 체성 운동신경의 강직 작용에 의해 닫힌 상태를 유지한다. 한 컵(250mL 정도) 또는 그 이상의 소변이 차면 방광이 늘어나기 시작한다. 방광이 늘어나면서 감각신경을 자극하여 척수에 신호를 보내게 된다. 척수의 신경들은 방광의 민무늬근을 수축시키고 내부 요도괄약근을 이완시키는 불수의적(부교감 자율신경적) 반사작용을 개시한다. 신장수용기에 입력된 정보는 뇌로도 전해지는데, 뇌는 외부 요도괄약근에 연결된 체성 운동신경의 활성을 감소시켜 괄약근이 이완하고 소변이 배출되도록 한다.

사람들은 보통 요의를 느낄 때마다 배뇨할 기회를 갖지는 않는다. 다행히도 뇌는 외부 요도괄약근을 조절하는 체신경의 활성을 증가시킴으로써 배뇨반사를 의식적으로 무시할 수 있다. 이로써 배뇨를 필요한 기간만큼 참을 수 있게 된다. 마침내 배뇨를 하게 되면 체신경의 활동이 정지되고, 외부 요도괄약근이 이완하여 소변을 보게 된다. 배뇨를 의식적으로 억제하는 것은 방광이 최대 용량에 다다름에 따라 점점 더 힘들어진다.

요점 정리

배뇨는 배뇨반사에 달려 있다; 방광이 늘어나면 내부 요도괄약근이 불수의적으로 이완하게 된다. 뇌는 외부 요도괄약근을 의식적으로 수축시킴으로써 배뇨반사를 무시할 수 있다. ■

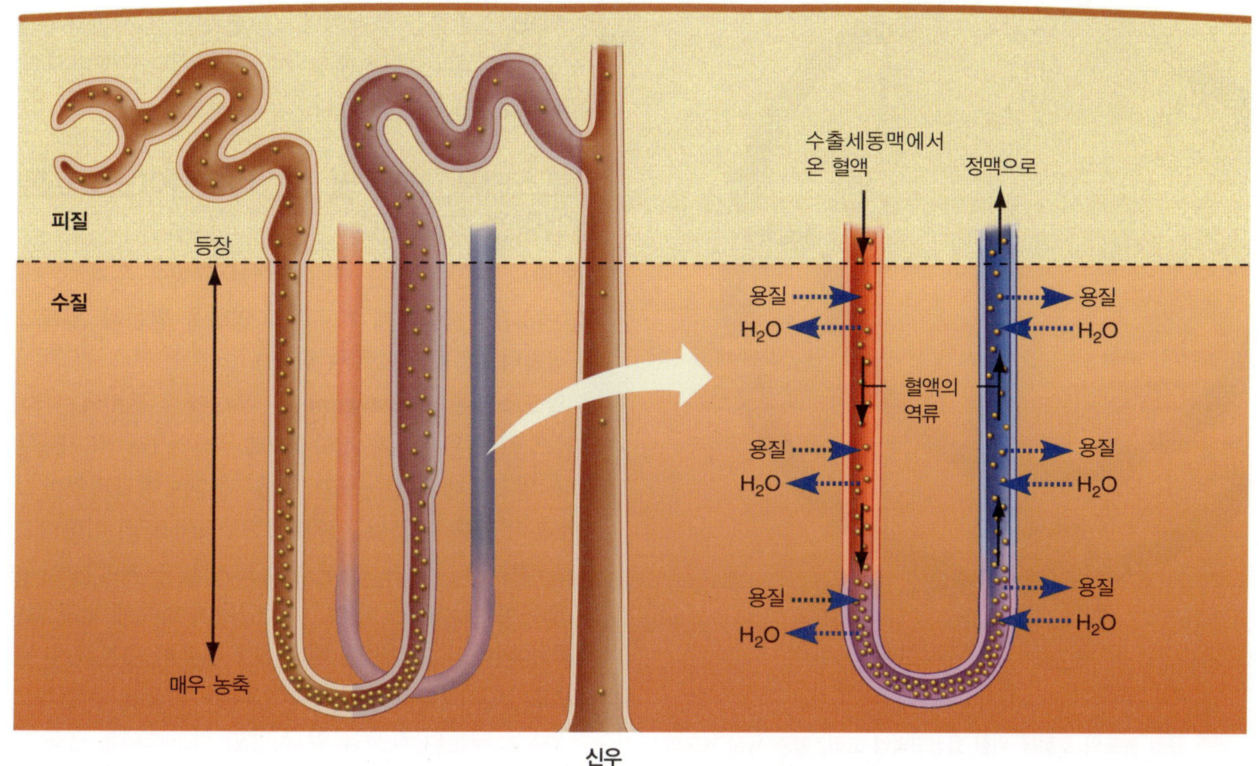

그림 15.12 직혈관에서의 역류교환. 직혈관들은 수질에 있는 세관 부위와 근접해 있다. 직혈관들은 헨레고리와 집합관에서의 재흡수로 인해 수질에 축적되어 있는 물과 용질을 제거한다. 대부분의 다른 모세혈관들과 마찬가지로 직혈관은 물과 용질에 대한 투과성이 매우 높아서 그들 주변에 있는 액체와 재빨리 평형을 이룬다. 직혈관의 두 평행한 혈관 내의 혈액의 역류에 의해 확산에 의한 물과 용질의 재빠른 교환이 가능해지고, 이와 동시에 수질의 농도기울기가 꼭대기에서 바닥까지 그대로 유지된다.

15.7 신장은 다방면으로 항상성을 유지한다

신장은 단순히 소변을 만드는 기관 이상의 존재이다. 앞서 언급된 바와 같이 신장은 몸에서 다른 중요한 역할도 수행하고 있다. 신장은 아래와 같은 일을 돕는다.

- 수분 균형을 유지하여 혈액량과 압력이 조절되도록 한다.
- 염의 균형을 조절하는데 이로써 혈액량이 조절된다.
- 산염기균형과 혈액의 pH를 유지한다.
- 적혈구의 생산을 조절한다.
- 불활성 상태의 비타민 D를 활성화한다.

체내의 이온들이 대사 과정에 의해 창조되거나 파괴될 수 없다는 것을 고려하면 신장이 사실상 모든 타입의 이온들의 항상성을 유지하는 (배설로써) 책임을 지고 있다는 것을 알 수 있다. 신장이 호르몬을 분비하므로 이들은 내분비기관이기도 하다. 불활성의 비타민 D를 화학적으로 변화시켜 비타민으로서의 기능을 하게 하므로 이들은 물질대사에도 관여한다. 이들 활동의 공통점은 항상성의 유지이다.

수분 균형이 혈액량과 혈압을 결정한다

앞서 언급한 바와 같이 혈액량은 부분적으로 우리가 어떻게 물을 보유하거나 배설하느냐에 의해 결정된다. 혈액량이 늘어나면 혈압이 올라가고, 혈액량이 줄어들면 혈압이 낮아지므로, 혈액량(또한 물의 부피도)을 유지하는 것은 매우 중요하다.

내분비계의 신장, 뇌의 시상하부 및 뇌하수체 후엽은 수분 균형을 유지하는데 모두 같이 참여하고 있다. 수분균형은 혈액의 용질 농도를 조절하는 음성되먹임 고리에 의해 이루어진다(그림 15.13).

혈중 용질의 농도가 증가하면 (혈중 용질의 양에 비해 물이 너무 적을 때) 시상하부의 ADH-생산 신경들이 ADH가 뇌하수체 후엽에서 혈액으로 분비되도록 한다. ADH가 신장에 도달하여 집합관의 물 투과성을 증가시킨다. 이로 인해 더 많은 물이 재흡수되어 소변으로 배설되는 물의 양이 감소한다.

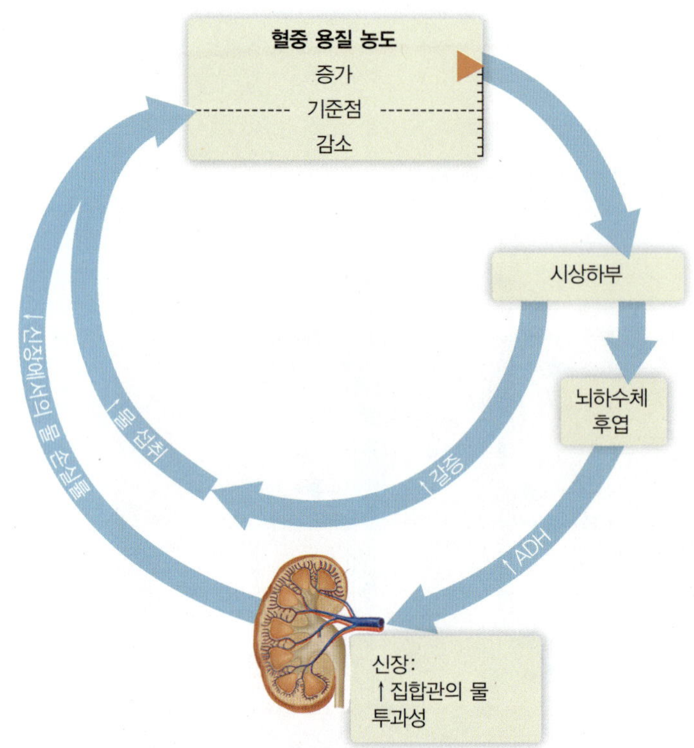

그림 15.13 **혈중 용질 농도의 조절을 위한 음성되먹임 고리.** 혈중 용질 농도의 증가는 갈증을 유발하고 ADH의 분비를 증가시킨다. ADH는 신장으로 하여금 더 농축된 소변을 만들고 물의 배설을 줄이도록 한다. 물 손실의 감소와 함께 물의 섭취가 늘어나므로 혈액이 희석되어 혈중 용질의 농도가 정상으로 돌아간다. 여기에는 용질 농도 증가에 대한 반응만 나타나 있으나, 이 조절고리는 혈중 용질 농도의 감소에도 똑같이 잘 반응한다(반대의 반응으로).

혈중 용질 농도의 증가는 ADH에 영향을 미칠 뿐 아니라 갈증을 일으켜 더 많은 물을 마시도록 한다. 이와 같은 수분 섭취의 증가는 소변으로의 수분 손실의 감소와 함께 용질의 농도를 낮추어 다시 정상 수준이 되도록 한다.

보통 혈액에는 약간의 ADH가 존재한다. 이것은 조절 기작이 과도한 수분에도 또한 반응하도록 한다. 혈중 물이 과도하여 용질 레벨이 낮아지면 시상하부는 뇌하수체 후엽으로 하여금 ADH 분비를 줄이도록 신호를 보낸다. ADH 농도가 낮아지면 집합관의 물 투과성이 낮아져서 과도한 물이 배설된다. 우리는 또한 필요 이상의 물을 섭취했을 때에는 갈증을 덜 느끼게 된다.

배뇨과다증(diuresis)은 소변이 과도하게 생성되는 증세를 말한다. **이뇨제**(diuretic)란 소변의 형성과 배설을 증가시키는 물질의 총칭이다. 프로세미드(Lasix)와 같은 이뇨제는 울혈성심부전증이나 고혈압 증세가 있는 환자들의 혈액 부피나 혈압을 낮추기 위해 처방된다.

카페인은 순한 이뇨제인데, 그 이유는 카페인이 소듐의 재흡수를 억제하고 소듐이 배설될 때 물도 따라 배출되기 때문이다. 알코올은 다른 기작에 의한 것이긴 하지만 이뇨 효과를 갖는다: 알코올은 ADH의 방출을 억제한다. 그 결과 신장 세관들의 물 투과성이 낮아져서 더 많은 물이 배설된다. 술을 지나치게 마시면 다음 날 탈수되고 갈증을 느낄 수 있다.

알도스테론, 레닌 및 심방나트륨이뇨호르몬(ANH)이 혈액량을 조절한다

혈액량의 조절은 또한 체내의 염분 균형을 유지하는데 달려 있는데, 이것은 다음의 세 호르몬의 영향을 받는다: 알도스테론, 레닌 및 심방나트륨이뇨호르몬(ANH).

알도스테론(aldosterone)은 부신에서 분비되는 스테로이드호르몬으로, 원위세관과 집합관으로부터의 Na^+의 재흡수를 증가시킨다. 알도스테론의 농도가 높을 때에는 여과되었던 소듐의 거의 대부분이 재흡수되므로, 하루에 50mg(0.05g) 이하의 소듐만 소변으로 배출된다. 알도스테론의 농도가 낮을 때에는 하루에 20~25g의 소듐이 배설될 수 있다. 미국인들이 하루에 평균 10g의 소듐을 섭취한다는 것을 고려할 때 알도스테론이 충분하거나 또는 그 이상으로 소듐 배설을 조절할 수 있다는 것을 알 수 있다.

알도스테론의 작용을 알고 나면 알도스테론 농도가 혈중 소듐 레벨에 의해 조절된다고 추측할 수 있다. 이것은 단지 부분적으로만 맞는데 그 이유는 소듐의 농도가 약한 자극에 불과하기 때문이다. 알도스테론 분비에 대한 가장 큰 자극은 혈액량(또는 혈압)의 감소이며, 특히 혈액량의 변화는 또 다른 호르몬인 레닌에 영향을 준다.

레닌(renin)은 호르몬과 같은 기능이 있지만 실제로는 효소이다. 레닌은 사구체에 아주 가까이 있는 구조인 **사구체근접부장치(juxtaglomerular apparatus)**의 부분을 이루는 수입세동맥의 세포들에 의해 분비되는데(그림 15.14), 이 부분은 수입 및 수출세동맥이 원위세관과 만나는 곳이다.

366쪽의 그림 15.15에 혈액량 조절의 음성되먹임 기작이 묘사되어 있다. 이 기작의 단계들은 아래와 같다.

1. 혈액량 또는 혈압의 감소가 신장의 사구체근접부장치를 자극하여 레닌을 분비하게 한다.
2. 혈액 내에서 레닌은 간에서 만들어진 불활성 상태의 큰 단백질인 안지오텐시노겐(angiotensinogen)에서 10개의 아미노산으로 이루어진 펩티드인 안지오텐신 I(angiotensin I)을 잘라낸다. 안지오텐신 I은 아미노산 두 개를 더 잃고 안지오텐신 II(angiotensin II)가 되는데 이것은 활성이 매우 높은 중요한 호르몬이다.
3. 안지오텐신 II는 부신피질을 자극하여 알도스테론을 분비하도록 한다.
4. 알도스테론은 원위세관과 집합관에서의 소듐 재흡수율을 높인다.
5. 혈중 소듐 레벨이 높아짐에 따라 물이 보존되어 혈액량이 증가

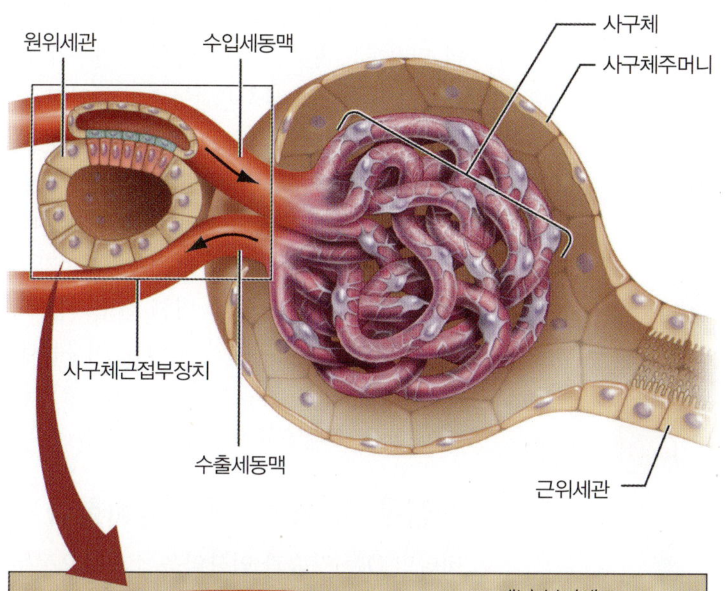

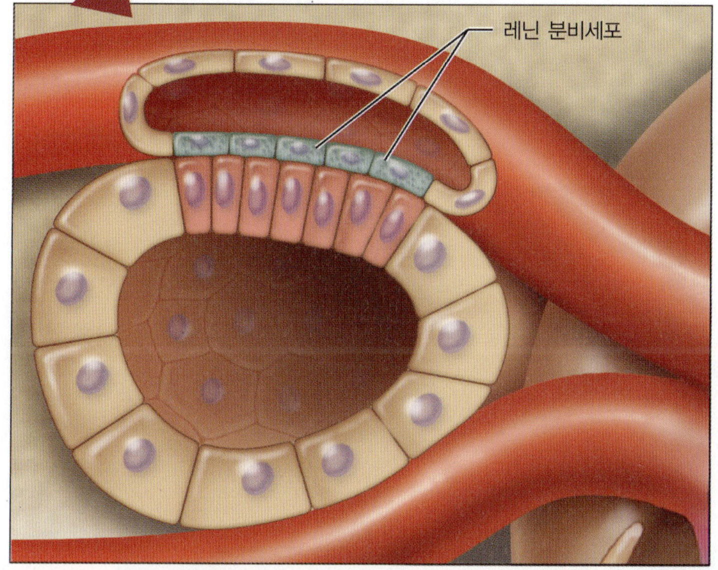

그림 15.14 사구체근접부장치. 사구체근접부장치는 원위세관이 수입세동맥 및 수출세동맥과 서로 맞닿아 있는 부위를 말한다. 사구체근접부장치의 수입세동맥 세포들은 레닌을 만들고 분비한다.

한다. 앞서 논의한 바와 같이 ADH와 그것의 용질 농도에 대한 조절 때문에 소듐이 보존되고 물이 함께 남는다. 이렇게 해서 레닌과 알도스테론(그리고 ADH)은 모두 함께 상호작용하여 혈액량과 혈압을 조절하게 된다.

레닌은 또 다른 방법으로 혈압을 조절한다: 안지오텐신 II는 유력한 혈관수축제로서 혈관의 지름을 좁힌다. 레닌 분비의 증가는 이것이 알도스테론 분비와 혈액량에 영향을 주기 훨씬 전인 수분 내에 동맥의 혈압을 증가시킬 수 있다.

이들 외에 소듐 배설에 대한 또 다른 조절자가 있는데, 바로 심방나트륨이뇨호르몬(atrial natriuretic hormone: ANH)이라는 펩티드호르몬이다. ("natriuretic"이란 Na^+의 배설을 증가시키는 물질이다) 심방은 늘어나는 것(이것은 혈액량이 증가함을 가리킨다)에 대한 반응으로 ANH를 분비한다. ANH가 순환하다가 신장에 도달하면 원위세관과 집합관에서의 Na^+ 재흡수를 억제하여 Na^+의 배설을 증가시킨다. 본질적으로, ANH는 레닌이나 알도스테론과는 반대의 효과를 보인다.

요점 정리

혈중 용질의 농도는 ADH를 포함한 되먹임 고리에 의해 유지된다. 신장으로부터의 소듐의 배설은 크게는 알도스테론에 의해 조절되는데, 이 과정은 혈액량이나 혈압상의 변화에 대응하는 레닌의 분비에 의해 조절된다. 호르몬인 ANH는 소듐 배설을 촉진한다. ■

신장은 산염기 균형과 혈액의 pH 유지에 도움을 준다

산이란 수소이온(H^+)을 제공할 수 있는 분자이고 염기는 수소이온을 받아들일 수 있는 분자라는 것을 기억하자. 우리 몸의 많은 대사 반응이 H^+를 발생시킨다. 이들을 제거하지 않으면 산이 축적되는 위험한 상태가 되는데, 왜냐하면 혈액의 pH는 7.35~7.45라는 매우 좁은 범위에서 유지되어야 하기 때문이다. 이 범위를 단위의 십분의 몇 정도만 벗어난 변화라도 치명적일 수 있다.

신장은 체내의 다양한 완충제들 및 허파와 함께 산염기 균형 유지에 참여하고 있다. 신장은 두 가지 방법으로 이를 수행하고 있다 (그림 15.16).

- 여과된 중탄산염의 재흡수. 신장의 세관 세포들은 H^+를 세관의 내강으로 분비한다. 분비된 H^+의 대부분은 사구체에서 걸러진 중탄산염(HCO_3^-)과 결합하여 이산화탄소(CO_2)와 물을 만들어낸다. CO_2와 물은 이어서 세포 내로 다시 재흡수되어 들어가는데, 여기에서 다시 H^+와 HCO_3^-로 나뉜다. H^+는 다시 분비되지만 HCO_3^-는 모세혈관으로 확산되어 들어간다. 사실상 H^+의 분비가 여과된 HCO_3^-의 거의 대부분을 재흡수하거나 회복시키는 기작이다. 여과된 HCO_3^-의 거의 모두가 CO_2로 회복될 때 추가로 분비된 H^+는 소변에 있는 음이온들(인산염과 황산염)에 의해 완충되고 마침내 소변으로 배설된다.
- 산의 암모늄으로의 신배설. 신장의 세관 세포들은 아미노산 글루타민의 정상적인 대사의 부분으로서 세포 내에 암모늄(NH_4^+)과 HCO_3^-를 만들어낸다. NH_4^+는 세관의 내강으로 운송된 후 소변에 섞여 배설된다. 새로 형성된 HCO_3^-는 CO_2 농도의 호흡조절 동안 폐에서 손실된 HCO_3^-를 보충하기 위해 혈액 속으로 확산되어 들어간다

통상 우리가 섭취한 음식은 약간의 잉여 H^+가 생기게 하는데

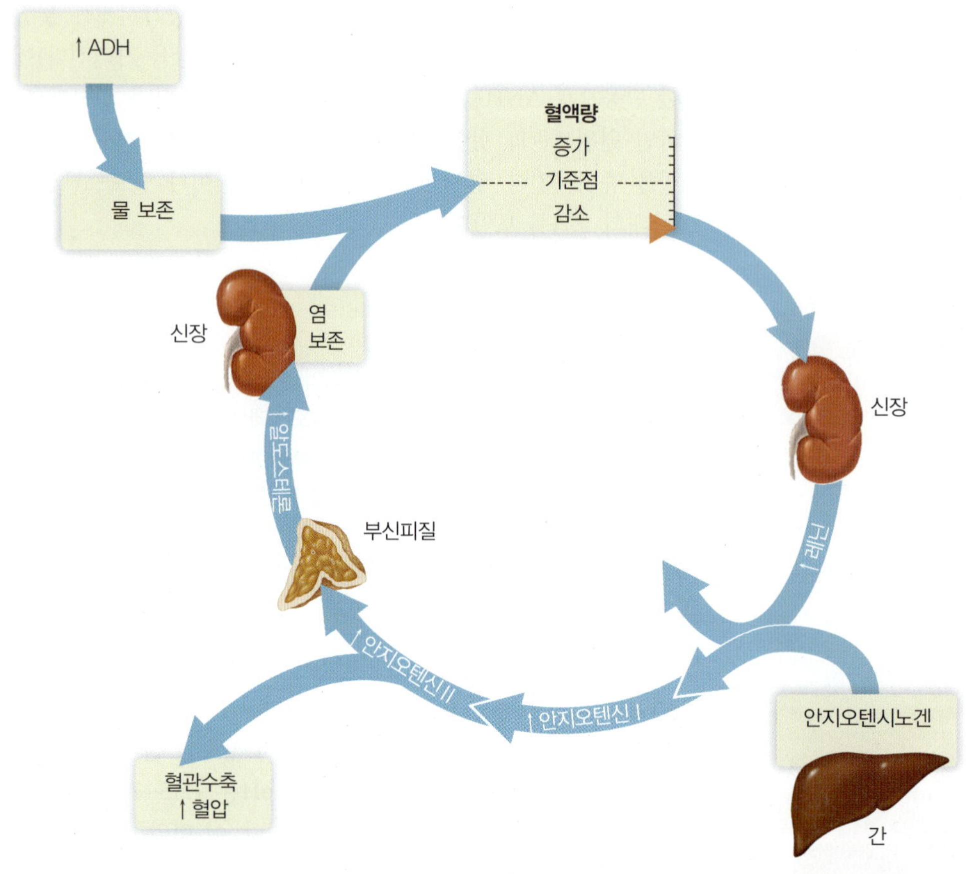

그림 15.15 **레닌, 알도스테론 및 ADH에 의한 혈액량의 조절.** 혈액량의 감소는 신장이 레닌을 분비하도록 한다. 레닌은 궁극적으로 신장이 염과 물을 보존하고, 혈액량을 정상으로 되돌리게 하는 연쇄반응을 활성화한다.

우리 몸의 산염기 균형이 유지되기 위해서는 이들이 반드시 배설되어야만 한다. 매일 형성되는 H^+의 대부분은 대사 과정 중의 CO_2 발생에 기인하는데, 이것은 폐에 의해 처리된다. H^+를 황산염, 인산염 및 암모늄과 함께 신장에서 배설하는 것은 하루에 얻어진 여분의 산을 정확히 상쇄한다.

적혈구생성인자는 적혈구의 생산을 촉진한다

7단원에서 언급된 바와 같이, 신장은 골수에서의 적혈구 생성을 조절한다. 신장은 호르몬인 **적혈구생성인자(에리트로포이에틴, erythropoietin)**를 분비함으로써 이 기능을 수행한다.

신장 전체에 퍼져 있는 어떤 세포들이 그들이 이용할 수 있는 산소의 양이 감소한 것을 감지하면 적혈구생성인자를 방출하고, 이 인자는 골수를 자극하여 적혈구를 더 만들도록 한다. 좀 더 많은 적혈구가 존재한다면 혈액의 산소운반능력이 증가할 것이다. 산소가 정상적으로 운반되는 수준에 도달하면 이 세포들이 적혈구생성인자의 활성화를 중지하고 적혈구 생산은 느려진다. 어떤 신장 세포들에 의한 적혈구생성인자의 활성화는 모든 세포들에 대한 산소 이용도를 조절하는 음성되먹임 고리를 이루는데, 그 이유는 이것이 혈액의 산소운반능력을 정상 한계 내에서 유지하기 때문이다.

신장은 비타민 D를 활성화한다

비타민 D는 칼슘과 인산염을 소화관으로부터 흡수하여 건강한 뼈와 치아를 발달시키는데 중요하다. 우리는 음식으로부터 약간의 비타민 D를 얻지만 우리의 몸 또한 피부, 간 및 신장이 관련된 세 단계 과정을 통해 비타민 D를 만들어낸다.

비타민 D 합성은 자외선이 피부 속에 있는 콜레스테롤과 비슷한 스테로이드를 활성화하여 비활성 형태의 비타민 D로 전환시킨다. 이 비활성 형태의 비타민 D는 간으

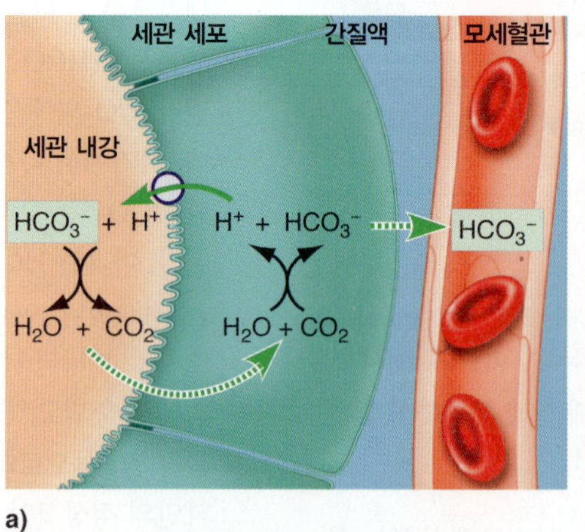

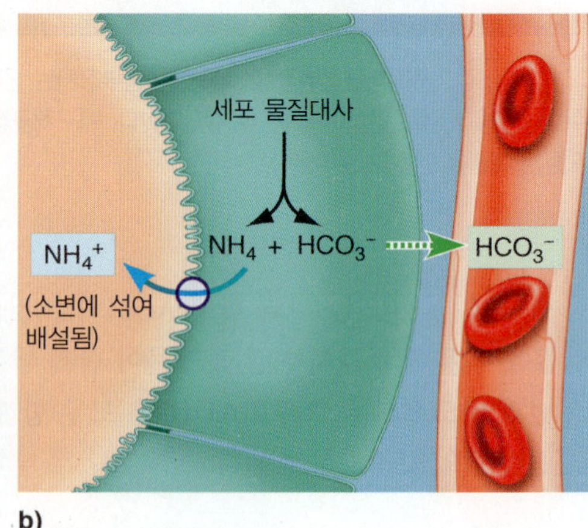

그림 15.16 **신장에서의 산-염기균형의 유지.** (a) 여과된 중탄산염의 재흡수. 세포 내의 수소이온이 내강으로 분비되면, 여기에서 그들은 여과된 중탄산염과 결합하여 CO_2와 물을 형성한다. CO_2와 물은 세포 안으로 확산되어 들어간 후 다시 수소이온과 중탄산염으로 분리된다. 수소이온은 다시 내강으로 분비되지만 중탄산염은 세포에서 확산되어 나와 혈액으로 되돌아간다. (b) 암모늄의 배설. 신장세포들은 글루타민의 세포 대사과정 중에 암모늄과 중탄산염을 만들어낸다. 암모늄은 세관 안으로 분비되어 소변과 함께 배설되지만, 새로 형성된 중탄산염은 혈액으로 확산되어 들어간다.

로 옮겨져 화학적으로 변형되고, 그 다음에는 신장으로 운송되어 부갑상샘에서 분비된 부갑상샘호르몬(PTH)의 영향을 받아 활성화된다. 신부전이 되면 이 마지막 단계가 일어나지 않을 수 있다. 이것이 신부전을 오랫동안 앓고 있는 사람들이 종종 비타민 D 부족증으로 고생하는 이유이다.

요점 정리

신장은 여과된 모든 중탄산염을 재흡수하고 H^+를 배설함으로써 몸의 산염기 균형을 유지하는데 기여한다. 신장으로의 산소운반이 줄어들면 신장에서 적혈구생성인자가 방출되고 이로 인해 골수에서의 적혈구 생산이 촉진된다. 비타민D의 생산에는 피부, 간 및 신장이 관련되어 있다. ■

15.8 비뇨계 질환

비뇨계 질환에 대해 한 가지 안심할 수 있는 점은 신장이 기능에 대한 막대한 예비능력을 갖고 있다는 점이다. 하나의 신장 또는 심지어 반만 기능하는 하나의 신장만 가지고도 잘 생활해 나갈 수 있다. 그럼에도 불구하고, 가끔 비뇨계 장애가 일어난다. 비뇨계 질환에는 신장결석, 요로감염 및 신부전 등이 있다.

신장결석은 소변의 흐름을 방해할 수 있다

가끔 소변 내의 미네랄들이 신우에서 결정화되어 **신장결석(kidney stone)**이라 부르는 단단한 덩어리들을 형성할 수 있다. 대부분의 결석들은 지름이 5밀리미터 이하로 별 문제없이 소변에 섞여 배설된다. 가끔 결석들이 이보다 커져서 요관을 막아서 소변의 흐름을 막을 뿐 아니라 극심한 통증을 유발할 수 있다. 신장결석은 수술로 제거하거나 초음파를 조사하여 분쇄할 수 있는데, 이 후에 분쇄된 조각들은 별 고통 없이 배설될 수 있다.

요로감염은 종종 박테리아에 의해 일어난다

요로감염(urinary tract infection: UTI)은 소변에 미생물이 존재하거나 비뇨계의 어떤 부분이 감염된 것을 말한다. 그 증상에는 요도 주변의 부기와 발적현상, 배뇨 시의 작열감 내지 통증, 배뇨장애, 야뇨증, 요통 및 소변 내의 혈흔이나 고름 등이 포함된다.

대부분의 UTI는 박테리아가 체표에서 요도까지 침입해 올라감으로써 일어난다. 남자들도 UTI에 걸리지만 여자들에게 UTI가 더 흔한데, 그 이유는 여자들의 요도가 더 짧아서 미생물이 방광까지 더 쉽게 침입할 수 있기 때문이다. 미생물은 요도와 방광에서 요관을 타고 신장까지 침입해 올라갈 수 있다. 이것이 어떤 요로감염이든지 즉시 치료하는 것이 중요한 이유이다. 대부분의 경우는 항생제로 치료될 수 있다.

급성 및 만성 신부전은 신장의 기능을 손상시킨다

단기이면서 치료 가능한 신장 손상을 **급성 신부전(acute renal failure)**이라고 한다. 신장의 기능을 일시적으로 손상시키는 상태에는 여과에 필요한 혈압 이하로의 지속적인 혈압 저하, 신우의 큰 결석, 감염, 수혈 부작용, 화상, 심한 손상 및 독성 약품 또는 화합물 등이다. 놀랄 만큼 많은 일반 약품들이 너무 장기 복용하거나 과용하였을 때 신장에 유독하다. 신장이 특히 취약한 이유는 신장이 재흡수력을 갖고 있어서 해로운 물질을 소변에 농축시키는 경향을 보이기 때문이다. 독성 문제는 아마도 많은 물을 마셔서 좀 더 묽어진 소변을 배설함으로써 예방할 수 있을 것이다.

만성 신부전(chronic renal failure)은 말기 신질환으로도 알려져 있는데, 정상적인 네프론이 60% 이상 감소하여 신장이 정상적인 기능을 할 수 없는 상태로 만드는 장기적이고 회복 불가능한 손상을 말한다. 만성 신부전을 앓고 있는 사람들의 신장은 아마도 정상적인 여과능력의 10% 이하를 갖고 있을 것이며, 어떤 환자들의 신장은 기능이 전혀 없을 수도 있다.

급성 신부전을 일으킬 수 있는 요인은 치료하지 않으면 어떤 것이든지 만성 신부전을 일으킬 수 있다. 더욱이 제1형 당뇨병(인슐린 의존성)을 가진 사람들의 약 40%는 결국에는 신부전을 일으키게 되는데, 특히 당뇨가 잘 조절되지 않았을 때에는 더 그렇게 된다. 약 1,300만 명의 미국인들이 신부전 증세를 갖고 있다.

요점 정리

신장은 막대한 예비 능력을 갖고 있다. 그러나 지속적인 혈압의 변화, 질병, 큰 결석, 수혈 부작용, 화상, 손상, 독성물질 및 당뇨와 같은 상태 등에 의해 급성 또는 만성 신부전이 일어날 수 있다. ■

투석은 혈액을 인공적으로 정화한다

우리 몸은 치료가 불가능할 정도로 손상된 네프론을 교체하지 못한다. 이 때문에 심한 신부전을 앓고 있는 사람들에게는 투석 또는 신장 이식이라는 두 가지의 선택만이 남아 있다.

투석(dialysis)은 건강한 신장의 기능을 따라 하려는 것이다. 인공신장 없이 집에서 할 수 있는 투석 기술을 **지속외래복막투석(continuous anbulatory peritoneal dialysis: CAPD)**이라고 한다. 이 과정에서는 투석액(세포외액과 비슷한 액체)이 복벽에 영구적으로 삽입된 접근 포트를 통하여 복강에 직접 투여된다. 투석액은 복강 내에 몇 시간 동안 남겨지는데, 그 동안 투석액이 모세혈관과 노폐물 및 이온들을 교환한다. 그 후에 투석액을 빼내어 버린다. CAPD는 정기적으로 수행되면 어느 정도 효과적일 수 있다. 이것은 편리하고 이동상의 제한이 없다. 그러나 복벽까지 도달하는 접근 포트 때문에 감염의 위험성이 있다.

우리는 희귀한 기관을 어떻게 조달해야 하는가?

지난 수 년간 이식에 이용할 수 있는 기관(장기)의 수와 기관을 필요로 하는 환자의 수 사이에 심각한 불균형이 형성되어 왔다. 이식용 기관은 어디에서 오고, 구해진 기관이 어떤 환자에게 갈지를 결정하는 것은 누구인가?

기증된 기관들의 약 45%는 살아 있는 기증자들로부터 온다. 살아 있는 한 사람의 기증자는 신장이나 폐의 부분이나 혹은 간을 특정한 환자에게 기증할 수 있지만 그것을 팔 수는 없다. 환자와 기증자는 반드시 같은 혈액형을 가져야 하며 면역학적 적합성의 유사 정도를 결정하는 6개의 조직 항원에 대한 검사를 거쳐야만 한다. 살아 있는 기증자들은 주로 가까운 친척들이지만, 가까운 친척 사이에서도 완벽한 적합성을 보이는 사람을 찾을 확률은 그다지 높지 않다. 혈연관계가 없는 기증자들 사이에서 완벽한 적합성을 가진 사람을 찾는 것은 드물다. 살아 있는 기증자를 발견하는 데 대한 책임은 환자에게 있다.

만약 당신이 살아 있는 기증자를 찾지 못하거나 당신이 심장이나 췌장이 필요하다면 유일한 출처는 사망한 사람(시체)일 것이다. 사망자 또는 사망자의 가족들이 허락한 경우에만 시체로부터 장기를 떼어낼 수 있다. 사후에 장기를 기증하고자 하는 사람들은 각 주의 자동차관리국이나 웹사이트(이 장의 인터넷 참고자료를 보시오)에서 얻을 수 있는 균등 제공자 카드에 서명하고 소지함으로써 자신의 의지를 다른 사람들에게 알릴 수 있다. 성인의 삼분의 일보다 적은 수의 사람들이 장기 제공자 카드에 서명하였다.

운송되어온 신장이 이식을 위해 병원에 도착했다.

현재 시신으로부터 얻어낸 장기들은 어떻게 배정되고 있는가?

현재 미국은 11개의 지리적인 행정구로 나뉘어 있으며, 각각은 자체적인 장기조달기관(Organ Procurement Organization: OPO)을 갖고 있어서, 이곳에서 사체장기를 조달하고 지역 내에서의 이식 배정을 조정하고 있다. 비영리 사립기관인 장기 나눔을 위한 연합 네트워크(the United Network for Organ Sharing: UNOS)는 각 지역의 OPO들을 함께 연결하여 잠재적 이식 수혜자들의 거국적인 대기자 명단을 유지한다. UNOS와 OPO들은 보건복지부(the Department of Health and Human Services: DHHS)에서 제정된 연방 규칙에 따라서 운영된다. 요점만 말하자면, 이 시스템은 민간 부분에 의해 운영되지만, 정부의 관리 감독을 받고 있다.

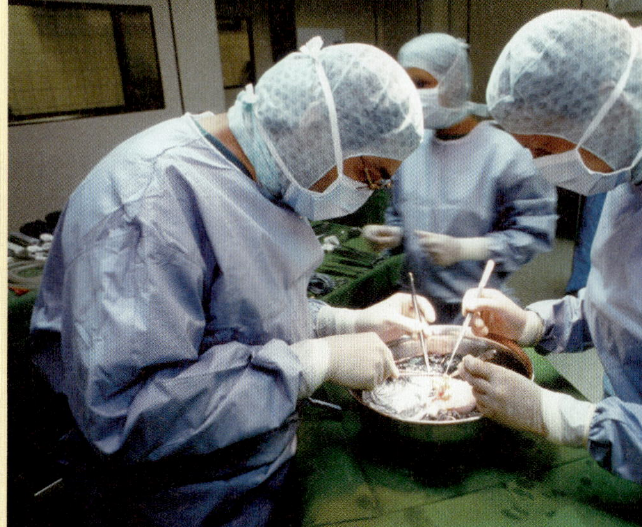

배송을 위해 준비되고 있는 신장. 98,000명 이상이 매년 장기 이식을 기다리고 있으므로 장기들은 이제 삶과 죽음의 문제가 되었다.

현재의 DHHS의 규칙에 따르면 사체장기가 필요한 환자들은 자신들이 살고 있는 지역에 속한 OPO의 이식 대기자 명단에 이름을 올려야 한다. 어떤 지역에서 사체장기가 확보되면 혈액형과 6개의 항원에 대한(일부의 장기에 대해서만) 검사가 이루어진다. 완전한 적합성-같은 혈액형이면서 같은 여섯 항원을 공유-은 매우 드물기 때문에 완벽하게 적합한 장기에 대해서는 나라 안의 어디에 사는 환자라도 우선 순위가 된다.

부분적 적합성을 가진 장기는 장기가 조달된 지역의 OPO에 속하는 환자에게 배정된다. 해당 지역의 어떤 환자하고도 적합성을 가지지 못할 때에는 다른 OPO의 환자에게 배정된다. 환자의 소득은 고려의 대상이 되지 않으나, 이식 비용을 스스로 부담하고자 하는 환자들은 동시에 여러 개의 OPO의 대기자 명단에 이름을 올릴 수 있다(일반적으로 환자의 일차 OPO 내에서 이루어지는 이식만 보험 혜택을 받는다).

현재의 배정 체계가 공정한가? 비평가들은 현재의 체계가 여러 지역의 대기 시간 사이에 불균형을 초래한다고 지적한다. 더욱이, 장기들이 항상 가장 필요한 환자(가장 위중한 환자 먼저)에게 가는 것은 아닌데, 그 이유는 이 장기들의 제공이 그들을 조달한 OPO의 모든 가능한 환자들에게 먼저 제의되어야 하기 때문이다. 현재의 체계는 또한 소수집단과 가난한 사람들을 차별

사실은....

- 인간의 장기(기관)는 사거나 팔 수 없다.
- 장기 이식 수요의 증가에 맞출 수 있을 만큼 사후장기기증이 충분하지 못하다.
- 미국연방규칙에 의하면, 환자의 거주 지역에 따라 사후기증장기를 받을 기회가 달라진다.
- 살아 있는 장기 기증자를 찾는 일은 환자의 몫이다.
- 일부 환자들은 웹사이트를 이용하여 혈연관계가 없는 살아 있는 장기 기증자를 찾는다.

할 수 있는데, 왜냐하면 그들이 사는 지역에서는 장기 기증률이 낮기 때문이다.

DHHS는 장기들이 지리적 위치가 아니라 의학적 필요의 공통 평가 기준에 의해 배정되어야 한다고 제안하였다. 이 제안은 극렬한 반대를 불러일으켰는데, 특히 높은 장기 기증률을 가진 작은 OPO의 반대가 심하였다. 작은 OPO들의 논점은 지리적인 것은 더 이상 주요 요인이 아니고, 나라의 큰 병원들과 이식센터들이 대부분의 환자들을 그들의 대기자 명단에 올릴 것이라는 것이다. 이로써 그들은 기증된 장기의 대부분을 얻게 될 것이다(그리고 이식 시술을 통해 많은 돈을 벌 것이다). 작은 이식센터들은 문을 닫게 될 수도 있다. 장기적인 면에서 봤을 때 이로써 경쟁이 줄어들 테지만, 이것은 환자들이 관심 갖는 바는 아니다. 작은 OPO들은 또한 사람들이 자신들이 기증한 장기들이 그들의 지역에서 쓰이지 않는다는 사실을 알게 되면 장기 기증이 감소될 수도 있다고 주장하였다.

사람들이 장기를 팔 수 있어야 할까?

조사에 의하면 장기 기증이 가능한 사람이 죽었을 때 가족들에게 동의를 요청하면 약 50%의 가족들만이 동의를 한다. 미국의학협회는 사랑하는 사람의 시체장기를 기증한 가족들은 어떤 방법으로든지 보상받도록 해야 한다고 제안하였다. 보건복지부 또한 신장을 기부하는 사람들처럼 살아 있는 기증자들에게 보상을 해주는 제안서를 고려하고 있다.

장려금을 지급하면 이식에 쓰일 수 있는 장기의 공급이 증가할 가능성이 높다. 그러나 많은 사람들이 윤리적 차원에서 이 제안을 반대하고 있다. 더욱이 UNOS 관리들은 장려금이 실제로는 기증을 저해시킬 것이라고 우려하고 있는데, 왜냐하면 사람들이 기증 행위를 더 이상 인생의 가치 있는 선물로 보려고 하지 않게 되기 때문이다.

주의할 만한 발전

미국 법은 장기가 이식을 위해 쓰이기 전에 기증자나 가족이 동의했다는 증거를 요구한다. "추정된 동의"에 대한 합법적인 변화가 장기기증을 극적으로 증가시킬 수 있다. 추정된 동의 하에서는 기부자나 가족이 명백하게 반대의견을 제시하지 않는 한 장기가 이용 가능하다고 추정될 것이다. 벨기에에서는 추정된 동의에 대한 법안이 통과된 후 첫 3년 동안에 신장 기증이 두 배가 되었다. 지금은 적어도 21개국에서 추정된 동의에 대한 법을 갖고 있으며, 이 나라의 시민들이 여전히 기증을 거부할 수 있음에도 불구하고, 2%의 시민들 만이 기증을 거부하였다. 미국은 아직 추정된 동의에 대한 법안을 갖고 있지 않다.

매도리나(오른쪽)는 그녀의 신장 하나를 그동안 전혀 알지 못했던 사람인 트레이시(가운데)에게 주기로 선택했다. 그들이 처음으로 만나는 모습이다.

이런 와중에 일부 환자들은 스스로 인터넷을 통하여 혈연관계가 없는 살아 있는 기증자들을 찾아내고 있다. 살아 있는 장기 기증 지원자를 잠재적인 환자와 연결해주는 첫 번째 상업적 웹사이트가 MatchingDonors.com이다. 장기가 필요한 환자가 이 웹사이트에 사연을 올리면 잠재적인 기증자가 그 사연들을 읽고 면역적 적합성이 좋으면 도와줄 환자를 선택한다. 기증자들이 그들의 기증에 대한 금전적 보상을 받지는 못하지만, 아마도 돈이 최상의 선물을 사 줄 수는 없을 것이다. 어떤 기증자가 이렇게 말했듯이. "나는 누군가에게 뭔가 좋은 일을 하고 싶었다."

아직까지는 일부의 의사들과 도덕가들이 이것이 그렇게 좋은 생각인지 확신하지 못하고 있다. 환자와 기증자 사이의 연결이 MatchingDonors.com과 같은 웹사이트에서 이루어질 경우, 장기들이 가장 위중한 환자에게 보다는 가장 감동적인 이야기나 가장 그럴듯한 사진을 가진 환자들에게 갈 가능성이 높다는 것이 그들이 지적하는 점이다. 이것이 사실이기는 하지만 현실적으로 봤을 때 미국 내에는 살아 있는 비혈연 기증자들에 대한 국가적 등록처가 없으므로 상업적 사이트들이 그 공백을 메워주고 있는 것이다.

흥미로운 반전으로, 적어도 5개의 주(켄터키, 루이지애나, 오클라호마, 사우스캐롤라이나 및 위스콘신)에서 자신들의 주에서 기증된 장기들은 먼저 그 주의 환자들에게 제안되어야 한다는 강제 조항이 통과되었다. 이러한 법안들이 난제에 잘 맞서 나갈 수 있을는지는 미지수이다. 희귀 장기에 대한 전쟁은 계속 되고 있다.

생각해볼 문제

1 당신은 우리가 사체 장기를 어떻게 배정해야 한다고 생각하는가? 현 시스템에 어떤 보완점을 제시하고자 하는가?

2 당신은 사후에 장기를 기증할 용의가 있는가? 당신은 기증자 카드를 만들었는가?

3 정부에서 살아 있는 기증자와 비혈연 환자를 연결해주는 국가적 등록처를 만들어야 한다고 생각하는가? 왜 그렇고, 왜 아닌가?

과학이 나아가는 방향

신장을 기증하는 것이 안전할까?

신장 이식을 기다리는 66,300명의 사람들 거의 대부분이 분명히 부모, 형제 자매들 및/또는 자식들이 있다. 친척들이 비혈연관계의 사람들보다 유전적으로 가깝기 때문에 더 좋은 기증자들이 될 수 있다. 이들 친척들이 해야 하는 가장 어려운 결정 중 하나가 그들의 신장이 적합하다는 판정을 받았을 경우 두 신장 중 하나를 기증해야 할 것인지이다.

어느 잠재적인 기증자라도 하게 될 질문은 물론 안전에 대한 것이다. 수술 자체는 매우 안전하지만, 장기적인 예후는 어떠한가? 단 하나의 신장만 가지고도 건강하게 오래 살 수 있을까? 이에 대한 답변은 생체 신장 기증이 가능해진 이래로 수 차례 변화해 왔는데, 이것은 우리의 지식이 세월이 지남에 따라 어떻게 진보해 왔는지에 대한 예가 된다.

신장 이식이 처음 수행되었던 1960년대에는 신장을 기증하는 것이 더할 나위 없이 안전한 것으로 여겨졌다. 추론한 대로 우리는 정상적인 신장 기능의 25%만 갖고 있어도 문제없이 지낼 수 있다. 더욱이, 한쪽 신장이 제거되면 남아 있는 다른 한쪽이 급속히 성장하여 일 년 내에 그 기능이 신장 두 개 기능의 60~75%에 도달한다. 수년간 이식된 신장의 거의 대부분은 살아 있는 친척 기증자들로부터 받았다.

1980년대에는 이야기가 극적으로 변하였다. 하버드 대학의 저명한 연구자들이 신장 기증의 장기적인 안전성에 의문을 제기하였다. 그들은 쥐 실험에서 밝혀진 것을 바탕으로 영양상태가 좋지 않은 가운데(고단백 식사와 같은) 신장의 무게를 줄이면 신장 손상이 일어나고 신장 기능이 시간이 흐름에 따라 천천히 감소할 수 있다고 제시하였다. 학계에서 논란이 격해짐에 따라 살아 있는 기증자로부터의 신장 이식이 거의 정지 상태에 이르렀다.

이 논쟁을 해결하기 위해서는 과학자들에게 하나의 신장만 가진 사람들에 대한 믿을만한 장기적인 데이터가 필요하였다. 연구자들이 과거의 기증자들을 찾기 위해 나라를 샅샅이 뒤졌지만 그들을 찾고 검사 받도록 설득하는 것만이 유일한 문제는 아니었다. 또 다른 문제는 이식이 겨우 20여 년 남짓 동안 이루어져 왔으므로 비교적 짧은 시간이라는 점이었다. 시간의 문제를 해결하기 위해 어떤 연구자들은 아동기에 신장을 제거했던 사람들을 연구하였다.

1990년대 이후, 많은 연구들이 사람들이 한쪽 신장을 제거한 후에도 좋은 신장 기능을 유지한다는 것을 보여주었다. 더욱이, 이들이 고혈압이나 다른 신장 관련 질환을 일으킬 확률이 높지 않았다. 오늘날 우리는 다시 신장 기증이 안전하다는 것을 믿게 되었다(이전보다 더 많은 데이터를 바탕으로). 결과적으로 생체 신장 기증이 다시 증가하는 추세를 보이고 있다.

하버드의 연구자들이 "틀렸던" 것일까? 그것은 절대로 아니다. 그들은 쥐들을 대상으로 아주 가치 있는 실험을 수행하였으며 이를 통해 신장 기증이 사람들에게 미칠 수 있는 위험성에 대한 중요한 가설을 세웠다. 그들의 노력과 다른 연구자들의 후속 연구에 힘입어 오늘날의 신장 기증자들은 그 어느 때보다도 더 큰 확신감을 누릴 수 있게 되었다.

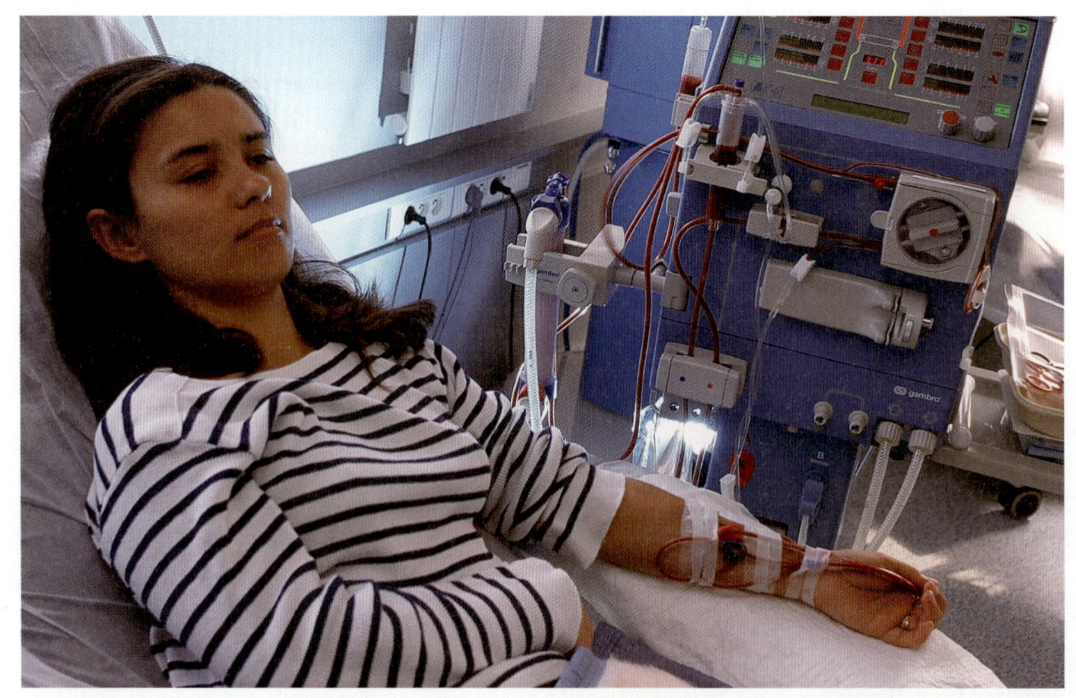

그림 15.17 혈액투석을 받고 있는 환자.

혈액투석(hemodialysis)이라고 부르는 다른 형태의 투석에서는 환자의 혈액이 인공 신장기를 통해 순환하는데, 인공신장기는 많은 양의 깨끗한 투석액과 접촉하고 있는 반투과성막들로 구성되어 있다(그림 15.17). 혈액 내의 대사 노폐물과 여분의 이온들이 투석액으로 확산되어 들어가고, 투석액은 나중에 폐기된다. 혈액투석은 비싸고 (일 년에 5,500만 원 이상) 시간이 많이 든다. 일반적으로 환자는 치료를 위해 병원의 투석센터에 일주일에 몇 번씩 가야 되고, 한 번 투석을 받는 데에는 한나절이 걸린다.

신장 이식이 신부전의 영구적인 치료 방법이다

현재 혈액투석을 받는 대부분의 환자들은 앞으로도 평생 동안 투석을 받아야 한다. 투석이 생명을 구하는 기술이기는 하지만 완벽한 치료방법은 아니다. 불가능한 것은 아니지만, 인공적인 방법으로 모든 이온과 노폐물에 대해 완벽한 항상성을 유지하는 것은 어려운 일이다. 더욱이, 투석으로 신장의 호르몬들을 되돌려 줄 수는 없다. 많은 만성 신부전 환자들의 최상의 희망은 다른 사람으로부터 살아 있는 신장을 받는 것이지만, 미국의 경우 현재 65,000명 이상의 환자들이 신장 이식을 위한 대기자 명단에 올라있다.

1960년대에 신장 이식이 시작되었을 때의 가장 큰 난제는 이식받은 사람의 신체가 다른 사람의 신장을 거부하지 않도록 면역학적 적합성이 좋은 상대를 찾는 것이었다. 가까운 친지들이 종종 신장 기부 요청을 받았다. 최근에는 면역계를 억제하는 좋은 약품의 출현, 개선된 조직 적합성 검사기술, 신장을 기다리는 환자들에 대한 국립 데이터 은행 및 빠른 제트 비행기 수송 등에 힘입어, 시신으로부터 공여 신장을 얻어내는 것이 용이해졌다. 현재의 주요 장애 요소는 과연 얼마나 많은 사람들이 사후에 그들의 신장을 기증한다고 자원하겠는가이다. 현재 대기자 명단에 있는 수천 명의 환자들은 신장을 받기 전에 죽을 수 있다.

당신은 돕기 위해 무엇을 할 수 있겠는가? 균등 제공자 카드를 만듦으로써 해부학적인 선물을 하기 위한 당신의 자발성을 구체화하라. 많은 주에서 운전면허증의 뒷면에 제공자 카드를 만들고 있다. 당신은 또한 이 카드를 인터넷에서 내려 받을 수 있다.

요점 정리

CAPD는 집에서 할 수 있는 투석 방법으로 투석액을 복강 안으로 주입하고 주기적으로 교체한다. 혈액투석은 반투과성막과 투석액으로 이루어진 인공 신장기를 이용하여 혈액을 정화한다. 신장 이식이 신부전을 앓고 있는 사람들의 최대의 희망이다. 현재 이식 가능한 신장이 매우 부족한 실정이다. ■

단원 요약

비뇨계는 항상성에 기여한다

- 신장, 허파, 간 및 피부는 모두 항상성 유지에 관여한다.
- 신장은 수분 균형과 대부분의 과잉 용질들, 특히 무기이온들과 요소의 주요 조절자이다.

비뇨계의 기관

- 비뇨계의 기관들은 소변을 생산하고, 운송하며, 저장하고 배설하는 기관들로 구성되어 있다. 비뇨계에는 신장, 요관, 방광 및 요도가 포함된다.
- 신장의 기능에는 체액의 부피와 조성의 조절, 노폐물의 배설, 혈압의 조절, 적혈구 생산의 조절 및 비타민 D의 활성화 등이 있다.

네프론이 소변을 생산한다

- 신장의 기능적 단위체는 네프론이다. 각 네프론들은 관으로 된 부분과 이들에게 혈액을 공급하는 혈관들로 되어 있다.
- 네프론의 관상 구성요소들은 사구체주머니, 근위세관, 헨레고리, 원위세관 및 집합관 등이다. 많은 네프론들은 하나의 집합관에 연결되어 있다.
- 사구체라는 모세혈관 뭉치는 사구체주머니에 둘러싸여 있다. 세관주위모세혈관들은 근위 및 원위세관을 둘러싸고 있으며, 직혈관은 헨레고리와 집합관 옆을 지나간다.

소변의 형성: 여과, 재흡수 및 분비

- 소변은 다음의 세 단계의 과정을 거쳐 형성된다: 사구체 여과, 세관 재흡수 및 세관 분비.
- 단백질을 포함하지 않은 혈장이 하루에 약 180리터씩 사구체에서 걸러져 사구체 공간으로 들어간다. 이 여과작용은 사구체모세혈관 내의 높은 혈압에 의해 일어난다.
- 여과된 물과 염의 99%와 여과된 중탄산염, 포도당 및 아미노산 모두는 세관 재흡수를 통해 재흡수된다. 소듐의 능동수송이 거의 모든 물질의 재흡수에 추진력을 제공한다.
- 세관 분비는 세관 재흡수보다는 덜 중요한 과정이지만 산염기 균형의 조절과 특정 독성 노폐물의 제거에는 매우 중요하다.

신장은 묽거나 농축된 소변을 생산할 수 있다

- 신장의 묽거나 또는 농축된 소변을 만들 수 있는 능력은 신수질의 높은 용질 농도와 집합관의 물투과성을 변화시킬 수 있는 능력에 좌우된다.
- 묽은 소변은 호르몬 ADH가 없는 상태에서 만들어진다. ADH가 없는 상태에서는 집합관에서 염의 재흡수가 물의 재흡수 없이 계속해서 일어난다.
- 농축된 소변은 ADH가 집합관의 물투과성을 높여서 물이 용질 농도가 높은 수질 쪽으로 확산되어 나가도록 할 때 만들어진다.
- 신장이 농축된 소변을 만들 수 있는 것은 머리핀처럼 배열된 헨레고리와 직혈관 사이에 존재하는 역류교환 기작에 달려 있다.

배뇨는 반사에 좌우된다

- 배뇨는 방광이 늘어날 때 시작되는 신경반사인 배뇨반사에 의해 일어난다.
- 배뇨는 뇌로부터의 더 강한 (자발적인) 신경신호에 의해 억제될 수 있다.

신장은 다방면으로 항상성을 유지한다

- 수분 균형은 ADH를 포함하는 음성되먹임 고리에 의해 유지된다. ADH 분비의 주된 자극은 혈중 용질 농도의 증가이다.
- 혈액량은 신체의 염분 균형 유지에 의해 조절되는데, 이것은 두 호르몬에 의해 영향을 받는 음성되먹임 고리에 의해 주로 조절된다: 신장에서 분비되는 레닌과 부신피질에서 분비되는 알도스테론이 그 두 호르몬이다.
- 신장은 산의 1일 순생산량(CO_2 이외의)과 같은 양으로 H^+ 및 NH_4^+를 분비한다(그리고 배설한다). 신장은 또한 여과된 HCO_3^-를 모두 재흡수하는 기작의 일부로서 H^+를 분비한다.
- 신장은 적혈구생성인자를 합성하고 분비하는데, 이것은 적혈구 생산을 조절에 관여하는 호르몬이다.
- 신장은 비타민 D의 활성화에 필요하다.

비뇨계 질환

- 신장은 독성물질, 감염, 지속적인 혈압의 감소 및 소변 흐름의 봉쇄 등에 의한 손상에 취약하다.
- 우리의 몸은 치료할 수 없을 정도로 손상된 네프론들을 교체하지 못한다.
- 혈액투석은 혈액에서 노폐물과 과도한 용질을 제거하는 인공적인 과정이다.
- 신장 이식은 기술적으로 쉽고 대부분 성공적으로 이루어지지만 기증되는 신장은 매우 부족하다.

알아야 할 용어

근위세관(proximal tubule)
네프론(nephron)
레닌(renin)
사구체(glomerulus)
사구체 여과(glomerular filtration)
사구체주머니(glomerular capsule)
세관 분비(tubular secretion)
세관 재흡수(tubular reabsorption)
세관주위모세혈관(peritubular capillary)
역류교환 기작(countercurrent exchange mechanism)
요관(urethra)
요도(urethra)
요소(urea)
원위세관(distal tubule)
직혈관(vasa recta)
집합관(collecting duct)
투석(dialysis)
항이뇨호르몬(antidiuretic hormone: ADH)
헨레고리(loop of Henle)

개념 확인 문제

1. 항상성 유지에서의 신장의 역할을 일반용어로 서술하시오.
2. 비뇨계를 이루는 각 기관들의 기능을 설명하시오.
3. 네프론을 이루고 있는 세관들의 부위별 이름과 기능을 쓰시오.
4. 직혈관의 위치를 명시하고, 직혈관이 둘러싸고 있는 두 세관 부위를 열거하시오.
5. 체액을 사구체모세혈관에서 사구체 공간으로 여과시키는 추진력이 어떻게 생기는지 설명하시오.
6. 물투과성이 조절되는 세관의 부위를 말하시오.
7. ADH를 분비시키는 주요 자극이 무엇인지 말하시오.
8. 알도스테론의 기능이 무엇인지 설명하시오.
9. 만성 신부전이 급성 신부전과 어떻게 다른지 설명하시오.
10. 만성 신부전(말기신질환)을 앓고 있는 사람에게 어떠한 치료법이 선택 가능한지 논의해 보시오.

학습 문제

연결 문제

_____ 1. 세관주위모세혈관이나 직혈관으로 직접 연결되는 혈관
_____ 2. 수백 개의 원위세관으로부터 신우까지 소변을 수송하는 것
_____ 3. 여과가 일어나는 모세혈관 뭉치
_____ 4. 소변을 신장에서 방광까지 수송하는 구조물
_____ 5. 소변을 방광에서 몸의 외부로 수송하는 구조물
_____ 6. 사구체로 혈액을 운송해주는 혈관

a. 요관
b. 요도
c. 사구체
d. 집합관
e. 수입세동맥
f. 수출세동맥

빈칸 채우기

7. ___________호르몬의 분비는 신장으로 공급되는 산소의 감소에 의해 자극 받는다.
8. ___________은(는) 사구체근접부장치의 수입세동맥 세포에서 분비되는 호르몬유사 효소이다.
9. 소변과 함께 배출되는 주요 질소성 노폐물은 ___________이다.

10. __________고리는 하행지와 상행지로 되어 있다.
11. 신세관으로부터의 __________의 능동수송이 궁극적으로 소듐, 염화물, 물 및 모든 아미노산과 단당류의 세관 재흡수를 일으킨다.
12. 호르몬인 ADH의 생산이 증가하면 물 재흡수가 (증가/감소)할 것이다.

OX 문제

13. 신수질의 간질액은 신피질의 간질액과 같은 용질 농도를 갖는다.
14. 신장은 CO_2를 배설하지 않으므로 산염기 균형에 공헌하지 못한다.
15. 요로감염은 요도 길이의 차이 때문에 남성보다 여성에게 더 흔하다.

참고문헌

Koeppen, Bruce M., and Bruce A. Stanton. *Renal Physiology*, 4th ed. St. Louis: Mosby, 2006. 248 pp. (A standard text of renal function and the maintenance of body fluids.)

Munson, Ronald. *Raising the Dead: Organ Transplants, Ethics, and Society*. Oxford University Press, 2004. (Recent coverage of this subject at an understandable level.)

Smith, Homer W. From *Fish to Philosopher*. Boston: Little, Brown, 1953. 264 pp. (A classic book in renal physiology that describes the evolution of the vertebrate kidney.)

Veatch, Robert M. *Transplantation Ethics*. Georgetown University Press, 2002. (A systematic analysis of ethical issues in transplantation.)

응용 문제

1. 우리가 짠 간식과 음료수를 많이 먹었을 때 신장은 과도한 염분과 물을 제거하기 위해 더 열심히(더 많은 대사에너지를 소비하여) 일해야 할 것인가? 추론한 것을 설명해 보시오.
2. 땀을 많이 흘리는 격렬한 운동을 하고 난 후에는 왜 갈증을 느끼게 되는지 그 기작을 설명하시오.
3. 적은 분량의 진한 노란색의 소변이 형성되는 것이 의미하는 바는 무엇인가?
4. 신장은 막대한 양의 체액을 궁극적인 배설 경로로 옮겼다가 그 대부분을 다시 몸으로 재흡수한다. 단지 몇 가지의 노폐물들만 활발하게 세관으로 분비된다. 신장은 왜 이런 식으로 작용하게 되었을까? 노폐물들만 선택해서 그리고 과도한 물과 이온들을 정확한 분량만 배설관 또는 방광으로 직접 분비하는 것이 더 쉽고 에너지소비 면에서 더 효과적이지 않을까?
5. 어린이들은 왜 태어났을 때 배변훈련-어른들처럼 배뇨와 배변을 참을 수 있는-이 되어 있지 않을까?
6. 연쇄구균성인후염을 앓은 후에 생길 수 있는 합병증으로 후연쇄구균성 사구체신염이 있다. 이 질병에서는 침입한 연쇄구균들에 대하여 생긴 항체가 신장에서 사구체에 염증을 일으키고 사구체 여과장벽을 손상시킬 수 있다. 사구체 여과장벽의 손상은 어떤 증상을 나타내겠는가? 또 이것이 신장 기능에 어떤 영향을 끼칠 것으로 예상하는가?

학습 문제 해답

1. f **2.** d **3.** c **4.** a **5.** b **6.** e **7.** 적혈구생성인자 **8.** 레닌 **9.** 요소 **10.** 헨레 **11.** 소듐 **12.** 증가 **13.** X **14.** X **15.** O

16 생식계

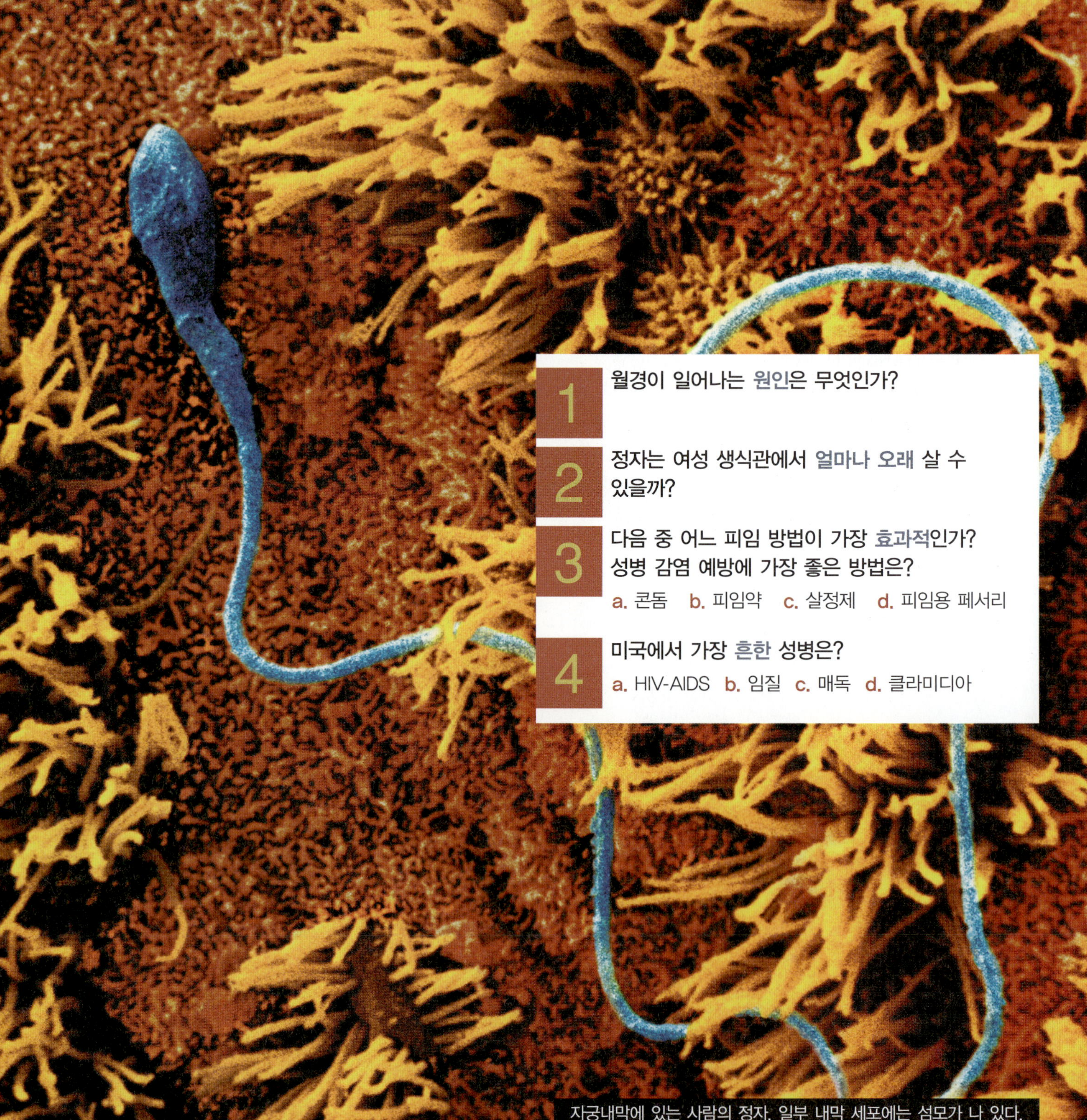

1 월경이 일어나는 원인은 무엇인가?

2 정자는 여성 생식관에서 얼마나 오래 살 수 있을까?

3 다음 중 어느 피임 방법이 가장 효과적인가? 성병 감염 예방에 가장 좋은 방법은?

a. 콘돔 b. 피임약 c. 살정제 d. 피임용 페서리

4 미국에서 가장 흔한 성병은?

a. HIV-AIDS b. 임질 c. 매독 d. 클라미디아

자궁내막에 있는 사람의 정자. 일부 내막 세포에는 섬모가 나 있다.

세포, secondary spermatocytes)가 되고, 이것이 마침내 정자세포(spermatid)가 된다. 정자세포는 반수체 세포이며, 이것이 성숙하여 남성 배우자인 정자가 된다. 정자 발생과 성숙은 약 9~10주 정도 걸린다. 이 기간 중 세포들은 세정관의 대부분을 차지하는 **세르톨리세포(Sertoli cell)**라는 커다란 보조 세포에 둘러싸여져서 영양분을 공급받는다.

성숙한 정자는 머리, 중편, 꼬리를 갖고 있다(그림 16.2d). 머리에는 DNA가 염색체의 형태로 들어 있다. 머리는 **첨체**(첨단체, acrosome)로 덮여 있는데, 그 속에는 난자를 뚫고 들어가는데 필요한 효소가 들어 있다. 정자는 채찍 같은 꼬리의 운동으로 전진하며, 중편에 있는 미토콘드리아에서 에너지를 공급받는다.

사춘기 이후의 젊은 남성은 하루에 수천만 개의 정자를 만든다. 한번 사정하면 1~3억 개의 정자가 방출되는데, 이 중 한 개가 난자와 수정된다.

요점 정리

세정관에서 이배체의 미분화 세포인 정원세포로부터 반수체인 정자가 끊임없이 만들어진다. 남자는 일생 동안에 매일 수백만 개의 정자를 만들며, 매번 사정할 때마다 최대 3억 개의 정자를 방출한다. ■

테스토스테론은 남성의 생식 능력에 영향을 미친다

남성의 생식 능력은, 고환의 세정관 사이에 위치한 **간질세포(interstitial cell)**에서 만들어지는 **테스토스테론(testosterone)**이라는 스테로이드호르몬에 의해 좌우된다(그림 16.2c). 테스토스테론은 남성 생식 조직의 성장과 기능을 조절하며, 공격적 행동과 성적 행동을 일으키고, 얼굴 수염이나 성대 변화와 같은 2차성징을 발현시킨다. 테스토스테론은 고환 속에서 미분화 정원세포의 세포분열을 촉진시키며, 세르톨리세포가 정자를 보호하도록 하며, 정자 발생 속도에 영향을 미친다.

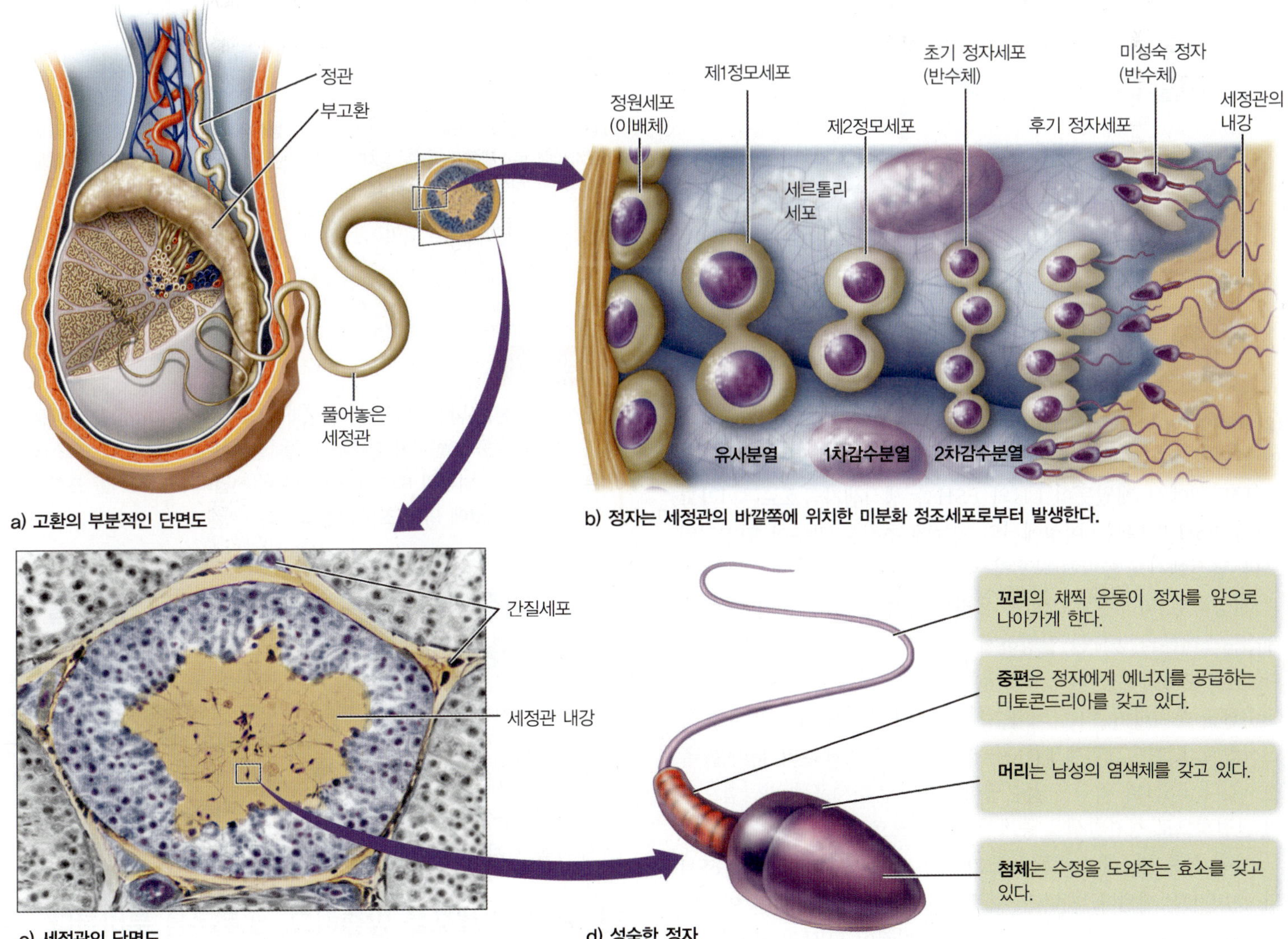

그림 16.2 세정관의 정자 형성. (a) 꼬여 있는 세정관을 보여주는 고환의 단면도. (b) 정자발생은 세르톨리세포의 도움을 받는다. (c) 테스토스테론을 분비하는 간질세포의 위치를 보여주는 세정관의 단면도(×100). 성숙한 정자가 내강 속에 보인다. (d) 정자의 머리, 중편, 그리고 꼬리.

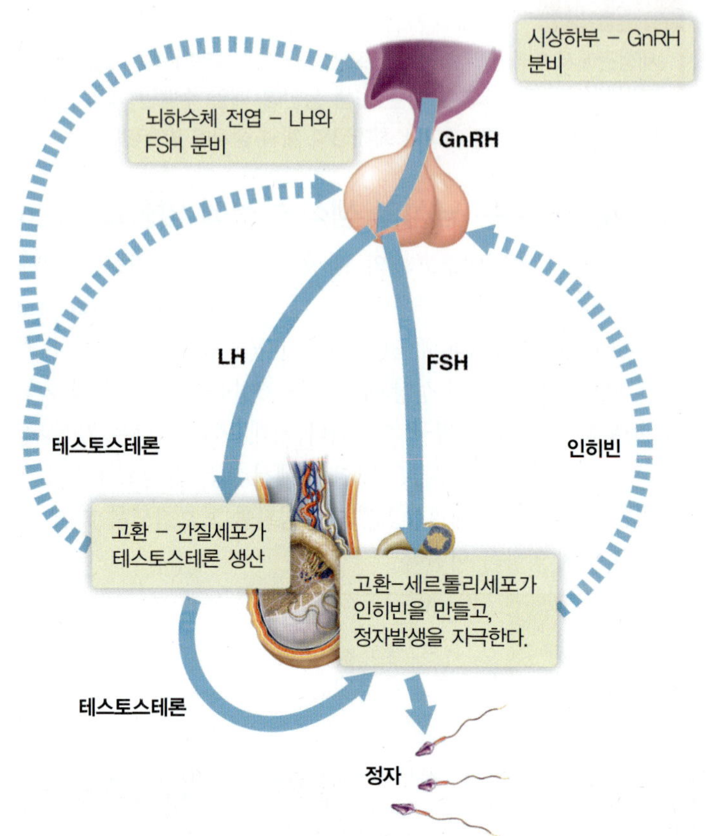

그림 16.3 혈중 테스토스테론 농도와 정자 형성의 되먹임 조절. 음성되먹임 조절 회로가 테스토스테론 농도(즉 정자발생)가 오랜 시간에 걸쳐 일정하게 유지되도록 한다. 음성되먹임 조절은 시상하부와 뇌하수체 전엽에서 일어난다.

테스토스테론의 형성과 분비는 3가지 호르몬에 의해 주도되는데, 시상하부에서 만들어지는 **생식샘자극호르몬-분비호르몬 (gonadotropin-releasing hormone: GnRH)**과 뇌하수체 전엽에서 만들어지는 황체형성호르몬(LH)과 여포자극호르몬(FSH)이다(13단원에서 배웠듯이 LH와 FSH를 생식샘자극호르몬이라고 한다). FSH와 LH는 여성에서의 기능에 초점을 맞추어 명명되었으나, 남성에서도 활발히 작용하는 호르몬이다.

시상하부, 뇌하수체, 고환을 둘러싼 음성되먹임 회로가 혈액 속 테스토스테론의 농도를 일정하게 하여 정자발생 속도를 유지시킨다(그림 16.3). 혈중 테스토스테론 농도가 떨어지면 시상하부가 GnRH를 분비하며, 이는 뇌하수체로부터 LH와 FSH의 분비를 촉진시킨다. LH는 간질세포를 자극하여 테스토스테론의 분비를 촉진시킨다. FSH의 역할은 불분명하나 세르톨리세포를 자극함으로써 간접적으로 정자발생을 증가시키는 것으로 생각된다.

한편 혈중 테스토스테론 농도가 아주 높으면 GnRH, LH, FSH의 분비가 억제된다. 게다가 세르톨리세포는 활성화되면 **인히빈 (inhibin)**이라는 호르몬을 분비하는데, 이것이 FSH의 분비를 직접적으로 억제한다.

요점 정리

테스토스테론은 남성 생식계의 성장과 기능을 자극하며, 공격적 행동과 성적 행동을 유발시키고, 2차성징을 발달시킨다. 혈중 테스토스테론 농도는 시상하부의 GnRH와 뇌하수체 전엽의 LH, FSH를 포함한 음성되먹임 회로에 의해 조절된다. ■

16.2 여성 생식계는 난자를 만들고 임신을 가능하게 한다

여성 생식계는 남성보다 더 많은 기능을 수행하도록 진화하였다. 한 달에 한두 개의 난자만이 배란된다. 게다가 난자가 수정될지 안 될지 알 수 없으므로 여성 생식계는 매달 주기적으로 수정에 대비해야 한다. 수정이 일어나면 여성의 몸은 임신에 적응해서 자라나는 태아를 지지하게 된다.

난소는 난모세포를 방출하고, 호르몬을 분비한다

그림 16.4a는 여성 생식계의 기관들을 보여준다. 이 중 중요한 것이 2개의 **난소(ovary)**인데, 폐경 전까지 여성 배우자인 난모세포

(oocyte)를 규칙적으로 방출한다. 난소는 성호르몬인 **에스트로겐(estrogen)**과 **프로게스테론(progesterone)**을 분비한다. (13단원에서 언급하였듯이 에스트로겐은 17베타-에스트라디올[17β-estradiol], 에스트론[estrone], 에스트리올[estriol]을 포함한다.)

난모세포는 배란된 후 난소와 자궁 사이의 **수란관(자궁관, oviduct)** 속으로 들어가게 된다. 수란관 끝에는 수란관술(fimbriae)이 있어 난모세포를 수란관 속으로 빨아들일 수 있다. 정자에 의한 수정은 수란관의 위쪽 1/3 부위에서 일어난다. 수정되지 않은 난모세포나 수정된 수정란이 자궁에 도착하는 데는 3~4일이 걸린다.

자궁은 수정란을 돕는다

자궁(uterus)은 속이 빈, 먹는 배 모양의 기관으로 수정란이 자라는 곳이다. 자궁벽은 두 층의 조직으로 되어 있다(그림 16.4b).

자궁의 안쪽 층인 **자궁내막(endometrium)**은 상피조직, 샘, 결합조직, 혈관으로 되어 있다. 수정란이 자궁내막에 붙는 것을 착상이라 한다. 착상 후 자궁내막은 아기와 엄마 조직으로 구성된 태반(placenta) 형성을 돕는다. 태반은 자라나는 태아에게 영양소를 공급하며, 노폐물 제거와 가스 교환이 일어나는 장소이다.

자궁의 바깥층은 **자궁근육층(myometrium)**인데, 두꺼운 민무늬 근육층이다. 자궁근육층은 임신 중에는 늘어나서 태아가 자랄 수 있게 하며, 분만 중에는 수축하여 태아를 내보내는 역할도 한다.

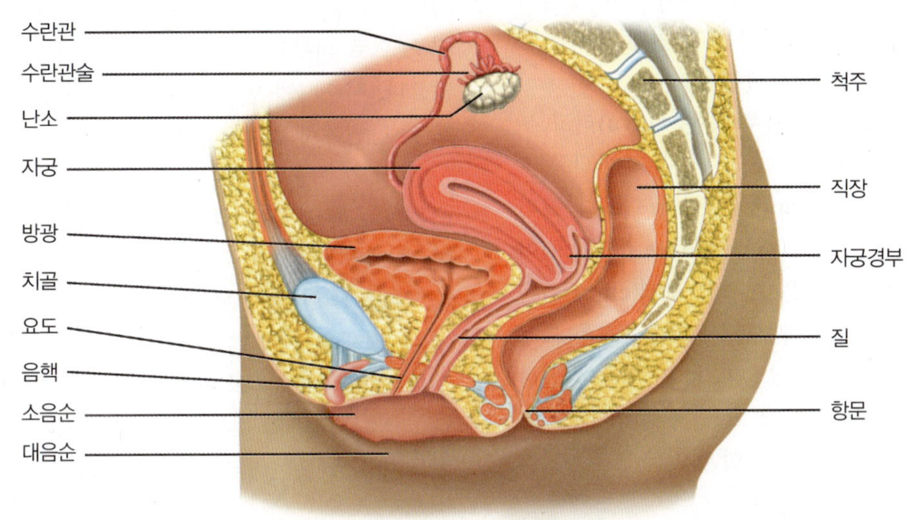

a) 다른 구조와 관련하여 여성 생식계의 구성 성분을 보여주는 시상단면

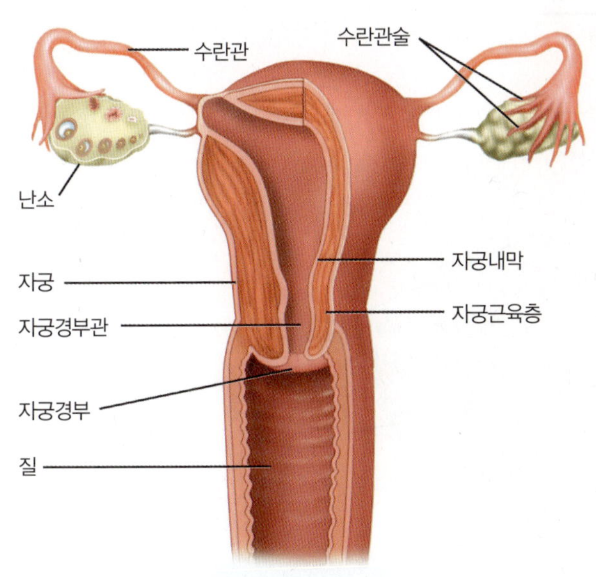

b) 내부생식기의 정면도

불두덩
음핵
요도 구멍
대음순
질 구멍
소음순
항문

c) 여성 외부생식기

그림 16.4 여성 생식계. 음순을 양쪽으로 벌려서 질 구멍과 요도 구멍을 노출시켰다.

자궁의 아래 부위를 **자궁경부(자궁목, cervix)**라 하는데, 여기에 있는 구멍을 통해 정자가 자궁으로 들어가고, 또한 분만 시에는 태아가 빠져나온다.

요점 정리

난소는 에스트로겐과 프로게스테론을 분비하고, 미성숙 난모세포들 저장하며, 28일 주기로 난모세포를 배란시키는 역할을 한다. 난모세포는 수란관을 거쳐 자궁으로 이동하며, 수정이 되면 자궁에 착상한다. ■

질: 성교와 분만을 위한 기관

자궁경부 아래에는 **질(vagina)**이 있는데, 성교를 위한 속이 빈 근육기관이며 동시에 분만 통로이다. 질 내부의 샘은 성적 흥분 시 윤활액을 분비한다. 고리 모양의 얇은 조직인 **처녀막(hymen)**이 질의 아래쪽 입구를 부분적으로 덮고 있다. 처녀막은 첫 번째 성교나 탐폰을 넣을 때, 또는 격렬한 육체 운동 시에 파열된다.

질은 체표면에 연속되어 전체적으로 **음부(음문, vulva)**라고 부르는 여성의 외부생식기에 연결된다(그림 16.4c). 음부의 바깥쪽 커다란 지방조직 덩어리가 **대음순(labia majora)**이며, 안쪽에 크기가 작고 혈관조직이 많이 와 있는 것이 **소음순(labia minora)**이다. 소음순에 부분적으로 둘러싸인 작은 기관인 **음핵(clitoris)**은 여성의 성적 반응에 중요하다. 여성의 음핵과 남성의 음경은 초기 발생 중 같은 종류의 조직으로부터 생겨났으며, 둘 다 자극에 민감한 발기조직이다. 음핵과 질 구멍 사이에 요도 구멍이 있다. 표 16.2는 여성 생식계의 주요 구성 성분을 요약한 것이다.

표 16.2 여성 생식계의 구성 성분: 요약

구성 요소	기능
난소(2)	난모세포의 저장 및 발달 장소
수란관(2)	난소에서 자궁으로 난모세포를 운반하는 관; 수정 장소
자궁	배아가 자라는 빈 방
자궁경부	자궁의 아랫부분으로 질로 연결된다.
질	성교 기관; 윤활액 분비; 분만 통로
음핵	성적 흥분 기관

젖샘은 아기에게 영양을 공급한다

사람의 유방에는 **젖샘(mammary gland)**이 있는데, 땀샘이 변화된 것으로 피부의 일부이다. 유방은 태아를 만드는데 필요하지는 않으나, 사춘기에 변화가 일어나고, 또한 아기의 발달에 관여하므로 이 단원에서 언급하고자 한다.

유방 가운데 있는 **젖꼭지(유두, nipple)**는 수축할 수 있는 민무늬근을 함유하고 있어, 성적 자극, 추운 온도, 젖 빠는 아기에 반응하여 발기한다. 젖꼭지 주변으로는 색깔이 진한 **젖꽃판(areola)**이 있다. 유방 안쪽에는 젖을 만들도록 분화된 젖샘이 들어 있다(그림 16.5). 젖샘은 수백 개의 소엽으로 구성되어 있다. 각 소엽 주변의 수축 세포들이 모유의 방출을 돕고, 여러 개의 관들이 이를 젖꼭지로 나른다. 유방의 대부분은 지방조직이기 때문에, 유방이 크다고 젖을 많이 만들어내는 것은 아니다. 샘과 지방조직 사이에 섬유성

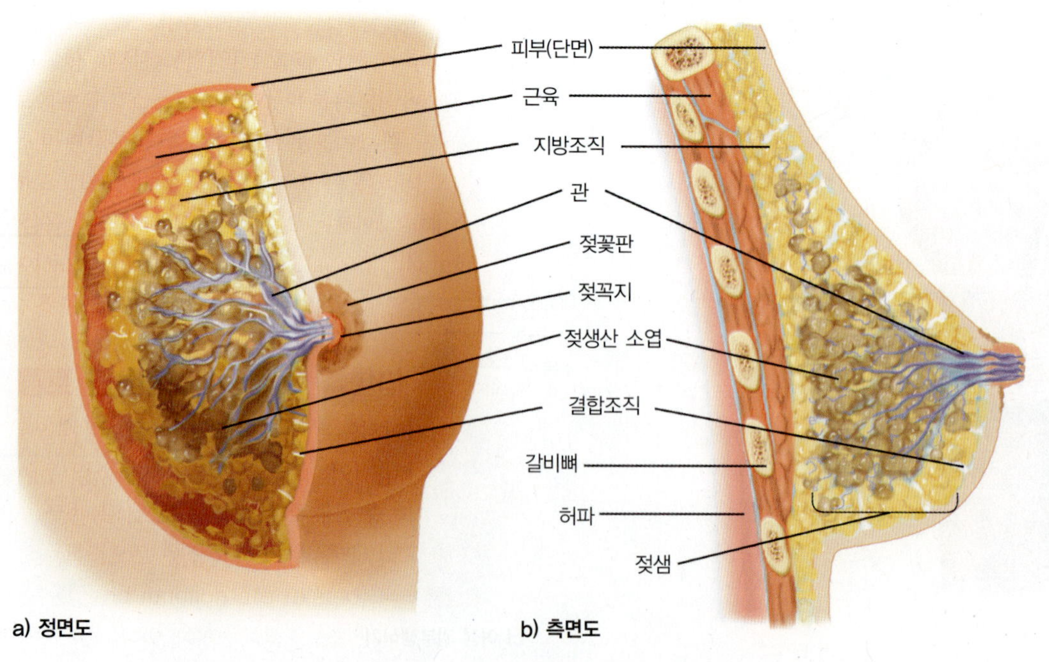

그림 16.5 여성의 유방. 젖샘과 지방조직 및 근육의 해부학적 관계.

결합조직이 있어 이들을 지지해 준다.

사춘기에는 에스트로겐의 영향으로 유방이 커진다. 에스트로겐과 프로게스테론이 임신 말기에 젖샘을 변화시켜 **수유(lactation)**를 하거나 젖을 생산할 수 있도록 한다. 출산 후에는, 프로락틴(prolactin)이 수유를 자극하며, 옥시토신(oxytocin)은 젖 분비를 위해 근수축을 자극한다. 남성의 경우 젖샘은 흔적기관(vestigial)으로 퇴화하여 기능이 없다.

요점 정리

질은 성교를 위한 기관이며, 분만 통로이다. 질 입구 주변을 음부라고 한다. 젖샘은 젖을 만들어 저장하는 부속 기관이다. ■

16.3 월경주기는 난소주기와 자궁주기로 구성된다

매달 난소와 자궁은 **월경주기(menstrual cycle)**라고 하는 변화의 패턴을 겪는다. 월경주기는 약 28일이며, 호르몬에 의해 조절된다. 사춘기에 시작되어 폐경기까지 지속되며, 임신 중에는 주기를 겪지 않는다.

완전한 월경주기는 두 개의 연결된 주기, 즉 난소주기와 자궁주기로 구성된다. 이 두 주기가 함께 작용하여 정기적으로 난모세포를 방출시키고, 자궁이 수정란을 받을 수 있도록 준비시킨다.

난소주기: 난모세포가 성숙되고 배란된다

난소주기(ovarian cycle)는 난모세포가 자라고, 성숙하고, 배란되는 과정이다. 출생 시 여자 신생아의 각 난소에는 약 100만 개의 제1난모세포(1차난모세포, primary oocyte)가 만들어져 저장되어 있으며 이후에 더 이상 만들어지지 않는다. 이들은 이미 감수분열을 시작하였으나, 출생 시 진행이 멈추어서 사춘기가 될 때까지 그 상태에 머문다. 이들 중 85%는 사춘기에 이를 때까지 흡수되고, 양쪽 난소에 합쳐서 약 30만 개 정도만 남는다.

매달 12개 정도의 제1난모세포가 발달하는데, 이 중 한 개만이 그 과정을 완수한다. 여성은 일생 동안 총 400~500개의 난모세포를 배란하게 되는데, 이는 한 번의 사정에 1~3억 개가 방출되는 정

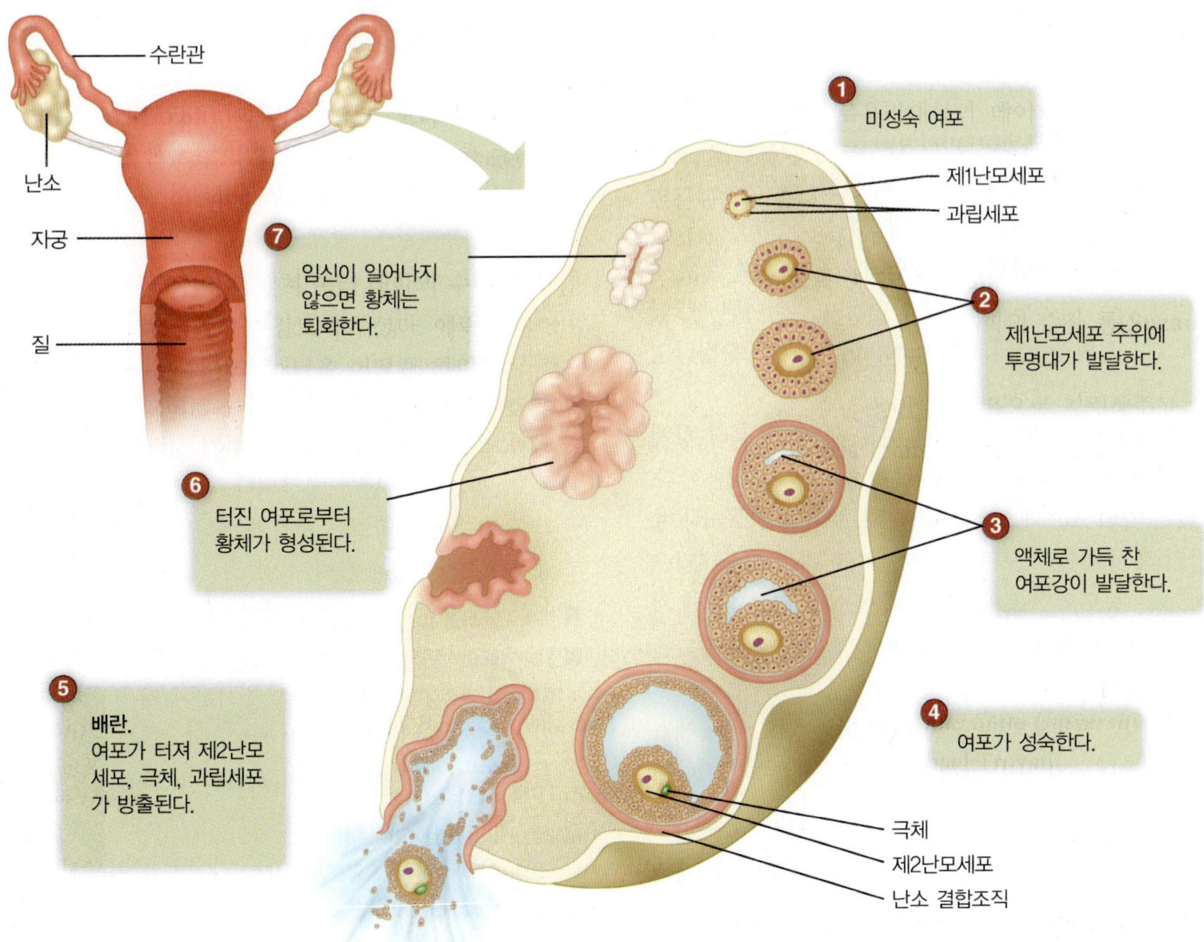

그림 16.6 난소주기. 약 12개의 1차여포가 매달 이 과정을 시작하지만 보통은 1개만이 이 과정을 완수한다. 특정 1차여포의 성숙은 그림처럼 움직이는 것이 아니라, 한자리에서 일어난다. 그러나 알아보기 쉽게 하려고 시계 방향으로 이동하는 것처럼 나타내었다.

자와는 사뭇 대조적이다.

그림 16.6은 난소주기에 일어나는 과정들을 보여준다.

1. 제1난모세포는, 영양분을 공급해주는 한 층의 과립세포에 의해 둘러싸여 있다. 1개의 제1난모세포와 이를 둘러싸는 과립세포를 미성숙 **여포(난포, follicle)**라 한다. 난소주기 초기에 시상하부로부터 방출되는 GnRH의 증가는, 뇌하수체 전엽에 의한 FSH와 LH의 분비를 서서히 증가시킨다. 이 두 뇌하수체 호르몬은 여포의 성숙과 형태 변화를 촉진하며, 여포를 자극하여 에스트로겐을 분비하도록 한다.
2. 과립세포가 분열을 시작하며, 난모세포 주변에 당단백질을 분비하여 **투명대**(zona pellucida)를 만든다.
3. 여포 속에 액체로 가득 찬 **여포강**(난포방: antrum)이 만들어지며, 과립세포들은 에스트로겐과 프로게스테론을 분비한다.
4. 제1난모세포는 제1감수분열을 마치고, **제2난모세포**(secondary oocyte)와 **극체**(polar body)를 형성한다. 그라프여포(Graafian follicle)라고 부르는 성숙여포는 제2난모세포, 극체, 많은 수의 과립세포로 구성되어 있고, 바깥에는 난소 결합조직 세포로 둘러싸여 있다.
5. 난소주기의 중앙기에 도달하기 며칠 전에 여포세포와 이를 둘러싼 난소 조직세포에서 만들어지는 에스트로겐의 농도 증가는 뇌하수체를 자극하여 LH의 양을 급증시킨다. LH 급증(LH surge)은 난소주기의 중앙기에 **배란(ovulation)**을 일으킨다. 즉 여포의 벽이 부풀어 올라 터져서 제2난모세포, 극체, 투명대, 그리고 그 주변의 과립세포들이 세포외액으로 방출되는 것이다.

   결국 제2난모세포는 수란관으로 들어가고 수란관의 연동 수축 운동에 의해 자궁 쪽으로 이동한다. 수정이 일어나면 제2난모세포는 제2감수분열을 끝내고 **난자**(ovum)가 된다. 수정란의 발생은 21단원에서 공부할 예정이다.
6. 난소주기는 아직 끝나지 않았다. 터진 여포 찌꺼기로부터 **황체(corpus luteum)**가 형성되는데. 황체는 중요한 기능을 한다. 즉, 황체는 많은 양의 프로게스테론과 에스트로겐을 만들어내며, 이 호르몬들이 혹시 있을지 모르는 착상에 대비하여 자궁내막을 준비시킨다. 높은 농도의 프로게스테론과 에스트로겐은 또한 시상하부를 자극하여 FSH의 분비를 억제시켜, 일시적으로 다른 여포의 성숙을 억제한다.
7. 수정이 일어나지 않으면 황체는 12일 내에 퇴화한다. 이때 에스트로겐과 프로게스테론의 양이 급히 떨어지고, 난소주기가 다시 시작된다.

임신이 되면, 배아조직인 **융모막**(chorion)에서 **사람융모막생식샘자극호르몬(human chorionic gonadotropin: hCG)**을 분비하기 시작한다. 집에서 할 수 있는 임신테스트는 오줌속의 hCG를 탐지하는 것이다. hCG는 황체를 자극하여 프로게스테론과 에스트로겐을 약 9~10주 동안 계속 생성시킨다. 10주가 되면 태반이 충분한 양의 에스트로겐과 프로게스테론을 생성하므로, 황체는 퇴화한다. 임신 전 기간 동안 유지되는 높은 양의 에스트로겐과 프로게스테론은 임신 중에 더 이상의 배란이 없도록 한다. 임신과 태아 발달은 21단원에서 다루기로 한다.

요점 정리

난소주기 중에 발달하는 여포 속의 제1난모세포는 제1감수분열을 마치고 제2난모세포가 된다. 여포가 터지며 제2난모세포가 방출되고, 난소에 남은 조직은 황체를 형성하는데, 여기서 프로게스테론과 에스트로겐이 분비된다. ■

자궁주기는 임신에 대비해 자궁을 준비시킨다

자궁주기(uterine cycle)는 수정란의 도달 가능성에 대비하여 매달 자궁내막에서 일어나는 구조적, 기능적 변화이다. 자궁주기는 난소주기와 연관되어 있다. 자궁주기의 시작은 월경 첫날로 정의한다. 정상적으로는 28일간 지속되지만, 사람에 따라 그 기간이 짧거나 길다. 그림 16.7에는 28일의 월경주기 중에 일어나는 난소, 자궁 및 호르몬 변화를 요약하였다.

- **1~5일: 월경기.** 이전 주기에서 수정란이 도달하지 않으면, 에스트로겐과 프로게스테론의 양이 급격히 감소하게 된다. 두 호르몬이 없으면 자궁은 임신을 대비해서 이미 두꺼워진 자궁내막을 더 이상 유지할 수 없게 된다. **월경(menstruation)**이란 내막이 해체되고, 작은 혈관들이 터지는 과정이다. 떨어져 나온 조직과 피는 질을 통해 배출된다. 3~5일간의 월경이 나오는 기간을 월경기(menstrual period)라 부른다.
- **6~14일: 증식기.** 다시 발달하는 여포로부터 분비된 에스트로겐의 영향으로 자궁내막이 증식하기 시작한다. 자궁내막이 두꺼워지고, 혈관과 샘들이 형성된다. 자궁경부의 안쪽 벽에서 물과 같은 점액이 분비되어 정자가, 혹 있다면, 질로부터 자궁으로 쉽게 통과할 수 있게 한다.
- **배란.** 배란은 주기의 중간점인 14일경에 일어난다.
- **15~28일: 분비기.** 황체에 의한 에스트로겐, 특히 프로게스테론의 형성은 자궁내막을 계속 증식하게 하여 월경 직후보다 3배까지 두껍게 한다. 자궁샘이 성숙하여, 혹 생길지 모르는 배아에게 제공할 글리코겐을 만들기 시작한다. 자궁경부의 점액은 진해지고 점성이 증가하여 "자궁경부 마개(cervical plug)"를 형성하는데, 이는 정자나 박테리아가 자궁에 들어오지 못하게 한다. 자궁내막의 구조적 변화는 혹 있을지 모르는 착상에 대비해 자궁을 준비시키는 것이다.

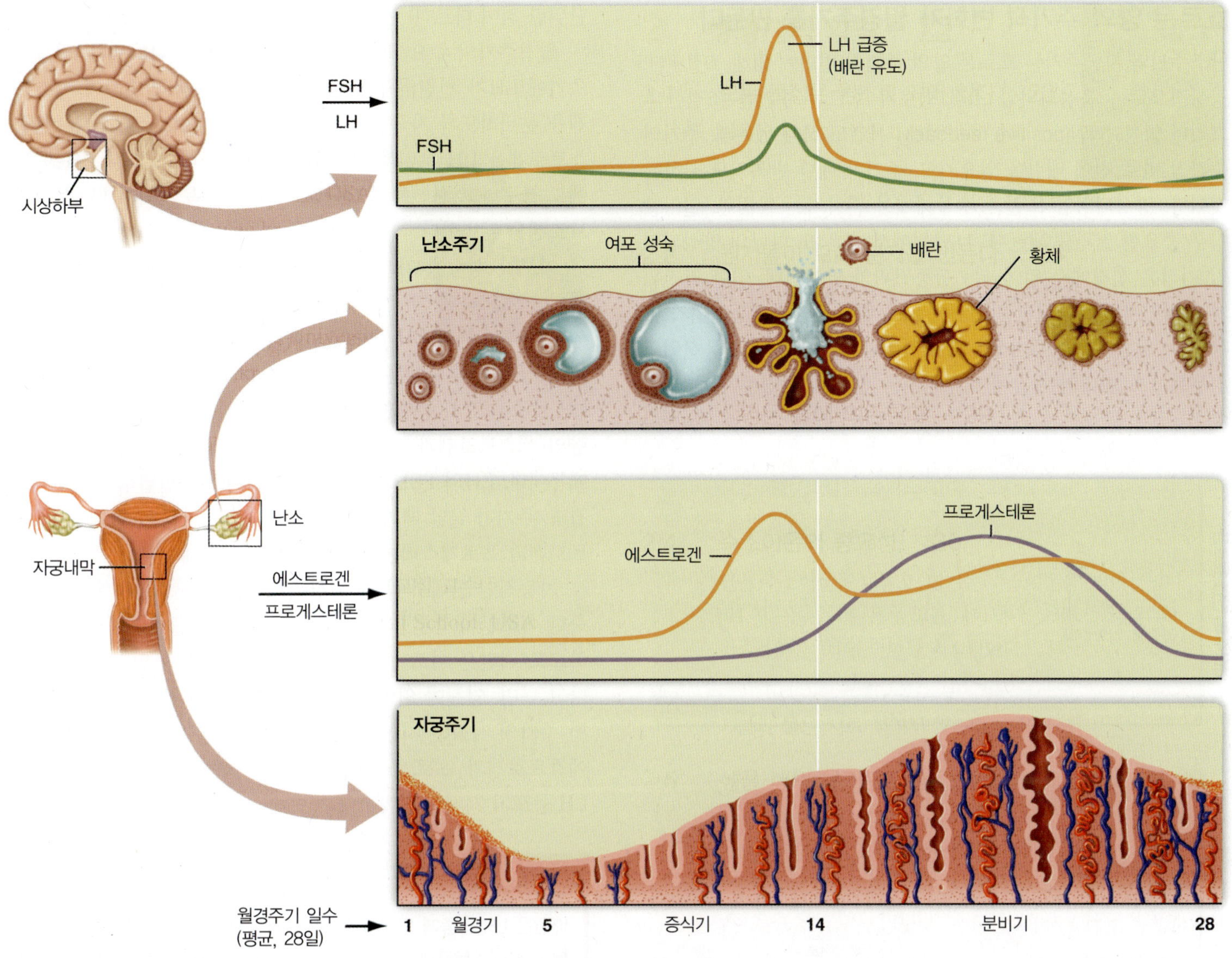

그림 16.7 **월경주기.** 월경주기는 난소주기와 자궁주기로 구성된다. 난소주기는 혈중 FSH와 LH 농도에 의존하는 난모세포의 성숙과 관련된 일련의 변화이다. 자궁주기는 혈중 에스트로겐과 프로게스테론의 농도에 의존하는 자궁내막의 변화이다.

만일 수정이 일어나지 않으면, 배란 후 약 12일경에 황체가 퇴화하고, 에스트로겐과 프로게스테론의 양이 떨어져 다시 월경주기가 시작된다.

월경주기는 일부 여성에게는 괴로운 일인데, 왜냐하면 호르몬과 몸의 변화가 급격하여 통증이 따르고 정서가 크게 변화하기 때문이다.

월경전증후군(premenstrual syndrome: PMS)은 월경 전에 일어나는 음식 탐욕, 정서변화, 불안, 허리통 및 관절통, 부종, 두통 등의 증후군이다. 월경전증후군은 월경주기 후반부, 즉 배란 후에 시작되어 월경 초기까지 지속된다. 운동과 약이 통증을 경감시켜주며 물을 많이 마시면 도움이 된다.

월경 중에 일어나는 심한 통증을 **월경통(dysmenorrhea)**이라 부른다. 자궁내막에서 분비되는 프로스타글란딘이 자궁 민무늬근을 수축시켜 심한 복통을 일으킨다. 프로스타글란딘의 생성을 억제하는 아스피린과 이부프로펜을 섭취하면 진통 효과가 있다. 배란 자체는 보통 불편하지 않으나, 일부 여성은 여포가 터질 때 잠깐 동안 날카로운 통증을 호소하기도 한다.

요점 정리

에스트로겐의 양이 많아지면 자궁내막이 증식한다. 임신이 일어나지 않으면, 호르몬 양이 감소되어 자궁내막이 해체되어 떨어져 나오는데 이를 월경이라고 한다. ■

호르몬 양의 주기적 변화가 월경주기를 만든다

난소주기와 자궁주기는 호르몬 양의 주기적 변화에 의해 조절된다. 정상적으로는 음성되먹임 조절 회로가 호르몬 주기를 조절한다. 그러나 **양성되먹임(positive feedback)** 사건도 하나 있는데, 주기의 중간점 바로 전에 배란을 일으키고, 주기가 매달 반복되도록 하는 것이다. 양성되먹임 조절은 생물체에서 흔하지는 않지만, 일어날 경우 중요한 결과를 낳는다. 11단원에서 배운 또 하나의 양성되먹임 기작은 신경에서 일어나는 활동전위의 발생인데, 일단 막전위가 역치까지 탈분극되면 막전위는 더욱 탈분극되어 활동전위가 발생된다. 월경주기의 주기성은 활동전위와도 닮았는데, 활동전위의 경우는 1초 이내의 시간에 이루어지는 일이고, 월경주기는 한 달 단위란 점이 다르다.

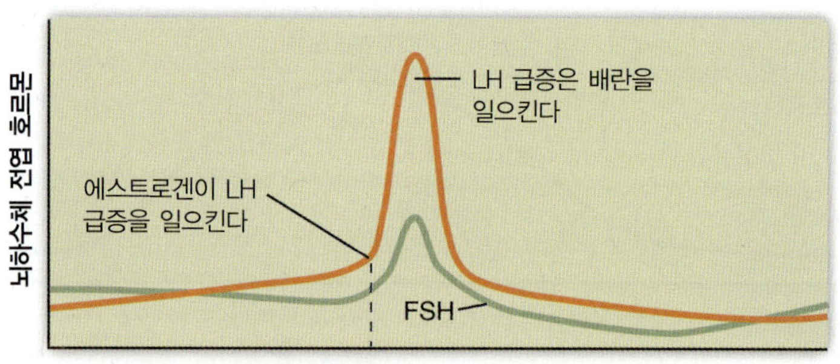

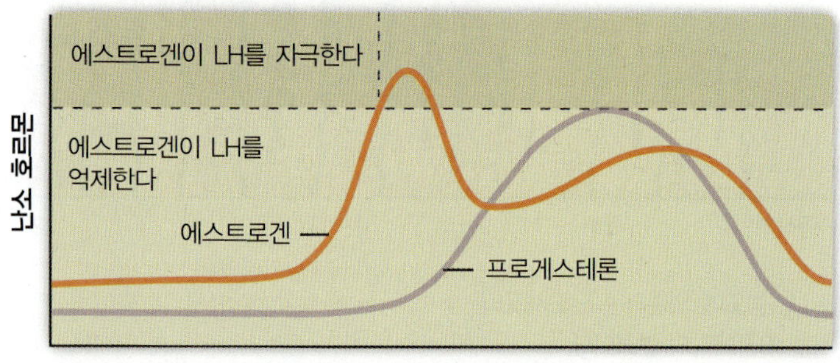

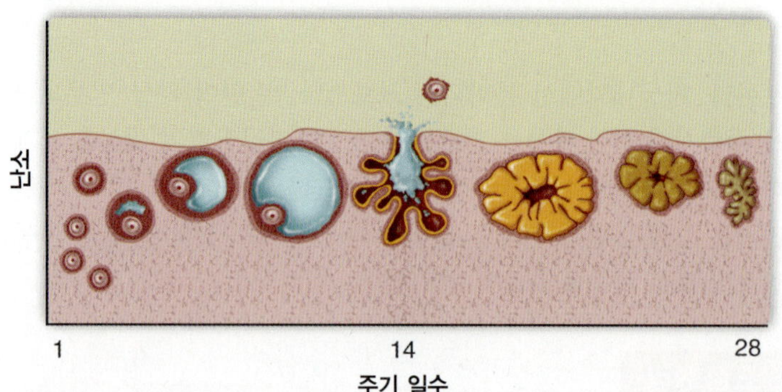

그림 16.8 **월경주기의 조절.** 월경주기의 초반부에 LH와 FSH가 여포의 성장을 자극한다. 자라는 여포는 에스트로겐을 분비하는데, 이것이 LH 분비를 억제한다. 주기의 중간점 바로 전에 성숙한 여포로부터 나온 에스트로겐이 LH 급증을 유도하고, 이것이 배란을 일으킨다. 주기 후반부에 황체로부터 나온 에스트로겐과 프로게스테론이 LH와 FSH의 분비를 억제하여 또 다른 여포가 성숙하는 것을 억제한다. 그 후 월경주기가 다시 시작된다.

월경주기의 주요 조절 과정은 그림 16.8에 나타냈다. 월경주기 초기에 LH가 천천히 증가하여 미성숙 여포를 발달시켜 에스트로겐을 분비하도록 자극한다. 이때 발달 중인 여포로부터 분비된 에스트로겐은 LH 분비를 부분적으로 억제한다. 그러나 LH는 그럼에도 불구하고 천천히 증가하며, 여포는 계속 자라서 더 많은 에스트로겐을 분비한다.

여포가 성숙에 가까워지면 에스트로겐 분비가 아주 높아져서 역치를 초과하게 되어 이제는 LH 분비를 **자극**하게 된다(양성되먹임 사건). 그 결과 LH 급증이 일어나고 14일경에 배란을 일으킨다.

월경주기 후반에는 전형적인 음성되먹임 조절로 되돌아간다. LH 급증은 잠시 동안만 일어난다. 왜냐하면 황체가 분비하는 일정량의 에스트로겐과 프로게스테론이 LH와 FSH 분비를 억제하기 때문이다. LH와 FSH가 없으면 다음 여포는 발달하지 않는다. 그 결과, 주기가 끝날 때까지 배란이 다시 일어나는 것을 막으며, 에스트로겐과 프로게스테론의 양은 다시 낮아지게 된다.

기능적인 면에서 볼 때 월경주기의 호르몬 조절은 완벽하다. 성숙한 여포만이 충분한 양의 에스트로겐을 만들어 LH 급증을 유도하므로 배란은 여포가 준비된 순간에 일어난다. 일단 배란이 일어나고 나면, 임신이 일어났는지 아닌지를 몸이 알아낼 때까지 다음 번 주기의 시작은 지연된다. 임신이 일어나지 않으면 약 2주 안에 에스트로겐과 프로게스테론 양이 낮아져 주기가 다시 시작되며 LH 농도가 서서히 증가한다.

요점 정리

배란은 LH 급증에 의해서 일어나는데, LH 급증은 성숙한 여포로부터 분비된 에스트로겐의 높은 농도에 의한 양성되먹임으로 유발된다. 월경주기의 후반부에 지속적으로 유지되는 에스트로겐과 프로게스테론의 높은 농도는 배란이 또 일어나는 것을 막는다. ■

16.4 인간의 성적 반응, 성교 그리고 수정

인간의 성적 반응은 성교와 수정을 이루기 위해 성적 기능을 통합하는 일련의 사건이다. 성적 반응은 남녀 모두에게서 4단계로 일어난다.

1. 흥분기(excitement). 성적 인식이 고양되고 흥분
2. 지속기(plateau). 강렬하고 지속적인 흥분
3. 오르가즘(orgasm). 성적 감각의 극치
4. 해소기(resolution). 흥분의 감소

건강 파수꾼

발기기능장애와 비아그라 남용

건강하고 젊은 청년들은 성관계를 갖기에 충분할 정도로 발기 및 발기 지속이 가능하다. 그러나 나이가 들게 되면서, 발기에 시간이 걸리고, 더 큰 자극이 필요하며, 젊었을 때처럼 발기가 단단하게 잘 안된다. 발기가 되지 않거나 지속이 되지 않는 경우들이 많아진다. 이는 지극히 정상적인 현상으로 성 기능이 어느 정도 감소하는 것은 나이가 들면서 예측되는 일이다.

한편으로, 진정한 발기불능은 의학적으로 병이다. 예전엔 임포텐스(impotence)라고 불렀던 **발기기능장애(발기불능, erectile dysfunction)**는 성관계를 할 수 있을 만큼 발기 및 발기 유지가 잘 안 되는 질병이다. 20대에는 흔치 않지만 40대에서는 전체 인구의 5%, 65세 이후에는 15~25%의 빈도로 일어난다.

1998년까지는 발기기능장애에 대한 많은 치료법들이 거의 증세를 악화시킬 뿐이었다. 혈관수술, 음경이식, 혈액을 음경으로 보내기 위한 진공장치, 성교 전 혈류증가를 위해 음경기저부에 근육이완제인 알프로스타딜(alprostadil)을 주입하는 방법 등이 있었다.

그러나 1998년 실데나필(sildenafil) 성분의 비아그라(Viagra)가 시장에 나왔고, 이어 레비트라(Levitra)와 시알리스(Cialis)가 출시되었다. 세 약품 모두 노인들을 위해 개발되었으나, 갑자기 모든 연령층이 발기기능장애 진단을 받아 약품을 찾게 되었다. 의사와 전문가들은 많은 남성들이 이 약품을 쾌락증진 목적으로 사용하는 점을 우려하고 있다.

세 약품 모두 다 화학 전달물질인 일산화질소(nitric oxide: NO)의 효과를 증가시키는 기작에 작용한다. 13단원에서 배웠듯이 NO는 많은 조직에서 국소 혈류를 조절한다. NO는 음경에 있는 혈관 민무늬근을 이완시켜, 혈류를 증가시키고 발기 능력을 향상시키는 것이다.

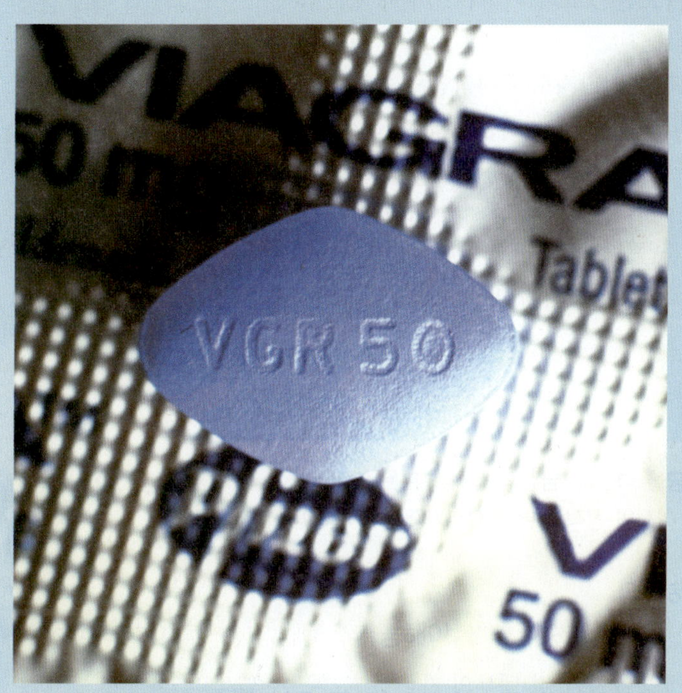

이 약품은 자동적으로 발기를 일으키는 것이 아니며, 정상적인 성적 자극 후에 효과가 있는 것이다. 최음제도 아니며, 정상 발기를 크게 증가시키는 것도 아니다. 그리고 모든 약물처럼 이 약품 역시부작용이 있다. 시신경으로 가는 혈류를 막아 갑작스럽게 앞이 안 보일 수도 있으며, 혈관을 이완시켜 혈압을 떨어뜨릴 수도 있다. 이 약품은 NO의 혈관이완작용에 의존하는 것이므로, 심혈관계 약과 함께 복용하거나 엑스타시(ecstasy), 필로폰(methamphetamine), 케타민(ketamine) 등의 마약과 함께 쓸 경우 좋지 않다.

결론적으로 말하면, 비아그라는 쾌락증진용이 아니므로 꼭 필요한 경우가 아니면 복용하지 말라는 것이다. 음경으로 가는 혈류를 증가시키는 약품이 성생활을 향상시키는 유일하고 최선인 방법은 아니다.

남성의 성적 반응

남성에게서 흥분기는 음경으로부터의 쾌락적 감각과 발기를 동반한다. 신경 흥분이 음경 속 혈관 밀집 구역으로 가는 세동맥을 이완(확장)시킬 때 발기가 일어난다. 이 구역이 피로 가득 차면 음경으로부터 나가는 정맥을 누르게 되어 혈액이 잘 빠져나가지 못하게 된다. 많은 혈액이 음경으로 들어가고, 빠져나가지는 못하므로 음경은 부풀어 오르고, 길어지며, 딱딱해진다. 맥박과 호흡이 증가하고, 골격근의 긴장도도 증가한다. 보는 것, 듣는 것, 기억, 심리적 자극; 키스나 다른 신체 접촉; 특히 음경의 신체적 접촉이 흥분을 일으키는 데 기여한다. 흥분은 2~3초에서 수 분간 지속되는 지속기 동안에 계속된다.

어느 순간 성적 흥분이 아주 커지면 **오르가즘(orgasm)**이 일어난다. 오르가즘은 짧고 강한 쾌락적 반사로 **사정(ejaculation)**을 동반한다. 사정 중 일어나는 교감신경의 활동이 정낭, 부고환, 망울요도샘, 전립샘의 민무늬근을 수축시켜 정액을 요도로 이동시킨다. 이때 내부 요도괄약근이 닫혀 오줌이 요도로 들어가는 것을 막으며, 음경 기저부의 골격근이 규칙적으로 수축하여 서너 번에 걸쳐 정액을 요도 밖으로 분출시킨다. 1회 사정되는 정액의 양은 약 3~4ml이다.

해소기에 발기가 가라앉고 호흡과 맥박이 정상으로 돌아온다. 일반적으로 불응기가 뒤따르는데, 이 기간 중에는 발기와 오르가즘이 뒤따르지 않는다. 불응기는 수 분에서 수 시간까지 지속된다.

여성의 성 반응

여성도 앞에서 말한 4단계의 성 반응을 겪는다. 남성에서와 마찬가지로 흥분기는 보는 것, 듣는 것, 심리적 자극과 신체적 자극, 특히 음핵과 유방의 자극에 의해 시작된다. 자극은 신경반사를 일으켜 소음순, 음핵, 젖꼭지에 있는 혈관을 확장시킨다. 성적 흥분 중에는 질과 소음순 주변에서 윤활액을 분비하는데, 이것이 성교를 돕는다. 이 윤활액이 분비되지 않으면 성교가 어려워지며 때때로 남녀 모두에게 통증을 줄 수 있다.

여성의 오르가즘도 남성과 마찬가지로 규칙적인 불수의근 수축으로 이뤄진다. 자궁과 질의 수축은 강한 쾌감, 포근한 느낌, 이완을 동반한다. 여성의 오르가즘 속도는 남성보다 변화가 심하다. 어떤 여성은 오르가즘을 자주 경험하지 못하며, 어떤 여성은 한 번의 성관계에서 여러 번의 오르가즘을 경험하기도 한다. 여성의 오르가즘이나 성적 흥분은 수정이나 임신을 위해 반드시 필요한 것은 아니다.

요점 정리

남녀 모두 4단계의 성적 반응을 겪는다. 남성의 성적 흥분은 발기, 오르가즘, 사정으로 이어진다. 여성의 성적 흥분과 오르가즘은 규칙적인 근 수축이 특징이다. ■

수정: 1개의 정자가 난자를 뚫는다

남성이 사정을 하면, 수억 개의 정자가 질 내부의 자궁경부 부근에 모이게 된다. 정자가 난자에 도달하려면 가야할 길이 멀다. 정자는 수란관까지 헤엄쳐 가야 하는데, 수 시간에서 하루 이상이 걸린다. 수정이 일어나려면 정자가 수란관에 있는 난모세포를 만난 다음 투명대를 뚫고 들어가야 한다(그림 16.9). 정자는 여성 생식관 속에서 보통 이틀 정도 생존하지만, 최대 5일까지 사는 경우도 있다.

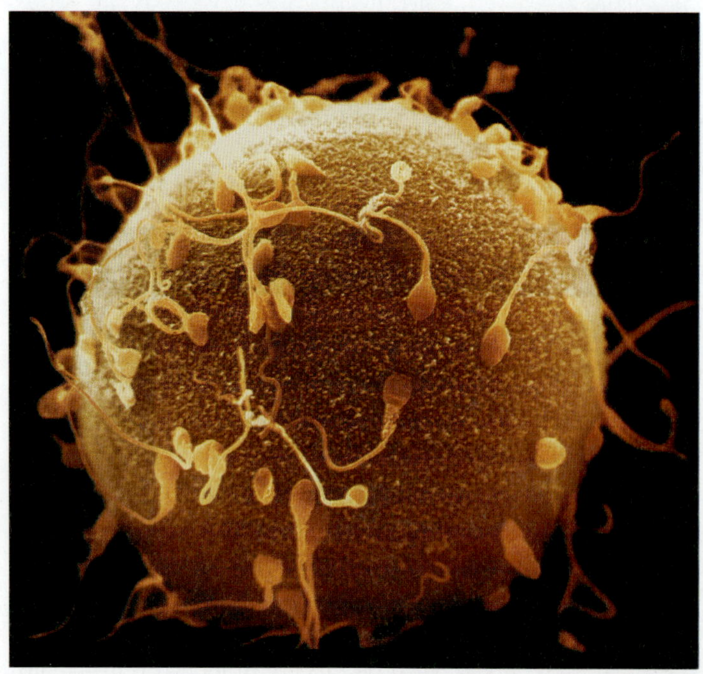

그림 16.9 **난자와 만난 정자들. 채색 SEM 사진(×900).** 1개의 정자만이 난자를 수정시킨다.

요점 정리

사정의 결과 남성은 수억 개의 정자를 질에 넣어준다. 1개의 정자에 의한 난자의 수정은 사정 후 최대 5일 동안 가능하다. ■

16.5 피임법: 수정률 조절

부부나 개인이 수정률을 조절해야 할 이유는 다양하며, 그 방법 또한 다양하다. 피임 방법에 따른 효율 역시 매우 다양하다(표 16.3). 어떤 방법은 단 한 번의 성교로 인한 임신을 막으며, 어떤 방법은 사실상 평생 임신 가능성을 없애기도 한다. 각 방법의 장점과 단점을 잘 알아두면 일정 기간 피임을 해야 할 경우에 적절한 선택을 할 수 있다.

금욕: 성교를 하지 않는 것

피임에 가장 효과가 좋은 방법은 성교를 하지 않는 것이다. 어떤 사람은 일정 기간 동안 하지 않으며, 평생 안하는 사람도 있다. 금욕은 인공적인 방법을 사용하지 않는 가장 자연스런 방법이나, 금욕할 수 없다면 임신 가능성을 낮추는 여러 방법들을 써야 한다.

외과적 수술법: 정관수술과 수란관결찰

남녀 모두 수술을 해서 불임을 할 수 있다(그림 16.10). 남성의 경우는 **정관수술(정관절제수술: vasectomy)**이다. 병원에서 국소마취 후, 음낭을 약간 자르고 정관을 찾아 두 군데를 묶고, 그 사이 부분을 잘라내면 정자가 요도로 들어가지 못하게 된다.

정관수술 후에도 고환은 테스토스테론과 정자를 만들므로 성적 관심과 2차 성징은 그대로 유지된다. 그러나 사정하지 않은 것과 마찬가지로, 정자는 요도에 도달할 수 없으므로 결국은 흡수되고 만다. 수술 전후에 따라 사정 시 배출되는 정액의 부피에는 변화가 거의 없다. 수술이 적절히 이뤄지면 정관수술 후 피임에 실패할 가능성은 없다. 그러나 의사는 안전을 위해 수술 후 몇 달 동안은 정자 수 측정을 권장한다.

여성 불임 수술은 **수란관결찰(tubal ligation)**이다. 의사는 여성의 복벽을 약간 자르고 수란관을 찾아 두 군데를 묶고, 그 사이 부분을 잘라낸다. 시술이 성공하면, 난모세포는 자궁으로 들어갈 수도 없고 정자도 난모세포를 만날 수가 없게 된다. 수란관결찰의 새로운 방법으로는 **자궁경검사법(hysteroscopy)**을 써서 구부러지는 관을 질과 자궁을 거쳐 수란관에 넣은 뒤, 전류를 방출하여 수란관

표 16.3 여러 가지 피임법의 실패율

피임법	평균 실패율[a]
피임 안하기	85~90
살정제	20~50
음경 빼내기	20~30
주기적인 금욕	20
페서리 또는 자궁경부 덮개 + 살정제	15~20
남성 또는 여성용 콘돔	10~20
호르몬 피임법	
경구피임약	1~2
피부 패치	1
질 삽입 고리	1
호르몬 주사	< 1
자궁내 기구 삽입	< 1
정관수술 또는 수란관결찰	< 1
금욕	0

주: 피임법은 적절히 사용하는 정도에 따라 효과가 다르게 나타나므로 표의 수치는 절대적인 것이 아니다. 피임법의 나열 순서는 효과에 따른 대략적인 순서이다.
[a] 여성 100명이 1년 동안에 임신하는 경우의 수.
출처: 피임 지침서, 미국 식품의약국 2003.

을 막아버리는 방법이다. 두 방법 모두 효과는 상당히 좋지만 남성의 경우보다 약간 더 어려운 수술법이다. 게다가 수란관결찰은 작지만 눈에 띌 수도 있는 2개의 흉터를 남긴다.

남성과 여성 모두에게서 불임 수술의 단점은 복원이 가능하긴 하나, 일반적으로 거의 영구적이라는 사실이다. 그러므로 피임 방법으로 불임 수술을 고려할 때에는 신중해야 한다.

호르몬 방법: 피임약, 주사, 피부 패치, 질 삽입 고리

호르몬 양을 조절하는 것은 효율적이고 안전한 피임법이다. 가장 흔한 것이 **경구피임약**(birth control pill)이다. 약에 들어 있는 호르몬의 정확한 배합률은 약간씩 다르지만, FSH와 LH의 분비를 막을 정도의 양으로 합성 프로게스테론과 에스트로겐이 구성되어 있다. 약을 복용하면 여포가 성숙하지 않으므로 배란도 일어나지 않는다. 피임약은 매일 같은 시간에 섭취하는 것이 중요하며, 규칙적으로 섭취하지 않으면 배란(그리고 임신)이 일어날 수 있다.

대부분의 피임약은 3주 동안 복용하며, 나머지 일주일은 위약으로 복용하므로 매달 정상적인 월경주기가 일어난다. 많은 의사들은 한 달 간격의 월경주기가 과연 필요한지 의문을 갖고 있다. 2003년에, 미국 식약국(FDA)은 **지속성경구피임약**(continuous birth control pill)인 시즈날리(Seasonale)를 승인하여 1년에 4번만 월경주기가 일어날 수 있게 하였다. 2007년에, FDA는 1년 동안 월경을 하지 않는 경구피임약인 리브렐(Lybrel)을 승인하였다. 지속성 경구피임약은 특히 월경전증후군(PMS)을 자주 겪는 여성들에게 좋다.

미국의 전체 여성 중 3분의 1은 일생에 걸쳐 언젠가 한번은 피임약을 사용한다. 경구피임약은 부작용이 있는데 좋은 점과 나쁜 점이 있다. 경구피임약은 월경통과 월경량을 감소시켜주며 난소와 자궁암으로부터 어느 정도 보호하는 기능도 있다. 나쁜 점은 여드름, 두통, 부종, 고혈압, 혈액응고 등을 일으키는 것이다. 흡연 여성이 피임약을 복용하면 혈액응고와 혈관 질환의 위험이 더 커진다.

매일 먹어야 하는 고역, 또는 깜박 잊고 안 먹는 점을 피하기 위하여, 호르몬 주사, 피부 패치, 질 삽입 고리, 이식 등의 방법을 택하기도 한다. 데포-프로베라(Depo-Provera)는 3달간 지속되는 프로게스테론 주사이다. 루넬리(Lunelle)는 프로게스테론과 에스트로

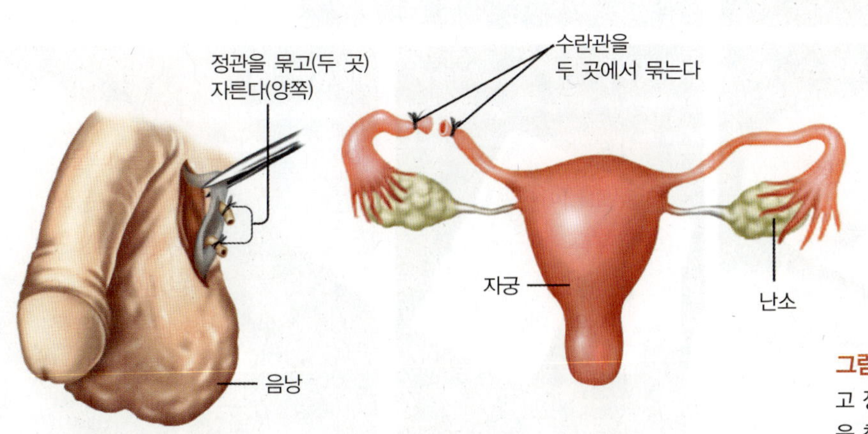

그림 16.10 외과적 수술 피임법. (a) 정관수술에서는 음낭을 약간 절개하고 정관을 두 군데서 묶는다. (b) 수란관결찰에서는 복벽을 절개하고, 수란관을 찾아 두 곳을 묶는다.

겐을 매달 주사하는 것이다. 오르토 에브라(Ortho Evra)는 혈류로 호르몬을 천천히 방출하는 피부 패치이다. 3주 동안 매주 새로운 패치를 부착하고 1주는 패치를 안 붙이면 월경을 하게 된다. 누바링(NuvaRing)은 직경이 5cm 정도인 구부리기 쉬운 질 삽입 고리로 질 안에서 천천히 호르몬을 방출하는 기능이 있다. 3주 동안 끼웠다가 1주일 제거하면 월경이 나온다. 주사, 패치, 고리도 모두 경구 피임약과 같은 부작용이 있는데, 예를 들면 체중 증가, 두통, 불규칙한 월경 등이다. 최근에 나온 임플라논(Implanon)이라는 피임약은 합성 프로게스테론을 함유하고 있는 성냥개비 크기의 막대로 피부 밑에 이식한다. 임플라논은 3년 동안 피임 효과를 나타낸다.

피임의 호르몬 요법은 성 활동이나 전희를 방해하지 않는다는 장점이 있다. 그러나 어느 방법도 성병에 대한 보호는 안 된다.

그림 16.11에는 다양한 피임법을 설명하였다.

요점 정리

피임에 가장 효과적인 방법은 금욕과 외과적 수술법이다. 피임약, 주사, 패치, 고리 같은 호르몬법도 효과적이나 부작용이 있다. ■

IUD는 자궁내 기구 삽입법이다

자궁내 피임기구(intrauterine devices: IUD)는 자궁 안에 삽입하는 작은 플라스틱이나 금속 조각이다. 반드시 의료전문가가 삽입하고, 꺼내야 한다.

IUD는 경미한 만성 감염을 일으키며, 수정과 착상을 막는다. 장점은 호르몬 요법처럼 피임에 효과적이며, 성생활을 방해하지 않는다는 것이다. 그러나 자궁 복통, 출혈, 감염, 자궁 손상이 올 수 있다. 성병의 감염을 막아주지도 못한다.

미레나(Mirena)라고 부르는 IUD는 적은 양의 유사 프로게스테론 스테로이드를 포함하고 있다. 미레나는 임신 가능성과 월경량을 감소시켜 주므로 월경기간에 출혈이 많은 여성들에게 큰 도움이 된다. 미레나는 최장 5년 동안 효과가 있다.

페서리와 자궁경부덮개는 자궁경부를 막는다

페서리(diaphragm)와 자궁경부덮개(cervical cap)는 질에 끼우는 라텍스 기구이다. 자궁경부 입구를 덮어 정자가 자궁 안으로 들어가는 것을 막는다.

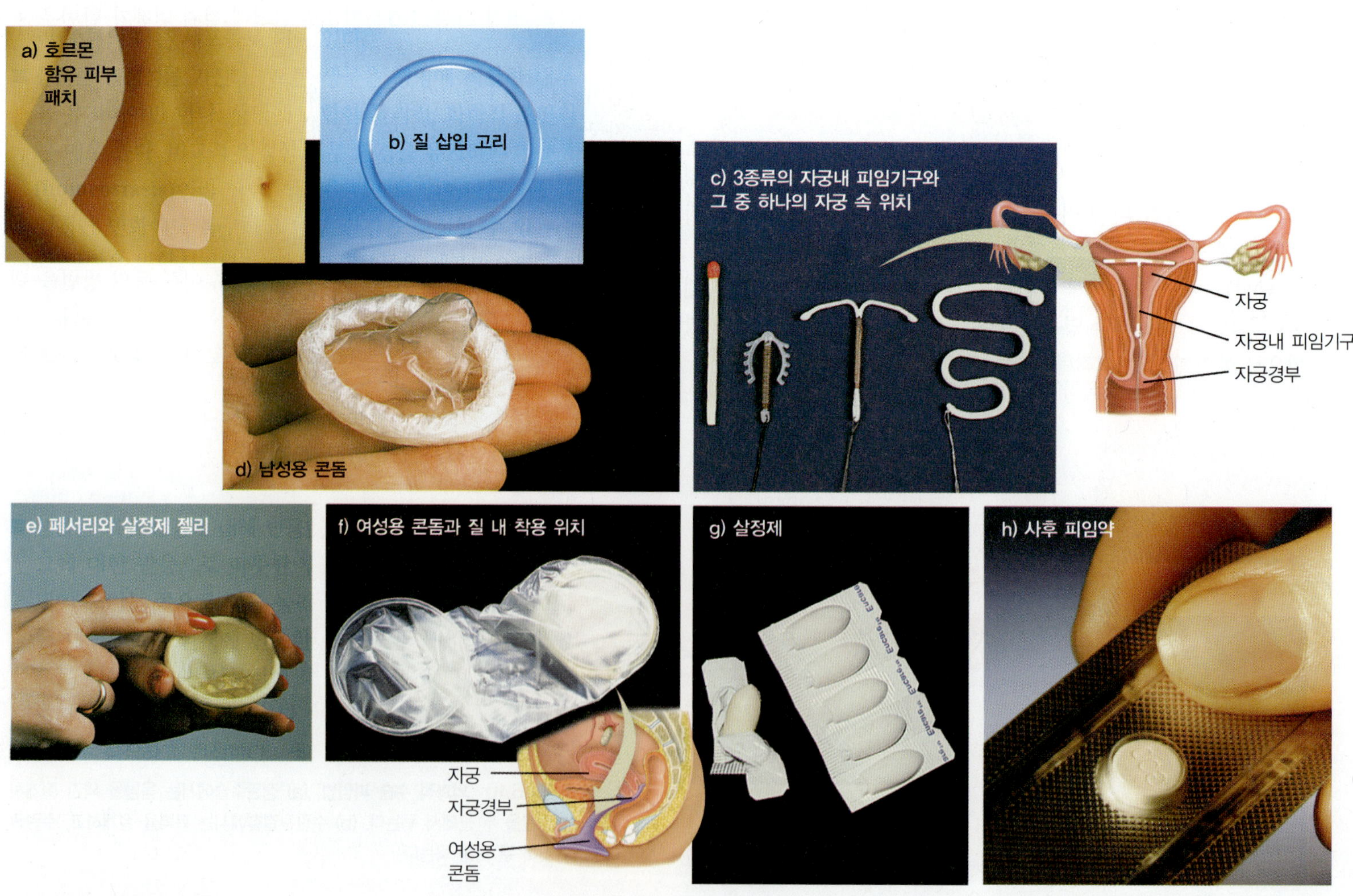

그림 16.11 다양한 피임법.

두 기구는 사용자의 자궁경부에 처음부터 잘 맞아야 한다. 단점은 성교 바로 전에 끼웠다가 끝난 후 꺼내야 하기 때문에 성생활이 불편하다는 점이다. 그러나 잘 끼우고 살정제와 함께 사용하면 효과적이다. 페서리와 자궁경부덮개는 성병을 예방하지는 못한다.

살정제는 정자를 죽인다

정자를 죽이는 **살정제(살정자제, spermicide)**는 거품, 크림, 젤리, 세척제의 형태로 판매되고 있다. 모두 다 임신 가능성을 줄이지만, 100% 효과적인 것은 아니다. 대부분의 살정제는 성교 바로 전에 질 속에 삽입한다. 세척제의 경우, 성교 후에 사용하므로 효과가 다소 떨어진다. 일부 살정제는 성병을 일으키는 미생물을 죽이기도 한다.

콘돔은 사정된 정자를 가둔다

콘돔(condom)은 사실상 풍선일 뿐이므로 비교적 간단한 방법이나, 가장 많이 쓰이는 피임법이기도 하다. 잘 쓰면 효과적이며 살정제와 같이 쓸 경우 더욱 효과적이다. 콘돔은 성병으로부터도 보호한다.

남성용 콘돔은 라텍스나 동물 막으로 만들어진 부드러운 막으로 사정된 정자를 가두는 역할을 한다. 여성용 콘돔은 질 안에 끼우는 폴리우레탄 안감과 같은 것이다. 라텍스(동물막의 경우는 아님)로 만들어진 콘돔은 에이즈와 같은 질병을 막는데 아주 효과적이다.

요점 정리

물리적 차단 방법(페서리, 자궁경부덮개, 콘돔)과 화학 살정제는 비교적 효과적이며, 이들 중 몇몇은 성병으로부터도 보호를 해준다. 피임에 좀 더 효과적인 IUD는 위험도 역시 더 크다. ■

음경빼기와 주기적 금욕

음경빼기와 주기적 금욕은 피임에 아주 효과적인 방법은 아니다. 사실상 성생활이 활발한 부부에게는 이 방법이 장기적으로 볼 때 아주 비효과적이어서 어떤 사람들은 이 방법을 피임법으로 볼 수 없다고 한다.

음경빼기(withdrawal)는 사정 직전 남자가 질로부터 음경을 빼내어 다른 곳에 사정하는 방법이다. 실제로 남자가 재주껏 잘 해야 하고 의지도 중요할 뿐 아니라 상대 여성에게 깊은 신뢰가 있어야 한다. 정자 중 일부는 사정하기 전에 사정관으로 나올 수 있어서 남성이 사정하지 않았다 해도 임신이 될 가능성이 있다.

주기적 금욕(periodic abstinence: 일명 리듬법[rhythm method])은 정자의 생존 기간, 난모세포의 배란 후 생존 기간 등을 고려해서 각 월경주기 중 특정한 기간에만 수정이 가능하다는 것을 이용하는 것이다. 즉, 배란 전 5일과 배란 후 3일을 포함해서 매월 총 8일간은 여성이 성관계를 피해야 한다. 체온을 측정해보면 배란 시 온도가 0.3~0.4℃ 정도 올라갔다가 3일간 지속된다는 점을 이용해서 배란일을 정할 수 있다. 그러나 문제는 배란 5일 전을 예측하는 것이 어렵다는 것이다.

요점 정리

음경빼기와 주기적 금욕은 장기적으로 효과 있는 방법은 아니다. ■

성교 후에 사용할 수 있는 피임약

피임 방법을 사용하지 않고 성교를 했을 경우에도 임신을 막거나 빨리 종결시키는 방법이 있다. **프리벤(Preven)**이라는 약은 성교 후 72 시간 내에 시작해서 연속적으로 4개의 알약을 복용하면 임신을 완벽하게 막을 수 있다. 의사의 처방을 받아야 하는 프리벤은 높은 농도의 프로게스테론과 에스트로겐을 함유하고 있다. 이 약은 배란이 일어나지 않은 경우에는 배란을 막는다. 배란이 일어난 경우에는 수정을 막을 수 있으나, 그 작용 기작은 잘 알려져 있지 않다. 또 다른 성교후피임약인 **플랜B(Plan B)**는 프로게스테론만을 함유하고 있다. 플랜B와 프리벤은 흔히 "위급용 피임약" 또는 "사후피임약(morning after pill)"이라고 부르는데, 미국의 경우, 플랜B는 18세 이상이면 의사 처방 없이도 구입이 가능하다.

좀 더 논란의 여지가 있는 약은 **미페프렉스(Mifeprex, mifepristone**: 예전 이름은 RU-486이다)인데, 프로게스테론의 작용을 방해하는 약이다. 미페프렉스는 프로게스테론의 활동을 차단하여 자궁내막이 증식되는 것을 막을 수 있다. 따라서 성교 후 2~3일 안에 먹으면, 자궁내막에 수정란이 착상하는 것을 막음으로써 임신을 예방할 수 있다. 그러나 미페프렉스는 임신 후 최대 7주까지 유효하기 때문에, 임신이 확인된 후에 더 많이 처방되는 약이다. 자궁내막을 태아가 살 수 없을 정도로 퇴화시키므로, 미페프렉스는 아주 초기 단계의 화학적 낙태 방법이다. 이런 이유로 미페프렉스는 위급 피임약이라기보다는 "낙태약(abortion pill)"으로 알려져 있다. 유럽에서는 수년간 사용되었지만, 미페프렉스의 작용 기작이 많은 논란을 불러일으켜서 미국에서는 2000년에 가서야 사용이 승인되었다.

선택적 낙태

선택적 낙태(elective abortion)는 임신을 선택적으로 종결시키는 방법이다. 아주 초기 단계에 미페프렉스를 쓰는 방법 외에도 태아를 떨어뜨리는 자궁진공흡입, 자궁내벽 긁어내기, 강한 생리식염수 주입 등의 방법을 써서 낙태를 할 수 있다. 때때로 근친상간이나 강간, 엄마의 건강이 위협받는 경우에도 낙태가 시술된다. 어떤 여성은 의학적 검사를 통해 태아가 살 수 없다는 것이 확인될 경우 낙태를 선택하기도 한다.

낙태는 논란의 여지가 많은 주제이다. 어떤 사람들은 여성이 자신의 생식 운명을 선택할 권리가 있다고 주장하는 반면, 다른 사람들은 배아의 생명권을 주장한다. 두 경우 다 종종 투철한 도덕적 종교적 신념에 기반을 두고 있다.

요점 정리

배란을 저지하거나 임신 유지를 막기 위해 약을 쓸 수 있다. 낙태는 임신을 선택적으로 종결시키는 과정으로 논란의 여지가 있다. ■

피임의 미래

몇 가지 새로운 형태의 피임 방법이 아직 연구 개발 단계에 있다. 그 중에는 정자 수를 감소시키는 남성 피임약과 여러 종의 여성용 백신 등이 있다. 예를 들면, 황체를 유지시켜서 착상이 일어나게 하는 호르몬인 사람융모막생식샘자극호르몬에 대한 백신이 개발 중에 있다. 정자에 대한 백신도 개발 중이다.

여성에게 대부분의 피임 선택권이 있으므로, 어떤 선택 가능성이 있는지 잘 알아둘 필요가 있다(그림 16.12).

그림 16.12 **생식 조절.** 여자는 언제 임신할지 여러 방법으로 조절할 수 있다. 의료전문가나 상담자와 상의하면 좋은 정보를 얻을 수 있다.

16.6 불임: 임신 불가능

남녀 양쪽이 모두 건강하다면 임신에는 문제가 없다. 표 16.3에서 볼 수 있듯이, 피임을 하지 않을 경우 1년 동안의 임신성공률은 85~90%이다. 성관계 시기가 임신 가능성을 높일 수 있다. 예를 들어, 부부가 임신 가능성을 높이고 싶으면 월경주기 중간 시점에, 즉 배란에 맞춰 성관계를 가지면 된다.

그러나 어떤 부부에게는 임신이 어려운 일이다. 이제 수정률을 떨어뜨리는 경우를 알아보고 그에 대한 가능한 해결책을 알아보자.

불임의 원인에는 여러 가지가 있다

임신을 하려고 일 년 동안 노력해도 아이가 생기지 않는 부부는 불임으로 본다. 이 정의에 따르면 미국의 경우, 전체 부부의 15%가 불임이다. 불임 원인은 여성과 남성이 거의 반반 정도이다.

남성 불임은 정상적인 건강한 정자의 수가 충분하지 않거나 없는 경우이다. 정자 하나가 수정에 성공할 확률은 극히 낮기 때문에, 1회 사정 시 정자 수가 6,000만 개 이하인 남성은 실제적으로 불임이다. 정자 수가 적은 이유로는 테스토스테론의 양이 충분하지 않거나, 정자를 공격하는 면역성 질환, 방사능 조사, 동화성 스테로이드, 유행성 이하선염, 임질과 같은 질병 등이 있다.

정자의 기능은 체온보다 약간 낮은 온도에서 최고로 좋다. 살아있는 정자 수를 늘리는 간단한 방법은 고환을 몸에 접촉시키는 착 달라붙은 내복을 벗어버리고 헐거운 내복을 입는 것이다.

여성 불임의 원인은 좀 더 다양하다. 가장 흔한 원인은 골반염증질환(pelvic inflammatory disease: PID)으로 여성의 내부생식기가 광범위한 세균에 감염되는 일반적인 경우이다. PID가 수란관에서 일어나면 흉터 조직이 생겨 수란관을 막는데, 그 결과 난자나 정자가 수란관을 지나갈 수 없게 된다(그림 16.13). LH나 FSH의 생산이 비정상적일 경우, 난모세포가 여포로 발달하지 못한다. 불규칙한 월경주기도 배란 시기를 맞출 수 없게 한다. 어떤 여성은 강한 산성의 질 분비물을 만들거나 자궁경부 점액의 농도를 짙게 해서 정자를 손상시키거나 정자가 난자 쪽으로 이동할 수 없게 한다. 자궁 종양이 착상을 방해할 수도 있다.

일부(1~3%) 여성에게서 자궁내막증(endometriosis)이 발병하는데, 자궁내막 조직이 월경주기 중에 수란관 쪽으로 이동하여 난소, 방광벽, 대장에서 착상이 일어나게 된다. 착상 장소에서 조직이 매달 정상적인 호르몬의 자극을 받아 자란다. 자궁내막증은 통증과

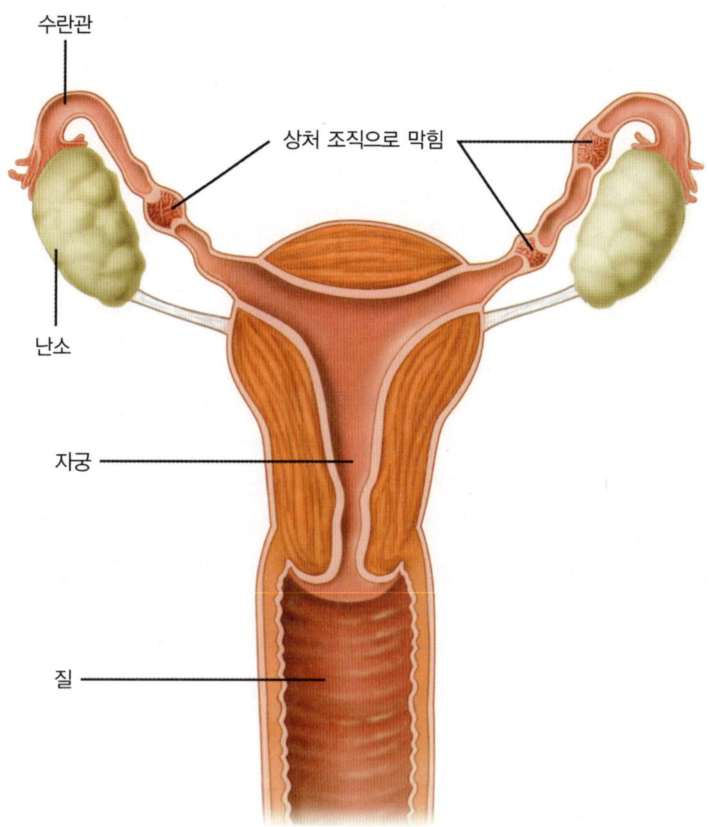

그림 16.13 **골반염증질환은 여성 불임을 유발할 수 있다.** 박테리아가 질에서 수란관으로 이동하여 염증을 일으켜 수란관의 일부 또는 전부가 막힌다.

불임을 일으킬 수 있지만, 때때로 수술이나 약물 또는 호르몬 요법에 의해 치료되기도 한다.

여성의 생식능력은 남성의 생식능력에 비해 나이에 더 민감하다. 40대 중반이 되면 난모세포의 소실이 시작된다. 게다가 난소가 LH나 FSH에 덜 반응하게 되어 마침내 폐경과 월경주기의 종결에 이르게 된다. 여성이 나이가 든 다음에 배란된 난모세포는 방사능, 화학 약품, 질병에 수 년간 노출되었을 확률이 높다.

부부 모두가 이상이 없는 경우에도 애를 갖지 못하게 되는 가장 흔한 원인은 **자연유산(miscarriage)**이다. 유산은 태아가 자궁 밖에서 생존할 수 있기 전에 잃게 되는 경우이다. 아마도 전체 임신의 3분의 1이 유산으로 끝나는데, 그 중 일부는 너무 일찍 유산이 되어 여성들이 미처 임신했다는 사실을 알지 못하는 경우도 있다.

요점 정리

남성 불임은 정자의 수가 부족하거나 없는 경우이다. 여성 불임의 원인은 여러 가지가 있는데, 배란 불능, 수란관 손상, 골반염증질환, 정자의 기능을 손상시키는 물질 분비, 자궁 종양, 자궁내막염, 나이에 따른 변화, 유산 등이다. ■

수정률 높이기

아이를 갖고 싶은 불임 부부에게 몇 가지 해결 방법이 있으나, 성공한다는 보장도 없고 대부분의 경우 비용도 비싸다. 미국의 경우, 불임부부가 아이 한 명을 임신하기 위해 수천만 원에서 2억여 원까지 쓰는 일은 낯선 일이 아니다. 여기에 이용되는 방법은 인공수정, 체외수정, 수란관내 배우자 이식, 수정률 향상제 등이 있다. 미국에서는 대리모를 고용하는 부부도 있다.

인공수정 가장 쉽고 흔하며, 경비가 가장 적게 드는 방법이 **인공수정(artificial insemination)**이다. 배란시기에 가장 가까운 시기에 주사기를 이용하여 정자를 질이나 자궁에 넣는 것이다. 인공수정은 남성의 정자 수가 적을 경우에, 여러 번에 걸쳐 정자를 모은 다음 한꺼번에 집어넣는 방법이다. 남편이 정자를 생산하지 못할 경우에는 "정자 은행"에 정자를 판 익명의 공여자로부터 정자를 받아 부인에게 넣어주거나, 독신 여성이 홀어버이(single parent)가 되려고 할 때 이용할 수 있는 방법이다. 미국에서는 1년에 2만 명이 넘는 아기들이 인공수정으로 태어난다.

체외수정 **체외수정(in vitro fertilization: IVF)**이란 몸 밖 시험관에서 일어나는 수정을 의미한다. 임상의가 초음파의 도움을 받아 주사바늘을 이용하여 여성으로부터 미성숙 난자를 채취한다. 난자를 무균 상태의 시험관 내에서 성숙시킨 다음, 정자를 더해준다. 2~4일 후, 수정이 되어 난할이 시작되는 것이 확인되면(그림 16.14), 배아를 자궁경부를 통해 엄마의 자궁에 집어넣는다. 배아가 자궁내막에 착상하면, 임신과 태아 발생이 정상으로 진행된다.

체외수정은 수란관에 손상이 있거나 여성의 분비물이 정자와 난자의 접촉을 방해해서 생기는 불임의 경우에 효과가 있다. 여성의 난소에 문제가 있어 난자를 얻을 수 없는 경우에는 다른 여성이 기증한 난자를 사용하여 체외수정을 할 수 있다. 새 난자를 얻어 처

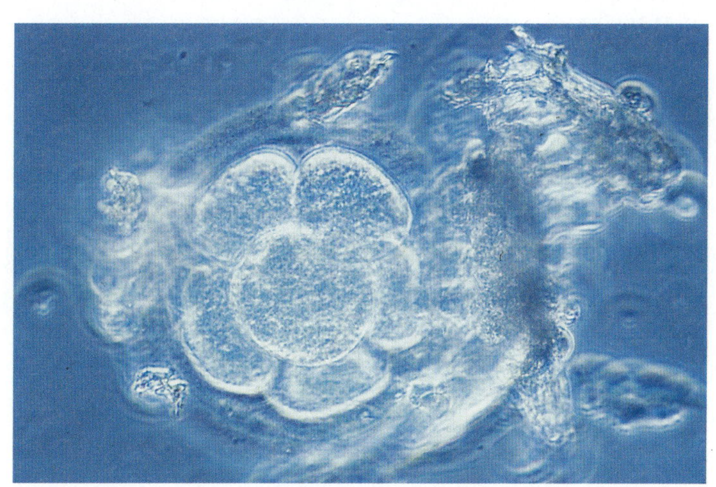

그림 16.14 **체외수정 후 약 2.5일 된 8세포기의 인간 배아.**

음부터 다시 시작할 필요 없이 배아를 냉동하였다가 나중에 다시 사용할 수도 있다.

체외수정으로 아이가 태어날 확률은 겨우 20%이므로, 불임부부들은 여러 번의 시도 끝에 임신에 성공한다. 임신 성공률을 높이기 위해 3개 이상의 배아를 이식하기도 한다. 그 결과로 체외수정을 한 여성들에게서는 슈퍼쌍생아(3명 이상의 쌍생아)가 태어나는 일이 흔하다.

수란관내 배우자 이식과 수란관내 접합자 이식 수란관내 배우자 이식(gamete intrafallopian trnasfer: GIFT)은 체외수정을 단순화하여 성공 확률을 높인 것이다. GIFT 방법에서는 여성의 복부를 조금 절개하고, 미수정 난자와 정자를 직접 수란관(Fallopian tube)에 넣는 것이다. 이 방법을 변형한 것으로, **수란관내 접합자 이식**(zygote intrafallopian trnasfer: ZIFT)에서는 체외에서 수정시킨 난자(접합자)를 위와 동일한 방법으로 수란관에 넣는 것이다.

수정률 향상제(fertility-enhancing drugs) 난자의 발생을 촉진하는 약품들이 있다. 때로 이런 약품들은 체외수정 전에 사용되거나 체외수정을 준비하는 여성에게 투여되어 한 번에 여러 개의 난자를 얻게 된다. 이 약 자체에 의해서도 슈퍼쌍생아가 태어날 수 있다. 만일 4명 이상의 쌍생아가 태어났다는 뉴스를 들었다면, 산모가 수정률 향상제를 사용한 것이 거의 확실하다.

대리모업(surrogate motherhood) 어떤 불임부부는 대리모에게 비용을 지불하고 아이를 임신하여 낳게 하는 경우가 있다. 장래의 부모는 정자나 난자, 또는 둘 다를 제공하기도 한다.

대리모업은 불임부부와 대리모 사이에 합의가 이루어지기 전 조사해야 할 여러 가지 법적 문제가 있다. 대리모는 아기를 포기하고 부부에게 입양시키겠다는 법적 서약을 해야 한다. 그러나 쌍방 사이에 갈등이 일어날 경우에 대비하여 취해야 할 법적 예비 조치들이 무엇인지에 대해 명확히 해 둘 수 있는 사례는 아직 많지 않다.

요점 정리

불임의 원인에 따라 수정률을 증진시킬 수 있는 방법이 많이 있다. 인공수정, 체외수정, 수란관내 배우자 이식, 수란관내 접합자 이식, 수정률 향상제, 대리모업 등이다. ■

16.7 성병: 세계적 관심

생식계의 문제들로는: (1) 불임, (2) 임신합병증, (3) 생식기 암 또는 종양, (4) 성병이 있다. 불임 문제는 이미 다루었고, 임신합병증은 21단원, 암은 18단원에서 다룰 예정이므로 여기서는 성병에 관해 알아보겠다.

성병(sexually transmitted diseases: STDs)은 성적 접촉, 즉 생식기-생식기, 구강-생식기, 항문-생식기의 경로로 전파된다. 젊은 이들의 조숙한 성관계와 피임약의 발달 때문에 성병은 증가 추세에 있다. 미국에서는 매년 1,200만 명이 넘는 사람들이 성병에 감염되며, 이중 4분의 1은 10대이다.

성병은 단지 사회적 골칫거리가 아니라 우리 몸의 기관을 망가뜨리고, 죽음을 초래하기도 한다. 성병인데도 생식기에 영향을 미치지 않는 것도 많다. 어떤 성병은 불치병이 되므로, 작은 예방이 호된 치료보다 확실히 중요하다.

우리가 사람의 생식계를 공부했으므로 이제 성병이 흔한 이유를 알 수 있다. 대부분의 병원균은 따뜻하고 습한 환경 밖으로 나가면 오래 살 수 없다. 이것은 왜 병원균이 소화관, 호흡관, 생식기와 같이 따뜻하고 습한 곳을 통해 들어오는지를 잘 설명해준다. AIDS를 일으키는 바이러스와 같은 일부 병원체는 체액을 통해 들어온다. "사면발이"라고 부르는 음모에 붙어 사는 이는 밀접한 접촉이 있을 때면 한 사람에게서 다른 사람에게로 옮겨간다.

성병을 일으키는 생물체에는 비루스, 세균, 곰팡이, 원생동물 그리고 심지어 절지동물도 있다. 표 16.4에는 흔한 성병의 원인, 증세, 합병증 및 치료에 대한 요약을 나타냈다.

세균성 성병: 임질, 매독, 클라미디아

임질 임질은 *Neisseria gonorrhoeae*라는 임질균에 의해 일어나며, 한번의 노출로 여자의 50%와 남자의 20%가 감염될 정도로 쉽게 전파된다. 구강 대 생식기 접촉 시에는 입과 목으로 전파되며, 손을 통해서 입과 눈에 전파될 수도 있다. 산모가 감염된 경우, 분만 시에 아기의 눈에 임질이 감염되면 실명을 일으키기도 한다.

남자의 경우, 초기에 음경에서 고름이 나오고 배뇨통이 있으나, 병이 남아 있는데도 증세는 사라지기도 한다. 여성의 경우, 배뇨 시 화끈거리며 그다지 비정상으로 보이지 않는 질 분비물이 나오기도 한다. 그러나 감염된 남성의 20%와 여성의 80%는 증세가 없어서, 상당 기간 병원을 찾지 않는다. 임질은 방치하면 염증과 흉터가 생기고 불임이 될 수 있다.

임질은 20년 전에 비해 훨씬 줄었다(그림 16.15). 임질은 일반적으로 항생제에 잘 듣지만, 최근에는 항생제 저항성이 있는 종도 생겼다.

매독 *Treponema pallidum*이라는 세균이 매독을 일으키는데, 방치하면 가장 위험한 성병 중의 하나이다. 다행히도 요즘은 흔한 병이 아니다. 매독은 3기로 나뉘어 진행되는데, 사이사이에 소강기가 있다. 감염 후 1~8주에 제1기 단계(primary phase)에 들어간다. 세균이 가득 찬 딱딱하고 마른 궤양인 하감(chancre)이 감염 부위에 나타난다. 이는 아프지도 않고 서너 주 후면 저절로 없어져 감염된 여성이 모를 수도 있다.

표 16.4 성병

병	병원체	증상	합병증	설명
임질	*Neisseria gonorrhoeae* 세균	남: 음경고름, 배뇨통 여: 배뇨통, 질분비액	남: 고환염증, 불임 여: 골반염증질환, 상처, 불임	증세가 없을 수도 있음, 병은 잔존하나 증세 사라질 수도 있음; 항생제 치료
매독	*Treponema pallidum* 세균	제1기: 감염 부위에 하감	제2기: 무소양 발진, 탈모, 점막에 회색 영역 제3기: 심혈관계, 신경계 손상, 시력상실, 피부궤양	기 사이에 증세 사라질 수도 있음; 항생제 치료
클라미디아	*Chlamydia trachomatis* 세균	남: 음경 분비물, 배뇨 시 화끈거림 여: 질 분비물, 화끈거림, 가려움	골반염증질환, 요도감염, 불임, 임신 합병증	항생제 치료
AIDS (9단원 참조)	사람면역결핍 바이러스(HIV)	피로, 열, 추위, 밤에 땀, 부은 림프절 또는 지라, 설사, 식욕부진, 체중 감소	감염, 폐렴, 뇌척수막염, 결핵, 뇌염, 암	타인에게 옮길 수 있으나 수 년간 증세 없을 수도 있음; 치료법 없다
B형 간염 (14단원 참조)	B형 간염바이러스	구역질, 피로, 황달, 복통, 관절염	간경변, 간부전	백신예방 가능
생식기 포진	단순포진바이러스 1, 2형	생식기 수포, 배뇨통, 열, 사타구니에 부은 림프절	소강기 중 증세 사라지나 다시 나타날 수도 있음; 활동기 중 타인에게 전염	활동기 조절 약 있음
생식기 사마귀	사람유두종바이러스 (HPV)	음경, 음순, 항문, 질속, 자궁경부 사마귀	자궁경부, 음경 암 가능성	수술, 냉동, 약으로 제거. 백신예방 가능
효모 감염	*Candida albicans*	남: 음경 분비물, 배뇨통 여: 질통, 염증, 치즈같은 분비물	여성에서는 성적 접촉 없이 가능, 남성은 성병	항균제로 치료
트리코모나스증	*Trichomonas vaginalis* 원생동물	남: 음경염증 분비물 여: 거품, 역한 냄새의 질 분비물	요도에 재발	약으로 치료 가능
음부 이	*Phthirus pubis*	극한 가려움증, 피부 염증; 이가 작으나 보임	이불이나 옷으로 감염	약으로 치료 가능

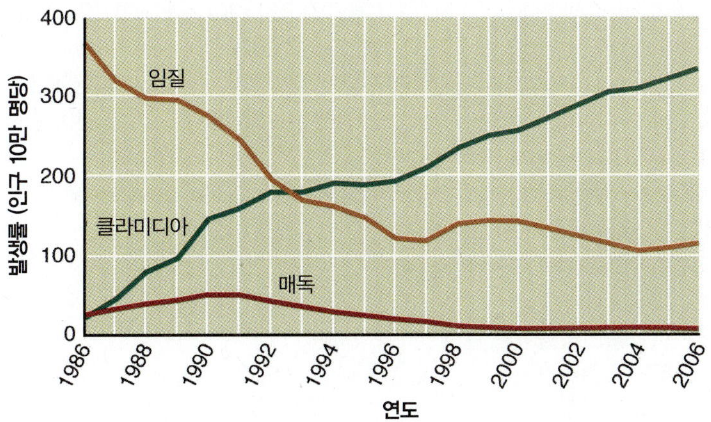

그림 16.15 가장 흔한 세균성 성병 3종류의 상대적 감염률. 1986년 이래 미국에서 매년 인구 10만 명당 감염되는 수를 나타낸다. 매독은 제1기 매독과 제2기 매독을 포함하는 수치이다.

몇 년간 지속되기도 하는 제2기 단계(secondary phase) 중에 매독균이 림프절, 혈관, 점막, 뼈, 신경계로 침입한다. 증세로는, 널리 퍼지지만 가렵지 않은 발진, 탈모, 점막 위에 감염 부위가 나타내는 회색 반점 등이다. 증세가 사라지거나 거기서 끝날 수도 있다. 그러나 몇몇 사람의 경우 제3기 단계(tertiary phase)로 진행되는데, 심혈관계와 신경계의 손상, 시력 상실, 피부궤양을 일으키며, 결국은 사망에 이를 수 있다. 매독에 감염된 여성에게서 태어난 아기는 매독균이 태반을 통과해서 태아에게 전달되므로, 시력상실, 기형, 사산아가 될 수 있다. 매독은 페니실린으로 치료될 수 있다.

클라미디아 클라미디아는 *Chlamydia trachomatis* 세균에 의해 감염된다. 항생제로 쉽게 치료되지만 증세가 약해서 진단도 받지 않고 치료도 안하고 지나가기 쉽다. 남성의 경우 음경 분비물과 배

과학이 나아가는 방향

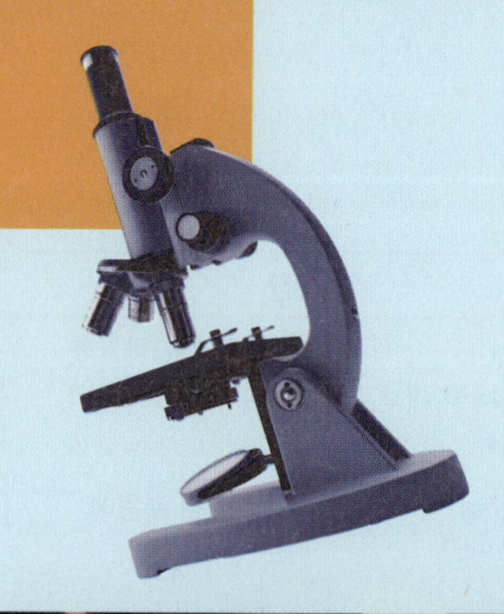

보조생식공학

1978년 7월 25일 루이스 조이 브라운(Louise Joy Brown)이라는 아이가 최초로 체외수정으로 태어났다. 부모와 2명의 영국 의사는 이 위업을 달성하기 위해 거의 10년을 노력했다. 최초의 시험관 아기(test-tube baby) 탄생은 생식 선택을 영원히 바꿔놓았고, 보조생식공학(assisted reproductive technology: ART)이라는 새로운 산업을 탄생시켰다.

루이스 조이 브라운의 탄생은, 해리스 여론조사가 대부분의 미국인들이 시험관 수정과 같은 기술을 "신의 뜻에 어긋나는" 것으로 생각한다고 보고한 지 채 10년도 안돼서 벌어진 일이었다. 미디어가 이 업적에 대해 상당한 관심을 나타내서, 체외수정이라는 주제가 윤리학자, 의사, 종교지도자들 사이에 논쟁을 불러왔다. 미국에서는, 힘 있는 로비스트들이 연방 정부로 하여금 ART 연구에 연방 기금 사용을 금지하게 했고, 그 금지안은 오늘날까지 유효하다. 그러나 미국 정부는 체외수정이 불법이라고 선언하지는 않았다.

대중의 항의는 곧 잠잠해졌고, 불임부부들의 강한 요구에 따라 민간 부분이 이 일에 착수하였다. 미국에서 첫 번째 체외수정은 1982년 버지니아 주 노포크(Norfolk)에서 시술되었다. 오늘날 미국에는 422개의 ART클리닉(보통은 불임클리닉이라고 함)이 있어서 체외수정, 수란관내 배우자 이식(GIFT), 수란관내 접합자 이식(ZIFT) 등이 행해진다. ART클리닉은 연방정부의 지원을 받지 않으므로, 불임부부는 아이를 갖기 위해 수천만 원이나 되는 경비를 지불하기도 한다. 세금 내는 사람이 아니라, 필요한 사람이 돈을 지불하는 것이다.

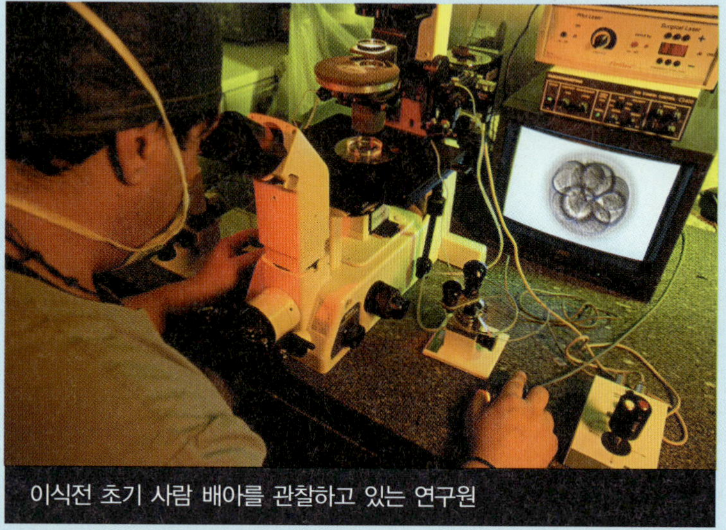
이식전 초기 사람 배아를 관찰하고 있는 연구원

최초의 시험관아기의 탄생을 보도한 영국의 신문

DAILY Mirror

THERE'S More TO THE Mirror IF IT'S FUN YOU'RE AFTER

STEEL IS QUIZZED ON SCOTT

TEST-TUBE BABY GIRL

Daily ...

First tes...
and med...
a mother...

IT'S

PLAY TIME EXPRESS See Page 28

DAILY EXPRESS

THE VOICE OF BRITAIN

Born safe—the world's first test-tube baby weighs in at 5lb 12oz and mother's delighted

By Harry Pugh

IT'S A GIRL! THE WORLD'S FIRST TEST-TUBE BABY WAS BORN LATE LAST NIGHT. SHE CAME INTO THE WORLD NEAR MIDNIGHT. BOTH MOTHER AND BABY ARE WELL.

IT'S A GIRL

MAGIC MOMENT

EXTENSIVE CHECKS

Steptoe's obsession

몇몇 과학자들은 정부가 수수방관한 결과, 새내기 ART클리닉이 기술을 개발하고 발달시켜야 하므로 미국은 생식공학 분야의 지식기술이 다른 나라보다 뒤처지게 되었다고 주장한다. 민간 클리닉들이 엄청난 성공을 거두었다 하더라도 이 문제는 여전히 논쟁거리이다.

마침내 정부가 개입하게 되었다. 점점 더 많은 민간 클리닉이 ART를 수행하게 되자 국회의원들이 이 산업을 규제할 필요를 인식하게 되었다. 1992년 미의회는 불임클리닉 성공률과 증명에 관한 법령(Fertility Clinic Success Rate and Certification Act)을 통과시켜서, 질병관리예방센터(CDC)가 미국 내 모든 ART클리닉의 성공률에 관한 보고서를 발간하도록 하였는데, 여기에는 클리닉의 명칭, 위치, 각 방법별 성공률이 기록되어 있다.

CDC에 따르면, 2005년 보고된 422개의 ART 클리닉에서 134,260건의 임신 시도가 수행되었다. 여성 환자의 평균 나이는 36세였으며, 한 해에 52,041명의 신생아가 태어났다. 1978년 단 한 명이었던 걸 생각해보면, 처음엔 실험 단계였던 것이 25년 만에 고도의 실용 단계가 된 것이다.

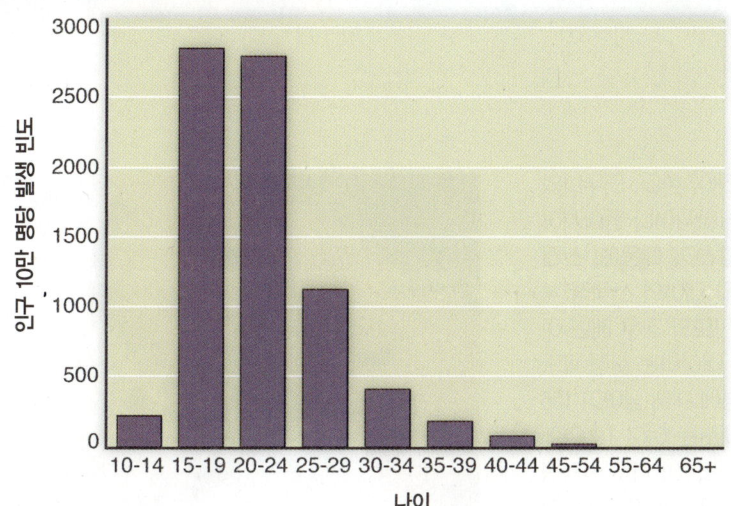

그림 16.16 여성의 나이별 클라미디아 감염률. 15~24세의 젊은 여성들이 이 병에 걸리기 쉽다.

뇨시 화끈거림이 있으며, 여성의 경우는 질 분비물, 화끈거림과 소양증이 있다.

여성이 남성보다 3배 더 진단율이 높은데 대부분의 여성과 남성은 진단받지 않고 지나치기도 한다. 15~24세의 여성이 특히 위험하며, 보고된 감염률은 전체 인구 감염률의 10배가 넘는다(그림 16.16).

증세는 약해도 여성 건강에 미치는 결과는 심각할 수 있다. 방치하면 골반염증질환, 수란관의 영구 흉터, 임신 합병증, 불임을 일으킬 수 있다. 또한 아이가 태어날 때, 눈과 폐를 감염시켜 폐렴으로 이끌 수도 있다. 보건전문가들은 26세 이하의 성활동이 활발한 모든 여성에게 일 년에 1회 클라미디아 검사를 받으라고 권장한다.

요점 정리

주요 세균성 성병은 임질, 매독, 클라미디아가 있다. 방치하면, 임질과 클라미디아는 염증과 불임으로 이어진다. 매독은 신체의 여러 기관으로 퍼져, 결국 사망하게 된다. ■

바이러스성 성병: HIV, B형 간염, 생식기 포진, 사람유두종바이러스

바이러스성 성병에 대해서는 정부마저도 정확한 통계 자료를 가지고 있지 않다. 어떤 바이러스성 성병은 아주 위험하고, 다른 것은 아주 흔하다.

HIV AIDS(acquired immune deficiency syndrome)를 일으키는 바이러스인 HIV 바이러스(인간면역결핍바이러스, human immunodeficiency virus)는 가장 위험한 성병 중의 하나이다. 이 바이러스의 가장 위험한 특징 중의 하나는 병의 증세가 나타나기 훨씬 전에 다른 사람에게 옮겨질 수 있다는 사실이다.

HIV는 수 년에 걸쳐 면역계를 파괴한다. 초기 증상으로 피로감, 발열과 오한, 밤중에 땀, 부은 림프절과 지라, 이질, 식욕 부진, 체중 감소 등이 나타난다. 면역계가 약해지므로 여러 가지 감염과 합병증에 시달리다 결국 죽는다. 증세를 저하시키는 약이 있으나 치료는 불가능하다. AIDS와 이 병이 세계에 미친 영향은 9단원에서 자세히 다루었다.

B형 간염 여러 바이러스가 간염(hepatitis)을 일으킨다. B형 간염 바이러스는 성관계를 가질 때, 혈액이나 체액으로 전달된다. HIV 보다 전염력이 강하나 사망에까지 이르지는 않는다. 1991년에 백신이 개발되어, 그 후 발병률이 줄었다. 정부에서는, 모든 의료관련 직업 종사자는 바늘에 찔릴 위험이 있기 때문에, 백신 접종을 의무화하였다.

생식기 포진 생식기 포진(genital herpes)은 단순포진바이러스(herpes simplex virus)에 의해 발병한다. 일반적으로 생식기 포진은 성적 접촉이나 피부 접촉에 의한 제2형 바이러스(HSV-2)에 의해 일어난다. 좀 덜 흔하지만, 입 주위에 나는 발진을 일으키는 제1형 바이러스(HSV-1)는 구강성교를 통해 생식기로 옮겨갈 수도 있다.

미국의 경우, 정부가 생식기 포진에 대해 정확한 통계를 갖고 있진 않지만, 인구의 8%가 감염된 것으로 추정된다. 증세는 경미하거나 없다. 첫째 증상은 생식기나 직장 주변에 물집이 생긴 후 터져서 아프고 잘 낫지도 않는다는 것이다(그림 16.17). 물집은 시시때때로 재발하지만 그 빈도는 수 년에 걸쳐 감소한다. 단순포진바이러스는 몸 안에 영원히 머물 수도 있다.

생식기 포진에 치료제는 없으나, 활동기(감염 가능)를 억제하는 약은 있다. 다른 성병처럼 태어날 때 아기의 눈에 감염될 경우, 치료하지 않으면 실명을 초래할 수 있다.

사람유두종바이러스(HPV) 약 30종의 HPV(human papilloma virus) 중 한 가지에 감염되어도 음경, 음부, 항문 주변, 질, 자궁경부에 **사마귀(warts)**가 생긴다. 생식기에 난 사마귀를 없애려면 레이저 수술, 액체 질소로 얼리기, 또는 약을 쓸 수 있으나, 재발하는 경향이 있다.

HPV는 너무 흔해서 여성의 대부분은 50세 이전에 감염된 경험이 있다. 감염은 대개 저절로 사라진다. 감염된 사람의 대부분은 증세가 거의 없어서(5% 이하에서 사마귀가 나타날 뿐) 별로 걱정을 하지 않는다. 그러나 어떤 HPV 종은 자궁경부나 음경암의 발병률을 높인다고 알려졌다.

2006년에 FDA(미국 식품의약국)는 자궁경부암을 일으키는 HPV종에 대한 백신인 가다실(Gardasil)을 승인하였다. 그러나 효

아들을 원하세요, 딸을 원하세요?

당신 부모들은 당신이 태어날 때까지 당신이 아들인지, 딸인지 몰랐을 것이다. 산전 진단은 유전병의 위험이 있을 경우에만 권해졌고, 보통 임신 18~26주에 행해졌던 초음파 검사에서는 80% 정도만 성별을 알 수 있었다.

오늘날, 부모들은 임신 5주에 태아의 성별을 알 수 있으며, 심지어는 성별과 몇몇 다른 유전형질을 미리 선택할 수도 있다. 아이를 가지게 되면, 딸인지 아들인지 미리 알고 싶은가?

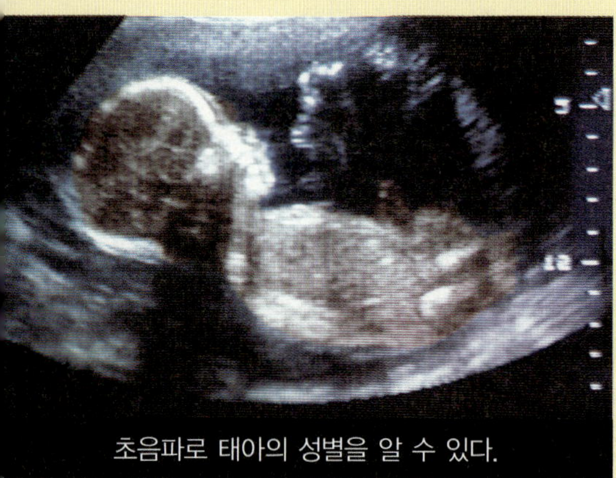
초음파로 태아의 성별을 알 수 있다.

태아의 성 결정

아큐젠 바이오랩(Acu-Gen Biolab)이라는 생명공학 회사는 성별 검사 서비스와 Baby Gender Mentor(아기성별알리미)라는 키트를 제공한다. 회사에 따르면 이 키트로 수정 후 빠르면 5주 내에 태아의 성별을 99.9% 정확도로 알아낼 수 있다고 한다. 32만 원만 내면 엄마의 피를 분석하여 48시간 이내에 믿을 수 있는 결과를 이메일로 받아볼 수 있다. 이 방법은 소량의 태아 DNA가 엄마 혈장에 존재한다는데 기초를 두고 있다. Y 염색체 물질이 존재하면 남자이고, X염색체 물질이 존재하면 여자이다(19단원에서 X, Y염색체를 다룰 것이다).

주의해야 할 점은 FDA(미국 식품의약국)가 관여하지 않으므로, 회사가 99.9% 정확도를 주장하지만 근거가 되는 "과학적 정보"는 제공되지 않았다. 여러 블로그에 들어가 보면 회사가 주장하는 것처럼 정확하지가 않다고 한다.

성별을 일찍 알면 부모가 태아와 감정적 유대를 일찍 시작할 수 있다는 점에서 중요하다. 그러나 부모가 특정 성별을 원할 경우 선택적 낙태를 할 수 있다는 점을 주시해야 한다. 터무니없는 일이라고 생각되는가? 남아시아나 동아시아에서는 남아 선호 성향이 강하기 때문에, 산전 테스트가 가능해지면서 여자 태아의 선택적 낙태가 증가하였다. 그 결과 인도의 경우 매년 여아가 50만 명이나 부족하게 태어나는 실정이다. 자연 상태에서는 여아 100명에 대해 남아가 105명인데, 중국의 어떤 지역에서는 여아 100명에 대해 남아가 120명이나 되었다. 이 역시 선택적인 낙태와 영아살해의 결과로 보인다. 산전 검사로 사라지는 여아의 수가 아시아에서만 약 1억 명에 이르는 것으로 추정된다.

정확한 정자를 골라 확률을 높이기

어떤 부모들은 임신 후가 아닌 임신 전에 원하는 성별을 가질 확률을 높이고자 한다. 정자 선별법은, X 염색체가 Y 염색체보다 커서 더 많은 DNA를 갖고 있다는 사실에 기반을 둔다. 첫째, 아버지가 될 사람의 정액 속 정자의 DNA를 형광 염료로 표지시킨다. X 염색체를 가진 정자는 더 많은 DNA를 가지므로 Y 염색체를 가진 정자보다 더 밝게 형광을 발한다. 그 다음 **흐름세포측정기(flow cytometer)**란 기계를 써서 형광 빛의 강도에 따라 세포를 종류별로 나눈다. 남아 혹은 여아가 될 정자가 많은 샘플 중 하나를 골라 인공수정을 통해 엄마에게 삽입한다. 여아를 원하는 부부들을 위해 정자 선별법을 통해 X-함유 정자가 88% 들어 있는 샘플을 만들어냈고, 그 결과 태어난 아기의 91%가 여아였다. 남아 선별 능력은 다소 떨어지나 평균보다는 높아서, 샘플 속에 Y-함유 정자가 73% 들어 있었고, 태어난 아기의 76%가 남아였다.

성별 선택이 차별이라고 생각하는가? 한 성별의 가치를 다른 성별보다 우위에 두므로, 그렇다고 하는 사람도 있을 것이다. 몇몇 아시아 국가에서는 경제 논리에 의해 좌우되는데, 남자는 일손이 되고, 여자는 경제적 불이익이라고 본다. 그런데 서방국가의 부모들은 왜 아들이나 딸을 더 선호하는가? 미국에서도 예쁜 드레스를 입히기 위해 여아를 선호하는 가정도 있고, 가업을 물려주기 위해 남아를 원하는 집도 있다. 영국에

이제는 부모들이 아이의 성을 선택할 수 있다.

사실은....

- 집에서 간단한 검사 키트를 써서 수정 후 5주 된 배아의 성별을 알 수 있다.
- 임신 초기 태아의 성감별 결과, 오직 원치 않는 성이라는 이유 하나만으로 매년 수백만 태아의 선택적 낙태가 일어난다.
- 정자 선별로 성별 선택의 확률이 커졌다. 체외수정과 착상전 검사가 성별 선택을 거의 완벽하게 보장해 준다.
- 성별이나 유전형질을 알아내는 기술이 발달함에 따라, 아기를 유전적으로 선택할 가능성도 커졌다.

서는 딸이 죽어 또 다른 딸을 원하는 집도 있었다. 이런 동기가 정당하다고 생각하는가? 서양의 이런 이유들은 아시아 국가의 남아 선호보다 정당한 것일까? 우리가 가진 능력을 허영심이나 개인적 선호 목적으로 출산에 사용하는 것에 대해 어떻게 생각하는가?

성별 선택을 넘어서: 원하는 아이 얻기

몰리 내시(Molly Nash)는 골수가 혈액 세포를 정상적으로 만들지 못하는 희귀한 불치병인 프란코니 빈혈증(Franconi's anemia)을 갖고 태어났다. 이 질병을 갖고 태어난 사람은 20대 초반에 사망하게 된다. 이 질병은 유전병으로 몰리의 부모는 이 병에 걸리지 않았지만 둘 다 질병을 일으키는 유전자를 가지고 있었다.

딸을 구하기 위해 몰리의 부모는 착상전유전진단(preimplantation genetic diagnosis: PGD)을 이용했다. 엄마로부터 난자를 채취하여 체외수정을 시킨 후, 프란코니 유전자에 대한 검사를 하였다. 이 치명적인 유전자를 가지고 있지 않은 배아가 몰리에게 안전한 공여자 짝이 될 수 있는지를 시험한 다음, 엄마의 자궁에 이식하였다. 4번의 체외수정 끝에 아담(Adam)이라는 건강한 아들을 얻었다. 아담이 태어난 직후, 아담의 제대혈을 몰리에게 주입했더니 몰리의 병도 나았다(7단원의 "시사 과학 문제" 참조). 이제 두 아이 모두 건강하게 되었으며, 몰리는 학교에 들어갔다.

몰리 내시의 이야기가 언론에 발표되자 격렬한 논쟁이 일어났다. 방송에서는 아담을 "구원의 남동생"이라고 부르며, 아담이 이 사실을 나중에 알면 무서운 정신적 충격에 빠질 것이라고 예측하였다. 몰리의 부모들은 어차피 애를 더 갖기 원했으며, 이 시도의 결과로 건강한 아들도 얻고, 딸의 목숨도 구했다고 주장하였다. 그러나 많은 사람들은 조직 공여자가 되기 위한 애를 낳은 것이 윤리적인지 따졌다. 몰리에게 맞지 않았기 때문에 버려진 배아는 어떻게 되었는지도 논쟁거리이다.

착상전유전진단은 태아의 성별 선택에도 쓰일 수 있으며, 실제로 원하는 성별의 아이를 보장한다. 미국 생식의학회는 착상전유전진단이 태아 성별 선택에 쓰이는 걸 승인하지 않고 있지만, 많은 불임클리닉에서는 이 진단을 그 목적으로 쓰고 있다. 여자 배아를 선택해서 전립선암을 배제하고, 남자 배아를 선택해서 유방암을 배제하기 위한 성별선택이 이루어지는 경우도 있다.

의학기술이 향상됨에 따라, 성별 선택과 유전형질 선택 능력도 향상될 것은 의심할 여지가 없다. 우리는 이미 유전자가 머리카락, 피부, 눈 색깔을 결정한다는 것을 안다. 과학자들은 지능, 음악적 능력, 수줍음의 유전적 근거도 찾고 있다. 우리는 후손의 특정 형질까지도 선택할 수 있을까? 우리는 정말로 그것을 원할까?

일부 국가에서는 남아를 강하게 선호하는 문화가 있다.

생각해볼 문제

1 아기를 갖기로 했다면, 아기가 태어나기 전에 성별을 미리 알고 싶지 않은가?

2 위에서 설명한 방법들 중 하나로 다음 번 아기의 성을 선택하겠는가? 왜, 혹은 왜 안 그런지 설명하시오.

3 내시 가족의 경우처럼 첫째 아이를 돕기 위해 둘째 아이를 갖는 것에 찬성하는가?

내시 가족.
린다 내시와 잭 내시는 태어나자마자 딸에게 제대혈을 제공할 수 있는 배아를 선택하기 위해 유전자 선별법을 사용하였다.

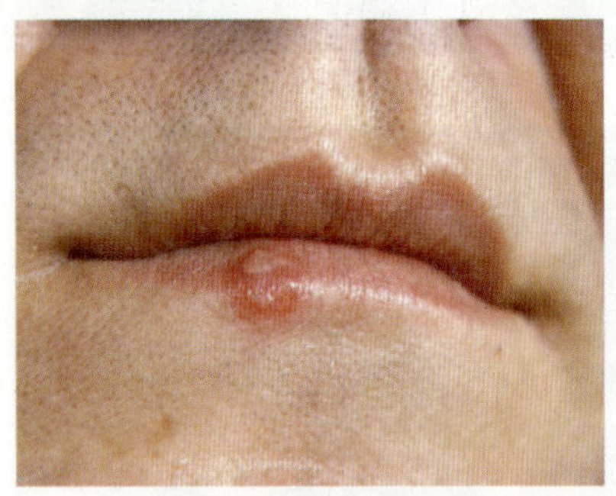

a) 구강 포진: 감기 후 입술에 나타나는 포진은 HSV-1이 원인이다.

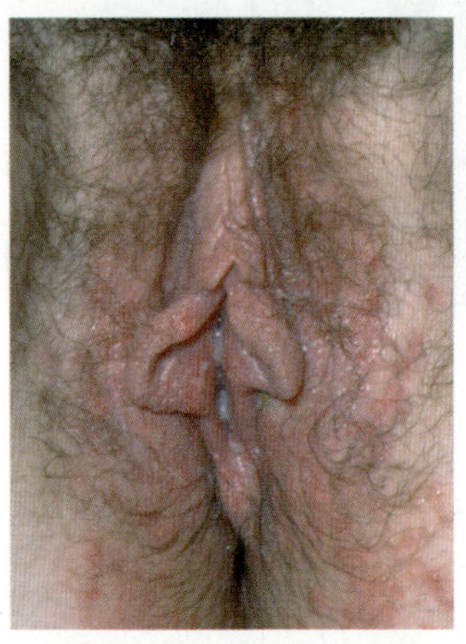

b) HSV-2가 원인으로 여성 외부생식기에 나타난 생식기포진.

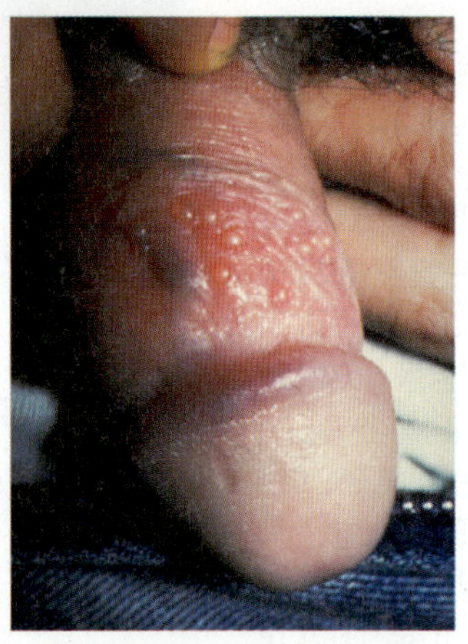

c) HSV-2가 원인으로 남성 음경에 나타난 생식기포진.

그림 16.17 단순포진바이러스. **(a)** HSV-1에 의한, 감기 후 입술에 나타나는 단순포진 바이러스. 이것이 생식기로 전파되는 경우는 드물다. **(b)** HSV-2에 의한 여성 외부생식기의 생식기 포진. **(c)** 남자 음경의 생식기 포진.

과가 있으려면 가다실은 감염 전에 접종해야 한다. 의사들과 질병관리본부(CDC)는 모든 여성은 첫 번째 성경험을 하기 전인 11~12세에 백신 접종할 것을 권한다. 이에 대해 몇몇 집단에서 반발하기도 하였으나, 만일 모든 소녀들이 백신 접종을 하게 되면 자궁경부암은 앞으로 50년 후면 거의 사라지게 될 것이다.

요점 정리

가장 무서운 바이러스성 성병은 HIV이다. B형 간염은 백신으로 예방이 가능하다. 생식기 포진은 따끔거리지만 사망에까지 이르지는 않는다. 사마귀가 생기고, 자궁경부암의 원인이 되는 HPV는 백신으로 예방이 가능하다. ■

기타 성병: 효모 감염, 트리코모나스증, 음부 이

효모 감염 효모균의 일종인 칸디다 알비칸스(*Candida albicans*)는 항상 입, 대장, 질에 존재한다. 보통 다른 종과의 경쟁 때문에 번성하지 못한다. 그러나 때로는 질에서 통제할 수 없을 정도로 번성하여 통증, 감염, 치즈 같은 진한 질 분비물을 방출하기도 한다. 활동성 효모에 감염된 여성은 상대방을 전염시킬 수 있다. 남성이 감염되면 음경에서 분비물이 나오며 배뇨통이 수반된다. 항균제에 의해 쉽게 치료된다.

트리코모나스증 질염(vaginitis)을 일으키는 또 하나의 원인은 원생동물인 질트리코모나스(*Trichomonas vaginalis*)에 의한 트리코모나스증(trichomoniasis)이다. 여성의 경우 거품 모양의 악취가 나는 질 분비물이 분비되고, 남성의 경우 음경 염증 및 분비물이 나타난다. 트리코모나스증은 증세가 없어도 전염이 되며, 상대방도 동시에 치료를 받지 않으면 재발이 된다. 약으로 치료된다.

음부 이 음부 이는 거미나 게와 같은 절지동물이다(그림 16.18). 보통 "사면발이"라고 부르며, 음모에 붙어 살며, 성교 시 사람 사이를 뛰어 옮겨 다닌다. 감염된 침대 시트나 옷에 전염될 수도 있다. 성충이 음모 기저부에 알을 낳으면, 며칠 후 부화한다. 음부 이는 숙주의 피를 빨아 먹고 사는데, 물리면 심하게 가렵고 피부 발진이 생긴다. 성충은 작지만 육안으로도 보인다. 약으로 죽일 수 있으나 옷과 이불까지 뜨거운 물에 깨끗이 빨아야 재발이 방지된다.

요점 정리

질에 존재하는 효모균은 증식해서 감염을 일으킨다. 트리코모나스증는 원생동물인 질트리코모나스의 감염에 의해 일어난다. 음부 이는 작은 절지동물로 성교나, 옷, 침대 시트로 전염이 된다. ■

그림 16.18 음부 이(*Phthirus pubis*). (배율 약 ×30)

성병으로부터 보호하기

성병의 증세는 배뇨통으로부터 뇌손상까지 다양하며, 결과는 회복부터 사망까지 다양하다. 좋은 소식은 성병은 피할 수 있다는 것이다. 그러나 어떻게 해야 하는지 알아야 하며, 더 중요한 것은 성병 접촉을 피할 의지가 있어야 한다는 것이다.

9단원에서 성병 감염을 줄일 수 있는 안전한 성관계에 대해 배웠다. 그 내용의 대부분은 상식 수준이다.

- 성 상대를 현명하게 선택하라. 믿을 수 있는 한 사람하고만 성관계를 가진다. 신뢰가 최선의 방어책이다.
- 성 상대와 의견을 나눈다. 의문이 있거나 문제가 생기면 상대방과 함께 대처한다. 상대방의 문제에 기꺼이 동참한다.
- 성 활동에 따라 적절한 차단 방법을 사용하라. 피임법으로 쓰는 차단 방법이 위험한 행동에 만병통치약으로 작용하지는 않는다. 예를 들면 콘돔은 HIV, HPV, 생식기 포진을 겨우 예방할 수 있으나, 음부 이를 막지는 못한다.

마지막으로, 자신의 건강 상태를 잘 알아야 한다. 자신이나 성 상대가 어떤 병에 걸렸을 것 같으면 바로 검사를 받는다. 검사는 은밀하고, 어렵지 않으며, 또 당황한 일을 겪지 않게 해준다. 검사하고, 치료하면 목숨을 구할 수도 있다.

요점 정리

조금만 노력하면 성병 감염을 줄일 수 있다. 성 상대를 현명하게 선택하고, 피임 때 쓰는 차단 방법을 잘 사용하며, 병이 의심되면 즉시 검사해야 한다.

단원 요약

남성의 생식계는 정자를 전달한다

- 정자는 고환이라는 남성생식기에서 만들어지며, 부고환과 정관에 저장된다.
- 정액은 정자와 그 밖에 정낭, 전립선, 망울요도샘에서 만들어지는 분비물로 구성된다.
- 남자 성인의 경우 매일 수천만 개의 정자가 만들어진다. 이는 테스토스테론, LH, FSH에 의해 조절된다.

여성 생식계는 난자를 만들고 임신을 가능하게 한다

- 여성생식기인 난소는 성숙한 난모세포를 만들고, 주기적으로 한 번에 하나씩 배란한다.
- 난모세포의 수정은 수란관에서 일어난다.
- 수정된 난자는 자궁으로 가서 착상하고 태아로 발생한다.
- 질에는 성적 흥분 상태에서 윤활액을 만들어내는 샘이 있다.
- 에스트로겐 호르몬은 사춘기에 젖샘을 커지게 한다.

월경주기는 난소주기와 자궁주기로 구성된다

- 여성 생식계의 주기 변화를 월경주기라 한다. 성숙한 난모세포를 만들어내는 난소주기와 자궁을 임신에 대비시키는 자궁주기가 있다.
- 월경주기는 에스트로겐, 프로게스테론, LH, FSH에 의해 조절된다. LH 분비의 급증은 배란을 일으킨다.

인간의 성적 반응, 성교 그리고 수정

- 남녀 모두 특정 자극에 의해 흥분되며 성교와 사정을 촉진하는 방법으로 반응한다. 남자는 음경이 부풀어 오르고 딱딱해진다. 여성에서는 샘 분비가 윤활을 돕는다.
- 남녀 모두 오르가즘이라는 쾌락 반사를 경험한다. 오르가즘은 남성에서는 사정을 동반한다.
- 성교 중에 질에 들어온 정자는 자궁경부, 자궁, 수란관을 거쳐 난자 쪽으로 이동한다. 정자 1개만이 난자를 수정시킨다.

피임법: 수정률 조절

- 임신을 막는 가장 효율적인 방법은 금욕과 외과적 수술이다. 수술은 영구 피임법이다.
- 다른 효과적인 피임법은 자궁내 피임기구(IUD)와 피임약, 패치, 주사, 질 고리 등으로 호르몬 수치를 조절하는 것이다.
- 그 다음 효과적인 피임법은 콘돔, 자궁경부덮개, 페서리, 살정제이다. 음경빼기와 주기적 금욕은 덜 효과적이다.
- 사후피임약은 성교 후 72시간 내에 위급용 피임약으로 사용된다.

불임: 임신 불가능

- 임신 시도 1년이 지나도 임신이 안 되면 불임이라 부른다. 전체 부부의 15%가 불임이다.
- 남성 불임의 경우 임신을 원하면, 인공수정을 할 수 있다. 정자 수는 적으나, 약간의 살아 있는 정자를 갖고 있으면 정자를 농축해 사용하거나, 공여자로부터 정자를 제공받기도 한다.
- 여성 불임은 여러 방법으로 극복된다. 체외수정으로 정자와 난자가 실험실에서 혼합된다. 수정된 난자는 며칠 동안 발생을 진행시킨 후 자궁에 삽입된다. 수란관내 배우자 이식에서는 채집한 난자와 정자를 즉시 수란관에 삽입한다. 수란관내 접합자 이식에서는 일단 둘을 합쳐 수정시킨 수정란을 수란관에 삽입한다.

성병: 세계적 관심

- 성병의 공통점은 성교 시 전염된다는 점이다. 그러나 이 병이 꼭 생식계에만 영향을 미치는 것은 아니다.
- 세균성 성병은 임질, 매독, 클라미디아가 있다. 매독이 가장 위험하고, 클라미디아가 가장 흔하다. 모두 항생제로 치료할 수 있다.
- 바이러스성 성병은 AIDS를 일으키는 HIV, B형 간염, 생식기 포진, 생식기 사마귀(HPV) 등이다. HIV가 가장 무서우며, 치료 방법이 없다. B형 간염과 HPV에 대한 백신은 있다.
- 성병에 의해 일어나는 피해를 막기 위해서는 감염 가능성에 대한 노출을 피하고, 건강에 조심해야 한다.

알아야 할 용어

고환(testes)
난모세포(egg)
난소(ovary)
난소주기(ovarian cycle)
발기(erection)
배란(ovulation)
배우자(gametes)
부고환(epididymis)
수란관(oviduct)
에스트로겐(estrogen)
여포(follicle)
오르가즘(orgasm)
월경(menstruation)
월경주기(menstrual cycle)
음경(penis)
음핵(clitoris)
자궁(uterus)
자궁내막(endometrium)
자궁경부(cervix)
자궁주기(uterine cycle)
정관(ductus (vas) deferens)
정액(semen)
정자(sperm)
질(vagina)
테스토스테론(testosterone)
프로게스테론(progesterone)
황체(corpus luteum)

개념 확인 문제

1. 남성 생식계의 3가지 부속샘을 써 보시오.
2. 정자의 발생을 설명하시오.
3. 여성 생식계 중 어느 곳에서 수정이 일어나는가?
4. 자궁주기의 단계를 설명하시오.
5. 자궁내 어떤 변화가 월경을 일으키는가? 임신 중에 월경이 일어나지 않는 이유는 무엇인가?
6. 남자와 여자의 성적 반응을 비교, 대조하시오.
7. 체외수정의 과정을 설명하시오.
8. 바이러스성 성병 3가지는 무엇인가?
9. 피임 방법을 설명하시오. 그 중 성병으로부터 보호할 수 있는 방법은 어느 것인가?
10. 전 세계적 관심거리인 여러 가지 성병을 설명하시오.

학습 문제

연결 문제

________1. 남성의 1차 생식기
________2. 여성의 1차 생식기
________3. 여포가 파열되고 난모세포가 방출됨
________4. 인간유두종바이러스에 의한 성병
________5. 남성의 테스토스테론 분비를 자극하는 뇌하수체호르몬
________6. 에스트로겐 외, 황체가 분비하는 호르몬

a. 난소
b. LH(황체형성호르몬)
c. 고환
d. 프로게스테론
e. 생식 사마귀
f. 배란

빈칸 채우기

7. 각 고환은 정자를 만드는 약 90미터 길이의 ____________을(를) 갖고 있다.
8. 남성의 ____________가(이) 요도로 점액을 분비하여 성교 중 윤활을 돕는다.
9. 자궁의 안쪽 벽인 ____________은(는) 1달 주기로 증식하고, 떨어져 나가기를 반복한다.
10. 배란 후, 여포의 나머지는 ____________가(이) 되는데, 이 구조가 주기 후반부에 에스트로겐과 프로게스테론을 생산한다.
11. ____________은(는) 여성의 성적 반응에 기여하는 작은 기관으로, 발생 초기에 음경과 같은 구조로부터 발달하였다.
12. 여성에서 ___________(이)라는 호르몬은 1차 여포를 성숙시킨다.

OX 문제

13. LH 급증이 배란을 일으킨다. (　)
14. 골반염증질환이 여성 불임을 유발할 수 있다. (　)
15. 정자와 난자는 몸의 다른 세포들처럼 이배체이다. (　)

참고문헌

2005 Assisted Reproductive Technology Success Rates: National Summary and Fertility Clinic Reports. Centers for Disease Control and Prevention, December 2007. (The official report on the U.S. fertility clinics.)

Crooks, R., and K. Baur. *Our Sexuality*. 10th ed. Thomson International, 2008. (An introduction to human sexuality.)

Kaplan, Lawrence J., and Rosemarie Tong. *Controlling Our Reproductive Destiny: A Technological and Philosophical Perspective*. Cambridge, MA: MIT Press, 1996. (An interdisciplinary look at birth control and fertility enhancement, including scientific, ethical, legal, and social implications.)

Steptoe, P. C., and R. G. Edwards. Birth after the reimplantation of a human embryo. *Lancet* 2:366, 1978. (Brief announcement of the birth of the first test-tube baby.)

응용 문제

1. 정관수술 후에도 남자의 성적 반응과 2차 성징은 변화하지 않는데, 그 이유는 무엇일까?
2. 월경주기의 길이는 다소 변이를 보이는데 반하여, 난소주기와 자궁주기가 서로 잘 들어맞는 이유는 무엇일까?
3. 산모가 집에 가서 모유를 먹이고 싶다면, 출산 직후 병원에서 먼저 모유를 먹여야 하는 이유는 무엇일까?
4. 분만 중 아기를 자궁으로부터 빠져나가게 하는 힘은 무엇인가?
5. 남녀 모두 성병은 있으나 증세는 없을 수 있는데, 방치하면 생기는 후유증은 무엇인가?
6. 여자가 온전한 처녀막을 가지고 있지 않다면 처녀가 아니란 뜻인가?

학습 문제 해답

1. c **2.** a **3.** f **4.** e **5.** b **6.** d **7.** 세정관 **8.** 망울요도샘 **9.** 자궁내막 **10.** 황체 **11.** 음핵 **12.** FSH(여포자극호르몬) **13.** O **14.** O **15.** X

17 세포 생식과 분화

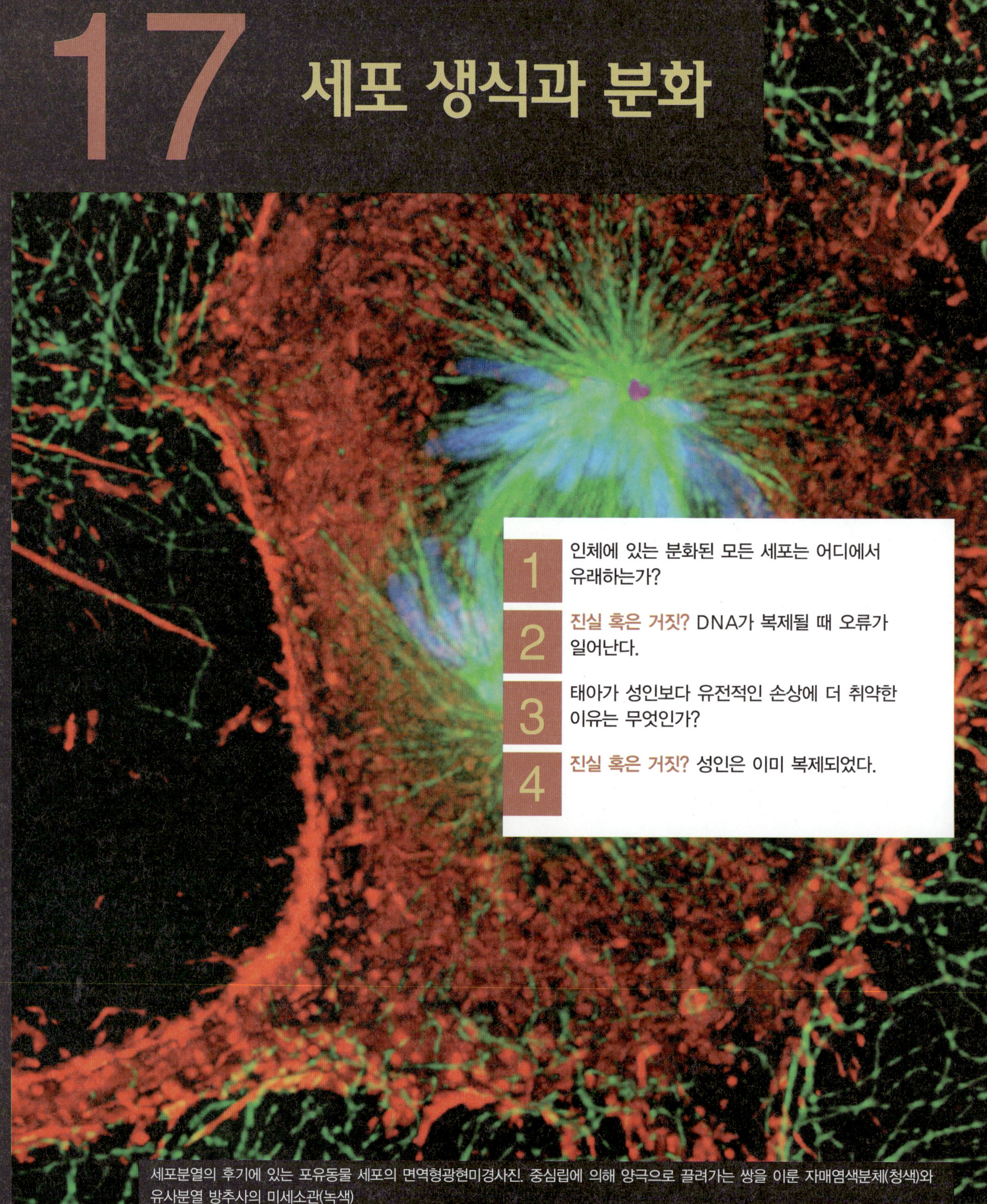

1 인체에 있는 분화된 모든 세포는 어디에서 유래하는가?

2 **진실 혹은 거짓?** DNA가 복제될 때 오류가 일어난다.

3 태아가 성인보다 유전적인 손상에 더 취약한 이유는 무엇인가?

4 **진실 혹은 거짓?** 성인은 이미 복제되었다.

세포분열의 후기에 있는 포유동물 세포의 면역형광현미경사진. 중심립에 의해 양극으로 끌려가는 쌍을 이룬 자매염색분체(청색)와 유사분열 방추사의 미세소관(녹색)

세포는 분열에 의해서 둘로 증식된다. 사실, 세포 생식은 생명의 중요한 특징이다. 단세포 생물의 세포분열은 개체의 생식과 같다. 다세포 생물에서는 세포분열과 성장에 의해서 개체의 크기가 증가한다.

부계의 정자와 모계의 난자가 융합되어 만들어진 하나의 세포에서 생명이 시작된다. 사람은 태어날 때 이미 세포분열로 만들어진 10조 개 이상의 세포로 구성된다. 사람이 성장하고 성숙하는 시기인 아동기와 성인기 내내 세포분열은 지속적으로 일어난다. 성인이 된 후에도 일부 세포는 죽거나 손상된 세포를 재생하기 위해 계속해서 분열한다. 25~30조 개의 적혈구가 120일마다 완전히 교체되는데 이는 매분마다 1억 7,500만 번 세포분열이 일어난다는 것이다.

세포분열 기작은 생물의 크기와 관계없이 모든 진핵생물(세포에 핵이 있는 생물)에서 동일하다. 이 단원에서는 세포분열을 위하여 유전물질을 복제하는 기작, 세포분열 기작, 세포 성장과 분열의 조절 기작을 알아본다. 마지막으로 세포가 특별한 구조와 기능을 획득하기 위하여 분화하는 기작에 대하여 알아본다.

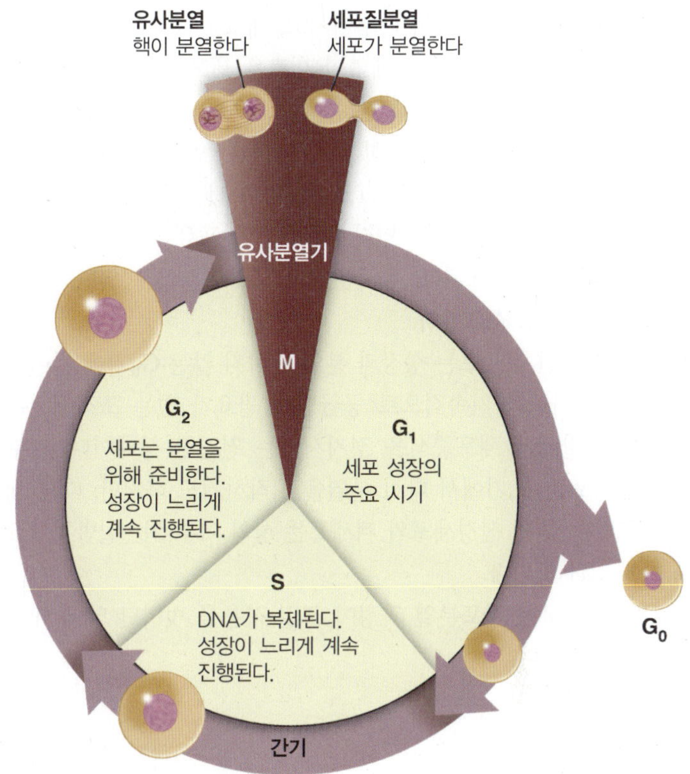

그림 17.1 세포주기. 세포는 간기를 구성하는 세 시기에 모두 성장하지만, G_1기에 대부분의 성장이 일어난다. 짧은 분열기 동안에는 먼저 핵이 분열하고(유사분열), 그 다음 세포질이 분열한다(세포질분열).

17.1 세포주기는 새로운 세포를 만든다

이미 존재하는 세포로부터 새로운 세포를 만드는 것은 **세포주기(cell cycle)**라고 알려진 반복된 일련의 과정과 관련된다(**그림 17.1**). 세포주기는 두 개의 명확한 시기, 간기와 유사분열기로 구성된다.

간기(interphase)는 긴 성장시기로 다음 분열을 준비하기 위하여 세포가 성장하고 DNA가 복제된다.

- **G_1기(G_1 phase).** 세포주기는 G_1기(첫 번째 갭)에서 시작하며, 세포분열 후 DNA가 복제되기 이전 시기이다. G_1이 시작할 때 세포의 크기는 가장 작으며, 매우 활동적으로 세포가 성장하는 시기이다.
- **S기(S phase).** S는 DNA 합성(synthesis)을 나타낸다. S기 동안 세포의 염색체는 복제된다. 느린 속도이지만 S기 동안 세포 성장은 계속된다.
- **G_2기(G_2 phase).** G_2기(두 번째 갭) 동안 지속적으로 천천히 성장하며, 세포분열을 준비한다.

유사분열기(mitotic phase)는 아주 짧은 시기이며, 먼저 핵분열이 일어나고 그 다음에 세포질분열이 일어난다. (1) **유사분열기**에는 복제된 DNA가 둘로 나누어지고, 핵이 나누어진다. (2) **세포질**

들어가기 질문의 답

1 인체의 모든 세포는 단 하나의 세포, 즉 수정란으로부터 유래한다. 이 단원에서는 인체의 세포 수가 어떻게 늘어나고, 서로 다르게 분화하는지에 대하여 알아본다.

2 **진실.** 세포가 분열할 때마다 60억 개의 DNA 뉴클레오티드 분자가 정확하게 쌍을 이루어야 하기 때문에 오류가 일어난다는 것이 놀랍지는 않다. 60억 개는 이 책의 3,300개 복사본에 있는 모든 글자, 숫자, 기호를 합한 수와 같다. 대부분의 오류는 세포가 다시 분열하기 전에 수선된다.

3 발생 초기에 미분화된 태아 세포에 일어나는 손상은 발생 후기에 나타나는 다른 세포와 조직에 영향을 준다. 이 단원에서 태아의 발달에 영향을 주는 물질에 대해서 알아본다.

4 **거짓.** 아직 실행된 적은 없지만, 현재 기술적으로 가능하다. 승인 여부에 관계없이 누군가는 실행을 할 것이다. 복제와 관련된 과학적, 사회적, 윤리적, 정치적 이슈에 대하여 알아본다.

분열(cytokinesis), 세포질이 나누어지고, 새로운 두 개의 세포, "딸세포"가 형성된다. 성별에 관계없이 새로운 세포를 딸세포라 부른다. 이 주기는 반복해서 진행된다.

포유류는 세포분열이 활발히 진행될 때 한 번의 세포주기를 완성하는데 18~24시간이 걸린다. (포유류가 아닌 종에서는 세포주기가 2시간 정도로 짧은 것도 있다.) S기 동안 포유류의 DNA 복제에는 7~8시간이 소요된다. 유사분열과 세포질분열은 일반적으로 약 30~45분 정도 소요된다.

대부분의 인체 세포는 성장과 분열을 하지 않는 **G_0**기에 들어간다. 새로운 세포를 지속적으로 공급받을 필요가 없는 조직에서는 G_0기는 불필요한 세포증식을 정지시키는 건강한 상태이다. 일부 조직의 세포는 G_0기에서 다시 분열을 시작하기도 하지만, 다른 세포는 그렇지 않다. 신경세포와 뼈세포는 성인 이후에는 일반적으로 G_0기에 머물러 있다.

18단원에서는 세포분열 과정이 조절 작용을 벗어난 암에 대해서 논의할 것이다.

요점 정리

일생 동안 성장과 세포재생을 위하여 세포 증식이 필요하다. 세포주기는 성장 및 DNA 복제가 일어나는 긴 간기와 핵분열과 세포질분열이 일어나는 짧은 분열기로 구성된다. ■

17.2 복제, 전사, 번역: 개요

2단원에서 설명했듯이 **DNA(디옥시리보핵산, deoxyribonucleic acid)**는 이중가닥이 나선형으로 꼬인 구조이다. 사람의 DNA는 30억 쌍의 염기쌍이 46개의 **염색체(chromosome)**에 나누어져 핵 속에 들어 있다. 염색체에는 히스톤(histone)이라 불리는 단백질이 있어서 염색체 구조를 형성한다. 생물체에 따라 염색체 수는 다르나 같은 종은 염색체 수가 같다. 사람은 핵 속에 46개의 염색체가 들어 있다.

염색체는 길고 가늘기 때문에 대부분의 세포주기 동안에는 보이지 않는다. 간기 동안 염색체는 흩어진 입자 물질처럼 보이는데 이를 염색질(chromatin)이라고 한다. 그렇지만 핵분열 직전에 복제된 염색체는 짧고 응축된 구조가 되며 현미경으로 관찰할 수 있다(그림 17.2). 염색체는 핵분열 동안 움직임이 많으며 응축된 구조는 섬세한 염색사가 파괴되는 것을 막아준다. 관찰되는 각 염색체는 두 개의 동일한 자매염색분체(sister chromatid)로 구성되며 동원체(centromere)가 서로 붙어 있다.

미토콘드리아도 적은 양의 DNA를 가지고 있다. 하나의 인간 미토콘드리아 DNA는 염색체로 구성되지 않으며 단지 37개 유전자를 가지고 있다. 이 유전자 중 5%가 미토콘드리아 기능에 필요

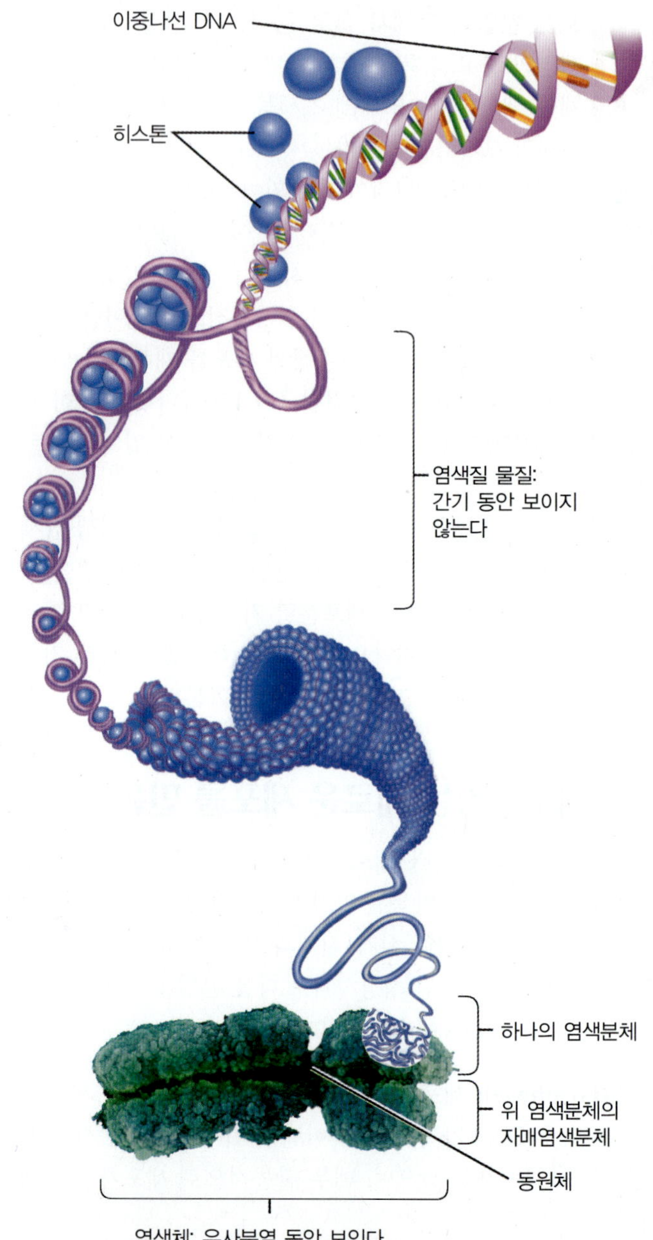

그림 17.2 염색체의 구조. DNA는 히스톤 단백질들과 결합하여 염색질로 구성된 길고 가는 염색사가 된다. 세포주기 대부분 동안 염색체의 염색질은 보이지 않는다. 유사분열 동안 염색질은 응축하고 복제된 염색체는 동원체에 의해서 부착된 두 개의 동일한 자매염색분체로 보인다. 두 자매염색분체는 핵분열 동안 분리된다.

하다. 과학자들은 미토콘드리아 DNA는 진화 역사에서 미토콘드리아가 독립된 생물체이었음을 보여주는 잔존물이라고 생각한다. 어느 시기엔가 미토콘드리아는 진핵세포에 혼합되어 남게 되었다.

DNA는 생명에 필요한 본질적인 모든 정보를 가지고 있으므로 생물체의 모든 세포는 정확히 같은 DNA를 함유해야 한다. 따라서 세포가 분열할 때마다 DNA는 복제되어야 한다. **DNA 복제(replication)**는 세포분열 전에 DNA를 복사하는 과정이다.

유전자(gene)는 DNA의 한 작은 부분이며, 한 개 이상의 단백질 정보를 보유하고 있다. 하나의 유전자는 DNA의 가장 작은 기능 단위이다. 46개의 염색체에 약 20,000개의 유전자가 있으며, 각 유전자는 특정 염색체상의 정확한 자리에 위치한다. 염색체는 너무 커서 핵공을 통과할 수 없으므로 핵 속에 남아 있다. 세포에 유용한 유전자는 유전정보를 변환시켜 핵 밖으로 나가 세포질로 들어갈 수 있는 구조로 되어야 한다. 이것이 단일가닥 **리보핵산(ribonucleic: RNA)**의 기능이며, 정확히 **전령 RNA(messenger RNA: mRNA)**라고 하며 나중에 더 자세히 설명할 것이다.

전사(transcription)는 어떤 유전자의 DNA 암호를 상보적인 단일가닥 mRNA로 옮기는 과정이다. 전령 RNA는 핵공을 통과하여 세포질로 나갈 수 있을 정도로 아주 작다. 세포질에서 mRNA는 단백질을 구성하는 아미노산의 정확한 배열 순서를 결정하는 주형으로 작용한다. mRNA 주형의 정보를 하나 또는 그 이상의 단백질로 전환시키는 과정을 **번역(translation)**이라 한다.

그림 17.3은 복제, 전사, 번역을 요약한 것이다. 이 세 가지 과정을 좀 더 자세히 살펴보자.

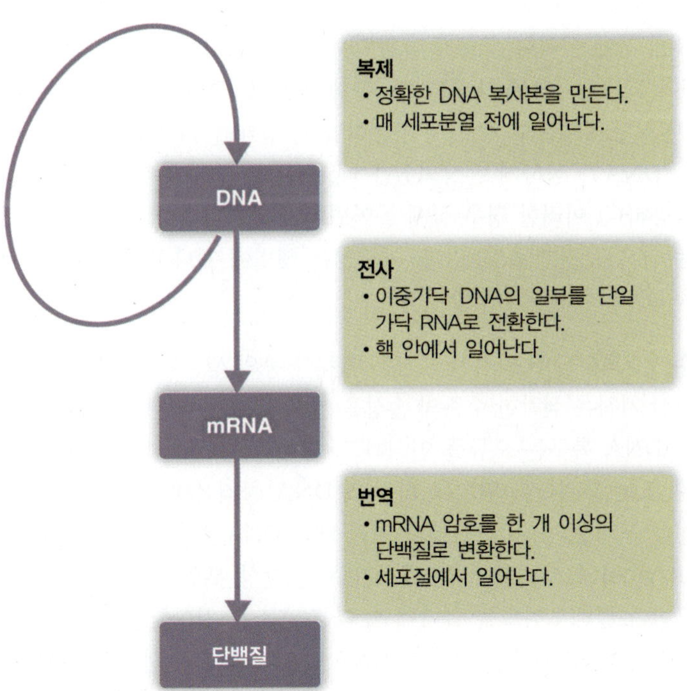

그림 17.3 **복제, 전사, 그리고 번역.** DNA는 매 세포분열 전에 복제된다. 핵 속에서 단백질에 대한 유전암호는 RNA로 전사된다. RNA는 유전암호를 세포질로 이동시키며, 단백질을 구성하는 아미노산의 정확한 배열 순서로 번역된다.

요점 정리

사람의 DNA는 세포 핵 속에 있는 46개 염색체에 배열되어 있다. 유전자는 DNA의 가장 작은 기능 단위이다. 세포분열이 일어나기 전 DNA는 복제 과정을 거쳐 복제된다. ■

복제: 세포분열 전 DNA 복사

세포가 분열되기 이전에 DNA는 복제되고, 두 개의 새로운 딸세포에 똑같은 유전자가 전달된다. 이 과정이 복제이며, DNA 나선이 풀리면서 시작된다. 2장에서 설명하였듯이, 이중나선 DNA를 구성하는 뉴클레오티드는 당, 인산기, 그리고 네 개의 염기(아데닌, 티민, 구아닌, 시토신) 중 한 개의 염기로 구성된다. 이중나선은 염기끼리 쌍을 이루어 형성되는데, 티민은 아데닌과, 구아닌은 시토신과 쌍을 이룬다. 정확한 쌍을 이루는 것은 DNA 복제를 용이하게 해주는데 두 가닥이 나선을 풀고 분리되면서 각 가닥은 주형으로 작용하여 새로운 상보적 가닥을 합성하게 된다. 뉴클레오티드가 정확하게 염기쌍(T-A, G-C)을 이루는 특성은 새롭게 상보적으로 만들어진 가닥이 원래 상보적 가닥과 정확히 같아지게 해준다(그림 17.4a). 새로운 뉴클레오티드는 DNA 중합효소(DNA polymerase)에 의해서 합성된다.

DNA 이중가닥의 풀림 과정이 DNA 가닥의 한 쪽 끝에서 시작하여 가닥을 따라가면서 다른 쪽으로 진행되지 않는다. 대신에 DNA 이중가닥은 여러 곳에서 동시에 가닥이 풀리면서 일어나는데, 만약 이렇게 일어나지 않는다면 엄청나게 많은 뉴클레오티드를 고려할 때 복제시간이 너무 길어진다. 사람 DNA에는 30억 염기쌍이 있으므로 DNA가 완전히 복제되기 위해서는 나선이 풀린 두 가닥에 60억 개 뉴클레오티드가 연결되어야 한다. 세포가 46개 DNA 분자를 동시에 복제한다고 해도, 7~8시간의 S기에 복제를 마치려면 초당 평균 5,000개의 뉴클레오티드가 연결되어야 한다. 이것은 나선이 풀리면서 상보적 염기쌍을 이루는데 너무 빠른 속도이므로 정확성에 문제가 생길 수 있다.

실제로 복제 과정은 매우 효율적이다. DNA 분자의 여러 부위에 효소가 결합하고, 부드럽게 나선을 풀면서 두 가닥 사이에 '복제 풍선(replication bubble)'을 형성한다. 새로운 상보가닥은 이러한 풍선에서 형성되기 시작한다. 각 가닥의 복제는 반대 방향으로 진행되며 확장된 복제 풍선이 만날 때까지 진행된다(그림 17.4b). 복제는 한 DNA 분자의 수천 부위에서 동시에 진행되므로 매우 빠르게 완성된다.

DNA 복제가 끝났을 때 두 개의 동일한 자매염색분체는 동원체가 부착된 상태로 남아 있다(그림 17.2). 동원체는 핵분열 동안 분리될 때까지 자매염색분체를 부착시켜준다. 그림 17.5는 세포주기의 여러 시기 동안 일어나는 염색체 구조의 변화를 나타내고 있다.

요점 정리

복제 동안 DNA 두 가닥은 풀어져서 분리된다. 각 가닥은 새로운 상보가닥을 형성하기 위한 주형으로 사용된다. DNA 중합효소에 의해서 원래의 각 가닥에 상보적 뉴클레오티드가 결합함으로써 하나의 DNA 분자로부터 두 개의 DNA 분자가 생긴다. ■

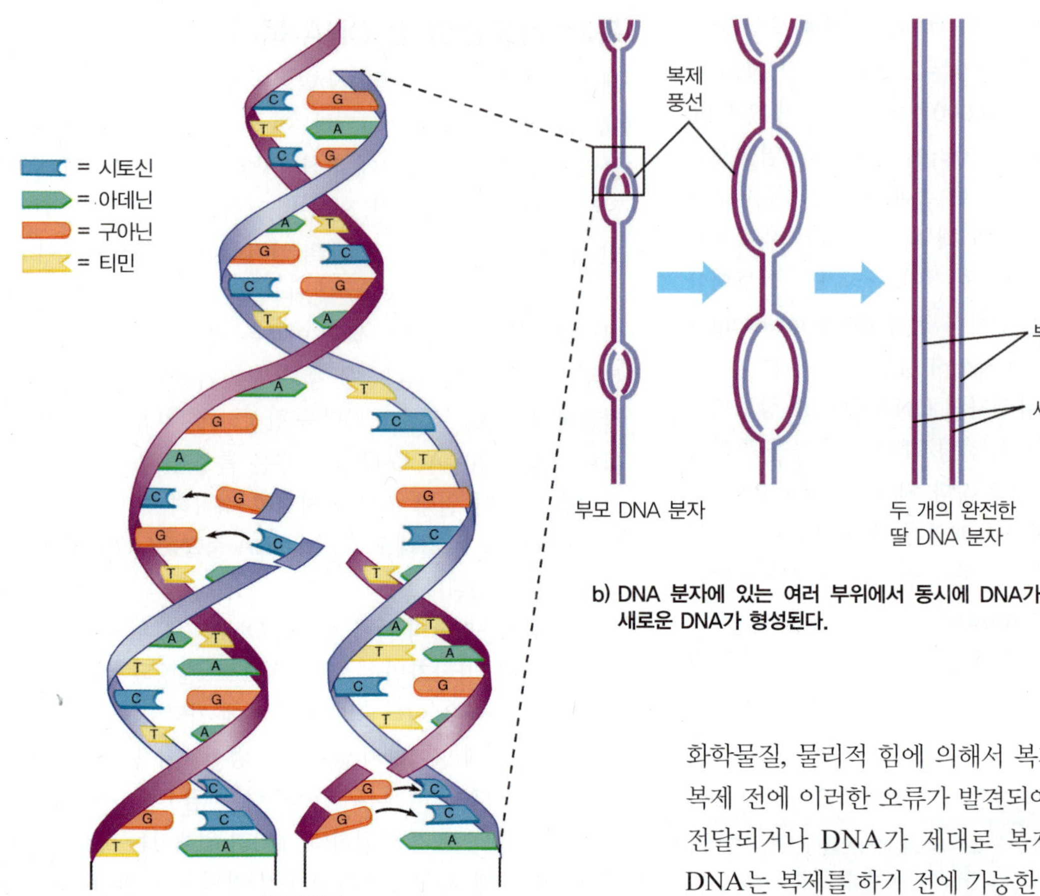

a) 이중가닥 DNA가 풀어지고 각 단일가닥은 새로운 상보가닥을 위한 주형으로 사용된다.

b) DNA 분자에 있는 여러 부위에서 동시에 DNA가 풀리고 새로운 DNA가 형성된다.

그림 17.4 **DNA는 어떻게 복제되는가?**

돌연변이는 이로울 수도 해로울 수도 있다 DNA가 복잡한 생물체의 모든 단백질을 합성하는 암호를 제공하므로 모든 DNA 복사본은 반드시 완벽해야만 한다고 생각할 수 있다. 그러나 DNA의 변화는 진화가 일어나기 위하여 필요하다고 밝혀졌다. 정자나 난자를 생산하는 세포에서 DNA가 변화하면 그것은 다음 세대로 전달된다.

돌연변이(mutation)라 부르는 DNA의 변이는 개체간 그리고 종간 차이를 유발한다. 일반적으로 유전되는 돌연변이는 매우 천천히 일어난다. 500만 년 전에 사람과 침팬지의 진화 경로가 다르게 나누어졌지만 두 종의 DNA는 단지 1%만 다르다. 두 명의 사람은 대략 1,000개의 염기당 1개의 차이가 생기며 전체적으로 300만 개의 염기쌍 차이를 유발한다. 이는 개인 간의 차이를 설명하기에 충분하다.

돌연변이는 DNA 복제 때 발생한 오류에 의해서 생긴다. 또한 화학물질, 물리적 힘에 의해서 복제 전에 DNA가 손상될 수 있다. 복제 전에 이러한 오류가 발견되어도 수정되지 않는다면 딸세포로 전달되거나 DNA가 제대로 복제되는 것을 방해할 것이다. 즉, DNA는 복제를 하기 전에 가능한 좋은 상태를 유지해야 한다.

DNA가 심하게 손상되었을 때, 모든 오류를 수정하는 것은 불가능하다. 이러한 경우 실제 돌연변이가 일어나거나 생명을 위협하는 암으로 진행될 수 있다. 피부암은 햇볕에 지나치게 노출함으로써 DNA가 손상되어 발생한다.

수선 기작 DNA 수선 기작은 개체와 종의 생존에 결정적이다. 이러한 기작은 심각한 수준의 손상을 입지 않는 한 매우 효율적이다.

DNA 복구는 오류를 인식하고, 그 부위를 잘라내고, 손상된 부위 또는 부정확한 염기를 바꾸고, DNA 골격을 다시 연결하는 과정을 포함한다. 이 과정에서 여러 개의 DNA 수선효소(DNA repair enzyme)가 사용된다. 한 효소가 특정 손상 부위를 인식하고 부정확한 뉴클레오티드를 잘라내면, 다른 효소는 정확한 뉴클레오티드를 삽입하고, 또 다른 효소는 DNA에 연결한다. 수선 과정은 DNA 복제기와 유사분열 시작 전에 활발히 진행된다. 세포분열 전에 수선이 되어 가장 정확하게 복제된 DNA 분자가 각 딸세포로 전달되도록 한다.

DNA 수선 기작은 수선효소를 암호화하는 특정 유전자에 의해서 유도된다. 따라서 유전암호는 수선 자체에도 결정적 역할을 한다. 손상된 유전자가 수선 과정을 조절하는 유전자라면 DNA 오류는 보통 때보다 더 빠르게 누적될 것이다. 수선 과정을 유도하는 특정 유전자의 돌연변이는 직장암, 유방암을 포함한 여러 암의 발생 증가와 연관이 있다고 알려져 있다.

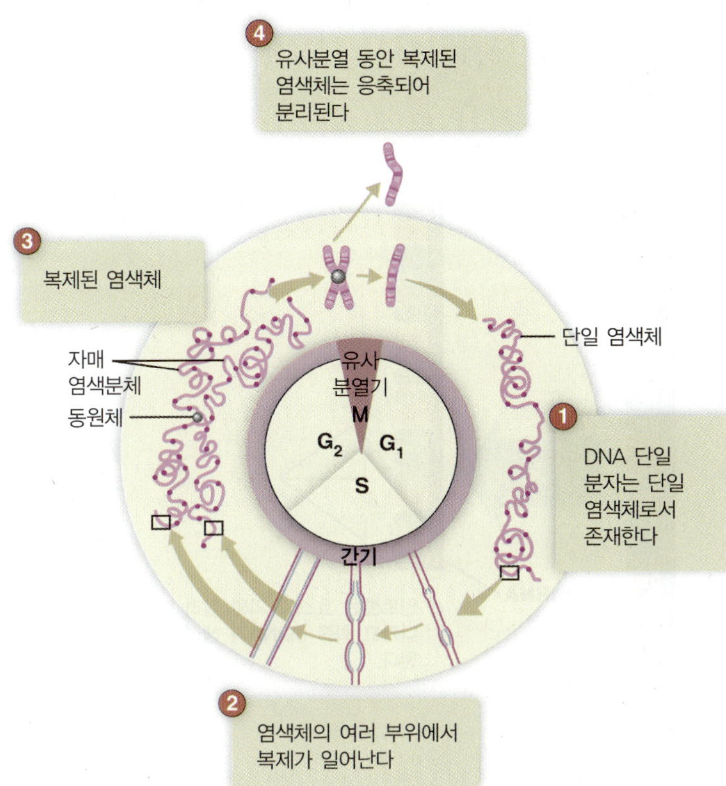

그림 17.5 **세포주기에서 DNA 구조.** (1) G_1기에 DNA 분자는 현미경으로 명확히 구분할 수 없는 염색체로 길고 가늘게 존재한다. (2) S기에 DNA 분자 두 가닥은 풀려서 복제된다. (3) DNA가 복제된 후, 복제된 염색체는 동원체에 의해 함께 연결된 자매염색분체로 구성된다. (4) 분열기 초기에 복제된 염색체가 응축하면서 관찰이 가능해진다. 분열기 동안 자매염색분체는 분리되어 각각 딸세포로 간다. 분열기가 끝나면 염색체는 다시 흩어져 잘 보이지 않는다.

요점 정리

돌연변이는 DNA 복제 중에 일어난 오류 또는 물리적, 화학적인 손상으로부터 유발된다. 수선 기작은 최대한 복제 이전에 손상된 DNA를 제거하고 복구한다. ■

전사: 유전자의 암호를 mRNA로 전환

한 유전자의 암호에 의해서 단백질이 합성되었을 때 유전자가 발현되었다고 한다. 발현 과정의 중요한 단계는 상보적 단일가닥인 mRNA를 만드는 것이다. 전사는 하나의 유전자에 있는 DNA 암호를 상보적 단일가닥인 mRNA로 전환하는 것이다.

전사는 DNA 복제 과정과 유사하지만 다음과 같은 점에서 차이가 있다.

- 하나의 유전자에 해당하는 DNA 부위만 나선이 풀리고 다른 부위는 이중나선 구조이다.
- RNA는 단일가닥이므로 DNA 두 가닥 중 한 가닥만이 RNA를 합성하는 유전암호를 가지고 있다.
- RNA를 구성하는 4개의 상보적 염기 중 하나만 DNA와 차이가 있다 : 티민 대신에 우라실이 있다.
- RNA의 당 성분은 디옥시리보오스 대신에 리보오스이다.

전사가 끝나면 RNA 분자는 DNA로부터 분리되며, DNA의 두 가닥은 다시 나선구조를 형성한다. 그림 17.6a는 전사 과정을 설명하고 있다.

어떻게 염색체상에서 전사할 유전자를 찾아내는가? **프로모터(promoter)**라 부르는 독특한 염기서열이 모든 유전자의 시작 부위에 존재한다. **RNA 중합효소(RNA polymerase)**가 프로모터에 부착하면서 DNA 나선 풀림 과정이 시작되고, 새롭게 합성되는 가닥에 적절한 RNA 뉴클레오티드를 결합시킨다. 전사 과정은 유전자의 끝 부위를 나타내는 염기서열에서 마친다.

DNA로부터 처음 전사된 RNA 분자인 1차 전사체(primary transcript)는 아직 기능을 하지 못하는데 이는 하나의 유전자를 구성하는 대부분의 DNA 염기서열은 아무것도 암호화하지 못하기 때문이다. 1차 전사체에서 유용성이 없는 부위인 **인트론(intron)**은 효소에 의해서 잘려지고, 유전정보를 가지고 있는 부위인 **엑손(exon)**만 남겨진다(그림 17.6b~c). 인트론의 중요성은 분명하지 않지만, 엑손 부위가 서로 다르게 연결되게 함으로써 하나의 유전자가 다른 세포에서는 다른 mRNA 분자를 암호화한다는 증거가 나오고 있다. 1차 전사체로부터 형성된 RNA 분자를 전령 RNA(mRNA)라 하는데 이는 주형으로서 특정 아미노산 서열로 번역되어 특정 단백질을 합성할 수 있는 메시지를 담고 있기 때문이다.

유전암호는 3 염기성 코드(triplet code)로 읽히며, mRNA의 세 개의 연속적인 염기인 **코돈(codon)**이 되고, 각 코돈은 20개의 아미노산을 각각 암호화한다. 염기는 네 종류이고 암호는 3 염기성이므로 64개의 다른 코돈(4 × 4 × 4)이 가능하다. 64개의 코돈이 암호화하는 아미노산을 정확히 알고 있다(그림 17.7). 주목해야 할 두 가지 중요한 점은 다음과 같다.

1. 코돈의 수가 아미노산 수보다 많으므로 여러 개의 다른 코돈이 같은 아미노산을 지정할 수 있다. UUU와 UUC 코돈은 같은 아미노산, 페닐알라닌(Phe)을 지정한다.
2. 코돈 AUG는 개시코돈이며 세 개의 정지코돈이 있다. 이 코돈들에 의해서 유전자의 시작과 끝을 지정할 수 있다.

요점 정리

전사는 하나의 유전자 부위를 해독하고 이동될 수 있는 mRNA 암호로 전환하는 것이다. DNA 특정 부위만 나선이 풀리고 한 가닥만이 단일 RNA 가닥을 생성하기 위해 사용된다. 최종적으로 편집된 mRNA 분자에서 세 개의 연속된 염기로 구성된 코돈이 특정 아미노산을 암호화한다. ■

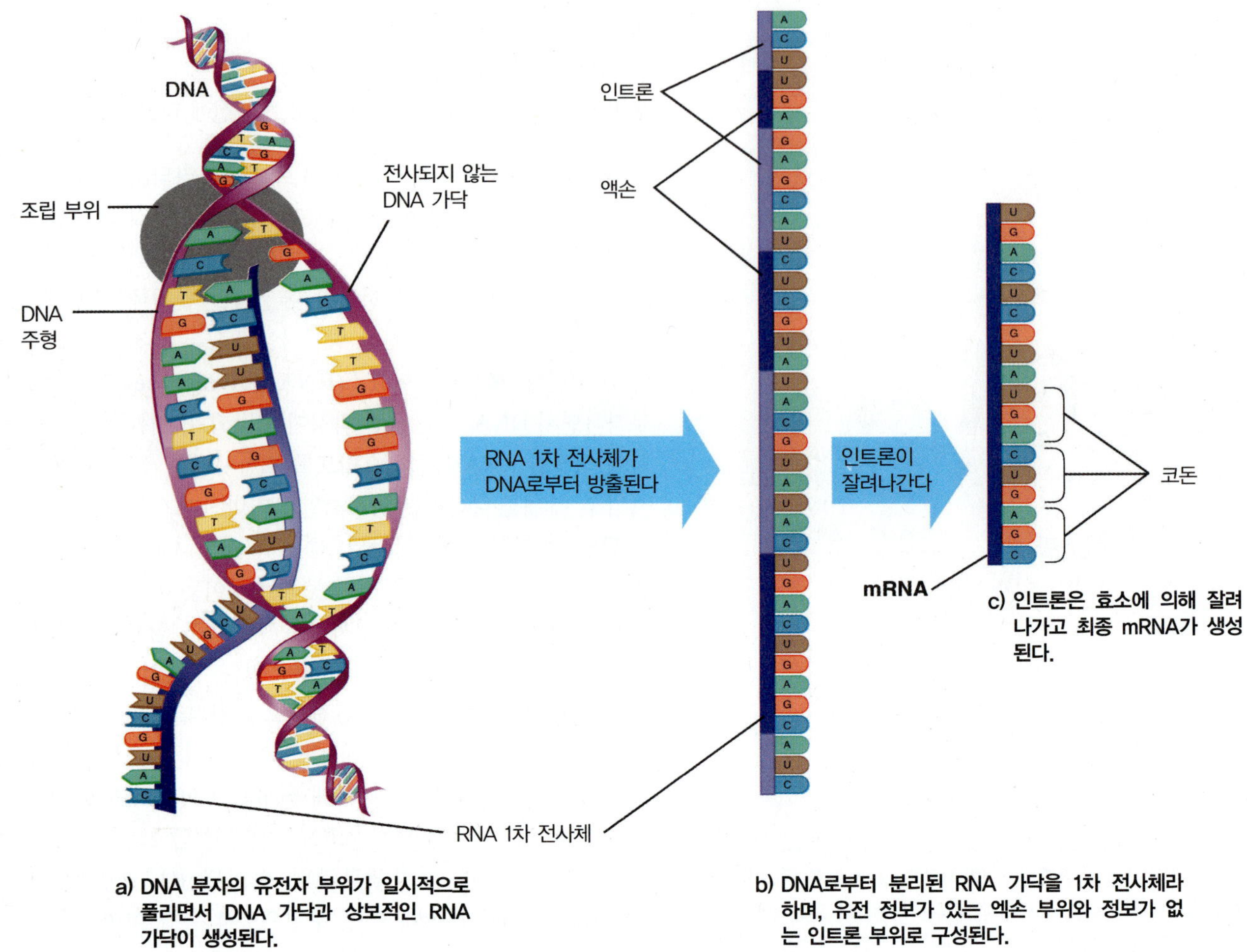

그림 17.6 유전자의 mRNA로 전사. 전사 과정은 핵 안에서 일어난다.

번역: RNA로부터 단백질 만들기

번역은 mRNA를 주형으로 하여 mRNA 암호를 특정 단백질을 구성하는 아미노산의 정확한 배열 순서로 전환 또는 해독하는 과정이다.

DNA의 유전자는 세 종류의 서로 다른 RNA를 생성하며 각각은 단백질을 합성하는데 특별한 기능을 한다. mRNA만이 합성할 단백질에 대한 정보를 가지고 있으며, 다른 두 RNA는 운반 RNA(transfer RNA)와 리보솜 RNA(ribosomal RNA)이다. 모두 단백질 합성에 중요한 역할을 한다.

운반 RNA(transfer RNA: tRNA)는 하나의 아미노산에 대한 암호만을 운반하는 작은 분자이다. tRNA에는 mRNA의 코돈과 상보적으로 결합하는 세 개의 염기로 구성된 **안티코돈(anticodon)**이 있다. tRNA는 하나의 아미노산과 결합하여 mRNA 사슬의 적절한 부위로 아미노산을 운반하는 것이다.

아미노산이 지정되어 mRNA로 운반되면 단백질이 될 긴 사슬에 연결된다. 리보솜에서 이 기능이 일어나는데, **리보솜(ribosome)**은 **리보솜 RNA(ribosomal RNA: rRNA)**와 단백질로 이루어진 두 개의 단위체로 구성된다. 리보솜에는 mRNA와 tRNA 결합 부위가 있으며, 아미노산을 결합시키는 효소를 포함하고 있다. 리보솜은 mRNA와 tRNA를 적절한 부위에 결합시키면서 아미노산을 연결시킨다.

번역은 **그림 17.8**에서 보여주듯이 세 단계로 일어난다.

1. 개시(initiation). 개시 tRNA가 두 개의 리보솜 단위체 중에서 소단위체에 결합하고 mRNA 분자에 결합한다. tRNA와 리보솜 단위체는 mRNA를 따라서 이동하여 개시코돈(AUG)에 도달한다. 이때 리보솜 대단위체가 결합하면서 완전한 리보솜을 구성하고, mRNA에 아미노산을 운반한 tRNA가 상보적 결합을 한다.
2. 연장(elongation). 아미노산 사슬은 한 번에 아미노산 하나씩 연장된다. 아미노산을 운반한 tRNA는 리보솜과 mRNA에 결합한다. mRNA가 리보솜 두 단위체 사이를 지나가면서 리보솜은

첫 번째 위치	두 번째 위치 U	두 번째 위치 C	두 번째 위치 A	두 번째 위치 G	세 번째 위치
U	UUU, UUC Phe UUA, UUG Leu	UCU, UCC, UCA, UCG Ser	UAU, UAC Tyr UAA 정지 UAG 정지	UGU, UGC Cys UGA 정지 UGG Trp	U C A G
C	CUU, CUC, CUA, CUG Leu	CCU, CCC, CCA, CCG Pro	CAU, CAC His CAA, CAG Gln	CGU, CGC, CGA, CGG Arg	U C A G
A	AUU, AUC, AUA Ile AUG Met/개시	ACU, ACC, ACA, ACG Thr	AAU, AAC Asn AAA, AAG Lys	AGU, AGC Ser AGA, AGG Arg	U C A G
G	GUU, GUC, GUA, GUG Val	GCU, GCC, GCA, GCG Ala	GAU, GAC Asp GAA, GAG Glu	GGU, GGC, GGA, GGG Gly	U C A G

그림 17.7 **mRNA의 유전암호.** 세 개의 연속된 염기가 하나의 코돈을 구성한다. 세 개의 코돈을 제외하고 모든 코돈이 아미노산을 암호화한다. 알파벳 글자는 RNA를 구성하는 네 개의 염기이다: 우라실(U), 시토신 (C), 아데닌(A), 구아닌(G). 표의 왼쪽에 있는 글자부터 시작하여 가운데 글자와 오른쪽 글자를 읽는다. AUG는 개시코돈이며 메티오닌만 암호화하며 세 개의 정지코돈이 있다.

펩티드 사슬의 아미노산에 새 아미노산을 결합시키는 촉매 작용을 한다. 그 다음 tRNA는 분리되어 다른 아미노산을 운반하게 된다.

3. 종결(termination). mRNA의 정지코돈에 상보적인 안티코돈을 갖는 tRNA는 없다. mRNA 정지코돈에 도달하면 리보솜 단위체와 새로 형성된 펩티드 사슬은 mRNA로부터 분리된다.

요리에 비유하여 설명하면, mRNA는 요리법을 가져오고, 여러 tRNA는 재료를 찾아서 운반하며, 리보솜은 최종 요리를 만드는 요리사이다. 기능에 따라서 새로 합성된 펩티드 사슬의 운명이 달라진다. 일부 펩티드 사슬은 소포체로 들어가서 변형이 되고, 포장되어 운반되며, 다른 펩티드 사슬은 세포질에 남아 있게 된다. 대부분의 펩티드 사슬은 새로운 세포소기관, 세포막 성분을 구성하게 되며, 세포가 성장하고 분열하는데 필요한 효소로 작용한다.

요점 정리

번역은 세 단계로 구성되며(개시, 연장, 종결), mRNA 암호에 맞추어 단백질을 합성한다. tRNA는 세포질에 있는 아미노산을 mRNA 암호에 맞추어 운반한다. mRNA와 tRNA는 리보솜에 결합하고 아미노산은 리보솜에서 서로 결합을 한다. ■

17.3 세포 생식: 하나의 세포가 둘로 된다

세포분열을 위해서 지금까지 배운 것을 정리해보자. 세포주기 중 S기 동안 DNA는 복제되어 두 개의 완전한 복사본이 만들어진다. DNA의 유전자는 특정 단백질을 생산하는데 사용된다. 이러한 단백질은 세포 활동을 조절하며 세포가 성장하면서 필요한 세포 구조물을 형성한다.

이제 세포주기의 유사분열기에 대하여 알아보자. 먼저 핵이 분열하고 세포질이 나누어진다. 즉 핵분열을 **유사분열(mitosis)**이라 부르며 그 다음에 **세포질분열(cytokinesis)**이 일어난다.

유사분열: 딸세포는 부모 세포와 동일하다

유사분열은 복제된 염색체의 자매염색분체가 분리되어 핵이 분열되는 과정이다. 유사분열 후 각 딸세포는 완전한 DNA를 갖게 되며 부모와 동일하다. 유사분열에 의해서 생물체의 모든 세포에는 동일한 DNA가 들어 있다.

유사분열(그림 17.9)은 분열기의 대부분을 차지하며 일련의 시기로 나뉜다. 이 시기에 DNA가 나누어지고 두 개의 딸핵이 형성되면서 세포 내에서 구조적 변화가 일어난다. 각 시기는 이름이 있고 분명한 특징을 나타내고 있지만 실제로는 명확한 구분 없이 연속적으로 진행된다.

전기 간기의 G_2기 말에 복제된 DNA 가닥은 단백질과 결합하여 응축하면서 코일 모양을 형성한다. 복제된 염색체가 관찰되며 동원체에 의해서 연결된 자매염색분체로 구성된다. **전기(prophase)**는 복제된 염색체를 관찰할 수 있는 시기이다.

세포에는 세포를 지지해 주는 세포골격이 있음을 기억하자. 전기 동안 세포골격을 구성하는 성분이 분리되고 쌍으로 구성된 중심체 사이에서 재구성된다. 새롭게 평행으로 형성된 미세소관을 방추사(mitotic spindle)라 하며 DNA를 두 개로 동일하게 분리시켜준다. 쌍으로 된 중심체가 이동하고 그 사이에 방추사가 형성된다. 핵막은 없어지고 한 쌍의 중심체는 세포의 반대쪽으로 이동한다. 그 결과 방추사는 세포의 중앙을 걸쳐서 분포하게 된다. 복제된 염색체에 있는 동원체는 두 개의 분리된 구조로 되어 있으며 세포의 양극 쪽에서 나온 미세소관이 각각 부착하게 된다. 방추사의 힘에 의해서 복제된 염색체는 세포의 중앙에 배열된다.

중기 **중기(metaphase)** 동안 복제된 염색체는 세포 중앙에 일렬로 배열된다. 세포는 이 시기에 휴식을 하고 있는 것처럼 보인다. 한 시간 정도 일어나는 유사분열 동안 중기에서 20분가량 소요될 수 있다. 사실 복제된 DNA는 동일한 힘에 의해서 반대 방향으로 잡아당겨지고 있으나 동원체가 부착되어 있으므로 분리는 일어나지 않고 있다.

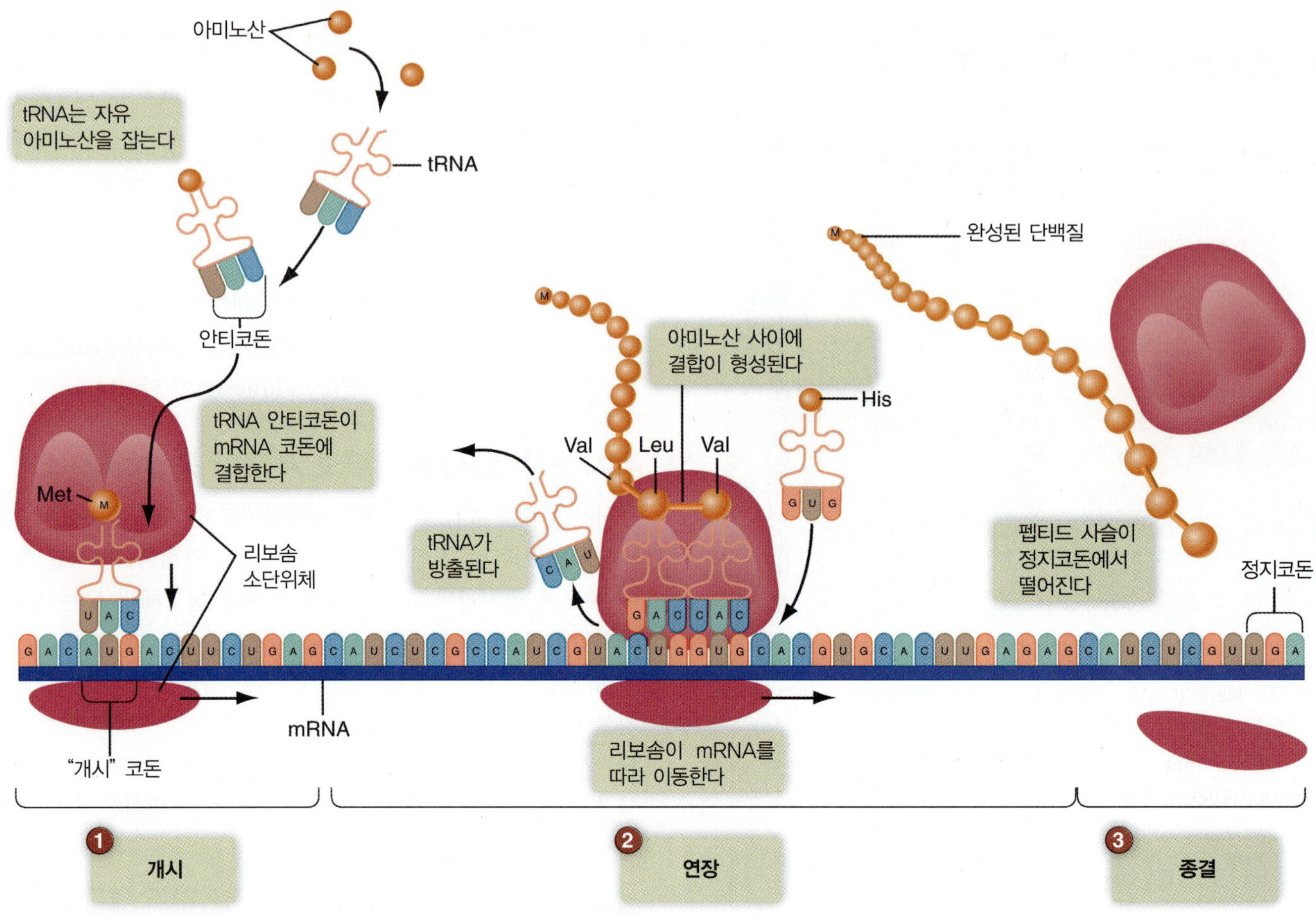

그림 17.8 번역의 세 단계. **(1)** 개시. 개시 안티코돈이 있는 tRNA가 리보솜 소단위체에 결합하고 mRNA의 개시코돈과 결합한다. 이어서 대단위체 리보솜이 결합을 한다. **(2)** 연장. tRNA는 아미노산과 결합하여 mRNA 상의 적절한 코돈으로 운반한다. mRNA가 두 리보솜 단위체 사이를 지나가면 tRNA가 결합된 리보솜은 이웃하는 아미노산끼리 결합을 촉매한다. tRNA는 분리되고 다른 아미노산를 찾아서 결합한다. **(3)** 종결. 정지코돈에 도달하면 리보솜 단위체와 새로 합성된 단백질이 mRNA로부터 분리된다.

후기 **후기(anaphase)** 동안 복제된 DNA 분자는 분리되어 세포의 반대쪽으로 이동한다. 유사분열에서 가장 짧게 걸리며 단지 1분여 정도 소요된다. 동원체는 갑자기 분리되며, 분리된 DNA 분자는 부착된 미세소관에 의해서 반대쪽으로 끌려간다. 분리 과정은 ATP를 요구하며 미세소관을 끌고 가기 위하여 '모터' 역할을 하는 단백질을 사용한다. 세포질분열은 이 시기쯤 시작된다.

말기 **말기(telophase)**는 염색체가 세포의 양극에 도달하였을 때 시작한다. 방추사는 분리되고, 새로운 핵막이 염색체 주위에 형성된다. 염색체는 코일 모양이 풀어지고 분산된 형태가 되어 현미경상에서 더 이상 관찰할 수 없다.

요점 정리

유사분열은 복제된 염색체가 들어 있는 핵이 둘로 나누어지는 과정이다. 유사분열 동안 복제된 염색체의 자매염색분체는 분리되어 완전한 DNA를 가지는 두 개의 딸세포가 된다. 복제된 염색체는 전기에 관찰이 가능하며, 중기에 세포 중앙에 일렬로 배열되며, 후기에 떨어져서 끌려가며 세포의 반대쪽으로 이동하면 말기에 새로운 핵막이 염색체를 둘러싼다. ■

세포질분열은 하나의 세포를 두 개의 동일한 세포로 나눈다

세포질분열은 세포를 나누어서 두 개의 딸세포를 만드는 과정이다. 세포의 특정 구조에 의해서 이 과정이 진행되는데, 근육 세포에서 발견되는 동일한 종류의 단백질 섬유가 세포막 바로 안에 수축환

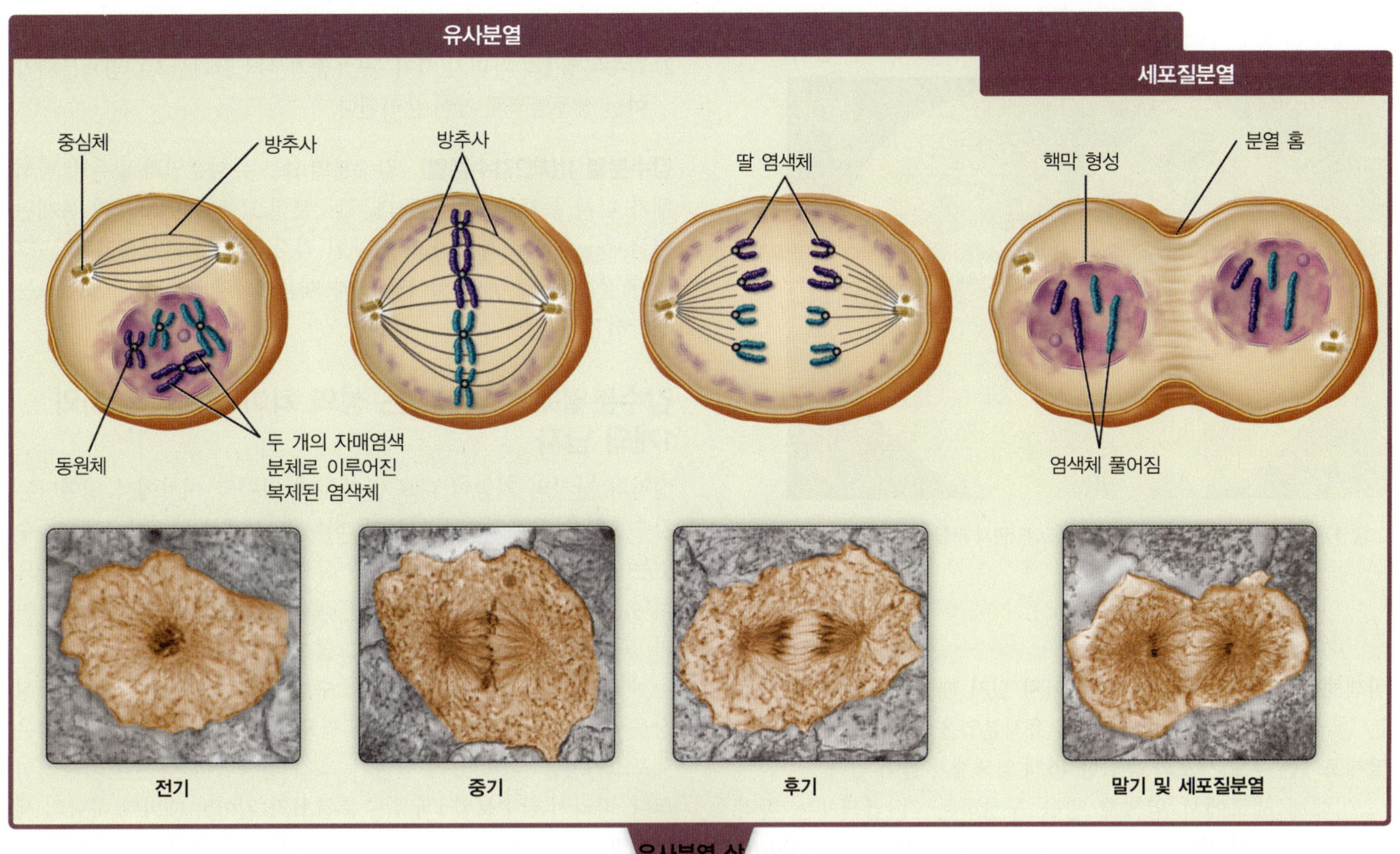

그림 17.9 **유사분열.** 유사분열은 세포를 둘로 나누는 세포질분열과 약간 중복되지만 세포주기의 분열기 대부분을 차지한다. 복제된 염색체는 전기에 관찰 가능하고, 중기에 일렬로 배열되며, 후기에 떨어져서 이동하고, 말기에 풀어지고 핵막에 의해서 둘러싸인다.

을 만든다. 이 수축환이 조여지면서 분열 홈을 형성하고 세포는 두 개로 나누어진다(그림 17.10). 수축환은 방추사의 가장 긴 축에 수직으로 만들어져서 각 딸세포에 핵이 하나씩 들어가도록 한다.

세포질분열은 생명현상에서 효율적으로 물질을 이용하는 현상의 한 예이다. 수축환은 분열기 중에 분해되었던 세포골격이 재구성되기 바로 직전에 만들어졌다가 세포분열이 끝난 후 분해되어 딸세포의 새로운 세포골격을 구성하는데 사용된다. 세포는 효율적인 물질 재사용 시스템과 연계되어 정확한 시간에 물질을 운반하는 시스템을 사용한다.

요점 정리

세포질분열 동안 미세섬유로 구성된 수축환은 세포를 조여서 둘로 나눈다. 각 딸세포는 부모와 동일한 핵을 갖는다. ■

유사분열은 이배체 세포를 만들며, 감수분열은 반수체 세포를 만든다

정자와 난자를 제외한 사람의 모든 세포는 46개 염색체를 갖는다. 46개 염색체를 갖는 세포를 **이배체(diploid)** 세포라 하는데, 46개

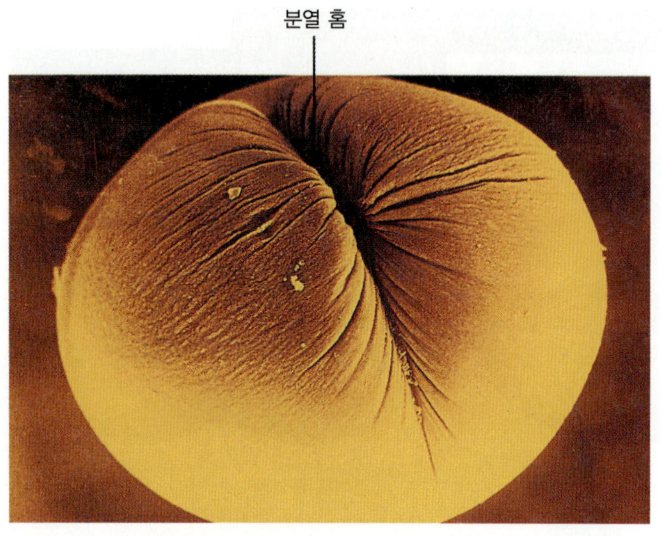

그림 17.10 **세포질분열.** 수축환 섬유가 조여지면서 분할 홈이 형성된다.

염색체는 23쌍의 염색체로 이루어져 있기 때문이다. 배수체 세포는 먼저 46개 염색체를 복제한 후 유사분열을 진행하므로 두 개의 딸세포에는 부모 세포와 동일한 46개 염색체가 들어 있다.

이배체 세포에서 염색체 쌍을 구성하는 각 염색체는 각각 부모로부터 물려받으며 22쌍의 **상동염색체(homologous chromosome)**와 성염색체인 X와 Y로 구성된다. 상동염색체는 현미경상에서 똑같게 보이며 동일한 유전자가 상동염색체의 동일한 위치에 있다(상동은 같은 구조 및 같은 기능을 의미함).

정자와 난자는 **반수체(haploid)** 세포이며 23개 염색체 한 조를 갖는다. 반수체인 정자와 난자는 **감수분열(meiosis)**에 의해서 생성되며, 두 번의 연속된 핵분열이 일어나면서 유전자가 섞이고, 재조합되고 감소된다. 수정이 일어나면 수정란과 그 이후에 생긴 세포들은 모두 이배체가 된다.

감수분열: 유성생식을 준비하는 단계

두 번의 연속적인 핵분열과 세포분열을 감수분열 I(meiosis I), 감수분열 II(meiosis II)라 한다. 감수분열 I과 II는 모두 전기, 중기, 후기, 말기의 네 시기로 나누어진다. 그림 17.11은 각 시기에서 일어나는 현상을 보여준다.

감수분열 I(제1감수분열) 감수분열이 일어나기 전에 모세포는 간기의 S기에 DNA가 복제되고, 46개 염색체가 복제된다. 유사분열과는 다른 현상이 일어난다.

1. 감수분열 I의 전기 동안 복제된 상동염색체들이 쌍을 이루며 DNA(유전자)의 일부가 교환되는 **교차(crossing-over)**가 일어난다. 그 결과 상동염색체에는 부모로부터 받은 유전자가 재조합되어 있다.
2. 감수분열 I의 나머지 시기 동안(중기부터 말기까지), 염색분체가 아닌 상동염색체 쌍이 분리된다.

감수분열 II(제2감수분열) 감수분열 II는 유사분열과 같은데 염색체가 다시 복제되지는 않는다. 감수분열 II에서는 23개의 복제된 염색체가 일렬로 배열하고, 복제된 각각 염색분체가 분리된다. 그러나 감수분열 I 동안 일어난 교차 때문에 4개의 반수체 딸세포는 정확히 같지 않다.

감수분열에서 일어나는 성의 차이: 4개의 정자와 1개의 난자

정자와 난자의 기능이 다르기 때문에 남자와 여자에서 일어나는 감수분열은 근본적으로 다르다. 하나의 정자가 난자에 도달할 수 있는 기회가 매우 낮으므로 많은 정자를 생산하는 것은 매우 중요하다. 남자는 감수분열을 통하여 크기는 같지만, 유전적으로 차이가 있는 4개의 정자를 생산한다(그림 17.12).

여자에서 각 난자는 귀중하다. 수정이 되면 수정란은 발생과 성장을 하기 위하여 많은 에너지를 필요로 한다. 많은 세포질과 많은 세포소기관을 갖고 있는 난자가 초기 발생에서 생존할 가능성이 크다. 따라서 감수분열 I과 감수분열 II가 일어날 때마다 하나의 세포에만 가능하면 많은 세포질을 저장한다. 각 분열에서 생성된 적은 세포질을 갖은 세포를 극체라 한다. 감수분열 I에서 생긴 극체는 감수분열 II에서 다시 분열하거나 분열하지 않는다. 어떤 경우든 극체는 모두 퇴화된다.

여자는 수정이 일어날 때까지 감수분열 II가 완결되지 않는다. 제2난모세포가 난소에서 배란되며 감수분열 II 중기에서 멈춘 상태이다. 수정이 일어날 때 제2난모세포는 빠르게 감수분열 II를 끝내고 정자와 난자의 핵이 융합한다.

요점 정리

감수분열은 두 단계로 진행되며 핵과 세포가 두 번 분열하여 반수체 염색체를 갖는 정자와 난자가 생성된다. 교차가 일어나서 유전자가 재조합되기 때문에 생성된 정자(또는 난자)는 유전적으로 서로 다르다. ■

17.4 세포 생식은 어떻게 조절되는가?

분열은 대부분 세포에서 일어나는 일반적인 현상이지만, 모든 세포가 같은 속도로 분열하지는 않는다. 일부 세포는 일생을 통해서 빠르게 분열하지만 어떤 세포는 성인이 된 후에 분열을 멈춘다. 일부 세포들은 조절 신호에 맞추어서 세포분열 속도가 상당히 변할 수 있다. 표 17.1에 세포분열 속도의 다양한 예가 열거되어 있다.

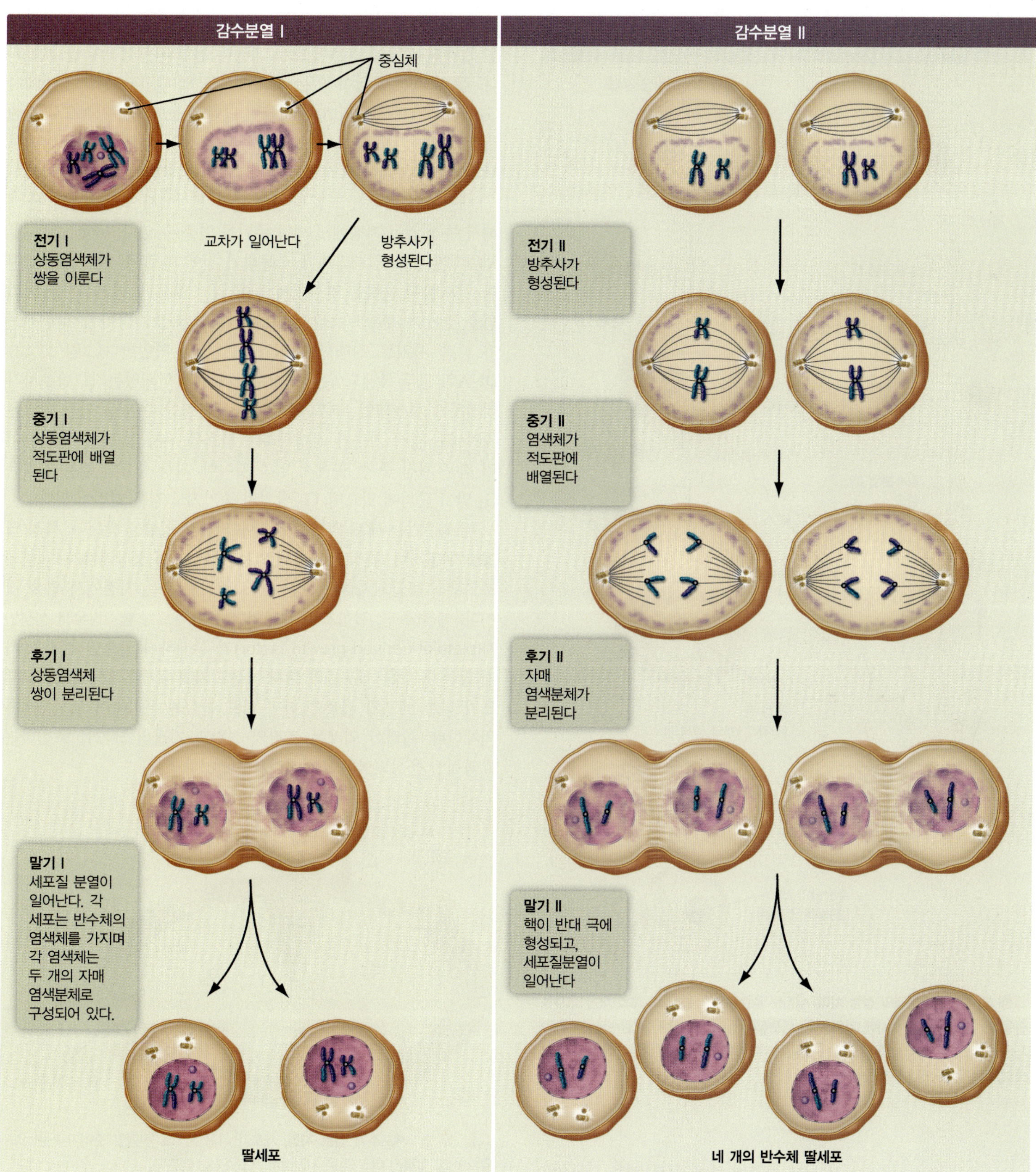

그림 17.11 **감수분열.** 감수분열은 두 번의 핵분열을 통해서 유전물질이 재조합되고, 감소되면서 정자와 난자를 형성하는 과정이다. 파란색과 보라색은 각 부모로부터 물려받은 상동염색체를 나타낸다. 감수분열 I 전기 동안 복제된 상동염색체 쌍이 짝을 이루고 교차에 의해서 DNA의 일부를 교환한다. 감수분열 I의 나머지 기간 동안 상동염색체 쌍은 각각 분리된다. 감수분열 II 동안 유사분열에서처럼 복제된 염색분체는 분리되어 서로 유전자 구성이 다른 네 개의 딸세포가 만들어진다.

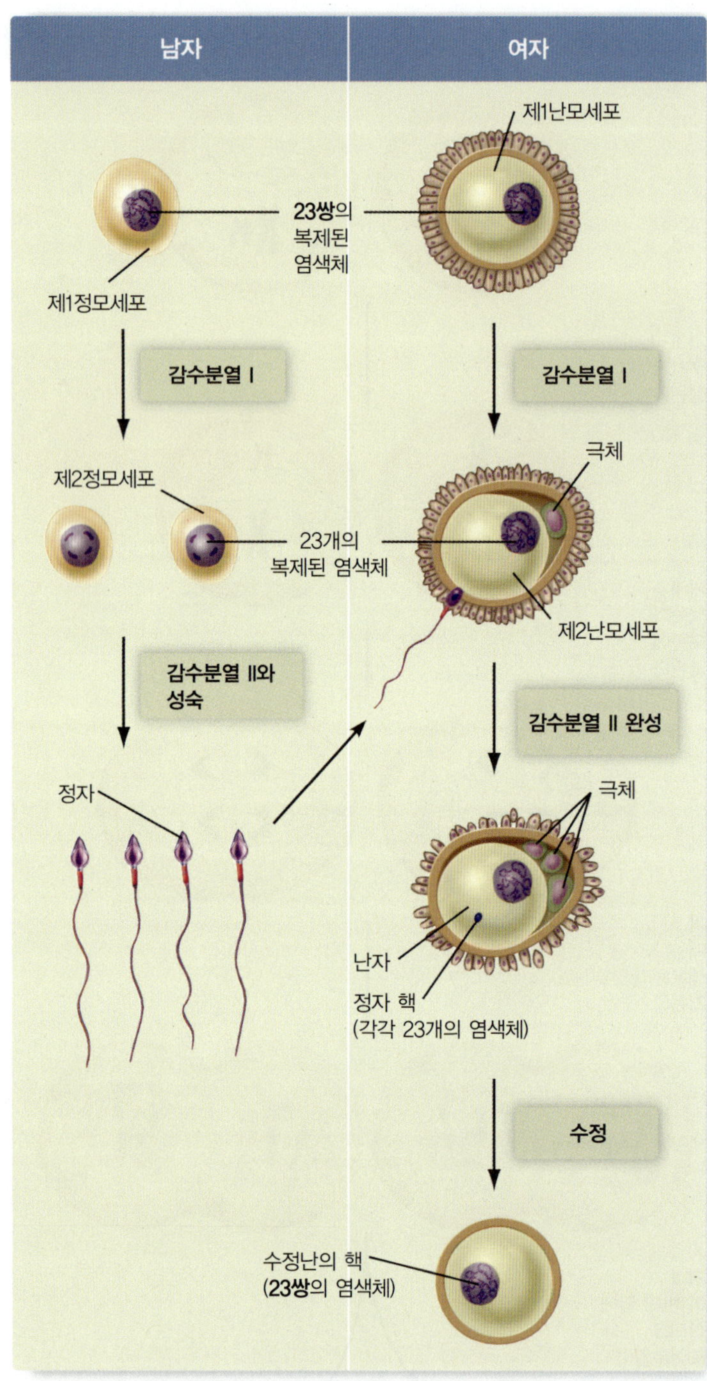

그림 17.12 **감수분열의 성별 차이.** 남자는 감수분열을 통해 네 개의 작은 정자를 만들고, 여자는 난자 하나에 거의 모든 세포질이 들어간다. 여자는 감수분열 I 결과 제2난모세포와 제1극체를 만들고, 수정이 일어날 때까지 감수분열 II가 완성되지 않으며, 극체들은 모두 분해된다.

무엇이 세포분열 속도를 서로 다르게 하며, 때로 변화시키는가? 아직 모든 대답을 알고 있지 않지만 세포는 내부에 조절 기작이 있어서 주기적 변화를 진행하며, 조절 기작은 세포 내외의 신호에 의해서 특정 검문 지점에서 멈추게 할 수 있다.

세탁기나 식기 세척기를 생각해보라. 세탁 주기를 일단 시작하면 정해진 시간에 맞추어 모든 과정이 진행되며 세탁이 끝나게 된다. 같은 과정이 살아 있는 세포에서도 일어난다. 정상 상태에서 G_1, S, G_2기로 진행되며, 사이클린 단백질 농도가 주기적으로 변해서 조절된다. DNA 복제 또는 방추사 형성과 같은 특정 과정이 시작되도록 유도하는 특정 조절단백질을 사이클린이 활성화한다.

대부분의 세탁기 조절 도구는 내부 센서에서 보내는 정보에 의해서 특정 검문 지점에서 세탁 주기를 멈출 수 있다. 세탁기가 물로 채워지지 않으면 세탁기가 작동하기 전에 바로 주기는 멈출 것이다. 세탁물이 균형을 맞추어서 들어 있지 않으면, 회전주기는 미리 멈출 것이다. 세포도 똑같이 내부 감시 및 조절 기작이 있어서 세포가 다음 시기로 진행할 준비가 되었는지 확인한다(그림 17.13). DNA가 모두 복제되었는지, 실수가 모두 확인되었는지? 방추사가 적절하게 형성되었는지? 세포가 둘로 분열할 수 있을 만큼 커졌는지? 세포 감시 기구가 진행하라는 신호를 주지 않으면, 세포는 여러 검문 지점 중 한 곳에서 멈출 것이다. 가장 중요한 검문 지점은 G_1 말기 근처에 있으며, G_2 말기와 중기에도 검문 지점이 있다.

세포주기는 세포 외부의 조건에 의해서 영향을 받는다. 특정 영양소가 없거나, 특정 호르몬이 없는 경우, 특정 성장인자가 다른 세포로부터 공급되지 않는 경우 세포주기는 검문 지점에서 멈출 것이다. 예를 들면, 결합조직 세포인 섬유아세포는 **혈소판유래 성장인자(platelet-derived growth factor)**가 존재하지 않으면 분열을 하지 않는다. 다른 세포들의 존재 여부도 세포주기에 영향을 준다. 세포가 다른 세포와 접촉을 하면 서로 물질을 분비하여 세포분열을 억제한다. 이러한 억제는 조직의 성장과 기관의 크기를 조절하는 효과적인 음성되먹임 조절이다.

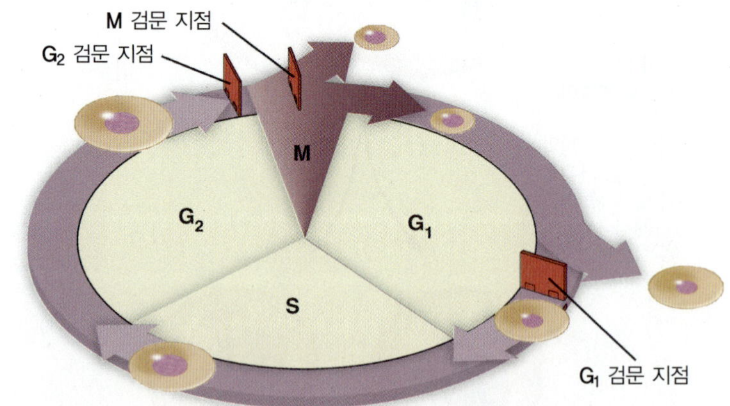

그림 17.13 **세포주기 검문 지점.** 세포가 다음 시기로 진행할 준비가 되어 있지 않으면 잘 알려진 여러 검문 지점에서 세포주기는 멈춘다.

표 17.1 사람 세포의 세포분열 속도의 다양성

분열 속도	세포 유형	내용
일생을 통해서 끊임없이 빠르게 분열한다.	피부세포	피부세포는 심층에서 지속적으로 생성된다. 피부의 가장 바깥층은 죽은 세포로 되어 있으며 계속 떨어져 나간다.
	대부분 상피세포	상피세포는 소화기관과 폐와 같은 기관의 안쪽 바깥층에 배열한다. 이러한 세포는 수시로 손상되며 재생된다.
	골수세포	골수의 조혈모세포는 일생 동안 적혈구와 백혈구를 생산한다. 적혈구는 120일 정도 생존한다. 백혈구 생성 속도는 면역반응에 의해서 증가될 수 있다.
	정원세포(사춘기 이후)	정원세포는 노년기에는 분열 속도가 어느 정도 감소하지만, 일생동안 정자를 만들기 위해 분열한다.
정상적으로 분열하지는 않지만 특정 상황에서는 자극에 의해서 분열한다.	간세포	간세포는 성인 시기에는 정상적으로 분열하지 않으나 일부가 절제되면 분열한다.
	난자 주위의 상피세포	과립층세포로 불리는 이 세포는 성인 시기에는 분열하지 않는다. 이 세포는 배란 전 여포가 성숙하면서 분열을 시작한다.
성인 시기에는 분열하지 않는다.	대부분 신경세포	대부분 사람의 신경세포는 성인 시기에는 분열하지 않는다. 그러나 최근에 해마를 구성하는 신경은 분열한다고 알려졌다.
	골세포	성숙한 골세포는 뼈의 단단한 기질에 들어 있어서 분열하고 성장할 여유 공간이 없다. 단지 미성숙 골세포만 분열한다.
	대부분의 근육세포	근육세포는 성인 시기에 분열하지 않는다는 것이 일반적인 견해이나, 동의하지 않는 의견도 있다.

요점 정리

내부의 주기 조절 기작은 세포주기를 조절한다. 세포주기는 내부 감시 기구에 의해서 특정 검문 지점에서 멈출 수 있으며, 세포외부의 조건에 의해서 영향을 받는다. ■

17.5 세포 분화에 영향을 주는 환경 요인

성인 신체의 모든 세포는 하나의 세포, 수정란에서 유래하므로 모든 세포는(정자 또는 난자가 될 세포를 제외하고) 동일한 DNA로 구성된다. 그러나 신체는 다양하게 분화된 많은 종류의 세포로 이루어져 있다. 모든 세포가 똑같은 유전자 구성을 가지고 있는데 쌍생아처럼 왜 모든 세포는 동일하게 유지되지 않을까? 무엇이 세포의 구조와 기능을 변하게 만드는 걸까?

분화(differentiation)는 하나의 세포가 부모 세포 또는 자매 세포와 다르게 되는 과정이다. 여러 다른 발생 시기마다 발현되는 유전자가 다르기 때문에 세포는 분화한다. 다음의 예는 분화가 환경의 영향 때문이라는 것을 보여준다.

초기 발생 동안의 분화

수정란에서 시작되는 사람 발생의 초기단계를 살펴보자. 수정란은 비교적 크다. 수정 직후 분열이 시작되어 2개 세포, 4개 세포, 8개 세포로 된다. 16세포기 또는 32세포기까지의 초기 분열 동안 세포는 성장하지 않는다. 결과적으로 세포의 크기가 점점 작아지고 똑같은 세포로 구성된다.

8세포기까지 각 세포는 같은 환경(체액으로 둘러싸여 있으며 자신과 똑같은 세포와 접촉함)에 노출된다. 그러나 많은 세포들이 생겨서 빽빽하게 모이게 되면 상황은 달라진다. 바깥쪽에 있는 세포는 주변 체액과 접촉하지만, 나머지 세포는 세포 사이에 있는 세포외액하고만 접촉하게 된다. 이 시기에 중앙에 위치한 세포와 표면에 위치한 세포 주위의 환경이 달라진다. 중앙에 위치한 세포는 낮은 O_2 분압, 높은 CO_2 분압, 또는 다른 pH에 노출될 수 있으며, 또한 다른 세포가 분비한 물질에 의해서 영향을 받을 수 있다. 이러한 환경요인에 의해서 중앙에 있는 세포와 표면에 있는 세포에서 서로 다른 유전자가 활성화되어 다른 발생 경로가 유도된다.

초기 분화를 유도하는 인식 신호나 되먹임 조절 작용은 없으며 단지 각 세포의 물리적, 화학적 환경 차이에 의해서 분화가 일어난다. 생물체에서 항상성 유지를 위한 되먹임 조절 작용이 발달하기 전에 세포 분화는 이미 일어나기 시작한다.

과학자들은 수정란에서 발생한 8세포기의 세포를 각각 분리시키는 "배아 분할(embryo splitting)"을 이용하여 생물체를 여러 개로 복제할 수 있게 되었다. 8개의 세포 모두 완전한 개체로 발생할 수 있는 능력을 똑같이 가지고 있는데, 이들 세포는 아직 분화되지

인간을 복제해야만 하는가?

1997년, 과학자들은 돌리라 부르는 양을 복제하였다고 발표하였다. 그 후 복제 실험으로 개, 돼지, 쥐, 소, 말, 염소, 고양이, 원숭이가 만들어졌다.

인간 복제를 허용해야 하는가? 당신과 배우자가 불임이라면 둘 중의 하나와 같은 복제 인간을 만들기 원하는가? 누군가 원하더라도 인간 복제를 멈추게 할 수 있는가? 첫 번째 질문에 대한 대답은 우리 모두에게 달려 있는 사회적 결정이다. 두 번째 질문에 대한 대답은 개인의 선택이지만 첫 번째 질문에 대한 사회적 대답에 따라서 그 선택이 가능할 수도 아닐 수도 있다. 세 번째 질문에 대한 대답은 정치적이며 법적인 논쟁이다.

넓은 의미에서 복제는 복사체이다. 언론 매체들은 복제를 성체 생물체의 복사체라고 보통 생각하지만 과학자는 복제를 세포, 유전자뿐 아니라 분자까지 복사하는 과정으로 표현한다. 과학자는 유전공학 기술을 사용하여 인간 유전자를 세균, 효모, 심지어 큰 동물에게 삽입하여 인간 호르몬을 다량 생산하고 있다. 인간 적혈구생성인자(빈혈치료제), 인슐린(당뇨병 치료), 성장호르몬(내분비선 이상 치료) 등이 이 방법으로 생산되고 있다. 또한 특수 조직을 생산하기 위하여 인간 세포가 복제될 수 있다. 과학자는 심한 화상 환자 치료를 위한 피부세포 층을 복제 기술로 생산하기 위해 연구 중이다.

완전한 생물체를 복제하는 데는 배아 세포 분할 또는 체세포 핵 이식의 두 가지 방법이 있다.

배아 분할(embryo splitting)

발생 8세포기까지 수정란으로부터 형성된 모든 세포는 미분화된 상태이다. 이 시기에 세포를 분리한 후 각 세포를 다른 대리모에 착상시킬 수 있다. 결과적으로 하나의 수정란으로부터 8개의 동일한 복제생물이 만들어진다(그림 1). 이런 방법으로 농장에서 귀중한 가축의 복제 새끼를 쉽게 만들 수 있다.

그러나 이 기술의 한계점은 배아 세포 분할은 정자와 난자가 융합한 후에야 8개의 복제생물을 만들 수 있다는 것이다. 배아 세포 분할에 의해서 생산된 복제 생물체는 모두 서로 동일하지만 각각의 부모와 동일한 복제 생물은 아니다. 즉 품종이 좋은 성체 동물을 똑같이 복제할 수 없으며, 이 방법으로 만들어진 인간도 동일한 형제 · 자매만 만들 수 있을 뿐이다.

체세포 핵 이식

체세포는 생식세포를 제외한 몸을 구성하는 모든 세포이다. 모든 체세포는 동일한 DNA를 가지고 있으므로 이론적으로 어떤 체세포를 사용해

처음으로 복제된 말(앞쪽)과 대리모

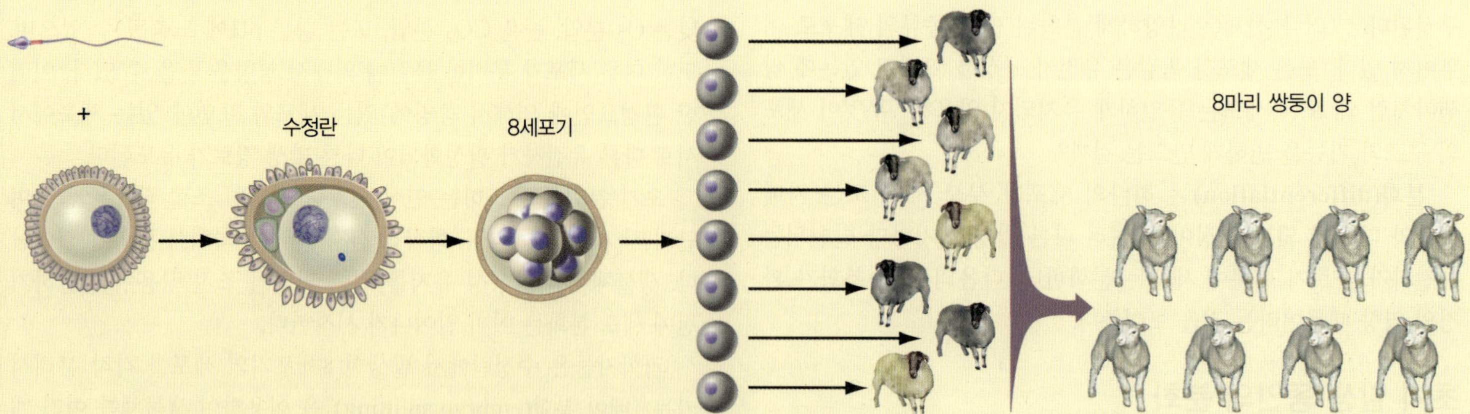

그림 1. **배아 분할의 예.** 배아 분할 결과 나온 복제양은 부모와 똑같은 복사본은 아니지만 8마리는 모두 똑같다.

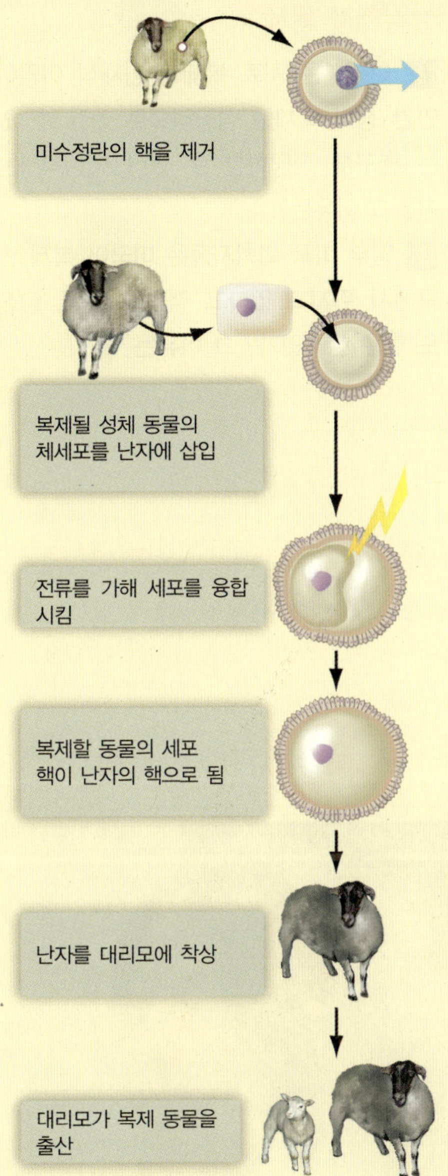

그림 2. **체세포 핵 이식.** 복제동물은 체세포를 제공한 동물의 복사체이다.

생물학적 논쟁

영국의 발생학자 이안 윌머트(Ian Wilmut)와 복제양 돌리

유성생식에서 손상된 염색체를 가진 정자와 난자는 생존하지 못한다. 일반적으로 수정이 일어나기 전에 해로운 유전자 변이는 유전자 풀에서 제거된다. 그러나 체세포 핵 이식에 의한 복제에서는 결함 유전자를 가진 세포를 복제에 사용하였을 경우 결함 유전자가 복제 생물체에 그대로 전달된다. 실제로 일부 복제 동물은 유전적, 발생적 결함을 보이며 생존율이 상당히 낮다. 최초의 복제양 돌리는 초기 관절염과 폐암이 발생한 6세 때 안락사시켰다. 과학자는 이러한 문제들이 누적된 변이 때문인지 또는 불안정한 공여세포 및 복제 과정 자체의 오류 때문인지 확신하지 못하고 있다. 동물을 이용한 차후 실험이 진행됨에 따라 더 많은 정보가 제공될 것이다.

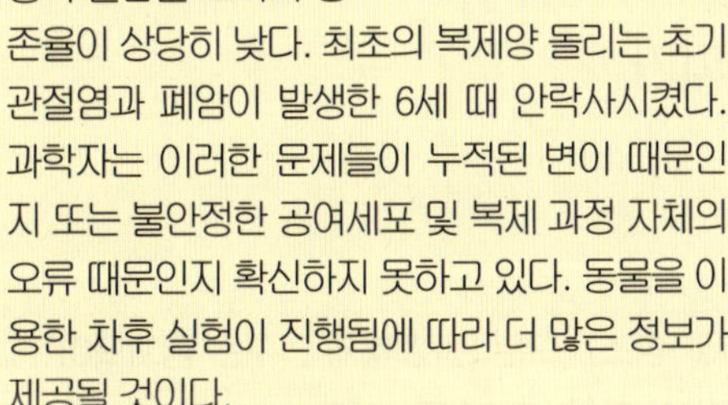

치료 복제 대 생식 복제

인간 복제에 대한 윤리적, 정치적 논의는 치료를 위한 복제와 생식을 위한 복제의 구분에 초점이 맞추어진다. **치료를 위한 복제(therapeutic cloning)**는 궁극적으로 질병을 치료하기 위한 목적으로 줄기세포를 생산하기 위하여 배아로부터 세포를 복제하는 것이다. 치료를 위한 복제에서는 사람으로부터 채취한 체세포를 핵을 제거한 난자와 융합하고, 배아가 발생하기 시작하면서 줄기세포를 얻는다. 이 줄기세포는 조직과 기관으로 발달하여 환자에게 다시 이식될 수 있다. 기관 기증 요구와 조직 이식 거부 문제점을 해결할 수 있다. 치료 목적의 복제는 많은 연구가 진행된 후인 미래에 의료용 치료로 활용될 것임을 쉽게 예견할 수 있다.

반면에 **생식을 위한 복제(reproductive cloning)**는 성인 체세포를 복제하여 아기를 만들고자하는 의도로 진행된다. 복제된 성인세포로부터 생긴 배는 자궁에서 정상적인 아기로 발달할 수 있다. 생식 복제 개체는 세포를 제공한 성인과 동일한 쌍둥이이다. 성인과 복제 개체는 외모와 행동이 상당한 나이 차이가 있는 쌍둥이와 같을 것이다. 왜냐하면 유전자뿐 아니라 경험과 환경에 의해서 개인차가 형성되기 때문이다. 사람 생식 복제는 당분간 실효성을 나타내지는 않을 것이다. 자연적 방법에 의해서 또는 체외수정에 의해서 아기를 만들기가 아주 쉽기 때문이다.

정치적, 윤리적 문제점은 치료 복제 또는 생식 복제에 상관없이 초기 배아를 복제하는 방법

(계속)

도 동일한 개체를 만들 수 있다. 그러나 복제양 돌리가 만들어질 때까지 체세포를 이용하여 수정란을 이용한 것과 같은 분화가 일어나기는 불가능하다고 여겨졌다. 돌리는 성체 양의 젖샘에서 유래한 체세포를 핵을 제거한 다른 양의 미수정란과 융합하였다(그림 2). 젖샘세포 DNA가 들어있는 미수정란은 돌리로 발달하였다. 실제로 돌리는 젖샘세포를 제공한 양과 쌍둥이이다.

사실은....

- 과학자들은 분자, 유전자, 세포를 일상적으로 정확히 복제하고 있다.
- 완전한 동물을 배아 분할 또는 체세포 핵 이식에 의해서 복제할 수 있다.
- 복제된 일부 동물은 건강 악화와 수명 단축 증상을 나타내고 있다.
- 치료 복제는 의료 치료를 향상시킬 잠재력이 있다. 생식 복제는 근본적인 생물학적, 윤리적, 법적, 사회적 논쟁을 유발한다. 두 가지 복제에 필요한 기술은 본질적으로 같다.

최초로 복제된 아프간 사냥개 스너피가 체세포를 제공한 개와 앉아 있다.

생각해볼 문제

1 여러분은 치료 복제의 잠재적 이익이 인간 생식 복제를 성공적으로 이끌 수 있는 연구를 정당화할 수 있다고 생각하는가? 그 이유는?

2 일부 미국 과학자들은 미국이 복제 연구에서 뒤지고 있다고 걱정을 한다. 당신도 같은 생각인가? 그 이유는?

이 동일하다는 것이다. 두 가지 복제를 모두 승인해야 하는가? 단지 치료 복제만 승인한다면 생식 복제를 규제하기 위한 법과 안내 지침을 만들어야 하는가? 대다수 사람들은 치료 복제를 승인한다면 생식 복제를 규제하기는 어려울 것이라고 염려한다. 일부 사람들은 그것이 가능한지 확인하기 위해서 시도해 볼 만하다고 한다.

생식 복제는 어려운 논쟁을 불러일으킨다. 첫 번째 복제 인간은 결함을 가지고 태어날 가능성이 크다. 이에 대해 누가 책임질 것이며, 인간 복제가 많이 이루어지고 비싼 의료비용이 필요하다면 우리는 어떻게 대처할 것인가? 미래의 성공을 성취하기 위하여 위험을 감수할 가치가 있는가?

정치적, 법적 논쟁

1997년 돌리가 태어났을 때만 해도 인간 복제에 대한 특별법은 없었다. 그러한 법이 필요하다고 생각하지 않았기 때문이다. 이런 생각은 급속히 바뀌어서 현재 미국 법은 연구 목적으로 인간 배아를 만드는 것조차 연구비의 지원을 금지하고 있다. 그러나 미국 정부는 금지할 시점에 이미 진행 중이던 인간 줄기세포를 이용한 연구에는 연구비를 지원하고 있다 (3단원의 "시사 과학 문제" 참조). 모든 인간 복제 연구는 금지되어 있다. 사설 연구비로 수행되고 있는 연구는 현재 허용되고 있지만, 미국의 공식적인 견해는 모든 인간 복제 연구는 금지되어야 한다는 것이다. 모든 사람이 이에 동의하는 것은 아니다. 미국 국립과학연구소는 인간 줄기세포를 생산하기 위한 기본 연구는 승인하며 생식 복제는 금지하는 것을 권장하고 있다.

정치적, 윤리적 논쟁은 미국의 복제 연구에 나쁜 영향을 주고 있지만, 싱가포르, 중국, 일본, 영국과 같은 나라에서는 합법적으로 통제된 상황에서 연구가 진행되고 있다. 최근 대한민국의 과학자가 줄기세포를 추출할 수 있는 시기까지 인간 복제 배아를 키웠다고 전세계적으로 발표했는데 나중에 거짓으로 판정되었다. 대한민국 팀은 10% 성공률로 포배기까지 키우는데 성공을 하였다. 영국의 과학자도 유사한 비율로 성공하였다. 이러한 근접한 성공 사례는 통제와 감독이 반드시 필요하다는 경고이다.

인간 생식 복제는 먼 훗날 성공할 수 있을까? 이에 대한 논의는 나중이 아닌 지금 이루어져야 한다.

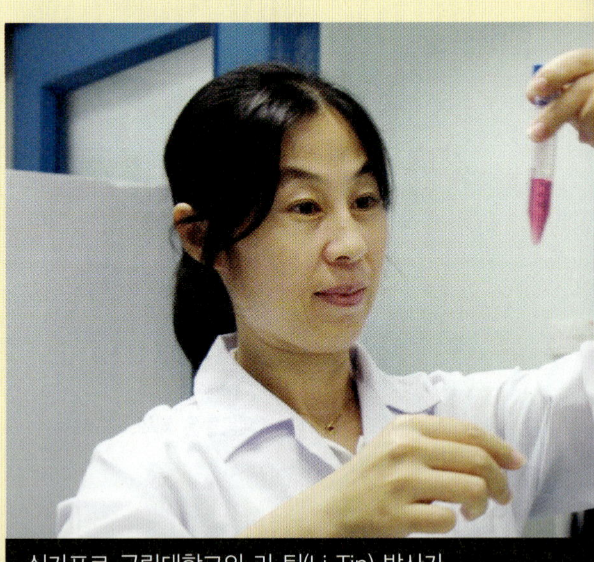

싱가포르 국립대학교의 리 틴(Li Tin) 박사가 줄기세포용으로 복제한 배아 샘플을 보고 있다.

않았기 때문이다. 16세포기 이후에 분리된 세포는 더 이상 복제되지 않는다.

요점 정리

분화는 세포들이 서로 다르게 되어가는 과정이다. 초기 발생 동안 주위 환경이 분화를 자극한다. ■

발생 후기의 분화

발생 후기에 일어나는 분화는 초기 과정과 원칙적으로 유사하다. 각 세포는 두 가지 요인, 즉 선구 세포에서 이미 일어난 발생 역사와 주변 환경 영향에 의해 모양이 결정된다. 유전자는 발생 중 특정 시기에만 발현한 후 중지되며, 어떤 세포는 더 이상 발현을 하지 않는다.

예를 들어, 발생 초기의 어떤 세포는 특정 유전자를 발현하여 상피세포가 되며, 다른 세포는 결합조직, 신경세포, 근육세포로 분화한다. 근육조직이 될 세포는 분화가 더 진행되어 골격근, 평활근, 심장근 등으로 바뀐다.

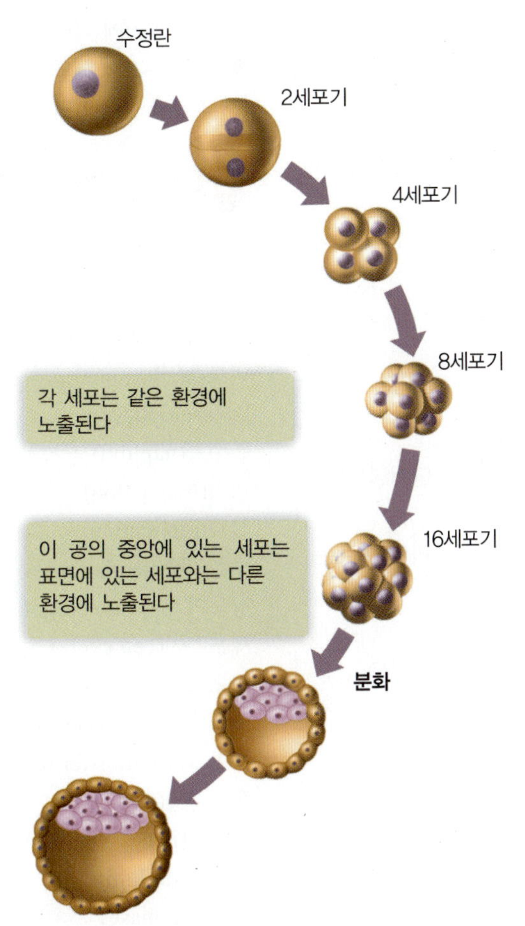

그림 17.14 초기 발생. 8세포기 이후 세포는 다른 환경에 놓이게 된다. 환경의 차이는 다른 유전자의 발현을 유도하여 분화를 유발한다.

결국, 기능과 구조에서 서로 가깝게 관련된 세포일지라도 수백 가지 면에서 달라질 수 있다. 이미 유전자 발현이 다르게 일어난 세포에서 다시 유전자 발현이 다르게 일어남으로써 상당히 분화된 세포로 발달하게 된다. 예를 들면, 평활근과 골격근은 대사 과정, 수축 속도와 강도, 크기와 구조, 근원섬유의 배열 상태가 다르다. 일련의 선택적인 유전자 발현이 순차적으로 일어남으로써 이런 차이점이 나타난다.

이런 분화 기작 때문에 발생 중인 태아가 성인보다 유전자 손상에 더 취약하다. 초기 발생에서 결정적 역할을 하는 유전자 변이는 배아의 분화에 치명적이어서 배아가 생존할 수 없게 된다. 발생 후기에 유전자 손상이 생기면 생존은 할 수 있으나 현저한 신체 기형이 생긴다. 성인이 되어 단 하나의 유전자에 손상이 생기면 유사한 위험이 나타나거나 거의 눈에 띄지 않을 수도 있다. 이러한 차이는 그 유전자가 암호화하는 단백질이 무엇인가에 달려 있다.

태아에게 해로운 물질을 열거하면 다음과 같다.

- 담배 연기. 흡연은 태아의 성장을 늦추고 유산을 일으킬 수 있다.
- 술. 알코올 중독 산모의 아기는 태아 알코올 증후군을 나타낼 수 있다. 이 증후군을 가진 아이는 심장 결함, 사지 결함, 운동 기능과 언어 기능의 발달 지체 등이 나타날 수 있다.
- 약. 임산부는 의사와 상의하여 약을 복용해야 한다.
- 마약. 임신 중 코카인과 헤로인을 복용하면 태아가 사망하거나 신체결함이 생긴다. 마리화나는 태아 저체중과 신생아 행동 이상을 유발한다.
- 공기, 물, 토양의 화학 물질. 예를 들면, 납, 수은, 살충제, PCB 및 톨루엔과 같은 산업 유기 용매 등이 있다.
- 라돈 가스 또는 암 치료에 사용하는 방사능. 우주로부터 발생한 자연 방사능은 위험이 없다고 알려져 있다.

자궁 내 감염도 위험할 수 있다. HIV 감염, 매독, 풍진 등이 가장 위험하다.

요점 정리

일부 유전자는 발생 중 특정 시기에만 발현되기 때문에 초기 발생 중의 유전자 변이는 특히 위험할 수 있다. 발생 후기 동안 수많은 다른 유전자들이 다른 세포에서 발현될 수 있다. 태아에게 해로운 물질은 담배 연기, 술, 약이나 마약, 화학물질, 방사능, 세균과 바이러스 감염이다. ■

단원 요약

세포주기는 새로운 세포를 만든다

- 세포는 반복적인 세포주기에 의해서 생성된다. 세포주기 동안에 하나의 세포가 성장한 후 둘로 나누어진다.
- 세포주기는 간기와 유사분열기, 두 시기로 나누어진다. 간기 동안 세포는 성장하고 DNA는 복제된다. 유사분열기 동안 핵이 먼저 분열한 다음 세포가 둘로 나누어진다.

복제, 전사, 번역: 개요

- 인간 DNA는 46개의 염색체에 들어 있다.
- 유전자는 염색체의 가장 작은 기능 단위이다. 유전자는 단백질 합성을 위한 유전암호를 가지고 있다.
- DNA 복제는 DNA 두 가닥이 분리되고, 각 가닥에 상보적인 새로운 가닥을 만드는 과정이다.
- DNA는 복제 후 손상된 부위를 검사하여 수선한다.
- 유전자가 발현하기 위하여, 유전자가 있는 DNA 가닥은 전사되어 상보적인 mRNA 가닥을 합성한다. mRNA는 핵을 나가서 리보솜에 부착하고 단백질 합성의 주형으로 작용한다.
- 번역은 mRNA를 주형으로 하여 폴리펩티드 사슬(단백질)을 합성하는 과정이다. mRNA의 3개의 연속되는 염기로 구성된 코돈이 특정 아미노산을 지정하는 암호이다.
- 폴리펩티드 사슬을 구성하는 아미노산은 tRNA에 의해서 세포질에서 mRNA로 운반되며 리보솜 효소에 의해서 서로 연결된다.

세포 생식: 하나의 세포가 둘로 된다

- 유사분열은 복제된 염색체가 분리되어 새로운 두 개의 유전적으로 동일한 핵을 형성하는 과정이다.
- 세포질분열은 두 개의 세포로 나누는 과정이며, 각 세포는 유사분열에 의해서 생성된 하나의 핵과 반 정도의 세포소기관과 세포질량을 갖는다.
- 감수분열은 반수체 세포를 생성하는 연속적인 두 번의 분열과정이다. 감수분열은 정자와 난자가 될 수 있는 세포에서만 일어난다. 감수분열 중에 일어나는 교차는 상동염색체 쌍의 유전자를 섞으며, 그 다음 세포분열이 일어나 염색체 수가 반으로 감소된다.

세포 생식은 어떻게 조절되는가?

- 세포분열은 선택된 유전자 발현에 의해서 부분적으로 조절된다. 선택된 유전자 발현은 조절 유전자에 의해서 조절된다.
- 세포주기는 세포 내외의 물리적, 화학적 환경에 의해서 영향을 받는다.

세포 분화에 영향을 주는 환경 요인

- 분화는 세포가 서로 다르게 되어 특수한 구조와 기능을 갖게 하는 과정이다.
- 모든 세포에는 똑같은 유전자가 있기 때문에 초기 발생 중의 분화는 환경 요인에 의해서 시작되어야 한다.
- 발생 후기의 세포 분화는 환경 신호에 의해서 영향을 받을 수 있지만 그 세포에서 이미 진행된 발생 과정에 의해서도 영향을 받는다.

알아야 할 용어

간기(interphase)
돌연변이(mutation)
리보솜 RNA(ribosomal RNA: rRNA)
리보솜(ribosome)
말기(telophase)
반수체(haploid)
번역(translation)
복제(replication)
분화(differentiation)
상동염색체(homologous chromosomes)
세포주기(cell cycle)
세포질분열(cytokinesis)
염색체(chromosome)
운반 RNA(transfer RNA: tRNA)
유사분열(mitosis)
유전자(gene)
이배체(diploid)
전기(prophase)
전사(transcription)
중기(metaphase)
코돈(codon)
후기(anaphase)

개념 확인 문제

1. 세포분열 전에 DNA가 어떻게 복제되는지 서술하시오.
2. 전사와 번역 과정을 비교하시오.
3. 돌연변이와 DNA 수선 기작의 역할에 대하여 설명하시오.
4. 유사분열의 네 가지 시기를 말하고, 각 시기 동안 염색체가 어떻게 변하는지 간단히 서술하시오.
5. 남자의 감수분열에서는 4개의 정자가 생성되는 반면, 여성의 감수분열에서는 단지 1개의 큰 난자만 생성되는지 설명하시오.
6. 선택적 유전자 발현은 무엇이며, 세포 기능에 어떻게 중요한지 서술하시오.
7. 환경의 어떤 요인이 세포 분화에 영향을 주는지 설명하시오.
8. 리보솜이 단백질 합성에서 어떤 역할을 하는지 서술하시오.
9. 인트론과 엑손의 역할을 비교하시오.
10. 세포주기가 어떻게 조절되는지 서술하시오.

학습 문제

연결 문제

______ 1. mRNA를 주형으로 하여 단백질을 합성하는 과정
______ 2. DNA의 짧은 부위로부터 RNA 단일가닥을 합성하는 과정
______ 3. DNA 분자를 복사하여 새로운 이중나선 DNA를 생성하는 효소
______ 4. DNA를 복사하여 1차 전사체를 만드는 효소
______ 5. 특정 아미노산을 지정하는 암호가 있는 세 개의 mRNA 염기
______ 6. mRNA의 세 개의 염기와 결합하는 tRNA의 세 개의 염기

a. 번역
b. 코돈
c. DNA 중합효소
d. 안티코돈
e. 전사
f. RNA 중합효소

빈칸 채우기

7. 유사분열의 맨 처음 시기를 __________(이)라 한다.
8. 특정 단백질을 암호화하는 DNA의 짧은 부위를 __________(이)라 한다.
9. __________(이)라 부르는 작은 RNA 분자가 특정 아미노산과 결합하여 리보솜으로 아미노산을 운반하여 리보솜에서 단백질 합성이 일어난다.
10. 세포가 모세포 또는 자매세포와 다르게 되는 과정을 __________(이)라 한다.
11. Cytokinesis는 우리 말로 __________(이)라 한다.
12. 모양이 같고 같은 위치에 같은 종류의 유전자가 있는 한 쌍의 염색체를 __________(이)라 한다.

OX 문제

13. 정자와 난자를 제외한 인간 세포에는 23쌍의 염색체가 들어 있다. ( )
14. 정자와 난자는 반수체이다. ( )
15. 배아 분할에 의해서 약 32개의 복제 생물체가 생성될 수 있다. ( )

참고문헌

Becker, Wayne M., Lewis J. Kleinsmith, and Jeff Hardin. *The World of the Cell*. 7th edition. San Francisco: Benjamin Cummings, 2009. (A comprehensive textbook of cell and molecular biology, for advanced reference only.)

McGee, Glenn, and Arthur Caplan, editors. *The Human Cloning Debate*. Albany, CA: Berkeley Hills Books, 2006. (A collection of essays by 25 contributors.)

Persaud, T.V.N. *Environmental Causes of Human Birth Defects*. Springfield, IL: Charles C Thomas, 1990. 182 pp. (A good summary, with references to the literature for specific substances that cause birth defects.)

Silver, Lee M. *Remaking Eden: Cloning and Beyond in a Brave New World*. New York: Avon Books, 1997. (A provocative account suggesting that cloning will be driven by our desire for new reproductive technologies.)

Watson, James D. *The Double Helix: A Personal Account of the Discovery of the Structure of DNA*. New York: Atheneum, 1968. 226 pp. (A readable and entertaining account of the discovery of the structure of DNA by the Nobel laureate.)

응용 문제

1. DNA의 염기쌍은 언제나 A–T, C–G이다. DNA 복제 중에 C가 T와 쌍을 이루었다고 가정하자. 세포분열이 일어나기 전에 오류를 찾아서 수선해야 하는 과정이 중요한 이유를 설명하시오. 오류가 수정되지 않으면 다음 세포분열에서 일어날 수 있는 결과를 그림을 그려서 설명하시오.
2. RNA 암호는 '3 염기성 코드'이다. 즉 세 개의 염기가 한 개의 아미노산을 암호화함을 의미한다. '2 염기성 코드'라도 충분할까?
3. 태아 발생 동안에 일어나는 유전자 돌연변이는 항상 치명적일까? 이유를 설명하시오.
4. 상업적으로 판매되는 여러 가지 약에 임신을 한 여성 또는 임신을 계획하는 여성에게 경고문을 삽입하는 이유는 무엇인가?
5. 미토콘드리아는 핵 DNA와는 별도로 자신의 DNA를 가지고 있다. 부모 중 누구로부터 미토콘드리아 DNA를 물려받겠는가?
6. 세균은 단순한 세포분열로 증식할 수 있다. 유성생식은 훨씬 더 복잡하고 어렵고, 성공을 보장하지도 않는다. 유성생식의 주요 장점은 무엇인가?

학습 문제 해답

1. a **2.** e **3.** c **4.** f **5.** b **6.** d **7.** 전기 **8.** 유전자 **9.** tRNA **10.** 분화 **11.** 세포질분열 **12.** 상동염색체 **13.** O **14.** O **15.** X

18 암: 통제되지 않는 세포 분열과 분화

1 미국에서 가장 흔한 암은 무엇인가?

a. 유방암 b. 폐암 c. 피부암 d. 대장암

2 암으로 사망하게 되는 가장 큰 위험 요인은 무엇인가?

3 18세 이상의 여성은 정기적으로 팹(Pap) 검사를 받도록 권장하고 있다. 팹검사를 통해 알 수 있는 것은?

a. 자궁경부암 b. 인간 육두종바이러스 c. 임신

4 의사들은 대장내시경을 통해 찾으려고 하는 것은 무엇인가?

폐암(빨강/노랑)을 보여주는 X선 사진(채색)

암이란 단어는 고통, 괴로움이 지속되어 죽음을 맞이하는 이미지를 상상하게 해준다. 우리는 암이란 단어를 어렸을 때 부모님과 함께 방문했던 병원과 연상하여 생각할 수도 있다; 우리는 할머니 할아버지를 집에서 오랫동안 돌봐야 했던 때를 회상할 수도 있다; 우리는 친구나 사랑했던 사람이 우리 곁을 떠난 것을 기억할 수도 있다; 암의 진단은 사형 선고처럼 들린다.

그러나 사람들은 암으로부터 회복된다. 대부분의 암에 대한 위험 요인들과 위험도를 줄이기 위하여 우리가 할 수 있는 일을 알고 있다. 수많은 암에 대한 치료제가 있으며 그 중 일부는 상대적으로 치료효과가 더 좋다. 암에 대한 지식이 늘어나면서 일부 암의 사망률은 감소하고 있다.

우리는 적어도 100여 종의 암에 대하여 알고 있으나 한 가지 측면에서 모든 것은 동일하다-그것들은 모두 세포분열과 분화에 관한 질병이다. 암에 대하여 알게 되면서 암은 의미가 있다. 이 단원에서 우리는 암이 어떻게 생기고 퍼져 나가는지에 대한 생물학적 기초를 먼저 조사하고, 그 다음 암 진단법에 대하여 논의하고, 치료와 예방의 새로운 발전을 공부할 것이다.

암이 어떻게 발생하는지 이해하기 위하여 우리는 먼저 정상 세포의 두 가지 주요 특징을 이해해야 한다.

- 정상 세포는 조절 기작을 갖고 있어 세포분열 속도가 적절히 유지된다. 정상 세포의 분열 속도는 시간에 따라 차이가 나는 경우도 있지만, 내부 시계와 호르몬을 포함하는 조절 기작에 의해 철저하게 조절된다. 더불어, 세포분열 속도는 인접한 세포에서 나오는 신호에 의해 일반적으로 억제된다.
- 정상 세포는 인접한 이웃에 부착되어 있기 때문에 일반적으로 죽을 때까지 한 장소에 머무른다. (혈액 세포는 기능을 수행하기 위하여 온몸을 여행하기 때문에 예외이다.)

18.1 종양은 양성 또는 악성일 수 있다

정상 세포조차 때로는 생리적 기능의 일부로써 세포분열 속도를 증가시킨다. 예를 들어 생리주기 동안 자궁벽이 성장하고 임신 동안 유방조직이 성장한다. 일반적으로 세포분열 속도가 많이 증가하는 것을 **분열과다증(hyperplasia**: 증가 + 그리스어 *plasis*, 형성)이라 부른다.

그러나 정상 세포가 암세포로 진행되는 도중에 분열과다증이 반드시 일어나야 하는 정상 과정은 아니다. 대신, 분열과다증은 세포분열에 대한 조절의 실패를 알려준다. 결국 이렇게 빨리 분열하는 세포들은 **종양(tumor)**, 또는 신생물(neoplasm: 새로운 성장을 의미함)이라 부르는 세포덩어리로 발달하게 된다.

모든 종양이 암은 아니다. 하나의 세포덩어리로 한곳에 머물러 있는 종양은 양성종양이다(그림 18.1). 양성종양 세포들은 유래된 세포의 구조적 특징을 대부분 그대로 가지고 있으며 특히 함께 모여 있으며 결합조직층으로 둘러싸여 있다. 간혹 뇌에서 일어나는 것처럼 양성종양이 너무 커져 정상 세포를 밀어내는 경우에만 양성종양은 건강을 위협하는 경향이 있다. 대부분의 경우 양성종양은 한곳에 잘 뭉쳐 있기 때문에 수술로 쉽게 제거할 수 있다. 피부에 있는 사마귀들은 아주 사소한 양성종양의 형태이기 때문에 우리는 보통 그것들을 제거하지 않는다. 간혹 양성종양이 변하여 해로운 형태로 변할 수 있다. 예를 들어 어떤 사마귀들은 피부암의 형태인 흑색종으로 발달할 수 있는 잠재력을 가지고 있다.

18.2 암세포는 세포의 기능과 구조를 조절하는 능력을 잃는다

암세포로 발달된 세포는 정상 세포보다 더 자주 분열하고 연속적으로 구조가 변화된다. 보통 핵이 더 커지고, 세포질이 적어지고, 세포는 자신의 특수 기능과 구조를 잃는다. 비정상적인 구조 변화를 **이형성증(dysplasia)**이라 부른다. 그림 18.2는 이형성증이 어떻게 암을 초래하는지 보여준다. 의사들은 세포가 조절 능력을 점차 잃어가면서 특징적인 양성의 변화가 나타난다는 것을 알게 되었다. 이형성증은 종종 종양 세포가 암의 직전 단계 세포라는 신호이며 종양세포는 암의 가능성을 알려주고 변하고 있음을 의미한다. 아무렇게나 서로 서로의 꼭대기에 세포들이 쌓여가면서 종양은 점점

들어가기 질문의 답

1 c. 매년 100만 명 이상의 미국인이 피부암으로 진단받고 있다. 너무 많은 햇빛이 주요 원인이다. 악성 피부암(melanomas)을 제외한 대부분의 피부암은 위험하지 않지만 안전을 고려하여 제거되어야 한다.

2 흡연. 폐암은 그 다음 네 종류의 가장 위험한 암을 합한 것보다 더 많은 사람을 죽게 만든다. 폐암의 대부분은 흡연 때문에 발생한 것으로 알려졌다.

3 a. 팹 검사는 자궁경부암을 알아낸다. 자궁경부암을 조기 발견하면 생존율(90% 이상)이 높기 때문에 정기적인 팹 검사가 중요하다.

4 직장과 대장에 있는 용종. 용종은 암으로 발달되기 이전의 양성 성장체로 대장암이 되기 전에 쉽게 제거될 수 있다.

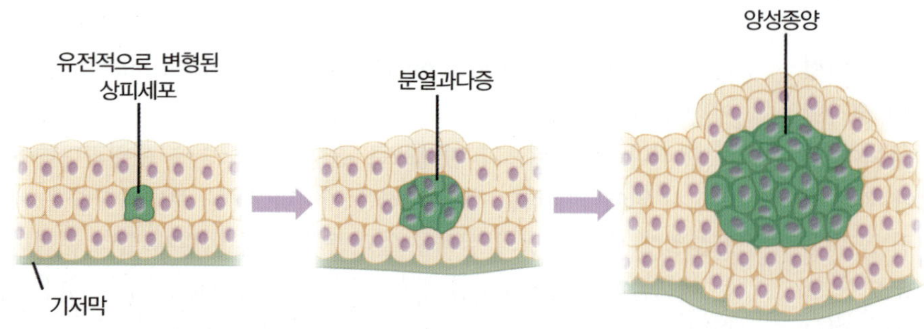

그림 18.1 양성종양의 발생. 하나의 세포(이 경우 상피세포)가 유전적으로 변하고 정상보다 더 자주 분열하기 시작하면서 양성종양은 시작한다. 덩어리가 커지지만, 일반적으로 정상 세포의 캡슐에 의해 잘 포함되어 머물러 있다.

더 무질서해진다.

전암단계의 피부 상해 중 한 가지 예가 **광선각화증**(actinic keratosis)이다(그림 18.3). 광선각화증은 태양에 노출된 피부에 일반적으로 건조하고, 비늘처럼 벗겨지고, 거친 피부 상해처럼 나타난다. 그것들은 가끔 빨간 반점처럼 나타나지만 불편하게 느껴지지 않으며, 천천히 자라고, 심지어 잠시 동안 사라졌다가 다시 나타나기도 한다. 모든 광선각화증의 10~20%가 암으로 진행된다. 다행히 그것들은 화학적으로 벗겨내고, 동결시키고 또는 긁어냄으로써 쉽게 제거될 수 있다.

종양은 적어도 세포의 일부가 완전히 구성, 구조, 조절에 관한 모든 유사성을 잃게 되었을 때 **암(cancer)**으로 정의된다. 모든 종양이 한곳에 머물러 있는 한 그것은 **원위치 암(*in situ* cancer)**이라 한다. 원위치 암은 조기 발견될 경우 수술을 하여 성공적으로 제거될 수 있다.

만일 암세포가 추가로 변화 과정을 거쳐 서로에게 부착하지 않게 되면 그 결과 **전이(metastasis)**–암세포가 몸의 다른 기관이나 부위로 퍼지는 것–가 일어난다. 전이는 암세포가 주요 종양으로부터 빠져나와, 혈액이나 림프를 경유하여 이동하고, 먼 곳에서 새로운 암세포 콜로니로 발달할 때 일어난다. 전이된 암과 암이 기관의 기능을 손상시킬 때까지 정상 조직을 침투한 암을 **악성종양(malignant tumor)**이라 부른다. 표 8.1은 양성종양, 원위치 종양, 악성종양을 비교한 것이다.

전이하는 악성종양은 통제할 수 없고 불똥을 내는 산불과 같다. 불똥은 가끔 먼 곳에서 새로운 산불이 일어나게 하고 통제할 수 없이 퍼져나간다. 전이를 일으키는 암은 조직, 기관, 기관계의 기능을 완전히 파괴시킬 때까지 계속 퍼져나간다. 궁극적으로 그것은 마치 숲 전체를 파괴할 때까지 산불이 소멸되지 않는 것처럼 생물체를 완전히 죽인다.

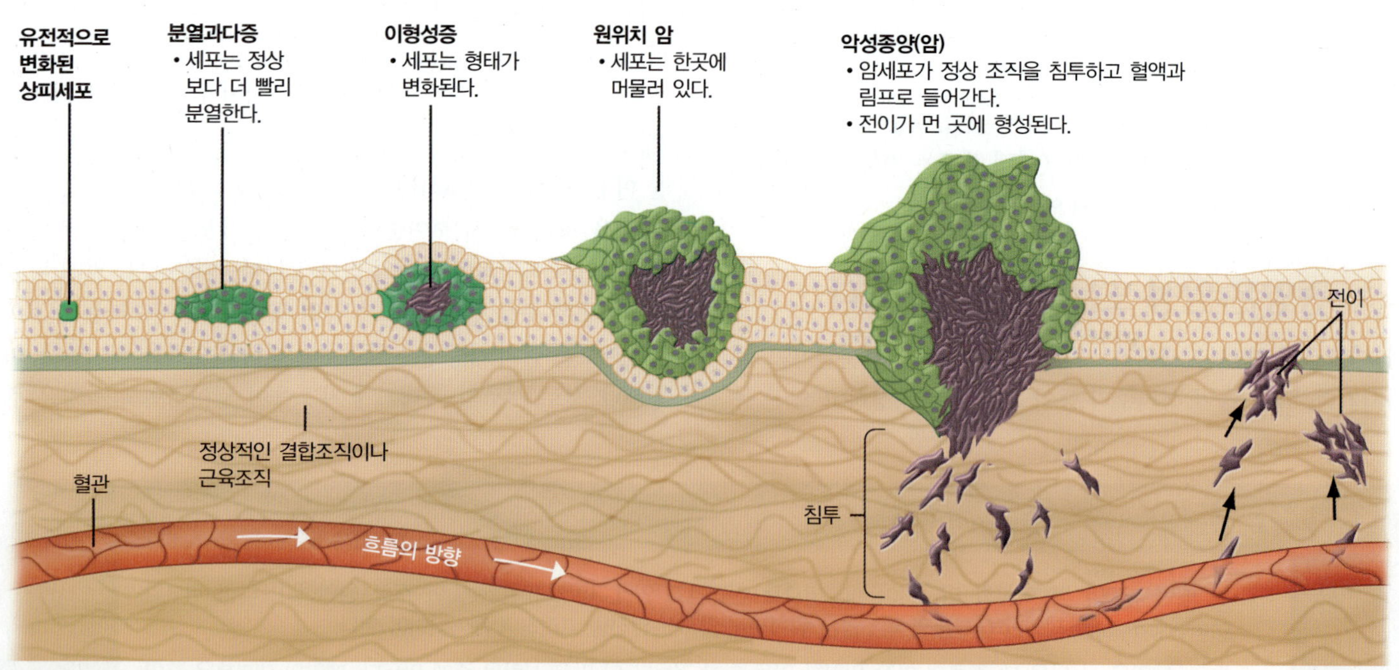

그림 18.2 악성종양(암)의 발달. 유전적으로 변형된 세포가 정상보다 더 빨리 분열하기 시작하고 그 결과 세포 수가 늘어난다(분열과다증). 유전적 변이가 더 일어나 일부 세포는 형태가 변하게 되고(이형성증), 유사한 조직화가 상실되고 세포분열과 기능을 조절하지 못하게 된다. 세포덩어리가 한곳에 머물러 있는 한 그것은 원위치 암이라 부른다. 그러나 세포에 변화가 더 생기면 세포는 종양으로부터 퍼져나와 정상 조직을 침투하거나 혈액과 림프로 들어간다. 이렇게 침투한 세포들은 먼 곳에 새로운 암 콜로니를 만든다(전이). 침투하고 전이가 일어난 암을 악성종양이라 부른다.

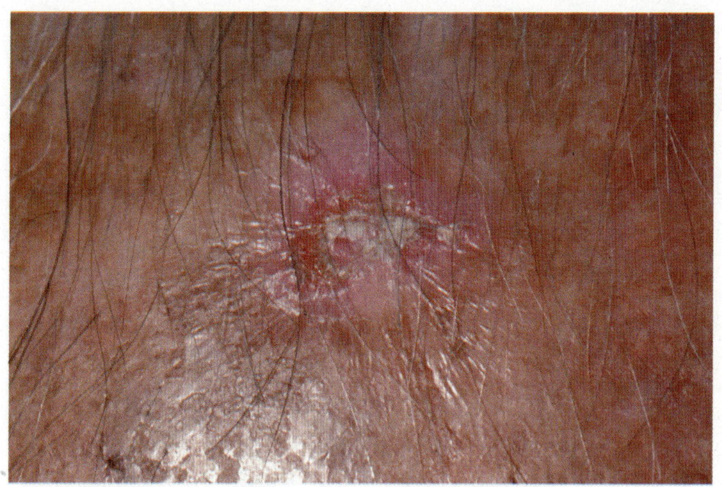

그림 18.3 광선각화증. 광선각화증은 반복적으로 햇빛에 노출되어 생기는 전암 단계의 피부 상해이다. 광선각화증은 보통 암으로 발전하지 않는다.

암 치료는 아주 어렵다. 일생 동안 미국인 세 명 중 한 명은 암에 걸리며, 네 명 중 한 명은 암으로 죽는다. 암으로 인한 사망은 심장병 다음 두 번째이다. 다행인 점은 대부분의 암 발생은 예방될 수 있다는 점이다. 이 단원의 후반부에서 어떻게 암에 걸릴 위험을 낮출 수 있는가를 논의할 것이다.

요점 정리

종양 중 일부는 양성종양이다. 그러나 종양세포의 형태가 극적으로 변하면서 분열이 통제할 수 없이 일어날 때에 암이라고 부른다. ■

18.3 암의 진행

암으로 진행되기 위해서는 적어도 다음 두 가지 현상이 동시에 일어나야 한다.

- 세포는 인접 세포로부터 분열을 멈추라는 억제 신호를 무시하면서 무제한 성장하고 분열해야 한다.
- 세포는 물리적 변화를 일으켜서 주변 세포로부터 떨어질 수 있어야 한다. 세포 유전자의 일부가 비정상이 되어 더 이상 정상적인 기능을 할 수 없을 때 일어난다.

원시발암유전자, 종양억제유전자, 돌연변이유발 유전자에 돌연변이가 일어나면 암이 생긴다

세포의 여러 가지 활동을 조절하는 유전자가 여러 종류 있다. **구조유전자(structural gene)**는 세포성장, 세포분열, 세포분화뿐 아니라 세포부착(세포를 부착시켜 조직을 형성함)에 필요한 단백질을 암호화한다. 한편 **조절유전자(regulatory gene)**는 구조유전자의 발현을 활성화하거나 억제한다.

일부 조절유전자는 주변 세포에 영향을 주는 단백질을 암호화한다. 즉 **성장인자(growth factor)** 또는 **성장억제인자(growth inhibitor)**가 이 단백질에 속한다. 성장억제인자는 세포분열 조절에 특히 중요하다. 이 물질은 조직에 세포가 충분히 있으면 세포분열을 정지시키라는 신호를 보낸다.

정상 조건에서 두 종류의 조절유전자가 세포 활동을 조절한다: 원시발암유전자와 종양억제유전자. **원시발암유전자(proto-oncogene)** 조절유전자로서 세포성장, 분화, 분열, 부착을 촉진한다(*proto*는 처음, *onco*는 다량, 즉 종양을 의미한다). 돌연변이가 일어나거나 손상되어 암으로의 진행을 유발하는 원시발암유전자를 **발암유전자(oncogene)**라고 한다. 일부 발암유전자는 세포성장과 세포분열이 정상 세포보다 빠르다. 그러나 하나의 발암유전자가 암을 유발하는 것은 아니다. 많은 세포의 활동이 한꺼번에 파괴되어야 하며 각 활동은 여러 개의 유전자에 의해서 조절되기 때문에 암은 여러 개의 발암유전자가 존재할 때 진행하게 된다.

종양억제유전자(tumor suppressor gene)는 검사되지 않은 세포성장, 분열, 분화, 부착을 멈추게 하는 조절유전자이다. 이 유전자는 세포가 스트레스를 받거나 세포분열을 할 수 있는 정상 상태가 아니면 세포활동을 억제시키는 경향이 있다. 종양억제유전자가 손상되면 암으로 진행되는데, 이 유전자에 의해서 조절되는 세포활동이 검사되지 못하기 때문이다.

표 18.1 양성종양과 암의 특성 비교

	양성종양	원위치 종양(암)	악성종양(암)
세포분열 빈도	정상보다 빠름	정상보다 빠르고 통제가 완전 불가	정상보다 빠르고 통제가 완전 불가
세포의 구조와 기능	약간 비정상	점차 비정상이 많아짐	아주 비정상
종양의 구성	한 덩어리, 보통 캡슐로 둘러싸인 덩어리 한 개	점차 조직이 붕괴되고 항상 하나의 캡슐로 싸여 있지는 않다.	일부 세포는 퍼져나와 정상 조직으로 침투하거나 혈액 또는 림프로 들어간다. 새로운 종양 콜로니(전이)가 다른 곳에서 만들어진다.

최근에 종양억제유전자의 하나인 p53에 대하여 많은 주목을 하고 있다. p53 유전자에 의해 합성된 단백질은 대부분의 세포에서 발견되며 손상되거나 스트레스 받은 세포의 분열을 억제한다. 사실상 이 유전자의 주요 기능은 암세포의 특성을 이미 나타낸 세포의 분열을 억제하는 것이다. p53 유전자 자체에 돌연변이가 일어나면 여러 종류의 암이 매우 쉽게 진행될 것이다. 지금까지 p53 유전자 돌연변이를 자궁경부, 대장, 폐, 피부, 방광, 유방에 나타난 종양세포에서 확인하였다.

암에 영향을 주는 세 번째 유전자는 **돌연변이유발유전자(mutator gene)**이다. 이 유전자는 정상적으로 DNA 복제 동안 일어나는 DNA 수선과 관련되어 있다. 이 유전자에 돌연변이가 일어나면 세포가 DNA를 복제하는 동안 오류가 쉽게 일어나서 다른 여러 유전자에 돌연변이 누적을 가속화시킨다.

요점 정리

원시발암유전자와 종양억제유전자는 정상적으로 세포분열 속도를 조절한다. 돌연변이유발유전자는 DNA 수선에 관여한다. 이러한 유전자에 돌연변이가 일어나면 암으로 진행된다. ■

다양한 인자가 암을 유발할 수 있다

자동차와 암의 진행을 비유해서 설명하면, 처음에 새 자동차는 매우 잘 달린다. 시간이 지나면서 일부 부속품이 낡게 된다. 그래도 정기적으로 검사를 받고 수리하면 잘 유지된다. 그러나 자동차가 오래될수록 자주 수리를 해야 하고 항상 수리를 해줄 수 없게 된다. 이제 용액은 교체해야 하고, 타이어는 닳아서 낡게 되고, 가속기 페달은 종종 빽빽해지며, 브레이크는 얇아진다. 하나의 결점이 사고를 일으키는 게 아니고, 여러 결점이 함께 문제를 야기한다. 자동차를 제어할 수 없는 순간이 올 것이고 사고가 발생하게 된다.

유사한 일련의 과정이 세포 내부에서도 일어난다. 사실 암 진행에 가장 중요한 요인은 노화일 것이다. 어릴 때 심각한 햇볕 화상을 입었더라도 성인이 되기 전에 피부암이 나타나는 경우는 드물다. 4장의 내용을 상기하면 피부의 맨 바깥층은 아래에 위치한 기저세포에 의해서 계속해서 대치된다. 어린이 피부의 기저세포는 아직 많은 세포분열을 하지는 않았기 때문에 수선이 잘된다. 그러나 10년 후 수천 번 이상 세포분열과 약간의 햇볕 화상을 입은 후 피부 기저세포는 늙게 된다. 세포 수선 기작은 자주 실패하고, 세포분열을 조절하는 기작은 비효율적이 된다. 처음에는 형성 장애가 일어나고 결국 암세포가 된다. 세포는 조절불능이 된다.

부가적으로 부모가 몇 개의 암 촉진 돌연변이 유전자를 보유하면 난자 또는 정자에 전달될 것이다. 이러한 유전성 돌연변이만으로 암을 유발하기에는 충분하지 않겠지만, 암 유발에 대한 **유전적 취약성(heritable susceptibility)**이 증가하게 된다. 만약 암이 생기기 위해 6개의 돌연변이가 필요하다면, 그 중 5개의 돌연변이 유전자를 물려받았다고 하더라도 아직 암이 생기지 않을 수 있다. 이런 이유로 가족 내에 암 병력이 있더라도 형제 중 암이 생기는 사람과 생기지 않는 사람이 있다.

암을 발생시키는 다유전적인 특성은 가족력이 없음에도 암에 걸릴 수 있는 가능성을 설명해준다. 자손은 부모 유전자의 조합이 전달되기 때문에 양부모로부터 돌연변이 유전자를 물려받았다면 각 부모로부터 하나씩 물려받았을 때보다 암에 걸릴 가능성이 증가할 수 있다.

정상 세포가 암세포로 전환되는 과정을 **발암현상(carcinogenesis)**이라 한다. **암유발원(carcinogen)**은 암을 유발시키는 물질이나 물리적 요인이다. 암유발원이라는 단어는 초기 내과의사에 의해서 명명되었는데 피부암의 형태가 게와 같은 모양이라 하여 붙여졌다(*karkinos*는 '게' : *genein*은 '생성하다'를 의미함). 정상 세포가 암세포로 진행되는 데 영향을 주는 요인들은 다음과 같다.

바이러스와 세균 일부 바이러스와 세균은 특정 암을 유발한다. 9장에서 설명하였듯이 바이러스는 DNA를 숙주 DNA에 삽입함으로써 복제를 한다. 바이러스 DNA가 정상 유전자의 기능을 손상시키면, 즉 조절유전자가 발현된 후에 발현을 멈추는 것을 방해한다면 이 세포는 암세포로 진행될 가능성이 증가한다.

- 인간 육두종바이러스(HPV; 자궁경부와 음경암)
- B형 간염, C형 간염 바이러스(간암)
- HIV(카포시 육종, 비호지킨 림프종)
- 엡스타인바(Epstein-Barr) 바이러스(호지킨 질병과 비호지킨 림프종)
- 인간 T세포 백혈병/림프종 바이러스 (HTLV-1; T세포와 비호지킨 림프종)

위염을 유발하는 헬리코박터(*Helicobacter pylori*) 세균은 위암을 유발한다. 그러나 바이러스와 세균에 의한 암 유발은 전체 암 발생 원인의 15% 미만을 차지한다.

환경에 존재하는 화학물질 일부 화학적 암 유발원은 DNA를 직접 손상시킨다. 다른 화학물질은 DNA를 직접 손상시키지는 않지만 다른 암 유발원의 작용력을 증가시킨다. 환경에 존재하는 화학적 암 유발물질은 산업 현장에서 사용되는 석탄타르, 매연, 석면, 벤젠, 염화비닐, 살충제, 염색액 등이다(그림 18.4). 표 18.2는 바이러스, 화학물질, 방사능 암유발원의 예이며 노출될 가능성을 표시하였다.

담배 전체 암의 약 2%는 산업 오염물질에 의해 유발되는 것으로 여겨진다. 반면에 미국에서 암사망자의 30%가 담배에 의한 것으로 담배는 단일로 작용하는 가장 치명적인 암유발원이다. 흡연은 폐암, 구강암, 후두암, 췌장암, 방광암 발병률을 급격하게 증가시킨

그림 18.4 **환경 암유발원.** 사진 속 농부는 보호 피복을 입고 공기여과 마스크를 쓴 채 농약을 살포하고 있다.

다. 흡연자 자신만 위험에 처한 게 아니고 간접흡연(간접적으로 연기를 흡수하는 것)도 폐암을 유발할 수 있다.

연기 없는 담배(씹는 담배 또는 코로 들이마시는 담배)도 암 유발물질이다. 이는 구강암, 후두암, 식도암의 주된 위험물질이다.

방사능 방사능의 근원은 태양, 방사성 라돈 기체이다. 라돈 기체는 암석, 토양, 지역에 따라 강도는 다르지만 지하수에서 방출된다. 휴대폰, 전자 기구, 전기 송전선도 모두 소량의 방사능을 방출한다.

종종 암유발 물질로써 방사능이 주목을 받고 있지만 모든 방사능 근원 물질을 합해도 암사망자의 2% 정도만 방사능에 의한 것이며, 그것도 대부분 자외선에 의한 피부암이 해당한다.

태양의 고주파 자외선 B에 의해서 모든 피부암의 80%가 유발되며, 특별히 위험한 암인 멜라닌 색소 생성 세포의 암인 **흑색종 (melanoma)**이 포함된다. 특히 어린 시절에 빈번하게 햇볕에 심하게 태우는 것은 흑색종의 발병률을 증가시킨다. 햇볕에 빨리 화상을 입는 하얀 피부를 가진 사람들이 쉽게 피부가 햇볕에 그을리는 사람보다 더 위험하다(그림 18.5). 그렇지만 화상 없이 자외선에 지속적으로 노출을 하여도 피부암이 될 가능성이 높아진다. 태양 램프와 그을림 부스(tanning booth)에서 나오는 방사능도 자연광에서 나오는 방사능만큼 위험하다.

식품 식품은 얼마나 암을 유발할까? 정확히 알 수는 없지만 상당한 역할을 하고 있다. 식품에 의한 요인이 암 발생의 30%를 차지하며 이는 흡연과 비슷한 비율이 된다. 특히, 붉은색 고기와 포화동물성지방은 대장암, 직장암, 전립선암을 유발한다. 일반적으로 비만은 몇 종류의 암과 관련이 되며, 고염분 식사는 위암을 유발한다. 지나친 알코올 섭취는 유방암, 직장암, 대장암, 간암과 관련된다.

특정 곰팡이와 식물이 생성한 물질도 암유발원이다. 땅콩에 감염된 곰팡이가 분비한 물질인 아플라톡신(aflatoxin)은 날 땅콩버터에 존재할 수 있으며 상업적으로 파는 땅콩버터는 곰팡이를 제거

표 18.2 **암유발원의 종류**

암유발원	노출원 또는 피노출인의 유형	암의 유형	일반인 노출 정도
담배(무연과 유연)	흡연자, 간접 흡연자	폐, 방광, 구강, 후두, 췌장	흔함
디젤 배기가스	버스와 트럭, 광부, 철도 노동자	폐	흔함
벤젠	페인트, 염료, 가구광택제	골수(백혈병)	흔함
살충제	농부	폐	흔함
자외선	햇볕	피부암	흔함
이온화 방사능	방사능 물질, 의료 및 치과 치료 과정	골수(백혈병)	흔함
인간 육두종바이러스	성 접촉에 의한 감염	자궁경부, 음경	흔함
B형 간염 바이러스	성 접촉에 의한 감염	간	덜 흔함
HIV	성 접촉에 의한 감염	카포시 육종	덜 흔함
매연, 타르의 탄화수소	소방관, 굴뚝청소인	피부, 폐	흔하지 않음
석면	조선소, 해체폭파, 단열 분야 종사자, 브레이크 판	폐, 체강의 상피세포	흔하지 않음
라돈	광부, 주택의 지하실	폐	흔하지 않음

그림 18.5 **위험한 행동.** 어린 시절 햇볕 화상을 종종 입은 사람들은 나중에 피부암에 걸릴 위험이 높다. 흰 피부를 가진 사람들은 더 위험하다.

하는 과정을 거친다.

최근 연구자들은 암을 유발하는 식품에 부족한 성분이 무엇인지 관심을 갖고 있다. 최근 연구에 따르면 과일과 야채에 어느 정도 보호물질이 존재한다고 한다. 브로콜리의 성분이 암발생 억제물질로서 주목을 받고 있다. 우리가 먹는 음식에는 수천 가지의 성분이 들어 있기 때문에 식품의 분석은 매우 복잡하다.

내부 요인 내부 요인이 암 진행에 어느 정도 영향을 주는지 측정하기는 어렵다. 이론적으로 DNA 복제 동안 일어난 오류와 화학물질에 의해서 야기된 신체내 손상은 암을 유발할 수 있다.

특히, 과학자들은 신체의 생화학 과정 중에 생성되며, 고도로 활성 물질인 자유라디칼(free radical)의 영향을 연구하고 있다. 자유라디칼은 세포 대사 과정에서 생성되는 정상 물질이며 퍼옥시좀에 의해서 무독성화된다. 그러나 어떤 이유로 무독성화 과정의 효율성이 완전하지 않아서 자유라디칼이 몸 안에 축적되면 DNA와 같은 다른 분자를 손상시킨다. 일부 과학자는 자유라디칼이 노화를 촉진시키는 데 중요한 역할을 한다고 생각한다.

항산화제로 알려진 일부 비타민들이 자유라디칼을 중화시킨다. 이 점에 대해서는 아직 논란이 있다. 특히 비타민 A, C, E는 항산화제로서 기능을 한다. 항산화제가 암의 진행과 노화 억제에 영향을 주는지는 아직 논란이 있다.

요점 정리

유전적 취약성과는 별도로 암의 진행에 영향을 주는 요인들은 바이러스, 세균, 환경화학물질, 담배, 방사능, 음식 그리고 술이다. 세포 대사 과정에서 생성되는 자유라디칼도 암을 유발한다. ■

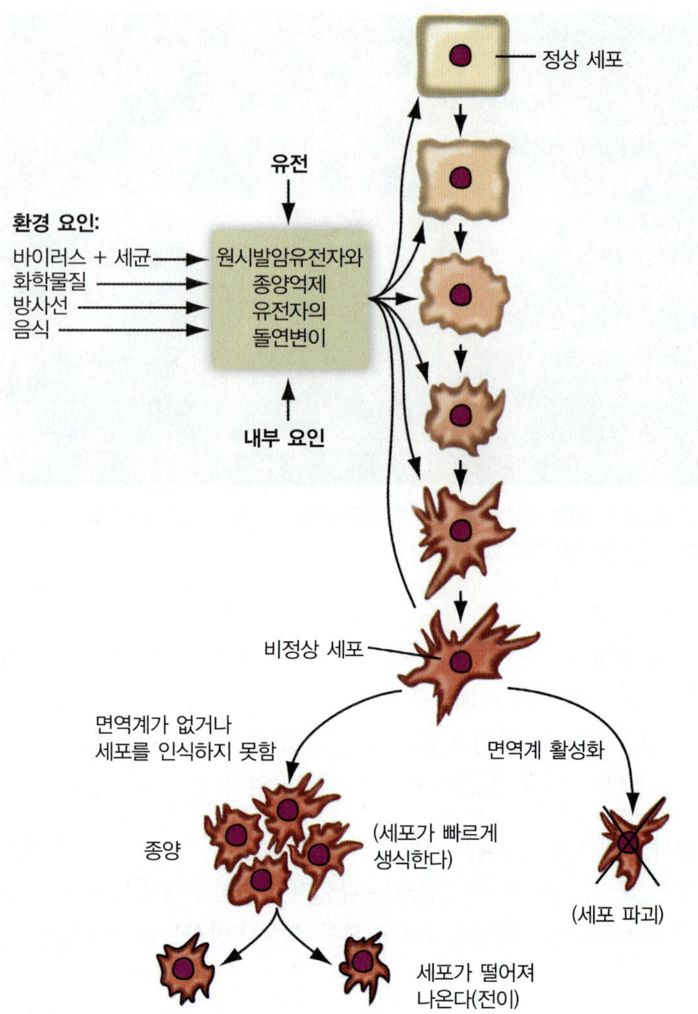

그림 18.6 **암의 진행 과정.** 암의 진행은 조절유전자 내에 다유전자 변이가 일어나기 때문이다. 이 변이의 일부는 유전된 것일 수 있고, 일부는 환경적 또는 내부 요인들에 의해서 유발된다. 암세포는 빠르게 분열하며(암으로 진행함), 침윤하여 떨어져 있는 조직으로 이동하여 자리를 잡을 수 있다(전이현상). 면역계의 억제는 여러 암의 진행과 연관된다.

면역계는 암 예방에 중요한 기능을 한다

정상 상태에서 면역계는 암세포처럼 손상되고 잘못된 세포에 대해 방어하는데 결정적 역할을 한다. 모든 세포는 자기(self)로 인식되기 위한 단백질을 표출함으로써 면역계가 건드리지 않는다. 세포는 암세포로 되는 과정에서 변화하기 때문에 더 이상 자기 단백질을 표출하지 않거나, 완전히 다른 단백질을 표출하여 비정상 세포임을 표시한다. 이러한 표시 때문에 면역계가 정상적으로 기능하는 한 면역계에 의한 공격과 파괴를 받기 쉽게 된다.

약물, HIV와 같은 바이러스, 지나친 긴장, 스트레스, 우울증에 의한 면역계 억제는 특정 암을 쉽게 진행시킨다. 일부 암은 면역계를 억제할 수 있으며, 다른 암은 면역계의 공격을 피할 수 있게 자신들을 변장한다. 그림 18.6는 암의 진행 과정을 설명한다.

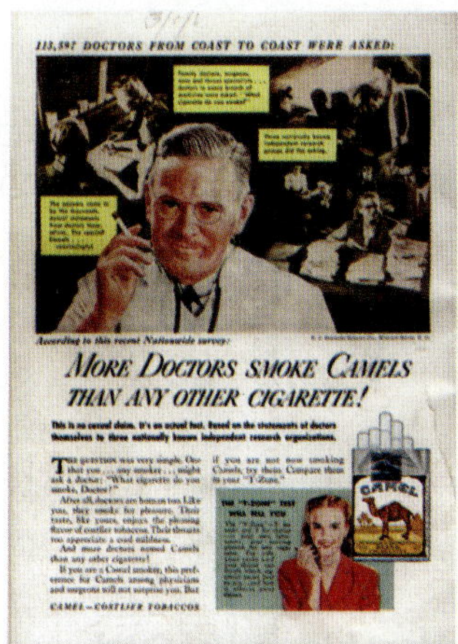

a) 1940년대와 1950년대에는 흡연을 홍보하는 광고가 흔한 일이었다.

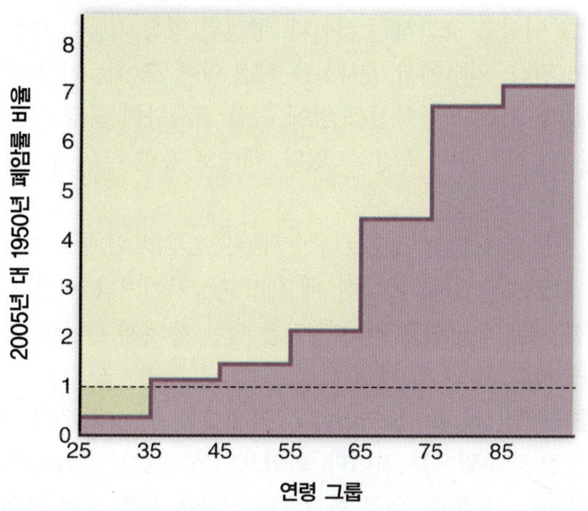

b) 1950년과 비교한 2005년의 연령별 폐암 발생률. 1보다 큰 비율은 1950년보다 2005년에 더 발생률이 높음을 나타낸다.

그림 18.7 **흡연과 폐암.**

요점 정리

면역계는 암세포가 퍼지기 전에 암세포를 죽여 우리를 보호한다. 면역 억제는 암세포의 진행을 쉽게 한다. ■

18.4 조기 검진을 통해 조기 발견이 가능하다

1971년 미국의 닉슨 대통령은 '암과의 전쟁'을 선포하는 국립암법령에 서명을 하였다. 이 당시 과학자들은 조기 진단과 향상된 치료가 암을 극복할 수 있기를 희망하였다.

모든 암에 대한 사망률은 지난 55년간 겨우 6% 감소했다. 그 주요 이유는 미국인 노년층에서 폐암이 급격히 증가하였기 때문이다. 이들은 1940년대, 1950년대에 십대 및 젊은층이었고, 그 당시 흡연이 유행하였으며 오히려 권장하는 분위기였다(그림 18.7). 지금 그 값을 치르고 있으며, 65세 이상에서 암 발생률이 50년 전보다 4~7배까지 증가하였다. 이러한 노년층이 금연 캠페인과 같이 성장한 새로운 세대로 대체되면서 폐암 발생률은 감소하기 시작할 것이다.

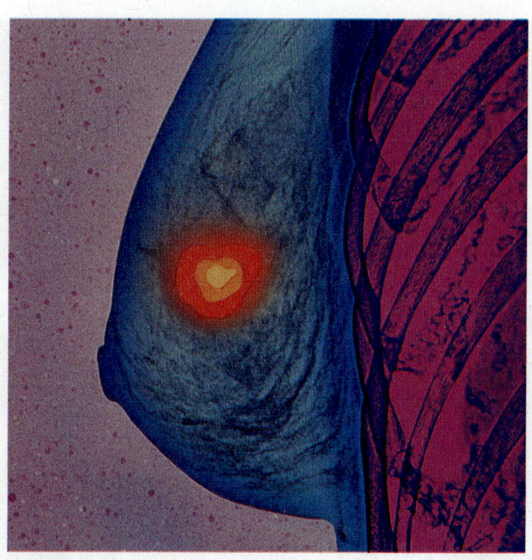

그림 18.8 **마모그램(mammogram)이라 부르는 유방 X선 검사.** 종양이 X선상에 분명하게 보인다.

특정 암에 대해서는 현저하게 진전된 효과를 얻고 있지만, 아직 이루어야 할 것이 많다. 암의 조기 발견(진단)은 중요한 열쇠이다. 조기 발견은 암이 전이되기 전에 치료를 빨리 시작할 수 있음을 의미한다. 신속하게 치료를 하면 일부 암을 완치할 수도 있다.

종양 영상: X선, PET, MRI

종양을 진단하는 옛 방법은 X선(그림 18.8) 또는 더 새로운 방법으로 영상을 보는 것이다. 컴퓨터로 증강된 영상은 눈으로 보던 영상에서 놓친 변화를 확인할 수 있게 해준다. **양전자방출단층촬영법(positron-emission tomogralhy: PET)**, **자기공명영상(manetic resonance imaging: MRI)**과 같은 증강된 영상기술은 X선으로는 효과적으로 진단할 수 없었던 부분에서 조직간 생리적 차이점을 구분할 수 있다.

PET 스캔은 방사능물질을 사용하여 신체 구조의 물질대사 활동을 보여주는 3차원 영상을 보여준다. PET 스캔은 암의 진단은 물론 혈류 속도, 심장 기능, 뇌 활동을 연구하는데 사용한다.

MRI 스캔은 강력한 자기장을 짧게 보내서 신체 구조의 종단면 영상을 생성한다. MRI는 자기장의 변화에 근거하여 조직 사이에 있는 물과 화학물질의 차이점을 찾아낼 수 있다. MRI는 종양을 찾아낼 수 있는데 종양세포가 정상 조직보다 약간 다른 밀도와 구성 성분을 갖기 때문이다. 뇌종양과 같이 뼈에 가려진 종양도 찾아낼 수 있다(그림 18.9). X선과는 달리, MRI 자체는 암에 위험을 증가시키는 요인이 아니다.

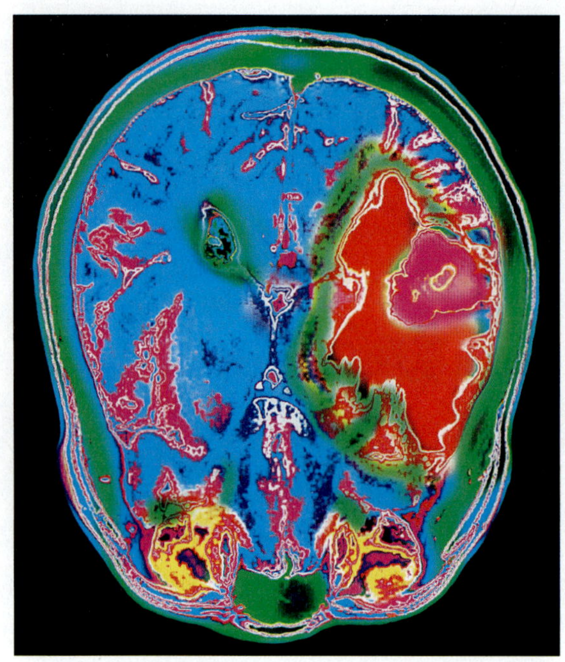

그림 18.9 **뇌의 자기공명영상.** 오른쪽의 자홍색과 붉은색 부분이 뇌종양이다.

유전적 검사는 돌연변이 유전자를 확인할 수 있다

사람의 형질이 특정 유전자에 의해서 전달된다는 사실을 알게 됨에 따라서 암을 포함한 질병에 대한 유전 검사가 실제로 가능해졌다. 이미 수백 개의 새로운 유전자와 이들 유전자의 돌연변이가 확인되었으며 이들 유전자를 찾기 위하여 새로운 검사들이 개발되고 있다.

이러한 검사들은 상당히 논란이 있으므로 이 검사의 사용 여부를 결정해야 한다. 유전자 검사에 대한 하나의 문제점은 치료가 불가능한 돌연변이 유전자가 발견될 수 있다는 것이다. 어떤 사람들은 환자가 이러한 사실을 안다는 것은 환자의 이익을 위하여 도움이 되지 않는다고 생각한다. 많은 경우 대부분의 돌연변이 유전자는 단지 위험 요인일 뿐이며 실제 질병으로 반드시 진행되는 것은 아니라는 사실을 사람들에게 확신시키기가 어렵다는 것이다.

효소 검사로 암 표지인자를 확인할 수 있다

텔로머라제(telomerase) 효소는 정상 세포에서는 거의 발견되지 않으나 거의 모든 암세포에서는 발견된다. 일부 연구자는 체액 내의 텔로머라제를 확인하는 검사를 통해 암세포를 초기 단계에서 찾아낼 수 있다고 주장한다. 효소 검사는 큰 집단을 조사하거나, 암 환자의 진행 정도를 조사하는데 사용할 수 있다. 또한 다른 암 표지인자를 연구 중에 있다.

요점 정리

암의 조기 진단과 신속한 치료는 결정적이다. 진단기술에는 X선, 양성자단층촬영법, 자기공명영상, 유전자 검사, 효소 표지인자 등이 있다. ■

18.5 암 치료

많은 암이 일찍 발견된다면 치료가 가능하다. 일부 암은 다른 암보다 생존율이 높지만 최근 치료법은 모든 암의 약 50%를 치료한다.

전통적 암 치료법: 수술, 방사선, 화학요법

전통적인 암 치료법은 수술, 방사선, 화학요법, 또는 이들 중 두 개 또는 그 이상을 조합하는 것이다. 향상된 영상 기술이 수술 치료에 도움이 된다. 외부에서 방사선을 직접 암에 쪼이는 기술이 많이 향상되었다. 고강도 방사선을 암에 직접 조사하여 특정 부위의 암세포를 손상시키거나 죽일 수 있다. 때때로 종양 부위에 방사능물질을 이식할 수 있다.

건강한 세포는 암세포보다 방사능으로부터 쉽게 회복되지만 방사선 치료법은 일부 건강한 세포도 손상시키거나 죽인다. 수술과 방사선 치료의 단점은 전이된 작은 암을 놓쳐서 나중에 재발이 일어나게 한다.

화학요법(chemotherapy)은 암세포를 죽이기 위해 세포독성 화학물질을 주입하는 것이다. 화학요법은 수술과 방사선으로 어려운 경우에 사용한다. 일부 화학요법 약물은 몸의 모든 부위에 작용하므로 정상 세포에 최소한의 손상을 주도록 해야 한다. 일부 화학요법 약물은 DNA 복제를 방해하여 세포분열을 정지시킨다. 세포분열을 억제하는 화학물질은 분열 속도가 빠른 암세포에 우선 작용한다. 그러나 이러한 화학물질은 골수세포 또는 소화기관 벽 세포와 같이 빠르게 분열하는 정상 세포도 손상시킨다. 소화기관 벽 세포의 손상 때문에 화학요법 환자들이 구토를 일으키게 된다.

구역질과 구토뿐 아니라, 화학요법의 부작용은 머리카락 빠짐, 빈혈(적혈구 수 감소), 감염방어 능력 저하(적은 백혈구 수 때문)이다. 중요한 문제점은 많은 종양이 화학요법 약물에 저항성을 갖게 되는 것이다. 세균이 항생제에 내성이 생기는 것과 마찬가지이다. 따라서 치료 중에 환자를 죽이지 않으면서 더욱 강한 화학물질로 암세포를 파괴시키기 위한 전쟁이 일어나는 것이다. 때때로 조합된 치료법, 즉 수술 후 방사선 치료법 또는 화학요법 약물의 조합 치료법이 잘 작용한다.

자성요법과 광역동 치료법

방사선과 화학요법의 부작용을 피하기 위하여 정상 세포는 손상시키지 않고 암세포만 정확하게 공격하는 기술이 발달하고 있다. 다

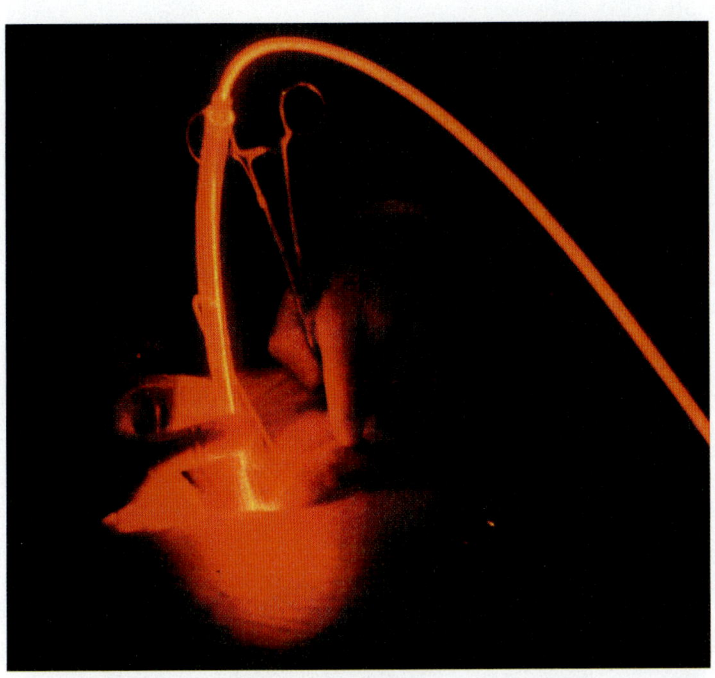

그림 18.10 **광역동 치료법.** 수술 전, 환자에게 빛에 민감한 약물을 복용시키면 이 약물은 암세포로 흡수된다. 암 제거 수술 동안 레이저 빛(그림에 보이듯이 광화학 섬유를 따라감)을 제거된 암세포 이웃 세포에 직접 쏘여진다. 레이저 빛에 의한 약물의 활성화는 독성 반응을 유발하여 정상 세포는 놔두고 남아 있는 암세포만 죽인다.

음과 같은 유망한 기술이 있다.

- 자성요법(magnetism): 암 부위에 강력한 자석을 놓고 아주 작은 금속 구슬을 환자의 혈액에 주입한다. 자석은 화학요법 약물에 둘러싸인 구슬을 암 부위로 잡아당겨 암세포를 죽인다. 자성 요법은 간암 환자에게 임상 실험 중이다.
- 광역동 치료법(photodynamic therapy): 빛에 민감한 약물과 레이저를 이용하여 암을 공격한다. 환자는 빛에 민감한 약물을 복용하고, 이 약물은 분열 속도가 빠른 암세포에 침투하게 된다. 특정 진동수를 가진 레이저 빛을 암세포에 초점을 맞추어 쏘이면 일련의 화학반응이 일어나면서 암세포를 죽인다. 광역동 치료법은 이미 승인 받아 식도암과 폐암 치료에 수년간 사용되고 있다. 새로운 정교한 레이저 빛을 사용하여 다른 암에도 사용되고 있다(그림 18.10).

면역요법은 면역반응을 증진시킨다

면역요법(immunotherapy)은 면역계의 반응을 증진시켜서 암세포와 보다 효과적으로 싸우도록 한다. 최근 정상세포에는 존재하지 않으나 암세포에만 있는 특정 항원을 발견하기 위해 노력하고 있다. 이 항원을 이용하여 암세포를 공격하는 항체를 생성하고 면역계에 의해서 암세포를 파괴한다. 이 방법은 특히 전망이 좋다. 항체에 방사능물질이나 화학요법 약을 붙여서 정상 세포가 아닌 암세포에만 이러한 물질을 운반할 수 있다. 또한 특정 암을 예방할 수 있는 백신을 연구 중에 있다.

연구자들은 환자의 암세포에서 유래된 다른 백신을 실험 중이다. 백신을 환자에게 주입하면 변형된 암세포가 환자의 면역계를 자극하여 비정상 세포를 찾아서 공격한다.

혈관생성을 억제하여 암세포를 "아사시킴"

암세포는 성장과 분열 속도가 빠르므로 상당량의 에너지를 요구한다. 종양이 커지면서 필요한 에너지를 공급받기 위하여 새로운 혈관의 생성을 촉진한다(angiogenesis, 혈관생성). 혈관생성 없이는 종양은 완두콩만한 크기가 된 후 성장을 멈추게 된다. 적어도 수십 개의 단백질이 혈관생성을 자극하며 일부 단백질은 암세포가 분비한다. 여러 개의 다른 단백질은 혈관생성을 억제 시킨다. 혈관 생성을 억제하는 약에 대한 관심이 큰데, 이 약은 혈액 공급을 제한함으로써 종양을 굶긴다. 여러 가지 약이 이미 임상실험 중이다 (사람에게는 초기 단계 실험 중임).

결함 유전자를 대상으로 하는 분자 치료법

정교한 분자 치료법은 암으로 진행을 유발하는 결함 유전자를 대상으로 한다. 특정 유전자를 비활성화시키거나 이 유전자가 만든 단백질을 비활성화시켜서 세포분열 속도를 느리게 하려는 연구가 시도 중이다. 유전자 치료법(gene theraph)은 결함 유전자를 수선하거나 정상유전자로 대체할 수 있다. 유전자 치료법의 주요 목표는 p53 종양 억제 유전자이다. 이 유전자의 돌연변이로 인해 많은 암이 유발되기 때문이다.

요점 정리

암 치료의 주요 방법은 수술, 방사선, 화학요법이다. 최근 개발되고 있는 치료법에는 자성요법, 광역동 치료법, 면역요법, 혈관생성억제약과 결함 유전자에 초점을 둔 분자 치료법이 있다. ■

18.6 가장 흔한 10대 암

발병률에 따른 10종류의 가장 흔한 암이 표 18.3에 정리되어 있다. 각각에 대한 위험 요인, 경고 증세, 확인 방법, 치료법과 가장 중요한 생존율이 있다.

남자와 여자 모두에게 가장 흔한 암은 피부암, 폐암, 대장암과 직장암이다. 전립선암은 남자에게 흔하며 유방암은 여자에게 잘 나타난다.

사망자 수에 근거한 가장 무서운 암은 폐암, 대장암과 직장암,

표 18.3 발병률에 근거한 10대 암

암	새로운 발생 건수/년	사망자 수/년
피부(흑색종과 비흑색종)	>1,000,000[a]	11,200
폐	215,000	161,800
전립선	186,000	28,700
유방	182,000(여자)	40,900(여자)
	2,000(남자)	450(남자)
대장과 직장	149,000	50,000
림프종	74,000	20,500
방광	69,000	14,100
신장	54,000	13,000
자궁	51,000	11,300
백혈병	44,000	21,700

출처: 미국암학회, 암 사실과 그림 2008, 미국암학회, inc 2008.
[a]추정-비흑색종은 자주 보고되지 않음.

유방암이다. 폐암은 가장 흔한 4개의 암 사망자 수를 합한 것보다 더 많은 사망자를 유발한다.

피부암: 피부의 변화를 관찰하라

피부암은 일반적으로 흑색종과 비흑색종으로 분류한다. 조기에 발견된다면 대부분의 비흑색종은 특별히 심각하지 않다. 발견되면 바로 제거될 수 있다. 반대로 흑색종은 매우 심각하다.

- 비흑색종의 흔한 경우는 **기저세포(basal cell)** 암이다. 상피조직의 아래에 기저세포가 위치하며 피부 위층의 편평상피세포를 보충하기 위하여 평생 동안 세포분열을 한다. 기저세포 암은 기저세포의 세포분열이 조절되지 않을 때 일어난다. 기저세포 암은 분홍색 또는 살색으로 피부에 도드라져 나타나며 매끄럽다. 때때로 도드라진 부위가 출혈되거나 딱지가 생긴다. 기저세포 암은 거의 전이되지 않으며 제거될 수 있다. 치료하지 않으면 조직 아래로 퍼져 나간다.
- **편평세포(squamous cell)** 암은 기저세포에 의해서 생성된 상피세포에서 일어난다. 분홍색 비늘 모양의 조각 또는 혹으로 나타나며 염증이 생겨 딱지가 생긴다. 편평상피세포 암은 천천히 전이될 수 있다.
- **흑색종(melanoma)**은 세 종류의 피부암 세포 중 가장 드물게 일어난다. 그러나 쉽게 전이되므로 치명적이다. 멜라닌세포는 검은 갈색인 멜라닌 색소를 생성하는 세포인데 비정상 멜라닌세포에서 암이 생긴다. 피부에 검은 반점 또는 검은 작은 부위를 관찰하고, ABCD(**그림 18.11**)에 따라서 진단하라: A = 비대칭(Asymmetry)–반점의 반을 비교하면 일치하지 않음; B = 경계면(Border)–모양의 경계가 규칙적이지 않음; C = 색(Color)–색이 여러 가지이거나 진한 검정색임; D = 직경(Diameter)–직경이 6mm 이상이거나 완두콩 정도 크기임. 가려움증, 비늘모양, 진물이 나오거나, 출혈이 있으면 분명한 증세이다.

피부암의 조기발견은 매우 중요하다. 기저세포 암과 편평세포 암은 천천히 전이되므로 신속하게 제거한다면 95% 이상 치료가 가능하다. 흑색종은 특히 조기발견이 중요하다; 전이되기 전에 발견되어 치료한다면 5년 생존율(5년 동안 살아 있는 사람의 백분율)이 98%이지만 전이된 후에는 단지 16%이다.

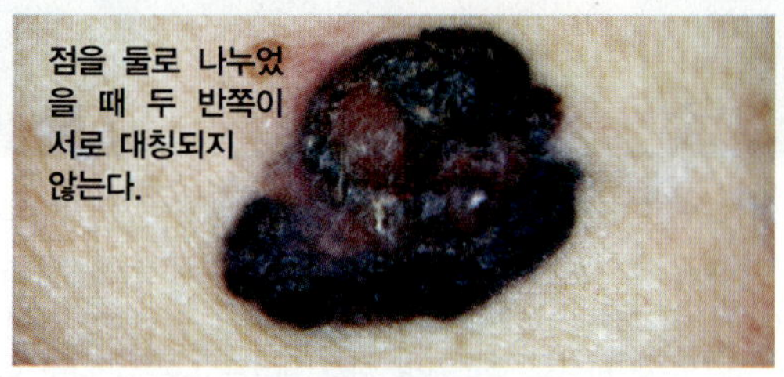

a) A: 비대칭(Asymmetry)

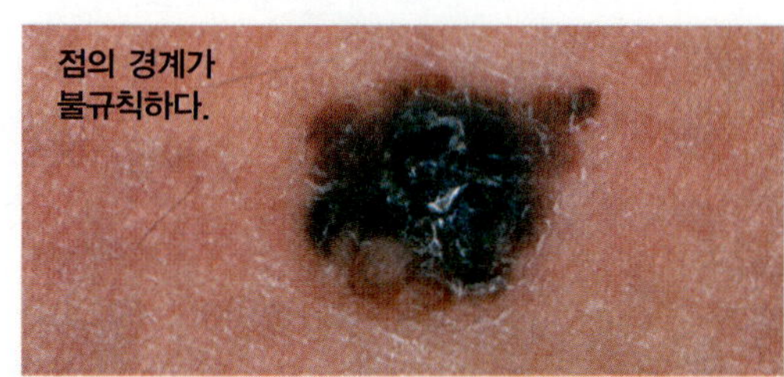

b) B: 경계(Border)

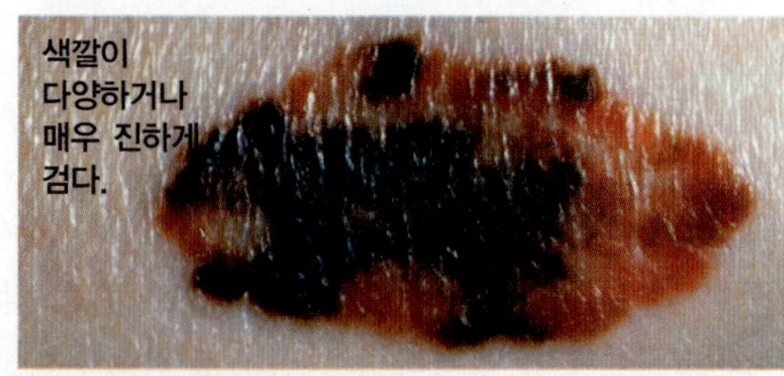

c) C: 색(Color)

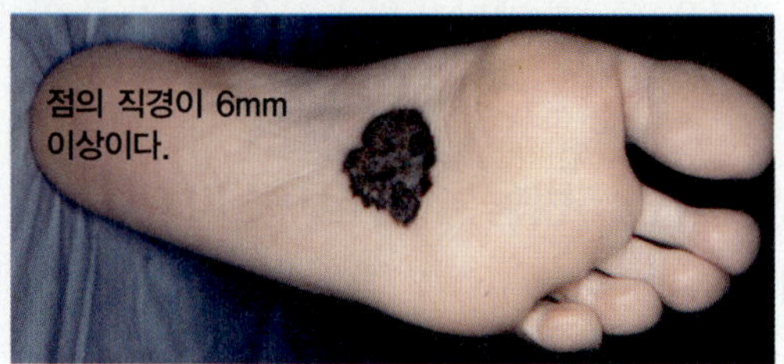

d) D: 직경(Diameter)

그림 18.11 흑색종. 흑색종은 일반적으로 ABCD 법칙으로 진단한다.

폐암: 흡연이 결정적 요인이다

폐암의 주요 요인이 흡연이므로 대부분의 경우는 예방할 수 있다. 다른 요인으로는 간접흡연, 방사선, 석면과 같은 산업 화학물질이 있는데 흡연에 비해 비교적 영향이 낮다.

불행하게도 폐암에 대한 간단한 진단 방법이 없으며, 일반적으로 쉽게 확인되지 않는다. 폐암의 가장 흔한 증상(지속적인 기침, 폐렴과 기관지염의 재발, 목소리변화)은 비교적 비특이적이다. 피가 섞인 가래가 나오고 가슴 통증을 느낄 때는 이미 상당히 진행된 상태이다. 조기 발견이 중요하지만 어떤 시기에 진단이 되든 1년 생존율은 41%이며 5년 생존율은 단지 15%이다.

치료법 선택은 암의 발견 시기에 달려 있다. 암이 조기에 발견된다면 국소적으로 위치하므로 수술로 치료한다. 그러나 대부분의 경우 암이 발견되었을 때는 이미 퍼진 후이다. 많이 진행된 경우에는 방사선 치료와 화학요법, 때로는 수술과 결합하여 하는 치료가 유일하다.

최근의 연구는 조기 발견과 좀 더 효과적인 발견 방법에 초점을 두고 있다. 저농도 컴퓨터단층촬영법으로 고위험군을 검사하는 방법이 폐암 사망자를 감소시킬 수 있는지를 결정하는 대규모 임상 실험이 진행 중이다.

전립선암: 50세 이후 가장 흔함

전립선암의 증상은 소변보기가 어렵거나 소변을 볼 수 없는 것, 혈뇨, 골반 주위의 통증이다.

전립선암의 가장 큰 요인은 노화이다. 의사들은 50세 이후에는 매년 검사를 받으라고 조언한다(표 18.4). 디지털 직장 검사 또는 PSA(전립선 특이 항원) 검사로 암을 진단한다.

치료 방법으로는 수술, 방사선요법과 호르몬이다. 노인의 경우에는 전립선암의 성장이 너무 느려 사망의 원인이 되는 경우가 드물기 때문에 이러한 치료에 대해 논란이 있다. 5년 생존율이 25년 전에는 69%이었으나 지금은 거의 99%이다. 급격한 생존율 증가는 조기 진단과 향상된 치료법 때문이다.

유방암: 조기 발견이 중요함

유방암은 거의 여성에게 걸리는 암이다(그러나 남자도 걸릴 수 있으며, 남자에게서 매년 2,000건의 새로운 발병이 일어난다). 유방암은 우선 마모그램(유방 X선 검사)으로 진단되거나 환자 또는 의사가 신체를 검사하는 중에 비정상 덩어리가 확인되어 진단된다.

최근 연구에 의하면 유방암을 유발하는 적어도 2종류의 유전자가 존재한다. 주요한 요인은 나이이다. 40세 이전에서는 200명 중 1명이 유방암 환자이나, 60세 이상에서는 26명 중 1명이 유방암에 걸린다. 다른 요인으로 이른 월경 시작, 늦은 폐경기, 폐경기 이후 비만, 먹는 피임약 복용, 폐경기 이후 호르몬 대체요법 치료 등이 있다.

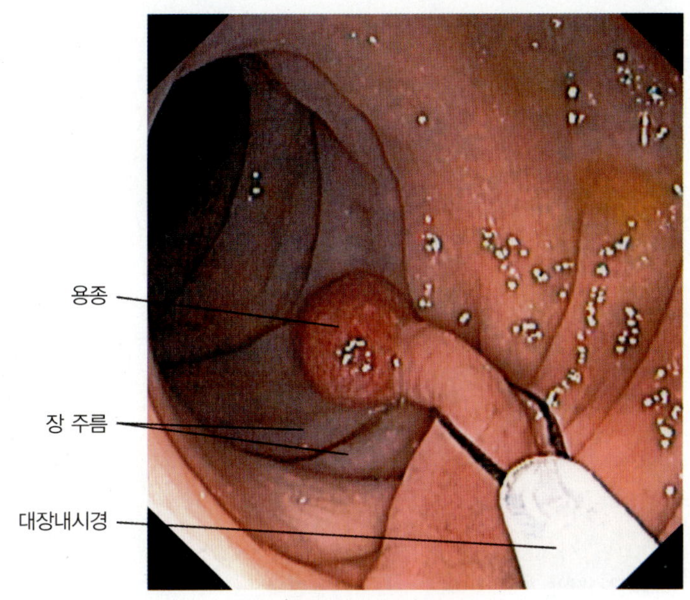

그림 18.12 용종. 대장에 생긴 용종을 내시경의 올가미줄로 제거한다.

환경과 음식이 또한 중요한 역할을 한다. 조기 발견은 생존율을 급격히 증가시킨다. 아직 전이되지 않은 유방암 환자의 5년 생존율은 98%이며, 진단 시 이미 전이가 된 경우에는 27%로 감소한다. 전체적으로 진단 이후 10년 생존율은 80%이다.

대장암과 직장암: 검사는 조기 발견을 가능하게 함

대변에 혈흔이 있거나 직장에서 출혈은 분명히 위험한 신호이지만 암이 아닌 이유로 출혈이 있을 수 있다. 위험 요인으로는 앉아 있는 생활방식, 비만, 흡연, 대장 및 직장암 가족력, 과일과 야채가 충분하지 않은 저섬유질, 고지방 식사 등이 있다.

대부분 대장/직장암은 **용종(polyp)**, 즉 대장 벽에 생긴 해가 없는 작은 덩어리로부터 시작된다(그림 18.12). 대부분의 대장 용종은 악성으로 변하지 않는다. 악성으로 변하더라도 수 년에 걸쳐서 일어난다. 이것은 용종을 발견하여 악성이 되기 전에 제거를 할 수 있는 정기적인 검진이 중요함을 강조한다. 50세 이후부터는 10년에 한 번씩 대장내시경 검사(colonoscopy)를 할 것을 권장한다. 위험 요인을 가지고 있는 사람은 일찍, 자주 검사를 받아야 한다. 용종은 작은 올가미 줄이나 전기 소각을 통해서 쉽게 제거할 수 있다.

모든 경우의 대장/직장암 5년 생존율은 64%까지 증가하였다. 조기 발견과 치료 때문이다. 진단 시 전이가 진행된 환자의 5년 생존율은 10%로 감소한다. 조기 발견이 굉장히 중요함을 알 수 있다. 그러나 검사율이 낮기 때문에 초기 단계에 발견되는 경우는 40% 미만이다.

표 18.4 암 검사에 관한 권장 사항

암	성별	검사	연령 및 빈도	설명
모든 암	남, 여	암 관련 진단	20~40: 매 3년마다 40+: 매년	의료진에 의한 일반 검사 모든 질병에 관한 적절한 검사와 의료 상담
대장암, 직장암	남, 여	대변잠혈검사	50+: 매년	분변에 있는 혈흔 검사
		직장손가락검사	50+: 매 5년마다	전문의료인에 의한 신체검사
		구불직장경검사	매 5년마다	직장 내부 검사와 구불직장 내시경 검사
		대장내시경	50+: 매 10년마다	대장 내부의 내시경 검사
유방암	여	자가진단	20+: 매월 1회	"건강 파수꾼" 참조
		임상검사	20~40: 매 3년마다	전문의료인에 의한 신체검사
			40+: 매년	
		마모그램	40+: 매년	유방조직의 X선 검사
자궁경부암, 자궁내막암	여	골반내진	18+와 성적으로 활발한 모든 여성: 매년	전문의료인에 의한 신체검사
		팹(Pap)검사	18+와 성적으로 활발한 모든 여성: 매년	전문의료인에 의한 자궁경부 세포 채취 및 도말 검사
자궁내막암	여	자궁내막 조직 표본	폐경기. 위험 요인이 있는 여성은 35세 이후에 매년 검사	전문의료인에 의한 자궁 조직 표본 채취
전립선암	남	직장손가락검사	50+: 매년. 위험 요인이 있는 남성은 45세 이후에 매년 검사	전문의료인에 의한 신체검사
		PSA(전립선 특이 항원)검사	50+: 매년	PSA 농도를 측정하는 혈액검사
정소암	남	자가진단	위험 요인이 있는 남성은 사춘기 이후 매월 1회 검사	"건강 파수꾼" 참조

주의: 어느 암이든지 위험 요인을 하나 이상 가지고 있는 사람은 이른 나이에 진단을 받아야 하며 자주 검사를 받아야 한다. 의사의 자문을 받아야 함.
데이터 출처: American Cancer Society Prevention and Detection Guidelines.

림프종: 림프조직에 생긴 암

림프종(lymphoma)은 림프조직에 생긴 암을 모두 말한다. 호지킨병(Hodgkin's disease)과 비호지킨림프종(non-Hodgkin's lymphoma)이 모두 포함된다. 증상으로는 팽창된 림프절, 간헐적인 열, 가려움증, 체중 감소, 밤 동안 땀 분비 등이 나타난다. 위험 요인은 확실하지 않지만 변화된 면역기능과 관련이 있는 것 같다. 위험 요소가 있는 사람은 기관 이식 수여자, HIV 감염자, T세포 백혈병 바이러스-1(HTLV-1) 감염자, 농약에 직업적으로 노출된 사람들이다. 치료법은 일반적으로 방사선과 화학요법이다. 림프구에 대한 특이성을 갖는 항체사용이 효과적일 수 있다. 골수 이식자는 고농도의 방사선 요법이 필요하다.

방광암: 일찍 실시된다면 수술이 성공적이다

혈뇨는 다른 이유도 있겠지만 중요한 신호이다. 흡연은 방광암 발병 가능성을 두 배로 증가시킨다. 도시생활, 식수에 있는 비소에 노출, 고무, 가죽, 염색액의 직업적 노출도 위험요인이다. 방광암은 소변의 세포를 현미경으로 관찰하여 진단한다. 요도를 통해 방광에 삽입한 내시경을 통해 방광 벽에서 직접 관찰한다. 일찍 발견된 암이라면 화학요법과 수술의 혼합 치료법이 거의 언제나 성공적이다(94% 5년 생존율). 그러나 암이 전이되었다면 생존율은 급격히 감소한다(6% 5년 생존율).

신장암: 신장 관련 질병으로 검사를 받는 중에 발견됨

신장암의 위험 요인은 유전자 돌연변이, 흡연, 석면, 카드뮴과 같은 특정 독물질에 노출이다. 사실 암유발 화학물질이나 독극물은 다른 기관보다 신장에 더 영향을 주는데 신장에서 오줌이 농축되면서 독극물질이 같이 농축되기 때문이다. 다른 위험 요인은 나이와 성별이다. 신장암은 중년 이후에 발생하며 남자가 여자보다 2배 이상 걸린다.

신장암을 진단할 혈액검사와 소변검사가 없다. 허리 통증이나

건강 파수꾼

유방암 자가 진단

유방암은 자가 진단법을 통해 일찍 발견할 수 있다. 자가 진단은 빠르고, 쉽고, 혼자 자유롭게 할 수 있다.

매월 같은 시기에 유방을 검진한다. 베개나 접은 수건을 오른쪽 어깨 아래에 깔고 눕는다(그림 참조). 왼손의 처음 세 손가락을 사용하여 오른쪽 가슴을 구석구석 누르면서 검사한다. 아래에 위치한 조직이 느껴질 정도로 세게 누른다.

규칙적으로 압력을 가하고(그림 1, 2, 3) 지속적으로 실시하여 자신의 유방에 대한 감각이 익숙해지도록 한다. 그 다음 왼쪽 가슴 아래에 베개를 놓고 누워서 오른손 손가락을 사용하여 검진한다. 서서 샤워하는 동안 이 과정을 반복한다.

마지막으로, 거울 앞에 서서 두 팔을 골반위에 올려놓고, 그리고 머리 뒤에 놓고 유방의 형태 변화, 즉 부었거나, 들어갔거나, 붉어졌거나, 유두의 형태가 변한 것 등을 관찰한다.

조금이라도 의심스러운 게 있다면 의사와 즉시 상의한다. 유방에서 느껴지는 덩어리가 많은 경우 암이 아닌 것으로 판명된다.

물론 자가 진단이 의사의 검진을 대신할 수는 없다. 그러나 정확하게 실시한다면 생명을 구할 수 있다.

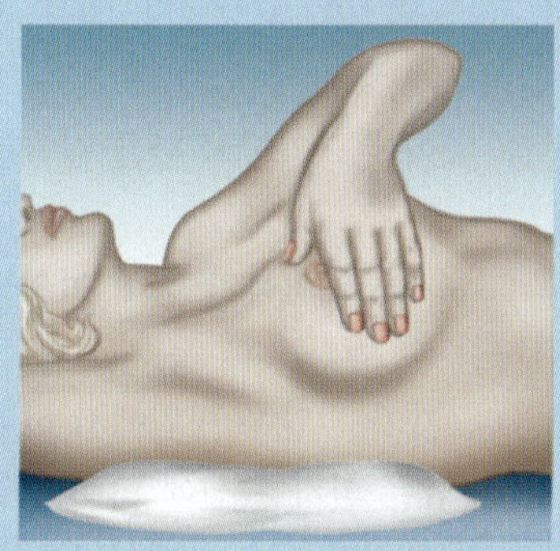
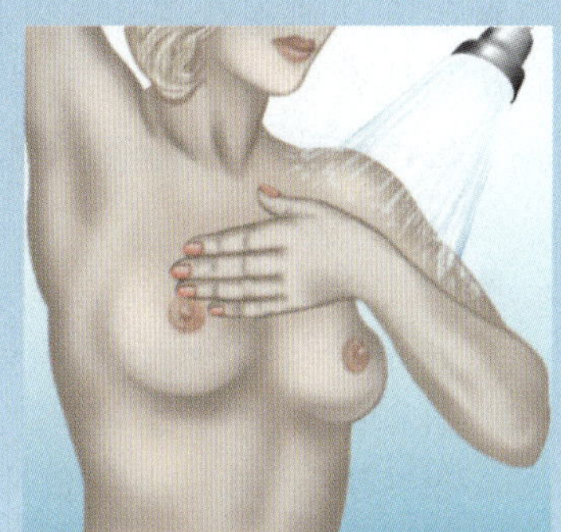
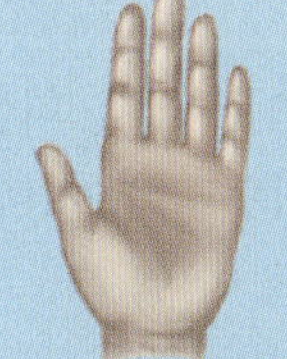

a) 각 유방의 반대쪽 손의 첫 세 손가락을 사용. 당신에게 알맞은 방법의(1, 2, 또는 3) 규칙적 패턴을 정한다. 누워서 검사를 하고 그 다음 피부 위로 쉽게 미끄러질 수 있도록 손에 비누칠을 한 후 샤워를 하면서 검사를 한다.

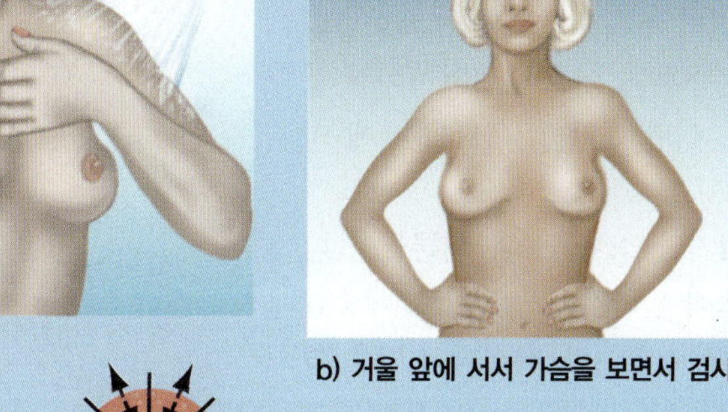

b) 거울 앞에 서서 가슴을 보면서 검사하는 것이 좋다.

혈뇨 등 신장 관련 질병을 검사받는 중에 발견되며 여러 종류의 조영기술, CT나 초음파 검사를 통해 확인한다. 신장암의 주요 치료법은 수술적 제거인데 다른 쪽 신장의 기능이 정상일 때 가능하다. 수술이 어렵다면 화학요법과 방사선요법이 사용된다. 그러나 화학요법은 신장암에는 효과가 높지 않다.

자궁암: 일반적으로 자궁 출혈이 주요 증상이다

자궁암에는 자궁내막암과 자궁경부암이 있다. 자궁내막암의 초기 증상은 비정상적 출혈 또는 혈흔이다. 통증은 질병이 진행된 나중에 나타난다. 에스트로겐에 오랫동안 노출되는 것이 자궁내막암의 주요 위험 요인이다. 월경의 조기 시작, 늦은 폐경기, 비만, 아이를 낳지 않았거나, 폐경기 이후 에스트로겐 대체요법(에스트로겐에 프로게스테론을 첨가하면 에스트로겐만 사용하였을 때보다 위험을 줄일 수 있다고 여김)에 의해 에스트로겐에 오랫동안 노출될 수 있다. 임신과 경구피임약의 복용은 자궁내막암을 어느 정도 피할 수 있다.

반면에 자궁경부암은 성관계를 통한 인간 육두종바이러스(HPV)의 감염과 관련이 많이 된다. 성관계 상대가 많은 여성이나 성관계 대상이 많은 배우자를 가진 여성은 걸릴 가능성이 높다. 흡연 또한 가능성을 높인다. 자궁경부암은 **팹(Pap)검사**(자궁경부 세포를 얇게 포말하여 검사; 검사를 처음 고안한 의사 파파니콜라우의 이름을 따랐음). 팹검사는 자궁내막암 검사에는 효과적이지 못하므로 골반 검사로 검진한다.

자궁내막암과 자궁경부암의 치료는 수술, 방사선, 호르몬과 화학요법이 있다. 자궁내막암의 1년 생존율은 92%이며, 자궁경부암은 88%이다.

자궁경부암은 백신으로 예방할 수 있는 첫 번째 암이다. 17,000명 이상의 여성이 참여한 임상실험에서 가다실(Gardasil)이라 부르는 백신이 인간 육두종바이러스를 예방하는 데 거의 100% 효과를 나타내었다. 인간 육두종바이러스에 의해서 자궁경부암과 성기의 혹의 대부분이 나타난다.

백혈병: 화학요법이 종종 효과적이다

백혈병(leulemias)은 골수 내에서 발생하는 미성숙 백혈구 암이다. 상당히 진행이 되면 골수는 거의 암세포로 차게 된다. 결국 정상 혈구세포의 생성이 감소되어 빈혈과 면역 저하가 야기된다. 백혈병의 원인은 잘 알려져 있지 않지만 다운증후군, 이온화 방사선이나 벤젠에 과도한 노출이 관련될 것이다. 어떤 백혈병은 HTLV-1에 의해서 발병된다.

백혈병이 소아병으로 알려져 있지만 소아들보다 어른들이 더 많이 걸린다. 백혈병의 증상은 비교적 일반적이므로(피로, 체중감소, 감염횟수 증가) 항상 일찍 진단되지 않는다. 확실한 진단은 혈액 검사와 골수 생체 검사로 내려진다.

백혈병의 전형적인 치료법은 화학요법이다. 화학요법 후에 골수이식을 하는데 화학요법에 의해서 제거된 정상 조혈모세포를 대체하기 위한 것이다. 특정 백혈병에 대한 생존율은 몇 년 동안 향상되었는데 특히 아이들의 백혈병이 이에 해당된다.

요점 정리

암은 발생원인, 발견 방법, 치료법에서 매우 다양하다. 어떤 암은 전이되기 전에 조기 발견된다면 생존율이 매우 높다. ■

18.7 대부분의 암은 예방할 수 있다

유방암과 난소암을 증가시키는 BRCA 유전자와 같이 일부 암은 유전자와 관련된다. 유전성 암은 조기 발견이 결정적이지는 않지만 가능성은 증가시킨다. 위험 요인을 일찍 발견함으로써 일찍 치료법을 선택할 수 있다. 그러나 유전성 암의 진정한 예방은 유전자 치료법의 향상과 백신을 기다려야만 한다.

그럼에도 불구하고 대부분 암의 발생은 예방할 수 있다. 비멜라닌성 피부암을 제외하고 모든 암의 60%는 오직 두 가지 요인이 원인이다. 즉 흡연과 건강하지 못한 식사이다. 대부분의 비멜라닌성 피부암도 햇볕의 노출을 줄임으로써 예방할 수 있다.

암 사망률을 줄이기 원한다면 공공교육에 참여하는 것이 좋다. 운동을 하고, 체중을 줄이고, 건강한 음식을 먹고, 음주를 줄이며, 햇볕에 과다 노출을 줄이고, 무엇보다도 금연하도록 조언한다. 건강한 음식은 무엇으로 구성되며 음식의 성분 중 해로운 것과 이로운 것이 무엇인지 많은 연구가 진행되고 있다.

암에 걸릴 가능성을 줄이기 위해 무엇을 할 수 있을까?

- 가족력을 살핀다. 암은 일반적으로 여러 개 유전자의 결함이 원인이 되므로 하나 이상의 위험 유전자를 물려받을 수 있다. 물론 이 사실이 반드시 암으로 진행됨을 의미하지는 않는다. 그러나 유전적 결함을 인지하고 검사하기 전, 가족력을 살펴보고 의사와 상의함으로써 암 유발 잠재성을 확인할 수 있다.
- 암에 대한 정기 검사를 받는다. 조기 발견이 최상이다. 일부 천천히 성장하는 암은 일찍 발견된다면 치료될 수 있다. 표 18.4에 언급된 것 이외에도 가족력, 성별, 나이에 근거하여 다른 검사를 받도록 한다.
- 자가 진단법을 배운다. 덩어리의 유무를 확인하기 위해 여성들은 유방을, 남자들은 정소를 검사할 수 있다. 피부를 자세히 살핌으로써 피부암을 확인할 수 있다. 자가 진단은 병원에서 하는 정기검진을 대체할 수 없지만 많은 암은 환자 자신에 의해서 일찍 확인될 수 있다. 미국암학회는 자가 진단 기술에 대한 정보를 제공한다.
- 오전 10시와 오후 4시 사이에 햇볕에 직접 노출되는 것을 피한다. 챙이 넓은 모자를 쓰거나 SPF(햇볕 차단 지수) 15 이상의 썬크림을 바른다. 또한 썬램프와 썬탠 살롱에 가지 마라.
- 식사와 체중을 살핀다. 절대적인 것은 없지만 일반적으로 과일, 야채, 콩, 정제되지 않은 곡물이 많은 식사와 포화지방, 붉은 고기, 소금이 적은 식사를 추천한다. 생선과 올리브 오일과 같은 불포화지방은 이롭다.
- 흡연하지 않는다. 개인의 선택으로 위험 요소를 급격히 낮출 수 있다. 흡연이 예방할 수 있는 가장 큰 요인이다. 흡연에 의해 폐암의 85%가 발생하며, 방광암, 대장암, 자궁경부암, 췌장암, 후두암이 발생한다. 조기 발견으로 생명을 살리는 것보다 흡연을 하지 않도록 주변 사람을 설득하는 것이 더 많은 생명을 살릴 수 있다.
- 음주를 한다면 적당량을 섭취한다. 하루에 한 잔 내지 두 잔의 알코올음료 섭취는 심혈관계 질환을 감소시킬 수 있지만 특정 암을 유발할 가능성이 있다. 흡연과 같이 할 때 위험은 더 커진다.
- 정보 수집을 한다. 특정 암에 대한 일반적인 정보, 영양과 식사의 효과에 대한 정보는 많이 있다. 의사, 암센터, 도서관 등에서 좋은 정보를 얻을 수 있다.

자발적 유방 및 난소 제거 수술－당신도 할 수 있는가?

유방암과 난소암에 걸리지 않고 오래 살기 위해서 유방과 난소를 수술로 제거(예방 유방절제술과 난소절제술)할 수 있겠는가? 일부 여성은 매우 어려운 결정을 하고 있다.

이러한 여성이 직면하는 결정은 암 발생 위험 요인에 대한 충분한 이해로부터 나온 것이다. 적어도 두 유전자, 즉 BRCA1(breast cancer 1의 약자)과 BRCA2의 돌연변이는 유방암과 난소암에 강하게 관련되어 있다. 이 두 유전자의 정상 기능은 세포성장을 억제하는 것이므로 이들의 돌연변이는 암을 유발한다.

BRCA 돌연변이는 0.5% 여성에게만 나타나는 드문 돌연변이로, 이 돌연변이가 있으면 암 발생 위험이 급격히 증가한다. 여성이 유방암에 걸릴 확률은 13%이나, BRCA 돌연변이 유전자를 가진 여성의 유방암 발병률은 36~85%이다. 여성의 난소암 발생률은 1.7%이지만 BRCA 돌연변이를 가지면 발병률이 16~60%이다.

BRCA1과 BRCA2 돌연변이 유전자는 혈액검사로 용이하게 발견된다. 즉 암이 진행되기 전에 발병 가능성을 알 수 있다는 것이다. 당신이라면 이 검사를 받겠는가? 그것은 돌연변이 유전자를 가지고 있는지 알고 싶은가에 달려 있다. 당신이 돌연변이 유전자를 가지고 있다면, 수술을 받겠는가? 만일 건강한 당신이 유방과 난소를 절대 제거할 생각이 없다면 차라리 모르는 게 나을 수 있다. 또한 당신이 특히 고위험군이라고 생각하는지에 달려 있다. 0.5% 미만의 여성이 BRCA 돌연변이 유전자를 갖지만, 유방암이나 난소암에 걸린 가족이 있었다면 이 유전자를 가질 가능성이 5배에서 10배로 증가한다. 다른 유전자와 마찬가지로 이 유전자를 부모로부터 물려받았을 수 있다(BRCA 유전자는 남자의 유방암과 전립선암의 발병과도 어느 정도 관련되어 있다).

BRCA 돌연변이 유전자를 물려받았다면 유방암과 난소암이 진행된 후에 비로소 제거하겠는가? 결국 당신이 생식 연령이라면 아이를 낳기 원할 것이다. 문제는 난소암은 치명적이라는 것이다. 난소암은 손쉽게 검진할 수 있는 방법이 없으며 초기에는 증상이 없어 상당히 진전된 후에 진단이 가능하다. 난소암은 진단 후부터 5년 생존율이 40% 이하이다.

수술은 얼마나 효과적인가? 난소암 발생 위험이 근본적으로 없어진다. 유방암이 발생할 가능성은 90%까지 감소되지만 완전히 없는 것은 아니다. 수술로 유방을 제거하더라고 유방조직이 퍼져 있어 모든 조직을 제거하는 것은 불가능하기 때문에 아주 낮은 발병 가능성은 있다. 다른 치료법도 있지만 수술만큼 효과적이지 않다. 수술을 원하지 않는 여성에게는 타목시펜(tamoxifen)이라는 약을 처방하는데 암 발생 위험을 50% 정도까지 줄일 수 있다.

모든 게 숫자 게임인 것처럼 암 발생 가능성과 사망에 대하여 비인간적으로 설명하고 있다. 그러나 이것은 게임이 아니며 우리 모두에게 교훈을 주고 있다. 우리는 어느 순간 스스로를 위해서 또는 사랑하는 사람을 위해서 어려운 결정을 해야 한다. 우리는 비인간적인 상황에 대한 개인적 감정과 선호에 대해 균형을 잡아야 한다.

전 CBS 방송국 앵커였던 르네 사일러(Renee Syler)는 유방암 예방조치의 일환으로 2007년 양쪽 유방 제거 수술을 받고 인공 유방을 가졌다.

생각해볼 문제

1 BRCA1과 BRCA2에 대한 혈액검사를 할 수 있다. 당신은 검사를 받을 것인가? 받는 이유는? 또는 받지 않는 이유는 무엇인가?

2 당신이 BRCA 돌연변이를 갖고 있다는 것을 안다면, 당신의 일과 생활에 변화가 생기겠는가?

3 남성: 당신의 아내 또는 여자 친구가 BRCA 돌연변이를 갖고 있다면 이들이 어떻게 하길 원하는가?

사실은....

- 유전으로 물려받을 수 있는 BRCA1과 BRCA2 돌연변이는 유방암 그리고 난소암과 연관이 아주 높다.
- 난소암이 발견되면 이미 너무 늦은 시기가 된다. 5년 생존율은 아직 40% 미만이다.
- BRCA 돌연변이 유전자를 갖는 여성 중 일부는 건강할 때 미리 유방 제거술과 난소 제거술을 받는다.

건강 파수꾼

정소암 자가 진단

정소암은 20~35세 남성에게 가장 많이 나타나는 암이다. 일찍 발견한다면 치료가 가능한 암 중의 하나이다. 정소암 자가 진단은 알려진 위험 요인이 없는 남자들에게서 자가 진단만으로 사망률을 감소시키는 효과가 있는지 충분히 연구되어 있지 않다. 그럼에도 불구하고 미국 암학회는 위험 요인을 가지고 있는 남성들에게 자가 진단을 추천한다. 위험 요인으로는 잠복 고환증, 정소암 가족력, 과거 정소암에 걸린 경험 등이다. 위험 요인의 보유와 상관없이 매월 검진할 것을 권장한다. 하기 쉽고 돈이 들지 않으므로 안 할 이유가 없다.

정소를 검진할 가장 좋은 시간은 샤워 직후로 음낭 조직이 충분히 이완되어 있을 때이다. 양손의 검지와 중지를 정소의 아래에 놓고 엄지를 정소 위에 놓는다. 엄지와 두 손가락 사이에서 정소를 부드럽게 돌린다. 정면과 옆쪽에 비정상적인 완두콩 크기의 덩어리를 감지해 본다. 한 쪽 정소가 다른 쪽보다 조금 큰 것은 비정상이 아니며, 정소의 위와 뒤에 위치한 끈과 같은 부정소를 혹으로 혼동하지 않는다.

의심스러운 게 느껴지면 의사와 상의한다. 정소의 많은 혹들은 비종양성이지만 조심해야 한다.

물론 자가 진단과 더불어 의사의 검진을 받아야 한다. 그러나 일부 환자들은 스스로 먼저 암을 발견하며, 일찍 발견할수록 도움이 된다.

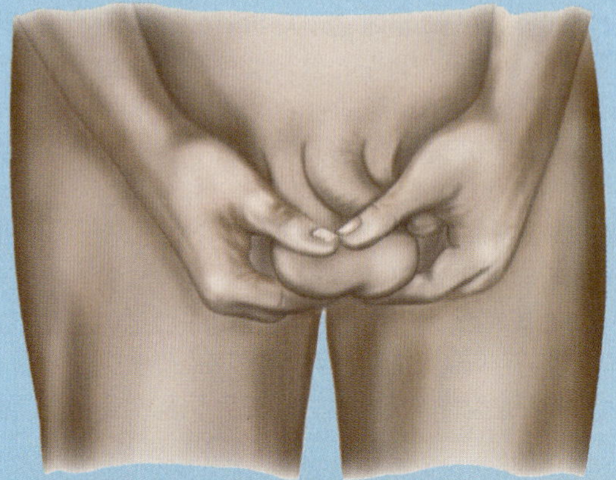

정소암 자가 진단. 엄지와 손가락 사이로 정소를 하나씩 부드럽게 굴려 이상한 덩어리가 있는지 느껴본다.

요점 정리

대부분의 암은 예방할 수 있다. 흡연은 예방할 수 있는 가장 위험한 요인이다. 가족력 알기, 정기 검진 받기, 자가 진단법 배우기, 햇볕과 썬램프 피하기, 식사와 체중 살피기, 적당하게 음주하기, 정보 수집하기 등이 예방을 할 수 있는 대책이다. ■

단원 요약

종양은 양성 또는 악성일 수 있다

- 정상 세포는 두 가지 특성이 있다: (1) 세포분열 속도가 조절되고 있다. (2) 대부분 신체의 한 장소에 머물러 있다.
- 세포덩어리가 정상보다 빠르게 분열할 때 종양이라 하며, 일부 종양은 양성이다.

암세포는 세포의 기능과 구조를 조절하는 능력을 잃는다

- 암은 세포분열이 조절되지 못할 때 생기며, 구조 변화가 일어나 더 이상 세포끼리 부착하지 않는다.
- 일부 암세포는 주변 조직으로 침투하며, 멀리까지 전이되어 암세포로 자란다.
- 암은 미국에서 두 번째 사망 원인이다.

암의 진행

- 원시발암유전자와 종양억제유전자돌연변이와 다른 돌연변이유전자가 암을 유발한다.
- 하나 이상의 돌연변이유전자를 물려받으면 특정 암이 유발될 위험 가능성이 증가한다.
- 발암 유발원으로 일부 바이러스와 세균, 환경 화학물질, 담배, 방사선, 알코올 같은 식생활 요인 등이 알려져 있다. DNA 복제 실수와 체내에서 생성된 화학물질과 같은 내부 요인도 암을 유발할 수 있다.
- 암은 다인자 질병이다. 6개 또는 그 이상 돌연변이가 발생하여야 암으로 진행된다.

조기 검진을 통해 조기 발견이 가능하다

- 대부분 암은 X선, PET, MRI와 같은 영상 기술로 발견하여 진단할 수 있다.
- 효소 검사도 암을 확인할 수 있다.
- 유전자 검사는 특정 돌연변이 유전자의 존재를 확인할 수 있으나, 모두 암으로 진행되는 것을 의미하지 않는다.

암 치료

- 대부분 암은 치료 가능하므로 조기 진단이 중요하다.
- 전통적인 암 치료법은 수술 제거, 방사선, 화학요법이다.
- 새로운 치료법으로 자기요법과 광역동요법, 환자의 면역력을 활성화시키는 면역요법, 종양으로 자라는 혈관생성을 억제하여 종양으로의 혈액공급을 차단하는 약물과 특정 유전자를 제거하는 분자 치료법 등이 있다.

가장 흔한 10대 암

- 성별에 상관없이 가장 흔한 암은 피부암이다.
- 전립선암은 남성에게, 유방암은 여성에게 자주 나타난다.
- 폐암은 다른 암보다 사망률이 높다.

대부분의 암은 예방할 수 있다

- 일부 암은 우리가 유전적 요인을 조절할 수 없기 때문에 최선의 노력을 해도 발병한다.
- 그러나 대부분 암은 예방할 수 있다. 암 사망률을 감소시킬 수 있는 유일한 가장 효과적인 방법은 흡연을 줄이는 것이다.
- 건강한 음식 섭취는 암 발생 요인을 감소시킨다. 과일, 야채, 콩류, 곡물류를 많이 섭취하고, 포화지방, 붉은 고기와 염분을 줄인다.
- 다른 예방법은 가족력을 확인하고, 암에 대해 스스로 자가 진단하면서 정기적으로 병원 검진을 받고, 정상 체중을 유지하고, 햇볕과 썬램프의 직접 노출을 피하고, 술은 적당량 마시고, 정보를 확인하는 것이다.

알아야 할 용어

돌연변이 유전자(mutator gene)
림프종(lymphoma)
면역요법(immunotherapy)
발암유전자(oncogene)
백혈병(leukemia)
분열과다증(hyperplasia)
악성종양(malignant tumor)
암(cancer)
암유발원(carcinogen)
원시발암유전자(proto-oncogene)
이형성증(dysplasia)
전이(metastasis)
종양(tumor)
종양억제유전자(tumor suppressor gene)
화학치료법(chemotherapy)
흑색종(melanoma)

개념 확인 문제

1. 양성종양과 악성종양의 차이점을 설명하시오.
2. 암세포가 전이될 수 있게 하는 암세포의 주요 변화를 설명하시오.
3. 암유발원이 세포에 끼치는 영향을 설명하시오.
4. 다른 암과 비교하여 폐암 치료법에 진전이 없는 이유를 설명하시오.
5. 대부분의 피부암을 유발하는 것이 무엇인지 설명하시오.
6. 대장암과 직장암을 증가시키는 음식물 두 가지를 열거하시오.
7. 다른 유형의 암을 예방하는 데 있어서 면역계의 역할을 설명하시오.
8. 종양을 진단하는 방법을 설명하시오.
9. 암세포에 대한 항체가 화학요법 약물을 어떻게 운반할 수 있는지 설명하시오.
10. 암을 예방할 수 있는 방법을 열거하시오.

학습 문제

연결 문제

_________1. 세포 구조의 나쁜 변화
_________2. 세포분열의 증가 결과로 세포 수 증가
_________3. 세포 성장과 분열을 제한하는 조절유전자
_________4. 제자리에 남아 있고 옮겨가지 않는 종양
_________5. 암의 원인이 되는 돌연변이 또는 손상된 유전자
_________6. 신체의 다른 부위로 이동한 종양

a. 이형성증
b. 발암유전자
c. 분열과다증
d. 악성
e. 양성
f. 종양억제 유전자

빈칸 채우기

7. __________은(는) 피부암의 가장 드문 형태이지만 가장 치명적이다.
8. 암을 치료하는 기본적인 세 가지 방법은 ______________, ___________, ___________이다.
9. 연간 사망률이 가장 높은 세 가지 암은 ______________, ___________, ___________이다.
10. 암을 유발하는 물질은 ___________(이)라 부른다.
11. 골수에서 일어나는 미성숙 백혈구 암을 __________(이)라 한다.
12. 구분이 분명한 세포덩어리를 종양 또는 __________(이)라 한다.

OX 문제

13. 흡연은 방광암을 유발하는 위험 요인이다. ( )
14. 모든 암의 20% 이상은 산업환경 오염물질에 의해 야기된다. ( )
15. 인간 육두종바이러스는 자궁경부암의 원인이 될 수 있다. ( )

참고문헌

Cancer Facts & Figures 2008. (A yearly fact booklet published by the American Cancer Society.)

Cavenee, W. K., and R. L. White. The Genetic Basis of Cancer. *Scientific American*, March 1995, pp. 72–79. (Discusses the role of multiple genes in causing cancer.)

Gibbs, W. Wayt. Untangling the Roots of Cancer. *Scientific American*, July 2003. (New theories of what causes cells to become cancerous.)

Radetsky, P. Magic Missiles. *Discover*, March 1993. (Describes the use of antibodies to fight cancer.)

What You Need to Know About Cancer. *Scientific American Special Issue*, September 1996. (An entire issue devoted to the subject of cancer, serving as an excellent review.)

응용 문제

1. 지난 35년간 폐암에 의한 사망률이 남성보다 여성에게서 증가율이 더 높은 이유를 설명하시오. 그 의견을 지지해주거나 반박할 수 있는 정보는 무엇인가?
2. 당신이 물려받은 유전자에 대하여 할 수 있는 일이 아무것도 없다면, 특정 암에 대한 가족력을 아는 것이 좋을까? 이유를 설명하시오.
3. 암에 의한 전체 사망률이 1950년에서 2005년 사이에 겨우 6% 감소하였다. 이처럼 암 사망률이 적게 감소하는 이유는 무엇이라 생각하는가?
4. 가끔씩 휴대폰이 뇌암을 유발할 수 있다는 소식을 언론을 통해 듣는다. 그러면 일부 사람들은 정확한 증거가 없다고 말한다. 과학적 탐구 방법을 고려할 때, 이 논쟁을 증명하기 어려운 이유는 무엇이라 생각하는가?
5. 자궁경부암은 백신으로 대부분 예방할 수 있다. 백신이 어떻게 작용하는가? 자궁경부암에 대한 백신을 개발할 수 있었다면 왜 폐암 백신은 개발하지 못하는가?

학습 문제 해답

1. a **2.** c **3.** f **4.** e **5.** b **6.** d **7.** 흑색종 **8.** 수술, 방사선, 화학요법 **9.** 폐암, 유방암, 대장암 **10.** 암유발원 **11.** 백혈병 **12.** 신생물 **13.** O **14.** X **15.** O

19 유전학과 유전

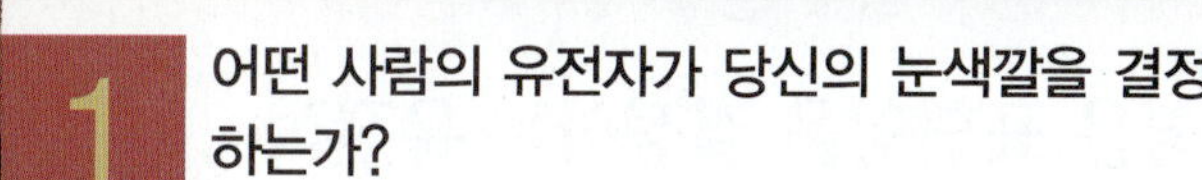

1 어떤 사람의 유전자가 당신의 눈색깔을 결정하는가?

a. 아버지 b. 어머니 c. 부모 모두

2 어떤 사람의 유전자가 당신의 성을 결정하는가?

a. 아버지 b. 어머니 c. 부모 모두

3 **진실 혹은 거짓?** 아들은 아버지로부터 색맹 유전자를 물려받을 수 있다.

4 **진실 혹은 거짓?** 나이가 많은 어머니로부터 태어난 아이는 염색체 이상에 의해 생기는 선천성 결함을 갖기 쉽다.

5 만일 당신이 어떤 질병 유전자를 물려받았다면 당신에게 그 질병이 발병할 것이다.

a. 예 b. 아니오 c. 상황에 따라

인간 염색체의 주사전자현미경 사진

우리가 이미 살펴보았듯이 신생아 발달에 필요한 정보는 수정란의 핵 속에 있는 DNA에 포함되어 있다. 이 정보는 하나 이상의 특정 단백질을 암호화하는 DNA의 염기서열, 즉 **유전자(gene)** 형태로 발견된다. 비록 모든 DNA가 단백질을 암화화하는데 필요하지는 않지만 한 생물체의 **유전체(genome)**는 그 생물체의 모든 DNA를 뜻한다. **유전학(genetics)**은 유전자와 한 세대에서 다음 세대로 유전자가 전달되는 것을 연구하는 학문이다.

유전(inheritance)이란 용어는 종종 돈이나 재산의 개념을 생각하게 한다. 그러나 넓은 의미에서의 유전은 조상이나 다른 사람으로부터 받는 어떤 것을 의미한다. 유전학 관점에서 우리는 각각 어머니로부터 한 세트와 아버지로부터 한 세트의 유전자를 물려받는다. 모든 사람이 두 세트의 유전자를 물려받지만 개인마다 약간씩 다르다. 그러한 차이 때문에 개인마다 차이가 있는 것이다. 이 단원에서 우리는 유전자가 어떻게 세대를 거쳐 유전되는가와 그리고 유전자가 어떻게 우리의 모습, 우리의 사고와 행동과 같은 특징적인 형질에 영향을 미치는지 공부할 것이다.

표 19.1 유전학의 주요 개념

용어	정의
유전자	하나 이상의 단백질을 암호화하는 DNA 염기서열
유전체	한 생물체의 모든 염색체 있는 전체 DNA 염기서열
유전좌위	특정 유전자가 위치해 있는 염색체 상의 부위
상동염색체	같은 유전좌위에 같은 유전자를 포함하고 있는 한 쌍의 염색체
대립유전자	한 유전자에 대한 다른 형태의 유전자
동형접합성	한 유전자에 대하여 똑같은 대립유전자를 두 개 갖고 있는 개체를 의미함
이형접합성	한 유전자에 대하여 다른 대립유전자를 두 개 갖고 있는 개체를 의미함
돌연변이	다음 세대로 전달될 수 있는 DNA 염기서열의 변화
유전자형	어느 한 개인이 가지고 있는 한 쌍의 대립유전자
표현형	개인에게 나타나는 형질

19.1 유전자형은 표현형을 결정하는 유전적 근거이다

17단원에서 설명했듯이 염색체는 DNA로 구성되어 있고, 유전자는 단백질을 만드는 명령을 포함하는 DNA의 염기서열이다. 인간은 상염색체–남녀 모두 각 **상염색체**를 두 개씩 갖고 있다–라 부르는 22쌍의 **상동염색체(homologous chromosome)**와 개인의 성을 결정하는 한 쌍의 성염색체를 가지고 있다. 상동염색체는 서로 비슷하게 보이며, 각각 같은 위치, 즉 같은 **유전좌위(locus)**에 같은 유전자의 복사본을 하나씩 가지고 있다(**표 19.1**). 인간은 각 부모로부터 상동염색체 중 하나씩을 물려받아 유전체에는 물려받은 각 유전자의 복사본이 두 개씩 들어 있다.

두 개의 상동염색체는 비슷하게 보이지만 자세히 조사해보면 완전히 똑같지는 않다. 두 개의 상동염색체 사이에 DNA 염기서열이 약간 다를 수 있다. 염기서열의 차이가 유전자 내에서 생길 경우, 다른 형태의 유전자인 **대립유전자(allele)**가 만들어진다. 대립유전자 사이에 DNA 염기서열이 다르면 대립유전자들은 구조가 약간 다른 단백질을 암호화한다. 2장에서 논의했듯이 단백질 구조에 변화가 생기면 단백질의 기능에 영향을 미친다. 예를 들어, 혀를 말 수 있는 능력은 하나의 유전자에 의해 결정되는데 이 유전자에는 두 종류의 대립유전자가 있다. 하나는 혀를 말 수 있게 하며 다른 하나는 혀를 말지 못하게 만든다.

들어가기 질문의 답

1 c. 적어도 세 개의 유전자가 눈 색깔에 영향을 미치기 때문에 눈 색깔은 아주 다양하다.

2 a. 당신의 성은 아버지의 염색체 중 한 개에 위치하는 유전자에 의해 결정된다. 이 단원에서 우리는 어떤 염색체가 성을 결정하는지 알아볼 것이다.

3 거짓. 남자는 색맹을 딸에게 물려주지만 아들에게는 물려주지 못한다. 남자는 색맹을 어머니로부터 물려받는다. 우리는 그 이유를 이 단원에서 배울 것이다.

4 진실. 염색체 이상으로 생기는 유전병의 발병률은 어머니가 35세 이상일 때 현저히 증가한다. 태아검사는 수많은 이러한 유전병을 찾아낼 수 있다.

5 c. 일부 유전자는 우성력이 강해 유전자가 있으면 바로 유전병이 나타난다. 어떤 유전자들은 단지 유전병이 생길 위험성을 증가시킨다. 환경과 생활방식도 중요한 역할을 한다. 우리는 많은 유전형질에 대한 유전양상을 보게 될 것이다.

특정 유전자에 대하여 두 개의 똑같은 대립유전자를 가지고 있는 사람은 **동형접합성(homozygous)**이라고 한다. 하나의 유전자에 대하여 다른 대립유전자를 가지고 있는 사람은 **이형접합성(heterozygous)**이다. 비록 개인은 대립유전자를 두 개만 물려받지만, 인류 집단에서 특정 유전자의 대립유전자는 두 개 이상인 경우가 많이 있다. 예를 들어, 혈액형에 대한 대립유전자는 A, B, O 세 개가 있다.

그렇다면 이처럼 다른 대립유전자는 어떻게 생겨났는가? 아마도 정자나 난자가 될 세포에게 수백 년에 걸쳐 일어난 **돌연변이(mutation)**, 즉 DNA 염기서열이 변한 결과로 대립유전자가 생겼을 것이다. 그러한 돌연변이는 세포분열이나 감수분열이 일어나기 전에 교정되지 않았고, 돌연변이가 일어나도 정자나 난자가 죽지 않았기 때문에 돌연변이는 원래의 유전자에 약간 변이가 일어난 형태로 다음 세대로 전달되고 오늘날 사람 집단에 남아 있게 된 것이다. 사람 집단에 있는 다양한 모든 유전자와 그것들의 대립유전자들을 통털어 **사람 유전자 풀(human gene pool)**이라고 한다. 각 개인마다 고유함을 나타내는 대략 22,000개의 유전자에는 다양한 대립유전자가 존재한다.

완전한 세트의 대립유전자를 **유전자형(genotype)**이라 부른다. 유전자형은 **표현형(phenotype)**, 즉 특징으로 나타나며 관찰할 수 있는 물리적, 기능적 형질에 많은 영향을 미친다. 머리, 눈, 피부색 키와 체형, 혀를 말 수 있는(없는) 능력 등은 표현형의 예이다. 혈액형과 질병 민감성과 같은 많은 표현형들은 관찰하기가 쉽지 않다. 당신의 표현형은 부모에게 물려받은 대립유전자(유전자형)뿐만 아니라 햇빛에 얼마만큼 노출되었는가 또는 운동을 하는가, 얼마나 많이 먹는가와 같은 환경요인과 생활방식의 선택에 따라 결정된다.

요점 정리

우리는 모든 유전자에 대하여 두 개의 대립유전자를 물려받는다. 이 대립유전자는 똑같거나 약간 다를 수 있다. 우리가 갖고 있는 모든 대립유전자가 우리의 유전자형이고, 이 대립유전자의 물리적, 기능적 발현이 우리의 표현형이다. ■

19.2 유전은 특정 양상을 따른다

퍼넷사각형 분석으로 유전 양상을 예측한다

같은 유전자의 두 가지 대립유전자를 나타내는 쉬운 방법은 대문자(A)와 소문자(a)를 지정하는 것이다. 똑같은 두 개의 대립유전자를 가진 사람(AA 또는 aa)을 동형접합자, 대립유전자가 서로 다른 사람(Aa)을 이형접합자라고 우리는 이미 배웠다.

퍼넷사각형(Punnett square)은 대립유전자의 유전 양상을 나타내고 특정 유전자형이 유전될 확률을 예측할 수 있는 간단한 방법이다(그림 19.1).

퍼넷사각형을 만들려면 감수분열 동안 생성되는 수컷 배우자의 가능한 대립유전자를 한 축에 쓰고, 다른 축에는 암컷 배우자의 가능한 대립유전자를 기록한다. 비록 부모는 이배체이고 각각 염색체를 두 개씩 가지고 있지만, 자손에게는 각 염색체를 하나씩만 물려준다는 것을 명심하라. 해당하는 사각형에 정자와 난자를 나타내는 글자를 합쳐 수정 동안 일어날 수 있는 조합을 나타내면 자손의 모든 유전자형과 각 유전자형의 비율을 알 수 있다("스스로 해보기" 참조).

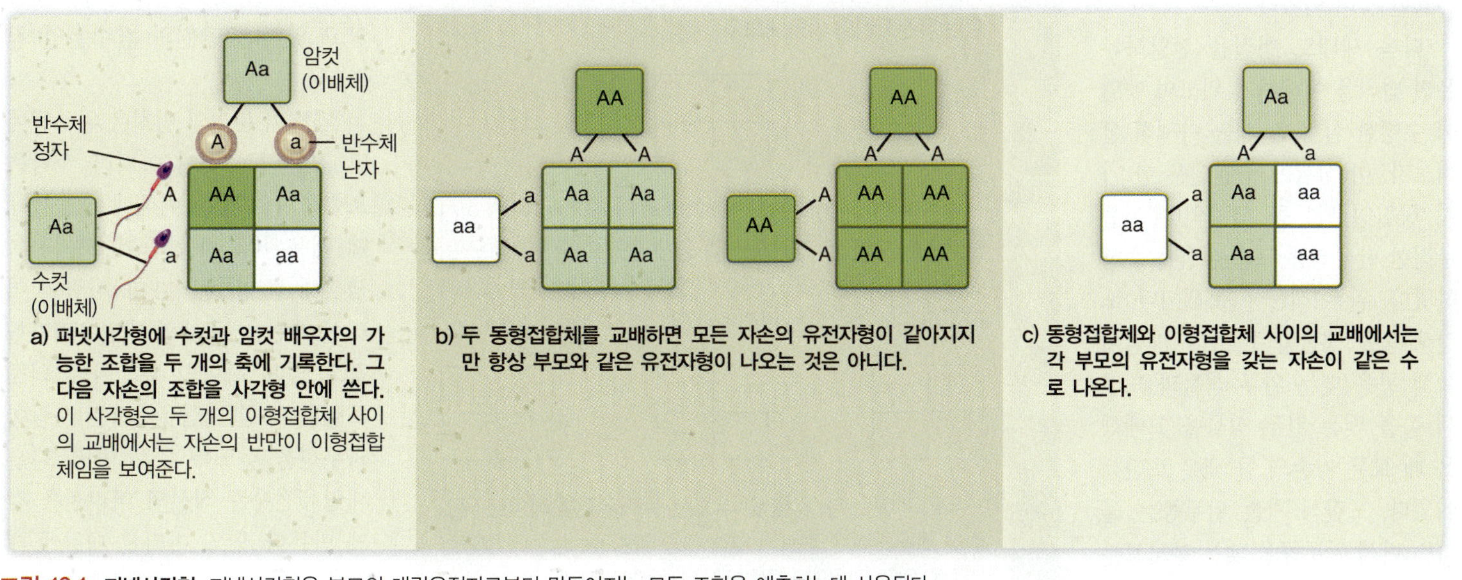

그림 19.1 퍼넷사각형. 퍼넷사각형은 부모의 대립유전자로부터 만들어지는 모든 조합을 예측하는데 사용된다.

멘델은 유전학의 기본 원리를 확립했다

1850년대 자연사 전문가이며 대학 교육을 받은 오스트리아의 수도사인 멘델은 완두 교배를 포함한 수많은 실험을 통하여 유전에 관한 많은 기본 원리를 설명하였다. 멘델은 모델 생물로 완두를 선택하였는데 그 이유는 경제적이고, 기르기 쉽고, 쉽게 교배할 수 있기 때문이었다. 많은 생물학자들은 생물학의 기본 원리를 조사하기 위하여 모델 생물을 이용하는데 그 이유는 교배 실험의 경우처럼 사람을 대상으로 하면 비윤리적이기 때문이다. 멘델은 꽃 색깔, 완두 색깔, 완두의 모양, 완두 식물의 키와 같은 형질의 유전을 한 세대에서 다음 세대로 추적하였다. 멘델은 7년 이상 동안 엄청난 양의 자료를 수집하였고, 수정 동안에 합쳐지고 정자와 난자 형성 동안 분리되는 유전 요소가 있다고 제안하였다. 그는 완두 식물은 하나의 인자에 대하여 두 개의 단위를, 즉 각 부모로부터 각각 한 단위씩을 물려받는다고 결론지었다. 오늘날 우리는 이 인자를 유전자라고 부르고 염색체에서 발견된다는 것을 알고 있다. 비록 멘델은 염색체, DNA, 감수분열에 관하여 알지 못했지만 완두 식물을 가지고 수행한 멘델의 선도적 실험은 많은 고등생물에서 유전학의 원리에 대한 통찰력을 제공하였으며 멘델의 유전법칙은 완두뿐만 아니라 사람에게도 유효한 것이 되었다.

다음 세대로 형질을 전달하는 유전 법칙을 이해하기 위하여 멘델이 수행한 실험 한 개를 자세히 살펴보자. 이 실험에서 멘델은 한 가지 형질인 완두콩 색깔의 유전을 추적한 단성잡종 교배 실험을 수행하였다. 완두 식물은 녹색이나 노란색 콩을 생산할 수 있다. 멘델이 녹색 콩을 맺는 완두 식물과 노란색 콩을 맺는 완두 식물을 교배했을 때 모든 자손의 콩 색은 노란색이었다. 노란색 자손 완두콩은 둘 다 노란색 완두콩을 맺는 부모로부터 생산된 완두콩과 같았다. 녹색 완두콩 형질은 이들 자손에서 완전히 사라진 것처럼 보였다. 녹색 형질은 정말 완전히 사라졌을까? 멘델은 노란색 완두콩 자손끼리 교배시켰다. 놀랍게도 멘델은 두 번째 그룹의 자손 중 75%가 노란색 완두콩을 생산하였고 나머지 25%는 녹색 완두콩을 생산한다는 것을 알아냈다. 따라서 녹색 완두콩 형질은 사라진 것이 아니고 마치 한 세대를 건너뛴 것처럼 보였다. 멘델은 녹색 완두콩을 생산하는데 필요한 정보가 노란색 완두콩을 생산하는 첫 번째 그룹의 자손에 숨어 있었다고 추정하였다. 이러한 실험을 근거로 멘델은 각 완두 식물은 완두콩의 색깔에 대한 대립유전자를 두 개 가지고 있고, 각 부모는 두 대립유전자 중 하나만을 자손에게 물려준다고 설명하였다(그림 19.2).

오늘날 이것은 멘델 유전의 제1 법칙인 분리의 법칙(law of segregation)으로 알려져 있다. 배우자가 부모에게서 생성될 때 대립유전자는 서로 분리되어 각 배우자는 각 유전자의 대립유전자를 하나만 갖게 된다. 부모가 어떤 대립유전자를 배우자에게 제공하는가는 완전히 임의로 결정된다. 녹색과 노란색 대립유전자를 모두 갖고 있는 이형접합 부모는 녹색과 노란색 대립유전자를 각각 50% 확률로 각 배우자에게 줄 수 있다. 오늘날 우리는 배우자가 부모 염색체와 유전자의 절반을 갖고 있는 반수체임을 알고 있다(17단원의 감수분열 참조).

멘델의 분리의 법칙은 완두콩에만 적용되는 것이 아니라 사람을 포함하여 수많은 이배체 생물들에게 적용된다. 예를 들어, 머리선을 생각해 보자(그림 19.3). 사람의 머리선 패턴은 두 개의 대립유전자를 갖고 있는 하나의 유전자에 의해 조절된다. 한 대립유전자는 사람이 과부선을 갖도록 하는 반면, 다른 대립유전자는 직선의 머리선을 갖게 만든다. 만일 머리선 패턴에 대

스스로 해보기

우성 형질을 물려주는 확률 계산하기

당신은 당신의 혀를 말아 U자형으로 만들 수 있을까? 당신의 부모님을 그것을 할 수 있을까? 당신이 혀를 말 수 있는 능력은 그 유전자의 우성 대립유전자를 가지고 있기 때문이다. 만일 우리가 부모의 유전자형을 안다면 자식이 이 형질을 가질 확률은 계산할 수 있다. 만일 부모님 둘 다 이 형질에 대하여 이형접합(Tt)이라면, 퍼넷사각형을 그려 나올 수 있는 대립유전자의 조합을 예시해 보라.

평균적으로 이 부모의 자식 중 몇 퍼센트가 혀를 말 수 있고 몇 퍼센트가 혀를 말 수 없는가? 혀를 말 수 있음: _____, 혀를 말 수 없음: _____

다른 가족에서 아버지는 이 형질에 대하여 이형접합이고, 어머니는 혀를 말 수 없다. 퍼넷사각형을 그려 자손에게 나오는 유전자형을 나타내보자.

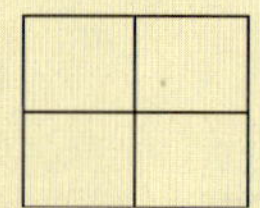

당신은 부모님이 혀를 말 수 있는지 아는가? 만약 안다면, 퍼넷사각형을 그려 당신과 당신 형제의 유전자형을 보여줄 수 있다. (당신의 가족에서 실제 퍼센트는 표본 크기가 작기 때문에 예상되는 퍼센트와 일치하지 않을 수 있다.)

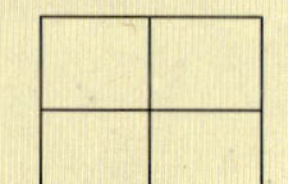

우리가 아는 한, 혀를 말 수 있는 능력은 진화적으로 유리함을 제공해주지 않는다. 열성 대립유전자는 생존에 영향을 미치지 않기 때문에 사람의 유전자 풀에 남아 있다.

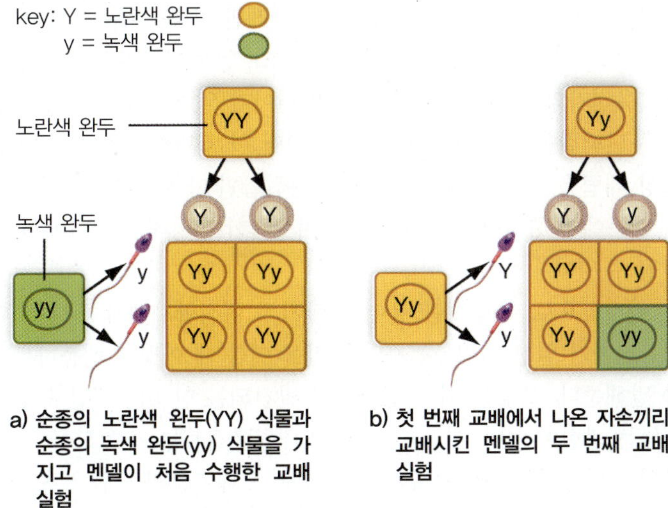

a) 순종의 노란색 완두(YY) 식물과 순종의 녹색 완두(yy) 식물을 가지고 멘델이 처음 수행한 교배 실험

b) 첫 번째 교배에서 나온 자손끼리 교배시킨 멘델의 두 번째 교배 실험

그림 19.2 완두 식물의 단일 형질 교배. (a) 모든 자손은 우성의 노란색 형질을 갖는 이형접합체(Yy)였다. 멘델의 두 번째 교배에서 자손의 25%는 우성 동형접합자(YY)이고, 자손의 50%는 이형접합자(Yy)이며, 자손의 25%는 열성 동형접합자였다. 열성 동형접합 유전자형만이 열성의 녹색 형질을 보여준다.

하여 이형접합인 두 사람이 결혼하여 아이를 갖는다면, 각 부모는 아이에게 50% 확률의 과부선 대립유전자와 50% 확률의 직선 머리선 대립유전자를 줄 수 있다. 멘델의 분리의 법칙, 즉 부모가 각 유전자의 대립유전자 중 하나를 정자나 난자에게 무작위로 줄 수 있다는 사실 때문에 사람 집단에 있는 개인들 사이에서는 다양한 표현형 변이가 존재한다.

그림 19.3. 사람의 단일 형질 교배. 과부선에 대한 대립유전자(W)가 우성이다. 과부선 형질에 대하여 둘 다 이형접합인 부모는 우성 동형접합자(WW), 이형접합자(Ww), 열성 동형접합자(ww)인 아이들을 낳을 수 있다. 열성 동형접합 유전자형만 직선 머리선 표현형을 가질 것이다.

요점 정리

퍼넷사각형의 방법을 이용하면 특정 결혼으로부터 나올 수 있는 자손의 비율을 예측할 수 있다. 멘델은 유전학의 기본 원리를 밝혀냈다. 멘델의 분리 법칙은 정자와 난자가 생성될 때 대립유전자가 분리되어 각 정자나 난자는 각 유전자의 대립유전자를 하나만 갖는다고 설명한다. ■

우성 대립유전자는 열성 대립유전자를 누르고 표현된다

위에 서술한 실험에서 멘델은 녹색 완두콩 형질이 한 세대 건너뛰는 것을 관찰하였다. 왜 이런 일이 일어났을까? 멘델은 노란색 대립유전자가 녹색 대립유전자에 대해서 **우성(dominant)**으로 행동한다고 설명하였다; 두 대립유전자가 같은 식물에 모두 존재할 경우 그 식물은 노란색 표현형만 나타낸다. 그러므로 녹색 대립유전자는 노란색 대립유전자에 대하여 **열성(recessive)**이고, 노란색 대립유전자가 없을 때에만 볼 수 있다. 그림 19.2는 멘델이 관찰한 완두 콩 색깔의 유전 양상을 보여준다. 관용적으로 우성 대립유전자는 대문자(이 경우, Y)로 나타내고, 열성 대립유전자는 소문자(y)로 나타낸다.

사람의 많은 유전자는 우성 대립유전자와 열성 대립유전자를 가지고 있다. 머리선 패턴 유전자는 과부선 형질을 결정하는 우성 대립유전자(W)와 직선 머리선 형질을 결정하는 열성 대립유전자(w)를 갖는다. 만일 과부선 대립유전자에 대하여 동형인 어떤 사람과 직선 머리선 대립유전자에 대하여 동형접합인 사람 사이에 아이가 생긴다면, 자식은 모두 머리선에 대하여 이형접합이며, 따라서 우성의 과부선 형질을 가질 것이다. 그러나 그림 19.3처럼 만일 머리선 패턴에 대하여 이형접합인 아이가 이형접합인 다른 사람과 결혼한다면 열성의 직선 머리선 표현형이 자손에게서 다시 나타날 것이다. 멘델의 실험에서 녹색 완두 형질처럼 직선 머리선 형질은 세대를 건너뛰어 나타난다.

대부분의 열성 대립유전자는 이 열성 형질을 갖는 사람에게 유리하거나 불리함을 주지 않는다. 직선 머리선에 대한 대립유전자, 귓불이 붙어 있는 대립유전자, 혀를 말 수 없는 대립유전자(그림 19.4) 등 많은 열성 대립유전자는 아마도 진화 과정 중 어느 시기에서 돌연변이가 생겨 유래되었다. 이 대립유전자들은 사람에게 해를 끼치지 않기 때문에 사람의 유전자 풀에 남아 있다.

그러나 일부 열성 대립유전자는 기능면에서 중요한 단백질의

a) 붙어 있는 귓불(왼쪽)과 떨어져 있는 귓불(오른쪽)

b) 혀를 말 수 있는 능력

그림 19.4. 해가 없는 우성/열성 형질과 대립유전자. **(a)** 떨어진 귓불을 암호화하는 대립유전자는 붙어 있는 귓불에 대하여 우성이다. 죠니 뎁(왼쪽)은 이 열성 대립유전자에 대하여 동형접합자인 반면, 조지 클루니는 우성 대립유전자에 대하여 동형 또는 이형접합자이다. **(b)** 이 가족 사진에 있는 딸은 아버지로부터 혀를 말 수 있는 우성 대립유전자를 물려받았다. 어머니는 두 개의 열성 대립유전자를 가지고 있어 혀를 말 수 없다. 따라서 딸은 이 형질에 대하여 이형접합이다.

결핍을 초래한다. 열성 동형접합 개인에게만 고통을 주는 낭포성섬유증이 그 한 예이다("건강 파수꾼" 참조). 열성 대립유전자는 우성 대립유전자와 염기서열에서 약간의 변이가 일어났기 때문에 특정 필수 단백질을 암호화하지 못한다. 원래 한 집단에서 아주 해로운 열성 대립유전자의 빈도는 열성 동형접합인 개인이 가끔 일찍 죽기 때문에 변하지만 대립유전자는 이형접합자 형태로 집단에서 유지될 수 있다.

마지막으로, 우성이란 용어는 단지 이형접합자에서 하나의 대립유전자가 열성 대립유전자와 조합을 이룰 때 어떻게 행동하는가를 말해준다. 우성은 어느 집단에서 발견되는 한 대립유전자의 빈도와는 관련이 없다. 사실 일부 우성 대립유전자는 아주 드물다. 사람의 손가락과 발가락의 수를 생각해보자. 대부분의 사람은 손가락과 발가락의 수를 결정해주는 유전자에 대하여 열성 동형접합자(pp)로 한 손에 하나의 엄지와 네 개의 손가락을 갖는다. 그러나 일부 사람은 우성 대립유전자(PP 또는 Pp)를 가지며 이 대립유전자를 갖게 되면 다지증으로 알려진 상태가 되어 각 손과 발에 여분의 손가락과 발가락을 갖는다(그림 19.5a). 손가락과 발가락의 수가 정상인 대립유전자와 비교하여 이 대립유전자는 우성으로 행동한다. 우성 대립유전자는 집단에서 아주 드물다. 흥미롭게도 여분의 발가락을 갖게 하는 우성 대립유전자가 고양이에게서도 발견된다(그림 19.5b).

요점 정리

사람의 유전자 풀에서 어떤 특정 유전자에 대하여 두 개의 대립유전자가 존재하는데, 보통 하나가 다른 것에 대하여 우성이며, 이형접합자의 표현형을 조절한다. 해를 끼치지 않는 대립유전자는 해를 끼치는 대립유전자보다 집단에 남아 있기 쉽다. 사람 집단에서 우성 대립유전자가 항상 흔한 것은 아니며 아주 희귀한 것도 있다. ■

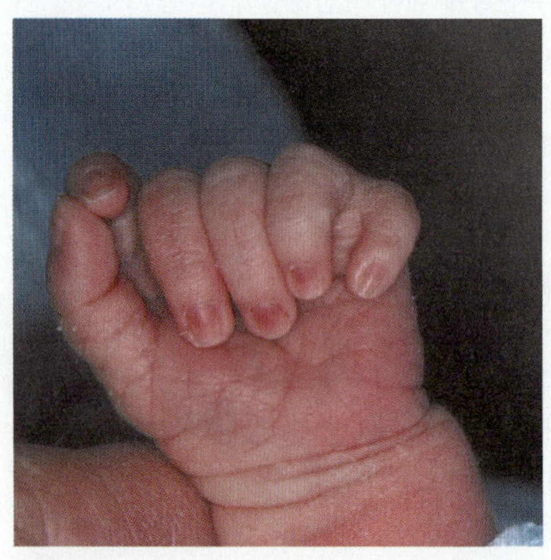

a) 다지증을 갖는 어린 아이

b) 다지증 고양이

그림 19.5 한 집단에서 우성 대립유전자가 항상 흔한 것은 아니다. 여분의 손가락을 갖는 다지증은 사람과 고양이에서 드물게 나타나는 형질이며 우성 대립유전자에 의해 생긴다.

두 개의 형질 교배: 독립의 법칙

지금까지 우리는 단일 유전자의 유전양상을 여러 세대에 걸쳐 추적해보았다. 우리가 두 개의 유전자를 추적해보면 어떤 일이 생길까? 두 유전자가 하나의 세트로 유전될까? 아니면 서로 독립적으로 유전될까? 사람의 머리선 유전자와 사람의 귓불이 떨어져 있는지 붙어 있는지를 조절하는 귓불 유전자를 생각해보자(그림 19.6). 귓불 유전자에서, 떨어진 귓불 대립유전자(E)는 붙은 귓불

건강 파수꾼

낭포성섬유증

오늘날 북미 지역에서 가장 흔한 치명적 유전병인 낭포성섬유증(cystic fibrosis: CF)은 7번 염색체 위에 있는 한 유전자의 열성 대립유전자에 의해 발생한다. 이 대립유전자가 열성이기 때문에, 보인자인 부모는 유전병을 지닌 자식을 낳기 전까지는 자신들이 보인자라는 사실을 전혀 알지 못한다. 백인들 중 약 23명 중 1명이 열성 대립유전자를 지니고 있으며, 백인 신생아 2,000명 중 1명이 이 질병을 갖고 태어난다. 흑인에게서는 17,000명의 신생아 중 1명만이 이 질병을 갖고 태어난다.

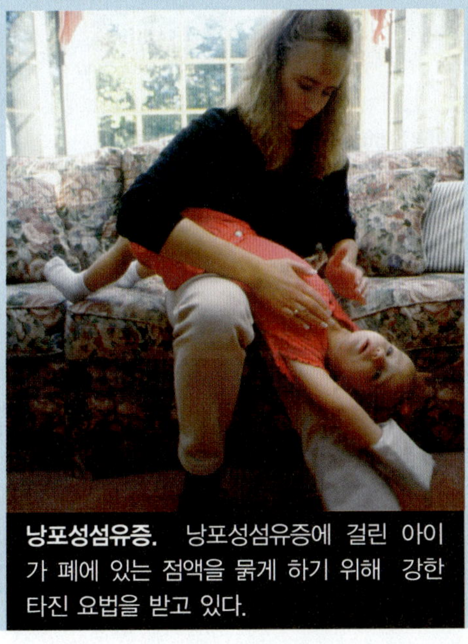

낭포성섬유증. 낭포성섬유증에 걸린 아이가 폐에 있는 점액을 묽게 하기 위해 강한 타진 요법을 받고 있다.

열성 대립유전자는 정상이라면 상피세포의 세포막을 가로질러 염소이온(Cl^-)을 수송할 단백질에 결함이 있는 비정상 단백질을 만든다. 염소이온의 수송이 나빠지면 여러 기관에 있는 관 안쪽 벽의 세포를 통과하는 물과 염류의 분비가 영향을 받는다. 그 결과 보통은 묽고 물기가 많은 점액을 분비하던 기관이 진하고 끈적끈적한 점액을 분비하게 된다.

폐에서는, 진한 점액이 세기관지를 막아 치명적일 수 있는 고질적인 염증과 감염을 일으킨다. 췌장에서는, 점액이 관을 막아 췌장에서 만들어진 효소가 장으로 나가지 못하게 된다. 땀샘 역시 영향을 받는데, 보통은 큰 문제를 일으키지 않는다.

낭포성섬유증의 전형적인 증세는 끊임없는 기침, 가쁜 숨이나 폐렴, 과도한 식욕 그러나 체중은 늘지 않음, 불결한 몸 냄새, 그리고 다량의 대변 등이 있다. 이 질병은 보통 3세 정도에 땀 속의 높은 염류 농도 검사를 통해 진단된다. DNA-기반 혈액검사로 질병과 관련된 유전자의 변이를 찾아낼 수 있다.

낭포성섬유증의 관리는 증세로 인한 손상을 줄이는 데 중점을 두고 있는데 거의 일생 내내 지속되는 끊임없는 전쟁과 같다. 정규적인 강한 흉부 물리치료는 폐로부터 점액을 빼내는데 도움이 되며, 폐 감염 치료에 항생제가 필요할 때도 있다. 손에 들 수 있는 플러터(Flutter)라는 소형 점액제거장치가 개발되어 점액을 제거하는데 도움을 주고 있다.

증세를 치료하는데 유용한 약품이 몇 개 있다. 진통제인 **이부프로펜(ibuprofen)**을 많은 양 투여하면, 특히 5~13세 아동에게서 폐의 손상을 지연시킬 수 있다. **풀모자임(Pulmozyme)**은 폐의 점액을 묽게 만들어 호흡계 감염이 일어나는 횟수를 줄여준다. **토브라마이신(Tobramycin)**은 농축된 약을 직접 폐로 전달하는 흡입용항생제이다. 이제는, 염소이온 수송단백질이 결함 때문에 세포 깊숙이에 갇히게 되므로 세포막으로 올바로 끼어들어가지 못한다는 사실이 알려졌다. 수송단백질을 세포막으로 이동시켜줄 약품들이 현재 임상시험의 초기 단계에 있다. 다른 과학자들은 정상 유전자를 복제하여 바이러스 안에 끼어 넣은 후, 이 변형된 바이러스를 기도에 전달하는 유전자치료 기술을 연구하고 있다. (유전자치료에 관한 더 많은 내용은 20단원을 참조).

질병에 대한 폭넓은 이해와 치료 방법의 개선으로 낭포성섬유증 환자의 평균 기대수명이 5살에서 35살 이상으로 증가하였다. 더구나, 유전자 검사를 통하면 부모가 낭포성섬유증 아이를 가질 위험이 있는지를 미리 알 수 있게 되었다. 우리 생전에 낭포성섬유증이 치료된다고 해도 놀랄 일은 아니며, 적어도 효과적인 치료법으로 낭포성섬유증 환자가 건강하게 오래 살 수는 있게 될 것이다.

대립유전자(e)에 대하여 우성이다. 만일 두 유전자에 대하여 우성 동형접합(EEWW)인 과부선과 떨어진 귓불을 가진 사람이 두 유전자에 대하여 열성 동형접합(eeww)인 직선 머리선과 붙은 귓불을 가진 사람과 결혼하면, 자식들은 모두 두 유전자에 대하여 이형접합(EeWw)이 되며 과부선과 떨어진 귓불을 가지게 될 것이다(그림 19.6a).

그러나 두 유전자에 대하여 이형접합인 두 사람이 결혼한다면 어떻게 될까? 자식들은 모두 우성이거나 열성 표현형을 가질까? 또는 다른 조합이 나올까? 그림 19.6b에서 보듯이, 두 유전자에 대하여 모두 이형접합인 부부의 자식은 두 개의 우성형질이나 두 개의 열성 형질을 갖는 아이들이 생길 수 있고 다른 조합도 가능하다. 일부 자손은 우성의 과부선과 열성의 붙은 귓불 표현형을 가질 것이고 다른 일부 자손들은 열성의 직선 머리선과 우성의 떨어진 귓불 표현형을 가질 수 있다.

두 개의 형질 교배의 결과를 예상할 때, 정자와 난자 형성 동안 각 부모는 각 유전자의 대립유전자 중 한 개만 주고, 다른 형질을 결정하는 유전자는 서로 독립적으로 분리되어 들어간다는 것을 명심하자. 즉, 한 부모는 우성의 머리선 대립유전자와 우성의 귓불 대립유전자, 또는 열성의 머리선 대립유전자와 열성의 귓불 대립유전자, 혹은 각 유전자의 우성과 열성 대립유전자를 하나씩 섞어 배우자에게 줄 수 있다. 머리선 대립유전자와 귓불 대립유전자는 서로 독립적으로 정자나 난자에 들어가므로 이 경우에 각각의 결과는 동일하게 나타난다. 두 개의 형질 교배 결과는 그림 19.6b와 같은 커다란 퍼넷사각형을 사용하여 예측하거나, 각 유전자를 독립적으로 생각하여 작은 퍼넷사각형의 비율을 단순히 곱셈함으로써(그림 19.7) 예측할 수 있다.

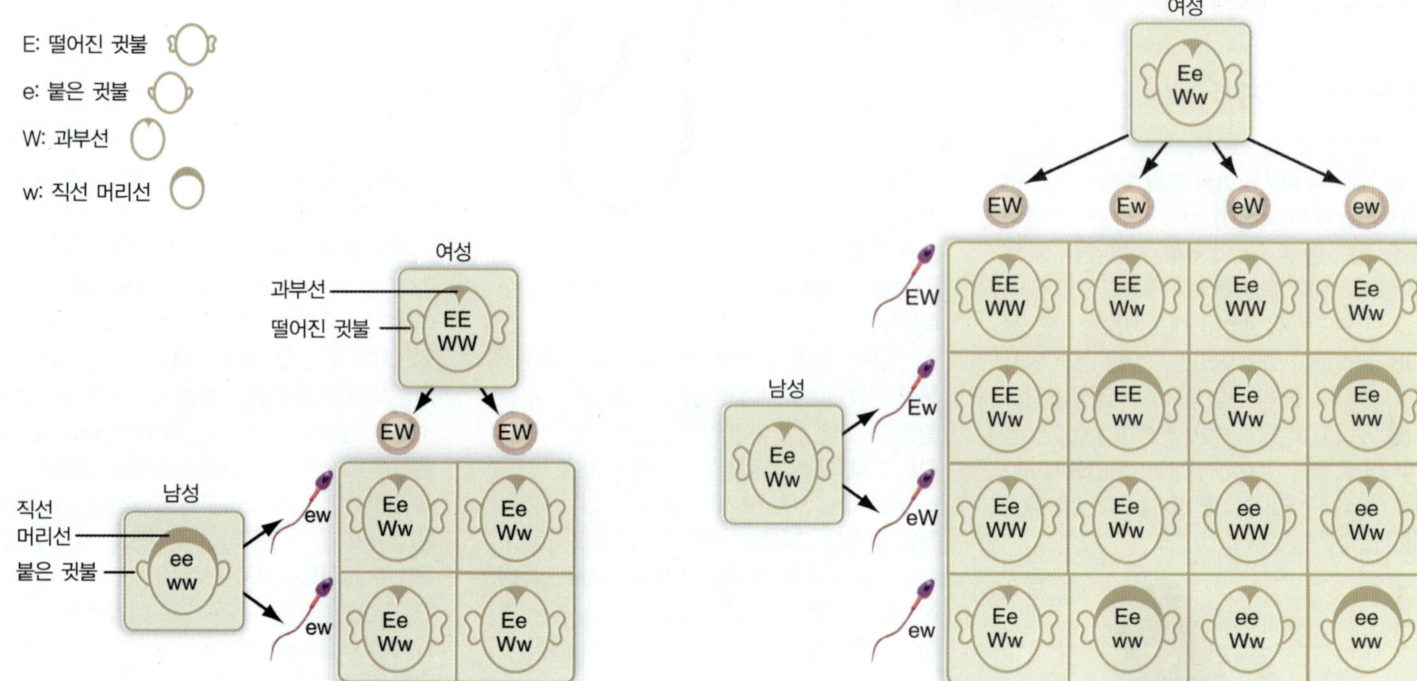

a) 과부선과 떨어진 귓불을 가진 동형접합(EEWW) 사람과 직선 머리선과 붙은 귓불을 가진 동형접합(eeww) 사람 사이의 결혼

b) 과부선과 떨어진 귓불을 가진 이형접합(EeWw) 사람들 사이의 결혼

그림 19.6 다른 형질에 대한 대립유전자의 독립 법칙을 보여주는 두 가지 형질 교배. **(a)** 이배체 생물체는 각 유전자에 대하여 두 개의 대립유전자를 가지고 있으며, 따라서 우리는 이 보기에서 네 개의 대립유전자를 고려해야만 한다. 이 결혼으로 태어나는 모든 자손은 우성의 과부선과 떨어진 귓불 표현형을 갖는다. **(b)** 두 형질에 대한 대립유전자는 서로에 대하여 독립적으로 분리되기 때문에, 일부 자손은 우성 형질 하나와 열성 형질 하나를 갖는다.

멘델은 두 개의 형질을 교배했을 때 완두 식물에서 이와 비슷한 결과를 관찰한 후 독립의 법칙(law of independent)을 만들었다. 독립의 법칙은 다른 유전자의 대립유전자들은 감수분열 동안 서로에 대하여 독립적으로 난자와 정자 세포에 들어간다고 설명한다. 그러나 이점에서 멘델의 설명은 일부만 옳았다. 그 당시 멘델은 감수분열과 염색체에 대하여 아무것도 몰랐다. 오늘날 사람의 유전체에 있는 22,000개의 유전자는 세포의 핵 속에서 서로 독립적으로 단순히 떠돌아 다니는 것이 아니라는 것을 알고 있다. 유전자는 세포의 핵 속에서 발견되는 23쌍의 염색체에 있는 일부 구조이다. 다른 염색체에 있는 유전자만이 항상 독립적으로 분리된다. 연관 대립유전자로 부르는, 같은 염색체에 위치하는 대립유전자는 함께 유전되거나 유전되지 않을 수 있는데 이에 대해서는 이 단원의 뒤에서 논의할 것이다.

요점 정리

감수분열 동안 다른 형질에 대한 대립유전자들은, 만일 서로 다른 염색체에 위치한다면, 난자와 정자 세포로 서로 독립적으로 배분된다. 퍼넷 사각형을 사용하면 두 가지 형질 교배의 결과를 예상할 수 있다. ■

불완전 우성: 이형접합체는 중간 형질을 갖는다

일부 대립유전자는 위에서 설명한 우성/열성 패턴을 따르지 않는다. **불완전 우성(incomplete dominance)**에서 이형접합 유전자형은 두 개의 동형접합 표현형의 중간에 해당하는 표현형을 나타낸다. 백인에게는 불완전 우성의 한 가지 예로 직모, 물결머리, 곱슬머리 형질이 있다(그림 19.8). 다른 예로는 **가족성고콜레스테롤증후군(familial hypercholesterolemia)**이 있다. 가족성 고콜레스테롤증후군에 대하여 동형접합인 사람은 보통 사람보다 혈중 콜레스테롤 농도가 6배 이상 높다. 대부분의 동형접합 사람들은 어린 시절이나 사춘기에 심장마비가 일어나고 20세 이전에 죽기 때문에 나타나는 빈도가 아주 드물다(약 백만 명당 한명). 반대로 이형접합인 사람들은 상당히 많이 나타난다(약 500명당 한 명). 이 병에 대하여 이형접합인 사람은 혈중 콜레스테롤 농도가 정상인보다 2~3배 높다. 진단과 치료를 하면 대부분의 경우 건강하게 정상적으로 살 수 있다.

공동우성: 양쪽 유전자 산물이 똑같이 발현된다

공동우성(codominance)에서는 양쪽 대립유전자의 산물이 똑같이 발현된다. 공동우성의 한 가지 중요한 예는 혈액형에 관한 유전

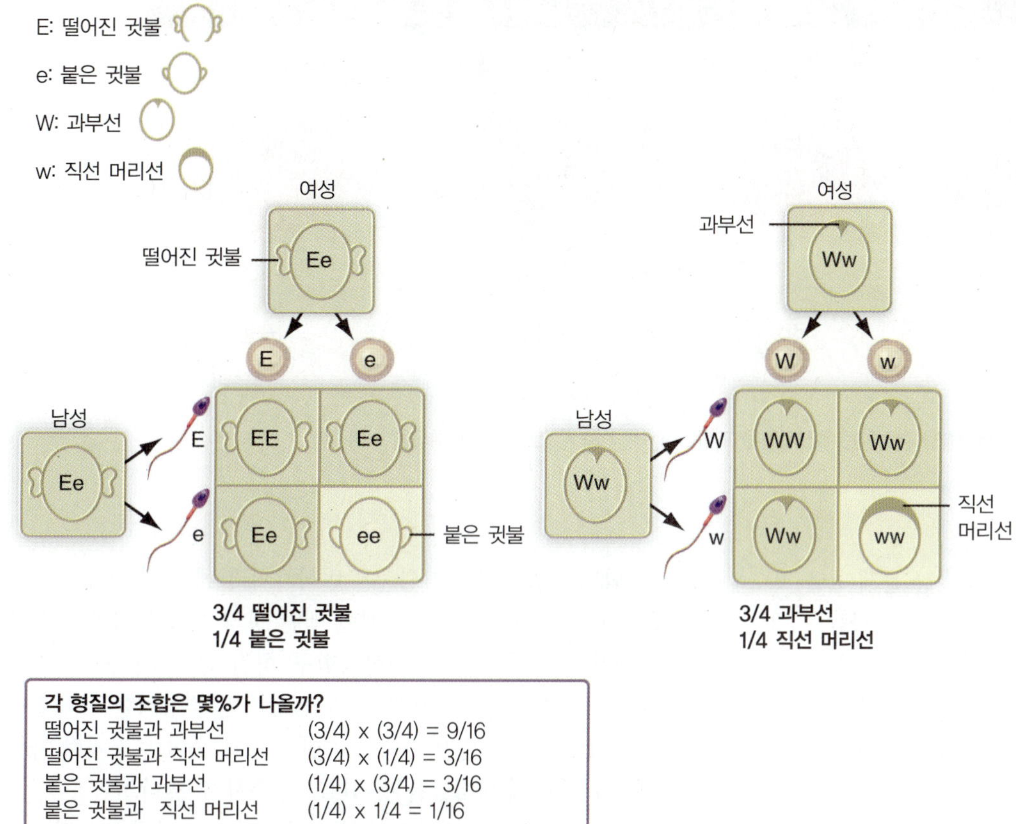

그림 19.7 두 개의 형질 교배로부터 표현형 비를 계산하는 다른 방법. 그림 19.6b에서처럼 커다란 퍼넷사각형을 그리는 것 대신에 각 형질을 독립적으로 고려할 수 있다. 그 다음 얻어진 표현형 비율을 함께 곱하여 그림 19.6b와 같은 결과를 얻을 수 있다.

자이다. 이 유전자에는 세 가지 대립유전자, A, B, O가 있다. A 또는 B 대립유전자를 가진 이형접합 사람에게 O 대립유전자는 열성이므로 그 사람의 혈액형은 A형 또는 B형이다. 그러나 A 대립유전자와 B 대립유전자는 공동우성이다. 만일 어떤 사람이 A 대립유전자와 B 대립유전자를 가진 이형접합자라면 그 사람은 적혈구 세포에 A 항원과 B 항원의 중간형이나 혼합형이 아닌, A 항원과 B 항원을 모두 갖는 AB형이다(그림 19.9와 451쪽의 "스스로 해보기" 참조). 7단원에서 본 것처럼 혈액형은 어느 환자에게 무슨 혈액형이 수혈될 수 있는가에 대한 중요한 의미를 갖는다.

공동우성의 다른 예는 **겸상적혈구빈혈증(sickle-cell anemia)**이다. 겸상적혈구빈혈증은 적혈구 세포의 헤모글로빈 생산에 관여하는 두 개의 대립유전자 중 하나에 의해 유발된다. 두 개의 대립유전자 중 한 개는 단 하나의 아미노산이 변하여 정상 헤모글로빈(Hb^A) 분자와 다른 헤모글로빈 분자(Hb^S)를 암호화한다. 겸상적혈구빈혈증에 관하여 동형접합(Hb^SHb^S)인 사람은 적혈구 세포에 Hb^S 헤모글로빈만 가지며, 겸상적혈구 형질을 갖고 있다고 말하는 이형접합(Hb^AHb^S) 개인은 두 유형의 헤모글로빈을 같은 양으로 가진다. 그림 19.10a에 나타낸 것처럼, 겸상적혈구 형질을 갖고 있는 두 사람이 결혼하면 표현형에서 정상(Hb^AHb^A), 겸상적혈구 형질(Hb^AHb^S), 겸상적혈구빈혈증(Hb^SHb^S)인 아이가 태어날 수 있다.

겸상적혈구빈혈증이 있는 사람은 정상보다 산소 농도가 약간 낮은 곳에서 숨을 쉴 경우 적혈구 세포 내에서 Hb^S 헤모글로빈이 결정화될 수 있다. 이런 일이 일어나면 적혈구 세포는 초승달이나 낫 모양으로 변한다(그림 19.10b). 초승달 모양으로 변한 적혈구는 정상 적혈구보다 깨지기 쉬워 쉽게 파괴된다. 이 적혈구들은 탄력도 떨어져 작은 혈관을 막히게 하여 혈액의 흐름을 막고, 산소 운반을 감소시킨다. 그 결과 조직과 기관에서 산소 결핍이 일어나고 피로, 가슴 통증, 뼈와 관절의 통증, 손과 발이 붓고, 황달과 신장 손상이 생긴다. 만일 겸상적혈구빈혈증을 치료하지 않

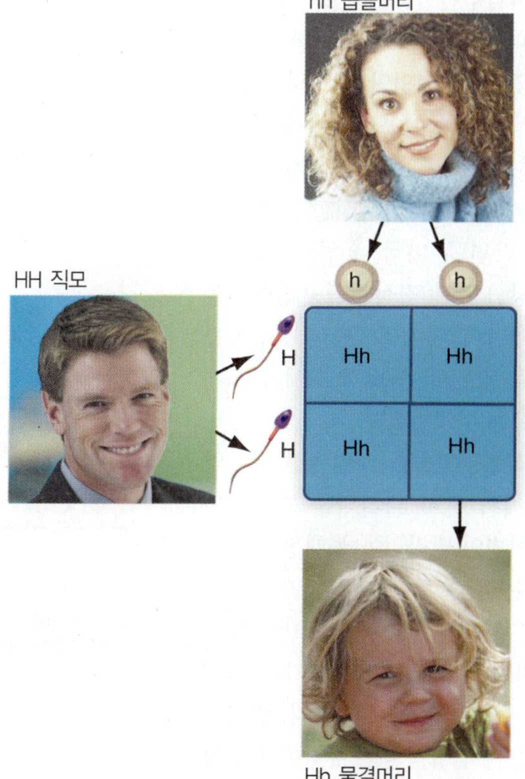

그림 19.8 불완전 우성. 두 대립유전자가 모두 우성이 아니기 때문에 물결머리(Hh)는 직모(HH)와 곱슬머리(hh) 사이의 중간 표현형이다.

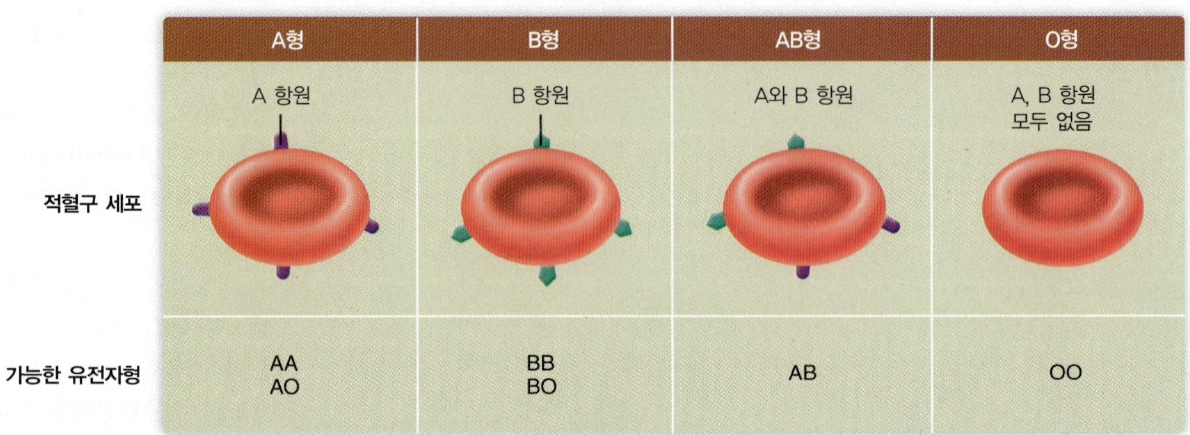

그림 19.9 혈액형: 공동우성의 한 예. 표면 항원과 각 혈액형을 결정하는 유전자형을 포함하여, 네 가지 주요 혈액형의 특징을 보여준다.

으면 훗날 심장발작, 시각장애, 폐렴, 기타 다른 건강 문제 등을 포함한 합병증이 생길 수 있다. 겸상적혈구빈혈증이 있는 사람은 대부분 30대 이전에 사망한다. 반대로, 겸상적혈구 형질을 갖는 사람은 거의 증세를 나타내지 않는다. 이런 사람들의 헤모글로빈 중 반은 정상인데 보통 이것으로도 정상 생활을 하는데 충분하다. 그러나 높은 고도나 운항 중인 비행기에서처럼 산소 농도가 정상보다 낮은 경우에는 적혈구 세포가 낫 모양으로 변하는 가벼운 이상이 올 수 있다.

겸상적혈구빈혈증은 주로 아프리카 사람과 다른 대륙으로 이주한 그들의 후손들 및 지중해 연안 백인의 후손들에게 발생한다. 동아프리카에서 겸상적혈구빈혈증은 아주 흔히 발생하며 흑인 인구의 약 40%가 겸상적혈구 형질을 갖는다. 반면에 미국 흑인의 자손은 500명 당 1명이 겸상적혈구빈혈증을 갖고 태어나며, 단지 8%만이 겸상적혈구 형질을 갖는다, 이렇게 차이가 크게 나는 이유는 무엇일까?

겸상적혈구빈혈증 대립유전자는 열대 기후에서 흔히 나타나는 치명적인 기생충 질병인 말라리아에 대항하여 보호해 주는 것으로 밝혀졌다. 말라리아 기생충은 사람의 간과 적혈구 세포에서 생활사의 일부를 보내고, 모기의 몸에서 나머지 기간 동안 살아간다. 말라리아 기생충이 겸상적혈구 형질이나 겸상적혈구빈혈증인 사람의 적혈구 세포로 들어가면 적혈구는 낫 모양이 되며, 결국 파괴되므로 말라리아 기생충은 번식하기 전에 죽게 된다.

말라리아는 전 세계적으로 매년 백만 명의 사람을 사망하게 한다. 말라리아에 걸렸을 때 겸상적혈구 형질(겸상적혈구빈혈증은 아님)은 특히 유리하다. 말라리아가 없었다면 겸상적혈구 형질이나 겸상적혈구빈혈증은 미국에서 출현 빈도가 줄어든 것처럼 아프리카에서도 드물게 나타났을 것이라고 추측할 수 있다.

우리의 표현형은 신체적 모습부터 생화학적 조성에 이르기까지 모든 독특한 특징을 포함하기 때문에 불완전 우성이나 공동우성

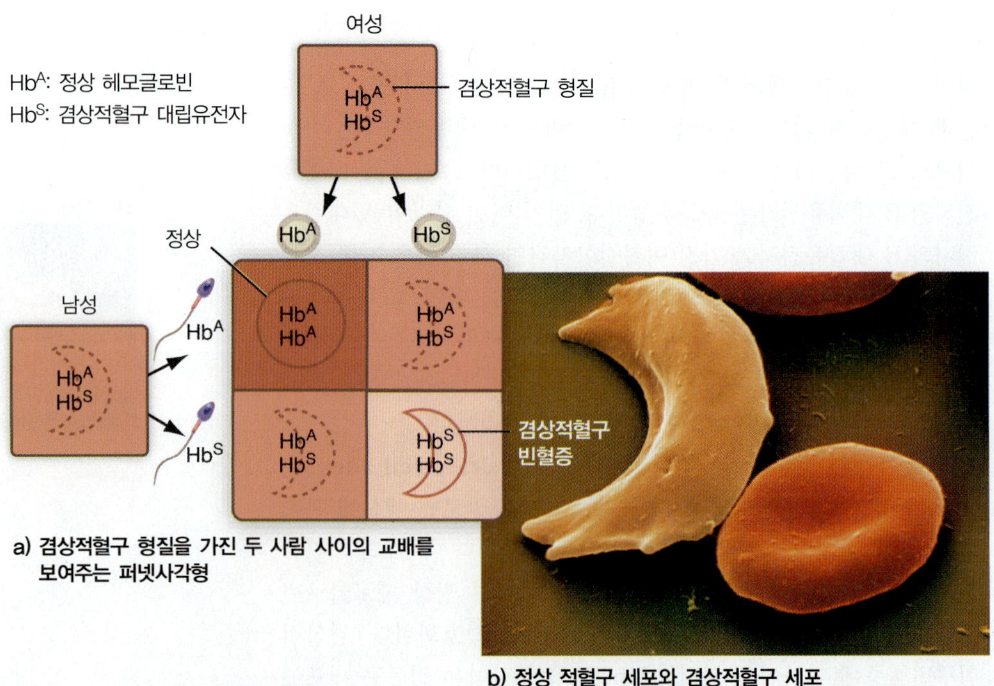

a) 겸상적혈구 형질을 가진 두 사람 사이의 교배를 보여주는 퍼넷사각형

b) 정상 적혈구 세포와 겸상적혈구 세포

그림 19.10 겸상적혈구빈혈증: 공동우성의 예. 겸상적혈구 형질을 가진 두 사람이 아이를 갖는다면 각 자식은 정상 25%, 겸상적혈구 형질 50%, 겸상적혈구빈혈증 25%의 확률을 가질 것이다.

같은 유전양상의 정의는 상황에 따라 달라진다. 생화학적 수준에서 겸상적혈구 형질을 갖는 사람은 정상 헤모글로빈(Hb^A)과 겸상 헤모글로빈(Hb^S)을 같은 양으로 생산하기 때문에 공동우성이다. 그러나 사람의 관점에서 겸상적혈구 형질을 갖는 사람은 두 동형접합자 사이의 중간인 질병양상을 나타내기 때문에 불완전 우성의 예가 된다. 겸상적혈구 형질이 두 가지 중 어디에 해당하냐고 논쟁하는 것보다는 개념을 이해하는 것이 더 중요하다.

요점 정리

불완전 우성 대립유전자를 가진 이형접합 사람은 두 종류의 동형접합 유전자형의 중간 표현형을 나타낸다. 공동우성에 대하여 이형접합인 사람은 두 대립유전자의 생성물을 똑같이 발현한다. AB 혈액형을 가진 이형접합 사람에게서는 A 항원과 B 항원이 발현된다. 겸상적혈구빈혈증에서 이형접합인 사람은 두 가지 유형의 헤모글로빈을 똑같이 생산한다. ■

다인자 유전: 표현형이 여러 유전자의 영향을 받는다

많은 형질들은 한 쌍의 유전자가 아니라 여러 유전자가 동시에 활동하여 생긴다. 여러 유전자에 영향을 받는 표현형의 유전을 **다인자 유전(polygenic inheritance)**이라 부른다. 예를 들어, 눈 색은 적어도 세 개의 유전자에 의해 조절되어 눈 색깔이 검은색부터 옅은 파란색까지 다양하게 나타난다(그림 19.11). 피부색과 눈 색깔은 피부와 홍채에 있는 빛을 흡수하는 멜라닌의 양에 의해 결정된다. 눈 색깔이 현저하게 차이 나는 이유는 멜라닌의 양이 상대적으로 적은 사람의 홍채로부터 반사되는 빛의 파장(녹색, 회색, 파란색)이 다르기 때문이다.

키, 몸의 크기, 형태와 같은 신체적 특징도 다인자 유전의 예이다. 한 집단에서 다인자 유전에 의해 결정되는 형질은 일반적으로 연속적인 범위의 값을 가지며 중간 값을 갖는 사람이 더 많고 양쪽 끝에 있는 값을 가진 사람이 적다.

복수의 유전자에 의해 영향을 받는 형질의 한 예로써 키를 생각해보자. 키는 세 개의 유전자에 의해 영향을 받고, 각 유전자에는 두 개의 대립유전자가 있다고 단순화해보자. 각 유전자에는 키가 작은 대립유전자(a, b, c)에 대하여 불완전 우성인 키가 큰 대립유전자(A, B, C)가 있다고 가정한다. 세 유전자에 대하여 모두 키가 큰 동형접합 대립유전자(AABBCC)를 갖는 사람은 키가 아주 클 것이다. 반면에, 세 유전자에 대하여 모두 키가 작은 동형접합 대립유전자(aabbcc)를 갖는 사람은 키가 아주 작을 것이다. 세 유전자에 대하여 이형접합(AaBbCc)인 사람은 중간 형질인 중간 키를 가질 것이다. 중간 키를 갖는 사람끼리 결혼하면 그들의 자손 중 대부분은 이형접합 대립유전자를 물려받고 부모의 키와 비슷할 것이다. 그러나 일부 자손은 대부분 키가 큰 대립유전자나 대부분 키가 작은 대립유전자를 물려받아 키가 아주 크거나 키가 아주 작을 것이다(그림 19.12). 이러한 표현형의 분포는 사람 집단 전반에서 나타나고, 각 형질 값에 대한 개인의 수는 전형적인 정상 곡선(종 모양)을 형성한다.

많은 건강 관련 형질은 다인자 유전에 의해 직접 나타나거나 적어도 영향을 받는 것으로 최근 밝혀졌다. 예를 들어 암, 고혈압, 심장병, 심장마비 등이 이에 속한다.

스스로 해보기

혈액형 알아보기

혈액형을 결정하는 유전자에는, A, B, O의 세 가지 대립유전자가 있다. A와 B 대립유전자는 둘 다 O 대립유전자에 우성이다. 따라서 우리는 부모의 유전자형을 알고 있다면 아이가 특정 혈액형을 가질 확률을 계산할 수 있다. 혈액형이 A형인 이형접합 남성의 유전자형은 무엇인가? 혈액형이 B형인 이형접합 여성의 유전자형은?

남성: ________ 여성: ________

만일 이 두 사람이 결혼하여 아이를 가진다면, 어떤 혈액형의 자식이 나올까? 그리고 나타날 확률은? 퍼넷사각형을 그리고, 이 부부에서 나올 수 있는 자식의 가능한 유전자형을 나타내어라.

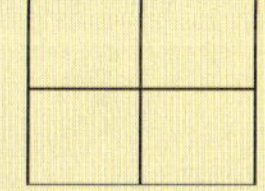

다른 가족의 경우, 아버지의 혈액형은 AB형이고 어머니는 O형이다. 두 사람의 유전자형은 무엇인가?

아버지: ________ 어머니: ________

퍼넷사각형을 그리고, 이 두 사람의 결혼에서 나올 수 있는 가능한 유전자형과 표현형을 나타내어라.

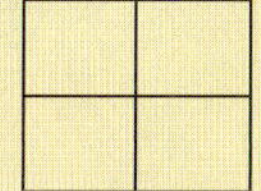

당신은 자신의 혈액형을 알고 있는가? 그렇다면, 당신의 혈액형에 맞는 유전자형으로 가능한 것은 무엇인가?

가능한 유전자형: ____________________

부모님의 혈액형을 알고 있는가? 그렇다면, 퍼넷사각형을 그리고, 부모님의 자식들에게서 나올 수 있는 유전자형의 확률을 나타내어라. 어떤 혈액형에는 1개 이상의 유전자형이 있을 수 있다는 것을 기억해두자. 따라서 여러 개의 퍼넷사각형을 그려야 할지도 모른다.

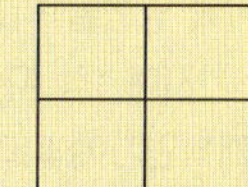

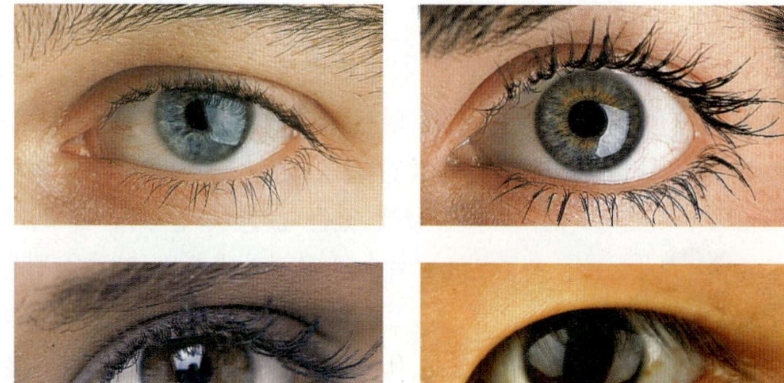

그림 19.11 **다인자 유전.** 눈 색깔은 하나가 아니라 적어도 세 개의 유전자에 의해 결정된다. 이 세 유전자의 대립유전자 조합에 따라 다양한 눈 색깔이 만들어진다.

유전자형과 환경은 둘 다 표현형에 영향을 미친다

표현형의 일부부은 우리의 유전자형에 의해 결정되고, 일부분은 환경 영향에 의해 결정된다(그림 19.13). 환경 영향의 예로 키와 몸 크기에 대한 식사의 효과를 들 수 있다. 사람 집단을 분석해보면 특히 선진국에서 키와 체중이 증가되는 경향을 확실히 알 수 있다. 키와 신장의 변화는 한 세대 내에서도 생기는데, 이는 유전자 풀의 변화로 해석하기엔 너무 짧은 시간이다. 이러한 경향은 특히 어린 시절에 식사와 영양 개선 때문에 주로 생긴다.

헌팅턴병 같은 몇 가지 희귀한 유전병을 제외하면 우리의 유전자형이 유전병을 일으키는 유일한 결정요소는 아니다. 보통 우리는 유전병이 생길 위험성을 약간 증가시키는 유전자를 물려받는데 이 위험성은 환경 요인과 우리의 행동에 의해 변화될 수 있다. 만일 가족 중에 어떤 유전병에 걸린 사람이 있다면 당신은 환경 위험 요인을 줄이도록 신중해야 한다. 예를 들어, 당신 가족이 피부암 내력이 있으면 햇빛에 노출되는 것을 줄여야 한다. 만일 당신의 가족이 고콜레스테롤에 의한 심장병 내력이 있으면 정기적으로 콜레스테롤 수치를 체크하고, 만일 콜레스테롤 수치가 정상 이상이면 식단을 바꾸거나 다른 대처법을 찾아야 한다.

이것은 아주 오래된 본성 대 양육의 질문이다: 우리의 현재 상태는 유전자 때문인가 환경 때문인가? 정답은 둘 다이다. 당신의 유전자는 모든 단백질에 대한 지시를 가지고 있지만 환경은 유전자가 어떻게 발현되고, 표현형에 어떻게 기여하는가에 영향을 미칠 수 있다. 본성과 양육에 대해 이분법적 해답은 없다. 그러나 우리는 유전자를 변화시킬 수 없기 때문에 미래에 우리가 겪게 될지도 모를 질병을 예방하는 가장 좋은 방법은 스스로를 올바로 돌보는 것이다.

요점 정리

다인자 유전에서는 여러 유전자가 키와 눈색 같은 단일 표현형에 영향을 미친다. 일부 표현형은 식사 같은 환경 요인에 의해 영향받을 수 있다. ■

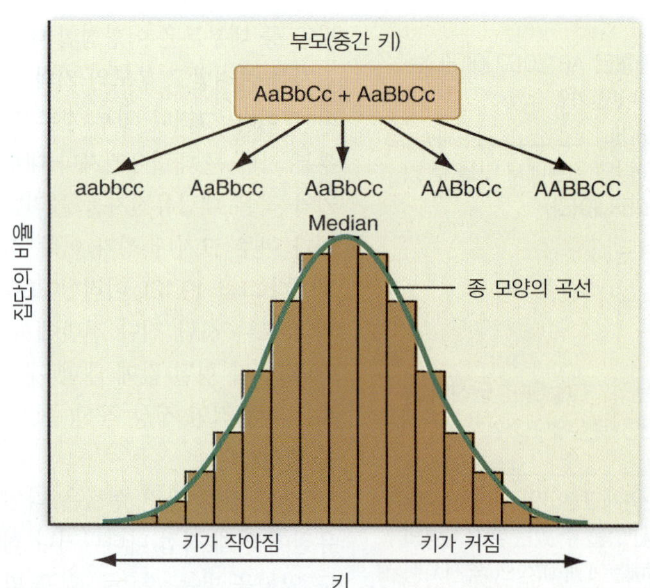

그림 19.12 **다인자 유전에 의해 결정되는 형질의 연속 변이.** 키와 같은 다인자 형질은 집단의 양쪽 끝보다 중간에 더 많은 사람이 분포하는 표현형의 연속 변이를 보여준다. 이 가상의 예에서 세 개의 유전자가 키에 영향을 미친다. 세 개의 유전자 모두에 대하여 이형접합체는 중간(평균) 키를 가지며, 각 자손에게 물려주는 키가 큰 대립유전자와 키가 작은 대립유전자가 몇 개씩인가에 따라 다양한 범위의 키를 가지는 자손을 낳을 수 있다.

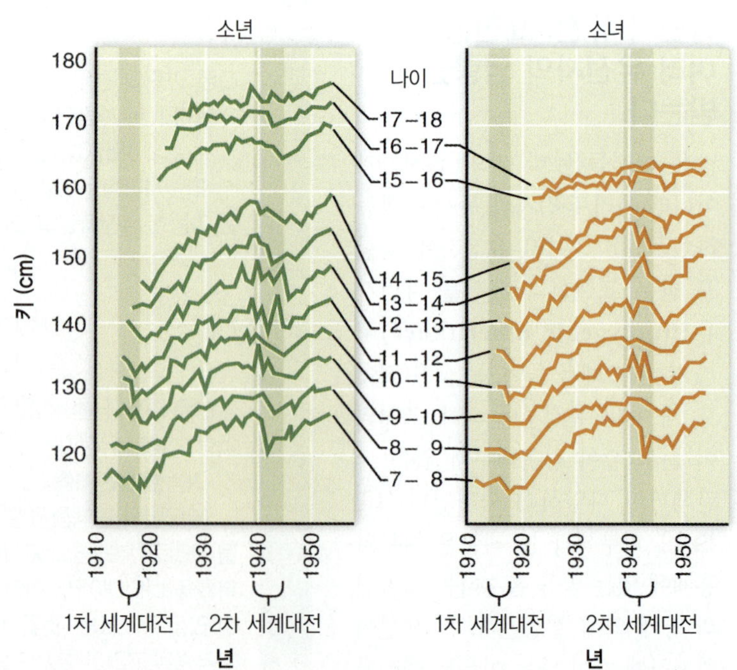

그림 19.13 **환경 요인이 표현형에 영향을 미칠 수 있다.** 환경 요인이 갑자기 변하면 아주 짧은 기간 안에 표현형이 변할 수 있다. 독일 수트가르트 지방의 7~18세 먹은 학생들의 평균 키는 1차 세계대전과 2차 세계대전 사이에 서서히 커졌지만, 2차 세계대전 동안에는 영양분이 부족하여 평균 키는 의미있게 감소하였다.

연관된 대립유전자는 함께 유전되거나 유전되지 않을 수 있다

앞에서 설명했듯이 다른 유전자의 대립유전자는 감수분열 동안 서로 독립적으로 난자나 정자로 배분된다. 그러나 사람은 단지 23쌍의 염색체만 가지고 있기 때문에 항상 그렇지는 않다. 다른 형질에 대한 많은 대립유전자들이 같은 염색체에 위치하기 때문에 종종 함께 유전된다. 이러한 대립유전자를 **연관 대립유전자(linked allele)**라 부른다. 연관 대립유전자들은 염색체에서 서로 가까이 위치할수록 함께 유전될 경향이 높다. 그러나 감수분열 동안 상동염색체 사이에서 대립유전자들은 부분적으로 다시 배열하는 교차가 일어나기 때문에 연관된 대립유전자들이 항상 함께 유전되는 것은 아니다(17단원에 있는 감수분열 참조). 두 개의 연관된 대립유전자가 얼마나 자주 함께 유전되는가는 두 대립유전자가 얼마나 가까이 있느냐에 정비례하고, 얼마나 자주 교차가 일어나는가에 반비례한다(교차가 많이 일어날수록, 연관된 유전자가 함께 유전될 가능성이 낮다).

연관 대립유전자가 얼마나 자주 함께 유전되는가에 대한 감각을 지니려면 상동염색체 쌍에는 평균 2,000개 이상의 유전자가 존재하며 교차는 염색체 쌍당 대략 30번 일어남을 고려하면 된다. 대립유전자가 서로 가깝게 위치해 있으면 자주 함께 유전될 것이다. 과학자들은 연관지도 작성(linkage mapping)이라 부르는 기술을 이용하여 연관된 대립유전자가 얼마나 자주 함께 유전되는가를 연구함으로써 유전자의 위치를 지도로 작성할 수 있게 되었다.

이에 더하여 유성생식의 결과로써 유전적 변이가 생기는 세 가지 주요 방식이 있다.

- 다른 염색체에 위치한 대립유전자의 독립적인 분리
- 상동염색체 사이에 교차가 일어나 생기는 연관 대립유전자의 부분적 교환
- 정자와 난자의 무작위적 수정

요점 정리

같은 염색체에 함께 가까이 위치한 대립유전자들은 교차가 일어날 때를 제외하고는 함께 유전된다. ■

19.3 반성 유전: X 염색체와 Y 염색체에는 다른 유전자가 있다

염색체는 세포분열 직전의 세포에서만 관찰된다. 이 시기에 염색체는 특징적인 크기, 동원체 위치, 독특한 띠 패턴에 따라 구분될 수 있다. 한 생물체가 가지고 있는 모든 염색체의 특징을 나타낸 것을 **핵형(karyotype)**이라 한다.

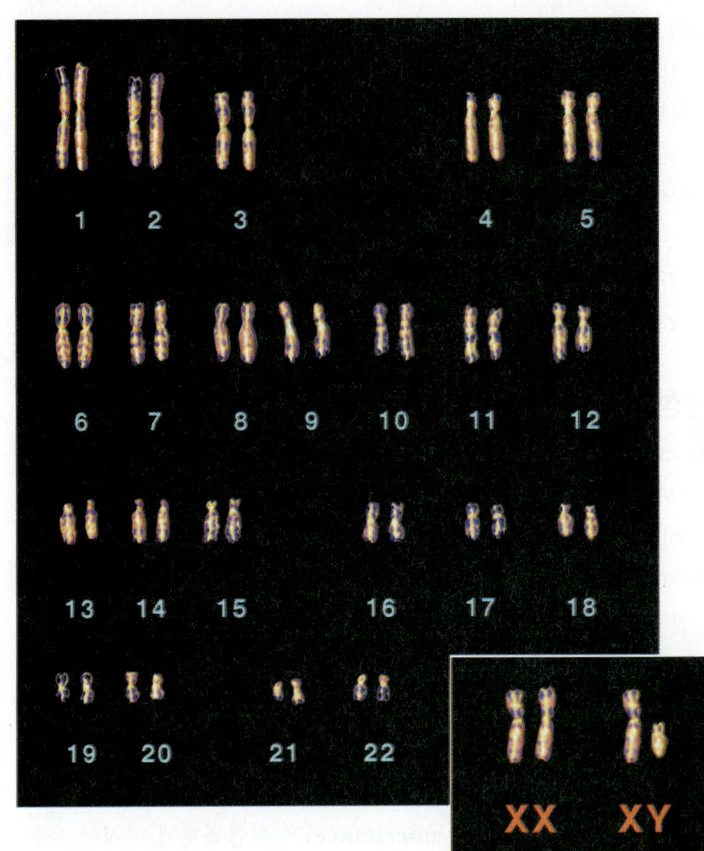

그림 19.14 **사람의 핵형.** 염색체는 크기, 동원체 위치, 특징적인 띠 패턴에 의해서 구분되며 쌍을 이룬다. 23쌍의 염색체를 번호대로 정렬한 것을 핵형이라 한다. 성염색체는 네모 칸 안에 있다; 여자는 XX, 남자는 XY이다. 성염색체(X와 Y)는 서로 모양이 다르다.

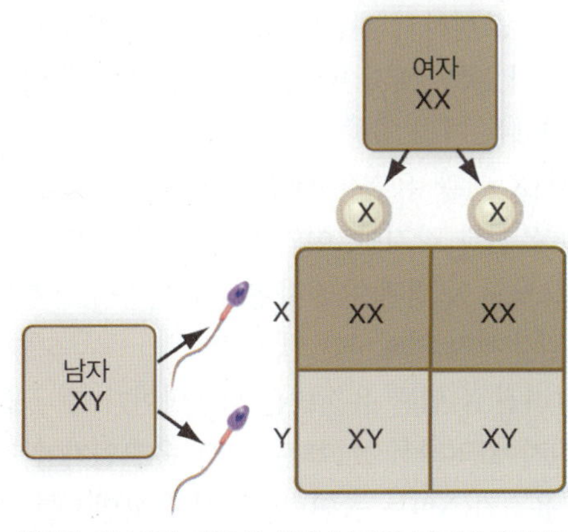

그림 19.15 **사람의 성 결정.** 배아의 성은 남자의 정자에 의해서 결정된다. 정자의 50%는 X 염색체를, 50%는 Y 염색체를 갖고 있다. Y 염색체가 유전되면 남자가 된다.

그림 19.14의 핵형은 사람의 23쌍 염색체를 보여준다. 이 중 22쌍(상염색체)은 상동 짝이 있다. 마지막 염색체 쌍은 모양이 달라서 짝이 될 수 없다. 이것이 성염색체 X와 Y이다. 성염색체는 상동염색체가 아니다. 성염색체는 모양도 다르고, 서로 다른 유전자를

가지고 있기 때문에 기능도 다르다. 성염색체는 감수분열 결과 각각 부모로부터 하나씩 물려받아서 쌍을 이루게 된다. 그림 19.15에 나타난 것처럼 아버지에게서 온 정자에 의해서 자식의 성이 결정된다. 여자는 두 개의 X 염색체를 가지므로 그 중 하나를 자식에게 전달하고, 남자는 X와 Y 염색체가 있으므로 둘 중 하나를 물려준다. 남자로부터 X 염색체가 전달되면 수정란은 두 개의 X 염색체를 가지므로 여자가 될 것이다. 남자가 Y 염색체를 준다면 수정란은 X와 Y 염색체를 가져 남자가 될 것이다.

반성 유전은 성염색체에 위치한 유전자에 의해서 결정된다

성염색체 유전에 의한 성결정이 남자에게는 불리하다. 상동염색체의 이점은 여분의 복사본 즉 백업파일을 갖는다는 것이다. 한 쪽 복사본에서 무언가가 잘못되어도 다른 복사본에서는 아직 기능을 수행할 수 있다.

Y 염색체가 수컷을 결정하는 유성생식을 하는 동물에서 암컷은 X 염색체가 상동으로 존재하나 수컷은 그렇지 않다. 즉 수컷은 성염색체에 위치한 열성 대립유전자에 의한 유전병에 상당히 취약하다.

반성 유전(sex-linked inheritance)은 성염색체에 위치한 유전자에 의해서 유전현상이 일어남을 의미한다. 반성 유전은 유전자가 X 염색체에 있으면 **X 연관 유전**, Y 염색체에 있으면 **Y 연관 유전**이다. X 연관 유전의 예는 매우 많은데 X 염색체의 유전자들은 성결정과는 전혀 관계가 없기 때문이다. 그러나 잘 알려진 Y 연관 유전현상은 비교적 드물다. Y 염색체는 작고, 유전자들의 대부분이 '남성' 관련 형질을 표현하기 때문이다. Y 염색체에 위치한 유전자는 남성 생식 기관의 분화, 정자 형성, 2차 성징 발현에 영향을 주지만 다른 형질 표현에는 거의 영향을 주지 않는다.

여자에게서 X 연관 유전은 대립유전자를 쌍으로 가지고 있는 상동염색체의 유전과 같지만, 이와 달리 남자는 X 염색체 하나만을 가지고 있으므로 X 연관 유전자형과 표현형이 모계에서 물려받은 하나의 X 염색체에 의해서만 결정된다.

가장 잘 알려진 X 연관 유전병은 혈우병이다. 혈우병 환자는 X 연관 대립유전자에 의해서 발현되는 혈액 응고인자가 결핍되어 있다. 열성 대립유전자(X^h)는 돌연변이로서 응고인자를 생성하지 못하나 우성 대립유전자(X^H)는 응고인자를 생성한다. 혈우병은 정상 우성 대립유전자를 하나도 갖지 못할 때 나타난다(X^hX^h 여자 또는 X^hY 남자).

혈우병과 기타 X 연관 열성 유전병의 유전현상은 다음과 같은 특징을 나타낸다.

- 여자보다 남자에게서 유전병이 많이 나타난다. 여자는 적어도 하나의 정상 대립유전자(X^H)에 의해서 보호될 수 있으나, 남자

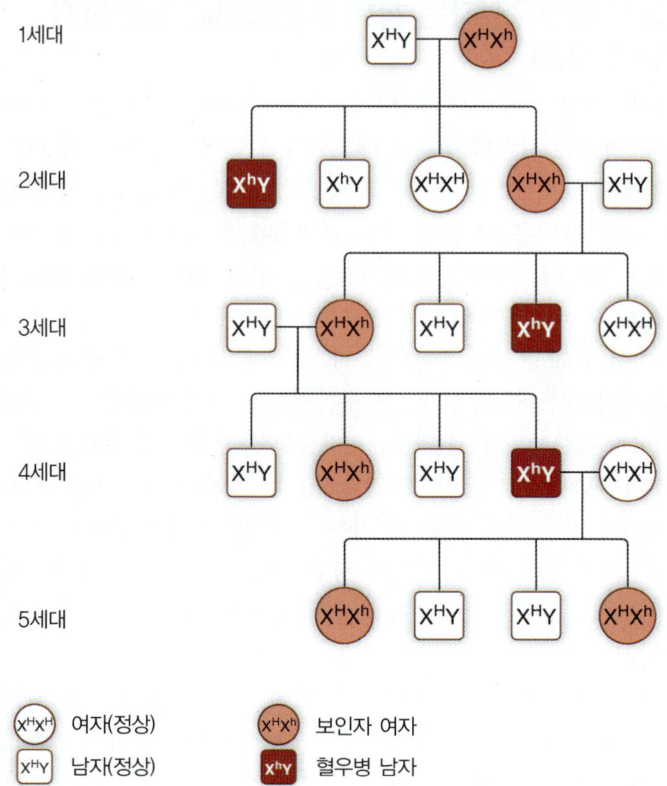

a) 5세대에 걸쳐 일어난 혈우병 유전을 보여주는 가계도

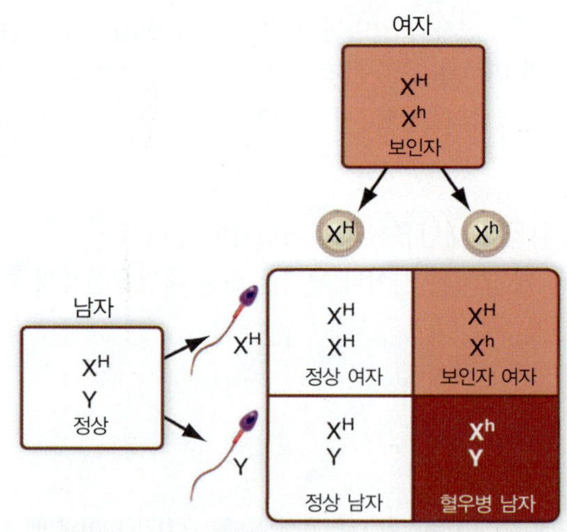

b) 1세대의 결혼으로 태어날 수 있는 자손을 보여주는 퍼넷사각형

그림 19.16 X 연관 열성 유전병의 전형적인 유전 양상. 혈우병의 예이다. (a) 정상(X^H)과 혈우병 대립유전자(X^h)가 X 염색체에 있다. 여자 보인자(X^HX^h)는 혈우병 유전자를 딸들 중 반에게 물려주고, 아들의 반에게는 질병을 물려준다. 유전병을 가지고 있는 남자는 모든 딸들에게 혈우병 유전자를 물려준다(남자가 자손을 가질 만큼 오래 산다면), 그러나 아들에게는 혈우병 유전자를 물려주지 않는다. (b) 1세대에서 정상 남자와 보인자 여자의 결혼은 정상 여자, 보인자 여자, 정상 남자, 혈우병 남자로 이루어진 자녀들을 갖게 된다.

는 X 염색체가 하나이므로 하나의 대립유전자만 유전된다.

- 어머니만 보인자일지라도 어머니를 통해서 아들에게만 전달된다. 보인자는 이형접합체(X^HX^h)이므로 자신은 병을 앓지 않더라도 열성 혈우병 유전자를 물려줄 수 있다. 통계적으로 보인자 어머니의 아들 중 반이 혈우병을 가지며 딸의 반은 보인자이다.
- 아버지는 혈우병을 아들에게 물려주지 않는다. 그러나 어머니가 보인자가 아니라면 딸들은 모두 보인자가 되며, 어머니가 혈우병이 있다면 딸들도 혈우병이 나타날 수 있다.

유전병의 유전 양상은 여러 세대에 걸쳐서 만들어진 가계도를 통해서 알 수 있다. 그림 19.16은 혈우병 가계도이다. 근육위축증과 적록색맹는 X 연관 열성유전으로 같은 유전현상을 나타낸다. 거의 모든 X 연관 유전병은 우성 대립유전자보다는 열성 대립유전자에 의해서 일어난다.

요점 정리

남자의 정자가 보유한 성염색체는 수정된 배아의 성을 결정한다. 남자는 X 염색체를 하나만 받으므로 여자보다 성연관 열성 유전병에 더욱 취약하다. 반성 유전은 성염색체에 있는 유전자에 의해서 나타나는 유전 양상이다. ■

성 관련 형질은 성 유전자에 의해서 영향을 받는다

성염색체에 있을 거라고 짐작되는 몇몇 유전자들은 실제로 상염색체에 위치한다. 좋은 예로 대머리 유전자를 들 수 있다. 정상 대립유전자(b^+)와 대머리 대립유전자(b) 모두 남자와 여자에게 있을 수 있다. 그러나 대머리 대립유전자는 여자에게서는 열성이다. 머리카락이 심각하게 없어지려면 여자는 유전자형이 bb이어야 하고, 다른 대머리 유전자와 요인들을 가지고 있어야 한다. 남자는 유전자형이 bb이면 상당한 대머리가 되고, 이형접합체(b^+b)일지라도 심각한 대머리 증상이 나타난다.

남자와 여자의 차이점은 왜 나타날까? 테스토스테론은 대머리 대립유전자의 발현을 자극하여 열성에서 우성 대립유전자로 전환시킨다. 이 예가 성 관련 표현형이며, 성염색체의 유전에 의해 일어나는 것이 아니고 성염색체에 있는 유전자의 활동에 영향을 받은 결과이다. 사실 대머리 유전자뿐 아니라 여러 개의 유전자가 머리카락의 양과 특징에 영향을 미친다.

스스로 해보기

X 연관 형질이 유전될 확률

12단원에서 언급한 적록색맹인 사람은 적색과 녹색을 구분하기 어렵다. 적색 원추세포 또는 녹색 원추세포의 결핍에 따라서 적색 또는 녹색으로 인식한다. 정상 유전자를 X^B, 적록색맹을 X^b로 지정하자.

남자는 정상이지만 여자가 하나의 X 염색체에 색맹유전자를 가졌다고 가정하자. 이 남자의 유전자형은 무엇인가? ________. 여자의 유전자형은 무엇인가? ________.

퍼넷사각형을 그려서 자손이 가질 수 있는 유전자형을 나타내보자.

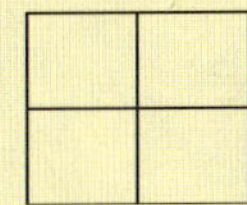

아들의 유전자형과 딸의 유전자형을 비교하라. 아들의 표현형과 딸의 표현형을 비교하라. 엄마는 색깔 구분에 아무런 문제가 없다고 생각하는가?

19.4 염색체 수와 구조에 이상이 생길 수 있다

배수체 세포의 유사분열과 생식모세포의 감수분열 동안 복제된 염색체들은 두 딸세포로 나뉘어 들어가야 한다. DNA 복제가 항상 정확하지 않듯이 염색체 분리도 언제나 정확히 일어나는 것은 아니다.

상동염색체 또는 자매염색분체의 정확히 분리하지 못하는 것을 **비분리현상(nondisjunction)**이라 한다. 때때로 유사분열 중 자매염색분체 모두가 하나의 세포로 들어간다. 또한 감수분열 중 상동염색체와 자매염색분체가 분리되지 않을 수 있으며(그림 19.17), 결과적으로 정자와 난자의 염색체 수에 이상이 생긴다. 매우 드물게 염색체 조각이 잘라져서 결실될 수 있으며, 다른 염색체에 가서 붙을 수 있다.

이러한 염색체 이상은 대부분 관찰되지 않는다. 유사분열에 이상이 생기면 두 딸세포는 소멸되고 다른 분열하는 세포가 대신 그 자리를 차지한다. 감수분열 동안 일어나는 이상은 더욱 심각한데 생물체의 전체 발생에 이상을 유발할 수 있기 때문이다. 그러나 이러한 현상은 관찰이 어려운데 수많은 유전자가 정상적인 배 발생에 중요하기 때문이다. 여분의 염색체 또는 결실된 염색체가 있는 정자나 난자 또는 발생 중인 배는 생존할 가능성이 거의 없다. 대부분 그 존재를 알기도 전인 발생 초기에 죽는다.

다운 증후군: 21번 염색체가 3개

상염색체 수에 일어나는 몇몇 이상에도 자손이 생존할 수 있다. 상염색체 수 이상의 가장 흔한 예는 다운 증후군이다. 실제로 세 종류의 다운 증후군(Down syndrome)이 있으나 95% 이상은 21번 염색체가 3개가 되어 일어난다(21번 삼염색체성)(그림 19.18).

상염색체 수의 이상으로 생기는 다른 질환으로는 에드워드 증후군(18번 3염색체성)과 파타우증후군(13번 3염색체성)이 있다.

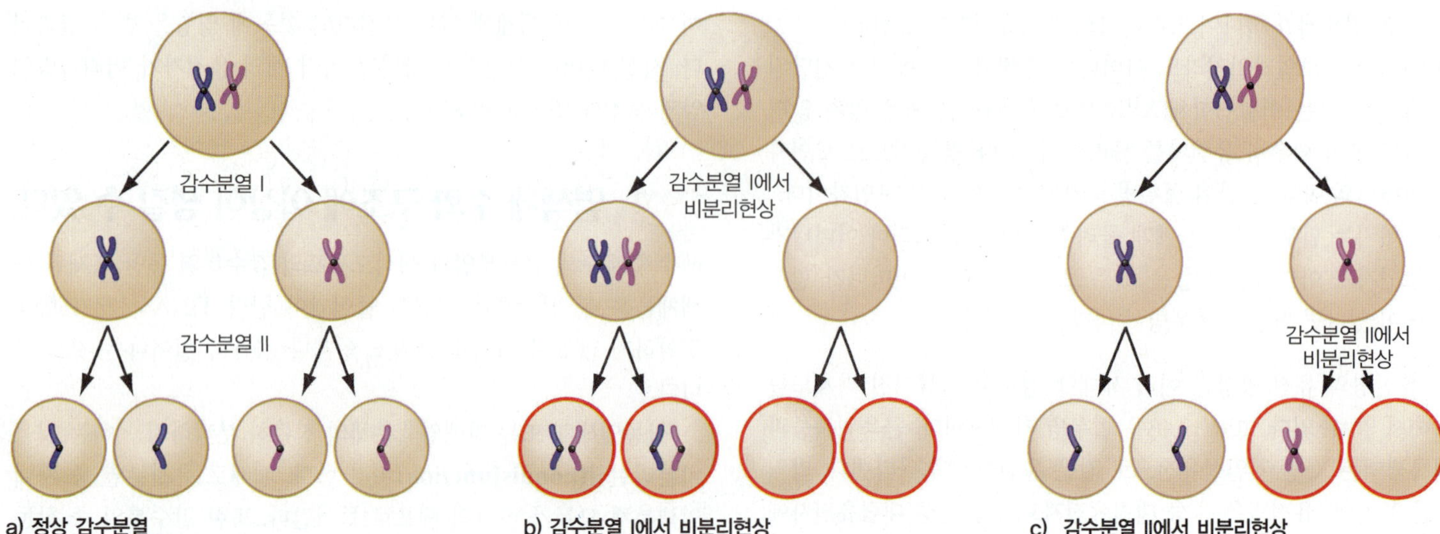

그림 19.17 감수분열 중 비분리현상. (a) 정상 감수분열 중 복제된 상동염색체는 감수분열 I에서 분리되며, 자매염색분체는 감수분열 II에서 분리된다. (b) 감수분열 I에서 비분리가 일어나면 상동염색체의 분리가 일어나지 않는다. (c) 감수분열 II에서 비분리가 일어나면 자매염색분체가 분리되지 않는다. 어느 경우이든 일부 생식세포에는 염색체 수 이상이 나타난다. 비정상 생식세포는 붉은색으로 나타내었다. 이 그림에서는 한 쌍을 염색체만 나타냈다.

다운 증후군을 가진 사람은 전형적으로 키가 작고, 둥근 얼굴형이며, 몇 가지 뚜렷한 신체적 특징을 나타낸다. 대부분 다정다감하며 명랑하고 애정이 많다. 정신적 성장이 느리며 호흡기 질환에 걸리기 쉽고 젊은 나이에 사망할 수 있는 심장 결함을 가지고 있다. 그러나 잘 보살피면 대부분 성인에 이르기까지 잘 살 수 있다.

미국의 경우, 다운 증후군은 신생아 1,000명당 1명 정도로 나타난다. 다운 증후군 아이를 낳을 확률은 산모의 나이가 많을수록 현저하게 증가한다. 30세 이하의 산모에서는 1,300명 중 1명이지만, 40세 이상에서는 100명 중 1명, 45세 이상에서는 25명 중 1명이 된다. 최근의 증거에 의하면 부모 모두 35세 이상일 때는 아버지의 나이도 영향을 줄 수 있다.

산모는 다운 증후군과 그 밖의 유전병을 확인하기 위하여 태아 검사를 선택할 수 있다. 양수검사에서는 태아 세포가 들어 있는 양수를 채취하여 검사한다. 융모막검사를 하기 위해서는 약간의 태아 조직을 태반에서 채취한다. 태아 세포에 21번 염색체가 3개가 있는지(다운 증후군), 18번 염색체나 13번 염색체가 3개인지, 성염색체 수에 이상이 있는지를 확인한다. 염색체 구조에 이상이 있는지도 확인할 수 있다.

요점 정리

비분리현상은 딸세포의 염색체 수에 이상을 유발한다. 다운 증후군은 21번 염색체를 3개 물려받아서 일어난다. ■

성염색체 수의 이상

성염색체 비분리현상은 성염색체의 수에 다양한 조합을 유발할 수 있다. 이 중 일부는 꽤 흔한 편이다. 일반적으로 Y 염색체를 적어도 하나 가지면 남자로 표현된다. Y 염색체가 없는 사람은 X 염색체의 수와 상관없이 여자로 표현된다. 다음은 가장 흔한 4가지 성염색체 수의 이상이다.

XYY-야곱 증후군(Jacob syndrome: 더블 Y 증후군) XYY 염색체를 가진 사람으로 남자이며 키가 큰 편이고 다른 점에서는 비교적 정상이다. 일부는 정신적 기능이 떨어진다. 한때 XYY 남자는 폭력적 범죄 성향을 가진다고 알려졌었지만 연구에 의해서 사실이 아닌 것으로 밝혀졌다. 비율은 낮지만 비폭력적 범죄성은 정상인보다 높은 것으로 나타나 아직 논란이 있다.

그림 19.18 다운 증후군 사람. 다운 증후군은 21번 염색체를 한 개 더 물려받아 나타난다. 염색체 수 이상은 어느 염색체에서나 일어날 수 있지만, 다른 염색체 수 이상은 집단에서 확인되지 않는데 태아 발생에 치명적이기 때문이다

XXY-클라인펠터 증후군(Klinefelter syndrome) 클라인펠터 증후군을 가진 사람은 키가 큰 남자이다. 불임이며 경미한 정신지체를 나타내며, 여분의 X 염색체 때문에 가슴이 크게 발달한다(그림 10.19a).

XXX-삼 X-염색체 증후군. 3개의 X 염색체를 가진 사람으로 여자이다. 일반적으로 거의 정상인데 약한 정신지체를 보이는 경향이 있다.

XO-터너 증후군(Turner syndrome). 하나의 X 염색체를 가진 사람으로 표현형은 여자이다. 그러나 체형이 약간 변형되었으며 키가 작고 가슴이 작다(그림 19.19b). 대부분 정신적으로 지체되지 않아서 정상적인 생활을 하나 불임이며 기대 수명이 짧은 편이다. 터너 증후군은 다른 세 증후군에 비해서 드문 편인데 XO 배아는 유산이 되는 경향이 있다.

표 19.2에는 흔히 나타나는 염색체 수 이상과 발생빈도가 나타나 있다.

결실과 전좌는 염색체 구조에 변화를 일으킨다

결실(deletion)은 염색체의 일부가 떨어져 나가 소실될 때 일어난다. 일반적으로 유전자를 잃게 되면 살 수가 없기 때문에 모든 결실은 정자, 난자, 또는 배아에서 치명적이다. 염색체 결실로 생존할 수 있는 경우는 매우 드물다. 예를 들어, **묘성 증후군**(cri-du-chat: 프랑스어로 고양이 울음을 의미함)이 있는데 5번 염색체 결실이 원인이 된다. 이 증후군을 가지고 태어난 아기는 정신적으로나 신체적으로 지체되며 후두가 작기 때문에 고양이 소리와 같은 울음소리를 낸다.

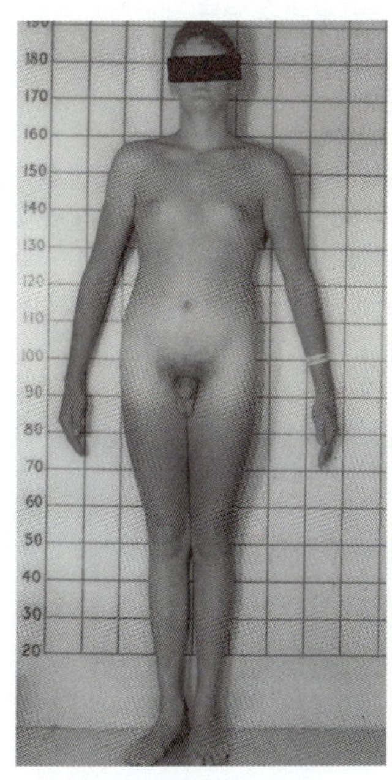

(a) 클라인펠터 증후군 (XXY)

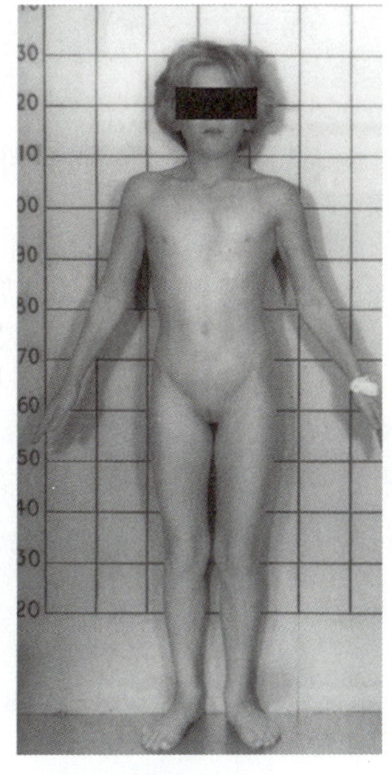

(b) 터너 증후군 (XO)

그림 19.19 성 염색체 수 이상.

표 19.2 염색체 수의 이상

염색체 유전자형	성별	명칭	신생아 중 발생률
21번 3염색체성	남자, 여자	다운 증후군	1/1,000
18번 3염색체성	남자, 여자	에드워드 증후군	1/6,000
13번 3염색체성	남자, 여자	파타우 증후군	1/5,000
XYY	남자	이중-Y 증후군	1/2,000
XXY	남자	클라인펠터 증후군	1/2,000
XXX	여자	3 X염색체 증후군	1/2,000
XO	여자	터너 증후군	1/10,000

전좌(translocation)는 염색체의 일부가 떨어져 나와 다른 부위, 같은 상동염색체나 다른 염색체 상의 다른 부위에 부착하여 일어난다. 위치가 달라졌지만 모든 유전자가 존재하기 때문에 전좌는 문제가 되지 않는다고 생각할 것이다. 그러나 전좌는 유전자 발현에 미묘한 변화를 유발하여 기능에 영향을 줄 수 있다. 예를 들면, 전좌는 백혈병과 같은 특정 암의 발병 위험을 증가시킨다.

요점 정리

성염색체 수의 이상은 성염색체가 감수분열 동안 비분리되어 일어난다. 일반적으로 Y 염색체를 가지면 남자로 표현되고, Y 염색체가 없으면 여자로 표현된다. 염색체의 일부가 소실되었을 때 결실이 일어나며 생존할 가능성은 매우 낮다. ■

19.5 많은 유전병은 열성 대립유전자에 의해 생긴다

열성 대립유전자에 의한 유전병은 열성 대립유전자를 두 개 모두 물려받았을 때 나타난다. 열성 대립유전자를 한 개만 물려받은 자손은 정상 대립유전자가 우성이므로 유전병이 나타나지 않는다. 이런 이유로 유전병을 유발하는 열성 대립유전자는 우성 대립유전자보다 집단 내에 쉽게 남아 있을 수 있다.

어떤 경우에는 하나의 유전자 쌍 이상이 유전병에 관여할 수 있다. 고혈압과 심장 질환은 유전적 요인이 관여하나 특정한 한 쌍의 유전자에 의해 생기는 질병이 아니다.

비교적 잘 알려진 열성 유전병은 낭포성섬유증 ("건강 파수꾼" 참조)이다. 열성 유전자에 의하여 유발되는 두 가지 다른 유전병(페닐케톤뇨증과 테이-삭스병)과 우성 대립유전자에 의해 유발되는 헌팅턴병에 대하여 알아보자.

유전자 검사의 전망과 위험

제레미(Jeremy)가 학교에 적응을 하지 못하여 어머니는 아들을 의사에게 데려갔다. 유전자 검사 결과 제레미는 정신지체 유전병인 취약 X 증후군을 가지고 있었다. 그의 어머니가 가입한 보험회사는 즉시 제레미의 건강보험을 취소시켰는데 이 질병은 이미 태어날 때부터 가지고 있었으므로 보험을 계약하기 전에 이미 가지고 있었던 질병이라고 판단한 것이다. 제레미와 어머니 모두에게 혜택이 가능한 보험을 열심히 찾았지만, 결국 직업이 없어야만 의료혜택을 받을 수 있어서, 어머니는 직장을 그만두었다.

과학자들은 유전자가 사람의 건강에 어떻게 영향을 주는지에 대한 이해를 넓히는데 상당한 진전을 보이고 있다. 이러한 지식에 대한 이점은 상당하지만 제레미의 경우처럼 문제가 될 수도 있다. 유전자 검사의 광범위한 활용 가능성은 사회적, 윤리적, 법적 논쟁을 불러일으키고 있다.

유전자 검사란 무엇인가?

유전자 검사는 개인의 유전자를 분석하는 일로 이를 통해 특이한 건강 상태를 예견하거나 유전병을 진단할 수 있다. 이미 임상에서 1,200번 이상의 유전자 검사가 시행되었으며, 200개 이상의 부가적인 검사가 개발되고 있다. 대부분 확인된 돌연변이는 우성 또는 열성 형질에 의한 희귀한 유전병이다. 낭포성섬유증 또는 헌팅턴병이 포함된다. 다른 검사를 통해 좀 더 복잡한 유전양상을 나타내는 돌연변이를 조사하고 있다. 특정 유전자가 유방암, 난소암, 대장암 발생률을 증가시키는 것으로 알려졌지만 이러한 유전자를 가진 사람이 항상 암에 걸리는 것은 아니다.

유전자 검사 결과 가수 아르로 구스리(Arlo Guthrie)에는 헌팅턴병에 걸렸던 아버지와는 달리 이 유전병에 걸리지 않을 것으로 판명되었다.

유전자 검사는 많은 이점을 제공한다

DNA에 근거한 검사는 부인할 수 없는 이점을 제공한다. 증상이 나타나기 전에 진단을 확신할 수 있어서 일찍 치료를 시작할 수 있다. 유사한 증상을 가진 다른 질병을 배제할 수 있다. 정확한 진단은 정확한 치료를 제공할 수 있으므로 불필요한 수술이나 잘못된 처방에 의한 부작용을 예방할 수 있다.

유전자 검사는 건강한 아이를 출산하게 한다. 부부는 열성 유전병 유전자를 보유하고 있는지 여부를 확인하여 아이를 가질 것인지를 결정할 수 있다. 태아의 세포를 이용한 태아 유전자 검사를 통해 약 40종류의 유전적 결함을 확인할 수 있다.

이미 언급했듯이 일부 검사는 반드시 유전병을 유발하지는 않지만 발병할 가능성이 높은 유전자를 찾아낸다. 자신이 대장암을 유발할 유전자를 보유하고 있음을 알았다고 가정하자. 미국 암학회는 대부분의 사람들에게 50세쯤에 첫 번째 대장내시경 검사를 해보도록 제안한다. 만일 유전자를 보유하고 있다면 35세쯤에 대장내시경 검사를 미리 받음으로써 생명을 지킬 수 있다.

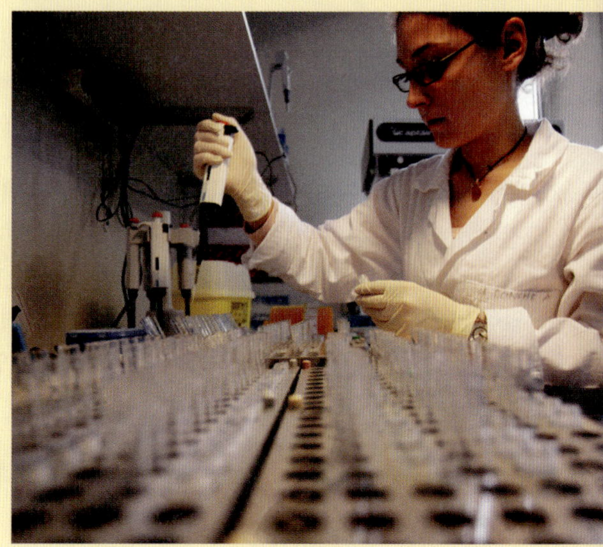

많은 잠재적 유전병에 대한 검사가 진행되고 있다.

사회적 윤리적 문제

유전자 검사는 많은 정보를 제공하지만 이 정보를 활용하는 최선의 방법에 대해서는 많은 문제가 따른다.

개인의 사생활 누가 개인의 유전자 정보를 소유하는가? 개인 자신? 주치의? 검사를 실시한 회사? 검사비용을 제공한 보험회사? 이미 존재하는 개인의 의료기록을 고려하면, 보험회사, 진료를 담당했던 모든 의사, 방문했던 모든 병원, 의

사실은....

- 유전자 이상에 대한 DNA 검사는 질병의 발병 가능성을 예상할 수 있다.
- 1200종류 이상의 유전자 검사가 실시되고 있으며 200종류 이상이 추가로 개발 중이다.
- 유전자 검사는 여러 가지 이점이 있다: 진단을 확실하게 하며, 건강한 아이를 출산하게 하며, 미래의 건강상 문제점을 미리 예방하도록 한다.
- 유전자 검사는 개인 사생활, 심리적인 손상, 유전자 차별의 가능성과 같은 어려운 문제를 유발한다.

료 및 원무과 직원에게 공개될 것이다. 개인의 유전자 정보를 의료기록으로 남겨두어야 할까?

건강보험 가입의 적합성 7살인 바비(Bobby)는 건강하지만 유전자 검사 결과 미래에 심장질환이 생길 유전자가 있음이 확인되었다. 바비는 위험 상황을 낮추기 위해 약을 복용하기 시작하였지만 부모의 보험회사는 바비의 보험을 들어주지 않는다. 제레미의 경우와 마찬가지로 보험회사는 이 경우도 이미 존재한 상태로 분류한다.

대부분의 건강 보험회사는 이미 존재하는 상태는 제외한다. 즉 유전자 검사에 의해 미래에 암이나 심장질환이 발병할 가능성이 있다고 확인되면, 보험회사는 모든 질병에 대한 보험 가입이나 검사 결과와 관련되어 필요한 비용에 대한 보험 가입을 거절한다. 그렇게 되면 심혈관계 또는 암 관련 검사에 따르는 상당한 경제적 부담 때문에 필요할 때마다 의사를 찾는 것을 주저하게 될 것이다. 유전자 검사를 받고 몇 년쯤 상당 시일이 지난 후 병에 걸렸다면 보험회사는 치료 비용을 거절할 수 있는가?

보험회사를 비난하기 전에 미국의 의료시스템에서 보험회사는 이익이 있어야 유지될 수 있다는 사실을 고려하자. 의료 혜택에 대한 비용은 증가하고 있고, 많은 보험회사는 보험수가를 제한함으로써 비용을 절감하려고 시도하고 있다. 보험회사가 파산한다면 어느 누구도 건강보험에 가입할 수가 없다.

고용 차별 가능성 미국의 한 철도회사 관리인은 피고용인들이 손목관절 증후군에 대한 보험금 지급 신청을 많이 하는 것에 대해 관심을 가지게 되었다. 관리인은 회사가 고용한 의사에게 피고용인들이 이 증후군을 일으킬 수 있는 유전적 조건을 가지고 있는지 비밀리에 조사하라고 지시하였다. 피고용인들은 자신들의 DNA가 검사되고 있는지 알지 못하였고, 관리인은 검사를 거절하는 한 직원에게 해고하겠다고 위협하였다.

다른 예로, 한 근로자가 직장에서 자신의 어머니가 헌팅턴병으로 사망하였다고 말하였고, 일주일 후에 이 근로자는 좋은 근무성적에도 불구하고 해고당했다.

이러한 실례는 고용 불평등이 야기될 가능성을 보여주고 있다. 직장을 지원하였을 때, 회사는 지원자의 유전자 정보를 고려할 권리가 있는가? 고용주는 40세 전에 헌팅턴병에 걸릴 가능성이 있는 사람을 고용하여 이 사람을 교육시키기 위해 시간과 돈을 투자하고 싶지 않을 것이다. 겸상적혈구빈혈증 또는 겸상적혈구형질을 가진 피고용인은 잠재적인 의료 문제점이 있기 때문에 위험군으로 간주된다. 질병으로 결근을 하거나 잦은 의료서비스를 받는 피고용인은 회사의 생산성을 떨어뜨리고 건강보험료를 증가시킨다.

인종 차별 가능성 겸상적혈구빈혈증은 아프리카에 기원을 둔 사람들한테 흔하며, 테이-삭스병은 아쉬케나지 유대인에게 흔한 병이다. 북유럽 지방의 후손들은 혈색소침착증-과잉 철분을 흡수하는 유전병이 나타날 가능성이 높다. 이 정보에 따르면 모든 미국 흑인은 겸상적혈구빈혈증 검사를, 모든 유대인은 테이-삭스병을, 모든 북유럽인은 혈색소침착증을 검사해야 하는가? 고위험군 사람들은 결혼할 때 또는 아이를 가지려고 할 때 유전자 검사를 받아야 하는가? 개인의 사생활과 공중의 건강을 어디에서 구분해야 하는가?

심리적, 감정적 손상 지금까지 개인이 유전자 검사를 받았을 때 그 결과에 대해 다른 사람들이 어떻게 반응하는가에 대해 언급하였다. 대장암 발병 가능성을 알면 예방을 위한 행동을 할 수도 있다. 그러나 알츠하이머처럼 예방할 수 없는 질병에 대한 유전자를 가지고 있다고 가정해보자. 이런 사실을 안다는 것은 심리적으로 감정적으로 해로울 것인가? 많은 연구자들은 광범위한 유전자 검사에 대해 반대한다. 유전자 검사를 통해 예방할 수 없는 질병을 가지고 있다고 밝혀지면 이익보다는 해가 많다고 주장한다. 그럼에도 불구하고 유전자 검사는 점점 쉬워지고 있다. 디엔에이디렉트(DNADirect) 회사에서 판매하는 가정용 검사 기구를 보면 회사는 구강 세포를 분석하여 개인의 유전자 분석 내용을 이메일로 보내준다.

유전자 검사와 법 2008년에 유전정보 차별금지 조례(GINA)가 발효되었다. 이 법은 보험회사가 높은 보험료를 산정하거나 유전자 검사 결과로 건강한 사람의 보험가입을 기피하는 것을 방지한다. GINA는 고용주가 유전자 정보를 이용하여 피고용인을 고용하거나 해고하는 것을 불법화하였다. 그러나 GINA에서는 다른 개인적 논쟁-유전자 검사 기관이 개인 회사나 연구소에 개인 유전정보를 파는 것에 대해서는 명시하지 않았다. 또한 고용주나 보험회사가 이 법을 지키지 않을 가능성이 언제나 있으며 이런 이유로 일부 사람들은 유전자 검사를 받는 것을 꺼리게 될 것이다.

유전자 검사 기술은 사회적, 윤리적 논쟁에 대한 해결책을 마련하는 것보다 훨씬 빠르게 진전되고 있다. 이 사안에 대한 논의는 미래에도 계속되어야 한다.

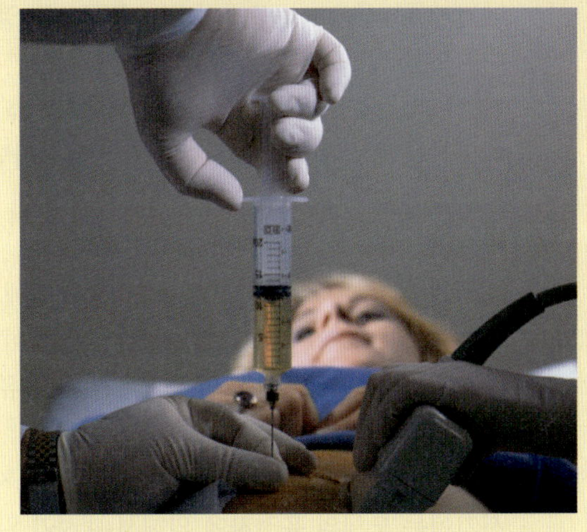

양수에서 채취한 태아 세포를 이용하여 40종류 이상의 유전병을 검사할 수 있다.

생각해볼 문제

1 본인이 알츠하이머병과 같은 예방할 수 없는 유전자를 가지고 있다면, 알기를 원하는가? 원하지 않는가? 그 이유는?

2 고용주는 아직 질병이 나타나지 않은 피고용인의 유전자 이상을 검사할 권리와 그 유전자 이상에 대하여 의료보험을 거절할 권리가 있는가?

페닐케톤뇨증은 효소 결핍으로 일어난다

페닐케톤뇨증(phenylketonuria: PKU)은 열성 동형접합인 사람이 아미노산 페닐알라닌을 분해하는 데 필요한 효소를 합성하지 못하여 생기는 유전병이다. 페닐알라닌이 축적되면 그 중 일부가 다른 대사과정에서 사용되는데 여분의 페닐알라닌은 페닐피루브산으로 전환된다. 페닐피루브산은 농도가 높아지면 독성이 나타나 정신 지체, 발달 미숙과 조기 사망을 유발한다.

페닐케톤뇨증은 백인 12,000명당 1명에게서 발생하며, 낭포성 섬유증보다 상당히 적게 발생하는 유전병이다. 페닐알라닌 가수분해효소를 합성하는, 1번 염색체에 위치한 유전자에 돌연변이가 생겨서 나타난다.

다행히 열성유전자를 동형접합으로 가지고 있는 사람도 태아 시기에는 모체의 유전자에 의해서 대사가 일어나므로 태어나기 전에는 아무런 문제가 없다. 출생 후 혈중 페닐알라닌의 양은 음식에 들어 있는 페닐알라닌의 양에 의해서 결정된다. 정신지체를 유발한다는 심각한 문제점을 고려하여 미국의 모든 주에서는 신생아에게 PKU 검사를 받도록 요구한다. 이 검사는 구드리(Guthrie) 검사라고 부르는데 소량의 혈액에서 페닐알라닌의 양을 측정한다.

PKU를 치료하려면 페닐알라닌 섭취를 제한해야 하는데 대부분의 단백질이 페닐알라닌을 함유하고 있으므로 쉬운 일은 아니다. 그러나 아미노산의 함량을 조절한 대체 단백질을 섭취하면 가능하지만 연 550만 원 정도의 비용이 소요된다. 또한 페닐케톤뇨증을 가진 사람은 인공감미료인 뉴트라스윗(NutraSweet)을 사용할 수 없는데 이 감미료에 아스파탐이 함유되었기 때문이다. 아스파탐은 두 가지 아미노산, 페닐알라닌과 아스파르트산이 연결된 구조로 되어 있다. 아스파탐이 분해되면 PKU가 있는 사람은 페닐알라닌이 증가하여 위험해지게 된다.

테이-삭스병은 뇌기능 저하를 유발한다

테이-삭스병(Tay-Sachs disease)도 효소 결핍에 의한 유전병이며 15번 염색체에 위치한 열성 유전자에 의해서 일어난다. 열성 대립유전자가 동형접합인 사람은 지질 중의 하나인 스핑고지질(sphinglipid)의 대사과정에 필요한 효소를 합성하지 못한다. 스핑고지질은 주로 뇌세포의 리소좀에 들어 있다. 이 효소가 없으면 지질이 뇌세포에 축적되어 대뇌 퇴행을 유발한다. 유아는 출생 시 영향을 받지 않으나 4~8개월쯤 되면 운동 기능과 뇌 기능이 감소하기 시작한다. 아이는 점차 발작을 일으키게 되며 장님이 되고 마비가 오며, 3~4세쯤에 사망한다. 치료법은 알려져 있지 않다.

테이-삭스병은 일반 집단에서는 드물게 나타난다. 그러나 중앙 유럽의 아쉬케나지(Ashkenazi: 독일, 폴란드, 러시아계 유대인) 유대인에게는 아주 흔해서 신생아 3,500명당 1명꼴로 태어난다. 보인자는 질병을 나타내지 않는데 충분한 효소 활성을 가지고 정상 기능을 한다. 부부 중 누가 보인자인지를 확인하는 검사가 있다.

헌팅턴병은 우성 치사 대립유전자에 의해 일어난다

헌팅턴병(Huntington disease)은 점진적으로 신경 퇴행이 나타나는 특징을 가지며 신체적, 정신적으로 무능 상태가 되어 사망하게 된다. 30세쯤에 증상이 나타나서 40대나 50대에 사망하게 된다.

헌팅턴병 유전자에는 한 쌍의 우성(HD)과 열성(hd) 대립유전자가 존재하며, 우성 대립유전자가 헌팅턴병을 유발한다. 단 하나의 HD 대립유전자만 가져도 유전병이 나타난다. 유전병은 치명적이며 현재 치료법은 알려져 있지 않다. 이런 이유로 HD를 **우성-치사(dominant-lethal)** 대립유전자라 한다.

우성 치사 대립유전자는 흔하지 않은데 집단에서 스스로 제거되는 경향이 있기 때문이며, 특히 생식 연령이 되기 전에 질병이 나타난다면 더욱 그렇다. 이런 점에서 볼 때 헌팅턴병은 특이하다. 이 병이 사람 집단에 남아 있는 이유는, 옛날에는 HD 대립유전자를 가진 사람이 헌팅턴병이 나타날 것을 알 수 있는 방법이 없었기 때문에 병이 발현되기 전에 자손들 중 50%한테 이 대립유전자를 물려주었다. 오늘날에는 HD 대립유전자를 확인할 수 있는 검사가 있다. 유전자 검사와 상담은 미래에 이 병의 전파에 상당한 영향을 줄 것이다 (이 단원의 "시사 과학 문제"에서 다루고 있는 유전자 검사에 의해 야기되는 생물학적, 사회적, 윤리적 논쟁을 참고하라).

헌팅턴병과 다른 유전병에 대한 유전자 검사는 **인간게놈프로젝트(Human Genome Project)**로부터 상당한 도움을 받아 이뤄지게 되었다. 전 세계의 과학자가 참여한 이 거대한 프로젝트는 인간 게놈을 구성하는 22,000개 유전자의 위치와 기능을 밝혀내려는 노력이었다. 연구자들은 이미 유방암, 피부암과 골다공증 등 여러 유전병에 관련된 유전자들을 성공적으로 확인하였다. 이 정보들은 새로운 유전병을 예방하고, 이미 알려진 유전병에 대한 새로운 치료법을 개발하는데 기여하고 있다. 한 가지 가능성은 **유전자 치료법(gene therapy)**으로 유전병을 치료하는 것이다. 유전자 치료법은 20단원에서 자세히 다룰 것이다.

요점 정리

페닐케톤뇨증과 테이-삭스병 같은 유전병을 유발하는 열성 대립유전자는 동형접합인 사람에게서만 병이 나타난다. 우성 대립유전자 유전병은 드문데 집단으로부터 제거되는 경향이 있기 때문이다. 헌팅턴병은 우성-치사 유전병의 드문 예이다. ■

19.6 유전자는 특정 행동이 아니라, 단백질을 암호화한다

유전자는 사람이 되기 위한 일련의 지시를 담고 있다. 유전자의 기능은 머리카락의 특징을 결정하거나 귓불의 모양을 결정하는 것처럼 매우 특이적이다. 행동면에서 보면 특정 유전자가 특정 행동을 결정한다는 결론이 논리적일 수 있다. 실제로 우리는 유전되는 '정신분열증 유전자'라는 글을 신문 지상에서 읽기도 한다. 연구에 의하면 특정 그룹의 범죄자들은 공통적인 유전자 결함을 가지고 있고, 어떤 사람들은 우울증을 유발하는 유전자를 가지고 있으며, 심지어는 행복 유전자도 있을 수 있다고 한다. 이것이 과연 사실인가?

결국, 유전자는 단백질을 암호화한다. 곱슬머리와 주근깨를 만드는 단백질을 특정 유전자가 암호화한다. 어떤 유전자(이들에 의해 합성된 단백질)는 불안하거나 공격적인 경향을 보이는 행동이나 기분의 전반적인 모습에 영향을 줄 수 있다. 그러나 유전자가 반드시 특이적 행동을 유발하는 것은 아니다. 유전자는 특별한 생각을 유발하는 것이 아니며, 좌회전을 하거나 우회전을 하도록 유발하는 유전자란 없다. 어떤 유전자도 특정 범죄를 저지르도록 유발하지 않는다.

어떻게 유전자가 행동에 영향을 주는가를 이해할 수 있는 열쇠는 단백질의 다양한 기능을 이해하는 것이다. 단백질은 호르몬, 신경전달 물질, 효소, 세포내 신호물질로서 기능을 한다. 단백질은 세포의 구조적 성분을 구성하며, 세포의 기능을 조절한다. 일부 단백질은 다른 유전자와 단백질의 작용에 영향을 주며, 다른 단백질은 특정 세포에서만 기능을 발휘한다. 유전자와 단백질은 섭식, 짝짓기, 학습과 같은 광범위한 행동 양상에 영향을 준다. 또한 기분에도 영향을 줄 수 있다. 그럼에도 불구하고 특정 유전자와 유전자 산물인 단백질이 우울증, 완전한 행복, 특정 신체적 행동을 유발한다는 증거는 없다.

요점 정리

유전자는 행동 양상에 영향을 주지만, 특정 행동을 유발시키지 않는다. ■

단원 요약

유전자형은 표현형을 결정하는 유전적 근거이다

- 부모로부터 물려받은 DNA는 사람을 형성하는 완전한 정보를 가지고 있다.
- 모든 유전자를 구성하는 두 개의 복사본(각 부모로부터 하나씩 물려받음)은 돌연변이 때문에 조금씩 다를 수 있다. 한 유전자의 두 복사본을 대립유전자라 한다.
- 유전자형은 대립유전자를 모두 나타낸다. 표현형은 대립유전자의 형태적, 기능적 표현을 의미한다.

유전은 특정 양상을 따른다

- 퍼넷사각형은 한 쌍 또는 두 쌍의 대립유전자의 유전 양상을 보여주기 위해 사용된다.
- 표현형의 공통된 특징은 한 대립유전자가 다른 대립유전자에 대하여 완전한 우성으로 나타난다.
- 다른 표현형 특징은 불완전 우성으로 이형접합자가 중간 형질을 표현하는 것이고; 공동우성은 이형접합자가 똑같이 표현되는 것이다; 다인자 유전은 하나의 형질에 여러 개의 유전자가 영향을 준다.
- 혈액형에서 보았듯이 한 유전자에 대해 대립유전자가 두 개 이상 존재할 수 있다. 그러나 한 개인은 이들 중, 부모로부터 하나씩, 두 개만을 물려받는다.
- 다른 염색체상에 위치한 대립유전자들의 독립적 조합, 상동염색체 사이의 교차, 정자와 난자의 무작위 수정 등에 의해 사람 집단에는 유전자 다양성이 존재한다.
- 표현형은 유전자형과 환경에 의해서 결정된다.
- 같은 염색체에 위치한 대립유전자들은 함께 유전되는데 이를 연관대립유전자라고 부른다.

반성 유전: X 염색체와 Y 염색체에는 다른 유전자가 있다

- 남성은 발생 초기에 Y 염색체에 있는 유전자에 의해서 결정된다. 이 염색체가 없으면 여성이 된다.
- 반성 유전은 성염색체에 위치한 유전자의 유전이다. 이러한 유전자들의 대부분은 성 결정과는 아무 관련이 없다.
- 반성 유전과 관련된 질병에는 혈우병, 색맹, 근위축증이 있다.

염색체 수와 구조에 이상이 생길 수 있다

- 비분리란 상동염색체 또는 염색분체가 유사분열 또는 감수분열 중에 옳게 분리되지 못하는 현상을 의미한다; 이러한 현상은 딸세포의 염색체 수에 이상을 일으킨다.
- 다운 증후군은 21번 염색체가 3개 유전되어 일어난다. 부모의 나이, 특히 산모의 나이가 주요 원인이다.
- 염색체 일부의 결실은 일반적으로 정자, 난자, 배아에 치명적이다. 염색체 일부분의 전좌는 유전자 기능에 이상을 유발할 수 있다.

많은 유전병은 열성 대립유전자에 의해 생긴다

- 대부분의 상염색체 유전병은 열성 대립유전자에 의해서 유발된다.
- 페닐케톤뇨증, 테이-삭스병, 낭포성섬유증은 열성 대립유전자에 의해서 일어나는 유전병이다.
- 헌팅턴병은 치명적인 우성 대립유전자에 의해서 생긴다. 이 유전자는 사람 집단 내에 지속적으로 존재한다. 그 이유는 이 유전자를 물려받은 사람이 생식 연령에 도달한 이후 증세가 나타나기 때문이다.

유전자는 특정 행동이 아니라, 단백질을 암호화한다

- 유전자는 행동이나 정서의 일반적인 패턴에만 영향을 준다. 특정 행동을 결정하지 않는다.

알아야 할 용어

결실(deletion)
겸상적혈구빈혈증(sickle-cell anemia)
공동우성(codominance)
다인자 유전(polygenic inheritance)
대립유전자(allele)
돌연변이(mutation)
동형접합자(homozygous)
반성 유전(sex-linked inheritance)
불완전 우성(incomplete dominance)
비분리(nondisjunction)
열성(recessive)
우성(dominant)
유전(inheritance)
유전자형(genotype)
이형접합자(heterozygous)
전좌(translocation)
퍼넷사각형(Punnett square)
표현형(phenotype)
핵형(karyotype)

개념 확인 문제

1. 모든 유전자를 구성하는 두 복사본은 어디서 물려받는가?
2. 유전자와 대립유전자의 차이점은 무엇인가?
3. 유전자형과 표현형을 구분하시오.
4. 유전학에서 멘델의 공헌을 서술하시오.
5. 염색체 수와 구조의 이상이 어떻게 일어나는지 설명하시오.
6. 우성, 불완전우성, 공동우성을 구분하시오.
7. 유성생식을 통해서 유전적 다양성이 어떻게 일어나는지 서술하시오.
8. 반성 유전이 무엇을 의미하는지 서술하시오.
9. 우성 대립유전자에 의한 치명적 질병이 드문 이유를 설명하시오.
10. 유전자가 정서와 행동에 어떻게 영향을 주는지 설명하시오.

학습 문제

연결 문제

_________1. 겸상적혈구빈혈증을 유발하는 유전현상
_________2. 키, 눈 색깔과 같은 특징을 결정하는 유전현상
_________3. 가족성고콜레스테롤 증후군을 유발하는 유전현상
_________4. 생물체의 모든 염색체를 모아서 나타냄
_________5. 21번 염색체가 세 개 있어서 나타나는 현상
_________6. X 연관 질병

a. 다인자 유전
b. 불완전 우성
c. 공동우성
d. 혈우병
e. 핵형
f. 다운 증후군

빈칸 채우기

7. 하나 또는 여러 개의 단백질을 암호화하는 DNA 염기서열 _____________
8. 염색체의 일부가 떨어져 나와 다른 부위에 다시 붙는 현상 _____________
9. 대립유전자의 유전 양상을 보여주기 위해 사용하는 사각형 _____________
10. 특정 유전좌위의 대립유전자들이 서로 다르다면, 이러한 대립유전자를 가진 사람은 _____________이다.
11. 대립유전자의 형태적, 기능적 발현을 _____________이라 한다.
12. 유전되는 대립유전자들이 완전한 조합을 _____________(이)라 한다.

응용 문제

1. 물결머리를 가진 백인 남성과 물결머리를 가진 백인 여성 사이에서 태어난 자손 중 물결머리를 가진 자손의 비율은 얼마인가? 퍼넷사각형을 그려 설명하시오. 힌트: 곱슬머리 대립유전자는 직모 대립유전자에 대하여 불완전 우성을 나타낸다.
2. 사람의 휴식기 혈압 범위는 고혈압 집단과 정상 혈압 집단으로 구별되는 두 집단 분포 곡선으로 나타나지 않고 연속 범위를 보여주는 종 모양의 정상분포 곡선으로 가장 잘 나타난다. 왜 그런가?
3. 부모는 각각 자신의 유전자에 대한 대립유전자 두 개 중 하나씩만 각 자손에게 물려준다. 어떻게 그렇게 할 수 있는가?
4. 유전학자들은 식물, 초파리, 꼬마선충을 포함한 다양한 모델 생물의 유전자 전달 양상을 연구한다. 만일 그들이 정말 사람의 유전 양상에 관심이 있다면 왜 사람이나 사람과 비슷한 큰 동물, 예를 들어, 돼지나 영장류를 이용하지 않는가?
5. A형 아버지와 B형 어머니 사이에 O형 아이가 나올 수 있을까?
6. 혈우병은 어머니가 아들에게 물려주는 성연관 형질이다. 딸도 혈우병을 가질 수 있을까? 만일 그렇다면 어떻게 가능할까?
7. 감수분열 동안 비분리가 일어나면, 배우자(정자 또는 난자)가 한 개 이상의 염색체를 더 갖게 된다. 보통 여분의 염색체를 갖는 수정은 발생 동안 여러 면에서 이상이 생기기 때문에 살아 있는 아이가 태어나기 어렵다. 여분의 염색체를 갖고 태어나는 가장 흔한 경우가 다운 증후군(21번 3염색체성)이다. 21번 3염색체성이 다른 3염색체성보다 더 흔한 이유를 설명하시오.

OX 문제

13. X 염색체와 Y 염색체를 가지면 여자가 될 것이다. ( )
14. 다인자 유전에서 표현형은 여러 유전자의 상호 작용에 의한다. ( )
15. 불완전 우성에서 이형접합 유전자형은 모체의 표현형과 같은 표현형을 갖게 한다. ( )

참고문헌

Jessee, Jennifer. Y? *Discover*, November 1997, pp. 88–93. (A short and entertaining account of the evolution and function of the Y chromosome.)

Russell, Peter J. *iGenetics*. San Francisco: Benjamin Cummings, 3rd ed. 2010. (A standard textbook of genetics: for reference or advanced study only.)

Sapolsky, Robert. A Gene for Nothing. *Discover*, October 1997, pp. 40–46. (A general-interest article about what genes do and don' t do.)

Skloot, Rebecca. Putting the Gene Back in Genealogy. *Popular Science*, January 2004. (An account of how the ability to test your DNA may offer some clues to your ancestry.)

학습 문제 해답

1. c **2.** a **3.** b **4.** e **5.** f **6.** d **7.** 유전자 **8.** 전좌 **9.** 퍼넷사각형 **10.** 이형접합자 **11.** 표현형 **12.** 유전자형 **13.** X **14.** O **15.** X

20 DNA 기술과 유전공학

1 진실 혹은 거짓? 사람의 DNA를 세균 속에 끼어 넣을 수 있다.

2 진실 혹은 거짓? 우리는 이미 유전자변형 식품을 먹고 있다.

3 진실 혹은 거짓? 형질전환 식물보다 형질전환 동물을 만드는 것이 더 어렵다.

4 DNA 지문법은 다음 중 어느 일에 가장 중요한 도구가 되는가?

a. 특정 개인을 확인하는 일

b. 사람의 나이를 결정하는 일

c. 어떤 사람의 인종을 결정하는 일

5 진실 혹은 거짓? 대부분의 인류 유전병은 이제 유전자 치료법으로 치료될 수 있다.

방사능 농도에 노출되면 색깔이 변함으로써 자연 방사능 측정기 역할을 하는 유전자변형 겨자과 식물

인류에게 지식을 위한 지식만은 결코 충분했던 적이 없다-지식을 훌륭하게 사용하려는 점에서 인간은 언제나 필요성을 느껴왔다. 인간을 위한 목적으로 생물학적 지식을 기술적으로 응용하는 분야를 **생명공학(biotechnology)**이라고 한다.

최근에 이루어진 DNA와 인간 유전체에 관한 지식의 폭발적인 증가는 **재조합 DNA 기술(recombinant DNA technology)**이라는 생명공학의 새로운 분야를 탄생시켰다. 용어에서 알 수 있듯이, 이제 우리는 어떻게 DNA를 분리하고, 구조를 분석하며, 새로운 방법으로 재조합하여 이전에는 자연계에 존재하지도 않았던 새로운 DNA 분자를 만드는 기술을 알고 있다. 우리는 또한 유전자를 자르고 이어 맞추어서 세균, 식물 및 동물에 집어넣어 이전에는 결코 만들지 못했던 새로운 단백질을 만들게 할 줄도 안다. 우리는 심지어 특정 유전성 질환을 고치고 암을 치료하기 위해 유전자를 끼워 넣고, 변형시키고, 교체해서 사람에게 집어넣는 일을 이해하기 시작하였다. 세포나 사람을 포함한 전체 유기체의 유전적 구조를 조작하는 것을 **유전공학(genetic engineering)**이라고 한다. 유전공학은 아직은 유년기에 해당하지만 미래에 대한 기대는 엄청나게 크다.

모든 새로운 기술과 마찬가지로, 생명공학도 새로운 위험과 새로운 책임을 수반한다. 만약 우리가 어설프게 DNA의 구조를 만지작거린다면 해로운 생물이 우연히 만들어질 수 있을까? 어떤 일이 실제로 터지기 전에, 일어날지 모를 위험이 무엇인지 우리가 어떻게 하면 알 수 있을까? 이 새로운 기술에는 어떤 종류의 감독과 규제가 필요한가? 일어날지도 모를 위험성 때문에 이 새로운 기술의 일부는 금지하거나 적어도 제한하고 싶은 생각이 들 수도 있다. 그러나 생명공학은 미래에 가져다줄 이익이 너무 커서 무시할 수는 없다.

이 단원에서는 생명공학과 유전공학의 기술적인 면과 실용적인 면을 공부함으로써 우리는 이 기술의 응용에 관해 더 나은 판단을 내릴 수 있게 될 것이다. 첫째, 우리는 과학자들이 어떻게 DNA 조각으로부터 염기서열을 찾아내는지 알아본다. 그 다음, 우리는 DNA가 어떻게 새로운 방법으로 합해지고 어떻게 더 많은 DNA를 만드는지 살펴본다. 우리는 유전자를 어떻게 찾아내고 확인하는지, 생물을 변형시키기 위해 유전자가 어떻게 사용되는지를 공부한다. 마지막으로, 우리는 유전공학이 가져다줄 기대와 예기치 않은 위험에 대해 토의한다.

20.1 DNA 염기서열 결정으로 DNA의 구조를 알 수 있다

생물학자들은 언제인가부터 세포에서 DNA를 순수분리해내는 방법을 알고 있었다. 그런데 과학자들은 어떻게 DNA의 두 가닥을 이루고 있는 염기쌍의 정확한 서열을 발견하게 되었을까?

첫째, 과학자들은 염기서열을 결정할 짧은 한 가닥짜리 DNA 조각을 같은 것으로 수백만 개 만들어 시험관에 넣는다. 그 다음 **프라이머(primer)**라고 부르는, DNA 가닥의 한쪽 끝에 결합하는 짧은 한 가닥 DNA 조각을 첨가한다. 프라이머는 처음 DNA와 상보적인 새로운 DNA 가닥을 합성하는 시작점으로 작용한다. 과학자들은 또 DNA를 구성하는 네 개의 뉴클레오티드(T, A, G, C) 혼합물과 변형된 네 개의 뉴클레오티드 (T*, A*, G*, C*로 표기함) 혼합물을 넣어준다. 변형된 뉴클레오티드들은 두 가지 방법으로 처리된 것이다. (1) 네 개의 뉴클레오티드 모두 다 쉽게 식별될 수 있는 서로 다른 형광 표식으로 표지되었다. (2) 네 개 중 한 개라도 자라고 있는 DNA 사슬에 붙게 되면 합성이 바로 정지되도록 뉴클레오티드들은 변형이 되었다. 마지막으로 생물학자들은 자라나는 DNA 가닥에 뉴클레오티드를 한번에 하나씩 붙여주는 일을 촉진하는 **DNA 중합효소(DNA polymerase)**라는 효소를 첨가한다. 이제 DNA 합성이 시작된다.

들어가기 질문의 답

1 진실. 사람의 유전자는 일상적으로 세균 속에 집어넣을 수 있다. 이렇게 하여 세균을 사람의 단백질을 만드는 작은 공장으로 바꾸어놓는다. 인슐린이 좋은 예이다.

2 진실. 슈퍼마켓에서 파는 일부 가공 식품에는 미량의 유전자변형 작물이 포함되어 있다. 그러면 유전자 변형 식품은 안전한가? 이 질문에 관해서는 이 단원의 후반부에서 살펴보겠다.

3 진실. 기술적으로 훨씬 더 어렵다. 한번에 겨우 소수의 난자만을 얻을 수 있으며, 큰 동물은 수태와 성숙 기간이 너무 오래 걸린다. 그럼에도 불구하고, 사람의 특정 단백질을 만드는 유전자가 염소, 양, 소에 집어넣어졌다.

4 a. DNA 지문법은 친자 확인 소송에서 친자 확인을 위해, 그리고 범죄 사고에서 용의자를 확인하기 위해 사용되고 있다. 이 방법으로 나이나 인종을 확인할 수는 없다.

5 거짓. 가까운 미래에 일부 유전병은 유전자 치료법으로 치료될 수 있을 것이다. 그러나 그 기술은 아직도 실험실 수준에 머물러 있다.

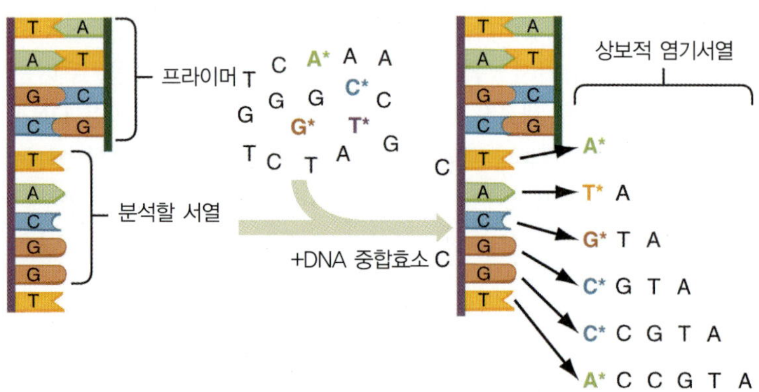

❶ 첫 단계에서, 분석할 서열에 상보적인 짧은 DNA 서열들을 만든다. 이 서열들의 끝에 있는 뉴클레오티드는 표지가 되어 있다.

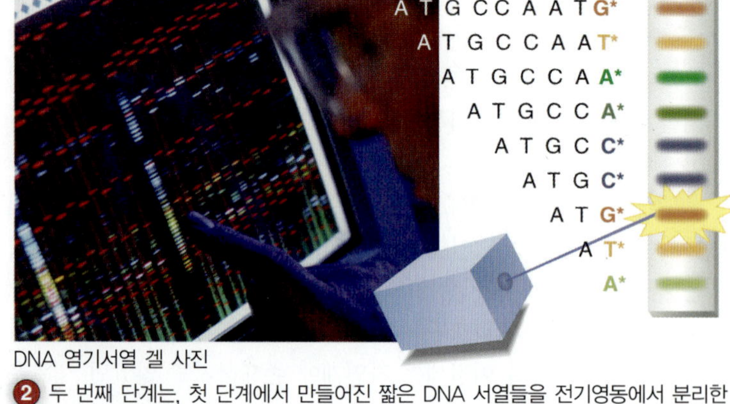

❷ 두 번째 단계는, 첫 단계에서 만들어진 짧은 DNA 서열들을 전기영동에서 분리한 후 레이저로 분석한다.

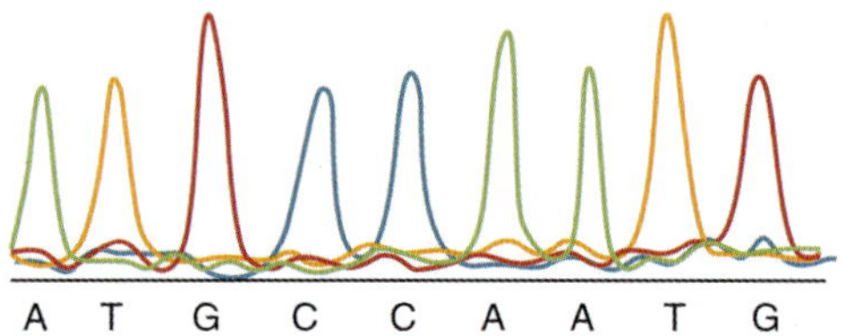

❸ 결과는 DNA의 상보 가닥의 서열이 인쇄된 출력으로 나온다.

그림 20.1 DNA 염기서열 결정.

합성이 일어나는 동안, 정상 뉴클레오티드나 변형 뉴클레오티드나 사슬에 하나씩 더해지는 점에서는 모두 적합하다. 그러나 언제나 변형 뉴클레오티드(표지가 된)가 더해지자마자 합성이 정지되므로 최종 결과는 다양한 길이의 DNA 조각들이 섞인 혼합물이 나온다. 각각의 DNA 조각 끝에는 한 개의 표지된 뉴클레오티드가 붙어 있다(그림 20.1, 1단계).

그 다음, 겔에 DNA 조각들을 한 줄씩 올려놓고 **겔 전기영동(gel electrophoresis)**을 실시한다. DNA 조각들은 겔 전기영동이 만든 전기장을 통해 겔 속을 이동해 나간다. 작은 DNA 조각들은 큰 조각들보다 겔 속에서 더 빨리 이동한다. 겔 위에 나타나는 네 개의 서로 다른 형광 표지를 컴퓨터에 연결된 레이저가 감지하여 읽는다(그림 20.1, 2단계). 결과는 뉴클레오티드 조각들이 크기 순서에 따라 질서 정연하게 배열된 그래프로 나타난다(그림 20.1, 3단계). 이것이 원래 DNA 절편에 상보적인 단일 가닥 DNA의 서열이다. 원래의 미지 DNA 절편의 서열은 이 상보적 DNA의 염기쌍을 바탕으로 쉽게 계산해 낼 수 있다.

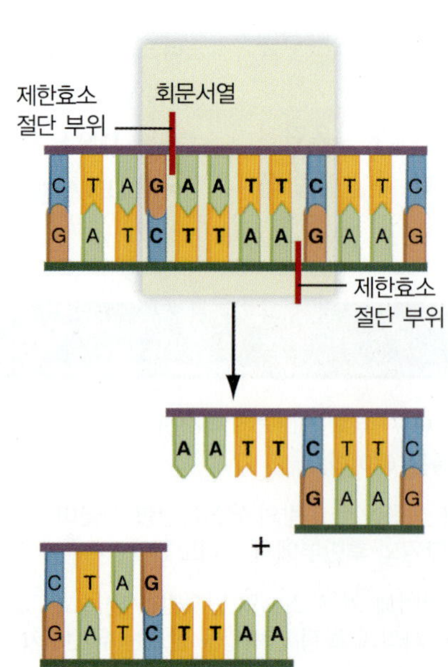

그림 20.2 제한효소에 의한 DNA 절단. 제한효소는 DNA를 특정 회문 서열에서만 자르는데, 잘린 DNA의 양쪽 끝에는 서로 상보적인 짧은 한 가닥 DNA가 남게 된다.

요점 정리

DNA 염기서열 결정 방법을 이용하여 짧은 DNA 절편의 뉴클레오티드 순서를 밝혀낼 수 있다. 겔 전기영동은 DNA 절편을 크기에 따라 분리한다. ■

20.2 DNA는 실험실 내에서 변형시킬 수 있다

지난 수십억 년 동안 자연계는 생물체가 번식할 때마다 DNA를 재조합해왔다. 인간은 수천 년 동안 식물과 동물들을 길들이고 또 선택적으로 교배하여 인간에게 유익한 방법으로 자연이 DNA를 재조합하게 하였다. 바로 지난 수십 년 사이에 우리는 DNA를 자르고, 이어 맞추고, 원하는 대로 많은 양을 만들 수 있을 만큼 DNA에 대해 잘 알게 되었다. 사실, 우리는 이제 예전엔 자연계에 전혀 존재하지도 않았던 생물체를 만들어낼 수 있는 역량을, 심지어는 결함 있는 인간의 유전자도 고치거나 수선할 수 있는 능력을 갖추게 되었다.

재조합 DNA 기술: DNA의 절단, 이어 맞추기 및 복제

유전자나 DNA를 자르고, 이어 맞추고, 복제하는 데에는 제한효소, DNA 리가아제, 플라스미드, 세균 등과 같은 특수화된 도구와 요소가 필요하다.

제한효소(restriction enzyme)는 DNA 가닥에서 특정 염기쌍 사이의 결합을 잘라내는 효소이다. 자연에서 제한효소는 침입하는

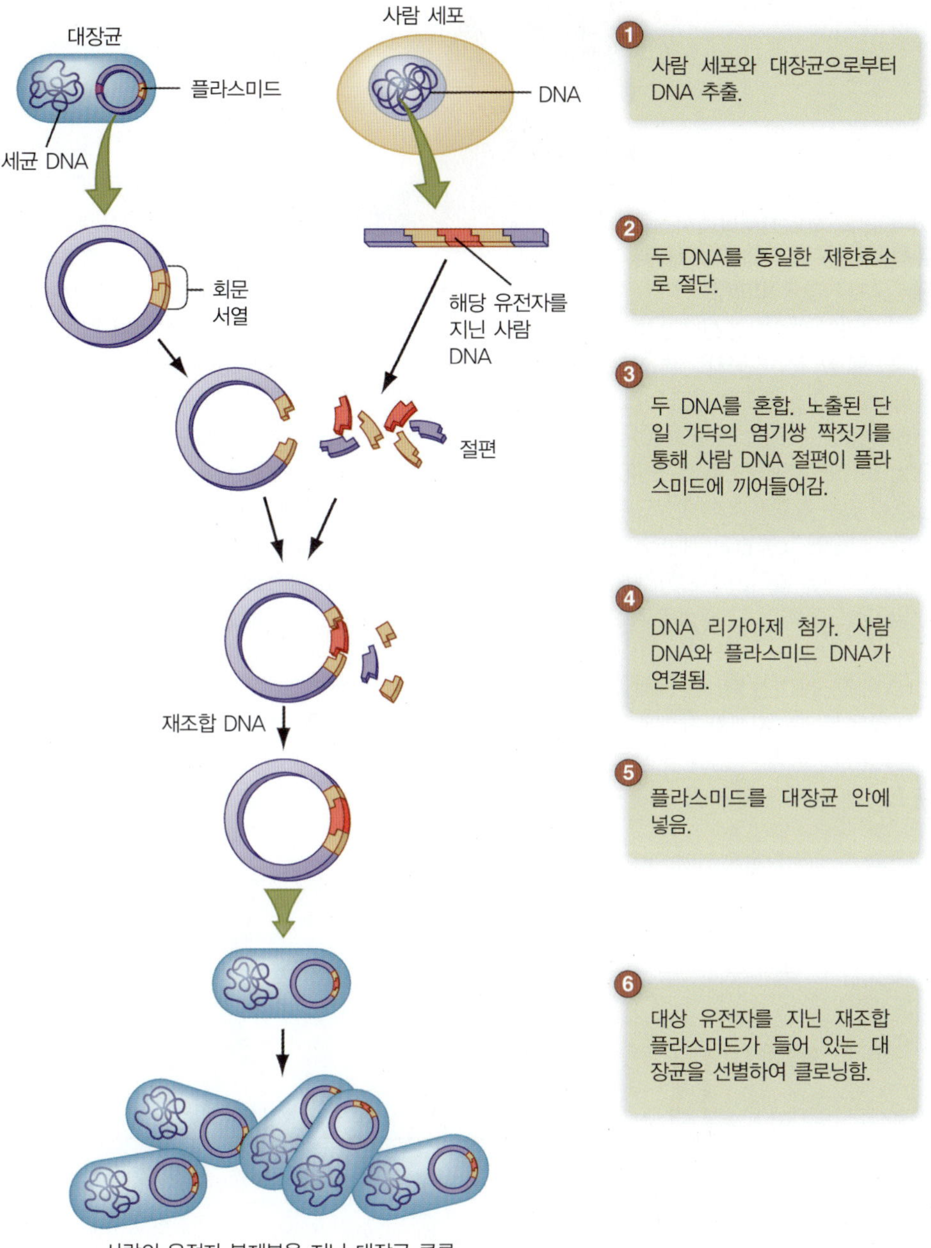

그림 20.3 유전자 클론이나 유전자의 산물인 단백질을 생산하는 재조합 DNA 기술.

바이러스의 DNA를 잘라서(제한함) 세균을 바이러스의 침입으로부터 보호한다. 그러나 제한효소는 어느 생물의 DNA든지 다 자른다. 제한효소는 마치 문장에서 특정 단어가 나타나면 바로 그 뒷줄을 잘라내는 특수 가위와 같다. 자연계에는 서로 다른 수많은 제한효소들이 있다. 그러나 재조합 DNA 기술에서 가장 유용하게 쓰이는 것은 DNA 뉴클레오티드 서열이 **회문(palindrome)**인 곳을 자르는 것들이다. 회문 서열은 한 쪽 DNA 가닥의 왼쪽으로부터 오른쪽으로 읽는 순서가 다른 쪽 DNA 가닥의 오른쪽으로부터 왼쪽으로 읽는 순서와 같은 서열이다. 그림 20.2의 GAATTC와 같은 경우이다. DNA를 회문 서열에서 자르면 양쪽에 서로 상보적인 짧은 한 가닥짜리 끝이 남게 되는데, 동일한 제한효소로 자르면 어느 DNA든지 똑같은 한 가닥짜리 끝이 나온다.

DNA 리가아제(DNA ligase)는 제한효소가 잘라낸 DNA 절편들을 서로 결합시켜주는 효소이다.

플라스미드(plasmid)는 세균 안에 존재하는, 자가 복제하는 작은, 원형의 DNA 분자이다. 이들은 정상적인 세균 염색체의 일부분은 아니지만 세균의 복제에 필요한 특정 유전자를 지니고 있어서 세균에게는 중요한 존재이다. 플라스미드는 외부 DNA의 조각을 끼워 넣을 수 있기 때문에 유용하게 쓰인다. 플라스미드가 세균 안으로 다시 들어가면 세균이 번식할 때마다 플라스미드도 복제를 한다. 과학자들은 실험실에서 세균을 배양하여 번식시킴으로써 재조합 DNA 플라스미드를 무한정으로 만들어낼 수 있다.

그림 20.3은 인간의 DNA를 이용하여 재조합 DNA를 만드는 기술을 나타낸 것이다.

1. **플라스미드 DNA와 사람의 DNA를 분리해낸다.** 조직 표본으로부터 관심 있는 DNA를 분리해내서 정제한다. 세균으로부터 플라스미드 DNA도 분리해낸다.
2. **동일한 제한효소를 사용하여 플라스미드 DNA와 사람의 DNA를 자른다.** 제한효소가 사람의 DNA와 플라스미드 DNA를 특정 회문 뉴클레오티드 서열에서 자른다. 양끝에는 서로 짝이 맞는 한 가닥짜리 끝이 남는다.
3. **사람 DNA의 절편을 잘라진 플라스미드와 혼합한다.** DNA 절편들이 플라스미드와 서로 결합하기 시작한다. 절편들의 끝에 있는 한 가닥 DNA들이 상보적 염기쌍을 만들어 결합한다.
4. **DNA 리가아제를 넣어 연결을 완수한다.** DNA 리가아제가 사람 DNA와 플라스미드 DNA 사이를 서로 연결해준다. 이제 원형의 세균 플라스미드에는 인간의 DNA가 들어 있다.
5. **새 플라스미드를 세균에 집어넣는다.** 이러한 목적에는 대장균(*E. coli*)처럼 비교적 무해한 세균들이 사용된다.
6. **사람 DNA를 가진 세균을 선별하여 증식시킨다.** 위 방법으로 각각 서로 다른 사람 DNA 절편을 가진 많은 플라스미드들이 만들어진다. 따라서 우리가 목적으로 하는 사람 DNA의 절편을 가진 세균을 찾아내서 분리해낸 다음 그 세균(그리고 그 안에 들어

과학이 나아가는 방향

DNA 지문법

사람의 손가락 끝에 있는 지문은 1800년대 이후부터 개인을 확인하는 일에 사용되어 왔다. 과학의 놀라운 신개발 중에 **DNA 지문법(DNA fingerprinting)**이 있는데, 산 사람이거나 죽은 사람이거나 그 사람의 DNA 몇 가닥만 가지고 그 사람을 확인하는 정교한 기술이다. DNA 지문법은 지문의 현대판 속편인 셈이다.

신원 확인 방법으로 사용되는 DNA 지문법의 유용성은 다음 사실에 근거를 둔다.

- 모든 사람의 유전체는 동일한 염색체의 동일한 자리에 위치하는 동일한 유전자들로 구성된다. 기능성 유전자의 실제적인 핵산 서열은 아주 적은 개인별 차이를 나타낸다.
- DNA의 유용한 유전자들 사이에는 아무것도 암호화하지 않는 긴 반복적인 핵산 서열이 끼어 있다. 수백만 년에 걸친 진화 과정에서, 이 "쓸데없는(junk)" DNA의 반복 서열의 길이는 매우 많은 변화를 겪었다-기능성 유전자 자체의 서열보다도 훨씬 더 많은 변화를 거쳐 왔다.
- 제한효소라고 부르는 효소는 DNA를 특정 서열에서 잘라낼 수 있다.
- 쓸데없는 DNA의 반복 서열 길이는 개인들 사이에 서로 차이가 있으므로 제한효소로 잘라진 DNA 조각들의 크기는 개인에 따라 서로 다르게 나타난다.

실제로 이 기술이 작동하는 방식은 다음과 같다. 작은 DNA 표본을 제한효소를 이용하여 더 작은 크기로 자른다. DNA 조각들을 분리한 후에 볼 수 있도록 각각에 표지를 붙인다. DNA 조각들을 다공성 종이판 위에 올려놓고 전기영동을 실시하여 DNA 조각을 크기에 따라 분리한다. 전기영동 후에 DNA 절편들이 종이 위에 위치한 패턴을 **전기영동도(electropherogram)** 또는 DNA 지문이라고 부른다. DNA 지문은 일란성 쌍생아를 제외하고 각 사람마다 고유하다.

오늘날 DNA 지문법이 널리 사용되고 그 정확성이 주장되고 있는데도 불구하고 DNA 지문법은 여전히 논란의 대상이다. DNA 증거에 대한 법정 심리는 수 주일이 걸리고 여기에는 수백만 달러의 세금이 사용되며 신뢰도와 유일성 문제는 아직 결정이 되지 않았다. 1994년, 아내와 아내 친구를 살해한 혐의로 기소된 전 미식축구 선수 O. J. 심슨의 재판에서 DNA 데이터를 반박하는 피고 측 조서는 100페이지가 넘었다. 심슨은 형사재판에서 무죄로 석방되었으나 후에 민사재판에서는 유죄 판결을 받았다.

몇몇 국가에서는 보다 신속한 범죄 해결을 위한 목적으로 알려진 범죄자로부터 얻은 DNA 표본의 데이터베이스를 구축하고 있다. 영국은 거의 3백만 명이나 되는 데이터베이스를 갖추고 있으며, 이 데이터베이스를 대조하여 혐의자를 확인할 수 있는 확률은 40% 이상으로 추정된다. 한 예로, 최근에 교통법규 위반으로 기소된 한 남성이 1968년에 일어난 살인사건에 관련이 있음이 밝혀졌으며 후에 그 남성은 유죄판결을 받았다.

DNA 데이터베이스 탐색에 대해 새로 제기된 예기치 않은 문제는 사생활 침해에 관한 것이다. 미국 캘리포니아 주는 범죄 현장에서 채취한 DNA 표본과 "부분적 일치"를 찾기 위해 범죄자의 데이터베이스를 이용한다. 만일 알려진 범죄자가 데이터베이스와 부분적으로 일치한다면 그 사람은 최근 사건의 범인이 아니지만 그 사람의 인척 중 한 사람이 아마도 범인이라는 것을 의미한다. 즉, 범죄와 관련된 아무런 이유가 없어도 그 사람의 가까운 친척은 모두 다 용의자가 된다. 예를 들면, 당신의 형이 한때 범죄를 저질러서 DNA 데이터베이스에 들어 있다고 상상해보자. 그리고 범죄현장에서 발견된 당신 사촌의 DNA가 당신 형의 데이터베이스와 부분적 일치로 연관이 되었다고 가정해보자. 당신과 사촌은 모두 다 용의자가 된다. 사생활 보호자들은 범죄를 저지르지 않은 사람에 대한 "유전자 감시"라는 이 새로운 방법에 대해 우려하고 있다. 이 문제에 담긴 정치적인 면을 보는 것도 흥미로운 일이 될 것이다.

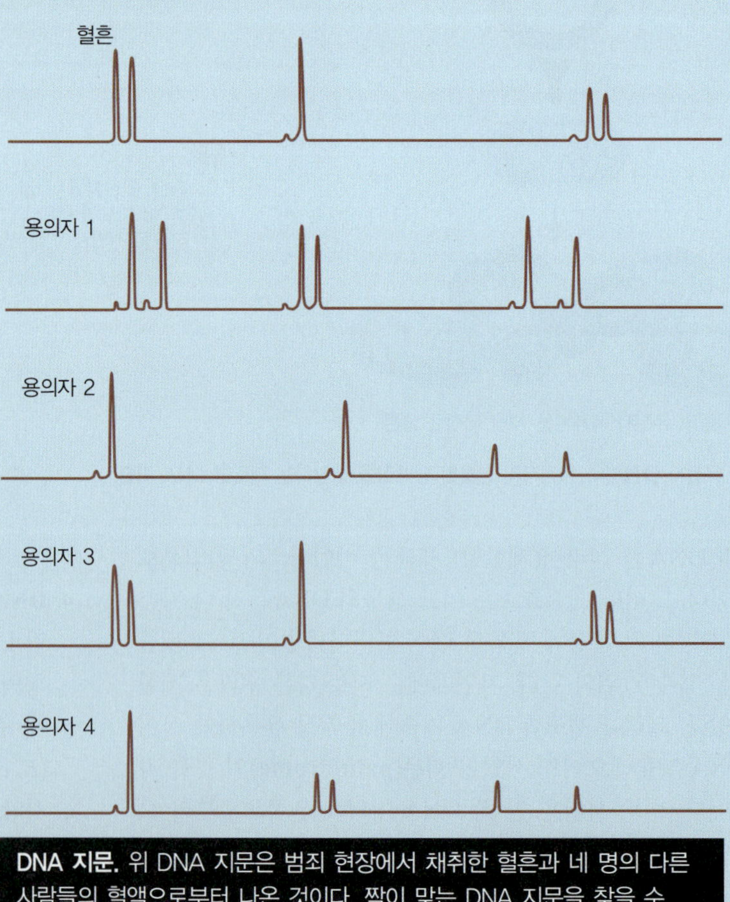

DNA 지문. 위 DNA 지문은 범죄 현장에서 채취한 혈흔과 네 명의 다른 사람들의 혈액으로부터 나온 것이다. 짝이 맞는 DNA 지문을 찾을 수 있는가?

있는 인간의 유전자도 함께)을 대량으로 클로닝한다. 대개 이 경우에는 그 DNA가 발현하는 단백질에 대한 항체에 표지를 해서 세균의 군체에 첨가하여 찾아낸다. 만일 그 유전자(그리고 산물인 단백질)가 세균 군체에 존재한다면 항체는 단백질과 결합할 것이고 목적으로 하는 세균 군체는 찾아질 것이다.

본질적으로 이것이 유전자 클로닝 기술이다. 한 단계 더 나아가서, 만일 DNA 절편에 들어 있는 유전자를 발현할 세균을 얻을 수만 있다면 그 세균은 특정 단백질을 사실상 무한정으로 만들어낼 것이다.

만일 특정 DNA 절편을 아주 빠르게 수백만 개 만드는 것이 목표라면 **중합효소연쇄반응(polymerase chain reaction: PCR)**이라는 다른 기술을 이용하면 된다. PCR은 적은 양의 DNA 표본(범죄 현장에서 발견된 것과 같은)을 증폭하는 데 특히 유용해서 DNA를 정확히 확인할 수 있게 해준다. 그러나 PCR은 기능성 유전자를 클로닝하고 그 유전자가 만드는 단백질을 찾는 데는 유용한 기술이 아니다. 왜냐하면 PCR로 만든 DNA에는 유전자를 활성화하는 데 요구되는 조절유전자가 없기 때문이다.

원리적으로, PCR은 아주 간단하다(그림 20.4). 첫째, 약하게 열을 가해서 DNA 표본의 두 가닥을 풀어준다. 그 다음 이것을 각 가닥의 한 쪽 끝과 상보적인 (1) 프라이머(시발체: primer), 새로운 DNA 상보 가닥을 만드는 데 필요한 (2) 뉴클레오티드, 그리고 길어지는 DNA 상보 가닥에 뉴클레오티드를 붙이는 일을 촉진시키는 효소인 (3) DNA 중합효소와 혼합한다. 혼합물의 온도가 떨어지면 프라이머들이 두 개의 단일 가닥의 끝에 결합한다. 프라이머들은 각 가닥에서 복제의 시작점을 나타낸다. 이제 DNA 중합효소의 도움을 받아 길어지는 상보 사슬에 뉴클레오티드들이 순서대로 붙여진다. 양쪽 가닥에서 DNA가 완전히 복제되면 가열과 냉각의 순서는 다시 반복된다. 가열과 냉각의 순서가 한번 지나가면 원하는 DNA 표본의 양은 2배가 된다. 이 반응을 20번 반복하면 원래 DNA와 같은 것을 100만 개 이상(2^{20}) 얻게 된다.

요점 정리

재조합 DNA 기술은 DNA를 자르고 이어 붙여서 새로운 조합을 이루게 하며 DNA의 절편을 복제하여 대량으로 만든다. DNA 절편은 세균을 이용하거나 중합효소연쇄반응(PCR)을 통해 복제할 수 있다. ■

20.3 유전공학으로 형질전환 생물을 만든다

형질전환 생물(transgenic organism: 한 개 이상의 다른 생물의 유전자를 가지도록 유전공학적으로 만들어진 생물)을 만들 수 있는 능력은 생명과학자들에게 새로운 개척지를 열어주었다. 다음 절에서는, 21세기의 유전공학 기술의 흥미로운 응용에 대해 공부한다.

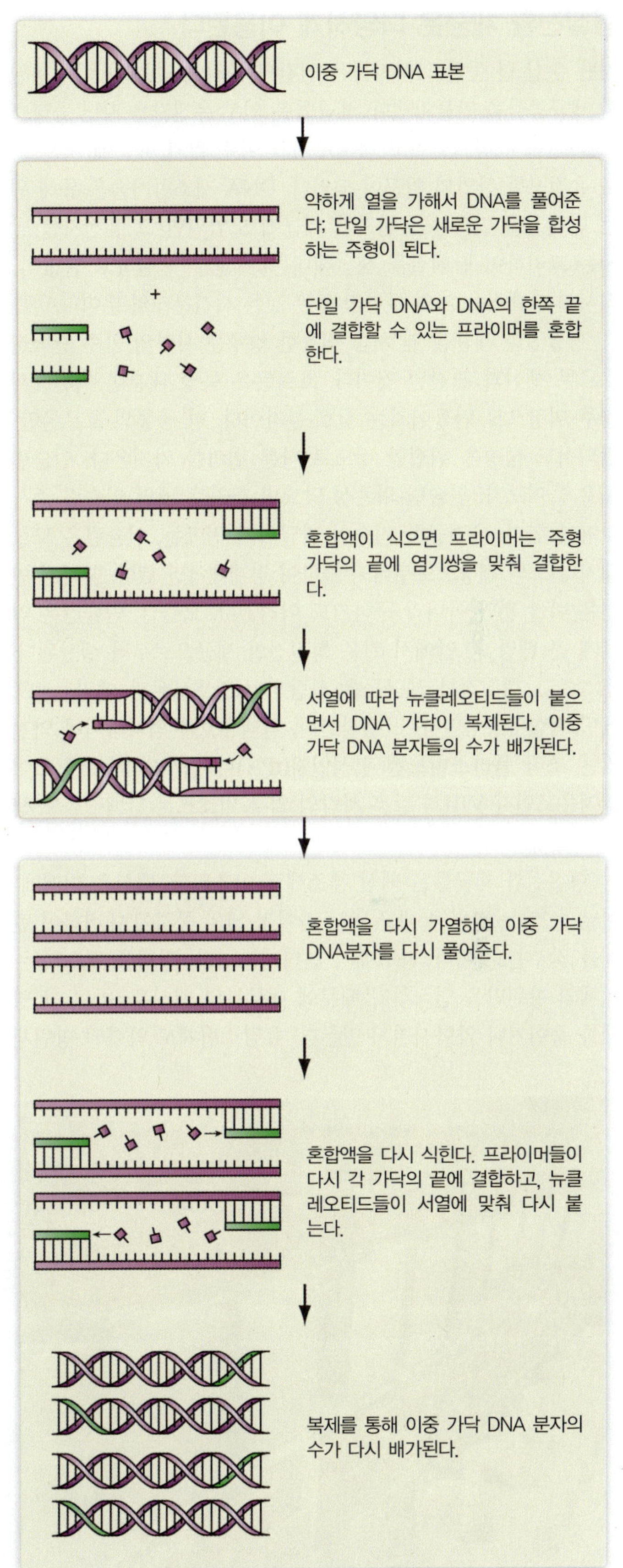

그림 20.4 DNA 분절의 짧은 부분을 증폭시키는 중합효소연쇄반응(PCR).

형질전환 세균은 다양하게 이용된다

지난 수십 년 동안 과학자들은 인간의 목적에 맞는 새로운 형질전환 세균종들을 만들어냈다. 세균들은 외부 유전자를 지닌 플라스미드를 신속히 받아들이고 복제주기가 아주 짧기 때문에 빠른 속도로 유전공학 산업의 일꾼이 되었다. DNA 재조합기술을 통해 원하는 단백질을 만드는 유전자가 세균에 도입되면 그 유전자를 발현하는(그리하여 단백질을 생산해내는) 세균을 선별하고 끝없이 증식시켜 단백질을 거의 무한정 얻는 것은 시간문제일 뿐이다.

형질전환 세균을 맨 처음 적용한 경우는 사람의 필수 단백질인 호르몬 생산과 관련된 것이다. 호르몬은 특정 내분비 기관에서만 아주 미량으로 만들어지는 신호 분자이다. 한 종류의 호르몬만 결핍되어도 생명을 위협할 정도로 나쁜 결과를 가져온다. 인슐린을 예로 들어보자. 인슐린-의존성 당뇨병 환자는 매일 인슐린 주사를 맞아야 한다. 유전공학 기술이 발달하기 전에는, 인슐린은 도살된 돼지나 소의 췌장으로부터 추출하여 정제해야만 했다. 따라서 인슐린은 비쌀 뿐만 아니라 구하기도 어려웠다. 오늘날, 인슐린은 엄청나게 큰 배양 통 안에서 키운 형질전환 세균으로부터 생산된다(그림 20.5). 형질전환 세균들은 사람의 성장호르몬과 에리트로포이에틴(적혈구생성인자)도 생산한다. 혈액응고를 억제하거나 역전시키는 조직 플라스미노겐 활성인자(tPA)나 혈우병 치료에 쓰이는 혈액응고인자 VIII과 같은 사람의 일부 비호르몬 단백질들도 생산되고 있다.

형질전환 세균들은 백신 제조에도 이용된다. 백신은 미래에 일어날 수 있는 병원체(세균 또는 바이러스)의 공격에 대비하여 면역계를 갖추는 것이다. 자연에서 면역계는 오직 질병을 일으키는 병원체의 항원만을 인식하기 때문에 대부분의 백신은 바로 그 병원체를 죽이거나 약화시켜서 만든다. 유감스럽게도 약화된 병원체로부터 만든 백신은 비록 낮긴 하지만, 그 백신이 막아내려고 했던 바로 그 질병을 전파할 수 있는 위험성을 지니고 있다. 예를 들면 소아마비 백신을 주사한 사람들 중 아주 소수가 나중에 소아마비를 일으켰다. 두 번째 단점은 때때로 백신의 공급이 부족하다는 것이다.

백신은 유전공학적으로 제조된 세균으로부터 만든다. 첫 단계로 무해한 세균에 질병을 일으키는 병원체의 표면 항원단백질을 만드는 유전자를 삽입한다. 목적은 표면 항원단백질을 생산하여 정제한 후 백신으로 사용할 수 있을 만큼 충분한 양을 만들어내는 무해한 세균을 얻는 것이다. 백신은 단지 정제된 항원일 뿐이므로 질병을 일으킬 위험은 전혀 없다.

유전공학적 방법으로 백신을 제조하는 것은 이론상 쉬운 일처럼 보이지만 실제로는 시간이 매우 많이 걸리고 경비도 많이 소요되는 과정이다. 유전공학적으로 설계된 백신을 생산하기 위해서는 올바른 유전자를 성공적으로 찾아내서 무해한 세균에 도입시켜야 하며, 그 세균이 우리가 찾는 단백질을 대량으로 만들어내야 한다. 일이 복잡한 것은, 일부 병원성 생물체들은 아주 빨리 진화해서 금년에 만든 백신이 내년에는 효용이 없을 수도 있다는 것이다. 그럼에도 불구하고 유전공학적으로 만든 B형 간염백신은 현재 상용되고 있으며 말라리아 백신을 포함하여 몇 가지 다른 백신들도 연구개발 중에 있다. 그러나 HIV에 대한 가능성 있는 몇 개의 백신 개발은 그 백신들이 HIV 감염을 예방하지 못해서 중단해야만 했다. 유전공학적 방법에 의한 성공적인 백신 생산은 끊임없는 도전인 것이다.

현재 형질전환 세균은 효소(예를 들면, 녹말을 포도당으로 분해하는 아밀라아제)를 산업에 필요한 양만큼 생산하고, 구연산과 에탄올을 제조하며, 사람에게 필요한 의약품을 생산하는 데 실용적으

그림 20.5 형질전환 세균을 이용하여 사람의 호르몬을 생산할 수 있다. 대장균을 이용하여 배양통에서 사람의 인슐린 호르몬을 생산한다.

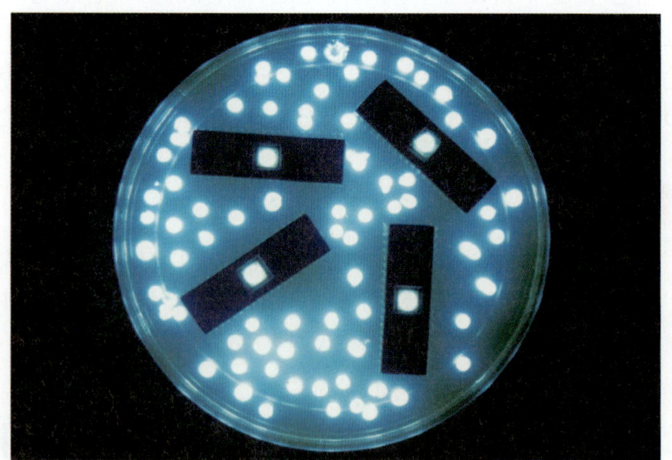

그림 20.6 "실리콘 칩 위의 박테리아." 사진에 보이는 세균(*Pseudomonas fluorescens*)은 환경오염물질의 일종인 나프탈렌을 흡수하면 빛을 내도록 유전공학적으로 형질전환된 것이다. 일부 세균은 빛을 전류로 전환시켜 전자 수신기로 보내도록 고안된 실리콘 칩(검은 직사각형) 위에서 배양했다. 이와 같은 세균을 이용한 마이크로전자 장치는 위험물 폐기장을 감시하는 데 사용된다.

로 이용되고 있다. 형질전환 세균은 유독성 폐기물이나 유류오염물을 씻어내고 석탄으로부터 황을 제거하거나 유해 폐기물을 감시하는 데에도 사용된다(그림 20.6).

요점 정리

세균은 외래 DNA가 들어 있는 플라스미드를 쉽게 받아들이고 분열주기가 짧기 때문에 유전공학에서 유용하게 쓰인다. 형질전환 세균들은 사람의 단백질, 사람의 호르몬, 그리고 백신까지도 생산할 수 있다. ■

형질전환 식물: 더 많은 비타민과 더 좋은 저항력

형질전환 식물을 만드는 일은 형질전환 세균을 만드는 것보다 다소 어렵다. 일반적으로, 식물을 감염시키는 특정 세균에 있는 플라스미드 속에 관심 있는 DNA를 집어넣는다. 그 세균을 식물 배아세포와 함께 배양하면 소수의 식물세포들은 DNA가 들어간 플라스미드를 받아들이고, 다시 그들 중 몇몇은 재조합 DNA를 그들 자신의 유전물질과 통합하게 된다. 다른 기술로는, 식물세포를 재조합 DNA와 함께 두고 고전압으로 충격을 가하거나, 유전자 총을 이용하여 재조합 DNA를 고속으로 식물세포 속으로 쏘아 넣는 방법들이 있다. 원하는 DNA가 들어 있는 개별 식물세포를 선별해내면 이 세포들을 이용해서 원하는 형질을 가진 전체 식물로 키워내면 된다.

어려움에도 불구하고 유전공학은 이미 동결에 내성이 있는 토마토, 유통기간이 긴 토마토, 해충에 저항력을 지닌 옥수수와 면화(그림 20.7), 일반 제초제에 내성을 가진 콩과 면화, 그리고 베타카로틴의 함량이 높은 "황금쌀"(그림 20.8) 등을 만들어냈다. 베타카로틴은 인체 내에서 비타민 A로 전환이 되는데 많은 나라, 특히 남아메리카와 아시아 국가들 사람의 음식물에는 비타민 A가 부족하

그림 20.7 유전자 변형된 목화. 왼쪽 목화 꼬투리는 바구미에 저항성을 갖도록 유전공학적으로 변형된 것이다. 오른쪽은 보통의 목화 꼬투리와 바구미 애벌레이다.

그림 20.8 형질전환 작물은 인간의 영양 상태를 개선할 수 있다. 오른쪽의 황금쌀은 베타카로틴의 함량이 높다. 베타카로틴은 전 세계의 여러 지역에서 결핍되는 영양분 중 하나이다.

다. 또한 과학자들은 빨리 숙성하고, 광합성을 잘 하기 위해 큰 잎을 만들어내며, 가뭄에 더 잘 견딜 수 있도록 뿌리를 넓게 발달시키고, 바람에 넘어지지 않도록 줄기를 짧고 강하게 키우는 식물들을 개발하려고 노력하고 있다.

형질전환 식물들은 전염성 질병에 대한 식용 백신 생산에도 이용되고 있다. 과학자들은 이미 날감자에서 B형 간염백신을 생산해냈으며, B형 간염, 콜레라, 설사를 일으키는 바이러스 등에 대한 백신의 원천으로서 바나나를 연구하고 있다. 바나나는 어린아이들도 맛있어 하고, 요리할 필요가 없으며, 열대나 아열대 기후에서 쉽게 재배할 수 있기 때문에 식용 백신을 함유한 바나나는 엄청난 가치를 갖게 될 것이다.

형질전환 식물은 사람의 유전자와 통합하여 사람 단백질을 만들어내기도 한다. 예를 들면, 과학자들은 감자와 담배에서 사람의 혈청알부민을 상업적으로 실용 가능한 양만큼 생산해내려는 일에 노력을 경주하고 있다. 혈청알부민은 체액대체요법에서 필수적으로 요구되는 성분이다.

일부 사람들은 형질전환 식물의 안전성에 대해 우려를 나타낸다. 특히, 규제와 안전성 검증 기간에 비해 새로운 식물의 개발이 빨리 이루어질 때 그렇다. 소위 프랑켄식품(M.W. 셸리의 소설 '프랑켄슈타인'의 동명 주인공이 자신이 만든 괴물에 의해 파멸하는 것을 인용하여 유전공학적으로 만든 식품을 풍자적으로 이르는 말)에 반대하는 항의는, 특히 유럽에서는 점점 흔한 일이 되고 있다. 앞으로 유전공학적 방법으로 식물을 개발하는 일은 더욱 엄격해진 정부의 검증과 공공 토론회를 거쳐야할 것이다.

안전성의 문제 외에도, 유전공학적으로 만들어진 곡물의 광범위한 보급은 때때로 그러나 넓은 지역에서 곡물 부족 사태를 일으킬 수 있다는 우려가 있다. 문제는 유전공학적으로 만들어진 작물은 해당 유전자를 집어넣은 하나 혹은 아주 적은 수의 근원 배아 식

물로부터 만들어져 연구실 내에서 여러 차례 반복 분열시킨 것이라는 점이다. 이런 식물은 복제식물이다. 즉, 모든 개별 식물들이 유전적으로 서로 같다는 것이다. 따라서 만일에 새로운 병충해가 발생하거나 기후 또는 환경 조건이 단시간에 변해서 작물에 피해를 끼친다면 전체 작물의 수확도 실패하게 된다. 유성생식에 의해 번식하는 작물의 개체군에서는 유전적 변이로 인해 어떤 개체는 다른 개체에 비해 이런 피해를 견디는 능력이 더 좋기 때문에, 병충해나 기후 환경 조건의 변화에 다양하게 반응할 수 있다. 그러나 유성생식은 어렵게 얻은 형질전환 식물을 번식하기 위해 선택할 수 있는 방법이 아니다. 왜냐하면 유성생식 방법으로는 원하던 형질이 몇 세대 거치지 않아 사라져버리기 때문이다.

형질전환 동물: 더 큰 도전

형질전환 동물을 만드는 일은 형질전환 식물을 만드는 것보다 훨씬 어렵다. 첫째, 동물세포는 세균이나 식물세포들처럼 플라스미드를 흡수하지 않기 때문에 외부 DNA를 동물세포 안으로 도입하는 일은 큰 도전이다. 둘째, 단일 세포나 세포군으로부터 동물을 클로닝하는 기술은 식물을 클로닝하는 것보다 훨씬 더 어렵다.

형질전환 동물을 만드는 일은 일반적으로 대상 DNA를 수정란에 집어넣는 것으로 시작한다. 한 가지 방법은 DNA를 각 난자에 개별적으로 미세 주입하는 것이다. 다른 방법은 수정란을 DNA와 미세한 실리콘 바늘과 함께 넣어서 흔들어주는 방법이다. 그러면 바늘이 수정란의 표면에 구멍을 만들어서 그곳으로 DNA가 들어가게 된다. 그런 다음 수정란을 암컷에 착상하여 임신시킨다. 보통은 한번 사용할 수 있는 성숙한 난자의 수가 아주 적고, 재조합 DNA를 자신의 DNA와 결합시키는 난자의 비율도 10% 미만이기 때문에 한 번에 만들 수 있는 형질전환 동물의 수는 제한되어 있다.

이러한 어려움에도 불구하고 형질전환 동물의 생산에는 진전이 있다. 현재, 식량생산을 위해 가축들이 빨리 자라고 크게 자랄 수 있도록 소의 성장호르몬(bGH) 유전자를 소, 돼지 그리고 양에게 주입하였다. 형질전환 동물들은 사람의 특별한 질병을 연구하기 위해서도 사용된다. 예를 들면, 사람의 알츠하이머 질병과 관련이 있다고 생각되는 베타아밀로이드 단백질을 과량 발현하는 형질전환 생쥐가 만들어졌다.

제약회사들은 사람의 유용한 단백질을 만드는 유전자를 염소, 양, 소 등에 집어넣었다. 동물의 몸이 크면 암컷의 젖으로부터 충분한 양의 단백질을 얻을 수 있기 때문에(그림 20.9) 몸이 큰 동물들을 선호한다. 그렇게 함으로써 동물을 반복적으로 교배시키거나 혈액으로부터 단백질을 얻기 위해 많은 동물을 희생시키지 않아도 된다. 가축으로부터 의약품을 생산해내는 과정을 "유전자 제약(gene pharming)"이라고 부르는데 적절한 표현인 것 같다(그림 20.10).

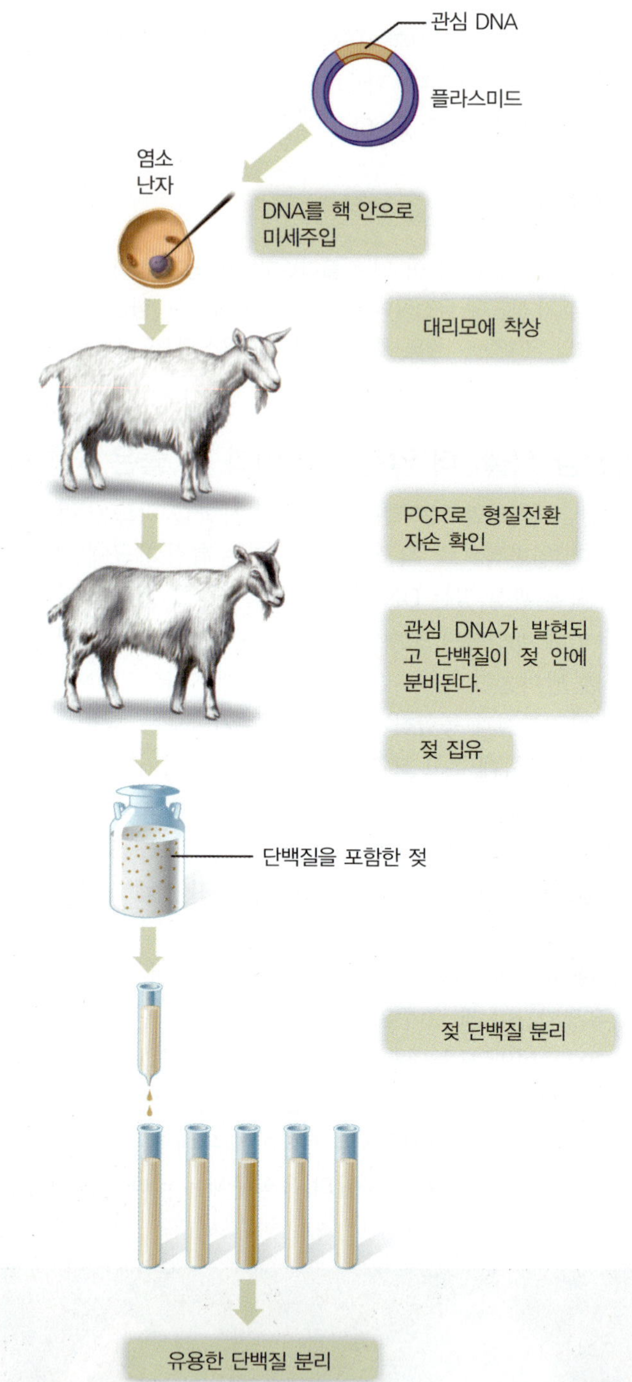

그림 20.9 형질전환 동물 제조. 형질전환 동물을 만드는 한 가지 방법은 관심 있는 DNA를 동물의 난자에 미세 주입한 후 다른 암컷에게 착상시켜 발생시키는 것이다. 유용한 단백질을 만드는 사람 유전자를 염소와 같은 큰 동물의 난자 안에 주입한 다음 그 형질전환 동물이 성숙하면 동물의 젖에서 관심 있는 사람 단백질을 채취한다.

요점 정리

형질전환 식물이나 동물들을 이용하면 새로운 농작물이나 사람의 유용한 단백질을 만들 수 있다. 동물세포들은 플라스미드를 잘 받아들이지 않고 클로닝 기술도 훨씬 어렵기 때문에 형질전환 동물을 만드는 일은 훨씬 더 어렵다. ■

그림 20.10 **유전자 제약.** 이 염소들은 수술 도중에 일어나는 혈액응고를 방지하는 항트롬빈 III 단백질을 포함한 젖을 생산하도록 유전공학적으로 형질전환되었다.

20.4 유전자 치료법: 미래의 희망인가?

사람의 유전자를 사람의 세포 속에 집어넣어 질병을 치료하거나 고치는 **유전자 치료법(gene therapy)**의 개념보다 더 상상의 불을 피울 수 있는 것은 없을 것이다. 성공적인 유전자 치료법의 잠재력은 종종 인간게놈프로젝트(Human Genome Project)가 가져다줄 수 있는 가능한 혜택의 하나로 언급된다. 오늘날 우리는 많은 유전병을 일으키는 유전자 돌연변이들이 존재하는 염색체뿐만 아니라 그 염색체에서의 상세한 위치까지도 알고 있다(표 20.1). 장래에는 유전자 치료법을 통해 이런 돌연변이들이 고쳐질 것이라는 큰 희망을 가지게 되었다.

그러나 아직은 좀 신중해야 한다. 많은 노력에도 불구하고 성공적인 유전자 치료법은 아직은 현실이라기보다는 꿈에 더 가깝다. 이 절에서는 유전자 치료법의 성공을 어렵게 하는 장애가 무엇인지, 그리고 지금까지 이루어진 것은 무엇인지를 알아보도록 하겠다.

유전자 치료법은 많은 장애를 극복해야 한다

우리는 유전공학적 방법으로 동물을 만들어내는 것이 얼마나 어려운 일인지 이미 앞에서 배웠다. 그러나 온전한 형질전환 동물을 만들어내는 일은 어른이나 심지어는 어린아이의 유전질환을 고치는 일에 비하면 훨씬 쉬운 일이다.

첫째, 그 수가 수조에 달하는 분화된 성숙한 세포를 지닌 사람에게 원하는 유전자가 들어 있는 재조합 DNA를 충분할 만큼 많은 표적 세포에 집어넣는다는 것은 엄청나게 어렵다는 것이 이미 증명되었다. 형질전환 동물을 만들기 위해서는 채취된 단일 세포(수정란) 안에 유전자를 미세주입으로 집어넣는다는 것을, 그리고 그 과정마저도 성공률이 10% 미만이라는 것을 다시 생각해보면 쉽게 이해가 된다. 예를 들면, 결손이 일어난 한 개의 단백질을 설계하는 유전자를 우리가 어떻게 몸에 있는 모든 세포에, 혹은 적어도 정상적으로는 그 단백질을 생산하는 수많은 세포들 속으로 집어넣을 수 있겠는가? 우리가 어떻게 결손이 일어난 특정 호르몬을 지정하는 유전자를 정상적이라면 그 호르몬을 생산해낼 특정 내분비샘에 있는 수백만 개의 세포 속으로 집어넣을 수 있겠는가? 이상적으로 생각하면, 우리에게 필요한 것은 재조합 DNA를 모든 체세포나 특

표 20.1 **대표적인 유전병과 해당 염색체**

유전병	염색체	특징
헌팅턴병	4번	30, 40대에 발병하는 신경퇴행성 질환. 치료법 없음.
낭포성섬유증	7번	폐에 점액이 쌓여 호흡장애를 일으킴.
흑색종	9번	악성 피부암.
겸상적혈구빈혈증	11번	주로 아프리카계 흑인에게 나타나는 만성 혈액질환.
유방암, 난소암	13번, 17번	BRCA2, BRCA1 유전자가 유방암과 난소암을 일으킴.
알츠하이머병	14번	노인성치매를 일으키는 퇴행성 뇌질환.
테이-삭스병	15번	지질대사와 관련된 희귀한 치명적 유전병. 주로 동유럽 유대인에게 나타남
가족성고콜레스테롤증후군	19번	콜레스테롤 수치가 고도로 높음.
중증복합면역결핍증	20번	면역 관련 효소의 결핍으로 감염이 쉽게 일어남. 최초로 유전자치료가 시도된 유전병.
다운증후군	21번	21번 염색체가 3개 있어서 나타나는 선천성 정신지체.
혈우병	X	혈액응고인자의 결핍으로 출혈 제어가 어려움.

유전자변형 식물의 가능성을 이용해야만 하는가?

요즈음 우리들은 거의 확실히 유전자변형(GM) 식품을 먹은 적이 있을 것이다. 미국의 경우, 슈퍼마켓에 있는 전체 가공식품의 70~75%는 GM 성분을 포함하고 있다고 추정된다. 2007년에, 미국 옥수수 수확량의 73%와 콩 수확량의 무려 91%가 유전자변형 식물에서 산출된 것이다. 우리는 GM 농작물을 계속 두려워해야 하는가, 아니면 GM 농작물의 가능성을 이용할 시간이 되었는가?

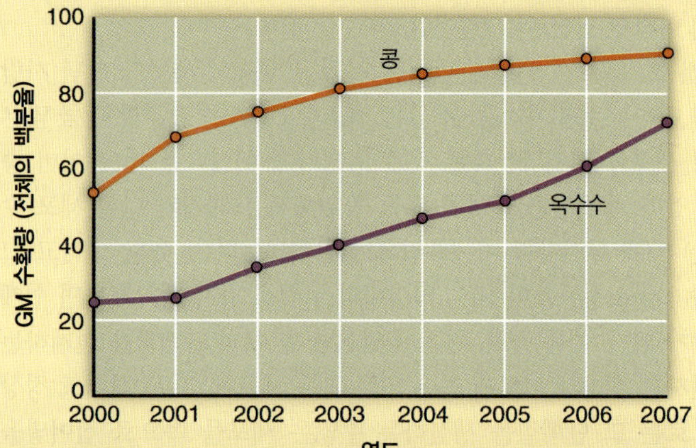

GM 작물로부터 수확한 콩과 옥수수의 비율, 미국

GM 식품은 작물생산 비용의 감소, 산출량 증대, 영양가 개선, 심지어는 항생제 생산 등과 같은 특수 목적을 위해 유전공학적으로 처리된 식물로부터 만들어진다. 널리 사용된 최초의 GM 작물은 해충이나 제초제에 대한 저항성을 키우고 환경에 피해를 주는 값 비싼 농약 살포를 줄이기 위해 유전공학적으로 제조되었다. 좀 더 최근에는 작물이 한계 환경 조건 아래에서도 잘 자랄 수 있거나, 비타민, 단백질 및 의약품까지도 생산할 수 있도록 유전자변형이 이루어졌다.

1990년대에 과학자들이 실험실 안에서 성공적으로 식물 유전체를 변형할 수 있게 되자 사람들은 바로 의구심을 갖게 되었다. GM 작물은 먹으면 위험하거나 환경을 파괴하거나 강력한 "슈퍼잡초(super weed)"를 만든다는 우려가 널리 퍼졌다.

농장에 심은 최초의 GM 작물 중 하나는 해충에 저항할 수 있는 새로운 단백질을 함유하도록 유전공학적으로 제조된 스타링크(Starlink) 옥수수이다. 스타링크 옥수수는 1998년에 미국 FDA로부터 일부 사람들은 함유된 살충 단백질에 알레르기반응을 일으킬 수 있다는 우려 때문에 가축 사료용으로만 사용하도록 승인을 받았다. 그러나 2000년에 미량의 스타링크 옥수수 성분이 사람이 먹는 음식(타코벨이라는 유명한 식당의 튀긴 옥수수 빵에서 발견됨)에서 발견되자 거대한 국민적 항의가 뒤따라 일어났다. 이 때문에 피해를 본 사람은 아무도 없었지만 스타링크 옥수수 성분이 미량이라도 들어 있는 제품들은 모두 다 시장에서 퇴출되었다. 이후로 스타링크 옥수수는 다시 재배된 적이 없다.

건전한 회의론은 물론 좋은 일이다. 그러나 건전한 회의론은 어디에서 끝나며 비이성적인 두려움은 어디에서 시작되는가? 회의론과 두려움 모두 다 두 가지 일반적인 우려에 초점을 맞추고 있다. GM 식품은 먹으면 위험하다와 GM 작물은 통제 불능이 되어 생태계를 파괴한다는 것이다. 이 우려에 대한 증거는 무엇인가?

유전자변형 식품을 먹어도 안전한가?

안전 검사의 큰 어려움 중 하나는 과학의 특성상 어떤 것이 100% 안전하다고 증명할 수 없다는 것이다. 우리가 할 수 있는 것은 신뢰도를 높이기 위해 가능한 한 많은 검사를 하는 것이다. 미국의 경우, GM 식품 검사에는 전반적 안전 수용(GRAS) 개념과 함께 실제적 등가(substantial equivalence) 평가가 일반적으로 요구된다. 만일 어떤 작물이나 식품이 비유전자변형 식품과 실제적으로 동등하다면 식용으로 안전하다고 받아들여지고, GM 식품은 더 엄밀한 검사를 받을 필요가 없다. 그러나 GM 작물이 일부 사람들에게 안전하다고 할 수 없는(예를 들면 알레르기반응을 일으키는) 새로운 특성을 한 개라도 가지고 있으면, 그 작물은 추가 검사가 이뤄질 때까지 안전하지 않다고 판정된다.

GM 식품의 안전성은 FDA의 감독을 받는다. GM 식품의 평가 과정에서, FDA 감독관들은 재조합 DNA를 삽입한 결과로 발현된 새로운 단백질에 초점을 둔다. 대부분의 단백질들은 사람의 소화기관에서 모두 아미노산으로 분해되지만 소수의 단백질들이 위산의 분해에서 살아남는 수가 있다. 이런 단단한 단백질들이 종종 음식물 알레르기를 일으킨다. 예를 들면, 땅콩에는 소화가 잘 안 되는 단백질이 들어 있다. 그 한 가지 땅콩 단백질에 알레르기가 있는 사람이 땅콩을 먹게 되면 치명적인 알레르기반응을 일으킬 수 있다.

오늘날엔 수백만 명이 날마다 GM 식품을 먹고 있으며, 현재까지 승인된 GM 식품 중 어느 것도 위험하다는 과학적 증거는 없다. 그럼에도 불구하고 우리는 주의 깊게 관찰하며 슬기롭게 대처해야 한다. 미국 회계감사원(U.S. General Accounting Office)은 최근의 보고서에서 GM 식품에 대한 FDA의 현행 규제는 적절하지만 개선할 여지가 있다는 결론을 내렸다. 제안된 개선책으로는, FDA의 평가 과정을 번거롭게 하지 말고

사실은....

- 유전자변형(GM) 작물은 다른 식물이나 세균 심지어는 동물의 유전자를 포함하고 있다.
- 미국에서는 가공 식품의 거의 75%가 GM 성분을 포함하고 있다.
- 일부 소비자들과 환경 단체들은 검증되지 않은 위험한 시도라면서 GM 식품과 GM 작물을 반대한다.
- 일부 국가에서 GM 식품 검사와 표지를 규정함으로써 미국과 캐나다의 GM 식품과 작물 수출이 위협받고 있다.
- 현재까지, GM 식품이 사람의 건강이나 환경에 위협이 된다는 증거는 없다.

간단히 할 것이며 식품 회사의 데이터를 임의적으로 점검할 것이 포함되어 있다.

유전자변형 작물은 환경을 위태롭게 하는가?

GM 작물에 대한 환경적 우려는 GM 작물이 무해한 곤충을 해치고 비유전자변형 작물과 교차수분하여 유전자 풀을 오염시키며, 제초제-저항성 GM 작물과 잡초의 교차수분으로 제초제에 저항성을 지닌 "슈퍼잡초"가 만들어질 수 있다는 것이다.

유전자변형 보리. 유전자변형 작물과 비유전자변형 작물의 교차수분이 우려된다.

물론 모든 GM 작물이 무해한 곤충을 멸종 위기에 빠뜨리지는 않는다. 해충에 저항성을 가지도록 유전자변형된 작물만이 그럴 수 있다. 그리고 해충-저항성 GM 작물의 꽃가루를 섭취한 결과로 일부 무해한 곤충들이 죽을 수 있다고 해도 그것은 살충제를 무차별적으로 살포하지 않아도 되는 혜택과 비교해서 평가해야 한다.

더 심각한 문제는 교차수분의 가능성이다. 자연에서 식물종의 유전자는 수분을 통해 다음 세대에서 재분배된다. 따라서 GM 작물과 비GM 작물 사이에 교차수분이 일어난다고 해도 놀랄 일은 아니다. 연구에 따르면, 미국 GM 옥수수의 형질전환 유전자는 이미 멕시코의 보통 옥수수로 옮겨 퍼졌으며, 미국의 다른 작물들도 GM 작물에 의해 광범위하게 오염되었다고 한다. 이것이 미래에 어떤 문제를 일으킬지는 알 수 없다. 그러나 이 문제의 중요성에 대한 연구는 이미 시작되었다. GM 작물의 종자가 다음 세대에서는 불임이 되게 하거나, GM 작물이 특수 "유전자 풀림" 화학약품 처리를 받기 전에는 새로운 유전자를 발현하지 못하도록 하는 "종료 기술"이 개발 중에 있다. 그러나 이 기술에는 그 자체로서 방해자가 있다. 사회 과학자들은 종료 기술로 인해 소규모 영세 농부들이 다음 해에 심을 종자를 얻을 수 없기 때문에 GM 작물로 생길 혜택을 받지 못할 것이라는 점을 우려한다. 소규모 영세 농부들은 특허를 가진 농업관련회사로부터 해마다 GM 종자(또는 유전자 풀림 화학약품)를 구입할 수밖에 없다.

유전자변형 작물의 개발을 막는 대중적 저항

GM 작물로 인한 심각한 피해가 없다는 것이 알려졌음에도 불구하고 몇몇 국가에서는 대중적 저항은 여전히 거세다. 유럽에서는 항의자들이 GM 작물을 습격하여 수확 전에 못쓰게 만들어 버린다. 유럽연합은 식품제조업자들에게 생산의 전 단계에 걸친 GM 작물 감시와 GM 성분을 0.9% 이상 포함한 모든 제품에 대한 표지를 요구한다. 호주와 뉴질랜드에서는 판매 목적의 모든 GM 식품은 정부기관에 의한 판매전 안전 검사를 받아야 한다. 어떤 경우에는 이러한 규제가 대부분 미국이나 캐나다에서 수입되는 GM 식품에 대한 무역 장벽을 효과적으로 세운다. 이러한 저항은 GM 식품 연구와 개발 및 상업화에 부정적인 영향을 미친다. 우리는 황금쌀(그림 20.8)을 기억한다. 황금쌀은 개발된 지 10년이 지났지만 아직도 상업화되지 못하고 있다. 특허를 가진 측은 황금쌀이 경제적 가치가 없다고 특허를 포기했다.

대부분의 GM 식품의 안정성에 대한 증거는 계속 축적되고 있다. 전 세계적으로 식품 값은 상승하고 있으며 기아로 허덕이는 사람들도 많다. 지금 우리에게 필요한 것은 해로운 절차로부터 소비자와 환경을 보호할 수 있는 간단하고 효과적인 법규와 유전공학적 기술이 안전하고 신뢰할 수 있는 방식으로 사용된다는 데 회의적인 사람들을 확신시킬 수 있는 확실한 과학적 연구이다.

일부 국가에서는 유전자변형 성분이 포함된 식품의 표지를 규정하고 있다.

생각해볼 문제

1 당신은 유전자변형 작물을 광범위하게 재배하는 것을 찬성하는가? 당신은 유전자변형 식품을 먹는 것이 편안한가?

2 유전자변형 식품은, 식품의 영양이나 의학적 가치를 높이기 위해서부터 눈물을 흘리지 않는 양파까지, 다양한 이유로 만들어졌다. 어떤 유전자변형 식품의 개발은 허용하고 다른 것은 금지해야 할 필요가 있는가? 그렇다면 어떤 것들이 허용할 것이고 어떤 것들이 금지해야 할 것인가? 당신의 입장을 설명하시오.

정 조직 또는 세포에 효율적으로 전달해주는 전달체계이다. 그러나 아직까지 그런 체계는 없다.

둘째, 우리가 한 개인의 특정 유전성 질환을 고칠 수 있다 하더라도 그것이 그 사람의 자손에게서도 그 질환이 고쳐진다는 것을 의미하는 것은 아니다. 낭포성섬유증 환자를 치료하기 위해 많은 수의 폐 세포에 정상 유전자를 주입하여 차도가 보였다고 해도, 우리가 정자나 난자를 생산하는 정소나 난소에 있는 생식세포에 정상 유전자를 집어넣을 수 있지 않는 한 그 환자의 아이들은 여전히 낭포성섬유증을 물려받게 된다. 사실상, 그대로 두면 어른이 되기 전에 죽을 수밖에 없는 한 개인의 유전성 질환을 치료할 수 있게 된다면 우리는 인간 개체군 내에서 이 유전질환이 퍼져나갈 가능성을 높여주는 셈이 된다. 미래에는 점점 더 많은 사람들의 유전질환을 고치기 위해 유전공학적 방법을 사용할 수밖에 없을 것이다.

요점 정리

사람의 유전자 치료법이 상용화되기 위해서는 극복해야 할 장애가 많다. 우리가 한 개인의 유전성 질환을 고칠 수 있게 된다고 해도 그 사람의 자식들은 여전히 그 질환을 물려받게 된다. ■

사람 세포 안으로 유전자를 넣는 것은 벡터이다

원칙적으로 유전자를 전달할 수 있어서 한 사람의 모든 세포에서 손상되거나 사라진 유전자를 대체하는 것이 이상적이라 할지라도 사실상 그 방법이 필요한 것은 아니다. 우리에게 정말 필요한 것은 질병을 예방하기 위해 결손이 일어난 단백질을 충분히 만들 수 있도록 충분한 수의 살아 있는 세포 속으로 유전자를 집어넣는 일이다. 그 일을 하는 데는 두 가지 전략이 있는데, 두 전략 모두 **벡터(vector)**라고 하는 사람 세포 속으로 유전자를 전달할 수 있는 운반체를 이용한다. 가장 좋은 벡터는 **레트로바이러스(retrovirus)**라고 하는 바이러스이다. 레트로바이러스는 RNA로 되어 있는 자신의 유전자를 자신이 침투한 세포의 DNA 안에 영구적으로 끼워 넣는다. 이렇게 하여 레트로바이러스는 유해하지 않는 한 이상적인 유전자 운반 벡터가 된다.

어떤 유전자 운반 방법에서는, 표적 조직에서 떼어낸 사람 세포를 사람의 특정 유전자를 지닌 레트로바이러스에 감염시킨다. 그런 다음 감염된 세포를 처음에 세포를 떼어냈던 원래 환자에게 되돌려 주입한다(그림 20.11). 기대하는 것은 바이러스에 감염된 세포가 원래 세포를 떼어냈던 조직에 다시 통합되어 이제는 전에 만들지 못했던 단백질을 생산해내는 것이다. 다른 방법에서는, 사람의 유전자를 지닌 레트로바이러스를 직접 환자에게, 또는 가능하다면 표적 조직에 직접 주입한다. 여기에서도 기대하는 것은 몇몇 세포가 레트로바이러스에 감염되어 표적 사람 유전자를 세포 자신의 DNA와 통합하는 것이다.

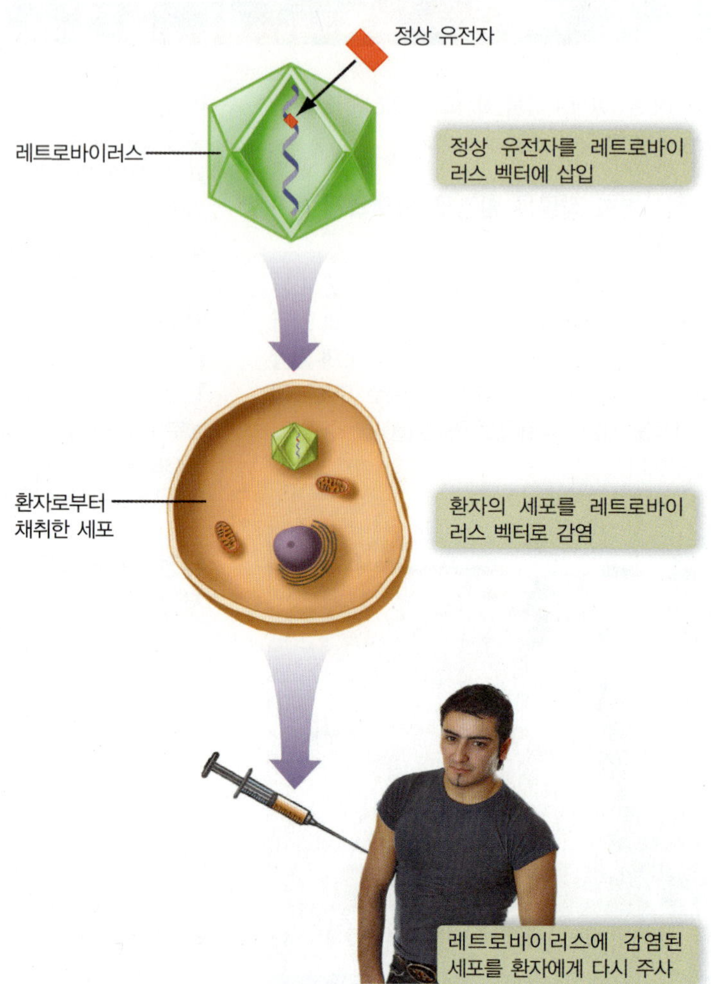

그림 20.11 레트로바이러스 벡터를 이용한 유전자 치료법. 환자로부터 세포를 채취해서 사람의 특정 유전자를 지니고 있는 레트로바이러스에 감염시킨 다음, 환자에게 다시 되돌려 주입한다. 이 치료법의 목적은 "감염된" 세포가 결손된 단백질을 충분히 생산해내서 질병의 증상을 고치는 것이다.

그렇지만 레트로바이러스에도 유전자 전달 벡터로서의 결점이 있다. 한 가지 문제점은 일반적으로 세포가 분열할 때에만 레트로바이러스가 외래 DNA를 세포의 DNA에 끼워 넣는다는 것이다. 다른 문제점은, 레트로바이러스가 유전물질을 게놈 안에 닥치는 대로 끼워 넣기 때문에 다른 유전자의 기능을 교란시킬 수 있다는 것이다. 이러한 문제점을 피하기 위해 일부 과학자들은 바이러스를 쓰지 않는 유전자 운반 방법을 연구하고 있다. 그러한 방법들 중에는 대상 유전자를 지닌 플라스미드를 리포솜(liposome)이라고 부르는 작은 지방알갱이에 집어넣거나, 플라스미드를 아미노산 중합체로 감싸거나, 심지어는 맨 DNA를 그냥 주입하는 방법들이 있다. 이런 기술들은 아직 실험 단계에 있다.

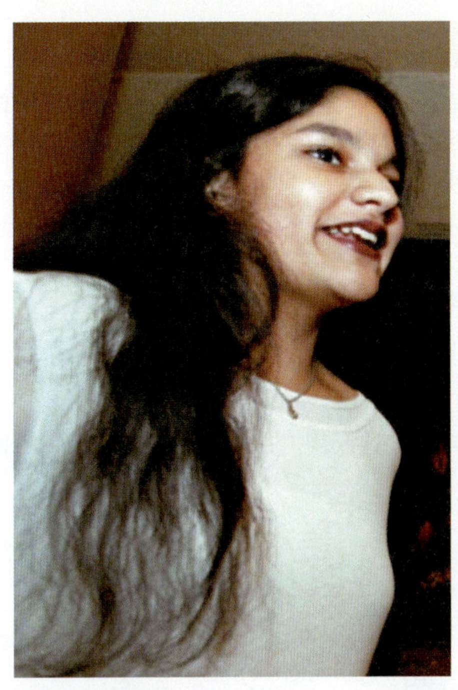

그림 20.12 유전자 치료법의 첫 번째 수혜자. 아산티 데실바는 중증복합면역결핍증 치료를 위해 유전자 치료법을 성공적으로 받은 첫 번째 환자였다. 아산티의 면역계 기능은 일부만 회복되었지만 아산티를 치료하면서 배운 경험은 최근에 발전된 다른 환자들의 유전자 치료법에 초석이 되었다. 이 사진은 유전자 치료법 시행 10주년 기념으로 촬영한 것이다.

SCID의 성공 사례는 희망을 가져다준다

유전자 치료에 관련된 기술적인 문제점들을 고려해볼 때 그 동안 이룩한 조그만 성공도 경이적인 일이다. 비록 실패한 경우가 성공한 경우보다 훨씬 많지만, 어떤 미약한 진전이라도 연구에 새로운 방안을 제시해주며 미래에 성공을 이룰 가능성을 높여준다.

유전질환의 치료를 유전자 치료법으로 받은 최초의 환자는 아산티 데실바(Ashanthi DeSilva)라는 여자아이였다(그림 20.12). 아산티는 4살 때이던 1990년에 중증복합면역결핍증(SCID)을 앓고 있었다. 이 질병은 유전성 질환으로 아데노신디아미나제(adenosine deaminase: ADA)라는 효소가 결핍되어 면역계의 B세포와 T세포의 수를 현저하게 떨어뜨려 질병 감염이 쉽게 일어난다. 아산티에 대한 획기적인 치료방법으로, 환자의 혈액으로부터 추출한 T세포를 ADA 유전자를 지닌 바이러스 벡터와 함께 연구실에서 배양하였다. 유전공학적으로 만들어진 T세포를 아산티의 혈액에 다시 주입하였더니 T세포가 유전자를 발현하여 ADA를 생산해냈으며, 환자의 상태는 호전되었다. 그러나 성숙한 T세포는 수명이 한정되어 있기 때문에 그 효과는 단지 일시적일 뿐이었다. 유전자 치료를 받은 아산티와 대부분의 다른 SCID 환자들은 치료의 보조 수단으로 ADA(이제는 유전공학적으로 제조되는)를 정기적으로 주사해야만 했다.

다른 과학자들은 SCID 신생아의 탯줄로부터 조혈줄기세포를 분리해내서 처리한 다음 다시 신생아에게 주사하는 방법을 시도하였다. 목표는 환자의 일생 동안 줄기세포가 제대로 된 T세포를 만들어내는 것이었다. 첫 번째 결과는 어느 정도 고무적이었다. 몇몇 환자의 T세포가 ADA 효소를 생산해냈지만 질병을 막을 만큼 양이 충분하지는 않아서 부족한 만큼을 합성효소의 정기적인 처방으로 보충해야 했다.

이 교과서가 쓰일 때쯤에는, 마침내 몇몇 SCID 환자들이 유전자 치료법만으로 치료를 성공적으로 마쳤다. 유전자 치료를 처음 시도했던 때부터 진정한 첫 성공을 이루기까지 10년의 시간이 흘렀다.

낭포성섬유증과 암을 목표로 하는 연구

낭포성섬유증(cystic fibrosis)은 염소이온(Cl^-)을 수송하는 막관통 단백질을 만드는 단일 유전자에 결손이 생겨 일어나는 유전병이라는 걸 기억해보자. 이 질병은 일차적으로 호흡계에 영향을 미치기 때문에 과학자들은 정상 유전자를 바이러스 벡터에 담아 비강분무를 통해 전달하는 방법을 시험하고 있다. 지금까지 결과는 아주 미약할 정도로만 고무적이다. 호흡계 세포의 약 5%가 정상 유전자를 받아들였는데 그 정도로는 낭포성섬유증의 발병을 막지 못한다. 더구나 그 세포들에서 정상 유전자들이 발현할는지도 확실하지가 않다. 그럼에도 불구하고, 그 결과는 더 효과적인 전달 벡터를 찾을 수 있다는 예상을 보장할 만큼 충분히 기대되는 것이다.

어떤 유형의 암은 머지않은 미래에 유전자 치료법으로 치료가 가능해질 것이다. 기대되는 한 가지 방법은 면역계를 활성화시키는 인터루킨(interleukin) 유전자를 실험실에서 암세포에 넣어주는 것이다. 암세포는 다시 환자에게 돌려 넣어준다. 암세포가 분열하게 되면서 만들어지는 인터루킨은 환자의 면역계를 활성화시켜서 암세포를 인식하고 공격하도록 해준다. 다른 방법은, 외래 세포의 특정 단백질 유전자를 암세포 안에 집어넣어서 면역계가 그 단백질을 특이적으로 표적을 삼아 암세포를 파괴하도록 해주는 것이다.

또 다른 유망한 방법은 세포가 손상을 입으면 죽게 되는 원리를 이용한 것이다. 정상적인 세포가 손상을 입게 되면 세포자살(apoptosis)이라는 예정되어 있는 세포의 사멸 과정을 거치게 된다. 세포자살은 손상된 세포를 신속히 제거하는 자연적인 방법이다. 과학자들은 세포자살을 시작하는 데 주관하는 단백질로 mda-7 등의 일부 단백질을 찾아냈다. 그러나 암세포는 세포자살을 비켜간다. 한 실험에서 과학자들은 mda-7 단백질을 바이러스 벡터에 끼워 넣어 직접 악성 종양세포에 주입하였다. 종양세포는 mda-7 단백질을 분비하기 시작하여, 많은 암세포를 죽이고 환자의 면역계를 활성화시켰다.

체세포의 유전자 치료법은 특정 개인의 특정 질환을 치료한다는 점에서 기대가 된다. 다른 표준적인 의료 치료법처럼, 이 치료법의 효과는 개인 환자의 일생 동안만 지속된다. 그러나 정자와 난자와 같은 생식세포를 표적으로 하는 유전자 치료법은 모든 미래 세대의 인간 게놈을 바꿀 수 있는 일이므로 전혀 다른 이야기가 된다. 정말로 심각한 문제로 대두되기 전에, 우리는 지금 생식세포의 유전자치료법이 지닌 법적, 윤리적, 도덕적 문제점에 대해 생각해보아야 한다.

요점 정리

유전자 치료법은 환자의 세포 안으로 교정된 DNA를 전달할 수 있는 벡터에 의존한다. 지금까지 몇 가지 성공 사례가 있었지만, 유전자 치료법은 아직도 발달 초기에 있다. ■

단원 요약

DNA 염기서열 결정으로 DNA의 구조를 알 수 있다

- DNA 염기서열 결정은 이제 연구실에서도 해낼 수 있다.
- 이 기술에서는 염기서열을 결정할 단일 가닥에 대해 새로운 상보적 DNA 가닥을 합성하여 그 서열을 결정한다.
- DNA 중합효소는 자라나는 DNA 가닥에 새로운 뉴클레오티드를 더하는데 사용되는 효소다.
- DNA 가닥 절편을 크기별로 분류하는 데는 겔 전기영동 기술이 사용된다.

DNA는 실험실 내에서 변형시킬 수 있다

- 재조합 DNA 기술은 DNA 절편을 다른 생물의 DNA 안에 끼워 넣는 기술이다.
- 이 기술에서는, 관심 있는 DNA를 잘라서 플라스미드 안에 끼워 넣고, 그 플라스미드를 관심 있는 생물 안에 집어넣는다.
- 중합효소연쇄반응은 짧은 DNA 절편에 대해 수없이 많은 복제본을 만든다.

유전공학으로 형질전환 생물을 만든다

- 세균은 재조합 DNA 플라스미드를 쉽게 흡수하고 실험실에서 용이하게 키울 수 있기 때문에 사람의 단백질과 호르몬을 만드는데 일반적으로 사용된다.
- 많은 식물들이 형질전환된 개별 식물세포로부터 재생될 수 있으므로 형질전환 작물을 만드는 일이 어렵지 않다는 것이 증명되었다.
- 많은 형질전환 작물들이 이미 농업관련 산업에서 이용되고 있다. 아직 이들의 장기적 안전성은 대부분 검증되지 않았다.
- 형질전환 동물은 만들기가 좀 더 어려우며, 한 번에 하나씩만 만들어진다.

유전자 치료법: 미래의 희망인가?

- 적절한 재조합 DNA를 정확한 사람 세포에 집어넣는 일이 어렵기 때문에 사람의 유전자 치료법은 어렵다는 것이 증명되었다.
- 유전자 치료법은 중증복합면역결핍증을 치료하는 과정에서 어느 정도 성공하였다.
- 가까운 미래에는 일부 암이 유전자 치료법으로 치료 가능하게 될 것이다.

알아야 할 용어

DNA 리가아제(DNA ligase)
DNA 중합효소(DNA polymerase)
겔 전기영동(gel electrophoresis)
생명공학(biotechnology)
유전공학(genetic engineering)
유전자 치료법(gene therapy)
재조합 DNA 기술(recombinant DNA technology)
제한효소(restriction enzyme)
중합효소연쇄반응(polymerase chain reaction: PCR)
프라이머(primer)
플라스미드(plasmid)
형질전환(transgenic)

개념 확인 문제

1. DNA 염기서열은 어떻게 결정하는지 설명하시오.
2. 재조합 DNA 기술에서 사용되는 효소들에 대해 설명하시오.
3. 재조합 DNA 제조 과정을 설명하시오.
4. 중합효소연쇄반응 기술과 그 이점에 대해 설명하시오.
5. 사람 유전자를 세균 안에 어떻게 끼워 넣는지 설명하시오.
6. 유전공학 산업에서 세균이 매우 빈번하게 사용되는 이유를 설명하고, 세균을 사용해서 얻을 수 있는 산물에 대해 논의하시오.
7. 형질전환 작물에 비해 형질전환 동물을 대량으로 만들기가 어려운 이유 두 가지를 답하시오.
8. 성공적인 유전자 치료법의 장애 요인에 대해 논의하시오.
9. 유전자 치료법이 유전질환을 치료하기 위해 현재 어떻게 사용되고 있는지 설명하시오.
10. 치료에 유전자 치료법을 사용할 수 있는 질환을 나열하시오.

학습 문제

연결 문제

_________1. 예전에 존재하지 않았던 새로운 DNA 분자를 만드는 과정
_________2. 자라고 있는 DNA 가닥에 뉴클레오티드를 붙여주는 효소
_________3. 특별한 부위에서 DNA를 자르는 효소
_________4. 잘린 DNA 절편을 다시 결합해주는 효소
_________5. 특정 DNA 절편의 복제본을 만드는 기술

a. 제한효소
b. 중합효소연쇄반응
c. DNA 리가아제
d. 재조합 DNA 기술
e. DNA 중합효소

빈칸 채우기

6. 한 개 이상의 외래 유전자를 가지고 있는 생물을 ____________ 생물이라고 부른다.
7. 사람 유전자를 갖도록 유전공학적으로 만들어진 세균은 때로 사람의 ____________을(를) 만들 수 있다.
8. 과학자들은 유전공학적 방법으로 B형 간염 바이러스에 대항하는 ____________을(를) 가진 바나나를 만들기 위해 연구하고 있다.
9. DNA ____________은(는) 적은 양의 DNA 표본을 이용하여 한 개인의 신원을 확인하는 기술이다.
10. ____________는(은) 세균에서 발견되는 자기 복제 기능이 있는 작은 원형의 DNA 조각이다.
11. 제한효소는 DNA의 특정 __________ 서열에서 DNA를 자른다.
12. 바이러스는 유전자를 사람의 세포 안으로 전달하는 __________(으)로써 사용된다.

OX 문제

13. 겔 전기영동은 DNA 절편들을 크기에 따라 분리한다. ( )
14. 유전공학적으로 제조된 옥수수는 사람이 먹기에는 안전하지 않다는 것이 증명되었다. ( )
15. DNA를 자르고 다시 붙이는 기술을 중합효소연쇄반응이라 한다. ( )

참고문헌

Bren, Linda. Genetic Engineering: The Future of Foods? *FDA Consumer Magazine*, November–December 2003. (An overview by a U.S. Food and Drug Administration publication of the advantages, safety concerns, and regulatory challenges presented by genetically modified foods.)

Enserink, Martin. Tough Lessons From Golden Rice. *Science*, April 25, 2008, pp. 268–471. (A lucid account of why golden rice is still not commercially available after 10 years in development.)

Lyon, Jeff, and Peter Gorner. *Altered Fates: Gene Therapy and the Retooling of Human Life*. New York: Norton, 1996. 636 pp. (A gripping account of the early scientific and political history of human gene therapy.)

Nicholl, Desmond S. T. *An Introduction to Genetic Engineering*. Cambridge University Press, 2002. (A straightforward introduction to this subject for the interested student.)

응용 문제

1. 누군가가 유전공학적 기술을 이용하여 대량 살상 목적의 생물학적 무기 제조를 시도할 가능성은 얼마나 된다고 생각하는가? 이 사실은 유전공학 연구에 영향을 미칠 것인가? 그렇다면 어떻게 영향을 미칠까? 답변의 근거를 제시하시오.
2. 유전질환인 낭포성섬유증의 호흡기 증상이 비강흡입기를 통해 정상 유전자를 환자에게 전달해주는 유전자 치료법으로 치료될 수 있다고 상상해보자. 당신은 환자의 유전상담자이다. 이 유전자 치료법이 미래에 환자의 아이가 낭포성섬유증을 가질 확률에 변화를 주지 않는 이유를 설명하시오.
3. 할리우드 영화에 등장하는 과학자들은 중생대 공룡의 DNA를 이용하여 진짜 공룡을 만들었다. 완전한 공룡을 다시 만드는 것이 아직은 가능한 일이 아니지만 현재의 기술로도 최소한 공룡의 DNA를 분석하는 것은 가능한 일이다. 그런 분석에는 어떤 기술들이 사용될까?
4. 제약회사들은 유전공학적 기술을 이용하여 사람의 인슐린을 제조한다. 휴뮬린(Humulin)은 미국 FDA로부터 승인받은 첫 번째 재조합 DNA 의약품 중 하나이다. 휴뮬린은 어떻게 제조되는가?
5. 유전공학적 기술로 제조된 백신(예: B형 간염 백신인 리콤비박스)이 죽은 바이러스나 약화된 바이러스로부터 제조된 백신보다 더 안전한 이유는 무엇인가?
6. 식품 안에 들어 있는 백신 제조에 관심이 쏠리고 있다. 식품 속에 넣는 백신은 어떤 이점이 있는가?
7. 형질전환 작물은 전 세계의 식량생산을 개선할 수 있는 잠재력을 지니고 있다. 형질전환 작물은 또한 천연작물에 비해 영양분이 더 많아질 가능성도 있다. 그렇지만 안 좋은 점도 있다. 지구의 기후 변화는 어떻게 형질전환 작물에 영향을 미칠 수 있는가?

학습 문제 해답

1. d **2.** e **3.** a **4.** c **5.** b **6.** 형질전환 **7.** 단백질 **8.** 백신 **9.** 지문법 **10.** 플라스미드 **11.** 회문 **12.** 벡터 **13.** O **14.** X **15.** X

21 발생과 노화

1 성 관계 후, 정자가 난자에 도달하려면 얼마나 걸리는가?
a. 수 분 b. 수 시간 c. 수 일

2 신생아는 태어나서 수 시간 내에 걸을 수 없으나, 갓 태어난 송아지는 바로 걸을 수 있는 이유는 무엇인가?

3 진실 혹은 거짓? 사람 뇌에 있는 시상하부는 사춘기가 될 때까지 완전히 성숙하지 않는다.

4 진실 혹은 거짓? 노화에 대한 가설 중 하나는 우리 몸의 세포들이 특정 횟수만 분열하고 분열을 멈춘다는 것이다.

5 진실 혹은 거짓? 현대 의료장비의 도움으로 사람의 사망 시간을 결정하는 것이 비교적 쉬워졌다.

좋은 몸매 유지는 노화 중에도 삶의 질을 향상시킨다.

인생은, 수정에서 시작해서 마지막 숨을 거둘 때까지의 여정이다. 면밀하게 짜인 무용처럼, 한 발생 단계에서 다음 단계로 넘어가는 흥미롭고도 복잡한 과정이다.

발생 중 일어나는 변화는 거의 경이로움에 가깝다. 9개월 만에 1개의 미분화 세포로부터 10조 개의 세포로 이루어진 개체인 아기가 탄생한다. 20년도 채 안되어 아기는 성인이 되고, 그 성인이 또 다시 아기를 가질 수 있게 된다. 40세 이후부터는 여러 기능들이 쇠퇴하여 결국은 죽게 된다.

본 단원은 이 놀라운 인생 여정에 관한 것으로, 정자와 난자가 만나는 과정부터 시작하여, 마지막으로 죽음까지 다루려 한다.

21.1 수정은 정자와 난자가 만나는 것이다

난자와 정자의 여행

가는 여정을 고려해 볼 때, 정자와 난자가 만난다는 것 자체가 놀랍다. 난자(난모세포)는 난소에서 배란되고, 정자는 자궁경부 근처의 질에 쌓인다. 난자는 수란관(자궁관) 내벽의 섬모 운동에 의해 수동적으로 자궁 쪽으로 천천히 이동한다.

정자는 아주 중요한 DNA를 가진 머리와 에너지 창고인 미토콘드리아를 가진 중편, 운동을 위한 편모로 구성되어 있다(그림 21.1a). 수억 개의 정자가 난자를 만나기 위해 험난한 경로를 거친다. 우선 자궁경부 마개를 형성하는 점액을 지나야 하고, 광대한 자궁을 가로 질러, 정확하게 수란관으로 들어가야 한다(전체 정자의 반 정도만이 수란관에 들어간다). 정자는 1분당 6mm 정도 헤엄친다. 가는 길에 산성 pH의 질을 통과해야 하고, 박테리아 또는 자궁벽을 배회하는 백혈구를 피해야 한다.

정자의 여행은 수 시간이 걸리며, 수백에서 수천 개만이 수란관 끝 쪽에 도달한다. 나머지는 길을 잃고 죽는다. 수정은 성교 후 6~24시간 내에 수란관 위쪽(바깥쪽) 1/3 영역에서 일어난다(그림 21.1b). 정자는 난자가 없으면 한 이틀 정도 살다 죽지만, 난자는 정자가 없으면 24시간 내에 죽는다.

> **요점 정리**
>
> 정자는 질에 축적된 후, 자궁을 거쳐 수란관으로 가서 난자를 만난다. 이 과정에서 비교적 적은 수의 정자가 살아남는다. ■

1개의 정자가 난자와 수정한다

정자의 수정 성공률은 극히 낮다. 왜냐하면 수억 개 중 오직 하나만이 성공하기 때문이다. 2개 이상의 정자가 들어간다면 **접합자(zygote)**의 염색체 수에 이상이 생기므로 문제가 심각해진다. 따라서 오직 한 개의 정자만이 들어가는 방향으로 진화하였다. 수정 전 여자의 배우자는 제2감수분열을 시작하였으나 끝마치지는 않은 2차난모세포란 점을 기억하자(그림 21.1c). 이때 2차난모세포는 투명대(투명층, zona pellucida)라는 보호막과 부챗살관(corona radiata)이라는 여포세포(난포세포, follicle)에 의해 둘러싸여 있다. 난자는 상당량의 세포질을 함유하므로 크기가 크다(정자 질량의 2,000배). 난자의 세포질은 "전배아(pre-embryo)"가 자궁벽에 착상해서 모체로부터 영양분을 받게 될 때까지 거의 2주 동안의 세포분열을 책임져야 한다.

정자가 난자를 만나면, 첨체(acrosome)라 부르는 정자 머리의 구조로부터 강력한 효소가 방출된다(그림 21.2). 이 효소가 길을 뚫어 정자로 하여금 부챗살관의 세포들과 투명대를 통과하여 난자의 세포막에 도달하도록 돕는다. 몇 개의 정자가 같은 길에 동행할 수도 있다. 첫 번째 정자가 난모세포의 세포막과 접촉하면, "열쇠"에 해당하는 정자 단백질이 "자물쇠"에 해당하는 난자 세포막의 수용체를 인식함으로써, 1개의 정자만이 1개의 난자와 결합하게 된다. 열쇠와 자물쇠가 결합하면 정자의 세포막과 난자의 세포막이 융합하고 정자의 핵이 난자 속으로 들어간다.

들어가기 질문의 답

1 **b.** 정자는 모든 방향으로 제멋대로 헤엄치며, 이 중 하나만이 난자를 만나는데 이 과정은 대충 6~24시간이 걸린다.

2 인간의 근육계와 신경계는 태어날 때 비교적 덜 성숙한 상태이며, 일어날 힘과 신경조절 기능을 획득하는 데 거의 1년이 걸린다.

3 **진실.** 실제로, 시상하부에 있는 특정 뉴런의 성숙이 사춘기라는 방아쇠를 당기는 셈이다.

4 **진실.** 2가지 다른 가설은, 1) 세포가 손상되어 수선이 불가능한 경우와, 2) 노화가 몸 전체 과정에 관련된 일로 1개의 기관계가 손상되면 이로 인해 다른 기관계의 기능을 손상시킨다는 것이다. 노화 과정에 대해서는 아직 밝혀지지 않은 것이 많다.

5 **거짓.** 죽음의 순간을 정확히 예측하는 것이 때로는 쉽지만, 어떤 경우는 놀랄 만큼 어려울 수도 있다. 그리고 여기에는 법률적이고 윤리적인 문제가 얽혀 있다.

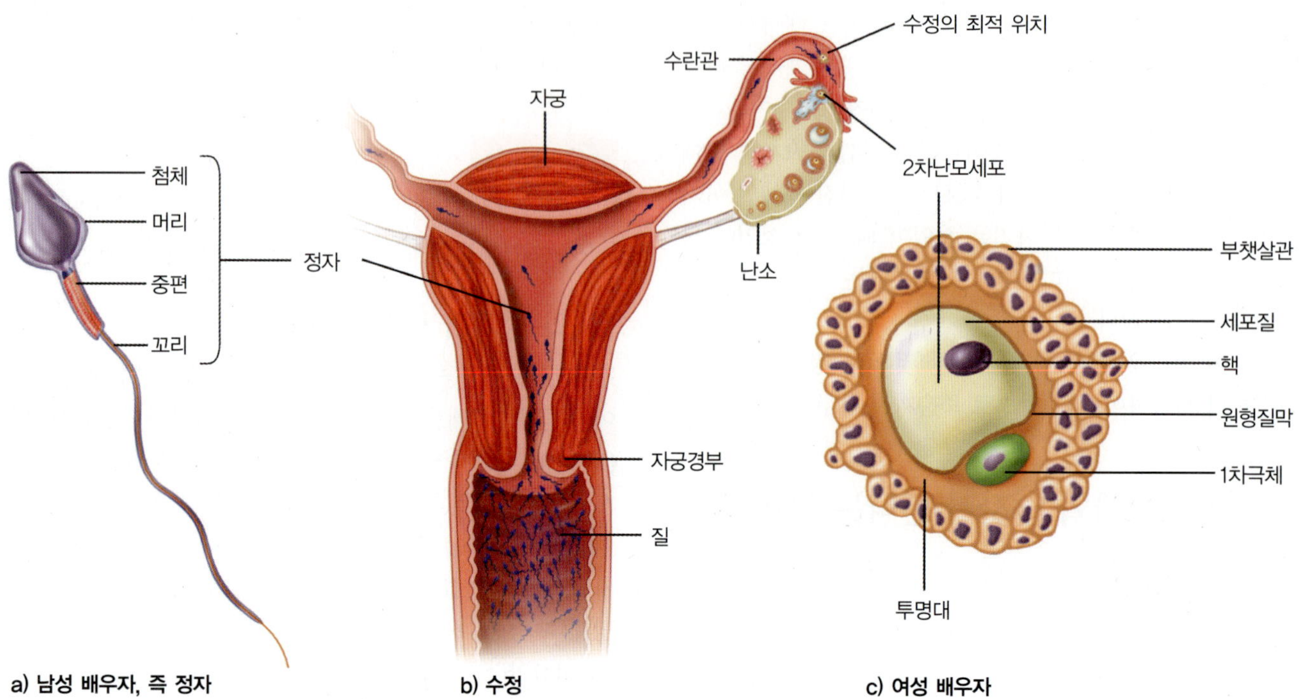

그림 21.1 남녀 배우자와 수정. (a) 2차난모세포에 비해 정자의 크기를 크게 확대시켰다. (b) 수정은 수란관 위쪽(바깥쪽) 1/3 지점에서 일어난다. (c) 여성 배우자는 제2감수분열 중에 멈춘 2차난모세포이다.

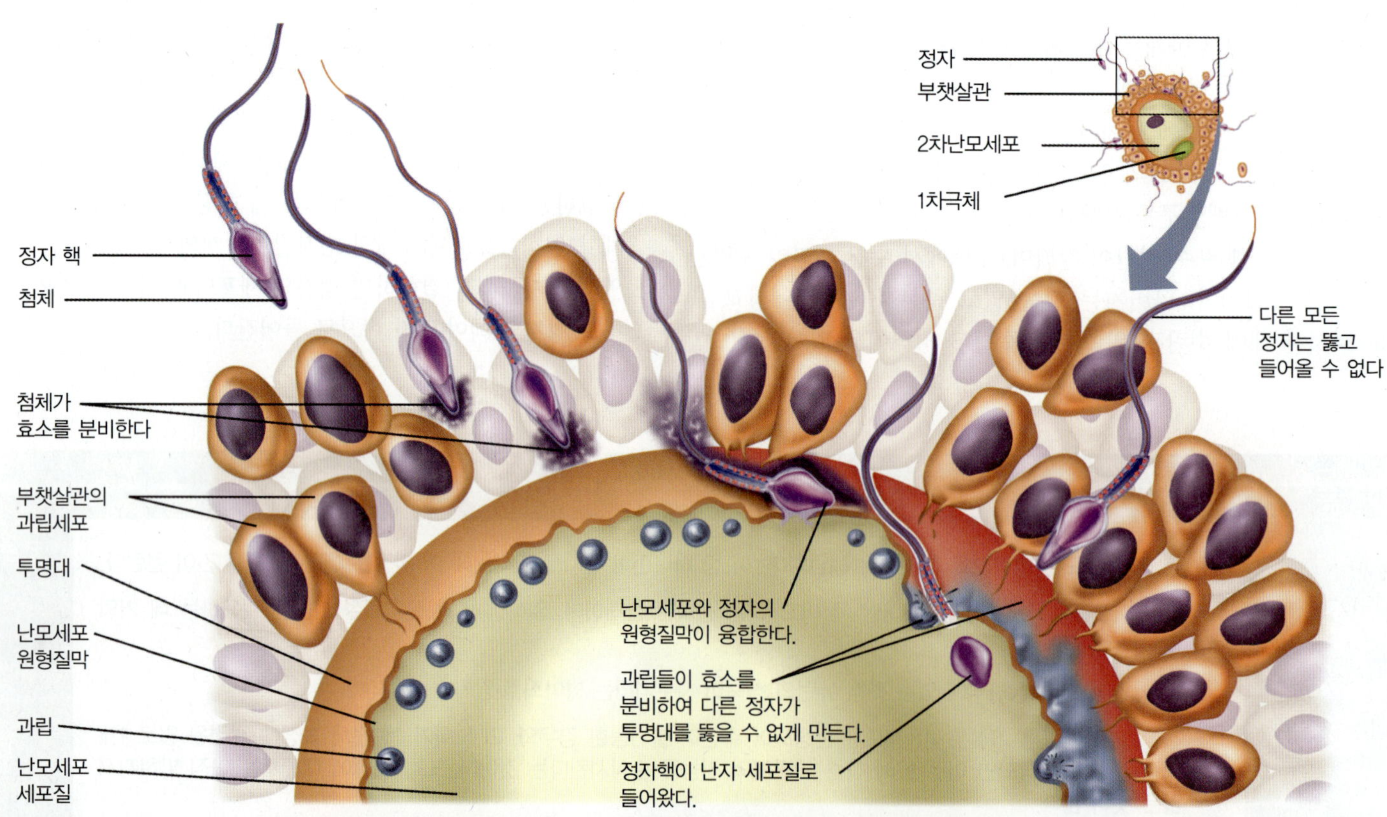

그림 21.2 수정. 수정은 정자가 2차난모세포와 접촉하여 투명대를 통과하는 길을 뚫는 효소를 방출할 때 시작된다. 일단 정자가 난모세포 원형질막과 접촉한 후 속으로 들어가면, 난모세포로부터 과립이 분비되어 다른 정자가 투명대를 뚫고 들어오지 못하게 한다.

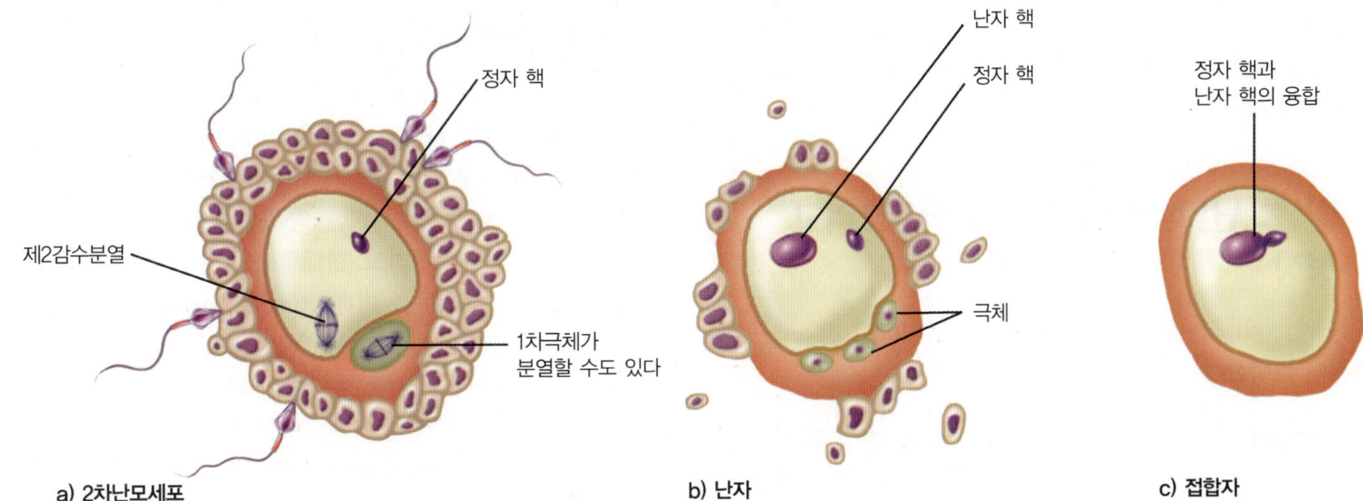

그림 21.3 수정의 완성. (a) 정자 핵이 2차난모세포에 들어오자마자, 제2감수분열이 끝난다. (b) 제2감수분열이 끝나고 나면, 반수체인 난자와 극체가 형성된다. 아직 퇴화되지 않았으면, 원래의 일차극체도 분열된다. (c) 난자의 핵과 정자의 핵이 융합하면 극체들은 죽는다. 이배체인 접합자가 형성되고, 수정은 완성된다.

수정(fertilization)은 정자의 핵이 난자로 들어갈 때 시작된다. 정자의 침입은 난자의 세포막 바로 밑에 있는 효소를 방출시켜 투명대에 생화학적 변화를 일으켜 더 이상 다른 정자가 침입하지 못하게 한다. 따라서 1개의 정자 핵만이 난자에 들어갈 수 있다.

그러나 이때의 "난자"는 아직 제2감수분열을 끝마치지 않은 2차난모세포이다. 정자가 들어온 다음, 2차난모세포는 드디어 제2감수분열을 마치고 반수체 **난세포(ovum)** 또는 성숙한 난자와 2차 극체를 형성한다. 정자의 반수체 핵과 난자의 반수체 핵이 만나 46개의 염색체를 가진 이배체 세포(접합자)가 되면 드디어 수정이 끝나는 것이다(그림 21.3). 수정이 끝난 상태를 '수태(conception)' 라하고, 결과 산물을 '수태물(conceptus)' 이라 한다. 2차난모세포를 둘러쌌던 여포세포는 떨어져나가고, 극체는 죽고, 접합자만 남게 된다.

요점 정리

정자가 난자와 만날 때 부챗살관과 투명대를 뚫기 위한 효소를 분비한다. 수정은 정자의 핵이 난자로 들어갈 때 시작해서, 정자와 난자라는 반수체들이 만나 이배체를 형성할 때 끝난다. ■

이란성 쌍둥이와 일란성 쌍둥이

쌍둥이(twins)는 90번의 출산 중에 한 번꼴로 태어난다. 쌍둥이가 가장 흔하며, 여섯쌍둥이(sextuplets), 일곱쌍둥이(septuplets)가 태어나기도 하나 이는 대개 배란촉진제를 사용한 경우이다. 자연적인 세쌍둥이도 드물다(8,000번의 출산 중 1번꼴).

쌍둥이가 생기는 과정에는 두 종류가 있다(그림 21.4). **이란성 쌍둥이(fraternal twins)**는 한 시기에 난자가 2개 배란되는 경우에 생긴다. 두 난모세포는 서로 다른 시기에 배란된 두 난모세포만큼 유전적으로 서로 다르며, 각각 다른 정자에 의해 수정이 된다. 이란성 쌍둥이는 한 부모의 형제자매와 마찬가지로 각각 서로 다르다. 각기 다른 정자로부터 생겼으므로 성이 다를 수도 있다.

일란성 쌍둥이(identical twins)는 1개의 접합자로부터 생기므로 유전적으로 동일하다. 16세포기가 될 때까지 모든 세포는 동일하므로, 분화가 일어나기 전 둘로 갈라지면 일란성 쌍둥이가 태어난다. 따라서 일란성 쌍둥이는 성도 같고, 표현형적인 겉모습도 매우 닮는다.

a) 이란성 쌍둥이

b) 일란성 쌍둥이

그림 21.4 쌍둥이. (a) 같은 주기 내에 2개의 난자가 배란되고 각각이 수정되면 이란성 쌍둥이가 생긴다. (b) 발생 과정 중 1개의 접합자가 둘로 갈라지면 일란성 쌍둥이가 생긴다.

요점 정리

이란성 쌍둥이는 2개의 난자로부터 생긴다. 일란성 쌍둥이는 분화가 일어나기 전, 수정란이 둘로 갈라지면 생긴다. ■

21.2 발생: 난할, 형태형성, 분화, 그리고 성장

발생 도중에 개체의 크기와 형태는 급격히 변화한다. 이 변화에는 4개의 과정이 관여한다.

- **난할(cleavage).** 난할은 세포 성장이나 분화 없이, 수정 후 처음 4일간 일어나는 일련의 세포분열 과정이다. 난할 결과, 동일한 세포들로 이루어진, 처음 접합자와 같은 크기의 공 모양 덩어리가 형성된다. 이 세포 덩어리는 수란관을 따라 이동하므로 성장은 일어나지 않는다. 아직 모체의 조직에 부착되지 않았으므로 쓸 수 있는 에너지는 세포질에 저장된 것과, 수란관에 존재하는 글리코겐뿐이다.
- **형태형성(morphogenesis).** 개체는 발생 중 형태와 모양이 극적으로 변화한다. 수정 4일에 공 모양이었던 것이, 층상 구조를 이루었다가, 머리-꼬리가 있는 전배아 단계를 지나, 배아를 거쳐서 태아가 되는데, 이를 **형태형성**이라고 한다.
- **분화(differentiation).** 각 세포가 특수한 형태와 기능을 가지기 시작하는 과정을 분화라고 한다(17단원 참조). 세포 분화와 분화에 따른 기관, 기관계의 발달이 형태형성의 1차 원인이다.
- **성장(growth).** 발생 중인 개체가 자궁내막에 착상하여 모체로부터 영양분을 받기 시작하면, 개체의 크기가 자라기 시작한다. 수정에서부터 탄생까지 태아의 성장은, 눈에도 안 보이던 작은 세포 하나가 2.7~3.2kg나 되는 10조 개의 세포로 구성된 개체로 성장하는 놀라운 과정이다. 세포가 둘로 갈라지면, 2개의 딸세포는 다음 분열을 준비하기 위해 무게가 다시 2배가 된다. 세포분열이 되어도 세포가 성장하지 않는 경우는 초기 난할 때뿐이다.

전체 임신기간을 셋으로 나누어 각각을 3분기(trimester)라 하는데, 각 3분기는 대략 3개월씩이고, 각각마다 특징적인 사건이 일어난다.

요점 정리

발생과 관련된 과정은 (1) 난할, 일련의 세포분열 결과 공 모양의 세포체 형성; (2) 형태형성, 형태가 변화하는 과정; (3) 분화, 세포가 특수한 형태와 기능을 갖게 되는 과정; 그리고 (4) 크기의 성장이다. 임신 기간은 3개의 3분기로 나뉜다. ■

21.3 전배아 발생기: 첫 2주

출산 전 사람의 발생은 전배아기, 배아기 및 태아발달기로 나뉜다. 각 단계마다 특징적인 과정과 변화가 일어난다.

전배아 발생 중(첫 2주), 수태물은 수란관을 따라 내려가서 자궁내막에 착상하고, 모체로부터 영양분을 받아 자라기 시작한다. 세포들이 조직층들을 형성하고, 형태형성의 첫 단계가 시작된다.

전배아 단계의 수태물을 **전배아(pre-embryo)**라 부르는 이유는, 이 중 많은 세포가 배아가 아닌 태반을 형성할 것이기 때문이다. 수태물이 수란관에 있는 동안 난할이 계속 일어나 32개의 동일한 세포로 된 덩어리를 형성하는데, 이를 **상실배(오디배, morula)**라 한다(그림 21.5). 상실배란 용어는 "뽕나무 열매, 즉 오디 모양의 배"란 뜻으로 공 모양의 세포 덩어리를 잘 나타낸다.

약 4일경이면 상실배는 자궁으로 들어가고, 그곳에서 분화와 형태형성을 겪게 된다. 며칠 후 **배반포(주머니배, blastocyst)**가 되는데, 이는 속이 빈 공으로 (1) 바깥의 영양막(trophoblast) 세포층, (2) 속이 빈 가운데 공간(할강), (3) 내세포괴(속세포덩이, inner cell mass)로 나뉜다. 이 중에서 내세포괴만이 배아가 된다.

6~7일경에 영양막 세포가 자궁내막과 접촉하면서 자궁내막을 뚫고 들어갈 효소를 분비하는데, 배반포가 들어갈 길을 마치 굴을 파듯이 만들어낸다(그림 21.6). 배반포가 자궁내막에 묻히는 과정을 **착상(implantation)**이라고 한다.

발생 2주째에 내세포괴가 배반포의 표면으로부터 분리하여 2번째 빈 공간을 만드는데, 이것이 양수로 가득 찬 양막강(amniotic cavity)이다. 이 시점에서 **배아원반(embryonic disk)**이라고 부르는 세포 덩어리는 외배엽과 내배엽이라는 두 세포층으로 분화한다. 양막강과 외배엽과 내배엽 두 층으로 된 배아원반의 출현은 전배아 시기의 끝을 알린다.

전배아의 발생은 많은 것이 잘못될 수 있는 위험한 시기이다. 이때는 여성들은 자신이 임신했다는 것을 알지도 못하는 시기라 흡연이나 음주 등에 노출되기 쉽다.

드물게, 배반포가 자궁에 도달하기 전 수란관에 착상하여 **자궁외임신(딴곳임신, ectopic pregnancy)**이 되기도 한다. 극히 드물지만 자궁외임신도 건강한 아기를 얻을 가능성은 있다. 그러나 수란관은 만삭 아기를 수용할 정도로 크지 않으며, 태반이 발달할 수 있는 좋은 장소도 아니다. 모체의 건강을 위해 자궁외임신을 조기에 중단시키지 않을 경우, 신생아가 병원의 중환자실에서 살아남을 수 있을 때까지 기다렸다가 외과적으로 겨우 분만시키는 경우도 있다.

요점 정리

전배아 발생 동안에 연속적인 난할의 결과로 상실배가 생긴다. 상실배는 분화와 형태형성의 결과 배반포를 형성하는데, 이것이 자궁내막에 착상한다. 배아원반이 나중에 배아가 된다. ■

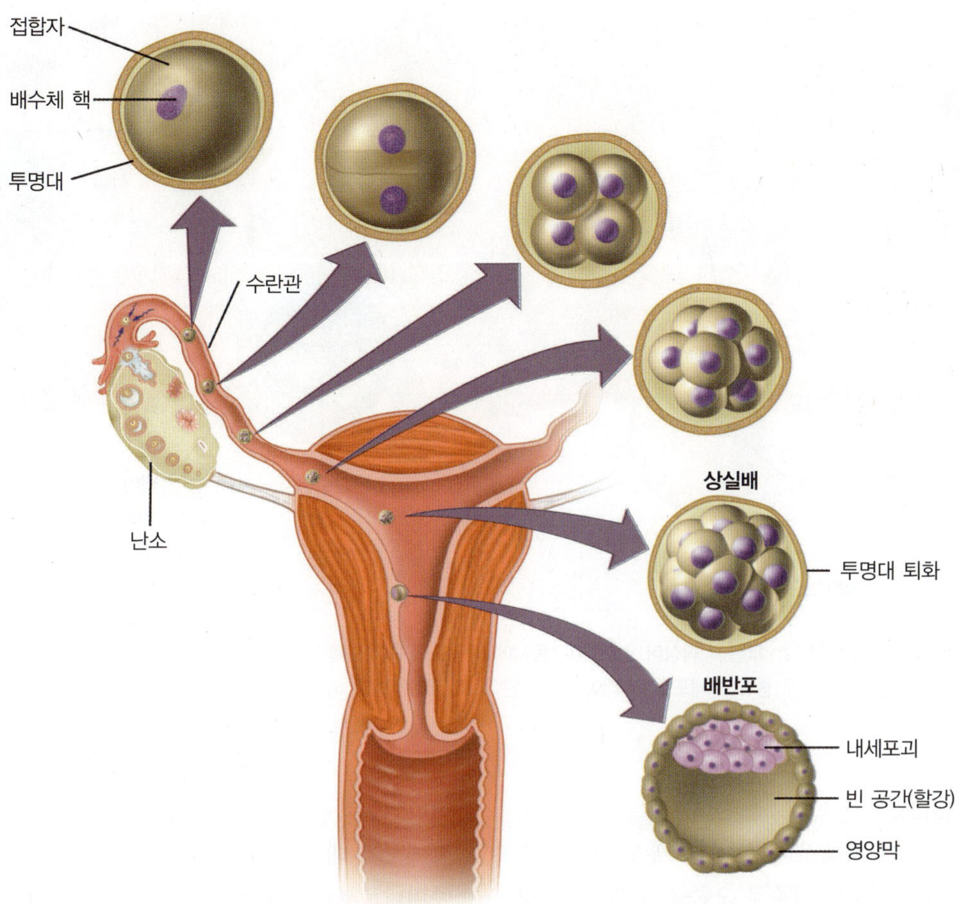

그림 21.5 착상에 이르게 되는 전배아 발생. 일련의 난할 후에 상실배가 자궁으로 들어가서, 영양막, 빈 공간 및 내세포괴로 이루어진 배반포가 된다. 배반포는 자궁벽에 착상한다.

21.4 배아 발생기: 3~8주

조직과 기관은 세 개의 배엽층으로부터 유래한다

사람의 발생 과정에서 3주 초부터 8주 말까지의 개체를 **배아(embryo)**라 한다. 이 기간 중에는 성장, 분화 및 형태형성이 빠르게 일어난다. 모든 기관과 기관계가 형성되나 충분히 기능을 하는 것은 아니다. 배아기 말에 사람의 형태가 뚜렷해지는데, 배아의 길이는 2.5cm 정도 된다.

배아기는 외배엽과 내배엽 사이에 중배엽이 형성될 때 시작된다(그림 21.7). 이들 세 개의 배엽층으로부터 (4단원에서 배운 네 가지 기본 조직인) 상피조직, 근육조직, 결합조직 및 신경조직과 기관 그리고 기관계가 형성된다. 분화와 형태형성은 예측 가능한 양상을 따르므로, 어느 조직과 기관이 어느 배엽층으로부터 형성되었는지를 알 수 있다. 세 개의 배엽층은 다음과 같다.

- **외배엽(ectoderm).** 맨 바깥층이며, 양막강에 노출되어 있다. 외배엽으로부터 형성된 조직은 피부 표피, 신경계, 털, 손톱, 이의 법랑질, 눈의 일부 등이다(표 21.1).
- **중배엽(mesoderm).** 근육, 결합조직, 뼈, 신장과 요관, 골수, 고환과 난소, 혈관 내막 등이다.
- **내배엽(endoderm).** 간, 이자, 허파의 폐포, 방광과 요도 및 질의 안쪽 상피, 여러 분비샘들이다.

요점 정리

발생 초기에 배아는 외배엽, 중배엽, 내배엽 등 세 개의 배엽층으로 구성되어 있고, 이로부터 태아의 조직과 기관이 형성된다. ■

배외막과 태반

배아 발생 초기에 4개의 **배외막(extra-embryonic membrane)**이 배아로부터 나오거나 배아를 둘러싼다. 양막, 요막, 난황주머니, 융모막이다. 이 막들은 발생 후기에 흡수되거나, 출산 시에 없어진다.

가장 안쪽 층은 **양막(amnion)**인데, 물주머니로도 알려져 있다.

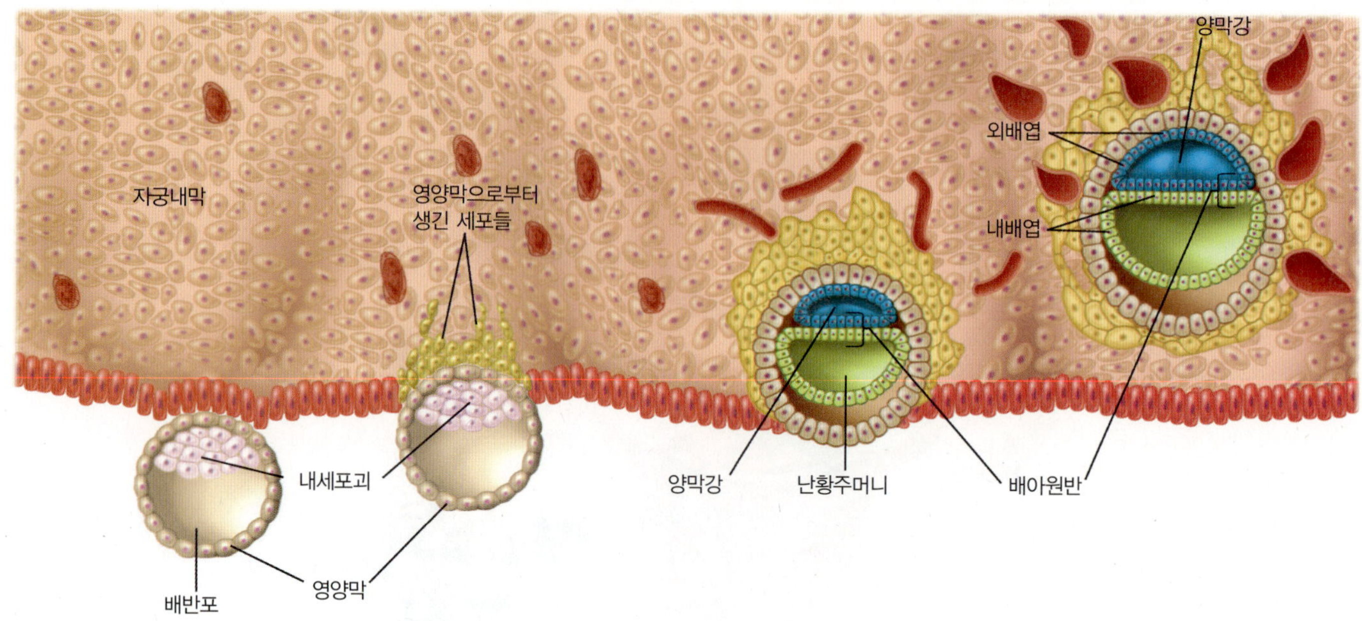

그림 21.6 착상과 전배아 발생의 마지막 단계. 7~14일에 착상이 일어나며, 동시에 배반포의 내세포괴가 배아원반으로 발달한다. 내세포괴가 바깥 공으로부터 분리되어 두 종류의 세포로 된 배아원반이 된다. 이 배아원반이 배아로 발달한다.

양막은 **양수(amniotic fluid)**로 찬 양막강의 안쪽에 늘어서 있다. 양수는 모체의 간질액으로부터 유래하며, 그것과 계속 교환된다. 발생 후기에 태아의 신장이 형성되면 양수로 오줌을 누게 되고, 태아가 양수를 마시면 태아의 혈액을 거쳐 엄마의 혈액과 교환이 이루어진다. 양막과 양수는 물리적 충격을 흡수하고, 태아를 보호하며, 태아가 건조되는 것을 막는다.

요막(allantois)은 일시적인 막으로 탯줄 내 혈관 형성을 돕는다. 발생 2개월쯤에 퇴화한다.

난황주머니(yolk sac)는 배아의 배 쪽에 달려 있는 작은 주머니이다. 다른 종에서는 난황주머니가 영양 공급의 기능이 있으나 사람에서는 태반이 그 기능을 대신 맡는다. 그럼에도 불구하고, 난황주머니로부터 소화관이 형성되므로 중요한 구조이다. 또한 일시적이지만 혈액 세포 형성에 관여하기도 하고, 원기 생식세포가 여기서 형성되어 생식샘으로 이동하여 배우자가 된다.

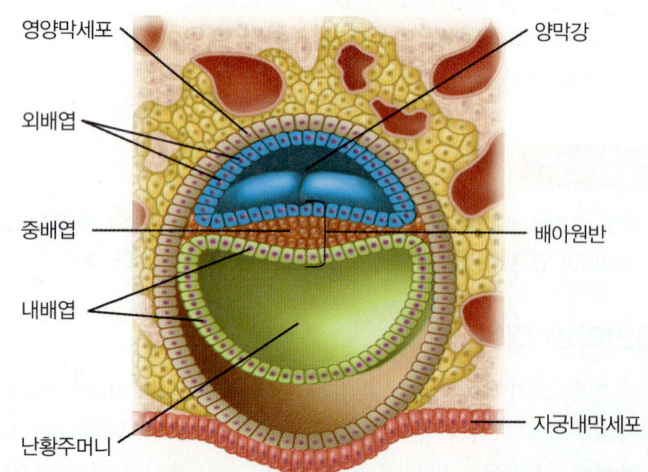

그림 21.7 3개의 1차 배엽층. 배아원반 내의 외배엽과 내배엽 사이에 중배엽이 나타나면 배아기가 시작된다.

가장 바깥쪽 막은 **융모막(chorion)**인데, 초기 배반포의 영양막으로부터 형성되었다. 융모막에서 **사람융모막생식샘자극호르몬(human chorionic gonadotropin: hCG)**이 만들어지며, 이 호르몬은 태반이 충분한 프로게스테론과 에스트로겐을 만들 때까지 처음 세 달 동안 임신 유지를 가능하게 해준다. 융모막은 또한 태반에서 물질 교환에 관여하는 구조를 만든다.

배아가 자라고 발달함에 따라 모체와의 관계는 점점 복잡해진다. 배아는 영양분을 만들어 낼 수도, 노폐물을 제거할 능력도 없으므로 이 목적을 위한 교환용 혈관이 필요하게 된다. 이것이 탯줄과 태반이다. **태반(placenta)**은 태아의 조직(융모막과 융모막융모)과 모체의 조직(자궁내막)으로부터 구성된다(그림 21.8). **탯줄(umbilical cord)**은 태반과 아기의 순환을 연결해주는 양방 통행의 생명선이다.

융모막 세포들은 그들의 기원인 영양막 세포처럼 자궁내막과 모세혈관을 녹이는 효소를 분비하므로 그 결과 태반이 발달한다. 이 효소가 모세혈관을 터뜨리며, 혈액으로 가득 찬 공간을 형성한다. 발생 중인 융모막은 융모막융모(chorionic villi)라는 손가락 같은 돌기를 엄마의 혈액이 있는 공간으로 내민다. 융모 속에는 배꼽동맥과 배꼽정맥으로 연결된 작은 모세혈관이 들어 있다. 즉 융모

표 21.1 세 종류의 배엽으로부터 유래한 조직, 기관 및 기관계

외배엽	중배엽	내배엽
피부 표피(털, 손톱, 샘 포함)	피부 진피	소화관(입, 항문 제외), 질, 방광, 요도의 안쪽 상피
젖샘	모든 결합조직, 연골, 뼈	허파의 폐포
신경계(뇌, 척수, 신경)	모든 근육조직(심장, 골격근, 민무늬근)	간과 이자
눈의 각막, 망막, 수정체	골수(혈액 세포)	갑상샘, 부갑상샘, 흉선
이의 법랑질	신장과 요관	뇌하수체 전엽
뇌하수체 후엽	고환, 난소, 생식관	목구멍편도
부신 수질	혈관 내피	내이 일부분
코, 입, 항문의 안쪽 상피	림프관	

막이 자궁내막을 부수어 국소적으로 출혈이 있게 하고, 이 혈액으로부터 산소와 영양분을 흡수하고, 이산화탄소와 같은 노폐물을 제거한다. 사실, 태아는 모체 내에서 기생생물과 같이 행동하는 존재이다.

태반은 효과적인 여과장치이다. 엄마의 혈액과 태아의 혈액 사이에 영양분, 가스, 항체의 교환은 가능하나, 크기가 큰 단백질, 혈구 세포는 통과하지 못한다. 즉 태반이란 태아가 스스로 작동하는 기관을 가질 때까지, 엄마의 기관계를 이용하도록 허락하는 통로이다.

그러나 독성 물질이나 병원균도 태반을 통해서 태아에게 전달된다. 예를 들면, 알코올, 코카인, HIV 바이러스, 처방약, 비처방약들이 이렇게 전달된다. 몇몇 처방약들은 엄마에게는 치료제이지만, 분화와 형태형성 초기의 배아에게는 치명적인 손상을 일으킬 수 있다(17단원 참조). 여성이 임신 사실을 알고 나면, 모든 처방약과 비처방약을 사용할 때 의사와 우선 상의해야 한다.

태반은 또한 내분비 기관이기도 하다. 처음에 태반은 hCG를 분비하여, 황체로 하여금 프로게스테론과 에스트로겐을 계속 생산하게 하여 임신 유지를 돕는다. 이후에는 태반 스스로 프로게스테론

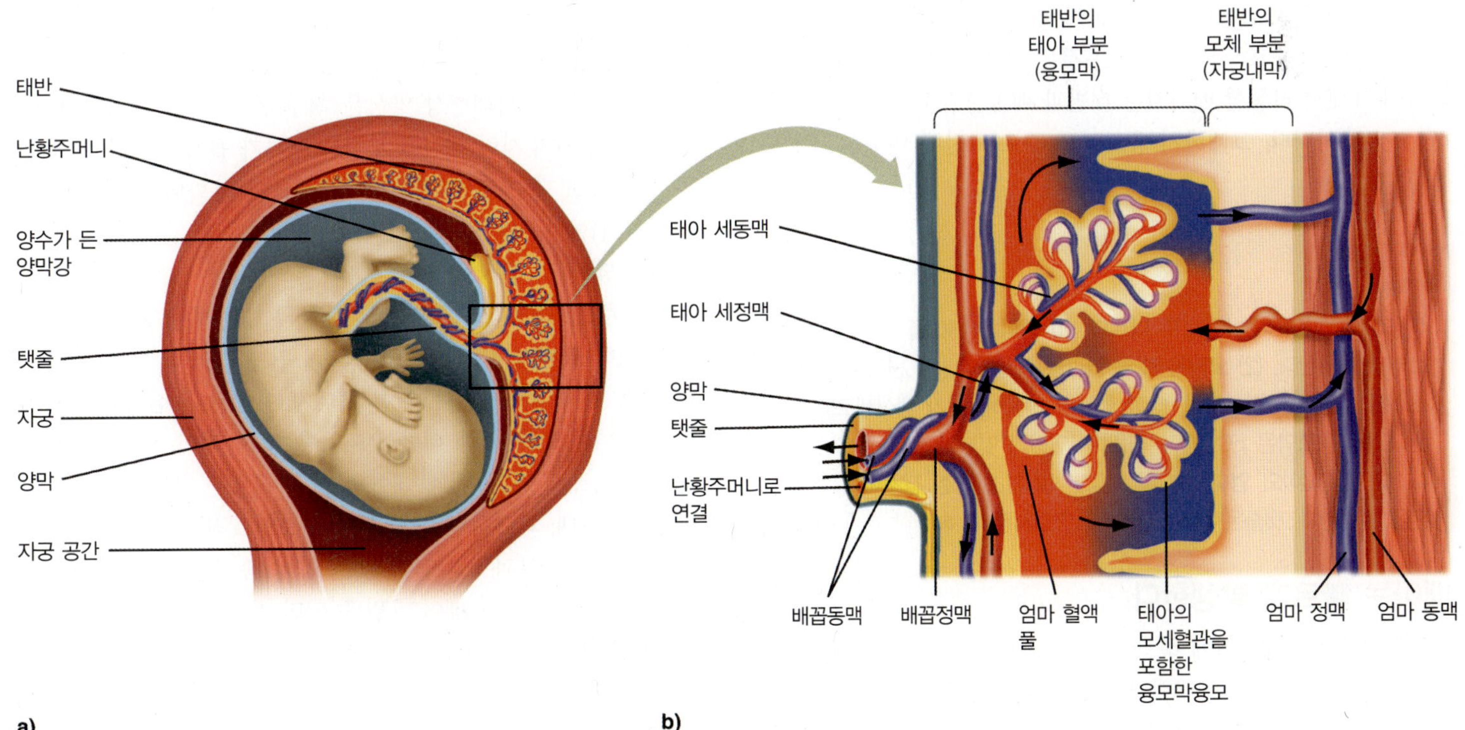

그림 21.8 태반과 탯줄. (a) 태아가 양막 속의 양수에 잠겨 있다. 태아와 모체의 유일한 연결은 탯줄이다. (b) 엄마 혈액과 태아 혈액이 섞이지 않고 어떻게 영양분과 가스가 교환되는지를 보여주는 태반 일부와 탯줄의 확대 그림.

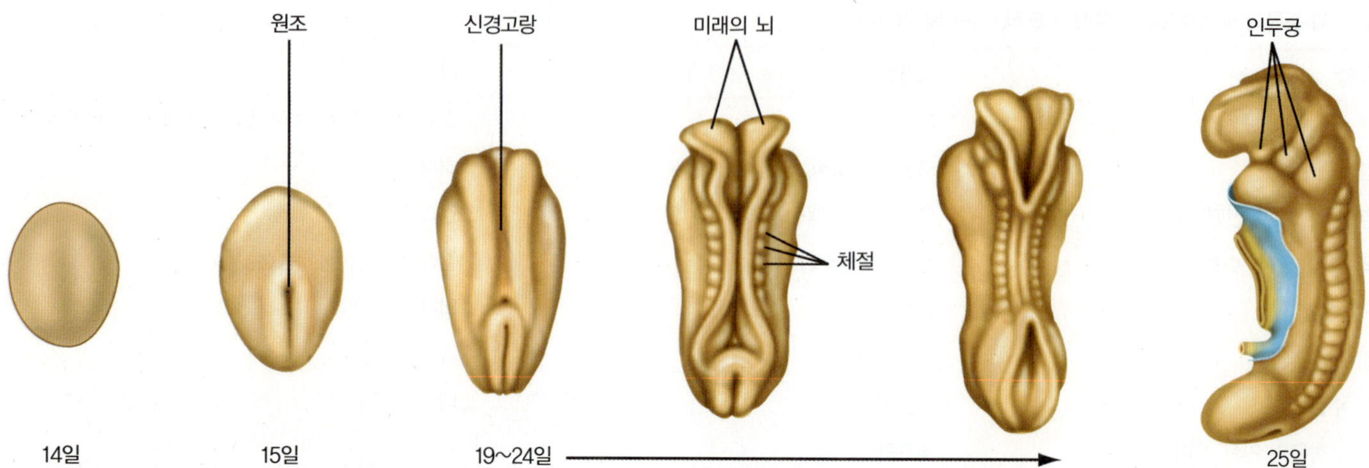

그림 21.9 3~4주 초 동안의 배아 발달. 14일 그림은 편평한 배아원반을 위쪽의 양막강에서 내려다본 모습이다. 15일에 배아는 길어지고, 외배엽에 원조가 나타난다. 19~23일에 외배엽에 신경고랑이 나타난다. 중배엽에 체절이 나타나고 뼈, 근육, 피부가 된다. 24~25일에 머리의 여러 구조를 형성할 인두궁이 보인다. 24~25일 배아는 옆에서 본 그림이다.

과 에스트로겐을 분비하며, 이때 황체는 퇴화한다. 이 두 호르몬의 역할은 분만 시 강한 수축을 위한 자궁근육층의 성장을 촉진하며, 자궁내막을 유지시켜 월경이 나오는 일이 없게 하며, 임신 중에는 자궁 수축이 일어나지 않게 하며, 자궁 감염을 막기 위해 자궁경부에 두꺼운 점액 마개를 형성하게 도와주는 것이다.

탯줄 속에는 2개의 배꼽동맥(umbilical artery)과 1개의 배꼽정맥(umbilical vein)이 있는데, 배꼽정맥은 배아의 심장으로 깨끗한 피를 전달하며, 배꼽동맥은 노폐물이 섞인 피를 태반으로 보낸다. 영양분 교체에 중요한 역할을 하는 것은 배아의 심장이므로, 5주에 심장이 제대로 작동할 때까지는 태반과 배꼽혈관들도 완전히 작동하는 것은 아니다. 그때까지 융모막은 주로 확산에 의해서 영양분을 공급한다.

요점 정리

4개의 배외막의 기능은 모두 다르다. (1) 양막은 태아를 충격과 탈수로부터 보호한다. (2) 요막은 탯줄 혈관을 형성한다. (3) 난황주머니는 소화관의 일부를 형성하며, 태아 혈액을 만들며, 원기 생식세포를 만든다. (4) 융모막은 hCG를 분비하며, 태반의 일부가 될 조직을 만든다. 태반은 배아와 엄마 사이의 영양분 및 가스 교환 장소이며, 호르몬을 분비한다. 탯줄은 배아를 태반에 연결시킨다. ■

배아는 빠르게 발생한다

3주에 배아는 자궁내막에 푹 파묻혀 있고, 자궁내막은 융모막을 통해 배아에게 영양분을 공급한다. 이때 3개의 배엽층은 다른 장소로 이동하여, 기관이나 기관계의 여러 원기를 형성하기 시작한다. 첫째, 편평한 배아원반에 원조(primitive streak)라 부르는 고랑이 나타나고, 배아원반은 머리-꼬리 축을 따라 길어지기 시작한다(그림 21.9).

그 다음에는 외배엽에 있는 신경고랑(neural groove)으로부터 장차 뇌와 척수가 형성된다. 중배엽이 분리되어 체절(somite)을 형성하는데, 여기서 뼈, 근육, 진피가 형성된다. 혹 모양의 구조인 인두궁이 머리 쪽에서 나타나는데, 이것으로부터 얼굴, 목, 입이 형성된다. 4주 말에 심장이 발달하기 시작하고, 머리 모양이 생기고, 눈의 위치가 정해지며, 신경고랑이 닫혀 신경관을 형성하고, 4개의 사지싹(limb buds)이 나타난다(그림 21.10).

세포 분화와 형태형성 양상은 척추동물에서 공통적이어서, 전문가도 4주째의 사람 배아를 보고는 어류가 될지 포유류가 될지 조류가 될지 모를 지경이다. 이와 같이 초기 분화와 형태형성이 공통적인 점에 비추어볼 때 이 양상은 척추동물 진화 역사에서 초기에 발달한 것처럼 보인다.

5~8주가 되면, 일반적인 척추동물의 형태에서 점점 사람의 형태를 취하게 된다. 머리가 자라고, 눈, 귀가 보이고, 손가락, 발가락과 함께 사지가 형성된다. 연골 뼈대가 형성된다. 심장과 혈관계가 발생을 마치고, 탯줄과 태반이 기능을 하게 되어, 피가 태아 속을 제대로 흐르게 된다. 이때 태아의 혈구 세포는 난황주머니에 의해 만들어지는데, 왜냐하면 아직 태아의 조혈조직이 성숙하지 못했기 때문이다. 영양분과 노폐물은 많은 양이 좀 더 효과적으로 교환되며, 꼬리가 퇴화한다. 배아기 말쯤 되면, 배아 길이는 2.5cm, 무게는 1그램 정도가 된다(그림 21.11).

배아기 말까지 살아남지 못하는 배아가 얼마나 되는지는 알 수 없으나, 최대 20% 정도인 것으로 알려져 있다. 배아가 다 자라기 전에 자연적으로 임신이 종결되고 배아가 방출되는 것을 **유산**

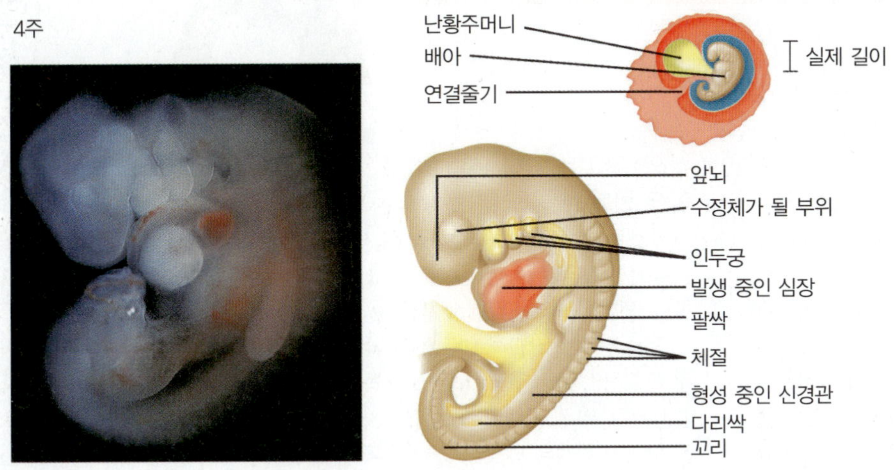

그림 21.10 발생 4주. 장차 머리가 될 부분이 현저해지고, 눈의 위치가 확실하며, 심장과 신경관이 형성되고, 사지싹이 보인다.

(miscarriage) 또는 자연 낙태라 한다. 어떤 때는 임신 사실 자체를 모르는 상태에서 유산될 수도 있다. 유산은 정상 발생을 저해하는 유전적 결함이 있는 배아를 버리기 위한 자연의 선택 방법이라고 보면 된다.

요점 정리

배아 발생은 빠르고 극적이다. 5주가 되면 사람의 형태를 띠기 시작하며, 8주가 되면 2.5㎝ 정도가 된다. 발생 8주까지의 자연 유산율은 최대 20% 정도나 된다. ■

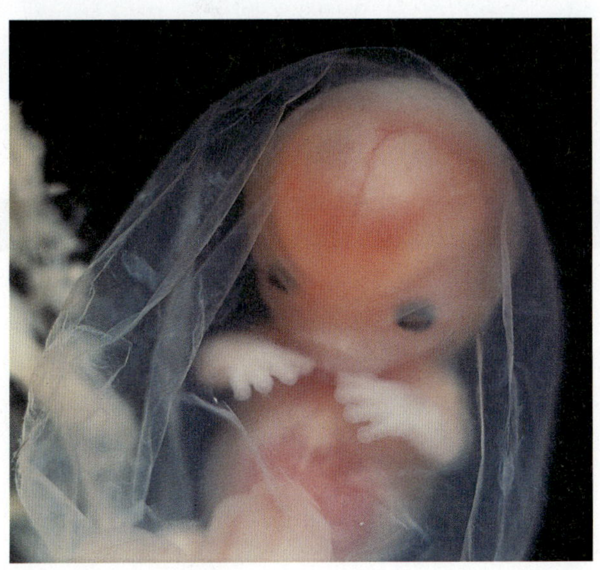

그림 21.11 발생 8주의 사람 배아. 사람 모습이 뚜렷하다. 얼굴, 팔다리, 손, 발이 형성되었다. 순환계가 제대로 작동하며, 피가 태아 몸을 돌고, 태반으로 순환한다. 실제 길이 2.5cm.

21.5 성 발생은 6주에 시작된다

남녀 모두, 외부 및 내부 생식기는 6주가 될 때까지 발생을 시작하지 않는다. 즉 이때까지 "성적으로 미분화" 상태여서 남자가 될 수도 여자가 될 수도 있다. 그러나 최종 결과(남자든 여자든)가 의심되는 것은 아니다. 왜냐하면 성은 이미 수정의 순간 난자에 들어가는 정자에 의해 결정되기 때문이다.

남성과 여성의 외부생식기의 발생은 그림 21.12에 나와 있다. 6주가 되면 미분화된 비뇨생식고랑(urogenital groove)이 발달하고, 위에는 싹 모양의 구조가, 양쪽에는 비뇨생식융기(또는 음순음낭융기: labioscrotal swellings)가 생긴다. 배아에게 Y 염색체가 있다면, 6주 후에 배아는 남성의 성 특징을 발달하기 시작한다. 이 과정은 Y 염색체상의 Y의 성 결정 지역(Sex-determining Region on Y: SRY)이라는 영역에 있는 유전자가 작동하면서 시작된다. SRY는 **정소결정인자(testis-determining factor)**라는 단백질을 만드는데, 이것이 정소의 발달을 유도한다. 그 후에 정소는 테스토스테론을 분비하는데, 이것이 남성의 내부 생식관과 외부생식기의 발달을 자극한다(동시에 정소는 뮐러관억제호르몬을 분비하는데, 이것이 여성의 내부 생식관과 외부생식기의 발생을 억제한다). 남성에서는 미분화 비뇨생식고랑이 합쳐져서 음경 내 요도가 된다. 음경은 길어지고, 분화되지 않았던 싹 모양의 구조는 음경 귀두로 발달한다. 비뇨생식융기는 음낭이 되는데, 나중에 정소가 이 속으로 내려온다.

Y 염색체가 없으면, 여성의 내부 및 외부 생식기가 발달하고, 배아는 여자가 된다. 비뇨생식고랑 쪽으로 요도와 질이 열리게 되고, 분화되지 않았던 싹 모양의 구조는 음핵이 된다. 내부에서는 난소, 수란관, 자궁이 발달한다. 여성 생식기의 발달은 "불이행

과학이 나아가는 방향

산전 진단 기술

40년 전만 해도 여자가 임신하면, 건강한 애기가 태어나길 바라는 것 외에, 부모나 의사가 할 수 있는 일이 별로 없었다. 임신 후기에 그저 아기의 맥박을 듣는 것이 전부였다. 신생아의 7%가 선천성 기형이지만, 임신은 그저 기다리고 볼 수밖에 없는 지루한 기간이었다.

1960년대에 **양수천자(amniocentesis)**라는 기술(그림 1)이 개발되었는데, 속빈 긴 바늘을 복벽에 꽂아 양수를 채취하는 기술이다. 이 기술은 양수에 태아 세포가 존재한다는 사실을 이용한다.

양수천자는 임신 15~17주, 즉 두 번째 3분기에 행해진다. 수거된 태아 세포는 최대 4주까지 실험실에서 배양하여 염색체를 조사하고, 생화학적 테스트를 수행한다.

양수천자는 비교적 안전하여 유전병이나 다운 증후군(Down syndrome)의 가족력이 있으면 추천된다. 약 40종류의 태아 결함이 양수천자로 진단된다. 결점은 테스트 결과가 두 번째 3분기 중반에나 가능해서 임신 중절이 불가능한 시기에 가깝다는 것이다.

1970년대에 아기의 영상을 얻을 수 있는 **초음파(ultrasound)**가 개발되었다. 초음파는 유전병을 진단하지는 못한다. 자궁 속 태아의 실시간 상을 보여줌으로써 태아가 잘 자라고 있는지를 보여주는 비교적 안전한 방법이다. 높은 주파수의 음파(초음파)를 배와 자궁에 가하면, 태아의 딱딱한 조직에 부딪혔을 때 되돌아오고 컴퓨터가 굴절된 이 파장을 상으로 바꾼다.

1970년대에 또한 **융모막융모생검(chorionic villi sampling)**이라는 배아조직에서 유래한 융

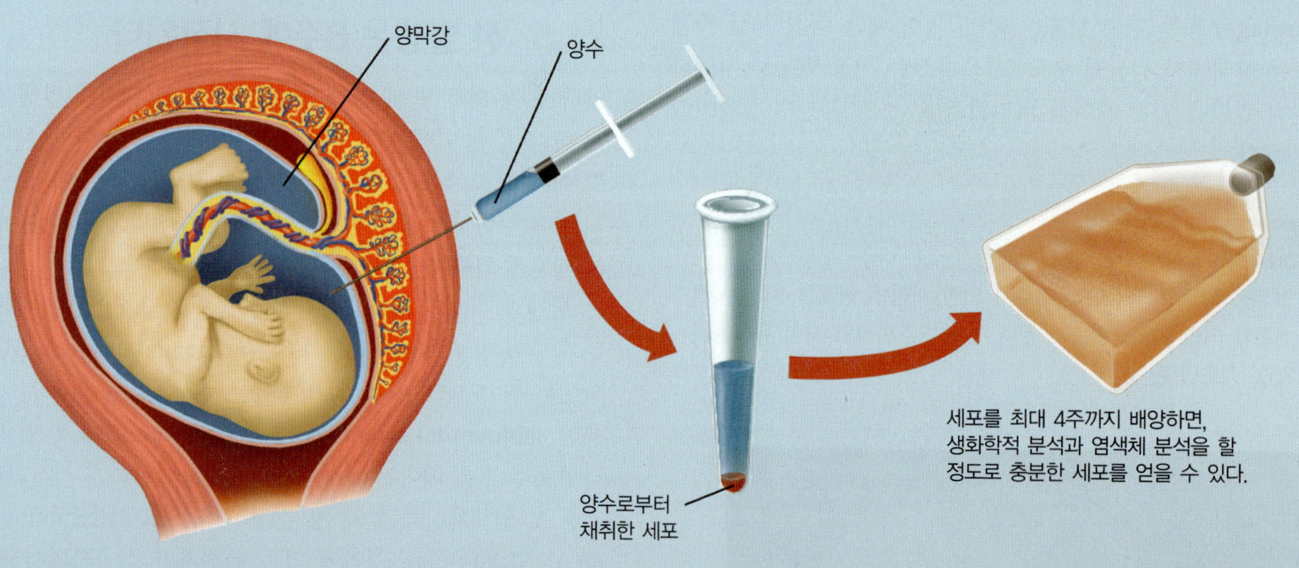

그림 1 양수천자

모막융모 세포를 채취하는 기술이 개발되었다 (그림 2). 초음파 영상의 도움을 받아, 얇고 부드러운 관이 질과 자궁을 거쳐 삽입된다. 관의 끝을 융모막에 접근시킨 다음 융모막융모 조직의 일부를 뜯어내서 염색체 분석 및 생화학적 분석을 한다.

융모막융모생검의 장점은 임신 5주에 수행할 수 있다는 점이다. 배아에게 약간이기는 하나 분명한 위험이 있으므로, 집안에 유전병 가족력이 있을 경우에만 행해진다.

양수천자에 의해 정보를 얻을 수 없거나 결론을 내릴 수 없을 때에는 **경피적제대혈채취(percutaneous umbilical blood sampling: PUBS)**라는 방법도 행해진다. 초음파의 도움을 받아 복벽을 통해 바늘을 탯줄 속의 정맥에 삽입한다. 여기서 혈액을 뽑아 겸상적혈구빈혈증, 혈우병, 빈혈, Rh 혈액형, 유전 질환에 대한 검사를 한다. 유산 위험이 양수천자나 융모막융모생검보다 약간 높아, 이것도 특정 병에 대한 위험이 있을 경우에만 행해진다.

착상전유전진단(pre-implantation genetic diagnosis: PGD)이라는 실험 기술은 낭포성섬유증, 겸상적혈구빈혈증, 테이-삭스병, 프랑코니 빈혈과 같은 유전병의 존재를 알아보기 위해 사용된다(16단원의 "시사 과학 문제" 참조). 이 기술은 몸 밖에 있는 배아에 대해서만 시술할 수 있다. 우선 난자를 얻어 실험실에서 수정시킨다. 2~3일 후, 6~10 세포기가 되었을 때 배아에서 1개의 세포를 떼어 유전병을 일으키는 유전자가 있는지 검사하고, 특정 유전자가 없으면 이 배아를 자궁에 넣어 착상시켜 정상적인 임신이 이뤄지게 한다.

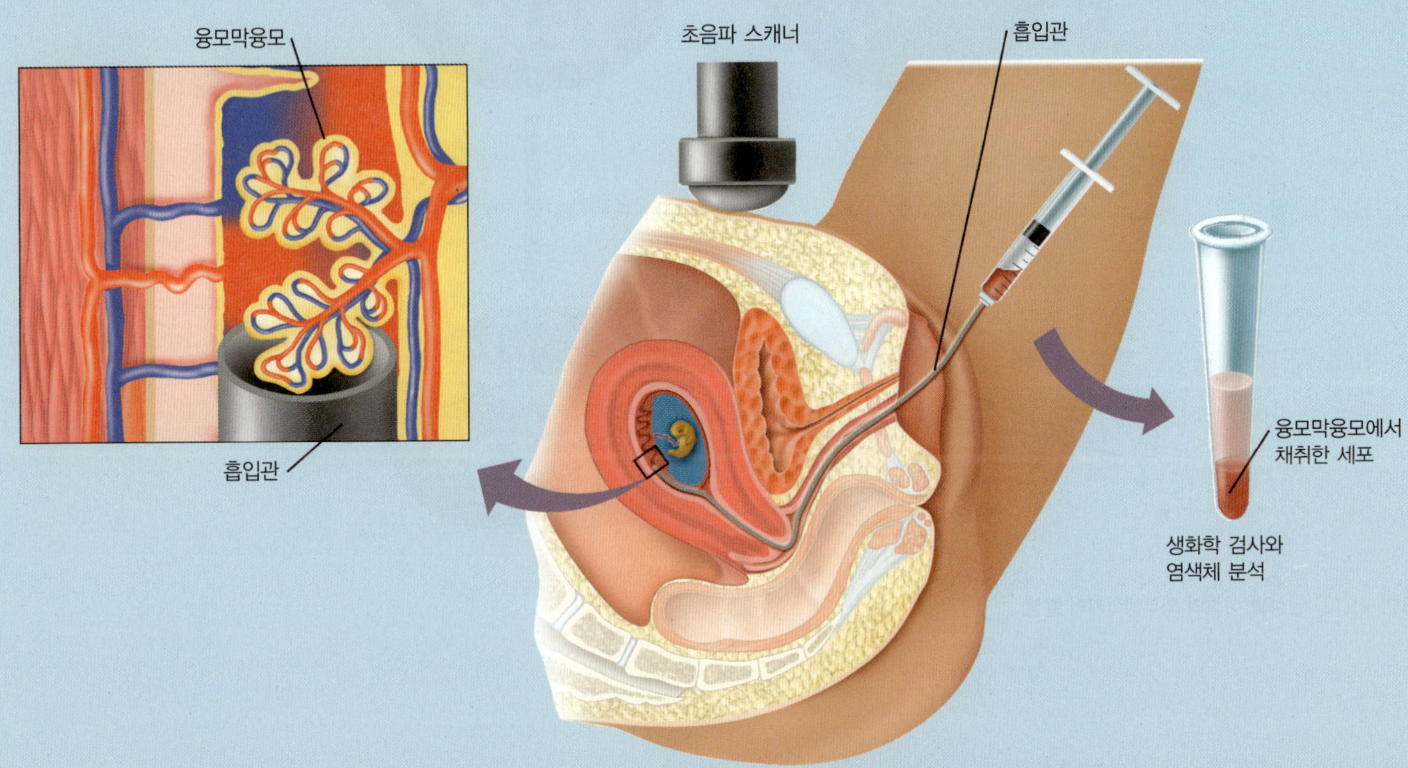

그림 2 융모막융모생검

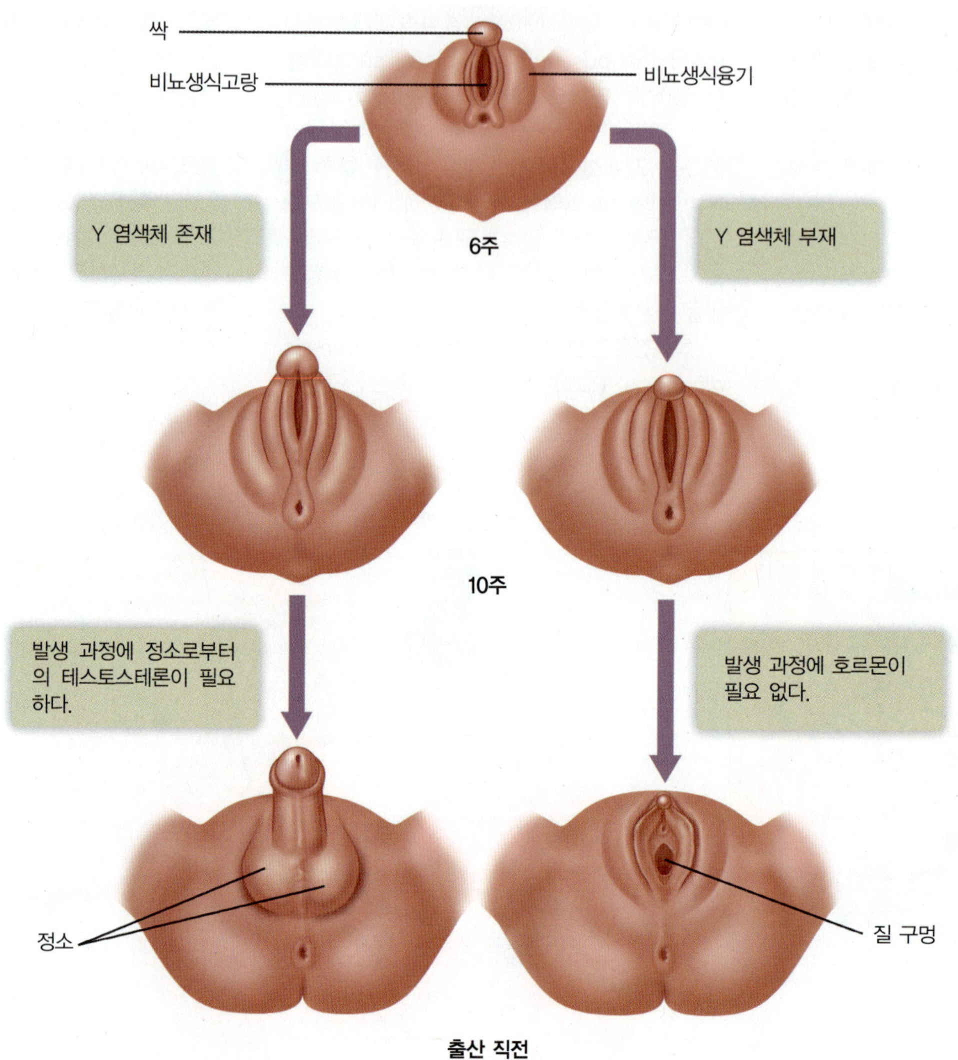

그림 21.12 **남성과 여성의 외부생식기의 발생.**

(default)" 상태이다. 즉, Y 염색체가 존재하지 않을 때 또는 아무 호르몬도 없을 때 일어난다. 다시 말해서 성은 X 염색체의 수에 의해 결정되는 것이 아니라, Y 염색체의 존재 여부에 따라 결정된다.

요점 정리

성 발생은 약 6주에 시작된다. Y 염색체의 존재에 따라 배아는 남성으로 발달하게 되며, Y 염색체가 없으면 여성이 된다. ■

21.6 태아 발달: 9주에서 출산까지

8주가 지나면(9주째부터) 이젠 태아라고 부른다. 태아의 기관계가 기능을 하기 시작하고, 뼈에 칼슘이 축적되기 시작한다. 엄마의 신체적인 모습도 크게 변한다. 각 단계를 자세히 들여다보자.

3~4개월

3개월째에 태아의 신장이 충분히 발달하여, 약간의 노폐물을 오줌의 상태로 양수로 배출한다. 팔다리가 잘 발달되어 있으며, 연골 골격이 뼈로 대체되기 시작하며, 이빨이 만들어진다. 비장이 잠시 적혈구 형성에 관여하는데, 이 기능은 곧 간과 골수로 이전된다. 간이 기능을 하기 시작하고, 생식기가 잘 발달되어, 성별 구분이 가능하다. 3개월 말이 되면 첫 번째 3분기가 끝난다.

4개월째에 간과 골수가 혈구를 만들기 시작한다. 눈과 귀가 제 위치를 찾아 얼굴이 제 모습을 갖추게 된다(그림 21.13). 태아가 여자인 경우 난소 속에 여포가 형성된다.

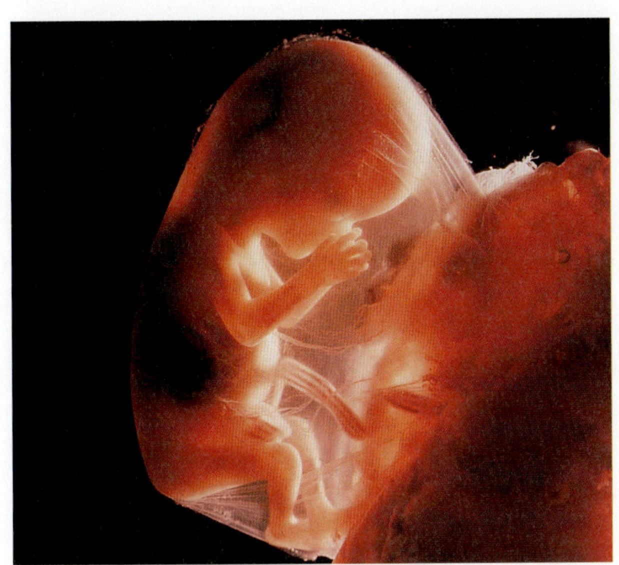

그림 21.13 **발생 4개월의 태아와 태반.** 태아를 둘러싸고 있는 양막과 맑은 양수가 보인다. 실제 길이 15cm.

이 시기에 전체적인 성장이 빠르게 진행된다. 4개월 말이 되면 태아의 길이는 15cm 정도 되고, 무게는 170그램이 된다.

5~6개월

5개월이 되면 신경계와 골격근이 충분히 성숙하여 태아가 움직이기 시작한다. 이 운동을 태동이라 하는데, 엄마도 처음으로 감지한다. 붉고 주름지긴 했어도 잘 발달된 피부가 부드러운 태모로 덮여 있다. 심장박동이 커서 청진기로 들을 수 있다. 골격이 점점 딱딱해진다.

의료 시설만 뛰어나면 6개월에 태어난 미숙아의 자궁 밖 생존이 가능하다. 태아는 외부 소리에 반응한다. 허파가 계면활성제를 만들기 시작하는데, 이는 표면 장력을 낮추는 역할을 하며 출생 시 폐포가 공기로 가득 차게 한다.

6개월 말이 되면 두 번째 3분기가 끝나고, 태아의 무게는 700그램 정도가 된다.

7~9개월

7~9개월은 출생 준비를 위한 빠른 성장과 성숙의 시기이다. 태아는 눈을 떴다 감았다 할 수 있으며, 주변 소리에 반응한다. 점점 좁아지는 자궁 내에서 편한 위치를 찾으려는 듯 태아의 활동이 증가한다. 보통 머리가 자궁경부 부근으로 내려가 있다. 피부의 붉은색이 없어지고, 태모는 떨어져 나간다. 남성에서는 정소가 음낭으로 내려간다. 허파나 소화기가 아직 활동을 시작하지 않으나, 활동할 준비가 되어있다.

9개월이 되면 태아의 길이는 50cm 정도 되고, 무게는 2.7~3.4kg정도 된다. 수정 후 38주에 태아는 출산된다.

요점 정리

태아기는 9~38주이다. 성장이 빨리 진행되며, 출생 시 몸무게는 2.7~3.4kg 정도 된다. 태아는 5개월째에 움직이기 시작한다. 허파가 계면활성제를 만들어내기 시작하는 시기인 6개월 이후에 태어난 미숙아는 의료시설만 뛰어나면 생존도 가능하다. ■

21.7 출산과 초기 신생아기

임신과 죽음을 제외하면, 우리 생에서 분만과 출산처럼 큰 변화가 있는 시기는 없을 것이다. 수분 내에, 신생아는 모체의 혈액에 의존하던 영양소와 가스 교환 단계를 자신의 순환계와 허파에 의존해야 한다. 젖을 먹자마자 소화관이 작동하기 시작한다. 이제 출산과 초기 신생아기에 일어나는 변화를 살펴보자.

진통 끝에 분만이 찾아온다

출산에는 우리가 진통(labor)이라고 부르는 일련의 사건이 포함되는데, 진통은 신생아를 분만하여 세상 밖으로 내보내면 끝이 난다.

태아가 탄생할 준비가 되었다는 것을 알리는 자명종 역할을 하는 것은 태아 뇌하수체의 성숙이며, 그 결과 진통이 시작된다.

성숙한 태아 뇌하수체는 ACTH를 분비하기 시작하는데, 이는 태아의 부신을 자극하여 스테로이드 호르몬을 만들어내고, 이것이 태반을 자극하여 에스트로겐의 양은 늘리고, 프로게스테론의 양은 줄인다. 에스트로겐은 옥시토신 수용체의 수를 증가시키고, 프로스타글란딘의 생성을 자극한다. 에스트로겐, 프로스타글란딘, 옥시토신 수용체(엄마의 옥시토신과 함께)의 증가는 자궁의 규칙적인 수축을 일으킨다.

양성되먹임 주기가 시작된다. 자궁의 규칙적인 수축이 엄마의 뇌하수체로부터 더 많은 옥시토신 분비를 촉진하고, 그 결과 자궁은 좀 더 강하게 수축하게 된다. 진통이 진행됨에 따라 수축 간격이 점점 더 짧아지고, 진통 시간이 길어지며, 수축이 점점 강해져서 태아를 자궁경부를 거쳐 마침내 질로 내보내게 된다.

진통과 분만은 초산의 경우엔 약 24시간 지속되고, 다산일수록 짧아진다. 진통과 분만은 3단계(확장, 만출, 후산)로 나뉜다(그림 21.14).

- **1단계–확장(dilation).** 6~12시간 지속된다. 수축의 속도, 지속 시간, 힘은 시간이 지날수록 증가하며, 태아의 머리를 자궁경부 쪽으로 민다. 자궁경부는 자궁 쪽으로 당겨지며, 구멍은 점점 더 넓어지며, 점액 마개를 분출시킨다. 태아가 자궁경부에 계속 압력을 가하므로, 자궁경부의 구멍은 직경 10cm가 될 때까지 점점 더 넓어진다. 이때 태아 머리의 압력이 양막을 찢고 양수를

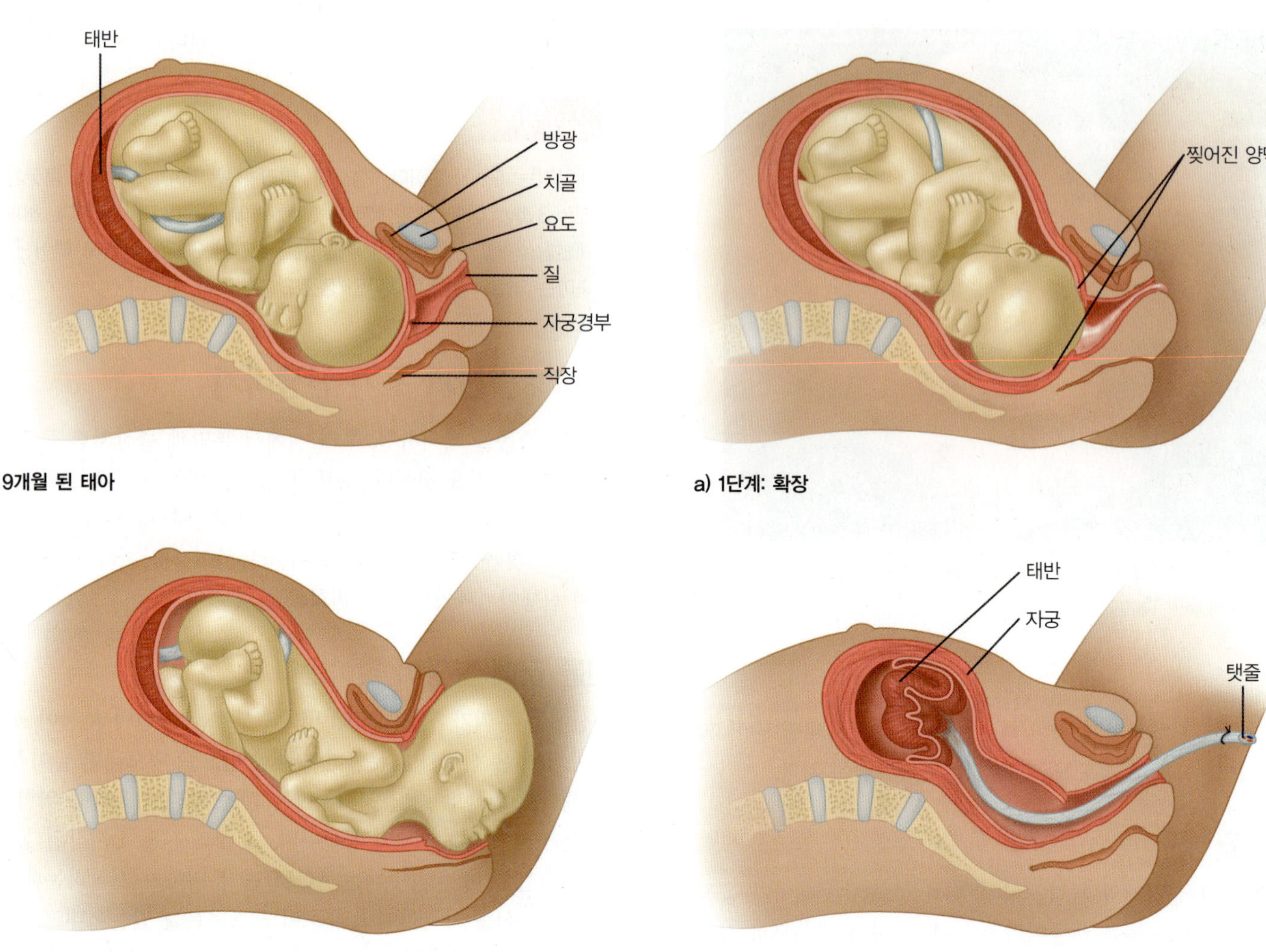

그림 21.14 출산 단계. 출생이 가까워지면 태아의 머리 위치가 자궁경부 쪽으로 내려간다. (a) 1단계: 확장. 자궁경부가 넓어진다. 이때 양수가 터질 수 있다. (b) 2단계: 배출. 태아가 자궁경부관과 질 쪽으로 머리부터 빠져나온다. (c) 3단계: 후산. 태반이 자궁으로부터 떨어져 탯줄의 나머지 부분과 함께 방출된다.

배출한다. 양수가 터지는 것이 분만의 시작이다. 의사는 자궁경부의 직경을 규칙적으로 재서 확장 단계를 결정한다.

- **2단계-배출(expulsion).** 자궁경부가 최대로 확장된 순간부터 분만될 때까지의 기간이다. 산모가 자발적 수축으로 배출을 돕고자 하는 충동을 느끼며, 일부 산모는 질 입구를 늘이기 위해 회음절개를 선택하기도 한다. 강한 수축이 일어나면 자궁경부, 질, 골반대를 지나 아기가 내보내진다. 아기 머리가 음순에 위치하는 것을 크라우닝(crowning)이라 한다. 아기의 머리 전체가 보이면, 의료진은 호흡을 돕기 위해 아기의 코와 입으로부터 점액을 제거한다. 몸의 나머지 부분은 비교적 빨리 나온다. 아기가 다 나오고 나면 탯줄을 묶은 뒤 자른다. 이때쯤 되면 갓난아기는 혼자 숨을 쉴 수 있다. 총 배출 시간은 1시간이 좀 덜 걸린다.
- **3단계-후산(afterbirth).** 아기가 태어났다고 해서 자궁의 수축이 멈추는 것은 아니다. 분만 후 강한 수축에 의해 태반이 자궁에서 떨어져, 태반과 탯줄이 밖으로 나오는 것을 후산이라고 한다. 후산은 갓난아이가 나온 후 30분 이내에 일어난다.

요점 정리

진통과 분만은 24시간 정도 걸린다. 확장기에 자궁경부는 넓어지고, 자궁 수축은 점점 더 자주, 강하게 일어난다. 갓난아기는 배출기 중에 밖으로 나온다. 태반과 탯줄은 후산기 중에 밖으로 나온다. ■

제왕절개 분만: 외과적 분만

어떤 분만은 위에서 설명한대로 진행되지 않는다. 외과적 수술을 통한 분만을 **제왕절개 분만(cesarean delivery)**이라 한다. 제왕절개술에서는 복벽과 자궁을 절개하여 아기를 빨리 꺼낼 수 있다.

제왕절개는 태아의 위치나 크기가 자연분만을 어렵게 할 때 수행된다. 아기가 산도를 통과하기에 너무 큰 경우, 다리가 자궁경부 근처에 위치한 경우, 진통과 분만 시간이 길어져 산모가 지친 경우, 태아 심박이 증가한 경우처럼 위급 상황에서 진행된다.

과거에는 한번 제왕절개를 하고 나면 그 후 분만 시 계속 수술을 해야 했다. 지금은 제왕절개 후, 다음 번에 자연분만을 원하면 시도할 수 있다.

태아에서 신생아로의 전환

머리가 나오고 탯줄이 묶이는 순간 사이에 신생아는 스스로 생명을 유지할 수 있어야 한다. 첫째, 엄마에게 연결된 탯줄이 끊기기 전에 신생아가 숨을 쉬기 시작해야 한다. 둘째, 가스와 영양분을 교환하기 위한 태반 연결이 없어졌으므로, 처음 며칠 동안 심혈관계가 해부학적 변화를 겪는다. 신생아는 이제 완전 홀로이다.

첫 숨쉬기 갓난아기가 태어나기 전, 허파는 한 번도 공기가 들어갔던 적이 없다. 즉 양수 속에 들어 있었던 것이다. 허파가 처음 부풀어 오르는 것은 중요한데, 이것은 결코 쉬운 일이 아니다. 아주 질긴 풍선을 불어보았다면, 이 일이 얼마나 어려운지 알 것이다. 왜냐하면 작은 구에 의해 생성되는 표면장력은 큰 구의 표면장력보다 크기 때문이다. 신생아의 폐포가 처음 부풀어 오르는 것은 폐포의 표면장력을 낮춰주는 계면활성제에 의해 촉진된다.

신생아로 하여금 첫 숨을 쉬게 하는 것은 무엇일까? 진통 중에 엄마와의 태반 연결이 분리되기 시작하여 아기와의 가스 교환을 감소시킨다. 탯줄을 묶으면 가스 교환은 완전히 끝난다. 누군가 우리의 코와 입을 완전히 막는 것과 같다. 수 초 내에 태아의 혈중 이산화탄소의 농도가 높아져서 뇌의 호흡 중추는 호흡을 자극하기 시작한다. 질식되었을 때의 숨 막힘으로 온 힘을 다해 아기는 첫 숨을 쉬고, 울기 시작한다.

심혈관계의 변화 태아의 심혈관계는 8단원에서 설명한 성인의 심혈관계와는 다르다. 허파가 가스 교환을 하는 것이 아니고, 혈액이 탯줄을 통해 태아로 들어가고 나간다. 출생 직후에는 탯줄순환이 멈추므로 폐순환이 생존에 중대한 역할을 하게 된다.

태아의 심혈관계와 출생 후 몇 주가 지난 신생아의 심혈관계 사이에는 다음 4가지의 큰 차이가 있다(그림 21.15).

- 혈액은 배꼽정맥을 통해 태아에게 들어간다. 이 중 적은 양의 혈액은 간으로 들어가지만, 대부분의 혈액은 간을 우회하여 정맥관을 거쳐 하대정맥에 합류한다.
- 혈액은 다리 쪽의 동맥으로 내려가 2개의 배꼽동맥을 거쳐 태아를 떠난다.
- 태아에서는 좌심방과 우심방 사이에 타원구멍(foramen ovale)이라 부르는 구멍이 있다. 이 구멍을 통해 폐순환을 거치지 않고 혈액이 우심방으로부터 좌심방으로 건너간다.
- 태아의 경우 폐동맥으로부터 대동맥으로 가는 지름길인 동맥관이 있다. 결과적으로, 우심실이 내보내는 대부분의 혈액은 폐를 우회한다.

이제 태아와 엄마 사이의 그리고 태아 내에서의 순환을 따라가 보자. 태반으로부터 산소와 영양분이 풍부한 혈액이 배꼽정맥을 통해 태아에게 들어간다. 혈액의 일부는 직접 또는 간문맥과 합치는 배꼽정맥 가지를 통해 간으로 들어간다. 이때 태아의 간은 완전히 발달한 것이 아니어서 모든 배꼽정맥 혈액을 감당할 수 없다. 그래서 대부분의 혈액이 간을 우회하여 정맥관을 통해 직접 하대정맥으로 가는 것이다. 여기서 산소와 영양이 풍부한 혈액은 몸 아랫부분으로부터 오는 산소가 부족한 혈액과 섞인다.

폐도 덜 발달했으므로, 태아 심장으로 들어가는 혈액의 대부분은 폐를 우회해야 한다. 일부는 우심방에서 타원구멍을 통해 좌심방으로 가고, 우심실을 통해 폐동맥으로 간 혈액은 동맥관을 통해 대동맥으로 직접 간다.

태아의 폐가 아직 작동하지 않고 소화관이 아직 영양분을 받고 있지 않지만, 대동맥 혈액은 모든 태아 조직에게 공급할 충분한 산소와 영양분을 갖고 있다. 태아 동맥혈의 일부는 배꼽동맥을 통해 태반으로 돌아가며, 여기에서 영양분과 산소를 공급받고, 대사산물인 이산화탄소를 제거한다.

출산 시에 배꼽순환이 바로 끊기므로 상황은 극적으로 변화한다. 배꼽정맥, 배꼽동맥, 정맥관은 시간이 지남에 따라 퇴화하여 흔적만 남는 결합조직이 된다. 타원구멍과 동맥관도 수 일에서 수 주 안에 막히고, 심장의 모든 혈액은 폐로 가서 가스교환을 하게 된다. 이제 신생아의 소화관에서 흡수된 영양분은 간문맥을 거쳐 간으로 간다. 태아와 엄마가 밀접하게 연결되었었다는 것을 알려주는 유일한 증거는 배꼽뿐이다.

수유는 신생아에게 영양분을 공급할 젖을 준다

엄마와 아기 사이의 밀접한 관계는 아기의 탄생과 함께 끝나는 것이 아니다. 왜냐하면 아기는 엄마로부터 영양분을 공급받아야 하기 때문이다. 임신 중 높은 농도의 에스트로겐과 프로게스테론이 수유에 대비해서 여자의 유방을 커지게 한다. 그러나 아기가 태어나기 전에는 이 두 호르몬이 젖 생산을 자극하는 호르몬인 프로락틴의 기능을 방해하므로 젖이 나오지 않는다.

출산 직후 유방으로부터 물과 같은 **초유(colostrum)**가 분비되는데, 항체는 풍부하지만 지방과 젖당의 함량은 낮다. 항체는 신생아의 면역계가 발달할 때까지 신생아를 보호하는 역할을 한다. 이후에는 젖 속의 지방과 젖당 함량이 증가하여 아기의 성장을 돕게 된다.

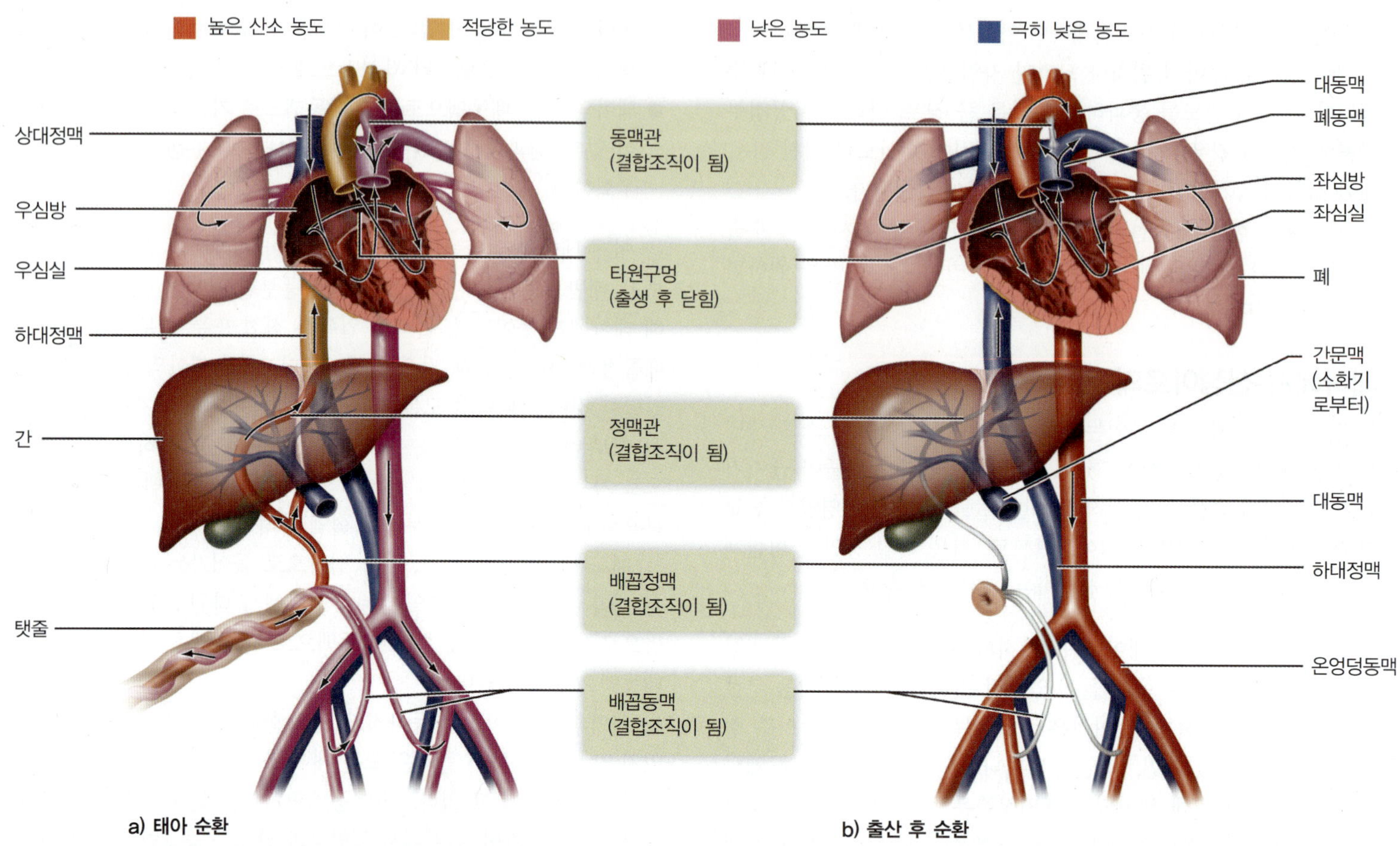

그림 21.15 태아와 신생아의 심혈관계. 태아의 경우 미성숙한 허파는 가스 교환에 관여하지 않으므로, 심장으로 돌아온 혈액의 대부분은 타원구멍이나 동맥관을 통과함으로써 허파를 우회한다. 가스 교환은 태반을 통해 일어나므로, 배꼽혈관이 태아를 태반에 연결한다. 배꼽혈관은 출생 후 즉시 닫힌다.

네 번째 호르몬인 옥시토신은 필요할 때에만 초유가 나오도록 수축시키는 역할을 한다. 옥시토신은 분만 중에 그리고 수유할 때마다 신경반사의 결과로 분비된다. 젖을 빨 때 젖이 나오는 것을 젖 분비라 한다.

요점 정리

출산 시 이산화탄소의 농도가 급격히 증가하여 신생아로 하여금 첫 숨을 쉬게 한다. 출산 직후 탯줄혈관과 동맥관이 퇴화하고, 심장에 해부학적 변화가 일어나 모든 혈액이 폐를 거치게 된다. 프로락틴은 수유를 자극하고, 옥시토신은 아기가 젖을 빨 때 젖이 분비되도록 한다. ■

21.8 출생에서 성인이 되기까지

사람 발생의 긴 과정은 출생 후에도 계속된다. 발생은 연속적인 과정이므로 단계를 나누는 일은 쉽지 않다. 성년과 노년의 구별도 임의로 정한 것이다. 보통 신생아기를 첫 1개월, 유아기를 2~15개월, 유년기를 유아기 이후부터 청소년기까지, 청소년기는 유아기와 성인기 사이의 대략 12~20세까지, 그리고 20세 이후를 성인기라 한다.

표 21.2는 사람의 발달 단계를 요약한 것으로, 주로 신체적 발달 관점에서 설명하였다. 심리사회적 발달과 인지 발달은 심리학과 교육학에 맡긴다. 그림 21.16은 사람의 발단 단계에 따른 몸의 형태 변화를 보여준다.

신생아기: 무력한 시기

신생아는 아주 무력하다. 특히 신경계와 근육계가 미성숙하다. 따라서 운동 조절이 잘 안되고, 약하고, 의식보다는 반사에 의해 조절된다. 신생아는 머리를 들 힘도 없어 안아서 옮길 때 머리를 받쳐 주어야 한다. 눈은 뜰 수 있으나 이리저리 돌아가, 초점을 맞출 수도 없다. 신생아는 환경을 자각하고 반응할 수 있으나, 장기 기억을 유지할 수 없다. 성인보다 좁은 범위의 음의 고저를 들을 수 있으며, 높은 톤의 소리에 민감하다.

신생아가 잘 할 수 있는 것은 젖을 빨고, 오줌과 똥을 싸는 것이다. 소화관은 우유의 성분을 흡수할 수는 있으나, 단단한 음식을 먹을 수는 없다. 변은 부드러우며, 배뇨와 배변이 반사작용으로 일어난다.

표 21.2 사람의 발달 단계 요약

단계	나이
출생 전(수정 후)	
전배아 단계	수정~2주
접합자	1~3일
상실배	4~7일
배반포	8~14일
배아	3~8주
태아	9~40주(출생)
출생 후	
신생아기	생후 1개월
유아기	2~15개월
유년기	16개월~12세
청소년기	12~20세
성인기	20세 이상
노년기	40세 이후(노화 가속)

요점 정리

신생아의 신경계와 근육계는 잘 발달되지 않았다. 신생아는 신체적으로 무력하며, 기억을 형성할 수 없다. ■

유아기: 기관계의 빠른 발달과 성숙

유아기는 발달 변화가 빠른 시기이다. 15개월 만에 몸무게가 3배 이상 증가하여 10~11 kg이 된다. 뼈는 점점 딱딱해지며 근육량과 힘이 급속히 증가한다. 뇌도 빨리 자라 출생 후 전체 뇌 성장의 절반 정도가 이때에 일어난다. 대부분의 성장은 감각 감지, 운동 기능, 언어 및 학습에 관여하는 대뇌피질에서 일어난다. 신경의 수초화도 대부분 이때 일어난다. 첫 이는 6개월에 나기 시작하여, 한 살이 되면 20개의 젖니가 모두 난다. 대부분의 유아는 6개월~1년 사이에 딱딱한 음식을 먹기 시작한다.

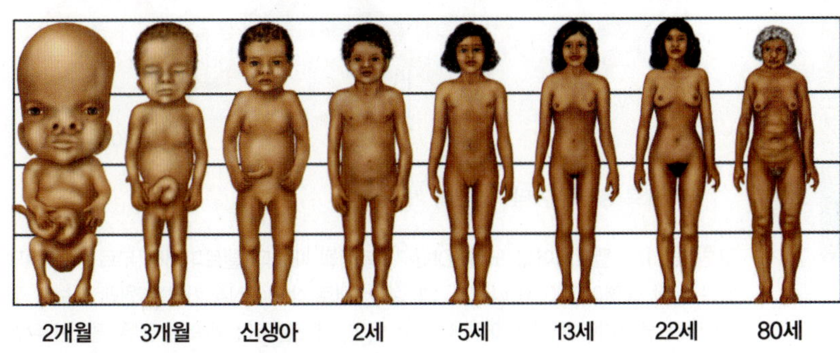

그림 21.16 출생 전후 성장과 발달을 거치면서 변하는 몸의 형태와 신체의 비율.

14개월이 되면 근육골격계와 신경계가 함께 성숙하여 스스로 걷기 시작한다. 몸이 빨리 자라므로 휴식이 필요하여 유아는 잠도 많이 잔다. 밤에는 10시간, 낮에도 낮잠을 여러 번 잔다.

면역계의 발달은 다른 기관계에 비해 비교적 뒤처진다. 면역계가 항체를 제대로 만들 수 없으므로 대부분의 백신접종은 효과가 없다. 유아기와 유년기의 백신접종 계획은 면역계가 백신에 반응할 수 있게 된 후에 실시하도록 짜여져 있다.

요점 정리

유아기는 기관계의 빠른 성장과 지속적 성숙이 특징이다. 유아는 딱딱한 음식을 먹기 시작하고 걷게 된다. 면역계는 다른 기관계들보다 느리게 발달한다. ■

유년기: 지속적인 발달과 성장

15개월부터 12세까지의 긴 유년기 동안 모든 기관계가 지속적으로 발달한다. 뇌는 성인 크기의 95%까지 성장한다. 면역계는 유년기를 거쳐 청소년기가 될 때까지 천천히 성숙한다. 몸무게는 느린 성장기와 빠른 성장기를 반복하며, 남녀 모두에게서 평균 45 kg까지 증가한다. 근육의 힘과 미세운동 조정 능력이 향상된다.

팔다리의 긴뼈가 자라면서 몸의 형태가 변화한다. 허리굽이가 발달하고, 배의 근육이 강해지며, 어린이의 "항아리 배" 모습은 사라진다.

유년기 말에는 아직 성적으로 미성숙하나 몸 형태는 어른과 같아진다. 모든 기관계가 거의 완전히 기능을 한다(완전한 어른 크기는 아니지만). 한 가지 예외는 남녀 생식계로 아직 성숙하지 않았다.

요점 정리

뇌의 성장은 유년기 말이 되면 거의 완성된다. 근육의 힘과 조정 능력이 향상되며, 몸의 형태가 어른처럼 변한다. ■

청소년기: 성인으로의 전환

생에 있어 가장 도전적인 시기 중의 하나는 유년기에서 성인기로의 전환이다. 마지막 급성장이 청소년기에 일어난다. 급성장은 사람마다 다르게 일어나며, 12~14세 사이에 일어나는 몸무게와 성적 성숙도에도 사람마다 큰 변이가 있다. 빠른 성장으로 어색해 보이는 경우도 있고, 일시적인 조절 능력의 상실도 경험한다.

골격계와 근육계는 청소년기에 가장 급속히 성장한다. 다른 기관도 크기가 성장한다. 폐의 질량이 2배 이상으로 되며, 신장과 위가 50% 이상 커지지만 뇌는 5%만 성장한다.

청소년기에는 생식계와 성적 반응이 성숙하므로, **사춘기(puberty)**라고도 부른다. 사춘기는 여성에서는 9.5~15.5세 사이에 월경의 시작, 남성에서는 11.5~17.5세 사이에 경험하는 몽정이 특징적이다.

생식 호르몬의 농도는 유년기에는 낮으나, 사춘기에 높아지기 시작한다. 사춘기의 시작은 시상하부의 생식선자극호르몬방출호르몬(GnRH)이라는 호르몬을 분비하는 세포가 성숙하면서 시작된다. 이것이 뇌하수체 전엽에서 여포자극호르몬(FSH)과 황체형성호르몬(LH)의 분비를 촉진하며, 그 결과 성호르몬의 분비가 촉진되고, 성기와 2차 성징의 성숙이 자극된다.

요점 정리

청소년기에는 급성장과 생식계의 성숙이 동반된다. 사춘기는 시상하부가 성숙하여 생식선자극호르몬방출호르몬을 분비할 때 시작된다. ■

21.9 노화는 오랜 시간에 걸쳐 일어난다

생리적으로는 최소한 20세가 되면 성인에 도달한다. 대부분의 신체 기관계는 20~40세까지는 잘 유지되며, 그 이후 노화가 가속화된다. 규칙적으로 운동을 하든지, 잘 먹든지, 몸 관리를 잘하든지, 관계없이 "자연적" 노화 과정은 진행된다. 운동과 섭식이 중요하지만, 80세의 몸 상태가 20세와 같을 수는 없다. 왜 늙느냐는 것과 노화 과정을 멈추게 하거나, 노화 속도를 줄일 수 있느냐는 것이 큰 질문이다.

노화(aging)는 시간의 경과와 관련된 변화 과정이다(그림 21.17). 반드시 쇠퇴를 의미하는 것은 아니나 그 방향으로 가는 것이다(하지만 어떤 포도주는 시간이 갈수록 더 좋아지기도 한다).

a) 23세의 Mick Jagger

b) 60세의 Mick Jagger

그림 21.17 **노화.** (a) 1967년, 23세인 롤링 스톤즈의 믹 재거(Mick Jagger). (b) 2003년 12월 12일 "믹경"이 되던 날 60세의 믹 재거.

기관과 기관계는 시간이 지남에 따라 노쇠해 간다. 명백한 원인이나 특정한 병(또는 사건) 때문에 일어나는 것은 아니다.

미국인의 평균 수명은 1900년에 47세에서, 오늘날에는 70대 후반으로 늘어났다. 옛날보다 노화가 천천히 진행된다는 말인가? 아니다. **수명(longevity)**은 노화 과정에만 의존하는 것은 아니다. 수명이 늘어난 것은 사고나 병에 의해 죽는 경우가 감소했기 때문이지 노화 과정 자체가 지연되었기 때문은 아니다.

사실 노화 과정을 느리게 할 수 있는 것은 아무것도 없다. 그렇다면 모든 병과 모든 사고로 인한 죽음을 막아도 죽음에 이를까? 아무도 확답을 할 수는 없으나, 답은 조건부 "예"이다. 노화 과정을 이겨낸 경우는 없으며, 100살 넘게 사는 것은 매우 드문 일이다.

노화의 원인은 무엇인가?

노화의 원인에 관해서는 3가지 가설이 있다. 첫째, 세포의 죽음 시기를 명령하는 유전적으로 정해진 프로그램이 있다. 둘째, 누적된 세포 손상이 세포들의 복구 능력을 제한한다. 셋째, 결정적인(중요한) 한 신체 기관계의 기능 저하가 다른 기관계의 노화로 이어진다. 각 가설을 지지하는 증거들이 있다.

내부의 세포 프로그램이 세포분열의 수를 센다 세포 성장과 분열에 아무리 좋은 실험실 환경이라 할지라도 대부분의 세포가 무한히 분열하는 것은 아니다. 대부분의 세포는 50~90번 분열하고는 멈춘다. 암세포만이 예외이다.

정상 세포들은 왜 분열을 멈출까? DNA 각 가닥 끝에는 유전자 해독에 참여하지 않는, 사용 후 버려지는 **텔로미어(telomere)**가 존재한다. 텔로미어는 한 줄의 차표와 같아서 세포분열 전에 DNA가 복제될 때마다 1개의 차표(텔로미어)가 제거된다(그림 21.18). 계속된 세포분열로 차표가 다 떨어지면 그 다음은 중요한 유전정보가 있는 부분이 떨어져나간다. 결국 중요한 부분이 너무 많이 떨어져 나가면 세포는 분열을 멈추고 죽게 된다.

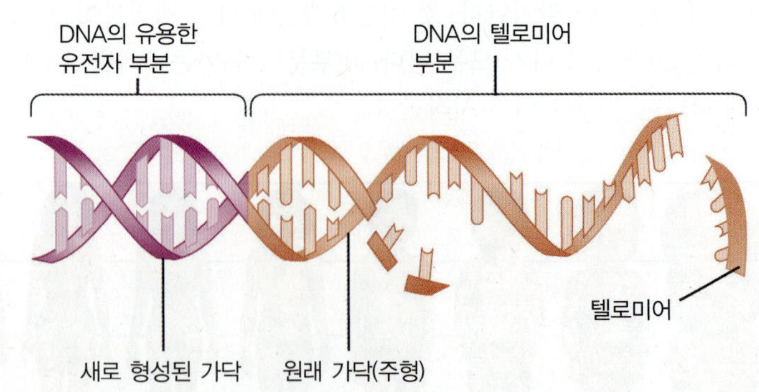

그림 21.18 **텔로미어와 노화.** DNA가 복제될 때마다 텔로미어라 부르는 DNA의 짧은 말단 절편이 떨어져 나간다. 그 결과, 새로 생긴 DNA 가닥은 원래 것보다 짧다. 모든 텔로미어가 다 떨어져 나가고 나면, 세포분열이 계속될 경우 필요한 유전자마저 잠식되게 된다.

그러나 암세포들은 텔로머라제(telomerase)라는 효소를 만드는데, 이것이 새로운 텔로미어를 만들어 세포분열 중 손실된 텔로미어를 대체시켜 놓는다. 처음에 이 발견은 대단한 흥미를 끌었다. 학자들은 텔로머라제가 노화 과정을 막을 것이며, 항텔로머라제 물질이 암을 치료할지도 모른다고 제안하였다.

그러나 지금으로서는 약간의 무리가 있다. 한 개의 세포가 분열을 멈추는 원인을 이해한다고 해서 몸 전체 수준에서 노화 과정을 지체시키는 방법을 제시할 수 있는 것은 아니다. 결국 노화란 단지 세포분열이 끝나는 것이 아니라 세포 기능도 쇠락하는 것을 의미하기 때문이다.

세포가 복구할 수 없을 정도로 손상된다 두 번째 가설은 오랜 시간에 걸쳐 일어난 복제에서 DNA에 축적된 손상이 너무 커서 세포의 정상적인 복구 기작에 의해 수선될 수 없는 상태가 된다. 원인은 활성산소처럼 독성이 있는 대사부산물이다. 결국 시한폭탄처럼 손상이 너무 커서 세포는 살 수 없게 된다.

이 가설의 지지자들에 의하면, 세포가 얼마나 오래 사느냐는 것은 얼마나 자주 손상이 일어나고, 그 중 얼마만큼이 복구될 수 있느냐의 균형에 의한다. 자주 손상 받고 느리게 복구되는 세포는, 손상도 잘 안 받고 효율적으로 복구되는 세포보다 일찍 죽는다.

이 가설은 특정 실험동물에서 열량을 극히 제한하면 목숨이 길어진다는 관찰에 의해 뒷받침된다. 칼로리 제한은 몸 온도를 약간 낮춤으로써 대사를 늦추고 몸에 해로운 대사부산물이 형성되는 속도를 늦춘다는 것이다. 어떤 사람은 항산화 비타민 섭취가 노화 과정을 늦추고 생명을 연장시킨다고 하나 사실을 뒷받침할만한 장기적 증거는 없다.

노화는 몸 전체에서 일어나는 과정이다 노화가 왜 특정 한 두 기관계가 아니라 몸 전체에서 일어날까? 복잡한 개체 속의 모든 기관계는 서로 의존하며, 그 중 하나의 기능이 떨어지면 결국 다른 것의 기능도 떨어진다.

예를 들면, 내분비계에 의한 성장호르몬의 분비가 떨어지면 성장과 대체의 균형이 무너져 세포나 기관의 기능이 떨어진다. 심혈관계가 손상되면 몸의 각 세포로 보내는 영양분 전달과 노폐물 제거가 영향을 받는다. 노화에 가장 주요한 기관계는 면역계일 수 있다. 노인은 젊은이보다 암발생률이 높은데, 면역계가 예전처럼 손상된 세포를 효과적으로 잘 인식하지 못하기 때문이다.

노화는 한 번에 여러 기관계에 영향을 미치는, 특정 형태의 조직 변화에 기인할 수 있다. 노화의 특징은 나이가 들면 특정 형태의 단백질 교차결합이 증가한다는 것이다. 힘줄과 인대가 탄성을 잃는 것부터 폐, 심장, 혈관에 기능적 변화가 오는 것까지 포함된다. 이 가설은 세포 수준에서 노화를 일으키는 것이 무엇인지 설명하지는 못한다.

요점 정리

노화는 아직 잘 밝혀지지 않은 복잡한 과정이다. 대부분의 세포는 세포분열의 수가 정해져 있고, 또한 손상이 세포 내에서 축적되면 더 이상 제대로 작동을 하지 않는다. 전체 개체 수준에서 하나의 기관이나 기관계의 기능 저하는 다른 기관계를 손상시킬 수 있다. ■

신체의 기관계마다 노화 속도가 다르다

노화 과정에서 실제 어떤 일이 일어나느냐는 것은, 왜 그런지 이유는 잘 모르지만, 잘 밝혀져 있다. 이제 각 기관계에서 일어나는 노화 과정을 살펴보자.

근육골격계와 피부 뼈와 근육량은 성인 초기에 감소하기 시작한다. 뼈의 손실은 남성보다 여성에서, 특히 폐경 이후 좀 더 뚜렷하게 일어난다. 근육량의 감소는 근육 세포 수의 감소와 남아 있는 세포의 직경 감소에 의한다. 80세가 되면 근육량의 30%를 잃게 되며, 그 결과 힘도 감소된다. 관절액이 덜 분비되므로 관절이 뻣뻣해지고 아프게 된다. 인대와 힘줄도 탄성을 잃게 된다.

피부는 얇아지고, 탄성을 잃으며, 주름이 생기게 된다. 땀샘의 수가 줄어들어 따뜻한 기후에 적응하기가 힘들어진다. 색소 침착도 변해서 기미(liver spot)라는 얼룩이 생긴다.

심혈관계와 호흡계 폐 조직이 탄성을 잃게 되며 폐활량이 감소한다. 심장 벽도 근육당 콜라겐 비율이 늘어 약간 딱딱해져, 노화하는 심장은 힘이 점점 없어지게 된다. 혈관도 탄성을 잃어 수축기 혈압과 맥압이 증가한다. 전체적으로 노화가 진행됨에 따라 유산소운동 능력이 감소한다.

면역계 60세가 되면 흉선은 최대 크기의 10% 정도로 줄어들므로, T세포의 수도 감소한다. B세포의 수는 감소하지 않지만 활동은 감소한다. 상처 치유도 느려지고, 감염도 잘된다. 노인에게는 독감도 치명적일 수 있다. 면역계가 "자기"인지 아닌지를 잘 감지하지 못해 자가면역질환에 걸릴 위험이 높다.

신경계와 감각계 뇌의 대부분의 영역에 있는 뉴런은 성인에게서는 분열하지 않으므로, 죽은 뉴런은 대체가 안 된다. 그러나 살아남은 뉴런들이 서로의 연결을 증가시키므로 뇌 위축은 적다. 그럼에도 불구하고 살아남은 뉴런의 세포본체 속에서 일어나는 퇴행성 변화 때문에 뇌 기능과 감각 기능은 감소한다. 그 결과 중심잡기, 운동기술, 청각, 시각, 후각, 미각 등 모든 기능이 영향을 받는다. 뉴런의 변화뿐만 아니라 감각기관도 변화한다. 예를 들면, 내이의 유모세포가 딱딱해져서 청력이 감소되며, 눈의 수정체가 딱딱해져서 가까운 물체에 초점을 맞출 수 없게 된다. 이런 변화 때문에 노인들은 다치기 쉽다. 게다가 식욕이 떨어져서 적절한 영양 섭취를 하지 못한다.

생식계와 내분비계 여자의 생식 능력은 40대 후반부터 50대 초반에 폐경에 도달하면 멈추게 된다. 폐경은 난소가 LH와 FSH에 반응하지 못해 에스트로겐 분비량이 감소하면 일어난다. 월경주기가 몇 년에 걸쳐 불규칙해지므로 폐경의 시작은 점진적으로 일어난다.

폐경의 증상은 여러 가지가 있는데, 에스트로겐이 감소하여 일부 여성은 안면홍조(주기적으로 땀이 나고 몸이 더운 것)를 경험한다. 폐경 후에는 질의 윤활도 떨어져 성교도 불편해진다. 기분 변화도 흔하다. 그러나 여성 안드로겐의 원천은 난소가 아니라 부신에 있으므로, 여성의 성적 욕망(리비도)은 감소하지 않을 수도 있다. 폐경후 여성은 심혈관계 질환과 골다공증에 걸리기 쉽다.

호르몬 대체요법이 폐경 증상을 감소시키고 다른 건강 문제를 해결하기 위해 처방된다. 그러나 호르몬 대체요법은 위험할 수 있다("과학이 나아가는 방향" 참조).

남자는 나이가 듦에 따라 활성 정자의 수가 서서히 감소한다. 게다가 50세 이후가 되면 발기에 시간이 걸린다. 그러나 남녀 모두 노년까지 성적으로 활동적이다.

내분비계 구성 요소들의 쇠퇴율도 크게 변화한다. 성장호르몬의 분비가 크게 감소한다. 그러나 레닌(renin), TSH, ACTH, ADH는 눈에 띄게 감소하지 않는다.

소화와 영양 특정 비타민의 흡수율이 떨어진다는 점을 제외하면, 소화계는 계속 잘 작동한다. 느려진 세포 대사, 감소된 근육량, 감소된 육체 활동 때문에 필요한 영양 총량은 감소한다. 균형 있는 식사를 하지 않으면 영양이 문제가 될 수 있다. 남아 있는 이의 개수는 개인에 따라 다르나, 이가 없으면 과일과 섬유질 섭취가 힘들어진다.

간의 해독 작용과 약성분 제거 능력이 떨어지게 된다. 결과적으로 노인들은 복용할 약의 용량을 줄여야 한다.

비뇨계 신장의 크기도 감소하여 80세가 되면 혈류와 여과율이 50% 감소한다. 그러나 신장은 기능적 용량 비축이 크므로 그 정도의 감소는 별 영향을 끼치지 않는다. 노인들은 심한 탈수나 과수에 반응하는 능력이 약간 떨어지지만 신장은 보통 별 탈 없이 기능을 수행한다.

남성의 경우 문제가 되는 것은 전립선 비대이다. 커진 전립선이 요도를 눌러 배뇨를 어렵게 한다. 여성의 경우 가장 흔한 문제는 요도 괄약근이 약해져서 생기는 요실금이다.

요점 정리

원인은 완전히 모르지만 각 기관계의 노화 과정은 잘 알려져 있다. 나이가 들면 각 기관과 기관계는 같은 속도는 아니지만 전체적으로 기능이 쇠퇴한다. ■

그림 21.19 잘 늙기. 운동과 좋은 섭식이 노화를 늦추는지는 확실치 않으나, 수행 능력을 향상시키며, 복지를 증진시킬 수는 있다.

잘 늙기

노화에 따라 일어나는 기능 저하에 관한 긴 목록을 모두 읽노라면 우울해진다. 그러나 이 모든 일이 모든 사람에게 같은 정도로 일어나는 것도 아니며, 모두가 같은 나이에 일어나는 것도 아니다. 노화는 길고 흥미로운 우리의 인생 여정 길에 일어나는 정상적인 사건이다.

운동과 섭식 같은 건강한 생활양식이 노화를 늦출 수 있을까? 그렇지 않다. 그러나 규칙적으로 운동하고 잘 먹으면 잘 늙을 수 있다. 인류 역사를 살펴볼 때 사람의 수명은 주로 병의 유행에 의해 결정되어져 왔다. 운동과 섭식은 심혈관계나 근육골격계의 상태를 향상시켜, 암이나 심혈관 질환의 위험을 감소시킬 수 있다. 건강한 생활 습관은 삶의 질을 향상시키고, 복지, 힘, 활력을 증가시킬 수 있다(그림 21.19).

이런 이익이 있을 뿐, 건강한 생활양식으로 수명이 100세에서 105세로 연장된들 별 큰 의미는 없다. 영원히 살 수 없다면, 우아하게 잘 늙으면 그뿐이다.

요점 정리

노화 과정을 멈추게 할 수는 없지만 건강과 복지를 향상시킬 수는 있다. 규칙적인 운동과 좋은 섭식은 잘 늙는데 있어서 중요하다. ■

21.10 죽음은 마지막 전환이다

인생 여정의 마지막은 죽음이다. 사는 것만큼이나 자연스런 현상이다.

죽음은 생명이 멈추는 것이다. 사람과 같은 복잡한 개체의 죽음에서 모든 기관과 세포가 동시에 죽는 것은 아니다. 생명에 필

과학이 나아가는 방향

호르몬 대체요법: 도움인가 손해인가?

폐경후, 여성의 에스트로겐과 프로게스테론 농도는 떨어진다. 폐경 후에 심장병, 골다공증, 암 등 병에 더 잘 걸린다. 그렇다면 호르몬을 공급하는 것이 도움이 될 것이다. 그러나 호르몬 대체요법(hormone replacement therapy: HRT)이 이익이 될까?

에스트로겐 알약은 1942년에 처음 시장에 나왔다. 폐경기의 증상들-안면 홍조, 질 건조-뿐만 아니라 심혈관계 질환, 골다공증으로부터의 보호 차원에서 의사들이 이 알약을 처방하였다. 어떤 회사는 "청춘 알약"이라고 하며, 주름살, 우울증, 노화 과정 전체를 막아준다고 선전하였다. 1966년 "영원한 여성(*Femine Forever*)"이란 책에서는 모든 폐경후 여성들에게 이 약을 먹을 것을 권장하였고, 먹지 않는 여성을 "prematurely aging castrate(너무 빨리 노화하는 난소가 절제된 사람)"이라고까지 묘사하였다.

HRT의 이득이 과학적으로 증명된 것일까? 꼭 그렇지는 않다. 호르몬을 섭취한 여자가 그렇지 않은 경우보다 건강해 보인다는 연구 결과가 있다. 그러나 이런 연구들은 잘 계획된 것이 아니다. 예를 들면, 실험군과 대조군을 임의로 정한 것이 아니라 본인이 정하도록 한 경우도 있다. 결과적으로 HRT 외의 요소가 결과에 영향을 미칠 수 있다.

1970년대에 에스트로겐만으로 구성된 HRT 요법이 자궁내막암의 위험을 높인다는 것이 밝혀졌다. 프로게스테론을 넣어주면 보호 효과가 있는 것 같아 의사들은 둘 다 들어 있는 약을 처방하였다(에스트로겐 홀로 주입법은 지금도 자궁절제술을 받은 여자들에게 처방된다). 그러나 1980년대 들어 장기간의 HRT는 심혈관계 질환에 보호 효과가 없으며, 에스트로겐이 유방암을 유발한다는 의심이 제기되었다.

1991년 미국 국립 심장, 폐, 혈액 연구소는 Women's Health Initiative(WHI)에 착수하여 여성 노인의 죽음, 장애, 삶의 질 저하에 대한 연구를 하였다. 많은 연구 중 하나는 에스트로겐과 프로게스테론 병행요법과 에스트로겐 홀로요법의 장기 효과에 관한 연구였는데, 대상은 161,000명이었고 15년에 걸친 연구였다.

연구 결과는 놀라웠다. 불과 5년 만에 병행요법에 의존한 여성에게서 가짜 약을 섭취한 경우보다 유방암 26%, 심장병 29%, 뇌졸중 41%가 증가하였다. 다리, 폐의 혈액 응고는 2배, 알츠하이머병도 2배 증가하였다. 좋은 점도 있었는데, 결장직장암은 37%, 엉덩관절 골절은 34% 감소하였다. 단점이 장점을 압도하므로 연구는 2002년 종결되었다. 에스트로겐 홀로요법 연구도 중단되었는데, 왜냐하면 대조군보다 엉덩관절 골절을 감소시켰고, 유방암에는 별 차이가 없었으나, 뇌졸중을 증가시켰기 때문이다.

WHI 보고 후 많은 여성들이 HRT를 포기하였고, 의사의 처방도 감소하였다. 그러자 그 다음해 유방암 발생률이 6%나 감소하였다. 몇몇 연구자들은 아직도 나이가 좀 어린 여성들에게는 HRT가 장기적으로 이익일 것이라고 주장한다. 예를 들어 피부밑 이식으로 에스트라디올 대체요법을 받은 쥐는 대조군보다 동맥경화율이 낮았음을 보여준다. 그러나 사람의 HRT 알약은 프로게스테론을 포함한 호르몬을 주기적으로 왕창 몸에 투여하는 것이다. 그렇다면 적은 양의 에스트라디올(estradiol)을 홀로요법으로 연속적으로 투여하면 도움이 될까? 또 하나의 요소는 나이이다: WHI 참여자들은 연구 시작 당시 평균 63세였다. WHI 에스트로겐 홀로요법 결과를 자세히 분석해보면, 50~59세 여성의 경우 심장 마비나 심혈관계 질환으로 인한 사망이 줄었다.

크로노스 조기 에스트로겐 예방연구(Kronos Early Estrogen Prevention Study)라는 새 연구가 호르몬요법을 비교적 일찍 시행하면 폐경후 여성을 동맥경화나 심장질환으로부터 보호할 수 있는지를 조사하기로 하였다. 경구 알약으로 에스트로겐을 주는 것과 피부 패치를 통해 적은 양을 계속 주입하는 것의 차이도 연구할 것이며, 이 연구 결과는 몇 년 후에나 나올 것이다.

HRT 이야기가 우리에게 알려주듯, 과학은 발견과 재발견의 연속적 과정이다. 논쟁과 불일치는 좀 더 정교한 가설과, 철저한 실험, 좀 더 정확한 정보를 제공하기 때문에 가치 있다. 과학 연구가 진행 중이니, 결과에 관심을 가지길 바란다.

수적인 기관계가 기능을 못하면 다른 기관계가 생명 유지를 못하는 것이다.

즉각적으로 죽음에 이르게 하는 중대한 기관계는 뇌(호흡 조절 때문), 호흡계(산소 없이 살 수 없으므로), 심혈관계(산소와 영양분이 없으면 생명이 끝나므로)이다. 신장이나 소화계는 즉각적으로 죽음에 이르게 하지는 않는다. 이 기관계가 없다 해도 중대 기관계에 영향이 없으면 금방 죽지는 않는다.

죽음의 정확한 순간을 정의하는 문제는 모든 기관계가 동시에 죽지 않는다는 사실과 연관되어 있다. 죽음은 중대 기관계의 작동이 멈춤으로 시작해서 다른 기관계, 기관, 세포의 죽음으로 연결되는 수 시간, 수 일, 혹은 수년에 걸친 과정이다.

죽음은 점진적일 수 있으므로, 우리는 사람이 죽는 순간을 정의할 실제 방법이 필요하다. 죽음을 정의해야, 살아 있는 사람들이 슬퍼하고, 계획을 세우며, 병원에서 생명 유지 장치를 거둘 수 있게 된다. 경찰과 법원이 폭행과 살인 사이의 구별을 짓고, 재산권 문제를 해결하기 위해서도 법적인 정의가 필요하다. 또한 죽음에 대한 정의는 다른 사람의 생명을 구할 수 있는 장기 이식과 관련해서도 중요하다.

사람의 죽음을 결정하는 법률적, 의학적 기준은 미국의 경우, 각 주법에 따라 다르다. 우리의 지식과 능력을 최대한 동원해서, 생명을 유지할 약간의 가능성도 없는 순간을 정의하는 것이다. 일반적으로 죽음은 (1) **순환과 호흡 기능의 돌이킬 수 없는 중단**, 또는 (2) **뇌줄기를 포함해서 뇌 기능의 돌이킬 수 없는 중단**이라고 정의된다. 몇 분이라도 작동하지 않으면 우리가 살 수 없는 중대 기관계에 초점이 맞추어져 있음을 주목하라.

중요한 단어는 "돌이킬 수 없는"이라는 단어이다. 호흡이나 순환이 10분만 멈추어도 뇌사 상태가 된다. 심폐기계에 의존하는 사람의 경우 뇌사도 정의하기 힘들다. 의사들은 뇌가 작동하지 않는다는 것을 선언하기 전에, 이를 충족시키기 위해 필요한 일련의 체크리스트를 확인해야 하며, 그것이 충족된다 할지라도 "돌이킬 수 없는" 뇌사라고 선언하려고 하기 전에, 6~12시간 후 다시 검사를 반복해야 한다. 의사에게조차 인생의 마지막을 정의하기란 힘들다.

요점 정리

죽음은 삶의 종결이다. 복잡한 개체에서 점진적일 수도 아주 짧을 수도 있다. 죽음은 하나 이상의 중대 기관계의 기능손실로 시작되며, 세포가 살 수 있는 내부 환경을 유지할 수 없게 될 때 끝난다. ■

누가 당신의 삶과 죽음을 결정해야 하나?

당신의 뇌가 심한 상해를 입어 인공 보조 장치에 의존한다면 계속 살고 싶겠는가? 누가 당신을 돌봐주고, 당신의 삶과 죽음에 대한 결정을 해야 한다고 생각하는가? 그걸 생각하기에는 너무 어리다고 생각한다면 테리 시아보(Terri Schiavo)의 이야기를 들어보자.

1990년 2월, 26살인 테리는 대식증에 의한 포타슘 불균형으로 심장마비를 겪었다. 병원에 갔으나 산소 부족이 뇌를 손상시켜 혼수상태가 되었다. 삽입관이 피부를 통해 위에 삽입되어 액체와 영양을 공급했다. 그 후 15년간 테리는 살 권리와 죽을 권리에 대한 격렬한 법원 논란의 초점이 되었다.

1990년 6월 남편인 마이클 시아보가 법적 후견인이 되었다. 부모인 로버트와 매리 쉰들러는 반대하지 않았다. 다음 4년간 병원을 옮겨다니며 검사, 언어 및 작업요법, 그리고 재활 치료를 받았다. 1998년 혼수상태로 지낸지 8년 만에 남편이 위 삽입관을 빼고 죽게 내버려두라고 법원에 청원서를 냈다.

만일 테리가 "living will(불치병에 걸렸을 때 존엄사할 뜻을 밝힌 유언장)"을 남겼다면 일이 쉬웠을 것이다. 그러나 테리와 같이 그렇지 않은 경우 문제가 복잡해진다. 테리가 무얼 원하는지 알 수 없으며, 이런 경우 누가 결정을 해야 하는지도 확실치 않다. 끝까지 살려야 할 윤리적 의무가 있을까? 정확하게 언제를 죽은 상태라고 해야 할까?

테리의 경우, 남편과 친척 두 명은 생전에 그녀가 심하게 아픈 사람을 보고 '저럴 바엔 차라리 죽는 게 낫다' 고 말했다고 증언하였다. 그러나 테리의 부모는 사위의 청원을 반대했다. 테리가 독실한 카톨릭 신자라 살고 싶어 할 것이라고 주장하였다. 병원에서는 테리가 "지속적 식물인간 상태"이며, 회복 가능성은 전무하다고 하였다.

2000년에 순회재판소 판사는 삽입관을 제거하라고 판결했다. 그녀의 부모는 항소했고, 남편이 다시 항소했다. 2001년 삽입관이 제거되었다가 이틀 후 부모가 소송을 걸자 다시 삽입되었다.

이 문제는 2003년 삽입관이 다시 제거되었을 때, 여론(그리고 정치인)의 관심을 받게 되었다. 논쟁은 대법원까지 갔으나 대법원은 심리를 하지 않기로 결정했다.

위 삽입관은 2005년 3월 18일 마지막으로 제거되었고, 그해 3월 31일 그녀는 41세의 나이로 숨을 거두었다. 부검 결과 뇌가 정상인의 50%로 줄어 지속적 식물인간 상태였다는 의학적 진단을 확인시켜 주었다. 그녀는 회복될 수 없었을 것이다.

한 지지자가 테리를 위한 기도로 촛불을 켜고 있다.

심장마비 전에 찍은 테리의 사진

생각해볼 문제

1 당신이 테리 시아보라면, 죽게 내버려 두는 것이 낫다고 생각하는가?

2 당신은 "존엄사 유언장"을 가지고 있는가? 아니라면 이럴 경우, 당신이 자신을 위해 말을 할 수 없을 때, 누가 당신을 위해 결정을 내리길 원하는가?

사실은....

- 1990년, 26살의 테리 시아보가 심장마비를 겪고 영원한 뇌손상을 입었다. 그 후 테리는 혼수상태였다.
- 1998년 그녀의 남편이며 법적 후견인인 마이클 시아보가 테리도 원했을 것이라며, 위 삽입관을 제거할 것을 요청했다. 테리의 부모는 반대했고 소송을 걸었다.
- 살 권리와 죽을 권리에 대한 법적, 정치적 논쟁이 불붙었다. 대법원까지 갔으나 심리하지 않기로 했다.
- 2005년 3월 31일 테리는 죽었고, 부검 결과 그녀는 회복이 불가했었다는 결론이 났다.

단원 요약

수정은 정자와 난자가 만나는 것이다

- 정자와 난자는 수란관 위(바깥) 1/3 지점에서 만나 수정이 된다.
- 정자 머리의 효소가 방사관과 투명대를 통과하여 난자의 세포막까지 길을 만든다.
- 정자의 핵이 들어가면 2차난모세포는 제2감수분열을 끝낸다. 그 후 정자와 난자의 핵이 융합해서 배수체인 접합자가 된다.

발생: 난할, 형태형성, 분화, 그리고 성장

- 발생은 난할 과정부터 시작하여 형태형성, 분화, 성장으로 계속된다.
- 출생 전 발생 단계는 전배아기(처음 2주), 배아기(3~8주), 태아기(9주~출산)이다.

전배아 발생기: 첫 2주

- 처음 2주 동안 1개의 세포가, 중앙에 배아원반이 있는 속이 빈 공 모양으로 발달한다.
- 1주에 전배아인 배반포가 자궁벽을 뚫고 들어가는데, 이를 착상이라고 한다.

배아 발생기: 3~8주

- 배아 발생은 배아원반에 있는 3개의 배엽층(외배엽, 중배엽, 내배엽)에서 시작된다.
- 발생 중인 배아는 2개의 막에 의해 완전히 둘러싸인다. 양막은 양수를 포함하며, 융모막은 태아의 태반조직으로 발달한다. 다른 두 막(요막과 난황주머니)은 일시적 기능만 갖는다.
- 5주가 되면 배아가 사람 모양을 띠기 시작한다.
- 8주가 되면 태반과 탯줄순환이 작동하고, 남녀 생식샘이 발달하기 시작한다.

성 발생은 6주에 시작된다

- 6주까지의 배아는 "성적으로 미분화 상태이다."
- Y 염색체의 존재 여부가 배아의 표현형이 남자가 될지, 여자가 될지를 결정한다.

태아 발달: 9주에서 출산까지

- 3~9개월에는 기관계의 빠른 성장과 발달이 특징적이다. 5개월에 태아는 움직이기 시작한다.
- 6개월에 미숙아로 태어난 경우, 좋은 의료시설만 있다면 생존이 가능하다.

출산과 초기 신생아기

- 수정 후 38주(9개월) 만에 출산한다.
- 분만의 3단계는 확장, 배출, 후산이다.
- 아기가 첫 숨을 내쉰 직후 신생아의 심혈관계는 큰 변화를 겪는다. 수 시간 또는 수 일 내에 배꼽혈관이 퇴화하고, 동맥관과 타원구멍이 막히고, 모든 피는 폐순환을 하게 된다.

출생에서 성인이 되기까지

- 신생아는 신경계와 근육계가 미성숙하여 무방비 상태다.
- 유아기에 근육골격계와 신경계가 급속히 발달한다. 면역계는 비교적 미성숙 상태이다.
- 유년기에 몸의 형태가 급속히 변한다. 뇌는 성인의 95%가 된다.
- 청소년기는 마지막 급성장이 이루어지는 시기이고, 성적 성숙에 도달한다.

노화는 오랜 시간에 걸쳐 일어난다

- 대부분의 세포는 분열 가능한 수를 제한하는 내부 기작을 갖고 있다.
- 대사 활동 결과, 세포 손상이 복구되지 않고 누적되면 세포의 생명이 제한된다.
- 노화는 전 기관계에 영향을 미친다. 왜냐하면 한 기관계의 기능 저하가 다른 기관계에 영향을 미칠 수 있기 때문이다.

죽음은 마지막 전환이다

- 죽음은 과정이다. 죽음은 중대한 기관계의 기능 손실로 시작되어, 다른 기관계의 기능이 손실되고, 결국 모든 세포가 죽는 것을 말한다.

알아야 할 용어

내배엽(endoderm)
배반포(blastocyst)
배아(embryo)
배아원반(embryonic disk)
사람융모막생식샘자극호르몬(human chorionic gonadotropin: hCG)
사춘기(puberty)
수정(fertilization)
양막(amnion)
양수(amniotic fluid)
유산(miscarriage)
융모막(chorion)
이란성 쌍둥이(fraternal twins)
일란성 쌍둥이(identical twins)
자궁외임신(ectopic pregnancy)
접합자(zygote)
제왕절개(cesarean delivery)
초유(colostrum)
태반(placenta)
탯줄(umbilical cord)
형태형성(morphogenesis)

개념 확인 문제

1. 왜 1개의 정자만이 난자를 수정시킬까? 이것이 왜 중요할까?
2. 배아가 남성 또는 여성으로 발달할 것을 결정하는 것은 무엇일까?
3. 태반과 태반이 분비하는 호르몬의 기능을 설명하시오.
4. 진통과 분만의 단계를 설명하시오.
5. 신생아로 하여금 출생 후 첫 숨을 쉬게 하는 요인은 무엇인가?
6. 어린이 백신 모두를 첫 해에 접종하지 않는 이유는 무엇인가?
7. 무엇이 사춘기(성적 성숙)의 시작을 일으키나?
8. 노화의 원인 3가지를 요약하시오.
9. 지난 100년간 미국인의 수명을 증가시킨 가장 큰 원인은 무엇인가?
10. 때로, 사람이 죽는 순간을 정의하기가 어려운 이유는 무엇인가?

학습 문제

연결 문제

________ 1. 배반포의 맨 바깥쪽 세포들로 된 공 모양
________ 2. 표피, 털, 손톱, 이빨 에나멜로 발달하는 배엽층
________ 3. 간, 이자, 방광과 요도의 안쪽 상피로 발달하는 배엽층
________ 4. 착상을 하는 발생 중인 태아 세포 덩어리
________ 5. 배아와 엄마 사이에 영양분과 노폐물의 교환을 가능하게 하는 구조
________ 6. 2차난모세포의 보호막

a. 외배엽
b. 배반포
c. 투명대
d. 영양막
e. 태반
f. 내배엽

빈칸 채우기

7. __________은(는) 1개의 정자가 난자 속으로 들어갈 때 일어난다.
8. __________ 쌍둥이는 1개의 수정란에서 생긴다.
9. __________ 쌍둥이는 2개의 서로 다른 난자로부터 생긴다.
10. 착상이 수란관에서 일어나면, 이를 __________ 임신이라 한다.
11. 진통은 태아의 __________의 성숙에 의해 시작된다.
12. 임신이 저절로 종결되는 것, 즉 __________은(는) 배아가 정상적으로 발달할 수 없을 때 일어난다.

OX 문제

13. 태반은 알코올, 약, 바이러스가 배아 순환으로 들어가는 것을 효과적으로 막는다. ( )
14. 발생 4주까지, 사람 발생은 다른 척추동물 발생과 유사하다. ( )
15. X 염색체에는 정소 발생을 일으키는 단백질을 만드는 유전자가 있다. ( )

참고문헌

Austad, Stephen N. *Why We Age: What Science Is Discovering About the Body's Journey Through Life.* New York: Wiley, 1999. (A colorful and provocative look at aging for both laypeople and professionals.)

Moore, K. L., and T. V. N. Persaud. *Before We Are Born: Essentials of Embryology and Birth Defects.* Philadelphia: Saunders, 2003. (A more in-depth treatment of human embryology for the interested student.)

Ricklefs, R. E., and C. E. Finch. *Aging: A Natural History.* New York: Scientific American Library, 1995. 224 pp. (An exploration of patterns of aging among different species.)

응용 문제

1. 사람과 고릴라가 짝짓기를 하여 후손을 낳는 것은 생물학적으로 왜 불가능할까?
2. 결합쌍둥이는 몸의 일부가 들러붙은 쌍둥이이다. 팔다리나 기관들을 공유할 수도 있다. 발생에 관한 지식을 동원해 볼 때, 어떻게 발생이 진행된 것일까?
3. 수정을 위해 왜 수많은 정자가 만들어지고, 난자는 하나일까? 정자와 난자의 수가 바뀐다면 어떤 일이 일어날까?
4. 미국에서는 매년 4만 명의 신생아가 임신 중 엄마가 섭취한 알코올의 영향을 받는다. 태아기 알코올증후군(fetal alcohol syndrome)은 피할 수 있는 선천성 기형 중의 하나이다. 이 증후군은 무엇이며, 아기에게 치명적인 이유는 무엇일까?
5. 가정에서 쓰는 임신 테스트의 기작은 무엇일까?
6. 미숙아는 죽기 쉽다. 의료시설이 좋을 경우 살아남을 수 있는 것은 몇 개월에 태어난 경우인가? 어느 기관계가 생존에 가장 중요할까?
7. 노화 과정을 늦추지 않고도 생명을 연장시킬 수 있는 방법은 가능할까?

학습 문제 해답

1. d **2.** a **3.** f **4.** b **5.** e **6.** c **7.** 수정 **8.** 일란성 **9.** 이란성 **10.** 자궁외 (tubal) **11.** 뇌하수체 **12.** 유산 **13.** X **14.** O **15.** X

22 진화 그리고 생명의 기원

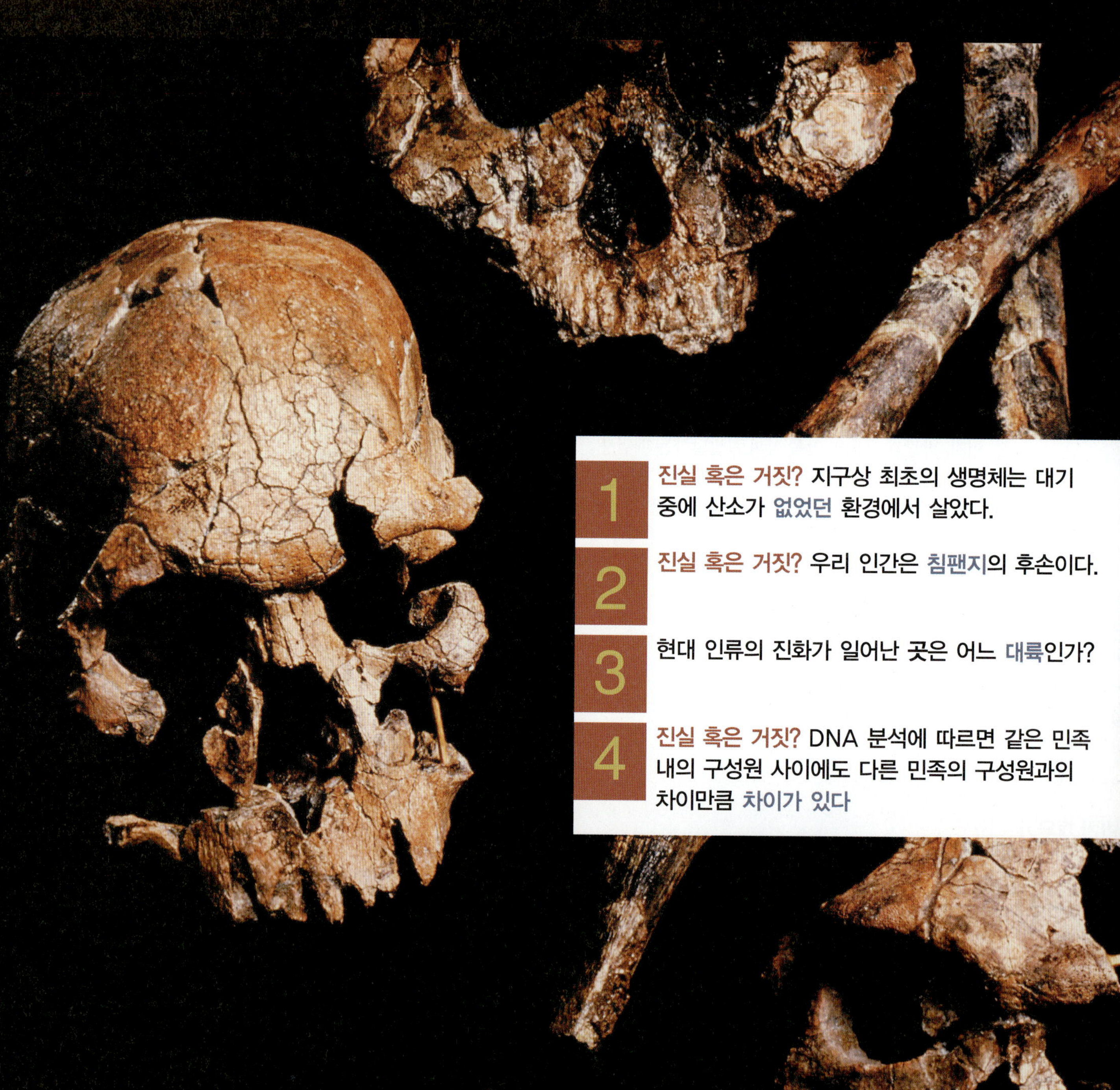

케냐에서 발견된 사람류 두개골과 뼈의 화석. 모두 150만 년 전 화석이다.

1 진실 혹은 거짓? 지구상 최초의 생명체는 대기 중에 산소가 없었던 환경에서 살았다.

2 진실 혹은 거짓? 우리 인간은 침팬지의 후손이다.

3 현대 인류의 진화가 일어난 곳은 어느 대륙인가?

4 진실 혹은 거짓? DNA 분석에 따르면 같은 민족 내의 구성원 사이에도 다른 민족의 구성원과의 차이만큼 차이가 있다

주변을 둘러보면 우리는 엄청나게 다양한 생명의 형태에 놀랄 것이다. 세균에서부터 사냥개, 장어 그리고 사람에 이르기까지 생명체들은 어마어마한 범위에 걸쳐 크기와 모양 그리고 색깔의 다양성을 나타낸다. 그러한 다양성에도 불구하고 과학적 증거에 의하면 지구상의 모든 생물들은 서로 연결되어 있다. 우리가 아는 것처럼 모든 생물들은 35억여 년 전에 수증기가 가득한 뜨거운 지구의 환경에서 생겨난 하나의 단순한 생명 형태로부터 유래해 온 것이다.

지구에 살고 있는 생물들이 어떻게 그처럼 서로 다르게 되었을까? 생명의 다양성은 **진화(evolution)**의 결과라고 생각된다. 진화란 오랜 시간에 걸쳐 유전적 변화와 함께 내려온 혈통의 예측할 수 없는 자연적인 과정이라고 정의된다. 진화에 대한 공식적인 정의는 아래의 3가지 요소를 가진다.

- **오랜 시간을 두고 내려온 혈통.** 생명체들의 한 세대가 다음 세대를 만들어냄에 따라 생명체의 개체군들은 서서히 변화를 거치면서 그들의 조상들과는 다른 모양으로 바뀐다. 때로 한 개체군은 서로 다른 두 개의 개체군으로 나뉘는데, 이때 두 개체군은 서로 너무 달라서 더 이상 상호교배를 할 수 없게 되고 새로운 종이 만들어지게 된다.
- **유전적 변형.** 변화의 과정은 생물체의 유전자에 일어난 변화에 의존한다.
- **예측할 수 없는 무작위성.** 진화는 우연, 자연선택(natural selection), 역사적 사건, 그리고 환경의 변화에 영향을 받는다.

유전적 변화의 결과로 새로운 종이 생겨나는 진화를 **소진화(microevolution)**라고 한다. 이에 반하여, **대진화(macroevolution)**는 종종 역사적인 주요 사건이나 환경 변화의 결과로 일어나는, 전체 종의 집단에 적용되는 대규모 진화나 변화를 말한다.

진화적 과정이 지구상의 생명체의 모양을 만들었다는 이론은 1800년대 중엽의 영국의 박물학자인 찰스 다윈(Charles Darwin)과 관련이 있다. 다윈 가설의 핵심은 생명은 단 한번, 아주 오래전 원시의 바다에서 탄생했으며 우리가 알고 있는 모든 생물은 바로 그 초기 생명체로부터 유래했다는 것이다. 사실상 다윈은 진화라는 단어는 드물게 사용하였으며 대신에 "변화된 혈통(descent with change)" 또는 "변형 혈통(descent with modification)"이라는 말을 더 자주 썼다. 다윈 가설의 요점은 "자연선택"의 결과로 인한 변형혈통이라는 개념이다. 자연선택에 대해서는 이 단원의 후반부에 다룰 것이다.

과학자들은 "이론(theory)"이라는 단어를 광범위한 확립된 사실을 가장 잘 설명해주는 소수의 주요 개념에만 제한적으로 사용한다. 그런 점에서, 과학자들은 "이론"이라는 단어를 진화론을 반대하는 사람들과는 전혀 다르게 사용하고 있다. 진화론을 반대하는 사람들은 마치 진화의 전체 개념을 손짓 하나만으로 사라지게 할 수도 있다는 듯이 종종 진화는 "단지 하나의 이론"일 뿐이라고 말하곤 한다. 그들은 때때로 다윈이 원래 설명했던 세세한 내용이 다방면에 걸쳐 검증을 받아 얼마나 많이 변형되었는가를 지적하면서, "다윈은 틀렸다"고 말하기도 한다. 그럼에도 불구하고, **진화론(theory of evolution)**은 생물학 전반에서 가장 통일된 단 하나의 개념으로 남아 있다.

이 단원에서는 우리가 진화를 이해하는 근거로 삼는 과학적 증거에 대해 살펴보고 진화적 변화에 영향을 미치는 과정에 대해 논의한다. 그런 다음 지구상의 생명의 기원에 대한 흥미로운 질문에 대해 알아본다. 마지막으로, 비교적 최근에 일어난 인류 진화의 발자취를 따라가 보고 우리를 독특하게 인간이게 만드는 특성에 대해 생각해본다.

요점 정리

진화란 유전적 변형이 오랜 시간에 걸쳐 전해지는 과정이다. 1800년대에 찰스 다윈에 의해 처음 제창된 진화론은 생물학에서 가장 통일된 단 하나의 개념으로 남아 있다. ■

들어가기 질문의 답

1 **진실.** 현대 식물의 조상이 광합성 과정을 발달시키기 전까지는 대기 중에 산소가 없었다. 산소는 광합성의 결과로 생긴 부산물이다.

2 **거짓.** 침팬지는 우리 인간에 가장 가까운 동물이지만 인간이 침팬지에서 유래되었다는 것은 아니다. 인간과 침팬지는 인간도 아니고 침팬지도 아닌 공통조상으로부터 나란히 진화해온 것이다.

3 **아프리카.** 현대 인류의 조상은 아프리카로부터 세계 여러 곳으로 이동해갔다. 실제로, 아프리카로부터의 이동은 두 번 일어났다. 이번 단원에서 알아볼 것이다.

4 **진실.** 현존하는 사람은 모두 호모 사피엔스(*Homo sapiens*)라는 같은 종에 속한다. 인종들 사이에 존재하는 비교적 사소한 차이는 서로 다른 환경에 효과적으로 적응하기 위해 진화해온 것이거나, 지리적으로 서로 격리되어 있는 사람 개체군들 사이에 임의적으로 일어난 돌연변이에 의한 것이다.

a) 시체는 퇴적물이나 화산재로 덮이지 않으면 부패된다.

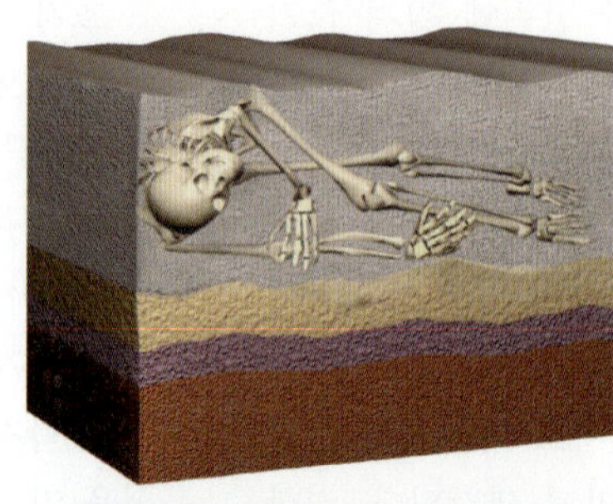

b) 시체의 딱딱한 성분들이 빠른 시간 안에 덮이게 되면 부패되지 않고 보존이 된다.

c) 오랜 시간을 두고 많은 퇴적물, 화산재, 흙이 퇴적된다. 생물의 딱딱한 성분이 암석을 구성하는 광물과 동일한 광물을 함유하게 된다.

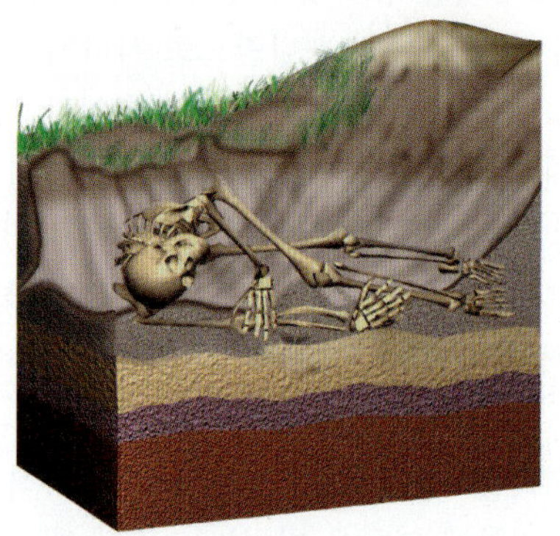

d) 때때로 침식이나 지각의 융기 혹은 인간의 채굴 활동으로 화석이 지표면에 드러난다.

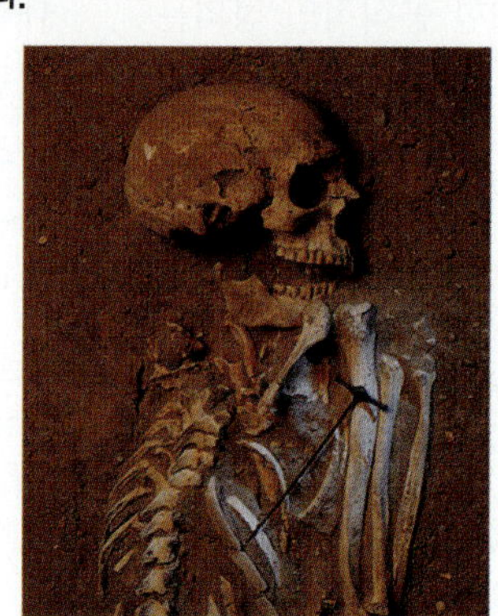

e) 화석이 된 사람의 골격

그림 22.1 화석의 형성 과정.

22.1 여러 근원으로부터 온 진화의 증거

인간과 다른 모든 생명체들이 오랜 시간에 걸쳐 진화해 왔다는 증거는 화석기록, 비교해부학, 발생학, 생화학, 생물지리학 등 여러 근원으로부터 유래한다.

화석기록: 불완전하지만 귀중한 기록

생명체의 유해가 보존된 **화석(fossil)**은 과거에 살았던 생명체의 형태에 관한 가장 풍부한 정보의 근원이다. 연약한 조직들은 빨리 부패해 없어지므로 대부분의 화석기록은 뼈, 이, 조개껍질 그리고 포자나 씨앗 등으로 되어 있다. 해파리나 박테리아처럼 연약한 조직으로 된 생물체의 화석들도 존재하지만 아주 희귀하다. 일반적으로 생물의 유해는 죽은 후에 바로 화산재나 퇴적물 층으로 덮일 경우에만 보존이 된다(그림 22.1). 오랜 시간에 걸쳐 유해는 암석의 성분과 같은 광물을 함유하게 되고, 생물체의 딱딱한 조직의 자국을 바위와 같은 모양으로 남겨서 화석이 된다.

20만 종 이상의 화석이 발견되었지만 딱딱한 조직을 가지지 않았던 수백만 종의 생물에 대해서는 우리는 결코 어떤 화석도 가질 수 없을 것이다. 예를 들면, 우리는 고대 경골어류의 화석은 많이 가지고 있지만 같은 시대의 해파리 화석은 아주 조금 가지고 있을 뿐이다. 우리는 화석을 육지에서 발견할, 그리고 대량으로 만들어진 화석을 발견할 가능성이 높다. (바다 깊은 곳에는 훨씬 많은 화석들이, 그리고 다른 모양의 화석들이 있을 것이다.) 예를 들면, 우리가 10만 년 전 초기 인류의 해골을 발견하기보다는 같은 시기의 바다조개껍데기나 포자를 발견하는 것이 훨씬 더 쉽다. 이런 특성 때문에 인류의 화석기록은 불완전한 경향이 있으며 쉽게 발견되는 화석에 비해 훨씬 비중 있게 다뤄진다.

화석에 대한 가장 중요한 정보 중 하나는, 그 화석을 진화의 역사에서 어떤 시점에 놓아야 하고, 몸의 구조가 오랜 시간에 걸쳐 어떻게 변했는지를 보여줄 수 있는 화석의 연대(나이)이다. 과학자들은 화산재나 퇴적물이 순서대로 층층으로 쌓여 층리를 이룬다는 것을 알고 있다. 화석들이 같은 장소의 다른 층들에 존재한다면 보통은 어느 것이 먼저 생긴 것이지 알 수 있다. 이런 방식으로 과학자들은 오랜 시간에 걸쳐 만들어진 화석들 사이의 상대적인 관계를 확립할 수 있다(그림 22.2).

또한 방사성동위원소 연대측정법(radiometric dating)과 그와

그림 22.2 **퇴적물이 쌓여 발달된 층리.** 미국 그랜드캐니언의 암석층은 퇴적물이 순차적으로 쌓여서 형성된 것이다. 협곡의 바닥에 있는 가장 오래된 층은 12억 년 이상 된 것이다.

관련된 기술들을 이용하면 암석과 화석의 연대를 측정할 수 있다. 동위원소 연대측정법은 방사성동위원소(radioactive isotope)라고 부르는 일부 원자들의 불안정성을 이용한 것이다. 방사성동위원소는 안정된 상태에 도달하여 안정된 다른 원자가 될 때까지 입자를 내보낸다.

가장 오래된 화석의 연대를 측정하는 데 제일 많이 사용되는 동위원소는 아르곤 가스로 서서히 전환이 되는 방사성포타슘이다. 방사성포타슘의 반감기는 13억 년이므로, 화석에 있는 방사성포타슘의 절반이 아르곤으로 바뀌는 데는 13억 년이 걸린다는 뜻이다. 나머지 방사성포타슘의 절반이 아르곤으로 바뀌는 데는 또 13억 년이 걸리고, 그 나머지도 역시 같은 식으로 줄어든다. 방사성포타슘의 붕괴로 만들어진 아르곤은 화석에 남아 있게 된다. 따라서 화석에서 방사성포타슘 대 아르곤의 비율은 수십억 년 대의 화석의 실제 나이를 측정하는 데 사용될 수 있다. 그러나 방사성포타슘은 대부분의 동물이나 식물 화석의 연대측정에는 사용되지 못한다. 동식물 화석의 나이는 6억 년 미만이기 때문이다.

연대가 덜 오래된 5만 년 이내의 화석들은 반감기가 5,700년인 탄소의 방사성동위원소인 탄소-14를 사용하여 연대를 측정한다.

요점 정리

화석은 과거에 살았던 생물의 딱딱한 조직들이 광물화된 유해이다. 비록 화석기록이 완전하지는 않지만 조각들을 끼워 맞추면 화석기록은 진화에 대한 강력한 증거가 된다. 암석과 화석의 연대를 측정하는 데는 방사성동위원소 연대측정법이 사용된다. ■

비교해부학과 발생학이 제공하는 많은 증거

진화에 대한 또 다른 증거들은 동물들의 구조와 배 발생을 비교하면서 얻게 되었다. 진화의 관점에서 동물들을 조사하면서 과학자들은 상동기관, 상사기관, 흔적기관과 같은 해부학적 구조를 설명하였다.

서로 다른 생물들이 비슷한 해부학적 특징을 공유하게 될 때 그것은 대개 그들이 공통조상으로부터 진화해 왔기 때문이다. 예를 들면, 모든 척추동물의 앞다리는 대개 비슷한 모양으로 배열된 같은 세트의 뼈들로 구성되어 있다. 척추동물의 앞다리가 수없이 많은 변형을 거쳐 오면서 동물들이 날고, 헤엄치고, 달리고, 물체를 움켜잡는 등 다양하고 독특한 방법으로 사용해 왔다고 해도 그들이 공통조상으로부터 진화해 왔다는 사실은 맞다(그림 22.3). **상동기관(homologous structure)**은 공통 기원을 공유하는 몸의 구조이다. 상동기관이 서로 닮은 정도는 진화적 관련도의 근접성을 추론하는 데 이용할 수 있다.

그러나 공통 기능을 공유하는 구조들은 공통 기원을 가지지 않았다 하더라도 서로 닮을 수가 있다. 그 좋은 예로는 새의 날개와 곤충의 날개를 들 수 있는데, 새와 곤충은 서로 가깝게 연관되어 있지 않지만 둘 다 날 수 있게 진화해 왔다. 이처럼 공통 기능을 공유하지만 공통의 조상을 갖지 않는 구조를 **상사기관(analogous structures)**이라고 한다(그림 22.4).

마지막으로, **흔적기관(vestigial structures)**은 거의 역할을 하지 못하는 구조이다. 흔적기관은 아직도 중요한 기능을 하고 있는 다른 생물의 신체 기관과 상동일 수도 있다. 사람의 꼬리뼈는 흔적만 남은 꼬리의 유물이다. 이는 인간이 꼬리를 가진 다른 척추동물과 공통조상을 가지고 있다는 것을 의미한다. 귀를 움직일 수 있는 근육은 사람에게는 흔적구조이다. 개나 사슴 같은 동물들은 이 근육을 움직여서 소리가 나는 쪽으로 귀를 돌려 더 잘 들을 수 있도록 한다.

진화를 지지하는 강력한 증거는 동물, 특히 척추동물의 배아 비교에서 볼 수 있었다. 척추동물에는 어류, 양서류, 파충류, 조류, 포유류 등 많은 부류가 있다. 이러한 다양성 속에서도 이들 동물의 초기 배아 발생은 동일한 일반적인 양상으로 일어난다(그림 22.5). 예를 들면, 모든 척추동물의 배아는 척삭(notochord)이라는 원시적인 지지 구조와 장차 뼈, 근육, 피부가 될 체절(somite)이라는 일련의 주름들을 발생시킨다. 더구나 모든 척추동물들의 배아는 머리 바로 아래에 연속적인 아치형 구조들을 발달시킨다. 어류와 양서류에서는 이 구조가 아가미를 만들기 때문에 아가미궁(gill arch)이라고 부른다. 사람에게서는 이와 상동구조인 인두궁(pharyngeal arch)이 얼굴의 일부, 중이, 입을 만든다. 이와 같이 완전히 다른 기능을 하는 공통적인 배아 구조를 잘 설명할 수 있는 것은 공통조상

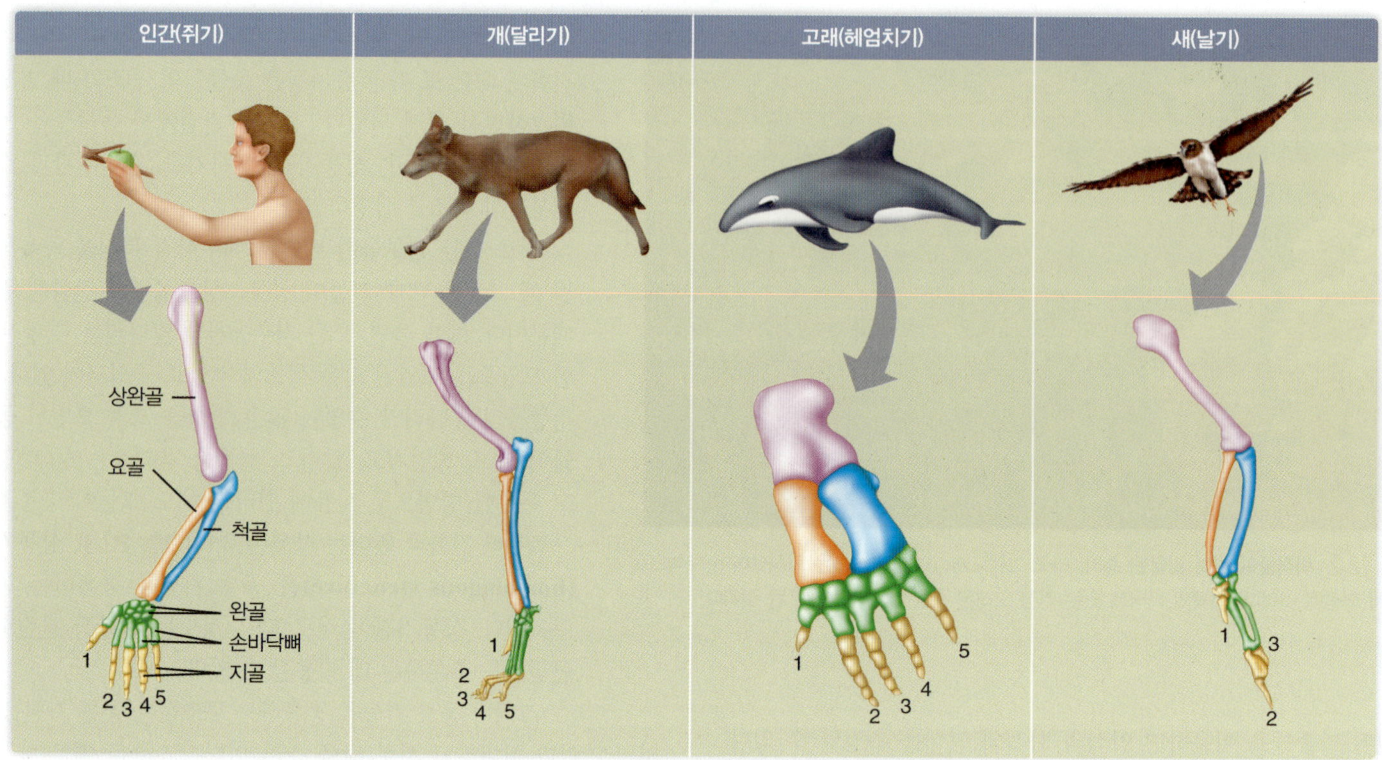

그림 22.3 **상동기관.** 공통의 구조로부터 진화해온 상동기관. 숫자는 손발가락을 나타낸다. 서로 다른 척추동물들에서 상동 뼈들(동일한 색으로 표시됨)이 서로 다른 기능을 수행하기 위해 변형된 것을 볼 수 있다.

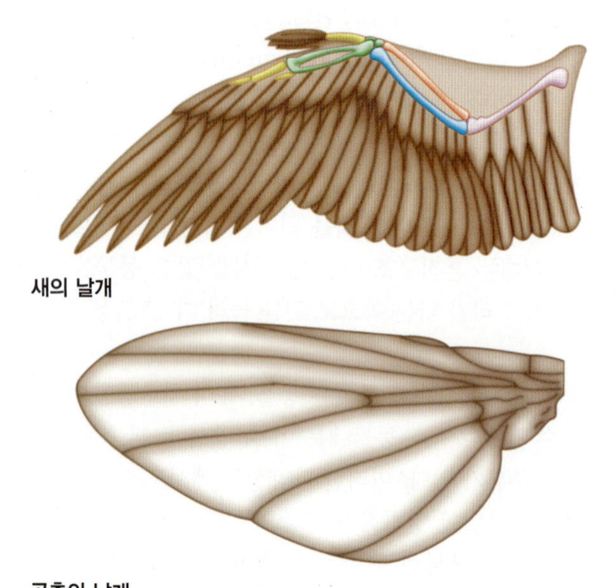

그림 22.4 **상사기관.** 새의 날개와 곤충의 날개는 동일한 기능을 수행하지만 완전히 서로 다른 구조로부터 진화해 왔다.

이다. 배아 발생과 태아 발생의 후기에는 형태형성과 분화의 경로가 갈라져서 오늘날 우리가 알고 있는 다양한 척추동물들이 생겨난다. 이것은 마치 배아 발생과 태아 발생 과정이 척추동물의 전체 진화 역사를 빠른 속도로 보여주는 것과 거의 같다.

분자들 사이의 유사성에 대한 비교생화학적 조사

종들 사이의 유연관계를 밝히는 데는 단백질과 유전자도 단서를 제공해준다. 만약 두 종이 동일한 혹은 거의 동일한 생화학 분자를 가지고 있다면 이 두 종이 공통조상을 가지고 있다고 말할 수 있다. 원칙적으로, 두 개의 유사한 분자들은 상동기관과 같은 것이다. 따라서 "상동분자"라고 부르기도 한다. 상동분자들은 한 종이 두 개의 종으로 나뉘면서 진화 경로가 갈라질 때 나타난다. 오랜 시간에 걸쳐 돌연변이가 일어나면서 원래의 분자들은 이 두 개의 새로운 종에서 각각 점진적으로 변화가 생긴다. 두 종에서 같은 기능에 관여하는 분자들 사이의 차이가 크면 클수록 두 종이 공통조상으로부터 더 이른 시기에 갈라져 나왔을 것이다.

예를 들면, 에너지 교환 대사경로에서 중요한 단백질인 시토크롬 *c*(cytochrome *c*)는 효모에서 인간에 이르기까지 거의 모든 생물에서 발견된다. 사람의 시토크롬 *c*는 104개의 아미노산으로 구성되어 있다. 침팬지의 시토크롬 *c*는 사람의 것과 동일하지만, 붉은털원숭이와는 1개의, 닭과는 16개의, 그리고 효모와는 50개 이상의 아미노산이 다르다. 이 자료로 우리는 사람이 붉은털원숭이보다는 침팬지에 더 가깝게 연결되었으며, 사람이 닭이나 효모보다는 영장류와 더 가깝다고 말할 수 있다.

다른 단백질의 서열과 DNA의 유사성도 공통조상을 알아내는 지시자로 사용된다. DNA 염기쌍 서열이 서로 닮은 정도는 과학자

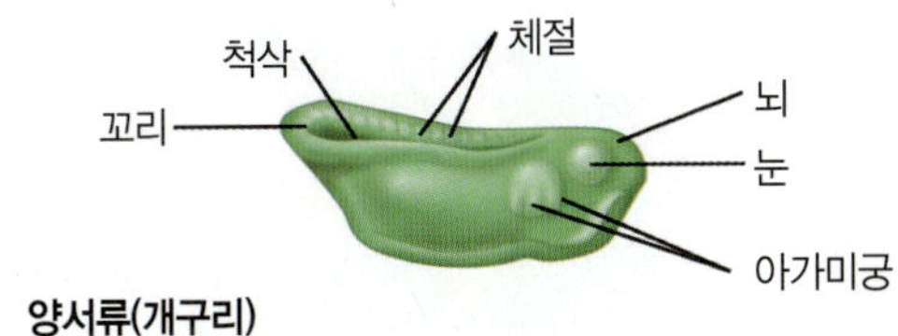

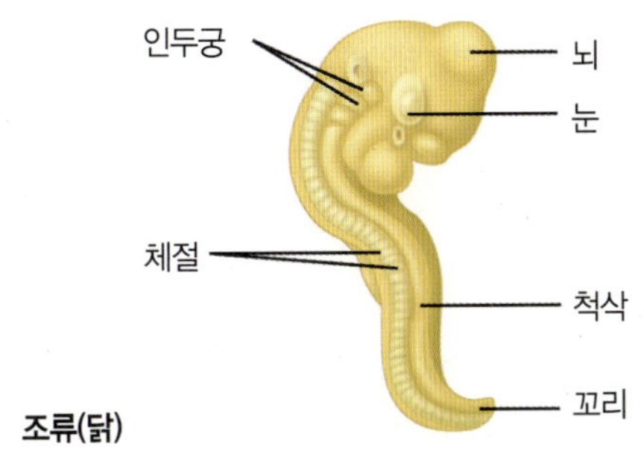

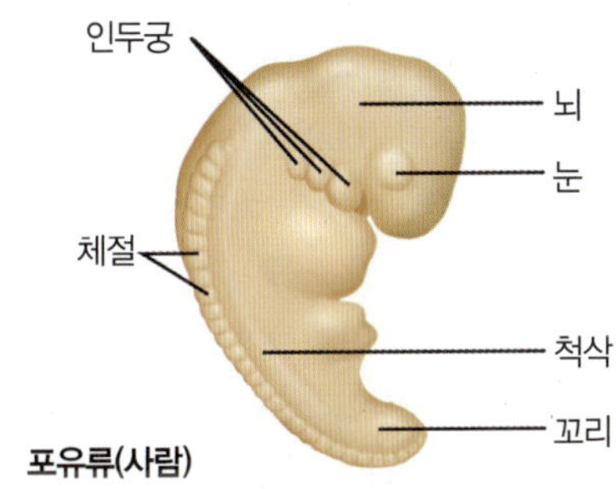

그림 22.5 **여러 척추동물 배아에서 관찰되는 초기발생의 유사성.** 모든 척동물의 배아는 발생학적 특징을 공유하는 경향이 있어 공통조상을 지닌 것으로 생각된다. 특히, 모든 척추동물의 배아는 아가미나 인두궁을 가지고 있다. 인두궁은 동물에 따라 매우 다른 기능을 하게 된다.

들이 인간과 다른 종 사이의 관계나 공통조상을 밝히는 데 도움이 된다.

요점 정리

상동기관의 비교와 배 발생 과정의 비교는 생물들이 어떻게 연결되었는지를 밝히는 단서를 제공해주며 진화 과정을 지지하는 부가적인 증거를 제시해준다. 다른 종들에서 나타나는 DNA와 단백질들 사이의 구조적 유사성의 정도는 진화적 근연관계의 척도로 사용될 수 있다. ■

생물지리학: 지리적 장벽과 대륙 이동이 진화 과정에 미친 영향

생물지리학(biogeography)은 전 지구에 걸쳐 동물과 식물의 분포를 연구하는 학문이다. 왜 우리는 지구의 한 쪽에서 발견되는 동물과 식물을 다른 쪽에서는 보지 못하는가? 한 가지 설명은 물이나 높은 산맥, 사막과 같은 장벽으로 격리된 지역에서는 이동이 일어나지 않았다는 것이다(그림 22.6).

동식물의 이동이 가능했던 지역에서는, 밀접하게 연관된 생물 종들이 한 지역에서 진화한 다음 그 당시 그 생물들이 이동해 갈 수 있었던 다른 지역들로 퍼져 나갔다. 마침내 그러한 전파는 물리적 장벽이나 사막, 대양과 같은 생존할 수 없는 환경 조건에 따라 막히게 된다. 예를 들면, 하와이 제도에는 뱀이 살지 않는다. 뱀은 하와이 화산섬들이 생기기 훨씬 전에 진화했으며, 태평양은 뱀의 이동을 막는 효과적인 장벽이기 때문이다. 식물이나 동물들이 새로운 장소에 놓이면 얼마나 쉽게 적응하는지를 안다면 우리는 진화 과정과 생물의 분포에 미치는 지리적 영향을 새삼 느낄 수 있다.

지질학자들은 지구상의 대륙들이 지구 표면에 위치가 고정되어 있지 않은 거대한 판(tectonic plates) 위에 놓여 있다고 말한다. 판들은 오랜 시간에 걸쳐 서서히 이동하는데 이를 **대륙이동(continental drift)**이라고 한다. 그러나 약 2억 년 전에는 모든 대륙들이 하나로 붙어 있었는데 이를 판게아(Pangaea)라고 부른다(그림 22.7). 최초의 동물과 식물이 출현한 이후에 대륙들은 서로 떨어져서 이동을 하였다. 그 결과, 서로 격리되게 된 연관된 생물들은 따로따로 진화를 하게 되었지만 거의 나란한 경로를 거쳤다.

예를 들면, 호주 대륙은 약 6,500만 년 전에 다른 대륙들로부터 떨어져졌다. 그렇지만 호주에만 사는 주머니가 있는 유대류 포유동물과 다른 대륙들에 널리 퍼진 태반 포유동물 사이에는 현저한 유사점들이 있다. 이러한 유사점들이 존재하는 이유는 두 유형의 포유동물들이 공통조상으로부터 진화해 왔으며 대륙이 분리된 후에도 진화는 계속되었고, 두 유형의 동물들에게서 동일한 환경적 문제들이 동일한 방법으로 해결되었기 때문이다.

요점 정리

지난 2억 년 동안 서서히 일어난 대륙이동 과정은 진화 양상과 생물의 세계적 분포에 지대한 영향을 미쳤다. 한 대륙 안에서도 산맥, 사막과 같은 물리적 장벽들 역시 진화와 생물의 분포에 영향을 미친다. ■

그림 22.6 **지리적 장벽.** 사진 속 캘리포니아 주의 죽음의 계곡(Death Valley)의 산맥과 사막 모래 같은 장벽 때문에 동물과 식물의 이주는 억제된다.

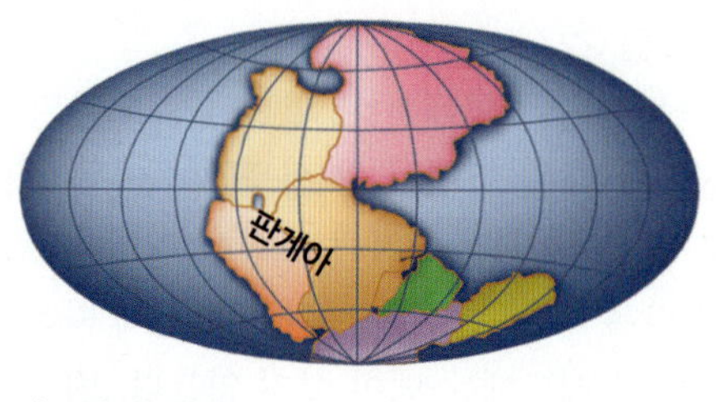

a) 2억 년 전

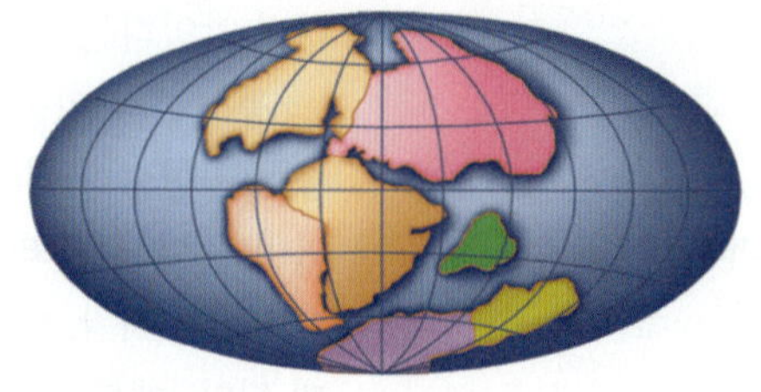

b) 9,000만 년 전

c) 현재

그림 22.7 **공통 거대대륙으로부터 지구 대륙의 형성.** 지구의 모든 대륙들은 한때 판게아라고 부르는 하나의 거대대륙으로 연결되었었다.

22.2 자연선택이 진화의 원인이다

진화의 기초가 되는 무작위 돌연변이

한 생물의 DNA는 그 생물체의 모든 생명활동에 대한 지시서 한 세트와 같다는 걸 되새겨보자. 만약 모든 생물들이 동일한 세트의 DNA를 가졌다면 모든 생물들은 동일한 형태를 가지고 동일한 행동을 할 것이다. DNA에 존재하는 차이가 종들 사이의, 그리고 같은 종의 개체들 사이에 존재하는 차이를 설명해준다.

한 종의 유전자 풀(gene pool)은 그 종의 개체가 지닌 유전자에 일어난 무작위(임의) 돌연변이들의 결과로, 수천 년에서 수백만 년에 이르기까지 오랜 시간에 걸쳐 서서히 변한다. 돌연변이는 대립유전자(allele)라고 하는 약간 다른 형태의 유전자를 만들어내는 희귀하고 우발적인 사건이다. 치명적이지 않은 대립유전자들은 미래의 후손들에게 전수가 될 것이며, 그 종의 통합적 유전자 풀의 일부가 된다. 이렇게 축적된 돌연변이들은 마침내 그 종의 형태적 기능적 형질에 변화를 일으킨다. 궁극적으로 돌연변이의 축적은 한 종을 두 종으로 갈라지게 만든다.

무작위 돌연변이가 없다면 진화도 일어날 수 없을 것이다.

자연선택은 유전자 풀의 변화를 불러온다

돌연변이만으로 진화가 일어나는 것은 아니다. 생물들은 주변 환경과 상호작용을 하며 살아간다. 그런 상호작용의 결과로 어떤 개체는 오래 살아 번식을 하게 되고 다른 개체는 그렇지 못한다. 한 생물종의 유전자 풀에서 어떤 대립유전자가 발견되는 빈도는 결정적으로 그 대립유전자가 그것을 지닌 개체의 생존력에 얼마나 기여하는지에 달려 있다.

다윈은 비록 바탕에 깔린 유전적 토대를 완전히 이해하진 못했지만 이 원리를 이해하고 있었다. 다윈은 이를 자연선택에 의한 "적자생존"이라고 했다. 다윈은 **자연선택(natural selection)**을 통해서 어떤 형질을 지닌 개체는 주변 환경에 더 잘 적응하게 되고 그럼으로써 더 잘 생존하여 더 잘 번식할 것이라고 생각하였다. 자연선택을 동반한 돌연변이는 개체군의 유전자 풀에 변화를 가져온다.

요점 정리

돌연변이가 없다면 생물에는 변이도 없을 것이다. 자연선택을 동반한 돌연변이는 진화에 대한 많은 근거를 제시해준다. ■

유전적 부동과 유전자 흐름은 개체군을 변화시킨다

개체군(population)은 동일한 지리적 영역 안에 살고 있는 같은 종의 개체들이 모인 무리이다. 다윈은 개체군에서 가장 잘 적응된 개체가 항상 살아남는 개체라는 것을 확신하였다. 이제는 자연선택 외에도 진화에 기여하는 다른 요소들이 있다는 것이 알려져 있다. 개체군의 유전자 풀에 영향을 미치는 다른 요소에는 유전적 부동, 유전자 흐름, 그리고 선택사냥(selective hunting) 등이 있다.

유전적 부동(genetic drift)은 우연한 사건으로 대립유전자의 빈도에 일어나는 무작위적인 변화를 이른다. 유전적 부동의 한 원인으로 **병목효과(bottleneck effect)**를 들 수 있다. 병목효과는 화재, 기후 변화, 새로운 포식자 출현과 같은 대변혁으로 이전의 적응도에는 전혀 관계없이 대부분의 개체군이 파괴되었을 때 나타난다. 이런 일이 일어나면 유전자 풀에는 소수의 유전자만이 남게 되어 원래 개체군의 유전자 풀과는 다를 뿐 아니라 반드시 가장 잘 적응된 유전자들이 남은 것도 아니다. 심각한 병목효과를 겪고 있는 종의 예는 치타이다. 현존하는 15,000마리의 치타는 모두 유전적으로 서로 유사한데, 그들의 유전체에는 수정에 영향을 미치는 해로운 대립유전자들이 몇 개 들어 있다. 치타가 종으로서 살아남게 될지는 확실하지 않다.

유전적 부동의 다른 원인에는 **창시자 효과(founder effect)**가 있는데, 소수의 개체들이 원래 집단을 떠나서 다른 장소에서 새로운 개체군을 이루게 되거나, 환경적 변화로 인해 큰 개체군으로부터 작은 개체군이 격리될 때 일어난다. 이 경우에도 새로운 유전자 풀은 원래 개체군의 유전자 풀을 그대로 나타내지 못한다.

특정 개체군의 유전자 풀의 차이는 개체군으로 들어오거나(이입) 나가는(이출) 개체의 이동에도 영향을 받는다. 이와 같은 대립유전자의 지리적 재분포를 **유전자 흐름(gene flow)**이라고 하는데, 원래는 섞이지 않았을 유전자 풀이 섞이는 경우가 생긴다. 해외여행이 빈번해진 오늘날에는 인간의 개체군에서 유전자 흐름의 가능성이 현저하게 증가하였다.

진화에 영향을 미치는 몇몇 사건들은 전혀 무작위로 일어나는 것은 아니다. 예를 들면, 사냥감으로 큰 동물을 잡는 인간의 명백한 사냥 습관은 특별히 크고 더 잘 적응한 수컷을 골라 사냥한다(그림 22.8). 이러한 습관이 진화에 어떤 영향을 미칠 것인지는 생각해볼 만한 가치가 있다.

대멸종으로 많은 수의 종이 사라진다

한 생물종이 완전히 절멸하게 될 때 **멸종(extinction)**이 일어난다. 진화의 역사를 통해 볼 때 때때로 거대한 파국적 사건들이 거의 모든 생물종들을 적응도에 관계없이 완전히 쓸어버렸다. 지난 5억 3,000만 년 동안(이 기간에만 화석기록이 남아 있다)에 적어도 다섯 번의 대멸종(mass extinction)이 있었는데 매번마다 당시에 존재하던 생물종의 50% 이상이 사라졌다.

규모가 가장 컸던 대멸종은 2억~2억 5,000만 년 전에 일어난 삼첩기(트리아스기) 대멸종이다. 당시에는 이산화탄소의 농도가 높았으며 지구온난화가 일어났고, 육지에 사는 생물종의 70% 정도와 전체 해양생물종의 90% 가량이 멸종되었다. 가장 최근에 일어난, 그리고 가장 잘 알려진 대멸종은 약 6,500만 년 전에 발생한 백악기 대멸종인데, 이때 모든 공룡들이 멸종되었다. 일부 과학자들은 백악기 대멸종이 소행성이나 큰 혜성이 오늘날 멕시코의 캔쿤(Cancun) 지방에 충돌하여 급격한 기후 변화를 일으켜서 발생한 것이라고 주장한다.

그림 22.8 **진화에 미치는 비무작위적 영향.** 사냥꾼들은 특히 크고 적응이 잘된 수컷을 사냥한다.

진화계통수는 종들 사이의 관계를 추적한다

진화계통수(evolutionary tree: 계통수라고도 함)는 종들 사이의 관계와 진화적 변화를 나타낸다. 진화계통수에서 모든 가지는 두 종이 서로 갈라져 나온 시점(새로운 종이 탄생한 시점)을 표시한 것이며, 가지의 길이는 시간을 나타낸다(그림 22.9). 한 생물종이 멸종하게 되면 그 종을 나타내는 가지는 그 시점에서 짧게 끝을 낸다.

조건이 좋으면 비교적 짧은 시간 안에 단일 조상으로부터 많은 새로운 종이 생겨난다. 이러한 진화활동의 단기 폭발을 **적응방산(adaptive radiation)**이라고 하는데, 진화계통수에서는 하나의 점으로부터 수많은 가지가 갈라져 나오는 것으로 표시된다. 적응방산의 기간은 대개 새로운 서식지를 만들어내는 환경의 변화를 따른다.

생물의 개체군은 진화적 변화를 끊임없이 겪는다. 때로는 종을 약간 다르게 보이지만 서로 교배가 가능한 아종(subspecies)으로 더 나눌 필요가 있다. 어느 때든지 어떤 종은 멸종하게 되고 다른 종은 여러 개의 새로운 종으로 갈라진다. 진화계통수는 전체 생물사를 포괄하는 보편적인 것일 수도 있고, 어떤 한 시기에 한 종을 집중해서 세세하게 다룰 수도 있다.

요점 정리

돌연변이와 자연선택 외에도 다른 사건들이 진화 과정에 변화를 일으킬 수 있다. 개체군의 유전자 풀은 유전적 부동, 유전자 흐름, 대멸종 등에 영향을 받을 수 있다. 진화계통수는 종들 사이의 관계를 시각적으로 나타낸 것이다. ■

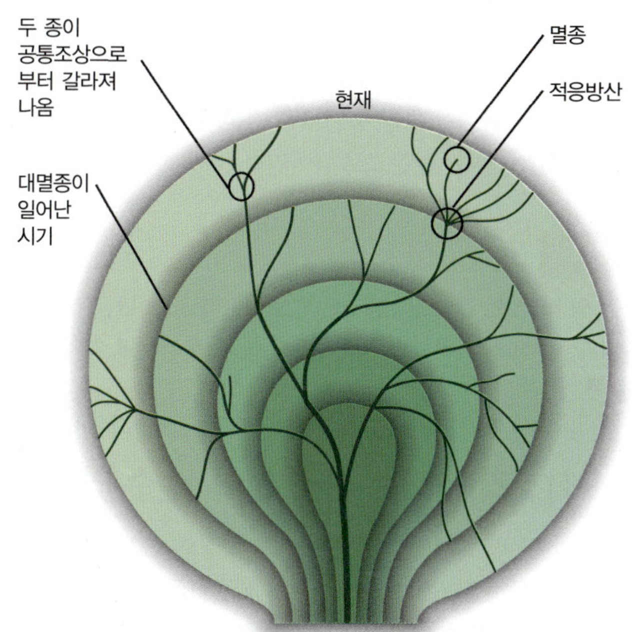

그림 22.9 **진화계통수.** 계통수는 오랜 시간에 걸친 진화적 변화와 종간의 유연관계를 나타낸다. 대멸종 시기는 색깔의 변화로 표시하였다.

22.3 초기의 지구는 생명이 출현하기에 너무 뜨거웠다

우리가 아는 한 지구는 46억 년 전에 만들어졌다. 오래 전에 태양은 가스, 먼지, 파편들이 소용돌이치는 구름으로 둘러싸여 있었다. 구름의 바깥 지역이 식어가면서 고체로 응축되어 오늘날 우리가 행성이라고 부르는 것이 만들어졌다. 그런 행성들 중 하나가 지구다.

45억 년 전에 지구는 황량하기 짝이 없는 곳이었다. 지구의 엄청난 열은 내부를 녹였는데, 그 속에는 액체 상태의 니켈, 철, 그리고 다른 금속들이 응축되어 핵을 이루었다. 고체 상태의 얇은 바깥층 지각은 표면에 빈번하게 생기는 균열과 수많은 화산들이 분출하는 뜨거운 가스와 용암으로 끊임없이 변했다. 원시 대기는 주로 이산화탄소(CO_2), 수증기(H_2O), 수소(H_2), 질소(N_2), 메탄(CH_4), 암모니아(NH_3) 등으로 되어 있었으며 산소(O_2)는 없었다. 엄청나게 뜨거운 열이 지구의 모든 물을 증발시켜서 바다는 아직 만들어지지 않았다. 아직은 지구를 보호하는 오존층이 만들어지지 않아서 지구는 끊임없이 자외선 방사에 노출되었다. 대기는 심한 뇌우로 시끄러웠다.

오랜 시간이 흐르는 동안 지구는 식어져서 높은 곳에 있는 수증기는 응결되어 비를 내렸다. 대부분의 비는 뜨거운 바위에 내리자마자 다시 수증기로 기화했다. 뜨겁고 수증기가 가득한 응결과 기화의 순환은 수백만 년 동안 계속되었으며, 그 후 마침내 지구 표면이 충분히 식어져서 물이 액체 상태로 남을 수 있게 되었다. 바다가 형성되기 시작했지만 바다는 따뜻했고 작았으며 아직은 짜지 않았다. 육지는 뜨거웠고 수증기로 가득했으며, 화산 폭발과 뇌우가 빈번히 일어났다. 대기 중에는 아직도 산소가 없었다.

이렇게 황량한 환경에도 불구하고, 지구가 만들어지고 10억 년도 되지 않은 38억 년 전에, 어떻게 해서인지 생물이 출현하였다. 이제 우리는 생물학에서 가장 흥미로운 질문 중 하나인, 어떻게 생명이 탄생하였는가라는 질문으로 돌아간다.

요점 정리

지구는 약 46억 년 전에 생성되었으며 생명은 약 38억 년 전에 출현하였다. 그 당시 지구 환경은 뜨겁고, 수증기가 가득했으며 산소는 없었다. ■

22.4 최초의 세포는 산소 없이 살 수 있었다

우리는 35억 년 전에 세균을 닮은 단세포 생물이 존재했다는 사실을 화석기록으로부터 알고 있다. 생명이 출현하고 나자, 수십억 년에 걸쳐 일어난 진화 과정은 오늘날 우리가 알고 있는 것뿐만 아니라 오래 전에 멸종된 그보다 많은 다양한 생물 형태를 만들어냈다.

대기가스로부터 만들어진 유기분자

오늘날의 과학적 증거에 의하면 생명의 탄생 경로에서 첫 번째 단계는 대기가스로부터 간단한 유기분자가 최초로 만들어진 것이다 (그림 22.10). 오늘날의 생물에서는 유기분자의 생성에 효소가 필요하지만 그 당시에는 물론 효소가 아직 없었다. 사실상, 원시 환경이 아주 황량하였던(우리 기준에서) 바로 그 이유 때문에 유기분자들이 만들어질 수 있었던 것으로 보인다. 아주 뜨거운 열, 자외선 방사, 엄청난 에너지를 만들어내는 전기 방전은 대기 중에 있는 분자들을 결합시켜, 심지어 효소가 없는 조건에서도, 간단한 유기 화합물을 만들어낼 수 있었다. 아미노산, 간단한 당, 지방산 같은 이러한 화합물들은 바다에 녹아들었고, 시간이 지남에 따라 바다는 유기분자들과 약간의 소금을 함유하는 따뜻한 수프가 되었다. 산소가 없다는 것은 아주 중요하였다. 왜냐하면 산소는 고도로 반응성이 높아서 유기분자들이 만들어지자마자 분해시켰을 것이기 때문이다.

스스로 복제하는 RNA와 DNA가 만들어지다

단순히 유기분자가 존재한다고 해서 성장할 수 있고 번식할 수 있는 생명체가 만들어지지는 않는다. 어떻게 이러한 화합물들이 합쳐져서 스스로를 확실하게 증식할 수 있는 분자가 되는가?

우리가 이 과정을 이해하는 데서 맞닥트린 문제점은 다음과 같다. 우리가 알고 있는 유일한 자기복제(self-replicating) 분자는 원시적인 단일가닥 RNA와 오늘날의 이중가닥 DNA인데, 둘 다 바다에서 자발적으로 만들어진 것은 아니다. 우리의 최상의 추정은 자기복제하는 단일가닥 RNA가 바닷가 개펄의 진흙을 주형으로 해서 맨 처음 만들어졌다는 것이다. 실제로 습기와 온도를 적절히 맞춘 실험에서 얇은 진흙층이 상당히 복잡한 분자의 형성을 촉진한다는 사실이 입증되었다. 다른 방법으로는 화산 주변의 건조한 조건과 뜨거운 열이 RNA 생성에 유리한 환경을 만들어주었을 수도 있다.

RNA가 최초의 자기복제 분자였다면 그보다 더 안정적인 DNA 분자는 아주 이른 진화의 초기에 RNA로부터 만들어졌을 것이다. 오늘날의 세포는 DNA를 자기복제 분자로, RNA를 효소나 단백질 합성을 지시하는 분자로 사용한다. 단일가닥 RNA를 유전물질로 사용하는 것은 바이러스뿐이며 결과적으로 바이러스는 스스로 복제하지 못한다.

최초의 세포는 혐기성 세포였다

자기복제 분자와 작은 유기 분자들이 어떤 시기에 지질-단백질 막으로 둘러싸이게 된다. 이런 과정이 정확히 어떻게 일어났는지는 알 수 없다. 그러나 적절한 조건하에서 실행된 실험에서 아미노산과 지질의 혼합물이 자발적으로 속에 물이 들어 있는 작은 방울을 형성한다는 것이 밝혀졌다.

a) 원시 지구는 뜨거웠고 수증기가 가득했으며, 작고 따뜻한 바다가 있었다.

b) 대기가스로부터 간단한 유기분자들이 만들어져 바다에 녹아들어갔다. 유기분자를 만드는 데 쓰인 에너지는 전기방전과 열 그리고 강한 자외선으로부터 제공되었다.

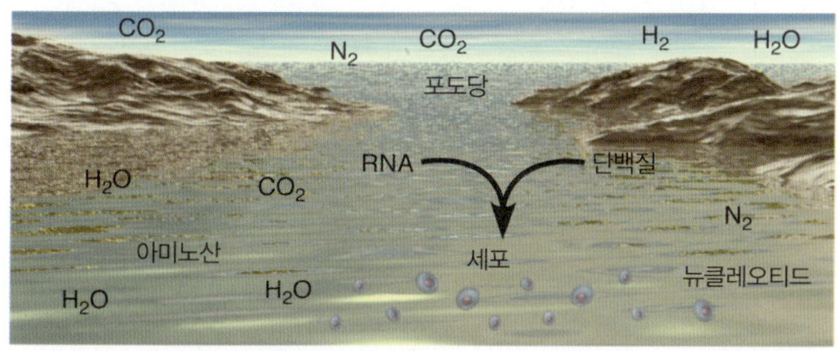

c) 자기복제 RNA는 대양의 해변 얕은 물속에 있던 진흙 주형 위에서 만들어졌을 것이다. RNA와 다른 유기분자들이 세포막으로 둘러싸이게 되었으며 최초의 자기복제 세포가 만들어졌다.

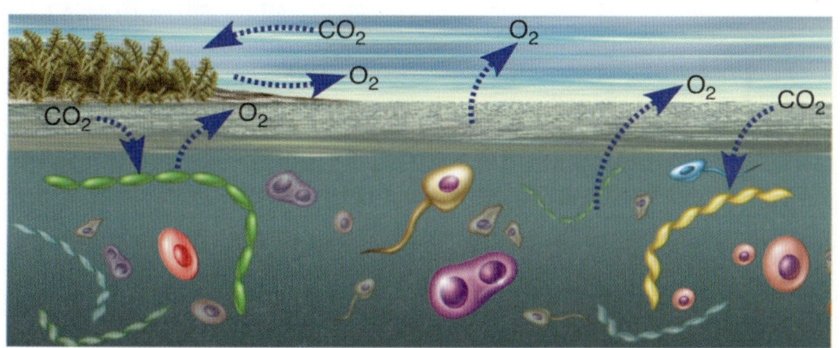

d) 광합성의 발달로 산소 가스가 만들어졌다. 산소가 존재함으로써 이후에 호기성 대사가 가능해졌다.

그림 22.10 생명의 기원과 초기 진화.

최초로 출현한 단순한 세포는 대사작용에 산소를 필요로 하지 않는 혐기성 세포였다. 이 세포들은 화합물을 생성하는 데 한계가 있어서 필요한 에너지와 원료물질을 주변 환경에 의존하였다. 얻을 수 있는 에너지와 원료물질이 없으면 세포는 죽거나, 적어도 복제하지는 못했다.

요점 정리

자기복제 세포가 출현하게 된 일련의 과정을 추정하면, (1) 원시 대기가스로부터 유기분자가 만들어지고, (2) 진흙을 주형으로 해서 자기복제 RNA가 만들어졌으며, (3) 유기분자와 RNA가 세포막 안에 둘러싸여 들어갔다. 초기의 모든 세포들은 혐기성 대사를 하는 세포였다. ■

22.5 광합성 생물이 진화의 흐름을 바꾸었다

광합성으로 대기의 산소 농도가 증가하였다

30억 년 전에 한 세포가 돌연변이를 일으켜 자신이 필요로 하는 분자를 내부에서 생산할 수 있는 능력을 발달시켰다. 이 세포는 태양빛으로부터 오는 에너지와 주변에 엄청나게 많은 이산화탄소와 물을 끌어당겨 써서 탄소가 함유된 복잡한 유기분자를 만들어냈다. 이 과정을 광합성(photosynthesis)이라고 하며 부산물로 산소가 만들어진다. 그 결과 대기 중의 산소 농도가 증가하기 시작했다. 생명이 시작된 이후에 비로소 지구의 대기에 산소가 나타났으며 그것이 생명의 직접적인 결과라는 사실을 주목해야 한다.

호기성 생물의 진화

산소의 존재는 모든 것을 바꾸어놓았다. 혐기성 세포에게 산소는 독이었다. 더구나, 반응성이 매우 높은 산소는 혐기성 생물들이 에너지를 얻는데 의존하고 있던 바닷물 속의 에너지-저장 분자들을 파괴하기 시작했다. 결과적으로 광합성을 통해 자신이 필요로 하는 유기분자들을 합성할 수 없었던 혐기성 생물들은 대부분 죽었다.

혐기성 생물이 있던 자리에는 산소의 반응 성질을 이용할 수 있는 새로운 세포가 진화해 들어왔다. 이 세포는 산소를 이용하여 자신이 저장하고 있는 풍부한 유기분자들로부터 에너지를 뽑아냈다. 유기분자로부터 에너지를 얻기 위해 산소를 사용하는 능력을 호기성 대사(aerobic metabolism)라고 한다.

동물의 출현과 인류 조상의 등장

앞에서 언급한 간단한 설명으로도 진화 과정은 생물이 환경에 적응하기 위해 형태를 이루는 일에 놀라울 만큼 효율적이라는 것을 알 수 있다. 수십억 년에 걸친 진화의 역사를 몇 개의 문장으로 압축한 다음, 최근에 이뤄진 인간의 진화에 관해 이야기하겠다. 몇 가지 큰 진화적 사건들을 나열하면 다음과 같다.

- 17억 년 전에, DNA가 핵 안으로 둘러싸여 들어가게 되었다. 핵을 가진 진핵세포들이 우세한 세포 유형이 되었다.
- 약 13억 년 전에 해조류와 같은 최초의 다세포생물이 출현하였다.
- 동물은 약 6억 년 전에 처음 나타났다.
- 공룡은 약 6,500만 년 전에 멸종되었다.
- 우리 인류의 명백한 최초의 조상은 겨우 500만 년 전에야 출현하였다.

그림 22.11에는 인류와 관련된 생물학적 사건의 시대적 이정표를 지구의 역사와 함께 나타내었다.

요점 정리

오래 전에 광합성이 진화되어 대기 중에 산소 농도가 증가하였다. 그 결과로 일부 생물들은 호기성 대사작용을 발달시켰다. 대부분의 세포들에서 핵이 만들어져 DNA를 둘러싸게 되었고, 다세포생물이 나타났으며, 마침내 동물이 출현하였다. 최초의 인류 조상은 약 500만 년 전에 등장하였다. ■

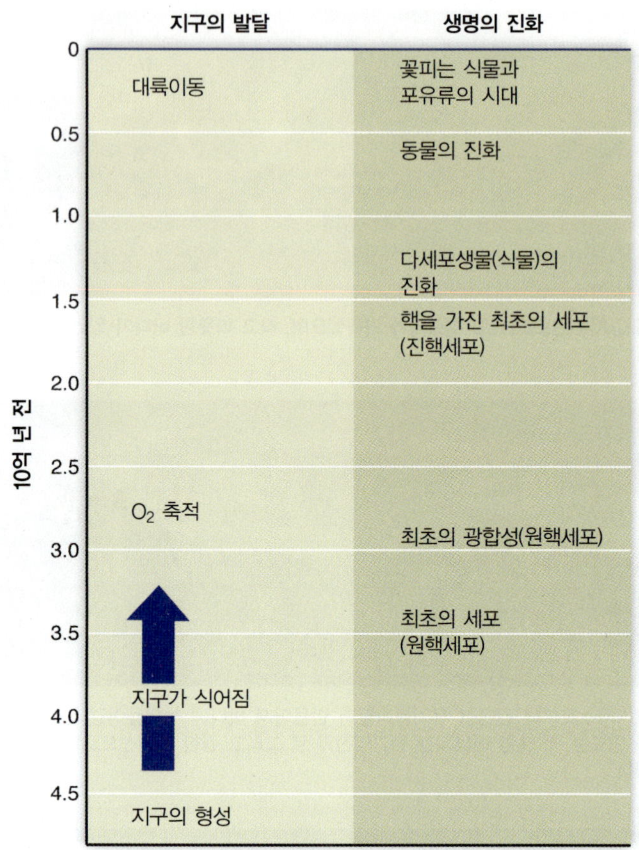

그림 22.11 지구가 형성된 이후에 이루어진 생명의 진화 시간표. 사람이 진화해 온 전체 시간 과정은 그림 꼭대기의 가로선 안에 들어간다.

22.6 현대 인류는 아프리카에서 왔다

사람은 영장류이다

생물을 분류하고 명명하는 과학의 전문분야인 분류학에서는 모든 생물들 사이의 관계를 정확하게 설명하는 방법을 탐구한다. 분류학적 분류 체계에서 7가지 단계는 계(kingdom), 문(phylum), 강(class), 목(order), 과(family), 속(genus), 종(species)이다. **종**이란 자연 조건에서 상호 교배가 가능하여 번식력이 있는 자손을 생산하는 한 무리의 생물들로 정의한다.

생물의 이름은 일반적으로 속명과 종명으로 나타낸다. 생물의 학명은 이탤릭체로 쓰고, 속명을 먼저 쓰며 첫 글자는 대문자로 표기한다. 표 22.1에는 **인간(호모 사피엔스: *Homo sapiens*)**이 속하는 7단계의 분류학적 범주를 나타냈다.

사람은 포유강(Mammalia)에 속한다. **포유류(Mammals)**는 일생에 걸쳐 털이 나 있으며 젖을 분비하는 젖샘(유선)을 가진 척추동물이다. 사람은 포유강 내에서 **영장류(primates)**라 부르는 영장목(Primata)에 속한다. 영장류는 손에 다섯 개의 손가락을 가지고 있으며, 손발톱은 굽이나 갈고리 형태가 아니고 편평한 모양이다. 눈은 앞을 향하고 있어서 입체적 시야를 지닌다. 영장류에는 여우원숭이(때로 원원류라고 부른다), 원숭이, 유인원, 사람 등이 있다. 영장류의 엄지손가락은 나머지 네 손가락과 맞닿을 수 있다. 이 모든 특징들은 나무 위에서 사는 생활방식에 적응해서 진화해온 것들이다. 화석기록에 따르면 오늘날의 모든 영장류들은 약 6,000만 년 전에 살았던 공통조상으로부터 유래하였다(그림 22.12).

약 2,500만 년 전에 영장류의 일부 무리가 구세계원숭이의 공통조상으로부터 갈라져 나와 오늘날의 유인원(긴팔원숭이, 오랑우탄, 고릴라, 침팬지)과 사람이 되었다(그림 22.13). **사람상과**

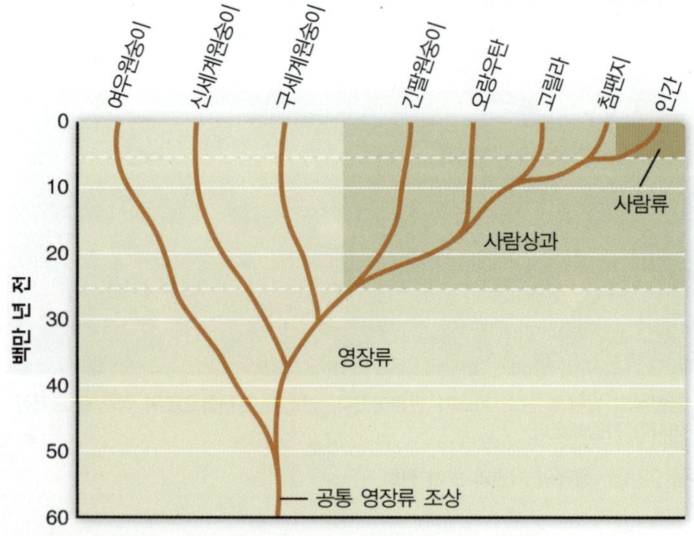

그림 22.12 공통 영장류 조상으로부터 진화해온 현대 영장류.

표 22.1 **현대 인류에게 적용해 본 분류학적 분류 체계**

분류학적 범주	학명	각 범주에 속한 생물의 예와 특징
계(Kingdom)	동물계	진핵세포와 복잡한 구조를 지닌 다세포생물. 해면, 지렁이, 곤충, 어류, 양서류, 파충류, 조류, 포유류 등 모든 동물을 포함
문(Phylum)	척삭동물문	신경삭과 척추를 가진 동물. 어류, 조류, 포유류 등
강(Class)	포유강	척삭동물문에 속하며 일생 중에 털과 유선을 가지는 동물. 생쥐, 개, 소, 고래, 캥거루, 영장류, 인간 등
목(Order)	영장목	포유강에 속하며 사지에 다섯 개의 손발가락과 납작한 손톱, 입체 시야를 가진 동물. 여우원숭이, 원숭이, 유인원, 인간 등
과(Family)	사람과	큰 뇌를 가지고 직립 보행하는 영장목. 오스트랄로피테쿠스속과 사람속의 조상(이제는 모두 멸종된) 및 현대 인류
속(Genus)	사람속	큰 뇌와 인간의 두개골과 체형을 지닌 사람과. 멸종된 바로 직전의 인류 조상과 현대 인류
종(Species)	인류종	큰 뇌를 가지고 언어를 포함한 복잡한 문화 및 사회적 구조를 지닌 사람속. 현대 인류

(hominoid)는 몸이 크고 큰 뇌를 가졌다는 점에서 나머지 다른 영장류들과 다르다. 사람상과는 꼬리가 없으며 다소 복잡한 사회 행동을 나타낸다. DNA의 차이로 보면 오랑우탄이 맨 처음 갈라져 나왔고 그 뒤를 이어 고릴라, 침팬지 그리고 사람의 순서로 갈라져 나왔다. 달리 표현하면, 침팬지는 사람상과 중에서 사람과 가장 가까운 동물 친척이다. 그렇다고 사람이 침팬지로부터 진화해 왔다는 말은 아니다. 즉, 침팬지와 사람은 사람상과의 공통조상으로부터 갈라져 나와 진화했다는 것을 의미한다.

요점 정리

7개의 범주로 이루어진 분류체계는 종들 사이의 관계를 설정한다. 포유강의 영장목은 납작한 손발톱, 다섯 개의 손가락과 네 손가락에 맞닿는 엄지손가락, 앞쪽을 향한 눈을 가지고 있다. 영장류 중 사람상과는 오늘날의 유인원과 사람이 되었다. 침팬지는 사람과 가장 가까운 동물 친척이다. ■

호모 사피엔스의 진화

어떤 화석의 분류와 특정 연대에 관해서는 과학자들의 의견이 서로 일치하지 않을 때가 있지만 사람의 진화에 대한 일반적인 구도는 아주 잘 확립되어 있는 편이다. 현대 인류의 기원에 대한 이야기는 아프리카에서부터 시작된다.

오스트랄로피테쿠스 아파렌시스: 최초로 직립보행을 한 인류의 조상 화석기록에 의하면 침팬지와 사람은 400만~500만 년 전의 아프리카에서 사람상과의 공통조상으로부터 서로 갈라졌다(그림 22.12 참조). 인류의 기원에 관한 연구에서는, 침팬지보다는 사람에 가까운 사람상과의 종을 **사람류(hominids**: 사람과 Hominidae)라고 부른다. 최초로 등장한 사람류 중 하나가 오스트랄로피테쿠스(*Australopithecus*)였다. 오스트랄로피테쿠스속은 결국 모두 다 멸종되고 말았지만, 그들 중 한 종인 오스트랄로피테쿠스 아파렌시스(*Australopithecus afarensis*)라는 아프리카 사람류는 현대 인류의 직계조상이라고 여겨진다. 320만 년 전에 살았던 오스트랄로피테쿠스 아파렌시스의 거의 완벽한 유골이 1974년에 에티오피아에서

a) 긴팔원숭이

b) 오랑우탄

c) 고릴라

d) 침팬지

그림 22.13 **사람상과.** 현대 인류도 사람과의 사람상과에 속한다. 침팬지는 사람과 가장 가까운 친척이다.

발견되었으며 발견자에 의해 루시(Lucy)라고 명명되었다(그림 22.14).

사람의 특징이라고 할 수 있는 것들이 이제 막 나타나기 시작한 오스트랄로피테쿠스 아파렌시스는 사회적 구조와 해부학적 면에서 볼 때 명백히 유인원에 가까웠다. 몸 크기에 비해 두뇌는 아직 작아서 오늘날의 사람보다는 침팬지에 더 가까웠다. 이빨은 에나멜이 두꺼워서 딱딱한 음식물도 갈아서 먹을 수 있었으며 주로 채식을 하였을 것이다. 남자가 여자보다 몸이 상당히 컸으며(성적 이형성), 따라서 오스트랄로피테쿠스는 크고 힘센 남자가 소그룹의 여자들과 힘이 약한 남자들을 거느리는 사회구조를 가졌을 것으로 생각된다. 예를 들면 루시의 키는 약 1 m 정도였다. 몸에 비해 팔 길이가 길었는데 이것은 그때까지도 나무 위에서 나무 위로 이동하는 능력(수상 이동)이 있었다는 것을 시사한다. 그러나 인류 진화의 관점에서 볼 때 오스트랄로피테쿠스 아파렌시스의 가장 중요한 특성은 직립보행이었다(그림 22.15).

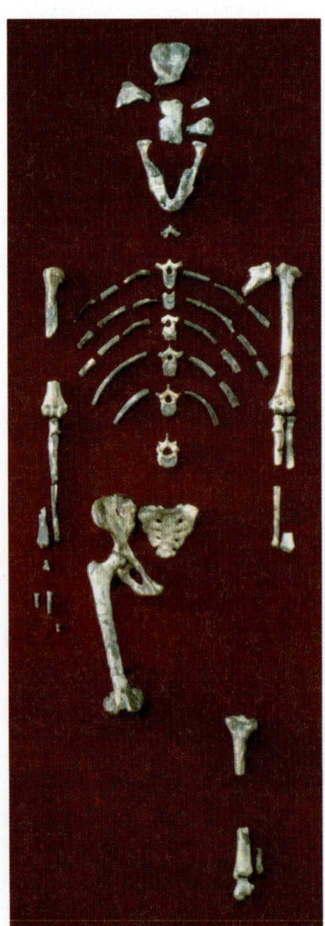

a) 루시의 거의 완전한 골격. 루시는 대략 320만 년 전에 살았던 젊은 여자 오스트랄로피테쿠스 아파렌시스 사람류이다.

b) 미국 시카고 필즈박물관에 전시된 루시의 복원된 모습.

그림 22.14 오스트랄로피테쿠스 아파렌시스.

호모 하빌리스: 최초의 도구제작자 사람의 명백한 최초의 조상은 240만 년 전에 아프리카에 처음 등장한 **호모 하빌리스(*Homo habilis*)**였다. 이빨과 얼굴 특징, 성적 이형성, 육식을 포함한 식성 등이 변하는 것과 함께 두뇌의 확장은 호모 하빌리스에서도 계속되었다. 이 시기에 최초의 돌로 만든 도구가 출현하면서 호모 하빌리스(하빌리스란 재주꾼이란 의미이다)는 최초의 도구제작자가 되었다.

호모 에렉투스: 아프리카로부터 나옴 사람에 훨씬 더 가까운 **호모 에렉투스(*Homo erectus*)**(짧은 기간 살았던 사촌격인 *H. georgicus*와 *H. ergaster*를 포함하여)는 약 180만 년 전에 호모 하빌리스 조상으로부터 갈라져 나왔다. 호모 에렉투스는 아프리카에서 나와 멀리는 자바(Java)와 중국에까지 이주해가서 집단을 이루어 거주하였다. 한때 과학자들은 호모 에렉투스가 아프리카로부터 아시아와 유럽으로 퍼져나가 집단을 이룬 현대 인류의 직계 조상이라고 믿었었다. 그러나 호모 에렉투스는 약 40만 년 전에 대부분의 거주지에서 죽었다. 최후의 호모 에렉투스는 약 5만 년 전에 자바에서 살았는데, 현대 인류와 동시대를 살았던 것이다.

호모 에렉투스는 두뇌가 더욱 커지면서(그림 22.16 참조) 유아 발달 기간이 길어지고, 성적 이형성은 계속적으로 줄어들게 되었으며 도구제작 기술은 지속적으로 발달되었다. 약 170만 년 전에 이르게 되면 호모 에렉투스는 돌도끼나 큰 칼과 같은 전문 돌 도구를 만들게 되었다. 이때쯤에는 남자와 여자의 일대일 유대관계, 자식의 공동 부양, 공동 식생활을 하는 사냥과 채집 그룹의 형성 등 사회구조에 변화가 일어났었을 것이다.

호모 하이델베르겐시스: "고대" 인간 과학자들은 현대 인류와 호모 에렉투스의 골격 특징을 동시에 보여주는 화석을 발견하였다. 80만 년 전에서 20만 년 전 정도 되는 이런 화석들은 지리적으로 넓게 분포하였다. 일부 과학자들은 이 화석들을 소위 고대 인류라고 그룹을 짓고, 초기에 독일 하이델베르크 근처에서 발견한 것을 기념해 **호모 하이델베르겐시스(*Homo heidelbergensis*)**라고 이름 붙였다. 누가 되었든지, 이 고대 인류는 고도로 전문화된 돌 도구를 만들었으며, 그룹을 지어 협동하여 사냥을 하였고 일부 제한적이지만 언어 기술이 있었을 것이다.

유럽에 살던 호모 하이델베르겐시스의 일부 후손들이 네안데르탈인(Neanderthal)이 되었을 가능성이 있다. 네안데르탈인은 독일의 네안데르 계곡에서 화석이 처음 발견된 논란이 많은 인류 집단이다. 일부 과학자들은 네안데르탈인을 호모 네안데르탈렌시스(*Homo neanderthalensis*)라는 별개의 종으로 구분하지만 이러한 분류는 여전히 논란이 되고 있다. 과학자들은 약 3만 5,000년 전에 멸종된 네안데르탈인이 현대 인류와 연관이 있는지 아니면 현대 인류에 의해 대체되어 단순히 진화적으로 끝이 막히게 된 종인지에 대해 오랫동안 논쟁을 벌여왔다. 현대 인류의 DNA와 네안데르탈인의 화석에서 뽑아낸 DNA를 비교한 결과는 네안데르탈인이 우리의 직계 조상이 아니라고 말해주지만 이 결론이 널리 받아들여지는 것은 아니다.

호모 사피엔스: 다시 아프리카로부터 나옴 인류 발달의 마지막 단계는 실질적으로 증가한 두뇌 크기로 뚜렷해졌으며 우리가 완전한 인간이라고 부르는 특징인 구술 언어와 신체적 구조가 더욱 발달했다. 확인할 길은 없지만, 현재 상당한 지지를 받고 있는 가설은 호모 사피엔스(*Homo sapiens*)가 10만~14만 년 전에 아프리카에서 살던 호모 에렉투스로부터 진화해 왔다는 것이다. 약 5만 년 전에 작은 무리의 호모 사피엔스가 바다를 건너 아라비아 반도에 있는 오늘날의 예멘으로 갔다. 호모 사피엔스는 그곳으로부터 전 세계로 퍼져 나갔으며 약 1만 년 전에는 남아메리카의 끝까지 도달하였다.

그림 22.15 **오스트랄로피테쿠스 아파렌시스의 발자국 화석.** 1978년 메리 리키가 탄자니아에서 발견한 360만 년 전의 이 발자국 화석은 초기 사람류의 직립 자세와 이동에 대한 증거를 제공해주었다. 발자국은 성인 두 사람과 한 어린이의 것으로 밝혀졌다.

중요한 점은 아프리카에서 나온 이 새로운 현대 인류가 어디로 갔던지 간에 전부터 살고 있던 인류의 자리를 대신 차지했다는 것이다. 호모 하이델베르겐시스와 네안데르탈인들은 결국 완전히 사라지고 말았다. 왜 사라졌을까? 우리는 그 이유를 모른다. 일부 과학자들은 호모 사피엔스와의 사이에 폭력이나 싸움이 있었을 것이라고 추정하지만 아직은 그에 대한 증거가 없다. 그들이 질병에 희생되었거나 자원에 대한 경쟁에서 밀려났을 수도 있다. 소수의 과학자들은 네안데르탈인이 호모 사피엔스와 상호교배를 했었지만 호모 사피엔스에 비해 수가 아주 적었기 때문에 네안데르탈인의 뚜렷한 신체적 특징들은 결국 사라졌을 것이라고 추정한다. 이유가 어떻든 간에 마지막 네안데르탈인은 약 35,000년 전에 사라졌다.

지난 50년 사이에 이루어진 가장 훌륭한 인류학적 발견은 최근에 인류학자들이 호모 플로레시엔시스(*Homo floresiensis*)라는 또 다른 멸종된 인류의 증거를 발견한 일이다. 호모 플로레시엔시스는 비교적 최근인 13,000년 전에 살았던, 현대 인류와 동시대에 살았던 무리이다. ('시사 과학 문제: 플로레스인에 대한 뜨거운 논쟁' 참조).

호모 사피엔스는 유일하게 살아남은 인류 종이다(그림 22.17). 현대 인류인 호모 사피엔스는 단지 14만 년 동안, 그렇게 오래 살아온 것은 아니다. 인류가 존재한 시간을 명료하게 보기 위해 지구의 생명의 역사를 24시간으로 압축하면 호모 사피엔스의 전체 역사는 겨우 마지막 3초에 지나지 않는다.

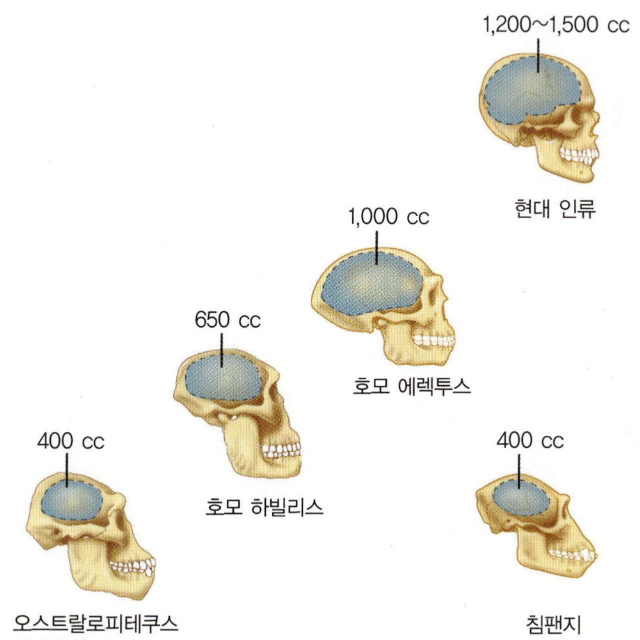

그림 22.16 **사람류와 현대 침팬지의 뇌 용적.** 뇌 용적의 계량 단위는 cc이다.

요점 정리

현대 인류는 약 500만 년 전에 직립하기 시작한 영장류의 조상으로부터 유래했다. 오랜 시간이 흐르면서 두뇌가 커지고, 도구 만드는 기술과 구술 언어가 발달하였다. 현재 널리 받아들여지는 가설은 현대 인류가 약 14만 년 전에 아프리카에서 처음 출현하였으며, 오늘날의 모든 호모 사피엔스들은 바로 그 아프리카의 무리로부터 내려왔다는 것이다. ■

인류 종 안에서의 차이

모든 인간은 단일 종에 속한다. 사람들은 아주 비슷하게 생겨서 때로 우리는 모든 인간의 총합을 인류라고 부른다. 그렇지만 인간의 작은 집단들 사이에는 사전적 의미로 인종 차이라고 하는 뚜렷한 유전성을 띤 신체적 차이가 존재한다. 이러한 차이는 어떻게 생겨났을까?

대부분의 인류 역사 동안, 전체 인류 집단은 주로 지리적으로 서로 격리되어 있는 작은 집단들로 존재했다. 격리된 소집단 내에서 일어난 소수의 임의적인 돌연변이들이 유성생식을 거치면서 오늘날에도 볼 수 있는 약간씩 다른 표현형의 인류 집단(**인종**이라고 함)을 만들어냈다. 인종 간의 차이는 수만 년에 걸쳐 일어난 진화의 효력을 입증하는 증거이다.

플로레스인에 대한 뜨거운 논쟁

2004년에 고고학자들은 인도네시아의 플로레스(Flores) 섬에 있는 리앙 부아(Liang Bua) 동굴에서 한 여자의 골격을 발굴하였다. 학자들은 그 골격을 리앙 부아 1번이란 뜻으로 LB1이라고 이름 지었다. LB1은 겨우 1m 정도의 키에 몸무게도 25kg 정도밖에 나가지 않았다. 그 여자의 나이는 죽을 때 약 30세 정도였다.

LB1은 몸의 크기나 팔다리의 비율이 오스트랄로피테쿠스 아파렌시스(*Australopithecus afarensis*)와 같은 고대 사람류(hominid)와 비슷한데도 불구하고 이상하게도 직립보행의 자세나 씹을 수 있는 능력 등에서 좀 더 현세에 가까운 사람(*Homo*)속과 닮았다. 이 여자의 두개골과 뇌는 침팬지의 것과 비교될 만큼 작았다. 따라서 이 여자의 뼈가 겨우 18,000년밖에 안된 것이라고 밝혀지자 고고학자들은 놀라지 않을 수 없었다. 그 시기에 지구상에 사는 현대 인류라고는 호모 사피엔스(*Homo sapiens*)밖에 없었다. 곧 이어 다른 7명의 뼈 조각과 이빨들이 같은 동굴에서 발견되었다. 뼈의 연대가 대략 12,000~70,000년에 이르는 것으로 보아 이들이 그 지역에서 오랫동안 성공적으로 살았었다는 것을 알 수 있었다.

플로레스인(Flores people)이라고 새로운 이름을 붙인 이 인류의 신체 골격은 호모 사피엔스와는 달랐다. 이들은 팔 길이도 더 길고, 손발도 다르며, 이마 마루도 더 두툼하고, 앞이마는 경사지고, 턱이 작았다. 그러나 플로레스인의 행동은 흥미를 자아낼 만큼 인간스러워 보였다. 예를 들면, 아시아 본 대륙으로부터 플로레스 섬까지 도달하려면, 이들은 적어도 두 개나 되는 물의 장벽을 건너야 했었다. 또한 플로레스인은 인상적인 다양한 석기를 만들었다. 대부분의 도구들은 비교적 단순했지만 몇몇 석기는 선사시대의 호모 사피엔스가 갈아 만든 석기와 비교될 만큼 복잡한 도구였다. 많은 석기들이 **스테고돈(Stegodon)**의 뼈들과 뒤섞여 발견되었다. 스테고돈은 무게가 1천 kg 정도로 현대 코끼리보다는 작은 코끼리이지만, 키가 1m 정도밖에 안 되는 플로레스인에게는 스테고돈 사냥이 엄청난 도전이었을 것이다. 이 사실은 플로레스인이 계획과 협동을 수반하는 단체사냥 활동을 했다는 것을 나타낸다.

골격을 발견한 학자들은 플로레스인이 호모 에렉투스(*Homo erectus*)의 후손이 되는 호모 플로레시엔시스(*Homo floresiensis*)라는 새로운 종이라고 제안하였다. 학자들은 플로레스인이 섬의 한정된 식량공급에 적응하여 그들의 조상인 호모 에렉투스보다 몸이 작아지게 되었다고 주장하였다("섬 왜소발육증(island dwarfism)"이라고 알려진 현상). 실제로, 스테고돈의 조상이 플로레스 섬에 들어왔을 때의 크기는 현대 코끼리만큼 컸으나 그 후에 이들의 크기도 점차 작아졌다.

곧바로 플로레스인이 새로운 종인지 아닌지에 대한 인류학자들의 논쟁이 시작되었다. LB1에 대해 논란이 가장 심했던 점은 LB1의 뇌 크기였다. 작은 뇌를 가진 사람류도 플로레스인과 함께 발견된 정교한 석기를 만들 능력이 있다는 의견은 뇌 크기와 지능의 관계를 믿고 있는 대부분 인류학자들의 주장과 직접적으로 대립되는 것이었다. 정교한 도구를 만드는 일과 복잡한 사회구조에는 큰 뇌가 필요하다는 주장이 오랫동안 이어져왔었다. 어떻게 그렇게 작은 뇌를 가지고 그처럼 복잡한 일을 이룰 수 있었을까?

호모 플로레시엔시스(왼쪽)와 호모 사피엔스의 두개골(오른쪽)

몇 가지 대안적 가설들이 제안되었다. 이 가설들은 모두 LB1의 신체적 특성과 알고 있는 인간의 질병과의 관련성을 찾고자 하였다. 두 가지 가능한 질병 원인으로는, 선천성 왜소발육증의 한 유형으로 성장호르몬에 반응하지 못하는 라론 증후군(Laron syndrome)과 영양 결핍으로 일어나는 점액수종(myxoedematous endemic cretinism)이 거론되었다. 그러나 이들을 지지할 만한 중요한 증거가 없었기 때문에 이 두 가설은 곧 관심 밖으로 사라졌다. 가장 지지를 많이 받았던 가설은 플로레스인이 작은 뇌와 정신지체의 특성을 지닌 소두증(microcephaly)에 걸렸던 몸이 작은 호모 사피엔스였다는 것이었다. LB1의 두개골이 소두증에 걸린 현대 인류의 두개골과 거의 같은 크기라는 것이 밝혀졌다. LB1과 소두증 환자를 비교 연구한 책임과학자는 LB1은 소두증에 걸린 현대 인류였다는 결론을 내렸으

플로레스인의 골격이 발견된 리앙 부아 동굴

사실은....

- 고고학자들은 최근에 12,000년 전에 멸종한 키 작은 인류 종 8명에게서 나온 부분적인 골격을 발견하였다.
- 학자들은 이 새로운 인류 종을 호모 플로레시엔시스(*Homo floresiensis*)라고 이름 지었다.
- 발견된 한 개의 두개골이 지닌 뇌의 크기는 현대 침팬지의 뇌 크기와 비슷했다. 그러나 플로레스인은 사냥 능력이나 도구제작 능력으로 보아 지능이 높았다.
- 이 발견은 인간의 정신능력 및 행동과 뇌 크기의 비례 관계에 대한 인류학자들의 믿음에 도전이 되었다.

며, "이 화석이 현대 인류가 아니라는 생각은 그저 단순한 공상에 지나지 않는다"고 말했다.

또 다른 완전히 독립적인 조사 결과도 플로레스인이 호모 에렉투스와 같은 머리가 큰 인류 조상의 후손이라는 가설을 지지하지 않았다. 조사 결과는 한 인류 종이 몸이 큰 조상보다 왜소해지게 될 때 뇌의 용적도 반드시 줄어드는 것은 아니라는 것이다. 예를 들면, 키가 2m나 되는 동아프리카의 마사이족과 1.4m밖에 되지 않는 콩고의 밤부티족은 뇌의 크기에는 별 차이가 없다. 그렇다면 플로레스인은 뇌가 큰 조상의 후손이면서 어떻게 하여 그토록 뇌의 크기가 줄어들 수 있었을까?

이 논란에 불을 지른 일이 일어났다. 소두증 연구가 등장한 직후, 미국 플로리다 주립대학교의 인류학자인 딘 포크(Dean Falk) 교수의 연구진은 플로레스인은 첫째로 머리가 컸던 적이 없었다는 가설을 제기했다. 포크 박사팀은 9개의 소두증 뇌와 10개의 정상 인류의 뇌를 3차원적으로 재구성하여 중요한 차이가 있는 부위를 면밀히 조사하였다. 연구팀은 건강한 뇌와 소두증 뇌가 두 부위에서 완전히 다르다는 것을 찾아냈다. LB1의 재구성한 뇌를 건강한 뇌와 소두증 뇌에 모두 비교했을 때, 연구팀은 LB1의 뇌는 크기가 작다는 것만 제외하고 건강한 뇌가 지닌 두 개의 뚜렷한 특징이 있다는 것을 발견하였다. 가장 중요한 발견은 LB1 두개골에서 높은 인지 과정과 일치하는 전두엽이 크다는 것이었다. 포크 박사팀은 플로레스인이 이상하게도 효율적인 작은 뇌를 발달시킨 별개의 인류 종이라고 생각한다. 포크 박사는 "(플로레스인의) 뇌는 커지지 않고, 재구성되었으며, 회로망이 다시 만들어졌다"고 말한다. 만일 이 주장이 추가적인 증거로 보강이 된다면, 우리는 고도의 인지 능력과 정교한 도구 만들기에는 큰 뇌가 필요하다는 가정을

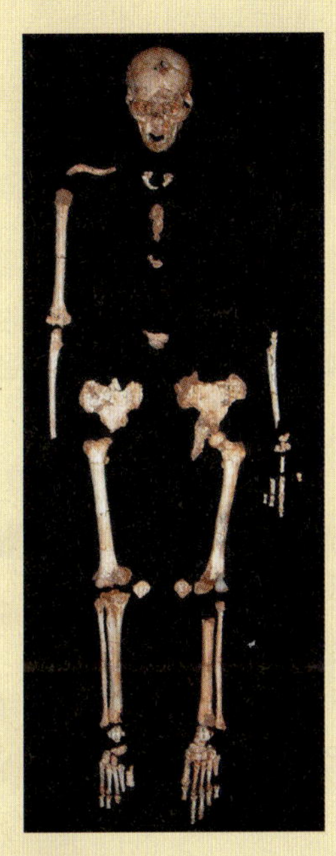

호모 플로레시엔시스의 거의 완벽한 골격을 갖추고 있는 LB1

인류학자 딘 포크 박사는 호모 플로레시엔시스가 소두증 인류가 아니라고 생각한다. 포크 박사는 "다른 중요한 질문으로 넘어가야 할 때"라고 말한다.

포기해야만 할지 모른다.

호모 플로레시엔시스가 별개의 인류 종이라는 또 다른 증거는 LB1의 손과 발의 해부학적 구조이다. 현대 인류의 팔목에는, 우리가 무거운 도구를 내리치거나 정교한 일을 할 때처럼 팔목을 무리하게 사용할 때 충격 흡수기 역할을 하는 복잡한 다섯 개의 뼈가 있다. 160만 년 전에 멸종된, 최초의 도구제작자였던 호모 하빌리스(*Homo habilis*)의 팔목뼈의 모양은 매우 다르다. LB1은 현대 인류와 같은 시기인 겨우 18,000년 전까지 살았는데도, 팔목뼈는 호모 하빌리스와 매우 닮았으며 현대 인류와는 닮지 않았다. LB1의 발은 현대 인류의 발보다 훨씬 길다. 따라서 플로레스인은 발을 높이 들어 올려 걸었을 것이며 달리기는 잘 못했을 것이다. LB1의 두개골, 손, 발 등을 종합해볼 때 플로레스인은 질병에 걸린 현대 인류가 아니라는 것이다. 아마도 플로레스인은 호모 에렉투스의 시기쯤에 현대 인류가 되는 계통에서 벗어났으며, 어찌어찌하여 거의 최근까지 생존하게 되었을 것이다.

플로레스인이 별개의 인류 종이라는 주장이 지지를 많이 받고 있지만 이 논란이 그렇게 빨리 끝났다고는 생각되지 않는다. 지금 우리가 가지고 있는 것은 두개골 한 개, 부분적인 골격, 그리고 대략 여섯 사람에게서 나온 이빨과 뼈 조각뿐이다. 플로레스인이 누구인지 확실히 알기까지는 시간이 좀 걸릴 것이다. 그 동안 이 문제는 인류학자들 사이에 논쟁거리로 남아 있을 것이다.

생각해볼 문제

1 플로레스인이 별개의 인류종이라고 생각하는가? 왜 그런지, 아니면 왜 그렇지 않은지 설명하시오.

2 인류의 진화 역사를 발견하는 일이 중요하다고 생각하는가? 인류학 연구에는 누가 재정적 지원을 해야 한다고 생각하는가? 왜 그런지 설명하시오.

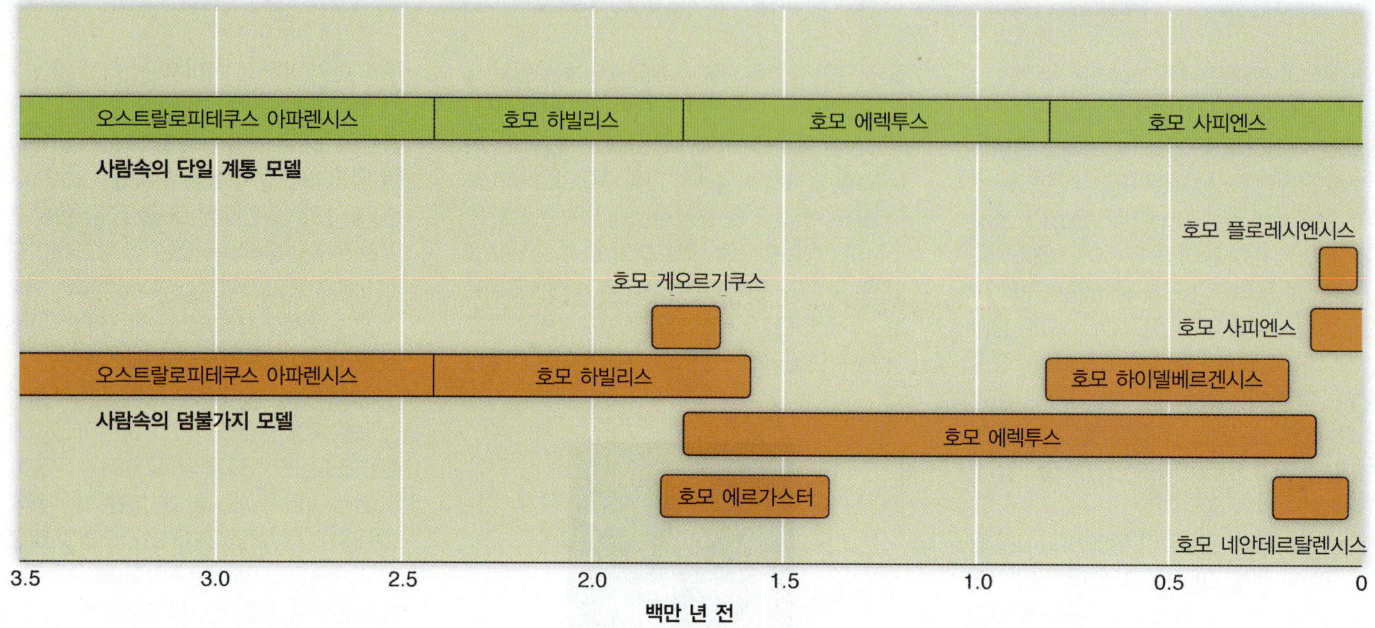

그림 22.17 사람(*Homo sapiens*)의 가계도의 두 가지 해석. 단일 계통은 사람속이 곧바로 진화해왔음을 나타낸다. 아래의 덤불가지 모델은 멸종된 다양한 사람속 고인류들을 보여준다. 그림에 나타낸 전체 350만 년은 그림 22.11의 꼭대기에 0시간을 나타내는 가로선과 동일하다.

어느 정도 인종 간의 차이는 인간이 환경에 더욱 효과적으로 적응할 수 있게 해주었다. 예를 들면, 햇볕이 강한 기후에서는 검은 피부색이 과도한 자외선으로부터 보호하는 역할을 했을 것이다. 그러나 햇볕이 약한 북쪽의 기후에서는 비타민 D를 만들기 위해서는 소량의 자외선이 필요하므로 밝은 피부색이 도움이 되었을 것이다. 얼굴의 형태나 심지어는 혈액형까지도 때때로 특별한 장점이 있었을 것이다. 다른 차이점들은 그냥 중립적이었을 것이다. 즉, 그런 차이점들은 해롭지 않은 돌연변이의 결과로, 처음 생겨난 집단 안에 그대로 남아 있는 것들이다.

마지막으로 분석해보면, 인종 간 차이란 단지 인류의 소집단들 사이에 존재하는 표현형의 차이에 지나지 않는다. 그렇지만 개개인의 표현형 역시 아주 다르다(그림 22.18). 사실, DNA 분석에 따르면 같은 인종의 개인들 사이에도 다른 인종의 개인들과의 사이에 존재하는 것만큼 많은 차이점이 있다는 것이 밝혀졌다. 자식을 낳는데 생물학적 장벽도 없는데다 최근에는 해외여행과 교통통신의 발달이 일반화되어서 인종 간의 차이는 앞으로 1만 년에서 10만 년 사이에, 인류가 그때까지 살아남을 수만 있다면, 사라지게 될 것이다.

그림 22.18 인류 종. 같은 인종 안에서 개인들 사이의 유전형과 표현형 차이는 다른 인종들 사이의 차이만큼 크다.

요점 정리

모든 인간은 같은 종에 속한다. 인종 간의 차이는 지리적으로 고립된 인류 소집단들이 서로 다른 환경에 적응해오면서 생겨난 것들이다. ■

단원 요약

여러 근원으로부터 온 진화의 증거

- 진화론은 오늘날의 생물학에서 가장 통일된 단 하나의 개념이다.
- 화석기록은 과거에 살았던 생물의 형태에 대한 실제 기록을 제공해준다.
- 배아 발생과 구조의 양상은 공통의 진화적 기원과 함께 생물들 사이의 관계를 결정하는 데 사용될 수 있다.
- 단백질과 DNA 사이의 구조적 유사성은 진화적 근연 관계를 결정하는 데 사용될 수 있다.
- 지리적 격리는 진화 과정에 있는 생물의 분포에 영향을 미칠 수 있다.

자연선택이 진화의 원인이다

- 자연선택을 동반한 돌연변이는 대부분 소진화의 원인이다.
- 개체군이 지닌 대립형질들의 풀은 유전적 부동이나 유전자 흐름 같은 우연한 사건에 영향을 받는다.
- 적어도 다섯 번의 대멸종이 대진화의 과정을 바꾸었다.
- 진화계통수는 종들 사이의 관계를 시각적으로 묘사해준다.

초기의 지구는 생명이 출현하기에 너무 뜨거웠다

- 지구는 약 46억 년 전에 형성되었다. 처음에 지구는 응결과 증발이 끊임없이 순환하는 가혹한 환경이었다.
- 생명은 약 38억 년 전에 시작되었다.

최초의 세포는 산소 없이 살 수 있었다

- 유기분자들은 지구 대기에 있는 가스로부터 만들어졌다.
- 최초의 자기복제 분자는 아마도 단일가닥의 RNA였을 것이다.
- RNA와 유기분자들이 막으로 둘러싸이게 되면서 최초의 세포가 만들어졌다.
- 초기 대기에는 산소가 없어서 최초의 살아 있는 세포는 혐기성 대사 작용으로 생존했다.

광합성 생물이 진화의 흐름을 바꾸었다

- 산소는 특정한 생물 형태가 세포 안에서 유기분자를 생산할 수 있는 수단으로 광합성 과정을 발달시킨 다음에 나타났다.
- 산소의 이용이 가능하게 되자, 다른 세포들에게서 유기분자로부터 에너지를 뽑아낼 수 있는 호기성 대사 과정이 발달하였다.
- 진핵세포들은 우세한 세포 유형이 되었으며 다세포생물들이 진화하였다.

현대 인류는 아프리카에서 왔다

- 인류는 비교적 최근에 지구상에 출현하였다. 인간과 오늘날의 침팬지는 500만 년 전에 살았던 공통조상으로부터 진화해 왔다.
- 오스트랄로피테쿠스 아파렌시스와 호모 하빌리스는 인류 진화에서 초기 사람류이다.
- 현대 인류는 약 14만 년 전에 아프리카에서 처음 출현하여 전 세계로 퍼져 나갔다.
- 인류의 소집단 사이에 존재하는 유전 가능한 현저한 신체적 표현형 차이를 인종 간 차이라고 한다. 인종 간 차이란 개인 간의 차이 이상의 중요한 의미는 없다. 우리는 모두 같은 인류 종에 속한다.

알아야 할 용어

개체군(population)
대진화(macroevolution)
멸종(extinction)
사람류(hominid)
사람상과(hominoid)
상동기관(homologous structures)
상사기관(analogous structures)
소진화(microevolution)
영장류(primate)
유전자 흐름(gene flow)
유전적 부동(genetic drift)
자연선택(natural selection)
적응방산(adaptive radiation)
종(species)
진화(evolution)
진화계통수(evolutionary tree)
포유류(mammal)
호모 사피엔스(*Homo sapiens*)
호모 하빌리스(*Homo habilis*)
화석(fossil)
흔적기관(vestigial structures)

개념 확인 문제

1. 진화의 3대 요소를 설명하시오.
2. 화석은 어떻게 만들어지는지 설명하시오.
3. 진화의 증거에 대한 주요 출처를 열거하시오.
4. 자연선택이 어떻게 진화에 기여하는지 설명하시오.
5. 유전적 부동과 유전자 흐름이 개체군에 미치는 영향을 설명하시오.
6. 지구에서의 생명 탄생에 관한 과학 이론을 요약하시오.
7. 대기 중의 산소 농도의 상승이 지구의 생명체에 미치는 영향을 설명하시오.
8. 사람과가 영장목의 다른 과 동물과 차이가 나는 특징을 열거하시오.
9. 호모 사피엔스의 기원에 대해 설명하시오.
10. 인종 간 차이는 앞으로 10만 년 후면 사라질 것이라는 이유를 설명하시오.

학습 문제

연결 문제

_________1. 대사 과정에서 산소를 필요로 하지 않는 생물
_________2. 더 이상 기능을 하지 않는 신체 구조를 이르는 용어
_________3. 이 신체 구조들은 비슷한 기능을 수행하지만 진화적 근원은 서로 다르다
_________4. 도구를 사용한 최초의 인류 조상
_________5. 직립 보행을 한 초기 인류의 조상
_________6. 대립형질의 지리적 재분포

a. 흔적기관
b. 호모 하빌리스(*Homo habilis*)
c. 상사기관
d. 혐기성 생물
e. 유전자 흐름
f. 오스트랄로피테쿠스 아파렌시스(*Australopithecus afarensis*)

빈칸 채우기

7. 공통의 기원을 공유하는 신체 구조를 ___________(이)라고 한다.
8. 동일한 지리적 지역을 차지하고 있는 동일한 종의 개체들의 그룹을 ___________(이)라고 한다.
9. 지구상에 출현한 최초의 자기복제 분자는 ___________(이)라고 생각된다.
10. ___________은(는) 방사성동위원소를 이용하여 암석의 연대를 측정하는 기술이다.
11. 지구상의 동물과 식물의 분포를 연구하는 학문을 ___________(이)라고 한다.
12. 사람의 학명, 즉 속명과 종명은 ___________이다.

OX 문제

13. 화석이 형성되는 과정의 특성 때문에 화석기록은 대부분 피부나 내장기관처럼 연한 조직으로 이루어져 있다. ( )
14. 자연선택이란 용어를 처음 만들었을 때, 다윈은 주변 환경에 더 잘 적응할 수 있는 형질을 가진 개체가 생존에 더 유리하고 더 많이 번식할 것이라고 주장했다. ( )
15. 무작위 돌연변이가 없어도 진화는 일어날 수 있다. ( )

참고문헌

Amigoni, D., and J. Wallace, eds. *Charles Darwin's Origin of Species–New Interdisciplinary Essays*. New York: Manchester University Press, 1995. (Essays in history, literature, sociology, and anthropology related to the work of Charles Darwin.)

Falk, Dean, *et. al.* Brain Shape in Human Microcephalics and *Homo floresiensis*. *Proceedings of the National Academy of Sciences of the United States*, February 13, 2007, pp. 2513–2518. (A research article by a leading paleoanthropologist which supports the hypothesis that *Homo floresiensis* is a new species, not a modern human with microcephaly.)

Stix, G. Traces of a Distant Past. *Scientific American*, July 2008, pp. 56–63. (A recent article that traces the paths of human migration from Africa, using modern DNA analysis techniques.)

Ward, P. The Greenhouse Extinction. *Discover*, August 1998, p. 54. (An examination of the possible cause of the largest mass extinction on Earth that occurred 250 million years ago.)

Wong, K. The Littlest Human. *Scientific American*, February 2005, p. 56. (An article about the discovery of the Flores people.)

Zimmer, Carl. What Is a Species? *Scientific American*, June 2008, pp.72–79. (An examination of why a species is so hard to define.)

응용 문제

1. 개들은 모두 한 종이다. 서로 다른 품종의 개들도 교배가 가능하며 새끼도 낳는다. 그렇다면 어떻게 하여 그처럼 다른 특징을 지닌 품종들이 진화해 왔을까?
2. 인간 개체군에서 사람의 표현형에 영향을 미치는 유전자 흐름의 증가는 어떻게 일어날 수 있는가?
3. 진화론을 비판하는 사람들은 때때로 화석기록은 불완전하며 과학자들은 모든 생물들이 오랜 시간에 걸쳐 어떻게 진화해왔는지 증명할 수 없다고 공격한다. 왜 우리는 완전한 화석기록을 갖지 못하는가?
4. 방사성동위원소 연대측정법은 화석의 연대를 알 수 있는 유용한 기술이다. 화석의 의심스러운 연대에 따라 과학자가 어떤 동위원소를 연대측정에 사용해야 할지 결정하는 이유는 무엇인가?
5. 지표와는 연결이 되어 있지 않은 동굴에 사는 물고기 종들이 있다. 이 물고기들은 앞을 보지 못하는데도 눈의 구조를 가지고 있다. 눈이 기능을 하지 못하는데도 이 물고기들이 눈을 가지고 있는 이유는 무엇인가?
6. 인간은 아프리카에서 진화해서 여러 대륙으로 퍼져나갔다고 믿어진다. 그렇다면, 왜 북유럽 사람들에게는 검은 피부가 없는지를 설명하시오.
7. 지구의 역사를 통틀어 많은 종들이, 그리고 아마도 지구상에 존재했던 대부분의 종들이, 멸종되었다. 멸종의 원인은 기후변화, 화산활동, 산소 생산 생물의 활동, 이산화탄소 농도의 변화, 소행성의 충돌 등 수없이 많다. 인간이 원인이 되어 일어난 멸종이 있었는가?
8. 지구상의 생명체에 일어난 모든 위대한 진화적 진전 중에서 어느 생물이 가장 중요한 진전을 이루었는가? 단세포 생물인가, 아니면 식물과 동물 같은 복잡한 다세포 생물인가?

학습 문제 해답

1. d **2.** a **3.** c **4.** b **5.** f **6.** e **7.** 상동기관 **8.** 개체군 **9.** RNA **10.** 방사성동위원소 **11.** 생물지리학 **12.** *Homo sapiens* **13.** X **14.** O **15.** X

23 생태계와 개체군

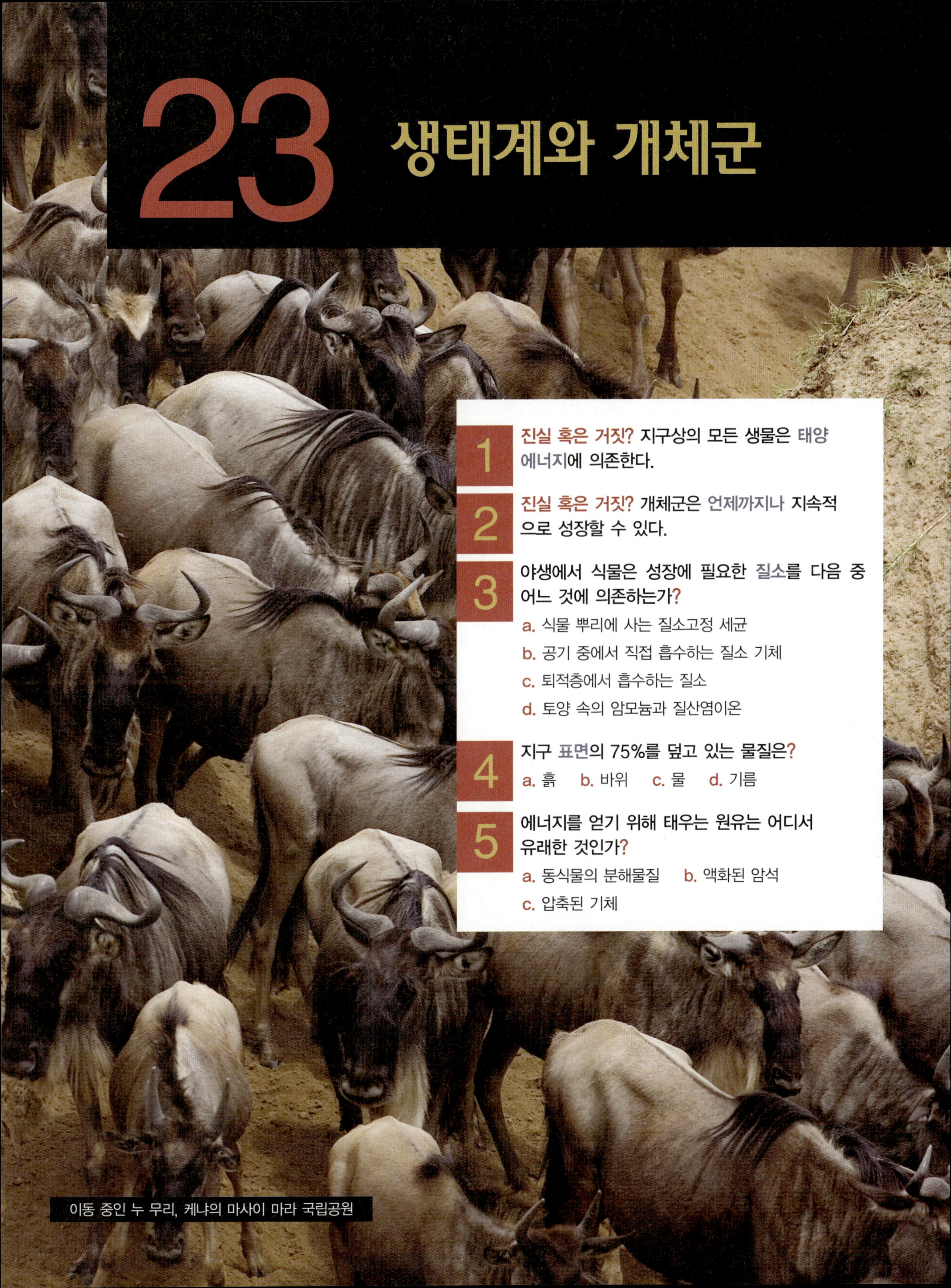

1	진실 혹은 거짓? 지구상의 모든 생물은 태양 에너지에 의존한다.
2	진실 혹은 거짓? 개체군은 언제까지나 지속적으로 성장할 수 있다.
3	야생에서 식물은 성장에 필요한 질소를 다음 중 어느 것에 의존하는가? a. 식물 뿌리에 사는 질소고정 세균 b. 공기 중에서 직접 흡수하는 질소 기체 c. 퇴적층에서 흡수하는 질소 d. 토양 속의 암모늄과 질산염이온
4	지구 표면의 75%를 덮고 있는 물질은? a. 흙 b. 바위 c. 물 d. 기름
5	에너지를 얻기 위해 태우는 원유는 어디서 유래한 것인가? a. 동식물의 분해물질 b. 액화된 암석 c. 압축된 기체

이동 중인 누 무리, 케냐의 마사이 마라 국립공원

이 **책의 전반에 걸쳐** 우리는 인간생물학을 배우기 위해 기초생물학을 충분히 이해하는 데 초점을 맞춰왔다. 이제는 알고 있는 것처럼 모든 생명체는 공통의 특성들을 지니고 있다. 생명체는 하나 이상의 세포로 구성되어 있으며 번식 능력을 지니고 있다. 모든 생명체는 공통의 조상으로부터 내려왔으며 오랜 시간을 두고 진화해 왔다. 그리고 가장 중요한 점은 지구라는 동일한 행성 위에 살고 있다는 것이다. 모든 생명체의 미래는 떼래야 뗄 수 없을 만큼 서로 맞물려 있다.

생태학(ecology)은 생명체들(인간을 포함한) 사이의 관계를 연구하는 학문이다. 이 단원은 생태학의 일반 원리와 개체군의 변화에 대한 공부로 시작한다. 또한 인구의 급속한 성장과 인구 성장이 미래의 지구에 미칠 가능한 영향에 대해 알아본다. 지구상의 인구 변화는 개념상으로는 시험관 안에서 자라는 세균 개체수의 변화와 다를 게 없다. 단지 우리가 사는 세상이 더 크고, 세대의 기간이 더 길다는 것뿐이다.

23.1 생태계: 환경과 상호작용하는 생물군집

생태학 연구의 기본 단위는 **생태계(ecosystem)**이다. *Eco-*는 환경과의 연계를 의미하고 *system*은 생태계가 기능적 단위란 걸 나타낸다. 생태계는 생물군집과 생물군집이 서식하는 물리적 환경으로 이루어진다. 생태계는 모든 생명체, 모든 물질, 모든 에너지를 포함하여 구성된다. 생태계 안에서 일어나는 일은, 어떤 생물이 어느 생물을 잡아먹는 것뿐만 아니라 무생물 물질이 어떻게 순환되고 에너지가 생태계 안팎으로 어떻게 드나드는지 모두 고려해야 한다. 개체군, 군집, 그리고 그 안에 서식하는 물리적 환경을 포함하는 생태계의 구성요소들에는 계급이 있다.

22단원에서 알아본 바와 같이, **개체군(population)**은 동일한 지리적 장소를 차지하고 서로 상호작용하며 사는 한 종에 속한 개체들의 무리이다. 사슴 개체군은 산 계곡에 살고, 개구리 개체군은 작은 연못에 산다.

군집(community)은 동일한 지리적 장소를 차지하고 서로 상호작용하며 사는 모든 생물의 개체군들로 이루어진다. 어떤 생물은 다른 생물의 먹이나 은신처가 된다. 곤충은 썩은 나무를 먹고 산다. 딱따구리는 곤충을 먹고 살며 나무에 둥지를 튼다. 사슴은 키 작은 나무의 어린잎을 뜯어먹고, 표범은 사슴을 잡아먹는다. 군집은 생태계의 살아 있는 성분이다.

지구상의 모든 생태계가 합쳐져서 **생물권(biosphere)**, 또는 지구생태계(planetary ecosystem)를 이룬다. 생물권의 아주 복잡하기 때문에 하나의 주체로 연구하기는 어렵다. 그러나 더 단순한 생태계를 연구하여 전체 생물권에 적용할 수 있는 흥미로운 결과를 얻어냈다. 가장 중요한 점은 생태계는 생물들이 복잡한 방식으로 서로 간에 그리고 환경과 상호작용하는, 정교하게 균형 잡힌 자기-지속적 단위라는 것이다. 그 과정 중에, 생태계는 생태계의 물리적 화학적 특성을 조절하고 변화시킨다. 일부 생태학자들은 생물권의 정교한 균형을 교란시키면 인류뿐만 아니라 다른 모든 생물의 생존에 위험을 초래할 수 있다고 경고한다.

요점 정리

생태계는 생물군집과 생물군집이 서식하는 물리적 환경으로 구성되며, 군집은 동일 지역에서 상호작용하며 사는 모든 개체군으로 이루어진다. 생물권은 지구상의 모든 생태계가 모여 이뤄진다. ■

23.2 개체군: 한 생태계 안에 존재하는 한 생물종의 역동적 관계

개체군은 서식지, 범위, 크기, 실제 성장률 및 잠재성장능력 등의 특징을 지니고 있다.

생물종이 사는 곳: 서식지와 범위

한 종의 **서식지(habitat)**는 그 생물이 사는 곳으로 선택한 장소의 유형을 말한다(그림 23.1). 일반적으로 서식지는 특정 환경 조건에

들어가기 질문의 답

1 **진실.** 지구 위에서 생명체가 살아가기 위해서는 지속적인 에너지의 공급이 필요하다. 그리고 그 에너지의 거의 모두는 태양으로부터 온 것이다.

2 **거짓.** 모든 개체군은 환경에 제한을 받는다. 이 단원에서 우리는 환경적 제한조건이 어떻게 인간과 다른 생물에 영향을 미치는지 살펴볼 것이다.

3 **a와 d.** 식물의 뿌리에 사는 질소고정 세균은 질소 기체를 식물이 동화할 수 있는 암모늄과 질산염이온으로 전환한다. 이들 질소 성분 역시 순환한다. 죽은 식물로부터 토양으로, 그리고 다시 식물로 순환한다.

4 **c.** 지구 표면의 거의 75%를 덮고 있는 대양은 육지 위로 내리는 대부분의 담수의 원천이다.

5 **a.** 원유에 들어 있는 에너지는 원래 태양으로부터 온 것이다. 태양에너지는 수억 년 전에 식물과 동물이 포획하고 저장한 것이다. 원유에 들어 있는 탄소는 자연적 탄소 순환의 일부분이다.

이 붉은눈나무개구리의 서식지는 코스타리카 열대우림의 수관이다.

그림 23.1 **서식지.** 서식지는 생물이 살기로 선택한 장소이다.

대해 생물이 견디는 내성에 따라 결정된다. 예를 들면, 이제는 희귀종이 된 북미에 사는 점박이올빼미의 서식지는 키가 큰 상록수림이며, 들소의 서식지는 초원이고, 비버가 좋아하는 서식지는 개울이 흐르는 산속 계곡과 작은 나무들이다.

각 생물의 서식지는 그 생물의 안녕과 생존에 도움이 되는 특정한 화학적 · 물리적 특성을 지니고 있다. 서식지가 겹치거나 같은 서식지를 차지하고 있는 동물과 식물들은 군집을 형성하는데 물질이나 에너지 등의 자원을 놓고 서로 경쟁하고 먹이나 은신처를 얻기 위해 서로를 이용한다.

서식지는 특정 생물 개체군이 차지하고 있는 생태계의 특정 부분을 말하며 따라서 생태계의 부분집합이라는 것을 유념하자. 개체군들과 개체군들의 서식지의 총합이 생태계를 이룬다. 예를 들면, 소금쟁이의 서식지는 연못의 물 위이며, 연못과 연못에 사는 모든 생물들이 하나의 생태계를 이룬다.

이상적인 서식지의 가용성은 다양하기 때문에 각 생물종들은 자신들이 분포하는 지역을 나타내는 **지리적 범위(geographic range)**를 가진다. 한 생물의 범위는 다음과 같은 여러 요인에 의해 제한을 받는다. (1) 햇빛이나 영양분 같은 자원에 대한 경쟁, (2) 극한 온도나 고도와 같은 견딜 수 없는 조건, (3) 산맥, 사막, 물줄기나 바다를 포함하는 물리적 장벽.

지난 수 세기 동안 범세계적인 운송 수단의 발달로 몇몇 동물들의 범위는 물리적 장벽을 넘어 확장되었다. 예를 들면, 선박건조 기술과 항해술의 혁신적인 발달에 힘입어 유럽인들은 대서양을 건너 그들의 범위를 북아메리카와 남아메리카까지 확장하게 되었다.

개체군 성장률은 생물적 잠재력에 가까워지려는 경향이 있다

생태학에서 가장 중요한 주제 중 하나는 시간이 지나면서 개체군의 크기가 어떻게 변하느냐이다. 이상적 조건에서 한 개체군의 최대 성장률을 개체군의 **생물적 잠재력(biotic potential)**이라 부른다. 생물적 잠재력은 아래와 같이 그 생물종의 정해진 특성의 함수로 나타낸다.

- 번식하는 개체(유성생식일 경우엔 암컷)가 생산해내는 자손의 수
- 자손이 생식적으로 성숙하는 데 걸리는 시간
- 유성생식일 경우, 암수의 성비
- 개체군에서 생식력을 지닌 개체의 수

일반적으로, 어느 한 생물의 생물적 잠재력은 특징적인 J 모양을 띤 **지수성장(exponential growth)** 곡선을 따른다. 어떤 종에서, 생물적 잠재력을 나타내는 성장 곡선의 경사도는 앞에서 설명한 네 개의 요소에 의해 결정된다. J 모양 곡선은 이상적인 조건에서, 매번 같은 시간이 경과할 때마다 개체군은 두 배가 된다는 사실을 의미한다. (다음 529쪽의 '스스로 해보기'에서 두 배가 되는 시간을 계산해보자.)

환경 저항이 생물적 잠재력을 제한한다

자원은 유한하고 경쟁이 있는 실제 세상에서는 **환경 저항(environmental resistance)**이라는 반대의 힘이 생물적 잠재력을 끊임없이 실현하려고 하는 한 생물의 능력을 제한한다(그림 23.2).

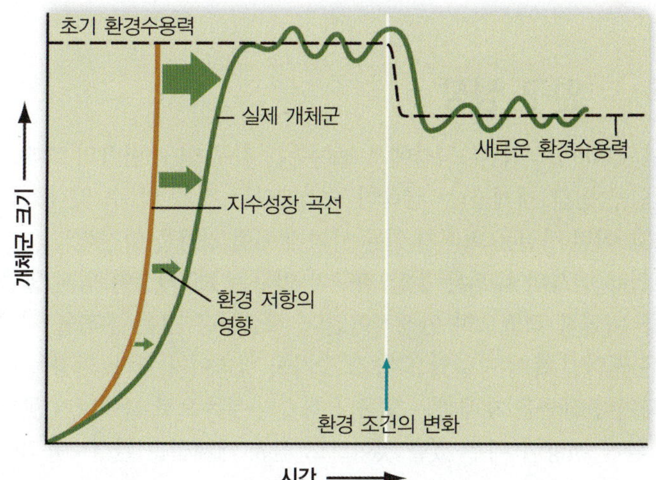

그림 23.2 **개체군 크기에 미치는 환경 저항과 환경수용력의 영향.** 개체군의 크기가 증가하면 지속되는 이상적 지수성장에 대한 환경 저항이 커진다. 마침내 개체군은 환경수용력 근처에서 안정이 된다. 환경 조건이 바뀌면 환경수용력이 변할 수 있다.

환경 저항은 생물을 죽이고 (또는) 생물이 번식하지 못하게 하는 요인들을 말한다. 환경 저항의 예에는 영양분과 에너지 및 공간의 제한, 다른 생물에 의한 포식, 환경 독소 등이 있다.

성장하는 모든 개체군은 이상적인 환경조건에서 시작하더라도 궁극적으로는 환경 저항이 증가하기 시작하는 시점에 도달하게 된다. 시험관에서 키우는 세균이나 섬에 사는 사람들에게는 영양이나 식량 공급이 환경 저항이 된다. 생쥐 개체군에게는 환경 저항이 과밀로 인한 질병이 될 것이다. 딱따구리에게는 좋은 둥지 자리의 부족이 환경 저항이 된다. 우리가 특정 환경 저항을 늘 측정할 수는 없지만, 온전한 생물적 잠재력을 끝없이 이루면서 성장하는 개체군은 없다.

개체군은 궁극적으로 생물적 잠재력과 환경 저항 사이에 대략적인 균형을 이루게 된다. 이 시점에서 개체군은 안정화되어 안정 상태에 이른다. 생태계가 최대로 유지할 수 있는 개체군의 크기를 **환경수용력(carrying capacity)**이라 한다. 개체군의 크기는 때때로 개체군의 환경수용력 주변에서 오르내리며 변한다. 더구나 환경 조건이 변하면 환경수용력도 변한다. 초원생태계에서 비가 많은 봄 날씨는 특정 풀과 그 풀을 뜯어 먹고 사는 동물들에게 환경수용력을 증가시켜줄 것이며, 3년쯤 가뭄이 들면 환경수용력은 평균치 이하로 떨어질 것이다. 그러나 모든 개체군은 궁극적으로 환경수용력에 가까운 크기로 안정화하려는 경향이 있다.

요점 정리

모든 생물은 좋아하는 서식지와 지리적 범위를 지니고 그곳에 분포한다. 이상적인 조건에서 개체군은 생물적 잠재력에 따라 지수적으로 성장한다. 그러나 보통은 환경 저항이 성장을 제한한다. 생태계가 최대로 유지할 수 있는 특정 생물의 개체군 크기를 환경수용력이라 한다. ■

23.3 인구 성장

지난 4,000년의 인류 역사에서 보여주는 지구 인구 변화의 그래프로 인구(인간 개체군)는 급속히 증가했다는 것을 알 수 있다(그림 23.3). 이런 사실은 미래의 인류 사회에 어떤 영향을 미칠까?

인류 역사의 대부분 동안 지구의 인구는 1,000만이 넘지 않을 만큼 비교적 적었으며 안정적이었다. 사람들은 작은 무리를 지어 넓은 지역에 흩어져 살았으며, 그 숫자도 질병이나 기아, 환경을 다스리거나 작물을 재배하는 도구나 기술의 부족으로 늘어나지 못했다. 환경 저항이 매우 컸을 것이므로 인류 개체군은 환경수용력에 벌써 도달하고 말았다.

약 4,000년 전에 지구의 인구는 서서히 증가하기 시작했다. 농업의 발달과 그에 따른 가축 사육과 작물 재배로 조건이 좋아졌으며 (환경 저항이 감소함) 환경수용력이 증가하였다. 1700년대에는

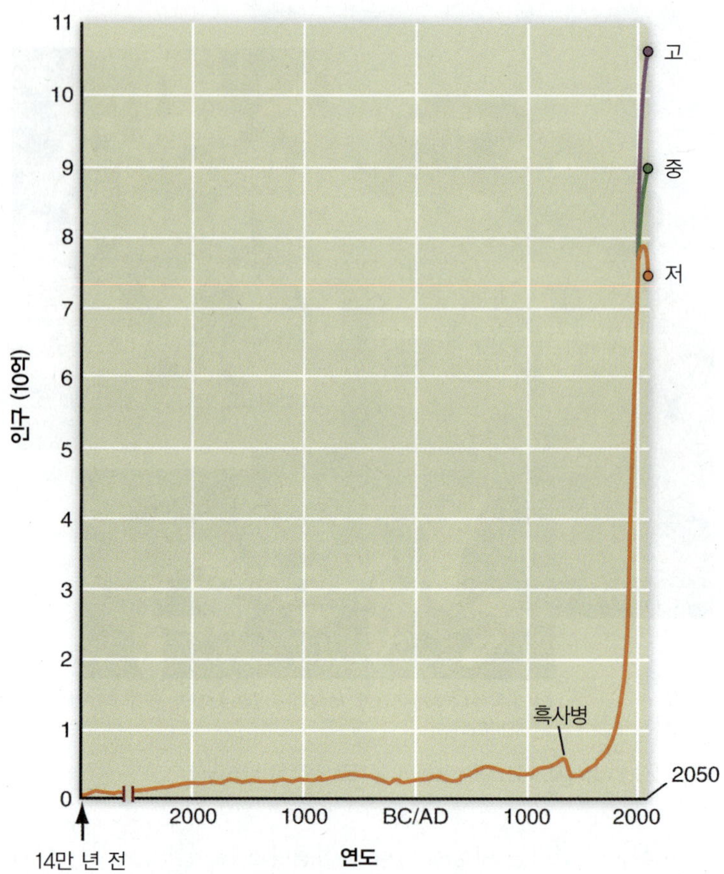

그림 23.3 과거와 미래의 예정 인구 성장. 현재(2012년) 세계 인구는 약 70억이다. 1300년경에 일어난 인구 감소는 유럽과 아시아에 창궐했던 세균성 역병인 흑사병으로 인한 것이다. 세계 인구를 고, 중, 저 수준으로 예측한 값은 2050년까지 여성 1인당 평균 출산율을 각각 2.6, 2.1 및 1.6으로 산정한 결과이다.

(겨우 300년 전에) 산업혁명과 함께 인구의 급속한 성장이 시작되었다. 통신과 운송 수단의 발달, 많은 사람들을 수용할 수 있는 주택과 식량 생산 기술, 항생제와 백신의 발명 등 의료 기술의 발전은 인류의 생존과 번성을 이끌었다. 그 결과 인구는 폭발적인 성장기에 들어섰다. 그림 23.3의 인구 곡선이 어떤 뚜렷한 환경 저항도 없이 생물적 잠재력에만 따라 증가하는 개체군의 전형적인 특성인 J형 곡선과 유사하다는 것에 유념할 필요가 있다.

이러한 경향이 계속 유지될 수 있을까? 지금은 상상할 수도 없는 미래의 발명들이 인간의 환경수용력을 얼마나 높일 수 있을지는 알 수 없다. 어떤 과학자들은 인간이 경쟁종을 제거하고, 부족한 자원을 수입하며, 새로운 기술을 개발하여 환경수용력을 증가시키는 능력을 지니고 있으므로 인류에게는 환경수용력의 개념을 적용할 수 없다고 믿는다.

다른 관점은, 거의 무제한적으로 보이는 인간의 생물적 잠재력을 고려해서, 사람이 안전하게 환경에 지울 수 있는 최대 "부하"로 환산하여 환경수용력의 개념을 다시 정리하는 것이다. 이 경우에

우리는 환경자원의 1인당 소비량이 증가하는 것을 고려해야 한다. 아울러 환경 파괴나 다른 인간 활동을 통해 부주의하게 지구의 환경수용력을 낮추어서 전체적으로 인구 감소를 일으킬 수 있는 가능성도 고려해야 한다. 언젠가는 세계 인구가 지표 1평방미터당 한 사람도 수용할 수 없는 시점에서 안정화될 것이다.

인구제로성장은 아직 이뤄지지 못했다

인구성장률(growth rate)은 1년 동안 출생한 수에서 사망한 수를 뺀 값을 전체 인구 수로 나눈 것이다. 현재 세계 인구는 매년 약 1.2%씩 증가하고 있다. 이 값은 별로 높아 보이지 않지만, "72의 법칙('스스로 해보기' 참조)"에 따르면, 이 비율로 나가면 세계 인구는 앞으로 60년 안에 두 배가 될 것이다.

인구제로성장(zero population growth)은 출생률이 사망률과 같아지는 점이다. 이 시점에 도달하려면 당연히 출생률을 낮추거나 사망률을 높여야 한다. 어느 누구도 사망률을 인위적으로 높이는 일에는 찬성할 수 없으므로 출생률을 조절하여 인구제로성장에 도달하는 방법에 대해 알아보자.

사람의 **출산율(fertility rate)**은 한 여성이 일생 동안 낳는 아이의 수를 말한다. 인구 문제 전문가들은 장기 인구제로성장을 이루는 데 필요한 평균 출산율인 **인구대체율(replacement fertility rate)**이 여성 1인당 약 2.1명이라는 데 의견을 같이하고 있다. 이 2.1명이 아이들을 출산한 두 사람(부모)을 완전히 대체할 수 있게 된다. 인구대체율이 2명보다 약간 높은 것은 일부 아이들이 생식 가능한 연령에 도달하기 전에 죽기 때문이다.

국제연합 인구부에 따르면 2050년까지 인구대체율이 이뤄지면 세계의 인구는 90억 명에서 안정화될 것이라고 추정한다. 그러나 출산율이 이보다 적거나 높은 값에서 안정화되면 세계 인구는 74억(감소)에서 100억 6,000만(급속한 증가) 사이에 도달할 것이다(그림 23.3 참조). 세계 인구의 높고 낮은 수치 차이는 한 부모당 아이 한 명을 더 갖느냐 덜 갖느냐의 차이에서 유래한다. (인구예측의 고, 중, 저 수준은 한 부모당 출산율을 각각 2.6, 2.1, 1.6으로 산정한 것이다.) 이 그래프는 전 세계의 평균값을 나타낸 것이다. 아프리카나 아시아와 같은 일부 지역은 다른 지역에 비해 인구 성장에 기여한 바가 크다.

요점 정리

세계의 인구는 산업혁명 동안에 급속히 증가하기 시작하였다. 우리는 지구의 환경수용력의 크기를 알지 못하지만, 궁극적으로는 인구의 증가가 멈추게 될 것이다. 출생률과 사망률이 같아지면 인구제로성장에 도달하게 된다. 즉, 출산율은 여성 1명당 2.1명인 인구대체율에 미치지 못한다. ■

인구의 연령 구조는 경제 발전과 연결된다

한 나라의 **연령구조(age structure)**는 개체군 내의 각 연령 그룹별 개체수에 대한 상대적 수치를 나타낸다. 한 국가의 산업이 발달하면 그 나라 인구의 연령구조는 **인구통계적 전이(demographic transition)**를 겪게 된다. 인구통계적 전이는 그 지역의 산업 개발과 시민의 경제적 복지에 연계된 인구 변화의 과정을 나타낸다. 인구통계적 전이의 첫 번째 단계는 빈곤한 생활 여건과 높은 사망률을 지닌 사회로부터 경제적 여건이 급속히 개선되고 사망률은 감소하고 출생률은 증가하는 사회로의 이동을 나타낸다. 전이의 마지막 단계에서는 출생률이 사망률과 같아질 때까지 서서히 감소하여 인구제로성장을 이루게 된다.

인구통계적 전이는 1700년대 이후에 전 세계에 걸쳐 일어났으며, 일부 국가에서는 다른 나라에 비해 전이가 더 오래 지속되었다. 인구통계학자들은 국가들을 산업이 발달한 경제 구조를 갖춘 **선진공업국(more industrialized countries: MICs)**과 이제 산업화 과정이 시작되고 진행 중인 **개발도상국(less industrialized countries: LICs)**으로 나눈다. 대부분의 유럽 국가들, 북아메리카, 동북아시아 국가들, 호주 등 선진공업국들은 아프리카, 남아메리카, 아시아의 대부분의 나라들이 포함되는 개발도상국들에 비해서 인구통계적 전이에서 더 후기 단계에 있다. 인구통계 모형에 따르면 산업화는 인간의 환경수용력을 증가시키고 새로운 안정

스스로 해보기

72의 법칙

매년 1.5%의 증가율로 성장하고 있는 세계 인구는 48년 뒤에는 2배가 된다. 어떻게 그것을 알 수 있을까? "72의 법칙"이라고 알려진 간단한 수학 법칙만 적용해보면 우리는 금방 계산해낼 수 있다. 72의 법칙이란, 72를 단위시간에 증가하는 비율로 나누면 처음 수의 두 배가 되는 단위시간의 수를 얻을 수 있다. 위에서 말한 인구를 예로 들면, 72를 1.5로 나누면 48이 나오므로 48년이 걸리는 것이다. 이 법칙은 인구에만 적용되는 것이 아닐 뿐더러 어떤 기간, 어떤 종류의 증가율에도 적용이 된다.

1. 인구가 매년 2%씩 증가한다면 인구가 두 배가 되는 데는 얼마나 걸리는가? (_____년)
2. 시간당 24%씩 수가 증가하는 세균의 개체군이 두 배가 되는 데는 얼마나 걸리는가? (_____시간)
3. 연이율이 4%라면, 가진 돈의 액수가 두 배가 되는 데는 몇 년이 걸리는가? (_____년)
   그렇다면, 연이율이 7.2%라면 얼마나 걸리겠는가? (_____년)

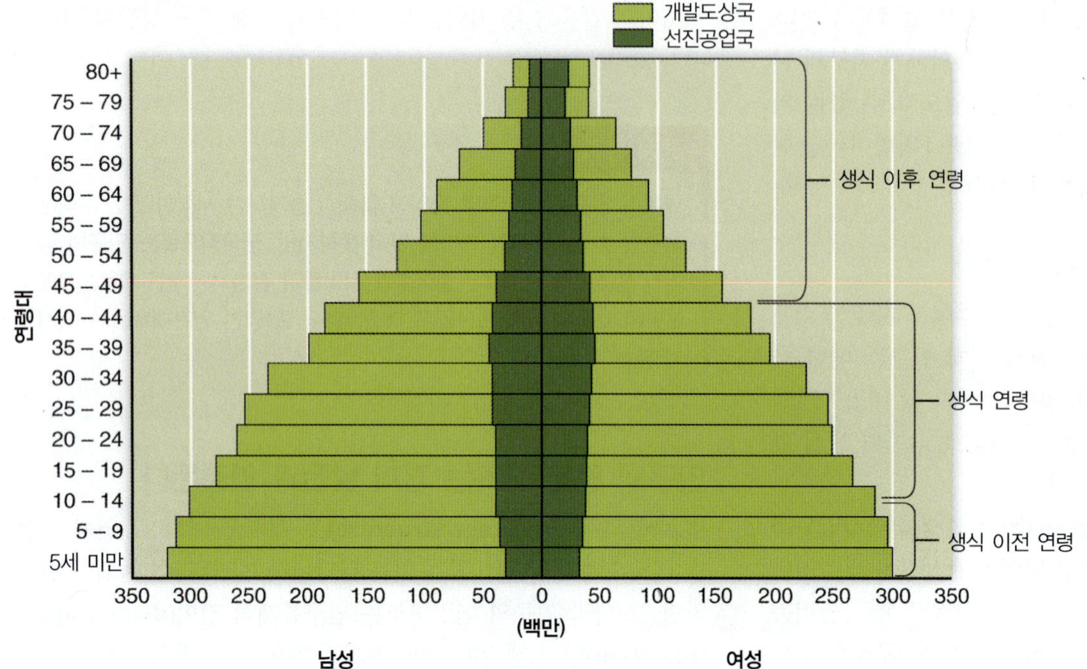

그림 23.4 **개발도상국과 선진공업국의 인구 연령구조.** 개발도상국의 피라미드형 연령구조에서는 인구의 많은 부분이 생식 연령 이하라는 것을 알 수 있다. 따라서 개발도상국의 인구는 지속적으로 증가할 것이다. 선진공업국은 생식 연령대나 그 이하의 연령대에서 각 연령별로 개체수가 거의 같아서 미래에도 안정적인 인구구조를 나타낼 것이다.

상태에 이를 때까지 인구를 증가시킨다.

그림 23.4는 개발도상국과 선진공업국의 인구 연령구조를 나타낸 것이다. 여러 연령대의 남자들은 그래프의 왼쪽에, 여자들은 오른쪽에 나타냈다. 개발도상국의 인구는 생식 연령 이전의 젊은 사람들이 많은 부분을 차지하는 피라미드형 연령구조를 보여준다. 안정된 개체군에서는 연령구조가 총알 모양을 나타내는데 생식 연령 전반에 걸쳐 각 연령대의 사람 수가 거의 같다.

직관에 어긋나게 보일지 모르지만, 개발도상국의 인구는 여성 1인당 2.1명의 아이를 낳는 인구대체율에 도달했다 하더라도 계속 성장할 것이다. 그것은 개발도상국들에서 전형적으로 생식 연령대에 진입하는 젊은 사람들의 수가 생식연령대를 벗어나는 사람들보다 많기 때문이다. 이런 경우에 그 국가의 인구는 앞으로도 수십 년 동안 지속적으로 증가할 것이다. 이는 생식 연령대에 있는 여자들이 더 많기 때문이다.

요점 정리

생식 연령 이하의 어린이가 큰 부분을 차지하는 피라미드형 연령구조라면 인구는 인구대체율에 도달한 뒤에도 수십 년 동안 지속적으로 성장할 수 있다. 피라미드형 연령구조는 산업화되어가는 개발도상국의 전형적인 모형이다. 결과적으로, 다음 세기에서 생길 인구 증가의 대부분은 개발도상국에서 일어날 것이다. ■

그러므로 문제점은 앞으로 50년 동안에 일어날 인구의 가장 큰 증가는 바로 국민들에게 제공해줄 것이 거의 없는 국가들에서 일어나게 될 것이라는 것이다. 이런 나라에서 빈곤과 기아를 퇴치하기 위해서 우리는 경제 개발을 촉진시키고 동시에 인구 성장률을 낮출 수 있는 해결책을 찾아야 한다. 출생률을 낮추고 부부당 아이의 수를 줄이는 방안을 장려하는 가족계획과 기타 사회적 프로그램들은 확실히 도움이 될 것이다. 일부 사회에서는 국가의 시책도 효과를 보았다. 예를 들면 중국에서는 두 아이 이상을 가지는 것이 위법이었다. 더구나, 여러 증거들이 출생률을 줄이는 가장 효과적인 방법 중 하나는 여성의 경제적, 사회적 및 정치적 지위를 향상시키는 일이라는 가설을 지지하고 있다. 그러나 일부 문화권에서는 이러한 접근법이 문화적 규범이나 종교적 믿음과 충돌하기도 한다.

23.4 군집: 함께 사는 여러 생물종

생태지위의 중복이 경쟁을 키운다

한 생물의 **생태지위(niche)**는 그 생물이 군집 내에서 수행하는 역할이다. 즉, 서식지의 모든 생물 및 무생물 자원과의 기능적 관계를 의미한다(그림 23.5). 딱따구리의 서식지는 삼림지대의 숲이다. 딱따구리의 생태지위는 나무에 해를 입히는 곤충을 제거하고, 매나 너구리에게 먹이가 되어 주고, 마침내는 세균들에게도 영양분을 제공하는 것이다. 균형을 이룬 생태계는 각각 다른 생태지위를 지닌 넓고 다양한 생물종들을 부양한다.

동일한 생태지위를 두 생물종이 정확히 같이 차지하지는 않지만 생태지위는 충분히 겹칠 수 있어서 두 종 사이에는 한정된 자원을 두고 경쟁이 생길 수 있다(그림 23.6). 식물들은 햇빛과 무기영양분을 두고 경쟁하며 동물들은 종종 비슷한 먹이를 두고 경쟁한다(예를 들면, 여우와 매는 둘 다 쥐를 먹이로 한다). 어느 한 장소에서 특정 생태지위에 따라 한 종이 다른 종을 경쟁에서 이길 수 있는데 이를 **경쟁배타(competitive exclusion)**라 한다. 인간 개체군

그림 23.5 **생태지위는 군집 내에서 수행하는 생물의 역할이다.** 딱따구리의 서식지는 삼림지대의 숲이며, 딱따구리의 생태지위에는 해충을 잡아먹는 일도 포함된다. 사진 속 딱따구리는 나무에 해를 입히는 곤충을 잡아먹고 있다.

이 새로운 서식지로 확장됨에 따라 인간은 다른 생물종을 점점 더 많이 사라지게 하고 있다.

천이는 극상군집으로 진행된다

대부분의 자연군집은 끊임없이 변한다. **천이(succession)**는 군집 내에서 어느 종이 우세한지의 관점에서 본 변화의 자연적 과정이다. 천이는 개체군의 성장 속도, 여러 종이 차지하는 생태지위, 종들 사이에 존재하는 경쟁의 종류에 따라 결정된다.

버려진 땅에서 맨 처음에 잡초들이 자라고 그 다음에 키 작은 나무들이 자라고 마침내 키 큰 나무가 자라는 것을 본 적이 있다면 그것은 천이가 진행되는 것을 관찰한 것이다. 어느 지역에 제일 먼저 도착한 종은 유력한 조건 아래에서 빠르게 번식하고 성장하는 생물들이다. 이 첫 번째 생물은 느리게 자라고 좀 더 특정적인 생태지위를 지닌 다음에 오는 종들에게 은신처와 먹이가 되어준다. 천이가 진행됨에 따라 종의 수는 증가하는 경향이 있으며 개체군들 사이의 상호 관계는 훨씬 복잡해진다.

만약 그 지역에 화재와 같은 큰 환경 충격이 없다면 천이는 극상군집(climax community)이 확립되는 것으로 끝을 맺는다. 극상군집은 에너지와 영양 이용의 관점에서 볼 때 가장 효율적인 군집이며 종의 수에서도 가장 다양하다. 극상군집이 발달하는 데는 수백 년이 걸리며 그 특성은 수백 년에서 수천 년까지 유지된다.

어떤 지역에서 발견되는 극상군집의 유형은 주로 물리적 환경에 의해 결정되지만 주변 지역에 살고 있는 생물들에게 영향을 받을 수도 있다. 미국 북동부 지역의 전형적인 극상군집은 느리게 자라는 키 큰 낙엽수(참나무처럼 잎이 넓은 나무로 겨울이면 잎이 떨어지고 봄이 되면 새잎이 솟는다)가 우세하다. 중서부 지역에서 극상군집은 대초원이며, 남서부는 반건지성 사막이고, 서부 산악지역은 키가 매우 큰 상록수림이다(그림 23.7). 지구의 다른 지역에서 볼 수 있는 극상군집의 예는 나무가 없는 북극의 툰드라 동토와 적도 가까운 지역에 있는 열대우림이다.

그림 23.6 **경쟁.** 한 생태계 안에 사는 생물들은 먹이와 서식지를 놓고 서로 경쟁한다. 이 곰은 인간이 남긴 음식물 쓰레기를 놓고 너구리나 주머니쥐 같은 다른 동물들과 경쟁하며, 서식지를 두고는 사람이나 다른 동물들과 경쟁한다.

극상군집은 교란이 되면 쉽게 회복되지 못한다. 남캘리포니아 지역의 해안하구 군집에 도입된 큰갈대(*Arundo donax*)의 경우를 보면 알 수 있다. 이 지역의 전형적인 극상군집은 바다버지니아 참나무와 월계수이다. 그러나 해안 침식을 막기 위해 1800년대에 큰갈대가 미국에 도입된 이래로 빠르게 성장하는 큰갈대는 오늘날까

그림 23.7 **극상군집.** 미국 워싱턴 주의 레이니어산 국립공원에서는 이 오래된 더글러스 전나무 숲이 극상군집이다. 환경이 안정된 상태에 이르면 그 환경에 사는 생물종은 그곳에 가장 잘 적응된 생물이다.

지 느리게 자라는 토종 식물들을 앞지르기 시작해서 이 군집을 차지하게 됐다. 아주 복잡하고 느리게 성장하는 특성 때문에 극상군집은 공격에 취약할 수밖에 없다.

생태계: 군집과 군집의 물리적 환경

앞서 언급한 바와 같이 생태계는 생물 요소와 무생물 요소를 다 가지고 있다. 한 생태계의 전체 생물 요소를 생태계의 **생물량(biomass)**이라고 부른다. 무생물 요소는 화학원소(chemical elements)와 모든 화학반응이 일어나게 하는 에너지로 구성되어 있다.

한 생물로부터 다른 생물로 영양과 에너지를 옮기는 일은 항상 에너지를 흡수하는 과정이기 때문에 생명을 계속 유지하는 데에는 에너지를 지속적으로 공급하는 것이 필수적이다. 지구의 거의 모든 에너지는 태양으로부터 오며 아주 미소한 에너지만이 지구 자체의 잠열(열수공이나 화산 활동)로부터 나온다. 에너지와는 대조적으로 지구의 화학물질은 지구와 생물량 사이에서 반복적으로 재순환된다. 다음 두 소단원에서는 이 두 가지 주요 개념에 대해 좀 더 자세히 다룬다.

요점 정리

비슷한 생태지위를 지닌 종들은 서로 경쟁한다. 군집은 시간이 지남에 따라 천이라는 점진적 변화를 겪는다. 천이는 전체적으로 효율성과 종다양성을 증가시킨다. 교란이 되지 않는다면 군집은 마침내 극상군집이 된다. 생태계는 생물량, 에너지 및 무생물 요소로 구성된다. ■

23.5 에너지는 생태계 전반에 걸쳐 흐른다

생산자는 에너지를 포획하고 전환하며, 소비자는 저장에너지에 의존한다

생태계 내의 에너지 흐름은 열역학 법칙(laws of thermo-dynamics)이라는 두 가지 중요한 물리 법칙을 보여준다.

- 열역학 제1법칙은, 에너지는 만들어지지도 파괴되지도 않는다고 주장한다. 그러나 에너지는 형태를 바꿀 수 있고 저장될 수도 있다.
- 열역학 제2법칙은 에너지가 형태를 바꾸거나 전달될 때는 언제나 약간의 에너지가 소비(무용한 형태로 전환)된다고 한다. 소비되는 이런 에너지는 일반적으로 열로 손실된다.

생산자(producer) 생물은 자신의 유기분자를 만들 수 있다. **소비자(consumer)** 생물은 다른 생물이나 시체 및 부패 물질을 먹어서 자신의 유기분자(그리고 에너지)를 얻는다. 에너지는 생태계 전반에 걸쳐 한 방향으로, 즉 태양으로부터 생산자를 거쳐 소비자로 흐른다.

대부분의 생산자들은 **광합성(photosynthesis)**을 한다(그림 23.8). 심해의 열수공 부근에 사는 세균처럼 온전히 깜깜한 곳에 사는 소수의 생산자들은 화학합성(chemosynthesis)이라는 과정에 의존한다. 생산자는 때로 독립영양생물(autotrophs: 자가영양생물)이라고 부른다. 육지의 생산자는 주로 녹색식물이며 수생 생태계의 생산자는 대부분 조류이다.

식물과 같은 생산자가 태양에너지를 이용하는 능력은 식물세포 안에 들어 있는 엽록체(chloroplast)라는 작은 세포소기관에 달려

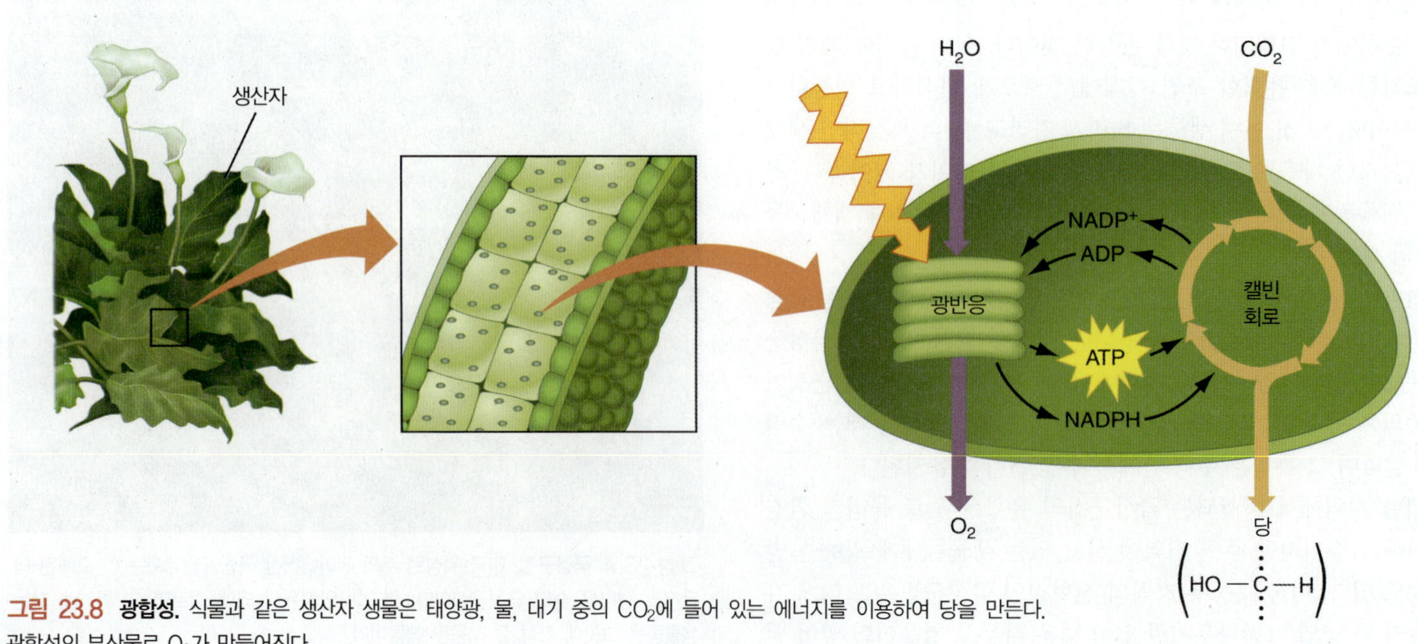

그림 23.8 광합성. 식물과 같은 생산자 생물은 태양광, 물, 대기 중의 CO_2에 들어 있는 에너지를 이용하여 당을 만든다. 광합성의 부산물로 O_2가 만들어진다.

있다. 엽록체에는 녹색광을 흡수하는 색소인 **엽록소(chlorophyll)**가 들어 있는데 식물이 녹색을 띠는 것은 이것 때문이다. 광합성의 첫 번째 단계에서는 엽록소가 태양에너지를 흡수하고 그 에너지를 이용하여 화학반응을 일으키는데 그 결과로 물이 분해되고 고에너지 분자인 ATP와 NADPH가 만들어진다. 이 반응의 부산물로 산소가 만들어져서 대기 중으로 방출된다. 광합성의 두 번째 단계에서는 ATP와 NADPH를 사용하여 캘빈회로라는 생화학회로를 작동시킨다. 이 단계에서는 대기 중의 이산화탄소를 이용하여 CH_2O 단위수가 많은 고에너지 탄수화물 분자(당)를 만들어진다. 식물은 당에 저장된 에너지와 토양으로부터 얻은 물과 무기물을 이용하여 단백질, 지질, 섬유소(식물의 세포벽을 구성하는 주성분) 등 필요한 모든 유기분자를 만들 수 있다.

식물(생산자)과 동물(소비자)의 생화학반응들이 서로 얼마나 잘 보완하고 있는지 새겨둘 필요가 있다. 식물은 광합성을 하기 위해 대기로부터 CO_2를 얻어 부산물로 O_2를 만들어낸다. 반면에 동물은 대사활동을 위해 O_2를 필요로 하며 노폐물로 CO_2를 만들어 낸다.

대부분의 식물들은 자신에게 필요한 양보다 더 많은 당을 만든다. 여분의 당은 녹말로 전환되어 엽록체와 뿌리의 저장세포, 덩이뿌리, 열매, 종자에 저장된다. 지구 전체로 보면, 매년 1,450억 톤의 탄수화물이 광합성으로 만들어진다. 이는 전 인류가 1인당 23톤을 생산해내는 것과 같다.

동물과 대부분의 세균 및 균류는 소비자이다[**종속영양생물(heterotroph)**이라고도 함]. 이들은 자신에게 필요한 분자를 만드는 일에 태양에너지를 이용할 수 없다. 대신에 이들은 저장된 형태의 에너지를 지니고 있는 먹이를 소비해야 한다. 소비자는 먹이에 따라 네 유형으로 나눌 수 있다.

- **초식동물(herbivore)**은 녹색식물을 먹고 산다. 이들은 생산자만 먹고 살기 때문에 1차 소비자(primary consumer)라고도 부른다.
- **육식동물(carnivore)**은 다른 동물을 먹고 살기 때문에 2차(secondary) 소비자, 3차(tertiary) 소비자, 때로는 4차(quaternary) 소비자라고 부른다. 동물에 저장된 에너지의 기본 형태는 지방과 글리코겐 같은 탄수화물이다.
- **잡식동물(omnivore)**은 식물과 동물을 모두 먹고 산다. 사람, 돼지, 곰 등이 잡식동물이다.
- **분해자(decomposer)**는 죽은 생물로부터 분해되어 나온 유기물 부스러기(detritus)를 먹고 산다. 세균, 균류, 지렁이, 일부 작은 절지동물류들이 모두 다 분해자이다.

그림 23.9는 햇빛으로 유입된 에너지가 조류나 수생식물(생산자)의 생물량으로 전환되는 연못 생태계를 보여준다. 물고기(소비

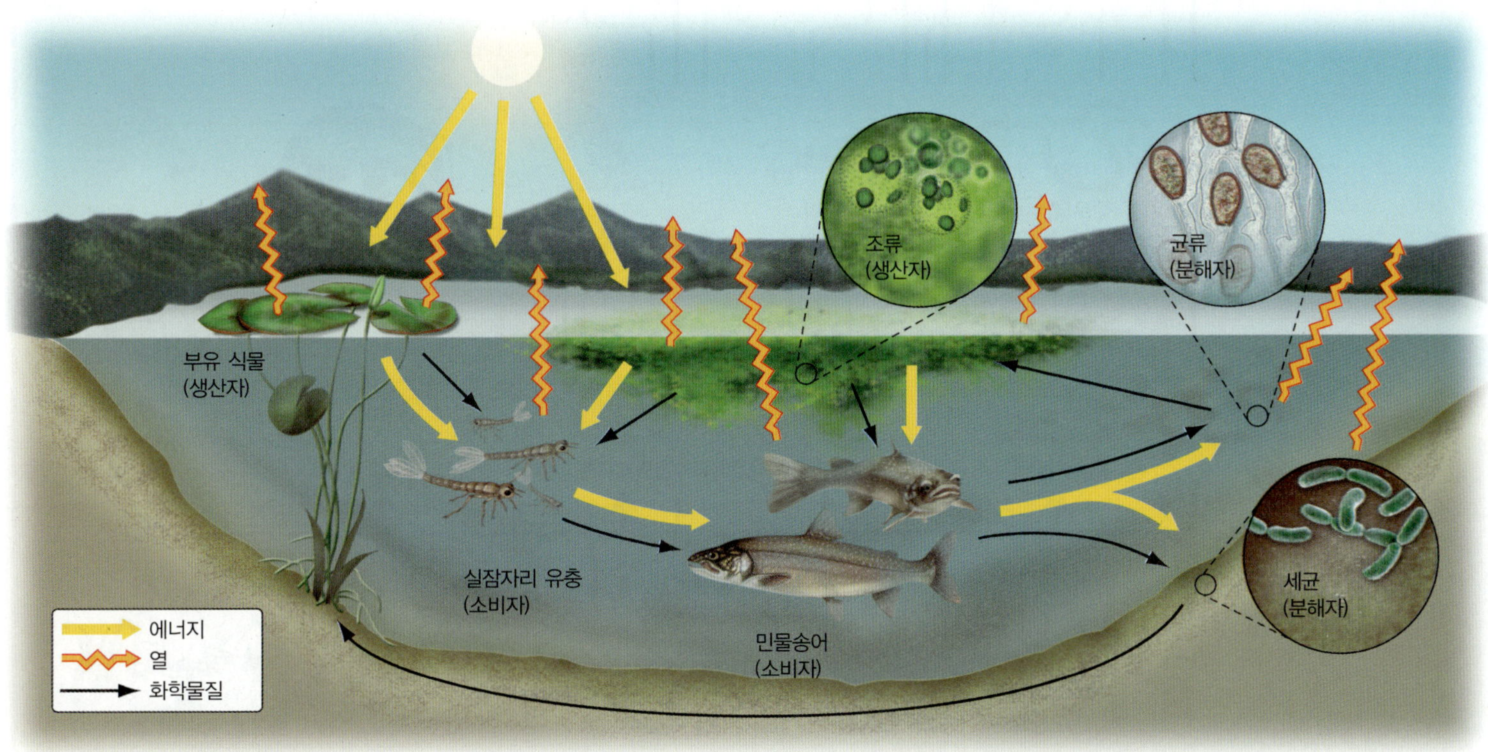

그림 23.9 연못 생태계의 에너지 흐름과 화학물질의 순환. 에너지는 생태계 전반에 걸쳐 한 방향으로만 흐른다: 태양광으로부터 생산자로, 그리고 소비자로 흐른다. 궁극적으로 대부분의 에너지는 열로 소실된다. 화학물질은 지속적으로 순환한다.

자)는 식물을 먹고, 물고기가 죽으면 세균이나 균류 같은 분해자가 양분을 물과 토양으로 재순환시켜 되돌려준다. 각 단계에서는 열이 손실된다.

먹이그물 : 생산자와 소비자 사이의 상호 관계

생산자와 소비자 사이의 먹고 먹히는 관계는 때로 간단한 **먹이사슬(food chain)**로 나타내진다. 즉, A(풀)는 B(메뚜기)에 먹히고, B는 C(참새)에게 먹히고, C는 다시 D(여우)에게 먹힌다. 먹이사슬은 소비자 종류들 사이의 관계를 밝히는 데에는 유용하지만 대부분의 생태계가 지닌 복잡성을 나타내는 데는 부족하다. 대부분의 생물은 한 종 이상의 생물을 잡아먹고 살며 마찬가지로 한 종 이상의 생물에게 잡아먹힌다.

생태계 속 먹이 관계의 복잡하고 균형 잡힌 성질을 좀 더 정확하게 나타낸 것이 **먹이그물(food web)**이다(그림 23.10). 먹이그물에서 볼 수 있듯이 어떤 소비자는 잡을 수 있는 먹이가 있는 시기에 따라 다른 먹이들을 잡아먹는다. 예를 들면, 2차 소비자 중 특정 종의 개체군이 증가하면 이는 곧 3차 소비자를 위해서 더 많은 식량이 공급되는 것이다. 그러면 이 3차 소비자는 그 시점에 개체군의 크기가 작은 다른 2차 소비자를 덜 잡아먹게 된다. 결과적으로 완전하게 걷잡을 수 없이 커지는 개체군은 하나도 없으며, 어떤 종이

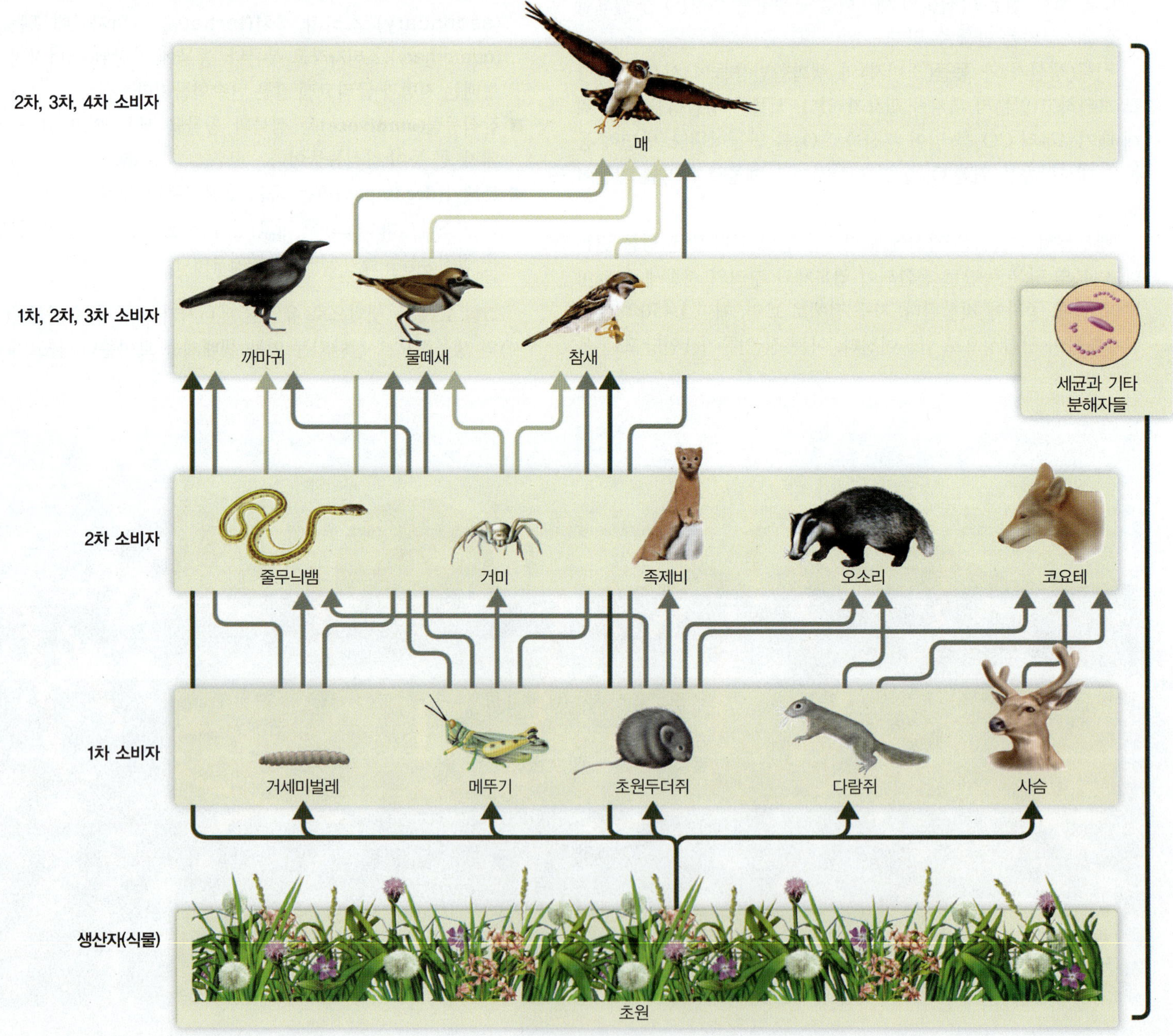

그림 23.10 먹이그물. 먹이그물은 생태계 내 생물들 사이에 존재하는 먹이 관계의 복잡성을 보여준다. 세균과 다른 분해자들 역시 모든 단계의 죽은 생물을 먹음으로써 먹이그물에서 중요한 역할을 담당한다.

절멸되는 경우도 거의 없다. 안정된 생태계에서는 생명의 밀물과 썰물이 드나드는 것처럼 모든 개체군이 주기적으로 커졌다가 작아졌다가 한다. 생물종의 개체군이 보여주는 이러한 변화는 항상 그 종에 대한 생태계의 환경수용력 가까이에서 일어난다.

요점 정리

생산자는 태양에너지와 영양분 및 공기 중의 이산화탄소를 이용하여 광합성을 하고 에너지를 지닌 분자를 만들어내는 생물이다. 나머지 다른 생물들은 필요한 에너지를 식물이나 다른 생물로부터 얻는 소비자이다. 생태계의 모든 생물들은 서로 얽혀 짜인 먹이그물을 이루며, 에너지는 생태계 전반에 걸쳐 한 방향으로 흐른다. 개체군은 커졌다 작아졌다 하지만 일반적으로 각 생물종에 대한 생태계의 환경수용력 주변에서 맴돈다. ■

생태피라미드의 아래쪽 층들이 소비자 개체군을 받쳐준다

에너지의 전환, 이동 및 저장 과정은 전 단계에 걸쳐 놀랄 만큼 비효율적이다. 예를 들면, 광합성 과정은 전체 태양광에너지의 단지 2%만을 이용하여 생물량에 저장한다. 나머지는 빛이나 열에너지로 반사된다. 먹이그물의 한 단계에 있는 에너지의 약 10%만이 다음 단계에 있는 소비자의 조직 안에서 발견된다. 달리 표현하면, 식물에 들어 있는 저장에너지의 약 10%만이 초식동물에게 저장되며, 그 에너지의 약 10%만이(즉, 식물에너지의 1%만이) 2차 소비자에게 저장된다.

생태피라미드(ecological pyramid)는 생태계의 각 단계에 저장된 에너지의 총량이나 각 단계의 전체 생물량을 나타낸다(그림 23.11). 먹이사슬의 꼭대기에 있는 3차 소비자에게 있는 에너지의 총량은 실제로 매우 작다. 가용에너지의 양은 지지할 수 있는 생물량의 크기를 결정하기 때문에, 생태피라미드는 일반적으로 전체 생물량을 나타내기도 한다. 생태피라미드의 경사도를 좀 더 잘 이해하려면 숲 1평방 km에 사는 큰 육식동물들의 총 몸무게(kg 수준으로 나타낼 수 있는)를 같은 장소에 사는 풀, 관목 및 교목 등의 총 무게(톤 수준으로 나타낼 수 있는)와 비교해보면 된다.

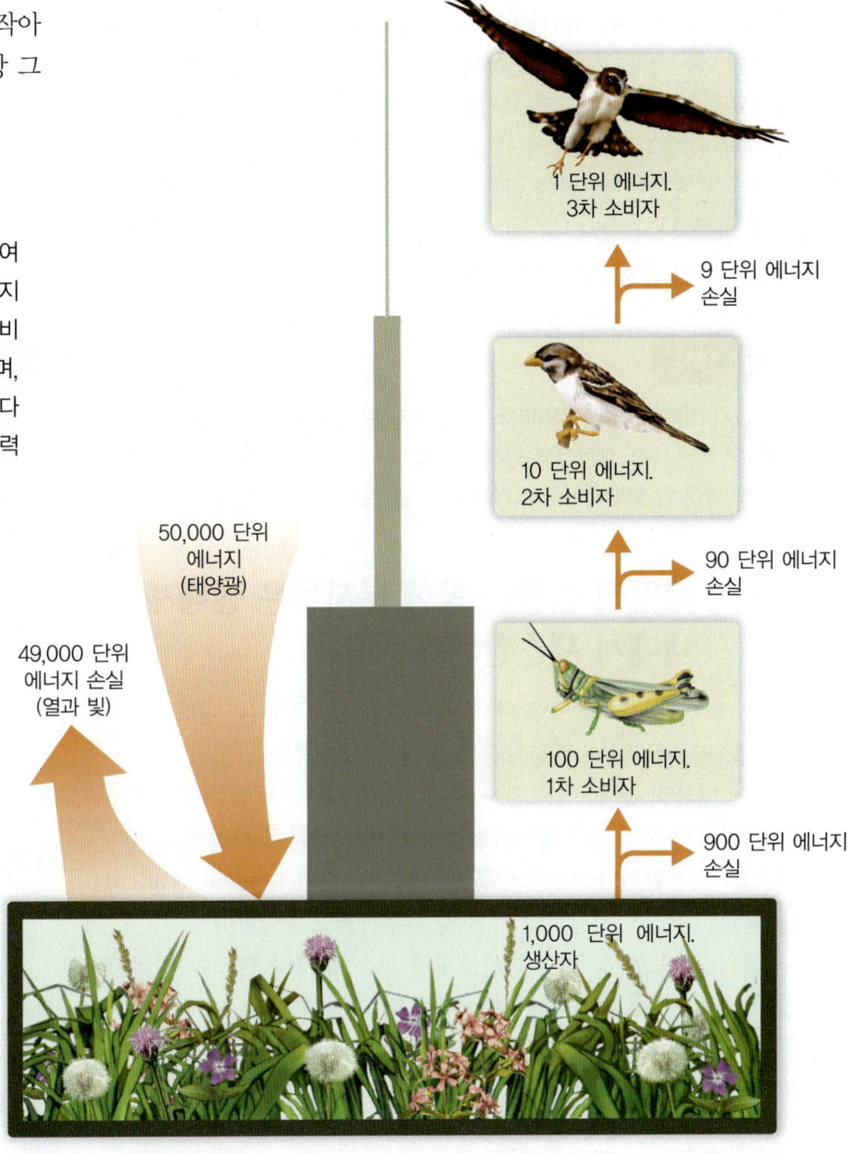

그림 23.11 생태피라미드. 이 생태피라미드는 각 생산자/소비자 단계에서 생물량에 저장된 에너지의 총량을 나타낸다. 에너지 이동이 비효율적이기 때문에 어느 한 단계에 있는 에너지의 약 10%만이 다음 높은 단계에 있는 소비자의 조직에서 발견된다.

인간의 활동이 생태피라미드를 교란시킨다

생태피라미드에서는 어느 단계의 소비자 개체군이 바로 아래 단계의 소비자 개체군에 결정적으로 의존하는 것을 알 수 있다. 3차 소비자에게 전해지는 아주 적은 양의 에너지가 아래 모든 단계에서 일어나는 에너지 이동에 따라 결정되기 때문에 특히 3차 소비자는 생태계 교란에 취약하다.

인간의 현대적인 농업 기술은 생태계의 균형을 쉽게 교란시킬 수 있다. 사람들이 단 한 종의 생산자만으로 된 생태계(수 킬로미터에 달하는 밀밭이나 옥수수밭)를 만들어 모든 곡물을 수확하게 되면 다른 생물들을 자연의 먹이그물로부터 쫓아내고 생태피라미드에서 그들의 자리를 빼앗게 된다. 물론 더 많은 사람들이 먹고 살기 위해 인간은 그런 일을 한다. 그러나 단기간 고수확의 결과는 경작지 생태계와 비료의 필요량에 영향을 미치게 되고 이에 대해서는 오랜 시간 대가를 치러야 한다. 일반적으로, 인간의 활동이 지구상의 다른 생물에게 영향을 미친다는 사실을 우리는 반드시 인식해야 한다.

인간은 1차 소비자이거나 2차 소비자이다. 우리가 야채나 과일을 먹을 때는 1차 소비자이고 고기를 먹을 때는 2차 소비자이다. 고기를 먹는 일은 에너지 면에서 보면 경비가 많이 드는 일이다. 곡물사료를 먹여 키운 소의 고기를 먹으면 우리는 곡물 자체만을 먹을 때에 비해 단지 10%의 에너지만을 이용하는 것이다. 언젠가 증가하는 세계 인구를 먹여 살려야 하는 어려운 문제에 직면하게 된다면 과학자들은 분명히 고기보다는 에너지 면에서 더 효율적인 식물을 해결 식량으로 선택할 것이다.

요점 정리

에너지 이동은 비효율적이어서 각 소비자 단계는 위로 올라갈수록 점점 더 적은 수의 생물을 부양하게 된다. 어느 소비자 단계의 개체군은 바로 아래 단계의 개체군 크기에 따라 결정된다. ■

23.6 화학적 순환을 통해 분자들은 생태계 내에서 재순환된다

태양으로부터 지속적으로 에너지가 유입되는 것과는 대조적으로 지구를 이루고 있는 영양물질의 총량과 생물량은 완전히 고정된 크기에 머물러 있다. 이용 가능한 각 원소들의 양이 아주 적기 때문에 생물체를 구성하는 화학물질들은 지구와 생물체 사이에서 반복적으로 재순환된다. 이런 **생물지구화학적 순환(biogeochemical cycle)**은 생물체, 지질학적 사건 및 기후까지도 포함한다.

그림 23.12에서 보듯이 생물체의 모든 분자와 원소들은 교환 풀, 생물량 풀 및 저장 풀이라는 서로 다른 세 개의 풀 사이에서 순환한다. 일부 분자나 원소는 교환 풀(exchange pool: 물, 토양, 대기)에서 발견되는데 1차 생산자들이 이곳에서 영양분을 가져간다. 1차 생산자들은 태양에너지를 사용하여 영양분을 생물량으로 통합한다. 생물량은 생물지구화학적 순환에서 유일한 생물적(살아 있는) 구획이다. 생물들이 분자들을 소비함으로써 생물량에 들어 있는 분자들은 빠르게 교환된다.

생물이 죽어서 분해되면 생물에게 있던 영양분은 교환 풀로 되돌아가며 그곳에서 다시 1차 생산자들에게 제공된다. 교환 풀과 짝지어진 쉽게 접근하기 힘든 큰 영양분 풀이 저장 풀(reservoir pool)이다. 저장 풀에 들어있는 영양분은 바위와 해저의 퇴적물 속의 무기염류를 포함한다. 다른 중요한 저장 성분은 수백만 년 전에 생물의 유체로부터 만들어져서 퇴적물로 덮여 있던 **화석 연료(fossil fuels:** 석탄, 원유, 가스)에 들어 있는 탄소를 함유하는 화합물이다. 이제 생물지구화학적 순환 중에서 생명에 가장 중요한 분자와 원소인 물, 탄소, 질소 그리고 인에 대해 알아보기로 하자.

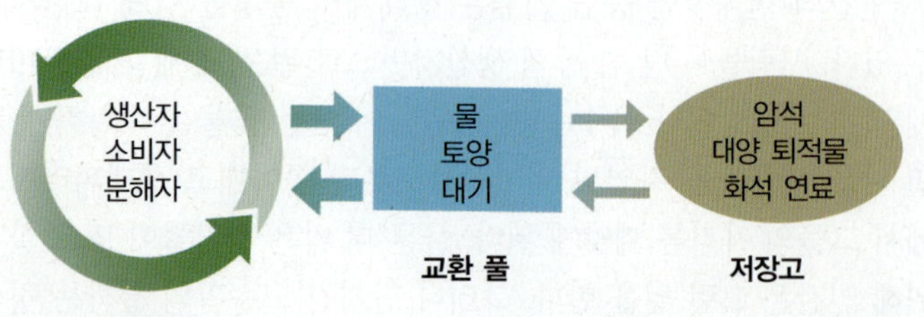

그림 23.12 생물지구화학적 순환에서 영양분의 흐름. 생물지구화학적 순환의 세 구성 성분은 생물량, 교환 풀, 그리고 저장고이다. 생물체를 이루는 화학물질은 세 구성 성분 안에서 끊임없이 순환한다. 영양분 풀 사이와 생물량 내에서 흐르는 영양분의 상대적 크기는 화살표의 굵기로 나타냈다.

요점 정리

생물지구화학적 순환은 생물량, 교환 풀 그리고 저장 풀 사이에서 일어나는 화학물질의 순환을 나타낸다. 대부분의 영양분은 생물량 풀에서는 빠르게 순환하며, 교환 풀에서는 덜 빠르게 순환하고, 저장 풀에서는 거의 순환하지 않는다. ■

물 순환은 다른 생물지구화학적 순환에 필수적이다

생명에게 물은 다른 어떤 분자보다도 더 필수적일 것이다. 물은 우리 몸의 60%를 이루고 있으며 지구 표면의 대략 75%를 덮고 있다. 그렇지만 인간과 대부분의 생물이 살기 위해서 필요로 하는 담수는 실제로 지구 전체의 물 공급량 가운데 3% 미만을 차지한다. (그 3%의 3분의 2는 극지방의 얼음과 빙하에 들어 있다. 지구 물의 나머지 97%는 대양의 바닷물이다). 물은 많은 원소에 대해 광범위한 보편적 용매이다. 실제로 물 순환이 없다면 모든 다른 생물지구화학적 순환은 멈추고 말 것이다.

그림 23.13은 물 순환을 보여준다. 물 순환과 생물량은 모두 다 무기물의 생물지구화학적 순환에 중요하다. 강우와 지표수는 암석을 서서히 침식시키고 그 과정에서 암석으로부터 무기물을 녹여낸다. 식물이 이 무기물을 흡수하여 생물량에 섞어 넣는다. 식물이 없다면 증발로 인한 냉각이 줄어들어 온도는 높아지고 무기물은 바다로 씻겨나갈 것이다. 수풀과 초원이 파괴되면 토양으로부터 손실된 영양분은 수백 년 안에는 저장 풀로 보충되지 못할 것이다.

물은 대기, 대양, 육지 사이에서 순환한다. 강우나 증발이 주로 대양 위에서 일어난다고 하지만 육지의 증발은 대부분 나뭇잎과 토양에서 일어난다. 물을 과도하게 사용하면 지하수가 고갈되고 뿌리가 깊이 내리지 못하며, 가뭄에 견디는 식생이 나오고 관개에 쓸 물의 양이 줄어들게 된다. 이러한 남용의 결과는 전 세계적으로 습지의 손실을 가져왔다. 예를 들면, 그리스 북부의 마케도니아 지방은 주로 관개를 위해 수로를 바꿈으로써 1930년 이후에 습지대의 95%를 잃었다. 더구나 인간의 활동으로 인한 공해물질과 도시 개발로 인한 지형의 변화는 개울과 강 심지어는 바다까지 파괴시킬 수 있다. 인간 활동의 영향에 대해서는 24단원에서 자세히 다루기로 하겠다.

그림 23.13 물 순환. 전체 증발량과 강수량에 대해 순환되는 물의 양을 백분율로 나타냈다. 태양의 열에너지는 주로 대양의 물을 증발시키지만 잎 표면이나 토양으로부터도 물을 증발시킨다. 대부분의 대기 수증기는 대양 위에 비로 내리고, 그 양의 약 1/4만이 육지에 내려서 증발로 손실된 지표수를 보충해주며 연못, 호수, 시내, 강으로 들어가는 여분의 물을 공급해준다.

우리는 보통 하루에 얼마나 많은 물을 사용할까? 538페이지에 있는 '스스로 해보기'에서 살펴보도록 하자.

탄소 순환: 생물은 이산화탄소를 대기와 교환한다

탄소는 유기분자의 골격을 이루며 뼈와 조개껍질의 결정구조를 만든다. 생명체의 탄소는 대기의 이산화탄소와 교환되기 때문에 탄소의 생물지구화학적 순환(그림 23.14)은 물 순환처럼 기체 순환(gaseous cycle)이라고 부른다.

탄소 순환은 식물에 의한 광합성 및 동식물의 유기호흡과 밀접하게 관련이 되어 있다. 광합성 동안에 식물은 태양에너지를 이용하여 이산화탄소를 물과 결합시켜 탄수화물을 만들고 부산물로 산소를 방출한다. 식물과 동물은 유기호흡(산소가 있을 때 일어나는 대사작용)을 이용하여 탄수화물을 분해하고 다른 복잡한 분자를 만들 수 있는 에너지를 방출한다. 이 과정에서 생물은 다시 이산화탄소를 생산해낸다.

이산화탄소는 균류나 세균과 같은 분해자의 활동에 의해서도 방출된다.

사람의 간섭이 없다면 생물량에 의한 대기 중의 이산화탄소의 이용과 생산은 대충 균형이 맞을 것이다. 그러나 그림 23.14에서 보듯이, 삼림을 불태우고 화석 연료를 연소시키는 일은 이 균형을 이산화탄소의 생산이 증가되는 방향으로 기울게 하여 대기 중의 이산화탄소 농도를 증가시킨다. 그 결과는 24단원에서 다룰 지구온난화가 될 것이다.

요점 정리

지구와 거기에 사는 생물량을 이루는 물질의 양은 고정되어 있다. 생물과 무생물을 구성하는 분자들은 끊임없이 순환한다. 물 순환에서, 물은 육지와 바다로부터 증발한다. 전체 수증기의 약 4분의 1은 비가 되어 육지 위로 내려서 지표수가 되며 다시 증발되거나 바다를 흘러들어간다. 탄소 순환에서, 식물은 대기 중의 이산화탄소를 이용하여 유기분자를 만들고 이것은 동·식물의 생물량을 통해 순환한다. ■

질소: 핵산과 단백질의 필수 성분

질소는 단백질과 핵산을 구성하는 필수 성분 중 하나이다. 질소의 가장 큰 저장고는 공기의 79%를 차지하는 질소(N_2) 기체이다. 그러나 공기 중의 질소는 두 질소 원자가 3중 공유결합으로 서로 단단하게 결합되어 있어서 생물체가 이용할 수

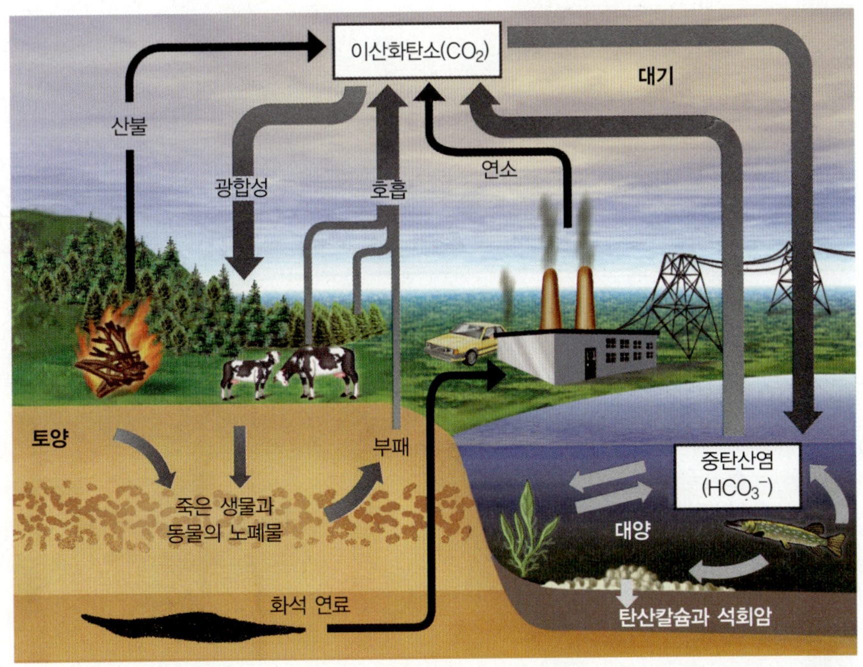

그림 23.14 탄소 순환. 대기 중의 이산화탄소와 대양의 중탄산염이 교환 풀을 이룬다. 탄소의 저장고 풀은 석회암, 해양생물의 패각에서 유래한 탄산칼슘, 수억 년 전에 식물의 유해로 형성된 화석 연료 등을 포함한다. 화석 연료는 원래 교환 풀로 연결할 수 없었던, 그러나 지난 수백 년 사이에 인간이 에너지를 얻기 위해 끌어 썼던 탄소 저장고를 나타낸다. 짙은 색 화살표는 인간 활동의 영향을 나타낸다.

없다. 결과적으로 식물은 다른 어떤 영양분이 아니라 유용한 질소가 부족하여 종종 성장에 제한을 받는다.

그림 23.15은 질소 순환을 보여준다. 질소 기체를 암모늄이온(NH_4^+)으로 전환하는 과정은, 질소가 궁극적으로는 식물이 사용할 수 있는 형태로 잡히기(고정되기) 때문에, **질소고정(nitrogen fixation)**이라고 한다. 질소고정은 콩, 자주개자리, 클로버 같은 콩과식물의 뿌리혹에 서식하는 특정 세균에 의해 일어난다. 물론 비료 공장에서도 질소고정은 일어난다. 대부분의 암모니아는 질산염이온(NO_3^-)으로 바뀐 다음에 식물이 이용한다. 질산염이온이 만들어지는 과정을 **질산화작용(nitrification)**이라고 한다. 현대의 비

스스로 해보기

하루의 물 소비량은 얼마나 되나?

이 단원에서 살펴본 바와 같이 담수는 부족하며 중요한 자원이다. 우리는 보통 하루에 물을 얼마나 많이 소비할까? 미국 상수도연합(AWWA)에 따르면 화장실 변기에서 소비하는 물의 양이 미국 가정의 1일 옥내 총사용량의 26.7%에 이를 만큼 가장 많다. 물을 많이 사용하는 다른 가정용품은 세탁기(21.7%), 샤워기(16.8%), 그리고 상수도(15.7%)이다. 아래 계산법을 이용하여 각자의 사용량을 알아보자.

가정용품	사용량 (추정치)	1일 소비량 (리터)
변기 **구형** (1978년 이전 제품): 1회 20리터 소비 **일반형** (1978~1993년 제품): 1회 14리터 소비 **절약형** (1994년 이후 제품): 1회 6.4리터 소비	1일 평균 사용횟수: ________	1일 소비량: ________
세탁기 **일반형:** 1회 192리터 소비 **드럼형:** 1회 96리터 소비	1주 평균 사용횟수: ________	1일 소비량: (1주 사용량을 7로 나눔) ________
샤워기 **구형 샤워꼭지** (1978년 이전 제품): 1분당 28리터 소비 **절약형 샤워꼭지:** 1분당 10리터 소비	1일 평균 샤워 시간(분): ________ 분	1일 소비량: ________
상수도 **일반형** (1978년 이전 제품): 1분당 20리터 소비 **절약형:** 1분당 6리터 소비	1일 수도사용 시간(분): ________ 분	1일 소비량: ________
		1일 총사용량: ________

미국 상수도연합(AWWA)에 따르면 평균 미국인은 하루에 변기에 74리터, 세탁에 60리터, 샤워에 46.4리터, 상수도에서 43.6리터의 물을 소비한다. 자신과 동료의 물 소비량을 평균값과 비교해보자. 이 수치가 단지 4종류의 옥내 가정용품에서 소비되는 물의 양을 나타낸 것이며 세차나 잔디밭에 뿌린 물은 포함되지 않았다는 것에 주목하자.

우리는 어떻게 물을 보존할 수 있을까? 한 방법은 비효율적인 가정용품을 교체하는 것이다. 위 표의 추정 소비량에서 보듯이 새로운 절약형 가정용품이 물을 훨씬 적게 소비한다. 또한 유수에도 주목하자. 매일 1인당 38리터의 물이 상수도와 변기를 통해 새나간다.

료 공장에서는 화석연료를 이용하여 공기로부터 질산염이온을 제조한다. 또한 적은 양의 질산염이온은 번개에너지로도 만들어진다.

식물은 토양으로부터 암모늄이온과 질산염이온을 흡수한 다음 세포대사 과정을 거쳐 단백질과 핵산으로 동화시킨다. 다른 모든 생물들은 사용할 수 있는 질소를 얻기 위해 식물이나 다른 동물에 의존할 수밖에 없다. 생물이 죽어서 분해되면 단백질과 핵산 안에 들어 있던 질소 성분은 세균의 도움을 얻어 다시 암모늄이온으로 전환된다. 대부분의 암모늄이온은 다시 질산화작용을 거쳐 생물량으로 재순환된다. 유사한 질소 순환이 육지와 바다에서 일어난다.

마지막으로 특정 탈질화세균이 일부 질산염이온을 질소 기체로 전환시켜 대기 중으로 돌려보내는 **탈질화작용(denitrification)**이 일어난다. 균형이 잡힌 생태계에서는 탈질화작용과 질소고정이 같아야 한다. 인간이 비료를 생산함으로써 질소고정 쪽에 힘이 더 실리게 되었다. 질산염이온이 수생식물과 조류를 과도하게 성장하도록 자극하기 때문에 무절제한 비료 사용은 민물을 오염시킬 수 있다.

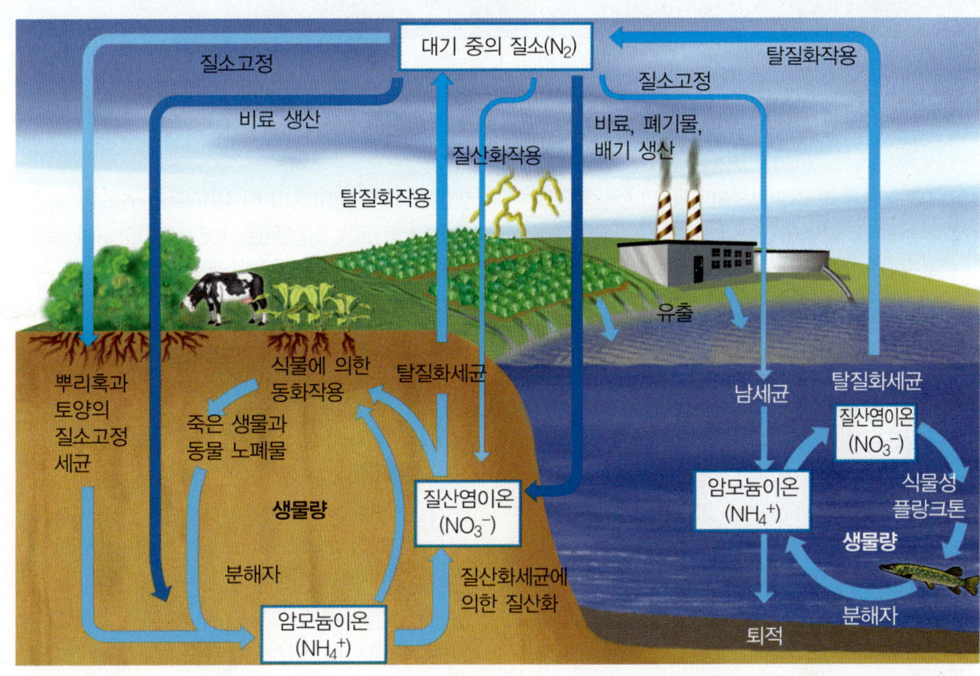

그림 23.15 **질소 순환.** 질소 기체에 들어 있는 질소는 살아 있는 생물이 직접 사용할 수 없다. 질소는 암모늄이온이나 질산화된 질산염이온으로 일단 "고정"되면 생물량 내에서 몇 번이고 되풀이하여 반복적으로 순환된다. 질소고정은 콩과식물의 뿌리혹에 있는 세균에 의해 그리고 비료 공장에서 일어난다. 질소 이용의 순환은 육지와 대양에서 모두 일어난다. 정상 조건에서는 탈질화작용에 의해 대기 중으로 되돌아가는 질소 기체의 양이 질소고정과 균형이 맞는다. 인간이 에너지원으로 화석연료를 사용하여 공기로부터 비료를 생산해내면서 이 균형은 깨졌다.

인: 퇴적형 순환

인은 생명유지에 필수적인 원소로 보통은 인산이온(PO_4^{3-}와 HPO_4^{2-})으로 존재한다. 생산자 생물은 인산을 이용하여 에너지를 위한 ATP와 세포막의 인지질 그리고 RNA와 DNA의 뉴클레오티드를 만든다. 생산자를 먹고 사는 소비자 생물 역시 같은 목적을 위해 인산을 사용하지만 뼈, 이빨, 조개껍질 등에 인산을 집어넣기도 한다.

그림 23.16은 인 순환을 보여준다. 인은 탄소나 질소와 달리 대기 중으로 전혀 들어가지 못하므로 인 순환을 **퇴적형 순환(sedimentary cycle)**이라고 부른다. 인산이온은 수백만 년 동안 바닷속 퇴적물에 침전되었다가 지각으로 되돌아온다. 퇴적암 속에 들어 있는 인산은 사람에 의해 채굴되거나 자연의 힘에 의해 풍화된다.

인간의 간섭이 없는 경우에 퇴적암 속의 인산은 물과 토양으로 교환되어 식물의 성장에 필요한 무기물이 된다. 도시개발과 함께 지표가 덮인 지역(도로, 주차장, 건물 등)이 증가함으로써 수생생태계로 흘러들어가는 지표수의 양은 증가하고 토양과 식물이 흡수하는 물의 양은 감소하게 된다. 암석 저장고로부터 흘러나온 여분의 인산과 사람과 동물의 노폐물이나 비료로부터 나온 인산도 역시 수생생태계로 흘러들어가서 과도한 조류 성장을 일으킨다. 조류가 죽으면 분해자는 죽은 조류를 먹이로 쓰면서 대사를 위해 많은 산소를 흡수하기 때문에 다른 생물들이 산소 결핍으로 죽는 경우가 생긴다.

지금까지 생명을 유지하는 데 중요한 몇몇 영양분에 대해 중점적으로 알아보았다. 산소, 칼슘, 포타슘, 황 등 다른 모든 영양분들도 유사한 생물지구화학적 순환을 거친다. 공해물질이나 중금속(수은, 카드뮴, 크롬, 납 등) 같은 유독물질, 살충제(DDT), 산업화학물질(폴리염화비페닐, PCB)들도 생물과 지구 사이에서 순환한다. 환경론자들은 이러한 순환을 이해할 필요가 있고 그럼으로써 우리에게 공해물질의 영향을 최소화할 수 있는 방안을 제시할 수 있다.

요점 정리

대기 중의 질소 기체는 질소고정을 거쳐 암모니아나 질산염으로 전환되기 전에는 대부분의 생물들이 사용할 수 있는 것이 아니다. 인은 대부분 인산의 형태로 존재하여 생물량 안에서 순환한다. 인의 저장고는 퇴적암이다. 모든 다른 영양분뿐만 아니라 유독물질까지도 이와 유사한 생물지구화학적 순환을 거친다. ■

조류 독감: 이젠 걱정을 덜어도 될까?

1997년에 홍콩 주민 18명에게서 매우 치명적인 독감이 발병하였는데 그들 중 3분의 1이 1주일 안에 사망하였다. 이 독감 발발은 사육 오리와 닭에게서 발발한 똑같이 치명적인 독감의 발발과 일치하였다. 두 독감의 발발은 바이러스가 원인이라는 것이 곧 밝혀졌다. 이제는 그 바이러스가 **H5N1 조류바이러스(avian H5N1)**라고 알려졌는데, H와 N은 바이러스의 특별한 표면 항원 유형이다. 독감은 가금류로부터 사람에게로 배설물을 통해 전염된 것으로 보였다.

홍콩 정부는 신속한 조치를 취해 감염 가능성이 있는 수백만 마리의 가금류를 도살하여 사람에게서 또 다른 독감이 발발할 위험을 사전에 예방하였다. 그러나 조류독감바이러스는 야생 철새 개체군으로 이내 퍼져나갔다. 이것은 오늘날까지 새에게 일어난 가장 큰 독감 발발로 기록되어 있으며 줄어들 기세도 보이지 않는다.

2003년까지 이 바이러스는 사람에게 다시 나타나지 않았다. 그때 이후로 400명 가까운 사람이 바이러스에 감염되었으며, 그 중 절반 이상이 사망하였다. 대부분의 사망은 아시아에서 일어났는데 그 중 인도네시아(110명), 베트남(52명), 중국(20)이 심했으며, 멀리 터키, 이집트 그리고 동아프리카의 나이지리아에서도 사망 사례가 보고되었었다. 유럽이나 미국에서 사람의 사망 사례가 보고되지는 않았지만 지금은 조류독감이 유럽의 조류에게 들어가 있다고 알려져 있다. 보건 당국은 H5N1 바이러스의 변종이 조류에서 그랬던 것처럼 결국은 사람에게서 세계적 대유행병(pandemic)을 일으켜 수백만 명을 사망시킬 수도 있다고 우려하고 있다.

세계적 대유행병은 무엇인가?

세계적 대유행병은 지리적으로 광대한 지역에서 생겨나 많은 사람들을 감염시킨 질병의 발발을 말한다. 바이러스성 대유행병은 독성(심각한 질병을 일으키는)도 있으며 전염성도 높은 바이러스의 새로운 아형이 출현할 때 발발한다. H5N1 바이러스는 사람에게 매우 전염성이 높다고 이미 증명이 되었는데, 아직까지는 사람 전염의 전부가 감염된 조류와 직접 접촉하여 일어난 것이다. 몇 건 의심이 가는 경우는 있지만, 사람 대 사람 간의 전염 사례는 단 한 건도 보고된 적이 없다.

지난 100년 동안에 세 번의 세계적 독감 대유행이 있었다. 가장 극심했던 것은 전 세계적으로 2,000~4,000명이 사망한 1918년의 스페인 독감이었다. 비교적 최근으로, 1957년의 아시아 독감과 1968년의 홍콩 독감이 있는데 두 경우 모두 100만~400만 명이 사망하였다. 이 독감들은 처음 알려지고 나서 1년도 안되어 전 세계로 퍼져 나갔다.

H5N1 바이러스가 세계적 대유행병을 일으킬까?

H5N1 조류독감바이러스가 사람과 사람 사이에서 쉽게 전염이 될 수 있는지, 그렇다면 언제쯤 그렇게 될는지는 아무도 알지 못한다. 모든 독감 바이러스는 시간이 지나가면 유전적 부동이나 유전적 교환에 의해 변한다. **유전적 부동(genetic drift)**은 바이러스의 전염성을 결정하는 표면 항원에서 일어난 작은 점진적 변화이며, **유전적 교환(genetic shift)**은 두 개의 다른 바이러스가 하나의 숙주 세포를 동시에 감염시킬 때 일어나는 바이러스 유전자의 대규모 재배열로 비교적 극적이고 빠르게 일어난다.

보건 당국이 심히 우려하는 것은 후자의 경우이다. 독감바이러스의 유전체는 단지 8개의 독립적인 유전자 절편을 지니고 있는데 이들은 두 독감바이러스가 동일한 세포를 동시에 감염시킬 때 다른 바이러스의 유전자와 교환할 수 있다. 조류독감바이러스와 사람독감바이러스에 동시에 감염된 사람은 전혀 다른 특성을 지닌 새로운 유형의 바이러스를 만들어내는 그릇이 될 수가 있다. 예를 들어, H5N1 조류독감바이러스와 H1N2 사람독감바이러스에 이중으로 감염되었다고 하자. 결과는 조류독감 유전자와 사람독감 유전자의 완전히 새로운 조합이 생겨날 것이고, 조류독감의 독성과 사람의 유행성독감의 전염성을 가진 새로운 바이러스가 출현하게 될 것이다(그림 참조). 아직까지 이런 일은 일어나지 않았으며 아마도 일어나지는 않을 것이다. 그러나 조류로부터 직접 H5N1 바이러스에 감염되는 사람이 많아지면 많아질수록 그런 일이 일어날 확률은 증가할 것이다. 그리고 그런 일이 발생한다면 결과는, H5N1 바이러스가 조류에게 끼쳤던 영향과 유사하게, 수천 어쩌면 수백만의 인명손실을 초래하게 될 것이다. 이 때문에 H5N1 바이러스에 감염된 사람이 전 세계적으로 단지 수백 명밖에 되지 않은데도 보건 당국은 심각하게 우려하고 있다.

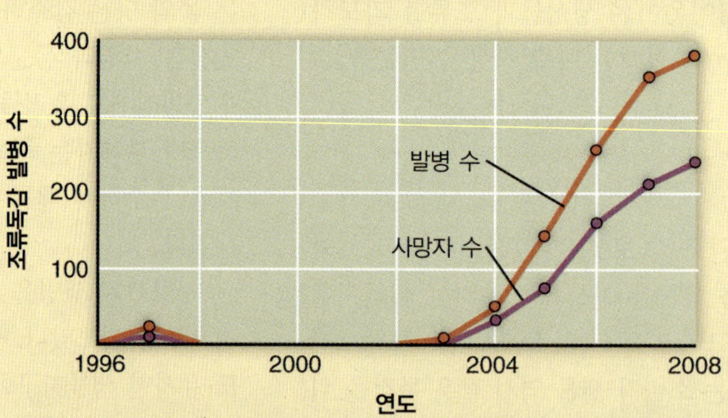

조류독감의 발병과 사망자 수 (2003년 ~2008년 6월 누적 자료)

어떤 일들이 이루어졌는가?

몇 년 전 사망인의 수가 최고에 달할 때에 세계 여러 나라에서는 전 세계적으로 퍼진 H5N1 바이러스에 대한 준비가 되어 있지 않았었다. 실제로 일어나지 않았기 때문에 대처하는 데 다소 시간을 벌어주었다. 세계적 대유행병이 될 가능성에 대비하기 위한 협조적 노력이 수년 동안 이루어졌다. 만약 지금 발발한다면, 사망 통계

사실은....

- 조류독감바이러스 중에서 독성이 강한 것은, 특정 조건 아래에서, 사람에게 감염될 수 있다.
- 아직까지 조류독감바이러스가 사람에게서 사람으로 전염된 증거는 없다.
- 보건당국자는 조류독감바이러스가 유전적 교환을 거쳐 사람 사이에서 쉽게 전염이 되어 수백만의 사람이 사망할 수 있는 대유행병이 되지 않을까 우려한다.
- 조류독감이 발병할 경우에 조류독감에 대한 백신을 준비하고 질병을 봉쇄하려는 노력이 추진되고 있다. 이것은 전혀 일어날 것 같지 않은 대유행병과 시간이 걸린 경주이다.

에 발병한 모든 조류독감은 조류와 사람의 직접
의해 전염되었다.

는 높을 것이지만 수년 전에 예측했던 수치보다 는 낮을 것이다. 그 동안 어떤 일들이 이루어지고 있는가?

- **공표(communication).** 2006년에 국제보건기구(WHO)는 세계적으로 유행하는 독감에 대한 전략적 대처계획을 개발해서 발표하였다. 이 계획에는 다음의 다섯 가지 요점이 있다. 독감에 노출되는 빈도를 줄인다. 조기 경보 체계를 강화한다. 신속한 봉쇄를 보강한다. 대유행병에 대처하는 능력을 구축한다. 범세계적 과학 연구와 개발을 통합 조정한다.
- **발견(detection).** 이제는 조류독감이 발병한 대부분의 국가와 아직 발병하지 않은 많은 국가에서도 감시 노력이 경주되고 있다. 특히 철새가 지나가는 경로에 있는 국가에서는 감시가 중요하다. 그렇게 함으로써 바이러스가 조류에 실려 전 세계적으로 퍼져나가는 것을 추적할 수 있다.
- **반응과 봉쇄(response and containment).** 만일 사람에게서 조류독감이 창궐하게 되면 첫 번째 방책은 감염된 사람을 감염되지 않은 사람과 접촉하지 않게 하는 일이다. 그러나 창궐의 규모가 크다면 건강관리 체계는 순식간에 환자의 수에 압도당할 것이다. 해외여행이나 역내여행에 대한 제한이 시행되어야 한다.
- **감염자의 치료(treatment of affected individuals).** 조류독감 증세를 나타내는 환자의 치료에 사용되는 항바이러스 약물은 현재 몇 개가 알려져 있다. 오셀타미비르(타미플루)와 자나미비르(레렌자)는 대부분의 유행성 독감의 강도를 약화시킬 수 있으며, 두 약물은 모두 H5N1 바이러스에 대해서도 효과가 있다는 것이 알려졌다. 그러나 약효를 보려면 타미플루와 레렌자는 증세가 나타난 후 24시간 이내에 투약되어야 한다.

백신은 어떤가?

유행성 독감바이러스는 유전적 부동에 의해 서서히 진화하면서 새로운 변종을 만들기 때문에 매년 이에 대한 백신이 만들어진다. 그렇지만 이 백신이 엄청난 유전적 교환을 거쳐 온 바이러스를 전부 막아내지는 못할 것이다. 만약 이처럼 독성이 강하고 전염성이 높은 새로운 바이러스가 출현해서 사람에게 대유행병이 발생하게 될 때에는 석 달도 되지 않아 질병이 전세계로 퍼져나갈 것이다. 그 바이러스에 대한 특정 백신은 약 6개월 이내에는 널리 구할 수가 없을 것이다. 여러 국가들이 협력하여 조기에 창궐을 알아내서 확산을 봉쇄한다면 백신 개발과 제조에 필요한 결정적 시간을 확보한 셈이 된다. 사실 국가들은 적어도 그렇게 하는 것이 자국에 이익이 되기 때문에 서로 서로 협력하게 되었다. 세계적인 대유행병은 모든 국가에게 영향을 미치게 될 것이다. 역설적이게도 바이러스 같이 아주 작은 것이 인류 사이에 범세계적인 협력을 이끌어냈다는 것이다.

조류 유전자 절편

H5

N1

사람 유전자 절편

H1

N2

a) 조류독감바이러스 H5N1

b) 사람독감바이러스 H1N2

c) 새로운 조류독감바이러스 H5N1 (사람-사람 전염이 더 강해진)

조류독감바이러스와 사람독감바이러스의 RNA 절편은 인체에서 재조합을 일으켜서 치명적인 새로운 변종을 만들어낼 수 있다.

이제는 걱정하지 않아도 될까?

보건당국자는 "그렇지 않다(No)"라고 이야기한다. 조류독감의 대유행은 멈출 기미도 없이 지속되고 있으며 사람들은 계속해서 감염되고 죽는다. 사람들이 매번 감염될 때마다 전염성이 높고 독성이 강한 새로운 바이러스가 출현할 가능성은 항상 존재한다. 보건당국자는 사람들이 조류독감을 잊고 있으며 머지않아 대유행병을 대비해서 자원 투자를 하지 않을 것이라고 우려하고 있다. 우리는 앞으로 전혀 일어날 것 같지 않은 일을 걱정하고 그에 대비해서 자원을 사용해야 할까? 다른 한편, 조류독감의 대유행에 대비하지 않았는데 실제로 조류독감이 발발한다면 어떻게 될까? 어느 쪽이든지 간에 잘못된 결과가 나온다.

우리가 걱정을 하든지 그렇지 않든지 간에 우리는 관심을 잃어가고 있다. 심지어는 매스컴도 관심을 잃고 있다. 2006년에, 뉴욕타임스지에는 181건의 "조류독감" 관련 기사가 실렸었는데 2008년에는 8개월 동안에 겨우 18건의 기사가 실렸다. 우리는 위험을 담보로 잊기를 선택한다.

생각해볼 문제

1 다른 나라에서 조류독감의 대유행이 발발하기 시작했다면, 세계적으로 타미플루의 공급이 달린다는 것을 알고 당신은 자신과 가족을 위해 타미플루를 구하기 위해 노력하겠는가? **2** 조류독감이 어떤 지역에서 창궐할 가능성이 높다는 뉴스는 당신의 해외여행에 대한 관심에 영향을 미치겠는가?

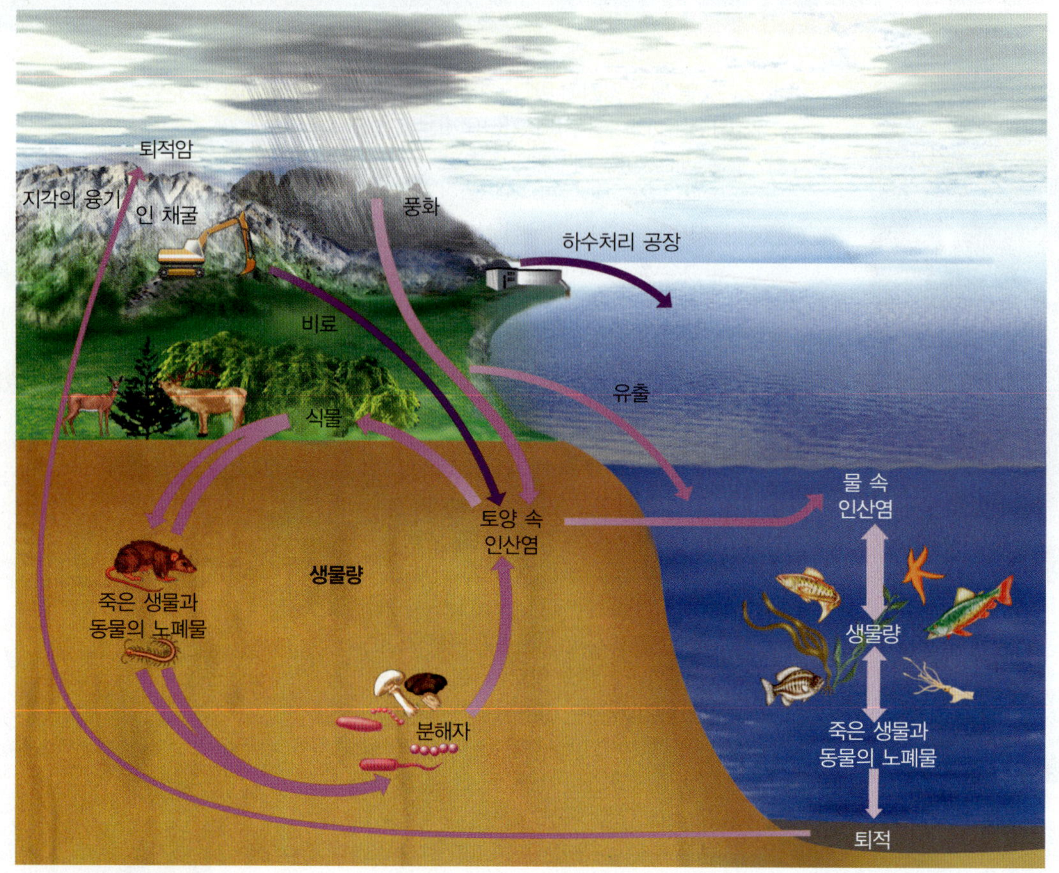

그림 23.16 인 순환. 인의 저장 풀은 퇴적물과 퇴적암에 들어 있는 인산이온이다. 서서히 진행되는 암석의 풍화는 토양 속에 있는 인산 교환 풀에 '새로운' 인산염을 더해준다. 이 인산염의 일부는 식물에 의해 흡수되고 일부는 지표수를 따라 유출되어 수생생태계의 인 공급원이 된다. 최종적으로 인은 침전으로 퇴적되는데 그곳에서 수백만 년 동안 머물다가 지각 변동이 일어나면 퇴적암은 지표 위로 올라와서 다시 풍화작용을 거치게 된다. 인간은 인을 채굴하여 공급이 달리는 곳에 비료로 살포함으로써 자연적 순환을 교란시킨다. 도시 지역에서는 개발에 따른 지표면의 변화로 인이 대양이나 강으로 과도하게 유출된다. 생물이 죽으면 저장되었던 인은 다시 생산자 생물이 사용할 수 있게 된다.

단원 요약

생태계: 환경과 상호작용하는 생물군집

- 생물과 환경 사이의 관계를 연구하는 학문을 생태학이라고 한다.
- 생태계는 생물들의 군집과 생물들이 살고 있는 물리적 환경을 포함한다.

개체군: 한 생태계 안에 존재하는 한 생물종의 역동적 관계

- 성장하는 데 제한이 없다면, 개체군은 생물적 잠재력에 따라 지수적으로 성장한다.
- 한 생태계 내에서 어떤 종 개체군의 안정된 크기는 궁극적으로 환경수용력에 의해 결정된다.

인구 성장

- 1700년대에 시작된 산업혁명 이후에 인구는 급속하게 증가하였다.
- 현재 선진공업국과 개발도상국 사이에는 출산율에 큰 차이가 있다.
- 여성 1인당 2.1명의 아이를 출산하는 인구대체율이 도달한다 해도 지구의 인구는 앞으로도 수십 년간은 지속적으로 증가할 것이다.
- 인간은 기술을 이용하여 환경수용력의 크기를 증가시킬 수 있겠지만 그러한 행동은 궁극적으로 인간의 환경수용력을 감소시킬 것이다.

군집: 함께 사는 여러 생물종

- 생태지위가 겹치는 종들은 한정된 자원을 두고 경쟁할 수 있다.
- 군집은 천이라는 자연적 변화 순서를 겪는데 천이는 안정된 극상군집이 확립되면 끝을 맺는다.

에너지는 생태계 전반에 걸쳐 흐른다

- 에너지는 생태계 전반에 걸쳐 한 방향으로만 흐르기 때문에 지속적인 에너지의 공급(태양으로부터)이 필요하다.
- 생산자 생물은 광합성 과정을 통해 태양에너지를 이용할 수 있다. 소비자 생물과 분해자 생물은 에너지를 얻기 위해 다른 생물에 의존해야 한다.
- 먹이그물의 소비자 단계가 더 높아질수록 가용할 수 있는 에너지는 더 적어진다.

화학적 순환을 통해 분자들은 생태계 내에서 재순환된다

- 화학물질(영양분)은 생태계 내에서 때로는 빠르게, 때로는 느리게 재순환된다.
- 물은 대양으로부터 육지로, 그리고 다시 대양으로 끊임없이 순환된다.
- 탄소 순환에서 식물은 대기 중의 이산화탄소를 이용하고 동물은 식물이나 다른 동물을 먹어서 유기 탄소 분자를 얻는다.
- 대기 중의 질소 기체는 생물체가 사용할 수 있는 암모늄이온이나 질산염이온(고정된)으로 전환되어야 한다.
- 인 순환은 퇴적형 순환이다. 죽은 생물체로부터 나온 인은 다시 사용된다.

알아야 할 용어

개발도상국(less industrialized countries: LICs)
개체군(인구, population)
광합성(photosynthesis)
군집(community)
먹이그물(food web)
분해자(decomposer)
생물권(biosphere)
생물량(biomass)
생물적 잠재력(biotic potential)
생물지구화학적 순환(biogeochemical cycle)
생산자(producer)
생태계(ecosystem)
생태지위(niche)
생태피라미드(ecological pyramid)
생태학(ecology)
서식지(habitat)
선진공업국(more industrialized countries: MICs)
소비자(consumer)
육식동물(carnivore)
인구대체율(replacement fertility rate)
인구제로성장(zero population growth)
인구통계적 전이(demographic transition)
잡식동물(omnivore)
지리적 범위(geographic range)
질산화작용(nitrification)
질소고정(nitrogen fixation)
천이(succession)
초식동물(herbivore)
출산율(fertility rate)
탈질화작용(denitrification)
화석연료(fossil fuels)
환경수용력(carrying capacity)
환경 저항(environmental resistance)

응용 문제

1. 환경 저항이 전혀 없다면 매년 8%씩 증가하는 개체군이 2배가 되는 데는 얼마나 걸리겠는가?
2. 궁극적으로 전 세계 인류의 환경수용력을 결정하는 가장 중요한 환경 저항 요소가 되는 것은 무엇인지 추론하시오.
3. 개발도상국은 선진공업국에 비해 더 빈곤하며 동시에 그들의 인구는 가장 빨리 증가하는 경향이 있다. 개발도상국이 발전되고 번영하려면 어떤 종류의 중재와 원조가 도움이 되겠는가?
4. 매와 올빼미는 작은 포유류를 잡아먹고 살며 서로 경쟁배타를 일으키지 않고 개체군을 유지한다. 두 종이 동일한 지리적 장소에 사는데 어떻게 이런 일이 일어날 수 있는가?
5. 원양어선에 의해 미국의 오대호에 도입된 얼룩담치는 호수 생태계에 심각한 영향을 끼쳤다. 얼룩담치와 같은 작은 생물이 어떻게 그처럼 지대한 영향을 끼칠 수 있는가?
6. 만약에 생태계에서 분해자가 갑자기 사라진다면 어떤 일이 일어나겠는가?
7. "조류대번식(algae bloom)"은 조류의 급속하고 과도한 성장을 나타내는 용어이다. 조류대번식을 일으키는 원인은 무엇이며, 조류대번식은 어떤 영향을 끼치겠는가?

개념 확인 문제

1. 생태계를 이루는 구성 성분은 무엇인가?
2. 생태계의 환경수용력이란 무엇인지 설명하시오.
3. 인구통계적 전이 과정에 있는 국가에서는 무슨 일이 일어나는지 설명하시오. 전이의 초기 단계와 후기 단계에 있는 국가의 예를 드시오.
4. 인구제로성장의 정의를 내리고, 인구제로성장이 왜 이뤄지지 않는지 설명하시오.
5. 극상군집의 개념은 무엇인지 그리고 극상군집은 왜 교란에 민감한지 설명하시오.
6. 생명을 유지하기 위해서 지속적인 에너지의 공급이 필요한 이유는

무엇인가?

7. 생태계 안에서 생산자와 소비자의 상호관계를 논의하시오.
8. 물 순환이 왜 모든 다른 생물지구화학적 순환에 필수적인지 설명하시오.
9. 탄소 순환의 중요성에 대해 논의하시오.
10. 인 순환과 그 중요성에 대해 논의하시오.

학습 문제

연결 문제

_________ 1. 개발도상국의 인구 패턴
_________ 2. 선진공업국의 인구 패턴
_________ 3. 무제한적 개체군 성장을 억제하는 요소
_________ 4. 식물과 동물을 먹고 사는 소비자 생물
_________ 5. 이상적인 조건에서 개체군이 도달할 수 있는 최대 성장률
_________ 6. 탄소의 중요한 저장고
_________ 7. 산업화 과정에 있는 대부분의 국가에서 그 지역의 산업개발과 경제적 복지를 나타내는 예측 가능한 연령구조 양상

a. 환경 저항
b. 잡식동물
c. 화석연료
d. 생물적 잠재력
e. 피라미드형
f. 총알형
g. 인구통계적 전이

빈칸 채우기

8. 지구생태계는 ____________(이)라고 부른다.
9. 군집 내에서 어떤 생물이 우세한지를 결정하는 변화의 순서를 ____________(이)라 한다.
10. 한 종이 차지하고 있는 군집 안에서의 역할은 ____________이다.
11. 태양에너지를 이용하여 자신이 필요로 하는 분자를 합성하는 생물을 ____________(이)라고 부른다.
12. 저장된 형태의 에너지를 지닌 음식물을 먹어야 하는 생물을 ____________(이)라고 부른다.
13. 어떤 영양분의 생물지구화학적 순환에 있는 세 유형의 영양분 풀은 ____________, ____________, 그리고 ____________이다.
14. 인간은 질산염이온이 풍부한 비료를 대량으로 생산함으로써 ____________의 자연적 진행 과정을 빠르게 하고 있다.

OX 문제

15. 식물은 질소 기체를 질소의 공급원으로 사용한다. ( )
16. 군집은 동일한 지리적 장소에 살고 있는 모든 종의 개체군들로 구성된다. ( )

참고문헌

Diamond, Jared. Easter's End. *Discover*, August 1995. (A fascinating and compelling look at an isolated human society that drove itself to extinction by resource depletion.)

Smith, Robert L., and Thomas M. Smith. *Elements of Ecology*. 7th Edn. San Francisco: Benjamin Cummings, 2009. (A more complete treatment of the subject of ecology for the interested student.)

Wilson, Edward O. The Bottleneck. *Scientific American*, February 2002. (A book excerpt that discusses the implications of the recent rapid growth in human population.)

World Population Projections to 2150. New York: United Nations, 1998. 41 pp. (World population trends, by region.)

학습 문제 해답

1. e **2.** f **3.** a **4.** b **5.** d **6.** c **7.** g **8.** 생물권 **9.** 천이 **10.** 생태지위 **11.** 생산자 **12.** 소비자 **13.** 교환풀; 생물량; 저장고 **14.** 질소고정 **15.** X **16.** O

24 인간의 영향, 생물다양성 그리고 환경 문제

1 진실 혹은 거짓? 지난 100년 동안에 지구표면의 평균 온도는 약 0.5℃ 정도 상승하였다.

2 진실 혹은 거짓? 지구의 전체 물 공급량의 5% 만이 담수이다.

3 지구상에는 얼마나 많은 생물종이 살고 있는가?
a. 175만 종 b. 1,000만 종 c. 3,000만 종

4 오존층이 얇아지면 피부암과 백내장의 발생 빈도가 증가한다.

5 1 평방미터의 녹색 지붕은 자동차가 1년에 ____ km를 주행하면서 만들어내는 오염물질을 흡수할 수 있다.
a. 1,600km b. 12,640km c. 16,000km

뉴욕시 하늘의 대기오염

환경을 창조적으로 그리고 파괴적으로 만드는 인간의 능력은 지구의 생물지구화학적 순환에 변화를 일으키고 있으며 거의 모든 생물종의 개체군에 영향을 미치고 있다. 오직 인간만이 1인당 수백 평방미터를 차지하는 집에서 산다. 오직 인간만이 곡식을 키울 수 없던 땅에 관개시설을 하고, 광물과 화석연료를 찾으려고 산 전체를 깎아내리며, 수천 평방킬로미터에 제초제와 살충제 그리고 비료를 살포한다. 인간의 존재는 지역 생태계뿐만 아니라 지구 생태계에서도 공기, 물, 그리고 육지의 상태를 바꾸었다. 그런 과정에서 인간은 어떤 종은 번식이 유리하게 해 주었고 어떤 종은 멸종에 이르도록 하였다.

이 단원에서는 우리 인류 *Homo sapiens*가 어떻게 지구의 환경을 변화시키고 있는지 살펴볼 것이다. 우리는 대기, 수질 및 토양 오염의 원인과 영향을 알아볼 것이다. 또한 생물다양성의 이로운 점에 대해 논의하고 지구온난화의 증거를 조사하며, 지속가능한 미래를 구축할 수 있는 방법을 살펴볼 것이다.

24.1 오염물질은 공기의 질을 해친다

우리가 숨 쉬고 있는 공기는 주로 질소(약 79%)와 산소(약 21%) 그리고 미량의 이산화탄소(0.03%)가 혼합된 기체이다. 공기에는 또한 생물에게 해로운 영향을 미치는 아주 적은 양의 화학물질과 입자들이 수천 종 들어 있는데 이를 총괄적으로 **공해(pollution)**라고 부른다. 대기오염에 관한 주된 관심은 다음 네 영역에 초점이 맞춰진다.

- 지구온난화
- 오존층의 파괴
- 산성비
- 스모그 발생

그림 24.1은 각각의 오염에 원인이 되는 오염물질(pollutant)이

원인	대기오염물질: 산화질소(N_xO_x)	탄화수소(HC)	일산화탄소(CO)	이산화황(SO_2)	할론(브롬 함유)	CFCs	메탄(CH_4)	이산화탄소(CO_2)	영향을 미침: 오존층 파괴	지구온난화	산성비	스모그
배기가스	●	●	●				●	●		●	●	●
화석연료 연소	●			●				●		●	●	●
페인트		●										●
삼림벌채			●					●		●		●
경작							●			●		
냉매						●			●	●		
소화기					●				●	●		
스티로폼						●			●	●		
살충제		●										●

그림 24.1 **대기오염의 주 요인.** 한 가지 행동(자동차 운행 등)이 한 종류 이상의 대기오염물질을 만들어낸다.

한 개 이상 있다는 것을 보여준다. 대기오염은 책임이 있는 주체를 결정하기 어렵기 때문에 개선하기가 쉽지 않다. 지구의 문제에는 전 세계적인 해결책이 있어야 한다.

과도한 온실가스가 지구온난화를 일으킬 수 있다

햇볕이 좋은 날에 유리로 만들어진 온실에 들어가면 온실 안으로 들어온 햇빛이 열에너지로 바뀌고, 열이 밖으로 나가는 것을 유리가 막기 때문에 온실이 더워진다는 것을 알 수 있다. 대기의 상층부(성층권)에 있는 어떤 기체들은 온실과 같은 방식으로 지구에 작용한다. 그러므로 그런 기체를 온실가스(greenhouse gases)라고 부른다.

가장 중요한 온실가스는 전체적으로 약 60%를 차지하는 수증기이다. 나머지는 인간이 만들어낸 것으로 이산화탄소(CO_2), 메탄(CH_4), 아산화질소(N_2O)와 소량의 두 대기오염물질(주로 냉매로 쓰이는 탄화염화불소[CFCs]와 소화기에 사용되는 브롬이 들어 있는 할론 가스)이다. 이 온실가스들이 함께 작용하여 햇빛은 통과시

들어가기 질문의 답

1. **진실.** 0.5℃라는 온도는 그렇게 높은 상승이 아닌 것처럼 들리지만 이 온도는 사람을 포함해서 생물들에게 놀라우리만치 광범위한 영향을 미친다. 이 단원에서 우리는 지구온난화와 지구온난화가 우리에게 의미하는 바를 자세히 살펴볼 것이다.
2. **거짓.** 담수는 지구 전체의 물 가운데 1% 미만을 차지한다. 물은 우리가 느끼는 것보다 훨씬 더 부족하며 인간의 활동으로 쉽게 오염될 수 있다.
3. **사실은 알지 못한다.** 현재까지 약 175만 종이 알려져 있지만 아직도 발견되지 않은 생물이 그보다 더 많을 것이다. 어떤 과학자들은 전체 생물종의 수가 3,000만을 넘을 수 있다고 추정한다.
4. **진실.** 이 단원에서 피부암과 백내장의 발생 빈도가 증가하는 이유를 알아볼 것이다.
5. **c.** 16,000km. 이 단원을 읽고 녹색지붕에 관해 좀 더 알아보자.

키지만 지구로부터 우주로 방사되는 대부분의 열을 가두어두는 **온실효과(green house effect)**를 만들어낸다(그림 24.2). 이것은 자연적이고 정상적인 현상이다. 온실효과가 없다면 대부분의 태양열은 지구로부터 방사되어 날아갈 것이고 지구의 평균 온도는 영하가 될 것이다. 달리 말하면, 지구의 정상 표면 온도를 유지하기 위해서는 성층권에 일정량의 온실가스가 있어야 한다는 것이다. 온실가스의 대부분의 CO_2 성분은 수백만 년에 걸쳐 호흡의 결과로 축적된 것이다.

그러나 현대에 와서는 인간의 활동이 온실가스, 특히 CO_2의 농도를 증가시켜왔다. 많은 과학자들이 온실가스의 과도한 생산이 온실효과를 증가시키고 지구의 평균 온도를 상승시키고(지구온난화라고 알려져 있는 현상) 있다고 믿고 있다. 대기 중의 CO_2의 농도를 증가시키는 인간의 활동 중 주된 두 가지는 광범위한 지역에서 이뤄지는 **삼림벌채(deforestation)**와 화석연료의 사용이다. 화전으로 인한 삼림벌채는 피해를 배가시킨다. 삼림을 태우면서 CO_2를 내보낼 뿐만 아니라 삼림이 감소함으로써 CO_2의 흡수가 그만큼 줄어든다. 예를 들면, 큰 나무 한 그루는 광합성을 통해서 대략 1년에 22.7kg의 CO_2를 흡수한다. 화석연료를 연소하면 수백만 년 동안 저장되었던 CO_2를 다시 대기 중으로 돌려보내게 된다. (자동차 한 대가 얼마나 많은 양의 CO_2를 배출하는지 549쪽의 "스스로 해보기"를 통해 알아보자.) 지구온난화는 물의 증발과 수증기를 증가시키므로 양성되먹임 고리에 의해 지구온난화는 더욱 증가하게 될 것이다.

전문가들은 아직도 지구온난화 효과에 대해 논쟁을 하고 있다. 이 논쟁에 관해 자세히 알아보려면 이 단원의 끝에 있는 "시사 과학 문제"를 참조하기 바란다.

탄화염화불소(CFC)는 오존층을 파괴한다

대기 중의 **오존**(O_3)은 두 곳에서 발견된다. 지구 표면 가까이의 대기층(대류권)에 있는 오존은 산소가 자동차 배기가스나 산업공해와 반응하여 만들어낸 대기오염물질이다. 오존은 약한 독성이 있어 식물을 손상시키고 사람과 동물의 호흡기에 장애를 일으킨다.

오존은 성층권에도 분포하는데 얇은 층을 형성해서 지구를 자외선(UV)으로부터 보호해준다. 자외선은 피부암의 원인이 되며 면역기능을 억제하고 백내장을 일으키기도 한다. 지구온난화의 원인이 되는 화학물질인 탄화염화불소(CFC) 때문에 오존층이 심각한 손상을 입은 것으로 보인다. 대기층 아래에서 배출된 CFC는 서서히 성층권으로 이동한 다음 분해되어 염소 원자를 방출한다. 염소 원자는 오존과 결합하여 오존을 파괴하고 산소를 발생시킨다(그림 24.3). 염소 원자는 반복해서 다시 반응에 사용될 수 있는데 한 개의 염소 원자는 적어도 1만 개의 오존 분자를 파괴한다.

성층권의 오존층은 이미 눈에 띌 정도로 얇아졌으며 1년 중 특정 시기에는 "구멍"이 생기기도 한다(그림 24.4). UN 산하의 연구원들은 그 결과로 앞으로 수십 년 안에 전 세계적으로 백내장과 피부암의 발생률이 증가할 것이라고 예측한다.

다행히도 오존 구멍은 한 지역에서만 생긴다. 1987년에 조인된

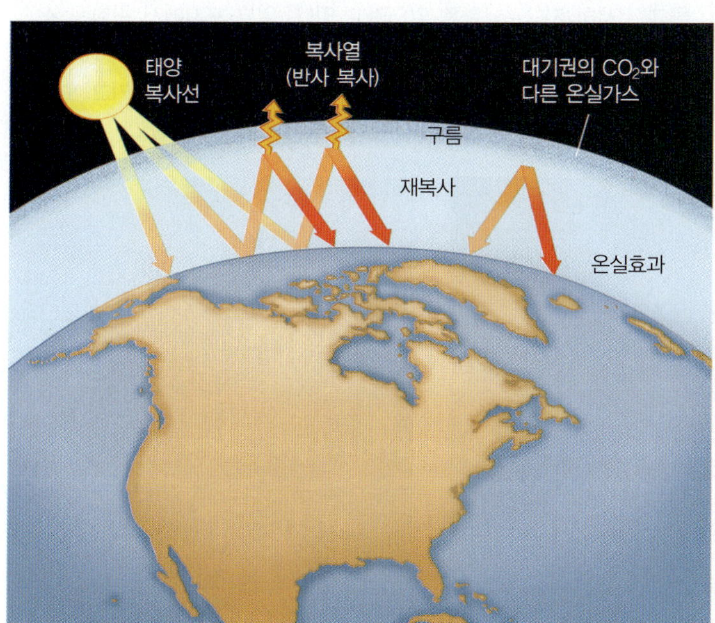

그림 24.2 온실효과. 성층권의 온실가스층은 주로 CO_2로 되어 있어서 햇빛을 투과시키지만 대부분의 열은 가두어둔다. 과도한 양의 온실가스가 지구온난화의 원인이 된다. 수증기도 온실가스의 일종으로 양성되먹임 고리를 만든다. 지구온난화가 지속되면 많은 양의 물이 증발하여 구름으로 흡수되고 구름은 지구에서 복사되는 열을 되돌려 보내므로 지표면은 더욱 더워지게 된다.

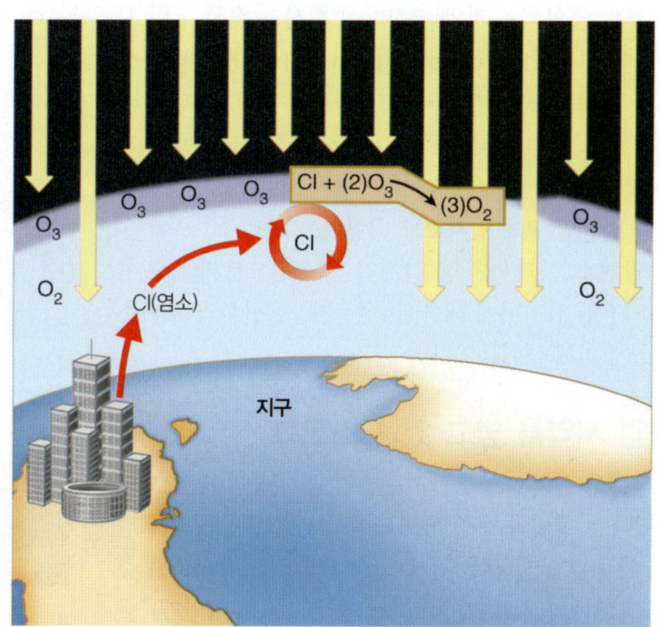

그림 24.3 오존층의 파괴. 대기로 방출된 염소는 오존(O_3)과 반응하여 산소(O_2)를 발생시킨다. 오존층의 파괴로 지구 표면은 자외선에 더욱 노출된다.

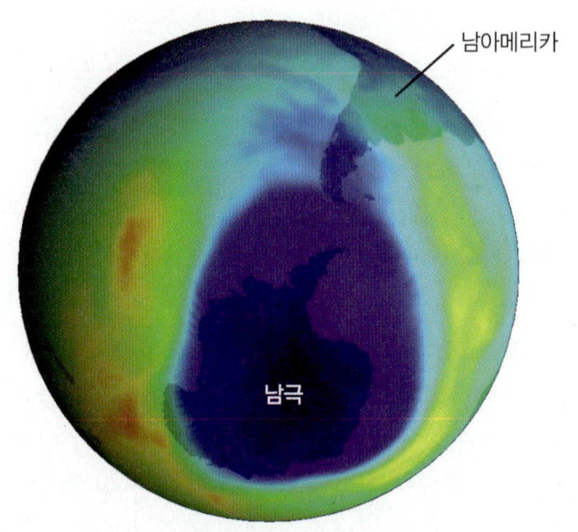

그림 24.4 **오존층의 감소.** 연중 특정 시기에 남극 위 성층권의 오존층에 생긴 구멍(청색).

국제협약에서 대부분의 공업국가들은 CFC 생산을 단계적으로 금지하기로 했다. 그렇지만 CFC가 성층권에 도달하는 데는 보통 10~20년이 걸리므로 이런 단계적 금지의 효과가 나타나려면 시간이 걸릴 것이다. 더구나 CFC 분자는 매우 안정적이어서 적어도 100년은 존속할 것이다. 이러한 진전에도 불구하고 앞으로도 대기에 영향을 미치는 오존층의 감소는 계속될 것이다.

오염물질은 산성비를 만든다

산성비의 주원인은 발전소에서 황이 많이 함유된 석탄과 원유를 태우기 때문에 공기 중으로 배출된 이산화황이다. 두 번째 원인은 자동차 배기가스에 들어 있는 산화질소이다. 이산화황과 산화질소는 공기 중의 수증기와 결합하여 황산과 질산이 되고 빗방울에 녹아들어가 **산성비(acid precipitation)**로 내린다. 산성비는 금속과 돌을 부식시키고 숲과 수생 생태계를 손상시킨다. 특히 미국 북동부 지방과 캐나다 남동부 지방 및 유럽에서 발생한다. 일부 산성 화합물은 황산염이나 질산염 고체 입자로도 내린다.

발전소와 자동차의 설계가 개선됨으로써(배출이 감소되어) 산성비에 대한 우려는 지구온난화와 오존층 감소에 비해 줄어들었다.

공업 지역을 덮고 있는 스모그

대부분은 산화질소와 탄화수소인 공기 중의 몇몇 오염물질들은 햇빛과 수증기 아래에서 서로 반응을 일으킨다. 이들은 안개 같은 갈색이나 잿빛 **스모그(smog)** 층을 만드는데 스모그["smoke(연기)"와 "fog(안개)"를 합해 만든 용어]는 보통 만들어진 지역 위에 떠 있게 된다. 스모그의 주원인은 화석연료(석탄과 석유)의 연소와 자동차 배기가스이다.

스모그에는 오존과 질산과산화아세틸(peroxyacyl nitrate: PAN)도 들어 있는데 이들은 눈과 폐에 염증을 일으키고 천식이나 폐기종을 일으키는 고질적인 호흡기질환으로 전이시키기도 한다. 생긴 원인에 따라 스모그에는 작은 기름방울, 나무나 석탄재 알갱이, 석면, 납, 먼지, 동물의 노폐물 등이 들어 있다. 스모그는 특히 정체된 따뜻한 공기층이 스모그를 지닌 아래층의 차가운 공기덩이를 가두어두는 **열역전(thermal inversion)**이 일어나는 때에 다루기가 힘들어진다.

산성비와 마찬가지로, 널리 퍼진 대기정화 노력과 대기오염물질의 배출 감소에 따라 스모그 문제는 점차 줄어들었다. 예를 들면, 한때 런던과 피츠버그에서는 스모그가 심각한 보건위생 문제였었지만 두 도시 모두 스모그를 줄이려는 노력에 성공하였다(그림 24.5). 미국 캘리포니아 주정부는 엄격한 자동차 반공해법을 통과시켰다. 오늘날 미국의 여러 지역에서는 겨울 기간에 자동차에 에탄올이나 메탄올이 들어 있는 청정연소 연료를 사용하도록 요구하며, 그에 따라 연료첨가물로 납을 사용하던 것이 상당히 감소하였다. 그러나 카이로나 멕시코시티 같은 지역에서는 아직 스모그 문제를 해결하지 못하고 있다.

요점 정리

공기의 질과 대기오염은 전 세계적인 관심거리이다. 인간의 활동은 지구를 둘러싸고 있는 오존 보호층을 파괴하며 산성비와 스모그를 만들고 서서히 지구온난화를 일으키고 있다. 일부 도시에서 관찰된 스모그의 감소와 산성비를 줄이려는 신기술의 도입에서 보듯이 대기오염을 개선하려는 노력은 효과적이다. 지구온난화를 지연시키고 오존층의 파괴를 줄이려는 범세계적인 움직임은 이미 시작되었다. ■

a)

b)

그림 24.5 **스모그.** (a) 제철산업이 전성기에 이르던 때의 피츠버그. 스모그 제거 노력이 시작되기 전 모습. (b) 스모그 감소 계획이 실시된 후의 피츠버그.

24.2 공해는 부족한 물 공급을 위태롭게 한다

인간의 활동은 수질과 물 공급에 세 가지 나쁜 영향을 미친다. 첫째, 인간은 물을 과도하게 사용하여 담수 공급을 고갈시킨다. 둘째, 자연 식생을 없애고 빌딩과 도로를 만들어 빗물이 땅속으로 스며들지 못하게 하여 지표로 흘러 유출되게 한다. 셋째, 인간 활동은 때때로 소중한 수원을 오염시킨다.

물은 부족하며 균등하게 분포되어 있지 않다

물은 대양으로부터 끊임없이 증발하여 비나 눈으로 육지에 내리므로 그런 면에서만 본다면 물은 재생 가능한 자원이다. 그렇지만 지표면 위와 **대수층(aquifer:** 땅속 깊은 곳에 있는 지하수층)에 존재하는 모든 담수는 지구의 전체의 물 중 1% 미만을 차지한다. 97% 이상의 물이 대양의 염수이며 2%는 빙하와 극지방의 얼음이다.

물은 일반적으로 부족할 뿐만 아니라 인간 개체군 사이에 불균등하게 분포되어 있다. 선진공업국 국민들은 개발도상국 국민들에 비해서 10~100배 더 많은 물을 소비한다. 전 세계의 일부 사막과 반건조 지역은 물 부족의 결과로 이미 인간의 환경수용력에 도달했다. 인간이 자신들의 목적을 위해 물길을 돌리면 우리는 다른 생물의 물을 빼앗는 것이며 그들의 정상적인 이주 방식을 제한하게 된다. 물이 제한적인 미국 서부에서는 물 권리가 논란의 중심이 되는 주제이다. 이제는 곡물 재배를 위한 관개와 커가는 도시에 물 공급 그리고 태평양 연어의 번식 장려 사이에서 선택을 해야만 한다.

도시화는 폭우 시 지표수 유출량을 증가시킨다

도시 지역에서, 수풀과 들판이 물이 스며들지 못하는 도로와 빌딩으로 변함으로써 폭우 시 지표수의 유출 문제를 초래하였다. 미국 동부의 오래된 도시들에서는 폭우로 내린 우수가 오수와 합쳐져 우오수 범람(combined sewage overflow)을 일으켜서 하천과 바다에 넘친다. 매년 1억 톤이 넘는 우오수 범람이 뉴욕 항구를 덮친다. 이 우오수는 뉴욕시에서 발병하는 질병의 주요 원인이 되어 위장염, 눈병, 귓병, 피부 발진, 호흡기 감염을 일으키고 수영선수와 조정선수에게 간염을 일으킨다. 더구나, 빌딩이나 도로로부터 우수를 하천으로 신속히 유출시키기 위해 배관을 사용함으로써 폭우 시에는 강이 넘치고 건조기에는 물이 부족하게 된다. 그 결과 하천바닥에서는 침식이 일어나고 수생 생물이 사라지게 되었다(그림 24.6). 도시 하천의 복구는 하천의 수로를 안정시키고, 수로의 침식을 줄이며, 수생 생물의 야생 개체군을 회복시키고자 하는 것이다.

스스로 해보기

자동차의 CO_2 배기량 계산하기

당신의 자동차는 얼마나 많은 양의 CO_2를 대기로 배출하는가? 1리터의 휘발유를 연소할 때마다 옥탄가나 운전 습관 및 차종에 관계없이 약 2.34kg의 CO_2를 배출하기 때문에 계산하는 것은 비교적 쉬운 편이다. CO_2의 배기량은 휘발유보다 무게가 몇 배 더 나간다. 연소 과정에서 휘발유에 들어 있는 탄소 원자 하나는 산소 원자 두 개와 결합하므로 둘이 합해서 탄소 원자보다 2.67배만큼 더 무겁기 때문이다.

일 년 동안 운전으로 배출한 CO_2 배기량을 계산하려면 일 년 동안 사용한 휘발유의 전체 양을 리터로 계산해서 그 값에 2.34를 곱하면 된다.

1. 일 년 동안 총 운행거리를 계산한다. (km / 년)
2. 자동차의 연비(km/리터)를 계산한다. (km / 리터)
3. 일 년 동안 운행한 km 수를 연비로 나누어 일 년 동안 사용한 휘발유의 양을 리터로 계산한다. (리터 / 년)
4. 위에서 얻은 수치에 2.34를 곱해서 일 년 동안 배출한 CO_2의 무게를 계산한다. (kg CO_2 / 년). 이것이 일 년 동안 당신이 운전만으로 내놓은 CO_2 배출량이다. 자동차를 생산할 때와 차후에 폐차할 때의 환경적 비용, 그리고 연료, 타이어, 배터리 등의 생산과 폐기에 따른 환경적 비용은 계산하지 않았다.

학급 과제로 주변 사람들의 데이터와 비교해보려면 **km/년**을 X축으로, CO_2 **배출량(kg)/년**을 Y축으로 하는 그래프를 그리면 된다. 각 개인의 차량에서 얻은 데이터를 그래프의 해당하는 지점에 점으로 찍어 나타낸다. 일반적으로 운행 거리가 길수록 연간 배출한 CO_2의 양이 증가한다는 것을 알 수 있다. 그러나 연료의 효율성도 역시 중요하다. 일 년에 24,000km를 운행한 포드 승용차는 약 6.5톤의 CO_2를 배출하는 데 반해 같은 거리를 운행한 링컨 승용차는 9.9톤의 CO_2를 배출한다.

인간 활동은 담수를 오염시킨다

인간의 활동은 활동이 일어나는 곳에 있는 담수를 오염시키기 쉽다. 처리되지 않은 하수, 공장에서 흘러나온 화학물질, 빗물에 씻겨 온 농약과 비료 그리고 도로에서 나온 고무나 기름 등은 어디로든지 가게 된다. 이것들은 자연적인 분해 경로에 따라 화학적으로 분해되거나 물이나 토양으로 들어가게 된다.

일부 수질오염물질은 하수처리공장, 식품가공공장 및 제지공장에서 흘러나온 **유기영양분(organic nutrient)**이다. 세균이 이런 영양분들을 분해하게 되면 세균은 급속히 성장하면서 물속의 산소를 고갈시켜 수생 동물을 위험에 빠뜨리게 할 수 있다. 다른 성분은 질소비료와 인산비료, 그리고 세탁세제에 들어 있는 황산염 같은 **무기영양분(inorganic nutrient)**이다. 무기영양분은 조류의 대량 번식을 일으키는데 조류 역시 죽으면 세균에 의해 분해된다.

부영양화(eutrophication)는 과도한 유기영양분과 무기영양분

그림 24.6 **도시 하천의 침식.** 도시화로 인해 과도한 빗물과 공해물질이 흘러 들어가 하천은 해로운 영향을 받는다.

때문에 얕은 물에 사는 식물이 급속히 성장하면서 수생동물이 죽어나가는 현상을 말한다(그림 24.7). 부영양화는 담수를 습지로 바꾸고 나중에는 육지로 전환하는 정상적인 과정의 일부분이지만 인간의 활동은 이 과정을 가속시킬 수가 있다.

특별한 문제점은 폴리염화비페닐(PCB), 기름과 휘발유, 살충제, 제초제, 중금속 등을 포함하는 독성오염물질(toxic pollutants)이다. 대부분의 독성오염물질들은 생물학적 분해 과정으로는 분해되지 않기 때문에 환경에 오랫동안 머물게 된다. 더구나 독성오염물질들은 먹이사슬의 높은 단계에 있는 생물의 조직에 더 많이 농축되는 경향이 있다. 이런 현상을 **생물농축(biological magnification)**이라고 한다(그림 24.8). 생물농축은 먹이사슬에 있는 모든 생물들이 일생 동안에 자신의 몸무게보다 몇 배나 많은 먹이를 먹기 때문에 일어난다.

생물농축의 대표적인 예는 중금속인 수은이다. 환경에서 수은의 1차 발원지는 석탄 연소에서 나온 배기가스, 금 제련, 비철금속 제련소, 시멘트 공장 등이다. 대기나 토양으로 방출된 수은은 마침내 수생 생태계로 들어가는데, 그곳에서 상어, 참치, 고래와 같은 3차 소비자에게 생물농축을 통해 축적된다. 수은에 노출이 되면 운동조율 상실, 기억력 및 지능 감퇴, 면역기능 저하 등과 같은 여러 가지 증상이 나타난다. 수은은 신경계 발생에 영향을 미치므로 특히 임산부와 어린아이들에게 더 위험하다. 많은 국가에서 사람이 먹는 어류에서 수은의 최대허용농도를 규제하는 법규를 갖추고 있다.

전 세계적으로 중요한 다른 수질오염원으로는 장티푸스와 간염 같은 질병을 일으키는 생물, 토양 침식으로 생겨 호수나 운하를 메우고 수로를 막는 퇴적물, 작물재배를 위해 육지에 살포한 질소 비료, 그리고 심지어는 발전소에서 나오는 열오염 등이 있다. 열오염은 물이 함유할 수 있는 산소의 양을 감소시킨다. 열오염은 또한 활동 방식이 온도 의존적인 수생 생물의 산소요구량을 증가시킨다. 결과로 발생한 산소 고갈은 생물을 질식시켜 죽인다.

지하수 오염은 인체 건강을 해치게 된다

지표수를 오염시키는 많은 오염물질이 똑같이 지하수를 오염시킨다. 그러나 지하수 오염은 두 가지 추가 우려를 낳는다. 첫째, 지하수는 자주 음용수로 사용되므로 지하수 오염물질은 곧바로 사람의 건강에 영향을 미친다. 둘째, 지하수는 서서히 교환되는 저장고이다. 지하수는 한번 오염되면 오랫동안 오염된 채로 머물게 된다.

미국 환경보호국(EPA)은 전체 수계와 농촌 지역 우물의 적어도 50%는 어떤 종류이든지 오염물질을 가지고 있다고 추정한다. 가장 흔한 것은 사염화탄소, 살충제, 질소비료와 같은 유기용매이다. 다른 인체 질병의 원인과 구분하기가 어렵기 때문에 우리는 지하수 오염의 온전한 폐해를 알지 못한다. 공중보건 당국자들은 일부 오염물질이 유산, 피부 발진, 신경 장애, 선천성 기형의 원인일 것이라는 의혹을 갖고 있다.

지하수 오염 가능성에 대한 특별한 우려 이슈 중 하나는 방사성 폐기물 처리이다. 방사성 물질은 원자력발전소와 질병의 진단 및 치료에 사용된다. 방사성 폐기물은 방사성이 수천 년 동안 남아 있으므로 보통 지구상에서 가장 건조한 장소에 저장한다. 어떤 방사성 폐기물은 방사성이 아주 오래 남아 있으므로 액상 유리 속에 넣어서 식히고 굳힌 다음 매립한다.

그림 24.7 **부영양화.** 수질 오염은 부영양화의 정상 진행 과정을 가속시켜서 조류와 식물의 급속한 번식을 일으키고 동물을 죽게 한다.

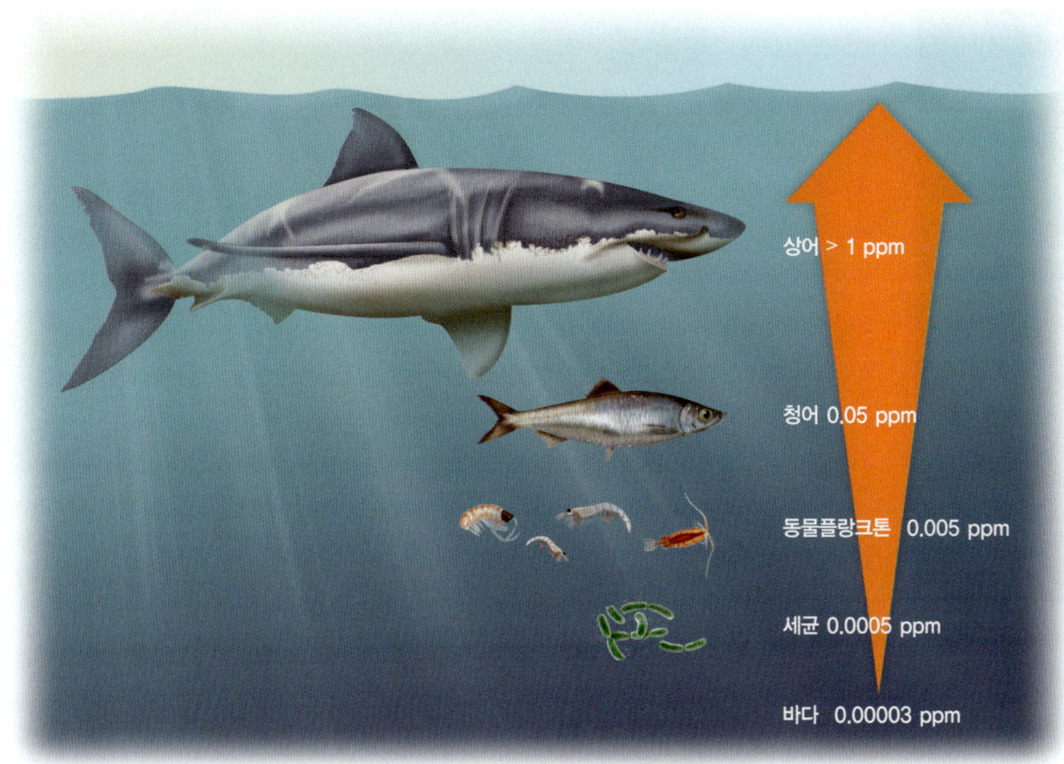

그림 24.8 생물농축. 중금속인 수은은 먹이사슬의 상위 단계로 올라가면서 체내 조직에 축적이 된다. 수은의 수중 농도가 아주 미량(약 0.00003ppm)이라고 해도 수은이 상어나 고래 같은 꼭대기 포식자에게 이를 때에는 높은 농도(1ppm 이상)로 농축되게 된다.

요점 정리

담수는 부족하며 불균등하게 분포되어 있다. 담수는 도시 지역의 지표수 유출과 농촌 지역의 비료, 살충제, 제초제 등에 의해 오염될 수 있다. 강물의 오염은 결국 바다로 연결된다. 해양 기름 유출 사고는 인간의 활동이 해양을 직접 오염시키는 한 예이다. ■

기름 오염은 해양과 해안에 피해를 입힌다

강물의 오염은 결국 해양 오염으로 연결된다. 인간의 활동이 해양을 직접 오염시키기도 하는데 가장 빈번하게 일어나는 분명한 일은 해양 기름유출이다.

매년 수백만 톤의 기름이 바다로 흘러들어간다. 그 중 약 50%는 자연 침윤에 의한 것으로, 따라서 기름 오염의 일정 부분은 자연현상이다. 전체 해양 기름 오염의 30%는 육지에서 이루어진 기름 처리와 그로 인해 하천이나 강을 통해 해양으로 씻겨 들어오는 기름 때문에 일어난 것이다. 나머지 20%는 바다에서 일어나는 사고로 인한 것이다.

바다에서 기름이 유출되면, 그 중 1/4은 증발하고, 거의 절반 정도는 세균에 의해 분해되며, 나머지 1/4은 결국 바다 밑으로 가라앉는다. 그럼에도 불구하고 기름 유출은 단기간에 해양 및 해안생태계에 심각한 피해를 일으킨다. 기름은 흩어지기 전에 생물들의 몸을 덮어서 제대로 살지 못하게 하고 작은 생물들은 질식사시킨다(그림 24.9). 해안생태계에는 그 피해가 수년 동안 나타나게 된다. 유출된 기름을 제거하는 작업은 생태계가 회복하는 데 도움이 될 수는 있지만 일부는 오염을 육지의 작업장으로 옮기기도 한다.

24.3 공해와 과도한 개발이 육지를 망친다

육지의 주된 환경 문제는 인간이 육지를 어떻게 오염시키는가가 아니고 인간이 얼마나 많은 육지를 사용하는가이다. 인간은 엄청나게 소비하며 자신의 목적에 맞추어 환경을 변형한다. 인간은 수력발전을 위해 계곡에 댐을 쌓고, 석탄을 캐기 위해 산허리를 잘라내며, 목재를 얻기 위해 숲을 동강내고 곡식을 재배하기 위해 식생을 밀어내며 벌판을 만든다.

미국의 경제 규모는 매년 1인당 22톤의 연료, 금속, 광물 및 생물량(식품과 임산가공품)을 직접 소비한다. 이 수치에 더해서, 미국 국민 한 사람이 일 년 동안에 에너지 개발을 위해 도로나 수로를 만들면서 옮겨진 땅의 양, 농업과 임업 활동으로 침식된 토양의 양, 사용한 천연자원의 양을 합한 값은 거의 88톤에 이른다. 인간의 활동은 원래 수풀 면적의 거의 절반을 없애는 등, 지구 대륙의 1/3을 이미 변형시킨 것으로 추산된다.

인구가 증가함에 따라 사람들은 도시로 이주해 가는 중대한 경향을 나타내게 되었다. 농지로 쓸 만한 땅은 지표면의 극히 적은 부분밖에 안되지만, 농지는 도시 가까이에 있을 뿐더러 평평한 농지에 집을 짓는 것이 더 경제적이기 때문에 도시는 종종 농지로 확장된다. 도시는 또한 많은 양의 물과 전력을 필요로 하고 상대적으로 작은 면적에서 많은 양의 폐기물과 공해를 만들어낸다.

농촌 지역에서 토지 이용의 문제는 매우 다른 양상을 보이지만 도시와 마찬가지로 심각하다. 전 세계 인구의 절반 이상은 가난한 농촌에서 살고 있다. 많은 사람들이 생존을 위해 거의 모두 그 지역 환경에 의존한다. 가난한 농촌 공동체가 집을 짓고 땔감으로 쓰기 위해 나무를 모두 자르고 가축을 기르기 위해 공공 영지를 황폐화

그림 24.9 **기름 유출.** 해안선 가까운 곳에서 유출된 기름은 해안으로 밀려오게 된다. 사진은 미국 텍사스 주, 갤버스턴에서 일어난 기름 유출 사고이다.

그림 24.10 **사막화.** 농촌 지역의 많은 가난한 주민들은 생존을 위해 지역의 자원에 의존할 수밖에 없다. 생태계로부터 생물자원을 빼앗으면 사막화가 일어나서 한때 생산성이 좋았던 땅이 침식되어 황무지로 변한다. 사진은 탄자니아의 풍경이다.

시키는 일은 드문 일이 아니다. 허약한 생태계로부터 생물자원을 빼앗으면 침식과 **사막화(desertification)**가 일어난다. 사막화란 한계지역의 육지가 앞으로 농사를 지을 수 없는 준사막 상태로 바뀌는 현상을 말한다(그림 24.10). 한때 생산성이 좋았던 땅이 매년 1,500만 에이커(약 60,728km^2) 이상씩 사막으로 변하고 있다. 농촌 빈민들의 당면한 생존은 쓸 만한 자원의 사용과 밀접하게 연결되어 있으므로 농촌 빈곤에 대해 어떤 조치를 취하지 않는다면 그 지역에서 땅의 붕괴를 멈추게 할 수 있는 방안은 없을 것 같다.

전쟁으로 인한 환경 피해도 발생하는데 이는 종종 소홀히 여겨진다. 1980년대부터 90년대까지 이라크의 유프라테스/티그리스 삼각주에서 벌린 배수공사는 소중한 농토를 잃게 했다. 최근에 이스라엘-헤즈볼라 간의 충돌사태 동안에 일어난 지에(Jiyyeh)발전소의 기름유출 사고는 150km에 이르는 레바논과 시리아의 해안선에 피해를 입혔으며 연안해역과 해변을 오염시켰다.

그리고 마지막으로, 우리가 쓰레기를 어떻게 버려야 하는지에 대한 당면과제가 있다. 한 가지 해결책인 쓰레기매립은 그 방법이 명백하게 의도적이며 선택에 이의를 제기할 수 있기 때문에 우리의 관심을 끌 만하다. 우리의 선택에 대해 지속적으로 점검하는 것은 현명한 일이다. 그러나 설계가 잘 되고 토양이나 수질 오염을 일으키지 않는다면, 쓰레기매립이 우리에게 당면한 가장 큰 환경문제가 아니라는 점은 고려할만한 가치가 있다. 그럼에도 불구하고 우리는 쓰레기를 덜 만들고 가능한 한 재활용을 많이 할 수 있는 방안을 찾을 수 있을 것이다.

요점 정리

육지의 이용과 육지 오염 문제는 지역에 따라 다르다. 어떤 지역에서는 사람들이 화석연료와 광물을 찾기 위해 경관을 바꾼다. 도시는 생산성이 높은 지역으로 확장해 들어가고 자연에 짐을 지운다. 농촌 지역에서는 삼림벌채와 사막화가 생태계를 손상시켜 미래의 생산성을 제한한다. ■

24.4 에너지: 여러 가지 가능성, 여러 가지 선택

에너지-우리는 에너지를 충분히 얻을 수가 없다. 우리는 수천 kg이 나가는 자동차를 굴릴 값싼 연료를 원한다. 우리는 집에 난방을 하고 심지어는 수영장 물을 덥힌다. 우리는 원료물질을 정제하고 일용 제품을 생산하며 음식물을 가공하고 조리하는 데 에너지를 필요로 한다.

에너지 사용은 소비와 직결된다. 따라서 우리는 얼마나 많은 에너지를 써야 하는지 결정하는 데 약간의 선택을 해야 한다. 우리는 또한 그 에너지를 어디에서 구해야 하는지도 선택할 수 있다.

첫째, 석탄, 석유, 가스 등 화석연료(fossil fuel)가 있다. 우리는 화석연료를 채굴하고 운송하는 데 드는 환경적 대가를 조사했다. 그리고 우리는 화석연료를 사용하면 CO_2를 배출하기 때문에 온실가스가 증가한다는 것을 알고 있다. 더구나, 석탄은 특히 황을 함유하고 있어서 산성비를 만든다. 마지막으로 우리는 화석연료가 재생가능한 자원이 아니라는 것을 고려해야 한다. 화석연료가 만들어지는 데는 수백만 년이 걸렸는데 우리는 200년 안에 그것을 모두 소

과학이 나아가는 방향

생물연료: 미래의 연료인가?

생물연료는 생물체의 대사 부산물이나 생물체로부터 직접 만들어진다. 생물연료가 되려면 재생 가능한 물질을 80% 이상 포함해야 하며 고체, 액체 및 기체의 형태를 갖추어야 한다. 재생 가능한 물질을 연료로 사용하는 것은 유리한 점이 있는 것처럼 보이지만 개별적인 적용을 고려할 때에는 찬반의 의견이 있다.

생물연료를 개발하는 한 가지 방법은 쓰레기 매립지에서 메탄가스를 포집하는 것이다. 매립장에 있는 쓰레기는 산소가 없는 조건에서 분해되어(쓰레기 안에 들어 있는 박테리아에 의해) 메탄가스를 방출한다. 메탄은 이산화탄소보다 지구온난화 능력이 20배 이상이나 되기 때문에, 매립지의 메탄을 연료로 사용하는 것은 생물연료를 공급함과 동시에 메탄을 CO_2로 전환함으로써 지구온난화를 감소시켜준다. 메탄은 낙농가에서 소의 분변으로부터도 얻을 수 있다. 두 방법 모두 다 환경적 관점에서 보면 좋은 아이디어이지만 매립지나 낙농가 모두 우리의 에너지 소비량에 영향을 미칠 만큼 충분한 양의 메탄을 결코 만들어내지 못한다.

지난 수십 년 동안 옥수수에서 추출한 에탄올을 자동차 연료로 사용하자는 의견이 점점 더 많이 강조되고 있다. 옥수수에서 추출한 에탄올 생산의 원래 의도는 에너지 효율 때문이 아니고 해외에 의존하고 있는 에너지원에 어려움이 생길 때 독립성을 갖기 위한 방책이었다. 그러나 최근의 연구에서 과학자들은 옥수수가 생물연료의 최상 공급원이 아니라는 결론을 내렸다. 옥수수는 키우고 수확하고 말리는 데 많은 양의 비료, 농약, 연료가 소요되는 곡물이다. 콩은 토양에 질소를 고정해 넣어주기 때문에 옥수수는 보통 콩과 돌려짓기를 한다. 그러나 생물연료를 얻기 위해 옥수수를 짓기 시작하면 농부들은 옥수수를 같은 땅에 연속해서 경작하게 될 것이다. 그렇게 되면 더 많은 비료를 쓰게 될 것이고 더 많은 질소가 흘러가버릴 것이다. 사탕수수와 같은 다른 에너지 작물과 비교해볼 때, 재배와 수확 및 에탄올 전환 비용 때문에 옥수수는 가장 효율이 좋은 생물연료의 공급원이 되지 못한다. 또한 식량이냐 연료냐 라는 논란도 있다. 미국의 경우, 연 평균 16,000km를 운행하는 자동차가 연료로 에탄올만 쓴다면 약 3380리터의 옥수수-에탄올이 필요하게 된다. 이 에탄올을 생산하는데 필요한 옥수수는 7명이 1년 동안 먹을 수 있는 양이다. 향후 10년 이내에는 옥수수-에탄올을 연료로 사용하자는 의견이 줄어들 것이다.

셀룰로오스에서 뽑은 에탄올은 식량 대 연료의 논쟁을 비켜갈 수 있다. 셀룰로오스에서 에탄올을 얻는 이 방법은 농사에서 나온 작물쓰레기(옥수숫대, 밀짚, 사탕수수 찌끼)나 산업 공정에서 나온 식물쓰레기(톱밥, 제지펄프), 그리고 해장죽, 억새와 같이 특별히 연료생산을 목적으로 재배한 에너지 작물을 이용한다. 셀룰로오스-에탄올을 얻는데 사용한 작물은 옥수수보다 변두리 땅에 재배하기에 더 적합해서 식량 생산과 경쟁하지 않아도 된다. 더구나 셀룰로오스-에탄올을 생산하는 데에는 옥수수-에탄올보다 에너지가 적게 든다. 상업화의 걸림돌은 식물 세포벽에 있는 셀룰로오스를 분해하는 효과적인 방법을 찾는 것이었다. 미생물에서 추출한 다수의 효소들이 현재 연구 중에 있다. 셀룰로오스로부터 얻는 에너지원은 미래의 성장 분야가 될 것이다.

오늘날의 신개념 산업은 사용한 식용유나 다른 식물성 기름으로부터 "바이오디젤" 연료를 생산하는 것이다. 식용유로부터 바이오디젤을 만드는 방법은 인터넷에서 찾아볼 수 있다. 바이오디젤이 전체 에너지 공급에서 기여하는 부분은 작지만 미래에 앞서갈 새로운 기술이 어느 분야일지는 아무도 모른다.

비할 수 있다. 화석연료를 덜 사용하는 한 가지 방법은 자동차나 비행기에 재생 가능한 생물연료를 사용하는 것이다. 이 목적에 맞는 생물연료에 대한 자세한 내용은 "과학이 나아가는 방향"을 참고하기 바란다.

우리의 에너지 요구를 **핵에너지(nuclear energy)**가 대신 채워줄 수 있는가? 발전기의 핵심부 과열, 노심 용해, 방사능 유출이 일어나지 않도록 보장하기 위한 모든 안전조치를 해야 하기 때문에 사실상 핵에너지는 비싼 에너지라는 것이 증명되었다. 더군다나 원자력발전은 수천 년 동안이나 남아 있을 방사성폐기물을 만들어낸다. 방사성폐기물을 어떻게 적절히 저장하는가 하는 문제가 최근의 쟁점이다.

다수의 농촌 빈민들은 나무나 초식동물의 배설물 같은 **생물자원 연료(biomass fuel)**를 사용한다. 생물자원 연료는 너무 급속히 고갈되지만 않는다면 재사용이 가능한 것이지만 대기를 오염시키고 항상 구할 수 있는 것은 아니다. 일부 국가에서는 도시쓰레기를 포함한 폐기물을 태워 에너지를 얻는 처리과정을 실험적으로 시도하고 있다.

물 공급이 원만한 곳에서는 **수력발전(hydroelectric power)**으로 에너지를 얻는다. 수력발전소에서는 물의 운동에너지를 이용하여 그 힘으로 터빈을 돌려 발전을 한다. 환경 대가는 계곡과 강의 생태계를 파괴하는 댐을 건설하는 것이다.

다른 종류의 재생 가능한 에너지 자원은 바람을 이용하여 전기를 얻는 "풍력발전(wind farm)"(그림 24.11a)과 땅속 깊은 곳에 있는 지열을 이용한 지열발전(geothermal power)이다. 이 두 방식은 모두 화력발전이나 원자력발전처럼 냉각수를 필요로 하지 않는 재생 가능한 에너지를 공급할 수 있다는 장점이 있다. 풍력발전은 농촌 지역에 일자리를 만들어주고 송전 설비를 통해 도심 지역으로 전력을 보낼 수 있다. 지열발전은 활화산 부근에 가장 많다. 미국

a) 풍력발전

b) 태양광발전 시설

c) 태양전지판

그림 24.11 화석연료의 대안. (a) 풍력발전 지역. 바람이 지속적으로 부는 지역에서는 풍력을 이용한 발전이 증가하고 있다. (b) 태양광발전 시설. 태양에너지가 에너지생산에 지대한 가능성을 지니고 있지만 현재의 기술로는 적은 경비로 충분한 전력을 생산하지 못한다. 사진은 호주에 있는 태양광발전 시설이다. (c) 태양전지판.

캘리포니아 주는 전력의 5%를, 엘살바도르는 전력의 25%를 지열발전에서 얻는다.

궁극적으로 우리는 식물과 마찬가지로 단 하나 유일한 재생 가능한 에너지원인 **태양광발전(solar power)**에 의존할 수밖에 없다 (그림 24.11b). 태양광발전은 태양전지판(광기전성 패널)을 이용하여 광자를 흡수하여 전자를 직류로 방출하는 방식으로 햇빛을 직접 전기로 전환한다. 현재는 태양광발전 기술의 에너지 전환 효율이 30%를 밑돌기 때문에 현실적으로 에너지 요구를 맞추지 못한다. 그렇지만 광전기성 패널의 효율은 매년 개선되고 있다. 주택에 광전기성 패널을 사용하고(그림 24.11c) 태양광발전 설비에 태양 추적 거울을 이용하는 등 태양광발전은 중요한 기여를 할 수 있다. 더구나 건축부지 선택과 빌딩 건축에 단순 태양 원리를 적용하면 에너지 절약에 보탬이 될 수 있다. 그 예로 여름에 그늘이 지는 남향 창문의 설치와 단열과 보온이 되는 건축자재의 사용이 있다. 단열 건축자재는 겨울에 열을 보존할 수 있고 여름에는 열 흡수를 막아준다. 단순 태양 원리를 적용하고 에너지 전환 효율을 높이면 인간이 사용할 수 있는 태양에너지의 비율은 지속적으로 증가할 것이다.

요점 정리

인간은 다른 종에 비해서 불균형적으로 많은 양의 에너지를 사용한다. 우리가 사용하는 대부분의 에너지는 공해를 일으키는 재생이 불가능한 화석연료이다. 다른 에너지원으로는 핵에너지, 수력발전, 풍력발전, 지열발전, 생물자원 연료 및 태양광 에너지 등이 있다. ■

24.5 인간의 영향은 생물다양성에 위기를 불러온다

생물다양성(biodiversity)이란 지구상에 살고 있는 생물들의 각종 구색을 의미하는 종의 풍부함을 말한다. 생물다양성의 한 가지 척도는 생물종의 수이다. 현재까지 약 175만 종의 생물이 보고되었지만 많은 과학자들이 전체 종의 수가 1,000만, 3,000만, 심지어는 8,000만에 이를 것이라고 추정한다. 궁극적으로, 생물다양성은 종으로부터 생태계까지, 생명의 모든 형태의 다양성이라고 간주될 수 있다. 그런 점에서 본다면, 생물다양성은 생태적 "건강"의 척도이다.

생물권에 대한 인간의 영향은 전 세계적인 생물다양성의 감소에 영향을 미쳤다. 사실상, 일부 과학자들은 현재 지구의 멸종 속도가 지난 10만 년 동안의 어떤 때보다 50배나 높다고 추정한다.

인간은 서식지를 바꾸고 파괴한다

공해와 천연자원의 과잉개발은 온전한 서식지를 파괴하여 많은 동식물종을 멸종에 이르게 한다. 아프리카의 아이보리코스트는 한때

283,400km^{2}나 되는 열대우림을 가지고 있었다. 오늘날엔 겨우 20,200~28,300km^{2}만이 남아 있는데 이것마저 향후 10년 안에 사라질 것이다. 첫 번째 이유는 인구의 증가이다. 농촌 주민들이 더 좋은 직장과 생활 여건을 찾아 도시지역으로 이주해온 것이다. 도시가 커지면서 새 빌딩과 도로를 건설하기 위해 녹지가 사라졌다.

서식지 파괴의 또 다른 원인은 농업, 특히 열대우림 지역에서의 농업이다. 전 세계의 수백만 인구가 생존과 가족 부양을 위해 생계농업에 의존하고 있다. 그러나 열대우림은 울창한 식생에도 불구하고 좋은 경작지가 되지는 못한다. 열대우림은 표토가 거의 없고 토양 영양분도 부족한 허약한 생태계이다. 수년 동안 집중적으로 농사를 지으면 토양의 영양분은 고갈된다. 농부들은 생존을 위해 지속적으로 작물을 경작하려고 새로운 열대우림을 베어내고 파괴적인 순환을 다시 시작한다. 경작 후에 남겨진 개활지는 회복이 된다면 아주 서서히 회복된다.

부족한 삼림자원을 개발하고 착취하는 일은 또 다른 위협이 된다. 브라질에서는, 도벌꾼들이 이타시아이아 국립공원으로 몰래 들어가 나무 꼭대기에서만 찾을 수 있는 애가지 속을 얻으려고 100년이 넘은 종려나무를 베어냈다. 종려나무의 애가지 속은 인기 있는 미식가 요리의 재료로 미국과 여러 나라에서 수요가 증가하고 있다. 큰 종려나무 한 그루에서 애가지 속은 400그램짜리 캔으로 겨우 2개 정도가 나오는데 이를 얻으려면 나무 전체를 죽여야 한다. 종려나무의 작고 검은 열매는 많은 동물들의 주된 먹이가 되므로 이 일은 다른 야생동물들도 멸종 위험에 빠뜨린다.

벌목도 한 요인이 된다. 유럽과 중동의 벌목회사들은 아프리카에서 800년이나 되는 단단한 재목 나무들을 잘라 반출하였는데, 이들은 가구나 마루, 건축 용도로 가공되었다. 최근 들어 벌목이 일어나는 속도가 빨라지고 있다. 벌목은 동물의 서식지를 파괴하고 벌목 후에 남겨진 도로는 접근이 어려웠던 지역을 밀렵꾼들에게 열어주기 때문에 벌목은 식물뿐만 아니라 동물에게도 피해를 입힌다. 아프리카 전역에 걸쳐 코끼리, 원숭이, 영양 등의 불법적인 밀렵이 가파르게 증가하고 있다.

삼림관리위원회(FSC)는 인증 과정을 통해 지속 가능한 삼림관리를 촉진한다. FSC는 환경적으로 신뢰할 수 있고, 사회적으로는 공평하며 경제적으로는 성장할 수 있는 임업관리 업무를 지원한다. 이 말은 생물다양성 보호, 민감한 수생서식지, 식물 및 동물의 군집 등과 같은 환경적 결과와 균형을 맞춘 벌목을 의미한다. FSC-인증 목재에는 FSC 로고를 붙이는데 인증은 전 세계적으로 70여 국가에서 받을 수 있다.

그러나 삼림벌채와 자원의 이용과 착취는 열대우림 지역에만 한정된 것이 아니다. 1800년대 후반에 미국 동부 지역의 절반 이상이 목재와 농지를 확보하려는 목적으로 심각한 삼림벌채를 겪었는데 이런 경향은 오늘날까지 지속되고 있다. 현재 당면하고 있는 전세계적인 서식지 파괴는 한 사람이나, 한 국가, 한 대륙 혹은 한 기업의 탓으로 돌릴 수 없게 되었다. 어쨌든 벌목사업은 선진공업국가들의 종이나 판지 및 고급목재에 대한 요구에 따라 공급을 하고 있다. 브라질의 도벌꾼들은 별미를 찾는 미국인들의 요구에 맞춰 종려나무의 애가지 속을 도벌하는 것이다.

도시화는 환경 변화의 주원인이다

도시 생활을 지향하는 전 세계적인 변화는 생물다양성을 포함해서 생태계에 광범위한 영향을 미쳤다. 도시의 식물 조성을 사람이 조절하게 되면서 결과적으로 식물종의 수가 줄어들고, 원래의 종이 감소하며, 식물 분포가 불균등해지고 외래종과 침입종이 증가하였다. 도시화는 동물 개체군의 생물다양성도 축소시켜 조류와 곤충이 우점종이 되게 하였다. 도시는 지표면의 3% 미만을 차지하지만 탄소 배출량의 78%를 담당하고, 주거 용수의 60%, 산업용 목재의 76%를 사용한다. 한 도시의 자원소비량과 쓰레기 처리 요구량은 보통 그 도시의 한계를 훨씬 뛰어넘는다. 예를 들면, 런던의 자원과 쓰레기에 요구되는 땅의 면적 혹은 "생태적 지문(ecological footprint)"은 실제 런던 크기의 120배나 된다. 더구나, 도시화가 지역적 규모나 세계적 규모 모두에서 원래종의 다양성을 감소시킨다는 증거가 있다. 예를 들면, 북반구의 도시 확장이 남반구에서 일부 철새들의 개체군을 감소시킨 것으로 알려졌다.

생물다양성은 인간에게도 유익하다

생물다양성은 사람을 포함하여 모든 생물에게 유익하다. 생물권을 대규모로 교란되면 인류 개체군도 위협을 받게 된다. 예를 들면, 우리는 좋은 공기를 식물에 의존한다. 식물은 광합성을 통해 이산화탄소를 흡수하고 산소를 생산함으로써 그렇지 않으면 온실가스가 될 CO_2를 제거하고 우리가 숨 쉴 산소를 만들어준다.

우리는 또한 다른 생물들에게 의식주 및 의약품까지 의존한다. 미국에서 판매되는 전체 처방약의 25%는 50종 미만의 식물에서 얻은 물질로부터 만들어진 것이다. 지구상에는 약 265,000종의 꽃피는 식물이 있다고 추산되는데 현재까지 그중 1% 미만이 의약학적 응용에 검증이 되었다. 생물다양성을 보전하여 미래에 중요한 신약을 개발할 수 있는 가능성을 유지해야 한다.

건실한 생태계는 손상이 되기 전에는 눈에 띄지 않는 다른 혜택들도 제공해준다. 예를 들면, 습지는 많은 양의 물을 지닐 수 있으므로 소중한 홍수조절 기능을 제공해준다. 습지를 파괴하면 대도시 지역이 엄청난 홍수 피해에 취약해지게 된다. 생물다양성은 인간에게 식량 공급에서도 중요하다. 영양학 연구에서는 다양한 식품, 특히 여러 종류의 과일과 채소를 먹는 것이 최상의 건강상태를 유지하는 데 가장 중요하다는 강력한 증거가 있다. 그렇지만 현재의 농업 방식은 우리의 식품 선택을 제한한다. 예를 들면 보통 슈퍼마켓

지구온난화에 대한 논쟁

지구온난화에 대한 의문만큼 뜨거운 논쟁을 많이 불러일으킨 주제는 거의 없다. 지구온난화는 지구와 지구에 사는 모든 생물의 항구적인 미래에 지극히 중대한 영향을 미치는 매우 민감한 정치적이고 경제적인 문제이다.

지구의 온도는 상승하고 있다

지난 125년 동안 전 세계의 부표, 선박, 육지의 기상관측소에서 측정된 온도를 분석한 결과 평균 지표면의 온도는 100년 동안에 약 0.6℃ 정도 증가해왔다고 밝혀졌다. 비록 해마다 온도에 변동이 있기는 하지만 전체적인 경향에는 오류가 없으며 1976년 이래로 온도상승 속도는 100년에 1.8℃로 증가하였다. 사실 1998년과 2005년에는 최고 온도의 기록을 경신하였다. 2007년은 기록상 7번째로 따뜻한 해였지만(1998년, 2005년, 2006년의 기록을 앞질렀다) 2001~2007년 기간의 온도는 1991~2000년 기간보다 0.21℃가 증가했다. 이 데이터는 지구 주위를 돌고 있는 인공위성에서 측정한 27년 동안의 온도 기록을 근거로 한 것이다. 데이터에는 대류권 지표면에서 약 13㎞ 높이의 대기층인 대류권의 온도도 증가해왔다는 기록이 들어 있다.

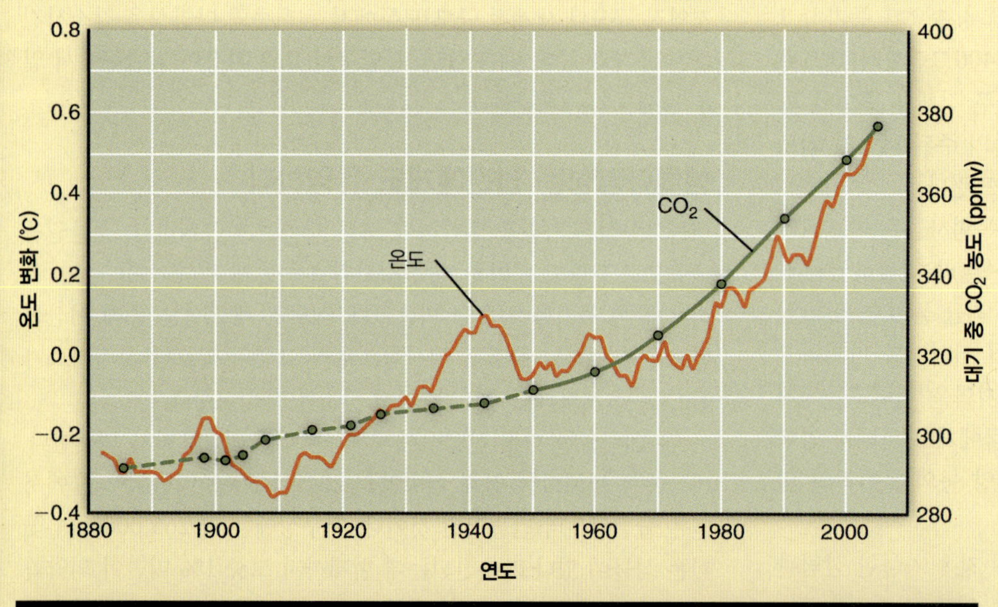

1880년 이래 지구의 온도 변화(1951~1980년 자료)와 대기 중 CO_2 농도의 변화.
미국 항공우주국과 이산화탄소정보 분석센터 자료

지구의 온도는 인간의 활동에 영향을 받는다

과학계 주류의 관점은 온도 상승의 대부분은 화석연료(석탄, 석유, 가스)의 연소로 인한 대기 중 CO_2 농도의 급격한 상승과 직접적으로 관련이 있다는 것이다. 인류가 화석연료를 대량으로 사용하기 시작한 1800년대 후반 이래로 화석연료의 연소로 매일 대기 중으로 배출되는 CO_2의 양은 약 2,350만 톤으로 증가하였다. 같은 기간 동안에 대기 중의 CO_2 농도는 288 ppmv(용적으로 100만분의 1 농도)에서 377 ppmv로 증가하였다. 지난 30년 동안의 급격한 온도상승률이 앞으로도 지속된다면 다음 세기의 대기 중 CO_2 농도는 지금의 두 배가 될 것이다.

이 모든 CO_2가 지구온난화의 원인이 된다는 증거는 슈퍼컴퓨터로 만든 기후모델에서 나왔다. 이 기후모델은 자연의 힘이나 인간의 활동 어느 것도 단독으로는 20세기 내내 일어난 기후변화를 일으킬 수 없다는 것을 말해준다. 오직 자연의 힘과 인간의 활동이 모두 관여할 때에만 이 모델이 신뢰도를 지니고 작동한다. UN이 후원하는 국제기후변화조사위원회는 "지난 50년 동안에 관측된 온난화의 대부분은 온실가스 농도의 증가가 원인인 것 같다"는 결론을 내렸다.

지구온난화는 우리에게 어떤 영향을 미치는가?

지난 100년 동안에 약 0.6℃ 정도의 평균 온도의 변화는 그렇게 큰 수치가 아닌 것처럼 들린다. 그러나 이러한 경향이 지속된다면 2100년에는 평균 온도가 약 2℃ 정도 상승할 것이다. 대부분의 전문가들이 동의한 바에 따르면 이 정도의 온도 상승이라면 수 세기 내에 빙하가 녹아서 해수면이 수십 cm나 상승하게 될 것이다. 그렇게 되면 해안생태계가 파괴되고 대도시들이 물에 잠기게 된다. 증발은 가속화되어 전 세계적으로 강수량이 증가한다. 지난 100년 동안에만도 해수면은 10~25cm나 상승하였으며 육지의 강수량은 1%나 증가하였다. 인류뿐만 아니라 지구상에 사는 수없이 많은 생물종들의 건강도 영향을 받게 될 것이다.

왜 그 동안 이뤄진 일이 그렇게 적은가?

1997년에 미국을 포함한 35개 국가들이 교토의정서를 조인하였다. 의정서의 내용에 따르면 조인 국가들은 2012년까지는 자국의 1990년 온실가스 배출량을 기준으로 온실가스 배출을 평균

사실은....

- 지구온난화는 기후, 날씨, 농업 및 사람의 건강에 심각한 영향을 미칠 것이다.
- 지구온난화를 다루는 접근법에는 탄소 배출 제한 확립, 탄소 교역 및 대기로부터 탄소를 제거하기 위한 탄소 격리(저장) 등이 있다.
- 미래의 지구온난화를 제한하기 위한 접근법에 관계없이 우리는 지구온난화로 인해 이미 일어난 영향에 확실하게 적응해야 할 것이다.

지구온난화의 원인과 크기는 과학계에서 관심이 높은 토픽이다.

5.2% 이하로 줄인다는 제안에 동의한 것이다. 미국은 나중에 이 의정서의 내용이 미국 경제에 미칠 영향을 우려한다면서 의정서 조인을 철회하였다. 몇몇 국가들은 온실가스 배출을 줄이기 위해 혹은 최소한 배출 증가 속도를 늦추기 위해 다방면으로 노력하였지만 그 모든 시도들이 아직은 효과적이지 못하다. 더구나, 과거에 온실가스를 많이 배출하지 않았던 아시아의 개발도상국가들은 현재 산업화 과정에 있기 때문에 앞으로도 온실가스 배출량을 지속적으로 증가시킬 것이다. 현재 중국은 온실가스 배출량에서 미국을 앞질렀으며 앞으로도 온실가스 배출량은 상당히 증가할 것으로 예측된다.

우리의 대응이 실패한 이유는 다양하고 복잡하다. 한 가지 이유는, 100년 동안에 겨우 몇도의 온도 변화가 수 만년 미래에 전 세계적인 환경 변화를 일으킬 수 있다는 사실을 받아들이기 어려웠던 것이다. 두 번째 이유는, 지구온난화의 영향이 어떻든 간에 지구온난화가 오늘날의 우리들에게는 별 영향이 없을 것이라는 점이다. 최근에 높아진 온실가스 농도가 미치게 될 영향이 나타나려면 수백 년이 걸릴 텐데, 왜 우리가 미리 걱정을 해야 하는가? 세 번째는, 실제로 모든 사람들이 문제를 만들고 있는데 우리들 중 누가 이 문제를 해결하기 위해, 특히 다른 사람들은 자신들의 몫을 하지도 않는데, 솔선해서 자신을 희생할 것인가? 지구 전체의 CO_2 농도 상승을 낮추는 데는 엄청난 비용이 든다. 만일 당신이 현재 중국에 살고 있다면, 지난 150년 동안에 선진공업국들이 주로 일으켰던 문제점을 바로잡기 위해 부자로 살겠다는 당신의 꿈을 기꺼이 희생하겠는가?

우리 모두는 지구온난화가 심각한 문제이며 그 문제를 해결하는 것이 인류의 최선의 공동 관심사라는 것을 인식할 필요가 있다. 그렇게 되기 전까지는 실질적인 발전이 많이 이뤄지지 않을 것이다. 이는 지구 전체의 문제이며 문제 해결을 위해서는 국제적 협력이 요구된다.

탄소 교역, 탄소세 및 탄소 격리

현재까지 대부분의 국가들에서 효과적인 대책을 세우는 데 실패함에도 불구하고 전 세계의 과학자들은 지구온난화에 대해 경제적으로 실행 가능한 해결책을 찾으려는 노력을 계속하고 있다. 온실가스를 제한하고 CO_2 농도의 상승을 없애기 위한 몇 가지 접근법이 있다. 한 가지 방법은 탄소배출권을 교역함으로써 탄소 배출을 줄이는 것이다. 교토의정서에서 정한 탄소 1년 배출량보다 적은 탄소를 배출하는 영국과 같은 나라는 사용하지 않은 "배출권"을 다른 나라에 팔 수 있다. 목적은 "녹색(그린)" 생산기술을 채택한 국가를 보상하여 다른 나라들도 같은 정책을 취하도록 독려하는 것이다. 다른 방법은 탄소세이다. 일부 국가에서는 CO_2를 대기로 배출하는데 무거운 세금을 징수한다.

가장 유망한 방법은 아마도 탄소 격리(carbon sequestration)인데 이는 CO_2를 대양저나 지하 깊은 곳에 묻거나 저장하는 일이다. 노르웨이의 스타트오일사(Statoil company)는 이미 북해에 있는 자사의 슬레이프너 웨스트 가스전에 탄소 격리 시설을 갖추었다. 이 회사는 대양저 아래 3.2km에서 천연가스를 채굴한 다음 천연가스로부터 CO_2를 추출하고 액화하여 대양저 아래 800m에 있는 암반층 밑의 사암층 안에 주입하였다. 과학자들은 이 CO_2가 수백 년 동안은 새어나오지 않을 것이며 그때쯤이면 인류는 더 청정한 에너지원을 사용할 것이라고 한다. 스타트오일사는 매일 2,800톤의 CO_2를 격리시킨다. 그 비용은 엄청나지만 만일 스타트오일사가 CO_2를 대기 중으로 배출한다면 회사는 노르웨이 CO_2 세금을 매일 2억 원(17만 5천 달러)씩 내야 한다. 탄소를 격리하는 비용은 탄소세와 거의 비슷하지만 격리는 환경 친화적이고 회사에게는 탄소 격리의 세계적 리더라는 좋은 평판을 가져다준다. 현재, 슬레이프너 웨스트(Sleipner West)는 세계에서 유일한 대규모 탄소 격리 시설이다.

북해의 슬레이프너 웨스트 천연 가스 플랫폼

적응이 필요할 것이다

결국 무슨 일이 일어나든지 간에 현실은 우리가 이미 시작한 것이 확실한 환경 변화에 적응해야만 한다는 것이다. 가능한 적응으로는 공중보건 서비스와 기반을 강화하고, 천연 환경자원을 보호하며, 해안지역이나 홍수침수지역으로부터 주민을 이주시키고, 빈번해진 태풍에 대비하며, 가뭄, 홍수, 바람에 잘 견디는 곡물을 개발하는 일이 있다. 그 밖에 해야 할 일은 때에 따라 우리가 직면한 조건에 맞춰 결정될 것이다.

생각해볼 문제

1 세계 경제를 보호하면서 여전히 지구온난화 문제를 다룰 수 있는가? 지구온난화를 다루는 것이 필요한가? 답에 대해 설명하시오.

2 당신의 생활양식은 어떤 방법으로 지구온난화에 영향을 주는가? 지구온난화를 줄이기 위해 당신의 생활양식에 영향을 미칠 수도 있는 법규의 제정을 지지하겠는가?

에서는 아주 적은 종류의 사과나 토마토만을 볼 수 있으며 항산화제를 많이 함유하고 있다는 양갓냉이나 근대 같은 잎 많은 야채는 건강식품 가게나 농부시장에서만 찾아볼 수 있다.

요점 정리

인간의 영향은 지구의 생물다양성에 위기를 가져온다. 도시화와 공해 그리고 천연자원의 과잉개발은 서식지를 파괴한다. 인간은 산소, 의식주, 의약품 및 기타 필수품들을 다른 생물종에 의존하기 때문에 생물다양성이 손실되면 인류 개체군도 위협을 받게 된다. ■

24.6 지속가능한 개발이 미래의 경제적 요구를 뒷받침한다

지속가능한 세계에서 인간은 생태계의 필수 구성원 중 하나이므로 그런 생태계(그리고 인간)는 지구상에서 먼 미래까지 존속할 수 있을 것이다. 이는 1987년 세계 환경개발위원회(World Commission on Environment and Development)에서 "미래의 경제적 요구를 충족시킬 미래 세대의 능력을 양보하지 않고 현재의 요구에 적합한 개발"로 정의한 **지속가능한 개발(sustainable development)**의 시행을 뜻하는 것이다.

지속가능성과 삶의 질 평가

우리는 개발이 지속가능한지 여부를 어떻게 결정할 수 있는가? 이 점에 관해 달리 생각할 수 있는 방법은 지속가능성의 경제적 측면을 조사하는 것이다. 경제 발전은 보통 국내총생산(Gross Domestic Product: GDP)으로 계량되는데 GDP는 한 나라에서 일 년 동안에 생산된 모든 재화와 용역의 가치를 시장 가격으로 평가한 총액을 말한다. 다른 대안으로 쓰는 계량은 순성장지표(Genuine Progress Indicator: GPI)이다. GPI는 재화와 용역의 전체 시장 가치를 생산성의 증가와 관련하여 생긴 부정적인 경제적 사회적 대가(범죄, 출퇴근에 소비된 시간, 여가 시간의 상실 등)뿐만 아니라 수질오염, 대기오염, 습지 손실과 같은 환경적 대가에 맞춰 조정한 것이다. GPI에서는 삶의 질 또한 고려의 대상이 된다. GPI는 가정의 붕괴나 공원 용지의 손실과 같은 요소를 포함한 삶의 즐거움에 거슬러 만들어진 모든 재화와 용역의 가치를 평가한다.

지속가능한 개발을 지원하는 대책

우리가 현재 알고 있는 것을 바탕으로, 우리가 지속가능한 세계에 도달하도록 도울 수 있는 대책에 초점을 맞춰보자.

소비 줄이기 이 접근법은 그렇게 인기 있는 것은 아니다. 그러나 소비를 줄이면 자동적으로 자원을 덜 사용하게 되며, 쓰레기도 덜 만들게 되고 공해도 덜 일으키게 된다. 우리가 덜 사용하면 다른 사람이 더 사용할 수 있고 심지어는 다른 생물들도 사용할 수 있다. 무엇을 덜 소비할지는 지극히 개인적인 선택이지만 불행히도 이것이 가장 효과가 좋은 비싼 항목이다. 예를 들면, 필요 이상 큰 집에 살지 않기, 자동차 일 년 더 타고 바꾸기(평생 구매할 자동차의 수가 준다), 직장 근처에 살기처럼 우리는 환경을 위해 할 수 있는 일이 많다. 어떤 경우, 우리는 환경에 영향을 미치는 하나의 사회로서 결정을 내리기도 한다(예를 들면, 우리는 이미 CFC 사용을 줄이기로 선택했다).

더 많이 재활용하기 이것은 호응이 좋은 방법이다. 종이, 금속, 플라스틱 같은 재사용 가능한 물질을 재활용하는 것은 우리의 원자재 소비를 줄여준다. 또한 재활용 물질이 쓰레기나 공해물질이 되는 것을 막아준다. 우리가 어떻게 하면 물질을 재활용하여 제조과정으로 되돌려놓을 수 있는지 뿐만 아니라 어떻게 하면 물질을 재활용하여 생태계로 되돌려놓을 수 있는지도 생각해볼 필요가 있다. 일부 도시에서는 낙엽이나 유기물들을 수집하고, 퇴비로 만들어 재활용한다. 심지어 쓰레기매립장마저도 생태계로 되돌아가는 느린 형태의 재순환으로 간주되기도 한다.

지속가능한 농업 지원 현재의 농업은 산업 모델에 근거를 두고 있으며, 농업이 고생산성을 강조하기 때문에 적당히 "농업사업"이라고 일컬어진다. 이 접근법은 식품을 풍부하고 값싸게 해주었지만 저질의 식수와 토양이라는 터무니없는 대가를 치렀다. 이와는 대조적으로, 지속가능한 농업이란 자연의 원리에 따라 지구 자원을 고갈시키지 않고 작물과 가축을 기르는 체계를 개발하는 것을 말한다. 예를 들면, '그늘에서 재배한 커피'는 나무그늘 아래에 심은 커피를 말한다. 큰 나무와 다양한 식생으로 커피나무의 성장이 촉진되며 동시에 토종 식물과 새들이 번성한다(그림 24.12). 소비자지

그림 24.12 지속가능한 농업의 보기 – 그늘에서 재배한 커피.

그림 24.13 녹색지붕. 미국 샌프란시스코에 있는 캘리포니아 과학아카데미의 새 빌딩 지붕이 천연 식물과 재활용물질들로 덮여 있다.

원농업(Consumer Supported Agriculture: CSA)에 참여하고 지역 농부들과 직거래하는 것을 고려해보자. CSA 회원은 농장의 수확 중 일정 지분을 보통 분기별로 구매함으로써 지역 농장을 지원한다.

녹색지붕 지원 전통적인 아스팔트나 타일 지붕을 살아 있는 식물 지붕으로 교체하는 것은 지속가능성을 지원하는 많은 혜택을 제공해주며 눈을 즐겁게 해주는 방법이다. 녹색지붕은 주로 식물과 토양에서 발생하는 증발로 인한 냉각에 힘입어 빌딩의 에너지 효율을 높여준다. 보도와 포장도로, 그리고 전통적인 지붕은 빗물을 흡수하지 못하므로 결과적으로 다량의 오염된 지표수를 유출시킨다. 녹색지붕은 빗물을 보유하고 여과함으로써 자연적 물 순환의 복구를 도와준다. 녹색지붕은 대기 중의 미립자 공해물질을 흡수하며 유해한 산화질소와 광합성을 위해 이산화탄소도 흡수한다. 녹색지붕 1㎡는 일 년에 16,000km를 운행하는 자동차가 평균적으로 배출하는 양의 공해물질을 흡수한다. 녹색지붕에 심는 식물은 보통 토종 식물이므로(예를 들면, 스칸디나비아에서는 잔디를, 캘리포니아에서는 유즙식물을 심는다) 관개나 기타 관리가 거의 필요하지 않다(그림 24.13).

전 세계의 출산율 낮추기 이 말을 풀어 쓰면 아이 덜 낳기이다. 아이를 덜 낳으면 옷과 일회용 기저귀가 덜 소요된다. 아이를 덜 낳는다는 말은 북미에서는 자동차와 주택의 수요가 줄고, 브라질에서는 삼림벌채가 감소하며, 인도에서는 강의 오염이 줄고, 아프리카에서는 사막화가 덜 일어난다는 의미이다. 만일 현재의 인류 출산율이 감소하지 않는다면 결국에는 환경 파괴가 지구에 대한 인류의 환경수용력을 감소시킬 것이며 사망률은 출생률과 같은 크기로 증가할 것이다. 우리는 이와 같은 상황이 기대수명은 짧고 유아 사망률이 높은 아프리카의 일부 지역에서 이미 일어난 것을 관찰할 수 있다.

농촌의 빈곤 줄이기 집도 없이 기아에 허덕이는 사람들은 당면한 궁핍을 먼저 생각할 수밖에 없다. 하루하루의 생존을 양 몇 마리와 나무에 의존해 살아가는 사람에게 사막화의 장기 영향을 이해시키는 것은 불가능하다. 그 지역에 사는 가난한 사람들에게 거주지를 철수하는 대가로 실효성 있는 경제적 대안을 제시하지 않는 한 사막화와 벌목으로 인해 세계는 점점 더 거주할 수 없는 곳으로 변한다.

가정에서 에너지 절약하기 가정에서 태양전지판 설치와 같은 재생산이 가능한 에너지를 사용하거나 에너지 절약형 가전제품을 사용한다. 단열유리창을 설치하여 겨울에는 열손실을 줄이고 여름에는 열 차단 효율을 높인다. 백열전구는 조명효과를 높일 수 있는 형광전구나 LED전구로 교체한다.

환경친화적인 제품 사용하기 가능하다면 환경에 덜 해로운 환경친화적 제품, 예를 들면 저휘발성 유기용매 페인트, 재활용 소재로 만든 합성목, 유기용매 함량은 낮고 재활용 소재 함량은 높은 양탄자 등을 선택하여 사용한다.

생태서비스를 제공해주는 생태계 보호 경제적 관점에서 보면 우리가 생태계를 보호하는 것은 논리에 맞는 일이다. 생태계가 파괴되면 우리는 식량, 신약 및 다른 많은 혜택의 중요한 공급원을 잃게 된다. 예를 들면, 숲은 기후 조절 효과, 원료물질, 식품 등을 제공해준다. 숲은 소중한 서비스를 제공해주는 천연 재산이기 때문에 "자연 자본"의 한 형태이다. 이와 유사하게 오존층은 자외선 조사의 피해를 막아준다.

우리가 지속가능한 세상을 이룰 수 있을까? 역사적으로 볼 때, 우리 인간은 지적 결정을 내리고 자신의 환경을 구체화하는 훌륭한 능력을 가지고 있으므로 언제나 낙관주의는 있었다. 우리는 벌써 지구온난화 문제에 대한 범지구적 규모의 협력을 시작했다. 미래에는 더 많은 선택들이 이루어질 것이며 거기엔 우리도 동참하게 될 것이다. 우리의 결정이 인류의 미래 모습을 만드는 데 도움이 될 것이다.

요점 정리

지속가능한 세계는 지구 환경과 인구 성장률의 안정화를 요구할 것이다. 지속가능한 세계를 만들기 위한 전략으로는 소비 절약, 재활용, 지속가능한 농업 지원, 녹색건축 시공, 세계 출산율 감소와 빈곤 퇴치, 재생 가능한 에너지 자원 활용 및 생태계 보호 등이 있다. 이 목표의 달성은 우리에게 범세계적인 규모로 지적 결정을 내릴 수 있는 능력이 있는지를 시험하는 것이다. ■

단원 요약

오염물질은 공기의 질을 해친다

- 대기오염은 온실가스, 특히 CO_2의 과도한 생산을 만들어내고 나아가 지구온난화의 원인이 된다.
- CFC는 성층권의 오존층을 얇게 한다. 많은 나라들이 CFC의 배출을 줄이려고 협력하고 있지만 오존층의 소멸은 위협으로 남아 있다.
- 산성비는 숲과 수생 생태계를 손상시킨다.
- 스모그는 만들어진 지역의 대기 위에 떠 있는 경향이 있는데 고질적인 호흡기 질환을 일으키기도 한다.

공해는 부족한 물 공급을 위태롭게 한다

- 물은 부족하며 불균등하게 분포되어 있다. 담수는 지구 전체의 물 공급량 중 1% 미만을 차지한다.
- 지표수가 오염되면 지하수가 오염될 수 있으며 마침내는 바닷물도 오염시킨다.
- 수질오염은 부영양화 과정을 가속시킨다.
- 생물농축 과정에 따라 독성물질은 먹이사슬의 높은 단계에 있는 생물에게 더 높은 농도로 축적된다.

공해와 과도한 개발이 육지를 망친다

- 인간은 자신들의 목적을 위해 환경을 변형한다.
- 삼림벌채와 사막화는 생산성 높은 땅을 생산성 없는 땅으로 바꾼다.

에너지: 여러 가지 가능성, 여러 가지 선택

- 인간의 다른 생물에 비해서 엄청나게 많은 에너지를 사용한다.
- 우리가 사용하는 에너지의 대부분은 재사용이 불가능한 화석연료-석탄, 석유, 가스-로부터 온 것으로 이들의 사용은 공해를 일으킨다.
- 다른 가능한 에너지원으로는 생물자원연료, 핵에너지, 수력발전, 풍력발전, 지열발전 및 태양광발전이 있다. 태양광발전은 재사용이 가능하지만 현재의 태양광발전 기술로는 우리의 에너지 요구를 충족시킬 수 없다.

인간의 영향은 생물다양성에 위기를 불러온다

- 공해, 도시화, 서식지 파괴, 천연자원의 과잉 개발은 생물권에 피해를 입히고 있으며 전 세계적으로 생물의 멸종 속도를 가속화시키고 있다. 인구의 증가, 농업, 벌목, 부족한 자원의 개발 등이 모두 그 요인이 된다.
- 인간은 의식주, 의약품, 산소와 건강에 좋은 대기, 기타 생활필수품들을 다른 생물에게 의존하며 산다. 생물다양성을 잃게 되면 인간 개체군도 위험에 빠진다.

지속가능한 개발이 미래의 경제적 요구를 뒷받침한다

- 지속가능한 미래를 만들기 위한 전략으로는, 소비 절약, 재활용 활성화, 지속가능한 농업 지원, 녹색지붕 설치, 전 세계적으로 출산율을 대체출산율까지 낮추기, 농촌의 빈곤 타파, 가정에서 에너지 절약하기, 환경친화적 제품 사용하기, 생태계 보호 등이 있다.
- GDP(국내총생산)를 대신해서 GPI(순성장지표)를 사용하면 우리의 삶의 질을 고려한 발전을 측정할 수 있다.
- 인간은 환경의 모습을 만들 수 있다. 현명하게 환경을 만드는 것은 우리에게 달려 있다.

알아야 할 용어

공해(pollution)
대수층(aquifer)
부영양화(eutrophication)
사막화(desertification)
산성비(acid precipitation)
삼림벌채(deforestation)
생물농축(biological magnification)
생물다양성(biodiversity)
스모그(smog)
열역전(thermal inversion)
오존(ozone)
온실효과(greenhouse effect)
지구온난화(global warming)
지속가능한 개발(sustainable development)

개념 확인 문제

1. 지구를 둘러싸고 있는 오존층을 유지해야 할 중요성을 설명하시오.
2. 산성비와 스모그의 영향을 설명하시오.
3. 인간의 활동이 어떻게 지구의 물을 오염시키는지 논의하시오.
4. 공해가 어떻게 온실효과를 키울 수 있는지, 그리고 온실효과가 어떻게 지구의 온도를 변화시키는지 설명하시오.
5. 3차 소비자가 1차 소비자보다 독성오염물질에 더 영향을 받는 이유를 설명하시오.
6. 이용 가능한 여러 가지 에너지원을 비교하여 설명하시오.
7. 생물다양성의 중요성과 인류의 건강에 미치는 영향을 설명하시오.
8. 경제적 관점에서 볼 때 지속가능한 개발이 합리적인 이유를 설명하시오.
9. 지속가능한 개발을 지지하는 대책들을 열거하시오.

학습 문제

연결 문제

_________1. 지구의 열로부터 얻는 에너지

_________2. 가장자리 땅이 미래에 농사를 지을 수 없는 황무지로 변하는 과정

_________3. 지구상에 살고 있는 생물종의 온갖 종류와 수를 설명하는 용어

_________4. 땅속 깊은 곳에 있는 지하수층

_________5. 주로 산화질소와 탄화수소로 인한 대기오염으로 생긴 안개 같은 갈색 또는 잿빛 층

a. 지열
b. 대수층
c. 사막화
d. 생물다양성
e. 스모그

빈칸 채우기

6. 환경 속에 존재하는, 생물에게 해로운 영향을 미치는 화학물질을 ____________(이)라고 부른다.
7. 위층의 정체된 따뜻한 공기가 아래층의 스모그를 지닌 차가운 공기 덩이를 가두어두는 현상을 ____________(이)라고 한다.
8. ____________(이)라고 부르는 기체는 두 곳, 성층권과 지표면 근처에서 발견된다.
9. ____________발전은 태양에너지를 포획하여 전기를 만드는 방식이다.
10. 먹이사슬에 있는 모든 동물들은 일생 동안에 자신의 몸무게보다 몇 배나 많은 먹이를 소비하며, 독성오염물질은 동물의 조직 안에 축적되기 때문에 ____________이(가) 일어난다.

OX 문제

11. 이산화탄소는 전체 온실가스 중 절반 이상을 차지한다. ( )
12. 스모그는 일반적으로 공업지역 위에 나타나고 농촌지역에서는 나타나지 않는다. ( )
13. 해양 기름 오염의 절반 정도는 자연 침윤으로 인한 것이다. ( )

참고문헌

Broome, John. The Ethics of Climate Change. *Scientific American*, June 2008, pp. 97–102.

Carbon dioxide capture and storage: Summary for policymakers, IPCC Special Report 2005. www.ipcc.ch/pdf/ special-reports/srccs/srccs_summaryforpolicymakers.pdf

Fishetti, Mark. Living Cover. *Scientific American*, May 2008, pp. 104–105. (An introduction to the environmental benefits of green roofs.)

Gleick, Peter. Making Every Drop Count. *Scientific American*, February, 2001, pp. 40–45. (A discussion of how to cope with the increased demand on a constant water supply.)

Grimm, Nancy B., et al. Global Change and the Ecology of Cities. *Science* 319(2008)756. (How urbanization is effecting global changes in land cover, biodiversity, and air quality.)

응용 문제

1. 농촌에 사시는 아저씨께서 농장에 연못을 만들고 농어와 송어를 넣어서 길렀다. 처음에 연못물은 맑았고 농어는 큰 크기로 자랐다. 그러나 5년이 못되어서 연못은 두꺼운 녹조로 덮이고 물고기는 모두 죽었다. 연못이 왜 그렇게 되었는지 아저씨께 설명해드리자.
2. 인간의 전쟁은 생태계에 파괴적인 영향을 미친다. 가장 최근에 일어난 대규모 전쟁 중의 하나는 1990년대 초에 쿠웨이트를 점령한 사담 후세인 군과 연합군 사이의 전쟁이다. 이 전쟁에서 사담 후세인군이 연합군의 침공을 저지하기 위해 시도했지만 성공하지 못한 작전은 무엇이며, 그 작전이 이라크 남부와 쿠웨이트의 환경에 어떤 영향을 끼쳤는가?
3. 미국에 있는 어떤 사람이 집안을 장식하기 위해 내린 작은 선택이 멀리 떨어진 아프리카의 서식지에 어떻게 영향을 미칠 수 있을까?
4. 대부분의 사람들은 자신들이 의도적으로 유용하고 소중한 물건을 파괴하지 않는다는 점에 동의한다. 그렇다면 무엇 때문에 인간은 대부분의 사람들이 소중하다고 생각하는 열대우림을 파괴할까?
5. 1970년대에, 독일 남서부의 슈바르츠발트 산림지대(Black Forest)는 나무들이 피해를 입는 시기를 겪었다. 비교적 짧은 기간 동안에 산림지대에서 죽어나가는 나무의 수가 상당히 증가하였다. 더구나 그 지역의 몇몇 호수는 빠른 속도로 산성화되어서 물고기들이 죽어나가기 시작했다. 이런 문제를 일으킬 수 있는 원인은 무엇이겠는가?
6. 2008년 북경에서 올림픽이 열리는 동안 중국 정부는 많은 공장을 한시적으로 폐쇄했으며 국민들에게 차량 사용을 제한시켰다. 중국 정부가 우려한 것은 무엇인가?
7. 허리케인 카트리나(Katrina)가 지나간 후, 많은 뉴올리언스 시민들은 자신의 집으로 돌아갈 수가 없었다. 침수 피해가 심하지 않은 가옥들도 복구불가로 판정을 받고 결국은 철거되었다. 왜 수많은 가옥들을 복구하지 않고 불량으로 판정해 철거했을까?
8. 전기를 생산하는 데는 여러 가지 다른 에너지원들이 사용된다. 미래의 에너지원으로는 어떤 것이 좋다고 생각하는가?

학습 문제 해답

1. a **2.** c **3.** d **4.** b **5.** e **6.** 오염물질 **7.** 열역전 **8.** 오존 **9.** 태양광 **10.** 생물농축 **11.** X **12.** O **13.** O

용어 해설

A

ABO blood type ABO식 혈액형 적혈구 표면의 항원 A와 B의 존재 유무에 근거하여 유전적으로 결정되는 사람 혈액형의 한 종류. ABO식 혈액형에는 A, B, AB 및 O형이 있다.

absorption 흡수 물질이 외부환경으로부터 상피를 통과하여 내부환경으로 이동하는 현상. 심혈관계에서는 세포간질에서 모세혈관으로 체액이 이동하는 현상을 말한다.

acid 산 용액에서 수소이온 농도를 증가시키는 물질.

acrosome 첨체 정자 머리 부위에 있는 큰 소포. 효소를 비롯한 여러 가지 단백질이 들어 있으며 이 단백질들이 수정시 정자가 난자와 융합되는 과정을 돕는다.

action potential 활동전위 자극을 받아 일어난 Na^+와 K^+ 통로의 선택적인 열림과 닫힘에 의해 유도되는 세포의 막전위의 빠른 변화.

active transport 능동수송 막을 통한 물질의 수송 중 에너지를 필요로 하는 모든 방식의 수송.

adaptation 적응 지속적인 자극에 대하여 감각수용기의 반응성이 감소하는 현상.

adaptive radiation 적응방산 생물체의 무리가 새로운 종을 형성하여, 그들의 적응이 군집 내에 비어 있는 생태적 역할을 채우게 하는 진화적 변화.

adenosine triphosphate(ATP) 아데노신 삼인산 아데닌을 포함하는 뉴클레오시드 삼인산으로 인산 결합이 가수분해될 때 자유에너지를 방출한다. 이 에너지가 자유에너지 증가반응을 일으키는 데 이용된다.

adipocyte 지방세포 트리글리세리드(중성지방)가 저장되어 있는 세포.

adipose tissue 지방조직 몸의 단열과 연료의 저장작용을 하는 결합조직으로 지방세포라고 불리는 지방 저장세포로 구성되어 있다.

adrenal gland 부신 신장 위쪽에 위치하는 1차 내분비선. 바깥의 피질과 안쪽의 수질로 나뉜다.

adrenal medulla 부신수질 부신의 안쪽 부분. 카테콜아민을 분비한다.

adrenocorticotropic hormone, ACTH 부신피질자극호르몬 뇌하수체 전엽에서 분비되는 자극호르몬으로, 부신피질의 당류코르티코이드 분비를 촉진한다.

agglutination 응집 여러 항체의 특정한 결합을 통해 많은 항원이 연결되는 것.

aldosterone 알도스테론 부신피질에서 분비되는 스테로이드호르몬으로, 소듐의 재흡수와 포타슘의 분비를 조절한다.

allantois 요막 네 가지 배외막 중의 하나. 배의 질소 노폐물의 저장소와 기체교환 작용을 한다.

allele 대립유전자 구별되는 표현형질을 일으킬 수 있는 한 유전자의 다른 형태.

allergen 앨레르겐 과도한 면역반응을 유발하는 항원.

all-or-none principle 실무율 활동전위는 완전히 발생하거나 아니면 전혀 발생하지 않는다는 원칙(불완전한 중간 크기의 활동전위는 발생할 수 없다).

alveolus 허파꽈리, 폐포 끝이 막힌 수많은 작은 공기주머니로 허파의 표면에서의 공기 교환을 담당한다.

Alzheimer's disease 알츠하이머병 나이와 관련된 정신 질환으로 혼돈, 기억력 감소 등의 증상을 보인다.

amino acid 아미노산 단백질의 구성성분으로 하나의 중심 탄소원자에 아민기와 카르복실기, 수소 그리고 R기(잔여기)가 결합되어 있다.

amniocentesis 양수 검사 주사기로 뽑아낸 양수를 분석하여 태아의 유전병이나 선천성 결함을 탐지하는 출생 전 진단의 한 기법.

ampulla 팽대 반고리관 시작 부위에 부풀어 있는 부위. 안에 털세포가 있어 각가속도를 감지한다.

anabolism 동화작용 작은 분자들로부터 큰 분자들을 합성하는 과정으로, 일반적으로 에너지를 필요로 한다.

androgen 안드로젠 테스토스테론과 같이 남성 생식계와 2차 성징을 발달시키고 유지시키는 스테로이드호르몬.

anemia 빈혈 혈액의 산소 운반 능력이 저하된 상태.

angiotensin II 안지오텐신 II 안지오텐신 I이라는 전구물질로부터 유도된 단백질. 부신피질의 알도스테론 분비 및 기타 생리적 반응을 촉진하여 혈액량과 혈압을 유지하거나 증가시킨다.

Animalia 동물계 음식물을 섭취하는 다세포성 진핵생물의 계.

antibody 항체 분화된 B세포인 형질세포로부터 분비되는 단백질로 특정 항원에 결합하여 제거되도록 표지한다. 면역글로불린이라고도 한다. 모든 항체분자는 Y 형태를 하고 있으며 단량체 상태에서는 동일한 두 개의 무거운 사슬과 동일한 두 개의 가벼운 사슬을 가진다.

antidiuretic hormone(ADH) 항이뇨호르몬 뇌하수체 후엽에서 분비되는 호르몬으로 신장에 의한 물의 재흡수를 조절한다. 바소프레신이라고도 한다.

antigen 항원 면역세포가 식별할 수 있는 단백질이나 다당류 성분. 바이러스, 박테리아, 곰팡이, 원생동물, 기생충, 꽃가루, 이식된 조직, 종양세포 등으로부터 나온다.

aorta 대동맥 주요 동맥 중 하나. 이로부터 동맥 가지들이 나누어져서 체순환 내 모든 기관과 조직으로 혈액을 공급한다.

appendix 충수, 막창자꼬리 척추동물의 맹장에 존재하는 작은 손가락 모양의 돌기; 면역에 관여하는 백혈구 덩어리를 포함하고 있다.

aqueous humor 안구방수 눈의 전방에 있는 액체. 수정체와 각막에 영양을 공급한다.

Archaea 고세균 원핵생물의 두 영역 중 하나로 다른 하나는 박테리아이다.

arteriole 세동맥 모세혈관으로 혈액을 나르는 작은 혈관. 혈관벽의 평활근이 수축하거나 이완하면서 혈액의 흐름을 조절한다.

artery 동맥 심장에서 나가는 혈액이 흐르는 큰 혈관.

atherosclerosis 동맥경화 플라크라고 불리는 지방 침전물이 동맥의 안쪽 벽에 형성되어 혈관을 막아 딱딱하게 만드는 심혈관계 질환.

ATP synthase ATP 합성효소 산화적 인산화 과정에서 ATP를 합성하는 효소. 미토콘드리아내막에 위치한다.

autosome 상염색체 성 염색체를 제외한 염색체.

autotroph 독립영양생물, 자가영양생물 유기 음식물을 다른 생물체나 혹은 다른 생물체에서 유래된 물질로부터 섭취하지 않고 직접 만드는 생물. 독립영양생물은 태양이나 혹은 무기물의 산화에서 얻은 에너지를 이용하여 무기물로 유기물을 합성한다.

axon 축삭 뉴런의 세포체로부터 뻗어 나온 가지로, 활동전위나 신경정달물질의 방출을 통하여 다른 뉴런이나 효과기세포로 정보를 보낸다.

B

B cell B세포 B 림프구.

basal metabolic rate(BMR) 기초대사율 생명 기능 유지에 필수적으로 소모되는 에너지를 나타내는 대사율.

basement membrane 기저막 대부분의 물질이 통과할 수 있는 비세포성 물질층으로 기저측막을 고정시켜주며 상피세포층을 물리적으로 지지해준다.

basophil 호염구 기생충으로부터 인체를 방어하는 백혈구. 히스타민, 헤파린 등 여러 가지 화학물질을 방출한다.

biogeochemical cycle 생지화학적 순환 생태계의 생물학적 비생물학적 요소를 모두 포함하는 여러 영양물의 순환.

biogeography 생물지리학 과거와 현재 종의 지리적 분포에 관한 연구.

biological magnification 생물 농축 물질이 먹이 사슬의 각 단계에서 점점 농축되는 과정.

biomass 생체량 특정 서식지의 생물집단을 구성하는 유기물의 전체 중량.

biosphere 생물권 생물체가 존재하는 지구의 모든 부분; 지구 생태계를 모두 합친 것.

biotechnology 생명공학 생물체나 그 구성요소를 조절하여 유용한 물질을 생산하는 기술.

birth control pills 피임약 배란을 억제하고 황체 형성을 늦추거나 혹은 정자가 자궁으로 들어가지 못하게 자궁경부의 점액을 변화시키는 약물.

blastocyst 포배 배아 발달의 초기 단계. 안쪽에 세포괴가 있어 구별할 수 있다.

blind spot 맹점 해부학적으로는 광수용기가 없는 망막의 시각신경유두.

blood-brain barrier 혈액-뇌 장벽 혈액과 중추신경계의 간질액 사이에 존재하는 물리적 장벽. 뇌모세혈관의 내피세포들 사이의 밀착연접에 의해 형성된다.

bone 뼈 콜라겐 섬유의 단단한 구조 안에 칼슘염이 존재하는 살아 있는 세포로 구성된 결합조직의 일종.

Bowman's capsule 보우만주머니 네프론(콩팥단위)에서 사구를 둘러싸는 컵 모양의 구조로서 여과액이 콩팥세관으로 유입되는 부분으로 여기에서 콩팥세관이 시작한다. 여과액이 콩팥세관으로 들어가는 부위다.

brain 뇌 중추신경계에서 두개골 안에 들어 있는 부분.

bronchiole 세기관지 기관지에서 나와 폐포에 이르는 직경 1mm 이하의 작은 세관.

bronchus 기관지 호흡기의 가지를 이루고 있는 관으로 기도와 폐의 세기관지 사이에 있음.

buffer 완충용액 외부에서 산과 염기가 더해졌을 때 급격한 pH의 변화를 최소화하는 산과 염기의 형태로 이루어진 물질을 가지는 용액.

bulbourethral glands 망울요도샘 남성생식계에 있는 부속 분비선.

C

calcitonin 칼시토닌 혈장의 Ca^{2+}농도를 조절하는 펩티드 호르몬.

calrorie 칼로리 1g의 물을 1°C 올리는 데 필요한 열량, 또한 1g의 물을 1°C 내리는 데 필요한 열량. 음식물 내의 에너지량을 표시하기 위해서는 보통 킬로칼로리(kcal 혹은 Cal)가 사용된다.

capillary 모세혈관 체내에서 가장 작은 혈관; 얇은 혈관벽을 가지고 있어 혈액과 조직 사이에서 물질교환이 일어날 수 있다.

carbaminohemoglobin 카르바미노헤모글로빈 이산화탄소와 결합한 헤모글로빈.

cardiac cycle 심장주기 심장이 한 번 뛰는 동안 일어나는 기계적 및 전기적 사건들의 연속.

cardiac muscle 심장근 심장의 수축벽을 이루는 근육.

cardiac output(CO) 심박출량 각 심실이 1분 동안 뿜어내는 혈액의 양.

cardiovascular system 심혈관계 심장, 혈관 및 혈액으로 이루어진 기관계.

carnivore 육식동물 다른 동물을 먹고 사는 동물.

carrier 운반체 막의 한쪽에서 분자와 결합한 후 구조변화나 형태변화에 의해 그 분자를 막의 다른 쪽으로 수송하는 막관통단백질.

carrying capacity 환경수용력 가용한 자원에 의해 유지되는 집단의 최대 크기로 K로 표현한다.

cartilage 연골 연골세포에서 분비되는 결합조직으로 석회화되지 않은 뼈와 유사함.

catabolism 이화작용 큰 분자가 작은 분자로 분해되는 작용. 일반적으로 에너지가 방출된다.

catalyst 촉매 소모되지 않으면서 반응 속도를 변화시키는 화학물질.

cecum 맹장, 막창자 큰창자의 시작 부근에 존재하는 막다른 주머니 모양의 공간.

cell body 세포본체 신경세포의 핵이 있는 부위.

cell-mediated immunity 세포성 면역 특정 유형의 T세포가 비정상적인 세포나 감염된 체세포를 죽이는 반응.

cellular respiration 세포호흡 유기분자를 분해하여 ATP를 생산하는 산소호흡과 무산소호흡의 동화작용 경로.

central canal 중심관 신경과 혈관을 가지고 있는 뼈단위의 중앙에 있는 속이 비어 있는 관.

central nervous system(CNS) 중추신경계 뇌와 척수를 포함하는 신경계의 한 부분. 기관에서 받은 정보를 통합 정리하여 명령을 만들어 기관으로 보낸다. 또한 학습, 기억, 감정 및 인지를 담당하는 부위이기도 하다.

centriole 중심립 미세소관으로 이루어진 실린더 모양의 동물세포내 작은 소기관으로 세포분열에서 중요한 역할을 한다.

centromere 동원체 복제된 염색체에서 각 자매염색분체가 특정 단백질에 의해 서로 가장 가까이 부착한 부위이다; 이러한 밀접한 부착은 응축된 염색체에서 잘록한 부분을 형성하도록 한다.

cerebellum 소뇌 전뇌 아래 뇌간의 뒤에 있는 뇌 부위로 유연하고 조화된 골격근의 활동에 관여한다.

cerebral cortex 대뇌피질 대뇌를 덮고 있는 회백질의 얇은 막.

cerebrospinal fluid(CSF) 뇌척수액 중추신경계를 둘러싸고 보호하는 투명한 액체로 조성이 혈장과 유사하다.

cerebrum 대뇌 뇌의 가장 큰 구조물로 회백질과 백질을 가지고 있다. 두 대뇌반구와 이들을 연결하는 신경삭으로 되어 있다. 고차원 정신 기능을 관장한다.

chemical bond 화학결합 원자 사이에 결합을 일으키는 두 원자 간의 인력.

chemoreceptor 화학수용기 몸의 여러 곳에서 특정 화학물질의 농도를 감지하는 수용기.

cholecystokinin(CCK) 콜레시스토키닌 십이지장과 공장에서 분비되는 호르몬으로 위의 분비와 운동을 억제하고, 췌장효소 분비 및 담낭의 수축을 북돋운다.

cholesterol 콜레스테롤 동물세포막의 필수 구성 성분인 스테로이드이며 스테로이드 호르몬을 합성하는 전구물질로 작용한다. 간에서 만들어진다.

chorion 융모막 태아를 감싸고 있는 제일 바깥의 막으로 태반 형성에 관여한다.

chromatin 염색질 단백질과 결합되어 느슨하게 꼬여 있는 실모양의 DNA 형태로 핵 안에 흩어져 있다.

chromosome 염색체 진핵세포의 핵에 존재하는 유전물질을 운반하는 구조. 각 염색체는 단백질과 결합된 매우 긴 하나의 DNA 분자로 세포분열 도중에 핵 안에서 막대모양으로 보인다.

chyme 유미즙 음식 입자와 위장관 분비물 혼합체. 위와 소장에 있다.

cilium 섬모 미세소관을 포함하는 세포 부속지. 운동성의 섬모는 이동을 위해 특수화되었고, 확장된 원형질막에 둘러싸인 9개의 바깥 쌍 미세소관과 2개의 안쪽 단일 미세소관으로 형성(9 + 2 구조)된다.

citric acid cycle 시트르산 회로 해당작용에서 시작된 포도당 분자를 피루브산의 산화작용에 의해 이산화탄소로 완전분해하는 8단계의 반응을 포함한 화학 회로. 진핵세포에서는 미토콘드리아에서 일어나며, 세포 호흡의 두 번째 중요 단계이다.

cleavage 난할 접합체를 공 모양의 세포 덩어리로 변화시키는 초기 배발생 동안의 생장이 수반되지 않은 연속된 빠른 세포분열.

clitoris 음핵 음문 안에 있는 여성의 성 기관으로 성적 흥분 시 발기한다.

cochlea 달팽이관 청각 수용기세포를 가지고 있는 내이의 나선형 구조물.

codominance 공동우성 각 대립유전자가 서로 구분되는 방법으로 표현형에 영향을 미치므로, 두 대립유전자의 표현형이 이형 접합으로 나타나는 상황.

codon 코돈 특정 아미노산을 가리키는 암호를 나타내는 mRNA 내 3개의 염기서열.

coitus 성교 음경을 질 내로 삽입하는 성적 결합.

colon 결장 미즙에서 물과 이온을 흡수하고 대변을 저장하는 위장관의 한 부분. 상행결장(오름창자), 하행결장(내림창자), 횡행결장(가로창자) 및 S자결장(구불결장)으로 이루어져 있다.

community 군집 특정 지역에 서식하는 모든 생물 개체군의 집합으로 잠재적인 상호작용이 가능하다.

complete dominance 완전 우성 한 대립유전자가 다른 대립유전자의 발현을 완전히 억제하는 유전 양상.

conception 수태 사람에서 정자에 의한 난자의 수정.

connective tissue 결합조직 다른 구조물의 물리적인 지지기반을 제공하여 적절한 위치에 정착하게 하거나 서로 연결하고 보호하는 것을 기본 기능으로 하는 조직.

convergence 수렴 두 개 이상의 신경세포에서 한 세포로 정보가 전달되는 현상.

core temperature 심부체온 체내 깊은 곳의 온도.

cornea 각막 빛이 들어올 수 있도록 하는 눈의 앞쪽에 있는 투명한 구조물.

corpus luteum 황체 배란이 일어나면서 터진 여포로부터 만들어지는 구조. 프로게스테론과 에스트로겐을 분비한다.

cortex 피질 기관의 바깥 부위. 대뇌피질, 부신피질 및 신장피질 등이 있다.

covalent bond 공유결합 두 원자가 한 쌍 혹은 그 이상의 전자를 공유함으로써 형성되는 매우 강한 화학결합.

cranial nerve 뇌신경 뇌에서 직접 뻗어 나온 12쌍의 말초신경.

crossing over 교차 감수1분열 전기에 상동염색체 사이에 일어나는 유전물질의 교환.

cystic fibrosis 낭포성섬유증 Cl 채널(통로)의 열성 대립유전자에 의해 생기는 유전병으로 과다한 점액 분비와 이에 따른 감염이 특징이다. 치료하지 않으면 치명적이다.

cytokinesis 세포질분열 세포분열에서 세포질이 분열하는 시기.

cytoplasm 세포질 핵을 제외한 세포내 모든 물질.

cytoskeleton 세포골격 실모양 단백질의 유연한 격자구조로 미세소관, 미세섬유 등으로 이뤄지며 세포를 구축하고 결정하고 지탱한다.

cytotoxic T cell 세포독성 T세포 T 세포의 일종. 바이러스 감염세포, 돌연변이 세포 및 조직이식 세포와 접촉하면 감염 또는 비정상세포를 파괴하는 능력을 갖게 된다.

D

data 데이터 실험과 관찰로부터 얻은 사실 또는 자료.

decomposer 분해자 사체나 떨어진 낙엽, 생물의 노폐물과 같은 죽은 유기물을 흡수하여 이것을 무기물 형태로 변환시키는 부생균류나 원핵생물 종류.

deletion 결실 (1) 손상으로 인한 염색체 절편의 손실. (2) 유전자로부터 하나 혹은 그 이상의 뉴클레오티드의 손실.

demographic transition 인구통계적 전이 출생률과 사망률이 높은 경제적으로 빈곤한 인구 증가율에서 출생률과 사망률이 낮은 경제적으로 개선된 인구 증가율로의 전환.

denaturation 변성 단백질에서는 단백질이 풀리면서 고유의 조성을 잃어버려 생물학적으로 불활성화되는 과정.

dendrite 수상돌기 신경세포(뉴런)의 세포본체에서 뻗어 나온 가지. 다른 신경세포로부터 정보를 받는다.

deoxyribonucleic acid, DNA 데옥시리보핵산 디옥시리보오스 당과 질소 염기 아데닌(A), 구아닌(G), 시토신(C)과 티민(T)을 가지는 뉴클레오티드 단량체로 이루어진 이중가닥의 나선 핵산 분자. 생물의 유전 정보를 가지고 있다.

depolarization 탈분극 세포 내부가 휴지기보다 더 양의 전하를 띠게 되는 막전위의 변화.

detritus 유기물입자 죽은 유기물.

diabetes mellitus 당뇨병 인슐린 생산이나 작용에 결함이 있는 질환. 혈당과 오줌 속 포도당의 농도가 높다.

diaphragm 횡격막 호흡에서 기본적인 들숨 근육. 복강과 흉강을 분리하는 근육성 격벽.

diastole 이완기 심장주기 동안 심실이 이완하는 시기.

diastolic pressure(DP) 이완기혈압 심장주기 동안 도달하는 대동맥의 최저 압력. 이완기에 나타난다.

differentiation 분화 세포 또는 세포 무리가 구조와 기능에서 특수화되는 과정.

diffusion 확산 분자 자신의 열운동 결과로 분자가 한 곳에서 다른 곳으로 움직이는 수동적인 이동.

digestion 소화 소화관의 내강에서 효소에 의해 음식물 속의 영양물질이 작은 분자로 분해되는 현상.

diploid 이배체 세포 염색체 수에 있어 세포 혹은 개체가 염색체를 온전히 다 가지고 있음을 뜻하는 말. 배우자 염색체 수의 두 배.

disaccharide 이당류 두 개의 단당류가 공유결합으로 연결된 탄수화물.

DNA ligase DNA 리가아제 DNA 연결효소. DNA 복제에 필수적인 연결효소로, 한 DNA 절편의 3′ 말단을 다른 절편의 5′ 말단으로 공유결합하는 것을 촉매한다.

DNA polymerase DNA 중합효소 존재하는 DNA 사슬에 뉴클레오티드를 첨가함으로써 복제 분기점과 같은 새로운 DNA의 신장을 촉매하는 효소.

dominant allele 우성 대립유전자 이형접합체의 표현형에서 완전히 발현되는 대립유전자.

Down syndrome 다운 증후군 21번 염색체가 3개 존재함으로써 생기는 인간 유전병으로 지적 장애와 심장 및 호흡계 장애를 가진다.

duodenum 십이지장 소장의 시작 부위.

ecology 생태학 생물체가 그들 간에 그리고 환경과 어떻게 상호작용하는지를 연구하는 학문.

ecosystem 생태계 주어진 장소에서의 모든 생물과 이들이 상호작용하는 비생물적 요소. 하나 또는 그 이상의 군집과 이들의 물리적 환경 및 에너지.

E

ectoderm 외배엽 동물 배아의 3가지 중요 배엽 중 제일 바깥 배엽으로 표피, 신경계, 내이와 눈의 렌즈를 형성한다.

effector 효과기 신경이나 화학적 정보에 반응하는 세포, 조직, 또는 기관. 항상성 조절계에서는 정보통합센터에서 나오는 정보에 반응하여 최종 반응을 일으키는 세포, 조직, 또는 기관을 일컫는다. 효과기관으로도 부른다.

egg 난자 암컷 배우자.

ejaculatory duct 사정관 포유류에서 정액낭으부터의 관과 수정관이 모여서 이루어진 포유류의 사정 경로의 짧은 부분으로 정자를 수정관으로부터 요도로 보낸다.

electrocardiogram(ECG) 심전도 신체 표면에 설치한 전극을 통하여 얻어지는 심장의 전기적 활동 기록.

electron 전자 전기적으로 음성을 띠며, 중성자와 양성자 질량의 약 1/2,000의 질량을 갖는 소립자. 하나 혹은 그 이상의 전자가 원자 핵 주위를 돈다.

embryo 배아 발생 과정 중의 인간. 수태 후 첫 2개월 이전까지를 이른다.

endocrine gland 내분비샘 간질액으로 호르몬을 분비하는 샘.

endocrine system 내분비계 호르몬, 관이 없는 호르몬 분비샘, 표적세포에 존재하는 수용체를 포함하는 내부 화학 통신계; 신경계와 함께 내부 조절 및 항상성에 영향을 미친다.

endocytosis 내포작용 세포내섭취, 엔도시토시스. 세포막으로부터 새로운 소낭을 형성하여 생물 분자나 미립자 물질을 세포 내로 흡수하는 과정.

endoderm 내배엽 동물 배아의 3가지 중요 배엽 중 제일 안쪽 배엽. 원장의 막을 형성하며 간, 이자, 허파와 소화관의 안쪽 막을 형성한다.

endometriosis 자궁내막증 자궁내막 조직이 월경주기 중에 수란관 쪽으로 이동하여 난소, 방광벽, 대장에서 착상이 일어나게 되는 증세.

endometrium 자궁내막 혈관이 많이 분포된 자궁의 안쪽 막.

endoplasmic reticulum 소포체 세포 안에서 하나의 밀폐된 분획을 이루고 있는 정교한 막의 그물; 대부분의 세포 단백질과 세포 성분이 합성되는 곳이다. 조면세포체와 활면세포체가 있다.

energy 에너지 일을 할 수 있는 용량.

enzyme 효소 대사반응에서 촉매로서 작용하는 특수한 생체분자. 일반적으로 단백질이다.

eosinophil 호산구 기생충을 공격하고 알레르기 반응에 관여하는 백혈구.

epidermis 표피 동물의 바깥 덮개층.

epididymis 부정소 정소에 붙어 있는 돌돌 감긴 세관으로 정자를 저장한다.

epiglottis 후두개 물과 음식이 후두로 들어가는 것을 막아주는, 성문을 덮고 있는 조직.

epinephrine 에피네프린 단기간의 스트레스에 반응하는 부신수질에서 분비되는 카테콜아민 호르몬으로 신경전달물질로도 작용한다. 아드레날린으로도 알려져 있다.

epithelial tissue 상피조직 기관과 체강뿐만 아니라 바깥쪽 표면을 감싸는 단단히 포개진 세포층.

erythrocyte 적혈구 붉은피톨. 산소와 이산화탄소를 옮기는 기능을 하는 혈구세포.

erythropoietin 적혈구생성인자, 에리트로포이에틴 산소 농도가 낮을 때 신장에서 분비되는 호르몬으로 적혈구생성을 촉진한다.

esophagus 식도 인두에서 위로 음식물을 통과시키는 기능을 하는 근육으로 이루어진 관.

essential amino acid 필수아미노산 동물이 합성하지 못하므로 반드시 음식물에서 섭취하여야 하는 아미노산. 사람 성인에게는 필수아미노산이 8종 있다.

estrogen 에스트로겐 난소에서 분비되는 여성호르몬. 여성의 2차성징 발달을 촉진하며, 난소의 성숙을 돕고, 월경주기와 임신 중에 자궁내막에 영향을 미친다.

Eukarya 진핵생물영역 핵이 있는 세포로 이루어진 모든 생물을 포함하는 영역.

eutrophication 부영양화 특히 인과 질소와 같은 영양물질이 물에서 아주 높게 농축되는 과정으로 조류 또는 시아노박테리아와 같은 생물체의 증가를 유발한다.

evolution 진화 살아 있는 생물체는 오늘날 존재하는 것과는 다른 조상종의 자손이라는 생각. 보다 좁게 정의하면 세대에 걸친 개체군의 유전적 조성의 변화를 일컫는다.

evolutionary tree 진화 계통수 생물 무리 간의 진화적 관련성에 대한 가설을 반영하는 분지도.

excretion 배설 신장 또는 위장관을 통하여 몸에서 노폐물을 제거하는 일.

exocrine gland 외분비샘 몸의 내부환경에서 외부환경으로 물질을 분비하도록 분화된 분비샘.

exocytosis 외포작용, 엑소시토시스 원형질막과 융합하는 소포를 통하여 세포 밖으로 물질을 내보내는 수송 과정. 친수성 물질의 세포분비에 관여한다.

exon 엑손 RNA 가공 후 RNA 분자에 남아 있는 1차 전사물 내에 있는 서열. 유용한 정보서열을 지정하는 DNA의 염기서열

extraembryonic membrane 배외막 발생 중인 배를 보호하는 배 바깥에 존재하는 4가지의

막(난황주머니, 양막, 융모막, 요막) 중 하나.

F

fatigue 피로 근육이 오래 반복되는 자극에 직면하여 일정한 수축력을 유지하는 능력이 감소하는 것.

fatty acid 지방산 한쪽 끝에 카르복실기(−COOH)를 가진 긴 탄화수소 사슬. 지방의 구성 성분.

fertilization 수정 정자와 난자의 핵이 서로 합쳐져 새로운 하나의 접합자를 만들어내는 과정. 사람에서는 임신(conception)이라고 한다.

fibrin 피브린, 섬유소 혈액응고의 연속 단계에서 최종의 활성 응고인자로서, 중합체를 형성하여 실제 피떡을 만든다.

flagellum 편모 정자나 일부 세균에서 이동할 수 있도록 특수화된 세포 부속지.

follicle 여포, 난포 발달 중인 하나의 난자를 둘러싸고 있는 난소내 구형 구조.

follicle stimulating hormone(FSH) 여포자극호르몬, 난포자극호르몬 정자 발생을 자극하고 난소의 여포 생성을 자극하는 생식샘자극호르몬. 뇌하수체 전엽에서 생산된다.

food web 먹이그물 생태계에서 서로 얽힌 먹이관계. 생태계 내 소비자가 생산자 사이의 상호관계를 나타낸다.

forebrain 전뇌 척추동물 뇌의 부분 중 하나. 시상, 시상하부 및 대뇌로 구성된다.

fossil 화석 과거에 생존하였던 생물체의 보존된 자국이나 흔적.

Fungi 균류 유기물을 분해한 다음 영양분을 흡수하는 진핵생물계. 효모, 곰팡이, 버섯 등이 속한다.

G

gallbladder 담낭, 쓸개 간 바로 옆에 위치한 크기가 작은 근육 주머니. 식간에 담즙을 저장한다.

gamete 배우자, 생식세포 감수분열에서 생산된 생식세포 유전물질의 반을 함유하고 있다. 예로 남성의 정자와 여성의 난자가 있다.

ganglion 신경절 중추신경계 밖에 있는 신경세포체의 다발.

gastric gland 위샘 위액을 분비하는 위 내층의 샘.

gastric juice 위액 염산, 펩시노겐, 점액을 포함하는 위의 묽은 분비액.

gastrin 가스트린 위에서 분비되는 호르몬. 위산 분비를 비롯한 많은 위장관 기능을 조절한다.

gel electrophoresis 겔 전기영동 겔에서 전장을 통한 이동 속도를 측정함으로써 크기나 전하에 근거해서 핵산이나 단백질을 분리하는 기법.

gene 유전자 특정 단백질에 대한 정보를 가지고 있는 DNA의 한 부분.

gene flow 유전자 흐름 생식력이 있는 개체나 배우자의 이동으로 인해 한 개체군에서 다른 개체군으로 대립유전자가 이동하는 현상.

gene therapy 유전자 치료 치료목적으로 유전병을 가진 사람에게 유전자를 도입하는 기법.

genetic drift 유전적 부동 집단의 유한 크기로 인해 한 세대에서 다음 세대로 예측할 수 없이 일어나는 유전자 빈도의 변화.

genetic engineering 유전공학 실용적 목적으로 유전자를 변형, 삽입, 결실시킴으로써 한 생물체의 유전적 조성을 변화시키는 기술.

genome 유전체 생물체 또는 바이러스의 완전한 세트의 유전물질. 비암호화 핵산 염기서열과 함께 생물체나 바이러스 유전자의 전량.

genotype 유전자형 한 생물체의 대립유전자의 구성.

genus 속 종의 윗 단계에 있는 분류 범주로 이명법 학명 중 첫 번째 명칭.

glial cell 신경아교세포, 교세포 뉴런들을 다양하게 지원하는 신경계의 세포들. 구조적 지지 및 대사적 지원 등을 포함한다.

glomerular filtration 사구체여과 사구체 모세혈관에서 보우만주머니로 단백질이 제거된 혈장이 대량으로 흘러들어가는 것.

glomerulus 사구체 각 네프론에서 콩팥소체 안에 있는 공 모양의 모세혈관 덩어리. 여과가 일어나는 부위.

glottis 성문 후두의 구멍.

glucagon 글루카곤 이자의 랑게르한스섬의 알파세포에서 분비되는 펩티드호르몬. 간에서 글리코겐의 분해를 촉진시켜 혈당을 높이는 일을 한다.

glucocorticoid 글루코코르티코이드 부신피질에서 분비되는 스테로이드호르몬으로서, 스트레스에 대한 신체의 반응을 조절하고, 여러 조직에서 단백질, 탄수화물, 지질의 대사를 조절하며, 혈당농도를 조절한다. 기본적인 당질코르티코이드는 코르티솔이다.

glycogen 글리코겐 동물의 간이나 근육에 존재하는 가지가 매우 많은 포도당 저장 다당류; 식물의 녹말에 해당한다.

glycolysis 해당작용 포도당 산화의 첫 단계로서 세포질에서 일어나며 포도당 한 분자가 두 분자의 피루브산으로 분해된다. 무산소 작용이다.

Golgi apparatus 골지체 막으로 둘러싸인 납작한 주머니들로 구성된 소기관으로서 소포체에서 합성된 분자들을 처리하고 운반을 위한 준비를 한다.

gonad 생식샘 생식기관; 배우자 발생과 성호르몬 분비가 일어나는 부위이다.

graded potential 단계전위 신경전달물질과 수용체의 결합과 같은 자극에 대한 반응으로 이온통로가 열리거나 닫히면서 일어나는 막전위의 작은 변화. 전위의 변화 정도는 자극의 세기에 따라 다르다. 차등전위.

gray matter 회백질 주로 뉴런의 세포체, 수상돌기, 축삭말단으로 구성된 중추신경계의 지역. 시냅스전달과 신경통합이 일어난다.

greenhouse effect 온실효과 대기에 축적된 이산화탄소와 다른 기체가 반사된 적외선을 흡수하고 이 일부를 다시 지구로 반사시켜 유발되는 지구의 온난화.

growth hormone 성장호르몬 다양한 조직에 직접 작용하거나 혹은 자극호르몬으로 작용하는 뇌하수체 전엽에서 생성 분비되는 호르몬.

hair cell 유모세포 부동섬모를 가진 세포. 청각과 평형감각에 관여하는 기계적 수용기 세포다.

H

haploid 반수체 세포내 염색체 수가 신체 대부분 세포에 있는 염색체 수의 반인 세포 혹은 개체.

heart attack 심장발작 하나 혹은 그 이상의 관상동맥이 막혀 산소공급의 부족으로 인한 심장근육 조직의 손상이나 괴사.

helper T cell 도움T세포 여러 가지 다양한 시토카인을 분비함으로써 다른 림프구의 작용에 영향을 미치는 T세포.

hemoglobin 헤모글로빈 산소와 이산화탄소를 운반하는 적혈구내 단백질.

hemophilia 혈우병 응고인자에 영향을 주어 과다출혈과 관련되는 유전적 질환.

hemostasis 지혈 출혈이 멈추는 과정. 혈관경련,

혈소판마개 형성, 핏덩이 생성이 포함된다.

herbivore 초식동물 주로 식물이나 조류를 먹는 동물.

heterotroph 종속영양생물 다른 생물체나 그들로부터 유래된 물질을 먹이로 유기음식물을 섭취하는 생물.

hindbrain 후뇌 척추동물 뇌의 부분 중 하나; 연수, 뇌교 및 소뇌로 구성된다.

histamine 히스타민 비만세포에 의해 분비되는 물질로 염증반응 및 알레르기 반응 동안 혈관을 확장시키고 투과성이 높아지도록 한다.

homeostasis 항상성 신체내 환경 안에 있는 조건들을 비교적 일정하게 유지하는 것.

homologous chromosome 상동염색체 상응하는 유전자 좌위에 같은 형질의 유전자를 가지는 염색체의 쌍으로 염색체의 길이, 동원체의 위치와 염색 양상이 동일하다. 상동 염색체 하나는 부계로부터, 다른 하나는 모계로부터 물려받는다.

homologous structure 상동기관 다른 종 사이에서 동일한 조상으로부터 유래한 구조가 유사한 기관.

homozygous 동형접합성 주어진 유전자에서 2개의 동일한 대립유전자를 가지는.

hormone 호르몬 내분비세포나 내분비샘에서 간질액으로 방출되는 화학전령으로서 혈액으로 확산되어 표적세포로 흘러간다.

human chorionic gonadotropin(hCG) 사람 융모막생식샘자극호르몬 융모막에서 분비되는 호르몬으로서 임신 첫 3개월 동안 황체를 유지하여 임신을 유지시킨다.

human immunodeficiency virus(HIV) 인간 면역결핍 바이러스 AIDS를 일으키는 감염원. HIV는 레트로바이러스이다.

hydrogen bond 수소결합 한 분자에서 극성 공유 결합을 하는 약한 양전하를 띤 수소원자가 다른 분자에서 극성 공유결합을 하는 약한 음전하를 띤 원자와의 인력에 의해 생기는 약한 화학결합.

hydrolysis 가수분해 물을 이용하여 다른 분자를 쪼개는 것.

hyperopia 원시 가까운 사물은 잘 보지 못하고 멀리 있는 사물을 잘 보게 되는 보편적인 시각 결함.

hyperpolarization 과분극 안정상태 때보다 세포내 음전기가 더 커지는 막전위의 변화.

hypertension 고혈압 정상 동맥혈압보다 더 높은 혈압.

hypertonic 고장액 원형질보다 용질의 농도가 높은 용액. 세포로부터 물을 빼내어 세포가 쭈그러들게 한다.

hypothalamus 시상하부 뇌의 바닥쪽에 있는 부위. 자율기능을 조절하고 뇌하수체의 분비활동을 조절하는 여러 가지 호르몬을 분비한다.

hypothesis 가설 잘 짜여진 질문에 대한 임시적인 해답으로 검증을 요하는 이론이나 주제보다도 좁은 영역을 가진다.

hypotonic 저장액 원형질보다 용질의 농도가 낮은 용액. 물이 세포 내로 들어가게 하여 세포를 부풀게 한다.

I

immune response 면역반응 이물질과 비정상물질을 파괴하거나 신체로부터 제거하는 일련의 방어 활동.

immune system 면역계 면역반응을 담당하는 동물체의 방어 시스템.

immunity 면역 질병을 일으키는 물질을 인식하여 몸에서 제거함으로써 질병에 대항하는 면역체계의 능력.

immunization 면역화 인위적인 방법으로 면역상태를 유도하는 과정. 능동면역에서는 정상적으로는 병원성인 미생물의 비병원성 변형체를 주입하여 B세포와 T세포 반응과 면역 기억을 유도한다. 수동면역에서는 특정 병원체의 항체를 주입하여 즉각적이지만 임시적인 방어를 유도한다.

immunoglobulin(Ig) 면역글로불린 항체 기능을 가지는 단백질 종류. 몸에서의 분포와 항원 제거 활동에 따라 다섯 종류로 구분한다.

incomplete dominance 불완전우성 이형접합자의 표현형이 각 대립유전자의 동형접합자 개체의 표현형의 중간을 나타내는 유전 양상.

inflammation 염증 손상되거나 미생물이 침입한 부위의 조직에 혈관이 확장되고, 단백질, 체액, 식세포들이 축적됨으로써 완성되는 비특이적 방어반응.

inhibin 인히빈 암컷과 수컷 생식소에서 생성되는 호르몬으로, 뇌하수체 전엽에서 FSH의 분비를 직접적으로 억제한다.

inner cell mass 내세포괴 포유류 배반포에 존재하는 세포덩어리로 배반포강의 한쪽 끝으로 뻗어나가 배 자체와 일부 배외막으로 발생한다.

inner ear 내이 속귀. 척추동물 귀의 중요한 세 부분 중 하나; 달팽이관(차례로 코르티기관을 포함)과 세반고리관을 포함한다.

insertion 삽입 유전자에 하나 혹은 그 이상의 염기가 추가되는 돌연변이.

insulin 인슐린 이자의 랑게르한스섬의 베타세포에서 분비되는 펩티드호르몬. 세포의 포도당 흡수를 촉진시켜 혈당을 낮춘다.

interferon 인터페론 바이러스의 침입과 복제를 방해하는 화학물질들의 집단.

interleukin 인터루킨 백혈구들 간의 메시지를 전달하는 시토카인. 면역세포의 발달을 촉진한다.

internal environment 내부환경 신체내 세포들을 둘러싸는 체액으로 혈구를 둘러싸는 혈류내 액체를 포함한다. 세포외액, 간질액과 동의어.

internal respiration 내호흡 혈액, 간질액, 세포 사이에서 일어나는 기체교환.

interneuron 연합뉴런 중추신경계에만 위치하는 뉴런. 전체 뉴런의 99%를 차지한다.

interphase 간기 세포주기 중 정상적인 생리학적 기능을 수행하는 기간.

interstitial fluid(ISF) 간질액 혈액 바깥에 있으며 신체 대부분의 세포들을 담고 있는 세포외액.

intron 인트론 1차 전사물 안에 암호화하지 않고 끼어 있는 부분으로 RNA 가공 동안 전사물로부터 제거된다.

ion 이온 하나 혹은 그 이상의 전자를 잃거나 얻어 전하를 띤 원자.

ionic bond 이온결합 반대전하를 띤 이온 사이에서의 화학적 결합.

iris 홍채 눈의 수정체 앞에 놓인 색소가 있는 평활근. 동공의 직경을 조절하여 눈으로 들어가는 빛의 양을 통제한다.

isotonic 등장성 용액이 세포의 부피를 변하지 않게 하는 경우. 원형질과 용질의 농도가 같은 상태.

J

jejunum 공장 십이지장과 회장 사이에 있는 작은창자의 중간 부위.

juxtaglomerular apparatus 사구체근접부장치 원위세관, 수입세동맥, 수출세동맥의 특수분화된 세포들의 집합체. 콩팥 안에서 이들 구조가 사구체 부근에서 서로 모이면서 이 구조를 형성한다. 사구체여과와 레닌분비를 조절한다.

K

karyotype 핵형 크기와 모양에 의해 정렬한 한 세포의 염색체 쌍의 배열.

kinetic energy 운동에너지 운동과 관련된 에너지.

Krebs cycle 크렙스 회로 미토콘드리아 기질에서 일어나는 순환대사경로. 아세틸 CoA가 주요 반응물이고 이산화탄소와 환원된 조효소들이 생성된다. 시트르산 회로(citric acid cycle) 또는 삼카르복실산 회로(tricarboxylic acid cycle, TCA cycle)라고도 한다.

L

labor 진통 출산 시 자궁과 질을 통해 태아를 내보내는 일련의 강하고 주기적인 자궁 수축.

lactation 수유 젖분비. 젖샘에서 젖을 생산하는 것.

lacteal 암죽관 유미관. 작은창자 내층의 각 융털에서 발견되는 끝이 막힌 림프관.

large intestine 대장 큰창자. 작은창자와 항문 사이에 위치하는 척추동물 소화관으로 주로 물 흡수와 대변을 형성하는 기능을 가진다.

larynx 후두 기도가 시작하는 통로로서 그 안에 성대가 있다.

lens 수정체 렌즈. 망막에 빛의 초점을 맞추는 눈의 투명한 물체.

leukocyte 백혈구 감염에 저항하여 싸우는 혈구세포.

LH surge LH 급증 황체형성호르몬 급상승. 황체호르몬 분비의 급격한 증가를 말하며 배란을 일으킨다.

ligament 인대 관절과 함께 뼈를 연결하는 섬유상 연결조직.

limbic system 변연계 밀접하게 연관된 여러 피질 영역, 피질 아래 신경핵, 전뇌의 신경로 등 다양한 구조들의 집합체. 정서적 반응, 학습과 기억에 작용한다.

lipase 리파아제 이자액에 있는 지질을 소화하는 효소.

lipid 지질 비극성 공유결합에 의하여 서로 연결된 탄소와 수소로 주로 이루어진 생체분자.

lipoprotein 지질단백질 단백질과 지질을 포함하는 입자로서 소수성 내부가 친수성 막으로 둘러싸여 있다. 혈액이나 림프계통에서 지질을 운반하는 주요 수단이다.

liver 간 담즙을 분비하는 위장관계의 부속샘. 흡수한 특정 영양분을 처리하고 많은 다른 기능들도 수행한다.

loop of Henle 헨레고리 수질(속질) 깊이 내려갔다 올라가는 머리핀 모양 고리를 형성하는 콩팥뇨세관의 부위로서, 하행각, 가는 상행각, 굵은 상행각을 포함한다.

lumen 속공간, 내강 속이 빈 기관이나 혈관의 안쪽 빈 구획.

luteinizing hormone(LH) 황체형성호르몬 성호르몬 분비를 자극하고 다른 생식샘 기능을 조절하는 생식샘자극호르몬.

lymph 림프 림프계를 통하여 흐르는 체액.

lymph node 림프절 림프구와 대식구가 들어 있는 말초림프조직.

lymphatic system 림프계 전신에 분포하고 림프액을 포함하고 있는 관들과 림프절로 이루어진 그물망.

lymphocyte 림프구 비특이적 및 특이적 면역반응에서 기능하는 백혈구의 일종.

lysosome 리소좀 막으로 둘러싸인 구형의 작은 소기관. 다양한 분해효소들을 포함하며, 필요하지 않게 된 세포 내 물질이나 세포 내로 들어온 이물질을 분해하는 데 관여한다.

lysozyme 리소자임 박테리아 세포벽을 분해하는 효소. 포유류에서는 땀, 눈물과 침에 존재한다.

M

macroevolution 대진화 새로운 생물 무리의 기원이나, 오랜 기간에 걸쳐 일어나는 넓은 형태의 진화적 변화의 변경을 포함하는 종단계 이상에서의 진화적 변화. 대진화적 변화의 예는 생물체의 중요한 새로운 특징의 탄생과 생물다양성에 대한 대량 멸종의 영향과 이어지는 회복을 포함한다.

macrophage 대식세포, 대식구 림프나 신체 조직에 있는 세균이나 기타 이물질 입자들을 거르고 제거하는 포식세포.

malignant tumor 악성종양 하나 혹은 그 이상의 기관에 침입하여 그 기능을 방해하는 암 종양.

mammal 포유류 포유강에 속하는 무리; 일생 중 적어도 일정기간은 털을 가지며, 젖을 생산하는 젖샘을 가지는 양막류.

mammary gland 젖샘, 유선 여성의 가슴에 있는 젖을 만드는 샘.

mass extinction 대멸종 지구 환경의 변화가 지구의 전체에 걸쳐 50% 이상의 종을 제거시키는 파국적 사건.

mast cell 비만세포 신체의 결합조직에 흩어져 있는 세포들의 한 종류. 히스타민을 분비하여 염증의 초기 사건들에 관한 신호를 보낸다.

matter 물질 공간과 질량을 차지하는, 원소로 구성되었으며 자연계를 이루는 어떤 것.

mechanoreceptor 기계적수용기 압력이나 진동 같은 물리적 힘을 탐지하는 감각수용기.

medulla 수질 부신 수질과 신장 수질 등과 같은 특정 기관의 안쪽 구획.

medulla oblongata 연수 숨뇌. 뇌줄기의 가장 아래 부위; 척수와 연결된다.

meiosis 감수분열 두 번의 세포분열을 통해 정상적인 염색체 수의 반을 가진 딸세포를 형성하는 핵분열. 배우자형성 중에 일어난다.

melatonin 멜라토닌 송과선에서 분비되는 호르몬으로 계절의 낮 길이와 관련된 몸의 기능을 조절한다.

memory 기억 정보, 기술, 사고의 보존.

memory cell 기억세포 면역계에서 면역반응을 유발했던 항원을 인식할 수 있는 특이한 막수용체를 가지고 있으면서 수명이 긴 세포.

meninges 뇌막, 수막 중추신경계의 연한 조직을 주위의 뼈와 분리시키는 3개의 막: 경뇌막, 거미줄막, 연뇌막.

menopause 폐경기 중년의 여성에서 생식 능력이 멈추는 현상 혹은 그것이 나타나는 시기.

menstrual cycle 월경주기 약 한 달을 정기적인 주기로 여성에게서 일어나는 생식 기능이 변화하면서 나타나는 일련의 사건들.

menstruation 월경 자궁내막으로부터 혈액과 조직이 떨어짐 또는 그 현상.

mesoderm 중배엽 초기 배아의 중요 배엽 중 중간 배엽으로, 이 구조로부터 척삭, 체강의 벽, 근육, 뼈, 생식소, 신장과 대부분의 순환계가 발생한다.

messenger RNA(mRNA) 전령 RNA DNA를 주형으로 하여 합성되는 RNA의 한 종류로, 세포질에서 리보솜에 결합하여 단백질 합성의 암호를 제공한다.

metabolic pathway 대사경로 복잡한 분자를 형성하거나(동화경로) 또는 복잡한 분자를 단순한 분자로 분해하는(이화경로) 일련의 화학반응.

metabolism 대사 몸 안에서 일어나는 모든 화학반응의 총합.

metaphase 중기 체세포분열의 3번째 단계; 방추사가 완성되고 방추사부착점에 미세소관이 붙어 염색체가 중기판에 배열한다. 복제된 모든 염색체의 동원체가 위치한다.

metastasis 전이 암세포가 원래 있던 곳에서부터 멀리 떨어진 지역으로 퍼짐.

microevolution 소진화 종 단위 이하에서의 진화적 변화. 한 세대에서 다른 세대로의 대립유전자 빈도의 변화.

midbrain 중뇌 뇌줄기의 가장 윗 부분. 앞뇌(전뇌)와 연결된다.

middle ear 중이 가운데귀. 척추동물 귀의 중요 3부분 중 하나; 3개의 작은 뼈(망치뼈, 모루뼈, 등자뼈)를 포함하고 있으며 고막의 진동을 난원창으로 보낸다.

mineral 무기질 영양에서, 무기물이며 따라서 합성할 수 없는 간단한 영양물질.

mineralocorticoid 무기질코르티코이드 부신피질에서 분비되는 스테로이드호르몬으로 콩팥에서 Na^+의 재흡수와 K^+의 분비를 조절함. 기본적인 무기질코르티코이드는 알도스테론이다.

mitosis 유사분열 정상적인 염색체 수를 포함하는 두 개의 딸세포를 만드는 세포분열 형태; 성장과 세포를 교체하는 데 필수적이다.

mitral valve 승모판 심장 왼쪽의 방실판막.

molecule 분자 둘 혹은 그 이상의 원자가 공유결합으로 합쳐진 것.

monoclonal antibody 단일클론항체 단일클론된 배양세포에 의해 생성된 항체로 동일한 항원인식부위를 가진다.

monocyte 단핵구 포식작용을 할 수 있는 백혈구. 혈액 안에서 몇 시간 순환한 후 조직으로 이동하여 대식세포라고 하는 포식세포로 발달한다.

monosaccharide 단당류 한 개의 당 단위로 구성된 단순한 탄수화물.

morphogenesis 형태형성 몸의 형태와 구조 발생.

motor neuron 운동뉴런 중추신경계로부터 신체 조직이나 기관으로 신경충격을 전달하는 말초신경계의 신경세포.

motor unit 운동단위 하나의 운동뉴런과 그 지배를 받고 있는 모든 근섬유.

mucus 점액 점액소라는 당단백질을 포함하고 있는 끈적한 점성의 액체.

muscle spindle 근방추체 근육의 길이 변화를 감지하는 골격근내 감각수용기.

muscle tissue 근육조직 신경신호에 의해 자극되었을 때 수축할 수 있는 긴 근육세포로 이루어진 조직.

mutation 돌연변이 DNA의 염기쌍 서열에 일어난 변화. 궁극적으로 유전적 다양성을 일으키는 생물체.

myelin sheath 수초 뉴런의 축삭 주위의 슈반세포 또는 희소돌기아교세포의 막을 절연하는 덮개. 도약 전도가 일어날 때 랑비에 결절에 의해 중간이 끊어진다.

myocardium 심근 심장근육으로 이루어진 심장벽의 중간층. 전체.

myopia 근시 가까운 것만 잘 보이는 눈의 흔한 시각적 결함.

myosin 미오신 가로무늬근의 굵은 섬유에서 발견되는 수축단백질.

N

NAD⁺ 니코틴아미드아데닌디뉴클레오티드 전자전달 사슬에서 전자를 받아들이고 전자의 운반체로 작용하는 조효소이다. 일시적으로 저장하는 수용체.

natural killer(NK) cell 자연살해세포 무표지세포(null cell)라고 알려진 커다란 과립림프구. 종양세포와 감염된 세포를 죽이는 화학물질을 분비한다.

natural selection 자연선택 어떤 유전적 특성을 가진 생물체가 다른 특성을 가진 생물체에 비해 보다 더 잘 생존하고 번식하는 과정.

negative feedback 음성되먹임 항상성 조절계에서 일반적으로 사용되는 되먹임 형태. 이미 작동한 변화에 반응하여 그 반대 방향으로 시스템이 작동한다.

nephron 네프론 콩팥단위. 혈액을 여과하여 오줌을 만드는 콩팥의 기능적인 단위. 신세관과 혈관으로 이루어진다.

nerve 신경 말초신경계에 있는 많은 뉴런의 축삭 다발. 중추신경계를 말초기관과 연결한다.

nervous tissue 신경조직 뉴런과 지지세포로 이루어진 조직.

neuromuscular junction 신경근연접 신경근이음부. 운동뉴런과 골격근세포 사이의 시냅스.

neuron 뉴런 신경세포. 전기적, 화학적 신호를 통해 통신하는 신경계 안에 있는 특수화된 세포.

neuropeptide 신경펩티드 신경전달물질로 작용하는 비교적 짧은 아미노산 사슬.

neurotransmitter 신경전달물질 신경세포의 축삭 말단에서 방출되는 화학전령.

neutron 중성자 원자의 핵 속에 존재하는 1.7×10^{-24} g의 무게를 가지는 전하를 띠지 않은(전기적으로 중성인) 원자 구성입자.

neutrophil 호중구 혈액 속에 가장 많은 백혈구. 포식작용을 할 수 있다.

nitrogen fixation 질소고정 대기 중 질소(N_2)를 암모니아(NH_3)로 전환. 생물학적 질소고정은 특정 원핵생물에 의해 수행되며, 이 중 몇몇은 식물과 공생 관계를 가진다.

node of Ranvier 랑비에 결절 축삭을 따라 분포하는 미엘린 사이의 틈.

node sinoatrial(SA) 동방결절 박동조율기 세포가 모여 있는 우심방 위쪽 벽에 있는 부위. 정상에서 심장박동수를 결정한다.

nondisjunction 비분리 현상 감수분열 혹은 체세포분열에서 한 쌍의 상동염색체 모두나 자매염색분체가 서로 적절하게 나누어지지 못하는 실수.

norepinephrine 노르에피네프린 에피네프린과 화학적으로나 기능적으로 유사한 부신수질 호르몬. 교감신경계의 작용에 관여한다.

nucleolus 인 핵에 존재하는 특수화된 구조로 리보솜을 합성한다.

nucleotide 뉴클레오티드 한 개 이상의 인산기와 5탄당, 질소염기를 포함하는 생체분자. 세포 안에서 에너지의 교환 및 유전정보의 저장과 전달에 관여한다.

nucleus 핵 (세포에서) DNA를 포함하는 막으로 둘러싸인 구조.

O

olfactory receptor cell 후각수용기세포 후각자극제에 반응하는 신경세포.

omnivore 잡식동물 동물뿐만 아니라 식물 또는 조류를 정기적으로 먹고 사는 동물.

oncogene 발암유전자 암으로 이를 수 있는 분자 사건을 유발하는 데 관련된 바이러스 또는 세포 유전체에서 발견되는 유전자.

oocyte 난모세포 난자를 형성하기 위해 분화하는 암컷 생식계에 있는 세포.

optic disk 시신경원판 시신경의 축삭이 눈으로부터 나가는 망막의 부위.

optic nerve 시신경 시각정보를 눈에서 시각신경교차로 전달하는 신경. 망막의 신경절세포의 축삭을 내포하고 있다.

organ 기관 특별한 기능을 갖는 구조. 서로 다른 조직이 모여 형성된다.

organ of Corti 코르티기관 소리를 듣는 감각기관. 달팽이관 안의 기저막 위에 위치하는 유모세포와 덮개막을 통틀어 이른다.

organ system 기관계 한 가지 일을 수행하기 위해 함께 작용하는 기관들의 모임.

organelle 소기관 생체분자로 구성되어 세포의 특수 기능을 수행하는 구조적 구성 단위.

orgasm 오르가즘 인간의 성적 반응주기에서 양쪽 성 모두 특정 생식구조의 규칙적이고 무의식적인 수축과 동반되는 짧고 강한 쾌락적 반사반응.

osmosis 삼투 농도기울기에 따라 물이 막을 통과하는 수동적 이동.

osteoblast 뼈모세포, 골모세포 뼈가 형성되는 동안 세포바깥바탕질을 분비하는 뼈 안에 있는 이동성이 있는 세포.

osteoclast 뼈파괴세포, 파골세포 뼈조직을 파괴하는 역할을 하는 이동성이 있는 세포.

osteocyte 뼈세포, 골세포 세포바깥바탕질을 유지하는 뼈세포의 한 형태.

outer ear 외이, 바깥귀 파충류(조류 포함)와 포유류 귀의 3 부분 중 하나로 귓바퀴와 외이도로 구성되어 있다.

ovarian cycle 난소주기 난소의 구조와 기능의 주기적 변화. 난포기와 황체기로 나뉜다.

ovary 난소 여성의 생식샘.

oviduct 수란관, 자궁관 난소로부터 자궁으로 연결되는 관. 나팔관이라고도 한다.

ovulation 배란 난소의 난포에서 난모세포의 방출.

ovum 난자 수정 후에야 완성되는 제2감수분열 후의 알세포.

oxidation 산화 산화환원반응이 관련되며 한 물질로부터 전자를 잃는 것. 분자에서 전자가 제거되는 현상.

oxidative phosphorylation 산화적인산화 미토콘드리아 내막에서 수소원자 또는 전자가 전자전달계를 통해 전달될 때 방출되는 에너지를 이용하여 ATP를 합성하는 과정.

oxytocin 옥시토신 뇌하수체 후엽에서 분비되는 호르몬으로 자궁 수축과 젖샘에서 젖의 분비를 조절한다. 일부 신경세포에서는 신경전달물질로 작용한다.

P

pancreas 이자, 췌장 외분비와 내분비 기능을 하는 복강 안에 있는 샘. 이자액 그리고 인슐린과 글루카곤 같은 호르몬을 분비한다.

Pap test 팹검사 자궁경부의 세포를 얇게 포말하여 검사하는 자궁경부암 검사. 처음 고안한 파파니콜라우의 이름에서 유래함.

parasympathetic division 부교감신경계 자율신경계 세 부분 중 하나로 소화나 감소된 심장박동과 같이 일반적으로 에너지를 얻거나 보존하는 몸의 활동을 증가시킨다.

parathyroid hormone(PTH) 부갑상샘호르몬 부갑상샘에서 분비되며 혈장의 칼슘농도를 조절하는 펩티드호르몬.

Parkinson's disease 파킨슨병 점진적인 뇌질환에 의한 운동 기능 장애로 움직임을 시작하기 어려우며 움직임이 둔화되고 경직되는 특징을 보인다. 중뇌의 도파민 생성 신경세포의 사멸과 관련이 있다.

partial pressure 분압 전체혼합기체 압력 중에서 개별 기체가 차지하는 부분 압력.

passive transport 수동수송 에너지를 이용하지 않고 막을 가로질러 분자를 이동시키는 모든 방법.

pathogen 병원체 질병을 유발하는 생물체나 바이러스.

penis 음경 성교와 배뇨를 담당하는 남성 기관.

perception 지각 의식적인 인식.

peripheral nervous system 말초신경계 중추신경계와 신체 기관 사이의 소통을 제공하는 신경을 포함하는 신경계의 부분.

peristalsis 연동운동, 꿈틀운동 소화관과 같이 속이 빈 관이나 기관의 길이를 따라 이동하는 일시적인 수축 운동.

peritubular capillary 세관주위모세혈관 피질 콩팥단위의 수출세동맥으로부터 갈라져 나와 요세관 가까이 분포하는 모세혈관. 재흡수와 분비가 일어나는 동안 요세관과 물질교환을 하는 기능을 한다.

peroxisome 페옥시좀 과산화소체. 막으로 둘러싸인 구형의 소기관. 아미노산, 지방산, 독성 이물질 등을 분해한다.

pH 수소이온농도지수 $-\log[H^+]$로 표시하는 수소이온 농도의 측정값으로 0~14 사이의 범위로 존재한다.

phagocytosis 식세포작용 세포가 혈액과 조직 속에 있는 미생물, 비정상 세포 그리고 이질의 입자를 삼키는 과정.

pharynx 인두 입에서 식도나 후두로 이끄는 통로. 음식과 공기의 공동 통로이다.

phenotype 표현형 유전자에 의해 결정되는 생물체의 물리적 생리적 형질.

phospholipid 인지질 글리세롤 골격에 두 개의 지방산과 인산을 포함한 화학기가 붙어 있는 양친매성 지질분자.

photoreceptor 광수용기 빛을 감지하는 망막세포로 눈에 있음. 원추세포와 간상세포가 있다.

photosynthesis 광합성 빛에너지를 화학에너지로 전환하여 포도당이나 다른 유기화합물로 저장하는 반응; 식물, 조류 및 특정 원핵생물에서 일어난다.

pineal gland 송과선 뇌 안에 있는 주요 내분비선. 호르몬 멜라토닌을 분비한다.

pituitary gland 뇌하수체 뇌의 바닥에 있으면서 시상하부와 연결되어 있는 주요 내분비샘. 뇌하수체 후엽과 전엽으로 나뉜다.

placenta 태반 모체와 태아조직으로 이루어진 구조. 모체의 순환계와 태아의 순환계 사이에 기체, 영양분, 노폐물 등이 교환되도록 한다.

Plantae 식물계 광합성을 하는 다세포 진핵생물로 이루어진 생물계.

plasma 혈장 물과 단백질을 포함한 용질로 이루어진 혈액의 액체 성분. 총세포외액의 약 20%를 차지한다.

plasma cell 형질세포 항체를 분비하는 B세포의 성숙한 형태.

plasma membrane 원형질막 세포와 세포외액을 분리하는 경계. 인지질, 단백질, 콜레스테롤로 이루어진다.

plasmid 플라스미드 세균 염색체의 유전자와 구별되는 부속 유전자를 가지고 있는 작은 원형의 이중가닥 DNA 분자. 플라스미드는 효모와 같은 진핵생물에서도 발견된다.

platelets 혈소판 혈액응고 과정에 중요한 역할을 하는 세포 조각.

polygenic inheritance 다인자 유전 하나의 표현형 특징을 나타내는 데 여러 유전자가 관여하는 현상.

polymerase chain reaction, PCR 중합효소연쇄반응 특정 프라이머와 DNA 중합효소 및 뉴클레오티드를 시험관에서 반응시켜 DNA를 증폭하는 기술.

polypeptide 폴리펩티드 아미노산이 펩티드결합에 의해 연결되어 있는 중합체.

polysaccharide 다당류 많은 단당류가 공유결합에 의해 연결되어 있는 중합체.

population 개체군, 집단 상호교잡이 가능하며 생식능력이 있는 자손을 생산할 수 있는 동일한 생물 종에 속하는 개체의 지역적 무리.

positive feedback 양성되먹임 계(시스템)의 반응이 이미 시작된 변화와 같은 방향으로 진행되는 되먹임의 한 형태.

potential energy 위치에너지 저장된 에너지.

primer 프라이머, 시발자 자유로운 3′ 말단을 가지는 짧은 RNA 가닥으로, 주형가닥에 상보적으로 결합하여 DNA 복제 동안 DNA 뉴클레오티드로 신장된다.

prion 프리온 정상적인 세포 단백질이 잘못 접혀진 감염원. 제대로 접혀진 단백질을 더 많은 프리온으로 변환시켜 수를 늘리는 것으로 보인다.

producer 생산자 빛을 이용하거나(광합성) 무기물을 산화(몇몇 원핵생물에 의해 수행되는 화학 합성)시켜 CO_2로부터 유기물을 생산하는 생물.

product 생성물 화학반응 결과 생긴 물질.

progesterone 프로게스테론 주로 월경주기의 황체기 동안 난소에서 분비되는 성호르몬.

prolactin, PRL 프로락틴 척추동물종에 따라 매우 다양한 효과를 보이는 뇌하수체 전엽에서 생성되고 분비되는 호르몬. 포유류에서는 생장과 젖샘에서의 젖 분비를 자극한다.

promoter 프로모터 DNA에 존재하는 특수한 염기서열로 적절한 위치에 RNA 중합효소가 결합하며 RNA 전사 시작점을 표시한다.

prophase 전기 염색질이 응축되며 방추사가 형성되기 시작하나 핵막과 인은 그대로 존재하는 체세포분열의 첫 번째 단계.

prostate gland 전립선 남성생식기의 부속샘. 전립선액을 요도로 분비한다.

protein 단백질 아미노산이 펩티드결합으로 결합된 중합체. 통상적으로 50개 이상의 아미노산을 포함한 사슬을 말한다.

proton 양성자 원자의 핵에서 발견되는, 1.7×10^{-24} g의 질량을 가지는 하나의 양전하를 띠는 소립자.

proximal tubule 근위세관 신소체에 가장 가까운 콩팥세관 부위.

puberty 사춘기 성적으로 성숙하는 기간.

pulmonary circuit 폐순환 폐안의 모든 혈관과 폐와 심장을 연결하는 혈관을 포함하는 혈관계.

pulse 맥박 각 심장박동에 따른 동맥벽의 주기적 팽창.

Punnett square 퍼넷 사각형 유전적 교잡에서 무작위 수정으로 예상되는 결과를 보여주는 유전 연구에 이용되는 도표.

pupil 동공 빛이 눈으로 들어가는 구멍.

pyloric sphincter 날문조임근, 유문괄약근 위 비우기를 조절하는 평활근고리.

R

radiation 복사 전자기파 형태로 열에너지가 전달되는 것.

receptor 수용체, 수용기 화학전령을 인식하고 결합하는 표적세포에 있는 단백질. 감각계에서는 자극 감지기.

recessive allele 열성 대립유전자 표현형이 이형접합체에서는 나타나지 않는 대립유전자.

reflex 반사 자극에 대해 자동으로 나타나는 정형화된 반응.

regulatory gene 조절유전자 다른 유전자나 유전자 무리의 전사를 조절하는 억제자와 같은 단백질을 암호화하는 유전자.

REM sleep 렘수면 빠른 뇌파와 주기적인 빠른 안구운동이 특징으로 나타나는 수면. REM = rapid eye movement.

replication 복제 세포분열 전에 DNA가 2배로 늘어나는 현상.

repolarization 재분극 세포의 막전위가 탈분극 이후에 휴지전위로 돌아오는 것.

residual volume, RV 잔기량 날숨을 최대로 내쉰 후 폐에 남아 있는 공기량.

resting potential 휴지전위 세포 안의 전위가 바깥에 비해 더 음성적인, 흥분되지 않는 상태의 세포의 막전위.

restriction enzyme 제한효소 파지 DNA처럼 외래 DNA 분자를 인식하고 절단하는 세균의 핵산 내부분해효소. 이 효소는 특정 뉴클레오티드 서열(제한자리)에서 절단한다.

reticular fiber 세망섬유 콜라젠으로 형성된 아주 얇고 분지가 많은 섬유. 세포외기질의 교원섬유와 함께 촘촘히 짜여진 구조물을 형성한다. 망상구조.

reticular formation 망상형성체 뇌줄기 안에 퍼져 있는 신경핵들의 그물망. 수면-각성 주기, 대뇌피질의 각성과 의식에 중요하다.

retina 망막 눈의 가장 안쪽 층으로 신경조직과 광수용기로 구성된다.

rhodopsin 로돕신 레티날과 옵신으로 구성된 시 색소. 로돕신이 빛을 흡수하면 레티날의 모양이 변화되어 옵신으로부터 분리된다. 이후 원상태로 돌아간다.

rhythm method 리듬법 임신이 되리라 예상되는 시기에 성교를 피하는 임신법으로 자연피임법이라고도 한다.

ribonucleic acid, RNA 리보핵산 세포의 핵과 세포질에서 발견되는 폴리뉴클레오티드 분자로 유전정보 발현에 필요하다. mRNA, tRNA, rRNA가 있다.

ribosome 리보솜 rRNA와 단백질의 복합체로서 단백질 합성에 작용한다. 세포질과 조면소포체에서 발견된다.

RNA polymerase RNA 중합효소 전사 동안 신장 중인 RNA 사슬에 리보뉴클레오티드를 연결하는 효소. RNA 전사물의 변형.

S

salivary gland 침샘 침을 분비하는 샘조직. 입과 인두에 있다.

saltatory conduction 도약전도 활동전위가 막의 수초 부분을 건너뛰며 한 랑비에 결절에서 다른 결절로 도약한 결과로 생기는 축삭돌기를 따라 이동하는 신경자극의 빠른 전달.

sarcomere 근절 근원섬유를 구성하는 반복되는 기본단위.

sarcoplasmic reticulum(SR) 근소포체 근육

세포 안의 변형된 무과립소포체. 근원섬유를 둘러싸고 있으며 칼슘을 저장한다.

scanning electron microscope(SEM) 주사전자현미경 전자파를 이용하여 시료의 표면을 주사하여 세부 윤곽을 연구하는 데 이용하는 현미경.

Schwann cell 슈반세포 말초신경계에서 축삭 주위에 수초를 형성하는 아교세포. 하나의 슈반세포가 한 개의 축삭을 위한 수초를 제공한다.

science 과학 자연 세계를 이해하기 위한 접근.

sclera 공막, 흰자위막 눈에서 흰자위를 구성하는 견고한 결합조직.

scrotum 음낭 고환을 둘러싸는 주머니.

second messenger 2차전달자 신호 수용체 단백질에 의해 감지된 신호에 반응하여 신호를 세포 내부로 전달하는 칼슘이온이나 cAMP와 같이 작고 비단백질인 수용성 분자나 이온.

secondary oocyte 제2난모세포 두 번의 감수분열 중 첫 번째 분열만 마친 난모세포.

secretin 세크레틴 십이지장에서 분비되는 호르몬. 위의 분비나 운동을 억제하고 이자의 중탄산염 분비를 촉진한다.

secretion 분비 상피세포를 통하여 몸 안에서 밖으로 물질이 이동하는 현상. 세포막을 가로지르는 이동에 의하여 세포 안에서 밖으로 물질이 이동하는 현상.

segmentation 분절운동 내용물을 섞어주는 소장의 운동형태.

semen 정액 오르가즘 동안 수컷에 의해 사출되는 액체로, 정자와 수컷 생식기관의 여러 분비샘에서 나온 분비물을 포함한다.

semicircular canal 반고리관 회전가속도를 감지하는 수용기세포를 가지고 있는 속귀 안의 구조.

seminal vesicle 정낭 남성 생식계의 부속샘. 정자운반 중 생식관(수정관)으로 가장 먼저 액체를 분비하는 분비샘이다.

senescence 노화 완전한 성숙에서부터 죽음에 이르는 식물체나 식물체 부분(잎과 같은)에서의 생장단계. 시간이 지나가면서 여러 기관이나 기관계가 점진적으로 기능을 잃게 되는 현상.

sensor 감응기, 수용기 항상성에서, 자극을 감지하는 수용체.

sensory neuron 감각뉴런 외부와 내부 환경으로부터 정보를 받아 신호를 중추신경계로 보내는 신경세포.

septum 격벽 균류의 균사를 세로로 나누는 가로벽의 하나. 격벽은 일반적으로 리보솜, 미토콘드리아 심지어 핵도 통과할 수 있는 크기의 통로를 가진다.

serosa 장막 소화관벽의 주요 4개 층 중에서 가장 바깥층.

set point 설정점 항상성 조절계에서 조절되는 변수의 정상값 또는 희망값.

sex chromosome 성염색체 사람의 성을 결정하는 X와 Y 염색체.

sinoatrial (SA) node 동방결절 모든 심장근육세포가 수축하는 속도와 시간을 정하는 심장의 우심방에 있는 부위. 박동원이라고도 한다.

skeletal muscle 골격근, 뼈대근육 일반적으로 뼈에 연결된 근육의 유형.

sliding filament mechanism 필라멘트 활주기작 굵은 섬유와 가는 섬유가 서로 미끄러져 들어가는 근육수축 과정.

smooth muscle 민무늬근, 평활근 내장기관, 혈관, 기타 수의적으로 조절되지 않는 내장기관, 혈관 및 기타 구조에서 발견되는 근육의 유형. 줄무늬가 없다.

sodium-potassium pump 소듐-포타슘펌프 ATP를 사용하여 전기화학경사를 거슬러 소듐이온을 세포 밖으로, 포타슘이온을 세포 안으로 능동적으로 이동시키는 단백질.

solute 용질 용액에 녹아 있는 물질.

solvent 용매 용액에서 녹이는 물질. 물은 알려진 가장 좋은 용매이다.

somatostatin 소마토스타틴, 성장호르몬억제인자 시상하부에서 분비되는 자극호르몬으로 뇌하수체전엽에서 성장호르몬의 분비를 억제한다. 성장호르몬억제호르몬(GHIH)으로 알려져 있다.

species 종 자연 조건에서 상호 교배가 가능하며 생존력이 있고 생식력이 있는 자손을 생산하지만, 다른 무리의 일원과는 생존력이 있고 생식력이 있는 자손을 생산하지 못하는, 개체군이나 개체군 무리.

sperm 정자 수컷 생식세포.

sphincter 조임근, 괄약근 구멍을 둘러싸는 고리 형태의 근육으로 지름을 변화시켜 물질의 통과를 조절한다.

spinal cord 척수 척주(등골뼈) 안을 통과하는 중추신경계의 한 부분.

spinal nerve 척수신경 척수에서 나와 말초까지 달리는 총 31쌍의 신경.

starch 녹말 a-글리코시드 결합에 의해 결합된 순수하게 포도당 단량체로만 이루어진 저장성 다당류.

stem cell 줄기세포 한 번의 세포분열에 의해 동일한 딸세포와 더 분화될 수 있는 보다 더 특수화된 딸세포를 생산하는 비교적 분화되지 않은 세포.

steroid 스테로이드 콜레스테롤을 포함하는 지질. 3개의 6-탄소고리와 하나의 5-탄소고리로 구성되며, 이에 속하는 많은 물질들이 호르몬으로서 기능한다.

stimulus 자극 항상성에서 설정점으로 돌아오게 하는 변수에서의 변동.

stomach 위 음식물을 저장하고 있다가 작은창자로 내보내는 위장관의 한 기관.

stretch reflex 신장반사, 뻗침반사 근육의 늘어남에 반응하는 단일시냅스반사.

stroke 뇌졸중 머리의 동맥이 막히거나 파열하여 생기는 뇌신경조직의 괴사.

stroke volume, SV 일회박출량 일회 심박동 중 각 심실에서 내보내는 혈액량.

submucosa 점막하층 위장관을 구성하는 4개의 주요 층 중 하나이며 점막층과 근육외층 사이에 있다.

summation 가중 (신경생리학에서) 한 신경세포에서 발생하는 단계전위가 합해지는 현상. (근육생리학에서) 근육이 높은 빈도로 자극될 때 단일수축(연축)들이 합해지는 현상.

surfactant 계면활성제 폐포에 의해 분비되는 물질로 폐포를 덮은 용액의 표면장력을 감소시킨다.

sympathetic division 교감신경계 척추동물 자율신경계의 3부분 중 하나로, 일반적으로 에너지 지출을 늘리고 몸이 활동할 준비를 한다.

synapse 시냅스 신경전달경로에서 한 뉴런이 다른 뉴런에 신호를 전달하는 접합 부위로, 축삭돌기의 시냅스 쪽 말단 부위와 다른 뉴런 혹은 효과기 세포의 신호수용 부위(수상돌기나 세포체) 사이의 좁은 간격. 시냅스 말단에서 분비된 신경전달분자가 시냅스를 가로질러 수상돌기나 효과기로 신호를 전달한다.

synaptic cleft 시냅스간극, 연접틈새 시냅스에서 시냅스전세포의 축삭말단과 시냅스후세포 사이의 세포바깥 공간.

systemic circuit 체순환 폐순환에 포함된 혈관을 제외한 신체의 모든 혈관을 포함한 혈관계의 부위.

systole 수축기 심장주기 중 심실이 수축하는 기간.

systolic pressure 수축기 혈압 심실의 수축 시 동맥에서의 혈압.

T

taste bud 맛봉오리 미각수용기세포를 가지고 있는 구조. 혀, 입천장 그리고 인두에 있다.

taxonomy 분류학 다양한 형태의 생물을 명명하고 분류하는 학문 분야.

technology 기술 특정 목적을 위한 과학 지식의 응용으로, 기초 지식뿐만이 아니라 종종 기업이나 상업과 관련된다.

tectorial membrane 덮개막 피개막. 코르티 기관에 있는 막. 부동섬모의 꼭대기를 싸고 있다.

telomerase 텔로머라제 진핵세포에서, 염색체 말단부의 형성을 촉매하는 효소.

telophase 말기 체세포분열의 5번째이자 마지막 단계로 딸세포 핵이 형성되고 세포질분열이 시작된다.

tendon 힘줄 건. 뼈대근육에서 뼈로 힘을 전달하는 탄성결합조직으로 이루어진 다발.

testis 정소 정자와 생식호르몬이 생성되는 수컷의 생식소.

testosterone 테스토스테론 남성의 생식계의 발생, 정자형성과정과 남성의 2차 성징에 요구되는 스테로이드호르몬. 포유류의 중요 안드로겐(웅성호르몬)이다.

tetanus 강축 연속적인 자극에 의한 활동전위의 빠른 빈도가 일으키는, 최대로 유지되는 골격근의 수축.

thalamus 시상 척추동물 전뇌의 두 통합 부위 중 하나. 시상에서 세포체를 가진 뉴런이 입력된 신경신호를 대뇌피질의 특수한 지역으로 전달하며 어떤 정보가 대뇌피질로 갈 것인가를 조절한다.

theory 이론 새로운 가설을 일반화시키는 설명으로 많은 증거에 의해 지지된다.

thermoreceptor 온도수용기 온도를 감지하는 감각수용기. 몸속 깊은 곳의 체온을 감지하는 중심온도수용기와 피부 온도를 감지하는 말초온도수용기가 있다.

thermoregulation 체온조절 정상체온을 유지하기 위한 되먹임 기전의 활용.

threshold 역치, 문턱 (흥분세포에서) 활동전위가 발생되기 위하여 세포가 탈분극되어 도달해야 하는 막전위.

thrombin 트롬빈 응고 과정 중 작용하는 응고인자 중 하나. 피브리노겐과 반응하여 이를 피브린으로 전환시키고 제13인자를 활성화한다.

thyroid gland 갑상샘 기관의 앞쪽에 위치한 나비 모양의 1차 내분비샘. 사요오드티로닌, 삼요오드티로닌, 칼시토닌을 분비한다.

tidal volume 일회호흡량 동물이 한번에 숨을 들이마시고 내쉬는 양.

tight junction 밀착연접 세포 사이의 물질 누출을 막는 동물세포의 세포간 연접의 한 종류.

tissue 조직 특수한 기능을 수행하는 비슷한 세포들의 집단.

trachea 기관 기도 중 후두와 기관지 사이에 있는 연골로 구성된 관.

trans fat 트랜스지방 하나 혹은 그 이상의 트랜스 이중결합을 포함하는 불포화 지방.

transfer RNA 운반 RNA 특정 아미노산을 뽑아 mRNA의 적당한 코돈을 인지함으로써 핵산이라는 언어와 단백질 언어 사이의 통역 역할을 하는 RNA 분자.

translation 번역 mRNA 분자에 암호화되어 있는 유전 정보를 이용한 폴리펩타이드의 합성. 핵산으로부터 아미노산으로의 언어 변화가 수반된다.

translocation 전좌 (1) 염색체의 절편이 비상동 염색체에 부착되어 생기는 염색체 구조이상. (2) 단백질 합성에서 신장 중인 폴리펩타이드를 운반하는 RNA가 리보솜의 A 자리로부터 P 자리로 이동하는 사슬 신장의 3번째 단계. (3) 운반: 관다발식물의 체관에서 유기영양물질의 수송.

transport protein 수송 단백질 특정 물질 혹은 매우 가까이 연관된 종류의 물질의 막 통과를 돕는 막관통 단백질.

tricuspid valve 삼첨판막, 오른방실판막 심장 오른쪽 방실판으로, 세 개의 꼭지점이 있다.

triglyceride 삼글리세리드 글리세롤 골격에 연결된 세 개의 지방산으로 구성되는 지질. 흔히 지방이라고 부른다.

triiodothyronine(T_3) 삼요오드티로닌 갑상선 호르몬의 한 종류.

triplet code 삼자 암호 폴리펩타이드 사슬의 아미노산을 지정하는 3개의 염기가 한 조로 이루어진 암호.

tubal ligation 난관수술 여성의 2 수란관(나팔관)의 일부를 제거하여 난자가 자궁에 이르지 못하도록 하는 불임수술 방법.

tympanic membrane 고막 외이와 내이 사이의 막.

U

umbilical cord 탯줄 제대. 태반에서 태아로 연결된 밧줄 같은 구조. 태아에게 혈액을 공급하는 혈관이 있다.

urea 요소 암모니아와 이산화탄소를 결합시키는 대사회로에 의해 간에서 생성되는 수용성 질소 노폐물.

ureter 요관 신장에서 방광으로 이르는 관.

urethra 요도 여성에서는 질 근처의 부분에서, 남성은 음경을 통하여 포유류 몸으로부터 오줌을 배출하는 관. 남성에서는 생식계의 출구관으로 사용된다.

uterine cycle 자궁주기 월경주기 중에 나타나는 자궁의 구조와 기능의 주기적인 변화

uterus 자궁 골반강(pelvic cavity) 가운데 있는 서양배 모양의 속이 빈 기관으로 발생 중인 태아를 수용하고 양분을 공급한다.

V

vaccine 백신 병원체에 대한 방어를 위해 숙주의 면역계를 자극하게 하는 무해한 병원체의 유도체나 변형.

vagina 질 자궁목(자궁경부)에서 몸 밖에 이르는 통로로, 성교 중에 음경을 받아들이는 곳. 여성의 교접기관이다.

vasa recta 직혈관, 곧은혈관 수질근접부네프론(juxtamedullary nephron)의 수출세동맥에서 갈라져 나와 콩팥세관고리를 감싸는 모세혈관계. 수질의 삼투압 경사를 유지하는데 기여한다.

vasectomy 정관수술 수정관을 자른 후 막아 정자가 요도로 들어가는 것을 방지한다.

vasoconstriction 혈관수축 혈관의 직경이 감소하는 것.

vasodilation 혈관이완 혈관벽 근육을 이완시키는 신경신호에 의해 유발되는 혈관직경의 증가.

vein 정맥 심장으로 혈액을 나르는 큰 혈관.

ventilation 환기 호흡 표면을 통한 공기의 이동.

ventricle 심실 (심장에서) 아래에 있는 두 개의 방으로 동맥으로 혈액을 내보낸다.

venule 세정맥 모세혈관에서 정맥으로 혈액을 나르는 혈관.

vertebral column 척주, 등골뼈 척수를 둘러싸고 보호하는 뼈조직.

vertebrate 척추동물 등뼈를 가지는 척삭동물. 포유류, 파충류(조류 포함), 양서류, 상어 및 가오리, 조기류와 총기류.

vesicle 소낭 세포질에서 막으로 이루어진 주머니.

vestibular apparatus 전정기관 평형감각수용기 세포를 가지고 있는 속귀의 구조. 반고리관, 난형낭, 구형낭 등이 속한다.

vestigial structure 흔적구조 생물에서 거의 사용되지 않는 기관. 흔적구조는 조상에게서는 중요한 기능을 하였던 잔여기관이다.

villus 융모 작은창자의 점막표면에 있는 주름으로 상피의 표면적을 증가시켜 물질의 수송을 촉진한다.

vital capacity(VC) 폐활량 최대로 숨을 들어마신 후 내쉴 수 있는 공기의 최대량.

vitamin 비타민 신체에 미량이 필요한 유기물질. 때로는 조효소로 작용한다.

vitreous humor 유리체방수 눈의 유리체방에 있는 젤리 형태의 물질. 눈의 구형구조를 유지한다.

vocal cord 성대 후두에 위치하는 한 쌍의 탄력성 있는 띠와 같은 조직의 하나. 공기가 성대를 지나면서 진동하게 만들어 소리가 발생한다.

vulva 음문, 음부 여성의 외부 생식기. 불두덩(치구), 외음순, 소음순, 질어귀(질전정), 질어귀샘 등이 포함된다.

Y

yolk sac 난황낭, 난황주머니 4개의 배외막 중의 하나. 파충류에서는 난황을 감싸며, 혈구세포의 첫 번째 부위로 순환계 기능을 한다.

Z

zero population growth(ZPG) 인구제로성장 1인당 출산율과 사망률이 같은 집단의 크기가 안정화된 시기.

zona pellucida 투명대, 투명층 난모세포와 과립세포 사이에 형성되는 비세포성 물질의 두꺼운 층.

zygote 접합자, 수정란 반수체 생식세포의 결합으로 생성된 이배체; 수정란.

영문 찾아보기

S

T

U

V

W

Z

한글 찾아보기